ENCYCLOPÉDIE

MÉTHODIQUE,

OU

PAR ORDRE DE MATIERES;

PAR UNE SOCIÉTÉ DE GENS DE LETTRES, DE SAVANS ET D'ARTISTES;

Précédée d'un Vocabulaire univerſel, *ſervant de Table pour tout l'Ouvrage, ornée des Portraits de MM.* DIDEROT & D'ALEMBERT, *premiers Éditeurs de* l'Encyclopédie.

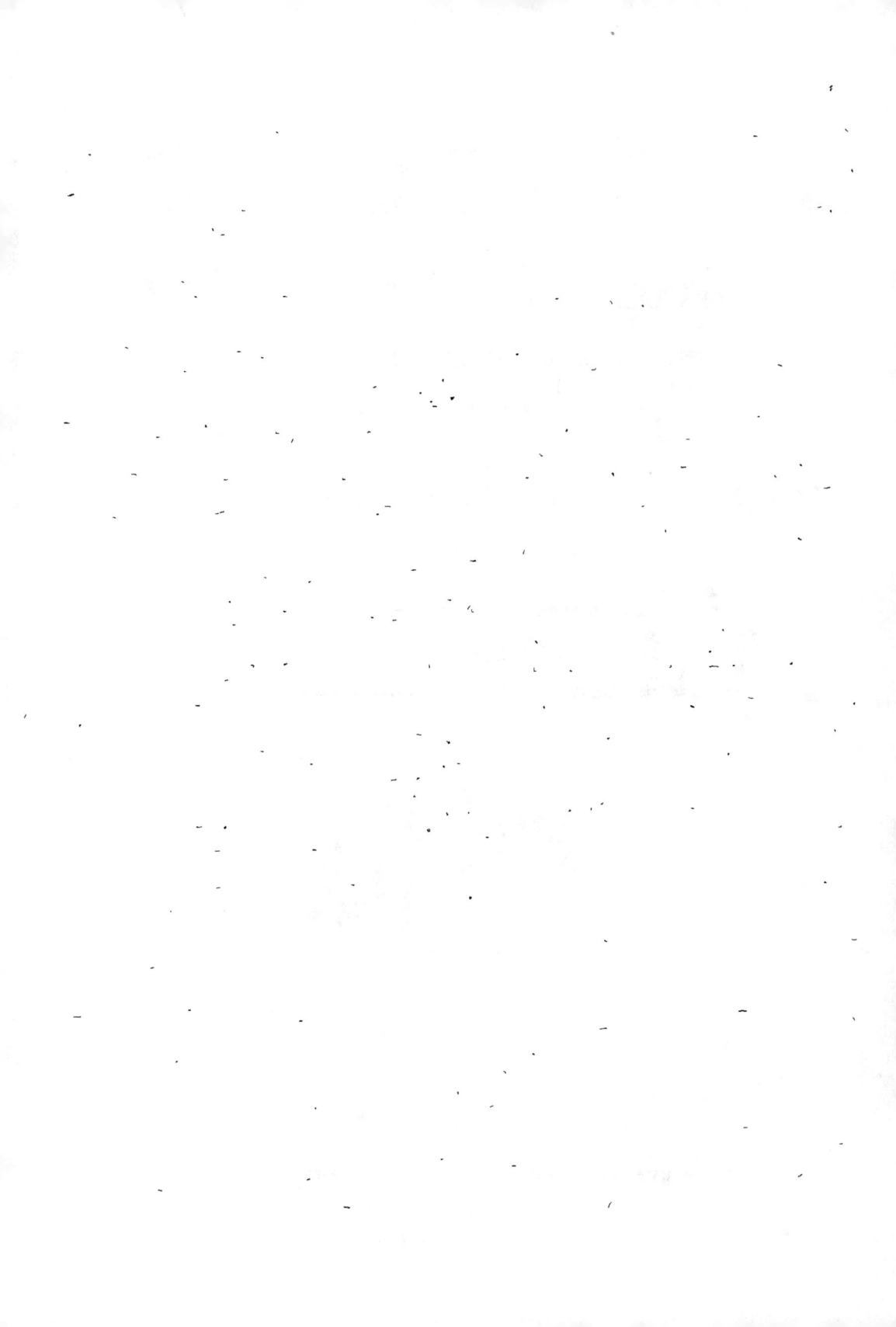

ENCYCLOPÉDIE

MÉTHODIQUE.

PHYSIQUE,

Par MM. MONGE, CASSINI, BERTHOLON, HASSENFRATZ, &c. &c.

TOME SECOND.

A PARIS,

Chez Mme. veuve AGASSE, Imprimeur-Libraire, rue des Poitevins, n°. 6.

M. DCCCXVI.

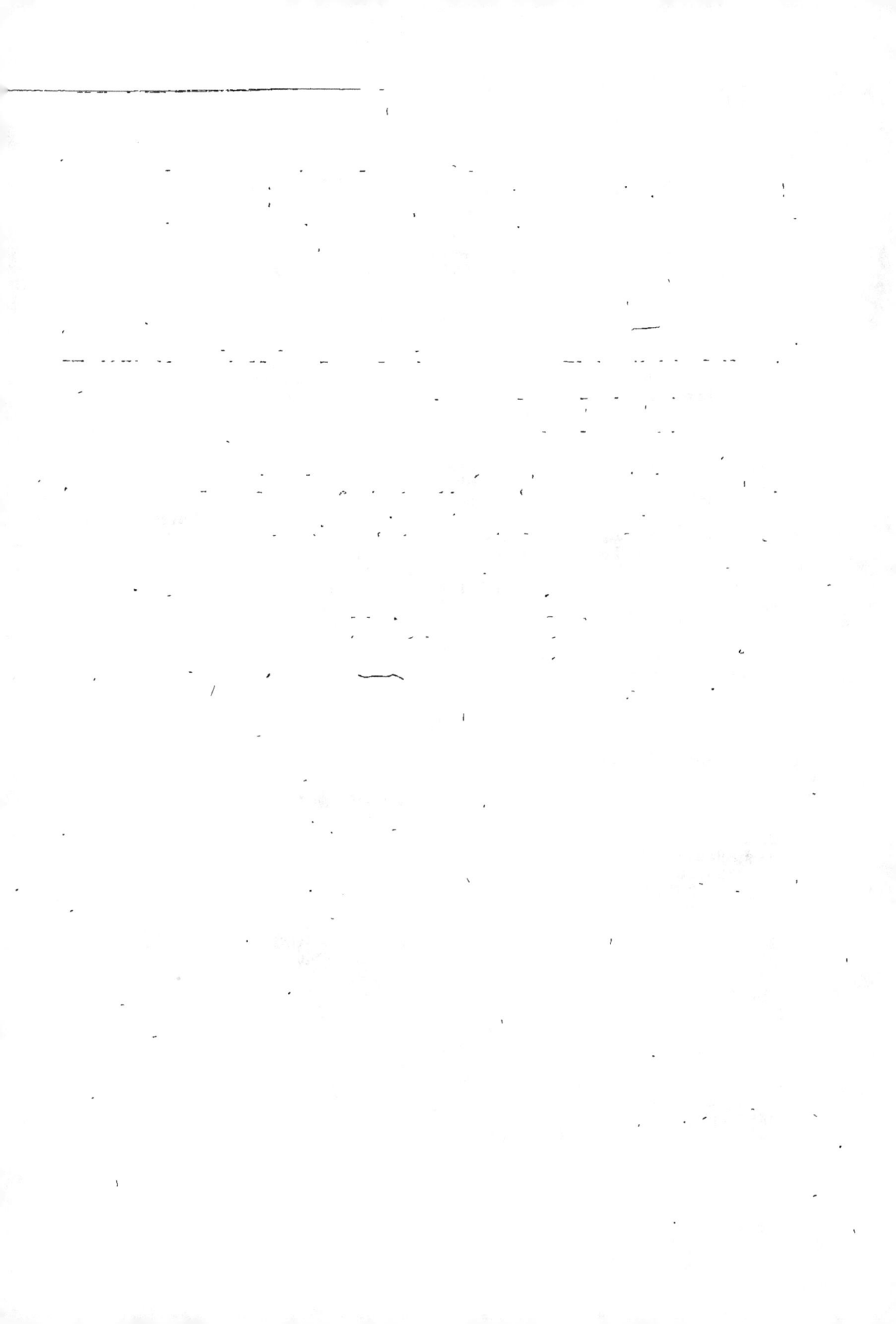

SUPPLÉMENT

AU PREMIER VOLUME DE PHYSIQUE.

Plusieurs des mots qui devoient faire partie des lettres A & B qui composent le Ier. volume de *Physique* de ce Dictionnaire, ont été omis, soit qu'ils ne fussent point connus en 1793, époque où ce volume a été publié, soit qu'ils aient échappé à l'auteur qui étoit chargé de leur rédaction. Nous avons cru devoir les réintégrer dans ce *Supplément*; mais comme les détails qui appartiennent à plusieurs de ces mots sont susceptibles d'occuper plusieurs places dans ce Dictionnaire, & que d'autres ne peuvent être placés que dans les lettres A & B, nous avons renvoyé, aux mots qui ne sont pas encore imprimés, tous les détails qui concernent les premiers, & nous avons formé des articles séparés des mots qui ne peuvent être placés ailleurs.

Afin de mettre les lecteurs à même de connoître ces mots, ainsi que les endroits où ils trouveront les détails qui leur appartiennent, nous avons fait une table de tous les mots qui doivent être contenus dans les lettres A & B; nous les avons divisés en trois classes, que nous avons distinguées par des caractères différens. Les mots déjà décrits sont en grandes capitales romaines; les mots renvoyés à d'autres lettres sont en petites capitales, & ceux qui doivent être placés dans les lettres A & B, & dont on donnera les détails à la suite de ce tableau, sont écrits en grandes capitales italiques.

Quoique plusieurs des mots déjà décrits soient incomplets, à cause des découvertes qui ont été faites en physique depuis que le Ier. volume de ce Dictionnaire est imprimé, nous n'avons pas cru devoir les indiquer dans ce tableau; mais nous nous sommes proposés d'en publier le complément dans tous les autres mots qui se lient nécessairement à ceux déjà décrits, & qui ont éprouvé des variations.

TABLEAU

DES MOTS QUI DOIVENT ÊTRE CONTENUS DANS LES LETTRES A ET B.

A.

ABAISSEMENT.
—— (Astronomie.)
—— DES EAUX.
—— DU MERCURE.
—— DU NIVEAU VRAI.
ABAISSEUR.
ABAS.
ABASSI.
ABAT-VENT.
ABDOMEN.
ABDUCTEUR.
ABEILLE.
ABERRATION. (Astronomie.)
—— DES ÉTOILES.
—— DES FIXES.
Aberration *du mouvement. Voy.* Mouvement.
ABERRATION. (Opt.)
—— de cylindricité. *Voyez* Cylindricité.
—— de la lumière. *Voyez* Lumière.
—— DE RÉFRANGIBILITÉ.
—— des miroirs. *Voyez* Miroirs.
—— de sphéricité. *Voyez* Sphéricité.

Dict. de Phys. Tome II.

ABONDANT.
ABSCISSES.
ABSIDES.
ABSOLU (*Mouvement*).
ABSORBANT.
ABSORPTION.
—— des gaz par l'eau. *Voyez* Gaz.
—— des gaz par le charbon. *Voy.* Charbon.
ABSTRACTION.
Abstrait (*Nombre*). *Voyez* Nombre abstrait.
ABYME.
Abyssins (*Musique des*). *Voyez* Musique.
ACADÉMIES.
ACAMPTES.
ACCÉLÉRATION.
—— DE LA CHUTE DES GRAVES.
—— DES CORPS.
—— DES PLANÈTES.
—— DU MOUVEMENT.
—— des projectiles. *Voyez* Projectile.
—— DIURNE.
—— du pendule. *Voyez* Pendule.
ACCÉLÉRATRICE (*Force*). *Voyez* Force.
—— (*Vitesse*). *Voyez* Vitesse.

A

ACCÉLÉRÉ (*Mouvement*). *Voyez* MOUVEMENT.
ACCÉLÉRÉE(*Vitesse*). *Voy.*MOUVEMENT, VITESSE.
ACCENT. *Voyez* MUSIQUE.
ACCÈS DE FACILE RÉFLEXION. *Voyez* LUMIÈRE.
——————— RÉFRACTION. *Voyez* LUMIÈRE, AN-
NEAUX.
——————TRANSMISSION. *Voyez* LUMIÈRE, AN-
NEAUX.
ACCIDENTEL.
ACCIDENTELLE (*Cause*). *Voyez* CAUSE.
—— (*Couleur*). *Voyez* COULEUR.
—— (*Perspective*). *Voy.* PERSPECTIVE, POINT
ACCIDENTEL.
ACCIDENTELLES. (*Lignes*). *Voyez* LIGNES ACCI-
DENTELLES.
ACCORD.
ACCORDER. *Voyez* MUSIQUE, INSTRUMENT.
ACCORDOIR.
ACCOUSTIQUE. *Voyez* ACOUSTIQUE, SONORITÉ.
ACCROISSEMENT.
ACERBE.
ACÉRER.
ACESCEMENT.
ACÉTATE.
ACÉTEUX. *Voyez* ACIDE ACÉTEUX.
ACÉTIFICATION.
ACÉTIQUE. *Voyez* ACIDE ACÉTIQUE.
ACÉTITE.
ACHROMATIQUE.
—— (*Lunette*). *Voyez* LUNETTE.
ACHRONIQUE.
ACHRONYCHES.
ACHTELING.
ACHTENDÉELEN.
ACIDE.
—— ACÉTEUX.
—— ACÉTIQUE. *Voyez* ACIDE ACÉTEUX.
—— AÉRIEN. *Voyez* ACIDE CARBONIQUE.
ACIDE AMNIQUE.
ACIDE ARSENICAL. *Voyez* ACIDE ARSENIQUE.
ACIDE ARSENIEUX. *Voyez* ACIDE ARSENIQUE.
ACIDE ARSENIQUE.
ACIDE BENZOÏQUE.
—— BORACIN. *Voyez* ACIDE BORACIQUE.
ACIDE BORACIQUE.
ACIDE BORIQUE. *Voyez* ACIDE BORACIQUE.
ACIDE CAMPHORIQUE. *Voyez* CAMPHORIQUE.
ACIDE CARBONIQUE.
ACIDE CARBONEUX. *Voyez* CARBONEUX.
ACIDE CHLORIQUE.
ACIDE CHROMIQUE. *Voyez* CHROMIQUE.
ACIDE CITRIQUE. *Voyez* CITRIQUE.
ACIDE CRAYEUX. *Voyez* ACIDE CARBONIQUE.
ACIDE FLUOBORIQUE.
ACIDE FLUORIQUE. *Voyez* FLUORIQUE.
ACIDE FORMIQUE. *Voyez* FORMIQUE.
ACIDE GALLIQUE. *Voyez* GALLIQUE.
ACIDE HYDRIODIQUE.
ACIDE HYDROCHLORIQUE.
ACIDE IODIQUE.

ACIDE LACTIQUE. *Voyez* LACTIQUE.
ACIDE MALIQUE. *Voyez* MALIQUE.
ACIDE MARIN. *Voyez* ACIDE MURIATIQUE.
ACIDE MELLITIQUE. *Voyez* MELLITIQUE.
ACIDE MÉPHITIQUE. *Voyez* ACIDE CARBONIQUE.
ACIDE MOROXOLIQUE. *Voyez* MOROXOLIQUE.
ACIDE MUQUEUX. *Voyez* MUQUEUX.
ACIDE MURIATIQUE.
ACIDE MURIATIQUE OXIGÉNÉ.
ACIDE NITREUX.
ACIDE NITRIQUE.
ACIDE NITRO-MURIATIQUE. *Voyez* EAU RÉGALE.
ACIDE OXALIQUE. *Voyez* OXALIQUE.
ACIDE PHOSPHOREUX. *Voyez* PHOSPHOREUX.
ACIDE PHOSPHORIQUE. *Voyez* PHOSPHORIQUE.
ACIDE PRUSSIQUE. *Voyez* PRUSSIQUE.
ACIDE PYROLIGNEUX. *Voyez* PYROLIGNEUX.
ACIDE PYROMUQUEUX. *Voyez* PYROMUQUEUX.
ACIDE PYROTARTARIQUE. *Voyez* PYROTARTARI-
QUE.
ACIDE SACCOLACTIQUE. *Voyez* SUCRE DE LAIT.
ACIDE SÉBACIQUE. *Voyez* SÉBACIQUE.
ACIDE STANNEUX. *Voyez* ÉTAIN.
ACIDE SUBÉRIQUE. *Voyez* SUBÉRIQUE.
ACIDE SULFUREUX. *Voyez* GAZ ACIDE SULFUREUX.
ACIDE SULFURIQUE.
ACIDE TARTARIQUE. *Voyez* TARTARIQUE.
ACIDE TUNGSTIQUE. *Voyez* TUNGSTÈNE.
ACIDE VITRIOLIQUE. *Voyez* ACIDE SULFURIQUE.
ACIDE URIQUE. *Voyez* URIQUE.
ACIDES ANIMAUX.
ACIDES MINÉRAUX. *Voyez* MINÉRAUX.
ACIDES VÉGÉTAUX.
ACIDITÉ.
ACIDULE.
ACIDULER LES EAUX.
ACIER.
ACLASTE.
ACONITAS.
ACOUSMATE.
ACOUSTIQUE.
ACRE.
ACRIMONIÉ.
ACRONIQUE.
ACTION.
—— *CHIMIQUE.*
—— DE LA LUMIÈRE. *Voyez* LUMIÈRE.
—— DES RAYONS SOLAIRES. *Voyez* RAYONS SO-
LAIRES.
—— MUSCULAIRE.
ACTIVITÉ.
—— (*Sphère d'*).
ACUTANGLE.
—— (*Section*). *Voyez* SECTION ACUTANGLE.
—— (*Triangle*). *Voy.* TRIANGLE ACUTANGLE.
ADAMANTIN.
ADDITION.
ADDUCTEUR.
ADERME.
ADHÉRENCE.

ADHÉRENCE ÉLECTRIQUE.
ADHÉSION.
ADIPOCIRE.
ADJACENT.
ADOUCIR.
ADVENTICE (Matière).
AEM.
AÉRIENNE (Perspective).
—— (Navigation). Voyez BALLON.
AÉROGRAPHIE.
Aérolite. Voyez Météorolite, Uranolite.
AÉROLOGIE.
AÉROMANTIE.
Aéromètre. Voyez Aréomètre.
Aérométrie. Voyez Aréométrie.
AÉRONAUTE.
AÉROPHOBIE.
AÉROSPHÈRE.
AÉROSTAT.
Aérostatique (Ballon). Voyez BALLON.
—— (Voyage). Voy. VOYAGE AÉROSTATIQUE.
ÆTHER. Voyez ÉTHER.
Affinage. Voyez COUPELLATION.
AFFINITÉ.
—— CHIMIQUE. Voyez CHIMIQUE.
—— COMPLÈTE. Voyez COMPLÈTE.
—— ÉLECTIVE. Voyez ÉLECTIVE.
—— HYGROSCOPIQUE. Voyez HYGROSCOPIQUE.
—— MOLÉCULAIRE. Voyez MOLÉCULAIRE.
—— RÉSULTANTE. Voyez RÉSULTANTE.
AFFLUENCE ÉLECTRIQUE.
Affluente (Matière). Voyez AFFLUENCE.
Affolement. Voy. MAGNÉTISME, AIGUILLE.
AGACEMENT.
AGASTE.
AGE DE LA LUNE.
—— DU MONDE.
AGENT.
—— CHIMIQUE. Voyez CHIMIQUE.
—— MÉCANIQUE. Voyez MÉCANIQUE.
—— MINÉRALURGIQUE. Voyez MINÉRALURGI-
QUE.
AGGLOMÉRATION.
AGGLUTINATION.
AGGRÉGATION.
AGIOSIMANDRE.
AGITATION.
AGITO.
AGNEL.
AGRÉGÉS.
AGRIPA.
AGRYCOROME.
AGUSTINE.
AIGLE.
Aiglon électrique. Voyez CERF-VOLANT ÉLEC-
TRIQUE.
AIGRE.
AIGRETTE DE VERRE.
—— ÉLECTRIQUE.
AIGU (Angle).

AIGU (Point).
—— (Son).
AIGUAIL.
AIGUE-MARINE.
AIGUILLE AIMANTÉE.
—————— (Action du globe sur l'). Voyez
MAGNÉTISME.
—————— (Déclinaison de l'). Voyez DÉCLI-
NAISON.
—————— (Force directrice de l'). Voyez FORCE
DIRECTRICE.
—————— (Force résultante de l'). Voyez
MAGNÉTISME.
—————— (Variation d'inclinaison de l').
Voyez MAGNÉTISME, INCLINAISON.
—————— (Variation de déclinaison de l').
Voyez MAGNÉTISME, DÉCLINAISON.
—————— (Variation d'intensité de force de l').
Voyez MAGNÉTISME, FORCE.
AIGUILLE DE DIRECTION.
AIGUILLE D'INCLINAISON.
AIGUILLE ÉLECTRIQUE.
AIGUILLE FLOTTANTE.
Aile de l'oreille. Voyez OREILLE.
AIMANT.
—— ARTIFICIEL.
—— EN FER A CHEVAL.
—— FACTICE.
—— NATUREL.
—— (Armure de l').
—— (Attraction de l').
—— (Axe de l').
—— (Centre magnétique de l'). Voyez CEN-
TRE MAGNÉTIQUE.
—— (Communication de l'). Voyez COMMU-
NICATION DE L'AIMANT.
—— (Déclinaison de l'). Voyez DÉCLINAISON.
—— (Direction de l'). Voyez DIRECTION.
—— (Équateur de l'). Voyez ÉQUATEUR.
—— (Inclinaison de l'). Voyez INCLINAISON.
—— (Magasin magnétique de l'). Voyez MA-
GASIN MAGNÉTIQUE.
—— (Pôles de l'). Voyez PÔLES.
—— (Répulsion de l'). Voyez RÉPULSION.
—— (Variation de l'). Voyez VARIATION.
Aimantation. Voyez AIMANT.
Aimantée (Aiguille). Voyez AIGUILLE AI-
MANTÉE.
Aimanter. Voyez AIMANT.
AIR.
—— ACIDE.
—— ACIDE MARIN.
—— ACIDE SPATHIQUE.
—— ACIDE VÉGÉTAL.
—— ACIDE VITRIOLIQUE.
—— ALCALIN.
—— ARTIFICIEL.
—— ATMOSPHÉRIQUE. Voyez AIR.
—— COMMUN. Voyez AIR.
—— DE L'ATMOSPHÈRE. Voyez AIR.

AIR DÉPHLOGISTIQUÉ. *Voyez* GAZ OXIGÈNE.

—— FIXE. *Voyez* ACIDE CARBONIQUE.

—— HÉPATIQUE. *Voyez* GAZ HYDROGÈNE SULFURÉ.

—— INFLAMMABLE. *Voyez* GAZ HYDROGÈNE.

—— MÉPHITIQUE. *Voyez* ACIDE CARBONIQUE.

—— NITREUX. *Voyez* GAZ NITREUX.

—— PHOSPHORIQUE. *Voyez* GAZ HYDROGÈNE PHOSPHORIQUE.

—— PHLOGISTIQUÉ. *Voyez* GAZ AZOTE.

—— PUANT DU SOUFRE. *Voyez* GAZ HYDROGÈNE SULFURÉ.

—— SOLIDE DE HALES. *Voyez* HALES.

—— VICIÉ. *Voyez* VICIÉ.

—— VITAL. *Voyez* OXIGÈNE.

AIR (*Densité de l'*). *Voyez* DENSITÉ.

—— (*Elasticité de l'*). *Voyez* ÉLASTICITÉ, AIR.

—— (*Machine à comprimer l'*). *Voyez* MACHINE DE COMPRESSION.

—— (*Pesanteur de l'*). *Voyez* PESANTEUR, AIR.

—— (*Surface de l'*). *Voyez* SURFACE.

AIRAIN.

AIRE. (Géométrie.)

AIRES DES VENTS. *Voyez* BOUSSOLE, VENTS.

AIROMÉTRIE.

AJUSTAGE.

AJUTOIRE.

ALAMBIC.

ALBUGINÉE (*Matière*).

ALBUMINE.

ALBUS.

ALCALI. *Voyez* ALKALI.

ALCALIGENE.

ALCALIMETRE.

ALCARAZA.

ALCHIMIE.

ALCOGRADE. *Voyez* ESPRIT DE VIN.

ALCOOL. *Voyez* ALKOOL.

ALCOHOLOMÈTRE. *Voyez* ESPRIT DE VIN.

ALECTROMANTIE.

ALEUROMANTIE.

ALFONGINES (*Tables*). *Voyez* TABLES ALFONGINES.

ALGÈBRE.

ALIDADE.

—— A LUNETTE. *Voyez* LUNETTE.

—— A PINULE. *Voyez* PINULE.

ALIMENT.

—— DU FEU.

ALIQUANTES (*Parties*).

ALISÉS (*Vents*).

ALKALI.

—— FIXE.

—— MINÉRAL.

—— VÉGÉTAL.

—— VOLATIL.

ALKALIN. *Voyez* GAZ.

ALKOOL.

ALLEVURE.

ALLIAGE.

—— MÉTALLIQUE. *Voyez* MÉTALLIQUE.

—— (*Règle d'*). *Voyez* RÈGLE D'ALLIAGE.

ALLIMÉTRIE.

ALMAGESTE.

ALMANACH.

ALMÈNE.

ALMICANTARATH (*Sphère*).

ALOMANTIE.

ALTÉRATION.

ALTERNE. *Voyez* ANGLES ALTERNES.

ALTIN.

ALUDEL.

ALUMINE.

ALUN.

AMALGAMATION.

AMALGAME.

—— DE KIENMAYER.

—— DES PILES DE VOLTA. *Voyez* GALVANISME.

—— ÉLECTRIQUE.

AMALGAMER.

AMBIANT (*Air*).

AMBLIGONE.

AMBLIGONE (*Triangle*).

AMBRE GRIS.

—— *JAUNE.*

AMERTUME.

AMÉTHYSTE.

AMIANTE.

AMMONIAQUE.

AMONTONS.

AMPHIBLESTROÏDE.

AMPHISCIENS.

AMPHORE.

AMPLIFICATION.

—— DES CORPS LUMINEUX.

AMPLITUDE.

—— ASTRONOMIQUE.

—— D'OBSERVATION. *Voyez* OBSERVATION.

—— D'UN ARC DE PARABOLE.

—— D'UN ASTRE.

—— D'UN JET. *Voyez* JET.

—— OCCASE OU OCCIDENTALE.

—— ORTIVE OU ORIENTALE.

AMPOULE.

—— *CUTANÉE.*

—— *DE LIQUIDE.*

—— *DE VERRE.*

AN.

ANACAMPTIQUE.

ANACLASTIQUE (*Courbe*).

—— (*Point*).

ANALEMME.

ANALOGUE.

ANALOGIE.

ANALYSE.

—— CHIMIQUE.

—— DE L'AIR.

—— MATHÉMATIQUE.

ANALYSE PAR LE FEU. *Voyez* VOIE SÈCHE.
—— PAR LES MENSTRUES. *Voyez* VOIE HUMIDE.
ANAMORPHOSE.
ANAXAGORE,
ANAXIMANDRE.
ANAXIMÈNE.
ANCHE.
ANCHYLOSE.
ANDROGYNE.
ANDROÏDE.
ANDROMÈDE.
ANÉLECTRIQUE.
ANEMOCORDE.
ANEMOMÉTOGRAPHE.
ANEMOMÈTRE.
—— A ÉPONGE. *Voyez* VENT, ÉPONGE.
—— D'HYPACIE. *Voyez* VENT, HYPACIE.
—— DE FAHRENHEIT. *Voy.* VENT, FAHRENHEIT.
—— DE MUSCHENBROECK. *Voyez* VENT.
ANEMOSCOPE.
ANGE D'OR.
ANGEIOGRAPHIE.
ANGELOT.
ANGIOSCOPE. *Voyez* MICROSCOPE.
ANGLE.
—— AIGU.
—— ALTERNE.
—— CURVILIGNE.
—— DE LA DÉRIVÉE. *Voyez* DÉRIVÉE.
—— DE L'ŒIL.
—— DE RÉFLEXION.
—— D'INCIDENCE.
—— DROIT.
—— DU SOLEIL. *Voyez* SOLEIL.
—— HORAIRE. *Voyez* HORAIRE.
—— LOXODROMIQUE.
—— MIXTILIGNE.
—— OBTUS. *Voyez* OBTUS.
—— OPPOSÉ AU SOMMET.
—— PARALLACTIQUE *Voyez* PARALLACTIQUE.
—— RECTILIGNE.
—— REFRINGENT.
—— RENTRANT.
—— SAILLANT.
—— VISUEL.
ANGUILLE.
—— DE COLLE DE FARINE. *Voyez* COLLE DE FARINE.
—— DE SURINAM.
—— ÉLECTRIQUE ou *Poisson d'or.*
—— MICROSCOPIQUE.
—— TREMBLANTE.
ANGULAIRE.
ANIMAL.
ANIMAL (*Arc*). *Voyez* GALVANISME.
—— (*Choc électrique*). *Voyez* GALVANISME.
ANIMALE (*Chaleur*). *Voyez* CHALEUR.
ANIMALCULES.
ANIMAUX.
—— MICROSCOPIQUES. *Voyez* ANIMALCULES.

ANIMAUX PHOSPHORIQUES.
ANIMALISTES.
ANIMÉE.
ANIMORISTES.
ANKER.
ANNEAU.
—— ASTRONOMIQUE.
—— DE SATURNE.
ANNEAUX COLORÉS.
—— *CONCENTRIQUES.*
ANNEAUX HORAIRES.
ANNÉE.
—— ANOMALISTIQUE.
—— *ARABE.*
—— ASTRALE. *Voyez* ANNÉE SYDÉRALE.
—— ASTRONOMIQUE. *Voyez* ANNÉE LUNAIRE ASTRONOMIQUE.
—— ATTIQUE. *Voyez* ANNÉE GRECQUE.
—— BISSEXTILE.
—— *CANICULAIRE.*
—— CIVILE.
—— DE SATURNE ET DE JUPITER.
—— D'HIPPARQUE.
—— *ÉGYPTIENNE.*
—— EMBOLISMIQUE.
—— *ÉTHIOPIENNE.*
—— GRECQUE.
—— GRÉGORIENNE.
—— *JUIVE.*
—— JULIENNE.
—— (*La grande*).
—— LUNAIRE.
—— LUNI-SOLAIRE.
—— *MACÉDONIENNE.*
—— *PERSIENNE.*
—— PLATONIQUE.
—— ROMAINE.
—— *SABBATIQUE.*
—— SEXTILE. *Voyez* SEXTILE.
—— SOLAIRE.
—— SYDÉRALE.
—— *SYRIENNE.*
—— *TAITIENNE.*
—— TROPIQUE.
—— TURQUE. *Voyez* ANNÉE ARABE.
ANNUEL.
ANNULAIRE (*Éclipse*).
ANOMALIE.
—— DE L'ÉLECTRICITÉ. *Voyez* ÉLECTRICITÉ.
ANOMALISTIQUE (*Année*). *Voyez* ANNÉE ANOMALISTIQUE.
ANORDIE.
ANTARCTIQUE (*Cercle*).
—— (*Pôle*).
—— (*Sphère*).
ANTARÈS (*Étoiles*).
ANTECANIS.
ANTÉCÉDENCE.
ANTÉCÉDENT.
ANTÉCIENS.

APPAREIL POUR ACIDULER L'EAU. *Voyez* EAU GAZEUSE.

————— POUR ALLUMER L'ESPRIT DE VIN. *Voyez* ÉLECTRICITÉ.

APPAREIL POUR DÉMONTRER L'ACCÉLÉRATION DES FLUIDES. *Voyez* FLUIDE.

————— LA CHARGE DE LA BOUTEILLE DE LEYDE. *Voyez* ÉLECTRICITÉ.

————— LA COHÉRENCE. *Voyez* COHÉRENCE.

————— LA DISSOLUTION DE L'AIR. *Voyez* DISSOLUTION.

————— LA DIVISIBILITÉ DES CORPS. *Voyez* DIVISIBILITÉ.

————— LA FORCE EXPANSIVE DE L'AIR. *Voy.* FORCE EXPANSIBLE.

————— LA GRAVITATION. *Voyez* GRAVITATION.

————— LA LOI DU MOUVEMENT. *Voyez* MOUVEMENT.

————— LA MOBILITÉ. *Voyez* MOBILITÉ.

————— LA PESANTEUR DE L'AIR. *Voyez* PESANTEUR DE L'AIR.

————— LA POROSITÉ. *Voyez* POROSITÉ.

————— L'APLATISSEMENT DE LA TERRE. *Voy.* TERRE.

————— LA RÉSISTANCE DES CORPS. *Voyez* RÉSISTANCE.

————— LA SALUBRITÉ DE L'AIR. *Voyez* SALUBRITÉ DE L'AIR.

————— LA TRANSMISSION DU SON. *Voyez* SON.

————— L'EAU DÉPLACÉE PAR LES CORPS. *Voy.* DENSITÉ.

————— L'EFFET DES POINTES. *Voyez* ÉLECTRICITÉ.

————— L'EFFET DES SYPHONS. *Voyez* SYPHONS.

————— LE FROTTEMENT. *Voyez* FROTTEMENT.

————— LE MOUVEMENT RÉFRACTÉ. *Voyez* RÉFRACTION.

————— LE RESSORT DE L'AIR. *Voyez* ÉLECTRICITÉ.

————— LES COULEURS DES RAYONS SOLAIRES. *Voyez* LUMIÈRE.

————— LES ENGORGEMENS DES TUYAUX. *Voy.* TUYAUX.

————— LES LOIS DE L'ÉQUILIBRE DES CORPS. *Voyez* ÉQUILIBRE.

————— LES LOIS DE LA PRESSION. *Voyez* PRESSION.

————— LES PHÉNOMÈNES DE L'EAU. *Voyez* EAU.

————— LES PRINCIPES DE LA STATIQUE. *Voy.* STATIQUE.

————— LES PROPRIÉTÉS DE LA CYCLOÏDE. *Voyez* CYCLOIDE.

————— LES PROPRIÉTÉS DE L'AIR.

————— LES PROPRIÉTÉS DE L'EAU. *Voyez* EAU.

————— *LES PROPRIÉTÉS DES BALANCES.*

APPAREIL POUR DÉMONTRER LES PROPRIÉTÉS DES CORDES. *Voyez* CORDES.

————— LES PROPRIÉTÉS DES CORPS. *Voyez* CORPS.

————— LES PROPRIÉTÉS DES LEVIERS. *Voyez* LEVIERS.

————— LES PROPRIÉTÉS DES POULIES. *Voyez* POULIES.

————— LES PROPRIÉTÉS DU FEU. *Voyez* FEU.

————— LES PROPRIÉTÉS DU PLAN INCLINÉ. *Voyez* GRAVITATION.

————— LES PROPRIÉTÉS DU SON. *Voyez* SONORITÉ.

————— L'ÉTENDUE ET LA FIGURE DES CORPS. *Voyez* ÉTENDUE, FIGURE.

————— L'EXPANSION DES LIQUIDES. *Voyez* LIQUIDES.

————— L'IMPÉNÉTRABILITÉ. *Voyez* IMPÉNÉTRABILITÉ.

————— L'INTENSITÉ DU SON. *Voyez* SON.

APPAREIL POUR LES AIGUILLES ÉLECTRIQUES. *Voy.* ÉLECTRICITÉ.

————— LES CONGÉLATIONS. *Voyez* CONGÉLATION.

————— DISTILLER LE PHOSPHORE. *Voyez* PHOSPHORE.

————— ENFLAMMER LA POUDRE A CANON. *Voy.* POUDRE A CANON.

————— L'ABSORPTION DES GAZ. *Voyez* GAZ.

————— LA COMPOSITION DE L'EAU. *Voy.* EAU.

————— LA DÉCOMPOSITION DE L'EAU. *Voyez* EAU.

————— LA CHUTE CYCLOÏDALE. *Voyez* CYCLOIDE.

————— LA CHUTE PARABOLOÏDALE. *Voy.* PARABOLE.

————— L'ÉLECTRICITÉ. *Voyez* ÉLECTRICITÉ.

————— LA GRAVITATION. *Voy.* GRAVITATION.

————— LA PRESSION DES LIQUIDES. *Voyez* LIQUIDES.

————— LA RÉFLEXION DES CORPS. *Voyez* RÉFLEXION.

————— LA RÉSISTANCE DES MÉTAUX. *Voyez* MÉTAUX.

————— LA THÉORIE DES FLÉAUX DE BALANCE. *Voyez* APPAREIL POUR DÉMONTRER LA PROPRIÉTÉ DES FLÉAUX DE BALANCE; FLÉAUX.

————— LE BATTEMENT DU POULS. *Voy.* POULS.

————— LE BRUIT DE LA GRÊLE. *Voyez* GRÊLE, FANTASMAGORIE, BRUIT.

————— LE BRUIT DE LA PLUIE. *Voyez* PLUIE, FANTASMAGORIE, BRUIT.

————— LE BRUIT DU TONNERRE. *Voyez* TONNERRE, BRUIT.

————— LE CHOC DES CORPS. *Voyez* CHOC DES CORPS.

————— LES EAUX GAZEUSES. *Voy.* EAUX GAZEUSES.

————— OBTENIR LE GAZ HYDROGÈNE. *Voyez* GAZ HYDROGÈNE.

APPAREIL RÉFRIGÉRATOIRE. *Voyez* RÉFRIGÉRANT.
APPAREILS TEYLÉRIENS.
APPARENCE.
APPARENT (*Lieu*). *Voyez* LIEU APPARENT.
—— (*Mouvement*). *Voyez* MOUVEMENT APPARENT.
APPARENTE (*Distance*). *Voyez* DISTANCE APPARENTE.
—— (*Grandeur*). *Voy.* GRANDEUR APPARENTE.
APPLATI (*Sphéroïde*).
APPLATISSEMENT DE LA TERRE. *Voyez* FIGURE DE LA TERRE.
APPLICABLE (*Son*). *Voyez* SON.
APPLICATION.
—— DES PENDULES AUX HORLOGES. *Voyez* PENDULES.
APPLIQUÉE (*Géométrie*). *Voyez* GÉOMÉTRIE.
APPOSITION.
APPROCHES (*Lunettes d'*). *Voyez* LUNETTES.
APPROXIMATION.
APPUI (*Point d'*).
APPULSE.
APRE.
APRETÉ DES SURFACES.
APSIDES.
—— (*Lignes des*). *Voyez* LIGNE.
APYRE.
AQUARIUS. *Voyez* VERSEAU.
AQUEDUC.
—— D'ARCUEIL.
—— D'ARLES.
—— DE FRÉJUS.
—— DE METZ.
—— DE MONTPELLIER.
—— DE NISMES.
—— DE ROME.
—— DE ROQUANCOURT.
—— DES ANCIENS.
—— DE SÉGOVIE.
—— SOUTERRAIN.
—— DANS L'OREILLE.
AQUEUSE (*Humeur*).
AQUEUX.
—— (*Météores*). *Voyez* MÉTÉORES.
AQUILON.
ARACHNOÏDE.
ARACOMÈTRE. *Voyez* ARCOMÈTRÉ.
ARATE.
ARATUS.
ARBRE.
—— DE DIANE.
—— DE MARS.
—— DE VÉNUS.
—— ÉLECTRIQUE.
ARC.
—— ANIMAL. *Voyez* GALVANISME.
—— CONCENTRIQUE.
—— CONDUCTEUR.
—— DE CERCLE.

ARC DE DIVISION. *Voyez* DIVISION.
—— DE LATITUDE.
—— DE L'ÉQUATEUR. *Voyez* ÉQUATEUR.
—— D'ÉLÉVATION DU PÔLE. *Voyez* PÔLE.
—— D'ÉMERSION.
—— DE PROGRESSION.
—— DE VISION.
—— DE RÉTROGRADATION.
—— DIURNE.
—— ÉGAUX.
—— EXCITATEUR. *Voyez* EXCITATEUR.
—— EN-CIEL.
—— BLANC.
—— DES CATARACTES.
—— LUNAIRE.
—— MARIN.
—— SOLAIRE. *Voyez* IRIS.
—— NOCTURNE. *Voyez* IRIS.
—— SEMI-DIURNE.
ARC-EN-TERRE.
ARCHÉE.
ARCHIMÈDE.
—— (*Vis d'*). *Voyez* VIS.
ARCHITECTONITE.
ARCHITECTURE.
—— HYDRAULIQUE. *Voyez* HYDRAULIQUE.
ARCHYTAS.
ARCTIQUE (*Pôle*).
ARCTOPHYLAXE.
ARCTURUS.
ARCY.
ARDENT.
—— (*Feux follets*). *Voyez* FEUX FOLLETS.
—— (*Miroir*).
—— (*Verre*).
ARDONES.
ARE.
AREB.
ARÉOLE.
ARÉOMÈTRE.
—— A GODET.
—— A POIDS.
—— A POMPE. *Voyez* HYGROCLIMAX.
DE BAUMÉ.
—— DE BRISSON.
—— DE CARTIER.
—— DE CASSEBOIS.
—— DE FAHRENHEIT.
—— DE HOMBERG.
—— *DE NICHOLSON.*
—— DE RAZ DE LANTHENET.
—— DE VALLET.
—— *POUR LES ACIDES.*
—— *POUR LES SELS.*
—— *UNIVERSEL.*
ARÉOMÉTRIE.
ARGENT.
—— FULMINANT.
—— VIF. *Voyez* MERCURE.
ARGENTÉ.

ARGENTER.

ATMOSPHÈRE DES ÉTOILES.
—— DES PLANÈTES.
—— ÉLECTRIQUE.
—— LUNAIRE.
—— SOLAIRE.
—— TERRESTRE.
ATMOSPHÈRE (*Évaporation dans l'*). *Voyez*
ÉVAPORATION.
—— (*Hauteur de l'*). *Voyez* HAUTEUR.
—— (*Intensité de l'*). *Voyez* INTENSITÉ.
—— (*Lois de la densité de l'*). *Voyez* DENSITÉ.
—— (*Pesanteur de l'*). *Voyez* PESANTEUR.
—— (*Pression de l'*). *Voyez* PRESSION.
ATMOSPHÉRIQUE (*Air*). *Voyez* AIR ATMOSPHÉ-
RIQUE.
—— (*Gaz*). *Voyez* AIR ATMOSPÉRIQUE.
—— (*Phénomène*). *Voyez* MÉTÉORES.
ATOMES.
ATOMISME.
ATOMISTIQUE.
ATONIE.
ATROPHIE.
ATTÉNUATION.
ATTRACTION.
—— CAPILLAIRE. *Voyez* TUBES CAPILLAIRES.
—— CHIMIQUE. *Voyez* CHIMIE.
—— DANS LES PETITES DISTANCES. *Voyez* AFFI-
NITÉ, ACTION CHIMIQUE.
—— DE COHÉSION. *Voyez* COHÉSION.
—— DE LA LUMIÈRE. *Voyez* LUMIÈRE.
—— DES MONTAGNES.
—— DES SURFACES. *Voyez* SURFACES.
—— ÉLECTRIQUE. *Voyez* ÉLECTRICITÉ.
—— ET RÉPULSION DES CORPS FLOTTANS. *Voyez*
CORPS FLOTTANS.
—— MAGNÉTIQUE.
—— MOLÉCULAIRE. *Voyez* MOLÉCULES.
—— NEWTONIENNE.
—— OPPOSÉE. *Voyez* OPPOSÉE.
ATTRACTIONS ÉLECTIVES.
ATTRITION.
ATWOOD (*Machine d'*). *Voyez* MACHINE.
AUBES.
AUDITIF. *Voyez* CONDUIT AUDITIF.
AUGE.
AUGURES.
AUNE.
AURORE.
—— AUSTRALE.
—— BORÉALE.
AURUM MUSIVUM.
AUSTRAL.
—— (*Hémisphère*). *Voyez* HÉMISPHÈRE.
—— (*Poisson*). *Voyez* POISSON.
—— (*Triangle*). *Voyez* TRIANGLE.
AUSTRALE (*Aurore*). *Voy.* AURORE AUSTRALE.
—— (*Couronne*). *Voyez* COURONNE.
AUTAN.
AUTEL.
AUTOMATE.

AUTOMATIQUE.
AUTOMATISME.
AUTOMNE.
AUZOMÈTRE.
AVALAISON.
AVALANCHES.
AVEUGLE-NÉ.
AVRIL.
AXE.
—— DANS LE TAMBOUR.
—— DE LA TERRE.
—— DE RÉFRACTION.
—— D'INCIDENCE. *Voyez* INCIDENCE.
—— DU MONDE. *Voyez* MONDE.
—— DU ZODIAQUE. *Voyez* ZODIAQUE.
—— OPTIQUE.
AXIFUGE.
AXINOMANTIE.
AXIOME.
AXIPÈTE.
AZIMUTH.
—— MAGNÉTIQUE.
AZIMUTHAL (*Cercle*).
AZOTE.
AZUR.
AZURÉE.

B.

BACON (*François*).
—— (*Roger*).
BACULOMÈTRE.
BAGOTONE.
BAGUETTE DIVINATOIRE.
BAIN.
—— DE MERCURE. *Voyez* MERCURE.
—— DE MER. *Voyez* MER.
—— DE SABLE. *Voyez* SABLE.
—— MARIE. *Voyez* MARIE.
BAISOIR.
BAJOQUE.
BALAIS (*Rubis*).
BALANCE A CADRAN.
—— A RESSORT.
—— (*Constellation de la*). *Voyez* CONSTEL-
LATION.
—— CHINOISE.
—— *DE BARDONNEAU.*
—— DE CASSINI.
—— DE COULOMB. *Voyez* ÉLECTRICITÉ, MA-
GNÉTISME.
—— DE LAMBERT.
—— DE MAGELLAN.
—— DE RAMSDEN.
—— DE ROBERVAL.
—— DE SANCTORIUS.
—— D'ESSAI. *Voyez* ESSAI.
—— DE TEYLOR. *Voyez* TEYLOR.
—— ÉCONOMIQUE.
—— ÉLECTRIQUE. *Voyez* ÉLECTRICITÉ.

BALANCE HYDROSTATIQUE.
———— A ENGRENAGE.
———— HYDROSTATIQUE DE CHARLES. *Voyez* HYDROSTATIQUE.
———————— DE NICHOLSON. *Voyez* HYDROSTATIQUE.
BALANCE MAGNÉTIQUE. *Voyez* MAGNÉTISME.
———— *ROMAINE.*
———— *SUÉDOISE.*
———— TROMPEUSE.
———— UNIVERSELLE. *Voyez* BALANCE ROMAINE.
———— (*Fauſſe*). *Voyez* FAUSSE BALANCE.
BALANCIER.
———— DE PENDULE. *Voyez* PENDULE.
BALANÇOIR ÉLECTRIQUE. *Voyez* ÉLECTRICITÉ.
BALEINE.
———— (*Hygromètre de*). *Voyez* HYGROMÈTRE.
BALISTE.
BALISTIQUE.
BALLON.
———— AÉROSTATIQUE.
———— CHIMIQUE.
———— DE HÉRON. *Voyez* HÉRON.
———— POUR PESER L'AIR. *Voyez* DENSITÉ.
BANDES DE JUPITER.
———— SANS DÉCLINAISON.
BARALE.
BARBE D'UNE COMÈTE.
———— DE PLUME ÉLECTRIQUE. *Voy.* ÉLECTRICITÉ.
BARIL.
BARILLET.
BARIUM.
BAROMÈTRE.
———— A APPENDICE.
———— A BALANCE.
———— A BASE VARIABLE.
———— A BOUTEILLE.
———— A CADRAN.
———— A DÉCHARGEOIR.
———— A DOUBLE CUVETTE.
———— A ÉQUERRE.
———— A DOUBLE RÉSERVOIR.
———— *A GRADUATION COMPENSÉE.*
———— A MACHINE PNEUMATIQUE. *Voyez* BAROMÈTRE TRONQUÉ.
———— A MICROMÈTRE DE DERHAM.
———— A POULIE ET A POIDS.
———— A RÉSERVOIR.
———— A ROUAGE.
———— A ROUE ET A CRÉMAILLÈRE.
———— A SIPHON.
———— A SURFACE PLANE.
———— A TUBE RECOURBÉ.
———— CAPILLAIRE.
———— CONIQUE.
———— DE BERNOUILLI. *Voyez* BAROMÈTRE A ÉQUERRE.
———— DE CASSINI. *Voyez* BAROMÈTRE A ÉQUERRE.
———— DE DESCARTES.
———— DE HUNTER.

BAROMÈTRE DE MAGELLAN.
———— DE MER.
———— DE SANGSUE. *Voyez* SANGSUE.
———— DE SHÉE. *Voyez* BAROMÈTRE A GRADUATION COMPENSÉE.
———— D'HUYGHENS.
———— DIAGONAL.
———— DU CHEVALIER MORLAND. *Voyez* BAROMÈTRE INCLINÉ.
———— DU DOCTEUR HOOK.
———— DOUBLE DE HUYGHENS. *Voyez* BAROMÈTRE D'HUYGHENS.
———— INCLINÉ.
———— LUMINEUX.
———— MARIN.
———— D'AMONTONS.
———— DE BLONDEAU.
———— DE HOOK.
———— DE PASSEMENT.
BAROMÈTRE MIXTE.
———— PORTATIF *DE BOISTISSANDEAU.*
———— DE BOURBON.
———— *DE COMTÉ.*
———— DE DELUC.
———— *DE GAY-LUSSAC.*
———— DE RAMSDEN.
———— *DE FORTIN.*
———— *DE MAIGNÉ.*
———— EN CANNE.
———— RACCOURCI D'OZANAM. *Voyez* BAROMÈTRE RÉDUIT D'AMONTONS.
———— RÉDUIT D'AMONTONS.
———— SECTORAL.
———— SÉDENTAIRE.
———— SENSIBLE.
———— SIMPLE *de M. Prins.*
———— STATIQUE.
———— DE BOYLE.
———— DU CHEVALIER MORLAND.
———— SUISSE.
———— TRONQUÉ.
BAROMÈTRE (*Diviſion du*). *Voyez* DIVISION.
———— (*Échelle comparée du*). *Voyez* ÉCHELLE.
———— (*Meſure des montagnes par le*),
———————— *Méthode de Bouguer.*
———————— *de Deluc.*
———————— *de Laplace.*
———————— *de Tremblay.*
———————— *du colonel Roy,*
BAROMÈTRE (*Coefficient conſtant du*). *Voy.* COEFFICIENT.
———— (*Vide du*). *Voyez* VIDE.
BAROMÉTROGRAPHE.
BAROSANÈME.
BAROSCOPE.
BAROSTERCOMÉTRIQUE.
BAROTHERMOMÈTRE.
BARREAUX MAGNÉTIQUES.
BARRES MAGNÉTIQUES.
BARRIQUE.

BORÉAL (*Hémisphère*). *Voyez* HÉMISPHÈRE.
—— (*Pôle*). *Voyez* PÔLE.
—— (*Triangle*). *Voyez* TRIANGLE.
BORÉALE (*Aurore*). *Voyez* AURORE.
—— (*Couronne*). *Voyez* COURONNE.
BORÉAUX (*Signes*). *Voyez* SIGNES.
BORÉE (*Vent*).
BORELLI.
BORNOYER.
BOSCOVICH.
BOSSU.
BOTAL.
BOUFFÉE.
BOUGEANT.
BOUGIE.
—— INFLAMMABLE.
—— PHILOSOPHIQUE.
—— (*leur* EXTINCTION *dans l'air*). *Voyez* EXTINCTION.
BOUGUER.
BOUILLANT DE FRANCKLIN.
BOUILLIR.
BOUILLONNEMENT.
BOUQUIN. *Voyez* CORNET à BOUQUIN.
BOURDON.
BOURRASQUE.
BOURSE.
BOUSSOLE.
—— A CADRAN.
—— A LEVER LES PLANS. *Voyez* LEVÉE DES PLANS.
—— A DÉCLINAISON. *Voyez* DÉCLINAISON.
—— (*Constellation de la*).
—— (*Variation de la*). *Voyez* VARIATION.
BOUTEILLE D'EAU.
—— DE LEYDE.
—————— A ARAIGNÉE. *Voyez* ÉLECTRICITÉ.
—————— A MOULINET. *Voyez* ÉLECTRICITÉ.
—————— A TROIS ÉTINCELLES. *Voyez* ÉLECTRICITÉ.
BOUTEILLE ÉLECTRIQUE. *Voyez* ÉLECTRICITÉ.
—————— A EAU. *Voyez* ÉLECTRICITÉ.
BOUVIER (*Constellation du*).
BOUZIN DE LA GLACE.
BOYLE.
—— (*Machine de*). *Voyez* MACHINE PNEU-MATIQUE.
—— (*Vide de*). *Voyez* VIDE.
BRACHYSCIENS.

BRACHYSTOCHRONE.
BRADLEY.
BRAS DE LEVIER.
—— DE BALANCE.
BRASILLER.
BRASSE.
BRILLANT.
BRIQUET.
—— A ROUAGE.
—— ÉLECTRIQUE. *Voyez* LAMPES ÉLECTRIQUES.
—— OXIGÉNÉ.
—— PHOSPHORIQUE. *Voyez* BRIQUET PHYSIQUE.
—— PHYSIQUE.
—— PNEUMATIQUE.
—————— A BAYONNETTE.
—————— A VIS, A ROBINET.
BRISE.
BRISOMANTIE.
BRONCHES.
BRONZE.
BROUILLARD.
—— EXTRAORDINAIRE.
—— SEC.
BROUILLARDS (*Électricité des*).
BROUINE. *Voyez* BRUME.
BROYEMENT.
BRUINE.
BRUIT.
—— DE LA GRÊLE.
—— DE LA PLUIE.
—— DU CANON.
—— DU TONNERRE.
BRULANT (*Miroir*).
BRULANTE (*Montagne*). *Voyez* MONTAGNE, VOLCAN.
BRULER.
BRUME.
BUCCINE.
BUFFON.
BULLE.
—— D'AIR.
—— D'EAU.
—— DE SAVON.
—— DE VAPEUR.
—— DE VESSIE.
—— VÉSICULAIRE.
BURBAS.
BURIN (*Constellation du*).
BUVEUR.

A B A

ABAISSEUR, de Bassus, *bas*; musculus depressor; *solcher muskel, herunter lasser*. Muscles dont l'action consiste à abaisser ou à tirer en bas les parties auxquelles ils sont attachés : les anatomistes distinguent les suivans.

ABAISSEUR DE L'ŒIL; *herunter lasser des auges*. L'un des quatre muscles droits qui servent à faire mouvoir l'œil dans son orbite, & auxquels on donne les noms de : *releveur*, c'est le muscle qui fait faire à l'œil un mouvement droit de bas en haut ; *abaisseur droit inférieur* ou *humble*, qui meut l'œil de haut en bas ; *abducteur liseur*, & *abaisseur dédaigneux*; le premier meut l'œil de droite à gauche, & le second de gauche à droite.

Ces muscles ont leur attache fixée dans le fond de l'orbite, à la circonférence du trou optique, & leur attache mobile au bord antérieur de la cornée opaque.

ABAISSEUR DE L'AILE DU NEZ ou *myrtiforme*: petit muscle dont les fibres, nées de la face antérieure de l'os maxillaire supérieur, immédiatement au-dessous des alvéoles des dents incisives, se portent à la partie postérieure de la narine correspondante, & se terminent en cet endroit, depuis le cartilage de la cloison jusqu'à celui de l'aile du nez.

ABAISSEUR DE L'ANGLE DES LÈVRES ou *triangle maxillo-labial*, s'étendant de la ligne oblique externe de la mâchoire inférieure à la commissure des lèvres, où il se termine en pointe.

ABAISSEUR DE LA LÈVRE INFÉRIEURE : carré du menton, *manto-labial*, situé obliquement au-dessous de la lèvre inférieure; il tire son origine, comme le précédent, derrière lequel il est placé, de la ligne oblique externe de la mâchoire inférieure, & se perd dans l'épaisseur de la lèvre, en se joignant à celui du côté opposé & à quelques fibres de l'incisif inférieur.

ABAS : poids dont on se sert en Perse pour peser les perles & les pierres précieuses.

L'*abas* de Perse est un huitième moins fort que le karat d'Europe. Les marchands joailliers, & surtout les Espagnols, s'en servent sous le nom de *quitola*. Ils le divisent en quatre grains, & chaque grain en demi, quart, huitième & seizième de quitole ; & c'est avec ces divisions que les marchands joailliers peuvent donner précisément la juste valeur aux pierres précieuses.

ABASSI : monnoie d'argent de forme ronde,

qui a cours en Perse & dans l'Orient. L'*abassi* vaut un peu plus que 93 centimes de France.

ABDUCTEUR, de ab, *hors*; duco, *conduire*; abductor. Muscles destinés à faire mouvoir certaines parties, en les éloignant de l'axe du corps.

ABDUCTEUR DE L'ŒIL; *abductor des auges*. L'un des quatre muscles droits de l'œil, celui qui sert à faire tourner l'œil du côté opposé au nez : on lui donne le nom d'*abducteur liseur*, *abducteur dédaigneux*.

Il a son attache fixe dans le fond de l'orbite, à la circonférence du trou optique, & son attache mobile aux bords antérieur & extérieur de la cornée opaque. *Voyez* DROIT EXTERNE, ŒIL, ABAISSEUR.

ABONDANT, de ab, *de*; undo, *couler*; abundans; *reichlich*. C'est, en arithmétique, un nombre dont toutes les parties aliquotes prises ensemble, forment un tout plus grand que le nombre.

ACCÉLÉRATION DIURNE DES ÉTOILES; acceleratio diurna stellarum. Quantité dont les étoiles avancent chaque jour, soit à leur lever, soit à leur coucher, soit enfin à leur passage au méridien. Il est de 3' 56".

Cette *accélération*, dont les astronomes font un usage continuel, vient du retardement effectif du soleil. Son mouvement propre vers l'orient, qui est de 59' 4" de degré tous les jours, fait que l'étoile qui paroissoit au méridien, en même temps que le soleil, est plus occidentale aujourd'hui de 39' 8", ou de 3' 56" de temps dont elle passera plutôt qu'hier.

ACCORDOIR ; *stein hammer*. Petit instrument qui sert à accorder les instrumens de musique.

L'*accordoir* d'un orgue est fait en forme d'un petit cône, dont on affuble les tuyaux en les pressant jusqu'à ce qu'ils soient assez étroits pour les faire descendre aux tons que l'on desire ; ou en poussant la pointe du cône dans le tuyau, lorsqu'on le veut élargir & le faire monter.

L'*accordoir* d'un clavecin est fait comme un petit marteau.

ACÉTIFICATION ; acetificatio, de acetum facere. Opération par laquelle les substances animales ou végétales se transforment en acide acéteux ou en vinaigre.

Presque tous les chimistes considèrent l'*acétification* comme le résultat d'une fermentation particulière qui fuccède à la fermentation vineufe, & dans laquelle il fe combine de l'oxigène à la liqueur fpiritueufe.

Chaptal (1) établit fix conditions principales pour déterminer l'*acétification* : 1°. qu'il exifte, dans la liqueur, une portion de ferment ou principe végéto-animal ; 2°. que la liqueur contienne un principe fpiritueux ; 3°. qu'elle foit expofée au contact de l'air ; 4°. qu'elle foit expofée à un degré de chaleur foutenue entre 18 & 20 degrés du thermomètre de Réaumur ; 5°. que l'on y introduife ou qu'elle contienne du levain ; 6°. enfin, qu'elle éprouve un léger mouvement.

Quatre fortes de phénomènes ont lieu pendant cette opération.

1°. Il fe produit un mouvement dans la maffe, & une forte de frémiffement entre-toutes les parties conftituantes ; ce frémiffement eft fenfible à l'œil.

2°. Il fe dégage de la chaleur ; la température s'élève de 25 à 26 degrés de Réaumur, dans de grands volumes de liquide.

3°. Il s'élève & s'échappe de petites bulles qui font un mélange d'alcool & d'acide carbonique.

4°. La liqueur devient trouble : on voit s'agiter & fe mouvoir, dans fon fein, des ftries qui s'élèvent, fe précipitent, fe divifent, fe réüniffent & forment un dépôt reffemblant, par fa confiftance, à de la bouillie, adhérant avec force à tous les corps qu'il touche.

Lorfque tous ces phénomènes ont ceffé, & que le dépôt s'eft formé, la liqueur eft claire & le vinaigre eft fait.

Fabrony (2) penfe que l'*acétification* eft due à la réaction des fubftances fluides, à la décompofition d'un véritable mucilage. Il le prouve par la nature des vins muqueux, plus promptement acefcens que les autres ; par celle des vins qui filent d'autant plus, qu'ils contiennent plus de matière végéto-animale. Cependant il n'y a pas ici de dégagement de gaz : ce n'eft donc pas plus une effervefcence qu'une fermentation ; l'abforption de l'air n'y eft pas néceffaire, & ce n'eft pas à l'oxigène atmofphérique qu'eft due l'*acétification*, mais bien à la décompofition fimple de la matière muqueufe très-oxigénée contenue dans le vin ; puifque ce liquide, dans lequel on a mis du mucilage, devient de très-bon vinaigre, quand on l'expofe à une douce température dans des vaiffeaux bien fermés. La peau employée par les vinaigriers, fous le nom de *mère de vinaigre*, n'eft qu'un mucilage qui acétifie facilement le vin dans lequel on le plonge.

Vauquelin & Fourcroy (3) partagent l'opinion de Fabrony, que la fermentation n'eft pas effen-

(1) *Chimie appliquée aux Arts*, tom. III, pag. 148 & fuivantes.

(2) *Annales de Chimie*, tome XXXI, pag. 306.

(3) *Ibidem*, tom. XXXV, pag. 181 & fuivantes.

tiellement néceffaire à l'*acétification* ; ils indiquent quatre manières différentes d'obtenir de l'acide acéteux : la première, par le moyen du feu ; la feconde, par l'action des acides ; la troifième, par la fermentation du vin ; la quatrième, par la fermentation des fubftances animales.

On a un exemple du premier mode d'*acétification*, en foumettant à l'action du feu & en diftillant des gommes, des tartrites, des mucilages, des bois. Cette action du calorique, diffociant les principes conftituans des matières végétales, en combine une partie de manière à y faire naître de l'acide acéteux ; cette converfion eft accompagnée d'eau, de formation, de dégagement d'acide carbonique gazeux, & de précipitation de carbone à l'état de charbon.

Le fecond mode d'*acétification* exifte dans la manière dont on traite les gommes, le fucre, les extraits, la gélatine, à l'aide des acides fulfurique, nitrique & muriatique oxigénés. La plupart des acides végétaux & l'alcool lui-même éprouvent fouvent un pareil changement par l'influence décompofante des acides indiqués. Pendant que ce genre d'*acétification* a lieu, il fe forme auffi de l'eau & de l'acide carbonique ; quelquefois il fe dépofe du charbon. Il faut ajouter ici que cette *acétification* eft le dernier terme d'*acétification* végétale, puifqu'en traitant l'acide acéteux par la même action décompofante des acides minéraux, on détruit fa nature acéteufe & on le fait paffer à l'état d'eau & d'acide carbonique, comme cela a lieu dans toute décompofition végétale pouffée à fon *maximum*.

Prouft affure (1) que cette formation d'*acide acéteux* ne lui a pas réuffi ; cela vient-il de ce qu'il a pouffé la décompofition végétale à fon *maximum*? C'eft une queftion qu'il eft bon d'examiner.

Quant au troifième mode, le feul qu'on admettoit autrefois, c'eft la fermentation acéteufe, qui convertit toutes les efpèces de vin en vinaigre : il n'y a dans celle-ci ni précipitation de carbone, ni dégagement d'acide carbonique. On fait qu'elle a lieu par l'abforption de l'oxigène atmofphérique, & qu'elle fuppofe la préexiftence des liqueurs vineufes.

Sauffure obfervé (2) que l'on avoit remarqué dans l'*acétification* du vin une abforption d'oxigène qui paroît être comme la caufe de l'acidité qui fe développoit ; mais ce favant annonce qu'il s'eft affuré, par de nouvelles expériences, que le gaz oxigène étoit fimplement changé en acide carbonique, & qu'il n'y avoit aucune autre abforption que celle de l'acide carbonique formé : la production de l'acidité ne peut donc être due qu'à l'excès de l'oxigène qui devient dominant lorfqu'une partie de l'hydrogène a produit de l'eau.

(1) *Dictionnaire de Chimie* de Klaproth, tom. I, pag. 36, Acide acétique.

(2) *Annales de Chimie*, tom. L, pag. 233.

Enfin,

Enfin, le quatrième mode d'*acétification* est une espèce de fermentation particulière qui a lieu dans plusieurs matières étrangères à la nature des liqueurs vineuses, & qui a quelques rapports avec la décomposition putride : c'est celle que l'on observe dans les liqueurs animales abandonnées à elles-mêmes, & surtout dans les urines.

Chacun de ces modes d'*acétification* produit des acides acéteux qui ont un caractère spécifique propre à faire reconnoître & à indiquer la source d'où il a pris naissance.

Ainsi, 1°. l'acide acéteux par le feu est empyreumatique; il tient en dissolution une huile âcre, qui lui donne une odeur, une couleur & une saveur particulières.

2°. L'acide acéteux factice, & produit par l'action des acides, est caractérisé par la présence de l'acide malique ou de l'acide oxalique formé en même temps que lui, par la foiblesse qu'il a en raison de l'eau, qui est aussi formée avec les trois acides précédens.

3°. L'acide acéteux provenant du vin, contient du tartre, de l'alcool & une matière colorante, qui le caractérisent en particulier. C'est, comme on l'a dit, un acide spiritueux.

4°. Enfin, l'acide acéteux produit par la fermentation putride est toujours uni, en tout ou en partie, à de l'ammoniaque qui naît comme lui de ce mouvement septique.

Mais quelles que soient les matières ou les composés nouveaux unis à l'acide acéteux, formé dans l'une ou l'autre des quatre circonstances indiquées, cet acide, que l'on peut séparer plus ou moins facilement de chacune de ces substances, est toujours le même, toujours semblable à celui qui est retiré du vin aigri à l'aide de la distillation.

Il doit donc être reconnu aujourd'hui que l'acide acéteux n'est pas le produit unique de la fermentation du vin, & que sa production, extrêmement fréquente, est un des phénomènes les plus constans de l'analyse végétale & animale. *Voyez* VINAIGRE.

ACHTELING : mesure de liqueurs dont on se sert en Allemagne; il faut trente-deux *achtelings* pour faire un heemer. Quatre schiltères font un *achteling*. L'heemer ou eimer a lui-même plusieurs valeurs. *Voyez* HEEMER, EIMER.

ACHTENDEELEN : mesure de grains dont on se sert en quelques endroits de la Hollande. Deux hoeds de Gormiheng font cinq *achtendeelens*.

ACIDE AMNIQUE; acidum amnium; *amnische sœure*. Acide provenant de la liqueur de l'amnios de la vache.

On doit à Vauquelin & à Boniva (1) la découverte de cet acide : ils l'ont obtenu en faisant éva-

porer lentement la liqueur de l'*amnios* de la vache. Lorsque cette liqueur est réduite à un quart de son volume, on voit des cristaux blancs & brillans qui s'en séparent par le refroidissement. Si l'on dissout ces cristaux dans l'alcool, & qu'on fasse évaporer le dissolvant, on obtient un *acide* très-pur.

Les cristaux ainsi obtenus ont une saveur *acide* foible; ils rougissent la teinture de tournesol; ils sont peu solubles dans l'eau froide, & beaucoup dans l'eau bouillante, d'où ils se séparent, pendant le refroidissement, sous forme d'aiguilles à plusieurs centimètres de longueur.

Cet *acide* se combine aisément avec les alcalis caustiques, qui le rendent très-soluble dans l'eau : les autres *acides* le séparent de sa combinaison solide sous la forme de petits cristaux blancs pulvérulens.

Il ne décompose point, à froid, les carbonates alcalins, mais la décomposition s'obtient par la chaleur.

Il ne produit point de changement dans la dissolution aqueuse des terres alcalines; il n'altère pas davantage les nitrates d'argent, de plomb & de mercure.

Cet *acide*, exposé au feu, se boursoufle, & exhale une odeur d'ammoniaque sensiblement mêlée d'*acide* prussique; il laisse un charbon volumineux.

La petite quantité de cet *acide*, qu'ils ont pu se procurer jusqu'à présent, n'a pas permis à Vauquelin, à Boniva, de le soumettre à un plus grand nombre d'expériences, ni de déterminer la nature & la proportion des élémens qui le composent; cependant les caractères qui viennent d'être exposés ont suffi pour le convaincre qu'il étoit d'une nature particulière & ne ressembloit à aucun autre.

Il sembleroit d'abord avoir quelqu'analogie avec les *acides* sachlactique & urique; mais on s'aperçoit bientôt que ces rapports ne sont qu'extérieurs, & n'existent point dans la nature intime de ces *acides*. En effet, l'*acide* sachlactique ne fournit point d'ammoniaque par la distillation : l'*acide* urique donne, à la vérité, de l'ammoniaque & de l'*acide* prussique au feu; mais il n'est point aussi soluble dans l'eau chaude, ne cristallise point en longues aiguilles blanches & brillantes, & surtout ne se dissout point dans l'alcool bouillant, comme celui de l'*amnios*.

ACIDE ARSENIQUE; acidum arsenicum; *arsenik sœure*: Combinaison de l'arsenic avec l'oxigène.

L'*acide arsenique* est blanc, en masse compacte, presque sans saveur, quoiqu'il soit très-caustique; sa pesanteur spécifique est de 3,391; il rougit la teinture de tournesol; il est très-fixe au feu, beaucoup plus que l'oxide blanc. A une haute température, il se fond en un verre transparent qui attaque fortement les vaisseaux. Ce verre attire puissamment l'humidité de l'air. Si l'on chauffe

(1) *Annales de Chimie*, tom. XXX, pag. 279.

Dict. de Phys. Tome II.   C

fortement cet *acide*, il se dégage du gaz oxigène, & une partie repasse à l'état d'oxide blanc.

Six parties d'eau, à la température de l'atmosphère, dissolvent lentement une partie d'*acide arsenique*. Dans deux parties d'eau bouillante, il se dissout presqu'instantanément. Cette solution retient l'*acide*, même en faisant évaporer une grande quantité d'eau. Lorsqu'il ne reste plus que la moitié du poids de l'*acide*, la dissolution prend une consistance sirupeuse; en pour suivant l'évaporation, il se dépose des cristaux sous la forme de grains.

Cet *acide* est un des plus violens poisons que l'on connoisse. Les symptômes qui caractérisent ses ravages (1) sont, une saveur austère, un resserrement du gosier, un ptyalisme, des vertiges & des douleurs atroces d'estomac; les lèvres, la langue, le palais & la gorge s'enflamment; le malade éprouve une fièvre ardente, une soif inextinguible, quelquefois des nausées, le hoquet, des palpitations suivies d'une grande prostration de forces; la respiration devient difficile, la face prend une teinte livide, le corps s'enfle, les extrémités deviennent insensibles; l'haleine est infecte, les déjections sont fétides, l'urine est sanguinolente, le délire s'empare du malade; il pousse des soupirs, il a des syncopes fréquentes, il meurt.

Dès qu'une personne se trouve empoisonnée par l'arsenic, le premier soin que l'on doit prendre est de provoquer le vomissement sans employer les émétiques irritans ni l'huile, mais en faisant boire au malade du lait, de l'eau de gruau, de l'eau de graine de lin & une décoction de racine de guimauve, & en chatouillant le pharynx. On peut aussi employer les sulfures alcalins ou l'hydrogène sulfuré, pour neutraliser les effets de l'arsenic; mais ces deux substances opèrent difficilement, lorsque l'arsenic a été pris sous forme sèche.

Quelqu'effroyables que soient les effets de l'*acide arsenique*, il n'en est pas moins employé en petite dose en médecine, dans les fièvres intermittentes, dans les maladies de peau, dans plusieurs maladies invétérées. Pour cela, on met un grain de cet *aciae* dans une once d'eau; & l'on boit chaque matin un gros de cette eau, ce qui porte à un huitième de gros la quantité d'arsenic que l'on prend.

L'*acide arsenique* est employé dans les arts: combiné avec la potasse, il fait un mordant très-utile pour fixer la garance sur les toiles de coton: on s'en sert aussi dans les verreries pour rendre le verre opaque; il entre dans la composition de quelques vernis. On mélange cet *acide* avec de la farine, des amandes pilées, du vieux fromage ou de la graisse, pour former de la *mort-aux-rats*.

Bucholz prépare l'*acide arsenique* en dissolvant

(1) *Dictionnaire des Sciences médicales*, tom. II, pag. 208 & 209.

8 parties d'oxide blanc d'arsenic dans 2 parties d'*acide* muriatique à 1,20, & 24 parties d'*acide* nitrique à 1,25; il fait bouillir le mélange jusqu'à ce que l'oxide soit dissous & qu'il ne se dégage plus de gaz nitreux. Il fait ensuite évaporer sa dissolution dans un creuset, & lorsque la matière est sèche, il fait rougir le creuset; il ne tient que très-peu de temps la matière au feu, parce qu'une chaleur trop forte & long temps continuée décompose une partie de l'*acide arsenique*; & il passe à l'état d'oxide blanc.

Pendant l'opération, l'oxide blanc d'arsenic augmente, d'après Proust, de 0,15 de son poids, & d'après Bucholz, de 0,16. Cette coïncidence de résultat est aussi parfaite qu'il est possible de le désirer dans des expériences d'une nature aussi délicate; & comme tout prouve que c'est de l'oxigène qui s'est combiné à l'oxide d'arsenic dans cette expérience, il s'ensuit que l'*acide arsenique* est composé d'environ

86,5 d'oxide blanc d'arsenic.
13,5 d'oxigène.
_____
100

Mais comme l'oxide d'arsenic contient à peu près 0,25 d'oxigène, il s'ensuit que l'*acide arsenique* contient, d'après les expériences de Proust & de Bucholz,

65 d'arsenic.
35 d'oxigène.
_____
100

Les mêmes résultats ont aussi été trouvés par Rose; cependant Berzelius porte la proportion de ses composans à:

48,571 d'arsenic.
51,428 d'oxigène.
_____
100

ACIDE BENZOÏQUE; acidum benzoicum; *benzoe sœure*. Substance acide que l'on retire du *benjoin*.

Cet *acide* est ordinairement en poudre blanche & légère, qui a une espèce de flexibilité. Lorsqu'il est obtenu par sublimation, il forme des prismes ou des aiguilles flexibles & soyeuses. Vauquelin, laissant refroidir lentement une dissolution aqueuse de cet *acide*, après l'avoir concentrée, obtint l'*acide benzoïque* cristallisé en belles lames.

Sa saveur est âcre, chaude & un peu amère; son odeur est foible, quelquefois aromatique, ce qui provient, sans doute, d'un peu d'huile volatile qu'il retient; car, suivant Giese, lorsque l'*acide* est pur, il est sans odeur. L'*acide benzoïque* n'altère pas sensiblement le sirop de violettes, mais il rougit fortement la teinture de tournesol.

Hassenfratz a trouvé sa pesanteur spécifique de

0,667, mais cet *acide* étoit en poudre légère & extremement divisée.

L'*acide benzoïque* se volatilise avant d'être décomposé par le calorique ; volatilisé, il répand une odeur forte qui excite la toux. Lorsqu'on le met sur des charbons ardens, il s'élève en vapeur blanche qui s'enflamme à l'approche d'une bougie. En le chauffant dans une cuiller d'argent, ou au chalumeau, il fond, devient liquide & s'évapore. Quand on le laisse refroidir, après la fusion, il se durcit, & il se forme à sa surface une pellicule rayonnée : distillé dans des vaisseaux clos, la plus grande partie se sublime sans être altérée : une petite quantité se décompose, & est presqu'entièrement convertie en huile ou en gaz hydrogène carboné.

Cet *acide* n'est pas altéré par son exposition à l'air ; il est peu soluble dans l'eau froide. D'après Wenzel & Lichtenstein, 480 parties d'eau bouillante dissolvent 20 parties d'acide, & 19 se précipitent, par le refroidissement, en longs cristaux sous la forme de plume. L'alcool dissout à froid cet *acide* ; il se précipite en partie lorsqu'on y ajoute de l'eau. Si l'on évapore l'alcool, ou qu'on le brûle, l'*acide benzoïque* reste, à l'exception d'une partie qui brûle avec étincelle.

Pris intérieurement, il détermine d'abord sur la langue & sur les organes de la déglutination, un sentiment de picotement & de chaleur ; il augmente l'appétit, la chaleur générale, favorise la transpiration cutanée & la sécrétion muqueuse des bronches.

On emploie ce médicament à la dose de six à dix-huit grains, particulièrement pour exciter l'organe pulmonaire dans la troisième période du catarre aigu, & dans le catarre chronique ; on s'en sert moins aujourd'hui qu'autrefois.

Parmi les procédés qu'on emploie pour retirer l'*acide benzoïque*, le plus simple consiste à mettre du benjoin dans un vase vernissé, à chauffer ce vase sur un bain de sable, & à le couvrir d'un cône de papier. L'*acide benzoïque* se sublime & s'attache aux parois du cône, qu'on enlève pour lui en substituer un autre, & ainsi successivement.

A cette méthode ennuyeuse, difficile, & qui ne donne qu'une petite quantité d'*acide*, Neuman, Scheele, Gœttling, Trommsdorf, Sueisen, &c., en ont substitué d'autres plus promptes & plus productives : celle que l'on indique dans l'*Annuaire de Pharmacie de Berlin*, pour 1806, paroît la meilleure.

On met en ébullition, pendant une heure, 4 onces de benjoin concassé, & 3 gros de carbonate de potasse, ou une même quantité de carbonate de soude, avec une suffisante quantité d'eau ; on fait bouillir de nouveau le résidu, après l'avoir broyé, & l'on répète trois fois cette opération. Après le refroidissement, on ajoute à la liqueur de l'*acide* sulfurique, & l'on obtient 5 gros d'*acide benzoïque* sans résine.

Fourcroy & Vauquelin ont retiré de l'*acide benzoïque* de l'urine de cheval & des bêtes à cornes. A cet effet ils ont fait évaporer de l'urine à un très-petit volume, & y ont ajouté de l'*acide* muriatique concentré ; l'*acide benzoïque* s'est précipité sous forme pulvérulente, blanche, cristalline ; ils ont lavé le précipité pour enlever les impuretés.

Dans l'urine, cet *acide* est uni à la soude, & c'est pour décomposer ce sel qu'ils ajoutent de l'*acide* muriatique.

Il n'a pas été possible, jusqu'à présent, de décomposer exactement de l'*acide benzoïque* seul. On ne peut pas connoître parfaitement ses composans ; on sait seulement qu'on peut en retirer, par le feu, de l'huile & du gaz hydrogène carboné.

Avant que l'on eût reconnu qu'un *acide* pouvoit exister sans oxigène, on etoit porté à regarder l'*acide benzoïque* comme le composé d'une base particulière unie avec le principe acidifiant ; mais comme rien n'indique aujourd'hui son existence, & que l'on y trouve bien sûrement de l'hydrogène, on est presque tenté de supposer que cet *acide*, qui est tout contenu dans le benjoin & dans les substances d'où on le retire, peut être acidifié par l'hydrogène.

ACIDE CHLORIQUE, de χλωρος, *vert ; acidum chloricum ; clorische sauer.* Ce nom lui a été donné, parce que cet *acide* a une couleur vert-jaunâtre. C'est la substance connue sous le nom d'*acide muriatique suroxigéné*.

Scheele découvrit, en 1774, une substance gazeuse en dissolvant du manganèse avec de l'*acide* muriatique ; il lui donna le nom d'*acide muriatique déphlogistiqué*, & les chimistes français la nommèrent *acide muriatique oxigéné*, parce qu'ils la considéroient comme une combinaison de l'*acide* muriatique avec l'oxigène.

Thenard, Gay-Lussac & Davy, ayant reconnu que cette substance ne jouissoit pas des propriétés ordinaires des *acides*, la regardèrent comme un corps simple, susceptible de produire deux *acides* différens, en le combinant avec l'hydrogène ou avec l'oxigène. *Voyez*, pour le premier, ACIDE HYDRO-CHLORIQUE, & pour sa base, le mot CHLORE.

Cet *acide* (·) est toujours à l'état de gaz ; sa couleur est le vert jaune très-foncé ; son odeur participe de celle du sucre brûlé & de celle du *chlore*, ou gaz acide muriatique oxigéné ; sa pesanteur spécifique est de 2,4174. Ce gaz rougit dabord les couleurs bleues, & les détruit ensuite.

Exposé à une douce chaleur, l'*acide chlorique* se décompose tout-à-coup ; la chaleur de la main est souvent suffisante ; aussi, quand on transvase ce gaz d'une cloche dans une autre, en opère-t-on quelquefois la décomposition. En détonant, il se dégage du calorique & de la lumière. Le gaz

---

(1) *Chimie* de Thenard, tom. I, pag. 592.

acide chlorique, en fe décompofant, fe transforme en chlore & en oxigène. Le volume des gaz que l'on obtient eft à celui qu'occupoit l'*acide* : : 6 : 3. De 50 parties de gaz ainfi décompofé, on retire en volume 40 parties de gaz chlore, & 20 de gaz oxigène.

Pour obtenir cet *acide*, on met dans une fiole cinq à fix parties de muriate furoxigéné avec trois à quatre parties d'*acide* muriatique; on adapte au col de la fiole un tube recourbé, on la place fur un fourneau, & on la chauffe légèrement. Par ce moyen le muriate furoxigéné fe décompofe peu à peu, & on obtient, d'une part, du deuto-muriate de potaffium qui eft en diffolution dans la liqueur, & d'autre part, du gaz *acide chlorique* mêlé d'un peu de gaz chlore. On recueille ces gaz fur le mercure, & on les laiffe en contact avec le métal pendant plufieurs heures, jufqu'à ce que l'on juge que le chlore foit abforbé.

Berthollet, à qui l'on doit la découverte des muriates furoxigénés, démontre que ces fels devoient être formés d'*acide* muriatique oxigéné & de bafe falifiable. Chenevix, dans fon analyfe du muriate oxigéné de potaffe, recueillit le gaz oxigène, & examina le réfidu de la cornüe; il crut pouvoir déterminer que 100 parties de fel contenoient 58,3 d'*acide* muriatique oxigéné, confiftant en 20 d'*acide* muriatique, & 38,3 d'oxigène; d'où il fuit que 100 parties d'*acide chlorique* feroient compofées de

16 d'oxigène.
84 d'acide muriatique.

100

D'après Thenard, fa compofition doit être de

36,5 d'oxigène.
63,5 d'acide muriatique.

100

Il paroît que Davy eft le premier qui foit parvenu à ifoler cet *acide*. On croyoit même qu'il ne pouvoit exifter qu'en combinaifon avec d'autres corps.

ACIDE FLUOBORIQUE; acidum fluoboricum; *fluoborifche fauer*. Combinaifon des *acides borique* & *fluorique* nouvellement découverte par Gay-Luffac & Thenard.

Cet *acide* s'obtient fous forme de gaz. Ce gaz (1) eft abfolument fans couleur; fon odeur eft piquante, & reffemble à celle de l'*acide* muriatique; on ne peut le refpirer fans être fuffoqué; il éteint fenfiblement les corps en combuftion, & rougit avec l'énergie la plus puiffante les couleurs bleues végétales. Lorfqu'on le met avec l'air contenant

de l'eau hygrométrique, il en réfulte des vapeurs auffi épaiffes que celles que forment enfemble le gaz *acide* muriatique & le gaz ammoniac. Sa pefanteur fpécifique eft de 2,371. Cent pouces cubes pèfent 73,5 grains.

Il diffère du gaz fluorique, en ce qu'il n'a aucune action fur le verre; il en a au contraire une très-grande fur les matières végétales & animales; il les attaque avec autant de force que l'*acide* fulfurique concentré, & paroît agir fur ces matières comme cet *acide*, en déterminant une formation d'eau, car il les carbone; auffi transforme-t-il facilement l'alcool en un véritable éther, & noircit-il fur-le-champ le papier le plus fec, en répandant des vapeurs dües à l'eau qui fe forme, & par laquelle il eft abforbé; cependant on peut le toucher fans fe brûler.

Expofé à l'action d'une très-haute température, il ne fe décompofe point; il fe condenfe par le froid fans changer d'état. Lorfqu'on le met en contact avec le gaz oxigène ou l'air, foit à froid, foit à chaud, il n'éprouve aucune forte d'altération; feulement il s'empare, à la température ordinaire, de l'humidité que ces gaz peuvent contenir, fe liquéfie, & donne naiffance à des vapeurs extrêmement épaiffes. Il fe comporte de la même manière avec les gaz qui contiennent de l'eau hygrométrique: pour peu qu'ils en contiennent, il y produit des vapeurs très-fenfibles. On peut donc l'employer, avec beaucoup de fuccès, pour favoir fi un gaz eft fec ou humide.

Aucun corps combuftible non métallique, fimple ou compofé, n'attaque le gaz *aciae fluoborique*. Parmi les métaux anciennement connus, aucun ne décompofe l'*aciae fluoborique*. On n'a encore opéré de décompofition qu'en le traitant par le potaffium & le fodium: ces deux métaux nouveaux, à l'aide de la chaleur, brûlent dans le gaz *fluoborique*, prefque comme dans le gaz oxigène. Du bore & du deuto-fluate de potaffe font les produits de cette décompofition; d'où il réfulte que ce métal s'empare de l'oxigène de l'*acide borique*, qu'il met le bore à nu, s'oxide & fe combine avec l'*acide fluorique*.

Pour obtenir ce gaz *acide*, on prend une partie (1) d'*acide borique* vitrifié & deux parties de fluate de chaux; après les avoir réduites en poudre dans un mortier de fer ou de laiton, on les mêle intimement dans une fiole avec douze parties au moins d'*acide fluorique* concentré; puis on adapte un tube recourbé au col de la fiole; on la place, par le moyen d'un gril, fur un fourneau; on la chauffe peu à peu: bientôt le gaz *fluoborique* fe produit, chaffe l'air, & apparoît fous forme de vapeur très-épaiffe; on le recueille fur le mercure. Il n'eft pur que lorfque l'eau peut l'abforber entièrement & fubitement; il y eft exceffivement foluble.

---

(1) *Recherches phyfico-chimiques* de Gay-Luffac & Thenard, tom. II, pag. 37.

(1) *Annales de Chimie*, tom. LXXXVI, pag. 178.

Perfonne n'a encore déterminé les proportions d'*aciae borique* & d'*acide fluorique* qui conftituent ce gaz.

ACIDE HYDRO-CHLORIQUE ; acidum hydrochloricum ; *hydrochlorifche fauer*. C'eft l'*acide* muriatique du commerce. *Voyez* ACIDE MU-RIATIQUE.

Nous ne parlons ici de cet *acide*, que parce que l'opinion que l'on a aujourd'hui fur fa compofition differe de celle que l'on en avoit il y a quelques années.

Jufqu'à préfent on avoit regardé l'*acide muriatique* comme le réfultat de la combinaifon d'une bafe inconnue avec l'oxigène, quoique toutes les tentatives employées pour déterminer la nature de cette bafe euffent été infructueufes.

Auffitôt que Gay-Luffac & Thenard eurent fait voir la poffibilité de confidérer l'*acide muriatique oxigéné* comme uue fubftance fimple, & l'*acide muriatique* comme une combinaifon d'*acide muriatique oxigéné* & d'hydrogène, Davy s'empreffa d'adopter cette opinon, & donna à l'*acide muriatique oxigéné* le nom de *chlorin*, ou plutôt *chlore*, à caufe de fa couleur jaune, & celui d'*acide hydrochlorique* à l'acide marin.

Il eft vrai que tous les phénomènes produits par les *acides* muriatique & muriatique oxigéné peuvent également s'expliquer, dans la fuppofition que l'*acide* muriatique oxigéné foit compofé d'*acide* muriatique & d'oxigène ; que dans l'hypothèfe que l'*acide* muriatique foit un compofé d'*acide*. muriatique oxigéné & d'hydrogène : ainfi, comme il n'exifte encore aucun fait qui puiffe exclure l'une ou l'autre des deux explications, il eft affez indifférent que l'on nomme cette fubftance *acide muriatique* ou *acide hydro-chlorique*.

Tant que l'on n'a connu qu'une feule bafe, le foufre, qui fut fufceptible de produire deux *acides* différens, l'un avec l'oxigène, l'*acide* fulfurique, l'autre avec l'hydrogène, l'hydrogène fulfuré, on étoit tenté de tenir à l'ancienne opinion, c'eft-à-dire, de confidérer l'*acide* muriatique comme le produit de la combinaifon d'une bafe fimple avec l'oxigène ; mais depuis que l'on s'eft affuré qu'une feconde fubftance, l'*iode*, jouit de la même propriété, plufieurs chimiftes ont adopté l'opinion de Davy, & ont regardé l'*acide* muriatique comme étant un acide *hydro-chlorique*. *Voyez* CHLORE.

ACIDE HYDRIODIQUE ; acidum hydriodicum ; *hydriodifche fauer*. Combinaifon de l'iode avec l'hydrogène.

Cet *acide* eft toujours à l'état de gaz (1). Ce gaz eft fans couleur, très-odorant, très-fapide ; il éteint les corps en combuftion & rougit la teinture de tournefol.

---

(1). *Chimie* de Thenard, tom. II, pag. 741.

Il eft abforbé rapidement par l'eau ; auffi répand-il des fumées dans l'air comme le gaz muriatique, en s'emparant de la vapeur aqueufe qu'il y rencontre. Mis en contact avec le gaz muriatique oxigéné, il eft tout-à-fait decompofé ; il cède fon hydrogène à ce gaz acide qui paffe à l'état d'*acide* muriatique, & l'*iode* apparoît fous forme de belles vapeurs violettes qui fe précipitent peu à peu. Le potaffium, le zinc, le fer, le mercure & beaucoup d'autres métaux en opèrent auffi la décompofition, même à la température ordinaire : l'*iode* fe combine avec ces métaux, & l'hydrogène fe dégage. Un volume de ce gaz donne un demi-volume de gaz hydrogène.

Pour obtenir ce gaz *acide*, on introduit dans une petite cornue de verre, du phofphore & de l'*iode* humide ; on chauffe peu à peu ce mélange : il fe produit beaucoup de gaz *acide hydriodique*, que l'on recueille dans une veffie pleine d'air. On opère de la même manière que s'il s'agiffoit de rempir un flacon de gaz muriatique oxigéné.

Si l'on veut fe procurer de l'*acide hydriodique* liquide, il faut, au lieu d'humecter feulement le phofphore & l'*iode*, les recouvrir d'eau, faire l'opération dans une cornue, & recevoir le produit dans un ballon : fi le phofphore n'eft avec excès, fans cela il en réfulteroit de l'*acide hydriodique* qui contiendroit de l'*ioae* en diffolution, & qui, par cette raifon, feroit coloré. Si l'on vouloit obtenir cet *acide* très-concentré, il faudroit faire paffer, à travers ce produit, un excès de gaz *acide hydriodique*.

L'*acide hydriodique* liquide eft très-denfe, très-acide, peu volatil. Soumis à l'action de la pile galvanique, il eft promptement décompofé : l'*iode* fe porte vers le pôle pofitif, & l'hydrogène vers le pôle négatif.

Quoique les phénomènes que préfentent l'*iode*, l'*acide hydriodique* & l'*acide iodique*, puiffent, comme ceux des *acides* muriatique, muriatique oxigéné, muriatique furoxigéné, être expliqués de deux manières, foit en confidérant l'*iode* comme un corps fimple, foit en le confidérant comme un *acide* oxigéné, on eft conduit à adopter la première hypothèfe, d'après les réfultats particuliers que préfente la pile galvanique, par la décompofition qu'elle fait de l'*acide hydriodique* en hydrogène & en iode. *Voyez* IODE, ACIDE IODIQUE.

ACIDE IODIQUE ; acidum iodicum ; *iod fauer*. Combinaifon de l'iode avec l'oxigène.

L'*acide iodique* n'ayant pas encore été obtenu à l'état de pureté, & étant toujours mêlé à l'*acide* fulfurique, il eft difficile de le décrire exactement.

En diffolvant l'*iode* dans une diffolution de baryte concentré, il fe produit deux fels ; l'un eft de l'hydriodate de baryte foluble, l'autre de l'iodate de baryte infoluble : lavant ce dernier fel avec de l'acide fulfurique foible, l'expofant à une foible chaleur, l'iodate de baryte fe décompofe,

& l'on obtient un fulfate de baryte infoluble qui fe précipite en poudre blanche, & l'*acide iodique*, mêlé d'*acide* fulfurique, refte en diffolution.

Si l'on verfe de l'*acide* fulfureux fur le mêlange ou la combinaifon liquide d'*acides* fulfurique & *iodique*, ce dernier *acide* fe décompofe; il cède fon oxigène à l'*acide* fulfureux; l'iode fe précipite à l'état métallique, & l'*acide* fulfureux paffe à l'état d'*acide* fulfurique : fi l'on verfe une grande quantité d'*acide* fulfureux, alors l'eau fe décompofe; l'oxigène s'unit à l'*acide* fulfureux pour en former de l'*acide* fulfurique, & l'hydrogène s'unit à l'*iode* pour produire de l'*acide hydriodique*. *Voyez* IODE, ACIDE HYDRIODIQUE.

ACIDITÉ; acor; *fauerlichkeit*. Qualité aigre, piquante, qui diftingue les acides.

C'eft principalement à la faveur piquante des acides que l'on doit attribuer leur dénomination; car *acidité* vient d'*acide*, qui eft dérivé du grec (*αxις*), pointe, pointu, aigu.

Les principaux effets, produits par l'*acidité*, font : 1°. d'exciter fur la langue un goût piquant; 2°. de rougir la teinture de tournefol, l'infufion de violettes, & un grand nombre de teintures bleues & violettes végétales; 3°. de reftituer les couleurs altérées par les alcalis; 4°. de fe combiner facilement avec l'eau, & d'acquérir, par cette combinaifon, une grande fixité; 5°. d'avoir la faculté de fe combiner avec un grand nombre de corps, & de perdre ainfi leur propriété, particulierement avec les alcalis & plufieurs terres dont ils détruifent l'action alcaline, & de donner naiffance à de nouveaux compofés qui n'ont ni *acidité*, ni alcalinité; 6°. de former des huiles éthérées avec l'efprit de vin; 7°. de précipiter les diffolutions alcalines par leur facile combinaifon avec l'eau, & l'affinité qu'ils acquièrent, par cette combinaifon, avec l'efprit de vin.

Depuis long-temps les opinions font partagées fur la caufe de l'*acidité* : les uns l'attribuent à la forme des molécules des corps; les autres à la combinaifon d'une fubftance particulière, qu'ils regardent comme le principe de l'*acidité*.

Nous devons à l'hiftoire de la fcience, obferve Guyton, le précis des erreurs qui ont précédé les lumières que quelques génies ont répandues fur cette matière. Lorfque l'on commença à abandonner les quotités occultes, la plupart des chimiftes regardèrent les acides comme des fels compofés de petites parties pointues qui fe faifoient fentir au goût, & les alcalis comme des fels vides qui fermentoient avec les acides. C'eft ainfi qu'en parloit un médecin de Paris, nommé André, dans l'ouvrage qu'il publia en 1667, en réponfe aux obfervations du célèbre Boyle. Homberg expliquoit de même l'efferuefcence des diffolutions, en fuppofant que la matière de la lumière pouffoit les particules des acides dans les pores des al-

calis : Sthal ne tarda pas à combattre le fyftème de cette divifion purement mécanique, & furtout dans fon *Traité des fels*; Keil avoit mis fur la voie de la vérité dans fes théorèmes fur la loi de l'attraction : cependant Lemery n'abandonna pas cette doctrine; elle avoit tellement faifi fes efprits, que le célèbre médecin de Senac, qui eut la première idée de rapprocher Newton & Sthal, fit encore ufage de l'analogie des pores pour rendre raifon de l'action inégale des acides fur les différens corps. Quelques chimiftes, comme Venel, aimèrent mieux revenir aux qualités fympathiques ou occultes que d'admettre ni l'explication mécanique des pointes, ni la diffolution par attraction : enfin, Maquer eft le premier qui ait réellement fait fervir les lois phyfiques à l'explication des phénomènes chimiques.

Paraclèfe & plufieurs chimiftes avoient admis un élément falin ou principe acide univerfel, qui communiquoit à tous fes compofés la faveur & la diffolubilité : Becher alla un pas plus loin; il jugea que, quoique l'acide dût être naturellement une fubftance des plus fimples, il n'y avoit cependant aucune raifon de le placer au nombre des élémens, & le fuppofa formé de l'union de l'eau & de la terre vitrifiable. Stahl regarda cette opinion comme démontrée par la diftillation de l'acide fulfurique avec une huile effentielle : il enfeigna que cet acide, le plus puiffant de tous, & le plus abondamment répandu dans la nature, étoit en effet le principe falin univerfel.

Mayer a placé le principe d'*acidité* dans une fubftance particulière, qu'il a nommée *caufticum*, ou *acidum pingue*. Sage a d'abord regardé l'*acide phofphorique* comme l'acide primitif qui produit tous les autres par compofition; mais bientôt il changea d'opinion, & confidéra l'acide phofphorique comme l'*acide igné* modifié par le mouvement organique dans les animaux, & l'acide igné devint alors fon acide primitif. Wallerius foutient, dans fon *Traité de l'Origine du monde*, que le principe falin réfulte de l'union de l'eau avec la matière calorique. Buffon avoit regardé, dans le *premier volume de fes Supplémens*, la formation des acides par le feu & l'air fixe comme démontrée : Landriani a cru que l'*acide méphitique* étoit l'acide univerfel, parce qu'il a obtenu de l'acide méphitique en traitant plufieurs acides avec des matières inflammables. Enfin, Lavoifier fit voir, par une fuite de belles expériences, que l'oxigène entroit dans la compofition d'un grand nombre d'acides. Ces expériences parurent fi concluantes, que la prefque généralité des chimiftes regarda l'oxigène comme le principe de l'*acidité*.

L'exiftence de l'oxigène n'a été prouvée que dans un certain nombre d'acides, tels que les acides acétique, arfénieux, boracique, carbonique, chromique, citrique, gallique, malique, mellitique, liteux, nitrique, oxalique, phofphoreux, phofphorique, fébacique, fubérique, fuccinique, fulfureux, fulfurique, tartarique; mais il n'a pas encore été trouvé dans les acides benzoïque, fluorique, muriatique, ainfi que dans plufieurs autres.

Berthollet examinant l'hydrogène fulfuré (1), remarqua qu'il fe comporte comme les acides, c'eft-à-dire qu'il rougit la teintuie de tournefol, qu'il fe combine avec les bafes alcalines, & forme avec elles des fels neutres, des hydrofulfures dont quelques-uns peuvent criftallifer : il a fait connoître la criftallifation de l'hydrofulfure de baryte. Vauquelin a fait connoître celle de l'hydrofulfure de foude. Berthollet remarqua encore que ces hydrofulfures, mêlés avec des diffolutions métalliques, changeoient de bafe; que l'hydrogène fulfuré, décompofant les favons, prend la place de l'huile auprès des alcalis ; qu'il précipitoit en grande partie le foufre des diffolutions des fulfures de potaffe ou de chaux, & qu'il tendoit à former, avec le refte, une combinaifon triple. »

Il dit ailleurs (2) : « Je ne rappellerai pas ici les obfervations que j'ai oppofées à l'opinion de ceux qui prétendent que l'*acidité* eft un attribut qui n'appartient qu'à l'oxigène. J'ajouterai feulement que l'hydrogène fulfuré ne contient point d'oxigène, & qu'il s'éloigne cependant très-peu, par fes propriétés acides, de l'acide carbonique qui, fur 100 parties, en contient à peu près 76 d'oxigène. »

Voilà donc une bafe, le foufre, qui eft fufceptible de produire deux acides différens, en fe combinant avec l'oxigène & avec l'hydrogène : avec l'oxigène, il forme les acides fulfureux & fulfurique ; avec l'hydrogène, il forme les hydrogènes fulfurés, qui jouiffent de toutes les propriétés des acides, & que les chimiftes ont enfin claffés parmi les acides.

Ces obfervations paroîtroient faire croire qu'il exifte au moins deux principes acidifians, l'oxigène & l'hydrogène; & ce qu'il y a de remarquable, ainfi que nous le verrons aux mots POTASSIUM, SODICUM, c'eft que cet oxigène, que tous les chimiftes avoient regardé comme le principe acidifiant, vient d'être reconnu comme étant également le principe alcalifant.

Des-lors que l'on a pu admettre plufieurs caufes de l'*acidité*, quelques chimiftes ont cherché à prouver que les acides muriatique & fluorique, dans lefquels on n'avoit pas encore pu trouver d'indice d'oxigène, ne devoient pas leur *acidité* à cette fubftance. Alors Gay-Luffac & Thenard ont remarqué enfuite (3) que l'on reconnoiffoit trois états de l'acide muriatique : 1°. acide muriatique ; 2°. acide muriatique oxigéné ; 3°. acide muriatique furoxigéné ; & que l'état intermédiaire, celui d'acide muriatique oxigéné, jouiffoit de différentes propriétés qui l'écartoient en quel-

que forte des acides. Ils obfervèrent que l'on pouvoit expliquer tous les phénomènes que préfente l'action du gaz muriatique oxigéné fur les corps, en confidérant ce gaz comme un être fimple ou comme formé d'acide muriatique & d'oxigène. Dans le premier cas, l'acide muriatique feroit, comme l'hydrogène fulfuré, un compofé d'acide muriatique oxigéné & d'hydrogène, & l'acide muriatique furoxigéné, comme l'acide fulfurique, un compofé d'acide muriatique oxigéné & d'oxigène. (*Voyez* CHLORE.) Davy a adopté cette opinion.

Enfin, une nouvelle fubftance, récemment découverte par Courtois, vient d'être trouvée, par Gay-Luffac, fufceptible de produire également deux acides différens : l'un avec l'hydrogène, l'acide hydriodique ; l'autre avec l'oxigène, l'acide iodique.

Les deux acides différens, obtenus en combinant le foufre & l'iode avec l'oxigène ou l'hydrogène, & la probabilité que les acides muriatique & muriatique furoxigéné font dans le même cas, prouvent que l'*acidité* peut être le réfultat de deux fubftances au moins, combinées avec différentes bafes. *Voyez* ACIDE HYDRIODIQUE, ACIDE IODIQUE, ACIDE CHLORIQUE, ACIDE HYDROCHLORIQUE, HYDRO-SULFURE.

ACKER ; acra ; *anker*. Mèfure des terres employée à Strasbourg. Cette mefure répond à 0,4098 de l'arpent des eaux & forêts; elle produit 20,92 ares, nouvelle mefure. *Voyez* ARE, HECTARE.

ACLASTE, adj. (Optique); aclaftus; *aclafte*. Nom donné par Leibnitz aux figures qui ont les propriétés requifes pour rompre les rayons de lumière, & qui cependant les laiffent paffer fans aucune réfraction. (Voyez *Leibn. Opt.*, tome III, page 63.)

ACONITUS, d'αχονjιον, *flèche, trait, javelot;* acontias ; *aconites*. Efpèce de comète dont la tête eft quelquefois ronde, quelquefois oblongue & groffe, & dont la queue eft déliée; mais fort longue.

ACOUSMATE ; αχουσμα, *que l'on entend;* acoufmatum ; *acoufmate*. Terme nouvellement inventé pour défigner un bruit de voix humaine & d'inftrumens que des gens, dont l'imagination eft frappée, croient entendre dans l'air.

ACRE, du faxon *acker, champ;* acra; *acker*. Mefure de terre employée comme l'arpent en Angleterre & en Normandie.

Ces acres ont chacun 160 perches du pays. Leur valeur, rapportée à l'arpent de France des eaux &

(1) *Statique chimique*, tom. II, pag. 67.
(2) *Annales de Chimie*, tom. XXV, pag. 357.
(3) *Mémoires de la Société d'Arcueil*, tom. II, pag. 357.

forêts, de 100 perches carrées de 22 pieds chacune, & à l'are de la nouvelle mesure française, est de :

PAYS.	ESPÈCE d'acre.	ARPENS.	ARES.
Angleterre..	Légale. . . .	0,7929	40,49
Normandie . { Grande . . .	1,6000	81,71
Commune. . .	1,3450	68,47

ACRE : monnoie de compte de quelques endroits des Indes orientales. *Voyez* LACRES.

ACRE : poids dont on se sert dans plusieurs Échelles du Levant. *Voyez* ROTTE.

ACRIMONIE; acrimonia; *schaerte*. Piquant, aigre.

On dit qu'une chose a de l'*acrimonie* lorsqu'elle est piquante, corrosive : tels sont les alcalis, les acides, &c.

ACTION CHIMIQUE; *actio chymica*; *chemische bewegung*. Réunion de toutes les forces qui agissent dans les opérations chimiques, pour déterminer la composition & la décomposition des corps.

Pendant long-temps on a regardé ces affinités comme la cause principale & même unique de la composition & de la décomposition des corps.

Affinité vient du latin *affinitas*, formé de *ad* & de *fines*, près des limites, *alliance*. Les chimistes considèrent l'affinité comme la tendance que certaines substances ont à se combiner. Bergman lui a donné le nom d'*attraction élective*, parce que c'est une espèce de choix & de préférence, que les molécules d'une substance abandonnent celles auxquelles elles s'étoient jointes d'abord, pour s'unir à d'autres qu'elles affectoient davantage. On est convenu aujourd'hui de considérer les affinités comme des *attractions* exercées à de petites distances.

On distingue trois espèces d'attractions : 1°. celles qui s'exercent à de grandes distances; c'est l'attraction universelle, c'est cette force en vertu de laquelle tous les corps de la nature s'attirent réciproquement en raison directe de leur masse, & en raison inverse du carré de leur distance; 2°. les attractions à distance finie; telles sont celles de l'électricité, du magnétisme; cette action s'exerce, ainsi que la première, en raison inverse du carré de la distance; 3°. les attractions à des distances infiniment petites & inappréciables, ou *attractions moléculaires*. Celles-ci se manifestent: 1°. dans la cohésion des molécules, quoiqu'elles ne soient point en contact; 2°. dans la cristallisation; 3°. dans la réfraction de la lumière, dans la faculté que les corps solides ont à être mouillés par les liquides, & par suite dans l'action capillaire; 4°. dans toutes les combinaisons chimiques.

Différentes hypothèses ont été formées sur la loi de l'attraction moléculaire : les uns ont supposé qu'elle s'exerçoit en raison inverse du carré des distances, comme l'attraction universelle ; d'autres, comme les cubes, les quatrièmes puissances, &c.; les deux effets produits par l'attraction moléculaire, auxquels on a pu appliquer l'analyse : la réfraction & les phénomènes des tubes capillaires pouvant être calculés dans toute espèce de lois d'action, on n'a encore aucun moyen de déterminer celle qui existe. L'analogie conduit à préférer celle de l'inverse des carrés des distances, puisqu'elle a déjà été observée dans tous les phénomènes où elle a pu être présumée.

Il existe une attraction mixte qui pouvoit former une quatrième espèce d'attraction ; c'est celle des corps flottans sur l'eau, & qui s'exerce à distance sensible ; c'est aussi celle qui fait réunir deux plaques solides qui ont été mouillées : cette attraction n'est qu'apparente ; elle dépend de l'attraction moléculaire, qui donne au solide la propriété d'être mouillé par les liquides.

Guyton de Morveau & plusieurs autres chimistes distinguèrent cinq sortes d'affinités : 1°. d'*agrégation*, qui n'a lieu qu'entre des molécules de même nature, simples ou composées.

2°. *Affinité de composition*, qui unit des substances de nature différente, soit simples, soit composées; celle-ci se distingue en affinités de *dissolution*, de *décomposition*, de *précipitation* ; en affinités *simples*, *doubles*, *compliquées*.

3°. *Affinité disposée*, celle par laquelle on est obligé de faire subir à l'un des corps une décomposition ou une surcomposition.

4°. *Affinité double*, ou *par concours*, lorsque deux ou plusieurs composés échangent leurs parties constituantes.

5°. *Affinité d'excès*, quand deux composés étant en présence, un d'eux se surcompose d'un de ses principes.

Enfin, Berthollet y a réuni une sixième *affinité* qu'il nomme *résultante*, parce que c'est en effet la résultante de toutes les actions que les *affinités* particulières exercent dans un composé.

Après avoir mesuré, dans des expériences particulières, la force des *affinités* exercées par diverses substances les unes sur les autres ; après avoir classé les substances d'après l'ordre de leurs actions, & avoir exprimé par les nombres leur force réciproque, on fut étonné que, dans un grand nombre d'opérations chimiques, les résultats obtenus différassent de ceux que l'on devoit en attendre, soit d'après l'action partielle de chaque substance, soit d'après l'*affinité* résultante : alors on crut devoir reconnoître des anomalies aux lois des affinités, ou distinguer facilement quelques causes de ces anomalies, comme la chaleur, par exemple, dont on ne croyoit pas devoir introduire l'action sous le nom d'*affinité*, afin d'en déduire l'*affinité résultante*.

Un chimiste d'un ordre supérieur, Berthollet, s'occupa

s'occupa long-temps des anomalies obſervées dans les affinités ; & bientôt il trouva, par des expériences ingénieuſes & délicates, qu'elles dépendoient de pluſieurs cauſes différentes que l'on négligeoit ordinairement ; & parmi ces cauſes, il diſtingua particulièrement, 1°. la maſſe des corps dont les *affinités* exercent leur action ; 2°. la force de cohéſion des molécules ; 3°. la tendance à la criſtalliſation ; 4°. l'élaſticité des ſubſtances ſimples ou compoſées ; 5°. la preſſion exercée ſur les corps, 6°. le calorique introduit ; 7°. l'eſffloreſcence. Réuniſſant toutes ces cauſes à l'*affinité*, il en réſulte une combinaiſon d'*action* à laquelle il donna le nom d'*action chimique*.

Bien certainement les phénomènes chimiques doivent être conſidérés comme le produit de toutes les cauſes qui agiſſent ſur les molécules des ſubſtances que l'on ſoumet à l'*action chimique* ; mais, dans ce nombre, n'exiſte-t-il que les cauſes que l'on vient d'énoncer ? Quelques chimiſtes prétendent qu'il doit en exiſter d'autres qui agiſſent également : telles ſont la lumière, l'électricité, l'organiſme & le magnétiſme dans quelques circonſtances.

Quel que ſoit donc le nombre des cauſes qui agiſſent dans les opérations chimiques, c'eſt aux réſultats de toutes ces cauſes que l'on donne le nom d'*action chimique* ; mais pour bien expliquer ce qui ſe paſſe, & pour prévoir le réſultat que l'on doit en obtenir, il faut abſolument réunir toutes les cauſes qui concourent au réſultat, & leur attribuer leur valeur proportionnelle. Si l'on néglige quelques-unes de ces cauſes, on annonce un réſultat par défaut ; ſi l'on en ajoute, on annonce un réſultat par excès : or, l'un & l'autre réſultat annoncé s'éloigne toujours plus ou moins de la vérité.

Lorſque l'on n'admettoit, comme cauſe des effets chimiques, que le concours des ſeules affinités, la ſcience paroiſſoit ſimple, facile à enſeigner, & les expériences étoient aiſées à expliquer ; mais combien d'erreurs on commettoit, lorſqu'on vouloit raiſonner ſur les phénomènes, & que l'on vouloit prévoir les réſultats ! Aujourd'hui que l'on admet pluſieurs cauſes concurrentes ſous le nom d'*action chimique*, la ſcience en eſt moins ſimple, l'enſeignement plus difficile, & les raiſonnemens ſont rigoureux, par la difficulté d'y admettre toutes les cauſes qui concourent dans chaque expérience, & de les y admettre avec leur valeur abſolue.

On voit donc, d'après ces conſidérations, que, quelques progrès que la chimie ait faits dans ces derniers temps, quelques ſervices que lui aient rendus les Lavoiſier, les Berthollet & un grand nombre d'autres, nous ſerons encore long-temps avant de connoître les cauſes de tous ces phénomènes. Craignons ſeulement que des novateurs hardis ne nous écartent de la route dans laquelle des hommes de génie nous ont placés, & qu'ils

ne nous jettent dans le vague des hypothèſes, ſoit qu'ils nous les préſentent ſous des aſpects ſéduiſans, ou ſous l'appareil ſpécieux d'un calcul difficile & exact.

ADERME ; *adareme*. Petit poids employé à Buenos-Ayres & en Eſpagne : 128 *adermes* font un marc de Caſtille, qui équivaut à 239,9 grammes, poids de France. Ainſi l'*aderme* vaut 199,9 centigrammes. *Voyez* GRAMME.

ADIPOCIRE, de Adipus, *graiſſeux*, & Cereus, *de cire* ; adipo-ciroſa ; *fettwachs* ; ſubſt. fém. Subſtance qui reſſemble à la cire, & qui participe de la cire & de la graiſſe.

Quand l'*adipocire* contient de l'eau, elle a un tiſſu granuleux & elle eſt douce au toucher : preſſée entre les doigts, il s'en ſépare des grains, mais la chaleur de la main la rend flexible ; privée d'eau elle acquiert, après la fuſion & un refroidiſſement lent, un tiſſu lamelleux, criſtallin, ſemblable au ſpermacetti ; lorſqu'on la fait bouillir lentement, elle a un grain ſerré, & reſſemble, dans ſon extérieur, à la cire ; elle n'eſt pas ſi dure que celle-ci, elle eſt plutôt molle & graſſe.

Cette ſubſtance fond à une température plus baſſe que le ſpermacetti. Selon Boſtock, l'*adipocire* fond à 33 degrés centigrades, & le ſpermacetti à 44. Suffiſamment lavée & purifiée, la première eſt ſans odeur, tandis que le ſecond en a toujours une particulière.

L'*adipocire* ſe trouve dans la bile, dans l'ambre. Quelques calculs ſont compoſés entièrement de cette ſubſtance ; elle ſe forme dans les matières animales enfouies dans la terre. On peut même convertir la chair de bœuf en *adipocire*, ſoit par un courant d'eau, ſoit par l'action des acides.

Dans la famille des *adipocires*, on claſſe ordinairement le ſpermacetti, qui en diffère à quelques égards, ſoit celui qui ſe trouve dans le creux de la tête de pluſieurs cachalots, ſoit celui qui ſe précipite de l'huile de baleine ou d'autres poiſſons.

On fait d'excellent ſavon avec l'*adipocire* & le ſpermacetti. En Angleterre on en fait de bonnes chandelles. La difficulté d'enlever l'ammoniaque de l'*adipocire* artificiel, a empêché qu'on en ait fait des chandelles en France.

ADVENTICE (*Matière*), de ad & de *venio* ; advenire ; *adventif*. Matière qui n'appartient pas proprement à un corps, mais qui y eſt jointe furtivement. *Voyez* MATIÈRE ADVENTICE.

AEM, AM, AME, AHME, AAM : meſure pour les liquides, en uſage en Allemagne, en Ruſſie, en Suède & en Hollande. L'*aam* contient quatre ankers, deux ſteckans & trente-deux mingles. L'anker a différentes meſures dans les pays où l'on en fait auſſi uſage ; il contient de trente-trois à quarante-quatre pintes de Paris. *Voyez* ANKER.

D

AÉRIFORME, de αηρ, air, & forma, forme; æriformes; gaz artig. Se dit de tous les fluides qui ont les propriétés physiques de l'air. Voyez GAZ.

AÉROGRAPHIE, de αηρ, air, γραφο, je décris; aerographia; beschreibung der luft. Description de l'air, traité de l'étendue de l'air. Il y a dans Caramuel une aérographie.

AÉROMANTIE, de αηρ, air, μαντεια, divination; aeromantia; aéromantic. Art de deviner par le moyen de l'air & des phénomènes aériens. Voy. DIVINATION.

AÉRONAUTE, de αηρ, air, ναυτης, navigateur; aeronauta; aéronautc. Mot nouvellement créé pour désigner celui qui parcourt les airs dans un aérostat ou ballon.

AGASTE; agastum; agaft. Pluie très-abondante qui survient tout d'un coup, comme dans les orages. Ce mot se joint ordinairement à eau, & l'on dit une agaste d'eau. Voyez AVERSE.

AGGLOMÉRATION; agglomeratio; verbindung durch knaulchen. Amasser, mettre en peloton; état de ce qui est aggloméré.

On se sert de ce mot pour exprimer l'assemblage, l'amoncèlement des neiges, des sables, &c.

AGGLUTINATION; agglutino; agglutination. Action de réunir avec un gluten, une espèce de colle, des parties qui avoient été séparées. Voyez GLUTEN.

AGIOSIMANDRE, de αγιος, faint, σημαινω, j'indique; agiosimandrum; agiosimander. Instrument de fer dont les Chrétiens grecs se servent au lieu de cloche pour indiquer les assemblées.

AGITO, GITO: petit poids dont on se sert dans le royaume de Pégu. Deux agiti font une demi-bisa, & la bisa 100 toccalis, c'est-à-dire, 2 liv. 5 onc. poids fort, ou 3 liv. 9 onc. poids léger de Venise.

AGNEL, AIGNEL: monnoie d'or que fit battre S. Louis, sur laquelle étoit représenté un agneau ou mouton. Cette monnoie étoit d'or fin à 59½ au marc; elle valoit 12 sous 6 deniers tournois; ces sous étoient des sous d'argent qui pesoient environ autant que l'aignel. La livre tournois valoit 21,63 livre d'alors. Ceux que le roi Jean fit faire, étoient aussi d'or fin, mais ils étoient plus pesans de 10 à 12 grains que ceux de ses prédécesseurs; ceux de Charles VI & de Charles VII ne pesoient que deux derniers, & n'étoient pas d'or fin.

AGRÉGÉ; aggregatum; agrégats. Les chimistes nomment ainsi un assemblage de molécules homogènes réunies par l'agrégation, ou mieux

une quantité de parties combinées entr'elles, de manière que l'assemblage est toujours interrompu, comme, par exemple, dans un mur. Chaque partie de l'agrégé a ses limites & se laisse séparer.

L'agrégé consiste donc en grandeur non constante, ce qui fait que la limite de la partie précédente est toujours la limite de la suivante, & que ces parties sont toutes inégales; c'est un tout résultant de l'union de plusieurs parties. Ainsi, une masse d'eau, un bloc de marbre, sont des agrégés. Les chimistes détruisent cette agrégation des corps solides, parce qu'elle s'oppose à l'attraction chimique. La trituration, la pulvérisation, l'action de la lime, sont les moyens que l'on emploie; enfin, ils font usage de tous ceux qui sont capables de favoriser une séparation mécanique des parties. Voyez AFFINITÉ, ATTRACTION, DIVISION, SÉPARATION.

AGUSTINE; agustina; agustin. Substance qui a la propriété de former, avec les acides, des sels sans saveur (1), & que l'on a considérée comme une terre nouvelle.

Dans son état de pureté, elle est comme l'alumine.

Soit par la voie sèche, soit par la voie humide, elle n'est pas plus soluble dans les alcalis caustiques que dans les carbonates.

L'ammoniaque, tant caustique que carbonaté, n'exerce aucune action sur elle.

Elle ne retient que foiblement l'acide carbonique; elle prend de la dureté, mais point de goût au feu; elle s'unit volontiers aux acides, avec lesquels elle forme des sels qui n'ont point, ou presque point de saveur; elle n'est point soluble dans l'eau.

La terre, endurcie au feu, se dissout dans les acides avec la même facilité que celle qui n'a point éprouvé de calcination.

Elle forme, avec l'acide sulfurique, un sel peu soluble & parfaitement insipide, lequel, lorsqu'on l'acidule, se dissout sans peine & se cristallise en étoiles.

Surfaturée d'acide phosphorique, elle donne naissance à un sel très-soluble.

Son acétite est très-peu soluble.

Trommsdorf ayant rencontré cette substance dans le beril de Georgein-Stade en Saxe, il lui trouva des propriétés particulières qui n'existoient dans aucune autre terre, ce qui le détermina à en former une nouvelle terre, à laquelle il donna le nom d'agustine.

Vauquelin ayant reçu de Karsten des échantillons du minéral qui avoit produit l'agustine, le soumit à l'analyse, & n'y trouva (2) que de l'alumine, de la silice, de la chaux & du phosphate de chaux. Des cristaux en prisme hexaèdre tenant

(1) Annales de Chimie, tom. XXXIV, pag. 134.
(2) Ibidem, tom. XLVIII, pag. 136.

à la gangue, préfentèrent à Haüy tous les caractères du phofphate de chaux. Ce phofphate, trouvé dans le beril de Saxe, & l'analogie qui exifte entre fes propriétés chimiques & celle que Trommfdorf attribue à l'*aguftine*, le portèrent à croire que l'*aguftine* & le phofphate de chaux n'étoient qu'une feule & même fubftance.

AHM, AEM, AM, AME. Mefure pour les liquides, en ufage dans l'Allemagne.

Communément l'*ahm* eft de 20 vertels ou 80 maffer. A Heydelberg, elle eft de 12 vertels ou 48 maffer. Dans le Wirtemberg, l'*ahm* eft de 16 yem ou 160 maffer.

On divife ordinairement l'*ahm* en 4 ankers, l'anker en 2 ftékans ou 32 mingles. L'*ahm* contient entre 250 & 260 pintes de Paris, ou 248,3 à 258,2 litres.

	Pintes.	Litres.
L'*ahm* d'Amfterdam contient	162,4 ..	151,3
Celui de Danemarck......	157,2 ..	146,4
Celui de Hambourg......	152,1 ..	141,6

Voyez LITRE.

AIGUEL, AIGAIL; *thau*. Rofée qui tombe le matin dans les bois, les prés, les campagnes, la verdure. *Voyez* ROSÉE.

AIGUILLE FLOTTANTE; acus fluctuens; *fchwcimmen nadel*. *Aiguille* ordinaire que l'on place fur l'eau avec attention, & qui furnage & flotte fur ce liquide.

C'eft un fpectacle affez nouveau pour les perfonnes qui le voient pour la première fois, que des *aiguilles* d'acier dont la denfite eft fept fois environ plus grande que celle de l'eau, & qui furnagent & flottent fur ce liquide.

La caufe de cette flottaifon eft due à l'air qui mouille & qui adhère à la furface des *aiguilles*, & à la réfiftance de l'eau. Dès que cet air eft déplacé par l'eau ou par un autre liquide, les *aiguilles* fe précipitent de fuite.

Tout folide plongé dans un liquide le furnage, ou fe précipite felon que fa denfité eft moindre ou plus grande que celle du liquide dans lequel il eft plongé : ainfi, par cela feul que la nature des *aiguilles* eft beaucoup plus denfe que celle du liquide fur lequel on les place, elles devroient fe précipiter au fond ; cependant lorfqu'on les y pofe avec précaution, avec douceur, & que la face de l'*aiguille* qui doit être placée fur le liquide en eft approchée bien parallèlement à la furface de ce dernier, on voit l'*aiguille* refter, flotter & fe mouvoir librement.

Bien certainement, fi l'*aiguille* étoit feule, elle devroit fe précipiter ; mais comme elle eft mouillée d'une couche d'air qui adhère fortement à fa furface, & que le volume total fe compofe de celui de la matière de l'*aiguille*, plus du volume de la couche d'air qui l'enveloppe, lorfque l'*aiguille* a peu d'épaiffeur, il arrive prefque toujours que la

fomme des deux volumes, comparée à la fomme des poids des deux fubftances, produit une denfité moyenne, moindre que celle de l'eau : alors l'*aiguille* furnage comme un corps plus léger que l'eau, & cela autant de temps que l'air refte adhérent à la furface.

Soit, par exemple, le volume de l'*aiguille* $= v$, celui de l'air environnant $= v x$, le volume total fera $= v (x + 1)$: foit auffi la denfité du liquide $= a$, celle de l'*aiguille* $= a b$, celle de l'air $= \frac{a}{c}$, la pefanteur totale de l'*aiguille* & de l'air environnant fera $a v b + \frac{a v x}{c} = a v \left(\frac{b c + x}{c} \right)$ comme le poids du liquide correfpondant au même volume $= a v (x + 1)$; il s'enfuit que, pour que le poids du volume de l'*aiguille* & de l'air qui l'environne foit égal à celui d'un même volume de liquide, il faut que l'on ait $a v \left(\frac{b c + x}{c} \right) = a v (x + 1)$ ou $\frac{b c + x}{c} = x + 1$, & pour que l'*aiguille* furnage, on doit avoir $\frac{b c + x}{c} > x + 1$; de-là $x > (b - 1)$ $\left(\frac{c}{c - 1} \right)$ Si l'on fait $a = 1$, $b = 7$ & $c = 800$, on aura $x > 6,0072$. Ainfi, pour que l'*aiguille* furnage lorfque la denfité eft 7, celle de l'air $\frac{1}{800}$ & celle de l'eau 1, il faut que le volume de l'air qui environne l'*aiguille* foit plus grand que 6,0072, celui de l'air.

Dans tout ceci on a fuppofé que le liquide n'oppofoit aucune réfiftance à la pénétration de l'*aiguille*, mais les molécules d'eau ont une forte d'adhéfion que l'*aiguille* eft obligée de vaincre pour tomber ; ainfi, il n'eft pas même néceffaire que le volume de l'air foit 6,0072 fois le volume de l'*aiguille* pour qu'elle puiffe furnager. Si l'on vouloit déterminer rigoureufement le rapport qui doit exifter entre le volume de l'*aiguille* & le volume de l'air environnant, afin que les *aiguilles* puiffent flotter, il faudroit pouvoir connoître exactement la réfiftance du liquide : nous n'avons encore aucun moyen de l'apprécier. *Voyez* ATTRACTION APPARENTE.

ALBUGINÉE, adj.; albugineus; *weifslicht*. Expreffion adoptée par les anatomiftes, pour défigner quelques membranes remarquables par leur confiftance & leur blancheur.

Chauffier emploie fpécialement ce mot pour défigner l'efpèce qui conftitue effentiellement les tendons, les aponévrofes, les ligamens articulaires, &c.

La fibre *albuginée* eft blanche, linéaire, cylindrique, tenace, rémittente, élaftique, peu extenfible ; elle s'altère difficilement dans l'eau froide, fe gonfle, s'amollit, fe fond dans l'eau bouillante, & paroît effentiellement compofée de gélatine unie à une certaine quantité d'albumine, toujours disposée en fascicules, en faisceaux plus ou moins volumineux, rapprochés & serrés.

Cette fibre forme des membranes plus ou moins larges, des bandes, des bandelettes, des cordons qui, dans leur état de fraîcheur, ont une teinte blanche, luisante, argentine, satinée, & qui, par la desiccation, deviennent jaunâtres, sont transparentes; ainsi elle est distincte des autres espèces de fibres par sa fermeté, sa résistance & son élasticité.

L'ALBUGINÉE DE L'ŒIL, *das weiffe in auge*, est une membrane mince & naturellement blanche, qui tapisse tout l'intérieur des paupières & la partie antérieure de la tunique de l'œil, nommée *cornée opaque* ou *sclérotique*. Cette membrane est attachée, par une de ses extrémités, à la circonférence de la cornée transparente, & par l'autre au bord des *paupières*; elle est, outre cela, attachée par sa partie moyenne au bord de l'orbite. *Voyez* CONJONCTION.

ALBUMINE; albumen; *eiweifstoff*; sub. fém. Substance analogue au blanc d'œuf.

D'après Fourcroy (1), c'est une matière liquide, filante & visqueuse, d'une saveur fade, dissoluble dans l'eau froide, concrescible & solidifiable par la chaleur, abandonnant l'eau en s'en séparant sous forme de flocons quand on la chauffe; verdifiant le sirop de violette; dissoluble par les alcalis, & spécialement par l'ammoniaque; se putréfiant sans passer par l'état acide; donnant du gaz azote par l'acide nitrique avant de passer à l'état d'acide oxalique.

Séchée spontanément à une basse température, elle se convertit en une substance fiiable semblable au verre; étendue & présentant beaucoup de surface, elle forme, en se desséchant, une espèce de vernis dont les peintres se servent pour enduire leurs tableaux.

A une température de 74 degr. centigrades, l'*albumine* se coagule en une masse blanche solide; sa solidité est d'autant plus grande, toutes choses égales d'ailleurs, que la température est plus élevée. Si l'on fait bouillir de l'*albumine* dans de l'eau salée ou dans de l'huile, elle devient plus ferme que traitée par l'eau; dans cet état, elle n'augmente ni ne diminue de poids.

Aucune matière ne se combine avec l'*albumine*; les sels métalliques, excepté le cobalt, ne la précipitent pas de sa dissolution dans l'eau; le tannin la précipite en jaune; les acides concentrés la précipitent, & les acides très-étendus la dissolvent.

Une lessive de potasse dissout l'*albumine* & forme une espèce de savon; pendant cette opéra-

(1) *Système des Connoissances chimiques*, tom. VIII, pag. 83.

tion, il se dégage de l'ammoniaque. Le savon, dissous dans l'eau, est précipité par les acides acétique ou muriatique, forme un précipité savonneux qui transsude un peu d'huile en le chauffant.

Quoique l'on ait considéré le liquide incolore & visqueux qui enveloppe le jaune dans les œufs, comme l'*albumine*, & que ce soit cette substance qui ait établi son caractère, cette *albumine* n'est pas pure; elle contient toujours un peu de soude & de soufre.

On trouve fréquemment dans les animaux de l'*albumine* modifiée de différentes manières; le sang en contient une quantité considérable. La matière caseuse du lait présente des propriétés analogues à l'*albumine*; mais cette substance paroît y être dans un état différent de celui où on le trouve dans le sang & dans les œufs. Les os, les muscles, les tendons, les ongles, la corne, les poils, les plumes, les parties membraneuses de plusieurs coquilles, les éponges, contiennent de l'*albumine* coagulée.

L'*albumine* se rencontre aussi dans les végétaux. Scheele a remarqué que plusieurs plantes contenoient une substance semblable à la matière caseuse du lait. Proust a avancé que les amandes & autres substances susceptibles de faire des émulsions, contiennent une substance analogue à la matière caseuse. Les sucs de cresson, de choux, de cochléaria, de bécabunga, de racine de patience, la rarine de froment, les fécules vertes des végétaux ont donné à Fourcroy de l'*albumine*. Deyeux & Vauquelin en ont trouvé dans la séve des arbres.

Si l'on distille de l'*albumine* dans une cornue, il passe une huile empyreumatique, du gaz acide carbonique, du gaz hydrogène carboné & du carbonate d'ammoniaque. Il reste un charbon qui contient du carbonate de soude & une très-petite quantité de phosphate de chaux.

Ces résultats prouvent que l'*albumine* est composée d'oxigène, d'hydrogène, de carbone & d'azote; mais comme l'*albumine* donne une plus grande quantité d'azote, à l'aide de l'acide nitrique, on a conclu que l'*albumine* contient plus d'azote que la gélatine. La différence de ces deux substances ne peut être, au reste, que très-légère, puisque Hatchett les a converties l'une dans l'autre. Il paroît, d'après ce chimiste, que l'*albumine* est la première substance qui se forme dans le corps de l'animal.

On fait usage de l'*albumine* des œufs & du sang pour purifier le sucre, le sirop & beaucoup d'autres substances. L'*albumine* liquide, versée dans la dissolution chaude des substances que l'on veut purifier, entraîne, en se coagulant, les impuretés qui s'y rencontrent. On emploie également l'*albumine* du sang pour fixer la chaux sur les murailles lorsqu'on les badigeonne.

ALBUS: petite monnaie de Francfort-sur-le-Mein & de Cologne. Il vaut, dans cette dernière ville, 12 deniers ou heller; il faut 78 deniers pour un rixdaler courant, & 80 pour un rixdaler efpèce. L'*albus* vaut en livre & franc de France :

	Livre.	Franc.
A Francfort-fur-le-Mein...	0,0882 ...	0,0871
A Cologne.............	0,0496 ...	0,0490

L'*albus* de Francfort vaut 8 pennins; il en faut 45 pour un rixdaler courant, 60 pour un rixdaler de convention, & 66 ¼ pour le vieux rixdaler efpèce.

ALCALIGÈNE; alcaligenium; *alkalifloff*; fubft. maf. Subftance que l'on a regardée comme devant être le principe alcalifant.

Il fe forme journellement du nitre à bafe de potaffe, & du muriate à bafe de foude, dans des maffes calcaires qui ne contiennent aucun indice de potaffe ni de foude, ou au moins aucune partie qui puiffe être reconnue par les agens chimiques dont on fait ufage. Cette formation ayant porté Haffenfratz & Adet à croire que les élémens de la potaffe & de la foude devoient fe trouver dans l'air, dont la circulation contribue efficacement à la formation des fels à bafe de potaffe & de foude, ces deux chimiftes entreprirent, chez le célèbre Lavoifier, une fuite d'expériences longues & délicates pour découvrir, s'il étoit poffible, les fubftances qui contribuoient à leur formation.

Faifant connoître, chez Lavoifier, à plufieurs chimiftes, parmi lefquels fe trouvoit Fourcroy, les effais qu'ils avoient déjà faits, les refultats qu'ils avoient obtenus & les nouvelles expériences qu'ils fe propofoient d'entreprendre, afin de les foumettre aux lumières des favans réunis chez le reftaurateur de la fcience chimique, & en obtenir des confeils qui puffent les guider dans la marche qu'ils devoient fuivre, ils firent remarquer que celui des trois alcalis que Berthollet avoit analyfé (l'ammoniaque), étoit compofé d'hydrogène & d'azote; que l'azote étant une des parties conftituantes de l'atmofphère, une foule de probabilités, réunies aux refultats qu'ils avoient obtenus, les poitoit à préfumer que l'azote devoit être le principe alcalifant.

Cette conclufion fit un tel effet fur l'efprit de Fourcroy, que, quelques jours après, il annonça dans une de fes leçons à l'Athénée de Paris, que l'azote devoit être le principe alcalifant; il lui donna alors le nom d'*alcaligène*. Apprenant par-là qu'il s'attribuoit d'avance une découverte qui n'étoit pas encore faite, & qui n'avoit pu être conclue qu'en raifonnant fur des probabilités, Haffenfratz & Adet ceffèrent la continuation de leurs expériences : ils arrêtèrent & troublèrent même des expériences qui avoient été commencées depuis long-temps, & dont le réfultat ne devoit être obfervé que long-temps après; ils détruifirent leur appareil, & ceffèrent de s'occuper de cet objet.

L'opinion de Fourcroy fut préfentée avec ce chaime perfuafif & entraînant qu'il mettoit dans toutes fes leçons : fes auditeurs l'adoptèrent, & bientôt plufieurs chimiftes partagèrent l'opinion du célèbre profeffeur.

Mais les expériences étoient difcontinuées, arrêtées; perfonne ne s'occupoit de recherches directes & pofitives fur cette queftion importante : aucuns faits ne venant confirmer la brillante opinion qui avoit été répandue primitivement, Fourcroy fut obligé de rétrograder, & d'avouer qu'il avoit mis trop d'empreffement à annoncer un principe qui étoit loin encore de pouvoir être prouvé.

Alors Fourcroy imprima (1) : « J'ai foupçonné & annoncé le premier, en 1789, que l'azote, élément bien reconnu de l'ammoniaque, pouvoit bien être le principe général des alcalis, l'*alcalifiant* ou l'*alcaligène*. C'eft d'après moi que plufieurs chimiftes ont regardé, mais trop précipitamment fans doute, cette opinion comme une vérité démontrée. Je dois donc dire ici que, quoique ce foupçon n'ait été renverfé par aucune tentative, il n'a pas non plus été converti en un fait prouvé par aucune expérience pofitive; que les recherches que l'on a faites pour l'appuyer n'ont point eu encore le fuccès que j'en avois auguré, & que, pour l'admettre comme un point de doctrine, il manquoit une fuite de données expérimentales. »

Depuis cet inftant, perfonne ne s'eft plus occupé de la décompofition de la potaffe & de la foude, & ces deux fubftances ont été regardées comme fimples.

En 1807, Davy foumit la potaffe & la foude à l'action de la pile galvanique, & il remarqua qu'il obtenoit par ce moyen deux fubftances différentes : 1°. de l'oxigène; 2°. une fubftance métallique, à laquelle on donna le nom de *fodium* ou de *potaffium*, felon la nature de l'alcali d'où elle avoit été obtenue. Gay-Luffac & Thenard répétèrent les expériences de Davy avec le même fuccès : ils ont féparé également le potaffium & le fodium en traitant la potaffe & la foude avec le fer. *Voyez* POTASSIUM, SODIUM.

L'action de la pile voltaïque appliquée à la chaux, à la baryte, à la ftrontiane, produifirent de femblables réfultats.

Comme il exifte de l'eau dans la potaffe & dans la foude, & que l'on mouille la chaux, la baryte & la ftrontiane pour les foumettre à l'action galvanique, on pouvoit expliquer de deux manières ce qui fe paffe dans l'expérience : 1°. que l'eau fe décompofe, que l'oxigène fe dégage, & que l'hydrogène fe combine à l'alcali ou à la terre alcaline; 2°. que l'action de la pile décompofe les alcalis & les terres, que l'oxigène s'en dégage, & que la terre refte pure. Cette dernière

---

(1) *Syftème des Connoiffances chimiques*, tom. II, p. 186.

explication fut adoptée, & l'oxigène fut regardé comme l'*alcaligène*, comme le principe *alcalifiant*.

Soumettant par voie de synthèse le potassium & le sodium à l'action de l'oxigène, celui-ci se combine promptement avec la base, & régénère la potasse & la soude. La combinaison avec le potassium peut se faire à la température ordinaire ; il ne se dégage point de lumière, & la chaleur n'est sensible qu'au commencement de l'expérience. Pour faire combiner l'oxigène avec le *sodium*, il faut élever ce dernier à une haute température & c'est au moment où le métal entre en fusion, que la combustion a lieu en produisant beaucoup de chaleur & de lumière. *Voyez* POTASSIUM, SODIUM, BARIUM, CALCIUM, STRONTIUM.

Voilà donc que l'oxigène qui, depuis les belles expériences de Lavoisier, avoit été considéré comme le principe acidifiant, se trouve être aussi le principe alcalifiant : aussi l'oxigène devient le principe de deux propriétés que l'on avoit regardées comme opposées.

Parmi les alcalis, il en est un qui paroît devoir ses propriétés à une autre cause, c'est l'alcali volatil ; car quelles que soient les recherches qui ont été faites pour y trouver de l'oxigène, elles ont été sans succès : on peut voir à ce sujet les belles expériences de Berthollet fils (1). Cependant Davy voulant absolument y admettre cette substance, a pensé que l'hydrogène & l'azote pouvoient bien n'être que les oxides d'un même métal, auquel il a donné le nom d'*ammonium*. Berzelius & plusieurs autres chimistes ont adopté cette opinion, & ont cherché à la fortifier de toutes les raisons que fournit l'analogie. Mais toutes ces raisons ne sont pas assez puissantes pour admettre l'oxigène comme un de ses principes constituans.

Nous voyons ici comment un esprit de système peut égarer des hommes doués d'une haute intelligence, & qui ont rendu de grands services aux branches de connoissances qu'ils cultivent : Newton a bien proscrit l'achromatisme des lunettes !

Si l'hydrogène contenoit de l'oxigène, comme le suppose Davy, quelle action joueroit cet oxigène dans l'hydrogène sulfureux & dans les acides hydro-chlorique & hydriodique ?

Tant que l'existence de l'oxigène ne sera pas prouvée dans l'ammoniaque, on sera obligé de considérer l'hydrogène ou l'azote comme étant le principe alcalifiant. Si c'est l'hydrogène, alors cette substance produit, comme l'oxigène, deux effets différens ; elle devient principe acidifiant & principe alcalifiant, & la combinaison de ces deux principes forme de l'eau qui ne jouit d'aucune des deux propriétés.

Dans le cas où l'azote seroit l'alcalifiant de l'ammoniaque, il en résulteroit que l'azote combiné avec l'oxigène deviendroit un acide, & avec l'hydrogène un alcali.

ALCALIMÈTRE ; alcalimetrum ; *alkalimeter* ; subst. masc. Instrument avec lequel on mesure le degré de force, ou la quantité d'alcali que contient le sel du commerce que l'on sous ce nom.

Decroisil est l'auteur de cet instrument. Sa méthode est fondée sur la supposition que les alcalis purs sont saturés chacun par une proportion déterminée d'acide sulfureux à un degré donné.

L'*alcalimètre* de Decroisil (1) se compose d'un tube de verre *a c* (*fig.* 96), gradué de manière à ce qu'il indique la quantité du volume d'acide qu'il contient. Le tube doit avoir environ 25 centimètres de long, & 15 millimètres de diamètre. La partie inférieure est fermée hermétiquement ; la partie supérieure est étranglée, & de manière à former un entonnoir & à forcer le liquide à s'écouler lentement par une ouverture presque capillaire de 15 millimètres environ. Au-dessous du col *b* est un trou pour permettre l'entrée ou la sortie de l'air, en vidant ou en remplissant le tube.

Pour faciliter le transport de cet instrument, on le place dans une espèce d'étui sans fond & en fer-blanc, ayant un couvercle *e* ; la seconde partie *f* est un tube ouvert par les deux bouts ; un renflement *g g* sert à fixer le couvercle.

Ce tube doit contenir aisément 38 grammes d'acide sulfurique préparé, comme il va être indiqué & chaque division doit correspondre à 5 décigrammes de la liqueur.

Comme il est nécessaire que l'acide employé soit toujours au même degré de concentration, & qu'il soit en même temps assez affoibli pour ne pas se combiner avec trop de précipitation, on prépare à l'avance une provision d'acide composé d'une partie d'acide sulfurique au 66e. degré de l'aréomètre de Baumé, & de 9 parties d'eau : cet acide se nomme *liqueur d'épreuve*.

On verse d'abord, dans le tube, 2 grammes de la liqueur d'épreuve, & l'on marque 72 ; puis on introduit, par demi-gramme, 36 grammes de l'acide, ce qui produit 72 divisions que l'on marque successivement, en écrivant o à la dernière & 72 à la première. Pour vérifier la division, on vide le tube, on y remet de nouvel acide jusqu'à la division 72, puis on y verse 36 grammes d'acide en une seule fois, alors le tube doit être rempli jusqu'au point o.

Quand on veut essayer un alcali, de la potasse, par exemple, on en pèse un décagramme, & l'on verse dessus les ⅘ d'un demi-décilitre d'eau environ. Lorsque l'alcali est dissous, on met la dissolution dans un demi-décilitre, que l'on remplit d'eau ; alors on le vide dans un verre conique, on rem-

(1) *Mémoires d'Arcueil*, tome II, pag. 268.

(1) *Annales de Chimie*, tom. LX, pag. 23 & suivantes.

plit le demi-décilitre avec de nouvelle eau, & l'on verse cette eau dans le verre; on agite & laisse reposer; on décante la liqueur, dont on emplit un demi-décilitre; on la vide dans un verre, & l'on sature cette dissolution avec la liqueur d'épreuve.

Cette dernière opération demande beaucoup d'attention, afin de n'employer exactement que la quantité de la liqueur d'épreuve nécessaire. Pour cela, on met un doigt sur l'ouverture *b* de l'*alcalimètre*, & l'on incline le tube afin de verser de la liqueur d'épreuve dans la dissolution alcaline : comme l'étranglement du tube ne permet à la liqueur de sortir qu'autant qu'il rentre, par l'ouverture *b*, de l'air pour remplir l'espace vide, on est maître de laisser sortir la liqueur aussi lentement que l'effervescence le nécessite.

Les plus mauvaises potasses exigeant au moins 20 grammes ou 40 divisions de la liqueur d'épreuve pour être saturées, on continuera donc de verser, jusqu'à ce que l'on s'aperçoive que l'on a vidé cette quantité ; alors, après avoir remué la dissolution avec un brin de bois, on en prendra une goutte, avec laquelle on touchera un morceau de papier teint d'infusion de violette; & si le liquide verdit le papier, on versera un peu de nouvel acide, puis on essayera encore la dissolution; on continuera à verser de la liqueur d'épreuve & à essayer la dissolution jusqu'à ce qu'elle ne verdisse plus le papier; alors on redressera le tube, & l'on remarquera combien on a versé de liqueur d'épreuve, d'après le degré auquel le niveau de la liqueur correspondra.

Plus l'alcali sera fort, plus il contiendra d'alcali réel, & plus il emploiera de liqueur d'épreuve pour être saturé. Mais quelle que soit cette quantité, indiquée par la graduation, l'auteur de l'*alcalimètre* conclut que le degré indiqué par l'instrument fait connoître le nombre de centièmes de son poids effectif d'acide sulfureux à 66 degrés que l'alcali a employé, & voici comme il le prouve.

Nous avons, d'une part, mis en dissolution 10 grammes ou cent décigrammes de sel, & comme on n'a employé que la moitié de la dissolution, on n'a saturé que 100 demi-décigrammes de ce sel; de même on a versé, dans l'*alcalimètre*, 36 grammes de la liqueur d'essai, que l'on divise en 72 parties égales; chaque partie contient donc un demi gramme de liqueur; mais cette liqueur est composée de 9 parties d'eau sur une d'acide à 66 deg., elle ne contient donc qu'un dixième d'acide, & chaque degré un demi-dixième de gramme d'acide effectif, & par suite un centième de l'alcali dissous : chaque degré d'acide d'épreuve employé correspondra donc à un centième de la potasse éprouvée.

Pour essayer les soudes, les cendres de Sicile, les bourdes, les védasses, le natron, les cendres de tabac, il faut les pulvériser, afin de faciliter leur dissolution.

J'ignore la cause qui a déterminé l'auteur de cet instrument à faire les essais des soudes sur une quantité un peu plus considérable que pour les potasses, ce qui rompt le rapport établi entre les proportions d'acide saturant & les quantités d'alcalis saturés. Decroisil propose de faire les essais sur 10 grammes & demi.

A la suite de la description de son *alcalimètre*, l'auteur indique les degrés ordinaires des diverses soudes du commerce ; les résultats de plusieurs milliers d'essais faits pendant vingt-cinq années lui ont donné :

Potasse d'Amérique, 1re. forte, de 60 à 63 cent.
Potasse caustique, en masse rougeâtre, d'Amérique, 1re. forte..... 60—63
Potasse d'Amérique, 2e. forte.... 50—55
Potasse caustique, en masse grisâtre, d'Amérique, 2e. forte .... 50—55
Potasse blanche de Russie....... 52—58
Potasse blanche de Dantzick...... 45—52
Potasse bleue de Dantzick....... 45—52
Soude d'Alicante............ 20—23
Natron .... 20—23
Soude & natron de qualité inférieure .... 20—23

Un bon *alcalimètre* devroit indiquer la quantité réelle d'alcali contenue dans le sel que l'on éprouve ; celui-ci n'indique que les proportions d'acide employées pour saturer l'alcali : ce rapport pourroit suffire, si le mode d'essai ne présentoit d'ailleurs quelqu'imperfection.

Les alcalis du commerce sont composés : 1°. d'alcali ; 2°. de muriate & de sulfate de potasse & de soude; 3°. de terre calcaire, de magnésie, &c. Les deux premiers sels se dissolvent dans l'eau; les terres restent & forment une masse, un précipité insoluble.

En saturant un demi-décilitre de la dissolution décantée, on ne sature pas la moitié de la dissolution alcaline, car l'autre demi-décilitre contient de la dissolution & le précipité; la quantité de dissolution est d'autant moindre, que celle du précipité est plus considérable : on sature donc plus que la moitié de la dissolution, & ce plus est variable & indéterminé, d'où il suit que l'on ne peut pas regarder l'essai comme donnant un résultat exact & comparatif.

Vauquelin avoit fait connoître, long-temps avant que Decroisil publiât son *alcalimètre*, une méthode d'essayer les potasses beaucoup plus exacte, en ce qu'elle donnoit la quantité positive d'alcali qu'elle contenoit. Voici en quoi consiste cette méthode (1).

On prend une quantité quelconque de potasse purifiée à l'alcool & bien sèche; on sature exactement avec de l'acide nitrique dont la densité est déterminée, soit avec l'aréomètre, soit avec la

(1) *Annales de Chimie*, tom. XL, pag. 274 & suivantes.

balance. Cet acide doit enfuite fervir d'étalon pour éprouver les diverfes potaffes du commerce dont on veut connoître les quantités de matières alcalines.

Cette donnée une fois établie, on fait diffoudre, dans une quantité d'eau fuffifante, une maffe quelconque, mais connue, de la potaffe que l'on defire effayer; l'on verfe enfuite, dans cette diffolution, de l'acide nitrique étalon, jufqu'à ce que les dernières gouttes ne produifent plus fenfiblement d'effervefcence. Lorfqu'on eft arrivé à ce point, on chauffe quelques inftans la liqueur fans la faire bouillir, afin de chaffer l'acide carbonique qui y eft refté combiné; on mêle quelques gouttes de la liqueur dans un peu de teinture de tournefol, pour voir s'il n'y a pas un excès d'acide; on en mêle auffi avec la teinture de violette; & fi elles ne changent point, c'eft un figne certain qu'on a faifi exactement le point de faturation; fi le contraire arrivoit, il faudroit ajouter de la liqueur, & *vice verfâ*.

Il ne s'agit plus alors, pour connoître les quantités abfolues d'alcali contenues dans la potaffe, que de comparer la quantité d'acide abforbée dans cette opération, avec celle qui a été néceffaire à la faturation de la potaffe pure employée pour fervir de bafe.

Pour l'exactitude des réfultats, il eft effentiel que l'acide ne foit pas trop concentré, parce qu'alors il feroit plus difficile d'arriver à la faturation parfaite. Celui dont Vauquelin s'eft fervi avoit 20 degrés à l'aréomètre de Baumé, & fa denfité étoit à celle de l'eau :: 1145 : 1000.

Si l'on vouloit effayer des foudes, il faudroit faire l'épreuve de l'acide fur de la foude purifiée à l'alcool; mais dans ce cas il feroit plus convenable d'employer de l'acide muriatique que de l'acide nitrique, parce que le premier fe combine plus facilement avec la foude.

Rien de plus fimple maintenant que d'obtenir des réfultats exacts avec l'*alcalimètre* de Decroifil. Il faudroit pour cela, 1°. faturer toute la diffolution alcaline, après en avoir féparé le réfidu, de manière que de nouvelle eau ne puiffe plus en retirer d'alcali; 2°. lui donner une graduation qui indique les quantités d'alcali réel ou d'alcali purifié à l'alcool, contenues dans le fel effayé.

Mais comme il faut des proportions différentes du même acide pour faturer des quantités égales de potaffe & de foude, on voit qu'il faudroit deux graduations différentes, l'une appliquée à la potaffe, l'autre à la foude.

On obtiendra facilement cette graduation en faturant une quantité donnée de potaffe & de foude, & déterminant quelle quantité de liqueur d'épreuve il faut pour faturer des décigrammes de l'un & de l'autre des alcalis, graduant enfuite, en verfant dans le tube des poids fucceffifs de la liqueur; mais il eft bon de porter cette graduation

jufqu'à cent, afin de pouvoir éprouver des alcalis purs.

Cela fait, on diffolvera un décagramme de fel; on en féparera, par le lavage & la filtration, tout l'alcali du réfidu, & l'on confervera tout le liquide obtenu; alors on jugera de la quantité d'alcali contenue par celle de l'acide employé pour faturer.

Kirwan a propofé (1) de déterminer les quantités refpectives des parties alcalines par le poids des précipités qu'elles produifent; pour cela, il diffout dans l'eau des maffes égales de ces alcalis, d'abord pour en féparer les matières terreufes qui font infolubles, & il ajoute à la liqueur une diffolution d'alun, jufqu'à ce qu'il ne fe forme plus de précipité, & que la liqueur manifefte un léger excès d'acide; il lave enfuite le dépôt & le fait chauffer jufqu'au rouge, pour en chaffer l'eau & l'acide carbonique qui y font combinés.

ALCARAZAS, fubft. fémin.; alcaraza; *alcaraza*. Vafe poreux employé en Efpagne, en Égypte, dans les Indes, la Perfe & la Chine, pour faire rafraîchir, par l'évaporation, les liquides qu'ils contiennent.

Ce font des efpèces de cruches de 32 centimètres de haut, 16 centimètres de large, dont le col eft plus étroit que le corps du vafe, & qui ont un évafement à leur fommet.

On croit que les Maures en ont porté l'ufage en Efpagne. Volney, dans fon *Voyage d'Egypte*, parle de vafes de terre qui ont la même propriété, & qui font très-communs fur la côte d'Afrique. Les meilleurs *alcarazas* viennent encore d'Anduxar, ancienne ville de l'Andaloufie, qui fut long-temps fous la domination des Maures.

L'*alcaraza* bien fabriquée eft poreufe; l'eau que l'on y verfe, tranffude & couvre promptement toute la furface extérieure. Si on l'expofe à l'air libre, ou mieux encore à un courant d'air, l'eau qu'elle contient fe rafraîchit en peu de temps, & à un degré fi fenfible, qu'à Madrid, en été, le thermomètre marquant 30 degrés à l'ombre, l'eau des *alcarazas* defcend doit à la température de l'eau confervée long-temps dans les caves.

Il exifte d'autres *alcarazas* dont la terre eft rouge, & qui donnent à l'eau un goût argileux défagréable. Quoique ces vafes foient moins poreux & rafraîchiffent moins, ils font cependant recherchés par les femmes de Madrid; quelques-unes même pilent les fragmens de ces vafes & en mêlent la poudre au tabac. Les filles ont un attrait particulier pour cette efpèce de poterie; elles en mangent lorfqu'elles ont les pâles couleurs.

Puifque tous les liquides, en s'évaporant, abforbent une quantité confidérable de calorique qu'ils enlèvent aux corps qu'ils touchent, on conçoit que l'eau qui s'infiltre à travers les pores des *alca-*

(1) *Annales de Chimie*, tom. XVIII, pag. 179.

razas

raʒas doit, en se vaporisant, enlever du calorique de l'enveloppe terreuse qu'elle touche, & celle-ci enlève à son tour le calorique de l'eau intérieure pour se mettre en équilibre de température avec ce fluide.

On soupçonne, dit Lasterie, qu'on ajoute du sel marin à la terre pour la rendre poreuse; il est d'autant moins porté à admettre cette opinion, qu'il s'est convaincu que l'on pouvoit faire des *alcaraʒas* avec une substance à laquelle il a donné le nom de *farine fossile*, & dont les composans sont:

Silice.................... 55
Magnésie 15
Alumine................... 12
Chaux.................... 3
Fer...................... 1
_____
86

Ayant ajouté à cette terre de l'argile marneuse commune, Lasterie a fabriqué des vases qui avoient toutes les propriétés des *alcaraʒas*.

Malgré ces assertions, Lasterie a publié (1) l'analyse de la terre employée à la fabrication des *alcaraʒas*, ainsi que la préparation & la cuisson qu'elle subit en Espagne.

Darcet, qui a fait l'analyse de cette terre, la trouve composée de:

Terre calcaire, alumine, oxide de fer.. 60
Silice, alumine, oxide de fer........ 36,25
_____
96,25

Ses préparations se divisent en trois parties principales.

Première préparation pour travailler 150 livres de terre. Après l'avoir fait sécher, on la divise en morceaux de la grosseur d'une noix; on la fait détremper dans un bassin ou dans un cuvier, en procédant de la manière suivante.

On prend trois ou quatre *celemins* de terre (2), on la répand également dans le cuvier, on y verse de l'eau; on jette trois ou quatre autres *celemins* de terre, qu'on arrose encore: on répète cette opération jusqu'à ce que le cuvier soit suffisamment plein: on observe, en répandant la dernière eau, de n'en verser qu'autant qu'il en faut pour recouvrir le tout. La terre reste dans cet état pendant douze heures; après quoi on la travaille, on la pétrit avec les mains, dans le cuvier même, jusqu'à ce qu'elle soit réduite en consistance de pâte bien divisée. Un emplacement uni, recouvert en briques, tenu proprement, & sur lequel on répand un peu de cendre tamisée, sert à recevoir cette terre: on en forme une couche de l'épaisseur de six doigts, qu'on égalise sur la surface, ainsi qu'à la circonférence; on la laisse dans cet état jusqu'à ce qu'il se

soit formé des retraits : alors, après en avoir détaché la cendre, on la transporte dans un autre lieu carrelé & propre.

Deuxième préparation. A cette terre on mêle sept livres de sel marin si l'on veut faire des *jarras*, & la moitié seulement si on la destine à la fabrication des *botifas* ou des *cantaros*. Cette différence provient de la plus ou moins grande capacité qu'on veut donner aux vases. Plus le vase est grand, plus ses parois doivent être épaisses, afin qu'il ait le degré de solidité nécessaire; mais aussi la terre doit être plus poreuse, sans quoi l'eau ne filtreroit pas facilement: c'est pourquoi l'on met une plus grande quantité de sel lorsque l'on fait les *jarras*, qui sont beaucoup plus grands que les *botifas* & les *cantaros*.

On pétrit la terre avec les pieds, en y introduisant le sel peu à peu. Ce travail se répète trois fois au moins sans avoir besoin d'ajouter de nouvelle eau, l'humidité que la terre conserve étant suffisante.

Troisième opération. La terre, après avoir subi ces différentes préparations, est bonne à mettre sur le tour. L'homme qui est employé à cet ouvrage, doit la bien pétrir avec les mains; il a soin, dans cette manipulation, d'extraire les pierres, même les plus petites, qui peuvent s'y rencontrer, ainsi que tout autre corps étranger; il en fait des pains, qu'il met sur le tour pour former des vases.

Tous les fours à l'usage des potiers peuvent servir à la cuisson des *alcaraʒas* : ceux dont on se sert en Espagne ont 18 pieds carrés dans œuvre, sur 5 pieds 3 pouces d'élévation. La flamme entre par un trou d'un pied 4 pouces, situé au centre. Chaque four contient 800 pièces de diverses grandeurs, y compris 500 *jarras*.

Dans le même four on fait cuire des poteries d'une plus grande solidité que les *alcaraʒas*, avec la précaution de soutenir le feu une ou deux heures de plus. Les *alcaraʒas* qui ne demandent qu'une demi-cuisson, y restent de dix à douze heures, selon la température de l'air, ou la plus ou moins grande quantité de combustible employée.

Quelques fabriques de poteries d'Espagne suivent des procédés différens, mais toutes sont les mêmes pour le fond. La proportion de sel n'est pas la même partout; dans quelques endroits, la même quantité de terre exige la moitié moins de sel. On choisit toujours une terre propre à ces sortes de vases, sans jamais y mêler du sable. Cette même terre sert à faire des poteries ordinaires; la seule différence, c'est qu'on introduit du sel dans la pâte des *alcaraʒas*, & qu'ils ne reçoivent qu'une demi-cuisson.

Il n'existe pas un seul ménage dans Madrid, où ces vases ne soient en usage. On les remplit d'eau, on les expose pendant plusieurs heures à un courant d'air, afin que l'évaporation soit plus forte, & par conséquent l'eau plus fraîche.

_____

(1) *Journal des Mines*, tom. VI, pag. 792.
(2) Le *celemin* est une mesure de capacité qui contient environ sept livres de blé.

Nous ne fommes entrés dans un auffi grand détail fur la fabrication des *alcaraʒas*, qu'à caufe du doute élevé par Guyton & Lafterie lui-même, fur l'emploi du fel dans la pâte avec laquelle ces vafes font conftruits; mais ce qui s'accorde parfaitement avec l'opinion de ces deux favans, c'eft que ces vafes ne doivent avoir qu'une demi-cuiffon, & que cette foible cuiffon contribue pour beaucoup à leur porofité; & nous ne doutons pas que des poteries foiblement cuites, comme les poteries de terre, & qui ne contiendroient pas de fel, ne fuffent affez poreufes pour former de bons *alcaraʒas.*

ALCHIMIE; alchymia; *alchimie*; fubft. fém. Autrefois la chimie par excellence, aujourd'hui fcience occulte avec laquelle quelques charlatans font des dupes.

On croit que les principes de cette fcience remontent à la création, & que Tubalcaïn les connoiffoit parfaitement; que les Indiens & les Egyptiens les ont confervés; qu'ils les tranfmirent aux Arabes, qu'ils pafferent enfuite en Grèce, en Italie, & que de-là ils font parvenus jufqu'à nous.

Il paroît que le but que les alchimiftes fe font propofé dans leurs recherches laborieufes, étoit la tranfmutation des métaux, la compofition de l'or, & la découverte d'une panacée ou d'un remède univerfel. La probabilité d'acquérir des richeffes & de jouir d'une vie longue & débarraffée des maladies humaines, attacha à ces recherches des fectateurs zélés & enthoufiaftes. On a vu des alchimiftes chez les Manichéens, les Thérapeutes, les Efféniens, les folitaires de la Thébaïde, les cabaliftes, les gymnofophiftes, les rofe-croix, les illuminés; ils ont eu pour affociés les jongleurs de l'Inde, de l'Afie & de l'Europe.

Si l'on fe tranfporte aux fiècles & aux pays dont on peut étudier l'hiftoire, on voit qu'il a conftamment exifté deux fortes d'alchimiftes : les charlatans qui établiffoient leur fuccès & leur fortune fur la crédulité publique; les alchimiftes de bonne foi, qui cultivoient cette fcience avec une patience admirable, qui étudioient, tourmentoient les fubftances que leur fourniffoient les trois règnes de la nature; qui les traitoient par l'eau & par le feu, & écrivoient les différens phénomènes qu'ils apercevoient, en cherchant à les appliquer à leur fyftème.

Un grand nombre de découvertes ont été le réfultat de ces recherches laborieufes, & la chimie moderne leur a de grandes obligations. Parmi les alchimiftes qui ont le plus contribué aux progrès de la chimie, de la docimafie & de la métallurgie, on cite Avicennes, Paracelfe, Poterius, Van-Helmont, Helvétius, Olaüs, Borrichus.

Depuis que la chimie eft devenue une fcience régulière, & fondée fur des obfervations exactes & fur une méthode rigoureufe, on a vu difparoî-

tre peu à peu les apôtres de l'*alchimie*. Si quelques cerveaux mal organifés croient encore à la tranfmutation des métaux & à la compofition d'un remède univerfel, l'exemple de tant de gens ruinés en voulant faire de l'or, a fait, finon ceffer, au moins confidérablement diminuer cette contagion. Quelques charlatans, tels que Mathieu Dammy, Swedenborg, le comte de Saint-Germain & Caglioftro, ont encore fait des dupes à la fin du fiècle dernier; efpérons qu'ils n'auront plus d'imitateurs.

Cependant cette foif de l'or & l'amour de la vie font fi grands, qu'il eft difficile d'empêcher ou de détruire l'influence que les charlatans peuvent avoir fur les efprits foibles; mais la maffe des hommes inftruits eft telle, que les premiers feront bientôt livrés au glaive de la loi, & les feconds au ridicule.

ALECTROMANTIE, de αλεκτρυων, coq, & μαντεια, divination; alectromantia; *alectromantie.* Divination par le moyen d'un coq & des lettres correfpondantes aux grains qu'ils mangent. *Voyez* DIVINATION.

ALEUROMANTIE, de αλευρον, farine, μαντεια, *divination*; aleuromantia; *aleuromantie.* Divination avec de la farine. *Voyez* DIVINATION.

ALLEVURE : la plus petite des monnoies de cuivre qui fe fabriquent en Suède; elle ne vaut pas tout-à-fait le denier tournois de France.

Deux *allevures* font la rouftique; 8 rouftiques font le marc de cuivre; 24 marcs font la richedale commune, dont la valeur eft de l'écu de 60 fous de France.

ALLIMÉTRIE, de Altus, *haut*, & μετρεω, *je mefure*; altimetria; fubft. fém. L'art de mefurer les lignes droites ou inclinées, foit en hauteur où en profondeur, comme une montagne, une tour.

ALMAGEST; *al, μεγιστος*; almageftum; *almageft*; fubft. mafc. Le grand ouvrage, l'ouvrage par excellence. Nom du plus ancien livre d'aftronomie qui nous foit refté, & qui fut compofé par Ptolémée vers l'an 140.

Ce livre fut traduit en arabe en 827, par l'ordre du calife Almamon; Frédéric II le fit traduire en latin en 1130; il fut imprimé à Venife en 1515 & 1537, & à Bâle en 1538, 1541 & 1551 : il contient un recueil précieux d'anciennes obfervations; ce font les feules qui nous foient parvenues.

Riccioli a donné auffi un grand ouvrage d'aftronomie, intitulé *Almageftum novum*, en deux vol. in-fol., à Bologne, 1561. C'eft une collection immenfe & précieufe de toute l'aftronomie hiftorique & théorique, & dont les aftronomes font un ufage continuel.

ALMANACH, dè l'arabe *manah*, *fupputer*, précédé de al, *le;* ephemeris; *kalender*. Calendrier où font marqués les jours ou fêtes de l'année, le cours de la lune pour chaque mois, &c.

Nos *almanachs* modernes répondent à ce que les anciens Romains appeloient leurs faftes.

ALMÈNE : poids de deux livres dont on fe fert pour pefer le fafran dans plufieurs endroits du continent des Indes orientales.

ALOMANTIE, de *αλς*, *fel*, *μαντεια*, *divination;* alomantia; *alomantie*. Efpèce de divination qui fe fait par le fel. *Voyez* DIVINATION.

ALTIN : petite monnoie de cuivre en ufage dans la Poméranie, dans le Danemarck & dans la Livonie : fa valeur & fes divifions varient dans chaque pays. Il en faut :

Dans le duché de Poméranie 144	pour faire le rixdaler ; mais chacun de ces rixda-
Dans la Poméranie fuédoife 192	
Dans le Danemarck 336	lers a différentes valeurs.
Dans la Livonie 64	(*Voyez* RIXDALER.)

La valeur de l'*altin*, en argent de France, eft :

	Livre.	Franc.
Dans le duché de Poméranie, de	0,016	0,0256
Dans le Danemarck,	0,0166	0,0164
Dans la Livonie,	0,0592	0,0585

ALUDEL; capitellum fublimatum; *aludel;* fub. maf. Pots ou chapiteaux ouverts par leurs parties inférieure & fupérieure, & qui peuvent s'emboîter ou s'appliquer exactement les uns fur les autres, enforte qu'ils forment un tuyau plus ou moins long, fuivant le nombre d'*aludels* dont ils font compofés.

Le pot ou l'*aludel* qui termine ce tuyau par en haut, doit être fermé par la partie fupérieure, & n'avoir qu'un petit trou.

On emploie ces vafes pour différentes fublimations & volatilifations, mais furtout pour celle du foufre & du mercure.

ALUMINE; alumina; *alaunerde;* fubft. fém. L'une des neuf terres que l'on a regardée longtemps comme fimple, & que l'on croit maintenant compofée.

Cette terre eft blanche, fans faveur, happe à la langue & au palais en abforbant l'humidité; fa faveur eft *terreufe;* elle eft fans odeur : fa pefanteur fpécifique eft, d'après Kirwan, de 2,000.

Expofée à la chaleur, l'eau de la combinaifon fe volatilife, & fes molécules fe rapprochent : ce rapprochement fe continue même après avoir laiffé échapper toute fon eau, ce qui a lieu à la température de 130 deg. de Wedgwood; ainfi, en l'échauffant davantage, elle ne diminue plus de poids, quoique fon volume diminue encore. Cette propriété de l'*alumine*, de diminuer

de volume par la chaleur, l'a fait employer par Wedgwood dans la conftruction de fon pyromètre.

L'*alumine* eft infoluble dans l'eau; cependant elle fe combine facilement avec ce liquide, & le retient affez fortement.

Une des propriétés caractériftiques de l'*alumine* humide, eft d'avoir du liant & de la ténacité; mais lorfqu'elle a été fortement calcinée & qu'elle a acquis au feu une grande dureté, fi on la porphyrife ou qu'on l'humecte d'eau, elle n'acquiert plus la ténacité qu'elle avoit auparavant.

Refroidie au-deffous de zéro, l'*alumine* laiffe échapper une plus grande quantité d'eau que les autres terres.

Combinée avec l'acide fulfurique & un alcali, elle produit l'alun : c'eft du nom de cette fubftance, qui eft connue depuis long-temps, & qui la produit ordinairement, que l'on a formé celui d'*alumine*.

Thenard annonce que l'on trouve de l'*alumine* naturelle près de Halle. Fourcroy, Simon & Bucholz ayant analyfé cette fubftance, & l'ayant trouvée compofée de :

	Fourcroy.	Simon.	Bucholz.
Alumine	45	32,5	31
Acide fulfurique	14	19,25	21,5
Chaux.		0,35	
Fer		0,45	2
Silice		0,45	
Muriate de chaux	4		
Eau	27	47	45
	90	100	99,5

Klaproth en a conclu que la prétendue *alumine* pure de Halle étoit une fubftance compofée; que s'il exiftoit une *alumine* pure, ce devroit être le faphir, qui contenoit 98,5 d'*alumine*, 1 d'oxide de fer, & 0,5 de chaux.

Pour obtenir l'*alumine*, on diffout l'alun dans l'eau; on y ajoute de l'ammoniaque jufqu'à ce qu'il ne fe forme plus de précipité; on filtre & on fait-fécher. Comme ce précipité retient toujours de l'acide fulfurique & de la potaffe, on fépare ces fubftances en diffolvant le précipité dans de l'acide muriatique, & laiffant évaporer jufqu'à ce qu'une goutte de liqueur foit criftallifée par refroidiffement; on fait alors criftallifer le tout, & on en retire les criftaux à mefure qu'ils fe forment. On fait évaporer de nouveau la liqueur reftante pour obtenir une feconde criftallifation : on décompofe le muriate d'*alumine* par l'ammoniaque, on lave avec foin l'*alumine* précipitée, & on la fait fécher.

Sauffure a remarqué que fi l'alun eft diffous dans une petite quantité d'eau, l'*alumine* précipitée a une couleur blanche; qu'elle eft friable, tres-fpongieufe, & happe fortement à la langue : il la nomme alors *alumine fpongieufe*.

Mais lorfqu'elle eft diffoute dans une grande

quantité d'eau, l'*alumine* précipitée eft, après fa defficcation, en maffe rude, tranfparente, jaunâtre ; tenue dans la main, elle craque comme le foufre. Sa caffure eft liffe, conchoïde : elle ne happe pas à la langue, & n'a nulle reffemblance avec une terre. Dans cet état, Sauffure l'appelle *alumine gélatineufe*.

On fait un très-grand ufage de l'*alumine* dans les arts ; mais elle n'y eft ordinairement employée qu'à l'état d'argile, c'eft-à-dire, lorfqu'elle eft combinée ou mélangée avec la filice & avec plufieurs autres fubftances ; alors elle fait la principale partie des poteries : elle fert auffi pour les teintures, les fouleries, les imprimeries d'étoffes, &c.

Pendant long-temps on a regardé l'*alumine* comme une fubftance fimple ; mais depuis que l'on a décompofé la potaffe, la foude, la chaux, la baryte, la ftrontiane, & que l'on s'eft affuré que ces fubftances étoient compofées d'une bafe métallique combinée avec l'oxigène, on s'eft empreffé de regarder l'*alumine* comme un oxide d'*aluminium*. Cependant, l'*alumine* n'a pas encore été décompofée, & cette compofition ne lui a été fuppofée que comme une fuite de fon analogie avec les autres terres. On croit que la difficulté de décompofition que cette terre préfente, vient de fa grande affinité pour l'eau, & de la grande facilité avec laquelle fa bafe métallique décompofe ce liquide.

ALUN ; alumen ; *alaun* ; fubft. mafc. Sel neutre formé de la combinaifon de l'acide fulfurique, de l'alumine & d'un alcali.

Ce fel triple eft en maffe ou criftallifé ; fa forme criftalline eft le cube, l'octaèdre, ou une modification de ces deux formes. L'*alun* eft tranfparent, friable, & préfente une caffure vitreufe ; fa aveur eft douceâtre & aftringente ; il rougit les couleurs bleues végétales : fa pefanteur fpécifique eft, d'après Haffenfratz, de 1,7109.

Il eft infiniment plus foluble dans l'eau chaude que dans l'eau froide. A une température de 15,56 degrés centigrades, il eft foluble dans 16 à 20 parties d'eau ; à l'eau bouillante, 3 parties d'eau en diffolvent 4 d'*alun*.

A l'air, l'*alun* effleurit foiblement ; expofé à une douce chaleur, il fond dans fon eau de criftallifation ; fi l'on augmente la température, il fe bourfoufle, écume, & perd environ 0,44 de fon eau de criftallifation. Dans cet état, l'*alun* eft appelé *alun calciné*. Si l'on foumet l'*alun* à un feu très-violent, une partie de l'acide fe volatilife.

On obtient de l'*alun* de deux manieres : 1°. des mines qui contiennent les principes de ce fel ; 2°. en le formant de toute pièce.

Les mines alumineufes peuvent être divifées en deux claffes : dans la première l'*alun* eft tout formé ; dans la feconde, il n'exifte que fes élémens. On grille plufieurs variétés de l'une & l'au-

tre des deux claffes : de la première pour diminuer la force de cohéfion, & faciliter l'interpofition de l'eau ; de la feconde, pour oxigéner le foufre & former de l'acide fulfurique qui exerce fon action fur les terres alumineufes. Après le grillage, les minerais font expofés à l'air, puis on diffout le fel : la diffolution faturée s'évapore dans des chaudières de plomb. Lorfque la diffolution contient l'alcali néceffaire à la formation de l'*alun*, l'on rapproche fortement ou l'on fait criftallifer ; lorfque la diffolution ne contient pas l'alcali néceffaire, on y ajoute de la potaffe, du fulfate de potaffe, de l'urine ou du fulfate d'ammoniaque : alors l'*alun* fe précipite, on le rediffout pour le rapprocher & obtenir l'*alun* en maffe ou criftallifé.

Dans les fabriques d'acide fulfurique on forme l'*alun* de toute pièce, en plaçant des fragmens d'argile calcinés dans la chambre de plomb ; l'acide fulfurique en vapeur pénètre cette argile, fe combine avec l'alumine, & forme, avec le fecours de l'air atmofphérique, du fulfate d'alumine, auquel on ajoute l'alcali néceffaire.

Curaudau mélange 100 parties d'argile & 6 de muriate de foude, calcine fortement le mélange, pulvérife l'argile & la diffout dans l'acide fulfurique ; il ajoute enfuite de l'eau, décante & évapore dans des chaudières de plomb ; il y ajoute l'alcali néceffaire, & obtient fon *alun*.

On diftingue, dans le commerce, différentes fortes d'*alun*, dont les principales font : 1°. l'*alun* de Syrie ; 2°. l'*alun* de Rome ; 3°. l'*alun* du Levant ; 4°. l'*alun* d'Angleterre ; 5°. l'*alun* de Brunfwick ; 6°. l'*alun* des fabriques de France & d'Allemagne. Chacun de ces *aluns* ayant des qualités très-différentes pour les teintures, il en réfulte une grande différence dans leur prix. Chaptal, Vauquelin, Thenard, Roard & plufieurs autres chimiftes les ont analyfés, afin de reconnoître la caufe de la différence des effets qu'ils produifent : chaque chimifte a trouvé des rapports différens. Ainfi les *aluns* feroient compofés, d'après

	Bergman.	Kirwan.	Richter.	Vauquelin.
Alumine	18	12	11	12,53
Acide fulfurique	38	17,60	11,95	26,04
Potaffe	00	00	30	10,02
Eau	44	70	64,05	51,41
	100	99,60	97,00	100,00

Qui ne croiroit pas, d'après les différences que préfentent ces analyfes, que les *aluns* qui ont été foumis aux agens chimiques différent beaucoup les uns des autres ? Cependant plufieurs *aluns*, analyfés par Monnet, Bergman, Chaptal, Vauquelin, Thenard & plufieurs autres chimiftes, ont donné à chacun des réfultats femblables.

Mais pourquoi, fi tous ces *aluns* ont les mêmes compofans, produifent-ils des effets fi variés dans la teinture ? Haffenfratz obfervant que les *aluns*

du commerce avoient deux formes criſtallines différentes; que les uns étoient conſtamment ſous forme
cubique, & les autres ſous forme d'octaèdre,
préſuma que cette différence, qui dépend de l'action des molécules, eſt une des cauſes de leurs
divers effets.

Roard & Thenard obſervant que de très-petites
quantités de fer produiſoient de grandes variations dans les teintures, recherchèrent, par la
ſynthèſe, à compoſer des *aluns* analogues à ceux
du commerce, puis à eſſayer leurs actions comparatives. Ils ont trouvé (1) que les *aluns* purs, auxquels ils ont ajouté $\frac{1}{2000}$ de fer, produiſoient ſur
la cochenille & ſur la gaude les mêmes couleurs
que l'*alun* de Rome; qu'ajoutant $\frac{1}{1600}$ de fer aux
aluns purs, on avoit des effets ſemblables à ceux
des *aluns* de Bouvier & de Curaudeau; qu'en ajoutant $\frac{1}{1200}$, les effets étoient ſemblables à ceux des
aluns de Javelle; & enfin en ajoutant $\frac{1}{1000}$, les
effets étoient analogues à ceux des *aluns* de Liège.
Ainſi, tout paroît faire croire que l'action des
aluns dans la teinture dépend principalement de
la quantité ou de la proportion de fer qu'ils
contiennent.

Nous devons obſerver que l'*alun* de Rome eſt
ordinairement recouvert d'une couche mince de
terre roſe, qui eſt compoſée, d'après Vauquelin, de

Silice.................. 31
Alumine............... 61
Oxide de fer & de nickel : 8
                        ‾‾‾‾
                        100

& que pluſieurs *aluns* contiennent de l'ammoniaque.

AMALGAMATION; amalgamatio; *amalgamation*; ſub. fém., de αμα-γαμειν, joindre *enſemble*. Opération par laquelle on combine le mercure avec l'or & l'argent, pour ſéparer ces deux
derniers métaux des ſubſtances avec leſquelles ils
ſont mélangés dans les mines.

Le mercure a beaucoup d'affinité avec l'or,
l'argent, le platine, le plomb, l'étain, le zinc, le
biſmuth, le cuivre, &c Il ſe combine à froid avec
ces métaux & les diſſout, mais il n'a aucune affinité avec leur oxide D'après cela, rien n'eſt plus
facile que de combiner l'or, l'argent & le platine
avec le mercure, & les ſéparer ainſi du cuivre,
du plomb & des autres métaux avec leſquels ils
ſont mélangés.

Il ſuffit de ſoumettre les métaux à l'action du
feu. L'or, l'argent, le platine, laiſſent dégager leur
oxigène s'ils en contiennent; le cuivre, le plomb
& les autres métaux conſervent l'oxigène & s'oxi-
dent même pendant la calcination. Triturant enſuite ces ſubſtances avec du mercure, celui-ci ſe
combine avec l'or, l'argent & le platine, & les

ſépare des autres métaux oxidés avec leſquels ils
étoient combinés.

C'eſt ſur ce principe d'action de l'oxigène que
ſont fondées les diverſes opérations d'*amalgamation*, à l'aide deſquelles on ſépare l'or, l'argent &
le platine.

La propriété qu'a le mercure de ſe vaporiſer à
une foible temperature, fait encore employer avec
beaucoup d'avantage l'*amalgamation* pour combiner
des métaux; ainſi, en recouvrant du cuivre avec
une couche d'amalgame d'or, expoſant enſuite
le métal au feu, le mercure s'évapore & l'or reſte
uni. On peut encore dorer & argenter, &c. en
couvrant la ſurface d'un métal avec du mercure,
& plaçant deſſus des feuilles d'un autre métal.
L'action du feu vaporiſe le mercure, & les métaux
reſtent unis.

AMBIGÈNE, de αμβι, autour; & γιννεω, engendrer; ambigena; *ambigène*. Eſpèce d'hyperbole
qui a une de ſes branches infinies inſcrite &
l'autre circonſcrite à ſon aſymptote.

AMBLIGONE, du grec αμβλυς, obtus, & γωνια,
angle; ambligonium; *ambligone*. Angle obtus qui
a plus de 90 degrés, qui eſt plus grand qu'un angle droit. *Voyez* ANGLE OBTUS.

AMBLIGONE (*Triangle*). Triangle qui a un angle
plus grand qu'un angle droit.

AMBRE, de l'arabe *ambor*, dont les Eſpagnols
ont fait *ambar*, & les Italiens *ambra*; electrum, ambra; *agiſtein*, *bernſtein*, amber. Subſtance combuſtible. On diſtingue deux ſortes d'*ambre*, qui ont
des couleurs & des qualités, & probablement des
compoſitions différentes, l'AMBRE GRIS & l'AM-
BRE JAUNE.

AMBRE GRIS; ambra griſea; *ambre*; ſubſt. m.
Subſtance ſolide, opaque, de couleur griſe, entre-
mêlée de taches jaunes & noires, d'une nature de
cire ou d'huile concrète, tenace, molle, flexible,
très-aromatique. Son odeur eſt d'autant plus
agréable, qu'il a été gardé plus long-temps.

La peſanteur ſpécifique de l'*ambre gris* varie,
ſelon Briſſon, de 0,78 à 0,92. Il ſe fond comme
la cire, ſans former d'écume, mais à une température de 50 degrés centigrades, tandis que la cire
jaune fond à 61 degrés; ſi l'on porte la chaleur à
100 degrés, il ſe volatiliſe ſous la forme d'une
fumée blanche, & laiſſe pour réſidu une trace de
charbon. Il eſt inſoluble dans l'eau; les acides
ont très-peu d'action ſur lui; les alcalis le diſſolvent & forment un ſavon avec lui.

On trouve de l'*ambre gris* dans l'eſtomac du cachalot; on le rencontre nageant ſur la mer dans
les environs des Moluques, près Madagaſcar,
Sumatra, aux côtes de Coromandel, du Bréſil,
d'Afrique, de la Chine & du Japon. Les fragments
d'*ambre gris* que l'on trouve dans le cachalot ont
ordinairement une groſſeur conſidérable.

(1) *Annales de Chimie*, tom. LVIII, pag. 83.

Plusieurs naturalistes ont rangé cette substance parmi les bitumes ; d'autres la regardent comme un produit des végétaux ; d'autres enfin comme un produit du règne animal , sans être d'accord sur l'espèce d'animal qui le produit. Il résulte de toutes ces hypothèses que l'on a faites sur l'*ambre gris* , que la véritable origine est inconnue , car on peut faire des objections sur toutes.

Nous devons à Bouillon-Lagrange une analyse assez bien faite de l'*ambre gris* (1) , d'où il résulte que cette substance est composée de :

Adipocire.......... 52,7
Résine............. 30,8
Acide benzoïque..... 11,1
Charbon........... 5,4

100

Le plus grand usage de l'*ambre gris* est pour la toilette. On l'emploie en médecine dans plusieurs affections convulsives , & notamment dans le tétanos.

AMBRE JAUNE , SUCCIN ; electrum , succinum ; *bernstein* , *agtstein* ; subst. mas. Bitume concret que la mer rejette sur certaines côtes , & qu'on trouve enfoui dans des terrains d'alluvion.

Le *succin* a plusieurs couleurs , depuis le jaune jusqu'au brun , en passant par le rouge ; mais le plus souvent il est d'un jaune-foncé. Il est plus ou moins opaque ; on en trouve de transparent , dont la réfraction est simple. Il a l'éclat de la cire & une cassure conchoïde. Le commerce l'offre en morceaux de diverses grosseurs , dont plusieurs renferment des insectes & autres corps étrangers. Sa pesanteur spécifique est entre 1,078 & 1,085.

Il se fond à une température de 288 degrés centigrades , & coule comme de l'eau. Après le refroidissement , il n'a plus les mêmes propriétés ; ce qui est occasionné par le commencement de décomposition qu'il a éprouvé.

Quand on frotte l'*ambre jaune* , il répand une odeur agréable , & acquiert , comme les corps résineux , mais plus énergiquement encore , la propriété d'attirer les corps légers , propriété que les physiciens modernes ont nommée *électricité*, du nom *electrum* , que les Grecs donnoient à cette substance , peut-être à cause de la ressemblance de sa couleur avec un alliage d'or. Les Latins l'appeloient *succinum* , parce qu'ils pensoient , suivant Pline , qu'il étoit formé d'un suc résineux. Les Arabes l'appeloient *karabé*.

On extrait cette substance pour le compte du gouvernement dans la Prusse ducale. L'*ambre jaune* abondoit autrefois sur le bord de la mer Baltique ; il y accompagnoit des cailloux roulés & différentes substances , surtout du bois fossile. Quelques parties détachées étoient entraînées par les

(1) *Annales de Chimie*, tom. XLVIII, pag. 68.

vagues , & les habitans du pays profitoient de la marée montante pour les pêcher avec de petits filets. Depuis quelque temps , le *succin* est exploité à deux cents pieds de la mer , par le moyen de plusieurs galeries & de quelques puits , dont l'un a 98 pieds de profondeur. On trouve aussi de l'*ambre jaune* en Allemagne , en France & ailleurs.

Plusieurs substances agissent sur l'*ambre jaune* ; l'eau le dissout foiblement ; l'alcool en prend depuis $\frac{1}{7}$ jusqu'à $\frac{1}{5}$ de son poids. Les acides sulfurique & nitrique le dissolvent ; le premier produit une liqueur rousse ; le second se décompose en partie : les acides légers n'ont pas d'action sur lui. Il forme un composé savonneux avec la potasse caustique. L'huile grasse le ramollit & le rend propre à être soudé.

Chauffé fortement au contact de l'air , il s'enflamme & brûle avec une flamme d'un jaune-verdâtre , il répand une vapeur jaune-verdâtre d'une odeur agréable. Distillé dans une cornue , il donne du gaz acide carbonique , du gaz hydrogène carboné , de l'esprit de *succin* , de l'huile de *succin* & de l'acide succinique.

Un grand nombre de naturalistes considèrent l'*ambre jaune* comme un suc résineux qui a coulé d'un arbre , & qui , enfoui dans la terre par l'effet de quelque bouleversement , s'est imprégné des vapeurs minérales & salines , &, avec le temps , a pris de la consistance. Cette opinion se rapporte avec la fiction des poëtes anciens , qui feignoient que les sœurs de Phaéton ayant été changées en peuplier, lorsqu'elles déploroient la mort de leur frère , ces arbres avoient continué de répandre , chaque année , des larmes dorées qui étoient autant de gouttes d'*ambre jaune* ; & avec l'assertion de Martonius , qui rapporte que les chimistes retirent de la résine de sapin une masse semblable au *succin*.

AMMONIAQUE ; ammonium ; *ammonium* ; subst. masc. L'un des trois alcalis , & qui se distingue des deux autres par son odeur vive , piquante , & par sa grande volatilité.

Il a déjà été parlé de cette substance sous le nom d'*alcali volatil* (voyez ALCALI) ; mais comme elle n'étoit pas encore parfaitement connue à cette époque , nous avons cru devoir rapporter ici quelques résultats qui puissent compléter la connoissance que l'on doit en avoir.

On l'obtient ordinairement sous forme gazeuse, transparente & sans couleur. Sa saveur est âcre , caustique , mais plus foible que les alcalis fixes ; il ne détruit pas, comme eux, les matières animales avec lesquelles on le met en contact.

Son odeur est très-piquante ; elle excite le larmoiement : on s'en sert comme excitant dans les cas de foiblesse , soit sous forme liquide , c'est-à-dire , diffous dans l'eau , soit sous forme solide , sous l'état de carbonate ; il est alors vendu sous le nom de *sel volatil d'Angleterre.*

Il verdit le firop de violette & brunit le papier. humide de curcuma. Les animaux meurent lorfqu'ils refpirent ce gaz. Il éteint les lumières; on peut les y plonger trois ou quatre fois, & l'on remarque que la flamme s'agrandit avant l'extinction; elle eft alors jaune-pâle, & defcend fur la fin jufqu'à la partie inférieure du vafe. Ce gaz s'enflamme à une température très-élevée.

Sa pefanteur fpécifique eft de 0,000731, d'après Kirwan, à une température de 7 degrés centigrades. Il conferve fon état gazeux à un froid de 48 degrés centigrades au-deffous de zéro.

Faifant paffer du gaz ammoniac à travers de la glace ou de la neige, il eft abforbé, & la température s'abaiffe. Dans l'eau, au contraire, le liquide s'échauffe; il diminue de denfité. Trois parties d'eau peuvent abforber une partie de gaz ammoniac, ou 430 fois fon volume; ainfi, 0,096 d'ammoniaque & 0,904 d'eau ont 0,9607 de denfité; 0,159 d'ammoniaque & 0,841 d'eau ont 0,9385 de denfité, & 0,260 d'ammoniaque & 0,740 d'eau ont 0,9054 de denfité.

Jufqu'à préfent l'ammoniaque n'a été trouvé qu'à l'état de combinaifon avec les acides fulfurique, muriatique, phofphorique, acétique, carbonique dans les urines des hommes, les excrémens des chameaux, les matières animales putréfiées, & dans quelques mines d'alun.

On le retire de fes combinaifons falines avec la chaux vive; celle-ci s'empare des acides & laiffe l'ammoniaque à nu; il fe dégage fous forme gazeufe : c'eft principalement du muriate d'ammoniaque qu'on l'extrait.

Berthollet (1) ayant fait paffer une fuite d'étincelles électriques à travers 1,27 pouces cubes de gaz ammoniac, le volume s'augmenta, & fut, après l'expérience, de 3,3 pouces cubes; le gaz provenant de cette expérience étoit un mélange de gaz azote & hydrogène; la proportion étoit de 9 d'azote fur 24 d'hydrogène, en négligeant les fractions.

Cette expérience, répétée avec beaucoup de foin (2), a produit quelques différences dans les réfultats, parce que le gaz a été defféché avec plus de foin. On s'accorde aujourd'hui à avancer que 100 parties de gaz ammoniac occupent, après la décompofition, un volume double, contenant 50 parties de gaz azote & 150 parties de gaz hydrogène.

D'abord le gaz augmente confidérablement de volume par l'action des premières étincelles, enfuite l'augmentation fe ralentit & devient prefqu'infenfible.

On fe fert, pour faire cette expérience, d'une éprouvette, fig. 97, compofée d'un tube gradué : dans la partie fupérieure eft d'un conducteur recourbé a b c d, terminé par une boule à chaque extrémité. Ce conducteur eft ifolé par un petit tube vers b c. Après avoir introduit du gaz bien fec dans cet appareil, pofé fur un bain de mercure, on fait entrer, par la partie inférieure, un fecond conducteur de fer, terminé par une boule e; alors faifant communiquer la boule a du conducteur fupérieur avec une machine électrique, on fait paffer une fuite d'étincelles entre les deux conducteurs, jufqu'à ce que le volume de gaz foit double. Si l'on analyfe enfuite ces deux gaz avec de l'oxigène, on voit que le quart eft du gaz hydrogène, & les ¾ du gaz azote.

Soumis à l'action d'une chaleur rouge-cerife, & paffant à travers un tube de porcelaine, l'ammoniaque n'éprouve aucune décompofition. Le gaz recueilli dans un vafe, & expofé enfuite à l'action de l'eau, y eft entièrement abforbé; mais fi l'on met de l'oxide de manganèfe dans le tube, alors on obtient, dans un vafe vide d'air, du nitrate d'ammoniaque, & l'oxide perd tout fon oxigène. Ici l'azote & l'hydrogène contenus dans une portion de l'ammoniaque fe combinent avec l'oxigène de l'oxide, & génèrent de l'acide nitrique & de l'eau; l'ammoniaque non décompofé fe combine avec l'acide nitrique & produit du nitrate d'ammoniaque.

Auftin annonce qu'il fe forme de l'ammoniaque par l'azote de l'acide nitrique & l'hydrogène de l'eau décompofée, en humectant de l'étain avec de l'acide nitrique, & que l'on peut reconnoître cet ammoniaque par la préfence de la chaux. Il dit encore que l'on peut compofer de l'ammoniaque en mettant dans une cloche de l'azote & de la limaille de fer humectée d'eau, parce que l'hydrogène de l'eau décompofée par le feu fe combine avec l'azote libre.

L'ammoniaque (1) eft la bafe des linimens volatils, tel que celui de Fuller, compofé de 3 onces d'huile d'olive, un gros d'ammoniaque, 20 grains de camphre diffous dans 4 gros d'eau thériacale. Ce liniment eft employé dans les douleurs rhumatifmales, dans la paralyfie, les fauffes ankilofes, les humeurs froides, l'artrodinye; mais ce qu'on nomme communément, en pharmacie, liniment volatil, eft un fimple mélange d'huile & d'ammoniaque.

Il eft ftimulant lorfqu'il eft employé à l'état liquide dans les cas de fyncope ou d'afphyxie, pour rappeler à la vie en exhalant les propriétés vitales : on le fait refpirer aux malades.

Delaffonne recommande l'ufage intérieur de l'ammoniaque, à la dofe de cinq à fix gouttes dans un verre d'eau, comme un fpécifique contre la rage. Malgré tous les faits qu'on a cités, il n'eft pas encore permis d'y croire.

Affoibli & long-temps appliqué fur des tumeurs produites par des engorgemens laiteux ou glanduleux, l'ammoniaque eft, dans quelques cir-

(1) Journal de Phyfique, année 1786, tom. II, pag. 178.
(2) Chimie de Thenard, tom. II, pag. 114.

(1) Dictionnaire de Médecine, tome I, pag. 467.

conftances, parvenu à les réfoudre. Il eft quelquefois employé dans les épilepfies, pour prévenir les attaques lorfqu'elles font annoncées par un malaife. L'alcali volatil eft en ufage dans l'empoifonnement par les champignons, dans la petite-vérole répercutée par foibleffe, le typhus, la goutte vague, l'hypocondrie. On le preferit intérieurement contre les hémorragies, l'amaurofe, les brûlures. On doit adminiftrer l'*ammoniaque* avec beaucoup de précaution.

On fait, avec de l'*ammoniaque* liquide & l'huile de fuccin rectifiée, une préparation que l'on appelle *eau de luce*, dont les vertus & les ufages font très-analogues à ceux de l *ammoniaque.*

Comme l'oxigène a été reconnu être le principe alcalifant de la potaffe, de la foude, de la chaux, de la baryte & de la ftrontiane, on a été conduit, par analogie, à le confidérer comme partie conftituante de l'*ammoniaque ;* mais les expériences nombreufes & variées qui ont été faites dans l'efpérance de le prouver, ont été, jufqu'à préfent, totalement infructueufes. Ainfi, quoiqu'en avouant que ces alcalis jouent, dans le plus grand nombre de cas, le rôle d'un oxide, nous penfons qu'il n'y a pas encore de raifons fuffifantes pour admettre l'oxigène au nombre de fes principes conftituans.

AMPHIBLESTROÏDE, de *αμφιβλεστρον, filet de pêcheur,* & *ειδος, reffemblance ;* retiformis; amphibleftroïdes; *amphibleftroïde.* Tunique de l'œil, blanche & glaireufe, qui reffemble à un filet lorfqu'on le jette dans l'eau. *Voyez* RETINE.

AMPHORE; amphora; *maafs bey den romern.* Mefure de capacité pour les liquides, employée par les Romains.

L'*amphore* avoit différentes dénominations, *dioca, quadrantat, metreres ;* fa capacité équivaloit à 30,98 pintes de Paris, ou 28,85 litres, nouvelle mefure.

L'*amphore* contenoit 2 urnes, 8 conges, 48 fetiers ou as, 96 hémines, 192 quartiers, 384 acétabules, 576 cyates & 2304 ligules, &c. Il faut 20 *amphores* pour former le dolium.

AMPOULE; ampulla; *waffer blafe, glas blafe;* fubft. fém. Petite bouteille ou enflure faite fur la peau, fur un liquide ou avec du verre.

AMPOULE *cutanée :* puftules véficulaires, remplies d'une férofité limpide, qui n'offrent aucun danger, & fpécialement celles qui viennent aux pieds ou aux mains après une marche ou un travail forcé; les cloches ou veffies faites par l'action du feu ou la piqûre d'un infecte, font auffi des *ampoules* On traite ces dernières en appliquant deffus des compreffes trempées dans une infufion de fleurs de fureau, à laquelle on ajoute de l'acétate de plomb.

AMPOULE *de liquide :* petites bouteilles ou enflures qui fe forment fur l'eau quand il pleut, ou fur tous autres liquides lorfqu'ils font agités.

Un globule de liquide, en tombant d'une grande hauteur fur la furface d'un liquide, le comprime & produit un enfoncement; le liquide environnant réagiffant, il s'élève au-deffus de fon niveau, & des ofcillations fucceffives ont lieu : fouvent une portion du liquide tombé fe réfléchit & produit de petites fphères pleines de liquide, qui furnagent & fe meuvent avec une grande rapidité. (*Voyez* GLOBULES VESICULAIRES.) D'autres fois, la goutte de liquide, en tombant, entraîne de l'air avec elle; l'air remonte & fort de la maffe, mouillée & enveloppée du liquide; lorfque fon action eft affez forte pour rompre la vifcofité de fon enveloppe, l'air fe dégage; dans le cas contraire, l'enveloppe le maintient, & il fe forme une *ampoule* qui furnage.

On diftingue facilement les *ampoules* pleines d'air, des globules de liquide. La forme des premières eft toujours hémifphérique; la forme des fecondes eft toujours globuleufe. Les *ampoules* d'air font, en quelque forte, fixées au liquide; elles n'ont que peu ou point de mouvement; les globules d'eau, au contraire, fe meuvent avec une grande viteffe.

Toute efpèce de corps tombant fur un liquide peut produire des *ampoules,* lorfqu'il eft environné d'air & qu'il abandonne fon air dans le liquide; on en produit facilement en faifant paffer un courant d'air à travers un liquide.

Lorfque l'air qui fort du liquide eft peu abondant, que les hémifphères peuvent fe féparer les uns des autres, ils conftituent des *ampoules ;* mais lorfque les véficules d'air fe fuccèdent & qu'elles fe réuniffent en grand nombre, comme dans l'eau de favon, à travers laquelle on fait paffer un courant d'air, alors elles produifent une maffe à laquelle on donne le nom d'*écume.* Cette écume aérienne fe forme facilement dans tous les liquides vifqueux, & particulièrement dans ceux qui fermentent. *Voyez* ECUME, MOUSSE, FERMENTATION.

AMPOULE *de verre :* petite bouteille mince, foufflée au bout d'un tube de verre.

Ces *ampoules* ont différentes configurations, en raifon de la deftination qu'on leur donne. Quelques-unes ont la forme d'une larme, d'autres celle d'une fphère, d'autres d'une bouteille avec un long col. Plufieurs de ces *ampoules,* celles que l'on emploie pour les expériences de phyfique, font petites, minces, & peuvent être brifées facilement; d'autres, celles que l'on emploie en chimie, font des vafes d'une capacité indéterminée, mais qui doivent avoir le ventre comme une bouteille, une burette; c'eft pourquoi on donne ce nom aux vaiffeaux qui ont un gros ventre, comme les cucurbites, les récipiens, les ballons. *Voyez* ces mots.

En

En fermant hermétiquement une petite *ampoule* de verre mince, au moment où elle vient d'être soufflée, & pendant qu'elle est encore rouge, elle ne renferme alors qu'un air extrêmement raréfié, & l'intérieur de ces petits globes approche beaucoup du vide des machines ordinaires. Si, lorsqu'elles sont froides, on laisse tomber ces *ampoules*, l'enveloppe se brise, l'air environnant rentre tumultueusement dans l'espace que le vide occupoit, & produit un bruit d'autant plus grand que l'air étoit plus raréfié, & que l'*ampoule* étoit elle-même plus grande. *Voyez* VIDE, PRESSION DE L'AIR, BRUIT.

Souvent aussi on emplit les petites *ampoules* avec un liquide. En le chauffant, le volume de celui-ci augmente; il brise l'enveloppe par la pression qu'il exerce : lorsque l'échauffement a été assez grand pour vaporiser le liquide, il se répand dans l'air qui l'environne, le chasse, puis, en se liquéfiant, forme un vide sur lequel l'air revient; il se porte tumultueusement sur le vide, & produit également un bruit plus ou moins grand.

ANALEMME; ἀναλημμα; analemmum; *zeichtentrager analemma*; sub. mas. Projection orthographique de la sphère sur le plan du méridien, l'œil étant supposé à une distance infinie & dans le point oriental ou occidental de l'horizon.

La *fig.* 98 représente cette projection. NPE *npm* est le plan du méridien, N *n* celui de l'horizon; E *e* la projection de l'équateur, P*p* celle de l'axe de la terre, *mm* les colures des solstices, & *m m* celles des cercles polaires.

On obtient facilement, par cette espèce de projection, ou par une opération graphique analogue, la hauteur du soleil à une heure quelconque, ainsi que le temps du lever & du coucher du soleil pour un jour & une latitude donnée, de même que l'heure du jour, quand on connoît la hauteur du soleil.

Soit P, *fig.* 98 (*a*) le pôle, Q *v* l'équateur; Q H un arc égal à la déclinaison du soleil; H G le rayon du parallèle diurne du soleil H D E; I A le sinus de la hauteur du soleil. La perpendiculaire A D marquera, sur le point D du parallèle, un arc D H égal à l'angle horaire du soleil, ou sa distance du méridien; & cette distance étant convertie en temps, fera connoître l'heure qu'il est.

L'instrument appelé *trigone des signes* se nomme aussi quelquefois *analemme*.

ANCHE, de ἄγχειν, *suffoque*; lingula; *mundstuck*; s. f. Petite languette par laquelle on donne le vent aux haut-bois, aux bassons, à quelques tuyaux de l'orgue & à d'autres instrumens de musique.

ANÉMOCORDE, de ἄνεμος, *vent*; χορδη, *corde, corde à vent*; anemocordum; *anemokord*; s. m. C'est une espèce de clavecin nouvellement inventé, dont

les cordes sont mues par le vent, & qui imite tous les instrumens, & même la voix humaine.

ANGE D'OR : monnoie frappée en France depuis 1340 jusqu'en 1346; sa valeur a éprouvé des variations. Nous allons les indiquer dans le tableau ci-dessous.

ANNÉES.	TAILLE.	TITRE.	VALEUR			
			d'alors.		actuelle.	
		karats.	sous. d.		liv. den.	fr. cent.
1340	33 ½	24	75		23 76	23 47
1341	38 ⅓	24	75		20 87	20 61
1346	33 ½	24	26 ½		23 76	23 47
	38 ⅓	24	22 11		20 87	20 61
	42 ⅓	24	13 15/11		18 00	18 67

ANGÉIOGRAPHIE, d'ἀγγειον, *vase*; γραφω, *je décris*. Description des poids, des vases, des mesures & des instrumens d'agriculture.

ANGELOT : monnoie d'or frappée en France en 1342. Sa taille étoit de 42 au marc, l'or à 24 karats; sa valeur étoit de 85 sous d'alors, & sa valeur actuelle 19,05 livres ou 18,02 francs.

ANKER, ANCRE : mesure pour les liquides, dont on se sert dans le Nord. Cette mesure, qui est environ la huitième partie du muid, diffère dans chaque pays; sa contenance, mesure de France, est à :

	Pintes.	Litres.
Amsterdam	40,59	37,80
Dresde	36,00	33,53
Hambourg	38,03	35,42
Pétersbourg	38,84	36,27
Revel	33,90	31,57
Riga	38,66	36,01
Suède	44,00	40,97

L'*anker* de Hollande se divise en 2 stekans, 16 sloopen & 32 mingles; celui de Dresde, en 36 kannes; celui de Hambourg, en 5 yurfel, 10 stubgens, 20 kannes, 40 quartiers. L'ancre de Pétersbourg, en 3 vedro; l'*anker* de Riga, en 30 stois, & celui de Suède, en 16 kannes & 32 stoops.

ANNEAUX COLORÉS; annuli colorei; *farben ring*; sub. mas. Séries de cercles de différentes couleurs qui se forment sur une lame d'air très-mince, renfermée entre la courbure d'un objectif légèrement convexe, & la surface plane d'un second qui peut être plan ou concave.

On distingue deux sortes d'*anneaux colorés*; les uns par réflexion, les autres par réfraction.

Des anneaux colorés par réflexion.

Les premières observations sur les *anneaux co-*

F

lorés ont été faites par Newton : il annonce les devoir à une circonstance particulière.

Ayant mis l'un sur l'autre deux prismes, dont l'un avoit, par hasard, sa face un peu convexe (1), & se plaçant très-obliquement à la surface du contact, afin de pouvoir observer la lumière réfléchie, Newton aperçut que l'endroit par où les prismes se touchoient, formoit une tache noire & obscure, parce qu'il n'y avoit que peu ou point de lumière réfléchie. En regardant à travers, le point de contact formoit une espèce de trou par où l'on pouvoit voir distinctement les objets placés au-delà : en pressant les prismes, cette tache augmentoit considérablement.

Tournant les prismes autour de leur axe commun, afin de diminuer l'inclinaison, quelques rayons de lumière commencèrent à cesser d'être réfléchis & à passer à travers le verre. Il s'éleva alors des arcs déliés de différentes couleurs, qui parurent d'abord en forme conchoïde. En continuant le mouvement des prismes pour diminuer l'inclinaison des rayons, ces arcs augmentèrent & se courbèrent de plus en plus autour de la tache transparente, jusqu'à ce qu'ils se formèrent en cercles ou *anneaux* qui entourèrent cette tache. Les couleurs qui parurent d'abord étoient violettes & bleues, puis on en aperçut de rouges & de jaunes. Les cercles, autour de la tache centrale, étoient blancs; bleus, violets; noirs; rouges, orangés, jaunes; blancs, bleus, violets, &c. En continuant le mouvement des prismes, il vit les cercles se resserrer & devenir plus petits; & les couleurs se rétrécirent en approchant du blanc, jusqu'à ce qu'il n'y eût plus que des cercles noirs & blancs. Arrivé à cet état, & continuant encore le mouvement des prismes, les couleurs ressortirent de nouveau, & parurent dans un ordre inverse. Ainsi, à partir de la tache centrale, les cercles étoient blancs; jaunes, rouges; noirs; violets, bleus, blancs, jaunes, rouges, &c.

Lorsque, par le mouvement des prismes, la lumière étoit parvenue à une telle inclinaison que l'on n'apercevoit que des cercles noirs & blancs, ils étoient l'un & l'autre parfaitement distincts & parfaitement terminés; on en apercevoit un très-grand nombre : Newton a compté jusqu'à trente successions; mais lorsque, par l'inclinaison des prismes, les *anneaux* avoient différentes couleurs, le nombre des *anneaux* visibles diminua, & les couleurs devinrent pâles & foibles. On distingue plus facilement les *anneaux*, lorsqu'on les regarde à travers une ouverture plus petite que celle de la prunelle, & lorsque l'on se place à une bonne distance des prismes.

Pour avoir des cercles plus exacts, observer plus facilement l'ordre des couleurs, & mesurer le diamètre de chacun des cercles successifs, Newton prit deux verres objectifs : l'un, plan-

convexe, appartenant à un télescope de quatorze pieds; l'autre, convexe des deux côtés, & appartenant à un télescope de cinquante pieds : il appliqua la face plane du premier verre sur l'une des faces convexes du second, & il comprima graduellement ces deux verres.

Il aperçut d'abord, par réflexion, un cercle au point du contact; le diamètre du cercle augmentoit successivement avec la pression, & la couleur du centre à la circonférence étoit uniforme, jusqu'à ce que, par une pression plus forte, il commença à paroître au centre du cercle un point d'une couleur différente; alors la pression devenant plus grande, la seconde couleur formoit un nouveau cercle, dont le diamètre augmentoit comme le premier. La pression croissant toujours, des cercles de nouvelles couleurs paroissoient, & le diamètre de tous ceux que l'on avoit vu naître, s'agrandissoit successivement; mais en même temps que les diamètres de chaque cercle augmentoient, la largeur de l'orbite des couleurs diminuoit. Cette opération fut continuée jusqu'à ce qu'il se formât un cercle noir au contact des verres.

Diminuant graduellement la pression, il vit aussitôt chaque cercle coloré se rapprocher du centre, & les couleurs disparoître successivement, en suivant l'ordre inverse de leur apparition; reste à dire que les cercles colorés que l'on avoit distingués les premiers, furent ceux qui disparurent les derniers.

Au moment où la tache noire parut, *fig.* 99 & 99 (*a*), l'ordre des couleurs observées étoit, à partir du centre : NOIR; BLEU, blanc, jaune, rouge : VIOLET, bleu, vert, jaune, rouge : POURPRE, bleu, vert, jaune, rouge : VERT, rouge : BLEU verdâtre, rouge : BLEU verdâtre, rouge-pâle : BLEU verdâtre, BLANC rougeâtre. Ces huit séries de couleurs paroissoient très-brillantes vers leur milieu; elles se ternissoient, de manière qu'à leur rencontre, elles formoient des cercles de couleur sombre.

Voulant déterminer les épaisseurs des tranches d'air qui correspondoient au milieu & aux bords de chaque série de couleurs, Newton posa les deux objectifs l'un sur l'autre, sans exercer de pression; ensuite il plaça son œil dans la normale, au point de contact des deux objectifs, & à 8 à 10 pouces de la surface du verre qui en étoit le plus rapproché, *fig.* 99 (*b*); alors il mesura exactement les rayons des cercles les plus brillans de chaque série; il mesura avec la même exactitude les rayons des cercles les plus obscurs : quarant des quantités qu'il avoit obtenues, il trouva que les carrés des rayons des cercles brillans étoient entr'eux comme la suite naturelle des nombres impairs, 1, 3, 5, 7, 9, 11, &c., & que les carrés des rayons des cercles obscurs étoient également entr'eux comme la suite naturelle des nombres pairs, 2, 4, 6, 8, 10, 12, &c.

Ces rapports obtenus, il étoit facile de démon-

_____

(1) *Traité d'Optique* de Newton, liv. II, première partie.

trer que les épaiffeurs des tranches d'air correfpondantes aux cercles brillans, devoient être entr'elles comme la fuite des nombres impairs, 1, 3,
5, 7, 9, &c., & de même que les épaiffeurs des
tranches d'air correfpondantes aux cercles obfcurs,
devoient être entr'elles comme la fuite des nombres pairs, 2, 4, 6, 8, 10, 12, &c.

Pour le démontrer, il faut fuppofer d'abord que
les fegmens de verre font parfaitement fphériques,
& que les furfaces planes n'ont aucune inégalité,
ce qui eft extrêmement difficile; enfuite, que la
preffion exercée par la pefanteur de l'objectif fupérieur n'occafionne aucune difformité fur les furfaces. Cela pofé: foit A C B (fig. 100) le diamètre de l'objectif convexe, D E la furface plane, a b,
c d, e f, les rayóns des anneaux colorés, on aura
$\overline{ab^2} = Aa \times aB$; $\overline{cd^2} \times Ac \times cB$; $\overline{ef^2} = Ae \times eB$.
De-là $\overline{ab^2} : \overline{cd^2} : \overline{ef^2} : Aa \times aB : Ac \times cB : Ae \times eB$;
mais comme les longueurs A a, A c, A e, ne pré-
fentent pas de différence fenfible, & qu'elles peuvent être confidérées toutes comme égales au diamètre du cercle, on peut divifer les trois derniers
termes de la proportion par A B, & l'on aura $\overline{ab^2}$:
$\overline{cd^2} : \overline{ef^2} = aB$; $cB : eB = bi : dh : fg$: donc
comme les épaiffeurs des tranches d'air qui cor-
refpondent à chaque rayon.

Afin de déterminer les épaiffeurs des tranches
d'air correfpondantes aux cercles les plus lumineux & les plus obfcurs de chaque férie, Newton
chercha d'abord à mefurer, d'une manière exacte,
le rayon du cercle le plus lumineux de la cinquième férie; lorfque ces cercles ont un point
noir au centre: connoiffant alors le diamètre de
la fphère du fegment du verre dont il faifoit ufage,
il lui paroiffoit facile de conclure l'épaiffeur de la
tranche d'air correfpondante.

Cette mefure préfente de grandes difficultés à
obtenir exactement: répétée avec plufieurs objectifs, elle donne des réfultats différens. L'illuftre phyficien anglais fut obligé de multiplier fes
obfervations avec un grand nombre d'objectifs
dont les fegmens correfpondoient à des fphères
différentes. Comme les rayons, ou les diamètres,
étoient mefurés fur la furface fupérieure des objectifs, & que les rayons vifuels étoient plus ou
moins obliques, felon la pofition de l'œil, il a
tenu compte de cette obliquité, de l'épaiffeur
du verre & de la forme de la furface fur laquelle
il mefuroit: il a conclu, d'une moyenne prife entre
les obfervations qui préfentoient le moins d'é-
cart, que les épaiffeurs de l'air correfpondantes aux
cercles les plus brillans de chaque férie étoient
$\frac{1}{178000}$, $\frac{3}{178000}$, $\frac{5}{178000}$, $\frac{7}{178000}$, & celles qui correfpondoient aux cercles les plus obfcurs, $\frac{2}{178000}$,
$\frac{4}{178000}$, $\frac{6}{178000}$, &c.

Tous ces réfultats, quelqu'exacts qu'ils paroiffent, avoient été pris fur des cercles formés par
le mélange de toutes les couleurs de la lumière.
Il étoit effentiel, pour avoir des réfultats plus
exacts, que les mêmes expériences fuffent répé-

tées fur des couleurs fimples, féparées des autres, fur des couleurs folitaires. Pour cela, les
mêmes expériences furent faites dans une chambre obfcure. Un rayon de lumière entrant par
une petite ouverture, étoit reçu fur un prifme
qu'une perfonne faifoit tourner fur fon axe, afin de
faire parvenir, l'une après l'autre, toutes les couleurs produites par la décompofition de la lumière.

Newton obferva d'abord que toutes les fois
qu'il n'arrivoit, fur les objectifs, qu'une couleur
fimple, fig. 100 (1), il fe produifoit une foule
d'anneaux éclairés & obfcurs; que les anneaux éclairés n'avoient qu'une feule couleur, celle de la
lumière incidente. Mefurant les rayons des cercles du milieu des efpaces colorés & obfcurs, il
trouva que les carrés des rayons des cercles lumineux & colorés étoient entr'eux comme les
nombres impairs, 1, 3, 5, 7, &c., & que les carrés
des rayons des cercles obfcurs étoient entr'eux
comme les nombres pairs, 2, 4, 6, 8, &c.

Mais ce que ce nouveau mode d'obfervation
préfente de plus remarquable, c'eft que les rayons
des cercles des anneaux de diverfes couleurs
avoient des grandeurs différentes : ceux qui étoient
formés par la lumière rouge, fig. 100 (5), étoient
vifiblement plus grands que ceux qui étoient formés par le bleu & le violet. L'intervalle des verres
dans un des anneaux, quel qu'il fût, lorfqu'il étoit
formé par le rouge le plus parfait, étoit à cet intervalle, dans le même anneau, lorfqu'il étoit
formé par le violet le plus parfait, environ comme
14 eft à 9. Ce réfultat eft une moyenne prife entre
un très-grand nombre d'expériences.

Il reftoit, pour compléter ce travail, à prendre
les épaiffeurs des tranches d'air correfpondantes à
chaque couleur. Quelques phyficiens, & entr'autres
le célèbre Haüy (1), affurent que Newton a mefuré
les lames d'air aux endroits qui offroient la limite
des fept couleurs relatives à une même férie ;
d'autres laiffent entendre que l'illuftre anglais n'a
indiqué ces rapports que par approximation. Afin de
mettre les lecteurs à même de décider cette queftion, nous allons rapporter le paragraphe entier de
Newton, dans lequel il a déterminé ce rapport (2).

« Tandis que le prifme étoit tourné autour de
fon axe d'une manière uniforme, afin que les couleurs tombaffent fucceffivement fur les verres objectifs, & que, par ce moyen, la contraction fe contractaffent & fe dilataffent, la contraction ou la
dilatation de chaque anneau, qui étoit auffi produite par la variation de fes couleurs, étoit plus
prompte dans le rouge, & plus lente dans le violet ; & les couleurs moyennes produifoient ce
double accident à des degrés moyens de célérité.
Ayant comparé la quantité de contraction & de
dilatation qui étoit produite par tous les degrés

(1) Traité élémentaire de Phyfique, tom. II, pag. 240.
(2) Traité d'Optique, liv. II, partie première, obfervation 15.

de chaque cou'eur, je trouvai qu'elle étoit plus grande dans le rouge, moindre dans le jaune, moindre encore dans le bleu, & moindre abfolument dans le violet; & pour calculer auffi jufte qu'il me feroit poffible les proportions de leurs contractions & dilatations, j'obfervai que toutes les contractions ou dilatations du diamètre d'un *anneau* quelconque, formé par tous les degrés du rouge, étoit à la contraction ou à la dilatation du diamètre du même *anneau*, formé par tous les degrés du violet, environ comme 4 eft à 3, ou 5 à 4; & que, lorfque la lumière étoit de couleur moyenne entre le jaune & le vert, le diamètre de l'*anneau* étoit, à peu de chofe près, une moyenne arithmétique entre le plus grand diamètre du même *anneau* produit par le rouge le plus extérieur, & fon plus petit diamètre produit par le violet le plus extérieur; ce qui eft tout oppofé à ce qui arrive aux couleurs du fpectre oblong, formé par la réfraction d'un prifme où le rouge fe trouve plus contracté, & le violet plus dilaté, & où les confins du vert & du bleu font au milieu de toutes ces couleurs. D'où l'on peut inférer, à mon avis, que les différentes épaiffeurs de l'air entre les verres, dans les endroits où l'*anneau* eft produit fucceffivement & par ordre, par les confins des cinq principales couleurs : le rouge, le jaune, le vert, le bleu & le violet, c'eft-à-dire, par le rouge le plus extérieur, par les confins du rouge & du jaune au milieu de l'orangé, par les confins du jaune & du vert, par les confins du vert & du bleu, par les confins du bleu & du violet au milieu de l'indigo, & par l'extrémité du violet : je crois, dis-je, que les différentes épaiffeurs de l'air, dans tous ces endroits-là, font l'une à l'autre, à fort peu de chofe près, comme les longueurs d'une corde de mufique, qui dans une fexte majeure produifent les notes fuivantes : *fol*, *la*, *mi*, *fa*, *fol*, *la* : mais on fe conformera encore mieux à l'obfervation, fi l'on dit que les différentes épaiffeurs de l'air entre les verres, dans les endroits où les *anneaux* font formés fucceffivement par les confins des fept couleurs fuivantes, felon le rang que je leur donne ici : le rouge, l'orangé, le jaune, le vert, le bleu, l'indigo, le violet, font l'un à l'autre comme les racines cubiques des carrés des huit longueurs d'une corde de mufique qui rend les notes d'une octave : *fol*, *la*, *fa*, *fol*, *la*, *mi*, *fa*, *fol*; c'eft-à-dire, comme les racines cubiques des carrés des nombres $1, \frac{8}{9}, \frac{5}{6}, \frac{3}{4}, \frac{2}{3}, \frac{3}{5}, \frac{9}{16}, \frac{1}{2}$. Prenant donc les racines cubiques des carrés de ces nombres, on trouve entr'eux les rapports 10000, 9243, 8855, 8255, 7631, 6814, 6300.

Ce qu'il y a de remarquable, dit Haüy (1), c'eft que la progreffion d'où ces nombres ont été extraits, foit celle qui repréfente les fources de réfraction des couleurs relatives aux mêmes li-

mites, avec la différence que, dans ces dernières couleurs, elle va du violet au rouge. La lumière reproduit ici, fous une nouvelle forme, le type de l'échelle qui conftitue notre gamme muficale dans le mode même.

Lorfque les objectifs font expofés à la lumière du jour, il fe produit des *anneaux* fucceffifs, puifque dans le premier *anneau* les couleurs font : BLEU, blanc, jaune-rouge; dans le fecond, VIOLET, bleu, vert, jaune, rouge; dans le troifième, POURPRE, bleu, vert, jaune, rouge, &c. Newton chercha à déterminer la formation de ces couleurs, & toutes les obfervations qu'il avoit faites jufque-là, & qui ont été rapportées, lui donnoient les moyens d'y parvenir.

Pour cela, fur une ligne YZ indéfinie, *fig.* 101, il porta les diftances YA, YB, YC, YD, YE, YF, YG, YH proportionnelles aux racines cubiques des carrés $\frac{1}{2}, \frac{9}{16}, \frac{3}{5}, \frac{2}{3}, \frac{3}{4}, \frac{5}{6}, \frac{8}{9}, 1$, c'eft-à-dire, aux nombres 6300, 6814, 7114, 7361, 8255, 8855, 9243, 10000 de chacune de ces divifions repréfentant les limites des couleurs, c'eft-à-dire,

Violet extérieur	6300
Indigo	6814
Bleu	7114
Vert	8155
Jaune	8855
Orangé	9240
Rouge	10000

Il a élevé des perpendiculaires A α, B β, C γ, D δ, E ε, F ζ, G η, H θ. La première A α a été divifée en parties égales, 1, 2, 3, 4, 5, 6, 7, 8, &c., & du point Y il mena la droite Y1, Y2K, Y3L, Y5M, Y6N, Y7O, &c. Dans la divifion, le quadrilatère 1 3 L I repréfente la première férie de couleurs; le quadrilatère 57OM la feconde férie; le quadrilatère 9 11 R Q la troifième, &c. Si l'on fait mouvoir une règle du point A au point α parallèlement à la droite V H, on voit que du point A au point 1, elle ne rencontre aucune couleur; enfuite qu'au point 1, elle remonte au violet, puis toute la couleur du point 1 jufqu'au point 3, & qu'elle finit par ne plus rencontrer que du rouge au point L, ce qui indique que le premier *anneau* commence par du violet, avec lequel fe mêlent fucceffivement toutes les couleurs, jufqu'à ce que le blanc foit formé : ce blanc dure un intervalle affez confidérable, & enfin toutes les couleurs, à commencer par le violet, s'en féparent, jufqu'à ce qu'il ne refte plus que du rouge.

Continuant à mouvoir la règle, on traverfe, avant d'arriver à la feconde férie, un efpace fans couleur, enfuite du violet, auquel fe mêlent toutes les autres couleurs, jufqu'à l'orangé, puis le violet fe dégage, ainfi que les autres couleurs fucceffives; enfin, le rouge final fe trouve mêlé d'un peu de violet de la troifième ferie : ainfi le cercle doit commencer par du violet & finir par du rouge, fans fournir du blanc.

(1) *Traité élémentaire de Phyfique*, tome II.

Quant à la troifième férie, on voit que la couleur doit commencer par un mélange de violet de cette férie avec du rouge de la feconde ; conféquemment qu'à fa naiffance, la couleur doit être pourpre, & qu'enfin elle doit finir par un rouge altéré ou affoibli par d'autres couleurs.

Nous ne pousferons pas plus loin le détail du mélange des couleurs préfentées par cette figure, & qui s'accordent affez bien, avec les couleurs que l'on obferve dans les *anneaux* fucceffifs.

On peut encore fe rendre raifon de la formation de la couleur blanche que préfentent les *anneaux colorés*, de même que la fucceffion des couleurs fimples ou compofées. En fuppofant que V $1 x 3$, *fig.* 100 (*b*), foit une coupe de la lame d'air prife dans l'efpace auquel correfpondent les couleurs de la première férie ; foit $v 2$ l'épaiffeur moyenne de l'*anneau* qui donne la première nuance du violet, & $v 1$, $v 3$ les deux épaiffeurs extrêmes ; foit de même V 2 l'épaiffeur moyenne, à l'endroit où finit le violet, & V 1, V 3 les épaiffeurs extrêmes ; foit enfin $r 2$ l'épaiffeur moyenne, à l'endroit où commence le rouge, & $r 1$ & $r 3$ les épaiffeurs extrêmes, on aura : $v 2 = 6300$; V $2 = 6814$; $r 1 = 9243$: $v 1 = \frac{6300}{2}$; $v 3 = \frac{1}{2}(6300)$; V $1 = \frac{6814}{2}$; V $3 = \frac{3}{2}$ (6814) $r 1 = \frac{9243}{2} = 4261 \times \frac{1}{2}$ & $r 3 = \frac{3}{2} (9243)$ $= 13864 + \frac{1}{2}$; donc $r 1$ eft plus petit que $v 2$, & $r 3$ plus grand que V 3 ; donc la pofition de $r 1$ étant à la gauche de $v 2$, & $r 3$ étant à la droite de V 3, le violet & le rouge fe confondent fur $v 2 3$ V.

Or, le violet & le rouge étant les couleurs extrêmes de la férie, il eft facile à concevoir que la plus petite des épaiffeurs extrêmes de la première nuance d'une couleur quelconque intermédiaire, telle que le vert, étant moindre que $r 1$, & plus grande que V 1, fera fituée entre les deux lignes, tandis que la plus grande des épaiffeurs extrêmes de la dernière nuance de la même couleur, étant plus confidérable que V 3, fera fituée à la droite de cette ligne, d'où l'on conclura que toutes les couleurs doivent fe confondre fur l'efpace $v 2 3$ V & y produire une couleur blanche par les mélanges.

Quant à l'anticipation que les féries peuvent avoir les unes fur les autres, on pourroit encore s'en rendre raifon de la même manière.

Ayant un peu mouillé les bords des verres objectifs, l'eau fe gliffa infenfiblement entre-deux ; les *anneaux* en devinrent plus petits & les couleurs plus ftables, de manière qu'à mefure que l'eau s'infinuoit plus avant, une moitié des *anneaux*, où elle parvint premièrement, parut à Newton détachée de l'autre moitié des mêmes *anneaux*, & refferrée dans un plus petit efpace. Ayant mefuré ces *anneaux*, il trouva que la proportion de leur diamètre aux diamètres de pareils *anneaux* produits par une lame d'air, étoit environ :: 7 : 8, & par conféquent les intervalles des verres dans

des cercles égaux produits par ces deux milieux, l'eau & l'air, font à peu près comme 49 eft à 64, ou comme 3 eft à 4 ; & *peut-être* pourroit-on établir pour règle générale, que fi quelqu'autre milieu, plus ou moins denfe que l'eau, eft comprimé entre ces deux verres, les intervalles de ces verres, dans les *anneaux* produits par ce milieu-là, feront aux intervalles des mêmes verres dans de pareils *anneaux*.

En partant des épaiffeurs des tranches d'air correfpondantes aux cercles brillans & obfcurs des *anneaux colorés* que l'on a trouvés de $\frac{1}{178000}$, $\frac{2}{178000}$, $\frac{3}{178000}$, &c., ainfi que de la loi des intervalles que chaque couleur doit avoir ; fuppofant enfuite que ce rapport de 3 à 4 que Newton a trouvé entre les épaiffeurs d'une tranche d'eau & d'air qui produifent les mêmes cercles, rapport qui eft celui du finus de l'angle d'incidence à celui de réfraction, lorfque la lumière paffe de l'eau dans l'air ; fuppofant donc que cette loi continue d'exifter dans les épaiffeurs des tranches des autres fubftances, Newton a formé une table des épaiffeurs des tranches d'air, d'eau & de verre à produire les diverfes couleurs que l'on obferve.

Table des épaiffeurs des lames pour produire les diverfes couleurs externes en millionième de pouce anglais.

	COULEURS.	AIR.	L'EAU.	VERRE.
du 1er. ordre.	Très-noir......	$\frac{1}{2}$	$\frac{3}{8}$	$\frac{10}{31}$
	Noir..........	1	$\frac{3}{4}$	$\frac{20}{31}$
	Comm^nt de noir.	2	1	1
	Bleu..........	2 $\frac{2}{5}$	1	1
	Blanc.........	5	3	3
	Jaune.........	7 $\frac{1}{9}$	5	4
	Orangé........	8	6	5
	Rouge.........	9	6 $\frac{3}{4}$	5
du 2e. ordre.	Violet........	11 $\frac{1}{6}$	8 $\frac{3}{8}$	7 $\frac{1}{4}$
	Indigo........	12 $\frac{1}{3}$	9	8 $\frac{1}{4}$
	Bleu..........	14	10	9
	Vert..........	15 $\frac{1}{8}$	11	9
	Jaune.........	16 $\frac{2}{7}$	12	10
	Orangé........	17 $\frac{2}{9}$	13	11
	Rouge-éclatant.	18 $\frac{1}{3}$	13 $\frac{3}{4}$	11
	Ecarlate.	19 $\frac{2}{3}$	14 $\frac{1}{4}$	12
du 3e. ordre.	Pourpre.......	21	15 $\frac{3}{4}$	13
	Indigo........	22 $\frac{1}{10}$	16	14
	Bleu..........	23	17 $\frac{2}{5}$	15
	Vert..........	25 $\frac{1}{5}$	18 $\frac{9}{10}$	16
	Jaune.........	27 $\frac{1}{7}$	20	17
	Rouge.........	29	21	18
	Rouge-bleuâtre.	32	24	20
du 4e. ordre.	Vert-bleuâtre...	34	25 $\frac{1}{2}$	22
	Vert..........	35 $\frac{2}{7}$	26 $\frac{1}{2}$	22
	Vert-jaunâtre...	36	27	23
	Rouge.........	40 $\frac{1}{3}$	30 $\frac{1}{4}$	26

COULEURS.		AIR.	EAU.	VERRE.
du 5e. ordre.	{Bleu-verdâtre..:	46	$34\frac{1}{3}$	$29\frac{2}{3}$
	{Rouge........	$52\frac{1}{2}$	$39\frac{1}{8}$	34
du 6e. ordre.	{Bleu-verdâtre...	$58\frac{1}{4}$	44	38
	{Rouge....	65	$48\frac{3}{4}$	42
du 7e. ordre.	{Bleu-verdâtre..	71	$53\frac{1}{4}$	$45\frac{4}{5}$
	{Blanc-rougeâtre.	77	$57\frac{1}{4}$	$49\frac{2}{3}$

Des anneaux colorés par réfraction.

Si l'on regarde à travers deux objectifs contigus sur la surface desquels se sont formés des anneaux colorés, on aperçoit également des anneaux colorés; mais ceux-ci ont une lumière moins vive & moins intense que la première, & les couleurs aperçues deviennent, dans chaque anneau, complémentaires de celles que l'on aperçoit par réflexion (Voyez COULEUR COMPLÉMENTAIRE.) La tache du milieu paroissoit blanche, & les cercles qui l'entourent étoient : ROUGE jaunâtre ; NOIR ; VIOLET, bleu, vert, jaune rouge ; ainsi le blanc par transparence étoit opposé au noir par réflexion, le rouge au bleu, le jaune au violet, & le vert à une couleur composée de rouge & de violet. La fig. 100 (c) donne une idée de l'ordre des couleurs dans les deux circonstances. A B, C D, sont les deux surfaces des verres qui se touchent en E, & les lignes noires tracées entr'elles deux sont les distances réciproques de ces surfaces en progression arithmétique, où les couleurs écrites en haut sont vues par une lumière réfléchie, & celles qui sont écrites en bas par une lumière transmise.

En dirigeant la couleur du prisme sur ces deux objectifs qui laissent voir des anneaux colorés par réflexion, & plaçant un carton devant les verres, il se forme alors une suite d'anneaux colorés par la lumière qui a passé à travers, & l'on remarque que cette lumière ne passe que par les intervalles où l'on aperçoit du noir par réflexion. En regardant la lumière colorée à travers les deux objectifs, on voit une suite de cercles noirs & de cercles colorés, chacun dans un ordre & dans les emplacemens opposés à ceux que l'on observe par réflexion, fig. 101 (d).

Conséquences tirées des observations.

Par la raison que les faisceaux de couleur simple ou solitaire, en traversant la tranche d'air qui se trouve entre les deux objectifs, se divisent en deux parties ; que dans certains espaces la lumière est réfléchie & dans d'autres réfractée ; que là où la lumière est réfléchie, il n'y en a aucune partie de réfractée, & que là où la lumière traverse, il n'y en a aucune partie de réfléchie, Newton s'est cru en droit de conclure que la lumière a la propriété de se réfracter dans des tranches d'air d'une certaine épaisseur, lorsqu'elle a au contraire la propriété de se réfléchir dans des tranches d'une autre épaisseur, & cela parce que les molécules de la lumière avoient des accès de facile réflexion & de facile transmission.

C'est à tort que quelques physiciens ont regardé comme une explication du phénomène des anneaux colorés l'expression de Newton, que les molécules lumineuses ont des accès ou des retours de facile transmission ou de facile réflexion. Ce n'est absolument que l'énoncé d'un fait qui est prouvé par le passage de la lumière colorée dans tous les espaces où elle ne se réfléchit pas, & même par la couleur complémentaire des anneaux colorés, lorsqu'on les regarde par réflexion & par réfraction ; car, lorsqu'un faisceau de lumière blanche arrive sur un espace, il ne peut réfléchir de la lumière colorée que par suite de la décomposition en deux parties de toutes les molécules colorées qui forment la lumière blanche. L'une se réfléchit & produit une couleur ; quant à l'autre, elle passe à travers pour former la couleur complémentaire, que l'on distingue par transparente : ainsi l'on peut dire que, dans ce phénomène, tout ce qui n'est pas réfléchi passe à travers, & vice versâ.

Diverses manières de produire des anneaux colorés.

De toutes les manières de produire des anneaux colorés, celle qui est la plus connue est, sans contredit, la formation d'une bulle de savon. Si, après avoir plongé un chalumeau dans de l'eau qui aura été épaissie par du savon, on souffle par le chalumeau dans la goutte d'eau, la bulle s'enfle ; mettant cette bulle sous une cloche, pour la préserver de l'agitation de l'air, & continuant à la souffler jusqu'à ce qu'elle devienne très-mince, on voit naître des couleurs sur sa surface, & ces couleurs varient à mesure que le volume augmente & que l'enveloppe s'amincit. Si, après avoir laissé reposer un moment la bulle, on la regarde par la partie supérieure, on distingue une suite d'anneaux colorés qui paroissent avoir pour centre la verticale qui passe par le milieu du chalumeau au point d'attache de la bulle.

Pour donner une idée des anneaux colorés que l'on obtient dans cette circonstance, nous allons rapporter la description que Newton en donne, en faisant observer que chaque bulle que l'on obtient, présente des différences.

« Il remarque d'abord que ces couleurs étant plus étendues & plus vives que celle que l'on observe dans la couche d'air placée entre deux objectifs, elles sont plus aisées à distinguer, & que lorsqu'elles sont regardées par réflexion (1) quand le ciel est couvert de nuées blanches, & après avoir mis un corps noir derrière la bulle, les anneaux sont vus dans l'ordre qui suit : ROUGE, bleu ; ROUGE, bleu ; ROUGE, bleu ; ROUGE, vert ;

---

(1) Traité d'Optique, liv. II, partie 1re. Observ. 18.

ROUGE, jaune, vert, bleu, pourpre; ROUGE, jaune, vert, bleu, violet; ROUGE, jaune, blanc, bleu, noir.

» Les trois premières fuites de rouge & de bleu étoient d'une couleur fort foible & fort fale, surtout la première, où le rouge paroiffoit prefque blanc. Dans ces trois fuites, il n'y avoit à peine aucune autre couleur fenfible que le rouge & le bleu, quelquefois le bleu feulement, furtout dans la feconde fuite, mais il tiroit un peu fur le vert.

» Le quatrième rouge étoit auffi foible & fale, mais il ne l'étoit point tant que les trois précédens. Après cela venoit peu ou point de jaune, mais quantité d'un vert qui d'abord tiroit un peu fur le jaune, & enfuite venoit un vert de faule affez vif & bien marqué, lequel après cela dégéneroit en une couleur bleuâtre, mais qui n'étoit fuivie ni de bleu ni de violet.

» Dans la cinquième fuite, d'abord le rouge tiroit fur le pourpre; il devint enfuite plus éclatant & plus vif, mais non pas plus net. A ce rouge fuccédoit un jaune fort éclatant & très-foncé, mais en petite quantité; il fe changea bientôt en un vert abondant, un peu plus net, plus chargé & plus vif que le vert précédent. Après cela venoit un excellent bleu, un bleu célefte très-éclatant, & enfuite un pourpre qui étoit en plus grande quantité que le bleu & plus approchant du rouge.

» Dans la fixième fuite, le rouge fut d'abord une couleur d'écarlate très-belle & très-vive, & bientôt après il devint plus éclatant, étant fort net, fort vif, & le plus beau de tous les rouges. Après un vif orangé vint un jaune foncé, brillant & copieux, qui étoit auffi le meilleur de tous les jaunes, lequel fe changea premièrement en jaune-verdâtre; mais le vert, entre le jaune & le bleu, étoit en petite quantité, & fi lavé qu'il reffembloit plutôt à un blanc-verdâtre qu'à un véritable vert. Le bleu qui parut immédiatement après, devint fort bon, & d'un fort beau bleu-célefte, très-vif, quoiqu'un peu inférieur au bleu-célefte précédent; & le violet étoit foncé avec peu ou point de rouge, & en plus petite quantité que le bleu.

» Enfin, dans la dernière fuite, le rouge parut d'abord une teinte d'écarlate approchant du violet, qui fe changea bientôt en une couleur plus brillante, tirant fur l'orangé; & le jaune qui fuivit, fut d'abord affez bon & affez vif; mais dans la fuite il devint plus foible, jufqu'à ce que, par degrés, il fe termina en un blanc parfait; & fi l'eau étoit fort vifqueufe & bien délayée, ce blanc fe répandoit & fe dilatoit lentement fur la plus grande partie de la bulle, devenant toujours plus pâle vers le haut, où enfin il s'étendoit en plufieurs endroits; & à mefure que ces cercles fe dilatoient, ils paroiffoient d'un bleu-célefte affez bon, mais affez obfcur & fombre. Pour le blanc qui fe trouvoit entre les taches bleues, il diminua jufqu'à ce qu'il devînt femblable aux mailles du réfeau irrégulier, & bientôt après il s'évanouit, laiffant toute

la partie fupérieure de la bulle d'un bleu obfcur, tel que celui que je viens de décrire; & ce bleu-là fe dilatoit vers le bas de la même manière que le blanc dont il vient d'être queftion, jufqu'à envelopper quelquefois toute la bulle. Cependant fur le haut, qui étoit plus obfcur que le bas, & qui paroiffoit auffi plein de plufieurs taches bleues de figure ronde, un peu plus fombres que le refte, il paroiffoit une ou plufieurs taches extrêmement noires; & au dedans de ces taches, on en voyoit d'autres d'un noir plus foncé. Ces dernières fe dilatoient continuellement, jufqu'à ce que la bulle vînt à crever.

» Si l'eau n'étoit pas fort vifqueufe, les bulles éclatoient dans le blanc, où fe trouvoient des taches noires, fans aucun mélange fenfible de bleu; & quelquefois elles éclatoient dans le jaune ou le rouge précédent, & même dans le bleu du fecond ordre, avant que les couleurs moyennes euffent le temps de fe déployer. »

On peut voir par cette defcription, quelle grande reffemblance il y a entre ces couleurs & celles qui s'engendrent dans la lame d'air & qui ont été décrites: celles-là font rangées dans un ordre tout contraire, parce qu'elles commencent à paroître dans la partie de la bulle qui eft la plus épaiffie, & qu'il eft plus commode de les compter depuis la partie la plus baffe & la plus épaiffe de la bulle, jufqu'à la plus haute qui correfpond à la partie la plus mince.

Regardant la lumière tranfmife par la bulle, celle-ci laiffoit voir des couleurs contraires & oppofées à celles qu'elle faifoit voir par une lumière réfléchie. Ainfi, lorfque l'on voyoit la lumière des nuées réfléchie de la bulle dans l'œil, fe préfentant fous couleur rouge dans fa circonférence apparente, elle paroiffoit bleue fi l'on regardoit dans le même temps, & immédiatement après, la couleur des nuées à travers la bulle; & au contraire, lorfque, par une lumière réfléchie, la bulle paroiffoit bleue, elle paroiffoit rouge par une lumière tranfmife.

Quoiqu'il fût bien reconnu qu'une bulle de favon fufpendue au bout d'un tube dût être plus mince dans fa partie fupérieure, & que fon épaiffeur dût augmenter graduellement jufqu'à fa partie inférieure; quoique les *anneaux colorés*, obfervés par réflexion & par tranfmiffion, préfentaffent des couleurs qui étoient dans une analogie auffi exacte que poffible avec celles des *anneaux colorés* formés par deux objectifs, comme il a été impoffible d'apprécier les diverfes épaiffeurs des différentes bulles; on n'a pu vérifier dans cette expérience, fi les épaiffeurs des tranches correfpondoient à celles que l'on avoit déterminées pour l'air & pour l'eau; mais il fembloit, d'après l'ordre fucceffif des couleurs des *anneaux*, qu'il exiftoit une analogie auffi parfaite qu'on pouvoit la défirer.

En recevant fur une furface blanche de la lumière réfléchie d'un miroir concave étamé, on

observe des *anneaux colorés* analogues à ceux qui
sont produits par la lumière reçue sur les deux
objectifs : Newton, à qui nous devons encore la
découverte de ces *anneaux*, les attribue à la même
cause que celle des objectifs, c'est-à-dire, à
l'épaisseur de la lame de la substance traversée.
Comme ce phénomène a moins occupé les physiciens que le premier, nous allons en transcrire les
détails tirés des écrits mêmes de Newton (1).

« Un trait de lumière solaire entrant dans une
chambre obscure, à travers un trou d'un tiers de
pouce de largeur, on le fit tomber perpendiculairement sur un miroir de verre concave d'un
côté & convexe de l'autre, travaillé sur une sphère
de 5 pieds 11 pouces de rayon, & enduit de vif-
argent du côté convexe ; & tenant un carton blanc
opaque, ou une main de papier au centre des
sphères sur lesquelles le miroir avoit été travaillé,
c'est-à-dire, à environ 5 p. 11° de distance du miroir,
de telle sorte que le trait de lumière pût parvenir au
miroir en passant par un petit trou fait dans le
milieu du carton, & de-là être réfléchi vers le
même trou. Alors on observa sur le carton quatre
ou cinq iris, ou *anneaux colorés* concentriques,
pareils à des arcs-en-ciel : ces *anneaux* environnoient le trou à peu près de la même manière
que les *anneaux* qui paroissent entre deux verres
objectifs, environnant une tache noire ; excepté
que les *anneaux* dont il s'agit ici, étoient plus amples & d'une couleur plus foible que ceux-là ; &
à mesure que ces *anneaux* devenoient plus amples,
leur couleur s'affoiblissoit davantage, de sorte que
le cinquième étoit à peine visible. Cependant,
lorsque le soleil étoit brillant, on découvroit quel-
ques-foibles linéamens d'un sixième & d'un septième *anneau*. Si le carton étoit à une distance
beaucoup plus grande ou beaucoup plus petite
que celle du centre, la couleur des *anneaux* s'affoiblissoit à un tel point, que bientôt ils disparoissoient entièrement ; mais si le miroir étoit à
une distance bien plus grande de la fenêtre que
celle de son rayon, le trait de lumière réfléchi
s'élargissoit si fort à cette distance du miroir où
paroissoient les *anneaux*, qu'il obscurcissoit un ou
deux des *anneaux* intérieurs. C'est pourquoi je met-
tois ordinairement le miroir à six pieds environ
de la fenêtre, afin que le foyer du miroir pût concourir avec le centre de sa concavité aux *anneaux*
peints sur ce carton, & cette position du miroir
doit être toujours supposée dans les observations
suivantes lorsqu'elles ne sont pas expressément dé-
signées.

» Les couleurs de ces iris se succédoient l'une
à l'autre, depuis le centre en dehors, dans la même
forme & dans le même ordre que celles qui étoient
produites par une lumière qui passoit à travers les
deux verres objectifs ; car il y avoit, premièrement,

(1) *Traité d'Optique, sur la Lumière & les Couleurs*, liv. II,
partie 4.

dans le commun centre des iris, une tache blanche
& ronde d'une foible lumière, laquelle tache étoit
quelquefois plus ample que le trait de lumière réfléchi qui tomboit quelquefois sur le milieu de la
tache, & quelquefois par une petite inclinaison du
miroir, s'écartant du milieu de cette tache, qu'il
laissoit blanche jusque dans son centre.

» Cette tache blanche étoit immédiatement entourée d'un gris-obscur ou brun, qui, à son entrée, étoit environné des couleurs du premier
iris, lesquelles couleurs en dedans, immédiatement après le gris-obscur, étoient un peu de
violet & d'indigo, & après cela un bleu qui en
dehors devenoit pâle, & se terminoit en un peu
de jaune-verdâtre, auquel succédoit un jaune plus
éclatant ; & ensuite, sur le bord extérieur de
l'iris, un rouge qui en dehors tiroit sur le
pourpre.

» Ce premier iris étoit immédiatement environné d'un second, dont les couleurs étoient dans
cet ordre, à les prendre du dedans & au dehors :
du pourpre, du bleu, ou jaune, un
rouge-clair, & un rouge mêlé de pourpre.

» A cet iris succédoient immédiatement les couleurs d'un troisième iris, qui étoient, à compter
de dedans au dehors, un vert tirant sur le pourpre,
un bon vert, & un rouge plus éclatant que celui
du second iris.

» Le quatrième & le cinquième iris paroissoient
d'un vert-bleuâtre en dedans, & de couleur rouge
en dehors ; mais les couleurs en étoient si foibles,
qu'il étoit difficile de les discerner.

» Ayant mesuré, sur le carton, les diamètres
des *anneaux* aussi exactement qu'il fût possible,
on trouva qu'ils avoient entr'eux la même proportion que les *anneaux* tracés par la lumière qui
passe à travers deux verres objectifs ; car les diamètres des quatre premiers *anneaux* brillans, me-
surés entre les parties les plus éclatantes de leurs orbites, à six pieds de distance du miroir, étoient :
1 pouce $\frac{11}{16}$, 2 pouces $\frac{3}{8}$, 2 pouces $\frac{11}{12}$, 3 pouces $\frac{3}{8}$,
dont les carrés sont selon la progression arithméti-
que : 1, 2, 3, 4. Si la tache blanche circulaire qui
est au milieu est mise au nombre des *anneaux*, &
que sa lumière dans le centre, où elle paroît avec
le plus d'éclat, soit considérée comme équivalant à
un *anneau* infiniment petit, les carrés des diamètres
des *anneaux* seront suivant la progression 0, 1, 2,
3, 4, &c. Mesurant les diamètres des cercles obscurs qui étoient entre ces cercles lumineux, on
trouva leurs carrés selon la progression des nom-
bres : $\frac{1}{2}$, 1 $\frac{1}{2}$, 3 $\frac{1}{2}$, &c. Les diamètres des quatre
premiers étoient, à six pieds de distance des mi-
roirs : 1 pouce $\frac{3}{16}$, 2 pouces $\frac{1}{16}$, 2 pouces $\frac{5}{8}$, 3
pouces $\frac{5}{22}$; & si le carton étoit plus ou moins éloigné des miroirs, les diamètres des cercles augmentoient ou diminuoient en proportion. »

L'analogie qui subsistoit entre ces *anneaux* &
ceux des objectifs vus par réfraction, fit soupçonner qu'il pouvoit en exister un plus grand
nombre ;

nombre ; en effet, on en diſtingua juſqu'à 13, en les regardant à travers un priſme.

« Ayant mis un priſme au-devant de la fenêtre pour rompre le trait de lumière introduit dans la chambre obſcure, & pour faire retomber l'image oblongue des couleurs ſur un miroir, on couvrit le miroir d'un papier noir qui avoit un trou au milieu, au travers duquel l'une des couleurs pouvoit aller donner ſur le miroir, tandis que toutes les autres étoient interceptées par le papier. Cela fait, les *anneaux* n'avoient d'autres couleurs que celles qui tomboient ſur le miroir. Le miroir étoit illuminé de rouge : les *anneaux* étoient entièrement rouges, avec des intermittences obſcures : s'il étoit illuminé en bleu, les *anneaux* étoient entièrement bleus, & ainſi des autres couleurs ; & lorſqu'ils étoient ainſi compoſés d'une ſeule couleur, les carrés de leur diamètre, meſurés entre les parties les plus lumineuſes de leur orbite, étoient ſuivant la proportion arithmetique des nombres 0, 1, 2, 3, 4, & les carrés des diamètres de leurs intervalles obſcurs étoient ſuivant la progreſſion des nombres intermédiaires : $\frac{1}{2}$, $1\frac{1}{2}$, $2\frac{1}{2}$, $3\frac{1}{2}$. Mais ſi la couleur changeoit, la grandeur des *anneaux* changeoit auſſi : c'eſt dans le rouge que les *anneaux* étoient les plus amples, & dans l'indigo & le violet qu'ils étoient les plus petits. Dans les couleurs intermédiaires, le jaune, le vert & le bleu, les *anneaux* étoient de différentes grandeurs intermédiaires, répondant à chacune de ces couleurs, c'eſt-à-dire qu'ils étoient plus grands dans le jaune que dans le vert, & plus grands dans le vert que dans le bleu. On connut par-là, que lorſque le miroir étoit illuminé d'une lumière blanche, le rouge & le jaune, dans la partie extérieure des *anneaux*, étoient produits par les rayons les moins réfrangibles, & le bleu & le violet par les rayons les plus réfrangibles ; & que les couleurs de chaque *anneau* ſe répandoient parmi les couleurs des *anneaux* qui les avoiſinoient des deux côtés, & qu'en ſe mêlant enſemble, elles s'affoibliſſoient ſi fort entr'elles, qu'il n'étoit pas poſſible de les diſtinguer, excepté hors du centre où elles étoient moins mêlées : car dans cette obſervation on pouvoit voir les *anneaux* plus diſtinctement & en plus grand nombre qu'auparavant, en ayant compté, dans la lumière jaune, huit ou neuf, outre les traces légères d'un dixième. Pour s'aſſurer juſqu'à quel point les couleurs des différens *anneaux* ſe répandoient l'une dans l'autre, on meſura les diamètres du ſecond & du troiſième *anneau* ; & l'on trouva que ces *anneaux* étoient produits par les confins du rouge & de l'orangé : ces diamètres étoient, par rapport aux diamètres des mêmes *anneaux* produits par les confins du bleu & de l'indigo, comme 9 à 8 ou environ ; car il étoit difficile de déterminer exactement cette proportion. De même les cercles produits ſucceſſivement par le rouge, le jaune & le vert, différoient davantage l'un de l'autre, que

ceux qui étoient produits ſucceſſivement par le vert, le bleu & l'indigo ; car, à l'égard des cercles tracés par le violet, ils étoient trop obſcurs pour être vus. »

Suppoſons donc, pour pourſuivre ce calcul, que les différences des diamètres des cercles que forment, par ordre, le rouge le plus extérieur, les confins du rouge & de l'orangé, les confins de l'orangé & du jaune, les confins du jaune & du vert, les confins du vert & du bleu, les confins du bleu & de l'indigo, les confins de l'indigo & du violet le plus extérieur, ſont en proportion comme les différences des longueurs du monocorde qui forme ces ſons dans une octave : *ſol, la, fa, ſol, la, mi, fa, ſol ;* c'eſt-à-dire, comme les nombres $\frac{1}{9}$; $\frac{1}{18}$, $\frac{1}{12}$, $\frac{1}{12}$, $\frac{2}{27}$, $\frac{1}{27}$, $\frac{1}{18}$. Alors Newton calcula, dans cette hypothèſe, quel doit être le rapport des diamètres des cercles formés par le rouge le plus extérieur & par le violet également le plus extérieur, & il trouva que ce rapport eſt comme 3 à 2, ſemblable à celui qu'il a trouvé en obſervant & en calculant les rayons colorés vus à travers les deux objectifs.

Regardant ſur le miroir les portions de la ſurface qui produiſoient les *anneaux colorés* vus ſur le carton, Newton s'aſſura que les *anneaux* étoient produits par des couleurs réfléchies, propagées ſous divers angles ſur le carton.

En relevant la lame d'étain qui recouvroit la ſurface extérieure du miroir, le phénomène eut également lieu, quoique d'une manière plus foible. Un miroir de métal ne produiſoit pas d'*anneaux* ; d'où le ſavant obſervateur conclut que les *anneaux* ne provenoient point d'une ſeule ſurface *ſpéculaire*, mais qu'ils dépendoient de deux ſurfaces de la plaque de verre dont le miroir eſt compoſé, & de l'épaiſſeur des verres entre ces deux ſurfaces ; en effet, deux miroirs d'un même foyer, mais de différentes épaiſſeurs, produiſoient des *anneaux* qui avoient des diamètres différens : le miroir le moins épais donnoit naiſſance aux plus grands *anneaux*.

Pour s'aſſurer, par le calcul, que ces *anneaux* étoient produits par la même cauſe que les *anneaux* réfractés des objectifs, Newton meſura l'épaiſſeur du miroir qui avoit ſervi à ſes expériences : il le trouva d'un quart de pouce. Suppoſant enſuite que la lumière brillante, tranſmiſe par chacun de ces *anneaux*, devoit être la lumière jaune ; ſachant que la tranche d'air qui laiſſoit poſer la couleur jaune du premier cercle dans l'expérience des objectifs devoit avoir $\frac{1}{89000}$ parties d'un pouce d'épaiſſeur ; déterminant par les rapports des ſinus d'incidence & de réfraction de l'air dans le verre, l'épaiſſeur de la couche de verre qui devoit former le premier *anneau* jaune, & diviſant un quart de pouce par ce nombre, il trouva que l'épaiſſeur de ſon miroir devoit tranſmettre la lumière brillante du 34386ᵉ *anneau* jaune. Alors, ſuppoſant que le centre blanc des *anneaux* correſpondoit aux autres couleurs, il a déterminé les épaiſſeurs de verre qui devoient produire les autres *anneaux* jaunes ſucceſſifs, ainſi que les angles ſous leſquels ils devoient être réfléchis ; & il trouva que les diamètres des *anneaux* de jaune brillant reçus ſur le carton, à la diſtance de ſix pieds, devoient être 1 pouce $\frac{11}{16}$, 2 pouces $\frac{1}{8}$, 2 pouces $\frac{11}{12}$, 3 pouces $\frac{3}{8}$, ce qui s'accordoit avec l'obſervation.

« Donc, dit Newton, la théorie qui déduit ces *anneaux* de l'épaiſſeur de la plaque de verre dont le miroir étoit compoſé, & de l'obliquité des rayons émergens, s'accorde avec l'obſervation. Dans ce calcul j'ai égalé les diamètres des *anneaux* brillans, formés par une lumière compoſée de toutes les couleurs, aux diamètres des *anneaux* formés par le jaune brillant ; car ce jaune fait la partie la plus brillante des *anneaux* compoſés de toutes les couleurs. Si l'on veut avoir les diamètres des *anneaux* formés par la lumière de toutes les autres couleurs ſimples, on les trouvera aiſément en poſant que ces diamètres ſont aux diamètres formés par le jaune éclatant, en proportion ſous-doublée des intervalles des accès des rayons donnés de ces couleurs, lorſque les rayons ſont également inclinés à la ſurface réfringente ou réfléchiſſante qui a produit ces accès, c'eſt-à-dire, en poſant que les diamètres des *anneaux* que les rayons forment dans les dernières bornes de ces ſept couleurs, le rouge, l'orangé, le jaune, le vert, le bleu, l'indigo & le violet, ſont proportionnels aux racines cubiques des nombres 1, $\frac{8}{9}$, $\frac{5}{6}$, $\frac{3}{4}$, $\frac{2}{3}$, $\frac{3}{5}$, $\frac{9}{16}$, $\frac{1}{2}$, qui expriment les longueurs d'un monocorde dans leſquel ſont produites les notes d'une octave ; car, par ce moyen, les diamètres des *anneaux* de ces couleurs ſe trouveront entr'eux, à fort peu près, dans la même proportion où ils doivent être en faiſant tomber les couleurs du priſme ſur le miroir. »

C'eſt ainſi que Newton s'eſt convaincu que ces *anneaux* étoient de la même eſpèce, & procédoient de la même cauſe que les *anneaux* des plaques minces ; & par conſéquent, que les diſpoſitions alternatives des rayons à être réfléchis & tranſmis, ſont propagées de chaque ſurface réfléchiſſante & réfringente, à de grandes diſtances.

Pour mettre ce point hors de doute, l'illuſtre opticien fit uſage d'un miroir d'un foyer égal, mais dont l'épaiſſeur du verre n'étoit que de $\frac{1}{65}$ de pouce : concluant alors quels devoient être les diamètres de cercle jaune ſucceſſifs, il trouva 3 pouces, 4 pouces $\frac{1}{4}$, 5 pouces $\frac{1}{8}$: ces grandeurs ſe trouvoient conformes à l'expérience.

En écartant peu à peu le centre des rayons réfléchis du point par lequel la lumière entre dans la chambre obſcure, les *anneaux* s'affoibliſſent conſtamment, juſqu'à ce que la diſtance entre les deux centres ſoit de 8 pouces ; alors les *anneaux* diſparoiſſent. Cette nouvelle expérience préſentoit deux obſervations remarquables : la première, que

le centre des *anneaux* eſt placé entre les centres des deux points lumineux, & à égale diſtance de chaque côté ; la ſeconde, que les couleurs des *anneaux* étoient dans un ordre oppoſé à celui qui avoit lieu lorſque les trois centres coïncidoient.

Si l'on étame un objectif lenticulaire d'un côté, & qu'on l'expoſe à l'action des rayons ſolaires, on produit des *anneaux colorés* de la même manière que les miroirs concaves. Cette obſervation fit préſumer à Newton que les gouttes d'eau devoient produire un effet ſemblable : d'où il conclut que les halos ou couronnes colorées que l'on diſtingue quelquefois autour du ſoleil, ainſi que les *anneaux colorés* que l'on remarque ſur les glaces recouvertes de gouttelettes d'eau, lorſque l'on place une lumière derrière, doivent être formés par des ſéries d'accès de facile réflexion & de facile réfraction des molécules de lumière colorées en paſſant par ces gouttelettes. *Voyez* HALO.

Diſcuſſions ſur l'explication que l'on a donnée à la formation des anneaux colorés.

Parmi les ſavans qui ſe ſont refuſés d'admettre d'abord la belle théorie de Newton ſur la formation des *anneaux colorés*, leſquels étoient en très-grand nombre, on diſtingue Mazeas : celui-ci a préſenté à l'Académie des Sciences une ſérie d'obſervations (1) qui portent à croire que les couleurs des *anneaux* ne dépendent point, comme l'a penſé Newton, des différentes épaiſſeurs de lames d'air qui ſe trouvent renfermées dans les deux verres, mais de quelques autres matières plus ſubtiles qui s'y trouvent comme renfermées, & que le frottement ou la preſſion ſemble faire ſortir des pores mêmes du verre. Voici en quoi conſiſtent ces expériences, que l'on doit en quelque ſorte au haſard.

Si l'on fait gliſſer l'un ſur l'autre deux morceaux de glace de miroir, avant ſoin de les preſſer également, on voit bientôt naître quelques lignes courbes colorées, en même temps que l'on voit naître une réſiſtance dans le mouvement & dans la ſéparation des glaces : en continuant le frottement, les lignes colorées ſe multiplient ; elles forment des cercles ou des ellipſes concentriques, qui ont quelquefois juſqu'à douze à quinze lignes de diamètre. Alors les glaces adhèrent fortement, & les couleurs ſont en quelque ſorte inaltérables ; le plus ſouvent la ſurface courbe du cercle eſt d'un beau jaune d'or, ayant au centre une tache noire. Si l'on ſépare ſubitement les deux verres, en les faiſant gliſſer l'un ſur l'autre, on les chauffant, & qu'on les replace immédiatement, les couleurs reparoiſſent par l'action de la preſſion ſeule. En preſſant graduellement, il ſe forme

_____

(1) *Mémoire de Mathématique & de Phyſique*, préſenté à l'Académie des Sciences, tom. II, pag. 27.

d'abord un ovale d'un rouge foible, qui s'étend : une tache verte paroît au centre ; cette tache, d'un vert tendre, s'élargit également par la preffion : une tache rouge paroît au centre; lorfqu'elle s'eft étendue, une tache verte lui fuccède ; l'élargiffement des furfaces rouge & verte, ainfi que la fucceffion des taches verte & rouge, au centre des *anneaux*, fe continue.

En fe fervant, comme Newton, de deux glaces taillées en forme de prifmes, les couleurs en étoient plus vives, & leur nombre augmentoit ; on y diftinguoit du bleu, de l'orangé, du rouge-pourpre, du vert-tendre & du pourpre languiffant ; la fucceffion des couleurs étoit TACHE NOIRE; ANNEAU BLANCHATRE, jaune, pourpre-foncé; BLEU, orangé, pourpre ; BLEU-VERDATRE, vert-jaunâtre, rouge-pourpré : VERT, rouge : VERT-TENDRE, rouge languiffant : VERT-FOIBLE, rouge-foible : VIRT totalement affoibli; rouge totalement affoibli.

Chauffant les glaces avec la flamme d'une bougie, les couleurs fe retiroient vers les bords; elles difparoiffoient, quoique les glaces reftaffent toujours adhérentes. Les *anneaux colorés*, formés par le contact de deux objectifs chauffés également, paroiffoient n'éprouver aucune variation, quoique la chaleur fût affez forte pour rompre l'objectif inférieur qui étoit expofé à l'action de la flamme de la bougie. Voilà donc une différence remarquable produite par l'action de la chaleur fur les glaces & fur les objectifs.

Quoique les couleurs des plaques difparuffent fi facilement par l'action de la chaleur, Mazeas eft cependant parvenu à en former de nouvelles, en plaçant deux plaques de verre au-deffus d'un brafier : les chauffant graduellement, & frottant, par le moyen d'une verge de fer, le verre fupérieur fur l'inférieur, il parvint à former des *anneaux colorés*, quoique les verres fuffent prêts à rougir par l'action du feu. Ces *anneaux* paroiffoient tant que les verres étoient fortement comprimés ; ils difparoiffoient dès que la compreffion ceffoit ; & on les faifoit reparoître en frottant & comprimant de nouveau.

Placés fous le récipient d'une machine pneumatique, ni les couleurs des *anneaux* des plaques de verre, ni celles des objectifs, n'éprouvoient aucun changement dans le vide, foit dans le diamètre des *anneaux*, foit dans la nature & la fucceffion des couleurs, foit dans leur intenfite.

Après avoir étamé une des glaces, les *anneaux colorés* ceffoient de paroître, quelque frottement qu'on leur fît éprouver, & quelqu'adhérence qu'elles contractaffent par ce frottement.

Du fuif placé entre les verres, chauffé, comprimé & frotté, donna des *anneaux colorés* par réflexion & par réfraction. Les couleurs obfervées étoient le rouge, le vert-jaune, le bleu & le violet. Le *maximum* d'intenfité des couleurs par réfraction avoit lieu après une certaine durée

de frottement, après quoi elle diminuoit, quoique l'épaiffeur de la couche de graiffe fût devenue plus mince; mais auffi l'intenfité des couleurs par réflexion augmentoit. Chauffant les verres enduits intérieurement de fuif, les couleurs fuyoient vers les bords du verre, quoique le fuif n'ait pas même été fondu, & elles revenoient enfuite en refroidiffant. Ayant féparé les verres au moment où les couleurs difparoiffoient, on obferva toujours un enduit de fuif fur chaque furface.

La même épreuve, tentée fur la cire d'Efpagne, la poix-réfine, la cire commune, le fédiment d'urine, a produit le même réfultat; la cire commune ne rendoit pas les couleurs fi fenfibles, à caufe de la trop grande tranfparence de fes molécules, & le fédiment d'urine les rendoit plus vives.

En féparant fubitement les verres qui avoient produit des *anneaux colorés* par le frottement & la preffion feule, fans l'interpofition d'autres fubftances, Mazeas aperçut fur leur furface une vapeur très légère qui formä différentes couleurs, mais qui s'évanouiffoient bientôt avec les vapeurs qui les formoient. En appliquant l'haleine, les vapeurs, qui y adhéroient quelque temps, y formoient, avant de s'évanouir, une variété de couleurs furprenante. Ces couleurs, pour être produites, exigeoient une épaiffeur particulière de vapeurs qu'il étoit difficile d'obtenir.

Une goutte d'eau coulée entre deux verres ne donna aucune couleur par fa compreffion; mais en la faifant mouvoir par la compreffion, elle laiffa de grandes taches qui prenoient fucceffivement différentes couleurs avec une rapidité furprenante, & préfentoient aux yeux une variété de nuances qui les charmoit.

Appliquant l'haleine fur une glace & la frottant contre une autre, il fe forma des *anneaux colorés*, mais ils étoient ténébreux & difperfés avec confufion dans l'endroit où fe trouvoient les vapeurs; chauffant les verres, les couleurs devinrent plus belles, & reprirent peu à peu le même ordre que celles qui fe forment fans l'application de l'haleine.

Des glaces entre lefquelles on voyoit des *anneaux colorés*, furent plongées dans l'eau : ce liquide pénétra peu à peu entre les glaces; on voyoit la lame d'eau s'infinuer fur les couleurs des *anneaux* fans en changer la pofition, l'ordre ni la fituation; mais elles devenoient plus foncées & plus ténébreufes : mettant les verres au-deffus de la flamme d'une bougie, les couleurs difparurent & revinrent fucceffivement, fuivant que l'on en approchoit ou reculoit la flamme : mouillant les lames davantage, les frottant à l'ordinaire, les couleurs reparurent, & le même phénomène eut lieu.

Quoiqu'il femble que l'on puiffe conclure de tous ces faits, 1°. qu'il eft néceffaire de frotter les glaces pour engendrer les couleurs; 2°. que les couleurs une fois produites reftent les mêmes, foit que l'on chaffe l'air interpofé, foit que l'on infère de l'eau dans l'efpace; de-là vient que l'on ne doit pas regarder le phénomène comme étant occafionné par les épaiffeurs des différentes fubftances que la lumière traverfe, mais bien par une fubftance particulière; Mazeas avertit qu'il ne regarde nullement comme décifives les inductions qu'il a tirées de fes expériences, & qu'il ne prétend les donner que pour des conjectures. Ces conclufions font celles d'un homme fage.

Dutour, correfpondant de l'Académie royale des fciences, a examiné, après Mazeas, le phénomène des *anneaux colorés*, & il parvint, comme ce dernier, à faire voir (1) que la preffion feule des deux verres l'un fur l'autre n'eft pas fuffifante pour produire des *anneaux colorés;* mais qu'il faut, pour y parvenir, le frottement. Lorfque l'on preffe feulement, il refte de l'air adhérent entre les deux verres; on le chaffe par le frottement. Il fait voir qu'en appliquant fur les verres un léger enduit gras, de l'eau même qu'on effuie afin de chaffer la couche d'air adhérente, on peut alors, en appliquant les deux verres l'un fur l'autre, leur faire produire des *anneaux colorés* par la fimple preffion. Quoique les expériences de Dutour ne donnent pas abfolument la caufe de ce phénomène, elles jettent cependant un très-grand jour fur cette matière, & femblent indiquer, comme celles de Mazeas, que la formation de ces *anneaux* dépend d'un autre fluide qui prend la place de l'air.

Mufchenbroeck nous apprend (2) qu'après avoir produit des *anneaux colorés* entre des glaces, & avoir maintenu leur contact par des vis, il les fit chauffer lentement, & qu'alors les franges colorées s'étendirent jufque vers le milieu; qu'elles devinrent plus larges, & que les couleurs en furent plus vives. que plus il a fait chauffer ces lames, plus les couleurs lui ont paru diftinctes; qu'elles fe confervoient parfaitement bien; qu'aucune ne s'évanouiffoit; qu'il en a fait chauffer quelques-unes au point de fendre tranfverfalement, & qu'il a remarqué des franges ondées qui alloient depuis la fêlure jufqu'au milieu de la lame, la figure des autres franges n'étant pas beaucoup endommagée; mais alors les figures difparurent au milieu de ces glaces; elles fubfiftèrent vers leurs bords, quoique la glace la vint à fe fendre enfuite. Lorfque ces glaces ne fe fendent point en s'échauffant. & qu'on les laiffe refroidir lentement, la figure de toutes les franges colorées s'altère; les larges diminuent, leur couleur s'affoiblit & devient plus tendre vers le milieu : elles changent auffi de forme & de couleur vers les bords; mais elles fubfiftent malgré cela, & on n'a pas encore pu découvrir le temps qu'elles emploient à difparoître.

Il paroît, d'après les réfultats obtenus par Mufchenbroeck, que le refferrement des glaces produit quelques variations lorfqu'on les fait chauffer, puifque, lorfqu'elles font libres, les couleurs difparoiffent, d'après Mazeas, & qu'au contraire elles deviennent plus vives, d'après Mufchenbroeck, lorfque les glaces font fortement ferrées avec des vis. L'analogie reparoît dès que les glaces fe caffent, puifque les couleurs s'évanouiffent

M. M., correfpondant de l'Académie royale des fciences (1), a penfé que la réfringence des milieux, l'inclinaifon des plans de féparation, la décompofition & la déviation que les rayons de lumière doivent éprouver par ces caufes, influent auffi, de leur côté, fur la formation de ces *anneaux colorés* : il a entrepris, à cet effet, une fuite d'expériences dont il a fourni les réfultats aux calculs. Nous nous contenterons de préfenter ici les conclufions de fon Mémoire.

« Au refte (dit M. M.), d'après les faits raffemblés dans ce Mémoire, il y a tout lieu de préfumer que l'inclinaifon mutuelle des deux furfaces de chacun des verres, celles des furfaces internes des deux verres qui, à caufe de leur courbure, varient à différentes diftances du centre du contact immédiat, & la différence des réfringences des fluides qu'ils renferment & de l'air ambiant, font les principales difpofitions qui opèrent efficacement la décompofition de la lumière dans l'appareil des verres réunis.

» La différence de réfringence des deux fluides ne fauroit procurer des *anneaux colorés*, qu'enfuite de l'inclinaifon des furfaces internes des deux verres, ou de l'inclinaifon des furfaces de l'un des deux.

» L'inclinaifon naturelle des furfaces des deux verres, ou celle des furfaces de l'un des deux, lorfqu'elle n'eft que médiocre, en peut produire fans le concours de la différence des réfringences des deux fluides. Les verres à bifeau en fourniffent un exemple.

» Les inclinaifons trop grandes du parallélifme ne produifent point d'*anneaux colorés*, fi la réfringence des deux fluides eft la même; on ne s'en procure pas avec les verres de l'abbé Mazeas, appliqués l'un fur l'autre, fi l'on a négligé de dépouiller leur furface interne des flocons d'air adhérens.

» Ces inclinaifons, quoique très-grandes, procurent des *anneaux colorés*, quand les réfringences des deux fluides font différentes, puifque l'on en obtient avec les verres de M. l'abbé Mazeas, préparés convenablement.

» Et quant aux conféquences que j'ai tirées des mêmes expériences fur la part qu'a la réfraction à la production de ces phénomènes, je prie les favans qui les difcuteront, de vouloir bien en même temps répéter & vérifier les expériences

---

(1) *Mémoire de Mathématique & de Phyfique*, préfenté à l'Académie des fciences, tom. IV, pag. 285.
(2) *Phyfique* de Mufchenbroeck, §. 1837.

(1) *Journal de Phyfique*, année 1773, tom. I, pag. 339.

auxquelles j'en dois l'indication, & qui leur fourniront des éclaircissemens satisfaisans que je puis leur avoir laissé à désirer, & peut-être bien des résultats intéressans que je n'aurois pas saisis. Ces expériences ont été exécutées dans la chambre obscure, & les morceaux ou lames de glace que j'y ai employés avoient trois lignes d'épaisseur. »

Si, d'après les expériences qui ont été faites par Newton, Mazeas, Dutour, M. M. & plusieurs autres physiciens, sur les *anneaux colorés* formés entre deux glaces, il est difficile d'adopter une opinion sur la cause qui les forme, il n'en est pas de même des *anneaux colorés* produits par la réflexion de la lumière sur un miroir concave. Nous devons au duc de Chaulnes (1) plusieurs expériences intéressantes qui jettent un grand jour sur leur formation.

Quoique le duc de Chaulnes ne l'indique pas, Hassenfratz s'est assuré qu'il y avoit des circonstances dans lesquelles il étoit très-difficile, pour ne pas dire impossible, d'obtenir ces *anneaux*, & cela lorsque la surface concave du miroir étoit parfaitement polie, & qu'elle avoit été lavée, nettoyée avec de l'eau & de l'alcool, puis essuyée avec un morceau de peau. Si, après avoir nettoyé le miroir, l'on souffle sur la surface de manière à la ternir légèrement, on aperçoit aussitôt toutes les couleurs des *anneaux* vives & distinctes.

Pour rendre les couleurs durables, Hassenfratz répandoit légèrement une poussière très-fine sur la glace : le duc de Chaulnes mêloit une goutte de lait avec dix ou douze gouttes d'eau ; il répandoit le tout sur le miroir & le laissoit sécher, alors le phénomène étoit produit d'une manière constante & uniforme.

Persuadé que le phénomène dépendoit de l'inflexion de la lumière sur les petites aspérités qui recouvroient la surface du miroir, & de la réflexion sur la seconde surface de la lumière qui avoit été décomposée, le duc de Chaulnes fit faire un appareil composé d'une surface transparente propre à décomposer la lumière par inflexion, & d'un miroir métallique propre à réfléchir sur un carton la lumière décomposée, disposé de manière que l'une des surfaces seroit mobile & pourroit par conséquent changer de distance avec celle qui demeureroit fixe ; il y ajouta même un micromètre pour en mesurer les distances avec précision.

« Il prit donc le miroir d'un télescope travaillé sur une sphère de 10 pieds de rayon ; il l'assura sur un pied, *fig.* 106, dans lequel il pratiqua une coulisse qui portoit un petit châssis, sur lequel il attacha une feuille de talc très-mince, ternie de lait & d'eau. Ce châssis, par le moyen de la coulisse, pouvoit s'approcher du miroir jusqu'au contact, & s'en éloigner jusqu'à huit à neuf pouces ; il étoit conduit par un micromètre qui pouvoit déterminer

avec beaucoup d'exactitude le moindre chemin du châssis.

» On fit avec cet instrument plusieurs expériences, dont le résultat fut que, l'ayant placé de façon que le miroir du télescope étoit à une distance du carton égale au rayon de la sphère sur laquelle il avoit été travaillé, on eut constamment des *anneaux*, *fig.* 106 (*a*), d'autant plus distincts, que la figure de ce miroir étoit plus régulière, mais dont le diamètre sur le carton varioit avec la distance du talc au miroir ; de façon qu'ils étoient très-grands quand le talc étoit très-proche du miroir, & très-petits quand il en étoit éloigné de sept à huit pouces.

» En se servant du même instrument, le duc de Chaulnes mit sur le châssis mobile, à la place du talc terni, un petit morceau de mousseline très-claire, qu'il tendit avec de petits clous le plus également qu'il lui fut possible, pour rendre les trous formés par les fils plus exacts & plus perméables à la lumière. Ayant mis l'instrument en expérience, il vit, au lieu d'*anneaux* circulaires qu'il avoit eus dans les expériences précédentes, des quadrilatères sensiblement carrés, quoique leurs angles fussent un peu arrondis, mais toujours colorés comme les autres.

» Voyant que cette expérience avoit réussi, quoique l'inégalité des fils & leur quantité diminuassent l'intensité du phénomène, il essaya, à la place du petit morceau de mousseline, de tendre sur son châssis des fils d'argent bien parallèles, & à la distance d'environ trois quarts de ligne ou une ligne l'un de l'autre, sans en mettre de transversaux. Au lieu des *anneaux* & des quadrilatères qu'il avoit vus précédemment, il n'aperçut plus que des traits de lumière blanche coupés de plusieurs petits traits colorés très-vivement, & dans le même ordre qu'étoient les *anneaux*.

» De toutes ces expériences, le duc de Chaulnes croit qu'on peut conclure : 1°. que les *anneaux colorés* dont on vient de parler, sont formés par l'inflexion que souffrent les petits faisceaux de rayon, en passant à travers des pores de la première surface.

» 2°. Qu'ils sont rendus sensibles, parce que la seconde surface en renvoie sur le carton une assez grande quantité les uns par les autres, pour les porter au degré d'intensité qui les peut rendre perceptibles.

» 3°. Que le ternissement de la première surface augmente l'effet par deux raisons : la première, en dispersant une partie de la lumière que réfléchissoit cette première surface, & qui pouvoit nuire, par son éclat, à la vivacité du phénomène ; la seconde en fournissant, soit par les petites bulles de l'eau, soit par les globules du lait, ou par quelqu'autre cause à peu près pareille, une plus grande quantité de pores réguliers.

» 4°. Qu'en général, l'explication de ces phénomènes tient à la même cause qu' l'inflexion de la lumière ; & quoique cette dernière ne foit pas encore abfolument connue, on peut regarder cette folution à peu près comme on regarde, en géométrie, celles qui réduifent un problème de la quadrature du cercle, & qui paffent alors pour fuffifantes.

» Il eft bon d'indiquer ici une erreur qui pourroit faire illufion à ceux qui feroient tentés de travailler fur cette matière, parce qu'elle fe préfente affez naturellement. S'il eft vrai que les *anneaux* foient formés, diroit-on, par la première furface, & que la feconde ne ferve qu'à les raffembler en les réfléchiffant fur le carton, ne pourroit-on pas, en fubftituant à cette feconde furface une lentille réfringente, les raffembler fur un autre carton placé au-delà & au foyer de cette lentille ?

» Au premier coup d'œil cette objection peut faire illufion ; mais en faifant attention que la lentille qui pouvoit les raffembler par fa figure eft d'une nature réfringente, on s'aperçoit aifément que, réfractant fous des angles différens les couleurs dont les *anneaux* font compofés, elles les confondent de façon qu'il ne pourroit en réfulter qu'un mélange de couleurs qui rendroit néceffairement la lumière blanche. »

M. M. ayant répété avec foin les expériences du duc de Chaulnes, & ayant appliqué le calcul à ces expériences, conclut que fes obfervations concourent à confirmer l'idée que s'étoit faite M. le duc de Chaulnes fur la manière dont la lumière eft décompofée dans le miroir qui procure le phénomène des *anneaux colorés*, & laiffe à foupçonner que les vapeurs dont l'air eft plus ou moins chargé, peuvent, en s'attachant au miroir, faire, quelqu'imperceptibles qu'elles foient, la fonction des corps diffringens.

Il obferve que de deux miroirs concaves dont il s'eft fervi, l'un donne des *anneaux colorés* fans être garnis de l'enduit ordinaire & fans qu'on fouffle deffus, & que l'autre, qui en donne par une portion de la furface où l'enduit a été appliqué, n'en donne point par une autre portion qui n'a pas été revêtue de cet enduit ; qu'il a auffi un verre plus convexe qui, quoique non étamé par-derrière, peut tenir lieu d'un miroir concave, fi on préfente la furface plane aux traits de la lumière, & donne de beaux *anneaux colorés* quand on fouffle alors deffus, mais qui n'en procure plus du tout quand les vapeurs qu'on y a ainfi répandues fe font diffipées.

Enfin, il remarquoit : « 1°. qu'il eft conftaté par les belles expériences du duc de Chaulnes, que la diffraction des rayons opérée par les corps mis en avant du miroir fuffit pour produire des *anneaux colorés*.

» 2°. Qu'il paroît que l'intervention des corps diffringens y eft néceffaire.

» 3°. Que, felon les calculs faits fur les réfultats des obfervations & d'après les lois de la réfraction, quelques-uns de ces réfultats ne permettent

pas qu'on accorde une forme fphérique aux corps diffringens qui procurent ceux-ci. »

Herfchel a répété avec foin toutes les expériences de Newton ; il les a variées de différentes manières, afin de s'affurer fi l'explication de l'illuftre phyficien anglais étoit conforme aux faits. Ces expériences ont été publiées dans la deuxième partie des *Tranfactions philofophiques* de l'année 1807. Le Mémoire qui les contient a été traduit en français par G. A. Prieur. Cette traduction a été imprimée dans le 70°. & le 71°. volumes des *Annales de Chimie*, pages 154 & 293 du 70°. volume, & page 5 du 71°.

Par ces expériences, Herfchel prouve, 1°. que deux furfaces font effentielles à la formation des *anneaux* concentriques par réfraction & réflexion ; 2°. que ces deux furfaces doivent avoir une régularité de conftruction & être propres à former un contact central ; 3°. que les rayons d'un côté ou de l'autre doivent paffer à travers le point de contact, ou paffer près de ce point à travers une des furfaces pour être réfléchis par l'autre ; 4°. & que, dans tous ces cas, il fe formera une fuite d'*anneaux* dont le centre commun fera à la même place, même où les deux furfaces fe touchent.

Il prouve enfuite, 1°. que les *anneaux* concentriques ne peuvent être formés par une réflexion & tranfmiffion alternatives des rayons de la lumière ; 2°. que les accès alternatifs de facile réflexion & de facile tranfmiffion, *s'ils exiftent*, ne fe montrent point fuivant les différentes épaiffeurs d'une lame mince d'air ; 3°. que les accès alternatifs de facile réflexion & tranfmiffion, *s'ils exiftent*, ne fe manifeftent pas felon les différentes épaiffeurs d'une plaque mince de verre ; 4°. que les *anneaux colorés* peuvent être complètement formés fans aucune plaque mince ou épaiffe, foit de verre, foit d'air ; 5°. enfin, il conclut que toute la théorie relative à la grandeur des parties des corps naturels & de leurs interftices, que Sir I. Newton a fondée fur l'exiftence des accès de facile réflexion & de facile tranfmiffion, exerçant différemment, felon la différente épaiffeur des lames mêmes, dont il fuppofe que font formées les parties des corps naturels, demeure privée de tout appui.

Si toutes les expériences qui viennent d'être rapportées ne détruifent pas entièrement & complètement l'opinion de Newton fur la formation des *anneaux colorés*, elles l'affoibliffent au point que l'on ne peut plus s'appuyer fur les conféquences qu'elles préfentent. D'abord il eft hors de doute que les *anneaux colorés* obtenus par la réflexion de la lumière fur un miroir concave, dépendent de l'afpérité de la première furface du miroir, & que tous les calculs faits par Newton pour déduire ce phénomène des épaiffeurs des tranches de verre traverfées, afin de les ramener aux accès de facile réfraction & de facile tranfmiffion, font inutiles ; cependant on ne peut s'empêcher d'admirer comment, à l'aide du calcul, un homme de génie parvient à démontrer que le résultat qu'il obtient peut dépendre de l'opinion qu'il adopte, & comment il arrive, par la force de son raisonnement, à faire adopter son opinion, quoique l'expérience prouve rigoureusement qu'elle dépend d'une autre cause.

Quant à la formation des *anneaux colorés* par la superposition de deux objectifs d'un grand foyer, il seroit encore possible que ce fût la belle loi que Newton a déduite de son observation qui l'ait séduit & l'ait déterminé à adopter l'opinion que ces *anneaux* sont dus aux épaisseurs des tranches d'air traversées ; mais les résultats que l'on obtient sont-ils aussi exacts que Newton l'annonce ? J'avouerai que l'observation que nous en avons faite nous-mêmes, nous a fait naître beaucoup de doutes à cet égard. Il est excessivement difficile de prendre la mesure des rayons des cercles des diverses couleurs, & de la prendre exactement, surtout en plaçant son œil au-dessus des *anneaux*; & ces rayons sont si petits, que Newton pouvoit trouver une toute autre loi que celle qu'il a adoptée ; ensuite la pression des objectifs & la forte pression qu'il faut leur donner pour obtenir le point noir au centre des *anneaux*, doit nécessairement déformer la surface du verre, & détruire cette sphéricité de laquelle l'illustre géomètre anglais déduit la loi des épaisseurs des tranches. Les physiciens qui ont cherché à répéter cette expérience, ont aperçu les variations dans la forme des *anneaux* qui résultent des pressions inégales, & la difficulté que l'on éprouve à obtenir des cercles parfaits.

En supposant que la loi des rayons des cercles colorés fût bien exactement celle qui existoit dans les expériences de Newton, rien n'annonce, 1°. que les épaisseurs des tranches d'air soient celles qu'il en déduit ; 2°. que la même loi existe dans des expériences faites avec d'autres disques. Il avoue lui-même qu'il a trouvé de grandes différences en se servant de différens objectifs, & que la loi qu'il annonce n'est qu'une moyenne entre un grand nombre d'observations. Herschel, qui a voulu mesurer également ces *anneaux*, avoue que *la tentative d'en prendre les mesures absolues est sujette à une grande inexactitude*. Il est fâcheux que ces expériences n'aient pas été répétées avec beaucoup de soin par des observateurs exacts. Nous desirerions d'autant plus que ces expériences fussent répétées, que nous n'avons pas été satisfaits de celles que nous avons faites dans le dessein de vérifier les résultats de Newton.

D'une expérience faite en introduisant de l'eau entre ses objectifs, Newton conclut une loi d'épaisseur de tranche des différentes substances, pour produire les mêmes couleurs, & cette loi est celle du sinus d'incidence à celui de réfraction, lorsque la lumière passe d'un milieu dans un autre. Ne seroit-il pas possible que Newton, séduit par cette loi si simple, se fût dispensé de

répéter l'expérience, & eût commis ici une erreur semblable à celle qui a retardé pendant si long-temps la construction & l'usage des objectifs achromatiques ? Pourquoi cette expérience n'a-t-elle pas été répétée ? Doit-on adopter aveuglément tous les résultats annoncés par ce génie sublime ? N'est-il pas homme ? & les erreurs reconnues jusqu'à présent dans plusieurs de ses expériences d'optique, ne devoient-elles pas obliger les physiciens à répéter de nouveau toutes celles qui ne l'ont pas encore été ? Nous nous rappelons d'avoir entendu des savans dignes de confiance, attribuer le resserrement des *anneaux colorés*, dans l'expérience de Newton, au resserrement & à la compression par l'eau de la substance qui contribue à leur formation. Au reste, pourquoi ces *anneaux* conserveroient-ils, dans le vide, la même diamètre que dans l'air ? Admirateur enthousiaste du grand-homme qui a, en quelque sorte, créé la partie de l'optique qui concerne les couleurs, nous avons cru que Mazeas n'avoit pas observé avec assez de soin ce qui se passoit dans le vide; nous avons voulu répéter l'expérience ; nous avons en conséquence placé sous le récipient d'une machine pneumatique deux objectifs que nous avoit procurés Arago, & qui formoient d'assez beaux *anneaux colorés*; nous prîmes avec un micromètre la mesure exacte du diamètre du cercle rouge le plus grand; nous fixâmes le micromètre, & nous fîmes le vide à quatre millimètres de pression, le diamètre resta le même. Vingt-quatre heures après, le vide s'étant conservé assez exactement, le diamètre n'avoit pas éprouvé de variation; nous rendîmes l'air, & tout resta encore dans le même état.

Toutes ces considérations portent à conclure que la cause de la formation des *anneaux colorés* n'est pas encore parfaitement connue; que, quelqu'autorité que puisse avoir l'opinion de l'homme qui l'a expliquée & que l'on a adoptée de confiance, il est nécessaire de faire de nouvelles expériences avant de prononcer, & qu'il y auroit de la légereté au moins à partir des lois établies par Newton, pour arriver à de nouveaux résultats.

ANNÉE ARABE; annus arabicus; *arab jahr*. s. f. C'est une *année* lunaire composée de 12 mois, qui sont alternativement de 30 & de 29 jours; quelquefois aussi elle contient 13 mois. Voici leurs noms : 1°. *muharram*, de 30 jours, 2°. *saphar*, 29; 3°. *rabia*, 30; 4°. *second rabia*, 29; 5°. *jomada*, 30; 6°. *second jomada*, 29; 7°. *rujab*, 30, 8°. *schaaban*, 29, 9°. *samaden*, 30; 10°. *shawal*, 29; 11°. *dulkaadah*, 30; 12°. *dulheggia*, 29, & de 30 dans les années hyperhémères ou embolismiques. On ajoute un jour intercalaire à chaque 2°., 5°., 7°., 10°., 13°., 15°., 18°., 21°., 24°., 26°., 29°. *année* d'un cycle de 30 ans, & les *années* sont embolismiques ou de 355 jours; les autres communes de 354.

L'ère des Mahométans commence au vendredi 6 juillet de l'an 622 de J. C., qui eft la première *année* de l'hégire; d'où il fuit que fi, d'une *année* quelconque de l'ère chrétienne, on ôte 621, le refte fera le nombre des *années* de J. C., depuis le commencement de l'ère mahométane. Or, l'*année* julienne eft de 365 jours 6 heures, & les *années* de l'hégire, qui font des *années* lunaires, font de 354 jours 8 heures 48 minutes; d'où il s'enfuit que chaque *année* de l'hégire anticipe fur l'*année* julienne de 10 jours 22 heures 12 minutes, & par conféquent, en 33 ans, de 359 jours 2 heures 36 minutes, c'eft-à-dire, d'une *année*, plus 4 jours 18 heures 48 minutes; donc, fi on divife par 33 le nombre des *années* juliennes écoulées depuis l'ère mahométane, & qu'on ajoute au quotient à ce nombre d'*années*, on aura le nombre des *années* mahométanes : on n'aura point égard au refte de la divifion.

ANNÉE CANICULAIRE; annus canicularis ; *hunde jahr. Année* qui commençoit le jour où la canicule fe levoit avec le foleil. Les Egyptiens & les Ethiopiens commençoient leurs *années* aux jours caniculaires.

ANNÉE ÉGYPTIENNE; annus ægyptius; *egypt jahr.* Les anciennes *années égyptiennes* étoient compofées de 12 mois, de chacun 30 jours; comme cette *année* étoit trop courte de 5 jours & un quart, on intercala les jours fupplémentaires à la fin de l'*année*. Newton croit que cette intercalation eut lieu fous le règne d'Aménophis, 884 ans avant la naiffance de J. C., & 72 ans après la mort de Séfoftris. Cette *année* commençoit au lever de la canicule avec le foleil.

ANNÉE ETHIOPIENNE; annus æthiopicus ; *æthiopifch jahr. Année* folaire qui s'accorde parfaitement avec l'actiaque, excepté dans les noms des mois; fon commencement répond à celui de l'*année* égyptienne. Les noms des mois de cette *année* font : 1°. *mafcaranm*; 2°. *tykympl*; 3°. *hydar*; 4°. *tyshas*; 5°. *tyr*; 6°. *jacatil*; 7°. *magabit*; 8°. *miijaria*; 9°. *giribal*; 10°. *fyne*; 11°. *hamle*; 12°. *hahafe* : il y a de plus 5 jours intercalaires.

ANNÉE GRECQUE; annus græcus; *grieshifch jahr. Année* lunaire compofée de 12 mois, qui étoient d'abord tous de 30 jours, & qui furent enfuite alternativement de 30 & de 29 jours; les mois commençoient avec la première apparence de la nouvelle lune, & à chaque 3°., 5°., 8°., 11°., 14°., 16°. & 17°. année du cycle de 19 ans, on ajoutoit un mois embolifmique de 30 jours, afin que les nouvelles & pleines lunes revinfent au même terme ou faifon de l'année. *Voyez* CYCLE LUNAIRE.

L'*année grecque* commençoit à la première pleine lune d'après le folftice d'été. L'ordre de leurs mois étoit : 1°. *hecatombecon*, de 29 jours ; 2°. *metagitnion*, de 30 ; 3°. *boedromion*, 29 ; 4°. *ma-*

mačterion, 30 ; 5°. *pyanepfion*, 29; 6°. *pofideon*, 30; 7°. *gamelion*, 29; 8°. *anthefterion*, 30; 9°. *elaphebolion*, 29; 10°. *munichion*, 30; 11°. *thargelion*, 29; 12°. *fcirophorion*, de 30 jours.

Cette *année* étoit particulièrement nommée l'*année attique*, & le mois intercalaire ou embolifmique fe plaçoit après *pofideon* : on l'appeloit *fecond pofideon*.

ANNÉE JUIVE; annus judaicus; *judifch jahr.* On en diftingue deux, l'*année* ancienne & l'*année* moderne; l'*année* moderne eft une *année* lunaire de 12 mois dans les *années* communes, & de 13 mois dans les *années* embolifmiques, lefquelles font les 3°., 6°., 8°., 11°., 14°., 17°. & 19°. du cycle lunaire de 19 ans. Le commencement de cette *année* civile des Juifs eft fixé à la nouvelle lune la plus voifine de l'équinoxe d'automne.

Les noms des mois & leur durée font : 1°. *tifri*, 30 jours; 2°. *marchefvan*, 29; 3°. *cifleu*, 30; 4°. *tebeth*, 29; 5°. *fchebeth*, 30; 6°. *adar*, 29; 7°. *veadar*, dans les *années* embolifmiques, 30; 8°. *nifan*, 30; 9°. *jiar*, 29; 10°. *fivan*, 29; 11°. *thamuz*, 29; 12°. *ab*, 30; 13°. *elul*, 29.

Selon les Juifs, la création du monde eft la 959°. *année* de la période julienne, commençant au 7 octobre; & comme la naiffance de J. C. eft la 4714°. de la période julienne, il s'enfuit que J. C. eft né l'an 3761 de l'ère des Juifs; c'eft pourquoi fi l'on ajoute 3761 à une *année* quelconque de l'ère chrétienne, on aura l'*année* juive correfpondante qui doit commencer en automne.

ANNÉE (*La grande*); magnus annus ; *groffe jahr.* Expreffion d'une grande période à laquelle on a attaché différentes fignifications. Cicéron penfoit que *la grande année* platonique avoit lieu lorfque le foleil, la lune & les cinq planètes revenoient dans la même fituation; quelques philofophes prétendoient même que tout ce qui arrive dans le Monde recommenceroit dans le même ordre.

On a appliqué le titre de *grande année* à la période de 600 ans qui ramène la lune & le foleil dans le même point du ciel; c'eft la période lunifolaire dont parle Caffini dans fon *Traité de l'Origine de l'Aftronomie* : quelques-uns ont donné le nom de *grande année* à la période caniculaire de 1460 ans, dans laquelle les *années égyptiennes* revenoient avec les *années folaires* ; d'autres ont fait *la grande année de 9000 ans, de 12, de 15, de 24*, de 36, de 49, de 100, de 300, de 470, & même de 1753 & de 6570 mille ans.

ANNÉE MACÉDONIENNE ; annus macedonicus ; *macedonifch jahr.* On en diftingue deux, l'ancienne & la nouvelle. L'ancienne *année macédonienne* étoit une *année* lunaire, qui ne différoit de celle des Grecs que par le nom & l'ordre des mois : la première correfpondoit au mois mæmacterion ou au quatrième mois attique. La nouvelle *année macédonienne* eft une *année* folaire, dont le commencement eft fixé au premier janvier de

l'année

l'année julienne, avec laquelle elle s'accorde parfaitement.

ANNÉE PERSIENNE; annus perficus; *perfianifch
jahr.* Année folaire de 365 jours, & compofée de
12 mois de 30 jours chacun, avec cinq jours intercalaires ajoutés à la fin de l'*année.* Voici les noms
des mois de cette année : 1°. *atrudiamech* ; 2°.
ardiafehtmech ; 3°. *cardimeh* ; 4°. *thirmeh* ; 5°. *mer-
demeh* ; 6°. *fchabarirmeh* ; 7°. *meharmeh* ; 8°. *aben-
meh* ; 9°. *adarmeh* ; 10°. *dimeh* ; 11°. *behenmeh* ;
12°. *offirermeh.* Cette *année* est la même que l'*année*
égyptienne.

ANNÉE SABBATIQUE; annus fabbaticus; *fabba-
tifch jahr.* C'étoit, chez les anciens Juifs, chaque
feptième *année* ; durant cette *année*, les Juifs laiffoient toujours repofer leurs terres : chaque feptième *année fabbatique*, c'eft-à-dire, chaque 49ᵉ.
année, étoit appelée l'*année du jubilé*, & étoit
célébrée avec une grande folennité.

ANNÉE SYRIENNE; annus fyricus; *fyrer jahr.*
Année folaire dont le commencement eft fixé au
commencement du mois d'octobre de l'*année* julienne, qui ne diffère d'ailleurs de l'*année* julienne
que par les noms des mois. Le 1ᵉʳ. *tishrin* répond au
mois d'octobre, & contient 31 jours; 2°. le fecond *tishrin* eft de 30 jours; 3°. *canun*, 31; 4°. le
fecond *canun*, 31; 6°. *fhabat*, 28; 6°. *adar*, 31;
7°. *nifan*, 30; 8°. *achar*, 31; 9°. *haziram*, 30;
10°. *tamuz*, 31; 11°. *ab*, 31; 12°. *elul*, 30.

ANNÉE TAÏTIENNE; annus taitinus; *taitifch
jahr.* Les habitans de Taïti comptent par lunes de
29 jours, & 13 lunes font une *année.* Ils défignent
chaque mois par un nom propre, & les 13 mois
par un nom collectif, mais dont ils ne fe fervent
qu'en parlant des myftères de leur religion. Le jour
eft divifé en douze parties, dont fix pour la nuit,
ce qui eft une fuite naturelle des 12 lunes qui fe
trouvent dans une *année* folaire; cependant ils
comptent par 10, dans l'ufage de la numération ordinaire.

ANORDIE; *anordi.* Tempête de vent du nord
qui s'élève en certains temps fur les côtes de la
Nouvelle-Efpagne.

ANTECANIS; *antecanis.* Conftellation du
petit chien. *Voyez* CHIEN, PETIT CHIEN, PRO-
CYON.

ANTHESTERION, d'*ανθος, fleur* ; anthefte-
rianna; *anthefterion.* Mois de l'année grecque que
les uns rapportent à la fin de février & à la fin de
mars, d'autres à la fin de novembre & au commencement de décembre. C'étoit un mois creux
ou de vingt-neuf jours, le fixième de l'année.

Dict. de Phyf. Tome II.

ANTHROPOLOGIE, d'*ανθρωπος, homme* ;
λογος, difcours ; anthropologia; *anthropologie.* Difcours fur l'homme ou fur le corps humain; fcience
qui nous conduit à la connoiffance de l'homme.

ANTHROPOMANTIE, d'*ανθρωπος, homme,
& μαντεια, divination* ; anthropomantia; *anthropomantie.* Divination qui fe fait par l'infpection des
entrailles des enfans, des femmes ou des hommes,
& que l'on éventroit après leur mort.

ANTHROPOSOPHIE, d'*ανθρωπος, homme* ;
σοφια, fcience ; anthropofophia; *anthropofophie.*
Connoiffance de la nature humaine.

ANTIPHONIE; *αντιφωνια* ; antiphonia; *antiphonie;* f f. Efpèce de fymphonie grecque qui s'exécutoit par diverfes voix, ou par divers inftrumens,
à l'octave ou à la double octave, par oppofition
à celle qui s'exécutoit au fimple uniffon, & que
les Grecs appeloient *komophonie. Voyez* HOMO-
PHONIE.

ANTISCES, d'*αντι, contre* ; *σκια, ombre* ; antif-
cius; *antifces.* Deux points du ciel également éloignés du tropique. Le taureau & le lion font deux
antifces.

APHORISME; *αφορισμος* ; aphorifma; *lehrfatz* ;
f. m. Maxime ou règle générale, principe d'une
fcience qui comprend un grand fens en peu de
paroles.

APOMÉCOMÉTRIE, d'*απο, loin* ; *μιτρον,
mefure* ; apomecometria; *apomécométrie* ; f. f. Art
de mefurer la diftance des chofes & des objets
éloignés.

APORE; *απορον* ; aporum; *fchwere auf gobe.*
Problème très-difficile à réfoudre, & qui n'a pas
encore été réfolu.

APOTHÊME, d'*απο, de* ; *τιθημι, amener* ; apo-
thema; *apothême* ; f. m. Perpendiculaire menée du
centre d'un polygone régulier fur un de fes côtés.

APOTOME; *αποτιμνω* ; apotomia; *unter fcheid
zwifchen zohlen, apotom.* Différences entre dès
nombres incommenfurables, dont on fait les additions pour former des binomes, trinomes, &c.

APOTOME : partie qui refte d'un ton entier,
lorfque l'on en a ôté le dernier ton majeur.
Les Grecs ont cru que le ton moyen ne pouvoit être divifé en deux parties égales; ils ont en
conféquence appelé la première partie *αποτομη*,
& l'autre *λιμμα.*

APPAREIL ACHROMATIQUE; inftrumen-
tum achromaticum; *achromatifche zubereitung* ; f. m.
Inftrument compofé de deux ou de trois prifmes
de différentes fubftances, avec lequel on fait voir
comment on parvient à détruire les couleurs oc-

H

casionnées par l'aberration de réfrangibilité. *Voyez* ABERRATION DE RÉFRANGIBILITÉ.

En regardant à travers un objectif convexe ou concave, & qui a la propriété de faire converger ou diverger les rayons de lumière, on aperçoit diverses couleurs qui environnent les objets que l'on regarde, & qui concourent à les obscurcir & à les déformer. En regardant également à travers un prisme, on voit des couleurs semblables qui produisent le même effet.

Un verre convexe ou concave peut être considéré comme engendré par une suite d'anneaux prismatiques, *fig.* 179 & *fig.* 179 (*a*); & les franges colorées que laisse apercevoir la lumière qui les traverse, ont la même origine que les couleurs produites par le faisceau de lumière qui passe à travers un prisme transparent. (*Voyez* COULEUR PRISMATIQUE, PRISME.) Elles sont produites les unes & les autres par la différence de réfrangibilité des diverses molécules colorées, & les moyens que l'on emploie pour détruire les couleurs produites par les prismes, peuvent être employés avec un égal succès pour *achromatiser* les verres concaves & convexes. *Voy.* ACHROMATISME.

Comme les verres convexes ou concaves ont pour but principal de faire converger ou diverger les rayons de lumière qui passent à travers, & de produire des foyers réels ou virtuels (*voyez* FOYER), & que, pour faire converger ou diverger, dans leur émergence, des rayons qui sont arrivés sur la surface réfringente dans une direction presque parallèle, ils doivent nécessairement sortir dans une direction telle, que le rayon émergent fasse un angle avec le rayon incident, il s'ensuit qu'il faut, en *achromatisant* les rayons sortans, que leur direction soit différente de celle des rayons entrans. Si les rayons émergens *achromatisés* sortoient des verres convexes ou concaves dans une direction parallèle aux rayons incidens, le faisceau de lumière n'éprouvant aucune déviation, continueroit à se mouvoir comme s'il n'avoit pas traversé ces verres; seulement son intensité seroit affoiblie de la quantité de rayons que les verres auroient interceptés, & les effets que doivent produire les verres convexes ou concaves n'auroient pas lieu.

Ainsi le problème qu'il faut résoudre pour *achromatiser* des prismes de manière que cet *achromatisme* puisse être appliqué aux corps transparens convexes ou concaves, consiste principalement à construire deux prismes tels, que la direction des rayons émergens *achromatisés* fasse nécessairement un angle avec celle des rayons incidens. Si l'on a deux prismes de même matière, *fig.* 180, & qu'ils aient le même angle GHI=HIK, le rayon incident AB se décomposera dans l'intérieur; le rouge le moins réfrangible suivra la direction BC, & le violet le plus réfrangible celle BD; mais en sortant du second prisme par la face IK, les rayons rouge CE & violet DF sortiront pa-

rallèles au rayon incident AB, &, par leur mélange dans le faisceau, produiront du blanc. Mais si les deux prismes avoient des angles différens, GHI > HIK, *fig.* 180 (*a*), les rayons émergens CE, DF, auroient, en sortant, une divergence dépendante, 1°. des angles des deux prismes; 2°. de la dispersion des deux substances (*voyez* DISPERSION); & les rayons émergens rouge & violet, divergeant en sortant, se sépareroient & produiroient un spectre coloré.

Pour obtenir des rayons émergens *achromatisés* qui fassent un angle avec les rayons incidens, il est nécessaire que les substances des deux prismes aient des réfringences & des dispersions qui soient dans des rapports différens. Alors on forme un premier prisme NOP, *fig.* 180 (*b*); on place contre l'une de ses faces PO celle OP d'un second prisme OPQ, & l'on augmente ou diminue l'angle P du second prisme jusqu'à ce que la lumière sorte incolore. On trouve ainsi, par tâtonnement, les angles NOP, & OPQ des deux prismes qui sont propres à *achromatiser* la lumière qui les a traversés.

Quand on connoît les rapports de réfringence & de dispersion des deux substances, c'est-à-dire, lorsque l'on connoît les rapports de réfrangibilité des rayons extrêmes rouges & violets dans les deux substances, ou de toutes les autres couleurs que l'on veut réunir, il est facile de déterminer l'angle que doit avoir l'un des prismes lorsque l'autre est connu.

En effet, soit NOP, OPQ, la coupe perpendiculaire des deux prismes placés l'un contre l'autre; soit les rapports de la réfraction de la lumière, de l'air, dans la matière du premier prisme, comme 1 : *n*, & celui de l'air dans le second, comme 1 : *m*; que la ligne ADEFC soit la trace de la marche du rayon de lumière réfracté de l'air dans le premier prisme, de celui-ci dans le second, & du second prisme dans l'air; qu'on prolonge les rayons incidens AD, & les rayons émergens CF, jusqu'à ce qu'ils se coupent en B, & qu'on admette que les rapports constans de réfraction s'appliquent aux angles considérés comme très-petits : alors l'angle sous lequel le rayon est détourné par toutes ces réfractions de sa direction primitive, sera :

$$ABC = (n-1) NOP - (m-1) OPQ.$$

Pour le démontrer, élevez des points D, E, F, sur les faces NO, OP, PQ, les perpendiculaires GH, LM, IK; prolongez les droites GH, IK jusqu'à ce qu'elles rencontrent la ligne LM aux points H & K.

Faites, pour abréger, les angles des prismes NOP = *a*, OPQ = *b*, & l'angle d'incidence ADG = *c*.

Les angles GHL & IKM, formés par les perpendiculaires incidentes qui tombent sur les faces de chaque prisme, sont égaux aux angles NOP, OPQ de chaque prisme; car ces lignes DH, EH, dans le prisme NOP, forment, avec l'angle de ce prisme, un quadrilatère HDOE, dont les quatre angles intérieurs font égaux à quatre angles droits : mais deux de ces angles ODH, OEH, font droits; donc la fomme des deux autres eft égale à deux droits, donc encore l'angle DOE eft égal au fupplément de l'angle DHE, ainfi égal à DHL. On a, dans le fecond prifme, les deux triangles FPT, EKT qui font femblables. Les angles PTF du premier, & KTE du fecond font oppofés au fommet, & conféquemment égaux; l'angle PFT du premier eft droit, ainfi que l'angle KET du fecond; donc le troifième angle du premier TPF, eft égal au troifième angle du fecond TKE, d'où il fuit que l'on aura :

$$DHL = NOP = a, \& IKM = OPQ = b.$$

Ayant pofé que l'angle d'incidence du premier prifme eft à l'angle de réfraction comme $n : 1$, il s'enfuit que $HDR : HDE = : n \, 1$; de-là que $HDE = \frac{1}{n}c.$

Mais $HED = LHE - HDE = a - \frac{1}{n}c.$

D'après les rapports de réfrangibilité entre les deux milieux & l'air, il s'enfuit que le rapport de réfrangibilité des deux milieux eft $:: m : n$; de-là que :

$$HED : MEF = m : n;$$ d'où l'on tire $MEF = \frac{n}{m} HED = \frac{n}{m}a - \frac{1}{m}c.$

$$KFE = FEM - FKE = \frac{n}{m}a - \frac{1}{m}c - b.$$

& comme $KFE : CFI = 1 : m$, il s'enfuit que $CFI = m \times KFE = na - c - mb$; mais $CBS = BFR + BRF = BFR + EDR + DER.$ On a d'ailleurs : 1°. $BFR = CFI - KFE = na - c - mb - \frac{n}{m}a + \frac{1}{m}c + b.$

2°. $DER = FEM - HED = \frac{n}{m}a - \frac{1}{m}c - a + \frac{1}{n}c.$

3°. $EDR = ADG - HDE = c - \frac{1}{2}c.$

Par conféquent $ABC = (n-1)a - (m-1)b. = (n-1)NOP - (m-1)OPQ.$

Quelle que foit la couleur dont les rapports de réfrangibilité font, dans le premier prifme comme $n : 1$, & dans le fecond, comme $m : 1$, on peut, pour une autre couleur, établir les rapports dans le premier prifme comme $N : 1$, & dans le fecond, comme $M : 1$. Alors l'angle formé par les rayons incidens & émergens pour cette couleur, fera $ABC = (N-1)a - (M-1)b.$

Maintenant, pour que ces deux couleurs foient parallèles, après avoir traverfé les deux prifmes, il faut avoir l'angle formé par les rayons incidens & émergens de la première couleur foit égal à celui formé par la feconde couleur, c'eft-à-dire, que l'on ait :

$(n-1)a - (m-1)b = (N-1)a - (M-1)b.$

D'où l'on tire $(N-n)a = (M-m)b$ & $M-m : N-n = a : b$; d'où $b = \frac{N-n}{M-n} a.$

On fe fert ordinairement, pour achromatifer les objectifs, de deux fortes de verres : le premier

eft un verre ordinaire auquel les Anglais donnent le nom de krown-glafs (voyez KROWN-GLASS); le fecond eft un verre dans lequel il entre des proportions plus ou moins grandes d'oxide de plomb. On lui donne en France le nom impropre de criftal; les Anglais l'appellent flint-glafs. Voyez CRISTAL, FLINT-GLASS.

D'après les expériences de Dollond, pour obtenir une réfraction incolore avec des prifmes formés de ces deux fortes de verres, il faut que l'angle du premier, du krown-glafs, foit à l'angle du fecond, le flint-glafs, comme 30 eft à 19, ce qui établit cette proportion.

$N - n : M - m = 19 : 30 = 2 : 3.$

On nomme les valeurs de $N - n$ & $M - m$, la mefure de la difperfion. Voyez DISPERSION.

Comme les verres ordinaires diffèrent beaucoup entr'eux par la nature de leur compofant, & que les criftaux en diffèrent encore davantage par la proportion d'oxide de plomb qui entre dans leur compofition, il s'enfuit que la mefure de la difperfion des couleurs eft différente dans chaque corps, & que l'on ne peut faire ufage du rapport obtenu par Dollond, que dans le cas particulier de la fubftance qu'il a effayée. On ne connoît aucune loi générale qui puiffe exprimer le rapport ou la mefure de difperfion des couleurs; il faut, pour chaque cas, des expériences immédiates.

Actuellement que nous favons comment on peut achromatifer deux fubftances dont la mefure de la difperfion des couleurs eft différente, il eft facile de concevoir l'appareil dont on fait ufage pour démontrer l'achromatifme.

Nous avons dit qu'il y avoit deux fortes d'appareils achromatiques : 1°. à deux prifmes; 2°. à trois prifmes. Nous allons d'abord faire connoître le premier, & nous indiquerons enfuite le fecond.

Le premier appareil fe compofe de deux prifmes A, B (fig. 181); l'un, A, de verre ordinaire, l'autre, B, de criftal ou de verre contenant de l'oxide de plomb : ces prifmes font fixés par leurs bafes dans deux tringles D E, qui fe meuvent à charnière en C. Le centre du mouvement & les tiges font fixés fur un fupport F. Les prifmes font tellement placés, que les deux angles font en regard, & qu'ils peuvent, en s'approchant, fe fuperpofer de manière à ne former qu'un feul prifme.

Un rayon de lumière entrant dans une chambre obfcure, on place cet appareil de manière que fon pied fe trouve dans la direction & au-deffous du rayon, & que les deux prifmes puiffent, par le mouvement à charnière de la tringle qui les fupporte, être portés dans la direction du rayon, & en être retirés alternativement.

D'abord on écarte les deux prifmes, & l'on trace fur un carton le point K, fig. 181 (b), où le fpectre du rayon correfpond; on place enfuite l'un des prifmes, dans le rayon direct, celui A, par exemple; auffitôt la lumière fe réfracte, & l'on voit se former un spectre coloré L, ayant le rouge *r* le moins réfrangible du côté K, & le violet *v* le plus réfrangible du côté opposé. On retire ce prisme, & l'on place le prisme B dans la direction du rayon solaire; ce rayon, en le traversant, se réfracte, & forme de l'autre côté du rayon direct un spectre M, dont le rouge *r* est dirigé vers K, & le violet *v* du côté opposé. Superposant les deux prismes, & les plaçant ainsi dans la direction du rayon, on aperçoit aussitôt un spectre blanc K, N ou O, dont la position dépend de la différence de la déviation que chacun des prismes occasionne. Si les prismes sont de même substance, le spectre réfracté se trouve au même point que le spectre direct; mais si l'un des prismes produit une plus grande déviation que l'autre, le spectre blanc s'écarte de la position du spectre direct, en se portant du côté où se dirige naturellement le spectre, lorsqu'il passe à travers ce prisme. L'angle qui fait cette direction avec celle du rayon direct, dépend de la différence qui existe entre les forces de déviation de chacun des prismes.

L'*appareil* à trois prismes diffère du premier en ce qu'il est composé d'un prisme de cristal, ou de *flint-glass* A, *fig.* 182 (*a*), fixé sur une tige, & de deux prismes B, C, de verre ordinaire: ces deux derniers se meuvent sur des charnières D, E, pour s'ajuster contre le premier, ou s'en séparer. Le premier prisme A est posé sur sa base; il a son arête par le haut; il peut tourner sur une charnière qui divise la tige en deux parties au point F.

On sépare les deux prismes latéraux en les renversant, & l'on place l'*appareil* de manière que le rayon solaire passe à travers le prisme du milieu A. On obtient par ce moyen un spectre coloré au-dessous de la direction du rayon solaire. En renversant le prisme du milieu, & le faisant tourner sur la charnière de la tige, l'on dispose l'un des deux prismes B ou C de manière que le rayon solaire puisse passer à travers, & l'on obtient un spectre coloré au-dessus de la direction du rayon direct; nous ne rappellerons pas que dans ces deux spectres, le rouge est dirigé vers le rayon direct.

Replaçant le prisme du milieu dans sa première position, relevant les deux prismes latéraux pour les faire coïncider avec le premier, faisant ensuite passer le rayon solaire à travers le système des trois prismes, on obtient un spectre incolore, si les angles des trois prismes ont été bien déterminés; & la direction des rayons émergens fait un angle avec celle des rayons incidens, si les deux substances ont des dispersions différentes, c'est-à-dire, si N—*a* diffère de M—*m*; & lorsque les dispersions sont égales, c'est-à-dire, que l'on a N—*n*=M—*m*, les rayons émergens décolorés sont parallèles au rayon incident.

APPAREIL DE LESLIE *pour le calorique;*

instrumentum Leslicum pro calore; *calorifche ʒubereitung von Leslie.* Instrument dont Leslie a fait usage dans ses expériences du calorique rayonnant, & avec lequel on peut les répéter & en exécuter de nouvelles.

Cet *appareil* se compose de plusieurs miroirs métalliques servant de réflecteurs, de vases creux, pour en former des foyers de chaleur rayonnante, de *thermomètres différentiels* pour mesurer cette chaleur, & d'écrans pour interposer entre les foyers de chaleur & les thermomètres qui apprécient leur température.

Quoique les miroirs puissent être faits d'un métal dur, brillant, coulé, puis douci & poli avec soin, Leslie a préféré de les faire construire en fer-blanc ambouti au marteau, pour leur donner la courbure qui leur convient, puis planés au marteau, pour leur procurer le brillant & le poli qui leur sont nécessaires. La courbure qu'il faisoit donner à ses miroirs étoit celle d'un paraboloïde de révolution: il s'est servi quelquefois de réflecteurs-ellipsoïdaux, mais rarement de segmens de sphères.

Une des grandes difficultés qu'il ait éprouvées, étoit de trouver un artiste assez adroit pour exécuter l'ambouti & le planage avec la précision nécessaire. Les surfaces paraboloïdes étoient exécutées à l'aide de segmens de paraboloïdes en bois d'acajou qui servoient de modèle, & lorsque le réflecteur & le segment ne coïncidoient pas parfaitement, l'ouvrier parvenoit, à l'aide de coups de marteau donnés avec beaucoup d'adresse, à ramener la surface concave aux formes de la surface convexe.

Leslie a préféré les miroirs de fer-blanc à ceux de métaux plus durs & plus brillans, à cause de la modicité de leur prix, & parce qu'ils suffisoient pour les résultats qu'il vouloit obtenir.

Il donnoit aux vases creux, servant de foyers de chaleur, la forme d'un cube dont les côtés avoient trois, quatre, six & même dix pouces; l'une des faces servoit de base. Au milieu de la face supérieure de chacun de ces vases d'étain, étoit un orifice dont le diamètre varie entre un demi-pouce & un pouce, & il s'élève à peu près à la même hauteur. Il adaptoit à cet orifice un couvercle qui traversoit un thermomètre dont la boule répondoit au milieu de la masse du liquide.

Cette forme avoit l'avantage, 1°. de pouvoir présenter les faces sous différens angles, ou sous différentes inclinaisons avec la droite menée du centre du réflecteur au centre du vase, & de s'assurer ainsi de l'influence qu'avoient sur les résultats les différens degrés d'obliquité; 2°. en plaçant sur chaque face des matières différentes, ou en changeant leur manière d'être, de procurer les moyens de multiplier les recherches sans nouveaux *appareils.* Ainsi, une des quatre faces verticales du vase étoit maintenue propre & brillante; la face opposée étoit recouverte d'un papier foigneufement appliqué, où d'une couche de noir de fumée rendue adhérente avec la moindre quantité poffible de colle. Les autres faces deftinées à un fervice varié étoient garnies, felon le befoin, de feuilles d'étain, de papiers diverfement colorés, ou de diverfes fortes d'enduit : quelquefois auffi on en changeoit la nature par d'autres procédés mécaniques ou chimiques.

Pour accumuler du calorique dans les vafes, on les rempliffoit d'eau élevée à une très-haute température. L'eau chaude pouvant pofféder toutes les qualités requifes pour ce genre d'expériences, il eft facile d'en avoir à fa difpofition autant qu'on en veut ; elle a une grande capacité de calorique, & l'on peut en conftater la température à différens degrés avec beaucoup d'exactitude.

Mais, de tous ces inftrumens, celui qui doit être regardé comme le plus effentiel, c'eft un thermomètre dont l'exactitude & la délicateffe puiffent permettre de mefurer les plus petites quantités de chaleur. Celui que Leflie a employé eft formé de deux boules creufes de verre, d'un diamètre égal, qui communiquent l'une à l'autre par un tube recourbé comme un U. Dans ce tube eft de l'acide fulfurique coloré en rouge par du carmin : lorfqu'une des boules eft plus échauffée que l'autre, l'air qu'elle contient fe raréfie, augmente fon reffort, preffe la colonne d'acide fulfurique & la fait monter dans la partie du tube correfpondante à l'autre boule. Le favant Anglais a donné à cet inftrument le nom de *thermomètre différentiel. Voyez* THERMOMÈTRE DIFFERENTIEL.

Quant aux écrans, ce font des cadres de bois montés fur des pieds, dans les vides defquels on place les fubftances qui doivent intercepter la chaleur ou laiffer paffer, en tout ou en partie, le calorique rayonnant.

Pour varier les expériences, Leflie avoit encore deux vaiffeaux cylindriques de fer-blanc, l'un de trois pouces de diamètre fur quatre pouces de hauteur, l'autre de fix fur huit ; ces *appareils* peuvent être multipliés ou modifiés felon le befoin.

Il ne s'agit plus maintenant que de faire connoître la manière d'expérimenter avec cet *appareil.*

Dans une chambre fermée & fans feu, fur une table A B, *fig.* 230, & à quelques pieds de diftance, placez fur la même table le miroir de fer-blanc C D, & le vafe cubique E pofé fur un tabouret, de manière qu'il préfente de front au miroir une de fes faces ; enfuite, après avoir cherché avec la flamme d'une bougie ou autrement le lieu précis du foyer correfpondant à cette pofition, mettez-y la boule du thermomètre différentiel qui contient la liqueur colorée ; rangez enfuite cet inftrument de manière que fon plan foit parallèle à celui du miroir. Les chofes étant ainfi, rempliffez le vafe d'eau bouillante & recouvrez-le de fon couvercle portant un thermomètre intérieur ; à

l'inftant on verra la liqueur colorée s'élever dans le thermomètre différentiel, & dans l'efpace de deux à trois minutes, elle atteindra le haut de l'échelle ; elle y reftera quelques inftans ftationnaire, puis on la verra redefcendre à mefure que le vafe fe refroidira.

En plaçant un vafe cubique de fix pouces de côté, à trois pieds du fond du miroir, on trouve que l'effet produit fur la boule focale, au plus haut point d'élévation, va environ à 80 degrés ; mais, dans tous les cas, l'effet eft exactement proportionnel à la chaleur de l'eau, c'eft-à-dire, à la différence entre fa température & la température de la chambre.

Les expériences dont il s'agit, réuffiffent également avec le froid & avec la chaleur. Si l'on remplit le vafe cubique de glace ou d'un mélange frigorifique de neige & de fel, la boule focale eft réfroidie, & en conféquence on voit briffer la liqueur colorée. La mefure de cet effet, quoiqu'en fens contraire, fe trouve auffi rigoureufement proportionnelle à la différence de température ; ainfi, la température de la chambre étant de 16 deg. de R., & celle du vafe de 76 deg. de R., la liqueur du thermomètre monta, dans une expérience, de 45 divifions. Rempliffant enfuite le vafe cubique de glace qui maintenoit la température à zéro, la liqueur defcendit de 12 divifions : or, 12 eft à 16 dans le même rapport que 45 à 60 ; ce dernier nombre exprimant la différence entre la température du vafe 76 & celle de la chambre 16.

APPAREIL DE ROBERTSON ; inftrumentum Robertficum ; *luffifche zubereitung von Robertfon.* Flacons deftinés à recueillir de l'air atmofphérique lorfque l'on s'élève dans l'atmofphère à l'aide des ballons.

Cet *appareil* fe compofe d'une boîte contenant douze flacons fermés par des robinets de fer. Le vide s'y forme au moyen du mercure. Chaque flacon porte un numéro, afin de pouvoir infcrire à quelle époque a été pris l'air qu'il contient

Il eft effentiel de conftruire les robinets avec foin, & ils doivent être maftiqués & fermés de manière à ne donner aucun accès à l'air atmofphérique lorfque le vide eft formé. On fait le vide de Toricelli en rempliffant le flacon de mercure très-pur, & viffant fur le robinet un tube du baromètre, que l'on remplit également de mercure ; le tout eft enfuite renverfé fur une cuvette pour former le vide.

APPAREIL DE RUMFORT *pour le calorique* ; inftrumentum Rumforticum pro calore ; *calorifche zubereitung von Rumfort.* Inftrumens dont Rumfort faifoit ufage dans fes expériences fur le calorique.

Cet *appareil* fe compofe d'un thermomètre à air très-fenfible, auquel il donne le nom de *thermofcope,* de plufieurs cylindres de métal, de plufieurs fphères, d'un cornet poli & de miroirs métalliques concaves.

Le thermoſcope eſt compoſé de deux boules de verre A B, *fig.* 228 ; communiquant enſemble par un tube recourbé. Dans le milieu *a* du tube eſt une bulle de liquide coloré. Les boules & les tubes ſont pleins d'air, à l'exception de l'eſpace que contient la bulle de liquide. Lorſque l'on préſente un corps chaud à l'une des boules, l'air s'échauffe, ſon reſſort augmente, & la bulle de liquide eſt chaſſée vers la boule oppoſée. (*Voyez* THERMOSCOPE.) Souvent on place entre les deux boules un écran de bois couvert de feuilles métalliques pour intercepter la chaleur que l'on dirige ſur l'une des boules, & empêcher qu'elle ne parvienne à l'autre.

Ordinairement les cylindres ſont de laiton ; ils ont 3 pouces de diamètre ſur 4 pouces de hauteur, A, *fig.* 227. Une douille eſt fixée ſur le plan inférieur pour les placer ſur un pied B. Un orifice d'un demi-pouce ſur un pouce de diamètre ſervant à introduire un thermomètre C dans l'intérieur, eſt placé ſur la ſurface ſupérieure ; on adapte à cet orifice un couvercle qui traverſe le thermomètre.

Quant aux ſphères, elles ſont creuſes ; elles ont également un orifice ſur la partie ſupérieure pour y introduire un thermomètre ; les unes ſont fixées ſur un pied par le moyen d'une douille, les autres ſont ſuſpendues par des fils de ſoie.

Le cornet & le miroir ſervent de réflecteurs au calorique rayonnant ; le premier eſt un cône tronqué poli intérieurement ; le ſecond eſt un ſegment de ſphère : le ſavant américain s'eſt rarement ſervi de ces ſortes de réflecteurs.

Rumfort employoit ſes cylindres & ſes ſphères à deux objets diſtincts : 1°. pour connoître la loi de refroidiſſement des corps & la faculté des différentes ſubſtances pour faciliter le refroidiſſement ; 2°. pour déterminer les rapports de calorique rayonnant émis par chaque ſubſtance.

Pour déterminer la loi du refroidiſſement ou de l'échauffement des corps, Rumfort rempliſſoit ſes cylindres ou ſes ſphères d'un liquide très-chaud, ou d'un mélange frigorifique. Ces inſtrumens étoient placés dans un appartement dont l'air étoit tranquille & la température conſtante ; alors il obſervoit le temps écoulé pendant que le thermomètre baiſſoit ou s'élevoit de dix degrés F. ſucceſſifs du thermomètre, & il avoit par ce moyen la durée de refroidiſſement ou d'échauffement ſucceſſifs pour des températures égales.

Répétant les mêmes expériences ſur des liquides différens, expoſés dans les mêmes vaſes & dans des circonſtances égales, il déterminoit les rapports d'échauffement ou de refroidiſſement des différens liquides. (*Voyez* ECHAUFFEMENT & REFROIDISSEMENT.) Plaçant ſes liquides dans des vaſes égaux, mais qui différoient, ſoit par la nature de leur enveloppe, ſoit par leur couleur, ſoit enfin par leur poli, il déterminoit également l'influence de la matière, de la couleur & du poli par le refroi-

diſſement. La température d'un cylindre de laiton étant de 50 degrés F. plus élevée que celle de la chambre, le vaſe nu diminuoit de dix degrés de température en 55 minutes ; lorſque le cylindre étoit couvert d'une couche de vernis, il falloit 42′ pour diminuer la température de 10 deg., pour deux couches 35′ ¾, quatre couches 30′ ½, & huit couches 34′ ½.

Les cylindres pouvoient être placés verticalement ou horizontalement ; on les plaçoit horizontalement A, *fig.* 229, lorſque l'on vouloit meſurer les effets du calorique rayonnant.

Ainſi, en plaçant deux cylindres, A & B, à égale diſtance du thermoſcope C, l'un A rempli d'un liquide chaud, & l'autre B d'un liquide froid, tels que la température de A ſoit autant au-deſſus de l'appartement que la température de B le ſoit au-deſſous, les deux actions ſe détruiſoient mutuellement, & le thermoſcope n'indiquoit aucune variation de température.

Si les deux vaſes C & D, *fig.* 228, également éloignés des deux boules A B du thermoſcope, avoient la même température, ſoit que cette température fût égale, ſoit qu'elle fût plus grande ou plus petite que celle de l'appartement, l'inſtrument reſtoit également ſtationnaire.

Mais dès que, dans ces deux cas, tout étant égal d'ailleurs, les diſtances étoient inégales, ou que les faces étoient l'une polie & l'autre noircie, ou d'une ſubſtance quelconque, alors l'équilibre ceſſoit d'avoir lieu, & l'on voyoit la bulle ſe mouvoir dans la *fig.* 229, en s'éloignant de la boule lorſque l'excès de la chaleur étoit plus grand que celui du froid, & en s'approchant de la boule lorſque l'excès du froid étoit plus grand que celui de la chaleur. Dans la *fig.* 228, la bulle ſe mouvoit du côté où il y avoit moins de chaleur envoyée ; alors l'excès de la chaleur rayonnante ou du froid étoit meſuré par le nombre de degrés que la bulle parcouroit.

Quant au cône tronqué, il ſervoit à prouver qu'il y avoit réflexion de chaleur ou de froid. En effet, ayant placé à quelque diſtance du thermoſcope une ſphère de métal mince, remplie d'un mélange frigorifique, après quelque temps de ſéjour dans cette poſition, lorſque l'effet réfrigérant, dû à la préſence de ce corps à cette diſtance du thermoſcope, eut atteint ſon maximum, & que l'inſtrument fut ſtationnaire, on plaça bruſquement, entre celui-ci & le corps froid, le cône tronqué, la baſe répondant au corps froid & la tronquature au thermoſcope, en laiſſant de part & d'autre un intervalle de quelques pouces. Au bout de peu d'inſtans, la préſence du cône réflecteur parut augmenter l'effet frigorifique de la ſphère, préciſément comme cela auroit dû arriver, ſi le froid rayonnant eût été concentré par une ſuite de réflexion. En retournant le cornet, dirigeant la baſe du cône ſur le thermoſcope, & la tronquature fur le mélange frigorifique, l'effet devenoit prefqu'infenfible.

APPAREIL *pour démontrer les propriétés des* BALANCES : inftrumens avec lefquels on fait voir comment on doit conftruire des *balances* pour qu'elles foient exactes & qu'elles donnent avec juftefle le poids des corps que l'on veut pefer.

Dans le nombre des circonftances qui déterminent la juftefle & l'ufage facile d'une *balance*, on diftingue, 1°. la pofition du point de fufpenfion ; 2°. celle des corps à pefer ; 3°. la conftruction du fléau. Il exifte dans quelques cabinets des machines propres à faire connoître l'influence que ces caufes peuvent avoir ; & parmi ces machines, plus ou moins ingénieufes, nous allons en faire connoître quelques-unes.

Nous croyons inutile de faire remarquer que le point de fufpenfion du fléau ou l'axe du mouvement doit être fin & très-aigu, *a*, *fig.* 71 (*a*), afin qu'il puiffe être confidéré comme une ligne mathématique ; car, fon épaiffeur pouvant le faire porter fur différens points, la diftance du point de fufpenfion aux extrémités varieroit, & l'on obtiendroit une balance inexacte, à caufe de la variation des diftances du point-d'appui ; c'eft pourquoi cet axe a toujours la forme aiguë d'une lame de couteau : cet axe pofe fur un morceau d'acier trempé & bien plein, *b*, *fig.* 71 (*b*), que l'on fixe dans la chapé qui fupporte l'axe.

Pour prouver que l'axe du mouvement doit être placé à égale diftance des deux points de fufpenfion des plateaux, on fixe cet axe dans une boîte A, *fig.* 90, qui fe meut facilement fur le fléau, & que l'on peut y fixer par des vis ; alors, plaçant cet axe à égale diftance des points de fufpenfion des plateaux, on s'affure que deux poids égaux fe font équilibre. Si on le dérange quelque peu que ce foit, l'égalité ceffe, le poids le plus éloigné l'emporte auffitôt, & l'on ne peut rétablir l'équilibre qu'en ajoutant de nouveaux poids à celui qui eft placé dans le plateau le plus rapproché. En général, pour qu'il y ait équilibre, il faut que l'on ait D, diftance du point de fufpenfion de l'axe des plateaux au plan vertical B C, qui paffe par l'axe du mouvement, multiplié par le poids P, placé dans le plateau qui lui correfpond, égal à *d*, diftance du point de fufpenfion de l'autre extrémité au plan vertical B C, qui paffe par l'axe du mouvement multiplié par le poids *p* placé dans le plateau de la balance, c'eft-à-dire, que l'on ait $DP = dp$.

Si l'on vouloit pefer un corps avec une balance dont l'axe du mouvement feroit à des diftances inégales des points de fufpenfion des plateaux, & fi diverfes circonftances empêchoient de mefurer ces diftances, on pourroit, en plaçant le corps *x* dans l'un des plateaux, & cherchant quel poids P lui fait équilibre dans l'autre plateau, puis plaçant le corps *x* dans l'autre plateau, & cherchant quel

poids *p* lui fait équilibre, déterminer facilement le poids du corps.

Faifant les longueurs des deux bras de levier *y* & *z*, c'eft-à-dire, *y* la longueur B C du bras de levier du plateau qui fupporte le poids P, & *z* celle du bras de levier du plateau qui fupporte le poids *p*, on auroit $zx = yp$, & $yx = zp$, de-là $x^2 yz = Ppyz$ ou $x^2 = Pp$ & $x = \sqrt{Pp}$.

On peut placer l'axe du mouvement à égale diftance des points de fufpenfion des plateaux, en les mettant fur tous les points du plan verrical qui paffe par le centre de l'axe, lorfque ce plan divife le fléau en deux parties égales ; mais de tous ces points, quels font ceux qui font les plus favorables ? On feroit porté à croire que ce feroit les deux points qui paffent par le plan horizontal qui toucheroit les deux points de fufpenfion. Pour vérifier cette fuppofition, on conftruit ordinairement un fléau large & plat A C B D, *fig.* 78 ; le fléau eft percé dans fon milieu d'une rainure E F, dans laquelle peut glifler l'axe de fufpenfion G, de manière qu'il fe trouve toujours à égale diftance des extrémités A B ; alors, en faifant glifler l'axe & le changeant de pofition, on obferve :

1°. Que l'axe, placé dans la droite qui paffe par les deux points de fufpenfion des fléaux, conferve l'équilibre dans toutes les pofitions où le fléau fe trouve, car dans toutes fes pofitions on a, *fig.* 75, $C H \times P = C H \times P$ & $ih \times P = ih \times P$.

2°. Lorfque l'axe eft au-deffous de la droite qui pofe par les deux points de fufpenfion, le plus petit dérangement de la pofition horizontale dérange l'équilibre & le mouvement, parce que le bras de levier C B, *fig.* 91, s'écarte de plus en plus de la verticale, en defcendant de B en E, tandis que le bras A B s'en rapproche continuellement ; & comme il eft impoffible de fixer mathématiquement & pendant quelque temps les deux points A & B dans une horizontalité parfaite, il s'enfuit que la balance ne peut maintenir l'équilibre avec des poids égaux, & à plus forte raifon avec des poids inégaux ; alors cette balance, qui ne peut être d'aucun ufage, eft dite *folie*.

3°. En plaçant l'axe de mouvement au-deffus de la ligne droite menée par les deux points de fufpenfion des plateaux, la balance peut refter en repos avec divers poids, mais fous des obliquités différentes : ainfi, en plaçant à l'extrémité B, *fig.* 92, un poids un peu plus fort que celui qui eft placé à l'extrémité A, le point B baiffera & le point A s'élevera ; mais en s'abaiffant, la diftance du point de fufpenfion parcourant l'arc BFH, fe rapprochera continuellement du plan vertical G H, tandis que le point A s'en éloignera jufqu'à ce qu'il foit arrivé en D. Or, pendant tous ces mouvemens, il faudra augmenter le poids fufpendu à l'extrémité B, ou diminuer celui qui eft fufpendu à l'extrémité A : car fi les diftances primitives étoient D & *d* pour les points A & B, & les poids P & *p* pour les même points, on auroit d'abord $DP = dp$, & dans la pofition DCE, on auroit ($D + \vartheta$) $P = (d - \delta) (1 + \varpi)$; & ϖ feroit d'autant plus grand, que les diftances ($D + \vartheta$) — ($d - \delta$) feroient plus confidérables, c'eft-à-dire, que ϑ & δ feroient plus grands.

Par la raifon qu'il eft néceffaire que la pofition de l'axe de mouvement foit fixée, afin de conferver l'égalité de diftance aux points de fufpenfion des plateaux, il faut que ceux-ci foient également fixés & foient taillés en couteau, très - aigus, pour que la droite de fufpenfion foit conftante. On prouve cette vérité par le moyen d'un fléau qui a, à une de fes extrémités, un point de fufpenfion fixe, & à l'autre un point de fufpenfion variable; en-rapprochant le fecond, on voit qu'il lui faut un plus grand poids pour faire équilibre, & qu'il lui en faut au contraire un plus petit lorfqu'on l'éloigne.

Habituellement ces fufpenfions fe font de deux manières : 1°. on courbe l'extrémité d'un fléau en arc de cercle, *fig.* 76 (*'*), on y perce un trou & l'on aiguife la partie qui doit porter le crochet qui fufpend le plateau; 2°. lorfque les balances doivent avoir plus d'exactitude, on fixe un axe à leur extrémité, *fig.* 76 (*a*); cet axe porte la chape circulaire qui fufpend le plateau; dans la partie fupérieure de cette chape eft un morceau d'acier trempé *b*, bien dur & bien dreffé, pour que le mouvement foit plus libre.

Quant à la conftruction du fléau, il eft néceffaire que toutes fes parties, à commencer de l'axe de mouvement, foient égales & de même matière, afin que fon centre de gravité fe trouve dans le plan vertical qui paffe par l'axe, & un peu au-deffous. Lorfque les deux extrémités font différentes, comme dans le fléau *fig.* 90, dont une moitié peut être en or & l'autre moitié en fer, la denfité de l'or étant de 19,5, lorfque celle du fer eft de 7,8, il s'enfuit qu'en fuppofant les deux côtés bien égaux en longueur & en épaiffeur, il faudra ajouter un poids dans le plateau fufpendu à l'extrémité de la partie conftruite en fer, pour faire équilibre à l'excès du poids de l'or.

De même, fi les deux extrémités du fléau, fabriqué avec une matière homogène, avoient des groffeurs différentes, le plus mince, dont le poids eft plus foible, devroit, pour établir l'équilibre, fupporter un poids plus confidérable.

Au refte, de toutes les précautions, les plus effentielles font les placemens & les formes des axes de mouvement & des axes de fufpenfion des plateaux.

APPAREILS TEYLÉRIENS ; inftrumentum teylerianum; *zubereitung von Teyler*. Différens *appareils* nouveaux ou perfectionnés dans le Muféum de Teyler à Harlem.

Le principal *appareil* eft la grande machine électrique avec laquelle on a répété un grand nombre d'expériences, & avec laquelle on en a exécuté

de nouvelles qui ont contribué aux progrès de la phyfique. Les autres *appareils* nouveaux fe compofent : 1°. de gazomètres inventés par Van-Marum; 2°. d'un *appareil* pour la formation de l'acide phofphorique & pour la combuftion du phofphore ; 3°. d'un *appareil* pour déterminer la compofition de l'acide carbonique par la combuftion du charbon, à l'aide de l'oxigène ; 4°. d'un *appareil* pour la combuftion des huiles, & pour déterminer leur compofition d'après cette combuftion ; 5°. d'un *appareil* pour décompofer l'alcool par l'action de la chaleur & des métaux ; 6°. d'un *appareil* propre à démontrer, dans un cours public, l'oxidation du mercure, du plomb, de l'étain & de tous les métaux qui fe fondent à une foible température ; 7°. d'un *appareil* pour opérer facilement la combuftion du fer dans le gaz oxigène, à la manière d'Ingenhoufz ; 8°. d'un *appareil* pour démontrer le paffage des liquides en fluide élaftique ; 9°. enfin, une machine pneumatique perfectionnée, qui peut raréfier l'air à un plus haut degré que les pompes ordinaires.

Tous ces *appareils* font décrits dans un ouvrage publié par Van-Marum, ayant pour titre : *Defcription de quelques appareils nouveaux ou perfectionnés de la fondation teylérienne, & des expériences faites avec ces appareils*. Un extrait de cet ouvrage a été publié dans le 30ᵉ volume des *Annales de Chimie*, page 312.

APPROXIMATION ; approximatio ; *approximation* ; f. f. Opération par laquelle on approche toujours de plus en plus près d'une racine ou d'une quantité que l'on cherche, & que l'on ne peut trouver exactement.

ARATE : poids de Portugal en ufage à Goa. *Voyez* ARROBE.

ARCHÉE ; αρχη ; archeus ; *archée*. Feu central auquel on rapporte la chaleur de la terre, la végétation, la minéralifation, &c. *Voyez* CHALEUR DE LA TERRE, CHALEUR CENTRALE.

ARDONES ; αρδο ; ardo ; *ardon*. Eaux qui s'écoulent des prés fans qu'on les voie.

ARE, d'area, *furface*. Nouvelle mefure de fuperficie dont la furface eft de 100 mètres carrés. *Voyez* MÈTRE.

L'*are* eft deftiné à mefurer les petits terrains, comme prés, jardins, &c. Il remplace en France la perche carrée. Sa furface eft de 9,7,7 pieds carrés, donc environ 2 perches carrées & 22 pieds.

AREB : monnoie de compte dont on fe fert dans les Etats du Grand-Mogol. Quatre *arebs* font un crou ; un crou 100 lacks ; un lack 100,000 roupies. *Voyez* ROUPIE.

ARÉOMÈTRE ;

ARÉOMÈTRE ; ἀραιος-μικρον ; areometrum ; *areometer ;* fub. maf. Inftrument qui fert à mefurer la denfité ou la pefanteur fpécifique des liquides & des folides.

Cet inftrument ayant déjà été décrit très-longuement & avec beaucoup de détail au mot ARÉOMÈTRE, nous n'allons indiquer ici que quelques additions qui réfultent des découvertes qui ont eu lieu depuis l'impreffion du premier volume.

ARÉOMÈTRE DE BAUMÉ ; areometrum Baumeum ; *aerometer von Baume.* L'abbé Bertholon a parlé de la conftruction de cet *aréomètre* page 260 du premier volume du *Dictionnaire de Phyfique ;* mais il diffère fur les principes de la conftruction de cet inftrument , avec les détails que Baumé en a donné lui-même dans l'*Avant-Coureur,* année 1768, nᵒˢ. 45, 50, 51 & 52, & année 1769, nᵒ. 2. Comme Bertholon n'indique pas les fources où il a pris fes détails , il nous eft impoffible de connoître la caufe de cette différence.

Voici en quoi ces différences confiftent : Bertholon fuppofe que le zéro de l'inftrument fe prend dans l'eau diftillée à une température déterminée, & que, pour avoir le fecond terme, Baumé diffolvoit 15 parties de fel dans 85 d'eau ; qu'il plongeoit l'inftrument dans cette diffolution, marquoit le point d'enfoncement de la tige , & divifoit l'efpace entre ces deux points en 30 parties égales ; enfin, que les mêmes divifions étoient portées au-deffus du point o pour la graduation des liqueurs fpiritueufes , & au-deffous pour la graduation des fels.

Baumé dit dans l'*Avant-Coureur,* que, pour les liqueurs fpiritueufes, il plonge fon inftrument dans la diffolution d'une partie de fel dans neuf d'eau, & qu'il marque zéro au point où la tige s'enfonce ; qu'il plonge enfuite l'inftrument dans l'eau très-pure, ce qui lui donne le dixième degré ; qu'il divife l'intervalle qui fépare ces deux termes en dix parties égales, & qu'il continue cette divifion fur le refte de la longueur de la tige qui doit marquer 50 degrés.

Son *aréomètre* pour les fels fe divife de la même manière, c'eft-à dire, qu'il plonge d'abord l'inftrument dans l'eau diftillée, puis dans une diffolution de fel à un dixième ; mais ici il marque zéro à l'eau diftillée & dix dans la diffolution falée : l'efpace eft divifé en dix parties égales, & la divifion continuée par en bas.

Ces deux *aréomètres* font préparés & leftés de manière que celui qui eft deftiné aux liqueurs fpiritueufes ne s'enfonce dans la diffolution faline que jufqu'à la naiffance de la tige, afin que, tout entière hors de l'eau, elle puiffe s'enfoncer dans des liqueurs d'une très-foible denfité. L'*aréomètre* pour les fels ou pour les acides doit, au contraire, s'enfoncer entièrement dans l'eau diftillée, de manière qu'il ne refte qu'une très-petite partie de fon tube hors de l'eau : alors il peut

Dict. de Phyf. Tome II.

fervir à mefurer des liquides qui aient une grande denfité.

Nicholfon a comparé la graduation de l'*aréomètre de Baumé* avec les denfités qui leur correfpondent, & il a dreffé une table de la graduation & des denfités correfpondantes (1), d'abord pour les liqueurs fpiritueufes, enfuite pour les fels.

Il a fait ufage de quelques expériences que Baumé a publiées fur les degrés de quelques mélanges d'eau & d'efprit de vin, qu'il a comparées aux expériences de Blagden & de Gilpin.

L'alcool employé par Baumé pour former les différens mélanges d'efprit de vin & d'eau pure, donnoit 37 degrés à la température de la glace ; & fon volume, comparé à celui d'un poids égal d'eau, étoit dans le rapport de 35 $\frac{5}{7}$ à 30 (2), ce qui répond à peu près à une pefanteur fpécifique de 0,842. L'alcool, avec trente parties d'eau pure, donne, à la température de la glace, 12 degrés à l'*aréomètre.* Le mélange contenoit par conféquent 6 $\frac{1}{4}$ de la liqueur de l'épreuve de Blagden fur 100 d'eau ; &, fuivant les excellentes tables de Gilpin (3), fa pefanteur fpécifique devoit être de 0,9915. Mais on voit par ces mêmes tables, qu'à 10 degrés de Réaumur, ou 55 de Fahrenheit, les pefanteurs fpécifiques 0,842 & 0,9915 reviennent à 0,832 & 0,9905 ; ayant deux pefanteurs fpécifiques correfpondantes aux degrés 12 & 37 de l'*aréomètre.* Nicholfon a conftruit la table fuivante.

Aréomètre de Baumé pour les corps ardens, à la température de 10 degrés de Réaumur.

Degrés.	Pefanteur fpécif.	Degrés.	Pefanteur fpécif.
10	1,000	26	0,892
11	0,990	27	0,886
12	0,985	28	0,880
13	0,977	29	0,874
14	0,970	30	0,867
15	0,963	31	0,861
16	0,955	32	0,856
17	0,949	33	0,852
18	0,942	34	0,847
19	0,935	35	0,842
20	0,928	36	0,837
21	0,922	37	0,832
22	0,915	38	0,827
23	0,909	39	0,822
24	0,903	40	0,817
25	0,897		

Pour les *aréomètres* des fels, deftinés à mefurer la denfité des fluides qui excèdent celle de l'eau pure, Nicholfon ne regarde pas les diffolutions de fel commun comme pouvant donner des poids

(1) *Annales de Chimie,* tom. XXIII, pag. 183.
(2) *Elémens de Pharmacie,* 5ᵉ. édition, pag. 410.
(3) *Tranfactions philofophiques* pour 1794.

I

fixes d'une exactitude fuffifante, parce que le plus ou le moins de pureté, de deffication, une criftallifation plus ou moins rapide, ne peuvent manquer d'apporter des différences dont la répétition affecte très-fenfiblement les degrés éloignés : en conféquence, il aime mieux fuppofer que tous les inftrumens qui portent le nom de Baumé ont été réglés fous fes yeux avec les mêmes folutions falines, & fe fervir de fes propres expériences pour en déduire les pefanteurs fpécifiques correfpondantes à fa graduation. Il lui manquoit cependant une évaluation affez exacte de quelques degrés de l'échelle ; il les fupplée par une obfervation de Guyton de Morveau (1), que le 66e. degré de ce pèfe-liqueur revenoit à peu près à 1,846 de pefanteur fpécifique. Nicholfon ne dit rien de la manière dont il a opéré par les degrés intermédiaires.

Aréomètre de Baumé pour les fels, à la température de 10 deg. de Réaumur.

Degrés.	Pefanteur fpécif.	Degrés.	Pefanteur fpécif.
0	1,000	39	1,373
3	1,020	42	1,414
6	1,040	45	1,455
9	1,064	48	1,500
12	1,089	51	1,547
15	1,104	54	1,594
18	1,140	57	1,650
21	1,170	60	1,717
24	1,200	63	1,779
27	1,230	66	1,848
30	1,261	69	1,920
33	1,295	72	2,000
36	1,333		

Guyton de Morveau ayant fuppofé que Nicholfon avoit déterminé les degrés intermédiaires des deux *aréomètres de Baumé* par le moyen d'une courbe, Hatchett a cherché à déterminer la nature de cette courbe.

« La courbe dont vous parlez, dit ce favant (2), étant rapportée à deux axes rectangulaires, chacune de fes parties a pour abfciffe un certain nombre de degrés de l'*aréomètre de Baumé*, & pour ordonnée la pefanteur fpécifique correfpondante. Par le calcul qui fuit, on verra que cette courbe eft une hyperbole, & que fon équation donne une pefanteur fpécifique quelconque, & le nombre de degrés qui y correfpond ; en forte que, l'une de ces deux chofes étant connue, l'autre le fera néceffairement.

» En effet, foit, *fig.* 93, un *aréomètre de Baumé* plongé dans deux liquides de pefanteur fpécifique connue : il s'enfonce dans l'un jufqu'à $n' p'$, &

dans l'autre jufqu'à $n'' p''$, qu'on nomme la pefanteur fpécifique correfpondante n', n'' ; la pefanteur fpécifique d'un liquide quelconque p, & le nombre de l'*aréomètre* qui y correfpond n ; le volume A $n' p'$ de la partie de l'inftrument plongée dans le premier liquide $= V$, le volume de 1 deg. de l'aréomètre $= v$.

» Alors le volume A $n'' p''$ de la partie de l'*aréomètre* plongée dans le deuxième liquide fera $V + (n'' p'') v$.

» Or, ces deux volumes A $n' p'$ à A $n'' p''$, font en raifon inverfe de pefanteur fpécifique p', p''. On a donc la proportion : $V : V + (n'' - n') v = p'' : p'$, d'où l'on tire $v = \dfrac{V (p' - p'')}{p'' (n'' - n')}$.

» De même, ces deux volumes A $n' p'$, A $n p$, font en raifon inverfe des pefanteurs fpécifiques p', p, ce qui donne encore $\dfrac{V (p' - p)}{p (n - n')} = v$.

» Egalant ces deux valeurs de v, on obtient $d = \dfrac{p' p'' (n'' - n')}{p'' n'' - p' n' - n (p'' p')}$.

» Regardant, dans cette équation, n & p comme l'abfciffe & l'ordonnée d'un point, elles deviennent celle de la courbe propofée par Guyton, qui eft évidemment une hyperbole rapportée à fes afymptotes. »

ARÉOMÈTRE DE NICHOLSON ; areometrum Nicholfoneum ; *areometer von Nicholfon.* L'abbé Bertholon a décrit (1) l'*aréomètre* de Fahrenheit, qui confifte en un gros tube de verre, *fig* 265, lefté dans la partie inférieure par une ampoule pleine de mercure, & furmonté d'une tige très-mince, fur laquelle eft placée une petite cuvette. Une trace fine, mais imperceptible, eft marquée fur le fil de cet inftrument : pour s'en fervir, on pèfe l'inftrument, on le place dans l'eau diftillée, & l'on charge de poids la petite cuvette, jufqu'à ce que l'inftrument plonge de manière que la furface de l'eau correfponde exactement à la marque de la tige. Pour connoître la denfité d'un liquide, on y plonge également l'*aréomètre*, & l'on charge la cuvette jufqu'à ce que la marque de la tige foit au niveau du liquide : alors, foit P le poids de l'inftrument, p le poids ajouté dans la cuvette pour l'enfoncer dans l'eau diftillée, jufqu'à la marque de la tige, p' le poids ajouté pour l'enfoncer dans la liqueur jufqu'à la même marque ; on aura $P + p$ pour le poids d'eau diftillée déplacée par l'*aréomètre*, & $P + p'$ pour celui du liquide déplacé par l'inftrument. Comme les denfités font proportionnelles aux poids des mêmes volumes des corps, & que l'*aréomètre* déplace le même volume de liquide dans les deux circonftances, fi D eft la denfité de l'eau diftillée, & d celle du liquide, on

(1) *Dictionnaire de Chimie* de l'Encyclopédie, tom. I, pag. 360.
(2) *Annales de Chimie*, tom. XXIV, pag. 333.

(1) *Dictionnaire de Phyfique* de l'Encyclopédie, tom. I, pag. 259.

$P + p : P + p' = D : d$, d'où l'on tire $d = D \dfrac{P + p'}{P + p}$.

L'*aréomètre de Nicholson* est un perfectionnement de l'*aréomètre* de Fahrenheit : son usage est plus général, en ce que l'instrument peut à la fois servir de balance ordinaire pour peser les corps dans l'air, de balance hydrostatique pour prendre la pesanteur spécifique des solides, & d'*aréomètre* ordinaire pour prendre la pesanteur spécifique des liquides.

On le construit habituellement en fer-blanc verni, pour le préserver de l'action de l'eau & d'un grand nombre de liquides : on pourroit également le construire en verre pour pouvoir le plonger dans les acides.

Sa forme est un cylindre A, *fig.* 94, terminé à ses deux extrémités par les cônes B, E. Sur le sommet du cône supérieur E, est fixé un petit fil *o*, dans la prolongation de l'axe du cylindre : ce fil porte, à son extrémité, une cuvette C ; sur le milieu de la tige est marqué un trait *o*, qui indique l'effleurement du liquide Au sommet du cône inférieur E, est suspendu un cône rempli de plomb B, pour lester l'instrument, afin qu'il puisse se tenir dans l'eau dans une position verticale, en plaçant son centre de gravité au-dessous, & à une assez grande distance de son centre de volume.

Cet instrument ne diffère de l'*aréomètre* de Fahrenheit que par son volume, qui est plus considérable, & par la forme & la position du lesteur qui peut recevoir & contenir des corps, afin de pouvoir les plonger dans l'eau & les peser dans cette situation.

Examinons successivement les diverses opérations que l'on peut exécuter avec cet instrument.

Veut-on prendre le poids d'un corps, & se servir de l'instrument comme d'une balance, on plonge l'*aréomètre* dans un liquide : on charge la cuvette supérieure avec des poids, jusqu'à ce que l'instrument, en s'enfonçant dans le liquide, parvienne à la ligne de flottaison, c'est-à-dire, que le point *o* de la tige soit au niveau de la surface de l'eau ; on retire les poids, on place sur la cuvette le corps à peser, on y ajoute des poids nouveaux, jusqu'à ce que la tige, en s'enfonçant, parvienne à la ligne de flottaison. De la somme des poids P, employés pour charger l'instrument vide, on retranche la somme des poids *p*, employés pour charger l'instrument avec le corps à peser, & la différence des deux poids $P - p = \pi$ est le poids du corps.

Pour prendre la pesanteur spécifique d'un solide, & se servir de l'instrument comme d'une balance hydrostatique, on plonge d'abord l'*aréomètre* dans de l'eau distillée, à la température où la pesanteur spécifique doit être prise : on pèse le corps dans l'air comme on vient de l'indiquer, & l'on a $P - p = \pi$, poids du corps dans l'air.

Après quoi on place sur le cône inférieur B,

qui sert de lest, le corps que l'on veut peser dans l'eau ; on ajoute sur la cuvette supérieure des poids, jusqu'à ce que l'instrument descende à la ligne de flottaison. Si P est la somme des poids qu'il faut ajouter dans la cuvette pour faire descendre dans l'eau distillée l'*aréomètre* vide, jusqu'à la ligne de flottaison, & que p' soit le poids qu'il faille ajouter pour faire descendre également, à la ligne de flottaison, l'*aréomètre* chargé du corps plongé dans l'eau, le poids du corps dans l'eau sera $P - p' = \varpi$, & le poids du volume d'eau déplacé par le corps devant être le poids du corps dans l'air, moins le poids du corps dans l'eau, sera $P - p - P + p' = \pi - \varpi = p' - p$.

De-là on déduit la densité du corps par cette proportion $\Pi : \pi - \varpi = d : D$, ou mieux $P - p : p' - p = d : D$; d'où l'on tirera

$$d = D \frac{P - p}{p' - p} = D \frac{\Pi}{\pi - \varpi}.$$

Mettons des valeurs, afin de présenter un exemple aux personnes qui ne sont pas habituées à ces sortes d'opérations. Soit 20 grammes le poids que l'on doit ajouter dans la cuvette pour plonger l'*aréomètre* dans l'eau distillée, jusqu'à la ligne de flottaison ; soit 14 gr. celui que l'on ajoute avec le corps, lorsqu'il est placé sur la cuvette supérieure, le poids du corps dans l'air, $= 20 - 14 = 6$ gram. ; soit 16g.,54 le poids ajouté au corps plongé dans l'eau ; le poids du corps dans l'eau, $= 20$g. $- 16$g.,54 $= 3$g.,46, & le poids de l'eau déplacée deviendra 6g. $- 3$g.,46 $= 2$g.,54 : on aura la proportion $6 : 2,54 = d : D$, d'où $d = D \frac{6}{2,54}$ $(2,362.)$; & si l'on suppose la densité de l'eau distillée $= 1$, la densité du corps $d = 2,362$.

Si le corps dont on veut obtenir la densité étoit plus léger spécifiquement que l'eau, il faudroit pouvoir le retenir sur le cône inférieur, soit en l'attachant avec un fil, soit en le retenant avec un treillage de fil métallique. Supposons, dans ce cas, que le poids du corps dans l'air $= 20 - 14 = 6$, & celui du corps dans l'eau $20 - 21 = -1$, le poids de l'eau déplacée seroit $= 6 + 1 = 7$, & la densité du corps $= d = D\frac{6}{7} = D$ $(0,857) = 0,857$.

Quelques corps ont comme le grès, l'hydrophane, les bois, la propriété de s'imbiber d'eau, ce que l'on reconnoît par l'augmentation de poids que ces corps acquièrent peu à peu dans l'eau, & par l'enfoncement lent de l'*aréomètre* lorsque le corps est placé sur le cône inférieur qui sert de lest ; il faut, dans ce cas, laisser le corps dans l'eau jusqu'à ce que l'instrument reste stationnaire, & prendre ensuite sa pesanteur spécifique. Pour connoître la différence des deux pesanteurs spécifiques des corps avant & après l'imbibition, on pourroit la déterminer en essuyant le corps au sortir de l'eau, & le pesant immédiatement après : comparant ce poids à celui du corps sec, on détermineroit la quantité d'eau dont il a été pénétré, & qui a augmenté son poids dans l'eau ; retranchant ce poids de la pefanteur de l'eau, on auroit la denfité avant l'imbibition.

Rarement on trouve, en voyageant, de l'eau diftillée pour pouvoir prendre exactement la den-fité des corps dont on a befoin, & l'on fe trouve par-là obligé de fe fervir de l'eau que l'on rencontre. Il eft facile, dans cette circonftance, de déterminer la pefanteur fpécifique du corps : il fuffit pour cela de connoître celle du liquide que l'on emploie ; mais pour avoir là denfité du liquide, il eft néceffaire de déterminer préalablement le poids de l'inftrument, & celui des corps dont on eft obligé de charger la cuvette, pour l'enfoncer jufqu'à la ligne de flottaifon dans de l'eau diftillée à la température où l'expérience doit fe faire.

Ainfi, fuppofons le poids de l'*aréomètre* de 160 gram., celui des poids néceffaires pour l'enfoncer jufqu'à la ligne de flottaifon dans l'eau diftillée, à 14 d. centigrades de température, égal 20, le volume de l'eau diftillée à cette température, déplacé par l'inftrument, fera de 180 gram. Suppofons qu'il faille 21g.,22 pour enfoncer l'inftrument jufqu'à la ligne de flottaifon dans l'eau dont on fe fert, & que fa température foit également de 14 d. centigrades, la denfité de cette eau = d, fera à celle de l'eau diftillée = D, comme 181,22 : 180,00 ; d'où il fuit que la denfité du liquide fera $d = \frac{181,22}{180,00} = 1,0068$.

Maintenant, fi le corps pefé dans l'air 21g.,22 — 13g.,87 = 7g.,35, & dans l'eau 21g.,22 — 15g.,49 = 5g.,73, la différence fera de 7g.,35 — 5g.,73 = 1g,62, & la denfité $d = D \frac{7g.35}{1g.62} = 1,0068 \frac{7g.35}{1g.62} = 4,5678$.

On voit, d'après ce. exemples, quel avantage l'*aréomètre de Nicholfon* doit avoir fur tous les aréomètres ordinaires, & combien il doit être précieux pour les minéralogiftes & pour tous les favans qui voyagent.

ARÉOMÈTRE POUR LES ACIDES ; areometrum acidicum ; *areometer für die faueren.* Inftrument pour déterminer le degré de concentration des acides, c'eft-à-dire, la proportion d'acide réel ou d'acide à un degré donné que contient celui que l'on effaie.

Baumé, Vallet, Caffebois & beaucoup d'autres ont fait des *aréomètres* pour les acides; mais ces inftrumens, dont les degrés étoient divifés en parties égales fur les tiges, & dont les points extrêmes étoient déterminés, foit par des diffolutions de fel marin, foit par toute autre méthode indépendante de la nature & de la compofition des acides, pouvoient bien faire diftinguer deux acides femblables, mais ne pouvoient pas faire apprécier quelle diftance exiftoit entre deux acides qui avoient des degrés différens.

Il a été facile, comme on l'a vu en parlant de l'*aréomètre* de Baumé, d'indiquer à quelle pefanteur fpécifique correfpond chaque degré de la tige de l'inftrument divifé en parties égales ; il eft également facile de graduer, ainfi que l'a fait Briffon (1), la tige d'un *aréomètre* de manière à ce qu'il indique des pefanteurs fpécifiques ; mais ni les tables de denfités correfpondantes aux graduations en parties égales, ni la graduation en divifions qui indiquent les denfités, ne peuvent faire connoître la force réelle des acides. Il faut, pour graduer un *aréomètre à acide*, que fa graduation fe déduife de l'expérience, c'eft-à-dire, en plongeant l'inftrument dans des combinaifons données d'acide très-fort & d'eau, ou d'après la loi qui réfulte de ces combinaifons, après avoir fixé deux termes extrêmes fur la tige de l'inftrument.

Si l'acide & l'eau fe mélangeoient fimplement, & que la denfité fût une moyenne déduite des poids & des denfités des deux fubftances, il feroit facile de déterminer la loi que la graduation doit fuivre ; mais lorfque l'on mêle de l'eau & de l'acide, ces deux fubftances fe combinent, de la chaleur fe dégage, & le volume réfultant eft moindre que la fomme des deux volumes.

Ainfi, pour graduer exactement un *aréomètre pour les acides*, il faut d'abord déterminer l'acide étalon dont on fera ufage ; puis combiner cet acide avec des proportions d'eau différentes, & plonger fon *aréomètre* dans toutes les combinaifons ; marquer fur la tige l'interfection de la furface des liquides, & tracer le numéro correfpondant aux proportions du mélange.

Comme cette manière de graduer les *aréomètres à acides*, quoique fimple, deviendroit très-difficile, à caufe des variations que pourroient préfenter les combinaifons qui n'auroient pas été faites avec affez de foin, on pouroit faire d'abord, avec tout le foin que de femblables expériences exigent, les combinaifons des proportions d'acide & d'eau, puis prendre les denfités de toutes ces combinaifons à une température donnée, & dreffer une table des denfités comparées aux proportions des acides étalons & de l'eau.

Plufieurs chimiftes diftingués, parmi lefquels font Kirwan & Davy, ont cherché à déterminer, par l'expérience, les pefanteurs fpécifiques des différentes combinaifons d'acide & d'eau. Comme nous avons auffi, de notre côté, un grand nombre d'expériences femblables, & que celles de Kirwan & de Davy fe trouvent dans tous les ouvrages de chimie, & notamment dans le Dictionnaire de Klaproth, nous nous contenterons de rapporter ici les réfultats de nos propres expériences fur les acides muriatique, nitrique & fulfurique. On verra, en les comparant à celles de Kirwan & de Davy, les différences qu'elles peuvent préfenter.

Nous obferverons que toutes nos pefanteurs fpé-

(1) *Dictionnaire de Phyfique* de l'Encyclopédie, tom. I, Pag. 26.

cifiques ont été prifes à une température conftante de 12 degrés de Réaumur ; que les flacons contenant les combinaifons avoient été expofés pendant plufieurs heures à cette température ; que l'*aréomètre* dont nous nous fommes fervis déplaçoit 2854,42 grains d'eau diftillée.

Que notre acide muriatique avoit été formé en combinant du gaz acide muriatique-très-fec dans un poids donné d'eau diftillée, & que nous avons conclu la quantité d'acide combinée d'après l'augmentation du poids dè l'eau. Nos expériences fur l'acide nitrique ont été faites fur des combinaifons d'eau & de plufieurs acides concentrés qui avoient été obtenus par l'illuftre Lavoifier, en formant fur l'eau, dans des vafes fermés, des combinaifons de gaz nitreux & de gaz oxigène : il regardoit comme acide réel la combinaifon des deux gaz, & nous avons déterminé la proportion d'acide réel & d'eau dans l'acide principal que nous avons employé, par l'augmentation du poids de l'eau dans l'expérience. Parmi les acides principaux ainfi obtenus, il en exiftoit un qui contenoit 642 d'acide réel & 358 d'eau. Quant aux expériences fur l'acide fulfurique, nous avons fait ufage d'un acide fulfurique rectifié, dont la denfité étoit de 1880.

Voici le réfultat de nos expériences.

Acide nitrique.

L'acide principal contenoit : acide réel 422, eau 568.

Acide principal.	Eau.	Denfité.
1000	0	1,3321
1000	220,5	1,2729
1000	662,3	1,1964
1000	1105,2	1,1513
1000	1457,0	1,1321
1000	1806,4	1,0919
1000	10120,3	1,0303

Ces expériences ont été faites le 4 juin 1786, dans la matinée, thermomètre 12 deg.

Acide muriatique.

Acide principal.	Eau.	Denfité.
1000	0	inconn.
1000	1603,2	1,1951
1000	1668,8	1,1892
1000	3344,4	1,1168
1000	3546,1	1,1137
1000	3930,8	1,1038
1000	4156,2	1,0988
1000	5941,7	1,0726
1000	7501,8	1,0587
1000	10341,2	1,0466
1000	12836,0	1,0350
1000	22471,9	1,0224

Ces expériences ont été faites le 14 juin 1786, dans la matinée, baromètre 27 p 10 l., thermomètre 12 deg.

Acide fulfurique rectifié.

Acide principal.	Eau.	Denfité.
1000	0	1,880
1000	151,5	1,685
1000	666,8	1,484
1000	1010,3	1,402
1000	1150,5	1,365
1000	1822,5	1,278
1000	8451,3	1,049

Ces expériences ont été faites le 31 mai 1786, baromètre 28 p. 3 l., thermomètre 12. deg.

Après avoir réuni un nombre d'expériences affez confidérable fur les combinaifons des différentes proportions d'acide & d'eau, on peut trouver les pefanteurs fpécifiques de toutes les combinaifons intermédiaires de deux manières : 1°. en conftruifant une courbe dans laquelle les proportions d'acides réels ou concentrés formeroient les abfciffes, & les pefanteurs fpécifiques les ordonnées ; 2°. en déterminant l'équation de cette courbe par la méthode des interpolations. *Voyez* INTERPOLATION.

On peut également graduer le tube d'un *aréomètre pour les acides*, de manière à lui faire indiquer la quantité d'acide réel ou d'eau combinés dans l'acide éprouvé ; il faut, pour cela, préparer plufieurs combinaifons & y plonger un *aréomètre* ; marquer, pour chaque acide, la ligne de flottaifon, puis conftruire une courbe dont les proportions d'acide & d'eau formeroient les abfciffes, & la hauteur correfpondante du tube les ordonnées : alors on pourroit prendre fur cette courbe toutes les graduations correfpondantes à des proportions données d'acide & d'eau.

Cet inftrument, qui n'exige qu'un peu de foin, eft encore à faire ; mais il peut l'être très-facilement par des hommes foigneux & intelligens : il eft à craindre qu'il ne puiffe jamais être fabriqué par les perfonnes qui font les *aréomètres* ordinaires.

ARÉOMÈTRE POUR LES SELS ; areometrum falicum ; *aréometer für die falz*. Inftrument avec lequel on détermine la proportion d'un fel tenu en diffolution dans l'eau.

Parmi les *aréomètres* de Baumé, Vallet & Caffebois, il en eft qui font deftinés à indiquer le degré de concentration des diffolutions falines ; mais il n'en exifte encore aucun, à ce que nous croyons, qui foit deftiné à indiquer, d'une manière exacte, la proportion des fels diffous dans l'eau.

Si les fels étoient purs, s'ils étoient toujours au même degré de féchereffe, on pourroit conftruire facilement des *aréomètres* propres à indiquer la quantité ou la proportion de fel qui exifte dans une diffolution ; mais il eft rare que l'on trouve des fels purs, fi ces fels n'ont pas été obtenus de toute pièce, ou s'ils n'ont pas été purifiés avec tout le foin qu'une femblable opération exige.

Dans le cas où les fels feroient d'une compofition conftante, on pourroit conftruire des *aréomètres* en fuivant une méthode que nous avons
indiquée (1) pour la conftruction des *falinagrades*.
Voyez SALINAGRADE.

Mais dans les manufactures & dans les ufines
où l'on fabrique des fels, où on les fépare des
fubftances qui les contiennent, & où il eft néceffaire de connoître le point de concentration où
l'on doit arrêter l'évaporation, foit pour ajouter
à la diffolution les fubftances propres à compléter
le fel, comme dans les fulfates d'alumine, on
ajoute des fulfates alcalins pour former l'alun;
foit pour faire criftallifer les fels les moins folubles, & les féparer ainfi des autres fels avec lefquels ils font en diffolution, comme dans les mélanges de fulfate de fer & d'alumine, où l'on fait
criftallifer le premier, &c. : dans toutes ces mani-
pulations, un *aréomètre à fel*, groffier, comme
ceux de Baumé, Vallet, Caffebois, fuffit. La denfité que l'on prend fe compofe de la quantité &
de la proportion des fels diffous & de la température de la diffolution. La température peut être
appréciée à l'aide d'un thermomètre; mais les
quantités ou les proportions des différens fels ne
peuvent être connues que par l'analyfe. Ainfi il
fuffit d'avoir les denfités par approximation, pour
bien conduire ces fortes d'opérations.

Une confidération effentielle dans ces fortes
d'*aréomètres*, c'eft qu'ils foient conftruits avec
une fubftance qui foit peu fragile, afin que les
ouvriers puiffent les manier fans crainte, & qui
ne foit pas attaquable par les fels ou par les acides
libres qui peuvent exifter dans les diffolutions.
Voilà donc le fer, le cuivre, en quelque forte
exclus de la conftruction de ces *aréomètres*. Quant
aux autres métaux, le choix dépend de la nature
des fels que l'on traite.

Après avoir conftruit ces *aréomètres* & les avoir
leftés pour qu'ils fe tiennent perpendiculairement
dans les liquides, on détermine les deux points
conftans de la graduation que l'on veut employer,
afin que ces *aréomètres* foient comparables; on
lefte l'inftrument de manière qu'il s'enfonce dans
l'eau diftillée jufqu'à l'extrémité fupérieure de la
tige où l'on marque o; on le plonge enfuite, foit
dans une diffolution faline que l'on puiffe obtenir
partout de la même manière, foit dans une fubftance d'une denfité fupérieure à celle de l'eau, &
que l'on puiffe avoir partout à la même denfité,
& l'on marque le point d'enfoncement; on divife
l'efpace entre ces deux points en un nombre de
parties égales, convenues, & l'on continue cette
graduation jufqu'à l'extrémité fupérieure de la tige.

Tous les inftrumens dont la tige eft divifée en
parties égales, indiquent des degrés uniformes de
fubmerfion ou de volume de l'inftrument; & l'on
peut toujours rapporter ces degrés à des pefan-

teurs fpécifiques, lorfque l'on connoît les rapports,
qui exiftent entre les volumes des différens degrés
& la pefanteur fpécifique de l'un des degrés, ou
feulement lorfque l'on connoît la pefanteur fpécifique de deux degrés différens.

En effet, connoiffant le volume V; & la pefanteur
fpécifique correfpondante $= D$; connoiffant également le volume V', on aura fa denfité correfpondante $= D'$ par cette proportion $V : V' = D' : D$:
donc $D' = D \dfrac{v}{v'}$.

Ne connoiffant que la pefanteur fpécifique de
deux degrés différens, on arrive au même réfultat
par deux opérations : 1°. en déterminant les rapports des volumes de la graduation; 2°. en cherchant, par l'analyfe, la pefanteur fpécifique correfpondante à chaque degré. Soit D & D' les denfités connues, foit V le volume correfpondant à
D, on aura V' correfpondant à D' par cette proportion $D : D' = V' : V$, donc $V' = V \dfrac{D}{D'}$; connoiffant V & V' & le nombre n de divifions égales
entre ces deux points, on aura $\dfrac{V' - V}{n}$ pour le
volume de chaque divifion; alors on détermine la
pefanteur fpécifique correfpondante à chaque divifion par la proportion $V : V'' = D'' : D$, & la
pefanteur fpécifique correfpondante à V'' qui eft
$D'' = D \dfrac{v}{v''}$.

On voit qu'il eft affez indifférent que la tige
d'un *aréomètre* foit divifée en parties égales qui
indiquent des volumes, ou en parties inégales qui
indiquent des denfités, puifque l'on peut toujours,
par une opération très-fimple, ramener l'une des
graduations à l'autre; & comme il eft plus commode pour les perfonnes qui fabriquent ces inftrumens, de les divifer en parties égales repréfentant
des volumes, qu'en parties inégales repréfentant
des denfités, on a préféré la première divifion à la
feconde.

ARÉOMÈTRE UNIVERSEL; areometrum uni-
verfale; *univerfal areometer*. Inftrument avec lequel on peut mefurer les denfités de toute efpèce.

Affier Perricat, conftructeur d'inftrumens en
verre, eft l'auteur de cet *aréomètre*, qui eft beaucoup moins univerfel que celui de Nicholfon,
puifque le premier n'eft employé que pour déterminer, par approximation, les rapports de denfité
des liquides, tandis que le fecond, celui de Nicholfon, peut fervir à la fois de balance ordinaire,
de balance hydroftatique & d'*aréomètre univerfel*.
(*Voyez* AREOMÈTRE DE NICHOLSON.) Comme
l'*aréomètre* d'Affier Perricat fils n'a encore été décrit que dans les *Annales de Chimie* (1), nous
allons tranfcrire ici ce que cet ingénieur pour la
conftruction des inftrumens de verre en a publié.

« Cet *aréomètre* porte trois échelles ou gradua-

(1) *Annales de Chimie*, tom. XXVII, pag. 118.

(1) *Annales de Chimie*, tome XLVIII, pag. 330,

tions appropriées à trois espèces de liquide, & une quatrième échelle pour indiquer la température, au moyen d'un thermomètre à mercure que porte l'instrument.

» La première échelle, dont le premier terme 10 est fixé vers le milieu de la tige, finit vers le haut par 60 à 80 degrés ; elle sert à reconnoître les diverses pesanteurs ou légèretés spécifiques de l'eau distillée, des eaux-de-vie, de l'alcool, des éthers. La pesanteur de l'eau distillée est ici représentée par 10 degrés. Il ne faut point, pour faire usage de cette échelle, à l'effet de peser les fluides que l'on vient d'énoncer, ajouter le poids supplémentaire ou plongeur, destiné à la troisième échelle.

» La seconde échelle, remarquable par sa brièveté, commence au même point de la longueur de la tige que 10, premier terme de la première échelle ; son premier terme 0 représente aussi l'eau distillée ; ses degrés montant de bas en haut, jusqu'à 15 environ, indiquent la légèreté des vins & des vinaigres ; ceux en descendant servent à faire connoître, dans ces mêmes fluides, la pesanteur supérieure à celle de l'eau distillée : pour cet usage, le plongeur est encore inutile.

» Enfin, la troisième échelle, dont le terme 0 est situé au sommet de la tige, & qui comprend, jusqu'en bas, environ 70 à 80 divisions ou degrés, est destinée à indiquer des pesanteurs spécifiques très-supérieures à celle de l'eau distillée, ce qui nécessite une augmentation de poids dans l'instrument, afin qu'il puisse s'enfoncer, dans celle-ci, jusqu'au point 0 de cette échelle. On produit cet effet au moyen d'un second lest qui s'accroche à l'instrument, & que l'on nomme plongeur. Ce poids est placé dans une casse particulière de celui de l'aréomètre : lorsqu'il est lesté, il sert à connoître, au moyen de cette troisième échelle, les pesanteurs spécifiques des eaux chargées de sels, des eaux-fortes, des acides vitrioliques & des sirops, suivant l'aréomètre de Baumé. »

Quoique l'auteur de cet instrument n'ait pas fait connoître la manière dont il a déterminé les deux termes fixes qui doivent le rendre comparable, on voit qu'il a adopté la méthode de Baumé que nous avons fait connoître. Voyez ARÉOMÈTRE DE BAUME.

Depuis long-temps on fait usage d'aréomètres universels. Muschenbroeck (1) a donné la description d'un aréomètre à poids (voyez AREOMETRE A POIDS) (2), qui n'a qu'une seule échelle, & qui remplit exactement le même but que celui d'Assier Perricat ; mais il le construit en similor, ce qui empêche qu'il puisse être plongé dans les acides. Si cet instrument eût été construit en verre, avec

ses deux poids additionnels, il auroit un grand avantage sur celui que nous venons de décrire. L'aréomètre de Fahrenheit, celui de Nicholson & le gravimètre de Guyton sont aussi des aréomètres universels beaucoup plus exacts que celui d'Assier Perricat. Voyez AREOMÈTRE DE FAHRENHEIT (1), AREOMETRE DE NICHOLSON, GRAVIMÈTRE DE GUYTON.

ARÉOMÉTRIE, du grec αραιος, subtil, léger, & de μετρον, mesure ; areometria ; aréométrie ; subst. fém. C'est l'art de déterminer la densité des substances légères, & en petite quantité.

Quoique, dans les substances légères on puisse & l'on doive comprendre les gaz & les liquides, cependant on n'a encore considéré sous le titre d'aréométrie, que l'art de mesurer ou de prendre la pesanteur spécifique des liquides, & l'on a donné le nom d'aréomètre aux instrumens avec lesquels on mesure cette densité. Ces aréomètres ont été perfectionnés de nos jours au point de pouvoir peser les solides, & de donner même leur pesanteur spécifique. Voyez AREOMÈTRE DE NICHOLSON, GRAVIMÈTRE DE GUYTON.

On prend la pesanteur spécifique des liquides, comme celle des solides, en comparant le poids d'un volume du liquide avec le poids du même volume d'eau distillée. Ainsi l'aréométrie consiste à donner les moyens de parvenir à obtenir cette comparaison de la manière la plus simple & la plus exacte, & l'on a imaginé pour cet effet les différens aréomètres dont on fait usage.

Plusieurs physiciens, & en particulier l'abbé Bertholon, attribuent l'invention de l'aréomètre à Hypathie, philosophe platonicienne qu'illustrèrent également sa sagesse, sa science & sa beauté, & que le peuple d'Alexandrie, soulevé contr'elle par saint Cyrille, mit en pièces l'an 415 de l'ère chrétienne. Il paroit, d'après les détails que l'on trouve dans le poême De ponderibus & mensuris (2), imprimé à la suite des ouvrages de Priscien, & que tous les savans reconnoissent pour appartenir à Rhemnius-Famius Polœmon, qui vivoit sous Tibère, Caligula & Claude, conséquemment antérieur de trois siècles à Hypathie, que cette opinion n'est point exacte. Voici la traduction française de la description qu'il donne de l'aréométrie.

« On fabrique en argent, ou en cuivre très-mince, un cylindre dont la longueur égale le diamètre qui sépare les nœuds d'un roseau fragile ; on charge intérieurement sa partie inférieure d'un foible poids de forme conique, qui l'empêche de flotter horizontalement, ou de surnager tout entier : une ligne très-fine, tracée sur sa surface, descend du haut en bas, & porte autant de divisions que le cylindre pèse de scrupules.

(1) Physique de Muschenbroeck, tom. II, pag. 230, §. 1384.

(2) Dictionnaire de Chimie de l'Encyclopédie, tom. I, pag. 258.

(1) Dictionnaire de Physique de l'Encyclopédie, tome I, pag. 259.

(2) Annales de Chimie, tom. XXVII, pag. 113 & suiv.

» Avec cet inftrument on peut connoître la pefanteur de chaque liquide : dans une liqueur peu denfe, le cylindre enfonce davantage; dans celle qui eft plus pefante, on voit furnager un plus grand nombre de fes divifions : fi l'on prend le même volume de liquide, le plus denfe pefera davantage; fi l'on prend des poids égaux, le moins denfe aura un plus grand volume; fi des deux liqueurs, l'une couvre vingt-une parties du cylindre, & l'autre vingt-quatre, vous conclurez que la première eft plus pefante d'une drachme : mais pour trouver précifément cette différence de poids, il faut comparer les deux liquides fous un volume égal à celui qu'a déplacé le cylindre dans l'un ou dans l'autre. »

On ne peut douter que l'*aréomètre* ne fût un inftrument connu & habituellement employé, trois cents ans environ avant la naiffance d'Hypathie. Il eft difficile de concevoir comment Synéfius, contemporain & ami de cette fille célèbre, peut lui en attribuer l'invention. Mais voici quelque chofe de plus.

Trois vers après cette defcription, Rhemnius ajoute :

Nunc aliud parium ingenio trademus eodem.

« Décrivons-maintenant une autre invention du même génie. » Puis il paffe au développement du procédé dont fe fervit Archimède pour connoître la quantité d'argent contenue dans la couronne d'Hiéron.

Dès-lors il paroît certain que l'on doit l'invention de l'*aréomètre* à ce même homme qui a enrichi les fciences exactes de tant d'autres découvertes, & qui, à la gloire du génie, joignit la gloire de vivre en fervant fa patrie, & de mourir en la défendant.

Ce poëme contient un fyftème complet des mefures anciennes, & des détails précieux & intéreffans qui fuppofent des connoiffances exactes très-étendues, & des expériences fines & délicates fur la pefanteur fpécifique des liquides.

Pour terminer cet article, nous allons donner une table des degrés de quatorze liquides différens, pris avec fept *aréomètres* les plus généralement employés, ainfi que les pefanteurs fpécifiques correfpondantes; cette table fera connoître les différences qui exiftent dans la graduation de ces divers inftrumens, & procurera les moyens de les comparer les uns aux autres.

Liquides éprouvés.	Auteurs qui ont inventé, & Sociétés qui fe fervent des inftrumens.									Pefant. fpécif.
	Lantenat.	Cartier.	Baumé.	Buffat.	Machi.	Mac-Daniel.	Juges d'Aunis.	Marchands de Paris.	Struve.	
Alcool rectifié..	80	36	40	100	60	0	33	16	130	37,5	0,8276
Efprit de mélaffe..	78	35	38	93	64	1	30,75	15,5	127	36,5	0,8372
Alcool ordinaire..	74	33	35,3	87	62	2	27,8	13	121	33	0,8568
Eau-de-vie de 6-11.	65	31	32,75	79	52	7	25	12	106	30,75	0,8636
--- de Cognac, 4-7.	60	30	32	75	49	9	24	11,75	100	30	0,8675
--- de Barcelonne.	61	31	32,75	79	51	7,75	25	11,5	102	30,7	0,8636
--- de Montpellier.	59	29,75	31	75	45	9,75	23	11,3	95	29	0,8727
--- potable fimple, 4 ans......	30	20	20,5	40	23,75	22	11,3	3,8	48	19,6	0,9320
------ 20 ans....	28	20	20	40	22	22,75	10,5	3,5	46	19,1	0,9351
--- artificielle, 6-11.	25	19	18,75	34	20	23,75	9,3	2,5	40	17	0,9427
Vin r. de Champ.	5	12	11	10	2	33	0,5	0	13	11,5	0,9931
--- bl. de Bourgog.	4	11,75	11	9	2	33	0,5	0	14	11	0,9931
Vinaigre bl. d'Orl.	0	10	9	2	0	0	0	0		9	1,0070
Eau diftillée....	0	11	10	5	0	34	0,5	0	0	10	1,0000

ARÉOMÉTRITYPE; *areometria typalis*; *aréométritype*; compofé de trois mots grecs, αραιος, *fubtil, léger*; μετρον, *mefure*, & τυπος, *type*; fubft. maf. Nom donné par Decroifil aîné à un aréomètre à flacon.

Cet inftrument eft conftruit fur le même principe que celui de Homberg; il en diffère en ce qu'il eft jaugé exactement, & de manière qu'il peut donner avec une extrême facilité, & fans calcul, la pefanteur fpécifique des liquides; il eft copié auffi fur l'inftrument dont nous nous fommes fervis pour prendre la denfité des fels folubles dans l'eau. (*Voyez* SALIN-GRADES.) Nous allons copier les détails que Decroifil a publiés (1).

« L'aréométritype eft un petit flacon de criftal, ainfi que fon bouchon, & contenant ftrictement, à la température des caves, cent décigrammes d'eau diftillée. Ce flacon eft très-épais dans toutes fes parties, & fon bouchon très-gros & court, de manière que le tout eft peu fragile. L'orifice

(1) *Annales de Chimie*, tom. LVIII, pag. 237.

eft

eſt aſſez grand pour qu'on puiſſe y introduire le doigt armé d'un linge. Par ce moyen, l'inſtrument ſe trouve nettoyé & ſéché en un inſtant.

» Fig. 95 eſt la coupe verticale de grandeur naturelle, & fig. 95 (a) une coupe horizontale du bouchon. Sur la ligne A B on diſtingue le ſegment F qui facilite la ſortie excédante de la liqueur, & la rentrée de l'air. Ce ſegment s'obtient en uſant le corps du bouchon dans toute ſa longueur de C en D, ſur une largeur de cinq millimètres environ.

» On voit que, pour régler l'inſtrument à la contenance très-juſte d'un décagramme d'eau diſtillée, il ſuffit d'obliger ſon bouchon à s'enfoncer davantage pour diminuer la capacité, ou d'uſer ce bouchon de D en E, pour que le flacon puiſſe en tenir un peu plus. Le premier effet s'opère en mettant un peu de ſable fin & humide entre l'orifice & le bouchon, qu'on tourne rapidement : on obtient le ſecond effet en frottant le bouchon par ſon biſeau D E, ſur une table de fer fondu, couverte auſſi de ſable fin & humide.

» Chaque aréométritype porte un numéro qui ſe trouve répété ſur ſon bouchon & ſur les trois parties d'une boîte de métal G H I, repréſentée dans la fig. 95 par des lignes ponctuées. Elle eſt deſtinée à le transporter au beſoin, & à en repréſenter très exactement la tare, au moyen des petits poids additionnels qu'on peut renfermer dans la petite boîte inférieure, ou double fond K; par ce moyen, on évite la confuſion de ces objets, & la perte de temps que prendroit le rétabliſſement de la tare lors de chaque eſſai.

» A défaut de poids de tare, & pour les remplacer promptement, on grave ſur le flacon le poids total du flacon & du bouchon vide.

» Voici comment on fait uſage de cet inſtrument : après avoir eſſuyé & ſéché le flacon & le bouchon, on l'emplit du liquide dont on veut avoir la peſanteur ſpécifique; on y enfonce le bouchon qui fait refluer le liquide, on eſſuie parfaitement l'extérieur, & l'on pèſe le tout avec de bonnes balances. Si du poids obtenu on retranche celui du flacon & du bouchon, le nombre de centigrammes que donne la différence eſt exactement la denſité ou la peſanteur ſpécifique du liquide.

» Soit, par exemple, 43g.,27 le poids du bouchon & du flacon vide, & 57g.,38 celui de l'aréométritype rempli d'un liquide plus peſant que l'eau, la différence 57g.,38 — 43g.,27 = 1411, ſera la peſanteur ſpécifique du liquide, celle de l'eau étant 1000; & ſi le poids de l'inſtrument, plus de l'alcool, étoit de 51g.,54, la différence 51g.,44 — 43g.,27 = 818, donneroit 0,818 pour la peſanteur ſpécifique de l'alcool.

» Quand on a la tare exacte du flacon, c'eſt le nombre de centigrammes, ajouté à cette tare, qui repréſente la denſité du liquide. »

Il eſt inutile d'obſerver que cette manière de déterminer la denſité eſt fondée ſur ce principe :

que la peſanteur ſpécifique d'un corps eſt le rapport qui exiſte entre le poids du volume donné de ce corps, & celui d'un même volume d'eau diſtillée, pris pour unité. Or, comme l'aréométritype contient exactement mille centigrammes d'eau diſtillée, la ſomme des centigrammes du même volume de liquide doit repréſenter exactement ſa peſanteur ſpécifique.

Decroiſil indique quelques précautions qu'il eſt bon de prendre en ſe ſervant de ſon inſtrument, ſoit pour ne rien perdre du liquide, ſoit pour ne pas s'expoſer à l'action d'un liquide cauſtique, ſoit auſſi pour ne pas laiſſer là moindre parcelle d'air. Il faut, après avoir rempli l'aréométritype, poſer un entonnoir ſur le vaſe d'où ſort la liqueur à peſer; puis tenant l'aréométritype entre le pouce & l'index, & l'inclinant convenablement au-deſſus de l'entonnoir, on enfonce le bouchon pour faire refluer le trop-plein, de manière que l'extravaſion ſe faſſe entre les doigts ſans les mouiller. Cela étant fait, on ſaiſit l'aréométritype en poſant un doigt ſur le bouchon, & un autre ſous le flacon, puis on l'eſſuie exactement. Mais ſi c'eſt une liqueur cauſtique, on plonge l'inſtrument dans l'eau, ou ſous un filet d'eau, pour le bien rincer à l'extérieur avant de l'eſſuyer avec un linge fin, ou avec du papier très-flexible. Cela étant fait, & les doigts étant toujours dans la même poſition, on renverſe l'aréométritype, le bouchon en bas, & l'on obſerve s'il n'y entre pas quelques bulles d'air, qui rendroient l'eſſai inexact & obligeroient de recommencer.

Cet inſtrument, dont il eſt facile de doubler, tripler, décupler la capacité, peut devenir d'un uſage précieux dans les uſines, les manufactures, les ateliers où l'on fabrique, où l'on emploie des ſels, des acides, &c., parce que tous les ouvriers peuvent juger, par le poids ſeul, du degré de rapprochement, de force & de ſaturation des liquides qu'ils traitent ou qu'ils emploient. Il eſt des circonſtances où il eſt plus avantageux de plonger l'aréomètre dans la chaudière, & d'obſerver à la fois le degré de la liqueur & de ſa température.

ARGILE; argilla; thon. ſub. f. Terre compoſée d'alumine & de ſilice, ſouvent auſſi d'oxide de fer & de chaux.

Cette terre eſt tendre, avec caſſure terne & terreuſe; elle répand, par l'inſufflation, une odeur particulière; elle happe à la langue.

Avec l'eau, elle forme une pâte qui a de l'onctuoſité, une forte de ténacité; elle ſe laiſſe alonger dans diverſes directions ſans ſe briſer.

Deſſéchée, cette pâte conſerve de la ſolidité; expoſée à un feu ſuffiſant, elle en acquiert encore davantage, & devient tellement dure, qu'elle peut étinceler avec le briquet; alors elle a perdu la propriété de former une pâte avec de l'eau

On emploie l'argile à différens uſages; elle ſert

K

à arrêter l'infiltration de l'eau, à dégraisser les étoffes de laine, mais principalement à la fabrication des poteries : c'est dans cette circonstance qu'elle présente des effets très-variés, en raison de la nature & des proportions des substances qui la composent. Quelques poteries sont apyres, & peuvent être exposées au feu le plus violent; d'autres se fendent avec une extrême facilité : il est des poteries qui peuvent être exposées à l'action du feu, & passer d'une très-haute température à une très-basse sans éprouver d'altération, & d'autres qui se fendent à la plus légère variation de température.

L'argile est abondamment répandue sur la surface de la terre; elle est partie constituante de la terre végétale; elle la rend plus ou moins forte, tenace, & susceptible de retenir l'humidité & de conserver les eaux qui la pénètrent, selon qu'elle y est en plus grande abondance; aussi distingue-t-on les terres argileuses & fortes de celles qui ne contiennent que peu d'argile, & que l'on nomme marne.

ARGUMENT; arguo, argumentum; schlufs; s. m. C'est, en astronomie, la quantité de laquelle dépend une équation, une inégalité, une circonstance quelconque du mouvement d'une planète.

Ainsi, l'argument de la latitude est la distance d'une planète à son nœud, parce que la latitude en dépend.

ARGUMENT ANNUEL : distance du soleil à l'apogée de la lune.

ARGUMENT DE LA PARALLAXE. C'est l'effet qu'elle produit dans l'observation qui sert à trouver la véritable quantité de la parallaxe horizontale.

ARITHMANTIE, de ἀριθμος, nombre, & μαντεια, divination; arithmantia; weissagung durch zahlen. Art de deviner par les nombres. Voyez DIVINATION.

AROU : poids dont on se sert dans le Pérou, le Chili & autres royaumes ou provinces de l'Amérique qui sont sous la domination des Espagnols. Voyez ARROBE.

AROURE; ἀρουρα; arura. Mesure de terre en usage dans l'ancienne Egypte; elle contenoit environ les deux tiers de notre arpent; elle étoit ensemencée avec un modios de grain.

ARPÈGE, de l'italien arpeggio; harpege; s. m. Manière de faire entendre successivement & rapidement les divers sons d'un accord, au lieu de les frapper tous à la fois. On est contraint d'arpéger sur tous les instrumens dont on joue avec l'archet, parce que la convexité du chevalet empêche que l'archet puisse appuyer sur toutes les cordes. Il faut, pour arpéger, que les doigts soient arrangés chacun sur deux cordes, & que l'arpège se tire d'un seul & grand coup d'archet, qui commence fortement sur la plus grosse corde, & vienne finir en tournant & adoucissant sur la chanterelle. Si les doigts ne s'arrangeoient sur les cordes que successivement, & qu'on donnât plusieurs coups d'archet, ce ne seroit plus arpéger, ce seroit passer très-vite plusieurs notes de suite.

Ce qu'on fait par nécessité sur le violon, on le fait par goût sur le clavecin. Comme on ne peut tirer de cet instrument que des sons qui ne tiennent pas, on est obligé de les frapper sur des notes de longue durée; & pour faire durer un accord plus long-temps, on le frappe en arpégeant, commençant par les sons les plus bas, & observant que les doigts qui ont frappé les premiers ne quittent point leurs touches que tout l'arpège ne soit achevé, afin que l'on puisse entendre à la fois tous les sons de l'accord.

ARRETEL : poids de Portugal représentant la livre. Ce poids, qui équivaut à 458,71 g; se divise en deux marcs, 16 onces, 128 ochavos & 9216 g.

ARROBE : poids d'Espagne & de Portugal Sa valeur est différente dans chacun de ces royaumes. En Espagne, l'arrobe vaut 25 livres du pays, & 11493,46 g.

L'arrobe de Lisbonne est de deux sortes : l'un vaut 32 livres de Portugal; il équivaut à 14685 g; le second à 30 livres, & contient 13664,6 g.

ARROSOIR MAGIQUE; alveolus magicus; magis giessekam; s. m. Arrosoir construit de manière à pouvoir retenir ou laisser sortir le liquide qu'il contient, selon la volonté de celui qui arrose.

C'est un vase cylindrique, fig. 183, terminé, dans sa partie inférieure, par une ouverture capillaire, & sa partie supérieure B est bouchée par un fond; une ouverture C en forme de goulot, fixé sur ce fond, sert à introduire le liquide que l'arrosoir doit contenir, & à faciliter ou à empêcher sa sortie.

Tenant l'arrosoir par l'anse D, on place un doigt, le pouce par exemple, sur le goulot C, de manière à pouvoir fermer complétement cette ouverture : en levant le doigt, l'ouverture devient libre, & l'eau coule par l'orifice A; mais dès que l'on bouche le goulot, l'eau cesse de couler.

L'arrosoir magique a beaucoup d'analogie avec l'instrument connu sous le nom de tâte-vin, employé par les marchands pour retirer des tonneaux un essai de liqueur. (Voyez TATE-VIN) L'écoulement du liquide & la suspension de l'écoulement sont produits l'un & l'autre par la pression de l'air. Lorsque l'orifice C est ouvert, l'atmosphère presse également dessus & dessous le, liquide : ces deux preſſions ſe faiſant équilibre, la colonne d'eau contenue dans l'arroſoir, par ſa peſanteur, exerce ſon action ſur la dernière tranche, & détermine l'écoulement. En bouchant l'ouverture ſupérieure C, la preſſion de l'air exercée ſur l'orifice A, étant ſeule, s'oppoſe à l'action de la colonne du liquide ; celle-ci continue à s'écouler juſqu'à ce que les deux forces oppoſées, la preſſion du liquide & le reſſort de l'air ſur la partie ſupérieure, faſſent équilibre à la preſſion de l'atmoſphère dans la partie inférieure ; alors l'écoulement s'arrête, & il reprend ſon cours lorſqu'en débouchant le goulot C, on permet à l'atmoſphère d'exercer ſon action ſur la partie ſupérieure du liquide

Quelques-uns de ces arroſoirs ſont à deux ou pluſieurs ouvertures. Voyez PRESSION DE L'AIR, PESANTEUR DE L'AIR, SIPHON.

ARSCHINE, Ché : meſure d'étendue dont on ſe ſert en Chine, & qui correſpond au pied ; cette longueur contient 32,15 centim., ce qui équivaut à 11 p. 10,54. lig.

ARSENIATES ; arſenias ; arſenick geſauerter ſalz ; ſubſt. maſ. Sels neutres formés par la combinaiſon de l'acide arſenique avec des baſes ſalfifiables.

Tous les arſeniates ſe fondent & éprouvent un commencement de fuſion à une température plus ou moins élevée.

Chauffés avec du charbon en poudre, ils ſe décompoſent ; l'arſenic en entier ou une partie de l'arſenic devient libre : ſi la température eſt aſſez élevée, l'arſenic s'évapore en produiſant une odeur particulière. Voyez ARSENIC.

Les acides ſulfurique, phoſphorique, nitrique & fluorique décompoſent les arſeniates en ſe combinant avec leurs baſes ; les autres acides ont peu ou point d'action ſur ces ſels neutres. L'acide ſulfurique décompoſe les arſeniates à froid ; mais à une température très-élevée, à la chaleur rouge, l'acide arſenic décompoſe les ſulfates.

Trois arſeniates ſont ſolubles dans l'eau ; ce ſont ceux de potaſſe, de ſoude & d'ammoniaque ; les autres ne ſont ſolubles que dans un excès d'acide.

Pris intérieurement, les arſeniates ſont des poiſons violens. On fait uſage en médecine, en très-petite doſe & avec beaucoup de précautions, de l'arſeniate de ſoude. Le docteur Fodéré ordonne de faire diſſoudre un grain de ce ſel dans une once d'eau, & d'en prendre tous les matins un gros ; c'eſt donc ⅛ de grain d'arſeniate que l'on peut prendre ſans danger. Comme on n'a pas encore déterminé la proportion d'acide arſenic contenue dans ce ſel, on ne peut faire connoître quelle quantité on en prend dans cette circonſtance.

Nous diviſerons les arſeniates en trois claſſes : 1°. arſeniates alcalins, les arſeniates de potaſſe, de ſoude & d'ammoniaque ; 2°. arſeniates terreux, d'alumine, de baryte, de chaux, de magnéſie &

d'yttria ; les autres arſniates terreux ne ſont pas encore connus ; 3°. enfin, les arſeniates metalliques d'antimoine, de plomb, de fer, de cobalt, de cuivre, de manganèſe, de nickel, de mercure, d'argent, d'urane, de biſmuth, de zinc, d'étain ; les autres ne ſont pas connus.

ARSENITES ; arſenias ; ſubſt. maſ. Sels neutres formés par la combinaiſon de l'acide arſenieux avec les baſes ſalfifiables.

L'arſenic eſt ſuceptible de ſe combiner avec l'oxigène en diverſes proportions, parmi leſquelles on en diſtingue trois principales : l'oxide noir d'arſenic, l'oxide blanc d'arſenic, & l'acide arſenic ; l'oxide noir eſt auſſi nommé protoxide d'arſenic, parce que c'eſt le premier degré d'oxidation, l'oxidation au minimum ; le ſecond, deutoxide d'arſenic, parce que c'eſt le ſecond degré d'oxidation ; le troiſième, peroxide d'arſenic, parce que c'eſt le dernier degré d'oxidation ; c'eſt l'oxidation au maximum.

Comme l'oxide blanc, ou le deutoxide d'arſenic, a la propriété de s'unir à pluſieurs baſes ſalfifiables & de former des ſels neutres dans ſes diverſes combinaiſons, & qu'il jouit des autres propriétés acides, quoiqu'à un foible degré, Fourcroy a cru devoir le conſidérer comme un acide, & il lui a donné en conſéquence le nom d'acide arſenieux, & à ſes combinaiſons avec les baſes ſalfifiables, les noms d'arſenites.

Expoſés à l'action du feu, les arſenites ſe comportent différemment que lorſqu'ils ſont expoſés à l'air & lorſqu'ils ſont diſtillés dans des cornues ; dans le premier cas ils paſſent à l'état d'arſeniates en abſorbant de l'oxigène de l'atmoſphère ; dans le ſecond cas, l'oxide ſe vaporiſe & la baſe combinée reſte libre. Le charbon décompoſe les arſenites comme les arſeniates ; ſeulement la décompoſition a lieu à une plus foible température.

De même que dans les arſeniates, trois arſenites ſont ſolubles, ceux de potaſſe, de ſoude & d'ammoniaque ; les autres ne ſont ſolubles que dans un excès d'acide.

Peu d'arſenites ſont connus : on n'a encore d'expériences exactes que ſur les arſenites de potaſſe, de ſoude, d'ammoniaque, de chaux, de baryte, de ſtrontiane, quelques-unes ſur ceux de plomb & de cuivre, & peu ou point ſur les autres

Ainſi que l'arſenic & les arſeniates, les arſenites ſont très vénéneux ; ils ne peuvent être employés en médecine qu'à très-petite doſe. (Voyez ACIDE ARSENIQUE.) L'arſenite de cuivre eſt le ſeul qui ſoit employé dans les arts ; on s'en ſert pour colorer les papiers ; on s'en ſert auſſi quelquefois dans la peinture à l'huile. Voyez VERT DE SCHEELE.

ARURE ; αρυρα ; arura. Ancienne meſure de terre. Voyez AROURE.

ARUSPICINE ; aruſpicina ; aruſpicine. Art des

aruſpices, ou manière de deviner l'avenir dans les entrailles des bêtes. Voyez DIVINATION.

ARYTHENOÏDES, de αρυταινα, entonnoir, & ιδος, reſſemblance; arythenoïdes; arythenoïde, oder Dreieckligen knorpel an der luff rahren. Cartilages au nombre de deux, qui, aſſemblés avec d'autres, forment l'embouchure du larynx. Voyez LARYNX.

AS, d'εις, αις, as, un; as; as. Poids romain de 12 onces, repréſentant la livre de cuivre. La valeur des as frappés depuis l'an de Rome 337 juſqu'à Conſtantin, a conſidérablement varié; le nombre d'as qui repréſentoient une once d'argent, ainſi que leur valeur argent de France, étoient de:

ANNÉES.	VALEURS.			Nombre pour une once d'argent.
	Sou.	Den.	Francs.	
537 à 544	1	6	0,074	120
644—566	1	10 ½	0,0973	96
566—660	1	1 ½	0,0555	112

ASPRE : petite monnoie de Turquie, avec laquelle on paie les janiſſaires L'aſpre vaut o 1. 029 de France, ou o franc 2,86 céntimes.

ASPRE. Les Anciens ont donné ce nom aux monnoies qui n'étoient pas uſées, & les Grecs ont donné le même nom à la monnoie blanche.

ASSARON : meſure creuſe des Hébreux, dans laquelle ils recueilloient la manne.

ASTÉRÉOMÈTRE, ASTROMÈTRE; αοτερμιτρον; aſtrometrum; aſterometer; ſ m. Inſtrument propre à meſurer les angles ou la diſtance des aſtres.
Jaurat a donné, dans les Mémoires de l'Académie royale des Sciences pour 1779, la deſcription d'un aſtéréomètre deſtiné à calculer le lever & le coucher des aſtres, dont on connoît la déclinaiſon & l'heure du paſſage au méridien. On peut voir la deſcription de cet inſtrument au mot ASTÉREOMÈTRE du Dictionnaire de Mathématiques de cette Encyclopédie.
Rochon a publié dans ſes Opuſcules de 1768, un inſtrument propre à meſurer à la vue des angles conſidérables; il a donné à cet inſtrument le nom d'aſtromètre.
Il diffère de l'inſtrument qui ſert à terre à meſurer les angles, en ce que celui-ci eſt compoſé de deux lunettes, dont une eſt mobile autour de ſon centre, & que, dans l'aſtromètre, les objectifs ſont mis à la place des oculaires, & les oculaires à la place des objectifs; enfin, que l'on regarde dans les deux lunettes avec les deux yeux.

ASTÉROÏDE; αοτηρ-ειδος, qui reſſemble aux aſtres; aſteroïdes; aſteroïdes, oder, aſter formig; ſubſt. maſ. Nom donné par Herſchell aux corps céleſtes qui font leur révolution autour du ſoleil dans des orbites elliptiques plus ou moins excentriques, & dont le plan peut être incliné à l'écliptique ſous un angle quelconque.
Olbers, Piazzi & Harding ont découvert entre Mars & Jupiter quatre petites planètes, Veſta, Junon, Cérès & Pallas, qui ne ſont viſibles qu'au téleſcope, ce qui les a fait nommer par quelques aſtronomes planètes téleſcopiques (voyez PLANÈTES TÉLESCOPIQUES), & par d'autres aſtéroïdes. La poſition & l'arrangement de leurs orbites, l'ordre des diſtances des planètes au ſoleil, ont fait ſoupçonner à quelques ſavans que ces aſtéroïdes ont formé autrefois une ſeule planète, qui a été briſée & diviſée par un choc, & qu'il ſeroit poſſible qu'il exiſtât encore d'autres débris que leur petiteſſe empêchât d'apercevoir. Voyez CÉRÈS, JUNON, PALLAS, VESTA.

ASTRINGENT; aſtringens; verſtopfend; ſ. m. Subſtances qui ont la vertu d'occaſionner un reſſerrement inteſtinal, d'arrêter les hémorragies, les diarrhées & le cours immodéré des humeurs dans quelques parties.
Les teinturiers donnent le nom d'aſtringent, & regardent comme des matériaux aſtringens l'écorce d'aune, de grenade, de chêne en ſève, de pommier ſauvage, de ſciure de chêne, les coques de noix, les racines de noyer, la noix de galle, le ſureau, &c.
On donne le nom de poudre aſtringente au ſulfate de fer calciné à rouge, & à l'alun calciné à blanc.

ASTROGNOSIE; αοτηρ-γνωσις, connoiſſance des aſtres; aſtrognoſia; aſtrognoſie. Voyez ASTRONOMIE.

ASTROLABE; αοτρολοβος; aſtrolabium; aſtrolabe; ſ m. Inſtrument dont ſe ſervoient les Anciens pour prendre la hauteur des aſtres & pour leurs obſervations aſtronomiques.
Ce nom a été donné à pluſieurs inſtrumens différens, parmi leſquels on en diſtingue trois: 1°. celui de Ptolémée; 2°. celui de Gemma Friſus; 3°. celui de Roias.
L'aſtrolabe de Ptolémée étoit compoſé de quatre cercles : l'œil du ſpectateur étoit ſuppoſé au pôle, l'équateur étoit le plan de projection, & tous les méridiens étoient des lignes droites.
Dans l'aſtrolabe de Gemma Friſus, le plan de projection eſt un méridien ſuppoſé au point d'orient ou au pôle du méridien.
Enfin, dans l'aſtrolabe de Roias, l'œil eſt ſuppoſé à une diſtance infinie, comme dans la projection ortographique.
Voyez, pour de plus grands détails, le mot As-

TROLABE dans le *Dictionnaire de Mathématiques* de l'Encyclopédie.

ASYMPTOTE, de l'A privatif, συν, avec, πjow, je tombe; asymptotes; *asymptote*; f. f. Ligne qui, étant indéfiniment prolongée, s'approche continuellement d'une courbe ou d'une position de courbe indéfiniment prolongée, de manière que sa distance à cette ligne ne devienne jamais zéro absolu, mais puisse toujours être trouvée plus petite qu'aucune autre grandeur donnée.

ATHÉNÉE; αθήνη; athenea; *athénée*; f. m. Lieu consacré à Pallas, destiné aux exercices auxquels elle présidoit.

C'est un lieu public dans lequel les professeurs des arts libéraux tenoient leurs assemblées, où les rhéteurs & les poëtes lisoient leurs ouvrages, & où l'on déclamoit les pièces. Ces lieux étoient disposés en amphithéâtres garnis de siéges comme les amphithéâtres publics.

Il y avoit des *athénées* dans les principales villes de l'Empire romain; mais les plus fameux ont été celui de Rome, fondé par Adrien; celui de Lyon, construit par les ordres de Caligula. Alexandre-Sévère alloit souvent dans l'*athénée* de Rome entendre les rhéteurs & les poëtes grecs & latins. Gordien s'y étoit exercé à déclamer dans sa jeunesse.

Depuis que l'on a remplacé les anciens colléges par des lycées, les assemblées d'amateurs, d'hommes de lettres, de savans, d'artistes, & qui avoient été formées librement à Paris & dans différentes villes de France vers la fin du siècle dernier; sous le nom de *lycées*, ont dû abandonner cette dénomination que le Gouvernement venoit de donner à des établissemens publics: un grand nombre l'ont remplacée par celle d'*athénée*. C'est ainsi que le Lycée de Paris, le Lycée des Arts, &c., sont maintenant l'*Athénée de Paris*, l'*Athénée des Arts*, &c. *Voyez* LYCÉE.

ATOMISTIQUES; atomistica philosophiæ seu physica corpularis; *atomistik*. Tendance qu'ont les atomes à se réunir pour former des corps.

On admet deux systèmes de formation des corps, le système dynamique, fort en usage en Allemagne (*voyez* DYNAMIQUE), & le système des atomes en usage en France.

Dans le premier, chaque corps est considéré comme un espace rempli d'une matière continue; dans le second, comme un composé de particules indivisibles & impénétrables qui ne se touchent point, & qui sont maintenues à distance par des forces attractives & répulsives qui se font équilibre.

En donnant aux atomes diverses formes, on peut expliquer une foule de phénomènes; ainsi les Anciens attribuoient la saveur sucrée du miel à des atomes ronds, & la causticité à des atomes pointus. La forme constante des noyaux des cristaux peut encore être attribuée à la forme des molécules intégrantes, & par conséquent des atomes. Hauy rapporte toutes les formes primitives des cristaux au tétraèdre, au prisme triangulaire & au parallélipipède. *Voyez* CRISTAUX, CRISTALLISATION.

Pour avoir une idée complète de l'*atomistique*, on peut consulter les ouvrages de Lesage.

AUNE; ulna; *erle*; f. f. Mesure de longueur, principalement employée pour mesurer les étoffes, les toiles, &c.

Les *aunes* diffèrent de longueur dans chaque pays: celle de Paris avoit 3 pieds 7 pouces 8 lignes; ce qui équivaut à 1,1884f. mètre courant. Cette mesure est remplacée en France par le mètre, (*Voyez* MÈTRE.) Nous allons présenter un tableau des longueurs des différentes *aunes* que l'on emploie en Europe; nous ne parlerons pas des diverses *aunes* de France, parce que les ordonnances & les réglemens exigent que l'on ne fasse usage que du mètre dans ce royaume.

Rapport des différentes aunés avec l'aune de Paris & le mètre de France.

PAYS.		AUNE de Paris.	MÈTRE.
Aix-la-Chapelle.		0,555	0,6695
Amsterdam	courante . .	0,5808	0,6903
	petite.	0,5764	0,6850
Anduse		1,667	1,981
Anvers	Ordonnance . . .	0,5842	0,6824
	petite.	0,5755	0,6731
	pour la soie	0,6091	0,7849
Augsbourg	grande. . . .	0,5186	0,6151
	petite. . .	0,5007	0,5956
Autriche (Haute)		0,673	0,7998
Bâle, 3 baches		0,383	0,4552
Bergue en Norwège. . . .		0,5280	0,6263
Berlin.		0,561	0,6667
Bielefeld.		0,4922	0,6950
Bienne.		0,475	0,5645
Bohême		0,511	0,6073
Bolzano.		0,6676	0,7934
Brescia	pour la soie	0,545	0,6478
	— la toile . . .	0,574	0,6821
Breslaw	ordinaire . . .	0,531	0,6311
	pour la toile . . .	0,653	0,7762
	— la laine . . .	0,428	0,5075
Brunswick.		0,4802	0,5707
Cologne	grande.	0,5847	0,6827
	petite.	0,486	0,5776
Copenhague		0,524	0,6227
Dantzick.		0,4829	0,5740
Dresde		0,4757	0,5653
Dublin.		0,7693	0,9153
Edimbourg.		0,7775	0,9240
Francfort-sur-le-Mein	ordinaire . . .	0,4722	0,5612
	pour la toile	0,455	0,5447
Francfort-sur-l'Oder		0,5585	0,6637

Suite du rapport des différentes aunes avec l'aune de Paris & le mètre de France.

PAYS.	AUNE de Paris.	MÈTRE.
Genève { pour les toiles..	0,9615	1,2427
{ — la laine	0,978	1,2623
Gotha.	0,476	0,5657
La Haye	0,595	0,7171
Hambourg	0,484	0,5752
Hanovre.	0,492	0,5947
Harlem, pour les toiles..	0,625	0,7428
Hollande	0,5683	0,6754
Inſpruck.	0,681	0,8093
Irlande	0,7623	0,9153
Konigsberg	0,484	0,5752
Lauſanne	0,905	1,1755
Leipſick { pour la ſoie...	0,580	0,6893
{ — la laine..	0,476	0,5657
Londres { pour les toiles	0,7626	0,9063
{ — la laine ...	0,5887	0,6996
Lubeck.	0,4895	0,5827
Magdebourg	0,5612	0,6369
Moravie	0,665	0,7903
Munich	0,7019	0,8143
Neuchâtel	0,9492	1,2291
Nuremberg { pour la laine	0,5000	0,5942
{ — la ſoie..	0,5556	0,6603
Olmutz	0,665	0,7903
Oſnabruck { Ordonnance	0,4912	0,5945
{ pour les toil.	0,58c8	0,6901
Padoue	0,5882	0,6990
Paris	1,0000	1,1884
Bologne	0,5186	0,6151
Revel	0,4502	0,5350
Riga	0,4610	0,5479
Siléſie	0,487	0,5787
Stetin	0,5479	0,6513
Stockholm	0,5004	0,5946
Stralſund	0,4901	0,5729
Suède	0,4996	0,6052
Trieſte { pour la laine...	0,5694	0,6777
{ — la ſoie.....	0,5403	0,6421
Tirol	0,677	0,8041
Vienne	0,653	0,7762
Ulm	0,481	0,5716

Aſſez généralement les *aunes* ſe diviſent en demies, tiers, quarts, ſixièmes, huitièmes, ſeizièmes & même trente-deuxièmes.

AUTAN; altanus; *ſud-oſt, wind;* ſ. m. Vent qui ſouffle du côté du Midi: ſelon quelques-uns, c'eſt le vent *ſud-eſt,* & ſelon quelques autres le vent *ſud-oueſt.* Il eſt ordinairement orageux.

AVALAISON; aquarum lapſus; *abſchießen der*

waſſen nach ſtarken regen; ſ. f. Chute d'eau impétueuſe qui vient de groſſes pluies qui ſe forment en torrent. Ces *avalaiſons* occaſionnent ſouvent de très-grands ravages, particulièrement dans les pays montagneux, lorſque les torrens qu'elles forment, s'ouvrent des routes nouvelles & s'écoulent ſur le flanc des montagnes.

AVERSE; pluvia vehementior; *regenſtark.* Pluie abondante ſurvenue tout-à-coup par quelque orage. *Voyez* PLUIE, ORAGE.

AVEUGLE-NÉ; cæcigenus; *blindgeboherner;* ſubſt. maſ. Qui eſt né aveugle.

Pluſieurs cauſes peuvent déterminer l'*aveuglement* ou la *cécité;* il en eſt qui exiſtent de naiſſance: ce ſont les ſeules que nous conſidérerons dans cet article; les autres, qui ſont les plus ordinaires, ſe manifeſtent par les progrès de l'âge, à la ſuite d'une léſion particulière de l'œil, après une affection générale; enfin, elle peut réſulter d'une cauſe extérieure. *Voyez* CECITE.

Quant à l'*aveuglement de naiſſance;* on peut le diviſer en deux claſſes: celui qui eſt ſuſceptible de guériſon, & celui qui ne l'eſt pas.

Dans le premier cas ſont: la réunion des paupières, la continuité de l'iris, la parité du criſtallin. Les paupières peuvent être réunies enſemble, plus ou moins complétement, ſoit par la continuité de leurs tégumens reſpectifs, ſoit par une pellicule mince interpoſée entr'eux: il offre quelquefois des adhérences à la ſurface de l'œil lui-même. Les paupières peuvent être collées à la *ſclérotique* (*voyez* SCLEROTIQUE), & anticiper même ſur la cornée tranſparente. L'iris, dans le fœtus, occupe toute l'étendue de la pupille future, au lieu de ſe déchirer à l'époque de la naiſſance, où peu de temps après elle ſe conſerve intacte. Dans quelques enfans, l'iris adhère par ſa ſurface interne à la partie poſtérieure de la cornée, & ne préſente aucune ouverture. (*Voyez* IRIS, PUPILLE, CORNEE.) Enfin, le criſtallin eſt opaque, & refuſe le paſſage à la lumière. *Voyez* CRISTALLIN.

On peut faire recouvrer la vue, dans le premier cas, en détruiſant la colliſion des paupières, en inciſant la membrane interpalpébrale, en fendant la pellicule qui obſtrue l'ouverture de la pupille, & faiſant l'extraction du criſtallin opaque; mais l'adherence des paupières au globe de l'œil, & l'union de l'iris avec la cornée tranſparente, ne préſentent aucun eſpoir de guériſon.

Parmi les cauſes qui ne ſont pas ſuſceptibles de guériſon, on peut ranger: une altération du tiſſu propre de l'œil, la conformation vicieuſe de ſes membranes, les vices des humeurs qu'ils renferment, l'affection de l'expanſion membraneuſe du nerf optique, de ce nerf lui-même & de la portion du cerveau à laquelle il correſpond, &c.

Ceux qui ſont privés de l'organe de la vue cher-

chent à y suppléer par leurs autres sens ; aussi s'oc-
cupent-ils de leur perfectionnement, particuliére-
ment de l'ouie & du toucher. Dans un ouvrage
intitulé : *Lettre sur les aveugles, à l'usage de ceux
qui voient*, publié par un auteur anonyme, on cite
plusieurs exemples du développement des facultés
intellectuelles, & de la perfection des sens qui
leur restent.

Un *aveugle-né* qui demeuroit à Puiseau en Gâ-
tinois, étoit chimiste & musicien; il enseignoit à
lire à son fils avec des ca-actères en relief, & jugeoit fort exactement des symétries. Il adressoit
très-sûrement au bruit & à la voix; estimoit la
proximité du feu au degré de la chaleur ; la plénitude des vaisseaux au bruit que faisoient, en tombant, les liqueurs qu'il transvasoit, & le voisinage
des corps à l'action de l'air sur son visage. Il apprécioit exactement le poids des corps & les capacités des vaisseaux ; & il s'étoit fait, de ses bras,
des balances fort justes, & de ses doigts des compas presqu'infaillibles. Le poli des corps étoit
pour lui autant de nuances que pour les voyans.
Il faisoit de petits ouvrages au tour & à l'aiguille,
niveloit à l'équerre, montoit & démontoit les machines ordinaires, exécutoit un morceau de musique dont on lui donnoit les notes & les valeurs ; enfin, il estimoit avec une grande précision la durée du temps par la succession des actions & des pensées.

Saunderson, originaire de la province d'Yorck,
perdit la vue à un an, & n'avoit en conséquence
pas plus d'idée de la lumière qu'un *aveu-le-né*.
Son tact étoit tellement perfectionné, qu'il discer-
noit les fausses médailles, quoiqu'elles fussent assez
bien contrefaites pour tromper les yeux d'un con-
noisseur; il jugeoit l'exactitude des divisions d'un
instrument de mathématique. Mais ce qui paroîtra
plus extraordinaire, c'est qu'il fut nommé professeur de mathématiques à Cambridge en 1711,
à la place de Wiston, qui avoit abdiqué sa chaire : il
y enseigna particulièrement l'optique de Newton,
& toute la théorie de la vision. Il inventa plusieurs machines, & publia des élémens d'algèbre.

Il étoit affecté par les moindres vicissitudes de
l'atmosphère, de manière à en distinguer les plus
légères variations. Quelques savans faisant des
observations sur le soleil dans les jardins de l'Université, Saunderson distingua jusqu'aux plus petits nuages qui se plaçoient sous le soleil, & inter-
rompoient les observateurs. Toutes les fois qu'il
passoit, même à une distance assez éloignée,
quelque corps devant son visage, il le disoit, &
assignoit le volume du corps qui venoit de passer.
Lorsqu'il se promenoit, il connoissoit, quand l'air
étoit calme, qu'il passoit auprès d'un objet, d'un
arbre, d'un mur, &c. Introduit dans une chambre, il jugeoit de son étendue, sans erreur, à une
ligne près, en se plaçant au milieu, & cela parce
qu'il ne se méprenoit jamais à la distance qui le
séparoit du mur.

En rendant la vue à des *aveugles-nés*, on a
cherché à étudier la marche progressive de la vision, afin d'appliquer les résultats de l'observation
à la solution d'une foule de phénomènes dont
il étoit difficile de déterminer la cause : tel est
particulièrement le jugement que nous portons
sur la position, la forme, la grandeur & la distance des objets. Chelzan, fameux chirurgien de
Londres, ayant fait l'opération de la cataracte à
un jeune homme de treize ans, *aveugle de naissance*,
& ayant réussi à lui donner le sens de la vue, observa la manière dont ce jeune homme commença
à voir, & publia ensuite, dans les *Transactions philosophiques*, n°. 482., les remarques qu'il avoit faites
à ce sujet. Nous allons transcrire la traduction que
Buffon a faite de cet article.

« Ce jeune homme, quoiqu'*aveugle*, ne l'étoit
pas absolument & entièrement : comme la cécité
provenoit d'une cataracte, il étoit dans le cas de
tous les aveugles de cette espèce, qui pouvoient
toujours distinguer le jour & la nuit; il distinguoit même, à une forte lumière, le noir, le blanc
& le rouge vif, qu'on nomme *écarlate*; mais il ne
voyoit ni n'entrevoyoit en aucune façon la forme
des choses.

» On ne lui fit l'opération d'abord que sur l'un
des yeux. Lorsqu'il vit pour la première fois, il
étoit si éloigné de pouvoir juger en aucune façon
des distances, qu'il croyoit que tous les objets, indifféremment, touchoient ses yeux (ce fut l'expression dont il se servit), comme les choses qu'il
palpoit touchoient sa peau. Les objets qui lui étoient
les plus agréables, étoient ceux dont la forme étoit
unie & la figure régulière, quoiqu'il ne pût encore
former aucun jugement sur leur forme, ni dire
pourquoi ils lui paroissoient plus agréables que
les autres : il n'avoit eu, pendant le temps de son
aveuglement, que des idées si foibles des couleurs
qu'il pouvoit alors distinguer à une forte lumière,
qu'elles n'avoient pas laissé de traces suffisantes
pour qu'il pût les reconnoître lorsqu'il les vit en
effet; il disoit que les couleurs qu'il voyoit, n'é-
toient pas les mêmes que celles qu'il avoit vues
autrefois : il ne connoissoit la forme d'aucun objet,
& il ne distinguoit aucune chose d'une autre, quelque différentes qu'elles pussent être de figure &
de grandeur. Lorsqu'on lui montroit les choses
qu'il connoissoit auparavant par le toucher, il les
regardoit avec attention, & les observoit avec soin
pour les reconnoître une autre fois ; mais comme
il avoit trop d'objets à reconnoître à la fois, il en
oublioit la plus grande partie ; & dans le commencement qu'il apprenoit (comme il disoit) à voir,
à reconnoître les objets, il oublioit mille choses
pour une qu'il retenoit. Il étoit fort surpris que les
choses qu'il avoit le mieux aimées, n'étoient pas
celles qui étoient les plus agréables à ses yeux, &
il s'attendoit à trouver les plus belles, les personnes qu'il aimoit le mieux.

» Il se passa plus de deux mois avant qu'il pût reconnoître que les tableaux repréfentoient des corps folides ; jufqu'alors il ne les avoit confiderés que comme des plans différemment colorés , & des furfaces diverfifiées par la diverfité des couleurs ; mais lorfqu'il commença à reconnoître que ces tableaux repréfentoient des corps folides , il s'attendoit à trouver en effet des corps folides en touchant la toile du tableau ; & il fut extrêmement étonné , lorfqu'en touchant les parties qui, par la lumière & l'ombre , lui paroiffoient rondes & inégales, il les trouva plates & unies comme le refte : il demandoit quel étoit donc le fens qui le trompoit , fi c'étoit la vue, ou fi c'étoit le toucher. On lui montra alors un petit portrait de fon père , qui étoit dans la boîte de la montre de fa mère : il dit qu'il reconnoiffoit bien que c'étoit la reffemblance de fon père ; mais il demandoit, avec un grand étonnement, comment il étoit poffible qu'un vifage auffi large pût tenir dans un auffi petit lieu, que cela lui paroiffoit auffi impoffible que de faire tenir un boiffeau dans une pinte.

» Dans les commencemens il ne pouvoit fupporter qu'une très-petite lumiere , & il voyoit tous les objets extrêmement gros ; mais à mefure qu'il voyoit des chofes plus groffes en effet , il jugeoit les premières plus petites. Il croyoit qu'il n'y avoit rien au-delà des limites de ce qu'il voyoit : il favoit bien que la chambre dans laquelle il étoit , ne faifoit qu'une partie de la maifon ; cependant , il ne pouvoit concevoir comment la maifon pouvoit paroître plus grande que fa chambre.

» Avant qu'on lui eût fait l'opération, il n'efpéroit pas un grand plaifir du nouveau fens qu'on lui promettoit , & il n'étoit touché que de l'avantage qu'il auroit de pouvoir apprendre à lire & à écrire. Il difoit , par exemple , qu'il ne pourroit pas avoir plus de plaifir à fe promener dans le jardin, lorfqu'il auroit ce fens , qu'il en avoit , parce qu'il s'y promenoit librement & aifément, & qu'il en connoiffoit tous les différens endroits : il avoit même très-bien remarqué que fon état de cécité lui avoit donné un avantage fur les autres hommes, avantage qu'il conferva long-temps après avoir obtenu le fens de la vue, qui étoit d'aller la nuit plus aifément & plus fûrement que ceux qui voient. Mais lorfqu'il eut commencé à fe fervir de ce nouveau fens, il étoit tranfporté de joie : il difoit que chaque nouvel objet étoit un délice nouveau , & que fon plaifir étoit fi grand qu'il ne pouvoit l'exprimer. Un an après, on le mena à Epfom, où la vue eft très-belle & très-étendue ; il parut enchanté de ce fpectacle, & il appeloit ce payfage une nouvelle façon de voir.

» La même opération lui fut faite fur l'autre œil plus d'un an après la première, & elle réuffit également. Il vit d'abord de ce fecond œil les objets beaucoup plus grands qu'il ne les voyoit de l'autre, mais cependant pas auffi grands qu'il les avoit vus du premier œil ; & lorfqu'il regardoit le

même objet des deux yeux à la fois, il difoit que cet objet lui paroiffoit une fois plus grand qu'avec fon premier œil tout feul ; mais il ne le voyoit pas double , ou du moins on ne put jamais s'affurer qu'il eût vu d'abord les objets doubles lorfqu'on lui eût procuré l'ufage du fecond œil. »

Chelfen rapporte quelques autres exemples d'aveugles qui ne fe fouvenoient pas d'avoir jamais vu , & auxquels il avoit fait la même opération ; & il affure que , lorfqu'ils commençoient à apprendre à voir, ils avoient dit les mêmes chofes que le jeune homme dont nous venons de parler, mais à la vérité avec moins de détail ; & qu'il avoit obfervé furtout, que comme ils n'avoient jamais eu befoin de faire mouvoir leurs yeux pendant la cécité, ils étoient fort embarraffés d'abord pour leur donner du mouvement & pour les diriger fur un objet particulier, & que ce n'étoit que peu à peu, par degrés & avec le temps, qu'ils apprenoient à conduire leurs yeux & à les diriger fur les objets qu'ils defiroient de confidérer.

Parmi les relations qui ont été faites, jufqu'à préfent, fur des aveugles auxquels on a donné la vue, aucune, peut-être, n'a été auffi détaillée ni décrite avec autant d'étendue. Il en eft qui , en voyant pour la première fois, croyoient que ce qui fe touchoit, formoit un tout inféparable ; ainfi l'inftrument que le chirurgien tenoit encore, & avec lequel il venoit de faire l'opération, étoit une continuation, une prolongation de fa main.

Quelques foins que l'on ait mis à recueillir & à décrire toutes les fenfations nouvelles que devoient éprouver les perfonnes qui voyoient pour la première fois, il eft affez fingulier que l'on n'ait fait aucune remarque fur la manière dont elles diftinguoient la pofition des objets ; & ces remarques auroient été d'autant plus intéreffantes, qu'elles auroient facilité la folution d'une queftion très-importante : Dans quelle pofition voyons-nous les objets ? (Voyez VISION.) Pourroit-on conclure du filence que l'on garde fur cet objet, que nous voyons les chofes dans la pofition qu'elles ont réellement, c'eft-à-dire, que nous voyons en haut ce qui eft en haut, que nous voyons à droite ce qui eft à droite, &c. ? ainfi que le préfument quelques métaphyficiens.

AXINOMANTIE , d'ἀξίνη , hache ; μαντεία , divination ; axinomantia ; axinomantie. Divination par la hache. Voyez DIVINATION.

AZUR ; color cæruleus ; azur bleu. f. m. Couleur bleue approchant de celle du ciel. Ce nom paroît venir de l'italien azurro, & de l'arabe lazur. C'eft auffi le nom d'une poudre bleue provenant d'un minéral connu fous le nom de lapis-lazuli.

Plufieurs fubftances donnent un bleu d'azur ; tels font le verre de cobalt, le carbonate de cuivre ; mais celle qui procure le bleu d'azur le
plus

plus beau & le plus eſtimé des peintres eſt le lapis-lazuli.

Il eſt rare de rencontrer cette ſubſtance à l'état de pureté; cependant Clément & Deformes l'ont trouvée ciſtalliſée, & Lermina a déterminé la forme de ſes criſtaux. Le lapis contient beaucoup de terre étrangère; ſouvent même elle y eſt diſſéminée : on la ſépare, & alors on lui donne le nom d'*outremer*.

Alexis Pedemontanus a décrit le premier le mode de ſéparation que l'on peut employer. On fait rougir la pièce & on la projette dans l'alcool, ce que l'on répète à pluſieurs fois ; on la porphyriſe enſuite en poudre impalpable, en l'humectant toujours d'alcool, on lave la poudre, & on la fait ſécher.

La poudre ſèche eſt fondue dans un vaſe verniſſé, avec un mélange de poix, de cire & d'huile de lin ; la poudre ſe projette peu à peu dans le maſtic fondu, que l'on remue bien : refroidie, on la met dans l'eau tiède, & on la broie ſous un rouleau. L'eau devient trouble ; on la décante & on y verſe d'autre eau, qui commence bientôt à prendre une belle couleur bleue. On continue à laver juſqu'à ce que l'eau prenne une couleur ſale ; alors on laiſſe dépoſer la matière bleue que l'eau tient en ſuſpenſion. Le meilleur lapis ne produit pas plus de 0,02 à 0,03 de bel outremer.

Sa peſanteur ſpécifique eſt de 2,37. Il perd ſa couleur par la fuſion : on en obtient un verre blanc lorſqu'il eſt entièrement purifié de ſon maſtic, & un verre noir lorſqu'il en contient encore.

Guyton croit (1) que le principe colorant de l'*azur* eſt un ſulfure de fer bleu ; il fonde ſon opinion, 1°. ſur ce que Klaproth a trouvé de l'acide ſulfurique dans l'analyſe qu'il a faite du lapis-lazuli ; 2°. ſur ce qu'un ſulfate de chaux de Montolier, coloré en rouge par l'oxide de fer, a donné, après la calcination, un bleu qui jouiſſoit de toute la propriété de l'outremer ; 3°. ſur ce que les ſulfates de fer préparés directement, donnent des réſultats analogues à ceux que l'on retire du gypſe de Montolier.

Cependant l'analyſe de l'outremer, faite par Clément & Deformes, n'ayant donné que

Silice...................... 35,8
Alumine 34,8
Soude..................... 23,2
.Soufre................... 3,1
Carbonate de chaux........ 3,1
                             100

& n'ayant laiſſé entrevoir aucune trace de fer, tout fait croire que ce métal n'eſt pas coloré par le fer.

Vauquelin vient de trouver,. dans la ſole d'un des fourneaux de ſoude de la manufacture des glaces de Saint-Gobain (1), une matière analogue à l'outremer : elle eſt décolorée par les acides minéraux avec dégagement de gaz hydrogène ſulfuré ; elle n'eſt point attaquée par les leſſives alcalines bouillantes ; la chaleur rouge ne la détruit point, à moins qu'elle ne ſoit élevée à un haut degré.

Cependant la baſe ſur laquelle repoſe cette couleur, n'eſt pas eſſentiellement la même que celle du lapis-lazuli : elle contient une grande quantité de ſable à l'état de mélange ; mais elle renferme, comme cette pierre, du ſulfate de chaux, de la ſilice & de l'alumine combinées à l'alcali, du fer & de l'hydrogène ſulfuré : le fer, comme on l'a vu, n'eſt pas eſſentiel à la compoſition de l'outremer.

Quelque belle que fût la couleur de l'outremer, les peintres étoient obligés de s'en priver, à cauſe du haut prix qu'elle avoit dans le commerce : il vaut 200 fr. l'once. Thenard vient de découvrir (2) un bleu auſſi beau, que l'on peut livrer aux peintres au prix de 20 à 30 fr. la livre. Ce bleu eſt un phoſphate ou un arſeniate de cobalt calciné avec de l'alumine. Les proportions les plus favorables ſont de 1 à 2 parties d'alumine ſur une d'arſeniate de cobalt, & de 3 à 6 parties d'alumine ſur 2 de phoſphate de cobalt.

Pour faire l'arſeniate de cobalt, on diſſout le ſulfure d'arſenic, on évapore pour dégager l'excès d'acide nitrique, on étend d'eau ; on ajoute peu à peu de la diſſolution foible. de potaſſe, afin d'en ſéparer tout l'arſeniate de fer ſous la forme de flocon blanc ; filtrant alors, & ajoutant de la potaſſe étendue d'eau, on obtient un beau précipité roſe d'arſeniate de cobalt.

Dans la préparation du phoſphate de cobalt, on grille la mine, puis on l'extrait par l'acide nitrique qui oxide le fer en rouge & ne le diſſout pas : on filtre & on rapproche la liqueur pour vaporiſer l'acide ſurabondant ; on étend d'eau, & l'on verſe dans la diſſolution du phoſphate de ſoude ; le phoſphate de cobalt ſe dépoſe ſous forme de flocon violet.

Enfin, on donne le nom d'*azur* à un verre pulvériſé & coloré en bleu par l'oxide de cobalt. Après avoir trié le minerai, on le grille dans un fourneau de réverbère, puis on le crible, on le pulvériſe & on le fond avec du ſable ſiliceux pur & de la potaſſe. La proportion dépend de celle du cobalt dans le minerai. On vitrifie ces ſubſtances dans des creuſets placés dans un fourneau de verrerie. Le verre obtenu, & encore liquide, ſe jette dans l'eau pour l'étonner, le pulvériſer ; alors on le broie entre deux meules, & l'on jette la matière dans l'eau, afin d'en ſéparer la poudre à des degrés de fineſſe différens, d'après le temps qu'elle reſte ſuſpendue dans le liquide.

BACULOMÉTRIE, de Baculus, *bâton*; μευριν, *mefure*; fubft. fém. Science par laquelle on mefure des hauteurs acceffibles ou inacceffibles avec des bâtons.

BAGATINO, BAZO : petite monnoie de Venife, équivalente à 0,013 livres, ou 1,28 centimes; quarante-quatre *bagatino* font une livetta.

BAJOCCHELLO : double *bajoche*, valant 0,1093 liv. de 10,78 cent. 80 font un ducat d'or.

BAJOQUE, BAJOCCHO : petite monnoie de l'Etat de l'Eglife, valant 0,0546 liv., ou 5,39 centimes. 160 *bajoques* font un ducat d'or.

BAISER : monnoie d'or que les archiducs Albert & Ifabelle firent battre dans les Pays-Bas; on a donné le nom de *baifer* à cette monnoie, parce que les deux têtes y étoient fituées de manière qu'elles fembloient fe baifer.

BALANCE, de Bis, *deux*, lanx, *baffin*; bilanx; *wage*; fubft. fém. Inftrument propre à faire connoître le poids des corps.

On divife les *balances* en deux claffes : *balances* à leviers égaux, & *balances* à leviers inégaux, que l'on appelle auffi *pefon*. Les *balances* à leviers égaux ont été traitées avec quelques détails au mot BALANCE; quant à celles à leviers inégaux, à peine en a-t-il été queftion. On n'a traité que de la *balance* romaine, qui a éprouvé depuis plufieurs perfectionnemens. Cet article va donc être confacré aux *balances* à leviers inégaux, telles que la *balance à fufpenfion mobile*, la *balance chinoife*, la *balance romaine* & la *balance fuédoife*. Voyez BALANCE, APPAREIL POUR DÉMONTRER LES PROPRIETÉS DES BALANCES.

BALANCE CHINOISE. Les Chinois fe fervent d'une petite *balance* formée d'une verge d'ivoire, fufpendue par un fil de foie, fig. 184 (e); un baffin eft attaché au plus petit bras du levier, & le poids curfeur eft fufpendu fur le grand bras par un nœud coulant qui permet de le placer fur les divifions; enforte que fa propre pefanteur ferrant le nœud, il y refte fixé. Ce petit inftrument fe place dans un étui de bois, formé de deux palettes à peu près de la figure d'une fpatule, fixées l'une fur l'autre par un bout, au moyen d'une rivure, & qui fe ferrent l'une contre l'autre par un anneau de jonc qui coule fur la longueur.

Cette *balance* a trois points de fufpenfion différens, & trois divifions qui fe rapportent à trois féries de poids, lefquelles font, l'une à l'autre,

comme les nombres 100, 10, 1. En faifant ufage du premier point de fufpenfion & de la divifion analogue, on pefe les *taels*, ou once chinoife, avec la précifion d'un dixième de *taels* : avec le fecond point de fufpenfion de la feconde divifion, on pefe les dixièmes de *taels* ou *ciens*, avec la précifion d'un dixième de *cien* : le troifième point de fufpenfion & la divifion qui s'y rapporte, fervent pour les *funs*, ou dixième de *cien*, avec la précifion d'un dixième de *fun*.

On a dépofé au bureau des poids & mefures une *balance chinoife* avec les poids correfpondans : celleci, quoique très-délicate, puifque fa verge eft en ivoire, eft fufceptible de pefer depuis 0,072 de gramme jufqu'à 207 grammes.

Quant aux poids chinois, le *fun* eft de 377 millièmes de gramme, ou 0g,377; le *cien* de 3 grammes 77 centièmes, ou 3g,77; & le *tael* de 37 grammes 7 dixièmes, ou 37g,7. Leur forme eft à peu près celle d'un violon fans manche, c'eft-à-dire, qu'ils ont deux faces parallèles, planes, les autres un peu arrondies & échancrées dans le milieu, pour que l'on ait plus de facilité à les faifir.

Il eft facile d'appercevoir l'analogie & la différence qui exiftent entre la *balance chinoife* & la *balance romaine*. Si la première n'avoit qu'un feul point de fufpenfion & un feul poids, ce feroit une *balance romaine*. Il exifte cependant quelquesunes de ces dernières qui ont deux points de fufpenfion différens & deux divifions différentes, ce qui les rapproche en quelque forte des *balances chinoifes*, mais elles n'ont qu'un feul poids. Cependant plufieurs poids peuvent leur devenir très-avantageux, ainfi qu'on le verra en traitant de nouveau l'article BALANCE ROMAINE.

Nous croyons inutile de faire connoître ici comment on divife le levier de ces fortes de *balances*; nous en détaillerons la méthode en traitant de la *balance romaine*.

BALANCE DE BARDONNEAU. Dans cette *balance*, une des extrémités du levier P, *fig.* 428, porte un poids conftant; l'autre extrémité A fupporte le plateau dans lequel on doit placer le corps à pefer, & le centre de fufpenfion C eft variable : ainfi, pour trouver le poids d'un corps L placé dans le baffin, on fait mouvoir le centre de fufpenfion le long du levier, jufqu'à ce que les deux poids P & L fe faffent équilibre.

La graduation de cette forte de *balance* préfente quelques difficultés; cependant elle fuit une loi facile à déterminer lorfque l'on fuppofe le levier fans pefanteur.

Soit, par exemple, le centre de fufpenfion placé

au point D pour une unité de poids L, placé dans le plateau de la *balance ;* on auroit, si le levier étoit sans pesanteur, $P \times PD = L \times AD$ faisant $PD = a$ & $AD = b$; il s'ensuit $P a = L b$, donc $L = P \frac{a}{b}$. Si l'on met dans le bassin un poids 2 L, & que l'on fasse $DE = x$, les distances deviendront $PE = a + x$ & $AE = b - x$, d'où $2 L = P \frac{a+x}{b-x}$; mais $2 L = P 2 \frac{a}{b}$. Ainsi $2 \frac{a}{b} = \frac{a+x}{b-x}$, $2 a b - 2 a x = a b - b a$ & $2 a b - a b = 2 a x + b x$, d'où $a b = (2 a + b) x$ & $x = \frac{a b}{2 a + b}$. Si l'on met un poids 3 L dans le bassin, & que l'on fasse $DF = x'$: F étant le point du centre de suspension pour que l'équilibre ait lieu, on aura $3 L = P \frac{a+x'}{b-x'}$; $\frac{a+x'}{b-x'} = 3 \frac{a}{b}$ & $x' = \frac{2 a b}{3 a + b}$. Ainsi la loi d'écartement sera $\frac{a b}{2 a + b}$, $\frac{2 a b}{3 a + b}$ ..... $\frac{n a b}{(n+1)(a+b)}$ ... pour les poids L, 2L.... n L.

Mais nous avons considéré le levier sans pesanteur, & le centre de gravité des deux poids qui se font équilibre, l'un au centre P & l'autre au point A ; cependant si, comme cela a lieu réellement, le levier a une pesanteur, le centre de gravité des deux points changera de position en même temps que le centre de suspension & les distances x, x', x^2 ..... $x^{(n-1)}$ seront affectés de ce changement de position ; ce qui augmentera la difficulté de la solution : aussi les personnes qui voudroient construire ces sortes de *balances*, parviendront-elles beaucoup plus facilement à tracer les divisions par tâtonnement, qu'en les déterminant par le calcul ; & ce tracé sera d'ailleurs beaucoup plus exact, à cause de la difficulté que l'on éprouve à construire un fléau de dimension parfaitement exact, & à donner à la matière une densité uniforme.

BALANCE ROMAINE. Il paroît que cette espèce de *balance*, qui a déjà été décrite au mot BALANCE, est une de plus anciennes que l'on ait connues en Europe. On voit, par le nom qu'elle porte, que les Romains en faisoient usage, & que c'est par eux qu'elle nous a été transmise.

Parmi toutes les *balances* que nous connoissons, c'est une de celles qui présente le plus de commodité & le moins d'embarras. Elle n'a qu'un seul poids, & peut peser des corps dont la pesanteur est très-différente ; seulement on ne peut avoir exactement que les poids indiqués par les divisions, & l'on est obligé de négliger les fractions qui existent entr'eux, ou de ne les obtenir que par approximation. Mais, comme nous allons le faire voir, Haffenfratz, Gattey & Paul de Genève ont donné des moyens simples & faciles de déterminer avec exactitude toutes les fractions

existantes entre les poids indiqués sur l'échelle de graduation.

Bertholon, en parlant de la *balance romaine*, n'ayant pas indiqué la loi simple & facile de sa graduation, nous devons d'abord commencer par la faire connoître.

Soit C D, *fig.* 426, la distance du centre de suspension au centre d'attache du corps à peser $= a$, soit $CH = b$ la distance du centre de suspension au poids P lorsque l'on veut peser l'unité de poids, & L cette unité : on aura $a L = b P$ & $L = \frac{b}{a} P$. Si F, G, I, sont les points où doit être placé le poids P pour faire équilibre à des poids $= 2 L$, $3 L$, $4 L$ & les distances $HF = x'$, $HG = x''$, $HI = x'''$; on aura $2 L = P \frac{b+x'}{a}$: $3 L = P \frac{b+x''}{a}$, $4 L = P \frac{b+x'''}{a}$ & $\frac{b+x'}{a}$, $\frac{b+x''}{a}$, $\frac{b+x'''}{a} = \frac{2 b}{a}$, $\frac{3 b}{a}$, $\frac{4 b}{a}$, de-là $x' = b$, $x'' = 2 b$, $x''' = 3 b$ ..... & $x^n = n b$: donc la division doit être en parties égales.

Mais ici nous avons supposé le levier sans pesanteur. Il est facile de démontrer que la pesanteur du levier ne change rien à la loi de la graduation, parce que le centre de suspension restant le même, les deux parties correspondent toujours aux mêmes poids, & leur centre de gravité n'éprouve aucune variation.

En effet, soit $a =$ la longueur de la petite partie C D du levier ; L = le poids pris pour unité ; $n =$ le nombre de fois que cette unité est employée ; P le poids mobile ; $x =$ la distance où le poids doit être du centre de suspension pour faire équilibre ; $\pi =$ la pesanteur de la matière ; A = la longueur du grand bras du levier, on aura

$$x = \frac{n Q a + \frac{\pi a^2}{2} - \frac{\pi A^2}{2}}{P} ; \text{ & comme, dans}$$

cette équation, il n'y a de variable que x & n, il s'ensuit que x, la distance où le poids doit être placé, est proportionnel au poids à peser.

Telles sont les formules qui peuvent être employées pour tracer les divisions du grand levier ; ou plus simplement, ayant déterminé les points où le poids P doit être placé pour faire équilibre au poids étalon & à un autre poids multiple du premier, on divise l'espace en autant de parties égales qu'il y a d'unités dans le nombre de fois que le second poids contient le premier.

Quoique cette méthode soit extrêmement simple, les balanciers préfèrent d'employer le tâtonnement pour graduer leur levier, c'est-à-dire, de mettre des poids successifs dans le plateau de la *balance*, d'écarter le peson jusqu'à ce qu'il fasse équilibre, & de faire une encoche au point où ce peson doit être placé.

Haffenfratz a, pendant long-temps, indiqué dans

les leçons de phyſique qu'il donnoit à l'École polytechnique (1), un moyen de perfectionner les *balances*, & de leur faire indiquer, comme les *balances* à leviers égaux, toutes les diviſions de l'unité. Gattey (2) a fait quelques changemens au perfectionnement propoſé par Haſſenfratz, & a fait exécuter ſa *balance*. Enfin, Paul de Genève (3) a fait exécuter une *balance romaine* avec les mêmes perfectionnemens.

Ces perfectionnemens conſiſtent à réunir pluſieurs poids à la *balance romaine*, comme cela ſe pratique pour la *balance chinoiſe*, & de les conſtruire de manière que l'un indique des dixièmes du premier, un autre des centièmes, & un autre des millièmes. Gattey ayant remarqué qu'il y avoit un inconvénient aſſez grand à placer ſur la même verge deux maſſes que des circonſtances fréquentes pouvoient amener ſouvent aux mêmes points, il lui parut que le moyen le plus ſûr de parer à cette difficulté, étoit d'adapter à la *balance* deux verges parallèles, dont l'une porteroit la groſſe maſſe & l'autre la petite, de ſorte que ces deux maſſes puſſent ſe mouvoir indépendamment l'une de l'autre, ſans s'embarraſſer. Paul n'a laiſſé à ſa *balance* qu'une ſeule verge; & comme celle-ci a été très-multipliée, qu'on s'en ſert de préférence à la *balance romaine*, & qu'elle a beaucoup d'avantage ſur cette dernière, nous allons faire connoître le rapport que Pictet de Genève a fait de cette *balance*, à la Société pour l'avancement des arts établis dans cette même ville.

« La place de vérificateur des poids & meſures que Paul occupe à Genève, l'ayant mis dans le cas d'examiner avec ſoin un grand nombre de *balances romaines*, il a eu l'occaſion de ſe convaincre que la plupart de ces inſtrumens, & ſurtout les *romaines*, ſont conſtruits ſur de mauvais principes, & paroiſſent avoir été fabriqués par des artiſtes qui ne connoiſſoient pas les principes du levier. Il a réuſſi à perfectionner cet appareil, & les *romaines* en particulier. Celles-ci ont, dans les uſages ordinaires du commerce, deux avantages ſur les *balances*: le premier, que leur axe de ſuſpenſion n'eſt chargé que du poids de la marchandiſe, outre le poids conſtant de l'appareil lui-même, tandis que l'axe de la *balance* porte, outre le poids de l'inſtrument, une charge double de celle de la marchandiſe; 2°. l'uſage de la *balance* exige un aſſortiment de poids aſſez conſidérable, lequel augmente proportionnellement le prix de l'appareil, indépendamment des chances d'erreurs qu'il multiplie, & du temps que l'on emploie à chercher l'équilibre. Ces motifs ont engagé l'intelligent artiſte Paul à s'occuper des moyens de perfectionner la *balance romaine*, aſſez pour que, ſoit dans les opérations délicates des arts, ſoit

dans celles du même genre auxquelles on eſt fréquemment appelé dans la pratique des ſciences phyſiques, ces inſtrumens puſſent être ſubſtitués avec avantage aux *balances* ordinaires.

» Pour faire mieux entendre en quoi conſiſte le perfectionnement des *romaines*, il convient d'indiquer quels étoient les défauts des *romaines* ordinaires.

» 1°. Il n'en exiſtoit aucune dans laquelle les points de ſuſpenſion ſe trouvaſſent dans le prolongement de la ligne des diviſions du fléau; circonſtance qui changeoit néceſſairement les rapports des bras du levier de la puiſſance & de la réſiſtance, ſelon que la direction du fléau changeoit relativement à l'horizontale. On a vu des *romaines* dans leſquelles un degré ſeulement de différence dans l'inclinaiſon du fléau, produiſoit une différence de plus d'une livre ſur le réſultat.

» 2°. Lorſque la coupe, le fléau & le peſon font faits comme à l'aventure, le particulier qui poſſède une *romaine* ne peut connoître ſi cet inſtrument eſt dérangé, & l'artiſte même ne peut le réparer qu'en tâtonnant & en y perdant beaucoup de temps.

» 3°. La conſtruction des *romaines* ordinaires, qui ont un petit & un grand côté, oblige à les retourner fréquemment; opération pénible quand les inſtrumens ſont lourds, & qui expoſe les axes à s'égriffer par l'effet des chocs que ces retours occaſionnent.

» Ce double côté mettant dans l'obligation d'avoir un fléau fort étroit pour qu'il ſoit moins défectueux, il ſe courbe facilement; nouvelle ſource d'erreurs; & la face qui porte les numéros étant étroite à proportion, il eſt difficile d'y loger des numéros viſibles.

» Ces inconvéniens font tous évités par la conſtruction de l'artiſte Paul, laquelle offre, en outre, pluſieurs avantages que ne poſſédoient point les anciennes *romaines*.

» 1°. Les centres des mouvemens de ſuſpenſion, ſoit les deux centres conſtans, ſont placés ſur la ligne préciſe des diviſions du fléau, à l'exception d'une élévation preſqu'imperceptible, dans l'axe du fléau, deſtinée à compenſer la très-légère flexion de la barre.

» 2°. L'appareil eſt, par la conſtruction du fléau, leſté au-deſſous de ſon centre de mouvement; en ſorte qu'à vide, le fléau demeure naturellement horizontal, & reprend cette poſition lorſqu'on l'en détourne; comme auſſi, lorſque la *romaine* eſt chargée, & que le peſon eſt à la diviſion qui doit accuſer le poids de la marchandiſe. On reconnoît la ſituation horizontale, dans cette *romaine* comme dans les autres, au moyen de la languette qui s'élève verticalement au-deſſus de l'axe de ſuſpenſion.

» 3°. On découvre que la *romaine* eſt dérangée, lorſqu'à vide, le fléau ne demeure pas horizontal.

» 4°. On remplace, dans ces *romaines*, l'avantage du grand & du petit côté (qui, dans les au- tres, augmente l'étendue du pesage) par un procédé fort simple & qui atteint le même but, avec quel- ques avantages de plus : c'est en employant, sur la même division, des pesons différens. Les numéros des divisions de la barre indiquent les poids qu'ex- priment les pesons correspondans. Par exemple, le gros peson de la grosse *romaine* pesant dix-huit livres, chaque division qu'il parcourt sur la barre vaut une livre : le petit peson pesant dix-huit fois moins que le gros, représentera, sur chacune de ces mêmes divisions, la dix-huitième partie de la livre ou l'once, & la face opposée de la barre est marquée par livre à chaque dix-huit divisions.

» 5°. Comme le fléau n'a qu'un côté divisé, on peut lui donner la forme d'une lame, ce qui le rend beaucoup moins susceptible d'être fléchi par l'action du peson, & donne beaucoup de place pour loger les chiffres très-visibles de l'un ou de l'autre côté.

» 6°. Non-seulement, dans ces *romaines*, la disposition des axes est telle, que le fléau repré- sente un levier mathématique & sans pesanteur, mais dans le principe de sa division, l'intervalle d'une division à l'autre est une aliquote détermi- née & exacte de la distance entre les deux points fixes de suspension; & chacun des pesons dont on fait usage, a pour poids absolu l'unité de poids qu'il représente, multiplié par le nombre de divi- sions contenues dans l'intervalle des deux centres constans de mouvement. Ainsi, en supposant le bras de la *romaine* divisé de manière que dix divi- sions soient exactement contenues dans la distance entre les deux centres constans de mouvement, un peson qui devra exprimer des livres, sur chaque division du fléau, devra peser réellement dix livres; celui qui indiquera des onces sur la même division, pesera dix onces, &c.; en sorte qu'on peut adapter la même *romaine* à un système de poids quelconque, & en particulier au système décimal, en faisant varier le poids absolu des pe- sons & leur rapport.

· » Le fléau de cette *romaine* est construit sur les mêmes principes que celui de la *romaine* du com- merce, mais dans des divisions beaucoup moindres. Sa chape est suspendue, par un écrou, à une tra- verse de bois soutenue par deux colonnes qui re- posent sur les deux extrémités d'une petite caisse de bois garnie de trois tiroirs, laquelle sert de base à l'appareil.

» Ce fléau est divisé en 200 parties, à partir de son centre de mouvement. Cette division est di- versement numérotée sur les deux faces : les nom- bres se suivent sur la face antérieure, depuis 10 à 200, en allant vers l'extrémité; & sur l'autre face, les nombres sont marqués dans le sens opposé.

» Un petit cadre est destiné à contenir les os- cillations du fléau; on le place à la hauteur con- venable, au moyen d'un double écrou qui le sus- pend.

» L'axe de suspension de la *romaine* porte sur des coussinets d'acier très-dur & poli : il en est de même (mais dans une situation renversée) de l'axe qui porte la chape, laquelle se termine en un crochet auquel on suspend diverses parties de l'appareil, selon l'objet auquel on se propose de l'appliquer.

» Veut-on l'employer comme *romaine* ordinaire, on y suspend la coupe, ou plateau, en laiton, la- quelle est exactement équilibrée par le poids du fléau à vide; celui-ci prend alors, de lui-même, la situation horizontale : on cherche l'équilibre de la substance mise dans cette coupe, en plaçant sur le fléau, à l'endroit convenable, le peson & ses fractions, qui correspondent au système de poids que l'on adopte; & lorsqu'on a trouvé l'équilibre, on lit les poids indiqués par les divisions sur les- quelles se trouve chacun des pesons employés, précisément comme on le fait pour la *romaine* du commerce. »

Avec cette même *balance*, on peut prendre la pesanteur spécifique des corps comme avec une *balance hydrostatique*.

Paul a donné à sa *balance romaine* le nom de BALANCE UNIVERSELLE.

BALANCE SUÉDOISE. Elle diffère de la *balance romaine* en ce que, dans celle-ci, c'est le poids ou peson qui varie de position, tandis que l'objet à peser reste fixe, & que, dans la première, c'est le poids à peser qui varie de position, tandis que le poids ou peson reste fixe.

La *figure 427* est la représentation de la *balance suédoise* : elle est formée d'un levier A P, suspendu à un centre fixe C; les deux leviers sont inégaux. A l'extrémité du plus petit levier est fixé un poids P constant; sur la longue branche est un anneau D, qui se meut dans toute sa longueur, & à l'ex- trémité duquel est suspendue la coupe ou plateau L qui contient le corps à peser.

Cette *balance*, qui a beaucoup de rapport avec la *balance romaine*, est moins avantageuse que cette dernière : d'abord en ce que le poids qui fait équi- libre étant ordinairement plus considérable que le corps à peser, la *balance* est plus lourde; ensuite parce qu'il est toujours plus difficile de mouvoir le corps à peser dans la *balance suédoise*, que le poids ou peson de la *balance romaine*, qui est habituelle- ment plus léger.

Quant à la division de cette *balance*, elle est telle, que les diverses longueurs du levier sont en raison inverse des poids des corps à peser; ainsi, pour le poids 1, 2, 3, 4, 5, 6, &c., les longueurs sont 1, $\frac{1}{2}$, $\frac{1}{3}$, $\frac{1}{4}$, $\frac{1}{5}$, $\frac{1}{6}$, &c.

En effet, si l'on fait P = la différence entre la pesanteur du petit & du grand levier;

A = la distance du point C où cette différence de poids est placée;

x, x', x'' = la distance du point C où est placé l'anneau qui supporte la coupe ou le plateau;

L, 2 L, 3' L, &c. = le corps à pefer;

On a AP=Lx=2 L x' = 3 L x'', &c.; & comme A P eft une quantité conftante, il en réfulte que L x = 2 L x' = 3 L x'', &c. ; de-là que $x' = \frac{x}{2}$, $x'' = \frac{x}{3}$, &c.; donc que les longueurs des bras de levier font en raifon inverfe des poids à pefer.

Si l'on veut avoir de plus grands détails fur les *balances* en général, on peut confulter le *Theatrum machinarum* de Leupold, première partie.

BARAL : mefure de chofes liquides, employée en Languedoc avant l'introduction des nouvelles mefures.

Le *baral* en ufage pour mefurer l'huile, contenoit 45 pichets ou 53,51 pintes de Paris, conféquemment 49,83 litres.

BARIL ; cadus ; *fæfchen*. Petit vaiffeau fait de bois, en forme de tonneau, dans lequel on met differens liquides. A Paris & en Normandie, il étoit petit, & contenoit 60 pintes ou 55,88 litres. A Cognac, c'étoit un grand tonneau à eau-de-vie, contenant 216 pintes ou 201,15 litres. Le *baril* en ufage en Italie, a différentes mefures. Le contenu de ces *barils* eft à :

PAYS.		PINTES de Paris.	LITRES.
Florence.	pour le vin ...	42,38	39,40
	— l'huile....	33,90	31,57
Gênes...	pour l'huile..	68,38,	63,69
	— le vin.....	57,60	53,63
Livourne .	pour le vin ..	44,75	41,70
	— l'huile ...	33,90	31,57
Naples		44,50	41,44
Rome....	pour le vin ..	47,80	44,52
	— l'huile. ...	55,77	51,94

Chaque *baril* fe divife différemment dans chaque lieu. A Florence & à Livourne, le *baril* pour le vin = 20 fiafchi; à Gênes, le *baril* pour l'huile = 7,5 rubbi; à Naples, le *baril* = 60 caraffes ; & à Rome, le *baril* pour le vin = 32 bocoli, tandis que celui pour l'huile, qui eft beaucoup plus grand, = 28 bocoli.

BARIUM, de βαρος, *poids;* barium; *barium.* f. m. Subftance fimple foupçonnée métallique, & que l'on regarde comme formant la bafe de la baryte. *Voyez* BARYTE.

Ses propriétés font prefqu'inconnues : on fait feulement que le *barium* eft plus pefant que l'eau ; qu'il eft folide à la température ordinaire; qu'il a une grande affinité pour l'oxigène, & qu'il s'en empare avec une fi grande activité, qu'il s'y combine fur-le-champ par le contact de l'air.

Pour obtenir le *barium*, on fait une pâte de fel,

de baryte & d'eau; on en forme une efpèce de capfule dans laquelle on met du mercure, & cette capfule eft placée fur une plaque métallique. Soumettant la pâte & le mercure à l'action galvanique, l'oxigène & l'acide du fel barytique fe portent vers le pôle pofitif; le *barium* fe porte fur le mercure. On met le *mercurium* de *barium* dans de l'huile de naphte que l'on diftille, afin de faire vaporifer l'huile & le mercure ; le *barium* refte au fond de la cornue ; on le couvre d'huile pour empêcher l'oxidation.

C'eft au docteur Seébeck qu'on doit le procédé au moyen duquel on obtient le *mercurium* de *barium;* mais c'eft Davy qui le premier a retiré le *barium* de cet alliage, & qui a indiqué l'exiftence de ce métal.

On ne trouve point le *barium* pur : il eft toujours combiné avec l'oxigène dans la baryte ; & cet oxide eft combiné avec les acides fulfurique, carbonique, &c., dans le fulfate, le carbonate, &c., de baryte.

BAROMÈTRE, de βαρος, *poids;* μετρον, *mefure;* barometrum, baroscopium, tubus torricellianus ; *barometer;* f. m. Inftrument propre à mefurer la pefanteur de l'air & à faire connoître fes variations.

Depuis le moment où l'évangélifte Torricelli, difciple de Galilée, conçut & exécuta le projet de remplir de mercure un tube, pour prouver que l'air & l'atmofphère étoient pefans, & que Perrier, en montant fur le Puy-de-Dôme, fe fut affuré de cette vérité, qui avoit été annoncée par Defcartes long-temps avant, chacun s'empreffa de fe procurer des tubes de Torricelli, auxquels on donna, par la fuite, le nom de *baromètre.*

Bientôt on remarqua des variations dans la hauteur de la colonne du mercure ; & ces variations, occafionnées par la preffion de l'air, étoient fuivies de féchereffe ou de pluie, felon que le mercure montoit ou defcendoit : alors ces tubes furent confidérés comme les précurfeurs du beau ou du mauvais temps. Cette propriété rendit les *baromètres* d'un ufage plus général ; chacun voulut en avoir ; on embellit leurs cadres, & ils ornèrent les appartemens; enfin, on reconnut qu'ils pouvoient fervir à mefurer les hauteurs des montagnes : alors les favans s'en emparèrent, cherchèrent à les rendre plus exacts, à leur donner des formes plus commodes, & à les rendre faciles à tranfporter dans les voyages. On peut voir, dans l'article contenu dans le premier volume de cet ouvrage, les changemens que lui ont fait éprouver Bernouilli, Caffini, Durham, Hunter, Huyghens, Magellan, le chevalier Morland, le docteur Hook, Amontons, Blondeau, Paffement, Boiftiffandeau, Bourbon, Deluc, Ramfden, Ozanam, Prins, Boyle, &c. &c. Si l'on veut avoir de plus grands détails fur les variations que ces inftrumens ont éprouvées, on peut confulter le *Theatrum machinarum* de Leupold.

Ce que nous nous propofons dans cette addition, c'eft de faire connoître quelques perfectionnemens qui ont été faits au *baromètre* depuis l'impreffion du premier volume de ce Dictionnaire. Nous ne décrirons ici que les inftrumens nouveaux; nous réfervons à compléter ce qui doit être dit fur le *baromètre*, aux articles VARIATION DU BAROMÈTRE, MESURE DES MONTAGNES PAR LE BAROMÈTRE, CONSTRUCTION DU BAROMÈTRE, &c. &c.

BAROMÈTRE À GRADUATION COMPENSÉE; barometrum Sheyeum; *barometer von Shey*. Inftrument dont la graduation eft telle, que fon échelle fixe indique pofitivement la hauteur de la colonne de mercure, quoique le niveau du réfervoir éprouve des variations; & cela, parce que l'on tient compte, dans cette échelle, du mouvement du mercure dans le réfervoir.

Les difficultés que l'on éprouve pour avoir exactement la hauteur du mercure dans le *baromètre*, à caufe de la variation du niveau de ce fluide dans le réfervoir, a déterminé Shey, répétiteur de phyfique à l'Ecole polytechnique (officier d'artillerie très-diftingué, enlevé aux fciences & à fes amis dans les campagnes d'Egypte), à s'occuper de cette queftion. Déjà on avoit réfolu ce problème difficile de trois manières : 1°. en fe fervant d'un réfervoir qui ait un grand diamètre; 2°. par le moyen d'une échelle mobile qui permettoit de placer fon zéro fur la furface du mercure; 3°. par un mouvement dans le réfervoir ou dans la maffe du mercure, qui élevoit ou abaiffoit le niveau pour le porter au zéro de l'échelle : notre jeune favant chercha une quatrième folution, & cela en graduant l'échelle de manière qu'elle tînt compte & compenfât les élévations & les abaiffemens du mercure dans le réfervoir.

Pour y parvenir, il emploie deux tubes calibrés, *fig.* 280. Le premier A, qui fert de réfervoir, a un plus grand diamètre; le fecond B, eft le tube dans lequel on obferve les mouvemens d'afcenfion & de defcenfion du mercure.

Verfant un poids donné de mercure dans chacun des deux tubes, on déterminera facilement le rapport de leur furface. Le volume étant égal à la bafe, multiplié par la hauteur : foit S la furface du réfervoir & L fa hauteur pleine de mercure; s la furface du tube & l fa hauteur pleine de mercure. Le volume du mercure étant le même dans les deux tubes, on aura S L = s l, & par fuite S : s = l : L, c'eft-à-dire, que les furfaces font en raifon inverfe des hauteurs. Les hauteurs L & l étant données par l'expérience, on doit déterminer facilement le rapport de S à s.

Soit c a la hauteur inconnue du mercure dans les deux tubes, lorfque l'ouverture A du réfervoir eft foumife à l'action d'un vide parfait; que b g foit celle du réfervoir, & d celle du tube lorfque l'atmofphère agit par fa preffion fur l'ouverture, ces

hauteurs font fuppofées connues. Dès que la preffion de l'air a exercé fon action fur la furface du réfervoir, le mercure qui étoit contenu dans l'efpace a b, eft remonté auffitôt dans celui c d; d'après cela, fi l'on fait a b = ꞑ & c d = h, on aura s ꞑ = S h, & par fuite ꞑ : h = S : s, & ꞑ + h : h = s + S : s. Si donc on mefure la hauteur totale g d = ꞑ + h = H, on aura H : h = S + s : s; mais S + s : s = l + L : L : donc H : h = l + L : L & h = H $\frac{l + L}{L}$. Ainfi, quel que foit le nombre de parties égales de l'échelle réelle dont H foit compofée, la hauteur h doit contenir le même nombre de parties égales pour indiquer le nombre de divifions contenu dans l'échelle H.

On voit donc comment, à l'aide de deux obfervations, 1°. de la hauteur que le même volume de mercure occupoit dans les deux tubes; 2°. de la hauteur mefurée une feule fois depuis le niveau du mercure dans le réfervoir jufqu'à fon point d'élévation dans le tube, Shey eft parvenu à déterminer une échelle factice qui peut indiquer les hauteurs vraies, en tenant compte des abaiffemens & des élévations du mercure dans le réfervoir.

Cette efpèce de *baromètre*, qui ne peut préfenter de difficultés dans fa conftruction qu'aux perfonnes qui ne font pas habituées aux opérations délicates de la phyfique, devient précieux pour l'obfervateur, en ce qu'il difpenfe de s'occuper des corrections que le mouvement du mercure dans le réfervoir du *baromètre* doit occafionner.

BAROMÈTRE PORTATIF DE COMTÉ; barometrum Comteicum; *tragbar barometer von Comté*. Inftrument qui indique les plus petites variations dans la hauteur de la colonne du mercure par le poids du *baromètre*.

On trouve dans les *Mémoires de l'Académie de Pétersbourg* (1), plufieurs *baromètres* imaginés par G. W. Richman, avec lefquels on mefure la preffion de l'atmofphère par le poids de la colonne de mercure qu'ils contiennent, par le temps que met une quantité donnée de liquide à s'écouler dans l'air en fortant par un orifice capillaire; mais ces inftrumens ne font pas affez fenfibles pour indiquer de très-petites différences. Comté, voulant apprécier les plus petites variations dans la preffion, imagina fon *baromètre*.

C'eft un tube, *fig.* 306 (a), qui a au moins cinq millimètres de diamètre intérieur. Ce tube eft fermé hermétiquement par un bout; à l'autre extrémité eft foudé un tube capillaire tiré en pointe pour empêcher l'entrée de l'air. On emplit le tube de mercure, que l'on fait bouillir enfuite pour chaffer l'air adhérent aux parois du tube, & celui qui eft interpofé entre les particules de mercure; l'extrémité capillaire eft habituellement

---

(1) *Novi Commentari*..... année 1747, pag. 181.

plongée dans un réservoir rempli de ce métal liquide.

Pour mettre cet instrument en expérience, on le sort du réservoir, on le suspend à l'extrémité d'un fléau de balance, & on le pèse. Son poids indique la hauteur de la colonne de mercure.

Afin de connoître le rapport qui existe entre le poids du tube & la hauteur correspondante, on pèse l'instrument à deux hauteurs de colonne de mercure connues & déterminées, dont l'une est prise pour point de départ ; soit ces hauteurs 28 pouces & 27 pouces, par exemple. La différence des poids qui équivaut ici à un pouce de hauteur étant connue, on peut facilement déterminer à quelle hauteur au-dessus ou au-dessous de 28 pouces un accroissement ou une diminution de poids doit correspondre, & conclure de-là la hauteur de la colonne avec une grande précision.

Comté étoit parvenu, avec son *baromètre*, à apprécier la différence de la colonne de mercure à des hauteurs qui ne différoient dans l'air que de quelques pieds.

Si l'on veut transporter cet instrument, on l'incline dans le réservoir jusqu'à ce que le tube soit parfaitement rempli, ensuite on le retourne & on le met dans un étui ; mais on est obligé, pendant toute la durée du transport, de maintenir le tube dans une position renversée. On pourroit, pour plus de facilité, visser sur l'extrémité capillaire un petit tube qu'on remplit de mercure & qu'on bouche ensuite hermétiquement.

Voilà le *baromètre* portatif ramené à son plus grand degré de simplicité, puisque ce n'est que le tube de Torricelli, avec lequel on peut obtenir les résultats les plus exacts.

Il est inutile de rappeler qu'il est essentiel, dans cet instrument, de tenir compte, dans chaque opération, de la différence que la pesanteur doit introduire ; & comme la température agit également & sur le tube & sur le mercure, peut-être seroit-il convenable que l'on eût déterminé pour chaque *baromètre* la loi que la variation de température doit introduire.

BAROMÈTRE PORTATIF DE FORTIN ; barometrum Fortinum ; *tragbar barometer von Fortin.* C'est de tous les *baromètres* connus jusqu'à présent, celui qui est le plus exact & le plus commode à transporter en voyage. Nous nous contenterons d'en donner la description d'après Hachette, *Programme d'un Cours de Physique,* page 221.

Ses principales parties sont, 1°. un tube de verre bien calibré, qu'on remplit de mercure ; 2°. une cuvette qui contient du mercure & qui reçoit l'extrémité du tube.

La construction du *baromètre* doit avoir pour objet, 1°. de tenir le tube de verre dans une position verticale ; 2°. d'indiquer les plus petites variations de mercure ; 3°. de fixer à volonté le mercure dans le tube & dans la cuvette : en remplis-

sant ces conditions, le *baromètre* est *portatif* & à niveau constant.

La *figure* 331 fait voir le *baromètre* lorsqu'il est en station pour observer la hauteur de la colonne de mercure dans le tube de verre ; la *figure* 331 (*a*) indique la forme de la cuvette qui reçoit l'extrémité du tube du *baromètre* ; la *figure* 331 (*b*) représente le nonius appliqué à l'échelle du *baromètre* ; enfin la *figure* 331 (*c*) représente le mécanisme par lequel on donne au tube une position verticale.

De la cuvette qui reçoit l'extrémité intérieure du tube du baromètre.

On voit en A, *fig.* 331, la projection de cette cuvette ; la *fig.* 331 (*a*) est une coupe plus en grand de toutes les parties qui la composent. Comme cette figure est construite sur une échelle de 5 décimètres pour mètre, nous allons nous en servir pour l'explication.

La cuvette est d'une forme cylindrique ; son couvercle, *fig.* 331 (*a*), *a b c d e a' b' c' d' e'* est en bois ; il repose sur un cylindre creux de verre *c f c' f'* mastiqué sur un cylindre creux en bois *f g k m n l h f'* formé de deux pièces réunies par une vis *o p.* Le fond de la cuvette est un solide de révolution dont la section par l'axe est *r q s y u x v t;* ce fond est aussi en bois ; il reçoit dans sa partie creuse *v y x* l'extrémité (cuivre) d'une vis en acier, dont l'écrou fixe est en E C.

Le cylindre *f g k m n l f h f'* & le fond *r q s y u x vt* sont réunis par une peau ; des rainures forment la bourse à mercure PP' ; quant au couvercle, il adhère, par une légère couche de mastic, au cylindre de verre sur lequel il repose. Une peau roulée & liée par des fils sur la partie B B' du tube, s'attache au couvercle par d'autres fils roulés sur cette partie *a e a' e'* de ce couvercle.

Il est important d'observer que cette dernière peau, attachée au tube B B', empêche le mercure de sortir de la cuvette, mais qu'elle est assez poreuse pour offrir un libre passage à l'air atmosphérique.

Deux cylindres creux en cuivre FGHK & LM ON servent d'enveloppe à la cuvette, & ne laissent à découvert que la portion en verre *c c' f f'.* Ces deux cylindres sont réunis par trois tiges droites dont les extrémités sont taillées en vis, dont on voit les têtes en (V), (V') & en V, V', V'' dans le plan.

Sur le cylindre en bois *f g h k l m n h f'* est mastiquée une rondelle en cuivre, dont l'extérieur est taillé en vis pour recevoir l'écrou de l'enveloppe extérieure F G H K.

De la manière d'obtenir le niveau constant & de rendre le baromètre portatif.

La description de la cuvette du *baromètre* sera complète, & l'on pourra en expliquer l'usage
lorsqu'on

lorfqu'on aura àjouté qu'une épingle *ι ω* & *i ω*, *fig.* 331 (*a*), en ivoire, traverfe fon couvercle ; qu'elle y eft fixée, & que l'extrémité *ω* de cette épingle eft dans le plan du niveau conftant.

Après avoir mis dans la cuvette·& le tube une quantité fuffifante de mercure, on tourne la vis A *y* dans l'écrou E C ; le fond *v x y* élève le mercure contenu dans la poche P F', emplit la cuvette & la partie vide du tube ; alors le tube eft portatif, c'eft-à-dire, qu'on a fixé le mercure dans le tube & dans la cuvette, en fupprimant l'efpace dans lequel il pouvoit fe mouvoir : il faut cependant avoir attention de ne pas remplir entièrement le vide du *baromètre*, & d'y laiffer un petit efpace libre pour éviter la preffion qui refulteroit de la diffolution du mercure.

Qu'on fuppofe maintenant ce tube du *baromètre* plein & fufpendu verticalement : pour obtenir le niveau conftant, on fera tourner la vis A *y* dans le fens contraire à celui qui élève le mercure, & on arrêtera le mouvement à l'inftant où *la pointe ω & fon image à la furface du mercure* coïncideront ; cette obfervation fuppofe le tube dans une fituation verticale : on va voir par quel moyen on lui donne cette pofition.

De la fufpenfion du baromètre.

Le tube de verre du *baromètre* eft enveloppé d'un cylindre de cuivre qui s'étend depuis N O, *fig.* 331, jufqu'à N' O' ; cette enveloppe eft percée de deux rainures D, D' qui permettent de voir la colonne de mercure dans le tube de verre ; deux anneaux placés fur la longueur de cette rainure confolident l'enveloppe dans cette partie.

Aux naiffances D des rainures, on met du liége entre le cuivre, l'enveloppe & le tube de verre.

Explication des fig. 331 (c), plan & élévation.

Les *figures* 331 (*c*) font voir le fond fupérieur de l'enveloppe du *baromètre* dans fa grandeur véritable. Ce fond eft une plaque circulaire N' O' dans l'élévation & *d e f* dans le plan, avec prolongement *a, b, c* de trois rayons ; un anneau *g h* dans le plan & *g' h'* dans l'élévation, eft fixé fur cette plaque ; on y paffe le doigt pour foutenir le *baromètre*, O' *k*, dans l'élévation, eft l'épaiffeur de la plaque.

Les extrémités des rayons *a, b, c* du plan font pofées librement fur une faillie pratiquée dans l'épaiffeur du bord de la couronne en cuivre *l k m n* de l'élévation ; cette couronne roule fur deux petits axes *o, p*, fixés à une autre couronne *n m q r* qui roule elle-même fur deux petits axes projetés en *s* de l'élévation & en *s', s''* du plan ; ces deux derniers axes font fitués à la troifieme couronne *t v x y* de l'élévation, dans laquelle fix trois pieds en bois P, P', P'', s'affemblent à charnière A, B.

Il feroit à craindre que les extrémités *a, b, c* des rayons (en plan) ne s'échappaffent par les mêmes ouvertures *z, z', z''*, qui ont fervi à les pla-

cer fur l'épaiffeur du bord de la première couronne. Pour éviter cet accident, deux vis V, U, traverfent cette couronne & entrent dans un écrou pratiqué fur l'épaiffeur de l'enveloppe en cuivre du tube du *baromètre;* par cette difpofition, la couronne & le tube ne forment qu'un même fyftème qui participe aux mêmes mouvemens.

Le double mouvement de rotation permet évidemment au tube du *baromètre* de prendre la pofition verticale.

Les trois pieds en bois, *fig.* 331, P, P', P'', font creux ; étant rapprochés, ils fervent d'enveloppe au *baromètre* entier ; trois tringles, *a a', b b', c c';* fixées par un anneau à un des pieds, s'accrochent à un autre pied : elles empêcheroient le *baromètre* de tomber, dans le cas où les pointes placées aux extrémités des pieds glifferoient fur le terrain.

Comme il eft important de mettre le *baromètre* & fon pied à l'abri des injures du temps, on les enveloppe d'un fac de cuir dans lequel l'eau ne peut pénétrer ; ce fac eft garni d'une bandouillère qu'on paffe fur l'épaule pour tranfporter le *baromètre*, en obfervant de tenir la cuvette vers le haut du corps.

Les moyens de rendre le *baromètre* portatif, de le fufpendre verticalement, d'obtenir le niveau conftant, font connus par les defcriptions qui précèdent : il ne s'agit plus maintenant que d'obferver bien exactement la hauteur du mercure au moyen d'une échelle graduée.

De l'échelle du baromètre.

L'enveloppe en cuivre du *baromètre* porte deux échelles qu'on diftingue, *fig.* 331, aux deux côtés des rainures D D' ; la première à gauche eft en pouces & demi-lignes ; la feconde eft en centimètres & millimètres : deux échelles à nonius *v, v', e, r, fig.* 331 (*b*), donnent, l'une la vingtième partie de la demi-ligne, & l'autre la dixième partie du millimètre.

Cette *figure* 331 (*b*) fait voir le nonius dans la moitié de fa grandeur. Il eft d'une forme cylindrique ; il gliffe fur l'enveloppe du tube. Pour le faire mouvoir, on applique la main fur les anneaux faillans *a b, c d;* deux rainures *e, f* laiffent à découvert le tube de verre. La première échelle du nonius, tracée fur l'un des côtés de la rainure, comprend 19 demi-lignes divifées en 20 parties ; la feconde échelle a pour longueur 9 millimètres divifés en 10 parties ; la dixième partie eft marquée par la ligne *f* prolongée.

Pour obferver la hauteur du *baromètre*, on met les deux bords fupérieurs *f* des rainures du nonius au niveau du mercure dans le tube ; la diftance de ces deux bords eft affez grande pour qu'on juge leur coincidence avec le plan du niveau ; à l'enveloppe en cuivre du tube en verre du *baromètre*, eft fixé un thermomètre centigrade T H, *fig.* 331.

Quelque détaillée que foit la defcription que l'on vient de donner du *baromètre de Fortin*, il faut encore y réunir la perfection dans l'exécution ; & c'eſt autant à cette perfection qu'aux bons principes ſur leſquels il eſt conſtruit, que l'on doit attribuer cette ſupériorité qu'il a acquiſe ſur tous les *baromètres* portatifs, & qui le font préférer à tous ceux que l'on connoît.

BAROMÈTRE PORTATIF DE GAY-LUSSAC ; barometrum Gay-Luſſacum ; *tragbar barometer von G ay-Lyſſac*. Le principal mérite de cet inſtrument eſt ſon extrême ſimplicité & ſon peu de valeur.

C'eſt tout ſimplement un tube recourbé A D, *fig*. 330 (*a*), qui ne diffère du *baromètre* ordinaire qu'en ce que les tubes A & D de 2 à 4 millimètres de diamètre interne ſont réunis par un tube capillaire. Les deux tubes ſont fermés hermétiquement. Sur la face latérale D du tube D C eſt une très-petite ouverture, aſſez grande pour laiſſer entrer l'air & aſſez petite pour s'oppoſer à la ſortie du mercure. Il ne diffère du *barothermomètre*, *fig*. 310, que parce que ce dernier eſt terminé par un grand réſervoir pour le rendre plus ſemblable aux thermomètres ordinaires.

La quantité de mercure contenue dans l'inſtrument doit être aſſez conſidérable pour remplir entièrement le tube A & le tube B C juſqu'au milieu de ſa courbure, où l'on a formé un étranglement ; il peut en contenir quelques globules de plus, mais en très-petite quantité.

Pour obſerver, on ſuſpend le *baromètre* par un anneau *a b*, fixé dans un étranglement pratiqué au ſommet du tube A. Cet étranglement a deux objets ; le premier de retarder le mouvement du mercure lorſqu'on retourne le *baromètre*, & d'empêcher qu'il ne choque trop fort & ne caſſe le ſommet du tube ; le ſecond de favoriſer ſa ſuſpenſion : l'étranglement inférieur ſert à empêcher qu'il ne reſte de l'air dans le tube avec le mercure.

On gradue l'inſtrument ſur les deux tubes, à partir du point conſtant, de 28 pouces, par exemple. Ces graduations ſont en ſens oppoſé, parce que le mercure deſcend dans l'un des tubes quand il monte dans l'autre. Lorſque cela eſt poſſible, & pour avoir des diviſions égales, on choiſit les tubes A & D d'un même diamètre intérieur ; lorſque les tubes ont des diamètres différens, la longueur de leur graduation eſt en raiſon inverſe du carré de leur diamètre.

Un inconvénient aſſez grand que l'on remarque dans ces ſortes d'inſtrumens, & qui a fait abandonner les *baromètres à ſiphon*, c'eſt que la graduation eſt très-petite, & qu'il eſt très-difficile, par conſéquent, d'obſerver & de tenir compte des petites différences ; cependant, ſi l'on n'a pas beſoin d'une exactitude rigoureuſe, le *baromètre portatif de Gay-Luſſac* peut devenir très-utile dans les voyages.

BAROMÈTRE PORTATIF DE MAIGNÉ ; barometrum Maigneicum ; *tragbar barometer von Mai-*

gné. Ces *baromètres* (1), d'une très belle exécution, ſont rendus portatifs par un mécaniſme très-ſimple : un double fond diviſe la cuvette, *fig*. 330 (*b*), en deux parties ; le tube plonge dans la partie inférieure en traverſant le couvercle & le double fond ; les deux parties de la cuvette ne communiquent entr'elles & à l'air extérieur, que par deux ouvertures pratiquées dans l'épaiſſeur du couvercle & du double fond de la cuvette ; une cheville conique à une extrémité, eſt viſſée par l'autre pour fermer ces deux ouvertures ; la partie inférieure de la cuvette eſt remplie de mercure ; l'autre partie n'eſt pas remplie totalement.

Pour obſerver avec ce *baromètre*, il faut le poſer verticalement & déviſſer entièrement la cheville : ſi l'on veut le rendre portatif, on l'incline de manière que le mercure de la partie ſupérieure de la cuvette couvre l'ouverture qui eſt pratiquée dans le double fond pour recevoir la cheville ; alors le tube ſe remplit de mercure : tenant toujours ce tube incliné, on ſerre la vis, & le *baromètre* devient portatif.

Ces *baromètres* paroiſſent préférables à ceux où il entre un robinet de fer ; dans ces derniers, l'humidité & le contact du fer & du mercure favoriſent l'oxidation, & on peut craindre, en tournant ce robinet, d'introduire une petite bulle d'air.

Il manque à cet inſtrument, dont la deſcription a été publiée par Hachette, le moyen de reconnoître & d'indiquer le niveau du mercure pour ſervir de point de départ à l'échelle du *baromètre*, ou, ce qui vaudroit mieux, d'avoir un niveau conſtant ; cet oubli empêche de s'en ſervir pour des obſervations exactes ; cependant il eſt facile de remédier à cette imperfection, ſoit par une ſeconde vis graduée que l'on placeroit dans l'écrou qui exiſte, & que l'on enfonceroit juſqu'à ce que le point coïncidât avec la ſurface du mercure, comme dans le *baromètre de Fortin*, ſoit de toute autre manière. Dans le cas où l'on emploîroit la vis, le degré d'enfoncement, indiqué par ſa graduation, feroit connoître ce qu'il faudroit ajouter ou retrancher à la hauteur obſervée.

Nous terminerons cet article en faiſant connoître pluſieurs manières de rendre conſtant le niveau du mercure dans la cuvette : les *fig*. 295 (*a*) & 313 (*a*) ſont copiées du *Theatrum machinarum* de Leupold ; elles font connoître une méthode très-ancienne de percer le réſervoir à une certaine hauteur, afin que le mercure s'écoulant, détermine une hauteur fixe de mercure dans la cuvette. Le moyen indiqué *fig*. 295 (*a*) eſt de Leutmann ; quant aux cuvettes 316 (*a*), 316 (*b*), 316 (*c*), elles ont été imaginées par différens phyſiciens. On peut encore conſulter le *baromètre* de Lamanon, *Journal de Phyſique*, année 1782, tom. 1ᵉʳ., pag. 3 ; celui de Humboldt, *Journal de*

(1) *Annales de Chimie*, tom. XLVII, pag. 218.

Physique, année 1798, tom. II, pag. 468 ; celui de Guérin, *Journal de Physique*, année 1801, tom. II, pag. 444, &c. &c.

BAROSANÈME, de βαρος, *pesanteur*, ανεμος, *vent*; barofanema ; *barofanemes* ; subst. maf Instrument inventé pour juger de la force du vent par la pefanteur qui lui fait équilibre. *Voyez* ANÉMOMÈTRE, ANÉMOSCOPE.

BARRIQUE ; cadus ; *groffer fæffe*; f. f. Vaiffeau rond, fait de bois, en forme de tonneau, dont le volume ou la contenance diffère felon les lieux. C'eft une mefure françaife, qui eft ordinairement le quart du tonneau ; elle contient à :

PAYS.	PINTES de Paris.	LITRES.
Bayonne...............	243,0	226,30
Bordeaux { petite jauge.	184	171,35
{ grande jauge	216	201,15
en Bretagne..........	240	223,51
La Rochelle..........	175,1	162,97
Rouen...............	223,2	207,86

BARUTH : mefure des Indes, qui contient 50 à 56 livres de poivre, mefure de Paris.

BARYTE, de βαρος, *poids* ; barytes ; terra ponderofa ; *baryterae* ; *fchwererae*; f. f. Terre confidérée comme fimple & indécompofable, la plus pefante de toutes celles que l'on connoît. Cette terre eft regardée aujourd'hui comme un oxide métallique. *Voyez* BARIUM.

Elle a une couleur grife, blanchâtre ; elle eft poreufe, crevaffée, d'une faveur âcre, brûlante, urineufe, verdiffant le firop de violette, fe ramolliffant au feu, fe teignant & fe blanchiffant à l'air comme la chaux, diffoluble dans 30 parties d'eau à froid, & 20 parties à la température de l'eau bouillante. Sa denfité eft de 4, d'après Fourcroy, & feulement de 2,372, d'après Haffenfratz.

Jamais la *baryte* n'a été trouvée pure dans la nature ; elle eft toujours combinée, foit avec l'acide carbonique, foit avec l'acide fulfurique.

On obtient la *baryte* pure en pulvérifant le carbonate de *baryte*, en formant une pâte avec de l'huile, la faifant fortement rougir dans un creufet garni de charbon en poudre, & verfant fur le réfidu de l'eau bouillante ; la *baryte* fe criftallife par le refroidiffement.

Hope obtient du carbonate de *baryte* avec du fulfate de *baryte*, en réduifant ce dernier en poudre, le mêlant avec le huitième de fon poids de pouffière de charbon, & calcinant fortement le mélange ; alors la maffe calcinée eft diffoute dans l'eau, & l'on en précipite du carbonate de *baryte*

fous la forme d'une pouffière blanche, en verfant du carbonate de foude dans la diffolution : le carbonate de foude bien lavé eft traité par la pouffière de charbon comme on vient de l'indiquer.

Cette terre fe combine avec tous les acides, & tout porte à croire que, parmi toutes les bafes falfifiables connues, c'eft celle qui a la plus grande affinité avec les acides ; elle fe combine avec les huiles, & forme des favons infolubles dans l'eau & dans l'alcool.

La *baryte* a peu d'ufage ; elle eft employée en chimie comme un réactif puiffant pour découvrir l'acide fulfurique.

Quoique la *baryte*, ainfi que les fels qu'elle forme, foient des poifons très-violens., Crawfort, &, à fon exemple, plufieurs médecins célèbres, Chauffier, Pinel, &c., l'ont employée avec fuccès dans les fcrophules, les phthifies pulmonaires & les chancres commençans.

Pour l'adminiftrer, on la fait diffoudre dans l'eau diftillée ; la dofe eft d'un quart de grain jufqu'à trois grains par jour au plus ; on commence d'abord par la plus petite quantité poffible, furtout chez les enfans, & l'on augmente fucceffivement.

Alibert, Jaudelot, Solmade, affurent n'avoir retiré prefqu'aucun avantage de l'ufage du muriate de *baryte*.

Ce fel, pris à très-petite dofe, produit fouvent des vertiges, des angoiffes, des vomiffemens, des coliques, des fuperpurgations, des fueurs, des évacuations très-abondantes d'urine ; enfin, des douleurs de poitrine & la fièvre. Sa manière d'agir fe rapproche beaucoup du muriate furoxigéné de mercure.

Pelletier a propofé, pour remédier aux accidens occafionnés par le muriate de *baryte*, de faire ufage du fulfate de potaffe, afin de décompofer le premier fel ; mais on croit que les mucilagineux & les adouciffans font préférables.

Afin de prévenir les effets nuifibles du muriate de *baryte*, on a recommandé d'ajouter quelques gouttes d'eau diftillée de laurier-cerife à la folution de ce fel.

D'après les expériences faites par Pelletier, fur des chiens, le fulfate de *baryte* ne paroît pas être vénéneux pour ces animaux.

Le nitrate de *baryte*, moins irritant que le muriate, peut être employé à plus forte dofe, dans les mêmes circonftances & de la même manière.

BASE ACIDIFIABLE ; fubft. fém. Subftances qui deviennent acides en fe combinant avec les principes acidifians.

Ces *bafes* peuvent être divifées en deux claffes, fubftances fimples & fubftances compofées. Parmi les trente-un acides fimples font des fubftances fimples, & qui n'ont pas été décompofées, on en diftingue feize dont les *bafes* ne paroiffent pas fufceptibles de décompofition. Ces bafes, au nombre de dix, font: l'arfenic, le bore, le carbone, le chrôme, l'iode, le chlor, le fluor, l'azote, le phofphore & le foufre. Ces fubftances combinées, foit avec l'oxigène, foit avec l'hydrogène, forment les acides arfenique, borique, carbonique, chromique, fluorique, iodique, hydriodique, muriatique, muriatique furoxigéné, nitreux, nitrique, phofphoreux, phofphorique, hydrofulfure, fulfureux & fulfurique. Quelques-unes de ces *bafes* fe combinent féparément avec l'hydrogène & avec l'oxigène, & forment deux acides différens; tels font les acides hydriodique & iodique, ainfi que les acides hydrofulfure & fulfurique; d'autres forment des acides diftincts en fe combinant avec des proportions différentes de la même *bafe*; tels font les acides nitreux & nitrique, fulfureux & fulfurique, qui contiennent des proportions différentes d'oxigène.

Parmi les *bafes* des autres acides, il en eft une, celle de l'acide acéteux, dont la nature & la proportion des compofans font parfaitement connues; d'autres dont on connoît les compofans fans avoir déterminé leur proportion; d'autres enfin, dont les compofans ne font pas encore parfaitement connus.

Voyez ACIDE, OXIGÈNE, HYDROGÈNE & ACIDITÉ.

BASSE, de l'italien *baffo*; gravus fonus, gravis foni habitus; *baff*; f. f. Ce mot a deux acceptions en mufique; c'eft un inftrument ou une des quatre parties de la mufique.

On donne ce nom à l'inftrument qui, dans les orcheftres, fert à exécuter la plus baffe des partitions. Sa forme eft celle d'un violon; mais c'eft auffi le plus gros & le plus long de ceux qui forment le concert.

En mufique, on diftingue cinq fortes de *baffes*: chantante, continue, contrainte, figurée & fondamentale.

BASSE CHANTANTE; gravis foni habitus cantitus; *fingbar baff*. C'eft l'efpèce de voix qui chante la partie de la *baffe*. Il y a des *baffes* récitantes & des *baffes de chœur*; des concordans ou *baffes-tailles* qui tiennent le milieu entre la taille & la *baffe*; des *baffes* proprement dites, que l'ufage fait encore appeler *baffes-tailles*; enfin, des *baffes-contres*, les plus graves de toutes les voix qui chantent la *baffe* fous la baffe même, & qu'il ne faut pas confondre avec les *contre-baffes*, qui font des inftrumens.

BASSE CONTINUE; gravis foni habitus continuus; *begleitende baff*. Celle qui dure pendant toute la pièce. C'eft une des parties les plus effentielles de la mufique moderne. Son principal ufage, outre celui de régler l'harmonie, eft de foutenir la voix & de conferver le ton. On prétend que c'eft un Ludovico Wixna, dont il refte un Traité, qui,

vers le commencement du dernier fiècle, la mit le premier en ufage.

BASSE CONTRAINTE; gravis foni habitus coactus; *gebundene baff*. Celle dont le fujet ou le chant, borné à un petit nombre de mefures, comme quatre ou huit, recommence fans ceffe, tandis que les parties fupérieures, pourfuivant leur chant & leur harmonie, les varient de différentes manières. Cette *baffe* appartient originairement aux couplets de la chaconne; mais on ne s'y affervit plus aujourd'hui. La *baffe contrainte* defcendant diatoniquement ou chromatiquement & avec lenteur, de la tonique ou de la dominante vers les tons mineurs, eft admirable pour les morceaux pathétiques. Ces retours fréquens & périodiques affectent infenfiblement l'ame, & la difpofent à la langueur & à la trifteffe; on en voit des exemples dans plufieurs fcènes des opéras français; mais fi ces *baffes* font un bon effet à l'oreille, il en eft rarement de même des chants qu'on leur adapte, & qui ne font, pour l'ordinaire, qu'un véritable accompagnement. Outre les modulations mal amenées qu'on y évite avec peine, les chants, retournés de mille manières & cependant monotones, produifent des renverfemens peu harmonieux, & font eux-mêmes affez peu chantans; en forte que le deffus y retient béaucoup de la contrainte de la *baffe*.

BASSE FIGURÉE: celle qui, au lieu d'une feule note, en partage la valeur en plufieurs autres notes fous un même accord.

BASSE FONDAMENTALE; gravis foni habitus fundamentalis; *general baff*. C'eft celle qui n'eft formée que des fons fondamentaux de l'harmonie, de forte qu'au-deffous de chaque accord, elle fait entendre le fon fondamental de cet accord, c'eft-à-dire, celui duquel il dérive par les règles de l'harmonie; par où l'on voit que la *baffe fondamentale* ne peut avoir d'autre contexture que celle d'une fucceffion régulière & fondamentale, fans quoi la marche des parties fupérieures feroit mauvaife.

Tous ces articles fur les différentes *baffes* font copiés du *Dictionnaire de Mufique* de J. J. Rouffeau. Si l'on veut avoir de plus grands détails fur la *baffe fondamentale*, on peut confulter ce mot dans le *Dictionnaire de Mufique* de l'*Encyclopédie*.

BASSIN; bacinus; *fchaale*; fubft. maf. Vafe ou plateau dont la forme creufe approche d'un fegment de fphère.

BASSIN DE BALANCE; lancula; *wagshaale*. Plateaux fufpendus aux deux extrémités du fléau de la balance, & dans lefquels on met, d'un côté les corps que l'on veut pefer, & de l'autre les poids qui doivent leur faire équilibre.

BASSIN D'OPTIQUE; bacinus opticus. Plateaux creux dans lesquels on dégroffit & l'on polit les verres lenticulaires ou convexes.

Ce font des fragmens de fphère coulés en laiton & polis enfuite, que l'on tourne au moyen d'une manivelle, & dans lesquels on place, avec du grès d'abord, & de l'émeri enfuite, les verres que l'on dégroffit ou que l'on polit, pour en former des objectifs, des loupes, ou tout autre verre lenticulaire.

Schmith décrit avec beaucoup de foin, dans fon *Cours complet d'Optique*, la manière dont on prépare les moules dans lesquels on coule les *baffins d'optique*; les dimenfions qu'ils doivent avoir pour y travailler les différens verres; enfin, comment on doit les dégroffir & les polir fur le tour. Huyghens eft d'avis de donner à ces *baffins* une longueur double de celle des verres que l'on veut y travailler.

Afin d'éviter le long travail qu'exige l'ébauche des verres plans deftinés à former des lentilles, on les ramollit au feu, & on les comprime entre deux moules qui leur donnent une forme approchante de celle qu'ils doivent avoir. Ce travail préparatoire ne s'applique ordinairement qu'aux verres qui ont de grandes dimenfions. *Voyez* VERRES LENTICULAIRES.

BASSON; gravis foni tibia; *baffon*; fubft. maf. Inftrument de mufique à vent & à anche, qui fert de bafe aux concerts de mufique & de hautbois.

Le *baffon* fe divife en deux parties pour être porté plus commodément, & alors il s'appelle *fagot*, parce qu'il reffemble à des morceaux de bois liés & fagotés enfemble: fa pate a prefque 9 pouces de diamètre, & on bouche fes trous avec des boîtes & des clefs comme aux autres grandes flûtes.

BASTONNÉE, f. f. Quantité d'eau qu'on puife à la pompe chaque fois que la brimbale joue.

BATH: mefure de liquide chez les Hébreux: c'étoit la dixième partie du chomer.

BATON; βακτρον; baftum; *ftock*, fubft. maf. Long morceau de bois qu'on peut tenir à la main.

BATON DE JACOB, fubft. maf Efpèce d'arbalète qui fert à prendre des hauteurs ou des diftances par des angles.

Quelques perfonnes prétendent qu'il eft ainfi nommé, parce que les divifions du montant reffemblent aux degrés de l'échelle myftérieufe que Jacob vit en fonge, & qui alloit jufqu'au ciel.

BATZ, BACHE, BATZEN: petite monnoie de billon en ufage en Allemagne & en Suiffe; cette monnoie a différentes valeurs Le *batz* vaut à:

PAYS.	SOUS de France.	CENTIM.
Bâle	2,958	14,61
Saint Gall	3,284	16,21
Zurich	3,000	14,81
Berne	3,594	17,76
Augsbourg	3,528	17,44
Ulm	3,528	17,44
Nuremberg	3,528	17,44
Francfort	3,528	17,44

50 *batze* fuiffes & 27 bons *batze* de Bâle font un rixdaler; 15 *batze* de Saint-Gall valent un florin; 16 *batze* de Zurich, un florin, & 32 un rixdaler; 15 *batze* de Berne, un florin, & 30 un rixdaler; 15 *batzen* d'Ausbourg, d'Ulm, de Francfort-fur-le-Mein, un florin de convention, & 15 *batze* de Nuremberg, un florin, demi-écu d'Empire.

BAUDOSE: inftrument de mufique à plufieurs cordes, dont les Anciens faifoient ufage, & dont ils font mention dans la Vie de Charlemagne.

BELIER HYDRAULIQUE; aries hydraulicus. fubft. maf. Machine qui fert à élever l'eau par la viteffe d'un courant.

Cette machine fe compofe d'un tuyau de conduit d'eau B, *fig.* 197, d'un réfervoir d'air D, d'un tuyau d'afcenfion d'eau I, de deux foupapes C, O. La première C, fe nomme *foupape d'arrêt*, parce qu'elle arrête & empêche la force de l'eau; la feconde O, fe nomme *foupape d'afcenfion*, parce qu'elle facilite l'afcenfion de l'eau, & qu'elle l'empêche de defcendre.

Montgolfier a fondé la conftruction de fon *bélier hydraulique* fur ce principe général de mécanique, que tout corps en repos ou en mouvement ne peut de lui-même changer fon état; s'il eft en repos, il y perfiftera, à moins qu'une caufe étrangère ne l'en retire; s'il eft en mouvement, il ne peut, de lui-même, ni augmenter ni ralentir fa viteffe, & il continue à fe mouvoir jufqu'à ce qu'une caufe étrangère vienne l'arrêter.

Voici comment s'exécute le jeu de cette machine. Dès que l'eau, en mouvement à l'extérieur, eft tranquille dans le tuyau B, la foupape C tombe par fon propre poids, & l'eau fort par l'ouverture; alors il s'établit un courant, & le liquide acquiert une viteffe dans fon mouvement afcenfionnel, pour fortir par l'ouverture qui correfpond à la *foupape d'arrêt* C; l'eau, en fortant, exerce une action contre cette foupape, la fait remonter; elle ferme l'ouverture. Ne pouvant plus fortir, le mouvement de l'eau fe prolonge jufqu'à la *foupape d'afcenfion* O: elle ouvre cette foupape & s'introduit dans le réfervoir D; mais ici elle éprouve une réfiftance occafionnée par le poids de la colonne foulevée, & par le reffort de l'air. Cette réfiftance ralentit le mouvement, l'action de la vitesse devient égale à la réaction ou à la compression de l'eau dans le réservoir, la *soupape d'ascension* O se ferme : l'eau retenue dans le tuyau continue à perdre de sa vitesse par la résistance que la paroi du tuyau lui oppose, son mouvement se ralentit, &, la soupape C', qui n'éprouve plus la même compression, parvient à vaincre, par son poids, l'action qu'exerce encore le peu de vitesse qui reste à l'eau : elle tombe, & le liquide s'écoule de nouveau par l'ouverture. Le courant & la vitesse se rétablissant, la *soupape d'arrêt* C se ferme, celle d'*ascension* O s'ouvre, & de l'eau entre dans le réservoir D. Ce mouvement se continue tant que la masse ou le mouvement de l'eau peut entretenir le courant dans le tuyau B.

Pendant le jeu de la machine on entend, à des intervalles très-rapprochés, un bruit analogue à celui d'un coup de marteau : ce bruit est formé par le choc de la *soupape d'arrêt*, lorsqu'elle se ferme ; & comme ce choc a été, dans l'origine, comparé à celui d'un *bélier*, c'est de-là qu'est venue la dénomination du *bélier hydraulique*. On peut, en comptant le nombre de bruits que l'on entend dans une minute, déterminer le nombre de fois qu'elle se ferme dans un temps donné.

Dans la première machine, les *soupapes d'arrêt* étoient placées à l'extrémité du tuyau de conduit d'eau, à quelque distance de la *soupape d'ascension*, comme on le voit dans la *fig.* 197 (a). La *soupape d'arrêt* oscille sur le point K ; un corps pesant *a*, est placé dans le prolongation supérieure de la soupape, & tend, par son propre poids, à la faire ouvrir par dedans, lorsque l'eau est sans mouvement. Un corps fixe *e*, sert d'arrêt au poids *a*, afin de conserver à la soupape ouverte une inclinaison qui permette à l'eau, lorsque le courant de sortie est établi, de la fermer en la choquant obliquement par sa vitesse. Dès que cette soupape est fermée, la vitesse de l'eau réagit sur la *soupape d'ascension*, elle la soulève, & l'eau entre dans le réservoir.

Rien de plus simple & de plus ingénieux que cette machine, dont l'invention contribue à la célébrité du dix-huitième siècle : c'est encore à l'ingénieux Montgolfier qu'est due sa découverte. Il racontoit, avec sa simplicité habituelle, qu'il l'a conçue en se promenant sur les bords d'une eau courante : remarquant que partout où l'eau rencontroit des obstacles dans sa marche, elle s'élevoit au-dessus du niveau de la surface environnante, il chercha à utiliser la force qui faisoit ainsi élever les eaux, &, par une suite de réflexions, il arriva à la construction de son *bélier*.

Afin de bien juger du mérite & de l'avantage que peut procurer l'invention du *bélier hydraulique*, il faut comparer son produit, la dépense de son établissement & ses frais d'entretien, avec ceux des autres machines dont on fait usage.

Dans toute machine hydraulique, la dépense est la quantité d'eau qui s'écoule de la source multipliée par la hauteur dont elle tombe ; le produit est la quantité d'eau élevée dans le même temps, multiplié par la hauteur à laquelle on l'a élevée.

En appliquant cette règle à trois machines construites par Montgolfier, on trouve que la moyenne des résultats obtenus donne le rapport de 100 : 65 pour celui de dépense de l'eau dans le *bélier hydraulique* au produit que l'on en obtient. Nous allons rapporter ici ces expériences.

Expériences faites à Avilly, près Senlis, chez M. Turquet, blanchisseur (1).

La source qui met le *bélier hydraulique* en mouvement, a 3 pieds 2 pouces de chute.

La dépense du *bélier*, en trois minutes, est de 1637 litres d'eau ; le produit dans le même temps est de 268 litres d'eau élevée à 14 pieds 2 pouces. En calculant la dépense & le résultat, on trouve que les produits des quantités par les hauteurs sont 5190 & 3796 ; prenant le nombre 100 pour dépense ; le rapport de la dépense au produit, est comme 100 : 72.

Expériences faites sur le bélier de l'École polytechnique, le 17 messidor an 12.

La hauteur de la chute est de 1m.,82 centimètres : celle de l'ascension de 11m.,66 centimètres. Le tuyau de la colonne *active* cm.,054 millimètres ; il est fixé sur le fond d'un vase de figure ovale : le conduit de la colonne *passive* a aussi cm.,054 de diamètre, & 10 mètres de longueur ; le tuyau ascendant est en fer-blanc, de cm.,02 de diamètre intérieur, & de 11m.,66 d'élévation : la longueur totale est de 32m.,66 : la soupape se fermoit de quarante à quarante-deux fois par minute.

Eau tombée en 10 minutes, 4931.,7 de 1m.,82 ; produit, 898,533.

L'eau élevée pendant le même temps à 11m.,66 étoit de 511.,8 ; produit, 603,988.

Il suit, d'après ces données, que la dépense est au produit comme 100 : 67,2.

Expériences faites sur le bélier de Montgolfier, rue des Juifs, n°. 18.

La chute est de 2m.,6 : la colonne active a cm.,108 de diamètre ; la colonne passive a cm.,054 de diamètre, & 10,4 de longueur. La conduite d'élévation, y compris le tuyau ascendant, est de 29 mètres de longueur : son diamètre intérieur est de 0m.,027 ; la hauteur à laquelle on élève les eaux est de 16m.,06.

(1) *Journal des Mines*, tom. XVIII, pag. 22.

La foupape d'écoulement fe fermoit 104 fois par minute.

Eau dépenfée en 10 minutes, 676 litres; hauteur 2,6 mètres, produit 1757,6.

Eau élevée dans le même temps, 621,4; hauteur 16m.,96, produit 1002m.,14.

Le rapport de la dépenfe au produit eft comme 100 : 57.

Un rapport fur le *belier hydraulique* de Montgolfier a été fait vers le milieu de l'an 6 à la première claffe de l'Inftitut, par Boffut & Coufin, qui avoient été chargés d'examiner cette nouvelle machine : ils rendent compte, dans leur rapport, des expériences qu'ils ont faites pour comparer les dépenfes & les produits du *belier hydraulique*, afin de déterminer les cas où il doit être préféré aux roues hydrauliques ordinaires. Le canal ou tuyau principal de la machine qui a fervi à ces expériences, avoit 8m.,118 de longueur, & 0m.,109 de diamètre : il étoit adapté à un réfervoir entretenu plein d'eau fous une profondeur conftante de cm.,487. On a fait varier deux fois la hauteur du tuyau montant : la première a été de 3m.,166; la feconde de 9m.,661.

Première expérience. La hauteur du tuyau montant de 3m.,166; par un milieu entre deux expériences, la machine donne 30 coups en 60 fecondes.

La quantité d'eau perdue eft de 263 litres; la quantité d'eau élevée eft de 22 litres. Total de l'eau fournie par le réfervoir, 285 litres.

En comparant le produit de cette quantité totale, multipliée par la hauteur de la chute 0,m.487 au produit de la hauteur d'eau élevée, multipliée par fa hauteur 3m.,166; on trouve que le premier eft au fecond à peu près comme 2 : 1.

Seconde expérience. La hauteur du tuyau montant eft de 9m.,661; par un milieu entre trois expériences, la machine donne 30 coups en 61 fecondes : la quantité d'eau perdue eft de 237 litres; celle de l'eau élevée eft de 51,7. En réduifant le tout en 60 fecondes, comme dans le premier cas, on aura :

Pour la quantité d'eau perdue, 233 litres; pour la quantité d'eau élevée, 51,6; & pour la quantité totale d'eau fournie par le réfervoir, 2381,6.

Enfuite, fi l'on fait des calculs entièrement femblables à ceux des cas précédens, on trouvera qu'ici l'effet eft moindre que dans le premier cas, proportion gardée des hauteurs & des quantités d'eau dépenfées.

Ces réfultats ayant été comparés par les commiffaires de l'Inftitut, avec le produit que donneroient des *roues à ailes* & des *roues à pots* qui feroient mues par la même quantité & la même chute d'eau que dans les deux expériences précédentes, & qui éleveroient l'eau, par le moyen d'une pompe, à la même hauteur que celle des tuyaux montans qui ont fervi aux mêmes expé-

riences, ils ont trouvé, par un calcul fort fimple, que le *belier hydraulique* a de l'avantage fur les *roues à ailes*, & que fon effet eft moindre que celui d'une *roue à pots*. Mais en fuppofant que l'eau dont on peut difpofer, coule fans interruption par un orifice égal à celui du canal ou tuyau principal des expériences ci-deffus, fans que le niveau de la charge d'eau puiffe baiffer, ce qui eft le cas des grandes rivières, les *roues à ailes* reprennent de l'avantage fur le *belier hydraulique*.

Montgolfier ne pouvoit pas être d'accord avec les commiffaires de l'Inftitut fur les produits de fon *belier*, comparés à ceux d'une machine hydraulique; car il dit (1) : « En comparant le produit d'une bonne machine hydraulique (conftruite avec une *roue à palons* faifant mouvoir une pompe) avec celui d'un *belier*, on reconnoîtra que la quantité d'eau élevée par cette machine compofée de roues & de pompes, eft le fouvent à la quantité d'eau dépenfée, comme la dixième partie de la hauteur verticale de la chute d'eau eft à la hauteur verticale à laquelle on fe propofe d'élever l'eau; tandis que fi cette afcenfion d'eau eft exécutée au moyen d'un *belier hydraulique*, placé convenablement fous la même chute d'eau, la quantité de ce fluide élevée fera au moins (même dans les cas les plus défavorables) à celle dépenfée par ce *belier*, comme la moitié de la hauteur de la chute eft à la hauteur des eaux élevées; ce qui annonceroit que le *belier hydraulique* produiroit cinq fois plus d'effet qu'une bonne machine hydraulique à pompe.

» Il fuppofe pour cela (2) que la machine hydraulique employée foit exécutée dans toutes les règles de l'art; car il exifte nombre de ces fortes de machines qui font bien infuffifantes pour donner de pareils produits : par exemple, la plus généralement connue, la machine de Marly, n'en approche pas autant, puifque, dans les eaux moyennes de la rivière de Seine, elle dépenfe plus de cent mille pouces de fontenier; de cinq pieds d'eau d'environ 5 pieds, & elle n'a jamais élevé plus de 120 pouces fonteniers, dans le baffin du château d'eau qui eft placé à une hauteur d'environ cinq cents pieds au-deffus de la rivière; ce qui prouve que cette machine (dans le temps même qu'elle étoit neuve & dans le meilleur état) n'élevoit que les deux mille cinq centièmes parties de l'eau qu'elle dépenfoit. Ainfi, la quantité de ce fluide qu'elle élevoit alors, étoit à celle qu'elle dépenfoit, comme la vingt-cinquième partie de la hauteur de la chute de la rivière eft à la hauteur verticale à laquelle les eaux font élevées. Quelque foible que fût, dans ce temps, ce produit, qu'il a même exagéré, elle ne peut aujourd'hui

(1) *Journal des Mines*, tom. XV, pag. 35.
(2) *Ibidem*, pag. 37.

en élever que le quart, vu son état de détérioration par défaut d'un suffisant entretien. »

Baillet observe (1), malgré l'assertion de Montgolfier, que les *roues à pots* conservent, dans tous les cas, l'avantage sur le *belier hydraulique* : il annonce qu'aux expériences des commissaires de l'Institut, on pouvoit en réunir beaucoup d'autres ; qu'il suffit de rappeler que la *dépense d'eau* des *roues à pots* employées dans plusieurs mines de France, est au produit d'eau, toute réduction faite, comme 5 : 3 (2), & que les *machines à colonnes d'eau*, décrites dans plusieurs ouvrages, & notamment dans les Voyages de Jars & Duhamel, ne sont pas moins avantageuses que les *roues à pots* (3).

Quoi qu'il en soit de ces discussions & de ces comparaisons, il n'en est pas moins vrai que le *belier hydraulique* peut être employé avec beaucoup d'avantage dans un grand nombre de circonstances où les *roues à ailes* & les *roues à pots* ne peuvent l'être qu'avec beaucoup de difficulté ; telles, par exemple, que des rivières dans lesquelles des roues hydrauliques pourroient nuire à la navigation, des torrens dans lesquels on ne trouveroit pas de position pour y établir des roues ; de plus, cette machine coûte beaucoup moins à établir, & nécessite moins de réparations. Montgolfier portoit, en l'an 12, les prix de ses têtes de *belier*, savoir : pour des tuyaux d'un diamètre

de 2 pouces, de	100 à	150 francs.
3	200 —	300
4	266 —	540
5	500 —	750
6	800 —	1200
7 ..,....	1000 —	1500
8	1200 —	1800

Dès que les grands avantages que présente le *belier hydraulique* furent connus, & que l'on eut apprécié la beauté de cette invention, des envieux voulurent l'enlever à Montgolfier. L'écuyer Bolton de Soho, dans le comté de Strasford, ayant obtenu, le 13 décembre 1797, une patente pour des machines analogues au *belier hydraulique*, plusieurs personnes voulurent lui en attribuer l'invention.

La première machine que contient sa patente, est tout-à-fait semblable au *belier hydraulique* (4), dont la soupape est placée à l'extremité du tuyau de conduite ou canal principal ; la seconde diffère de la première, en ce qu'on lui ajoute un réservoir d'air dont la première est privée ; la troisième machine est, en quelque sorte, un *belier hydraulique d'aspiration* : elle est applicable à certains cas où l'eau qu'il faut élever est inférieure au niveau du canal, & doit être déchargée à ce niveau. Elle peut servir à dessécher des terrains marécageux, à épuiser les eaux des tourbières, ou celles d'une carrière quelconque peu profonde, lorsque l'on a à sa disposition un courant d'eau convenable encaissé, & dont le lit soit plus élevé que le fond du marais, de la tourbière ou de la carrière ; on peut l'employer aussi, avec avantage, pour épuiser l'eau de la cale d'un navire, en mettant à profit le mouvement même du vaisseau dans l'eau.

Sa description est fort simple : C, *fig.* 198, est le canal ou tuyau principal ; B est la *soupape d'arrêt* ; elle s'ouvre de dedans en dehors, & elle est placée à l'embouchure même du canal, ou à l'orifice par lequel l'eau entre. A est la soupape d'ascension, placée à l'embouchure même du canal, & le réservoir d'air. D est un tuyau descendant, ou d'aspiration, qui communique avec l'eau que l'on veut épuiser. E est le poids qui sert à ouvrir la soupape d'arrêt B.

Aussitôt que l'eau a acquis, dans le canal, une vitesse convenable, la soupape d'arrêt se ferme & empêche l'eau d'y entrer ; celle qui le remplit continuant à se mouvoir, entraîne avec elle une portion de l'air qui occupe le réservoir, & qui se dilate. Dans le même temps l'eau inférieure s'élève, dans le tuyau descendant, à une hauteur proportionnée à la raréfaction de l'air dans le réservoir ; mais bientôt toute la force vive de la masse d'eau qui étoit en mouvement, étant anéantie, la soupape d'arrêt s'ouvrira, l'eau reprendra sa première vitesse dans le canal, & les mêmes effets que nous venons de décrire recommenceront. Après plusieurs coups successifs, l'eau inférieure qui s'est elevée graduellement dans le tuyau descendant, dégorgera dans le réservoir d'air, & de-là dans le canal, d'où elle sera emportée avec l'eau du courant.

Bolton destine sa quatrième machine à élever l'eau de la mer : sa construction ne diffère de la seconde, en ce que ses canaux sont placés de manière que l'effet ait également lieu, soit que la marée monte, soit qu'elle descende. Il propose pour cet effet deux moyens différens : le premier, *fig.* 199, en adaptant à chaque extrémité du canal un tube principal, une *soupape d'arrêt*, une soupape d'ascension, un réservoir d'air & un tuyau montant, pour les employer alternativement pendant le temps du flux ou reflux ; le second, *fig.* 199 (′), en appliquant à un seul réservoir deux canaux opposés, garnis de soupapes convenables, & en les employant l'un à l'exclusion de l'autre.

Enfin, la cinquième machine est destinée à faire passer l'eau au-dessus d'une colline ou d'une éminence quelconque, qui ne soit pas élevée de plus de neuf ou dix mètres sur le niveau de la source :

---

(1) *Journal des Mines*, tom. XV, pag. 26, note (1).
(2) *Ibidem*, tom. XIII, pag. 222.
(3) *Ibidem*, tom. II, n°. 12, pag. 29 ; tom. III, n°. 6, pag. 14 ; tom. X, n°. 58, pag. 750.
(4) *Ibidem*, tom. XI, pag. 492 & suivantes.

il lui a donné la forme d'un fiphon dont les deux branches repréfentent le canal ou tuyau principal des machines ordinaires.

Dans la *fig.* 204, une partie de l'eau eft fuppofée fe décharger à la partie fupérieure du fiphon par une foupape d'afcenfion A. La foupape d'arrêt B eft placée au-delà, à l'entrée du réfervoir d'air. Par cette difpofition, fi l'on fuppofe le courant établi dans le fiphon, la foupape d'arrêt fe fermera quand l'impulfion de l'eau fera fuffifante pour furmonter l'action du contre-poids qui la tenoit ouverte : la maffe d'eau en mouvement qui remplit la première branche, fera brufquement arrêtée, & une portion d'eau fortira par la foupape d'afcenfion. Le courant fera donc interrompu dans la branche courte du fiphon ; mais l'eau qui fe trouve dans la longue branche, continuera à fe mouvoir, quand la foupape d'arrêt fera fermée, & le vide qu'elle tendra à produire, fera rempli par l'eau que l'air, en fe raréfiant, fera fortir du réfervoir.

Dans les *fig.* 204, 204 (*a*), on s'eft propofé de faire paffer l'eau motrice par-deffus une colline ou une digue, & d'en élever une portion à une hauteur indéfinie. Pour remplir ces conditions, la foupape d'arrêt eft placée à l'extrémité inférieure de la longue branche du fiphon, *fig.* 204 (*a*). L'effort de l'eau qui fe trouve tout-à-coup arrêtée, ouvre la foupape A ; une portion d'eau paffe dans le réfervoir d'air, & s'élève dans le tuyau DD à la hauteur que l'on veut.

Pour mettre en jeu ces deux machines, il fuffit de remplir d'eau les fiphons, foit en la faifant monter par fuccion, foit en l'introduifant par la partie fupérieure, après avoir fermé les deux bouts inférieurs des branches : le courant une fois établi, le mouvement de ces machines s'entretient de lui-même, & continue d'avoir lieu.

A la fuite de ces cinq machines hydrauliques, Bolton en propofe trois autres conftruites fur un principe analogue, mais qui diffèrent des premières en ce que, dans celles-ci, c'eft le mouvement, c'eft la viteffe acquife par l'eau, qui détermine l'élévation, tandis que dans les autres, c'eft le mouvement du canal principal, dans une eau ftagnante, qui fait élever l'eau.

Si l'on fait mouvoir un tuyau dans le fens de fa longueur, au milieu d'une eau ftagnante ; fi ce tuyau eft ouvert par les deux bouts, fi on a adapté, près du bout poftérieur, un tuyau montant ; enfin, fi on ferme tout-à-coup fon orifice fupérieur (le tuyau continuant à fe mouvoir), une portion de l'eau s'elevera dans le tuyau montant, comme fi l'eau étoit en mouvement & que le canal principal fût en repos ; car il eft évident que l'eau eft en mouvement relativement au tuyau.

La première machine de ce genre eft repréfentée *fig.* 202 & 202 (*a*) ; CC eft le tuyau principal, courbé en fpirale autour du réfervoir d'air J. Il peut faire une ou plufieurs révolutions

autour de ce réfervoir, le toucher immédiatement, ou en être à quelque diftance ; il doit être entièrement plongé dans l'eau. Son extrémité oppofée à l'eau, ou celle qui s'avance la première, quand la machine eft en mouvement, eft toujours ouverte ; l'extrémité poftérieure eft munie d'une foupape d'arrêt qui s'ouvre de deffous en dedans. Immédiatement auprès de cette foupape d'arrêt, eft adapté un tube latéral qui communique avec le réfervoir d'air, & qui eft garni d'une foupape d'afcenfion. Toute cette machine tourne, dans le plan horizontal, fur un pivot K, & fait tourner avec elle le tuyau portant KB qui fert d'axe, & qui eft maintenu dans la pofition verticale par le collet L, dans lequel il fe meut. Le mouvement de rotation de cet appareil doit être continu dans le même fens.

Voici maintenant quel eft le jeu de cette machine : une puiffance quelconque, appliquée à une manivelle fixée fur l'axe de la roue dentée N, fait tourner cette roue, & par fuite la roue M, dans laquelle elle engrène, & qui eft elle-même énarbrée fur le tuyau KB. Toutes les fois que le tuyau principal a acquis, relativement à l'eau qu'il contient, une viteffe convenable, la foupape d'arrêt fe ferme, celle d'afcenfion s'ouvre, l'eau paffe dans le vaiffeau d'air ; elle s'élève au haut du tuyau montant, d'où elle fe décharge dans une auge circulaire qui la conduit au lieu de fa deftination. Toutes les fois, au contraire, que la foupape d'arrêt eft fermée, & que l'eau eft relativement en repos dans le tuyau principal (qui, par hypothèfe, eft toujours en mouvement), un reffort oblige auffitôt la foupape d'arrêt à s'ouvrir. Ces effets font alternatifs, & ont lieu à des intervalles proportionnels à la viteffe de rotation du tuyau. Le reffort doit être tel, qu'il puiffe céder à l'impulfion relative ou à la réfiftance du fluide, & permettre à la foupape d'arrêt de fe fermer quand il le faut.

On voit dans les *fig.* 201 & 201 (*a*) la deuxième machine ; ces deux conftructions diffèrent particulièrement de la première, en ce que le tuyau principal a un mouvement curviligne, alternatif, dans le plan horizontal. Les limites de cette ofcillation font déterminées par la remonte d'un reffort roide S, contre lequel frappe un levier T.

Dans la *fig.* 201 (*a*), le tuyau ou canal principal, & le réfervoir d'air, font placés hors du baffin dont il faut élever l'eau, & à la hauteur où cette eau doit être verfée : le tuyau montant a fon extrémité inférieure plongée dans l'eau du baffin.

CC eft le canal courbé circulairement autour du réfervoir J. A chaque bout, ou près de chaque bout, font adaptés une foupape d'arrêt B, qui s'ouvre extérieurement, & un tube de communication avec le réfervoir d'air. Ce tube eft muni d'une foupape d'afcenfion qui s'ouvre en dedans du canal : D eft le tuyau montant : en O

eſt une ſoupape dormante qui s'ouvre de bas en haut, & ѵqui ſert à retenir l'eau quand le tuyau montant en eſt rempli. La ſection perpendiculaire à l'axe de ce tuyau eſt repréſentée circulaire ; elle peut être carrée ou polygonale. Le plan & le profil joints à la *fig.* 201 (*a*), font voir la poſition des ſoupapes d'arrêt & d'aſcenſion.

Pour mettre en jeu cette machine, on a fixé ſur le tuyau montant D, qui ſert d'axe, une double poulie P, ſur laquelle ſont enveloppées les deux cordes Q & R. Ces cordes étant tirées tour à tour, font tourner l'appareil alternativement dans deux ſens oppoſés, & l'eau ſort à chaque coup par l'une ou l'autre extrémité du canal. Bolton penſe que la viteſſe la plus convenable qu'il faut imprimer aux cordes, doit être telle qu'il y ait trente oſcillations par minute dans chaque direction.

On remarquera aiſément que cette machine ne peut ſervir que pour des hauteurs qui n'excèdent pas neuf à dix mètres, & qu'il eſt à propos, quand on commence à la faire jouer, de remplir d'eau le montant & le canal ou tuyau principal.

Dans la *fig.* 201, le canal circulaire & le réſervoir d'air ſont adaptés au bas du tuyau montant, de manière que le canal ſoit entièrement plongé dans l'eau qu'il s'agit d'élever. Des ſoupapes d'arrêt ſont placées aux deux extrémités de ce canal, comme dans le plan horizontal, mais elles s'ouvrent en dedans. Deux tubes de communication ſont auſſi inſérés entre les bouts du canal & le réſervoir d'air, & ils ſont munis de ſoupapes d'aſcenſion qui s'ouvrent dans le réſervoir. Les mêmes lettres, dans cette figure, indiquent les mêmes objets que dans la figure verticale ; les mêmes moyens peuvent ſervir à donner le mouvement à la machine.

Enfin, la troiſieme & dernière machine de Bolton conſiſte en un canal rectiligne ou curviligne, que l'on fait oſciller dans un plan vertical, & que l'on place tantôt hors du baſſin dont il faut élever l'eau, tantôt au milieu même de l'eau du baſſin. Dans ces deux cas elle exige deux conſtructions différentes.

Le tube ou canal C C, *fig.* 203, eſt courbé ſuivant un arc de cercle, dont les tuyaux partiels D D repréſentent les rayons, ou bien, ce peut être ſimplement un tube ou canal rectiligne parallèle à la corde de cet arc. Cet aſſemblage du canal & des deux tuyaux montans eſt mobile ſur un axe O, fixé au centre de l'arc. SS ſont deux reſſorts roides qui déterminent l'étendue de chaque oſcillation. Cette étendue peut être de neuf à dix décimètres, quand ce ſont des hommes qui agiſſent à la circonférence de l'arc décrit par chaque extrémité du canal. En A A ſont des ſoupapes qui s'ouvrent de bas en haut, & qui ſervent à contenir l'eau qui remplit les tuyaux montans. En B B ſont des ſoupapes d'arrêt qui s'ouvrent du dehors. Si l'on remplit d'eau le canal C C

& les tuyaux D D, & que l'on tire avec force tout l'appareil, d'abord dans un ſens, & enſuite dans le ſens contraire, les mêmes effets auront lieu comme dans la machine *fig.* 201 (*a*), à la fin de chaque oſcillation : quand la machine frappe ſur les reſſorts & retourne en arrière, l'eau qui remplit le canal, continuant à ſe mouvoir dans la première direction, eſt jetée en partie dans l'auge qui eſt diſpoſée pour la recevoir, & en même temps l'eau s'élève par le tuyau montant le plus éloigné, pour remplir le vide qui tend à ſe former à l'extrémité du canal, à laquelle ce tuyau correſpond.

Dans la *fig.* 203 (*a*), les principales parties de la machine ſont ſemblables à celles de la machine précédente, mais elles ſont diſpoſées dans un ſens inverſe. Les mêmes lettres indiquent les mêmes objets. Tout le canal C C doit être plongé aſſez profondément ſous la ſurface de l'eau qu'il faut élever, pour que les extrémités ne puiſſent ſortir de l'eau, quand elles arrivent à la fin de l'arc qu'elles ont parcouru. Cette machine eſt mue de la même manière que celle qui précède : l'aſſemblage des deux tuyaux montans & du canal principal, doit oſciller dans un plan vertical, & à l'aide des ſoupapes d'arrêt B, & des ſoupapes d'aſcenſion A, l'eau doit s'élever alternativement dans chacun des tuyaux montans, comme elle s'élève dans les *beliers hydrauliques.*

Quelques machines paroiſſent avoir de l'analogie avec celles que Bolton propoſe : tels ſont, par exemple, le double ſerpentin de Viallon, décrit dans le *Journal de Phyſique* (1), les moyens employés par Venturi pour élever l'eau d'un baſſin inférieur à un canal (2), le ſiphon employé par Montgolfier, & dont il tire de l'eau de la partie ſupérieure; le double zigzag de Bellidor (3); la machine hydraulique de Demours (4); mais ces dernières, qui n'ont pas de ſoupapes, différent eſſentiellement de celles de Bolton.

Malgré le deſir bien manifeſté d'attribuer à Bolton la découverte du *belier hydraulique*, les rapports des dates où les deux mécaniciens anglais & français ont obtenu leur patente, & la réclamation très-poſitive de Montgolfier, à laquelle Bolton n'a pas répondu, aſſurent au mécanicien français la découverte du *belier hydraulique.*

Bolton n'a obtenu ſa patente que le 13 décembre 1797, & Montgolfier a obtenu ſon brevet d'invention le 13 brumaire an 6 (3 novembre 1797).

Voici la déclaration de Montgolfier, à laquelle il n'a été fait aucune réponſe. « Cette invention n'eſt point originaire d'Angleterre ; elle appartient toute entière à la France. Il eſt vrai qu'un de mes amis a fait paſſer avec mon agrément, à

---

(1) *Journal de Phyſique*, année 1798, tom. I, pag. 388.
(2) *Ibidem*, année 1794, tom. II, pag 362.
(3) *Architecture hydraulique*, tom. I, pag. 382.
(4) *Mémoires de l'Académie des Sciences*, année 1732.

MM. Watt & Bolton, copie de plusieurs deffins que j'ai faits de cette machine, avec un Mémoire détaillé sur ses applications. Ce sont ces mêmes deffins qui ont été fidèlement copiés dans la patente prise par M. Bolton, à Londres, en date du 13 décembre 1797; ce qui est une vérité dont il est bien éloigné de disconvenir, ainsi que le respectable M. Watt. Depuis, j'ai encore prodigieusement multiplié les variations de cette machine, le principe étant une source féconde d'applications, surtout pour les cas où l'on a besoin d'un mouvement alternatif. J'en ai, entr'autres, exécuté une où, à l'aide d'une chute d'eau de dix pieds, j'ai comprimé l'air comme par quarante atmosphères, & où l'eau pouvoit conséquemment s'élever à 40 × 32 pieds = 1280 pieds. Je me propose d'en exécuter une nouvelle, dont l'effet sera encore beaucoup plus considérable.

» Je me ferai toujours un plaisir de faire voir cette machine, exécutée & fonctionnant, à toutes les personnes qui le desireront. »

Paris, le 8 thermidor an 10. Signé MONTGOLFIER, rue des Juifs, n°. 18.

Enfin, voulant absolument donner aux Anglais l'invention du *belier hydraulique*, on le compara à une machine exécutée en 1772 à Oulton dans le Cheschire, & qui a été décrite dans une lettre adressée à Francklin par John Whitehurst. Nous allons en donner la description.

Un réservoir A, *fig.* 226, communique par un tuyau D à un robinet F, & à un réservoir C : une soupape G, s'ouvrant du côté du réservoir A, permet à l'eau du réservoir A de s'écouler dans le réservoir C, & empêche l'eau du réservoir C de revenir dans le réservoir A.

Si l'on emplit d'eau le réservoir A, l'action de l'eau exercée par la soupape G l'ouvre, & l'eau monte dans le tuyau K, jusqu'à ce qu'elle soit en équilibre avec celle du réservoir A. Ouvrant alors le robinet F, l'eau prend son cours dans la direction de D E. En fermant le robinet, la vitesse que l'eau a acquise dans la direction D G, exerce son effort sur la soupape, l'ouvre, ce liquide se répand dans le réservoir W, & s'élève dans le tuyau K, jusqu'à ce que la pression de la colonne qui excède le niveau de l'eau dans les deux réservoirs, fasse équilibre à la force exercée par la vitesse : l'eau cesse d'entrer, la vitesse diminue, & la soupape se ferme. Ouvrant de nouveau le robinet F, le liquide reprend son cours, & la vitesse qu'il a acquise, au moment où l'on ferme le robinet, détermine une nouvelle action sur la soupape; de l'eau pénètre dans le réservoir W, & s'élève dans le réservoir C; ainsi, à chaque fois que l'on tire de l'eau par le robinet F, on fait monter de l'eau du réservoir C, & le liquide peut s'y élever à une hauteur assez grande au-dessus du niveau de l'eau dans le réservoir.

On prétend que cette machine fut imaginée parce que l'on observa que chaque fois que l'on fermoit le robinet, après avoir puisé l'eau dont on avoit besoin, une forte secousse étoit exercée dans le tuyau par le liquide qu'il contenoit, & que les dégradations continuelles que ces secousses occasionnèrent, firent naître l'idée d'employer, à élever de l'eau, la force qui produisoit ces secousses.

Montgolfier avoit-il connoissance de cette machine hydraulique lorsqu'il imagina son *belier?* Il est difficile de prononcer sur une pareille question : cependant, les personnes qui ont connu & qui ont pu apprécier la moralité de Montgolfier, n'hésitent point à se prononcer pour la négative, par cela seul que ce savant & modeste ingénieur a constamment attesté que le *belier hydraulique* est entièrement de son invention.

BÉLOMANTIE, de βελος, *flèche*, & μαντεια, *divination*; belomantia; *bélomantie*. Divination par les flèches.

La *bélomantie* étoit en usage chez les Orientaux, & particulièrement chez les Arabes, qui appellent cette divination *alaylam*; on l'exécutoit avec trois flèches : sur l'une on écrivoit *Dieu me l'ordonne*, sur la seconde, *Dieu me le défend*, & on n'écrivoit rien sur la troisième. Ces trois flèches étoient renfermées dans un carquois, & on en tiroit une au hasard : si c'étoit celle qui portoit *Dieu me l'ordonne*, on faisoit la chose pour laquelle on consultoit le sort; si c'étoit celle où il y avoit *Dieu me le défend*, on s'en abstenoit; & si c'étoit la troisième, on recommençoit. *Voyez* DIVINATION.

BÉMOL : caractère de musique auquel on donne à peu près la forme d'un *b*, & qui fait abaisser d'un semi-ton mineur la note à laquelle il est joint.

BENJOIN; benzoe, assa dulcis; *benzoe*; subst. masc. Résine végétale rangée parmi les baumes.

Cette espèce de résine est fragile, d'un brunclair, tacheté de jaune, d'une odeur agréable, d'une saveur balsamique; chauffée, l'odeur devient plus suave; une portion se vaporise; c'est de l'acide benzoïque.

Elle est soluble dans l'alcool & dans l'acide sulfurique, insoluble dans l'eau; elle présente les mêmes phénomènes que les baumes. Sa pesanteur spécifique est de 1092.

Dryander s'est assuré à Sumatra, que le *benjoin* provenoit du *styrax benjoin*; qu'on l'obtenoit en faisant des incisions dans l'écorce. On le trouve dans de vieux troncs : il est ordinairement en gâteaux bruns, recouverts au commencement d'une pellicule mince & fragile. Cassé, on trouve dans l'intérieur une eau rougeâtre sans odeur, & n'ayant que peu de saveur; cette eau ne pouvoit avoir aucun rapport avec les fucs laiteux des végétaux dont fe forment les réfines.

On diftingue fous le nom de *benjoin amygdaloïde*, des morceaux qui contiennent dans leur intérieur des larmes blanches que l'on a comparées à des amandes liées par un fuc brun.

Sumatra n'eft pas le feul endroit d'où l'on tire du *benjoin* : il en vient encore de Siam , de Java , de Santa-Fé , de Popayan. Les nouvelles connoif-fances acquifes fur les arbres à l'île de Bourbon & & à l'île de France , ont produit quelques lumières fur l'origine du *benjoin* : tout fait croire que plu-fieurs arbres , autres que le *ftyrax benjoin*, font fuf-ceptibles de produire cette fubftance.

L'analyfe exacte du *benjoin* nous manque. On fe fert ordinairement de cette réfine pour des fumi-gations & pour en féparer l'acide *benzoïque*, connu en pharmacie fous le nom de *fleur de benjoin*. Il entre dans la compofition des paftilles ou clous odorans , que l'on brûle dans les appartemens pour communiquer à l'air une qualité aromatique.

Pris intérieurement, le *benjoin* exerce une ac-tion fur l'économie animale ; il favorife la digef-tion, rend la circulation plus active , les fécretions plus abondantes : on le confeille comme un excel-lent ftomachique ; on s'en fert dans les fièvres adynamiques ; mais on vante principalement fon ufage dans les maladies du fyftème pulmonaire, dans les affections catarrhales : on peut l'adminiftrer à la dofe de 25 centigrammes à 1 gramme.

C'eft ordinairement à l'état d'acide benzoïque ou de fleur de *benjoin* qu'il eft employé , foit fous forme de bols ou en électuaire , foit fous forme de paftilles , en le mêlant avec une affez forte propor-tion de fucre blanc.

BENZOATES ; benzoas ; *benzoe gefaürte falze* ; f. m. Sels neutres formés par la combinaifon de l'a-cide benzoïque avec toutes les bafes falfifiables.

Tous ces fels font infiniment plus folubles dans l'eau que l'acide benzoïque. On diftingue les *ben-zoates alcalins*, les *benzoates terreux* & les *benzoates métalliques*.

Les *benzoates alcalins* d'ammoniaque, de po-taffe & de foude ont une faveur particulière, dou-ceâtre : l'acide benzoïque peut être féparé de la plupart par la chaleur.

Parmi les *benzoates terreux* , on connoît les *ben-zoates* d'alumine , de baryte , de chaux , de ftron-tiane & de magnéfie.

Comme l'acide benzoïque n'agit que foible-ment fur la plupart des métaux, on ne foumet à fon action que leurs oxides ; mais on obtient plus faci-lement ces fels en verfant un *benzoate alcalin* dans les diffolutions métalliques : on forme de cette ma-nière les *benzoates* d'antimoine , d'arfenic , de plomb , de fer , d'or, de cobalt , de cuivre , de manganèfe , de nickel , de platine , de mercure , d'argent , d'urane , de bifmuth , de zinc , d'etain.

Trommfdorf a placé les bafes falfifiables dans l'ordre fuivant , relativement à leur affinité pour l'acide benzoïque.

Oxide d'arfenic.	Baryte.
Potaffe.	Chaux.
Soude.	Magnéfie.
Ammoniaque.	Alumine.

BÉQUARRE , BÉCARRE : caractère de mufique qui a la forme d'un carré ♮. Son objet eft de ra-mener à fon ton naturel une note qui a été précé-demment hauffée par un dièfe ou baiffée par un *bémol*.

BERCHEROOT : petit poids tenant lieu de livre dans la Ruffie. Le *bercheroot* a 0,8369 de la livre de France, & il correfpond à 471,77 grammes. Il fe divife en 32 lots & 96 folotnites.

BERCOWETZ : poids dont on fe fert à Archan-gel & dans tous les États de l'empereur de Ruffie , pour pefer les marchandifes d'une grande maffe Le *bercowetz* = 334,8 livres de France, = 164,87 ki-logrammes. Il fe divife en 10 pouds , & le poud en 40 bercheroot.

BERTHOLLIMÈTRE ; berthollimetrum ; *ber-thollimeter*; f. m. Inftrument deftiné à mefurer la force & l'intenfité de l'acide muriatique oxigéné.

Cet inftrument eft compofé d'un tube gradué dans lequel on met une mefure d'acide muriatique oxigéné , fur lequel on verfe une diffolution d'in-digo contenant un millième de cette matière co-lorante ; on verfe de cette diffolution dans le tube, jufqu'à ce que la couleur ne foit plus attaquée par l'acide muriatique oxigéné.

Une des propriétés caractériftiques de l'acide muriatique oxigéné , c'eft d'attaquer & de détruire les couleurs végétales ; par l'action de cet acide , la couleur paffe au fauve ; on diftingue la limite de la décoloration quand la couleur devient olive.

Le nom de *berthollimètre* a été donné par De-croifil à cet inftrument, parce que Berthollet eft l'inventeur de l'ufage de l'acide muriatique oxi-géné pour blanchir les toiles ; & comme il eft né-ceffaire de connoître l'intenfité de cette liqueur , lorfqu'on l'emploie, Decroifil a cru devoir donner le nom de l'inventeur de l'art du blanchiment à l'inftrument qui fait connoître le degré de la fubf-tance employée.

Voyez, pour plus d'explications , le *bertholli-mètre*, *Journal des Arts & Manufactures*, tome I, page 256, & *Annales de Chimie*, tome LX , page 43.

BESICLES, de Bis, *deux* ; oculi , *yeux* ; byfi-clus, perfpicilla, confpicillo ; *brillen* ; f. m. Sorte de lunettes garnies d'un verre pour chaque œil, & qui fe fixent fur le nez ou derrière les tempes.

Ces lunettes font ordinairement employées pour remédier aux vues courtes, *myopies* , ou aux vues longues, *presbyties* : dans le premier cas, les verres doivent être concaves, afin de donner aux rayons de lumiere la divergence qui convient à la vue ; dans le fecond, ils doivent être convexes, pour donner aux rayons de lumiere la convergence qui leur eft néceffaire : leurs degrés de concavité ou de convexité doivent varier felon l'intenfité de la *myopie* ou de la *presbytie*. *Voyez* MYOPIE, PRESBYTIE.

Pour des yeux irritables, qui ne fupportent que difficilement l'intenfité de la lumiere, on fait ufage de *befîcles* dont les verres font plats & colorés en vert ; par ce moyen on fouftrait une quantité plus ou moins grande de rayons rouges, & l'organe de la vue eft moins défagréablement affecté. *Voyez* VERRES VERTS, VUES FOIBLES.

Enfin, on emploie encore, pour détruire le *ftrabifme* chez les enfans qui en font affectés, des efpeces de *befîcles* compofées de deux globes opaques, percés d'un trou qui correfpond au-devant de chaque œil. *Voyez* STRABISME.

On attribue les vues courtes & longues à la convexité de la cornée & du criftallin. Lorfque les rayons de courbure font très petits, que la convexité eft très-grande, que la diftance des objets eft à la portée ordinaire, le point de convergence des rayons fe réunit entre le criftallin & le fond de l'œil ; lorfque le rayon de courbure eft trop grand, & que la cornée & le criftallin font trop plats, le point de concours des rayons réfractés eft par-delà le fond de l'œil, de maniere que chaque point lumineux produit un cercle fur la furface fenfible de l'œil, & que les objets font vus obfcurément. *Voyez* VISION, CERCLE DE DISSIPATION, VUE PARFAITE, VUE DISTINCTE.

Toutes les vues ont des portées différentes : la diftance moyenne de la vue parfaite pour de bons yeux a été eftimée de 8 pouces ; les myopes ne voient bien les objets qu'en les approchant davantage ; auffi ne peuvent-ils diftinguer les objets éloignés. Les presbytes font obligés d'écarter les objets pour les bien voir ; mais ils perdent, par cet écartement, une quantité de lumiere d'autant plus grande, que les objets font plus éloignés : les verres concaves & convexes remédient à ces deux défauts, & facilitent la vifion parfaite des objets à 8 pouces de portée. Nous allons faire connoître comment on détermine quel doit être le foyer des verres pour les différentes vues.

Soit A la portée de la vue parfaite de l'œil F E G' fans verre, *fig.* 275 ; foit C D un verre pour tranfporter la portée de la vue parfaite au point B ; foit m : n les rapports des finus d'incidence & de réfraction de l'air dans le verre, le foyer des rayons parallèles de ce verre fera $f = \dfrac{r m}{2(m-n)}$.

(*Voyez* FOYER.) Soit d = la diftance A au verre, & b la diftance B, on aura pour la diftance du foyer virtuel d. $\dfrac{b r m}{2(m-n)-r m} = -d$; divi-

fant le numérateur & le dénominateur de la fraction par $2(m-n)$, on aura :

$$-d = \frac{\dfrac{b r m}{2(m-n)}}{b\dfrac{2(m-n)}{2(m-n)} - \dfrac{r m}{2(m-n)}} \text{ à la place}$$

de $\dfrac{r m}{2(m-n)}$; mettant la valeur f, on aura $-d = \dfrac{b f}{b - f}$, d'où fuivra $df - bd = bf$, & $f = \dfrac{b d}{d - b}$; mais d eft la portée de la vue parfaite, b la-diftance de l'œil au point où l'on veut voir les objets, f le foyer des rayons parallèles des verres lenticulaires ; d'où l'on conclura que le foyer des rayons parallèles du verre égale au produit des deux parties divifées par la différence des deux diftances.

Pour donner une application, fuppofons que la portée de la vue parfaite foit de 24 pouces, & que l'on veuille, à l'aide d'un verre, voir exactement les objets à 8 pouces de diftance, le foyer des rayons parallèles fera $\dfrac{24 \times 8}{24 - 8} = 12$; & fi la portée de la vue étoit infinie, le foyer du verre devroit être de 8 pouces, car on auroit $\dfrac{\infty \times 8}{\infty - 8} = 8$.

Ayant trouvé, par une formule très-fimple, le moyen de déterminer le foyer des rayons parallèles des verres pour une vue dont la portée eft connue, tout fe réduit à pouvoir apprécier la portée des différentes vues. Or, il exifte un inftrument nommé *optometre*, avec lequel on peut connoître d'une maniere exacte la portée des vues. (*Voyez* OPTOMETRE.) Prenant donc la portée en pouces avec cet inftrument, la multipliant par 8, & divifant ce produit par la quantité dont la portée diffère de 8 pouces, ce quotient eft le numéro ou le foyer du verre.

Toutes les fois que les objets font vus, à l'aide des verres, à la portée commune, ils font aperçus de la même grandeur & fous la même angle que par les vues ordinaires ; mais fi, par le moyen des verres, on les aperçoit à une plus petite ou à une plus grande diftance, on les voit plus petits ou plus grands. En général, la grandeur de l'objet vu à travers les verres $\dfrac{b}{d}$ ou $\dfrac{f}{b - f}$ de fois ce qu'elle feroit à la vue fimple. Les presbytes ne voient bien les objets à l'œil nu, qu'en les plaçant à une plus grande diftance, & les myopes à une plus petite ; d'où il fuit que les premiers les voient réellement plus petits, & les feconds plus grands.

Nous avons obfervé que le plus ou le moins de rapprochement des verres de lunettes de la cornée ne produit pas de changement fenfible dans la portée & dans la netteté de la vifion ; la feule différence appréciable, c'eft que le champ des objets vus eft plus grand lorfque les verres font plus près de l'œil.

On donne le nom de *conferves* aux *beficles* dont les verres ont un foyer très-éloigné ; tels font, par exemple, les verres de 30 à 50 pouces de foyer ; on les fait fouvent de verre vert pour diminuer l'impreffion de la lumière.

Les fervices que les *n fi les* rendent aux vieillards, ont dû faire confidérer leur découverte comme très-importante. Les Grecs & les Romains n'en connoiffoient pas l'ufage. Sénèque obferve, *Queft. Nat*, *lib. I, cap. VI*, qu'une boule pleine d'eau grandit les lettres que l'on voit à travers ; mais il en donne pour raifon : *Quia acies noftra in humido labitur, nec apprehendere, quod vult, fideliter poteft*. Cette expreffion montre combien on avoit peu de connoiffance de la vifion à travers les corps tranfparens, & combien on ignoroit les lois & la théorie de la réfraction ; auffi ne voit-on dans aucun ouvrage de ce temps, que l'on fît même ufage de ces boules dans la vifion des objets.

Quelques notions pofitives fur l'agrandiffement des objets vus à travers les fegmens de fphère, doivent faire rapporter au douzième fiècle les premières connoiffances qui peuvent s'y appliquer. On trouve (*liv. VII*, *Théorème* 118) de l'*Optique* de l'Arabe Alhazen, qui vivoit l'an 1100, des détails fur les effets produits par la vifion des objets à travers le grand fegment d'une fphère de verre. Molineux penfe que Roger Bacon, mort en 1292 (1), connoiffoit parfaitement les verres concaves, les verres convexes, & même les thélefcopes ; il déduit cette affertion de quelques paffages de fon *Livre de la Perfpective, fect. III, diftinct. 2, chap. III*; mais en rétabliffant le texte complet à la place des citations, il paroît qu'il n'avoit que des notions très-imparfaites de la vifion à travers des fegmens de fphère ; on voit même qu'il s'eft trompé en affurant que le petit fegment d'une fphère groffit plus les lettres que le grand fegment. Il n'eft donc pas étonnant que Bacon tire une fauffe conclufion d'un faux principe, en prétendant que les lettres paroiffent moindres lorfque leur image eft derrière elles, comme dans le grand fegment, & plus grandes lorfqu'elle eft devant ; la feule conféquence que l'on peut tirer de ces différentes diftances de l'image, eft qu'à l'œil d'un vieillard, les lettres paroîtront plus diftinctes par des rayons qui feront un peu moins divergens, que l'image eft plus éloignée, & elles paroîtront plus confufes par des rayons qui feront un peu plus divergens de l'image voifine que s'il les voyoit avec l'œil nu. L'effet du plus petit fegment eft donc contraire au deffein des lunettes, qui n'eft pas de groffir les lettres, mais de les faire paroître diftinctes, en faifant tomber des rayons moins divergens fur l'œil, ou parallèles, ou même un peu convergens, felon l'âge

(1) Schmith, *Cours d'Optique*, traduit par L. P., tom. I, pag. 56.

ou felon la conftitution de l'œil, & par conféquent on ne peut y réuffir que par un petit degré déterminé de convexité : de-là il fuit évidemment que Bacon n'a pas éprouvé les grands & les petits fegmens pour en comparer les effets ; car il fe feroit aperçu de fa méprife, & il auroit préféré les gros fegmens pour groffir davantage.

Quoiqu'il parût qu'il n'y eût plus qu'un pas à faire de la connoiffance que l'Arabe Alhazen nous avoit donnée de l'effet des fegmens de fphère à l'invention des lunettes, il paroît cependant qu'il s'eft paffé quelque temps avant que l'on y foit parvenu, & tout porte à croire que cette invention n'a eu lieu que fur la fin du treizième fiècle ou au commencement du quatorzième ; cependant Ducange annonce qu'il y a un poëme grec qui fe trouve en manufcrit à la Bibliothèque du Roi, qui montre que les lunettes étoient en ufage dès l'an 1150 : cette affertion a befoin d'être prouvée.

Spon, dans fes Recherches fur l'antiquité, *Differt.* 16, cite une lettre de Redi à Paul Falconier, où cet auteur fixe l'invention des lunettes entre 1280 & 1311, & cela fur le témoignage d'un manufcrit latin qui eft dans la bibliothèque des Frères Prêcheurs de Sainte-Catherine à Pife, *fol.* 16 ; où il dit : *Frater Alexander de Spina, vir modeftus & bonus, quacumque vidit aut audivit facta, fcivit & facere. Ocularia ab aliquo primo facta, & communicare nolente, ipfe fecit & communicavit corde hilari & volente.* Cet Alexandre Spina étoit natif de Pife, & il mourut l'an 1313.

Redi avoit dans fa bibliothèque un manufcrit de 1299, *di governo della famiglia di fcandro di Pipozzo*, où il eft dit : *Mi trouvo coli gravofo di ami, che non ai ei valenza di legere e fcrivere fenza vetri appellati okiali, trouvati novellamente per commodita delli pouveri veki, quando affiebolano del vedere ;* c'eft à-dire, je me trouve fi accablé d'années, que je ne puis ni lire ni écrire fans ces verres qu'on appelle *beficles*, & que l'on a inventés nouvellement au grand avantage des pauvres vieillards lorfque leur vue s'affoiblit.

Le *Dictionnaire italien de la Crufca*, au mot *Occhiale*, remarque que le Frère Gordan de Rivolta, qui mourut à Pife en 1311, dans un livre de fermons écrit en 1305, dit à fon auditoire, dans un de ces fermons, qu'il n'y avoit pas vingt ans que l'on avoit trouvé l art de faire des lunettes, & que c'étoit l'une des meilleures & des plus néceffaires inventions du monde.

Tout concourt donc à prouver que l'invention des *beficles* date de la fin du treizième & du commencement du quatorzième fiècle. Les ouvrages de médecine de Bernard Gordon & de Guy-Chauliac, médecins de Montpellier, tendent à confirmer la même date d'invention.

Si l'on veut avoir de plus grands détails fur l'invention des *beficles*, on peut confulter le *Cours d'Optique* de Schmith, *liv. I, chap. II*, & le **Traité** de Redi, médecin italien, qui donne beaucoup de détails sur cette découverte.

Il paroît que tous les verres de lunettes ou de *besicles* ont été, jusqu'au commencement de ce siècle, des segmens de sphère, les uns convexes & les autres concaves. Les segmens sont divisés en quatre classes : 1°. convexes des deux côtés ; 2°. plans d'un côté & convexes d'un autre ; 3°. concaves des deux côtés ; 4°. plans d'un côté & concaves de l'autre. Mais depuis le commencement du dix-neuvième siècle on a imaginé deux systèmes de verres de lunettes, le premier de surface cylindrique, le second formé de deux segmens de sphère, l'une concave & l'autre convexe. Nous allons faire connoître ces deux systèmes, ainsi que les avantages & les inconvéniens qu'ils présentent.

En faisant passer un faisceau de lumière blanche à travers un segment de sphère, on remarque que le foyer n'est jamais un point, & qu'il a toujours une certaine largeur, de manière que le spectre solaire, reçu dans le foyer, sur un plan perpendiculaire à l'axe du faisceau, est un cercle : ce cercle se nomme *cercle d'aberration*. (*Voyez* ABERRATION DE SPHÉRICITÉ ; *voyez* SPHÉRICITÉ.) Cette aberration trouble la vision des objets.

Galland de Chevreux, voulant détruire le trouble que l'aberration de sphéricité occasionne, imagina son système de verres cylindriques, auquel il donna le nom de *système quadrangulaire*, & aux *besicles* celui de *lunettes quadrangulaires*, & cela parce que les verres des lunettes pouvoient avoir la forme d'un carré, tandis que ceux qui sont formés de segmens de sphère doivent être ronds.

Ces sortes de verres sont formés de deux segmens de cylindre, placés dans une position telle, que les faces parallèles aux axes forment entr'elles un angle droit. Cette disposition des deux faces cylindriques donnoit à ces sortes de verres un foyer, & leur procuroit un effet analogue à celui des segmens de sphère. *Voyez* VERRE SPHÉRIQUE.

Bientôt l'auteur fabriqua des *besicles* quadrangulaires, obtint un brevet d'invention, & en établit un dépôt chez Chamblant, ingénieur-opticien, rue Saint-Sébastien, n°. 7, à Paris. L'attrait de la nouveauté en fit débiter. Alors Chamblant publia que, non-seulement il étoit parvenu à détruire, dans ses verres, l'aberration de sphéricité, mais que la forme qu'il avoit adoptée détruisoit aussi l'aberration de réfrangibilité. (*Voyez* REFRANGIBILITE.) Il invitoit les personnes qui visitoient son dépôt, à comparer les effets de ses verres avec ceux des segmens de sphère, en regardant à travers, des carrés tracés sur le papier ; & comme il donnoit pour terme de comparaison, des lentilles d'une trop grande surface relativement à leur foyer, & qui devoient conséquemment laisser apercevoir une très-grande aberration, & que la surface de ses verres cylindriques étoit dans les limites du minimum d'aberration, il en résultoit

que chaque ligne droite, vue à travers la lentille, avoit la forme d'une courbe très-prononcée, tandis que celles qui étoient vues à travers les verres quadrangulaires n'avoient pas de difformation sensible. Cette comparaison lui donna des partisans, & les journaux parlèrent de son système avec éloge.

Alors Galland de Chevreux & Chamblant voulurent construire des télescopes achromatiques, en se servant d'un objectif simple ; ils demandèrent des commissaires à la première classe de l'Institut, mais là se termina leur succès.

Examiné avec soin, on reconnut bientôt que ce système de *besicles* n'avoit aucun avantage sur celui des segmens de sphère, & qu'il présentoit beaucoup de difficultés dans sa construction : les verres cylindrés n'avoient pas, à la vérité, d'aberration de sphéricité, mais ils avoient une autre aberration aussi désavantageuse, celle de *cylindricité*, qui déformoit également les objets, lorsque la surface des verres étoit trop considérable relativement au foyer : quant à l'aberration de réfrangibilité, elle existoit dans ce système comme dans celui des segmens de sphère. *Voyez* CYLINDRICITÉ, REFRANGIBILITÉ.

Wollaston a donné le nom de *lunettes périscopiques* à des *besicles* dont les verres sont formés de deux segmens de sphère, l'un concave du côté de l'œil, & l'autre convexe du côté opposé ; & cela parce qu'on peut voir également bien les objets en regardant à travers toute la surface du verre. (*Voyez* PÉRISCOPIQUE.) On suppose (1) que l'idée de ces sortes de verres provient de la remarque qu'on ne voit pas d'un seul coup d'œil dans toute l'étendue des verres ordinaires, mais, seulement par une portion de la surface à peu près égale à l'ouverture de la pupille ; & que, pour voir le mieux possible, il faut que les rayons qui viennent des objets traversent ces verres par leur centre, à cause du passage oblique de la lumière lorsqu'elles s'en écartent. Ces observations le conduisirent à donner aux verres des *besicles* une forme bombée du côté de l'objet, & creuse du côté de l'œil, ce qui tend évidemment à diminuer l'obliquité d'incidence sur les verres, pour les rayons qui arrivent à la pupille par leur bord. Il en résulte que les objets vus par ces bords doivent l'être avec moins de confusion que par les bords des verres de forme ordinaire, & par conséquent qu'on doit en distinguer une plus grande quantité par le seul mouvement de l'œil.

Des expériences faites en Angleterre par Wollaston, sur les presbytes & les myopes, ayant complétement réussi, ce physicien célèbre les annonça dans le journal de Nicholson, en février 1804 ; & les frères Dollond prirent une patente pour avoir le privilége exclusif de cette fabrication.

Cauchoix, opticien français qui jouit d'une ré-

(1) *Journal de Physique*, année 1814, tom. I, pag. 305.

putation diftinguée, s'empreffa de conftruire des lunettes fur ce principe, dès qu'il eut connoiffance de la differtation de Wollafton. L'auteur anglais n'ayant donné aucune indication fur les rayons de courbure qu'il avoit employés, l'artifte français fe fervit d'abord de courbes très-fortes, c'eft-à-dire, dont les rayons avoient à peu près la même longueur que la diftance du verre à la rétine. L'effet parut excellent aux presbytes & aux myopes, auxquels il en donna à effayer. Le champ étoit plus vafte qu'avec les autres lunettes, & les objets aperçus par l'extrême bord l'étoient auffi nettement que par le milieu. Ces courbures auroient donc été les meilleures à employer, s'il ne fe fût préfenté un inconvénient affez grave. Les rayons partis des objets très-lumineux en face de la perfonne qui porte ces lunettes, arrivent à la feconde furface des verres, s'y réfléchiffent & reviennent fur la première; là, ils éprouvent une feconde réflexion qui les ramène en arrière, & leur fait former, au fond de l'œil, des images multipliées de ces mêmes objets, qui femblent être fur ceux que l'on regarde. La caufe de ce défagrément étant connue, il a été facile de l'éviter. Cauchoix a conftruit, fur des courbes nouvelles, des verres qui ont les mêmes avantages que les premiers, & n'en ont point les inconvéniens.

Voici comment l'opticien français explique la différence de fupériorité que plufieurs perfonnes ont trouvée aux verres *périfcopiques* fur les verres ordinaires.

Il eft démontré, en phyfique, que quand des rayons parallèles à l'axe d'un verre lenticulaire traverfent ce verre à quelque diftance de cet axe ou de fon centre, ils ont leur foyer plus près de ce verre que ceux qui paffoient par fon centre. Cette propriété des verres fphériques eft bien connue fous le nom d'*aberration de fphéricité*. Ce défaut devient encore plus confidérable quand les rayons qui traverfent un verre, hors du centre, le rencontrent obliquement. Cette obliquité produit alors des réfractions confidérables, qui tendent à déformer les images au fond de l'œil. On peut conclure de-là, que les verres des *befícles*, également convexes ou concaves, comme ils le font d'ordinaire, font plus forts, ou font l'effet de verres plus forts quand on regarde par leurs bords, & de verres plus foibles quand on regarde par leur centre; effet fâcheux, qu'il faut que l'œil répare par des contractions & une mobilité continuelles. On peut, fans aucun doute, attribuer à cette flexibilité de l'œil la poffibilité dont il jouit, de fe fervir, jufqu'à un certain point, de verres bien ou mal travaillés, c'eft-à-dire, dont la furface s'éloigne plus ou moins de la forme fphérique, qui paroît feule devoir lui convenir, parmi celles que l'art peut former; mais on ne peut douter que cet exercice continuel ne le fatigue à la longue, & il ne faut pas s'arrêter, pour en juger, au peu de différence que l'effai paffager de tel ou

tel verre produit momentanément dans la fenfation. Cette différence, au refte, fera d'autant moins fenfible que l'œil fera plus flexible; & à cet égard il exifte de grandes diverfités dans les organes : auffi remarque-t-on que les perfonnes qui ont l'œil moins flexible, & qui voient à des diftances moins variées, font celles qui s'aperçoivent plus promptement de la fupériorité des verres *périfcopiques* fur les autres.

Un grand nombre de perfonnes, & en particulier des opticiens, ont réclamé fur la découverte de ces fortes de verres, attribuée à Wollafton : les uns ont affuré en avoir fabriqué depuis long-temps; d'autres en avoir fait ufage & s'en fervir encore. Deux caufes ont contribué à cette réclamation : la première, la gloire nationale; la feconde, la crainte que Cauchoix, ou tout autre, ne prît un brevet d'importation. Quelque vraies que foient ces affertions, il n'en réfulte pas moins que Wollafton paroît être le premier qui ait publié une differtation fur l'avantage que l'on peut tirer de ces fortes de *befícles*.

Cauchoix, recherchant quelles caufes ont pu s'oppofer à l'ufage des *befícles périfcopiques*, qui font connues depuis plus de trente ans, & qui ont un fi grand avantage fur les autres, croit la trouver dans ce que ces fortes de verres demandent à être bien travaillés; qu'ils emploient des courbes très-inégales, & exigent, dans leur conftruction, un peu plus d'art; enfuite dans les mille manières dont les verres peuvent être faits; celles-là feules peuvent réuffir qui font convenablement choifies. Quelques fabricans n'ont-ils pas pu fe tromper dans le choix de leurs courbes, & préfenter en effet des lunettes peu fupérieures aux verres ordinaires? C'eft ainfi qu'il a vu des lunettes périfcopiques qui, pour des foyers très-différens, avoient un côté conftamment du même rayon, l'autre variant feul. Si, dans la férie des foyers qu'on faifoit ainfi, quelques-uns avoient les conditions requifes, les autres ne les avoient certainement pas, puifqu'il faut que chaque foyer ait les deux courbures qui lui font les plus favorables. Enfin, l'indifférence du public, qui avoit befoin d'être éclairé fur cette matière. Toutes ces caufes ont dû être pendant long-temps une raifon fuffifante pour ne point engager à s'occuper de ces recherches, ceux mêmes qui étoient en état de bien faire.

Nous ignorons comment Cauchoix eft parvenu à déterminer d'une manière exacte les rayons de courbure qui font les feuls propres à chaque foyer; mais il paroît que, dans ce moment, plufieurs opticiens font parvenus à réfoudre cette queftion; & d'après la comparaifon que l'on a faite des verres périfcopiques d'un même foyer, & qui étoient tous également bons, quoique travaillés par des opticiens différens, on eft porté à croire que les limites dans lefquelles les courbes

propres

propres à chaque foyer doivent être maintenues, font affez grandes.

Après nous être fervis pendant fort long-temps des befîcles périfcopiques comparativement avec les befîcles ordinaires , nous fommes obligés d'avouer que nous n'y avons pas trouvé de différence apparente dans l'ufage.

BESLICK : monnoie de l'Empire ottoman , valant 2,9 fous de France, ou 13,32 centimes. Le beslick fe divife en 5 afpers ; il en faut 20 pour faire la piaftre de compte.

BESON : mefure de liquides dont on fe fert à Augsbourg & dans quelques villes d'Allemagne. Le befon d'Augsbourg contient 11,89 pintes ou 11,07 litres : le befon fe divife en 8 maafs ; il faut 96 befons pour faire un fuder.

BESORCH : monnoie d'étain ou de métal d'alliage , qui a cours à Ormus, à peu près fur le pied d'un liard de France.

BICHET ; frumenti modius; gewiffes korn-maafs. Mefure de grains qui contient environ un minot à Paris ; fon volume diffère dans chaque pays. On évalue ordinairement fa mefure par le poids du grain qu'il peut contenir , ce qui eft inexact , parce que le grain peut être lui-même plus ou moins lourd , & qu'il s'arrange inégalement lorfqu'il n'eft pas parfaitement rond. Le bichet pèfe communément de 30 à 50 livres, & la mefure contient de 19,5 à 32,5 décalitres.

BICHOT ; frumenti modius ; gewifches korn-maafs. Grand bichet en ufage à Dijon. Cette mefure contient communément 336 livres de grain ; celui de Châlons-fur-Saône, 288. Leurs volumes font , pour le bichot de Dijon , 21,84 hectolitres, & pour celui de Châlons, 15,76.

Le bichot contient deux quartauts, le quartaut quatre quartances, & le quartance 13 pintes & demie grande mefure.

BIEZ ; via aqua bedale ; waffer leitung. Canal qui renferme & conduit des eaux dans quelque élévation pour les faire tomber, foit fur la roue d'un moulin , foit dans une éclufe , &c.

BIGA ; bigatus. Ancienne monnoie des Romains ; elle étoit d'argent , & portoit fur l'un de fes côtés l'empreinte d'un char traîné par deux chevaux.

BIGLE ; ftrabo ; fchielend. Qui a les yeux tournés , qui ne peut regarder droit & fixement. Voyez LOUCHE.

BILLARD ; menfa globularis ; billiard ftafel. Table de fix à quinze pieds de long , fur trois à

Dict. de Phyf. Tome II.

neuf de large , couverte d'un grand tapis vert , entourée de bandes, ayant un trou , nommé blouse, à chaque angle , & un trou au milieu de chacune des grandes bandes. Sur cette table on fait mouvoir des billes que l'on pouffe avec des inftrumens de bois.

On donne également le nom de billard au jeu qui a lieu fur cette table.

Le billard dont nous nous propofons de parler dans cet article , eft une petite table couverte d'un tapis , que l'on emploie ordinairement dans les cours de phyfique , pour prouver , par l'expérience , les effets des mouvemens compofés.

Sur l'un des angles de cette table ABCD, fig. 223 , font élevées deux confoles EF, GH, qui fervent d'appui à deux régulateurs IK, LM, mobiles fur leurs pivots, & portant chacun , par en bas , un arc divifé en un certain nombre de parties égales. Au haut de ces régulateurs font fufpendus deux pendules ab, cd, égaux en longueur, & terminés inférieurement par deux petites maffes d'ivoir ef, de façon que le centre de gravité de chacun, étant à une même diftance des points de fufpenfion, leurs vibrations fe font dans le même temps & font ifochrones.

Pour faire voir , à l'aide de cet inftrument, les effets des mouvemens compofés, on élève l'un des marteaux d'un certain nombre de degrés ; on le laiffe tomber fur la bille ; celle-ci , mife en mouvement par le choc qu'elle reçoit , parcourt un certain efpace dans un temps donné : on replace la bille dans fa première pofition, on élève le fecond marteau d'un nombre de degrés égal ou différent , on le laiffe tomber : la bille fe meut en vertu du choc qu'elle reçoit ; elle parcourt un efpace égal ou différent dans le même temps. Remettant encore la bille dans la même pofition, élevant les deux maffes à la fois & aux mêmes degrés que dans les expériences précédentes, les laiffant tomber fimultanément afin qu'elles puiffent choquer la bille en même temps, celle-ci fe meut dans la diagonale formée par le rectangle des deux directions, & ces deux longueurs étant parcourues dans des temps égaux , la diagonale eft parcourue également dans un temps parfaitement femblable.

Dans plufieurs cabinets de phyfique, on a fubftitué au petit billard en bois, recouvert d'un grand drap vert, un billard en marbre, bien dreffé & bien poli ; le frottement exercé par le marbre étant moins grand & plus égal que par le drap , le mouvement des billes en eft plus exact.

Lorfque les bandes ont une élafticité uniforme, on peut encore fe fervir des billards pour prouver la loi de la réflexion des corps élaftiques.

Quelques foins que l'on ait mis dans la conftruction de ces billards , il eft difficile qu'ils n'aient quelques défauts inappréciables qui échappent aux recherches les plus minutieufes ; de-là l'impoffibilité d'obtenir des réfultats parfaitement exacts dans ces fortes d'expériences : auffi ces machines

O

ne font employées que pour faire comprendre aux perfonnes qui n'ont pas acquis toutes les connoiffances néceffaires, ce qui fe paffe dans les mouvemens compofés. Tous les phénomènes importans que l'on veut prouver ainfi, font beaucoup mieux démontrés par les mathématiques. En employant cette méthode, on arrive toujours à des réfultats rigoureux; cependant ces fortes d'expériences ont un avantage, en ce qu'elles font connoître la différence qui exifte entre ces lois fi exactes, auxquelles les géomètres arrivent avec leurs abftractions, & les faits que l'on obtient. Elles conduifent encore à fe défier des beaux réfulats que donne l'analyfe, & à les apprécier à leur jufte valeur.

BILLION; millies mille millita; *billion*. Nombre mille fois plus grand que le million. *Voyez* MILLIARD.

BILLON; exautauratus nummus; *ring holtiges metall.* Toute matière d'or & d'argent alliée au-deffous d'un certain degré, particulièrement dans les monnoies.

BILLON; binio, æs ignotum. Menue monnoie de cuivre.

BINOME, de Bis, *deux*, & nomen, *nom; binomen; binom.* Sommes différentes aux produits de deux nombres ajoutés, retranchés ou multipliés. Ainfi $3 + 5 = 8; 8 - 5 = 3; 3 \times 5 = 15$, font des *binomes.*

BISA : monnoie & poids des Indes.

BISTI : petite monnoie de Perfe, que l'on eftime 1 fou 4 ou 6 deniers de France.

BLAFFART : petite monnoie qui a cours à Cologne; elle vaut 3 fous de Clèves, 4 albus courant, 0,1984 livres de France, ou 19,59 centimes. 6 *blaffart* font 1 florin de Cologne; il en faut 20 pour le rixdaler efpèce.

BLANC : petite monnoie de billon frappée en France depuis 1351 jufqu'en 1539, au titre variable de 2 ½ à 8 de fin, le plus communément 4 deniers. En 1365, il en a été frappé à 12 deniers. La taille de ces pièces, dans un marc, a varié entre 30 & 120. On leur a donné différens noms en raifon de l'empreinte qu'ils portoient; on les a diftingués en *blancs* à la couronne, à la queue, aux étoiles, aux fleurs de lis & à la falamande. Cette monnoie, qui a remplacé la maille blanche, qui avoit été frappée jufqu'en 1355, a varié dans fa valeur d'alors, depuis 3 deniers jufqu'à 15. Une feule fois on a frappé des *blancs* au titre de 4 deniers, auxquels on a donné 30 deniers de valeur. Rapportés à notre monnoie actuelle, les *blancs* ont valu depuis 7,35 centimes

jufqu'à 36,26 centimes; les *blancs deniers à l'étoile* de 30 deniers, valeur d'alors, au titre de 4 deniers & à la taille de 72, & qui ont été frappés le 22 novembre 1359, vaudroient, monnoie d'aujourd'hui, 36,24 centimes.

Dans le fiècle dernier, on appeloit *pièces de fix blancs*, une monnoie de convention équivalant à 18 deniers, ce qui fixoit le *blanc* à 3 deniers.

BLANCHIMENT; infolutio dealbatoria, aprecatio candefaciens lintealbatis; *bleichen*; fub. maf. Opération à l'aide de laquelle on enlève au coton, au lin, au chanvre filé ou aux toiles, la couleur gris-jaunâtre qu'elles ont naturellement, pour les amener à un blanc éclatant.

Les fils de coton, de lin & de chanvre, font colorés par une fubftance particulière que l'on peut divifer en deux parties : l'une eft foluble dans les alcalis, l'autre dans l'oxigène.

Pendant long-temps, le procédé employé a confifté à faire bouillir les fils dans une leffive de potaffe ou de foude, à les étendre enfuite fur un pré où ils font arrofés d'eau, à répéter cette double opération quinze à dix-huit fois, puis on les plonge dans du lait aigri & on les favonne : ces deux dernières opérations font également répétées cinq à fix fois, jufqu'à ce que les fils foient parfaitement blancs.

En plongeant les fils dans une leffive alcaline, cette fubftance enlève une portion de la matière foluble dans les alcalis; cette matière fe combine préliminairement fur le pré, avec l'oxigène qui fe dégage pendant l'action de la végétation (*voyez* OXIGÈNE), & devient, par cette combinaifon, foluble dans l'alcali. Ainfi, dans les répétitions de ces deux opérations, on enlève des couches fucceffives des deux matières colorantes combinées avec les fils.

Berthollet, après avoir conçu & expliqué ce qui fe paffe dans l'opération du *blanchiment* ordinaire, fubftitua l'acide muriatique oxigéné à l'expofition fur le pré : la facilité avec laquelle cet acide abandonne fon oxigène (1), lui permet de quitter l'acide muriatique pour fe combiner avec la matière colorante du fil, & la rendre foluble dans l'alcali : alors l'opération fe fait plus promptement, & les nombreufes prairies employées au *blanchiment* font rendues à l'agriculture.

Voici en quoi confifte le procédé de Berthollet.

D'abord on prépare la leffive au degré le plus convenable; enfuite on diffout 10 livres de potaffe ou de foude dans 64 livres d'eau, ce qui conftitue 4 mefures de diffolution (la mefure contient 16 livres d'eau) : pour l'acide muriati-

_____

(1) Si l'on regarde l'acide muriatique oxigéné comme la bafe de l'acide muriatique, alors la fubftance colorante fe décompofe, fon hydrogène fe combine avec le chlore pour former l'*acide hydrochlorique* ou muriatique, & la fubftance déshydrogénée devient foluble dans l'alcali.

que, on combine du gaz muriatique oxigéné avec l'eau, jufqu'à ce qu'une mefure d'acide décolore deux mefures d'indigo. *Voyez* BERTHOLLIMÈTRE.

Alors, pour décolorer 1250 livres de fil, on plonge cette maffe dans une leffive de 20 mefures de diffolution, que l'on fait bouillir; on l'y laiffe 3 heures; on la replonge dans 10 mefures de diffolution bouillante, on l'y laiffe 2 heures; on la lave & on la plonge dans un bain d'acide muriatique oxigéné, jufqu'à ce que la liqueur à blanchir ne foit plus affoiblie par de nouvelles immerfions.

On plonge de nouveau les fils dans la diffolution alcaline bouillante, on les lave & on les plonge dans le bain d'acide muriatique oxigéné. Ces trois opérations font répétées cinq fois, en diminuant, à chaque opération, la durée de l'immerfion qui n'eft plus que d'une heure, & la quantité de diffolution de potaffe, qui n'eft plus que de 5 mefures à la dernière opération. Quant au degré de l'acide, il eft le même jufqu'au troifième bain, & il eft de moitié moins fort pour les autres. Après la quatrième immerfion dans l'acide mutiatique oxigéné, on plonge le fil dans une eau acidulée de $\frac{1}{70}$ d'acide fulfurique. L'opération fe termine par un leffivage avec du favon noir.

Quelques fabricans expofent le fil fur l'herbe pendant fix jours après la fixième immerfion dans l'alcali, & ils l'expofent encore pendant trois jours après le favonnage. Alors on le lave & on le blanchit.

Les toiles fe traitent de la même manière, mais elles exigent un nombre d'immerfions différent, felon la nature de la fubftance. Les toiles de coton font ordinairement parfaitement blanches après le quatrième bain.

Rien, peut-être, n'eft plus défagréable pour les ouvriers, que l'odeur qui fe dégage des bains d'acide muriatique oxigéné: auffi a-t-on foin, dans la plupart des *blancheries*, d'ajouter à ces bains, de la chaux ou un alcali pour diffimuler l'odeur; mais cette addition diminue l'action du bain. Welter a trouvé, par des expériences comparatives, que le gaz condenfé par la chaux agiffoit dix fois moins que le gaz condenfé par l'eau.

On peut *blanchir*, avec cet acide, les chiffons de toile dont on fait les papiers très-blancs, les anciennes gravures jaunies par le temps, les livres imprimés, les tranches d'encre, &c. *Voyez*, pour cet objet, Berthollet, *Annales de Chimie*, tom. II, page 251; les *Elémens de l'art de la Teinture*, 2ᵉ. édition; Pajet des Charmes, l'*Art du Blanchiment*; & les Mémoires de Weftrumb, Tenner, Chaptal, Herbenftædt; le *Magafin polytechnique*, tome I, page 353; les *Annales de Chimie*, t. VI & tome XXXIX, &c. &c.

Chaptal *blanchit* le coton à l'aide de la vapeur de l'eau contenant $\frac{4}{100}$ de foude: cette eau eft placée au fond d'une chaudière; le coton eft placé fur un grillage de bois établi à 18 pouces au-deffus du fond; la chaudière fe ferme hermé-

tiquement, & la vapeur, pouffée par ce moyen à une très-haute température, exerce fon action fur la matière colorante. Après 36 heures d'une forte ébullition, le coton eft lavé, puis expofé fur le pré pendant deux ou trois jours.

Une attention effentielle à cette opération, c'eft que la vaporifation ne difcontinue pas pendant l'opération, fans quoi le coton brûleroit. On s'affure s'il exifte encore de la leffive, par une petite ouverture pratiquée au couvercle. Lorfqu'il ceffe de fortir de la vapeur, on ajoute auffitôt de nouvelle diffolution.

On emploie communément une partie pondérable de foude pour *blanchir* 10 parties de coton.

La cire jaune fe *blanchit* également, comme la toile, à l'aide de l'oxigène. Dans le procédé ancien, on fond la cire, on la coule en nape ou en ruban, à l'aide d'un cylindre de bois plongé dans l'eau, & on l'expofe, fur de la toile, à l'action de l'oxigène qui fe dégage des plantes.

Fifcher & Beckmann propofent de *blanchir* la cire avec l'acide muriatique oxigéné. *Voyez* les *Nov. Comment. reg. Soc. gall.*, tome V.

Pour *blanchir* la foie, on la fait digérer dans l'alcool, qui diffout la matière colorante.

Quant à la laine, on la lave dans une leffive contenant $\frac{1}{100}$ de potaffe, puis on la plonge dans un bain d'acide muriatique étendu d'eau: il faut éviter la préfence de l'acide nitrique.

Des *blanchiffeurs* de laine & de foie expofent ces deux fubftances animales à l'action de l'acide fulfureux.

BODRUCHE, de *Badringum*, diminutif de *baudrier*, & par corruption de *bolteum*; *membrana tenuis*; *baudrufch*. Membrane très-fine, tirée des inteftins des animaux; c'eft ordinairement la peau qu'on lève fur les inteftins de bœuf. *Voyez* BAUDRUCHE.

BOISSEAU; *modius*; *fcheffel*; f. m. Mefure de capacité pour les grains, la farine, le charbon, &c. Sa capacité a été déterminée pendant long-temps par le poids de grain qu'il pouvoit contenir. Celui que Charlemagne avoit établi, contenoit vingt livres de froment.

Sous Charlemagne, tous les *boiffeaux* de l'Empire français avoient la même capacité; mais bientôt ils furent altérés par les feigneurs hautjufticiers, qui ajoutoient le droit de jaugeage à ceux qu'ils avoient; alors les *boiffeaux* furent agrandis ou diminués, felon l'intérêt de chacun, d'où réfulta cette énorme différence dans les *boiffeaux* qui exiftoient en France avant l'introduction des nouvelles mefures. Le *boiffeau* de Paris a été fixé, en 1727, à un prifme carré, ayant 8 pouces de côté à la bafe, fur 10 pouces de hauteur, conféquemment de 640 pouces carrés, ce qui équivaut à 13 litres.

La mefure connue fous le nom de *boiffeau* n'étant plus en ufage en France, & le litre & tous fes multiples le remplaçant dans toute l'étendue du royaume, nous croyons inutile de faire connoître les rapports qui exiſtoient entre les différens *boiſſeaux*. Nous nous contenterons d'obſerver qu'ils varioient entre 7,8 litres, le *boiſſeau* de Blois, & 90,6 litres, celui d'Avignon.

BOMBE ÉLECTRIQUE ; bombus electricus; *electriſche bombe;* ſ. f. Bille d'ivoire lancée à la manière des *bombes*, par le moyen de l'électricité.

L'appareil conſiſte en un petit mortier d'ivoire, *fig.* 27, monté ſur ſon affût. La chambre dans laquelle on met la poudre, dans les mortiers ordinaires, eſt ici remplie d'alcool ou d'éther. Deux conducteurs communiquent dans la chambre, & ont leurs extrémités aſſez éloignées pour qu'une étincelle électrique puiſſe paſſer de l'un à l'autre. On place ſur l'alcool la *bombe* ou la boule d'ivoire ; on donne au mortier la direction & l'inclinaiſon propres au but que l'on veut atteindre. L'extérieur de l'un des conducteurs communique à l'armure extérieure d'une grande jarre chargée d'électricité. En faiſant communiquer l'extérieur de l'autre conducteur avec l'armure intérieure de la jarre, on la décharge de ſon électricité, qui paſſe, par la ſolution de continuité, à travers l'alcool & le vaporiſe. Cette vapeur, ſubitement formée, exerce ſon action ſur la boule, & la lance avec une force dépendante du reſſort que la vapeur a acquiſe.

BONACE, de l'italien *bonnacio;* malacia; *meres ſtille;* ſubſt. fém. Calme de la mer, lorſque le vent eſt abattu ou a ceſſé, quand le ciel eſt ſerein & la mer tranquille.

BORATES; boras; *borax geſeauerte-ſalze;* ſ. m. Sels neutres formés par la combinaiſon de l'acide boracique & des baſes ſalifiables.

Nous diſtinguerons trois ſortes de *borates :* 1°. les *borates alcalins* ; 2°. les *borates terreux;* 3°. les *borates métalliques*.

On connoît les trois *borates alcalins ;* le *borate d'ammoniaque*, le *borate de potaſſe* & le *borate de ſoude*. (*Voyez* BORAX.) Ce dernier eſt le mieux connu. Ses compoſans ſont, d'après

	Kirwan.	Bergman.
Acide boracique	34	39
Soude............	17	17
Eau.............	49	44
	100	100

Parmi les *borates terreux*, on connoît ceux d'alumine, de baryte, de chaux, de ſilice & de magnéſie. On trouve à Luncbourg, dans le gypſe de Kalkberg, un *borate de magnéſie* & de chaux naturel, auquel on a donné le nom de *boracite*. Ses compoſans ſont, d'après Weſtrumb :

Acide boracique............	68
Magnéſie...................	13,5
Chaux.	11
Silice.	2
Alumine	1
Oxide de fer	0,75
Perte......................	3,75
	100,0

Les *borates métalliques* connus ſont ceux d'antimoine, d'arſenic, de plomb, de fer, de cobalt, de cuivre, de manganèſe, de nickel, de mercure, d'argent, de biſmuth, de zinc & d'étain. La plûpart de ces ſels s'obtiennent en verſant une diſſolution de *borate de ſoude* dans les diſſolutions métalliques.

Comme, de tous les *borates*, celui de ſoude eſt le mieux connu, nous allons décrire quelques-unes de ſes propriétés médicinales, dont on n'a pas parlé au mot *borax*. *Voyez* BORAX.

Il a été recommandé par quelques anciens médecins, comme fondant, comme emménagogue, comme propre à accélérer l'accouchement & à favoriſer la ſortie de l'arrière-faix & l'évacuation des lochies.

On l'a ſouvent adminiſtré en gargariſme contre les aphthes & diverſes ulcérations, ſoit vénériennes, ſoit ſcorbutiques, de l'intérieur de la bouche : on en faiſoit entrer depuis un ſcrupule juſqu'à deux dans quelques onces d'un véhicule convenable, tel que le miel roſat ou le ſirop de mûres. On l'a employé en lotions, diſſous dans ſeize parties d'eau de roſe ; & ſous forme de pommade, incorporé dans l'axonge, contre des taches de la peau, contre la gale & les douleurs cauſées par des hémorroïdes internes.

Aujourd'hui, le borax eſt pour ainſi dire abandonné ; cependant on fait uſage de l'acide boracique (*voyez* ACIDE BORACIQUE) comme calmant. On le donne à la doſe de trois à dix grains, en poudre ou en pilules, ou en ſolution dans l'eau, & on réitère cette doſe pluſieurs fois dans vingt-quatre heures.

En nature, le borax eſt beaucoup employé pour favoriſer la ſoudure des métaux, parce qu'il diſſout les oxides métalliques qui s'oppoſent à leur réunion. On l'emploie auſſi, comme fondant, pour favoriſer la fuſion des métaux. Les pharmaciens le mêlent avec la crême de tartre pour augmenter ſa fuſibilité.

BORE ; borum; *bore;* ſubſt. maſ. Baſe de l'acide boracique, ſubſtance qui forme de l'acide boracique en la combinant avec de l'oxigène.

Cette ſubſtance eſt d'un brun-verdâtre, ſolide, inſipide & ſans action ſur la teinture de tourneſol & ſur le ſirop de violettes : elle ne ſe fond ni ne ſe volatiliſe à un très-haut degré de chaleur; elle eſt entièrement inſoluble dans l'eau, dans l'alcool, dans l'éther & dans les huiles, ſoit à froid, ſoit à chaud. Elle eft décomposée par l'eau, même élevée. à 80 degrés de la température. Elle n'a aucune action fur l'oxigène à la température ordinaire ; elle en a une très-grande fur ce gaz à une température élevée.

A l'aide de la chaleur, le *bore* décompofe facilement l'acide fulfurique concentré.

Il agit avec une grande énergie fur les acides nitrique & nitreux ; il les décompofe, même à froid, pour peu qu'ils foient concentrés ; dans l'un & l'autre cas il paffe à l'état d'acide boracique en dégageant une grande quantité de gaz oxide nitreux, & peut-être du gaz oxide d'azote & de l'azote.

Bien fec, le gaz acide muriatique oxigéné n'a aucune action fur le *bore*, & n'en peut avoir à une température quelconque fur ce corps bien fec, qu'autant qu'il auroit la propriété de fe combiner tout entier avec lui, comme avec le foufre & le phofphore.

Le *bore* enlève facilement l'oxigène à la plupart des fels qui en contiennent ; il décompofe, à une haute température, les fulfate & fulfite de foude, les nitrate & nitrite de potaffe, le carbonate de foude, & forme avec ces fels des borates de foude & de potaffe : les muriates & les fluates ne paroiffent point être attaqués par le *bore*.

Il exerce une action très-fenfible, à chaud, fur les oxides métalliques ; il les réduit pour la plupart, & forme avec un grand nombre d'entr'eux des borates, lorfqu'il y a affez d'oxides métalliques.

Thenard & Gay-Luffac ont les premiers féparé le *bore* de l'acide borique. Pour cela ils ont purifié l'acide borique, en ont pulvérifé une certaine quantité dans un mortier d'agate, ont pefé à peu près autant de *potaffium* que d'acide, ont enlevé avec du papier jofeph, le mieux qu'il eft poffible, l'huile qui en recouvre la furface ; alors ils ont pris un tube droit de cuivre ou de verre luté, ont mis alternativement dans ce tube une partie d'acide & une de *potaffium*. On adapte à ce tube un petit tube de verre recourbé, propre à recueillir le gaz. Le tube contenant la matière a été placé dans un petit fourneau. Ils l'ont incliné & ont engagé, celui qui eft recourbé, fous un flacon plein de mercure ; ils ont chauffé de manière à rougir obfcurément le tube ; l'air atmofphérique contenu dans les vaiffeaux s'eft dégagé, & après avoir tenu le flacon quelques minutes au rouge-obfcur, l'opération a été terminée. Ils ont trouvé dans le flacon du borate de potaffe & du *bore* ; ils ont féparé les deux fubftances par l'eau bouillante : l'eau a diffous le borate de potaffe & n'a pas attaqué le *bore*. Verfant le tout dans un flacon long & étroit, & furfaturant l'excès de potaffe par l'acide muriatique, le *bore* feul dépofe en quelques heures. Ils ont décanté la liqueur avec un fiphon, ont renverfé de nouvelle eau ; ils ont continué à laver ainfi le réfidu, jufqu'à ce que l'eau n'attaquât plus

la teinture de tournefol ; alors ils ont mis le *bore* & le peu d'eau qui le furnage, dans une capfule, l'ont defféché à un feu doux, & l'ont confervé dans un flacon.

Quoique le *bore* brûle très-bien dans le gaz oxigène, & même dans l'air atmofphérique, lorfqu'il eft très-échauffé, & qu'il paroiffe facile de déterminer, par la combuftion du *bore* dans l'oxigène, fur le mercure, la proportion de ce principe acidifiable dans l'acide borique ou boracique, Gay-Luffac & Thenard ont été obligés d'abandonner ce moyen, parce que la croûte d'acide qui fe forme à la furface fe vitrifie & empêche la continuation de la combuftion ; ils ont donc été obligés de brûler le *bore* par l'acide nitrique.

Ils ont pefé avec beaucoup de foin une petite cloche fèche ; ils y ont mis du *bore* & l'ont pefé de nouveau ; ils y ont verfé, peu à peu, de l'acide nitrique : bientôt une efferveffence affez vive a eu lieu, même à froid : ils l'ont modérée en étendant l'acide d'un peu d'eau, puis ils l'ont ranimée par la chaleur. De cette manière, tout le *bore* a été changé en peu de temps en acide borique ; alors ils ont évaporé doucement la liqueur à ficcité, ils ont calciné le réfidu prefqu'au rouge, ils l'ont laiffé refroidir dans la cloche, & ils l'ont pefé de nouveau. Le poids total augmenté de la moitié de celui du *bore* ; d'où il fuit que cet acide contient deux parties de *bore* fur une d'oxigène. Cette épreuve n'ayant été faite qu'une fois, a befoin d'être répétée de nouveau. *Voyez* ACIDE BORACIQUE & ACIDE BORIQUE.

Si l'on veut avoir de plus grands détails fur cette fubftance nouvelle, on peut confulter le Mémoire que Gay-Luffac & Thenard ont publié fur cet objet dans leurs *Recherches phyfico-chimiques*, tome I, page 276 & fuivantes.

BOUGIES INFLAMMABLES ; cerea candella inflammabilis ; *enzünd bares wachs licht* ; f. f. Petites bougies renfermées dans un tube de verre fermé hermétiquement, & qui s'allument d'elles-mêmes au contact de l'air, dès qu'on a caffé le tube qui les contenoit & qu'on les en a forti.

Ces fortes de *bougies* ont eu une grande vogue dans l'année 1780 & les années fuivantes ; mais elles ont bientôt été abandonnées, parce qu'elles étoient trop chères, & qu'elles ont été remplacées par les *briquets phofphoriques*, beaucoup plus économiques. (*Voyez* BRIQUET PHOSPHORIQUE.) Nous allons faire connoître la conftruction de ces *bougies*, en copiant la defcription qui en a été donnée par Louis Peyla dans le deuxième volume, page 312 du *Journal de Phyfique* pour l'année 1782.

Les tubes de verre dont on fait ufage doivent avoir 5 pouces de longueur environ, fur 2 lignes de diamètre, & être affez minces pour fe caffer facilement ; ces tubes feront fermés hermétiquement par un de leurs bouts.

Il faut fe procurer de petites *bougies* faites de

trois fils doubles de coton, filés un peu fin & enduits d'une légère couche de cire. Ces petites *bougies* doivent être un peu plus longues que les tubes, & avoir un de leurs bouts, long d'un demi-pouce environ, qui ne soit pas recouvert de cire.

Ensuite on met dans une soucoupe remplie d'eau, une lame de plomb de deux pouces de long, un pouce de large & une demi-ligne d'épaisseur. Sur ce plomb recouvert d'eau, on met un morceau de phosphore, que l'on coupe avec un couteau bien affilé, & que l'on réduit ainsi en petits morceaux de la grosseur d'un grain de millet.

Avec de petites pinces bien essuyées & bien nettes, on prend ces grains de phosphore les uns après les autres, & on les introduit prompte-ment dans les tubes de verre : il faut, s'ils restent attachés sur les faces du tube, les faire glisser jus-qu'au fond, à l'aide d'un fil de fer.

On introduit aussitôt sur le phosphore la quator-zième partie d'un grain de soufre bien sec & bien pulvérisé, ce qui correspond à la moitié environ du poids du phosphore. Une trop grande propor-tion de soufre nuiroit aux bons effets des *bougies*, & occasionneroit une odeur désagréable au mo-ment de l'inflammation.

Tout étant ainsi préparé, on trempe dans de l'huile de cire bien claire l'extrémité de la mèche ; cette huile, par sa grande fluidité, montera aussitôt dans toute la longueur de la mèche, en s'intro-duisant entre les fils comme dans des tubes capil-laires. On l'essuiera ensuite avec un linge, afin d'enlever l'huile surabondante qui pourroit nuire à l'inflammation.

Alors on introduit la *bougie* dans le tube, en la tournant continuellement, afin que la mèche reste toujours dans la même position & qu'elle ne se re-plie pas sur la *bougie*.

Dans une tasse pleine d'eau presque bouillante, on plonge une douzaine de tubes contenant le phosphore & le soufre, & remplis de leurs *bougies*; on ne les enfonce dans l'eau qu'à une profondeur de trois lignes environ; on les y laisse trois ou quatre secondes, c'est-à-dire, le temps nécessaire pour li-quéfier le phosphore & le soufre : si on les y lais-soit plus long-temps, une partie du phosphore s'oxideroit, & cette oxidation nuiroit à son in-flammation.

La *bougie* étant au fond du tube, on la tourne & retourne en tout sens, afin de bien imbiber la mèche de la combinaison de phosphore & de sou-fre ; on la retire ensuite à la hauteur d'un pouce environ, & on coupe toute la *bougie* sortie hors du tube, puis on la repousse avec un fil de fer.

Ces tubes & ces *bougies* ainsi préparés, on ferme hermétiquement avec un chalumeau, ou mieux avec une lampe d'émailleur, la partie du tube res-tée ouverte, afin que l'air ne puisse y pénétrer, & que le phosphore conserve toutes ses propriétés & s'enflamme spontanément lorsqu'on l'expose au contact de l'air.

Il ne faut préparer que douze tubes à la fois, parce que si l'on en faisoit un plus grand nombre, le phosphore resteroit trop long-temps exposé à l'ac-tion de l'air, s'oxideroit davantage, & perdroit par ce moyen une grande partie de sa faculté in-flammable ; en ne préparant même que douze tu-bes à la fois, il est nécessaire que l'opération soit conduite avec rapidité.

Pour faciliter la rupture des tubes, on les raie légèrement dans l'endroit où ils doivent être cassés, soit avec une lime à angle aigu, soit avec une pierre à fusil.

Lorsqu'on veut se servir de ces *bougies*, on coupe le tube à l'incision, on jette la partie supérieure du tube, on tourne plusieurs fois la *bougie* sur le phos-phore, on frotte la mèche imprégnée de phosphore le long des parois, & on la retire avec prompti-tude, en tenant la mèche inclinée vers la terre.

Si l'air est sec & chaud, la *bougie* s'enflamme aussitôt ; s'il est froid & humide, la *bougie* répand quelque fumée & reste quelques secondes à s'en-flammer : en général, l'inflammation est d'autant plus retardée, que la température est plus froide.

Dès que l'inflammation commence, il est con-venable de tourner la *bougie* entre les doigts, & de lui faire prendre une direction horizontale, jusqu'à ce que la *bougie* soit bien allumée, & que la cire entretienne la combustion.

Au commencement de l'inflammation, il faut préserver les *bougies* des courans d'air, & même de la respiration, qui pourroit faire éteindre la flamme lorsque le phosphore est brûlé.

BOUILLANT DE FRANCKLIN ; *fervens Francklinum*; *Francklins sider*; subst. masc. Tube recourbé, *fig.* 224, terminé à ses deux extrémités par deux boules A, B : cet appareil, purgé d'air & fermé hermétiquement, a son tube & un tiers environ de la capacité de chaque boule remplie d'alcool.

Saisissant l'une des ampoules par la main, on voit le liquide passer, en *bouillonnant*, dans l'autre am-poule.

Ce phénomène est produit par l'échauffement du liquide excité par la chaleur de la main ; une portion de l'alcool se vaporise & pousse tumul-tueusement le liquide vers l'autre ampoule, dont la température n'a pas éprouvé de variation.

Quelques personnes ont cru devoir faire servir cet instrument à l'indication des pulsations. Il est vrai que la chaleur est d'autant plus grande, toutes choses égales d'ailleurs, que les pulsations sont plus vives ; cependant on voit que ce *bouillant* est indé-pendant des pulsations, & qu'il n'est produit que par la chaleur & par la vaporisation du liquide que l'instrument contient : plus le liquide est vaporisa-ble, & plus le *bouillonnement* est accéléré.

BOURDON; *ordo tuborum soni gravioris*; *gros-ten pfeifen*; s. m. Jeu de l'orgue qui fait la base, qui a le son le plus creux, & qui a les plus gros tuyaux :

c'eft un des principaux jeux de l'orgue ; il eft de bois & bouché.

BOURDON : bafe des flûtes, chalumeaux, cornemufes, mufettes, &c.

BOURDON ; campana foni gravioris ordo ; *græfte glok.* Groffe cloche qui rend un fon très-grave ; telle eft celle de la cathédrale de Paris. *Voyez* CLOCHES.

BOURRASQUE, de l'italien *burrafco* ; tempeftas ; *wind ftofs, fturm.wind* ; fub. fém. Tempête foudaine & violente qui s'élève, foit fur la mer, foit fur la terre ; vent brufque, violent & de courte durée. *Voyez* TEMPETE.

BOURSE : argent de compte en ufage en Turquie. La *bourfe* vaut cinq cents écus ou vingt-cinq mille médins.

Il eft probable que cette manière de compter par *bourfe* vient des Romains, que les empereurs l'avoient portée de Rome à Conftantinople : là, les Grecs en firent ufage, & les Turcs ont employé le même mode. *Voyez* FOLLIS.

BRACHYSCIENS, de βραχυς, bref, & σκια, ombre ; brachifius ; *brachyfifch* ; fubft. maf. Habitans d'un climat où l'ombre du foleil eft très-courte.

Les *Brachyfciens* font les habitans de la zone torride, des pays compris entre les deux tropiques : on les nomme ainfi, parce que l'ombre du foleil eft très-courte dans leur pays.

BRIQUET, de l'anglais *breack, rompre* ; chalybus ignus, breakus ; *feuer ftahl*; fubft. maf. Inftrument d'acier avec lequel on frappe des corps filiceux pour en tirer des étincelles.

Par le choc de ces deux corps durs, on rompt des particules extrêmement fines de l'un & de l'autre corps. Le calorique interpofé entre ces particules, fe porte en grande partie fur les corps détachés, élève leur température & les fait entrer en fufion : la filice & le fer tombent féparément, & l'un & l'autre font en globules ; la filice a toutes les apparences d'un corps vitrifié, & l'acier de fragmens de fonte d'oxide de fer.

Lorfque l'action du *briquet* contre le caillou a lieu dans l'air, l'oxigène de l'air fe porte fur la particule d'acier échauffée & rougie, fe combine avec elle, en laiffant échapper tout le calorique qui le gazéifioit : alors l'acier brûle dans l'air, en répandant une lumière vive & éclatante. Si, pendant la courte durée de fa combuftion, la particule de fer enflammée tombe fur un corps très-combuftible, de l'amadou, ce dernier s'enflamme par l'action de la chaleur développée.

Un membre de l'Académie de Turin, le che-

valier de Lamanon, a recueilli, fur un papier (1), les fragmens de pierres filicieufes provenant du choc de deux morceaux de quartz, de criftal de roche, de calcédoine, &c., qui répandoient de la lumière dans l'obfcurité ; & il a remarqué que ces fragmens, noircis à la furface, étoient le réfultat d'une vitrification très-prompte & très-active. *Voyez* CHOC DE L'ACIER.

Il eft maintenant affez généralement reconnu que la lumière que les corps perdent dans l'obfcurité, par le choc ou par le frottement, provient de la chaleur qui fe dégage des corps choqués, & fouvent encore de la combuftion des particules détachées.

BRIQUET A ROUAGE ; breakus agendo ftillans ; *feuer ftahl aus rædern.* Inftrument compofé d'une ou de deux pierres à fufil fixées fur des tiges ; entre ces pierres eft une roue crénelée qui touche le filex en tournant, & en fait jaillir des étincelles.

Cette machine fe place fous le récipient d'une machine pneumatique, & fert à prouver que les étincelles qui jailliffent du choc de l'acier contre les cailloux, peuvent fe produire également dans l'air & dans le vide.

En comparant les étincelles que l'on obtient, lorfque le récipient eft vide ou plein d'air, on voit que, dans le premier cas, les étincelles font moins vives, & que, dans le fecond, elles le font infiniment davantage. Cette différence vient de ce que, dans le vide, les fragmens d'acier, comme ceux de la filice, ne font échauffés que par le calorique interpofé qui fe porte fur les fragmens, tandis que l'oxigène de l'air fe portant fur les fragmens d'acier, occafionnent une combuftion qui développe plus de chaleur & plus de flamme.

Nollet, Briffon & les profeffeurs de phyfique de leur temps, faifoient habituellement, dans leurs cours, l'expérience de la chaleur & de la lumière produites dans le vide par le choc du *briquet* ; les réfultats frappoient d'autant plus l'imagination, que la caufe en étoit moins connue. Aujourd'hui que la théorie du calorique, dont Monge eft un des principaux auteurs, nous a mis à même de mieux apprécier les phénomènes produits par la chaleur, cette expérience eft négligée.

Avant que les batteries de fufil ne fuffent parvenues au degré de perfection où elles font arrivées aujourd'hui, on enflammoit la poudre, dans le baffinet, avec un rouet que faifoient mouvoir les refforts de l'arquebufe : c'étoit une petite roue d'acier que l'on appliquoit contre la platine. Cette roue étoit traverfée dans fon centre par un effieu. Au côté de l'entrée de cet effieu étoit attaché une petite chaîne qui tenoit au reffort, & s'entortilloit autour de l'effieu à mefure qu'on le faifoit tourner : une clef adaptée au bout extérieur de l'effieu, fervoit à bander le reffort & à faire tourner

---

(1) *Journal de Phyfique,* année 1785, tom. II, pag. 66.

le rouet de gauche à droite. Cette clef faifoit, par le même mouvement, retirer de deffus le baffinet de l'amorce, une petite couliffe de cuivre qui le recouvroit; alors, pour peu qu'on retirât la détente avec le doigt, comme on le fait aujourd'hui à un fufil, on lâchoit le chien qui étoit armé d'une pierre, & le rouet d'acier, en tournant, déterminoit une fuite d'étincelles qui enflammoient la poudre.

Dans les mines de houille, où il fe dégage du gaz hydrogène carboné, connu fous le nom de *feu orifou*, & que les lumières pourroient enflammer & occafionner de grands malheurs par fuite de cette inflammation, les mineurs s'éclairent par le moyen d'une roue qui, frôttée vivement contre des lames d'acier, produit des jets étincelans confidérables, & fuffifans pour éclairer les mineurs dans leurs travaux, fans danger d'inflammation.

BRIQUET OXIGÉNÉ; breakus oxigenatus; *oxigenirte fchwefel hœlzichen*. Allumettes enduites, à l'une de leurs extrémités, d'une combinaifon de foufre & de muriate furoxigéné de potaffe, & que l'on plonge dans de l'acide fulfurique concentré: l'action de l'acide fulfurique enflamme le muriate furoxigéné; cette inflammation fe communique au foufre, puis au bois qui forme l'allumette.

BRIQUET PNEUMATIQUE; breakus pneumaticus; *pneumatifche feuer zeug*. Petite pompe dans laquelle on enflamme de l'amadou par la compreffion de l'air.

Ces fortes de pompes ont de 8 à 12 pouces de long, fur 6 à 8 lignes de diamètre; les tuyaux font parfaitement calibrés, & le pifton remplit le vide avec exactitude. On place un morceau d'amadou, foit dans une ouverture faite au pifton, foit fur le fond du tube; on comprime rapidement l'air contenu dans le tube, & l'on retire promptement l'amadou qui étoit en contact avec l'air comprimé: celui-ci eft enflammé.

On peut conftruire les corps de pompes avec toute efpèce de matière folide; on en conftruit beaucoup en étain, un grand nombre en laiton, & plufieurs en verre: ces derniers font les plus avantageux pour les cabinets & les cours de phyfique, parce qu'ils laiffent apercevoir ce qui fe paffe dans l'opération.

Une précaution effentielle, c'eft que les piftons & les corps de pompes foient parfaitement calibrés; cependant quelques imperfections, comme le prouvent quelques expériences de Lebouvier des Mortiers, n'empêchent pas l'inflammation d'avoir lieu, pourvu que, dans le fond, le pifton touche exactement le cylindre.

Aux fonds des premiers *briquets pneumatiques*, on appliqua un robinet qui étoit conftruit de manière à pouvoir, en le tournant, tranfporter l'amadou dans le corps de pompe, ou le fortir pour l'expofer à l'air, & l'on donna le nom de *briquet pneumatique à robinet* à ces fortes d'inftrumens; enfuite on appliqua un fond mobile aux corps de

pompes; ce fond fe fixoit par un tuyau, à la manière des baïonnettes, & on le nomma *briquet pneumatique à baïonnette*; à d'autres *briquets*, le fond fe fixoit par le moyen d'une vis, & on leur donna le nom de *briquet pneumatique à vis*: maintenant on trouve plus commode de placer l'amadou fous le pifton.

En fe fervant des *briquets pneumatiques à robinet*, il falloit avoir foin de tourner le robinet immédiatement après le mouvement du pifton; en fe fervant des deux *briquets pneumatiques à baïonette & à vis*, il faut ôter le fond auffitôt que le pifton a comprimé l'air; enfin, il faut fortir de fuite le pifton, lorfque l'amadou y eft appliqué: le plus court intervalle peut éteindre l'amadou, que la preffion de l'air a allumé.

Quant à l'amadou que l'on emploie, il faut choifir le plus fec, le plus mollet & le moins falpétré. Dans celui de la meilleure qualité, le même morceau n'eft pas toujours également bon partout. Il y en a qui contiennent beaucoup de falpêtre, & qui s'allument plus difficilement. On le reconnoît à la faveur fraîche qu'il laiffe fur la langue, ou en l'allumant. Lorfqu'il a pris feu, le falpêtre fufe & jaillit quelquefois en étincelles qui peuvent être dangereufes lorfqu'elles fortent du *briquet*, furtout de ceux à robinet. Comme il eft d'ufage de fouffler l'amadou, pour reconnoître s'il eft allumé, l'étincelle qui part en ce moment peut jaillir dans l'œil.

Pour s'affurer fi de petites imperfections pouvoient nuire à l'inflammation de l'amadou, Lebouvier des Mortiers (1) fit faire, dans la longueur du pifton, une cannelure large d'un quart de ligne: l'amadou a pris feu comme auparavant. Trois autres cannelures ont été ajoutées fucceffivement les unes en face des autres, de manière que le pifton s'eft trouvé divifé en quatre parties égales, & l'amadou a toujours pris feu; mais en faifant au pifton une cannelure égale aux quatre premières, l'amadou ne s'eft plus allumé.

Les premières expériences qui ont donné lieu à l'invention & à la conftruction des *briquets pneumatiques*, ont été annoncées à l'Inftitut de France par Mallet, profeffeur de phyfique à Lyon (2). Quelques perfonnes en attribuent la découverte à un ouvrier de Saint-Etienne.

Diverfes expériences ont été faites fur la compreffion, pour déterminer la caufe de l'inflammation de l'amadou dans les *briquets pneumatiques* (*voyez* COMPRESSION DE L'AIR); mais toutes concourent à prouver que l'inflammation a lieu par le dégagement du calorique & par l'action, fur l'amadou, du gaz oxigène comprimé; car cette inflammation ne peut avoir lieu que dans le gaz oxigène ou dans l'air atmofphérique, & dans tous les autres gaz qui contiennent de l'oxigène.

(1) *Journal de Phyfique*, année 1808, tom. II, pag. 125.
(2) *Ibidem*, année 1804, tom. I, prairial an 12, p. 457.

BRISOMANTIE,

BRISOMANTIE, de βρίζειν, *dormir*, & μαντεια, *divination* ; brisomantia ; *brisomantie*. Art de deviner les choses cachées par le moyen des songes. *Voyez* DIVINATION.

BRUIT ; sonitus ; *geræusch*; subst. masf. Sensation confuse éprouvée par l'oreille.

On distingue deux sortes de *bruit* : 1°. celui qui est produit par la vibration solitaire d'un corps dont il est impossible d'apprécier la durée ; 2°. la réunion de plusieurs sons simultanés qui empêchent de distinguer chacun d'eux en particulier. Le premier *bruit* est produit par le choc d'un corps, qui n'a point ou qui a peu de vibration, contre un corps semblable : alors l'oreille perçoit l'action du mouvement de l'air occasionné par ce choc ; mais il lui est impossible de distinguer un son, parce que la durée de la vibration ne peut pas être appréciée par l'organe auditif. (*Voyez* SON.) Tels sont le choc du marteau contre la pierre, le claquement du fouet. (*Voyez* CLAQUEMENT DU FOUET.) Le second *bruit* a lieu lorsque l'on touche à la fois toutes les cordes d'un forté ; chacune d'elles, touchée séparément, fait entendre un son distinct : toutes étant touchées à la fois, ne permettent en distinguer aucun.

J. J. Rousseau définit le *bruit*, toute émotion de l'air qui se rend sensible à l'organe auditif, ou mieux toute sensation de l'ouïe qui n'est pas sonore & appréciable. Cette définition est analogue à celle que nous avons présentée, & dont nous avons donné des exemples. D'autres ont pensé que le *bruit* est un assemblage de sons, abstraction faite de toute articulation distincte & de toute harmonie ; cependant, lorsque l'on met une cloche en mouvement, l'auditeur, placé à une grande distance, distingue parfaitement le son de la cloche, tandis que celui qui est auprès d'elle ne distingue que du *bruit*. Dans l'un & l'autre cas, le son principal de la cloche est accompagné de toutes ses harmonies ; mais dans le premier cas on ne distingue qu'un très-petit nombre de sons concomitans, c'est-à-dire, qui accompagnent toujours le son principal, & dans le second on en distingue un trop grand nombre.

Avec les sons principaux que produisent ordinairement les corps sonores, on n'entend habituellement que les vibrations, doubles, triples, quadruples & quintuples qui les accompagnent. On a donné à ces sons accompagnans & distingués, le nom d'*harmoniques*. Quelques oreilles distinguent les vibrations sextuples & septuples ; mais elles sont extrêmement rares, & on les cite comme très-délicates. On a peu d'exemples d'oreilles qui distinguent un plus grand nombre de sons concomitans ; cependant on prouve, par l'expérience, qu'il en existe une infinité. (*Voyez* SONS.) Comme la simple & la double octave, ainsi que la quinte & la tierce majeure, qui accompagnent toujours le son principal, n'empêchent pas l'oreille d'appré-

Dict. de Phys. Tome II.

cier la durée de la vibration de celui-ci, on distingue le ton ; c'est le cas où se trouve l'observateur éloigné de la cloche en mouvement ; mais dès qu'il s'approche, une multitude de sons concomitans se réunissent au son principal, & ils ont assez de force pour empêcher l'oreille de les distinguer séparément & d'apprécier leur durée : alors cette multitude de vibrations, dont les vitesses suivent le rapport des nombres naturels, produisent une confusion, & l'oreille ne distingue plus que du *bruit*, quoique le son principal soit accompagné de toutes ses harmoniques.

Buffon considère le *bruit* comme la non-continuation de la vibration du corps choqué, ce qui empêche d'en distinguer la durée ; & J. J. Rousseau le regarde comme la multitude de sons divers qui se font entendre à la fois, & contrarient en quelque sorte mutuellement leur ondulation. A ce sujet, l'abbé Feytou observe que, si l'on appelle *bruit* tout ce qui n'ait pas un son déterminé, il faut distinguer deux sortes de *bruit* : l'un résultant de la résonnance de plusieurs harmoniques qui agissent sur l'oreille avec une égale force ; c'est le son de la cloche entendu dans un clocher ; l'autre résultant du défaut d'ondulation ou de vibration dans les corps non élastiques, ou dans les corps à ressorts, dont il arrête sur-le-champ la vibration. Cette distinction est le seul moyen de se faire du *bruit* une idée juste, & d'accorder le sentiment de Rousseau avec celui de Buffon.

En général, la chute d'une muraille, le roulement du tonnerre, le *bruit* du canon, font des *bruits* produits par la réunion de plusieurs sons.

Voyez le mot BRUIT, premier volume de ce Dictionnaire, page 237, & BRUIT DU CANON.

BRUIT DE LA GRÊLE ; sonitus grandineus ; *græusch der hagels*. *Bruit* que la grêle fait en tombant sur les corps.

Dans les spectacles, lorsqu'on veut imiter des orages, & particulièrement dans les représentations *fantasmagoriques* (*voyez* FANTASMAGORIE), on forme le *bruit* de la pluie & de la grêle avec des appareils construits pour cet objet.

Un des principaux appareils est une petite caisse carrée en bois, de 6 à 8 pieds de long, sur 4 à 6 pouces de large. Cette caisse est garnie intérieurement de petites plaques de tôle très-minces, ou mieux de fer-blanc, inclinées en forme de coin, *fig.* 225 ; on met dans cette boîte de petits graviers ou des pois très-secs, en plaçant la caisse verticalement ou dans une direction foiblement inclinée ; les petits corps solides tombent successivement sur tous les plans placés les uns au-dessous des autres, & forment, par leur chute, un *bruit* semblable à celui de la grêle ou d'une forte pluie. Lorsque le gravier est très-menu, & que ses particules sont plus petites que les pois secs, le *bruit* est plus foible & se rapproche davantage de celui de la pluie.

P

BRUIT DE LA PLUIE ; *sonitus pluvialis* ; *graufch der regens*. Il ne diffère de celui de la grêle (*voyez* BRUIT DE LA GRÊLE), qu'en ce que le *bruit* est moins fort.

On peut se servir d'un appeareil semblable à celui qui imite le *bruit* de la grêle, mais en se servant de grains beaucoup plus petits que les pois, afin que le *bruit* soit moins fort ; cependant on emploie ordinairement un moyen particulier, qui consiste dans le mouvement plus ou moins vif de grandes feuilles de clinquant.

Ces clinquans ne font autre chose que des feuilles de laiton extrêmement minces, qui ont 3 à 4 pieds de longueur, & 6 à 10 pouces de large : le mouvement de ces lames, occasionné par une secousse légère, par un frémissement, ressemble parfaitement à celui de la pluie. On place sur un bâton plusieurs de ces lames, à quelque distance les unes des autres, &, en remuant légèrement le bâton, le mouvement se propage sur les lames, & elles produisent, par leur ressort, un *bruit* semblable à celui de la pluie.

BRUIT DU CANON ; *sonitus bellici tormenti* ; *knall, das krachen der geschützes*. Celui-ci est formé par le mouvement brusque & rapide de la sortie & de la rentrée de l'air dans le canon après l'explosion de la poudre.

En s'enflammant, la poudre à canon développe une quantité considérable de gaz formé par les substances qui entrent dans sa composition (*voyez* POUDRE A CANON) : ces gaz sortent de l'intérieur de la pièce, & chassent même avec une grande force & une grande vélocité, le projectile qui recouvre la poudre. En sortant, il chasse la masse d'air qui se trouve dans sa direction ; mais comme, par la grande force expansive que le gaz a acquise au moment de l'inflammation, il fort presqu'en totalité, & que ce qui reste dans l'intérieur de la pièce est extrêmement raréfié, l'air extérieur rentre aussitôt, jusqu'à ce que le ressort de l'air intérieur fasse équilibre à celui de l'air extérieur : l'air, en rentrant tumultueusement dans l'intérieur de la pièce, choque les parois & produit le *bruit* qui accompagne l'explosion.

Plusieurs *bruits* analogues font produits par des causes à peu près semblables Ainsi, lorsque l'on ouvre rapidement un étui dont le couvercle joint parfaitement, on raréfie l'air de l'intérieur ; en retirant le couvercle, au moment où on le fort, l'air extérieur entre subitement pour remplacer l'air fort par la raréfaction, & cette retraite tumultueuse produit un *bruit* plus ou moins fort. Si, au lieu de sortir promptement le couvercle, on le retire lentement, de manière que l'air puisse s'introduire peu à peu pour rétablir l'égalité de ressort, on n'entend aucun *bruit* en retirant le couvercle.

Si l'on fait le vide sous un manchon de verre recouvert d'une vessie sèche (*voyez* CRÈVE-VESSIE),

la pression de l'air comprime la vessie & la courbe, la pression augmente à mesure que l'on soustrait l'air du manchon ; enfin, la pression devient telle, qu'elle crève la vessie : alors l'air entre tumultueusement dans le manchon pour remplir le vide, choquant les parois du vase par cette rentrée, il se produit un *bruit* d'autant plus fort, que le vide étoit plus parfait.

Une expérience analogue à celle du crève-vessie, c'est le brisement de petites ampoules de verre vides d'air. Si l'on souffle une grosse ampoule de verre, & si, pendant que le verre est encore très-chaud, on la ferme hermétiquement, l'air qu'elle contiendra intérieurement sera d'autant plus rare que l'ampoule a été fermée plus chaude. Laissant tomber ces ampoules sur un corps dur, afin qu'elles puissent se briser, l'air rentrant tumultueusement dans l'emplacement que l'ampoule occupoit, produit un *bruit* qui est d'autant plus fort que l'ampoule étoit plus grande, & que l'air qu'elle contenoit, étoit plus rare.

Nous n'avons cité jusqu'à présent que des exemples de *bruit* occasionné par la rentrée subite de l'air dans des espaces vidés, ou contenant de l'air plus rare : pour compléter l'explication du *bruit du canon*, nous allons y joindre quelques exemples du *bruit* produit par des gaz formés instantanément, & qui se portent tumultueusement dans l'air.

Renfermant dans un papier un mélange de muriate oxigéné de potasse & de soufre, plaçant ce papier sur une enclume, & frappant, avec un marteau, un coup sec sur le mélange, ce mélange se gazéifie subitement, & produit une explosion & un *bruit* d'autant plus considérables que la masse étoit plus grande, & qu'elle s'est enflammée plus complétement.

De petites ampoules de verre pleines d'alcool, étant fixées dans la cire, près de la flamme d'une bougie, l'alcool s'échauffe, augmente de volume, exerce la force de son ressort contre les parois du verre, brise l'ampoule, se vaporise & se répand instantanément dans l'air environnant. Alors on entend un *bruit* d'autant plus fort que la masse vaporisée étoit plus grande, & que la vaporisation étoit plus instantanée. *Voyez* AMPOULE.

Il est inutile de rapporter ici l'effet des petits pétards de mercure & d'argent fulminant. *Voyez* OR FULMINANT, ARGENT FULMINANT, MERCURE FULMINANT, POUDRE FULMINANTE.

BRUIT DU TONNERRE ; *sonitus tonitru* ; *gebrül', das krachen des donners*. Quoiqu'un grand nombre de physiciens aient parlé du tonnerre & de sa formation (*voyez* TONNERRE), peu, à ce que nous sachions, se font occupés des causes qui produisent le *bruit* qu'il fait entendre.

Les anciens physiciens attribuoient ce *bruit* à une exhalaison enflammée qui faisoit effort pour sortir de la nue. Brisson l'attribue aux courans de deux matières électriques qui fe choquent. Ce choc caufe une répercuffion qui contraint chacun des deux courans à rentrer précipitamment dans le corps d'où il fortoit ; de là naît le *bruit* éclatant & redoublé que nous entendons. Monge nous a paru être le feul qui ait donné une explication qui paroiffe s'accorder parfaitement avec ce phénomène, & qui foit en même temps à la hauteur de nos connoiffances en phyfique. Nous allons en conféquence copier littéralement l'explication que Monge a donnée de ce phénomène (1).

« Le tonnerre eft un phénomène complexe, en partie météorologique, en partie électrique, & dont toutes les circonftances n'ont pas encore été fuffifamment analyfées. Non-feulement les principes de phyfique qui doivent conduire à l'explication de ce météore, n'ont été connus que dans ces derniers temps, mais encore une terreur religieufe en a détourné les regards des obfervateurs ; & ce phénomène, comme on va le voir, n'eft pas encore affez connu pour être expliqué jufque dans fes plus petits détails.

» Il eft inconteftable que la foudre n'eft autre chofe qu'une forte étincelle électrique ; mais outre que les phyficiens font partagés aujourd'hui fur la queftion de favoir fi l'étincelle eft conftamment tirée de l'atmofphère par la terre, ou fi elle eft quelquefois tirée de la terre par l'atmofphère, ce qui eft un affez grand degré d'incertitude, on a toujours regardé le *bruit du tonnerre* comme celui que devoit naturellement produire une décharge électrique affez forte ; & cette erreur a empêché de faire attention à des circonftances qu'il étoit cependant néceffaire de connoître pour expliquer ce phénomène.

» Dabord, le *bruit* d'une décharge électrique confiftant toujours dans un coup unique, tandis qu'au contraire le *bruit du tonnerre* eft toujours roulant & compofé d'une fuite de coups multipliés, il n'étoit pas naturel d'attribuer, comme l'on fait, des réfultats conftamment auffi différens à des caufes parfaitement analogues. Cette difficulté n'a pas dû tarder à fe préfenter ; on a cru la lever, en confidérant le roulement du tonnerre comme produit par des échos multipliés auxquels les furfaces variées des différens nuages devoient donner lieu, & l'on a regardé cette préfomption comme fuffifamment juftifiée par le roulement qui accompagne le même coup de canon tiré dans un pays de montagnes ; mais il n'y a aucune parité dans les circonftances. Les furfaces des collines, celles des rochers, des bâtimens, des revêtemens de fortifications, &c., font capables de réfiftance, & peuvent, en réfléchiffant le *bruit du canon*, produire des échos & une efpèce de roulement ; mais les nuages, qui ne font autre chofe que le fpectacle d'une portion de l'atmofphère devenue opaque & vifible par superfaturation, ne préfentent aucune furface réfléchiffante ; les globules d'eau qui les compofent, font trop mobiles & ont trop peu de maffe pour être capables de la réfiftance néceffaire à la réflexion du fon ; & le *bruit* unique d'une décharge excitée dans l'atmofphère, quels que foient le nombre & la forme des nuages qui en environnent la fcène, ne peut jamais être répété, & ne doit être entendu qu'une feule fois.

» Cette conclufion, à laquelle on eft conduit par le raifonnement, eft vérifiée par une obfervation journalière. Les marins favent tous qu'un coup de canon tiré en pleine mer, & loin des côtes, n'eft jamais entendu qu'une feule fois, & fans roulement, quelque nombreux que les nuages puiffent être, tandis que le tonnerre s'y fait entendre, comme à terre, par une fuite de coups répétés. Les nuages n'ont donc pas la faculté de réfléchir les fons, & le *bruit du tonnerre* n'eft donc pas, comme on le croit encore, l'effet d'une explofion unique, répétée & multipliée par des échos.

» Une autre remarque très-importante, & qui paroît avoir échappé à l'attention des obfervateurs, c'eft que la foudre accompagne toujours la formation fubite d'un nuage, foit qu'elle en foit la caufe, foit qu'elle en foit l'effet. L'été, lorfqu'après un temps fec & chaud, le vent, dans nos climats, a tourné au fud-oueft, on entend un premier coup de tonnerre, & le ciel, qui peu de temps auparavant étoit pur & ferein, eft déjà occupé par des nuages. A mefure que l'orage avance & que les coups de tonnerre fe fuccèdent, le ciel fe couvre de nuages nouveaux qui n'exiftoient pas antérieurement, & qui n'ont pas été apportés par le vent : bientôt la tranfparence de l'air eft troublée dans toute l'étendue de l'horizon ; il fuccède une pluie dont l'abondance eft proportionnelle au nombre & à la violence des coups de tonnerre ; enfin, cette pluie, & la formation des nuages qui lui a donné lieu, ne ceffent que quand le tonnerre a ceffé de fe faire entendre.

» Un de nos amis (1), dans les lumières de qui je dois avoir confiance, m'a affuré que, fe trouvant un jour à fa campagne, dans fon jardin, il entendit un premier coup de tonnerre qui tomba fur fa maifon ; que, jetant alors les yeux fur l'atmofphère, il y aperçut un grand nuage, & qu'il étoit certain qu'un inftant avant le coup, le ciel étoit pur. Des obfervations auffi convaincantes que celles-ci ne peuvent qu'être infiniment très-rares ; mais en confidérant avec attention ce qui fe paffe dans les orages, il eft impoffible de douter de la vérité de notre remarque (2).

---

(1) M. Fion, avocat à Baune.
(2) M. le préfident de Virly, à qui j'avois fait part de cet article, m'a communiqué la note fuivante :
« Quelques obfervations femblent prouver que le tonnerre peut avoir lieu fans la préfence d'aucun nuage. Crefcentius rapporte, comme témoin oculaire, que, fous le pontificat de Sixte V, le tonnerre tomba fur une galère qui

---

(1) *Annales de Chimie*, tome V, pag. 63.

» Si la foudre accompagne toujours, ou comme cause, ou comme effet, la formation subite d'un nuage, le bruit du tonnerre n'est plus celui de la foudre, il est celui de la formation du nuage. En effet, lorsque, sur une étendue d'une demi-lieue carrée, & sur quelques centaines de toises de hauteur, l'air atmosphérique, par quelque cause que ce soit, devient tout-à-coup superfaturé, & qu'il se forme subitement un gros nuage, la grande quantité d'eau abandonnée, & qui, en passant de l'état aériforme à l'état liquide, est réduite à un volume à peu près neuf cents fois moindre (1), occasionne dans l'atmosphère une espèce de vide subit; les couches supérieures par leur poids, & les couches latérales par leurs ressorts, se transportent pour remplir ce vide, & en se choquant avec violence, elles occasionnent un *bruit*; c'est ce qui arrive tous les jours en petit, lorsqu'on ouvre rapidement un étui dont le couvercle ferme exactement : en faisant glisser le couvercle sur la gorge, on dilate l'air intérieur ; & dès que l'étui est ouvert, l'air extérieur, en se portant avec une extrême vitesse pour remplir le vide, se choque & produit le *bruit* qui accompagne toujours cette opération. Le *bruit* du coup de fouet est encore un effet analogue à celui que nous décrivons; car la mèche du fouet, aplatie en forme de cuiller, & retirée subitement, entraîne avec elle une petite masse d'air, & forme un vide subit : ce vide donne lieu à une précipitation d'eau & à la formation d'un petit nuage, d'un pouce de volume, que l'on aperçoit facilement sur le fond du tableau est sombre; & l'air environnant qui se presse pour remplir le vide, produit, en se choquant, un *bruit* dont l'éclat dépend de la rapidité du mouvement & de l'intensité du vide, s'il est permis de parler ainsi. Enfin, la membrane que l'on brise sur le récipient de la machine pneumatique, & qui fait un *bruit* considérable (*voyez* CRÈVE-VESSIE), est encore un exemple d'un effet analogue.

» Lorsqu'un premier vide est formé dans l'atmosphère, sur une étendue assez grande, par la précipitation de l'eau, les couches supérieures descendent, par leur poids, pour le remplir ; mais les couches supérieures se dilatent, & deviennent à leur tour superfaturées; il se produit donc, au dedans d'elles, une nouvelle précipitation d'eau & un nouveau vide qui, étant rempli de la même manière, donne lieu à un second coup, & ainsi de proche en proche. Mais les premiers vides étant remplis par des couches d'un plus grand diamètre, les vides qui leur succèdent, deviennent de moins en moins intenses, à mesure que les couches où ils s'opèrent sont plus éloignées du centre; & les explosions, après s'être affoiblies, cessent enfin lorsque les dilatations de l'air ne peuvent plus donner lieu à de nouvelles précipitations d'eau.

» Il resteroit actuellement à déterminer si la superfaturation subite d'une grande masse d'air, & la formation d'un grand nuage qui en résulte, sont produites par l'étincelle électrique; &, dans ce cas, l'étincelle pourroit indifféremment être tirée ou des nuages, par la terre, ou de la terre par les nuages; ou si, au contraire, cette étincelle est l'effet de la précipitation de l'eau; alors la foudre, constamment produite par les mêmes circonstances, seroit toujours descendante. Il seroit possible que la superfaturation de l'air fût toujours occasionnée par l'ascension rapide d'un courant d'air chaud & saturé (car nous avons vu que la pesanteur spécifique de l'air, dans cet état, est beaucoup moindre), & que la foudre ne fût que la décharge spontanée d'une électricité naturelle & foible, d'abord excitée par la précipitation chimique, & ensuite exaltée par le rapprochement des molécules qui a nécessairement lieu dans la formation d'un nuage ; mais, comme nous l'avons déjà dit, les observations nous manquent à cet égard, & d'ailleurs ces considérations s'éloignent de notre objet. Il nous suffit d'avoir distingué, dans le phénomène du tonnerre, ce qui est purement météorologique de ce qui est électrique. »

On imite le *bruit du tonnerre* en frappant sur une peau tendue sur un châssis; on parvient, en frappant sur les bords ou dans le milieu du châssis, à varier l'intensité du *bruit*, & l'on imite le roulement par le choc accéléré de deux baguettes.

Ce bruit a été infiniment mieux imité en secouant avec plus ou moins de force des feuilles de laiton de quatre pieds de long sur deux de large, & du poids de dix à douze livres; on correspond à une épaisseur de trente & trente-six centièmes de ligne. Les plus épaisses produisent un *bruit* plus sourd, & les plus minces un *bruit* plus clair & plus éclatant. Avec des feuilles de douze livres on produit le *bruit du tonnerre* éloigné à une grande distance, & avec celles de dix livres, on imite le *bruit du tonnerre* bien rapproché.

Pour obtenir ce bruit, il suffit d'un frémissement léger des feuilles de laiton : en les agitant avec force, on imite l'explosion de la foudre.

étoit près de l'île de Procyta, & y tua trois hommes. » On trouve plusieurs mentions de cas semblables dans Scheuchzer (*Météorol. helvet.*, part. II); & parmi les Anciens, dans Homère, Anaximandre, Xénophon, Virgile, Ovide, Cicéron, Pline. On peut aussi consulter, à ce sujet, Muschenbroeck (*Inst. Phys.*), & le Discours de Bergman sur les circonstances qui accompagnent le tonnerre.

« J'ai vu moi-même, dit Bergman, le tonnerre tomber » d'un très-petit nuage sur un clocher, le ciel étant d'ailleurs » parfaitement clair; ceux qui n'avoient pas vu cette ci- » constance s'étonnoient d'un cas aussi extraordinaire, & » ne savoient pas qu'il y eût aucun nuage. Il pourroit en » être de même dans les cas que nous avons cités, car l'air peut » être par lui-même électrique, mais il le seroit difficilement » assez pour produire le tonnerre. »

(1) Des expériences faites depuis ont établi les rapports entre l'eau liquide & l'eau gazeuse, comme 1 est à 1728. *Voyez* EAU, VAPEURS NAISSANTES.

BUCCINE, de *Bucca*, *bouche* ; buccina ; *kriegſ-trompete der alten;* ſubſt. fém. Inſtrument de guerre, de muſique martiale & guerrière ; enfin , inſtrument muſical ſervant à la guerre.

C'eſt une corne recourbée, dont on ſonne comme d'une trompette.

BULLE ; bulla ; *blaſe ;* ſubſt. fém. Petit globule formé d'une enveloppe liquide ou ſolide, & contenant intérieurement un gaz ou un liquide ; ſa forme peut être ſphérique ou hémiſphérique.

On donne également ce nom à de petites tumeurs ordinairement remplies d'une matière fluide, qui ſoulèvent l'épiderme. On appelle ainſi les puſtules un peu volumineuſes qui ſurviennent à la cornée transparente, & les ampoules dues à l'action d'un corps très-chaud qui cauſe une brûlure.

BULLE D'AIR ; bulla ærica ; *luft blaſe.* Petites ampoules hémiſphériques , remplies d'air, qui ſe forment ſur les liquides lorſqu'ils ſont traverſés par l'air. La mouſſe de la bière , l'écume de l'eau, l'écume de la mer, ne ſont qu'une réunion de *bulles d'air* adhérentes les unes aux autres. *Voyez* MOUSSE, ÉCUME.

C'eſt à la viſcoſité de l'eau, de la bière ou des autres liquides, que l'on doit la formation de ces *bulles :* l'air paſſant à travers les liquides , une couche mince de ces derniers les enveloppe ; elle s'élève au-deſſus de l'eau, & réſiſte à l'effort que l'air fait pour ſe dégager. En s'élevant au-deſſus du liquide, l'enveloppe s'amincit, & l'effort de l'air augmente avec l'agrandiſſement de la *bulle.* Tant que la réſiſtance de l'enveloppe eſt plus grande que l'effort de l'air , la *bulle* exiſte ; mais dès que l'effort de l'air l'emporte, la *bulle* ſe rompt, l'air s'échappe , & toutes les parties de l'enveloppe ſe réuniſſent à la maſſe du liquide.

Quelques *bulles d'air* ſont colorées (*voyez* BULLES DE SAVON, ANNEAUX COLORÉS) ; d'autres ſont blanches , & c'eſt particulièrement lorſque les *bulles* ſont très-petites & qu'elles ſont réunies en grand nombre, comme dans la mouſſe : dans cette circonſtance, cette immenſité de *bulles* formées de deux ſubſtances transparentes de l'air & des liquides , devient opaque. La lumière qui paſſe à travers, éprouve une multitude de déviations par la réfraction qu'elle éprouve en paſſant de l'air dans le liquide, & réciproquement; & par la courbure des ſurfaces à travers leſquelles elle pénètre , une grande maſſe de lumière eſt réfléchie de la ſurface extérieure des *bulles ;* celle-ci eſt toujours blanche ; une autre partie ſe réfléchit de la ſurface des *bulles* intérieures : à cette lumière réfléchie , ſe réunit une partie de la lumière réfractée qui ſort après avoir éprouvé un grand nombre de déviations. Toute cette lumière, réfléchie & réfractée, donne à la mouſſe une couleur blanche, lorſque le liquide lui-même n'eſt

pas coloré ; car, dans le cas contraire , la lumière qui arrive à l'œil par réfraction ou autrement , après avoir ſubi ces deux ou pluſieurs réflexions, ſe trouve colorée par l'action du liquide, & procure à la mouſſe une couleur analogue : cette couleur eſt plus ou moins blanchie par la lumière blanche qui ſe réfléchit de la ſurface des *bulles* extérieures.

On obſerve dans la glace & dans un grand nombre de corps ſolides, tels que la pierre-ponce *,* les laves poreuſes, des eſpaces vides en apparence, & qui ne ſont autre choſe que des *bulles d'air* qui ſe ſont trouvées retenues dans le ſolide au moment de la ſolidification de la matière. Les liquides renferment beaucoup d'air, ſoit à l'état de diſſolution, ſoit à l'état de mélange ; mais dans ce cas elles ſont tellement imperceptibles, que l'œil armé des inſtrumens les plus groſſis ne peut les diſtinguer : dès que l'on diminue la preſſion que l'air exerce ſur ces liquides, ſoit en les ſoumettant à l'action du vide , ſous le récipient d'une machine pneumatique , ſoit en les faiſant communiquer à l'air atmoſphérique, comme cela arrive en débouchant des bouteilles de vin de Champagne , de cidre, de bière & même d'eau aérée, on voit auſſitôt l'air ſe dégager abondamment, remplir le liquide d'une immenſité de petites *bulles* qui montent à la ſurface, & qui ſouvent ſe réuniſſent ſous la forme de mouſſe, lorſque la viſcoſité du liquide eſt plus grande que l'effort exercé pour s'échapper.

Souvent l'air extérieur ſe mêle avec le liquide, & donne naiſſance à une écume, à une eſpèce de mouſſe qui ſe forme à la ſurface : c'eſt ainſi, par exemple, qu'en agitant de l'eau-de-vie dans un verre ou dans une bouteille , on voit des *bulles d'air* ſe former ſur la ſurface, & ſe réunir ſur les bords du vaſe. Ce moyen eſt une ſorte d'épreuve à laquelle on ſoumet l'eau-de-vie, & l'on juge de ſa qualité d'après le nombre de *bulles* qui ſe forment dans cette circonſtance, & que l'on nomme *chapelet.*

Il exiſte un inſtrument précieux, dont tout le mécaniſme conſiſte dans le mouvement d'une *bulle d'air* dans une maſſe de liquide ; c'eſt le niveau à *bulle d'air.* *Voyez* NIVEAU A BULLE D'AIR.

Toutes les fois que les *bulles d'air* ſe meuvent librement dans un liquide, leur forme eſt celle d'un ſphéroide, quelquefois aplati, & très-ſouvent alongé ; mais lorſqu'élevées juſqu'à la ſurface du liquide, elles y ſont en quelque ſorte retenues par l'enveloppe viſqueuſe qui les recouvre, elles ſont hémiſphériques ſi elles ſont iſolées, & elles ne forment que des ſecteurs ſphériques (*voyez* SECTEUR SPHERIQUE), ou des pyramides terminées par des calottes de ſphéroides, ſi elles ſont réunies.

BULLE D'EAU, bulla aquoſa ; *waſſer blaſe.* Ampoule ou ſphéroide d'eau ſuſpendu dans l'air, ſe mouvant fur un liquide, ou renfermé dans les petites cavités d'un folide

Si l'on met de l'eau dans un chalumeau & qu'on laiffe tomber ce liquide goutte à goutte, & d'une grande hauteur, fur de l'eau, ou fur tout autre liquide plus denfe, on voit auffitôt de petits fphéroïdes tranfparens fe mouvoir avec une grande rapidité fur la furface du liquide ; ces fphéroïdes font des *bulles d'eau.*

Dans un grand nombre .de circonftances où de l'eau tombe d'une grande hauteur fur la furface liffe & tranquille de l'eau, il fe forme des *bulles d'eau* qui fe meuvent avec rapidité fur la furface du liquide. C'eft ainfi qu'en faifant mouvoir un bateau dans un temps calme & fec, on voit l'eau s'écouler de la rame élevée, tomber par gouttes, & donner naiffance à des *bulles d'eau* qui fe meuvent rapidement fur la furface de l'eau ; de même encore, l'eau falée qui traverfe les bâtimens de graduation, tombe en *bulles* fur la furface des baffins, & s'y meut avec rapidité.

Il eft néceffaire, pour bien diftinguer les *bulles d'eau*, de les obferver au moment où les gouttes tombent fur la furface du liquide, parce que leur exiftence eft fouvent d'une tres-courte durée. Après s'être mues fur l'eau avec une grande rapidité, elles fe réuniffent au liquide & difparoiffent.

Souvent l'eau tombant fur de l'eau, produit deux fortes de *bulles* : 1°. des *bulles d'air* ; 2°. des *bulles d'eau.* On diftingue facilement ces deux fortes de *bulles*, en ce que les premières font toujours hémifphériques, qu'elles font attachées à la furface de l'eau, qu'elles fe meuvent avec une exceffive difficulté, & qu'elles font un peu obfcures ; tandis que les fecondes, les *bulles d'eau*, font des fphéroïdes, qu'elles paroiffent libres, fe meuvent avec une grande rapidité, & qu'elles font parfaitement tranfparentes.

Pour fe former une idée de la formation des *bulles d'eau*, il faut concevoir que ce liquide, en tombant dans l'air, y éprouve une grande réfiftance ; que cette réfiftance force l'eau à fe divifer en parties qui font d'autant plus petites, que la hauteur & la maffe d'air traverfée eft plus confidérable ; qu'en fe divifant ainfi, l'air, par fon affinité pour l'eau, fe porte fur la furface des globules & forme une enveloppe ; qu'en tombant fur le liquide, chaque *bulle d'eau* recouverte d'une enveloppe d'air, ne touchant au liquide que par l'air interpofé, doit furnager & fe mouvoir jufqu'à ce que la couche diminuant peu à peu par l'affinité du liquide, fur lequel la *bulle* fe meut avec viteffe, n'ayant plus affez d'épaiffeur pour retenir l'eau, celle-ci fe mêle à la maffe, & la *bulle* difparoît.

Une des preuves de la divifion de l'eau par la réfiftance de l'air, & de la formation des *bulles d'eau* par la fubdivifion que cette réfiftance occafionne, c'eft la transformation des chutes d'eau confidérables en vapeurs imperceptibles, comme on l'obferve dans la cafcade de *Staubach*, dans la vallée de *Lauterbrunn* en Suiffe, & dans un grand nombre de cafcades & de cataractes. *Voyez* CAS-CADE, CATARACTE.

On voit le matin fur les feuilles des plantes, & en particulier fur celles des choux, des *bulles d'eau* plus ou moins groffes, qui paroiffent adhérentes ou qui fe meuvent fur ces feuilles ; fouvent encore l'extrémité des filamens, des poils ou des laines, eft couvert de *bulles d'eau* : celles-ci doivent leur formation aux vapeurs dépofées le matin ou le foir fur les fubftances où elles fe font réunies en globules plus ou moins gros. (*Voyez* RO-SÉE, SEREIN.) Sur quelques-unes de ces feuilles, les *bulles d'eau* paroiffent n'avoir que peu d'adhérence ; elles fe meuvent avec une grande facilité. Leur forme eft due à l'affinité des molécules d'eau entr'elles, qui eft plus grande que celle qu'elles ont pour la plante, & à leur pefanteur ; d'autres fois les *bulles* paroiffent fufpendues & adhérentes aux feuilles.

En jetant de l'eau fur des corps très-chauds, même fur du verre fondu, on voit ce liquide fe divifer ou fe réunir en *bulles* qui fe meuvent avec une grande rapidité fur la furface des corps : cet effet eft produit par l'action de la chaleur rayonnante. (*Voyez* CHALEUR RAYONNANTE) Lorfque les corps font moins chauds, l'eau s'étend & ne forme qu'une pellicule légère.

BULLE DE SAVON ; bulla faponica ; *feifen blafe.* Maffe d'air plus ou moins grande, environnée, enveloppée d'une couche légère d'eau de favon.

Tous les jours on voit des enfans plonger un fétu de paille dans une eau de favon, l'en retirer avec une goutte de cette eau adhérente à fon extrémité, fouffler à travers ce fétu, & former ainfi une *bulle* légère qui furnage plus ou moins de temps dans l'air, puis l'enveloppe fe rompt & la *bulle* difparoît.

Comme la maffe de la *bulle* fe compofe du poids de l'air, plus de celui du liquide qui l'enveloppe, la denfité de la *bulle* eft ordinairement plus grande que celle de l'air ; auffi paroît-elle tomber par fa pefanteur ; elle ne furnage dans l'air que quand l'enveloppe eft extrêmement mince, ou que l'air intérieur eft, par quelque caufe que ce foit, plus léger que l'air atmofphérique.

Habituellement, lorfque l'enveloppe des *bulles* devient très-mince, on voit les *bulles de favon* colorées de toutes les variétés des couleurs que l'on diftingue dans la décompofition de la lumière par le prifme. Newton, en obfervant avec attention les couleurs des *bulles* qu'il avoit aperçues dans les jeux de fon enfance, les compara bientôt à celles des anneaux colorés, & chercha à prouver qu'elles étoient occafionnées par la différence d'épaiffeur de la pellicule de favon. *Voyez* ANNEAUX CO-LORÉS.

Alors on s'empreffa de répéter cette expérience dans les corps d'optique ; & pour faciliter la perception de ce phénomène pendant un plus long-temps, on plaça les *bulles de favon* fous un réci-pient, afin qu'elles ne-fuffent pas agitées par le mouvement de l'air. On fit élargir, à l'une de leurs 'extrémités, des tubes de verre; on plongea dans de l'eau de favon la partie élargie, afin de la re-tirer avec un globule d'eau de favon adhérent; on plaça ce tube dans un récipient, en l'introduifant par une ouverture fupérieure; & après l'avoir fixé, on foufla une boule affez mince pour faire apercevoir une variété confidérable de toutes les couleurs du prifme.

Si, au lieu de foufler avec la bouche dans le globule d'eau de favon adhérent à l'extrémité du tube de verre, on fixe ce tube au col d'une vefie pleine de gaz hydrogène, & que l'on preffe cette vefie, le gaz s'introduit dans le globule, l'enfle, & produit une *bulle de favon* remplie de gaz hydro-gène. Si, lorfque la *bulle* eft très-groffe & l'enve-loppe infiniment mince, on détache, par une lé-gère fecouffe, la *bulle* formée, celle-ci, qui a une légéreté fpécifique plus grande que l'air atmofphé-rique, prend un mouvement afcenfionnel, & elle s'élève à une hauteur d'autant plus grande qu'elle eft plus légère, qu'elle eft moins agitée, & que fon enveloppe fe conferve plus long-temps : on fe procure, par cette expérience, le fpectacle en petit des ballons aéroftatiques. *Voyez* BALLONS AÉROSTATIQUES.

Dans les expériences d'attractions & de répul-fions électriques, on fait auffi ufage quelquefois des *bulles de favon*. Après avoir foufflé avec la bouche une goutte d'eau de favon adhérente à l'extrémité d'un tube de verre, & avoir formé une *bulle* très-légère, on touche l'extrémité du tube avec une des armures d'une bouteille de Leyde chargée; le tube & la *bulle* s'électrifent de la même manière : détachant la *bulle* par un très-léger choc, on l'at-tire, on la repouffe dans tous les fens avec une bouteille de Leyde, en lui préfentant l'armure élec-trifée différemment ou l'armure électrifée femble-blement. Lorfque l'on met en préfence les deux électricités femblables, la *bulle* eft repouffée; & lorfque l'on met en préfence les deux électricités différentes, la *bulle* eft attirée. Il faut éviter, dans cette expérience, de laiffer arriver la *bulle* jufqu'à la bouteille de Leyde, lorfque celle-ci l'attire, parce que le plus léger contact fait rompre l'enveloppe & difparoître la *bulle*. *Voyez* ELECTRICITE, AT-TRACTION ÉLECTRIQUE, REPULSION ÉLECTRI-QUE.

BULLE DE VAPEUR; bulla vaporica; *dampf blafe*. Globule infiniment petit, formé de différentes fubftances vaporifées & difféminées dans l'air.

Tous les liquides chauffés produifent de la va-peur; cette vapeur vifible eft formée de petites *bulles* qu'on peut encore diftinguer au microfcope. Ces *bulles* ou cette pouffière tomberoit à terre, dans un air parfaitement tranquille, fi la réfiftance

que l'air oppofe à leur mouvement n'y mettoit obftacle. Comme il eft difficile de trouver dans la réalité un maffe d'air parfaitement en repos, le plus léger mouvement afcenfionnel fuffit pour élever une grande quantité de ces *bulles*. S'il s'en trouve feulement très-peu dans l'air, elles ne nuifent pas à fa tranfparence; mais cependant elles peuvent apporter quelques erreurs dans les réfultats des expériences exactes, parce qu'à la moindre élé-vation de-température, elles peuvent paffer à l'état élaftique, & fi elles font en grande quantité, elles forment des vapeurs vifibles; les brouillards, les nuages n'ont point d'autre origine. (*Voyez* BROUILLARDS, NUAGES.) Toutes les vapeurs vifibles ne confiftent pas en *bulles d'eau;* les autres liquides peuvent former des *bulles* femblables; les corps folides peuvent également en former lorf-qu'ils font divifés en particules affez tenues. La vapeur ou fumée d'une flamme eft formée en partie de charbon finement divifé, & la vapeur blanche que produit le phofphore en brûlant, eft de l'acide phofphorique primitivement folide, mais divifé à l'infini.

Lorfqu'on met de l'eau dans un vafe de forme aplatie & expofé à l'air, elle diminue peu à peu & difparoît bientôt, parce qu'elle fe différnine dans l'air. Si cette évaporation fe fait dans un efpace d'air renfermé & abfolument privé d'eau, l'air ac-croît fon volume, & change fon élafticité & fon poids fpécifique. (*Voyez* DENSITÉ DES VA-PEURS.) Ceci feroit croire que l'eau évaporée n'eft pas feulement mélée mécaniquement, mais qu'elle y eft combinée chimiquement, & par con-féquent qu'elle a paffé à l'état élaftique. Non-feu-lement l'air atmofphérique, mais peut-être tous les gaz, fans exception, peuvent fe combiner de cette manière avec une plus ou moins grande quan-tité d'eau. L'air ne perd fa tranfparence par l'addition de cette eau combinée; il peut même, dans cet état, paroître encore très-fec pour nos fens. Cet effet femble être réciproque entre l'air & l'eau, & les parties d'eau qui ne font pas encore vaporifées prennent toujours en combinaifon quel-ques particules d'air auxquelles elles communi-quent leur état d'agrégation, c'eft-à-dire, qu'elles les font paffer à l'état liquide.

On peut confidérer les *bulles* de divers liquides dans deux états différens : 1°. lorfqu'elles fe for-ment, qu'elles font perceptibles dans l'air, qu'elles peuvent s'attacher aux corps & les mouiller; 2°. lorfqu'elles ceffent d'être aperçues, qu'elles font tellement mélées avec l'air ou les gaz, qu'elles jouiffent comme eux des mêmes pro-priétés : dans le premier cas, ce font des *bulles de vapeur;* dans le fecond, des vapeurs ou des gaz non permanens. *Voyez* VAPEURS, GAZ NON PER-MANENS, VAPEURS NAISSANTES.

Les *bulles de vapeur* deviennent gaz permanens en les échauffant ou en augmentant le volume dans lequel elles font, & les vapeurs ou gaz non permanens deviennent *bulles de vapeur* en les refroidiffant ou en diminuant le volume dans lequel elles font difféminées ; mais ce changement fe fait, pour tous les liquides, à des températures différentes, à des preffions différentes : ainfi, lorfque, dans un efpace donné, qui ne contient aucune portion de vapeur d'un liquide, on introduit quelques *bulles* de ce liquide, celles-ci paffent de fuite à l'état de vapeur ; fi l'on en introduit de nouvelles, elles paffent encore à l'état de vapeur, jufqu'à ce que l'efpace en foit faturé par la température qui exifte ; fi l'on augmente la température, de nouvelles *bulles* peuvent encore paffer à l'état de vapeur.

BULLE DE VERRE ; bulla vitrica; *glafe blafe.* Petits fphéroïdes de verre fondu.

Ces *bulles*, comme les *bulles d'eau*, peuvent, dans quelques circonftances, être fubftituées aux verres lenticulaires pour groffir les objets en les regardant à travers ; elles peuvent dans ce cas fervir de loupes. *Voyez* LOUPE , GROSSISSEMENT DES OBJETS.

BULLE VÉSICULAIRE; bulla veficularis ; *vefficulaire blafe.* Petites *bulles* tranfparentes qui s'élèvent d'elles-mêmes dans l'air, fans y être déterminées par aucune agitation du fluide.

Cette faculté qu'ont plufieurs *bulles* de pouvoir s'élever dans l'air, a fait préfumer à quelques phyficiens que ces globules devoient être creux, rèmplis d'un fluide particulier plus léger que l'air atmofphérique, & enveloppés d'une couche de ce même fluide, & ils les ont nommés *bulles véficulaires*, *vapeurs véficulaires ;* mais des obfervations faites avec beaucoup de foin par Monge, fur ces fortes de *bulles*, lui ont prouvé qu'elles étoient entièrement formées de liquide, & que c'étoit pour l'ordinaire des *bulles d'eau. Voyez* VAPEURS VÉSICULAIRES.

BURBAS : petite monnoie fabriquée à Alger, & qui porte des deux côtés les armes du dey. Douze *burbas* valent un afpre, & la piaftre de compte 52 afpres ou 156 paras ; ainfi 4 *burbas* valent un para = 3,46 centimes , & le *burbas* 0,864 centimes , conféquemment moins d'un centime.

BUVEUR; *trink muskel; oder, fchlecht weg.* L'un des quatre mufcles droits de l'œil : ce nom lui a été donné par les anatomiftes , parce qu'il fert à faire tourner l'œil vers le nez, ce que l'on fait lorfqu'on boit. *Voyez* ABDUCTEUR, ŒIL.

CAB

CAB, CHISA : mefure de capacité de l'Afie & de l'Egypte.

Le *cab* = 1,882 pintes, 1,765 litres ; 8 mines font 1 *cab* : il faut 6 *cab* pour faire un modios.

CABALE, de l'hébreu קבלה, kàbbalah, *tradition* ; ars kabaliftica ; *cabala* ; f. f. C'étoit originairement l'explication de la loi que Dieu donna à Moïfe fur la montagne de Sinaï : aujourd'hui, c'eft l'art prétendu de connoître les propriétés les plus cachées des corps, & la raifon des phénomènes les plus extraordinaires par un commerce immédiat avec les efprits, & par l'intelligence de leurs caractères myftiques.

Cet art prétendu a eu pendant long-temps une grande influence fur les hommes foibles, mais les progrès des lumières en ont fait fentir toute l'abfurdité ; alors il a été remplacé par le magnétifme animal, le peckinifme, le fomnambulifme, la rabdomancie, &c., qui ont à leur tour égaré, pendant quelques inftans, des efprits incertains, jufqu'à ce que le ridicule d'une part & la force des raifonnemens de la claffe éclairée de l'autre, aient forcé les perfonnes fuperftitieufes à les abandonner également. Cette tendance que l'efpèce humaine paroît avoir pour le merveilleux, ce défir continuel que chacun a de vouloir pénétrer dans l'avenir, rendent conftamment une grande partie des hommes dupes des charlatans qui fe préfentent fucceffivement fous des formes très-variées, & cela dans l'efpérance de prélever un impôt fur la foibleffe humaine. Ce qui étonne fouvent, c'eft moins l'enthoufiafme des nouveaux fectateurs, que de trouver parmi eux des perfonnes qui ont donné des preuves d'efprit & d'un jugement fain. Quel rôle jouent-ils aux yeux des autres ? C'eft une queftion qu'il eft fouvent difficile de réfoudre.

CABAT ; καϐας. Mefure que les uns croient être une mefure de vin, & que l'on regarde comme une mefure de blé.

CABEER : monnoie de compte dont on fe fert à Moka.

CABESTAN, du faxon *capfteín* ; ergata ; *fpille*. f. m. Machine de bois, fortifiée de fer, compofée d'un rouleau cylindrique ou un peu conique, pofée verticalement entre des pièces de bois, & que des barres ou leviers, pofés en travers, font tourner fur un pivot. Ce cylindre, en tournant, fait auffi tourner un cordage qui l'enveloppe, & rapproche ainfi, de la puiffance, le bout de ce cordage auquel font attachés les gros fardeaux que l'on veut mouvoir.

Pour fe fervir du *cabeftan*, *fig.* 232, il faut faire

faire à la corde GD deux ou trois tours fur le cylindre. La partie G eft attachée au corps I qu'elle doit tirer, tandis qu'un ou plufieurs hommes tirent, de toute leur force, la partie D pour empêcher qu'elle ne gliffe ; car alors le frottement de la partie de la corde qui eft roulée autour du cylindre, eft fi confidérable que, quoique le poids de fa réfiftance furpaffe de beaucoup la force des hommes qui tiennent la corde, il ne peut cependant la furmonter, ni faire gliffer la partie de la corde roulée autour du cylindre. Si l'on applique enfuite des hommes aux leviers E, F, C, H, & que ces hommes faffent tourner le cylindre, ils amènent la réfiftance ; & pendant ce temps-là, ceux qui tirent la partie D de la corde, la dévident, de forte qu'il n'en refte jamais fur le cylindre plus de tours qu'on ne lui en avoit d'abord fait faire ; car un côté ne peut pas fe rouler que l'autre ne fe déroule.

Il eft aifé de voir que cette machine agit comme un levier fans fin du premier & du fecond genre, à bras inégaux (*voyez* LEVIER), & que le bras de la réfiftance eft beaucoup plus court que celui de la puiffance ; car le bras du levier par lequel agit la réfiftance, eft le demi-diamètre ou le rayon du cylindre, & le bras du levier par lequel agit la puiffance, eft ce même demi-diamètre ou rayon prolongé par un des leviers en croix E, F, C, H. Plus ces leviers feront longs, plus la puiffance deviendra capable de vaincre la réfiftance ; mais il lui faudra beaucoup plus de temps, parce qu'elle aura un plus long chemin à parcourir.

Soit $CA = r$, *fig.* 232 (*a*), le rayon du cylindre fur lequel la corde s'enveloppe : $CB = R$, la longueur du bras de levier à l'endroit où la force K s'applique. Si cette force agit perpendiculairement au bras de levier, ou tangentiellement au cercle qu'il parcourt, il faut, pour que l'équilibre ait lieu, que l'on ait $K : L = CA : CB = r : R$. D'où l'on voit que la force eft à la réfiftance, comme le rayon du cylindre où la réfiftance eft appliquée eft à la longueur du levier, à l'endroit où l'on applique la force ; de-là on tire $K = L \frac{r}{R}$, où la force égale la réfiftance multipliée par le quotient du rayon du cylindre divifé par la longueur du bras du levier, & la réfiftance $L = K \frac{R}{r}$. Le même effet a lieu lorfque le levier eft dans toute autre pofition C *b*, qui fait un angle quelconque avec le rayon C A, fi toutefois la direction de la force *b g* eft perpendiculaire au rayon C *b*.

Mais fi la force agit obliquement fur le levier, comme *b* G à l'extrémité de C *b*, alors cette direction fait avec le levier un angle C *b* G = *v*, & la ligne CH = *fin. b* × R ; pour que l'équilibre ait lieu,

Q

il faut que l'on ait $K : L = r : \text{fin } b$. R. Le moment de la charge est dans tous les cas comme $r : L$: celui de la force, lorsqu'elle agit dans une direction perpendiculaire au bras de levier comme $R : K$, & lorsqu'elle agit dans une direction oblique dont l'angle avec la direction du levier $= b$, la force $= \text{fin. } b$. R $: K$; & comme $\text{fin. } b$ est toujours plus petit que l'unité, il s'ensuit que, quand la force agit obliquement, le moment & le résultat sont toujours moindres que lorsque la force agit perpendiculairement.

Ainsi, si l'on suppose que le rayon du rouleau soit à la longueur du bras du levier comme $1 : 10$, on aura $r : R = 1 : 10$. Appliquant un homme à l'extrémité de chacun des quatre bras de levier, & en supposant à la force avec laquelle chacun pousse, fasse équilibre à 30 liv., la force des quatre sera de 120 liv., & le poids soulevé $L = K \frac{R}{r} = 120 \times \frac{20}{1} = 1200$ liv. La vitesse des hommes exerçant une pareille force pourroit être estimée de trente toises par minute, & l'espace que parcourt le corps étant, dans ce cas particulier, dix fois moins grand que celui que les hommes parcourent, sa vitesse sera de trois toises par minute.

Dans le cas où la force seroit appliquée obliquement à l'extrémité du levier, si l'on suppose que l'angle C b G soit de 30 degrés, $\textit{sinus } b$ étant $= \frac{1}{2}$, R, on aura $L = K \frac{R.\text{fin.} b}{r}$ ou $L = 120 \frac{10 \times \frac{1}{2}}{1} = 600$.

Quand on place deux ou plusieurs hommes à chaque levier, comme on ne peut en placer qu'un à l'extrémité, & que les autres doivent se rapprocher du centre, il s'ensuit que la longueur du levier est moindre. Ainsi, le premier homme étant à 10 pieds, le second seroit à 8 $\frac{1}{2}$; l'effort K seroit pour les quatre premiers $120 + 10 = 1200$, & pour les quatre seconds $120 + 8 \frac{1}{2} = 1000$: donc l'effort total feroit équilibre à un poids de $1200 + 1000 = 2200$ liv.

Nous avons considéré le rapport de la force à la résistance, en supposant que la résistance étoit exercée à l'extrémité d'un rayon égal à celui du cylindre ; mais la corde qui l'entoure a une épaisseur, & la longueur du rayon doit être prise du milieu de la corde. Ainsi, en supposant le rayon du cylindre $= 1$ pied, & le diamètre de la corde $= 1$ pouce $= \frac{1}{12}$ de pied, on auroit $r = 1 + \frac{1}{24} = \frac{25}{24}$, & $L = K \frac{10 \times 24}{25} = 120 \frac{240}{25} = 1152$ liv. au lieu de 1200. La force est donc diminuée de $\frac{1}{25}$ ou d'une fraction dont le numérateur est l'unité, & le dénominateur le double du rapport entre le rayon du cylindre & celui de la corde augmenté de l'unité.

On trouve une sorte de similitude entre l'analyse appliquée aux $\textit{cabestans}$ & celle appliquée aux treuils, aux roues, aux cylindres, aux tambours. $\textit{Voyez}$ TREUILS, ROUES, CYLINDRES, TAMBOURS.

Le $\textit{cabestan}$ est un des instrumens que l'on emploie le plus communément pour vaincre de grandes résistances : il est d'un usage habituel sur les vaisseaux, où il en existe ordinairement de deux sortes : l'un, le petit $\textit{cabestan}$, est placé sous le gaillard d'avant ; on le manœuvre sur le pont ; l'autre, le grand $\textit{cabestan}$, est fixé entre le grand mât & celui d'attimon : il est établi de façon qu'on peut le tourner sur le premier & sur le second pont. On le divise en trois parties : 1°. la mèche A, $\textit{fig.}$ 232 (τ), cylindrique ou conique, sur laquelle on roule la corde ; 2°. la cloche du $\textit{cabestan}$ B, formée de plusieurs taquets ; 3°. la tête du $\textit{cabestan}$, qui est percée de plusieurs mortaises ou $\textit{amelottes}$, dans chacune desquelles on place l'extrémité des leviers ou barres avec lesquelles on le fait tourner.

Quelquefois, sur les vaisseaux, le câble auquel est attachée la résistance est trop gros pour pouvoir être roulé sur le cylindre du $\textit{cabestan}$; tel est celui qui sert à lever les ancres des gros bâtimens : alors on se sert d'un cordage médiocrement gros, nommé $\textit{tournevire}$, auquel on fait faire deux ou trois tours sur l'arbre du $\textit{cabestan}$, & dont on joint ensuite les deux bouts ensemble, de façon qu'un côté ne puisse se rouler, sans que l'autre se déroule. A ce tournevire on attache, par le moyen de petites cordes, qu'on appelle $\textit{garcettes}$, le gros câble qui tire l'ancre.

On peut employer plusieurs $\textit{cabestans}$ pour mouvoir le même fardeau, lorsque celui-ci est très-considérable : c'est ainsi que Dominico Fontana en employa quarante, en 1586, pour élever sur la place du Vatican, à Rome, un obélisque qui pesoit seul 9146 quintaux, & avec l'armature 9600 quintaux. Chacun des $\textit{cabestans}$ étoit mu par deux chevaux, indépendans des hommes qui y étoient attachés : l'effort exercé par chaque $\textit{cabestan}$ sur la résistance n'étoit estimé que 300 quintaux, ce qui formoit un total de 12,000 quintaux. On peut voir les détails des moyens employés par Fontana, dans le $\textit{Theatrum machinarum}$ de Leupold, Leipsick, 1725. On le trouve encore dans le $\textit{Castelli e Ponti Ital. & Lat.}$ Rom. 1743, grand in-fol. de Nicolas Zobaglia.

Il existe dans l'usage du $\textit{cabestan}$ plusieurs inconvéniens que l'on n'a pas encore pu corriger, malgré les soins que l'on y a mis, & les recherches des savans & des artistes qui s'en sont occupés. En se servant du $\textit{tournevire}$ dans les vaisseaux, les garcettes qui y tiennent le câble attaché sont bientôt hors d'usage : il faut les défaire pour les remettre plus loin, ce qui fait perdre un temps souvent très-précieux ; mais le plus grand inconvénient, c'est que le cordage qui enveloppe & se divise sur le cylindre, descend à chaque tour de tout son diamètre, & par-là arrive jusqu'au bout. Pour éviter qu'il ne se croise & qu'il ne s'embarrasse, il faut le rehausser : c'est ce qu'on appelle $\textit{choquer}$: opération qui est d'autant plus fréquente, que le cordage eſt plus gros & le cylindre plus court. Mais à chaque fois qu'on choque, il faut arrêter le mouvement de la machine, prendre des boſſes ſur le cordage, pour empêcher que la réſiſtance ne l'emporte ; dévirer le *cabeſtan* pour mollir la partie du cordage qui eſt ſur le cylindre ; relever ce cordage, le roidir de nouveau ; & enfin ôter les boſſes, pour remettre le *cabeſtan* en jeu. Tout cela demande beaucoup de temps & de travail.

C'eſt pour chercher à prévenir ces inconvéniens, que l'Académie des Sciences de Paris propoſa, pour le ſujet du prix de 1739, *de trouver un cabeſtan qui eût les avantages de l'ancien, ſans en avoir les défauts.* N'ayant pas trouvé que, dans des Mémoires qui lui furent envoyés, les conditions qu'elle avoit exigées fuſſent ſuffiſamment remplies, elle différa ſon jugement, & propoſa le même ſujet pour l'année 1741, avec un prix de double valeur. La plupart des Mémoires qu'elle avoit reçus, lui furent envoyés avec des additions & des corrections, & elle en reçut de nouveaux. Parmi les uns & les autres, quatre furent couronnées, & trois furent imprimés ſous le titre d'*acceſſit.* Les quatre pièces couronnées ſont : *Diſcours ſur le* cabeſtan, par Jean Bernouilli le fils ; *Diſſertation ſur la meilleure conſtruction du cabeſtan*, par un auteur qui eſt demeuré inconnu ; *de Ergotæ navalis præſtubiliore uſu, Diſſertatio, autore Joanne Poleno, mathematico profeſſore Patavino, regia ſcient. Acad. regiæque Soc. londinenſis ſocio ; Recherches ſur la meilleure conſtruction du cabeſtan*, par Ludot, écuyer, avocat au Parlement. Les trois pièces imprimées ſous le titre d'*acceſſit* ſont : *Mémoire ſur les cabeſtans*, par de Pointes, officier des galères, correſpondant de l'Académie des Sciences ; *Recueil des différentes expériences, eſſais & raiſonnemens ſur la meilleure conſtruction du cabeſtan, par rapport aux uſages auxquels on l'applique dans un vaiſſeau*, par Fenel, chanoine de Sens ; *Cabeſtan à écreviſſe, & cabeſtan à bras*, par Delorme, de l'Académie de Lyon. Mais l'Académie n'a pas cru devoir diſſimuler que, parmi les *cabeſtans* qui lui ont été préſentés, pour ſauver les inconvéniens de celui qui eſt en uſage, elle n'en a trouvé aucun qui n'eût lui-même des inconvéniens, & tels qu'ils pourroient bien balancer ſes avantages. Mais elle a en même temps jugé, qu'outre qu'on y a propoſé des *cabeſtans* nouveaux, ingénieuſement imaginés & utiles, au moins dans certains cas, on y a donné des théories qui peuvent conduire à perfectionner les mouvemens de l'ancien *cabeſtan* : c'eſt ce qui l'a engagée à couronner les quatres pièces que nous venons d'indiquer, & à publier les trois autres.

Il eſt pourtant vrai qu'aucune de ces pièces n'a rempli le but principal qu'on s'étoit propoſé, celui de faire diſparoître l'inconvénient de choquer, qui eſt en effet le plus grand de tous.

Depuis cette époque, on a préſenté à l'Académie des Sciences un *cabeſtan* dont le cylindre étoit garni de roulettes qui, en tournant, faiſoient remonter à la fois tous les tours de cordage ; mais ce moyen, dont l'idée eſt d'ailleurs fort ingénieuſe, produit un grand frottement, qui eſt toujours au dépens de la force motrice. Enfin, en 1793, Cardinet, ingénieur mécanicien, préſenta au bureau de conſultation un *cabeſtin* dont la conſtruction eſt plus ſimple, & qui approche du but un peu plus que les précédens.

Ce *cabeſtan* eſt compoſé d'un cylindre principal, ſemblable à celui des *cabeſtans* ordinaires, & enſuite, d'un cylindre ſubſidiaire qui eſt placé en avant du premier, c'eſt-à-dire, du côté où eſt le fardeau que l'on tire. Ce ſecond cylindre eſt de même diamètre que le premier, & en eſt ſéparé par des galets dont l'axe, ainſi que celui du cylindre ſubſidiaire, eſt maintenu dans une couliſſe pratiquée dans la botte du *cabeſtan*. La corde embraſſe les deux cylindres, qui par-là ſe trouvent menés l'un par l'autre, au moyen de la preſſion que produit la corde. La gorge de chaque cylindre eſt terminée par deux bourrelets, l'un inférieur & l'autre ſupérieur ; l'inférieur eſt deſtiné à arrêter la corde lorſqu'on vire, & le ſupérieur à l'arrêter lorſqu'on dévire. La diſtance entre ces bourrelets ou la longueur de la gorge, eſt plus petite dans le cylindre ſubſidiaire que dans le cylindre principal, d'une quantité égale à deux fois le diamètre de la corde ; & par conſéquent le bourrelet inférieur du cylindre principal ſe trouve plus bas, & le bourrelet ſupérieur plus haut que ceux de l'autre cylindre, chacun d'une quantité égale au diamètre de la corde : c'eſt préciſément cette conſtruction qui fait que le *cabeſtan* peut virer ſans choquer ; car la corde venant de la maſſe qu'il s'agit de mouvoir, ſe roule d'abord ſur la demi-circonférence du cylindre principal, en s'appuyant ſur le bourrelet inférieur de la gorge, va de-là, avec un petit degré d'obliquité, ſe placer ſur le bourrelet inférieur du cylindre ſubſidiaire. Tournant enſuite ſur la demi-circonſérence de ce cylindre, elle revient horizontalement ſur le cylindre principal, d'où elle paſſe une ſeconde fois obliquement ſur l'autre cylindre ; & ainſi de ſuite, juſqu'à ce qu'elle ait fait autant de tours qu'il eſt néceſſaire, pour que la réſiſtance de la maſſe à mouvoir ne puiſſe pas faire gliſſer la corde ſur les cylindres. Faiſant enſuite agir le *cabeſtan*, on voit que la corde trouve toujours naturellement ſa place ſur la gorge inférieure du cylindre principal ; & qu'enſuite, ſuivant la route que nous venons d'indiquer, tous les tours de la corde occupent toujours ſenſiblement les mêmes places ſur les gorges du cylindre : on n'a donc point beſoin de les déplacer pendant toute la durée de l'action du *cabeſtan*. Si l'on vient enſuite à dévirer, c'eſt contre les bourrelets ſupérieurs que s'arrête la corde : l'on n'a beſoin pour cela d'aucune manœuvre particulière ; il ſuffit de faire tourner le *cabeſtan* en fens contraire à celui où il fe mouvoit d'abord.

L'idée du cylindre fubfidiaire n'eft pas due à Cardinet : on la trouve dans deux pièces citées ci-deffus, qui ont partagé le prix de l'Académie des Sciences en 1742; l'une eft de Jean Bernouilli le fils, & l'autre de Ludot; ce dernier a même employé une pièce analogue aux galets de Cardinet. Mais le *cabeftan* de ce dernier eft d'une conftruction beaucoup plus fimple, & par-là préférable aux autres.

Deux nouveaux *cabeftans* affez ingénieux ont été décrits dans les *Annales des Arts & Manufactures*; l'un page 210, tome XIV, & l'autre page 305, tome XIX. Le premier eft fans nom d'auteur; le fecond eft de Millington.

CABINET DE GLACE; conclave laminis crif-tallinislaqueatum; *fpigel cabinet*; f. m. Petite chambre dans laquelle on voit, à l'aide de glaces ou de miroirs, des objets exiftans dans d'autres endroits.

On peut, par une fuite de miroirs diverfement placés, faire apercevoir dans une glace, à l'aide de réflexions plus ou moins multipliées, des objets qui exiftent à des diftances plus ou moins grandes de la glace dans laquelle on les diftingue : c'eft ainfi, par exemple, qu'un objet placé en A, *fig*. 233, dans un *cabinet*, peut être vu en E dans un *cabinet* féparé du premier par un gros mur, & cela par le moyen de trois glaces; l'une B, placée dans le premier *cabinet*; une autre D, placée dans le fecond *cabinet*, & une troifième C, placée dans le mur. Les rayons de lumière partant du point A, arrivent en B, & fe réfléchiffent en C, en faifant des angles de réflexion égaux aux angles d'incidence; de la glace C ils fe réfléchiffent à la glace D, & de celle-ci à l'œil du fpectateur, en continuant à faire fur chacune de ces glaces des angles de réflexion égaux aux angles d'incidence. Tout fe réduit donc à difpofer les glaces de manière que les rayons qui partent du point A arrivent après trois réflexions au point E. *Voyez*, pour cette difpofition, les mots MIROIRS, ANGLES D'INCIDENCE, ANGLES DE RÉFLEXION.

Quelques propriétaires curieux de voir ce qui fe paffe dans leurs maifons de campagne, dans leurs châteaux, ont fait difpofer plufieurs appartemens des glaces qui correfpondent avec d'autres par des ouvertures inaperçues, lefquelles, par une fuite de réflexions, font voir dans une ou plufieurs glaces placées dans un *cabinet* particulier, ce qui fe paffe dans les *cabinets* ou chambres où les glaces correfpondent; mais comme, par réciprocité, on peut voir dans les premières glaces tout ce qui fe paffe dans le *cabinet de glace* auquel elles correfpondent, on a foin de maintenir ce dernier dans une parfaite obfcurité, & de ne regarder dans les glaces qui réfléchiffent les objets, qu'à travers de petites ouvertures qui ne puiffent, dans aucune circonftance, faire foupçonner l'exiftence d'obfervation indifcrète.

On a auffi donné le nom de *cabinet de glace* à quelques inftrumens de catoptrique. *Voyez* CATOPTRIQUE, BOÎTE CATOPTRIQUE, CAISSE CATOPTRIQUE, &c.

CABINET DE PHYSIQUE; conclave phyficum; *natur kund kabinet*. Lieux où font réunis tous les inftrumens néceffaires pour faire des expériences de phyfique.

Pendant long-temps, la phyfique enfeignée dans les écoles fe réduifoit à quelques explications des faits que l'on remarquoit journellement; elle étoit prefqu'entièrement fyftématique, & l'explication du maître ne devoit jamais être contredite.

Bacon & Defcartes firent naître des doutes fur les explications que l'on avoit données; ils cherchèrent l'un & l'autre à détruire les explications hypothétiques d'Ariftote, défigurées par les Arabes, mais Defcartes fubftituoit dans plufieurs circonftances des nouvelles hypothèfes aux anciennes qu'il renverfoit.

Alorsl'*Académie del Cimento* établie par Léopold, grand-duc de Tofcane, chercha à remplacer les hypothèfes par des expériences; Otho de Guerike, Boyle, Mariotte, Newton, fuivirent leur exemple. On inventa des machines, on publia un grand nombre d'experiences, & l'on y joignit la defcription des inftrumens que l'on employoit, alors parurent les excellens ouvrages des S'graviende, des Mufchenbroeck, &c., & chacun s'empreffa de former une collection plus ou moins confidérable de machines néceffaires pour répéter les expériences que l'on publioit.

Un homme d'un talent diftingué, voulant faire aimer la phyfique, chercha à la mettre à la portée des perfonnes les moins inftruites. L'abbé Nollet fit un cours de phyfique expérimentale, que l'on fuivoit avec d'autant plus de plaifir, que toutes fes propofitions étoient prouvées par l'expérience. Ce cours préfentoit une forte de fpectacle où les gens du monde venoient s'inftruire en s'amufant. Dans le nombre des fpectateurs qui affiftoient aux leçons du profeffeur aimable, plufieurs voulurent répéter, chez eux, les expériences qu'ils avoient vues; ils firent faire les machines avec lefquelles on les exécutoit, & bientôt il s'établit un grand nombre de *cabinets de phyfique*.

Quoiqu'il exiftât un ouvrage fous le titre de *Leçons de Phyfique expérimentale*, dans lequel on pouvoit trouver la defcription de tous les inftrumens dont l'abbé Nollet faifoit ufage, cet habile profeffeur publia en 1770 un ouvrage en trois volumes, fous le titre de l'*Art des Expériences*, dans lequel il indique les différens matériaux qui entrent dans la conftruction des inftrumens, la manière de les choifir & celle de les travailler; il paffe de-là au choix des drogues que l'on emploie dans les différentes expériences; il donne la manière de les préparer pour l'ufage, de même que celle de les employer; il décrit les différens arts néceffaires à la construction des instrumens de physique; en un mot, il n'y néglige rien de ce qui peut mettre son lecteur en état de former un *cabinet de physique*, & de pourvoir à l'entretien des pièces qui le composent; ouvrage utile à tous les physiciens, & absolument nécessaire à ceux qui, par différentes circonstances, se trouvent éloignés des ouvriers habiles dont ils ont besoin, ou dans le cas de multiplier, par une sage économie, les moyens de travailler que la fortune leur a trop peu libéralement accordés.

Il s'établit alors en Europe un grand nombre de *cabinets de physique* remplis de machines plus ou moins nombreuses, & exécutées avec plus ou moins d'exactitude. Des amateurs riches, des sociétés savantes, des princes, des souverains même voulurent avoir des *cabinets de physique* dans lesquels les machines étoient exécutées avec élégance ou avec richesse. Parmi ces sortes de cabinets que l'on voyoit en France, en Angleterre, en Allemagne, en Hollande, en Italie, on distingua pendant longtemps celui de Florence, dont l'abbé Fontana a publié la description (1). Depuis, on a vu à Paris le beau cabinet où un savant, aujourd'hui membre de l'institut, donnoit avec tant de succès des cours de physique que les étrangers suivoient avec beaucoup d'exactitude, & qui a contribué à ajouter à la célébrité que la France avoit acquise dans les sciences; mais par une fatalité si habituelle dans les malheureux momens que nous avons passé, ce beau cabinet a été déposé dans les magasins, & la France a cessé de jouir des avantages qu'il lui procuroit. Le cabinet de l'Ecole royale polytechnique, moins beau & moins complet que celui dont on vient de parler, est un de ceux où l'on a réuni le plus de machines utiles. On y voit quelques-unes des anciennes machines propres à faire connoître la marche & les progrès de la science.

Des artistes habiles, parmi lesquels nous citerons Fortin & Dumotier, construisent aujourd'hui à Paris la plus grande partie des instrumens de physique dont on a besoin. Ces instrumens sont faits avec beaucoup plus de soin & beaucoup plus de précision que ceux qui existoient du temps de l'abbé Nollet; aussi les expériences que l'on fait avec ces premiers, donnent des résultats infiniment plus exacts.

CABINET DE PHYSIQUE (*Description d'un*). *Voyez* DESCRIPTION D'UN CABINET DE PHYSIQUE.

CABINET PARLANT. *Voyez* CABINET SECRET.

CABINET SECRET; *fornix acustis, conclave secretum; sprach gewalbe, sprach saal;* subst. masc. Endroit fermé dans lequel deux personnes peuvent causer, quoiqu'éloignées l'une de l'autre, tandis que celles qui sont placées entr'elles ne peuvent pas les entendre.

Parmi les *cabinets secrets*, celui que l'on cite comme le plus anciennement connu, & comme un des plus extraordinaires, c'est une grotte à laquelle on a donné le nom d'*oreille de Denis* (*grotta della Savella*), qui existe encore parmi les fameuses latomies de l'ancienne Syracuse. On prétend que cette grotte, qui a été taillée dans le roc, servoit de prison, & que le célèbre Denis, tyran de Syracuse, se plaçant au centre de la spirale de cette oreille, entendoit très-distinctement les plaintes & les discours de tous les prisonniers qui étoient placés dans les spirales convergentes; on prétendoit même que cette grotte avoit été construite par Archimède.

L'abbé Actis (1), qui a visité ce monument, n'y a plus retrouvé les merveilles que l'on en débitoit anciennement; il a simplement remarqué qu'un petit bruit s'y multiplie à l'infini comme un véritable écho, & que le petit bruit du déchirement d'une feuille de papier s'y fait entendre très-distinctement d'une extrémité de la grotte à l'autre, quoique la longueur soit de plus de quarante-sept pieds. Il attribue la cause des changemens entre les phénomènes qu'il a aperçus & ceux que les Anciens en ont publié, à des trous que l'on a pratiqués dans le bas de la grotte, & à ce que l'on a bouché un trou qui se trouvoit dans le haut.

Une seconde grotte, taillée suivant le même dessin que celle de l'oreille de Denis, se trouve dans l'enceinte de la partie nommée autrefois *arcadine*. On la voit dans le jardin d'un couvent de capucins, mais le sommet de cette grotte a été fendu par quelques tremblemens de terre ou par le laps du temps.

Quelques écrivains prétendent que cette grotte avoit la forme d'un paraboloïde, & que Denis plaçoit son oreille au foyer de la parabole pour entendre les plaintes de ses prisonniers. L'abbé Actis dit que les auditeurs se plaçoient au centre de la spirale de l'oreille, & que ceux que l'on vouloit entendre étoient dans les spirales convergentes. Le peu d'accord qui existe entre les descriptions que l'on donne de cette grotte, ainsi que celui qui existe entre les effets décrits & ceux que l'on observe, doit faire soupçonner que les Anciens en ont exagéré les phénomènes, & qu'il seroit possible que ceux qui existoient autrefois, fussent les mêmes que ceux qui ont été observés par l'abbé Actis, & qui sont d'autant plus naturels, qu'on les a également observés dans un grand nombre de grottes & de galeries souterraines, & qui paroissent dépendre uniquement de la vibration des parois. *Voyez* PORTE-VOIX, GALERIES SOUTERRAINES, ÉCHO.

Après l'oreille de Denis, on rapporte comme un

---

(1) *Journal de Physique*, année 1777, tom. I, pag. 1.

(1) *Académie de Turin*, 1788 & 1789, pag. 47 & suiv.

phénomène très-remarquable celui qui a lieu en Angleterre, dans l'église-de Saint-Paul de Londres & dans celle de Glocefter. A Saint Paul'de Londres, le moindre chuchottement, le battement d'une montre, se font entendre d'un côté à l'autre du dôme, & semblent en faire le tour. Derham dit que cette tranfmiffion de fon ne fe remarque pas feulement dans la galerie d'en bas, mais au-deffus, dans la charpente, où la voix d'une perfonne qui parle bas eft portée en rond, au-deffus de la tête, jufqu'au fommet de la voûte; quoique cette voûte ait une grande ouverture dans la partié fupérieure du dôme; de même 'deux perfonnes qui parlent bas dans la galerie qui eft au-deffus du chœur dans l'église de Glocefter, peuvent s'entendre à la diftance de vingt-cinq toifes environ.

Jufqu'à préfent on n'a pas cru pouvoir donner une explication fatisfaifante de cette tranfmiffion de fon.

Sur le fommet de la montagne, au pied de laquelle fe voient les reftes précieux de l'ancien *Agrigentum*, ville célèbre de la Sicile, eft l'église épifcopale de Girgenti, dans laquelle on obferve un phénomène analogue à ceux de Saint-Paul de Londres & de l'église de Glocefter : ce phénomène, qu'on appelle improprement l'*écho*, & qu'on devroit plutôt appeler *cabinet parlant*, *cabinet fecret*, a été obfervé par l'abbé Actis (1).

Qu'une perfonne fe place tout près de la grande porte qui eft à l'occident, après l'avoir fermée, & qu'une autre fe tranfporte fur la corniche de la voûte du maître-autel, au milieu & vis-à-vis de cette porte, la perfonne qui fe trouve fur la corniche, à 251 pieds de la première, entend parfaitement tout ce que dit l'autre qui eft près de la porte, quoique cette dernière parle d'une façon à ne fe faire entendre qu'à 15 pieds autour d'elle. L'abbé Actis, qui a répété cette expérience un grand nombre de fois, affure que l'on entend auffi bien de la corniche, que fi l'on étoit placé à côté & à quelques pas de celui qui parle, & beaucoup mieux que fi l'on étoit placé à quelques pas derrière.

Pour donner une idée de la fingularité de ce phénomène, l'abbé Actis décrit la forme de l'église, qui a 248 pieds de long & qui a trois nefs, dont deux latérales font baffes & féparées de celle du milieu par une arcade foutenue par des colonnes d'un grand diamètre : de la porte jufqu'à la première colonne, la première arcade eft fermée des deux côtés par deux murailles.

C'eft à cette fermeture que l'abbé Actis rapporte la caufe principale du phénomène, puifque la muraille empêche la voix de fe répandre dans les nefs latérales, & que c'eft de-là que les ofcillations font forcées de prendre la direction vers la route du maître-autel, faifant l'effet d'un conduit auditif.

(1) *Mémoires de l'Académie de Turin*, 1788 & 1789, pag. 43 & fuiv.

« On voit, dit l'abbé Actis, par la figure & par les mefures de cette église, qu'elle eft un véritable compofé de paroboles & d'ellipfes, qui ramènent toutes les vibrations, & les ondulations dans un foyer. Les parois de toute l'église ne forment qu'un entonnoir qui renvoie par des angles plus ou moins obtus toutes les particules fonores de l'air à un point donné, outre celles qui vont frapper directement contre cette voûte elliptique, & qui fe réunifent au même centre pour fe réfléchir dans un foyer commun, tel que celui qui forme les rayons réfléchis dans un miroir concave. »

En conftruifant le plan de cette église d'après les détails & les mefures que l'abbé Actis en a donné, on eft tout étonné de ne pouvoir découvrir cet entonnoir, ni de pouvoir conclure ce foyer fi néceffaire pour que l'explication puiffe paroître raifonnable; on eft donc encore obligé de confidérer le phénomène de l'église de Girgenti comme étant d'une explication auffi difficile que ceux de Saint-Paul de Londres & de l'église de Glocefter.

Un des principaux phénomènes des *cabinets fecrets* que tous les phyficiens ont cru pouvoir expliquer d'une manière fimple & naturelle, c'eft celui que l'on obferve dans un cabinet ou chambre de l'Obfervatoire de Paris. Cette pièce, qui eft au nord de l'édifice, eft une falle hexagone voûtée en arc de cloître : lorfque deux perfonnes font placées dans deux angles creux oppofés, formés par les murailles de la falle, elles peuvent, en parlant très-bas dans cette partie anguleufe, caufer familièrement, fans que les perfonnes placées entr'elles dans diverfes parties de la falle puiffent les entendre. En vifitant ce monument avec MM. les élèves de l'École polytechnique, nous avons fouvent fait placer un élève à chacun des fix angles rentrans formés par les murailles, & nous les avons invités à converfer enfemble à voix baffe. Quoique les fix perfonnes fuffent placées dans une pofition analogue, il n'y avoit jamais que celles qui étoient dans les angles oppofés qui puffent s'entendre, & fouvent il s'établiffoit ainfi trois converfations différentes qui n'étoient troublées en aucune manière par le croifement des fons.

Depuis, nous avons été à même d'obferver un phénomène analogue dans tous les appartemens voûtés en arc de cloître, quel que fût le nombre des faces de l'appartement, lorfque toutefois les angles rentrans des murs fe prolongeoient dans la voûte & correfpondoient, dans leur prolongation, avec un autre angle parfaitement oppofé. Nous ne citerons dans ce moment que la pièce voûtée qui forme une efpèce de veftibule au grand efcalier de l'ancienne abbaye Saint - Martin - des-Champs, où font réunies maintenant les machines qui compofent la collection du Muféum des Arts & Métiers. Cette pièce eft carrée, & des perfonnes placées aux quatre angles peuvent caufer deux à deux fans être entendues : les deux feules perfonnes placées dans les angles oppofés fe correfpondent.

Voici l'explication que l'on donne communément de ce phénomène. L'arc creux de réunion des courbes eft une ellipfe, ABCDEG, *fig. 234*. L'ellipfe a toujours deux foyers F *f*, qui jouiffent de cette propriété : tout rayon FB, FC, FD, FE, partant d'un des foyers F, fe réfléchit fur la furface qu'il rencontre, en fe dirigeant vers l'autre foyer *f*. Si, comme les phyficiens & les géomètres l'ont généralement avancé, les rayons fonores fe comportent, dans leurs mouvemens, comme les rayons de lumière, & qu'ils fuivent cette loi générale & conftante que les angles de réflexion des rayons fonores foient égaux aux angles d'incidence, il s'enfuit néceffairement que, fi une perfonne placée à l'un des foyers F, parle ou chante, tous les fons réfléchis fe réuniront à l'autre foyer *f* : d'où l'on conclut que deux perfonnes placées aux deux foyers de l'ellipfe doivent converfer enfemble, quelque bas qu'elles parlent, lorfque les fpectateurs placés dans d'autres pofitions ne peuvent les entendre.

C'eft de cette propriété de l'ellipfe d'une part, & de la fuppofition que les deux perfonnes qui fe correfpondent font placées aux deux foyers de l'ellipfe, que l'on déduit l'explication du phénomène que préfentent ces fortes de *cabinets fecrets* ; mais en examinant avec plus d'attention ce qui a lieu dans cette circonftance, il eft facile de prouver que cette explication ne peut pas lui être appliquée.

Eft-il bien vrai que le fon fe réfléchiffe & fuive la loi qu'on lui affigne ? C'eft une queftion que nous examinerons aux mots *écho, porte-voix, réflexion du fon*. (*Voyez* ECHO, PORTE-VOIX, RÉFLEXION DU SON.) Admettons pour un moment que cette loi foit vraie : pour que le fon foit entendu, il faudroit que les deux perfonnes placées dans les pofitions P, P des angles du mur, fuffent aux foyers de l'ellipfe ; mais d'après la forme même de la voûte, les foyers doivent fe trouver fur la ligne AG, menée de l'une à l'autre extrémité de la naiffance de la courbe fur fon grand arc ; fuppofons encore, pour faciliter l'explication, que la courbe ADG, *fig. 235*, ne foit qu'un arc d'ellipfe & non une demi-ellipfe entière ; que le grand diamètre de cette ellipfe foit la ligne KL, & que les points PP où fe trouvent les deux perfonnes qui caufent, foient exactement le foyer de l'arc ADG de l'ellipfe KADGL (ce qui eft contre toute efpèce de vraifemblance, furtout lorfque l'on examine l'arc de la voûte & la pofition des fpectateurs), il s'enfuivroit qu'il faudroit que les perfonnes qui caufent, fuffent exactement placées aux points P & P pour pouvoir s'entendre ; cependant elles s'entendent également bien, lorfqu'elles font placées aux points *p'*, *p'* beaucoup plus élevés, aux points *p''*, *p''* beaucoup plus bas, & même lorfque l'une des perfonnes eft plus éle-

vée comme en *p'*, & l'autre plus baffe comme en *p''*.

Toutes ces obfervations portent donc à croire que le phénomène obfervé dans l'une des falles de l'Obfervatoire, dans la pièce au rez-de-chauffée de l'abbaye Saint-Martin-des-Champs, & dans toutes les pièces voûtées en arc de cloître, ne dépend pas de la réflexion du fon qui a lieu dans la courbe rentrante formée par la rencontre des voûtes ; mais quelle eft la caufe de ce phénomène ? C'eft une queftion que nous avons cru devoir examiner, & que nous avons cherché à réfoudre par des expériences directes.

Après nous être affurés que les fons étoient renforcés dans les porté-voix, c'eft-à-dire dans les tubes cylindriques, ainfi que dans les tubes acouftiques, & que ce renforcement, indépendant de la réflexion, étoit uniquement occafionné par l'augmentation de l'amplitude de la vibration (*voyez* PORTE-VOIX, TUBE ACOUSTIQUE), nous avons cherché à reconnoître, par l'expérience, fi la tranfmiffion du fon dans les arcs contenant des angles rentrans ne dépendoit pas de la même caufe.

Pour cet effet nous avons fait faire une gouttière avec des planches, c'eft-à-dire, que nous réunimes deux planches de manière à former un angle rentrant. Nous attachâmes plufieurs de ces planches les unes au bout des autres pour en former une gouttière de vingt mètres de longueur ; nous plaçâmes une montre dans cette gouttière, de façon qu'elle ne touchât les parois en aucune manière. Alors, nous éloignant de la montre, & plaçant l'oreille dans la gouttière, à diverfes diftances, nous fûmes étonnés d'entendre le battement de la montre encore diftinctement à plus de quinze mètres de diftance, quoique, dans l'air libre, nous ne puffions plus entendre ce même battement à un mètre trois centimètres. Cette expérience fut répétée un grand nombre de fois avec des gouttières formées de matières différentes, & dont les angles étoient obtus, droits & aigus. Toujours le battement étoit diftingué à une très-grande diftance ; cette diftance diminuoit très-rapidement lorfque l'angle devenoit très-obtus.

Nous fîmes brifer la gouttière droite, afin de lui faire former des finuofités dans fa longueur ; le fon étoit toujours tranfmis à une très-grande diftance, moindre cependant que lorfque la gouttière étoit en ligne droite : donnant à la gouttière une courbure régulière & infenfible, le fon paroiffoit fe tranfmettre à une plus grande diftance que celle qui avoit lieu lorfque, dans les finuofités de la gouttière, les changemens de direction étoient trop brufques, & que les angles étoient plus petits.

On peut, d'après ces expériences, concevoir la manière dont la tranfmiffion du fon ou de la parole fe fait dans les falles terminées par des voûtes ou arcs de cloître. L'angle rentrant des murs & des voûtes qui fe continue d'un angle à l'autre de l'appartement, peut être confidéré comme une gouttière continue dont la courbure eſt régulière & inſenſible, & dans laquelle le ſon ſe tranſmet à une grande diſtance.

Quant à la manière dont le ſon eſt tranſmis dans cette gouttière, tout porte à croire que c'eſt par l'augmentation de l'amplitude de la vibration de l'air, comme cela a lieu dans les porte-voix & dans les tubes acouſtiques. *Voyez* PORTE-VOIX, TUBE ACOUSTIQUE.

Souvent on pratique, dans quelques *cabinets*, deux ouvertures E, F, *fig.* 236, qui communiquent enſemble par un tuyau EGHF. Plaçant l'oreille d'un auditeur en E, & la bouche d'un orateur en F, le premier peut entendre tout ce que le ſecond prononce à voix baſſe, ſans que les perſonnes placées entr'elles puiſſent les entendre: les ſons ſe tranſmettant plus facilement dans les tuyaux que dans l'air, on y entend très-diſtincte-ment ce qui s'y dit. *Voyez* TUBE ACOUSTIQUE.

CABOLETTO : monnoie du pays de Gênes, valant 0,2889 livres ou 28,53 centimes.

Le *cabuletto* ſe diviſe en 6,66 ſoldo & en 80 denaro; il en faut 5 pour la lira courante.

CACOPHONIE, de κακὸς, mauvais, & de φωνή, ſon; cacophonia; uebelklang. Union diſcordante de pluſieurs ſons mal choiſis ou mal accordés.

CADE; κάδος; cadus; *baril, ſeau, cruche.* Nom donné dans la première nomenclature des poids & meſures, à une meſure de capacité d'un mètre cube, aujourd'hui connu ſous le nom de *kilolitre.* *Voyez* KILOLITRE.

C'eſt encore un vaſe dont les Anciens ſe ſervoient pour conſerver leur vin.

CADÉE : meſure de longueur employée à Alger & à Maroc, pour meſurer les étoffes.

La cadée vaut 0,4348 aunes de France = 0,5456 mètres.

CADENAS; catena; *vorleg-ſchloſs;* ſubſt. maſ. Eſpèce de ſerrure mobile qu'on attache & qu'on ôte quand on veut. Ce mot vient du latin *catena-ium,* parce qu'anciennement les ſerrures étoient attachées aux portes avec des chaînes.

CADENAS A SECRET; catena ſecreta aperta; *voi lugſche loeſſer mit geheim niſchen. Cadenas* qui s'ouvre & ſe ferme par le moyen de pluſieurs petits anneaux que l'on diſpoſe de manière qu'ils forment un nom, & qui ne peuvent être ouverts qu'en formant le nom avec lequel on les a fermés.

Ce *cadenas* ſe compoſe d'un nombre d'anneaux plus ou moins grand; les *cadenas* ordinaires en ont quatre. Sur chaque anneau ſont gravées toutes les lettres de l'alphabet, & au-deſſous, dans le cercle intérieur, ſont des rainures correſpon-dantes. Sur un axe qui communique à l'anſe du cadenas ſont fixées des rondelles qui portent cha-cune une petite lame ſaillante que l'on paſſe dans les rainures des anneaux, au mot correſpondant à celui auquel on veut fermer le *cadenas.* On place, on dirige toutes les rondelles de manière à placer à côté les unes des autres, les lettres qui doivent former le nom adopté, puis on remet l'autre par-tie du *cadenas*; on ferme l'anſe & l'on détourne les anneaux, afin de faire diſparoître le nom choiſi.

Pour ouvrir le *cadenas,* on tourne les anneaux de manière à reformer le nom ſous lequel le *cade-nas* a été fermé; on place ce nom devant une en-coche faite à l'armure principale; on tire les deux armures, & le *cadenas* s'ouvre. Cette ſerrure à combinaiſon ne pourroit s'ouvrir ſous aucun autre arrangement que ſous le nom ſous lequel il a été fermé.

Quant aux rondelles, elles ſont diviſées en trois parties; une, de chaque côté, aſſez large, mais peu épaiſſe; celle du milieu beaucoup moins large, mais plus épaiſſe : la ſurface qui ſe prolonge au-deſſous de l'épaiſſeur des rondelles des faces, a une entaille qui permet un libre paſſage à une crémaillère; cette crémaillère eſt fixée ſur un cy-lindre mobile & tel, qu'en le tirant, les dents de la crémaillère entrent dans la rainure des rondelles & les empêchent de ſe mouvoir, & qu'en le pouſ-ſant, les dents ſe placent entre les ſurfaces prolon-gées, & les rondelles ſe meuvent facilement.

C'eſt à ce ſimple mécaniſme qu'eſt dû tout le ſecret de ces *cadenas* utiles. On peut voir *pl.* 19, *fig.* 17, 18, 19, 20, 21 des planches de la ſerrurerie, faiſant partie des Arts & Métiers de l'*Encyclopédie par ordre de matières,* le deſſin d'un *cadenas* de ce genre, qui étoit connu depuis long-temps avant que Regnier eût perfectionné celui qu'il fabrique, & qu'on débite aujourd'hui ſous ſon nom. Ce dernier a une forme beaucoup plus agréable, plus ſûre & plus parfaite que les *cadenas* à compartimens anciens.

On trouve, page 658 d'un ancien ouvrage im-primé à Lyon en 1617, ſous le titre de *Secret merveilleux de la Nature,* la deſcription d'un *cade-nas* ſemblable, que l'on dit avoir été inventé par Janellus.

Il exiſte un grand nombre de *cadenas à ſecret:* on peut en voir pluſieurs dans la *planche* 19 que nous avons citée; mais nous croyons inutile d'entrer dans de plus grands détails ſur cet objet : nous n'avons parlé du *cadenas* de Regnier, que parce qu'il fait partie des objets contenus dans le catalogue des inſtrumens de phyſique que Dumo-tier fabrique & vend aux ſavans, aux phyſiciens & aux amateurs.

CADILE : ancien nom donné à une meſure de capacité repréſentant la *pinte* nouvelle ou le *litre.* Ce mot vient de κάδος, *baril, ſeau, cruche,* &c. *Voyez* CADE.

CADMIE;

CADMIE ; cadmia ; *cadmie*, du grec καδμεια ; subst. fém. Nom donné à plusieurs substances différentes. On en distingue deux sortes, les *cadmies naturelles* & les *cadmies artificielles*.

On range parmi les *cadmies naturelles* le *cobalt* (*voyez* COBALT) & les oxides de zinc, que l'on appelle aussi *pierres calaminaires* ; on range parmi les *cadmies artificielles* plusieurs substances qui se vaporisent & se déposent sur le bord du gueulard des fourneaux, tels que des oxides de fer, de zinc, de cobalt, &c.

CADRAN SOLAIRE ; quadrum horologium ; *sonnen uhr* ; sub. maf. Instrument propre à montrer l'heure qu'il est, ou surface sur laquelle sont tracées des lignes qui indiquent l'heure par l'ombre d'un style ou d'un *cadran solaire*. La science qui traite des *cadrans*, se nomme *gnomonique*. *Voyez* GNOMONIQUE.

Pour se faire une idée des *cadrans solaires*, il faut se rappeler que la terre fait chaque jour, autour de son axe, une révolution entière dont la durée forme celle du *jour astronomique* ou du jour ordinaire. L'effet que produit cette révolution est, pour les habitans du globe terrestre, le même que si le soleil se mouvoit autour de la terre dans un plan perpendiculaire à son axe ; & le jour se compte du moment où le soleil passe sur le méridien du lieu de l'observateur, jusqu'à l'instant où il revient sur le même méridien. Comme la terre a un mouvement uniforme sur son axe, il s'ensuit que le mouvement apparent du soleil est également uniforme.

Si, d'après la direction & le mouvement uniforme apparent du soleil, on élève sur un point quelconque A, de la surface de la terre, *fig.* 238, un plan A E ; que sur ce plan on place un style E D parallèle à l'axe de la terre ; si sur ce plan M N O P, *fig.* 237, on place un cercle A F B C, parallèle à celui de l'équateur, ayant pour centre C, point par lequel passe le style, & que l'on divise ce cercle en 24 parties égales, l'ombre du style suivant la marche du soleil se projettera sur chaque division successive après chaque heure de mouvement, de manière qu'elle fera le tour entier du *cadran* pendant les 24 heures que dure le mouvement apparent du soleil.

Cette espèce de *cadran*, le plus simple parmi ceux que l'on trace, celui enfin qui sert de base pour le tracé de tous les autres, se nomme *cadran équinoxial*. *Voyez* CADRAN ÉQUINOXIAL.

Dès que le *cadran équinoxial* est tracé, il est facile de construire un *cadran horizontal*. Soit S R T U le plan horizontal, X Y l'intersection du plan horizontal avec celui du *cadran équinoxial*, D le point de rencontre de la droite E C parallèle à l'axe de la terre, avec le plan horizontal. Si du point D on mène des droits D A, D *b*, D *d*, D N, D *f*, D M, avec les points où les lignes horaires rencontrent l'intersection des deux plans, on aura

le tracé du *cadran horizontal* ; dont la ligne C D sera le style.

Le *cadran vertical* se trace de la même manière. Soit la ligne R M A N T, *fig.* 237, l'intersection d'un plan horizontal quelconque avec le plan du *cadran équinoxial*, E le point de rencontre de la droite D C prolongée avec le plan horizontal ; si du point E on mène les lignes E A, E *b*, E *d*, E N, E *f*, E M, avec les points où les lignes horaires rencontrent l'intersection des deux plans, on a le tracé du *cadran vertical*, dont la droite E C représente le style parallèle à l'axe de la terre.

Enfin, si l'on vouloit tracer un *cadran* sur un plan incliné, il faudroit de même prolonger le plan incliné & le plan du *cadran équinoxial* jusqu'à ce qu'ils se coupent, & du point où la droite parallèle à l'axe de la terre rencontre le plan incliné, mener des droites aux points où les lignes horaires prolongées rencontrent l'intersection des deux plans : alors on a le tracé, sur un plan incliné, d'un *cadran* dont la droite, menée du centre du *cadran équinoxial* parallèle à l'axe de la terre, est le style.

CADRAN ANALEMMATIQUE ; horologium analemmaticum ; *analemmatische sonnen uhr*. Cadran solaire construit sur un plan horizontal par le moyen des *azimuths*. (*Voyez* AZIMUTH.) Si l'on veut avoir quelques détails sur celui qui a été donné par Vanzelard en 1664, on peut consulter le *Dictionnaire de Mathématiques* de l'*Encyclopédie par ordre de matières*, tome I, page 249.

CADRAN AUX ÉTOILES. *Voyez* CADRAN STELLAIRE.

CADRAN AZIMUTAL. *Voyez* CADRAN ANALEMMATIQUE.

CADRAN CYLINDRIQUE ; horologium cylindricum ; *cylindrische sonnen uhr*. Cadran dont l'axe mobile, *fig.* 241, autour d'une colonne divisée en autant de parties qu'il y a de jours dans l'année, se place chaque jour sur la droite correspondante, & indique l'heure par le point où l'extrémité de l'ombre correspond Sur cette colonne sont tracées des cannelures horaires qui indiquent sur chacune le point où doit se trouver, à chaque heure, l'extrémité de l'ombre du style. Ces *cadrans* sont commodes, en ce qu'ils peuvent se poser à l'instant où l'on veut connoître l'heure, & qu'il suffit de les disposer de manière qu'ils soient dans une position verticale, & que l'ombre tombe sur la ligne correspondante au jour de l'observation. On peut consulter la *Gnomonique* de dom Bedos, imprimée en 1774, pour connoître le tracé de ces *cadrans*.

On voit sur la colonnede la Halle au blé, un *cadran cylindrique* fort remarquable, construit par Pingré : il est composé de 15 styles horizontaux, de chacun 4 p. 5° 2 l. de saillie ; chaque style

R

couvre, par fon ombre, une des ellipfes horaires à l'heure qu'elle marque.

Toutes ces lignes horaires fe réuniffent en un point qui exprime le pôle auftral (*voyez* PÔLE AUSTRAL), ou l'interfe&ion de l'axe du monde & du *cadran*; il eft au-deffous de l'horizontale à une diftance égale à la tangente de la latitude du lieu.

Cette colonne fut conftruite par Jean Bulland, d'après les ordres de Catherine de Médicis. M. de Bachaumont l'acheta pour empêcher qu'elle fût démolie; & le *cadran* fut exécuté par le Père Pingré, fur l'invitation du prévôt des marchands de Viarmes. On peut en voir la defcription dans un ouvrage publié en 1764, ayant pour titre : *Mémoire fur la colonne de la Halle au blé.*

CADRAN DÉCLINANT; horologium declinans; *abweicht fonnen uhr.* C'eft, *fig.* 240 (*a*), celui qui eft tracé fur une furface dont la dire&ion n'eft pas exa&ement dirigée vers les points cardinaux.

CADRAN ÉQUINOXIAL; horologium equinoxiale; *equinoxial fonnen uhr.* C'eft celui où le foleil eft dans l'équateur, & l'obfervateur placé dans la ligne équinoxiale. il faut alors que le plan du cercle ou du *cadran* foit vertical, ou qu'il foit dans la dire&ion du parallèle à l'équateur. L'axe ou le ftyle doit être placé au centre, & perpendiculairement au plan du cercle. La divifion doit être en 24 parties égales. La ligne menée du centre à l'une des divifions doit être verticale, & marquer le midi vrai : alors l'ombre portée fur les 12 parties égales, fix avant & fix après la ligne méridienne, indiquera, dans fa coïncidence avec les lignes, les 12 heures du jour.

On peut également exécuter ce *cadran* fur tous les points de la furface de la terre; mais, dans ce cas, le plan doit être perpendiculaire à l'axe de la terre, & le ftyle, placé au centre, doit être parallele à l'axe de la terre.

CADRAN HORIZONTAL; horologium horizontale; *horifontal fonnen uhr.* Ce *cadran* eft défigné, *fig.* 242 (*b*), par fa dénomination; c'eft le plus commun & le plus facile dans l'ufage ordinaire. On peut, lorfqu'il eft tracé fur un plan mobile, le tranfporter & le placer partout où l'on veut obfervei l'heure avec commodité.

Nous avons indiqué a l'article *cadran folaire*, une manière graphique de le tracer; nous allons faire connoître une transformation plus fimple de cette méthode. Soit A C B, *fig.* 238 (*a*), un triangle re&angle en C, dont l'angle A B C foit égal à la latitude du lieu; on détermine le rapport entre A B & A C comme R eft à *tang. de la latitude.* Traçant enfuite une ligne B C, *fig.* 238 (*b*), divifée par la perpendiculaire ZZ en deux parties égales aux lignes AB & AC; du point C, comme centre, décrivant une demi-circonférence E A G; divifant

cette demi-circonférence en 12 parties égales, prolongeant ces divifions jufqu'à la perpendiculaire ZZ, afin de mener du point D les lignes horaires à toutes les interfe&ions.

On peut, pour plus de commodité, dreffer une table des diftances des points A auxquelles on doit mener ces lignes, la douzième partie du cercle étant égale à 15 d., & la tang. de l'angle A B *a*

$$= \textit{finus latit.} \; \frac{\textit{fin.} \; 15°}{\textit{cof.} \; 15°} \; \text{de même tang. A B } b = \textit{fin.}$$

lat. $\frac{\textit{fin.} \; 30}{\textit{cof.} \; 30}$, & ainfi de fuite en faifant les angles

$= $ à 15°, multipliés par les nombres naturels 1, 2, 3, 4, 5, &c. ; car C A $= \textit{finus lat.}$ A B $=$ R.

C A : A *a* $=$ R : *tang.* 15°.

A *a* : B A $=$ *tang.* A B *a* : R.

Multipliant ces deux équations l'une par l'autre, on a : C A : B A $=$ *tang.* A B *a* : *tang.* 15°, & par fuite *fin. lat.* : R $=$*tang.* AB *a* : *tang.* 15° : donc *tang* AB *a*

$= $ *tang.* 15° $\times$ *finus lat.* ; mais *tang.* 15° $= \frac{\textit{fin.} \; 15°}{\textit{cof.} \; 15°}$

donc *tang.* A B *a* $= \frac{\textit{fin.} \; 15°}{\textit{cof.} \; 15°}$ *fin. lat.*

Pour placer ces *cadrans*, il faut d'abord que le plan foit bien horizontal, & enfuite, que la ligne du midi foit parfaitement dans la dire&ion de la méridienne. On peut, à l'aide des niveaux à bulles d'air, placer le plan dans une pofition parfaitement horizontale; &-pour la dire&ion de la méridienne, il faut tourner de façon que l'ombre du ftyle tombe parfaitement fur la ligne horaire de midi, au moment où le foleil paffe dans le méridien. On trouvera dans le premier volume du *Di&ionnaire de Mathématiques*, pag. 238 & fuiv., diverfes manieres de placer ce *cadran*.

CADRANS INCLINÉS ET DÉCLINANS; horologium inclinate & declinante; *neigende und abwiiche fonnen uth.* Lahire obfervant que les murailles les plus folides ne font jamais exa&ement verticales, a regardé tous les *cadrans* comme pouvant avoir un certain degré d'inclinaifon, donc étant inclinés; & comme il eft rare que les murs foient dans une dire&ion telle qu'ils regardent exa&ement les points cardinaux, les *cadrans* que l'on trace deffus font par cela, trèsfouvent déclinans; c'eft ce qui l'a déterminé à chercher des méthodes générales avec lefquelles on puiffe tracer des *cadrans inclinés* & *déclinans*.

CADRAN LUNAIRE; horologium lunare; *mund uhr.* C'eft celui qui montre l'heure pendant la nuit, par le moyen de la lumière de la lune, ou de l'ombre d'un ftyle que la lune éclaire, *fig.* 243.

Quoique l'on puiffe faire des *cadrans* qui foient entierement lunaires, & d'autres où les interfe&ions des lignes horaires avec des lignes qui marquent le quantième de la lune indiquent l'heure, il eft plus commode de fe fervir d'un *cadran folaire* comme fi c'étoit un *cadran lunaire*;

& ajoutant à l'heure indiquée par la lune le produit de son âge par trois quarts, cette somme donne l'heure assez exactement.

Cette méthode est fondée sur ce que la lune passe tous les jours au méridien ou à quelques cercles horaires que ce soit, trois quarts d'heure plus tard que le jour précédent. Or, le jour de la nouvelle & de la pleine lune, elle passe au méridien en même temps que le soleil; d'où il suit que le quatrième jour après la nouvelle lune, par exemple, elle doit passer $3 \times \frac{3}{4}$ d'heure, ou 2 heures 15 minutes plus tard au méridien, & ainsi des autres jours.

CADRAN MÉRIDIONAL; horologium meridionale; *meridional sonnen uhr.* C'est un *cadran vertical*, *fig.* 239, qui est tourné directement vers le midi. Nous avons fait connoître la manière de le tracer en décrivant la méthode employée pour les *cadrans verticaux*; elle est la même que pour les *cadrans horizontaux.* On donne le nom de *premier vertical* au plan rationnel perpendiculaire au méridien sur lequel on trace ces sortes de *cadrans*, qui ne sont éclairés par le soleil que depuis six heures du matin jusqu'à six heures du soir.

CADRAN NOCTURNE; horologium nocturnum; *næchtliche sonnen uhr. Cadran* qui marque l'heure la nuit. *Voy.* CADRAN LUNAIRE & CADRAN STELLAIRE.

CADRAN OCCIDENTAL; horologium occidentale; *occidental sonnen uhr.* Il est tracé sur un plan parallèle au méridien, *fig.* 239 (o); il regarde l'occident & le coucher du soleil; ses lignes horaires sont parallèles entr'elles, & parallèles à l'axe de la terre. Le style est parallèle aux lignes horaires. Ces sortes de *cadrans* ne commencent à marquer l'heure qu'au moment où le soleil passe sur le méridien, & ils continuent à marquer jusqu'au coucher du soleil.

CADRAN ORIENTAL; horologium orientale; *oriental sonnen uhr.* Ce *cadran* ne diffère du *cadran occidental*, qu'en ce que celui-ci est tourné vers le soleil couchant & ne marque les heures que l'après-midi, tandis que le premier est tourné vers le soleil levant, & qu'il marque les heures depuis le moment où le jour se lève, jusqu'au moment où il passe sur le méridien.

CADRAN POLAIRE; horologium polaire; *polar sonnen uhr.* C'est celui que l'on trace sur un plan incliné qui passe par les pôles du monde, *fig.* 239 (a) & 242, & par les points de l'orient & de l'occident sur l'horizon. Il y en a de deux espèces: s'ils regardent le zénith, on les appelle *polaires supérieurs*; s'ils regardent le nadir, ils sont appelés *polaires inférieurs.*

Ainsi le *cadran polaire, fig.* 239 (b), est incliné à l'horizon, avec lequel il fait un angle A B P égal à l'élévation du pôle β C E; il est formé sur le plan du cercle de six heures: il y a un quart de cercle de l'équateur & de chacun des parallèles à l'équateur, intercepté entre ce plan & le méridien: donc la surface supérieure est éclairée par le soleil depuis six heures du matin jusqu'à six heures du soir, & la surface inférieure, depuis six heures du soir jusqu'au coucher du soleil, & depuis le lever du soleil jusqu'à six heures du matin.

CADRAN PORTATIF, *orientable à volonté;* horologium gestatu facile; *tragbar sonnen uhr. Cadran* qui peut se placer sur tous les plans verticaux de la latitude pour laquelle il est construit.

Ce *cadran*, imaginé par Champion, ingénieur en instrumens de mathématique, est représenté *fig.* 704 & 704 (a); sa construction est celle du *cadran vertical méridional.* Il diffère des *cadrans* ordinaires en ce que la surface b, *fig.* 704, sur laquelle il est construit, se meut sur un axe horizontal, de manière que, quelle que soit la direction du plan vertical sur lequel on place le plan a, on peut toujours diriger le plan b de manière qu'il soit perpendiculaire à la méridienne; alors il devient naturellement un *cadran méridien.*

On peut suspendre ce *cadran*, ou mieux cette méridienne verticale, dans la partie extérieure de l'embrâsure d'une fenêtre, ou sur tout autre plan éclairé à midi par les rayons solaires. Il faut placer bien verticalement le plan a, & le maintenir dans cette position, de manière que le vent ne le fasse pas vaciller. *Voyez Annales des Arts & Manufactures*, tom. XLI, pag. 43.

CADRAN SANS CENTRE; horologium sine centro; *sonnen uhr ohne mittel punche.* Les *cadrans* occidentaux & orientaux, ainsi que les *cadrans polaires* dont les lignes horaires sont parallèles entr'elles, sont de véritables *cadrans sans centre.* Lorsqu'un *cadran vertical* est très-incliné sur le méridien, & qu'il décline beaucoup vers l'orient ou vers l'occident, les lignes horaires sont peu inclinées l'une sur l'autre, & le point de concours peut être tellement éloigné que l'on ne puisse pas le placer sur le plan: ce sont ces sortes de *cadrans* auxquels on donne le nom de *cadrans sans centre.*

On supplée à la difficulté de marquer le cercle des *cadrans*, par deux équinoxiales ou deux horizontales, en calculant deux fois la hauteur du style-droit, ou deux fois le rayon de l'équateur, pour des points de l'axe éloignés d'une certaine quantité.

On choisira les deux horizontales quand la déclinaison du plan sera petite, & que cependant on ne pourra pas avoir de centre. On préférera les deux équinoxiales quand la déclinaison sera très-grande, parce que les deux horizontales seroient très-près, si l'on vouloit s'en servir pour trouver les lignes horaires éloignées de la méridienne.

CADRAN SANS STYLE; horologium finé gno-
mone; *fonnen uhr ohne zeiger*, *fig.* 243 (*a*). Dans
tous les *cadrans*, l'heure eſt ordinairement indiquée
par un ſtyle parallèle à l'axe de la terre, ou par
une ouverture qui le remplace. Cette méthode
n'eſt pas la ſeule dont on puiſſe faire uſage, car
on peut également trouver l'heure par la hauteur
du ſoleil ou par ſon azimut, & cela de pluſieurs
manières différentes.

L'aſtrolabe ou planiſphère dont tous les aſtronomes ont fait uſage depuis Ptolémée, s'appliquant à tous les problèmes de la ſphère, on dut
naturellement s'étudier à trouver l'heure par le
moyen de la hauteur du ſoleil; ce qui produiſit
les *cadrans* où l'heure eſt marquée par le fil même
qui ſert à marquer la hauteur du ſoleil.

On voit beaucoup de *cadrans fans ſtyle* dans les
plus anciens auteurs de gnomonique. Sébaſtien
Munſter en décrit un dont il dit : *Quadrans juxta
veterum uſum*, & il cite Regiomontanus comme en
ayant fait d'une eſpece particulière différente de
ceux des anciens. Dans celui de Munſter, les
lignes horaires ſont des courbes tracées par la
table des hauteurs du ſoleil à différentes heures du
jour & à différens temps de l'année.

CADRAN SEPTENTRIONAL; horologium ſeptentrionale; *ſeptentrional ſonnen uhr*. C'eſt un
cadran vertical tracé ſur un plan perpendiculaire
à la direction du méridien; il diffère du *cadran
méridional* en ce que ſa face regarde le ſepten-
trion, & qu'il ne peut marquer que les heures
du matin qui précèdent ſix heures, & celles du
ſoir qui ſuivent ſix heures.

CADRAN SPHERIQUE; horologium ſphericum;
kugelrunde ſonnen uhr. Ce *cadran* eſt auſſi naturel
& auſſi ſimple que le *cadran équinoxial*; il eſt
donné immédiatement par la nature & la direction du mouvement diurne.

Que l'on ait un globe iſolé & expoſé au ſoleil,
comme on en voit dans les jardins, & qu'on ait
un ſtyle qui puiſſe s'appliquer perpendiculairement
à la ſurface du globe, dans tous ſes points, par
le moyen de trois pieds.

Si le ſtyle eſt creux, de manière qu'un rayon
ſolaire puiſſe paſſer au travers dans toute ſa longueur, on marquera une ſuite de points dans
toute cette longueur, & ce ſera le parallèle diurne
du ſoleil pour ce jour-là. Il n'en faut pas davantage pour tracer tout le *cadran* & tous les cercles
de la ſphère avec la plus grande facilité.

CADRAN STELLAIRE; horologium ſtellare;
ſternen uhr. Cadran deſtiné à déterminer l'heure par
le moyen des étoiles.

Il eſt compoſé de trois pièces principales :
1°. d'un plateau percé au centre pour apercevoir
l'étoile polaire à travers; 2°. d'un *cadran* mobile
diviſé en vingt-quatre heures; 3°. d'une alidade

immobile autour du cercle, & dont une partie
déborde la circonférence.

On ſuppoſe que l'on regarde l'étoile polaire
par le trou du centre, le manche étant en bas,
dans le plan d'un vertical & le plan de l'inſtrument
incliné comme l'équateur. On regarde en même
temps une ſeconde étoile circompolaire, & l'on
place l'alidade ſur cette étoile. Le *cadran* peut être
fait pour la claire de la Petite-Ourſe, qui eſt la précédente des deux grandes, ou des deux belles
étoiles de la Petite-Ourſe, marquées B; elle eſt à
14 heures 51' d'aſcenſion droite; ainſi, elle paſſe
au méridien le 7 novembre. Le *cadran des heures*
eſt mobile ſur la platine, de manière que l'heure
du paſſage au méridien, de l'étoile pour laquelle
il eſt fait, ſoit toujours à la partie ſupérieure,
& le paſſage inférieur au bas de la platine; alors
l'alidade indique l'heure de l'obſervation.

CADRAN SYMPATHIQUE; quadrum ſympathi-
cum; *ſympathetiſch zoffer blatter*. Ce ſont deux
cadrans dont l'aiguille de l'un peut être mue par
un barreau aimanté : on place ce dernier ſur une
table deſſous laquelle on fait mouvoir un barreau
par des moyens particuliers; on donne l'autre *cadran* à une perſonne; celle-ci place l'aiguille ſur
une diviſion, & dès que celle qui eſt chargée de
faire mouvoir le ſecond *cadran* s'en aperçoit,
elle dirige le barreau aimanté de manière que l'aiguille prenne une poſition ſemblable à la première.

CADRAN UNIVERSEL *par les hauteurs du ſoleil*;
horologium univerſale; *algemein ſonnen uhr*, *fig.*
243 (*b*). On l'appelle auſſi quelquefois le *capucin*,
à cauſe de la forme pointue de ſa partie ſupérieure; il ſe trouve dans Sébaſtien Munſter, ſous
le nom de *quadrangulum horologium*, ou *horologium quadrangulum generale*; il eſt auſſi dans Oronce
Fine; ce qui fait préſumer que l'invention en eſt
plus ancienne que les ouvrages de ces deux auteurs, publiés en 1531; il eſt également décrit
dans Clavius. Aucun de ces auteurs n'en ayant
donné la démonſtration, on peut la trouver dans
le *Dictionnaire de Mathématiques*, tom. I, pag. 248.

On trouve le lever & le coucher du ſoleil ſur
ce *cadran*; on peut également meſurer la hauteur
du ſoleil à une heure quelconque.

CADRAN VERTICAL; horologium verticale;
vertical ſonnen uhr. Ces ſortes de *cadrans* ſont très-
variées : les uns ſont dans la direction des points
cardinaux (*voyez* CADRAN OCCIDENTAL, CA-
DRAN ORIENTAL, CADRAN MERIDIONAL, CA-
DRAN SEPTENTRIONAL); les autres déclinés ſur
ces directions. *Voyez* CADRAN VERTICAL DÉ-
CLINANT.

CADRAN VERTICAL DÉCLINANT; horolo-
gium verticale declinans; *vertical abweicht ſonnen*

uhr. Cadran conftruit fur un plan vertical qui n'eft dans la direction d'aucun des points cardinaux. *Fig.* 240 *(b)*.

Parmi toutes les méthodes que l'on peut employer pour tracer ces *cadrans*, nous ne citerons que celle-ci : foit B A K , *fig.* 240, la latitude du lieu ; A D G le *cadran horizontal* correfpondant ; EF la déclinaifon du plan où l'angle FCA qu'il ait avec la méridienne ; fi l'on fait C H = B K , & que du point H on mène des droites aux interfections des lignes horaires du *cadran horizontal* avec la ligne de déclinaifon du *cadran vertical*, on aura le tracé du *cadran vertical déclinant*.

On trace fur plufieurs *cadrans* des courbes qui indiquent la longueur des ombres pour des époques déterminées, ainfi que celles qui font connoître la différence qui exifte entre le temps vrai & le temps moyen. *Voyez*, pour le tracé de ces courbes, le *Dictionnaire de Mathématiques* de l'*Encyclopédie*.

CAGLIOSTRO (Alexandre, comte de) : perfonnage fur l'exiftence morale & politique de qui l'on a débité des fables abfurdes.

Deux opinions différentes ont été formées fur cet homme fingulier.

S'il faut en croire les partifans de l'opinion la plus accréditée, le nom de *Cagliostro* ne lui appartenoit pas plus que ceux de *Tifchio*, de *Meliffa*, de *Belmonte*, de *Pellegrini*, d'*Anna*, de *Fenix* & de *Harat*, qu'on l'accufe de s'être fucceffivement donnés : on ne lui accorde que celui de *Jofeph Balfamo* ; on le fait naître de parens obfcurs, à Palerme, le 8 juin 1743. On affirme qu'il efcroqua foixante onces d'or à l'orfévre Marano, fous prétexte de lui livrer un tréfor caché dans une grotte, & gardé par des efprits infernaux. Après ce bel exploit, on lui fait quitter Palerme & parcourir la Grèce, l'Egypte, l'Arabie, la Perfe, venir à Rhodes & à Malte, où, dit-on encore, il perdit le favant Althatas, avec lequel il s'étoit intimement lié. De Malte, où le grand-maître l'avoit bien accueilli, on l'amène fucceffivement à Naples & à Rome, où il époufa Lorenza Feliciani. Partout on le repréfente foutenant fon exiftence tantôt par le produit de fes compofitions chimiques, tantôt vivant d'efcroqueries, & enfin du trafic honteux des charmes de fon époufe.

Toutes ces accufations font confignées & compilées dans le procès-verbal fait à Rome par l'Inquifition, & imprimées dans la même ville en 1791, fous le titre de *Faits & Geftes de Jofeph Balfamo*, fe difant *comte de Cagliostro*, &c., de l'imprimérie de la Chambre apoftolique.

Oppofons maintenant à cette opinion quelques faits atteftés par Laborde, & confignés dans fes *Lettres fur la Suiffe*. Voici comment il s'exprime fur le compte de cet homme, dont les uns font un *thaumaturge*, & les autres un *démonolâtre*.

« J'ai vu ce digne mortel, au milieu d'une falle » immenfe, courir de pauvre en pauvre, panfer » leurs bleffures dégoûtantes, adoucir leurs maux, » les confoler par l'efpérance, leur difpenfer fes » remèdes, les combler de bienfaits, les accabler » de fes dons, fans autre but que de confoler » l'humanité fouffrante. Ce fpectacle enchanteur » fe renouvelle trois fois la femaine : plus de » quinze mille individus lui doivent leur exif-» tence. »

Telles furent les occupations de *Cagliostro* pendant fa réfidence à Strasbourg, qui dura cinq ans & plus.

A ces témoignages de Laborde, il faut ajouter les lettres écrites en 1783 au préteur de Strasbourg par MM. de Miromefnil, de Vergennes & le marquis de Ségur. Ces lettres avoient pour objet de réclamer l'appui des magiftrats en faveur du noble étranger.

L'homme qui a été honoré de femblables éloges & d'une telle protection, a-t-il mérité les hideufes dénominations dont l'accablent fes antagoniftes ?

En janvier 1785, *Cagliostro* vint demeurer à Paris, où il monta une maifon faftueufe, rue Saint-Claude. Déjà connu fous d'honorables apparences par des perfonnages diftingués, il put aifément fe former une fociété brillante. Le cardinal Louis de Rohan, attiré par l'attrait qu'avoient pour lui les plaifirs & l'apparence du merveilleux, devint l'un de fes plus chauds partifans. L'affaire du collier arriva : l'intimité connue qui exiftoit entre *Cagliostro* & le Cardinal, inquiéta les autres amis du premier ; ils le follicitèrent de s'éloigner ; il s'y refufa ; de plus, quel afyle l'eût mis à l'abri des recherches ? *Cagliostro* refta & fut arrêté chez lui le 22 août 1785. Ce fut contre lui que madame la comteffe de Lamotte dirigea fa principale accufation ; elle prétendit qu'ayant reçu le collier des mains du Cardinal, il l'avoit dépecé pour *groffir d'autant le tréfor occulte de fa fortune inouïe*. Ses amis prétendirent que la *fortune inouïe* de *Cagliostro* ne devoit avoir aucun befoin de cette augmentation, & que l'homme qui répandoit des largeffes ne pouvoit être foupçonné d'avarice.

Le défenfeur de *Cagliostro* fit imprimer un Mémoire que le public lut avec d'autant plus d'avidité, que l'on efpéroit y trouver des renfeignemens fur ce qu'étoit cet homme fingulier. Le public fut trompé dans cette attente. *Cagliostro* fe juftifie de l'imputation d'efcroquerie ; s'il foulève le voile qui couvre fa naiffance, c'eft trop peu pour le faire connoître ; mais il cite les perfonnages les plus éminens de l'Europe, comme les ayant fréquentés ; il invoque leur témoignage ; il nomme les banquiers qui, dans toutes les villes, lui fourniffoient des fonds, fans cependant faire connoître la fource d'où proviennent fes richeffes.

Déchargé de toute plainte & accufation fur l'objet du collier, *Cagliostro* fut cependant exilé. S'étant retiré en Angleterre, il y vécut deux ans ; de Londres il paffa à Bâle, à Bienne, à Aix en

Savoie, à Gênes, à Vérone, & enfin le génie du malheur l'entraîna une seconde fois à Rome: il y fut arrêté, ainsi que son épouse, le 27 décembre 1789. Transféré au château Saint-Ange, son procès fut instruit, &, le 7 avril suivant, condamné à mort, comme pratiquant la franc-maçonnerie. On voit que ce délit n'étoit point du ressort des tribunaux ordinaires; aussi l'arrêt fut-il rendu par le tribunal de l'Inquisition. D'après cela, qui se seroit attendu à une mitigation de peine? Elle eut lieu neanmoins; une réclusion perpétuelle y fut substituée. *Cagliostro* fut conduit au château Saint-Léon, où l'on dit qu'il mourut en 1795; son épouse fut enfermée dans le couvent de Sainte-Apolline.

Tel a été le sort de ce mystérieux personnage, déifié par les uns, conspué par les autres. Si du chaos que présente sa vie, on peut tirer quelques conjectures, il est à présumer que ses connoissances en chimie comme en médecine, étoient moins étendues que ne se le figuroient ses partisans, & qu'il suivoit les doctrines hermétique & paraceltique, c'est-à-dire, de l'emploi des aromates & de l'or. Cette induction se tire de l'analyse que l'on a faite de son élixir vital, qui n'avoit point d'autre base.

Quant à l'énoncé du motif de sa condamnation, on peut en déduire qu'il étoit membre de cette franc-maçonnerie que l'on a prétendu être dangereuse pour les Gouvernemens: cela pourroit faire présumer la source de sa constante opulence. S'il fut, comme on le croit, commis-voyageur de la franc-maçonnerie templière, il seroit probable que les loges dont il étoit l'agent lui aient fourni les sommes dont il s'est fait honneur; ce qui est certain, c'est qu'il n'a point contracté de dettes en aucun endroit.

CAHYS: mesure de grains en usage dans plusieurs villes d'Espagne; sa capacité varie dans chaque lieu. Il contient à:

PAYS.	BOISSEAUX.	LITRES.
Alicante	19,4	252,2
Cadix	1,125	14,63
Malaga	1,215	15,80
Séville	1,137	14,78

Le *cahys* se divise en 12 anegros, & 4 *cahys* font le fanega.

CAILLE (Louis-Nicolas de La). C'est un de ces hommes nés pour honorer la science qu'ils cultivent, & pour en reculer les bornes. Il naquit à Rumigny en Thiérache, le 15 mars 1713. Son père, Louis de *La Caille*, ancien militaire & capitaine des chasses de la duchesse de Vendôme, consacroit tous ses loisirs à l'étude des sciences,

& particulièrement à la mécanique, & tâcha de lui inspirer le goût des mêmes sciences. Il l'envoya au collège de Lisieux pour y faire ses études: de rapides progrès & un excellent caractère annonçoient ce que seroit un jour le jeune de *La Caille*: la mort de son père le laissa sans aucune fortune, & sans autre ressource que la protection du duc de Bourbon.

L'ame honnête, mais portée à l'indépendance, le jeune de *La Caille* voulant ne devoir qu'à lui-même l'existence libre, qui est le premier besoin de tout homme qui se destine aux sciences, il imagina de se vouer à l'état ecclésiastique, & commença un cours de théologie. Toutes ses pensées s'étant tournées vers l'astronomie, il s'y livra autant que ses autres études le lui permirent. Sans maîtres, sans instrumens, presque sans livres, & dans le plus grand secret, il fit de tels progrès, que Fouchy atteste qu'il ne peut comprendre comment un jeune homme (*La Caille* n'avoit alors que vingt trois ans) *avoit pu aller si loin.*

Cependant, ferme dans son projet d'indépendance, l'*abbé de La Caille* se présenta pour être examiné, & prendre ses degrés à la Faculté de théologie. Il portoit l'esprit géométrique dans la philosophie scolastique & jusque dans la théologie, dont il prétendoit réformer le langage, & traiter les propositions à la manière d'Euclide, son auteur favori. Au premier examen qu'il subit, il avoit enlevé tous les suffrages, lorsque le vice-chancelier, vieillard habitué aux formules & aux subtilités de l'ancienne école, s'avisa de faire au candidat une de ces questions futiles, dont on commençoit dès-lors à se moquer. De *La Caille* répondit avec une franchise si imprudente, que le docteur irrité voulut lui refuser le titre de *maître ès-arts*, & ne le lui conféra que sur la réclamation unanime des autres examinateurs.

Cette tracasserie tourna au profit des sciences. Rebuté de cette première difficulté, & prévoyant les obstacles ultérieurs qu'il auroit à surmonter, de *La Caille* se tint au diaconat qu'il avoit reçu, & se livra totalement à son penchant pour l'astronomie. Fouchy le présenta à Jacques Cassini, qui lui donna un logement à l'Observatoire. Maraldi conçut pour lui de l'amitié, & l'associa dès-lors à son travail: ils firent ensemble la description géographique de la France, depuis Nantes jusqu'à Bayonne. L'exactitude & l'habileté qui caractérisoient les opérations du jeune astronome, lui méritèrent l'honneur d'être associé à la vérification de la méridienne, dont on commençoit alors à s'occuper.

Tandis qu'il parcouroit la France pour cet objet, il fut nommé pour remplir la chaire de mathématiques du collège Mazarin: ces nouvelles fonctions, qu'il remplissoit avec exactitude, ne l'empêchèrent point de donner au public des Traités de géométrie, de mécanique, d'astronomie & d'optique. Ses calculs d'éclipfes pour 1800 ans, inférés dans la première édition de l'*Art de vérifier les dates*, prouvent avec quelle ardeur il pourfuivoit fes travaux aftronomiques à cette époque. Les lunettes méridiennes étoient prefqu'inconnues en France : celles qu'il avoit vues ne lui infpiroient que peu de confiance, il s'attacha à la méthode des hauteurs correfpondantes, comme la feule qui pût lui affurer l'exactitude à laquelle il efpéroit Dès l'année 1746, il étoit en poffeffion d'un obfervatoire conftruit pour fon ufage au collége Mazarin, obfervatoire confervé précieufement par Lalande, & qui a été détruit au moment où ce collége fut difpofé pour recevoir l'Inftitut, qui malheureufement n'eut aucune connoiffance des plans de l'architecte.

Fidèle pendant quatorze ans au plan qu'il s'étoit tracé, de *La Caille* paffa les jours & les nuits à obferver le foleil, les planètes, & furtout les étoiles.

Modefte fur les connoiffances qu'il avoit fi laborieufement acquifes, une découverte étoit pour lui le befoin de la juftifier par une autre.

La juftefle & la précifion de fes opérations égalèrent fa probité. Chargé par le Gouvernement de lever la carte des îles de France & de Bourbon, il n'en coûta au Gouvernement, pour ce travail & ce voyage, que quatre années; pour fon entretien & celui d'un horloger qui s'étoit joint à lui, pour les frais de conftruction & d'inftrumens, que la modique fomme de 9144 liv. 5 fous. Le but premier de ce voyage avoit été de vérifier les étoiles auftrales qui ne fe lèvent jamais fur l'horizon de Paris. Il imagina en faveur des marins peu inftruits, des moyens graphiques ingénieux & néceffaires pour les familiarifer avec une méthode qui devoit les effrayer par la lenteur des calculs. Il repréfenta les nouvelles conftellations obfervées par lui fur un planifphère de fix pieds, que l'on a vu long-temps dans la falle des féances de l'Académie des Sciences. Lors de la fuppreffion de cette compagnie, le planifphère difparut; la toile fut retrouvée dans fon cadre à l'Obfervatoire, où elle fera confervée.

De retour à Paris, de *La Caille*, effrayé de la célébrité que fon voyage lui avoit acquife, fe renferma de nouveau dans fon obfervatoire, & partagea fon temps entre fes obfervations, fes calculs, fes devoirs d'académicien & de profeffeur, & enfin dans la publication de fes ouvrages. Ce fut alors qu'il mit au jour fes *Tables du foleil*, fes *Fondemens de l'aftronomie*, la fuite de fes *Éphémérides*, & qu'il commença plus particulièrement à s'occuper de la *lune* & des *étoiles zodiacales*. Ce bel ouvrage, qui lui coûta la vie, a été rédigé par fon élève & fon ami, qui eût plus fait pour fa gloire s'il eût pu, au lieu d'éloges, donner plus d'attention à des calculs arides & faftidieux pour tout autre que pour l'obfervateur lui-même.

Ce n'étoit pas encore affez pour de *La Caille*

que les nombreufes occupations qu'il s'étoit impofées : il fe chargea de donner une édition du *Traité de la gradation de la lumière*, ainfi que du *Traité de la navigation*, compofés tous deux par Bouguer, qui, en mourant, l'en avoit prié. De plus, il publia les *Obfervations du landgrave de Heffe* & celles de *Waltherus*; le *Voyage de Chazelle en Egypte*, & celui de *Feuillée aux Canaries*.

Il avoit projeté un ouvrage qu'il vouloit intituler *les Ages de l'aftronomie* : ce travail commencé, repris depuis par Pingré, fous le titre d'*Annales de l'aftronomie*, n'a point été imprimé, malgré le décret de l'Affemblée conftituante rendu à ce fujet.

Un violent accès de goutte ayant interrompu les travaux de l'infatigable aftronome, il les reprit avec une ardeur qui lui devint fatale. Pendant un hiver entier il paffa les nuits couché fur les pierres de fon obfervatoire, afin d'achever le catalogue de fes étoiles zodiacales. La fièvre, les maux de reins & de tête les plus violens ne pouvoient l'arracher à ce travail. Enfin il fuccomba, & finit fa laborieufe carrière le 21 mars 1762, à l'âge de 48 ans, laiffant à fon ami Maraldi le foin de publier fon dernier ouvrage.

CAILLOUX; *filices*; *kiefel*; f. m. Pierre filiceufe de forme irréguliere, qui fait feu avec le briquet.

Le choc de l'acier contre le *caillou* détache des parcelles infiniment petites de filice & d'acier. Ces particules font tellement échauffées par le calorique comprimé qui fe dégage, qu'elles entrent en fufion : la filice, par la feule action du calorique dégagé lors de la rupture; l'acier, par l'action combinée du calorique dégagé & de l'oxigène de l'air qui fe porte deffus pour l'oxider. On met dans la claffe des *cailloux* plufieurs fubftances déformées par le frottement, telles que le criftal de roche, le quartz, le jafpe, l'agate, &c. Lorfque ces *cailloux* font parfaitement trafparens & d'une belle eau, on les taille pour les monter en brillans, comme des pierres précieufes.

CAISSE; *capfa*; *kaften*; fubft. fém. Ce mot eft dérivé du grec χαψα, étui, caffette, coffre à ferrer quelque chofe.

Prefque toutes les profeffions emploient ce mot pour défigner quelques-uns de leurs inftrumens ou de leurs uftenfiles : les *raffineurs* ont un coffret de bois avec un rebord qui empêche le fucre qu'on gratte de tomber par terre; les *fondeurs*, un coffre de bois où eft le tableau dont on forme les moules; les *manufacturiers en foie*, une forte de coffret percé qui fert à recevoir le boulon qui enfile les marches; les *artificiers*, un coffre dans lequel on met un grand nombre de fufées volantes qu'on veut faire partir en même temps : ils donnent le nom de *caiffes aériennes* à un petit ballon qui contient quantité de petites fufées : les *batteurs d'or* ont une boîte de

fapin qui couvre une partie fupérieure du marbre
fur lequel on bat l'or, revêtue en dedans d'un parchemin collé, qui s'élève jufque fur le marbre
& fur l'ouvrier, auquel il fert de tablier ; les *horlo-*
gers nomment *caiffe* ce qui renferme le mouvement des pendules & des montres ; ils la nomment
ment auffi *cege*, *cartel*, *boîte* ; les *claveciniftes* appellent *caiffe*, la boîte ou l'armoire qui renferme
le corps d'un clavecin, d'un orgue, d'un forté-
piano ; les *charrons*, le corps d'une voiture ; les
papetiers, les auges dans lefquelles ils mettent leur
pâte, jufqu'à ce qu'ils veuillent s'en fervir ; les
négocians & les *marchands*, le lieu où ils mettent
leur argent ; les *militaires*, l'inftrument fur lequel
ils battent la marche des troupes : ils le nomment
auffi *tambour*.

CAISSE CATOPTRIQUE ; *ciftula catoptrica* ;
fpiegel kaften. Inftrument d'optique au moyen duquel de petits corps très-rapprochés font vus très-
gros & répandus dans un grand efpace, ou multipliés & dans des pofitions différentes.

En général, les *caiffes catoptriques* font des boîtes
prifmatiques couvertes d'une peau mince & tranfparente : les faces font tapiffées de miroirs difpofés fuivant les lois de la catoptrique ; on pratique des ouvertures dans les faces verticales,
par lefquelles on voit, au travers de verres plans
ou lenticulaires, les objets placés dans l'intérieur :
ces objets font vus fous diverfes formes, de différentes grandeurs, & plus ou moins multipliés.

Les appartemens ornés de beaucoup de glaces
font des efpèces de *caiffes catoptriques* : les réflexions répétées femblent multiplier les objets,
agrandir l'efpace, & produire fouvent un très-
bel effet.

Nous allons donner quelques exemples de *caiffes*
catoptriques.

Briffon donne la defcription d'une *caiffe catop-*
trique propre à repréfenter les objets dans différentes fituations : c'eft une *caiffe polygone* A B C
D E F, *fig*. 184 (*c*), divifée dans fon intérieur par
des plans diagonaux EB, FC, DA, qui fe coupent les uns les autres dans l'axe, & forment
ainfi autant de petites loges triangulaires que le
polygone a de côtés. Les plans diagonaux font
doublés par des miroirs plans, & on pratique dans
les faces latérales des trous ronds, à travers lefquels on peut regarder dans les cellules de la
caiffe ; on remplit ces ouvertures avec des verres
plans ou lenticulaires, & l'on place dans les cellules les objets dont on veut voir les images.
Enfin, on couvre le deffus de la *caiffe* de quelques membranes fines ou tranfparentes, ou de
parchemin qui donne paffage à la lumière, & la
machine eft achevée.

Comme les objets placés dans les angles d'un
miroir produifent des images multipliées (*voyez*
MIROIR), il s'enfuit que les objets placés dans
ces cellules paroîtront remplir plus d'efpace que

la *caiffe* entière : ainfi, en regardant par un de ces
trous, on verra les objets de la cellule qui lui
correfpond multipliés & répandus dans un efpace
beaucoup plus grand que la boîte, & chaque trou
donnera un nouveau fpectacle, fi l'on a mis des
objets différens dans chaque cellule.

On rendra tranfparent le parchemin dont on
couvre la machine, en le lavant plufieurs fois dans
une leffive fort claire, puis dans de belle eau, & en
l'attachant bien ferré & l'expofant à l'air pour fécher. Si l'on vouloit jeter quelques couleurs fur les
objets, on en viendroit à bout en donnant cette
couleur au parchemin. Zhan confeille le vert-de-
gris diffous dans du vinaigre pour le vert ; la décoction de bois de Bréfil pour le rouge, &c. Il
ajoûte qu'il faut vernir le parchemin fi l'on veut
donner de l'éclat aux objets. Wolf, *Elémens de*
catoptrique.

Briffon donne encore la defcription d'une *caiffe*
catoptrique qui repréfente les objets qu'on y aura
placés, fort multipliés & répandus dans un grand
efpace. La *caiffe* dont il fe fert eft polygonale
comme la première, mais la cavité intérieure
ABCDEF, *fig*. 184 (*d*), n'eft pas divifée de même :
on garnit les faces latérales C B H I, B H L A,
A L M F, &c., de miroirs plans ; on enlève de
deffus les glaces un peu de mercure pour former
les ouvertures par lefquelles on fe propofe de voir
dans l'intérieur, & l'on met dans la caiffe l'objet
ou les objets que l'on veut y voir.

En regardant par le trou *hl*, on verra l'objet
prodigieufement multiplié, & les images paroîtront hors de la *caiffe* à des diftances dépendantes de la pofition de l'objet & de la fituation
des glaces.

Les nouvelles récréations phyfiques & mathématiques de Guyot contiennent plufieurs difpofitions de *caiffe catoptrique* qui multiplient confidérablement les objets. Guyot cite, par exemple,
une carrée ayant des glaces fur les quatre faces,
avec une petite ouverture pratiquée dans le tain
de la glace fur l'une des faces. Si l'on place dans
l'intérieur de cette *caiffe* un carré d'un monument, de manière que la fection foit exactement
dans l'angle de deux glaces, le monument fe complète & fe multiplie : fi l'on difpofe dans la *caiffe*
des cartons découpés & peints, repréfentant des
arbres, des haies, des monumens, des portions
de jardins, ces objets multipliés rempliffent une
étendue confidérable. Un effet affez agréable eft
celui que produifent plufieurs vaiffeaux de diverfes
formes, placés dans la *caiffe*, ou plufieurs tentes,
avec des bataillons d'infanterie & des efcadrons
de cavalerie, des militaires ifolés : la répétition
multipliée de ces objets forme une armée navale, un camp ou toute autre grande maffe,
felon la nature, la multiplicité & la difpofition
des objets.

On peut augmenter la grandeur des objets par
le moyen d'un miroir concave : pour cela, faites
une

une boîte carrée, convenable pour le miroir concave dont vous voulez vous servir, c'est à-dire,
telle que sa largeur soit un peu moindre que la
distance du foyer de ce miroir, & couvrez le dessus de la boîte d'un parchemin transparent, ou
d'un taffetas blanc, ou d'une glace simplement
adoucie ou non polie.

Appliquez votre miroir à un des fonds verticaux de la boîte, & placez contre le fond opposé
une estampe enluminée, ou une peinture représentant des fabriques, un paysage, un port de
mer, une promenade, &c. Cette estampe doit
entrer dans la boîte par une rainure, en sorte
qu'on puisse la retirer & en substituer une autre
à volonté.

Il faut pratiquer au haut du fond opposé au
miroir, une ouverture ronde ou une simple fente
par laquelle on puisse voir dans la boîte. Lorsqu'on
y appliquera l'œil, on apercevra les objets peints
dans l'estampe considérablement grossis; on croira
voir les bâtimens, les promenades qui y sont
représentés.

Quelques-unes de ces *caisses*, par leur construction, la grandeur du miroir & la variété de l'enluminure, présentent quelquefois un spectacle plus
amusant qu'on ne pourroit se l'imaginer.

Lorsque l'on veut décorer des appartemens de
manière à leur faire produire l'effet des *caisses
catoptriques*, il est nécessaire que les glaces soient
tellement placées, qu'elles soient bien-verti-
cales & bien parallèles deux à deux, & que leurs
surfaces soient bien planes & bien unies, autrement le nombre réitéré des réflexions pourroit
rendre les images difformes. On voit, dans plusieurs appartemens, des chambres ainsi remplies
de glaces qui y produisent un très-bel effet: c'est
surtout la nuit, aux lumières, que ces réunions
de glaces forment un beau coup d'œil. Là forme
qui convient le mieux aux appartemens, pour cet
objet, paroît être celle d'un hexagone.

Tous ces phénomènes s'expliquent par les propriétés des miroirs plans combinés, ou des
miroirs concaves & convexes. *Voyez* MIROIRS,
ANAMORPHOSE.

CAISSE DU TYMPAN; tympanum, cavitas tympani; trommel ohrs. Cavité irrégulière, creusée
dans l'épaisseur de la portion pierreuse de l'os
temporal, & qui fait partie de l'oreille interne.
Voyez OREILLE.

On remarque dans cette cavité, *fig.* 447, l'orifice A du conduit auditif externe, bouché par
la membrane du tympan; l'orifice interne de la
trompe d'Eustache B, une ou deux ouvertures E,
qui conduisent dans les cellules mastoïdiennes,
un trou qui donne passage au muscle interne du
marteau; la fenêtre ovale C, qui communique
avec le vestibule, & qui est couverte d'une membrane selon Scarpa; enfin, la fenêtre ronde D,
qui communique avec la rampe interne du li-

maçon, & qui est également fermée par une production membraneuse. On y voit encore quatre
éminences, qui sont: la tubérosité ou le promon-
toire; la pyramide, dont l'axe creux renferme le
muscle de l'étrier; le bec de cuiller, qui donne
attache au muscle interne du marteau, & une élévation demi-cylindrique qui répond à une partie
de l'aqueduc. On y trouve, en outre, une fêlure
par laquelle passe la corde du tympan, les quatre
osselets de l'ouïe, savoir: le marteau F, l'enclume G, découverte par Achillinus, les orbicu-
laires H, décrits par Sylvius Deleboë, & l'étrier I,
entrevu d'abord par Ingrassia. De ces quatre os,
deux sont mus par des muscles, l'étrier par un seul
& le marteau par deux, qu'on distingue en interne & externe.

Ces différentes parties n'occupent pas toute la
capacité de la *caisse du tympan*, dont les parois
laissent encore entr'elles un intervalle plus considérable, tant supérieurement qu'inférieurement.
Cet intervalle est rempli par de l'air qui reçoit la
vibration que lui communique la membrane du
tympan. La trompe d'Eustache, qui communique
de la caisse du tambour avec l'extrémité supérieure
du pharynx, procure à la *caisse* la faculté de renouveler l'air qu'elle contient. Toutes les fois
que, par un vice de conformité, ou par un accident quelconque, cette trompe se trouve obli-
térée, il en résulte une surdité. *Voyez* TROMPE
D'EUSTACHE, SURDITE.

La *caisse du tympan* est tapissée par une membrane qui, bien que fort mince, peut cependant
s'enflammer ou s'enflammer; les parois osseuses
elles-mêmes peuvent participer à cette maladie:
il en résulte des douleurs profondes & très-vives,
quelquefois la fièvre, & souvent même tous les
symptômes qui annoncent l'affection lymphatique
de l'organe encéphalique. L'inflammation se termine par l'exsudation d'une matière puriforme dans
la *caisse*: la membrane du tympan est altérée,
rompue par le pus qui entraîne avec lui les osselets de l'ouïe, & quelquefois même des portions osseuses détachées des parois de la cavité.

Quelques physiologistes prétendent que la perte
de l'ouïe est la suite inévitable de ce délabrement,
& que si les deux oreilles étoient malades en
même temps, le malade demeureroit frappé d'une
surdité complète; d'autres pensent que la perte
de l'ouïe ne tient pas exclusivement à la destruction de la membrane du tympan & des osselets
qui s'y fixent, car plusieurs auteurs assurent avoir
vu ces derniers sortir par le conduit auditif externe, avec le pus d'un abcès, sans que l'individu perdît cependant la faculté d'entendre. Au
reste, les opinions des praticiens sont partagées sur
ce point de doctrine. *Voyez* OREILLE, TYM-
PAN, OUÏE.

Il paroît que la *caisse du tympan* est une partie
intermédiaire de l'organe de l'ouïe, qui facilite
la transmission des sons extérieurs au siège de l'or-

gane. L'air que renferme cette *caiffe*, ainfi que celui qui eft contenu dans la cavité caverneufe, eft mis en vibration par la membrane du tympan pour être communiqué enfuite à la membrane du limaçon : une preuve de la propagation du fon par la vibration de l'air de la *caiffe*, c'eft la tranfmiffion plus immédiate & plus forte par la trompe d'Euftache, lorfque l'on ouvre la bouche ; enfin, la tranfmiffion par la bouche, lorfque les oreilles font bouchées.

CALAMINE ; lapis calaminaris, cadmia nativa ; *galmey* ; fubft. fém Oxide de zinc employé pour en obtenir du métal pur, ou pour combiner le zinc avec le cuivre dans la fabrication du laiton.

Pendant long-temps on n'a diftingué qu'une feule efpèce de *calamine*, à laquelle le célèbre Haüy a donné le nom de *zinc oxidé*. Ses caractères effentiels font d'être électrique par la chaleur, de répandre des flocons blanchatres en brûlant, de criftallifer en prifmes hexaèdres à fommets dièdres, d'avoir pour forme primitive l'octaèdre rectangulaire, & pour molécules intégrantes le tétraèdre irrégulier ; mais Smithfon a remarqué que les *calamines* pouvoient être divifées en trois claffes : 1°. carbonate de zinc ; 2°. oxide de zinc filicifere, 3°. hydrate de zinc. Enfin, ce favant a trouvé que la *calamine* de Derbyshire contenoit :

Oxide de zinc	0,652
Acide carbonique	0,248
	1,000

& que la *calamine* de Mendix-Hills, dans le Sommerfet-Shire, contenoit :

Oxide de zinc	0,648
Acide carbonique	0,352
	1,000

Le carbonate de zinc du Derbyshire étoit criftallifé en rhomboide à face prefque rectangulaire. Sa pefanteur fpécifique étoit de 4,23. Il ne devenoit nullement électrique par la chaleur.

Plufieurs oxides de zinc filicifere ont été analyfés par Smithfon & Berthier ; ils ont trouvé l'un & l'autre de l'eau dans ce minéral ; ainfi la *calamine* électrique de Regbania contenoit :

Oxide de zinc	0,683
Silice	0,250
Eau	0,044
	977

Celle de Fribourg en Brifgaw, analyfée par Pelletier, contenoit :

Oxide de zinc	0,380
Silice	0,500
Eau	0,120
	1,000

On n'a pas encore trouvé d'hydrate de zinc pur ; mais l'eau combinée avec les carbonates de zinc & les oxides de zinc filiciferes, a fait conclure l'exiftence de l'hydrate de zinc. Ainfi le carbonate de zinc de Bleyberg contenoit :

Oxide de zinc	0,714
Acide carbonique	0,135
Eau	0,151
	1,000

ce qui a fait regarder ce minéral comme étant compofé de carbonate & d'hydrate de zinc ; partant enfuite de la compofition du carbonate de zinc déduit de l'analyfe de la *calamine* de Mendix-Hills, Smithfon conclut que la *calamine* de Bleyberg eft compofée de :

Acide carbonique 133 ¼	}	Carbonate de zinc. 400
Oxide de zinc... 266 ¾		
Oxide de zinc... 450	}	Hydrate de zinc... 600
Eau folide... 150		
		1,000

D'où il réfulte que l'hydrate de zinc eft compofé de :

Oxide de zinc	0,75
Eau folide	0,25
	100

Il eft rare que l'on trouve la *calamine* pure ; elle contient fouvent de l'oxide, foit comme mélange, foit comme combinaifon ; ainfi les compofans de la *calamine* de Limbourg font :

Carbonate de zinc	0,28
Oxide de zinc filicifere	0,71
Oxide de fer	0,01
	100

Et celle de Saint-Sauveur :

Carbonate de zinc	0,930
Carbonate de fer	0,070
	1,000

Pour obtenir le zinc de la *calamine*, on la grille, on la mélange avec de la pouffière de charbon & on la diftille, foit dans des tubes, des manchons ou des cornues. La *calamine* fe défoxide, le zinc fe revivifie, fe fond, fe volatilife & fe recueille en fe refroidiffant, foit fous l'état liquide, s'il a confervé affez de chaleur, foit fous l'état folide, s'il eft trop refroidi.

CALCINATION ; calcinatio ; *calciniren* ; f. f. Action du feu exercée fur les corps folides, par laquelle ils acquièrent des propriétés différentes de celles qu'ils avoient avant cette opération.

Il paroît que ce mot eft dérivé de *calx*, & qu'il fignifioit originairement l'opération par laquelle on transforme la pierre calcaire en chaux vive. On a enfuite appliqué cette dénomination à une foule d'opérations analogues, mais dont les réfultats étoient effentiellement différens, &

l'on a donné le nom de *chaux* aux transformations qui étoient opérées par l'action du feu.

On peut distinguer dans la *calcination* deux effets opposés : 1°. diminution de poids ; 2°. augmentation de poids. Il est évident que, dans le premier cas, il y a eu des substances pondérables de vaporisées, & dans le second., des substances pondérables de combinées.

Dans un grand nombre de circonstances, la diminution ou l'augmentation de poids sont des opérations-simples ; ils proviennent de la vaporisation ou de la combinaison d'une ou de plusieurs substances : dans d'autres, le résultat est complexe ; il y a accretion de poids par la combinaison d'une substance nouvelle, & diminution de poids par la vaporisation d'une autre. Lorsque le poids de la matière vaporisée est plus grand que celui de la matière combinée, le poids total est diminué ; lorsque les poids des matières vaporisées & combinées sont égaux, la substance ne varie pas dans sa pesanteur pendant la *calcination* ; mais lorsque le poids de la substance combinée est plus grand que celui de la matière vaporisée, il y a accretion de poids. Ainsi. quoiqu'il soit évident qu'il y a eu évaporation pendant la *calcination*, lorsque le corps *calciné* a diminue de poids, on ne peut pas encore en conclure qu'il ne se soit pas combiné une substance nouvelle à la chaux obtenue ; de même, quoiqu'il soit évident qu'il y a eu combinaison de substances pendant le *calcination*, lorsque le corps *calciné* a augmenté de poids, on ne peut pas en conclure qu'il ne se soit rien vaporisé pendant l'opération ; enfin, lorsque le corps n'a pas changé de poids, on ne peut encore rien conclure sur la vaporisation ou la combinaison qui a pu avoir lieu ; il faut un nouvel examen du corps & des substances qui l'environnoient, pour conclure les effets qui ont eu lieu pendant la *calcination*.

Quelque foibles que fussent les moyens que les Anciens avoient pour observer les effets de la *calcination*, ils ont pu cependant, dans quelques circonstances particulières, telles, par exemple, que la *calcination* de l'argile, celle de la pierre à plâtre, de la pierre à chaux, à feu ouvert, de la *calcination* des matieres animales & végétales en vaisseaux clos ; ils ont pu, dans ces circonstances, conclure que la *calcination* vaporisoit diverses substances ; mais ce n'est que depuis quelques années, depuis l'époque où l'illustre & malheureux Lavoisier, considérant toutes les opérations comme une *équation* dont l'un des membres étoit formé du poids de toutes les matières employées, & l'autre du poids de toutes les matières recueillies ; ne regardant une opération bien faite, qu'autant que les deux poids étoient égaux ; ce n'est que depuis cette époque, remarquable par les progrès des sciences physique & chimique, que l'on a pu déterminer d'une manière exacte ce qui se passoit dans ces sortes d'opérations ; c'est alors que l'on

a appris qu'il ne se dégageoit que de l'eau pendant la *calcination* de l'argile & de la pierre à plâtre ; qu'il se dégageoit de l'eau & de l'acide carbonique pendant la *calcination* de la chaux ; enfin, qu'il se dégageoit de l'eau, de l'huile, des acides, des gaz de différentes natures pendant la *calcination* des substances animales & végétales.

Comme l'action du feu exercée sur les corps solides produit généralement trois grands effets qui ont pu être observés dans tous les temps, 1°. d'augmenter ou diminuer la masse des corps ; 2°. de liquéfier les solides ; 3°. d'épaissir les liquides ; les anciens physiciens ont dû regarder la *calcination* comme une opération qui donnoit de nouvelles propriétés aux corps solides, en desagrégeant & vaporisant une portion des substances qui entroient dans leur composition ; & la *calcination* de la pierre calcaire pour la transformer en chaux vive, qu'ils regardoient comme l'opération principale à laquelle ils rapportoient les autres, étoit propre à les maintenir dans cette opinion ; d'abord, parce que la chaux a moins de pesanteur spécifique que la pierre que l'on a calcinée ; son rapport moyen est comme 2,700 : 1,900 (*voyez* CHAUX) ; ensuite, parce que cette pierre diminue ordinairement des deux cinquièmes de son poids pendant la *calcination*.

Mais dès que l'on s'est aperçu que dans plusieurs opérations que l'on regardoit comme des *calcinations*, la matière solide augmentoit de poids en l'exposant à l'action du feu, telles, par exemple, qu'un grand nombre de métaux, alors les physiciens se sont trouvés fort embarrassés pour expliquer cette accretion qui étoit connue des anciens physiciens, qui est parfaitement prouvée par les belles expériences de Lavoisier sur la *calcination* de l'étain, & dont les résultats ont été publiés dans les *Mémoires de l'Académie des Sciences* pour l'année 1774. Cette accretion de poids a excité l'attention des philosophes de tous les temps, & en particulier de Cardan, Césalpin, Libavius, &c. ; alors se sont formées diverses opinions que l'on peut diviser en quatre classes.

1°. Celle de Boyle, Becker, Urbain Hiarne, Homberg & Lemery, qui regardoient l'accretion de poids des chaux métalliques comme le résultat de la combinaison de la matière ignée, qu'ils supposoient pondérable. L'expérience de Boyle, dans son *Traité de la Pesanteur de la flamme & du feu*, pouvoit séduire au premier instant. Ce célèbre physicien ayant mis du plomb & de l'étain dans des vaisseaux fermés hermétiquement, parvint à les y calciner en partie : ayant observé que le métal calciné étoit augmenté de quelques grains, il en conclut que la matière de la flamme & du feu pénétroit à travers la substance du verre, qu'elle se combinoit avec les métaux, & que c'étoit à cette union qu'étoit due la conversion des métaux en chaux, & l'augmentation du poids qu'elles acquièrent.

Une légère obfervation auroit bientôt convaincu Boyle de l'inexactitude de fa conclufion : d'abord il auroit pu remarquer, comme l'a fait après lui Beccaria, que l'augmentation de poids avoit un terme qui dépendoit, non de la quantité du métal, non de la durée de la *calcination*, mais feulement de la capacité du vafe dans lequel on calcinoit ; enfuite, s'il eût pefé tout l'appareil avant & après la *calcination*, il n'auroit trouvé aucune augmentation de poids, quoique le métal contenu dans le vafe fût réellement augmenté de quelques grains ; ce qui l'auroit conduit à cette autre conclufion : que la matière de la flamme & du feu ne contribuoit en rien à l'augmentation du poids de la chaux, mais que cette augmentation étoit due entièrement à la fubftance contenue dans le vafe, & qui fe trouvoit en contact avec la chaux.

Meyer, qui avoit adopté la même explication, fubftituoit cependant fon *caufticum*, ou *acidum pingue*, à la matière ignée.

On peut confulter fur cette opinion Gmelin, *Commentaires de l'Académie de Saint-Pétersbourg*, tome V, page 263 ; Wiegleb, *Manuel général de Chimie*, tome I, page 363 ; Weigel, *Obfervations fur la Minéralogie chimique*, tome I, page 38, & tome II, page 4 ; Bergman, *De Precipitatis metall. in opifc.*, vol. 2, page 375. Tous ces favans préfentent. une opinion analogue avec quelques modifications.

2°. Celle de Rey, Prieftley, Hales, qui rapportent l'augmentation de poids des métaux à un gaz, à un air particulier qui fe combine avec eux. Le premier a publié fon opinion dans un ouvrage qui a pour titre : *Effai fur les Recherches de la caufe par laquelle l'étain & le plomb augmentent de poids quand on les calcine*; Bazas, 1630, in 8°. Il attribue cette augmentation à l'air atmofphérique ; il combat l'opinion de Cardan, de Scaliger & de Céfalpin, & il prouve, 1°. que ce n'eft pas l'évanouiffement de la chaleur célefte donnant la vie au plomb, ou bien la mort d'icelui qui en augmente fon poids dans la *calcination* ; 2°. que ce n'eft pas la confomption des parties aérées qui augmente le poids du plomb ; 3°. que ce n'eft pas la fuie qui augmente le poids de cette chaux.

Kirwan fuppofe que, dans leur *calcination*, les métaux fe combinent avec du gaz acide carbonique que l'on dégage en les revivifiant ; mais cette hypothèfe a été combattue avec beaucoup de fuccès par feu Fourcroy dans la traduction de l'ouvrage de Kirwan, ayant pour titre : *Effai fur le Phlogiftique & fur la conftitution des Acides* : Prieftley partage également l'opinion de Kirwan.

L'obfervation que les métaux augmentent autant en poids que l'air dans lequel on les calcine diminue, eft un réfultat d'expériences qui eft conftamment prouvé : il doit donc paroître également naturel de croire que l'air perd exactement ce que les métaux acquièrent.

Cependant le docteur Gren obferve qu'il eft contradictoire que la chaleur rouge qui augmente le volume de tous les corps, & qui tend à les gazéfier, puiffe fixer l'air fur les corps & leur faire perdre leur forme élaftique ; il prétend même, dans la *Diff. de genef aeris fixi*, exp. 24 & 25, page 55, qu'on n'obtient de l'acide carbonique de toutes fortes de chaux, que lorfqu'elles ont été quelque temps expofées à l'action de l'air : cette affertion eft démentie par les faits.

3°. Dans l'explication des chimiftes français, c'eft-à-dire, de Lavoifier & de fes nombreux fucceffeurs, on modifie, on précife les phénomènes par des expériences exactes qui indiquent tout ce qui fe paffe ; on fait voir que dans la *calcination* des métaux, foit par la voie fèche, foit par la voie humide, le réfultat eft toujours une combinaifon d'oxigène & de fubftance métallique ; de-là que les chaux métalliques doivent prendre le nom d'*oxide métallique*. Dans les *calcinations* à l'air libre, c'eft l'oxigène de l'air qui fe porte fur les métaux & qui s'y combine ; dans les diffolutions métalliques, c'eft quelquefois l'oxigène de l'acide qui fe décompofe, qui calcine les métaux comme dans l'action de l'acide nitrique, ou il fe dégage de l'azote ou de l'oxide d'azote ; mais que le plus fouvent c'eft l'eau qui fe décompofe, comme dans la diffolution par l'acide muriatique ou par l'acide fulfurique étendu d'eau.

On prouve cette vérité, 1°. parce que la *calcination* n'a jamais lieu lorfque les métaux font dans un vide parfait ou lorfqu'ils font dans des milieux qui ne contiennent pas d'oxigène ; 2°. parce que l'accroiffement de poids des chaux métalliques eft toujours parfaitement égal au poids de l'oxigène, qui a difparu pendant la *calcination* ; 3°. parce que les oxides de plufieurs métaux, le mercure, le platine, l'or, l'argent, qui peuvent être revivifiés par l'action de la chaleur feule, ne rendent, en fe revivifiant, que du gaz oxigène, & que la quantité de gaz oxigène obtenue eft juftement égale à la perte de poids que la chaux à éprouvée ; 4°. que lorfque l'on emploie de l'hydrogène ou du carbone pour revivifier les chaux métalliques, on n'obtient, dans le premier cas, que de l'eau, qui eft une combinaifon d'oxigène & d'hydrogène, & dans le fecond que de l'acide carbonique ou de l'oxide de carbone, qui font l'un & l'autre des combinaifons d'oxigène avec un carbone ; enfin que, dans tous les cas, la quantité d'oxigène qui entre dans l'eau ou dans l'oxide de carbone & l'acide carbonique, eft parfaitement égale en poids à la perte que la chaux metallique éprouve en revivifiant le métal.

4°. Comme on ne peut plus nier la combinaifon de l'oxigène à poids égal à l'augmentation que la chaux éprouve, quelques chimiftes, parmi lefquels on plaçoit Cawendifch & Weftrumb, fuppofoient que l'oxigène fe combinoit, non au métal, mais à fon phlogiftique ; & alors l'hydrogène ou le carbone enlève cet oxigène pour former de

l'eau ou de l'acide carbonique ; & dans la supposition où le phlogistique fût de l'hydrogène, c'étoit
de l'eau qui se combinoit avec les métaux ;
qu'ainsi, dans 110 livres de verre de plomb,
il y avoit 100 livres de plomb & 10 livres d'eau.
Il est inutile de chercher à combattre cette dernière opinion : les faits sont maintenant assez positifs pour inviter les savans qui auroient quelques
doutes, à les examiner avec attention.

Nous ne nous sommes tant étendus sur les différentes manières d'expliquer l'augmentation des
chaux métalliques, qu'afin de faire connoître les
diverses hypothèses qui ont existé, & faire mieux
sentir l'avantage que la nouvelle chimie a sur celle
des philosophes qui ont précédé Lavoisier.

Il n'a été question, jusqu'à présent, que de deux
sortes de calcinations : 1°. de celles qui produisent
une diminution de poids par le dégagement, ou la
vaporisation d'une ou de plusieurs substances ;
2°. des calcinations qui produisent une augmentation de volume & de poids par la combinaison
de l'oxigène avec les métaux : ces deux sortes de
calcinations sont simples ; cependant, il existe des
calcinations composées, dans lesquelles les deux
effets ont lieu ; nous croyons qu'il seroit convenable de donner également des exemples de cette
dernière sorte de calcination.

Comme les métaux sont les substances sur lesquelles on a été à même de faire un grand nombre
d'observations relatives à la calcination, nous prendrons nos exemples dans la calcination des minerais métalliques.

Parmi ces sortes de minerais, on en distingue trois
espèces, qui sont susceptibles d'accression & de
vaporisation : ce sont les sulfures, les carbonates
& les hydrates. En calcinant ces minerais, on
dégage & vaporise le soufre, l'acide carbonique & l'eau, en même temps que l'on oxide ou
suroxide les métaux. Il y a donc diminution de
poids par la vaporisation des substances, & accression de poids par l'oxidation ou la suroxidation ;
& l'on a après la calcination diminution de
poids, égalité de poids ou augmentation de poids.

Avant que l'on observât parfaitement ce qui se
passe lorsque l'on expose les substances métalliques à l'action du feu, on donnoit le nom de calcination à toutes les opérations où l'on soumet des
solides à l'action de la chaleur. Aujourd'hui on n'é-
tend plus cette dénomination qu'aux opérations
par lesquelles on soumet à l'action d'un feu vif
& long-temps continué, les corps solides qui ne
sont pas fusibles par eux-mêmes, & que l'on a
intention de priver de leur air de composition ou
de tous autres principes volatils, en les combinant avec le calorique : ordinairement les corps
qui sont susceptibles de cette opération, sont calcinés à l'air libre, soit en les mélangeant avec le
combustible, soit en les plaçant dans des creusets :
tels sont l'alun, le sulfate de fer, &c. Lorsque les
corps que l'on veut calciner peuvent se combiner

avec l'oxigène, on les calcine en vaisseaux clos.

Dans la calcination, comme on la considère
maintenant, il ne s'opère point de combustion,
comme cela a lieu dans l'incinération des substances végétales, & animales, & dans l'oxidation des
métaux.

La causticité n'est pas non-plus un caractère absolu qui distingue les substances calcinées, quoique
ce soit un des principaux effets de la calcination
du carbonate de chaux, car plusieurs terres n'acquièrent point de causticité : il n'en est pas de
même des alcalis. Voyez CAUSTICITÉ.

CALCUL, de Calculus, pierre ; calculus ; steine.
sub. m. Concrétion pierreuse qui se forme dans les
parties molles ou dans certaines cavités des animaux.

Ces concrétions morbifiques contiennent toutes
des principes analogues, quoiqu'elles soient de
différentes matières ; elles prennent différens noms,
suivant le lieu où on les trouve. On en rencontre
dans les poumons, dans les glandes salivaires,
dans le pancréas, dans la glande pinéale, dans la
prostate, dans la vésicule du fiel, dans la vessie,
dans les intestins. On les divise ordinairement en
calculs arthritiques, calculs biliaires, calculs intesti-
naux, calculs des voies lacrymales, calculs du pancréas, calculs de la glande pinéale, calculs de la prostate, calculs pulmonaires, calculs salivaires, calculs
spermatiques, calculs urinaires, &c. Pour avoir de
plus grands détails, consultez le Dictionnaire des
Sciences médicales.

CALCUL ; supputatio; rechnung s. m. Supputation
de plusieurs sommes ajoutées, soustraites, multipliées ou divisées. Voyez ARITHMÉTIQUE.

Le nom de calcul vient de calculus, parce que les
Anciens se servoient de petits cailloux plats pour
faire leur supputation.

L'art de calculer, en général, est proprement
l'art de trouver l'expression d'un rapport unique
qui résulte de la combinaison de plusieurs rapports.
Les différentes espèces de combinaisons donnent
différentes règles de calcul.

CALCUL ASTRONOMIQUE ; computatio astronomica ; astronomisch rechnung. C'est l'assemblage
des règles & des méthodes par lesquelles on calcule les mouvemens des astres, & surtout les
éclipses, avec les fractions sexagésimales, les logarithmes, les règles de la trigonométrie, &c.

CALCUL ALGEBRIQUE ; computatio algebrica ;
algebrisch rechnung. Méthode de calculer les quantités indéterminées ; c'est une sorte d'arithmétique
au moyen de laquelle on calcule les quantités inconnues comme si elles étoient connues, & cela
en les représentant par des lettres. Voyez ALGÈBRE.

CALCUL DIFFÉRENTIEL ; computatio in infi-
nitum decrescens ; differenciel rechnung. Manière

de trouver la différence infiniment petite d'une quantité finie & variable.

Cette méthode est une des plus belles & des plus fécondes de toutes les mathématiques. Leibnitz, qui l'a publiée le premier, l'appelle *calcul différentiel*, parce qu'il considère les grandeurs infiniment petites comme les différences des quantités finies. C'est pourquoi il les exprime par la lettre *d* qu'il met au devant de la quantité différenciée : ainsi la *différentielle* de *x* est exprimée par *d x*; celle de *y* par *d y*; la *différentielle* de la *différentielle*, ou la *différentielle* seconde de *x*, est exprimée par *d d x*, &c. *Voyez* DIFFERENTIELLE.

CALCUL INTÉGRAL ; computatio integralis ; *integral rechnung*. Ce *calcul* consiste à trouver la quantité finie d'où une quantité infiniment petite ou différentielle a été déduite.

Ainsi la différentielle de *x* étant *d x*, l'*intégrale* de *d x* sera nécessairement *x*.

On exprime l'intégrale d'une ou plusieurs quantités par le signe $\int$, qui veut dire somme. Si donc on avoit pour l'équation d'une courbe $\frac{a\,d\,y}{y} = d\,x$ comme l'intégrale de $d\,x = x$, on auroit $\int \frac{a\,d\,y}{y} = x$, c'est-à-dire, que l'intégrale de $\frac{a\,d\,y}{y}$ est égale à *x*. *Voyez* INTÉGRALE.

CALÉFACTION, de Calor, *chaleur*; facio, *faire* ; calefactio ; *wurmmachen*; fub. f. Action du feu qui cause la chaleur.

On emploie particulièrement cette dénomination en philosophie & en pharmacie, pour indiquer l'action de chauffer fans cuire, & établir par ce moyen une différence avec la coction. *Voyez* COCTION.

CALENDES ; calare ; *calendes* ; f. f. pl. Nom que les Romains donnoient aux premiers jours de chaque mois ; ce nom vient de καλεω, *annoncer*, parce que, le jour des *calendes*, le petit pontife avoit coutume d'annoncer au peuple le jour où le croissant de la lune commençoit à paroître.

Dans chaque mois des Romains, il y avoit trois jours remarquables ; savoir : le jour des *calendes*, le jour de *nones* & le jour des *ides*, desquels les autres jours prenoient leur dénomination & se comptoient en rétrogradant ; de forte que les jours qui se trouvoient entre les jours des *calendes* & les jours des *nones*, s'appeloient *jours avant les nones* ; les jours qui se trouvoient entre les jours des *nones* & les jours des *ides*, s'appeloient *jours avant les ides* ; & les jours qui se trouvoient entre les jours des *ides* & celui des *calendes* du mois suivant, & qui prenoient les derniers jours du mois, prenoient leur dénomination des *calendes* du mois suivant ; de forte que les derniers jours de février, par

exemple, s'appeloient *jours avant les calendes de mars*.

Les jours des *calendes* n'étoient pas en même nombre dans tous les mois ; ils s'étendoient plus ou moins fur les mois qui les précédoient : ceux des mois d'avril, de juin, d'août & de novembre, ne s'étendoient que jusqu'au seizième jour inclusivement du mois qui les précède, parce que les mois de mars, de mai, de juillet & d'octobre, ayant six jours de nones, les ides de ces mois-là tomboient le quinzième ; au lieu que les jours des *calendes* des huit autres mois s'étendoient jusqu'au quatorzième inclusivement du mois qui les précède, les mois précédens n'ayant que quatorze jours de nones, & leurs ides tomboient conféquemment au treizième (*voyez* MOIS) : les mois de janvier, février & septembre avoient donc dix-neuf jours de *calendes* ; les mois de mai, de juillet, d'octobre & décembre en avoient dix-huit ; les mois d'avril, de juin, d'août & de novembre en avoient dix-sept, & le mois de mars n'en avoit que seize dans les années communes, mais il en avoit dix-sept dans les années bissextiles ; le jour ajouté l'étoit immédiatement avant le 24 février, qui étoit le sixième des *calendes* de mars : on comptoit, dans cette année, deux fois ce sixieme, ce qui l'avoit fait nommer *bissexte*, d'où est venu le nom de l'année bissextile. *Voyez* IDES, NONES, ANNEES BISSEXTILES.

Les Grecs ne comptoient point par *calendes* ; c'est ce qui fait dire aujourd'hui, d'une chose qui ne sera pas, qu'elle est renvoyée aux *calendes grecques*.

CALENDRIER ; calendarium ; *kalender* ; f. m. Distribution du temps pour les usages de la vie, ou division du temps en jours, mois, années, introduite par l'autorité législative & pour l'usage civil (*Hemerologium nationarium dierum*). Son origine vient de *kalenda*, que l'on écrivoit autrefois en gros caractères au commencement de chaque mois.

De toutes les manières de mesurer le temps, la plus naturelle étoit de prendre le jour, ou la durée du mouvement diurne de la terre ; mais pour éviter la confusion d'un grand nombre de jours accumulés, on a dû réunir une collection de jours pour en former de nouvelles unités ; on a fait usage de la durée de la révolution de la lune, qui est entre 29 & 30 jours, & l'on en a fait des mois avec lesquels on a pu compter, comme font encore quelques peuples de l'Amérique ; puis on a fait usage des faisons, qui ont tant d'influence fur l'économie rurale & animale ; enfin, de la révolution folaire, que l'on a d'abord faite de 360 jours. *Voyez* ANNEE, MOIS, JOUR.

C'est de l'arrangement, de la combinaison de ces diverses mesures du temps, qu'est formé le *calendrier* : celui-ci n'est parvenu à la perfection qu'il a acquise de nos jours, qu'après de nombreux changemens. Nous allons tracer succinctement la marche des variations qu'il a éprouvées, en indiquant très-brièvement l'historique des *calendriers* égyptien, grec, julien, grégorien, & en donnant une légère explication du calcul appliqué à ce dernier.

Tandis que les Egyptiens ordonnoient leur *ca lendrier* d'après le mouvement du soleil, & les Arabes d'après le mouvement de la lune, les Grecs, se fondant sur la réponse d'un oracle (Geminus, *Isaq. Astron.*, ch 6), s'obstinèrent à concilier les deux mouvemens; & ce fut chez eux l'occasion d'une multitude de tentatives qui occupèrent leurs astronomes pendant plusieurs siècles, & qui peut-être contribuèrent beaucoup aux progrès de l'astronomie.

On crut d'abord que 12 mois lunaires & demi égaloient une révolution solaire, & l'on forma deux années successives de 12 & de 13 mois. Solon, aidé des lumières de Thalès, ayant aperçu l'erreur grossière que produisoit cette division, après avoir remarqué que les lunaisons n'étoient que de 29 jours ½, institua des mois alternatifs *caves* de 29 jours, & *pleins* de 30 jours.

L'année fut, par ce moyen, assez bien conforme au cours de la lune, quoiqu'il y eût, à la fin de l'année, une erreur de 0 heures; mais la grande difficulté étoit de la concilier avec le cours du soleil. Cléostate de Ténédos (*voyez* Censorinus, *de Die natali*, chap. 18) imagina la période *octaétéride*, qui consiste à intercaler 30 jours dans la 3e, 5e, & 8e, année; en formant, dans 8 ans, trois années de 13 mois & cinq années de 12 mois. Par là la période étoit de 2922 jours, formant 99 mois, & 8 années de chacune 365 jours ¼; & comme 99 révolutions lunaires se font en 2923 jours ½, il s'ensuivoit qu'il y avoit une différence d'un jour ½ entre les 99 révolutions lunaires & les 8 révolutions solaires.

Pour corriger cette erreur, on proposa de former une nouvelle période de 20 octaétérides ou de 160 ans; ce qui n'auroit produit, après cette grande révolution, qu'une différence de 10 à 12 heures entre les révolutions lunaires & les révolutions solaires. Mais les Athéniens & plusieurs autres Grecs refusèrent d'admettre cette période. Cependant on fut obligé d'introduire de temps à autre des corrections pour rapprocher les épactes de l'état du ciel, ce qui établit un si grand désordre dans le *calendrier*, qu'Aristophane en fit lui-même des plaisanteries dans ses *Nuées*. Il y introduit un acteur qui, venant à Athènes, a rencontré Diane, fort irritée de ce qu'on ne régloit plus son cours; elle s'étoit plainte amèrement à lui de ce que tout étoit bouleversé; les dieux ne savoient plus à quoi s'en tenir, & s'attendoient quelquefois à faire grande chère: au jour marqué ils venoient, & avoient le désagrément de s'en retourner le ventre vide & sans avoir soupé.

Censorin rapporte les efforts de plusieurs astronomes pour corriger ces erreurs, & en particulier les nouveaux cycles proposés par Harpalus, Nauteles, Mnesistrate, Philaulaüs, Œnopide, Démocrite, Criton de Naxos; mais ces cycles étoient eux-mêmes tellement fautifs, que Scaliger, dans son (*de Emendatione temporum*, Paris, 1602, in-fol.), se plaît à relever ces erreurs. Comme nous savons seulement quel étoit le nombre des lunaisons intercalaires de ces cycles, & que nous ignorons celui des mois caves & pleins qu'ils y employoient, il s'ensuit, d'après le P. Peteau (*Doctrina temporum*, Paris, 1617, in-fol.), que le calcul & les raisonnemens de Scaliger nous deviennent inutiles.

Meton & Euctemon parurent enfin, & proposèrent leur fameuse *ennéadécaétéride* de 19 années, dans lesquelles 12 étoient communes ou de douze mois lunaires, & 7 de 13 mois; ce qui formoit un total de 235 mois, dont 125 pleins ou de 30 jours, & 110 caves ou de 29 jours: la durée de la période étoit de 6940 jours. (*Voyez* ANNÉE.) Par ce moyen, les mouvemens de la lune & du soleil sont très-heureusement conciliés; car les 19 années solaires font 6939 jours 18 heures, & les 235 mois lunaires 6939 jours 16 heures 20′; & ces deux astres se rencontrent donc à la fin de la période, à très-peu de chose près dans le même lieu du ciel d'où ils étoient partis.

Ce cycle fut établi & reçu par les Grecs, l'an 435 de la période julienne avant la naissance de J. C., le 16 juillet, dix-neuvième jour après le solstice d'été; & la nouvelle lune, qui arriva ce jour à 7 heures 43′ du soir, en fut le commencement, le premier jour de la période étant compté du coucher du soleil arrivé la veille. Meton choisit à dessein cette nouvelle lune, quoique plus éloignée du solstice que la précédente, afin de n'être pas obligé d'intercaler dès la première année, & à cause des jeux olympiques, dont la célébration étoit fixée au milieu de ce premier mois après le solstice d'été.

Meton exposa à Athènes, & probablement devant la Grèce assemblée à ces jeux célebres, une table où l'ordre de sa période étoit expliqué, & l'applaudissement avec lequel elle fut reçue de la plupart des nations grecques, lui fit donner le nom de *cycle* ou *nombre d'or*; nom qui lui a été confirmé par l'accord universel de tous les peuples qui se servent d'une année luni-solaire, & qui l'ont adoptée ou accommodée à leur usage.

Quelques éloges qu'ait mérités cette invention, on en concevroit une fausse idée, si on la croyoit parfaite; car elle est trop longue de 6 heures dans les 19 années solaires, & de 7 heures ⅓ dans les 235 mois lunaires. Callipe (Geminus, *Isaq. Astron.* c. 6) entreprit cette correction environ un siècle après. Il quadrupla le cycle de Meton, d'où il forma un nouveau cycle de 76 ans, & au bout de ce terme, il retranchoit le jour excédant: ainsi cette période étoit composée de 940 mois lunaires, formant 27758 jours 18 heures 8', & de 76 années folaires, formant 27758 jours 10 heures 4'; ainfi le mouvement de la lune n'eft anticipé, fur la période entière, que de 5 heures 52', & par conféquent d'un jour feul après 4 de ces révolutions ou après 104 ans. A la vérité, fon écart du mouvement du foleil étoit plus confidérable ; il alloit à 29 jours & quelques heures dans le même temps.

On nomma cette période *callipique*, du nom de fon auteur, & elle commença l'an 331 avant J. C., la feptième année de la feptième période metonienne. Elle fut adoptée furtout par les aftronomes, qui lièrent leurs obfervations, comme on peut le voir dans Ptolémée, qui en fait une mention fréquente. Elle répond précifément à notre cycle lunaire, combiné avec nos années juliennes. Cependant cette période, confidérée chaque année, préfente de grandes variations, tandis qu'elle a une forte d'exactitude confidérée dans toute la durée de la période. La première année, par exemple, n'a que 354 jours ; elle eft donc trop courte de 11 jours fur la révolution folaire, d'où il fuit que la feconde année commence 11 jours trop tôt, & que l'équinoxe du printemps arrivera le 31 mars, dans la fuppofition où elle auroit eu lieu le 20 mars de la première année ; la troifième année commencera encore 18 jours plus tard ; mais à caufe du mois inféré à la fin de cette année, celle qui fuivra, fera avancée de 18 jours ; d'où l'on voit que le commencement de l'année n'a pas de point fixe, & qu'il ne fe retrouve dans la pofition du ciel qui lui appartient, qu'après une révolution de 76 ans.

Hipparque, à la pénétrante fagacité duquel les défauts de la période callipique n'échappèrent pas, entreprit de la corriger. Ses obfervations lui avoient appris que les années folaires & lunaires étoient un peu moindres que Callipe ne les avoit fuppofées ; & trouvant que l'anticipation de l'une & de l'autre étoit d'un jour fur quatre périodes, il quadrupla le cycle de Callipe, & il en retrancha le jour qu'il avoit de trop dans quatre révolutions. Cette nouvelle période, de 304 années, devoit avoir l'avantage de s'accorder beaucoup mieux avec le mouvement de la lune ; puis elle eut le fort de tant d'autres inventions auffi utiles. La Grèce, accoutumée aux cycles de Meton & de Callipe, n'adopta pas celui d'Hipparque, quoique plus parfait.

Après avoir tracé rapidement l'hiftoire des révolutions que le *calendrier* a éprouvées chez les Grecs, examinons de même les variations qu'il a éprouvées depuis la naiffance de ce peuple belliqueux qui conquit l'Univers, & qui a acquis tant de célébrité.

Romulus a introduit chez les Romains une diftribution du temps pour fervir aux ufages des peuples qui étoient fous fa domination ; mais étant peu inftruit en aftronomie, il compofa un *calendrier* qui ne s'accordoit en aucune manière avec le mouvement du foleil & de la lune. Il voulut que l'année commençât au printemps. Le premier de fes dix mois étoit mars, confacré au Dieu de la guerre ; enfuite venoient avril, mai, juin, quintile, fextile, feptembre, octobre, novembre & décembre: Quatre de ces mois, mars, mai, quintile & octobre, étoient compofés de 31 jours chacun, & les autres de 30. (*Macrob. Saturn. liv. I. cap. 14.*) Ainfi l'année de Romulus n'étoit compofée que de 304 jours. Cet efpace de temps n'eft à beaucoup près, celui pendant lequel le foleil nous paroit parcourir les douze fignes du zodiaque, & l'erreur étoit fi confidérable, qu'elle ne pouvoit pas avoir une longue durée.

Numa Pompilius, pour remédier à l'écart que préfentoit l'année de Romulus avec la révolution folaire, ajouta 50 jours aux 304 exiftans, ce qui auroit dû former une année de 354 jours. Mais pour donner à tous les mois un nombre impair de jours, à caufe de la bonne influence que les Romains attribuoient à ces nombres, il retrancha un jour à chacun des fix mois de 30 jours, réunit ces fix jours aux 50 qu'il vouloit ajouter, & forma, avec ces 56 jours, deux nouveaux mois de chacun 28 jours, auxquels il donna les noms de *janvier* & de *février*; enfin, il augmenta d'un jour le mois de janvier pour le rendre heureux, & le feul mois de février, confacré aux dieux inférieurs (*diis inferis*), avoit le nombre pair de 28 jours. Par ce moyen l'année fut compofée de 355 jours; quatre mois de 31 jours, fept mois de 29, & un mois de 28.

Comme cette nouvelle année, compofée de plus de douze lunes, ne s'accordoit pas encore avec la durée de la révolution folaire, on intercala, à la manière des Grecs, 90 jours en 8 années, & cela en inférant tous les deux ans, alternativement, 22 & 23 jours, & l'on nomma ces années *biffextiles*. Mais comme ces années à 365 jours ¼ forment 2922 jours, & que 8 années à 355 jours, plus 90, forment 1930 jours, il s'enfuivoit qu'il y avoit 8 jours de trop dans chaque période; alors on réunit trois de ces périodes qui devoient produire 24 jours de trop, & au lieu d'ajouter 90 à la troifième période, on n'y ajouta que 66 jours, ou trois fois 22. Cette addition fe faifoit dans le mois de février, qui étoit le dernier de l'année.

Mais comme on voulut éviter de faire tomber les *nundina* fur le premier jour de l'an, ou fur les nones (1), à caufe des mauvaifes augures que l'on en déduifoit, on laiffa aux prêtres la faculté d'ordonner une intercalation ; alors ceux-ci déterminoient cet arrangement d'après leur volonté ou leur intérêt ; fouvent même ils négligeoient ces intercalations ; Les prêtres firent alors un tel ufage de leur puiffance, que les jours de

---

(1) Jours d'affemblées qui arrivoient tous les neuf jours chez les Romains. *Voyez* NUNDINÆ, NONES.

paiement,

paiement, de justice, de nomination aux places, étoient avancés ou retardés selon que leur intérêt, ceux de leurs protégés, ou même leur volonté, les y déterminoient (*Intercalendi licentiam*. Macrob.) Cicéron dit dans une de ses lettres (*Epist. ad Atticum*, X. 17.), qu'ils avoient placé les équinoxes au milieu de mai, l'an 704 après la fondation de Rome.

Quels que fussent les nombreux changemens apportés dans le *calendrier* de Numa Pompilius, comme il ne concordoit pas encore avec le mouvement annuel & périodique du soleil, Jules-César, dictateur & pontife, crut devoir appeler à son aide l'astronome égyptien Sosigène.

Sosigène détermina d'abord l'étendue de l'année solaire, qu'il trouva être de 365 jours 6 heures. D'après cette détermination, il ne songea plus qu'à régler l'année civile : de l'avis de son conseil, il fixa l'année à 365 jours, qu'on appela *année julienne*, & qui commença l'an 45 avant Jésus-Christ ; & pour comprendre les 6 heures qu'on négligea, il fut arrêté qu'on y auroit égard tous les quatre ans, en faisant cette quatrième année de 366 jours. On arrêta aussi que l'on feroit cette intercalation le 24 février, qu'on nommoit *bissexto calendas martii*, c'est-à-dire, le second sixième avant les calendes de mars : de-là est venu le nom de *bissextile* qu'on donne à cette quatrième année. L'année de Numa, suivie auparavant par les Romains, n'avoit que 355 jours ; il fallut en ajouter 10. Sosigène les répartit ainsi : on en ajouta deux aux mois de décembre, de janvier & d'août, qui n'en avoient également que 29. Sosigène fit d'autres petites additions à son *calendrier* ; & quoiqu'il ne fût pas sans erreur, cette réforme prouvoit beaucoup de génie ; elle a réglé le temps des Romains & celui de l'Eglise chrétienne dans l'Occident, jusqu'en 1582 ; l'Eglise orientale s'en sert encore.

Dans le *calendrier* chrétien, la fête de Pâque, d'après laquelle toutes les fêtes mobiles étoient déterminés, étoit réglé d'après le mouvement de la lune. Les Juifs célébroient leur Pâque le 14 du mois de *nisan*, dont la pleine lune tomboit le jour de l'équinoxe ou immédiatement après. Les Chrétiens conservèrent la même disposition, mais transportèrent la fête au dimanche ; & comme il arrivoit quelquefois que la Pâque des Juifs & celle des Chrétiens étoient célébrées le même jour, pour éviter cet inconvénient, le concile de Nice, sous le règne du grand Constantin, ordonna de fêter la Pâque le premier dimanche après la pleine lune de l'équinoxe, qui arrivoit le 21 mars. Il devenoit donc nécessaire, d'après cette détermination, de calculer à l'avance les pleines lunes, afin de donner aux ecclésiastiques un moyen facile de déterminer le jour de Pâque.

Avant le concile de Nice, quelques évêques avoient déjà proposé cette transposition ; Eusèbe de Césarée l'avoit particulièrement recommandée.

On faisoit usage, pour cette détermination, du cycle lunaire *metonien* de 19 années, dont l'usage avoit été prescrit par le concile pour calculer & déterminer la fête de Pâque. (*Voyez* CYCLE, ÉPACTE.) On supposoit qu'après 19 années juliennes, les nouvelles lunes devoient avoir lieu à la même époque, & qu'en appliquant le nombre d'or aux jours où les nouvelles lunes étoient tombées pendant la première des 19 années, on devoit retrouver exactement les nouvelles lunes de la période suivante, & par-là déterminer facilement le jour de Pâque. Comme on supposoit que le patriarche d'Alexandrie devoit réunir dans son diocèse les plus célèbres astronomes, puisqu'il avoit dans son Trésor ecclésiastique le musée d'Alexandrie, on le chargea de déterminer à l'avance les jours de pleines lunes, & par suite d'indiquer exactement le jour de Pâque à l'évêque de Rome.

Mais ce mode de déterminer les pleines lunes étoit fautif, en ce que l'on supposoit qu'après 19 années écoulées, les pleines lunes se renouveloient précisément à la même heure où elles s'étoient trouvées 19 années auparavant, tandis que le mouvement de la lune, pendant la période, étoit de 1 h. 23' plus long, & que, d'un côté, l'année solaire étoit de 11' trop longue, ce qui faisoit 3 jours en 400 ans : de-là que, depuis l'an 325 jusqu'au 16e. siècle, l'équinoxe étoit avancé de 11 jours, & qu'il devoit tomber le 10 de mars au lieu du 21 : que les nouvelles lunes étoient tombées 4 jours plus tôt qu'au temps du concile, & qu'en suivant ainsi, l'hiver auroit tombé dans le mois de septembre, & que les pleines lunes auroient été indiquées le jour des nouvelles.

Beda avoit observé qu'en l'an 700 la pleine lune avoit déjà avancé de 3 jours ; Jean de Scrobosi en faisoit la remarque dans son livre *De anni Ratione* ; & Roger Bacon conseilloit de faire tomber les équinoxes les 15 mars & septembre. Pierre d'Ailly, dans le concile de Constance, & le cardinal de Cusa, dans le concile de Latran, avoient proposé de différer les améliorations. Sixte IV avoit chargé Regiomontanus, en 1474, de perfectionner le *calendrier* ; il le nomma, pour cet effet, évêque de Ratisbonne, mais sa mort l'empêcha de terminer ce travail utile. Les perfectionnemens que l'astronomie avoit éprouvés pendant le 16e. siècle, déterminèrent Angelus, Stœfler, Pighi, Schoner, Gauricus & plusieurs autres, à s'occuper de ce travail. Paul de Middelbourg, évêque de Fossombrone, calcula des tables astronomiques du mouvement de la lune pour les 3000 premières années chrétiennes ; il publia l'ouvrage précieux *De rectâ Paschæ celebratione, de passionis J. C.*, où l'auteur examine non-seulement le *calendrier* romain, mais encore celui des Juifs, des Egyptiens & des Arabes. Pendant ce temps le P. Egnazio Dante éleva à Bologne, dans l'église Sainte-Pétrone, un gnomon qui prouvoit aux yeux les moins exercés, l'avancement des jours équinoxiaux. Depuis, le célèbre Caffini traça, dans un autre endroit de la même églife, le fameux gnomon que l'on y admire encore aujourd'hui. *Voyez* GNOMON.

Enfin, Grégoire XII voulant fignaler fon pontificat, remplit ce fouhait fi fouvent defiré de faire adopter un *calendrier* plus parfait que ceux qui exiftoient. Il chargea Louis Lilio, médecin de Rome, de difpofer ce travail. Son ouvrage fur la reformation du *calendrier*, eft intitulé : *Des Epactes*. Cet habile géomètre étant mort en terminant fon travail, il fut préfenté au Saint-Père par fon frère Antoine Lilio. Alors Grégoire convoqua une congrégation de favans, dont Sirlery, cardinal d'Antioche, Chriftophe Clavius, Antoine Lilio, Egnazio Dante, furent réunis à plufieurs aftronomes diftingués pour difcuter les bafes du *calendrier*. Ce travail ayant été adopté, le Saint-Père l'envoya, en 1577, à tous les princes catholiques, qui reçurent ce plan avec reconnoiffance. Grégoire fe croyant affez fort de l'affentiment que l'on donnoit au nouvel ouvrage, fit interdire l'ufage de l'ancien *calendrier* par une bulle du 24 février 1582, & ordonna de recevoir le *calendrier grégorien*, dont voici la fubftance.

On retranchoit 10 jours de l'année 1582, c'eft-à-dire, qu'au lieu de compter le 5 octobre après le 4, on comptoit immédiatement 15, & cela afin de faire retomber les équinoxes du printemps le 21 mars de l'année fuivante. Comme la durée de l'année folaire n'étoit réellement que de 365 jours 5 h. 49' 12", plus courte de 10' 48" de la durée fixée dans le *calendrier julien*, il en réfulta une diminution de 3 jours dans 400 ans. Alors, au lieu de fuivre rigoureufement l'addition d'une année tous les 4 ans, pour former les années biffextiles, on détermina que trois de ces années ne feroient pas ajoutées dans la durée de 4 fiècles, & l'on établit que le retranchement auroit lieu au commencement des fiècles ; qu'ainfi, en ajoutant l'année biffextile l'an 1600, qu'elle feroit retranchée les années 1700, 1800, 1900 ; qu'elle feroit ajoutée l'an 2000, & retranchée dans la première année de 3 fiècles fuivans, & ainfi de fuite. Par ce moyen on omettoit tous les 400 ans trois jours biffextils, ce qui empêchoit l'avancement des équinoxes. Mais comme, d'après les derniers calculs, l'année folaire eft encore de 27" plus courte, il s'enfuit que cette erreur procure, pour les équinoxes, un avancement d'un jour fur 3200 ans ; alors, après cet efpace, il faudroit faire des années communes des quatre premières années des fiècles, & reprendre enfuite la marche de 3 jours ordinaires fur les 4 premières années des fiècles courans.

Pour ordonner le mouvement de la lune à celui du foleil dans fon *calendrier*, Lilio rejeta les nombres d'or introduits par Meton, & y fubftitua les épactes. (*Voy.* ÉPACTES.) Dans cet état de chofes,

l'an 1787, par exemple, a pour *nombre d'or* II, & pour *épactes* XI. Les nouvelles lunes de l'Eglife tomboient ainfi au jour marqué II dans le *calendrier julien*, & au jour marqué XI dans le *calendrier grégorien*, c'eft-à-dire, le 20 janvier, le 18 février, le 20 mars, & ainfi de fuite. Ces deux nombres rendront le même fervice auffi longtemps que le cycle fera d'accord avec eux ; mais les changemens néceffaires feront plus rigoureux par la fuite avec les *épactes* qu'avec les nombres d'or.

Le cycle lunaire metonien eft d'un jour trop long dans 312 ans ⅜, la nouvelle lune, après cet intervalle, d'un jour plus tôt, & l'âge de la lune au premier janvier, où les épactes augmentent de I, fi l'on y réunit l'intégration julienne régulière. Les épactes folaires XI, XXII, III, XIV, &c., fervent pendant 300 ans pour les années qui ont pour nombre d'or I, II, III, IV, V, &c. ; après cet intervalle, il faut fe fervir, pour les mêmes années, des épactes I, XII, XXIII, IV, XV, &c., & 300 ans après, des épactes II, XIII, XXIV, V, XVI, &c. Mais comme le *calendrier grégorien* fupprime 3 jours en 400 ans, il s'enfuit que les épactes doivent éprouver une variation occafionnée par cette fuppreffion. Ainfi le cycle fondamental de 1582 étant I, XII, XXIII, IV, XV, &c., ces épactes devroient fubfifter pendant 300 ans, fi toutes les années étoient biffextiles ; ainfi 1600 reftant biffextile, les épactes font bonnes pendant toute la durée du fiècle ; mais il manque un jour à 1700, d'où il fuit que les nouvelles lunes doivent avancer d'un jour : il faut donc diminuer les épactes d'un jour pour ce fiècle, & l'on doit avoir XI, XXII, III, XIV, XXV, &c. A la fin de ce fiècle, ces épactes devroient avancer d'un jour, parce qu'il y a 300 ans depuis 1500 jufqu'en 1800 ; mais comme cette année le jour biffextil eft fupprimé, le cycle refte fans éprouver de variation jufqu'en 1900. Le jour biffextil manque encore le premier jour de ce fiècle ; le cycle des épactes eft donc reculé, & devient XXIX, X, XXI, II, XIII, &c. L'an 2000 refte biffextil, & l'épacte ne change pas. L'an 2100, le cycle devroit avancer d'un jour pour les 300 ans révolus ; mais comme le jour biffextil manque, il y a compenfation, & les épactes n'éprouvent aucun changement ; enfin, en 2200 il devient XXVIII, IX, XX, I, XII, &c. Pour ne pas faire ces nouvelles corrections à chaque fiècle, Lilio a donné deux tables dans lefquelles on trouve le cycle pour chaque fiècle, ainfi qu'on le trouve ordinairement dans le manuel chronologique, appelé *Table des épactes*. L'année n'y eft pas ordonnée d'après la marche de la lune ; mais il eft facile d'y trouver les nouvelles lunes, au moins pour l'Eglife, qui ne font pas toujours d'accord avec les vraies lunes aftronomiques.

Clavius, jéfuite de Bamberg, fut envoyé à Rome, où il fut employé par le pape Grégoire XII à la correction du *calendrier*: il fut chargé d'expliquer & de faire valoir la réforme qui fut faite en 1582; c'est ce qu'il exécuta dans son traité *De Calendario gregoriano*. Cet ouvrage fut attaqué par plusieurs protestans, entr'autres par Joseph Scaliger; mais Clavius le défendit avec autant de savoir que de sagacité. Les erreurs que l'on a indiquées sont : 1°. que les intercalations des équinoxes changent continuellement au 21 mars au 20, & même au 19, surtout dans les années bissextiles qui précèdent les siècles commençant comme en 1696; 2°. que l'on n'a admis que trois jours d'avancement de la nouvelle lune depuis le concile de Nice, tandis qu'il y en a quatre; de-là que les nouvelles lunes astronomiques avancent d'un jour & plus sur celles de l'Eglise, décrétées unanimement par la congrégation de 1580, ainsi que Cassini l'avoue dans les Mémoires de 1702.

Le *calendrier grégorien* n'ayant pas été adopté par les Etats protestans, il en résulta qu'en Europe les différentes nations employoient deux *calendriers* qui avoient dix jours de différence; l'un fut appelé le *nouveau*, & l'autre l'*ancien*. Les troubles que ces deux *calendriers* apportèrent dans les relations commerciales, & le vice bien connu du *calendrier de Julien*, déterminèrent plusieurs savans; parmi lesquels on distingue Erhard, Wiegel, Roemer, Sturme, Hamberger & Meyer, à réclamer la réformation de l'ancien *calendrier*. Plusieurs princes d'Allemagne, à la tête desquels on doit placer le prince Christian, nommèrent une commission pour présenter un travail sur cette réforme: parmi les membres se trouvèrent les savans que nous avons cités.

Après un grand nombre de débats occasionnés par les diverses propositions qui avoient été faites, soit par les membres de la commission, soit par des membres étrangers, enfin la diète se détermina, aux trois quarts environ de 1699, à prendre un parti sur le rapport présenté par Meyer, appuyé de ceux de Sturme & Hamberger: elle prononça la réforme. La conclusion des Etats évangéliques, donnée le 23 septembre 1699, fut en substance :

1°. Que l'année suivante 1700, tous les jours de février, passé le 18, seroient supprimés; en sorte que le jour suivant, au lieu d'être le 19 février, seroit le 1er. mars.

2°. Que pour la fixation de la Pâque & autres fêtes mobiles en dépendantes, on auroit recours au calcul astronomique, c'est-à-dire, que le jour & le moment de l'équinoxe du printemps & de la pleine lune seroient calculés astronomiquement. La proclamation suivit quelques jours après, & telle est la forme du *calendrier* dont usent les protestans d'Allemagne depuis le commencement de ce siècle.

Gehler prétend que le jour de Pâque devoit être déterminé d'après l'époque de la pleine lune, indiqué sur les tables rodolphiques de Kepler pour le méridien d'Uranenberg, où Tycho avoit fait ses observations astronomiques, & que le jour devoit être compté de minuit, après lequel tomboit la pleine lune.

Ce calcul astronomique peut différer d'un jour du calcul cyclique; & si la pleine lune de Pâques tombe le soir de la veille, ou le dimanche même, il doit produire une différence d'une semaine. Ainsi, en 1724, la pleine lune pascale tomba le 8 avril, vers quatre heures du soir, ce jour étant la veille du dimanche. Les protestans devoient avoir leur Pâque le 9 avril, & les Pâques des catholiques le 16 avril. (Muller, *de Ratione computandi Paschatos exemplo anni 1724, illustrata Altorf 1723.4.*) La même variation est arrivée en 1744. Les Pâques grégoriennes tomboient le 19 avril, selon le calcul astronomique le 12: ce qui coïncidoit aux Pâques des Juifs; mais par ordre des Etats évangéliques, la Pâque a été transportée au 19. (Borz, *de die Paschatos anni 1778*, Leipf. 1775.47, & *de Paschate anni 1778 judaico*, Leipf. 1776.4.) Jean Bernouilli desiroit que l'on mît les Pâques après les équinoxes, & Ernest (*de Festo Paschatos*, Leipf. 1777.4) le dimanche après le 25 mars.

Enfin, d'après une patente impériale de Vienne, le 7 juin 1776, les Etats évangéliques ont consenti d'adopter le nouveau *calendrier*, auquel ils ont donné le nom de *calendrier général de l'Empire*, afin que les Pâques des protestans & des catholiques fussent célébrées le même jour, comme cela a lieu en Angleterre depuis 1752, & en Suède depuis 1753. Les Russes seuls ont conservé & suivent l'ancien *calendrier*.

Pour donner un exemple de l'usage des *calendriers*, nous nous transporterons à l'année 1788, & nous chercherons le cycle solaire, la lettre dominicale, le nombre d'or & le jour de la pleine lune de Pâque.

Le cycle solaire (*voyez* CYCLE) donne pour 1788.5.

Quant à la lettre dominicale, arrivant successivement pour tous les jours de l'année, les sept lettres A, B, C, D, E, F, G, appellent le 1er. janvier A, le second B, &c. : on appelle lettre dominicale celle qui tombe sur un dimanche. La table suivante donne les lettres dominicales pour les vingt huit années du cycle solaire julien.

1 GF	5 BA	9 DC	13 FE	17 AG	21 CB	25 ED
2 E	6 G	10 B	14 D	18 F	22 A	26 C
3 D	7 F	11 A	15 C	19 E	23 G	27 B
4 C	8 E	12 G	16 B	20 D	24 F	28 A

La vingt neuvième année commence de nouveau par GF.

Pour le *calendrier grégorien*, cet ordre change en omettant les dix-huit jours d'octobre 1582. Il faudroit retrancher dix lettres, ce qui seroit commencer en B; mais comme il y a eu en 1700 une biffextile de fupprimée, on doit commencer a DC: auffi l'on auroit par la table grégoriènne l'ordre fuivant:

1 DC	5 FE	9 AG	13 CB	17 ED	21 GF	25 BA
2 B	6 D	10 F	14 A	18 C	22 E	26 G
3 A	7 C	11 E	15 G	19 B	23 D	27 F
4 G	8 B	12 D	16 F	20 A	24 C	28 E

Et cela jufqu'à 1800, où, par l'omiffion du biffextil, on avance d'une lettre la table de l'année fuivante, & l'on commence par E D.

Ainfi pour l'année 1788, dont le nombre eft 5, les lettres dominicales du *calendrier* julien feroient B A, & du *calendrier* grégorien F D; & pour l'année 1800, qui commence par E D, & dont le dimanche arriveroit le 6 janvier F, on doit avoir cette même lettre pour les 13, 20, 27 janvier, & les 3, 10, 17, 24 février; mais comme ce jour eft biffextil, & qu'il fe confond avec le 23 février, la lettre dominicale devient E, & elle refte ainfi jufqu'à la fin de l'année.

Pour trouver le *nombre d'or*, les *épactes* (voye₂ CYCLES, EPACTES) pour 1788, on trouve que le *nombre d'or* eft III & les *épactes* XXII: ce qui veut dire que les nouvelles lunes tombent fur les jours marqués XXII, qui font le 9 janvier, le 9 février, le 9 mars, le 7 avril, &c. Ainfi, le 9 mars commence une nouvelle lune, dont la pleine lune eft le 22: c'eft la première après l'équinoxe qui arriva le 21 mars. Ce 22 mars eft donc les limites pafcales marquées par-là; & comme le dimanche de cette partie de l'année eft E, la pleine lune arrivée en D fe trouve la veille du diman- che E; auffi les Pâques ont lieu le 22 mars.

Dès que la Pâque eft fixée, les autres fêtes mo- biles deviennent faciles à déterminer.

Les *calendriers* marquent les cycles folaires, les épactes, les lettres dominicales, le lieu du foleil & de la lune, ainfi que leur lever & leur cou- cher; les changemens de lune, les équinoxes, les retours du foleil, les éclipfes de foleil & de lune, enfin les calculs des *calendriers* julien, gré- gorien & judaïque.

CALENDRIER ASTRONOMIQUE; calendarium aftronomicum; *aftronomifche kalender.* Diftribution du temps d'après le mouvement de la terre. Voye₂ CALENDRIER.

CALENDRIER DE FLORE; calendarium Flo- ricum; *blumen kalender.* Indication de la floraifon des plantes.

Si l'époque de la floraifon des plantes n'étoit pas dépendante d'une foule de circonftances, telles que la diverfité des climats, la nature des terrains, les degrés de température, le *calendrier de Flore* feroit la méthode la plus fimple, & peut- être en même temps la plus facile pour apprendre

à connoître les plantes. Les perfonnes qui ne s'oc- cupent de la botanique que par récréation, & fans vouloir en faire une étude approfondie, pré- fèrent avec raifon cette méthode: elles ont des herbiers où les plantes font rangées fuivant l'ordre des faifons, &, avec un peu de patience, cela rem- plit affez bien leur objet.

Il paroît que c'eft à Linné que nous devons l'idée de la formation d'un tableau de la floraifon des plantes, c'eft-à-dire, de la détermination du temps de l'année où chaque plante produit fes fleurs. Mais fi nous ne pouvons pas affigner cette époque d'une manière telle que le tableau puiffe fervir dans tous les lieux, on peut cependant, à cet égard, affigner les termes moyens, ou les cas extrèmes; &, ce qui eft plus fûr, indiquer l'or- dre de la floraifon que les plantes paroiffent con- ferver affez conftamment les unes à l'égard des autres.

CALENDRIER GRÉGORIEN; calendarium Gre- goricum; *gregorius kalender.* Divifion du temps or- donnée par le pape Grégoire XII.

Dans ce *calendrier,* dont l'ufage en fut ordonné par une bulle du 24 février 1582, l'année eft di- vifée en 365 jours 5 heures 49' 12": on forme trois années fucceffives de 365 jours, & une de 366 jours, nommée *biffextile.* Mais comme cette divifion fuppofe l'année de 365 jours 6 heures, & qu'elle eft réellement plus courte de 10' 48", ce qui produit 3 jours de plus pendant 400 ans, on eft convenu de retrancher dans quatre fiècles trois années biffextiles; & pour faire ce retran- chement à des époques bien connues, on l'a dé- terminé fur les premières années de chaque fiècle: ainfi 1600 eft biffextil, & 1700, 1800, 1900 ne le font point; mais 2000 eft biffextil, & 2100, 2200 2300 ne le font point; ainfi de fuite.

Quant à la détermination de la Pâque, on eft convenu qu'elle auroit lieu le premier dimanche après la pleine lune arrivée après l'équinoxe de printemps. Voye₂ CALENDRIER.

CALENDRIER JULIEN; calendarium Julianum; *Julius kalender.* Divifion du temps ordonnée par Jules-Céfar, dictateur & pontife des Romains, 45 ans avant J. C.

Jules-Céfar voulant détruire les nombreufes er- reurs qui exiftoient dans le *calendrier* de Numa Pompilius, appela à Rome l'aftronome égyptien Sofigène: celui-ci forma l'année de 365 jours 6 heures, propofa trois années fucceffives de 365 jours, & une quatrième de 366, à laquelle il donne le nom de *biffextile,* parce que ce jour étoit ajouté le 24 février, & formoit le *fecond fixième avant les calendes:* ce *calendrier* dura juf- qu'en 1582; mais les erreurs que produifirent les 10' 48" dont l'année étoit trop longue, dé- terminèrent le pape Grégoire XIII à le réformer. Cependant les proteftans s'en fervirent encore juf-

qu'en 1696, époque à laquelle ils se déterminèrent auffi à le réformer : il n'eft plus en ufage
maintenant que parmi les Ruffes. *Voyez* CA-
LENDRIER.

CALENDRIER MÉTÉOROLOGIQUE ; calendarium meteorologicum ; *wetter kalender.* Indication des phénomènes météorologiques pendant
le cours de l'année.

De Lalande ayant publié dans la *Connoiffance des
temps* pour l'année 1775, un *calendrier thermométrique* extrait du *Traité de météorologie* du P. Cotte,
ce dernier rédigea un *calendrier météorologique,*
qu'il publia dans le *Journal de Phyfique ,* année 1775, vol. I, pag. 511. Ce *calendrier* préfenta jour par jour une moyenne des obfervations
faites pendant dix ans fur les vents dominans, la
température , la hauteur du baromètre & l'état
du ciel.

Le réfumé eft que le vent dominant à Paris,
pendant ces dix années, eft le fud-fud-oueft : la
plus grande chaleur moyenne étant de 17d,8 au
thermomètre de Réaumur, le plus grand froid
moyen de — 4d,0; le degré moyen de chaleur
9d,9, & le degré moyen de froid — 1d,3 ; la
plus grande élévation du baromètre 28 pouces
3 lig. 6, la moindre élévation 27 pouces 4 lig. 7 ;
& l'élévation moyenne 27 pouces 11 lig. ; que pendant une année moyenne, le nombre de jours de
neige étoit de 10, celui de pluie 186, couvert
97, ferein 87, variable 182, brouillard 31 , tonnerre 12, aurore boréale 4.

Rien de plus variable que la météorologie d'un
même jour, dans un même lieu, pour des années
différentes. Quelque grand que foit le nombre
d'obfervations , il eft impoffible de conclure l'état
météorologique d'un jour de l'année, à plus forte
raifon celui qui doit exifter dans un autre pays.
En général, la température des villes eft plus élevée que celle des campagnes, en les fuppofant
fous la même latitude & à la même hauteur au-
deffus du niveau de la mer.

Les obfervations météorologiques font précieufes pour comparer l'état des différens pays ;
mais elles ne peuvent en aucune manière fervir
à former un *calendrier,* même pour un pays
donné.

CALENDRIER PERPÉTUEL ; calendarium per-
petuum ; *ftets während kalender.* C'eft une fuite
de *calendriers* relatifs aux différens jours où la
Pâque peut tomber ; & commence cette fête n'arrive
jamais plus tard que le 25 avril, ni plus tôt que
le 22 mars, le *calendrier perpétuel* eft compofé d'autant de *calendriers* particuliers qu'il y a de jours
depuis le 22 mars inclufivement, jufqu'au 25 avril
auffi inclufivement.

On trouve un *calendrier perpétuel* foit utile &
très-bien entendu dans l'excellent ouvrage de
l'*Art de vérifier les dates,* par les bénédictins de

la congrégation de Saint-Maur, Dom Clément &
Dom Durand. Dans l'édition de 1783, Dom Clément a trouvé le moyen de réduire les trente-
cinq *calendriers* à fept.

CALENDRIER RURAL OU RUSTIQUE ; calen-
darium rurale ; *feld, oder, land kalender.* Divifion du
temps relative aux travaux de la campagne.

Ce *calendrier,* confacré à l'inftruction du cultivateur, contient une diftribution des travaux de
la campagne, pour chaque mois de l'année. On
y indique le temps où il faut femer, planter, tailler la vigne : on y donne des inftructions fur les
haies, la culture des pommes de terre , la préparation de leur fécule, la culture des afperges, la
meilleure manière de faire le vin..... les moyens
de détruire les vers qui rongent les vignes , de
guérir la volaille, de traiter les beftiaux ; enfin,
plufieurs préceptes généraux pour les habitans de
la campagne, &c. &c.

Il eft rare que ces *calendriers* ne contiennent
beaucoup de règles fauffes & de prédictions ha-
fardées fur les pluies & les faifons tardives, fur
les influences prétendues & fur les afpects de la
lune & des planètes ; mais les gens inftruits diftinguent avec foin les règles qui font fondées fur
des expériences exactes & réitérées, de celles qui
ne font fondées que fur le préjugé & l'ignorance.

CALIBRE , de l'arabe *calib moul; æquilibrium ;
caliber;* fubft. maf. Mefure exacte d'un objet.

CALIBRER ; *calibriren ;* v. act. Déterminer une
mefure exacte. Nous allons faire connoître la
méthode que l'on fuit ordinairement pour *calibrer*
les tubes des thermomètres.

Il eft effentiel , pour que les thermomètres
foient comparables, que les tubes dans lefquels
le liquide eft placé foient parfaitement cylindriques, afin que des divifions égales, faites fur le
tube, correfpondent à des volumes égaux ; mais
comme il eft très-rare de trouver des tubes parfaitement cylindriques, il eft abfolument néceffaire
de les *calibrer,* pour pouvoir déterminer des divifions qui correfpondent à des volumes égaux du
fluide qu'ils contiennent.

La forme intérieure des tubes de verre dépend
abfolument du mode que l'on emploie pour les
obtenir. Ce mode confifte à recueillir du verre
fondu à l'extrémité d'un tube de fer , auquel on
donne le nom de *canne,* à fouffler ce verre en
forme d'ampoule , à fixer avec du verre fondu une
verge de fer à l'extrémité de l'ampoule oppofée à
celle de la canne, & à tirer ce verre mou , de manière à en former un long cylindre, dont le diamètre foit d'autant plus petit que la maffe du verre
a été plus alongée.

Dans cette opération, l'étirement & l'effilement
fe font plus facilement au milieu qu'aux deux ex-

trémités, de manière qu'au lieu d'obtenir un cylindre, la tringle de verre a la forme de deux cônes tronqués oppofés à la tronquature Ainfi, le diamètre extérieur & intérieur du milieu de la tringle de verre eft plus petit que ceux des extrémités.

Il eft facile de conclure, du procédé que l'on emploie pour étirer les tubes, de la difficulté que l'on doit éprouver pour en trouver qui foient parfaitement cylindriques; & fi, aux vices de calibre qui réfultent néceffairement du procédé en ufage, on joint ceux qui proviennent des petites irrégularités du verre, & des accidens inféparables des opérations, on conclura, finon une impoffibilité, au moins une immenfe difficulté d'efpérer de trouver des tubes cylindriques.

Pour remédier aux défauts que préfentent les tubes, on les *calibre*, & pour cela on emploie deux procédés différens : 1°. on les alléfe avec un cylindre de plomb ou de cuivre enduit d'éméri ; 2°. on cherche par tâtonnement quelles divifions inégales, faites fur la longueur du tube, correfpondent à des volumes égaux. Le premier procédé eft pratiqué fur de gros tubes, tels que ceux des pompes pneumatiques, & quelquefois même des *eudiomètres* ; le fecond eft appliqué aux tubes de thermomètre, mais il ne l'eft que dans quelques circonftances particulières, & lorfque l'on veut avoir des tubes très-longs & une divifion bien exacte. Ordinairement on fe contente de choifir, entre plufieurs tubes, ceux qui font les mieux *calibrés*.

On prend pour cet effet une petite portion de mercure ; on l'introduit dans un tube, on fait mouvoir cette bulle dans toute la longueur du tube, en mefurant, après chaque mouvement, l'efpace que la bulle occupe. Si la bulle dans le tube avoit toujours la même longueur, on pourroit en conclure, avec certitude, que le tube eft bien cylindrique, & qu'il eft parfaitement *calibré* ; mais comme on ne rencontre pas ordinairement de femblables tubes, on choifit, entre tous, ceux qui préfentent le moins de différence. Il eft inutile d'obferver que, pour bien juger le *calibre* du tube, il eft néceffaire que la bulle occupe une certaine étendue, d'un pouce au moins ; car fi la bulle étoit très-petite, il feroit impoffible d'apprécier des petites différences.

Quant à la manière de *calibrer* les tubes pour déterminer la loi de la divifion correfpondante à des volumes égaux, voici, parmi tous les moyens, un de ceux que l'on peut employer avec le plus d'avantage.

Après avoir fermé le tube par un bout, de manière à ce que le fond forme un plan perpendiculaire aux faces du tube, on emplit celui-ci de mercure, & l'on marque le point qui correfpond à la hauteur de ce liquide : on vide le mercure, on le verfe dans les deux plateaux d'une balance, exacte & fenfible, afin de divifer la maffe en deux parties égales ; on verfe dans le tube l'une de ces demi-parties, & l'on marque la longueur du cylindre qu'elle occupe à partir du fond : on fait couler cette maffe jufqu'à ce qu'elle parvienne à l'autre extrémité. Si la maffe a été divifée en deux parties parfaitement égales, la longueur de la colonne correfpond au même point ; fi la quantité introduite n'eft pas la moitié exacte, la longueur correfpond à un autre point : alors on divife la diftance entre ces deux points en deux parties égales, & l'on a la moitié du volume auffi exactement qu'il eft poffible.

Cette première opération faite, on divife encore, à l'aide d'une balance exacte & fenfible, la nouvelle maffe de mercure en deux parties égales, & cela en la diftribuant dans chaque plateau jufqu'à ce qu'il y ait un équilibre parfait : on verfe ce quart de la première maffe dans le tube, on le fait arriver jufqu'au fond, & l'on marque, par un point, la longueur de la colonne ; enfuite on le fait mouvoir jufqu'à ce qu'il arrive à la marque du milieu, afin de s'affurer fi le point marqué eft bien le quart ; on le rectifie par une moyenne entre les deux longueurs, fi la longueur de la colonne n'arrive pas au même point : on répète la même opération fur l'autre moitié.

On verfe de nouveau ce quart de maffe dans la balance pour le divifer encore en deux parties égales : on met ce huitième dans le tube, on le fait couler comme dans les opérations précédentes pour avoir des huitièmes de volume, & l'on continue de fuite l'opération, de manière à divifer le tube en 16, 32, 64, & un plus grand nombre de volumes égaux.

Il ne faut tracer ces divifions primitives fur le tube qu'avec une couleur effaçable ; peut-être même conviendroit-il mieux de les tracer fur une bande de papier, fixée fur le tube de manière à pouvoir être enlevée après l'opération.

Ayant déterminé, par cette méthode, la loi de la graduation pour des volumes égaux, il eft facile d'en déduire la divifion que doit avoir l'échelle du thermomètre, depuis le terme de la glace jufqu'à celui de l'eau bouillante, foit en 80, 100, 180 degrés, ou tout autre nombre de parties repréfentant chacune des volumes égaux.

CALIDUCS ; de Calor, *chaleur*, & ducere, *conduire* ; f. m. Sortes de canaux difpofés autrefois le long des murailles des maifons & des appartemens, & dont les Anciens fe fervoient pour porter de la chaleur aux portions de leur maifon les plus éloignées ; chaleur qui étoit fournie par un foyer ou par un fourneau commun.

La cherté du combuftible en France a fait imaginer de nouveau l'ufage des *caliaucs* : on chauffe les appartemens avec un fourneau placé dans la partie inférieure du bâtiment ; des canaux ou *caliducs* tranfportent la fumée & l'air échauffé, & même de la vapeur fous le fol des lieux habités, & les échauffent ; d'autres canaux ou *caliducs* répandent abondamment de l'air échauffé dans les appartemens.

Depuis long-temps les Suédois font usage de la vapeur d'eau transportée par des *caliducs* dans les lieux qu'ils veulent échauffer. Les *Mémoires de l'Académie de Stockholm* contiennent plusieurs descriptions de cette manière de chauffer les couches & les serres chaudes.

Curaudeau, dans ces derniers temps, a échauffé les appartemens en faisant parvenir dans un espace toute la chaleur qui se dégage de la surface des poêles & de leurs tuyaux, & en dirigeant cette chaleur, par des *caliducs*, dans les chambres, les salles, les ateliers qu'il vouloit échauffer.

Il est assez remarquable que cette méthode nouvelle d'échauffer les appartemens par de l'air chaud, ou de la vapeur, n'est qu'une imitation des Anciens, comme semblent l'indiquer les *caliducs* dont ils faisoient usage.

CALIORNE; *caliorn*; subst. fém. Gros cordage passé dans des moufles à trois poulies, qui sert à guinder & à lever les fardeaux, & qu'on place à différens endroits du vaisseau : il est ordinairement amarré sous les hunes du grand mât de bourcet, où il y a une grande poulie par où il passe. *Voyez* MOUFLES.

CALIPPIQUE; *calippicus*; *callipik*; adj. Terme de chronologie. Période de soixante ans, inventée par Calippe, célèbre mathématicien de Cyzique. La *période calippique* est composée de quatre périodes metoniennes, qui étoient chacune de dix-neuf années solaires; la *période calippique* commence l'an 4384 de la période julienne, 330 ans avant J. C. La première *période calippique* est l'espace de temps qui s'est écoulé depuis l'an 4384 de la période julienne, jusqu'à l'an 4309, 255 ans avant J. C. inclusivement. La seconde *période calippique* est composée des soixante-seize années suivantes. *Voyez* PERIODE CALIPPIQUE.

CALME; μαλακος; *calmus*; *meerstille*; sub. mas. Manque de vent sur mer. Le *calme plat* est une cessation totale de vent, en sorte qu'on ne sent pas le moindre souffle d'aucun côté.

Les *calmes* sont très-fréquens dans les mers de la zone torride; & lorsqu'ils ont duré quelques jours, il arrive que la surface de la mer est aussi unie que celle d'un miroir. On pense assez généralement qu'un long *calme* est plus à craindre qu'une tempête, parce qu'il expose le vaisseau à manquer de tout. Il faut observer que, lorsque le temps est *calme*, la mer ne l'est pas toujours. Dans l'Océan, la mer reste plusieurs jours houleuse après la cessation du vent, au lieu que dans la Méditerranée & dans les mers qui sont bornées en étendue, la mer s'aplatit peu d'heures après que le vent a cessé de souffler.

CALORICITÉ; *caloricitas*; *würmanstigkeid*; s. f. Propriété en vertu de laquelle tous les corps cèdent à l'action que le calorique exerce sur eux.

Quelques physiciens regardent la *caloricité* comme l'effet d'un mouvement intestin qu'éprouvent les molécules des corps; mais on peut expliquer de la même manière tous les phénomènes qu'elle présente, en les regardant comme produits par l'action d'un fluide particulier que l'on nomme *caloriq e* (*voyez* CALORIQUE), & qui a beaucoup d'analogie avec la lumière.

Les anciens philosophes paroissent avoir mis peu d'intérêt à déterminer la cause de la *caloricité*; cependant la plupart d'entr'eux regardoient le feu comme une matière qui s'introduisoit dans les corps, les augmentoit de volume, en déterminoit tous les phénomènes qui sont accompagnés ou produits par la chaleur. Roger Bacon s'éleva contre l'existence d'une matière quelconque qui fît naître ces sortes de phénomènes. Il regarde la chaleur comme un effet produit par un mouvement de vibration excité dans les molécules des corps & des fluides qui les environnent : plus ce mouvement est rapide, plus la chaleur est grande; & le froid absolu, s'il existoit dans la nature, consisteroit dans le repos parfait des molécules.

Cette cause de la *caloricité* a été défendue par Descartes, Euler & Rumfort; elle a été attaquée par Boerhaave, Newton & tous les physiciens du dix-huitième & du dix-neuvième siècle : ceux-ci regardent la *caloricité* comme l'action d'un fluide particulier. Cette dernière opinion est aujourd'hui la plus généralement adoptée. *Voyez* CALORIQUE, CHALEUR.

CALORIMÈTRE, de Calor, *chaleur*; μετρον, mesure; calorimetrum; *würmen messer*; subst. mas. Instrument propre à mesurer la proportion de chaleur qui se dégage d'un corps en passant d'une température à une autre.

Si l'on pouvoit déterminer la quantité exacte de chaleur qu'un corps peut prendre pour passer d'une température à une autre, on pourroit connoître, autant exactement que les expériences de physique le permettent, la quantité réelle de chaleur que tous les corps emploient; mais comme il a été impossible de déterminer, dans aucune circonstance, soit la quantité réelle de chaleur employée, soit la quantité réelle de chaleur dégagée, on ne peut estimer, dans toutes les expériences faites avec le *calorimètre*, que les rapports des quantités absorbées ou dégagées dans les diverses opérations auxquelles on soumet les corps.

On a employé jusqu'à présent deux méthodes pour apprécier la quantité de chaleur dégagée d'un corps en abaissant sa température : la première en déterminant la quantité de glace à zéro qui s'est liquéfiée; la seconde en déterminant le nombre de degrés dont un liquide s'est échauffé. Nous donnerons pour exemple de ces deux manières de déterminer les rapports de calorique ou de chaleur qui se dégage des corps, 1°. le *calorimètre* de Lavoisier & de Laplace; 2°. le *calorimètre* de Rumfort.

CALORIMÈTRE DE LAVOISIER ET DE LAPLACE; calorimetrum Lavoisiericum; *wærmen messer von Lavoisier und Laplace*.

Pour bien faire connoître le *calorimètre* des deux savans français, nous allons copier la description que Lavoisier en a donnée dans son *Traité élémentaire de Chimie*, tome II, page 387.

« L'appareil dont j'avois essayé de donner une idée a été décrit dans un Mémoire que nous avons donné en commun, M. de Laplace & moi, en 1780, page 355; c'est de ce Mémoire que sera extrait tout ce que contient cet article.

» Si, après avoir refroidi un corps quelconque à zéro du thermomètre, on l'expose dans une atmosphère dont la température soit de 25 degrés au-dessus du terme de la congélation, il s'échauffera insensiblement depuis sa surface jusqu'à son centre, & se rapprochera peu à peu de la température de 25 degrés, qui est celle du fluide environnant.

» Il n'en sera pas de même d'une masse de glace qu'on auroit placée dans la même température; elle ne se rapprochera nullement de la température de l'air ambiant, mais elle restera constamment à zéro de température, c'est-à-dire, à la glace fondante, & ce jusqu'à ce que le dernier atome de glace soit fondu.

» La raison de ce phénomène est facile à concevoir; il faut, pour fondre de la glace, & pour la convertir en eau, qu'il s'y combine une certaine proportion de calorique, & conséquemment tout le calorique des corps environnans s'arrête à la surface de la glace, où il est employé à la fondre: cette première couche fondue, la nouvelle quantité de calorique qui survient en fond une seconde, & elle se combine également avec elle pour la convertir en eau, & ainsi successivement de surface en surface jusqu'au dernier atome de glace, qui sera à zéro du thermomètre, parce que le calorique n'aura pas encore pu y pénétrer.

» Que l'on imagine, d'après cela, une sphère de glace creuse, à la température de zéro degré du thermomètre; que l'on place cette sphère de glace dans une atmosphère dont la température soit, par exemple, de 10 degrés au-dessus de la congélation, & qu'on place dans son intérieur un corps échauffé d'un nombre de degrés quelconque. Il suit de ce qu'on vient d'exposer deux conséquences : 1°. que la chaleur extérieure ne pénétrera pas dans l'intérieur de la sphère; 2°. que la chaleur d'un corps placé dans son intérieur ne se perdra pas non plus au-dehors, mais qu'elle s'arrêtera à la surface intérieure de la cavité, où elle sera continuellement employée à fondre de nouvelles couches de glace, jusqu'à ce que la température du corps soit parvenue à zéro du thermomètre.

» Si on recueille avec soin l'eau qui se sera formée dans l'intérieur de la sphère de glace: lorsque la température du corps placé dans son intérieur sera parvenue à zéro du thermomètre, son poids sera exactement proportionnel à la quantité du calorique que ce corps aura perdue en passant de sa température primitive à celle de la glace fondante; car il est clair qu'une quantité double de calorique doit fondre une quantité double de glace; en sorte que la quantité de glace fondue est une mesure très-précise de la quantité de calorique employée à produire cet effet.

» On n'a considéré ce qui se passoit dans une sphère de glace que pour mieux faire entendre la méthode que nous avons employée dans ce genre d'expériences, dont la première idée appartient à M. de Laplace. Il seroit difficile de se procurer de semblables sphères, & elles auroient beaucoup d'inconvéniens dans la pratique; mais nous y avons suppléé au moyen de l'appareil suivant, auquel je donnerai le nom de *calorimètre*. Je conviens que c'est s'exposer à une critique jusqu'à un certain point fondée, que de réunir ainsi deux dénominations, l'une dérivée du latin, l'autre dérivée du grec; mais j'ai cru qu'en matière de science, on pouvoit se permettre moins de pureté dans le langage pour obtenir plus de clarté dans les idées; & en effet je n'aurois pu employer un mot composé entièrement du grec sans trop me rapprocher du nom d'autres instrumens connus, & qui ont un usage & un tout différens.

» La *figure* 244 C représente la coupe horizontale, & la *figure* 244 B une coupe verticale qui laisse voir tout son intérieur. Sa capacité est divisée en trois parties. Pour mieux me faire entendre, je les distinguerai par les noms de *capacité intérieure*, *capacité moyenne* & *capacité extérieure*. La capacité intérieure *ffff*, *fig.* 244 C, est formée d'un grillage de fil de fer, soutenu par quelques montans du même métal; c'est dans cette capacité que l'on place les corps soumis à l'expérience. Sa partie supérieure se ferme au moyen d'un couvercle G H, représenté supérieurement, *fig.* 244 D; il est entièrement ouvert par-dessus, & le dessous est fermé d'un grillage de fil de fer.

» La capacité moyenne *bbbb*, *fig.* 244 B, C, est destinée à contenir la glace qui doit environner la capacité intérieure, & que doit fondre le calorique des corps mis en expérience; cette glace est supportée & soutenue par une grille sous laquelle est un tamis: l'une & l'autre sont représentées séparément. A mesure que la glace est fondue par le calorique qui se dégage du corps placé dans la capacité intérieure, l'eau coule à travers la grille & le tamis; elle tombe ensuite le long du cône *bcd*, *fig.* 244 B, & du tuyau *dz*, & se rassemble dans le vase F, *fig.* 244 A, placé au-dessous de la machine; *n y* est un robinet, au moyen duquel on peut

arrêter

arrêter à volonté l'écoulement de l'eau intérieure; enfin, la capacité extérieure *a a a a*, *fig.* 244 B & 244 C, est destinée à recevoir la glace qui doit arrêter l'effet de la chaleur de l'air extérieur & du corps environnant. L'eau que produit la fonte de cette glace, coule le long du tuyau ST, que l'on peut ouvrir ou fermer à volonté, au moyen du robinet A. Toute la machine est recouverte par le couvercle FF, *fig.* 244 E, entièrement ouvert dans sa partie supérieure, & fermé dans sa partie inférieure; elle est composée de fer-blanc peint à l'huile pour le garantir de la rouille.

» Pour mettre le calorique en expérience, on remplit de glace pilée la capacité moyenne *b b b b* & le couvercle G H de la capacité intérieure, la capacité extérieure *a a a a* & le couvercle F F, *fig.* 244 E, de toute la machine; on la presse fortement, pour qu'il ne reste point de parties vides; puis on laisse égoutter la glace intérieure; après quoi on ouvre la machine pour y placer le corps qu'on veut mettre en expérience, & on la referme sur-le-champ On attend que le corps soit entièrement refroidi, & que la glace qui a fondu soit suffisamment égouttée; ensuite on pèse l'eau qui est rassemblée dans le vase F, *fig.* 244 A. Son poids est une mesure exacte de la quantité de calorique dégagée du corps pendant qu'il s'est refroidi; car il est visible que ce corps est dans la même position qu'au centre de la sphère dont nous venons de parler, puisque tout le calorique qui s'en dégage est arrêté par la glace intérieure, & que cette glace est garantie de l'impression de toute autre chaleur par la glace renfermée dans le couvercle. & dans la capacité intérieure.

» Les expériences de ce genre durent quinze, dix-huit ou vingt heures; quelquefois, pour les accélérer, on place la glace, bien égouttée, dans la capacité intérieure, & on en couvre le corps que l'on veut refroidir.

» Un seau de tôle, destiné à recevoir les corps sur lesquels on veut opérer, est représenté *fig.* 244 (*a*); il est garni d'un couvercle percé dans son milieu & fermé par un bouchon de liége, traversé par le tube d'un petit thermomètre.

» La *fig.* 244 (*b*) de la même planche représente un matras de verre dont le bouchon est également traversé par le tube d'un petit thermomètre, dont la boule & une partie du tube plongent dans la liqueur : il faut se servir de matras toutes les fois que l'on opère sur les acides, & en général sur les substances qui peuvent avoir quelqu'action sur les métaux.

» R S, *fig.* 244 (*b*), est un petit cylindre creux que l'on place au fond de la capacité intérieure pour soutenir le matras.

» Il est essentiel que, dans cette machine, il n'y ait aucune communication entre la partie moyenne & la capacité intérieure; ce que l'on éprouvera facilement, en remplissant d'eau la capacité intérieure. S'il existoit une communication

entre ces capacités, la glace fondue par l'atmosphère, dont la chaleur agit sur l'enveloppe de la capacité extérieure, pourroit passer dans la capacité moyenne, & alors l'eau qui s'écouleroit de cette dernière capacité ne seroit plus la mesure du calorique perdu par le corps mis en expérience.

» Lorsque la température de l'atmosphère n'est que de quelques degrés au-dessus de zéro, la chaleur ne peut parvenir que très-difficilement jusque dans la capacité moyenne, puisqu'elle est arrêtée par la glace du couvercle & de la capacité extérieure; mais si la température extérieure étoit au-dessous de zéro, l'atmosphère pourroit refroidir la glace intérieure : il est donc essentiel d'opérer dans une atmosphère dont la température ne soit pas au-dessous de zéro. Ainsi, dans un temps de gelée, il faudroit renfermer la machine dans un appartement dont on aura soin d'échauffer l'intérieur. il est encore nécessaire que la glace dont on fait usage ne soit pas au-dessous de zéro; si elle étoit dans ce cas, il faudroit la piler, l'étendre en couches fort minces, & la tenir ainsi, pendant quelque temps, dans un lieu dont la température fût au-dessus de zéro.

» La glace intérieure retient toujours une petite quantité d'eau qui adhère à sa surface, & l'on pourroit croire que cette eau doit entrer dans le résultat des expériences; mais il faut observer qu'au commencement de chaque expérience, la glace est déjà imbibée de toute la quantité d'eau qu'elle peut ainsi retenir; en sorte que, si une petite quantité de glace fondue par le corps reste adhérente à la glace intérieure, la même quantité, à très-peu près, d'eau primitivement adherente à la surface de la glace doit s'en détacher & couler dans le vase, car la surface de la glace intérieure change extrêmement pendant l'expérience.

» Quelques précautions que nous ayons prises, il nous a été impossible d'empêcher l'air extérieur de pénétrer dans la capacité intérieure : lorsque la température étoit à 9 ou 10 degrés au-dessus de la congélation, l'air renfermé dans cette capacité étoit alors spécifiquement plus pesant que l'air extérieur; il s'écoule par le robinet *n y*, *fig.* 244 B, & il est remplacé par l'air extérieur qui entre dans le *calorimètre*, & qui dépose une partie de son calorique sur la glace intérieure. Il s'établit ainsi, dans le matras, un courant d'air d'autant plus rapide, que la température extérieure est plus élevée, ce qui fond continuellement une portion de la glace. On peut arrêter en grande partie l'effet de ce courant, en fermant le robinet; mais il vaut beaucoup mieux n'opérer que lorsque la température externe ne suppose pas 3 ou 4 degrés; car nous avons observé qu'alors la fonte de la glace intérieure, occasionnée par l'atmosphère, est insensible; en sorte que nous pouvons, à cette température, répondre de l'exactitude de nos expériences sur les chaleurs spécifiques des corps, à un quarantième près.

V

» Nous avons fait conftruire deux machines pareilles à celle que je viens de décrire; l'une d'elles eft deftinée aux expériences dans lefquelles il n'eft pas néceffaire de renouveler l'air intérieur; l'autre machine fert aux expériences dans lefquelles le renouvellement de l'air eft indifpenfable, telles que celles de la combuftion & de la refpiration : cette feconde machine ne diffère de la première qu'en ce que les deux couvercles font percés de deux trous à travers lefquels paffent deux petits tuyaux qui fervent de communication entre l'air intérieur & l'air extérieur : on peut, par leur moyen, fouffler de l'air atmofphérique dans l'intérieur du *calorimètre*, pour y entretenir des combuftions.

» Rien n'eft plus fimple, avec cet inftrument, que de déterminer les phénomènes qui ont lieu dans les opérations où il y a degagement, ou même abforption du calorique. Veut-on, par exemple, connoître ce qui fe dégage de calorique d'un corps folide lorfqu'il fe refroidit d'un certain nombre de degrés; on élève la température à 80 degrés, par exemple, puis on le place dans la cavité intérieure *ffff* du *calorimètre*, *fig.* 244 C, & on l'y laiffe affez long-temps pour-être affuré que fa température eft revenue à zéro du thermomètre. On recueille l'eau qui a été produite par la fonte de la glace pendant le refroidiffement ; cette quantité d'eau, divifée par le produit de la maffe du corps & du nombre de degrés dont fa température primitive étoit élevée au-deffus de zéro, fera proportionnelle à ce que les phyficiens anglais ont nommé *chaleur fpécifique*.

» Quant aux fluides, on les renferme dans des vafes de matière quelconque, dont on a préalablement déterminé la chaleur fpécifique; on opère enfuite de la même manière que pour les folides, en-obfervant feulement de déduire de la quantité totale d'eau qui a coulé, celle que au refroidiffement du vafe qui contenoit le fluide.

» Veut-on connoître la quantité de calorique qui fe dégage de plufieurs fubftances, on les amènera toutes à la température zéro, en les tenant fuffifamment dans de la glace pilée; enfuite on en fera le mélange dans le *calorimètre*, dans un vafe également à zéro, & on aura foin de les y conferver jufqu'à ce qu'elles foient revenues à la température zéro : la quantité d'eau recueillie fera la mefure du calorique qui fe fera dégagé par l'effet de la combinaifon.

» La détermination de la quantité du calorique qui fe dégage dans les combuftions & dans la refpiration des animaux, n'offre pas plus de difficulté. On brûle les corps combuftibles dans la capacité intérieure du *calorimètre* ; on y laiffe refpirer les animaux, tels que des cochons d'Inde, qui réfiftent bien au froid, & on recueille l'eau qui coule; mais comme le renouvellement de l'air eft indifpenfable dans ce genre d'opération, il eft néceffaire de faire arriver continuellement de nouvel air dans l'inté-

rieur du *calorimètre* par un petit tuyau deftiné à cet objet, & de le faire refforetir par un autre tuyau. Mais pour que l'introduction de cet air ne caufe aucune erreur dans les réfultats, on fait paffer le tuyau qui doit l'amener à travers de la glace pilée, afin qu'il arrive dans le *calorimètre* à la température zéro. Le tuyau de fortie de l'air doit également traverfer la glace pilée; mais cette dernière portion de glace doit également être comprife dans l'intérieur de la capacité-*fffff* du *calorimètre*, & l'eau qui en découle, doit faire partie de celle que l'on recueille, parce que le calorique que contenoit l'air avant de fortir fait partie du produit de l'expérience.

» La recherche de la quantité de calorique contenue dans les différens gaz eft un peu plus difficile, à caufe de leur peu de denfité; car fi l'on fe contentoit de les renfermer dans des vafes, comme les autres fluides, la quantité de glace fondue feroit fi peu confidérable, que le réfultat de l'expérience feroit au moins très-incertain. Nous avons employé, pour ce genre d'expériences, deux efpèces de ferpentins ou tuyaux métalliques roulés en fpirale : le premier, contenu dans un vafe rempli d'eau bouillante, fervoit à échauffer l'air avant qu'il parvînt au *calorimètre*; le fecond étoit renfermé dans la capfule intérieure *ffff* de cet inftrument. Un thermomètre adapté à une des extrémités de ce dernier ferpentin, indiquoit la chaleur de l'air ou des gaz qui entroient dans la machine ; un thermomètre adapté à l'autre extrémité du même ferpentin, indiquoit la chaleur du gaz ou de l'air à fa fortie. Nous avons été ainfi à portée de déterminer ce qu'une maffe quelconque des différens airs ou gaz fondoit de glace, en fe refroidiffant d'un certain nombre de degrés, & d'en déterminer le calorique fpécifique. Le même procédé, avec quelques précautions particulières, peut être employé pour connoître la quantité de calorique qui fe dégage dans la condenfation des vapeurs de différens liquides.

» Les différentes expériences que l'on peut faire avec le *calorimètre*, ne conduifent point à des réfultats abfolus; elles ne donnent que des quantités relatives : il étoit donc queftion de choifir une unité qui pût former le premier degré d'une échelle avec laquelle on pût exprimer tous les autres réfultats. La quantité de calorique néceffaire pour fondre une livre de glace, nous a fourni cette unité : or, pour fondre une livre de glace, il faut une livre d'eau élevée à 60 degrés du thermomètre à mercure, divifé en 80 parties égales de la glace à l'eau bouillante ; la quantité de calorique qu'exprime notre unité, eft donc celle néceffaire pour élever l'eau de zéro à 60 degrés.

» Cette unité déterminée, il n'eft plus queftion que d'exprimer, en valeurs analogues, les quantités de calorique qui fe dégagent des différens corps, en fe refroidiffant d'un certain nombre de degrés; & voici le calcul fimple par le moyen duquel on y parvient : je l'applique à une de nos premières expériences.

» Nous avons pris des morceaux de tôle coupés par bandes & roulés, qui pesoient ensemble 7 livres 11 onces 2 gros 37 grains, c'est-à-dire, en fractions décimales, 7 liv. 7070319. Nous avons échauffé cette masse dans un bain d'eau bouillante, dans laquelle elle avoit pris 78 degrés de chaleur, & l'ayant retirée prestement, nous l'avons introduite dans la capacité interne du *calorimètre*. Au bout de 11 heures, lorsque l'eau produite par la fonte de la glace intérieure a été suffisamment égouttée, la quantité s'est trouvée de 1 livre 1 once 5 gros 4 grains = 1 liv. 209795. Maintenant je puis dire : si le calorique, dégagé de la tôle par un refroidissement de 78 degrés, a fondu 1 liv. 109795, combien un refroidissement de 60 degrés auroit-il produit ? ce qui donne la proportion 78 : 1,109795 = 60 : *x*, & *x* = 0 liv. 85369 ; enfin, en divisant cette quantité par le nombre de livres de tôle employé, c'est-à-dire, par 7 liv. 7070319, on aura pour la quantité de glace que pourra faire fondre une livre de tôle en se refroidissant de 60 degrés à zéro, 0 liv. 110770. Le même calcul s'applique à tous les corps solides.

» A l'égard des fluides, tels que l'acide sulfurique, l'acide nitrique, &c., on les renferme dans un matras représenté *fig.* 244 (*b*). Il est bouché avec un bouchon de liége traversé par un thermomètre dont la boule plonge dans ce liquide. On place ce vaisseau dans un bain d'eau bouillante ; & lorsque, d'après le thermomètre, on juge que la liqueur est élevée à un degré de chaleur convenable, on retire le matras & on le place dans le *calorimètre*. On fait le calcul comme ci-dessus, en ayant soin cependant de déduire de la quantité d'eau obtenue, celle que le vase de verre auroit seul produite, & qu'il est en conséquence nécessaire d'avoir déterminée par une expérience préalable. »

Nous ne sommes entrés dans d'aussi grands détails sur le *calorimètre* de Lavoisier & de Laplace, que pour faire apercevoir combien l'usage de cet instrument exige de précautions. En théorie, rien ne paroît plus simple & plus exact ; en pratique, il est peut-être peu d'instrumens qui exigent une plus grande habitude de l'employer. Nous avons été présens à un grand nombre d'expériences que Lavoisier a faites avec son *calorimètre* ; nous avons même contribué à ces expériences, soit en préparant l'instrument sous les yeux de Lavoisier & de Laplace, soit en les faisant nous-mêmes sous leur direction, & nous avouons qu'il est extrêmement difficile, si l'on n'a pas acquis une grande habitude de ce *calorimètre*, de parvenir à obtenir le succès que l'on doit en attendre. Il nous arriva, depuis la mort du malheureux Lavoisier, d'obtenir des résultats tout-à-fait différens d'expériences absolument semblables à celles que nous avions exécutées sous ses yeux, & cela, quoi-

que nous eussions, à l'Ecole polytechnique, l'instrument dont nous nous étions servis chez ce savant chimiste.

D'après ces considérations, il ne doit pas paroître étonnant que peu de physiciens aient encore fait usage du *calorimètre* de Lavoisier & de Laplace, dont les résultats sont si exacts *en théorie :* il est cependant peu d'instrumens plus connus ; il se trouve dans tous les cours de chimie & de physique ; il est décrit dans tous les ouvrages. Espérons cependant que quelques savans voudront bien se déterminer à l'employer, ne fût-ce que pour vérifier les résultats que Lavoisier & Laplace ont publiés, & que l'on adopte avec confiance, quoiqu'ils soient souvent très-éloignés de ceux que l'on a obtenus par des méthodes différentes. Il est nécessaire, pour les progrès de la science, & surtout pour l'application de l'analyse, que l'on sache d'où provient la différence qui existe dans des résultats obtenus par des méthodes différentes. *Voyez* CALORIQUE SPÉCIFIQUE.

On nous a assuré que Clément & Desormes s'étoient servis du *calorimètre* de Lavoisier & de Laplace pour déterminer les rapports de calorique qui se dégage dans quelques circonstances particulières ; on nous a même fait connoître les résultats qu'ils ont obtenus. Nous faisons des vœux pour que ces deux savans s'habituent à manœuvrer le *calorimètre* de Lavoisier, & qu'ils vérifient les expériences de ces deux illustres physiciens français.

Gay-Lussac & quelques physiciens conseillent de substituer au *calorimètre* de Lavoisier & de Laplace, un morceau de glace creusé, recouvert d'un morceau de glace dressé. Lorsque la température est de quelques degrés au-dessus de zéro, & que toute la masse doit en conséquence être à zéro, il faut essuyer le vide intérieur du morceau de glace, mettre dedans le corps solide ou liquide que l'on veut refroidir, fermer l'ouverture avec le couvercle de glace, & laisser le tout exposé à l'air, jusqu'à ce que le corps, placé dans l'intérieur, ait acquis la température zéro, recueillir alors l'eau provenant de la fusion de la glace : cette quantité d'eau doit donner la mesure de la chaleur dégagée.

On ne peut disconvenir que, dans un grand nombre de circonstances, ce *calorimètre* ne soit infiniment préférable à celui de Lavoisier ; mais il ne peut être employé, lorsque les substances solides ou liquides, soumises à l'expérience, sont susceptibles de se combiner avec l'eau. Voilà donc, par cette seule considération, un instrument réduit à n'éprouver qu'un très-petit nombre de corps ; cependant sa simplicité & sa justesse doivent en faciliter l'usage (sauf à se servir du *calorimètre* des deux savans français), lorsque l'on veut opérer sur des substances qui se combinent avec l'eau.

Lavoisier annonce que la première idée de ce genre d'expérience, c'est-à-dire, d'employer la glace pour déterminer la quantité de chaleur qui se dégage des corps, appartient à de l'aplace : personne n'est plus déterminé que nous à croire à cette vérité. Nous avons connu assez long-temps ces deux hommes célèbres, & nous les avons vus dans des situations assez délicates, pour apprécier leur véracité ; & que pouvoit faire cette idée à la réputation de l'illustre géomètre français ? Mais la justice exige que nous annoncions que Wilcke a eu, plusieurs années avant, une idée analogue, qui a été consignée dans les *Mémoires ae l'Académie de Stockholm*, année 1772, pag. 97. Voici ce qu'il dit à ce sujet dans un autre Mémoire publié parmi ceux de l'Académie de Stockholm, en 1781. Le *calorimètre* de Lavoisier & de Laplace a été publié dans les *Mémoires de l'Académie des Sciences* de 1780.

« J'avois observé, il y a quelques années, en faisant des *expériences sur le froid de la neige lorsqu'elle se fondoit*, la circonstance singulière que la neige, en fondant, perd toujours, & retient avec elle la même quantité déterminée de feu ou de chaleur seulement pour être en l'état fluide ; ce qui prouve que le *feu ou la chaleur est une matière réelle dont on peut mesurer la quantité*, dont le défaut ou l'excès change l'état d'un corps de solide en liquide, qui peut être en grande quantité dans un corps sans être sensible au thermomètre, mais qui peut en être dégagée, se manifester comme chaleur, & qui produit tous les phénomènes de la chaleur artificielle & du froid. Je ne pus alors douter que je n'eusse trouvé *une méthode convenable* par laquelle on pourroit mesurer ou comparer les quantités, sinon absolues, du moins relatives de chaleur dans les différens corps, comme j'avois trouvé qu'on pouvoit la découvrir par les degrés de l'eau chaude. Ces principes établis, il ne reste plus qu'à chercher, par l'observation, *combien il faut de neige molle pour refroidir les divers corps depuis un degré de chaleur déterminé, jusqu'au terme de la congélation ;* car toute la chaleur que perd le corps doit se trouver dans l'eau provenue de la neige fondue; & ainsi, sa quantité peut être connue par la quantité d'eau produite ou de neige fondue. Je ne tardai pas à tenter de vérifier, par l'expérience, cette opinion vraisemblable & bien fondée; mais je trouvai d'abord plusieurs obstacles inattendus. Que d'essais n'ai-je pas fait pour mettre de la neige sur le corps, ou le corps sur la neige ! mais toujours, l'eau de la neige fondue pénétroit si promptement dans le reste de la neige, qu'il étoit difficile, pour ne pas dire impossible, de déterminer avec exactitude combien de neige s'étoit changée en eau ; & comme cette quantité pouvoit être augmentée par de moindres portions qui devenoient fluides l'une après l'autre, le résultat se trouvoit moins certain en raison du temps & de l'effet de la chaleur. J'essayai donc de mettre une quantité donnée dans une quantité déterminée d'eau au point de la congélation ; je plon-

geai dans ce mélange des corps échauffés à un certain degré, particulièrement au 57,6 de l'échelle de Réaumur que j'avois trouvée, & je m'appliquai à reconnoître la quantité de neige qui avoit été fondue par ce procédé, sans qu'il en restât dans l'eau au point de la congélation, de manière que l'eau n'eût aucun degré de chaleur au-dessus. J'y parvins ; mais la difficulté de l'opération & les inconvéniens que je n'avois pu prévoir, me firent penser à un expédient, à la vérité moins direct, mais plus facile pour trouver ce que je cherchois; l'idée m'en vint de ce que j'avois observé que la quantité de neige qui se fondoit dans l'eau chaude, étoit constante & proportionnée aux différens degrés de chaleur.

» Pour y parvenir, on pèse une quantité d'eau au point de congélation, égale au poids du corps; on y plonge le corps échauffé à un certain degré, notamment au 57,6 de l'échelle de Réaumur, & on examine au thermomètre la chaleur du mélange. D'après la règle de Rinmann, je calculai combien il falloit d'eau chauffée à ce degré, pour mettre au même degré le mélange avec de l'eau froide à zéro ; & ensuite, d'après ma règle trouvée par la fonte de la neige, combien il falloit de neige pour absorber totalement cette chaleur. On pouvoit connoître ainsi plus sûrement le poids de la neige, & faire l'essai, partie dans le mélange, partie sur le corps immédiatement. Cela a réussi dans tous les points; mais il a fait voir en même temps que la dernière opération avec la neige étoit en quelque sorte superflue, puisque la chaleur spécifique des corps à essayer pouvoit être déterminée par la quantité de neige ayant pris d'abord le degré de l'eau seule. »

On voit quelle différence existe entre la méthode de Wilcke & celle de Lavoisier & de Laplace, quoiqu'elles soient fondées l'une & l'autre sur la quantité de glace fondue ; leur résultat diffère également. Nous allons rapporter ici ceux qu'ils ont obtenus l'un & l'autre sur trois substances semblables.

CHALEUR SPÉCIFIQUE.

	Lavoisier.		Wilcke.
Eau	1,000		1,000
Fer	0,110		0,126
Verre	0,193		0,187

La méthode de Wilcke peut être considérée comme une modification de celle de Crawfort, qui consiste à mêler ensemble deux liquides de différente température, ou plonger un solide dans un liquide, & d'observer avec un thermomètre la température à laquelle les deux corps parviennent : d'où le savant anglais déduit les rapports de capacité de calorique par les rapports de température perdus par l'un & acquis par l'autre, à masse égale. Wilcke, au contraire, cherche combien la chaleur employée pour augmenter la température du corps le plus froid, avoit fait fondre de neige ; ainsi l'on peut regarder en quelque sorte la méthode de Wilcke comme une méthode intermédiaire entre celle de Lavoisier & de Laplace, & celle de Crawfort.

Mais comme les appareils de Crawfort ne peuvent donner que très-imparfaitement la chaleur produite par la combustion des corps, & celle qui se dégage ou s'absorbe par le refroidissement ou l'échauffement des gaz, le comte de Rumfort a cherché à obtenir un instrument qui pût procurer les moyens de déterminer les quantités relatives de calorique dégagées ou absorbées dans ces circonstances. Afin de parvenir à rendre la méthode par l'échauffement de l'eau aussi générale que la méthode par la fusion de la glace employée par Lavoisier & de Laplace, nous allons copier la description que le savant américain donne lui-même de son instrument, dans le Mémoire lu à l'Institut de France, le 24 février 1812.

CALORIMÈTRE DE RUMFORT, *fig.* 245 (*a*) ; *calorimetrum Rumforticum ; wœrmen messer von Rumfort.*

« On a cherché depuis long-temps à mesurer la chaleur qui se dégage de la combustion des matières inflammables ; mais les résultats des expériences ont été si contradictoires, & les procédés employés ont semblé mériter si peu de confiance, que cette recherche peut, avec raison, être considérée comme peu avancée.

» Depuis vingt ans je m'en suis occupé à trois reprises, mais sans succès. Après avoir fait un grand nombre d'expériences très-soignées, avec des appareils long-temps médités, & exécutés par des artistes habiles, je n'ai rien obtenu d'assez concluant ; cependant, avec la persévérance, je suis parvenu à découvrir un moyen très-simple de mesurer la chaleur qui se dégage de la combustion, avec un degré de précision qui ne laisse rien à désirer.

» La partie principale de cet appareil est une espèce de récipient en forme de parallélipipède, long de huit pouces, large de quatre & demi, & haut de quatre pouces trois quarts, formé de feuilles de cuivre très-minces. Ce récipient, qui mérite à juste titre le nom déjà célèbre de *calorimètre*, porte, vers l'une de ses extrémités, un col qui a trois quarts de pouce de diamètre & trois pouces de haut, destiné à recevoir un thermomètre à mercure d'une forme particulière. Au centre du couvercle du même récipient, on trouve un second tuyau d'un pouce de haut & autant de diamètre, qu'on ferme avec un bouchon de liége.

» Dans ce récipient, à la distance de deux lignes au-dessus de son plat, est une espèce particulière de serpentin, qui reçoit tous les produits de la combustion des matières inflammables brûlées dans les expériences, & qui transmet la chaleur dégagée dans la combustion à une masse considérable renfermée dans le récipient.

» Ce serpentin, qui est fait de cuivre mince, occupe & recouvre tout le fond du récipient, sans cependant toucher ni le fond ni les côtés. C'est un canal aplati, large d'un pouce & demi à l'une de ses extrémités, & d'un pouce à l'autre, & haut d'un demi-pouce dans toute sa longueur. Il est courbé dans le sens horizontal, de manière à passer trois fois d'un côté du récipient à l'autre ; il est maintenu en place par plusieurs petits supports, à la distance de deux lignes du fond du récipient.

» L'ouverture qui forme la bouche du serpentin est un trou circulaire vers son extrémité la plus large. Dans ce trou est soudé un tube vertical d'un pouce de long & autant de diamètre, qui s'élève, dans l'intérieur du serpentin, d'un quart de pouce au-dessus de son fond ; ce tube traverse un trou circulaire au fond du récipient. C'est par-là que les produits de la combustion y entrent.

» L'autre extrémité du serpentin passe horizontalement au travers du côté vertical du récipient, opposé à celui près duquel les produits de la combustion arrivent dans son intérieur.

» Avant sa sortie du récipient, le serpentin est façonné en tube cylindrique, d'un demi-pouce de diamètre, & ce tube sort d'un pouce hors du récipient. Là s'ajuste, à frottement, un tube semblable, qui appartient à un récipient d'un autre côté, qui j'appelle *secondaire* : celui-ci est destiné à recevoir la chaleur que pourroient avoir conservée les produits de la combustion après avoir traversé le serpentin du récipient principal.

» Chacun de ces récipiens est soutenu dans un cadre de bois de sapin sec, d'un pouce d'équarrissage ; il règne autour de la base de chacun d'eux un rebord en cuivre, profond de trois lignes, & cloué au cadre par de petits cloux. Le corps du récipient entre d'environ une ligne dans le cadre, auquel il est très-fixement attaché.

» La forme aplatie du serpentin est une condition fort essentielle à la perfection de l'appareil : on en comprendra bientôt la raison.

» Tous les produits de la combustion se présentent sous la forme de fluides élastiques, c'est-à-dire, qu'ils ne peuvent communiquer la chaleur qu'autant qu'ils la déposent par le contact successif & individuel de leurs molécules sur la surface fixe & froide qu'ils doivent réchauffer. Il falloit donc construire l'appareil de manière que les fluides chauds fussent forcés de se déployer par-dessous, &-contre une large surface plane posée horizontalement, & toujours froide.

» Avant que d'employer des serpentins horizontaux & aplatis, j'avois essayé plus d'une fois ceux de la forme ordinaire ; mais ils n'avoient répondu à mes vues que très-imparfaitement. Je ne doute point que la forme que j'ai adoptée pour le serpentin de mon *calor. mètre*, ne fût très-avantageufe pour toute efpèce d'appareil à diftiller.

» Une condition importante à la conftruction de celui-ci, eft la forme & la dimenfion du thermomètre que j'emploie pour mefurer la température de l'eau du récipient. Ce thermomètre que j'ai conftruit moi-même, & qui m'a toujours fatisfait dans toutes les épreuves où je l'ai foumis, eft de mercure, portant la divifion de Fahrenheit.

» Le réfervoir de ce thermomètre eft cylindrique; il n'a que deux lignes de diamètre, mais quatre pouces de haut; & comme l'eau du *calorimètre* eft profonde de quatre pouces, il s'enfuit que, quelle que foit la différence de température qui exifte entre les couches fupérieures & inférieures du liquide, l'inftrument indique toujours la moyenne.

» J'ai eu de fréquentes occafions, dans le cours de mes recherches fur la chaleur, de reconnoître l'importance de cette précaution; & on s'expofe à de grandes erreurs fi on la perd de vue, lorfqu'on mefure la température des liquides qui fe réchauffent ou fe refroidiffent. J'ai peu d'égards, je l'avoue, aux expériences dans lefquelles on l'a négligée; & je regarde comme un temps perdu, celui que l'on emploie à bâtir des théories fur leur réfultat.

» Dans l'ufage de mon appareil, il y a plufieurs précautions que je regarde comme néceffaires; & d'abord, il eft évident que, lorfqu'on a pour objet de déterminer la quantité de chaleur qui fe développe dans la combuftion d'une fubftance inflammable quelconque, il faut difpofer les chofes de manière que la combuftion foit *complète*. J'ai penfé qu'elle pouvoit être regardée comme telle, lorfque la fubftance brûlée ne laiffoit aucun réfidu & lorfqu'elle brûloit d'une flamme claire, fans fumée ni odeur quelconque. La moindre odeur, & particulièrement celle qui appartient à la matière qu'on brûle, eft un indice certain que la combuftion eft incomplète.

» J'ai long-temps cherché, fans fuccès, un moyen fûr & commode de brûler les liquides très-volatils, tels que l'alcool, l'éther; mais je l'ai enfin trouvé. J'ai fouvent réuffi à brûler de l'éther fulfurique très-rectifié, fans qu'on éprouvât dans la chambre la plus légère odeur d'éther; & c'eft feulement alors que je regardois l'expérience comme exacte.

» Quant au bois, j'ai trouvé un moyen très-fimple de le brûler complétement fans la moindre apparence de fumée ou d'odeur. Je le fais débiter par un menuifier, à la verlopé, en rubans larges d'environ un demi-pouce, longs de 6 pouces & d'un dixième de ligne d'épaiffeur. On les tient à la main, ou avec des pincettes, inclinés fous un angle de 45 degrés environ, en maintenant leur plan vertical: ils brûlent alors comme une mèche, & d'une flamme très-claire.

» Le ruban de bois qui brûle étant fort mince, & placé entre deux furfaces enflammées qui le ferrent de très-près, eft expofé à une chaleur fi forte, qu'il fe confume très-complétement.

» Si le ruban eft trop épais, une portion du charbon de bois refte allumée, furtout fi c'eft du chêne, ou tel autre bois dont la combuftion foit lente & difficile, &, dans ce cas, l'expérience eft défectueufe; mais fi le ruban eft fuffifamment mince & bien fec, on réuffit toujours à le brûler complétement.

» Lorfqu'on brûle de la chandelle, de la bougie, ou de l'huile graffe dans des lampes, la feule précaution à prendre eft d'arranger la mèche de manière qu'elle ne fume point; de placer la flamme bien jufte fous l'ouverture du ferpentin, & d'environner l'appareil d'écrans qui empêchent le vent de déranger la flamme.

» Il y a, dans ces expériences, une fource d'erreurs trop évidente pour qu'elle échappe, même à un obfervateur fuperficiel, & il eft important de l'éviter. Tandis que le *calorimètre* eft réchauffé par la chaleur developpée dans la combuftion de la fubftance inflammable qui brûle à l'ouverture du ferpentin, il eft continuellement refroidi par l'air ambiant qui l'environne de tous côtés. Il feroit poffible de rechercher, par expérience, la loi de ce refroidiffement, & d'y avoir égard d'une manière affez exacte; mais on ne pourroit, par ce moyen ni par aucun autre connu, calculer les effets d'une autre caufe d'erreurs moins évidente peut-être, mais certainement plus efficace que celle qui provient du refroidiffement de la furface extérieure du récipient.

» Le nitrogène (azote), qui eft mêlé avec l'oxigène de l'air atmofphérique, eft néceffairement porté par le ferpentin avec les produits de la combuftion; & fans une précaution qui me vint à l'efprit pour parer aux effets de cette caufe d'erreurs, & les comprenant, je n'aurois pu faire aucun fond fur mes expériences; &, heureufement, le moyen que j'employai dans ce but, prévint auffi les erreurs qu'auroit pu produire le refroidiffement de la furface extérieure du récipient.

» Comme ce récipient n'eft refroidi, foit par l'air commun en contact avec fa furface extérieure, foit par le nitrogène (azote) & les autres gaz qui peuvent traverfer le ferpentin avec les produits de la combuftion, qu'autant que le ferpentin eft plus chaud que l'air ambiant, tandis qu'au contraire il eft réchauffé par ces fluides élaftiques toutes les fois que leur température eft plus froide que la leur; fi l'on difpofe les chofes de manière que la température de l'eau dans le récipient foit d'un certain nombre de degrés (3° de Fahrenheit, par exemple) inférieure à celle de l'air au commencement de l'expérience, & qu'on termine cette même expérience auffitôt que l'eau du récipient a acquis une température précifément du même nombre de degrés plus élevée que celle de l'air, on comprend que, pendant la première moitié du temps employé, le récipient fera chauffé,

& qu'il sera refroidi pendant la seconde moitié. Il y aura donc compensation entre les effets calorifiques & frigorifiques de l'air, & on pourra se dispenser, sans scrupule, d'y avoir égard.

» En général, dans les recherches expérimentales, il est toujours plus satisfaisant d'éviter les erreurs, ou de leur trouver des compensations exactes, *que de s'en fier aux calculs pour en apprécier les effets.*

» Comme la loi de la variation de la chaleur spécifique de l'eau à différentes températures n'est pas connue, & comme nous n'avons que des notions imparfaites sur la véritable mesure des intervalles de température qu'indique la division de nos thermomètres, j'ai cherché à éviter ces sources d'incertitudes dans les résultats, en faisant mes expériences dans un appartement où la température varioit très-peu, & en les bornant à un réchauffement d'un petit nombre de degrés dans l'eau de l'appareil.

» Pour donner une idée du degré de confiance qu'on peut accorder aux résultats des expériences avec le nouvel appareil que je viens de décrire, je vais donner les détails de l'une d'elles, entreprise précisément avec l'intention de fixer mes idées à cet égard.

» Après avoir rempli deux récipiens dont la communication réciproque étoit établie à la température de la chambre, 55° F. (10 $\frac{2}{9}$ R.), j'allumai une bougie sous l'orifice du récipient principal, de manière que tous les produits de la combustion passoient dans le serpentin du récipient secondaire, après avoir traversé le principal. Chacun des récipiens contenoit 2370 grammes d'eau. Voici les résultats de l'expérience :

TEMPS DES OBSERVATIONS.			TEMPERATURE DE L'EAU	
			dans le récipient principal.	dans le récipient secondaire.
heures	min.	sec.		
9	37	00	55 Fahr.	55 Fahr.
0	49	42	65	55
0	56	15	70	55
10	2	52	75	55 $\frac{1}{8}$
0	9	32	80	55 $\frac{3}{8}$
0	16	34	85	55 $\frac{5}{8}$
0	23	34	90	55 $\frac{3}{4}$
0	27	0		56
0	31	40	95	56 $\frac{1}{8}$
0	39	35	100	56 $\frac{3}{8}$
0	47	40	105	56 $\frac{3}{4}$

» Il paroît résulter de cette expérience, que l'eau du récipient secondaire ne commença à se réchauffer d'une manière perceptible, que lorsque celle du récipient s'étoit déjà élevée de 15 à 20 degrés; & comme, dès l'origine de cette recherche, je ne me proposois pas de pousser l'expérience plus loin qu'il n'étoit nécessaire pour élever de 10 à 12 deg. de Fahrenheit l'eau du récipient principal, on peut deviner que, dès que cette expérience m'eut montré combien les produits de la combustion conservoient peu de chaleur après avoir passé dans le serpentin du premier récipient, j'abandonnai mon premier projet d'opérer avec les deux récipiens réunis; car il étoit évident, d'après les résultats qui précèdent, que le second récipient ne pouvoit jamais être affecté, ni rien indiquer, sinon le degré de confiance que je pouvois accorder aux indications du premier. Je résolus donc de cesser dorénavant d'en faire usage.

» On peut voir, par la description que j'ai donnée de cet appareil, qu'on peut s'en servir avec beaucoup de succès pour déterminer la chaleur spécifique des gaz, ainsi que celle qui se dégage dans la condensation des vapeurs; en un mot, dans tous les cas où il est question de mesurer la quantité de chaleur que communique un fluide élastique dans l'acte de son refroidissement; & comme il seroit très-aisé, par des moyens fort simples, de séparer complétement les produits des vapeurs condensées dans le serpentin, d'avec les gaz qui passent au travers sans être condensés, je ne puis m'empêcher d'espérer que cet appareil deviendra utile dans les analyses chimiques. Mais ce ne-seroit qu'une extension de la méthode déjà employée avec tant de succès par M. de Saussure, & par MM. Gay-Lussac & Thenard. »

En comparant ce *calorimètre* avec celui de Lavoisier & de Laplace, on voit qu'il se trouve implicitement compris dans ce dernier, puisqu'il ne consiste principalement que dans l'usage d'un serpentin, que les physiciens français employoient dans leur appareil à la glace, lorsqu'ils faisoient des expériences analogues à celles indiquées par le physicien américain. On voit encore, dans la composition de cet instrument, une grande aptitude à rendre d'un usage plus commun, des méthodes déjà connues, en cherchant à s'approprier ces mêmes méthodes; caractère qui distingue particulièrement les nombreux travaux du comte de Rumfort.

Mais l'échauffement par les gaz qui passent à travers le serpentin, est-il préférable à la fusion de la glace à zéro dans la même circonstance? Je pense que tous les physiciens avoueront qu'en théorie, la fusion de la glace est un mode beaucoup plus exact. Il faudroit avoir essayé l'une & l'autre méthode, & avoir répété plusieurs fois la même expérience, pour répondre à la préférence que l'on doit donner, dans la pratique, à l'une des méthodes sur l'autre; & malheureusement cette comparaison n'a été faite par aucun physicien, pas même par le comte de Rumfort, qui a évité de parler, dans cette circonstance, de la méthode de Lavoisier & de Laplace. On ne peut cependant difconvenir que, comme les expériences avec la glace ne peuvent fe faire que dans l'hiver, & qu'il eft difficile de mefurer la chaleur avec cet inftrument, dans d'autres faifons, fi l'on n'eft pas à la proximité des glaciers ou des glacières, il peut être avantageux d'avoir un *calorimètre* pour l'échauffement de l'eau, pour lui être fubftitué, fauf à répéter la même expérience avec la glace, lorfque la faifon permet d'en faire ufage.

Au refte, nous croyons avoir rendu un fervice aux phyficiens, en tranfcrivant ici cette partie du Mémoire de Benjamin Tompfon, comte de Rumfort, parce qu'il eft entré dans des détails affez minutieux pour leur faire apercevoir les foins que l'on doit mettre à ces fortes d'expériences, ainfi que les précautions qu'elles exigent; enfin, ces nouveaux détails peuvent fervir de complément à la defcription du *calorimètre* de Lavoifier & de Laplace.

CALORIMÈTRE DE MONTGOLFIER; calorimetrum Montgolfiericum; *wærmen meffer von Montgolfier.*

Ce génie actif & fi fertile en inventions, a auffi donné le nom de *calorimètre* à un inftrument qu'il a fait conftruire pour comparer les quantités des différens combuftibles qui doivent être employées pour produire la même quantité de chaleur.

L'inftrument repréfenté *fig.* 246 (*a*), eft compofé d'une caiffe en bois ou en métal A B C D. Dans l'intérieur eft un poêle en tôle ou en cuivre mince, *a b c d e f.* La caiffe & le poêle doivent être conftruits de manière à ne pas permettre à l'eau de les pénétrer. Le poêle & la caiffe ont deux ouvertures; l'une *a b*, dans la partie fupérieure, & l'autre *e f* dans la partie inférieure; une grille *e d* eft placée au milieu du poêle.

Un long tuyau *k k k*, qui fe termine en *l*, eft fixé dans la partie fupérieure du poêle; il fert au dégagement de la fumée; il eft enveloppé d'un fecond tuyau de tôle, de manière qu'un efpace *m m* les fépare.

E eft un réfervoir d'eau qui communique par un canal *o o*, & par l'intervalle *m m* avec la caiffe.

Pour apprécier la quantité de chaleur produite par un volume ou un poids d'un combuftible, on remplit d'eau le réfervoir E : celle-ci paffant par le tuyau *o o*, par l'intervalle *m m* & par le canal *n n*, entre dans la caiffe A B C D. On ajoute de l'eau dans le réfervoir, jufqu'à ce que la caiffe foit remplie.

Alors on place fur la grille *e d*, par l'ouverture *a b*, le combuftible que l'on veut brûler; on l'allume & l'on ferme cette ouverture. La chaleur dégagée de la combuftion échauffe l'eau de la caiffe; celle de la fumée échauffe l'eau qui environne le tuyau, &, à l'aide d'un ou de plufieurs thermomètres, on détermine la température moyenne de l'eau, & l'on évalue, par approximation, la proportion de chaleur dégagée.

Il eft néceffaire que le tuyau *k k* ait une longueur telle, que les gaz qui fe dégagent de la combuftion aient abandonné toute leur chaleur en fortant, ce que l'on juge par le moyen d'un thermomètre placé à l'extrémité du tuyau.

« Cet appareil peut fervir à différens ufages, comme à faire bouillir de l'eau à peu de frais. Il eft d'une grande utilité dans l'économie domeftique. Pour que fon effet foit complet, il faut que la fumée, ou, pour mieux dire, l'air brûlé, en forte privé, autant que poffible, de fon calorique, qui doit être employé en entier à augmenter graduellement la température de l'eau qui enveloppe la cheminée. Cet air ainfi refroidi, étant plus pefant que celui de l'atmofphère, détermine, dans le fourneau, le courant d'air, que l'on n'obtient, dans les cheminés montantes, qu'en facrifiant une quantité très-confidérable de calorique. En conféquence, il convient de prolonger la cheminée autant que le permet la hauteur de l'appartement. »

CALORIMÈTRE POUR LES GAZ, *du docteur Laroche & de Beurard;* calorimetrum Rochericum; *wærmen meffer von Laroche und Beurard.* Cylindre de cuivre mince A B, *fig.* 247, de 15 centimètres de hauteur fur 8 décimètres de diamètre, rempli d'eau & traverfé par un ferpentin d'environ un mètre & demi de longueur, formant huit tours de fpire, & dont les deux extrémités s'ouvrent en dehors du vafe, l'une dans le haut & l'autre dans le bas.

Ce *calorimètre* a beaucoup de rapport avec celui du comte de Rumfort. On fait paffer un courant de gaz chaud à travers le ferpentin, & l'on juge de la quantité du calorique que ce gaz perd dans fon paffage, par l'échauffement de l'eau qui environne le ferpentin. *Voyez*, pour l'ufage de ce *calorimètre*, l'article *calorique fpécifique des gaz* au mot CALORIQUE SPÉCIFIQUE.

CALORIQUE; caloricum; *wærmeftoff;* f. m. Subftance à laquelle les chimiftes modernes attribuent tous les effets de la chaleur; c'eft celle que les anciens philofophes appeloient *principe du feu*, & que les anciens chimiftes ont appelée fucceffivement *principe inflammable*, *principe de la chaleur*, *matière de la chaleur*, &c.

Jufqu'à préfent le *calorique* n'a pu être obfervé que dans fon état de combinaifon avec les corps; jamais il n'a pu être ifolé pour être foumis à des recherches, à des examens particuliers. Comme il fe répand dans toutes les parties de l'efpace, il eft extrêmement probable que, fi l'on pouvoit obtenir une étendue parfaitement vide de toutes matières, elle feroit remplie de *calorique.* Cette probabilité paroît fe fortifier par les réfultats de Gay-Luffac, fur la capacité des gaz pour le *calorique* (*voyez* CALORIQUE-SPÉCIFIQUE DES GAZ); cependant

cependant l'analyse de Poiſſon, appliquée au *ca-lorique rayonnant*, paroît prouver que l'eſpace ne contiendroit de *calorique* qu'à cet état.

Propriétés du calorique.

Les propriétés caractériſtiques du *calorique* ſont: d'avoir une grande *ténuité* & de l'*affinité* pour tous les corps; d'être *inviſible*, *élaſtique*, *polariſable* & *impondérable*.

Il faut que le *calorique* ſoit d'une grande *ténuité*; autrement il ſeroit impoſſible de concevoir comment une multitude de rayons *calorifiques* peuvent traverſer l'air en tout ſens & s'entre-croiſer, ſans qu'il en réſulte aucune déviation dans leur route. L'on ne concevroit pas non plus comment le *calorique* pourroit s'introduire dans tous les corps, & paſſer à travers tous à tel point qu'aucun ne peut le retenir.

Son *affinité* avec tous les corps eſt prouvée par l'état de combinaiſon dans lequel il s'y trouve; on ne connoît encore aucun corps de la nature qui n'en ſoit pénétré, ſur lequel il n'exerce ſon action, & qui ne ſoit ſoumis à ſes loix.

Quant à l'inviſibilité du *calorique*, elle n'en eſt pas moins évidente, puiſque le *calorique* va ſans ceſſe d'un corps à un autre, ſans que l'œil puiſſe le ſaiſir. Quelquefois cependant il agit comme la lumière, il produit de la clarté; peut-être ſeroit-il plus ſouvent aperçu ou diſtingué comme fluide lumineux, ſi nos organes étoient plus ſenſibles.

L'élaſticité paroît être la propriété la plus parfaite du *calorique*, puiſqu'il ſe réfléchit de la ſurface des corps, en formant des angles de réflexion égaux aux angles d'incidence; qu'il fait ſans ceſſe des efforts pour s'élancer des corps, & ſe porter ſur ceux qui les environnent; c'eſt à lui que les corps, & particulièrement les gaz, doivent leur élaſticité. L'effort qu'il fait pour écaiter les molécules des corps qu'il pénètre, & les maintenir à une diſtance que leur attraction & la preſſion qu'ils ſupportent ne peuvent vaincre, a fait penſer que les molécules du *calorique*, qui ont tant d'affinité pour les molécules des autres corps, jouiſſoient entr'elles d'une propriété oppoſée, c'eſt-à-dire, d'une propriété répulſive; & c'eſt à cette ſingulière propriété, contraire à celle des molécules de tous les autres corps, qui l'attirent en raiſon directe de leur maſſe & en raiſon inverſe du carré de leur diſtance; c'eſt à cette action répulſive des molécules du *calorique*, que l'on attribue les principaux phénomènes que cette ſingulière ſubſtance produit, & en particulier l'élaſticité qu'elle communique à tous les corps. Les molécules de quelques ſubſtances fugaces & impondérables comme le *calorique*, telles que celles de l'*électricité*, du *magnétiſme*, paroiſſent jouir de la même propriété répulſive. *Voyez* CALORIQUE RAYONNANT, DILATATION DES CORPS PAR LE CALORIQUE, ELECTRICITÉ, MAGNÉTISME.

Ce que l'on appelle *polariſation*, eſt une propriété que Malus a découverte dans les molécules lumineuſes, & que Beurard a trouvée exiſter également dans les molécules du *calorique*. Cette propriété conſiſte à ſe réfléchir de la ſurface des corps tranſparens, ou à pénétrer ces mêmes corps, ſelon la poſition & la direction ſous leſquelles les molécules ſe préſentent à la ſurface du corps. (*Voy.* POLARISATION.) Cette nouvelle propriété du *calorique*, analogue à celle de la lumière, paroît naturelle aux ſavans, qui regardent les effets de la lumière & ceux de la chaleur, comme étant produits par une ſeule & même ſubſtance, & qui concluent cette ſimilitude des belles expériences d'Herſchell.

De longues diſcuſſions ont été élevées ſur la *pondérabilité* du *calorique*. Les anciens philoſophes ont obſervé que les métaux expoſés au feu ſe calcinoient, & qu'ils augmentoient de poids par cette calcination; d'où ils conclurent que la matière du feu ſe combinant avec les métaux, produiſoit deux effets: 1°. formation de chaux métallique; 2°. augmentation de poids. L'expérience de Boyle, qui parvint à calciner du plomb & de l'étain dans des tubes de verre fermés hermétiquement, & dans leſquels il n'avoit pu pénétrer que de la chaleur, favoriſe cette opinion.

Après avoir mis deux morceaux de fer en équilibre dans les deux plateaux d'une balance, on fit chauffer l'un d'eux, & lorſqu'il fut rouge, on le remit dans ſon plateau; alors il parut plus peſant: d'où l'on conclut que ſon accreſſion de poids étoit due à la chaleur qui le pénétroit; mais ayant mis en équilibre dans le plateau d'une balance, un morceau de fer chauffé au rouge incandeſcent, & l'ayant laiſſé refroidir dans cet état, on remarqua qu'il augmentoit de poids en ſe refroidiſſant; ce qui portoit à croire que le *calorique* devoit avoir une peſanteur négative.

Ces mêmes expériences, répétées avec des barres d'or & d'argent, préſentèrent un réſultat bien différent; car elles conſervèrent leur même poids après l'échauffement & après le refroidiſſement.

Ne connoiſſant pas encore, à cette époque, l'action de l'oxigène de l'air ſur quelques métaux, il étoit impoſſible d'expliquer ces ſortes de contradictions ſur le poids des corps échauffés, & que l'on croyoit, en conſéquence, devoir être attribué à la matière du feu. On ſait aujourd'hui que le fer s'oxide en s'échauffant, & qu'il doit augmenter de poids de tout l'oxigène qui ſe combine à ſa ſurface; on ſait encore que du fer incandeſcent continue à ſe combiner avec l'oxigène de l'air en ſe refroidiſſant, & qu'il doit en réſulter une accreſſion de poids de tout l'oxigène combiné; enfin, que l'or & l'argent, loin de s'oxider, ſe déſoxident au contraire lorſqu'on les expoſe à une très-haute température.

Une expérience faite par les membres de l'*Aca-*

X

démie del Cimento, parut d'abord faire attribuer au *calorique* une pesanteur négative; mais bientôt on reconnut que cette variation dans le poids étoit occasionnée par la température & la pression de l'air.

On mit dans une balance d'épreuve deux verges d'acier de poids égaux, dont l'une étoit chaude, l'autre froide; celle-ci parut être demeurée plus pesante que l'autre; mais ensuite tenant, à une petite distance, un charbon ardent ou un fer chaud, l'équilibre revint aussitôt avec la verge chaude. On observe la même chose si ces verges sont d'or ou d'argent, ou de quelqu'autre métal; car ayant présenté un charbon ardent à un plateau de balance dans la partie supérieure, il monta, & ayant mis le charbon dans la partie inférieure, le plateau de balance descendit. Il n'y avoit cependant aucun de nous qui crût que le simple échauffement pouvoit altérer en quelque manière la pesanteur ordinaire du métal; mais plusieurs observèrent que la pression de l'air (on peut ajouter le mouvement) pouvoit avoir quelque part dans ce phénomène, aussi bien que quelqu'autre cause que ce soit.

Jusqu'alors les physiciens étoient indécis sur la pondérabilité de la matière de la chaleur, lorsqu'une expérience du docteur Fordyce parut faire croire que le *calorique* avoit une pesanteur négative.

Il prit un globe de verre de 76 millimètres de diamètre, à col très-court, pesant 29g,198; il y mit 110g.,053 d'eau de rivière & le scella bien hermétiquement; le tout pesoit 139g.,251 à la température zéro. Il plaça ce globe pendant 20 minutes dans un mélange frigorifique de neige & de sel, jusqu'à ce qu'il y eût de l'eau gelée; alors, après l'avoir essuyé avec un linge bien sec, puis avec un morceau de peau bien lavé & séché, on le pesa de suite: il se trouva 1,08 millièmes plus lourd qu'auparavant. Cette expérience fut répétée cinq fois exactement de la même manière; à chaque fois il y avoit plus d'eau gelée & plus d'augmentation de poids, & cette augmentation s'éleva jusqu'à 12,14 milligr. Lorsque la totalité de l'eau fut glacée, un thermomètre, appliqué au globe, s'arrêta à 12°,22 centigr. au-dessous de zéro; il pesoit encore 8,11 milligr. de plus, que lorsqu'à la même température l'eau qu'il contenoit étoit fluide. La balance dont on s'étoit servi dans ces expériences, trébuchoit à 0,000065 grammes.

Pour vérifier ce fait, Lavoisier introduisit une livre d'eau (1) dans un matras de verre très mince; il le scella hermétiquement. Ayant pesé avec une scrupuleuse exactitude le vase & l'eau qu'il contenoit, en se servant d'une balance qui trébuchoit à un dixième de grain sous un poids de 18 à 20 onces, il fit geler l'eau du matras, en le plaçant dans un bain de sel & de glace; puis l'ayant repesé, il trouva exactement le même poids qu'auparavant. Ayant refondu & reformé la glace à plusieurs reprises, il n'a pas trouvé la plus légère différence dans les poids; soit qu'il la pesât dans l'état d'eau, soit qu'il la pesât dans l'état de glace.

Rumfort répéta également la même expérience en 1797 (1); il choisit deux flacons de Florence très-minces & absolument semblables; il mit 4107g.,86 d'eau dans l'un, & un poids égal d'alcool dans l'autre; ces deux matras furent suspendus sous les deux plateaux d'une balance extrêmement sensible, & mis en équilibre à une température de 61 degr. F. (11 $\frac{8}{9}$ R.) L'appareil ayant été transporté dans une chambre dont la température étoit de 29 F. (— 1 $\frac{7}{9}$ R.), l'eau se gela, & le vase contenant l'eau gelée, étoit augmenté de $\frac{134}{1000}$ de grain.

Cette expérience ayant été répétée avec plus de soin & avec toute l'attention qu'elle méritoit, le comte de Rumfort s'assura que l'eau n'augmentoit pas de poids en se congelant, & que l'augmentation qu'il avoit remarquée, étoit occasionnée par des erreurs produites par ses balances; il observe même, à cet égard, que la quantité absolue de chaleur que perd l'eau en se congelant, communiquée à une masse d'or d'un poids égal, à la température de la congélation, éleveroit la température de ce métal, non-pas seulement à 172° F, mais de 140 × 20 = 2800 (1244 R.), c'est-à-dire, le feroit rougir à blanc.

Il termine enfin en remarquant qu'il paroît clairement prouvé par ses expériences, qu'une quantité de chaleur égale à celle qui amèneroit 4214 grains (environ 9 onces $\frac{3}{4}$ d'or) de la température de la glace à celle dans laquelle il deviendroit rouge-blanc, n'a aucun effet sensible sur une balance capable d'accuser un millionième du poids dont elle est chargée; & que, si le poids de l'air n'est pas augmenté d'*un millionième* en passant de *la température de la glace* à la plus *vive incandescence*, nous pouvons conclure, avec sûreté, que TOUS LES EFFETS TENDANS A DÉCOUVRIR UNE INFLUENCE DE LA CHALEUR SUR LE POIDS DES CORPS SERONT INUTILES.

Déjà Lavoisier avoit tiré une conclusion analogue de l'expérience que nous avons citée. Après avoir remarqué que la quantité de *calorique* qui se dégage pendant la combustion de 92 grains de phosphore est capable de faire fondre juste une livre de glace, il en conclut que la quantite de *calorique* qui se dégage pendant la combustion de 92 grains de phosphore, quelque considérable qu'elle paroisse à nos sens, n'a point de pesanteur sensible, ou au moins que cette pesanteur est au-dessous d'un dixième de grain.

A la suite de la traduction de la lettre dans la-

(1) *Mémoires de l'Académie des Sciences*, année 1783.

(1) *Bibliothèque britannique*, tom. XIII, pag. 217.

quelle Fordyce annonce son expérience au chevalier Banck (1), madame P***, de Dijon, dit dans une note : « La même expérience a été faite à Dijon en février & mars 1785, par MM. de Morveau, de Gouvenain & Chaussier. En cherchant à vérifier les conjectures de M. Bergman sur le poids de la matière de la chaleur (*Journal des Savans*, juillet, page 493), non-seulement l'eau n'a pas été trouvée plus pesante après avoir été gelée dans les ballons fermés hermétiquement, mais dix livres d'acide vitriolique gelé ont pesé 3 grains de moins lorsque l'acide eut repris sa fluidité. M. de Morveau a reçu d'Italie un *Ristretto* publié avec la date du 18 juin 1785, dans lequel on annonce aussi un grand Mémoire de M. Fontana, & beaucoup d'expériences faites à Florence par ce physicien sur le poids de la *chaleur latente* & le poids de la *chaleur sensible*, avec une nouvelle balance qui, chargée de 50 livres dans chaque bassin, marque constamment un grain (0,0000217); il conclut que la chaleur n'acquiert la glace en se fondant, n'est nullement sensible, & que la balance conserve l'équilibre le plus parfait. »

Toutes les expériences exactes qui ont été faites depuis en vaisseaux clos, & dans lesquelles il se dégage une immense quantité de *calorique*, telles que la composition de l'eau, la combustion des différens corps, ont confirmé ce résultat toutes les fois que l'on a trouvé le poids du composé égal à la somme de ceux des composans.

Bart. Sanctis, dans une lettre écrite (2) à Jacobi, président de l'Académie royale des Sciences de Munich, le 3 juillet 1810, annonce que le *calorique* est pesant; il le prouve, en plaçant dans un tube de verre, dans lequel on fait le vide par l'ébullition du mercure, deux thermomètres dont les réservoirs sont en regard. Plaçant ce tube, qu'il nomme *thermobare, fig.* 458, dans une position verticale, & approchant un corps chaud des parois du tube, dans un enfoncement placé à égale distance des deux thermomètres, on voit le thermomètre inférieur indiquer plus promptement l'action de la chaleur que le thermomètre supérieur. Il a obtenu le même résultat en retournant l'instrument.

Une autre lettre adressée de Milan, le 30 mars 1811, par Moscati aux rédacteurs de la *Bibliothèque britannique*, & qui est consignée *tome XLVI, page* 405, annonce que l'expérience de M. Sanctis ne lui a pas réussi; mais qu'il a répété une expérience qui lui a été communiquée par le duc de Raguse (Marmont), à son passage à Milan, & que celle-ci a complétement réussi. Voici en quoi elle consiste.

On prend deux cornues de la consistance de quatre à six onces; on met dans l'une de l'acide sulfurique concentré, dans l'autre de l'eau, à la

dose qui peut dégager le plus de chaleur dans le mélange. On fait entrer le col de l'une des cornues dans celui de l'autre, & on les soude hermétiquement ensemble; on pèse bien exactement le tout à une balance très-sensible; ensuite on fait peu à peu le mélange des deux liquides, en faisant passer l'acide dans l'eau, mais lentement, pour ne pas exposer l'appareil à être brisé. Il se dégage, pendant l'opération, une chaleur assez forte. On laisse refroidir le tout jusqu'à la température qui a précédé le mélange; on pèse de nouveau, & on remarque une diminution de poids. Dans deux expériences faites par Moscati, il a trouvé une fois un centigramme, & une autre fois quinze mille grammes; les doses de liquide étoient différentes, & il ne lui a pas semblé que la diminution du poids fût proportionnelle à la quantité des matériaux employés.

Cette expérience fut répétée à Paris, à l'Ecole polytechnique, devant le duc de Raguse (Marmont); mais l'appareil ayant été fermé hermétiquement, elle donna un résultat différent de celui que l'on avoit obtenu à Milan; on n'observa aucune différence dans le poids avant & après le mélange. Ainsi, il resta prouvé au duc de Raguse que la perte de poids, après le mélange, provenoit très-probablement de quelques inexactitudes qui avoient eu lieu pendant l'opération.

Toutes les tentatives faites jusqu'à présent sur la pondérabilité du *calorique*, conduisent donc à conclure qu'il n'existe aucun fait qui puisse établir s'il est pesant : attendons que des expériences plus exactes, s'il est possible, puissent confirmer ou infirmer les résultats auxquels on est arrivé.

Effets du calorique.

On distingue généralement trois effets produits par le *calorique* : 1°. dilatation des corps; 2°. changement d'état; 3°. décomposition. Nous allons examiner maintenant ces trois effets.

1°. Dilatation des gaz.

Tout corps échauffé, quel que soit son état, augmente de volume; cette augmentation de volume suit une loi qui dépend & de l'état du corps & de sa nature. En général, l'augmentation de volume occasionnée par la même quantité de *calorique*, est plus grande dans les corps aériformes que dans les liquides, plus grande dans les liquides que dans les solides, à quelques exceptions près.

Dans chaque corps d'un même état, les substances gazeuses exceptées, la dilatation est différente; il en est dont l'augmentation, par la même quantité de *calorique*, est triple ou quadruple les uns des autres. *Voyez* DILATATION.

La dilatation des solides paroît uniforme pour des quantités égales de chaleur, & cela à cause de la petite étendue de variation de température à laquelle on les soumet; car tout porte à croire,

(1) *Journal de Physique*, année 1785, tom. II, pag. 268.
(2) *Bibliothèque britannique*, tom. XLVI, pag. 24.

que la loi de leur dilatation doit préfenter des augmentations de volume croiffantes à mefure que la maffe de *calorique* (qui les pénètre) augmente (1).

En effet, les molécules des corps folides font foumifes à deux forces, l'attraction moléculaire & la preffion de l'atmofphère. Ces deux forces font équilibre à l'effort du *calorique* interpofé. Comme la preffion atmofphérique eft infiniment petite, comparée à l'attraction moléculaire, elle peut être négligée dans l'examen des réfultats que préfente l'intromiffion du *calorique*. Chaque quantité de *calorique* qui pénètre un corps folide le dilate, écarte fes molécules, diminue leurs diftances mutuelles. Quelle que foit la loi de leur attraction, qui eft inverfe d'une puiffance de leur diftance (& que, pour l'affimiler à la loi générale de l'attraction, on fuppofe le carré), l'attraction diminue à chaque intromiffion ; le *calorique* eft moins comprimé, & l'effort que lui oppofe l'attraction moléculaire, étant moins grand, fon reffort lui permet d'écarter les molécules plus qu'il n'auroit pu faire, fi l'attraction n'eût pas diminué ; d'où il réfulte qu'à chaque nouvelle intromiffion d'une quantité égale de *calorique*, les molécules doivent être écartées d'une plus grande quantité, & que l'augmentation de volume doit fuivre une loi croiffante pour des quantités égales de *calorique* pénétré.

Mais quelle loi doit fuivre l'augmentation de volume des corps folides ? L'expérience n'a encore rien appris à ce fujet. Les géomètres détermineront facilement une loi, en formant des fuppofitions fur la loi d'attraction des molécules & fur celle du reffort du *calorique* ; mais cette loi fera-t-elle celle que fuit la nature, & n'exifte-t-il qu'une feule loi pour tous les corps ? C'eft ce que l'expérience feule peut nous apprendre.

Comme tous les corps folides augmentent de volume lorfque de nouveau *calorique* s'ajoute à celui qu'ils ont déjà, & qu'il fort du *calorique* lorfque, par la compreffion, on diminue leur volume, les phyficiens ont cru devoir regarder les deux forces oppofées qui exiftent dans les corps folides, l'attraction des molécules & la répulfion du *calorique*, comme fe faifant équilibre. Cette opinion éprouve une objection apparente dans l'obfervation fuivante : fi l'attraction des molécules & la répulfion du *calorique* dans les corps folides font en équilibre, la plus légère force, ajoutée d'un côté ou de l'autre, doit néceffairement rompre cet équilibre ; ainfi, fi l'on comprime les corps, les molécules doivent fe rapprocher ; & comme, par ce rapprochement, l'attraction augmente, ce rapprochement doit continuer jufqu'au contact ; de même, fi par une traction on ajoute à la force répulfive qui écarte les

molécules, l'équilibre doit être rompu, & les molécules doivent fe détacher ; cependant une forte preffion ne rapproche pas les molécules au contact, & une traction affez forte ne rompt pas l'adhéfion des molécules.

Ici, quelques phyficiens répondent que la loi d'attraction des molécules, relativement à leur diftance, eft différente de celle de la répulfion du *calorique* comprimé, & que cette différence dans la loi détermine un nouvel équilibre après la compreffion & après la dilatation. Ainfi lorfque, par la compreffion, on rapproche les molécules d'un corps, ce rapprochement, qui augmente l'attraction des molécules des corps, augmente auffi la répulfion des molécules du *calorique* ; mais comme la répulfion du *calorique* plus comprimé a éprouvé une augmentation plus grande que celle de l'attraction moléculaire, il s'enfuit que, pour qu'il y ait équilibre, il faut ajouter à l'attraction moléculaire la force que ce rapprochement a occafionnée par la compreffion ; & que, pour que les molécules, après la fuppreffion de la compreffion, reftent à la diftance où elles ont été portées par cette compreffion, il faut qu'il forte du corps le *calorique* furabondant à l'équilibre entre les deux forces. De même, lorfqu'on écarte les molécules, la diminution de l'attraction par la diftance n'étant pas auffi grande que la diminution de la répulfion, il faut que la force de traction s'ajoute à cette dernière pour rétablir l'équilibre ; & fi l'on veut maintenir l'équilibre à cette nouvelle diftance moléculaire, en fupprimant la force de traction, il faut qu'il rentre de nouveau *calorique*, dont l'effort ajouté à la répulfion qui exifte déjà, produife une force égale à celle de la traction qui exiftoit : d'où l'on conclut que l'augmentation d'attraction moléculaire par le rapprochement des molécules eft moindre que celle de répulfion exercée par le *calorique*.

Quant à la détermination des lois d'attraction moléculaire & de répulfion calorifique que les phénomènes préfentent, elles font encore à connoître.

On s'eft beaucoup occupé de déterminer, par l'expérience, le rapport d'augmentation de volume des folides en raifon des températures qu'ils éprouvent ; cette détermination eft effentielle dans un grand nombre de circonftances, & en particulier dans les arts (*voyez* DILATATION DES SOLIDES) ; mais comme ces expériences n'ont été faites que fur de trop petites variations de température, il n'a pas été poffible de déduire la loi d'augmentation que les folides éprouvent.

La *dilatation des liquides* ayant pu être obfervée dans une plus grande étendue de l'échelle qu'ils parcourent, on a été à même de connoître d'une manière plus pofitive la loi qu'ils fuivent. L'expérience a prouvé que l'augmentation croiffoit fucceffivement pour des quantités égales de *calorique* ajouté, mais cette loi préfente quelques anomalies dans la marche de plufieurs d'entr'eux. Ainfi, en divifant en 80 parties la quantité de *calorique* néceff-

---

(1) Des expériences faites récemment par Dulong & Petit ont prouvé cette augmentation croiffante du volume des folides. *Voyez* DILATATION.

faire pour faire paſſer l'eau de la température zéro, qu'elle a au moment où elle ſe liquéfie, à la température 80 de Réaumur, qu'elle acquiert lorſqu'elle bout ſous une preſſion de 28 pouces de mercure, on remarque qu'en introduiſant une, deux, trois & quatre de ces parties de *calorique*, le volume diminue ; qu'en introduiſant enſuite de nouvelles parties de *calorique*, le volume augmente d'abord de peu, mais enſuite cette augmentation s'accroît graduellement, & elle devient très-grande lorſqu'elle eſt près d'atteindre le 80ᵉ. degré. *Voyez* DILATATION DES FLUIDES.

On attribue cette augmentation graduelle des liquides par des quantités égales de *calorique*, à la conſtitution des liquides ou aux forces qui ſe font équilibre pour déterminer cet état intermédiaire des corps, qui participent à la fois de la ſolidité & de la liquidité. *Voyez* LIQUIDITE.

Trois forces ſe font équilibre dans les liquides comme dans les ſolides : 1°. l'attraction moléculaire ; 2°. la preſſion de l'atmoſphère ; 3°. la répulſion calorifique : les deux premières tendent à rapprocher les molécules des corps ; la troiſième tend à les écarter. Mais dans cet état intermédiaire, les trois forces ſont néceſſaires ; tandis que, dans les ſolides, l'une d'elles, la preſſion, pourroit être ſupprimée ſans altérer l'état des corps. Dans les liquides, au contraire, ſi l'on ſupprime l'une ou l'autre des deux forces qui rapprochent les molécules, l'état change & le corps devient aériforme.

Or, ſi l'on fait entrer du *calorique* dans un liquide, celui-ci tend à écarter les molécules des corps ; cet écartement ne produit aucune variation ſur la force de preſſion, qui reſte la même ; mais il agit ſur l'attraction moléculaire, qui diminue à meſure que l'écartement augmente : une nouvelle intromiſſion de *calorique*, ayant une moindre force attractive, écarte, par ſon reſſort, les molécules à une plus grande diſtance, & augmente le volume d'une plus grande quantité.

Des expériences ont été faites avec aſſez d'exactitude ſur l'augmentation de volume de pluſieurs liquides, en paſſant par divers degrés de température. *Voyez* DILATATION DES LIQUIDES.

Dilatation de gaz. On a cru pendant long-temps, d'après les expériences de Prieſtley, Roy, Sauſſure, C. A. Prieur, que les gaz augmentoient de volume, en ſuivant une loi particulière pour chaque eſpèce de gaz ; cependant l'examen de leur conſtitution & des forces qui ſe font équilibre dans les gaz, conduiſoient à croire que l'augmentation de volume devoit être la même pour tous les gaz, & que l'augmentation devoit être uniforme pour des quantités égales de *calorique*.

En effet, dans les gaz, deux forces ſeulement ſe font équilibre, la preſſion de l'atmoſphère qui tend à rapprocher les molécules, & le reſſort du *calorique* interpoſé qui tend à les écarter : or, comme chaque quantité de *calorique* introduit a

toujours à vaincre la même preſſion, il s'enſuit qu'elle doit écarter conſtamment les molécules de la même quantité, & que l'augmentation doit être uniforme.

Auſſi, dans une diſcuſſion qui eut lieu à l'Inſtitut ſur l'expoſition de la loi de l'expanſion des gaz, déterminée par C. A. Prieur, le célèbre géomètre Laplace, dirigé par le ſimple raiſonnement, oſa-t-il affirmer que la loi dont on vouloit faire uſage devoit être inexacte ; & l'habile chimiſte Gay-Luſſac, alors employé dans le laboratoire de Berthollet, ſe chargea, ſous la direction de Berthollet & de Laplace, de vérifier les réſultats des phyſiciens qui l'avoient précédé : il trouva, comme le raiſonnement l'indiquoit, que tous les gaz augmentent de volume de la même manière & de la même quantité pour des quantités égales de *calorique*, & que cette augmentation étoit de 0,375 de leur volume, en paſſant de la température de la glace fondante à celle de l'eau bouillante à 28 pouces de preſſion, par conſéquent de $\frac{1}{480}$ par degré de Fahrenheit, de $\frac{1}{266}$ par degré centigrade, & de $\frac{1}{213}$ par degré de Réaumur.

2°. *Du changement d'état des corps.*

Tous les corps de la nature, autant qu'ils nous ſont connus, ſe rencontrent ſous l'un des trois états, ſolide, liquide ou fluide aériforme. Dans un grand nombre de cas, la même ſubſtance peut être obtenue ſous ces trois états ; ainſi l'eau eſt ſolide ſous l'état de glace, liquide dans ſon état habituel, & aériforme lorſqu'elle ſe vaporiſe ; de même la vapeur d'eau refroidie, ſi elle eſt ſoumiſe à une compreſſion convenable, telle que celle de l'atmoſphère, redevient liquide ; l'eau liquide refroidie redevient glace.

Si l'on en excepte un très-petit nombre de corps ſur leſquels nous n'avons pas encore de données aſſez poſitives, tous les corps ſolides, chauffés ſuffiſamment, deviennent liquides ; mais cette liquidité s'obtient ſubitement ou graduellement, ſelon la nature des corps. L'eau & tous les corps ſolides ſuſceptibles de criſtalliſer, paſſent inſtantanément de l'état ſolide à l'état liquide ; le verre, le ſuif, la cire & tous les corps qui n'affectent aucune figure régulière, ſe ramolliſſent, & n'arrivent que lentement & ſucceſſivement à la fluidité complète.

Un réſultat aſſez remarquable, c'eſt que chaque corps ſe ſolidifie à une température particulière, conſtante pour le même corps, & différente pour chacun. Des expériences ont été faites, avec beaucoup de ſoin, pour déterminer la température à laquelle chaque ſubſtance liquide ſe ſolidifie, & chaque ſubſtance ſolide ſe liquéfie. *Voyez* CONGELATION, SOLIDIFICATION, LIQUEFACTION.

Pendant leur paſſage de l'état ſolide à l'état liquide, les corps abſorbent une quantité de *calorique* conſidérable, qui n'eſt abſolument employée qu'à procurer leur changement d'état, pendant lequel ils n'augmentent point de temp érature. Lavoifier & Laplace fe font affurés qu'une livre de glace à zéro abforbe le *calorique* néceffaire pour élever une livre d'eau à 60 deg. Des expériences femblables que nous avons faites fur le mercure, à l'Ecole polytechnique, nous ont fait voir qu'une livre de mercure folide, à la température de congélation, abforboit autant de *calorique* qu'il en falloit pour élever une livre de mercure liquide de 63 deg. plus haut, ce qui diffère très-peu des réfultats obtenus avec l'eau. *Voyez* CONGELATION DE L'EAU, CONGELATION DU MERCURE.

Tous les liquides connus peuvent, après avoir été élevés à une température convenable, fe vaporifer : on remarque dans cette vaporifation une forte d'analogie avec les phénomènes qui ont lieu au moment de la liquéfaction des folides : 1°. tous les liquides, fous une même preffion, entrent en ébullition & fe vaporifent à une température conftante pour chaque liquide, & variable pour les différens liquides (*voyez* ÉBULLITION); 2°. en fe vaporifant, ou en paffant de l'état liquide à l'état gazeux, le liquide abforbe une quantité confidérable de *calorique*, quantité qui n'a encore été déterminée que pour l'eau. Cent livres de vapeur d'eau, à la température de l'ébullition, pouvoient, d'après Black & Watt, élever 522 livres d'eau de zéro à l'ébullition ; d'après Lavoifier, 555, & d'après Clément & Déformes, 566. (*Voyez* ÉBULLITION & VAPORISATION.) Il auroit été à defirer que cette même évaluation eût été déterminée pour d'autres corps.

3°. *Décompofition des corps.*

Lorfqu'un corps eft compofé de fubftances fixes, on ne peut pas en opérer la décompofition par le *calorique*, parce qu'il eft impoffible d'éloigner affez les molécules pour les porter hors de la diftance à laquelle elles s'attirent, ou hors de leur fphère d'attraction ; mais lorfqu'il eft formé de fubftances qui font, les unes fixes, les autres volatiles, ou bien qui font toutes plus ou moins volatiles, on parvient à le décompofer, à moins que l'affinité de fes molécules, ce qui arrive affez fouvent, nè foit trop forte.

Si l'on expofe à l'action du *calorique* de la pierre calcaire compofée de chaux & d'autres terres, d'eau & d'acide carbonique, l'eau & l'acide carbonique fe vaporifent, la chaux & les autres terres reftent combinées : ainfi, les terres qui ne font pas volatiles, ont réfifté à l'action du *calorique*, tandis que l'eau & l'acide carbonique qui font compofés, la première d'oxigène & d'hydrogène, le fecond d'oxigène & de carbone, fe font vaporifés. Ces deux fubftances, en fe vaporifant, ont confervé leur état de combinaifon, parce que l'affinité des molécules qui les compofent, étoit affez forte pour réfifter à l'action du *calorique*.

On voit l'oxigène, combiné avec les métaux,

réfifter, dans plufieurs combinaifons, à l'action du *calorique*, tel, par exemple, que l'oxide de plomb qui fond & fe vaporife même à l'état d'oxide métallique ; d'autres qui laiffent dégager leur oxigène, tels font les oxides de platine, d'or & d'argent; d'autres enfin qui fe combinent avec l'oxigène à une certaine température, & qui fe féparent de l'oxigène à une autre température, tel, par exemple, que le mercure.

En décompofant des fubftances par le *calorique*, on obtient fouvent des compofés nouveaux. Ainfi, toutes les fois que, par la réaction des élémens, il peut s'en former de volatils., & que la température n'eft pas trop élevée pour s'oppofer à la formation de ceux-ci. C'eft ce qui arrive dans la diftillation des fubftances végétales & animales, & dans un grand nombre d'autres.

Souvent une fubftance fe décompofe par l'action d'une autre, lorfqu'elle eft pénétrée d'une certaine quantité de *calorique*, & fe recompofe de nouveau lorfqu'elle eft expofée à une température différente : l'eau vaporifée fur du fer élevé à une foible température, fe décompofe, forme de l'oxide de fer, & l'hydrogène fe fépare. Si l'on recueille cet hydrogène, & qu'on le faffe paffer fur le même oxide de fer élevé à une plus haute température, l'oxide alors fe décompofe & l'eau fe reforme.

Différentes actions du calorique dans les corps.

On a divifé l'action du *calorique* dans les corps en deux grandes claffes, *calorique combiné* & *calorique libre* : on a donné au premier différens noms, *calorique combiné*, *calorique interpofé*, *calorique latent*: Le *calorique libre* fe divife en deux claffes : *calorique fenfible* & *calorique rayonnant*.

Le *calorique latent* eft interpofé entre les molécules ; il détermine leur écartement & occafione par conféquent la différence que leur volume éprouve. La quantité de *calorique latent* que chaque corps contient, a été nommée *calorique abfolu*. Il n'exifte fur fa détermination que des hypothèfes, & en particulier celle du docteur Irwin, qui fuppofe, 1°. que le *calorique fpécifique* des corps eft le même à toute température ; 2°. que la quantité de *calorique* ajoutée ou retranchée à un corps, lorfqu'il change d'état, ne produit d'autre effet que de faire varier fa *caloricité fpécifique*, & c'eft à l'aide de ces deux hypothèfes qu'il croit pouvoir déterminer le *calorique abfolu* qui exifte dans les corps. *Voyez* CALORIQUE ABSOLU.

Puifque c'eft à l'aide du *calorique fpécifique* que le docteur Irwin détermine le *calorique abfolu*, il faut favoir ce que l'on entend par *calorique fpécifique* ou *capacité des corps pour le calorique*. On conçoit fous cette dénomination, non la quantité, mais la proportion de *calorique* qui fe dégage d'un corps en paffant d'une température donnée à une autre température, en prenant pour unité celle qui fe dégage d'une même quantité dans un autre corps, & auquel on rapporte toutes les autres.

Black, en 1760, fit les premières expériences fur la détermination du *calorique fpécifique* des corps, puis Irwin en 1765, Wilcke en 1771, Crawfort, à peu près dans le même temps. Lavoifier & Laplace, en 1782, firent des expériences fur le même fujet, & l'on eft ainfi parvenu à connoitre, finon parfaitement, au moins d'une manière très-approximative, le *calorique fpécifique* d'un grand nombre de corps. *Voyez* CALORIQUE SPECIFIQUE.

On a donné le nom de *calorique fenfible* à cette portion de *calorique* qui fe propage d'un corps à un autre par le contact, & celui que la main reffent en touchant un corps chaud; c'eft celui que le thermomètre fait connoitre. Ce *calorique* fe répand de molécule à molécule dans toute l'étendue du corps, parce que l'équilibre s'établit dans toutes fes parties. *Voyez* CALORIQUE SENSIBLE, PROPAGATION DE CALORIQUE.

Le *calorique rayonnant* eft celui qui s'échappe des corps chauds, & fe porte à travers les matières élaftiques fur les autres corps qui y font difperfés. Ce *calorique* fe meut avec une grande vélocité: fa viteffe n'a pas encore été déterminée: il a beaucoup d'analogie avec la lumière; cependant il en diffère dans quelques circonftances: comme elle, il fe réfléchit fur la furface des corps en faifant fes angles de réflexion égaux aux angles d'incidence. il paffe à travers les corps en fe réfractant; enfin, il fe polarife comme la lumière.

Mariotte paroit avoir, le premier, aperçu le *calorique rayonnant:* il fut foumis à l'expérience par Lambert, fous le nom de *chaleur obfcure*. Scheele le diftingua le premier fous le nom de *calorique rayonnant;* il a fait des expériences fur fa direction, fa réflexion & fa réfraction. Sauffure, Pictet, Leflie, Rumfort, Prevoft & beaucoup d'autres, s'en font occupés; enfuite Leflie a particulièrement recherché la loi de fon mouvement, foit directement, foit dans fon paffage à travers les corps. *Voyez* CALORIQUE RAYONNANT.

Nature du calorique.

Les philofophes font divifés d'opinion fur la nature du *calorique:* les uns le confidèrent comme n'étant, ainfi que la pefanteur, qu'une propriété de la matière qui confifte dans un mouvement particulier de fes molécules. Suivant d'autres, au contraire, c'eft une fubftance diftincte. On a produit à l'appui de chacune de ces opinions, des argumens également forts & plaufibles; cependant, à mefure que les connoiffances fe font perfectionnées; la dernière de ces opinions eft devenue de plus en plus probable. *Voyez* CALORICITE, CHALEUR.

Parmi ceux qui ont adopté l'opinion que le *calorique* eft une matière particulière, qui a des pro-

priétés diftinctes & caractériftiques, il en eft qui ont regardé le *calorique* comme une modification de la lumière, c'eft-à-dire, comme la matière propre de la lumière, dont la vélocité fort des limites qui rendent ce fluide propre à affecter le fens de la vue.

Une découverte importante d'Herfchell donna lieu à cette opinion. Ce favant aftronome s'occupant des moyens d'obferver le foleil avec des télefcopes, de manière à éviter l'inconvénient de la chaleur, fe fervoit, à cet effet, de verres diverfement colorés. Il s'aperçut que certains de ces verres, dont la couleur étoit affez intenfe pour intercepter la lumière, éclatèrent & fe brifèrent très-promptement. Cette circonftance le porta à examiner la faculté chauffante des divers rayons colorés; il fit tomber fucceffivement chacun d'eux, l'un après l'autre, fur la boule du thermomètre, près duquel il en avoit placé deux autres pour fervir de terme de comparaifon: il trouva que cette faculté eft la plus foible dans les rayons les plus réfrangibles, & qu'elle augmente par degrés à mefure que la réfrangibilité diminue. Ainfi, c'eft le rayon violet dont la faculté échauffante eft la plus petite, & c'eft dans le rayon rouge qu'elle eft la plus grande. Herfchell reconnut enfuite que la faculté calorifique des rayons violet, bleu, vert, jaune-orangé, rouge, étoient entre eux dans le rapport fuivant:

Violet	7
Bleu	16
Vert	22
Jaune	32
Orangé	41
Rouge	55

Ce qui, dans le cours de fes expériences, frappa le docteur Herfchell, comme un fait remarquable, c'eft la différence qu'il trouva exifter dans les lois que fuivent les rayons du fpectre, relativement à leurs forces éclairantes & à leurs facultés *calorifiques*. C'eft dans le milieu du fpectre colorifique que réfide le *maximum* de clarté, qui décroît enfuite de ce milieu vers l'une ou l'autre extrémité; tandis que la faculté *calorifique* augmente continuellement, à partir du rayon violet qui termine le fpectre d'un côté, jufqu'au rouge qui en forme l'autre extrémité, où cette faculté a le plus d'énergie. Cette circonftance fit foupçonner au célèbre aftronome que la faculté d'échauffer n'avoit peut-être pas pour limite l'extrémité vifible du fpectre, mais qu'elle continuoit encore au delà. Il plaça fon thermomètre en dehors du rayon rouge, mais toujours dans la ligne du fpectre prifmatique, & il s'éleva plus haut que lorfqu'il étoit expofé aux rayons rouges. En éloignant encore le thermomètre, il continua de monter, & il ne parvint à fon *maximum* d'élévation qu'à la diftance d'environ 12,7 millimètres en dehors des derniers rayons rouges. La longueur du fpectre étoit de 164 millimètres, donc à $\frac{1}{14}$ environ de l'extrémité du rayon rouge, en prenant la longueur du spectre pour unité. Plaçant le thermomètre au-delà, il descendit un peu, mais la faculté *calorifique* étoit encore sensible à 38 millimètres en dehors du rayon rouge.

La *fig.* 459 représente l'étendue comparée du spectre coloré & du spectre *calorifique*. La courbe G R Q indique les rapports d'intensité de la clarté de chaque point du spectre coloré, & la courbe A S Q indique le rapport d'intensité de chaleur dans toute l'étendue du spectre *calorifique*.

Ces importantes découvertes furent répétées par divers physiciens avec des succès très-variables; plusieurs même élevèrent des doutes sur leur réalité; enfin, Henri Englefield les répéta en présence de juges très-éclairés, & les résultats en ont été pleinement confirmés. Il avoit adopté, pour ces expériences, un appareil absolument différent de celui dont Herschell s'étoit servi. Afin de prévenir les objections qui avoient été faites contre les conclusions de cet illustre savant, les boules du thermomètre avoient été le plus souvent noircies. La table qui suit, présente les résultats obtenus dans l'une de ces expériences.

Thermomètre.	Minutes.	Centigrades.	
Dans le rayon bleu, monte en 3	de 12°78 à	13°33	0°55
Dans le rayon vert, en . . . 3	12,22	14,44	2,22
Dans le rayon jaune, en, . . 3	13,33	16,67	3,34
Dans le rayon rouge, en . . 2,5	13,33	22,20	8,87
Dans les limites du rouge, en 2,5	14,44	23,04	8,60
Au-delà des limites visibles, en 2,5	16,11	26,11	10,00

Le thermomètre dont la boule avoit été noircie, montoit beaucoup plus haut lorsqu'il avoit été placé dans les mêmes circonstances que celui dont la boule blanche etoit nue ou avoit été blanchie; cette différence étoit de 1 à 5 degrés en 3 minutes.

Le docteur Herschell & Sir Henri Englefield ont aussi observé, l'un & l'autre, que la réunion, par le moyen d'une lentille, des rayons qui dépassent l'extrémité rouge du spectre, produit une image visible d'une teinte rouge-pâle de forme demi-ovale.

Il résulte que, des rayons émis par le soleil, il y en a qui produisent de la chaleur sans aucune faculté d'illuminer, & que ces rayons sont ceux qui produisent la plus grande quantité de chaleur; conséquemment le *calorique* émane du soleil en rayons, & les rayons du *calorique* ne sont pas les mêmes que les rayons de la lumière.

Cette conclusion a subi des modifications dans l'opinion de plusieurs physiciens qui considèrent, avec Newton, la différence de réfrangibilité de la lumière comme étant occasionnée par la différence de vitesse des molécules qui la composent. Or, d'après cette opinion, la dispersion des mêmes molécules qui produisent à la fois la lumière & la chaleur, ayant des variétés considérables dans leur vitesse, doivent nécessairement produire un spectre d'une très-grande longueur. Ils conçoivent qu'il n'y a que les molécules dont la vitesse est maintenue dans des limites très-étroites, qui produisent la lumière, & conséquemment le spectre coloré, tandis que celles qui sont contenues dans des limites un peu plus grandes produisent de la chaleur. Or, dans la limite de vitesse des molécules qui produisent de la chaleur, se trouvent celles qui produisent de la lumière; mais la vitesse propre à produire le *maximum* de chaleur, étant au-delà de la limite de vitesse pour produire de la lumière, il s'ensuit que, pendant toute l'étendue du spectre solaire, à commencer des rayons visibles, la température doit augmenter jusqu'au rayon rouge, quoique l'intensité de la lumière suive d'abord une marche croissante jusqu'à la limite du vert & du jaune, & qu'elle décroisse ensuite jusqu'à la limite du rouge.

Au reste, aucune expérience, aucun fait particulier n'a encore procuré aux philosophes les moyens de reconnoître & de déterminer la nature du *calorique*; on n'a donc, sur sa nature, que des hypothèses plus ou moins ingénieuses : espérons que les travaux & les efforts des physiciens nous procureront des données plus certaines.

Sources du calorique.

Le calorique émane de deux sources : 1°. du soleil ; 2°. des opérations que l'on fait éprouver aux corps qui existent sur la surface de la terre. Ces opérations sont au nombre de trois ; savoir : la compression, les désunions & les combinaisons.

Calorique solaire. On sait depuis long-temps que les rayons solaires procurent de la chaleur, & que tous les corps qui sont exposés à son action, s'échauffent ; mais cette quantité de rayons lumineux & *calorifiques* qui émanent du soleil & s'élancent de tous côtés dans l'espace, & dont nous ne recevons qu'une portion infiniment petite, ne doit-elle pas diminuer la masse du soleil ? Comme rien n'annonce encore une diminution dans le diamètre de cet astre (*voyez* SOLEIL), quelques physiciens ont cru devoir regarder la lumière non comme un corps, mais comme la suite d'un mouvement transmis du soleil à tous les corps éclairés & échauffés (*voyez* LUMIÈRE, CALORICITÉ, CHALEUR) ; mais d'autres physiciens, à la tête desquels se trouve le docteur Herschell, pensent que la lumière & le *calorique* n'émanent point du soleil, mais d'une atmosphère très-dense & très-étendue, qui environne l'astre lumineux ; & les nues lumineuses qui font partie de cette atmosphère, sont sujettes à des variations dans leur quantité de lumière & d'éclat ; ce qui, suivant Herschell, produit les différences d'émission de *calorique* & de lumière du soleil dans les diverses saisons, & lui paroît être une des causes principales de la différence de température dans les années.

Quelque célèbre que soit l'auteur de cette hypothèse,

thèfe, il eft facile de voir qu'il ne fait ici qu'éloigner ou même éluder la réponfe à l'obfervation, que l'émanation prodigieufe de lumière & de *calorique* doit diminuer à la longue la maffe du foleil; car les nuages lumineux qui environnent l'aftre, & qui produifent cette émiffion, doivent être alimentés & même renouvelés, afin de fournir à la continuité de l'émanation prodigieufe qui a lieu. Une des réponfes les plus fatisfaifantes que nous ayons entendu faire à l'objection fur l'émiffion du *calorique* & de la lumière, eft que l'Univers eft rempli d'une immenfité de corps lumineux; que tous émettent, comme le foleil, & dans toutes les directions, des rayons lumineux & calorifiques; que cette maffe de matière envoyée de toutes parts eft émife & reçue par tous les corps, & qu'il doit réfulter, au bout d'un temps, pour tous les corps, un équilibre entre la matière émife & la matière reçue: de-là qu'il eft poffible que le foleil foit arrivé à cet état d'équilibre qui doit rendre fa maffe ftationnaire. *Voyez* SOLEIL.

Calorique obtenu par la compreffion. Toutes les fois que l'on comprime un corps, quelle que foit la manière dont la compreffion fe faffe, il en réfulte un rapprochement de molécules, & il fe dégage une partie de *calorique* qui eft d'autant plus grande, que la compreffion eft plus confidérable: il eft quelques-unes de ces compreffions qui produifent même de la lumière; telles font, par exemple, la compreffion du fer, que l'on peut échauffer jufqu'au point de le faire rougir, & la compreffion de l'air, par laquelle on produit de la lumière, & avec laquelle on peut même allumer de l'amadou. (*Voyez* COMPRESSION.) Cependant il faut diftinguer, dans cette dernière circonftance, la lumière produite par la combuftion que le gaz oxigène occafionne, de la chaleur qui fe dégage par l'effet de la compreffion.

On n'obtient ordinairement d'effet *calorique* de la compreffion, que lorfqu'elle eft exercée fur des folides ou fur des gaz. La difficulté de comprimer les liquides a empêché, jufqu'à préfent, d'en obtenir du *calorique* par la compreffion; on a même été jufqu'à douter que les liquides fuffent compreffibles. *Voyez* COMPRESSIBILITE, INCOMPRESSIBILITE DES LIQUIDES.

Calorique obtenu par la défunion des molécules. Dans les corps folides, les molécules adhèrent les unes aux autres par leur force attractive. Le *calorique* interpofé entr'elles, & qui tend à les défunir, eft comprimé par l'attraction moléculaire; cette compreffion eft d'autant plus grande, que les molécules font plus rapprochées. Si, dans cet état, on détache fubitement une ou plufieurs molécules d'un corps, le *calorique* interpofé & comprimé devient libre; fouvent il fe porte fur les molécules détachées, & élève leur température au point de les faire entrer en fufion. *Voyez* BRIQUET.

En frottant deux corps l'un fur l'autre, on détache, par le frottement, des particules plus ou

Dict. de Phyf. Tome II.

moins groffes; le *calorique* interpofé devient libre; s'il fe porte fur les maffes frottées, qu'il fe diftribue dans l'air intérieur, pourvu que celles-ci foient très-grandes par rapport aux particules détachées, il eft poffible que la température n'en foit pas fenfiblement affectée; mais fi les maffes qui reçoivent le *calorique* ne font pas très-grandes, ou fi les particules défunies font en grand nombre, alors les corps s'échauffent. *Voy.* FROTTEMENT, CHALEUR PAR LA COMPRESSION.

Souvent le *calorique*, dégagé par le frottement des corps & le détachement des particules, devient vifible dans l'obfcurité: c'eft ainfi que l'on aperçoit de la lumière par le frottement du fucre, de deux morceaux de porcelaine; enfin, par le frottement d'un grand nombre de corps. *Voyez* PHOSPHORESCENCE.

Calorique des combinaifons. Deux ou plufieurs corps qui fe combinent, donnent toujours lieu à un changement de température. La température s'élève conftamment dans le cas où la combinaifon eft intime; elle s'abaiffe dans le cas contraire. La production de la chaleur qui fe manifefte dans la reaction réciproque des corps, dépend principalement du plus ou moins grand nombre des molécules qui s'uniffent, & de la capacité plus ou moins grande du nouveau compofé pour le *calorique*. Il fuit de-là que, felon que ces caufes feront plus ou moins influentes, la quantité de *calorique* dégagée fera plus ou moins grande. *Voyez* COMBINAISON.

Parmi ces combinaifons il en eft, comme le mélange de l'acide fulfurique & de l'eau, de l'eau & de la chaux, qui font dégager une très-grande quantité de *calorique*. Dans le premier cas, le *calorique* eft dégagé par le rapprochement plus intime des molécules d'eau & d'acide, ce que l'on reconnoît facilement en prenant un tube, l'empliffant à moitié d'acide fulfurique, le rempliffant enfuite entièrement avec de l'eau: comme l'acide fulfurique, qui eft beaucoup plus pefant, eft dans la partie inférieure, l'eau furnage fans fe mélanger; mais fi l'on agite le tube, après l'avoir fermé hermétiquement, alors les deux liquides fe mêlant, fe combinant, il fe dégage une immenfe quantité de *calorique*, & l'on voit dans le tube un efpace vide affez confidérable, qui eft occafionné par le rapprochement plus intime des molécules.

Quant à la chaux, le *calorique* qui fe dégage eft dû au changement d'état de l'eau: en effet, en ne verfant qu'une très-petite quantité d'eau fur de la chaux vive, c'eft-à-dire, qui ne dépaffe pas les 0,4 de la maffe, pefant enfuite la chaux, on trouve qu'elle eft augmentée de 0,18; & comme toute la maffe eft parfaitement fèche, il s'enfuit qu'il s'eft folidifié 0,18 d'eau, qui s'eft combinée avec la chaux à l'état folide.

On fait que, pour obtenir de la chaleur, on brûle du bois, du charbon, ou toute autre fubftance combuftible: dans cette opération, que l'on nomme *combuſtion*, on fait combiner de l'oxigène avec les combuſtibles. *Voyez* COMBUSTION.

De la théorie du calorique.

Ce n'eſt que pendant la dernière moitié du ſiècle dernier, que les philoſophes ſe ſont vraiment occupés de reconnoître & de déterminer les lois que ſuit le *calorique* dans ſon action ſur les corps. Black, dans ſes leçons de chimie à Glaſcow, de 1760 à 1765, a fait connoître le *calorique ſpécifique*. Cette première direction donnée aux eſprits a bientôt été ſuivie par pluſieurs ſavans; mais ici chacun ne s'eſt occupé que de la détermination de quelques réſultats qui ajoutoient à nos connoiſſances, ſans réunir l'enſemble des faits connus. Monge paroît être le premier qui ait cherché à réunir tous les faits, & à former une théorie qui les lie parfaitement les uns avec les autres. C'eſt à Mezières, vers l'an 1776, pendant qu'il y enſeignoit la phyſique aux élèves du Corps royal du Génie militaire, qu'il raſſembla ſes premiers matériaux. Ayant été nommé, quelque temps après, membre de l'Académie royale des Sciences, & ayant ſuccédé à Boſſut dans la chaire de mécanique établie au Louvre, en faveur des élèves de l'Ecole royale d'architecture, ce ſavant modeſte fut obligé de venir tous les ans à Paris. Admis dans la ſociété de l'illuſtre Lavoiſier, qui réuniſſoit chez lui, tous les lundis, les ſavans les plus diſtingués de la capitale; admis également avec pluſieurs académiciens les mercredis & les vendredis, après l'académie, chez un ami de cet homme célèbre, Monge crut devoir ſoumettre aux hommes inſtruits qu'il y trouvoit réunis, la marche progreſſive de ſes idées ſur la théorie du *calorique*. Ses opinions étoient écoutées avec l'attention que le génie commande; quelquefois elles étoient diſcutées avec cette franchiſe & cette cordialité que mettent entr'eux les hommes qui ne s'occupent que de la recherche de la vérité: de-là ſortirent ces idées belles & grandes que l'on a publiées de toutes parts ſur le *calorique*, & dont perſonne n'a réclamé la découverte. On invita Monge à écrire la théorie dont il étoit l'auteur: il s'y détermina, plutôt par déférence pour ſes amis, que pour ſa gloire perſonnelle. Il l'écrivit même pour être publiée dans ce Dictionnaire; mais le manuſcrit, remis à l'éditeur, a diſparu ſans que l'on ait pu en retrouver aucune trace, quelques recherches que l'on ait faites. Un fragment, un extrait de cette théorie ayant été imprimé en 1790 dans un journal abſolument ignoré, qui avoit pour titre *Journal gratuit*, nous croyons faire plaiſir à nos lecteurs en leur préſentant cet extrait, puiſqu'il nous eſt impoſſible de leur procurer de plus grands détails ſur ce travail précieux & intéreſſant.

Du calorique.

« Tous les phyſiciens ne ſont pas d'accord ſur la cauſe des phénomènes de la chaleur; quelques-uns la regardent comme une modification particulière des corps; mais on peut ordonner tous les phénomènes entr'eux, & en rendre raiſon d'une manière ſatisfaiſante, en les regardant comme produits par l'action d'une matière particulière, à laquelle on a donné le nom de *calorique*. »

Définition.

« Le *calorique* eſt un fluide impénétrable, extrêmement élaſtique, & ſi rare, que ſa peſanteur n'eſt manifeſtée par aucun phénomène. »

Propriétés.

« Les propriétés générales du *calorique*, par rapport aux autres corps, ſont:

» D'être attiré par les molécules de tous les corps de la nature, à des diſtances inſenſibles, avec des forces qui décroiſſent à meſure que la diſtance augmente, & l'intenſité, la loi & le rayon d'activité, variables pour chaque corps en particulier, ne ſont pas encore meſurés.

» D'agir ſur les molécules des corps conformément aux lois générales de la nature, c'eſt-à-dire, en raiſon de ſa propre maſſe, & par conſéquent de la compreſſion qu'il éprouve.

» Les propriétés générales des corps, par rapport au *calorique*, ſont d'être compoſées de molécules qui s'attirent toutes les unes les autres, à des diſtances inſenſibles, avec des forces qui décroiſſent à meſure que la diſtance augmente, & dont la loi, l'intenſité & le rayon d'activité, variables pour chaque corps en particulier, ne ſont pas encore meſurés.

» D'être compoſé de molécules qui ne ſe touchent pas, ce qui eſt démontré par la faculté qu'ont tous les corps de diminuer de volume en ſe refroidiſſant.

» Ces molécules ſont ſéparées par des couches de *calorique* dont la compreſſion eſt occaſionnée, 1°. par leur tendance vers la molécule à laquelle elles adhèrent; 2°. par la preſſion des couches plus éloignées qu'elles de la molécule; 3°. par la force avec laquelle les molécules voiſines s'attirent; 4°. par les preſſions extérieures, quand le corps eſt flexible: la compreſſion des couches de *calorique* eſt par conſéquent variable, & décroît à meſure que ces couches ſont plus éloignées de la molécule à laquelle elles adhèrent. »

De l'introduction du calorique dans les corps, & de ſa ſortie.

« Le *calorique* eſt perpétuellement ſollicité dans les corps par l'action de deux ſortes de forces: les unes favoriſent ſon intromiſſion dans les corps, les autres s'y oppoſent.

» Lès forces qui favoriſent l'intromiſſion du *ca-*

lorique dans les corps, font : la compreffion que le *calorique* extérieur au corps a la liberté d'exercer fur le *calorique* intérieur, & la tendance du *calorique* pour les molécules du corps.

» La compreffion du *calorique* extérieur fur le *calorique* intérieur eft exprimée par le mot *température*, & fe mefure.

» Si, après l'équilibre, cette preffion vient à $\left(\substack{\text{croître} \\ \text{décroître}}\right)$, le *calorique* doit $\left(\substack{\text{s'introduire dans le} \\ \text{fortir du}}\right)$ corps, jufqu'à ce que fon reffort $\left(\substack{\text{augmenté} \\ \text{diminué}}\right)$ par-là, faffe équilibre de nouveau. En vertu de ces variations feules, en fuppofant qu'il n'y ait aucune tendance du calorique pour les molécules, le volume du corps ne peut changer, de même que le volume d'une éponge fèche n'eft point altéré par le changement de denfité de l'air extérieur. Enfin, les quantités de *calorique* $\left(\substack{\text{acquifes} \\ \text{perdues}}\right)$ par ces changemens, & qui, pour le même corps, feroient comme les variations de la température, fi l'on pouvoit les mefurer par des effets qui leur fuffent proportionnels, conftituent ce que les phyficiens modernes appellent *calorique fenfible*.

» Si, après l'équilibre, la tendance du *calorique* pour les molécules propres du corps vient à $\left(\substack{\text{croître} \\ \text{décroître}}\right)$, la denfité du *calorique* extérieur, en contact avec la furface du corps, $\left(\substack{\text{croît} \\ \text{décroît}}\right)$; ce fluide exerce fur les molécules du corps une action $\left(\substack{\text{plus grande} \\ \text{moindre}}\right)$, en vertu de laquelle il $\left(\substack{\text{s'introduit} \\ \text{fort de} \\ \text{dans}}\right)$ l'intérieur du corps en $\left(\substack{\text{furmontant les} \\ \text{cédant aux}}\right)$ obftacles qui lui faifoient équilibre, & en $\left(\substack{\text{forçant} \\ \text{laiffant} \\ \text{les la liberté aux}}\right)$ molécules de $\left(\substack{\text{s'écarter davantage} \\ \text{fe rapprocher}}\right)$, ce qui $\left(\substack{\text{augmente} \\ \text{diminue}}\right)$ le volume du corps, & peut aller jufqu'à changer fon état de $\left(\substack{\text{folide} \\ \text{fluide élaftique,}}\right)$ en liquide, & de liquide en $\left(\substack{\text{fluide élaftique} \\ \text{folide}}\right)$. C'eft ainfi que l'eau, en pénétrant dans les pores d'une éponge, des bois fecs & de quelques autres corps, augmente leur volume.

» Cette quantité de *calorique*, qui, n'étant pas deftinée à faire équilibre à la température extérieure, n'eft pas libre de fe manifefter par une action fur le thermomètre, eft ce qu'on appelle *calorique latent*.

» La fomme de *calorique latent* & *fenfible* que renferme un corps, s'appelle *calorique abfolu* : il n'y a aucune molécule de *calorique abfolu* qui ne rempliffe à la fois les deux fonctions de *calorique latent* & *fenfible* dont il eft compofé.

» Les accroiffemens de *calorique abfolu*, néceffaires pour exciter les élévations égales de température dans les différens corps, à maffes égales, conftituent leur *calorique fpécifique*.

» Les forces qui s'oppofent à l'intromiffion du *calorique* dans les corps, font : l'adhérence des molécules propres des corps, & les preffions extérieures. »

De l'adhérence des molécules propres des corps.

« C'eft l'adhérence des molécules propres du corps que doit principalement vaincre la partie du *calorique* qui forme le *calorique latent* ; & parce qu'elle décroît à mefure que la diftance des molécules augmente, ou que le corps fe dilate, il s'enfuit que la même quantité de *calorique latent* dilate les corps d'autant plus qu'ils font déjà plus dilatés. Ceci eft peu fenfible, à la vérité, pour les folides & les fluides élaftiques, parce que nous ne pouvons les obferver que dans une très-petite partie de l'échelle des températures dont ils font fufceptibles ; mais cela eft vérifié pour les liquides dont les dilatations ne font pas proportionnelles aux accroiffemens de température, & qui ne font pas propres à former des thermomètres fuffifamment exacts, à moins que, comme le mercure, ils ne foient pris dans un état fort éloigné de leurs congélations & de leurs ébullitions.

» Si, après l'équilibre, l'adhérence des molécules des corps venoit à $\left(\substack{\text{croître} \\ \text{décroître}}\right)$, le *calorique* $\left(\substack{\text{plus} \\ \text{moins}}\right)$ comprimé dans l'intérieur $\left(\substack{\text{fortiroit du} \\ \text{entreroit}}\right)$ dans le$\left.\right)$ corps & $\left(\substack{\text{éleveroit} \\ \text{abaifferoit}}\right)$ la température des corps circonvoifins. C'eft pour cela que, dans toutes les combinaifons où il y a du *calorique* de dégagé, l'adhérence des molécules des compofés eft plus grande que celle des molécules des compofans.

» Lorfqu'en vertu de l'élévation fuffifante de température, les molécules fe font écartées au point de n'agir plus fenfiblement les unes fur les autres, elles ne font retenues en contact que par des preffions extérieures, telles que celles de l'atmofphère ; elles font facilement mobiles les unes par rapport aux autres, & le corps devient liquide.

» Ainfi, c'eft au poids de l'atmofphère que nous fommes redevables de l'état liquide des corps, & fans cette preffion ils n'auroient d'autre état habituel que celui de folide & de fluide élaftique. L'état liquide par lequel ils pafferoient néceffairement de l'un à l'autre, ne feroit pas apperçu ; ce qui arrive lorfque la glace fe diffout dans l'atmofphère, par une température plus baffe que la glace fondante.

» Un corps peut paffer de l'état de folide à celui de liquide par l'action du *calorique* feul, ou d'un liquide préexiftant.

» Le paffage de l'état folide à celui de liquide par l'action du *calorique* feul, qui, pour chaque corps en particulier, fe fait à la même température, emploie, fous forme de *calorique latent*, une quantité de *calorique* très-grande pour les corps, & variable pour chacun d'eux. Par exemple, le *calorique* néceſſaire à la fuſion d'une livre de glace à zéro du thermomètre, éleveroit cette livre de glace fondue de la température zéro à 60 deg. R. Cette propriété fournit un moyen commode d'eſtimer les quantités de *calorique* néceſſaires aux corps pour le paſſage d'une température donnée à une autre température auſſi donnée; car il ſuffit de meſurer la quantité de glace qu'ils ſont capables de fondre dans ce paſſage : c'eſt ſur cette propriété qu'eſt fondée la conſtruction du *calorimetre*.

» Le paſſage d'un corps de l'état ſolide à celui de liquide, par l'action d'un liquide préexiſtant, abſorbe auſſi du *calorique* ſous forme de *calorique latent*, mais en quantité beaucoup moindre, & la température des corps environnans qui fourniſſent ce *calorique*, eſt abaiſſée d'une quantité qui eſt conſtante pour les mêmes corps ; c'eſt pour cela que la diſſolution des ſels dans l'eau produit du refroidiſſement.

» Un corps peut retourner de l'état liquide à l'état ſolide : 1°. par la retraite ſeule du *calorique*, & cette opération, à laquelle on pourroit donner le nom de *congelation*, eſt toujours, pour le même corps, à la même température.

» 2°. Par l'action d'un ſolide qui le ramène à cet état. Dans ce cas, le *calorique*, qui, ſous forme de *calorique latent*, le conſtitue liquide, ſe trouve abandonné, &, en ſe portant ſur les corps environnans, il élève leur température, comme on l'obſerve dans l'extinction de la chaux vive, des alcalis & des ſels neutres calcinés, opérée par l'eau, & dans celle de la baryte, opérée par un acide.

» 3°. Par l'action d'un autre liquide, & alors il y a encore du *calorique* dégagé comme dans le mélange des acides & des alcalis concentrés, qui forment ſur-le-champ des ſels neutres criſtalliſés. »

Des preſſions extérieures.

« Les preſſions extérieures forment les deuxièmes forces qui s'oppoſent à l'intromiſſion du *calorique* dans les corps.

» Les preſſions extérieures n'ont d'effet ſenſible ſur le *calorique* contenu dans les corps, que quand ceux-ci ſont aſſez flexibles pour changer de volume en cédant à leur action.

» Si, après l'équilibre, les compreſſions viennent à $\binom{\text{croître}}{\text{décroître}}$, le *calorique* $\binom{\text{plus}}{\text{moins}}$ comprimé dans l'intérieur, qu'il ne l'étoit dans l'état d'équilibre, $\binom{\text{ſort du corps \& élève}}{\text{en admet qui abaiſſe}}$ la température des corps circonvoiſins, de même qu'en comprimant une éponge humide on en exprime le liquide dont'elle étoit imprégnée, & qui mouille enſuite les corps qu'il touche. C'eſt la cauſe de l'élévation de tempéra-

ture occaſionnée par l'écrouiſſement des métaux ſous le marteau qui les frappe, ſous le balancier qui les comprime, & dans les filières qui les preſſent, dans celle enfin qui a lieu dans les frottemens & qui croît avec la preſſion; c'eſt auſſi la cauſe de l'élévation de température qui ſe manifeſte, lorſqu'on comprime l'air ſous un récipient, & ſon abaiſſement lorſqu'on dilate cet air.

» Lorſqu'en vertu de l'élévation de température, le *calorique* s'introduit entre les molécules d'un liquide, il les écarte en ſurmontant une partie des preſſions exterieures qui ſeules s'oppoſoient à cette intromiſſion ; & lorſque, par les progrès de la température, les preſſions ſont entièrement vaincues, les molécules du liquide, abſolument libres, ſe diſſolvent dans le *calorique*, & conſtituent un fluide élaſtique.

» Un corps peut paſſer de l'état liquide à celui de fluide élaſtique, par l'action du *calorique* ſeul, par une diminution ſuffiſante dans les preſſions exterieures, & par l'action d'un fluide élaſtique préexiſtant.

» Le paſſage d'un corps de l'état liquide à celui de fluide élaſtique par l'action du *calorique* ſeul, ſe nomme *vaporiſation*. Cette opération ſe fait toujours à la même température, pour le même liquide & pour la même preſſion; elle emploie, ſous forme de *calorique latent*, une quantité de *calorique* très-grande en général, & variable pour chaque liquide : par exemple, le *calorique* néceſſaire pour la vaporiſation d'une livre d'eau à zéro de degré, éleveroit 7 liv. ½ d'eau de zéro à 60 deg., ou ſeroit capable de fondre 7 liv ½ de glace à zéro. Enfin, elle augmente conſidérablement le volume du corps qui, dans le cas de l'eau, devient environ 1728 fois plus grand.

» Lorſque le paſſage d'un corps de l'état liquide à celui de fluide élaſtique ſe fait par une diminution ſuffiſante dans les preſſions extérieures, alors la quantité de *calorique* néceſſaire à l'état élaſtique, quoique moindre que dans le cas précédent, eſt encore très-grande ; elle eſt fournie par les corps circonvoiſins, qui éprouvent un refroidiſſement proportionnel aux circonſtances: c'eſt ainſi que l'eau froide ſe vaporiſe dans le vide & ſe refroidit.

» Si le paſſage d'un corps de l'état liquide à celui de fluide élaſtique ſe fait par l'action d'un fluide préexiſtant, alors il abſorbe encore, ſous forme de *calorique latent*, mais en quantité beaucoup moindre, du *calorique* que les corps circonvoiſins lui fourniſſent en baiſſant de température.

» C'eſt ainſi que le mercure, l'eau, les eſprits ardens, les huiles eſſentielles, &c, ſe diſſolvent dans l'air atmoſphérique, dont ils augmentent le volume, & qu'ils éprouvent un refroidiſſement proportionné à la quantité & à la rapidité de cette espèce particulière de diffolution que je nomme *évaporation*.

» Les circonftances favorables à l'évaporation font, une température plus haute dans le liquide à diffoudre, ou une denfité plus grande dans le fluide élaftique diffolvant, parce qu'alors les deux corps font plus voifins de l'état qu'ils vont prendre.

» Un corps peut retourner de l'état de fluide élaftique à l'état de liquide, par la retraite feule du *calorique*, par une augmentation fuffifante dans les preffions par la ceffation de circonftances favorables à la diffolution dans un autre fluide, telles qu'une température élevée, une grande denfité, & par l'action d'un liquide.

» L'opération par laquelle un corps retourne de l'état de fluide élaftique à celui de liquide par la retraite feule du *calorique*, fe nomme *condenfation* : elle fe fait toujours à la même température pour chaque fubftance en particulier, fous les mêmes preffions extérieures.

» Lorfqu'un corps retourne de l'état de fluide élaftique à celui de liquide, par une augmentation fuffifante dans les preffions, alors le *calorique* qui, fous forme de *calorique latent*, le conftituoit fluide élaftique, eft exprimé : en fe portant fur les corps environnans, il élève leur température ; mais le liquide reproduit ne peut fubfifter fous cet état contraint, qu'autant de temps que dure l'augmentation de preffion néceffaire à cet effet.

» Par la diminution d'une température fuffifante, l'eau diffoute dans l air atmofphérique fe précipite très-fouvent, redevient liquide, & mouille les corps qui refroidiffent l'air.

» Nous avons dit que les corps pouvoient paffer de l'état de fluide élaftique à celui de liquide, par la ceffation de circonftances favorables à leur diffolution dans un autre liquide ; c'eft ainfi que l'eau diffoute dans l'air atmofphérique redevient liquide & prend la forme de nuage, lorfque la preffion de l'atmofphère diminuant, la denfité de l'air, ainfi que fa température, deviennent moindres : ce retour à l'état liquide peut fe nommer *précipitation* ; il eft toujours accompagné de chaleur.

» Les corps paffent de l'état de fluide élaftique à l'état liquide par l'action d'un fluide préexiftant, comme le gaz ammoniac, les gaz acides fulfureux, &c. ; ces gaz font ramenés à l'état liquide par l'action de l'eau qui les abforbe ; l'air atmofphérique même eft abforbé par l'eau, mais en quantité beaucoup moindre. Les circonftances favorables à cette abforption font : 1°. une température plus baffe ; 2°. une preffion plus grande dans les fluides : pendant l'abforption, il y a du *calorique* de dégagé.

» La fluidité élaftique eft le dernier état que le *calorique* puiffe faire prendre à un corps ; cependant il continue toujours d'agir avec lui, en le dilatant & en augmentant fon reffort.

» Le *calorique* agit fur les fluides élaftiques en les dilatant, fi les preffions extérieures peuvent céder à fon action ; ce qui donne lieu de diftinguer *les vapeurs naiffantes & les vapeurs élevées*.

» Les vapeurs naiffantes font celles qui n'ont que la température néceffaire à l'état de fluide élaftique, & qui ne peuvent éprouver le plus léger refroidiffement ni la moindre augmentation de preffion, fans retourner, du moins en partie, à l'état liquide.

» Les vapeurs élevées font celles dont la température eft plus haute que celle des liquides en ébullition dont elles proviennent : on peut les refroidir ou les comprimer jufqu'à un certain point, fans leur faire perdre leur état. Les gaz ne font que des vapeurs élevées ; ils font compreffibles, du moins dans l'état moyen, fenfiblement en raifon des poids comprimans.

» Le *calorique* agit fur les fluides élaftiques en augmentant leur reffort, fi le fluide eft contenu dans des parois réfiftantes : par les progrès de la température, il peut les mettre à même de vaincre ces obftacles pour fe répandre dans un plus grand efpace & produire une *explofion*. Ce phénomène eft toujours accompagné de refroidiffement.

» Les fluides élaftiques peuvent exercer des actions fur des corps folides & fur d'autres fluides élaftiques.

» L'action des fluides élaftiques fur les corps folides peut les faire retourner eux-mêmes à l'état folide, ou leur faire diffoudre ceux-ci.

» Si les fluides élaftiques retournent à l'état folide, ils diminuent de volume, & ils abandonnent du *calorique* ; c'eft ainfi que les gaz acides font abforbés par les alcalis, & forment avec eux des fels neutres criftallifés, & que la plupart des métaux abforbent l'oxigène en le forçant d'abandonner le *calorique* qui le tenoit fous la forme de gaz.

» Si les fluides élaftiques diffolvent les corps folides, leur volume & leur température font altérés : par exemple, le gaz oxigène diffout le carbone pur, en excitant une grande chaleur & en diminuant de volume ; au contraire, l'air diffout la glace en fe dilatant & produifant un refroidiffement. L'air diffout ainfi le foufre & une foule d'autres fubftances, principalement les corps odorans, mais en quantité très-petite ordinairement, & l'on ne connoit pas les circonftances de ces diffolutions.

» Lorfque les fluides élaftiques exercent leur action fur d'autres fluides élaftiques, ils produifent des phénomenes accompagnés de chaleur fans lumiere, ou de chaleur avec lumiere.

» Cette action produit de la chaleur fans lumière, comme dans les combinaifons de gaz nitreux & oxigène, dont les volumes diminuent, & qui forment un autre fluide élaftique coloré, que l'on nomme *gaz nitreux*, & comme, dans la combinaifon des gaz azote & hydrogène, il fe forme du *gaz ammoniac*, les fluides élastiques complexes, formés de cette manière, peuvent ordinairement être décomposés par une augmentation de température qui rend aux compofans le *calorique* qu'ils avoient perdu pendant la combinaifon.

» L'action des fluides élastiques fur d'autres fluides élastiques produit de la chaleur avec lumière, comme dans la combinaifon du gaz oxigène avec tous les gaz inflammables, tels que le gaz hydrogène, les vapeurs de foufre, de phofphore, &c. La *flamme* eft le fpectacle de la combinaifon du gaz oxigène avec un gaz inflammable, lorfqu'un des deux fluides eft fourni par un jet continu dans un efpace rempli de l'autre.

» Les fluides élastiques réfultans de ces combinaifons ne peuvent être décompofés que par l'intermède d'une fubftance dont l'action fur un des compofans foit plus grande que celle de l'autre. »

Du trouble de l'équilibre entre les forces qui favorifent l'intromiffion du calorique dans les corps, & celles qui s'y oppofent.

« L'équilibre entre les forces qui favorifent l'intromiffion du *calorique* dans les corps, & celles qui s'y oppofent, étant troublé, il fe rétablit avec une viteffe plus ou moins grande dans les différens corps, qui fe diftinguent, à cet égard, en *non-conducteurs, femi-conducteurs & conducteurs parfaits*.

» Les corps non-conducteurs de *calorique* font ceux qui, mis en contact avec des corps plus $\left(\begin{array}{l}\text{chauds, convertiffent en}\\ \text{froids, ne perdent que le}\end{array}\right)$ *calorique* latent $\left(\begin{array}{l}\text{tout le}\\ \text{qui eft}\end{array}\right.$ *calorique* qui fe préfente $\left.\right)$ à leur furface, & $\left(\begin{array}{l}\text{n'en admet-}\\ \text{ne fournif-}\end{array}\right.$ tent point dans $\left.\right)$ leur intérieur; telles font fent point de *calorique* de $\left(\begin{array}{l}\text{la glace}\\ \text{l'eau}\end{array}\right)$ prête à fe $\left(\begin{array}{l}\text{fondre}\\ \text{geler}\end{array}\right)$ & $\left(\begin{array}{l}\text{l'eau bouillante}\\ \text{la vapeur naif-}\end{array}\right.$ fante $\left.\right)$; le *calorique* ne fauroit $\left(\begin{array}{l}\text{pénétrer dans}\\ \text{fortir de}\end{array}\right)$ leur intérieur, qui conferve long-temps la même température; la furface de $\left(\begin{array}{l}\text{la glace l'emploie toute}\\ \text{l'eau en perd}\end{array}\right)$ pour devenir $\left(\begin{array}{l}\text{liquide}\\ \text{folide}\end{array}\right)$, & celle de $\left(\begin{array}{l}\text{l'eau bouillante}\\ \text{la vapeur}\end{array}\right)$ pour devenir $\left(\begin{array}{l}\text{fluide élastique}\\ \text{liquide}\end{array}\right)$.

» Les corps femi-conducteurs font ceux pour lefquels le *calorique* fe partage en *calorique fenfible* & *calorique latent*; ils font d'autant plus conducteurs, toutes chofes d'ailleurs égales, que la portion du *calorique fenfible* eft plus grande : telle eft l'eau, & tels font, à quelques différences près, tous les corps de la nature, parmi lefquels les corps vitreux & gras font ceux qui font les moins conducteurs.

» Les corps conducteurs parfaits, s'il y en

avoit de ce genre, feroient ceux qui n'emploiroient le *calorique* que fous forme de *calorique fenfible*; la température fe diftribueroit dans leur intérieur d'une manière très-rapide : ceux qui en approchent le plus, font les métaux.

» L'effet général du *calorique* eft de s'oppofer aux combinaifons nouvelles, & de féparer les fubftances lorfqu'elles font déjà combinées. C'eft ainfi qu'une fimple élévation de température décompofe le gaz ammoniac & le gaz nitreux; cependant le *calorique*, en diminuant l'adhérence des molécules folides, les difpofe à entrer dans des combinaifons nouvelles, & il arrive quelquefois que par-là il favorife plus la combinaifon, qu'il ne leur nuit par fa difpofition générale : c'eft ainfi que l'élévation de température qui enlève une portion d'oxigène aux métaux très-oxigénés, favorife au contraire l'oxidation des métaux purs.

» En récapitulant cette théorie, on voit que les fluides élastiques renferment, 1°. tout le *calorique* qu'ils contenoient étant folides, & dans le même état de compreffion où il étoit alors; 2°. celui qu'ils ont reçu pour devenir liquide, & dans l'état de compreffion moindre qui lui convenoit; 3°. celui qu'ils ont reçu pour paffer à l'état élastique, & qui eft encore moins comprimé. Lors donc qu'ils perdent enfuite l'état élastique autrement que par le refroidiffement, les différentes molécules de *calorique* s'échappent avec des viteffes proportionnelles aux compreffions que chaque molécule éprouvoit en particulier, & conftituent le *calorique rayonnant* qui agit d'une manière fenfible fur l'organe du tact. Le *calorique* qui avoit auparavant l'état folide, contracte, en quittant la combinaifon, une viteffe très-grande qui peut le rendre capable d'agir fur l'organe de la vue, & d'y exciter le fentiment de la *clarté*. Le *calorique* confidéré fous ce point de vue eft regardé comme le fluide de la *lumière*. »

On peut juger, d'après cet extrait de la théorie du *calorique* de Monge, faite à une époque où les efprits commençoient à s'occuper de cette branche effentielle & capitale de la phyfique, quels progrès rapides ce célèbre phyficien lui a fait faire. Lorfque l'on rapporte cette théorie à l'état actuel de nos connoiffances, qui ont été confidérablement augmentées par les recherches & les nombreufes découvertes qui ont été faites depuis l'époque où cette théorie a été écrite, on eft étonné du très-petit nombre, je ne dirai pas de corrections, mais de légers changemens que quelques favans croiroient devoir lui faire éprouver, pour l'amener au niveau des connoiffances actuelles : encore ces changemens pourroient-ils être fortement conteftés par les phyficiens qui n'admettent que des faits. J'ai cru devoir préfenter cet extrait tel qu'il a été écrit en 1782, afin que l'on puiffe juger de l'avantage que les hommes célèbres qui fréquentoient, à cette époque, la fociété de l'illuftre Lavoifier, ont pu tirer des nombreufes obfervations que Monge foumettoit à leurs difcuffions.

CALORIQUE ABSOLU ; caloricum abfolutum ; wœrmen abfolut. Quantité totale de chaleur contenue dans un corps à une température quelconque, ou, fi l'on veut, la fomme de *calorique latent & fenfible* que renferme un corps. *Voyez* CAPACITÉS POUR LE CALORIQUE.

On a cru pouvoir parvenir à cette détermination par trois propofitions : 1°. que les capacités des corps pour le *calorique* font permanentes à toutes les températures, tant que le corps ne change pas d'état ; 2°. que l'abforption ou la communication du *calorique*, pendant les changemens d'état (*voyez* CHANGEMENS D'ÉTAT), ou pendant les autres altérations que peuvent éprouver les corps, ne provient que d'un changement de capacité ; 3°. que, conféquemment, le *calorique fpécifique* eft proportionnel aux capacités.

D'après ces fuppofitions, ayant trouvé que le *calorique fpécifique* de l'eau eft à celui de la glace comme 10 : 9, & que, par la converfion de la glace en eau, la quantité de *calorique* abforbée eft de 60°, foit *x* la quantité abfolue de *calorique* dans la glace à zéro, il eft évident que cette quantité dans l'eau eft *x* + 60 deg. ; mais ces deux quantités *x* & *x* + 60 deg. font l'un & l'autre comme le *calorique fpécifique* dans les deux états de l'eau, c'eft-à-dire, 9 & 10 : de-là fuit cette proportion, 10 : 9 = *x* + 60 : *x*, & 10*x* = 9*x* + 540 ; donc *x* = 540. Ainfi, le *calorique abfolu* de la glace fera de 540 deg., & celui de l'eau 600 deg.

- Crawfort mélangea une partie pondérable de gaz hydrogène, & 6,03 de gaz oxigène : le *calorique fpécifique* de ce mélange étoit à celui de l'eau comme 7,11 : 1 (1). Une étincelle électrique enflamma les gaz & en forma de l'eau. 200nc.,855 furent élevées par la détonation, à 1 deg.0667. La capacité du mélange des gaz étoit à celle de l'eau comme 15 : 56 ; il s'enfuit que le *calorique abfolu* de l'eau devoit être de 955 deg. La même combuftion, faite dans la glace, a donné à Lavoifier, pour le *calorique abfolu* de l'eau, 880.

D'après les expériences de Lavoifier & Lap'ace, un mélange de 9 parties d'eau & 16 de chaux vive a fait fondre une quantité de glace qui porteroit la quantité abfolue de *calorique* dans ce mélange à 1537 deg.

La glace fondue par un mélange de quatre parties d'acide fulfurique & de trois d'eau, fixeroit la quantité de *calorique abfolu* à 3242 deg.

Par la quantité de glace provenant de la combuftion du phofphore, en admettant pour la capacité du gaz oxigène la détermination qui a été fixée

par Crawfort, on trouve 842 d., & par celle qui a été fixée par Lavoifier & Laplace, 6153.

Enfin, la combuftion du carbone par Lavoifier donne 1204 d.

Les quantités de *calorique abfolu* que les corps doivent contenir, déduites des expériences que l'on vient de rapporter, préfentent de fi grandes différences, que l'on feroit naturellement porté à rejeter ce mode de détermination, fi l'on n'y étoit pas conduit d'une manière pofitive, d'après les rapports du *calorique fpécifique* de l'eau & de la vapeur d'eau, déduits des expériences du docteur Laroche & de Beurard. Ces deux jeunes favans établiffent, dans le Mémoire qui a remporté le prix décerné en 1813 par l'Inftitut royal de France fur la *chaleur fpécifique* des gaz, que les rapports de *calorique fpécifique* de l'eau à la vapeur d'eau eft comme 10 : 8 ; conféquemment que la vapeur d'eau contient moins de *calorique fpécifique* que l'eau, ce qui détruit entièrement la fuppofition que l'abforption du *calorique*, pendant les changemens d'état que peuvent éprouver les corps, ne provienne que d'un changement de capacité ; ou autrement que le *calorique* abforbé par un corps, en changeant d'état, augmentoit le *calorique fpécifique* des corps dans le rapport du *calorique abfolu* préexiftant au *calorique abforbé*.

Si la feconde propofition eft prouvée fauffe par les expériences du docteur Laroche & Beurard, on regarde au moins comme très-douteufe la première propofition, que les capacités font permanentes à toutes les températures, tant que le corps ne changent point d'état. Loin que cette propofition, que le *calorique fpécifique* des corps continue d'être le même à toutes les températures, foit démontrée par l'expérience, le contraire a lieu dans quelques cas, comme le prouve le docteur Irwin à l'égard de l'huile de baleine & de la cire, & comme l'a obfervé le docteur Crawfort relativement à d'autres corps. C'eft ainfi qu'en établiffant des théories fur des hypothèfes, & en fubftituant aux expériences exactes, on fait rétrograder les fciences. Malheureufement des favans eftimables s'efforcent aujourd'hui de fubftituer une analyfe mathématique très-élevée, à la recherche des faits, & font ainfi, fans le vouloir, beaucoup de tort à la phyfique. Il eft fi commode de faire de la phyfique dans fon cabinet, avec fa tête & fa plume, qu'il eft à craindre que l'on parvienne difficilement à empêcher le mal que peuvent produire des hommes bien intentionnés.

Seguin attribue au docteur Crawfort le mode hypothétique de déterminer le *calorique abfolu* des corps. Le chimifte Thomfon dit dans le fecond volume de fa *Chimie*, page 231 : «Le docteur Irwin, de Glafcow, eft le premier qui conçut la poffibilité de réfoudre cette queftion ; il établit à cet égard une théorie, laquelle, nous ignorons pour quelle raifon, a été attribuée à Kirwan.

Quel que foit l'auteur de cette méthode, elle ne

---

(1) *Mémoires de Chimie & de Phyfique* publiés par Seguin, tom. I, pag. 226.

peut nous conduire à la détermination du *calorique absolu*, & il est à craindre que cette question reste long-temps sans solution.

CALORIQUE COMBINÉ ; caloricum connexum; *wærmen zu sammen gesetze.* *Calorique* uni avec les molécules des corps par l'attraction réciproque des molécules du *calorique* pour celle des corps , & des matières des corps pour le *calorique*, c'est celui que conservent les molécules dans tous les états où les corps peuvent se trouver.

On peut considérer le *calorique combiné* comme formant une suite d'enveloppes superposées les unes au-dessus des autres autour des molécules. La première rangée est fortement unie à la molécule; la seconde est attirée par les molécules & repoussée par la couche de *calorique*; elle y adhère avec une force qui diminue, 1°. en raison d'une fonction de la distance du *calorique* à la molécule des corps; 2°. en raison du nombre de couches déjà accumulées, & qui exercent une action répulsive sur la couche que l'on considère.

Dans les corps solides, les dernières enveloppes de *calorique* sont altérées par les molécules des corps les plus voisins, & par toutes celles dans le rayon d'activité desquelles elles se trouvent; elles y sont retenues par cette double & par cette multiple action. *Voyez* CALORIQUE LATENT.

CALORIQUE DE FLUIDITÉ ; caloricum fluente. *Calorique* entièrement employé à rendre fluides les corps solides.

Tous les corps solides, arrivés à un degré de température constante pour chacun , variables entr'eux , changent d'état & deviennent liquides dans ce changement.

· Quelle qu'en soit la cause, ils absorbent une quantité plus ou moins grande de *calorique* qui n'est pas sensible au thermomètre : c'est à ce *calorique* que l'on a donné le nom de *calorique de fluidité*, & que Black a nommé *calorique latent*. *Voyez* CALORIQUE LATENT.

CALORIQUE INTERPOSÉ ; caloricum interpositum. *Calorique* placé entre les molécules des corps, & qui se manifeste à la distance déterminée par leur température.

Existe-t-il du *calorique* simplement interposé entre les molécules des corps, ou tout le *calorique* qui sépare les molécules est-il dans un état de combinaison? ce sont deux questions sur lesquelles on n'a eu jusqu'à présent aucune donnée exacte. Quelques physiciens prétendent qu'aussitôt que les molécules des corps sont à une telle distance qu'elles ne peuvent plus exercer d'action attractive l'une sur l'autre, le *calorique* qui les sépare n'est qu'interposé; d'autres pensent que le rayon d'activité du *calorique* est tellement grand, que, quelque rare, quelque dilaté que soit un gaz, à quelque distance que soient ses molécules, le *calorique* est

toujours à l'état de combinaison. Ainsi , d'après les premiers , il y auroit dans les gaz du *calorique* interposé; d'après les seconds, il n'y auroit que du *calorique* combiné. Dans tous les cas, les uns &· les autres considèrent ce *calorique*, en-tant qu'il est employé à maintenir l'écartement entre les molécules , comme du *calorique latent*. (*Voyez* CALORIQUE LATENT.) Lavoisier & Laplace donnoient indifféremment les noms de *calorique combiné*, *calorique interposé* ou *calorique latent*, à celui qui n'étoit pas sensible au thermomètre. Quelques physiciens distinguent le *calorique combiné* du *calorique interposé*, en ce que le premier sert à vaincre la force de cohésion des molécules des corps &·à satisfaire la tendance pour ce fluide (*voyez* CALORIQUE LATENT), tandis que le second, le *calorique interposé*, fait équilibre à la température extérieure. *Voyez* CALORIQUE SENSIBLE.

CALORIQUE LATENT ; caloricum latente; *wærmen latent.* *Calorique* qui , n'étant pas destiné à faire équilibre à la température extérieure , n'est pas libre de se manifester par une action sur le thermomètre.

Toutes les fois que le *calorique* pénètre dans l'intérieur d'un corps, dit Haüy, il partage ses forces & exerce deux actions; l'une en échauffant les corps & élevant leur température, l'autre en leur faisant subir une augmentation de volume à mesure qu'il écarte leurs molécules en vertu de son élasticité.

Or, la distinction de ces deux effets conduit à en admettre une dans la manière de concevoir la cause qui les produit; elle consiste en ce qu'il y a toujours une partie de l'action du *calorique* qui est employée uniquement à faire monter la température, & une autre qui n'intervient que pour dilater le volume, & qui échappe aux indications du thermomètre. On peut donc , pour plus de simplicité, considérer le *calorique* qui s'introduit dans un corps comme étant composé de deux portions destinées à produire les deux actions dont on vient de parler. On appelle donc *calorique sensible* la portion qui échauffe le corps , & *calorique latent* celle qui le dilate.

Si l'on imagine qu'une masse d'air étant d'abord resserrée de toutes parts , on augmente , à l'aide d'un moyen quelconque , l'espace qu'elle occupoit , de manière, par exemple , que l'accroissement soit d'un dixième; cet air s'étendra pour remplir le vide, &, après la dilatation, sa température sera encore la même. Or, il n'aura pu se dilater, en conservant ainsi sa température, sans enlever du *calorique* aux corps environnans; mais ce *calorique* aura pris tout entier la forme de *calorique latent* pour opérer la dilatation.

On peut aussi supposer que l'air , sans être soumis à l'influence des corps environnans , reçoive dès le premier instant une quantité de *calorique* égale à celle qu'il leur auroit dérobée. Cette quantité

tité disparoîtra de même pendant la dilatation, à laquelle son action sera employée tout entière; en sorte que la température finira encore par se trouver au même degré qu'avant l'expérience.

Que l'on conçoive au contraire, qu'au lieu de permettre à l'air de s'étendre, on le tienne resserré dans l'espace primitif, & qu'en même temps on lui communique une certaine quantité de *calorique* additionnel, toute cette quantité restera à l'état de *calorique sensible* pour élever la température.

Si l'on communique à l'air cette même quantité de *calorique*, plus celle qui avoit servi à le dilater la première fois, & qu'ensuite on augmente encore d'un dixième l'espace dans lequel il étoit renfermé, les deux effets qui avoient lieu séparément dans les expériences précédentes, s'opéreront simultanément, c'est-à-dire, que la quantité qui avoit produit la dilatation, en passant à l'état de *calorique latent*, agira encore ici de la même manière, tandis que l'autre, conservant la forme de *calorique sensible*, fera monter la température du même nombre de degrés; or c'est ce qui a lieu, en général, à l'égard des corps dans l'intérieur desquels le *calorique* s'accumule de plus en plus.

Le phénomène prendra une marche inverse, si l'on suppose qu'une certaine quantité de *calorique* s'échappe de l'intérieur d'un corps; celui-ci éprouvera alors un refroidissement accompagné d'une diminution de volume : le premier effet sera dû au changement d'une portion du *calorique sensible*, & le second à celui de la portion correspondante de *calorique latent*.

On trouve dans les Mémoires de l'Académie *del Cimento*, une expérience assez remarquable sur la fusion de la glace, qui prouve bien l'existence du *calorique latent*. Les académiciens de Florence remplirent un vase de glace pilée très-fine, & y ayant mis un thermomètre, ils l'y laissèrent jusqu'à ce qu'il eût pris la température du bain où il étoit plongé; après quoi ils plongèrent le vase dans l'eau bouillante, & ils remarquèrent que, quoique cette eau environnât tout le vase, le thermomètre resta cependant stationnaire : tant il est vrai que la chaleur de l'eau bouillante qui entouroit le vase plein de glace, & qui ne cessoit de se communiquer à la glace, en étoit absorbée, sans que la température de la glace en fût altérée, ainsi que le prouvoit le thermomètre, qui ne donnoit aucun signe de cette altération.

Cette première observation des académiciens de Florence, sur le *calorique latent* employé pour fondre la glace, a été faite depuis par un grand nombre de savans, soit sur la glace, soit sur d'autres solides; elle a été complète par la remarque que les liquides, en se congelant, laissoient dégager le *calorique* qui occasionnoit leur changement d'état. Mairan l'observe dans sa belle Dissertation sur la glace; Baumé dans sa *Chimie*; le physicien français, en exposant des mélanges d'alcool & d'eau à un froid de 20 d. R.; Huyghens & Baumé dans la cris-

tallisation des sels; de même que Heidans, Nairac, &c. Landriani a fait la même observation pendant la congélation du soufre, de l'alun de roche, du métal fusible de Newton, de Homberg & de Darcet; il crut même remarquer, à l'égard de cette dernière substance, qu'il se dégageoit d'autant moins de *calorique* pendant la congélation, que la composition étoit elle-même plus fusible.

Quoiqu'il existât un grand nombre d'expériences propres à faire distinguer le *calorique latent*, il étoit réservé à Black de le déterminer d'une manière positive. Ses premières expériences pour déterminer la quantité de *calorique* que l'eau absorboit pour se congeler, *calorique* auquel il donna le nom de *calorique latent*, furent faites en 1762. Nous allons les rapporter, afin de faire connoître par quel moyen ingénieux il est parvenu à déterminer cette quantité; nous rapporterons les quatre principales expériences qu'il fit pour résoudre cette question.

Première expérience. Si l'on met dans une chambre chaude un bloc de glace à la température de 5,55 centigrades (4d.,44 R.) au-dessous de zéro, cette température s'élevera très-promptement à zéro; la glace commencera alors à fondre, mais d'une manière très-lente, & plusieurs heures s'écouleront avant qu'elle soit fondue en totalité. Pendant tout ce temps, sa température continuera d'être à zéro; & cependant, comme elle est constamment environnée d'un air chaud, on a tout lieu de croire que le *calorique* y entre continuellement; mais comme le thermomètre n'en indique aucune augmentation, que devient-il, s'il ne se combine pas avec la portion qui se convertit en eau, & s'il n'est pas la cause qui produit cette fonte de glace?

Le docteur Black [1] prit deux globes minces de verre de 108 millimètres de diamètre, & de poids à peu près égaux; il les remplit d'eau l'un & l'autre; celle contenue dans l'un de ces globes fut gelée en masse solide de glace; l'eau, dans l'autre, fut refroidie 0,44 R. au-dessus de zéro. Ces deux globes furent suspendus à une certaine distance de tous les autres corps, dans une vaste chambre dont la température étoit à 8°,33 centigr. (6°,66 R.) au-dessus de zéro. Dans le globe dont l'eau n'avoit été que refroidie, le thermomètre s'éleva dans une demi-heure de 0,44 R. à 3°,55 R., & monta par conséquent à 3°,11. La glace dans l'autre globe étoit d'abord de 2,22 à 2°,66 R. plus froide que la neige fondante; mais lorsqu'on y eut appliqué le thermomètre, il s'arrêta, au bout de quelques minutes, à zéro. On laissa ce globe dans le plus parfait repos pendant dix heures & demie, en ayant soin de noter à chaque instant, avec la plus grande précision, l'élévation du thermomètre; au bout de ce temps, la glace étoit fondue en totalité, à l'exception d'une très-petite masse spongieuse qui flottoit à la partie supérieure, &

(1) *Lectures*, I, 20.

qui difparut dans quelques minutes : la température de cette eau provenant de la glace fondue, étoit à 3°,55 R. au-deſſus de zéro.

Ainſi, la fonte de la glace exigea dix heures & demie de temps, & la température de l'eau produite n'étoitque de 3°,55 R. Durant tout ce temps, néanmoins, cette maſſe de glace avoit dû recevoir du *calorique*, avec la même célérité que l'eau refroidie de l'autre globe avoit reçu le ſien, pendant la première demi-heure, & par conféquent vingt-une fois autant ; ce qui auroit dû produire une élévation de thermomètre vingt-une fois plus conſidérable, ou de 65°,35 R.; mais cette élévation ne fut que de 3°,55 : il y eut donc 61°,80 d'abforbés par la glace fondante, & tout ce *calorique* dont la préſence n'étoit point indiquée par le thermomètre demeura dans l'eau de converſion de la glace.

Seconde expérience. Si, dans un air à la température 4°,44 R. au-deſſous de zéro, on expoſe deux vaſes, l'un rempli d'eau pure, l'autre d'eau ſalée, à la température de 8°,69 R. au-deſſus de zéro, & que dans chacun d'eux on place un thermomètre, on verra que les liqueurs de ces vaſes perdront graduellement leur *calorique*, juſqu'à ce que les thermomètres aient deſcendu à zéro; mais de ce terme, l'eau ſalée continuera à ſe refroidir ſans interruption, & arrivera par degrés à — 4°,44 R., température de l'air, tandis que celle de l'eau pure, en ſe gelant très-lentement, ſera reſtée ſtationnaire à zéro.

Il eſt facheux que, dans cette expérience, qui eſt le complément de la première, le docteur Black n'ait pas tenté de déterminer la quantité de *calorique* dégagée, afin de la comparer à celle qui a été abſorbée dans la première expérience.

Troiſième expérience. Si dans un air à — 4°,44 R. on expoſe de l'eau dans un grand verre à bière, dans lequel eſt placé un thermomètre, & qu'on le couvre, l'eau refroidit par degrés juſqu'à ce terme ſans ſe congeler; mais ſi alors on ſecoue cette eau, il s'en gèle à l'inſtant une portion en une maſſe ſpongieuſe, & la température du tout s'élève auſſitôt à zéro, point de congélation; de manière que l'eau acquiert ainſi ſubitement 4°,44 R. de *calorique*. Or, d'où pourroient provenir les 4°,44 R., ſi ce n'eſt de l'eau qui s'eſt glacée? Il eſt donc évident que l'eau, dans l'acte de ſa congélation, fournit du *calorique*.

Black a cru pouvoir conclure d'un grand nombre d'expériences qu'il a faites avec beaucoup de ſoin ſur l'eau, que, dans ces circonſtances, la quantité de glace qui ſe forme ſubitement par l'agitation de l'eau, refroidie au-deſſous de ſon point de congélation, eſt toujours en raiſon du degré de froid du liquide avant l'agitation; ainſi il a trouvé que, lorſque l'eau eſt refroidie à — 4°,44 R., il s'en congèle, par l'agitation, environ 0,07 (terme moyen de pluſieurs expériences). Si la température de l'eau, lorſqu'on l'agite, eſt de 2,22 R., il

ſe glace environ les 0,036 du tout. Il n'a pu faire à ſon gré des expériences plus baſſes que celles de — 4°,44 R.; mais il a conclu, par analogie, que par chaque quantité de 2°,22 R. d'abaiſſement de la température de l'eau au-deſſous de zéro, ſans qu'elle ſe gelât, il ſe congèle ſoudainement, par l'agitation, les 0,036 du liquide. Si donc il étoit poſſible de prolonger, ſans congélation, cet abaiſſement de la température de zéro juſqu'à 28 fois 2°,22 R. au-deſſous de zéro, elle ſe prendroit en totalité & inſtantanément en maſſe par l'agitation, & la température de la glace ainſi formée ſeroit zéro : or, ſi l'on fait attention que 28 fois 2°,22 = 62°,10 R., quantité de *calorique* qui, ſuivant les expériences du docteur Black, eſt néceſſaire à la glace pour la convertir en eau, il s'enſuivra que, dans tous les cas, l'eau refroidie au-deſſous de zéro, perd une portion de *calorique* qui lui étoit néceſſaire pour conſtituer ſon état de liquidité.

A l'inſtant où l'eau eſt agitée, une portion du liquide ſe ſaiſit de la quantité du *calorique* qui lui manque, aux dépens d'une autre portion qui eſt convertie en glace. Lors donc que la température de l'eau eſt abaiſſée à — 4°,44 R., chacune de ſes molécules manque de cette quantité de *calorique* néceſſaire à ſon maintien à l'état de liquidité. Treize parties de cette eau ſe ſaiſiſſent chacune de 4°,44 R. de la quatorzième partie. Les treize parties acquièrent ainſi la température de zéro, & la quatorzième, privée de 13 × 4°,44 = 57°,77 de *calorique*, & les 4°,44 qu'elle avoit déjà de moins, ſe trouvent en avoir perdu 62°,22 R., ou la totalité de celui qui lui eſt néceſſaire pour le maintenir à l'état de fluide, & par conféquent de ſe convertir en glace.

Quelle habileté & quelle dextérité le docteur Black n'a-t-il pas été obligé d'employer pour conclure, d'après ces deux modes d'expériences, la quantité de *calorique latent* abſorbée par la glace à zéro pour devenir liquide à zéro, particulièrement dans la dernière expérience, qui doit néceſſairement préſenter un grand nombre d'incertitudes ? Il ſeroit extrêmement difficile de croire à leur exactitude, ſi les réſultats qui en ont été tirés, n'étoient confirmés par la quatrième expérience & par celles que Wilcke, Lavoiſier & Laplace ont faites ſur le même objet (nous rapporterons celles de ces derniers). Il faut avoir, dans la véracité du docteur Black, toute la confiance qu'il mérite, pour ſe perſuader qu'il a déterminé ſes quantités de *calorique latent* par la première, & principalement par la troiſième expérience.

Quatrième expérience. S'il étoit poſſible que ces expériences ne fuſſent pas conſidérées comme appuyant ſuffiſamment la concluſion du docteur Black, celle qui ſuit, du même phyſicien, ſemble devoir établir de la manière la moins ſuſpecte d'objection, la vérité de ſon opinion.

Il mêla enſemble des quantités égales de glace

à zéro & d'eau à 70°,12 R. de température ; la glace fut fondue en quelques fecondes, & la température produite fut de 9°,13 R.

- La quantité de glace étoit de.... 119 parties.
- Celle de l'eau chaude. 135
- Celle du mélange 254
- Le vaiffeau de verre en repréfentoit 16

Seize parties de verre produifent le même effet pour l'échauffement des corps froids, que 8 parties d'eau également chaude ; ainfi, aux 16 parties repréfentées par le verre, on peut fubftituer 8 parties d'eau, ce qui portera la quantité totale d'eau chaude à 143 parties.

Dans cette expérience, il y avoit 70°,22 R. de *calorique* contenus dans l'eau chaude à diftribuer dans la glace & l'eau. Si ce partagé avoit eu lieu également, & que tout fût enfuite devenu fenfible au thermomètre, l'eau auroit retenu $\frac{143}{262}$ parties ou les 0,546 de ce *calorique*, & la glace en auroit reçu $\frac{119}{262}$ parties ou les 0,454, c'eft-à-dire, que l'eau auroit confervé 38°,22 R. de *calorique*, & que la glace en auroit reçu 32 ; & la température, après le mélange, eût été de 32 d. R. Cependant, cette température ne fe trouve être, par expérience, que de 9°,13 R. ; l'eau chaude a donc perdu 60,88 R., & la glace n'a reçu que 9°,13 R. Mais la perte de 8° R. de température à l'eau, équivaut un gain de 9°,13 dans la glace : donc 70°,22 — 8 = 62°,22 de *calorique* entièrement difparus de l'eau chaude. Il faut donc que cette quantité foit entrée dans la glace, & qu'elle l'ait convertie en eau fans en élever la température.

Si l'on prend également une quantité quelconque de glace, ou, ce qui eft la même chofe, de neige à zéro, & qu'on la mêle avec fon poids égal d'eau à 62°,22 R., la neige fond inftantanément, & la température du mélange n'eft qu'à zéro. Dans ce cas, l'eau eft refroidie de 62°,22 R. ; tandis que la température de la glace n'a éprouvé aucune augmentation ; de forte que les 62°,22 R. de *calorique* ont difparu. Ce *calorique* a dû fe combiner avec la neige ; mais il n'en a produit que la fonte, fans élévation dans fa température. Il s'enfuit donc inconteftablement, que la glace, en fe convertiffant en eau, abforbe le *calorique* qui fe combine avec elle.

Voici en quoi confiftent les expériences de Lavoifier & de Laplace fur le même objet.

Dans un vafe de tôle qui, avec fon couvercle fait de la même matière, pefoit 1liv.,7347, ces favans ont mis 2liv.,74349 d'eau, & ; après avoir échauffé le tout à 79d.,50, ils l'ont placé dans un de leurs calorimètres. (*Voyez* CALORIMÈTRE DE LAVOISIER & DE LAPLACE.) Seize heures après, toute la maffe étoit refroidie jufqu'à zéro ; la machine bien égouttée a fourni 3liv.,966797 de glace fondue ; le vafe en a dû fondre 0liv.,25219 ; la quantité de glace fondue par l'eau a donc été de 3liv.,714578. Maintenant, fi 3liv.,714578 répon-

dent à 79d.,50, 2liv.,74349 répondront à 58d.,716 : c'eft le nombre de degrés que doit avoir l'eau, d'après cette expérience, pour fondre un poids égal de glace.

Ils ont enfuite déterminé çe nombre d'une autre manière : en verfant, dans un de leurs *calorimètres*, quatre livres huit onces d'eau à 70 d., ils en ont retiré neuf livres douze onces d'eau du degré de la congélation. Dans cette expérience, quatre livres huit onces d'eau à 70 d. ont fondu cinq livres quatre onces de glace ; d'où il fuit que, pour fondre quatre livres huit onces de glace, l'eau devroit être à 60 d. : une pareille expérience leur en a donné 60d.,856 pour ce même nombre. C'eft en prenant un milieu entre ces réfultats & quelques autres femblables, que Lavoifier & Laplace ont fixé à 60 d. le nombre de degrés de chaleur que la glace abforbe en fe réfolvant en eau ; d'où il fuit que, réciproquement, le changement de l'eau en glace développe 60 degrés de chaleur.

On a établi différentes déterminations du nombre de degrés de *calorique* qui difparoît pendant la fonte de la glace. Cawendifch l'a porté à 66°,82 ; Wilcke, à 57d.,6 ; Black, à 62°,22 ; & Lavoifier & Laplace, à 60°. Si l'on prenoit la moyenne entre toutes ces quantités, on auroit 61d.,44 ; mais lorfque l'on veut déterminer un réfultat entre plufieurs réfultats obtenus par différentes méthodes, c'eft moins une moyenne entre toutes qu'il faut prendre, qu'une moyenne entre celles dont les méthodes paroiffent les plus certaines ; or, comme la méthode de Lavoifier & de Laplace paroît beaucoup plus exaate que toutes les autres, c'eft leur réfultat que l'on doit adopter de préférence. Si l'on vouloit abfolument prendre une moyenne, il conviendroit d'écarter des réfultats celui de Cawendifch, qui nous paroît beaucoup trop éloigné. Quant à celui de Wilcke, il fe rapproche beaucoup du premier réfultat obtenu par Lavoifier & Laplace ; la moyenne des réfultats de Wilcke, Black, Lavoifier & Laplace, eft de 59.94 : d'où il fuit que l'on peut, fans inconvéniens, prendre le nombre 60 d.

Ainfi donc, l'eau refroidie à zéro ne peut pas fe congeler qu'elle n'ait abandonné 60 d. R. de *calorique* ; de même que la glace, après avoir été chauffée jufqu'à zéro, ne peut fe fondre qu'après avoir abforbé la même quantité de 60° R. ; & c-tte double condition eft la caufe de la lenteur avec laquelle ces changemens s'opèrent. On ne peut plus douter que la fluidité de l'eau ne foit due au *calorique* qu'elle contient ; de même qu'il doit paroître conftaté que la quantité de *calorique* néceffaire pour rendre la glace liquide, eft de 60° R.

Le docteur Black a donné à cette quantité de *calorique*, qui occafionne la fluidité des corps folides, en fe combinant avec eux, le nom de *calorique latent*, parce que la préfence n'en eft point indiquée par le thermomètre. Cette dénomination eft convenablement expreffive; cependant d'autres favans ont préféré celui de *calorique de fluidité*.

Plufieurs expériences ont été faites pour déterminer le *calorique latent* de diverfes fubftances, c'eft-à-dire, la quantité de *calorique* qui les fait paffer de l'état folide à l'état liquide : nous allons d'abord rendre compte des expériences que nous avons faites à l'École polytechnique avec Monge, Pelletier, Hachette & plufieurs autres favans, dans la nuit du 15 au 16 janvier 1795. Cette expérience avoit pour objet de déterminer la température à laquelle le mercure fe congeloit, & la quantité de *calorique latent* qui étoit abforbée pendant la congélation : nous n'allons rendre compte que de cette dernière partie de l'expérience.

On fit un vafe avec du charbon, parce que cette fubftance eft peu conductrice du *calorique ;* on y mit du mercure, & l'on y plongea la boule d'un thermomètre à mercure : le poids total du mercure du bain & de la boule du thermomètre étoit de 4744 grains ; la température extérieure étoit de 3 d. R.

Au moment où le mercure fe congela, le bain de mercure & le thermomètre étoient à — 3.° R.; on jeta une boule de 972 grains de mercure congelé dans le bain ; cette boule s'eft fondue, & la température du mélange s'eft fixée à — 20 d. R. : ainfi le refroidiffement du bain & du thermomètre a été de 17 d. R.

Ce refroidiffement eft la fomme de deux effets : 1°. de celui occafionné par la fufion du mercure, & la transformation en liquide, à — 32°,5 de température; 2°. de l'élévation de la température de ce même liquide, jufqu'à celle-de — 20 d. : il faut, de ce réfultat, féparer le fecond effet, afin de connoître le premier.

Pour cela, obfervons d'abord que le mercure rendu liquide à la température de — 32,5 R., a été porté à la température de — 20°, ce qui indique une élévation de 12°,5 ; or on favoit, après une expérience préliminaire, que le mercure liquide, pour s'élever de — 32°,5 à zéro, le bain & le thermomètre avoient été refroidis de 8 d.

Si l'on regarde le mercure comme ayant une dilatabilité conftante, on trouvera, par une fimple proportion, de combien la maffe du bain a dû être refroidie par l'élévation de température de la boule rendue liquide.

$$32°,5 : 12,5 = 8°' : 3°,1.$$

Ainfi le refroidiffement occafionné par l'élévation de température de la boule rendue liquide feroit de 3°,1 ; retranchant ce nombre des 17° de refroidiffement éprouvé par le bain, il refte 13°,9, qu'il faut attribuer à la fufion feule du mercure.

Enfin, pour trouver à quelle température le *calorique* abforbé par la fufion auroit porté la maffe du mercure liquide, s'il n'avoit été appliqué qu'à cette maffe feule, nommant x le degré de

cette température, on aura l'équation fuivante :

$$4744 \times 13 = 972 \times x.$$

Ce qui donne $x = 67°,8$.

On voit-donc que quand le mercure congelé fe fond, pour fe convertir en mercure coulant de même température, il abforbe une quantité de *calorique* qui, fi elle étoit portée fur ce même mercure coulant, éleveroit de nouveau fa température de 67°,8, & la porteroit à 35d.,3 au-deffus de la glace.

Dans le raifonnement que l'on vient de faire, on a fuppofé que la dilatabilité du mercure étoit conftante, tandis qu'il eft certain, d'après les obfervations que nous avons faites, qu'elle va en décroiffant à mefure que le métal approche de la température de fa congélation. Il nous faudroit une fuite d'expériences pour reconnoître d'une manière fuffifante la loi de décroiffement de cette dilatabilité : à défaut d'expériences, nous pouvons au moins rechercher dans quel fens eft l'erreur que nous avons dû commettre.

1°. Les 12°,5 d'élévation de température qu'a pris le mercure coulant, feroient tout au bas de l'échelle du mercure liquide, & dans la partie où il eft le moins dilatable ; donc l'abaiffement que cette élévation a dû occafionner dans la maffe du bain à — 3°, a dû être plus grande que 3°,1, ainfi que nous l'avons trouvé; donc la portion de cet abaiffement, qu'il faut attribuer à la fimple fufion de la maffe congelée, ne doit pas être tout-à-fait auffi grande que 13°,9. Il fuit de-là que, fi le *calorique* abforbé par le mercure congelé, pour devenir liquide, étoit porté fur cette maffe feule, il n'éleveroit pas fa température de 67°,8.

2°. Cette quantité de *calorique* feroit appliquée au mercure liquide dans la partie la plus baffe de fon échelle, & où il eft le moins dilatable ; donc elle le dilateroit moins que nous ne l'avons fuppofé. Il eft vrai que, comme l'élévation qui en réfulteroit, feroit d'environ 67°,8, il y auroit à peu près moitié du *calorique* appliqué au mercure liquide dans une partie de fon échelle où il eft plus dilatable que dans la première expérience, ce qui diminue l'erreur ; mais il ne doit pas y avoir compenfation exacte, parce que la dilatabilité du mercure ne croît pas d'une manière uniforme, & il eft probable que l'excès du *calorique* abforbé pour faire parcourir au mercure la moitié inférieure des 67°,8, fur la quantité moyenne, eft plus grand que l'excès de cette quantité moyenne fur le *calorique* abforbé pour parcourir l'autre moitié.

Il y a donc deux raifons pour regarder le nombre 67°,8 comme trop grand; & l'on pourroit, par eftimation, le porter à 64°, ce qui feroit très-voifin du *calorique latent* de l'eau, que Cawendifch a eftimé 66°, & Lavoifier 60°.

Les feules expériences qui, jufqu'à préfent, aient été publiées fur la détermination du *calorique latent* des corps autres que l'eau, font celles du docteur Irwin & son fils Williams Irwin. Leurs résultats sont :

Corps.	Calorique latent.
Soufre......................	$7^\circ,86$ R.
Blanc de baleine	64,44
Plomb......................	24,00
Cire d'abeilles................	77,77
Zinc.......................	219,11
Etain.......................	222,23
Bismuth.....................	244,44

La congélation des liquides & la liquéfaction des solides ne sont pas les seuls changemens d'état qui dégagent ou absorbent du *calorique latent* (*voyez* Congelation, Liquefaction, Solidfication); la vaporisation des liquides, & la condensation des vapeurs ou leur liquéfaction, absorbent & dégagent également du *calorique latent*. Nous allons rapporter ici les expériences faites par Black & Watt, pour déterminer les quantités de *calorique* absorbées ou dégagées par le changement d'état de l'eau liquide en vapeur, & de la vapeur d'eau en liquide.

Première expérience. Lorsqu'on place sur le feu un vase rempli d'eau, elle s'échauffe graduellement jusqu'à ce que sa température soit élevée à 80 deg. R., & parvenue à ce terme, sa température n'augmente plus ; le feu continue toujours cependant à fournir du *calorique* qui pénètre l'eau & se combine avec elle ; & comme elle n'en devient pas plus chaude, il faut que ce soit avec la portion qui s'en sépare à l'état de vapeur, que cette combinaison ait lieu ; mais la température de cette vapeur n'est que de 80 deg. R. : le *calorique* qui s'y est combiné, ne l'a donc pas augmentée, & on en doit conclure qu'il n'a servi qu'à la former, puisqu'il n'a produit aucun autre changement.

Sur un fer chauffé au rouge, le docteur Black mit un vase d'étain contenant un peu d'eau à 8 deg. R. ; quatre minutes après, cette eau commença à bouillir, & au bout de vingt minutes elle étoit entièrement évaporée par l'ébullition. Pendant les quatre premières minutes elle avoit reçu 72° R. de *calorique*, ou 18 deg. R. par minute. Si l'on suppose qu'elle en a reçu, dans la même proportion, pendant tout le temps qu'a duré son évaporation totale par l'ébullition, il en résultera que la quantité de *calorique* entrée dans l'eau, & qui l'a convertie en vapeur, s'élève à $18^\circ \times 20 = 360$ d. R. (1). Cependant ce *calorique* n'est pas indiqué par le thermomètre, puisque la température de la vapeur n'est que de 80 deg R. C'est donc, suivant le docteur Black., du *calorique latent.*

Deuxième expérience. L'eau peut être chauffée dans le digesteur de Papin jusqu'à $163^\circ,55$ R. sans bouillir, parce que la vapeur étant fortement comprimée,

il ne peut y avoir de dégagement. Si alors on donne subitement ouverture au vaisseau, une portion de l'eau s'en échappe sous forme de vapeur ; mais il en reste encore la plus grande partie à l'état d'eau, dont la température est aussitôt réduite à 80 d. R., & par conséquent il y a eu, dans cet instant, disparition de $83^\circ,55$ R de *calorique*, qui a dû avoir été enlevé par l'eau convertie en vapeur ; mais comme la quantité ne s'en élève qu'au 0,20 environ de l'eau du vase, cette vapeur doit nécessairement contenir les $8_3^\circ,55$ R. de *calorique* qui lui appartenoient, mais encore les $8_4^\circ,55$ R. perdus par chacune des quatre autres portions de 0,20 l'une, non convertie, ou $334^\circ,20$ R ; cette vapeur est donc par conséquent de l'eau combinée avec une quantité totale de *calorique* égale au moins à $8_3^\circ,55 \times 5 = 417^\circ,75$ R., dont la présence si fixe point indiquée par le thermomètre. Cette expérience, faite la première fois par le docteur Black., fut répétée avec plus de précision par Watt.

Troisième expérience. Lorsqu'après avoir placé des liquides chauds sous le récipient de la machine pneumatique, on fait promptement le vide, ces liquides bouillent ; leur température s'abaisse considérablement & avec une grande rapidité ; ainsi l'eau, quelque chaude qu'elle soit d'abord, est très-promptement réduite à la température de $16^\circ,88$ R., & l'éther devient subitement si froid, qu'il fait geler l'eau qui environne le vaisseau qui le contient. Dans ces cas, il est indubitable que la vapeur transporte le *calorique* hors du liquide ; mais la température de la vapeur n'est jamais plus élevée que celle du liquide lui-même ; le *calorique* s'est donc combiné avec elle, il est devenu *latent.*

Quatrième expérience. Si l'on mêle une partie de vapeur à 80 deg. R. avec neuf parties en poids d'eau à $13^\circ,33$ R., la vapeur se transforme aussitôt en eau, & la température du mélange parvient à $65^\circ,15$; ainsi chacune des neuf parties d'eau a reçu $51^\circ,82$ de *calorique*, & la vapeur en a par conséquent perdu $9 \times 51^\circ,82 = 466^\circ,38$ R. ; mais comme sa température est diminuée de $14^\circ,85$ R., il faut en retrancher cette quantité ; restera donc plus de 448 deg. R. de *calorique* qui existoit dans la vapeur, sans en augmenter la température. Cette expérience, dit Thomson, ne peut pas se faire directement, mais on y parvient en faisant passer une quantité connue en poids, de vapeur, à travers un serpentin métallique entouré d'un poids donné d'eau. La chaleur acquise par cette eau indique le *calorique* que la vapeur a abandonné pendant sa condensation. Il résulte d'expériences faites de cette manière, par Watt, que le *calorique latent* de la vapeur s'élève à 377,77 R.

Quelqu'exacts que soient, dans leurs recherches, les deux hommes célèbres, Black & Watt, qui ont cherché à déterminer la quantité de *calorique latent* absorbée dans le passage de l'eau à l'état de vapeur, nous sommes obligés de considérer leur

---

(1) Black's, *Lectures*, I, 157.

réfultat comme n'étant pas fondé fur des bafes. fuffifamment exactes.

Nous ignorons d'après quelles données Thomfon annonce que la quantité de *calorique latent*, employée par l'eau en paffant de l'état liquide à l'état gazeux, eft, d'après Lavoifier, de 555 deg. centigrades, 444 deg. R. Il auroit été à defirer que ce favant eût fait paffer de la vapeur d'eau à travers de la glace à zéro, & qu'il eût mefuré la proportion de glace qu'elle auroit liquéfiée ; on auroit, par cette comparaifon, un moyen de déterminer le degré de confiance que méritent les expériences de Black & de Watt.

On voit, d'après ce qui a été rapporté dans cet article, que le *calorique latent* a été envifagé fous deux points de vue différens : que, fuivant quelques phyficiens, il fe fixe dans les corps qui changent d'état ou qui fe dilatent : cet effet eft analogue à ce qui fe paffe dans la criftallifation d'un fel qui s'approprie une portion du diffolvant, en forte que celle-ci, engagée dans le criftal, perd toutes fes apparences, & n'a plus rien de ce qui caractérife une fubftance humide. L'autre opinion eft relative à l'idée que les phyficiens qui l'ont émife avoient conçue de la capacité du *calorique*. Ils faifoient dépendre celle-ci d'une certaine force que les corps exerçoient pour contenir & captiver en quelque forte le *calorique* engagé dans leur intérieur. Cette force avoit d'autant plus d'énergie que la capacité du *calorique* étoit plus confidérable, & cette capacité fe trouvoit effectivement augmentée dans un corps qui avoit paffé de l'état de folide à celui de liquide, & de ce dernier à l'état de gaz & de vapeur.

En général, on peut confidérer dans le *calorique* deux actions, dont l'une, par cela feul qu'elle produit tantôt un changement d'état, tantôt une dilatation, perd fon influence fur le thermomètre ; en forte que l'autre action, d'où dépend la température, ne peut refter la même qu'autant que la première reçoit d'ailleurs autant qu'elle confume.

CALORIQUE LIBRE ; caloricum folutum ; *wœrmen frey*. Portion du *calorique* qui, n'étant pas retenue par les molécules d'un corps, peut fe porter partout où fon mouvement n'éprouve point d'obftacle.

On divife ordinairement le *calorique libre* en deux parties, *calorique fenfible* & *calorique rayonnant*. *Voyez* CALORIQUE SENSIBLE, CALORIQUE RAYONNANT.

CALORIQUE RAYONNANT; caloricum radiante, calor radians ; *wœrmen ftralende hitze*. Portion du *calorique* qui s'échappe des corps chauds avec une très-grande vélocité, & qui fe meut dans toutes les directions imaginables.

Scheele paroît être le premier qui fe foit appliqué à difcuter ce phénomène qui étoit connu depuis plus d'un fiècle ; il obferve que la fumée monte dans un feu dont la chaleur fe fait fentir à dix pieds de diftance ; que l'air agité n'empêche pas cette émiffion de chaleur ; qu'un carreau de verre l'intercepte fans intercepter la lumière ; que le verre réfléchit la lumière feulement, mais que le métal poli réfléchit la lumière & la chaleur ; qu'un miroir métallique, concave, brûle fans s'échauffer, mais qu'enduit de fuif ou de noir de fumée, il s'échauffe. De ces faits, & de quelques autres de moindre importance, Scheele conclut que la chaleur qui s'élève dans le poêle avec l'air, & qui s'envole par la cheminée, eft différente de celle qui s'élance par la porte du poêle dans la chambre.

Les principales propriétés du *calorique rayonnant* font : 1°, d'avoir une grande vélocité ; 2°. de décroître d'intenfité en raifon inverfe du carré de fa diftance au corps échauffant ; 3°. de fe réfléchir en faifant fes angles de réflexion égaux aux angles d'incidence ; 4°. de fe réfracter comme la lumière ; 5°. d'être émis par les corps dans des proportions différentes, dépendantes de leur nature & du poli de leur furface ; 6°. de rayonner dans des milieux particuliers ; 7°. de fe polarifer. Nous allons examiner fucceffivement chacune de ces propriétés.

De la vélocité du calorique rayonnant.

Pictet ayant difpofé deux miroirs concaves, *fig.* 231, l'un d'étain & l'autre de plâtre doré, & les ayant placés à 69 pieds de diftance l'un de l'autre, il fixa un thermomètre à air, très-fenfible, au foyer du fecond miroir, à environ quatre pieds du foyer du premier miroir ; entre les deux foyers, il plaça un écran de foie très-épais qui interceptoit le *calorique*. Après avoir échauffer un boulet de fer au-deffous du degré où il feroit lumineux dans l'obfcurité, il plaça ce boulet chaud dans une cage de fil de fer, fixée au foyer du miroir d'étain, & qui étoit deftinée à le recevoir ; alors il ôta l'écran, & l'effet de la chaleur du boulet fur le thermomètre parut inftantanée.

Voulant expliquer les rayonnemens de la lumière dans les fluides élaftiques feulement, Leflie a fuppofé un mouvement de vibration dans les molécules, qui le conduifent à donner au *calorique rayonnant* la même viteffe qu'au fon. *Voyez* ci-après, *Des milieux dans lefquels le calorique rayonne*.

Herfchell, en faifant paffer un faifceau de rayons folaires à travers un prifme, a obfervé deux fpectres diftincts ; l'un de lumière, qui commençoit au rayon violet & finiffoit au rayon rouge ; l'autre de *calorique*, qui commençoit également au rayon violet, & qui s'étendoit par-delà le rayon rouge. *Voyez* CALORIQUE, NATURE DU CALORIQUE, SPECTRE DE CALORIQUE.

Newton & un grand nombre de phyficiens attribuent la différence de réfrangibilité des rayons

colorés du fpeétre folaire, à la différente viteffe des molécules de la lumière ; ils fuppofent
au rayon violet, le moins réfrangible, une moins
grande viteffe qu'au rayon rouge le plus réfrangible. (*Voyez* REFRACTION.) Si l'on peut également attribuer la différence de réfraction que les
molécules du *calorique* éprouvent en paffant à travers le prifme, à la différence dans la viteffe, on
fera porté à attribuer aux molécules de *calorique*
qui fe réfraétent avec le rayon violet & avec le
rayon rouge, une viteffe égale à celle des molécules de lumière qui produifent ces couleurs, &
par fuite, une plus grande viteffe aux molécules
de *calorique* que l'on obferve par-delà le rayon
rouge ; enfin, que la viteffe moyenne des molécules
de *calorique* qui doit être prife au point du fpeétre
du *calorique* qui a la plus grande température, eft
plus grande que la viteffe moyenne de la lumière
que l'on prend au point le plus éclairé du fpeétre
coloré.

La longueur du fpeétre *calorifique*, qui eft prefque
double de celle du fpeétre lumineux, paroît prouver qu'il exifte une grande différence dans la viteffe des molécules du *calorique*; mais ce fpeétre ne
donne d'indice que fur les molécules de *calorique*
dont la réfraction, & par fuppofition la viteffe,
eft au moins la même que celle du rayon violet.
Exifte-t-il des molécules de *calorique* dont la viteffe foit moindre ? L'expérience de Scheele, Pictet, Leflie, Herfchell, qui prouvent qu'une portion de *calorique* qui arrive fur la furface des verres
& des autres corps tranfparens, ne paffe pas à
travers ces corps, porte néceffairement à conclure que toutes les molécules de *calorique* qui
font arrivées fur la furface du prifme, ne l'ont pas
traverfé ; que le fpeétre *calorifique* n'eft formé que
d'une portion du *calorique* contenu dans la lumière,
& n'indique en conféquence que la viteffe des molécules qui ont traverfé le prifme. Quant à celles
qui ont été arrêtées, foit à la furface, foit dans
l'intérieur du prifme, tout porte à croire que leur
viteffe eft moindre que celle des molécules qui
ont pénétré & qui ont été réfraétées ; & comme
il n'a pas été poffible, jufqu'à préfent, d'avoir
aucune donnée fur les rapports de viteffe de ces
molécules, la feule conclufion raifonnable que
l'on puiffe tirer, eft que les molécules de *calorique*
ont des viteffes très-variées, les unes égales &
plus grandes que celles des molécules de lumière
rouges & violettes, les autres plus pétites que celles
des molécules violettes.

On voit, d'après ces détails, que nous avons
peu de données fur la viteffe des molécules du
calorique, que tout porte cependant à regarder
comme devant être très-grandes.

*De la loi d'intenfité du calorique rayonnant, relati-
vement à fes diftances du foyer qui le produit.*

Toutes les émanations qui fe font en ligne droite
doivent décroître en général comme le carré des
diftances aux furfaces rayonnantes ; c'eft la loi que
préfente la lumière, & que l'on a vérifiée par l'expérience. Le *calorique rayonnant* fe mouvant également en ligne droite, devroit fuivre la même loi.
Il paroît cependant qu'elle eft différente lorfque
la chaleur eft réfléchie, & qu'elle provient d'une
grande furface ; car Leflie conclut de fes expériences, que l'intenfité du *calorique rayonnant* mefurée, après avoir été réfléchie, eft fimplement
en raifon inverfe de fa diftance. Nous allons rapporter les principales expériences du favant écof-
fais, afin que l'on puiffe donner à fa loi le degré
de confiance qu'elle mérite.

Ses expériences ont été faites avec un vafe cubique rempli d'eau chaude ; on préfentoit une des
faces à un grand miroir de fer-blanc, de forme
concave, dont la diftance focale étoit de fix pouces; au foyer étoit placée la boule d'un thermomètre extrêmement fenfible, dont le diamètre
étoit de quatre dixièmes de pouce. (*Voyez* THER-
MOMÈTRE DIFFÉRENTIEL). La proportion de *chaleur rayonnante* étoit eftimée d'après la marche de
la liqueur dans le thermomètre.

Dans fa quinzième expérience (1), Leflie fe
fervit d'un vafe cubique de fer-blanc ; « ce vafe
préfentant fa face noircie, donnoit à la diftance de trois pieds, fervant d'étalon ou de règle
fixe, favoir, cent degrés. Lorfqu'on le plaçoit à la
diftance de fix pieds, il ne produifoit plus que
cinquante-fept degrés.

» Ainfi, en plaçant le vafe à une diftance double de celle où il étoit d'abord, l'énergie qu'il
déploie eft réduite prefqu'à moitié ; mais fi l'effet
s'etoit opéré conformément aux lois de la catoptrique, au lieu de 57 degrés, il auroit été de 116.
En effet, 100 eft à 116 comme le carré de 5,57 eft
au carré de 5,81 ; ces deux nombres exprimant
en pouces les longueurs focales correfpondantes
aux diftances de 6 & de 3 pieds. En corrigeant
de la même manière les quantités, j'ai trouvé en
général, dans les limites de mes expériences,
que la mefure relative de l'effet étoit prefqu'exactement en raifon inverfe de la diftance du vafe.
Cette diminution fucceffive ne peut être attribuée
à quelqu'obftacle oppofé par l'air qui traverfe l'influence *calorifique*; car, fi cela étoit, la progreffion
felon laquelle la diminution fe feroit opérée, auroit été bien différente. L'effet de la diftance de
3, 6 & 9 pieds, au lieu d'être repréfentee par
les fractions $\frac{1}{3}$, $\frac{1}{5}$, $\frac{1}{9}$, auroit été exprimé par la
fuite géométrique $\frac{1}{3}$, $\frac{1}{9}$, $\frac{1}{27}$.

» Un écart auffi frappant des propriétés des
émanations reétilignes doit provenir, de manière
ou d'autre, en tout ou en partie, de quelques
réflexions imparfaites. On ne peut pas non plus
l'attribuer à quelqu'inexaétitude dans la figure de
la furface réfléchiffante ; car le foyer étant fi près

(1) Du *calorique rayonnant* de P. Prévoft, pag. 195.

du réflecteur, le défaut de cette espèce ne produiroit qu'une aberration de peu de conséquence. Mais si l'on élevoit encore quelques soupçons sur l'influence de cette source d'erreurs, l'expérience suivante la feroit entièrement disparoître.

» *Expérience* 16. Au lieu du miroir de fer-blanc, je fis usage d'un très-grand miroir concave de verre. Il avoit deux pieds de diamètre, & étoit le segment d'une sphère de six pieds de rayon ; mais comme l'eau bouillante ne produisoit presqu'aucune impression violente au foyer d'un tel miroir, je préférai, pour ce genre d'expérience, le feu de charbon, comme étant celui qui présente la surface ardente la plus uniforme, entretenue d'ailleurs dans un état constant d'ignition par le courant d'air non interrompu d'un soufflet à double vent. Quand le miroir étoit à dix pieds du feu, la longueur focale étant alors de quatre pieds, le thermomètre différentiel marquoit 37 degrés; mais quand il eut été mis à la distance de trente pieds, la longueur focale correspondante étoit de 38 pouces : l'effet produit ne fut plus que de 21 degrés.

» Pour comparer ces effets avec précision, il faut appliquer la correction requise pour ces différentes longueurs focales. Comme le carré de 48 est un carré de 38, ou, en nombre rond, comme 8 est à 5, ainsi 21 : 13. Ainsi, l'action du feu qui s'est manifestée à 30 pieds du miroir, étant rapportée au même foyer que celle qui s'est manifestée à 10 pieds, auroit été de 13 degrés ; ce nombre est presqu'exactement le tiers de 37, effet qui a lieu réellement à la distance de 10 pieds. En ce cas donc, comme dans le cas des miroirs de fer-blanc, l'intensité de l'action a été inversement comme la distance de la source. »

Une expérience photométrique faite par Leslie prouva que, dans cette circonstance, la lumière du même feu suivoit parfaitement les lois de la catoptrique.

« Quand le miroir concave (dit Leslie) étoit à 10 pieds du feu de charbon, le photomètre marquoit 50 degrés, tandis que le simple thermomètre différentiel marquoit 37 ; mais quand le miroir s'est éloigné à la distance de 30 pieds, le photomètre s'éleva à 78 deg., tandis que le thermomètre différentiel descendit à 21. J'ai remarqué ci-dessus, que les intensités correspondantes à ces deux différens foyers devoient être dans le rapport de 5 à 8 : ce rapport donne 80 au lieu de 78 pour l'effet sur le photomètre à la distance de 30 pieds. Cet accord est aussi grand qu'on peut raisonnablement l'attendre dans des expériences de cette nature. On remarque un contraste bien frappant entre la réflexion de la lumière & celle de la chaleur. »

Pour rapprocher la loi d'intensité du *calorique* de celle qui existe pour la lumière, en supposant que la loi inverse des distances ait lieu pour l'émission directe du *calorique* aussi bien que pour le

calorique réfléchi, Prevost, de Genève, suppose que le *calorique* n'est pas homogène, & qu'il peut être divisé en deux classes : l'une, le *calorique subtil, comparable à la lumière, & qui traverse librement l'air, peut-être même quelques autres corps;* l'autre, *le calorique grossier, sujet à être intercepté par l'air, & même en assez grande quantité.* Cette supposition s'accorde avec celle où nous avons avancé que le *calorique* avoit différentes vitesses : les unes qui permettoient de traverser le verre, les autres qui l'empêchoient d'être réfracté. *Voyez* VELOCITE DU CALORIQUE RAYONNANT.

Soit (1.) ces deux *caloriques* g (le grossier), s le subtil ; après avoir traversé une couche d'air d'épaisseur donnée, soit transmise la partie $\frac{1}{t}$ du *calorique* grossier ; la transmission totale, & par conséquent l'effet sera donc $\frac{g}{t} + s$; & pour deux couches $\left(\frac{g}{t}\right)^2 + s$, & pour trois couches $\left(\frac{g}{t}\right)^3 + s$; &c.

» Maintenant la condition expérimentale est que l'effet soit toujours inversement proportionnel à la distance, ou au nombre des couches d'air. Ainsi, n étant le nombre des couches, il faut que $\left(\frac{g}{t}\right)^n + s$ soit proportionnel à $\frac{1}{n}$.

» Traitons le cas pour les deux premières couches, on trouvera $s = \frac{g}{t} - \frac{2g^2}{t^2}$. Prenant arbitrairement $g = 3$, $t = 10$, on aura $s = 0,12$; & en employant cette quantité, il est facile de voir que la proportion observée aura lieu, car on aura $\frac{g}{t} + s = 0,42$ & $\left(\frac{g}{t}\right)^2 + s = 0,21$.

» Il est vrai qu'à la troisième couche il y auroit un écart qui croîtroit encore à la quatrième, &c.; mais si l'on n'exige pas une exactitude plus rigoureuse qu'en n'en comporte ce genre d'expérience, on trouvera facilement des rapports entre les nombres g, s, t, qui satisferont à l'observation dans des limites bien plus étendues que celles que requièrent les expériences que nous discutons.

» 1er. *exemple*. Soit $g = 29$, $s = 3$, $\frac{g}{t} = 3$. Les transmissions seront à peu près proportionnelles, inversement au nombre des couches d'air interposées, & par conséquent aux distances depuis 1 jusqu'à 4 En effet, on aura en ce cas les quantités

$$\frac{g}{t} + s, \left(\frac{g}{t}\right)^2 + s, \left(\frac{g}{t}\right)^3 + s, \left(\frac{g}{t}\right)^4 + s,$$

proportionnellement respectives à
$30, 15, 9\frac{3}{8}, 7\frac{17}{64},$
au lieu de $30, 15, 10, 7\frac{1}{2}.$

» 2e. *exemple*. Soit $g = \frac{8}{9}$, $s = \frac{1}{9}$, $\frac{g}{t} = \frac{1}{3}$; les pre-

(1) Du *Calorique rayonnant*, par Prevost de Genève, p. 199, mier,

mier, second & troisième termes seront conformes à la loi; le quatrième terme n'en différera que de $\frac{1}{61}\frac{c}{}$.

» 3ᵉ. *exemple*. Soit $g = \frac{41}{45}$, $s = \frac{4}{45}$, $\frac{g}{t} = \frac{4}{9}$; les premier, troisième & cinquième termes seront conformes à la loi; le second & le quatrième s'en éloigneront peu.

» 4ᵉ. *exemple*. Soit $g = \frac{8}{9}$, $s = \frac{1}{9}$, $\frac{g}{t} = \frac{4}{7}$; les second, quatrième & sixième termes seront conformes à la loi.

» 5ᵉ. *exemple*. Soit $g = \frac{10}{11}$, $s = \frac{5}{11}$, $\frac{g}{t} = \frac{5}{11}$; on trouve les cinq premiers termes assez conformes à la loi.

» 6ᵉ. *exemple*. Soit $g = \frac{11}{12}$, $s = \frac{1}{12}$, $\frac{g}{t} = \frac{1}{2}$; les sept premiers termes seront comme les nombres 224, 128, 80, 56, 44, 38, 35, au lieu d'être comme les nombres

224, 112, $74\frac{2}{3}$, 56, $44\frac{4}{5}$, $37\frac{1}{3}$, 32.

» Ces exemples font voir que l'on peut approcher beaucoup de la loi observée, même en supposant que l'on prend des distances très-variées, tandis que les expériences publiées jusqu'à présent n'établissent la loi que pour trois distances, dont les rapports sont 1, 2, 3 (ou plutôt $1\frac{1}{2}$, $2\frac{1}{3}$, $3\frac{1}{7}$). Il est facile de voir aussi que si l'on supposoit trois espèces de *caloriques*, un grossier, un subtil & un moyen, on approcheroit encore davantage de la loi supposée.

» Malgré cette facilité d'expliquer le phénomène par des suppositions, je (Prevost) ne m'en sens pas très-satisfait. Si la loi inverse des distances qui s'est manifestée dans deux ou trois distances comparées, se montroit constante par de nouvelles expériences, il y auroit là une détermination bien particulière dont on auroit lieu d'être surpris. Je reste donc convaincu que l'effet observé est produit par quelques déperditions de *calorique*: cette déperdition me paroît dépendre essentiellement de l'interception par l'air; & en ce cas, la distinction de deux ou de plusieurs espèces de *calorique* me paroît naturelle. Mais il peut y avoir d'autres causes de déperdition, ou d'écart & d'aberration. »

S'il est des expériences qui doivent être répétées & variées de différentes manières, ce sont celles que Leslie a faites pour déterminer la loi d'intensité relativement à la distance de la surface rayonnante; cette loi s'écarte tant de celle qui semble devoir exister, que l'on ne peut trop s'occuper de la constater, & de chercher les causes qui la déterminent, & de s'assurer si elle existe réellement. Petit, professeur de physique, adjoint à l'Ecole polytechnique, a déjà commencé une belle suite d'expériences sur cet objet; nous en ferons connoître le résultat aussitôt qu'il l'aura terminée. *Voy*. INTENSITÉ DE CALORIQUE RAYONNANT, LOIS D'INTENSITÉ DU CALORIQUE RAYONNANT.

Quelque confiance que l'on puisse avoir dans les résultats que Leslie a obtenus par ses expériences, plusieurs physiciens croient encore que l'intensité de chaque rayon, comme celle de toutes les émanations, décroît en raison inverse du carré des distances au point de départ. Mais lorsqu'on reçoit cette chaleur sur un thermomètre différentiel, après avoir été réfléchie sur la surface d'un miroir concave, ils pensent qu'il faut distinguer la quantité de chaleur obtenue, que l'on reçoit & que l'on mesure, de son degré d'intensité lorsqu'elle se meut en ligne droite.

Lois de l'intensité du calorique rayonnant, lorsque la surface d'émission fait un angle avec la direction.

Le *calorique* rayonne des surfaces des corps chauds dans tous les sens; mais les expériences du physicien écossais prouvent que c'est dans la direction perpendiculaire à la surface du corps chaud que le rayonnement est le plus considérable, & qu'à distance égale, l'intensité du rayon réfléchi d'une surface plane, est la plus grande dans la direction de la normale à la surface; enfin que, pour tout autre rayon, elle est proportionnelle au co-sinus de l'angle, entre sa direction & cette normale. *Voyez* EMISSION DU CALORIQUE RAYONNANT.

Cette loi, réunie à celle de la décroissance de l'intensité en raison inverse du carré des distances, conduit à une conséquence utile dans la théorie de la *chaleur rayonnante*, laquelle, à ce que présume Poisson, n'a pas encore été remarquée. C'est que, si l'on a un vase de forme quelconque, fermé de toutes parts, dont les parois soient partout de la même température, & émettent par tous leurs points des quantités égales de chaleur, la somme des rayons *caloriques* qui viendront se croiser à un même point du vase sera toujours la même, quelque part que ce point soit placé; de sorte qu'un thermomètre qu'on fera mouvoir dans l'intérieur du vase recevroit constamment la même quantité de chaleur, & marqueroit, par conséquent, partout la même température. Cette égalité de température dans toute l'étendue du vase ne dépendant ni de sa forme, ni de ses dimensions, doit tenir à la loi même du rayonnement: nous allons faire connoître la démonstration que ce savant géomètre en a donnée.

« Appelons O, dit Poisson, un point fixe pris dans l'intérieur d'un vase; soit M un point quelconque de la surface intérieure; tirons la droite OM, & par le point M menons, intérieurement, une normale à la surface. Désignons par α l'angle compris entre cette normale & la droite MO; si cet angle est aigu, le point O recevra un rayon de chaleur parti du point M. Nous supposons, pour fimplifier, que le point O reçoit des rayons de tous les points du vafe, c'eft-à-dire, que l'angle *u* n'eft obtus pour aucun d'eux : on verra fans difficulté comment il faudra modifier la démonftration fuivante pour l'étendre, au cas où une partie des parois du vafe n'enverroit pas de rayons au point O. Soit *a* l'intenfité du rayon normal émis par le point M, à l'unité de diftance; cette intenfité à la même diftance & dans la direction MO fera exprimée par $a \cos u$, d'après la loi citée; & fi nous repréfentons par r la longueur de la droite MO, nous aurons $\dfrac{a \cos u}{r^2}$ pour l'intenfité de la chaleur reçue par le point O, fuivant la direction MO. De plus, fi nous prenons, autour du point M, une portion infiniment petite de la furface du vafe, & fi nous la défignons par ω, nous aurons de même $\dfrac{a \omega \cos u}{r^2}$ pour la quantité de chaleur émife par cet élément ω, & parvenue au point O. Or, on peut partager la furface du vafe en une infinité d'élémens femblables; il ne refte donc plus qu'à faire, pour tous ces élémens, la fomme des quantités, telles que $\dfrac{a \omega \cos u}{r^2}$, & l'on aura la quantité totale de chaleur reçue par le point O.

» Cela pofé, concevons un cône qui ait pour bafe l'élément ω, & fon fommet au point O; décrivons de ce point, comme centre, & du rayon O M, une furface fphérique, & foit ω' la portion infiniment petite de cette furface interceptée par le cône. Les deux furfaces ω & ω' peuvent être regardées comme planes; la feconde eft la projection de la première, & leur inclinaifon mutuelle eft égale à l'angle u, compris entre deux droites qui leur font refpectivement perpendiculaires : donc, en vertu d'un théorème connu, on aura $\omega' = \omega \cos u$, & la quantité $\dfrac{a \omega \cos u}{r^2}$ deviendra $\dfrac{a \omega'}{r^2}$. Décrivons une autre furface fphérique du point O, comme centre, & d'un rayon égal à l'unité; repréfentons par θ l'élément de cette furface interceptée par le cône, qui répond aux élémens ω & ω'; en comparant enfemble θ & ω', qui font deux portions femblables de furfaces fphériques, on aura $\omega' = r^2 \theta$, & par conféquent

$$\frac{a \omega \cos u}{r^2} = \frac{a \omega'}{r^2} = a \theta.$$

Maintenant la quantité *a* eft la même pour tous les points du vafe, puifqu'on fuppofe qu'ils émettent tous des quantités égales de chaleur, il s'enfuit donc que la fomme des produits, tels que $a\theta$, étendue à toute la furface du vafe, fera égale au facteur *a* multiplié par l'aire d'une fphère, dont le rayon eft pris pour unité. Donc, en appelant π le rapport de la circonférence au diamètre, & ob-

fervant que 4π eft l'aire de la fphère, nous aurons $4\pi a$ pour la quantité de chaleur qui arrive au point O; & l'on voit que cette quantité eft indépendante du point O, ce que nous voulions démontrer.

» On peut auffi remarquer qu'elle ne dépend pas de la forme ni des dimenfions du vafe; d'où il réfulte que fi le vafe étoit vide d'air, & qu'on vienne à en augmenter ou à en diminuer la capacité, la température marquée par un thermomètre intérieur demeurera toujours la même; & c'eft en effet ce que M. Gay-Luffac a vérifié par des expériences fufceptibles de la plus grande précifion. Ces expériences détruifent l'opinion d'un *calorique* propre au vide; elles montrent, en les rapprochant de ce qui précède, qu'il n'y a dans l'efpace d'autre *calorique* que celui qui le traverfe dans l'état de *chaleur rayonnante* émife par les parois environnantes. Quant aux changemens de température qui fe manifeftent lorfqu'on augmente ou qu'on diminue tout-à-coup un efpace rempli d'air, ils font uniquement dus au changement de capacité calorifique que ce fluide éprouve par l'effet de la dilatation ou de la compreffion (1).

» Si le point O, que nous avons confidéré précédemment, étoit pris fur la furface intérieure du vafe, la quantité de chaleur qu'il reçoit de tous les autres points de cette furface feroit égale à la conftante *a*, multiplié par l'aire de la demi-fphère dont le rayon eft un, & non pas par l'aire entière de cette fphère, comme dans le cas précédent. Le produit $2\pi a$ eft auffi égal à la fomme des rayons calorifiques émis dans tous les fens par le point O; d'où il fuit que chaque point des parois du vafe émet à chaque inftant une quantité de chaleur égale à celle qu'il reçoit de tous les autres points.

» Généralement, fi l'on veut connoître la quantité de chaleur envoyée à un point quelconque O par une portion déterminée des parois du vafe, il faut concevoir un cône qui ait fon fommet en ce point, & pour circonférence de fa bafe le contour de la paroi donnée, puis décrire de ce même point, comme centre, & d'un rayon égal à l'unité, une furface fphérique, interceptée par le cône. Ainfi, toutes les fois que deux portions de furfaces *rayonnantes*, planes ou courbes, concaves ou convexes, feront comprifes dans le même cône, à des diftances différentes de fon fommet, elles enverront à ce point des quantités égales de chaleur, fi le facteur *a* eft fuppofé le même pour tous les points des deux furfaces.

» L'analogie qui exifte entre la lumière & la *chaleur rayonnante*, porte à croire que l'émiffion de la lumière doit fe faire, comme plufieurs phyfi-

---

(1) Les conclufions de Gay-Luffac, conformes aux réfultats auxquels Poiffon arrive en fuppofant que l'intenfité du *calorique rayonnant* eft en raifon inverfe du carré de la diftance, ont befoin d'être revues & méditées de nouveau.

ciens l'ont déjà pensé, suivant la loi que M. Leslie a trouvée pour la *chaleur rayonnante*. Dans cette hypothèse, tout ce que nous venons de dire, relativement à la chaleur, s'appliquera également à la lumière, & la règle que nous venons d'énoncer sera aussi celle qu'on devra suivre en optique pour déterminer l'éclat d'un corps lumineux vu d'un point donné, ou, ce qui est la même chose, la quantité de lumière que ce corps envoie à l'œil du spectateur. »

De la réflexion du calorique rayonnant.

Mariotte fit à l'Académie royale des Sciences, dans l'année 1682, plusieurs remarques & expériences sur la chaleur : celle-ci, entr'autres, que la chaleur du feu, réfléchie par un miroir ardent, est sensible à son foyer. Cette expérience prouve incontestablement la réflexion de la chaleur.

Scheele s'est assuré que le *calorique rayonnant* reçu sur la surface des miroirs métalliques, se réfléchissoit en suivant les lois de la catoptrique que l'on a reconnues dans la lumière, c'est-à-dire, que l'angle de réflexion étoit égal à l'angle d'incidence; & si le miroir est concave, l'action du *calorique* se concentre à son foyer, en sorte qu'un morceau de soufre s'allume à l'instant.

On savoit depuis long-temps que les rayons solaires reçus sur un miroir concave se réfléchissoient à son foyer, & que là, les rayons lumineux & les rayons *calorifiques* réunis produisoient un double foyer de lumière & de chaleur ; que ce dernier étoit souvent assez intense pour embraser les corps: or, dans cette circonstance, les rayons *calorifiques* suivent la même loi que ceux de la lumière.

Pictet étoit parvenu, à l'aide de deux miroirs concaves placés à vingt-quatre pieds l'un de l'autre, à enflammer un corps combustible que l'on avoit fixé à un foyer de l'un des deux, par la chaleur d'un charbon embrasé placé au foyer de l'autre miroir ; mais on croyoit que, dans cette circonstance comme dans celle de la lumière solaire, c'étoit la chaleur lumineuse qui produisoit cet embrasement. Lambert a observé que c'étoit la chaleur obscure qui occasionnoit cette inflammation, puisque, en rassemblant au foyer d'une grande lentille la lumière d'un feu très-ardent, allumée au foyer d'une cheminée, on obtenoit à peine une chaleur sensible.

Afin de vérifier cette observation de Lambert, H. B. de Saussure se réunit à Pictet, pour répéter des expériences sur ce sujet. Voici comme il les décrit dans ses *Voyages dans les Alpes*, §. 926.

« Nous avons pris un boulet de fer de deux pouces de diamètre ; nous l'avons fait rougir fortement, pour qu'il se pénétrât de chaleur jusqu'à son centre ; puis nous l'avons laissé refroidir jusqu'au point de n'être plus lumineux, même dans l'obscurité. Alors les deux miroirs étant en face l'un de l'autre, & à 12 pieds 2 pouces de dis-

tance, nous avons, fixé le boulet au foyer de l'un d'eux, tandis que nous tenions un thermomètre au foyer de l'autre. L'expérience se faisoit dans une chambre où il n'y avoit ni feu ni poêle, & dont les portes, les fenêtres & les volets étoient fermés, pour écarter, autant qu'il étoit possible, tout ce qui auroit pu causer des variations accidentelles dans la température de l'air. Le thermomètre au foyer du miroir étoit, avant l'expérience, à 4 degrés ; dès que le boulet a été placé dans l'autre foyer, il a commencé à monter, & il est venu en 6 minutes à 14 degrés ½ ; tandis qu'un autre thermomètre suspendu hors du foyer, mais à la même distance du boulet & du corps de l'observateur, n'est monté qu'à 6 degrés ¼. Il y a donc eu, dans cette expérience, 8 degrés de dilatation produits par la répercussion de la chaleur obscure. Nous avons répété plusieurs fois cette épreuve à des jours différens & avec différens thermomètres, & les résultats ont toujours été à très-peu près les mêmes, au moins quand on tenoit le thermomètre bien exactement au foyer du miroir ; car, pour peu qu'il s'écartât de ce foyer, il revenoit à la température du reste de la chambre ; & cette circonstance même démontre que cette dilatation étoit bien le produit de la chaleur réfléchie par le miroir.

» Pour écarter encore mieux tout soupçon de lumière, Pictet a répété cette expérience, en substituant, au boulet, un matras plein d'eau bouillante, & la chaleur a été augmentée de plus d'un degré au foyer de l'autre miroir. »

L'appareil dont on se sert pour exécuter ces sortes d'expériences, est composé de deux miroirs métalliques concaves A B, C D, *fig* 231, formés chacun de deux segmens de sphère. On les place à une distance plus ou moins grande, mais dans une position telle, que le milieu des segmens E I & le centre des miroirs G H, soient dans une ligne droite. On place, à l'un des foyers F des rayons parallèles, un corps. Tous les rayons lumineux F *a*, F *b*, F *c*, qui, partant de ce foyer, rencontrent la surface du miroir aux points *a*, *b*, *c*, se réfléchissent, mais conformément à la loi d'égalité entre les angles de réflexion & les angles d'incidence : les rayons réfléchis *a d*, *b e*, *c g*, sont parallèles à l'axe des miroirs E I ; alors le faisceau de rayons parallèles, qui arrive sur le segment de sphère C *d e* I *g* D, se réfléchit au foyer *f* des rayons parallèles. C'est à ce foyer que l'on place, soit le thermomètre que l'on veut échauffer, soit le corps combustible que l'on veut embraser.

On se sert de miroirs métalliques de préférence aux autres miroirs, parce que l'on a reconnu par l'expérience, & ainsi qu'on va le voir, que ces sortes de substances réfléchissoient plus de *calorique* que le verre. Les miroirs dont Pictet & Saussure ont fait usage, étoient d'étain. On les fait ordinairement de laiton, dont on dore la surface concave. Quelques physiciens en ont fait de bois & de plâtre, qu'ils recouvroient intérieurement de feuilles d'or.

Toutes les expériences faites jusqu'à présent sur la réflexion du *calorique*, & en particulier les dernières expériences d'Herschell, prouvent que la loi de la réflexion est la même que celle de la lumière, c'est-à-dire, que les angles de réflexion font égaux aux angles d'incidence.

Toutes les substances ne réfléchissent pas également le *calorique* ; Leslie s'en est assuré de plusieurs manières : d'abord, au miroir de fer-blanc il substitua un miroir de verre concave, &, après avoir présenté au miroir la face noircie du vase rempli d'eau bouillante, la liqueur colorée s'éleva d'une quantité petite, mais visible. Il enleva l'amalgame adhérent à la surface postérieure du miroir concave, & l'effet fut le même qu'auparavant ; il détruisit le poli de cette même surface, en l'usant au sable ou à l'émeri ; l'effet fut encore le même ; ce qui prouve que la réflexion de la chaleur s'opère en entier sur la surface antérieure du miroir. Cette surface antérieure fut recouverte d'un enduit d'encre de la Chine formant une couche égale & polie ; l'effet devint tout-à-fait insensible. Ayant couvert la même surface d'une feuille d'étain, en la collant & l'appliquant de manière à en suivre soigneusement la courbure, & en rabattant ou adoucissant les plis & les inégalités, un grand changement se manifesta aussitôt ; l'effet fut dix fois aussi grand que celui du miroir de verre non revêtu.

Pour connoître l'intensité relative des différentes substances qu'il vouloit essayer, Leslie plaça de petits disques de ces substances en avant du miroir réflecteur principal, & en deçà du foyer. Il produisoit ainsi une réflexion secondaire, & formoit, au moyen des rayons reçus du miroir par les disques, & renvoyés en avant par eux de son côté, un nouveau foyer aussi éloigné de ces disques, du côté du miroir, que le foyer direct l'auroit été derrière eux. Il obtint, dans ces essais du pouvoir réfléchissant comparatif des différentes substances éprouvées, les résultats suivans :

Substances réfléchissantes.

Laiton	55°,55
Argent	50
Etain en feuille	47,22
Etain plané	44,44
Acier	41,66
Plomb	33,33
Etain sur lequel on avoit coulé du mercure	5,55
Verre	5,55
Verre enduit de cire ou d'huile	2,77

Si l'on détruit le poli du réflecteur en le frottant avec du papier sablé, l'effet est considérablement affoibli. Si on y applique un enduit de colle de poisson, la force de réflexion diminue à mesure que l'épaisseur de la couche augmente, jusqu'à ce qu'elle soit de 0,027 de millimètre. La

table suivante indique l'effet proportionnel des enduits de colle de poisson de diverses épaisseurs sur la force réfléchissante des miroirs.

Réflecteur nu	70°,56
0,00006	54,44
0,00025	51,66
0,00050	48,33
0,00135	33,88
0,00270	21,66
0,00540	16,11
0,01350	11,66
0,02700	8,33

Tous ces phénomènes s'accordent exactement, comme on pouvoit s'y attendre, & ainsi qu'on le verra à l'article de l'EMISSION DU CALORIQUE RAYONNANT, avec la supposition que l'intensité des forces de réflexion est en raison inverse de celle du rayonnement. Leslie a fait voir que l'action n'a lieu qu'à la surface antérieure ; car lorsqu'on emploie pour miroir un verre étamé, l'effet ne change pas.

De la réfraction du calorique rayonnant.

A peine connut-on les verres lenticulaires, que l'on remarqua qu'exposés aux rayons solaires, ceux-ci convergeoient en sortant, & se réunissoient en un point qui étoit à la fois foyer lumineux & foyer *calorifique* ; que là on pouvoit embraser les corps combustibles & fondre des matières réfractaires : la réunion des rayons *calorifiques*, au même point que les rayons lumineux, prouvoit que les molécules de ces deux substances devoient avoir la même réfraction.

Les observations d'Herschell sur la chaleur des rayons du spectre solaire, prouvent également que les rayons du *calorique* sont susceptibles d'être réfractés par les corps transparens, comme le sont les rayons lumineux ; mais qu'ils diffèrent, ainsi que ces derniers, dans leur réfrangibilité. Elle est, dans quelques-uns, la même que celle des rayons violets ; mais dans le plus grand nombre elle est moindre que celle des rayons rouges.

On ne s'est pas assuré si les rayons du *calorique* font transmis à travers tous les corps transparens ; on n'a pas non plus examiné quelle pouvoit être la différence de leur réfraction dans des milieux différens. Cependant, il paroît certain qu'ils sont transmis & réfractés par tous les corps transparens qui ont été employés comme lentilles.

Scheele ayant annoncé que le *calorique* des foyers n'étoit pas transmis à travers le verre ; le professeur Robison d'Edimbourg, ayant remarqué qu'une feuille de verre, placée entre le feu & le visage, interceptoit les rayons du *calorique* jusqu'à ce qu'elle en fût saturée ; plusieurs expériences de Leslie & d'autres physiciens ayant fait voir qu'une portion du *calorique* se transmettoit dans le verre lentement & par sa propriété conductrice, & qu'après avoir traverfé toute fon épaiffeur en l'échauffant, elle fortoit au-dehors en rayonnant, on a dû croire qu'il feroit poffible que la propriété réfractive n'appartînt qu'à cette portion du *calorique* qui accompagne la lumière folaire, & qui fe réfracte avec elle dans le prifme. Mais des expériences d'Herfchell ont prouvé que ce ne font pas feulement les rayons *calorifiques* émanés du foleil qui font réfrangibles, mais que tous ceux émis par les feux ordinaires, les bougies, le fer rouge & même l'eau chaude, le font également.

Quoi qu'il en foit de ces réfultats, il feroit poffible que, dans la réfraction comme dans la loi de l'intenfité relativement aux diftances des corps rayonnans, les molécules de *calorique* duffent être divifées en deux claffes : la première compofée de molécules qui pénètrent facilement les corps tranfparens & les réfractent en les pénétrant; & la feconde, de molécules qui ne les pénètrent que lentement, par voie d'affinité, & qui ne foient pas foumifes à la réfraction.

De l'émiffion du calorique rayonnant.

Tous les corps échauffés, placés dans un milieu dont la température eft moins élevée, fe refroidiffent. Lorfque le refroidiffement a lieu dans l'air, la loi de ce refroidiffement, annoncée par Newton & vérifiée par plufieurs phyficiens, fuit une progreffion géométrique décroiffante pour des temps en progreffion arithmétique. *Voyez* ÉCHAUFFEMENT & REFROIDISSEMENT.

Plufieurs corps différens, élevés à la même température, placés dans un endroit clos, dont la température foit moindre, mais uniforme, emploient des temps différens pour defcendre d'un même nombre de degrés; cette variation dans la durée du refroidiffement dépend en partie du *calorique rayonnant* qu'ils émettent, mais cette caufe n'eft point la feule, & d'autres y ont une égale influence. Il étoit effentiel de féparer les caufes qui agiffent concurremment, & de déterminer, par des expériences, les rapports du *calorique rayonnant* émis par des corps différens.

Nous devons à Leflie une belle fuite d'expériences fur les rapports de cette émiffion. L'appareil dont il s'eft fervi, eft compofé d'une boîte cubique dont les faces font fermées ou recouvertes de différentes fubftances : on emplit cette boîte d'eau bouillante, & l'on dirige une des faces fur la partie concave d'un miroir fphérique ou paraboloïde : au foyer de ce miroir eft placé un *thermomètre différentiel*. Tout le *calorique rayonnant*, émis de la face préfentée au miroir, fe réfléchit de fa furface en convergeant fur la boule du thermomètre différentiel, & l'on juge de la quantité de *calorique rayonnant* émis dans un temps donné, par l'élévation de température de l'inftrument. Nous allons tranfcrire les détails de quelques-unes des expériences publiées par le favant anglais.

« Peignez une des faces du vafe cubique avec du noir de fumée; revêtez une autre face de papier à écrire, & couvrez une troifième partie d'une feuille de verre blanc ordinaire, de même dimenfion, en l'attachant avec de la poix ou un fort ciment. Apres avoir fait ces préparatifs, & mis les appareils en place, tournez de front, vers le miroir, la face noire du vafe, & rempliffez celui-ci d'eau bouillante. La liqueur du thermomètre différentiel s'élèvera à 100; mettez dans la même pofition la face garnie de papier, & l'effet fera le même, mais un peu moindre, favoir, 98 degrés : la face vitrée indiquera une diminution fenfible; fon action ne fera que de 90 degrés.

» Ainfi la peinture noire, le papier & le verre, font des fubftances de même claffe, dont les effets, quoiqu'un peu différens, font tous très-confidérables.

» Les chofes étant toujours dans la même fituation, dirigez la face brillante du vafe cubique vers le miroir; auffitôt on verra que l'effet fur la boule focale produit un changement remarquable. La liqueur colorée defcend promptement à 12 degrés. Du refte, les autres faces du vafe, lorfqu'on les recouvre d'une feuille d'étain ou qu'on les place dans une pofition convenable, manifeftent précifément la même action. Pour produire cet effet, la feule chofe requife eft d'employer une furface métallique très-propre. »

Ces expériences ayant été répétées, foit en mettant dans la boîte de l'eau à différentes températures, foit en inclinant la face à la droite menée du centre du cube au centre du miroir, foit en variant la matière des furfaces du cube, Leflie a obtenu les réfultats fuivans :

1°. Lorfque la nature & la pofition de la boîte d'étain font les mêmes, l'élévation dans le thermomètre différentiel eft toujours proportionnelle à la diftance entre la température du vafe chaud & celle du lieu où fe fait l'expérience.

2°. Quoique le *calorique* doive rayonner de la furface des corps chauds dans tous les fens, les expériences de Leflie paroiffent prouver que c'eft dans la direction perpendiculaire à la furface des corps chauds, que le rayonnement eft le plus confidérable. Lorfque la boîte d'étain eft placée, à l'égard du réflecteur, dans une pofition oblique, l'effet diminue, & cette diminution eft d'autant plus forte, que l'obliquité eft plus grande. Dans toutes les pofitions, l'effet eft proportionnel à la projection orthographique de la boîte, & par conféquent l'action de la furface chauffée eft proportionnelle au finus de fon inclinaifon à l'égard du réflecteur.

3°. Après un grand nombre d'expériences, Leflie a formé la table fuivante de la faculté de rayonnement du *calorique* qu'ont les diverfes fubftances qu'il a effayées, en les appliquant fucceffivement à l'une des furfaces de la boîte d'étain,

& en obfervant la différence d'élévation qu'elles produifoient fur le thermomètre différentiel.

Le noir de fumée..............	55°,55 cent.
L'eau (par évaluation).........	55,55
Le papier à écrire..............	54,44
La poix-réfine..................	53,33
La cire à cacheter..............	52,77
Le verre blanc ordinaire.........	50
L'encre de la Chine.............	48,88
La glace	47,22
Le minium....................	44,44
La colle de poiffon.............	44,44
La plombagine.................	41,66
Le plomb terni par fon expofition à l'air..........................	25,00
Le mercure....................	11,11
Le plomb net..................	10,55
Le fer poli....................	8,33
Les feuilles d'étain.............	6,66
L'or, l'argent, le cuivre........	6,66

On voit par cette table que les métaux poffèdent, dans un degré très-inférieur, la faculté de tranfmettre le *calorique rayonnant* par l'air ambiant; que, parmi les fubftances métalliques effayées, la feuille d'étain eft une de celles où cette faculté eft la plus foible. Dans le verre blanc ordinaire, elle eft fept fois & demie plus forte, & plus de huit fois dans le noir de fumée. Les expériences du comte de Rumfort, qui trouva que le rayonnement étoit égal dans tous les métaux qu'il avoit effayés, ne s'accordent pas à cet égard avec celles de Leflie, dont la table préfente, entre les divers métaux, des différences confidérables, relativement à cette faculté; mais la méthode adoptée par le comte de Rumfort n'étoit pas fufceptible de la même précifion que celle de Leflie, parce que plufieurs caufes concourent au même réfultat: nous penfons que l'on doit confidérer celle-ci comme plus exacte.

L'état de la furface des corps paroît avoir une influence très-confidérable fur leur faculté rayonnante; ainfi, c'eft parce que la furface des métaux eft brillante & polie, qu'ils la poffèdent à un moindre degré que d'autres corps; elle eft, comparativement, beaucoup plus forte dans le métal terni par fon expofition à l'air. On voit en effet, dans la table précédente, qu'elle n'eft que de 10°,55 dans le plomb clair & net, lorfqu'elle s'élève à 25° dans le même métal oxidé à l'air. Il en eft de même de l'étain & de tous les autres métaux effayés.

On augmente le pouvoir rayonnant d'une furface métallique en détruifant fon poli par des ftries dont on le fillonne. Ainfi, l'effet de la furface claire & unie de la boîte d'étain étant [6°,66, il fera de 12°,22, fi on la rend ftriée, en la frottant dans un feul fens avec le papier enduit de fable fin, qu'on emploie pour nettoyer le fer & l'acier; mais fi l'on frotte alors la furface avec le même papier, dans un autre fens, & de manière à produire de nouvelles ftries qui fe croifent avec celles déjà formées, la furface du rayonnement fera un peu diminuée.

Après avoir examiné le pouvoir rayonnant des différentes fubftances fucceffivement appliquées à l'une des furfaces de la boîte d'étain, il parut important à Leflie de s'affurer également des modifications que pourroient y apporter les changemens d'épaiffeur des enduits formés fur la boîte par ces fubftances. Il étendit, en conféquence, fur l'une des furfaces polies de la boîte d'étain, une couche très-mince de colle, & quatre couches femblables fur une autre face. L'effet de la face couverte de la pellicule la plus mince fut de 21°,11, & celui de la face fur laquelle fon épaiffeur étoit quadruple, 30 d.; l'effet continuoit ainfi d'être plus grand à mefure que l'épaiffeur de la couche augmentoit, jufqu'à ce qu'elle eût acquis environ 0,025 de millimètre; après quoi il devenoit ftationnaire. L'application d'une légère couche d'huile d'olive fur l'une des furfaces brillantes de la boîte, lui donna une force rayonnante de 28°,33, qu'on pouvoit monter jufqu'à 32°,77, en augmentant un peu l'épaiffeur de la couche. Il réfulte de ces expériences, que, dans une furface métallique enduite de colle ou d'huile, l'effet de la face rayonnante eft proportionnelle à l'épaiffeur de l'enduit jufqu'à un certain point, au-delà duquel il ceffe d'augmenter par l'accroiffement de cette épaiffeur; mais on n'aperçoit pas que le même changement ait lieu à l'égard des furfaces vitreufes quand elles font recouvertes de feuilles de métal très-minces. Leflie fe fervit d'une boîte d'étain dont une des faces étoit couverte d'un carreau de verre: il la couvrit fucceffivement d'une feuille d'or, d'une feuille d'argent & d'une feuille de cuivre; mais, malgré leur ténuité, l'effet ne fut que de 6°,66, c'eft-à-dire, femblable à celui qu'auroient pu produire ces métaux eux-mêmes en couche d'épaiffeur plus confidérable.

Telles font toutes les circonftances dont on a jufqu'à préfent obfervé l'influence fur la force rayonnante d'une furface. Il n'a pas encore été poffible de s'affurer de la différence que pouvoient produire, à l'égard de cette faculté, la dureté, la molleffe ou la couleur des fubftances, quoique, d'après les expériences de Leflie, il ne paroiffe pas invraifemblable que l'état de molleffe de la matière, d'où s'échappe le *calorique*, favorife fon écoulement, & tend par conféquent à provoquer le rayonnement. Mais comme l'effet, au moins autant qu'il eft indiqué par le thermomètre différentiel, ne dépend pas feulement de la furface rayonnante, mais encore de celle de la boule focale, & auffi du réflecteur, il eft néceffaire auffi de confidérer les modifications que peuvent opérer, dans le réfultat de l'effet produit par l'altération dans la furface de ces corps. *Voyez* RE-

FLEXION DU CALORIQUE RAYONNANT, RÉ-
FLECTEUR.

Des milieux dans lesquels le calorique rayonne.

Toutes les expériences que nous avons rapportées jusqu'à présent sur le rayonnement du
calorique, ont été faites dans l'air; c'est aussi le
milieu à travers lequel ces sortes d'expériences se
font ordinairement. Leslie ayant voulu placer son
appareil dans l'eau, n'a pu y distinguer aucune
espèce de rayonnement.

D'autres expériences paroissent prouver que le
calorique ne rayonne pas dans les corps solides;
car si l'on place une feuille d'étain entre le corps
qui émet le *calorique* rayonnant & le réflecteur qui
le reçoit & le renvoie sur la boule du thermomètre différentiel, la rayonnance est aussitôt interceptée : cette interception dure jusqu'à ce que le
corps soit assez échauffé pour rayonner naturellement.

Leslie conclut de ces expériences, qu'il n'y a
de rayonnement du *calorique* que lorsque les
corps qui le produisent, sont placés dans un milieu élastique. Il paroît, d'après ses expériences,
que la nature du milieu élastique n'influe pas sensiblement sur le rayonnement, car la force en est
au moins la même dans l'air atmosphérique & dans
le gaz hydrogène : les gaz oxigène & azote semblent avoir, à cet égard, les mêmes propriétés
que l'air.

Cependant il paroît que la raréfaction de l'air
environnant diminue un peu l'énergie rayonnante
des surfaces, & les expériences de Leslie semblent
prouver que cette diminution a lieu en degrés divers dans les différens gaz : il a, à ce sujet, publié une Table dans laquelle il indique le rayonnement du verre & du métal dans l'air & dans le
gaz hydrogène, pour des degrés de réfraction en
progression géométrique, dont la raison est 2, &
cela d'après la raréfaction 1 jusqu'à $1 \times 2^{10} =$
1024. Il paroît qu'en général la diminution du
rayonnement du verre & du métal est plus grande
dans l'air que dans le gaz hydrogène. Le rayonnement du verre est dans l'air & dans le gaz hydrogène de 574 pour l'unité de raréfaction; de
4041 dans l'air, & de 4538 dans le gaz hydrogène pour la raréfaction 1024; mais les expériences dont ces effets sont déduits méritent d'être
répétées.

Pour expliquer cette propriété des fluides élastiques d'être seuls propres à faciliter le rayonnement du *calorique*, Leslie suppose que le *calorique*
est transporté de la surface d'un corps à celle d'un
autre corps par l'intermède de l'air ou du corps
élastique, que ce qu'on appelle *son rayonnement*,
n'est autre chose qu'une suite d'ondulations aériennes qui ont lieu d'une manière analogue à celle de
la propagation du son. Un corps chaud, suivant
Leslie, communique une certaine portion de ca-

lorique à la couche d'air qui le touche immédiatement; cette couche, aussitôt dilatée, s'éloigne
brusquement de la surface chauffée, & acquiert
ainsi un mouvement de vibration qu'elle communique à la couche d'air qui l'avoisine; le contact
des couches d'air au corps chaud se renouvelle
par alternatives non interrompues, & les ondes
calorifiques se succèdent de cette manière à peu
près comme les ondes sonores, & avec les mêmes
vitesses; elles se propagent, ainsi qu'elles, en
sphères concentriques, en diminuant d'intensité à
mesure que la surface de ces sphères augmente.
La proportion de *calorique*, qui produit la première vibration, passe de la première couche d'air
à la seconde, & de celle-ci à la troisième, &c.,
avec la rapidité des ondulations elles-mêmes. La
force de l'effet produit dépend de la portion de
calorique communiquée à chaque instant successif
à la couche d'air en contact avec le corps chaud;
& cette communication est plus ou moins considérable, suivant que la couche d'air s'applique plus
ou moins immédiatement à la surface du corps :
aussi le verre & les autres corps qui rayonnent
le plus puissamment le *calorique*, sont-ils ceux qui
ont la plus grande affinité pour l'air ; & dans les
métaux, dont l'affinité pour l'air est moindre, la
faculté du rayonnement est-elle la plus foible. Il
s'ensuit également que les corps qui rayonnent le
mieux le *calorique* doivent l'absorber le plus facilement, parce que les molécules d'air chargées de
calorique les approchent de plus en plus. C'est ainsi
qu'en sillonnant la surface du métal, on augmente
sa faculté rayonnante, parce qu'à raison des
prééminences que ce sillonnement y produit, les
particules d'air s'en approchent davantage; &
c'est par la même raison, que l'effet produit
par les surfaces métalliques est plus grand, lorsqu'elles sont enduites de couches de colle de
poisson.

Prevost suppose que tous les corps émettent &
reçoivent du *calorique*; que les quantités qu'ils
émettent, sont proportionnelles à leurs températures; qu'il y a équilibre toutes les fois que la
quantité de *calorique* émise est égale à la quantité de
calorique reçue; que l'équilibre est rompu, lorsque
la quantité de *calorique* reçue est plus ou moins
grande que la quantité de *calorique* émise. La transmission de *calorique* se fait ainsi de proche en proche, & par échange continuel entre toutes les
molécules, quel que soit l'état des corps solides,
liquides & gazeux. On conçoit, dans cette hypothèse, que le *calorique* doit paroître rayonner dans
l'air dont les molécules sont très-écartées, pour
se porter sur les corps solides & liquides, tandis
que ce rayonnement ne peut pas être distingué
dans les corps solides & liquides.

L'un & l'autre de ces savans supposent une différence entre le rayonnement du *calorique* & celui
de la lumière, & cette différence paroit être né-
cessitée par la manière dont la lumière & le *calo-*

rique fe comportent dans leur mouvement, & en particulier, parce que le dernier ne rayonne ni dans les liquides ni dans les folides.

Mais eft-il bien prouvé que le *calorique* ne rayonne pas dans les liquides & dans les folides, & qu'il fe comporte dans ces corps d'une manière différente de la lumière? L'expérience que cite Leflie en plongeant dans l'eau la boîte d'étain, le réflecteur & la boule focale de fon thermomètre différentiel, eft-elle fuffifante pour déterminer une pareille conclufion? Le refroidiffement des fubftances plongées ne fe fait-il pas avec une trop grande promptitude, pour que le *calorique* puiffe s'accumuler dans la boule focale en affez grande quantité pour occafionner une élévation fenfible?

Quant à l'effet du *calorique rayonnant* fur les corps folides, Pictet, Herfchell, & un grand nombre de phyficiens, parmi lefquels Leflie fe trouve placé, avoient obfervé que le *calorique rayonnant* traverfoit le verre & plufieurs autres corps tranfparens; ces expériences ont été confirmées par Prevoft, qui s'eft encore affuré que le *calorique rayonnant* traverfoit l'eau, foit à l'état de glace, foit à l'état liquide (1); mais cette rayonnance du *calorique* à travers les liquides & les folides fe fait-elle, comme la lumière, inftantanément?

Dans les corps de cette nature, il y a deux manières de concevoir la tranfmiffion du *calorique:* 1°. cette tranfmiffion peut-être conçue comme *immédiate*, inftantanée, & de même nature que celle de la lumière à travers les corps tranfparens; 2°. on peut la concevoir comme *médiate*, lente, & opérée par l'échauffement fucceffif des différentes couches dont le corps eft compofé.

Afin de réfoudre cette queftion importante fur la tranfmiffion du *calorique*, Prevoft a entrepris une férie d'expériences délicates & très-ingénieufes (2). defquelles il conclut, 1°. que le *calorique rayonnant* ne traverfe le papier que lentement & par l'échauffement fucceffif des différentes couches qui le compofent; 2° que le verre & l'eau font traverfés des deux manières, *immédiatement* & *médiatement*; qu'ainfi le *calorique rayonnant* qui arrive à la furface de ces corps tranfparens, fe divife en deux parties; que l'une les traverfe *imméd.a.ement*, & l'autre *médiatement; 3°*. qu'il paroît que l'eau ne laiffe pas paffer *imméaiatement* autant de *caloriq_e* que le verre, ou du moins qu'elle ne donne paffage de la fortie qu'à une partie du *calorique* plus fubtile que celle qui traverfe le verre.

Le docteur de Laroche, partant de la propofition prouvée par Prevoft, que la *chaleur rayonnante* obfcure peut, dans quelques circonftances, traverfer *immédiatement* le verre, a entrepris une belle fuite d'expériences, à l'aide defquelles il prouve

plufieurs propofitions, parmi lefquelles on diftingue les fuivantes (1).

1°. Que la quantité de *calorique rayonnant* qui traverfe *immédiatement* le verre, eft d'autant plus grande, relativement à la totalité de celle qui eft émife dans la même direction, que la température de la fource qui l'émet, eft plus élevée.

2°. Que les rayons *calorifiques* qui ont déjà traverfé un écran de verre, éprouvent, en traverfant un fecond écran femblable, une déperdition proportionnelle beaucoup moins confidérable que dans leur paffage au travers du premier. Ainfi, la chaleur moyenne de la rayonnance directe étant 34°,12, elle n'eft que de 4°,70 après avoir traverfé un premier écran, & de 2°,43 après avoir traverfé deux écrans.

3°. Qu'un verre épais, quoiqu'autant & plus perméable à la lumière qu'un verre mince de moins belle qualité, laiffe paffer beaucoup moins de *calorique rayonnant*. La différence eft d'autant moindre, que la température de la fource rayonnante eft plus élevée. La moyenne entre deux & trois expériences, étoit:

Effets produits à travers l'écran de verre.

MINCES.	ÉPAIS.	RAPPORT.
0°,79....	0°,16..	$\frac{10}{19}$
0,97.....	0,16...	$\frac{60}{10}$
3,46.....	1,15..	$\frac{30}{10}$
52,45.....	31,51...	$\frac{18}{16}$

De ces propofitions, le docteur de Laroche déduit cette conféquence: que les rayons d'un corps chaud différent entr'eux par rapport à leur faculté de traverfer le verre.

« A moins de fuppofer que le verre faffe éprouver aux rayons *caloriques* qui le traverfent, une modification qui leur permette de traverfer plus facilement un fecond écran de verre, ce qui n'eft guère probable, il faut néceffairement admettre cette propofition comme une conféquence de la précédente (la feconde); on peut auffi la confidérer comme une conféquence de la première propofition; car fi, comme l'a prouvé M. Laplace (2), la chaleur qu'un corps chaud émet, provient non-feulement de la furface, mais auffi des couches voifines de la furface, couches dont la température eft d'autant plus élevée, qu'elles font plus intérieures; & fi, d'un autre côté, les rayons *calorifiques* ont d'autant plus de faculté de traverfer le verre, que la fource qui les émet eft plus chaude, il eft évident que les rayons émis par un

(1) *Journal de Phyfique*, année 1811, tom. I, pag. 158.
(2) *Ibid.*

(1) *Journal de Phyfique*, année 1812, tom. II, pag. 201.
(2) Mémoires de la claffe des Sciences phyfique & mathématique de l'Inftitut, année 1809.

même corps chaud doivent différer entr'eux fous le rapport de cette faculté.

» Le profeffeur Prevoft, de Genève, a déjà émis, mais comme une fimple hypothèfe, l'idée que le *calorique rayonnant* eft peut-être un compofé de deux ou de plufieurs fluides différens, dont le rapport differe fuivant la température de la fource qui l'émet Ce font même fes obfervations à cet égard, qui m'ont donné l'idée des expériences par lefquelles je crois être parvenu à établir les deux propofitions précédentes. »

Tous ces faits réunis jettent un grand jour fur la queftion que préfente la différence de rayonnement dans les milieux gazeux, liquides & folides; mais cette queftion eft loin d'être réfolue Attendons que des faits nouveaux, ou un examen plus attentif des faits déjà connus, nous permettent de prononcer pofitivement.

De la polarifation du calorique rayonnant.

On a donné le nom de *polarifation* à la propriété qu'ont les molécules lumineufes, en arrivant fur la furface d'un corps diaphane, d'être entièrement réfléchies, entièrement réfractées, ou en partie réfléchies & réfractées, felon l'angle d'incidence fous lequel elles arrivent fur cette furface; cette propriété particulière vient d'être reconnue dans les molécules du *calorique rayonnant*. *Voyez* PO-LARISATION DU CALORIQUE.

CALORIQUE SENSIBLE; caloricum fenfibile; *empfinde barre*. Portion du *calorique* qui échauffe les corps en élevant leur température.

Plufieurs phyficiens réuniffent, fous le nom de *calorique fenfible*, deux fortes de *calorique* qu'un grand nombre divifent : 1°. le *calorique interpofé*, qui n'exerce d'action qu'à la furface des corps ; & 2°. le *calorique rayonnant* qui fe meut à travers les milieux élaftiques : alors le *calorique latent* & le *calorique fenfible* conftituent le *calorique abfolu*.

Nous avons déjà vu, en parlant du *calorique latent*, que ce qu'on appelle *calorique fenfible* n'eft qu'un état particulier & inftantané du *calorique* dans les corps, & qui dépend de la température comparée à celle du corps qui l'environne. Si la température du corps que l'on confidère, eft plus élevée que celle des corps environnans, le *calorique fenfible* s'en dégage pour fe porter fur les autres, & rétablir l'équilibre de température. Dans l'air, le *calorique fenfible* eft enlevé aux corps de deux manières : 1°. par le fluide élaftique qui les touche, s'échauffe, s'éloigne & fe trouve remplacé par une nouvelle couche de fluide élaftique qui fe comporte de la même manière; 2°. par l'émiffion du *calorique rayonnant*, qui eft d'autant plus grande, que la différence de température eft plus confidérable; alors le *calorique latent* fort du corps pour remplacer le *calorique fenfible* qui a été enlevé.

Si la température des corps environnans eft plus élevée, le *calorique rayonnant* qu'ils lancent, & celui que l'air tranfmet, chaffent le *calorique fenfible* dans l'interieur du corps, où il devient *calorique latent*, & le nouveau *calorique* apporté le remplace.

Ce n'eft qu'au moment où tous les corps font dans un état parfait d'équilibre de température, que l'on peut fuppofer que le *calorique fenfible* des corps n'éprouve pas de variation; cependant quelques phyficiens, parmi lefquels fe trouve le profeffeur Prevoft, fuppofent encore que, dans ce cas, il y a émiffion de rayonnance & échange de *calorique* entre tous les corps.

CALORIQUE SPÉCIFIQUE; caloricum fpecificum; calor fpecificus; *waerme fpecififche*. Portion de *calorique* dégagée ou abforbée par les corps pour paffer d'une température donnée à une autre température, fans changer d'état. On prend ordinairement l'eau liquide pour l'unité à laquelle on rapporte tous les autres corps.

Lorfque l'on mêle enfemble deux parties, égales en poids, d'un même liquide, à deux températures différentes, il réfulte du mélange une température nouvelle qui eft égale à la moitié de la fomme des deux températures; mais fi l'on mêle enfemble deux maffes égales, ou même deux volumes égaux de deux liquides différens, la température réfultante du mélange eft au-deffus ou au-deffous de la température moyenne, felon la nature de la fubftance qui avoit la température la plus élevée. Ainfi, une livre d'eau à 60 deg., & une livre d'eau à zéro de degré, donnent, après le mélange, la température moyenne de 30 deg., tandis qu'une livre d'huile de baleine, à 60 deg., mêlée à une livre d'eau à zéro de degré, donne 20 deg Dans la première expérience, l'eau à 60 deg. a perdu 30 deg., & l'eau à zéro a acquis 30 deg. ; ainfi l'un a gagné autant que l'autre a perdu. Dans la feconde expérience, l'huile de baleine a perdu 40 deg de chaleur; l'eau n'en a acquis que 20: l'eau n'a donc acquis que la moitié de la température perdue par l'huile, ce qui prouve que l'huile de baleine n'exige que la moitié du *calorique* que l'eau abforbe pour s'élever d'un même nombre de degrés.

C'eft le docteur Black qui, dans fes leçons de chimie, données à Glafcow de 1760 à 1765, a le premier fait connoître cette différence de *calorique* néceffaire pour élever deux fubftances différentes d'un même nombre de degrés de température. Cette propriété qu'ont les corps d'abforber des quantités différentes de *calorique* pour augmenter leur température d'un même nombre de degrés, a été nommée *capacité des corps pour le calorique* par Crawfort, & *calorique fpécifique* par Wilcke.

On a fait ufage de trois méthodes pour déterminer le *calorique fpécifique* des corps : la première, employée par Crawfort, Wilcke & plusieurs autres, consiste à plonger dans de l'eau froide le corps dont on veut déterminer le *calorique spécifique*, & à conclure son rapport de l'augmentation de la température de l'eau; la seconde, employée par Lavoisier & Laplace, détermine le *calorique spécifique* des corps, par la quantité de glace que ces corps fondent en passant d'une température plus élevée à celle de la glace fondante; la troisième, employée par Meyer & Leslie, en observant la marche de refroidissement des volumes égaux de différens corps, & considérant leur *calorique spécifique* comme étant réciproquement le produit de la faculté conductrice multipliée par la pesanteur spécifique des corps.

Plusieurs savans ont déterminé le *calorique spécifique* des gaz en les soumettant à la méthode qu'ils avoient employée pour connoitre celle des solides & des liquides; d'autres ont employé des méthodes différentes. Ainsi, nous traiterons séparément du *calorique spécifique* des gaz.

Du calorique spécifique des solides & des liquides.

Quoiqu'il paroisse que Wilcke soit celui qui s'est occupé le premier de déterminer, par l'expérience, le *calorique spécifique* d'un grand nombre de solides, nous allons cependant commencer par faire connoître la méthode & les résultats de Black, parce que sa méthode paroît plus simple.

Cette méthode consiste à plonger dans l'eau, dont on connoît le poids & la température, un corps solide ou liquide, dont on connoit également le poids & la température; d'observer, avec un bon thermomètre, la marche de la température de l'eau, & de remarquer le degré auquel il devient stationnaire.

Soit *m* la masse du corps le plus échauffé, *a* le degré du thermomètre qui indique sa température, *q* la chaleur nécessaire pour élever, d'un degré, une unité de cette substance. Soit *m'*, *a'*, *q'* les mêmes quantités relativement au corps le moins échauffé; enfin, soit *b* le degré du thermomètre qui indique la température du mélange parvenu à l'uniformité.

Il est évident que la quantité de *calorique*, perdue par le corps le plus chaud, est en raison de sa masse *m* & du nombre de degrés *a — b* dont la température a été diminuée, multipliée par la quantité *q* de chaleur qui peut élever d'un degré la température de l'unité de la masse de cette substance. On aura donc $m q \times (a - b)$ pour l'expression de cette quantité de *calorique* perdue.

Par la même raison on aura, pour la quantité de *calorique* gagnée par l'autre corps, $m' q' (b - a')$; mais si l'on suppose qu'après le mélange, la quantité totale de *calorique* est la même qu'auparavant, il faudra égaler la quantité de *calorique* perdue à la quantité du *calorique* gagnée, & l'on aura *m q*

$\times (a - b) = m' q' (b - a')$; d'où l'on déduira $\frac{q}{q'} = \frac{m' (b - a')}{m (a - b)}$.

Si l'on fait la quantité de *calorique* de l'eau à laquelle on rapporte toutes les autres, égale à l'unité; selon que l'eau aura été plus chaude ou plus froide on aura $q = 1$ ou $q' = 1$; dans le premier cas, on aura $q' = \frac{m (a - b)}{m' (b - a')}$, & dans le second, $q = \frac{m' (b - a')}{m (a - b)}$; ce qui donnera le rapport du *calorique spécifique* du corps à l'eau prise pour unité.

Cette méthode, dans la pratique, est sujette à un grand nombre d'inconvéniens. Le premier, c'est que, pendant la durée de l'expérience, le vase dans lequel on l'a faite, donne ou enlève du *calorique* au mélange, selon que le liquide contenu dans le vase étoit plus chaud ou plus froid que le corps que l'on y a plongé; le second, c'est la difficulté de s'assurer que le corps solide plongé dans le liquide, ait, dans tout son intérieur, une température égale à celle du liquide; le troisième, c'est que le thermomètre à mercure dont on se sert, ne donne pas toujours la mesure exacte de la température.

La première erreur a été corrigée par le chimiste anglais, en déterminant d'abord de combien le vase, à une température donnée, diminuoit ou augmentoit, pendant la durée de l'expérience, la température du liquide qu'il contenoit, & cette quantité étoit ajoutée ou diminuée au résultat. Quant aux deux autres inconvéniens, ils n'ont pas été corrigés; mais comme Crawfort a déterminé le *calorique spécifique* d'un grand nombre de corps, & que plusieurs de ses expériences ont été répétées plusieurs fois, on peut croire, d'une part, qu'il a pris un moyen qui a dû compenser les erreurs, & de l'autre, qu'il a acquis une telle habileté dans la pratique, qu'il a dû chercher à éviter les erreurs ou à les diminuer considérablement.

De ses expériences, Crawfort a publié les résultats suivans sur le *calorique* des corps:

1°. *Dissolutions solides.*

Carbonate d'ammoniaque	1,851
Sulfate d'ammoniaque	0,994
Sulfate de magnésie 1 ⎱ Eau............... 2 ⎰	0,844
Muriate de soude . 1 ⎱ Eau............... 8 ⎰	0,833

2°. *Liquides inflammables.*

Alcool	0,666
Idem	0,601
Huile de baleine	0,500

3°.—Fluides animaux.

Sang artériel...................... 1,0300
Sang veineux...................... 0,8928
Lait de vache..................... 0,9999

4°. Solides animaux.

Peau de bœuf avec poil........... 0,7870
Poumon de brebis................ 0,7690
Maigre de bœuf.................. 0,7400

5°. Solides végétaux.

Riz............................... 0,5050
Féverole.......................... 0,5020
Poudre de pin 0,5000
Pois.............................. 0,4920
Orge.............................. 0,4210
Charbon de terre................. 0,2777
Avoine........................... 0,4160
Fraisil........................... 0,1923

6°. Subſtances terreuſes.

Chaux............................ 0,2564
Chaux vive....................... 0,2229
Cendres de charbon de terre 0,1855
Cendres d'orme................... 0,1402

7°. Métaux.

Fer............................... 0,1269
Laiton............................ 0,1123
Cuivre............................ 0,1111
Zinc.............................. 0,0943
Antimoine........................ 0,0645
Plomb............................ 0,0352
Mercure.......................... 0,0357

8°. Oxides.

Rouille de fer..................... 0,2500
Rouille purgée d'eau.............. 0,1666
Oxide blanc d'antimoine lavé...... 0,2272
Oxide de cuivre.................. 0,2272
Oxide de zinc.................... 0,1369
Oxide d'étain à peu près purgé d'air. 0,0990
Oxide jaune de plomb............ 0,0680

Nous allons décrire la méthode de Wilcke, afin que l'on puiſſe juger en quoi elle diffère de celle de Crawfort (1).

On pèſe une quantité d'eau *au point de congélation*, égale au poids des corps; on y plonge le corps échauffé à un certain degré, notamment au degré de 72° (57°,6 de Réaumur), & on examine

(1) *Journal de Phyſique*, année 1785, tom. I, pag. 256 & 381.

au thermomètre la chaleur du mélange. D'après la règle de Rinman, on calcule combien il faut d'eau, chauffée à ce degré, pour mettre au même degré le mélange avec l'eau froide à zéro, & enſuite, d'après la règle trouvée pour la fonte de la neige, combien il faut de neige pour abſorber totalement cette chaleur : on peut ainſi connoître plus ſûrement le poids de la neige, & faire l'eſſai, partie dans le mélange, partie ſur le corps immédiatetement. Les expériences faites de cette manière réuſſiſſent ſur tous les points, & elles ſont voir en même temps que l'opération avec la neige ſeule eſt en quelque ſorte ſuperflue, puiſque le *calorique ſpécifique* des corps à eſſayer peut être déterminé par la quantité de neige, ayant pris d'abord le degré de l'eau ſeule.

Wilcke calcule ainſi le *calorique ſpécifique* des corps : ſoit M une quantité d'eau à la température C, m une autre quantité à la température c; & ſoit x leur température moyenne après le mélange, on aura, ſuivant une règle depuis long-temps démontrée par Richman, $x = \frac{MC + mc}{M + m}$. Ici les quantités d'eau étant égales, chacune des expreſſions étant M & $m = 1$; C, la température de l'eau froide $= 0$; donc $\frac{MC + mc}{M + m} = \frac{c}{2}$, mais c eſt la température du métal; donc la moitié de cette température exprimera celle du mélange, lorſqu'au lieu du métal on aura ajouté à l'eau à zéro, une quantité d'eau égale en poids au métal, & de même température que lui.

Ce ſavant ſuédois calculoit enſuite quelle eût été la température du mélange, ſi, au lieu de métal, on avoit ajouté à l'eau à zéro une quantité d'eau à la même température que le métal, & qui lui fût égale *en volume*. Comme les poids de l'eau à zéro & du métal ſont égaux, leurs volumes ſont en raiſon inverſe de leur peſanteur ſpécifique; donc le volume d'eau à zéro eſt à une quantité d'eau chaude égale en volume au métal, comme la peſanteur ſpécifique du métal eſt à celle de l'eau.

Soit M $=$ le volume de l'eau froide, $m =$ le volume de l'eau chaude, $g =$ la peſanteur ſpécifique du métal, $i =$ la peſanteur ſpécifique de l'eau; alors $m : M := i : g$, d'où l'on a M $= \frac{M}{g} = \frac{1}{g}$, ſi l'on fait M $= 1$. En ſubſtituant cette valeur de m dans la formule $\frac{MC + mc}{M + m} = x$, dans laquelle M $= 1$, & C $= 0$, on aura $\frac{g + C}{g + 1}$. Donc ſi l'on ajoute la température du métal à ſa peſanteur ſpécifique, & que l'on diviſe la ſomme par la peſanteur ſpécifique du métal plus un, le quotient ſera la température à laquelle l'eau à zéro devra être élevée par l'addition d'un volume d'eau égal à celui du métal & de même température que lui.

Enfin, Wilcke calcula combien il auroit fallu d'eau, à la température du métal, pour élever l'eau, à zéro, du même nombre de degrés qu'elle l'avoit été en y plongeant le métal retiré de l'eau bouillante. Soit la température à laquelle le métal avoit élevé l'eau à zéro $= N$, si dans la formule $\frac{MC + mc}{M + m} = x$, on fait $x = N, M = 1, C = 0$, m sera $\frac{N}{c - N}$. Donc, si l'on divise la température à laquelle l'eau à zéro avoit été élevée par le métal, par la température de ce métal, moins celle à laquelle il avoit elevé l'eau, le quotient exprimera la quantité d'eau, à la température du métal qui auroit été nécessaire pour élever la température de l'eau, à zéro, d'un même nombre de degrés que l'avoit fait le métal. Maintenant $\frac{N}{c - N}$ exprime le *calorique spécifique* du métal, celui de l'eau étant $= 1$; car (en négligeant la petite différence occasionnée par celle de la température) le poids & le volume de l'eau à zéro sont au poids & au volume de l'eau chaude, comme 1 est à $\frac{N}{c - N}$, & le nombre des molécules, dans chaque quantité d'eau, est dans le même rapport; mais le métal est égal en poids à l'eau à zéro : il doit donc contenir autant de molécules de matière; donc, la quantité de matière, dans le métal, doit être, à la quantité de matière dans l'eau chaude, comme 1 est à $\frac{N}{c - N}$; mais le métal & l'eau chaude donnant la même quantité de *calorique* qui, étant également distribuée entre leurs molécules, fournit à chacune d'elles une portion de *calorique* qui est en raison inverse du volume du métal & de celui de l'eau, c'est-à-dire, que le *calorique spécifique* de l'eau est au *calorique spécifique* du métal, comme 1 est à $\frac{N}{c - N}$.

Pour mieux faire sentir l'application de ce calcul aux résultats des expériences de Wilcke, nous allons en présenter ici un exemple.

Expér. VIII sur le fer : la pesanteur spécifique 7,876.

A	B	C	D	E	F
84	9½	42	9,463	7,842	6,721
70	7½	35	7,886	8,333	8,571
64	7	32	7,210	8,142	9,159
57	6¾	28½	6,421	7,940	9,905
49	5½	24½	5,520	7,909	11,621
41	5	20½	4,619	7,500	13,170
30	3⅓	15	3,379	8,600	20,640
20¼	2½	10¼	2,985	7,200	25,287

Moyenne 7,933

La première colonne A indique la température du métal; la seconde B, la température à laquelle le métal élevoit l'eau; la troisième C, la température à laquelle l'eau à zéro auroit été élevée par une quantité d'eau égale en poids au métal & de même température; la quatrième D, la température à laquelle l'eau à zéro auroit été élevée par une quantité d'eau égale en volume au métal & de même température; la cinquième colonne E, exprime le dénominateur de la fraction $\frac{N}{c - N} = \frac{1}{c - N}$, le numérateur étant 1. Enfin, la sixième colonne F, exprime la quantité de neige molle qui est nécessaire pour porter au terme de la congélation la masse d'eau trouvée dans la colonne E; elle s'obtient de la formule $\frac{cN}{72c - N} = \frac{c}{72} \times \frac{N}{c - N}$, le terme 72 étant celui du degré de l'eau (indiqué au thermomètre suédois) pour fondre un poids égal de neige molle.

Il faut observer que la colonne E indique le dénominateur du *calorique spécifique* du métal, le numérateur étant toujours l'unité, de même que le *calorique spécifique* de l'eau; ainsi le *calorique spécifique* du fer est $\frac{1}{7,933} = 0,126$. C'est de cette manière, & en prenant le terme moyen d'un nombre d'expériences plus ou moins grand, à des températures différentes, que Wilcke a déterminé le *calorique spécifique* des corps suivans.

MATIÈRE.	DENSITÉ.	CALORIQUE SPÉCIFIQUE, CORRESPONDANT AUX	
		Masses.	Volume.
Eau.....	1,000	1,000	1,500
Or......	19,040	0,050	0,966
Plomb...	11,456	0,042	0,487
Argent...	10,867	0,082	0,833
Bismuth...	9,861	0,043	0,427
Cuivre...	8,784	0,114	1,027
Laiton...	8,356	0,116	0,971
Fer.....	7,876	0,126	0,993
Etain...	7,380	0,060	0,444
Zinc....	7,154	0,102	0,735
Antimoine	6,170	0,063	0,390
Agate....	2,648	0,195	0,517
Verre....	2,386	0,187	0,448

Dans la méthode de Lavoisier & de Laplace on pèse les corps dont on veut déterminer le *calorique spécifique;* on les place dans un bain chaud pour les élever à une température connue; on les y laisse assez long-temps pour que leur intérieur soit élevé à la même température; alors on les place au centre d'un calorimètre rempli de glace, & l'on détermine leur *calorique spécifique* par la quantité de glace fondue, que l'on divise par le produit de la masse multipliée par la température. Nous avons donné, au mot *calorimètre*, un exemple de la méthode de Lavoisier & de Laplace, appliquée à la tôle (*voyez* CALORIMÈTRE DE LAVOISIER & LA-PLACE), nous allons donner ici un exemple de la détermination du *calorique spécifique* d'un liquide.

Pour déterminer le *calorique spécifique* des fluides, de l'acide nitrique, par exemple, on a mis 4 livres de cet acide dans un matras de verre sans plomb, qui pesoit 8 onces 4 gros, & l'on a échauffé la masse entière dans un bain d'eau bouillante. Un petit thermomètre, placé dans l'intérieur du matras, indiquoit 80 d. R. En plaçant ensuite ce matras dans un calorimètre, on a observé qu'au bout de 20 heures, le tout étoit refroidi jusqu'à zéro. Le calorimètre, bien égoutté, a fourni 3 l. 10 onc. 5 gros, ou 3l.,6640625 de glace fondue. Il faut en ôter la glace que la chaleur du vase a dû fondre; or le *calorique spécifique* du verre étoit 0,1929. Une livre de verre, en se refroidissant de 60 d., doit fondre 0l.,1929 de glace; d'où il est facile de conclure que le matras de verre dont on a fait usage, a dû fondre, en se refroidissant, de 80 d. 0l.,1366420 de glace; ainsi la quantité fondue par l'acide a été de 3l.,5274205. En divisant cette quantité par le produit de la masse de l'acide & du nombre de degrés dont sa température a été élevée au-dessus de zéro, & multipliant le quotient par 60, on trouve qu'une livre d'acide nitrique, en se refroidissant de 60 degrés, peut fondre 0d.,661391 de glace; d'où il suit que la chaleur spécifique de cet acide est 0d.,661391. C'est ainsi que les deux savans français ont formé la table suivante :

Eau commune.	1,000000
Tôle ou fer battu	0,109985
Verre ordinaire, sans plomb	0,192900
Mercure	0,029000
Chaux vive du commerce	0,216890
Acide sulfurique, dont la pesanteur spécifique égale 1,87058	0,334596,
Acide sulfurique & eau, dans le rapport de 4 à 3	0,603162
Acide sulfurique & eau, dans le rapport de 4 à 5	0,663102,
Acide nitrique non fumant, densité 1,29895	0,661391
Dissolution de salpêtre, dans le rapport de 1 de salpêtre & 8 d'eau.	0,816700

Meyer & Leslie ont publié séparément des résultats d'expériences sur le *calorique spécifique* de différens corps, le premier sur le *calorique spécifique* des bois, le second sur le *calorique spécifique* de diverses substances. Meyer observoit la durée du refroidissement des bois de volumes semblables & égaux, pour passer de 45 à 40 d., de 40 à 35 d., de 35 à 30 d. Il prenoit la somme du temps, & il

(1) *Annales de Chimie*, tom. XXX, pag. 46.

regardoit la faculté ou la capacité conductrice des bois comme devant être en raison inverse des temps de refroidissement (*voyez* CONDUCTRICITÉ DES CORPS POUR LE CALORIQUE, CAPACITÉ CONDUCTRICE DU CALORIQUE); il prenoit ensuite la pesanteur spécifique des bois, & il déterminoit le *calorique spécifique* à l'aide de cette formule.

Soit L la faculté conductrice, A le *calorique spécifique*, M la pesanteur spécifique, on a, suivant Meyer, $A = \dfrac{1}{LM}$.

En exécutant le calcul de cette manière sur tous les bois dont il avoit déterminé la capacité conductrice du *calorique* comparée à celle de l'eau supposée l'unité, ainsi que leur pesanteur spécifique, il a trouvé que le *calorique spécifique* étoit :

		Densité.
Pour l'eau.	1,00	1,000
— le bois d'ébène . . .	0,43	1,054
—— de pommier . . .	0,57	0,639
—— de frêne	0,51	0,631
—— de hêtre	0,49	0,692
—— de charme	0,48	0,690
—— de prunier	0,44	0,687
—— d'orme	0,47	0,646
—— de chêne blanc . .	0,45	0,668
—— de poirier	0,50	0,603
—— de bouleau	0,48	0,608
—— de chêne-rouvre	0,51	0,531
—— d'épicéa	0,58	0,495
—— d'aune	0,53	0,484
—— de pin	0,65	0,408
—— de sapin	0,60	0,447
—— de tilleul	0,62	0,408

Pour s'assurer si ce mode d'expérience donnoit des résultats analogues à ceux que l'on obtient par la méthode de Crawfort, Meyer prit la *caloricité spéc. fique* de plusieurs bois, d'après le degré de refroidissement qu'ils occasionnoient dans l'eau chaude; il mit dans ces expériences tous les soins & toutes les précautions que Crawfort indique, & il tint compte de l'influence que le refroidissement du vase devoit apporter sur les résultats.

En rapprochant les valeurs obtenues par des expériences directes sur la chaleur spécifique, avec celle qu'on a déduite des capacités conductrices pour le *calorique*, il a trouvé qu'il n'y a que des différences si légères, qu'on peut les attribuer à quelques erreurs dans l'observation, ainsi qu'on peut s'en assurer par la table suivante :

BOIS.	CALORIQUE SPÉCIFIQUE DÉDUIT		DIFFÉRENCE.
	des capacités conductrices.	par l'expérience directe.	
Épicéa.	0,53	0,60	0,7
Tilleul.	0,62	0,67	0,5
Orme.	0,47	0,45	0,2
Poirier.	0,50	0,50	0,0

Leslie observa aussi la durée du refroidissement, à volumes égaux, dans les mêmes circonstances; il multiplioit alors les quantités ainsi trouvées par la pesanteur spécifique des divers corps essayés. Cette methode lui a donné la *caloricité spécifiq-e*.

De l'acide nitrique à 1,2989 de densité   0,62
De l'acide sulfurique à 1,872 de densité   0,34
De l'alcool......................   0,64
De l'huile d'olive...............   0,500

Kirwan a également formé une table du *calorique spécifique* des divers corps que Magellan a insérés dans son *Traité sur la chaleur*. Nous allons rapporter ici ses résultats.

Nitrate de potasse, eau $\frac{3}{4}$ 0,640
Muriate d'ammoniaque, eau $\frac{15}{19}$ 0,798
Tartrite de potasse, eau $\frac{237}{337}$ 0,765
Sulfate de fer, eau $\frac{16}{19}$ 0,734
—— de soude, eau $\frac{29}{19}$ 0,728
Alun, eau $\frac{29}{33}$ 0,639
Dissolution de sucre brut........... 0,086
Acide nitrique pâle................ 0,844
—— à 1,355 de densité............ 0,570
—— muriatique à 1,122........... 0,680
—— sulfurique à 1,883........... 0,758
—— à 1,872.................... 0,429
Vinaigre...................... 0,387
—— distillé................... 0,103
Potasse à 1,346.............. 0,759
Ammoniaque à 0,997............. 0,703
Alcool...................... 1,086
Huile d'olive................. 0,716
——— de lin................... 0,528
—— de térébenthine............ 0,472
Blanc de baleine............. 0,339
Verre contenant du plomb (flint glass) 0,174
Fer....................... 0,125
Étain...................... 0,068
Antimoine.................. 0,086
Plomb..................... 0,050
Mercure................... 0,033
Oxide de fer............... 0,320
—— blanc d'antimoine.......... 0,220
—— de plomb & d'étain........ 0,102
—— d'étain à peu près purgé d'air.. 0,096
—— jaune de plomb............ 0,068

Calorique spécifique des gaz.

Lavoisier & Laplace déterminèrent, dans l'hiver de 1783 à 1784, la quantité de glace que fondent une livre de gaz oxigène & une livre d'air atmosphérique en se refroidissant depuis 60 deg. du thermomètre de Réaumur, jusqu'au terme de la congélation. Nous allons rapporter (1) les détails que ces savans donnent eux-mêmes de leurs expériences.

« Notre appareil consistoit premièrement en un tuyau de cuivre qui s'introduisoit dans le calorimètre, qui y faisoit plusieurs circonvolutions à peu près à la manière d'un serpentin, & qui sortoit ensuite par l'extremité opposée; deux thermomètres étoient adaptés à ce tuyau, un à chacune de ses extrémités, afin qu'on pût connoitre le degré qu'avoit l'air en entrant & en sortant du calorimètre; secondement, en deux autres serpentins plongés dans des vases remplis d'eau que l'on pouvoit faire chauffer à volonté : le tuyau de chacun de ces serpentins s'ajustoit par une de ses extrémités avec celui placé dans le calorimètre, & communiquoit de l'autre avec un gazomètre; troisièmement, en deux gazomètres, dont l'un étoit rempli de l'air dont nous voulions connoitre le *calorique spécifique*.

» Toutes les ouvertures étoient fermées avec des contacts en cuivre, garnis de cuir gras & séparés par des vis.

» Lorsque nous voulions opérer, nous échauffions l'eau dans laquelle étoient plongés les deux serpentins; nous donnions une legère pression au gazomètre qui contenoit l'air ou le gaz, & nous le forçions de passer ainsi, d'abord par le serpentin plongé dans l'eau chaude, & ensuite par le tuyau recourbé, renfermé dans le calorimètre, où il déposoit toute la chaleur qu'il avoit acquise : cet air en ressortoit communément à zéro; il passoit ensuite dans le second gazomètre, qui s'emplissoit ainsi peu à peu.

» Quand le premier gazomètre étoit vide, on supprimoit la pression qui avoit déterminé l'air à passer, & on en donnoit une au second gazomètre; on faisoit ainsi repasser le même air une seconde fois à travers le serpentin plongé dans l'eau chaude & à travers le calorimètre, où il déposoit de nouveau la chaleur qu'il avoit acquise, & ainsi de suite un grand nombre de fois. Deux personnes observoient, de minute en minute, le degré du thermomètre, savoir, l'une au thermomètre d'entrée, l'autre à celui de sortie : on parvenoit ainsi à connoitre les quantités d'air qui avoient traversé le calorimètre, & la quantité de degrés du thermomètre qu'elles y avoient perdu.

» Nous avons fait passer ainsi 16 pieds cubes, 8257 de gaz oxigène, qui ont perdu dans le calorimètre 35 deg., & qui ont fondu 10 onces de glace; d'où nous avons conclu que le *calorique spécifique* n'étoit que de 0,65.

» Nous avons fait passer de la même manière par le tuyau du calorimètre 37 pieds cubes, 6835 d'air atmosphérique, qui ont déposé 37 degrés de *calorique* : la quantité de glace fondue a été de 1d.,0625; d'où nous avons conclu pour la *chaleur spécifique* de l'air atmosphérique, c,33031.»

Crawford publia, en 1788, le résultat de ses recherches sur le *calorique spécifique* des gaz. Il se procura deux vases de cuivre fort minces, parfaitement semblables entr'eux pour la grandeur, le poids & la forme. Il remplissoit l'un d'eux du gaz qu'il

---

(1) *Mémoires de Chimie*, recueillis par Seguin, tom. **I**, pag. 134.

voûloit examiner, & faifoit le vide dans l'autre; il les amenoit alors au terme de l'eau bouillante & les plaçoit fubitement dans d'autres vafes ouverts, contenant une petite quantité d'eau froide fuffifante pour les recouvrir; il retranchoit le réchauffement de cette eau opéré par le vafe vide de celui que produifoit le vaiffeau plein, & prenoit le refte pour la mefure de l'effet produit par le gaz ou de fon *calorique fpécifique*. Il avoit pris de grandes précautions pour affurer la jufteffe de fes réfultats; mais il n'eft pas moins évident que, vu leur petiteffe, il ne pouvoit nullement compter fur eux. En effet, la pefanteur des gaz n'a jamais élevé de plus de 0,4 F. la température de l'eau dans laquelle on plongeoit le vafe qui le renfermoit. Voici la table des réfultats qu'il a obtenus :

Eau...................... 1,000
Air atmofphérique............. 1,790
Oxigène.................. 4,740
Azote.................... 0,793
Acide carbonique............. 1,045
Hydrogène................ 21,400

Ces deux réfultats, ceux de Lavoifier & de Laplace, & ceux de Crawfort, font extrêmement différens l'un de l'autre, & font également fufceptibles d'erreurs affez graves. Le thermomètre qui indiquoit la température de l'entrée du gaz dans le calorimètre de Lavoifier & de Laplace, abforboit une partie du *calorique* du gaz, & diminuoit une partie de la quantité de glace fondue; d'un autre côté, ces favans ne difent pas avoir pris de précaution pour deffécher le gaz fur lequel ils opéroient : la vapeur aqueufe qu'ils contenoient, & qui s'eft liquéfiée dans le tuyau du calorimètre, a dû faire fondre une quantité de glace affez confidérable.

Leflie s'eft fervi, pour comparer le *calorique fpécifique* de l'hydrogène & celui de l'air atmofphérique, d'un procédé fondé fur les confidérations fuivantes : fi, après avoir épuifé en partie d'air un grand récipient dans le centre duquel eft un thermomètre très-fenfible, on laiffe rentrer un gaz dans fa cavité, l'air dilaté qu'il renfermoit fe condenfera, & fa température fera élevée d'une *quantité conftante*, quel que foit le gaz qui y rentre; mais le gaz entrant abforbera une partie de cet excès de chaleur, & le mélange aura une température moyenne entre celle du gaz entrant & celle qu'eût reçue l'air s'il n'avoit pas eu à céder une partie de la chaleur. Or, il eft évident que cette température moyenne fera d'autant plus baffe, que la capacité de chaleur du gaz entrant fera plus confidérable, toutes chofes étant d'ailleurs égales. Les expériences que Leflie a faites par ce procédé, l'ont conduit à croire que deux volumes égaux d'hydrogène & d'air atmofphérique ont le même *calorique fpécifique*.

Gay-Luffac a répété les expériences de Leflie,

& il eft arrivé à des réfultats affez différens (1). D'abord il s'eft affuré que, malgré le vide le plus parfait qu'il ait pu produire dans un de fes récipiens, il a toujours vu le thermomètre s'élever d'une manière très marquée lorfque l'air de l'autre s'y eft précipité; & enfuite que la variation de température étoit d'autant plus grande, que la preffion de l'air dans l'un des ballons étoit plus confidérable, le vide étant fait dans l'autre.

Voici, à cet égard, le réfultat de l'une de fes expériences avec l'air atmofphérique.

Ses deux ballons étoient parfaitement égaux. Soit A l'un des ballons, & B l'autre. Après avoir fait le vide dans le ballon B, il ouvrit la communication entre les deux ballons. Une portion de l'air du ballon A a paffé dans le ballon B, jufqu'à ce que l'équilibre de preffion fût établi. alors l'air refté dans le ballon A diminua de température; & celle de l'air entré dans le ballon B augmenta à peu près de la même quantité. Après avoir fermé la communication entre les deux ballons, il fit de nouveau le vide dans le ballon B; & après avoir attendu que l'équilibre de température fût rétabli de part & d'autre, il laiffa rentrer dans celui-ci l'air du ballon A, dont la denfité étoit moitié de celle qu'il avoit primitivement; alors l'air dilaté de nouveau diminua encore de fa température, & celui qui entra dans le ballon augmenta d'une quantité à peu près égale. L'air du ballon A, étant réduit au quart de ce qu'il étoit primitivement, l'expérience fut encore renouvelée, & l'on eut des réfultats analogues. Le tableau fuivant renferme les réfultats moyens de fix expériences faites fur l'air atmofphérique.

DENSITÉ de l'air exprimée par le baromètre.	FROID produit dans le ballon A.	CHALEUR produite dans le ballon B.
0°,76	0°,61	0°,58
0,38	0,34	0,34
0,19	0,20	0,29

Les mêmes expériences répétées fur les gaz hydrogène, oxigène, acide carbonique, lui ont donné des réfultats analogues. Le refroidiffement dans le ballon A, pour une preffion de 0,76, étoit :

Air atmofphérique.............. 0°,61
Gaz hydrogène................ 0,62
—— oxigène.................. 0,58
—— acide carbonique.......... 0,89

De ces expériences, Gay-Luffac conclut : « 1°. lorfqu'un efpace vide vient à être occupé par un gaz, le *calorique* qui fe dégage n'eft point dû au peu d'air qu'on pourroit fuppofer y être refté.

» 2°. Si l'on fait communiquer deux efpaces

(1) *Mémoires de la Société d'Arcueil*, tom. I, pag. 180.

déterminés, dont l'un foit vide & l'autre plein d'un gaz, les variations thermométriques qui ont lieu dans chaque efpace font égales entr'elles.

» 3°. Pour le même gaz, ces variations thermométriques font proportionnelles aux changemens de denfité qu'il éprouve.

» 4°. Les variations de température ne font pas les mêmes pour tous les gaz, elles font d'autant plus grandes, que leurs pefanteurs fpécifiques font plus petites.

» 5°. Les capacités du même gaz pour le *calorique* diminuent fous le même volume avec fa denfité.

» 6°. Les capacités des gaz pour le *calorique*, fous des volumes égaux, font d'autant plus grandes que leurs pefanteurs fpécifiques font plus petites. »

Ayant exécuté, plufieurs années après, de nouvelles expériences fur ce *calorique* fpécifique des gaz, & par une méthode différente, Gay-Luffac fe fortifia dans l'opinion qu'il avoit émife, que les gaz avoient, fous la même preffion & fous le même volume, une capacité pour le *calorique* d'autant plus grande, qu'ils avoient plus de légéreté fpécifique. Cette méthode confifte (1) à mêler enfemble deux volumes égaux de deux gaz différens, dont la température de l'un foit autant élevée au deffus de la température du milieu dans lequel ils font, que la température de l'autre eft abaiffée au deffous. Leur *caloricité fpécifique* par rapport à l'air, fe détermine ainfi, de la même manière que la *caloricité fpécifique* par rapport à l'eau dans la méthode de Crawfort.

Pour cela Gay-Luffac employa « deux gazomètres de huit litres environ de capacité, communiquant tous deux, d'une part, avec le même réfervoir d'eau, qui y verfe, dans un temps donné, des quantités égales de liquide, & communiquant, de l'autre, avec une caiffe de fer-blanc dans laquelle fe trouve un mélange frigorifique; & l'autre avec une feconde caiffe, mais contenant de l'eau chaude, dont la température eft autant au-deffus de celle de l'air ambiant, que celle du mélange frigorifique eft au-deffous. Les deux gaz, après avoir traverfé ces deux boîtes dans de petits ferpentins, fe rendent dans un tube de verre placé à égale diftance des deux boîtes, bien enveloppé d'édredon, & dans lequel eft un thermomètre à mercure très-fenfible. Par ce procédé, chaque gaz arrive, à la vérité, au lieu du mélange avec fa température un peu altérée; mais ces altérations font telles, qu'elles fe compenfent. »

» Avant de parvenir des gazomètres aux boîtes, les gaz traverfent des tubes remplis de muriate de chaux, où ils dépofent leur humidité.

» Il a trouvé par cet appareil, que lorfqu'il faifoit arriver dans le tube de verre de l'air atmofphérique de chaque gazomètre, l'un à — 21°, &

l'autre à + 21° par rapport à la température de l'air ambiant, le thermomètre ne varioit pas fenfiblement : ainfi, la différence avec l'air ambiant étoit = 0. »

Les mêmes expériences répétées avec du gaz furoxigéné & de l'air atmofphérique, avec du gaz acide carbonique & de l'air atmofphérique, avec du gaz acide carbonique & du gaz hydrogène, avec de l'air atmofphérique & du gaz hydrogène, enfin avec de l'air atmofphérique & du gaz azote, donnèrent abfolument le même réfultat, c'eft-à-dire, que la différence de la température du mélange avec celle de l'air ambiant étoit fenfiblement égale à zéro.

De tous ces faits, Gay-Luffac conclut : « qu'il paroît fuivre de ces expériences, que les gaz précédens, & probablement tous les fluides élaftiques, ont, fous le même volume & des preffions femblables, la même capacité pour le *calorique*; réfultat qui, relativement aux poids, eft d'accord avec celui que j'avois annoncé il y a cinq ans; favoir, que plus les gaz ont de légereté fpécifique, plus ils ont de capacité pour le *calorique*. Mais je n'avois point découvert alors fuivant quelle loi cette capacité varioit, & aujourd'hui elle fe trouve déterminée par ces nouvelles expériences. »

Enfin, dans une note publiée par Gay-Luffac, fix mois après (1), ce favant annonce qu'ayant vérifié fes dernières expériences avec des gazomètres d'une plus grande capacité, puifqu'ils contenoient chacun quatre-vingts litres, & avec des thermomètres plus fenfibles; enfin, avec des moyens plus exacts, il eft arrivé à des réfultats différens.

« J'ai d'abord cherché (c'eft Gay-Luffac qui parle) à conftater fi l'air confervoit la même capacité à des températures différentes. J'en ai pris deux volumes parfaitement égaux, & je les ai expofés, l'un à une température de — 20 deg., & l'autre à une température de + 52° : celle de l'air étoit à + 16. La moyenne des trois expériences a donné pour réfultat, que la capacité de l'air froid eft à celle de l'air chaud, fous le même poids, dans le rapport de 1 à 1,206.

» En fubftituant le gaz hydrogène à l'air dans l'un des gazomètres, j'ai trouvé que, pour des volumes égaux à la même température, la capacité de l'air refroidi à — 20°, & celle de l'hydrogène échauffé a + 52°, dans le rapport de 1 à 0,907; mais lorfque c'eft l'air qui eft échauffé & l'hydrogène refroidi, le rapport eft alors de 1 à 0,752.

» J'ai de même trouvé, avec le gaz acide carbonique, que lorfque c'eft l'air qui eft refroidi à — 20 deg., fa capacité eft à celle de l'acide carbonique échauffé à + 52, dans le rapport de 1 à 1,518, & feulement dans le rapport de 1 à 1,119;

lorfque

---

(1) *Annales de Chimie*, tom. LXXXI, pag. 98.

(1) *Annales de Chimie*, tom. LXXXIII, pag. 106.

lorfque c'eſt l'air qui eſt échauffé à + 52°, & le gaz acide carbonique refroidi à — 20. »

Dalton, en partant de confidérations purement théoriques, fondées ſur cette hypothèſe, que les quantités de chaleur appartenant aux dernières particules de tous les fluides élaſtiques, doivent être les mêmes ſous la même preſſion & à la même température, a donné la table ſuivante du *calorique ſpécifique* des gaz.

Gaz hydrogène 9,382
— — nitrogène (azote) 1,866
Air atmoſphérique 1,759
Gaz ammoniac 1,555
—— oléfiant 1,555
—— oxigène 1,332
—— hydrogène carburé 1,333
Vapeur aqueuſe 1,166
—.— éthérée 0,848
Gaz oxide nitrique 0,777
—— oxide de carbone 0,777
Vapeur d'alcool 0,586
Gaz hydrogène ſulfuré 0,583
—— oxide nitreux 0,549
Vapeur d'acide nitrique 0,491
Gaz acide carbonique 0,491
—— acide muriatique 0,424

L'Inſtitut Royal de France, voulant faire ceſſer les incertitudes que préſentoient les différences annoncées juſqu'à préſent ſur les rapports du *calorique ſpécifique* des gaz, & déſirant avoir des faits conſtans & poſitifs ſur leſquels on puiſſe compter à l'avenir, propoſa, dans ſa ſéance du 7 janvier 1811, pour ſujet du prix de phyſique, de déterminer la *chaleur ſpécifique* des différens gaz. L'Inſtitut ayant couronné, dans ſa ſéance publique de 1813, le Mémoire qui lui avoit été envoyé par F. de Laroche & J. E. Beurard, nous allons faire connoître la méthode que ces deux jeunes ſavans ont ſuivie, ainſi que les réſultats auxquels ils ſont parvenus (1).

Ils ont cherché à déterminer le *calorique ſpécifique* des gaz par deux méthodes différentes : 1°. en obſervant à quelle température conſtante on éleveroit de l'eau, en faiſant paſſer à travers un ſerpentin, des gaz qui auroient une température uniforme ; 2°. à quelle température on amèneroit au volume donné d'eau, en faiſant paſſer à travers, un volume donné d'un gaz à une température déterminée.

Pour déterminer le *calorique ſpécifique* des gaz par la première méthode, « ſuppoſons (diſent ces phyſiciens) que l'on ait une ſource conſtante & uniforme de chaleur, dont l'action ſe porte en entier ſur un corps A ſuſpendu dans l'air ; ce corps ſe réchauffera peu à peu, juſqu'au point où, en raiſon de l'élévation de ſa température ſur

celle de l'air ambiant, il perdra autant de chaleur qu'il en recevra. A ce point, ſa température deviendra ſtationnaire, ſi celle de l'air ne varie pas.

» D'un autre côté, c'eſt un principe généralement admis, & dont la juſteſſe ne peut être conteſtée lorſqu'il s'agit de petites différences de température, que la quantité de chaleur perdue à chaque inſtant par un corps chaud, iſolé dans l'air, eſt proportionnelle à l'excès de ſa température ſur celle de l'air environnant. Il eſt donc évident, d'après ces deux principes, que ſi l'on ſoumet le corps A, à l'action de différentes ſources de chaleur uniforme, le rapport de leur intenſité ſera égal à celui des excès de la température que le corps A aura priſe, quand la ſource de chaleur l'aura rendu ſtationnaire ſur celle de l'air ambiant, puiſque, parvenu à ce maximum, le corps A reçoit à chaque inſtant autant de chaleur qu'il en perd.

» Maintenant, qu'on ſe figure un cylindre de cuivre mince AB, *fig.* 247, de 16 centimètres de hauteur ſur 8 de diamètre, rempli d'eau diſtillée, & traverſé par un ſerpentin d'environ un mètre & demi de longueur, formant huit tours de ſpire, & dont les deux extrémités s'ouvrent en dehors du vaſe, l'une dans le haut & l'autre dans le bas. Si on fait traverſer ce ſerpentin par un courant régulier d'un gaz maintenu, avant ſon entrée, à une température élevée & conſtante, ce courant pourra être conſidéré comme une ſource de chaleur uniforme, & le cylindre AB comme le corps A. Par conſéquent, ſi on répète la même expérience ſur chacun des gaz, chaque courant élèvera la température du cylindre AB à un point fixe où elle ſera ſtationnaire, & il s'enſuivra, d'après les principes énoncés plus haut, qu'à partir de ce point, l'excès de la température ſtationnaire du cylindre AB, ſur celle de l'air ambiant, ſera proportionnel à la quantité de chaleur abandonnée par le gaz qui aura traverſé le cylindre. On obtiendra par ce moyen, d'une manière très-exacte, la chaleur ſpécifique comparative des gaz qu'on pourra ſoumettre à ce genre d'expérience ; il y aura enſuite deux moyens pour la comparer à celle de l'eau.

» Le premier conſiſte à ſoumettre le cylindre AB, que nous déſignerons dans la ſuite par le nom de *calorimètre* (*voyez* CALORIMÈTRE), à l'action d'un courant d'eau régulier, & aſſez lent pour qu'il ne produiſe guère plus d'effet que le courant des différens gaz.

» Le ſecond conſiſte à déterminer, par le calcul, la quantité réelle de chaleur que le calorimètre, parvenu à ſa température ſtationnaire, peut perdre dans un temps donné ; car puiſque, parvenu à ce point, il ne s'échauffe plus, quoique la ſource de chaleur continue à lui être appliquée, il eſt évident qu'il perd alors autant de chaleur qu'il en reçoit.

» Nous nous ſommes ſervis, pour obtenir un

courant de gaz uniforme, d'un gazomètre (*voyez* GAZOMÈTRE), que nous croyons inventé par Wolaston, & qui réunit à beaucoup de simplicité la plus grande précision. Quelques mots vont faire connoître cet ingénieux instrument. Qu'on suppose un ballon de verre A, *fig.* 450, ou tout autre vase rempli d'eau, placé au dehors d'un réservoir de verre ou de métal B, rempli d'un gaz quelconque insoluble dans l'eau ; que ces deux vases communiquent par un tube vertical CD, qui peut être fermé par un robinet E. Supposons aussi que le niveau de l'eau contenue dans le ballon A soit en G : il est évident que, si l'on ouvre alors le robinet E, l'eau tombera dans le réservoir B & en chassera le gaz, qui s'échappera par l'ouverture L (le robinet M étant ouvert). Il n'est pas moins évident que la force avec laquelle l'eau du ballon A s'écoulera, d'abord égale au poids d'une colonne d'eau HK, diminuera à mesure que le niveau GH s'abaissera ; mais alors, si on ferme exactement l'ouverture F, & que la communication du ballon A avec l'air extérieur ne soit établie qu'au moyen du tube NO ouvert des deux bouts, il arrivera que l'air, pour s'introduire dans le ballon A, & remplacer l'eau qui s'écoule, sera obligé de vaincre la pression de la colonne d'eau HI, & par conséquent l'eau ne tendra plus à s'écouler dans le vase B, qu'avec une force mesurée par la colonne HK, moins la colonne HI, c'est-à-dire, par la colonne KI, qui est une quantité constante, tant que le niveau de l'eau ne s'est pas abaissé au-dessous de OI. Maintenant, supposons que le réservoir B soit totalement vide de gaz & rempli par l'eau du ballon A ; fermons les robinets E, M, & faisons arriver par le tube QR, qui plonge au fond de l'eau dans le réservoir B, un courant de gaz constant, provenant d'un gazomètre semblable. Dans ces circonstances, si l'on ouvre le robinet P, pour faire sortir l'eau du réservoir B, il est clair que si le gaz, pour s'introduire dans le réservoir B, est obligé de vaincre une résistance représentée par la colonne d'eau que ce réservoir contient, d'un autre côté il étoit attiré par une force égale, c'est-à-dire, celle avec laquelle cette eau tend à s'écouler par le robinet P, qui est représenté par la même colonne. Ces deux forces étant donc égales & opposées, il s'ensuivra que la régularité du courant de gaz entrant par le tube QR ne sera point troublée, & que le réservoir B se remplira de gaz provenant d'un autre gazomètre, sans que ce gaz ait aucun effort à vaincre. Cependant, le robinet E restant fermé pendant toute cette opération, on aura le temps d'ouvrir l'ouverture F, & de remplir d'eau le ballon A, pour recommencer à chasser du réservoir B le gaz qui vient de le remplir. On conçoit qu'avec deux gazomètres pareils, on peut faire passer une certaine quantité de gaz de l'un dans l'autre, tant qu'on voudra, sans interruption.

» Lorsque le gaz qui remplit le réservoir B est autre que l'air atmosphérique, du gaz hydrogène, par exemple, si l'on fait souvent passer ce gaz d'un gazomètre dans l'autre, il arrive qu'il se combine en partie avec l'eau, & en dégage l'azote & l'oxigène qui le saturoient ; de sorte qu'alors, la pureté du gaz hydrogène restant est altérée. Il étoit même impossible de faire circuler de cette manière l'acide carbonique, le gaz oxide d'azote, le gaz oléfiant, quoiqu'ils soient peu solubles dans l'eau. Cette difficulté nous auroit fait renoncer à ce genre de gazomètre, si nous n'avions trouvé le moyen de la surmonter. Ce moyen consiste à ne mettre que de l'air atmosphérique dans le réservoir B, & à introduire le gaz que l'on veut faire circuler dans une vessie V, *fig.* 451, enfermée dans un ballon M, communiquant par un tube C avec le réservoir B. Si, dans cet état de choses, on suppose qu'un courant régulier d'air atmosphérique, sortant de ce réservoir, arrive par le tube C dans le ballon M ; ce ballon étant exactement fermé, l'air pressera uniformément la vessie, & alors il en sortira, par le tube D, un courant régulier de gaz qu'elle renferme.

» Si l'on suppose, d'un autre côté, que le courant constant de la vessie V entre dans une autre vessie V', *fig.* 452, vide & placée de la même manière que la première, dans un autre ballon M', qui est vide d'air, & communique avec le réservoir B' de l'autre gazomètre, par le tube C' qui plonge jusqu'au fond, ce réservoir B' étant plein d'eau, & son robinet P' ouvert, peu après la vessie V' se remplira de gaz & chassera l'air du ballon M', qui se rendra, par le tube C', dans le réservoir B', sans que le courant cesse d'être uniforme. Maintenant, on pourra facilement se faire une idée de l'appareil que nous avons employé, & dont la projection verticale est représentée dans la *figure* 453.

» B & B' sont les réservoirs inférieurs des deux gazomètres ; le réservoir B est supposé rempli d'air, & B' rempli d'eau. V est une vessie pleine de gaz dont on veut déterminer la chaleur spécifique, de l'hydrogène, par exemple ; la vessie V' correspondante est vide ; *a*, *b*, *c*, *d*, *e*, *f*, *g*, *h*; sont les robinets. Supposons que *a*, *c*, *f*, *h*, soient seuls ouverts ; si l'on fait marcher le gazomètre B, il sortira du réservoir B un courant régulier d'air ; &, à cause de la disposition des robinets que nous venons d'indiquer, cet air sera oblige de venir dans le ballon M, où il comprimera la vessie V; de laquelle il sortira un courant régulier de gaz hydrogène. Ce gaz passera dans le tube CDE ; la partie DE de ce tube, longue de plus d'un mètre, se trouve enveloppée dans un tube plus large FG. Ce dernier est continuellement rempli de vapeur d'eau, au moyen d'une petite chaudière K remplie d'eau, placée sur un fourneau & maintenue dans un état d'ébullition constante ; & la vapeur sortant continuellement de cette chaudière, se rend par le tube KF dans le tube large FG, le traverse dans toute sa longueur, & ressort par le tube GI. La partie DE du tube de conduite du gaz est assez longue pour que ce gaz ait le temps, dans son passage, d'acquérir, du moins à très-peu près, la température de l'eau bouillante, ou de 100 deg centigrades. Le gaz, en sortant de ce tube, passe dans le calorimètre L, y dépose sa chaleur, & en sort par le tube NO qui le conduit dans la vessie V': il la remplit en chassant l'air du ballon M', qui vient se rendre de la manière indiquée ci-dessus dans le réservoir B' de l'autre gazomètre, par un tube qui plonge jusqu'au fond de ce réservoir.

» Quand tout l'air du réservoir B a été chassé & remplacé par de l'eau, les choses se trouvent dans l'état suivant : la vessie V est vide, & le ballon M plein de l'air qui étoit précédemment dans le réservoir B; la vessie V' est pleine d'hydrogène, & le réservoir B' plein de l'air qui étoit précédemment dans le ballon M'. Si alors on ferme à l'instant les robinets a, c, f, h, qui étoient ouverts, qu'on ouvre g, e, d, b, qui étoient fermés, & qu'on fasse marcher le gazomètre B', l'air sortant du gazomètre par le robinet g, fixé sur un tube qui s'ouvre à la partie supérieure du réservoir B', viendra remplir le ballon M', pressera la vessie V', en fera sortir un courant uniforme de gaz hydrogène qui, passant par le robinet e, se rendra dans le tube DE, où il se réchauffera, traversera le calorimètre, & sortant par le tube N a, il sera obligé d'entrer par le robinet d dans la vessie V, la remplira & chassera du ballon M un courant d'air qui, passant par le robinet b, viendra remplir le réservoir B, & en fera sortir l'eau. Les choses se trouveront, à la fin, dans ce gazomètre, dans leur état primitif, & on pourra recommencer à faire marcher le gazomètre B, & ainsi de suite. Avec une vessie remplie de gaz hydrogène, on peut, de cette manière, faire passer, pendant aussi long-temps qu'on voudra, un courant uniforme de ce gaz au travers du calorimètre; & l'expérience nous a appris que, malgré l'agitation continuelle qu'on donne à ce gaz, en lui faisant recommencer tant de fois un aussi long trajet, il ne contient pas, après avoir circulé ainsi pendant six heures, trois centièmes d'impureté.

» La plus grande partie de l'appareil que nous venons de décrire est contenue dans une même chambre; mais le calorimètre, l'extrémité des tuyaux DE, FG, & une partie des tuyaux QI, NP, sont dans une autre chambre, séparée en cet endroit de la première par une porte PQ, percée de trous convenables pour laisser passer ces tuyaux. Cette seconde chambre ne s'ouvrant que rarement, l'air qu'elle renferme, & qui entoure le calorimètre, n'est presque pas agité, & sa température ne varie presque point. »

Comme il falloit beaucoup de temps pour parvenir à la stabilité de température dans l'eau du calorimètre, les auteurs du Mémoire ont d'abord élevé la température du calorimètre, au moyen d'une lampe, à un terme voisin de celui où la température devoit être stationnaire; ils ont ensuite fait passer le gaz chaud, & ils ont arrêté l'expérience lorsque, par le ralentissement de la marche de l'échauffement, ils jugeoient qu'il ne s'en falloit que de trois ou quatre dixièmes de degré au plus, pour qu'il eût atteint son *maximum* : élevant alors, à l'aide d'une lampe, la température du calorimètre d'une quantité un peu plus considérable, qui lui faisoit dépasser ce *maximum*, le calorimètre se refroidissoit, quoique le courant du gaz chaud continuât à le traverser, & ils arrêtoient également l'expérience lorsque, par le ralentissement du refroidissement, ils jugeoient que le calorimètre étoit aussi près du terme où sa température devoit être stationnaire. Prenant alors la moyenne entre les observations finales des deux séries, ils obtenoient, avec assez d'exactitude, la température à laquelle le calorimètre seroit devenu stationnaire, si l'action réchauffante du gaz avoit été assez long-temps continuée.

Après avoir fait, aux résultats qu'ils ont obtenus, les corrections provenantes, 1°. de l'échauffement que le tube contenant la vapeur de l'eau devoit occasionner; 2°. celles que la variation de pression devoit produire; ils ont supposé que les rapports d'échauffement devoient être proportionnels à la *caloricité spécifique* des volumes égaux de chacun de ces gaz, d'où ils ont conclu les rapports suivans, en prenant l'air atmosphérique pour unité.

SUBSTANCES.	CALORICITÉ SPÉCIFIQUE DES	
	volumes égaux.	poids égaux.
Air atmosphérique..	1,000	1,000
Gaz hydrogène. ...	0,033	12,3401
— acide carbonique	1,2583	0,8280
— oxigène........	0,9765	0,8848
— azote.........	1,0000	1,5318
— oxide d'azote ...	1,3503	0,8878
— oléfiant........	1,5530	1,5765
— oxide de carbone	1,0340	0,6805

Dans leur deuxième méthode de déterminer le *calorique spécifique* des gaz, Laroche & Beurard ont adopté les moyens qui avoient été pratiqués par le comte de Rumfort, pour connoître la quantité de *calorique* dégagée par la combustion des différens corps. (*Voy.* COMBUSTION, CALORIMÈTRE.) Ils ont, en conséquence, abaissé la température de leurs calorimètres de cinq à six degrés au-dessous de la température de l'air environnant; ils ont ensuite fait circuler au travers un courant de gaz chaud : de cette manière, le calorimètre prenoit une marche régulière d'échauffement. Lorsque la température étoit parvenue à un terme plus bas de deux degrés feulement que la température de l'air, ils commençoient à noter la quantité de litres qui étoient employés à l'élever de chaque degré , jufqu'à ce qu'il fût parvenu à 2° au deffus de la température de l'air, & à 4" au-deffus de la température initiale. Par ce moyen ils faifoient deux expériences à la fois : l'une qui donnoit la quantité de gaz néceffaire pour élever le calorimètre de 4 deg. ; l'autre qui lui donnoit celle néceffaire pour faire parcourir les deux degrés intermédiaires.

En partant de ce principe, que le *calorique fpécifique* des différens gaz eft en raifon inverfe des quantités qui ont été employées pour produire la même température , faifant d'ailleurs la correction que l'échauffement du tube à vapeur devoit occafionner, ils ont trouvé que le *calorique fpécifique*, fous le même volume, comparé à celui de l'air atmofphérique pris pour unité, étoit :

SUBSTANCES.	CALORIQUE SPÉCIFIQ.		DIFFÉRENCE.
	de la 2e. expérience.	de la 1re. expérience.	
Air atmofphérique .	1,0000	1,0000	0,0000
Gaz hydrogène . . .	0,8930	0,9033	—0,0103
-- acide carbonique.	1,3110	1,2583	+0,0527
-- oxigène	0,9740	0,9765	0,0025
-- azote	1,0000	1,0000	0,0000
-- oxide d'azote. . .	1,3150	1,3503	—0,0353
-- oléfiant	1,6800	1,5530	+0,1270
-- oxide de carbone.	0,9830	1,0340	—0,0510

Pour pouvoir comparer le *calorique fpécifique* du gaz à celui de l'eau, pris pour unité , les deux favans ont employé trois méthodes : dans la première, ils ont fait traverfer le ferpentin par un courant d'eau chaude, jufqu'à ce que fa température foit ftationnaire, & ils ont comparé la température que le *calorique* atteignoit par le courant d'eau , à celui que l'on obtenoit par le courant d'air atmofphérique ; & de cette comparaifon, après avoir fait toutes les corrections que l'expérience exigeoit, ils ont conclu le *calorique fpécifique* de l'air atmofphérique, celui de l'eau étant pris pour unité ; dans la feconde méthode, ils comparoient la quantité de *calorique* perdue par le calorimètre dans un temps donné, à la quantité que l'air abandonnoit pendant le même temps en traverfant le ferpentin , & de ces rapports ils en concluent le rapport qui devoit exifter entre le *calorique fpécifique* de l'eau & celui de l'air atmofphérique.

Dans la troifième méthode, ils ont comparé la quantité de *calorique* perdue par une quantité donnée d'air pour élever une quantité donnée d'eau d'un nombre de degrés déterminé , & de cette comparaifon ils ont conclu le rapport du *caloriqué fpécifique* entre les deux fubftances.

Ainfi , dans le premier mode, un courant d'eau de 37d.,750, traverfant le ferpentin en dix mi-

nutes, perdoit 29°,072 , & maintenoit la température du *calorique* plus élevée de 20d.,713 que celle de l'air ambiant. De même 46g.,860 d'air atmofphérique , en traverfant le calorimètre pendant dix minutes, perdoit 70°,415, maintenoit fa température élevée au-deffus de l'air ambiant de 15°,734. En ramenant, par le calcul, les réfultats de l'expérience fur le courant d'eau, à ce qu'ils euffent été dans les mêmes circonftances que dans celle fur le courant d'air, on trouve que le *maximum* de température auquel il auroit maintenu le calorimètre , auroit été de 64°,045 au-deffus de l'air ambiant. La *chaleur fpécifique* étant proportionnelle aux effets du courant, il en réfulte que la *chaleur fpécifique* de l'eau

étant 1,0000
celle de l'air atmofphérique 0,2460

une moyenne , entre deux expériences, leur a donné 0,2498 pour le *calorique fpécifique* de l'air.

Dans la feconde méthode, la quantité de litres d'air qui traverfoit le calorimètre en dix minutes, pefoit 46g.,860 : cette quantité , en fubiffant un abaiffement de température de 72°,415, perdoit par conféquent affez de chaleur pour élever le calorimètre contenant (556 grammes d'eau diftillée, & par compenfation des parois & du ferpentin eftimé) 596g.,8 d'eau , de 1°,5996, ou, ce qui revient au même, pour élever 13g.,183 d'eau de 72°,415. La *chaleur fpécifique* de l'air eft donc à celle de l'eau comme 13g.,183 eft à 46g.,860, ou comme 0,2813 eft à 1, rapport qui diffère peu du premier.

Dans la troifième méthode, 108g.,320 d'air, en perdant 85 deg. , ont fuffi pour réchauffer de 4°, 620g.,8 d'eau (la matière du gazomètre comprife) ; mais on trouve, par une propofition , que 620g.,8 d'eau, pour s'échauffer de 4°, exigent autant de chaleur que 29g.,214 pour s'échauffer de 85 deg.: la *chaleur fpécifique* de l'air & de l'eau eft donc dans le rapport de 29,214 à 108,320, ou celui de 0,2697 à 1,0000.

Prenant la moyenne entre ces trois quantités, on trouve pour le rapport du *calorique fpécifique* de l'eau à celui de l'air atmofphérique 0,2669, & par fuite que le *calorique fpécifique* des gaz , comparé à celui de l'eau, pris pour unité, eft :

Calorique fpécifique de l'eau 1,0000
—— de l'air atmofphérique 0,2669
—— du gaz hydrogène 3,2936
—— acide carbonique 0,2210
—— oxigène 0,2361
—— azote 0,2754
—— oxide d'azote 0,2369
—— oléfiant 0,4207
—— oxide de carbone 0,2884

Le *calorique fpécifique* de la vapeur aqueufe n'avoit pas encore été déterminé par l'expérience ;

Crawfort ne l'avoit déduit que de considérations hypothétiques. De Laroche & Beurard cherchèrent à la déterminer aussi exactement que leur mode d'expérience le leur permettoit. Pour cela ils firent parvenir, dans le tube enveloppé de la vapeur d'eau bouillante, de l'air atmosphérique saturé d'eau à 39 deg., & firent passer cet air dans un calorimètre dont la température stationnaire étoit de 39°; ils observèrent la perte du calorique dans ce passage. Ils firent ensuite parvenir dans le même tube de l'air atmosphérique très-sec, qu'ils firent également passer dans un calorimètre dont la température stationnaire étoit de 40d.,4. Le premier air perdit plus de calorique que le second. La différence de température au-dessus de l'air ambiant, dans les deux expériences faites exactement dans les mêmes circonstances, étoit de 9°,5 — 8°,4 = 1°,1 : c'est l'effet produit par la vapeur aqueuse.

Le baromètre étoit, pendant la durée de cette expérience, à 0m.,7596 : la tension de la vapeur d'eau à 39°, & d'après la table de Dalton = 0m.,0505. (Voyez VAPEURS D'EAU, TENSION DES VAPEURS.) Par conséquent, dans l'air saturé de vapeur, le volume de l'air étoit à celui de la vapeur dans le rapport de 15 à 1. L'effet des fluides élastiques sur le calorimètre étant, dans les mêmes circonstances, proportionnel à la quantité qui le traverse : il résulte des expériences qui ont été faites, qu'un volume d'air sec élevant la température du calorimètre de 8°,4 au-dessus de celle de l'air ambiant, un volume égal de vapeur l'élevera de 16°,5, toutes choses étant d'ailleurs égales; par conséquent, la chaleur spécifique de l'air atmosphérique étant 1,000, celle d'un même volume de vapeur sera 1,9600, & d'un même poids 3,186. Enfin, ce calorique spécifique, comparé à celui de l'eau, pris pour unité, sera de 0,8470, donc moindre que celui de l'eau liquide.

Il restoit à déterminer le rapport entre la densité d'un même gaz & celui du calorique spécifique correspondant; c'est ce que les deux jeunes physiciens ont cherché. Ils ont disposé leur appareil de manière que l'air, dans les deux gazomètres, étant soumis à la même pression, pouvoit parvenir de l'un à l'autre en passant par le calorimètre, sans éprouver de variation. Ils ont soumis à l'expérience de l'air atmosphérique, sous une pression de 0,7405 & de 1,0058 : ainsi les rapports étoient comme 1 est à 1,3585. La chaleur spécifique pour des volumes égaux se trouva comme 1 est à 1,2396, donc moindre que le rapport entre les pressions.

Si P & D désignent les deux pressions différentes, c la chaleur spécifique correspondante à la pression P, x la chaleur spécifique cherchée, correspondante à la pression D. Si l'on prend la différence entre les densités 1,3585 — 1 = 0,3585, de la différence entre les chaleurs spécifiques 1,2396 — 1 = 0,2396.

De Laroche & Beurard annoncent que l'on peut trouver les rapports des *chaleurs spécifiques* des volumes égaux pour toute autre pression., en faisant usage de cette formule $0,3585 : 0,2396 = \left(\dfrac{D}{P} - 1\right) : \left(\dfrac{x}{c} - 1\right)$. Ils supposent également que les autres gaz suivent à peu près la même loi.

Nous allons terminer cet article du *calorique spécifique*, en présentant le tableau général du *calorique spécifique* déterminé par les différentes méthodes que nous avons indiquées. En comparant les nombres qui ont été trouvés pour la même substance, on pourra juger quelle différence chaque méthode présente. Nous indiquerons par un *astérisque*, les nombres auxquels nous accordons le plus de confiance, lorsque la *caloricité spécifique* aura été déterminée par plusieurs méthodes.

1°. Gaz.

Substance	Valeur	Source
Hydrogène	21,4000	C.
	9,3820	D.
	3,2953	R. B. *
Oxigène	4,7490	C.
	1,3333	D.
	0,6500	L. L.
	0,2361	R. B. *
Air atmosphérique	1,7900	C.
	1,7590	D.
	0,3333	L. L.
	0,2669	R. B. *
Acide carbonique	1,0459	C.
	0,4910	D.
	0,2210	R. B. *
Azote	0,7036	C.
	1,8660	D.
	0,2754	R. B. *
Oxide d'azote	0,5490	D.
	0,2369	R. B. *
Oléfiant	1,5550	D.
	0,4207	R. B. *
Oxide de carbone	0,7770	D.
	0,2884	R. D. *
Ammoniaque	1,5555	D.
Hydrogène carboné	1,3333	D.
—— sulfuré	0,5830	D.
Acide muriatique	0,4240	D.

2°. Vapeurs.

Substance	Valeur	Source
Aqueuse	1,5500	C.
	1,1660	D.
	0,8470	R. B. *
Éthérée	0,8480	D.
D'alcool	0,5860	D.
D'acide nitrique	0,4910	D.

3°. Eau.

Substance	Valeur	Source
Liquide	1,0000	
Solide glace	0,9000	K.

4°. Dissolutions salines.

Carbonate d'ammoniaque......	1,851	C.
Sulfure d'ammoniaque.........	0,994	C.
Sulfate de magnésie $\frac{1}{3}$, eau $\frac{2}{3}$...	0,844	C.
Muriate de soude $\frac{1}{9}$, eau $\frac{8}{9}$...	0,832	C.
Nitrate de potasse $\frac{1}{9}$, eau $\frac{8}{9}$...	0,8167	L. L.
—— de potasse $\frac{1}{4}$, eau $\frac{3}{4}$......	0,646	K.
Muriate d'ammoniaque $\frac{2}{3}$, eau $\frac{1}{5}$...	0,798	K.
Tartrite de potasse $\frac{1000}{3373}$, eau $\frac{2373}{3373}$	0,765	K.
Sulfate de fer $\frac{1}{8}$, eau $\frac{7}{8}$...	0,734	K.
—— de soude $\frac{10}{39}$, eau $\frac{29}{39}$...	0,728	K.
Alun $\frac{10}{39}$, eau $\frac{29}{39}$......	0,649	K.
Acide nitrique $\frac{933}{1033}$, chaux $\frac{10}{1033}$.	0,6189	L. L.
Dissolution de sucre brut.......	0,086	

5°. Acides & alcalis.

Acide nitrique	Pâle.......	0,844	K.
	à (1,2989). {	0,6613	L. L.*
		0,6200	L.
	à (1,335)...	0,570	K.
Acide muriatique (1,122)......		0,680	K.
Acide sulfurique	1855 {	0,758	K.
	(1,872). {	0,429	K.
		0,340	L.
	(1,87)......	0,3345	L. L.*
—— $\frac{4}{9}$, eau $\frac{5}{9}$.........		0,6631	L. L.
—— $\frac{1}{4}$, eau $\frac{3}{4}$.........		0,6031	L. L.
Vinaigre.............		0,387	K.
—— distillé...........		0,103	K.
Potasse (1,346.).........		0,759	K.
Ammoniaque (0,997)........		0,708	K.

6°. Liquides inflammables.

Alcool	0,6666	C.
	0,6400	L.
	0,6024	C.
	1,086	K.
Huile d'olive	0,716	K.
	0,500	L.
—— de lin.......	0,528	R.
—— de térébenthine........	0,472	K.
—— de baleine..........	0,5000	C.
Blanc de baleine.......	0,399	K.

7°. Fluides animaux.

Sang artériel........	1,0300	C.
—— veineux........	0,8928	C.
Lait de vache........	0,9999	C.

8°. Solides animaux.

Peau de bœuf avec poil.......	0,7870	C.
Poumon de brebis...........	0,7690	C.
Maigre de bœuf........	0,7400	C.

9°. Solides végétaux.

Pin sauvage.........	0,65	M.

Sapin............	0,60	M.
Tilleul des bois........	0,62	M.
Épicéa........	0,58	M.
Pommier sauvage.......	0,57	M.
Aune............	0,53	M.
Chêne-rouvre........	0,51	M.
Frêne commun........	0,51	M.
Poirier........	0,50	M.
Riz........	0,5050	C.
Féverolles........	0,5020	C.
Poudre de pin........	0,5000	C.
Pois........	0,4920	C.
Hêtre........	0,49	M.
Charme commun........	0,48	M.
Bouleau........	0,48	M.
Orme........	0,47	M.
Chêne blanc........	0,45	M.
Prunier ordinaire........	0,44	M.
Ebène du commerce......	0,43	M.
Orge........	0,4210	C.
Charbon de terre.......	0,2777	C.
Avoine........	0,4160	C.
Fraisil........	0,1923	C.

10°. Substances terreuses, poteries & verreries.

Chaux............	0,2564	C.
Chaux vive	0,2229	C.
	0,2168	L. L.*
Cendres de charbon de terre...	0,1855	C.
—— d'orme.......	0,1402	C.
Agate........	0,195	M.
Cristal........	0,1929	L. L.
Verre de Suède........	0,187	M.
—— avec oxide de plomb (flint glass)........	0,174	K.

11°. Combustible minéral.

Soufre........	0,183

12°. Métaux.

Fer	0,125	K.
	0,1269	C.
	0,126	W.*
Laiton	0,1123	C.
	0,116	W.*
Cuivre	0,1111	C.
	0,114	W.*
Fer en feuilles (tôle)........	0,1099	L. L.
Métal des canons........	0,1100	R.
Zinc	0,0943	C.
	0,102	W.*
Argent........	0,082	W.
Etain	0,068	K.
	0,0704	L. L.*
	0,060	W.
Antimoine	0,086	K.
	0,0645	C.
	0,063	W.*

Or.................	0,050	W.
	0,050	K.
Plomb............	0,0352	C.
	0,0420	W.*
Bismuth............	0,043	W.
	0,033	K.
Mercure..............	0,0357	C.
	0,0290 L.	L.*
	0,0496	D.

13°. Oxides.

Oxide de fer................	0,320	K.
Rouille de fer...............	0,2500	C.
—— purgée d'air...........	0,1666	C.
Oxide blanc d'antimoine lavé.	0,220	C.
	0,2272	K.
—— purgé d'air...........	0,1666	C.
Oxide de cuivre.............	0,2272	C.
—— de plomb & d'étain......	0,102	C.
—— de zinc...............	0,1369	C.
—— d'étain un peu purgé d'air.	0,0990	C.
	0,096	K.
—— jaune de plomb........	0,0680	C.
	0,068	K.

Nota Les lettres initiales placées à la suite de chaque nombre, indiquent :

C. Docteur Crawfort.
K. Kirwan
L. L. Lavoisier & Laplace.
W. Wilcke.
M. Meyer.
R. Rumfort.
D. Dalton.
L. Leslie.
R. B. De Laroche & Beurard.

CAMÉLÉON, de χαμαι, à terre ; λεων, lion ; chamæleon ; chaméleon ; f. m. Petit animal de la famille des lézards, qui a la propriété de changer de couleur.

On croit ordinairement que les *caméléons* prennent volontairement toutes les couleurs sur lesquelles on les pose ; cependant, un examen scrupuleux a appris qu'ils ne prennent successivement que les nuances du jaune, du vert & du gris. On prétend qu'ils offrent quelquefois une nuance du brun-rougeâtre. Prelong, qui les a fréquemment observés dans les îles de Gorée & du Sénégal, & qui a fait un grand nombre d'expériences sur ces animaux, assure qu'ils ne prennent jamais la couleur rouge.

Les naturalistes attribuent ordinairement le changement de couleur du *caméléon* au sang du cœur, qui passe de sa surface aux extrémités : ils avancent que le sang de cet animal étant d'un beau violet, & sa peau jaune & transparente, le mélange du bleu, du violet & du jaune, produit plus ou moins de nuances différentes. Ainsi, dans l'état naturel & lorsqu'il est libre, sa couleur est d'un beau vert, à quelques parties près qui offrent une nuance de brun-rougeâtre ou de blanc gris. Est-il en colère, sa couleur passe au vert bleu-foncé, au vert-jaune, jaune feuille morte. En général, les couleurs des *caméléons* sont d'autant plus vives & plus variables qu'il fait plus chaud, que le soleil brille d'un plus grand éclat ; elles s'affoiblissent toutes pendant la nuit. Lorsqu'il fait froid, cet animal est d'un gris nuancé de brun dans quelques parties, & il n'a plus la faculté de varier ses teintes, parce que *son sang ne peut plus venir, à la surface de sa peau, modifier le jaune qui la colore.*

Prelong, après avoir observé un grand nombre de *caméléons* qu'il nourrissoit sur un arbre, où il les avoit attachés avec un gros fil, explique ainsi leur changement de couleur.

« Je remarquai que leur épiderme se renouveloit sans cesse : or il faut, pour cela, qu'il existe au moins deux épidermes à la fois. Que l'on suppose que l'un de ces épidermes soit d'un jaune-clair, & l'autre d'un bleu-foncé ; comme ils sont plus ou moins transparens, & qu'il est très-probable que l'animal a le pouvoir de les rapprocher ou de les écarter, suivant les diverses actions qu'il éprouve, on expliquera facilement toutes les nuances qui peuvent résulter du mélange de ces deux couleurs, surtout en faisant entrer dans ces données la quantité plus ou moins grande de sang qui se porte vers les extrémités. »

On voit, d'après ces deux explications, 1°. que la couleur que ces animaux peuvent prendre, n'est pas aussi nombreuse qu'on l'annonce ordinairement ; 2°. que la cause de la variation de couleur des *caméléons* n'est pas encore parfaitement connue.

CAMÉLÉON : l'une des douze constellations méridionales, figurée dans les anciennes cartes de Bayer ; elle est sur la clôture des équinoxes & au dedans du cercle polaire antarctique : elle n'est composée que de neuf étoiles dans Bayer ; mais il y en a un beaucoup plus grand nombre dans le catalogue de Lacaille : celle qu'il a marquée α, & qu'il a observée avec soin, avoit, au commencement de 1750, 126° 8', 38" d'ascension droite, & 76° 7', 12" de déclinaison australe.

CAMÉLÉON MINÉRAL : nom que l'on donnoit, en chimie, à l'oxide de manganèse, à cause de la variété de couleur qu'il affecte dans ses différens degrés d'oxidation & dans sa combinaison avec l'acide carbonique.

CAMÉLÉOPARD ; cameleo leopardus ; *kamel parder* ; f. m. Une des constellations de la partie septentrionale du ciel. *Voyez* GIRAFFE.

CAMERA LUCIDA ; camera lucida ; *camera lucida.* Instrument avec lequel on peut voir, à l'aide d'un verre prismatique, dans une chambre éclairée, les objets fur une furface blanche, comme s'ils y étoient peints d'une manière analogue, mais avec plus d'exactitude qu'on ne voit, dans une chambre obfcure, à l'aide d'un verre lenticulaire, les objets éclairés qui font à l'extérieur. *Voyez* CHAMBRE CLAIRE.

CAMINOLOGIE, de καμινος, *cheminée ;* λογος, *fcience ;* caminologia; *kamin kunder ;* f. f. Science des cheminées, ou art de conftruire les cheminées de manière qu'elles économifent le combuftible & qu'elles ne fument pas.

Tout porte à croire que les cheminées, c'eftà-dire, les foyers furmontés d'un tuyau, font d'invention moderne. Quelques hiftoriens en portent l'invention au premier fiècle de l'ère chrétienne ; d'autres préfument qu'elles étoient déjà connues à cette époque. Ce qui paroît probable, c'eft que les cheminées ne doivent d'abord avoir été en ufage que dans les villes, & que les peuples nomades, les troglodites, ne devoient pas les connoître.

Dans les grandes villes, les foyers étoient originairement placés en plein air, foit dans les places publiques, foit dans les cours. Les anciens monumens ne préfentent aucune trace de cheminées : les alimens fe cuifoient dans des foyers extérieurs adoffés contre les murs, ou fous des portiques & des voûtes ouvertes latéralement pour laiffer paffer la fumée. On fe chauffoit dans l'intérieur avec des foyers portatifs remplis de combuftibles produifant peu de fumée. Du temps de Virgile & d'Horace, la fumée fortoit par les fenêtres, fi l'on s'en rapporte à ce vers du premier :

Et jàm fumma procul villarum culmina fumant.

& à ces deux vers du fecond :

Non vaga per veterem dilapfo flamma culinam
Vulcano, fummum properabat lombere tectum.

Auffi Vitruve défend d'enrichir d'ouvrages fomptueux les appartemens d'hiver, parce qu'ils feroient endommagés par la fumée & par la fuie.

Cependant quelques auteurs, Homère, Hérodote, Ariftophane, paroiffent faire croire à l'exiftence des cheminées ; car Hérodote, en parlant des Tauriens, dit, qu'après avoir tranché la tête à leurs prifonniers, ils les plaçoient au plus haut qu'ils pouvoient de leur maifon, foit fur la couverture, foit fur les cheminées. Homère fait dire à Ulyffe, enfermé dans l'antre de Calypfo, qu'il fouhaiteroit voir fortir la fumée d'Ithaque. Dans une comédie d'Ariftophane, le vieillard Polyctéon, enfermé dans une chambre, tente de fe fauver dans une cheminée.

Toutes ces citations paroiffent faire croire qu'il exiftoit des ouvertures fur le comble des édifices, qui correfpondoient aux foyers, & par lefquels la fumée pouvoit fortir : or ici, il eft très-probable que ces ouvertures étoient placées au-deffus du milieu de la pièce où le foyer exiftoit, comme on en voit encore un grand nombre dans plufieurs pays. Ces fortes de cheminées, qui n'empêchoient pas toujours que la fumée ne fe répandît dans la pièce où étoit le foyer & n'en noircît les parois, pouvoient exifter du temps de Vitruve.

Mais à quelle époque ces cheminées furent-elles inventées ? C'eft ce que l'on ignore abfolument, quoiqu'on puiffe les regarder comme un perfectionnement des foyers en plein air, puifque l'on pouvoit fe chauffer fans s'expofer aux injures du temps : conféquemment comme un intermédiaire entre les premières & les cheminées à tuyau.

On croit trouver l'invention des cheminées dans l'*Epift.* 70, où Sénèque dit que, de fon temps, on inventa de certains tuyaux qu'on mettoit dans les murailles, afin que la fumée du feu que l'on allumoit au bas étage des maifons, paffant par ces tuyaux, échauffât les chambres jufqu'au plus haut étage.

Alors les foyers, quoique placés contre les murs, n'étoient pas environnés par des chambranles : on pouvoit fe placer en demi-cercle autour du feu, & recevoir toute la chaleur rayonnante qui fe dégageoit latéralement : une hotte, pratiquée au-deffus du foyer, recevoit la fumée qui s'élevoit & qui arrivoit au tuyau comme par une efpèce d'entonnoir Ces cheminées repréfentoient les moitiés des foyers placés au milieu des appartemens. Nous ne connoiffons les cheminées des Anciens que d'après les auteurs grecs ou latins, qui n'ont décrit que les cheminées que l'on employoit dans des pays où la température étoit déjà très-élevée ; nous ignorons quelles étoient les formes des cheminées des peuples du Nord. Le mode de chauffage employé dans ces pays a fait de très-grands progrès chez les nations dont la civilifation eft avancée.

Depuis le commencement du quinzième fiècle, les âtres, en Europe, ont été entourés, les dimenfions des cheminées ont été diminuées, les foyers ont été placés dans des enfoncemens, & l'on a perdu une portion confidérable de la chaleur qui s'échappoit, en rayonnant, par les côtés de la cheminée.

Le peu de chaleur dégagée de ces foyers, proportionnellement au combuftible que l'on y brûloit, la fumée qui s'échappoit par l'ouverture, qui incommodoit les chauffeurs & faliffoit les meubles, déterminèrent des favans, des phyficiens & des architectes, à s'occuper des moyens de remédier aux défauts des cheminées. C'eft alors que parurent fucceffivement les obfervations d'Alberty Léon, dans le quinzième fiècle ; celles de Cardan, de Philibert de l'Orme, de Servio, de Savot, dans le feizième fiècle ; les ouvrages de François Leftard, fous le titre d'*Epargne-bois*, en 1619; ceux de Dulefne, en 1686; la *Mécanique du feu* de Ganger, en 1713 ; la *Caminologie* de F. P. H. en 1756; les *nouveaux échauffoirs de Penfilvanie*,

par

par Franklin, en 1745 ; les Obſervations de Mon-talembert ſur les poêles ruſſes, en 1763 ; les Tra-vaux du comte C. J. Cronſtedt, en 1767 ; l'Ou-vrage manuſcrit de Clavelin, en 1800 ; & une foule de Mémoires du comte de Rumfort, de plu-ſieurs phyſiciens & de pluſieurs artiſtes, ſur la fin du ſiècle dernier & au commencement de celui-ci.

Pour l'intelligence de cet article, nous diviſe-rons les cheminées en trois parties : 1°. les foyers ; 2°. les tuyaux ; 3°. l'ouverture ſupérieure, & nous traiterons ſéparément de chacune de ces parties.

Des foyers.

Les foyers ſont deſtinés à recevoir le combuſ-tible : celui-ci, pour brûler & produire de la cha-leur, doit être mis en contact avec l'oxigène, ou avec l'air atmoſphérique qui en contient ; par la combuſtion qui réſulte de la combinaiſon de ces deux ſubſtances, il ſe dégage de la chaleur. La chaleur dégagée eſt d'autant plus conſidérable, que la combuſtion eſt plus rapide ; & la quantité de chaleur dégagée d'un combuſtible eſt d'autant plus grande, que la combuſtion eſt plus complète, & que toutes les parties du combuſtible ont été brûlées. Voyez COMBUSTION.

Parmi les combuſtibles les plus ordinairement employés, ſont les bois, les charbons de bois, les houilles, les charbons de houille, les tourbes, les charbons de tourbe. Chaque combuſtible laiſſe dégager, dans ſa combuſtion, des quantités de chaleur différentes : ces quantités dépendent de la nature du combuſtible, de ſa deſſiccation, de la quantité de matières étrangères qu'il contient ; il exige en conſéquence, pour bien brûler, des quantités d'air différentes. Voyez COMBUSTIBLE.

Il ſe forme dans la combuſtion, pendant la combinaiſon de l'oxigène avec le combuſtible, divers produits, parmi leſquels on diſtingue de l'a-cide carbonique, de l'oxide de carbone, du gaz hydrogène, hydrogène carboné, la portion de l'air atmoſphérique non brûlé, des vapeurs d'eau, d'huile, d'acide pyroligneux, &c. Ces ſubſtances, parmi leſquelles il en eſt de plus peſantes que l'air atmoſphérique, telles que l'acide carbonique, d'autres, plus légères, telles que les vapeurs d'eau & d'acide pyroligneux, forment, par leur réunion, ce que l'on diſtingue ſous le nom de fumée. Voyez FUMÉE, GAZ, VAPEUR, SUIE.

En conſtruiſant un foyer, ce que l'on ſe propoſe principalement, c'eſt de le diſpoſer de manière que la combuſtion ſe faſſe facilement ; que l'air qui lui eſt néceſſaire lui arrive commodément & aſſez abondamment ; qu'il laiſſe échapper & rayon-ner dans l'appartement la plus grande quantité de calorique, & que ſa fumée monte promptement dans le tuyau, & ne ſe répande pas dans la pièce où il eſt établi.

Pour que le foyer reçoive tout l'air qui lui eſt néceſſaire, il faut qu'il lui en arrive directement

par des conduits, par des ventouſes pratiquées auprès du foyer, ou qu'il en pénètre dans l'appar-tement des quantités aſſez abondantes pour four-nir à la combuſtion.

Quant aux quantités d'air néceſſaires pour entre-tenir la combuſtion, elles varient avec la forme & l'ouverture du foyer, & la diſpoſition des ouvertures par leſquelles l'air entre.

Plus l'ouverture de la cheminée eſt grande, plus il y a d'air d'employé. Le courant d'air chaud & de fumée qui s'établit dans le tuyau, attire l'air de l'appartement vers l'ouverture & l'entraîne ; or, plus cette ouverture eſt grande, plus le volume d'air attiré eſt conſidérable, & plus il en ſort avec la fumée. Cet air ainſi entraîné, & qui n'eſt pas employé à la combuſtion, diminue la température de la chambre, parce qu'il entre de nouvel air ex-térieur pour remplacer celui qui s'échappe par le tuyau ; & comme l'air extérieur eſt toujours plus froid que celui qui a ſéjourné dans la pièce, la tem-pérature diminue, & cette diminution eſt d'autant plus grande, qu'il entre plus d'air froid. On re-médie à cette dépenſe d'air inutile en rétréciſſant l'ouverture du foyer ; ſouvent ce rétréciſſement augmente la viteſſe du courant d'air qui ſe porte dans la cheminée, &, par ſuite, celui du courant dans le tuyau.

Dans les cheminées à larges ouvertures, & qui conſomment inutilement une grande quantité d'air, la maſſe d'air froid qui ſe porte dans le tuyau di-minue la température & la viteſſe de la colonne d'air aſcendante ; alors le plus léger effort des courans d'air extérieur ſur l'embouchure ſupé-rieure des tuyaux le fait redeſcendre ; il s'oppoſe à la ſortie de la colonne d'air & de fumée, & la fait refluer dans l'intérieur. Avec une ouverture moins grande, il ſe porte moins d'air froid dans le tuyau, la viteſſe de l'air affluent eſt beaucoup plus grande, la température & la viteſſe de la colonne aſcen-dante ſont plus conſidérables ; elles oppoſent une plus grande réſiſtance aux courans d'air ſupérieur, refluent moins facilement, & par ſuite occaſionnent moins de fumée.

On voit, d'après ces conſidérations, que les cheminées à grandes & à petites ouvertures pré-ſentent des avantages & des inconvéniens ; que les premières, ayant une plus grande ſurface, fa-voriſent la rayonnance d'une plus grande quantité de calorique, & que les ſecondes, par leurs petites ouvertures, s'oppoſent à la fumée. Les meilleurs foyers ſeroient ceux qui procureroient la plus grande quantité de rayonnance, & qui conſomme-roient la plus petite quantité d'air.

Ganger, dans ſa Mécanique du feu, imprimée en 1713, s'eſt occupé des moyens de faire réfléchir, de l'intérieur des cheminées, la plus grande maſſe de chaleur poſſible, & cela en rétréciſſant le fond de ſes cheminées & leur donnant la forme d'une parabole. Ce rétréciſſement a été de nouveau conſeillé, dans ces derniers temps, par le comte de Rumfort & par un grand nombre de phyficiens ; on a même donné à ces fortes de foyers le nom de *cheminées à la Rumfort.* Ganger avoit encore indiqué le moyen de faire circuler de l'air autour du foyer, afin de l'introduire chaud dans les appartemens, à l'aide de bouches de chaleur. On trouve, dans la *Mécanique du feu* de Ganger, des moyens extrêmement ingénieux, qui ont été préfentés de nos jours comme des découvertes, & qui ont contribué à la réputation de ceux qui les ont fait connoître ; c'eft ainfi qu'à l'aide des découvertes anciennes, qui ont été oubliées, foit par l'indolence de leurs auteurs, foit parce qu'elles étoient au-deffus des connoiffances de leur fiècle, des hommes, quelquefois médiocres, parviennent à fe créer des réputations coloffales. Au refte, nous reviendrons fur les formes des cheminées, & fur la circulation de l'air & de la fumée. *Voyez* CHEMINEES.

Ce problème fi intéreffant, d'augmenter la quantité de chaleur rayonnante dans l'appartement, & de diminuer la confommation de l'air, a été affez bien réfolu par des artiftes & des favans : tout confifte à conftruire les cheminées de manière que le combuftible puiffe être placé près de l'ouverture des chambranles, & même, s'il eft poffible, hors de la cheminée, & que tous les produits de la combuftion foient entraînés par une petite ouverture faite fur la face du fond, derrière le foyer, & qui communique directement avec le tuyau.

Nous rapporterons, comme exemple de la folution de ce problème, la cheminée *fig.* 457, que nous choififfons dans un grand nombre ; A B, C D font les deux chambranles ; E F, le fond de la cheminée. Sur le devant eft conftruite la niche G H I K en plan, & G H I L M en élévation Cette niche, dont la face G H & L M n'a qu'un pouce d'enfoncement, à partir de la ligne B C des chambranles, peut avoir de 6 à 8 pouces de flèche de courbure. Au milieu eft une ouverture H I, I L, élevée de 4 à 6 pouces au-deffus du foyer, & à laquelle on donne de 12 à 16 pouces de large fur 12 à 18 pouces de hauteur, pour faciliter la fortie de la fumée & des produits de la combuftion. Cette ouverture eft fermée par une plaque de tôle ou de fonte N O, qui a fur l'arête N un mouvement à charnière qui permet de l'ouvrir ou de la fermer.

Après avoir placé le combuftible fur le foyer G H I K Q P, on y met le feu & l'on écarte la plaque pour laiffer paffer la fumée : celle-ci eft attirée dans cette ouverture avec tous les produits de la combuftion, & le tirage fe fait quelquefois avec une telle force, que la flamme elle-même eft entraînée. Le combuftible brûle très-bien ; & fi la cheminée eft dans de bonnes proportions, tous les produits de la combuftion s'en vont par cette ouverture, & aucune partie ne reflue dans l'appartement

Cette cheminée n'eft autre chofe qu'une modification de celles que Francklin a fait connoître à Ingenhoufs, dans la lettre qu'il lui a écrite le 27 août 1783, qui a été publiée dans le fecond volume des *Tranfactions de la Société philofophique américaine de Philadelphie.* Ces cheminées font repréfentées en E B C, dans la *fig.* 458. La plaque inférieure A B étoit fixée avec fon bord dans l'angle formé par l'âtre & le dos de la cheminée. La plaque fupérieure C D étoit fixée au manteau de la cheminée, & dépaffoit la plaque inférieure d'environ fix pouces, laiffant un efpace intermédiaire de quatre pouces de largeur & de la longueur des plaques, qui étoit à peu près de deux pieds. Tout autre paffage de l'air, dans le tuyau, étoit bien bouché. On faifoit du feu en E, d'abord avec du charbon de bois ou de braife, jufqu'à ce que l'air du tuyau fût un peu échauffé à travers les plaques; enfuite, en mettant du bois, la fumée s'élevoit en A, tournoit au-deffus du bord de cette plaque, & defcendoit vers D; & tournant alors au-deffus du bord de la plaque fupérieure, elle s'élevoit dans la cheminée. Le fpectacle étoit joli, mais de peu d'utilité. Plaçant donc la plaque inférieure dans une pofition plus élevée, *fig.* 459, & donnant à la plaque C D une pofition verticale, de forte que le bord fupérieur de la plaque inférieure A B fe portât au dedans à environ trois pouces de diftance de la plaque C D, cette diftance pouvoit être augmentée ou diminuée par un coin mobile placé entre les deux plaques ; la flamme, alors, en montant du feu en A, alloit frapper la plaque d'en haut C D, qui en devenoit très-chaude, & fa chaleur montoit & s'étendoit dans la chambre avec l'air raréfié.

Il eft facile de voir, d'après la difpofition de cette cheminée, que tout le calorique rayonnant qui fe dégage de la combuftion fe projette dans la pièce où le foyer eft placé ; qu'ainfi on répand dans l'intérieur la plus grande quantité poffible de calorique : on voit également que l'ouverture L O N I, *fig.* 457, étant très-petite, qu'il ne peut être entraîné, avec les produits de la combuftion, qu'une très petite portion de l'air de la chambre, & que la viteffe de la maffe d'air entraînée eft d'autant plus grande, que l'ouverture eft plus petite. Au refte, comme la plaque N O eft mobile, on peut diminuer ou agrandir l'ouverture felon le befoin, & de manière qu'il y ait le moins d'air employé, & que tous les produits de la combuftion foient entraînés dans le tuyau de la cheminée.

Pour qu'il puiffe entrer, dans les pièces que l'on chauffe, la quantité d'air néceffaire pour alimenter la combuftion & pour remplacer la maffe d'air entraînée dans l'ouverture par le courant, il faut qu'il exifte dans l'appartement des fciffures qui établiffent des communications entre l'air extérieur & l'air intérieur. Lorfque les fciffures font en affez grand nombre, elles fourniffent tout l'air néceffaire ; lorfqu'elles font infuffifantes, il faut pratiquer des ouvertures qui augmentent la quantité d'air entrant ; mais la fituation & la pofition de ces conduits peuvent avoir une grande influence sur l'échauffement de l'appartement.

Comme l'air chaud est plus léger que l'air froid, si l'on place les ouvertures d'introduction d'air dans les parties élevées, près du plancher, l'air froid qui entre, doit, à cause de sa pesanteur, descendre. En traversant les couches d'air supérieur, il s'échauffe & il parvient sur le sol après avoir acquis une température qui le rend supportable; mais si les ouvertures d'introduction sont placées dans les bas, près du sol, l'air, en entrant, conserve sa température & exerce sur les jambes une sensation de froid d'autant plus grande, que la température extérieure est plus basse : c'est pourquoi, lorsqu'il est nécessaire d'introduire de l'air, on établit souvent, dans le haut des croisées, des *vasistas*, que l'on ouvre plus ou moins, selon la quantité d'air dont on peut avoir besoin.

Quelques fumistes préfèrent de placer, sous le sol, des tuyaux qui établissent une communication directe entre l'extérieur & le foyer ; alors l'air extérieur arrive par ce conduit sur le combustible, & y produit l'effet d'un soufflet continu ; c'est un moyen de donner plus d'activité au feu ; celui-ci ne remplace qu'en partie l'air qui arrive par des ouvertures latérales, par des scissures réparties sur toute la surface intérieure, parce que ces dernières contribuent à renouveler l'air des appartemens & à les rendre plus sains.

Enfin, depuis 1713, que Ganger a proposé de faire circuler de l'air frais derrière les plaques qui forment les parois intérieures de la cheminée, & de la faire sortir ensuite par des ouvertures latérales, après s'être échauffé pendant sa circulation, cette circulation est employée avec beaucoup de succès ; elle réunit le double avantage de renouveler l'air des appartemens, de les échauffer par ce renouvellement, & de fournir de l'air chaud à l'embouchure de la cheminée ; elle occasionne en outre un courant d'air ascendant beaucoup plus rapide.

Nous allons rapporter ici quelques observations de Clavelin sur l'introduction de l'air dans la pièce que l'on échauffe par des cheminées ; nous avons d'autant plus de confiance dans ces observations, que cet estimable savant s'est livré pendant vingt ans, presqu'exclusivement, à des tentatives propres à déterminer les bases d'une bonne *caminologie*, & cela sans perdre de vue un seul instant l'objet qu'il se proposoit.

Ses expériences, dont nous n'allons rapporter ici que les résultats, qui sont applicables à la question qui nous occupe, ont été faites dans quatre pièces : le volume de la première étoit de 100 pieds cubes, celui de la seconde 200 pieds, celui de la troisième 2550 pieds, & enfin celui de la quatrième 6500 pieds cubes.

Désirant connoître (1) la différence de l'air

------

(1) *Annales de Chimie*, tom. XXXIII, pag. 203 & suiv.

en masse ou filtré par diverses issues, il substitua à leur ouverture libre une ouverture couverte d'un treillis ou d'une espèce de crible, dont la somme des ouvertures est calculée; il le plaça, soit au lieu de la conduite aérienne, soit auprès du foyer lui-même, pour comparer son effet avec les différens genres de ventouses adoptés par les fumistes.

Un fait assez remarquable, dont l'utilité est très-grande en *caminologie*, résulte de ses expériences ; c'est que l'air affluent divisé, tamisé & partagé, a plus de force & d'efficacité pour soutenir la colonne de fumée & l'empêcher de refluer, que l'air affluent en masse ; qu'il en faut, proportion gardée, une moindre quantité ; enfin, que cette méthode a le double avantage de dépenser moins d'air extérieur & de conserver plus de chaleur à la pièce.

Il fait voir que l'air des ventouses, des cylindres & des tambours dont on entoure les chambranles, à proportion gardée, a moins de puissance pour empêcher la fumée, que l'air qui vient des autres parties de la chambre, & surtout de celui qui vient du côté directement opposé à la cheminée ; que quand ce supplément est nécessaire, il vaut mieux livrer cet air supplémentaire, divisé & tamisé par des cribles ou arrosoirs (c'est ainsi qu'ils le nomment) bien disposés & bien proportionnés, que par des masses tumultueuses, & dont l'effet est quelquefois aussi contraire à l'intention du constructeur, que nuisible par le refroidissement qu'elles occasionnent.

Plus la pièce que l'on veut échauffer est grande, plus le volume est considérable, plus elle présente de difficultés à être échauffée dans toutes ses parties ; car la pièce n'est bien échauffée qu'autant que l'air qu'elle renferme l'est lui-même, mais cet air, continuellement en mouvement, transporte nécessairement sa chaleur dans les diverses parties où il se porte. Une première observation que présente le mouvement de l'air, c'est que celui qui est plus chaud, étant plus léger, tend à s'élever & à se porter vers le plafond, tandis que celui qui est plus froid, étant plus pesant, tend à descendre ; d'où il suit que la température la plus élevée d'un appartement est vers le plafond, & la température la plus basse vers le sol ; d'où il suit encore que les pièces basses sont plus chaudes que celles qui sont plus élevées, parce que les personnes qui s'y trouvent, sont plus rapprochées de la région dont la température est la plus forte. Une seconde observation est que le combustible & l'ouverture du foyer attirent vers eux la masse d'air qui sert à la combustion, & celle que le courant établi dans la cheminée entraîne. Il se dirige donc, de toutes les parties, un courant vers l'ouverture, qui entraîne particulièrement l'air le plus lourd qui se trouve dans la région la plus basse, & qui est en conséquence le plus froid ; c'est ce courant inférieur, & particulièrement celui de l'air qui touche le sol, qui occasionne ce refroidissement aux talons que l'on éprouve près d'un foyer

         C A M

lorfque les pieds touchent le fol. Il eft avantageux de les élever, pour fe fouftraire à la plus grande action de l'air froid.

Clavelin ayant confidéré la diftribution de la chaleur dans une chambre comme un objet digne de fon attention, a cru devoir faire des expériences propres à bien déterminer la loi de cette diftribution : il plaça en conféquence fix thermomètres à différentes hauteurs, dans des directions correfpondantes & à différens éloignemens du foyer ; il obferva alors que la chaleur, diminuant à mefure que l'on s'éloignoit du foyer, fe répartit enfuite dans les parties les plus reculées de la chambre, de manière que les couches fupérieures font les plus chaudes ; ce qui eft conforme à la ftatique de l'air.

Mais comme la combuftion eft entretenue par de l'air froid qui entre conftamment dans la pièce que l'on chauffe, & que cet air affluent contribue à diminuer la température intérieure, il doit en réfulter deux caufes de refroidiffement, 1°. relativement à la maffe d'air affluente ; 2°. à la température de l'air. Clavelin a fait quelques expériences pour déterminer, 1°. quelle proportion totale de chaleur réfultoit d'une quantité donnée de combuftible ; 2°. quelle étoit l'augmentation de température comparée à celle de l'air extérieur.

Ses expériences ont été faites dans une chambre dont les iffues de déperdition étoient fermées : il fufpendit, pour cet effet, une corbeille de fil de fer au milieu d'une chambre fcellée de toutes parts, & fufpendit un thermomètre à égale diftance de la corbeille & des murs. Il brûla une quantité déterminée de combuftible, & examina la progreffion que fuit le thermomètre, la durée de fon état ftationnaire, & le temps qu'il met à defcendre d'une quantité déterminée.

Il réfulte de cette expérience, qu'il fe dégage une quantité de chaleur proportionnelle à celle du combuftible confumé, fupérieure à celle qu'auroit produite le même combuftible brûlé dans nos foyers ; mais elle donne lieu à une obfervation plus remarquable ; c'eft que les réfultats de cette expérience, qui offre conftamment les mêmes proportions quand la température de l'atmofphère eft au même point, differe notablement dans des températures différentes, & qu'il paroît que plus la température eft froide, plus les proportions de chaleur dégagées font confidérables : en forte qu'il en réfulteroit, des faits obfervés par Clavelin, que le thermomètre étant à un degré au-deffous de zéro, 16 gros & ½ de combuftible donneroient plus d'un degré de chaleur dans l'efpace d'une minute, tandis que le thermomètre étant à 5 degrés au-deffus de zéro, il en faudroit 19 gros & demi pour donner, dans une minute, un feul degré de chaleur.

Ces réfultats, qui paroiffoient inexplicables lorfque Hallé & Jumelin firent au bureau de confultation leur rapport fur l'ouvrage manufcrit de Clavelin, paroiffent dépendre de deux caufes : 1°. de

ce que l'air plus froid eft plus denfe, qu'il contient plus d'oxigène dans un volume donné, & qu'il eft en conféquence plus propre à la combuftion ; 2°. que l'air froid, au même degré hygrométrique, contient moins d'eau lorfqu'il eft plus froid, que lorfque fa température eft plus élevée : or, l'eau exige plus de calorique pour être décompofée par le combuftible, que l'oxigène qui en eft féparé n'en produit en formant de l'acide carbonique. Le rapport, d'après les expériences de Lavoifier & de Laplace, eft à peu près comme deux à un (*voyez* COMBUSTION) ; d'où il fuit que, plus on porte d'humidité fur le combuftible, plus on perd de la chaleur qui doit être produite dans la combuftion.

En brûlant une quantité donnée de combuftible dans un foyer, la température de l'appartement s'élève toujours d'un certain nombre de degrés au-deffus de la température de l'air extérieur, & cette quantité eft, toutes chofes égales d'ailleurs, proportionnelle à la quantité de combuftible employée, & au froid de l'air extérieur. Si l'on veut élever l'air de la pièce à un degré de température déterminé, la différence entre cette température & celle de l'air extérieur eft d'autant plus grande, que l'air eft plus froid : ainfi il faut brûler d'autant plus de combuftible, que cette différence eft plus grande ; mais cette proportion paroît, d'après les expériences que nous avons rapportées, devoir diminuer avec l'abaiffement de la température extérieure ; de manière que, fi la température extérieure eft de + 5 deg., il faudra employer, pour élever la température de la pièce à 10 deg, une quantité de combuftible plus grande que la moitié de celui qui éleveroit la température de 0 à 10 deg., & beaucoup plus grande encore que le tiers de la quantité qu'il faudroit pour élever la température de — 5 deg. à + 10 deg. Quelle que foit la diminution que l'on éprouve dans la quantité de combuftible proportionnelle au degré de froid d'où l'on part, pour élever la température à un degré déterminé, il eft quelquefois impoffible de parvenir au réfultat que l'on fe propofe, parce qu'il faudroit brûler, dans un temps donné, une quantité de combuftible que le foyer ne pourroit pas confumer : auffi, lorfque l'air extérieur eft très-froid, devient-il extrêmement difficile de lever l'air intérieur, avec le combuftible du foyer feul, à la température moyenne que l'on fe propofe. Dans cette circonftance, la température des grands appartemens eft extrêmement variée : la chaleur eft très-élevée près du foyer, tandis que l'eau fe gèle aux extrémités les plus éloignées.

Relativement à la grandeur des chambres & à la profondeur des âtres, Clavelin a remarqué que la profondeur des âtres n'a rien d'important quant à l'établiffement du courant d'air affluent & à l'afcenfion de la fumée ; qu'il n'a d'effet que relativement au renvoi de la chaleur dans la pièce. Il s'eft également affuré que l'accélération des courans d'air affluènt & de la fumée afcendante ne reçoit aucune influence de la grandeur des pièces dans lefquelles eſt établi le foyer, & que la chaleur plus ou moins grande eſt le feul effet qui réfulte de la différence de leur capacité.

Lorfque la maſſe d'air qui afflue dans un appartement eſt plus grande que celle qui s'écoule par le tuyau de la cheminée, il fe forme, dans la partie fupérieure, des courans d'air qui s'échappent par les fciſſures qu'ils rencontrent; ces écoulemens extérieurs fe font principalement par les ouvertures qui communiquent avec les endroits les moins froids. Ainfi, lorfqu'il exifte dans un appartement des croifées qui communiquent à l'air extérieur, & des portes qui correfpondent à des pièces dans lefquelles on ne fait pas de feu, on remarque, en préfentant la flamme d'une bougie à toutes les ouvertures de la croifée, que la flamme eſt chaſſée par l'air entrant, quelle que foit la pofition de l'ouverture, tandis que la flamme préfentée aux petites fciſſures de la porte, eſt attirée dans les ouvertures fupérieures par un courant d'air fortant, & qu'elle eſt repouſſée dans la partie inférieure par un courant d'air entrant.

Dans les pièces de petites dimenfions, on remarque fouvent des tourbillons de fumée au moment où l'on va fermer les croifées & les portes. Les mouvemens des portes ou des croifées occafionnent toujours des mouvemens dans l'air, qui déterminent des courans, les uns dans la direction des foyers, les autres dans des directions oppofées: les premiers favorifent l'afcenfion de l'air & de la fumée dans le tuyau; les feconds, produifant un courant oppofé, font rentrer la fumée dans le cabinet, lorfque ce courant eſt plus fort que celui qui attire la fumée dans le tuyau. Ainfi, lorfque l'on ouvre une croifée à deux battans, l'air que la croifée rencontre dans fon mouvement eſt repouſſé à l'extérieur: il fe forme derrière les croifées un vide vers lequel l'air intérieur de l'appartement fe porte; ce mouvement produit un courant vers la croifée, oppofé à celui qui a lieu vers l'ouverture de la cheminée; & lorfque la croifée eſt près de cette même cheminée, ce courant contrarie celui du tuyau, & fait refluer la fumée dans l'intérieur.

On peut, par ces courans d'air intérieur qu'une foule de circonftances font naître, expliquer un grand nombre d'affluences de fumée que l'on ne peut corriger qu'en augmentant la viteſſe du courant qui s'établit dans le tuyau.

Souvent deux chambres qui fe communiquent, fe trouvent difpofées de manière qu'il eſt impoſſible que l'on puiſſe faire, à la fois, du feu dans les deux cheminées. Clavelin obferve que, lorfqu'elles n'ont d'autres ouvertures que leur communication, c'eſt la plus chaude & celle qui eſt la plus tôt échauffée qui fait fumer l'autre; mais il obferve un fait dont il ne connoît pas la raifon; c'eſt que, toutes chofes égales d'ailleurs, c'eſt la plus

grande qui a la prépondérance fur la plus petite, & qui en attire l'air & la fait fumer, quoique celle-ci doive être, proportion gardée, plus chaude, & plus tôt chaude que la première.

Toutes les fois que deux chambres à cheminées fe communiquent, il eſt convenable de donner à chacune des moyens indépendans, pour fe procurer l'air néceſſaire à la combuſtion & au courant qui a lieu dans la cheminée; il faut donc qu'elles aient leur communication directe & féparée avec l'air extérieur; il faut même qu'elles puiſſent en tirer chacune une aſſez grande quantité pour fournir au courant qui s'établit ordinairement de l'une des chambres dans l'autre.

Nous croyons devoir renvoyer au mot *cheminée*, pour les détails des formes que les foyers doivent avoir, ainfi que pour connoître les moyens que l'on emploie pour faire circuler de l'air froid autour du foyer, & le faire entrer dans l'appartement avec une température propre à le réchauffer. *Voyez* CHEMINÉES.

Des tuyaux de cheminée.

Les tuyaux placés au-deſſus des foyers font deſtinés à recueillir tous les produits de la combuſtion, & à leur procurer les moyens de s'échapper, fans pénétrer dans la pièce que l'on échauffe. Pour que la fumée & les autres produits fe dirigent dans ces tuyaux, ou mieux dans ces conduits, il faut qu'il s'y établiſſe un courant naturel, qui force même une partie de l'air de la chambre à fe porter vers l'ouverture du tuyau, & à s'échapper avec la fumée. Nous allons d'abord examiner comment le courant peut être établi.

Une cheminée furmontée d'un tuyau a, par cette addition, deux communications avec l'air: l'une, par les fciſſures qui communiquent à l'appartement, & qui donnent entrée à l'air extérieur qui fe porte fur le foyer pour entretenir la combuſtion; l'autre, par le tuyau de cheminée, qui communique à l'air extérieur par fon ouverture fupérieure. Si l'on fait paſſer un plan AB, *fig.* 460, au-deſſus du tuyau de la cheminée; deux colonnes d'air, l'une BD, qui arrive par le tuyau de la cheminée, & l'autre AC, qui vient de l'extérieur, exercent une preſſion fur le foyer D: ces deux colonnes partant du même plan horizontal, font de même hauteur. Il réfulte des lois de la ſtatique des fluides, que fi deux colonnes de même hauteur & de même denfité fe rencontrent dans un point, elles fe font équilibre; mais fi l'une eſt plus denfe que l'autre, elle foulevera la feconde & la chaſſera. En fuppofant que l'air extérieur & celui du tuyau de la cheminée fuſſent de même nature, comme l'air froid eſt plus denfe que l'air chaud, il en réfultera que, felon que l'air du tuyau fera plus chaud ou plus froid que l'air extérieur, fa preſſion exercée fur le foyer fera plus petite ou plus grande que celle de l'air extérieur, & de-là, dans le premier cas, l'exiftence d'un courant afcendant dans la cheminée par la plus forte preffion exercée par l'air extérieur, & dans le fecond cas, un courant defcendant dans le tuyau de la cheminée, occafionné par la plus grande preffion de l'air que le tuyau contient.

Ces deux courans font affez généralement obfervés dans les cheminées dans lefquelles on ne fait pas de feu, & cela felon que l'air intérieur de l'appartement avec lequel les tuyaux de cheminée communiquent, eft plus ou moins chaud que l'air extérieur. Lorfque l'air eft plus chaud, celui des tuyaux qui y communiquent participant à cette température, il en réfulte un courant d'air afcendant; fi, au contraire, l'air intérieur eft plus froid, il s'établit un courant defcendant.

Francklin, en conféquence de ce principe, avoit annoncé qu'il fe forme journellement dans les cheminées un. courant d'air afcendant, qui commence vers les cinq heures du foir, & qui dure jufque vers les huit à neuf heures du matin; à cette heure le courant s'interrompt, & l'air intérieur fe balance avec l'air extérieur, enfuite l'équilibre fe rompt, & il fuccède un courant defcendant qui dure jufqu'au foir.

En effet, l'air extérieur, dans le jour, eft continuellement échauffé par les rayons du foleil, & cet échauffant augmente graduellement depuis le lever du foleil jufqu'à ce qu'il foit arrivé à fon maximum, qui a lieu ordinairement vers les deux ou trois heures; enfuite la température diminue fans ceffe jufqu'au prochain lever du foleil. L'air de l'intérieur des appartemens, qui s'échauffe moins vîte parce qu'il n'a que des communications indirectes avec l'air extérieur, & qui, par la même raifon, conferve plus long-temps fa chaleur, acquiert des températures différentes de celles de l'air extérieur. Il eft plus chaud la nuit & plus frais le jour : d'où il réfulte qu'il exifte deux époques où les températures extérieure & intérieure font égales, après lefquelles, fi c'eft la nuit, celle des appartemens eft plus élevée, & fi c'eft le jour, c'eft celle de l'extérieur. Francklin ayant fixé les époques d'égalité de température vers les cinq heures du foir & vers lès huit à neuf heures du matin, il devoit en réfulter les deux courans afcendant & defcendant, aux époques conftantes qu'il a établies.

Mais ces limites & ces variations de température éprouvent dès modifications par une foule de caufes, dont plufieurs font parfaitement connues, & d'autres font encore ignorées (1). Les

(1) Parmi les caufes connues, on peut placer les changemens fubits de température, à la fuite defquels l'air des appartemens eft plus chaud ou plus froid que l'air extérieur. Le premier cas arrive lorfqu'il furvient un froid fubit, & le fecond, lorfque la température extérieure augmente de fuite d'une grande quantité. *Voyez* TEMPÉRATURE, HUMIDITÉ, CHANGEMENT DE TEMPÉRATURE.

modifications que ces variations éprouvent, occafionnent une foule d'anomalies qui ont déterminé Clavelin à chercher à vérifier, par l'expérience, l'exiftence & la loi de ces deux fortes de courans.

Pour vérifier l'ordre que fuit ce phénomène, ce phyficien a fermé exactement les ouvertures de cinq à fix cheminées, de hauteur & de fituation différentes. Il a laiffé à chacune une trouée de trois pouces en carré. Six mois d'obfervations, pendant toutes fortes de temps, l'ont convaincu que les courans de nos cheminées ne font pas auffi réguliers que ceux que Francklin a annoncés; que cependant le courant afcendant de la nuit, depuis cinq à fix heures du foir jufqu'à huit ou neuf heures du matin, eft conftant; qu'il varie dans fa force; qu'il vacille même quand il s'élève un vent plus ou moins fenfible; mais que le courant defcendant du jour eft loin d'être également conftant. A peine, dit-il, un quart des obfervations s'y eft-il trouvé confirmé, même dans les temps calmes.

Ces phénomènes nous font concevoir la raifon pour laquelle, quand plufieurs tuyaux de cheminée fe trouvent réunis en une feule maffe, la fumée de celles où le feu eft allumé defcend fouvent dans les autres, & remplit ainfi les appartemens.

Appliquons aux tuyaux des cheminées dans lefquelles on fait du feu; la théorie des mouvemens afcendans & defcendans occafionnés par la différence de denfité entre l'air extérieur & celui des tuyaux de cheminée.

Dès que le combuftible du foyer commence à s'enflammer, il attire, pour entretenir la combuftion, l'air qui communique à la partie la plus baffe de l'air extérieur, conféquemment celui de la chambre; par fa combinaifon avec le combuftible, il fe dégage de la chaleur qui échauffe l'air en contact avec le combuftible; celui-ci échauffé s'élève naturellement dans le tuyau qui eft placé au-deffus du foyer; il fe forme également plufieurs produits plus légers que l'air atmofphérique qui s'élève également; enfin, il fe forme quelques produits plus denfes, lefquels, au degré de chaleur qu'ils ont en fortant du foyer, font encore plus légers que l'air de la chambre. L'air échauffé & les produits de la combuftion communiquent de la chaleur à l'air du tuyau; bientôt celui-ci eft affez échauffé pour que la colonne de fluide élaftique qui remplit la cheminée, foit plus légère que celle de l'air extérieur; alors le courant afcendant s'établit, & il acquiert une viteffe d'autant plus grande, que la pefanteur de fa colonne diffère plus de celle de l'air extérieur, ou autrement qu'elle acquiert plus de légéreté.

Les réfultats du mouvement de l'air dans les tuyaux des cheminées, que nous avons expliqués d'après ce principe, que tout fluide plus léger que l'air de l'atmofphère s'élève en proportion de la différence de fa pefanteur fpécifique, comme tout fluide plus pefant tombe par l'effet de la même pefanteur, ces réfultats, difons-nous, ont beaucoup d'analogie avec ceux que préfentent les fiphons.

On fait quels font les phénomènes des fiphons pour les fluides plus pefans que l'air atmofphérique. Quand les branches du fiphon font égales, l'équilibre fe maintient; quand l'une eft plus courte que l'autre, le fluide s'écoule rapidement par l'extrémité de la plus longue branche, & entraîne le liquide contenu dans la plus courte. (Voyez SIPHON.) Maintenant, que l'on renverfe le fiphon, & que fes branches foient dirigées en haut, & que les fluides plus légers que l'air de l'atmofphère, ce qu'il étoit auparavant pour les liquides plus pefans qu'elle; le fluide léger s'élevera par la branche la plus longue, & la colonne la plus longue entraînera la colonne la plus courte, felon les lois inverfes de la gravitation ordinaire.

Cette théorie établit en peu de mots tout le fyftème de la *caminologie*; elle eft parfaitement démontrée par les expériences que Clavelin a faites avec le tuyau imaginé en 1686 par Dalefme, qui a été décrit dans le *Journal des Savans* de la même année, page 83, & dont Delahire rendit compte à l'Académie des Sciences (1), & auquel on donna le nom de l'anglais Juftel, parce que celui-ci fit part, dans la même année, à la Société royale de Londres, des expériences que Dalefme avoit faites avec cette machine, dont la figure a été imprimée dans le n°. 181 des *Tranfactions philofophiques*.

Dalefme compofa fa machine de plufieurs tuyaux de fonte ou de tôle de fer B, C, D, *fig.* 461, d'environ quatre ou cinq pouces de diamètre, qui s'emboîtent l'un dans l'autre; elle fe tenoit droite au milieu de la chambre, fur une efpèce de trépied fait exprès. A eft le lieu où on fait le feu. En y mettant deux petits morceaux de bois, on obferve qu'il n'y a aucune apparence de fumée ni en A, ni en B. On ne peut en approcher la main de plus d'un pied, à caufe de la grande chaleur. Si l'on tire du feu l'un des morceaux de bois, il fume à l'inftant; mais il ceffe de fumer dès qu'on le remet dans le foyer. Les combuftibles les plus puans ne produifent pas la moindre odeur dans cette machine, & tous les parfums s'y perdent, ce qui n'arrive cependant que quand le feu en A eft bien allumé, & que le tuyau B D eft fort chaud; de forte que l'air qui entretient la combuftion, ne peut entrer que par l'ouverture A, & ne frappe que fur le feu qui eft à découvert; par ce moyen la flamme & la fumée fe rabaiffent dans l'intérieur, & font obligées de traverfer le combuftible.

Pour que la combuftion puiffe s'opérer fans fumée, il faut que l'ouverture A foit proportionnée à l'ouverture B; il faut encore que l'ouverture A ne foit pas trop grande. Il paroît que

(1) Tome X, année 1686.

ces rapports de grandeur ont empêché que l'on en fit l'ufage que fa découverte devoit en faire efpérer. Au refte, tout fait croire que c'eft d'après cette machine qu'ont été imaginés les *allendiers*, que l'on a établis comme foyers de plufieurs grands fourneaux, & que c'eft encore à l'effet obtenu par cette machine, que l'on doit l'invention des fourneaux & des foyers fumivores.

Revenons aux expériences que Clavelin a faites avec cette machine, à laquelle il a fait fubir quelques changemens pour la rendre propre aux expériences qu'il s'eft propofé.

Il conferva partout la partie horizontale D D, *fig.* 462, fur laquelle eft foudé le bout de tuyau A faifant office de foyer; mais aux extrémités de cette partie il adapta deux tuyaux verticaux B, C, dont il varia la direction. Dans le nombre d'expériences qu'il a faites avec cette machine, deux furtout méritent une attention particulière.

Première expérience. Lorfque les deux extrémités du tuyau horizontal D D font garnies de deux branches égales, verticales, dirigées en haut, le courant du réchaud placé entre-deux, fur le tuyau horizontal, fe partage en deux, & fort par les deux branches; mais fi l'une de ces branches eft maintenue froide, l'autre étant chaude, le courant s'établit de l'une à l'autre, defcendant par la branche froide, afcendant par la branche chaude. Si l'on plonge celle-ci dans l'eau froide, le courant change & defcend pour remonter de l'autre côté; fi l'on fupprime l'une des branches, l'air entre alors par cette extrémité du tuyau, & fort par la branche reftante. Cet effet du refroidiffement d'une des branches de poêle, fur la direction du courant, eft applicable à un grand nombre des phénomènes de la *caminologie*.

Seconde expérience. La partie horizontale du tuyau & le foyer reftant les mêmes, l'une des branches qui lui font adaptées étant bouchée; l'autre couchée horizontalement, mais mobile fur la partie qui porte le foyer, ce foyer étant allumé, l'air qui l'alimente, entre par l'extrémité de la branche horizontale mobile, la flamme & la fumée s'élèvent au-deffus du foyer : fi, pour lors, on foulève peu à peu cette branche mobile, en la rendant fucceffivement de plus en plus oblique fur le tuyau horizontal, dans ce cas, à mefure que cette branche s'élève, au lieu d'un feul courant entrant, il s'en forme deux dans l'épaiffeur du même tuyau, l'un entrant, l'autre fortant. Plus on élève cette branche, plus le courant fortant devient fort; enfin, la branche mobile, faifant un angle de 35 à 40 degrés avec la partie horizontale qui porte le foyer, le courant rentrant ceffe, & le courant fortant eft feul en activité; il remplit toute la capacité du tuyau. Alors la flamme & la fumée plongent abfolument dans le foyer.

D'après les réglemens, les tuyaux des cheminées ordinaires doivent avoir, à Paris, trois pieds de long fur dix pouces de large, & ceux des cuisines doivent avoir de quatre pieds & demi à cinq pieds de long, sur dix pouces de large. Dès 1624, Savot avoit déjà observé que, dans ces sortes de tuyaux, il s'établissoit deux courans d'air : l'un ascendant, & l'autre descendant. Clavelin a, depuis, également remarqué que la colonne de fumée pèse moins, en général, sur les côtés que vers son centre ; qu'il en résulte que, quand les ouvertures qui fournissent l'air sont exactement fermées, & quand les cheminées sont fort ouvertes à leurs issues, comme elles le sont communément, il s'établit un courant d'air descendant sur l'un des côtés du tuyau, tandis que la colonne de fumée s'élève dans l'autre partie ; que ce phénomène est une des causes qui rendent les cheminées fumeuses ; en sorte que beaucoup d'entr'elles fument par les angles, tandis que la fumée qui sort du bois paroît d'ailleurs s'élever librement : il fait voir que le préservatif de cette disposition est de rétrécir l'issue du tuyau jusqu'au point où la différence d'impulsion de la colonne fumeuse sur son centre ou sur ses côtés, est ou nulle ou très-légère.

Guyton de Morveau (1) propose de rétrécir les tuyaux des cheminées, & il cite, à cet égard, l'exemple des cheminées de Lyon, où les tuyaux sont tellement rétrécis, que les ramoneurs ne peuvent pas y passer : on est obligé de les ramoner avec un fagot de bois, quoiqu'un tuyau de vingt pouces de long, sur huit à neuf pouces de large, suffise pour leur procurer les moyens de monter dans leur intérieur & d'y exécuter tous les mouvemens que le ramonage exige. Il cite ensuite les cheminées à la suédoise, dans lesquelles on donne à la fumée un circuit de dix mètres & plus de longueur dans des canaux qui ont à peine sept à huit pouces de côtés ; les cheminées de Desarnaud, le calorifère d'Olivier, les grands poêles des antichambres, dont les premiers tuyaux n'ont pas plus de sept à huit pouces de diamètre, & les seconds tuyaux quatre à cinq pouces.

Ces exemples sont propres à favoriser le système de la diminution dans le diamètre des tuyaux ; mais quel est le minimum auquel on doit s'arrêter ? Ce qu'il y a de certain, c'est que les cheminées à larges ouvertures, comme les cheminées en tôle qui ont été imaginées à Nancy, celles dont on doit le perfectionnement à Desarnaud, ne sont exemptes de fumée qu'autant que l'on place leur tuyau dans un tuyau de cheminée plus large. Il paroît qu'en général, la largeur du tuyau de la cheminée doit être proportionnelle à la largeur de l'ouverture du foyer, & que le petit diamètre des tuyaux que les poêles peuvent supporter, tient en grande partie à la petitesse de l'ouverture par laquelle entre l'air qui doit passer par le tuyau. Clavelin avoit déjà remarqué que le surbaissement des chambranles, conséquemment

la diminution dans l'ouverture du foyer, avoit une grande influence sur l'ascension de la colonne de la fumée dans le tuyau, & cela, parce que l'air qui vient affluer à la cheminée est contraint à s'approcher davantage du foyer, & reçoit tout entier un degré de chaleur qui seroit beaucoup moindre si l'entrée de la cheminée étoit plus grande. Dans les cheminées à large ouverture, il faut que le tuyau puisse livrer passage, non-seulement à l'air qui a traversé le combustible & à tous les produits de la combustion, mais encore à tout le volume d'air qui est attiré vers l'ouverture de la cheminée ; volume qui est d'autant plus grand & qui a d'autant moins d'aptitude à s'élever, que l'ouverture du foyer est elle-même plus considérable, & que cet air entrant s'est moins échauffé.

Il est facile de voir, d'après ces considérations, qu'il est difficile d'indiquer une largeur constante de tuyaux de cheminée ; que cette largeur doit être telle, qu'elle soit en proportion de la masse de vapeur fuligineuse & d'air que le tuyau doit recevoir ; qu'ils ne soient pas assez resserrés pour donner lieu, dans aucun temps, à la poussée par la chaleur ; qu'ils ne soient point assez grands pour qu'il puisse s'y établir deux courans, l'un ascendant, l'autre descendant ; enfin, pour que les vapeurs & les gaz demi-condensés ne deviennent pas incapables de résister à la pression de l'atmosphère & à l'impulsion d'un moindre vent.

On a cru, pendant long-temps, que le dévoiement des tuyaux de cheminée contribuoit à les faire fumer ; c'est pourquoi on avoit anciennement pris le parti d'adosser l'un sur l'autre les tuyaux des divers étages qui se correspondoient ; mais on reconnut bientôt que cette méthode avoit deux inconvéniens : 1°. que ces tuyaux élevés perpendiculairement étoient plus sujets à fumer ; 2°. qu'en les adossant les uns sur les autres, on diminuoit les appartemens des étages supérieurs ; alors on les a dévoyés sur leur élévation sans altérer leur construction, de manière que tous les tuyaux se rejoignent pour sortir dehors du toît.

Quelque crainte que l'on ait eue dans l'origine, que ce biais ne fût sujet à la fumée & au feu, l'expérience a fait connoître qu'il n'apportoit, par lui-même, aucun de ces inconvéniens, pourvu que le tuyau n'eût rien, dans son étendue, qui arrêtât la fumée dans son ascension. Aujourd'hui on contourne les tuyaux de mille manières ; on fait faire à la fumée plusieurs circonvolutions, pour échauffer les appartemens ; on la fait descendre & monter ; enfin, on la divise pour la faire passer dans différens conduits qui se réunissent ensuite dans le tuyau principal, comme dans le calorifère d'Olivier (1).

Rumfort a proposé de rétrécir l'ouverture des cheminées près du foyer, afin d'augmenter la rapidité du courant : ce moyen étoit pratiqué depuis

---

(1) *Annales de Chimie*, tome LXIV, pag. 113.

(1) *Annales de Chimie*, tom. XXXV, pag. 25.

long-temps

long-temps à l'embouchure des cheminées, des fourneaux, des réverbères. Ganger faisoit placer, à l'ouverture inférieure des cheminées, des plaques de tôle à baguettes, à l'aide desquelles on pouvoit augmenter ou diminuer l'ouverture inférieure des tuyaux, & l'on pouvoit même la fermer totalement; dans les cheminées de Nancy & dans celles de Desarnaud, on faisoit usage du même moyen. Ce mode, que l'on a perfectionné de nos jours dans les foyers que l'on établit en avant des cheminées, obtient un grand succès lorsqu'il est employé avec les précautions qu'il exige.

Le rétrécissement de l'ouverture inférieure des cheminées paroît en contradiction avec le système opposé des larges hottes que l'on employoit anciennement; les uns & les autres ont leur avantage & leurs inconvéniens. Les hottes réunissent, sur une grande surface, les produits de la combustion & toutes les vapeurs qui se forment au-dessus du foyer; elles les dirigent vers le tuyau, mais elles ne s'opposent pas à l'effet des courans descendans qui s'établissent souvent dans les tuyaux qui ont une grande largeur. Les rétrécissemens obligent la masse d'air, de gaz & de vapeur qui se dirige dans le tuyau de la cheminée, à se resserrer dans le passage étroit qu'on leur offre, à acquérir dans ce passage étroit une grande vitesse qui augmente celle d'ascension; ils s'opposent, par la petitesse des ouvertures, aux refluemens de l'air descendant. L'air froid de l'appartement ne peut pas se réunir en aussi grande abondance avec les produits de la combustion, d'où résulte, 1°. une moins grande consommation d'air, une moins grande rentrée d'air froid & un moins grand refroidissement; 2°. les produits de la combustion étant moins refroidis par l'air de l'intérieur, qui s'y mêle, ont une plus grande force ascensionnelle, & le triage en est mieux établi.

Clavelin paroît préférer l'usage des hottes à celui du rétrécissement du tuyau près du foyer. Il observe qu'une des dispositions les plus importantes & les moins connues jusqu'ici, sont que les tuyaux des cheminées aient une forme pyramidale, & que la base du tuyau, prise à six ou sept pieds au-dessus du foyer, ait un tiers de plus que son issue à l'extrémité supérieure; en sorte que la totalité du système du tuyau soit composée de deux pyramides, l'une inférieure, s'élevant depuis la tablette du chambranle jusqu'à six ou sept pieds d'élévation, ayant pour base l'air du foyer, & pour sommet la base de la pyramide supérieure; la seconde, immédiatement au-dessus de celle-là, ayant pour base ce sommet, & pour sommet une ouverture d'un tiers moindre que sa base.

Quoique Clavelin paroisse préférer la forme de tuyau que nous venons d'indiquer, il ne rejette pas pour cela l'usage des petites ouvertures; car il résulte de ses expériences, que le rétrécissement des ouvertures qui fournissoient l'air, & de celles qui donnent au dehors issue à la fumée, accélère

le moûvement de l'air affluent & celui de l'ascension de la fumée; que cette accélération du mouvement est telle que, jusqu'à un certain terme fixé par l'expérience, la somme d'air fournie, ou de fumée émise par des ouvertures étroites, se trouve supérieure à celle que fournit une ouverture plus grande.

Un des principaux résultats que l'on doit se proposer d'obtenir pour empêcher la fumée de pénétrer dans les appartemens, c'est un bon & un fort tirage dans les tuyaux de cheminée. Ce tirage est d'autant plus grand, que la pression de la colonne d'air, qui communique par le tuyau, est plus foible que celle qui communique par les scissures. Or, cette grande différence dans la pression peut s'obtenir de deux manières : 1°. par le plus grand échauffement des fluides élastiques qui s'élèvent dans le tuyau; 2°. par la plus grande hauteur du tuyau.

Clavelin a observé, 1°. que la chaleur de la fumée s'accroît par l'augmentation de la consommation du combustible, mais non pas dans une proportion correspondante, au moins si l'on en juge par le rapport du thermomètre; 2°. que la chaleur dans le tuyau de la cheminée, toutes choses absolument égales d'ailleurs, est d'autant plus forte que la chambre où se fait la combustion est moins grande; 3°. que la chaleur diminue sensiblement à mesure que la fumée monte, & que cette diminution est d'environ un degré du thermomètre par pied d'ascension; qu'en conséquence, il est des cas où, selon la hauteur de la cheminée & la température de l'air, la fumée parvenue au sommet du tuyau doit être égale à la température de l'atmosphère; mais il observe que les vapeurs qui forment la fumée, étant à une hauteur égale à celle de l'atmosphère, ne lui sont cependant pas équipondérables; ce qui est vrai à quelques égards.

Quant à la hauteur des cheminées, Clavelin prouve qu'au-dessous d'une hauteur de quinze pieds, les tuyaux de nos cheminées ne suffiroient que difficilement à entretenir le courant nécessaire, & que, pour que le système soit sûr, il faut que l'issue du tuyau soit élevée à peu près de trente pieds au-dessus de l'aire du foyer. Enfin, que plus ils sont élevés, plus ils ont de puissance pour accélérer l'ascension de la fumée.

Des ouvertures supérieures.

Comme les cheminées ne fument que parce qu'il se forme un courant descendant dans le tuyau, que ce courant empêche la fumée de s'élever, & qu'il la fait refluer dans l'intérieur des appartemens, toutes les personnes qui se sont occupées des moyens d'empêcher les cheminées de fumer, ont porté leur attention vers les ouvertures supérieures; & comme elles ont supposé que le courant ascendant étoit occasionné par le mouvement de l'air extérieur, & particulièrement par le vent qui fe portoit dans les vides qui exiftent au fommet des tuyaux, elles ont imaginé un grand nombre de moyens pour empêcher le vent de pénétrer par cette ouverture.

Les uns, comme Alberti de Léon, Cardan, Jean Berner, Delorme, Vollon, &c. &c., ont couvert l'ouverture fupérieure, & ont établi des trous de différentes formes fur toutes les faces latérales. Ces ouvertures font libres, *fig.* 461, 462, 463, 464, 465, 466; elles font recouvertes par un plan, *fig.* 467, 468, 469; elles font remplies par des tuyaux, *fig.* 470, 471; d'autres ont recouvert les trous par des chapeaux de diverfes formes, dont la bafe, plus grande que celle du tuyau, laiffe autour un efpace vide par lequel la fumée peut fe dégager, *fig.* 472, 473, 474. Quelques-uns ont donné à la partie fupérieure du tuyau une forme cylindrique; ils la couvrent, foit d'un tuyau en T, *fig.* 478, foit d'un quart de fphère, *fig.* 476, foit d'un tuyau courbé, *fig.* 477. Ces deux dernières couvertures font mobiles fur un axe, & mues par le vent, de manière que l'ouverture eft toujours oppofée à la direction du vent. Enfin, il en eft qui fe contentent de rétrécir la bouche fupérieure du tuyau, & de la couvrir avec des tuiles, *fig.* 481, 482, 483, afin que les eaux pluviales ne puiffent tomber dans le tuyau. Quelques-uns, comme Ganger & Delorme, divifent l'ouverture de la cheminée en plufieurs parties, *fig.* 485. Nous allons examiner féparément l'influence de chacun de ces moyens fur la fumée.

En couvrant la bouche fupérieure des tuyaux, il eft évident que l'on empêche les eaux pluviales, la neige, la grêle, de tomber par cette ouverture; mais comme il faut procurer à la fumée des moyens de fortie, on eft obligé de pratiquer des trous, des fiffures fur les faces latérales. Lorfque ces trous, ces fiffures font libres, qu'ils ne font point recouverts, le vent peut facilement pénétrer dans le tuyau de la cheminée, quelle que foit fa direction.

On fait que les vents ont plufieurs directions; qu'il en eft d'afcendans, de defcendans, d'horizontaux & d'obliques. Tous les vents, fi l'on en excepte les vents verticaux afcendans & defcendans, peuvent pénétrer dans les tuyaux par les ouvertures latérales, tandis qu'il n'exifte que les vents verticaux obliques defcendans qui puiffent pénétrer dans les bouches fupérieures, foit directement, foit par réflexion. Or, il eft facile de conclure que beaucoup moins de directions de vent doivent pénétrer par la bouche fupérieure que par les ouvertures latérales; mais le vent qui pénètre par la bouche fupérieure, defcend néceffairement dans le tuyau, foit directement, foit par une fuite de réflexions, tandis que les courans horizontaux & les courans afcendans qui pénètrent par les faces latérales, fortent néceffairement par les autres ouvertures. Ainfi, quoique le vent puiffe pénétrer par les faces latérales dans un plus grand nombre de directions, un moins

grand nombre font fufceptibles de produire des courans defcendans que par la bouche fupérieure.

Quant aux ouvertures latérales recouvertes d'un plan qui permet à la fumée de fortir, foit par un vide pratiqué fupérieurement ou inférieurement dans l'efpace confervé entre les deux parois, foit par des vides pratiqués fur les faces latérales, il eft facile de voir que, quelles que foient la direction & l'inclinaifon du vent, la fumée fort fans éprouver aucun refoulement intérieur.

Si les petits tuyaux placés dans les ouvertures ont une direction conftante, le vent peut, lorfqu'il a une direction précifément oppofée, pénétrer dans l'intérieur du tuyau de la cheminée; mais bientôt il eft obligé de fortir par les autres ouvertures, ce qui l'empêche de refouler la fumée.

Philibert Delorme confeille de divifer la fommité du tuyau de la cheminée en deux ou trois parties, par une ou deux cloifons en plâtre; Ganger avoit également propofé de divifer l'ouverture fupérieure en trois ou quatre parties par des bandes de plâtre, *fig.* 483, & de placer dans l'intérieur des tuyaux un prifme triangulaire, *fig.* 484, pour rompre la direction du vent qui pourroit entrer par la bouche. Il faifoit divifer, vers le fommet, une affez grande longueur de tuyau en fix ou huit parties, par des cloifons, *fig.* 474; le principal effet de ces divifions confifte à rétrécir & à multiplier les conduits, afin qu'il ne puiffe pas s'y établir deux courans, l'un afcendant, l'autre defcendant.

Clavelin & un grand nombre de fumiftes confeillent de diminuer l'ouverture de la partie fupérieure du tuyau, de manière qu'elle ne foit que le tiers environ de l'ouverture totale; cette diminution s'obtient ordinairement à l'aide des mitres: alors le courant de fumée acquiert une plus grande viteffe en fortant par une bouche étroite, & il parvient plus facilement à vaincre les obftacles qui peuvent s'oppofer à fa fortie. Cifalpin dit (1) s'être affuré que des cônes tronqués, en terre ou en tôle, *fig.* 481, placés fur la bouche du tuyau, favorifent le tirage & empêchent la fumée; mais il penfe que l'ouverture fupérieure doit être proportionnée à la quantité d'air, de gaz, de vapeur, &c., qui fe dégagent par le tuyau; il prefcrit d'avoir une fuite de cônes qui puiffent s'emboîter l'un dans l'autre, de placer d'abord à la bafe celui qui a la plus grande ouverture, d'effayer la cheminée, & de ne placer les autres que dans le cas où la cheminée continueroit de fumer; enfin, de les placer fucceffivement jufqu'à ce qu'il n'exifte plus de reflux de fumée dans l'intérieur des appartemens.

Depuis long-temps on fait ufage, au-deffus des puits des mines, d'un quart de fphère, ou d'un tuyau tournant fur un axe, *fig.* 477, pour empê-

(1) *Journal de Phyfique*, année 1777, première partie, page 49.

cher le vent de pénétrer, & pour favoriser la sortie du courant d'air ascendant *Poduanus*, & après lui plusieurs physiciens, en ont fait placer sur les bouches des tuyaux de cheminée.

Jusqu'à présent on paroît ne s'être principalement occupé que de présenter des obstacles au vent qui pouvoit, en pénétrant par l'ouverture supérieure des tuyaux de cheminée, faire refluer la fumée, en établissant un courant descendant; il est cependant un autre objet dont il étoit essentiel de s'occuper en même temps, c'est de favoriser le mouvement ascensionnel qui a lieu dans l'intérieur du tuyau.

On a déjà vu que la diminution de l'ouverture de la bouche, par le moyen des mitres, accéléroit la vitesse de la sortie de la fumée, & favorisoit ainsi le mouvement ascensionnel dans le tuyau; mais ce moyen n'est pas le seul qui puisse être employé: il en est un autre imaginé par Vollon, & décrit dans la *Caminologie* de F. P. H., publiée à Dijon en 1756, qui paroît beaucoup plus efficace; c'est de couvrir les tuyaux de cheminée d'un chapeau qui laisse autour de l'ouverture un vide par lequel la fumée puisse s'échapper. Delyle de Saint-Martin, lieutenant de vaisseau, a présenté à l'Académie des Sciences, en 1788, une machine analogue, sous le nom de *ventilateur*, propre à inspirer l'air dès cheminées, des hôpitaux, des magnoneries & des mines (1). Des expériences ont été faites avec cette machine représentée *fig.* 475. Par le moyen d'un soufflet A, ou de toute autre machine soufflante, on dirigeoit un courant d'air sur un double chapeau C, placé sur le sommet d'un tuyau B, fixé sur une caisse D; on voyoit aussitôt la flamme d'une bougie E, attirée dans un long tuyau F G, qui communiquoit à cette caisse. Ayant comparé, dans quelques circonstances, la vitesse du courant d'air qui sortoit du soufflet, & qu'il nomme *courant ospirant*, avec celui de l'air qui entroit dans le tuyau F G, pour sortir par-dessous les chapiteaux C, & qu'il nomme *courant d'air aspiré*, il a trouvé que, lorsque le premier parcouroit quinze pieds par seconde, le second en parcouroit cinq, c'est-à-dire, le tiers environ. La même expérience, répétée sur un tuyau recouvert d'un seul chapeau, produit un résultat analogue; ce moyen paroît donc beaucoup plus efficace que ceux que l'on a indiqués jusqu'à présent: 1°. il forme, comme plusieurs des moyens proposés, un obstacle à l'entrée du vent dans le tuyau de la cheminée; 2°. il rétrécit l'ouverture de sortie & accélère la vitesse de l'air à la bouche du tuyau; & 3°. il a, par-dessus tous les autres, l'avantage d'aspirer l'air & de déterminer un mouvement ascensionnel lorsque l'air de l'intérieur du tuyau est calme & tranquille.

Une cause assez commune de la fumée des cheminées, c'est l'action des rayons solaires. On

remarque assez généralement que si les bouches des cheminées sont ouvertes, & que les rayons solaires puissent pénétrer dans l'intérieur des tuyaux, on voit aussitôt la cheminée fumer, quoique, peu d'instans avant la pénétration des rayons solaires, le tirage parût parfaitement établi. Nous croyons que l'on peut expliquer ainsi le résultat de l'action des rayons solaires, qui n'a pas encore eu d'explication satisfaisante.

Aussitôt que les rayons solaires entrent dans le tuyau, ils échauffent les parois intérieures; & bientôt un courant d'air extérieur se porte de toutes parts vers le lieu échauffé pour remplacer l'air qui l'environne, & qui, échauffé par le contact, s'élève. Parmi tous ces courans, il en existe qui viennent obliquement, en descendant, se précipiter vers la place échauffée; une partie de l'air des courans incidans s'échauffe & s'élève; une autre partie se réfléchit dans l'intérieur; &, par une suite de réflexions, il produit un courant descendant qui entraîne une partie de la fumée & la fait refluer vers le foyer, & se répandre dans l'appartement. Plus la surface éclairée par les rayons solaires est échauffée, plus les courans qui y arrivent ont de vitesse, & plus les courans réfléchis & descendans ont de force, conséquemment plus le refoulement est considérable. Or, comme l'intérieur du tuyau est toujours coloré en noir par la suie, & que le noir s'échauffe plus par les rayons solaires que toute autre couleur, il s'ensuit que le courant d'air refluant est d'autant plus grand, que, 1°. la couleur de l'intérieur du tuyau est plus noire; 2°. que les rayons solaires éclairent une plus grande surface de l'intérieur des tuyaux; 3°. que les rayons solaires sont plus de force calorique, c'est-à-dire, qu'ils sont plus échauffans.

Nous avons vu dans ce court exposé sur la *caminalogie*, 1°. comment il falloit disposer le foyer d'un appartement & distribuer les scissures qui servent d'entrée à l'air pour faciliter la combustion & empêcher la fumée de se répandre dans la pièce que l'on chauffe; 2°. quelles formes & quelles dimensions devoient avoir les tuyaux de cheminée pour faciliter l'ascension de l'air, de la fumée & de tous les produits de la combustion; 3°. enfin, comment on devoit terminer la bouche des tuyaux des cheminées pour empêcher l'action du vent & du soleil, & pour favoriser le courant ascendant dans l'intérieur des tuyaux de cheminées. Nous allons terminer cet article en donnant ici un extrait d'une lettre écrite par Francklin à Ingenhousz, sur les moyens que l'on doit employer pour empêcher les cheminées de fumer.

Francklin porte au nombre de neuf les causes qui occasionnent la fumée des cheminées; elles diffèrent les unes des autres, & demandent par conséquent des remèdes différens.

« 1°. *Les cheminées ne fument souvent, dans une maison neuve, que par un simple défaut d'air.* La structure des chambres étant bien achevée, & sor-

---

(1) *Journal de Physique*, année 1788, tom. II, pag. 161.

tant des mains de l'ouvrier, les jointures du parquet, de toutes les boiferies & des lambris font très-juftes & ferrées, & d'autant plus peut-être, que les murs n'étant pas entièrement deffëchés, fourniffent de l'humidité à l'air de la chambre; ce qui tient les boiferies gonflées & bien clofes. Les portes & les châffis des fenêtres étant travaillés avec foin & fermés avec exactitude, font que la chambre eft auffi clofe qu'une boîte, & qu'il ne refte aucun paffage à l'air pour entrer, excepté le trou de la ferrure, qui, quelquefois même, eft recouvert & comme fermé.

» Maintenant, fi la fumée ne peut s'élever qu'en fe combinant avec l'air raréfié, & fi une colonne pareille d'air, qu'on fuppofe remplir le tuyau de la cheminée, ne peut monter, à moins que d'autre air ne vienne-reprendre fa place; & fi, par confé-quent, un courant d'air ne peut point entrer dans l'ouverture de la cheminée, rien n'empêche la fu-mée de fe répandre dans la chambre. Si l'on ob-ferve l'afcenfion de l'air dans une cheminée qui en eft bien fournie, par l'élévation de la fumée, ou par une plume qu'on feroit monter avec la fumée, & fil'on confidère de même temps qu'une pareille plume s'élève depuis le foyer jufqu'à l'ex-trémité de la cheminée, une colonne d'air égale à celle qui eft contenue dans le tuyau doit s'échap-per par la cheminée, & qu'une égale quantité d'air doit lui être fournie d'en bas par la chambre, il paroîtra abfolument impoffible que cette opéra-tion ait lieu fi une chambre bien clofe refte fermée; car s'il exiftoit une force capable de tirer conftam-ment autant d'air de cette chambre, elle feroit bientôt épuifée, de même que la cloche d'une pompe pneumatique, & aucun animal ne pourroit y vivre.

» Ceux, par conféquent, qui bouchent toutes les fentes dans une chambre pour empêcher l'admif-fion de l'air extérieur, & qui defirent cependant que leurs cheminées portent en haut la fumée, demandent des chofes contradictoires & en atten-dent l'impoffible. C'eft cependant dans cette po-fition que j'ai vu le poffeffeur d'une maifon neuve défefperé, & prêt à la vendre à un prix bien au-deffous de ce qu'elle lui avoit coûté, la regar-dant comme inhabitable, parce qu'aucune chemi-née de fes chambres ne tranfmettoit la fumée au dehors, à moins qu'on ne laiffât la porte ou la croi-fée ouverte. J'ai vu faire beaucoup de dépenfe pour changer ou corriger de nouvelles cheminées, qui n'avoient en réalité aucun défaut; ces dé-penfes montoient, dans une maifon qui appar-tient à un homme de diftinction de Weftminfter, que je connois particulièrement, au moins à fept mille francs, après qu'il eut vu fa maifon entière-ment finie & tous les frais payés; & cependant il fe trouvoit, qu'après ces nouvelles dépenfes, les changemens qu'on y avoit faits étoient inutiles par le défaut de connoiffance des vrais principes.

» *Remède.* Quand vous trouverez, par l'expé-rience, que l'ouverture de la porte ou d'une fe-nêtre rend la cheminée propre à faire monter la fu-mée, foyez fûr que le défaut d'air extérieur étoit la caufe qu'elle fumoit; je dis l'*air extérieur*, pour vous tenir en garde contre l'erreur de ceux qui vous difent que la chambre eft vafte, qu'elle con-tient une quantité d'air fuffifante pour en fournir à une cheminée, & qu'il n'eft pas poffible confé-quemment que la cheminée manque d'air. Ceux qui raifonnent ainfi, ignorent que la grandeur de la chambre, fi elle eft bien clofe, eft dans ce cas-là peu importante, puifqu'il n'eft pas poffible que cette chambre puiffe perdre une maffe d'air égale à celle que la cheminée contient, fans y occafion-ner autant de vide; ce qui demanderoit une grande force pour le produire; d'ailleurs, on ne peut pas vivre dans une chambre où un tel vide exifteroit par une perte continuelle de tant d'air.

» Comme il eft donc évident qu'une certaine portion d'air extérieur doit être introduite, la queftion fe réduit à connoître la quantité qui eft abfolument néceffaire, car on veut éviter d'en ad-mettre plus qu'il n'en faut, comme étant contraire à l'intention qu'on fe propofe en faifant du feu, c'eft-à dire, d'échauffer la chambre. Pour décou-vrir cette quantité, fermez la porte par degrés, pendant qu'on entretient un feu modéré, jufqu'à ce que vous apperçeviez, avant qu'elle foit entière-ment fermée, que la fumée commence à fe répan-dre dans la chambre; ouvrez alors un peu, juf-qu'à ce que vous remarquiez que la fumée ne fe répand plus; tenez ainfi la porte, & obfervez l'é-tendue de l'intervalle ouvert entre le bord de la porte & le jambage. Suppofons que la diftance foit d'un demi-pouce, & que la porte ait 8 pieds de hauteur, vous trouverez alors que cette chambre demande un fupplément d'air égal à 96 demi-pouces, c'eft-à-dire, à 48 pouces carrés, ou à un paffage de 8 pouces de long fur 6 pouces de large. La fuppofition eft un peu forte, parce qu'il y a peu de cheminées qui, ayant une ouverture mo-dérée & une certaine hauteur de tuyau, deman-deroient plus de la moitié de l'ouverture fuppofée: effectivement, j'ai obfervé qu'un carré de 6 pouces, ou 36 pouces carrés, eft un milieu affez jufte qui peut fervir pour la plupart des cheminées.

» Les tuyaux fort longs ou fort élevés, & qui ont des ouvertures petites & baffes, peuvent à la vérité être fournis fuffifamment d'air à travers une ouverture moins grande, parce que, pour des rai-fons que j'expoferai ci-après, la *force de légéreté*, fi l'on peut parler ainfi, étant plus grande dans de pareils tuyaux, l'air froid entre dans la chambre avec une plus grande viteffe, & par conféquent il en entre plus dans le même temps. Cela a cepen-dant fes limites, car l'expérience montre qu'aucun accroiffement de viteffe, ainfi occafionné, ne peut rendre l'introduction de l'air, à travers le trou de la ferrure, égale en quantité à celle que produit une porte ouverte, quoique le courant d'air qui.

entre par la porte foit lent, & au contraire très-rapide à travers le trou de la ferrure.

» Il refte maintenant à confidérer comment & quand cette quantité d'air extérieur doit être introduite, de manière à produire le moins d'inconvéniens; car fi on laiffe entrer l'air par la porte ouverte, il fe porte de-là directement vers la cheminée, & on éprouve le froid au dos & aux talons tant qu'on refte affis devant le feu. Si vous tenez la porte fermée, & que vous éleviez un peu le châffis de votre fenêtre, vous éprouverez le même inconvénient. On a imaginé diverfes inventions pour remédier à cet inconvénient : par exemple, on a introduit l'air extérieur à travers des canaux conduits dans les jambages de la cheminée. L'orifice de ces canaux étant dirigé en haut, on s'eft imaginé que l'air emmené par ces tuyaux étant dirigé vers le haut, doit forcer la fumée à monter dans le tuyau de la cheminée. On a auffi pratiqué des paffages pour l'air dans la partie fupérieure du tuyau de la cheminée, pour y introduire l'air dans la même vue. Mais ces moyens produifent un effet contraire à celui qu'on s'eft propofé; car comme c'eft le courant conftant d'air, qui *paffe de la chambre à travers l'ouverture de la cheminée*, dans fon tuyau, qui empêche la fumée de fe répandre dans la chambre, fi vous fourniffez au tuyau, par d'autres moyens ou d'une autre manière, l'air qu'il a befoin, & furtout fi cet air eft froid, vous diminuez la force de ce courant, & la fumée, en faifant effort pour entrer dans la chambre, trouve moins de réfiftance.

» L'air qui manque doit donc être introduit dans la chambre même pour prendre la place de celui qui s'échappe par l'ouverture de la cheminée. M. Ganger, auteur français très-ingénieux & très-intelligent, qui a écrit fur cet objet, propofe, avec difcernement, de l'introduire au-deffus de l'ouverture de la cheminée; & pour prévenir l'inconvénient de la froideur, il confeille de le faire parvenir dans la chambre à travers des cavités tournantes pratiquées derrière la plaque de fer qui fait le dos de la cheminée & les côtés du foyer, & même fous l'âtre; il s'échauffera en paffant fous ces cavités, & étant introduit dans cet état, il échauffera la chambre au lieu de la refroidir. Cette invention eft excellente en elle-même, & peut être employée avec avantage dans la conftruction des maifons neuves, parce que les cheminées peuvent être difpofées de manière à faire entrer convenablement l'air froid dans de pareils paffages; mais dans les maifons qu'on a bâties fans fe propofer de telles vues, les cheminées font fouvent fituées de manière qu'on ne pourroit leur procurer cette commodité fans y faire des changemens confidérables & difpendieux : des méthodes aifées & peu coûteufes, quoique moins parfaites en elles-mêmes, font d'une utilité plus générale ; telles font les fuivantes.

» Dans toutes les chambres où il y a du feu, la portion d'air qui eft raréfiée devant la cheminée change continuellement de lieu, & fait place à d'autre air qui doit être échauffé à fon tour ; une partie entre & monte par la cheminée, le refte s'élève & va fe placer près du plafond. Si la chambre eft élevée, cet air chaud refte au-deffus de nos têtes, & il nous eft peu utile, parce qu'il ne defcend pas avant qu'il ne foit confidérablement refroidi. Peu de perfonnes pourroient s'imaginer la grande différence de température qu'il y a entre les parties fupérieures & inférieures d'une pareille chambre, à moins de l'avoir éprouvé par le thermomètre, ou d'être monté fur une échelle, jufqu'à ce que la tête foit près du plafond. C'eft donc dans cet air chaud que la quantité d'air extérieur qui manque, doit être introduite, parce qu'en s'y mêlant, la froideur eft diminuée, & l'inconvénient qui réfulte de cette qualité devient à peine fenfible.

» On peut obtenir cet avantage, en baiffant d'environ un pouce le châffis fupérieur de la fenêtre, ou, s'il eft immobile, en pratiquant une fente ou ouverture dans la fenêtre près du plafond : dans les deux cas, il convient de placer, au bas de cette ouverture, une tablette mince de la même longueur que cette ouverture pour la mafquer. La direction de cette tablette doit être obliquement en haut, pour diriger vers le plancher l'air qui entre horizontalement.

» Dans quelques maifons, l'air peut être introduit par une pareille fente pratiquée dans la boiferie, dans une corniche ou dans le plafonage au-deffus de l'ouverture de la cheminée. Cet endroit eft préférable pour y pratiquer cette ouverture, s'il eft poffible, parce que l'air froid rencontrera déjà, en entrant, l'air le plus chaud qui s'élève de devant le feu, & il fera bientôt tempéré par le mélange ; on peut auffi y placer la même efpèce de tablette.

» Un autre moyen qui n'eft pas difficile, c'eft d'enlever un des carreaux fupérieurs d'une des fenêtres, & de fixer ce carreau dans un cadre de fer-blanc, qui ait des deux côtés un reffort plat, angulaire & faillant : ce cadre doit avoir une charnière en bas, fur laquelle il puiffe tourner, & s'ouvrir plus ou moins, *fig.* 486 ; il aura pour lors l'apparence d'un abat-jour. En ouvrant ce carreau plus ou moins, on peut introduire la quantité d'air qui eft néceffaire ; fa pofition conduira naturellement l'air au haut & le long du plafond : cette machine eft ce qu'on appelle en France un *vafiftas*. Comme ce mot eft une queftion en allemand, l'invention en eft probablement due à cette nation, & elle doit avoir pris fon nom des fréquentes demandes qu'elles produifoient quand on en fit ufage pour la première fois.

» En Angleterre, on a, depuis quelques années, placé dans un des carreaux d'une fenêtre, un moulinet d'environ cinq pouces de diamètre, fait de fer-blanc, tournant fur un axe, découpé comme des ailes de moulin, *fig.* 487; les divisions étant placées un peu obliquement, sont mises en mouvement par l'air qui entre, & forcées à tourner continuellement comme les ailes d'un moulin à vent. Cette machine simple, qui est une espèce de ventilateur, sert à introduire l'air extérieur, & par le tournoiement continuel de ses ailes, elle sert aussi, en quelque sorte, à le disperser ; le bruit qu'elle produit est un peu désagréable.

» Une seconde cause qui fait fumer les cheminées, *est leur trop grande embouchure dans les chambres;* cette embouchure peut être trop large, trop haute, ou toutes les deux ensemble. Les architectes, en général, n'ont pas d'autre idée des proportions de l'embouchure d'une cheminée, que celle qui se rapporte à la symétrie & à la beauté relativement aux dimensions de la chambre, pendant que les vraies proportions, relativement à ses fonctions & à son utilité, dépendent de principes tout-à-fait différens ; & cette proportion des architectes n'est pas plus raisonnable que ne le seroit la dimension des degrés ou des marches d'un escalier, prise selon la hauteur d'un appartement, plutôt que selon l'élévation naturelle des jambes d'un homme qui marche ou qui monte. La vraie dimension donc, de l'ouverture d'une cheminée, doit être en rapport avec la hauteur du tuyau ; & comme les tuyaux, dans différens étages d'une maison, sont nécessairement de différentes hauteurs ou longueurs, celui de l'étage d'en bas est le plus haut ou le plus long, & ceux des autres étages sont en proportion plus courts, de façon que celui du grenier se trouve le plus court de tous. Comme la force d'attraction, selon que je l'ai déjà dit, est en raison de la hauteur du tuyau rempli d'air raréfié, & comme le courant d'air qui entre de la chambre dans la cheminée doit être assez considérable pour remplir constamment l'embouchure, afin de pouvoir s'opposer au retour de la fumée dans la chambre, il s'ensuit que l'embouchure des tuyaux les plus longs peut être plus étendue, & que celle des tuyaux plus courts doit être aussi plus petite ; car si une cheminée qui ne tire pas fortement, a une ouverture large, il peut arriver que le tuyau reçoive l'air qui lui est nécessaire par un des côtés de cette embouchure, qui admet un courant particulier d'air, pendant que l'autre côté de l'embouchure étant destitué d'un courant semblable, peut permettre à la fumée de se répandre dans la chambre.

» Une grande partie de la force d'attraction dans le tuyau dépend aussi du degré de raréfaction de l'air qu'il contient, & cette raréfaction dépend elle-même de ce que le courant d'air prend son passage (à son entrée dans le tuyau) le plus près du feu. Si ce courant, à son entrée, est éloigné du feu, c'est-à-dire, s'il entre des deux côtés de l'embouchure lorsqu'elle est fort large, ou s'il passe au-dessus du feu lorsque l'ouverture de la cheminée est fort haute, il s'échauffe peu dans

son passage, & par conséquent l'air contenu dans le tuyau ne peut différer que peu en raréfaction de l'air atmosphérique qui l'environne, & sa force d'attraction (c'est-à-dire, la force avec laquelle il entraîne la fumée) est par conséquent d'autant plus foible : de-là vient que si l'on donne une embouchure trop grande aux cheminées des chambres des étages supérieurs, ces cheminées fument : d'un autre côté, si on donne une petite embouchure aux cheminées des étages inférieurs, l'air qui entre, agit trop directement & trop violemment, & en augmentant ensuite l'attraction & le courant qui montent dans le tuyau, la matière combustible se consume trop rapidement.

» *Remède.* Comme différentes circonstances se combinent souvent avec ces objets, il est difficile d'assigner les dimensions précises des embouchures de toutes les cheminées. Nos ancêtres, en général, les faisoient beaucoup trop grandes ; nous les avons diminuées, mais elles sont souvent encore d'une plus grande dimension qu'elles ne devroient l'être; car l'homme se refuse facilement à des changemens trop grands & trop brusques.

» Si vous soupçonnez que votre cheminée fume par la trop grande dimension de son ouverture, resserrez-la en y plaçant des planches mobiles, de manière à la rendre par degrés plus basse & plus étroite, jusqu'à ce que vous remarquiez que la fumée ne se répand plus dans la chambre. La proportion qu'on trouvera ainsi, sera celle qui est convenable pour la cheminée, & vous pouvez ainsi la faire rétrécir par le maçon ; cependant, comme en bâtissant des maisons neuves, on doit hasarder quelques tentatives, je ferois faire des embouchures, dans mes chambres d'en bas, d'environ trente pouces carrés & de dix-huit pouces de profondeur, & celles, dans les cheminées d'en haut, seulement de dix-huit pouces carrés & d'un peu moins de profondeur ; je diminuerois l'ouverture des cheminées intermédiaires en proportion de la diminution de la longueur des tuyaux.

» Dans les cheminées de la plus grande embouchure, on peut brûler des buches de deux pieds, ou de la moitié de la longueur des buches telles qu'on les vend par cordes, & pour les cheminées plus petites, ces buches peuvent être sciées en trois. Quand on brûle du charbon de terre, les grilles doivent être proportionnées aux embouchures des cheminées.

» Il faut que toutes les cheminées aient presque la même profondeur, leurs tuyaux devant toujours être d'un volume propre à laisser entrer un ramoneur.

» Si, dans les chambres grandes & élégantes, la coutume ou l'imagination demande l'apparence d'une cheminée plus grande, on pourroit lui donner cette grandeur apparente par des décorations extérieures en marbre, &c. Dans la suite des temps, ce qui est le plus approprié à la nature des choses, passera peut-être pour ce qui est le plus

beau ; mais à préſent que les hommes & les femmes, dans différens pays, ſe montrent mécontens
des formes que la divinité a données à leur tête,
à leur taille, à leurs pieds, & qu'ils prétendent
les perfectionner à leur façon, on ne doit point
s'attendre qu'ils ſe contenteront toujours de la
meilleure forme d'une cheminée ; & certaines
perſonnes, que je connois, ſont ſi imbues de l'idée
imaginaire qu'une embouchure grande eſt noble,
que, plutôt que de la changer, elles aimeroient
mieux s'expoſer à voir leurs meubles dégradés,
à être attaquées de maux d'yeux, & à avoir la
peau enfumée.

» Une troiſième cauſe qui fait fumer les cheminées, eſt un *tuyau trop court*. Cela arrive néceſſairement dans quelques cas, comme quand on
conſtruit une cheminée dans un édifice peu élevé ;
car ſi alors on élève le tuyau beaucoup au-deſſus
du toit, pour que la cheminée tire bien, il eſt
alors en danger d'être renverſé par le vent, &
d'écraſer le toit par ſa chute.

» *Remède.* Reſſerrez l'embouchure de la cheminée de manière à forcer tout l'air qui entre à paſſer
à travers ou tout près du feu ; par-là, il ſera plus
échauffé & raréfié ; le tuyau lui-même ſera plus
échauffé, & l'air qu'il contiendra, aura plus de ce
qu'on appelle *force de légéreté*, c'eſt-à-dire, que
l'air y montera avec force, & maintiendra une
forte attraction à l'embouchure.

» Vous pouvez auſſi, dans quelques cas, ajouter de nouveaux étages au bâtiment (qui eſt ici
ſuppoſé être trop bas), pour qu'il puiſſe ſoutenir
un tuyau élevé.

» Si l'on vouloit établir une grande cuiſine dans
un bâtiment bas, & que la diminution de l'embouchure ait quelqu'inconvénient, puiſqu'il en
faudroit une grande pour pouvoir y travailler, au
moins quand il y a de grands repas, & qu'il faudroit faire uſage d'un grand nombre d'uſtenſiles
de cuiſine, alors je conſeillerois de bâtir deux
tuyaux ou deux cheminées de plus, qui auroient
tous les trois une embouchure modérée. Quand
on n'aura beſoin que d'une de ces embouchures
ou cheminées, on pourra tenir les autres fermées par des couliſſes que je décrirai dans la ſuite,
& l'on pourra faire uſage de deux ou trois foyers
à la fois, ſelon le beſoin. Cette dépenſe ne ſera
point inutile, puiſque nos cuiſiniers pourront travailler plus commodément, & voir mieux ce qu'ils
auront autour d'eux, que dans une autre cuiſine
qui fume ; vos alimens ſeront préparés avec plus
de propreté, & n'auront point un goût de fumée,
comme cela arrive ſouvent ; & pour rendre l'effet
plus certain, une rangée de trois tuyaux peut être
bâtie en ſûreté bien plus haut au-deſſus du toit,
qu'un ſimple tuyau.

» Le cas d'un tuyau trop court eſt plus général
qu'on ne ſe l'imagineroit, & ſouvent il exiſte où
l'on ne devroit pas s'y attendre ; car il n'eſt point
extraordinaire, dans des édifices mal bâtis, qu'au

lieu d'avoir un tuyau pour chaque chambre ou
foyer, on plie & l'on incline le tuyau de la cheminée d'une chambre d'en haut, de manière à le
faire entrer par le côté dans un tuyau qui vient
d'en bas. Par ce moyen, le tuyau de la chambre
d'en haut eſt moins long dans ſon cours, puiſque
l'on ne doit compter ſa longueur que juſqu'à ſa
terminaiſon dans le tuyau qui vient d'une chambre
d'en bas, & le tuyau qui vient d'en bas doit être
auſſi conſidéré, comme étant abrégé de toute la
diſtance qui eſt entre l'entrée du ſecond tuyau &
l'extrémité des deux réunis ; car toute la partie
du ſecond tuyau qui eſt déjà fournie d'air, n'ajoute
point de force à l'attraction, ſurtout quand cet
air eſt froid, parce qu'on n'a point fait de feu
dans la ſeconde cheminée. Le ſeul remède aiſé eſt
de tenir, alors, fermée, l'ouverture du tuyau dans
lequel il n'y a point de feu.

» Une quatrième cauſe, très-ordinaire, qui fait
fumer les cheminées, eſt *qu'elles ſe contre-balancent
les unes les autres*, ou plutôt qu'une cheminée a une
ſupériorité de force, par rapport à une autre, conſ-
truite, ſoit dans la même pièce, ſoit dans une pièce
voiſine : par exemple, s'il y a deux cheminées dans
une grande chambre, & que vous faſſiez du feu dans
les deux, les portes & les fenêtres étant bien fermées, vous trouverez que le feu le plus conſidérable & le plus fort vaincra le plus foible, & atti-
rera l'air dans ſon tuyau pour fournir à ſon propre
beſoin ; & cet air, en deſcendant dans le tuyau
du feu le plus foible, entraînera en bas la fumée,
& la forcera de ſe répandre dans la chambre. Si,
au lieu d'être dans une ſeule chambre, les deux
cheminées ſont dans deux chambres différentes,
qui communiquent par une porte, le cas eſt le
même pendant que cette porte eſt ouverte. Dans
une maiſon, bien cloſe, j'ai vu la cheminée d'une
cuiſine d'un étage inférieur, contre-balancer, quand
il y avoit grand feu, toutes les autres cheminées
de la maiſon, & tirer l'air & la fumée dans les
chambres, auſſi ſouvent qu'une porte qui communiquoit à l'eſcalier, étoit ouverte.

» *Remède.* Ayez ſoin que chaque chambre ait les
moyens de fournir elle-même, du dehors, toute
la quantité d'air que la cheminée peut demander,
de ſorte qu'aucune d'elles ne ſoit obligée d'emprunter de l'air à une autre, ni dans la néceſſité
d'en envoyer. Nous avons déjà décrit pluſieurs
de ces moyens.

» Une cinquième cauſe qui fait fumer les cheminées, c'eſt quand le ſommet de leur tuyau eſt
dominé par des édifices plus hauts, ou par une éminence,
de ſorte que le vent, en ſoufflant ſur de pareilles
éminences, tombe comme l'eau qui ſurpaſſe une
digue, quelquefois preſque perpendiculairement,
ſur le ſommet des cheminées qui ſe trouvent dans
ſon paſſage, & refoule la fumée que leur tuyau
contient.

» *Remède.* On emploie ordinairement, dans ce
cas, un *tourniant* ou *gueule-de-loup, fig.* 477 (*a turncop*),

fait de fer-blanc ou de tôle, qui recouvre la cheminée au-deſſus & aux trois côtés, & qui eſt ouvert d'un côté ; il tourne ſur un pivot, & étant dirigé & gouverné par une aile, il préſente toujours le dos au vent courant. Je crois qu'un tel moyen eſt en général utile, quoiqu'il ne ſoit pas toujours certain; car il peut y avoir des cas où il eſt ſans effet. Il eſt plus certain d'élever ou alonger, ſi on le peut, les tuyaux de cheminée de manière que leurs ſommets ſoient plus hauts, ou au moins d'une hauteur égale à l'éminence qui les domine. Comme un *tournant* ou *gueule-de-loup* eſt plus aiſé à pratiquer & moins coûteux, on peut l'eſſayer premièrement. Si j'étois obligé de bâtir dans une ſemblable ſituation, j'aimerois mieux placer mes portes du côté voiſin de l'éminence, & le dos de la cheminée du côté oppoſé ; car alors la colonne d'air qui tomberoit du haut de l'éminence, preſſeroit l'air d'en bas dans l'embouchure des cheminées, en entrant par les portes ou par les *vaſiſtas* de ce côté, & tendroit ainſi à contre-balancer la preſſion qui ſe fait de haut en bas dans ces cheminées, dont les tuyaux ſeroient alors plus libres dans l'exercice de leurs fonctions.

» Il y a une ſixième cauſe qui fait fumer certaines cheminées, & qui eſt l'inverſe de la dernière mentionnée; c'eſt *lorſque l'éminence qui domine le vent, eſt placée au-delà de la cheminée :* une figure eſt néceſſaire pour expliquer cet objet. Suppoſez un bâtiment dont le côté A, *fig.* 488, ſoit expoſé au vent, & forme une eſpèce de digue contre ſon cours : l'air retenu par cette digue doit exercer contr'elle, de même que l'eau, une preſſion, & chercher à s'y frayer un paſſage ; & trouvant le ſommet B de la cheminée au-deſſous du ſommet de la digue, il ſe précipitera avec force dans ſon tuyau pour s'échapper par quelques portes ou quelques fenêtres ouvertes de l'autre côté du bâtiment ; & s'il y a du feu dans une pareille cheminée, la fumée ſera repouſſée en bas & remplira la chambre.

» *Remède.* Je n'en connois qu'un, qui eſt d'élever le tuyau plus haut que le toît, & de l'étayer, s'il eſt néceſſaire, avec des barres de fer ; car une gueule-de-loup, dans ce cas, n'a point d'effet, parce que l'air qui eſt refoulé pèſe par en bas, & s'inſinue dans la cheminée dans quelques poſitions que ſon ouverture ſe trouve placée.

» J'ai vu une ville dans laquelle pluſieurs maiſons étoient expoſées à la fumée par cette raiſon ; car leurs cuiſines étoient bâties par-derrière, & jointes, par un paſſage, avec les maiſons, & les ſommets des cheminées de ces cuiſines étant plus bas que les ſommets des maiſons, tout le côté de la rue, quand le vent ſouffle contre leur dos, forme l'eſpèce de digue dont nous avons parlé ; & le vent étant ainſi arrêté, ſe fraye un chemin dans ces cheminées (ſurtout quand elles ne contiennent qu'un feu foible), pour paſſer à travers la maiſon dans la rue. Les cheminées des cuiſines

ainſi fermées & diſpoſées ont un autre inconvénient : ſi, en été, vous ouvrez les fenêtres d'une chambre ſupérieure pour y renouveler l'air, un léger ſouffle de vent qui paſſe ſur la cheminée de vos cuiſines, du côté de la maiſon, quoique pas aſſez fort pour refouler la fumée en bas, ſuffit pour l'amener vers vos fenêtres, & pour en remplir la chambre ; ce qui, outre ce déſagrément, dégrade les meubles.

» La ſeptième cauſe comprend les cheminées qui, quoique bien conditionnées, fument cependant à cauſe de la *ſituation peu convenable d'une porte.* Quand la porte & la cheminée ſont du même côté de la chambre, comme *figure* 490, ſi la porte, étant dans le coin, s'ouvre contre le mur, ce qui eſt ordinaire, comme étant alors, lorſqu'elle eſt ouverte, moins embarraſſante, il s'enſuit que, lorſqu'elle eſt ſeulement ouverte en partie, un courant d'air ſe porte le long du mur de la cheminée B, &, en outre-paſſant la cheminée, entraîne une partie de la fumée dans la chambre : cela arrive encore plus certainement dans le moment où l'on ferme la porte ; car alors la force du courant eſt augmentée, & devient très-incommode à ceux qui, en ſe chauffant auprès du feu, ſe trouvent aſſis dans la direction de ſon cours.

» Les *remèdes*, dans ce cas, ſautent aux yeux, & ſont faciles à exécuter; ou bien mettez un paravent intermédiaire, appuyé d'un côté contre le mur, & qui enveloppe une grande partie du lieu où l'on ſe chauffe ; ou, ce qui eſt peut-être préférable, changez les gonds de votre porte, de ſorte qu'elle s'ouvre dans un autre ſens, & que, quand elle eſt ouverte, elle dirige l'air le long de l'autre mur.

» Une huitième cauſe eſt celle d'une chambre où on ne fait pas habituellement du feu, & qui ſe trouve quelquefois *remplie de la fumée qu'elle reçoit au ſommet de ſon tuyau, & qui deſcend dans la chambre,* quoiqu'il ait déjà été queſtion, dans cet article, des courans d'air qui deſcendent dans les tuyaux froids. Il n'eſt pas hors de propos de répéter ici que les tuyaux de cheminée ſans feu ont un effet différent ſur l'air qui s'y trouve, ſuivant leur degré de froid ou de chaleur. L'atmoſphère, ou l'air ouvert, change ſouvent de température; mais des rangées de cheminées ; à couvert des vents & du ſoleil par la maiſon qui les contient, retiennent une température plus uniforme. Si, après un temps chaud, l'air intérieur devient tout d'un coup froid, les tuyaux chauds & vides commencent d'abord à tirer fortement en haut, c'eſt-à-dire, qu'ils raréfient l'air qu'ils contiennent en l'échauffant : cet air donc monte, & un autre plus froid entre par en bas pour prendre ſa place; celui-ci eſt raréfié à ſon tour, il s'élève, & ce mouvement continue juſqu'à ce que le tuyau devienne plus froid, ou l'air extérieur plus chaud, ou ſi les deux enſemble ont lieu, alors ce mouvement ceſſe. D'un autre côté, ſi, après un temps froid,

froid, l'air extérieur s'échauffe brusquement & devient ainsi plus léger, l'air qui est contenu dans les tuyaux froids, étant alors plus pesant, descend dans la chambre, & l'air plus chaud qui entre dans leur sommet se refroidit à son tour, devient plus pesant, & continue à descendre; & ce mouvement continue jusqu'à ce que les tuyaux soient échauffés par le passage de l'air chaud à travers eux, ou que l'air extérieur lui même soit devenu plus froid. Quand la température de l'air & du tuyau de la cheminée est à peu près égale, la différence de chaleur dans l'air, entre la nuit & le jour, est suffisante pour produire ces courans; l'air commencera à monter dans les tuyaux à mesure que le froid du soir surviendra, & ce courant continuera jusqu'à, neuf à dix heures du matin suivant, lorsque ce courant commence à balancer; & à mesure que la chaleur du jour augmente, ce courant se dirige de haut en bas, & continue jusque vers le soir, & alors il est de nouveau suspendu pour quelque temps; mais bientôt il commence à monter de nouveau pour toute la nuit, comme je viens de le dire. Maintenant, s'il arrive que la fumée, en sortant des tuyaux voisins, passe au-dessus des sommets des tuyaux qui tirent dans ce temps vers le bas, comme c'est souvent le cas vers le midi, une telle fumée est nécessairement entraînée dans ces tuyaux, & descend avec l'air dans la chambre.

» Le *remède* est de fermer parfaitement le tuyau de la cheminée, par le moyen d'une coulisse horizontale que je décrirai ci-après.

» Enfin, la neuvième cause a lieu dans des cheminées qui tirent également bien, & qui donnent cependant quelquefois de la fumée dans les chambres, celle-ci *étant entraînée en bas par des vents violens qui passent sur le sommet de leurs tuyaux*, quoiqu'il ne descende d'aucune éminence qui domine. Ce cas est le plus fréquent, lorsque le tuyau est court, & que son ouverture est détournée du vent; & il est encore plus désagréable, quand cela arrive par un vent froid, parce que, quand vous avez le plus besoin de feu, vous êtes obligé de l'éteindre. Pour comprendre ce phénomène, il faut considérer que l'air léger, en s'élevant pour obtenir une libre issue par le tuyau, doit pousser devant lui, & obliger l'air qui est au-dessus de s'élever: dans un temps de calme ou de peu de vent, cela est très-manifeste; car alors vous voyez que la fumée est entraînée en haut par l'air qui s'élève en colonne au-dessus de la cheminée; mais quand un courant d'air violent, c'est-à-dire, un vent fort, passe au-dessus du sommet de la cheminée, ses particules ont reçu tant de force, qu'elles se tiennent dans une direction horizontale, & se suivent les unes les autres avec tant de rapidité, que l'air léger qui monte dans le tuyau n'a pas assez de force pour les obliger de quitter cette direction, & de se mouvoir vers le haut, pour permettre une issue à l'air de la cheminée: ajoutez à cela que, quelques parties du courant d'air, en passant au-dessus du tuyau qu'il rencontre d'abord, par exemple en A, *fig.* 489, ayant été comprimé par la résistance du tuyau, peut s'étendre lui-même sur l'ouverture du tuyau, & aller frapper le côté intérieur opposé B, d'où il est réfléchi vers le bas d'un côté à l'autre, dans la direction des lignes C, C, C.

Remède. Dans quelques endroits, & particulièrement à Venise, où il n'y a point de rangées de cheminées, mais de simples tuyaux, la coutume est d'élargir le sommet de ce conduit, en lui donnant la forme d'un entonnoir arrondi. Quelques-uns croient que cette forme peut empêcher l'effet dont je viens de parler, parce que l'air, en soufflant au-dessus d'un des bords de cet entonnoir, peut être dirigé ou réfléchi obliquement vers le haut, & sortir ainsi par l'autre côté en raison de cette forme, comme on le voit *figure* 491, où un courant entre en AB, se réfléchit en C, pour sortir avec la direction CD: je n'en ai point fait l'expérience; mais j'ai vécu dans un pays très-sujet aux vents, où on pratique tout le contraire, les sommets des tuyaux étant rétrécis en haut, de manière à former, pour l'issue de la fumée, une fente aussi longue que la largeur du tuyau, & seulement large de quatre pouces. Cette forme semble avoir été imaginée dans la supposition que l'entrée du vent seroit par-là empêchée; peut-être s'est-on imaginé que la force de l'air chaud qui s'élève, étant d'une certaine façon condensée dans une ouverture étroite, pourroit être par-là augmentée de manière à vaincre la résistance du vent: ceci n'arrivoit cependant pas toujours; car quand le vent étoit au nord-est, & que son souffle étoit frais, la fumée étoit précipitée par bonds dans la chambre que j'occupois ordinairement, de manière à m'obliger de transporter le feu dans une autre: la position de la fente de ce tuyau étoit à la vérité nord-est & sud-ouest. Si elle avoit été dirigée au travers, par rapport à ce vent, son effet auroit peut-être été différent; mais je ne puis rien assurer sur cet objet. Ce sujet mérite bien qu'on le soumette à l'expérience: peut-être qu'un tournant ou *gueule-de-loup* auroit été avantageux; mais on ne l'a point essayé.

» Il n'y a pas long-temps que les cheminées sont en usage en Angleterre. J'ai vu un ouvrage imprimé pendant le règne de la reine Elisabeth, qui faisoit remarquer comment la manière de vivre des modernes de ce temps s'est perfectionnée, & qui, entr'autres objets, faisoit mention de la commodité des cheminées: « Nos pères, dit cet au- » teur, n'avoient point de cheminées; il y avoit » seulement, dans chaque maison habitée, un lieu » pour le feu, & la fumée s'échappoit par un » trou pratiqué dans le toît; mais maintenant il » n'y a en Angleterre presque point de maison » d'un homme aisé, qui n'ait au moins une che- » minée.» Lorsqu'il n'y avoit qu'une cheminée, fon fommet étoit peut-être alors ouvert comme un entonnoir rond, & c'eſt peut-être en empruntant cette forme des Vénitiens, que le conduit d'une telle cheminée avoit pris le nom qui indiquoit l'endroit où on l'avoit imaginé. Maintenant, tel eſt le progrès du luxe, qu'en Angleterre & en France, on a une cheminée pour chaque chambre, & que, dans quelques maiſons, non-feulement chaque maître, mais encore chaque domeſtique a du feu dans ſa chambre : de forte que les tuyaux étant néceſſairement bâtis en rangées, l'ouverture de chaque tuyau en forme d'entonnoir ne peut plus être pratiquée.

» Ce changement de coutume a conſumé, en peu de temps, preſque tout le bois à brûler de l'Angleterre, & il rendra bientôt ce même combuſtible extrêmement rare en France, ſi l'uſage du charbon de terre ne s'introduit pas dans ce dernier royaume, comme il s'eſt introduit dans l'autre, où il a éprouvé d'abord de l'oppoſition ; car on trouve encore dans les regiſtres du parlement, du temps de la reine Eliſabeth, une motion faite par un membre du parlement, portant que : « Pluſieurs teinturiers, braſſeurs, forgerons, » & autres artiſans de Londres, avoient pris » l'uſage du charbon de terre pour leur feu, au » lieu du bois ; ce qui rempliſſoit l'air de vapeurs » nuiſibles & de fumée, au grand préjudice de la » ſanté, particulièrement des perſonnes qui ve- » noient de la campagne, & que par conſéquent » il propoſoit qu'on fit une loi pour défendre à » ces artiſans l'uſage d'un pareil combuſtible, au » moins durant la ſeſſion du parlement. » Il femble par-là, qu'alors on ne s'en ſervoit point dans les maiſons particulières, parce qu'on le regardoit comme mal-ſain. Heureuſement les habitans de Londres n'ont point été arrêtés par cette objection, & maintenant ils croient que le charbon de terre contribue plutôt à rendre l'air ſalubre ; & vraiment-ils n'ont point éprouvé, depuis que l'uſage en eſt général, les fièvres peſtilentielles qui étoient auparavant ſi fréquentes.

» Paris fait des dépenſes énormes en conſommation de bois, qui vont toujours en augmentant, parce que ſes habitans ont encore ce préjugé à vaincre. En Allemagne, on ſe ſert de poêles qui épargnent étonnamment le bois : ce peuple eſt induſtrieux à ménager le feu ; mais il pourroit encore s'inſtruire dans cet art par les Chinois, dont le pays, étant très-peuplé & pleinement cultivé, offre peu d'eſpace pour cultiver du bois ; n'ayant guère d'autres combuſtibles qui ſoient bons, ils ont été forcés de chercher, durant une longue ſuite de ſiècles, les moyens de conſumer, en faiſant du feu, auſſi peu de bois que poſſible.

» J'ai parcouru ainſi toutes les cauſes ordinaires de la fumée des cheminées que j'ai pu me rappeler d'après ma propre obſervation : je vous ai communiqué les remèdes que j'ai ſu avoir été employés avec ſuccès dans différens cas ; j'ai in-

diqué les principes fur leſquels eſt appuyée la con- noiſſance du mal & du remède, & j'ai avoué mon ignorance toutes les fois que je l'ai aperçue. J'ai à peine vu, depuis bien des années, un ſeul cas d'une cheminée fumante, qui n'ait point été ré- ſolu par ces principes & rétabli par ces remèdes, lorſqu'on a voulu les appliquer : ce qui n'arrive pas toujours ; car pluſieurs gens ont des préjugés en faveur des ſecrets des prétendus docteurs en cheminées & des fumiſtes, & quelques-uns ont eux-mêmes des idées & des plans imaginaires qui leur ſont propres, & qu'ils aiment mieux eſ- ſayer que d'alonger un tuyau, ou de changer les dimenſions d'une ouverture, ou d'admettre l'air dans une chambre, quelque néceſſaire que cela ſoit ; car pluſieurs perſonnes craignent autant l'air frais, qu'un hydrophobe craint l'eau. »

Avec toute la ſcience cependant qu'un homme eſt ſuppoſé avoir acquiſe ſur cet objet, il peut quelquefois trouver des cas qui l'embarraſſent, & cela, parce que la cauſe de la fumée en eſt d'a- bord inconnue ; c'eſt alors qu'il doit diriger tous ſes ſoins pour la connoître : lorſqu'il y eſt parvenu, il eſt tout étonné de voir que le remède en eſt très-ſimple & très-facile. Francklin cite pluſieurs des cas qui l'ont embarraſſé d'abord, parce qu'il étoit difficile de ſoupçonner la cauſe du mal, qui étoit accidentelle.

Quelques phyſiciens trouveront peut-être ex- traordinaire que nous ayons placé le mot camino- logie dans un Dictionnaire de Phyſique, & que nous ſoyons entrés dans quelques détails ſur la ſcience des cheminées ; lorſque cet art devroit appartenir tout entier au fumiſte, qui ſe trouve parmi les arts & métiers de cette collection en- cyclopédique ; mais trois motifs nous ont déter- minés à décrire ſommairement le mot caminologie : 1°. parce que cette branche des connoiſſances hu- maines paroît avoir été traitée très-imparfaitement dans le tome III des Arts & Métiers, à l'Art du Fumiſte, & que l'on n'a publié, dans l'article que nous citons, qu'un extrait plus ou moins abrégé de la caminologie de dom Ebrard, bénédictin, im- primé à Dijon en 1756 ; 2°. parce que cet art a fait beaucoup de progrès depuis cette époque ; 3°. par cette réflexion de Francklin, dans une lettre qu'il a adreſſée à Ingenhouſſ, le 28 août 1785.

« Nous avons vu depuis peu beaucoup de dé- monſtrateurs de phyſique expérimentale : j'aurois déſiré que quelqu'un d'entr'eux eût étudié cette partie de la ſcience, & qu'il eût pris, pour ſujet de ſes leçons, des expériences ſur cet objet ; l'ap- pareil qu'il feroit oblige d'ajouter à ceux de leur cabinet ne ſeroit pas très-coûteux. Un certain nombre de petites repréſentations de chambres, compoſées chacune de cinq panneaux de verre, fixés en bois par les bords, avec des portes pro- portionnées & des cheminées de verre mobiles, qui auroient des embouchures de diverſes gran- deurs, & des tuyaux de différentes longueurs,

& quelques-unes des chambres difposées de manière à communiquer occafionnellement avec d'autres, de façon qu'on pût former différentes combinaifons & rendre divers cas fenfibles : on auroit un certain nombre de petites bougies de cire
verte, coupées en morceaux d'un pouce & demi
de longueur ; feize de ces morceaux, liés enfemble
en un carré & allumés, feroient un feu affez fort
pour une petite chambre de verre, & lorfqu'on
les éteindroit, en foufflant deffus, ils continue-
roient de brûler & de donner de la fumée auffi
long-temps qu'on le defireroit. Avec un femblable
appareil, toutes les opérations de la fumée &
de l'air raréfié dans la chambre & les cheminées
pourroient être aperçues à travers les parois tranfparentes, & l'effet des vents fur les cheminées
commandées par des hauteurs ou autrement, pourroit être rendu fenfible par l'air qui entreroit par
une fenêtre ouverte de la chambre du démonf-
trateur, & qui fouffleroit inceffamment pendant
que, dans la cheminée de la chambre, on entre-
tiendroit un bon feu. A l'aide de femblables leçons, nos fumiftes deviendroient plus inftruits :
ils n'ont jufqu'à préfent, en général, qu'un feul
remède dont ils ont peut-être éprouvé l'efficacité dans quelques cas de fumée caufée par les
cheminées, & ils l'appliquent indiftinctement à
tous les autres cas, fans fuccès, mais non fans
dépenfe pour ceux qui en font ufage.

CAMPHORATES; camphoras; kampfergefaeuerte
falze ; f. m. pl. Sel neutre formé de l'acide camphorique & d'une bafe.

Les camphorates ont la propriété de brûler au
chalumeau avec une flamme bleue. L'acide fe volatilife par la chaleur, & la bafe refte. L'odeur
qu'ils répandent eft différente de celle du camphre,
lorfque l'acide eft pur. Leur faveur eft généralement amère : ils font affez folubles dans l'eau &
dans l'alcool, excepté ceux de chaux, de magnéfie & de baryte.

Parmi les camphorates alcalins, celui à bafe d'ammoniaque décompofe les fels à bafe de chaux ; les
camphorates de potaffe & de foude font décompofés
par les fels à bafe de chaux. Ces trois camphorates
font folubles dans trois ou quatre parties d'eau
bouillante & dans l'alcool ; ils criftallifent & font
décompofés par les terres alcalines & les acides
minéraux.

On ne connoît encore de camphorates terreux
que ceux d'alumine, de baryte, de chaux & de
magnéfie ; le camphorate de baryte fe diffout dans
600 parties d'eau bouillante, & les trois autres
dans deux cents : les acides minéraux les décompofent : l'alcool a peu d'action fur ces fels ; il enlève l'acide aux camphorates de chaux & de ma-
gnefie, & laiffe la terre pure.

Il paroît que l'on n'a encore que peu de données
fur les camphorates métalliques.

CAMPHORIQUE (Acide); acidum camphori-
cum ; kampfer fœure ; f. m. Combinaifon du camphre & de l'acide nitrique, dans laquelle il y a
décompofition de ces deux fubftances & formation
d'un nouveau compofé.

Ses propriétés font : d'avoir une faveur un peu
acide, légèrement amère ; de rougir les teintures
de tournefol & de criftallifer en parallélipipèdes :
la maffe criftalline reffemble beaucoup au muriate
d'ammoniaque ; l'acide s'effleurit à l'air ; fon
odeur eft analogue à celle du fafran.

Il eft foluble dans 200 parties d'eau froide : l'eau
bouillante en diffout les 0,083 de fon poids ; il eft
également foluble dans l'alcool & il s'y criftallife.

Sur des charbons ardens, l'acide fe vaporife en
une fumée épaiffe, aromatique ; il fe fond & fe
fublime à une chaleur médiocre. On peut le faire
paffer à travers un tube de porcelaine rouge, avec
du gaz oxigène, fans qu'il éprouve aucun changement.

Diftillé, il fond d'abord, & fe fublime enfuite :
fes propriétés changent ; il ne rougit plus la teinture de tournefol ; fon odeur devient fortement
aromatique, fa faveur moins âcre ; il ne fe diffout
plus dans l'eau, mais il refte foluble dans l'alcool :
fi l'on abandonne cette diffolution à l'air, il fe
forme des criftaux.

Dœrfurt a voulu prouver que l'acide camphorique, à l'état de pureté, ne différoit de l'acide benzoïque que par la plus ou moins grande quantité
d'huile que ces acides contenoient. Bouillon-Lagrange, Vauquelin, & tout récemment Bucholz,
ont prouvé que ces deux acides étoient tout-à-
fait différens.

Pour obtenir cet acide, on introduit dans une
cornue de verre fpacieufe, du camphre ; on verfe
deffus 8 parties d'acide nitrique à 1,33 de pefanteur
fpécifique ; on diftille au bain de fable ; il fe dégage
beaucoup de gaz nitreux, de gaz acide carbonique ; il fe fublime un peu de camphre. On répète
trois fois de fuite cette opération fur la même portion de camphre, de manière que la proportion
de l'acide nitrique néceffaire pour l'acidification
d'une partie du camphre, eft de 24 parties. Après
la troifième diftillation, la liqueur qui refte dans
la cornue, donne, par le refroidiffement, des
criftaux qui font de l'acide camphorique. On en obtient à peu près la moitié du poids du camphre
employé.

CAMPHRE ; camphora ; kampher ; f. m. Subftance particulière qui conftitue un des produits
immédiats des végétaux.

Après avoir été raffiné, le camphre eft blanc &
caffant ; fon odeur eft aromatique & particulière ;
fa faveur eft brûlante & âcre ; fa pefanteur fpécifique eft de 0,988 : il eft probable que cette denfité eft très-variable.

Cette fubftance eft inaltérable à l'air ; mais elle
eft fi volatile, qu'elle s'évapore complétement,

quand on la tient expofée à l'air dans des vafes ouverts, dans un temps chaud. Lorfque le *camphre* eft fublimé dans des vafes fermés, il criftallife en lames hexagonales ou en pyramides.

Le *camphre* eft infoluble dans l'eau, mais il communique en partie, à ce liquide, l'odeur qui lui eft particulière ; il eft foluble dans l'alcool, dans les huiles & dans les acides : l'alcool en diffout les 0,75 de fon poids ; les huiles, foit fixes, foit volatiles, précipitent, fous forme de plumes, en fe refroidiffant, une partie du *camphre* qu'elles avoient diffous. Lorfqu'il eft diffous dans les acides fans effervefcence, il peut être précipité fans altération, fi la diffolution eft nouvellement faite.

Soumis à l'action de la chaleur, le *camphre* fe volatilife. Si la chaleur eft fubite & forte, il fe fond avant de fe vaporifer ; la fufion a lieu, fuivant Venturi, à 149° centigrades, & fuivant Romieu, à 216. Il s'enflamme très-aifément, & répand, en brûlant, une flamme très-vive ; mais il ne laiffe pas de réfidu. Il eft fi inflammable, qu'il continue de brûler, même à la furface de l'eau. Si l'on remplit de gaz oxigène un grand ballon de verre contenant un peu d'eau, & qu'on y enflamme le *camphre*, il brûle très-rapidement, & il fe dégage beaucoup de calorique. Le ballon fe tapiffe intérieurement d'une poudre noire qui a toutes les propriétés du charbon ; il fe produit du gaz acide carbonique : l'eau, dans le ballon, acquiert une odeur forte ; elle eft imprégnée d'acide carbonique & d'acide camphorique.

Hatchett, ayant traité le *camphre* avec de l'acide fulfurique, eut pour réfidu une huile jaune, du charbon & une fubftance réfineufe ; il conclut de fes expériences, que 100 parties de *camphre* font compofées de :

Huile jaune ··········	3 parties.
Charbon·············	53
Subftance réfineufe······	49
	———
	105

Bouillon - Lagrange ayant diftillé deux parties d'alumine mélangées avec une partie de *camphre*, obtint 0,37 d'huile volatile, 0,25 de charbon, & le refte d'acide camphorique qui fe diffout dans l'eau, du gaz acide carbonique & hydrogène carboné ; & l'on pourroit conclure de ces expériences, que le *camphre* eft compofé de carbone, d'hydrogène & d'un peu d'oxigène.

Il ne paroît pas que le *camphre* ait été connu ni des Grecs ni des Romains. Les Arabes font les premiers qui en aient fait mention fous le nom de *kamphar* ou *kaphier*, d'où les Grecs modernes ont fait le mot *kamphora*.

Cette fubftance fe rencontre dans un grand nombre de plantes, & notamment dans plufieurs lauriers, dans beaucoup de labiées, & dans quelques ombellifères ; mais celui du commerce fe retire fpécialement du *laurus camphora*, qui eft très-

commun en Chine & au Japon, & du *kapar barros*, qui croît à Sumatra, à Bornéo, & dans les environs de Sumatra.

En Chine & au Japon, on coupe les racines & le bois du *laurus camphora* en très-petits morceaux ; on les fait bouillir avec de l'eau dans des pots de fer en forme d'alambic, munis d'un chapiteau de terre dont le col eft courbé. On remplit le chapiteau de paille pour recevoir le *camphre* qui fe fublime.

A Sumatra, à Bornéo & près de Malaca, le *camphre* s'extrait mécaniquement des cavités exiftantes entre l'écorce & le bois où il eft dépofé : on le lave pour l'ifoler entièrement des matières étrangères.

Prouft en a obtenu, dans le royaume de Murcie, depuis $\frac{1}{12}$ jufqu'à $\frac{1}{7}$ de leur poids, des huiles de romarin, de marjolaine, de fauge & de lavande, & cela en les faifant évaporer lentement & pendant un mois, en les expofant de 19 jufqu'à 54 degrés de Fahrenheit.

On raffine en Hollande, par une feconde fublimation, le *camphre* impur que l'on tire de la Chine & du Japon. Les vafes dont on fe fert, font de verre ; ils ont la forme d'un navet, avec une petite ouverture par le haut que l'on recouvre avec du papier.

Lind eft parvenu à former un *camphre* artificiel, en faifant paffer un courant de gaz acide muriatique à travers de l'huile de térébenthine : l'huile devient d'abord jaune, paffe enfuite au brunfoncé, s'échauffe fortement, augmente de volume & fe prend en une maffe criftalline : on met le tout fur un filtre pour en tirer l'huile furabondante ; on fèche la matière fur du papier brouillard, & on la fait fublimer enfuite avec du carbonate de potaffe ou de la craie.

Ce *camphre* jouit de toutes les propriétés du *camphre* ordinaire, à quelques exceptions près : 1°. il conferve, quoique foiblement, l'odeur de térébenthine qu'on lui fait perdre en le purifiant ; 2°. fa faveur n'eft pas fi amère ; 3°. l'acide nitrique à 1,26 ne le diffout pas, même au bout de quelques jours ; il fe diffout avec dégagement de gaz nitreux dans l'acide nitrique concentré, & l'eau ne le précipite pas de cette diffolution ; 4°. l'acide acétique n'exerce aucune action fur ce *camphre* : à l'aide de la chaleur, il paroît fe ramollir & fe diffoudre ; mais étant refroidi, il vient à la furface avec toutes fes propriétés.

Le *camphre* naturel eft employé comme médicament interne & externe ; on en fait ufage dans l'intérieur dans les fièvres adynamiques, dans les maladies éruptives, dans les petites-véroles dont l'éruption fe fait attendre, & dont les boutons noirciffent ; dans les fièvres miliaires, les douleurs rhumatifmales, les douleurs fciatiques, les paralyfies : il provoque une tranfpiration plus ou moins abondante. On l'emploie à l'extérieur en frictions, pour combattre les douleurs rhumatifmales chroniques, les douleurs sciatiques, les engourdissemens, les paralysies, &c.

On administre le *camphre* intérieurement en le donnant en poudre, en le mêlant avec du sucre, ou en pilules, ou suspendu dans l'eau, à l'aide d'un mucilage ou d'un jaune d'œuf : on peut aussi le dissoudre dans un peu d'acide acétique ou d'alcool, ou même d'éther, & l'étendre ensuite dans une potion ; on le prend aussi en lavement. A l'extérieur, le *camphre* est souvent employé à l'état d'alcool *camphré*, soit seul, soit mêlé avec quelques linéamens stimulans, tels que les savons ammoniacaux, &c. Quelquefois on le dissout dans l'huile ou on le délaye dans la salive ; on le donne en gargarisme, en le mêlant avec du miel rosat ou du sirop de mûres.

Quant aux doses de ce médicament, elles varient suivant le but que l'on se propose ; on le donne à l'intérieur depuis deux grains jusqu'à quatre ; on en a administré jusqu'à 288 grains dans vingt-quatre heures : on peut, à l'extérieur, employer jusqu'à huit à douze grains pour chaque friction.

Le *camphre* présente un phénomène assez singulier ; c'est que, lorsque l'on en met de petits fragmens sur la surface de l'eau, ils l'agitent d'une manière très-remarquable. Brugnatelli, voulant s'assurer si ce mouvement étoit particulier au *camphre*, reconnut bientôt qu'il avoit lieu avec une multitude de substances, mais particulièrement avec les feuilles, les tiges, les graines & les boutons des plantes qui contiennent beaucoup d'huile essentielle, telles que les feuilles de laurier, de sauge, de sarriette, de thym, de genièvre, &c. &c. Les plantes sur lesquelles l'effet est le plus sensible, sont l'aloès, les feuilles du *rhus toxicodendron* ; enfin, il a reconnu que plusieurs substances qui ne sont point douées de la propriété de se mouvoir sur l'eau, l'acquièrent lorsqu'elles ont été trempées dans quelques huiles essentielles. De petits morceaux de pain très-sec, ayant été frottés avec une écorce de citron & enduits ainsi de l'huile essentielle que cette écorce renferme, se remuoient avec beaucoup de force, lorsqu'on les plaçoit sur de l'eau doucement échauffée par le soleil.

Prevost, Venturi, Carradori, &c., ont fait des expériences semblables, & ont obtenu des résultats analogues, même avec de l'éther. Romieu a attribué ce mouvement à l'électricité ; Volta & Lichtenberg, à l'évaporation des substances ; Brugnatelli, à des jets d'huile essentielle qui sortent des différentes substances du mouvement ; Prevost, à une atmosphère de fluide élastique invisible qui les environne, & à laquelle sont dus les mouvemens que l'on aperçoit ; Carradori, à la différence d'attraction qui existe entre les molécules semblables & différentes du liquide qui supporte le corps, & celles du liquide supporté. Ce qu'il y a de positif dans toutes les expériences qui ont été faites, c'est que ce mouvement n'a lieu qu'autant que l'une des matières se vaporise, & que le mi-

lieu dans lequel la vaporisation se fait, n'est pas saturé de la matière vaporisée.

CAMPO : mesure de terre employée dans quelques villes de l'Italie, & dont l'étendue diffère dans chaque endroit. Ainsi le *campo* vaut à :

LIEUX.	ARPENS.	HECTARES.
Padoue............	1,0866	0,5549
Trévise............	1,0201	0,5210
Vérone............	0,5889	0,3010
Vicence	0,7100	0,3626

Le *campo* se divise en tavole, correspondant à la perche carrée : le *campo* de Padoue = 840 tavoles ; celui de Trévise = 1250 tavoles ; celui de Vérone = 720 tavoles, & celui de Vicence = 840 tavoles : d'où l'on voit que le tavole est aussi très-variable.

ÇAN : mesure pour les distances, employée en Chine pour exprimer la journée de chemin. Le *çan* équivaut à 10,390 lieues communes, = 46,5943 kilomètres ; le *çan* = 10 pu, = 100 li, = 1440 chang.

CANADA, CANADO : mesure pour les liquides en usage en Portugal. Le *canada* ou *cavada* de Porto = 1,945 pintes = 1,8114 litres.

CANAL ; *canalis* ; *canal* ; s. m. Surface creuse, conduit par lequel s'écoule un fluide.

On donne ordinairement le nom de *canal* à des conduits par où l'eau passe, à des tuyaux de fontaine, de grandes pièces d'eau plus longues que larges, qui servent d'ornemens aux jardins ; au lit d'une rivière, à certaines conduites d'eaux artificielles qui sont tirées d'un lieu à un autre pour la commodité du commerce, le transport des marchandises ; enfin, à certains lieux où la mer se resserre entre deux rivages. On donne également ce nom à tous les vaisseaux du corps, tels que les veines, les artères, ainsi qu'aux vaisseaux qui servent à recevoir la sève & à la répartir dans chaque partie des végétaux. Les architectes donnent le nom de *canal* ou *canaux* à de petites cannelures creusées sur une face ou sur un larmier.

CANAL ARTÉRIEL ; *schlâge-adergang*. Il forme cette portion du tronc de l'artère pulmonaire dans le fœtus ; il s'étend depuis l'origine du poumon gauche, jusqu'à la partie inférieure de la concavité de la crose de l'aorte : sa structure est la même que celle des artères.

CANAL DE NAVIGATION ; *canalis navigalis* ; *schiffart canal*. C'est un lieu creusé pour recevoir les eaux de la mer, d'un ou de plusieurs ruisseaux, rivières, fleuves, des lacs, des torrens, &c., afin de les employer à la navigation. Ces *canaux* font divisés en *éclufes* & en *biez*. (*Voyez* ECLUSE, BIEZ.) Les biez font des *canaux* dont les eaux n'ont qu'une pente infenfible ; les éclufes font des efpaces fermés avec une ou plufieurs portes : elles fervent de communication entre deux biez dont les élévations font différentes, & fervent, foit à defcendre, foit à élever les bateaux pour les faire paffer d'un biez dans un autre.

L'ufage des *canaux de navigation* eft une chofe très-anciennement connue. Sitôt que des fociétés ont été formées, on a commencé à rompre des ifthmes & à couper des terres, pour établir des communications par eau. Plufieurs fouverains ont établi des communications entre la Mer-Rouge & la Méditerranée. Les Grecs & les Romains ont voulu pratiquer un *canal* à travers l'ifthme de Corinthe, pour pénétrer de-là dans la Mer indienne & dans l'Archipel. Lucius Verus, un des généraux de l'armée romaine dans les Gaules, entreprit de joindre la Saône & la Mofelle par un *canal*. Charlemagne forma le deffein de joindre le Rhin & le Danube, afin d'établir une communication entre l'Océan & la Mer-Noire, par un *canal* qui auroit pris de la rivière d'Olmutz qui fe jette dans le Danube, & qui fe feroit rendu à celle de Reditz qui fe jette dans le Mein. L'Angleterre & la Hollande font aujourd'hui entrecoupées de *canaux*. La France en compte plufieurs, parmi lefquels on diftingue le *canal du Midi*, celui de *Saône-&-Loire*, qui établiffent des communications entre la Méditerranée & l'Océan ; celui de *Briare*, qui, réuni à celui de Saône-&-Loire, établit une communication entre la Méditerranée & la Manche, &c. &c.

CANAL GAUDRONNÉ : efpèce de frange gaudronnée qui règne tout autour du bord de la face antérieure du criftallin, & nage dans l'humeur aqueufe. (*Voyez* ŒIL.) Ce *canal* eft formé par les ligamens ciliaires & les feuillets qui tiennent à la charoïde.

CANAL INCISIF ; canalis oxiporus. Celui qui établit une communication entre le nez & la bouche ; fa fituation eft derrière les premières dents incifives : il fert de décharge à la partie la plus fluide de l'humeur qui mouille le dedans du nez. *Voyez* BOUCHE & NEZ.

CANAL MÉDULLAIRE ; canalis medullaris. C'eft une grande cavité cylindrique creufée dans les os longs, & qui occupe le centre du corps de ces os fans fe prolonger dans l'épaiffeur des extrémités articulaires ; c'eft dans cette cavité qu'eft logée la moelle. *Voyez* Os.

CANAL NAZAL ; canalis nazalis. Il forme le prolongement du fac lacrymal ; il defcend en ligne

droite dans le nez, & reçoit l'écoulement de la glande lacrymale. *Voyez* NEZ, ŒIL.

CANAL OSSEUX ; canalis offeus. C'eft une continuation du conduit cartilagineux de l'oreille, & qui paroît ajouté à l'os des tempes. *Voyez* OREILLE.

CANAL VEINEUX ; canalis venofus. Il eft fitué à la partie poftérieure du fillon horizontal du foie. Ce *canal* a pour objet de verfer immédiatement dans la veine cave, une portion du fang qui revient du placenta par la veine ombilicale. *Voyez* FOIE.

CANAL VERTÉBRAL ; canalis vertébratus. Grande cavité creufée dans l'épaiffeur de la colonne vertébrale : il s'étend depuis le grand occipital jufqu'à la partie inférieure du facrum. Ce *canal* a pour ufage de contenir la moelle épinière, le faifceau des nerfs lombaires & facrés, & les enveloppes des membranes de ces parties. *Voyez* VERTÈBRE, COLONNE VERTÉBRALE, MOELLE ÉPINIÈRE, NERF LOMBAIRE.

CANAUX AQUEUX ; canales aquofi ; *waffergang des auge*. *Canaux* découverts par Nuck, par lefquels on croit que l'humeur aqueufe de l'œil eft apportée dans l'intérieur des membranes qui renferment cette liqueur. *Voyez* ŒIL, HUMEUR AQUEUSE.

CANAUX DEMI-CIRCULAIRES ; canales femicirculati. *Canaux* offeux & courbes qui forment une des trois parties qui compofent la portion la plus enfoncée de l'oreille interne, connue fous le nom de *labyrinthe*. *Voyez* OREILLE, LABYRINTHE.

Les *canaux demi-circulaires* font au nombre de trois ; ils font fitués dans l'apophyfe pyramidale de l'os temporal, à la partie poftérieure du veftibule, dans lequel ils s'ouvrent par cinq orifices ; ces *canaux*, formés de tiffus compactes & faciles à mettre à découvert fur des os de fœtus, font tapiffés par la membrane commune du labyrinthe ; ils reçoivent une partie de la branche poftérieure du nerf auditif.

Ces *canaux* B, D, C, *fig.* 445, ont été diftingués, relativement à leurs fituations, en fupérieur B, en inférieur C, & en moyen D. Le *canal demicirculaire* fupérieur B fe joint, par une de fes extrémités, à l'inférieur C ; en forte que les cavités de ces deux conduits fe confondent & ne forment enfemble qu'une feule ouverture S dans le *veftibule*, qui eft auffi une des trois parties qui compofent la portion la plus enfoncée de l'oreille interne, & dont la partie inférieure eft défignée ici par la lettre A. C'eft dans ces différens conduits que va fe diftribuer, en partie, la portion molle de la feptième paire de nerfs, pour y recevoir les impreffions du fon.

On a vu les *canaux demi-circulaires* détruits dans des caries profondes du temporal, accompagné de surdité. Bichat avoit trouvé, sur deux sujets, le conduit commun formé par la réunion du *canal demi-circulaire* supérieur & du postérieur complétement oblitéré ; mais il ne put découvrir si quelqu'altération dans l'ouïe avoit été le résultat de cette oblitération.

CANAUX DE TRANSMISSION ; canales transmissionis. Destinés à donner passage à des vaisseaux ou à des nerfs qui se rendent dans des parties plus ou moins éloignées, ces *canaux*, formés par une lame compacte de peu d'épaisseur, sont droits ou courbés dans plusieurs sens.

CANAUX D'IRRIGATION ; canales irrigationis. Conduits destinés à diriger les eaux des rivières, des ruisseaux, des torrens, des lacs, &c., dans l'intérieur des terres, pour leur procurer l'arrosement, l'humidité qui leur est nécessaire.

On croit assez généralement que ces sortes de *canaux* ont été imaginés par les Egyptiens, pour conduire les eaux du Nil dans les terres les plus éloignées. Les Romains les ont imités en petit en Italie : ils sont très-communs dans les pays montagneux. Ceux que l'on a pratiqués dans le midi de la France, contribuent beaucoup à répandre, dans ce pays, les agrémens dont on y jouit, & les richesses qu'on lui envie.

CANAUX VEINEUX ; canales venosi. Ces *canaux* sont situés dans l'épaisseur du diploé ; ils sont formés par une lame du tissu compacte très-mince, & sont tapissés intérieurement par la membrane commune du système nerveux, qui présente, dans leurs cavités, un grand nombre de valvules. La découverte de ces *canaux* est récente ; elle est due à Chaussier, Dupuytren & Fleury.

CANARD DE VAUCANSON ; canis Vaucansonicus ; *Vaucanson automatiche ente* ; s. m. *Canard automate* construit par Vaucanson, pour imiter le mécanisme de la digestion : ce *canard*, parfaitement imité, alonge son cou pour prendre le grain dans la main ; il l'avale, le digère, & le rend par les voies ordinaires tout digéré. Tous les gestes d'un *canard* qui avale avec précipitation, & qui redouble de vitesse dans le mouvement de son gosier pour faire passer les alimens dans l'estomac, y sont copiées d'après nature : l'aliment y est digéré par dissolution. *Voyez* AUTOMATE.

CANCER ou ÉCREVISSE ; cancer ; *krebs* ; s. m. Nom du quatrième signe du zodiaque ; c'est aussi celui d'une constellation.

Tout fait croire que le nom de cette constellation provient de ce que, à l'époque où il lui fut donné, le soleil étant arrivé à sa plus grande déclinaison, sembloit retourner sur ses pas lorsqu'il entroit dans ce signe. C'étoit alors que l'été commençoit pour les habitans de l'hémisphère septentrional, & que l'hiver commençoit pour les habitans de l'hémisphère méridional. On compte dans cette constellation 83 étoiles, mais elles sont peu remarquables ; la plus belle n'est placée que dans les étoiles de la troisième à la quatrième grandeur.

On représente le *cancer*, en astronomie, par cette marque ♋ : ce signe a donné son nom au tropique qui passe par ce point, & qui s'appelle *tropique du cancer* ; il est dans l'hémisphère septentrional, & éloigné de l'équateur de 23°,28′.

Suivant les poëtes, l'écrevisse fut placée dans le ciel par Jupiter, pour avoir servi ses amours en retardant, par sa piqûre, la fuite d'une nymphe fille de Garamanthe. D'autres prétendent qu'elle fut placée dans le ciel après avoir été écrasée par Hercule, en voulant l'incommoder dans son combat contre l'hydre de Lerne.

CANDIIL : mesure dont on se sert aux Indes, à Camboye, au Bengale, pour vendre le riz & les autres grains ; elle contient 14 boisseaux.

CANDIL : poids dont on se sert à la Chine & à Galanga.

CANDO : mesure pour les étoffes en usage à Goa. Le *cando* = 1,0030 aunes de Paris = 1,1921 mètres.

CANI : mesure pour les terres, employée par les Malabres.

CANICULAIRE (Année) ; annus canicularis ; *hund jahr*. Période *sothiacale* dont l'intervalle est de 1460 ans, au bout de laquelle, l'année des Perses recommence au même point de l'année solaire, le premier jour du mois de *thoth*, ou mieux, le premier jour de l'année auquel le grand chien paroît à son lever héliaque.

On a retenu, en Perse, l'ancienne forme de l'année égyptienne ; d'où il arrive que les équinoxes ne se trouvent bientôt plus dans le même mois de l'année, mais se répètent successivement dans les autres.

Sothis, en langue égyptienne, signifie *chien* ; ce qui répond à Σειρα, qui est éthiopien.

CANICULAIRES (Jours) ; dies caniculares ; *hund stag*. Certain nombre de jours qui précèdent & suivent celui où la canicule se levoit autrefois le matin avec le soleil, c'est-à-dire, les jours de la plus grande chaleur.

Les Egyptiens & les Ethiopiens commençoient leur année aux *jours caniculaires*.

Dans les almanachs, on compte ordinairement les *jours caniculaires* depuis le 22 juillet jusqu'au 23 août ; c'est le temps que le soleil emploie à parcourir le ſigne du lion. Quelques aſtronomes comptent les *jours caniculaires* juſqu'à la fin d'août.

CANICULE ; canicula; *hund ſtern*. Nom donné, en aſtronomie, à une étoile de première grandeur, faiſant partie de la conſtellation du grand chien, & ſous la gueule duquel elle eſt placée. ι es Grecs la nommoient ϭειροιϛ. (*Voyez* SIRIUS.) Pline & Galien lui donnèrent auſſi le nom de *procyon*, quoique ce ſoit celui d'une très-belle étoile du petit chien. *Voyez* P ̣OCYON.

Il paroît que c'eſt de cette étoile que les jours caniculaires ont tiré leurs noms : d'abord, parce qu'ils commençoient à l'époque où le ſoleil ſe levoit avec elle ; enſuite, parce que, pendant la durée de ces jours très-chauds, beaucoup d'animaux, & en particulier les chiens, étoient attaqués de la rage. Les Romains ſacrifioient, à cette époque, un chien roux, pour écarter les influences malignes produites par la grande chaleur qui occaſionne ordinairement des fièvres ardentes continues, des dyſſenteries, des frénéſies, &c.

On croit que la *canicule* ou la conſtellation dont elle fait partie, repréſente la chienne d'Erigone, ou le chien que Jupiter donna à Minos, que Minos donna à Procris, & que Procris donna à Céphale. *Voyez* GRAND CHIEN.

CANNA, de קנה, *kaneh;* ϰαννη ; canna ; *canne; elle.* ſubſt. fém. Meſure de longueur dont on fait uſage à Rome & à Naples. La *canna alei architetti* de Rome contient 10 palmi, = 6p.,877 = 2,2339 mètres.

La *canna di ara* = 9 palmi = 3p.,465 = 1,1256 mètres.

La *canna* de Naples = 8 paſſi = 47p.,46 = 15,42 mètres.

CANNE ; ϰαννη ; canna ; *ſchilfrohr ;* ſubſt. fém. Ce mot a diverſes acceptions : en botanique, c'eſt un terme générique qu'on donne à différentes eſpèces de plantes qui ont entr'elles quelque reſſemblance; en terme de fonderie ; de monnoyage, c'eſt une tringle de fer avec laquelle on remue la matière en fuſion ; dans la verrerie, c'eſt un tube creux avec lequel on prend le verre fondu qu'on doit ſouffler ; dans les manufactures de ſoie, c'eſt une grande baguette que l'on paſſe dans les envergures des chaînes; dans les uſages ordinaires, c'eſt un bâton qu'on porte à la main, & qui ſert à ſoutenir en marchant; en phyſique, c'eſt un cylindre qui peut ſervir de *canne* ordinaire, de bâton pour ſoutenir, & que l'on diſpoſe de manière à produire différens effets. Enfin, en poéſie, on appelle *canne de fer* ou *d'acier* le canon d'un fuſil.

CANNE A BRIQUET ; canna breaka ; *ſtock mit einen feuer zung verſehen.* Bâton à l'extrémité ſupérieure duquel on fixe un briquet pneumatique. (*Voyez* BRIQUET PNEUMATIQUE.) Ces bâtons

ont la commodité de procurer du feu lorſque l'on en deſire.

CANNE A MESURER ; ϰαννη ; canna ; *elle.* Meſure dont les Romains faiſoient uſage.

C'eſt une meſure de longueur dont on ſe ſervoit dans pluſieurs villes de commerce, à la place de l'aune, avant l'adoption des meſures métriques. Dignère dit, d'après Tite-Live, pag. 1513, qu'à Rome la *canne* contient 8 palmes, & que les neuf palmes font 2 aunes de Paris; la *canne* de Paris étoit, ſelon lui, c'eſt-à-dire, de ſon temps, de 3 pieds 8 pouces : la *canne* étoit de 53 pouces ⅚ de pouce, c'eſt-à-dire, de 4 pieds 5 pouces ⅚. Les *cannes* de Provence ou du bas Languedoc étoient de 8 pans ou empans, qui font 6 pieds 2 lignes du pied de France. Les *cannes* d'Avignon & de Nîmes étoient d'un pouce environ plus courtes que celles de Provence & du bas Languedoc. La *canne* de Toulouſe contenoit une aune & demie de Paris. Il en étoit à peu près de même des *cannes* des villes du haut Languedoc & de la haute Guyenne. Les *cannes* de Gênes, pour les toiles, font de 10 palmes, ou 10 fois 9 pouces & 2 lignes; celles pour les draperies ſont de 9 palmes. La *canne* de Sicile eſt de 9 pans & demi. Les Hébraux l'appellent *kench*, & elle contient chez eux ſix coudées; le P. Merſenne ſoutient que cette meſure comprend 8 pieds & un doigt & demi. On l'appelle en pluſieurs lieux le *roſeau.*

Pour donner une idée plus exacte de cette eſpèce de meſure employée dans divers pays, nous allons faire connoître ſon rapport avec le mètre.

LIEUX.	DIVISIONS.	MÈTRES.
Avignon....	....	0,724
Barcelonne..	3 vares de 8 pans	1,568
Cadix	⅞ vare	2,576
Florence ...	4 braſſes 8 palmes....	2,328
Palerme....	8 palmes..............	1,944
Provence...	....	1,983
Rome......	8 palm. des marchands.	1,989
	pour les toiles	2,096
Sicile	8 palmes..............	1,944
Toulon ....—	....	1,931
Toulouſe...	8 palmes..............	1,782
Vérac......	8 palmes..............	1,840
Voiſon en D.	....	1,381
Uzès......	....	1,984

CANNE A VENT ; canna ventiloſa; *wind ſtock.* Eſpèce de *canne* intérieurement creuſe, & par le moyen de laquelle on peut, ſans le ſecours de la poudre, chaſſer une balle avec violence, en y adaptant un réſervoir qui contienne de l'air comprimé, & une batterie propre à ouvrir le réſervoir inſtantanément.

La conſtruction de la *canne à vent* eſt fondée

ſur

fur le même principe que celle du fufil à vent ; la différence qui exifte, eft que la *canne à vent* eft féparée de fa croffe & de fa batterie , & a la formé d'une *canne* ordinaire ; au lieu que le fufil à vent porte fa croffe & fa batterie , & a vraiment la forme d'un fufil. *Voyez* FUSIL A VENT.

Souvent on fait ufage de la *canne à vent*, fans y adapter la croffe qui en forme une efpèce de fufil ; on approche de la bouche une des ouvertures de la *canne*, & l'on fouffle dedans avec force : les corps légers qui font placés dans l'intérieur, font alors chaffés avec une viteffe plus ou moins grande. On peut mettre dans l'intérieur du tube , foit des corps ronds , des pois , de petites boules d'argile , foit de petites flèches formées d'une tige , d'un bâton armé d'une pointe à l'une des extrémités , & d'un morceau de peau flexible , du diamètre de l'intérieur à l'une des extrémités ; la feule condition à remplir , c'eft qu'ils puiffent s'y mouvoir facilement. Lorfque l'on eft habitué à faire ufage de ces fortes de *cannes*, on peut atteindre avec précifion le but vers lequel on dirige les projectiles. Quelques perfonnes chaffent aux oifeaux avec des *cannes à vent*.

CANNE ÉLECTRIQUE ; canna electrica ; *electrifche ftock*. Canne formée d'un tube de verre, fermée hermétiquement à fon extrémité inférieure. On remplit l'intérieur de feuilles d'or ou de cuivre, & l'on colle à l'extérieur une feuille d'étain ; on difpofe l'intérieur de ce tube comme une bouteille de Leyde ; on bouche la partie fupérieure avec un couvercle métallique qui fert de pomme à la *canne*, & qui communique à l'intérieur avec un fil métallique ; on vernit l'extérieur, que l'on peint de couleur de bois, pour que l'apparence ou l'illufion foit plus complète.

D'après cette defcription , il eft facile de voir que les *cannes électriques* ne font que des bouteilles de Leyde que l'on a défigurées , afin de furprendre les perfonnes auxquelles on les préfente. Si l'on charge la *canne électrique*, on peut , fans danger, la tenir par le milieu ; mais lorfqu'on la prend par la pomme, elle fe décharge, & l'on reçoit une commotion qui eft inftantanée, fi le bout de la *canne* paffe fur le pied ou fur toute autre partie du corps de celui qui touche la perfonne. *Voyez* BOUTEILLE DE LEYDE, ÉLECTRICITÉ.

CANNE HYDRAULIQUE ; canna hydraulica ; *waffer kunft ftock hydraltfche waffer*. Tube dans lequel on fait monter l'eau à l'aide d'une foupape, par le moyen d'un mouvement de va-&-vient.

Voici en quoi confifte cette machine que l'on propofe comme un moyen propre à élever l'eau. Soit A B , *fig*. 432 (*c*) un tube ouvert par un bout, & fermé par l'autre par le moyen d'une foupape. Cette foupape peut être placée dans la partie inférieure B ; &, dans ce cas , le tube fera l'effet d'une pompe foulante, elle peut être placée dans

la partie fupérieure A ; alors il fera l'office d'une pompe afpirante ; enfin, fi elle étoit placée au milieu du tube, il feroit l'effet d'une pompe afpirante & foulante. *Voy.* POMPE ASPIRANTE, POMPE FOULANTE, POMPE ASPIRANTE & FOULANTE.

Les trois foupapes fupérieures D , *fig*. 434 , inférieures C, *fig*. 433 & 433 (*c*), ou du milieu, s'ouvrent par en haut ; elles peuvent être fermées par un clapet, ou de toute autre manière (*voyez* SOUPAPE) : celles-ci font compofées d'un cône folide C ou D qui entre exactement dans un cône creux. En foulevant le cône folide, il fe forme un efpace vide entre les parois du cône creux & du cône folide, par lequel l'eau peut s'introduire ; une tige fixée fur le cône paffe dans une traverfe éloignée du cône creux, afin de maintenir ce cône dans une pofition verticale.

Pour faire mouvoir la *canne hydraulique*, on place l'extrémité inférieure B dans un réfervoir d'eau ; on hauffe & l'on baiffe rapidement le tube dans l'eau : en le baiffant, l'ouverture inférieure comprime la furface de l'eau qu'elle rencontre, & ce choc élève l'eau dans le tube.

Dans les tubes dont la foupape eft placée dans la partie inférieure , le choc eft exercé de la furface de l'eau fur la foupape ; celle-là s'élève, l'eau entre , & elle continue d'entrer jufqu'à ce que la preffion exercée par la colonne d'eau du tube fur la foupape, faffe équilibre à l'effort que l'eau fait pour entrer ; la preffion de la colonne devient enfuite plus forte, & la foupape fe ferme, jufqu'à ce qu'un nouveau choc la force à s'ouvrir pour que l'eau puiffe entrer de nouveau : c'eft ainfi qu'à chaque choc on fait entrer une nouvelle quantité d'eau, laquelle diminue fucceffivement à mefure que la colonne d'eau s'élève ; elle arrive, par ce moyen, jufqu'à l'ouverture fupérieure du tube K, *fig*. 432 (*b*) , par où elle s'écoule dans le réfervoir L qui doit la recevoir.

En plaçant la foupape dans la partie fupérieure, *fig*. 434, l'eau qui s'élève dans le tube, par le choc, comprime l'air ; celui-ci ouvre la foupape & fe dégage ; alors la foupape fe ferme, & l'air diminué & raréfié, dans le tube, foulève une colonne d'eau telle, que la preffion exercée par l'air raréfié, plus la pefanteur de la colonne d'eau du tube, font équilibre à la preffion extérieure de l'air fur l'orifice inférieur, fuppofé à la furface de l'eau du réfervoir. A chaque choc du tube fur l'eau, une portion d'eau s'élève, de l'air s'échappe par la foupape fupérieure, & ce mouvement fe continue jufqu'à ce que le tube foit plein d'eau ; alors l'eau elle-même fort par la foupape.

On voit, d'après cette explication , que les *cannes hydrauliques* font des machines à élever l'eau extrêmement fimples, puifqu'elles ne font compofées que d'un tube & d'une foupape, & avec lefquelles on peut élever ce liquide à une grande hauteur à l'aide d'une force qui foulève le tube, &

le laiffe retomber dans le réfervoir d'eau avec viteffe, & en choquant & comprimant l'eau du réfervoir avec une grande force.

Quel que foit le moteur que l'on ait à fa difpofition, on peut fe demander fi cette *canne hydraulique* feroit plus avantageufe qu'une pompe ordinaire.

Si l'on examine le mouvement des piftons & celui de la *canne hydraulique*, on voit que, pour élever l'eau, ils doivent avoir l'un & l'autre un mouvement de va-&-vient vertical, l'un du pifton dans le tuyau des pompes, l'autre de la *canne* ou du tube lui-même; conféquemment, que l'on doit appliquer la même difpofition à la force motrice que l'on peut employer, foit à la tige du pifton, foit au tube; qu'ainfi l'effort exercé doit être le même; mais dans ce cas, le réfultat obtenu le fera-t-il également? C'eft ce qu'il faut examiner.

Dans le mouvement du pifton, la force motrice eft employée, 1°. à foulever une maffe d'eau dont le volume égale la furface du pifton multiplié par la hauteur de la colonne d'eau; & fi l'on fuppofe que les tuyaux aient un diamètre intérieur uniforme & égal à celui du pifton, & que, de plus, le tuyau foit vertical, la force motrice foulevera toute la maffe d'eau contenue dans le tuyau; 2°. cette force aura encore à vaincre la réfiftance du pifton: Dans les *cannes hydrauliques*, la force motrice foulève, 1°. toute la maffe d'eau contenue dans le tube; 2°. le poids du tube. Or, fi le tube eft vertical, d'un diamètre uniforme & égal à celui du tuyau de pompe, la maffe d'eau foulevée de part & d'autre fera la même; mais le poids du tube fera-t-il égal à la force qu'exige la réfiftance du pifton? Tout porte à croire qu'elle fera plus confidérable. Ainfi, dans ce cas, qui eft le plus favorable, la même quantité d'eau foulevée, exigera une force motrice plus grande pour faire mouvoir le tube, que les pompes.

Mais fi la localité & les circonftances dans lefquelles on fe trouve, exigent que les tuyaux de pompe & les *cannes hydrauliques* foient inclinés: dans les pompes, le poids de l'eau fera toujours équivalent à celui d'un volume égal à la furface du pifton, multiplié par la hauteur verticale de l'élévation, & dans les *cannes*, à celui d'un volume égal au diamètre de la *canne*, multiplié par fa longueur; ainfi, le poids de l'eau dans la *canne* fera à celui des pompes, à diamètre de pifton & de tube égal, comme le rayon eft au co-finus de l'angle d'inclinaifon; donc d'autant plus grand, dans les *cannes hydrauliques*, que l'inclinaifon fera plus confidérable.

Si l'on obferve enfuite que la quantité d'eau foulevée dépend du choc produit fur l'eau, & que ce choc peut exiger, pour faire élever la même quantité d'eau, une force plus grande que celle qui doit mettre le pifton en mouvement, on fera bientôt à portée de conclure que les *cannes hydrauliques*, quoique beaucoup plus fimples que

les pompes, font beaucoup moins avantageufes.

Cependant il peut fe trouver des circonftances où il foit néceffaire d'élever de l'eau inftantanément, & dans lefquelles la force employée ne doive pas être prife en confidération; alors il feroit poffible que l'on trouvât de l'avantage à fe fervir des *cannes hydrauliques*, à caufe de la fimplicité de la machine & de la facilité que l'on peut avoir à s'en procurer; mais l'on pourroit fe demander fi, dans ce cas-là même, les feaux, ou tous autres vafes propres à puifer & à tranfporter l'eau, ne devroient pas être preférés aux *cannes hydrauliques*.

Nous croyons inutile d'obferver ici que l'on peut pratiquer, à ces fortes de *cannes*, des réfervoirs d'eau, *fig.* 433 (c), qui rendent continu le jet d'air élevé.

CANNELLA: mefure de longueur employée à Gênes pour les étoffes. La *cannella* pour les toiles eft de 10 palmes = 2,04 aunes de Paris = 2,4244 mètres; celle pour les draps eft de 9 palmes = 1,8364 aunes de Paris = 2,1825 mètres.

CANNEVETTE: efpèce de vafe dont on fe fert en Hollande pour mettre de la liqueur. La *cannevette* eft de toute forte de continence, comme le font nos barils en France; mais les plus grandes font ordinairement de 12 à 15 flacons.

CANOBUS, CANOPUS; κανωβος; *canobus*; *canobus*. Etoile de la première grandeur, fituée dans l'hémifphère auftral, à l'extrémité la plus auftrale de la conftellation du navire *argo*: c'eft, après Sirius, la plus belle étoile du ciel; on la voit, de l'île de Rhodes, rafer l'horizon: elle annonçoit aux Egyptiens l'entrée du foleil dans le verfeau.

CANON; κανον; *cannones*; *kanon*; fubft. mafc. Ce nom a plufieurs acceptions.

Dans l'artillerie, c'eft un gros tuyau cylindrique avec lequel on lance des projectiles à l'aide de la poudre à *canon* (*voyez* CANON, ARTILLERIE); dans l'art du balancier, c'eft une boîte cylindrique dans laquelle eft renfermée la branche du pefon à reffort (*voyez* PESON); dans l'imprimerie, c'eft un corps de caractère particulier; les horlogers donnent ce nom à un petit cylindre percé de part en part, avec lequel on fait tourner une pièce fur fon arbre; les ferruriers, à la partie de la ferrure qui reçoit la tige de la clef; les rubaniers, à un petit tuyau de bois deftiné à fupporter la foie de la trame; les tourneurs, à deux cylindres creux, traverfés par une verge de fer carrée, qui joint la boîte au mandrin; en terme de manège, c'eft la partie de la jambe du cheval qui s'étend depuis le genou jufqu'au boulet. Les eccléfiaftiques appellent ainfi la règle qu'ils doivent fuivre, les paroles fecrètes de la meffe,

le catalogue des faints reconnus, &c. ; en jurifprudence, la collection des règles tirées de l'E-
criture-Sainte, des conciles, des constitutions
des papes, &c. ; en musique, une sorte de fugue
(voyez CANON, MUSIQUE) ; en mathématique,
des termes de géométrie & d'algebre (voyez
CANON mathématique); en physique, plusieurs
instrumens analogues au canon d'artillerie. Voyez
CANON DE VOLTA, &c.

CANON (artillerie) ; bellicum tormentum ; konon.
Pièce d'artillerie faite de fonte de fer, de bronze
ou de fer doux, dont la forme extérieure est celle
d'un cône fort alongé & tronqué, & dont la cavité est cylindrique.

Le canon sert dans les combats & dans les
sièges ; il est en quelque sorte l'ame de la guerre.
Les premiers canons furent formés de plusieurs
cylindres de fer gros & courts, réunis les uns au
bout des autres, & fortement attachés ensemble
avec des anneaux de cuivre ; le calibre de ces
canons étoit énorme, & l'on jetoit, par leur
moyen, des boulets de pierre d'une grosseur &
d'un poids considérable. On trouva, quelque
temps après, l'art de faire des boulets de fer ;
alors on s'occupa de diminuer le calibre des canons. Ensuite on imagina de fondre les canons
avec du bronze, puis avec de la fonte de fer ;
les premiers, plus légers, parce que le bronze est
plus résistant que le fer, sont transportés à la suite
des armées ; les seconds, plus pesans, sont placés
sur les remparts ou sur les vaisseaux, lorsque les
canons de bronze ne sont pas assez abondants.
Comme le fer est beaucoup plus résistant que le
bronze, que sa résistance est presque triple, on
obtiendroit des canons beaucoup plus légers si on
les fabriquoit en fer. Plusieurs tentatives ont été
faites avec succès : on voit plusieurs pièces de fer
dans le Muséum d'artillerie de Paris ; cependant
on n'a pas encore établi de fabrication en grand.

Ducange prétend que l'on voyoit dans les registres de la Chambre des comptes, que les canons
étoient en usage en France dès l'année 1338 ; cependant Larrey prétend, dans son Histoire d'Angleterre (Henri VIII, pag. 343), que c'est en Angleterre que l'on vit, en 1535, les premiers canons
de cuivre ; il dit que l'on en attribue l'invention
à Jean Owen. Il avoue néanmoins qu'il en avoit
paru quelques-uns auparavant, de même métal,
mais bien au-dessous de la perfection de ceux-ci.
Le même auteur dit, dans la seconde partie,
pag. 686, qu'en 1346, à la bataille de Crécy, il
y avoit cinq pièces de canon dans l'armée angloise ;
que ce fut la première fois qu'on s'en servit dans
les batailles. Mezerai rapporte que le roi Edouard
jeta l'épouvante dans l'armée françoise par cinq
ou six pièces de canon, parce que c'étoit la première fois que l'on eût vu de ces foudroyantes
machines. Larrey ajoute ensuite que quelques auteurs en font l'usage de quelques années plus an-

cien, & disent qu'en l'année 1338, les Français
s'en étoient servis au siège de Puy-Guillaume en
Auvergne.

On a donné aux premiers canons le nom de bom-
bardes, du mot latin bombus, à cause de leur bruit
éclatant. Les canons ont eu divers noms, diverses
longueurs & divers calibres. Les premiers canons
ont été appelés cardinales, mulets, basiliques, ri-
badoquins, émérillons, serpentines, passe-vallons,
verteuils, sautereaux, sacres, couleuvrines, faucon-
neaux, bâtardes, &c. Aujourd'hui les canons varient
également, mais il est rare que les calibres soient
au-dessus de 36 liv. de boulet.

Deux causes contribuent à donner aux canons
la forme conique extérieure : la première, c'est
que l'effort n'étant pas aussi considérable à l'embouchure qu'à la culasse, il est inutile de leur
donner une résistance égale ; la seconde, c'est que
cette forme est nécessaire pour faire arriver plus
sûrement le boulet au but que l'on veut toucher.
Le boulet lancé, par la bouche du canon, arrive au
but par un mouvement vraiment composé (voyez
MOUVEMENT COMPOSE); car il est exposé à l'action de plusieurs puissances ; l'une est l'impulsion
que lui communique la poudre enflammée, &
l'autre, sa pesanteur.

Aussitôt que le boulet est hors du canon, non-
seulement il avance dans la direction de l'impulsion qu'il a reçue, mais encore il descend en
obéissant à l'action de sa pesanteur, qui est capable de le faire tomber de 15 pieds dans la première seconde, 45 pieds dans la deuxième, 75
dans la troisième, &c. Si donc le canon étoit extérieurement cylindrique, comme l'est sa cavité,
la ligne de mire seroit parallèle à la direction que
reçoit le boulet en sortant, & qu'on doit regarder comme une ligne droite ; & comme le boulet
descend aussitôt qu'il sort, il faudroit diriger le
canon vers un point plus élevé que le but que l'on
veut atteindre. Or, il seroit très-difficile d'estimer
au juste la quantité dont il faudroit élever le
canon ; mais le canon ayant extérieurement une
forme conique, son diamètre étant plus grand vers
la culasse que vers son embouchure, il en résulte
que la ligne de mire A B, fig. 49, & la vraie
direction D E du boulet, se croisent en chemin,
& font, en C, un angle d'autant plus grand, que
la différence entre l'épaisseur qu'a le canon vers
la culasse, & celle qu'il a vers son embouchure,
est plus considérable ; de sorte que, lorsqu'on croit
diriger le boulet en B, on le dirige vraiment en E ;
& si la distance qu'il y a de E à B, est égale à la
quantité dont le boulet descend pendant le temps
qu'il est en chemin, il arrive au but aussi sûrement
que s'il y étoit venu par une ligne parfaitement
droite. Pour cela, il faut que l'on tire à une distance convenable, que l'impulsion de la poudre
soit proportionnée au poids du boulet, & que
l'angle C, formé par la ligne de mire A B &
la vraie direction du boulet D E, que l'on peut

regarder comme le prolongement de l'axe du *canon*, soit dans une bonne proportion. Alors l'effet de la pesanteur fera descendre le boulet de la quantité E B, & l'on touchera, par un mouvement vraiment composé, le but que l'on s'est proposé d'atteindre.

Une même quantité de poudre à *canon* fait plus d'effet, c'est-à-dire, donne au boulet plus de vitesse & le porte plus loin, si le *canon* a une certaine longueur, que s'il étoit plus court, parce que la poudre employant un peu plus de temps pour sortir d'un long tuyau que d'un plus court, il s'en enflamme plus, ce qui rend l'effet plus grand. il est donc avantageux de donner aux *canons* une certaine longueur ; mais il ne faut pas que cette longueur soit poussée trop loin ; car alors le boulet éprouveroit, dans l'intérieur du *canon*, un frottement qui nuiroit à sa vitesse.

Mais doit-on donner au *canon* toute la longueur qui doit procurer au boulet le maximum de vitesse, & quelle doit être cette longueur ? Ce sont deux questions sur lesquelles les artilleurs ne sont pas parfaitement d'accord. En supposant que l'on pût déterminer la longueur qui doit donner le maximum de portée, n'y auroit-il pas à craindre que cette longueur, qui augmente nécessairement le poids du *canon*, n'obligeât d'employer, pour les transporter, un nombre de chevaux dont les dépenses surpasseroient l'avantage que l'on retireroit d'une plus grande longueur ? C'est ainsi qu'en comparant les portées aux dépenses, les opinions sont divisées sur la longueur la plus favorable, & que les uns veulent des pièces courtes, & d'autres des pièces longues.

Nous venons de dire qu'il s'enflamme d'autant plus de poudre dans un *canon*, que la sortie du boulet est plus retardée : il suit de-là qu'il s'enflammera une quantité de poudre d'autant plus grande, que la charge sera plus fortement bourrée ; alors l'explosion sera sûrement plus grande & l'effet plus considérable ; mais comme l'effort de cette matière enflammée se partage entre la charge & la culasse, cette dernière doit soutenir une portion de l'effort d'autant plus grande, que l'autre cède moins promptement ; ce qui occasionne un recul considérable, & qui devient quelquefois très-incommode.

L'endroit où la lumière du *canon* est percée, influe encore beaucoup sur la quantité de poudre à *canon* qui s'enflamme. Si elle est percée de manière à porter le feu à la partie postérieure de la charge de poudre, il y en a une grande partie qui sort sans être enflammée & sans produire d'effet. Si elle est percée de façon à porter le feu à la partie antérieure de la charge de poudre, il s'en enflamme alors une quantité beaucoup plus grande, & son effort est très-considérable ; mais, dans ce cas-là, les armes ont trop de recul & sont incommodes dans l'usage ; c'est pourquoi on perce la lumière

des *canons* de fusils destinés pour la chasse, vers le milieu de l'endroit où se loge la poudre.

De quelque manière que l'on charge un *canon*, il y a toujours une portion, & même assez considérable, de la poudre qui ne prend pas feu, & qui est chassée par celle qui s'enflamme ; la preuve de cela, c'est qu'on la ramasse à pleines mains sous une batterie qui a tiré pendant quelque temps. Cela veut-il dire que, quelque quantité de poudre qu'on mette dans un fusil, il ne s'en enflammera jamais que la quantité ordinaire, & que ce qu'on y auroit mis de trop sortiroit sans effort ? Non, assurément. On voit souvent des fusils crever pour avoir été trop chargés ; ce qui prouve que, d'une plus grande quantité de poudre, il s'en enflamme davantage. Il ne faut pas non plus inférer de-là qu'un *canon* sera aussi bien chargé, & qu'il pourra faire un effort tout aussi grand, si l'on n'y met qu'une quantité de poudre égale à celle qui s'enflamme ordinairement ; car quelque petite que soit la quantité que l'on y met, jamais tout ne prendra feu ; d'où il suit que la charge sera trop foible, si elle ne contient que la quantité qui seroit nécessaire si le tout s'enflammoit.

On donne également le nom de *canon* aux tubes de métal des fusils, des carabines, des espingoles, des pistolets, &c. Ces tubes sont fermés hermétiquement par une de leurs extrémités, par une culasse qui se fixe avec une vis sur le *canon* : ceux-ci sont également coniques, pour donner plus de force au fond ou tonnerre. Ces *canons* sont fixés sur des pièces de bois, & la poudre qu'ils contiennent est enflammée par le choc d'une pierre à fusil qu'une batterie fait mouvoir.

CANON DE VOLTA ; *tormentum electricum Volteum* ; *Voltaische kanon*. Petit canon de métal, ordinairement en laiton, que l'on remplit de gaz hydrogène & oxigène que l'on enflamme par le moyen d'une étincelle électrique. *Voyez* PISTOLET DE VOLTA.

CANONS *mathématiques* ; *canones mathematici* ; *kanon*. C'est, en géométrie & en algèbre, une règle générale pour la solution des questions du même genre ; c'est aussi quelquefois une table, telle, par exemple, que le *canon* des triangles ou la table qui réunit les sinus, les tangentes & les sécantes des angles.

CANON (Méridien à) ; *tormentum meridionale* ; *sonen uhr mit einen kanon*. Petit *canon* chargé de poudre à *canon*, sur lequel est placé un verre lenticulaire, dirigé d'une telle manière que son foyer de chaleur parvient sur la poudre de l'amorce au moment où le soleil entre dans le méridien ; alors la poudre s'enflamme, le *canon* part, & indique, par son bruit, l'heure de midi. *Voyez* MÉRIDIEN A CANON.

CANON (*mufique*) ; canones; *canon*. C'étoit, dans la mufique ancienne, une règle ou méthode pour déterminer les rapports des intervalles. L'on donnoit auffi le nom de *canon* à l'inftrument par lequel on trouvoit ces rapports, & Ptolémée a donné le même nom au livre que nous avons de lui fur les rapports de tous les intervalles harmoniques. En général, on appeloit *fectio canonis* la divifion du monocorde pour tous les intervalles, & *canon univerfalis* le monocorde ainfi divifé, ou la table qui le repréfentoit. *Voyez* MONOCORDE.

En mufique moderne, le *canon* eft une forte de fugue qu'on appelle *perpétuelle*, parce que les parties, partant l'une après l'autre, répètent fans ceffe le même chant. *Voyez* FUGUES.

Une fugue perpétuelle ou *canon* peut être à l'uniffon, à l'octave, à la quinte, à la quarte, c'eft-à-dire, que chaque partie répétera le même chant de la précédente à l'uniffon ou une octave, une quinte, une quarte plus haut ou plus bas que le chant précédent.

Les *canons* les plus aifés à faire & les plus communs fe prennent à l'uniffon ou à l'octave. Pour compofer cette efpèce de *canon*, il ne faut qu'imaginer un chant à fon gré, y ajouter en partition autant de parties qu'on veut à voix égales ; puis, de toutes ces parties, chantées fucceffivement, former un feul air, tàchant que cette fucceffion produife un tout agréable, foit dans l'harmonie, foit dans le chant.

Pour faire un *canon* dont l'harmonie foit un peu variée, il faut que les parties ne fe fuivent pas trop promptement, que l'une n'entre que long-temps après l'autre ; quand elles fe fuivent fi rapidement, comme à la paufe ou demi-paufe, on n'a pas le temps d'y faire paffer plufieurs accords, & le *canon* ne peut manquer d'être monotone ; mais c'eft un moyen de faire, fans beaucoup de peine, des *canons* à tant de parties qu'on veut ; car un *canon* à quatre mefures feulement, fera déjà à huit parties : fi elles fe fuivent à la demi-paufe, & à chaque mefure qu'on ajoutera, l'on gagnera encore deux parties.

CANON (Poudre à) ; *fulfureus pulvis* ; *fchiefs pulver*. Poudre noire, très-inflammable, avec laquelle on chaffe les projectiles placés dans le *canon*. *Voyez* POUDRE A CANON.

CANTARO : poids employé à Gênes, Naples & Tripoli. C'eft dans cette dernière ville un très-petit poids qui équivaut à 0,95 de la livre de Paris = 465,03 grammes.

A Gênes & à Naples, le *cantaro* eft un gros poids ; celui de Gênes = 6 rutli groffi = 146 liv. = 71,47 kilogrammes ; à Naples, le *cantaro* = 100 tutolli = 182,02 livres poids de marc = 89,098 grammes ou 89,098 kilogrammes.

CANTHUS ; *xavbos* ; canthus ; *augen winkel*; f.

m. On appelle ainfi les angles de l'œil, c'eft-à-dire, les angles que forment les deux paupières dans les endroits où elles s'uniffent.

On donne le nom de *grand canthus* ou l'*interne*, le *domeftique*, l'*arrufoir*, la *fontaine*, à l'angle qui eft du côté du nez ; l'autre, qui eft vers les tempes, s'appelle le *petit canthus*, l'*externe* ou le *fauvage*. Ce mot eft dérivé, par du Laurens, du verbe *xavbootai*, qui fignifie *aémanger*, parce qu'on fent, d'ordinaire, de la démangeaifon dans ces endroits-là.

CANTHUS, en terme de chimie, eft cette partie de l'ouverture d'une cruche, d'une aiguière ou d'un autre vaiffeau qui a peu de creux ou de pente, par où fe verfe doucement la liqueur ; d'où on dit verfer par *décantation*, quand on verfe doucement par cet endroit-là.

CANTON (Jean), né en 1718 à Strond, dans le comté de Glocefter, fut envoyé dans cette ville pour y faire fes études. Son père, ouvrier en draps, le deftinant à la même profeffion, s'empreffa de le rappeler près de lui à cet effet. Le jeune *Canton* obeit ; mais les fciences avoient pour lui un attrait invincible. De toutes celles qu'il avoit effleurées, l'aftronomie lui parut mériter la préférence. Il s'y livra, dans fes momens de loifir, avec tant d'ardeur, que fon père, redoutant pour fa fanté l'excès de fon application, lui interdit l'ufage de la lumière dans fa chambre. Le jeune *Canton* fut tromper la vigilance & la follicitude paternelle. Le temps donné par fa famille au repas, il l'employa conftamment à faire, avec la pointe d'un couteau, un cadran folaire, qui non-feulement marquoit les heures, mais de plus le lever du foleil, fa place dans l'écliptique, &c. Il le montra à fon père, lequel, enchanté de ce travail, lui permit de fe livrer à fon goût. Ce cadran, placé devant la maifon, attira l'attention de diverfes perfonnes, & fervit à ouvrir à fon jeune auteur l'entrée de plufieurs bibliothèques, où il trouva les fecours qui lui avoient manqué ; alors fe développa fon penchant pour la phyfique & l'hiftoire naturelle.

Mené à Londres par le docteur Miles, *Canton* s'y fit connoître avantageufement, & dès l'année fuivante (1738), il s'engagea comme clerc de Samuel Watkins, lors maître de l'Académie de Spital-Square. Devenu fon affocié, il lui fuccéda dans fon emploi, qu'il exerça pendant le refte de fa vie. Ses talens & fa conduite irréprochable lui valurent un mariage avantageux l'année fuivante (1745).

L'invention de la bouteille de Leyde ayant tourné l'attention générale vers les expériences électriques, *Canton* s'y livra avec ardeur, & rendit compte à la Société royale de Londres, de plufieurs découvertes fur l'électricité, fur l'aimant, & fur plufieurs autres points de la phyfique. En 1751, il fut nommé membre de cette Société. En

1752, pendant un orage, *Canton* fut le premier, en Angleterre, qui attira le tonnerre du sein des nuages, & qui vérifia la découverte de Francklin. On prétend qu'il découvrit, en même temps que ce savant en Amérique, que quelques nuages contiennent l'électricité positive, & quelques autres l'électricité négative. Il continua ses travaux jusqu'à sa mort, qui arriva en 1772.

CAOUTCHOUC; *resina elastica*; *cautchouc*; subst. masc. Substance élastique particulière, dont on se sert sous le nom commun de *gomme élastique*.

.Le *caoutchouc* du commerce est un morceau épais comme du cuir, d'une couleur brune, solide, tenace & d'une grande élasticité, sans saveur, sans odeur, inaltérable à l'air, insoluble dans l'eau froide, se laissant un peu ramollir dans l'eau bouillante. Il est ordinairement sous la forme d'une bouteille; cependant il en arrive sous différentes formes; nous en avons vu sous forme de bottes, qui avoient servi aux marins qui les possédoient.

Sa pesanteur spécifique est de 0,9335 : il se fond à la chaleur de 100 degrés; il brûle avec une flamme blanche; il donne, pendant la distillation, une huile fétide, colorée, un liquide aqueux, du gaz hydrogène carboné & de l'ammoniaque.

Pendant long-temps, le *caoutchouc* n'a été employé que par les dessinateurs, pour effacer le crayon sur le papier; mais ses usages sont devenus plus nombreux & plus importans, dès qu'on a trouvé le moyen de le dissoudre, & que l'on a remarqué la propriété qu'il a de se ramollir dans l'eau bouillante, & de pouvoir se souder en le comprimant fortement dans cet état de mollesse.

Grossart a eu le premier l'idée d'employer cette dernière propriété du *caoutchouc* pour en former des tubes élastiques. Pour cela, dit-il, on le coupe en bandes; on les ramollit dans l'eau chaude ou dans le pétrole chauffé; on les tourne autour d'un bâton cylindrique, de manière que les bords se touchent exactement; on enveloppe le tout d'un ruban : au bout de quelque temps, on l'enlève; on met le cylindre dans l'eau pour ramollir le *caoutchouc*; alors on peut ôter facilement le noyau du cylindre.

L'éther & les huiles essentielles sont les substances dans lesquelles le *caoutchouc* peut se dissoudre; l'alcool n'a d'action sur lui que pour le décolorer. L'éther doit être purifié pour agir fortement; car une livre d'éther non purifié ne dissout que 15 grains de *caoutchouc*, tandis qu'une livre d'éther purifié en dissout 2880, donc 192 fois plus.

Comme l'éther est trop cher & trop précieux pour l'employer à dissoudre la gomme élastique, on fait usage, de préférence, des huiles essentielles, seules ou mélangées d'huiles grasses. En employant les huiles essentielles seules, elles s'évaporent, & le *caoutchouc* reste dans son état

élastique. On peut fabriquer avec ces dissolutions tous les instrumens de *caoutchouc* dont on a besoin en physique, en chimie, en chirurgie, &c.

On prépare un vernis de *caoutchouc* en faisant fondre cette matière dans un mélange d'huile de lin & de térébenthine. Lorsque la dissolution est faite, on l'étend avec un pinceau sur les étoffes, ou bien on en met sur le tissu une certaine quantité, & on l'étend à la manière des sparadraps. C'est ainsi que l'on enduit les toiles ou taffetas destinés à faire des ballons aérostatiques, des couvertures imperméables, des tabliers pour les nourrices, des enveloppes de chapeaux, des serre-têtes pour les nageurs, &c.

Cette substance n'est connue en Europe que depuis le commencement du dix-huitième siècle; elle provient d'un suc laiteux qui découle d'un arbre de la province d'Esméraldas au Brésil, & que les habitans nomment *héré*, dans quelques contrées de l'Amérique. Cet arbre, qui s'élève jusqu'à cinquante à soixante pieds de haut, porte le nom de *cahuchu* : il paroit que c'est de cette dénomination que le *caoutchouc* a pris son nom. La Condamine est le premier Français qui l'ait observé, & qui nous l'ait fait connoître dans sa Relation de la rivière des Amazones, en 1745.

Différens arbres de l'Inde orientale donnent également du *c.outchouc*; les principaux sont : *ficus indica*, *artocarpus integrifolia*, *comiphora madagascarensis*, *arteola elastica*; le dernier a été découvert par Howison, & décrit & nommé par Roxburg. Humboldt & Bonpland ont rencontré, au Mexique, un arbre, *castilloya elastica*, qui fournit aussi de cette substance.

Pour obtenir le *caoutchouc*, les habitans font découler le suc de ces arbres par le moyen d'incisions, & avec ce suc épaissi spontanément à l'air, ils font des flambeaux qui brûlent très bien sans mèches, & donnent une belle clarté; ils en font aussi des bottines d'une seule pièce, des balles de paume, des bouteilles. Leur procédé est très-simple : ils préparent avec de l'argile un moule creux sur lequel ils étendent plusieurs couches de suc laiteux d'héré; quand ces couches coagulées ont l'épaisseur convenable, ils brisent les moules, & les retirent en morceaux. Les Omages adaptent à ces bouteilles des canules de bois, & en font de véritables seringues. Le suc de *caoutchouc* épaissi à l'air est blanc; il jaunit & devient brun; ce changement paroît provenir de l'oxidation de la substance. Lorsque les lames de *caoutchouc* sont épaissies, on aperçoit souvent, en les coupant, une portion du centre qui conserve encore sa blancheur, mais bientôt cette couleur s'altère à l'air, & le blanc passe successivement au brun.

Quelques plantes indigènes donnent du *caoutchouc*. Carradori & quelques autres chimistes ont cru l'avoir trouvé dans la racine de gui de chêne, dans le suc laiteux des euphorbes, des tithymales, de la laitue & du figuier; mais ces produits immédiats ne jouissent que d'une partie des propriétés qui caractérisent le suc de l'héré.

CAPACITÉ; capacitas; *weil, raum*; s. f. Etendue d'un lieu, d'un vaisseau en toute dimension, ce qui peut enfermer ou contenir quelque chose.

CAPACITÉ CUBIQUE DES CORPS; capacitas cubica corporum. Détermination exacte du volume intérieur ou extérieur d'un corps.

On trouve, par les règles de la géométrie, des méthodes à l'aide desquelles on peut déterminer, avec une exactitude suffisante, le volume des corps réguliers, & conséquemment leur *capacité cubique*; mais lorsque les formes deviennent irrégulières, il se présente un nombre considérable de circonstances dans lesquelles il est impossible de déterminer leur volume exact par la géométrie : alors on peut avoir recours au moyen que nous allons indiquer.

S'il s'agit de trouver la *capacité cubique* de l'intérieur d'un vase quelconque, on le pèse vide, on l'emplit d'eau distillée, on le pèse dans cet état; on prend la différence entre les deux poids, & l'on a celui de l'eau qu'il contient.

Le pied cube d'eau distillée est estimé 70 liv.; d'où il suit que le pouce cube d'eau est de 373gr.,3 : réduisant donc en grains le poids de l'eau contenue, & divisant par 373,3 le poids trouvé, on aura pour quotient le nombre de pouces cubiques que contient l'intérieur du vase. Si le vase vide & plein eût été pesé en grammes, comme le poids du gramme est celui d'un centimètre cube d'eau distillée, le nombre de grammes trouvé indiqueroit celui des centimètres cubes du volume intérieur.

Pour avoir le volume extérieur du vase, il faut boucher le vase, le peser dans l'air, puis le peser dans l'eau distillée, & la différence des deux poids est celui de l'eau déplacée (*voyez* PESANTEUR SPECIFIQUE, DENSITÉ): réduisant ce poids en grains, & divisant par 373,3, le quotient donne le nombre de pouces cubes. Si les poids eussent été pris en grammes, le nombre de grammes trouvé seroit celui des centimètres cubes que contiendroit le volume.

Comme il est quelquefois difficile d'avoir une quantité d'eau distillée assez considérable pour remplir le vase ou pour l'y plonger, on peut se servir d'un autre liquide; mais, dans ce cas, il faut prendre sa pesanteur spécifique & multiplier le nombre 373,3 par sa densité, pour avoir le nouveau diviseur applicable au liquide dont on se sert. Si l'on pesoit avec des grammes, il faudroit diviser le nombre de grammes obtenu par cette pesanteur spécifique.

Il est facile de déterminer la *capacité cubique* de l'épaisseur d'un vase, quelles que soient ses inégalités : que l'on prenne la pesanteur du liquide qu'il déplace, puis celle du liquide qu'il contient; la différence entre ces deux pesanteurs est exactement celle d'un volume de liquide égal à celui de l'épaisseur du vase. Divisant ce poids exprimé en grains ou en grammes par le diviseur provenant de la pesanteur spécifique du liquide, on a le nombre de pouces ou de centimètres cubes que contient l'épaisseur du vase.

CAPACITÉ DES CORPS POUR LE CALORIQUE; capacitas corporum caloris; capacitas caloris recipiendi; *capacität für die warme*. Proportion de calorique qu'un volume ou une masse déterminée d'un corps absorbe ou laisse dégager en passant d'une température donnée à une autre température, & en conservant son état pendant ce passage.

On ne peut, dans cette circonstance, déterminer que des rapports de quantité, parce qu'il n'existe aucun moyen d'obtenir une mesure déterminée de calorique, soit volume, soit poids, soit de toute autre manière *Voyez* CALORIQUE, PONDERABILITE DU CALORIQUE.

Black, Irwin, Crawfort, ont donné à cette proportion de calorique absorbée ou dégagée des corps, le nom de *capacité pour le calorique* : cette dénomination ne pouvant être exacte qu'autant que l'on auroit pu déterminer les quantités réelles que les corps en contenoient, il étoit convenable de la changer : Wilcke lui a donné une dénomination plus appropriée aux résultats obtenus; c'est celle de *calorique spécifique*, qui a été adoptée par tous les physiciens. *Voyez* CALORIQUE SPECIFIQUE.

Si l'on compare les quantités de calorique absorbées ou dégagées des corps simples en passant d'une température donnée à une autre température, on croit apercevoir un rapport entre ces quantités & la pesanteur spécifique des corps, la proportion de calorique qu'ils contiennent & leur *capacité* pour le calorique.

Ainsi, d'après les expériences de Laroche & de Beurard, on voit, en comparant les densités à la *capacité* de la chaleur des gaz,

GAZ.	PESANTEUR spécifique.	CAPACITÉ pour la chaleur.
Oxigène	1,036	0,2361
Azote	0,9691	0,2754
Hydrogène . . .	0,0732	3,2936

que, plus les gaz sont pesans, moins ils ont de *capacité pour la chaleur*; & plus ils sont légers, plus leur *capacité* augmente.

Les métaux femblent préfenter la même analogie; car Wilcke a trouvé que,

MÉTAUX.	PESANTEUR fpécifique.	CAPACITÉ pour la chaleur.
Or.........	1,7040	0,050
Argent.......	1,0001	0,082
Cuivre.......	0,8784	0,114
Fer.........	0,7876	0,126

comme il n'exifte de liquide, parmi les fubftances fimples, que le mercure, on ne peut pas comparer la pefanteur fpécifique de ce liquide avec la *capacité pour le calorique* des autres liquides.

On retrouve encore cette variation de *capacité de chaleur* dans un rapport avec le calorique contenu, foit dans les changemens d'état, foit dans les combinaifons.

En effet, l'eau folide contient moins de calorique que l'eau liquide: auffi la *capacité pour le calorique* de la première eft de 0,90, tandis que celle de la feconde eft de 100. L'eau liquide contient moins de calorique que l'eau gazeufe; auffi la *capacité pour le calorique* eft de 100, lorfque la *capacité* de la feconde eft de 155, d'après Crawfort (1).

Enfin, dans les combinaifons où il fe dégage de la chaleur, il y a encore une diminution de *capacité pour la chaleur*. La *capacité* de l'eau pour le *calorique*, par exemple, eft 1000; celle de la chaux vive eft de 0,217; la *capacité* moyenne de 9 parties de chaux & de 16 parties d'eau devroit être de 0,717 : elle n'eft, par l'expérience, que de 0,439.

Toutes ces confidérations ont donc pu conduire quelques phyficiens à croire que la *capacité des corps pour le calorique* devoit être proportionnelle à la quantité de *calorique* qu'ils contenoient: fi donc l'on fuppofe que tous les corps font compofés de molécules d'une égale denfité, il s'enfuit néceffairement que la quantité de molécules contenue dans un volume donné, eft proportionnelle à la pefanteur fpécifique du volume; & de-là, que la quantité de calorique contenue dans les corps, eft en raifon inverfe de leur denfité; ce qui paroît s'accorder en quelque forte avec les expériences que nous avons rapportées.

Ainfi le docteur Irwin pouvoit donc, avec quelque juftice, pofer ce principe, que, lorfqu'un corps changeoit d'état, il augmentoit ou diminuoit fa *capacité pour le calorique*, fuivant que, dans ce changement, il abforboit ou laiffoit dégager du calorique, & partir enfuite de-là, pour réfoudre la

belle queftion du calorique abfolu contenu dans les corps.

Nous obferverons d'abord que cette loi de variation du calorique avec la denfité des corps, dans un même état, n'eft pas exactement proportionnelle avec leur pefanteur fpécifique. S'il n'exifto t que ce feul inconvénient, les géomètres, fi empreffés à appliquer des formules aux phénomènes, auroient bientôt trouvé une loi qui s'accorderoit parfaitement avec la férie de faits qui a été rapportée, & alors ils fe croiroient en droit d'expliquer la manière dont cette variation dans les *capacités* fe produit; mais cette augmentation de *capacité*, avec la diminution de denfité & l'augmentation du calorique contenu, ne fe fuit pas, & l'on trouve un grand nombre d'exceptions.

On ne peut, à la vérité, en préfenter dans les gaz, parce que nous ne connoiffons que les trois gaz que l'on a rapportés; mais il en exifte dans l'air atmofphérique, & un grand nombre dans les métaux. Prenons encore les expériences de Wilcke pour exemple.

L'argent, dont la denfité eft de 10,001, a pour *capacité* 0,082; cependant l'antimoine, dont la denfité eft de 6,107, a pour *capacité* 0,063; le fer, dont la denfité eft de 7,876, a pour *capacité* 0,116, tandis que l'étain, dont la denfité eft de 7,380, n'a que 0,060 de *capacité*, & que le zinc, dont la denfité eft de 7,194, n'a également que 0,102 de *capacité*; enfin l'or, dont la denfité eft de 17,040, a de *capacité* 0,050, tandis que le plomb, dont la denfité eft de 11,456, n'a de *capacité pour le calorique* que 0,042.

Dans l'état de compreffion, c'eft-à-dire, lorfque la pefanteur fpécifique eft augmentée par la preffion, on voit, d'après les expériences de Laroche & Beurard, que fi l'air atmofphérique fous une preffion de 74 centimètres de mercure donne 10000 de *capacité pour la chaleur*, il a 12127 fous une preffion de 100 centimètres de mercure.

Il eft vrai qu'en prenant la *capacité pour le calorique* de la vapeur d'eau, telle que la donne Crawfort, 1,55, cette *capacité* eft plus grande que celle de l'eau liquide, qui n'eft que de 1,00; mais d'après quelles expériences Crawfort a-t-il déterminé cette *capacité*? quelle confiance doit-on avoir à fon réfultat ? Tout paroît faire croire que cette *capacité* a été déterminée par le calcul, & non par l'expérience. Voici la manière de déterminer cette *capacité* que l'on attribue à Crawfort.

La quantité de calorique que contient l'eau prête à fe vaporifer, étant, fuivant le docteur Crawfort, à 760 degrés d'un thermomètre équidifférentiel, & la quantité de calorique que l'eau abforbe pendant la vaporifation étant, fuivant les expériences de Watt, repréfentée par 406 degrés du même thermomètre équidifférentiel, le docteur Crawfort conclut que la capacité de l'eau eft à celle de la vapeur aqueufe, à la même température,

---

(1) Cette analogie ne paroît exifter ici que dans les réfultats annoncés par Crawfort. Laroche & Beurard ont trouvé que la *capacité* de la vapeur d'eau par le calorique étoit de 0,847.

ture, comme $760:760 \times 406$, ou environ comme $1:1,55$.

Si, au lieu de prendre cette *capacité* hypothétique, on prend celle que Laroche & Beurard ont déduite de l'expérience, on arrive à un résultat tout-à-fait opposé; car ces jeunes savans ont trouvé que la *capacité de la vapeur aqueuse* pour le calorique, étoit 0,8470: donc plus petite que 1,0000, qui eſt celle de l'eau liquide.

Examinons la *capacité* des combinaiſons dans leſquelles il ſe dégage du calorique: ſi l'on mêle 9 parties $\frac{1}{5}$ de chaux vive avec une partie d'acide nitrique capable de fondre 1,01 de glace par chaque partie du mélange, la *capacité* de la chaux étant 0,217, celle de l'acide nitrique à 1,299 de denſité étant de 0,661, la *capacité* moyenne de la combinaiſon devroit être de 0,260; elle eſt, par l'expérience, 0,619: donc plus de trois fois plus grande, quoiqu'elle dût être beaucoup plus foible.

Concluons de tous ces faits, que l'on ne connoît encore aucune loi de la *capacité des corps pour le calorique*, comparée à leur denſité & à la proportion de calorique qu'ils contiennent; & conſéquemment, que la méthode que le docteur Irwin a appliquée à la détermination du calorique abſolu, ne peut pas y être employée, puiſque les principes ſur leſquels il ſe fonde, n'exiſtent pas.

CAPHIZOT, CAVIZOS: meſure de capacité en uſage en Aſie & dans l'Egypte; cette meſure = 135,5 pintes de Paris = 126,19 litres.

CAPILLAIRE, de *capillus*, *cheveux*; capillaris; *hardünne*, *dünne vie*, *ein hare*, *cappillar*; ſub. maſ. Ce qui eſt délié comme des cheveux.

On donne l'épithète de *capillaire* à tous les corps extrêmement fins, déliés, & que l'on peut comparer aux cheveux.

En botanique, on donne le nom de *capillaire* à trois ou quatre eſpèces de fougères dont la fructification eſt à la partie inférieure des feuilles; en phyſique, ce nom eſt donné à des tuyaux, à des tubes extrêmement fins, & dans leſquels les liquides remontent au-deſſus de leur niveau. *Voyez* TUBES CAPILLAIRES.

CAPNOMANCIE, de χαπνος, *fumée*, & μαντια, *divination*; capnomantia; capnomanti; ſ. f. Divination par la fumée.

Les Anciens tiroient un bon augure, lorſque la fumée qui s'élevoit de l'autel où l'on faiſoit un ſacrifice, étoit légère, peu épaiſſe, quand elle s'élevoit droit en haut ſans ſe répandre autour de l'autel; ſi le contraire arrivoit, ils le prenoient pour un mauvais préſage. *Voyez* DIVINATION.

CAPRICORNE; caper; *steinbock*; ſ m. Dixième ſigne du zodiaque. On le nomme auſſi le *bouc*, la *chèvre amalthée*, le *ſigne de l'hiver*, la *porte du ſoleil*, parce que l'on regardoit les deux tropiques comme les deux portes du ciel.

Dict. de Phyſ. Tome II.

Il y a cinquante & une étoiles dans cette conſtellation, d'après le Catalogue britannique; mais on en voit un beaucoup plus grand nombre dans les catalogues de Meyer & de la Caille. Parmi ces étoiles on en remarque quatre de la troiſième grandeur, & une de la quatrième.

Cette conſtellation, ou ce ſigne, a donné ſon nom au tropique qui paſſe par ſon premier point, lequel s'appelle *tropique du capricorne*. *Voyez* TROPIQUE.

Le ſoleil entre dans le ſigne du *capricorne* le 21 ou le 22 décembre; mais ce ſigne du *capricorne* eſt différent de ſa conſtellation: c'eſt alors que l'hiver commence pour les habitans de l'hémiſphère ſeptentrional, & c'eſt au contraire l'été qui commence pour les habitans de l'hémiſphère méridional.

Du temps d'Hipparque de Rhodes, c'eſt à-dire, il y a environ deux mille ans, le ſigne du *capricorne* étoit réellement dans ſa conſtellation; mais le mouvement rétrograde de la terre, connu ſous le nom de *préceſſion*, fait qu'il s'éloigne peu à peu, & qu'il eſt maintenant dans la conſtellation qui le précède, c'eſt-à-dire, dans le ſagittaire, ou, ſi l'on veut, le *capricorne*, & aujourd'hui dans le ſigne du verſeau. *Voyez* PRÉCESSION, SIGNE DU ZODIAQUE.

Dupuis fait voir que ce ſigne indiquoit l'élévation du ſoleil après la ſaiſon des pluies; il croit que, dans l'origine, le *capricorne* fut placé au ſolſtice d'été: on y réuniſſoit autrefois un *capricorne* & un poiſſon, parce que le débordement du Nil commençoit ſous ce ſigne. Les Indiens l'appellent encore *poiſſon*.

CAPROTINES; caprotina; *caprotin*. Epithète que les anciens Romains donnoient à Junon & aux nones du mois de juillet. *Voyez* NONES.

Après que les Gaulois eurent quitté Rome, les peuples voiſins croyant que la république étant épuiſée, ils pourroient aiſément ſe rendre maîtres de la ville, vinrent ſe préſenter devant, ſous la conduite de Lucius, dictateur des Fidenates. Il fit demander aux Romains leurs femmes & leurs filles. Les eſclaves, par le conſeil d'une d'entr'elles, nommée *Philotes*, prirent les habits & les ornemens de leurs maîtreſſes, & allèrent ſe préſenter à l'ennemi, qui, les prenant pour les Romaines qu'il avoient demandées, elles furent diſtribuées dans tout le camp; elles feignirent de célébrer, ce jour-là, une fête, & excitèrent les capitaines & les ſoldats à ſe réjouir & à bien boire; puis, quand ils furent enſevelis dans le ſommeil, elles donnèrent le ſignal à la ville, de deſſus un figuier ſauvage, nommé en latin *caprificus*. Les Romains auſſitôt fondirent ſur leurs ennemis, remplirent le camp de carnage; ils récompenſèrent de la liberté le ſervice de leurs eſclaves, & d'une ſomme d'argent qu'on leur donna pour ſe marier; ils inſtituèrent une fête à Junon, qui, en mémoire du figuier sauvage, du haut duquel le signal avoit été donné, fut surnommé *caprotine*, & le jour que Rome fut ainsi délivrée, & qui étoit les nones de juillet, fut nommé *nones caprotines*. *Voyez* NONES.

CAPSULE; capsula; *kapsel*. Diminutif de *capsa*, boîte, cassette.

En botanique, c'est un fruit sec; parmi les jardiniers, une espèce de boîte qui renferme les semences; en anatomie, les ligamens qui renferment les articulations; enfin, en chimie & en physique, c'est une demi-sphère creuse, un segment de sphère qui sert à contenir les liquides que l'on veut faire cristalliser ou évaporer. Il y en a en argent, en platine, en verre & en porcelaine; celles en argent, en platine & en porcelaine, peuvent être mises à feu nu; celles de verre ne s'échauffent qu'au bain de sable. On ne met dans celles d'argent & de platine, aucun des acides qui peuvent les attaquer; celles de porcelaine peuvent servir à l'évaporation de tous les liquides sans exception.

CAPUCINE (Éclair de la); nasturtii indici fulgur. Eclairs que l'on voit, en été, sortir de la *capucine*, dont les fleurs sont colorées d'un rouge-brun, & dont les deux feuilles supérieures de la fleur ont des lignes noires à la base. Ce phénomène extraordinaire, dont on ne connoît aucun exemple sur d'autres plantes, a été observé la première fois par mademoiselle Christine Linné, & vérifié ensuite par Linné.

CARACOLI: métal qui vient de la Terre-Ferme, & dont les Indiens font de certains ornemens qui portent le même nom. On ignore encore la composition de ce métal, qui paroît avoir beaucoup de ressemblance avec le tombac. *Voyez* TOMBAC.

CARACTÈRE; χαρακτηρ; character, nota, signum; *zeichen*; s. m. Signes à l'aide desquels on distingue, ou l'on représente divers objets.

Ainsi les *caractères botaniques*, les *caractères minéralogiques*, sont des parties distinctives, ou des propriétés d'après lesquelles on distingue, on divise & l'on classe les végétaux & les minéraux.

Les *caractères d'imprimerie* sont de petits parallélipipèdes, à l'extrémité desquels est une lettre en relief que l'on peut imprimer.

CARACTÈRES ASTRONOMIQUES; signum astronomicum; *zeichen der astronomie*. Signes, marques avec lesquelles on désigne les planètes & les signes du zodiaque. Les *caractères des planètes* sont ceux-ci: ☿ Mercure; ♀ Vénus; ♁ la Terre; ♂ Mars; ♃ Jupiter; ♄ Saturne; H Uranus; ☉ le Soleil; ○ la Lune.

De même, les signes du zodiaque sont désignés chacun par un *caractère* different: ♈ le Bélier; ♉ le Taureau; ♊ les Gémeaux, ♋ l'Ecrevisse, ♌ le Lion; ♍ la Vierge; ♎ la Balance; ♏ le Scorpion; ♐ le Sagittaire; ♑ le Capricorne; ♒ le Verseau; ♓ les Poissons.

CARACTÈRES CHIMIQUES; signum chimicum; *zeichen der chymie*. Signes, écrits ou imprimés, à l'aide desquels les chimistes distinguent toutes les substances simples ou composées.

Tout porte à croire que les premiers *caractères* dont les alchimistes ont fait usage, avoient pour objet de distinguer les métaux entr'eux; & comme ils les divisoient en trois classes, parfaits, demi-parfaits & imparfaits, ils employoient pour leur désignation trois *caractères* différens: le cercle pour les métaux parfaits; le demi-cercle pour les demi-parfaits, & la croix ou le dard pour l'imperfection; ils combinoient ces *caractères* entr'eux pour désigner un métal, & cela d'après l'opinion qu'ils avoient de leur perfection.

C'est d'après ces principes qu'ils ont désigné l'or par ○; l'argent par ☽; le cuivre par ♀; le fer par ♂; l'étain par ♃; le plomb par ♄; le mercure par ☿. Ce qu'il y a de remarquable, c'est que ces sept signes sont les mêmes que ceux des sept planètes que l'on connoissoit alors.

Quant aux autres substances, ils ont employé, pour les désigner, des demi-cercles pour les terres, des triangles pour les élémens & les substances combustibles, des cercles pour les alcalis. On peut voir ces différens *caractères* dans tous les anciens ouvrages de chimie, & en particulier dans le tome III, année 1778, du *Journal de Physique*.

En 1787, lorsque les chimistes français créèrent la nouvelle nomenclature chimique qui rendit des services si essentiels à l'étude & aux progrès de cette science, Hassenfratz & Adet furent chargés de proposer de nouveaux *caractères chimiques*, qui furent adoptés par les chimistes français; ils diviserent les cinquante-quatre substances simples, connues, en six genres: 1°. substances qui paroissent entrer dans le plus grand nombre des corps, & qu'ils indiquent par une ligne droite; 2°. substances alcalines & terreuses, qu'ils ont indiquées par un triangle; 3°. substances inflammables, indiquées par un demi-cercle; 4°. substances métalliques, par un cercle; 5°. substances acidifiables, par un carré; 6°. enfin, substances composées, non encore connues, par une losange. *Voyez* la *Nomenclature chimique* de MM. Morveau, Lavoisier, Berthollet, Monge, Fourcroy, Hassenfratz & Adet.

CARACTÈRES DE MUSIQUE; nota; *zeichen der musik*. Signes que l'on emploie pour représenter tous les sons de la mélodie & toutes les valeurs des temps & de la mesure.

Les anciens Grecs se servoient pour *caractères*, dans leur musique, de leur alphabet; mais au lieu de leur donner une valeur numérique qui marquât les intervalles, ils se contentoient de les employer comme signes; ils les combinoient de diverses manières, les mutilant, les accouplant, les coûchant, les retournant différemment, selon les genres & les modes. Les Latins les imitèrent, en se servant, à leur exemple, des lettres de l'alphabet, & il nous en reste encore la lettre jointe au nom de chaque note de notre échelle diatonique nàturelle.

Guy d'Arétin imagina les lignes, les portées, les signes particuliers qui nous sont demeurés sous le nom de *notes*, & qui sont aujourd'hi la langue musicale & universelle de toute l'Europe (*Voyez* NOTES, CLEF, INTERVALLES.) Ces signes, quoiqu'admis unanimement, ont encore un grand défaut : plusieurs personnes ont été tentées de leur substituer d'autres *notes*, mais comme, au fond, tous ces systèmes, en corrigeant d'anciens défauts auxquels on est accoutumé, ne faisoient qu'en substituer d'autres, dont l'habitude est encore à prendre, aucune de ces méthodes n'a été adoptée.

CARACTÈRES DES MINERAUX ; charaĉter mineralis ; *mineralische merkmaal.* Haüy définit ce mot : tout ce qui peut être le sujet d'une observation propre à les faire reconnoître.

Il les divise en *caractères physiques*, *caractères géométriques* & *caractères chimiques.*

Il entend par *caractères physiques* tous ceux qui n'apportent aucun changement à l'état de la substance qui les présente, ou à l'égard desquels ce changement n'est qu'une condition nécessaire pour observer un effet qui d'ailleurs appartient à la physique. Telles sont, par exemple, la pesanteur spécifique, la dureté, la phosphorescence, l'électricité, la couleur, la réfraction, &c. &c.

On ne devroit appeler proprement *caractères géométriques* (dit Haüy), que ceux qui se tirent de la détermination des formes primitives & de la mesure des angles que forment, par leur rencontre, les faces des cristaux & les côtés des mêmes faces ; mais ce savant a donné à ce *caractère* une plus grande extension. Il y renferme tout ce qui a rapport à la configuration, comme l'aspect de la cassure, le sens dans lequel elle se fait, &c.

Les *caractères chimiques* sont ceux dont l'épreuve occasionne la décomposition d'un minéral, ou une altération sensible dans sa nature, ou une rupture d'agrégation entre ses molécules. Tels sont les *caractères* qui se tirent de l'action des acides, de la fusion avec ou sans addition, par l'intermède des chalumeaux, &c.

De l'ensemble de ces trois *caractères*, Haüy a formé le *caractère spécifique*, ou celui qui sert à distinguer tous les êtres compris dans une même classe.

Enfin, il a admis deux nouveaux *caractères* : le premier qu'il nomme *essentiel*, qui est composé du plus petit nombre possible de *caractères particuliers*, parmi ceux de l'espèce qui soient propres à distinguer celle-ci de tous les autres ; le second est le *caractère distinctif*, composé des principales différences qui peuvent faire sortir un minéral à côté de ceux avec lesquels on seroit tenté de le confondre.

CARACTÈRES DES PLANTES ; charaĉter plantarum ; *merkmaal der planzen.* Ce sont toutes les parties qui appartiennent naturellement aux végétaux, & par lesquelles ils se ressemblent ou diffèrent entr'eux. Les organes de la fruĉtification, surtout, sont les vrais *caractères* sur lesquels les botanistes fondent leurs principes de division, de méthode, d'analyse, de système ; en considérant ces différentes parties, toutes ces fois qu'elles paroissent constantes, sous trois points de vue principaux : la forme, le nombre & les proportions respeĉtives.

On donne aux *caractères des plantes* les noms de *classiques*, *génériques* & *spécifiques*, quand ils sont employés à former les classes & les seĉtions, les genres, les espèces, &c.

Tournefort tira des fleurs ses *caractères* classiques ; il tira des fruits ceux de ses seĉtions ; il employa tous ceux que peuvent lui fournir les parties de la fruĉtification, pour former ses *caractères génériques* ; enfin, il chercha dans toutes les parties étrangères à la fruĉtification, ses *caractères spécifiques.*

Linné prit aussi dans les fleurs ses *caractères classiques* ; mais il ne s'arrêta qu'aux étamines : les pistils lui fournirent aussi les *caractères* de ses ordres ; la considération de toutes les parties de la génération lui fournit ceux de ses genres ; & toutes les parties visibles & palpables, quelquefois même les parties de la fruĉtification, quand elles n'étoient pas nécessaires à la formation de ses genres, lui fournirent ses *caractères spécifiques.*

Jussieu a distingué des familles naturelles, en formant des groupes ou des séries de genres qui se ressemblent par le plus grand nombre de leurs *caractères*, & surtout par ceux qui sont regardés comme principaux ; il existe des familles évidemment naturelles, telles que les graminées, les liliacées, les labiées, les composées, les ombellifères, les crucifères, les légumineuses, &c. Les rapports frappans qui unissent les végétaux que les familles renferment, semblent nous indiquer qu'il existe une route, tracée par la nature, pour conduire à la connoissance de ses productions. C'est dans l'ouvrage de A. L. Jussieu, qu'il faut étudier la méthode naturelle ; il est impossible, dans un article de ce Diĉtionnaire, de lui donner assez de développement pour en faire sentir le merite.

CARACTÈRES MATHÉMATIQUES ; signa mathematica ; *zeichen der mathematische.* Signes dont on se sert en mathématique pour abréger le discours & pour simplifier les calculs.

On distingue, en mathématique, trois sortes de *caractères* : 1°. numéraux ou d'*arithmétique* ; 2°. d'*algèbre* ; 3°. de *géométrie.*

Les *caractères d'arithmétique* sont les *caractères*

arabes ou *indiens* : 0, 1, 2, 3, 4, 5, 6, 7, 8, 9.

Les *caractères romains* : I, un ; V, cinq ; X, dix ; L, cinquante ; C, cent ; D, cinq cents ; M, mille. Lorfque ces *caractères* font précédés de l'unité d'une efpèce inférieure, ils diminuent d'une unité de cette efpèce. Ainfi, IV, quatre ; IX, neuf ; XL, quarante ; XC, quatre-vingt-dix ; CD, quatre cents ; CM, neuf cents. Les *caractères grecs* font repréfentés par des lettres grecques. Ceux-ci avoient trois manières d'exprimer les nombres : 1°. par toutes les lettres fucceffives jufqu'à 24 ; 2°. par les huit premières lettres pour les unités : α, β, γ, &c. ; les huit fecondes lettres pour les dixaines : ι, κ, λ, &c. ; les huit troifièmes lettres pour les centaines : ρ, ς, &c. Quant aux mille, ils les diftinguoient par un point mis au deffous de la lettre : α, β, γ, &c. ; 3°. ils employoient fix capitales ; favoir : I, un ; Π, cinq ; Δ, dix ; H, cent ; X, mille ; M, dix mille ; |Δ|, cinquante ; |H|, cinq cents ; |X|, cinq mille ; |M|, cinquante mille. Enfin, les chiffres hébraïques formés des lettres de l'alphabet divifées en neuf unités : א, un ; ב, deux, &c. ; ו, dix ; כ, vingt, &c. ; ק, cent ; ר, deux cents, &c. ; les mille s'expriment par les unités mifes avant les cents, ou par le mot אלף.

En *algèbre*, on fe fert des premières lettres de l'alphabet, *a, b, c, d,* &c., pour indiquer des quantités déterminées, & des dernières, *x, y, z,* pour indiquer des quantités indéterminées.

+ fignifie plus ou ajouté ; —, moins ou retranché ; =, égale ; ×, multiplié par ; ÷, divifé par ; >, plus grand que ; <, moins grand que ; ∾ eft le figne de fimilitude ; √, racine carrée ; ∛, racine cubique ; :, *caractères* de la proportion arithmétique ; ::, *caractère* de la proportion géométrique.

En *géométrie*, Δ défigne le triangle ; □, le carré ; ⊥, l'égalité des côtés d'une figure ; ▱, rectangle ; ○, cercle ; ∟, angle droit ou perpendiculaire ; ≜, égalité des triangles ; °, degré ; ', minute ; ", feconde ; ''', tierce.

Dans le *calcul différentiel*, *d*, placé au-devant d'une variable *x*, indique la différence ou la différentielle de cette quantité ; *f*, placée au-devant d'une différentielle, fignifie l'intégrale de cette différentielle ; F*b* veut dire la fluente ou la fluxion.

CARAGROUCH : pièce d'argent de l'Empire ottoman, valant 4,357 liv. tournois = 4,3044 fr. Le *caragrouch* vaut 50 paras = 150 afpers.

CARABA : poids dont on fe fert dans quelques villes d'Italie, particulièrement à Livourne, pour la vente des laines & des mornes.

CARAT ; καρατιον, in auro bonitas ; *karat*, de l'arabe *alkaral* ; fubft. m. Poids qui équivaut, à la Mecque, à un vingt-quatrième de denier. En Europe, c'eft un titre, un degré de bonté ou de la perfection de l'or.

On pèfe ordinairement les diamans & les perles par des *carats* ; mais le *carat*, dans cette circonftance, eft eftimé quatre grains.

Relativement au titre de l'or, le *carat* eft une mefure idéale qui fert à diftinguer fa qualité de fin. On divife l'or fin en vingt-quatre parties, que l'on nomme *carats* : alors, felon que l'alliage que l'on confidère, contient plus ou moins de vingt-quatrièmes d'or, on le dit au nombre de *carats* qu'il contient de vingt-quatrièmes : un alliage qui contiendroit 23 parties d'or & une de métal étranger, feroit dit à 23 *carats* ; s'il ne contenoit que 22 parties & demie d'or fur 24, on le diroit à 22 *carats* & demi. *Voyez* OR.

Les orfévres ne peuvent travailler l'or fin qu'à 23 *carats* & trois quarts, fans remède & fans foudure ; &, en cas de foudure, à un quart de *carat* de remède.

CARBONATE ; carbonas ; *kohlœn faure-falze* ; fubft. m. Combinaifon de l'acide carbonique avec différentes bafes falifiables.

Ces fels fe divifent en *carbonates alcalins, carbonates terreux* & *carbonates métalliques*.

On connoît trois *carbonates alcalins* : 1°. d'ammoniaque ; 2°. de potaffe ; 3°. de foude : le premier eft foluble dans 2 à 3 parties d'eau ; il fe criftallife en octaèdre oblique ; fa denfité eft, d'après Haffenfratz, de 0,996. La proportion des fubftances qui compofent ce fel eft,

	d'après Bergman,	Schrœder,	Berthollet.
Acide carbonique..	45....	56....	55
Ammoniaque.....	43....	19....	20
Eau.............	12....	25....	25
	100	100	100

Le *carbonate de potaffe* eft foluble dans 4 parties d'eau ; il criftallife en prifmes à 4 faces : fa denfité eft, d'après Haffenfratz, de 2,012, & la proportion des fubftances qui le compofent, eft,

	d'après	Bergman,	Rofe,	Kirwan,	Pelletier.
Acide carbon.	20...	43...	43...	43
Potaffe......	48...	53...	41...	40
Eau.........	32...	4...	16...	17
	100	100	100	100

Enfin, le *carbonate de foude* fe diffout, d'après Rofe, dans 13 parties d'eau, &, d'après Berthollet, dans 8 ; fa pefanteur fpécifique eft, d'après Haffenfratz, de 1,3591 : il fe criftallife en octaèdre, & la proportion des fubftances qui le compofent, eft, d'après Bergman, Klaproth, Kirwan, Berthollet.

Acide carbon.	16..	16..	14,42..	12,15
Soude......	20..	22..	21,58..	20,25
Eau........	64..	62..	64.....	68,60
	100	100	100	101

Ces trois alcalis font fufceptibles de former deux combinaifons avec l'acide carbonique, l'une neutre & l'autre avec excès de bafe. Les *fous-car-*

-bonates paroiffent paffer par beaucoup de modifications, & leur différence ne femble pas dépendre feulement de la proportion de l'acide avec la bafe, mais encore de la quantité d'eau de criftallifation.

Parmi les *carbonates terreux*, on connoît ceux d'alumine, de baryte, de glucine, de chaux, de ftrontiane, de magnéfie, d'yttria & de zircone. Ces *carbonates* font peu ou point folubles ; quant à leurs compofans, les proportions moyennes font :

SUBSTANCES.	Alumine.	Baryte.	Glucine.	Chaux.	Strontiane.	Magnéfie.	Yttria.	Zircone.
Acide carbonique.	30,33	22	....	43	30	33	18	44,5
Terre..........	54,2	66	....	56	69	40	55	55,5
Eau...........	15,7	16	....	1	-1	27	27	0
	100,23	104	....	100	100	100	100	100

On ne connoît encore, parmi les *carbonates métalliques*, que les *carbonates* de plomb, de fer, de cuivre, de manganèfe, de nickel, de mercure, de titane, de zinc. Les compofans de ces *carbonates* font :

SUBSTANCES.	Plomb.	Fer.	Cuivre.	Manganèfe.	Nickel.	Titane.
Acide carbonique..	16	24	25	34,16	42,86	25
Oxide métallique..	84	76	69,5	55,84	57,14	75
Eau.............	....	....	5,5	10	....	....
	100	100	100	100	100	100

Toutes ces combinaifons font infolubles dans l'eau.

Parmi ces *carbonates*, celui d'ammoniaque eft employé depuis long-temps, foit intérieurement, dans les affections fcrophuleufes, foit extérieurement, comme rubéfiant. Le *carbonate de baryte* eft un des poifons les plus actifs : on fait entrer le *carbonate de cuivre* dans l'onguent égyptiac & dans quelques préparations ufitées extérieurement ; pris intérieurement, c'eft un poifon violent. Le *carbonate de fer* eft un des toniques les plus puiffans que poffède la médecine ; il eft adminiftré fous plufieurs formes, foit en diffolution dans l'eau, comme dans les eaux minérales, foit en l'incorporant dans des extraits de plantes amères, foit dans des opiats ou fous la forme de pilules. On fait un ufage affez fréquent du *carbonate de magnéfie* comme abforbant ; mais on a reconnu qu'il produifoit, chez beaucoup de malades, des pefanteurs incommodes & même des douleurs : on préfère aujourd'hui la magnéfie pure. Le *carbonate de plomb* n'eft employé à l'intérieur, ce feroit un poifon violent : on fe borne à l'appliquer extérieurement fous les formes de poudre, d'onguent ou d'emplâtre. Intérieurement, on fait ufage du *carbonate de potaffe* pour diffoudre les calculs de la veffie, & dans quelques engorgemens des vifcères du bas-ventre : on l'applique à l'extérieur fur de vieux ulcères, & dans

quelques glandes engorgées. Quant au *carbonate de foude*, fes propriétés font, à peu de chofe près, les mêmes que celles du *carbonate de potaffe*.

CARBONE ; carbonicum, dérivé de καρφω ; *kohlen ftoff* ; fubft. m. Subftance fimple, à laquelle le charbon doit fes propriétés ; c'eft ce que les anciens chimiftes appeloient *charbon pur*.

Ce corps combuftible fimple eft très-abondant dans la nature, furtout dans les fubftances animales & végétales ; il conftitue la fibre ligneufe dans ces derniers. On le regarde comme à l'état de pureté dans le diamant ; on ignore encore à quel état il eft dans le *charbon* : quelques chimiftes croient qu'il y eft à l'état d'oxide. *Voyez* DIAMANT, CHARBON.

CARBURE ; carburas ; *gekohlte* ; f. m. Combinaifon du carbone avec diverfes fubftances.

Parmi toutes les combinaifons poffibles, la feule qui foit parfaitement connue eft le *carbure de fer*, fous le nom de *graphite* ou *plombagine*. *Voyez* GRAPHITE, PLOMBAGINE.

CARDAN (Jérôme). Pavie fut fa patrie, & l'année 1501 celle de fa naiffance. Dévoré du befoin de la célébrité, fait pour fe l'acquérir, par fes connoiffances en médecine, en mathématiques & en hiftoire naturelle, il ne fut pas connoître le moyen de se la procurer. Ardente & vagabonde, sa riche imagination le dirigea dans les mensonges de l'astrologie & les chimères de la cabale. A travers les erreurs de son siècle, & celles plus fortes encore qui lui furent personnelles, on aperçoit en lui des talens qui, bien appréciés, le placent au rang des savans.

A l'âge de vingt ans, il quitta Milan, où son père, médecin & jurisconsulte, s'étoit fixé, pour revenir à Pavie achever ses études. A vingt-deux, il y expliqua Euclide ; de-là son caractère & sa conduite plus qu'irrégulière, l'entraînèrent de nouveau à Milan, où il professa, pendant quelque temps, les mathématiques, & le ramenèrent ensuite dans sa ville natale ; puis l'ayant conduit à Bologne, il s'y attira, comme partout où il résidoit, de fâcheuses affaires, & se vit contraint d'aller habiter Rome. Agrégé au collège des médecins, honoré de l'attention du souverain Pontife, qui lui faisoit une pension, Cardan auroit pu couler des jours heureux ; mais ce fut précisément dans cette ville qu'il échangea des vérités contre de brillans prestiges. L'astrologie étoit alors dans la plus grande vogue : Cardan s'y livrant avec fureur, se travestit en faiseur d'horoscopes ; & quoique les événemens démentissent les siens, lui & ses sectateurs continuèrent à préconiser la science.

A travers cette erreur de l'imagination, Cardan ne laissoit pas de s'occuper avec fruit à la composition de divers ouvrages sur la géométrie, l'astronomie, &c. Bien qu'on lui ait contesté les découvertes qu'il s'attribuoit, il a trouvé des défenseurs. Cassali, habile dans l'art de fouiller les vieux manuscrits, assigne à Cardan une part très-honorable dans les découvertes de la *résolution des Équations*, & revendique pour lui l'application de l'algèbre aux problèmes de géométrie déterminés, attribués généralement à Viète. Quoi qu'il en soit, chaque ouvrage de Cardan offrant, parmi beaucoup de fatras, des idées saines, il reste à cet homme, plus que singulier, des titres réels à la reconnoissance des savans ; & ces titres augmentent de valeur en réfléchissant que, dans le siècle où il vécut, l'Italie ne s'occupoit que de littérature, & surtout de poésie.

Quant à la vie privée de ce zélé sectateur de l'astrologie, lui-même a pris soin de se faire connoître à cet égard, & ses aveux servent à justifier pleinement les persécutions qu'il endura. Il faut jeter un voile sur de tels aveux, & penser, avec Leibnitz & Naudé, que tous les écarts de ce malheureux ont eu leur source dans des accès de démence.

Il mourut à Rome, âgé de soixante-quinze ans, &, selon ses ennemis, dans l'indigence. Cette assertion est démentie par Montucla, qui compare sa situation d'alors à celle *d'un médecin accrédité qui va voir ses malades en voiture*.

Les écrits qu'a laissés Cardan sont au nombre de plus de cinquante ; ils ont été réunis, en 10 vol.

in-fol. par Charles Spon, sous le titre de *Hieronimi Cardani Opera*. Lyon, 1663.

CARDINAL ; *præcipuus cardo*; *haupt sachlich* ; s. m. Le principal, le premier, le plus considérable, le fondement de quelque chose, & qui est, par rapport à elle, comme un gond relativement à une porte.

CARDINAUX (Points) ; *quatuor præcipui puncti* ; *haupt punct*. Les points principaux de la terre, les directions principales d'après lesquelles on s'oriente. *Voyez* POINTS CARDINAUX.

CARDINAUX (Nombres) ; *cardinal zahlen*. Nombres qui expriment une quantité d'unités. *Voyez* NOMBRES CARDINAUX.

CARDINAUX (Vents) ; *quatuor præcipui venti* ; *haupt wind*. Vents qui soufflent des quatre principales directions, nord, sud, est & ouest. *Voyez* VENTS CARDINAUX.

CARILLON ; *modulatio campana* ; *glocken spiel* ; s. m. Son obtenu avec des cloches ou avec des timbres. Ce mot vient de l'espagnol *quadrilla*, diminutif de *quadra*, parce que les *carillons* se faisoient autrefois avec quatre cloches ; dans les pays où ils se faisoient avec trois cloches, on disoit *triseler*.

CARILLON (*acoustique*) : sorte d'air fait pour être exécuté par plusieurs cloches accordées à différens tons. Comme on fait plutôt le *carillon* pour les cloches que les cloches pour le *carillon*, l'on n'y fait entrer qu'autant de sons divers qu'il y a de cloches. Il faut observer de plus que tous leurs sons ayant quelque permanence, chacun de ceux qu'on frappe, doit faire harmonie avec celui qui le précède & avec celui qui le suit ; assujettissement qui, dans un mouvement par degrés, doit s'étendre à toutes mesures & même au-delà, afin que les sons qui durent ensemble ne dissonent pas à l'oreille. Il y a beaucoup d'autres observations à faire pour composer un bon *carillon*, & qui rendent ce travail plus pénible que satisfaisant ; car c'est toujours une sotte musique que celle des cloches, quand même tous les sons en seroient exactement justes, ce qui n'arrive jamais. On conçoit que l'extrême gêne à laquelle assujettissent le concours harmonique des sons voisins & le petit nombre de timbres, ne permet guère de mettre du chant dans un semblable air.

CARILLON A ROUAGE ; *modulatis rotatis campana*. Machine destinée à faire frapper deux marteaux pour les timbres.

Parmi les manières de construire cette espèce de machine, nous citerons celle qui est représentée *fig.* 435 ; elle se compose d'un barillet R qui renferme un ressort. Ce barillet, denté sur sa circonférence, engrène avec le pignon d'une roue C, sur l'axe de laquelle sont des roues qui contiennent des chevilles d, d, pour faire mouvoir les marteaux : l'une d'elles, H, mène le pignon D d'une seconde roue E. La denture de cette dernière engrène, avec les pas d'une vis sans fin F, sur la tête de laquelle est établie le volant G, fait en forme de croix, & garnie de quatre palettes a, a, a, a. Les chevilles d, d, des deux roues G, H, font lever alternativement les deux marteaux b, b, qui frappent le timbre T.

Ce *carillon à rouage* est destiné à produire du son dans différens milieux, afin que l'on puisse estimer la manière dont il se transmet. Lorsque l'on veut produire du son dans le vide, on établit le rouage sur une masse de plomb, revêtue de drap, pour que les vibrations du timbre ne puissent se transmettre à la platine de la machine pneumatique sur laquelle cet appareil doit être posé. On recouvre le tout d'un récipient surmonté d'une boîte à cuir, à travers lequel glisse une tige de métal qui s'engage entre les croissillons du volant, pour arrêter à volonté le mouvement des rouages. *Voyez* SON, VIDE, GAZ, TRANSMISSION DU SON.

Si l'on vouloit éprouver, avec cet appareil, la transmission du son dans l'eau, il faudroit placer le *carillon à rouage* dans un recipient, *fig.* 436 & 436 (a), & le tenir suspendu par des cordons de laine ; alors on plonge cette machine dans un vase plein d'eau.

Avant d'établir le rouage sous le récipient, il faut monter & bander le ressort, pour faire mouvoir les marteaux. Cet appareil étant plongé dans l'eau, doit être recouvert de liquide à quelques pouces de hauteur.

CARILLON ÉLECTRIQUE ; modulatio campanæ electricæ ; *glocken spiel electrisches*. Disposition de plusieurs timbres métalliques sur lesquels frappent des espèces de marteaux mis en mouvement par l'électricité.

Sur une tringle de cuivre A B, *fig.* 493, terminée par deux petites boules, on fixe trois petites colonnes dont deux, placées aux deux extrémités D, E, sont en cuivre ; celle du milieu F est en verre ; à l'extrémité de ces colonnes sont fixés des timbres. Entre les trois timbres on suspend, avec des fils de soie, deux petites boules G, H ; cet appareil peut être suspendu par un crochet supérieur C. Par cette construction, les timbres D, E, des deux extrémités, communiquent avec le crochet C par des corps conducteurs ; le timbre du milieu F en est séparé par une colonne de verre non conductrice : les deux petites boules de métal G, H, suspendues par les fils de soie, sont également isolées ; mais elles peuvent, à cause de la flexibilité de la soie qui les suspend, se mouvoir facilement de l'un à l'autre timbre. On fait communiquer le timbre du milieu F avec le sol ou le réservoir commun, par le moyen d'une chaîne de métal conductrice I K.

Tout étant ainsi disposé, si l'on suspend le *carillon*, & si l'on électrise la barre A B, les timbres D E qui communiquent avec elle, s'électrisent de la même manière : alors ils attirent les petites boules G, H, qui les avoisinent, en électrisant, par influence, les faces en présence, d'une électricité opposée. (*Voyez* INFLUENCE ELECTRIQUE.) Ces petits corps se portent sur les timbres D, E, qui leur communiquent de l'électricité ; les petites boules étant électrisées d'une électricité semblable à celle des timbres, sont repoussées, & se portent naturellement sur le timbre F du milieu, qui les attire : celui-ci, qui communique au réservoir commun, leur enlève leur électricité & les ramène à l'état naturel ; rien ne les retenant, la gravitation les force à se porter dans la verticale à leur point de suspension. Là, les timbres électrisés D, E, les électrisent de nouveau par influence, & les attirent pour les électriser directement au contact & les repousser ensuite ; & cette alternative dure autant que l'on entretient l'électricité. Chaque fois que les petites boules touchent les timbres, ils les font sonner ; c'est pourquoi on a donné à cet assemblage le nom de *carillon électrique*.

Si l'on accroche ce système de timbre à une barre de métal isolée en plein air, & que cette barre soit électrisée par l'électricité de l'atmosphère, le son des timbres se fait entendre aussitôt, & avertit de la présence de l'électricité. Les petites sphères se meuvent avec une vitesse d'autant plus grande, que l'électricité est plus forte. On peut donc se servir utilement du *carillon électrique*, pour être averti de l'approche des parties de l'atmosphère électrisées, & de la force de l'électricité. *Voyez* ELECTRICITE ATMOSPHERIQUE, ORAGE, CLAVECIN ELECTRIQUE.

On peut consulter, sur cet objet, l'*Essai sur l'électricité* d'Adam, Leipsick, 1785 ; la *Dissertation* de Cavallo *sur l'électricité*, & tous les Traités d'électricité.

CARLIN : monnoie d'or frappée en Piémont. Sa valeur = 120 livres de Piémont, = 142,2 livres tournois, = 122,67 francs.

CARLINO : monnoie frappée dans les États de l'Église, à Naples & en Sicile.

Le *carlino* des États de l'Église vaut 15 bajotho, = 0,8199 livres tournois, = 80,98 centimes ; il en faut 10⅓ pour faire un ducat d'or. Le *carlino* de Naples vaut 60 picciolo, = 0,42 livres tournois, = 41,48 centimes ; il en faut 10 pour faire le ducato del regno. Enfin, le *carlino* de Sicile vaut 60 piccioto, = 0,21 livres tournois, = 20,79 centimes ; il en faut 60 pour faire un oncia d'oro.

CARMIN ; carminum ; *carmin ;* subst. masf.
Couleur que l'on retire de la cochenille par le
moyen de l'alun. Ce mot vient de *carminare*, dans
la signification de séparer ce qu'il y a de grossier ;
de raffiner.

CARNE ; angulus ; *ausserte vinkel ;* subst. masf.
Angle ou pointe solide, composé de plusieurs superficies inclinées l'une vers l'autre. On dit la *carne*
de la table, de la cheminée, d'une pierre.

CARNOCK : mesure qui sert, en Angleterre,
à mesurer les grains & les légumes.
Le *carnock* = 2 stricker, = 11,16 boisseaux de
Paris, = 146,38 litres ; il faut 20 *carnock* pour
faire un last.

CAROLIN : monnoie d'argent de Suède, =
1,5850 livres tournois, = 1,5655 francs ; il existe
de doubles *carolins* ou des *daler-carolin*. Le *carolin* au titre de 11 ⅘ loth, du poids de 216,4 as,
tenant 150,3 as de fin, vaut 1,6270 livres tournois = 1,6070 francs.

CAROLIN : monnoie d'or de Bavière, valant 10
florins, = 42 keutzers, = 24,48 livres tournois,
= 24,20 francs.

CARONCULE ; caruncula ; *klein drufe ;* subst.
fém. Petite glande, petit corps charnu.

CARONCULE LACRYMALE ; caruncucula lacry-
malis ; *tœninaïüfa.* Petite glande qui remplit la jonction de la fossette du grand angle de l'œil, proche
la jonction des paupières. Sa figure approche de
la pomme de pin ; elle est composée de plusieurs
amas de grains glanduleux bien distingués les uns
des autres. Au milieu de chaque amas, il y a un
petit trou qui est l'embouchure de leur conduit
secrétoire, à côté duquel sort un petit poil très-
fin. Souvent, aux environs de cette glande, il se
voit des grains glanduleux, dont la structure est
pareille à ceux dont elle est composée : il découle
de ces petits trous une matière blanche & gom-
meuse qui file le long de ces petits poils.
Il est à remarquer que, depuis les points lacrymaux jusqu'au grand angle, il n'y a ni cils, ni
poils ciliaires ; à l'égard des poils, on en voit
quelques-uns, mais ils sont plus fins que ceux des
cils. *Voyez* ŒIL.
Les points qui s'élèvent sur la *caroncule lacrymale*, & dont l'usage paroît être de retenir les
corps étrangers, dont les larmes pourroient être
chargées avant de se rendre au grand angle de
l'œil, peuvent devenir causes d'ophtalmies d'autant plus opiniâtres, qu'on ne les soupçonne pas
d'y avoir part.

CARRÉ ; quadratum ; *vireckig ;* subst. fém. Figure à quatre côtés & à quatre angles droits.

CARRÉ (*astronomie*). Ce nom a été donné à
trois constellations, remarquables en ce qu'elles
sont formées de quatre étoiles principales, disposées en quadrilatère ; ces constellations sont : le
carré de la Grande Ourse (*voyez* GRANDE-OURSE) ;
le *carré* de Pégase (*voyez* PEGASE) ; le *carré* d'O-
rion. *Voyez* ORION.

CARRÉ CARRÉ : puissance carrée d'une puissance carrée, ou puissance immédiatement au-dessus
du cube, ou mieux la quatrième puissance. Ainsi,
seize est le *carré carré* de deux, car c'est le *carré*
de quatre qui est lui-même le *carré* de deux.
Voyez NOMBRE CARRÉ.

CARRÉ MAGIQUE ; quadratus magicus ; *ma-
gische vireck, oder, zauber vireck.* Ce sont des figures
carrées, formées d'une suite ou d'une série de
nombres, en proportion arithmétique, disposés
dans les lignes ou en des rangs égaux, de telle
sorte que les sommes de tous ceux qui se trouvent
dans une même bande horizontale, verticale ou
diagonale, soient toutes égales entr'elles. Nous
allons donner, pour exemples, les *carrés* formés de
deux suites de nombres naturels pairs & impairs,
depuis un jusqu'à neuf, & depuis un jusqu'à seize.

4	9	2
3	5	7
8	1	6

1	15	14	4
12	6	7	9
8	10	11	5
13	3	2	16

Si l'on ajoute les nombres de chaque colonne
horizontale, verticale & diagonale du premier
carré magique formé de nombres impairs, on voit
que cette somme est constamment de quinze : de
même, si l'on ajoute tous les nombres de chaque
colonne horizontale, verticale & diagonale du
second *carré magique* formé d'un nombre pair de
chiffres, on voit que leur somme est constamment
égale à trente-quatre.
Pour former le *carré magique* impair, on décrit
un *carré* que l'on divise en autant de parties que
l'on a de nombres à inscrire. On élève sur chaque
côté du *carré* des cases en échelons, & l'on inscrit
les nombres de la progression en descendant dia-
gonalement, en laissant un intervalle vide entre
chaque rangée, ainsi qu'on le voit dans la figure
suivante : plaçant ensuite les nombres qui sortent
du *carré* dans les vides opposés aux cases des
échelons, on remplit les vides, & l'on forme le
carré magique.

Quant

	(1.)	
4		2
7	5	3
8		6
	9	

4	9	2
3	5	7
8	1	6

		1		
	6		2	
11		7		3
16	12		8	4
21	17	13	9	5
22	18		14	10
23		19		15
	24		20	
		25		

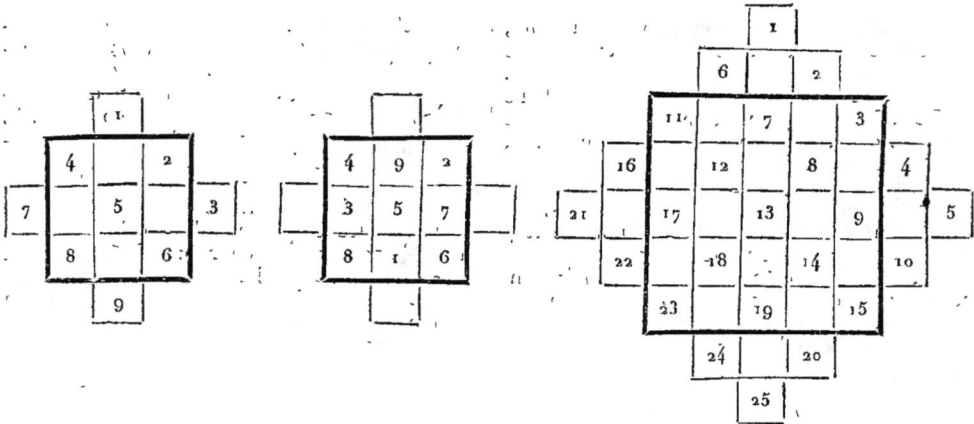

11		7		3
	12		8	
17		13		9
	18		14	
23		19		15

11	24	7	20	3
4	12	25	8	16
17	5	13	21	9
10	18	1	14	22
23	6	19	2	15

Quant au *carré* pair, on forme également un *carré* dans lequel on écrit les nombres dans leur ordre naturel ; puis, à partir de chaque angle, on raye les nombres qui se trouvent dans les cases paires, pour les transporter dans les cases qui leur sont tout-à-fait opposées. Exemples :

1	2	3	4
5	6	7	8
9	10	11	12
13	14	15	16

1			4
	6	7	
	10	11	
13			16

1	15	14	4
12	6	7	9
8	10	11	5
13	3	2	16

Cette méthode est applicable aux *carrés magiques* pairement pairs, comme ceux à 16, 64, 144, &c.; quant aux *carrés magiques* impairement pairs, ils présentent une combinaison beaucoup plus difficile, pour laquelle nous renvoyons aux *Récréations mathématiques* d'Ozanam, tome Ier., page 233, édition de 1778.

CARRÉ (Nombre) : celui qui résulte d'un nombre multiplié par lui-même. *Voyez* NOMBRE CARRE.

CARRÉE (Racine) : nombre qui, multiplié par lui-même, produit un nombre donné. *Voyez* RACINE CARREE.

Dict. de Phys. Tome II.

CARREAU ; quadratum ; *quadrat* ; subst. masc. Ce mot a plusieurs acceptions : en architecture, c'est une pierre plate avec laquelle on pave les appartemens, une pierre qui a plus de largeur que de queue dans le mur où elle pose ; en jardinage, ce sont des planches oblongues ; en médecine, c'est un gonflement auquel les enfans sont sujets après la castration ; en artillerie, c'est une flèche carrée que l'on jette avec une arbalète, ou de grosses pierres que l'on jetoit dans les villes avec des mangonneaux : on croit que c'est de l'un ou de l'autre de ces deux *carreaux d'artillerie*, qu'est dérivé le nom de *carreaux*, donné à la foudre & aux pierres qui tombent du ciel. *Voyez* FOUDRE, URANOLITE.

CARREAU ÉLECTRIQUE ; quadratum electricum; *quadrat electrisches*. Plateau de verre, de poix, de cire, de foufre, ou de toute autre matière électrifable par frottement, ABCD, *fig.* 494, couverte de chaque côté d'une feuille métallique EFGH : fur des plateaux, on laiffe, de l'un & de l'autre côté, deux pouces de large au moins, fans être recouverts de la feuille métallique ; ces fortes de *carreaux* peuvent fe-charger d'électricité, &, dans leur décharge, produire une très-forte fecouffe, à laquelle on a donné le nom de *coup foudroyant*. *Voyez* COUP FOUDROYANT.

Pour faire l'effai de ces *carreaux*, on fait communiquer une des faces avec la terre ou le réfervoir commun (*voyez* RESERVOIR COMMUN), & l'autre avec le conducteur. Pour cela, foit AB, *fig.* 495, le plateau de fubftance idioélectrique (*voyez* IDIOÉLECTRIQUE), C la feuille métallique fupérieure, D la feuille métallique inférieure, K un plateau fur lequel on place le *carreau*, & dont la colonne E eft idioélectrique. Si l'on touche avec la main l'armure inférieure D, & que l'on faffe communiquer l'armure fupérieure C avec un conducteur F d'une machine électrique, par le moyen d'un conducteur GH, & que l'on faffe mouvoir la machine, on chargera le plateau. Si alors on touchoit avec l'autre main, foit le plateau fupérieur, foit le conducteur de la machine électrique, on recevroit une commotion qui feroit d'autant plus forte, que la furface armée du *carreau* feroit plus grande, & que l'intenfité de l'électricité feroit plus confidérable.

On peut remplacer le contact de la main fur l'armure inférieure du *carreau*, par un fil métallique M, qui établit une communication entre cette armure & le fol, ou le réfervoir commun ; alors on peut décharger le *carreau* en relevant le fil K, & le faifant toucher, foit l'armure fupérieure, foit le conducteur de la machine électrique, de manière à établir le contact direct, ou par des conducteurs entre les deux armures.

Quelque forte que foit la charge électrique fur les deux armures, on peut toucher avec les deux mains les bords du verre non couverts de feuilles métalliques, avec l'attention, toutefois, de ne pas approcher de trop près des deux armures, d'où l'électricité condenfée pourroit fe porter inftantanément fur les mains, fi elles étoient trop rapprochées.

En 1747, quelque temps après l'invention de la bouteille de Leyde, le docteur Bevis, d'après le raport de Watfon (1), fit ufage de cet inftrument, & il obferva qu'un *carreau* recouvert de feuille métallique d'un pied carré, avoit autant de force qu'une bouteille de Leyde d'une demi-pinte, remplie d'eau. Il concluoit de fes expériences, que la force électrique dépendoit de la grandeur de la furface recouverte, & non de

la maffe de la matière qui recouvroit le plateau.

Francklin & fes amis firent de nouvelles expériences fur les *carreaux électriques* (1) ; par exemple, ils placèrent des *carreaux* entre deux plateaux de plomb, *fig.* 496, qui laiffoient autour du verre une bordure de deux pouces non recouverte ; ils chargèrent les plateaux, puis féparèrent ces plateaux de la lame de verre ; les deux plateaux de plomb donnèrent des étincelles. Après les avoir déchargés de leur électricité, ils remirent la lame de verre entre les plateaux de plomb, & ils obtinrent la commotion comme fi la féparation n'eût pas eu lieu, que les plateaux de plomb n'euffent pas été déélectrifés. Si, après avoir produit la commotion par la communication entre les deux plateaux, on en féparoit de nouveau la lame de verre, les plateaux produifoient chacun une étincelle : remettant le plateau de verre, on retiroit une commotion, plus foible à la vérité ; féparant la lame de verre, les plateaux donnoient de nouvelles étincelles, & l'on continuoit à recevoir la commotion & à retirer des étincelles chaque fois que l'on remettoit & féparoit la lame de verre. De ces obfervations, Francklin conclut que la charge électrique fe faifoit fur le verre & non fur les armures.

Epinus a, depuis, fait une expérience qui paroît prouver, au contraire, que la charge fe fait fur les armures, & non fur la fubftance idioélectrique. Il ifola deux grands plateaux métalliques, & les plaça l'un au-deffus de l'autre, en les rapprochant à une très-petite diftance : l'air fec faifoit fonction de fubftance idioélectrique intermédiaire. Il électrifa le plateau fupérieur en même temps qu'il laiffoit communiquer l'inférieur au réfervoir commun, & après l'électrifation, on chaffoit, avec un foufflet, l'air interpofé, & on le remplaçoit par de l'air nouveau : les plateaux, confervés dans leur pofition, donnèrent la commotion, comme fi la couche d'air n'eût pas été changée.

Alors on expliqua l'électricité reftée fur la plaque de verre, dans l'expérience de Francklin, en obfervant, qu'en féparant l'une des armures, le plateau refté attiroit, fur la furface du verre, l'électricité oppofée de l'autre armure, & la fixoit fur la furface ; féparant enfuite l'autre plateau, l'électricité fixée fur la face oppofée du verre, attiroit l'électricité de l'armure, & la fixoit fur la face oppofée ; d'où il réfultoit que, retirant les deux armures les unes après les autres, on fixoit fur les faces du verre l'électricité qui s'étoit accumulée dans les armures, & que cette électricité étoit reprife par les armures, lorfque la lame de verre étoit replacée entr'eux. Pour prouver la véracité ou l'inexactitude de cette explication, il faudroit pouvoir relever les deux armures inftantanément. Mais, quels que foient les moyens que l'on prenne pour cet effet, comme il eft impoffible que la féparation fe faffe dans le même inftant

---

(1) *Tranfactions philofophiques*, n°. 485, p. 96, §. XI.

(1) *Voyez* les Lettres de Francklin fur l'Électricité.

mathématique, il en réfulte que l'on n'a aucun moyen pour prouver ou pour rejeter cette explication.

Toutes les expériences faites, jufqu'à préfent, paroiffent faire croire que les *carreaux électriques* de verre fe chargent plus fortement de la matière électrique, que les bouteilles; ce qui peut provenir de ce que l'épaiffeur des verres eft plus égale, & que l'on peut, en conféquence, employer des *carreaux* plus minces que des bouteilles.

On fixe ordinairement les feuilles d'étain fur les *carreaux* de verre, avec de l'eau gommée ou de l'empois, en confervant un à deux pouces de bord, libres & fans feuille métallique; mais lorfque l'on veut armer des fubftances fufibles, comme de la poix, de la cire à cacheter, &c., on place la feuille d'étain fur une table de marbre; on place fur cette même table des règles minces que l'on éloigne des bords de la feuille de l'efpace que l'on veut laiffer fans être recouvert. L'épaiffeur des règles doit être égale à celle que l'on veut donner à la fubftance idioélectrique; on coule alors la matière fur la feuille d'étain & fur le marbre, on l'aplanit avec un corps uni, & l'on fixe, fur la partie fupérieure, la feconde feuille d'étain qui doit former la feconde armure; on paffe un fer chaud fur cette nouvelle feuille pour la fixer. Ces *carreaux*, de matière facilement fufible; peuvent fervir comme des *carreaux* de verre épais.

Si l'on vouloit faire des expériences avec des *carreaux*, dont la fubftance idioélectrique fût liquide, comme l'huile, par exemple, il faudroit fe procurer un vafe creux BC, *fig.* 497, plat & percé par le fond en MN; fur ce fond percé, on fixe une plaque de métal DE; on verfe par-deffus le liquide idioélectrique que l'on veut effayer; on place par-deffus une plaque métallique & mince FG: alors on fait communiquer la plaque inférieure avec le réfervoir commun, la plaque fupérieure avec le conducteur d'une machine électrique, & l'on fait les diverfes expériences que l'on s'eft propofées.

Beccaria, Cigna & Simmer (1) ont fait plufieurs expériences, en plaçant l'un fur l'autre des *carreaux* diverfement armés.

Deux *carreaux* de verre, étant recouverts, d'un feul côté, d'une armure métallique, peuvent être mis en contact par les côtés couverts ou par les côtés non couverts: fi on les met en contact du côté non couvert, & que, dans cet état, on les charge, alors les deux lames tiennent fortement enfemble; mais fi les *carreaux* étoient couverts des deux côtés, & qu'on les chargeât chacun féparément, ils ne conferveroient aucune cohéfion.

Si l'on réunit, par leurs faces non couvertes, deux plateaux couverts d'un feul côté, & qu'on les charge d'électricité dans cette fituation, ils s'électrifent & acquièrent une forte cohéfion; fi, avec une force affez grande, on les fépare pendant qu'ils font encore chargés, on remarque que les deux faces de chaque plaque font électrifées, l'une pofitivement & l'autre négativement. Si, avant de les féparer, on les décharge par une explofion, en établiffant une communication entre les deux armures, on trouve, après cette décharge, que les plaques ont encore confervé une forte cohéfion; mais, dans cette nouvelle circonftance, les deux côtés de chaque plaque ont la même électricité; l'une eft électrifée pofitivement des deux côtés, & l'autre négativement. En les rapprochant de nouveau, elles fe réuniffent & tiennent fortement, mais ne donnent ni l'une ni l'autre aucun indice d'électricité; cependant fi, après les avoir féparées, on les eût touchées pour les défélectrifer, alors elles indiqueroient, étant réunies, l'une de l'électricité pofitive, l'autre de l'électricité négative. Établiffant une communication entre les deux furfaces pour les défélectrifer, elles fe trouvent électrifées après la féparation de la même manière qu'après la commotion. Cette expérience a été répétée plus de mille fois, en produifant conftamment le même réfultat; en féparant les deux plaques, dans l'obfcurité, on aperçoit une lumière qui fe dégage au moment de la féparation.

De même, fi l'on charge un *carreau* armé des deux côtés, que l'on enlève une des armures, qu'on la remplace par un *carreau* non couvert, que l'on place enfuite une armure fur la partie extérieure de ce *carreau*, alors les deux plateaux fe réuniffent par une forte cohéfion, & montrent, féparément, la même électricité des deux côtés; mais fi on les fépare après l'explofion, les électricités des deux faces du même plateau font oppofées.

Une feuille de papier paffée entre les deux plans de verre, refte, en les féparant après l'explofion, attachée au plateau qui n'a pas été chargé; elle fe fépare après la réunion. Un Jéfuite (1) a répété cette expérience à Pékin, en 1755, plus de cinq cents fois, fans ajouter de nouvelle électricité: ces réfultats, analogues aux phénomènes de l'électrophore, ont conduit Simmer à l'idée des deux électricités différentes.

Henley a remarqué (2) que les différentes efpèces de verre ne produifent pas les mêmes réfultats; les verres de Hollande, par exemple; placés l'un fur l'autre, comme s'ils ne formoient qu'une feule plaque, & féparés enfuite, avoient, chacun, un côté pofitif & l'autre négatif: replacés de nouveau & féparés après la décharge, l'électricité de chaque côté fe change en électricité oppofée. Si l'on place une glace de miroir d'Angleterre

(1) *Tranfactions philofophiques*, vol. LI, partie I, p. 366. — Société de Turin, 1765, pag. 31.

(1) *Nov. Comm. Petropolis*, tom. VIII, pag. 276.
(2) *Tranfactions philofophiques*, 1777, vol. LXVII, fur le premier, n°. 8.

entre deux autres glaces armées, chargées, puis séparées, la glace du milieu est négative des deux côtés; mais si la glace anglaise est placée entre deux verres de Hollande, alors les trois glaces ont leurs deux faces, l'une positive & l'autre négative; mais pour obtenir constamment ce résultat, il est nécessaire de laisser les glaces de Hollande chargées pendant quelque temps. Henley atribue cette différence à l'inégalité du verre. *Voyez* Priestley, *Histoire de l'Electricité*; & Cavallo, *Dissertation complete sur la doctrine de l'Électricité.*

CARREAU ÉTINCELANT; quadratus electrum scintillans; *quadrat elektrischer funkelnd*. *Carreau* électrique, recouvert d'un côté d'une feuille d'étain, & de l'autre de grains ou de découpures de fils métalliques aplatis, connu sous le nom de *aventurine*. Pour appliquer cette limaille, tournure ou petites lames métalliques sur le verre, on enduit la surface d'une couche de gomme, & l'on recouvre cette gomme d'une couche mince d'aventurine; on la laisse sécher: alors cette surface est recouverte de petits grains ou lames metalliques séparés les uns des autres par un peu de gomme.

Posant le *carreau étincelant* sur la face couverte de feuilles d'étain, établissant une communication entre cette feuille & le réservoir commun par le moyen d'une chaîne ou d'un fil métallique, & faisant ensuite communiquer avec le conducteur d'une machine électrique la face couverte d'aventurine, l'électricité qui abonde par ce conducteur, tend à se porter sur toute la surface couverte des découpures métalliques, correspondantes à la feuille d'étain qui est sur l'autre face; mais comme il existe des solutions de continuité entre tous les grains, l'électricité, en passant d'un grain ou d'une lame à une autre, se laisse apercevoir sous forme d'étincelles; & comme ces étincelles suivent des directions sinueuses, elles produisent l'effet & le spectacle des éclairs: ainsi, pendant toute la durée de la charge de la surface couverte d'aventurine, on voit se former une foule de lignes sinueuses brillantes de lumière.

Si, lorsque la surface couverte d'aventurine est chargée d'électricité, on établit une communication entre les deux surfaces, armées, des *carreaux*, toute l'électricité de la surface d'aventurine se porte vers le point sur lequel la communication est établie, &, dans cette marche rapide & tumultueuse, de vives étincelles se font apercevoir dans toutes les solutions de continuité, & procurent ainsi le brillant spectacle d'un vif & fort éclair accompagné du bruit de la décharge électrique, ce qui procure le spectacle, en petit, de l'effet de la foudre.

CARRER; quadrare; *quadriren*. Réduire en carré une autre figure.

On peut aisément *carrer* un triangle ou toute autre figure rectiligne; mais celles qui sont terminées par des lignes courbes présentent des difficultés plus ou moins grandes; quelques-unes même sont regardées comme impossibles. *Voyez* QUADRATURE.

CARRIÈRE (Roue de); rota lapicidina. On a donné le nom de *carrière* aux excavations dans lesquelles on tire de la pierre: les uns font dériver ce mot de *quadraria*, parce que les pierres que l'on retire sont ordinairement carrées; d'autres de *carreaux*, grosses pierres qu'on tire des *carrières*, & que l'on jetoit dans les villes avec des mangonneaux. (*Voyez* CARREAUX.) Comme plusieurs *carrières* des environs de Paris sont exploitées par des puits, & que les pierres sont élevées par une grande roue mue par des hommes, c'est à cette roue que l'on a donné le nom de *roue des carrières*. *Voyez* ROUE DES CARRIÈRES.

CARRO: mesure pour les grains, employée à Naples; le *carro* = 20 tomoli = 140,8 boisseaux de Paris = 1831,28 litres.

CARTE; χαρτίς; carta; *karten*; s. f. Surface mince sur laquelle on trace des caractères; ce qui a produit les cartes, cartels, cartons, chartes & pancartes: il existe un grand nombre d'espèces & de variétés de *cartes*. Nous allons en faire connoître les principales.

CARTES A JOUER; folia lusoria; *spiel karten*. Petites feuilles de carton minces, lisses, souvent blanches d'un côté; de l'autre côté sont tracées des figures formant des séries d'objets avec lesquels on peut jouer de diverses manières, soit au piquet, au brelan, à l'impériale, au reversi, &c.

Il n'avoit encore paru aucun vestige de ces sortes de *cartes* avant 1293, que Charles VI tomba en frénésie. Le jeu de *cartes* présente une idée de la vie paisible, comme le jeu des échecs offre le tableau de la guerre.

Ce qui pourroit faire soupçonner que ce jeu a pris naissance en France, ce sont les fleurs de lis que l'on a constamment remarquées sur toutes les figures en *cartes*.

CARTES CÉLESTES; tabulæ cœlestes; *himmels karten*. Grandes surfaces sur lesquelles on représente les constellations & les étoiles qui les composent.

Le plus bel ouvrage que l'on ait en ce genre, est l'*Atlas céleste* gravé à Londres en 1729, en 28 feuilles, d'après le grand catalogue britannique de Flamsteed. Ce sont ces figures que les astronomes suivent toujours, excepté pour les constellations australes de l'abbé de la Caille. *Voyez* CONSTELLATION.

On supplée à cet atlas par le planisphère de Robert de Vaugondi & du Père Chrysologue; enfin, à défaut de *cartes célestes*, on peut se servir de globes céleftes pour reconnoître les conftella-tions. L'ufage de ces planifphères a précédé celui des *cartes*. Ptolémée les connoiffoit, & les Anciens en faifoient ufage. *Voyez* PLANISPHERE.

On divife les *cartes céleftes*, comme les *cartes terreftres*, en deux parties ; *cartes générales* & *cartes particulières*. Les *cartes générales* contiennent la projection d'une demi-fphère célefte ; les *cartes particulières* ne contiennent qu'une partie du ciel, telle qu'une zone ou toute autre divifion. C'eft ainfi, par exemple, que la zone du zodiaque (*voyez* ZODIAQUE) a été publiée en deux grandes feuilles par Senex.

Une attention qu'il eft convenable d'avoir dans la conftruction des *cartes céleftes*, c'eft de placer les conftellations dans une fituation telle, que les *cartes* étant placées fur une table, l'obfervateur voit les étoiles dans l'ordre qu'elles ont dans le ciel. Il feroit avantageux pour l'obfervation, que le fond des *cartes* fût en papier d'un bleu tendre, & que les étoiles y fuffent imprimées en jaune brillant, comme dans les *cartes* de Doppelmayer.

CARTE GÉOGRAPHIQUE; tabula geographica; *lande-karte*. Figure plane qui repréfente la figure de la terre, ou une de fes parties, fuivant les lois de la perfpective; ou, encore, une projection de la furface du globe ou d'une de fes parties, qui repréfente les figures & les dimenfions, ou au moins les fituations des villes, des rivières, des montagnes, &c.

On appelle *cartes univerfelles* ou mappemonde, celles qui repréfentent toute la furface de la terre ; *cartes particulières*, celles qui repréfentent quelques pays particuliers ou quelques portions de pays. Ces deux efpèces de *cartes* font nommées *cartes géographiques* ou *cartes terreftres*, pour les diftinguer des hydrographiques ou de marine, qui ne repréfentent que la mer, fes îles & fes côtes.

Quant à la manière dont on trace, fur les *cartes générales* ou particulières, la configuration du terrain, on fe fert, dans le premier cas, des pofitions géographiques des lieux, c'eft-à-dire, de la connoiffance de leur latitude & de leur longitude. *Voyez* LATITUDE, LONGITUDE.

D'abord on trace fur un plan la projection des cercles ou des arcs de latitude & de longitude, puis on rapporte chaque point connu aux latitudes & longitudes correfpondantes ; on figure enfuite, foit les côtes, foit les montagnes, foit les fleuves, les rivières, d'après des plans figurés, en ayant l'attention de faire paffer chaque point connu par celui de la latitude & de la longitude correfpondante projetée fur le plan. *Voy.* SPHERE, PROJECTION GEOGRAPHIQUE, MAPPEMONDE.

Les *cartes particulières* fe conftruifent d'après une échelle & des mefures de triangulation levées fur la terre. *Voyez* TRIANGULATION.

Les *cartes géographiques* les plus eftimées font celles de Guillaume de Lifle, premier géographe du roi de France, mort en 1726 ; de Danville, de Buache, de Robert de Vaugondi, de Bellin, de Homann, à Nuremberg ; les *cartes* gravées de la calcographie de Rome, les *cartes marines* de Hollande, celles de Bonn, &c.

Strabon & Diogène attribuent l'invention des *cartes géographiques* à Thalès ; ils s'accordent à nous apprendre que ce philofophe expofa aux yeux des Grecs un tableau de la Grèce, des pays, & des mers que fréquentoient les voyageurs de cette nation : telle fut, chez les Grecs, la naiffance de la géographie, fur laquelle Hécatée, compatriote d'Anaximandre, écrivit le premier Traité connu, mais qui ne nous eft pas parvenu.

CARTES HYDROGRAPHIQUES ; tabulæ hydrographicæ ; *fee karte*. Figures planes repréfentant la mer, fes côtes, fes îles.

On rapporte l'invention des *cartes hydrographiques* au prince dom Henri de Portugal. Il y avoit cependant long-temps que les *cartes géographiques* étoient connues; mais des *cartes marines*, conftruites d'après les mêmes principes, euffent été d'une bien foible utilité pour la navigation. Le prince préféra donc de développer la furface du globe terreftre, en étendant les méridiens en lignes droites & parallèles entr'elles. Telles furent les premières *cartes* employées par les navigateurs : on les nomma *cartes plates*, parce qu'elles font, en quelque forte, formées de la furface du globe aplatie. Mais il y a dans ces fortes de *cartes* deux inconvéniens : l'un confifte en ce que la proportion des degrés des parallèles, & de ceux des méridiens, n'y eft point confervée; le fecond, & le plus effentiel, eft que le rhumb qu'elles indiquent (*voyez* RHUMB), en tirant une ligne d'un lieu à un autre, n'eft point le véritable, excepté lorfque ces lieux font fous le même méridien ou fous le même parallèle.

Dans le milieu du feizième fiècle, on fentoit déjà la néceffité d'avoir une autre manière de repréfenter la furface du globe terreftre, qui fût exempte de ces défauts. Mercator, fameux géographe des Pays-Bas, en donna la première idée, en remarquant qu'il faudroit étendre les degrés du méridien, d'autant plus, qu'on s'éloigneroit davantage de l'équateur ; mais il s'en tint là, & il ne paroît pas avoir connu la loi de cette augmentation. Édouard Wigth la dévoila le premier, & il publia, en 1599, un ouvrage dans lequel il calcule l'accroiffement des parties du méridien par l'addition continuelle des fecondes de dix en dix minutes. Ces *cartes* rempliffent parfaitement toutes les vues des navigateurs. A la vérité, les parties de la terre y font repréfentées toujours en croiffant du côté des pôles, & d'une manière tout-à-fait différente ; mais cela importe peu, pourvu qu'elles fourniffent un moyen facile & fûr de fe guider dans fa route.

On donne encore le nom de *carte hydrographique* aux plans qui ne contiennent que les fleuves & les torrens dont' un pays eft couvert. *Voyez* CARTE DE NAVIGATION.

CARTE ITINÉRAIRE; tabula itineraria; *reife karten*. Plan des chemins que l'on doit parcourir, ou *carte géographique* qui contient particulièrement les routes d'un pays.

Ces *cartes* étoient parfaitement connues des Romains. Pline dit que, fur les *cartes itinéraires* d'Agrippa, on marquoit les diftances avec une précifion affez grande pour rendre fenfible la différence de quelques milles. Sous les empereurs, on diftribuoit de femblables *cartes* aux généraux que l'on envoyoit en expédition; & aux magiftrats chargés de la marche des troupes.

CARTE MARINE. *Voyez* CARTE HYDROGRAPHIQUE.

CARTE DE NAVIGATION; tabula nautica; *fee karte, fchiffahrt karte*. Carte repréfentant les mers qui environnent les côtes, les cours des fleuves, des rivières, des torrens, des ruiffeaux d'un pays; les lacs, les étangs, les grandes retenues d'eau, les canaux de navigation exiftans; ceux que l'on peut pratiquer pour faciliter le tranfport, par eau, des objets de confommation; enfin, l'indication des points où chaque fleuve, chaque rivière, chaque ruiffeau commence à devenir navigable, ainfi que celle des points plus élevés où il eft poffible de reculer les bornes de la navigation.

CARTE PLANE..... Carte fur laquelle les méridiens & les parallèles font repréfentés par des lignes parallèles entr'elles, & dont les degrés de latitude & de longitude ont la même longueur.

Quoique Ptolémée connût ces fortes de *cartes*, le docteur Fournier n'en attribue pas moins l'invention à Henri, fils de Jean, roi de Portugal.

Pour tracer ces *cartes*, on repréfente fur un plan une fuite de carrés par des lignes parallèles & perpendiculaires, tirées à égales diftances l'une de l'autre : au moyen d'une table de latitude & de longitude, on place les côtes, les îles, les baies, les bancs de fable, les villes, les fleuves, &c.

Si ces *cartes* ne repréfentoient qu'une petite étendue de terrain fous l'équateur, où les degrés de latitude & de longitude diffèrent peu l'un de l'autre, elles auroient une exactitude fuffifante; mais lorfqu'elles repréfentent des terrains exiftans fous les zones tempérées ou fous les zones glaciales (*voyez* ZONES TEMPEREES, ZONES GLACIALES), où les degrés de longitude font beaucoup plus petits que ceux de latitude, ces *cartes* repréfentent, d'une manière inexacte, les diftances qui exiftent entre deux points qui ne font pas dans le même méridien.

Malgré leur inexactitude, ces *cartes* ont un avantage qui a déterminé leur ufage à la mer; c'eft que l'on peut tracer, par des lignes droites, toutes les directions que fait le vaiffeau. Quant à la longueur de la droite qui doit indiquer la dif-

tance parcourue, elle doit varier, 1°. felon la latitude fous laquelle on fe trouve; 2°. felon la direction que l'on a parcourue : au refte, on peut toujours déterminer les rapports des longueurs des droites aux diftances parcourues, foit d'après le calcul, foit d'après des échelles de réduction conftruites pour cet objet.

CARTES RÉDUITES..... *Cartes* fur lefquelles les méridiens & les parallèles font repréfentés par des droites; elles diffèrent des *cartes planes*, en ce que les degrés de latitude & de longitude font entr'eux dans un rapport à peu près égal à celui qu'ils ont fur la furface de la terre.

On fait que les degrés de latitude tracés fur des grands cercles de la fphère font égaux entre eux, en fuppofant la furface de la terre parfaitement fphérique & homogène, tandis que les degrés de longitude tracés fur des cercles parallèles à l'équateur, vont fucceffivement en diminuant, en s'écartant de l'équateur & en fe rapprochant vers les pôles, & que les degrés de longitude font, aux degrés de latitude (toujours dans la fuppofition de la terre fphérique & homogène), comme le rayon eft au finus de latitude des différens degrés.

D'après cette loi d'égalité des degrés de latitude & de variation des degrés de longitude, on a conçu deux manières de tracer des *cartes réduites*, en repréfentant les latitudes & les longitudes par des lignes droites, & dans un rapport à peu près femblable à celui qui exifte fur la furface de la terre.

La première manière confifte à faire converger de l'équateur au pôle les lignes droites qui repréfentent les latitudes, & à tracer les longitudes par des lignes droites & parallèles les unes aux autres, mais à égales ou à inégales diftances l'une de l'autre. Dans le premier cas, les degrés de latitude font égaux, mais les degrés de longitude ne confervent pas leur rapport de longueur; dans le fecond cas, les degrés de latitude font inégaux, mais on conferve les rapports entre les longueurs des degrés de latitude & de longitude.

Mercator paroît être l'auteur de la feconde méthode : elle confifte à tracer les méridiens avec des lignes droites parallèles entr'elles, & à égales diftances l'une de l'autre; puis à tracer, pour les cercles parallèles, des lignes droites parallèles entr'elles, mais à des diftances qui indiquent les rapports qui exiftent entre les degrés de longitude fuppofés égaux, & repréfentes par les diftances entre les lignes méridiennes, & les degrés de latitude repréfentes par les cercles parallèles.

Or, comme les degrés de longitude font aux degrés de latitude, en fuppofant ces derniers conftans, comme les cercles des parallèles font au grand cercle de la fphère, ou, ce qui eft la même chofe, comme les rayons, il s'enfuit que ces degrés font entr'eux comme le finus de l'angle de la latitude, où l'on mefure les degrés de longitude, eſt au rayon; de même, ſi l'on ſuppoſe les degrés de longitude conſtans, comme dans la conſtruction des *cartes* de Mercator, les degrés de longitude ſeront aux degrés de latitude, comme le rayon eſt à la ſécante du degré de latitude que l'on conſidère. *Voyez* LATITUDE, LONGITUDE, SINUS & SECANTE.

Auſſitôt que les parallèles de longitude & de latitude ſont tracés, placez, au moyen d'une table de longitude & de latitude, les côtes, les îles, les baies, les rochers, &c. C'eſt d'après ce principe que l'on a tracé la *carte réduite*, *fig.* 492.

Dans cette *carte*, l'échelle change en proportion des latitudes. Si l'on vouloit meſurer ſur cette *carte* la diſtance entre deux points, les degrés du méridien, entre les parellèles des deux points, devront ſervir d'échelle; d'où il ſuit que, quoique les degrés de longitude ſoient égaux en longueur ſur la *carte*, ils doivent néanmoins contenir un nombre inégal de milles ou de lieues, & qu'ils décroîtront à meſure, puiſqu'ils ſont en raiſon inverſe d'une quantité qui croît continuellement.

Cette *carte* eſt très-bonne, quoique fauſſe en apparence : on trouve, par expérience, qu'elle eſt fort exacte, & qu'il eſt en même temps fort aiſé d'en faire uſage. En effet, elle a toutes les qualités requiſes pour la navigation : quelques marins peu inſtruits aiment mieux s'en tenir à leur vieille *carte plane*, qui eſt, comme on l'a vu, très-fautive.

CARTELADE : meſure pour les terres, employée à Albret & à Nérac.

Les *cartelades* d'Albret & de Nérac ont la même contenance; elles égalent l'une & l'autre 144 eſcats = (264)² palmes = 0,7225 de l'arpent des eaux & forêts = 0,3690 hectares.

CARTERÉE: meſure pour les terres, employée autrefois dans pluſieurs cantons des départemens méridionaux de la France; leur contenance & leurs diviſions étoient à :

PAYS.	DIVISIONS.	ARPENS.	HECTARES.
Agen...	6 cartonats, 432 eſcats,	1,4274	0,7290
Bruſlois..	510 eſcats......	1,7175	0,8771
Clairac..	8 cartonats d'Agen..	1,9030	0,9728
Tonneins.	4 cartonats d'Agen..	0,9515	0,4864

CARTEYRADE : meſure pour les terres, employée autrefois dans pluſieurs cantons des départemens méridionaux de la France; leur contenance & leurs diviſions étoient à :

PAYS.	ARPENS.	HECTARES.
Caſtelnau.......	0,7957	0,4064
Lunel........	0,7957	0,4064
Moguio........	0,7957	0,4064
Montpellier.....	0,5640	0,2880

La *carteyrade* ſe diviſe, dans chacun de ces endroits, en 2 ſepterées.

CARTIER (Aréomètre de). Aréomètre imaginé par Cartier. *Voyez* AREOMÈTRE DE CARTIER.

CARTILAGE; χονδρος; cartilago; *knorpel*; ſ. m. Chair fibreuſe.

Le *cartilage* eſt une matière blanchâtre, ou, en quelque manière, de couleur de perle, qui revêt les extrémités des os, des joints, par articulation mobile, augmente l'étendue de pluſieurs en manière d'épiphyſe, & unit quelques - uns fort étroitement, & n'a aucune adhérence ou connexion immédiate avec d'autres.

La ſubſtance du *cartilage* eſt plus tendre & moins caſſante que celle des os; elle s'endurcit avec l'âge au point de devenir toute oſſeuſe; elle eſt ſouple, pliante, capable de reſſort, ce qui fait qu'elle ſe rétablit facilement après avoir été comprimée ou pliée juſqu'à un certain degré, au-delà duquel elle caſſe. C'eſt à la compreſſion des *cartilages* que l'on attribue cette différence de grandeur que l'on remarque dans les jeunes gens : ils ſont plus grands le matin, parce que leurs *cartilages* ſe ſont renflés pendant le repos de la nuit; ils ſont plus petits le ſoir, parce que les *cartilages* ont été comprimés pendant le jour.

CARTOMANCIE ; καρτης μαντεια; cartomancia; ſ. f. Art de tirer les cartes ou de lire dans l'avenir par le moyen des cartes.

CARTOMANCIEN ; cartomantius. Celui qui tire les cartes.

CARTÉSIANISME ; cartheſianiſmus ; *lehre-cartheſi* ; ſ. m. Syſtème de philoſophie imaginé par René Deſcartes, & expoſé dans les ouvrages qu'il a mis au jour.

Deſcartes a été un des plus beaux génies que le monde ait fournis; c'eſt à lui que la vraie phyſique doit, en quelque ſorte, ſa naiſſance & ſes progrès; avant lui, on étoit plongé dans les plus épaiſſes ténèbres de l'ancien péripatétiſme; & nous y ſerions peut-être encore enſevelis, ſans le ſecours de ce rare génie. Nous aurons ſouvent occaſion de parler de lui dans le cours de cet ouvrage, dans lequel nous développerons, à chaque article convenable, ſes opinions ſur les différens points de phyſique. *Voyez* DESCARTES.

Quoique Galilée, Torricelli, Paſcal & Boyle ſoient proprement les pères de la phyſique moderne, Deſcartes, par ſa hardieſſe & par l'éclat mérité qu'a eus ſa philoſophie, eſt peut-être celui de tous les ſavans du dernier ſiècle à qui nous ayons le plus d'obligation. Juſqu'à lui, l'étude demeura comme engourdie par l'uſage univerſel où l'on étoit, dans les écoles, de s'en tenir en

tout au péripatétisme. (*Voyez* PÉRIPATÉTISME.)
Descartes, plein de génie & de pénétration, sentit
le vide de l'ancienne philosophie ; il la représenta
au public sous ses vraies couleurs, & jeta un ridicule si marqué sur les prétendues connoissances
qu'elle promettoit, qu'il disposa tous les esprits
à chercher une meilleure route. Il s'offrit lui-
même à servir de guide aux autres ; & comme il
employoit une méthode dont chacun se sentoit
capable, la curiosité se réveilla partout. C'est le
premier bien que produisit la philosophie de Descartes ; le goût s'en répandit bientôt ; on s'en
faisoit honneur à la cour & à l'armée. Les nations voisines parurent envier à la France les
progrès du *cartésianisme*, à peu près comme les
succès des Espagnols aux deux Indes mirent tous
les Européens dans le goût des nouveaux établissemens. La physique française, en excitant une
émulation universelle, donna lieu à d'autres entre-
prises, peut-être à de nouvelles découvertes. Le
newtonianisme même en est le fruit.

· Nous ne parlerons point ici de la géométrie de
Descartes ; personne n'en conteste l'excellence,
ni l'heureuse application qu'il en a fait à l'optique ; & il lui est plus glorieux d'avoir surpassé,
en ce genre, le travail de tous les siècles précédens, qu'il ne l'est aux modernes d'aller plus loin
que Descartes. Nous allons donner les principes
de sa philosophie, répandus dans le grand nombre
d'ouvrages qu'il a mis au jour : commençons par
sa méthode.

Etant en Allemagne, & se trouvant fort désœu-
vré dans l'inaction d'un quartier d'hiver, Descartes
s'occupa plusieurs mois de suite à faire l'examen
des connoissances qu'il avoit acquises, soit dans
ses études, soit dans ses voyages, & par ses réflexions, comme par le secours d'autrui, il y trouva
tant d'obscurité & d'incertitude, que la pensée
lui vint de renverser ce mauvais édifice, & de ré-
bâtir le tout de nouveau, en mettant plus d'ordre
& de liaison dans ses connoissances.

1°. Il commença par mettre à part les vérités
révélées, parce qu'il pensoit, disoit-il, que, pour
entreprendre de les examiner & y réussir, il étoit
nécessaire d'avoir une assistance extraordinaire du
ciel, & d'être plus qu'homme.

2°. Sa première maxime de conduite fut d'obéir
aux lois & aux coutumes de son pays, retenant
constamment la religion dans laquelle Dieu lui avoit
fait la grâce d'être instruit dès l'enfance, & se
gouvernant en toute chose selon les opinions les
plus modérées.

3°. Il crut qu'il étoit de la prudence de se pres-
crire, par provision, cette règle, parce que la recherche successive des vérités qu'il vouloit savoir,
pouvoit être tres-longue, & que les actions de la
vie ne souffrant aucun délai, il falloit se faire un
plan de conduite ; ce qui lui fit joindre une seconde
maxime à la précédente, qui étoit d'être le plus
ferme & le plus résolu en ses actions qu'il le pour-

roit ; & de ne pas suivre moins constamment les
opinions les plus douteuses, lorsqu'il y seroit une
fois déterminé, que si elles eussent été très-assu-
rées. Sa troisième maxime fut de tacher plutôt
de se vaincre que la fortune, & de changer plutôt
ses desirs que l'ordre du monde. Réfléchissant
enfin sur les diverses occupations des hommes,
pour faire choix de la meilleure, il crut ne pouvoir rien faire de mieux, que d'employer sa vie
à cultiver sa raison par la méthode que nous allons
exposer.

4°. Descartes s'étant assuré de ses maximes, &
les ayant mises à part, avec les vérités de foi qui
ont toujours été les premières en sa créance, jugea que, pour tout le reste de ses opinions, il
pouvoit librement entreprendre de s'en défaire.

« A ces causes, dit-il, que nos sens nous trom-
pent quelquefois, je voulus supposer qu'il n'y
avoit aucune chose qui fût telle qu'ils nous la font
imaginer ; & parce qu'il y a des hommes qui se
méprennent en raisonnant, même touchant les
plus simples matières de géométrie, & y font des
paralogismes, jugeant que j'étois sujet à faillir autant qu'un autre, je rejetois comme fausses toutes
les raisons que j'avois prises auparavant comme des
démonstrations ; & enfin, considérant que toutes
les mêmes pensées que nous avons étant éveillés,
nous peuvent aussi venir quand nous dormons,
sans qu'il y en ait aucune pour lors qui soit vraie,
je résolus de feindre que toutes les choses qui
m'étoient jamais entrées dans l'esprit, n'étoient
non plus vraies que les illusions de mes songes.
Mais aussitôt après je pris garde que, pendant que
je voulois penser que tout étoit faux, il falloit nécessairement que moi qui le pensois, fusse quelque
chose ; &, remarquant que cette vérité, *je pense,
donc je suis*, étoit si ferme & si assurée, que toutes
les plus extravagantes suppositions des sceptiques
n'étoient pas capables de l'ébranler, je jugeai que
je pouvois la recevoir sans scrupule pour le premier principe de la philosophie que je cherchois.

» Puis, examinant avec attention ce que j'étois,
& voyant que je pouvois feindre que je n'avois
aucun corps, & qu'il n'y avoit aucun monde, ni
aucun lieu où je fusse, mais que je ne pouvois pas
feindre pour cela que je n'étois point, & qu'au
contraire de cela même, que je pensois à douter des
autres choses, il suivoit très-évidemment & très-
certainement que j'étois ; au lieu que, si j'eusse
seulement cessé de penser, encore que tout le
reste de ce que j'avois jamais imaginé eût été
vrai, je n'avois aucune raison de croire que j'eusse
été : je connus de-là que j'étois une substance
dont toute l'essence ou la nature n'est que de penser, & qui, pour être, n'a besoin d'aucun lieu,
ni ne dépend d'aucune chose matérielle ; en sorte
que ce moi, c'est-à-dire, l'ame par laquelle je suis
ce que je suis, est entièrement distincte du corps, &
même qu'elle est plus aisée à connoître que lui ; &
qu'encore

qu'encore qu'il ne fût point, elle ne laisseroit pas d'être tout ce qu'elle est.

» Après cela, je considérai en général ce qui est requis à une proposition pour être vraie & certaine; car, puisque je venois d'en trouver une que je savois être telle, je pensois que je devois aussi savoir en quoi consiste cette certitude; & ayant remarqué qu'il n'y a rien du tout en ceci, *je pense, donc je suis*, qui m'assure que je dis la vérité, sinon que je vois clairement que, pour penser, il faut être, je jugeai que je pouvois prendre pour règle générale, que les choses que nous concevons fort clairement & fort distinctement, sont toutes vraies. »

5°. Descartes s'étend plus au long dans ses *Méditations* que dans le *discours sur la méthode*, pour prouver qu'il ne peut penser sans être; & de peur qu'on ne lui conteste ce premier point, il va audevant de tout ce qu'on pourroit lui opposer, & trouve toujours qu'il pense, & que s'il pense, il est, soit qu'il veille, soit qu'il sommeille, soit qu'un esprit supérieur, ou une divinité puissante s'applique à le tromper. Il se procure ainsi une première certitude; ne s'en trouvant redevable qu'à la clarté de l'idée qui le touché, il fonde làdessus cette règle célèbre, *de tenir pour vrai ce qui est clairement conçu dans l'idée qu'on a d'une chose*; & l'on voit par toute la suite de ses raisonnemens, qu'il sous-entend & ajoute une autre partie à sa règle, savoir, *de ne pas tenir pour vrai ce qui est clair.*

6°. Le premier usage qu'il fait de sa règle, c'est de l'appliquer aux idées qu'il trouve en lui-même. Il remarque qu'il cherche, qu'il doute, qu'il est incertain; d'où il infère qu'il est imparfait; mais il sait en même temps qu'il est plus beau de savoir, d'être sans foiblesse, d'être parfait. Cette idée d'un être parfait lui paroît ensuite avoir une réalité qu'il ne peut tirer du fond de son imperfection; & il trouve cela si clair, qu'il en conclut qu'il y a un être souverainement parfait, qu'il appelle *Dieu*, de qui seul il a pu recevoir une telle idée.

7°. Il se fortifie dans cette découverte, en considérant que l'existence étant une perfection, elle est renfermée dans l'idée d'un être souverainement parfait; il se croit donc autorisé, par sa règle, à affirmer que Dieu existe, puisqu'il pense.

8°. Il continue de cette sorte à réunir, par plusieurs conséquences immédiates, une première suite de connoissances qu'il croit parfaitement évidentes, sur la nature de l'ame, sur celle de Dieu, & sur la nature du corps.

9°. Il fait une remarque importante sur sa *méthode*; savoir, que « ces longues chaînes de raisons toutes simples & faciles, dont les géomètres ont coutume de se servir pour parvenir à leurs plus difficiles démonstrations, lui avoient donné occasion de s'imaginer que toutes les choses qui peuvent tomber sous la connoissance des hommes, s'entresuivent en même façon; & que pourvu seulement qu'on s'abstienne d'en *recevoir aucune pour vraie*

qui ne le soit, & qu'on garde toujours l'ordre qu'il faut pour les déduire les unes des autres, *il n'y en peut avoir de si éloignées auxquelles enfin on ne parvienne, ni de si cachées qu'on ne découvre.* »

10°. C'est dans cette espérance que notre illustre philosophe commença ensuite à faire la liaison de ses premières découvertes avec trois ou quatre règles de mouvement ou de mécanique, qu'il crut voir clairement dans la nature, & qui lui parurent suffisantes pour rendre raison de tout, ou pour former une chaîne de connoissances qui embrasse l'univers & ses parties, sans y rien excepter.

« Je me résolus, dit-il, de laisser tout ce mondeci aux disputes des philosophes, & de parler seulement de ce qui arriveroit dans un *nouveau monde*, si Dieu créoit maintenant quelque part, dans les espaces imaginaires, assez de matières pour le composer, & qu'il agitât diversement & sans ordre les diverses parties de cette matière, en sorte qu'il en composât un chaos aussi confus que les poëtes en puissent feindre, & que, par après, il ne fît que prêter son concours ordinaire à la nature, & la laissât agir selon les lois qu'il a établies.

» De plus, je fis voir quelles étoient les lois de la nature..... Après cela je montrai comment la plus grande partie de la matière de ce chaos devoit, ensuite de ces lois, se disposer & s'arranger d'une certaine façon qui la rendroit toute semblable à nos cieux; comme cependant quelques-unes de ces parties devoient composer une terre, & quelques-unes des planètes & des comètes, & quelques autres un soleil & des étoiles fixes..... De-là je vins à parler particulièrement de la terre; comment les montagnes, les mers, les fontaines & les rivières pouvoient naturellement s'y former, & les métaux y venir dans les mines, & les plantes y croître dans les campagnes, & généralement tous les corps, qu'on nomme *mêlés* ou *composés*, s'y engendrer..... On peut croire, sans faire tort au miracle de la création, que, par les seules lois de la mécanique établies dans la nature, toutes les choses qui sont purement matérielles, auroient pu s'y rendre telles que nous les voyons à présent.

» De-là, la description de cette génération des corps animés & des plantes, je passai à celle des animaux, & particulièrement à celle des hommes. »

11°. Descartes finit son discours sur la méthode, en nous montrant le fruit de la sienne. « J'ai cru, dit-il, après avoir remarqué jusqu'où ces notions générales, touchant la physique, peuvent conduire, que je ne pouvois les tenir cachées, sans pécher grandement contre la loi qui nous oblige à procurer, autant qu'il est en nous, le bien général de tous les hommes; car elles m'ont fait voir qu'il est possible de parvenir à des connoissances qui sont fort utiles à la vie, & qu'au lieu de cette philosophie spéculative qu'on enseigne dans les écoles, on peut en trouver une pratique, par laquelle, connoissant la force & les actions du feu, de l'eau, de l'air, des astres, des lieux & de tous *les autres corps qui nous environnent, auffi diftinctement que nous connoiffons les divers métiers de nos artifans, nous les pouvons employer en même façon à tous les ufages auxquels ils font propres, & ainfi nous rendre maître & profeffeür de la nature.* »

Defcartes fe félicite en dernier lieu des avantages qui reviendront de fa phyfique générale, à la médecine.& à la fanté. Le but de fes connoiffances eft *de fe pouvoir exempter d'une infinité de maladies, & même auffi peut-être de l'affoibliffement de la vieilleffe.*

Telle eft la méthode de Defcartes ; telles font fes promeffes ou fes efpérances ; elles font grandes, fans doute ; & pour fentir au jufte ce qu'elles peuvent valoir, il eft bon d'avertir le lecteur qu'il ne doit point fe prévenir contre ce renoncement à toute connoiffance fenfible, par lequel ce philofophe débute. On eft d'abord tenté de rire en le voyant héfiter à croire qu'il n'y ait ni monde, ni lieu, ni aucun corps autour de lui ; mais c'eft un doute métaphyfique, qui n'a rien de ridicule ni de dangereux ; & pour en juger férieufement, il eft bon de fe rappeler les circonftances où Defcartes fe trouvoit. Il étoit né avec un grand génie ; & il régnoit alors dans les écoles un galimathias d'entités, de formes fubftantielles & de qualités attractives, répulfives, rétentrices, concoctrices, expultrices, & autres non moins ridicules ni moins obfcures, dont ce grand-homme étoit extrêmement rebuté. Il avoit pris du goût de bonne heure à la méthode des géomètres, qui, d'une vérité incônteftable ou d'un point accordé, conduifent l'efprit à quelqu'autre vérité inconnue, puis de celle-là à une autre, en procédant toujours ainfi ; ce qui procure cette conviction d'où naît une fatisfaction parfaite. La penfée lui vint d'introduire la même méthode dans l'étude de la nature ; & il crut, en partant de quelques vérités fimples, pouvoir parvenir aux plus cachées, & enfeigner la phyfique, ou la formation des corps, comme on enfeigne la géométrie.

Nous reconnoîtrions facilement nos défauts, fi nous pouvions remarquer que les plus grands hommes en ont eu de femblables. Les philofophes auroient fuppléé à l'impuiffance où nous fommes, pour la plupart, de nous étudier nous-mêmes, s'ils nous avoient laiffé l'hiftoire des progrès de leur efprit. Defcartes l'a fait, & c'eft un des grands avantages de fa méthode. Au lieu d'attaquer directement les fcolaftiques, il repréfente le temps où il étoit dans les mêmes préjugés ; il ne cache point les obftacles qu'il a eus à furmonter pour s'en défaire ; il donne les règles d'une méthode plus fimple qu'aucune de celles qui avoient été en ufage jufqu'à lui, laiffe entrevoir les découvertes qu'il croit avoir faites, & prépare, par cette adreffe, les efprits à recevoir les nouvelles opinions qu'il fe propofoit d'établir. Il y a apparence

que cette conduite a eu beaucoup de part à la révolution dont ce philofophe eft l'auteur.

La méthode des géomètres eft bonne, mais a-t-elle autant d'étendue que Defcartes lui en donnoit ? Il n'y a nulle apparence. Si l'on peut procéder géométriquement en phyfique, c'eft feulement dans telle ou telle partie, & fans efpérance de lier le tout. Il n'en eft pas de la nature comme des mefures & des rapports de grandeur. Sur ces rapports, Dieu a donné à l'homme une intelligence capable d'aller fort loin, parce qu'il vouloit le mettre en état de faire une maifon, une voûte, une digue & mille autres ouvrages pour lefquels il auroit befoin de nombrer & de mefurer. En formant un ouvrier, Dieu a mis en lui les principes propres à diriger fes opérations ; mais deftinant l'homme à faire ufage du monde, & non à le conftruire, il s'eft contenté de lui en faire connoître fenfiblement & expérimentalement les qualités ufuelles ; il n'a pas jugé à propos de lui accorder la vue claire de cette machine immenfe.

Il y a encore un défaut dans la méthode de Defcartes : felon lui, il faut commencer par définir les chofes, & regarder les définitions comme des principes propres à en faire découvrir les propriétés ; car fi les notions que nous fommes capables d'acquérir ne font, comme il paroît évident, que différentes collections d'idées fimples que l'expérience nous a fait raffembler fous certains noms, il eft bien plus naturel de les former, en cherchant les idées dans le même ordre que l'expérience les donne, que de commencer par les définitions, pour en déduire enfuite les différentes propriétés des chofes. Defcartes méprifoit la fcience qui s'acquiert par les fens, & s'étant accoutumé à fe renfermer tout entier dans des idées intellectuelles qui, pour avoir entr'elles quelque fuite, n'avoient pas, en effet, plus de réalité, il alla, avec beaucoup d'efprit, de méprife en méprife. Avec une matière prétendue homogène, mife & entretenue en mouvement felon deux ou trois règles de mécanique, il entreprit d'expliquer la formation de l'Univers ; il entreprit en particulier de démontrer, avec une parfaite évidence comment quelques parcelles de chyle ou de fang, tirées d'une nourriture commune, doivent former jufte & précifément le tiffu, l'entrelacement & la correfpondance des vaiffeaux du corps d'un homme, plutôt que d'un tigre ou d'un poiffon. Enfin, il fe vantoit *d'avoir découvert un chemin qui lui fembloit tel, qu'on devoit infailliblement trouver la fcience de la vraie médecine en le fuivant.*

On peut juger de la nature de fes connoiffances à cet égard, par les traits fuivans. Il prit pour un rhumatifme la pleuréfie dont il eft mort, & crut fe délivrer de la fièvre en buvant un demi-verre d'eau-de-vie : parce qu'il n'avoit pas eu befoin de la faignée dans l'efpace de quarante ans, il s'opiniâtra & refufa ce fecours, qui étoit le plus spécifique pour son mal; il y consentit trop tard, lorsque son délire fut calmé & dissipé; mais alors, dans le plein usage de sa raison, il voulut qu'on lui infusât du tabac dans du vin pour le prendre intérieurement, ce qui détermina son médecin à l'abandonner. Le neuvième jour de sa fièvre, qui fut le dernier de sa vie, il demanda de sang-froid des panais, & les mangea par précaution, de crainte que ses boyaux ne se rétrécissent, s'il continuoit à ne prendre que des bouillons. On voit ici la distance qu'il y a du géomètre au physicien. *Histoire du Ciel*, tom. II.

Quoique Descartes se soit appliqué à l'étude de la morale, autant qu'aux autres parties de la philosophie, nous n'avons cependant de lui aucun Traité sur cette matière; on en voit les raisons dans une lettre qu'il écrivit à Chamet. « Messieurs les régens de collège (disoit-il à son ami) sont si animés contre moi, à cause des innocens principes de physique qu'ils ont vus, & tellement en colère de ce qu'ils n'y trouvent aucun principe pour me calomnier, que si je traitois, après cela, de la morale, ils ne me laisseroient aucun repos; car, puisqu'un P. Jésuite a cru avoir assez de sujet pour m'accuser d'être sceptique, de ce que j'ai réfuté les sceptiques, & qu'un ministre a entrepris de me persuader que j'étois athée, sans en alléguer d'autres raisons, sinon que j'ai tâché de prouver l'existence de Dieu, que ne diroient-ils point, si j'entreprenois d'examiner quelle est la juste valeur des choses qu'on peut desirer ou craindre; quel sera l'état de l'ame après la mort; jusqu'où nous devons aimer la vie, & quels nous devons être pour n'avoir aucun sujet d'en craindre la perte? J'aurois beau n'avoir que les opinions les plus conformes à la religion, & les plus utiles au bien de l'Etat, ils ne laisseroient pas de vouloir faire croire que j'en aurois de contraires à l'un & à l'autre. Ainsi, je pense que le mieux que je puisse faire dorénavant, sera de m'abstenir de faire des livres; & ayant pris pour ma devise : *Illi mors gravis incubat, qui notus nimis omnibus, ignotus moritur sibi*; de n'étudier plus que pour m'instruire, & de ne communiquer mes pensées qu'à ceux avec qui je pourrai converser en particulier. »

On voit par-là qu'il n'étudioit la morale que pour sa conduite particulière, & c'est peut-être aux effets de cette étude qu'on pourroit rapporter les desirs que l'on trouve dans la plupart de ses lettres, de consacrer toute sa vie à la science de bien vivre avec Dieu & avec son prochain, en renonçant à toute autre connoissance; au moins avoit-il appris dans cette étude à considérer les écrits des anciens Paiens comme des palais superbes, qui ne sont bâtis que sur du sable. Il remarqua dès-lors que ces Anciens, dans leur morale, élèvent fort haut les vertus, & les font paroître estimables au-dessus de tout ce qu'il y a dans le monde; mais qu'ils n'enseignent pas assez à les connoître, & ce qu'ils appellent d'un si beau nom

n'est souvent qu'insensibilité, orgueil & désespoir. Ce fut aussi à cette étude qu'il fut redevable des quatre maximes que nous avons rapportées dans l'analyse que nous avons donnée de sa méthode, & sur lesquelles il voulut régler sa conduite : il n'étoit esclave d'aucune des passions qui rendent les hommes vicieux; il étoit parfaitement guéri de l'inclination qu'on lui avoit autrefois inspirée pour le jeu, & de l'indifférence pour la perte de son temps. Quant à ce qui regarde la religion, il conserva toujours ce fonds de piété que ses maîtres lui avoient inspiré à la Flèche; il avoit compris de bonne heure que tout ce qui est l'objet de la foi ne sauroit l'être de la raison; il disoit qu'il seroit tranquille tant qu'il auroit *Rome* & la *Sorbonne* de son côté.

L'irrésolution où il fut assez long-temps, touchant les vues générales de son état, ne tomboit point sur ses actions particulières; il vivoit & agissoit indépendamment de l'incertitude qu'il trouvoit dans les jugemens qu'il faisoit sur les sciences; il s'étoit fait une morale simple, selon les maximes de laquelle il prétendoit embrasser les opinions les plus modérées, le plus communément reçues dans la pratique; se faisant toujours assez de justice pour ne pas préférer ses opinions particulières à celles des personnes qu'il jugeoit plus sages que lui. Il apportoit deux raisons qui l'obligeoient à ne choisir que les plus modérées d'entre plusieurs opinions également reçues : « la première, que ce sont toujours les plus commodes pour la pratique, & vraisemblablement les meilleures, toutes les extrémités dont les actions morales étoient ordinairement vicieuses; la seconde, que ce seroit se détourner moins du vrai chemin, en cas qu'il vînt à s'égarer, & qu'ainsi il ne seroit jamais obligé de passer d'une extrémité à l'autre. » (*Disc. sur la Mythol.*) Il paroît, dans toutes les occasions, si jaloux de sa liberté, qu'il ne pouvoit dissimuler l'éloignement qu'il avoit pour les engagemens qui sont capables de nous priver de notre indifférence dans les actions. Ce n'est pas qu'il prétendît trouver à redire aux lois qui pourroient remédier à l'inconstance des esprits foibles, ou pour établir des sûretés dans le commerce de la vie, permettant qu'on fasse des vœux ou des contrats qui obligent ceux qui les font à persévérer dans leur entreprise; mais ne voyant rien au monde qui demeurât toujours dans le même état, & se promettant de perfectionner son jugement de plus en plus, il auroit cru offenser le bon sens, s'il se fût obligé à prendre une chose pour bonne lorsqu'elle auroit cessé de l'être, ou de lui paroître telle, sous prétexte qu'il l'auroit trouvée bonne dans un autre temps.

A l'égard des actions de sa vie, qu'il ne croyoit point pouvoir souffrir de délai, lorsqu'il n'étoit point en état de discerner les opinions les plus véritables, il s'attachoit toujours aux plus probables; s'il arrivoit qu'il ne trouvât pas plus de probabilité dans les unes que dans les autres, il ne laiſſoit pas que de ſe déterminer à quelques-unes, & de les conſidérer enſuite, non comme plus douteuſes par rapport à la pratique, mais comme très-vraies & très-certaines, parce qu'il croyoit que la raiſon qui l'y avoit fait déterminer ſe trouvoit telle : par ce moyen, il vint à bout de prévenir le repentir & les remords qui ont coutume d'agiter les eſprits foibles & chancelans, qui ſe portent trop légèrement à entreprendre, comme bonnes, les choſes qu'ils jugent enſuite être mauvaiſes.

Il s'étoit fortement perſuadé qu'il n'y a rien dont nous puiſſions diſpoſer abſolument, hormis nos penſées & nos deſirs; de ſorte qu'après avoir fait tout ce qui pouvoit dépendre de lui pour les choſes de dehors, il regardoit comme abſolument impoſſible, à ſon égard, ce qui lui paroiſſoit difficile; c'eſt ce qui le fit réſoudre à ne deſirer que ce qu'il croyoit pouvoir acquérir. Il crut que le moyen de vivre content, c'étoit de regarder tous les biens qui ſont hors de nous comme également éloignés de notre pouvoir. Il dut ſans doute avoir beſoin de beaucoup d'exercice & d'une méditation ſouvent réitérée, pour s'accoutumer à regarder tout ſous ce point de vue; mais étant venu à bout de mettre ſon eſprit dans cette ſituation, il ſe trouva tout préparé à ſouffrir tranquillement les maladies & les diſgraces de la fortune, par leſquelles il plairoit à Dieu de l'exercer. Il croyoit que c'étoit principalement dans ce point que conſiſtoit le ſecret des anciens philoſophes qui avoient pu ſe ſouſtraire à l'empire de la fortune, &, malgré les douleurs de la pauvreté, diſputer de la félicité avec leurs dieux. *Diſc. ſur la Mythol.* pag. 27 & 29.

Avec ces diſpoſitions intérieures, il vivoit, en apparence, de la même manière que ceux qui étoient libres de tout emploi, ne ſongeant qu'à paſſer une vie douce & irréprochable aux yeux des hommes qui s'étudient à ſéparer les plaiſirs des vices, & qui, pour jouir de leur loiſir, ſans s'ennuyer, ont recours de temps en temps à des divertiſſemens honnêtes. Ainſi, ſa conduite n'ayant rien de ſingulier qui fût capable de frapper les yeux ou l'imagination des autres, perſonne ne mettoit obſtacle à la continuation de ſes deſſeins, & il s'appliquoit ſans relâche à la recherche de la vérité.

Quoique Deſcartes eût réſolu, comme nous venons de le dire, de ne rien écrire ſur la morale, il ne put refuſer cette ſatisfaction à la princeſſe Chriſtine; il n'imagina rien de plus propre à conſoler cette princeſſe philoſophe dans ſes diſgraces, que le livre de Sénèque, dans la *Vie heureuſe*, ſur lequel il fit des obſervations, tant pour lui en faire remarquer les fautes, que pour lui faire porter ſes penſées au-delà même de celles de cet auteur. Voyant augmenter de jour en jour la malignité de la fortune qui commençoit à perſécuter cette princeſſe, il s'attacha à l'entretenir, dans ſes lettres, des moyens que la philoſophie pouvoit lui fournir pour être heureuſe & contente dans cette vie; & il avoit

entrepris de lui perſuader que nous ne ſaurions trouver que dans nous-mêmes cette félicité naturelle que les ames vulgaires attendent en vain de la fortune. (*Tome I des Lettres*) Lorſqu'il choiſit le livre de Sénèque de la *Vie heureuſe*, « il eut ſeulement égard à la réputation de l'auteur & à la dignité de la matière, ſans ſonger à la manière dont il l'avoit traitée; » mais, l'ayant examinée depuis, il ne la trouva point aſſez exacte pour mériter d'être ſuivie. Pour donner lieu à la princeſſe d'en pouvoir juger plus aiſément, il lui expliqua d'abord de quelle ſorte il croyoit que cette matière eût dû être traitée par un philoſophe tel que Sénèque, qui n'avoit que la raiſon naturelle pour guide; enſuite il lui fit voir « comment Sénèque eût dû enſeigner toutes les principales vérités dont la connoiſſance eſt requiſe pour faciliter l'uſage de la vérité, pour régler nos deſirs & nos paſſions, & jouir ainſi de la béatitude naturelle; ce qui auroit rendu ſon livre le meilleur & le plus utile qu'un philoſophe païen eût ſu écrire. » Après avoir marqué ce qu'il lui ſembloit que Sénèque eût dû traiter dans ſon livre, il examina, dans une ſeconde lettre à la princeſſe, ce qu'il y traite, avec une netteté & une force d'eſprit, qui nous fait regretter que Deſcartes n'ait pas entrepris de rectifier ainſi les penſées de tous les Anciens. Les réflexions judicieuſes que la princeſſe fit, de ſon côté, ſur le livre de Sénèque, portèrent Deſcartes à traiter, dans les lettres ſuivantes, les autres queſtions les plus importantes de la morale touchant le ſouverain bien, la liberté de l'homme, l'état de l'ame, l'uſage de la raiſon, l'uſage des paſſions, les actions vertueuſes & vicieuſes, l'uſage des biens & des maux de la vie. Ce commerce de philoſophie morale fut continué par la princeſſe, depuis ſon retour des eaux de Spa, où il avoit commencé, avec une ardeur toujours égale, au milieu des malheurs dont ſa vie fut traverſée; & rien ne fut capable de le rompre que la mort de Deſcartes.

En 1641 parut, en latin, un des plus célèbres ouvrages de notre philoſophe, & celui qu'il paroît avoir toujours chéri le plus : ce furent ſes *Méditations touchant la première philoſophie, où l'on démontre l'exiſtence de Dieu & l'immortalité de l'ame.* Mais on ſera peut-être ſurpris d'apprendre que c'eſt à la conſcience de Deſcartes que le public fut redevable de ce préſent. Si l'on avoit eu affaire à un philoſophe moins zélé pour le vrai, & ſi cette paſſion ſi louable & ſi rare n'avoit détruit les raiſons qu'il prétendoit avoir de ne plus jamais imprimer aucun de ſes écrits, c'étoit fait de ſes *Méditations*, auſſi bien que de ſon *Monde*, de ſon *Cours philoſophique*, de ſa *Réfutation de la Scolaſtique*, & divers autres ouvrages qui n'ont pas vu le jour, excepté les *Principes*, qui avoient été nommément compris dans la condamnation qu'il en avoit faite. Cette diſtinction étoit bien due à ſes *Méditations métaphyſiques*. Il les avoit compoſées dans fa retraite en Hollande. Depuis ce temps-là il les avoit laiffées dans fon cabinet, comme un ouvrage imparfait, dans lequel il n'avoit fongé qu'à fe fatisfaire; mais ayant confidéré encore la difficulté que plufieurs perfonnes auroient de comprendre le peu qu'il avoit mis de métaphyfique dans la *quatrième partie de fon difcours fur la méthode*, il voulut revoir fon ouvrage, afin de le mettre en état d'être utile au public, en donnant des éclairciffemens à cet endroit de fa méthode auquel cet ouvrage pourroit fervir de commentaire. Il comparoit ce qu'il avait fait en cette matière, aux démonftrations d'Apollonius, dans lefquelles il n'y a *véritablement rien qui ne foit très-clair & très-certain, lorfqu'on confidere chaque point à part; mais parce qu'elles font un peu longues, & qu'on ne peut y voir la néceffité de la conclufion, fi l'on ne fe fouvient exactement de tout ce qui la précède, à peine peut-on trouver un homme dans toute une ville, dans toute une province, qui foit en état de les entendre*. De même, Defcartes croyoit avoir entièrement démontré l'exiftence de Dieu & l'immatérialité de l'ame humaine; mais parce que cela dépendoit de plufieurs raifonnemens qui s'entrefuivoient, & que fi on en oublioit la moindre circonftance, il n'étoit pas aifé de bien entendre la conclufion, il prévoyoit que fon travail auroit peu de fruit, à moins qu'il ne tombât heureufement entre les mains de quelques perfonnes intelligentes qui priffent la peine d'examiner férieufement fes raifons, & qui, difant fincèrement ce qu'elles en penferoient, donnaffent le ton aux autres pour en juger comme eux, ou du moins pour n'ofer les contredire fans raifon.

Le P. Merfenne ayant reçu l'ouvrage attendu depuis tant de temps, voulut fatisfaire l'attente de ceux auxquels il l'avoit promis, par l'activité & l'induftrie dont il ufa pour le communiquer. Il en écrivit peu de temps après à Defcartes, & lui promis les objections de divers théologiens & philofophes. Defcartes en parut d'autant plus furpris, qu'il s'étoit perfuadé qu'il falloit plus de temps pour remarquer exactement tout ce qui étoit dans fon Traité, & tout ce qui y manquoit d'effentiel. Le P. Merfenne, pour lui faire voir qu'il n'y avoit ni précipitation ni négligence dans l'examen qu'il en faifoit faire, lui manda qu'on avoit déjà remarqué que, dans un Traité qu'on croyoit avoir été fait pour prouver l'immortalité de l'ame, il n'avoit pas dit un mot de cette *immortalité*. Defcartes lui répondit fur-le-champ que l'on ne devoit pas s'en étonner, qu'il ne pouvoit pas démontrer que Dieu ne puiffe anéantir l'ame de l'homme, mais feulement qu'elle eft d'une nature entièrement diftincte de celle du corps, & par conféquent qu'elle n'eft point fujette à mourir avec lui; que c'étoit là tout ce qu'il croyoit être requis pour établir la religion, & que c'étoit auffi tout ce qu'il s'étoit propofé de prouver. Pour détromper ceux qui penfoient autrement, il fit changer le titre du fecond

chapitre, ou de la feconde méditation, qui portoit *De mente humanâ* en général; au lieu de quoi il fit mettre *De naturâ mentis humanâ, quod ipfa fit notior quàm corpus*, afin qu'on ne crût pas qu'il eût voulu y démontrer fon immortalité.

Huit jours après, Defcartes envoya au P. Merfenne un Abrégé des principaux points qui touchoient Dieu & l'ame, pour fervir d'argument à tout l'ouvrage. Il lui permit de le faire imprimer, par forme de fommaire, à la tête du Traité, afin que ceux qui aiment à trouver en un même lieu tout ce qu'ils cherchoient, puffent voir en raccourci tout ce que contenoit l'ouvrage, qu'il crut devoir partager en fix *Méditations*.

Dans la première, il propofe les raifons pour lefquelles nous pouvons douter généralement de toutes chofes, & particulièrement des chofes matérielles, jufqu'à ce que nous ayons établi de meilleurs fondemens dans les fciences, que ceux que nous avons eus jufqu'à préfent. Il fait voir que l'utilité de ce douté général confifte à nous délivrer de toutes fortes de préjugés, à détacher notre efprit des fens, & à faire que nous ne puiffions plus douter des chofes que nous reconnoîtrons être très-véritables.

Dans la feconde, il fait voir que l'efprit, ufant de fa propre liberté, peut fuppofer que les chofes de l'exiftence defquelles il a le moindre doute, n'exiftent pas en effet; reconnoît qu'il eft impoffible que cependant il n'exifte pas lui-même; ce qui fert à lui faire diftinguer les chofes qui lui appartiennent, d'avec celles qui appartiennent au corps. Il femble que c'étoit le lieu de prouver l'immortalité de l'ame; mais il manda au P. Merfenne qu'il s'étoit contenté, dans cette *feconde Méditation*, de faire concevoir l'*ame fans le corps*, fans entreprendre encore de prouver qu'elle eft *réellement diftincte du corps*, parce qu'il n'avoit pas encore mis dans ce lieu-là les *prémiffes* dont on peut tirer cette conclufion, que l'on ne trouveroit que dans la *fixième Méditation*. C'eft ainfi que ce philofophe, tâchant de ne rien avancer dans tout fon Traité dont il ne crût avoir des démonftrations exactes, fe croyoit obligé de fuivre l'ordre des géomètres, qui eft de produire, premièrement tous les principes d'où dépend la propofition que l'on cherche, avant que de rien conclure. La première & la principale chofe qui eft requife, felon lui, pour bien connoître l'immortalité de l'ame, c'eft d'en avoir une idée ou conception très-claire & très-nette, qui foit parfaitement diftincte de toutes les conceptions que l'on peut avoir du corps. Il faut favoir, outre cela, que tout ce que nous concevons clairement & diftinctement, eft vrai de la même manière que nous le concevons; c'eft ce qu'il a été obligé de remettre à la *quatrième Méditation*. Il faut, de plus, avoir une conception diftincte de la nature corporelle; c'eft ce qui fe trouve en partie dans la *feconde*, & en partie dans la *cinquième* & la *fixième Méditation*. L'on doit

conclure de tout cela, que les chofes que l'on conçoit clairement & diftinctement comme des fubftances diverfes, telles que font l'efprit & le corps,
font des fubftances réellement diftinctes les unes
des autres : c'eft ce qu'il conclut dans la *fixième
Méditation*. Revenons à l'ordre des *Méditations*,
& de ce qu'elles contiennent.

Dans la troifième, il développe affez au long
le principal argument par lequel il prouve l'exiftence de Dieu ; mais, n'ayant pas jugé à propos
d'y employer aucune comparaifon tirée des chofes
corporelles, afin d'éloigner, autant qu'il pourroit,
l'efprit du lecteur ce l'ufage & du commerce dés
fens, il n'avoit pu éviter certaines obfcurités
auxquelles il avoit déjà remédié dans fes réponfes
aux premières objections qu'on lui avoit faites
dans les Pays-Bas, & qu'il avoit envoyées au P. Merfenne pour être imprimées à Paris avec fon Traité.

Dans la quatrième, il prouve que toutes les
chofes que nous concevons fort clairement & fort
diftinctement, font toutes vraies. Il y explique
auffi en quoi confifte la nature de l'erreur ou de
la fauffeté. Par-là il n'entend point le péché ou
l'erreur qui fe commet dans la pourfuite du bien
ou du mal, mais feulement l'erreur qui fe trouve
dans le jugement & le difcernement du vrai & du
faux.

Dans la cinquième, il explique la nature corporelle en général; il y démontre encore l'exiftence de Dieu par une nouvelle raifon. Il y fait
voir comment il eft vrai que la certitude même
des démonftrations géométriques dépend de la
connoiffance de Dieu.

Dans la fixième, il diftingue l'action de l'entendement d'avec celle de l'imagination, & donne
les marques de cette diftinction; il y prouve que
l'âme de l'homme eft réellement diftincte du corps;
il y expofe toutes les erreurs qui viennent des
fens, avec les moyens de les éviter. Enfin, il y
apporte toutes les raifons defquelles on peut conclure l'exiftence des chofes matérielles. Ce n'eft
pas qu'il les jugeât fort utiles pour prouver qu'il y
a un *monde, que les hommes ont des corps*, & autres
chofes femblables qui n'ont jamais été mifes en
doute par aucun homme de bon fens ; mais parce
qu'en les confidérant de près, on vient à connoître qu'elles ne font pas fi évidentes que celles
qui nous conduifent à la connoiffance de Dieu &
de notre ame.

Voilà l'abrégé des *Méditations* de Defcartes,
qui font, de tous fes ouvrages, celui qui eft le
plus eftimé : tantôt il remercioit Dieu de fon travail, croyant avoir trouvé comment on peut démontrer les vérités métaphyfiques ; tantôt il fe
laiffoit aller au plaifir de faire connoître aux autres
l'opinion avantageufe qu'il en avoit conçue. « Affu-
rez-vous, écrivoit-il au P. Merfenne, qu'il n'y
a rien dans ma métaphyfique que je ne crois être,
ou *très-connu par la lumière naturelle*, ou *démontré
évidemment*, & je me fais fort de le faire entendre

à ceux qui voudront ou pourront y méditer. »
En effet, on peut dire que ce livre renferme tout
le fonds de fa doctrine, & que c'eft une pratique
très-exacte de fa méthode. Il avoit coutume de le
vanter à fes amis intimes, comme contenant des
vérités inportantes, qui n'avoient jamais été bien
examinées avant lui, & qui donnoient pourtant
l'ouverture à la vraie philofophie, dont le point
principal confifte à nous convaincre de la différence qui fe trouve entre l'efprit & le corps. C'eft
ce qu'il a prétendu faire dans fes *Méditations*, par
une *analyfe* qui ne nous apprend pas feulement
cette différence, mais qui nous découvre en même
temps le chemin qu'il a fuivi pour la découvrir.

Defcartes, dans fon *Traité de la Lumière*, tranfporte fon lecteur au-delà du monde, dans les efpaces imaginaires, & de-là il fuppofe que, pour
donner aux philofophes l'intelligence de la ftructure du monde, Dieu veut bien lui accorder le
fpectacle d'une création. Il fabrique pour cela une
multitude de matières également dures, cubiques,
triangulaires, ou fimplement irrégulières & rabo-
teufes, ou même de toutes figures, mais étroitement appliquées l'une contre l'autre, face contre
face, & fi bien entaffées, qu'il ne s'y trouve pas le
moindre interftice. Il foutient même que Dieu, qui
les a créées dans les efpaces imaginaires, ne peut
pas, après cela, laiffer fubfifter entr'elles le moindre
petit efpace vide de corps, & que l'entreprife de
ménager ce vide paffe le pouvoir du Tout-Puiffant.

Enfuite Dieu met toutes ces parcelles en mouvement; il les fait tourner, la plupart, autour de
leur propre centre ; & de plus, il les pouffe en ligne
droite.

Dieu leur commande de refter chacune dans
leur état de figure, maffe, viteffe ou repos, jufqu'à ce qu'elles foient obligées de changer par la
réfiftance ou par la fracture.

Il leur commande de partager leurs mouvemens
avec celles qu'elles rencontreront, & de recevoir
des mouvemens des autres. Defcartes détaille les
règles de ces mouvemens & de ces communications le mieux qu'il lui eft poffible.

Dieu commande enfin, à toutes les parcelles
mues d'un mouvement de progreffion, de continuer, tant qu'elles pourront, à fe mouvoir en ligne
droite.

Cela fuppofé, Dieu, felon Defcartes, conferve ce qu'il a fait ; mais il ne fait plus rien. Ce
chaos, forti de fes mains, va s'arranger par un
effet du mouvement, & devient un *monde femblable au nôtre ; un monde dans lequel, quoique Dieu
n'y admette aucun ordre ni proportion, on pourra
voir toutes les chofes, tant générales que particulières,
qui paroiffent dans le vrai monde*. Ce font les propres paroles de l'auteur, & l'on ne fauroit trop y
faire attention.

De ces parcelles primordiales inégalement mues,
qui font la matière commune de tout, & qui ont
une parfaite indifférence à devenir une chofe ou

une autre, Defcartes voit fortir trois élémens ; & de ces trois élémens, toutes les maffes qui fubfiftent dans le monde. D'abord les *carnes* (*voyez* CARNES), angles & extrémités de parcelles, font inégalement rompues par le frottement. Les plus fines pièces font la matière fubtile qu'il nomme le *premier élément ;* les corps ufés & arrondis par le frottement, font le *fecond élément*, ou la lumière ; les pièces rompues les plus groffières, les éclats les plus maffifs, & qui confervent le plus d'angles, font le *troifième élément*, ou la matière terreftre ou planétaire.

Tous les élémens mus fe faifant obftacle les uns aux autres, fe contraignent réciproquement à avancer, non en ligne droite, mais en ligne circulaire, & à marcher par tourbillons, les uns autour d'un centre commun, lés autres autour d'un autre ; de forte cependant que, confervant toujours leur tendance à s'en aller en ligne droite, ils font effort à chaque inftant pour s'éloigner du centre, ce qu'il appelle *force centrifuge*.

Tous les élémens tâchant de s'éloigner du centre, les plus maffifs d'entr'eux feront ceux qui s'en éloigneront le plus : ainfi l'élément globuleux fera plus éloigné du centre que la matière fubtile ; & comme tout doit être plein, cette matière fubtile fe rangera en partie vers le centre du tourbillon. Cette partie de la matière fubtile, c'eft-à-dire, de la plus fine pouffière qui s'eft rangée au centre, eft ce que Defcartes appelle un *foleil*. Il y a de pareils amas de menue pouffière dans d'autres tourbillons commandant celui-ci ; & ces amas font autant d'autres foleils que nous nommons *étoiles*, & qui brillent peu à notre égard, vu l'éloignement.

L'élément globuleux étant compofé de globules inégaux, les plus forts s'écartent le plus vers les extrémités du tourbillon ; les plus foibles fe tiennent plus près du foleil. L'action de la fine pouffière, qui compofe le foleil, communique fon agitation aux globules voifins, & c'eft en quoi confifte la lumière. Cette agitation, communiquée à la matière globuleufe, accélère le mouvement de celle-ci ; mais cette accélération diminue en raifon de l'éloignement, & finit à une certaine diftance.

On peut donc divifer la lumière, depuis le foleil jufqu'à cette diftance, en différentes couches, dont la viteffe eft inégale & va en diminuant de couche en couche : après quoi la matière globuleufe qui remplit le refte immenfe du tourbillon folaire, ne reçoit plus d'amélioration du foleil ; & comme ce grand refte de matière globuleufe eft compofé des globules les plus gros & les plus forts, l'activité y va toujours en augmentant, depuis le terme où l'accélération caufée par le foleil expire, jufqu'à la rencontre des tourbillons voifins. Si donc il tombe quelques corps maffifs dans l'élément globuleux, depuis le foleil jufqu'au terme où finit l'action de cet aftre, ces corps fe-

ront mus plus vîte auprès du foleil, & moins vîte à mefure qu'ils s'en éloigneront ; mais fi quelques corps maffifs font amenés dans le refte de la matière globuleufe, entre le terme de l'action folaire & la rencontre des tourbillons voifins, ils iront, avec une accélération toujours nouvelle, jufqu'à s'enfoncer dans ces tourbillons voifins ; & d'autres qui s'échapperoient des tourbillons voifins, & entreroient dans l'élément globuleux du nôtre, y pourroient defcendre, ou tomber & s'avancer vers le foleil.

Or, il y a peu de tourbillons de matière qui peuvent rouler dans les grands tourbillons ; & ces petits tourbillons peuvent non-feulement être compofés d'une matière gobuleufe & d'une pouffière fine, qui, rangée au centre, en faffe de petits foleils, mais ils peuvent encore contenir ou rencontrer bien des parcelles de cette groffe pouffière, de ces grands éclats d'angles brifés que nous avons nommés le *troifième élément*. Ces petits tourbillons ne manquent pas d'écarter vers leurs bords toute la groffe pouffière, c'eft-à-dire, fi vous l'aimez mieux, que les grands éclats, formant des pelotons épais & de gros corps, gagneront toujours les bords du petit tourbillon par la fupériorité de leur force centrifuge. Defcartes les arrête là, & la chofe eft fort commode, au lieu de les laiffer courir plus loin par la force centrifuge, ou d'être emportés par l'impulfion de la matière du grand tourbillon ; ils obfcurciffent le foleil du petit, & ils encroûtent peu à peu le petit tourbillon ; & de ces croûtes épaiffies, furtout le dehors, il fe forme un corps opaque, une planète, une terre habitable. Comme les amas de la fine pouffière font autant de foleils, les amas de la groffe pouffière font autant de planètes & de comètes. Ces planètes, amenées dans la première partie de la matière globuleufe, roulent d'une viteffe qui va toujours en diminuant, depuis la première qu'on nomme *Mercure*, jufqu'à la dernière qu'on nomme *Saturne*. Les corps opaques, qui font jetés dans la feconde moitié, s'en vont jufque dans les tourbillons voifins, & d'autres paffent des tourbillons voifins, puis defcendent dans le nôtre vers le foleil. La même pouffière maffive qui nous a fourni une terre, des planètes & des comètes, s'arrange en vertu du mouvement en d'autres formes, & nous donne l'eau, l'atmofphère, l'air, les métaux, les pierres, les animaux & les plantes ; en un mot, toutes les chofes, *tant générales que particulières, que nous voyons dans notre monde*, organifées & autres.

Il y a encore bien d'autres chofes à détailler dans l'édifice de Defcartes ; mais ce que nous avons déjà vu, eft regardé de tout le monde comme un affortiment des pièces qui s'écroulent ; &, fans en voir davantage, il n'y a perfonne qui ne puiffe fentir qu'un tel fyftème n'eft nullement recevable.

1°. Il eft d'abord fort fingulier d'entendre dire

que Dieu ne peut pas créer & rapprocher quelques corps anguleux, sans avoir de quoi remplir exactement les interstices des angles. De quel droit ose-t-on resserrer ainsi la souveraine puissance?

2°. Mais je veux que Descartes sache précisément pourquoi Dieu doit avoir tant d'horreur du vide : je veux qu'il puisse très-bien accorder la liberté des mouvemens avec le plein parfait, qu'il prouve même la nécessité actuelle du plein, à la bonne heure. L'endroit où je l'arrête, est cette prétention que le vide soit impossible ; il ne l'est même pas dans sa supposition : car, pour remplir tous les interstices, il faut avoir des poussières de toute taille, qui viennent, au besoin, se glisser à propos dans les intervalles entr'ouverts. Ces poussières ne se forment qu'à la longue. Les globules ne s'arrondissent pas en un instant. Les coins les plus gros se rompent d'abord, puis les plus petits, &, à force de frottement, nous pourrions recueillir de nos pièces pulvérisées de quoi remplir tout ce qu'il nous plaira ; mais cette pulvérisation est successive. Ainsi, au premier moment que Dieu mettra les parcelles de la matière primordiale en mouvement, la poussière n'est pas encore formée. Dieu soulève les angles, ils vont commencer à se briser ; mais, avant que la chose soit faite, voilà entre les angles des vides sans fin, & nulle matière pour les remplir.

3°. Selon Descartes, la lumière est une masse de petits globules qui se touchent immédiatement, en sorte qu'une file de ces globes ne sauroit être poussée par un bout, que l'impulsion ne se fasse sentir en même temps à l'autre bout, comme il arrive dans un bâton, ou dans une file de boulets de canon qui se touchent. Rœmer & Picard ont observé que, quand la terre étoit entre le soleil & Jupiter, les éclipses de ses satellites arrivoient alors plutôt qu'il n'est marqué dans les tables ; mais que quand la terre s'en alloit du côté opposé, & que le soleil étoit entre Jupiter & la terre, alors les éclipses des satellites arrivoient quelques minutes plus tard, parce que sa lumière avoit tout le grand orbe annuel de la terre à traverser de plus dans cette dernière situation que dans la précédente : d'où ils sont parvenus à pouvoir assurer que la lumière du soleil mettoit sept à huit minutes à franchir les trente-cinq millions de lieues qu'il y a du soleil à la terre. (Voyez LUMIÈRE, VITESSE DE LA LUMIÈRE.) Quoi qu'il en soit, au reste, sur la durée précise de ce trajet de la lumière, il est certain que la communication ne s'en fait pas en un instant, mais que le mouvement ou la pression de la lumière parvient plus vite sur les corps plus voisins, & plus tard sur les corps plus éloignés ; au lieu qu'une file de douze globes & une file de cent globes, s'ils se touchent, communiquent leur mouvement aussi vite l'une que l'autre. La lumière de Descartes n'est donc pas la lumière du Monde. Voyez ABERRATION.

En voilà assez, ce me semble, pour faire sentir les inconvéniens de ce système. On peut, avec Fontenelle, féliciter le siècle qui, en nous donnant Descartes, a mis en honneur un nouvel art de raisonner, & communiquer aux autres sciences l'exactitude de la géométrie. Mais on doit, selon sa judicieuse remarque, « sentir l'inconvénient des systèmes précipités, dont l'impatience de l'esprit humain ne s'accommode que trop bien, & qui, étant une fois établis, s'opposent aux vérités qui surviennent. »

Il joint à sa remarque un avis salutaire, qui est d'amasser, comme font les académies, des matériaux qui se pourront lier un jour, plutôt que d'entreprendre, avec quelques lois de mécanique, d'expliquer intelligiblement la nature entière & son admirable variété.

Je sais qu'on allègue, en faveur du système de Descartes, l'expérience des lois générales, par lesquelles Dieu conserve l'Univers. La conservation de tous les êtres est, dit-on, une création continuée ; de même qu'on en conçoit la conservation par des lois générales, ne peut-on pas y recourir pour concevoir, par forme de simple hypothèse, la création & toutes ses suites ?

Raisonner de la sorte est à peu près la même chose que si on assuroit que la même mécanique qui, avec de l'eau, du foin & de l'avoine, peut nourrir un cheval, peut aussi former un estomac & le cheval entier. Il est vrai que si nous suivons Dieu dans le gouvernement du Monde, nous y verrons régner une uniformité sublime ; l'expérience nous autorise à n'y pas multiplier les volontés de Dieu, comme les rencontres des corps. D'une seule volonté il a réglé tous les cas, & pour tous les siècles, la marche & les chocs de tous les corps, à raison de leur masse, de leur vitesse & de leur ressort. Les lois de ces chocs & de ces communications peuvent être sans doute l'objet d'une physique très-sensée & très-utile, surtout lorsque l'homme en fait usage, pour diriger ce qui est soumis à ses opérations, & pour construire ces différens ouvrages, dont il est le créateur subalterne. Mais ne vous y méprenez pas : autre chose est de créer les corps, & de leur assigner leur place & leurs fonctions, autre chose de les conserver. Il ne faut qu'une volonté, ou des certaines lois générales fidèlement exécutées, pour entretenir chaque espèce dans sa forme spéciale, & pour perpétuer la vicissitude de l'économie du tout quand une fois la matière est créée. Mais quand il s'agit de créer, de régler ces formes spéciales, d'en rendre l'entretien sûr & toujours le même, d'en établir les rapports particuliers & la correspondance universelle, alors il faut, de la part de Dieu, autant de plan & de volonté spéciale, qu'il se trouve de pièces différentes dans la machine entière. Histoire du Ciel, tom. II.

Descartes composa un petit Traité des Passions, l'an 1646, pour l'usage particulier de la princesse Elisabeth :

Elifabeth: il l'envoya manufcrit à la reine de Suède, fur la fin de l'an 1647; mais, fur les inftances que fes amis lui firent depuis pour le donner au public, il prit le parti de le revoir, & de remédier aux défauts que la princeffe philofophe, fa difciple, y avoit remarqués. Il le fit voir enfuite à Clerfelier, qui le trouva d'abord trop au-deffus de la portée commune, & qui obligea l'auteur à y ajouter de quoi le rendre intelligible à toutes fortes de perfonnes. Il crut entendre la voix du public dans celle de Clerfelier, & les additions qu'il y fit, augmentèrent l'ouvrage d'un tiers. Il le divifa en trois parties, dans la première defquelles il traite des paffions en général, &, par occafion, de la nature de l'ame ; dans la feconde, des fix paffions primitives, & dans la troifième, de toutes les autres. Tout ce que les avis de Clerfelier firent ajouter à l'ouvrage, put bien lui donner plus de facilité & de clarté qu'il n'en avoit auparavant ; mais il ne lui ôta rien de la briéveté & de la belle fimplicité du ftyle, qui étoit ordinaire à l'auteur. Ce n'eft point en orateur, ce n'eft même pas en philofophe moral, mais en phyficien, qu'il a traité fon fujet, & il s'en acquitta d'une manière fi nouvelle, que fon ouvrage fut mis fort au-deffus de tout ce qu'on avoit fait avant lui dans ce genre. Pour bien déduire toutes les paffions, & pour développer les mouvemens du fang qui accompagnent chaque paffion, il étoit néceffaire de dire quelque chofe de l'animal : auffi voulut-il commencer, en cet endroit, à expliquer la compofition de toute la machine du corps humain. Il y fait voir comment tous les mouvemens de nos membres, qui ne dépendent point de la penfée, fe peuvent faire en nous fans que notre ame y contribue, par la feule force des efprits animaux & la difpofition de nos membres ; de forte qu'il ne nous fait d'abord confidérer notre corps que comme une machine conftruite par la main du plus favant des ouvriers, dont les mouvemens reffemblent à ceux d'une montre, ou autre automate, ne fe faifant que par la force de fon reffort & par la figure ou la difpofition de fes roues. Après avoir expliqué ce qui appartient au corps, il nous fait aifément conclure qu'il n'y a rien en nous qui appartienne à notre ame, que nos penfées, entre lefquelles les paffions font celles qui l'agitent davantage ; & que l'un des principaux devoirs de la philofophie eft de nous apprendre à bien connoître la nature de nos paffions, à les modérer, & à nous en rendre les maîtres. On ne peut s'empêcher de regarder ce Traité de Defcartes, comme l'un de plus beaux & des plus utiles de fes ouvrages.

Jamais philofophe n'a paru plus refpectueux pour la vérité que Defcartes ; il fut toujours fort fage dans fes difcours fur la religion. Jamais il n'a parlé de Dieu qu'avec la dernière circonfpection, toujours avec beaucoup de fageffe, toujours d'une manière noble & élevée. Il étoit dans l'appréhenfion continuelle de rien dire ou d'écrire qui ne fût

digne de la religion, & rien n'égaloit fa délicateffe fur ce point. Voyez tom. I & II des Lettres.

Il ne pouvoit fouffrir, fans indignation, la témérité de certains théologiens qui abandonnent leurs guides, c'eft-à-dire, l'Ecriture & les Pères, pour marcher tout feuls dans des routes qu'ils ne connoiffent pas. Il bâmoit furtout la hardieffe des philofophes & mathématiciens, qui paroiffoient fi décififs à déterminer ce que Dieu peut, & ce qu'il ne peut pas. « C'eft, dit-il, parler de Dieu comme d'un Jupiter ou d'un Saturne, & l'affujettir aux ftyx ou au deftin, que de dire qu'il y a des vérités indépendantes de lui. Les vérités mathématiques font des lois que Dieu a établies dans la nature, comme un roi établit des lois dans fon royaume. Il n'y a aucune de ces lois que nous ne puiffions comprendre ; mais nous ne pouvons comprendre la grandeur de Dieu, quoique nous la connoiffions. »

« Pour moi, dit encore ailleurs Defcartes, il me femble que l'on ne doit dire d'aucune chofe, qu'elle eft impoffible à Dieu : car tout ce qui eft vrai eft bon ; dépendant de fa toute - puiffance, je n'ofe pas même dire que Dieu ne peut faire une montagne fans vallée, ou qu'un & deux ne font pas trois ; mais je dis feulement qu'il m'a donné un efprit de telle nature, que je ne faurois concevoir une montagne fans vallée, ou que l'agrégé d'un & deux ne foit pas trois. (Voyez tom. II des Lettres.) » Cette retenue de Defcartes, peut-être exceffive, a choqué certains efprits, qui ont voulu lui en faire un crime ; car, fur ce qu'en quelques occafions il employoit le nom d'un ange plutôt que celui de Dieu, qu'il ménageoit par pur refpect, quelqu'un (Beechmann) s'étoit imaginé qu'il étoit affez vain pour fe comparer aux anges. Il fe crut obligé de repouffer cette calomnie. « Quant aux reproches que vous me faites, dit-il, page 66 & 67, de m'être égalé aux anges, je ne faurois encore me perfuader que vous foyez fi perdu d'efprit, que de le croire : voici fans doute ce qui vous a donné occafion de me faire ce reproche ; c'eft la coutume des philofophes, & même des théologiens, toutes les fois qu'ils veulent montrer qu'il répugne tout-à-fait à la raifon, que quelque chofe fe faffe, de dire que Dieu même ne le fauroit faire ; & parce que cette façon de parler m'a toujours femblé trop hardie, pour me fervir de termes plus modeftes quand l'occafion s'en préfente, où les autres diroient que Dieu ne peut faire une chofe, je me contente feulement de dire, qu'un ange ne la fauroit faire...... Je fuis bien malheureux de n'avoir pu éviter le foupçon de vanité en une chofe, où je puis dire que j'affectois une modeftie particulière. »

A l'égard de l'exiftence de Dieu, Defcartes étoit fi content de l'évidence de fa démonftration, qu'il ne faifoit point difficulté de la préférer à toutes celles des vérités mathématiques. Cependant, le miniftre Vœtius, fon ennemi, au lieu de l'accufer d'avoir mal réfuté les athées, jugea plus à propos de l'accuser d'athéisme, sans en apporter d'autres preuves, sinon qu'il avoit écrit contre les athées. Le tour étoit absolument nouveau ; mais afin qu'il ne parût pas tel, Vœtius trouva assez à temps l'exemple de Vanini, pour montrer que Descartes n'auroit pas été le premier des athées qui auroit écrit en apparence contre l'athéisme. Ce fut surtout l'impertinence de cette comparaison qui révolta Descartes, & qui le détermina à réfuter une si ridicule calomnie, dans une lettre latine qu'il lui écrivit. Quelques autres de ses ennemis entreprirent de l'augmenter en l'accusant, outre de cela, d'un scepticisme ridicule : leurs accusations se réduisoient à dire que Descartes sembloit insinuer *qu'il falloit nier* (au moins pour *quelque temps*) *qu'il y eût un Dieu ; que Dieu pouvoit nous tromper ; qu'il falloit révoquer toutes choses en doute ; que l'on ne devoit donner aucune créance aux sens ; que le sommeil ne pouvoit se distinguer de la veille.* Descartes eut horreur de ces accusations, & ce ne fut pas sans quelques mouvemens d'indignation qu'il y répondit. « J'ai réfuté, dit-il, tom. II des *Lettres*, pag. 170, en paroles très-expresses, toutes ces choses qui m'avoient été objectées par des calomniateurs ignorans ; je les ai réfutées même par des argumens très-forts, & j'ose dire plus forts qu'aucun autre l'ait fait avant moi. Afin de pouvoir le faire plus commodément & plus efficacement, j'ai proposé toutes ces choses comme douteuses au commencement de mes *Méditations*, mais je ne suis pas le premier qui les ait inventées ; il y a long-temps qu'on a les oreilles battues de semblables doutes, proposés par des sceptiques. Mais qu'y a-t-il de plus inique, que d'attribuer à un auteur des opinions qu'il ne propose que pour les réfuter ? Qu'y a-t-il de plus impertinent que de feindre qu'on les propose, & qu'elles ne sont pas encore réfutées, & par conséquent que celui qui rapporte les argumens des athées, est lui-même un athée pour un temps ? Qu'y a-t-il de plus puéril que de dire que s'il vient à mourir avant que d'avoir écrit ou inventé la démonstration qu'il espère, il meurt comme un athée ? Quelqu'un dira peut-être que je n'ai pas rapporté ces fausses opinions comme venant d'autrui, mais comme de moi ; que m'importe ! puisque, dans le même livre où je les ai rapportées, je les ai aussi toutes réfutées. »

Ceux qui ont l'esprit juste & le cœur droit, en lisant les *Méditations* & les *Principes de Descartes*, n'ont jamais hésité à tirer de leur lecture des conséquences opposées à ces calomnies. Ses ouvrages n'ont encore rendu athée, jusqu'aujourd'hui, aucun de ceux qui croyoient en Dieu auparavant ; au contraire, ils ont converti quelques athées. C'est au moins le témoignage qu'un peintre de Suède, nommé Beck, a rendu publiquement de lui-même chez l'ambassadeur de France à Stockholm. *Voyez tout cela plus au long dans la Vie de Descartes, par A. Baillet.*

On peut voir dans un grand nombre d'articles de ce Dictionnaire, les obligations que les sciences ont à Descartes, les erreurs où il est tombé, & ses principaux disciples. *Voyez* LUMIÈRE, TOURBILLONS, MATIÈRE SUBTILE, &c.

Ce grand-homme a eu des sectateurs illustres : on peut mettre à la tête le P. Mallebranche, qui ne l'a pourtant pas suivi en tout ; les autres ont été Rohaut, Régis, &c., dont nous avons les ouvrages. *La nouvelle Explication du mouvement des planètes*, par Villemot, curé de Lyon, imprimée à Paris en 1707, est le premier, & peut-être le meilleur ouvrage qui ait été fait pour défendre les tourbillons. *Voyez* TOURBILLONS.

La philosophie de Descartes a eu beaucoup de peine à être admise en France : le parlement pensa rendre un arrêt contre elle ; mais il en fut empêché par la requête burlesque en faveur d'Aristote, qu'on lit dans les *Œuvres de Despréaux*, & où l'auteur, sous prétexte de prendre la défense de la philosophie péripatéticienne, la tourne en ridicule, tant il est vrai que *ridiculum acri*, &c. Enfin, cette philosophie a été reçue parmi nous ; mais Newton avoit déjà démontré qu'on ne pouvoit la recevoir. N'importe : toutes nos universités & nos académies y sont demeurées fort attachées ; ce n'est que depuis environ quatre-vingts ans qu'il s'est élevé des newtoniens en France ; mais ce mal (si c'en est un) a prodigieusement gagné : toutes nos académies maintenant sont newtoniennes, & tous nos professeurs enseignent ouvertement la philosophie de Newton.

Quelque parti que l'on prenne sur la philosophie de Descartes, on ne peut s'empêcher de regarder ce grand-homme comme un génie sublime, & un philosophe très-conséquent. La plupart de ses sectateurs n'ont pas été aussi conséquens que lui : ils ont adopté quelques-unes de ses opinions & en ont rejeté d'autres, sans prendre garde à l'étroite liaison que presque toutes ont entr'elles. Un philosophe moderne, écrivain élégant & homme de beaucoup d'esprit, l'abbé Gamaches, de l'Académie des Sciences, a démontré, à la tête de son *Astronomie physique*, que, pour un *cartésien*, il ne doit point y avoir de mouvement *absolu* ; & c'est une conséquence nécessaire de l'opinion de Descartes, que l'étendue & la matière sont la même chose. Cependant les *cartésiens* croient, pour la plupart, le mouvement absolu, en confondant l'étendue avec la matière. L'opinion de Descartes sur le machinisme des bêtes, est très-favorable au dogme de la spiritualité & de l'immortalité de l'ame ; & ceux qui l'abandonnent sur ce point, doivent au moins avouer que les difficultés contre l'ame des bêtes sont, sinon insolubles, du moins très-grandes pour un philosophe chrétien. Il en est de même de plusieurs points de la philosophie de ce grand-homme : l'édifice est vaste, noble & bien entendu ; c'est dommage que le siècle où il vivoit, ne lui ait pas fourni de meilleurs matériaux. Il faut, dit Fontenelle, admirer toujours Descartes & le suivre quelquefois.

Les persecutions que ce philosophe a essuyées, pour avoir déclaré la guerre aux préjugés & à l'ignorance, doivent être la consolation de ceux qui, ayant le même courage, éprouvent les mêmes traverses. Il est honoré aujourd'hui dans cette même patrie, où peut-être il eût vécu plus malheureusement qu'en Hollande.

CARTÉSIEN; Cartesii sectator; *Cartesii lehrefolget*; s. m. Philosophe qui adopte les sentimens & pratique les opinions de Descartes. *Voyez* CARTESIANISME.

Au commencement du dix-huitième siècle, le nombre des *cartésiens*, en France, étoit considérable : ces philosophes, dont le règne n'a pu être d'une longue durée, ont eu constamment des combats à soutenir, d'abord avec les péripatéticiens qu'ils ont renversés, puis avec les newtoniens qui leur ont succédé. Aujourd'hui il n'existe plus de *cartésiens*, & parmi ceux qui ont existé, il y avoit peu de *cartésiens* rigides, c'est-à-dire, qui suivissent exactement la philosophie de Descartes.

CARTÉSIENS (Diables); diaboli cartesiani; *cartesische teufel*. Petites figures de verre, plongées dans un vase plein d'eau. *Voyez* DIABLES CARTESIENS.

CASCADE; cascata, it.; *wasserfall*; s. f. Chute d'eau naturelle ou artificielle qui tombe d'un lieu plus élevé dans un lieu plus bas. *Præceps aquæ lapsus.*

On voit, dans les pays montagneux, des *cascades* naturelles très-belles & très-variées : elles sont formées par de grands amas d'eau qui tombent d'une hauteur plus ou moins considérable, ou qui s'écoulent sur le flanc des montagnes.

Dans les Alpes, les Pyrénées & toutes les chaînes alpines, on admire un quantité innombrable de *cascades* plus belles, plus imposantes & plus extraordinaires les unes que les autres. Un grand nombre de ces *cascades* ont été décrites par les voyageurs qui ont parcouru ces pays, où la nature se présente sous des formes simples & gigantesques. Quelques-unes sont formées par des cours d'eau considérables, qui circulent sur des plateaux de montagnes, ou dans des vallées élevées, & qui se précipitent ensuite le long des rocs escarpés que les eaux sont obligées de franchir pour parvenir dans les basses vallées; d'autres doivent leur naissance à la fonte des glaces qui couvrent les hautes montagnes, & qui remplissent les espaces qu'elles laissent entr'elles.

Bourrit, en parlant du lac de *Kandel steig* en Suisse, & des nombreuses *cascades* qui l'environnent, dit : « Le silence de ces lieux n'est interrompu que par les jaillissemens des *cascades* qu'on voit se précipiter du haut des rochers; les unes serpentent sur des rocs énormes, d'autres s'en détachent & plongent dans l'onde qui les repousse : sur les grosses nappes on voit se former des *arcs-en-ciel*. (*Voyez* IRIS, ARC-EN-CIEL.) L'une de ces *cascades* est magnifique; elle tombe dans un gouffre horrible que je ne saurois mieux comparer qu'au cratère d'un volcan. (*Voyez* CRATÈRE.) Les bords de l'abîme sont rehaussés par les débris de sable & de gravier qui s'y amoncèlent chaque jour. Ces débris & la montagne même ont la teinte du fer; les rochers culbutés les uns sur les autres, & que le torrent, dans sa fureur, entraîne & précipite, sont d'une grosseur prodigieuse; on ne peut concevoir qu'ils aient pu être ébranlés & mis en mouvement : leur étendue a plus d'une lieue. C'est au-delà de ces *cascades* qu'on voit les rochers & les monts de glaces s'elever à perte de vue : leur aspect est imposant : les glaciers qui en descendent, sont d'un blanc éclatant; ils forment une belle opposition avec l'aspect horrible & noir des rochers qui les portent. »

Lorsque, dans une *cascade*, l'eau tombe de très-haut, & qu'elle ne rencontre pas d'obstacles, elle est divisée, par l'air qu'elle traverse, en molécules infiniment petites, de manière à ne former qu'une pluie très-fine, & souvent même une espèce de brouillard, lorsqu'elle arrive dans le point le plus bas. C'est ainsi que la *cascade* de Staulbach, dans la vallée de l'Auterbrun, ne présente que l'aspect d'un nuage, parce que l'eau, en tombant de neuf cents pieds de haut, est tellement divisée, qu'à peine peut-on l'apercevoir, & que l'on peut se placer au-dessous de sa chute sans en être mouillé. Cependant il est des temps où il seroit imprudent, non-seulement de se placer dessous, mais même de la contempler de trop près, à cause des cailloux de toutes grandeurs & des arbres que le courant supérieur entraîne, & qui se précipitent dans sa chute. Si l'on examine cette *cascade* au lever du soleil, en se plaçant entre le soleil & la nappe de molécules aqueuses, on a le spectacle d'un bel arc-en-ciel; & si l'on s'approche très-près des globules d'eau, on observe un cercle entier formé des couleurs de l'iris, au centre duquel se trouve la tête du spectateur.

On cite ordinairement, parmi les *cascades*, celles de la Suisse à Hauffen, à Meyringen, au mont Saint-Gothard, au Valais; en Amérique, celles de Virginie, du Canada, &c. &c. Mais parmi toutes les *cascades* que nous avons été à même de voir dans les différens voyages que nous avons faits dans les pays de montagnes, il en est peu qui nous aient fait un plus grand plaisir que la *cascade* de Champagny dans la Tarentaise, & celle que l'on trouve sur le chemin de Tigne à Seez, dans le même pays.

Quant aux *cascades* artificielles, elles ont de si petites dimensions, comparées à celles que la nature forme dans les pays montagneux, que l'on ne peut les considérer que comme des simulacres ou des représentations, fur une petite échelle, des beaux & des grands mouvemens naturels des eaux.

Pour former une *cafcade* artificielle, il faut réunir fur le point le plus élevé du terrain toutes les eaux dont on peut difpofer, foit en les retenant dans un vafte réfervoir, foit en faifant converger vers un feul point tous les courans que l'on peut réunir. Alors on les dirige fur des pentes conftruites avec art, de manière à produire des nappes d'eau qui tombent en gouttelettes, ou des courans en rampes douces, en buffets, en chutes de perrons, en mouvemens écumans entre des rochers, &c.

CASCADE DE FEU; *cafcata ignea*; *feuer fall.* Chute de feu qui imite l'effet d'une chute d'eau : les artificiers la produifent avec des fufées qu'ils placent à une très-grande hauteur, & dont les ouvertures font dirigées vers le bas.

CASCADE (Charge en); *onus electrica in modo cafcatæ.* Manière de charger à la fois plufieurs bouteilles de Leyde, ou batteries électriques. *Voyez* CHARGE EN CASCADE.

CASCADES (Méthode des) : moyen imaginé par Rolle, géomètre de l'Académie des Sciences, pour réfoudre les équations.

Cette méthode confifte à approcher toujours de la valeur de l'inconnu par des équations fucceffives, qui vont toujours en baiffant ou en diminuant d'un degré. *Voyez* ÉQUATION.

CASEUX; *cafearius*; *kaficht.* Subftances les plus groffières du lait, & d'ont on fait des fromages.

CASLEU : nom du neuvième mois des Hébreux.

CASSANT; *fragilis*; *brüchig*; adj. Propriété des corps qui, quoique durs, ont de la fragilité, fe caffent aifément. Tels font, par exemple, le verre, la porcelaine, l'acier trempé, &c.

Les corps plians, élaftiques, deviennent *caffans* par trop de roideur. C'eft ainfi que l'acier devient *caffant* lorfqu il a été trempé.

Dans les gouttes de verre, les larmes bataviques, les matras de Boulogne, lorfque l'on en brife une petite partie, toutes les autres fe défagrégent & tombent en pouffière.

Réaumur, en expliquant les circonftances qui déterminent la trempe de l'acier, a fait voir que la fragilité de l'acier trempé dépend principalement de la forme globuleufe que prennent les particules de l'acier lorfque l'on trempe cette fubftance ; ces globules ne fe touchant que par des points, il en réfulte que le nombre des points de contact, dans une furface, eft proportionnel au nombre de globules qu'elle contient, & que la cohéfion fera d'autant plus foible & fa fragilité d'autant plus

grande, que le nombre des globules fera plus petit. Or, Réaumur a remarqué que le diamètre des globules augmentoit à mefure que l'acier étoit trempé plus chaud : de-là que le nombre des globules & celui des points de contact, dans une furface donnée, devoient diminuer avec la température de la trempe ; qu'ainfi l'acier devoit augmenter de fragilité. L'expérience lui a prouvé, en effet, que l'acier étoit d'autant plus *caffant*, qu'il avoit été trempé plus chaud. *Voyez* TREMPE.

Il paroît que la fragilité des matras de Boulogne, des larmes bataviques, tient à une caufe femblable, à une efpéce de trempe qu'ils éprouvent, & à la diminution du nombre de points de cohéfion des globules. *Voyez* LARMES BATAVIQUES, MATRAS DE BOULOGNE.

D'autres corps, comme les bois, les pierres feuilletées, &c., fe féparent dans des directions particulières, celles des fibres ou des feuillets, c'eft-à-dire, celles de moindre cohéfion : cet ordre de féparation a lieu également dans quelques grès & dans des agglomérats, en général dans tous les compofés formés de particules dures, liées par un ciment plus mou ; le contraire a lieu lorfque le ciment eft plus dur que les fubftances réunies, ce que l'on remarque dans quelques ruines d'ancienne conftruction.

On peut, d'après ces confidérations, admettre plufieurs caufes de fragilité, parmi lefquelles on diftingue celle qui dépend de la forme globuleufe des particules & du petit nombre de leur point de contact ; celles qui dépendent de la moindre cohéfion des particules dans un fens que dans un autre, comme dans les bois, les pierres feuilletées ; celle qui eft occafionnée par la foible cohéfion du ciment qui unit les particules des fubftances, &c. ; & l'on voit que toutes ces caufes font indépendantes de la dureté des particules des corps.

Caffant eft oppofé à *ductile, malléable. Voyez* DUCTILE, MALLEABLE.

CASSE-BOUTEILLE; *lagena fragilis*; f. m. Appareil à l'aide duquel on caffe une bouteille par le feul effet de la preffion de l'air.

La *fig.* 498 eft un petit récipient ouvert à fes deux extrémités : la partie fupérieure eft fermée par une virole B, furmontée d'une platine, du centre de laquelle s'élève un tube de cuivre E F percé latéralement de plufieurs trous. La platine de la virole eft auffi furmontée d'un petit entonnoir de métal C, à travers lequel s'élève le tube E F ; D eft une bouteille plate, cliffée & mince, dont le col eft exactement maftiqué au fond de l'entonnoir, de manière que la capacité de la bouteille communique avec le récipient A, par l'intermède du tube E F.

Si l'on place le récipient A, fur la platine G H d'une machine pneumatique, & que l'on donne quelques coups de pifton, les parois de la bouteille, comprimées par l'air extérieur, cèdent en peu de temps à cette pression : elle se brise avec explosion & se réduit en poussière. Il est prudent d'envelopper la bouteille avec un linge.

Les bouteilles de verre mince qui sont fort aplaties, & que l'on recouvre ordinairement avec de l'osier, crèvent assez souvent, lorsqu'on les porte à la bouche à demi pleines de liqueur, pour boire à même. Dans cette circonstance, la succion raréfie l'air, & le poids de l'atmosphère agissant sur les deux côtés plats, les porte l'un vers l'autre & brise le vaisseau.

CASSE-VESSIE ; vesicæ fragibulum ; sub. mas. Appareil à l'aide duquel on *casse*, on brise une vessie par l'action de la pression de l'air.

On fait usage, pour cette expérience, d'un manchon de verre ou d'un récipient A, *fig.* 499, ouvert par ses deux extrémités. L'ouverture supérieure est fermée par un morceau de vessie mouillé, B C, fortement tendu & lié avec un fil autour du cordon qu'on remarque vers le haut de ce manchon ; on laisse sécher la vessie.

Plaçant ce récipient sur la platine d'une machine pneumatique, & faisant mouvoir la pompe aérostatique pour faire le vide, on remarque, à chaque coup de piston, que la surface de la vessie se creuse par l'effet de la pression de l'air sur la surface supérieure : comme l'action de l'air augmente à chaque coup de piston, & que sa pression devient de plus en plus prépondérante, à mesure que l'on retire de l'air de l'intérieur du récipient, & que l'on diminue le ressort de celui qu'il contient, la vessie se creuse de plus en plus, & elle tiraille ses fils au point de les briser. La vessie se brise alors avec une explosion d'autant plus forte, qu'elle a résisté plus long-temps à sa rupture.

Une vessie forte & épaisse ne réussiroit pas parfaitement ; on seroit obligé de faciliter sa rupture avec le doigt, & quelquefois même avec la lame d'un couteau, du plat de laquelle on seroit obligé de la frapper. Pour éviter cet inconvénient, on choisit une vessie un peu mince, ou, si elle est trop forte, on la laisse macérer dans l'eau, & on enlève aisément ensuite une de ses membranes. Un peu d'habitude suffit pour la préparer comme il convient.

Un carreau de verre mince, attaché avec un cordon de cire molle sur l'ouverture du même récipient, produit le même effet que la vessie, quant à la rupture ; mais il faut avoir soin de couvrir l'appareil d'un linge pour éviter tout accident.

Dessaignes prétend que, si l'expérience du *casse-vessie* se fait dans l'obscurité, on aperçoit un éclair très-vif dans tout l'intérieur du récipient : nous avons répété plusieurs fois cette expérience sans apercevoir de lumière. *Voyez* CREVE-VESSIE.

CASSEGRAIN (Télescope de) ; telescopium Cassegranicum ; *telescopium von Cassegrain*. Téles-

cope inventé par Cassegrain. *Voyez* TÉLESCOPE DE CASSEGRAIN.

CASSINI (Jean-Dominique), astronome célèbre : il servit doublement les sciences par de grandes découvertes & par le talent de les faire valoir. Il naquit à Perinaldo, dans le comté de Nice, le 8 juin 1625, de parens nobles, & qui n'épargnèrent rien pour son éducation. Bien préparé par l'enseignement d'un instituteur habile, il fut envoyé à Gênes, au collège des Jésuites, pour y achever ses études. Il puisa, dans cette société, le goût de la littérature, & ce goût, qu'il conserva toujours, donnant de l'agrément à son esprit, ne fut pas inutile à sa célébrité.

Cette fois le hasard favorisa la science : un livre d'astrologie tombé entre les mains de *Cassini* l'amusa beaucoup ; il s'en occupa & parvint à faire quelques prédictions qui réussirent ; mais le succès fut précisément ce qui lui rendit suspect son nouveau savoir. La justesse de son esprit lui fit sentir que cet art n'étoit fondé que sur une chimère. Dès-lors il l'abandonna pour chercher dans l'astronomie les véritables jouissances dont l'apparence l'avoit charmé, sans pouvoir le séduire. Ses progrès en astronomie furent si rapides, que, dès 1650, âgé seulement de vingt-cinq ans, il fut nommé, par le Sénat de Bologne, pour remplir, dans l'université de cette ville, la première chaire d'astronomie, vacante par le décès du P. Cavalieri, géomètre célèbre par la méthode des *indivisibles*.

Ce fut donc encore le hasard qui conduisit le jeune *Cassini* dans l'endroit de l'Europe qui alors étoit le plus favorable aux découvertes astronomiques.

Une méridienne avoit été construite, en 1575, dans l'église de Sainte-Pétrone, pour avoir, par observation, les équinoxes & les solstices pour la fixation des fêtes de l'Eglise. En 1753, on fit des augmentations aux bâtimens de Sainte-Pétrone, ce qui donna à *Dominique Cassini* l'idée d'y tracer de nouveau une méridienne plus étendue que celle d'Ignazio Dante, & qui pût servir à résoudre les incertitudes qui restoient encore sur les réfractions astronomiques & sur tous les élémens de la théorie du soleil.

Il fallut toute la constance & toute la ténacité du jeune astronome pour vaincre les obstacles qu'on lui opposa ; mais enfin il les vainquit, & deux ans après, il jouit de sa méridienne.

Les premiers fruits de cette construction furent des Tables du soleil plus parfaites, une mesure très-rapprochée de la parallaxe de cet astre, & une exellente Table des réfractions.

Les travaux astronomiques de *Cassini* furent souvent ralentis par des intérêts purement terrestres, mais jamais totalement interrompus.

Investi de la confiance du Sénat de Bologne, il fut chargé, par lui, de soutenir ses droits près de la

Cour de Rome, par rapport à la navigation du Pô. Ce fut pour lui une occasion de publier un excellent ouvrage sur le cours de ce fleuve, si changeant & si dangereux.

A Rome, on lui confia la surintendance des fortifications du fort Urbin. *Cassini* devint ingénieur; agent du Pontife près du duc de Toscane, relativement aux eaux de la Chiena, il se rendit à Florence. A Citadella Pieve, il reconnut avec certitude, sur le disque de Jupiter, les ombres que les satellites y jettent lorsqu'ils passent entre cet astre & le soleil; il sut distinguer les ombres mobiles, d'avec les taches qui restent fixes sur la surface de Jupiter. Il se servit des premières pour compléter & vérifier la théorie du mouvement des satellites. Il reconnut de même la rotation de Mars, par l'observation de ses taches. Il avoit également aperçu la rotation de Vénus, & la supposoit peu différente de celle de Mars, ce qui a été confirmé par Scroter, astronome de Lilienthal. Indépendamment de ces travaux, il fallut que *Cassini* s'occupât de l'affaire de la Chiena, qu'il dirigeât les ouvrages du fort Urbin, & qu'il surveillât le cours du Pô dans les Etats de Bologne; car le Sénat de cette ville unissant ses propres intérêts à la reconnoissance due aux services de cet homme si justement célèbre, l'avoit nommé surintendant des eaux de ce fleuve. Croyant probablement qu'il lui restoit encore du loisir, on le chargea d'inspecter la forteresse de Perugia, & de construire des ouvrages pour défendre le port Felix, que le Tibre menaçoit d'abandonner. Non-seulement *Cassini* suffit à tout, mais il se créa encore des occupations volontaires. En Toscane, il fit quantité d'observations sur les insectes; à Bologne, il eut la curiosité de répéter, chez lui, les expériences nouvelles de la transfusion du sang. Il étoit tellement renommé par l'universalité de ses connoissances, que lorsqu'il passoit à Florence, le Grand-Duc & le prince Léopold faisoient tenir, en sa présence, les assemblées de l'Académie del Cimento, persuadés qu'ils étoient, dit Fontenelle, qu'il y laisseroit de ses lumières.

Il y avoit alors, en Europe, un pays où tous les genres de talens brilloient du plus grand éclat, où ils étoient accueillis, récompensés, &, ce qui vaut infiniment mieux, où ils étoient honorés: ce pays, c'étoit la France. Louis XIV régnoit; son ministre Colbert appeloit autour du trône tous les savans, tant étrangers que régnicoles. *Dominique Cassini* fut appelé, ainsi que l'avoit été Huyghens. Mais, quant au premier, ce fut une négociation; l'Italie connoissoit son mérite, & Colbert ne put parvenir à le posséder que pour un temps.

« Le roi, dit Fontenelle, le reçut comme un » homme rare & comme un homme qui quittoit sa » patrie pour lui. » Son arrivée à Paris date du commencement de l'année 1669.

Lorsque l'Italie le réclama, Colbert usa de tous les moyens qui étoient en son pouvoir pour le retenir: il réussit. *Cassini* consentit à recevoir des lettres de naturalisation; bientôt il se maria. « Ajoutons, dit encore Fontenelle, que la France » faisoit alors des conquêtes jusque dans l'empire » des lettres, & que ces conquêtes ont presque » été les seules durables. »

Fixé dans sa nouvelle patrie, *Cassini* sentit qu'il falloit pour ainsi dire se créer une réputation nouvelle; il y travailla sans relâche. En 1684, il fit la découverte de quatre satellites de Saturne, ce qui en donna cinq à cette planète; Huyghens en aperçut une.

Différentes recherches, observations & ouvrages signalèrent la constante activité de *Cassini*, dont la carrière longue & brillante pour l'astronomie se termina en 1712, à l'âge de quatre-vingt-sept ans & demi. Il s'éteignit sans douleurs, sans maladie, & seulement par la nécessité de mourir, ainsi que cela arriva par suite à son panégyriste Fontenelle. *Cassini* eut, de commun avec Galilée, le malheur de perdre la vue plusieurs années avant sa mort. Lui-même a écrit sa Vie; la peinture qu'il a faite de son caractère s'accorde parfaitement avec le calme que l'on remarque sur les traits de la statue en marbre qu'on lui a érigée, & qui est placée à l'Observatoire.

CASSINI (Jacques), fils du célèbre astronome de ce nom. Les honneurs que le génie n'obtient d'ordinaire que par de longs travaux, lui furent décernés dès son début dans la carrière des sciences. Né à Paris, en 1677, il fut membre de l'Académie des Sciences dès l'année 1694; deux ans après, la Société royale de Londres se l'associa. *Jacques Cassini* accompagna son père dans le voyage qu'il fit en Italie, & voyagea ensuite en Hollande & en Angleterre, où il forma des liaisons avec Newton, Halley, Flamsteed, & divers autres savans. De retour à Paris, il se livra avec ardeur aux travaux de l'Académie, dont la Collection renferme plusieurs Mémoires écrits de sa main, tant sur l'astronomie que sur divers sujets de physique, sur l'électricité, sur les baromètres, sur le recul des armes à feu, &c.

En 1717, il fit hommage à cette Société d'un grand travail sur l'inclinaison de l'orbite des satellites, & de l'anneau de Saturne. *Jacques Cassini* est principalement connu par des travaux relatifs à la détermination de la figure de la terre: cet ouvrage, qui fut imprimé à Paris en 1720, excita une réclamation générale de la part des amateurs du système de Newton, parce qu'il offroit un résultat opposé à celui que donnoit le principe de l'attraction & de la révolution de la terre; on prétendit y trouver des erreurs, provenant de l'imperfection des instrumens. Outre l'ouvrage précité, *Jacques Cassini* a laissé les suivans: *Réponse à la Dissertation de M. Celsus sur les observations faites pour pouvoir déterminer la figure de la terre*, 1738, in-4°.; *Elémens d'Astronomie*, Paris, 1740;

Tables aftronomiques du foleil, de la lune, des planètes, des étoiles & des fatellites, 1740, in-4°. Jacques Caffini mourut à fa terre de Thury, à l'âge de foixante-dix-neuf ans.

CASSINI DE THURY (Céfar-François). Ce nom, cher aux fciences, lui impofoit des devoirs qu'il remplit avec exactitude; il fut maître des comptes & directeur de l'Obfervatoire. Admis à l'Académie des Sciences dès l'âge de vingt-deux ans, comme adjoint furnuméraire, il enrichit les recueils de cette fociété d'un grand nombre de Mémoires; mais fes foins fe tournèrent bientôt à la confection d'un grand ouvrage qui porte le nom de fa famille : c'eft un Recueil fous le titre de *Cartes de l'Académie*, & plus encore fous celui de *Cartes de Caffini*. Il contient aujourd'hui 181 feuilles, y compris la carte des triangles. Ce magnifique ouvrage fit une révolution en géographie, & a fervi de modèle à tous les travaux exécutés depuis en ce genre.

On a encore de *Céfar-François Caffini* plufieurs ouvrages fur l'aftronomie & la géographie; il eft auffi l'éditeur des *Obfervations fur la Comète* de 1531, pendant le temps de fon retour en 1650. Ces obfervations font dues à *Jean-Dominique Caffini*, aïeul de *Céfar-François*.

Ce dernier, né en 1714, mourut de la petite-vérole en feptembre 1784.

CASSIOPÉE; caffiopeia; *caffiopeia*. Conftellation boréale compofée de 54 étoiles principales, indiquées dans le catalogue de Flamfteed.

Il parut, en 1572, une nouvelle étoile dans cette conftellation : cette étoile furpaffoit d'abord Jupiter en éclat & en grandeur, mais elle diminua peu à peu, & difparut entièrement au bout de dix-huit mois.

Suivant les Grecs, une reine d'Ethiopie, femme de Céphée, donna fon nom à cette conftellation; elle y eft repréfentée comme dans un trône, tenant une palme à la main. Les poètes prétendent qu'elle eut la témérité de fe comparer en beauté aux Néréides. Ces nymphes marines, pour s'en venger, firent envoyer par Neptune un monftre qui ravagea tout le pays. L'oracle confulté répondit que, pour appaifer la colère des dieux, il falloit expofer Andromède, fille de Céphée & Caffiopée, pour être dévorée par un monftre marin. Perfée la délivra, & obtint même de Jupiter, que Caffiopée feroit mife au nombre des aftres.

CASTAGNETTE; caftagnetta; efp. crumata; *caftagnette*; f. f. Inftrument compofé de deux petits morceaux de bois creufés, que l'on tient dans la main & que l'on frappe en cadence en mettant les deux concavités l'une contre l'autre; on les fait mouvoir avec le doigt du milieu ou l'annulaire.

Les Maures, les Efpagnols & les Bohémiens fe fervent de *caftagnettes* pour accompagner leurs danfes, leurs farabandes & leurs guittardes. On les appelle *caftagnaux* en Provence, & *cafcavelles* en Languedoc.

CASTEL (Louis-Bertrand), né à Montpellier le 11 novembre 1688. Il entra dès l'âge de quinze ans chez les Jéfuites, où il profeffa les belles-lettres. Très-jeune encore, il fe dévoua à l'étude des mathématiques & de la phyfique. Quelques effais en ce genre étant parvenus à Fontenelle & au P. Tournemine, ces protecteurs des talens naiffans crurent qu'il ne feroit pas déplacé à Paris; ils obtinrent fa tranflation en 1703; dès lors le P. *Caftel* fe livra exclufivement à fes trois fyftèmes favoris, 1°. *la pefanteur univerfelle*, fur laquelle il compofa un Traité imprimé à Paris en 1724; 2°. *les mathématiques univerfelles* parurent en 728, & valurent à fon auteur l'admiffion à la Société royale de Londres; 3°. enfin, *le clavecin des couleurs*. Coopérateur du *Journal de Trévoux*, il y annonça le projet de ce dernier ouvrage, & dévoua le refte de fa vie à la confection de cette mécanique, qu'il s'occupa vainement à perfectionner, prétendant que l'organe de la vue devoit être affecté par la variété des couleurs, comme celui de l'ouïe par la diverfité des fons. Le P. *Caftel* a laiffé divers ouvrages eftimés. Il mourut à foixante-neuf ans, toujours intimement perfuadé de l'excellence de fa mécanique. *Voyez* CLAVECIN DES COULEURS.

CASTELLI (Benoît). Il fut l'un des élèves les plus diftingués de Galilée; on le regarde comme l'inventeur d'une nouvelle partie de l'hydraulique, la *théorie des eaux courantes*.

Caftelli, né à Brefcia en 1577, s'étant voué à l'état monaftique, devint abbé de l'un des couvens de Bénédictins de la Congrégation du Mont-Caffin. Cela ne l'empêcha point de profeffer les mathématiques à Pife, & par fuite, & jufqu'à fa mort, arrivée en 1744, au collège Sapience, à Rome. Le Pape Urbain VIII l'ayant confulté fur les moyens de perfectionner les travaux deftinés à contenir les eaux qui ravagent quelquefois diverfes parties de l'État romain, il compofa fon Traité *Della Mefura dell'aque Correnti*, ouvrage précieux par la folide & judicieufe doctrine qu'il contient; c'eft la plus confidérable de fes productions. Mais ce qui lui fait un honneur infini, fous le rapport du cœur, c'eft la chaleur qu'il mit à défendre Galilée, lors des perfécutions que ce grand-homme endura au fujet de fes découvertes en hydroftatique.

CASTOR : nom d'une des deux belles étoiles de la conftellation des gemeaux. *Voyez* GEMEAUX.

CASTOR ET POLLUX; Caftor & Pollux; *Wetterlichter*, f m Météore igné qui paroît quelquefois, en mer, attaché aux extrémités des vergues

& des mâts des vaiffeaux, fous la forme de gerbe de feu. Lorfque l'on n'en voit qu'une, on l'appelle ordinairement *Hélène*; & lorfqu'on en voit deux ou plus, on les nomme *Caftor & Pollux*, ou *feu Saint-Elme*.

C'eft, en aftronomie, le figne des gémeaux. On les appelle auffi *Tyndarides*, *Dtofcures*, & même *Caftor*. *Voyez* GEMEAUX.

CATACAUSTIQUE, de κατα, *contre*, καυσ]ικον, *ce qui brûle*; κατακαυσ]ικον; catacauftica; katakoftik; f. f. Courbe formée par les rayons de lumière réfléchie, ou cauftique par réflexion. *Voy.* CῸUSTIQUE, DIACAUSTIQUE, RÉFLEXION, CATOPTRIQUE.

CATACOUSTIQUE, de κατα, *contre*, ακκω, *entendre*; κατακοσ]ικα; catacuftica; katakuftik; f. f. Science qui a pour objet les fons réfléchis, ou cette partie de l'*acouftique* qui confidère les propriétés des *échos* (*voyez* ECHOS), ou, en général, des fons qui ne viennent pas directement des corps fonores à l'oreille, mais qui ne leur frappent qu'après qu'ils y ont été renvoyés par quelqu'autre corps. Ce mot *catacouftique* eft analogue au mot *catoptrique*, qui fignifie la fcience qui a pour objet les rayons de lumière réfléchie, & leurs propriétés: ainfi la *catacouftique* eft à l'acouftique proprement dite, ce que la catoptrique eft à l'optique. *Voyez* ACOUSTIQUE.

CATADIOPTRIQUE, de κατα, *contre*, δια, *à travers*, οπτομαι, *voir*; catadioptrica; katadioptrik; f. f. Science qui a pour objet les effets réunis de la catoptrique & de la dioptrique, c'eft-à-dire, les effets réunis de la lumière réfléchie & de la lumière réfractée. Cette réunion fert principalement pour faire connoître la marche de la lumière dans les *télefcopes*. *Voyez* TELESCOPE.

On fait que les objets que repréfente un miroir, en réfléchiffant les rayons émanés de ces objets, paroiffent tous à contre-fens; ce qui eft à droite, fe voit à gauche; ce qui eft à gauche, fe voit à droite, & ce qui eft en haut, fe voit en bas. Si donc les apparences de ces objets font renverfées par la dioptrique, le miroir, renverfant ces apparences, remet les images dans une fituation conforme aux objets. On voit donc que la réunion de la catoptrique & de la dioptrique, ou, ce qui eft la même chofe, la *catadioptrique*, eft propre à redreffer les images. *Voyez* CATOPTRIQUE, DIOPTRIQUE.

CATADUPES; κατα δυπα; catadupe; wafferfall; f. f. Nom que les Anciens donnoient à ces grandes chutes d'eau que l'on nomme aujourd'hui *cataractes* (*voyez* CATARACTES); ce même nom étoit donné aux peuples qui habitoient près des *catadupes* du Nil.

CATALOGUE; κατaλογος; index, recenfo; *verzeichnefs*; f. m. Diftribution faite avec un certain ordre, une certaine méthode, des perfonnes ou des chofes.

CATALOGUE DES ÉTOILES; index ftellarum. Table des pofitions des différentes étoiles par longitudes & latitudes, afcenfion droite & déclinaifon pour une certaine époque. *Voyez* ÉTOILES.

L'*Almagefte* de Ptolémée eft le plus ancien *catalogue des étoiles* que l'on connoiffe. Après celuici, on peut placer ceux des Arabes Abategnicus & Ulug-beg, ainfi que ceux des Européens Tycho-Brahé & Hevelius, qui font plus exacts & plus amples que celui de Ptolémée. Le plus grand & le plus fameux de ceux qui aient paru au commencement du dix-huitième fiècle, eft le *catalogue* britannique de Flamfteed: c'eft fans contredit le *catalogue* le plus parfait & le plus ample que l'on ait fait; il contient les pofitions de plus de 2900 étoiles.

On trouve dans les tables aftronomiques publiées fous la direction de l'Académie de Berlin, un *catalogue* de plus de 4500 étoiles, dont les pofitions ont été déterminées avec une telle exactitude, que les aftronomes ont pu s'en fervir fans examen pour conclure la pofition des planètes, & pour former la bafe de tous leurs calculs.

Depuis, Monnier & l'abbé de la Caille ont publié de nouveaux *catalogues*, plus exacts encore, pour l'année 1750. Le premier *catalogue* de l'abbé de la Caille contient la pofition de 397 étoiles principales, déterminées avec une exactitude inconnue jufqu'alors; le fecond eft un *catalogue* de 1942 étoiles que la Caille obferva au Cap de Bonne-Efpérance & aux îles de France & de Bourbon, depuis 1751 jufqu'en 1754; le troifième, qui lui coûta la vie, eft un *catalogue* de 600 étoiles zodiacales qu'il obferva à Paris pendant l'hiver de 1762, & dont les calculs ont été achevés par Bailly.

Pendant ce temps, Monnier s'occupoit du projet d'établir les fondemens de l'aftronomie par un nouveau *catalogue* d'étoiles, dont il a publié les principaux réfultats.

Mayer, qui faifoit des obfervations à Gottingue, a laiffé un *catalogue* de 998 étoiles fort exact, qui eft imprimé dans fes Œuvres pofthumes.

On a publié en Angleterre, en 1771, un *catalogue* précieux de 387 étoiles, dont les afcenfions droites, les déclinaifons, les longitudes & les latitudes ont été calculées d'après les obfervations du célèbre Bradley, & réduites à l'année 1760.

Le Français Delalande a publié un *catalogue d'étoiles* beaucoup plus confidérable que tous ceux dont nous avons parlé.

Enfin, le *catalogue d'étoiles* le plus exact que nous ayons aujourd'hui, eft celui que Piazzi a publié l'an 1800: il contient environ 6000 étoiles. Ce favant infatigable vient de publier une nouvelle édition

de

de son *catalogue*, qu'il a considé:ablement augmentée.

CATAPHONIQUE, du grec κατα, *contre*, φονη, *fon*; cataphonique; *kataphonik*; f. f. Science qui traite de la réflexion du fon, des échos. *Voyez* CATACOUSTIQUE, SON, ÉCHOS.

CATARACTE; κατ*αρακτα*; fuffufio; *katarakte*, *augen ftaare*; f. f. Cécité plus ou moins complète, produite par l'opacité du criftallin ou de fa capfule.

L'œil renferme un corps folide de forme lenticulaire, auquel on a donné le nom de *criftallin*. (*Voyez* CRISTALLIN.) La lumière, en paffant à travers, fe réfracte & converge vers le fond de l'œil. Pour bien diftinguer les objets, il eft néceffaire que ce corps foit parfaitement tranfparent; & lorfque, par quelque caufe que ce foit, ce corps ou les membranes qui l'environnent, deviennent opaques, il furvient une cécité à laquelle on donne le nom de *cataracte*.

On reconnoît trois fortes de *cataractes* : 1°. la criftalline, 2°. la capfulaire, & 3°. la membraneufe. On peut les diftinguer l'une de l'autre : la première en folide & en liquide, ou laiteufe; la feconde en molle & en folide ou en offeufe; quant à la troifième, à l'épaiffiffement de la membrane, lorfque le criftallin a été déplacé.

Cette cécité, occafionnée par l'opacité du criftallin, de la capfule ou de la membrane, fe traite ordinairement, 1°. en détournant le criftallin de l'axe de l'œil par où les rayons lumineux doivent paffer pour que la vifion s'exerce, ou bien, en extrayant ce même corps par une incifion pratiquée dans la cornée tranfparente; mais avant d'entreprendre l'une ou l'autre opération de la *cataracte*, qui font les feules que l'on regarde comme curatives, il faut s'affurer s'il n'exifte pas des complications qui la contre-indiquent.

Il arrive quelquefois que le criftallin opaque tombe feul & de lui-même; alors la cécité ceffe avec la caufe qui la produifoit; d'autres fois qu'elle fe guérit par le moyen de vomitifs (1), mais ces cas font très-rares; il paroît cependant que, dans les cas les plus ordinaires, le plus certain eft d'abattre ou d'extraire la *cataracte*.

Comme l'ufage du criftallin eft d'augmenter la convergence des rayons de lumière pour faire concourir leur foyer au fond de l'œil, l'extraction ou le dérangement de ce corps lenticulaire augmente la diftance focale, alonge la vue, la rend trouble & défectueufe; il eft utile, pour améliorer la vue & lui donner la portée commune, de faire ufage d'un verre lenticulaire pour fuppléer à l'effet que produifoit le criftallin déplacé. *Voyez* VUE, ŒIL.

Troja s'eft affuré, par l'expérience, que l'on pourroit rendre le criftallin opaque, & produire

artificiellement des *cataractes*, en couvrant la furface de l'œil de quelques gouttes d'une diffolution de fel marin; il eft parvenu, par ce moyen, à former, en très-peu de temps, des *cataractes* très-épaiffes. *Voy.* CATARACTES ARTIFICIELLES.

CATARACTE ARTIFICIELLE : opacité du criftallin produite artificiellement.

Après avoir effayé, avec beaucoup de fuccès, de produire des *cataractes* artificielles, en couvrant la cornée de l'œil d'un mort, avec du fel marin, le docteur Troja a effayé d'en produire fur les yeux des lapins vivans (1).

« J'avois, dit ce docteur en médecine, arrêté les animaux de manière qu'ils ne pouvoient pas fe remuer; j'avois paffé trois fils avec une aiguille à travers les deux paupières & à travers les deux membranes femi-lunaires, pour avoir l'œil ouvert, en les attachant en fens contraire. Au bout de deux heures, la membrane interne des paupières étoit engorgée, & la *cataracte* bien formée; mais au bout de trois heures, après avoir ôté le fel, elle s'étoit diffipée. Je ne fais pas fi l'on pourroit avoir une *cataracte* conftante, ayant la patience de continuer plus long-temps l'application du fel. Dans d'autres lapins, à la place du fel, j'appliquois l'efprit de fel marin tout feul; la *cataracte* étoit très-complète, mais tout le globe de l'œil fe defféchoit ou crevoit. Je coupai cet efprit avec de l'eau, la *cataracte* fe formoit imparfaitement, & la cornée devenoit opaque. »

CATARACTE D'EAU; cataracta; *waffer fall*. Chute des eaux d'un fleuve ou d'une rivière, occafionnée par des rochers qui les arrêtent, les forcent de s'élever & de s'accumuler, de manière qu'après les avoir franchis, elles retombent avec une grande impétuofité & un grand bruit.

Les *cataractes* fe forment ordinairement dans les chaînes des montagnes alpines; cet accident tient à leur ftructure & à la nature des roches qui les compofent. Les couches de ces montagnes, par leur fituation prefque verticale & leurs contextures grenues & prefque criftallifées, font incomparablement plus fujettes à la deftruction que les couches horizontales. La nature de la compofition des roches a également une grande influence fur cette décompofition. On rencontre des granits très-durs & qui paroiffent indeftructibles, tandis que d'autres, dans la même maffe, fe défagrègent, & la cohéfion de leurs parties fe détruit; ils deviennent friables & tombent en pouffière; cet accident n'eft pas auffi commun dans les pierres calcaires.

Le changement de direction dans les couches primitives, & la variation que la force de cohéfion des fubftances qui les compofent préfente à l'air,

(1) *Collection académique*, tom. II, pag. 312.
Dict. de Phyf. Tome II.

(1) *Journal de Phyfique*, année 1778, tom. I, pag. 262.
M m

occafionnent des variations dans la marche dè lèur deftruction, & donnent lieu à des éboulemens dans certains endroits plutôt que dans d'autres. On peut confulter, fur la variation dans l'altération des pierres, le Mémoire que Haffenfratz a publié dans les *Annales de Chimie*, tome XI, page 65.

Il n'eft point rare de voir, furtout vers les flancs des chaînes alpines, deux montagnes voifines dont les couches fe rencontrent prefqu'à angles droits; celle qui eft la plus voifine du centre a pour l'ordinaire fes couches parallèles à la crête générale de la chaîne; de forte que les eaux qui en defcendent, ont peu de prife fur les couches qui fe préfentent en travers; mais, lorfqu'à la fuite de celles-ci, les eaux en trouvent d'autres qui font parallèles à leur cours, elles les rongent : bientôt il fe forme des éboulemens, les rochers fe brifent, leurs débris font entraînés, la deftruction fait des progrès, & enfin il fe creufe un abîme où le torrent va fe précipiter.

Voilà donc deux caufes bien manifeftes de la formation des *cataractes d'eau* : la première, la variation dans la décompofition des parties d'une même roche primitive, qui permet à l'eau de fe creufer un paffage à travers la maffe décompofable, & qui refpecte & conferve les maffes inaltérables qui reftent au milieu de leur cours; la feconde, la pofition & la direction des couches fur lefquelles les eaux coulent. On pourroit réunir à ces deux caufes les éboulemens, foit de rochers, foit de montagnes, qui s'oppofent au paffage des eaux en barrant une vallée, forçant ainfi les eaux à s'élever pour retomber enfuite le long des rocs amoncelés.

Buffon a cru que les *cataractes* des fleuves, des rivières, fe trouvoient dans les pays où le nombre des hommes n'étoit pas affez confidérable pour former des fociétés policées, & qu'alors les terrains étoient plus irréguliers, & les lits des fleuves moins égaux & remplis de *cataractes*. Cette affertion ne peut avoir de probabilité qu'autant que les obftacles qui occafionnent les *cataractes* feroient fufceptibles d'être vaincus par des puiffances humaines, & les voyageurs peuvent attefter qu'un grand nombre font de nature à réfifter aux efforts des nations les plus populeufes. Ses obfervations, qu'il a fallu des fiècles pour rendre le Rhône & la Loire navigables, ne paroiffent avoir aucun rapport aux *cataractes* : il eft plus facile d'exécuter des travaux pour contenir les eaux des fleuves, pour en diriger & en refferrer le cours, que pour applanir le fond d'un fleuve pendant plufieurs lieues de longueur, & d'en enlever les énormes maffes de rocs qui obftruent fon paffage; enfin, de réunir par une pente douce la partie élevée des eaux qui s'écoulent au-deffus de la *cataracte*, à la partie baffe qui s'écoule au-deffous. Si la nature brute & difforme, fi les grands accidens qu'elle produit, foit par des élévations, foit par des affaiffemens d'é-

normes maffes, foit par des ruptures inattendues, ont pu forcer les fleuves à former des chutes d'une grande hauteur, comment préfumer que les habitans, quelque nombreux & quelqu'induftrieux qu'ils foient, puiffent faire difparoître ces difformités? Enfin, ne voit-on pas des *cataractes* dans des pays qui ont été & qui font encore aujourd'hui très-populeux & très-induftrieux, à commencer par la *cataracte* du Nil, & à finir par la *cataracte* du Rhin & par celle du bas Limoufin? *Voyez* CASCADE, CHUTE D'EAU, CATADUPE.

Parmi les nombreufes *cataractes* qui exiftent, on cite principalement, en Europe, 1°. celles de Cumberland dans les régions montagneufes de Galles; elles font rivalifées par la chute de la Tees, à l'oueft du Durham, fur laquelle le voyageur s'étonne de voir un pont fufpendu à des chaînes, mais dont peu de perfonnes tentent le périlleux paffage.

2°. Celles de la Clyde, près de Lanark en Ecoffe, lefquelles, quoique peu confidérables, offrent de beaux points de vue.

3°. Celle de la Dahl, à quatre lieues de Geffle, vers l'eft, non loin de fon embouchure; elle préfente une immenfe chute d'eau qui paffe pour ne pas être inférieure à celle du Rhin, à Schaffhoufe : en cet endroit, la largeur de la rivière eft de près d'un quart de mille, & la chute perpendiculaire, de trente à quarante pieds. Ce qui l'environne en augmente encore l'effet, & l'afpect en eft vraiment fublime.

4°. Celles de la Finlande : telles font les *cataractes* d'Yerverkyle, formées par la rivière de Kyro; elles préfentent, en hiver, des beautés particulières, qu'on chercheroit en vain dans des contrées moins feptentrionales. L'eau fe précipite parmi des maffes énormes de glaces qui, çà & là, préfentent l'afpect de fombres voûtes ornées des plus beaux criftaux, & le froid eft tel, qu'arrêtant & fixant dans l'air des particules d'eau qui jailliffent de la cafcade, il y forme peu à peu un ou plufieurs ponts de glace d'une telle folidité, que des hommes peuvent paffer deffus en fûreté. Les *cataractes* de Kattillakoski, formées par la rivière de Tornéo, en Laponie, font fameufes, parce qu'elles fe trouvent fituées immédiatement fous la latitude du cercle polaire.

5°. La cafcade de Lauffen, formée par les eaux du Rhin : obfervée d'abord du haut, près du village, & à vue d'oifeau, on aperçoit le volume d'eau du fleuve, qui fe précipite avec une violence & une rapidité étonnantes le long des côtés du roc. Defcendant jufqu'en peu au-deffous du niveau fupérieur du fleuve, & s'approchant affez pour toucher l'eau qui tombe, on diftingue une conftruction de charpente dans le jet même de cette effrayante maffe d'eau, & expofée fous le point de vue le plus favorable. La mer écumeufe qui fond en torrent, le nuage continu des jets lancés rapidement au loin, & à une hauteur exceſſive, enfin la magnificence de l'enſemble de la ſcène, ſont au-deſſus de toute deſcription. A environ cent pieds de la charpente, deux cimes de rochers ſe projettent au milieu de la chute; la cime la plus voiſine de l'œil eſt perforée par l'action continuelle de l'eau qui ſe fait paſſage au travers, dans une direction oblique, avec une furie inexprimable & un bruit ſourd & profond. Traverſant le fleuve, on voit la caſcade déployer un autre tableau: les objets les plus frappans du payſage ſont le château de Lauffen, bâti ſur le bord du précipice, & ſe projetant au-deſſus du fleuve; tout auprès du château, une égliſe & quelques chaumières; un groupe de cabanes ruſtiques au voiſinage de la chute; & dans le fond du tableau, des rochers plantés de vignes, ou couverts d'arbres touffus: ſur le ſommet d'un roc, un joli hameau entouré d'arbres; la grande maſſe d'eau qui ſemble ſortir du pied des roches, les deux cimes, dont on a déjà parlé, avançant hardiment leurs têtes au milieu de la chute, & au point où ſa pente eſt la plus rapide & la plus eſcarpée; les extrémités de ces cimes, ſemées d'arbriſſeaux, & partageant la cataraſte en trois branches principales. La couleur du Rhin eſt très-belle, & d'un vert de mer clair. *Voyage en Suiſſe par Coxe*, 1ᵉʳ. vol. La hauteur de cette chute paroît avoir de cinquante à ſoixante pieds.

6°. Les *cataraſtes* de Gavarnie, que les étrangers vont admirer en allant prendre les eaux de Barège. Voici la deſcription que Malte Brun fait de cette caſcade, & du *cirque de Marboré*, dans le IXᵉ. vol., pag. 13 de ſa *Géographie*.

« Une aire demi circulaire eſt ceinte d'un mur vertical; le ſol en forme un entonnoir. Ce mur eſt haut de douze à quatorze cents pieds; il eſt ſurmonté par les vaſtes gradins d'un amphithéâtre blanchi de neiges éternelles, & cet amphitéâtre eſt couronné par d'autres rochers élevés en forme de tours, & portant leurs neiges encore plus rapprochées du ciel. De ce magnifique amphithéâtre, douze torrens s'élancent impétueuſement, &, ſemblables à des lutteurs jeunes & vigoureux, deſcendent dans le cirque qui retentit ſous leurs pas, & ſe blanchit ſous leurs flots écumeux. L'un d'eux, plus fort, plus impétueux que ſes frères, ſemble chercher l'endroit où les inégalités du ſol offrent un théâtre plus brillant à ſon audace. Du haut d'un rocher qui pérètre ſur le cirque, le torrent s'élance dans les airs, & ſemble dédaigner les routes terreſtres; mais les lois de la peſanteur enchaînent ſon ſuperbe courage: vers les deux cinquièmes de ſa chute, il touche une ſaillie du rocher qu'il vient de quitter; il recommence ſon élan; mais bientôt il rencontre une autre pointe, & ici, ſes forces briſées ſe diviſent & expirent; que dis-je, elles n'expirent point, elles prennent ſeulement une activité plus concentrée; ces fougueux torrens ſe réuniſſent, & franchiſſant, de chute en chute, l'enceinte des montagnes, ils

vont, ſous le nom de *Gare du Pau*, arroſer les ſuperbes campagnes du Béarn.

» Telle eſt, au cirque de Marboré, la grandeur des objets environnans, que les voyageurs trompés ne donnoient à la chute du gare que trois cents pieds de hauteur, tandis que les meſures géométriques, faites par Reboul & Vidal, nous ont appris que ſon élévation eſt de douze cents ſoixante-ſix pieds. Parmi les chutes d'eau qui ont été meſurées, il n'y en a qu'une, en Amérique, qui ſurpaſſe celle-ci, étant de dix-huit cents pieds; celle de Lauterbrumen en Suiſſe eſt moins de trois cents pieds; mais n'étant pas briſée, comme celle de Gavarnie, elle conſerve ſur celle-ci l'avantage d'offrir l'étrange ſpectacle d'un torrent qui ſe diſſipe dans l'air. »

En Afrique on diſtingue, 1°. les *cataraſtes* du Nil, qui ſont au nombre de trois: il y en a une dans la haute Egypte, au-deſſus de la ville d'Aſna; une autre au-deſſus du lac d'Ambea, & une troiſième au-deſſous de ce lac: cette dernière eſt la plus grande de toutes. Quelques voyageurs lui donnent cent toiſes de hauteur, & le bruit que ce fleuve fait en ſe précipitant impétueuſement de ſi haut, eſt entendu de trois lieues de loin; à la deuxième, il tombe dans un profond abîme; le bruit qu'il fait, s'étend à trois lieues de-là. L'eau eſt pouſſée avec tant de violence, qu'elle forme une arcade ſous laquelle elle laiſſe un grand eſpace où l'on peut paſſer ſans être mouillé, & où il y a des ſiéges taillés dans le roc pour repoſer les voyageurs. La première *cataraſte* du Nil a cinquante pieds environ; la ſeconde eſt trois fois plus haute.

Malte-Brun, loin de partager l'opinion des voyageurs ſur la beauté des *cataraſtes* du Nil, annonce dans une note, « qu'elles ſont ſimplement formées par quelques rochers à fleur d'eau, dangereux dans les hautes eaux, mais qu'on peut franchir lors de la crue du Nil. Loin d'être comparables aux chutes du Tirol & de Niagara, elles ſe font à peine aux eaux rapides de l'Ohio » De quelles *cataraſtes* du Nil Malte-Brun prétend-il parler?

2°. Les *cataraſtes* du Sénégal, dont la principale eſt formée par le rocher de Felow, qui barre ce fleuve dans toute ſa largeur, & qui occaſionne une chute de quatre-vingts pieds de hauteur, dont le bruit augmenté dans la ſaiſon des pluies, par la violence & l'affluence des eaux, ſe fait entendre à une diſtance de dix lieues. Le rocher qui forme la *cataraſte* eſt éloigné de ſoixante lieues de la ſource du Sénégal, & de cent ſoixante lieues, en ligne droite, de ſon embouchure.

3°. Celles du Zambezi, moins conſidérables par leur hauteur que par leur étendue, puiſqu'elles interrompent la navigation de ce fleuve dans une étendue de plus de vingt lieues de longueur. Ces *cataraſtes* ſont ſituées à la diſtance de cent quarante lieues de la mer, environ.

4°. Le Zaïre, fleuve du Congo, commence par une forte *cataracte* qui tombe du haut d'une montagne. On affure que cette rivière a tant de *cataractes*, qu'on ne peut la remonter qu'environ trente lieues au-deffus de fon embouchure.

En Afie, dans l'île de Sumatra, quatre grands lacs fufpendus fur les gradins des hautes chaînes de montagnes qui traverfent cette île, émettent leurs eaux par des torrens rapides, & forment des cafcades impofantes; celle de Manfelar eft la plus célèbre.

Il exifte, en Afie, un très-grand nombre de *cataractes* confidérables, mais peu ont été décrites.

Dans l'Amérique feptentrionale on diftingue, 1°. la *cataracte* de la Chaudière : elle eft formée par les eaux de la rivière d'Outaouas, à leur fortie du lac des deux montagnes; la rivière fe précipite de vingt-cinq pieds de hauteur, fur des rochers hériffés de pointes & remplis d'excavations. L'afpect de cette chute eft extrémement pittorefque.

2°. Celle du Fer-à-Cheval, ou du Niagara, en Canada, dont les eaux tombent de cent cinquante-fix pieds de haut. Voici la defcription qu'en donne le P. Charleroux : « Mon premier foin fut de vifiter la plus belle cafcade qui foit peut-être dans la nature; mais je reconnus d'abord que le baron de la Hontan s'étoit trompé fur fa hauteur & fur fa figure, de manière à faire juger qu'il ne l'avoit pas vue.

» Il eft certain que fi on mefure fa hauteur par les trois montagnes qu'il faut franchir d'abord, il n'y a pas beaucoup à rabattre des fix cents pieds que lui donne la carte de l'île, qui, fans doute, n'a avancé ce paradoxe que fur la foi du baron de la Hontan & du P. Hennepin; mais après que je fus arrivé au fommet de la troifième montagne, j'obfervai que, dans l'efpace de trois lieues que je fis enfuite jufqu'à cette chute d'eau, quoiqu'il faille quelquefois monter, il faut encore plus defcendre, & c'eft à quoi les voyageurs paroiffent n'avoir point fait affez d'attention. Comme on ne peut approcher la cafcade que de côté, ni la voir que de profil, il n'eft pas aifé d'en mefurer la hauteur avec des inftrumens : on a voulu le faire avec une longue corde attachée à une longue perche, &, après avoir fouvent réitéré cette manière, on n'a trouvé que cent quinze ou cent vingt pieds de profondeur; mais il n'a pas été poffible de s'affurer fi la perche n'a pas été arrêtée par quelques rochers qui avançoient; car, quoiqu'on l'eût toujours retirée mouillée, auffi bien qu'un bout de la corde à quoi elle étoit attachée, cela ne prouve rien, puifque l'eau qui fe précipite de la montagne, rejaillit fort haut, en écumant. Pour moi, après l'avoir confidérée de tous les endroits d'où l'on peut l'examiner à fon aife, j'eftime qu'on ne fauroit lui donner moins de cent quarante ou cent cinquante pieds.

» Quant à fa figure, elle eft en fer à cheval,

& elle a environ quatre cents pas de circonférence; mais, précifément dans fon milieu, elle eft partagée en deux par une île fort étroite, & d'un demi-quart de lieue de long, qui y aboutit. Il eft vrai que ces deux parties ne tardent pas à fe joindre; celle qui étoit de mon côté, & qu'on ne voyoit que de profil, a plufieurs pointes qui avancent; mais celle que je découvrois en face, me parut fort unie. Le baron de la Hontan y ajoute un torrent qui vient de l'oueft; il faut que, dans la fonte des neiges, les eaux fauvages viennent fe décharger là par quelques ravins. »

3°. Les *cataractes* de Saint-Antoine, formées par le fleuve le Miffiffipi, vers le 45e degré de latitude, ont un caractère particulier. Le fleuve, qui a là plus de deux cents verges de largeur, tombe perpendiculairement d'environ trente pieds de haut, & forme une très-agréable *cataracte*. Au-deffous, l'écoulement rapide, dans une étendue de 300 verges, fufpendue par les rochers, rend la defcente confidérablement plus forte; de forte que, vues à une certaine diftance, les chutes paroiffent beaucoup plus élevées qu'elles ne le font en effet. Une petite île d'à peu près quarante pieds de largeur, & d'un peu plus de longueur, fur laquelle croiffent quelques fapins de l'efpèce du *fempervirens* & du *fpiræa*, eft fituée au milieu. A moitié chemin, entre cette île & la rive orientale, il y a, à l'extrémité de la cafcade, & dans une pofition oblique, un rocher de cinq ou fix pieds de longueur. Les chutes de Saint-Antoine font fituées d'une manière particulière, en ce qu'aucun mont ou précipice n'en défend l'approche, ce qu'on ne pourroit peut-être dire d'aucune *cataracte* confidérable.

4°. On voit, dans les Etats-Unis de l'Amérique, un très-grand nombre de *cataractes* : telle eft celle de Mohauk, qui a une chute très-remarquable près du village de Cahoz; elle tombe de cinquante pieds de hauteur, perpendiculaire. Lorfqu'elle eft à plein bord, elle forme une feule nappe d'eau, d'environ un quart de mille de largeur, & recouvre alors des rochers noirâtres qui fe montrent à nu lorfque le volume des eaux eft moins confidérable; celles de la Pofaik, dont les eaux franchiffent un rocher de près de quatrevingts pieds de hauteur perpendiculaire, & forment une nappe d'eau d'environ cent vingt pieds de largeur. Au-deffous, la rivière court à travers une ouverture que laiffent entr'elle d'énormes rochers, encore plus élevés que le rebord d'où elle s'élance, &c. &c.

Enfin, dans l'Amérique méridionale, on y voit la *cataracte* de la Parana, fous le vingt-quatrième degré de latitude, formée par le fleuve de la Plata, dont les eaux fe preffent, pendant l'efpace de douze lieues, à travers des rochers d'une forme fingulière & effrayante.

Nous pourrions multiplier ces fortes d'indications & de defcriptions; mais nous croyons que le petit nombre que nous avons indiqué dans chacune des quatre parties du monde, suffit pour prouver qu'il en exifte dans toutes les parties de la terre, & pour donner une idée de leur forme & de leur manière d'être. *Voyez* CASCADE.

CATARACTE HYDRAULIQUE; cataracta hydraulica; *hydraulifche wafferfall.* Courbe que décrivent les parties d'un fluide qui s'échappe d'un vafe par un trou horizontal.

Newton (*Princip.* l. II , *Prop.* 36) paroît être le premier qui ait donné le nom de *cataracte* à la courbe que forme l'eau en fortant d'un vafe. Il imagine que l'eau qui remplit un vafe cylindrique vertical, percé à fon fond d'une ouverture par laquelle elle s'échappe, fe partage naturellement en deux parties, dont l'une eft feule en mouvement, & a la figure d'un conoide; c'eft ce qu'il nomme la *cataracte;* l'autre eft en repos, comme fi elle étoit glacée. De cette manière, il eft clair que l'eau doit s'échapper avec une viteffe égale à celle qu'elle auroit acquife en tombant de la hauteur du vafe, comme Torricelli l'avoit trouvé par l'expérience. Cependant Newton ayant mefuré la quantité d'eau fortie dans un temps donné, & l'ayant comparée à la grandeur de l'orifice, en avoit conclu, dans la première édition de fes *Principes*, que la viteffe, au fortir du vafe, n'étoit due qu'à la moitié de la hauteur de l'eau dans le vafe. Cette erreur venoit de ce qu'il n'avoit pas d'abord fait attention à la contraction de la veine fluide. Il y eut égard dans la feconde édition qui parut en 1714. Sa théorie alors fe trouva rapprochée de l'expérience, mais elle n'en devint pas pour cela plus exacte; car la formation de la *cataracte* en vafe fictif, dans lequel l'eau eft fuppofée fe mouvoir, tandis que l'eau latérale demeure en repos, eft évidemment, d'après Guianini, contraire aux lois connues de l'équilibre des fluides Voilà où conduifent les hypothèfes des plus grands géometres! *Voyez* CONTRACTION DE LA VEINE FLUIDE.

CATARACTE DU CIEL: expreffion dont on s'eft fervi dans la *Genèfe*, à l'occafion du déluge Il y a apparence que le mot *cataracte*, dans cette circonftance, fignifie un grand réfervoir d'eau.

CATHARINA : nom de la trentième tache de la lune, d'après le catalogue du P. Riccioli. Les aftronomes donnent encore le nom de *Cyrillus* & de *Theophylus* à la même tache. *Voyez* TACHE DE LA LUNE.

CATHÈTE; καθετος; catheta; *gerade linie*; f. m. Ligne qui tombe perpendiculairement fur une autre ligne ou fur une furface.

Ce font encore les deux côtés d'un triangle rectangle; & qui font, par conféquent, perpendiculaires l'un fur l'autre : ainfi, dans le triangle I K L, *fig.* 17, le côté K L qui eft perpendiculaire fur I K, eft appelé *cathète.*

CATHÈTE, *terme de catoptrique* : ligne droite que l'on conçoit partir d'un corps qui envoie ou qui reçoit des rayons de lumière, & qui tombe perpendiculairement fur la furface qui la réfléchit. On diftingue trois fortes de *cathètes* : 1°. d'incidence; 2°. de réflexion, & 3°. d'obliquité.

CATHÈTE DE L'OEIL : ligne droite C F, *fig.* 500, menée de l'œil perpendiculairement à la furface de réflexion G H. *Voy.* CATHÈTE DE RÉFLEXION.

CATHÈTE DE RÉFLEXION : ligne droite partant d'un point I, *fig.* 500, où fe rend un rayon réfléchi, & qui tombe perpendiculairement en IK fur une furface réfléchiffante, comme celle d'un miroir G H.

CATHÈTE D'INCIDENCE : ligne droite AE, *fig.* 500, qui part d'un point lumineux A, & qui tombe perpendiculairement fur une furface réfléchiffante G H.

CATHÈTE OBLIQUE : ligne droite D L, B M, *fig.* 500, menée d'un point d'incidence quelconque B, D, perpendiculaire fur une furface réfléchiffante. *Voyez* OEIL, RÉFLEXION, INCIDENCE, LUMIERE.

CATI : monnoie de compte dont on fe fert à Java & dans quelques autres îles voifines. Il vaut environ 19 florins de Hollande.

CATI : poli, uni, luifant.

CATIR : polir, unir, rendre luifant par le moyen de la preffion.

CATIS ou CATTI : poids de la Chine = 16 teile = 160 cien = 1,1950 livres tournois = 1,1703 fr. 100 *catis* font un peecull; 300 font un petit bahar, & 450 un grand bahar.

CATOPTRIQUE; κατοπτρικα, de κατα, contre, οπτομαι, voir ; catoptrica ; *katoptrik*; f. f. Science de la vifion par réflexion, ou partie de l'optique qui enfeigne les lois que fuit la lumière réfléchie.

Tous les corps vifibles & non lumineux par eux-mêmes réfléchiffent de la lumière, fans quoi ils cefferoient d'être aperçus; mais c'eft principalement lorfqu'ils rencontrent certains corps opaques, que la lumière fe réfléchit plus abondamment : auffi diftingue-t-on mieux ces derniers qu'on ne voit les corps transparens; & s'ils étoient parfaitement transparens, comme l'air, on ne les apercevroit pas du tout. Mais, quelqu'opaque que foit un corps, jamais il ne réfléchit toute la lumière qui tombe fur fa furface. On peut concevoir cette lumière divifée en trois parties : l'une qui fe réfléchit régulièrement, affectant, après la réflexion, une direction qui a un rapport conftant avec celle qu'elle avoit auparavant; une autre fe réfléchit irrégulièrement, en s'éparpillant & fe portant en toutes fortes de directions, à caufe de l'inégalité inévitable des furfaces; enfin, une troifième s'éteint dans le contaĉt, foit qu'elle pénètre dans l'intérieur du corps & fe combine avec fes molécules, foit qu'elle refte combinée à la furface. Nous ne parlerons ici que de la première partie de lumière, que de celle qui fe réfléchit avec régularité; car elle eft la feule qui foit affujettie à des mouvemens qu'on puiffe prévoir. Nous ferons donc abftraĉtion de la lumière difperfée ou éteinte.

L'expérience prouve que la lumière, lorfqu'elle fe réfléchit, fait toujours l'angle de fa réflexion parfaitement égal à celui de fon incidence. Suppofons une furface A B, *fig.* 501, un miroir, par exemple; fi un rayon de lumière tombe fur la furface dans une direĉtion perpendiculaire F C, il fe réfléchit dans la même direĉtion, & fait, par conféquent, avec ce miroir, un angle droit en fe réfléchiffant, de même qu'il a fait, avec ce même miroir, un angle droit en y tombant. S'il y arrive dans une direĉtion oblique, comme en E C, il fe réfléchit dans la direĉtion C D, & fait, avec ce miroir, l'angle de fa réflexion D C B parfaitement égal à l'angle de fon incidence E C A.

Cette loi générale, que la *lumière fait toujours fon angle de réflexion égal à fon angle d'incidence*, eft le fondement de toute la *catoptrique*. La caufe de cette réflexion eft attribuée, foit à l'ondulation du fluide lumineux, foit à la parfaite élafticité de fes molécules, foit à une aĉtion répulfive exercée par les molécules des corps. *Voyez* LUMIÈRE, RÉFLEXION DE LA LUMIÈRE.

On peut, avec cette loi générale, prouvée par l'expérience, démontrée à l'aide de diverfes fuppofitions, rendre raifon de tous les phénomènes. Toutes les autres lois n'en font que des fuites & des applications; cependant nous allons expofer les différences apparentes qui fe remarquent dans les diverfes circonftances, & l'on verra bien que ce ne font que des fuites & des applications de ce premier principe.

Pour que la lumière réfléchie nous trace l'image d'un objet, il faut que plufieurs rayons agiffent enfemble: un feul feroit, au fond de notre œil, une image trop foible; nous ne l'apercevrions pas. (*Voyez* ŒIL, VISION.) Or, ces rayons peuvent être différemment difpofés relativement les uns aux autres; ils peuvent être ou parallèles entr'eux, ou convergens ou divergens; & les furfaces fur lefquelles ils tombent, peuvent être ou planes, ou convexes, ou concaves. Voici ce qui arrive dans ces différens cas, en partant du principe établi ci-deffus.

1°. Suppofons une furface plane: des rayons parallèles, qui tombent fur cette furface, font réfléchis parallèles; des rayons convergens font réfléchis avec le même degré de convergence, & des rayons divergens font réfléchis avec le même degré de divergence; de forte que les furfaces planes ne changent rien à la difpofition naturelle

des rayons de lumière. Soient les miroirs plans G F, *fig.* 502, 503, 504: les rayons D B & C A, *fig.* 502, qui font parallèles entr'eux, avant d'avoir touché la furface A B, font réfléchis, l'un vers H & l'autre vers K, faifant avec le miroir, l'un l'angle de réflexion I B H égal à fon angle d'incidence F B D, & l'autre l'angle de réflexion G A K égal à fon angle d'incidence E A C: puifque ces deux angles ont pour mefure des arcs égaux, de cercles égaux; & l'on voit que ces deux rayons font parallèles après leur réflexion comme ils l'étoient avant leur incidence. 2°. Les rayons D B & C A, *fig.* 503, qui font convergens entr'eux, tellement que, fans l'interpofition du miroir A B, ils iroient fe réunir en M, font réfléchis de manière que, faifant chacun l'angle de leur réflexion G B K ou I A H égal à l'angle de leur incidence F B D ou E A C, ils vont fe réunir en N, point auffi éloigné des deux points de contaĉt A & B, que l'eft le point M: donc leur convergence eft, après la réflexion, la même qu'elle étoit auparavant. 3°. Les rayons D B & C A, *fig.* 504, qui font divergens entr'eux, ont, après leur réflexion vers H & K, le même degré d'écartement en N, qu'ils auroient eu en M, fi, n'ayant point rencontré le miroir A B, ils avoient continué de fe mouvoir dans leur première direĉtion: or, les deux points M & N font également diftans des points de contaĉt A & B; donc leur divergence eft, après leur réflexion, la même qu'elle étoit auparavant.

2°. Suppofons une furface convexe: des rayons parallèles qui tombent fur cette furface, font réfléchis divergens; des rayons convergens font réfléchis moins convergens: ils peuvent même perdre toute leur convergence, & devenir parallèles ou même divergens, fuivant le plus ou le moins de courbure de la furface qui les réfléchit; de rayons divergens font réfléchis plus divergens; de forte que les furfaces convexes tendent toujours à éparpiller les rayons de lumière, en en diminuant la convergence & en en augmentant la divergence. Soient les miroirs convexes B D, *fig.* 505, 506, 507: 1°. les rayons A B & C D, *fig.* 505, qui font parallèles entr'eux, rencontrant le miroir convexe B D & faifant leurs angles de réflexion F B E & H D C égaux à ceux d'incidence G B A & K D C, font divergens après leur réflexion; 2°. les rayons E B & H D, *fig.* 506, qui font convergens, de manière que, fans l'interpofition du miroir B D, ils iroient fe réunir en L, vont, d'après le même principe, fe réunir en N, bien plus loin des points de contaĉt B D que ne l'eft le point L, & l'on voit que, fi l'inclinaifon des deux élémens B & D de la courbure étoit plus grande, ils pourroient être réfléchis parallèles ou même divergens; 3°. les rayons A B & C D, *fig.* 507, qui, fans l'interpofition du miroir convexe B D, feroient très-peu divergens en M, prennent, après leur réflexion, un écartement beaucoup plus grand vers L, qui défigne un pareil degré d'éloignement.

La *fig.* 506 repréfente les trois cas que nous avons annoncés. Lorfque les deux lignes A B, C D, convergent en N plus éloigné de la furface du miroir que la moitié du rayon de courbure du miroir, les rayons BE, D C fe réfléchiffent en convergeant ; lorfque les rayons *a* B H D convergent au point *n*, placé entre la furface & le centre du miroir, & à égale diftance de chaque côté, les rayons B *e*, D *h* fe réfléchiffent parallèlement entr'eux ; enfin, lorfque le point de convergence *v* des rayons *a* B, *γ* D eft plus près de la furface du miroir que du centre de la fphère, les rayons réfléchis B *β*, D *ν* convergent.

3°. Suppofons une furface concave : des rayons parallèles qui tombent fur cette furface, font réfléchis convergens ; des rayons déja convergens font réfléchis plus convergens, & des rayons divergens font réfléchis moins divergens : ils peuvent même perdre toute leur divergence & devenir parallèles, & même convergens ; de forte que les furfaces concaves tendent toujours à raffembler les rayons de lumière en en augmentant la convergence. Soient les miroirs concaves BD, *fig.* 508, 509, 510 ; il fuffit de jeter les yeux fur ces figures pour voir la vérité de ce que nous venons de dire. Les rayons A B & C D, après avoir fait leurs angles de réflexion égaux à ceux de leur incidence, & qui, *fig.* 508, font parallèles avant leur réflexion, deviennent, après, convergens en L ; ceux de la *fig.* 509, qui, fans l'interpofition du miroir B D, n'iroient fe reunir qu'en M après leur réflexion, fe réuniffent en L, bien plus près des points de contact B & D, que ne l'eft le point M ; enfin, ceux de la *fig.* 510, qui, avant leur réflexion, font divergens entr'eux, deviennent, après, convergens vers O.

La *fig.* 509 repréfente les trois cas que nous avons annoncés. Lorfque le point de divergence des deux lignes A B, C D eft plus près de la furface du miroir que du centre, les rayons réfléchis B O, D N convergent ; lorfque le point de divergence des rayons *a* B, *c* D eft à égale diftance de la furface & du centre du miroir, les rayons B *l*, D *n* fe réfléchiffent parallèlement entr'eux ; enfin, lorfque le point de divergence des rayons *a* B, *γ* D eft plus près du cercle du miroir que de la furface, les rayons réfléchis B *λ*, D *ν* convergent.

Au moyen de ces principes, il eft aifé de prévoir tous les effets des miroirs & d'en rendre raifon, & en général d'expliquer tous les mouvemens de la lumière qui dépendent de la *catoptrique*. Par exemple, fi des rayons parallèles arrivent dans l'intérieur d'un miroir conique, il eft aifé de conclure d'avance, *fig.* 511 (*a*), qu'ils fortiront par l'ouverture pratiquée au fommet du cône, en convergeant ; de même, fi des rayons divergens entrent par le fommet tronqué d'un cône, ils peuvent fortir parallèles entr'eux. Si des rayons de lumière divergent dans l'intérieur d'un ellipfoïde de révolution, *fig.* 511, & que le point de divergence des rayons incidens foit l'un des foyers de l'ellipfe F, tous les rayons fe réfléchiront à l'autre foyer *f*, puifque ce réfultat eft une des propriétés des courbes elliptiques (*voyez* ELLIPSE) ; enfin, fi des rayons de lumière parallèles à l'axe d'un paraboloïde de révolution, *fig.* 511, viennent frapper fur la furface polie de ce paraboloïde, ils fe réfléchiront vers le foyer F ; de même, fi l'on place un point lumineux au foyer d'une furface paraboloïde, les rayons divergens de ce foyer fe réfléchiront parallèles entr'eux, après avoir été frapper la furface polie du paraboloïde. *Voyez* MIROIR.

Les Anciens connoiffoient mieux la théorie de la réflexion de la lumière que celle de la réfraction ; ils ne fe fervoient pas feulement des miroirs plans métalliques pour les ufages journaliers, mais ils employoient encore des miroirs concaves pour enflammer les corps & pour agrandir les images. *Voyez* MIROIR, MIROIR ARDENT, MIROIR CONCAVE.

Euclide eft placé parmi les anciens auteurs qui ont écrit fur la *catoptrique* ; cependant tout fait croire que les ouvrages qu'on lui attribue fur cette partie des fciences ne font pas de lui ; ils contiennent des principes faux qu'il eft difficile qu'il ait avoués. Par exemple, on lui fait dire que les miroirs concaves réuniffent tous les rayons folaires dans un point placé fur l'axe du miroir, à égale diftance de la furface & du centre de courbure ; enfuite on lui fait prendre le centre du miroir pour le foyer où le plus grand nombre de rayons fe raffemblent, parce que chaque rayon qui part du foleil, & qui paffe par ce centre, fe réfléchit au centre. Un géomètre comme Euclide ne peut pas avoir avancé de femblables principes.

Quoique les livres d'optique de Ptolémée, cités par Bacon, foient perdus, il paroît qu'Alhazen nous en a confervé une grande partie dans fon ouvrage imprimé dans le onzième fiècle : on y trouve, entr'autres, une folution affez exacte de ce problème : étant donné la pofition d'un point, celle de l'œil relativement à un miroir fphérique dont on connoît le rayon & la pofition ; trouver, fur le miroir, le point de réflexion. Alhazen a réfolu ce problème par la géométrie, en faifant ufage de l'hyperbole. Mais comme on ne le trouve pas dans la géométrie des Arabes, Montucla penfe que cette folution appartient aux Grecs. *Voyez*, fur cette folution, Huyghens & Slefius, *Tranfactions philofophiques*, n°s. 97 & 98.

Parmi les modernes qui fe font occupés de la *catoptrique*, on diftingue particulièrement le P. Tacquet ; le P. Fabri, dans fon *Synopfis optica* ; Jacques Gregori, dans fon *Optica promota*, & furtout le célebre Ifaac Barrow, dans fes *Leçons d'optique* : ce dernier ouvrage eft, fans contredit, le meilleur. L'auteur femble y avoir démontré les leçons de la *catoptrique* par des principes plus exacts & plus lumineux que les auteurs qui l'ont précédé ; cependant il ne traite que des propriétés des miroirs sphériques, soit concaves, soit convexes, & il ne dit rien des miroirs plans. Les propriétés de ces derniers miroirs sont démontrées fort au long dans le premier livre de la *catoptrique* du P. Tacquet, imprimé dans le Recueil de ses œuvres, in-folio. Smith a aussi traité avec beaucoup d'étendue des lois de la *catoptrique*.

CATOPTRIQUE (Caisse); catoptrica capsa; *sviegel kasten.* Boîte renfermant des miroirs qui réfléchissent les objets, les multiplient, & font varier leur position & leurs grandeurs. *Voyez* CAISSE CATOPTRIQUE.

CATOPTROMANCIE, de κατοπτρον, *miroir; μαντια, divination;* catoptromancia; *weissagung durch ein spiegel ;* s. f. Espèce de divination qui se fait par le moyen d'un miroir. *Voy.* DIVINATION.

Pausanias rapporte que cette espèce de divination étoit en usage à Patras en Achaïe, où ceux qui étoient malades & en danger de mort faisoient descendre un miroir, attaché à un filet, dans une fontaine qui étoit devant le temple de Cérès, puis se regardoient ce miroir ; & s'ils voyoient un visage hâve & défiguré, ils prenoient cela pour un signe de mort ; si leur visage paroissoit vif & sain, c'étoit un signe de vie.

CAURIS : coquilles blanches dont les nègres se servent pour monnoie.

Les habitans de Siam & d'autres lieux des Indes se servent des *cauris,* non-seulement comme monnoie, mais encore comme parure. Les femmes de ces contrées s'en font des colliers & des brasselets pour rehausser la noirceur de leur teint ; comme nos dames, autrefois, mettoient des mouches pour relever leur blancheur.

CAUSE ; causa ; *ursach ;* sub. fém. Ce qui produit un effet.

On reconnoît plusieurs sortes de *causes :* on appelle *cause première,* celle qui agit par elle-même, & *causes secondes,* celles qui, ayant reçu de la *cause première* leur vertu, leur pouvoir d'agir, leur faculté, n'agissent point par elles-mêmes ; *causes efficientes,* l'agent qui produit quelque chose.

Les Anciens ont distingué plusieurs *causes : cause finale,* motif qui fait agir, ou la fin pour laquelle une chose est ; *cause formelle,* changement qui résulte de son action dans le sujet, ou ce qui rend une chose telle & la distingue des autres ; *cause générale, cause inconnue, cause matérielle,* sujet sur lequel on travaille, ou ce dont la chose est formée ; *cause mécanique,* qui détermine le mouvement ou le repos des corps ; *cause morale,* qui produit un effet réel, mais dans des choses spirituelles ; *cause occasionnelle,* l'occasion & non la cause directe de ce qui arrive ; *cause particulière,* qui ne produit qu'un seul effet, ou que certaines

espèces d'effets ; *cause partielle,* qui concourt avec une autre pour la production du même effet; *cause physique,* qui produit un effet sensible & corporel ; *cause principale,* qui donne le mouvement à l'instrument, qui s'en sert ; *cause totale,* qui produit tout l'effet; *cause universelle,* qui, par l'étendue de son pouvoir, peut produire tous les effets, &c. Parmi toutes ces *causes,* nous ne considérerons ici que la *cause finale,* la *cause mécanique* & la *cause physique.*

CAUSE FINALE ; causa finalis ; *ende ursach.* Motif qui fait agir, ou fin pour laquelle une chose est.

Le motif des *causes finales* consiste à chercher les causes des effets de la nature par la fin que son auteur a dû se proposer en produisant ces effets ; ou plus généralement, à trouver les lois des phénomènes par des principes métaphysiques.

Ce mot a été fort en usage dans la philosophie ancienne, où l'on rendoit raison de plusieurs phénomènes tant bien que mal, par des principes de métaphysique tant bons que mauvais ; c'est ainsi que l'on croyoit expliquer l'ascension de l'eau dans les pompes, en disant que *la nature a horreur du vide.*

Fermat, Leibnitz, Maupertuis & plusieurs autres savans distingués, ont fait usage des *causes finales* dans beaucoup de circonstances. Fermat & Leibnitz ont adopté ce principe, lorsqu'ils ont voulu expliquer la loi de la réflexion & de la réfraction de la lumière, en annonçant que la nature agit toujours par les voies les plus simples & les plus courtes, & que la lumière va d'un point à un autre dans le temps le plus court. Cependant le P. Tacquet, embarrassé pour expliquer la réflexion de la lumière sur des miroirs concaves, annonce que, lorsque la nature ne peut pas prendre le chemin le plus court, elle prend le plus long.

Bacon & Descartes avoient cependant proscrit les *causes finales,* qui peuvent être très-dangereuses, & contribuer à faire rétrograder la science & ramener la physique au point d'où Bacon & Descartes ont eu tant de peine à la sortir.

Connoissant les lois des phénomènes, il est facile de trouver un raisonnement qui les explique. Il n'est donc pas difficile d'y appliquer le principe des *causes finales,* & c'est ce que Maupertuis a fait avec beaucoup de succès dans un Mémoire sur la réfraction, imprimé parmi ceux de l'Académie des Sciences en 1744. Mais qui peut assurer que les causes qu'il indique soient celles qui déterminent le phénomène ? Au reste, il seroit très-dangereux de se servir des *causes finales à priori,* pour trouver les lois des phénomènes.

CAUSE MÉCANIQUE; causa mecanica; *mechanische ursache.* Tout ce qui produit des changemens dans l'état d'un corps, c'est-à-dire, qui se met en mouvement

mouvement s'il eſt en repos , ou ce qui le réduit au repos s'il eſt en mouvement , ou ce qui altère ſon mouvement d'une manière quelconque , ſoit en l'augmentant , ſoit en le diminuant , ou en faiſant changer de direction au mobile.

C'eſt une loi générale de la nature, que tout corps perſiſte dans ſon état de repos ou de mouvement , juſqu'à ce qu'il ſurvienne quelque cauſe qui change cet état. Voyez PROJECTILE, LOIS DE LA NATURE.

Nous ne connoiſſons que deux ſortes de cauſes capables de produire ou d'altérer les mouvemens dans les corps ; les unes viennent de l'action mutuelle que les corps exercent les uns ſur les autres , à raiſon de leur impénétrabilité : telles ſont l'impulſion & les actions qui s'en dérivent, comme la traction. (Voyez IMPULSION, TRACTION.) En effet , lorſqu'un corps en pouſſe un autre , cela vient de ce que l'un & l'autre corps ſont impénétrables : il en eſt de même lorſqu'un corps en tire un autre ; car la traction , comme celle d un cheval attaché à une voiture, n'eſt proprement qu'une impulſion. Le cheval pouſſe la courroie attachée à ſon poitrail , & cette courroie étant attachée au char , le char doit ſuivre.

On peut donc regarder l'impénétrabilité des corps comme une des cauſes principales des effets que nous obſervons dans la nature ; mais il eſt d'autres effets dont nous ne voyons pas auſſi clairement que l'impénétrabilité ſoit la cauſe , parce que nous ne pouvons démontrer par quelle impulſion mécanique ces effets ſont produits , & que toutes les explications qu'on en a donné par l impulſion , ſont contraires aux loix de la mécanique, ou démontrées par les phénomènes : telles ſont la peſanteur des corps, la force qui retient les planètes dans leurs orbites , &c. Voyez PÉSANTEUR, GRAVITATION, ATTRACTION.

C'eſt pourquoi , ſi on ne veut pas décider abſolument que ces phénomènes aient une autre cauſe que l'impulſion, il faut au moins ſe garder de croire & de ſoutenir qu'ils aient l'impulſion pour cauſes : il eſt donc néceſſaire de reconnoître une claſſe d'effets, & par conſéquent de cauſes dans leſquelles l'impulſion , ou n'agit point , ou ne ſe manifeſte pas.

Les cauſes de la première eſpèce, ſavoir , celles qui viennent de l'impulſion, ont des loix très-connues , & c'eſt ſur ces loix que ſont fondées celles de la percuſſion , celles de la dynamique , &c. Voyez PERCUSSION , DYNAMIQUE.

Il n'en eſt pas de même des cauſes de la ſeconde eſpèce. Nous ne les connoiſſons pas, nous ne ſavons donc ce qu'elles ſont que par leurs effets ; leur effet ſeul nous eſt connu , & la loi de cet effet ne peut être donné que par l'expérience , puiſqu'elle ne ſauroit l'être à priori, la cauſe étant inconnue. Nous voyons l'effet, nous concluons qu'il a une cauſe ; mais voilà juſqu'où il nous eſt permis d'aller. C'eſt ainſi qu'on a découvert par l'expé-

Dict. de Phyſ. Tome II.

rience la loi que ſuivent les corps dans leur chute , ſans connoître la cauſe de la péſanteur.

C'eſt un principe communément reçu en mécanique , & très-uſité, que les effets ſont proportionnels à leurs cauſes. Ce principe , pourtant , n'eſt guère plus utile & plus fécond que les axiomes. (Voyez AXIOMES.) En effet, je voudrois bien ſavoir de quel avantage il peut être.

1°. S'il s'agit des cauſes de la ſeconde eſpèce, qui ne ſont connues que par leurs effets , il ne peut jamais ſervir de rien ; car ſi on ne connoît pas l'effet, on ne connoîtra rien du tout ; & ſi on connoît l'effet , on n'a plus beſoin du principe , puiſque deux effets différens étant donnés, on n'a qu'à les comparer immédiatement , ſans s'embarraſſer s'ils ſont proportionnés ou non à leurs cauſes.

2°. S'il s'agit des cauſes de la première eſpèce, c'eſt-à-dire, des cauſes qui viennent de l impulſion , ces cauſes ne peuvent jamais être autre choſe qu'un corps qui eſt en mouvement & qui en pouſſe un autre. Or, non ſeulement on a les loix de l'impulſion & de la percuſſion indépendamment de ce principe , mais il ſeroit même poſſible , ſi on s'en ſervoit , de tomber dans l'erreur. D'Alembert l'a fait voir, art. 119 de ſon *Traité de dynamique* , & on va le répéter ici en peu de mots.

Soit un corps M qui choque avec la viteſſe u un autre corps en repos m ; il eſt démontré (voyez PERCUSSION) que les viteſſes communes aux deux corps, après le choc , ſera $\frac{Mu}{M+m}$; voilà , ſi l'on veut , l'effet ; la cauſe eſt dans la maſſe M animée de la viteſſe u : mais quelle fonction de M & de u prendroit-on pour exprimer cette cauſe ? Sera-ce Mu ou Muu , ou $M^2 u$, ou Mu^3 , &c. , & ainſi à l'infini ? D'ailleurs , laquelle de ces deux fonctions qu'on prenne pour exprimer la cauſe, la viteſſe produite dans le corps m variera , & ne ſera point , par conſéquent, proportionnelle à la cauſe , puiſque Muu reſtant conſtant , la cauſe reſte la même. On dira peut-être que je ne prends ici qu'une partie de l'effet ; ſavoir , la viteſſe produite par le corps m , & que l'effet total eſt $\frac{MMu}{M+m} + \frac{Muu}{M+m}$, c'eſt-à-dire, que la ſomme des deux quantités de mouvemens, laquelle eſt égale & proportionnelle à la cauſe Mu : à la bonne heure ; mais l'effet total, dont il s'agit, eſt compoſé de deux quantités de mouvemens qu'il faut que je connoiſſe ſéparément ; & comment les connoîtrois-je avec ce principe , que l'effet eſt proportionnel à ſa cauſe ? Il faudroit donc diviſer la cauſe en deux parties pour chacun des deux effets partiels : comment ſe tirer de cet embarras ?

Il ſeroit à ſouhaiter que les mécaniciens reconnuſſent enfin bien diſtinctement que nous ne connoiſſons rien dans le mouvement que le mouvement même , c'eſt-à-dire, l'eſpace parcouru &

le temps employé à le parcourir, & que les *caufes* métaphyfiques nous font inconnûes ; que ce que nous appelons *caufe*, même de la première efpèce, n'eft telle qu'improprement : ce font des effets defquels réfultent d'autres effets. Un corps en pouffe un autre, c'eft-à-dire, ce corps eft en mouvement : il en rencontre un autre, il doit néceffairement arriver du changement à cette occafion dans l'état des deux corps, à caufe de leur impénétrabilité. L'on détermine les lois de ce changement par des principes certains, & l'on regarde en conféquence le corps choqu nt comme la *caufe* du mouvement du corps choqué, mais cette façon de parler eft impropre. *La caufe métaphyfique, la vraie caufe*, nous eft inconnue. *Voyez* IMPULSION.

D'ailleurs, quand on dit que *les effets font proportionnels aux caufes*, ou on n'a point d'idée claire de ce qu'on dit, ou on veut dire que deux *caufes*, par exemple, font entr'elles comme leurs effets. Or, fi ce font deux *caufes métaphyfiques* dont on veut parler, comment peut-on avancer une telle affertion ? Des effets peuvent fe comparer, parce qu'on peut trouver qu'un efpace eft double ou triple, &c., d'un autre parcouru dans le même temps ; mais peut-on dire qu'une *caufe métaphyfique*, c'eft-à-dire, qui n'eft pas elle-même un effet matériel, & pour ainfi dire palpable, foit double d'une autre *caufe métaphyfique* ? C'eft comme fi on difoit qu'une fenfation eft double d'une autre ; que le blanc eft double du rouge, &c. Je vois deux objets, dont l'un eft double de l'autre : peut-on dire que mes deux fenfations font proportionnelles à leurs objets ?

Un autre inconvénient du principe dont il s'agit, c'eft le grand nombre de paralogifmes dans lequel il peut entraîner, lorfqu'on fait mal démêler les *caufes* qui fe compliquent quelquefois plufieurs enfemble, pour produire un effet qui paroît unique. Rien n'eft fi commun que cette mauvaife manière de raifonner. Concluons donc que le principe dont nous parlons eft inutile, & même dangereux. Il y a beaucoup d'apparence que fi on ne s'étoit jamais avifé de dire que les effets font proportionnels à leurs *caufes*, on n'eût jamais difputé fur les forces vives (*voyez* FORCES VIVES) : car tout le monde convient des effets. Que n'en reftoit-on là ? Mais on a voulu fubtilifer, & on a tout brouillé, au lieu de tout éclaircir.

CAUSES PHYSIQUES ; *caufa physica ; physifche urfache.* Qui produit un effet fenfible & corporel.

Il eft difficile de fe former l'idée exacte d'une *caufe*, parce que c'eft le plus fouvent une idée de pure relation, tirée de l'ordre conftant de fucceffion qu'affectent, l'un à l'égard de l'autre, deux, & à plus forte raifon un grand nombre de phénomènes. Toutes les fois que deux phénomènes, A & B, fe préfentent dans un ordre de fucceffion tel, que A foit toujours le premier, & B toujours le fecond, on eft convenu de marquer cet ordre

ou ce rapport conftant par les deux expreffions de *caufe* & d'*effet*. L'idée de la *caufe* s'applique au phénomène qui précède, & celle d'*effet* au phénomène qui fuit. Quant à la raifon fecrète en vertu de laquelle un premier phénomène a le pouvoir d'en produire un fecond, cette raifon exifte réellement dans la nature : elle fait, celle contredit, partie de la chaîne des phénomènes qui dépendent les uns des autres ; mais elle n'exifte point pour nous, parce qu'il nous eft impoffible de la faifir & de conftater en quoi elle confifte. Si, dans un lieu très-obfcur, je fais parvenir de la lumière, je diftingue auffitôt les objets qui y font ; alors je dis que la lumière eft une *caufe* dont la vifion eft l'*effet* ; j'indique bien lequel des deux phénomènes eft le premier, & lequel eft le fecond, mais je n'indique point comment la lumière a produit la vifion, enfin comment la *caufe* a produit l'*effet*.

Dans plufieurs circonftances, le même phénomène peut devenir *caufe* ou *effet*, felon qu'il fe préfente le premier ou le fecond. Lorfque j'échauffe un liquide, je peux, en élevant fa température, le faire paffer à l'état de vapeur ; alors la chaleur eft la *caufe* du changement d'état du liquide en gaz ; mais fi, par une *caufe* quelconque, telle que la preffion, par exemple, je liquéfie la vapeur, alors le liquide s'échauffe confidérablement, & je peux dire que là, le changement d'état eft la *caufe*, & la chaleur produite, l'effet.

En prenant donc les mots de *caufe* & d'*effet* dans le fens que nous devons leur affigner, il eft aifé de voir que, s'il s'agit d'une férie de phénomènes fucceffifs, & qui, dans leur fucceffion, fe difpofent toujours dans le même ordre, le premier fera la *caufe* du fecond, le fecond celle du troifième, le troifième celle du quatrième, ainfi de fuite ; & réciproquement, le quatrième fera l'*effet* du troifième, le troifième celui du fecond, le fecond celui du premier. Ainfi, lorfque je vois ofciller un balancier fort large entre deux colonnes galvaniques, le mouvement qui le tranfporte de l'une à l'autre eft occafionné par les deux électricités oppofées qu'elles manifeftent : cette électricité eft produite par le contact des difques de papier étamés d'un côté & manganéfés de l'autre, & elle eft développée par la différence d'action que ces fubftances métalliques ont pour l'électricité. Ainfi, la différence d'action pour l'électricité des diverfes fubftances métalliques eft la première *caufe* de tous les effets qui font produits, & le mouvement d'ofcillation du balancier eft le dernier effet (*voyez* MOUVEMENT PERPÉTUEL, GALVANIQUE) ; & comme, dans cette férie de phénomènes, je n'en vois pas d'antérieur à cette production de l'électricité, ni de poftérieur au mouvement d'ofcillation, il m'eft permis de confidérer le premier comme un fait primitif, qui renfermoit en lui tous les faits fubféquens, & le fecond comme le terme où s'arrête l'activité de ce fait.

Il y a donc pour nous des faits premiers & des faits derniers, qui appartiennent à une même férie de phénomènes, & qui, étant les limites de cette férie, le font aussi de nos connoissances & de nos recherchés. La seule chose à laquelle puisse aspirer la foiblesse de notre esprit, c'est à découvrir quelles sont les véritables extrémités de la chaîne, & à disposer dans leur ordre naturel de dépendance & de succession, tous les intermédiaires qui en forment à la fois la séparation & le lieu.

Ainsi, lorsque, dans une chambre très-obscure, j'aperçois un spectre, & que, voulant porter la main sur le lieu où il est fixé, je ne sens aucune résistance, il faut, pour connoître les véritables existences de la chaîne qui produit ce dernier phénomène, que je sache que ce spectre est produit par de la lumière dépofée sur une espèce de brouillard, que cette lumière provient d'une lanterne magique cachée ; alors je vois pour première *cause* la lumière, & pour dernière son action sur l'œil, & pour succession de phénomènes, la coloration de lumière en passant au travers des corps transparens colorés, & sa réflexion sur la surface des petits corps légers qui forment le brouillard.

Quelques connoissances que l'on ait des phénomènes extrêmes, de leur intermédiaire & de leur succession, on se trouve toujours arrêté à la *cause* qui produit le premier phénomène de la chaîne. Nous savons que l'augmentation de volume des corps & leur changement d'état sont produits par la chaleur ; mais qu'est-ce que la chaleur ? Nous savons que la perception des objets est produite par la lumière ; mais qu'est ce que la lumière ? Nous savons que l'attraction & la répulsin du fer & de l'acier sont dues au magnétisme ; mais quelle *cause* produit le magnétisme ? Nous savons que les corps qui sont sur la surface de la terre sont attirés vers son centre ; mais quelle *cause* produit cette attraction ?

Depuis le moment où les hommes ont commencé à observer les phénomènes qu'ils peuvent apercevoir, depuis le moment où ils ont commencé à les étudier, leurs connoissances se sont considérablement augmentées. En regardant en arrière, on est étonné de l'immensité de connoissances que l'homme a acquises ; mais aussi, lorsque l'on regarde en avant, on est effrayé de ce qu'il lui reste à apprendre pour concevoir les seuls phénomènes qu'il a pu observer, & combien il en est qu'il ne connoît pas. Depuis l'invention des microscopes, quelle prodigieuse variété d'animaux & d'objets divers a-t-on découverts, & combien d'autres plus petits reste-t-il à découvrir ! Le télescope nous a fait apercevoir des phénomènes célestes qui avoient été ignorés de nos prédécesseurs ; mais combien d'autres corps nous a-t-il fait desirer de connoître !

CAUSTICITÉ, de καιω, brûler ; causticitas ; *kausticitat* ; subst. fém. Propriété brûlante, corrosive, que possèdent certaines substances. A l'aide de cette propriété, elles peuvent attaquer, détruire les matières animales que l'on met en contact avec elles.

Plusieurs substances, parmi lesquelles on distingue les alcalis purs & différentes terres, comme la chaux, la baryte, la strontiane à l'état de pureté, les nitrates d'argent & de mercure, le muriate d'antimoine, les acides concentrés, possèdent cette propriété.

Tout fait croire que la *causticité* de ces corps provient de leur combinaison avec l'une ou l'autre des parties constituantes des matières animales, & de la chaleur âcre qui se développe dans l'économie vivante pendant l'application des caustiques.

La destruction des tissus organisés n'est pas le seul résultat que les caustiques produisent par leur contact ; on observe encore, lorsque l'action n'est point arrêtée, 1°. la rougeur ; 2°. la tuméfaction ; 3°. le soulèvement de l'épiderme.

On range parmi les caustiques plusieurs substances végétales & animales, comme la moutarde, les cantharides, &c. ; mais elles en diffèrent, en ce que les premières exercent leur action chimique sur tous les corps des animaux vivans ou morts, & que les dernières, au contraire, trouvent des bornes dans leur action par le ralentissement de la force vitale. Aussitôt que la vie abandonne les corps, leur action cesse ; il y a des circonstances physiques qui peuvent même, dans le corps vivant, suspendre leur action, ou du moins l'affoiblir.

Pendant long-temps on a considéré la *causticité* comme le produit de la combinaison de la matière du feu dans les substances caustiques ; c'étoit au feu combiné que l'on attribuoit la *causticité* des alcalis, de la chaux, &c. ; mais Black, en 1756, a fait voir que ces substances étoient naturellement caustiques, & que cette propriété leur étoit enlevée par l'acide carbonique, avec lequel elles étoient combinées ; mais pourquoi ces matières pures sont-elles caustiques ? Nous l'avons dit, c'est qu'alors elles ont la propriété de se combiner avec les substances animales, propriété que masquoit, que leur enlevoit ou que détruisoit, en partie, leur combinaison avec l'acide carbonique.

CAUSTIQUE, de καιω ; causticus ; *kaustik*. Qui a la vertu de brûler.

CAUSTIQUE (*optique*) ; causticus curvus ; *kaustik oder brenhlinie*. Courbe formée par une ligne qui touche les rayons de lumière réfléchis ou réfractés par quelqu'autre courbe.

Cette dénomination a été donnée à cette espèce de courbe, parce qu'elle est engendrée par le contact des points les plus échauffés, formés par les rayons réfléchis & réfractés ; c'est donc la courbe de plus grande chaleur de tout l'espace qui environne la surface de laquelle les rayons partent. Nous diviserons les *caustiques* en deux classes : *caustiques par réflexion* & *caustiques par réfraction*.

Des caustiques par réflexion.

Pour se faire une idée de la formation des *caustiques par réflexion*, supposons une suite de rayons AB, CD, EF, GH, &c., *fig.* 513, qui viennent toucher la surface du miroir aux points B, D, F, H, &c., & qui se réfléchissent ensuite en B*a*, D*b*, F*c*, H*d*, &c., de manière que les angles de réflexion SD*b*, SF*c*, SH*d*, SK*e*, &c., soient égaux aux angles d'incidence CDS, EFS, GHS, IKS, &c ; si l'on fait passer par les points de rencontre ou d'intersection successifs *a*, *b*, *c*, *d*, *e*, &c. une courbe, cette courbe sera la *caustique par réflexion*.

On attribue l'invention de ces *caustiques* à Tschirnhausen : il les proposa à l'Académie des Sciences, en les considérant comme des épicycloïdes B H F, *fig.* 514, engendrées par le mouvement d'un cercle BLDG, sur une circonférence DF I ; & ce qu'il y a de fort remarquable, c'est que cette courbe a la propriété de se reproduire par son développement, comme le fait la cycloïde, avec la différence cependant, qu'elle produit une courbe moins grande de moitié, tandis que la seconde a, pour développée, une courbe absolument semblable. *Voyez* CYCLOÏDES, ÉPICYCLOÏDES.

Les *caustiques par réflexion* présentent des formes très-variées, qui dépendent principalement de la position du point lumineux, c'est-à-dire, d'où les rayons partent pour arriver sur la surface du miroir. Lorsque le rayon est hors de la surface concave du miroir, comme *fig.* 513, où le point lumineux est à une distance infinie, & *fig.* 315, où il est à une distance finie, la *caustique* est formée de deux courbes tangentes au cercle, aux points où les rayons incidens le sont eux-mêmes ; & elles se rencontrent sur la droite prolongée qui passe par le point lumineux & le centre du cercle : ce point de rencontre forme également un point de rebroussement.

Dans tous les autres cas, c'est-à-dire, lorsque le point lumineux est dans l'intérieur du cercle, comme dans les *fig.* 516, 517, 518, 519, les *caustiques* ont au moins trois points de rebroussement : 1°. en F sur la droite qui passe par le point lumineux S & le centre du miroir C ; 2°. par les points H I que Malus a trouvés pouvoir être déterminés de cette manière. Si, par le point lumineux S, on mène une droite A D perpendiculaire à la droite CS qui passe par le point lumineux & par le centre du miroir, & que des points A & D (où cette droite rencontre le miroir), considérés comme centres avec des rayons AS, DS, égaux

à la distance de ces points au point lumineux, on décrira des arcs de cercle ; les points H & I où ces arcs rencontrent la *caustique*, sont deux points de rebroussement d'où partent deux nouvelles branches de la continuation de la *caustique*. Lorsque, comme dans la *fig.* 519, le point lumineux S est plus près de la surface du miroir B que du centre du cercle C, on obtient trois doubles *caustiques* distinctes ; la première, KFL, est derrière le miroir, & les deux autres MHN, OIP, sont par-devant.

Dans les quatre exemples que nous avons rapportés, les points lumineux S sont, *fig.* 516, à une distance de la surface plus grande que le rayon, & dans les autres *figures*, à une distance moins grande ; dans la *fig.* 517, le point lumineux est plus près du centre que de la surface du miroir ; dans la *fig.* 518, il est à égale distance, & dans la *fig.* 519 il est plus près de la surface du miroir que du centre.

Des caustiques par réfraction.

Pour qu'il y ait réfraction, il faut que les rayons de lumière passent d'un milieu dans un autre de densité différente (*voyez* REFRACTION) ; & pour former une *caustique par réfraction*, il faut que les rayons convergent, en traversant le second milieu, afin qu'ils puissent se rencontrer deux à deux, & donner ainsi naissance à une *caustique* : ainsi, soit, par exemple, les rayons SB, AD, EG, IK, *fig.* 520, parallèles, arrivant sur la surface BDGK de séparation des deux milieux : si ce second milieu est plus dense que le premier, les rayons se réfracteront en s'approchant de la normale à chaque point de contact ; de manière que les sinus des angles d'incidence ADC, EGC, IKC, seront à ceux des angles de réfraction, ADF, EGH, IKL, dans un rapport constant donné par la réfringence des deux milieux, & ces rayons réfractés BF, DF, GH, KL, se rentreront deux à deux aux points F, H, L. Si l'on fait passer une courbe par tous ces points, cette courbe sera une *caustique par réfraction*.

La forme des *caustiques par réfraction* présente de grandes variétés ; ces variétés dépendent, 1°. de la courbe de séparation des deux milieux ; 2°. de la refringence de ces mêmes milieux, & de la distance du point lumineux à la surface. Dans les *fig.* 522, 523, 524, 525, 526 & 527, nous avons supposé que la courbe de séparation étoit une surface sphérique, que les milieux étoient de l'air & du verre, & que le rapport du sinus de la lumière dans l'air étoit à celui de la lumière dans le verre, comme 3 : 2.

Dans les *fig.* 522, 523, 525, le rayon passe de l'air dans le verre ; la surface de séparation est convexe du côté de l'air, c'est-à-dire, du milieu le plus rare ; dans la *fig.* 522, le point lumineux est à une distance infinie ; dans la *fig.* 523, il est à plus de trois rayons de distance ; dans la *fig.* 525, à trois rayons seulement, & dans la *fig.* 526, il eſt à un rayon. Depuis la diſtance infinie juſqu'à celle de plus de trois rayons, la *cauſtique* converge vers un point F; lorſque la diſtance eſt de trois rayons, la *cauſtique* converge d'abord, puis forme deux branches de rebrouſſement parallèles G F, H f, *fig.* 525; enfin, lorſque la diſtance eſt moins de trois rayons, les deux branches de la *cauſtique* G F, H f, *fig.* 526, divergent. Les *cauſtiques* dont les branches convergent, *fig* 522, 523, ont un point de rebrouſſement F, où elles ſe rencontrent dans la droite menée du point lumineux au centre de la ſurface de ſéparation. Si des points A, B, *fig.* 522, 523, 525, 526, où les rayons incidens ſont tangens à la ſurface de ſéparation, on mène des droites C A, C B au centre C de la ſurface, & que ſur ces rayons on décrive les demi-circonférences A G C, B H C, les points d'interſection G, H de ces demi-cercles avec la continuation de la *cauſtique* ſont ceux où ſes branches ſe tournent du côté de la ſurface de ſéparation.

Si les rayons de lumière paſſent du verre dans l'air, *fig.* 524, 527, & que la ſurface de ſéparation ſoit concave du côté du verre, c'eſt-à-dire, du milieu le plus denſe, on a également des *cauſtiques*. Lorſque la diſtance du point lumineux eſt infinie, les deux branches de la *cauſtique* convergent vers le point F; mais ſi la diſtance du point lumineux eſt moins de deux rayons, *fig.* 527, les deux branches divergent après avoir convergé.

Lorſque les deux branches de la *cauſtique* divergent, *fig.* 526, 527, il ſe forme, en avant de la ſurface de ſéparation, une *cauſtique virtuelle*, dont les deux branches convergent vers un point K. *Voyez* CAUSTIQUE VIRTUELLE.

Cette limite de la diſtance du point lumineux, où commence la convergence des deux branches de la *cauſtique*, qui eſt de trois rayons lorſque la lumière paſſe de l'air dans le verre, & de deux rayons lorſque la lumière paſſe du verre dans l'air, eſt juſtement celle du nombre rond des rapports des ſinus d'incidence & de refraction de la lumière dans les deux milieux.

CAUSTIQUE VIRTUELLE ou *imaginaire. Cauſtique* formée par le prolongement des rayons réfléchis ou réfractés, & que l'on ſuppoſe pouvoir être formée dans un eſpace où les rayons ne parviennent pas.

Si des rayons de lumière S B, S G, S E, S A, partant du point lumineux S, *fig.* 528, arrivent ſur la ſurface concave d'un miroir, & la touchent aux points B, G, E, A, ces rayons ſe réfléchiront en divergeant: le premier en B S, le ſecond en I, & le troiſième en H. Comme ces rayons ne peuvent ſe rencontrer après leur réflexion, ils ne peuvent point produire de *cauſtique*; mais ſi l'on ſuppoſe, par la penſée, que ces rayons ſe prolongent intérieurement, S B en C, I G en L, H E en M, ces rayons ſe rencontreront deux à deux, & donneront naiſſance à la *cauſtique virtuelle* F K A : quoi-

que ces *cauſtiques* n'exiſtent pas, & ne peuvent pas exiſter, leur connoiſſance devient cependant eſſentielle pour déterminer & expliquer les phénomènes de la viſion.

Toutes les fois que des rayons de lumière, partant d'un point lumineux, viennent ſe réfléchir ſur la ſurface plane d'un miroir, ils divergent & ne produiſent pas de *cauſtique réelle*; la *cauſtique virtuelle* ſeroit en un point; mais lorſque les rayons de lumière, partant d'un point lumineux, arrivent ſur une ſurface concave, ils forment des *cauſtiques réelles* : il ne peut, au contraire, exiſter que des *cauſtiques virtuelles* lorſque les rayons viennent frapper une ſurface convexe.

Les *cauſtiques virtuelles* ſont beaucoup plus communes par la réfraction que par la réflexion. Lorſque la ſurface de ſéparation eſt plane, *fig.* 529 & 530, ſoit que le point lumineux L ſoit dans le milieu le plus denſe, *fig.* 529, ou dans le plus rare, *fig.* 530, les rayons, en ſortant dans l'autre milieu, ſont toujours divergens, & ne peuvent en conſéquence produire qu'une *cauſtique virtuelle* par leur prolongement; mais le point d'interſection & de rebrouſſement F, des deux branches de la *cauſtique*, eſt au-deſſus du point lumineux, *fig.* 529, lorſque ce point eſt dans le milieu le plus denſe; il eſt au-deſſous, au contraire, *fig.* 530, lorſque le point lumineux eſt dans le milieu le plus rare.

Quand la lumière paſſe d'un milieu rare dans un milieu denſe, & que la ſurface de ſéparation eſt concave, *fig.* 532, 534, la *cauſtique* produite par les rayons réfractés eſt *virtuelle*; elle l'eſt également, *fig.* 531, 533, lorſque la lumière paſſe d'un milieu denſe dans un milieu rare, & que la ſurface de ſéparation eſt convexe du côté du milieu denſe, où ſont les rayons incidens. Nous avons vu précédemment que l'on obtenoit des *cauſtiques réelles* lorſque le contraire avoit lieu.

Analyſe appliquée aux cauſtiques.

Dès que Tſchirnhauſen eut fait connoître ces courbes ſingulières, produites par la réflexion & la réfraction de la lumière, les géomètres du premier mérite d'alors, La Hire, le marquis de l'Hôpital, Les Bernouilli, s'en emparèrent, & les ſoumirent à l'analyſe la plus délicate. Le marquis de l'Hôpital, dans ſon *Traité des infiniment-petits*, donne l'équation des *cauſtiques par réflexion* & par *réfraction*. En ſuppoſant la diſtance du point lumineux à la ſurface du miroir $= y$; celle du point d'incidence à celui où la perpendiculaire, menée du centre du miroir ſur le rayon incident, coupe ce même rayon $= a$, la diſtance du point d'incidence à celui qui appartient à la *cauſtique* ſur ce rayon réfléchit $x = \dfrac{a y}{2 y - a}$; & dans les *cauſtiques par réfraction*, faiſant également la diſtance du point lumineux à la ſurface de ſéparation des deux milieux $= y$, la longueur du rayon incident, depuis le point de la ſurface qu'il touche, juſqu'à ſon intersection avec la perpendiculaire menée du centre du miroir $= a$; la diftance de ce même point d'incidence fur le rayon réfracté jufqu'à fon interfection avec la perpendiculaire $= b$, la diftance du point d'incidence, jufqu'au point où le rayon réfracté touche la *cauftique* $x = \dfrac{b\,b\,m\,y}{(b\,m - a\,a)\,\gamma + a\,n\,n}$.

Pour donner une idée de la manière dont on détermine l'équation des *cauftiques*, nous allons copier l'analyfe que Petit a publiée fur cette courbe dans la *Correfpondance de l'Ecole royale polytechnique*, année 1812, n°. 4. Il confidère deux rayons incidens infiniment voifins, qui partent du point lumineux; il nomme p la partie de ces rayons comprife entre le point lumineux & la partie réfléchiffante ou réfringente; il fuppofe que ces deux rayons d'une longueur p, après s'être réfléchis ou réfractés, fe rencontrent en un point; il nomme p' la diftance de ce dernier point à la furface réfléchiffante ou réfringente, & il trouve une relation entre p & p', telle que la première de ces quantités étant connue, on puiffe en déduire la feconde; en forte que chaque point de la *cauftique* eft déterminé par les deux droites p & p'.

Des cauftiques par réflexion.

« Soit P, *fig.* 535, le point lumineux que nous fuppoferons fitué dans la concavité du miroir; P M un rayon incident, & M R le rayon réfléchi correfpondant; P m eft un rayon incident infiniment voifin du premier, & m r le rayon réfléchi correfpondant. Le point P', interfection de ces deux rayons réfléchis confécutifs, fera un point de la *cauftique*. Pour en déterminer la pofition, repréfentons par p la longueur du rayon incident P M, & par p' celle du rayon réfléchi P' M; faifons de plus M N ou M C $= 4\,a$.

» Si nous égalons la fomme des angles du triangle P M C à celle des angles du triangle P m C, nous aurons

$$P M C - P m C = m P M - m C M;$$

or, P M C $-$ P m C, n'eft autre chofe que l'accroiffement de l'angle d'incidence que nous pouvons repréfenter par d I; on a donc

$$d I = m P M - m C M.$$

» Comparant de même les angles des triangles M C P' & m C P', on aura

$$P' M C - P' m C = m C M - m P' M;$$

or, P' M C $-$ P' m C, eft l'accroiffement de l'angle de réflexion que nous repréfenterons par d R; donc

$$d R = m C M - m P' M.$$

» D'ailleurs, d I $= d$ R; donc

$$m P M - m C M = m C M - m P' M \dots \& $$
$$m P M + m P' M = 2 m C M.$$

remplaçant chaque angle par l'arc qui le mefure, on aura

$$\frac{M m + N n}{2} + \frac{M m + R r}{2} = 2 M m, \text{ réduifant}$$
$$N n + R r = 2 M m;$$

or, les trois arcs M n, N n, R r, étant infiniment petits, on a

$$N n = M m \frac{4 a - p}{p} \; \& \; R r = M m \frac{4 a - p'}{p'};$$

fubftituant & divifant par M m, on trouve

$$\frac{4 a - p}{p} + \frac{4 a - p'}{p'} = 2, \text{ ou } \frac{1}{p} + \frac{1}{p'} = \frac{1}{a}; \text{ d'où}$$

l'on tire $p' = \dfrac{a\,p}{p - a}$.

» Lorfque a fera le quart du diamètre, p & p' feront les diftances des foyers conjuguées au miroir.

» Il eft facile de s'affurer que les quantités p & p' doivent être prifes pofitivement, lorfque les lignes qu'elles repréfentent, font dirigées dans la concavité du miroir, & négativement dans le cas contraire.

» En confidérant la fphère entière du miroir, le plan mené par le point lumineux perpendiculairement à l'axe du miroir, divife ce miroir en deux parties telles, que le point lumineux eft, pour l'une de ces parties, fitué entre le centre & la furface, & pour l'autre, au-delà du centre. Les branches des *cauftiques* qui correfpondent à ces parties du miroir ont évidemment pour tangente commune le rayon réfléchi correfpondant au rayon incident perpendiculaire à l'axe : ces rayons font alors égaux entr'eux & à 2 a; le point correfpondant de la *cauftique* eft évidemment un point de rebrouffement.

» Si la *cauftique* doit avoir une afymptote, p' fera infini; on aura donc $\dfrac{1}{p} = \dfrac{1}{a}$; donc $p = a$, c'eft-à-dire, que le rayon incident qui fe réfléchira fuivant l'afymptote, devra être le quart de la corde totale. On peut la conftruire de la manière fuivante.

» Soit P, *fig.* 536, le point lumineux qui doit être dans la concavité du miroir, puifque P eft pofitif. On prendra P B $=$ P C, & fur P B, comme diamètre, on décrira un cercle qui coupera le miroir aux points M & M'; les lignes P M, P' M' feront les rayons qui fe réfléchiront fuivant les afymptotes M K, M' K'. En effet, fi l'on abaiffe C D perpendiculairement fur P M, les triangles B M P, C P D feront égaux; donc P M fera égal à P D, ou à la moitié de M D, ou enfin au quart de M N.

» Cette conftruction fait voir que la *cauftique* ne peut avoir d'afymptote, ou, ce qui revient au même, de branches infinies, que dans le cas où la diftance P C eft plus grande que la moitié du rayon. »

Des cauftiques par réfraction.

« Soit P, *fig.* 537, le point lumineux; P M, P m, les deux rayons incidens infiniment voifins, qui fe réfractent fuivant les deux droites M S, m s, qui fe coupent au point P' de la *cauftique par réfraction*.

» Nommant r le rayon C M de la fphère, p le rayon incident P M, p' le rayon réfracté M P', l le rapport du finus d'incidence au finus de réfraction, a la corde M N du cercle dont le rayon eft r, & qui eft dans la direction du rayon de la lumière P M, 2 b la corde M S dirigée fuivant le rayon réfracté M S, I l'angle d'incidence, R l'angle de réfraction, on a entre les quantités I, R, l, a, b, r, les relations fuivantes :

$$(1)\ l = \frac{fin.\ I}{fin.\ R}\ (2)\ \begin{cases} a = r\ cof.\ I \\ (3)\ b = r\ cof.\ R \end{cases}$$

$$d I = M P m + M C m = \frac{M m + N n}{2}.$$

$$d R = M C m - M P m = \frac{M m - S s}{2}.$$

» Confidérant les petits arcs M m, N n, S s, comme les cordes d'un même cercle, on a les proportions fuivantes :

$$p : p + 2 a = M m : N n = \frac{p + 2 a}{p} M m.$$

$$p' : 2 b - p' = M m : S s = \frac{2 b - p'}{p'} M m.$$

Subftituant ces valeurs de N n & S s, on aura :

$$d I = \frac{p + a}{p} M m \dots\ d R = \frac{p' - b}{p'} M m;$$

l'équation (1) donne,

$$\frac{d I}{d R} = \frac{l\ cof\ R}{cof.\ I} = \frac{p' + a p'}{p p' - p b};$$

mettant pour $\frac{cof.\ R}{cof.\ I}$ fa valeur tirée des équations (2), (3), on a

$$(4)\dots\ b l - a = \frac{a^2}{p} + \frac{b^2 l}{p'}.$$

» Nommant c la tangente menée par le point lumineux P au cercle du rayon C M, on a,

$$(5)\quad c^2 = p\ (p + 2 a).$$

Ayant cinq équations pour les fix quantités I, R, a, b, p, p' la valeur de l'une d'elles, de p', par exemple, fera déterminée lorfque l'on donnera la valeur de p.

» Les fignes des rayons p & p', l'un incident & l'autre réfracté, dépendent de leurs pofitions par rapport à la furface réfringente. Lorfque ces rayons font d'un même côté, par rapport à cette furface, ils font de fignes diférens, & ils font de mêmes fignes dans le cas contraire.

Examen de l'équation (4) dans quelques cas particuliers.

$$(4)\ b l - a = \frac{a^2}{p} + \frac{b^2 l}{p'}.$$

» 1°. On fuppofe a = b = r.

» Dans cette hypothèfe, l'extrémité de p' eft le point conjugué du point d'où part le rayon p : L'équation (4) devient,

$$\frac{l - 1}{r} = \frac{1}{b} + \frac{l}{p'};$$

» 2°. Le rayon incident fe confond avec la tangente P M, fig. 538, menée par le point lumineux P.

» Dans ce cas, a = 0 & p' = b, c'eft-à-dire, que le point P', milieu de la corde M S = 2 b, appartient à la *cauftique*.

» 3°. r eft infini.

» Subftituant dans l'équation (4) pour a & b leurs valeurs r cof. I, r cof. R, en fuppofant r = ∞, elle donne,

$$\frac{cof.\ I}{p} + l \frac{cof.\ 2 R}{p'} = 0\ (6).$$

Les valeurs p & p' étant néceffairement de fignes différens, on doit conclure que le point lumineux & la *cauftique* font du même côté de la furface réfringente.

» 4°. Pour avoir le point de rebrouffement de la *cauftique*, il faut fuppofer dans l'équation (6) I = 0, & par conféquent R = 0; on a alors p' = — p l, c'eft-à-dire, que les diftances du point lumineux & du point de rebrouffement de la *cauftique* à la fuface réfringente font dans le rapport de l à 1. »

Quoique les auteurs des différens Dictionnaires de phyfique qui ont paru jufqu'à préfent n'aient point parlé de la *cauftique* formée par les rayons de lumière, & qu'ils l'aient confidérée comme un objet qui appartenoit fpécialement aux mathématiques tranfcendantes, nous avons cru devoir entrer dans de grands détails fur cette courbe particulière, parce que fa connoiffance eft effentielle à la réfolution d'une foule de queftions d'optique qui concerne la vifion. En effet, fi l'on veut déterminer, pour une pofition O de l'œil, quel fera le point de l'image, il fuffit de mener, de l'œil, des tangentes aux branches des *cauftiques*, & les points de rencontre des tangentes avec la courbe détermineront la pofition des images. Ainfi, fi O, fig. 515, 516, 529, étoit la pofition de l'œil, S, fig. 515, 516, & L, fig. 529, la pofition d'un point, l'image de ce point feroit en T, point de la courbe où la tangente, menée du point O, vient la toucher. Dans la fig. 515, il y auroit un fecond point U qui produiroit une feconde image; ainfi, dans cette pofition du point O, l'œil verroit deux images, du même point, en T & en U.

CAUSTIQUES (Miroirs); fpeculum cauflicum; brennfpigel. Miroirs qui ont la propriété de concentrer les rayons de lumière dans un très-petit efpace, & de les réunir en affez grand nombre pour brûler & enflammer les corps. Ces fortes de miroirs font connus depuis fort long-temps, on prétend même qu'Archimède s'eft fervi de *miroirs cauftiques* pour concentrer les rayons de lumière fur les vaiffeaux de Marcellus qui affiégeoit Syracufe, & qu'il parvint ainfi à embrafer fa flotte. *Voyez* MIROIRS ARDENS.

CAUSTIQUES (Subſtances); materia cauſtica ; *attrendes materæ.* Corps qui, mis en contact avec une partie animale, altèrent ſon tiſſu, détruiſent ſa texture, & lui donnent un autre état.

On diſtingue deux ſortes de *cauſtiques :* 1°. des *cauſtiques* actuels ; 2°. des *cauſtiques* potentiels : les premiers ſont des charbons allumés, le fer, le cuivre rougis au feu, le moxa, la poudre à canon que l'on enflamme ; on les nomme *actuels,* parce que le principe ou la cauſe de leur activité eſt le calorique libre ; les ſeconds ſont nommés *potentiels,* parce que leurs propriétés reſtent latentes, & n'exercent d'action que lorſqu'elles rencontrent des circonſtances propres à les mettre en jeu, comme lorſqu'elles ſont en contact avec des matières animales ; on les nomme auſſi *cautères.*

Ces *cauſtiques* ou *cautères* ſont l'acide arſenieux ou arſenic blanc, la potaſſe & la ſoude pures, le nitrate d'argent ou pierre infernale, l'ammoniaque pure, les acides ſulfurique, nitrique & muriatique, la chaux vive, les ſulfates de cuivre, d'alumine calcinée, le muriate de mercure ſuroxidé, le nitrate de mercure, &c.

Tous les *cauſtiques* n'ont pas une puiſſance égale ; ils paroiſſent avoir une action plus étendue ſur les parties vivantes que ſur les parties mortes.

On n'emploie jamais les *cauſtiques* qu'à l'extérieur du corps ; ils ſervent pour conſumer les bourgeons charnus, les chairs molles, baveuſes, qui naiſſent dans les plaies. Leur impreſſion ſuſcite une vive irritation ; elle renouvelle la ſurface ulcérée ; elle lui donne un autre mode de vitalité, & détermine ſouvent une prompte guériſon. On a auſſi recours aux *cauſtiques* pour conſumer les bords calleux des ulcères anciens ; on les emploie pour toucher des ulcérations qui naiſſent dans la bouche, &c. Ils ſont également employés pour détruire les excroiſſances charnues, les verrues, les condylomes, les fics, ainſi que les loupes enkyſtées. On peut encore les employer pour toucher des humeurs cancéreuſes ; ils ſont également avantageux pour ouvrir les tumeurs indolentes, les abcès par contagion : leur action irritante réveille, dans la partie malade, les propriétés vitales ; elle y provoque un travail inflammatoire favorable. *Voyez* CAUSTICITÉ.

CAVALATE, : monnoie courante de Toſcane = 1,3333 livres = 26,6666 ſoldo = 320 denaro = 1,1555 livres tournois = 1,1408 francs. Il en faut 1 ¾ pour faire une piaſtrino.

CAVALLO, : très-petite monnoie des États de Naples = 0,0035 livres tournois = 0,54 centimes, c'eſt-à-dire, un peu plus d'un demi-centime. Il en faut 12 pour un grain, 120 pour un carlino, & 1200 pour un ducato del regno.

CAVALOT : monnoie fabriquée ſous Louis XII, valant 6 deniers d'alors. On l'appelle *cavalot,* parce que ſaint Second y eſt repréſenté à cheval.

CAVAN : meſure dont on ſe ſert, dans quelques-unes des îles Philippines, pour meſurer les grains & les légumes.

CAVE ; cavus ; *gervolbe ;* ſ. f Lieu voûté, partie d'un bâtiment qui eſt au-deſſous du rez-de-chauſſée.

CAVE A AIR ; cavus aeris ; *luft keller, ode gervolbe.* Excavation ſouterraine deſtinée à ſervir de réſervoir d'air.

Ces ſortes de *caves* ſervent ordinairement de régulateur à l'air qui eſt employé dans les hauts fourneaux, pour y fondre les minerais & en ſéparer le ſer qu'ils contiennent. On fait entrer, dans ces *caves,* l'air que lancent pluſieurs machines ſoufflantes, & on le dirige enſuite dans les foyers où il doit être employé. Cette méthode a, par-deſſus toutes les méthodes anciennement employées pour fournir de l'air aux hauts fourneaux, l'avantage de contenir un volume conſidérable d'air qui peut être condenſé au degré que l'on veut, & dont l'élaſticité offre un moyen facile d'égaliſer le vent, & de rendre l'opération du ſouffle auſſi uniforme qu'il eſt poſſible.

Il exiſte en Angleterre pluſieurs uſines où l'on a fait un uſage heureux de *caves à air* pour régulariſer le courant d'air employé. *Voyez* la *Sidérotechnie d'Haſſenfratz.*

CAVE A EAU ; cavus aquoſus ; *waſſer gervolbe.* Grand réſervoir d'eau recouvert d'une grande caiſſe pour recevoir l'air de pluſieurs machines ſoufflantes, & le diſtribuer dans les foyers où il doit être employé.

Les *caves à eau* ne ſont pas auſſi avantageuſes que les *caves à air,* parce que l'air comprimé, en contact avec l'eau, reçoit entre ſes particules une quantité conſidérable d'eau, qui contribue à faire brûler une grande quantité de combuſtible, pour décompoſer l'eau ; & comme il faut trois fois autant de calorique pour décompoſer l'eau, qu'il s'en produit en formant de l'acide carbonique avec la même quantité d'oxigène, il s'enſuit que cette humidité diminue la quantité de calorique que le combuſtible auroit produite, ſi l'on n'eût employé que de l'air ſec ; au reſte, ces ſortes de *caves* ſont très-propres à régulariſer les courans d'air.

CAVES A MOFETTES ; cavus mophetus ; *mophetiſche keller.* Caves qui ſe rempliſſent de gaz délétère, & non propre à la reſpiration.

Le gaz oxigène eſt le ſeul qui ſoit propre à entretenir la vie ; tous les autres ne peuvent être reſpirés ſans danger, s'ils ne contiennent pas de l'oxigène. *Voy.* RESPIRATION, OXIGÈNE, GAZ, MOFETTES.

Dans les mines, les ſouterrains, les cavernes, où il ſe dégage des gaz, & où il n'exiſte pas un courant d'air propre à les chaſſer & à les remplacer

par

par de l'air atmosphérique, il est impossible que les animaux puissent y séjourner sans y perir : la lumière elle-même ne peut y être maintenue. *Voyez* FEU GRIGOUX, GROTTE DU CHIEN.

Plusieurs *caves*, dans lesquelles il se dégage des gaz acides carbonique, azote & hydrogène, & qui n'ont pas des ouvertures pratiquées de manière à chasser ces gaz par un courant continuel d'air atmosphérique, deviennent dangereuses pour la vie des personnes qui y descendent. Baumé, de l'Académie des Sciences, rapporte, page 16 de la première partie du *Journal de Physique* pour l'année 1774, un accident arrivé le 2 octobre 1773, dans une *cave* de la rue des Trois-Maures, à Paris, appartenant aux frères Leguillier, marchands droguistes : un garçon & un chien y ont péri, & l'un des frères Leguillier y auroit péri lui-même, s'il n'avoit pas été secouru à temps.

Cette *cave* est placée à vingt-trois pieds & demi au-dessous du sol; elle n'a d'ouverture qu'un escalier de quatre pieds & demi de large & de cinq de haut, qui communique dans une *cave* supérieure grande & vaste, mais qui n'a de communication avec l'air extérieur que par quatre soupiraux & un escalier.

La *cave* la plus profonde est sujette à des variations dans la bonté de l'air. Il est des temps où la lumière y brûle parfaitement, & où l'on peut y respirer aussi facilement qu'à l'air; mais il en est aussi où la lumière ne brûle qu'avec une excessive difficulté, & où l'on ne peut y rester plus d'un quart d'heure sans danger. Ceux qui sont obligés de travailler dans cette *cave*, dans les circonstances des *mofettes*, se trouvent étourdis, comme ivres, & sont forcés d'en sortir.

Dans un moment de *mofettes* tellement abondantes que la lumière ne pouvoit s'y maintenir, l'un des frères Leguillier fut dans cette *cave* avec un garçon & un chien : à peine furent-ils descendus, qu'ils se sentirent étourdis; ils cherchèrent aussitôt à regagner l'escalier; mais le garçon se trompant, fut tomber entre deux tonneaux, & le frère Leguillier arriva au bas de l'escalier, où il tomba également. Le chien avoit été asphyxié dès qu'il fut descendu.

Voici ce que rapporte le frère Leguillier, sur les sensations qu'il a éprouvées dans les deux minutes qui se sont écoulées jusqu'à ce qu'il ait perdu entièrement connoissance : il éprouva une situation des plus voluptueuses, un délire inexprimable; une douce rêverie occupoit agréablement son imagination; il goûtoit avec plaisir, à la porte du tombeau, une satisfaction délicieuse, absolument exempte des horreurs que l'on a ordinairement de la mort. Il perdit enfin tout mouvement, tout sentiment, & resta dans cette dernière situation environ une heure & demie au pied de l'escalier.

Le lendemain de l'événement, Baumé a descendu dans cette *cave* jusqu'à l'endroit où il fut

possible d'aller sans danger, c'est-à-dire, quatre marches seulement. Il présenta plusieurs fois de suite une chandelle allumée, qu'il tenoit à la main; elle s'éteignoit aussitôt qu'elle entroit dans l'atmosphère des vapeurs mofétiques : le baromètre étoit à 27 pouces 8 lignes.

Deux jours après, le baromètre étant à 28 pouc. 2 lig., Baumé fut de nouveau visiter cette *cave*; mais les mofettes s'en étant évacuées avec l'air de la *cave*, & cela dans l'espace de six minutes, alors il put y descendre : la lumière y brûloit parfaitement bien, & répandoit une clarté ordinaire, sans être altérée du moindre brouillard.

Plusieurs *caves* de la rue des Trois-Maures sont, comme celle des frères Leguillier, sujettes aux mêmes accidens; car, à la même époque, un maçon allant sceller un gond dans une *cave* de l'autre côté de la rue, se trouva étourdi un quart d'heure après y avoir entré, & tomba sans pouvoir sortir : il fut heureusement secouru aussitôt, & en fut quitte pour une syncope d'une demi-heure environ, & pour un mal de tête qui dura le reste de la journée.

Baumé a cité, dans sa Chimie, une *cave* à Senlis qui est remplie de mofettes pendant l'été, & qui n'en a point pendant l'hiver. Les vapeurs mofétiques de cette *cave* occupent la partie supérieure.

Les cavernes & les grottes que l'on trouve dans les pays volcaniques, sont le plus souvent remplies de gaz acide carbonique. Lacoste, dans ses *Lettres minéralogiques sur les volcans d'Auvergne*, dit : « Que les grottes d'Auvergne, connues sous le nom de *caves*, renferment des quantités plus ou moins considérables de ce gaz; qu'il en est qui en sont presqu'entièrement remplies, d'autres qui n'en contiennent que dans leurs parties basses; de sorte que, lorsque vous êtes droit, quoique vos pieds soient plongés dans ce gaz, vous n'avez cependant rien à craindre, parce que l'air que vous respirez n'a aucune qualité délétère, ce gaz étant plus pesant que l'air atmosphérique. Ces *caves*, dangereuses dans tous les temps, le sont encore davantage dans les temps orageux, lorsque l'air est chargé de fluide électrique. La plus célèbre de ces *caves*, pour son méphitisme, est celle de Montjoli, située à l'est-sud-ouest de Clermont. »

On s'est assuré que ce gaz délétère, ces mofettes, étoient de l'acide carbonique, parce qu'il rougit la teinture de tournesol; que l'eau de chaux, combinée avec ce gaz, produit du carbonate de chaux; qu'il éteint la lumière; que les personnes plongées dans son atmosphère sont asphyxiées : aussi ces *caves* sont-elles appelées *étouffis*. Il est cependant à observer, dit Lacoste, que cette asphyxie est réellement mortelle : on a cependant vu des hommes qui sont restés assez long-temps dans cet état, qu'on a rappelés à la vie, en les exposant souvent à l'air libre. S'ils étoient demeurés un égal espace de temps dans une atmosphère de gaz acide carbonique produit par la fermentation de la vendange, ou par la combustion du charbon; ils auroient péri inévitablement, quelques secours qu'on leur eût administrés. Les accidens produits' dans l'économie animale ne sont pas les mêmes non plus, comme l'a observé M. Legrand.

Rien de plus facile que de corriger les vices de ces sortes de *caves* : il suffit d'y établir un courant d'air régulier, qui entraîne tous les gaz aussitôt qu'ils sont produits. Tout consiste à établir, dans ces *caves*, deux ouvertures, l'une qui communique avec le sol, & l'autre à une très-grande hauteur, par le moyen de plusieurs tuyaux de plomb, de fonte ou de terre; alors la plus légère différence entre la température de l'air aux deux ouvertures, suffira pour établir un courant du côté où la pesanteur de la colonne sera la moins grande. *Voyez* CAMINOLOGIE.

CAVES (Température des); *cavernæ temperaturæ*. Habituellement, la température des *caves* est plus grande en hiver & plus foible en été, que celle de l'air extérieur : cette variation est occasionnée par les causes productives de chaleur, à l'air extérieur, qui n'exercent pas la même action dans l'intérieur des *caves*, & par les causes de refroidissement qui ne sont pas les mêmes. (*Voyez* TEMPERATURE DES CAVES.) Cette différence de température, l'hiver, est telle que l'on distingue, sous forme de brouillard, l'air qui sort des *caves* par les soupiraux, & que l'on voit même cette vapeur se congeler sur les bords des soupiraux, & former une espèce de givre. *Voyez* GIVRE.

CAVEDO : mesure de longueur pour les étoffes, employée aux Indes occidentales, & particulièrement à Batavia. Le *cavedo* = 0,388 aune de Paris = 0,4607 mètre.

CAVELIN : mesure dont on sert en Hollande pour acheter le vin. Le *cavelin* contient deux bariques, ou huit tonneaux, huit poinçons, quatre piques ou bottes : toutes ces différentes mesures forment la même quantité.

CAVENDISH (Henri), second fils du duc de Devonshire. Il ne jouit, pendant sa jeunesse, que de la très-modique fortune allouée aux branches cadettes des grandes maisons. Son goût pour les sciences lui tint lieu de tout autre avantage. Il vit, sans regret, s'éloigner de lui ses illustres parens, parce que lui-même s'éloignoit des places qui conduisent à la fortune & aux honneurs. Son penchant dominant fut la chimie, & il est un de ceux qui ont le plus contribué aux progrès de cette science. Il fut le premier qui analysa les propriétés particulières du gaz hydrogène, & qui assigna les caractères qui distinguent le gaz de l'air atmosphérique : on lui est redevable de la fameuse découverte de la composition de l'eau. Scheele s'en étoit déjà occupé, mais sans obtenir de résidu visible. *Cavendish* répéta cette fameuse expérience, & ce fut avec la précision qui caractérisoit toutes ses opérations : il obtint, pour résidu, de l'eau, dont la quantité égaloit en poids celle des gaz oxigène & hydrogène. Monge, à la même époque, a pareillement réussi, à Mézières, & sans avoir alors connoissance des travaux du chimiste anglais. Plusieurs savans attribuent à ce dernier l'antériorité de la publication; cependant le physicien français s'étoit occupé de cette expérience plus d'un an avant de l'exécuter. Il paroît que cette brillante découverte n'avoit échappé à Scheele que pour avoir négligé la précaution de brûler les gaz dans un vase fermé. Lavoisier a, depuis, répété cette expérience en grand, & publiquement il a obtenu un semblable résultat. *Voyez* EAU, COMPOSITION DE L'EAU.

Cet esprit de précision que *Cavendish* portoit dans tous ses travaux, le conduisit à une autre découverte échappée à Priestley : celui-ci avoit reconnu qu'une masse d'air atmosphérique, enfermée dans un tube, au travers duquel on faisoit passer une suite d'étincelles électriques, diminuoit de volume, & que, dans cette opération, il se formoit un acide qui teignoit en rouge la teinture de tournesol qu'il avoit introduite dans le tube; mais il ne poussa pas l'expérience plus loin. *Cavendish*, en la répétant, enferma dans le tube une dissolution de potasse caustique qui absorba l'acide, & le fit connoître pour l'acide nitreux. Des procédés subséquens le confirmèrent dans sa découverte.

Cavendish ne se borna point à la connoissance pratique de la chimie : egalement versé dans la haute géométrie & dans la physique, il fit une heureuse application de cette réunion de connoissances dans une question fort importante, la détermination de la densité moyenne de la terre. Il y parvint, en rendant sensible l'attraction exercée sur un petit disque de cuivre, par une grosse boule de métal. C'est par ce procédé que *Cavendish* trouva que la densité moyenne de notre globe devoit être cinq fois & un tiers aussi grande que celle de l'eau; résultat qui diffère très-peu de celui de Maskelyne. La Société royale de Londres l'avoit reçu au nombre de ses membres; l'Institut de France le nomma, le 25 mars 1803, l'un de ses huit associés étrangers.

Long-temps avant cette époque, *Cavendish* étoit devenu le plus riche de tous les savans, & aussi le plus savant de tous les riches. Un de ses oncles, marin distingué, revenu des Indes en 1773, ayant trouvé mauvais que la famille eût négligé ce neveu, dont le mérite l'honoroit plus que les titres, que l'on ne doit qu'au hasard de la naissance ou à la faveur, l'institua son héritier universel : la fortune qu'il lui laissa, s'élevoit à plus de 300,000 l. de rente, argent de France. Ce changement inattendu n'influa point fur les mœurs & les habitudes de *Cavendish* : original dans fa mife comme dans fes manières, tout, chez lui, étoit réglé par des lois auffi immuables que celles des corps céleftes. Mais s'il dépenfa peu pour fa perfonne, il étoit d'une générofité vraiment royale pour les fciences, ainfi que dans fes actes de bienfaifance. Il avoit formé une bibliothèque immenfe, toujours ouverte aux favans, & l'avoit établie à deux lieues de fa réfidence, afin de n'être point dérangé par les lecteurs. Diverfes cartes imprimées en facilitoient l'accès, &, felon qu'elles étoient conçues, on pouvoit travailler fur les livres, ou emporter ceux dont on avoit befoin ; lui-même s'aftreignoit à la règle qu'il avoit prefcrite ; il donnoit un reçu des livres qu'il envoyoit chercher, & les rendoit avec la plus grande exactitude. La mort l'enleva aux fciences & aux infortunés, dont il foulageoit fecrètement la mifère, au-commencement de mars 1810, à l'âge de foixante-dix-fept ans. Malgré fes dépenfes annuelles, fa fortune étoit devenue coloffale : lors de fon décès, elle fe trouva monter à 30,000,000, monnoie de France. Cette immenfe fortune paffa à des parens éloignés, à l'exception d'un legs de 400,000 fr, fait par le teftateur, au chevalier Blagden fon ami, &, comme lui, membre de la Société royale de Londres. Les écrits de *Cavendish* font peu nombreux ; tous font inférés dans les *Tranfactions philofophiques*, & chacun d'eux porte un caractère de fineffe, d'exactitude & de fidélité qui doit les faire regarder comme des modèles dans leur genre.

CAVERNÉ ; caverna ; *hohlen* ; f. f. Grand creux formé naturellement & fans art, foit dans des montagnes, foit dans des rochers, foit dans toute autre maffe pierreufe.

Il exifte des *cavernes* très-confidérables : quelquefois une *caverne* n'eft que le veftibule d'une autre plus profonde & plus vafte ; cependant on a exagéré fouvent l'étendue de la plupart des *cavernes*. Les unes fe diftinguent par des curiofités de minéralogie, telles que des ftalactites ; les autres renferment des amas d'offemens pétrifiés ou calcinés ; ce font des parties vifibles de vaftes cimetières, où les révolutions du globe ont enfeveli des générations entières d'êtres vivans : on connoît auffi quelques *cavernes* où certains animaux marins fe retirent par inftinct, lorfqu'ils fe fentent fur le point de mourir.

Il y a des *cavernes* qui renferment des puits profonds, des amas d'eau, quelquefois affez étendus pour qu'on leur donne le nom de *lac fouterrain* ; d'autres donnent naiffance à des ruiffeaux, à des rivières ; il y en a qui engloutiffent des eaux courantes, même affez confidérables, enfin, qui produifent, à l'extérieur, des courans affez forts d'air entrant & fortant. Les *cavernes* volcaniques forment une claffe très-diftincte des autres.

Pour qu'une *caverne* exifte, il faut que la maffe pierreufe qui forme fa voûte foit affez dure & ait affez de folidité pour foutenir la maffe fupérieure qu'elle fupporte.

Deux caufes peuvent contribuer à la formation des *cavernes* : 1°. l'action des eaux long-temps continuée ; 2°. l'action des feux fouterrains qui ramolliffent, liquéfient & foulèvent des maffes pierreufes d'un volume confidérable. Les eaux ont deux manières d'agir : comme rongeantes & comme diffolvantes ; enfin, il peut encore exifter une troifième caufe à la formation des grottes ou *cavernes*, c'eft celle qui produit ces tremblemens de terre, ces fecouffes violentes qui défuniffent les rochers, occafionnent des fentes d'une grande étendue, & qui ont probablement donné naiffance à ces innombrables giffemens de mines, connus fous le nom de *filons*.

Parmi les pierres qui compofent les montagnes, il en eft peu fur lefquelles les eaux aient plus d'action que les calcaires ; les belles ftalactites de chaux carbonatée qui fe forment dans un grand nombre de *cavernes* (*voyez* STALACTITES), prouvent que le carbonate de chaux dont elles font formées, a d'abord été diffous par l'eau qui le charie, avec elle, à travers les interftices des pierres, & qu'elle a enfuite abandonné en s'évaporant.

Auffi eft-ce dans les terrains calcaires, foit fecondaires, foit primitifs, que les *cavernes* fe trouvent le plus abondamment. La fituation horizontale des couches de calcaire fecondaire contribue à la confervation des *cavernes*, par la facilité avec laquelle il peut fe former des voûtes folides. L'extrême folidité des marbres primitifs donne aux voûtes des excavations formées par les eaux, la faculté de fe foutenir pendant une longue fuite de fiècles ; au lieu que, dans les autres roches, les élémens hétérogènes de leur pâte ou leur tiffu feuilleté, les rendent fujettes à une prompte décompofition ; & la fituation horizontale de leurs couches opère des éboulemens, dès que leur bafe eft fapée par des courans fouterrains ; de forte qu'on voit rarement des *cavernes* confidérables dans les montagnes granitiques ou fchifteufes.

On rencontre fouvent, dans les terrains fecondaires, des maffes immenfes de gypfe, de fel marin, de pyrites mélangées de diverfes fubftances terreufes & altérables, qui peuvent contribuer à la formation des *cavernes*, lorfque les eaux pénètrent à travers ces maffes, diffolvent les deux premières fubftances & décompofent la troifième : on a des exemples des cavités creufées dans les maffes gypfeufes, dans la *caverne* remarquable que l'on voit dans une montagne d'albâtre, près de Barnunowa en Ruffie, & dans le labyrinthe de Koungow, fur les frontières de la Sibérie.

Quelle que foit la nature de la roche dans laquelle exiftent ces fubftances attaquables par l'eau, il peut s'y former des *cavernes*, fi la pierre qui enveloppe ces maffes eft capable de réfifter, foit à l'effort continuel des eaux, soit à la pression exercée de toutes parts contre les parois.

Quant aux *cavernes* formées par l'action des feux souterrains, dont quelques géologues ont voulu nier l'existence, il suffit de citer celles que l'on peut voir dans les pays volcaniques, pour convaincre les plus incrédules; & puis, comment peut-on nier la possibilité de leur formation, lorsque l'on voit des masses immenses de roches dures ou amollies sortir du sein de la terre ou des eaux, & former aussitôt des montagnes d'une grande hauteur, ou des îles d'une grande étendue? Peut-on assurer que ces masses soient sans cavités internes, lorsque l'on voit souvent ces feux souterrains s'ouvrir un passage sur leurs flancs, & donner naissance à ces vastes cratères qui s'y forment? (*Voyez* CRATÈRE.) Et peut-on croire, vu le peu d'espace que ces masses soulevées occupoient, que leur intérieur ne soit pas libre, & qu'il ne s'y forme pas d'immenses *cavernes*?

Il existe des *cavernes* dans tous les pays, puisqu'il y existe des masses calcaires & volcaniques; la difficulté est moins d'en citer un grand nombre, que de choisir, entre celles que l'on a décrites, les *cavernes* qui présentent le plus d'intérêt. On peut diviser les *cavernes* en trois classes ; 1°. *cavernes* formées par les volcans; 2°. *cavernes* formées par les eaux ; 3°. *cavernes* formées par la nature & par les hommes : elles peuvent être sous-divisées en *cavernes* à air, *cavernes* à eau, *cavernes* à offemens & *cavernes* à stalactites. Nous allons décrire quelques *cavernes* de chaque classe & de chaque division.

Il est peu de pays volcanique qui ne contienne des *cavernes* : le terrain de la plupart des îles de l'Archipel est presque partout caverneux; celui des îles de l'Océan indien, principalement celui des îles Moluques, ne paroit être soutenu que par des voûtes ou des concavités; celui des îles Açores, celui des îles Canaries, celui des îles du Cap-Vert, & en général le terrain de presque toutes les petites îles, est, à l'intérieur, creux & caverneux en plusieurs endroits, parce que ces îles ne sont que des pointes de montagnes formées par des masses molles & liquides qui ont été soulevées, & dans lesquelles il s'est fait des éboulemens considérables, soit par l'action des volcans, soit par celle des eaux, des gelées & des autres variations de l'air. Dans les Cordilières du Pérou, où il y a plusieurs volcans & des tremblemens de terre fréquens, il y a aussi un grand nombre de *cavernes*, de même que dans l'île de Banda, le mont Ararals, &c.

Ainsi, aux vides formés par le soulèvement des masses terreuses, on peut encore regarder comme nouvelles causes de la formation des *cavernes* dans les terrains volcaniques, la nature de la substance sur laquelle coulent & s'accumulent les courans de laves Lorsque cette matière est meuble ou attaquable par les eaux, elle peut être facilement

entraînée par les courans de ce liquide qui s'établissent sous les laves, & laisser ainsi des espaces vides plus ou moins considérables. On voit, dans les volcans d'Auvergne, plusieurs *cavernes* creusées dans les terrains sur lesquels la lave repose : les unes sont le produit de l'action des eaux; les autres du travail des hommes, qui n'ont eu qu'à faire disparoître l'échafaudage sur lequel les laves s'étoient déposées.

Les voûtes de ces *cavernes* sont formées par des stalactites de laves, & tout ce que les stalactites neptuniennes ont de formes bizarres & singulières, est reproduit par ces stalactites vulcaniennes. Tantôt vous les voyez pendre en filets plus ou moins longs, se contournant, se ramifiant dans tous les sens ; tantôt vous les voyez former des lames plus ou moins étendues & amincies, se détachant les unes des autres : vous diriez un livre antique noirci par la fumée, dont les feuillets sont séparés. Tantôt vous les voyez se modeler en mamelons à contours plus ou moins parfaitement arrondis. Les couleurs de ces *cavernes* ne sont pas moins admirablement variées que leurs formes: toutes les couleurs s'y trouvent souvent rassemblées & mariées entr'elles avec la plus grande harmonie ; & ce qui frappe davantage, c'est que ces couleurs, nuancées de mille manières différentes, conservent toujours toute leur beauté & toute leur fraîcheur: vous imaginerez que tous les jours la nature prend sa palette & son pinceau pour les rajeunir; elles ne se ressentent nullement de l'outrage des ans. On diroit également que l'art le plus industrieux a présidé à l'emplacement des laves pour la construction de ces *cavernes*, afin de produire les effets les plus pittoresques. Il faut voir ces ouvrages de la nature, pour se faire une idée de leur beauté.

Patrin cite comme un exemple des *cavernes* formées par l'érosion des eaux, celles qui existent dans la masse calcaire du mont Salève, situé à quelques lieues de Genève, & que Saussure a décrit §. 231 de ses *Voyages dans les Alpes*. Près du bord le plus élevé de cette montagne, il existe une espèce de puits d'une grandeur énorme : il a cent soixante pieds de profondeur, & plus de trois cents pieds de circonférence. Vers le fond il est ouvert par une échancrure en forme de portail, de quarante à cinquante pieds de haut, qu'on voit du bas de la montagne, & qu'on nomme le trou de *brifaut*, parce qu'à cette distance il ne paroît que le réduit d'un chien.

Les parois de ce puits sont cannelées du haut en bas par de larges & profonds sillons arrondis, qui sont évidemment des érosions formées par une énorme masse d'eau qui est tombée d'une grande élévation sur ces rochers, où elle a creusé cet abîme par l'effet de sa chute continuée pendant une longue suite de siècles ; car Saussure nous apprend que le mont Salève est formé de grandes assises à peu près horizontales d'un pierre calcaire blanche, sur laquelle les injures de l'air ne font que peu d'impreſſion ; & l'on ſent facilement combien il a fallu de temps pour former une auſſi prodigieuſe excavation, dans une roche qui s'y oppoſoit, non-ſeulement par la ſolidité de ſon tiſſu, mais encore par la ſituation horizontale de ſes couches épaiſſes, qu'il falloit percer les unes après les autres.

Ces éroſions verticales, & toutes les autres circonſtances, prouvent, d'une manière ſi évidente, qu'elles ſont l'ouvrage d'une eau tombant de fort haut, que, malgré la difficulté de rendre raiſon de ce fait, ce ſavant obſervateur n'a pu le revoquer en doute ; mais, pour l'expliquer, il a eu recours à l'hypothèſe d'une grande cataſtrophe.

Il ſuppoſe que l'Océan, qui couvroit les plus hautes montagnes, fit tout-à-coup une débâcle, & ſe précipita dans de grandes cavernes creuſées dans l'intérieur de la terre ; que, dans cette retraite ſubite, il forma divers courans très-puiſſans, & que c'eſt un de ces courans qui a ſillonné le puits dont il s'agit.

Mais ſans chercher à diſcuter cette hypothèſe, il ſuffit de remarquer que cette excavation, avec ſes larges & profonds ſillons arrondis, ne ſauroit être l'effet d'une cataſtrophe ſubite, & qu'il n'y a que la main lente du temps qui ſoit capable d'imprimer des traces de cette nature.

Sauſſure cite encore d'autres cavernes dont la ſtructure prouve, avec la dernière évidence, qu'elles ſont l'effet du travail & de l'éroſion des eaux long-temps continué.

Celle que ce ſavant appelle la caverne d'Orjobet, du nom de ſon propriétaire, eſt ſituée à quelque diſtance au couchant, & un peu plus bas que le puits précédent. Sauſſure, & Orjobet qui lui ſervoit de guide, y pénétrèrent par ſa partie inférieure ; car elle eſt, de même que le puits, ouverte par le haut & par le bas. « Nous entrâmes, dit-il, dans le rocher par une grande ouverture qui n'eſt pas encore celle de la caverne, mais une avenue bien ſingulière qui conduit à ſon entrée. C'eſt une eſpèce de grande cheminée éclairée çà & là par des ouvertures irrégulièrement ovales, que les eaux ont creuſées dans l'épaiſſeur du rocher. On monte, par cette eſpèce de canal, juſqu'à la hauteur perpendiculaire d'environ quatre-vingt-dix pieds ; & là on ſe trouve à l'entrée de la caverne, qui eſt ſituée au haut de cette cheminée, & éclairée par un grand jour qui eſt vis-à-vis la porte.

Cette porte eſt double.... On entre par la gauche, qui eſt d'un accès plus facile, d'environ quinze pieds ſur ſept de hauteur ; mais en avançant, elle s'élargit & s'exhauſſe à peu près du double. Le ſol de cette galerie s'élève en s'avançant vers le fond. Environ à ſoixante pieds plus loin de l'entrée, la caverne ſe rétrécit conſidérablement, au point de ſe changer en un canal étroit & tortueux, dans lequel on ne pénètre qu'avec difficulté ; & enfin, à dix ou douze pieds plus loin, on ne peut plus y paſſer, quoiqu'il ſe prolonge encore plus avant. »

D'après cette deſcription, il eſt aiſé de voir que ces divers embranchemens de cavernes ne ſauroient être l'effet d'une opération ſubite. Il paroît qu'il y avoit deux courans qui ont contribué à les former : l'un qui tomboit du haut & venoit frapper contre un rocher placé vis-à-vis, qui le renvoyoit contre celui où eſt aujourdhui la grande ouverture, placée devant la porte de la caverne ; & ſes eaux, que leur poids & leur impulſion faiſoient continuellement agir de haut en bas, ont creuſé à peu près le grand tuyau de cheminée, & ſont enfin ſorties par ſon ouverture inférieure.

L'autre courant, qui a formé, dans l'intérieur de la montagne, la galerie inclinée que Sauſſure appelle proprement la caverne, étoit beaucoup moins conſidérable ; c'étoit une portion du courant ſupérieur qui s'infiltroit dans le rocher avant d'arriver à la cataracte, & qui venoit, par une route ſouterraine, ſe joindre aux eaux du torrent, vis-à-vis le haut de la cheminée, où elles ſe précipitent en commun.

Il eſt encore à propos d'obſerver que, pour arriver à cette caverne par le hameau du coin, comme le fit Sauſſure, il faut gravir une montée très-rapide d'une heure & un quart ; & qu'en montant, l'on voit de grands rochers dont les faces, taillées à pic, ſont ſillonnées vers leur baſe d'excavations conſidérables qui indiquent manifeſtement l'action d'un grand courant ; & ce ſont probablement les mêmes qui avoient creuſé les cavernes ſituées au-deſſus.

Sur la route de Gênes à Nice, on paſſe au pied d'un rocher calcaire argileux, percé, ſur ſa face, d'un grand nombre d'ouvertures qui ſervent d'entrée à des cavernes plus ou moins ſpacieuſes. Toutes ces excavations ont, par le haut, la forme de voûte ſolide, elles ſont dépourvues de toute ouverture intérieure ; elles ſont creuſées ſur la face verticale & même ſurplombante, d'un roc ſain auſſi dur que le marbre, elles ne ſauroient être l'ouvrage des eaux pluviales. Préſumant que quelques ſubſtances plus molles & plus deſtructibles auroient pu contribuer à la formation ſpontanée de ces cavernes, Sauſſure examina avec le plus grand ſoin leurs ſurfaces intérieures ; il en briſa même pluſieurs fragmens ſans y découvrir aucun mélange d'une nature plus tendre. Ayant obſervé qu'il exiſtoit aux bords actuels des eaux de la mer, ſur ce même rocher, des cavités arrondies ſemblables, en petit, à celles qui exiſtent plus haut, le ſavant géologue de Genève regarda comme très-probable, au moins, que ces cavernes étoient l'ouvrage des eaux de la mer ; mais il ne trouva, dans ces grands eſpaces vides, ni pholades, ni coquillages, ni ſables, ni cailloux qui puſſent favoriſer cette opinion ; & puis il auroit fallu, pour produire ces creuſemens, que les eaux ſe fuſſent élevées de plus de deux cents pieds au-deſſus de leur niveau actuel. §. 1383.

Un grand nombre de cavernes contiennent, dans

leur intérieur, des réfervoirs d'eau qui s'écoulent à l'extérieur par des ouvertures particulières : ces eaux proviennent des infiltrations qui ont lieu à travers la maffe du rocher qui recouvre ces *cavernes*. Nous en citerons quelques exemples.

Dans la Carniole, il exifte une *caverne* auprès de Potpechia, qui eft fort fpacieufe, & dans laquelle on trouve un grand lac fouterrain ; dans la province de Dacbs, en Angleterre, il y a une grande *caverne* fort confidérable, & beaucoup plus grande que la fameufe *caverne* de Bauman, auprès de la Forêt-Noire, dans le pays de Brunfwick. Milord comte Morton, qui a fait connoître cette *caverne*, appelée *Devilshate* (*trou du diable*), dit qu'elle préfente d'abord une ouverture fort confidérable, comme celle d'une grande porte d'églife ; que, par cette ouverture, il coule un gros ruiffeau ; qu'en avançant, la voûte de la *caverne* fe rabaiffe fi fort, qu'en un certain endroit on eft obligé, pour continuer fa route, de fe mettre fur l'eau du ruiffeau dans des baquets fort plats, où on fe couche pour paffer fous la voûte de la *caverne*, qui eft abaiffée dans cet endroit, au point que l'eau touche prefque la voûte ; mais, après avoir paffé cette partie difficile, la voûte fe relève, & on voyage encore fur la rivière jufqu'à ce que la voûte fe rabaiffe de nouveau & touche à la fuperficie de l'eau ; & c'eft là le fond de la *caverne* & la fource du ruiffeau qui en fort. Il groffit confidérablement dans certains temps, & il amène & amoncèle beaucoup de fable dans un endroit de la *caverne*, qui forme comme un cul-de-fac, dans la direction de celle de la *caverne* principale.

En Grèce, dans la partie appelée *Livadie* (*Achaïe des Anciens*), eft une grande *caverne* dans une montagne qui étoit autrefois fameufe par les oracles de *Trophonius*, entre le lac de Livadie & la mer voifine, qui, dans l'endroit le plus près, en eft à quatre milles. Il y a quarante paffages fouterrains à travers les rochers, fous une haute montagne, par où les eaux du lac s'écoulent.

Dans la vallée de Kingfdale, à l'extrémité orientale du Yorckfhire, eft la *caverne* de Jordus, où gronde une cafcade fouterraine : cette excavation a cent cinquante pieds de long. Des *cavernes* du Derbifhire, la plus confidérable eft celle de Welhercat, non loin d'Ingleton : des arbres & des arbriffeaux l'entourent dans une lofange ; un arceau de pierre calcaire la divife ; l'a-t-on paffée, on voit à fes pieds fe brifer une cafcade, dont la chute eft de plus de foixante pieds de haut. La longueur du fouterrain eft de cent quatre-vingts pieds, fa largeur de quatre-vingt-dix. L'immenfe bafe de pierre calcaire fur laquelle s'affied l'Ingleborough eft perforée dans toutes les directions, comme un rayon de miel. C'eft la rivière de Weafe ou Grera qui, dans fon cours fouterrain, & dans l'efpace de deux milles au moins, traverfe la *caverne* à Welhercat, & plus loin celle de Gallekirk.

Jufqu'à préfent, toutes les *cavernes* que nous avons fait connoître ne font propres qu'à appuyer l'opinion de quelques minéralogiftes, que ces excavations doivent être le produit de l'action corrodante des eaux. Nous allons maintenant citer de nouvelles grottes, dont la defcription prouve qu'elles peuvent être formées par l'action diffolvante des eaux ; mais pour que cette action puiffe former des excavations, il faut que les eaux puiffent s'écouler avec le carbonate de chaux qu'elles ont diffous ; car fi elles en font faturées, & qu'elles reftent expofées à l'action vaporifante de l'air, alors elles abandonnent le carbonate qu'elles ont diffous, & donnent naiffance à des ftalactites & à des ftalagmites. *Voyez* STALACTITES, STALAGMITES.

Pour bien concevoir comment l'eau peut diffoudre & abandonner le carbonate de chaux, il faut favoir que l'eau faturée d'acide carbonique, à la preffion de 28 pouces de mercure, & à la température de 15° R., eft capable de diffoudre $\frac{1}{1300}$ de fon poids de pierre calcaire ; que, faturée à une plus grande preffion, elle peut en diffoudre beaucoup plus, & qu'elle abandonne ce carbonate ; que celui-ci fe précipite fous forme folide, lorfque l'acide carbonique fe dégage. C'eft pourquoi on remarque fouvent que des eaux, en fortant de l'intérieur des maffes calcaires, abandonnent, dans leur paffage, une fubftance terreufe, une forte de tuf qui tapiffe la furface fur laquelle les eaux s'écoulent.

Une des plus fingulières & des plus grandes *cavernes* que l'on connoiffe, & dans laquelle il fe forme des ftalactites, c'eft-dire, que l'eau abandonne le carbonate de chaux qu'elle a diffous, eft celle d'Antiparos, dont Tournefort nous a donné une ample defcription. On trouve d'abord une *caverne* ruftique, d'environ trente pas de large, partagée par quelques piliers naturels ; entre les deux piliers qui font fur la droite, il y a un terrain en pente douce, & enfuite, jufqu'au fond de la même *caverne*, une pente plus rude, d'environ vingt pas de longueur : c'eft le paffage pour aller à la *caverne* inférieure, & ce paffage n'eft qu'un trou fort obfcur, par lequel on ne fauroit entrer qu'en fe baiffant & avec le fecours des flambeaux. On defcend d'abord dans un précipice horrible, à l'aide d'un câble que l'on a la précaution d'attacher tout à l'entrée ; on fe coule dans un autre bien plus effroyable, dont les bords font fort gliffans, & répendent, fur la gauche, à des abîmes profonds. On place fur les bords de ces gouffres une échelle au moyen de laquelle on franchit, en tremblant, un rocher tout-à-fait coupé à plomb ; on continue à gliffer par des endroits beaucoup moins dangereux ; mais dans le temps que l'on fe croit en pays praticable, le pas le plus affreux vous arrête tout court, & on s'y cafferoit la tête fi l'on n'étoit averti ou arrêté par fes guides. Pour le franchir, il faut fe couler fur ê dos, le long d'un gros rocher, & defcendre une échelle qu'il faut porter exprès. Quand on eft arrivé au bas de l'échelle, on fe roule quelque temps encore fur des rochers, & enfin on arrive dans la *caverne*. On compte trois cents braffes de profondeur depuis la furface de la terre. La *caverne* paroît avoir quarante braffes de hauteur fur cinquante de large ; elle eft remplie de belles & grandes ftalactites de différentes formes, tant au-deffus de la voûte qu'au terrain d'en bas. *Voyez* le *Voyage du Levant*, pag. 188.

« Les *cavernes* de la Jamaïque, dit Beckfort, font en affez grand nombre pour être fufceptibles d'une étonnante variété. Il en eft une, entr'autres, que je vais effayer de décrire, fans vouloir la donner pour terme de comparaifon. Elles font prefque toutes d'une grandeur, d'une beauté, qui leur donnent un caractère unique.

» On fe trouve d'abord fous un dôme affez élevé : d'énormes ftalactites y font fufpendues ; elles touchent à peu près à la terre ; l'imagination faifit, dans leurs pofitions refpectives, des ailes, des niches, des retraites, de nouvelles grottes ; l'éclat des flambeaux brille-t-il au milieu de toutes ces colonnades, on fe croit tranfporté dans un palais d'une architecture gothique ; on eft porté à entrevoir des chapiteaux fculptés régulièrement ; on admire du moins les maffes impofantes, la fimplicité des ornemens & la légèreté avec laquelle tout a été pofé en place.

» Un peu plus loin s'élève un fecond dôme : fa hauteur eft plus confidérable que celle du premier ; les dimenfions en femblent régulières ; la voûte eft parfemée de magnifiques incruftations. Cette falle préfente, comme l'autre, de petits réduits folitaires & féparés ; chacun étoit fupporté par d'élégantes colonnes pétrifiées : j'en frappai quelques-unes ; elles rendoient un fon jufte & pur : ce fon varioit ; il étoit plus ou moins pur, fa durée plus ou moins longue, à proportion de l'épaiffeur & de la longueur des tubes.

» Les flambeaux ajoutent beaucoup à l'effet naturel du lieu ; le mélange des nègres qui les portent & des blancs qui les fuivent, en paroît auffi plus piquant. L'enfemble du tableau général eft d'une richeffe au-deffus de toute expreffion. »

Plufieurs de ces *cavernes* contiennent à la fois des ftalactites & de l'eau : telle eft, par exemple, celle de Balme, fituée à une petite lieue de Clufe. Voici la defcription que Sauffure en donne, §. 464.

« J'eus quelque peine à gagner l'entrée de la *caverne* fituée au milieu d'un roc efcarpé, dont la hauteur, car j'y portois le baromètre, eft d'environ 700 pieds au-deffus de l'Arve.

» Cette entrée eft une voûte demi-circulaire, affez régulière, d'environ dix pieds d'élévation, fur vingt pieds de largeur. Son fond eft prefque horizontal, & le peu de pente qu'il a, fe dirige vers l'intérieur de la montagne. La hauteur, la largeur, &, en général, la forme des parois de la montagne, varient beaucoup : ici, c'eft une large & belle galerie ; là, c'eft un paffage fi étroit, que l'on ne peut y pénétrer qu'en fe courbant beaucoup ; plus loin, ce font des falles fpacieufes, avec des voûtes gothiques très-exhauffées. On y trouve des ftalactites & des ftalagmites affez grandes & affez belles, quoiqu'à cet égard cette *caverne* n'approche pas de celle d'Oifelle en Franche-Comté, ni de Pooli-Hob en Derbishire.

» Mais une particularité que j'ai obfervée, c'eft une criftallifation fpathique qui fe forme à la furface des eaux ftagnantes, qui repofent en divers endroits fur le plancher de la *caverne*. J'étois étonné d'entendre quelquefois réfonner fous nos pieds, comme fi nous euffions marché fous une voûte mince & fonore ; mais en examinant le fol avec attention, je vis que c'étoit une matière criftallifée, femblable à celle qui tapiffe les murs de la grotte ; je reconnus que je marchois fur un faux fond, foutenu en l'air à une diftance affez grande du fol de la galerie. Mais je ne pouvois pas comprendre comment s'étoit formée cette croûte ainfi fufpendue, lorfqu'en obfervant des eaux ftagnantes au fond de la *caverne*, je vis qu'il fe formoit à leur furface une croûte criftalline, d'abord femblable à une pouffière incohérente, mais qui, peu à peu, prenoit de l'épaiffeur & de la confiftance, au point que j'avois peine à la rompre à grands coups de marteau, partout où elle avoit un ou deux pouces d'épaiffeur. Je compris alors que fi ces eaux venoient à s'écouler, cette croûte, foutenue par les bords, formeroit un faux fond, femblable à celui qui avoit réfonné fous nos pieds. Ces eaux avoient une fadeur terreufe, moins fenfible que dans une infinité d'eaux de puits.

La *caverne* de Saint-Patrice, en Irlande, n'eft pas auffi confidérable qu'elle eft fameufe. Il en eft de même de celle qui jette du feu dans la montagne de Beniquazeval, au royaume de Fez. La *caverne* de Caftleton dans le Derbishire, aujourd'hui plus décemment nommée le *Trou de Peack*, eft d'une vafte étendue, & préfente les afpects les plus finguliers. Le trou de Poole, auprès de Buxton, eft renommé pour fes voûtes élevées & fes curieufes ftalactites. Une *caverne*, à peu de diftance de Kofchau en Hongrie, eft fameufe à caufe de fon immenfe étendue, de fes nombreux labyrinthes, & de la grande quantité de ftalactites qu'elle renferme. La grande *caverne* du Dante, dans le Mexico, eft traverfée par une rivière. Nous ne finirions pas, fi nous voulions donner la fimple nomenclature des *cavernes* connues ; nous nous contenterons d'obferver que quelques-unes, comme le fameux labyrinthe de Candie, paroiffent être l'ouvrage des hommes feuls, ou l'ouvrage des hommes réuni aux effets de la nature.

Parmi les *cavernes* qui contiennent des os, on peut diftinguer les *cavernes* de Bauman, à fix lieues à l'eft de Goflard, dans le pays de Brunfwick ;

celle de Gailenreuth, dans le pays-de Bareuth. Il paroît que ces *cavernes*, dans le temps où elles se trouvoient au niveau de la mer, servoient de retraites aux veaux marins & autres amphibies qui venoient y mourir ou peut-être dévorer leur proie. Dans celle de Scharzfeld, qui contient entr'autres une espèce de monocéros, il y a de belles stalactites formées par la main de la nature en diverses figures bizarres, & même une colonne harmonique, qui, frappée par les gouttes qui tombent, produit des sons agréables, répétés par les échos des abîmes souterrains.

Les *cavernes* de la montagne de Gibraltar contiennent des os de quadrupèdes mêlés de coquilles de limaçons terrestres; ce qui fait juger que ces os & ces coquilles ont pénétré dans ces cavités par des fissures de la roche, & ils peuvent n'être pas très-anciens, quoiqu'ils se trouvent empâtés dans une matière pierreuse, attendu que ces dépôts de stalactites se forment en très-peu de temps.

Dans l'île de Saint-Domingue on voit une *caverne* curieuse près la côte de Fer, à cinq quarts de lieue de la mer, sur un endroit nommé *la Granae-Colline*. Elle est composée de sept grottes ou voûtes considérables; elle contient des meubles, des fétiches & des ossemens de sauvages indigènes.

Nous allons terminer la description de ces *cavernes* par celle de Gailenreuth, que l'on voit dans la chaîne calcaire qui traverse la route de Bareuth à Nuremberg.

« L'entrée commune des *cavernes* de Gailenreuth s'ouvre sur le sommet d'une colline calcaire. Une arcade d'environ sept pieds d'élévation conduit à une sorte d'antichambre de 80 pieds de long & 300 pieds de circonférence; c'est ici le vestibule de quatre autres *cavernes*.

» De ce vestibule ou première *caverne*, on arrive dans une seconde par une allée étroite & sombre qui se présente à l'angle méridional: celle-ci a environ 60 pieds de long, 18 de haut & 40 de large; les parois & le fond font garnis de stalactites & de colonnes dont les unes descendent de la voûte; les autres s'élèvent du sol comme pour les rencontrer, & l'ensemble de ces objets présente aux formes auxquelles l'imagination peut prêter des ressemblances.

» Un passage très-étroit, serpentant & fort désagréable, conduit à une troisième *caverne* de forme à peu près circulaire, de trente pieds de diamètre; elle est presqu'entièrement garnie de stalactites. Près de l'entrée est l'ouverture d'une espèce de puits, d'environ vingt pieds de profondeur; on y descend au moyen d'une échelle, & en prenant des précautions pour ne pas glisser ni se heurter contre des stalactites. On trouve au fond du puits une cavité d'environ quinze pieds de diamètre & trois de haut, qui font comme un appendice à la troisième *caverne* d'où l'on vient.

» On rencontre, dans le passage qui conduit à celle-là, quelques dents & quelques fragmens

d'os; mais lorsqu'on descend dans le puits, on est environné de toutes parts par les entassemens de dépouilles animales. Le fond de la dernière *caverne* est pavé d'une croûte de dépôt calcaire, qui a près d'un pied d'épaisseur. On voit çà & là des fragmens osseux de toute espèce, répandus confusément à terre, ou qu'on retire facilement d'une sorte de terreau dans lequel ils paroissent ensevelis; les parois même de la *caverne* font garnies d'une quantité innombrable de dents & d'ossemens brisés. La couche de dépôt calcaire qui recouvre, en forme de stalactites, ces parois, ne descend pas tout-à-fait jusqu'au sol; ce qui indique clairement que, dans un temps antérieur, cette vaste collection de dépouilles animales s'élevoit davantage, & que son volume a diminué peu à peu par décomposition.

» Cet endroit ressemble à une carrière considérable de grès, & l'on pourroit vraiment en retirer les plus beaux morceaux de concrétions ostéologiques, si l'entrée en étoit facile, & surtout si le retour étoit praticable lorsqu'on seroit chargé de quelques masses lourdes & volumineuses. On a fondé ce roc osseux dans plusieurs endroits, & partout on a vu que cette couche s'étend de tous côtés, & fort au-dessus des bancs calcaires qu'elle traverse, & dans lesquels les *cavernes* font percées; en sorte que les conjectures qui se présentent sur le nombre prodigieux d'animaux ensevelis dans ces rochers, confondent l'imagination.

» Il y a, dans les côtés de cette troisième *caverne*, plusieurs ouvertures qui mènent à de petites chambres dont on ignore le nombre & la disposition. On a trouvé, dans quelques-unes, des os d'animaux plus petits, des mâchoires, des vertèbres, des tibia en grands monceaux.

» Le fond de cette *caverne* conduit, en pente douce, à un passage de sept pieds de haut & d'autant de large, qui forme l'entrée d'une quatrième *caverne*, haute de vingt pieds & large de quinze, garnie dans sa circonférence d'une croûte calcaire en stalactites. On arrive de-là, par une pente graduée, à une seconde descente rapide, où il faut encore employer l'échelle avec les mêmes précautions qu'auparavant, & l'on atteint une *caverne* de quarante pieds de haut & large de moitié. On retrouve avec étonnement, dans ces vastes & profondes cavités creusées dans un roc solide, un nombre immense de fragmens osseux de toute grandeur & de toute espèce, incrustés dans les parois ou entassés au fond de la *caverne*; elle y est environnée, comme la précédente, d'autres *cavernes* plu petites, dans l'une desquelles on trouve une stalactite d'une grosseur peu commune; elle a la forme d'un cône tronqué, de quatre pieds de haut & de huit de diametre. On voit dans une autre une très-jolie colonne naturelle de cinq pieds de haut sur huit pouces de diamètre.

» Outre ces petites cavités, on a trouvé, vers
l'un

l'un des angles, une ouverture très-étroite, dans laquelle on ne peut s'introduire qu'en rampant. Ce paſſage conduit à une cinquième *caverne* qui a près de trente pieds de haut, quarante-trois de long, & dont la largeur eſt fort irrégulière. On a creuſé dans celle-ci, à la profondeur de ſix pieds, & on n'y a trouvé que des fragmens d'os & du terreau animal. Ses parois ſont décorées de ſtalactites de formes & de couleurs différentes ; mais cette croûte calcaire elle-même eſt remplie d'oſſemens depuis le ſol juſqu'au fond.

» De cette cinquième *caverne*, un autre paſſage étroit conduit à une ſixième qui a été découverte la dernière ; elle n'eſt pas très-ſpacieuſe : elle eſt garnie de même, contre les parois, de ſtalactites dans leſquelles on trouve encore des oſſemens çà & là. Ici ſe termine la ſuite de ces oſſemens remarquables ; on ne les a du moins pas viſités dans une étendue plus conſidérable ; il peut y en avoir beaucoup d'autres, ſoit contigus à ceux-ci, ſoit dans la même chaîne de collines calcaires qui les renferme.

» Eſper a publié en allemand l'hiſtoire de ces *cavernes*, & a donné la deſcription, avec figures, d'un grand nombre d'oſſemens foſſiles qu'on y trouve. Les échantillons envoyés par le margrave d'Anſpach à la Société royale de Londres, furent ſoigneuſement examinés par le célèbre Hunter, & Home, ſon élève & ſon ami, a communiqué à cette même Société le réſultat de ſes obſervations.

» Hunter regarde tous les oſſemens qu'on lui a communiqués, comme appartenant à des animaux carnivores, & particulièrement à l'ours blanc, avec lequel ils ont beaucoup de rapport ; cependant, la plupart des os appartiennent à des animaux d'un eſtomac beaucoup plus grand que l'eſpèce & la variété de l'ours blanc que nous connoiſſons. Hunter croit que ces animaux ſe raſſembloient, ſe réuniſſoient dans ces *cavernes*, qu'ils y dévoroient les animaux qui ſervoient à leur nourriture, & qu'accablés de vieilleſſe, d'infirmités, ou attaqués de maladies, ils venoient finir leurs jours dans ces excavations ſouterraines.

» Après avoir examiné avec le même ſoin les oſſemens que l'on trouve dans le rocher de Gibraltar, & ceux que l'on rencontre en Dalmatie, Hunter les regarde comme ayant appartenu à des animaux ruminans, quoique l'on diſtingue quelquefois parmi eux, ſoit quelques animaux carnivores, ſoit quelques animaux herbivores non ruminans. »

CAVERNES AÉRIENNES ; cavernæ æthereæ ; *wind hœhlen*. Cavités ſouterraines, de l'intérieur deſquelles on obſerve des courans d'air plus ou moins conſidérables, entrant & ſortant à des époques particulières.

Près de Solfedau, dans les montagnes des environs de Turin, eſt une roche qui a une fente perpendiculaire à l'horizon, d'où il ſort, pendant un certain temps, un courant d'air aſſez rapide

pour repouſſer au dehors les corps légers qu'on expoſe à ſon action ; enſuite l'air eſt attiré, & il entraîne avec lui les pailles & autres corps légers. Dans le voiſinage, un ſemblable rocher aſpire l'air & l'expire auſſi ſenſiblement. La montagne Coyer, de Malignon en Provence, laiſſe également dégager, de ſes fentes, un vent frais. Enfin, les *cavernes* du mont Eolo en Italie, au nord de Terni, près de la ville de Ceſi, aſpirent & inſpirent de l'air par leurs fentes : les effets les plus ſaillans ſe diſtinguent, l'été, quelques heures avant & après midi.

Il ſeroit poſſible que ces courans d'air, ſortant des *cavernes* & y rentrant enſuite, aient donné lieu à la deſcription d'Éole, placé dans l'île de Liparos, & de la réſidence du dieu des vents, dans les îles qu'on appeloit d'abord *Vulcanies*, & depuis *Éolides* ; enfin, à ces profondes *cavernes*, dans leſquelles Virgile dit qu'Éole tenoit les vents enchaînés pour prévenir les ravages qu'ils occaſionnent lorſqu'ils ſont libres.

On peut attribuer à deux cauſes l'entrée & la ſortie de l'air des *cavernes* qui n'ont de communication avec l'air extérieur que par quelques fentes : 1°. aux eaux qui s'infiltrent dans l'intérieur, & qui ſortent par des embouchures placées au-deſſous de leur niveau ; 2°. à la différence de température de l'air intérieur & extérieur.

Dans les *cavernes* qui forment réſervoirs, & dont l'ouverture de ſortie eſt placée au-deſſous de la ſurface des eaux, il doit arriver qu'à la ſuite des pluies abondantes, les eaux qui y parviennent par l'infiltration étant plus volumineuſes que celles qui s'écoulent par les orifices, la cavité ſe remplit & chaſſe, par les fentes ſupérieures, l'air qu'elle contient ; au contraire, lorſque, dans les ſéchereſſes, il ſort plus d'eau qu'il n'en arrive, la *caverne* ſe vidant, doit attirer de l'air extérieur pour remplir l'eſpace que les eaux abandonnent.

Si, dans les *cavernes*, l'eau extérieure y arrive par des puits, comme dans les *cavernes* du mont Salève, & que l'ouverture d'écoulement ſoit au-deſſous de la ſurface des eaux accumulées, l'air entraîné par l'eau, & qui ſe répand dans la *caverne*, doit s'échapper par les fentes qu'il rencontre. *Voyez* TROMPES.

Enfin, lorſque les *cavernes* n'ont de communication avec l'air extérieur que par quelques fentes, les plus petites variations dans la température de cet air doivent occaſionner des entrées & des ſorties de fluide aériforme. Lorſque l'air intérieur eſt plus échauffé, il ſe dilate & ſort ; lorſqu'il eſt plus froid, au contraire, il ſe condenſe & il entre de l'air extérieur pour remplir les eſpaces vides.

Il ſort de quelques fentes de rochers des courans continuels d'un air particulier qui s'enflamme à l'air ; tel eſt le courant qui produit la fontaine brûlante du département de l'Iſère. Cet air eſt du gaz hydrogène carboné ; il eſt produit par la décompoſition du charbon de terre. *Voyez* GAZ HYDROGÈNE CARBONÉ, FONTAINE BRULANTE.

CAVERNEUX ; caverno ; *hœhlicht;* adj. Qui est composé de petites *cavernes*, de petites loges comme une éponge : il se dit des pays ou des montagnes qui contiennent des *cavernes*.

CAVERNOSITÉ ; cavernositas ; s. f. Espace vide d'un corps caverneux & qui le rend caverneux ; petites *cavernes* qui, se trouvant en grand nombre dans un corps, le rendent caverneux.

CAVEZZO : mesure de longueur, espèce de toise employée en Italie. Le *cavezzo* se divise en six pieds ou six brasses. Sa longueur, comparée au pied de roi & au mètre, est à :

LIEUX.	PIEDS DE ROI.	MÈTRES.
Bergame........	8,0538	2,6162
Brescia.........	8,7870	2,8545
Crême.........	8,6420	2,8053
Crémone.......	8,8710	2,8816
Florence.......	10,7500	3,5830
Lodi..........	8,4250	2,7358
Mantoue.......	8,5630	2,7816
Modène........	11,7170	3,7961
Padoue........	7,9125	2,5701
Plaisance......	8,6790	2,8193
Rovigo........	8,5710	2,7842
Vérone........	6,2920	2,0439
Vicence........	6,3950	2,0773

CAVIDOS, CAVEDO : mesure de longueur employée en Portugal pour mesurer la soie. Cette mesure diffère peu de l'aune de Hollande ; elle égale 0,5518 de l'aune de Paris = 0,6558 mètre. Le *caviaos* dont on se sert aux Indes orientales est un peu plus court que celui de Lisbonne ; il est égal à 0,4607 mètre.

CAVITÉ ; caverna ; *hœhle;* s. f. Creux, vide, ce qui est cave ou creux.

CAVIZOS, CAPHIZOS : mesure de capacité employée en Asie & en Égypte. Le *cavizos* = 6 métérès = 288 loq = 135,5 pintes de Paris = 126,19 litres.

CÉCITÉ ; cæcitas ; *blindheit;* sub. fém. Aveuglement, privation complète de la vue.

On distingue plusieurs sortes de *cécité* : congéniale, sénile, idiopathique, symptomatique, accidentelle, passagère & permanente.

Plusieurs causes déterminent la *cécité congéniale* : les principales sont l'adhérence des paupières au globe de l'œil ; l'adhésion de l'iris, par sa face interne, à la partie postérieure de la cornée ; des altérations du tissu propre de l'œil, l'opacité du cristallin, &c. L'effet de quelques unes de ces

causes peut être détruit ou beaucoup diminué : ainsi, lorsque l'enfant qui vient au monde est aveugle, on peut souvent lui faire recouvrer la vue, en incisant la membrane interpalpébrale, en fendant la pellicule qui obstrue l'ouverture de la pupille, & en faisant l'extraction du cristallin opaque.

Quant à la *cécité sénile*, qui provient de l'accumulation des années, il est rare qu'elle puisse être guérie : elle est souvent occasionnée par la fatigue des yeux, par l'action, sur l'organe, d'une blancheur éblouissante, d'une lumière vive, d'une chaleur forte & de l'usage des verres grossissans.

Parmi les affections idiopatiques, se rangent toutes celles qui dépendent d'une affection essentielle de l'organe de la vue, tout entier, ou des diverses parties qui entrent dans sa composition : tels sont les squirres, les cancers du globe de l'œil, l'hydrophtalmie, &c. Le nombre des affections est immense ; quelques-unes peuvent être traitées avec succès, & les autres peuvent devenir fatales à la vue.

Souvent la *cécité* n'est qu'un symptôme, ou un accident d'une autre maladie bornée à l'œil même, ou dont les ravages s'étendent sur toute l'économie animale : telles sont la petite-vérole, la répercussion des dartres, l'apoplexie, la paralysie, &c.

D'après ces causes, il est facile de concevoir que la *cécité* peut être tantôt temporaire & tantôt permanente.

CEER : poids tout ensemble & mesure dont on se sert sur la côte de Coromandel.

CEITI, SEITTI : très-petite monnoie de Portugal ; il en faut 240 pour faire un réal, & 2400 pour un crusado novo. Le réal est estimé 0,297 liv. tournois = 29,36 centimes ; ainsi le *ceiti* = 0,1222 centimes, donc près d'un quart de centime.

CELEMIN : mesure de capacité pour les grains, employée en Espagne. Le *celemin* = 4 quartillos = 16 ochavo = 0,376 du boisseau de Paris = 4,8880 litres. Il faut 12 *celemins* pour faire un hanega : cette mesure est principalement employée en Castille.

CÉLÉRITÉ ; celeritas ; *geschwindigkeit;* s. fém. Vitesse, promptitude, diligence. Ce mot indique, en physique, la vitesse d'un corps en mouvement, ou cette affection du corps en mouvement, par lequel il est mis en état de parcourir un certain espace dans un certain temps. *Voyez* VITESSE, ESPACE, MOUVEMENT.

Ce mot s'emploie presque toujours dans un sens figuré : on se sert rarement du mot *célérité* pour exprimer la vitesse d'un corps en mouvement ; mais on s'en sert souvent dans l'usage ordinaire ;

.lorſqu'on dit, par exemple, qu'une telle affaire demande expédition, *célérité*, &c.

CÉLESTE; celeſtis; *himmlifch*; adj. Qui tient quelque chofe du ciel, qui eſt de la nature du ciel, qui repréſente le ciel, qui vient du ciel.

CÉLESTE (Bleu); cæruleus celeſtis; *himmel blau*. Couleur du ciel ſerein & ſans nuage, ou couleur ſemblable à celle du ciel pur & ſerein. *Voyez* BLEU, AZUR, COULEUR DU CIEL.

CÉLESTE (Corps); corpus cœleſte; *himmlifche kœrper*. Corps placés au-delà de notre atmoſphère, comme les étoiles, les planètes, les comètes, &c. *Voyez* CORPS CELESTE, COMÈTES, ÉTOILES, PLANÈTES.

CÉLESTE (Figure); figura cœleſtis; *himmlifchen bild*. Deſſin repréſentant le ciel: on appelle, en aſtronomie, *figure célefte* la diſpoſition du ciel à un certain moment déſigné. *Voyez* FIGURE CELESTE, HOROSCOPE.

CÉLESTE (Globe); ſphera cœleſtis; *himmels kugel*. Sphère ſur laquelle on a figuré les étoiles dans leur poſition reſpective, & qui par-là repréſente le ciel étoilé. *Voyez* GLOBE CELESTE.

CÉLESTE (Harmonie); harmonia cœleſtis; *himmlifche wohkſingend*. Harmonie que quelques philoſophes ſe ſont imaginés être produite par les aſtres & par leur mouvement, & que notre éloignement nous empêchoit d'entendre. *Voyez* HARMONIE CELESTE.

CÉLESTE (Phénomène); phenomenum cœleſtis; *hemmlifchen erteinung*. Phénomènes qui ont lieu dans notre atmoſphère, tels que l'arc-en-ciel, les parhélies, les uranolites, &c. *Voyez* PHENOMÈNE CELESTE, ARC-EN-CIEL, PARHLLIE, URANOLITE, &c.

CÉLESTE (Phyſique); phyſica cœleſtis; *phyſick der himmel*. Partie de la phyſique qui a pour objet la deſcription du ciel & des phénomènes que l'on y obſerve. *Voyez* PHYSIQUE ASTRONOMIQUE, PHYSIQUE CELESTE.

CÉLIDOGRAPHIE, du grec κηλιδος, *tache*, & γραφω, *je décris*; celidographia; *célidographie*; ſub. fém. Nom que Bianchini a donné à ſa *Defcription des taches de Vénus*.

CELLIER (Pompe de); antila cella. Pompe employée par les tonneliers, les marchands de vin, ſoit pour prendre du vin dans des tonneaux, ſoit pour tranſvaſer du vin d'un tonneau dans un autre. *Voyez* POMPE DE CELLIER.

CELLIER ÉLECTRIQUE (Pompe de): petit vaſe duquel l'eau ſort par un tuyau. *Voyez* POMPE DE CELLIER ÉLECTRIQUE.

CELLULAIRE; cellularia; *zellicht*; adj. Parties des corps qui contiennent de petites cellules.

CELLULES; cella; *zelle*; ſub. fém. Petites diviſions, petites ſéparations que l'on trouve dans les corps.

CELSIUS (André); profeſſeur d'aſtronomie à Upſal, où il naquit en 1701: reçu maître ès-arts en 1728, il commença dès-lors à donner des leçons publiques avec un grand ſuccès.

A cette époque il n'y avoit point d'obſervatoire en Suède, & les bons inſtrumens y étoient inconnus.

Celſius fut chargé par le Gouvernement de faire un voyage, pour ſe mettre en état de perfectionner l'aſtronomie dans ſon pays; il paſſa, à cet effet, en Allemagne, en Angleterre & en Italie. Partout il forma des liaiſons avec les ſavans. Arrivé à Tobolſck en 1733, il partagea les travaux de ceux qui s'occupoient des moyens de déterminer la figure de la terre. Son mérite ayant été apprécié, il fut déſigné par le comte de Maurepas pour accompagner Clairaut, Camus, Maupertuis, Lemonnier & Outhier, dans leur voyage à Torneo. Pendant les trois années qui s'écoulèrent, juſqu'à l'effectuation de ce voyage, *Celſius* paſſa en Angleterre pour s'y pourvoir des meilleurs inſtrumens. Son zèle, ſes talens & ſes connoiſſances locales le rendoient très-utile aux aſtronomes français. Louis XV l'en récompenſa par une penſion de 1000 liv.

De retour à Upſal, *Celſius* fit élever, à ſes frais, un obſervatoire, que ſes propres obſervations & celles de Melanderhielm & de Proſperin ont rendu célèbre: ſa réputation le fit recevoir membre de pluſieurs Académies & Sociétés ſavantes de l'Europe. Une mort prématurée termina ſa carrière en 1744.

On a de lui pluſieurs Mémoires dans les Recueils des diverſes Sociétés dont il fut membre; le plus remarquable eſt celui remis par lui, & peu de temps avant ſa mort, à l'Académie des Sciences de Stockholm. Ce Mémoire a pour but de prouver que les eaux de la mer ont diminué de temps immémorial, & qu'elles diminuent encore. Pluſieurs ſavans adoptèrent cette opinion; d'autres la réfutèrent: cette diſcuſſion dégénérant en querelle, les États du Royaume y prirent part. La queſtion demeura inſoluble, tant en Suède que de la part des ſavans étrangers; mais elle a donné lieu à des recherches qui ont été utiles aux progrès de la phyſique & de la géographie.

CÉMENT; cementum; *cement*; ſ. maſ. Compofition avec laquelle on ftratifie les métaux pour les purifier par le moyen du feu.

CÉMENTATION, de l'italien *cementazzione*; cementatio ; *cementiren* ; fub. fém. Opération à l'aide de laquelle on fait agir, fur un métal, des fubftances fufceptibles d'être converties en vapeurs : environné de ces fubftances, on expofe le métal au feu, dans un appareil convenable. Le but de cette opération varie : tantôt on a l'intention d'opérer une combinaifon, comme dans la *cémentation* du fer, pour obtenir de l'acier, ici l'on combine du carbone avec le fer ; comme dans la *cémentation* du cuivre, pour obtenir du laiton, où l'on combine du zinc avec du cuivre ; tantôt on fe propofe d'obtenir une feparation : c'eft ainfi, par exemple, qu'avec du fulfate de fer calciné, mélangé de fel marin & de brique pilée, on cémente de l'or fouillé de cuivre ou d'argent : l'acide muriatique, dégagé du fel marin, fe porte fur l'argent & le cuivre, & les fépare de l'or qui refte intact.

CÉMENTATOIRES (Eaux); aquæ cementatoriæ; *cement waffer*. Eaux cuivreufes dans lefquelles on plonge du fer pour faire précipiter le fer. *Voyez* EAUX CEMENTATOIRES.

CENDRE; cinis ; *afche;* fub. fém. Subftance terreufe ou faline, qui refte après la combuftion des corps, ou fubftances terreufes colorantes, qui ont quelque reffemblance avec la cendre ordinaire.

CENDRE BLEUE ; cæruleum montanum ; *berg blau.* Eleu naturel ou artificiel dont on fe fert en peinture.

On donne le nom de *bleu de montagne* ou de *cendre bleue*, à un hydrate de cuivre naturel qui fe trouve principalement en Tirol : on le prépare pour la peinture en le bocardant & en le lavant.

Pendant long-temps la *cendre bleue* artificielle étoit fabriquée feulement en Angleterre, d'où on l'envoyoit dans les autres pays. Pelletier en a fait l'analyfe & a donné fa compofition : on diffout du cuivre, à une baffe température, dans de l'acide nitrique étendu ; on ajoute à la diffolution de la chaux vive en poudre pour faire précipiter l'oxide de cuivre ; on agite bien le mélange pour favorifer la décompofition; on lave le précipité à grande eau, & on laiffe égoutter fur une toile ; on le porphyrife alors, en y ajoutant fept à dix pour cent de chaux: le précipité, qui étoit d'abord vert, devient bleu.

CENDRE D'AZUR ; cinis cæruleus ; *lazur afche.* Oxide de cuivre d'un bleu d'azur. *Voyez* CENDRE BLEUE.

CENDRE DE BRONZE ; cinis æris. Oxide, carbonate ou hydrate de zinc : on lui donne auffi le nom de *pompholix* & de *calamine blanche.*

CENDRE DE PLOMB; cinis plumbi; *bley afche.* Plomb calciné ou oxidé à la furface du plomb en fufion, & qui fe réduit en une efpèce de *cendre :* on donne le nom de *cendrée de plomb*, *vogeldunft*, à du plomb fondu, réduit en grains très-fins, dont on charge les fufils pour tirer au menu gibier.

CENDRE DES VÉGÉTAUX, ou fimplement CENDRE; cinis vegetarum ; *afche.* Subftance terreufe & faline qui refte après que les végétaux ont été détruits par la combuftion.

Les *cendres* des végétaux font compofées d'alcalis, de terres & d'oxides métalliques. La proportion de *cendre* que produifent les végétaux eft extrêmement variable ; il en eft, comme le hêtre, qui ne laiffent pas $\frac{1}{100}$ de *cendre* après leur combuftion, & d'autres, comme la fumeterre, la *foda*, qui donnent jufqu'à $\frac{1}{5}$ de *cendre*. La quantité de *cendre* laiffée après la combuftion varie, non-feulement en raifon de la nature du végétal, mais encore en raifon du terrain fur lequel il a crû, de fon expofition & de fon degré de deffication.

On trouve dans les *cendres* deux fortes d'alcalis : 1°. de la potaffe, dans les *cendres* des plantes qui ont crû dans l'intérieur des terres ; 2°. de la foude, dans la *cendre* de toutes les plantes marines. Les quantités de ces alcalis font encore très-variables : il en eft, comme la petite centaurée, qui rendent jufqu'à 0,03 d'alcali, & d'autres, comme le fapin, qui n'en donnent que des quantités inappréciables, 0,0005. Parmi les terres que les cendres contiennent, on y diftingue la filice, la chaux, l'alumine & la magnéfie ; & parmi les oxides métalliques, les oxides de fer & de manganèfe.

Dans un grand nombre de circonftances, la *cendre des végétaux* eft employée : elle fert au blanchiment, à la fabrication du favon, du verre, du mortier : on s'en fert comme engrais lorfqu'elle eft leffivée ; mais un de fes principaux ufages, c'eft de produire la potaffe & la foude, qui font fi utiles dans les arts.

CENDRE D'ÉTAIN : oxide gris d'étain qui fe forme fur la furface de l'étain en fufion.

CENDRE GRAVELÉE; vini lex in cineres reducta ; *weinhefen afche.* Réfultat de la combuftion de la lie de vin brûlée.

Cette *cendre* eft employée comme potaffe dans un grand nombre de circonftances.

CENDRE VERTE; cinis viridis; *berggrun.* Carbonate de cuivre vert, réduit à l'état de poudre très-fine.

CENTAURE; χένταυρος ; centaurus ; *centaur;* fub. maf. Une des conftellations de la partie méridionale du ciel, & qui est placée sous la queue de l'hydre femelle, au-dessous de la voie lactée. C'est une des quarante-huit constellations formées par Ptolémée : on en trouve une figure très-exacte, donnée par l'abbé de La Caille, dans les *Mémoires de l'Académie des Sciences*, année 1752.

On représente le *centaure*, moitié homme & moitié cheval ; il n'y a que la partie de l'homme qui paroisse sur notre horizon : le reste a une déclinaison méridionale trop grande pour pouvoir jamais se lever pour nous.

Le *centaure* ne renferme que cinq étoiles dans le Catalogue britannique ; mais il y en a un grand nombre dans le Catalogue de La Caille. On distingue, dans cette constellation, deux étoiles de la première grandeur, dont une est placée au pied du précédent, & l'autre à la jambe suivante : nous ne voyons jamais ces deux étoiles, car elles se trouvent dans la partie de la constellation qui ne paroît point sur notre horizon.

Tout fait croire que les *centaures* étoient un peuple nomade, errant aux environs du mont Offa, & qui a le premier dompté les chevaux : de-là vient la fable qui les fait demi-hommes & demi-chevaux.

CENTI, de Centum. Annexe, ou prénom de mesures nouvelles, qui désigne une unité cent fois plus petite que l'unité principale.

CENTIARE : centième partie d'un ARE. L'ARE est un mètre carré (*voyez* MÈTRE) en mesure ancienne : sa surface est de 9 pieds carrés 82,062 cent millièmes. L'*are* ne doit être employé que pour mesurer de petites superficies ; le *centiare* contient, en ancienne mesure, 14 pouces carrés 185 millièmes.

CENTIGRADE : division du cercle en cent degrés.

CENTIGRADE (Aréomètre) ; areometrum centigradum. Areomètre dont la distance entre les deux points extrêmes est divisée en cent parties. *Voyez* AREOMETRE.

CENTIGRADE (Thermomètre) ; thermometrum centigradum. Thermomètre dont l'espace compris entre la position du liquide à la glace fondante, & celle du liquide à l'eau bouillante, sous la pression de 28 pouces de mercure, est divisée en cent parties égales. *Voyez* THERMOMETRE CENTIGRADE.

CENTIGRAMME : centième partie d'un gramme. *Voyez* GRAMME.

En poids ancien, le *centigramme* équivaut à 18,821 cent millièmes de grain : ce petit poids est destiné à peser les pierres précieuses, & les résultats des essais d'or & d'argent, soit de l'orfévrerie, soit des monnoies, soit des mines, afin de connoître la proportion d'or & d'argent fin qu'ils contiennent.

CENTILITRE : centième partie d'un litre. *Voyez* LITRE.

C'est une mesure de capacité qui correspond, en mesure ancienne, à 871 lignes cubes, 98,767 cent millièmes de ligne cube, c'est à-dire, un peu plus de la moitié d'un pouce cube, qui est de 864 lignes cubes. Cette mesure ne doit être employée que pour mesurer des liqueurs très-précieuses.

CENTIME : centième partie d'un franc. (*Voyez* FRANC.) Cette division est égale à 2 deniers & 43 centièmes de denier.

CENTIMÈTRE : centième partie d'un mètre. *Voyez* MÈTRE.

Le *centimètre* est une mesure de longueur équivalente à 4 lignes 43,292 cent millièmes de ligne : cette mesure ne peut servir qu'à mesurer de petits espaces.

CENTIMÈTRE CARRÉ : carré dont le côté égale un *centimètre*, & dont la surface est la dix millième partie du mètre carré. *Voyez* MÈTRE CARRÉ.

En mesure ancienne, la surface du *centimètre carré* est égale à 19 lignes carrées, 66,407 cent millièmes de ligne carrée.

CENTIMÈTRE CUBE : cube dont le côté est égal à un *centimètre*, & dont la solidité est la millionième partie d'un mètre cube. *Voyez* MÈTRE CUBE.

La capacité du *centimètre cube* est de 87 lignes cubes, 198,765 millionièmes de ligne cube. Cette mesure est si petite, qu'elle ne peut être d'aucun usage : elle est remarquable cependant, en ce que le poids d'un *centimètre cube* d'eau distillée est celui du gramme, qui est l'unité de poids.

CENTISTÈRE : centième partie d'un stère ou d'un mètre cube. *Voyez* STÈRE.

En mesure ancienne, le *centistère* est égal à 304 pouces cubes, 10,875 cent millièmes de pouce cube ; le *centistère* n'est pas une mesure, c'est une fraction du stère ou du mètre cube.

CENTNER : quintal de Vienne en Autriche, = 100 livres du commerce de cette ville, = 114,4 poids de marc, = 55 kilogrammes 898 grammes.

CENTRAL, de κεντρον ; centralis ; *mittel punckt street central ;* adj. Ce qui a rapport à un centre ; c'est ainsi que l'on dit *éclipse centrale*, *feu central*, *force centrale*.

CENTRALE (Eclipſe); eclipſis centralis ; *central eclipſe*. Eclipſe dans laquelle le centre de la lune paroît coïncider avec le centre du ſoleil. *Voyez* ÉCLIPSE CENTRALE.

CENTRAL (Feu) ; ignis centralis ; *central feuer*. Foyer de chaleur que l'on ſuppoſe exiſter au centre de la terre. *Voyez* FEU CENTRAL, CHALEUR CENTRALE.

CENTRALES (Forces) ; vires centrales ; *central kraft*. Forces ou puiſſances par leſquelles un corps mu tend vers un centre de mouvement, ou s'en éloigne. *Voyez* FORCES CENTRALES.

CENTRALE (Ligne) ; linea centralis ; *central linie*. Ligne qui aboutit à un centre. *Voyez* LIGNE CENTRALE.

CENTRAL (Point) ; punctum centrale ; *mittel punckt*. Le point milieu d'une figure circulaire. *Voy.* POINT CENTRAL.

CENTRALE (Règle); regula centralis. Méthode découverte par Thomas Backer, géomètre anglais, au moyen de laquelle on trouve le centre & le rayon du cercle qui peut couper une parallèle donnée, dans des points dont les abſciſſes repréſentent les racines réelles du troiſième ou du quatrième degré qu'on ſe propoſe de conſtruire. *Voy.* RÈGLE CENTRALE.

CENTRE, du grec κεντρον; centrum; *mittel punckt*; ſubſt. maſc. Point également éloigné des extrémités d'une ligne, d'une figure, ou le milieu d'une ligne ou d'un plan par lequel un corps ſe diviſé en deux parties égales, ou vers lequel ſe dirigent, ſe réuniſſent des forces, des actions, des peſanteurs, &c.

On appelle auſſi *centre*, dans les figures curvilignes, les points de convergence des rayons réfléchis. *Voyez* FOYER.

CENTRE D'ACTION ; centrum actionis; *wirkungs mittel punckt*. Point où toutes les forces diſſéminées qui agiſſent ſur un corps, pourroient être réunies pour produire l'effet que l'on obtient.

Si tous les points qui forment l'enveloppe d'une ſphère exerçoient une action répulſive ſur une molécule placée hors la ſphère, & que cette répulſion fût en raiſon inverſe du carré des diſtances, l'action exercée par toute l'enveloppe de la ſphère, ſur la molécule extérieure, ſeroit la même que ſi toutes les forces réunies étoient placées au *centre de la ſphère*. Le centre de la ſphère ſeroit donc conſidéré comme le *centre d'action* de toutes les molécules.

Parmi les différentes manières de démontrer ce théorème, nous allons faire connoître celle qui a été donnée par Couſin, pag. 6 de ſon *Aſtronomie phyſique*.

Soit M, *fig.* 539, la molécule, $bNeQ$ la pro-

jection de l'enveloppe de la ſphère, dont C eſt le *centre* : ſoit N Q un des cercles de la ſphère. La molécule M eſt repouſſée par la molécule N de la ſphère, par une force $= \frac{1}{(MN)^2}$. Cette même molécule M eſt également repouſſée par toutes les molécules des cercles N Q, & toutes ces forces conſpirent à faire repouſſer la molécule M dans la direction M P. Il faut déterminer la force M P, ce que l'on obtiendra par cette proportion : la répulſion N, dans le ſens N M, eſt à la répulſion P, dans le ſens P M, comme M N eſt à M P, ou $\frac{1}{(MN)^2} : x = MN : MP$; de-là $x = \frac{MP}{(MN)^3}$, & l'action du cercle entier ſera $= \frac{MP}{(MN)^3} \pi . NP$. Si l'on ſuppoſe une zone N q Q infiniment étroite, on aura, pour l'action répulſive de cette zone, $\frac{MP}{(MN)^3} . \pi . NP . Nn$.

Puiſque C eſt le *centre* du cercle, on a C$b =$ C$e = r$; faiſant maintenant MC $= a$, MP $= x$, NP $= y$, on a :
$$\frac{MP}{(MN)^3} . \pi . NP . Nn = \frac{x}{(x^2+y^2)^{\frac{3}{2}}} . \pi . y . Nn.$$

A cauſe des triangles ſemblables N n n & NCP, on a N n : N n = NC : NP ;
mais N n eſt la différentielle de NP $= dx$, on a donc N n : $dx = r : y$ & N $n = \frac{r\,dx}{y}$

Ainſi l'action répulſive de la zone devient
$$\frac{x}{(x^2+y^2)^{\frac{3}{2}}} . \pi . y . \frac{r\,dx}{y} = \pi . \frac{r x\,dx}{(x^2+y^2)^{\frac{3}{2}}} ;$$
mais $y^2 = eP \times Pb$; $eP = a+r-x$; $bP = r-x$; CP ; CP $= a-x$; d'où $bP = r-a+x$; ainſi :
$$y^2 = (a+r-x) \times (r+x-a),$$
$$r^2 + a^2 + 2ax - x^2,$$
& $\pi \frac{r x\,dx}{(x^2+y^2)^{\frac{3}{2}}} = \pi \frac{r x\,dx}{(r^2-a^2+2ax)^{\frac{3}{2}}}$,
dont l'intégrale complète eſt
$$\left(\frac{\pi r}{a r}\right) \frac{a x - a^2 + r^2}{\sqrt{2 a x - a^2 + r^2}} + C ;$$
mais lorſque $x = a - r$, il n'exiſte aucune action ſur la molécule, & la ſomme de toutes les actions S $= 0$, ce qui donne
$$S = \frac{\pi r^2}{a^2} . \frac{\pi r}{a^2} . \frac{a x - a^2 + r^2}{\sqrt{2 a x - a^2 + r^2}}.$$

Si l'on fait $x = a + r$, on aura S $= \frac{2 \pi r^2}{a^2}$, & comme $2 \pi r^2$ eſt l'expreſſion de la ſurface de la ſphère, il s'enſuit que la ſomme de toutes les actions eſt égale à la ſurface de la ſphère diviſée par le carré de la diſtance de la molécule au centre de la ſphère; donc l'action eſt la même que ſi la ſomme de toutes les actions étoit placée au *centre* de la ſphère qui devient le *centre d'action*.

L'expreſſion de *centres d'action* eſt employée par les médecins pour indiquer cet état d'un organe qui exécute actuellement une fonction importante dans lequel les forces vitales ſe concentrent.

CENTRE D'ACTION ÉLECTRIQUE; centrum actionis electricæ; *electriſche wirkungs mittel punckt.* Point vers lequel ſe réunit l'action électrique, & qui agit ſur le corps comme ſi tout le fluide électrique ſe trouvoit réuni.

Coulomb s'eſt aſſuré que l'*action électrique* des corps ne s'exerçoit qu'à leur ſurface, & de la même manière que ſi tout le fluide qu'ils contiennent y étoit réuni, & que, quelle que ſoit l'intenſité électrique de la ſurface des corps, on n'apercevoit, dans leur intérieur, aucun indice d'électricité ſenſible (voy. ÉLECTRICITÉ, INTENSITÉ ÉLECTRIQUE, DISTRIBUTION DU FLUIDE ÉLECTRIQUE); mais l'action de cette électricité, agiſſant toute entière à la ſurface, ſur les corps extérieurs, eſt la même que ſi tout le fluide étoit réuni en un ou pluſieurs points qui ſont les *centres d'action électrique.*

Ainſi, dans une ſphère électriſée & iſolée, l'électricité ſe répand uniformément à la ſurface, & l'action attractive & répulſive produite par cette électricité, eſt la même que ſi tout le fluide étoit réuni au centre de la ſphère. Ce théorème eſt fondé, 1°. ſur ce que l'intenſité eſt uniforme à la ſurface; 2°. ſur ce que la force de l'*action électrique* eſt en raiſon inverſe du carré des diſtances. (*Voyez* LOIS DE L'ACTION ÉLECTRIQUE.) Ce théorème ſe démontre par la méthode que nous avons indiquée au mot *centre d'action. Voyez* CENTRE D'ACTION, DISTRIBUTION DU FLUIDE ÉLECTRIQUE.

Sur deux ſphères électriſées & en contact, l'action, ou l'intenſité électrique ſe diſtribue à la ſurface, de manière à former deux *centres d'action.* Ces deux centres s'éloignent du *centre* des ſphères, & s'approchent des points de la ſurface oppoſée à leur contact.

Dans le ſyſtème de deux fluides, l'action de la ſurface eſt la même que ſi tout ce fluide dominant étoit accumulé au *centre d'action électrique;* dans le ſyſtème d'un ſeul fluide, l'action poſitive de la ſurface eſt la même que ſi tout le fluide qui excède celui qui exiſte dans l'état d'équilibre, étoit réuni *au centre d'action électrique;* & l'action négative, comme ſi tout le fluide qui manque à celui qui exiſte dans l'état d'équilibre eût été enlevé du *centre d'action* ſeul.

Dans une tourmaline, les denſités électriques décroiſſent rapidement en partant des deux extrémités, en ſorte qu'elles ſont nulles, ou preſque nulles dans un eſpace ſenſible, ſitué vers le milieu du priſme; par une ſuite néceſſaire, les *centres d'action* ſont ſitués près des extrémités. *Voyez* ÉLECTRICITÉ DE LA TOURMALINE.

CENTRE D'ACTION MAGNÉTIQUE; centrum actionis magneticæ; *magnetiſche wirkungs mittel punckt.* Point ſur lequel toute l'action magnétique paroît être réunie pour produire les effets que l'on aperçoit.

On peut diviſer les *centres d'action magnétique* en deux claſſes: 1°. *centres d'action magnétique* particuliers; 2°. *centres d'action magnétique* généraux. Les *centres d'action magnétique* particuliers ſont ceux que l'on obſerve ſur tous les corps magnétiſés, & auxquels on a donné le nom de *pôles magnétiques.* (*Voy.* PÔLES MAGNÉTIQUES.) Les *centres d'action magnétique* généraux ſont ceux que l'on ſuppoſe exiſter dans l'intérieur de la terre, & auxquels on attribue tous les effets magnétiques que l'on obſerve ſur la ſurface du globe.

Dans tous les corps magnétiſés, il exiſte au moins deux *centres d'action magnétique,* l'un boréal & l'autre auſtral: dans quelques-uns il en exiſte un plus grand nombre, auxquels on donne le nom de *points conſéquens.* (*Voyez* POINTS CONSÉQUENS.) On peut facilement diſtinguer le nombre & la poſition des *centres d'action magnétique* ſur un corps magnétiſé; tout ſe réduit à couvrir les corps aimantés, *fig.* 333, 334, 334 (a), 335, 335 (a), d'un carton mince, de ſaupoudrer ſur ce carton de la limaille de fer, & de frapper légèrement le carton; on voit la limaille ſe diſtribuer autour de chaque centre d'action A & B, & former des courbes dont les extrémités ſe dirigent vers les centres A & B. (*Voyez* COURBE MAGNÉTIQUE.) Ces courbes formées par la limaille, ainſi que la direction de leur extrémité, prouvent en même temps l'action exercée par les *centres d'action magnétique* ſur la limaille de fer.

Quant à la formation de ces *centres d'action magnétique* particuliers, tout prouve qu'ils doivent leur naiſſance à la ſomme de toutes les actions exercées par le magnétiſme uniformément répandu dans tout le corps magnétiſé. En effet, ſi l'on prend un corps aimanté, & que l'on en ſépare un fragment, ou qu'on le diviſe en fragmens infiniment petits, tous ces fragmens ſéparés, quelque petits qu'ils ſoient, ont au moins deux *centres d'action magnétique,* d'où il ſuit que, dans la maſſe compoſée de tous ces fragmens, les *centres* que l'on diſtingue, ſont produits par l'action de tous les *centres* particuliers dont la maſſe eſt formée.

Ces deux *centres d'action* diſtincts ſont attribués à deux fluides que l'on nomme, l'un boréal, & l'autre auſtral. Ces deux fluides jouiſſent de cette propriété, que les fluides de même nom ſe repouſſent, & ceux de noms différens s'attirent (voyez RÉPULSION & ATTRACTION MAGNÉTIQUES), & on leur a donné les noms de boréal & d'auſtral, parce qu'on les regarde comme étant de la même nature que ceux qui forment les *centres d'action magnétique* que l'on ſuppoſe placés dans la partie boréale & dans la partie auſtrale de l'intérieur de la terre, & qui occaſionnent, par leur action, la direction des aiguilles aimantées.

Voyez Aiguilles aimantées, Distribution du fluide magnétique.

Les voyageurs ont observé depuis long-temps que la déclinaison de l'aiguille aimantée varie sur chaque point du globe. Halley a recueilli un grand nombre d'observations faites par des hommes exercés, & par des marins dignes de confiance ; il a tracé sur une mappemonde les courbes des points de la terre sur lesquelles la déclinaison étoit la même. Montaines & Dodson ont publié, en 1744, de nouvelles courbes de déclinaison magnétique faites avec beaucoup de soin.

En réfléchissant sur la disposition des courbes d'égales déclinaisons, qu'il avoit tracées sur sa carte, Halley fut conduit à conclure qu'il devoit exister, sur la surface de la terre, quatre pôles magnétiques, parce que deux pôles diamétralement opposés n'auroient pu seuls donner naissance aux courbes qu'il avoit tracées avec beaucoup de soin. Mais les courbes tracées par Halley, & celles même qui ont été tracées depuis par Montaines & Dodson, sont très-inexactes, car elles sont déduites d'observations faites pendant plusieurs années ; & comme la déclinaison de l'aiguille aimantée varie continuellement dans chaque lieu, & que les variations annuelles sont souvent très-considérables, il devoit nécessairement en résulter des erreurs sur la forme des courbes. Pour qu'elles aient une sorte d'exactitude, & qu'elles puissent mériter quelque confiance, il auroit fallu qu'elles eussent été construites sur des observations faites dans le même instant.

Mais l'hypothèse des quatre pôles magnétiques est-elle absolument nécessaire pour concevoir la formation des courbes halleyennes? C'est une question qu'Euler a examinée dans un Mémoire imprimé parmi ceux de l'Académie de Berlin, pour l'année 1757. Il cherche, dans ce Mémoire, quelles seroient la forme & la position des lignes halleyennes, formées par deux seuls pôles magnétiques, en supposant, 1°. que les pôles magnétiques de la terre soient diamétralement opposés ; 2°. qu'ils soient dans deux méridiens opposés ; 3°. qu'ils soient dans le même méridien ; 4°. qu'ils soient dans deux méridiens differens. Il est ainsi parvenu à s'assurer que l'existence de deux pôles magnétiques suffisoit pour produire ces courbes de déclinaison si singulières, tracées d'abord par Halley, ensuite par Montaines & Dodson.

En supposant que les distances des pôles magnétiques fussent, l'une à 14 d. des pôles de la terre, l'autre à 35 d., & que l'angle des deux méridiens passant par les pôles magnétiques fût de 63 d., Euler a tracé des courbes qui répondent passablement à celles qui ont existé en 1757; & en supposant ces deux pôles magnétiques distans de ceux de la terre, l'un de 17 deg., l'autre de 40 deg., & l'angle des méridiens passant par les pôles magnétiques de 63 d, il a obtenu des courbes qui approchoient beaucoup de celles obtenues par

Montaines & Dodson. La différence entre les courbes obtenues par l'analyse & celles par l'observation, peut être regardée comme la suite inévitable des erreurs que l'observation présente.

Puisque l'on peut parvenir, par l'analyse, à obtenir des courbes de déclinaison magnétique semblables à celles que donne l'expérience, & cela en supposant l'existence de deux pôles magnétiques seulement, il étoit tout naturel de conclure que la direction des aiguilles magnétiques pouvoit être produite par deux *centres d'action magnétique* généraux, placés dans l'intérieur de la terre. Cette conclusion, d'ailleurs, étoit conforme aux hypothèses qui avoient déjà été faites par Descartes & un grand nombre de physiciens, sur la cause de la déclinaison des aiguilles aimantées, & mieux encore avec les expériences que La Hire fit, en 1705, sur une grosse sphère d'aimant naturel, pesant cent liv. Des aiguilles aimantées, placées sur ce globe, déclinèrent tantôt à l'est, tantôt à l'ouest, & formèrent des courbes à peu près semblables à celles de Halley.

Afin d'expliquer ces deux *centres d'action magnétique*, les uns supposoient, avec Halley, que la masse de la terre étoit un gros aimant recouvert d'une couche terrestre ; d'autres supposoient seulement qu'il existoit un gros aimant au centre de la terre ; d'autres enfin, que les deux *centres d'action magnétique* étoient produits par l'action de toutes les substances magnétiques répandues & dispersées, tant dans l'intérieur de la terre qu'à la surface, & que les variations annuelles, dans la déclinaison, étoient occasionnées par l'exploitation des nombreuses mines de fer qui existent, le déplacement & le transport de fer fabriqué, ce qui occasionnoit nécessairement un changement continuel de position dans les deux *centres d'action magnétique* généraux, & de-là la variation dans la déclinaison & l'inclinaison de l'aiguille aimantée.

Connoissant la position des pôles magnétiques sur la surface de la terre, il étoit facile, en faisant passer une droite par ces deux points, de concevoir la position & la situation de l'axe magnétique; mais à quelle distance de la surface de la terre les deux *centres d'action magnétique* étoient-ils placés sur cet axe? La solution de cette question a été tentée de diverses manières.

Borda s'est assuré, par la vitesse des oscillations d'une aiguille aimantée, que l'action exercée sur elle, par les deux *centres d'action magnétique*, devoit être à une très-grande distance, & que cette distance n'occasionnoit aucune variation sur tous les points de la surface de la terre qu'il avoit parcourus: d'où il suit que l'on pouvoit facilement conclure que les deux *centres d'action* devoient être très-rapprochés du centre de la terre. Cette observation fut vérifiée par Gay-Lussac, dans une ascension aérostatique où il s'éleva à plus de trois mille six cents toises au-dessus du niveau de la mer : l'aiguille aimantée faisoit, à cette hauteur, le même
nombre

nombre d'ofcillations que fur la furface de la terre. Bouguer & Coulomb ont tiré la même conclufion de deux expériences différentes : le premier, en fufpendant une aiguille à un très-long fil, & en obfervant que, foit que l'aiguille ait été aimantée, foit qu'elle ne l'ait pas été, le fil confervoit toujours une direction parfaitement verticale; le fecond, en pefant une aiguille avant & après avoir été aimantée, & lui trouvant le même poids dans ces deux circonftances différentes.

Une autre manière de déterminer la pofition des deux *centres d'action magnétique* généraux, eft celle-ci, déterminée par l'obfervation, la pofition de l'équateur magnétique (*voyez* ÉQUATEUR MAGNÉTIQUE), dont G K, *fig.* 539 (a), eft l'axe : foit, fur cet axe, un méridien magnétique G P K, fur lequel on a déterminé, par l'obfervation, l'inclinaifon de l'aiguille aimantée; alors connoiffant pour un point z, par exemple, cette inclinaifon, on cherche quelle doit être la pofition des *centres d'action magnétique* A, & B, fur l'axe de l'équateur magnétique G K, pour produire l'inclinaifon donnée par l'expérience. Soumettant à cette recherche toutes les obfervations fur l'inclinaifon de l'aiguille aimantée qui ont pu être faites dans une même année, on trouve que, pour produire les différentes inclinaifons obfervées, il faut que les deux *centres d'action magnétique* foient trèsrapprochés du centre de la terre. Les obfervations faites par Humboldt, fur l'inclinaifon de l'aiguille aimantée, dans fon intéreffant voyage d'Amérique, ont principalement fervi à la détermination de la pofition de ces *centres d'action*.

Mais ces deux *centres d'action* font-ils d'une même force? On l'a fuppofé jufqu'à préfent, quoique l'expérience n'ait pas prononcé.

En réuniffant toutes les obfervations faites fur la direction & l'inclinaifon de l'aiguille aimantée, on en a conclu qu'il exiftoit deux *centres d'action*, fitués de part & d'autre, du centre de l'équateur, & qu'ils font à une diftance infiniment petite du centre même de la terre. *Voyez* MAGNÉTISME.

CENTRE D'ATTRACTION ; centrum attractionis; *mittel punckt der anziehungs.* Point vers lequel tendent les corps attirés par une quantité plus ou moins grande de corps attirans qui agiffent fur eux.

Dans notre fyftème planétaire, le foleil paroît être le *centre d'attraction*, puifque c'eft vers cet aftre que toutes les planètes & comètes font continuellement attirées dans leur révolution; dans le fyftème d'une planète, c'eft auffi le centre de la planète elle-même, vers lequel les fatellites & tous les corps qui lui font foumis, font attirés.

Si la planète étoit fphérique, qu'elle fût compofée de couches parallèles, d'une denfité uniforme, tous les corps qui font foumis à fon action feroient attirés vers fon *centre*. Newton ayant

cherché à déterminer ce *centre* dans un grand nombre de cas, a trouvé que le *centre d'attraction* étoit le *centre* de la fphère dans deux cas : 1°. lorfque les attractions font comme les diftances; 2°. lorfqu'elles font inverfes du carré des diftances : on peut prouver ce dernier cas à l'aide de la démonftration qui a été donnée pour les *centres d'action* (*voyez* CENTRE D'ACTION); mais lorfque les couches font variables de denfité ou d'action attractive, le *centre d'attraction* occupe une autre pofition. *Voyez* CENTRE DES GRAVES.

CENTRE COMMUN DE PESANTEUR : point de levier autour duquel deux poids attachés à ce levier demeurent en équilibre.

CENTRE DE CONVERSION ; centrum converfionis; *mittel punckt der verwandlung.* Point autour duquel un corps tourne ou tend à tourner lorfqu'il eft pouffé inégalement dans fes différens points, ou par une puiffance dont la direction ne paffe pas par le *centre* de gravité de ce corps.

Si, par exemple, on frappe un bâton par fes deux extrémités, avec des forces égales & en fens contraire, ce bâton tournera fur fon *centre*, au point du milieu, qui fera alors le *centre de converfion*. *Voyez* CENTRE DE ROTATION.

CENTRE D'ÉQUILIBRE ; centrum equilibrii ; *mittel punckt des gleich gewichts.* Point, dans un fyftème de corps, autour duquel ces corps feroient en équilibre, ou, ce qui eft la même chofe, un point tel que, fi le fyftème étoit fufpendu ou foutenu par ce feul point, il refteroit en équilibre.

Le point d'appui d'un levier eft fon *centre d'équilibre*. *Voyez* POINT D'APPUI, LEVIER.

A cette occafion nous croyons devoir annoncer un principe d'équilibre trouvé par le marquis de Courtivron, de l'Académie des Sciences, & dont la démonftration a été lue à la même Académie le 13 juin 1750. Voici ce principe.

« De toutes les fituations que prend fucceffivement un corps animé par des forces quelconques, & liées les unes aux autres par des fils, des leviers, ou par tels autres moyens qu'on voudra fuppofer, la fituation où le fyftème à la plus grande fomme des produits des maffes par le carré des viteffes, eft le même que celui où il auroit fallu d'abord le placer pour qu'il reftât en équilibre. En effet, une quantité variable devient la plus grande lorfque fon accroiffement, & par conféquent la caufe de fon accroiffement = 0; or, un fyftème de corps dont la force augmente continuellement, parce que le réfultat des preffions agiffantes fait accélération, aura atteint fon maximum de forces lorfque la fomme des preffions fera nulle, & c'eft ce qui arrive lorfqu'il a pris la fituation que demande l'équilibre. »

L'auteur ne s'eft pas borné à cette démonftration, qui, quoique vraie & exacte, est un peu métaphysique, & pouvoit être chicanée par les adverfaires des forces vives. (*Voyez* FORCE VIVE.) Il en donne une autre plus géométrique & abfolument rigoureufe ; mais il faut renvoyer ce détail important à fon Mémoire même, qui mérite l'attention des géomètres.

CENTRE D'ÉQUILIBRE FORCÉ : point où un corps, placé entre deux reſſorts bandés, lefquels font un effort égal pour fe dilater en direction oppofée, eſt, par cela même, retenu en équilibre, étant follicité ou preſſé de part & d'autre par deux forces égales & oppofées.

CENTRE D'ÉQUILIBRE OISIF : point où un corps fe trouve entre deux reſſorts lâches ou débandés, en forte qu'il demeure en équilibre, ou plutôt en repos, par cela feul qu'il n'eſt preſſé ni d'un côté ni de l'autre.

CENTRE DE FIGURE ; *centrum figuræ* ; *mittel punckt der figur*. Point tellement placé, que toutes les lignes, ſi c'eſt un plan, que tous les plans, ſi c'eſt un folide, qui paſſent par ce point, divifent la figure en deux parties égales. Le *centre de figure* eſt le même que le *centre* de gravité, lorſque la ſubſtance du corps eſt homogène.

CENTRE DE FLUXION, en médecine, eſt le lieu vers lequel toutes les humeurs affluent.

CENTRE DE GRAVITATION ; centrum gravitationis ; *mittel punckt der gravitation*. Point vers lequel tous les corps pefans tendent. Gravitation eſt une expreſſion employée par Newton, pour indiquer la tendance qu'un corps a, vers un autre, en veitu de fa pefanteur ; & comme il conçoit que ceue gravitation eſt occafionnée par l'attraction réciproque des molécules de tous les corps, il en réfulte que le *centre de gravitation* eſt le même que le *centre d'attraction*. *Voyez* CENTRE D'ATTRACTION.

CENTRE DE GRAVITÉ ; centrum gravitatis ; *mittel punckt der fchwere*. Point fitué dans l'intérieur d'un corps, & autour duquel toutes fes parties font en équilibre. Le *centre de gravité* d'un corps eſt rarement le milieu ou le *centre de* figure d'un corps : cela ne peut fe trouver ainfi que dans les corps d'une figure régulière & homogène, c'eſt-à-dire, dont toutes les parties font femblables entr'elles & de même denfité. ʃar exemple, dans une fphère homogène, le *centre de gravité* fe trouve précifément au *centre* de fa figure. Dans tous les corps irréguliers, le *centre de gravité* fe trouve plus près de certains points que d'autres de leur furface.

Toutes les fois que le *centre de gravité* d'un corps n'eſt pas foutenu, ce corps tombe néceffairement ; & s'il tombe librement, il ſuit une ligne

droite tirée de fon *centre de gravité* perpendiculairement à la furface de la terre. C'eſt cette ligne qu'on appelle fa *ligne de direction*. Mais ſi le *centre de gravité* d'un corps eſt foutenu, c'eſt-à-dire, ſi la ligne de direction paſſe par la bafe de ce corps, il eſt folidement placé, il ne tombe point Il y a bien des cas où l'on cherche machinalement, & fans y faire attention, à faire paſſer cette ligne de direction par la bafe du corps. Par exemple, un crocheteur dont le dos eſt chargé d'un poids confidérable ; fe courbe en avant pour faire paſſer la ligne de direction entre fes deux pieds ; s'il étoit chargé par devant, il fe courberoit en arrière par la même raifon. Si un homme veut fe tenir fur un de fes pieds, il jette un peu fon corps de côté, afin de faire paſſer la ligne de direction fous le pied fur lequel il veut fe foutenir. C'eſt ainfi que fe comporte un danfeur de corde, qui s'y tient fur un feul pied ; & s'il n'a pas beaucoup d'habitude, il fe fert d'un contre-poids qui lui donne la facilité de placer toujours fon *centre de gravité* dans une ligne verticale qui paſſe par la corde.

Le *centre de grivité* commun de plufieurs corps qui agiſſent enfemble pour produire un effet, eſt le point par lequel tous ces corps, fuppofés réunis, les uns aux autres, étant fufpendus, feroient en équilibre ; pour cela, il faut que ces corps foient tellement fitués, relativement à ce point, que les diſtances de leur *centre de gravité* particulier à ce *centre commun*, foient en raifon réciproque de leur poids

On peut concevoir la gravité totale d'un corps comme réunie à fon *centre de gravité* ; c'eſt pourquoi on fubſtitue ordinairement le *centre de gravité* au corps

Les droites qui paſſent par le *centre de gravité* s'appellent *diamètre de gravité* ; ainfi l'interfection de deux diamètres de gravité déterminent le *centre de gravité*. *Voyez* DIAMÈTRE.

Tout plan qui paſſe par le *centre de gravité*, ou, ce qui eſt la même chofe, dans lequel le *centre de gravité* fe trouve, s'appelle *plan de gravité* ; & ainfi l'interfection commune de deux plans de gravité eſt un *diamètre de gravité*.

Lois du centre de gravité.

1.° Si on joint, *fig.* 540, les *centres de gravité* de deux corps A & B, par une droite AB, les diſtances BC, CA du *centre commun de gravité* C, aux *centres particuliers de gravité* B & A, feront entr'elles en raifon réciproque des poids. *Voyez* LEVIER.

Et par conféquent ſi les poids A & B font égaux, le *centre commun de gravité* C, fera dans le milieu de la droite AB ; de plus, puifque A : B = BC : AC, il s'enfuit que A × AC = B × BC, ce qui fait voir que les forces des corps en équilibre doivent être eſtimées par le produit de la maſſe & de la diſtance du *centre de gravité*, ce qu'on appelle ordinairement *moment du corps*. *Voyez* MOMENT.

De plus, puisque $A : B = BC : AC$, on en peut conclure que $A + B : A = BC + AC : BC$; d'où $BC = A \dfrac{AB}{A+B}$: ce qui fait voir que, pour trouver le *centre commun de gravité* C de deux corps, il n'y a qu'à prendre le produit de l'un de ces poids par la distance A B des *centres particuliers de gravité* A, B, & les diviser par la somme des poids A & B. Supposons, par exemple, A = 12, B = 4, A B = 24; on aura $BC = \dfrac{24 \times 12}{16} = 18$.

Si le poids est donné, ainsi que la distance A B des *centres particuliers de gravité* & le *centre commun de gravité* C, on aura le poids $B = \dfrac{A \times AC}{BC}$, c'est-à-dire, qu'on le trouvera en divisant le moment du poids donné, par la distance du poids qu'on cherche, au *centre commun de gravité* : supposant A = 12, BC = 18, AC = 6, on aura $B = \dfrac{6 \times 12}{18} = 4$.

2°. Pour déterminer le *centre commun de gravité* de plusieurs corps a, b, c, d, *fig.* 541 : trouvez, dans la ligne A B, le *centre commun de gravité* des deux premiers corps a & b, que je suppose en F; concevez ensuite un poids a + b appliqué en F, & trouvez, dans la ligne E F, le *centre commun de gravité* des deux poids a + b, & c, que je supposerai en G; enfin, supposez a + b + c appliqué en G, égal aux deux poids a + b & c, & trouvez le *centre commun de gravité* de ce poids a + b + c & de d, lequel je supposerai en H; ce point sera le *centre commun de gravité* de tout le système des corps a + b + c + d : on peut tirer de la même manière le *centre de gravité* d'un plus grand nombre de corps, tel qu'on voudra.

3°. Deux poids D & E, *fig.* 542, étant suspendus par une ligne C O, qui ne passe pas par leur *centre commun de gravité*, trouvez lequel des deux corps doit emporter l'autre.

Multipliez, pour cela, chaque poids par sa distance au *centre de suspension*; celui du côté duquel se trouvera le plus grand produit sera le prépondérant, & la différence entre les deux sera la quantité dont il l'emportera sur l'autre.

Les momens des poids D & E, suspendus par une ligne qui ne passe pas par leur *centre de gravité*, étant en raison composée des poids D & E, & des distances du point de suspension, il s'ensuit encore que le moment du poids, suspendu précisément au point C, n'aura aucun effet par rapport aux autres poids D & E.

4°. Soient plusieurs corps a, b, c, d, *fig.* 543, suspendus en C, par une droite C O, qui ne passe point par leur *centre de gravité*; on propose de déterminer de quel côté sera la prépondérance, & quelle en sera la quantité.

On multipliera les poids c & d par leur distance

C E, C B, au point de suspension, & la somme sera le moment de leurs poids ou leur moment vers la gauche; on multipliera ensuite leurs poids a & b par leurs distances A C & C D, & la somme sera le moment vers la droite; on soustraira l'un de ces momens de l'autre, & le reste donnera la prépondérance cherchée.

5°. Un nombre quelconque de poids a, b, c, d, *fig.* 543, étant suspendus en C, par une ligne C O, qui ne passe pas par leur *centre commun de gravité*, & la prépondérance étant vers la droite, déterminer un point F, où la somme de tous les poids étant suspendue, la prépondérance continueroit à être la même que dans la première situation.

Trouvez le moment des poids c & d, c'est-à-dire, $c \times CE$ & $d \times CB$; & puisque chacune des poids suspendus en F doit être précisément le même, le moment trouvé des poids c & d sera donc le produit de C F par la somme des poids; le quotient donnera la distance C F, à laquelle la somme des poids sera suspendue, pour que la prépondérance continue à être la même qu'auparavant.

6°. Trouvez le *centre de gravité* d'un parallélogramme & d'un parallélipipède.

Tirez les diagonales A D & E G, *fig.* 544, ainsi que celles CB & HF; & puisque chacune des diagonales AD & CB divise le parallélogramme A C D B en deux parties égales & semblables, chacune d'elles passe donc par le *centre de gravité*; donc le point d'intersection I est le *centre de gravité* du parallélogramme.

De même, puisque les plans C B F H & A D G E divisent le parallélipipède en deux parties égales & semblables, ils passent l'un & l'autre par son *centre de gravité*; & ainsi leur intersection I K est le diamètre de gravité, & le milieu en est le *centre*.

On pourra trouver, de la même manière, le *centre de gravité* dans les prismes & dans les cylindres, en prenant le milieu de la droite qui joint leurs bases opposées.

Dans les polygones réguliers, le *centre de gravité* est le même que celui du cercle circonscrit ou inscrit à ces polygones.

7°. Trouvez le *centre de gravité* d'un cône & d'une pyramide.

Le *centre de gravité* d'un cône est dans son axe A C, *fig.* 545. Si l'on fait donc A C = a; C D = r, ϖ la circonférence dont le rayon est r, A P = x; P p = dx, le poids de l'élément du cône sera $\dfrac{\varpi r x^2 dx}{a^2}$, & son sommet sera $\dfrac{\varpi r x^3 dx}{2a^2}$, & par conséquent l'intégrale des momens $\dfrac{\varpi r x^4}{8a^2}$, laquelle divisée par l'intégrale des poids $\dfrac{\varpi r x^3}{6a^2}$, donne la distance du *centre de gravité* de la portion A M N au sommet $A = \dfrac{6a^2 \cdot \varpi r x^4}{8a^2 \cdot \varpi r x^3} = \dfrac{3}{4} x = \dfrac{3}{4}$ AP; d'où il fuit que le *centre de gravité* du cône entier eft éloigné du fommet des $\frac{3}{4}$ de A C. On trouve de même le *centre de gravité* de la pyramide.

On peut déterminer le *centre de gravité* d'une pyramide d'une manière beaucoup plus fimple. Par des lignes B I, DE, *fig.* 547, déterminer le *centre de gravité* F du triangle B C D. Si du fommet A de la pyramide on mène une droite AF, cette ligne contiendra le *centre de gravité* de la pyramide; fi, de même, on mène D G, de l'angle D, fur le *centre de gravité* G du triangle A B C, cette droite contiendra auffi le *centre de gravité* de la pyramide, d'où il fuit que le point de rencontre H fera le *centre de gravité* de la pyramide.

Soit menée la droite G F, qui fera parallèle à A D, parce que les droites E A, E D font coupées proportionnellement en G & en F; les triangles A H D, F H G, dont les angles correfpondans font égaux, font femblables & donneront A H : H F = A D : G F; mais les deux autres triangles femblables A E D G E F donneront A D : G F = E D : E F ou = 3 : 1; donc on aura A H : H F = 3 : 1, c'eft-à-dire, A H = 3 H F, & par conféquent H F = $\frac{1}{4}$ A F & A H = $\frac{3}{4}$ A F.

8°. Déterminer le *centre de gravité* d'un triangle. Tirez la droite A D, *fig.* 548, au point D, milieu de B C; & puifque le triangle B A D eft égal à la moitié du triangle B A C, on pourra divifer chacun de ces triangles en, un nombre de petits poids appliqués de la même manière à l'axe commun A D, de façon que le *centre de gravité* du triangle B A C fera fitué dans A D. Pour déterminer le poids précis, foit A D = b, A P = x, M N = y, on aura A P : M N = A D : B C ou $x : y = a : b$, ce qui donnera $y = \frac{bx}{a}$; d'où il s'enfuit que le moment $y x d x = \frac{bx^2 dx}{a}$ & l'intégrale de $y x d x = \frac{bx^3}{3a}$, intégrale qui étant divifée par l'aire A M N du triangle, c'eft-à-dire, par $\frac{bx^2}{2a}$, donne la diftance du *centre de gravité* au fommet $= \frac{2abx^3}{3ajx^2} = \frac{2}{3}x$; & ainfi fubftituant a pour x, la diftance du *centre total de gravité* au fommet fera $= \frac{2}{3}a$.

Par la géométrie, il fuffit, pour trouver le *centre de gravité*, de mener des angles A & B du triangle, *fig.* 549, des droites A D & B E fur les milieux des côtés oppofés aux angles. Le point F d'interfection eft le *centre de gravité* du triangle; car fi l'on mène la droite D E, cette droite fera parallèle à A B, à caufe que les côtés B A, A C font coupés proportionnellement en D, E; les triangles A B F, D E F feront femblables, parce que leurs angles cor-

refpondans feront égaux; on aura donc A F : F D = A B : D E; mais les deux autres triangles femblables A B C, E D C donnent A B : D E = B C : D C ou = 2 : 1; donc on aura A F : F D = 2 : 1, ou A F = $\frac{2}{3}$ A D, & par conféquent F D = $\frac{1}{3}$ A D & A F = $\frac{2}{3}$ A D.

9°. Trouver le *centre de gravité* de la portion d'une parabole S A H, *fig.* 550 : fa diftance du fommet A peut être déterminée par les deux premières méthodes précédentes, & elle fe trouve $= \frac{1}{3}$ A E.

10°. Le *centre de gravité* d'un arc A B, *fig.* 551, eft éloigné, du *centre* C de cet arc, d'une droite, qui eft quatrième proportionnelle à cet arc, à fa corde & au rayon. La diftance du *centre de gravité* d'un fecteur du cercle A C D B au centre C de ce cercle, eft à la diftance du *centre de gravité* de l'arc au même centre, comme 2 : 3.

Pour trouver le *centre de gravité* des fegmens des conoïdes, des paraboloïdes, des fphéroïdes, des cônes tronqués, comme ce font des cas plus difficiles, & qui en même temps ne fe préfentent que plus rarement, nous vous renvoyons là-deffus au Traité de Wolf, d'où l'on a tiré une partie de cet article.

11°. Déterminer mécaniquement le *centre de gravité* d'un corps.

Placez le corps donné H I, *fig.* 552, fur une corde tendue ou fur le bord d'un prifme triangulaire F G, & avancez-le plus ou moins, jufqu'à ce que les parties des deux côtés foient en équilibre : le plan vertical paffant par K L, paffera par le *centre de gravité*; changez la fituation du corps, & avancez-le encore plus ou moins fur la corde ou fur le bord du prifme, jufqu'à ce qu'il refte en équilibre fur quelques lignes M N, & l'interfection des deux lignes M N & K L déterminera fur la bafe du corps, le point O, correfpondant au *centre de gravité*.

On peut faire la même chofe en plaçant le corps fur une table horizontale, & le faifant déborder hors la table, le plus qu'il fera poffible, fans qu'il tombe, & cela dans deux pofitions différentes, en longueur & en largeur : la commune interfection des lignes, qui, dans les deux fituations, correfpondent au bord de la table, déterminera le *centre de gravité*; on peut auffi en venir à bout en plaçant le corps fur la pointe d'un ftyle, jufqu'à ce qu'il refte en équilibre.

Lorfque plufieurs corps fe meuvent uniformément en ligne droite, foit dans un même plan, foit dans des plans différens, leur *centre de gravité commun* fe meut toujours uniformément en ligne droite, ou demeure en repos; & cet état de mouvement ou de repos, du *centre de gravité*, n'eft point changé par l'action mutuelle que ces corps exercent les uns fur les autres.

Nous avons déjà vu que, pour qu'un corps fe

maintienne dans une position verticale , il est nécessaire que son *centre de gravité* tombe verticalement sur la base formée par ses points d'appui :
c'est d'après ce principe , que l'homme est d'autant
plus ferme , que ses pieds forment une base tra-
pézoïdale plus grande , & cela parce qu'il peut
osciller impunément sans craindre que la verticale,
menée par son *centre de gravité* , sorte de la base
formée par ses pieds ; mais s'il se pose sur un pied,
la base diminue ; elle diminue encore davantage
s'il s'élève sur la pointe d'un pied : dans cette circonstance. le plus léger balancement le feroit tomber, s'il n'avoit l'attention , par le mouvement de
ses bras, de sa jambe qui est levée, & par la courbure de son corps , de changer la position de son
centre de gravité , de manière à lui donner une position telle , que la verticale, menée par ce point,
qui varie avec la position des bras, de la jambe &
du corps, tombe continuellement sur la petite
étendue sur laquelle le bout du pied est appuyé.

Cette observation fait voir combien l'art de la
danse, soit sur la corde, soit sur le sol, présente
de difficultés : elles sont tellement grandes sur la
corde , que le danseur est obligé de faire usage
d'un balancier à l'aide duquel il change la position
de son *centre de gravité*. Lorsque le danseur a assez
d'habitude & de dextérité pour danser sans balancier , il y supplée par le mouvement de ses bras,
celui de son corps & celui de la jambe qui ne pose
pas. Les danseurs & les danseuses de corde ont,
les uns & les autres, une nouvelle condition à
remplir; c'est que les mouvemens du corps, des
bras & des jambes, obligés par le changement continuel du *centre de gravité*, se fassent avec grace,
& que les positions qui en résultent soient agréables. Cette sorte de danse exige que la personne
qui l'exécute, ait le sentiment continuel de la
position de son *centre de gravité* & de son point
d'appui.

Une condition qui a une grande influence sur
la stabilité des corps, c'est la position respective
des *centres de figure* & de gravité. Dans les corps
homogènes, le *centre* de figure coïncide avec le
centre de gravité ; dans les corps hétérogènes, ils
sont le plus souvent dans deux positions différentes ; quelquefois ils sont très-rapprochés, d'autres
fois très-éloignés : en général, pour qu'un corps
ait une grande stabilité, lorsque le *centre* de figure
& le *centre de gravité* ne coïncident pas, il faut que
le *centre de gravité* soit placé au-dessous du *centre*
de figure. Lorsque les deux *centres* sont très-distans
l'un de l'autre, & que le *centre de gravité* est très-
près de l'une des extrémités, il est très-difficile
de faire tenir le corps sur l'extrémité opposée,
surtout lorsque cette extrémité n'a qu'une base
étroite. On en a un exemple dans les petites figures de moelle de sureau qui ont un lest de
plomb à leur base, auxquelles on donne le nom
de *prussien*. Lorsqu'on les place sur la tête, elles se
retournent aussitôt pour se fixer sur leur base. *Voyez*

ÉQUILIBRE pour un grand nombre d'exemples.

Si un corps est suspendu par un point, il se
place naturellement de manière que son *centre de
gravité* soit au-dessous de son point de suspension ;
& si l'on suspend un corps pesant au bout d'un
bâton ou d'une petite règle placée sur une table,
il faut que le corps pesant soit tellement disposé,
qu'une verticale menée par son *centre de gravité*
rencontre le point de la table sur lequel pose la
règle ou le bâton. C'est ainsi, par exemple, que
l'on suspend un seau à un bâton placé sur le bord
d'une table, *fig.* 553.

Dans cette figure, soit A B le dessus de la table, sur laquelle est posé le bâton C D. Sur ce bâton
on place l'anse d'un seau H I, en sorte que son plan
incliné & le milieu du seau soient en dedans du
bord de la table ; & pour fixer enfin les choses
dans cette situation, on place un autre bâton
G F D qui appuie d'un bout contre l'angle G du
seau, de son milieu contre le bord F, & par son
autre extrémité contre le premier bâton C D, en
D, où doit être une entaille pour le retenir. Par
ce moyen, le seau reste fixe dans sa situation, ne
pouvant s'incliner ni d'un côté ni de l'autre ; &
l'on peut, s'il n'est pas déjà plein d'eau, l'en remplir avec assurance, car son *centre de gravité* étant
dans la verticale, passant par le point H, qui rencontre elle-même la table, il est évident que c'est
la même chose que si le seau étoit suspendu au
point de la table où elle est rencontrée par cette
verticale.

Cette suspension récréative peut servir d'exemple pour exécuter toute autre espèce de suspension utile, telle, par exemple, que des échafau-
dages volans ou tout autre objet analogue.

Un usage assez fréquent de la disposition du
centre de gravité a lieu assez généralement dans les
corps flottans. Pour que la stabilité existe, il
faut que le *centre de gravité* du corps plongé soit
au-dessous du *centre* de figure du fluide déplacé.
Ainsi, pour que l'aréomètre A B, *fig.* 554, puisse
se tenir dans une position verticale dans le vase
E G H rempli de liquide jusqu'en C D, il faut que
le *centre* de figure *f*, du liquide déplacé, soit au-
dessus du *centre de gravité* F de l'instrument ; c'est
pourquoi on leste le bas de l'instrument en remplissant de mercure la petite ampoule B, soudée à
l'extrémité inférieure de l'aréomètre : par ce
moyen on place le *centre de gravité* de l'instrument
très-près de cette extrémité.

Pour maintenir la stabilité des vaisseaux, il faut
également qu'ils soient construits & chargés de
manière que le *centre de gravité* de ces grandes
machines soit au-dessous du *centre* du volume que
forme toute la partie plongée au-dessous de la
ligne de flottaison.

On conçoit, d'après ce peu de détails, de quel
avantage doit être la détermination du *centre de
gravité* des corps, & à combien d'usages cette détermination doit servir.

CENTRE DE MOUVEMENT; centrum motûs; *mittel punckt der bewegung.* Point autour duquel un ou plusieurs corps se meuvent.

Dans un pendule, par exemple, le point de suspension autour duquel il décrit ses arcs, est le *centre de mouvement* de ce pendule; de même, si les poids P & q, *fig.* 555, tournent autour du point N, de manière que si P descend en p, q monte en Q, N sera alors le *centre de mouvement*.

CENTRE DE PERCUSSION; centrum percussionis; *mittel punckt der schlag.* Point dans lequel la percussion est la plus grande, ou bien dans lequel toutes les *forces de percussion* du corps sont supposées réunies. *Voyez* PERCUSSION.

Voici ses deux principales lois : 1º. lorsque le corps frappant tourne autour d'un point fixe, le *centre de percussion* est alors le même que celui d'oscillation, & il se détermine de la même manière, en considérant les effets des parties comme autant de poids appliqués à une droite inflexible destituée de gravité, c'est-à-dire, en prenant la somme des produits des momens des parties par leurs distances aux points de suspension, & divisant cette somme par celle des momens; de sorte que tout ce qui est démontré sur le *centre d'oscillation* a lieu aussi pour le *centre de percussion*, lorsque le corps frappant tourne autour d'un point fixe; 2º. lorsque toutes les parties du corps frappant se meuvent parallèlement avec une égale vitesse, alors le *centre de percussion* est le même que celui de gravité.

CENTRE DE PESANTEUR; centrum gravitationis; *mittel punckt der schwer kraft.* Point vers lequel tendent les corps pesans. *Voyez* CENTRE DES GRAVES.

CENTRE DE ROTATION; centrum rotationis; *mittel punckt der amdrehung.* Point autour duquel un corps tourne.

On peut regarder ce *centre* comme étant le même que le *centre* de mouvement. Le *centre* de mouvement d'un pendule, celui sur lequel un levier se meut, peuvent être regardés comme des *centres de rotation*; car, quoiqu'ils ne tournent pas, du moins ils oscillent : or, tourner ou osciller, c'est la même chose relativement à ce *centre*, à une différence près que voici. Tourner, c'est décrire, autour d'un point, un cercle entier; osciller, c'est ne décrire qu'une partie de ce cercle : or, le même point sert également à décrire le cercle entier, ou seulement un arc de ce cercle.

CENTRE DES CORPS PESANS : point vers lequel tendent les corps graves. *Voyez* CENTRE DES GRAVES.

CENTRE DES GRAVES; centrum graviarum *ou* graverum; *mittel punckt der schwer kraft.* Point vers lequel tendent les corps pesans.

Tous les corps pesans, sur la surface de la terre, se dirigent dans une ligne perpendiculaire à l'horizon : le *centre des graves* est un point où toutes ces lignes, prolongées jusque vers le *centre* de la terre, iroient se réunir. Ce point seroit exactement *centre* de la terre, si elle étoit parfaitement sphérique & homogène; mais étant un sphéroïde aplati vers les pôles, toutes les lignes droites, perpendiculaires à sa surface, n'aboutissent pas précisément au *centre*; elles se dirigent vers un autre point qui en est peu éloigné. C'est pourquoi on est dans l'usage de regarder le *centre* de la terre comme le *centre des graves. Voyez* DEGRÉ DU MÉRIDIEN TERRESTRE.

CENTRE D'INERTIE; centrum inertiæ; *mittel punckt der trægheit.* Nom donné par Euler au point où l'on peut transporter tout l'effet d'un corps en mouvement; ainsi, lorsqu'une boule homogène roule sur un plan incliné, on peut rapporter son mouvement à l'action de la gravitation sur son *centre*, auquel toute la masse du corps seroit supposée réunie. *Voyez* CENTRE DE GRAVITÉ.

CENTRE DIVISEUR : point, dans le plan d'un cadran, qui représente le *centre* du monde, & qui sert pour diviser en degrés la représentation d'un grand cercle de la sphère.

CENTRE D'OSCILLATION; centrum oscillationis; *mittel punckt der schwunges.* Point qui, étant pris dans la ligne de suspension d'un pendule composé, soit tel que, si toute la gravité du pendule oscillant s'y trouvoit ramassée, les oscillations se feroient dans un temps égal à celui qu'emploie ce pendule composé à faire les siennes.

Dans un pendule composé, le *centre d'oscillation* se trouve, dans tous les cas, au-dessous du *centre* de gravité. Les oscillations de ce pendule sont toujours égales, en durée, à celles d'un pendule simple qui auroit pour longueur la distance de ce *centre d'oscillation* au point de suspension. *Voyez* PENDULE.

La question des oscillations d'un pendule composé, d'une figure déterminée, avoit, en 1646, été proposée aux géomètres par le P. Mersenne, & spécialement à Descartes, Roberval & Huyghens. Pendant que les deux premiers passoient leur temps à disputer, le dernier, très-jeune alors, fut assez heureux pour entrevoir la question du côté qui lui étoit le plus favorable, & pour trouver une théorie générale & exacte d'où suit la règle suivante : si l'on divise par son moment statique, le moment d'inertie d'un pendule pour son point de suspension, le quotient sera la distance du *centre d'oscillation* au point de suspension.

Ainsi, par exemple, soit une ligne CD, *fig.* 556, inflexible & sans pesanteur, oscillant autour du point C; soient les masses A, B, D fixées sur cette droite : on demande où doit être placé le point O, *centre d'oscillation*?

Les momens d'inertie autour du point C font $\overline{CA}^2 . A$; $\overline{CB}^2 . B$; $\overline{CD}^2 . D$ (*voy.* MOMENT D'OS-CILLATION) ; les momens statiques autour du point C font $CA . A$; $CB . B$; $CD . D$ (*voy.* MOMENT STATIQUE). Il suit de la loi d'Huyghens, que la distance du *centre d'oscillation* au point de suspension $C = CO = \dfrac{\overline{CA}^2 . A + \overline{CB}^2 . B + \overline{CD}^2 . D}{CA . A + CB . B + CD . D}$

Pour trouver, d'après cette loi, le *centre d'oscillation* d'une droite C D, *fig.* 557 ; soit CD = a, CA = x, & la partie infiniment petite A B = dx ; le moment de son poids = x d x. La distance du *centre d'oscillation* dans la partie C A, au point de suspension C, sera $= \dfrac{\int x^2 \, dx}{x \, dx} = \dfrac{\frac{1}{3} x^3}{\frac{1}{2} x^2} = \dfrac{2}{3} x$: qu'on

substitue maintenant *a* au lieu de *x*, la distance du *centre d'oscillation*, dans la droite totale C D, sera $= \dfrac{2}{3} a$; c'est ainsi qu'on trouve le *centre d'oscilla-tion* d'un fil de métal qui oscille sur l'une de ses extrémités.

Dans un triangle équilatéral A B C, *fig.* 558, qui oscille autour d'un axe parallèle à sa base A B, la distance du sommet C, au *centre d'oscillation* $= \dfrac{3}{4} CD$; & si le triangle équilatéral oscilloit autour de sa base, la distance de son *centre d'oscil-lation* au sommet C seroit $= \dfrac{1}{2} CD$, hauteur du triangle.

Pour des corps pesans, & dont la pesanteur est uniforme, telle qu'une perche prismatique C D, *fig.* 559, dont M est la masse. Son mouvement d'inertie autour de $C = \dfrac{1}{3} M . \overline{CD}^2$; son moment statique $= \dfrac{1}{2} M . CD$, conséquemment la distance du *centre d'oscillation* $C O = \dfrac{2}{3} M . CD$. Si D, *fig.* 560, est le centre d'une sphère dont le rayon = r, la masse M, & C D un fil sans pesanteur, le moment d'inertie de la boule $= \left(\overline{CD}^2 + \dfrac{2}{5} r^2 \right) M$; le moment statique $= CD . M$, & la distance du *centre d'oscillation* $C O = \dfrac{\left(\overline{CD}^2 + \dfrac{2}{5} r^2 \right) M}{CD . M} = \dfrac{\overline{CD}^2 + \dfrac{2}{5} r^2}{CD}$.

Nous avons donné deux méthodes pour déter-miner les *centres d'oscillation* : l'une par la géomé-trie simple, l'autre par le calcul intégral, afin que l'on puisse se former une idée de ces deux modes.

On joint ici, pour plus de clarté, les réflexions sur les *centres d'oscillation*, faites par l'historien de l'Académie royale des Sciences, relativement à un Mémoire sur la recherche des *centres d'oscillation*, que Jacques Bernoulli, professeur à Bâle, & mem-bre de l'Académie des Sciences, a fait imprimer parmi ceux de cette Académie, pour l'année 1703.

Tout le monde sait, dit l'historien de l'Acadé-mie, qu'un poids suspendu à un fil ou à une verge qu'on suppose sans pesanteur, fait d'autant moins de vibrations en un certain temps déterminé, que ce fil est plus long, ou, ce qui est la même chose, que le poids est plus éloigné du point de suspen-sion. Si, à un fil qu'on peut supposer de quatre pieds, & qui porte un poids à son extrémité, on suspend un second poids qui soit deux pieds plus haut, par exemple, que le premier, le second poids hâte les vibrations du premier, plus lentes que les siennes, & le premier retarde les vibra-tions du second : le fil qui porte ces deux poids, devient un pendule composé, dont les vibrations ne font ni aussi lentes que s'il n'avoit eu que le premier poids, ni aussi promptes que s'il n'avoit eu que le second, mais moyennes entre ces diffé-rentes durées ; & il s'agit de savoir quelle seroit la longueur d'un pendule simple, ou à un seul poids, dont les vibrations se feroient en même temps que celles du pendule composé. Il est vi-sible que ce pendule simple auroit moins de quatre pieds, & plus de deux ; & par conséquent on peut prendre, dans le pendule composé, entre son se-cond pied & le quatrième, une longueur égale à celle du pendule simple, ou, ce qui est précisé-ment la même chose, un point tel, que les efforts ou actions différentes des deux poids s'y réunis-sent pour lui faire faire des vibrations d'une cer-taine durée moyenne : or, c'est là l'idée générale du *centre*, appliquée aux vibrations, & l'on appelle, par conséquent, ce point *centre de balancement* ou *d'oscillation*. Chercher le *centre d'oscillation* d'un pendule composé, c'est donc toujours chercher la longueur d'un pendule simple qui seroit ses vi-brations en même temps.

Il est visible que plus, dans le pendule com-posé, l'un de ces poids est près du point de sus-pension, par rapport à l'éloignement où en est l'autre, plus le pendule simple qui répond au com-posé, est court ; & qu'au contraire, plus les distan-ces des deux poids, au point de suspension, ap-prochent de l'égalité, plus le pendule simple est long ; de sorte qu'à la fin, si les deux poids étoient placés à même distance & confondus ensemble, à cet égard, le pendule composé ne seroit plus que le pendule simple.

Maintenant, si l'on conçoit deux points égaux ou inégaux, suspendus, non pas immédiatement, au fil ou à la verge, mais chacun à l'extrémité d'une ligne qui la rencontre à angles droits, l'un d'un côté, l'un de l'autre ; si ces deux lignes perpendiculaires à la verge sont sous le même plan vertical & à différentes distances du point de suspension de la verge ; enfin, si elles sont de telle grandeur, & les deux points tels que le *centre* de gravité des deux poids, conçus comme immobiles, soit toujours dans la verge, & qu'ensuite on la mette en balancement, c'est une autre considération à faire, & c'est sur cela que Bernoulli a eu une pensée très-fine, qui lui a donné la clef de sa nouvelle théorie des oscillations. Il rapporte aux leviers ces poids ainsi disposés. Les distances de chacun de ces poids, aux points de suspension de la verge, sont les bras de levier par lesquels ils agissent, cela est clair ; mais ils ont de plus des vitesses particulières que l'on n'avoit point encore démêlées, qui doivent entrer dans le calcul de leur action, & qui en font tout le fin.

Le fil chargé des deux poids supposés étant mis en balancement, il y a un pendule simple qui feroit ses vibrations dans le même temps, & les arcs circulaires inégaux, que décrivent, dans ce même temps, le pendule simple & les deux poids du pendule composé, sont proportionnels à leurs points de suspension. D'un autre côté, la pesanteur tend à faire décrire à tous les corps qui tombent, dans le même temps, des lignes verticales égales, & ce mouvement en ligne droite & égale entre nécessairement dans la composition du mouvement que les pendules ont par les arcs circulaires inégaux. Prenons le poids le moins éloigné du point de suspension, & qui décrit le plus petit arc ; la petitesse nécessaire & indispensable de cet arc est la cause que la pesanteur n'imprime pas actuellement à ce poids tout le mouvement vertical & en ligne droite qu'elle tend à lui imprimer ; & comme, en vertu de la disposition du pendule composé, ce premier poids est lié avec le second, il faut imprimer au second ce surplus de mouvement qu'il n'a pu prendre. Mais ce second poids ne peut rien recevoir du premier, parce qu'il ne peut décrire, dans un temps déterminé, que l'arc qu'il décrit en vertu de sa distance du point de suspension. Ainsi, il résiste à l'impulsion du premier avec une force égale à celle dont il est poussé, & il tire cette force des causes qui lui font décrire un arc circulaire & déterminé. Voilà donc un équilibre qui se fait dans le même cas, que si deux poids attachés à des bras inégaux de levier, & poussés par des forces inégales en sens contraire, s'arrêtoient l'un & l'autre. Or, il est clair qu'alors les produits des poids, par leurs bras de levier & par les forces opposées qui les pousseroient, ou, ce qui est la même chose, par les vitesses qu'elles tendroient à leur imprimer, feroient égaux, & par cette égalité on trouveroit aussitôt le *centre* de gravité des deux poids, ou le point d'appui du levier. Puisque leurs actions feroient égales de part & d'autre de ce point d'appui, & que le pendule composé est devenu un levier, ce même

point d'appui est aussi le *centre d'oscillation* de ce pendule.

La difficulté n'est plus que de connoître & d'imprimer la force par laquelle le premier poids pousse le second, & celle par laquelle le second résiste. Celui que nous appelons ici le second pourroit être appelé le premier, & il le pousse de la même manière dont il en est poussé. Cette impulsion du second sur le premier entre dans sa résistance ; & comme sa résistance est nécessairement égale à la force dont il est poussé, il faut que, s'il ne pousse pas autant qu'il est poussé, sa résistance reçoive d'ailleurs un complément, c'est-à-dire, ou d'une plus grande masse de ce poids, ou d'un plus grand bras de levier, ou de tous les deux ; & si les poids sont égaux, d'un plus grand bras de levier seulement. Nous supposerons dans la suite des poids égaux pour plus de facilité.

Moins un poids est éloigné du point de suspension, plus l'arc circulaire qu'il décrit est petit, & plus, par conséquent, la pesanteur perd de l'action qu'elle tend à exercer sur lui. Or, il ne pousse un autre poids que l'on conçoit qui lui répond, que par cet excès de l'action de la pesanteur, par ce reste dont il ne reçoit pas l'effet ; & par conséquent, ce reste étant d'autant plus grand que le poids est suspendu plus haut, il pousse d'autant plus le poids qui lui répond, & au contraire. Donc si la distance où sont les deux poids, à l'égard du point de suspension, est fort inégale, il faut, pour l'équilibre, que le plus éloigné regagne par la longueur de son bras de levier, ou, ce qui est la même chose, par son éloignement du point de suspension, ce qu'il manque du peu de force qu'il tiroit de l'action de la pesanteur ; & il peut arriver de-là qu'il faudroit, pour l'équilibre, l'éloigner encore plus du point de suspension qu'il ne l'étoit d'abord. Mais quand on cherche le *centre d'oscillation* d'un pendule composé, on en laisse les poids dans la disposition & dans la situation où ils étoient ; & si le *centre* de cet équilibre, inventé par Bernoulli, ne se peut trouver sur la longueur du pendule composé que l'on se propose, il suffit qu'il se puisse trouver sur ce pendule prolongé. Donc, il peut y avoir des cas où le *centre* de cet équilibre soit au-delà du plus éloigné des deux poids que nous considérons ici, & par conséquent le pendule simple soit plus long que le composé.

Si les deux poids étoient suspendus immédiatement à la verge ou au fil qui fait le pendule composé, ainsi que nous l'avons supposé d'abord, le pendule simple feroit toujours plus court que le composé. Ce n'est pas, qu'alors, le poids qui est le plus haut ne pousse aussi celui qui est le plus bas, par ce reste d'action de la pesanteur qui ne s'exerce pas sur lui, & ne le pousse avec plus de force qu'il n'en est repoussé, par conséquent, le poids qui est le plus bas n'ait besoin de regagner, par une plus grande distance du point de suspension, ce qui lui manque ; mais c'est que, dans cette disposition,

ij

il le regagne toujours exactement : le poids qui a
un plus grand reste de l'action de la pesanteur,
parce qu'il est plus élevé, a aussi, par la même
raison, un moindre bras de levier, & au contraire;
& cela vient de ce que les distances des poids,
aux points de suspension ou leur bras de levier,
sont alors les deux longueurs du fil où les poids
sont suspendus ; & il est aisé de voir que ces longueurs sont toujours en raison réciproque de ce
qui se perd de l'action de la pesanteur. Par conséquent, pour trouver l'équilibre de Bernoulli, il
n'est jamais nécessaire d'augmenter la distance du
second poids, & le *centre* d'équilibre se trouve
toujours entre les deux poids, ou, ce qui est la
même chose, le pendule simple est toujours plus
court que le composé. Mais quand, selon la seconde supposition que l'on a faite, les poids sont
attachés à l'extrémité des lignes perpendiculaires à la verge ou au fil, leurs distances au point
de suspension ne sont plus les longueurs du fil ou
de la verge, depuis ce point jusqu'à celui où les
perpendiculaires la traversent ou la rencontrent,
mais ce sont les lignes tirées du point de suspension à l'extrémité des perpendiculaires où les poids
sont attachés : ces lignes sont d'autant plus longues, que ces perpendiculaires le sont aussi, &
cela indépendamment de la hauteur où les perpendiculaires rencontrent la verge. Un poids attaché
à une perpendiculaire fort longue, qui rencontrera la verge à une petite distance du point de
suspension, aura donc une force qui tirera de
deux causes en même temps ; & de ce qu'étant
suspendu haut, il aura un grand reste d'action de
la pesanteur, & de ce qu'étant à l'extrémité d'une
longue perpendiculaire, il sera à une grande distance du point de suspension, & agira par un plus
long bras de levier. Le poids qui, étant plus bas
que lui, n'a qu'un moindre reste de l'action de la
pesanteur, ne peut donc regagner la force qui lui
est nécessaire pour l'équilibre, que par être à une
distance du point de suspension plus grande que
celle du premier poids ; & cette distance, il ne la
peut avoir qu'en deux manières : il faut qu'il soit
suspendu à l'extrémité d'une perpendiculaire fort
longue, si elle est attachée en haut, ou que cette
perpendiculaire soit attachée fort bas, si elle est
courte ; & ce dernier cas peut être tel, que le
second poids ne pourra faire équilibre avec le premier, si la perpendiculaire où elle est suspendue,
n'est plus éloignée du point de suspension qu'elle
n'étoit, ce qui peut aller à tel point, que le pendule simple excédera le composé.

De tout ce qui a été dit, il suit que le pendule simple, qui répond à un composé, est d'autant plus long, dans le cas où les deux pendules
sont suspendus immédiatement à la verge : 1°. que
le premier poids est suspendu plus bas, par rapport à la longueur de tout le pendule ; 2°. que le
second poids est aussi suspendu plus bas, par rapport à cette même longueur ; & dans le cas où les

deux points sont attachés à des perpendiculaires :
1°. que ces perpendiculaires sont plus longues ;
2°. qu'elles sont attachées plus haut, ou, pour
rassembler tout ce qui les regarde, qu'elles sont
plus longues elles-mêmes, & plus longues par
rapport à leur distance du point de suspension.

Si un corps solide, par exemple, un conoïde
quelconque, suspendu par son sommet, est mis en
balancement, il faut concevoir que c'est un pendule composé, qui non-seulement porte tout le
long de son fil, suspendu immédiatement à ce fil,
tous les poids infiniment petits qui composent l'axe
du conoïde, mais qui portent encore, suspendus
à une infinité de différentes lignes perpendiculaires inégales, tous les poids infiniment petits,
qui sont toutes les parties des conoïdes situées
hors de cet axe. Si l'on cherche le *centre d'oscillation* de ce conoïde, ou la longueur du pendule
simple, qui feroit ses vibrations en même temps,
il faut donc rassembler tous les rapports qui déterminent le *centre* du pendule composé, puisque ce
conoïde est un pendule composé, chargé de toutes
les manières dont il peut l'être : il faut multiplier
par ces rapports la somme infinie de tous les poids
infiniment petits qui composent le conoïde, ou
tel autre corps solide qu'on voudra ; & c'est précisément ce que donne la formule algébrique de
Bernoulli.

Il est évident que ces lignes perpendiculaires,
où nous avons supposé des poids attachés, deviennent précisément les ordonnées de la courbe
qui aura produit, par sa révolution, le conoïde
ou tel centre solide qu'on voudra, & que, ce que
nous appelions la longueur du pendule composé,
est maintenant l'axe de cette courbe ; & par conséquent, la longueur de l'axe & l'équation de la
courbe qui produit ce solide, étant données, on
a tout ce qui est nécessaire pour déterminer le
centre d'oscillation.

Puisque les mêmes lignes perpendiculaires, ou
plutôt les mêmes ordonnées, posées plus ou moins
haut par rapport au point de suspension, font un
effet différent pour la longueur du pendule simple,
un même solide, différemment suspendu, répondra
à différens pendules simples, ou aura différens
centres d'oscillation. Ainsi, un cône rectangle étant
suspendu par le milieu de sa base, le pendule
simple sera précisément égal à l'axe de ce cône ;
mais cette égalité ne se trouvera plus, lorsque le
cône sera suspendu par son sommet, à moins que
le rayon de sa base ne soit égale à son axe. De
quelque manière qu'une sphère soit suspendue,
soit par le *centre*, soit par le sommet, le pendule
simple sera toujours plus long que le rayon de la
demi-sphère ; mais c'est quand elle est suspendue
par le *centre*, qu'il est le plus grand. On peut voir
en gros & en général, par les principes qui ont
été établis, les causes de ces différences. Une
sphère qui ne peut être suspendue que de la

même manière, a toujours un pendule simple plus court de $\frac{3}{19}$ de son diamètre.

Si la méthode de Bernoulli donne les *centres d'oscillation* des solides formés par des révolutions de courbes quelconques, il est aisé de juger qu'elle donne, à plus forte raison, par le moyen d'un léger changement, les *centres d'oscillation* des plans ou des surfaces de toutes ces courbes: on y trouve aussi des différences pareilles, selon les différentes suppositions. Ainsi, un triangle isocèle, qui peut passer par le plan d'une courbe dont les ordonnées sont en même raison que les abscisses, étant suspendu par son sommet, aura un autre *centre* qu'étant suspendu par le milieu de sa base. Il en va de même de la parabole.

Mais on doit faire, sur les plans agités ou balancés, une observation qui n'a pas lieu sur les solides. Si l'on suppose, au lieu d'un point de suspension, une ligne entière horizontale, à laquelle soit suspendu le poids qui balance, il peut être agité, ou de manière que ses ordonnées soient perpendiculaires à cette ligne horizontale, ou de manière qu'elles lui soient parallèles. Dans le premier cas, on dit qu'il est agité de côté, & dans le second, qu'il l'est en plan. Pour se faire une image plus sensible, on peut concevoir que de la première manière, il éprouvera la moindre résistance de l'air qu'il soit possible, & de la seconde, la plus grande ; or, ces deux manières ne sont pas indifférentes quant au *centre d'oscillation*. Ce qui fait qu'un poids, suspendu à l'extrémité d'une plus longue ordonnée, agit avec plus d'avantage, ce n'est pas précisément parce que sa distance du point de suspension en est plus grande, c'est parce que cette distance plus grande est un rayon d'un plus grand cercle, dont ce poids décrit les arcs, & par conséquent il décrit, dans le même temps, un plus grand espace ; car, dans tout le levier, de plus grandes distances du point fixe augmentent la force, non pas précisément en tant que distance, mais en tant que les corps qui y sont placés sont obligés à une plus grande vitesse. Donc, s'il est possible, dans quelques cas, qu'une plus grande distance ne cause pas une plus grande vitesse, cette plus grande distance n'est plus à compter. Quand une surface est agitée de côté, il faut concevoir une ordonnée quelconque, comme chargée d'autant de poids infiniment petits qu'elle a de points, & qui tous, non-seulement font d'autant plus éloignés du point de suspension, mais encore décrivent des arcs d'autant plus grands, qu'ils sont plus près des deux extrémités de cette ordonnée, ou plus éloignés de l'axe. Mais si cette surface est agitée en plan, tous les points de la même ordonnée, quoiqu'inégalement éloignés du point de suspension, décrivent, dans leur balancement, des arcs de cercle égaux, ce qu'il est assez facile de se représenter ; ou, si l'on veut, on peut encore la concevoir de cette manière. Quand une surface est agitée de côté, & que, par conséquent,

une ordonnée quelconque est perpendiculaire à une ligne horizontale d'où la surface est suspendue, tous les points de cette ordonnée ne se rapportent qu'au point de suspension, & par conséquent ils en font tous également éloignés, & décrivent des arcs de cercle inégaux. Mais quand cette surface est mue en plan, & que, par conséquent, une ordonnée quelconque est parallèle à la ligne horizontale, chaque point de cette ordonnée se rapporte au point de cette ligne qui lui répond par une perpendiculaire, & toute l'ordonnée a toute la ligne horizontale, & non pas un seul point ; & par conséquent tous les points de l'ordonnée font à la même distance de cette ligne d'où ils font suspendus, & décrivent tous des arcs de cercle égaux. Laquelle des deux idées que l'on prenne, il est toujours sûr que, dans une surface agitée en plan, tous les points de la même ordonnée n'ont que la même vitesse, au lieu qu'ils en ont une inégale dans une surface mue de côté, & par conséquent, dans ces deux cas, la force n'est pas la même par rapport à l'équilibre de Bernoulli, ou au *centre d'oscillation*.

La force de tous les points d'une même ordonnée étant toujours la même dans la surface mue en plan, chaque point n'a que la même force qu'a le point où cette ordonnée coupe l'axe. Or, dans la même surface agitée de côté, le point où cette ordonnée coupe l'axe a la même force, & ensuite la force de tous les autres points va en augmentant jusqu'aux deux extrémités de l'ordonnée. Donc la force totale d'une même ordonnée est beaucoup plus grande dans une surface mue de côté ; & comme c'est la même chose dans toutes les autres ordonnées, & que d'ailleurs tout le reste demeure le même, il s'ensuit qu'il faut une plus grande longueur de pendule simple pour faire équilibre à cette force ; & qu'enfin, la même surface, suspendue de la même manière, a son *centre d'oscillation* plus éloigné du point de suspension, quand elle est agitée de côté, que quand elle l'est en plan : c'est ce qui se trouve en effet par le calcul. Il se trouve même que des surfaces, comme le triangle, le rectangle, la parabole, peuvent avoir leur pendule simple plus long que leur axe quand elles font mues de côté, & l'ont toujours plus court quand elles font mues en plan. Pour le cercle, il a toujours son pendule simple plus court que son diamètre : ce pendule simple est les trois quarts du diamètre, si le cercle est mu de côté, & les $\frac{5}{8}$ s'il l'est en plan.

Après les surfaces des courbes, il ne reste plus que ces courbes mêmes, considérées simplement comme lignes, dont on puisse chercher le *centre d'oscillation*. Il n'y a plus alors d'autres poids que les parties infiniment petites de ces courbes ; & quoique, par conséquent, les ordonnées ne soient plus conçues comme chargées de poids infiniment petits à tous leurs points, elles subsistent toujours comme simples lignes, & par rapport à elles, les courbes peuvent, auffi bien que leurs furfaces, être mues de côté & en plan. La formule générale de Bernoulli fe réduit auffi, fans difficulté, à ces différens centres d'ofcillation des courbes.

Voilà quelle eft toute la théorie de Bernoulli ; cet équilibre fi délicatement démêlé en eft tout le fecret. Non-feulement il eft beau d'avoir réduit en principe auffi fimple une matière fi compliquée ; mais comme on ne peut trop approfondir tout ce qui appartient à l'équilibre & au mouvement, cette recherche, fi curieufe par elle-même, en devient auffi plus utile. Au refte, comme il eft impoffible d'employer, dans la pratique, ces calculs délicats pour déterminer le centre a'ofcillation, on fe contente de fufpendre le corps, & de mefurer la durée de fes ofcillations, pour déterminer la longueur du pendule fimple qui lui correfpond, & conféquemment fon centre d'ofcillation.

CENTRE D'UN CERCLE; centrum circuli; mittel punckt der kreiffes. Point fitué dans l'intérieur du cercle, de façon que toutes les lignes menées, de ce point, à la circonférence font égales entr'elles.

CENTRE D'UNE COURBE; centrum curve; mittel punckt der krum linie. Point où deux diamètres concourent.

Lorfque tous les diamètres concourent à un même point, Newton appelle ce point centre général. L'abbé de Gua appelle centre général d'une courbe, un point de fon plan, tel que, toutes les droites qui y paffent, aient, de part & d'autre de ce point, des portions également terminées à fa courbure. Cramer, dans fon Introduction à l'analyfe des lignes courbes, donne une méthode très-exacte pour déterminer les centres généraux des courbes.

CENTRE D'UNE SECTION CONIQUE; centrum fectionis conicæ; mittel punckt der kegel fchnitt. Point où concourent tous les diamètres : ce point eft, dans l'ellipfe, en dedans de la figure, & dans l'hyperbole au dehors. Voyez DIAMÈTRE, SECTION CONIQUE, ELLIPSE, HYPERBOLE.

CENTRE MAGNÉTIQUE; centrum magneticum; magneten mittel punckt. Points que l'on fuppofe exifter dans l'intérieur des aimans, d'où part l'action magnétique dont on obferve les effets. Haüy les nomme centre d'action magnétique. Voyez CENTRE D'ACTION MAGNÉTIQUE.

CENTRE NERVEUX : organes defquels les nerfs tirent leur origine : ainfi le cerveau & la moelle de l'épine font les centres de la vie animale, & les ganglions les centres des nerfs de la vie organique.

CENTRE OVALE; centrum ovale; ovale mittel punckt. Portion de la fubftance médullaire du cerveau, que l'on met à découvrir en enlevant, par des coupes horizontales, toute la partie fupérieure des lobes de ce vifcère jufqu'au niveau de la furface fupérieure du corps calleux.

Les phyficiens ont long-temps regardé ce centre ovale, ainfi nommé par Vieuffens, comme l'organe commun des fens, où vont aboutir les impreffions que font les objets corporels fur tous les organes de nos fens. Ainfi, les impreffions faites fur nos yeux y font portées par les deux nerfs optiques qui fe réuniffent en une feule branche, qui va fe terminer au centre ovale ; les impreffions faites fur nos oreilles, par les corps fonores, y font portées par les deux nerfs auditifs qui fe réuniffent à une feule branche, laquelle va également fe terminer au centre ovale, &c. Mais, malheureufement pour cette brillante théorie du centre des organes, ce centre ovale n'exifte pas réellement, car il n'eft nullement diftinct de la fubftance médullaire du cerveau, & l'on prouve, pour quelques cas, que le centre des fenfations eft dans un autre point.

CENTRE PHONIQUE; centrum phonicum; mittel punckt phonifcher. Lieu où l'on doit fe placer pour faire répéter les échos articulés.

CENTRE PHONOCAMPTIQUE; centrum phonocampticum; mittel punckt phonocamptifcher. Lieu où eft placée la furface ou l'objet qui renvoie le fon ou la voix dans un écho articulé.

CENTRE PHRONIQUE : aponévrofe trilobée qui occupe la partie poftérieure & moyenne du diaphragme. Voyez CENTRE TENDINEUX DU DIAPHRAGME.

CENTRE SPONTANÉ DE ROTATION; centrum rotationis fpontaneum; frey williger mittel punckt der umdrehung. Point autour duquel tourne un corps qui a été en liberté, & qui a été frappé fuivant une direction qui ne paffe pas par fon centre de gravité. Ce terme a été employé par Jean Bernoulli, tom. IV du Recueil de fes œuvres, imprimé à Laufanne en 1743.

Pour faire entendre bien clairement ce que c'eft que le centre fpontané de rotation, imaginons un corps GADF, fig. 561, dont le centre de gravité foit C, & qui foit pouffé par une force quelconque fuivant une direction AB, qui ne paffe pas par fon centre de gravité. On démontre dans la dynamique, que le centre de gravité C doit, en vertu de cette impulfion, fe mouvoir fuivant CO, parallèle à AB, avec la même viteffe que fi la direction AB de la force impulfive eût paffé par le centre de gravité C, & on démontre de plus, qu'en même temps que le centre de gravité C avance en ligne droite fuivant CO, tous les autres points du corps GADF doivent tourner autour du centre C, avec la même viteffe, & dans le même fens qu'ils tourneroient autour de ce centre, fi ce centre étoit fixement attaché, & que la puiffance ou force impulfive confervât la même valeur & la même direction AB. La démonftration de ces propofitions feroit trop longue & trop difficile pour être inférée dans un ouvrage tel que celui-ci. Cela pofé, il eft certain que, tandis que le *centre* C avancera fuivant CO, les différens points H, I, &c., du corps GADF, décriront autour du *centre* C des arcs de cercle H *h*, I *i*, d'autant plus grands, que ces points H, I, &c., feront plus loin du *centre*; en forte que le mouvement de chaque point du corps fera compofé de fon mouvement circulaire autour de C, & d'un mouvement égal & parallèle à celui du *centre* C fuivant CO; car le *centre* C, en fe mouvant fuivant CO, emporte, dans cette direction, tous-les aut es points, & les force, pour ainfi dire, de le fuivre : donc le point I, par exemple, tend à fe mouvoir fuivant IM avec une viteffe égale & parallèle à celle du *centre* C fuivant CO; & ce mên e point I tend en même temps à décrire l'arc circulaire I *i* avec une certaine viteffe plus ou moins grande, felon que ce point I eft plus ou moins près du *centre* C; d'où il fuit qu'il y a un point I, dont la viteffe, pour tourner dans le fens I *i*, eft égale & contraire à celle de ce même point pour aller fuivant IM. Ce point reftera donc en repos, & par conféquent il fera le *centre de rotation* du corps GADF : Bernoulli l'appelle *fpontané*, comme qui diroit *centre volontaire de rotation*, pour le diftinguer du *centre de rotation forcé*; parce que toutes les parties du pendule font forcées de tourner autour de ce point, autour duquel elles ne tourneroient pas, fi ce point n'étoit pas fixe & immobile. Au contraire, le *centre de rotation* I, eft un *centre fpontané*, parce que le corps tourne autour de ce point, quoiqu'il n'y foit point attaché. Au refte, il eft bon de remarquer que le *centre fpontané de rotation* change à chaque inftant; car ce point eft toujours celui-qui fe trouve, 1°. fur la ligne GD perpendiculaire à AB; 2°. à la diftance CI, du *centre* C; c'eft pourquoi le *centre fpontané de rotation* fe trouve néceffairement fur tous les points de la circonférence d'un cercle décrit du *centre* C & du rayon C I.

Il y a un cas où le *centre fpontané de rotation* ne change pas; c'eft celui où ce *centre* eft le même que le *centre* de gravité du corps : par exemple, une ligne flexible, chargée de deux poids inégaux, à qui on imprime, en fens contraire, des viteffes en raifon inverfé de leurs maffes, doit tourner autour de fon *centre* de gravité, qui demeurera toujours fans mouvement.

On peut remarquer auffi qu'il y a des cas où le *centre* I, *de rotation*, doit fe trouver hors du corps GADF; cela arrive lorfque le point I, dont la viteffe fuivant I *i*, doit être égale à la viteffe fuivant IM, fe trouvera à une diftance du point C, plus grande que BG; en ce cas, la courbe GADF tournera autour du point placé hors de lui.

CENTRIFUGE (Force); *vis centrifuga; cen-*

trifugel kraft. Force par laquelle un corps qui tourne autour d'un centre, fait effort pour s'en éloigner. *Voyez* FORCE CENTRIFUGE.

CENTRIPÈDE (Force); *vis centripeta; centripetat kraft*. Force par laquelle un mobile pouffé dans une direction eft continuellement détourné de fon mouvement rectiligne, & follicité à fe mouvoir dans une courbe. *Voyez* FORCE CENTRIPÈDE.

CENTROBARIQUE, de κεντρον, *centre*, βαρος, *poids;* centrobaricum; *centrobarifch;* adj. Tendance vers le centre de gravité d'un corps.

CENTROBARIQUE (Méthode) : méthode de mefurer ou de determiner la quantité d'une furface ou d'un folide, en les confidérant comme formés par le mouvement d'une ligne ou d'une furface, & multipliant la ligne ou la furface génératrice par le chemin parcouru par fon centre de gravité. *Voyez* MÉTHODE CENTROBARIQUE.

CENTROSCOPIE, de κεντρον, *centre*, & σκοπεω, *confidérer;* centrofcopia; *centrofcopi;* fub. fém. Partie de la géométrie qui traite du centre des grandeurs.

On diftingue, en géométrie, un *centre* de figure; en mécanique, un *centre* de gravité. La *centrofcopie* traite de l'un & de l'autre. On doit à Caramuel la diftinction & la féparation de ces deux centres, ainfi qu'un Traité particulier fur cette partie de la géométrie.

CENTUM PUNDIUM : numéraire & poids des romains = 100 mines = 1200 onces = 8400 deniers de Papyrius = 9600 deniers de Néron = 68,49 livres poids de marc = 32 kilogrammes 526 grammes.

CENTUPLE; centuplum; *undertfach*. Cent fois autant.

CENTURIE : mefure grammatique des Romains = 100 herdies = 200 jugues = 2400 onces = 9600 ficiliques de terre = 107,7 arpens de France = 55 hectares.

CENTUSSE, CENTUSSIS : cent livres de la monnoie romaine.

CÉPHÉE; Cepheus; *Cepheus;* f. f. Conftellation boréale, placée fous la queue de la grande ourfe, à côté du dragon. C'eft une des quarante-huit conftellations formée par Ptolémée. Cette conftellation refte toujours fur notre horizon, & ne fe couche jamais à notre égard. Les étoiles de *Cephée* ne font pas très-remarquables. Il y en a trente-quatre dans le *Catalogue britannque*.

Céphée étoit père d'Andromède. Les poëtes disent que Persée obtint de Jupiter que *Céphée*, avec sa femme Cassiopée & sa fille Andromède, fût placé parmi les astres. Des savans prétendent que le centaure Chiron, formant les constellations 1350 ans avant J. C., y plaça *Céphée* avec plusieurs héros de son siècle.

CERATIAS : comète cornue, qui paroît souvent barbue, & quelquefois avec une queue crochue & recourbée, &c.

CÉRATION ; ceratio ; *ceration* ; s. f. Disposition d'une matière pour la rendre propre à être fondue & liquéfiée, quand, de soi-même, elle ne l'etoit pas ; ce qu'on fait pour lui donner plus facilement le moyen de pénétrer dans les corps solides. Ce mot est employé par les alchimistes.

CERBÈRE; Κρεοβορος ; Cerberus ; *drey kœpstigter; Cerberus*, s. f. Constellation boréale introduite par Helvétius. Elle contient onze étoiles, parmi lesquelles quatre sont sous la main d'Hercule, ou aux environs.

Le triomphe d'Hercule sur *Cerbère* s'explique, suivant Dupuis, par le coucher du petit chien.

CERBÈRE : nom mystérieux donné par les alchimistes au salpêtre.

**CERCLE; ** κυκλος; circulus; *zirkel*; subs. masc. Figure plane, renfermée par une seule ligne B E D F A G H, *fig.* 562, qui retourne sur elle-même, & au milieu de laquelle est un point C, nommé *centre*, situé de manière que toutes les lignes que l'on peut en tirer, jusqu'à la circonférence, sont toutes égales.

Cette figure est engendrée par la révolution d'une ligne autour d'un point. La ligne courbe qui la termine, se nomme *circonférence*. On appelle *rayon de cercle*, une droite tirée du centre à quelques points que ce soit de la circonférence; ainsi, les lignes C A, C D C B, C H sont autant de rayons. On nomme *diamètre* une ligne droite qui, passant par le centre C, aboutit à deux points opposés de la circonférence. Les lignes A C B, D C H sont des diamètres. On appelle *corde du cercle*, une ligne droite dont les deux extrémités aboutissent à deux points de la circonférence, mais qui ne passe pas par le centre; telle est la ligne F G. On voit par-là que tout diamètre partage le *cercle* en deux parties égales, & que toute corde partage le *cercle* en deux parties inégales. On appelle *arc de cercle* une portion de sa circonférence, grande ou petite ; B E, B F, B F G sont des arcs de *cercle*.

Les géomètres sont convenus de diviser tous les *cercles*, grands ou petits, en 360 parties égales, qu'on nomme *degrés* ; de sorte que ces parties sont toujours proportionnelles, c'est-à-dire, plus grandes dans les grands *cercles*, plus petites dans les plus petits, mais toujours en même nombre dans les uns & dans les autres. Chaque degré se subdivise en 60

parties égales, appelées *minutes* : chaque minute en 60 parties égales, appelées *secondes* ; chaque seconde en 60 parties égales, appelées *tierces*; chaque tierce en 60 parties égales, appelées *quartes*, &c. Les degrés se marquent par un o placé un peu plus haut que le chiffre qui en exprime le nombre; les minutes se distinguent par un trait; les secondes par deux, les tierces par trois, &c.; ainsi, pour exprimer trente-cinq degrés, dix-huit minutes, neuf secondes, cinquante deux tierces, on écrit 35°, 18′, 9″, 52‴, &c.

On a trouvé que le diamètre d'un *cercle* étoit à sa circonférence à peu près dans le rapport de 7 à 22, ou environ comme un est à trois, mais plus approchant du vrai, comme 113 est à 355. L'espace que renferme la circonférence d'un *cercle* s'appelle *aire du cercle*. Si l'on veut connoître la valeur de cette aire, il faut multiplier la circonférence de ce *cercle* par le quart de son diamètre, ou la moitié de sa circonférence par son rayon, ou le quart de sa circonférence par son diamètre entier. Si donc un *cercle* a douze mètres de diamètre, il aura environ trente-sept mètres de circonférence ; car, comme nous venons de le dire, le diamètre étant 7, la circonférence est 22, ce qui est à peu près le triple, plus un septième de diamètre. Il faut donc multiplier 37,7 par 3, ou 18,85 par 6, ou 9,425 par 12. Le produit 113,1 sera à peu de chose près la valeur de l'aire de ce *cercle* (1). Nous disons qu'on n'a cette valeur qu'à peu près, parce qu'on ne connoît point exactement le rapport du diamètre à la circonférence; mais on le connoît d'une manière assez approchée, pour qu'un rapport plus exact puisse être regardé comme absolument inutile dans la pratique; car il faudroit que le *cercle* eût au moins 800 mètres de diamètre pour que la circonférence déterminée d'après le rapport de 7 à 22 fût fautive d'un mètre. Adrien Métius a donné un rapport encore plus rapproché que celui de 7 à 22 ; c'est celui de 113 à 355. Ce rapport est tel, qu'il faudroit que le diamètre d'un *cercle* fût de 100000 mètres au moins, pour qu'on fît, en se servant de ce rapport, une erreur d'un mètre sur la circonférence. Pour retenir aisément ce rapport, il faut remarquer que les nombres qui le composent, se trouvent, en partigeant en deux parties égales, les trois premiers nombres impairs 1, 3, 5, écrits deux fois de suite en cette manière 113355. Il est donc facile de trouver l'aire du *cercle* proposé, du moins aussi exactement que peuvent l'exiger les besoins les plus étendus dans la pratique. Pour connoître la valeur de l'aire d'un *cercle*, relativement à celle de l'aire d'un autre *cercle*, à laquelle on le compare, il faut savoir que les aires de deux

---

(1) Si l'on ne vouloit avoir qu'une approximation très-éloignée, on pourroit multiplier 12 par 3, & l'on auroit 36 pour la circonférence, laquelle, multipliée par 3, donneroit 108; mais cette valeur seroit à celle que nous venons d'indiquer, &-qui est plus exacte, à peu près comme 360 : 377.

cercles font entr'elles, comme les carrés de leur diamètre : ainfi, fi de deux *cercles*, l'un a deux mètres de diamètre & l'autre trois, l'aire du premier eft à l'aire du fecond, comme 4 eft à 9 ; car 4 eft le carré de 2, & 9 eft le carré de 3. Les circonférences des différens *cercles*, que l'on compare entr'eux, font en raifon directe de leur diamètre, c'eft-à-dire, que celui qui a un diamètre double ou triple de celui auquel on le compare, a auffi une circonférence double ou triple.

Voici quelques-unes des propriétés les plus importantes du *cercle*, choifies parmi celles qu'on trouve détaillées dans les ouvrages des géomètres. Le rayon d'un *cercle* eft égal à la corde de la fixième partie de fa circonférence ; de forte que fi un hexagone régulier, *fig.* 563, eft infcrit dans un *cercle*, chacun des côtés de cet hexagone eft égal au rayon de ce *cercle* ; ainfi la corde BD eft égale au rayon CB. Si, fur un point quelconque du diamètre d'un *cercle*, on élève une ligne perpendiculaire qui aboutiffe à la circonférence, le carré de cette ligne eft égal au rectangle formé par les deux portions du diamètre. Par exemple, le carré de AC, *fig.* 562, perpendiculaire fur le diamètre DH, eft égal au rectangle formé par les deux portions DC & CH du diamètre ; de même le carré de GI, perpendiculaire fur le diamètre BA, eft égal au rectangle formé par les deux portions BI & IA du diamètre Une troifième propriété du *cercle*, & qui eft très-remarquable, eft celle d'avoir une furface plus grande que celle de quelqu'autre figure que ce foit, qui auroit le même circuit ; de même qu'une fphère a une capacité plus grande que celle de quelqu'autre figure que ce foit, qui auroit une furface égale à celle de cette fphère.

La furface d'un *cercle* eft à celle d'un carré qui a pour côté le diamètre d'un *cercle*, comme 11 eft à 14, c'eft-à-dire, la furface d'un *cercle* infcrit *a b c d*, *fig.* 564, eft à celle d'un carré circonfcrit ABCD comme 11 eft à 14, & la furface d'un *cercle* eft à celle d'un carré infcrit, & qui a pour côté la corde HE d'un quart de *cercle*, comme 11 eft à 7, c'eft-à-dire, que la furface du *cercle* circonfcrit *a b c d* eft à celle du carré infcrit EFGH comme 11 eft à 7.

CERCLE CONCENTRIQUE ; circulus concentricus ; *concentrijche zirkel*. Cercles qui ont le même centre.

Ainfi les *cercles* ABC, DEF, HIK, *fig.* 565, font des *cercles* concentriques, parce qu'ils ont le même centre C. Lorfque ces *cercles* font dans le même plan, les circonférences font parallèles, c'eft-à-dire, que tous les points de la circonférence de l'un font également éloignés de la circonférence des autres.

CERCLE CRÉPUSCULAIRE ; circulus S. terminus crepufculorum, circulus crepufculans ; *dämerungs kreis*. Cercle où commence & où finit le crépufcule.

Lorfque le foleil éclaire une poition du globe terreftre, ADB, *fig.* 566, en lui envoyant des rayons de lumière parallèles à SG, la portion éclairée du globe eft féparée de celle qui ne reçoit pas de rayons directs par un grand cercle ACB perpendiculaire à la direction SC. La lumière réfléchie par l'atmofphère, & que l'on a nommée *lumière crépufculaire* (*voyez* CREPUSCULE), parvient encore au-deffous du *cercle* & éclaire une zone ABGF, qui peut avoir dix-huit degrés de largeur. La ligne FG qui fépare la lumière crépufculaire de la partie du globe FEG qui ne reçoit pas de lumière, fe nomme *cercle crépufculaire*.

CERCLE DE DÉCLINAISON ; circulus declinationis ; *abweichungs kreis*. Grands *cercles* qui, paffant par les pôles du Monde, font perpendiculaires à l'équateur, & le coupent en deux points diamétralement oppofés.

Ces *cercles* font les mêmes que les *méridiens* ou les *cercles horaires*, mais ils font confidérés différemment ; de forte que les mêmes *cercles* font appelés tantôt *cercles de déclinaifon*, tantôt *méridiens*, tantôt *cercles horaires* ; mais ces trois dénominations font relatives à trois ufages différens auxquels ils font deftinés. Dans le fens dans lequel ils doivent être pris ici, leur ufage eft de fervir à mefurer la *déclinaifon* des aftres ou leur diftance de l'équateur. (*Voyez* DECLINAISON.) Ainfi la déclinaifon d'un aftre eft mefurée par l'arc du *cercle de déclinaifon* qui paffe par le centre de l'aftre, & qui eft compris entre le centre même de l'aftre & l'équateur ; de forte que fi cet arc eft de quinze degrés, on dit que l'aftre a quinze degrés de *déclinaifon*. Lorfque l'aftre eft placé entre l'équateur & le pôle nord, fa déclinaifon eft feptentrionale ; & s'il eft placé entre l'équateur & le pôle fud, fa déclinaifon eft méridionale. Le foleil & toutes les planètes ont une déclinaifon qui eft tantôt feptentrionale & tantôt méridionale. A l'égard des autres ufages de ce cercle, *voyez* MÉRIDIEN, CERCLE HORAIRE.

CERCLE DE HAUTEUR ; circulus altitudinis..... Cercle qui fert à marquer la hauteur d'un aftre au-deffus de l'horizon. *Voyez* HORIZON, HAUTEUR ASTRONOMIQUE.

CERCLES DE LA SPHÈRE ; circuli fphæræ ; *zirkel der fphäre*. Cercles que l'on a imaginés pour expliquer les différens mouvemens, vrais ou apparens, des aftres, & auxquels il eft néceffaire de les rapporter, puifque les divers ufages auxquels ces *cercles* font employés dans l'aftronomie.

Ces *cercles* font au nombre de dix, favoir, fix grands & quatre petits ; les fix grands font le *méridien*, l'*horizon*, l'*équateur*, l'*écliptique*, la *colure des folftices* & la *colure des équinoxes*. Tous ces *cercles* ont pour centre commun le centre du Monde. (*Voyez* MÉRIDIEN, HORIZON, EQUATEUR, ECLIPTIQUE, COLURE & SPHÈRE.) Les quatre petits *cercles de la fphère* font les deux *tropiques* & les deux *cercles polaires*. Ces quatre petits *cercles* font parallèles à l'équateur. Les deux tropiques en font éloignés de 23 degr. ½, & font placés, l'un dans l'hémisphère septentrional & l'autre dans l'hémisphère méridional. Les deux *cercles polaires*, placés vers chacun des pôles, font autant éloignés du pôle auquel ils répondent, que les tropiques le font de l'équateur, c'est-à-dire, de 23 degr. ½. *Voyez* TROPIQUES & CERCLES POLAIRES.

CERCLES DE LATITUDE ; circuli latitudinis ; *breiter kreis*. Grands *cercles* qui, passant par les pôles de l'écliptique, font perpendiculaires à l'écliptique même, & les coupent en deux points diamétralement opposés.

Ces *cercles* s'appellent *cercles de latitude*, parce qu'ils servent à marquer la latitude des astres, ou, ce qui est la même chose, leur distance à l'écliptique ; ainsi la latitude d'un astre est mesurée par l'arc du *cercle de latitude* qui passe par le centre de l'astre, & qui est compris entre le centre même de cet astre & l'écliptique ; de sorte que si cet arc est de cinq degrés, on dit que l'astre a cinq degrés de latitude : c'est à peu près celle de la lune dans son plus grand éloignement de l'écliptique. Lorsque l'astre est placé entre l'écliptique & son pôle nord, sa latitude est septentrionale ; & s'il est placé entre l'écliptique & son pôle sud, la latitude est méridionale. *Voyez* LATITUDE DES ASTRES.

La latitude d'un astre n'est pas la même chose que la latitude d'un lieu pris sur la surface de la terre ; cette dernière est la distance de ce lieu de l'équateur, mesurée ou vers le midi ou vers le nord. Cette latitude se mesure sur de grands *cercles* qui, passant par les pôles du Monde, font perpendiculaires à l'équateur, & le coupent en deux points diamétralement opposés. *Voyez* LATITUDE.

CERCLES DE LONGITUDE ; circuli longitudinis ; *langen zirkel, langen kreis*. *Cercles* parallèles à l'écliptique, & qui diminuent de diametre à mesure qu'ils s'en éloignent.

Ces *cercles* s'appellent *cercles de longitude*, parce qu'ils servent à mesurer la longitude des astres, ou, ce qui est la même chose, leur distance au premier point du signe du belier ; ainsi, la longitude d'un astre est mesurée par l'arc du *cercle de longitude* qui passe par le centre de l'astre, & qui est compris entre le centre même de cet astre & le point de ce *cercle de longitude* qui répond perpendiculairement au premier point du signe du belier. *Voyez* LONGITUDE DES ASTRES.

La longitude d'un astre n'est pas la même chose que la longitude d'un lieu pris sur la terre ; cette dernière est la distance de ce lieu au premier méridien. *Voyez* LONGITUDE.

CERCLE DE MÉTAL pour couper le verre : *cercle de métal* que l'on fait rougir, que l'on pose ensuite sur une bouteille, sur une cornue, sur un matras ; jetant alors, sur le verre, quelques gouttes d'eau qui le refroidissent promptement, il se casse au point où il est touché par le *cercle de métal*.

CERCLE (Demi) ; semi-circulus ; *halben zirkel*. Moitié du *cercle*. *Voyez* DEMI-CERCLE.

CERCLES DE POSITION ; circuli positionis. Grands *cercles*, au nombre de six, qui passent par les pôles & font avec l'équateur des angles droits, & le coupent en douze parties égales, que les astrologues appellent *maisons célestes* : on leur donne aussi le nom de *cercles des maisons célestes*. *Voyez* MAISONS CÉLESTES.

CERCLE D'ÉQUATION ; circulus equationis. *Cercle* ajouté aux cadrans des pendules pour indiquer l'heure vraie, lorsque le pendule n'indique que le temps moyen. *Voyez* ÉQUATION DU TEMPS.

CERCLE DE REFLEXION ; circulus repercussionis ; *kreis der zurnick treibung*. Appareil avec lequel on prouve que, dans la réflexion de la lumière, l'angle de réflexion est égal à l'angle d'incidence.

Cet appareil est formé d'un plan circulaire, *fig.* 567, de 24 ou 26 pouces de diametre A la partie postérieure de ce plan est adapté un tenon *a b*, qui entre dans une tête C, ménagée au haut de la tige S, devant laquelle le plan se meut circulairement. Le tenon excède la tête & porte un écrou *d*, qui serre cette tête contre la base du tenon, & fait que le plan demeure fixe sur tous les points de sa circonférence sur lesquels on a dessein de l'arrêter. La queue S entre dans la tige T d'un gueridon ; elle s'élève, elle s'abaisse, & se tient à la hauteur convenable par une vis de pression *r*.

On divise la circonférence du plan E H G F en quatre parties égales par deux droites E G, F H, perpendiculaires entr'elles, & qui se coupent dans le centre *f*. Ces quarts de *cercle* font divisés en 90 parties égales qui forment des degrés, & ces divisions font placées dans un ordre opposé, comme on peut l'observer dans la figure Sur cette circonférence glissent deux curseurs, A & B, qui y font retenus par des ressorts, ou mieux par une vis de pression placée, en arriere, sur la queue des curseurs. L'un d'eux, A, porte une platine de cuivre de 4 pouces en carré, disposée perpendiculairement au *cercle* ; il est percé dans son milieu d'un trou rond de deux pouces de diametre.

Ce trou est bordé d'un petit *cercle* de cuivre de trois à quatre lignes de hauteur, dans lequel se visse un second *cercle*, qui sert à retenir une platine de cuivre qui entre dans le premier *cercle* & qui fait l'office de diaphragme. Cette platine est percée de deux trous de quatre lignes de diametre ; chacun de ces trous porte une petite boîte de cuivre dans laquelle on met des verres plans ou lenticulaires, convexes ou concaves :

l'une de ces boîtes porte un bouchon pour fermer, lorsqu'on le juge à propos, l'un des trous du diaphragme.

Le second curseur porte un châssis B, qui suit la courbe du *cercle*; ce châssis est recouvert d'un morceau de papier huilé, d'un morceau de gaze, ou d'un verre dépoli.

Au centre du *cercle* on voit, de part & d'autre, & à trois pouces de distance de chaque côté, une petite coulisse de cuivre, C D, de deux pouces de longueur, & perpendiculaire au plan du *cercle*. Ces coulisses sont destinées à recevoir trois miroirs de métal de six pouces de long & de deux pouces de largeur. L'un de ces miroirs, K, *fig.* 567 (*a*), est plan; le second, L, est convexe; le troisième, M, est concave. Leur courbure fait portion d'un *cercle* qui auroit deux pieds de diametre.

On peut, avec cet appareil, exécuter toutes les expériences de la lumière refléchie, & s'assurer ainsi de l'exactitude de la loi que présente la réflexion de la lumière.

Pour vérifier l'égalité des angles de réflexion & d'incidence, on place, sur l'une des ouvertures de la boîte de cuivre A, un verre plan; on place dans la coulisse C D, un miroir plan; on tourne le curseur A, de maniere que le rayon qui passe à travers la petite ouverture vienne rencontrer le miroir au point *f*, centre du *cercle*; alors on voit que le rayon se réfléchit & vient frapper le morceau de papier, de gaze ou de verre dépoli qui couvre le curseur B. On observe, sur le *cercle*, le nombre de degrés auquel répond l'ouverture du curseur A, par lequel entre le rayon de lumière; ce nombre de degrés indique exactement la mesure de l'angle d'incidence. On observe également à quel degré, sur la portion du *cercle* G F, correspond le point où la lumière arrive sur le curseur B; ce qui donne exactement la mesure de l'angle de réflexion. Si l'expérience a été bien faite, c'est-à-dire, si le point d'incidence de la lumière sur le miroir correspond parfaitement avec le centre *f* du *cercle*, on voit que l'angle de réflexion est parfaitement égal à l'angle d'incidence.

En plaçant le miroir convexe L & le miroir concave M, de maniere que la normale menée du point *f* à la surface du miroir corresponde exactement avec la ligne E G, le rayon incident qui arrive sur le point *f* se réfléchit, de maniere que l'angle de réflexion est de même égal à l'angle d'incidence.

Mais si l'on veut mesurer les effets de la réflexion des rayons parallèles, divergens & convergens sur les miroirs plans, convexes & concaves, on peut faire arriver, par les deux diaphragmes du curseur A, des rayons parallèles, & faire passer l'un par le centre *f* du *cercle* de réflexion, & le second au-dessus ou au-dessous; observer d'abord, avant de mettre les miroirs, à quels degrés du quart de *cercle* G H correspon-

dent ces rayons, puis placer les miroirs pour observer le degré sur le quart de *cercle* G F, auxquels ils répondent après leur réflexion; on verra que ces degrés seront exactement ceux qui résultent de l'égalité entre les angles de réflexion & ceux d'incidence.

Enfin, si l'on fait passer les rayons de lumière incidens à travers des lentilles convexes ou concaves, afin de faire converger ou diverger les rayons incidens, on observe que les angles de réflexion résultent de la direction des rayons incidens, de la forme des miroirs, & des points de la surface touchée par les rayons.

CERCLE DE RÉFLEXION astronomique; *circulus repercussionis astronomicus*; *astronomische kreis der zurükttreibung*. Instrument de réflexion propre à prendre la hauteur des astres.

Meyer conçut l'idée, en 1752, de disposer les *cercles de réflexion* que l'on employoit en mer, de maniere à ce que l'on pût multiplier les observations sur les divers points de sa circonférence, afin de diminuer les erreurs inévitables dans la pratique. *Voyez* CERCLE RÉPÉTITEUR.

Nous avons représenté ce *cercle de réflexion* tel qu'il a été perfectionné par Borda, dans la *fig.* 571 (*a*) & 571 (*b*). Le corps de l'instrument est taillé dans une seule pièce de cuivre; le noyau P O, qui est au centre, & qui a le même diametre que la partie circulaire des deux alidades, tient aux six rayons R, R, R, lesquels vont en diminuant de largeur, depuis le noyau jusqu'au limbe, & sont, outre cela, formés en biseau sur les côtés, comme on le voit en D D, qui est une section en travers, prise sur des points R. Ces six rayons aboutissent à une espèce de règle de champ circulaire, A A, *fig.* 571 (*b*), qui règne dans toute la circonférence de la partie intérieure du limbe, & sert à la fortifier; les surfaces supérieures du noyau & des six rayons forment un même plan avec le limbe, & leurs surfaces inferieures en forment un parallèle au premier, avec la surface inférieure & la règle de champ. Au centre du *cercle* est fixée, au-dessous, une pièce *d a*, façonnée en vis extérieurement, & destinée à recevoir un manche Q, par lequel on tient l'instrument. Le limbe est divisé en 720 deg.; chaque degré l'est en trois parties, & le nonius ou vernier des deux alidades donne les minutes.

Un grand miroir A est placé au centre de l'instrument sur l'alidade, & fait un angle d'environ 30 deg. avec la ligne du milieu de cette alidade; la base de la monture du milieu est échancrée en rond pour laisser une place suffisante à la pièce de recouvrement *e*, qui couvre le centre; elle est assujettie à l'alidade par quatre vis qui servent à rectifier la position du miroir sur l'instrument. Ces vis sont à tête carrée & saillante, & on les fait tourner par le moyen de la clef représentée en C C.

La monture du petit miroir B eſt fixée ſur la ſeconde alidade, & a été portée auſſi près du limbe qu'il a été poſſible, afin de laiſſer un plus grand paſſage aux rayons venant par la gauche ; elle eſt à peu près de la même forme que dans les octans, & fournit les mêmes moyens de direction.

On a fixé la baſe inférieure ſur l'alidade par un petit pied cylindrique qui le traverſe, & par trois vis qui ont un peu de jeu, & permettent de rectifier la poſition du miroir par rapport à la lunette. Comme, dans certaines obſervations, les rayons de l'aſtre réfléchi traverſent le petit miroir avant d'arriver au grand, on a taillé les côtés du petit miroir dans une direction parallèle à la ligne du centre AB, afin qu'il y ait alors moins de lumière interceptée.

La lunette GH eſt fixée ſur l'alidade qui porte le petit miroir, & eſt aſſujettie dans une direction toujours conſtante par rapport à ce miroir ; elle eſt tenue en deux points par deux oreilles qui entrent dans les rainures des montans I & K. Dans chaque montant il y a un rappel pour rapprocher ou éloigner la lunette du plan de l'inſtrument, ſuivant qu'on veut que la lumière de l'aſtre, réfléchie, tombe plus ou moins ſur la partie étamée du miroir. Ces rappels ſervent auſſi à placer la lunette dans une poſition parallèle au plan de l'inſtrument, au moyen des diviſions qui ſont tracées ſur la partie extérieure de chaque montant.

Il y a au foyer de la lunette deux fils parallèles, dont l'intervalle eſt à peu près égal à trois fois le diamètre apparent du ſoleil : ces fils doivent être placés parallèlement au plan de l'inſtrument lorſqu'on fait les obſervations ; & pour pouvoir leur donner toujours cette poſition, on a tracé deux repères, l'un ſur la partie ſupérieure du tuyau de la lunette, & l'autre ſur le porte-oculaire.

Les deux alidades FE & GB tournent ſur le centre, & indépendamment l'une de l'autre : celle du grand miroir eſt portée par un collet qui fait partie du centre ; elle eſt ſerrée ſur ce collet par la pièce à recouvrement e, qui eſt fixée par trois vis ſur la tête du centre. La ſeconde alidade eſt contenue entre la ſurface inférieure du même collet & le plan de l'inſtrument ; elle eſt ſerrée au-deſſous par une vis de triage. Chaque alidade porte un vernier & un rappel.

Les verres colorés ne tiennent point à l'inſtrument comme dans l'octant ; on en emploie de deux eſpèces : les petits, qui ſont repréſentés A A, ſe placent dans la pièce C, ou dans la pièce D ; mais dans cette dernière poſition, ils ne ſervent que pour des obſervations particulières, ou pour des vérifications dont nous parlerons par la ſuite. Les grands verres, repréſentés B B, ſe placent devant le grand miroir & dans les pièces q q : les uns & les autres ſont aſſujettis dans leur cage par des vis de preſſion.

On voit en CC la clef avec laquelle on tourne les vis qui ſervent à rectifier la poſition du miroir. DD eſt la ſection en travers, ſur un des points R des ſix rayons du cercle ; EE, la ventelle qui ſert à augmenter ou diminuer la quantité de lumière de l'objet direct ; FF, les viſeurs qui ſervent pour mettre le grand miroir perpendiculaire au plan de l'inſtrument, lorſque les deux viſeurs ne forment qu'une ligne droite, l'un étant vu directement, l'autre par réflexion.

Voici la manière dont on ſe ſert de ce *cercle de réflexion* : ſoit deux aſtres dont on veut meſurer la diſtance apparente, on place d'abord l'alidade ſur un point déterminé de la diviſion, zéro, par exemple ; enſuite, laiſſant cette alidade fixe, & ne faiſant mouvoir que l'alidade de la lunette, on fait, comme avec l'octant, le paralléliſme des miroirs, c'eſt-à-dire, qu'on détermine par l'obſervation, le point du limbe où doit être miſe l'alidade de la lunette, pour que les deux miroirs ſe trouvent parallèles. Cette obſervation étant achevée, on fixe l'alidade de la lunette ; on dirige la lunette ſur l'aſtre, deſſerrant enſuite l'alidade du grand miroir ; on la ramène du côté de l'œil, juſqu'à ce que l'image de l'autre aſtre, réfléchie par deux miroirs, entre dans la lunette, & vienne toucher l'image du premier, vue directement à travers la partie non étamée du petit miroir ; alors, l'axe parcouru par l'alidade du miroir, donne l'angle de la diſtance apparente des deux aſtres. L'obſervation que nous venons de décrire ne diffère en rien de celle qu'on fait avec l'octant ; ainſi le *cercle de réflexion* n'a juſque-là aucune ſupériorité ſur l'ancien inſtrument ; & même, ſi l'on ſe bornoit à cette ſeule obſervation, l'avantage ſeroit du côté de l'octant, dont le rayon eſt ordinairement plus grand que celui que l'on peut donner à un *cercle de réflexion* ; mais il n'en ſeroit pas de même ſi l'on faiſoit pluſieurs obſervations conſécutives avec ce dernier inſtrument. En effet, ſuppoſons que, regardant le point déjà trouvé, comme le point zéro de la diviſion, on recommence une ſeconde opération abſolument ſemblable à la première, c'eſt-à-dire, qu'on faſſe d'abord l'obſervation préparatoire du paralléliſme des miroirs, & qu'on faſſe mouvoir les alidades, on aura un arc total double de l'angle cherché, ou, ce qui eſt la même choſe, cet angle cherché ſera la moitié de l'arc trouvé : il ſuit de-là que, s'il y a une erreur dans la diviſion qui ſe trouve au point trouvé, cette erreur ſera diviſée par deux, & n'influera que pour moitié ſeulement ſur la valeur de l'angle obſervé. Par la même raiſon, ſi l'on fait encore une troiſième, une quatrième opération, toujours ſemblables à la première, l'erreur provenant des défauts de la diviſion ſera réduite au tiers, & enſuite au quart de celle qu'aura la dernière diviſion ſur laquelle l'alidade ſera portée. Ainſi, l'erreur de l'angle obſervé diminuera de plus en plus, à meſure que l'on multipliera les obſervations, & l'avantage du *cercle* ſur l'octant deviendra toujours plus grand.

CERCLE DE RÉFRACTION ; circulus refringitus ſolis radii ; circulus refractionis ; *brechungs kreis.* Appareil pour meſurer les angles d'incidence & de réfraction de la lumière en paſſant d'un milieu dans un autre.

Cet appareil eſt formé d'un *cercle* de cuivre E D F B, *fig.* 568 : ce *cercle* eſt diviſé en quatre parties égales par les deux droites B D, E F, perpendiculaires entr'elles, & qui ſe coupent au centre C du *cercle;* chaque quart de *cercle* eſt diviſé en 90 parties égales que l'on nomme *degrés.* Le quart de *cercle* eſt placé ſur un pied O, afin de pouvoir le maintenir dans une poſition verticale.

On place le *cercle de réfraction* dans une cuve de verre; on fait arriver dans cette cuve un rayon de lumière A C, & l'on place le *cercle* d'une telle manière, que ce rayon paſſe par le centre C du *cercle.* On verſe, dans la cuve, du liquide dont on veut connoître la réfraction; on en verſe juſqu'à ce que la ſurface du liquide rencontre le centre du *cercle,* puis on tourne le *cercle* dans une entaille faite dans le pied qui le ſupporte, juſqu'à ce que la ligne B C D coincide avec la ſurface du liquide; alors on obſerve à quel degré correſpond la ligne incidente A C, ainſi que celui auquel correſpond la ligne réfractée C N. Prenant les ſinus de ces deux angles, on a pour le liquide le rapport du ſinus de l'angle d'incidence avec celui de réfraction.

Si l'on répète la même obſervation en donnant une autre inclinaiſon au rayon incident, le rayon réfracté correſpond également à un autre degré; prenant les ſinus des angles d'incidence & de réfraction, on trouve que le rapport entre ces deux nouveaux ſinus eſt abſolument le même que celui que l'on trouve exiſter entre les deux premiers, c'eſt-à-dire, que l'on a $\frac{I}{R} = \frac{i}{r}.$

En faiſant arriver ſur la ſurface de ſéparation des deux milieux, des rayons convergens ou divergens, & faiſant parvenir l'axe de ces rayons ſur le centre du *cercle de réfraction,* on peut comparer, ſoit par la divergence, ſoit par la convergence des rayons réfractés, les diſtances des points de convergence réels ou imaginaires des rayons incidens aux rayons réfractés.

CERCLE DES COULEURS PRISMATIQUES ; circulus colorum priſmaticorum. *Cercle* imaginé par Newton pour réſoudre ce problème. Dans un mélange de couleur primitive, la quantité & la qualité de chaque couleur étant données, connoître la couleur du compoſé.

Afin de donner une idée exacte de ce *cercle,* nous allons copier textuellement la ſixième propoſition de la ſeconde partie du premier livre du *Traité d'optique ſur la lumière & les couleurs* de cet illuſtre phyſicien, *ſixième propoſition, probl. II.*

« Par le moyen du centre O, *fig.* 632, & du rayon O D, ſoit décrit un *cercle* A D F, & ſoit ſur la circonférence, diſtinguée en ſept parties : D E, E F, F G, G A, A B, B C, C D proportionnelles aux ſept tons de la muſique, ou aux intervalles des huits ſons contenus dans une octave, *ſol, la, fa, ſol, la, mi, fa, ſol,* c'eſt-à-dire, proportionnelles aux nombres $\frac{1}{9}, \frac{1}{16}, \frac{1}{10}, \frac{1}{9}, \frac{1}{16}, \frac{1}{16}, \frac{1}{9}$; que la première partie D E, repréſente le rouge; la ſeconde E F, l'orangé; la troiſième F G, le jaune; la quatrième G A, le vert; la cinquième A B, le bleu; la ſixième B C, l'indigo; la ſeptième C D, le violet. Imaginez que ce ſont là toutes les couleurs des lumières ſimples qui, par degrés, paſſent l'une dans l'autre, comme lorſqu'elles ſont ſéparées par des priſmes ; la circonférence D E F G A B C D repréſentant toute la ſuite des couleurs depuis un bout de l'image colorée du ſoleil juſqu'à l'autre, de ſorte que, depuis D juſqu'en E, ce ſoient tous les degrés du rouge, & en E, la couleur moyenne entre le rouge & l'orangé ; depuis E juſqu'en F, tous les degrés de l'orangé, & en F, la couleur moyenne entre l'orangé & le jaune; depuis F juſqu'en G, tous les degrés du jaune, & ainſi de ſuite.

» Soit *p* le centre de gravité de l'arc D E; & *q, r, s, t, u, x,* les centres de gravité des arcs E F, F G, G A, A B, B C & C D reſpectivement, & ſoient décrits, autour de ces centres de gravité, des *cercles* proportionnels au nombre de rayons de chaque couleur dans le mélange donné, c'eſt-à-dire, le *cercle p* proportionnel au nombre de rayons qui font le rouge dans ce mélange; le *cercle q* proportionnel au nombre de rayons qui font l'orangé dans ce mélange, & ainſi du reſte : trouvez, après cela, le centre commun de gravité de tous ces *cercles, p, q, r, s, t, v, x* Soit ce centre Z; & en tirant par ce Z, depuis le centre du *cercle* A D F, juſqu'à la circonférence, la ligne droite O Y, la place du point Y dans la circonférence fera voir quelle eſt la couleur qui doit provenir de la compoſition de toutes les couleurs dans le mélange donné; & la ligne O Z ſera proportionnelle à la plénitude de cette couleur, c'eſt-à-dire, à ſa diſtance du blanc.

» Par exemple, ſi Y tombe ſur le milieu entre F & G, la couleur compoſera le meilleur jaune; ſi Y ſe détourne du milieu vers F G, la couleur compoſée ſera par conſéquent un jaune tirant ſur l'orangé ou le vert; ſi Z tombe ſur la circonférence, la couleur ſera forte & vive, au plus haut degré; s'il tombe à mi-chemin entre la circonférence & le centre, la couleur ſera moitié moins forte, c'eſt-à-dire, que ce ſera une couleur ſemblable à celle qui réſulteroit du jaune le plus vif, mélé avec une égale quantité de blanc; & s'il tombe ſur le centre O, la couleur, ayant perdu toute sa force, sera changée en blanc. Mais il est à noter que, si le point Z tombe sur la ligne O D, ou tout auprès, le rouge ou le violet étant en ce cas-là les principaux ingrédiens, la couleur composée ne sera aucune des couleurs prismatiques, mais un pourpre tirant sur le rouge ou le violet, selon que le point Z sera du côté de la ligne D O vers E, ou vers C; qu'en général, le violet composé a plus de feu & d'éclat que le simple. D'ailleurs, si on ne mêle dans une égale portion que deux couleurs primitives qui, dans le cercle, sont opposées l'une à l'autre, le point Z tombera bien sur le centre O, mais la couleur composée de ces deux-là ne sera pourtant qu'une couleur foible & anonyme, bien loin d'être parfaitement blanche; car, en ne mêlant ensemble que deux couleurs primitives, je n'ai encore jamais pu faire un vrai blanc. De savoir si on pourroit en faire un par le mélange de trois couleurs primitives prises à égales distances dans la circonférence, c'est ce que j'ignore; mais je me doute presque point que l'on puisse faire du blanc par le mélange de quatre ou de cinq couleurs. Mais ce sont là des curiosités qui ne contribuent que peu ou point du tout à l'intelligence des phénomènes de la nature; car, dans tous les blancs que la nature produit, l'ordre est, qu'il y a un mélange de toutes sortes de rayons, & par conséquent une composition de toutes les couleurs.

» Pour donner un exemple de cette règle, supposez qu'une couleur soit composée des couleurs homogènes que je vais nommer : de violet, une partie; d'indigo, une partie; de bleu, deux parties; de vert, trois; de jaune, cinq; d'orangé, six; de rouge, dix. Je décris les cercles x, u, t, s, r, q, p, proportionnels à ces parties respectivement, c'est-à-dire, de telle manière que le cercle x est un, le cercle u soit un, le cercle t deux, le cercle s trois, & les cercles r, q, p, cinq, six & dix. Ensuite je trouve Z le centre commun de gravité de tous ces cercles, &, tirant par le point Z la ligne O Y, le point Y tombe sur la circonférence E & F, un peu plus près de E que de F; d'où je conclus que la couleur composée de ces couleurs simples sera un orangé tirant un peu plus sur le rouge que sur le jaune. Je trouve aussi que O Z est un peu moins que la moitié de O Y; & de-là j'infère que cet orangé a un peu moins que la moitié de la plénitude ou de la force d'un orangé simple, je veux dire que c'est un orangé tel que l'orangé qui doit provenir du mélange d'un orangé homogène avec un bon blanc, suivant la proportion qu'a la ligne O Z avec la ligne Z Y; proportion qui n'est pas fondée sur la quantité des points d'orangé & de blanc mêlés ensemble, mais sur la quantité de la lumière qui en est réfléchie.

» Quoique cette règle ne soit pas d'une justesse mathématique, je crois que, pour la pratique, elle est assez exacte; & la vérité en peut être suffisamment prouvée à l'œil, si on arrête quelque

couleur que ce soit, à son entrée dans la lentille, conformément à la dixième expérience de la seconde partie de ce livre; car les autres couleurs, qui, sans être arrêtées, passent jusqu'au foyer de la lentille q, composeront, ou exactement, ou à fort peu de chose près, la couleur qui, par cette règle, doit résulter de leur mélange. »

Le P. Schœffer a fait quelques changemens dans la disposition & dans l'usage du cercle des couleurs prismatiques de Newton. Voyez COULEUR ACCIDENTELLE.

CERCLES DES FÉES; circuli fatidicarum; wiesen ʒirkel. Cercles d'un vert-foncé qu'on aperçoit dans les vieilles pierres.

Wollaston, qui a été à même d'observer quelques cercles des fées, a remarqué, aux bords extérieurs de ces cercles, des fungi, espèces de mousserons qu'il n'a pas aperçus ailleurs; alors ce savant a cru que l'on pouvoit attribuer les cercles des fées aux espèces de champignons qui croissent à l'extérieur de ces cercles, & que l'on peut les expliquer en supposant que ces fungi croissent d'abord au centre, & qu'ils s'étendent ensuite dans toutes sortes de directions, en abandonnant, chaque année, la place qu'ils occupoient, pour se porter un peu plus loin du centre. Ainsi on pourroit ne pas considérer comme improbable la supposition que le sol, après avoir contribué une fois à la végétation des fungi, pourroit se trouver tellement épuisé de quelques poʃalum particuliers, propres à cette plante, qu'il en deviendroit incapable de produire une seconde récolte : celle de l'année suivante formeroit en conséquence un second anneau autour du premier centre de végétation; ce qui se continueroit d'année en année.

Cet agrandissement annuel des cercles verts avoit déjà été observé par le docteur Hutton, sur la colline d'Arthur, près d'Edimbourg; mais il ne paroît pas avoir aperçu les fungi dont parle Wollaston. Cependant, le docteur Withering dit avoir aperçu sur les bords des cercles, une espèce d'agaric dont il n'a pas suivi les progrès; mais il dit positivement que la verdure des cercles des fées est occasionnée par cet agaric.

Quelque probabilité que puisse avoir l'opinion de Wollaston sur la formation des cercles des fées, dont il a suivi l'accroissement pendant plusieurs années, & qu'il attribue à l'agaricus campestris & à l'agaricus oreades, il seroit intéressant que ces cercles fussent observés de nouveau, & suivis chaque année par des physiciens cultivateurs.

CERCLES DES MAISONS CÉLESTES : grands cercles perpendiculaires à l'équateur, & qui se divisent en six parties égales. Voyez CERCLES DE POSITION.

CERCLES DES PRAIRIES; circuli pratorum; wiesen ʒirkel. Traces circulaires qu'on observe quelquefois dans les prairies où l'herbe paroît defféchée. La caufe de ce fingulier phénomène n'eft pas bien connue. *Voyez* CERCLES DES FÉES.

CERCLES DIURNES ; circuli diurni ; *tag kreife*. *Cercles* parallèles à l'équateur. *Voyez* CERCLE PARALLÈLE, AXE DIURNE.

CERCLE ÉQUINOXIAL ; circulus equinoxialis ; *gleich-tagig kreis*. *Cercle* dans le plan duquel le foleil fe trouve les jours de l'équinoxe. C'eft celui de l'équateur. *Voyez* ÉQUATEUR.

CERCLES ÉLECTRIQUES COLORÉS ; circuli electrici colorati ; *electrifche bunt zirkel*. *Cercles colorés* que l'on obtient par des explofions électriques.

Prieftley a donné, dans le tome premier du *Journal de Phyfique* pour l'année 1771, les détails des expériences à l'aide defquelles il eft parvenu à obtenir ces *cercles électriques*. Il fixa une pointe métallique au-deffus d'une plaque de métal, &, en faifant paffer de fortes décharges électriques de la pointe fur la plaque, il fe forma des *cercles colorés* qui avoient beaucoup d'analogie avec les anneaux colorés décrits par Newton. (*Voyez* ANNEAUX COLORÉS.) Plus la pointe eft près de la plaque métallique, moins le diamètre des *cercles* eft grand, & plus promptement ils font formés ; plus la pointe eft écartée de la plaque métallique, plus les *cercles* font grands, mais plus ils font longs à fe former.

Il s'eft fervi, dans cette expérience, d'une batterie de verre couverte de vingt-un pieds carrés de feuille métallique.

Dans une forte décharge on échauffe le métal, qui s'oxide au contact de l'air, & qui entre quelquefois en fufion. Ne feroit-il pas poffible que la formation de ces *cercles colorés* fût due à la légère couche d'oxide formée à la furface des plaques métalliques ? On fait depuis long-temps, qu'en chauffant l'acier, le cuivre, le plomb, l'étain & d'autres métaux, ils fe couvrent d'une légère couche d'oxide qui les colore, & que cette coloration varie avec l'épaiffeur de la couche. Dans l'acier, par exemple, on voit la coloration commencer par le jaune-paille, & finir au vert-d'eau, en paffant du jaune-foncé, le rouge, le violet & le bleu. Cet ordre de couleurs eft à peu près celui que Prieftley a obtenu fur les plaques d'acier poli qu'il cite particulièrement.

Ce favant annonce que les *cercles colorés* paroiffent également bien fur l'or, l'argent, le cuivre, l'airain, le fer, le plomb & l'étain.

CERCLES EXCENTRIQUES ; circuli excentrici ; *excentrifche zirkel*. *Cercles* qui ont des centres différens.

Ainfi, les trois *cercles* ABK, DEK, LGH, *fig.* 569, font des *cercles excentriques*, parce qu'ils ont des centres différens : le premier a fon centre en C, le fecond en P, & le troifième en I.

CERCLES HORAIRES ; circuli horarii ; *ftunden kreife*. Grands *cercles* qui, paffant par les pôles du monde, font perpendiculaires à l'équateur, & le coupent en deux points diamétralement oppofés.

Ces *cercles* fervent à mefurer la diftance des aftres, par rapport au méridien d'un obfervateur, &, par-là, à indiquer l'heure qu'il eft. C'eft pourquoi on les appelle *cercles horaires*.

Il eft aifé de voir que ces *cercles* font les mêmes que les *cercles* de déclinaifon ou les méridiens, mais confidérés relativement à un ufage différent. Ainfi la diftance d'un aftre au méridien d'un obfervateur eft mefurée par l'arc de l'équateur, ou d'un *cercle* parallèle à l'équateur compris entre le *cercle* horaire qui paffe par le centre de l'aftre & le méridien de l'obfervateur.

On voit qu'il doit exifter une quantité innombrable de *cercles horaires*, puifqu'il peut en paffer un par chaque point de l'équateur, & que le diamètre commun de tous ces *cercles* eft le centre du monde. Si l'on fuppofe dans l'axe de la terre une droite infiniment mince, qui projette l'ombre du foleil fur les *cercles horaires*, l'inftant où cette ombre tombera dans le jalon d'un *cercle horaire*, marque celle des durées de la révolution de la terre. Voilà le fondement de toute la gnomonique, qui confifte à marquer, fur une furface donnée, les lignes d'interfection de cette furface avec les plans des *cercles horaires*. *Voyez* CADRAN.

CERCLE LUMINEUX ; circulus luminofus ; *lichten kreife*. *Cercles lumineux*, blancs ou colorés, que l'on remarque quelquefois autour du foleil ou de la lune. *Voyez* PARHÉLIE, PARASÉLÈNE.

Si l'on fait communiquer avec une veffie, *fig.* 570, pleine de gaz hydrogène, un tube mobile *ab*C, recourbé en fens contraire à fes deux extrémités ; que l'on ouvre le robinet pour faire fortir le gaz hydrogène par les deux orifices *a*, *b*, du tube, l'air, en fortant, communique un mouvement de rotation au tube. Si l'on approche une lumière de ces orifices, le gaz hydrogène s'enflamme & produit, par fa combuftion & le mouvement du tube, un *cercle lumineux*. *Voyez* FEU D'ARTIFICE DE GAZ HYDROGÈNE.

On obtient également un *cercle lumineux* en faifant mouvoir circulairement, dans l'obfcurité, un charbon embrafé. Comme la vifion de ce *cercle lumineux* eft produite par la durée de l'impreffion de la lumière au fond de l'œil, il faut donner au charbon embrafé une viteffe telle, qu'il parcoure la circonférence du *cercle* dans un temps qui foit un peu moindre que celui de la durée de la fenfation du fpectateur. *Voyez* IMPRESSION DE LA LUMIÈRE, VISION, VITESSE DE LA LUMIÈRE.

On produit des *cercles lumineux* par réflexion, en recevant un faifceau de lumière fur un miroir conique dont l'axe du cône eft parallèle aux rayons incidens.

CERCLE LUMINEUX ÉLECTRIQUE; circulus luminofus electricus; *electrifche lichten kreife*. Si l'on électrife un anneau métallique hériffé de points dans toute fa circonférence, des jets de lumière s'échapperont des points dans toutes les directions, & formeront un *cercle lumineux*.

CERCLE MOBILE; circulus mobilis. *Cercles* placés dans la repréfentation d'un-fyftème planétaire, & qui fe meuvent & changent de fituation par le premier mobile, comme l'écliptique, &c.

CERCLES PARALLÈLES; circuli paralleli; *vergleinchung kreife*. *Cercles parallèles* à l'équateur, & plus petits que lui.

Tout le ciel paroît tourner en vingt-quatre heures autour de la terre, fur deux points qu'on appelle *pôles*, & la ligne droite qui réunit ces deux points, fe nomme *axe du monde*. Tous les points fitués dans l'équateur décrivent donc un grand *cercle*, dont le centre eft auffi le centre du monde; mais les points qui font plus près des pôles, décrivent des *cercles* moindres, dont le centre eft dans l'axe du monde. Ce font ces petits *cercles* qu'on appelle *parallèles à l'équateur*, ou fimplement *parallèles*. Chaque point du ciel placé hors de l'équateur, décrit donc un parallèle qui diminue de grandeur de plus en plus, à mefure que le point eft plus éloigné de l'équateur.

Ces parallèles font coupés, de même que l'équateur, en deux parties égales par le méridien; car leur centre & leurs pôles, fe trouvant dans le même plan du méridien, ce plan les traverfe par le centre, & par conféquent les coupe en deux parties égales; mais ils ne font pas toujours coupés en deux parties égales par l'horizon; cela n'arrive que dans la fphère droite, c'eft-à-dire, dans celle dont l'horizon paffe par les deux pôles du monde; mais dans la fphère parallèle, c'eft-à-dire, dans celle dont l'horizon eft dans le plan même de l'équateur, tous les parallèles placés depuis l'équateur jufqu'au pôle fupérieur, fe trouvent tout entiers au-deffus de l'horizon, tandis que les parallèles, placés depuis l'équateur jufqu'au pôle inférieur, fe trouvent tout entiers au-deffous; & dans la fphère oblique, c'eft-à-dire, dans celle qui a le pôle élevé au-deffus de l'horizon de moins de 90 deg., & dont l'horizon paffe entre l'équateur & le pôle, quelques-uns de ces parallèles, favoir, ceux qui font les plus proches des pôles, fe trouvent tout entiers au-deffus ou au-deffous de l'horizon; & les parallèles intermédiaires font coupés, par l'horizon, en deux parties inégales; de forte que les aftres, placés dans les parallèles, qui fe trouvent tout entiers au-deffus de l'horizon, ne fe couchent jamais, de même que les aftres, placés dans les parallèles, qui fe trouvent tout entiers au-deffous de l'horizon, ne fe lèvent jamais; & les aftres placés dans les parallèles, coupés par l'horizon, en deux parties inégales, demeurent fur l'horizon d'autant plus long-temps, que la portion de leur parallèle, qui eft au-deffus de l'horizon, eft plus grande. *Voyez* SPHÈRE.

CERCLES POLAIRES; circuli polares; *polar kreife*, *polar zirkel*. Petits *cercles* de la fphère, dans lefquels le foleil eft chaque année un jour entier fans être vu, & un jour entier fans difparoître.

Ces *cercles*, HKI, LMN, *fig.* 571, font parallèles à l'équateur ACB; ils en font éloignés, l'un d'un côté & l'autre de l'autre, de 66° 30′; ils font diftans chacun, de l'un des pôles du monde pP, de 23° 30′; celui qui eft placé vers le pôle nord ou boréal, fe nomme *cercle polaire arctique*, & celui qui eft placé vers le pôle fud ou auftral, fe nomme *cercle polaire antarctique*. *Voyez* SPHÈRE.

Par fuite de l'inclinaifon de l'axe de la terre fur l'orbe folaire, & du mouvement annuel de la terre autour du foleil, il réfulte qu'aux équinoxes, les deux pôles font également éclairés par les rayons folaires, & que, pendant l'intervalle d'un équinoxe à l'autre, le foleil difparoît totalement fur l'un des pôles, & paroît conftamment fur l'autre, & cela alternativement. Ainfi, depuis l'équinoxe de printemps jufqu'à l'équinoxe d'automne, le foleil éclaire le pôle arctique, & difparoît du pôle antarctique; tandis que, depuis l'équinoxe d'automne jufqu'à l'équinoxe de printemps, il difparoît du pôle arctique, & paroît conftamment fur le pôle antarctique.

Depuis l'équinoxe jufqu'au folftice, tous les parallèles du pôle éclairé jouiffent fucceffivement de la durée de l'abfence du foleil, pendant un temps d'autant plus grand, qu'ils font plus près du pôle, & d'autant moins, qu'ils en font plus éloignés. Parmi tous ces parallèles, il en eft un qui ne jouit de la préfence continue du foleil, que le jour du folftice, tandis que les autres parties du pôle en jouiffoient déjà, & continuent encore à en jouir pendant un temps d'autant plus grand, qu'ils font plus près du pôle. C'eft ce parallèle de la limite de la durée de la préfence du foleil pendant vingt-quatre heures, fur lequel le foleil eft un jour entier fans fe lever ou fans fe coucher, que l'on nomme *cercle polaire*.

CERCLE OSSEUX: portion du conduit auditif qui porte la rainure pour la membrane du tambour. On obferve que, dans le fœtus, il n'y a, dans le conduit auditif, que cette portion qui foit offeufe. Quoiqu'on la nomme *cercle offeux*, elle ne fait cependant pas un *cercle* entier. *Voyez* MEMBRANE DU TAMBOUR, OREILLE.

CERCLE (Quadrature du); circuli quadratura; *quadratur der zirkel*. Problème par lequel on cherche le côté d'un carré, dont la furface feroit parfaitement égale à celle d'un *cercle* donné. *Voyez* QUADRATURE DU CERCLE.

CERCLE (Quart de); quarta pars circuli. La

quatrième partie d'un *cercle*, ou inftrument employé pour mefurer des angles. *Voyez* QUART DE CERCLE.

CERCLE RÉPÉTITEUR; *circulus repetens.* Inftrument pour mefurer les angles avec une grande précifion, par la facilité qu'il procure de pouvoir répéter les opérations, & d'obtenir ainfi un angle multiple, du premier.

On ne peut refufer à Meyer l'invention du *cercle répétiteur:* ce favant donna en 1752, dans le fecond volume des *Mémoires de Gottingue,* l'idée d'un inftrument bien ingénieux & bien fimple pour la géodéfie; il confiftoit en deux alidades, dont une porte la lunette. Chacune a un point à fon extrémité; prenant avec un compas la diftance entre ces deux points, l'on a l'angle de l'alidade avec la lunette, au moyen d'une échelle de corde, fans qu'on ait befoin d'avoir un limbe divifé. Pour mefurer l'angle formé par les deux objets terreftres, le premier angle de la lunette avec l'alidade fixe étant connu, on paffe la lunette d'un objet à l'autre, puis on revient au premier, en tournant tout l'inftrument, & enfin au fecond; on continue jufqu'à ce que l'on ait 360 degrés, & que la lunette foit revenue vers l'alidade; on mefure de nouveau l'angle qu'elles font, & la différence entre cet angle & celui qu'on avoit mefuré en commençant, ajoutée avec 360 degrés, donne un multiple de l'angle compris entre les deux objets.

Borda a fait connoître & a perfectionné cet inftrument, auquel on a donné le nom de *cercle répétiteur de Borda.* Les *cercles répétiteurs* ordinaires, tels qu'on les conftruit aujourd'hui, font compofés d'un *cercle* de cuivre d'une feule pièce, dont le limbe eft divifé en 360 parties égales; on y ajoute des fous-divifions, fi la grandeur de la circonférence le permet : dans ce cas, on divife les degrés en deux, trois, quatre, ou en un plus grand nombre de parties. Ce *cercle* eft placé fur un axe, autour duquel, ou avec lequel il tourne; fur ce même axe font deux alidades à lunette, l'une au-deffus du *cercle,* l'autre au-deffous. Les deux alidades & le *cercle* doivent être parfaitement & très-exactement centrés; à l'extrémité de chaque alidade font des verniers pour fous-divifer les degrés, & obtenir une très-petite fous-divifion de degrés. Afin de bien diftinguer les points de la divifion correfpondans à la pofition de l'alidade, on place, au-deffus du vernier, de petites lunettes qui font apercevoir les petites divifions tracées fur le limbe & fur le vernier, & les points de coïncidence de ces divifions. Dans les cercles un peu grands, on place des verniers aux deux extrémités de l'alidade fupérieure, afin d'obferver les divifions aux deux extrémités, & diftinguer les petites erreurs inévitables qu'elles doivent avoir quelquefois; on en place encore deux autres dans une direction perpendiculaire.

Pour faire ufage de cet inftrument, foit deux points de mire A & B, dont on veut déterminer exactement l'angle que fait leur direction fur le centre du *cercle répétiteur,* on place d'abord les deux lunettes fur un point quelconque du limbe, le zéro, par exemple; on meut le *cercle* autour de fon axe, jufqu'à ce que les deux alidades foient dans la direction du point A; alors on fixe le *cercle* & l'alidade inférieure; on tourne l'alidade fupérieure jufqu'à ce qu'elle foit dans la direction du point B; on la fixe fur le limbe, & l'on obferve le degré correfpondant, qui donne la valeur de l'angle. Cela fait, on fixe l'alidade fupérieure; on defferre l'alidade inférieure pour lui rendre fa mobilité; on tourne cette alidade jufqu'à ce qu'elle foit dirigée fur le point B. Lorfque les deux alidades, dirigées fur le point B, font parfaitement parallèles, on les fixe fur le limbe, on defferre le *cercle,* & on le fait mouvoir autour de fon axe jufqu'à ce que les deux alidades foient arrivées dans la direction du point A; on fixe le *cercle,* on defferre l'alidade fupérieure, & l'on recommence l'opération, en prenant pour point fixe celui de la mefure du premier angle. En écartant l'alidade fupérieure pour la diriger de nouveau fur le point B, on reprend une feconde mefure de l'angle, que l'on ajoute à la première. Cette opération pouvant être continuée indéfiniment, on peut, par ce moyen, répéter la mefure de l'angle autant de fois qu'on le defire, & obtenir, par cette répétition, un angle total, lequel, divifé par la fomme des opérations, donne une mefure dans laquelle les erreurs des divifions font inappréciables, & celles de l'obfervation peuvent fe compenfer. C'eft cette faculté qu'a l'inftrument de pouvoir répéter la mefure des angles, qui a déterminé le nom de *cercle répétiteur* qu'on lui a donné.

Il eft aifé d'apercevoir combien ce *cercle* eft fupérieur aux inftrumens analogues, & avec quelle jufteffe un très-petit *cercle répétiteur* peut donner la mefure d'un angle; auffi, les *cercles répétiteurs* d'un petit diamètre font-ils préférés à des *cercles* ordinaires d'un diamètre beaucoup plus grand. La précifion que l'on obtient, dans la mefure des angles, avec le *cercle répétiteur,* a fait adopter cet inftrument par les aftronomes aujourd'hui. Les *cercles répétiteurs* de deux pieds de diamètre remplacent aujourd'hui, dans les obfervatoires, de très-grands *cercles* qui exigeoient un efpace confidérable, & dont la manœuvre étoit très-difficile.

En donnant à l'axe de l'inftrument un mouvement qui permette de l'incliner dans toutes fortes de directions, & même donner au plan du *cercle* une direction verticale, on peut s'en fervir pour le nivellement, & prendre la diftance des étoiles avec une grande précifion. Lorfque l'on fe fert du *cercle répétiteur* pour des nivellemens, ou pour prendre des angles à l'horizon, on place, fur la lunette de l'alidade inférieure, un niveau à bulle d'air, qui procure la facilité de placer cette alidade dans une direction horizontale.

- CERCLES VERTICAUX; circuli verticales. Grands cercles qui, paſſant par le zénith & le nadir du lieu de l'obſervateur, ſont perpendiculaires à l'horizon, & le coupent en deux points diamétralement oppoſés.

CÉRÉRIUM; cererium; *cererium*, de Ceres; ſubſt. maſ. Nouveau métal trouvé dans le cérérite ou cérite.

Ce métal eſt ſolide, très-caſſant, lamelleux, blanc-griſâtre. Il n'a pas encore été poſſible de prendre ſa peſanteur ſpécifique, parce qu'on n'a pas encore pu l'obtenir en culot.

Il eſt preſqu'infuſible; cependant on parvient à en ſublimer de petites pointes. Il eſt probable qu'à la température ordinaire, il n'a d'action, ni ſur le gaz oxigène, ni ſur l'air ſec; on ignore s'il en a ſur les gaz humides. Lorſqu'on le fait rougir à l'air libre, il s'oxide & devient blanc : il ſuit de-là, qu'à une température élevée, il abſorbe le gaz oxigène.

On ne l'a encore trouvé qu'à l'état d'oxide, combiné avec la ſilice & l'oxide de fer, dans la mine de cuivre de Baſtnaes, à Ryddarhyta en Suède, &, avec ces deux ſubſtances, la chaux & l'alumine, au Groenland.

Le *cererium* a été découvert par Hiſinger & Berzelius, dans la cérérite, en 1804; ils en ont étudié les propriétés avec beaucoup de ſoin. Klaproth & Vauquelin en ont auſſi fait une étude particulière, *Annales de Chimie*, tom. IV; pag. 145; tom. V, pag. 405; tom. L, pag. 140.

CÉRÈS; Ceres; *Ceres*. Nom que l'on donne à la conſtellation de la Vierge. *Voyez* VIERGE.

CERF-VOLANT; draco volans papiraceus; *drache von papier*; ſ. m. Machine faite d'oſier & de papier, qui s'attache à une corde & que l'on fait voler en l'air : ce nom paroît lui être donné de ſa reſſemblance, dans l'air, avec le ſcarabée que l'on nomme *cerf-volant*.

Cet inſtrument eſt plat & ovale, un peu plus alongé par un bout que par l'autre; l'oſier ne ſert que de cadre pour ſoutenir le papier qu'on colle deſſus : au bout alongé, on attache une queue de papier pour déterminer ſa direction.

Trois puiſſances agiſſent contre un *cerf-volant*, *fig.* 572, pour l'élever & le mouvoir : 1°. la force du vent; 2°. le poids de la machine & de la queue qui y eſt attachée; 3°. la main qui retient la corde. Si l'on tire LG perpendiculaire à la corde, LN parallèle à l'horizon, ou perpendiculaire à la direction de la gravité, & GN perpendiculaire à la direction du vent, le triangle GLN qui en réſultera, exprimera l'intenſité des trois puiſſances. GL exprimera la fermeté de la corde, LN indiquera le poids du *cerf-volant*, & GN la force du vent; mais comme la corde eſt courbée dans toute ſa longueur, ſous l'effort de la peſanteur, & que

la courbe qu'elle repréſente eſt celle de la chaînette, la ligne GL ſera de différente longueur, ſelon le point où cette ligne ſera placée. Il paroît auſſi que l'effort que la corde a à ſupporter, eſt plus grand vers E que vers M; auſſi, lorſque cette corde cède à la force qui la tire, elle ne caſſe preſque jamais vers le point M, mais toujours dans un point plus ou moins rapproché du point E.

Examinons comment ces forces ſont réparties ſur le *cerf-volant*. Vers le milieu du bâton AB eſt attaché, aux points D & C, une corde DEC; ſi, à un des points de cette corde lâche, tel que E, on attache la corde EM, qu'on tient à la main : lorſque la première de ces deux cordes forme l'angle de DEC de 54d: 34'; le vent ſoufflant horizontalement contre ce *cerf-volant*, le pouſſe obliquement avec beaucoup de violence. Soit tiré ſur AB la perpendiculaire OH, qui exprime la direction & le mouvement du *cerf volant*, & que ce mouvement OH ſoit décompoſé en PH perpendiculaire à l'horizon, & OP qui eſt parallèle à ce même horizon. OP exprimera la force avec laquelle le vent pouſſe horizontalement le *cerf-volant*, & PH exprimera la force avec laquelle il eſt élevé : plus le point E ſera proche du point D, plus la ligne OP deviendra petite; & c'eſt pour cela que le point E ne doit point être fixe, mais propre à s'approcher de D, ſelon la différente force avec laquelle le vent peut ſouffler : lorſque le vent ſouffle doucement, le point E peut être ſitué de manière que l'angle DEC ſoit de 54° 34'; mais ſi le vent eſt violent, ce point E ne doit pas demeurer dans la même poſition; ſans cela, la force du vent briſeroit la machine, ou romproit la corde EM. Il faut donc, dans ce cas, rapprocher le point E vers D; & c'eſt de cette manière qu'on viendra à bout de diriger un *cerf volant*, & qu'on n'aura point à craindre que le vent, quelque violent qu'il ſoit, le briſe ou rompe la corde : ſi c'eſt un phyſicien qui faſſe uſage de cette machine pour examiner les effets de l'électricité des nues, c'eſt de cette manière qu'il doit s'y prendre, pour que le fil métallique EM demeure dans ſon entier.

CERF-VOLANT ÉLECTRIQUE; draco volans electricus; draco volans papiraceus, obſervationibus electricis inſerviens; *drache electriſche*. *Cerf-volant* couvert de papier ou de ſoie, armé d'une pointe métallique, & que l'on enlève avec une corde qui contient des fils métalliques pour conduire l'électricité.

Dès que l'on eut conçu l'idée que la matière du tonnerre étoit la même que celle de l'électricité, on chercha à s'aſſurer ſi ce ſoupçon étoit fondé; pour cela, on plaça en plein air, dans un temps d'orage, des corps iſolés, & l'on obſerva des indices d'électricité. Ces premières tentatives ont fait imaginer, pour forcer les effets, de porter plus près des nuages les corps que l'on vouloit électriſer de cette manière. On ſe ſervit du *cerf-*

volant avec lequel les enfans s'amufent, mais dont la corde étoit conductrice d'électricité; & afin de rendre l'effet plus affuré, on entoura cette corde d'un fil de métal à peu près de la même manière que le font les cordes filées des violons & autres inftrumens de ce genre; ce qui a fait donner à ce *cerf-volant* le nom de *cerf-volant électrique*.

On croit affez généralement que le *cerf-volant électrique* a été imaginé par de Romas, affeffeur au préfidial de Nérac. Il paroît cependant, par une lettre de Watfon à l'abbé Nollet, datée de Londres, le 15 janvier 1753, que Franklin a fait ufage du *cerf-volant* avant de Romas, qui ne s'en eft fervi, la première fois, que le 14 mai 1752. Mais comme il ignoroit ce que Franklin avoit fait à Philadelphie, quoiqu'il ait été prévenu, cela ne lui ôte pas l'honneur de fa découverte: d'ailleurs, les effets ont été fi grands entre les mains de de Romas, que ceux du phyficien de Philadelphie ne font prefque rien en comparaifon.

Le *cerf-volant* dont de Romas s'eft fervi pour fes expériences, avoit 7 pieds 5 pouces de hauteur, 3 pieds de largeur dans fon plus grand diamètre, & fa furface réduite au carré étoit à peu près de 18 pieds. De Romas lança donc fon *cerf-volant*, &, après l'avoir élevé à une hauteur perpendiculaire d'environ 600 pieds au-deffus de la furface de la terre, moyennant une corde filée, comme nous l'avons dit, de 780 pieds de longueur, & à l'extrémité inférieure de laquelle étoit attaché un cordon de foie de quelques pieds de long, il attacha ce cordon de foie à un pendule, dont le poids étoit une groffe pierre, & qui étoit placé au-deffous d'un auvent d'une maifon. Le cordon de foie fervoit, comme l'on voit, à ifoler le *cerf-volant* de la corde qui fervoit de conducteur; mais, pour que la foie produife cet effet, il faut qu'elle foit fèche; car, fi elle fe mouille, elle devient elle-même conducteur: c'eft pourquoi de Romas plaça fon cordon de foie fous cet auvent, afin de le garantir de la pluie. La fonction du pendule étoit de gouverner le *cerf-volant*, lorfque la force du vent changeoit. En effet, lorfque le vent augmentoit de viteffe, la pierre du pendule fe levoit proportionnellement à la force que le vent avoit alors; fi cette viteffe diminuoit, la pierre reculoit & s'approchoit de la ligne d'aplomb. De Romas joignit de plus, à la corde du *cerf-volant*, près du cordon de foie, un tuyau de fer-blanc d'un pied de longueur & d'un pouce de diamètre, pour y exciter des étincelles, d'abord que le *cerf-volant* & fa corde feroient électrifés; mais, afin d'éviter les dangers que l'on peut courir en pareil cas, en excitant les étincelles avec la main, de Romas imagina un petit inftrument compofé d'un tube de verre, à une des extrémités duquel il fixa un tuyau de fer-blanc, & à ce tuyau pendoit une chaîne de fil d'archal affez longue pour toucher la terre, lorfqu'on excitoit les étincelles; ce qui

l'a engagé à donner à cet inftrument le nom d'*excitateur. Voyez* EXCITATEUR.

Avec cet appareil, de Romas a eu des effets très-confidérables: les étincelles qu'il tiroit, étoient des traits de feu qui avoient jufqu'à 7 à 8 pouces de longueur, & 4 à 5 lignes de diamètre, & dont le craquement fe faifoit entendre de très-loin; mais ces effets électriques furent bien autrement grands dans une autre expérience faite avec le *cerf-volant*, le 16 d'août de l'année 1757, pendant un orage qui ne fut que médiocre, puifqu'il ne tonna prefque point, & que la pluie fut foit menue. De Romas en fit part à l'Académie des Sciences, par une lettre écrite à l'abbé Nollet, le 26 août de la même année, & dont voici les termes:

« Imaginez vous de voir, Monfieur, des lames de feu de 9 ou 10 pieds de longueur & d'un pouce de groffeur, qui faifoient autant ou plus de bruit que des coups de piftolet: en moins d'une heure, j'eus certainement trente lames de cette dimenfion, fans compter mille autres de 7 pieds & au-deffous; mais ce qui me donna le plus de fatisfaction dans ce nouveau fpectacle, c'eft que les plus grandes lames furent fpontanées, & que, malgré l'abondance du feu qui les formoit, elles tombèrent conftamment fur le corps non électrique le plus voifin. Cette conftance me donna tant de fécurité, que je ne craignis pas d'exciter ce feu avec mon excitateur, dans le temps même que l'orage étoit affez animé; & il arriva que, lorfque le verre dont cet inftrument eft conftruit, n'eut que deux pieds de long, je conduifis où je voulus, fans fentir à ma main la plus petite commotion, des lames de feu de 6 à 7 pieds avec la même facilité que je conduifois des lames qui n'avoient que 7 à 8 pouces. »

Il paroît par-là qu'il feroit dangereux de lancer le *cerf-volant* quand l'orage eft déjà fort proche, ou qu'il a commencé à pleuvoir, parce qu'il faut, pour cette manœuvre, tenir néceffairement la corde. Or, il arrive fouvent qu'on ne peut pas le lancer plutôt, faute de vent. C'eft ce qui a engagé de Romas à chercher un moyen de le lancer, fans jamais toucher à la corde. Il crut l'avoir trouvé, en fe fervant d'une petite machine qu'il a conftruite de façon qu'on la tient de fort loin avec trois cordes de foie, auxquelles on peut donner telle longueur que l'on veut. Cette machine, que l'on peut faire avancer, reculer & difpofer felon le befoin, n'eft autre chofe qu'un petit chariot, qui développe la corde du *cerf-volant* auffi vîte & auffi heureufement qu'on le veut; & le développement étant achevé, ce *cerf-volant* fe trouve ifolé, par le fecours d'une corde de foie, auffi longue qu'on le juge à propos, & qui eft attachée, d'une part, à l'extrémité inférieure de la corde du *cerf volant*, & d'autre part à la bobine du petit chariot. *Voyez* CHARIOT ÉLECTRIQUE.

Beccaria

Beccaria s'eft fervi, comme de Romas, d'une corde roulée fur un dévidoir ifolé.

Au lieu de *cerf-volant* de foie, on peùt fe fervir de *cerf-volant* de papier, de quatre pieds de longueur, que l'on enduit d'une couche de vernis, ou d'huile de lin bouillie ; cet enduit lui procure toute la folidité dont il a befoin pour refifter à la pluie.

Une chofe effentielle dans un *cerf volant électrique*, c'eft la corde qui doit être fouple & très-bon conducteur. Cavallo propofe d'introduire, dans le fil qui forme la corde, un ou plufieurs fils d'or, d'argent ou de cuivre. On peut encore, lorfque l'on n'a pas de corde préparée, tremper dans de l'eau falée la corde dont on fait ufage ; elle acquiert, par ce moyen, la propriété conductrice qui lui eft néceffaire, mais elle a le défaut de falir les doigts.

Cavallo penfe que toutes les précautions que l'on prefcrit pour enlever un *cerf-volant*, font inutiles dans un temps ordinaire ; mais il annonce auffi que, dans les temps orageux, on ne peut prendre trop de précautions. Vouloir, dans cette circonftance, enlever un *cerf-volant*, c'eft s'expofer à plus de dangers que l'on n'en court à placer un paratonnerre pendant l'orage. Un moyen affez fimple de fe préferver de danger en enlevant un *cerf-volant*, confifte à paffer dans la corde un anneau auquel on ait attaché une chaîne affez longue pour qu'elle touche conftamment à terre, & à s'ifoler en montant fur un tabouret électrique, ou fur une chaife ifolée.

Dès que le *cerf-volant* eft enlevé, on peut tirer la corde par une croifée ouverte, la faire entrer dans une chambre & l'attacher aux pieds d'une table pefante, par le moyen d'une corde de foie ; le paquet de corde reftante fe met fur un ifoloir à côté duquel on place un électromètre qui touche la corde : cet inftrument indiquera l'intenfité de l'électricité. L'entrée de la corde par une croifée, dans un appartement, fupplée à l'auvent que de Romas avoit fait conftruire.

Pour s'affurer de la nature de l'électricité tranfmife par le *cerf-volant*, il faut toucher cette corde avec une boule métallique, ifolée à l'extrémité d'un long tube de verre ; la boule s'électrife d'une électricité femblable, & l'on juge, avec un électromètre, de la nature & de l'intenfité de l'électricité.

Si l'électricité du *cerf-volant* eft très-forte, il eft prudent d'attacher, fur le conduit de foie, à fix pouces de diftance de la corde du *cerf-volant*, une chaîne de fer qui fe prolonge jufque fur le fol, ou mieux fur la terre.

Avec tous ces préparatifs, Cavallo a fait, pendant les années 1775 & 1776, une multitude d'expériences fur l'électricité de l'air (*voyez* ELECTRICITE ATMOSPHERIQUE) : tantôt cette électricité étoit pofitive & tantôt négative. Une fois, le 18 octobre 1775, pendant que le nuage paffoit

fur fa tête, l'électricité, extrêmement forte, changea de nature ; elle devint négative, de pofitive qu'elle étoit.

On peut remplacer les *cerfs-volans électriques* par de petits aéroftats ; ces derniers font d'autant plus avantageux, qu'ils n'ont pas befoin de vent pour s'élever dans l'air. *Voyez* BALLON, AEROSTAT, ELECTRICITE ATMOSPHÉRIQUE.

CERIUM : nouveau métal. *Voyez* CERERIUM.

CERNE; circulus, orbis. Rond qui fe trace, avec quelques bâtons, fur la terre ou fur le fable. Il fe dit proprement de ces figures que les magiciens font avec leur verge enchantée, pour y faire leurs charmes & leurs conjurations.

CÉROMANCIE, de χηρος, *cire*, & μαντεια, *divination* ; ceromantia ; *céromancie*; f. f. Efpèce de divination ; art de deviner par le moyen de figures de cire. Cardan dit que cette manière de deviner nous fut apportée de Turquie. *Voyez* DIVINATION.

CÉRUMEN, de χηρος ; cerumen ; *ohren-fchmalz*; f. m. Cire, humeur fournie par les follicules cérumineufes qui garniffent les parois du conduit auditif.

Cette humeur a pour objet de lubrifier le conduit, d'entretenir la foupleffe de la peau qui le tapiffe, d'empêcher les infectes de s'y introduire ; elle eft vifqueufe, d'une faveur amère, d'une couleur orangée très-foncée, d'une odeur légèrement aromatique, mais un peu âcre ; elle forme, lorfqu'on la délaie dans l'eau, une émulfion jaunâtre très-putrefcible ; l'alcool & l'éther la diffolvent en partie.

Le *cérumen* coule liquide : il s'épaiffit à l'air ; il eft fort abondant dans les enfans, mais rarement il y acquiert une grande confiftance : chez les adultes & chez les vieillards, il fe mêle à l'air, & acquiert une grande confiftance ; il forme même quelquefois une forte de bouchon très-ferme, qui rend l'ouie dure, & occafionne la furdité ; cette furdité arrive graduellement, d'une manière lente, infenfible & fans douleur. On guérit cette furdité en amolliffant le *cérumen* avec de l'eau de favon ou de l'huile tiède, & l'enlevant avec précaution.

D'après Vauquelin, le *cérumen* contient une huile graffe & une matière colorante, femblable à celle de la bile, & un mucilage albumineux.

CÉRUSE, ψιμμυθιον, χηρωσα; ceruffa alba ; *bleiweifs* ; f. f. Carbonate blanc de plomb que l'on emploie en peinture.

Rarement le carbonate blanc de plomb du commerce eft pur ; il eft mélangé de fulfate de baryte ou de craie. La *céruse* de Vienne contient la moitié de fon poids de fulfate de baryte ; celle de Hambourg, les deux tiers ; celle de Hollande, les trois quarts : la *céruse* de France ne contient que de la craie. Les proportions variées de la craie ou du sulfate de baryte, dans le blanc de plomb du commerce, rendent ses effets incertains.

Employée en peinture, la *céruse* a le défaut de noircir lorsqu'elle est exposée aux exhalaisons du gaz hydrogène sulfureux ; cet inconvénient a fait chercher un blanc métallique qui n'ait pas les mêmes défauts, & qui puisse lui être substitué. Guyton-Morveau a employé, avec quelque succès, l'oxide blanc de zinc ; mais cet oxide ne foisonne pas assez.

Quoique la *céruse* se fabrique dans tous les pays, & depuis long-temps, les procédés que l'on emploie sont loin d'être arrivés à leur perfection. Voici en quoi consiste le procédé ordinaire.

On prend des pots de terre, dans lesquels on met une croix de bois, ou bien on y tourne, en faisant les pots, une rondelle d'argile, dont la hauteur prend la quatrième partie de la hauteur du pot ; on pose dessus des plaques de plomb tournées en spirale : les plaques sont minces ; elles ont $\frac{1}{10}$ de pouce d'épaisseur ; on les roule de manière à laisser à peu près un quart de pouce de distance à chaque courbure ; on remplit les pots de vinaigre de vin, de bière ou de cidre, de manière qu'ils soient près de toucher le plomb, & on les enfouit dans une couche de tan, ou dans le fumier de cheval. La chaleur qui se développe du fumier fait évaporer l'acide : les vapeurs attaquent le plomb & le convertissent, au bout de trois semaines, en une substance blanche qui est la *céruse*.

Ce carbonate de plomb est enlevé de dessus les plaques, mis dans une cuve avec de l'eau, puis mêlé avec la craie ou le sulfate de baryte.

Le plomb que l'on emploie est rarement pur : les métaux avec lesquels il est combiné, forment avec lui des carbonates qui colorent la *céruse*, le cuivre, en vert ; le fer, en rouille. Ces couleurs donnent, au blanc de plomb, un ton sale qui détruit une partie des effets que l'on doit en obtenir.

Pour obtenir une *céruse* pure, & séparer les carbonates métalliques qui se forment dans l'opération, il faut oxider le plomb dans un fourneau de réverbère, dissoudre l'oxide dans du vinaigre distillé, faire passer à travers la dissolution du gaz acide carbonique. Alors l'acétate de plomb neutre se décompose ; le carbonate insoluble se forme & se précipite : décantant, on sépare de l'acétate avec excès d'acide, à l'action duquel on peut exposer de nouvel oxide de plomb, & continuer l'opération jusqu'à ce que la dissolution soit trop colorée par les substances étrangères.

Lorsque la dissolution contient une grande quantité d'autres acétates, il faut la distiller pour en séparer les oxides des autres métaux qui étoient combinés avec le plomb en dissolution.

Ce procédé peut être facilement pratiqué en grand ; il a, sur celui dont on fait usage ordinairement, de grands avantages : 1°. on peut employer les plombs les plus impurs, les litarges & les oxides de plomb mélangés de différens métaux ; 2°. les métaux dissous dans l'acide acétique, n'étant pas précipités par l'acide carbonique, comme le plomb, restent dans la dissolution, & le carbonate de plomb obtenu est beaucoup plus pur ; 3°. enfin, l'on peut, avec de l'intelligence, monter, sur ce principe, une fabrication de *céruse* beaucoup plus économique que celle que l'on pratique assez généralement.

CERVA : nom de la constellation de Cassiopée. *Voyez* CASSIOPÉE.

CÉTERÉE : mesure qui sert à l'arpentage dans quelques endroits de la Guienne ; c'est proprement l'arpent du pays.

CÉTUS : constellation méridionale, qu'on nomme plus ordinairement *baleine*. *Voyez* BALEINE.

CHABAN, CHAHBAN, CHAVAN, CHUAN : nom d'un mois des anciens Arabes, & le troisième de leur année, qui répondoit au mois de mai. La *lune de chahban* est une des trois lunes pendant lesquelles les mosquées sont ouvertes pour le temgid ou la prière de minuit.

CHACONNE ; *ciacone* ; s. f. Air de musique ou de danse qui est venu des Maures, dont la base est de quatre notes qui procèdent par degrés conjoints, sur laquelle on fait plusieurs accords & plusieurs couplets qui ont un même refrain. On passe souvent, dans les *chaconnes*, du mode majeur au mode mineur.

CHÆNIX, CHÆNICE : mesure de capacité employée par les Grecs, = 2 kestes, = 0,0729 du boisseau de Paris, = 1,1471 litres ; 48 chænix font une médine.

CHAINE, de χαίνημα, *formé d'anneaux* ; catena ; *kette* ; s. f. Mesure d'arpentage composée de plusieurs pieces de gros fil de fer ou de laiton, recourbées par les deux bouts.

Les *chaînes* se font ordinairement de la longueur de la perche du lieu où l'on veut s'en servir : celle qui est actuellement en usage en France, est appelée *décamètre* (*voyez* DICAMÈTRE), ou la perche linéaire ; elle remplace l'ancienne *chaîne a'arpentage* pour le mesurage des terrains & des chemins.

Cette *chaîne* est formée par des chaînons d'un, de deux ou de cinq décimètres de longueur, prise du centre d'un des anneaux qui les tient au centre de l'anneau suivant. Ces anneaux sont en fer, à l'exception de ceux qui marquent la longueur d'un mètre, lesquels font en cuivre; de manière que, fi la quantité qu'on mesure, est moindre qu'un décamètre, il suffit de compter les anneaux de cuivre & les chaînons, pour savoir combien on doit porter de mètres & de décimètres.

On fait aussi, en cuivre rouge, les *chaînes* pour mesurer dans les mines, afin qu'elles n'aient pas d'action sur l'aiguille aimantée de la boussole, avec laquelle on mesure les angles des galeries & des excavations.

Il y a des *chaînes* d'un double décamètre, qui expédient plus vîte, & d'un demi décamètre, qui font plus légères & plus portatives.

CHAINE, CHEBEL : mesure de longueur employée en Egypte = 24 beme aploun, ou pas simple du voyageur = 8,456 toises de Paris = 16,7084 mètres; il faut 100 *chaînes* pour faire un mille, & 400 pour faire un fchène.

CHAINETTE, de καθημα, *assemblage d'anneaux;* catenaria; *kettenlinie;* f. f. Ligne courbe que prend une chaine ou un corps flexible suspendu librement par ses deux extrémités, soit que ces deux extrémités aient été placées de niveau, dans une même ligne horizontale, ou qu'elles soient placées dans une ligne oblique à l'horizon.

Pour concevoir la formation de cette courbe, supposons une ligne pesante & flexible, *fig.* 573, dont les extrémités soient fixées aux points G H; elle fe fléchira, par son propre poids, en une courbe G A H : c'est cette courbe qu'on nomme *chaînette.* Plusieurs auteurs ont trouvé qu'une voûte, pour être en équilibre, devoit avoir la même forme que la *chaînette*, dont les pieds droits de la voûte feront les points fixes. *Voyez* VOUTE.

CHAISE : ancienne monnoie d'or, frappée en France en 1346 & en 1430. La *chaise* d'or valoit 20 fous d'alors; celle de 1346 vaudroit aujourd'hui 15,38 liv. tournois = 15,14 fr.; celle de 1430 vaudroit aujourd'hui 7,8430 livres tournois = 7,7464 fr. On a frappé, en 1419, des doubles *chaises* valant 4 liv. d'alors, & 20 liv. tournois d'aujourd'hui = 19,7540 fr.

CHALCOUS : numéraire, poids de l'Egypte & de la Grèce. Le *chalcous* d'Egypte correspondoit à 1 119/144 de grain = 10,11 centigr.; celui des Grecs valoit 2g. 76/5 = 12,43 centigrammes, & en monnoie 6 2/3 deniers.

CHALDER : mesure pour les grains, employée en Angleterre = 4 quarters = 90,11 boisseaux de Paris = 1171,43 littres.

CHALEMÉE, CHALEMELLE, CHALEMIE; *calamus,* Flûte, chalumeau: la *chalemée* est diffé-

rente de la cornemuse en ce qu'elle n'a pas de bourdon.

CHALEMER : faire danser au son de la flûte.

CHALEUR ; *calor;* wœrme; fub. fém. Sensation excitée en nous par l'action du feu, ou l'effet que le feu produit sur nos organes.

C'est l'action du calorique libre sur nos organes, sur les corps & les instrumens, qui indique la température.

Les philosophes ne font pas d'accord sur la *chaleur* telle qu'elle existe dans les corps chauds, c'est-à-dire, en tant qu'elle constitue & fait appeler un corps chaud, & qu'elle le met en état de nous faire sentir la sensation de la *chaleur*. Les uns prétendent que c'est une qualité; d'autres, que c'est une substance, & quelques-uns, que c'est une affection mécanique. Nous allons tracer rapidement l'historique des différentes opinions sur la *chaleur*.

Aristote & les péripatéticiens définissent la *chaleur* une qualité ou un accident qui réunit ou rassemble des choses homogènes, c'est-à-dire, de la même nature & espèce, & qui désunit & sépare des choses hétérogènes, ou de différente nature: c'est ainsi, dit Aristote, que la même *chaleur* qui unit & réduit dans une seule masse différentes particules d'or qui étoient auparavant séparées les unes des autres, désunit & sépare les particules des métaux différens, qui étoient auparavant unies & mêlées ensemble. Il y a de l'erreur, non-seulement dans cette doctrine, mais aussi dans l'exemple qu'on apporte pour la confirmer; car la *chaleur,* quand on la supposeroit perpétuelle, ne séparera jamais une masse composée, par exemple, d'or, d'argent & de cuivre; au contraire, si l'on met dans un vaisseau, sur le feu, des corps de nature différente, comme de l'or, de l'argent & du cuivre, quelque hétérogènes qu'ils soient, là *chaleur* du feu les mêlera & n'en fera qu'une masse.

Pour produire le même effet sur différens corps, il faut différens degrés de *chaleur* : pour combiner l'or & l'argent, il faut un degré médiocre de *chaleur;* le même degré de *chaleur* peut produire des effets différens; il combinera ensemble de l'or & de l'argent, & il séparera le mercure de l'or : un feu violent rendra volatiles les eaux, les huiles, les sels, &c., & le même feu vitrifiera le sable & les sels alcalis fixes.

Ajoutons, en faveur de l'opinion d'Aristote, que, par le contact de l'air, il se produit des combinaisons qui facilitent la séparation des métaux : c'est ainsi, par exemple, qu'en exposant l'argent & le plomb à l'action de l'air & d'un feu violent, le plomb s'oxide & se sépare de l'argent qui reste pur; & comme on ne connoissoit pas, du temps d'Aristote, les causes de la séparation par l'oxidation, il étoit naturel que cet homme illustre l'attribuât au feu seul. Au reste, il avoit pour

exemple de la féparation des fubftances hétérogènes par le feu, les liquations & toutes-les opérations métallurgiques dans lefquelles le feu eft le
principal agent de féparation.

Les épicuriens & autres corpufculaires ne regardent point la *chaleur* comme un accident du
feu, mais comme un pouvoir effentiel ou une propriété du feu qui, dans le fond, eft le feu même,
& n'en eft diftingué que relativement à notre façon
de concevoir. Suivant ces philofophes, la *chaleur*
n'eft autre chofe que la fubftance volatile du feu
même, réduite en atomes, & émanée des corps
ignés par un écoulement continuel; de forte que,
non-feulement elle échauffe les objets qui font
à fa portée, mais auffi qu'elle les allume quand
ils font de nature combuftible; & qu'après les
avoir réduits en feu, elle s'en fert à exciter la
flamme.

En effet, difent-ils, ces corpufcules s'échappant du corps igné, & reftant quelque temps
enfermés dans la fphère de fa flamme, conftituent
le feu par leur mouvement; mais après qu'ils
font fortis de cette fphère, & difperfés en différens endroits, de forte qu'ils ne tombent plus
fous les yeux & ne font plus perceptibles qu'au
tact, ils acquièrent le nom de *chaleur*, en tant
qu'ils excitent encore en nous cette fenfation.

Nos meilleurs auteurs modernes en philofophie
mécanique, expérimentale & en chimie, penfent
fort diverfement fur la *chaleur*. La principale queftion qu'ils fe propofent, confifte à favoir fi la
chaleur eft une propriété particulière d'un certain
corps immuable, appelé *feu, colorique*, ou fi elle
peut être produite mécaniquement dans d'autres
corps en altérant leurs parties.

La première opinion, qui eft auffi ancienne que
Démocrite & le fyftème des atomes, & qui a
frayé le chemin aux Carthéfiens & autres mécaniftes, a été renouvelée avec fuccès, & expliquée
par quelques auteurs modernes, & en particulier par Homberg, Lemery, S'Gravefande, &
furtout par le favant & ingénieux Boerhaave, dans
un cours de leçons qu'il a donné fur le feu.

Selon cet auteur, ce que nous appelons *feu* eft
un corps par lui-même *fui generis*, qui a été créé
tel dès le commencement, qui ne peut être altéré
en fa nature ni en fes propriétés, qui ne peut être
produit de nouveau par aucun autre corps, &
qui ne peut être changé en aucun autre, ni ceffer
d'être feu.

Il prétend que ce feu eft également répandu
partout, & qu'il exifte en quantité égale dans
toutes les parties de l'efpace; mais qu'il eft particulièrement caché & imperceptible, & ne fe découvre que par certains effets qu'il produit &
qui tombent fous nos fens.

Ces effets font la *chaleur*, la lumière, les couleurs, la raréfaction & la brûlure, qui font autant
de fignes de feu dont aucun ne peut être produit
par quelqu'autre caufe que ce foit; de forte que,

en quelques lieux & en quelques temps que nous
remarquions quelques-uns de fes fignes, nous pouvons en inférer l'action & la préfence du feu.

Mais, quoique l'effet ne puiffe être fans caufe,
cependant le feu peut exifter & demeurer caché
fans produire aucun effet, c'eft-à-dire, aucun de
ces effets qui foient affez confidérables pour affecter nos fens, & pour en devenir les objets.
Boerhaave ajoute que c'eft le cas où fe trouve le
feu, qui ne peut produire de ces effets fenfibles
fans le concours de plufieurs circonftances néceffaires qui manquent fouvent. C'eft particulièrement pour cela que nous voyons quelquefois
plufieurs, & quelquefois tous les effets du feu
en même temps, & d'autres fois un effet du feu
accompagné de quelques autres, fuivant les circonftances & les difpofitions où fe trouvent les
corps; ainfi, nous voyons quelquefois de la lumière fans fentir de *chaleur*, comme dans les bois
& les poiffons pourris, ou dans le phofphore hermétique. Il fe peut même que l'une des deux foit
au plus haut degré, & que l'autre ne foit pas fenfible, comme dans le foyer d'un grand miroir
ardent expofé à la lune, où, felon l'expérience
qu'en fit le docteur Hook, la-lumière étoit affez
éclatante pour aveugler la meilleure vue du monde,
tandis que la *chaleur* y étoit imperceptible, & ne
pouvoit opérer la moindre raréfaction fur un
thermomètre excellent. *Voyez* LUMIÈRE.

D'un autre côté, il peut y avoir de la *chaleur*
fans lumière, comme nous le voyons dans les
fluides qui ne jettent point de lumière, quoiqu'ils
bouillent, & qui, non-feulement échauffent &
raréfient, mais auffi brûlent & confument les
parties des corps. Il y a auffi des métaux, des
pierres, &c., qui reçoivent une *chaleur* exceffive
avant de luire ou de devenir ignés; bien plus,
la plus grande *chaleur* imaginable peut exifter fans
lumière. Ainfi, dans le foyer d'un grand miroir
ardent, concave, où les métaux fe fondent, où
les corps les plus durs fe vitrifient, l'œil n'aperçoit aucune lumière lorfqu'il n'y a point de ces
corps à ce foyer; & fi l'on y pofoit la main, elle
feroit à l'inftant brûlée.

On a remarqué fouvent de la raréfaction dans
les thermomètres pendant la nuit, fans voir de
lumière & fans fentir de *chaleur*.

Il paroît donc que les effets du feu dépendent
de certaines circonftances qui concourent enfemble, & que certains effets demandent un plus
grand ou un plus petit nombre de ces circonftances. Il n'y a qu'une chofe que tous ces effets
demandent en général, favoir, que le feu foit
amaffé ou réduit dans un efpace plus étroit; autrement, comme ce feu eft répandu partout également, il n'auroit pas plus d'effet dans un lieu
que dans un autre; d'un autre côté, cependant,
il faut qu'il foit en état, par fa nature, d'échauffer,
de brûler & de luire partout; & l'on peut dire, en
effet, qu'il échauffe, brûle & luit actuellement

partout ; & dans un autre fens, qu'il n'échauffe, ne brûle & ne luit nulle part. Ces expreſſions, *partout* & *nulle part*, reviennent ici au même ; car fentir la même *chaleur* partout, fignifie que l'on n'en ſent point : il n'y a que le changement qui nous ſoit ſenſible ; c'eſt le changement ſeul qui nous fait juger de l'état où nous ſommes, & qui nous fait connoître ce qui opère ce change-ment. Ainſi, nos corps étant comprimés égale-ment de tous les côtés, par l'air qui nous envi-ronne, nous ne ſentons aucune impreſſion nulle part ; mais, dès que cette compreſſion vient à ceſſer dans quelques parties de notre corps, comme lorſque nous poſons la main ſur la platine d'une machine pneumatique, & que l'on retire l'air, nous devenons ſenſibles au poids de l'air ex-térieur.

L'amas ou la collection du feu ſe fait de deux façons : la première, en dirigeant & déterminant les corpuſcules flottans, du feu, en lignes ou traî-nées, que l'on appelle *rayons*, & pouſſant ainſi une ſuite infinie d'atomes ignés vers le même en-droit, ou ſur le même corps, de ſorte que chaque atome porte ſon coup, & ſeconde l'effort de ceux qui l'ont précédé, juſqu'à ce que ces efforts ſuc-ceſſifs aient produit un effet ſenſible. Tel eſt l'effet que produiſent les corps que nous appelons *lumi-neux*, comme le ſoleil & les autres corps céleſtes, le feu ordinaire, les lampes, &c., qui, ſelon pluſieurs de nos phyſiciens, ne lancent point de feu tiré de leur propre ſubſtance, mais qui, par leur mou-vement circulaire, dirigent & déterminent les corpuſcules du feu qui les environnent, à ſe for-mer en rayons parallèles. Cet effet peut être rendu plus ſenſible encore par une ſeconde collection de ces rayons parallèles en rayons convergens, comme on le fait par le moyen d'un miroir con-cave ou d'un verre convexe, qui réunit tous ces rayons dans un point, & produit des effets ſur-prenans. *Voyez* MIROIR ARDENT.

La ſeconde manière de faire cette collection de feu ne conſiſte point à déterminer le feu vague, ou à lui donner une direction nouvelle, mais à l'amaſſer purement & ſimplement dans un eſpace plus étroit ; ce qui ſe fait en frottant avec viteſſe un corps contre un autre. A la vérité, il faut que ce frottement ſe faſſe avec tant de viteſſe, qu'il n'y ait rien dans l'air, excepté les particules flot-tantes du feu, dont l'activité ſoit aſſez grande pour ſe mouvoir avec la même promptitude, ou pour remplir à meſure les eſpaces vides ; par ce moyen, le feu, le plus agile de tous les corps qu'il y ait dans la nature, ſe gliſſant ſucceſſivement dans ces places vides, s'amaſſe autour du corps mu, & y forme une eſpèce d'atmoſphère de feu.

C'eſt ainſi que les eſſieux des roues, des char-rettes & des meules, les cordages des vaiſſeaux, &c., reçoivent de la *chaleur* par le frottement, prennent feu, & jettent ſouvent de la flamme.

Ce que nous venons de dire ſuffit pour expli-quer la circonſtance commune à tous les effets du feu ; ſavoir, la collection des particules. Il y a auſſi pluſieurs autres circonſtances particulières qui con-courent avec celle-là : ainſi, pour échauffer, ou faire ſentir de la *chaleur*, il faut qu'il y ait plus de feu dans le corps chaud que dans l'organe qui doit le ſentir ; autrement l'ame ne peut être miſe dans un nouvel état, ni ſe former une ſenſation nouvelle : & dans un cas contraire, ſavoir, quand il y a moins de feu dans l'objet extérieur que dans l'organe de notre corps, cet objet produit la ſen-ſation du froid.

C'eſt pour cela qu'un homme ſortant d'un bain chaud pour entrer dans un air médiocrement chaud, croit ſe trouver dans un lieu extrêmement froid ; & qu'un autre, ſortant d'un air exceſſivement froid, pour entrer dans une chambre médiocre-ment chaude, croit ſe trouver d'abord dans une étuve : ce qui fait connoître que la ſenſation de la *chaleur* ne détermine, en aucune façon, le degré du feu ; la *chaleur* n'étant que la proportion ou la différence qu'il y a entre le feu de l'objet extérieur & celui de l'organe.

A l'égard des circonſtances qui ſont néceſſaires pour que le feu produiſe la lumière, la réfrac-tion, &c., *voyez* LUMIÈRE, REFRACTION.

Les philoſophes mécaniciens, & en particulier Bacon, Boyle, Deſcartes, Newton, conſidèrent la *chaleur* ſous un autre point de vue ; ils ne la conçoivent point comme une propriété originai-rement inhérente à quelqu'eſpèce particulière de corps, mais comme une propriété qu'on peut produire mécaniquement dans un corps.

Bacon, dans un Traité exprès, intitulé *De formâ calidi*, où il entre dans le détail des différens phé-nomènes & effets de la *chaleur*, ſoutient, 1°. que la *chaleur* eſt une ſorte de mouvement ; non que le mouvement produiſe la *chaleur*, ou la *chaleur* le mouvement, quoique l'un & l'autre arrivent en plu-ſieurs cas ; mais, ſelon lui, ce qu'on appelle *cha-leur*, n'eſt autre choſe qu'une eſpèce de mouve-ment accompagné de pluſieurs circonſtances par-ticulières.

2°. Que c'eſt un mouvement d'extenſion par lequel un corps s'efforce de ſe dilater, ou de ſe donner une plus grande dimenſion qu'il n'avoit auparavant.

3°. Que ce mouvement d'extenſion eſt dirigé du centre vers la circonférence, & en même temps de bas en haut ; ce qui paroît par l'expérience d'une baguette de fer, laquelle, étant poſée per-pendiculairement dans le feu, brûlera la main qui la tient, beaucoup plus vite que ſi elle étoit poſée horizontalement.

4°. Que ce mouvement d'extenſion n'eſt point égal ou uniforme dans tous les corps, mais qu'il exiſte dans ſes plus petites parties ſeulement, comme il paroît par le tremblotement ou la trépi-dation alternative des particules des liquides chau-des, du fer rouge, &c., & enfin que ce mouvement eſt extrêmement rapide. C'eſt ce qui le porte à définir la *chaleur* un mouvement d'extenſion & d'ondulation dans les petites parties d'un corps, qui les oblige de tendre avec une certaine rapidité vers la circonférence, & de s'élever un peu en même temps.

A quoi il ajoute que, ſi vous pouvez exciter, dans quelque corps naturel, un mouvement qui l'oblige de s'étendre & de ſe dilater, ou donner à ce mouvement une telle direction dans ce même corps, que la dilatation ne s'y faſſe pas d'une manière uniforme, mais qu'elle n'en affecte que certaines parties, ſans agir ſur les autres, vous y produiſez de la *chaleur*. Toute cette doctrine eſt bien vague.

Deſcartes & ſes ſectateurs adoptèrent cette doctrine, à quelques changemens près Selon eux, la *chaleur* conſiſte dans un certain mouvement ou agitation des parties d'un corps, ſemblable au mouvement dont les diverſes parties de notre corps ſont agitées par le mouvement du cœur & du ſang.

Boyle, dans ſon *Traité de l'origine mécanique du chaud & du froid*, ſoutient avec force la coctibilité du chaud, & il la confirme par des réflexions & des expériences. Nous en inférerons ici une ou deux.

Il dit que, dans la production du chaud, l'agent ni le patient ne mettent point du leur, ſi ce n'eſt le mouvement & ſes effets naturels. Quand un maréchal bat vivement un morceau de fer, le métal devient exceſſivement chaud; cependant il n'y a là rien qui puiſſe le rendre tel, ſi ce n'eſt la force du mouvement du marteau, qui imprime, dans les petites parties du fer, une agitation violente & diverſement déterminée; de ſorte que ce fer, qui étoit d'abord un corps froid, reçoit de la *chaleur* par l'agitation imprimée dans ſes petites parties. Ce fer devient chaud d'abord, relativement à quelques autres corps, en comparaiſon deſquels il étoit froid auparavant; enſuite il devient chaud d'une manière ſenſible, parce que cette agitation eſt plus forte que celle des parties de nos doigts; & dans ce cas, il arrive ſouvent que le marteau & l'enclume continuent d'être froids après l'opération; ce qui fait voir, ſelon Boyle, que la *chaleur* acquiſe par le fer ne lui étoit point communiquée par aucun de ces deux inſtrumens, comme chauds; mais que la *chaleur* eſt produite en lui par un mouvement aſſez conſidérable pour agiter violemment les parties d'un corps auſſi petit que la pièce de fer en queſtion, ſans que ce mouvement ſoit capable de faire le même effet ſur les maſſes de métal auſſi conſidérables que celles du marteau & de l'enclume. Cependant ſi l'on répétoit ſouvent & promptement les coups, & que le marteau fût petit, celui-ci pourroit s'échauffer également; d'où il s'enſuit qu'il n'eſt pas néceſſaire qu'un corps, pour donner de la *chaleur*, ſoit chaud lui-même. *Voyez* COMPRESSION.

Si l'on enfonce, avec un marteau, un gros clou dans une planche de bois, on donnera pluſieurs coups ſur la tête avant qu'elle s'échauffe; mais dès que le clou eſt une fois enfoncé juſqu'à ſa tête, un petit nombre de coups ſuffiront pour lui donner une *chaleur* conſidérable; car, pendant qu'à chaque coup de marteau, le clou s'enfonce de plus en plus dans le bois, le mouvement produit dans le bois eſt principalement progreſſif, & agit ſur le clou entier, dirigé vers un ſeul & même côté; mais quand ce mouvement progreſſif vient à ceſſer, la ſecouſſe imprimée par les coups de marteau étant incapable de chaſſer le clou plus avant, ou de le caſſer, il faut qu'elle produiſe ſon effet, en imprimant aux parties du clou une agitation violente & intérieure, dans laquelle conſiſte la nature de la *chaleur*.

Une preuve, dit le même auteur, que la *chaleur* peut être produite mécaniquement, c'eſt qu'il n'y a qu'à réfléchir ſur ſa nature, qui ſemble conſiſter principalement dans cette propriété mécanique de la matière que l'on appelle *mouvement*; mais il faut, pour cela, que le mouvement ſoit accompagné de pluſieurs conditions ou modifications. En premier lieu, il faut que l'agitation des parties du corps ſoit violente; car c'eſt là ce qui diſtingue les corps qu'on appelle *chauds*, de ceux qui ſont ſimplement fluides. Ainſi, les particules d'eau qui ſont dans leur état naturel, ſe meuvent ſi lentement qu'elles nous paroiſſent deſtituées de toute *chaleur*, & cependant l'eau ne ſeroit point une liqueur, ſi ſes parties n'étoient pas dans un mouvement continuel: mais quand l'eau devient chaude, on voit clairement que ſon mouvement augmente à proportion, puiſque, non-ſeulement elle frappe vivement nos organes, mais qu'elle produit auſſi une quantité de petites bouteilles, qu'elle fond l'huile coagulée qu'on fait tomber ſur elle, & qu'elle exhale des vapeurs qui montent en l'air; & ſi le degré de *chaleur* peut faire bouillir l'eau, l'agitation devient encore plus viſible par les mouvemens confus, par les ondulations, par le bruit, & par d'autres effets qui tombent ſous les ſens. Ainſi, le mouvement & le ſifflement des gouttes d'eau qui tombent ſur un fer rouge, nous permettent de conclure que les parties de ce fer ſont dans une agitation violente; mais, outre l'agitation violente, il faut encore, pour rendre un corps chaud, que toutes les particules agitées, ou du moins la plupart, ſoient aſſez petites, dit Boyle, pour qu'aucune d'elles ne puiſſe tomber ſur les ſens.

Une autre condition eſt que la détermination du mouvement ſoit diverſifiée, & qu'elle ſoit dirigée en tous ſens. Il paroît que cette variété de direction ſe trouve dans les corps chauds, tant par quelques uns des exemples ci-deſſus rapportés, que par la flamme que jette un corps, & qui eſt un corps elle-même; par la dilatation des metaux quand ils ſont fondus, & par les effets que les corps chauds font fur les autres corps, en quelque manière que fe puiffe faire l'application du corps chaud au corps que l'on veut échauffer. Ainfi, un charbon bien allumé paroîtra rouge de tous côtés, fondra la cire & allumera du foufre, quelque part qu'on l'applique, foit en haut, foit en bas, foit aux côtés du charbon : c'eft pourquoi, en fuivant cette notion de la nature de la *chaleur*, il eft aifé de comprendre comment la *chaleur* peut être produite mécaniquement & de diverfes manières ; car fi l'on en excepte certains cas particuliers, de quelques moyens qu'on fe ferve pour imprimer aux particules infenfibles d'un corps une agitation violente & confufe, on produira la *chaleur* dans ce corps; & comme il y a plufieurs agens & opérations par lefquels cette agitation peut être effectuée, il faut qu'il y ait auffi plufieurs voies mécaniques de produire de la *chaleur*. On peut confirmer, par des expériences, la plupart des propofitions ci-deffus ; &, dans les laboratoires des chimiftes, le hafard a produit un grand nombre de phénomènes applicables à la thèfe préfente. *Voyez* les *Œuvres de Boyle*.

Ce fyftème eft pouffé plus loin par Newton. Il ne regarde pas le feu comme une efpèce particulière de corps doué originairement de telle ou telle propriété ; mais, felon lui, le feu n'eft pas un corps fortement igné, c'eft-à-dire, chaud & échauffé au point de jeter une lumière éclatante. Un fer rouge eft-il autre chofe, dit-il, que du feu ? un charbon ardent eft-il autre chofe que du bois rouge & brûlant ? & la flamme eft-elle autre chofe que de la fumée rouge & ignée ? Il eft certain que la flamme n'eft que la partie volatile de la matière combuftible, échauffée, ignée & ardente : c'eft pourquoi il n'y a que les corps volatils, c'eft-à-dire, ceux dont il fort beaucoup de fumée, qui jettent de la flamme ; & ces corps ne jetteront de la flamme qu'auffi long-temps qu'ils auront de la fumée à fournir. En diftillant des efprits chauds, quand on lève le chapiteau de l'alambic, les vapeurs qui montent prendront feu à une chandelle allumée, & fe convertiront en flamme ; de même, différens corps échauffés à un certain point par le mouvement, par l'attrition, par la fermentation, ou par d'autres moyens, jettent des fumées brillantes, lefquelles étant affez abondantes, & ayant un degré fuffifant de *chaleur*, éclatent en flamme. La raifon pour laquelle un métal fondu ne jette point de flamme, c'eft qu'il ne contient qu'une petite quantité de fumée ; car le zinc, qui fume abondamment, jette auffi de la flamme. Ajoutez à cela que tous les corps qui s'enflamment, comme l'huile, le fuif, la cire, le bois, la poix, le foufre, &c., fe confument par la flamme, & s'évanouiffent en fumée ardente. *Voyez* l'*Optique de Newton*, liv. III, *queftion* 9 & 10.

Tous les corps fixes, continue-t-il, lorfqu'ils font échauffés à un degré confidérable, ne jettent-ils point une lumière ou au moins une lueur ? cette émiffion ne fe fait-elle pas par le mouvement de vibration de leurs parties ? & tous les corps qui abondent en parties terreftres & fulfureufes, ne jettent-ils point de la lumière, toutes les fois que ces parties fe trouvent fuffifamment agitées, foit que cette agitation ait été occafionnée par un feu extérieur, par une friction, par une percuffion, par une putréfaction ou par toute autre caufe ? Ainfi, l'eau de la mer dans une tempête, le vif-argent agité dans le vide, le dos d'un chat ou le cou d'un cheval frotté à contre-poil dans un lieu obfcur, du bois, de la chair & du poiffon pendant qu'ils fe putréfient, les vapeurs qui s'élèvent des eaux corrompues, & qu'on appelle communément *feux follets*, les tas de foin & de blé moites, les vers luifans, l'ambre & le diamant, quand on les frotte, l'acier battu avec un caillou, &c., jettent de la lumière. *Voy.* l'*Optique de Newton*, liv. III, *queftion* 8.

Un corps groffier & la lumière ne peuvent-ils pas fe convertir l'un dans l'autre, & les corps ne peuvent-ils pas recevoir la plus grande partie de leur activité, des particules de lumière qui entrent dans leur compofition ?

Suivant la conjecture de Newton, le foleil & les étoiles ne font que des corps de terre exceffivement échauffés. Il obferve que, plus les corps font gros, plus long-temps ils confervent leur *chaleur*, parce que leurs parties s'échauffent mutuellement les unes les autres. Et pourquoi, ajoute-t-il, des corps vaftes, denfes & fixes, lorfqu'ils font échauffés à un certain degré, ne pourroient-ils point jeter de la lumière en grande quantité, & s'échauffer de plus en plus par l'émiffion & la réaction de cette lumière, & par les réflexions & les réfractions des rayons dans leurs pores, jufqu'à ce qu'ils fuffent parvenus au même degré de *chaleur* où eft le corps du foleil ? Leurs parties pourroient être garanties de l'évaporation en fumée, non-feulement par leur folidité, mais auffi par le poids confidérable & par la denfité des atmofphères qui les compriment fortement, & qui condenfent les vapeurs & les exhalaifons qui s'en élèvent. Ainfi nous voyons que l'eau chaude bout dans une machine pneumatique, auffi fort que fait l'eau bouillante expofée à l'air, parce que, dans ce dernier cas, le poids de l'atmofphère comprime les vapeurs, & empêche l'ébullition jufqu'à ce que l'eau ait reçu fon dernier degré de *chaleur*. De même, un mélange d'étain & de plomb, mis fur un fer rouge dans un lieu dont on a pompé l'air, jette de la fumée & de la flamme, tandis que le même mélange, mis fur un fer rouge, en plein air, ne jette pas la moindre flamme qui foit vifible, parce qu'il en eft empêché par la compreffion de l'atmofphère. *Optique de Newton*, liv. III, *queftion* 11.

D'un autre côté, Homberg, dans fon *Effai fur le foufre principe*, foutient que le principe ou élément chimique qu'on appelle *foufre*, & qui paffe pour un des ingrédiens fimples, premiers, & préexiftans de tous les corps, eft du feu reel, &

par conféquent, que le feu eft un corps particulier auffi ancien que les autres. *Mémoires de l'Académie des Sciences*, année 1705. *Voyez* FEU.

Le docteur S'Gravefande eft à peu près dans le même fentiment ; felon lui, le feu entre dans la compofition de tous les corps, fe trouve renfermé dans tous les corps, & peut être féparé & exprimé de tous les corps, en les frottant les uns contre les autres, & mettant ainfi leur feu en mouvement. *Elémens de Phyfique*, tom. II, cap. 1.

Un corps n'eft fenfiblement chaud, continuet-il, que lorfque fon degré de *chaleur* excède celui des organes de nos fens ; de forte qu'il peut y avoir un corps lumineux fans qu'il y ait aucune *chaleur* ; & comme la *chaleur* n'eft qu'une qualité fenfible, pourquoi ne pourroit-il pas y avoir un corps qui n'eût point de *chaleur* du tout ?

La *chaleur* dans le corps chaud, dit le même auteur, eft une agitation des parties du corps effectuée par le moyen du feu contenu dans ce corps ; c'eft par une telle agitation que fe produit dans nos corps un mouvement qui excite dans notre ame l'idée du chaud ; de forte qu'à notre égard, la *chaleur* n'eft autre chofe que cette idée, & que, dans le corps, elle n'eft autre chofe que le mouvement. Si un tel mouvement chaffe du feu du corps en ligne droite, il peut faire naître en nous l'idée de lumière ; & s'il ne le chaffe que d'une manière irrégulière, il ne fera naître en nous que l'idée du chaud.

Un de nos chimiftes français, mort en 1743, Lemery, s'accorde avec ces deux auteurs, en foutenant que le feu eft une matière particulière, & qu'elle ne peut être produite ; mais il étend ce principe plus loin. Il ne fe contente pas de placer le feu comme un élément ; il fe propofe même de prouver qu'il eft répandu également partout, qu'il eft préfent en tout lieu, & dans les efpaces vides auffi bien que dans les intervalles infenfibles qui fe trouvent entre les parties des corps. *Mémoires de l'Académie*, année 1713.

Aujourd'hui les favans font divifés en deux claffes fur la caufe de la *chaleur* : les phyficiens mécaniftes & les phyficiens chimiftes. Les premiers, parmi lefquels on peut placer Bernoulli, Euler, Rumfort, fuppofent que l'univers eft rempli d'un fluide particulier extrêmement rare & parfaitement élaftique ; que tous les corps en font également remplis, & que ce fluide, conftamment en vibration, eft la caufe de la *chaleur* ; que les corps s'échauffent lorfque la viteffe des vibrations augmente, & qu'ils fe refroidiffent lorfqu'elle diminue.

Ils conçoivent que la *chaleur* fe tranfmet d'un corps à un autre, parce que la plus grande viteffe de vibration qui exifte dans le corps le plus chaud, eft communiquée au fluide fubtil qui le touche, lequel, de proche en proche, la tranfmet au corps le plus froid. Le fon, que nous connoiffons mieux que la lumière, nous offre un exemple d'un rayonnement en ondulation dans un fluide élaftique.

Ce fyftème admis, on conçoit comment la *chaleur* doit être fans pefanteur, puifqu'en échauffant ou en refroidiffant un corps, on n'augmente ni ne diminue la quantité de matière qui le compofe ; on conçoit encore comment les grands foyers de *chaleur*, comme le foleil, peuvent échauffer continuellement les corps fans diminuer leur maffe, puifqu'il fuffit, pour échauffer, que la vibration de la matière fubtile qu'ils contiennent, ait une viteffe plus grande que celle des corps qu'ils échauffent.

« Pour que la théorie de la *chaleur*, qui eft fondée fur l'hypothèfe des vibrations, foit admiffible, dit Rumfort, il eft néceffaire de faire voir que les vibrations dont il eft queftion, peuvent exifter, & qu'il eft poffible qu'elles caufent les rayons ou ondulations que les corps envoyent de leur furface, & par le moyen defquelles nous fuppofons que les corps, à différentes températures, s'affectent mutuellement à diftance, opérant des changemens réciproques & fimultanés dans leurs températures, & les amenant à peu près à une température moyenne & intermédiaire.

» Si les particules qui compofent les corps ne fe touchent point (opinion qui eft généralement reçue, & qui paroît extrêmement probable), comme il n'y a aucun doute que ces particules font follicitées continuellement l'une vers l'autre par la force connue de la gravitation univerfelle, on ne peut concevoir comment, dans un affemblage de particules qui forment un corps folide fenfible, ces particules peuvent conferver leurs fituations relatives, fans être en mouvement.

» De ce raifonnement, on pourroit conclure que les particules qui compofent les corps, font néceffairement en mouvement ; & fi nous admettons l'exiftence d'un fluide éminemment élaftique, un éther qui remplit tout l'efpace dans l'univers, à l'exception de celui qu'occupent les particules éparfes des corps pondérables, il eft facile de concevoir que les mouvemens des particules qui compofent les corps fenfibles doivent caufer des ondulations dans ce fluide ; & réciproquement, que les ondulations de ce fluide doivent affecter fenfiblement & modifier les mouvemens des particules de ces corps

» L'on pourra peut-être penfer que ces mouvemens, parmi les particules des corps, feroient incompatibles avec la confervation des formes des corps folides ; mais en réfléchiffant attentivement fur ce fujet, l'on trouvera que les mouvemens, ici fuppofés, peuvent fort bien exifter, fans rien ôter de la ftabilité de la forme extérieure des corps.

» Il fuivroit néceffairement de l'état des chofes, 1°. que la fomme des forces vives dans l'univers doit refter toujours la même, nonobftant toutes les actions & réactions des corps ; 2°. que les molécules de tous les corps pondérables doivent néceffairement être rayonnantes.

» Mais

» Mais en admettant toujours l'exiſtence de l'éther, il y a encore une autre manière d'expli-quer le rayonnement des corps ; c'eſt de ſuppoſer que les particules des corps ſont tenues éloignées les unes des autres, non en conſéquence de l'ac-tion de la force centrifuge de ces particules, mais par des atmoſphères compoſées d'éther, ou d'un autre fluide, à nous inconnu, très-élaſtique, & que c'eſt par le moyen des vibrations très-rapides qui ont lieu dans ces atmoſphères, que ſont ex-citées les ondulations dans l'éther environnant, par le moyen deſquelles les températures ſont changées.

» L'adoption de cette nouvelle hypothèſe rap-prochera le ſyſtème des vibrations de celui d'une ſubſtance calorifique ; mais encore ne faudra-t-il point conſidérer l'échauffement d'un corps comme le réſultat de l'accumulation de cette ſubſtance, mais comme l'accélération de ſon mouvement.

» Pour établir ſolidement la théorie de la *chaleur*, qui eſt fondée ſur l'hypothèſe des vibrations, il eſt néceſſaire, non-ſeulement de faire voir que les vibrations dont il s'agit, ſont poſſibles, mais auſſi de prouver que les ondulations qu'elles doivent cauſer exiſtent réellement.

» Dans l'état ordinaire des choſes, les corps qui nous entourent de près ne donnent aucun ſigne viſible de rayonnement, & ne produiſent aucun effet capable d'affecter directement aucun de nos ſens, de manière à nous faire ſoupçonner que leurs ſurfaces ſoient rayonnantes. Mais le phyſicien qui veut pénétrer le ſyſtème de la na-ture, doit être continuellement ſur ſes gardes pour ne pas être trompé, ni par les rapports, ni par le ſilence des ſens.

» Il eſt d'abord évident que nos organes ont été formés pour l'uſage journalier de la vie, & que trop de ſenſibilité auroit rendu les jouiſſances qu'ils nous procurent, de véritables ſupplices.

» Si nos oreilles avoient été conſtruites de ma-nière à être ſenſiblement affectées par toutes les vibrations qui ont lieu dans l'air, nous ſerions étourdis ſans doute par un bruit inſupportable, même dans la plus profonde retraite ; & ſi nos yeux voyoient tous les rayons qui les frappent, l'on ſeroit ébloui par une clarté inſupportable au milieu de la nuit la plus obſcure.

» Il eſt connu que, ſi les vibrations d'un corps ſonore ſont moins fréquentes que trente dans une ſeconde, ou plus fréquentes que trois mille dans une ſeconde, les ondulations dans l'air, qui ſont cauſées par ces vibrations, n'affectent point ſen-ſiblement les organes de l'ouïe ; & il eſt probable que la ſenſibilité des organes de la vue eſt encore plus bornée. »

Nous ne ſuivrons pas plus loin les développe-mens que Rumfort donne à cette hypothèſe ; il nous ſuffira d'obſerver qu'il en fait lui-même l'ap-plication à tous les réſultats calorifiques que l'on a obtenus, & auxquels il a contribué, par ſes nom-

breux travaux, à en augmenter le nombre, & qu'il eſt parvenu à les expliquer avec autant de facilité que dans l'hypothèſe chimique.

Les phyſiciens chimiſtes attribuent la *chaleur* à l'action qu'exerce, ſur tous les corps de la nature, une ſubſtance inconnue & impondérable qu'ils nomment *calorique* ; ils ſuppoſent que cette ſubſ-tance, émiſe par les corps chauds, ſe meut dans l'eſpace avec une très-grande viteſſe ; qu'elle ſe ré-fléchit de la ſurface des corps polis, en faiſant, comme la lumière, ſes angles de réflexion égaux aux angles d'incidence, & qu'elle ſe réfracte en traverſant les corps ; qu'elle a de l'affinité pour tous les corps ; qu'elle ſe combine avec leurs mo-lécules, mais que cette affinité eſt différente pour chaque corps ; enfin, que les molécules du calo-rique ſe repouſſent mutuellement. Pour bien con-noître le développement de l'opinion des phyſi-ciens chimiſtes, *voyez* CALORIQUE.

D'après quelques expériences ſur la diminution de *chaleur* qu'éprouve un thermomètre expoſé à l'action des rayons d'un corps très-froid, quel-ques phyſiciens chimiſtes ont ſuppoſé qu'il exiſ-toit des *rayons frigorifiques* qui jouiſſoient des mêmes propriétés que les *rayons calorifiques. Voyez* FRIGORIQUE, RAYON FRIGORIFIQUE.

En examinant avec quelqu'attention ces diverſes manières de concevoir les phénomènes de la *cha-leur*, on eſt d'abord étonné du peu de fondement des premières hypothèſes, de l'abſurdité de quel-ques-unes, & de la facilité avec laquelle on peut réfuter celles qui préſentent quelques probabi-lités ; mais ſi l'on fait attention que ces theories ont toutes été formées par des hommes de génie, qu'elles ont été ſucceſſivement adoptées par les hommes célèbres qui exiſtoient alors, & que tous ces ſyſtèmes n'ont eu pour objet que d'expli-quer les faits connus alors, on reviendra de ſon étonnement, & l'on ſera porté à regarder les con-noiſſances des premiers philoſophes, ſur la *chaleur*, comme étant très-peu avancées lorſqu'ils ont donné leur hypothèſe ; mais on concevra en même temps comment ces ſyſtèmes ont dû chan-ger à meſure que l'on faiſoit de nouvelles dé-couvertes, & comment, après la ſuite de varia-tions qu'ils ont éprouvées, la théorie de la *chaleur* a pu parvenir au degré de perfection où elle eſt aujourd'hui.

Au reſte, quelle que ſoit l'étendue de nos con-noiſſances ſur la *chaleur*, la cauſe qui la produit eſt encore couverte d'un voile impénétrable. Nous voyons qu'il exiſte deux hypothèſes qui expliquent également les phénomènes qui nous ſont connus ; mais ces deux hypothèſes ſont-elles les ſeules ? Si quelques nouveaux faits ſe préſentent, & que les théories exiſtantes ne puiſſent pas les expli-quer, il faudra alors avoir recours à de nouvelles hypothèſes, & nos ſucceſſeurs pourront avoir, de nos théories, la même opinion que nous avons de celles d'Ariſtote, de Démocrite, des Epicuriens & de ceux qui les ont précédés.

Chaleur absolue; calor abſolutus; *wærme abſolut.* Quantité totale de la matière de la *chaleur* contenue dans les corps. *Voyez* Calorique absolu.

On voit, à l'article *calorique abſolu*, que, pour déterminer la quantité totale de calorique contenue dans les différens corps, on ſuppoſoit d'abord que la capacité des corps pour le calorique étoit proportionnelle à la quantité de calorique qu'ils contenoient, & que connoiſſant, 1°. la capacité d'un corps pour le calorique à un état donné, & 2°. la capacité du même corps pour le calorique, lorſque la quantité de celui qu'il contenoit étoit augmentée, on en concluoit la quantité abſolue du calorique.

En partant de ce même principe, il eſt facile de démontrer que la *chaleur abſolue* de l'eau, par exemple, eſt infinie. Soit x la *chaleur abſolue* de l'eau à 10° R.; $x + 50$ ſera la *chaleur abſolue* de l'eau à 60°. Si l'on ſuppoſe C la capacité de l'eau pour le calorique à 10°, & C′ celle de l'eau à 60°, on aura cette proportion : $x : x + 50 = C : C'$; donc $C' = \frac{Cx + 50C}{x}$, & $(C' - C)\, x = 50C$; de-là $C' - C = \frac{50C}{x}$: mais on trouvé, par l'expérience, que la capacité de l'eau eſt la même à toutes températures; donc $C = C'$, & $\frac{50C}{x} = 0$. Le quotient d'une quantité dont le dividende eſt fini, ne peut être zéro, qu'autant que le diviſeur eſt infini; donc $x =$ infini.

Ainſi, en partant de la ſeule loi que l'on puiſſe ſuppoſer, & des réſultats obtenus par l'expérience, la quantité de *chaleur abſolue* contenue dans l'eau ſeroit infinie. Il ſeroit également poſſible de démontrer qu'en partant du même principe & des différences de capacité de *chaleur* d'un corps différemment échauffé, on arriveroit à un réſultat abſurde. Abandonnons donc cette détermination; & nous devons d'autant plus l'abandonner, que nous partons d'une ſuppoſition qui eſt loin d'être prouvée : c'eſt que les variations dans la température & tous les autres phénomènes de la *chaleur* ſont produits par une action chimique; mais ſi ces phénomènes étoient auſſi bien le réſultat d'une action mécanique, que deviendroit la queſtion de la *chaleur abſolue*?

Chaleur animale; calor animalis; *wærme thieriſche. Chaleur* qui ſe dégage pendant la vie des animaux.

Quelques zoologiſtes ont diviſé les animaux en deux claſſes, animaux à ſang chaud, & animaux à ſang froid : les premiers ont une température qui peut s'élever, dans l'air, de pluſieurs degrés au-deſſus de la température de celui dans lequel ils ſont; dans les autres leur température diffère peu de celle du milieu dans lequel ils vivent.

Aſſez ordinairement, dans les animaux à ſang chaud & à l'état de ſanté, la *chaleur animale* ſe maintient à 30 d. ½ du thermomètre de Réaumur, & à 99 d. du thermomètre de Fahrenheit. Des expériences ont été faites par Hunter (1) ſur des hommes, ſur des bœufs, ſur des chiens, ſur des lapins, ſur des ſouris, ſur des poules, ſur des coqs, & les réſultats ſe trouvèrent être peu différens. Cependant cette température éprouve quelques variations, ſelon le lieu où le thermomètre eſt placé, & ſelon l'état du ſujet. Ainſi, d'après les obſervations de Martine (2), un homme de trente-huit ans, qui ſe mit au lit vers 11 heures du ſoir, la chaleur de la main & de l'aiſſelle étoit de 28 d. 4/5 du thermomètre de Réaumur, celle de la poitrine à 28 d., du ventre à 27 1/5, des genoux à 25 2/3; & lorſqu'il s'éveilla, vers les 5 heures du matin, la main n'avoit plus que 27° 1/5, l'aiſſelle 28 4/5, la poitrine 27 1/5, ainſi que le ventre; les genoux & la plante des pieds 25 3/4. Ainſi les mains & la poitrine avoient perdu près d'un degré de *chaleur*; celle des autres parties étoit la même; l'air de la chambre étoit à 12 degrés. Le même ſujet, après un ſommeil de deux heures, avoit la poitrine & la main moins chaude de 1° 3/5, le ventre & les pieds de 4/5; après un autre ſommeil de quatre heures, la poitrine & la main perdirent 2° 2/5, les pieds & l'aiſſelle 4/5. La température varie également, lorſque les animaux ſont à l'état de repos, ou dans un travail qui exige une grande activité ou une grande attention. On obſerve une plus grande variation dans la température de l'homme, lorſqu'il eſt à l'état de ſanté ou à l'état de maladie : ainſi, dans l'état de fièvre, la *chaleur* de l'homme, d'après l'eſtimation du docteur Martine, peut être d'environ 105 à 108 degrés du thermomètre de Fahrenheit, ou de 32,2 à 33,8 du thermomètre de Réaumur. Cette différence dans la température de l'homme ou des animaux, relativement à l'état dans lequel ils ſe trouvent, rend raiſon des diverſes températures que pluſieurs phyſiciens leur attribuent.

Comme la température varie dans les lieux que les hommes habitent, depuis 40 degrés au-deſſus de zéro, juſqu'à plus de 32 degrés au-deſſous, il en réſulte que les hommes & les animaux peuvent exiſter dans des températures très-différentes. Si l'on s'en rapportoit aux obſervations thermométriques qui ont été faites à Kirenga en Sibérie & à Yeniſeik, il s'enſuivroit que les hommes & les animaux qui y exiſtoient, ſeroient ſuſceptibles d'y ſupporter un froid conſidérable; car, ſelon l'obſervation que Deliſle a faite à Kirenga en Sibérie, en 1738, le froid que les habitans y ont ſupporté correſpondoit au 56° 3/4 du thermomètre de Réau-

(1) *Journal de Phyſique*, année 1781, tom. L, page 12.
(2) Académie de Stockholm.

mur, & celui que l'on a éprouvé à Yeniseik, le 16 janvier 1735, correspondoit au 70ᵉ. degré de Réaumur; enfin, celui que l'on éprouva le 5 janvier 1760 à Torneo, correspondoit au 71° ¼ de Réaumur; mais on ne doit pas regarder ces évaluations comme exactes. Le froid qui existoit, étoit certainement beaucoup moindre que Delisle ne l'a observé, parce que son thermomètre étoit construit avec du mercure; que le mercure se congèle à 32 deg. environ au-dessous de zéro, & qu'en se congelant il diminue considérablement de volume. Il faudroit donc, pour avoir les observations sur la température qui pussent mériter quelque confiance, que l'on retranchât du degré observé le nombre de degrés dont le volume diminue au moment de sa congélation. Quoi qu'il en soit, il paroît que le froid éprouvé à Torneo étoit de plus de 47 deg.: car si l'on suppose que, dans l'observation faite à Kirenga, les 54° ¼ fussent justement l'indication de la diminution du mercure au moment de la congélation, il s'ensuivroit que les 71° ¼ observés, correspondroient à 47 deg. environ; mais rien ne nous dit que le mercure, en se solidifiant, ne se soit pas arrêté avant 56°, & puis la diminution de volume après la congélation du mercure doit être moindre, pour des degrés égaux de température, qu'avant la congélation.

Mais la température que les hommes & les animaux à sang chaud peuvent supporter, a un terme; car on voit des hommes & des animaux périr par un froid excessif: quel est ce terme? Des expériences faites par Hunter (1) paroissent établir que c'est au moment où la température interne des animaux arrive au terme de la congélation; mais il est rare que les animaux ne meurent pas avant de parvenir à ce terme, car la chaleur anim le est beaucoup moins grande aux extrémités que près du cœur, & ces extrémités étant plus exposées à l'action du froid, éprouvent un refroidissement plus rapide; elles arrivent à la température de la congélation lorsqu'il existe encore, au centre de l'animal, près du cœur, une température assez élevée. Aussi voit-on le nez, les doigts des pieds & des mains des hommes se geler lorsqu'ils sont d'ailleurs pleins de vie, de force & de vigueur; mais dès que les extrémités éprouvent un froid considérable, les animaux éprouvent une sorte de lassitude qui leur fait chercher le repos; ils s'assoupissent; la chaleur animale diminue, & bientôt ils trouvent la mort dans le repos qu'ils ont si fortement désiré.

Quant à la chaleur que les hommes & les animaux peuvent supporter, sans augmenter sensiblement leur température, elle est encore assez considérable.

Adanson, dans le récit de son voyage au Sénégal, présenta quelques observations sur la chaleur qu'il avoit éprouvée dans ce pays. Entr'autres

faits, il rapporte que, dans une excursion qu'il fit en bateau sur la rivière du Niger, la température de la chambre dans laquelle il se tenoit, s'élevoit, pendant le jour, à 40 & même à 45 degrés du thermomètre de Réaumur, & qu'elle ne descendoit pas, pendant la nuit, au-dessous de 30 deg.

Gmelin a observé, dans sa *Flora sibirica*, que la température des bains de vapeur que l'on prend ordinairement en Russie, s'élève de 34 à 37 degrés de Réaumur.

Tillet & Duhamel annoncent, dans les *Mémoires de l'Académie des Sciences* pour 1764, qu'ils ont eu occasion de voir, à la Rochefoucaud en Angoumois, une fille de boulanger qui, en leur présence, entra dans un four dont la température étoit de 112 deg. de Réaumur, & passa douze minutes environ sans être incommodée. Après leur départ, une personne qui avoit été témoin de cette expérience, la renouvela plusieurs fois, d'après leur demande, sur une autre fille attachée au service du même four, avec des résultats semblables. Il est à remarquer que, dans ces recherches, on s'étoit servi d'un thermomètre à l'esprit de vin, qui ne donna que, par approximation, la température du four.

Fordice, Bancks, Blagden & Solander se réunirent en 1774 à quelques autres physiciens, pour faire des recherches sur l'influence de la chaleur dans l'économie animale: leurs expériences sont trop connues pour qu'il soit nécessaire de les rapporter ici. Ils supportèrent pendant quelques minutes, sans en être incommodés, une chaleur dont le maximum étoit de 79 à 80 degrés de Réaumur. A 40 deg. environ, le thermomètre placé sous la langue de Fordice marquoit plus de 30 deg (1).

Berger & de Laroche, de Genève, ont séjourné pendant 7 à 13′ dans une étuve dont la température étoit de 70 à 87 degrés de Réaumur; mais il leur a été difficile d'y rester plus long-temps. Berger supportoit beaucoup mieux la chaleur de ces étuves, que Laroche.

Des expériences semblables ont été faites sur divers animaux. Fahrenheit & Provost, par le conseil de Boerhaave, exposèrent trois animaux dans l'étuve d'une raffinerie de sucre, dont la température étoit de 51 d. de Réaumur, environ; un chien pesant 10 liv., un chat & un moineau: tous trois moururent; le premier au bout de 7 minutes, les deux autres au bout de 28 minutes. De ces résultats, Boerhaave crut pouvoir conclure qu'aucun animal ne pouvoit vivre exposé à une chaleur plus élevée que sa propre température.

Arnoldus Duntze tenta quelques expériences sur les animaux. Des chiens enfermés dans une étuve purent supporter, pendant un temps assez long, une température de 33 à 34 deg. de Réaumur; ils périrent lorsque la température fut portée à 36 degrés.

---

(1) *Journal de Physique*, année 1781, pag. 12.

(2) *Bibliothèque britannique*, tom. XXIII, pag. 364.

Tillet, étonné que des animaux aient péri dans un espace de temps aussi court, par l'effet d'une température de 50 à 51 deg. de Réaumur, tandis que des femmes pouvoient supporter une température qu'il avoit estimée 112 deg. de Réaumur, en conclut que l'on devoit attribuer la mort survenue chez ces animaux, à quelque cause étrangère à la *chaleur*, telle que la viciation de l'air dans lequel ils étoient plongés. Il fit à cette occasion quelques expériences, pour voir jusqu'à quel point étoit fondée l'opinion de Boerhaave, qui, en conséquence de sa théorie sur l'usage de la respiration, attribuoit les funestes effets de la *chaleur* à la seule action des poumons. Il exposa quelques animaux dans un four, dont la température etoit de 60 à 65 deg. de Réaumur. Il les introduisit d'abord à nu, les y laissa quelque temps; puis, les ayant sortis, & les ayant laissé se remettre, il les introduisit de nouveau, après les avoir emmaillottés dans des linges qui couvroient tout le corps. Dans ce dernier séjour, ils supportèrent beaucoup mieux la *chaleur* que dans le premier. Il en tira la conclusion, que la *chaleur* n'agissoit pas uniquement sur les organes de la respiration, mais qu'elle avoit un effet général sur tout le corps.

Berger & de Laroche, de Genève, ont également fait plusieurs expériences sur divers animaux: nous n'en rapporterons que les conséquences.

Il résulte de leurs expériences, comme il étoit facile de le prévoir, que tous les animaux ne sont pas également affectés par la *chaleur*, & que la faculté d'y résister n'est pas la même dans toutes les espèces. On ne peut donc en tirer aucune conclusion générale & précise, relativement à la mesure de cette faculté. Ces expériences suffisent cependant pour montrer que la plupart des animaux, ou du moins ceux d'une petite taille, succombent, après un espace de temps le plus souvent assez court, à l'action d'une température de 50 deg., & même de 45 deg. de Réaumur. Elles font voir aussi que la marche des symptômes est d'autant plus rapide, que la mort survient d'autant plus promptement, que la *chaleur* est plus considérable.

Le volume des animaux a paru avoir une influence marquée sur la promptitude des effets de la *chaleur*. L'ânon la supporta bien plus long-temps que le chat, le chien, le lapin & le cabiai; celui-ci davantage que le souris. La pie & le bruant ont succombé plus promptement que le coq & le pigeon. La différence n'a guère été moins marquée entre une petite grenouille & une grosse, ainsi qu'entre les punaises de bois & les scarabées nasicornes. Il n'en a pas cependant été de même dans tous les cas. Le cabiai a paru supporter un peu mieux la *chaleur* qu'un gros lapin, exposé à la même température. Le même animal a vécu plus long-temps que le coq & le pigeon.

Relativement à leur volume, les grenouilles, animaux à sang froid, ont supporté beaucoup

mieux la *chaleur* que les animaux à sang chaud. Les larves de scarabées nasicornes, les sang-sues, les bulimes, quoique plus petits encore, l'ont également bien supportée. Il n'en a pas été de même des scarabées nasicornes à l'état parfait, des courtilières & des punaises de bois, qui ont beaucoup plus promptement succombé.

Des expériences faites par Fordice, Berger & de Laroche, en s'exposant à l'action de la vapeur aqueuse, leur ont prouvé que l'impression d'un air chargé de vapeurs, est, à degré égal de température, beaucoup plus pénible que celle d'un air sec.

Il suit de ces observations, 1°. que les animaux à sang chaud conservent intérieurement une *chaleur animale* constante de 28 à 32° R. environ, quelle que soit la température du milieu dans lequel ils sont; 2°. que l'homme peut vivre & conserver la température de sa *chaleur animale*, soit dans un air refroidi jusqu'à la température de plus de 50 deg. au-dessous de zéro, soit dans un air échauffé jusqu'à la température de 80 degrés; qu'ainsi il peut élever la température de sa *chaleur animale* de plus de 78 deg. R. au-dessus de celle de l'air qu'il respire, ou l'abaisser de près de 48 deg. au-dessous de la température du milieu dans lequel il se trouve; 3°. que l'exposition à une température de 45 à 50 deg. R. peut entraîner la mort des animaux de petite taille; conséquemment qu'ils ne peuvent vivre dans une température élevée de plus de 28 deg. au-dessus de celle de leur *chaleur animale*, mais qu'ils peuvent supporter, comme les hommes, un froid beaucoup plus considérable. Nous pouvons ajouter, d'après les expériences de Hunter, que les animaux à sang froid ont une *chaleur animale* dont la température est variable, puisqu'elle est égale ou très-peu différente de celle du milieu dans lequel ils vivent, & qu'en conséquence ils ne peuvent supporter une température inférieure à celle de quelques degrés au-dessous de zéro, tandis qu'ils peuvent, comme la grenouille, supporter une température de 50 deg. & plus au-dessus.

Mais à quoi attribue-t-on cette *chaleur animale*, & particulièrement cette température plus haute de 70 à 80 deg., ou plus basse de 28 à 48 deg, que les animaux peuvent acquérir? Nous allons examiner les diverses opinions qui ont existé successivement.

La plus ancienne, sans doute, est celle d'Hippocrate, qui, sans chercher à expliquer la cause de notre *chaleur*, la regarde comme tellement inhérente à la substance animale, qu'il ne la distingue pas de la nature elle-même.

Galien & les autres médecins arabes qui ont commenté le père de la médecine, ont cherché à la distinguer des qualités occultes, des formes passibles, des êtres métaphysiques; ils l'ont regardée comme un agent physique & réel, un vrai feu d'embrasement, d'inflammation, entretenu &

alimenté par l'humide radical, autre principe phyfique, & que l'air, abforbé à chaque inftant par
l'infpiration, excitoit & renouveloit fans ceffe.

Les fentimens long-temps agités, expliqués, commentés & jamais totalement détruits & renverfés dans les écoles, ont femblé difparoître depuis que la chimie & la mécanique ont porté leur flambeau dans l'économie animale. Boerhaave, Stahl, Van-Helmont, Sylvius, Bergeras, le docteur Mortimer, ont eu recours aux combinaifons, aux fermentations, aux effervefcences, & ils ont tranfporté dans le laboratoire le plus parfait, le plus favant & en même temps le plus fecret de la nature, des phénomenes qui fe paffoient fréquemment fous leurs yeux dans leurs laboratoires ifolés. L'action des acides alimentaires rencontrant, felon quelques-uns, les fubftances alcalines déjà préparées, élaborées & dépofées dans différentes parties du corps, produit le degré de chaleur propre aux animaux. D'autres chimico-phyfiologiftes, & furtout Sylvius & Van-Helmont, fuppofoient qu'elle étoit le refultat d'un mélange de fluide fait dans le tube inteftinal; ils l'attribuoient encore à une effervefcence entre le fac pancréatique & la bile. En 1745, le docteur Mortimer propofa à la Société royale de Londres une explication de la chaleur animale, fondée fur une efpece d'effervefcence excitée entre les parties d'un foufre animal ou phofphore, qu'il fuppofe tout formé dans les humeurs des animaux, & les particules aériennes contenues dans ces humeurs.

On fent facilement que ces fuppofitions font infuffifantes pour rendre compte de la ftabilité de la chaleur animale dans les différens climats & dans les différentes faifons, de l'égalité avec laquelle elle eft répandue dans tout le corps, dans l'état de fanté, de fon accroiffement local dans les inflammations particulieres, & enfin dans tous les phénomenes relatifs à la production de cette chaleur. A peine connoît-on la nature des fluides que l'on fuppofe mélangés, le lieu où ce mélange fe fait, la maniere dont il fe produit; tout cela eft auffi incertain.

Les fyftèmes des mecanico-phyfiologiftes paroiffent plus féduifans & plus généraux. La chaleur fe produit par le mouvement & le frottement. Ce principe univerfel eft la bafe de leur théorie, qui peut fe divifer en deux branches: dans l'une, on fuppofe que la chaleur animale dépend de l'action réciproque des fluides & des folides; dans l'autre, on fuppofe qu'elle dépend du mouvement intérieur des globules du fang entr'eux. Ces deux branches femblent partir d'un même tronc, du fyftème du docteur Hales, qu'il a expofé dans fa Pratique des animaux. Selon lui, la chaleur animale dépend de celle du fang, & celle du fang, de la vive agitation qu'il éprouve en parcourant les divers vaiffeaux capillaires. La chaleur du corps étant en raifon des particules ignées qui fe développent, le fang en contient beaucoup plus que les autres humeurs,

& fes globules rouges étant beaucoup plus fulfureux que la lymphe, à vélocité égale, le fang y doit exciter plus de chaleur que la lymphe & les autres fluides animaux. Le frottement qu'il éprouve à chaque inftant dans fon cours, développe les particules ignées qui, fe répandant de proche en proche, échauffent toute la maffe. Une feule queftion détruit ce fyftème ingénieux. Qu'eft ce qui peut compenfer cette perte habituelle? Comment expliquer l'uniformité de la chaleur des animaux dans les différentes températures des milieux où ils fe trouvent?

Dans fon Effai fur la génération de la chaleur animale, le docteur Douglas a refait ce fyftème, &, le dépouillant de fes défauts, il l'a préfenté fous un air nouveau & féduifant. Le frottement feul des globules du fang, dans les vaiffeaux capillaires, eft l'unique principe toujours agiffant de la chaleur animale. La chaleur ambiante augmente-t-elle? les vaiffeaux capillaires fe dilatent, & le fang circule plus librement; fes globules moins preffés, moins refferrés par les parois des canaux, éprouvent un moindre frottement & s'échauffent moins. La chaleur abfolue de l'animal eft, à la vérité, toujours la même; mais la chaleur ambiante augmentée, la chaleur innée de l'animal (comme le docteur Douglas la nomme) eft moins vive. Au contraire, la chaleur atmofphérique diminue-t-elle, le froid devient-il plus fenfible? les corps fe condenfent, les vaiffeaux capillaires fe refferrent; ils embraffent plus étroitement le globe fanguin. Le degré de conftriction peut être tel, que le diametre des globules fera plus grand que celui du tube capillaire; par confequent le globule fera forcé de changer fa forme fphérique & de s'alonger en ovale; ce qui augmentera confidérablement le frottement, tant à raifon de l'augmentation de la preffion mutuelle, que de celle de la furface du contact, qui s'exhalera alors dans une zone, au lieu d'une fimple circonférence. Les vaiffeaux ainfi refferrés, font le plus favorablement difpofés qu'il eft poffible pour la génération de la chaleur. Ainfi, la chaleur ignée augmentera en proportion du froid & du refferrement des vaiffeaux capillaires.

Cet ingénieux fyftème a été foutenu avec beaucoup d'éclat, par Lavivotte, dans les écoles de Paris; mais il eft étonnant que l'auteur n'ait pas fait attention que, dans le froid, par exemple, le vaiffeau capillaire qui eft en même temps l'inftrument de la génération & la matiere de la fufception de la chaleur, contenant une file de globules, engendrant actuellement de la chaleur par le frottement contre les parois, doit être chaud, & par confequent relâché & dilaté; mais, par la fuppofition, il n'eft propre à engendrer de la chaleur, qu'autant qu'il eft froid & refferré; ce qui eft diamétralement oppofé à fon état actuel.

Le docteur Cullen attribue la production & l'uniformité de la chaleur animale au principe vital des animaux. Il peut fe trouver dans ce principe une circonstance qui soit commune à ceux de la même classe & d'une économie semblable; de façon que l'effet du mouvement sur ce principe est toujours le même, quoique les circonstances du mouvement puissent être différentes. Ainsi la différente température des animaux est l'effet de la différence du principe vital, de manière que, bien que la vélocité du sang puisse être la même dans une grenouille que dans un homme, le principe vital étant différent, la *chaleur* doit l'être aussi. Avant que d'entrer dans une discussion avec le docteur Cullen, il faudroit qu'il démontrât que le principe de vie est différent dans les différens animaux. Des faits évidens peuvent seuls établir ce système, dont la base est plus spécieuse que solide.

Une des plus ingénieuses hypothèses sur la *chaleur animale* est celle du docteur Black. Ce savant a observé que, non-seulement les animaux qui respirent sont les plus chauds de tous, mais encore qu'il y a une connexion si frappante & si intime entre l'état de la respiration & le degré de *chaleur* dans les animaux, que ces deux choses paroissent être dans une proportion exacte l'une avec l'autre, & il a conclu que la *chaleur animale* dépend de l'état de la respiration; qu'elle est produite dans les poumons par l'action de l'air sur le principe de l'inflammabilité, à peu près comme on le voit dans l'inflammation ordinaire, & que, de-là elle se répand, par le moyen de la circulation, dans le reste du système vital.

Leslie, après avoir réfuté le plus grand nombre des hypothèses avancées jusqu'à présent sur la *chaleur animale*, leur substitue son système, qui est, que le principe subtil, nommé par les chimistes *le phlogistique*, qui entre dans la composition des corps naturels, est, en conséquence de l'action du système vasculaire, développé graduellement dans toutes les parties de la machine animale, & que la *chaleur* est produite par ce développement. On voit que ce système ne s'éloigne pas beaucoup de celui de Hales. Le phlogistique est-il substitué aux parties sulfureuses des globules du sang, un mécanisme à peu près semblable produit le même effet.

Tous les physiciens conviennent aujourd'hui, avec l'illustre Lavoisier, que la *chaleur animale* est un des produits de la respiration; qu'une portion de l'oxigène de l'air atmosphérique, inspiré, se combine avec l'hydrogène & du carbone du sang; qu'il se forme de l'eau & de l'acide carbonique, & que le calorique dégagé par cette combinaison, est la cause directe & absolue de la *chaleur animale*. Menzies porte à cent sept livres de glace la quantité que peut fondre, pendant vingt-quatre heures, la *chaleur animale* produite par la respiration. Seguin & Lavoisier ont trouvé que celle qu'un cochon d'Inde pouvoit fondre, étoit de deux livres de glace pendant le même temps. Mais où & comment se fait cette combinaison & cette production de *chaleur*? Hassenfratz a entrepris plusieurs expériences pour résoudre cette ques-

tion, & il a prouvé (1), 1°. que la couleur rouge du sang artériel est le résultat du mélange du gaz oxigène avec le sang; 2°. que la couleur brune & même noire du sang veineux est occasionnée par la combinaison de l'hydrogène & du carbone du sang avec l'oxigène qui y étoit mélangé & même dissous; 3°. que les poumons ne sont pas le foyer où se dégage tout le calorique nécessaire à la formation & à l'entretien de la *chaleur animale*; 4°. que le calorique nécessaire à la formation & à l'entretien de la *chaleur animale* se dégage pendant toute la durée de la circulation du sang, par la combinaison de l'hydrogène & du carbone du sang avec l'oxigène qui y étoit mélangé, & que le calorique, dégagé successivement, se distribue dans toutes les parties où le sang circule.

Il nous reste maintenant à examiner, dans cette hypothèse, comment, en respirant de l'air dont la température varie de plus de 130 degrés de Réaumur, la *chaleur animale* n'éprouve pas de changement sensible. Nous diviserons cet examen en deux parties: dans la première, nous examinerons ce qui se passe lorsque l'air respiré est au-dessous de 28 deg., température de la *chaleur animale*; & dans la seconde, lorsque l'air respiré est au-dessus de 28 deg.

En plaçant les animaux dans un milieu dont la température soit plus froide que celle de leur *chaleur animale*, deux causes concourent à diminuer l'intensité de cette *chaleur*: 1°. le milieu qui les touche à l'extérieur, & qui leur enlève d'autant plus de *chaleur*, par le contact, qu'il est plus froid lui-même; 2°. l'air respiré, qui emploie, pour s'élever à la température des poumons, une quantité de calorique d'autant plus grande, que l'air est plus froid. La somme de cette *chaleur* perdue augmentant à mesure que la température extérieure diminue, il faut nécessairement, pour que la *chaleur animale* soit maintenue au même degré, que la quantité de calorique produite ou dégagée par la respiration, soit dans une proportion inverse de la *chaleur* du milieu, c'est-à-dire, que la quantité de calorique dégagée augmente, lorsque la température de l'air diminue, & qu'elle diminue au contraire, lorsque celle de l'air augmente.

Cette proportion de calorique dégagée peut s'établir de trois manières, ou parce que l'on respire, dans un temps donné, une masse d'air d'autant plus grande, que l'air est plus froid; ou parce que, pendant la circulation du sang, il se combine une plus grande proportion de l'oxigène contenu dans l'air; ou par ces deux causes à la fois. Nous ignorons s'il existe des expériences qui fassent connoître la proportion de l'oxigène de l'air atmosphérique absorbé par l'acte de la respiration, relativement aux différentes températures dans lesquelles les animaux se trouvent, nous savons seulement que, dans les temps ordinaires, on estime ¼

---

(1) *Annales de Chimie*, tome IX, pag. 261.

de l'air respiré la quantité d'acide carbonique qui s'est formée, & Menzies évalue à 36 pouces cubiques par minute, & 51840 pouces cubiques par jour, la quantité d'acide carbonique formée pendant 24 heures. Davy, qui a répété ces mêmes expériences avec beaucoup de soin, a trouvé que l'homme consommoit par minute 36,1 pouces cubes d'oxigène, 5,2 d'azote, & qu'il produisoit 26,6 pouces cubes d'acide carbonique; ainsi on peut porter à 5000 pouces cubiques de gaz acide carbonique, au moins, la quantité qu'un homme d'une moyenne complexion peut former pendant 24 heures.

D'après les expériences de Lavoisier, un cochon d'Inde absorbe pendant cinq quarts d'heure 46p.,62 de gaz oxigène, & produit 37p.,96 de gaz acide carbonique; c'est donc, pour 10 heures, 372p.,96 d'oxigène d'absorbé, & 302p.,08 d'acide carbonique de formé. Ce même cochon a fondu, dans le même temps, 7488 grains de glace; c'est pour 100 pouces cubes d'oxigène absorbé, environ 2172 grains de glace fondue, & pour 100 pouces cubes d'acide carbonique formé, 2480 grains de glace. Si l'on pouvoit supposer que la quantité de glace fondue par la *chaleur animale* des hommes, soit à celle qui est fondue par la *chaleur animale* du cochon d'Inde, comme la quantité d'acide carbonique produite par l'une est à la quantité d'acide carbonique produite par l'autre, il s'ensuivroit que l'homme, qui produit 5000 pouces cubiques d'acide carbonique dans l'espace de 24 heures, fondroit 12400 00 grains, ou 134 liv. 9 onces 3 G. 24 gr. Menzies ne l'avoit estimée que 103 liv.

Quant à l'augmentation de la masse d'oxigène respiré, elle peut avoir lieu de deux manières: 1°. parce que le nombre d'inspirations, dans un temps donné, est plus considérable; c'est ce qui arrive après un exercice violent, ou pendant un accès de fièvre; 2°. parce que la densité de l'air est augmentée: cette seconde cause peut être regardée comme celle qui exerce la principale action dans le froid. En effet, lorsque l'air se refroidit, sa densité augmente; ainsi, en supposant que sa densité à 28 d. R. soit de 1000, elle seroit de 1,109 à la température de la glace fondante. D'après cela, si un volume d'air respiré à 28 d. R. contenoit 100 parties oxigénées, il en contiendroit 111 parties à 0d., & près de 18 lorsqu'il sera à 50 R. au-dessous de zéro. L'expérience ayant appris qu'il se combine d'autant plus d'oxigène avec le sang, pendant la circulation, que la masse d'air respiré en contient davantage, & comme il se dégage d'autant plus de calorique, qu'il s'est combiné une plus grande quantité d'oxigène avec le carbone & l'hydrogène du sang, il doit s'ensuivre qu'il y a plus de *chaleur animale* de formée dans les temps froids que dans les temps chauds; de-là il ne doit point paroître étonnant que la *chaleur animale* se maintienne à une température à peu près constante.

Plusieurs physiciens avoient déjà résolu la seconde question d'une manière assez satisfaisante.

Fordice, Bancks, Blagden & Solander, frappés de l'abondance de la transpiration qui se formoit, lorsqu'ils étoient exposés à la *chaleur*, observant aussi que le moment où elle se manifestoit, étoit marqué par une diminution dans l'impression pénible que cet agent produisoit sur eux, furent amenés à penser que l'évaporation qui se faisoit à la surface du corps, contribuoit pour beaucoup à cette uniformité de température. Quelques expériences qu'ils firent sur le réchauffement des liquides exposés dans des vases ouverts & introduits dans la chambre chaude, les confirmèrent dans cette opinion. En effet, ces liquides se maintinrent toujours au-dessous de la température du milieu ambiant, & ne purent être amenés à l'ébullition que par l'addition d'une couche de cire fondue, qui empêchoit l'évaporation. Néanmoins, ces Messieurs ne crurent pas que l'évaporation de la matière de la transpiration fût la seule cause de l'uniformité de température qu'ils avoient observée sur eux-mêmes, quoiqu'exposés à une *chaleur* beaucoup supérieure. Le détail de ces expériences est renfermé dans deux Mémoires communiqués à la Société royale de Londres, par Blagden.

Ces mêmes expériences, répétées par Berger & de Laroche, leur ont appris qu'après avoir resté huit minutes dans une étuve à 72 d. R., ils avoient perdu de 190 à 220 grammes de leur poids, & qu'en y restant treize minutes, ils avoient perdu 320 grammes, ce qui fait environ 85 grammes par minute. L'évaporation moyenne d'un homme est de 1500 grammes par 24 heures, donc de 1g.,04 par minute; ce qui leur a fait conclure qu'il étoit extrêmement probable que le refroidissement étoit produit par l'évaporation, & que cette évaporation a paru être en raison directe de la température à laquelle ils s'exposoient.

Nous allons terminer cet article de la *chaleur animale*, en rapportant quelques expériences faites par un de ces hommes qui se présentent & qui se font voir dans les villes comme ayant la propriété de supporter des *chaleurs* considérables.

Un Espagnol s'annonça à Paris, en 1803, sous le titre d'*homme incombustible*; il fut présenté à l'École de Médecine, qui l'invita à faire, devant ses membres, plusieurs expériences dont les principales sont:

1°. On apporta un vase où étoit de l'huile échauffée à 85 d. R.: il ouvrit la main & appliqua, à plusieurs reprises, la paume de la main sur l'huile; enfin, il se lava les mains dans l'huile, s'en lava le visage, & y appliqua la plante des pieds: à la fin de l'expérience, la *chaleur* de l'huile étoit encore de 76 à 78 deg.

2°. Une barre de fer de dix-huit à vingt pouces de longueur, de deux pouces & demi de largeur, & de six lignes d'épaisseur, fut chauffée au rouge-cerise à une de ses extrémités, & posée sur des briques.

L'Espagnol appuya la plante de ses pieds sur la partie rouge; la portion de l'huile qui y étoit encore adhérente, s'enflamma auffitôt; il appliqua de même la plante de l'autre pied, ce qu'il répéta plufieurs fois.

3°. On prit une grande spatule de dix-huit pouces, on fit chauffer au rouge-cerise la partie plate : l'Espagnol tira la langue & l'appliqua fur la partie rouge de la spatule, ce qu'il répéta plufieurs fois.

On apporta ensuite trois verres d'eau claire, dans lesquels on avoit mis : dans l'un, quelques gouttes d'acide sulfurique, dans l'autre, une affez grande quantité de sel marin; le troisième ne contenoit que de l'eau pure. On fit boire à l'Espagnol des trois verres, dont il distingua parfaitement la saveur.

4°. Il prit une chandelle allumée, il la promena plufieurs fois sur la partie postérieure de la jambe, depuis le talon jusqu'au jarret.

On le visita après toutes ces épreuves : sa peau ne parut nullement altérée; la plante des pieds parut fuligineuse, ce qui semble devoir être attribué au carbone de l'huile, mais son pouls battoit de 130 à 140 par minute; avant ses expériences il ne battoit que de 75 à 78.

Le docteur Sementini ayant été à même d'affister plufieurs fois aux expériences de l'homme incombustible, essaya, sur lui, s'il ne seroit pas possible de se rendre insensible à l'action de la chaleur, & de pouvoir, en conséquence, répéter les mêmes expériences. Après s'être frotté avec plufieurs substances qui le rendoient plus ou moins insensible, il trouva qu'une solution saturée d'alun étoit propre à déterminer l'insensibilité, & mieux en se frottant d'abord avec une diffolution d'alun, puis avec du savon dur. Après s'être ainsi préparé & avoir répété sur lui les expériences de Lionetto, ou de l'homme incombustible, le docteur Sementini expliqua ainsi ses expériences.

1°. Ses cheveux, sur lesquels il paffoit la plaque de fer rouge, pouvoient avoir été enduits d'une solution d'alun; ce qui explique la vapeur dense qui s'élève au moment de l'expérience.

2°. Ses jambes, ses bras, la plante de ses pieds avoient été rendus insensibles par la diffolution d'alun & par le savon; sa langue également, soit pour supporter la chaleur rouge du fer, soit pour se laver les mains, le visage, & mettre dans sa bouche l'huile chaude à 80 deg.; au reste, il n'avaloit l'huile que lorsqu'elle s'étoit refroidie dans la bouche.

W. S., dans une lettre écrite de Hull, le 8 novembre 1808, dit à M. Tilloch qu'il n'est pas néceffaire d'enduire sa langue d'alun & de savon pour y passer rapidement un fer rouge; qu'il fuffit qu'elle soit humide & couverte de salive : il dit s'être affuré par lui-même de ce fait. Au reste, il est bon d'observer que l'expérience du fer rouge sur la langue est d'autant moins dangereuse, que le fer est plus rouge; lorsqu'il n'est que très-chaud, & non rouge, on se brûle toujours; ce qui est analogue à la goutte d'eau qui est très-long-temps à se vaporiser sur un fer rouge, tandis qu'elle s'évapore de suite si le fer n'est que médiocrement chaud. Voyez EAU (Vaporisation de l').

Enfin, on fait que tous les fondeurs plongent leurs doigts humides dans du plomb fondu, en prenant la précaution de le paffer un peu vîte; chacun peut répéter l'expérience sans danger. On voit même des fondeurs de fer paffer rapidement les doigts dans un jet de fonte de fer rouge & liquide.

On peut consulter, sur cet objet, un Mémoire du docteur Sementini, publié dans la *Bibliothèque britannique*, tome XLI, page 383, ainsi qu'une lettre à M. Tilloch, qui fait suite à ce Mémoire.

CHALEUR (Appareil de la glace pour mesurer la); calorimetrum cum glacie; *wœrm meffervon Lavoifier*. Appareil pour mesurer la quantité de calorique dégagée par la quantité de glace, à zéro, fondue par les corps qui en font environnés.

Lavoifier & Laplace ont imaginé, pour cet effet, un instrument particulier (*voyez* CALORIMÈTRE DE LAVOISIER); mais on peut parvenir plus fûrement ce résultat en prenant un morceau de glace, le creusant de manière à pouvoir y placer les corps dont on veut mesurer la *chaleur*, & les recouvrant ensuite avec un morceau de glace. Voyez CALORIMÈTRE DE GLACE.

CHALEUR (Capacité pour la); capacitas ad calorem; *wœrm fpecifice*. Proportion de *chaleur* que les corps absorbent ou laiffent dégager en paffant d'une température donnée à une autre température. Voyez CALORIQUE SPECIFIQUE, CAPACITÉ DES CORPS POUR LA CHALEUR.

CHALEUR CENTRALE; calor centralis; *central warme*. Chaleur que l'on suppose exister au centre de la terre, & qui produit l'échauffement que l'on observe dans l'intérieur du globe lorsque l'on s'enfonce à une certaine profondeur.

Ce qui peut avoir contribué à supposer l'existence de cette *chaleur centrale*, ce font, 1°. les observations que l'on a généralement faites, qu'à une certaine profondeur dans les entrailles de la terre, on observe une température constante; 2°. les observations que Genfonné, directeur des mines d'Alsace, dit avoir faites dans les mines de Géromany, situées aux pieds des Vosges, où il a trouvé que le thermomètre marquant 2 deg. à la surface de la terre, il indiquoit,

A 52 toises de profondeur........ 10 deg.

A 106....................... 10½

A 158....................... 15

A 222....................... 18½

Mais quoique cette marche progressive de la température n'ait pas été vérifiée depuis, & qu'il soit foit très-probable qu'elle n'exifte pas, cependant cette température conftante que l'on obferve à une certaine profondeur, ayant été également remarquée, quelques phyficiens l'attribuent à la *chaleur centrale*.

On donne à cette *chaleur centrale*, fuppofée, deux caufes différentes : les uns prétendent qu'elle eft un refte de la *chaleur* primitive du globe ; les autres, qu'elle provient d'une combuftion continuée qui exifte dans l'intérieur de la terre, & dont les volcans paroiffent être des réfultats : pour cette dernière hypothèfe, *voyez* FEU CENTRAL.

Tous les phyficiens ont obfervé que, lorfqu'un corps chaud eft expofé dans un milieu plus froid, il met d'autant plus de temps à parvenir à la température du milieu, que, toutes chofes égales d'ailleurs, il eft plus épais. On peut s'affurer de cette vérité en vifitant les volcans dont l'irruption eft récente : on trouve des maffes de fcories qui ont confervé une très-haute température, quoiqu'elles foient expofées depuis un temps affez long à l'action de l'air atmofphérique.

En partant de ce réfultat de l'expérience, les géologues, qui regardent le globe de la terre comme ayant été originairement incandefcent, penfent qu'il eft poffible qu'une portion de la *chaleur* primitive du globe fe foit confervée au centre de la terre, & que ce foit cette *chaleur* qui produife cette température conftante que l'on obferve dans les caves & dans les galeries profondes; ils préfument que cette *chaleur* diminue conftamment, & que c'eft à cette diminution de la *chaleur centrale*, qu'il faut attribuer le refroidiffement graduel ou brufque que l'on a obfervé dans un grand nombre de pays. *Voyez* CLIMAT.

Quant à cet état primitif incandefcent du globe, on lui attribue plufieurs caufes. Leibnitz prétend que les planètes & la terre ont été originairement des foleils; Buffon croit que la terre a été détachée du foleil par le choc d'une comète; & Laplace l'attribue à une extenfion de l'atmofphère folaire.

Laplace fuppofe que l'atmofphère folaire s'eft primitivement étendue au-delà des orbes planétaires, & qu'elle s'eft refferrée fucceffivement jufqu'à fes limites actuelles; que les planètes ont été formées aux limites fucceffives de cette atmofphère par la condenfation des zones qu'elle a dû abandonner dans le plan de fon équateur, en fe refroidiffant & en fe condenfant à la furface de cet aftre. Ces zones ou vapeurs ont pu, par leur refroidiffement, former plufieurs globes, & quand l'un d'eux a été affez puiffant pour attirer à lui les autres aftres, leur réunion a formé une planète confidérable.

« Ne peut-on pas imaginer avec quelque forte de vraifemblance, dit Buffon, qu'une comète, en tombant fur la furface du foleil, aura déplacé cet aftre, & qu'elle en aura féparé quelques par-

ties, auxquelles elle aura communiqué un mouvement d'impulfion dans le même fens & par un même choc ? en forte que les planètes auroient autrefois appartenu au foleil, & qu'elles en auroient été détachées, par une force impulfive commune à toutes, qu'elles confervent encore aujourd'hui. »

Quelle que foit la caufe que l'on attribue à la formation du globe incandefcent de la terre, fon refroidiffement a dû être lent & fucceffif. Voici comment Buffon conçoit & développe la lenteur de ce refroidiffement & l'exiftence d'une *chaleur centrale*.

« En fuppofant, comme tous les phénomènes paroiffent l'indiquer, que la terre ait été autrefois dans un état de liquéfaction caufée par le feu, il eft démontré, par nos expériences, que fi le globe étoit entièrement compofé de fer ou de matière ferrugineufe, il ne fe feroit confolidé jufqu'au centre qu'en 4026 ans, refroidi au point de pouvoir le toucher fans fe brûler en 46991 ans, & qu'il ne fe feroit refroidi au point de la température actuelle, qu'en 100696 ans; mais comme la terre, dans tout ce qui nous eft connu, nous paroît être compofée de matières vitrifiables & calcaires qui fe refroidiffent en moins de temps que les matières ferrugineufes, il faut, pour approcher de la vérité, autant qu'il eft poffible, prendre les temps refpectifs du refroidiffement de ces différentes matières, telles que nous les avons trouvées, & en établir le rapport avec le refroidiffement du fer. En n'employant dans cette détermination que le verre, le grès, la pierre calcaire dure, les marbres & les matières ferrugineufes, on trouvera que le globe terreftre s'eft confolidé jufqu'au centre en 2905 ans environ; qu'il s'eft refroidi au point de pouvoir le toucher en 33911 ans environ, & à la température actuelle en 74047 ans environ. »

Or, s'il a fallu 74047 ans pour que le globe, confolidé au centre, ait fourni fa *chaleur*, pour que la température de la terre, à une petite profondeur, foit arrivée à 12 ou 18 degrés, température que l'on obferve affez conftamment, combien l'infiltration de la *chaleur centrale* a dû avoir été lente, & combien de probabilités il refte pour préfumer qu'elle doit être encore très-élevée au centre de la terre!

Mais cette fuppofition d'une *chaleur centrale* n'exifte qu'autant qu'il feroit vrai que le globe terreftre ait été originairement incandefcent; & encore, dans cette hypothèfe, il pourroit arriver que, dans un temps qu'il eft impoffible de calculer, la *chaleur* du centre de la terre différeroit peu de celle de la furface, & dans ce cas, la *chaleur centrale* feroit la même que celle qui exifte à une très-petite profondeur.

CHALEUR COMBINÉE; *calor permiftus*. Matière de la *chaleur combinée* dans les corps, & qui n'est pas sensible au thermomètre. *Voyez* CALO-RIQUE COMBINÉ.

CHALEUR COMPARATIVE; *calor comparativus*; *waerm comparative*. Quantité de calorique qu'un corps absorbe ou laisse dégager pour s'élever ou s'abaisser d'un nombre de degrés déterminé, comparée à celle qu'un autre corps absorbe ou laisse dégager dans la même circonstance. *Voyez* CALORIQUE SPÉCIFIQUE.

CHALEUR DE L'ATMOSPHÈRE; *calor atmosphèræ*; *atmofpherick waerm*. Degré de chaleur que l'on observe dans les différentes tranches de l'atmosphère.

Pictet a observé que deux thermomètres, placés à différentes hauteurs dans l'atmosphère, indiquoient des températures différentes, quoique placés dans les mêmes circonstances. La différence de température que l'on éprouve lorsque l'on est dans une plaine ou sur le sommet d'une montagne très-élevée, la hauteur à laquelle il existe des glaces éternelles sur les montagnes des différentes chaînes & des différens pays, prouvent également que la température doit varier à mesure que l'on s'élève. Mais quelle est la loi de cette variation dans la température? Il est difficile de la déterminer par l'observation, parce que nous n'avons aucun moyen d'observer constamment les variations dans la température qui peuvent y exister. On pourroit peut-être employer les ballons aérostatiques pour déterminer cette variation; mais peut-on compter sur les observations qui ont été faites jusqu'à présent, lorsque l'on sait que le thermomètre étoit ordinairement placé dans la gondole, & qu'il pouvoit être échauffé par la *chaleur* qui s'arrête & s'accumule dans les substances dont la gondole est formée?

Examinons un moment les variations dans la température des tranches de l'atmosphère que l'on pourroit conclure des observations aérostatiques. Dans le voyage de Charles & Robert, du 26 décembre 1783, la plus grande élévation fut de 1800 toises, & la diminution de la température de 9 degrés de Réaumur. Si l'on pouvoit supposer que la diminution de la température fût constante pour des hauteurs égales, il s'ensuivroit que la température diminueroit de 1 d. R. par 200 toises. Dans l'ascension de Pilatre du Rosier & Proust, le thermomètre avoit baissé de 16 d. R. à une hauteur de 1700 toises environ; c'est 1 degré pour 106 toises. Dans l'ascension du duc de Chartres & de Robert, la température baissa de 7 degrés à une hauteur de 600 toises, & de 6 degrés seulement à une hauteur de 900 toises; c'est 1 degré pour 86 toises, dans le premier cas, & 1 degré par 150 toises dans le second; mais ces observateurs ont remarqué que, lors de la première observation, le thermomètre avoit baissé subitement au moment où ils entendirent un coup de tonnerre occasionné par la for-

mation d'un orage. Dans l'ascension aérostatique de Guyton de Morveau & Bertrand, qui eut lieu à Dijon, le 25 avril 1784, le thermomètre étoit descendu de 14 degrés à 2200 toises de hauteur, ce qui fait 1 degré par 143 toises; mais le 12 juin 1784, dans une nouvelle ascension que Guyton de Morveau fit avec le président de Virly, le thermomètre, loin de descendre, s'éleva de 2 degrés à 942 toises de hauteur; enfin, dans l'ascension de Tetu, faite à Paris le 18 juin 1786, à 374 toises de hauteur, le thermomètre étoit baissé de 8 degrés, & à 478 toises, en traversant un nuage orageux, le thermomètre étoit baissé de 28 degrés, mais de suite il s'éleva de 20 degrés, après avoir passé le nuage: dans le premier cas, la température baissoit de 1 degré par 47 toises; dans le second cas, pendant l'orage, le thermomètre baissoit de 1 degré par 17 toises, & hors de l'orage, de 1 degré par 80 toises. Enfin, dans le voyage aérostatique fait par Gay-Lussac, le 29 fructidor an 12, le thermomètre, à 1850 toises de hauteur, baissa de 15°,36 R.; c'est 120 toises par degré, & à 3490 toises, le thermomètre étoit baissé de 29°,76 R.; c'est 117 toises par degré. On voit, par ces diverses observations, le peu de confiance que l'on peut avoir dans les variations de température de l'atmosphère, observées dans des ascensions aérostatiques, si l'on suppose toutes les observations bien faites.

Des deux observations de Gay-Lussac, que nous venons de rapporter, quelques physiciens ayant voulu en conclure que la diminution de la température dans l'atmosphère suivoit une loi constante, & que cette diminution étoit de 1 degré par 120 toises de hauteur, nous avons cru devoir rapporter la série d'observations que ce savant membre de l'Institut a faite dans son voyage, afin que l'on puisse juger, par les nombreuses variations qu'elles présentent, que l'on ne peut tirer aucune conclusion des deux observations extrêmes sur lesquelles on veut s'appuyer. Il est si facile d'établir des lois d'après quelques expériences choisies dans un grand nombre!!

TÉMPÉRATURE.	HAUTEUR correspondante en mètres.	HAUTEUR correspondante en toises.	HAUTEUR en toises par degré.
27°,75	000,00	0,0	
12,50	3032,01	1555,64	+102
11,00	3412,11	1750,66	+132
8,50	3691,32	1893,92	+ 51
10,50	3816,79	1958,29	— 32
12,00	4264,65	2188,08	—153
11,00	4327,86	2220,51	— 48
8,25	4725,90	2428,89	+ 75
6,50	4808,74	2467,21	+ 22
8,75	4511,67	2314,84	+ 67
5,25	5001,85	2556,32	+ 69

TEMPÉRATURE.	HAUTEUR correspondante en mètres.	HAUTEUR correspondante en toises.	HAUTEUR en toises par degré.
4°,25	5267,73	2702,74	+146
2,05	5519,16	2831,74	+ 58
0,5	5674,85	2911,62	+ 51
1,0	5175,06	2654,68	+514
—3,0	6040,70	3099,32	+111
—1,1	6107,19	3133,44	— 11,7
0,0	5631,65	2889,45	+221,7
—3,25	6143,31	3151,97	+ 88
—7,00	6884,14	3532,07	—101
—9,5	6977,37	3579,9	+ 19

Bien avant que l'on connût les aéroftats, plufieurs phyficiens fe font occupés de la loi que fuit la température dans l'atmofphère : nous diftinguerons, parmi eux, Lambert, Deluc & Bouguer. Le premier a eu, fur ce fujet, une opinion finguliere, & il l'a expofée avec tant de clarté, que l'on ne fauroit mieux faire que de tranfcrire fes propres expreffions.

« Voyons à préfent, dit Lambert, de quelle maniere on peut envifager la loi fuivant laquelle la chaleur décroît en montant. Avant toute chofe, il s'agit de favoir d'où vient que la chaleur monte : ici je ne fais d'autres raifons, finon que le feu eft fpécifiquement plus léger que l'air ; en conféquence, les particules du feu doivent monter avec une viteffe accélérée. La viteffe initiale étant celle par laquelle elles fe lancent par leur propre élafticité, il eft difficile de la bien déterminer ; cependant, dans l'air, je ne balance pas à la fuppofer proportionnelle à la denfité de l'air. Il eft poffible que l'air, tandis qu'il fait monter les particules de feu par fa preffion, oppofe, d'un autre côté, quelqu'obftacle à leur viteffe ; car il eft fûr que la chaleur monte incomparablement moins vîte dans l'eau que dans l'air, quoique dans l'eau, la légereté fpécifique des particules du feu foit plufieurs centaines de fois plus grande, & qu'ainfi elles puffent y monter avec incomparablement plus de viteffe, fi la denfité de l'eau y mette obftacle, à beaucoup plus forte raifon, puifque les particules du feu, quoique follicitées avec plus de force, y montent avec bien moins de viteffe qu'elles ne montent dans l'air, où la force accélératrice eft beaucoup moins grande : il faut, réciproquement, que l'air ne s'oppofe que très-peu à leur viteffe. La viteffe initiale avec laquelle elle s'élance, ne peut être que très-grande ; & fi l'air y mettoit fortement obftacle, cette viteffe, au lieu de s'accroître en montant, iroit en diminuant ; ces particules feroient donc plus denfes à la furface de la terre, qu'elles ne le font à la furface de la mer : or, la denfité de ces particules étant la mefure de la chaleur, les parties fupérieures de l'air feroient plus échauffées que les inférieures, ce qui eft tout-à-fait contraire à l'expérience. Je fuppoferois donc fimplement que la force accélératrice décroît en même raifon que la denfité.

» La chaleur monte fans interruption, car la chaleur que la terre reçoit du foleil pendant tout le cours de l'année, s'élève & fe répand dans l'air, puifque la terre a toujours un nouveau befoin de la chaleur du foleil pour ne pas dèvenir continuellement plus froide. Autant donc que l'afcenfion de la chaleur dépend de fa plus grande légereté, fa viteffe, en montant, devient continuellement plus grande. C'eft pour cela que les particules de feu qui fe fuivent en montant, s'écartent toujours plus les unes des autres, à peu près comme fi on laiffoit tomber un boulet, de dixième en dixième de feconde, leurs diftances croîtroient comme les nombres 1, 3, 5, 7, &c. De-là vient que la denfité des parties du feu, & par cela même la chaleur, diminue dans les régions fupérieures de l'air. »

De ces principes, Lambert déduit une formule qui donne la chaleur de l'air à différentes hauteurs au bord de la mer, & par le moyen de cette formule, il a calculé la table fuivante des diminutions progreffives de la chaleur.

HAUTEUR en toises de France.	DEGRÉS du thermomètre de Lambert.
0	1,0000
420	0,9618
840	0,9298
1260	0,9025
1680	0,8792
2100	0,8591
2520	0,8410
3360	0,8154
4200	0,7915
6300	0,7555
8400	0,7351

» La graduation du thermomètre de Lambert correfpond à 0,0046 de celui de Réaumur. Ainfi, comme à la hauteur de 2520 toifes cette table donne 0,8410, la chaleur y eft de 1,0000 — 0,8410 = 0,1590 parties moins grande qu'au bord de la mer. Divifant ces 0,1590 par 0,0046, on obtient 34½ de Réaumur : ce calcul répond affez aux obfervations faites au Pérou ; car la chaleur au bord de la mer, & nommément la plus grande, y a été trouvée de 29 degrés. Souftrayant de ces 29 deg. les 34½ que nous venons de trouver, nous aurons 5½ au-deffous du terme de la glace pour le moindre froid qui ait lieu à la hauteur de 2520 toifes au-deffus de la mer. Cette hauteur eft de 100 toifes au-deffus de la neige permanente, où la neige, dans la chaleur même extraordinaire, ne fond pas, & où, par conféquent, le thermomètre doit être de quelques degrés au-deſſous du terme de la congélation. »

Nous devons obſerver que, comme les quantités déterminées, qui entrent dans la formule de Lambert, ſont très-variables à la ſurface de la mer, il s'enſuit que cette table ne répond qu'à un certain état de l'atmoſphère.

Sauſſure obſerve que la table de Lambert donne la différence entre la *chaleur* des plaines & celle des montagnes beaucoup plus grande qu'elle n'eſt réellement, & il cite des obſervations faites ſur la cime du Buet, qui eſt de 100 toiſes au moins plus élevé que la limite inférieure des neiges : là, le thermomètre étoit, le 26 août 1774, à + 1°,5 R., & le 13 juillet 1776, à + 9,8, au lieu de 5 où il auroit dû être ; enfin, il a vu ſur l'Etna, le 5 juin 1773, à 7 heures 20' du matin, le thermomètre + 5 ; dans le même moment, ſur le bord de la mer, il étoit à + 18,5 ; la différence n'étoit donc que de + 13,5 : or, ſuivant la table de Lambert, l'Etna étant élevé de 1672 toiſes au-deſſus du niveau de la mer, cette différence auroit dû être de 26 d. R.

Enfin, Murrith a vu, ſur la cime du mont Velan, le 13 août 1779, le thermomètre à + 3,5, quoique le ſommet, dont la hauteur eſt de 1732 toiſes, ſoit élevé de 300 toiſes au-deſſus de la limite des neiges éternelles.

Deluc attribue les variations de température de l'atmoſphère (§. 578) aux exhalaiſons & aux vapeurs : elles ſont, dit-il, fort abondantes dans le bas de l'atmoſphère, parce que l'air plus denſe eſt plus capable de les ſoutenir ; mais comme elles ſont mobiles, l'agitation de l'air les fait élever plus ou moins, ſuivant ſa direction : les vents peuvent en apporter auſſi plus ou moins dans différentes couches de l'atmoſphère. Ces vapeurs, ces exhalaiſons retiennent pendant long-temps le feu qui les a produites & celui qui circule dans l'air, quelle que ſoit ſa ſource immédiate ; & par cela même, le rapport de la *chaleur*, entre les diverſes couches de l'air, doit ſuivre, comme il ſuit en effet, l'inconſtance de cette cauſe. Enfin, Deluc croit que le fluide igné eſt plus rare dans les hautes régions de l'air, parce qu'il ſe condenſe dans le bas par ſa propre peſanteur.

Puiſque les aéroſtats n'ont pu être employés, juſqu'à préſent, avec quelque ſuccès, pour déterminer la loi de diminution de la température de l'air, on eſt en quelque ſorte obligé de faire uſage de la variation de température que l'on obſerve depuis le pied des montagnes juſqu'à leur ſommet ; mais comme l'obſervation préſente un grand nombre d'anomalies, on a cherché à expliquer la cauſe de cette diminution, &, d'après cette cauſe, à déterminer la loi de la diminution. C'eſt ce qu'a fait Lambert en ſuppoſant une loi d'aſcenſion de la *chaleur*, & en faiſant uſage, dans ſa formule, d'une conſtante déterminée par la théorie des réfractions ; mais les deux hypothèſes de Lambert & de Deluc qui ſuppoſent : l'un, que la *chaleur* à une

peſanteur négative, & l'autre, une peſanteur poſitive, ne ſont pas conformes à l'expérience. (*Voy.* CALORIQUE.) Examinons donc encore l'opinion de Bouguer.

« On a eu raiſon, dit Bouguer, pour expliquer le froid que l'on reſſent ſur le ſommet des montagnes, d'inſiſter ſur le peu de durée de l'action du ſoleil, qui ne peut frapper chacune de leurs faces que pendant peu d'heures, & qui ſouvent ne le fait pas. Une plaine horizontale, lorſque le ciel eſt pur, eſt ſujette, ſur le haut du jour, à la direction perpendiculaire des rayons, dont rien ne diminue la force ; au lieu qu'un terrain fort incliné, les côtés d'une haute pointe de rochers preſque eſcarpés, ne peuvent être frappés qu'obliquement. Mais conſidérons, pour un inſtant, un point iſolé au milieu de la hauteur de l'atmoſphère, & faiſons abſtraction de toutes montagnes, de même que des nues qui flottent dans l'air.

» Plus un milieu eſt diaphane, moins il doit recevoir de *chaleur* par l'action immédiate du ſoleil. La facilité avec laquelle un corps très-tranſparent donne paſſage aux rayons, montre qu'à peine ſes petites parties en ſont frappées. En effet, quelle impreſſion pourroit-il en recevoir pendant qu'ils le traverſent ſans preſque trouver d'obſtacle ? Selon les obſervations que j'ai faites autrefois, la lumière, lorſqu'elle eſt formée de rayons parallèles, ne perd pas, ici bas, une cent millième partie de ſa force en parcourant un pied dans l'air libre. On peut juger, d'après cela, combien peu de rayons ſont amortis, ou peuvent agir ſur ce fluide, en traverſant une couche qui n'a d'épaiſſeur, je ne dirai pas un pouce ou une ligne, mais le ſimple diamètre d'une molécule. Cependant la ſenſibilité & la tranſparence ſont encore plus grandes en haut : on s'en aperçoit à la ſimple vue, dans les Cordillères, en regardant les objets éloignés. Enfin, l'air groſſier s'échauffe en bas par le contact, ou par le voiſinage des corps plus denſes que lui, qu'il environne, & ſur leſquels il rampe ; & la *chaleur* peut ſe communiquer de proche en proche, juſqu'à une certaine diſtance. La partie baſſe de l'atmoſphère contracte tous les jours, par ce moyen, une chaleur très-conſidérable, & elle peut en recevoir une d'autant plus grande, qu'elle a plus de denſité ou de maſſe. Mais on voit bien que ce n'eſt pas la même choſe à une lieue & demie, ou deux lieues au-deſſus de la ſurface de la terre, quoique la lumière, lorſqu'elle y paſſe, ſoit un peu plus vive. L'air & le vent doivent donc y être toujours extrêmement froids ; & plus on conſidère des points élevés dans l'atmoſphère, plus le froid y ſera pénétrant.

Revenons à la détermination de la loi de la diminution graduelle de la température, à meſure qu'on s'élève dans l'atmoſphère. Euler ſuppoſe que ce décroiſſement a lieu en progreſſion harmonique ; mais les obſervations ſe trouvent être en contradiction avec cette opinion. Sauſſure établit cette diminution de la température, dans les climats tempérés, à 1 deg. R. par 100 toises de hauteur ; mais Kirwan dit que ce n'est pas ainsi qu'elle a lieu, & que sa marche varie avec la température à la surface de la terre, ainsi que Lambert l'avoit établi. Nous sommes redevables à ce savant d'une méthode très-ingénieuse pour déterminer cette diminution dans chaque cas particulier, en supposant connue la température à la surface.

Puisque la température va continuellement en diminuant, à mesure que nous nous élevons au-dessus du niveau de la mer, il est évident qu'à une certaine hauteur de l'atmosphère, on arrive à la région d'une congélation perpétuelle. Cette région varie en hauteur, suivant la latitude du lieu : c'est à l'équateur qu'elle est la plus élevée, & elle descend graduellement plus près de la mer, à mesure qu'on approche des pôles. La hauteur de cette région varie aussi suivant la station : c'est dans l'été qu'elle est la plus considérable, & dans l'hiver qu'elle est la plus petite. Bouguer trouva qu'au sommet du Pinchina, l'une des montagnes de la chaîne des Andes, le froid s'étend, chaque matin, immédiatement avant le lever du soleil, de 3 à 4 deg. R. au-dessous du point de la congélation, & il en conclut que la hauteur moyenne du terme de la congélation (lieu où il gèle pendant quelques parties du jour tout le long de l'année) étoit, entre les tropiques, d'environ 2375 toises au-dessus du niveau de la mer ; mais au 28e. degré de latitude, il plaça cette hauteur, en été, à environ 2050 toises : or, en prenant la différence entre la température à l'équateur & le point de congélation, il est évident que cette hauteur moyenne sera, avec le terme de la congélation à l'équateur, dans le même rapport que celui qui existe entre la différence de la température moyenne de tout autre degré quelconque de latitude au point de congélation, & le terme de congélation à cette latitude. Ainsi la température moyenne à l'équateur étant de 23°,15 R., la différence entre cette température & le point de congélation sera de cette même quantité 23,15 R. La température au 28e. degré de latitude est de 17°,90 R., quantité qui est également, à cette latitude, la différence de température au point de congélation, donc 23°,15 : 17°,90 = 1375 : 2840 toises : ce fut de cette manière que Kirwan calcula & établit la table qui suit.

Latitude.	Toises.	Latitude.	Toises.
0	2375	45	1138
5	2357	50	955
10	2298	55	749
15	2211	60	562
20	2092	65	384
25	1987	70	238
30	1768	75	114
35	1627	80	19
40	1375		

Nous ignorons quel degré de confiance on peut avoir à cette table, lorsque l'on sait que, dans les Alpes, sous la latitude de 45 à 47 degrés, la limite des neiges éternelles est élevée de 1300 à 1500 toises au-dessus du niveau de la mer, & que, dans la Laponie, sous la latitude de 60 à 70 degrés, la hauteur des neiges éternelles est de 700 toises au-dessus du niveau de la mer. (*Voyez* HAUTEUR DES NEIGES.) Mais poursuivons.

Au-delà de cette hauteur dans l'atmosphère, qu'on a désignée en l'appelant le *terme inférieur de la congélation*, & qui doit varier avec la saison, ainsi que par d'autres circonstances, Bouguer en a distingué une autre qu'il appelle le *terme supérieur de la congélation*, c'est-à-dire, le point au-dessus duquel il ne s'élève plus de vapeur visible. Kirwan considère ce terme supérieur de la congélation, comme étant beaucoup moins susceptible de variation dans les mois d'été que dans le terme inférieur, & en conséquence il en a fait choix pour déterminer la marche de la diminution de température, à mesure qu'on s'élève dans l'atmosphère. Bouguer fixe la hauteur de ce terme dans un seul cas, & Kirwan a formé la table qui suit de son élévation pour chaque degré de latitude dans l'hémisphère septentrional.

Lat. nord.	Toises.	Lat. nord.	Toises.	Lat. nord.	Toif.
0	4270	33	3019	62	761
5	4237	34	2967	63	749
6	4211	35	2924	64	737
7	4195	36	2833	65	725
8	4173	37	2743	66	715
9	4152	38	2683	67	704
10	4231	39	2562	68	694
11	4099	40	2472	69	683
12	4168	41	2396	70	673
13	4037	42	2321	71	664
14	4006	43	2245	72	655
15	3945	44	2165	73	646
16	3932	45	2094	74	637
17	3889	46	2019	75	628
18	3846	47	1943	76	620
19	3804	48	1868	77	618
20	3761	49	1792	78	604
21	3722	50	1716	79	597
22	3683	51	1544	80	589
23	3643	52	1367	81	582
24	3604	53	1191	82	575
25	3572	54	1014	83	568
26	3493	55	857	84	561
27	3414	56	844	85	554
28	3336	57	827	86	548
29	3217	58	816	87	542
30	3178	59	801	88	539
31	3125	60	785	89	530
32	3073	61	773	90	524

Pour déterminer la température à toute hauteur requise, celle à la surface de la terre étant donnée, Kirwan prescrit la méthode suivante.

Soit la température observée à la surface de la

terre $= m$, la hauteur donnée $= h$, & la hauteur du terme supérieur de la congélation pour la latitude donnée $= t$; alors $\dfrac{\frac{m}{t}}{31,0} - 0,55 =$ la diminution de température pour chaque élévation de 31 mètres, ou la différence commune des termes de la progression cherchée. En exprimant cette différence commune, ainsi trouvée, par C; alors

$C \times \dfrac{h}{31,0}$ sera la diminution totale de la température de la surface de la terre, à la hauteur donnée, exprimée en degrés centigrades. Si on désigne cette diminution par d, alors $m\,d$ est évidemment la température cherchée.

Un exemple suffira pour faire connoître l'usage de cette formule.

Au 56ᵉ. degré de latitude, la *chaleur* inférieure étant 9°,77 R. ou 12°,22 cent., on demande quelle seroit la température de l'air à la hauteur de 127t.,5 ou de 245 mètres ? ici, $m = 12°,22$; $t = 1688$; alors $\dfrac{\frac{m}{t}}{31} - 0,55 = 0,0073 = C$, & $C \times h = 0,0073 \times 245 = 1,789 = d$ & $m - d = 12,22 - 1,789 = 10°,43$ cent. ou 8°,34 R.; d'où l'on voit que la température de l'air, à 127t.,5 au-dessus de la surface de la terre, est de 8°,34 R.

Par cette méthode d'estimation de la température, on voit que cette diminution a lieu suivant une progression arithmétique ; d'où il suit que la *chaleur* de l'air, à distance de la terre, ne seroit pas due à l'ascension des couches d'air de la surface de la terre, mais à la faculté conductrice de l'air ; cependant on ne peut révoquer en doute l'ascension de l'air échauffé. C'est qu'en s'élevant, il se dilate, & qu'en se dilatant, il se refroidit ; mais aussi, toutes les fois qu'il se forme un courant d'air ascensionnel dans une masse de ce fluide élastique, il doit s'y former en même temps un courant descendant : l'air, en descendant, se comprime & s'échauffe par la compression. Ainsi, pendant qu'il y a de la *chaleur* de perdue par la dilatation, il y a de la *chaleur* gagnée par la compression ; comme l'air ne peut s'élever qu'autant qu'il est plus chaud que les couches qui le compriment, il s'ensuit que, pendant toute la durée de son mouvement ascensionnel, il communique de la *chaleur* aux couches qu'il traverse : il paroît donc impossible de ne pas admettre un échauffement par l'ascension des couches chaudes ; il est vrai aussi, qu'il s'établit un rayonnement continuel qui contribue également à l'échauffement des couches supérieures ; enfin, on ne peut nier que, dans le passage des rayons solaires à travers l'atmosphère, il n'y ait une portion (infiniment petite à la vérité) de la *chaleur* enlevée par l'air ; quelque petite que soit cette quantité, elle contribue aussi, de son côté, à la *chaleur de l'atmosphère*. Comme plusieurs causes concourent à l'échauffement de l'atmosphère, il est possible que toutes ces causes réunies produisent cette diminution en progression arithmétique que Kirwan a trouvée.

Mais la méthode de Kirwan donne-t-elle bien la température des tranches successives de l'air ? Il dit bien que ses résultats concordent d'une manière remarquable avec l'observation. De quelle observation veut-il parler ? Son terme supérieur de congélation se prend au point au-dessus duquel il ne s'élève plus de vapeur visible ; mais est-ce bien le point de la congélation de l'eau ? la glace ne se vaporise-t-elle pas ? & la vapeur de l'eau, au-dessous du point de la congélation, n'engendre-t-elle pas de la neige ? Quelle peut être la température du point supérieur de congélation ? A 0 deg. de latitude, il le fixe à 4270 toises de hauteur ; conséquemment à 2345 toises au-dessus de la limite des neiges éternelles. Mais la température de l'eau au-dessus de l'Océan, à la hauteur des neiges éternelles dans les montagnes, est-elle plus ou moins élevée que le point de la congélation ? Enfin, Kirwan a formé sa table de la hauteur du terme supérieur de la congélation aux différentes latitudes de l'hémisphère septentrional, d'après la hauteur de ce terme fixé dans un seul cas par Bouguer. Au reste, nous avons si peu de résultats d'observations exactes dans l'atmosphère, & éloignées de toute élévation terrestre, qu'il est impossible de prononcer sur la bonté & l'exactitude de la table de Kirwan, non plus que sur celle de Lambert.

Kirwan avoue que sa règle ne peut s'appliquer qu'à la température de l'air pendant les mois d'été ; que, dans l'hiver, la température des couches supérieures de l'atmosphère est souvent plus chaude que celle des couches inférieures ; car un thermomètre placé, le 31 janvier 1776, sur le sommet du château d'Arthur, se maintint à 2°,66 R. plus haut qu'un autre thermomètre placé à Hawkhill, lieu situé à environ 209 mètres plus bas. Pictet avoit fait depuis long-temps cette remarque, qu'on observe aujourd'hui avoir presque généralement lieu en hiver. Kirwan l'attribue à un courant d'air chaud venant de l'équateur, & qui se porte, pendant notre hiver, vers le pôle nord.

Humboldt a, depuis, examiné cette question avec cette sagacité qui lui est particulière (1). Voici comme il conçoit l'échauffement de l'atmosphère. « Imaginons, dit ce célèbre voyageur, un noyau solide de l'atmosphère ; dès ce moment nous voyons trois causes agissantes : 1°. l'extinction d'une partie de la lumière solaire produisant de la *chaleur* ; 2°. le calorique rayonnant de tous les points échauffés ; 3°. un courant d'air chaud ascendant. Le foible effet de l'extinction de la lumière se perd auprès des deux autres causes. Il est

(1) *Journal des Mines*, tom. XXIV, pag. 169.

inutile de difcuter ici la poffibilité d'une quatrième caufe.

» L'effet du courant afcendant, comme celui du calorique rayonnant, n'avoit pas échappé à la fagacité d'Ariftote & de fes difciples. J'ai développé, dans un autre endroit, que, dans le premier livre des *Meteorologica*, & dans la vingt-cinquième fection des problèmes attribués à Ariftote, la hauteur des nuages & leur denfité font confidérées comme des phénomènes qui dépendent de l'afcenfion de la chaleur, & qui contribuent à en mo difier l'action

» Le décroiffement du calorique étant l'effet fimultané de trois caufes générales : de l'extinction de la lumière pendant fon paffage à travers les couches d'air plus ou moins denfes, de la *chaleur* rayonnante & du courant afcendant, tout ce qui modifie ces caufes doit auffi modifier la loi du décroiffement. Ce dernier doit être plus lent au-deffus de la furface de la mer ou au-deffus d'une campagne couverte de neige, qu'au-deffus d'un défert dénué de végétaux ou au-deffus d'une couche horizontale de fchifte micacé. Il doit être plus rapide fur la pente d'une montagne conique, qu'au-deffus d'une cordillière qui préfente de grands plateaux élevés par étages les uns au-deffus des autres. Nous verrons que cette loi eft plus conftante qu'on devroit le fuppofer, à caufe des variations de température produites par les courans d'air horizontaux & venteux. Nous ferons voir qu'elle eft aifée à reconnoître à travers un grand nombre de perturbations locales. »

Pour trouver la loi de refroidiffement de la *chaleur* dans l'atmofphère, Humboldt a employé plufieurs méthodes : 1°. le refroidiffement obfervé dans l'air avec des aréoftats ; mais il a fait ufage que de deux obfervations choifies de Gay-Luffac ; 2°. de la différence de température obfervée au bord de la mer & fur le fommet de huit hautes montagnes, rapportée à la hauteur de ces montagnes ; 3°. de la température moyenne des plateaux ; 4°. de la température des fources ; 5°. de la température des cavernes ; 6°. de la limite des neiges perpétuelles ; 7°. des expériences faites en Europe fur le décroiffement du calorique ; 8°. des effets du froid dans les plaines fur la loi du décroiffement du calorique ; 9°. des variations des réfractions horizontales. Nous allons rapporter les conclufions qu'il déduit de l'enfemble des obfervations & des difcuffions auxquelles elles ont donné lieu.

« Nous venons d'établir, par l'enfemble de ces difcuffions, 1°. que le refroidiffement des couches d'air fuperpofées fuit la même loi fous les tropiques que dans la zone tempérée pendant l'été, & que cette loi eft à peu près de 200 mètres par degré centigrade, ou 127 toifes ½ par degré du thermomètre de Réaumur ; d'après les obfervations de Sauffure, §. 2051, elle eft de 100 toifes par degré de Réaumur, ou 156 mètres par degré

centigrade ; enfin, d'après les obfervations de Daubuiffon, faites fur neuf hautes montagnes des Alpes, elle eft de 147 mètres ; 2°. que le décroiffement varie avec la température plus ou moins élevée de la couche inférieure de l'air ; mais que ce ralentiffement, pendant le froid le plus rigoureux, ne paroît pas dépaffer 244 mètres, c'eft-à-dire, que le décroiffement diminue d'un cinquième depuis 25° centigrades au-deffus, jufqu'à 29° cent. au-deffous du point de la congélation ; 3°. que le décroiffement moyen de toute l'année, eft fonction de la température moyenne des différentes zones, & que, par conféquent, il fe ralentit depuis l'équateur au pôle.

» L'expreffion généralement reçue, qu'une colonne d'air de telle ou telle hauteur appartient à un décroiffement d'une quantité conftante de *chaleur*, n'eft pas rigoureufement exacte : elle l'eft tout auffi peu que celle qu'un abaiffement barométrique équivaut à tant & tant de mètres de hauteur. Les obfervations d'hiver tendent à prouver que le décroiffement ne fuit plus une progreffion arithmétique, lorfqu'on s'éloigne beaucoup de la température normale de 25° cent. à laquelle la plus grande partie des mefures ont été prifes... Alors une progreffion géométrique exprime à peu près l'état de variation au-deffus & au-deffous de la température normale de la plaine. Auffi Euler, en 1754, dans un Mémoire célèbre fur les réfractions de la lumière, en paffant par l'atmofphère, s'arrête à l'hypothèfe d'une progreffion géométrique.

» Oltmours a réduit le thermomètre à air au thermomètre à mercure, en fuppofant que, depuis le terme de la glace fondante, jufqu'au terme de l'eau bouillante, un volume d'air augmente de 1,375 ; il trouve, en appliquant la formule d'Euler aux obfervations de Humboldt, faites fur fix fommets de montagnes, des nombres qui s'accordent affez bien entr'eux ; cependant les écarts deviennent confidérables à mefure que la température de la couche inférieure diminue beaucoup: Ainfi ces confidérations confirment le principe établi par l'auteur de la *Mécanique célefte*, que le décroiffement du calorique eft compris entre les limites d'une denfité décroiffante en progreffion géométrique, & d'une denfité décroiffante en progreffion arithmétique. Mais ce n'eft qu'après avoir recueilli un grand nombre d'obfervations précifes, faites à des températures très-baffes, que l'on parviendra à la connoiffance complète d'une loi auffi importante. Jufqu'à cette époque, il fera prudent de confidérer les réfultats obtenus, comme dépendant des températures normales des plaines au-deffus defquelles le décroiffement a été obfervé.

Bien certainement la température de l'air eft différente fur la furface du fol dans les vallées, dans les plaines, fur le fommet des montagnes & dans les parties ifolées de l'atmofphère ; bien certainement encore, la température eft d'autant plus baffe, que l'on eft plus élevé dans l'atmofphère ;

mais cette variation dans la température eſt-elle ſoumiſe à une loi conſtante, ou ne dépend-elle que d'une foule de cauſes dont quelques-unes ſont conſtantes, & un plus grand nombre variables? On a vu, dans cet article, quels efforts ont été faits par des ſavans eſtimables pour découvrir une loi conſtante, de combien d'hypothèſes ils l'ont fait dépendre, & combien ces lois, déterminées avec tant de difficultés, s'accordent peu avec l'obſervation. Déjà nos géomètres ont eſſayé d'appliquer l'analyſe à la détermination de la loi de la variation de la température dans l'atmoſphère; bientôt ils y appliqueront une géométrie plus élevée, qui aura pour baſe quelques-unes des hypothèſes raiſonnables que l'on peut faire ſur les cauſes de cette diminution; ils l'appuyeront de quelques faits choiſis, & les admirateurs du calcul s'empreſſeront d'adopter la loi qui leur aura été donnée : c'eſt ainſi que l'on prétend aujourd'hui reculer les bornes de la ſcience, en ſubſtituant les mathématiques à la métaphyſique des anciens philoſophes, & que bientôt, abandonnant l'art des expériences, toute la phyſique ſe fera avec quelques lignes d'analyſe tranſcendante, comme ſi la nature étoit aſſervie, & à des équations algébriques, & aux lois que les géomètres veulent leur aſſigner!

CHALEUR DE LA COMBUSTION; calor combuſtorum; *waerme der verbrennung. Chaleur* qui ſe dégage pendant la combuſtion des corps. *Voyez* COMBUSTION.

CHALEUR DE LA COMPRESSION; calor compreſſionis; *waerme der ſuſammen drükung. Chaleur* qui ſe dégage pendant la compreſſion des corps. *Voyez* COMPRESSION.

CHALEUR DE LA SURFACE DES CORPS; calor ſuperficiei corporum; *œuſſerre waerme der korper.* Différence de *chaleur* obſervée à la ſurface des corps, lorſque la température de leur maſſe eſt la même.

Ruhland, de Munich, a publié, dans le *Journal de Phyſique,* année 1813, tome II, page 367, un Mémoire qui a pour objet de prouver que la *chaleur de la ſurface des corps* varioit, quoique leurs maſſes fuſſent en équilibre de température. Pour cela, il fit conſtruire des boîtes rondes, égales, de carton mince, de trois à quatre pouces de diamètre, de trois à ſix lignes de hauteur, qu'il remplit de différentes ſubſtances qu'il avoit eu ſoin de réduire auparavant en poudre impalpable; &, après leur avoir donné une ſurface égale, il y répandit du camphre pulvériſé; de ſorte qu'il forma, ſur la ſurface de ces poudres, des couches minces tout-à-fait égales. D'autres fois, il prit ſeulement des rondelles de différentes matières & de même diamètre que les boîtes : ces rondelles étoient nues, ou enduites de couleur ou recouvertes d'une couche de quelques lignes de matières pulvéru-

lentes; enfin, la même ſubſtance étoit eſſayée ſous diverſes épaiſſeurs. Ces boîtes & ces rondelles, recouvertes de camphre, furent expoſées, ſoit à l'action d'une température uniforme & égale à celle des ſubſtances, ſoit à l'action d'une température plus élevée, ſoit à l'action de la *chaleur* rayonnante d'un corps ou des parois très-unies d'un poêle de fer-blanc. Alors, il jugeoit de la *chaleur de la ſurface des corps* par la promptitude de l'évaporation du camphre.

Morozzo ayant aſſuré que le thermomètre à mercure marquoit toujours 2 à 3 degrés au-deſſus de la température de l'air environnant, lorſqu'il eſt entouré de charbon, Ruhland voulut, avant tout, s'aſſurer ſi ce réſultat pouvoit avoir de l'influence dans les expériences qu'il vouloit faire; il ſe ſervit pour cela du thermomètre différentiel de Rumfort. Après avoir marqué l'index de l'inſtrument, il entoura ſes deux boules de boîtes de carton, dont la hauteur & la largeur étoient égales, & il les remplit des différentes matières qu'il employoit dans ſes expériences; de manière à s'aſſurer ſi la différence de température des ſurfaces des corps réſultoit d'une véritable différence dans la température de la maſſe; l'index de cet inſtrument ſenſible auroit dû l'indiquer : mais jamais il n'a réuſſi à trouver aucune différence dans les corps les plus différens, pendant tout le temps que l'on déſigne par équilibre de *chaleur;* & il eſt porté à croire que les différences que Morozzo a trouvées, réſultent de la lumière du jour abſorbée par le charbon.

Après des expériences très-ſouvent répétées, ſoit en plaçant le camphre ſur la poudre des boîtes, ſoit en le plaçant ſur des rondelles de différentes matières, Ruhland ſe croit autoriſé à ordonner une ſérie de quelques corps, ſelon leur propriété de favoriſer l'évaporation des matières qu'on mettroit à leurs ſurfaces. Leur température eſt décroiſſante dans l'ordre qui ſuit :

Noir de fumée.
Cendres.
Magnéſie.
Papier.
Polen des plantes.
Chaux.
Surtatarate de potaſſe.
Carbonate de plomb.
Gummi ammonium.
Oxide noir de fer.
Charbon.
Réſine.
Cire d'Eſpagne.
Myrrhe.
Limaille de fer.
Sulfure noir de mercure.
Soufre.
Sulfure d'antimoine.
Suie.

Pruſſiate de fer.

Acétate de cuivre.

Sulfure rouge de mercure.

Amidon.

Oxide rouge de mercure.

Au premier aperçû, on voit une grande harmonie entre cette férie & celle donnée par Leſlie ; & cela doit être, parce que le rayonnement effectué par les corps ſolides eſt, ſans contredit, plutôt du calorique intercepté & rayonné après par les corps, que du calorique qui les traverſant immediatement ; de ſorte que cette loi revient à cette autre, que les corps qui reçoivent facilement le calorique, le rayonnent auſſi le mieux.

Dans les expériences où les rondelles étoient recouvertes d'une ligne ou deux des différentes ſubſtances pulvérulentes, l'action de la *chaleur de la ſurface* participoit à la fois des deux ſubſtances : en recouvrant la couche de camphre de quelques lignes de la ſubſtance pulvérulente ſur laquelle ils étoient placés, ils y éprouvoient également les effets de la *chaleur à la ſurface* ; enfin, il obſerva que l'épaiſſeur des rondelles ſur leſquelles on plaçoit le camphre, faiſoit varier les réſultats. C'eſt ainſi, par exemple, que deux diſques, l'un de fer-blanc & l'autre de carton, tous deux couverts de ſuie, occaſionnent de très-grandes différences dans l'évaporation du camphre, ſi leurs épaiſſeurs ſont égales, &, dans ce cas, celle du diſque de fer-blanc eſt toujours la moindre ; mais, en augmentant l'épaiſſeur du carton, celle du fer-blanc reſtant la même, on parvient à rendre d'abord les temps de l'évaporation égaux, &, en augmentant toujours l'épaiſſeur du carton, à rendre enfin l'évaporation, ſur le fer-blanc, plus prompte que ſur le carton.

Voulant éviter les effets de la chaleur rayonnante dans le ſens ordinaire, Ruhland entoura les boîtes, miſes en exercice, d'un cylindre de feuille d'étain d'un brillant parfait ; il les couvrit d'un diſque du même métal, & plaça l'appareil ſur une lame de fer-blanc bien polie, portée par des pieds de verre : au lieu d'un ſeul cylindre qui entouroit les deux boîtes à la fois, il couvrit encore chaque boîte, ſéparément, d'un pareil cylindre, en laiſſant une diſtance d'un pouce entre les deux enveloppes ; de ſorte que la grande force de réflexion dont jouit le métal, auroit plus que ſuffiſamment détruit la légère influence que les foibles variations de température de l'atmoſphère auroient pu occaſionner pendant la durée de l'exercice ; mais, malgré ces précautions, les réſultats furent conſtamment les mêmes.

« Il faut donc admettre, dit Ruhland, que, quoique les maſſes des corps ſoient toutes de la même température pendant l'équilibre de la *chaleur*, la température de la ſurface diffère néanmoins ſelon la nature de chaque corps, & que cela dépend de la plus ou moins grande facilité avec laquelle les

corps perdent la quantité de calorique qu'ils ont reçue. Plus la facilité avec laquelle les corps perdent la quantité de calorique qu'ils ont reçue, plus la facilité avec laquelle un corps rayonne ſon calorique eſt grande, plus les corps environnans ſont obligés de lui abandonner de ſon calorique pour rétablir l'équilibre de *chaleur* ; d'où il ſuit que les corps reçoivent toujours d'autant plus de calorique qu'ils en perdent en même temps davantage, &, que, leur maſſe reſtant toujours à la même température, leur ſurface devient plus chaude à meſure que les corps rayonnent mieux, puiſque les ſurfaces ſont à la fois en contact avec le calorique qui ſort du corps & avec celui qui entre, tandis que, dans la ſubſtance même d'un corps, ce procès ne s'effectue qu'alternativement. »

Ruhland établit que la conductricité, la combuſtibilité, la denſité, ne paroiſſent pas influer ſur le rayonnement, & conſéquemment ſur la *chaleur des corps à la ſurface* ; il regarde l'influence des couleurs comme équivoque ; puiſqu'avec la couleur, les ſubſtances changent en même temps ; il croit que c'eſt l'élaſticité qui augmente la force rayonnante.

Cette différence de la *chaleur des corps à la ſurface* ſemble expliquer un grand nombre de phénomènes, au nombre deſquels on peut placer l'obſervation de Van-Marum ; que le phoſphore, ſaupoudré de réſine, brûle dans le vide, quand on l'enveloppe de coton, ce qu'il ne fait pas lorſqu'il eſt ſeul ou ſeulement ſaupoudré de réſine ſans coton. Le coton rayonnant très-bien, & élevant par conſéquent la température de ſa ſurface au-deſſus de la température ambiante, plonge, dans ce cas, le phoſphore dans une température plus élevée qu'il ne pourroit ſe donner lui-même. »

De toutes ſes expériences, Ruhland tira ces conſéquences : « Je crois donc avoir prouvé qu'il exiſte un échange continuel de calorique entre les corps mêmes dont les températures ſont égales, comme M. Provoſt l'a indiqué le premier.

» La maſſe du calorique qui s'échange entre deux corps d'une température égale, eſt différente pour les divers corps, ſelon qu'ils abandonnent plus ou moins facilement leur calorique, ce qui paroît dépendre de leur légéreté & de leur élaſticité.

» Il s'enſuit que les maſſes des corps reſtent en équilibre de chaleur, puiſque, quelques différences qu'il y ait entre la facilité avec laquelle ils abandonnent leur calorique, ils en reçoivent toujours autant qu'ils en perdent, tandis que leurs ſurfaces ſont d'une température d'autant plus élevée, que les corps rayonnent davantage leur calorique, parce que leur température eſt toujours le multiple de la *chaleur* qui ſort d'un corps & de celle qui y entre en même temps. »

CHALEUR DES CAVITÉS SOUTERRAINES ; calor cavernarum fubterranearum ; *hunter erdifche waerme. Chalur* que l'on obferve dans les entrailles de la terre, à une certaine profondeur, & qui diffère de celle qui exifte fur fa furface.

On avoit remarqué depuis long-temps, que les caves étoient plus chaudes l'hiver que l'air extérieur, & qu'elles étoient plus froides l'été : il paroiffoit bien certain qu'il exiftoit une différence de température entre les excavations fouterraines & la furface de la terre ; mais quelle étoit cette différence ?

Maraldi obferva que les carrières creufées au-deffous de l'Obfervatoire de Paris, qui ont 85 pieds de profondeur, & que l'on avoit féparées, par des murs, des autres carrières qui les environnent, confervoient une température conftante de 10° ¼ R. pendant toute l'année. Alors on commença à croire qu'il exiftoit, à une certaine profondeur, dans les entrailles de la terre, une température conftante : on obferva cette température, qui parut varier dans chaque pays. Genfonné crut pouvoir affurer qu'elle augmentoit à mefure que l'on s'enfonçoit dans l'intérieur de la terre ; il indiqua même la loi de cette augmentation (*voyez* CH·LEUR CENTRALE) ; mais cette augmentation fut conteftée par de nouvelles obfervations, & enfin prouvée ne pas exifter.

Rien, peut-être, n'eft plus difficile que de bien mefurer la température des fouterrains à une certaine profondeur, parce qu'elle eft fouvent modifiée par une foule de caufes étrangères à la température naturelle, telles, par exemple, que la décompofition des fulfures métalliques, la formation des fluides aériformes, la force conductrice qu'ont les différentes roches pour le calorique, les courans d'eau & d'air dont on connoît ou dont on ignore l'origine & la longueur des chemins tortueux qu'ils fuivent Ainfi, pour citer un exemple de l'augmentation de la température des fouterrains par la décompofition des pyrites, nous rapporterons que, le 5 juillet 1785 ; la température d'une galerie de mine, la *Maria hulf· fchacht* à Kremnitz en Hongrie, obfervée par Haffenfratz, étoit de 25° R. ; une de celle de la *Mathia fchacht* étoit de 30 d., tandis que les galeries environnantes n'avoient que 10 à 15 deg. R.

Humboldt a obfervé, dans les mines de la chaîne des Andes, dont le fond étoit élevé de 3700 mètres au-deffus du niveau des mers, que l'air y étoit conftamment de 10°,96 R. à 11°,36, tandis que l'atmofphère extérieur varioit de — 2° à + 6°,4 R. Deux mille fept cents mètres plus bas que cette mine péruvienne de Micuipampa, dans la caverne du Guacharo, dans la province de Cumana, le thermomètre indiquoit 13°,96 R. ; fur les côtes de l'île de Cuba, la température des cavernes calcaires, voifines de la Havane, eft de 18°,0 R. Ces réfultats font d'autant plus curieux, que ne pouvant les obtenir qu'à la pente du groupe coloffal des

Andes, on n'y méconnoît pas l'influence de l'élévation des fites fur la température des cavernes & des mines ; mais ces obfervations, que ce favant voyageur a tâché de multiplier auffi fouvent que les circonftances l'ont permis, ne font pas de nature à pouvoir mener à la connoiffance exacte de la loi que nous cherchons.

L'auteur de l'*Aftronomie phyfique*, après avoir pofé qu'il doit s'établir un certain équilibre entre la *chaleur* qui vient annuellement du foleil, & celle qui fe diffipe annuellement, & que de-là réfulte un état conftant & durable de la température, dit :

« Tous les points de la furface terreftre ne font pas placés dans des fituations également favorables pour recevoir l'action du foleil. Par exemple, les pays qui fe trouvent entre les tropiques font plus fortement échauffés que les pôles. La quantité de *chaleur* rayonnante qu'ils émettent dans l'efpace, eft donc également variable, puifqu'elle eft proportionnelle à leur température. Il doit donc s'établir, à la longue, des différences dans la température de la terre pour ces différens points ; c'eft ce que l'obfervation confirme. Il eft connu que, dans certains lieux de la Sibérie, la terre ne dégèle jamais ; & en Egypte, au contraire, à 60 mètres de profondeur, la température a été trouvée de 22°,5 du thermomètre centigrade, tandis qu'à Paris, qui fe trouve intermédiaire entre ces deux extrêmes, la température des caves de l'Obfervatoire fe maintient conftamment à 12° centigrades. La table fuivante montre, avec un peu plus d'étendue, la marche de ces réfultats pour différentes latitudes.

		TEMPÉRATURE MOYENNE des fouterrains, en deg.	
LATITUDE.	NOMS DES VILLES.	Centigrad.	Réaumur.
77°,87	Wudfo en Laponie.	2°,2	1°,76
66,6	Pétersbourg	3,7	2,96
54,26	Paris.	12,0	9.6
48°,11	Marfeille.	16°,4	13°,12
35,4	Le Caire.	22,5	18
12,25	Pondichéry. . . .	31,1	24,88

» Cette table, extraite des obfervations les plus exactes, prouve inconteftablement que la température du globe terreftre, obfervée près de fa furface, décroît de l'équateur aux pôles. Mais la loi de ce décroiffement n'eft pas encore bien connues c'eft une queftion que les voyageurs décideront. »

Nous allons oppofer à cette loi quelques obfervations faites entre le 38e. & le 46e. degré de latitude, par un phyficien dont tous les favans reconnoiffent l'exactitude, par le célèbre Sauffure. Sous ces degrés, la température des cavités fouterraines devroit être , d'après le tableau que nous avons rapporté , entre 13 & 18 deg. R.

Visitant, le 1er. juillet 1773 , les caves du *monte Testaceo* à Rome , la température extérieure étant de 20° ½ R. , celle de l'une de ces caves étoit à 8° , celle d'une autre à 3° ⅔ , & celle d'une troisième à 3° ⅐. Ces caves sont adossées à la montagne , & occupent presque toute sa circonférence. Les murs du fond sont percés de soupiraux par lesquels entre l'air froid , qui vient lui-même des interstices que laissent entr'eux les débris d'urnes , d'amphores & d'autres vases de terre cuite dont cette petite montagne paroît entièrement composée.

Dans l'île d'Ischia , près de Naples , qui est toute volcanique , toute remplie d'eau thermale , est une grotte. Le 9 mars, le thermomètre étant à l'extérieur, à l'ombre, à 14° R. , il se trouva, au fond de la grotte, à 6°. A Saint-Martin, dans le duché d'Urbin, les caves creusées au pied d'une montagne de grès, sur laquelle la ville est bâtie, & qui sont à plus de deux mille pieds audessus du niveau de la mer, faisoient descendre le thermomètre à 6° R. , lorsque le même thermomètre marquoit 13 deg. à l'extérieur.

Les caves de Chiavenna , au nord du lac de Côme , creusées dans un rocher stéatiteux , indiquoient 6° R. le 5 août 1777, à midi : placé à l'extérieur, le thermomètre marquoit 17° R.

Près de Longano , sont, au bord du lac, les caves de Caprino , dont la température étoit, le 29 juin 1771, à 2° ½ R. , la température extérieure étant de 21° ; le 1er. août 1777, leur température étoit à 4° ½ R. , le thermomètre marquant 18°.

Enfin , les caves d'Hergiswyil , près du lac de Lucerne , à dix minutes du village , avoient, le 31 juillet, à midi , à 3°,1 R. de température, tandis qu'à l'extérieur, & en plein air, le thermomètre marquoit 18°,3.

Voilà donc , dit Saussure , des exemples bien répétés & bien variés d'une température plus froide que le tempéré qui règne au milieu de l'été , soit au fond des lacs, soit au milieu des terres ; on pourroit ajouter, *que la température que quelques physiciens disent exister dans l'intérieur de la terre.*

Ces différentes observations le firent douter de la réalité de la température moyenne qu'on attribue à la masse entière du globe ; & quoique la théorie même parût lui fournir des argumens favorables à ses doutes, il préféra de chercher des explications, & il l'attribua à l'effet de l'évaporation , tant il craignoit de s'écarter de l'opinion de quelques hommes, quoique l'expérience parût contraire à cette opinion.

CHALEUR DES EAUX DE LA MER, &c. *Chaleur* que conservent les eaux à une certaine profondeur, lorsqu'elles ont une grande étendue.

On a observé assez généralement que la *chaleur*

des eaux réunies en grande masse , & celles qui circulent dans l'intérieur de la terre, ont une température constante ; mais que cette température varie avec la forme des espaces qui contiennent ces eaux , par les causes qui les réunissent, & les terrains sur lesquels elles coulent. On peut diviser en trois classes la température des eaux : 1°. *chaleur des eaux de la mer* ; 2°. *chaleur des eaux des lacs* ; 3°. *chaleur des eaux des sources* : pour cette troisième partie, *voyez* CHALEUR DES SOURCES.

Pendant que Saussure visitoit la montagne de Porto-Fino, le 7 octobre , la température de l'air étoit à 15°,3 R. , celle de la surface de l'eau à 16°,5 ; il fit descendre un thermomètre à 886 pieds de profondeur dans la mer : le retirant, après 12 heures de séjour, il le trouva à 10°,6 R. La même expérience répétée au Capo della causa, la température de la surface de l'eau étant à 16°,4 R. , le thermomètre, descendu à 1800 pieds de profondeur, marquoit également 10°,6. Enfin , ayant descendu le même thermomètre à 300 pieds de profondeur, la température de la surface étant également à 16°,4 R. , il fut de même retiré à 10°,6. On peut donc, dit ce savant, regarder comme un fait certain, que, dans le golfe de Gênes, à une grande profondeur, la température des eaux s'éloigne infiniment peu de 10°,6 du thermomètre de mercure, divisé en 80 parties entre la glace & l'eau bouillante, prise à 27 pouces du baromètre ; la température moyenne devroit être de 14°,5 R. environ, d'après le tableau cité à la *chaleur des souterrains. Voyez* CHALEUR DES CAVITÉS SOUTERRAINES.

Quant aux lacs des Alpes, ils paroissent présenter encore un plus grande diminution dans la température. Le 7 janvier 1783, Saussure trouva la température des eaux du lac de Thun à 4° , celle de la surface des eaux du lac étant de 15°,2 R , & celle de l'air 16°,5 : dans le lac de Brientz, la température étoit, le 8 juillet, à 500 pieds de profondeur, à 3°,8 R. ; à la surface, elle étoit à 16°, & à l'air, le thermomètre marquoit 15°,5. Le 28 juillet, les eaux du lac de Lucerne, à 600 pieds de profondeur, avoient 3°,9 R. de *chaleur* ; à la surface de l'eau, la température étoit de 16°,3 R , & celle de l'air 18°,6. Le 25 juillet, la *chaleur des eaux* du lac de Constance à 370 pieds de profondeur, étoit de 3°,4 R. ; la température de la surface de l'eau étoit de 14°,5 , & celle de l'air 16°. Le 19 juillet, la *chaleur des eaux* du lac Majeur, à 335 pieds de profondeur, étoit de 5°,4 ; la température de la surface des eaux étoit de 20°, & celle de l'air 18°,7. La *chaleur des eaux* du lac de Neuchâtel étoit, le 8 août, à 150 pieds de profondeur, 4°,9 R. , tandis que la *chaleur de l'eau*, à la surface, étoit à 17°. La *chaleur des eaux* du lac de Bienne étoit, à 217 pieds de profondeur, à 3°,5 R. ; la *chaleur de l'eau*, à la surface, étoit à 16°,6 , & la température de l'air 17°,8 R. Le 14 mai 1780, la *chaleur des eaux* du lac d'Annecy, à

163 pieds de profondeur, étoit à 4°,6, tandis que la *chaleur de l'eau*, à la furface, étoit de 11°,5, & la température de l'air 9°,8. Enfin, le 6 octobre 1784, la *chaleur des eaux* du lac du Bourget étoit, à 240 pieds de profondeur, de 4°,5 ; celle de l'eau, à la furface, étoit de 14°,3, & la température de l'air étoit 11°,8.

Pour s'affurer que la *chaleur des eaux* des lacs, à une grande profondeur, étoit indépendante de la température extérieure, Sauffure chercha à déterminer la *chaleur des eaux* dans des temps froids, & il trouva que celles du lac de Genève, à 350 pieds de profondeur, avoient 4°,5 R. de chaleur, la température de l'eau, à la furface, étant auffi de 4°,5, & celle de l'air 3°,5 ; il trouva également, à 950 pieds de profondeur, le 11 février, que la *chaleur des eaux* étoit à 4°,5 ; la température de la furface étant de 4°,5, & celle de l'air 1°,75. Enfin, le 17 juillet, lorfque la *chaleur des eaux*, à la furface, étoit de 18°,5 R., la température de l'air 19°,2, il trouva la *chaleur aes eaux*, à 325 pieds de profondeur, à 4°,1.

Comme il faut un temps déterminé pour remonter un thermomètre plongé dans l'eau à une très-grande profondeur, & que, pendant ce temps, il peut changer de température en paffant à travers des milieux plus ou moins échauffés, il étoit néceffaire d'avoir des thermomètres qui puffent conferver long-temps la température qu'ils avoient acquife : voici le moyen que Sauffure a employé.

« Comme les matières inflammables font au nombre de celles qui s'oppofent le plus au paffage du calorique, j'ai pris, dit Sauffure, de la cire rendue ductile par un mélange d'huile & de réfine, & j'en ai formé, à la boule de mon thermomètre, une enveloppe de trois pouces d'épaiffeur, de façon que le centre de cette boule fe trouvoit au centre d'une boule de cire de fix pouces de diamètre. Enfin, pour contenir folidement cette cire, pour la mettre à l'abri des chocs, & pour défendre d'autant plus le thermomètre de l'action de l'eau qu'il devoit traverfer, j'ai renfermé cette boule dans une boîte de bois, concave, dont l'épaiffeur eft de huit lignes dans les endroits où elle eft la plus mince, & cerclée d'une forte virole de fer, ferrée par une vis ; j'ai ferré cette vis tandis que la cire étoit encore molle, en forte que celle-ci s'eft adaptée parfaitement au bois, & a même rempli les jointures de la boîte.

» Comme, d'après cette difpofition, le tube du thermomètre fe trouve faillant au-deffus de cette boîte, il falloit le défendre du danger des chocs.

» Pour cet effet, je l'ai armé d'une efpèce de grillage, forme par de gros fils de fer qui fe réuniffent par en haut à une boucle auffi de fer, dans laquelle on paffe la corde deftinée à fufpendre le thermomètre, lefte d'une maffe de plomb fuffifante pour le faire defcendre au fond de l'eau.

Ayant plongé le thermomètre dans un grand feau rempli d'eau refroidie avec de la glace, le thermomètre marquant 14°,7 R., mit douze heures pour parvenir à la température du milieu dans lequel il étoit plongé. C'eft pourquoi, dans toutes fes expériences, le favant genevois laiffa toujours fon thermomètre plongé dans l'eau pendant douze heures, au moins, avant de le retirer.

Voilà donc dix lacs dans lefquels on a obtenu une *chaleur* à peu près uniforme, puifqu'elle étoit conftamment entre 3°,4 & 5°,5 R., quelle que fût d'ailleurs la température de la furface de l'eau, ainfi que celle de l'air. Cette température eft beaucoup au-deffous de la température moyenne de l'intérieur du globe, que l'on porte, à Genève, à plus de 14° R. ; elle eft auffi plus foible que la *chaleur des eaux de la mer*, que nous avons vue être de 10°,6 dans la Méditerranée. Quelle peut être la raifon de ce phénomène ?

« La première caufe qui fe préfente à l'efprit, dit le célèbre genevois, c'eft l'eau froide des neiges & des glaces fondues fur nos Alpes, qui fe verfe dans nos lacs, & cette eau peut y entrer, foit à découvert, foit par des conduits fouterrains.

» Ce ne peut pas être le froid des rivières ou des eaux vifibles qui fe jettent dans ces lacs, puifque quelques-uns d'entr'eux ne reçoivent que des rivières qui ne viennent point des montagnes couvertes de neige, en été, & n'ont aucune communication vifible avec elles : tels font les lacs du Bourget, de Neuchâtel & de Bienne.

» D'autres font affez éloignés des montagnes neigées, pour que les rivières qui en viennent, aient eu le temps de fe réchauffer avant de mêler leurs eaux à celles de ces lacs. Ainfi les lacs de Brientz, de Thun, formés fucceffivement par l'Aar, defcend des Alpes, ne peuvent pas dériver leur froid de cette rivière, puifque la température de l'Aar, obfervée au-deffus du lac de Brientz, le matin, avant que le foleil eût réchauffé fes eaux, étoit à 7°,5, tandis que celle du fond du lac n'étoit que de 3°,8.

» D'ailleurs, lors même que les eaux de ces rivières fe trouveroient auffi froides, & même plus froides que celles des fonds de ces lacs, s'il n'exiftoit pas une caufe qui tînt ces fonds conftamment rafraîchis, fi la température moyenne de la terre regnoit dans tout le baffin qui la renferme, cette eau perdroit bientôt fa fraîcheur lorfqu'elle fe trouveroit renfermée entre l'eau de la furface, qui, en été, fe réchauffe fouvent au-deffus de 20 degres, & les parois du baffin, qui feroient entre 9 & 10°.

» Il paroît donc démontré que le froid de l'eau des rivières qui coulent à la furface de la terre, & fe jettent, à nos yeux, dans nos lacs, ne fauroit être la caufe du froid qui règne au fond de ces lacs. »

Quant à l'écoulement des eaux des glacières par-deffous terre, il eft très-probable que cette eau, conftamment échauffée par la *chaleur* de la terre, doit arriver aux lacs avec une *chaleur* supérieure à celle de 3 à 5°, particulièrement les lacs qui, comme celui de Neuchâtel, sont éloignés d'environ douze lieues des glaciers. Au reste, les eaux des sources, les fontaines que l'on rencontre dans les montagnes, à peu de distance des glaciers, ont, à leur sortie, une température sensiblement égale à la température moyenne de la terre. (*Voyez* CHALEUR DES SOURCES.) Bien loin donc de favoriser l'hypothèse du refroidissement des lacs par la fonte des neiges alpines, ces fontaines fourniroient une objection contre cette hypothèse.

CHALEUR DES RAYONS SOLAIRES; *calor radiorum solis*; *waerme der sonnen strahlen*. Chaleur qui entre dans la composition des rayons solaires.

Personne ne doute que les rayons solaires ne contiennent de la *chaleur*; que ce ne soit à cette *chaleur* que l'on doive attribuer l'échauffement du globe de la terre. On sait encore, d'après les expériences d'Herschell, qui ont été répétées par Henri Englefield & par plusieurs autres physiciens, que la *chaleur des rayons solaires* est très-différente, suivant la couleur que ces rayons séparés peuvent produire; on sait même, d'après ces expériences, qu'il existe des rayons invisibles qui produisent également de la *chaleur*. *Voyez* CALORIQUE.

Nous ignorons s'il existe des circonstances où la *chaleur des rayons solaires* n'est pas sensible, ce qui pourroit avoir lieu si tous les rayons se réfléchissoient de la surface d'un corps, s'ils passoient entièrement à travers sa masse, ou si les rayons se réfléchissoient ou passoient entièrement à travers la masse des corps diaphanes; mais dans tous les cas où les rayons du soleil frappent la surface d'un corps opaque, sans être réfléchis, ou lorsqu'il ne réfléchit qu'une partie des rayons de la surface d'un corps opaque; enfin, lorsqu'il n'y a qu'une partie des rayons qui sortent d'un corps diaphane après l'avoir traversé, il y a génération de la *chaleur*, & la température du corps se trouve augmentée; mais la quantité de *chaleur*, ainsi excitée, est-elle comme la quantité de lumière qui a disparu? C'est une question que le comte de Rumfort a cherché à résoudre.

Pour y parvenir, il a fait construire deux loupes & deux caisses de cuivre absolument semblables, &, contenant chacune 1932 grains d'eau; il a noirci une de leurs faces, & a fait tomber dessus un faisceau de rayons solaires qu'il faisoit passer à travers un trou circulaire de trois pouces & demi de diamètre, percé dans une plaque de cuivre jaune bien polie. Les rayons solaires qui parvenoient directement à l'une des caisses, l'échauffoient beaucoup plus tôt que ceux qui passoient à travers une loupe; ce qui prouve que la loupe, qui interceptoit une partie des rayons solaires, interceptoit aussi une portion de la *chaleur*; mais lorsque les rayons solaires passoient à travers les deux loupes, & que les caisses étoient placées à diverses dif-

tances de ces loupes, même lorsqu'elles étoient à égale distance des foyers, l'une en deçà & l'autre en delà, le temps employé à échauffer l'eau de chacune de ces caisses étoit peu différent.

De plusieurs expériences faites avec les loupes & avec les caisses, le comte de Rumfort conclut que la quantité de *chaleur* excitée ou communiquée par les rayons solaires est toujours, & dans toutes les circonstances, comme quantité de lumière qui disparoît. *Voyez* CHALEUR SOLAIRE.

Herschell a fait plusieurs expériences analogues, dans lesquelles il a déterminé les rapports d'échauffement de deux thermomètres identiques, & conséquemment la proportion de *chaleur* interceptée par des corps transparens.

Rumfort & Herschell ont bien déterminé l'un & l'autre la proportion de *chaleur* interceptée par des corps transparens, mais ils n'ont point comparé la quantité de lumière également interceptée par ces mêmes corps; de sorte que l'on n'a aucun moyen de conclure le rapport qui existe entre la *chaleur* & la lumière interceptée.

CHALEUR DES SOURCES; *calor scaturiginum*; *waerme der quellen*. Chaleur des *sources* lorsqu'elles sortent des entrailles de la terre.

Ordinairement les eaux des sources, dans un même lieu, ont une température constante; mais cette température varie dans chaque lieu: la *chaleur des sources* est foible près des cercles polaires; elle est très-élevée dans les plaines, vers l'équateur; enfin, dans une chaîne de montagnes, la *chaleur des sources* est plus grande dans le fond des vallées basses, que sur les sommités.

Tout porte à croire que la *chaleur des sources* doit être la même que la *chaleur* ou la température moyenne des lieux où elles coulent; car, en coulant à travers la terre, elles doivent nécessairement prendre la température du terrain qu'elles traversent. La *chaleur des sources* indiqueroit donc toujours la température moyenne du lieu, si les petits courans d'eau qui filtrent dans l'intérieur des rochers venoient de la même hauteur, & si, par conséquent, ces eaux ne réunissoient pas, dans les cavités où elles se rassemblent, des températures moyennes, qui appartiennent à des élévations différentes.

Hunter, sur l'invitation de Cawendish, a mesuré la *chaleur des sources* qui arrosent, à la Jamaïque, la pente des montagnes bleues, depuis le niveau de la mer jusqu'à la hauteur de 681 toises. Hunter trouva, que la *chaleur des sources* diminuoit, peu à peu de 21°,1 à 13°,2 R.: ce décroissement est beaucoup trop rapide pour ne pas croire que la source la plus élevée, & par conséquent la plus froide, celle de Wollen-Housse, ne reçoive ses eaux de la cîme des montagnes bleues, qui ont 1.09 toises d'élévation au-dessus des côtes de la Jamaïque.

Humboldt, pendant le cours de ses voyages, a eu occasion de faire un grand nombre d'observations analogues ; il a conftamment trouvé, dans la province de Caracas, que les fources étoient de 2 à 4° R. plus froides que la *chaleur* moyenne du lieu où elles venoient au jour ; de même, dans la plaine de Rome, les fources ont 8 à 9°,6 R. de température, tandis que la *chaleur* moyenne de l'air y eft de 12°,8 R.

On rencontre fouvent des fources dont la température eft très-éloignée de celle de la température moyenne du globe : telles font les fources des eaux thermales, & celles des eaux extrêmement froides ; mais ces grandes variations de température dépendent de caufes particulières, applicables à chaque efpèce de fource, ainfi, par exemple, que la fource qui exifte à Macugnaga, au pied du mont Rofe, qui fourd en bouillonnant avec force au milieu d'une prairie, auprès d'un joli bofquet de mélèzes. Cette fource eft très-abondante ; elle feroit tourner un moulin au moment où elle fort de terre : fa fraîcheur eft vraiment remarquable, puifque fa température n'eft que de trois degrés ; mais fi l'on confidère que cette eau vient directement d'un des glaciers du mont Rofe, cette température n'aura plus rien qui étonne : or, dit Sauffure, il eft indubitable qu'elle vient d'un de ces glaciers ; fa blancheur attefte fon origine. Cette blancheur eft produite par un fable granitique qui caractérife toutes les eaux des glaciers fitués dans les montagnes de ce genre ; & comme le glacier auquel il eft naturel d'attribuer fon origine, n'en eft éloigné que d'une demi-lieue au plus, & que cette eau a dû en fortir au terme de la congélation, il eft clair qu'elle a perdu les trois degrés de fraîcheur dans le trajet qu'elle a fait fous terre, & dans une terre qui certainement n'a pas le degré de *chaleur* de celle des plaines.

Les eaux dont la *chaleur des fources* eft également très-froide, & qui font éloignées des glaciers, peuvent être expliquées par les mêmes caufes qui contribuent à conferver la température de quelques cavités fouterraines, entre 3 & 5° R. Si, dans des cavités femblables, les eaux s'accumuloient, & qu'elles en fortiffent en parcourant un très-petit efpace, on conçoit qu'elles fortiroient avec la température des cavités dans lefquelles elles auroient féjourné. *Voyez* CHALEUR DES CAVITES SOUTERRAINES.

Quant à la *chaleur des fources* des eaux thermales, qui s'élève quelquefois jufqu'à 66° R. (celles de Chaudes-Aigues, dans un des rameaux de la chaîne du Cantal), on l'attribue à diverfes caufes. Les unes, celles qui fortent des terrains volcaniques, aux feux fouterrains qui y exiftent, & dont on voit des traces, foit par les coulées bafaltiques, comme dans le Rhin & Mofelle, le Mont-d'Or, le Cantal, &c., foit par des éruptions, comme celles de Saint-Domingue, de Sicile, &c. Les autres, celles qui contiennent du foufre, qui exhalent une odeur fulfureufe, on peut l'attribuer à la

décompofition des pyrites : telles font les fources de Vinay, de Vaudre, d'Aix en Savoie, les boues de Dax, Brehac, Sambuffe, Tercis, &c.

Spalanzani cite un exemple de la poffibilité de l'échauffement des eaux par des *chaleurs fouterraines*. Il exifte dans l'île d'Ifchia des exhalaifons de vapeurs aqueufes très-chaudes, qui fortent continuellement, en plufieurs endroits, par les crevaffes des laves, & y forment des étuves, dont l'ufage eft favorable pour certaines maladies. « Ces vapeurs, » dit ce célèbre phyficien, ne peuvent provenir » que d'une *chaleur* intérieure qui vaporife les eaux » fouterraines, mais qui peut avoir plufieurs cau-» fes. » Au refte, quelles que foient les caufes de ces vapeurs, il fuffit qu'elles exiftent, pour concevoir la formation de la *chaleur des fources* des eaux thermales dans les pays volcanifés.

Une remarque effentielle, c'eft que la température & l'abondance des fources d'eaux thermales font affez conftantes dans les pays volcanifés.

CHALEUR DES VEGETAUX ; *calor vegetorum* ; *waerm der planzen*. *Chaleur* qui fe dégage des plantes pendant l'acte de la végétation.

C'eft une grande queftion que celle de déterminer s'il exifte réellement une *chaleur végétale*. Des expériences nombreufes ont été entreprifes pour la déterminer. Plufieurs favans, comme Hunter, Schopf, Solomé & Nau, ont percé des arbres, ont placé des thermomètres dans leur intérieur, & ont comparé la *chaleur* qu'ils indiquent, avec celle annoncée par d'autres thermomètres fufpendus aux branches des arbres.

Hunter a trouvé que, dans la faifon froide, leur température étoit plus haute que celle de l'atmofphère, mais plus baffe que celle des animaux à fang froid.

Schopf a remarqué que, dans les arbres percés, la *chaleur* étoit moindre, lorfque l'air étoit chaud, plus grande quand l'air étoit froid.

Solomé a obfervé, à l'égard des arbres, que leur température étoit toujours plus élevée que celle de l'air extérieur. Quand la température n'étoit que de 2 à 5 degrés, celle de l'arbre étoit à 9 degrés. Tant que la température de l'air n'avoit pas encore monté à 14°, celle de l'arbre demeuroit toujours plus haute. A mefure que la température de l'arbre s'élève au-deffus de 15 degrés, celle de l'arbre s'abaiffe de même au-deffous de celle de l'air.

Nau a trouvé également que, dans quelques circonftances, le thermomètre placé dans un arbre marquoit quelques degrés de plus que celui qui étoit à l'extérieur ; mais il a obfervé que l'eau mife dans un trou, percé dans un arbre, le trou étant enfuite parfaitement fermé, l'eau s'eft gelée auffi promptement dans l'arbre, par un froid de 1°,6 de R. au-deffous de la congélation, que de l'eau placée dans des tubes de verre fufpendus à l'arbre, & dont le diamètre intérieur étoit égal à celui des trous. Il a même trouvé, dans quelques circonstances, le thermomètre dans l'arbre au même degré que celui qui étoit suspendu à l'air. Au reste, il ne nie pas les résultats de Hunter, Schopf & Solomé; il croit seulement qu'ils sont dus à d'autres causes que celle de la *chaleur des végétaux*.

Mais les liquides que l'on retire des végétaux se coagulent à zéro, ou à peu de degrés au-dessous de zéro, & cependant les plantes supportent des températures beaucoup plus froides sans que leur liquide se congèle; car, après un degré de froid très-fort, elles ne paroissent pas avoir subi d'altération dans leur organisation, & elles continuent de végéter. Cependant on observe, dans de très-grands froids, que, lorsque les liquides intérieurs se gèlent, les végétaux se fendent & meurent; cependant, les animaux à sang froid meurent, & particulièrement les poissons, dès que la température du milieu dans lequel ils sont, est à quelques degrés au-dessous de zéro : c'est, répond le conseiller Nau, que la liqueur que l'on retire des arbres, & qui se gèle si facilement, diffère de celle qui reste dans l'arbre. Les plantes contiennent des substances glutineuses, huileuses ou résineuses, qui ont besoin, pour se figer, d'un plus haut degré de froid que les liquides aqueux. Les plantes ne peuvent pas être comparées aux animaux : ceux à sang froid contiennent des liquides coagulables à des degrés peu différens; les animaux à sang chaud peuvent, par la respiration, élever tous leur température au même degré, de manière que la facilité qu'ils ont de supporter le froid dépend principalement de leur volume & de leur masse. On ne peut pas diviser également les végétaux en deux classes; tous sont susceptibles de supporter des froids très-différens, depuis les plantes qui croissent sur la zone torride, & que nous ne pouvons conserver que dans des serres, jusqu'à celles qui croissent près des pôles. Là, quelque grand que soit le froid, on voit des arbres, & les parasites qui croissent dessus, le supporter également bien; d'ailleurs, tout paroît prouver que la végétation, dans un grand nombre de plantes, cesse l'hiver, & ne reprend sa marche ordinaire, facilitée par la circulation de la sève, qu'à une certaine température. On a vu des arbres, arrachés en automne, être conservés dans une glacière pendant plusieurs années, replantés ensuite, & croître comme s'ils n'avoient été exposés au froid que pendant un seul hiver. Si donc l'acte de la végétation est suspendu l'hiver dans les végétaux, quelles causes pouvoient faire développer la *chaleur végétale* que l'on prétend exister, & que Hunter, Schopf & Solomé disent avoir observée ?

Une expérience d'Hermstadt paroît favoriser l'opinion de la génération de la *chaleur végétale* : cette expérience est consignée dans un Traité intitulé : *Sur le Pouvoir des plantes vivantes d'engen-*

drer de la chaleur en hiver. Voici comme elle est rapportée, page 317.

« Étant occupé, au mois de janvier 1796, à Harbke, dans les plantations de feu le comte de Welthem, capitaine des mines, à faire des expériences sur le sucre que pourroient contenir différentes espèces d'érables, je fus très-étonné, en remarquant que cette liqueur sortoit encore en état liquide, dès arbres percés dans cette vue, lors même que la liqueur déjà égouttée s'étoit figée, & avoit passé à l'état de glace dans les vases sous-posés, à la même température de l'atmosphère qui environnoit les arbres. »

Plusieurs causes, disent les opposans de la *chaleur végétale*, peuvent faire monter la sève pendant l'hiver : la *chaleur du sol*, où sont les racines, plus grande que celle de l'atmosphère & du corps de l'arbre; les rayons du soleil, fixés pendant quelque temps sur le tronc, &c.; alors la sève, montant chaude de la racine, se conserve liquide dans l'arbre, & fort liquide, quoique le froid de l'air la fasse congeler au moment où elle sort.

Il est inutile de rappeler la fonte de la neige autour des troncs d'arbre : on sait qu'elle se fond également autour des poteaux plantés en terre, & autour des troncs morts; elle fond plus vite sur les corps noirs, comme les troncs d'arbres vivans, que sur les blancs.

Hunter rapporte que des liqueurs végétales de choux & d'épinards, congelées à un froid de — 1°,33 de Réaumur, s'étant ensuite dégelées par une température de —0°,9, congelées de nouveau à une température de — 1°,7, elles furent dégelées en plaçant dessus l'extrémité d'une pousse de sapin & de haricot, que l'on avoit exposée pendant quelques heures à la température de l'air. La même expérience répétée par le conseiller Nau, en plaçant sur le liquide gelé du liége, du bois, des feuilles de plantes, eut le même succès, soit que les parties végétales fussent mortes ou vivantes. Les mêmes corps vivans ou morts ne produisoient aucun effet sur la glace; lorsque sa température étoit à — 5°,33, — 4°,44; & même — 3°,55 de Réaumur.

Ce qu'il y a de remarquable dans toutes les expériences sur la *chaleur végétale*, c'est que l'exhaussement de température observé dans les arbres, par Hunter, Schopf & Solomé, a lieu que dans des températures basses & peu élevées : lorsque la température extérieure arrive à 14 deg. de Réaumur, alors la température des végétaux est moins forte que celle de l'air. Ce résultat paraîtroit établir, au premier aperçu, une sorte d'analogie entre la *chaleur animale* & la *chaleur végétale* : car, toutes les fois que la température est au-dessous de 28° de Réaumur, la *chaleur animale* est plus élevée que celle de l'air; & lorsque la température extérieure est au-dessus de 30° de Réaumur, la *chaleur animale* est plus basse que celle de l'air. Mais il existe cette différence entre les deux *chaleurs*, celle des animaux à sang chaud, & celle des végétaux ; c'est que la première est à peu près constante, puisqu'elle ne varie qu'entre 28 à 30° de Réaumur, tandis que celle des végétaux n'est jamais que de quelques degrés au-dessus, ou de quelques degrés au-dessous de celle de l'air, & ici la *chaleur végétale* paroît avoir une sorte d'analogie avec la *chaleur* des animaux à sang froid, si toutefois on peut regarder les expériences faites, jusqu'à présent, comme propres à prouver qu'il se développe de la *chaleur* par l'acte de la végétation. Cette opinion de la génération de la *chaleur végétale*, c'est-à-dire, de la *chaleur* qui se dégage pendant la vie des plantes, existe depuis long-temps ; elle étoit adoptée par les Grecs & les Romains : Aristote & Cicéron l'ont admise comme certaine & comme prouvée.

Si, pour discuter l'existence ou la non-existence de la *chaleur* engendrée par l'acte de la végétation, on vouloit recourir au raisonnement, & appliquer aux phénomènes de la végétation les faits observés en physique lors de la production de la *chaleur*, il seroit également difficile de prononcer.

Dans l'acte de la végétation, les plantes absorbent de l'eau, de l'acide carbonique & du carbone dissous dans l'eau : exposées aux rayons solaires, elles rendent du gaz oxigène, tandis qu'à l'obscurité elles rendent de l'acide carbonique. L'oxigène est le produit de la décomposition de l'eau ; l'acide carbonique exhalé provient le plus souvent de l'oxigène, de la décomposition de l'eau, combinée avec du carbone dans l'intérieur des plantes : or, l'eau ne peut se décomposer, pour produire de l'acide carbonique, qu'en absorbant une quantité considérable de calorique ; & lorsque l'oxigène dégagé se combine avec le carbone de l'intérieur des plantes pour former de l'acide carbonique, il se dégage à la vérité du calorique ; mais la quantité qui se dégage, dans cette circonstance, est moindre que la moitié du calorique que l'eau doit absorber pour se décomposer & produire l'oxigène nécessaire : ainsi, l'oxigène & l'acide carbonique dégagés des plantes exposées à la lumière & à l'obscurité, occasionnent, dans les plantes, du refroidissement. L'eau qui se vaporise par les feuilles, contribue également à refroidir les végétaux ; mais l'hydrogène de l'eau se combine avec du carbone des plantes pour former l'huile, la résine, le goudron : dans ces combinaisons il se dégage du calorique. Voilà donc du calorique dégagé d'une part, du calorique absorbé de l'autre : or, pour prononcer sur la *chaleur végétale*, il faudroit pouvoir estimer les quantités de calorique absorbé & dégagé : dans le cas où la quantité de calorique absorbé dépasseroit celle du calorique dégagé, il y auroit du froid produit, & dans le cas contraire, de la *chaleur*. Mais nous n'avons aucun moyen d'estimer ces quantités ; ce n'est donc qu'à l'aide d'observations bien faites sur la *chaleur des végétaux*, que l'on peut

résoudre cette question. Au reste, il est facile de voir que l'on peut obtenir, dans des circonstances, deux résultats différens : dans l'un, production de *chaleur* ; dans l'autre, production de froid.

Les expériences de Gay-Lussac & Thenard, par lesquelles ils se sont assurés que les bois, ainsi qu'une grande partie des substances végétales, n'étoient composés que d'eau & de carbone, & que l'huile, la résine, le goudron, &c., que l'on retire en les distillant, ne sont dus qu'à l'action du feu sur l'eau & le carbone, sembleroient conduire à conclure que, dans l'acte de la végétation, il doit se produire du froid, &, par suite, à expliquer le froid que l'on observe lorsque la température extérieure est au-dessus de 14 degrés de Réaumur.

Si les expériences faites jusqu'à présent ne nous permettent pas de prononcer sur la question de la génération de la *chaleur végétale*, nous devons cependant, au célèbre Lamarck, des observations qui nous prouvent qu'il y a production de *chaleur végétale* dans quelques circonstances : il a observé, par exemple, que, lorsque le chaton de l'*arum maculatum* fleurit dans un certain état de perfection ou de développement, il devient chaud au point de paroître brûlant ; qu'il n'est point à la température des autres corps, & que cet état ne dure que quelques heures.

Senebier, voulant suivre ce phénomène, prit quelques branches de ces plantes prêtes à fleurir ; il les mit dans l'eau, où elles s'épanouirent ; il remarqua que la *chaleur* se manifestoit au moment où l'enveloppe du chaton commençoit à s'ouvrir, & quand le chaton lui-même étoit prêt à paroître. Il a toujours observé que cette *chaleur* se faisoit sentir entre trois & quatre heures après midi, & que son maximum, qu'il a trouvé être de 6°,9 de Réaumur au-dessus de la température de l'air, étoit entre 6 & 8 heures.

Hubert a fait plusieurs expériences semblables sur l'*arum coraifolium*, & il a obtenu de ses expériences jusqu'à 12° R. de *chaleur* au-dessus de celle de l'air. L'*arum italicum*, essayé par Bory-Saint-Vincent, a produit également de la *chaleur* ; enfin, ce savant croit que les anthères des *vacois podanus utiles*, & celles des balisiers, engendrent de la *chaleur végétale*.

CHALEUR DES VENTS; *calor ventorum*; *wærme der wind*. Echauffement ou refroidissement dans la température de l'air, qui a lieu sur chaque point du globe, lorsque les vents arrivent dans une direction ou dans une autre.

On remarque généralement sur chaque point de la terre, que les vents qui arrivent dans une certaine direction sont toujours froids, tandis que ceux qui arrivent dans une autre direction sont toujours chauds. Ainsi, à Paris, par exemple, lorsque le vent du nord souffle, ce vent est généralement froid, tandis qu'il est chaud lorsqu'il souffle du sud. Il sembleroit, au premier aperçu, que rien

ne

ne feroit plus facile que d'expliquer cette diffé-rence de température. Le vent qui vient du nord est froid, parce qu'il vient des pays froids; le vent du fud est chaud, parce qu'il vient des pays chauds. Cette explication, cependant, n'est pas aussi sim-ple qu'elle le paroît d'abord; car, non-feulement le vent du nord est froid, mais encore tous les vents qui viennent du nord $\frac{1}{4}$ d'ouest, du nord-est, de l'est & même de l'est-fud-est, enfin, de-puis le nord-ouest jusqu'au fud-est, en passant par le nord & l'est, font froids. De même le vent est chaud, toutes les fois qu'il vient dans une des di-rections contenues entre le fud-est & le nord-ouest, en passant par le fud & l'ouest. Sur la pres-qu'île en deçà du Gange, le vent d'est est chaud, fur les côtes de Masulipatan, de Madras, de Pon-dichéry, de Tranquebar, & il est froid fur les côtes de Coching, Mangalor, Goa, Bombay; de même le vent d'ouest est froid fur les premières côtes, & chaud fur les secondes. Or, comment appliquer à ces côtes l'explication que l'on croit pouvoir donner fur le froid du vent du nord, & fur la chaleur du vent du fud à Paris?

Si l'on veut comparer le temps qu'un vent chaud met à devenir froid, lorsqu'il change de direction, à celui qui devroit s'écouler si la tem-pérature dépendoit absolument de celle des lieux qui fe trouvent dans fa direction, on fera porté à conclure qu'il n'existe, entre la température de ces lieux & la variation subite que ce vent éprouve dans fa température, aucun rapport réel. En effet, très-souvent le changement de direction du nord au fud, ou de l'est à l'ouest, fe fait en quelques minutes, & le changement dans la température fe fait éprouver immédiatement; mais si ce court espace est suffisant pour opérer une variation de température de plusieurs degrés, comment attri-buer cette élévation ou cet abaissement, dans la chaleur de l'air, à des lieux très-éloignés de celui où fe fait l'observation, lorsqu'on fait que le vent le plus rapide ne pourroit arriver de ces lieux que dans un temps cent fois plus long? Cette obser-vation est trop simple pour qu'il soit nécessaire d'infister fur fa justesse : il faut donc chercher une autre cause à ce changement subit de tempéra-ture en raison des directions, & elle fe trouve encore dans les phénomènes qui accompagnent les vaporisations & les précipitations d'eau dans l'air.

En observant l'atmosphère au moment où le vent paffe d'une direction à une autre, on voit que, si les nuages diminuent dans leur dimension & leur opacité, si l'eau suspendue, qu'ils contien-nent, fe vaporise, & que le ciel s'éclaircisse, l'air devient plus froid & qu'au contraire, il s'échauffe quand le ciel s'obscurcit par la formation des nuages. Enfin, on remarque généralement que les vents fecs font froids, & que les vents pluvieux font chauds. Voici comme Monge explique ces changemens fubits.

« On voit que, quand le mercure monte dans le baromètre, & que, quand l'air de l'atmosphère, devenu par-là plus dense, facilite la vaporisation de l'eau qui est éparfe dans fon fein fous forme de nuage, ou celle qui mouille les corps avec les-quels il est en contact, il doit fournir le calori-que nécessaire à cette opération, & éprouver, dans fa température, un abaissement proportionné à la rapidité de la vaporisation; ce qui explique en partie le froid qui règne ordinairement dans l'atmosphère par les vents du nord-est, qui, pour nous, font les plus fecs; tandis que, lorsque le mercure baiffe dans le baromètre, & que l'air, devenu fuperfaturé, abandonne au contraire, fous la forme de nuages, l'eau qui étoit difféminée au-paravant dans fon espace, & qu'il mouille la fur-face des corps qu'il touche, l'eau, en retournant à l'état liquide, doit reftituer à l'atmosphère tout le calorique dont elle s'étoit emparée pendant la diffolution; ce qui explique l'élévation de tempé-rature qui accompagne ordinairement, dans nos climats, les vents de fud-ouest, du moins pen-dant la formation des nuages, quoique souvent cette température foit enfuite confidérablement abaiffée par la chute de la pluie, qui, en traver-fant l'air avec une vitesse plus ou moins grande, donne lieu à une évaporation nouvelle & à un re-froidiffement plus ou moins rapide. »

On peut, dans beaucoup de circonftances, ex-pliquer comment les vents, foufflant dans une di-rection, font humides & chauds, tandis que, lors-qu'ils foufflent dans une autre direction, ils font fecs & froids, & nous prendrons pour exemple de cette variation de température, celle que les vents d'est & d'ouest occafionnent fur la côte de Co-romandel.

La presqu'île de l'Inde est divisée en deux par-ties, dans le fens de fa longueur, par une chaîne de montagnes qui commence au cap Comorin, & qui fe prolonge jufqu'à Gurri. Lorsque le vent fouffle de l'est à l'ouest, il arrive fur les côtes de l'est de la presqu'île, entièrement faturé de vapeurs aqueufes; c'est donc un vent humide & chaud. En prolongeant fa marche, il parvient au pied de la chaîne de montagnes; il est obligé de s'élever pour la traverfer. En s'élevant, l'air fe raréfie, fe refroidit, & abandonne une grande partie de l'eau qu'il contenoit. Après avoir tra-verfé les fommités de la chaîne, il s'abaiffe dans les plaines qui font de l'autre côté; fe condenfe en s'abaissant; il s'échauffe & devient fec; alors il diffout & vaporife de l'eau, & devient froid. Lorsque le vent fouffle de l'ouest, au contraire, c'est la côte d'ouest qui reçoit le vent humide & chaud, & la côte d'est qui reçoit le vent fec & froid.

CHALEUR DU GLOBE; *calor telluris*; *waerm der erde*. *Chaleur* que l'on obferve dans toute la maffe du globe.

Tottes les fois que l'on creuse dans l'intérieur de la terre, on remarque qu'il existe une *chaleur*, quelquefois égale, mais le plus souvent différente de celle que l'on observe dans l'air qui touche le sol ; elle est plus grande l'hiver & plus petite l'été : c'est cette *chaleur*, qui paroît être constante, dans chaque lieu, à une profondeur de cent pieds, que l'on nomme *chaleur du globe*.

Des observations faites sur toute l'étendue du quart du méridien, depuis l'équateur jusqu'au pôle, ont fait voir qu'à cent pieds de profondeur, elle étoit plus grande à l'équateur qu'au pôle, & qu'elle diminue graduellement sous chaque latitude ; on a même tenté de déterminer la loi de cette diminution. *Voyez* CHALEUR DES CAVITES SOUTERRAINES.

On emploie pour cet objet deux méthodes différentes, l'une déduite de l'action des rayons solaires sur le globe de la terre, l'autre de l'observation directe de la *chaleur souterraine*.

Des rayons solaires arrivent sur la surface de la terre ; ils l'échauffent en se combinant avec les substances qui composent cette surface ; la terre, échauffée, lance de toutes parts du calorique rayonnant. Le globe ne reçoit de *chaleur* qu'autant qu'il est éclairé par le soleil ; il en perd, par la rayonnance, pendant la présence & pendant l'absence de l'astre. Le globe s'échauffe lorsque la quantité de *chaleur* apportée par la lumière solaire est plus grande que celle qu'il perd ; il se refroidit, au contraire, lorsque la quantité de *chaleur* reçue est moins grande que celle qui se perd. On a cherché à déterminer, par le calcul, les rapports entre l'échauffement & le refroidissement sur chaque zone de la terre ; mais comme on n'a aucun moyen d'apprécier la quantité de *chaleur* perdue, & que les moyens de déterminer les quantités de *chaleur* reçue sont assez inexacts, il a été impossible de reconnoître, par la théorie & par l'analyse, si la *chaleur* du globe augmentoit ou diminuoit ; ce que l'on sait, c'est que l'échauffement doit diminuer, & le refroidissement augmenter depuis l'équateur jusqu'au pôle.

Mesurant la température de l'air, c'est-à-dire, la différence entre la *chaleur* reçue & la *chaleur* perdue, on a pu connoître la *chaleur* moyenne de chaque jour, la *chaleur* moyenne de l'année, & par suite celle de chaque latitude, & conclure, par approximation, la *chaleur du globe* à la surface ; c'est ainsi que plusieurs physiciens ont procédé pour déterminer la *chaleur du globe*. *Voyez* CLIMAT.

Une autre méthode qui semble plus naturelle, c'est de mesurer la température des cavités souterraines à 100 pieds de profondeur sous différentes latitudes ; mais cette méthode présente plusieurs irrégularités qui empêchent d'y donner tout le degré de confiance qu'elle paroît mériter. (*Voyez* CHALEUR DES CAVITES SOUTERRAINES.) On peut encore mesurer la température des eaux de la mer à trois ou quatre cents pieds de profon-

deur. Cette méthode, qui présente moins d'irrégularité, a l'inconvénient de ne donner la température moyenne de l'enveloppe du globe qu'au-dessus des mers & près des côtes, & l'observation de la température de l'air, dans les mêmes circonstances, fait assez voir que, sur la mer, la température doit être moins grande que dans l'intérieur des continens.

Quoique l'on ne connoisse pas, d'une manière bien exacte, la *chaleur de la surface du globe* à 100 pieds de profondeur, profondeur où la température paroît être constante, il n'en est pas moins vrai que cette *chaleur* diminue de l'équateur au pôle.

Non-seulement on observe une variation dans la *chaleur du globe* sous chaque latitude, mais encore on remarque une différence considérable dans la *chaleur* des deux hémisphères ; ainsi, dans l'hémisphère austral, par exemple, les mers sont gelées depuis le pôle jusqu'à 18 à 20 degrés de distance ; dans l'hémisphère boréal, au contraire, les glaces ne s'étendent pas à plus de 9 degrés du pôle.

Si l'on ne considéroit que l'échauffement produit par la *chaleur* des rayons solaires, on seroit porté à croire que l'hémisphère austral pourroit recevoir annuellement à peu près autant de *chaleur* que l'hémisphère boréal. Deux causes cependant contribuent à échauffer inégalement les deux hémisphères, 1°. la distance de la terre au soleil dans l'été & dans l'hiver ; 2°. la durée de la présence de l'astre échauffant. La distance du soleil au solstice d'été de l'hémisphère austral est de 98325 parties, tandis qu'elle est de 101685 dans l'hémisphère boréal. Le rapport des distances étant comme 29 à 30, le rapport des carrés est à peu près comme 14 à 15 ; ainsi la *chaleur* de l'été, dans l'hémisphère austral, est d'un quatorzième plus grande que dans l'hémisphère boréal. Si donc on ne considéroit que l'échauffement des étés, la *chaleur estive* de l'hémisphère austral seroit plus grande que celle de l'hémisphère boréal dans le rapport de 15 à 14 : l'hiver, l'hémisphère austral est plus loin du soleil que l'hémisphère boréal dans le même rapport de 30 à 29 ; il reçoit en conséquence moins de *chaleur* ; mais la *chaleur estive* étant plus grande que la *chaleur hiémale* dans un rapport très-sensible, l'excès de la *chaleur*, pendant l'été, doit être supérieur à celui de la perte de *chaleur* pendant l'hiver ; ainsi l'hémisphère austral reçoit chaque année plus de *chaleur* que l'hémisphère boréal, & cela à cause de sa plus grande proximité du soleil pendant l'été.

Le rapport des jours chauds dans l'hémisphère boréal, à celui des jours chauds dans l'hémisphère austral, est de 186 ½ dans l'un & 176 ½ dans l'autre, c'est à-dire, que l'intervalle entre l'équinoxe de printemps & celui d'automne sur l'hémisphère boréal est de 186 ½ jours, & sur l'hémisphère austral de 176 ½ ; c'est donc à peu près comme 23 à 22. La *chaleur* des deux hémisphères doit être dans le rapport de la durée de leur échauffement, car les effets des forces, toutes choses égales d'ailleurs, font proportionnels aux temps.

Ainsi, il y a un plus grand échauffement sur l'hémisphère auftral par la variation de la distance du soleil à la terre ; il y a moins d'échauffement sur l'hémisphère auftral par le nombre de jours qui existent entre l'équinoxe de printemps & celui d'automne sur les deux hémisphères : si l'on compare les effets produits en sens différens par ces deux causes, on voit qu'ils se compensent à peu de chose près.

A quoi doit-on attribuer la différence considérable de température que l'on observe entre les deux hémisphères? A la disposition & à la répartition des terres & des mers. Il y a beaucoup plus d'étendue de terres sur l'hémisphère boréal que sur l'hémisphère auftral. La terre s'échauffe plus facilement & plus fortement que l'eau ; mais aussi celle-ci se refroidit plus lentement. Sur les mers, il se vaporise infiniment plus d'eau, conséquemment il se produit plus de froid que sur le continent ; c'est à ces deux causes que l'on attribue généralement la moins grande chaleur du pôle auftral que du pôle boréal.

Il existe deux hypothèses sur la chaleur du globe : les uns l'attribuent à la chaleur seule que lui communiquent les rayons solaires ; les autres à une chaleur centrale & primitive, réunie à la chaleur communiquée par les rayons solaires. Dans la première hypothèse, la terre a dû s'échauffer successivement & graduellement de la surface au centre ; avant que l'uniformité ne fût établie, le centre dut être plus froid que la surface ; dans la seconde hypothèse, le centre doit avoir plus de chaleur que la surface. Quel que soit le nombre de probabilités en faveur de cette seconde manière de considérer la chaleur centrale, on ne peut affirmer son existence. Si donc on ne connoît pas la loi de répartition de la chaleur dans l'intérieur du globe, il paroît extrêmement difficile, pour ne pas dire impossible, de déterminer la chaleur absolue du globe, qui se compose de la somme de toute la chaleur distribuée dans chacune des parties qui la composent.

CHALEUR DU SANG; calor sanguinis; woerme des blutes. Chaleur que le sang acquiert pendant la vie des animaux.

Le sang est froid dans les animaux morts, & chaud dans les animaux vivans. Faisons connoître ici la manière dont les physiciens expliquent cet échauffement du sang.

Exposé à l'air, le sang rougit d'abord, puis brunit & noircit peu à peu. Fourcroy a observé que le sang, exposé à l'action de l'oxigène, rougit d'abord & brunit ensuite ; qu'il rougit de nouveau en se mêlant à l'oxigène, & qu'il brunit & noircit peu de temps après. Haffenfratz a remarqué qu'au moment où l'on mêle de l'oxigène avec le sang, celui-ci ne laisse dégager qu'une foible chaleur en rougissant, mais que cette chaleur continue à se développer pendant qu'il brunit & qu'il noircit ; que le dégagement de la chaleur du sang s'arrête, & qu'en mêlant de nouveau de l'oxigène avec le sang, la formation de la chaleur recommence, & se continue jusqu'à ce que le sang soit parfaitement noir. En examinant le vase qui contient le sang & l'oxigène, il vit que, pendant l'expérience, une portion de l'oxigène est absorbée, & qu'elle est remplacée, en partie, par de l'acide carbonique.

Comme le sang veineux devient rouge dans les poumons, aussitôt que l'air atmosphérique respiré peut se mêler avec lui, & que le sang artériel passe peu à peu à la couleur brune, dans le cours de sa circulation, pour devenir sang veineux, & se noircir en continuant de circuler, jusqu'à ce qu'il parvienne dans les poumons, où il redevient rouge, on est en droit de conclure que la chaleur du sang est due à une combinaison de gaz oxigène avec le carbone & l'hydrogène du sang, & que cette chaleur se dégage pendant tout le cours de la circulation. Voyez CHALEUR ANIMALE.

CHALEUR INTERNE ET PERMANENTE; calor internus & permanens; grunde waerme. Chaleur constante que l'on observe dans l'intérieur de la terre. Voyez CHALEUR CENTRALE, CHALEUR DU GLOBE, FEU CENTRAL.

CHALEUR LATENTE; calor latens. Chaleur combinée dans l'intérieur des corps, & qui est insensible au thermomètre. Voyez CALORIQUE LATENT.

CHALEUR MODIFIÉE PAR LA COMPRESSION; calor compressione modificatus. Chaleur observée sur les corps fortement comprimés.

Nous devons au baronnet James Halles, les premières expériences qui aient été faites sur l'action que la chaleur exerce sur les corps fortement comprimés. Ces expériences ont été faites dans le dessein de vérifier la théorie de Hutton, qui consiste à considérer tous les corps cristallisés, qui composent la masse du globe, comme ayant été formés par l'action du feu ou de la chaleur, modifiée par le poids & la consistance d'une masse considérable, qui reposoit sur les couches superficielles & actuelles du globe. Hutton prévient ainsi l'objection qui se présente naturellement sur toutes les théories ignées, savoir, la différence qui existe entre les diverses substances minérales & les produits du feu que l'on obtient dans nos fourneaux ; car il admet que la pression, en s'opposant efficacement à l'expansibilité, aura dû contenir, malgré la haute température, plusieurs ingrédiens qui, sans cette condition, s'échappent à la première application de la chaleur. Ces ingrédiens, ainsi retenus, peuvent, par leurs affinités, produire des effets inconnus jusqu'à présent dans toutes les expériences ordinaires, & pourroient rendre explicables, dans l'hypothèse de Hutton, nombre de phénomènes.

naturels, & ceux-là même qui font les plus incompatibles avec ce que nous connoiſſons de l'action ordinaire du feu.

On peut ſe faire une idée de cette grande compreſſion exercée ſur les corps fortement échauffés, dans l'hypothèſe de la formation de la terre par l'expanſion de l'atmoſphère ſolaire. On conçoit, dans cette hypothèſe, que l'atmoſphère ſolaire s'eſt étendue juſqu'aux limites de notre ſyſtème planétaire ; qu'en ſe retirant, elle a abandonné pluſieurs anneaux, pluſieurs zones de la matière qui la compoſoit ; que cette matière s'eſt concentrée dans un ou pluſieurs points de chaque zone, & a donné naiſſance aux planètes & aux ſatellites qui les accompagnent ; que ces maſſes ont d'abord été enveloppées d'une grande & vaſte atmoſphère, qui s'eſt condenſée peu à peu juſqu'aux limites qu'elles ont actuellement ſur chaque planète.

Tous les corps qui ſont ſur la ſurface de la terre étant comprimés par l'atmoſphère qui l'environnoit, & cette compreſſion variant avec la maſſe de matière qui compoſoit chacune de ſes tranches, il s'enſuit qu'à l'origine, lorſque l'atmoſphère étoit compoſée de l'innombrable quantité de matières qui s'eſt condenſée depuis, elle devoit exercer une preſſion immenſe, qui a apporté des modifications dans la fuſion & la vaporiſation des ſubſtances qui exiſtoient à la ſurface & dans l'intérieur du globe de la terre.

James Halles a dirigé ſes principales recherches ſur une matière qui paroît infuſible aux plus hautes températures que nous puiſſions produire, & dont l'effet journalier produit ſur elle, par l'action du feu, & que l'on a bien obſervé juſqu'à préſent, diffère eſſentiellement de ceux qui ont dû avoir lieu dans l'origine : ſes premières expériences ont été dirigées ſur le carbonate de chaux.

Tout le monde ſait que le carbonate de chaux, plus connu ſous le nom de *pierre calcaire*, laiſſe dégager ſon eau & ſon acide carbonique lorſqu'on l'expoſe à l'action du feu, & qu'il paſſe à l'état de chaux pure, de chaux vive ; mais cette chaux vive, obtenue par l'action du feu, n'exiſte pas dans la nature ; on ne trouve partout que du carbonate de chaux que le feu décompoſe ordinairement. Ce carbonate de chaux, lamelleux ou criſtalliſé, eſt journellement formé dans les grottes ſouterraines, où il eſt connu ſous le nom de *ſtalactique* & de *ſtalagmique*. Comment ne pas oppoſer cette formation aqueuſe, cette décompoſition par l'action du feu, aux vulcaniens, c'eſt-à-dire, aux géologues qui ſuppoſent, comme Hutton, que les criſtalliſations inférieures ſont le produit du feu ? Le choix de cette ſubſtance devenoit donc très-favorable aux vulcaniens, ſi James Halles obtenoit, par le feu, du carbonate de chaux lamelleux ou criſtalliſé.

Halles a réduit en poudre divers carbonates de chaux, tels que la craie, le marbre, les coquillages marins, le ſpath calcaire ; il a refoulé ces matières pulvérulentes dans un petit tube de porcelaine, qu'il a fortement bouché & renfermé enſuite dans une enveloppe d'une ſolidité ſuffiſante pour réſiſter à une preſſion de 80 atmoſphère. Ce tube a été expoſé à une température exprimée par 21 ou 22 degrés du pyromètre de Wedgwood, c'eſt-à-dire, celle à laquelle l'argent pur ſe fond ; alors le carbonate ſubit une retraite conſidérable ; il s'agglutine en maſſe ſolide, qui, ſous le rapport de la dureté & de la peſanteur ſpécifique, ſe rapproche beaucoup de la pierre calcaire ordinaire, & quelquefois l'égale tout-à-fait. Cette ſubſtance acquiert ſouvent la fracture brillante, la demi-tranſparence, la faculté de prendre le poli, & l'aſpect général du marbre. On obtient le même réſultat, en traitant de la même manière un morceau ſolide de craie ; & ſi on l'a meſuré préalablement dans le canal pyrométrique de Wedgwood, on trouve qu'il a ſubi, par l'action de la *chaleur*, une retraite trois fois plus conſidérable que celle qu'éprouve le cylindre pyrométrique à la même température. Le carbonate, ainſi expoſé à l'action de la *chaleur*, perd très-peu de ſon poids ; dans quelques cas, cette perte ne s'élève pas à un pour cent, & dans d'autres il n'y a aucune perte appréciable, ou elle eſt ſi peu ſenſible, qu'on peut la négliger ſans erreur. Lorſqu'on jette cette pierre calcaire artificielle dans un acide, elle ſe diſſout avec effervescence, & continue à produire du gaz pendant auſſi long-temps que le plus petit atome de carbonate demeure viſible.

En répétant ces expériences, Halles parvint non-ſeulement à produire une agglutination dans les molécules du carbonate de chaux, mais une fuſion réelle ; la ſubſtance avoit coulé ſur elle-même, & revêtu une forme arrondie & une ſurface vitreuſe ; en un mot, elle paroiſſoit avoir été réduite à l'état d'une pâte de la même conſiſtance que celle de la cire à cacheter fondue. En général, la fuſion a été accompagnée d'une légère ébullition, qui a quelquefois converti la maſſe en une ſorte d'écume, & d'autres fois n'a produit qu'un petit nombre de bulles. Cette maſſe eſt fort brillante à l'extérieur & dans ſa fracture : ce brillant eſt, dans certains cas, l'effet d'un nombre infini de facettes criſtalliſées ; dans d'autres, c'eſt un luſtre adouci & continu, comme celui du verre. Dans un nombre d'échantillons, on aperçoit diſtinctement la criſtalliſation du ſpath récemment formé, & on découvre dans la maſſe criſtalline un nombre de facettes parallèles qui ont un reflet commun : on peut en reconnoître quelques-unes à l'œil nu, quoiqu'en général il faille s'aider de la loupe pour les bien obſerver.

Parmi les morceaux qui ont été mis ſous les yeux de la Société royale d'Edimbourg, pluſieurs avoient une fracture rhomboïdale bien caractérifée; dans d'autres, on voyoit quelques beaux cristaux transparens de spath en lames parallèles.

Il résulte évidemment des belles expériences de Halles, que le carbonate de chaux amorphe, lamelleux & cristallisé, peut avoir été produit par l'action du feu, exercée sous une forte compression, & tout porte à croire que le carbonate de chaux enhydre doit avoir cette origine.

A ces expériences capitales, le baronnet James Halles en a réuni de nouvelles, également intéressantes, sur l'action de la chaleur exercée sur des substances animales & végétales exposées à une forte compression, & il a obtenu, par ce moyen, des substances très-analogues à nos bitumes & à nos huiles.

Pour avoir une idée exacte des expériences de James Halles, il faut lire les détails qu'il en donne dans le Mémoire qu'il a lu, le 30 août 1804, à la *Société royale d'Édimbourg*.

CHALEUR NATURELLE; *calor naturalis; naturliche vaerme*. Quoique cette expression puisse s'appliquer à toute espèce de chaleur produite naturellement, cependant il est d'usage de ne l'employer que pour la *chaleur naturelle* de la vie des animaux & des végétaux. *Voyez* CHALEUR ANIMALE, CHALEUR DES VÉGÉTAUX.

CHALEUR PRODUITE PAR LA COMPRESSION; *calor compressione productus; waerme der zusammen drükung*. *Chaleur* qui se dégage des corps, lorsqu'on les comprime. *Voyez* COMPRESSION.

CHALEUR PRODUITE PAR LE FROTTEMENT; *calor frictione productus; waerme der reiben*. *Chaleur* qui se manifeste dans les corps que l'on frotte.

Si l'on frotte un fils les autres, ou si l'on presse, les uns contre les autres, des corps durs & secs, ils s'échauffent; leur *chaleur* augmente si l'on continue à les frotter, & ils s'embrasent même s'ils sont combustibles, & s'ils sont frottés dans l'air atmosphérique; ou dans tout autre gaz contenant de l'oxigène, c'est pourquoi, lorsqu'ils veulent faire du feu, certains Indiens prennent un morceau de bois rond, qui se termine en pointe; ils le font tourner circulairement dans une cavité creusée dans un autre morceau de bois; ils parviennent, par ce moyen, à embraser le bois: quelquefois ils se servent également de bois & de fer, & ils les frottent jusqu'à ce que le bois s'enflamme.

Une tarière s'échauffe fortement, lorsque l'on perce un bois dur, dans l'épaisseur duquel on la fait tourner rapidement; la scie s'échauffe en sciant du bois dur, & répand quelquefois autour d'elle une odeur analogue à celle du bois qui commence à brûler: une corde, qu'on fait tourner autour d'un arbre, & qu'on fait aller & venir rapidement, en la pressant contre l'arbre, s'échauffe & s'enflamme.

La main, frottée contre une étoffe molle, s'échauffe; le chariot, lourdement chargé & mu avec une vitesse moyenne; le char, léger & entraîné avec une grande vitesse, prennent souvent feu l'un & l'autre par la *chaleur* que dégage le frottement de leur essieu sur les moyeux.

On diminue considérablement la *chaleur produite par le frottement*, soit en enduisant de quelque liquide les corps solides qui se frottent, soit en versant de l'eau dessus, soit en les frottant d'huile, de suif ou de graisse; alors les corps n'acquièrent que très-peu de *chaleur par le frottement*, ou du moins celle qu'ils acquièrent n'est pas comparable à celle que l'on obtient sans enduit: c'est pourquoi on couvre de graisse les essieux des roues des chariots & de toute autre machine; cette graisse remplit les cavités des surfaces frottantes, & lorsqu'elles en sont bien enduites, elles diminuent le frottement; elles lubréfient les surfaces qui se frottent, en sorte qu'il ne s'opère que peu de déchirement, & que la compression est moins grande.

Il y a production de *chaleur* par le frottement de deux corps mous, mais il ne paroît pas qu'il y en ait par le frottement des liquides, probablement parce que ces corps cèdent trop facilement pour être soumis à un frottement assez fort.

Rumfort voulant déterminer, par l'expérience, quelle étoit la quantité de *chaleur* produite, dans quelques circonstances, par le frottement, prit (1) une pièce de canon de fonte solide, & telle qu'elle sortoit du moule; il en fit couper l'extrémité, & former, dans cette partie, un cylindre solide, attaché au canon, de 87,32 lignes de diamètre, & de 110 lignes de longueur: ce cylindre continuoit à faire corps avec la pièce, au moyen d'un petit collet cylindrique. Il fit percer au foret le cylindre, d'un trou de 41,64 lignes de diamètre, & de 99 lignes de profondeur; il plaça, dans le cylindre ainsi percé, un foret obtus d'acier, qui pressoit fortement contre le fond du cylindre, au moyen d'un mouvement de rotation, imprimé à la pièce par l'action des chevaux: on pratiqua en même temps un petit trou dans le cylindre, perpendiculairement à la partie creusée, & se terminant dans la partie solide, un peu au-delà de la partie creusée; de sorte que, dans cette cavité, on pût introduire un thermomètre qui indiquât la chaleur du cylindre: afin de prévenir toute déperdition du calorique, le cylindre fut enveloppé d'une flanelle épaisse. Parmi les expériences faites avec cet appareil par le comte de Rumfort, nous allons citer les deux principales.

Dans la première, le foret pressoit contre le fond du cylindre avec une force égale à 4530 kilogrammes, & le cylindre tournoit sur son axe, en faisant 32 révolutions par minute. La température

(1) *Bibliothèque britannique*, tome VIII, page 3. *Transactions philosophiques*, 1798, première partie.

du cylindre, de 12°,45 R. au commencement de l'expérience, étoit de 43°,55 R. au bout de 30 minutes, ou après 360 révolutions; la quantité de poussière métallique ou d'écailles, produite par ce frottement, s'élevoit à environ 50 gros ou 943 grains. Si l'on suppose maintenant que tout ce calorique a été produit par les écailles, comme leur poids n'étoit justement que la 948ᵉ. partie du cylindre, elles auroient dû perdre 948° de chaleur pour élever la température du cylindre de 1° R., & par conséquent 2948,5" R., pour le faire monter de 12°,45 à 43°,55 R.

Ayant renfermé le cylindre dans une boule de bois remplie d'eau, & dont, par conséquent, l'air étoit entièrement exclu, le cylindre & le foret étoient entièrement plongés dans ce liquide, & en même temps l'appareil étoit disposé de manière qu'il pouvoit être mis en mouvement sans déranger la boîte, ni sans en faire sortir l'eau qu'elle contenoit, dont la quantité étoit d'environ 8,5 kilogrammes. La température, au commencement de l'expérience, étoit de 12°,44 R.; au bout d'une heure de mouvement du cylindre, qui faisoit 32 révolutions par minute, la température de l'eau s'éleva à 33°,39 R.; une demi-heure après, elle étoit de 48°,89 R.; dans deux heures, elle s'éleva à 64°,89 R., & au bout de deux heures & demie, à dater du commencement de l'expérience, l'eau fut en pleine ébullition.

Suivant le calcul du comte de Rumfort, la quantité de calorique, produite dans cette expérience, auroit suffi pour amener 12 kilogrammes d'eau à la glace, au degré de l'ébullition, & neuf bougies de grosseur moyenne, brûlant à la fois pendant le temps qu'avoit duré l'expérience, auroient à peine fourni la même quantité de calorique.

Dans cette expérience, l'eau n'entroit pas dans la cavité du cylindre, dont l'entrée étoit fermée par un piston; mais le comte de Rumfort la répéta après avoir supprimé le piston, & laissé ainsi l'eau en contact avec les surfaces métalliques, à l'endroit même où le frottement s'opéroit, & les résultats qu'il obtint furent absolument les mêmes.

Haldat, secrétaire de l'Académie de Nancy (1), a fait des expériences analogues; il s'est servi d'une petite boîte cubique de chêne, assemblée très-solidement & mastiquée, dans laquelle tourne verticalement un axe dont l'extrémité inférieure est reçue dans un crapaudine de cuivre, fixée au fond de la caisse; la partie opposée porte une poulie solidement arrêtée; le tiers supérieur du coffre a un collet qui se place dans un coussinet de cuivre, fixé au couvercle de cette caisse; enfin, vers le tiers inférieur de cet axe, est fixée une masse de cuivre pourvue d'arête, pour retenir des pièces cylindriques de métal qui s'y adaptent : ces pièces ont 65 millimètres ou 88,81 lignes de diamètre. C'est sur la surface convexe de ces cylindres creux, que

(1) *Journal de Physique*, année 1807, tom. II, pag. 213.

s'exécute le frottement, produit par un ressort soutenu horizontalement dans l'intérieur de la caisse; ce ressort reçoit, à l'une de ses extrémités, des frottoirs de métal qui s'y ajustent à coulisse; à l'autre bout, une vis de pression qui, traversant la caisse, donne à ce ressort le degré de tension nécessaire pour le faire presser contre la surface du cylindre. Un arc gradué, adapté au ressort, indique en poids la force produite par sa tension. On imprime la rotation qui produit le frottement continu, par une corde sans fin qui s'engage dans la gorge de la poulie de l'axe, & dans celle de la grande poulie, d'une roue de tourneur, en fer. Les diamètres des poulies sont, entr'eux, comme un est à quatre; de sorte que l'on peut imprimer à la petite une vitesse quadruple de celle de la grande, & qu'en faisant faire à celle-ci seulement un tour par seconde, la petite en exécute quatre, & l'axe qui la porte, mû avec la même rapidité, produit un frottement dont la vitesse est de plus de 30,43 pouces dans le même temps.

La *chaleur développée par le frottement* des pièces de cet appareil est employée à élever la température d'une masse de 1555,89 pouces cubes d'eau, que peut contenir la caisse, & cette température est mesurée par des thermomètres qui y sont plongés. L'eau employée avoit généralement une température peu éloignée de celle de l'air du lieu dans lequel il opéroit, afin d'éviter l'influence qu'elle auroit pu avoir sur celle de l'eau pendant le cours de l'expérience. Il a encore diminué cette influence en empêchant le renouvellement de l'air, & en abrégeant la durée des opérations.

En donnant au cylindre frottant une vitesse telle, qu'il faisoit 60 tours dans une minute, la pression estimée 20 kil.; le frottement du laiton contre le laiton, pendant 75 minutes, a élevé la température de l'eau de la caisse de 9 deg.; le frottement du plomb contre le laiton l'a également élevée de 7 deg.; celui de l'étain contre le laiton élève la température de 10 deg., & celui du zinc contre le laiton de 10 deg. En variant la pression, le docteur Haldat a obtenu, en faisant frotter du laiton contre du laiton, sous une pression de 10 kil., une élévation de température, laquelle, en 75', a été de 2° ½; sous une pression de 20 kil. 9°, & sous une pression de 40 kil. 15°.

Il résulte de toutes les expériences faites par Rumfort & par Haldat, que la *chaleur produite par le frottement* est proportionelle au temps, c'est-à-dire, que quelle que soit la quantité de *chaleur* produite dans 10 minutes, elle se trouve, dans des circonstances semblables, être la même pour chaque 10 minutes suivantes; d'où il sembleroit que l'on seroit porté à conclure que la quantité de *chaleur produite par le frottement* pourroit être indéfinie, ou que la source en est inépuisable; conclusion un peu forcée peut-être, mais qu'il semble que Rumfort a cru pouvoir tirer de ses expériences.

Ce principe posé, le comte de Rumfort recher-

cha d'abord, 1°. fi la *chaleur* eft produite par l'air ;
2°. par l'eau. elle même ; 3° par l'intermède de
la barre. Après avoir prouvé qu'elle ne peut être
produite par l'une ni par l'autre de ces caufes, il
conclut ainfi : « Il eft à peine néceffaire d'ajouter
que toute fubftance qui peut être fournie indéfiniment par un corps ou un fyftème de corps ifolés,
ne peut pas être une fubftance matérielle, & il me
paroît, finon impoffible, du moins.très difficile,
de fe faire une idée diftincte d'une chofe qu'on
puiffe exciter & communiquer, comme la *chaleur*
étoit excitée & communiquée dans ces expériences, fi ce n'eft le mouvement. »

Après avoir rapporté la principale expérience
de Rumfort, & fa conclufion, Berthollet dit, dans
fa note VI du premier volume de fa *Statique chimique* : « Je me bornerai à examiner fi le réfultat
de cette expérience oblige de renoncer à la théorie du calorique, confidérée comme une fubftance
qui entre en combinaifon avec les corps, & fi l'on
ne peut pas en donner une explication fatisfaifante, par l'application des lois déduites de fes
autres effets.

» En regardant le dégagement du calorique
comme l'effet de la diminution du volume produit
par la compreffion, ce n'eft point la limaille feule
qui a dû contribuer à ce dégagement, mais toutes
les parties du cylindre de bronze, quoique d'une
manière très-inégale, par l'effort d'expanfion de
la partie qui étoit la plus comprimée, & qui
éprouvoit la plus haute température, fans pouvoir
prendre les dimenfions qui convenoient à cette
température, fur les parties les moins échauffées
& les moins dilatées ; de forte qu'il y a dû avoir
une condenfation de métal, relativement à fes
dimenfions naturelles, qui diminuoit depuis le lieu
de la compreffion la plus forte jufqu'à la furface :
fuppofons l'effet uniforme dans tout le cylindre.

» Il a dû fe dégager, par la diminution de volume, une *chaleur* égale à celle qui auroit produit
une augmentation pareille de volume, en fuppofant que la *chaleur* fpécifique du m tal ne change
pas dans cette étendue de l'échelle thermométrique, & que les dilatations foient uniformes ;
ce qui doit s'éloigner peu de la réalité, pour des
températures & des dilatations voifines. Toute
la *chaleur* qui s'eft dégagée auroit donné à.peu
près 160 deg. du thermomètre de Réaumur au
cylindre ; & fi la dilatation du bronze, par la
chaleur, étoit égale à celle que l'on a reconnue
dans le fer, qui eft de $\frac{1}{1000}$ pour chaque degré
du thermomètre, les 180 deg. auroient produit
une dilatation de $\frac{18}{1000}$ dans chacune de fes dimenfions, & la réduction dans le volume, due à la compreffion fuppofée égale à cette augmentation, a
dû produire le même degré de *chaleur*.

» Or, la percuffion, l'action du balancier, la
compreffion des filières, produifent un changement quelquefois confidérable dans la pefanteur
fpécifique des métaux. Il paroît, par e emple,

qu'elle peut l'augmenter de plus d'un vingtième
dans le platine & dans le fer que l'on forge.

» On voit donc que l'expérience du comte de
Rumfort eft bien éloignée d'atteindre les limites
d'une explication fondée fur une propriété connue
& inconteftable. *Voyez* COMPRESSION.

» Il eft facile de faire des rapprochemens impo-
fans fur les phénomènes du calorique ; mais fi l'on
difoit à une perfonne peu habituée aux fpécula-
tions chimiques : le cylindre du comte de Rumfort
a donné, pendant deux heures d'un frottement
violent, autant de chaleur que 15 kil. de glace en
auroient abforbé pour fe réduire en eau, fans
changer de température, ou deux hectogrammes
de gaz oxigène pour fe combiner avec le phofphore, je ne fais lequel de ces phénomènes la fur-
prendroit le plus.

» Les petits changemens qui peuvent furvenir
dans la quantité de calorique combiné, ont une fi
foible influence fur la capacité du calorique dans
une petite étendue de l'échelle thermométrique,
qu'elle devient entièrement inappréciable, & nous
n'avons point encore les données néceffaires pour
reconnoître quels font les changemens qui ont
lieu, à cet égard, dans les corps folides, felon
l'état de condenfation dans lequel on l'a mis
par une force mécanique, à des températures
éloignées.

» D'ailleurs, dans l'expérience que Rumfort a
faite pour examiner la chaleur fpécifique de la
limaille de bronze qu'il avoit formée, il l'a échauffée jufqu'à la température de l'eau bouillante ;
mais ce métal, très-élaftique, a dû reprendre en
partie, dès qu'il s'eft trouvé libre, & furtout
dans cette dernière opération, l'état de dilatation,
& la proportion de calorique qui lui convient à
une certaine température, & par-là l'effet de la
compreffion qu'il avoit éprouvée a dû difparoître
en partie, comme on voit qu'un métal écroui
reprend fes propriétés dans le recuit. »

Thomfon n'admet pas la conclufion du comte
de Rumfort, que la *chaleur produite par le frottement*
n'eft qu'une modification particulière du mouvement ; mais comme il croit également qu'elle ne
parvient ni par une augmentation dans la denfité,
ni par une altération dans la capacité du calorique, il a propofé une autre explication que nous
allons faire connoître.

« Nous fommes encore loin, fans doute, dit
Thomfon, de connoître affez les lois du mouvement du calorique, pour pouvoir affirmer, avec
certitude, que le frottement n'eft pas la caufe qui
produit cette accumulation dans les corps frottés.
Nous favons, au moins, que c'eft ce qui a lieu par
l'électricité ; mais fi, jufqu'à préfent, on n'a
pu parvenir à démontrer comment le calorique
eft accumulé par le frottement, ce n'eft pas une
raifon fuffifante pour en nier l'exiftence.

» Il femble, en effet, y avoir une très-grande
analogie entre le calorique & la matière élec-

tiique ; ils tendent l'un & l'autre à fe diftribuer
également d'eux-mêmes dans les corps, & l'un &
l'autre ils les dilatent ; ils fondent l'un & l'autre
les métaux, & l'un & l'autre ils allument les
fubftances combuftibles. M. Achard a prouvé que
le calorique pouvoit être remplacé par l'électricité, dans les cas même où fon action femble être
particulièrement néceffaire ; car il trouva que,
par un courant de fluide électrique, conftamment
foutenu, on pouvoit faire éclore des œufs, tout
auffi bien qu'avec une température de 39°,44 cent.
Un accident empêcha les pouffins de fortir de
la coque ; mais ils étoient bien formés, vivans, &
la brifoient au bout de deux jours. L'électricité a
auffi une grande influence fur l'échauffement &
le refroidiffement des corps. M. Pictet ayant vidé
d'air, jufqu'à 3,70 millim. de l'éprouvette, un
ballon de verre de 24 décimètres cubes de capacité, il fufpendit, au milieu, un thermomètre,
au moyen d'une baguette de verre fixée au fond
du ballon, & qui s'elevoit jufque vers fon extrémité fupérieure : de chaque côté de ce ballon,
il plaça deux bougies allumées, dont les rayons
étoient réfléchis, au moyen de deux miroirs concaves, fur la boule du thermomètre ; les bougies
& le ballon avoient pour fupport une même
planche, pofée fur un tabouret ifolant ; à 810
millimètres de diftance de l'appareil ainfi difpofé,
étoit établie une machine électrique, en communication métallique avec l'anneau de laiton qui
garantiffoit le col du ballon. Cette machine fut
maintenue en action pendant tout le temps de
l'expérience, & par conféquent le ballon qu'on y
avoit expofé, devoit fe remplir de la matière électrique qui y entroit continuellement, & de manière à former, fuivant M. Pictet, une atmofphère épaiffe, non-feulement au dedans de ce
ballon, mais encore à l'extérieur, tout autour,
à une certaine diftance ; ce qui fe manifeftoit évidemment par la flamme vacillante des bougies qui
brûloient très-mal. Lorfque l'expérience commença, le thermomètre étoit à 9°,88 cent. ; il
s'éleva à 21°,22 cent. dans 732". La même expérience fut répétée, mais fans électrifer l'appareil ;
le thermomètre monta de 9°,88 cent. à 21°,22 cent.
en 1050" ; de forte que l'électricité avoit accéléré
l'échauffement de près d'un tiers. M. Pictet répéta ces expériences, mais avec cette différence,
qu'il ifola les bougies, en plaçant les flambeaux
fur des vaiffeaux de verre verniffés ; le thermomètre monta, dans le vide électrifé, de 11°,22
à 13°,72 cent., en 1050", & en 965" dans le
vide fimple ; l'élévation du thermomètre fut de
30° cent. dans le vide fimple, & de 25° cent.
dans le vide électrifé. Il réfulte de ces expériences que, lorfque le globe & les bougies communiquoient enfemble, l'électricité rendoit l'é-
chauffement du thermomètre plus prompt, mais
qu'elle produifoit l'effet contraire lorfque les bougies étoient ifolées.

» Je ne vois pas qu'il foit poffible de conclure
autre chofe de ces faits, finon que l'électricité
contribue très-fouvent à l'échauffement des corps,
& que fon action eft pour quelque chofe dans l'accumulation du calorique produit par le frottement.
En fuppofant que l'électricité eft une fubftance,
& en accordant que cette fubftance diffère du
calorique, n'eft-il pas de toute probabilité qu'elle
en contient comme tous les autres corps ? &
pourquoi ne pourroit-elle pas être alors la fource
du calorique qui fe manifefte pendant le frottement ?'»

Après avoir ajouté quelques nouvelles expériences à celles qui ont déjà été rapportées par le
docteur Haldat, ce phyficien obferve que la chaleur obtenue n'eft ni en raifon des furfaces, ni en
raifon des denfités des corps frottés ; que la preffion y exerce une influence, ainfi que la rupture
ou le détachement des molécules.

« En admettant, dit le fecrétaire de Nancy,
que les phénomènes calorifiques, produits par le
frottement, dépendent d'un dégagement du calorique chaffé des pores par le rapprochement des
parties, comment fe fait-il que les molécules, en
fe rétabliffant dans leur premier état, ce qui a
néceffairement lieu dans les métaux élaftiques,
tels que le zinc, ne reprennent pas la quantité de
chaleur qu'ils ont livrée à l'eau ? Et fi cette hypothèfe explique la quantité de chaleur qui fe dégage
des métaux fortement comprimés, comment s'ap-
pliquera-t-elle à la grande quantité produite par la
fimple preffion ? En difcutant ces faits, on eft conduit
aux conféquences fuivantes. Si les phénomènes calorifiques, produits par le frottement, dépendent
d'un fluide particulier mis en jeu par cette action,
ou ce fluide eft dégagé des pores du métal par la
condenfation, ou il eft foutiré & enlevé aux corps
environnans, comme le fluide électrique. Dans
le premier cas, la chaleur doit diminuer par la
condenfation, elle doit fuivre la raifon inverfe de
la denfité, & doit s'épuifer ; dans le fecond, elle
doit être modifiée par l'ifolement des corps frottés, ce qui n'a lieu, ni dans mes expériences, ni
dans celle de M. de Rumfort. Si, au contraire,
ces phénomènes font produits feulement par l'agitation intime des molécules, la quantité de
chaleur devroit diminuer par la condenfation, préfenter quelques proportions avec la denfité, &
furtout avec l'élafticité du métal. Tels font les
doutes qui obfcurciffent encore la queftion concernant la caufe de la chaleur produite par le frottement, & qui exigent de nouvelles expériences :
il me fuffit de l'avoir abordée, & d'en avoir montré
l'importance & les difficultés.

CHALEUR (Propagation de la) ; caloris propa-
gatio. Manière fuivant laquelle la chaleur fe propage dans l'intérieur des corps. Voyez PROPA-
GATION DE LA CHALEUR.

CHALEUR

CHALEUR SENSIBLE ; calor senfibilis ; *empfind-
bare*. *Chaleur* libre, qui fe porte à la furface des
corps, qui peut être enlevée ou partagée par un
corps plus froid, & qui eft appréciable par le
thermomètre. *Voyez* CALORIQUE SENSIBLE.

CHALEUR SOLAIRE ; calor folis ; *fonnen vaerme*.
Chaleur qui nous eft communiquée par le foleil,
& qui nous parvient avec la lumière qu'il nous
envoie. *Voyez* CHALEUR DES RAYONS SOLAIRES.
Une partie de la *chaleur folaire* eft interceptée par l'air qu'elle traverfe avant de parvenir fur la furface de la terre. Tout porte à
croire que, plus la couche traverfée eft confidérable, plus il doit y avoir de *chaleur* interceptée.
Nous ignorons fi l'on a fait des expériences pour
connoître, foit d'une manière-pofitive, foit d'une
manière approximative, la proportion de *chaleur
folaire* enlevée par l'atmofphère, relativement aux
diverfes inclinaifons des rayons folaires arrivant
fur la furface de la terre ; mais fi l'on pouvoit
fuppofer que la *chaleur* & la lumière font une feule
& même fubftance, connoiffant la proportion de
lumière abforbée par l'atmofphère, on pourroit
déterminer celle de la *chaleur*. Mairan a publié,
dans les *Mémoires de l'Académie des Sciences* pour
l'année 1765, une table des forces reftantes à la
lumière, après fon paffage dans l'atmofphère, fa
force totale, avant d'y entrer, étant exprimée par
10,000. On y trouve que fi l'aftre eft à 90° de hauteur, l'atmofphère abforbe 0,1877 de lumière ; à
60° de hauteur, 0,2135 ; à 45° de hauteur, 0,2546 ;
à 30° de hauteur, 0,3387 ; à 15° de hauteur,
0,5465 ; enfin, à 0° de hauteur, 0,9994.

CHALEUR SPÉCIFIQUE ; calor fpecificus ; *waerme
fpecififche*. Quantité de *chaleur* qu'un corps abforbe ou laiffe dégager, en paffant d'une température à une autre, température comparée à celle
qu'un autre corps abforbe ou laiffe dégager dans la
même circonftance. *Voyez* CALORIQUE SPÉCI-
FIQUE, CAPACITÉ POUR LE CALORIQUE.

CHALEUR (Théorie de la) ; caloris theoria ;
theori der waerme. Hypothèfe à l'aide de laquelle
on lie entr'eux tous les phénomènes de la *chaleur*,
& on les explique les uns par les autres. *Voyez*
CALORIQUE, CHALEUR.

CHALEUR VÉGÉTALE ; calor vegetalis ; *pflantzen
waerme*. *Chaleur* produite pendant l'acte de la végétation. *Voyez* CHALEUR DES VÉGÉTAUX.

CHALEUR VITALE ; calor vitæ ; *lebens waerme*.
Chaleur qui fe dégage pendant la vie des animaux.
Voyez CHALEUR ANIMALE.

CHALOUPE A VAPEUR ; *lembus vapore motus*. *Chaloupe*, petit vaiffeau mis en mouvement
par une machine à vapeur.

Jufqu'à préfent on avoit fait mouvoir les *chaloupes* & les autres bâtimens, foit par la force des
hommes, foit par celle des courans, foit enfin par
celle du vent. Depuis le moment où l'on a fait
ufage de la force de la vapeur de l'eau pour mouvoir diverfes machines, on a cherché à appliquer
cette nouvelle force au mouvement des bateaux,
& à remplacer ainfi la force des hommes que l'on
emploie avec tant d'avantage.
Plufieurs auteurs revendiquent l'invention de
cette machine. Le marquis de Jouffroy annonce,
dans une brochure imprimée chez Lenormand,
en février 1816, avoir fait conftruire à Lyon, en
1782, un bateau de deux cent cinquante milliers,
mu par une pompe à feu, de cent trente pieds de
longueur fur quatorze pieds de largeur ; il tiroit
trois pieds d'eau, & déplaçoit un poids de trois
cent quatre-vingt-deux milliers : fon poids & celui
de la machine à vapeur étoient enfemble de
cent trente milliers environ. La plus grande largeur du bateau étoit aux trois cinquièmes de fa
longueur totale vers l'avant ; il étoit traverfé, dans
cet endroit, par un cercle tournant fur des roues
de friction, placées près des bords du bateau. Les
extrémités de l'arbre, qui dépaffoient les bords,
étoient garnies de roues à aubes plongeant dans
le fluide, & faifant fonctions de rames ; le pifton
de la machine à vapeur communiquoit à cet arbre
un mouvement circulaire continu, de forte que
les aubes, s'appuyant contre le fluide, forçoient
leur centre, c'eft-à-dire, l'arbre & le bateau lui-
même à marcher en avant.
Ce bateau, expofé aux yeux du public pendant
plus de quinze mois, navigua conftamment fur la
Saône, & remonta, contre le courant, entre le
faubourg de Vaife & l'île Barbe. La minute du procès-verbal qui conftate ces faits, exifte dans l'é-
tude du notaire Barroud, à Lyon.
On voit dans la Collection du Muféum des arts
& métiers, le modèle d'un bateau mu par une
machine à vapeur dont le cylindre eft horizontal.
En 1791, c'eft-à-dire, neuf années après l'invention du marquis de Jouffroy, Clarke montra à
Leith en Écoffe, une *chaloupe* qui étoit mue par
la vapeur.
Il en parut une autre peu de temps après, à
Glafgow, fur la rivière de Clyde, & aujourd'hui il
y en a feize à dix-fept qui naviguent fur cette
rivière.
Sulton conftruifit une *chaloupe à vapeur* à Paris,
fur la Seine, à peu près en 1800. Il partit au-deffous des ponts, & defcendit jufqu'au-deffous de
Paffy ; de-là il remonta à l'endroit d'où il étoit
parti, ce qu'il répéta plufieurs fois : la *chaloupe*
retournoit facilement, & fans éprouver aucune
difficulté.
Après s'être affuré du fuccès de fa *chaloupe à
vapeur*, Sulton fut en établir une en Amérique,

qui navigue fur le Nord-Rivier, depuis New-Yorck jufqu'à Albany.

Les dimenfions de cette *chaloupe* font de cent cinquante-fix pieds en longueur, feize pieds de largeur à la quille, vingt de largeur au gaillard, & fept pieds d'entre-pont. La diftribution intérieure, partagée en trois appartemens, eft telle, qu'il peut y coucher, à l'aife, cinquante-quatre perfonnes : il y a d'ailleurs une cuifine, une chambre d'intendant, office, & toutes fortes d'autres commodités qui en font un véritable hôtel garni flottant. Cette *chaloupe* eft mue par une pompe à vapeur, dont la force motrice eft égale à celle de vingt chevaux; elle part de New-Yorck tous les famedis à cinq heures du foir, & arrive à Albany, qui en eft éloigné de cent foixante milles, en trente-deux heures, malgré les vents & les courans contraires. Tous les mercredis, à huit heures du matin, elle part d'Albany, & arrive le lendemain à New-Yorck à quatre heures après midi. Le nombre des paffagers qui fe preffent à cette voiture, affurent déjà à l'inventeur un gain très-confidérable.

Quelques *chaloupes à vapeur* naviguent actuellement fur la Tamife; l'une y a été amenée de Glafgow, une autre de Hufs en Écoffe : elles font tellement conftruites, que l'on peut en ôter les roues motrices, & les faire marcher avec des voiles; on prétend même qu'elles ont été amenées fur la Tamife, par la côte orientale de l'Angleterre, à voile feulement, & par un beau temps.

Tous ces *bateaux*, *barques* ou *chaloupes à vapeur* n'avoient encore été employés que fur les rivières; mais on vient d'en faire un effai heureux fur une mer orageufe, dans un voyage de Dublin à Londres. On peut lire les détails de ce voyage dans la *Bibliothèque britannique*, cahier de feptembre, page 56. Ce bâtiment étoit commandé par G. Dodd, jeune homme fort réfolu, qui étoit allé à Glafgow exprès pour l'amener à Londres. Il avoit fait fon apprentiffage dans la marine anglaife, & il s'étoit diftingué comme ingénieur civil, architecte, & même-topographe.

La machine à vapeur occupe le milieu du bâtiment; la chaudière eft à droite en regardant l'avant, ou à tribord; le cylindre & le volant faifoient contre-poids à gauche ou à babord. La force de la machine étoit eftimée équivalente à quatorze chevaux. Le jeu du pifton met en mouvement, de chaque côté du bâtiment, par un bras à manivelle, une roue verticale à aube, fort reffemblante à celles des moulins qui frappent l'eau en deffous, à la différence pour l'effet, que, dans les moulins, le courant de l'eau fait tourner la roue & met en action le mécanifme intérieur, tandis qu'ici c'eft la vapeur qui met en mouvement les roues, dont les aubes frappant l'eau comme autant de rames verticales, prennent, fur le liquide, leur point d'appui & font marcher leur centre, c'eft-à-dire, le bâtiment lui-même en avant. Ces roues ont environ onze pieds de diamètre, &

elles plongent dans l'eau d'environ un quart de leur rayon, plus ou moins, felon les circonftances. Leur largeur eft d'environ trois pieds fix pouces, & elles font fabriquées de tôle épaiffe.

Pour éviter le bruit défagréable provenant du clapotage des aubes à leur entrée dans l'eau, lorfque leur plan eft parallèle à l'axe de la roue, ou perpendiculaire au plan de fon mouvement, on a difpofé obliquement ces aubes, de manière que chacune entrant dans l'eau par un angle, coupe le liquide au lieu de le frapper en s'enfonçant; cette obliquité alterne pour chaque aube, également de part & d'autre du plan de la roue, de manière que l'action moyenne refte la même que fi le plan des aubes étoit perpendiculaire à celui de la roue Cette difpofition oblique donne aux aubes une prife plus douce & plus uniforme; & lorfqu'on approche l'oreille de la cage qui enveloppe les roues, on n'entend qu'un murmure ou gazouillement léger.

Il n'y a rien de défagréable dans le mouvement de la machine en général; on l'entend à peine lorfqu'elle a été récemment huilée; enfuite les coups de pifton commencent peu à peu à fe faire appercevoir; & lorfqu'on eft affis dans la cabine, ou appuyé contre quelques parties du bâtiment, on reffent un léger tremblement, femblable à celui que produit l'action des rames, mais moins marqué & plus uniforme. Lorfqu'on écrit, la plume forme une forte de vibration qui n'affecte pas fenfiblement l'écriture.

La viteffe de la circonférence des roues eft de 20 milles (6 lieues ⅔) à l'heure; & celle du bâtiment, lorfque l'eau eft peu agitée, eft d'environ un tiers de celle des roues, c'eft-à-dire, 6 milles ⅔ à l'heure. La viteffe moyenne de la *chaloupe* que G. Dodd a conduite de Dublin à Londres, a été d'environ 7 milles ½ par heure; mais lorfque le vent étoit favorable, on ajoutoit une voile. Avec un bon vent & une mer qui n'eft pas trop agitée, on peut eftimer la viteffe moyenne du bâtiment à 11 ou 12 milles à l'heure.

Les roues ne font pas placées précifément au milieu de la longueur du vaiffeau, mais entre la moitié & les deux tiers du côté de l'avant. Cette longueur totale eft d'environ 90 pieds, & fa largeur, au milieu du tillac, de 14 pieds; mais il paroît beaucoup plus large par l'effet d'une galerie qui fe projette en dehors, de part & d'autre, & qui eft garnie en deffous, de manière à ne former qu'une furface continue avec le corps du bâtiment. On peut, au moyen de cette galerie, en faire le tour entier, excepté là où elle eft interrompue par la cage des roues, qui s'élève de 4 à 5 pieds au-deffus du plan de la galerie, & où cette cage forme comme un boulevard autour de cette partie du bâtiment. Les croifées de la cabine font fur la galerie, & non immédiatement fur l'eau. Le port du bâtiment eft de 75 tonneaux.

On entretient un feu très violent fous la chaudiere de la machine à vapeur. La quantité de houille de Whitehaven que l'on y brûloit, étoit de deux tonnes & un quart par vingt-quatre heures. La fumée qui provient de la combustion s'élève dans un gros tuyau cylindrique de fer battu, très-épais ; ce canal fait en même temps l'office de mât, & porte à sa vergue une grande voile carrée. La partie inférieure de ce *mât-cheminée* étoit si chaude, qu'on ne pouvoit s'en approcher ; mais la voile ne couroit aucun risque, & on n'en avoit point non plus à craindre du foyer entretenu sous la chaudière. Le fourneau qui le contenoit, reposoit sur des briques fortement assemblées par des barres de fer, & les parois internes du bâtiment étoient revêtues en tôle ; mais la chaleur, autour du fourneau, étoit presqu'insupportable pour toute personne qui n'y étoit pas habituée. Cependant le tiseur demeuroit à son poste pendant un nombre d'heures consécutives, & jamais plus de cinq minutes en repos : il étoit constamment occupé à tisonner sous la grille pour entretenir l'accès libre du feu, & empêcher la houille de se former en gâteaux qui obstruent son passage ; il falloit aussi tisonner en dedans, & jeter de temps en temps, un peu à la fois, du nouveau combustible par pelletées. Cette manipulation est essentielle pour maintenir l'activité uniforme du feu. On aperçoit l'effet de cette chaleur constante dans la contraction de toutes les pièces de bois environnantes, & en particulier des pièces du plancher du pont ; mais le corps du bâtiment n'en étoit nullement affecté.

Indépendamment de la voile carrée dont on a parlé, on en mettoit une triangulaire au mât de beaupré que portoit la proue, & une troisième voile au grand mât, qu'on pouvoit dresser ou baisser à volonté.

Ces sortes de *bâtimens à vapeur* peuvent devenir très-utiles dans tous les cas où il importe d'aller vîte, & où la distance à parcourir n'est pas considérable, tels, par exemple, que le passage de Douvres à Calais, & partout où des passagers sont pressés de traverser ; mais l'immense consommation de combustible que ce procédé exige (deux tonnes en vingt-quatre heures pour un bâtiment de 75 tonneaux), est un obstacle insurmontable à l'emploi de ces bâtimens dans un voyage de long cours La grande mise en dehors qu'exige la construction de la machine, ajoutée à la valeur du combustible qu'elle consume, ne permettra pas qu'elle soit employée avec avantage au transport des marchandises.

CHALUMEAU, du grec καλαμος ; *calamellus* ; *rohr* ; s. m. Tube d'un petit diamètre qui a divers usages, & qui a quelqu'analogie avec le roseau, avec le tuyau de paille. Les enfans se servent de *chalumeaux* pour souffler des bulles de savon.

Nous distinguerons trois sortes de *chalumeaux*, celui des musiciens, celui des chimistes, celui des ouvriers, des physiciens ou des minéralogistes.

CHALUMEAU ; *calamus* ; *pfeife*. Instrument à vent qui, dans l'origine, n'étoit qu'un roseau percé de plusieurs trous, & qui servoit de flûte aux Anciens.

On fait des *chalumeaux* avec de l'écorce d'un saule, levée quand il est en sève : ces *chalumeaux* sont ouverts tant en haut qu'en bas ; il s'en fait aussi avec un tuyau de blé, bouché par en bas, par le nœud du tuyau ; on y fait deux trous & une petite fente au milieu, en forme de petite languette, afin de battre l'air par le souffle.

Le *chalumeau*, perfectionné par les Modernes, ne ressemble guère à celui des Anciens. C'est un instrument à vent & à anche comme le haut-bois ; il se brise en deux parties. L'anche est semblable à celle des orgues, excepté que la languette est de roseau. Il est percé de neuf trous ; on en joue comme de la flûte à bec : le trou en dessous est bouché par le pouce gauche ; les trois premiers, en dessus, le font par l'index, le doigt du milieu & l'annulaire gauche ; & les quatre derniers trous sont bouchés par les quatre doigts de la droite ; le dernier trou est double, & le petit doigt peut le boucher qu'un ou deux à volonté, ce qui produit des sons différens. La longueur du *chalumeau* n'est pas tout-à-fait d'un pied ; le son n'en est point agréable ; ce qui l'a fait négliger en France.

Quant aux *chalumeaux* de la musette, ce sont des tuyaux d'ivoire perforés d'un trou cylindrique dans toute leur longueur, & percés de plusieurs autres trous sur les côtés ; ces tuyaux s'attachent au corps de la musette.

CHALUMEAU, *en chimie*. Tube recourbé, avec lequel on aspire les liquides, pour les décanter & les sortir, sans occasionner de mouvement aux matières qui sont déposées au fond des vases qui les contiennent. *Voyez* PIPETTE.

CHALUMEAU ; *tubus ferruminatorius*, *calamus spirans* ; *löt rohr*. Instrument que les orfévres, les horlogers, les émailleurs, les metteurs en œuvre, &c., les minéralogistes, les chimistes, les physiciens, &c., emploient pour diriger un dard de flamme sur un objet, l'échauffer, l'amollir ou le fondre.

On fait usage de plusieurs sortes de *chalumeaux* : les uns servent à diriger l'air des poumons sur la flamme, ce sont les *chalumeaux à bouche* ; d'autres servent à diriger l'air atmosphérique sur la flamme, ce sont les *chalumeaux à soufflet* ; d'autres, enfin, servent à diriger des gaz différens sur les flammes & sur les corps : tels sont les *chalumeaux hydrostatiques*, les *chalumeaux à vessie*, les *chalumeaux à alcool*, &c. Nous allons examiner ces divers *chalumeaux*.

CHALUMEAU À ALCOOL ; *calamus spirans cum*

alcool; *weingeiste rohre.* Espèce d'éolipyle, *fig.* 574, rempli d'alcool, placé au-deſſus d'une lampe ou d'une bougie, & dont le tube eſt recourbé de manière à préſenter ſon ouverture à la flamme. La chaleur de la lampe échauffe & vaporiſe l'alcool que contient la boule de l'éolipyle; la vapeur s'échappe par la couverture du tube, ſe dirige horizontalement ſur la flamme de la lumière, la courbe horizontalement pour la diriger vers le point que l'on veut échauffer.

Dans cette eſpèce de *chalumeau*, on ajoute une vapeur inflammable à celle de la bougie ou de la lampe, que l'oxigène de l'air enflamme pour former la lumière qui la ſurmonte, & que le courant de vapeur alcoolique courbe horizontalement. Comme l'intenſité du dard horizontal de la flamme eſt moins grande, lorſque le dard eſt formé par la vapeur alcoolique, que lorſqu'il eſt formé par l'air des poumons, ces ſortes de *chalumeaux*, fort agréables à la vue, & propres à décorer un cabinet & même un ſalon, ſont cependant de peu d'uſage : on ne les emploie ordinairement que pour chauffer des vaſes, & les liquides qu'ils contiennent.

CHALUMEAU A BOUCHE; *calamus ore ſpirans; blaſs rohre.* Tube recourbé, dans lequel on ſouffle avec la bouche ſur la flamme d'un corps embraſé.

Cet inſtrument, fait en verre ou en cuivre, n'étoit originairement employé que par les orfèvres, les horlogers, &c.; qui avoient beſoin inſtantanément d'un point de chaleur très-vive & très-forte pour fondre & ſouder différens objets. C'étoit tout ſimplement un tube recourbé, *fig.* 575. On ſouffle avec la bouche dans ce *chalumeau*, dont on dirige l'ouverture étroite ſur la flamme d'une bougie, d'une chandelle ou d'une lampe, *fig.* 576, pour l'envoyer ſur un ſupport S, qui porte le corps à fondre.

Il faut beaucoup d'habitude pour faire jouer cet inſtrument. Lorſque les ſubſtances à fondre exigent une haute température, & conſéquemment une chaleur très-forte & non interrompue, le courant d'air doit être dirigé ſur la flamme d'une manière uniforme. Alors, l'artiſte remplit ſa bouche d'air & le fait ſortir en le comprimant par les muſcles de la joue, tandis qu'il reſpire par le nez. Quand on eſt bien exercé, on peut ſouffler un quart d'heure ſans ſe fatiguer.

On ſe ſert ordinairement de la flamme d'une bougie, d'une chandelle ou d'une lampe qui a une mêche d'une épaiſſeur moyenne; la mêche de coton doit être aſſez longue pour être courbée. On tient l'extrémité C, du *chalumeau*, ſur la courbure de la mêche.

La flamme eſt de deux eſpèces, l'une extérieure & l'autre intérieure : la première eſt blanche; la dernière, bleue, plus conique, donne une chaleur bien plus conſidérable que l'extérieure. Les deux flammes agiſſent d'une manière bien différente;

l'intérieure déſoxide ce que l'extérieure a oxidé; ce qui paroît provenir d'une partie d'hydrogène & de carbone libre.

Andreas Schwal a été déſigné comme ayant introduit, le premier, le *chalumeau* dans la minéralogie, en 1738; il a enſuite été perfectionné par Cronſted, Bergmann & par d'autres minéralogiſtes. On a obſervé qu'il ſort ſouvent, avec l'air de la bouche, une portion plus ou moins grande d'humidité qui diminue l'intenſité de la chaleur. Pour détruire ou diminuer conſidérablement cet effet, on établit un réſervoir R à l'extrémité du *chalumeau*, *fig.* 577, afin d'y faire dépoſer l'humidité avant que l'air ne ſorte par l'ouverture C.

Bergmann a diviſé en trois parties A, R, C, ſon *chalumeau*, *fig.* 578 : l'une A, appelée *manche*, ſe termine en une pointe conique a, qui s'adapte, par frottement, dans la partie b du réſervoir R. Cette ſeconde partie eſt formée d'une lame elliptique courbée au centre, de manière que les côtés oppoſés, ſoudés tout autour à une égale diſtance du bord, ſont parallèles; cette cavité eſt deſtinée à recevoir l'humidité qui s'exhale de la poitrine, & que l'air y dépoſe. Bergmann préfère la forme aplatie de ce réſervoir, à celle d'une ſphère qu'on lui avoit donnée avant lui. L'ouverture conique, creuſée dans la protubérance d, ne doit point avoir de rebord inférieur, afin que la liqueur, recueillie dans le réſervoir, après une longue inſufflation, puiſſe en ſortir facilement, & qu'on puiſſe le nettoyer commodément. Le petit tube C eſt très-étroit; la partie conique, la plus courte, e, doit entrer exactement dans l'ouverture f, pour que l'air en puiſſe ſortir par l'orifice g : il eſt convenable d'avoir pluſieurs de ces petits tubes différens en groſſeur, que des circonſtances particulières néceſſitent ſouvent d'employer.

Depuis que le *chalumeau* a été introduit parmi les minéralogiſtes, ils ont dû employer des ſupports pour ſoutenir les petits fragmens de ſubſtances qu'ils expoſoient à l'action du feu. Le meilleur ſupport, celui dont on fait le plus communément uſage, eſt un charbon bien brûlé, dans lequel on fait un trou pour y dépoſer le corps. Le charbon, étant mauvais conducteur du calorique, n'enlève pas beaucoup de chaleur au corps fondu; il ſert auſſi à augmenter la chaleur par la combuſtion. On met quelquefois la ſubſtance à fondre dans une cuiller d'or, de platine ou d'argent; ce qui eſt préférable encore, on fait uſage de petites pinces dont les bouts ſont de platine. Sauſſure attachoit une petite quantité du foſſile à eſſayer ſur un morceau fin de granit, ou mieux, il le fondoit à l'extrémité d'un tube de verre; il parvint ainſi à faire fondre des corps très-infuſibles.

Il n'eſt pas indifférent d'employer l'un ou l'autre ſupport. Si c'eſt une pierre fuſible, on peut la tenir avec des pinces très-longues & très-minces; ſi c'eſt un corps peu fuſible, on le placera dans une cuiller de platine, la plus petite poffible : on peut alors y ajouter certains fondans alcalins, falins, métalliques, &c., dont on pourra facilement obferver l'action. Si-c'eft un oxide métallique que l'on veuille réduire, on place le fragment de minéral dans une petite cavité conique creufée dans un charbon.

CHALUMEAU A GAZ HYDROGÈNE; calamus fpirans gaz hydrogenius; *waffer ftoff blafs rohre*. *Chalumeau* avec lequel on excite & courbe la flamme par un jet de gaz hydrogène. *Voyez* CHALUMEAU A ALCOOL, CHALUMEAU HYDROSTATIQUE.

CHALUMEAU A GAZ OXIGÈNE; calamus fpirans gaz oxigenius; *fauer ftoff blafs rohre*. *Chalumeau* avec lequel on excite & courbe la flamme à l'aide d'un jet de gaz oxigène. *Voyez* CHALUMEAU HYDROSTATIQUE, CHALUMEAU A VESSIE.

CHALUMEAU A SOUDER; calamus ad glutinare; *blafs rohre des gold fchmid*. *Chalumeau* dont fe fervent les orfévres, les horlogers, les émailleurs, les bijoutiers, &c. pour fouder de petites parties métalliques. *Voyez* CHALUMEAU A BOUCHE.

CHALUMEAU A SOUFFLET; calamus fpirans falle; *blafs rohre mit einem blafsbalge*. *Chalumeau* avec lequel l'air atmofphérique eft dirigé fur la flamme des bougies, à l'aide d'un foufflet.
Comme le *chalumeau* à bouche eft d'un ufage très-difficile, qu'il fatigue confidérablement les poumons, & que plufieurs perfonnes ne peuvent l'employer, à caufe de la difficulté & de la fatigue qu'il occafionne, on a cherché à le remplacer par le *chalumeau à foufflet*: celui-ci eft formé d'un foufflet double, *fig*. 579, fixé fur une table; le volant de l'une des parties, l'inférieure A B, par exemple, eft mue avec la main; l'air infpiré par ce mouvement paffe dans l'autre-partie A E, foulève le fecond volant: celui-ci, par fon poids, comprime l'air qui fort par le tube C, & dirige la flamme L fur l'objet. Ici, le foufflet a la forme ordinaire; fouvent auffi on lui donne celle d'un prifme. (*Voyez* le Mémoire d'Haffenfratz dans le *Journal de Phyfique*, année 1786, premier volume, page 345.) On peut encore faire ufage, avec quelque fuccès, des foufflets hydrauliques. *Voyez* SOUFFLET HYDRAULIQUE.

CHALUMEAU A VESSIE; calamus fpirans cum veffica; *blafs rohre mit einem blafe*. *Chalumeau* avec lequel on dirige, fur la flamme, de l'air renfermé dans une veffie.
Achard paroît être le premier qui fe foit fervi de cet inftrument. Il étoit compofé d'une veffie V, *fig*. 580; fur cette veffie, pleine de gaz oxigène,

étoit fixé un tube T. Preffant la veffie & ouvrant le robinet, il faifoit fortir le gaz, qu'il dirigeoit fur la flamme d'une petite lampe. Ce fut avec cet appareil, que cet infatigable phyficien fondit du platine & du fer. L'immortel Lavoifier fe fervit de cet appareil pour fondre du platine; mais il avoit adapté à la veffie un robinet R, à l'extrémité duquel étoit placé le tube T.

CHALUMEAU HYDROSTATIQUE; calamus fpirans hydroftaticus; *hydroftatifche blafs rohre*. Appareil avec lequel on fait fortir, à l'aide de l'eau, l'air, les gaz renfermés dans des vafes, pour les diriger fur la flamme d'une lampe.
Cet appareil fe compofe d'un gazomètre, *fig*. 581, contenant l'air ou le gaz que l'on veut employer; d'une table, à travers laquelle paffe le tuyau qui doit apporter l'air, & d'une lampe allumée pour en diriger la flamme fur l'objet à fondre, ou feulement d'un charbon dans lequel on met la fubftance que l'on veut effayer. Lavoifier employa cet appareil dans les belles expériences qu'il fit, en 1782, fur la fufion des corps à l'aide du gaz oxigène. *Voyez* GAZOMETRE; *voyez* auffi le *Traité de l'Art de la fufion à l'aide de l'air vital*.
Mais comme cet appareil deviendroit très-difpendieux, lorfque l'on n'a que quelques effais à faire, on peut fubftituer aux gazomètres une cloche, plongée dans un réfervoir; la preffion de l'eau extérieure fait effort pour faire fortir l'air: celui-ci, lorfque le robinet eft ouvert, s'échappe par un tube, pour porter, fur la lumière d'une lampe, le dard de cette lumière, dirigée fur un corps que l'on y expofe; il l'échauffe à un très-haut degré, & fouvent le fait entrer en fufion, quelque réfractaire qu'il foit.
Ehrmann fit ufage de deux grands vafes, *fig*. 581, difpofés à la maniere des lampes de gaz hydrogène. L'air étoit renfermé dans le réfervoir inférieur V; celui-ci communiquoit, par un robinet R, au vafe fupérieur E. À l'extrémité de ce robinet R, étoit fixé un tube qui communiquoit à un charbon embrafé L, dans lequel étoit placée la fubftance que l'on vouloit expofer à l'action de la chaleur.
Lorfque l'on place, dans un charbon, l'objet foumis à l'action de la chaleur, le bout du tube du *chalumeau* doit être courbé de maniere que l'air fortant ait une direction verticale de haut en bas: fi, au contraire, on emploie une lampe pour diriger fur la fubftance le dard de la flamme, le tube doit être droit & horizontal.
Le charbon, employé comme fupport, pouvant fournir de la terre & de l'alcool, & craignant que l'action de ces deux fubftances, quoiqu'en très-petites quantités, n'influât fur la fufion, Lavoifier a effayé de foumettre les fubftances à l'action de la combuftion des gaz hydrogène & oxigène. La méthode qu'il a employée, fur l'invitation du préfident de Saron, confifte à faire

concourir enfemble deux *chalumeaux*, dont l'un fourniroit du gaz oxigène & l'autre du gaz hydrogène. Il obtint ainfi un dard de flamme très-blanc, très-lumineux & très-chaud, avec lequel il fondit aifément le fer, mais avec lequel il ne lui a pas été poffible de fondre le platine.

On trouve dans les *Annales de Chimie*, tome XLV, page 113, l'extrait d'un Mémoire que Robert Harn jun. a préfenté à la Société chimique de Philadelphie, & qui contient des détails très-intéreffans fur les *chalumeaux hydroftatiques*.

CHALYBÉ, de χαλυψ; chalybeatus; *chalybe oder verftahlt*. Compofitions dans lefquelles il entre de l'acier ou du fer. Celles de ces compofitions qui font le plus en ufage, font le *tartre chalybé*, l'*eau chalybée*, le *tartrate de potaffe & de fer*, connu fous le nom de *boule de Nancy*.

CHAMBRE; καμαρα; camera; *kammer, zimmer*; fubft. fém. Lieu fermé.

CHAMBRE CLAIRE; camera lucida; *lichten kammer*. Inftrument avec lequel on peut voir & deffiner des objets coloriés, dans une *chambre*, d'une manière analogue à la repréfentation des objets extérieurs dans une *chambre obfcure*.

La *chambre claire* fe compofe d'un prifme A B C D, *fig.* 583, dans lequel l'angle B A D eft droit; les angles A B C, A D C font chacun de 67° 30', & l'angle B C D de 135°. D'après cette conftruction, fi un rayon de lumière F G arrive fur la furface A B, dans une direction perpendiculaire, il pénètre le prifme fans éprouver de réfraction; alors il touche la face B C en G fous un angle de 22° 30': cet angle étant trop petit pour que le rayon puiffe fortir (*voyez* REFRACTION), il fe réfléchit en H, en faifant un angle C G H, égal à l'angle d'incidence, donc de 22° 30', & il arrive fur la face C D, en faifant également un angle C H G de 22° 30'; il fe réfléchit en H I, rencontre la face, en faifant avec elle un angle droit : il fort donc fans éprouver de réfraction. Si un œil eft placé en O, il reçoit le rayon qui lui arrive dans la direction H O, & il juge l'image dans la prolongation de cette direction fur un point P.

Si maintenant on place l'œil fur l'angle aigu du prifme, de manière que la moitié de l'ouverture de la pupille reçoive les rayons réfléchis qui paffent à travers le prifme, & que l'autre moitié reçoive directement les rayons envoyés d'une feuille de papier & d'un crayon placés au-deffous du prifme, alors cette portion de l'œil apercevra les objets par l'effet de la double réflexion prifmatique interne, tandis que les rayons venant du papier & du crayon entreront directement dans la partie de cette même pupille qui déborde le prifme.

« Selon que le bord du prifme entame plus ou moins avant le cercle de la pupille, la force re-

lative des deux impreffions, qui réfultent à la fois de la vifion directe & de la double réflexion, varie. Si l'on regarde trop avant dans le prifme, on ne voit plus que les objets qu'il renvoie, le papier & le crayon difparoiffent. Si l'on retire, au contraire, l'œil trop en arrière, on ne voit plus que le papier, & les images des objets extérieurs s'évanouiffent. Mais il y a telle pofition intermédiaire dans laquelle on aperçoit à la fois, avec un degré de clarté égal & fuffifant, les deux claffes d'objets; favoir, le lointain & le papier fur lequel il fe projette. On peut chercher & fixer cette pofition de l'œil au moyen d'un trou pratiqué dans une lame de laiton *c*, *fig.* 583 (*a*). Ce trou fe préfente fur le bord du prifme, & en pouffant plus ou moins en avant ou en arrière la lame, qui eft mobile, à frottement, on trouve, par un court tâtonnement, le point le plus convenable pour la double vifion. On applique l'œil fort près de cet orifice. L'appareil eft foutenu par un pied qu'on pofe fur la table où l'on travaille, & le long duquel on peut le fixer à diverfes hauteurs.

L'inftrument pouvant être placé très-près de l'œil, cette circonftance permet de réduire beaucoup fon volume fans nuire à l'effet. On peut le faire conftruire dans les plus petites dimenfions. On peut, avec cet inftrument ingénieux, imaginé par le docteur Wollafton, deffiner en perfpective tous les objets, faire des portraits, & copier même des deffins déjà faits, foit de même grandeur, foit en les réduifant. Lorfque l'on veut copier de même grandeur, il faut que l'objet & le papier foient à la même diftance de l'inftrument. Si l'on veut copier d'une grandeur différente, il faut placer l'objet & le papier à des diftances différentes des deux faces perpendiculaires de l'inftrument. Lorfque le papier eft plus près de l'œil que l'objet, la copie eft plus petite; lorfque le papier eft plus loin que l'objet, le deffin eft plus grand. On peut encore varier les grandeurs par le moyen de lentilles placées, foit du côté de l'objet, foit du côté du papier.

On trouve dans le tome XLIII de la *Bibliothèque britannique*, page 77, l'extrait d'une lettre de R. B. Bate, dans laquelle on donne des détails fur la pratique de cet inftrument, & qui pourront fervir d'inftruction aux perfonnes qui voudront en faire ufage.

Cet appareil ayant été inventé pour remplacer la *chambre obfcure*, il eft naturel de comparer les deux inftrumens l'un à l'autre.

On reproche à la *chambre obfcure* qu'elle eft d'un volume trop confidérable pour qu'on puiffe la tranfporter aifément avec foi : la *chambre claire* eft d'un auffi petit volume & auffi portative qu'on peut le defirer.

Dans la *chambre obfcure*, les objets qui ne font pas au milieu du champ de la vifion font plus ou moins déformés; dans la *chambre claire*, cet inconvénient n'exifte pas, en forte que les lignes les plus éloignées du centre de la vision sont aussi droites que celles qui se trouvent au milieu du champ de l'instrument.

Le champ de la *chambre obscure* ne s'étend guère au-delà de 30 à 35 degrés ; dans la *chambre claire*, on peut voir à la fois les objets compris dans une étendue de 70 à 80 degrés.

CHAMBRE CLAIRE; camera lucida ; *hellen kammer*. Boîte quadrangulaire A B C D, *fig.* 584, au devant de laquelle est placé un verre convexe E de quelqu'étendue ; derrière celui-ci se trouve, dans la boîte, un miroir plan H I, placé sous un angle de 45 degrés, & qui réfléchit vers le couvercle A D les images d'objets peu-éloignés, qui, sans lui, auroient été peints sur la partie postérieure A B. Devant le miroir plan, on pratique une ouverture à laquelle on adapte un second verre convexe F, au travers duquel on voit les objets comme dans une loupe. Cette *chambre claire*, qui diffère essentiellement de celle de Wollaston, participe à la fois de la *chambre noire* & du télescope de Newton : peut-être seroit il convenable de lui donner une autre dénomination; mais nous avons cru devoir lui conserver le nom qui lui a été donné par Gehler, Fischer & plusieurs autres physiciens allemands, avant que l'on connût celle du physicien anglais.

CHAMBRE DE L'ŒIL : espace compris entre le cristallin & la cornée de l'œil.

Le cristallin C, *fig.* 585, divise le globe de l'œil en deux parties inégales : l'une forme l'espace compris entre le cristallin C & la cornée A ; l'autre, l'espace entre le cristallin C & la sclérotique V : la première division, qui contient l'humeur vitrée, est divisée en deux parties par l'iris.

On distingue, dans l'œil, une *chambre antérieure* & une *chambre postérieure*, mais les anatomistes ne sont pas bien d'accord sur l'espace occupé par chaque division. Plusieurs d'entr'eux appellent, avec Brisson, médecin des hôpitaux & professeur à Douay, *chambre intérieure*, l'espace A D compris entre l'iris & la cornée transparente, & *chambre postérieure*, l'espace D C compris derrière l'iris, entre cette membrane & celle qui renferme l'humeur vitrée. Ainsi, dans cette supposition, les deux *chambres* n'occuperoient que la division antérieure de l'œil entre la cornée & le cristallin, & elles communiqueroient entr'elles par la prunelle. Mais cette *chambre postérieure* a si peu d'étendue, que quelques anatomistes en ont nié l'existence ; cependant elle est facile à démontrer sur un œil qu'on a exposé à la congélation. Cette variété d'opinions sur l'espace compris entre l'iris & le cristallin a fait adopter une autre manière de considérer les deux *chambres*. On appelle *chambre antérieure* l'espace compris entre la cornée & le cristallin, & *chambre postérieure* l'espace circonscrit par la sclérotique & l'iris; alors elle est beau-

coup plus grande que la *chambre antérieure*. *Voyez* ŒIL.

CHAMBRE LUCIDE, CHAMBRE LUMINEUSE; camera lucida ; *lichten kammer*. Instrument avec lequel on peut dessiner des objets dans un lieu éclairé. *Voyez* CHAMBRE CLAIRE.

CHAMBRE NOIRE ; camera nigra ; *verfinstertes zimmer*. Chambre fermée exactement de toutes parts, & dans laquelle la lumière n'entre que par une petite ouverture.

Dans quelques *chambres noires*, l'ouverture, très-petite, est libre ; dans d'autres, l'ouverture, plus grande, est remplie par un verre lenticulaire que traversent les rayons émanés ou réfléchis des objets extérieurs, lesquels vont se peindre distinctement, & avec leur couleur naturelle, sur un fond blanc placé au dedans de la *chambre*, au foyer du verre.

On avoit remarqué depuis long-temps que, dans une *chambre* bien fermée, s'il existe, ou si l'on pratique une petite ouverture par laquelle les rayons de lumière puissent pénétrer, il se forme, sur une muraille blanche, ou sur une surface blanche placée dans l'intérieur de cette *chambre*, un tableau représentant l'image des objets existans à l'extérieur de la *chambre*, vis-à-vis le plan qui reçoit l'image ; enfin, que ces objets sont vus dans une position renversée.

Pour que ces images soient distinctes, il est nécessaire que l'ouverture soit très-petite; alors on conçoit que, parmi les rayons lumineux envoyés de tous les points de l'objet A B, *fig.* 586, il en est qui arrivent à l'ouverture *o*, pénètrent dans l'intérieur de la *chambre noire*, & se dirigent sur la surface blanche, où ils sont arrêtés, puis réfléchis dans toutes les directions ; & que, parmi ces rayons réfléchis, il en est qui parviennent à l'œil du spectateur, & lui font distinguer une image *a b* sur le plan qui reçoit la lumière directe. Mais comme tous les rayons A D B, envoyés de l'objet, convergent vers le point *o*, & divergent ensuite pour se porter sur la surface blanche, après s'être croisés dans l'ouverture, l'image *a d b* doit nécessairement paroître dans une position renversée. En effet, soit un rayon D *d*, partant du milieu de la figure A B, & traversant l'ouverture *o* pour se porter sur la surface blanche en *d*, le rayon envoyé du point A, placé au-dessus du point D, après s'être croisé avec la ligne D *d*, au point *o*, continuera sa direction, & viendra frapper la surface blanche en *a*, au-dessous de *d*; de même le rayon envoyé du point B, placé au-dessous de D, ira, en passant par le trou *o*, frapper la surface blanche en *b* au-dessus de *d* : ainsi l'image sera nécessairement vue dans une position renversée.

Quant à la grandeur de l'image comparée à celle de l'objet, il est facile de démontrer qu'elle doit être en raison directe des distances de la surface blanche, & de l'objet à l'ouverture par laquelle la lumière entre, en supposant, toutefois, que le plan qui reçoit l'image soit parallèle à l'objet; car on a, dans ce cas, les deux triangles A o B, a o b semblables; si l'on trace la ligne D o d de plus courte distance entre les deux plans, on aura AB : ab = Do : do. Toutes les distances DA, DB, étant également proportionnelles aux distances da, db, on voit que l'image est parfaitement semblable à l'objet; mais si le plan qui reçoit la lumière n'étoit pas parallèle à l'objet, alors l'image seroit inexacte, comme on le voit en a'd'b', & l'on auroit une *anamorphose*. *Voyez* ANAMORPHOSE.

La grandeur de l'ouverture par laquelle les rayons de lumière entrent dans la *chambre noire*, a une grande influence sur la clarté & sur la netteté de l'image. Lorsque les ouvertures sont très-petites, il entre peu de lumière envoyée de chaque point extérieur, & l'image est foiblement éclairée, mais aussi elle est très-nette; lorsque les ouvertures sont un peu agrandies, il entre une plus grande quantité de la lumière envoyée par chaque point de l'objet; les images sont beaucoup plus éclairées, mais elles sont mal terminées & vaporeuses. Enfin, lorsque les ouvertures sont très-grandes, on n'aperçoit plus d'images des objets extérieurs.

Il est facile de se rendre raison de cet affoiblissement, de cette indétermination & de cette disparition des images, à mesure que l'ouverture de la *chambre noire* s'agrandit. Supposons trois petites ouvertures ω, O, o, *fig.* 587, qui établissent une communication de l'extérieur avec l'intérieur d'une *chambre noire*; les rayons de lumière venant de l'objet A B, & passant par l'ouverture ω, produiront une image α β, ceux qui passeront par le point O produiront l'image A'B', & ceux qui passeront par le point o produiront l'image a b. Il est facile de voir que, quel que soit le nombre des ouvertures placées entre ω & o, il y aura autant d'images que d'ouvertures, & que, si ces ouvertures étoient très-rapprochées les unes des autres, les images se superposeroient. Si donc, au lieu de toutes ces petites ouvertures, on les réunit en une seule ouverture ω o, on conçoit que toutes les images qui auroient été formées par chaque petite ouverture, se superposeront les unes sur les autres. Si l'ouverture ω o est peu considérable, les images, quoique mal terminées, se distingueront encore; si elle s'agrandit, l'image deviendra vague; enfin, toutes les couleurs se confondront, & l'image disparoîtra lorsque l'ouverture sera très-grande.

Pour avoir une image bien vive & bien nette des objets éclairés, placés à l'extérieur de la *chambre noire*, il faut que, de chaque point, il puisse arriver à l'ouverture un grand nombre de rayons de lumière, & que ces rayons, en entrant, convergent, afin d'obtenir, au point de concours, un seul point pour image du point extérieur. On y parvient en plaçant à l'ouverture O, *fig.* 588, un verre

lenticulaire; alors tous les rayons qui vont en divergeant d'un point lumineux A ou B, par exemple, traversent cette lentille & convergent vers leur foyer en a & en b. Si la surface blanche est placée à cette distance, l'image de chaque point de l'objet n'est qu'un point sur la surface, & l'on obtient ainsi une image de l'objet parfaitement terminée, & d'autant mieux éclairée, que la lentille sera plus grande; mais si la surface qui reçoit l'image étoit plus rapprochée en A B, ou plus reculée en α β, les cônes divergens ou convergens seroient coupés plus ou moins loin du sommet, & donneroient, par l'intersection, & conséquemment pour chaque point extérieur, un cercle, ce qui rendroit l'image vague & mal terminée.

On voit que les images, dans cette circonstance, sont également renversées, & que le rapport qui existe entre les dimensions de l'image & celles de l'objet, sont également comme les distances de la surface & de l'objet au centre de la lentille; enfin, que les images peuvent être d'autant plus grandes, que les foyers des verres lenticulaires sont plus longs, & que les objets sont plus rapprochés.

Comme l'image des objets n'est jamais bien nette qu'autant que la surface blanche est placée au foyer des rayons qui passent à travers la lentille, & que ce foyer varie avec la distance des objets à la lentille, il s'ensuit que, lorsque, dans un paysage, des objets placés à différentes distances viennent se peindre dans la *chambre noire*, comme la surface qui reçoit les images a une position fixe & constante, les objets qui ont leur foyer sur cette surface seront vus avec une grande netteté, tandis que les autres seront mal terminés & un peu confus. Il est donc nécessaire, pour avoir une image distincte, que les objets soient à des distances peu différentes de la lentille, & que la surface blanche soit à la distance focale moyenne, c'est-à-dire, à une distance telle, que la plus grande partie des images soient vues avec netteté. On y parvient en avançant ou reculant la surface, jusqu'à ce que l'image ait la plus grande pureté & la plus grande netteté qu'il soit possible d'obtenir.

La position renversée des images reçues sur un plan vertical, détruisant une grande partie de l'illusion que la *chambre noire* doit produire, on a cherché divers moyens de redresser les images. Le plus simple consiste à placer un miroir plan M O, *fig.* 589, au-dessus de la lentille, & l'image de l'objet A B, qui auroit dû se former en ab, vient, par la réflexion, se peindre en α β, dans sa position naturelle. Au lieu de miroir, on place ordinairement un prisme dont la face supérieure réfléchit la lumière; ce prisme ayant un poli plus parfait, absorbe moins de lumière. Par cette méthode on rectifie bien une des positions de l'image, mais il existe une autre disposition vicieuse; c'est que la face droite est vue à gauche, & réciproquement. Pour rétablir complètement la position de l'image, & lui donner la même situation que l'objet, l'objet, Briſſon indique ce moyen. « 1°. Bouchez tous les jours d'une *chambre* dont les fenêtres donnent des vues ſur un certain nombre d'objets variés, & laiſſez ſeulement une petite ouverture à l'une des fenêtres; 2°. adaptez à cette ouverture un verre lenticulaire, plan convexe, ou convexe des deux côtés, qui forme une portion de ſurface d'une aſſez grande ſphère; 3°. tendez, à quelque diſtance, laquelle ſera déterminée par l'expérience même, un papier blanc ou quelqu'étoffe blanche, à moins que la muraille même ne ſoit blanche, au moyen de quoi vous verrez les objets peints ſur la muraille de haut en bas; 4°. ſi vous voulez les voir repréſentés dans leur ſituation naturelle, vous n'avez qu'à placer un verre lenticulaire entre le centre & le foyer du premier verre, ou enfermer deux verres lenticulaires, au lieu d'un, dans un tuyau de lunette. »

Rien n'eſt plus facile que de redreſſer les images des *chambres obſcures* avec deux ou trois verres lenticulaires; c'eſt ainſi qu'on le pratique dans les lunettes terreſtres. (*Voyez* LUNETTE TERRESTRE.) Mais cette méthode a l'inconvénient d'abſorber beaucoup de lumière, & de rendre les images obſcures. *Voyez* EUGRAPHE.

On attribue l'invention des *chambres noires* à Jean-Auguſte Porta, ſavant napolitain, qui vivoit dans le ſeizième ſiècle. Cet homme, après avoir entrepris de longs voyages pour perfectionner ſes connoiſſances, avoit réuni chez lui les ſavans les plus diſtingués, pour s'y occuper de l'avancement & du progrès des ſciences. Cette ſociété des *Arcanes* donna de l'ombrage à la Cour de Rome, &, ſous le prétexte ſpécieux que l'on s'y occupoit des ſecrets chimériques de la magie, lui fit défendre de ſe réunir, ce qui ne l'empêcha pas d'achever ſon ouvrage ſi remarquable, *De Magiâ naturali.* Dans le chapitre XVII de cet ouvrage, Porta parle de la *chambre obſcure;* & après avoir dit que, ſans autre préparation qu'une ouverture pratiquée à la fenêtre d'une *chambre obſcure*, on verra ſe peindre en dedans les objets extérieurs avec leurs couleurs naturelles, il ajoute : « Mais je vais dévoiler un ſecret dont j'ai toujours fait un myſtère avec raiſon. Si vous adaptez une lentille convexe à l'ouverture, vous verrez les objets beaucoup plus diſtinctement, & au point de pouvoir reconnoître les traits de ceux qui ſe promènent au dehors, comme ſi vous les voyiez de près. »

Il eſt peu d'opticiens & de phyſiciens qui n'aient des *chambres noires*, dans leſquelles les images ne ſoient formées avec une grande clarté, une grande netteté & une grande perfection, & dans leſquelles on ne puiſſe deſſiner avec aſſez d'exactitude les objets extérieurs. Une obſervation aſſez curieuſe, qui cauſe toujours une grande ſurpriſe aux ſpectateurs qui n'y réfléchiſſent pas, c'eſt que les images des perſonnes qui marchent, outre leur mouvement progreſſif, ont un mouvement d'ondulation en haut & en bas, comme

celui des chaiſes roulantes, mais plus prompt & plus ſenſible, ce qui provient de l'élévation & de l'abaiſſement du corps, qui eſt produit par l'oſcillation qui a lieu ſur chaque jambe en marchant. *Voyez* MARCHER.

La facilité avec laquelle on peut copier des payſages, des portraits, & même des deſſins avec ces ſortes de *chambres noires*, & de les obtenir ſous toutes ſortes de grandeurs, ſoit en ſe ſervant de verres lenticulaires de divers foyers, ſoit en rapprochant ou écartant l'objet & le plan qui reçoit l'image, les ont fort multipliées, & ont déterminé ceux qui en font uſage à les rendre portatives, & à leur donner des formes très-variées. Nous allons décrire quelques-unes de ces *chambres obſcures*, afin de les faire connoître.

De toutes les machines portatives, la plus ſimple eſt une caiſſe de bois A B C D, *fig* 590, à laquelle vous donnerez environ un pied de hauteur, autant de largeur, & deux où trois de longueur, ſuivant la diſtance focale des lentilles que vous emploîrez; ajoutez, à l'un des côtés, un tuyau formé de deux tubes qui s'emboîtent l'un dans l'autre, afin qu'ils puiſſent ſe rallonger ou ſe raccourcir ſelon le beſoin. A l'ouverture antérieure du premier tuyau, vous adapterez deux lentilles convexes des deux côtés, K, L, de ſept pouces environ de diamètre, de manière qu'elles ſe touchent preſque, & au trou intérieur M, vous en placerez une autre de cinq pouces de foyer environ; vous diſpoſerez perpendiculairement, vers le milieu de la longueur de cette boîte, un papier huilé, ou un verre dépoli G H, attaché ſur un châſſis; enfin, vous ménagerez, au côté oppoſé au tuyau, une ouverture en I, aſſez grande pour recevoir les deux yeux.

Quand vous voulez voir quelqu'objet, vous tournez le tuyau, garni de ſes lentilles, vers cet objet, & vous les ajuſtez de manière que l'image ſoit peinte diſtinctement ſur le papier huilé ou le verre dépoli; ce à quoi on parviendra en diminuant ou allongeant le tuyau mobile.

S'Graveſande a inventé une *chambre obſcure* portative, dont nous allons donner la deſcription.

Cette machine a une forme approchante de celle d'une chaiſe à porteur; le deſſus en eſt arrondi vers le derrière, & par le devant elle eſt bombée, & ſaillante dans le milieu vers la hauteur, *fig.* 591.

1°. La planche A, au dedans, ſert de table ; elle tourne ſur deux chevilles de fer, portées dans le devant de la machine, & ſoutenues par deux chaînettes, pour pouvoir être levée, & faciliter l'entrée de la machine.

2°. Sur le derrière, en dehors, ſont attachés quatre petits fers C, C, dans leſquels gliſſent deux regles de bois D, D, de la largeur de trois pouces, au travers deſquelles paſſent deux lattes, ſervant à tenir attachée une petite planche F, laquelle, par leur moyen, peut avancer ou reculer.

3°. Au-deſſous de la machine eſt une échancrure O Q, longue de neuf à dix pouces, & large de quatre, aux côtés de laquelle ſont attachées deux règles en forme de queue d'aronde, entre leſquelles on fait gliſſer une planche de même longueur, percée, dans ſon milieu, d'un trou rond, d'environ trois pouces de diamètre, & garnie d'un écrou qui ſert à élever & à abaiſſer un cylindre garni de la vis correſpondante, & d'environ quatre pouces de hauteur. C'eſt ce cylindre qui doit porter le verre convexe.

- 4°. La planche mobile, ci-deſſus décrite, porte encore avec elle une boîte carrée X, longue d'environ ſept à huit pouces, & haute de dix, dont le devant peut s'ouvrir par une petite porte; & le derrière de la boîte a, vers le bas, une ouverture carrée N, d'environ quatre pouces, qui peut, quand on le veut, ſe fermer par une petite planche mobile.

5°. Au-deſſus de cette ouverture carrée, eſt une fente parallèle à l'horizon, & qui tient toute la largeur de la boîte; elle ſert à faire entrer dans la boîte un miroir plan qui gliſſe entre deux règles, en ſorte que l'angle qu'il fait avec l'horizon, du côté de la porte B, ſoit de $112°\frac{1}{2}$, ou de cinq quarts de l'angle droit.

6°. Ce même miroir peut, quand on le veut, ſe placer perpendiculairement à l'horizon, comme on voit en H, au moyen d'une platine de fer adaptée ſur un de ſes côtés, & garnie d'une vis de fer qu'on fait entrer dans une fente pratiquée au toit de la machine, & qu'on ſerre avec un écrou.

7°. Dans la boîte eſt un petit miroir L L, qui peut tourner ſur deux pivots placés un peu au-deſſous de la fente du n°. 5, & qui, étant tiré ou pouſſé par la petite verge R, peut prendre toutes les inclinaiſons, à l'horizon, qu'on voudra.

8°. Pour avoir de l'air dans cette machine, on adaptera, à l'un des côtés, le tuyau de fer-blanc recourbé, Z, qui donnera accès à l'air ſans le donner à la lumière. Si cela ne paroiſſoit pas ſuffiſant, on pourroit mettre, ſur le ſiége, un petit ſoufflet qu'on feroit agir avec le pied. De cette manière, on pourra renouveler l'air continuellement.

Quand on voudra repréſenter les objets dans cette machine, on étendra un papier ſur la table, ou, ce qui eſt mieux, on en aura un bien tendu, & attaché ſur une planchette ou un carton fort, qu'on mettra ſur cette table, & qu'on y fixera ſolidement.

On garnira le cylindre C d'un verre convexe, dont le foyer ſoit à peu près à une diſtance égale à la hauteur de la machine au-deſſus de la table; on ouvrira le derrière de la boîte X, & l'on ſupprimera le miroir H, ainſi que la planche F, les règles D D; enfin, on inclinera le miroir mobile L L juſqu'à ce qu'il faſſe, avec l'horizon, un angle d'à peu près 45°. S'il s'agit de repréſenter des objets fort éloignés & formant le tableau perpendiculaire, alors tous les objets qui enverront des

rayons ſur le miroir L L, qui peuvent être réfléchis ſur le verre convexe, ſe peindront ſur le papier, & l'on cherchera le point de la plus grande diſtinction, en élevant ou en abaiſſant, par le moyen de la vis, le cylindre qui porte le verre convexe.

On pourra, par ce moyen, repréſenter avec une grande vérité, un payſage, une vue de ville, &c.

Pour repréſenter les objets, en faiſant paroître à droite ce qui eſt à gauche, il faudra ouvrir la porte B, mettre le miroir H dans la fente & la ſituation indiquée plus haut, n°. 5, élever le miroir L L de manière qu'il faſſe avec l'horizon un angle de $22°\frac{1}{2}$ environ: alors, en tournant le devant de la machine du côté des objets à repréſenter, que nous ſuppoſons fort éloignés, on les verra peints ſur le papier, & ſeulement renverſés de droite à gauche.

Il ſera quelquefois utile de former un deſſin dans ce ſens, particulièrement ſi l'on ſe propoſoit de le faire graver; car la planche renverſant le deſſin de droite à gauche ſeulement, elle remettroit les objets dans leur poſition naturelle.

Dans le cas où l'on voudroit repréſenter ſucceſſivement tous les objets qui ſont aux environs & autour de la *chambre noire*, il faudroit placer le miroir H, verticalement comme on le voit dans la figure, & le miroir L ſous un angle de 45°: alors, en faiſant tourner le premier verticalement, on verra ſucceſſivement ſe peindre, ſur le papier, les objets latéraux.

C'eſt une précaution néceſſaire que de couvrir le miroir H d'une boîte de carton, ouverte du côté des objets, comme auſſi du côté de l'ouverture N de la boîte X; car, ſi on laiſſoit le miroir entièrement expoſé, il réfléchiroit ſur le miroir L beaucoup de rayons latéraux, qui affoibliroient conſidérablement la repréſentation.

Pour repréſenter des peintures ou des tailles-douces, il faudra les attacher ſur la planche F, du côté qui regarde le miroir L, & en ſorte qu'elles ſoient éclairées par le ſoleil. Mais, comme alors l'objet ſera extrêmement proche, il faudra garnir le cylindre, d'un verre d'un foyer dont la longueur ſoit à peu près la moitié de la hauteur de la machine au-deſſus du papier; & alors, ſi la diſtance du tableau juſqu'au verre eſt égale à celle du verre juſqu'au papier, les objets du tableau ſeront peints ſur ce papier préciſément de la même grandeur.

On ſaiſira le point de diſtinction en avançant ou reculant la planchette F, juſqu'à ce que la repréſentation ſoit bien diſtincte.

Il y a quelques attentions à avoir relativement à l'ouverture du verre convexe.

La première eſt, qu'on peut, ordinairement, donner au verre la même ouverture qu'à une lunette de même longueur; la ſeconde, qu'il faut diminuer cette ouverture, lorſque les objets ſont fort éclairés, & au contraire; la troiſième, que les traits paroiſſent plus diſtincts lorſque l'ouverture eſt petite que quand elle eſt plus grande : lorſqu'on voudra deſſiner, il faudra donner au verre la plus petite ouverture poſſible, avec cette précaution de ne pas trop exténuer la lumière; c'eſt pourquoi il faudra avoir, pour ces différentes ouvertures, différens cercles de cuivre ou de carton noircis, qu'on emploîra ſuivant les circonſtances.

Cette *chambre noire* portative eſt une des plus complètes que l'on ait imaginées; mais ſon grand volume & ſa peſanteur la rendent difficile à tranſporter. L'abbé Nollet en a imaginé une qui eſt très-légère, qui tient peu de place, que l'on peut facilement tranſporter, qui peut, en conſéquence, ſuppléer, dans le plus grand nombre de circonſtances, à celle de S' Graveſande. C'eſt une pyramide carrée, *fig. 592*, formée par quatre tringles de bois A, B, C, D, aſſemblées par en haut dans un collet de même matière EF, & par en bas aux quatre coins d'un châſſis GHIK; tous ces aſſemblages ſont à charnières, & chaque côté du châſſis ſe briſe de même dans ſon milieu; de ſorte qu'en ouvrant quatre crochets, pour laiſſer le jeu libre aux charnières, les montans ſe plient & ſe raſſemblent comme les baleines d'un parapluie, &, à côté d'eux, les traverſes qui forment le châſſis. Le collet EF eſt percé à jour pour recevoir un tuyau de carton L, garni d'un verre objectif qui a ſon foyer à la baſe de la pyramide. La partie L, plus menue que le reſte, reçoit un autre collet MN, qui tourne deſſus avec liberté, & qui porte, à ſa circonférence, deux petits tuyaux fendus ſuivant leur longueur, pour faire reſſort. Dans ces tuyaux gliſſent de haut en bas deux petits montans de métal, qui portent une eſpèce de petit couvercle O, au fond duquel eſt ajuſté un miroir plan. On fixe au bord de cette pièce, deux tenons ou pivots diamétralement oppoſés, qui tournent avec un peu de frottement dans des trous pratiqués au bout des montans, leſquels ſont aplatis comme la tête d'un compas. Lorſqu'on a joint le ſecond collet MN au premier EF, on peut, ſans remuer la pyramide, tourner tout le miroir vers différens points de l'horizon, & l'incliner autant qu'on le veut, pour chercher les objets qu'on a deſſein de voir; & quand le couvercle eſt entièrement baiſſé, il forme, avec les deux collets, une eſpèce de boîte qui termine la pyramide, & qui renferme le verre & le miroir. On couvre de drap ou de damas vert, doublé en dedans de taffétas noir, trois côtés entiers de la machine, & une partie AEB, du quatrième; en AB & aux parties inférieures des deux tringles, on attache un rideau de quelqu'étoffe noire un peu épaiſſe, dont on puiſſe ſe couvrir la tête & les épaules. Il faut auſſi que le drap des trois autres côtés déborde de deux ou trois doigts par en bas.

Pour faire uſage de cette machine, on la poſe ſur une table couverte d'une feuille de papier blanc, & l'on ſe place, le dos tourné aux objets PR, qu'on veut voir, on avance un peu ſa tête ſous le rideau, en ayant ſoin qu'il n'entre pas d'autre jour que celui qui vient par l'objectif.

Une *chambre noire* portative fort ſimple, & qui peut être placée dans un ſalon comme dans un champ, eſt celle qui a la forme d'une boîte ABCD, *fig. 593*. Cette boîte, plus longue que large, eſt garnie d'un tuyau E fixé à l'un de ſes petits côtés pour recevoir un autre tuyau mobile F, qui porte un verre lenticulaire dont le foyer eſt à la diſtance du fond AC. On voit que, par les rayons qui ſe croiſent en paſſant dans le verre F, l'objet H ſe peint renverſé au fond de la boîte, comme ſur le mur de la *chambre* dont on a parlé ci-deſſus; & l'on en jugera encore mieux ſi ce fond AC, au lieu d'être de bois, eſt un morceau de glace dépolie ou un châſſis garni d'un papier huilé. Si l'on veut que l'objet paroiſſe droit à quelqu'un qui auroit l'œil placé en A, il faut introduire dans la boîte un miroir incliné de 45 dég., comme AG, & que la moitié de IKL, du couvercle, puiſſe s'ouvrir: alors, ſi l'on met la glace dépolie ou le châſſis de papier huilé ſur la partie découverte AL, les rayons réfléchis par le miroir y porteront l'image de l'objet dans une ſituation droite pour le ſpectateur, qui aura l'œil en A.

Comme les rayons de lumière qui viennent d'un objet éloigné ſont moins divergens que ceux qui viennent de plus près, il eſt néceſſaire de rendre le tuyau F mobile, afin de pouvoir l'avancer ou le reculer, ſuivant la diſtance des objets qu'on veut voir, pour avoir leur image bien diſtincte.

Nous n'entrerons pas dans de plus grands détails ſur les *chambres noires* portatives: la forme & les dimenſions varient autant que l'emplacement, le goût ou l'imagination de l'opticien qui l'exécute, du phyſicien ou de l'amateur qui la fait conſtruire. Nous obſerverons ſeulement qu'elle ſert à beaucoup d'uſages différens; qu'elle jette de grandes lumières ſur la nature de la viſion; qu'elle fournit un ſpectacle fort amuſant, en ce qu'elle imite toutes les couleurs & même les mouvemens, ce qu'aucune autre ſorte de repréſentation ne peut faire. Par le moyen de cet inſtrument, quelqu'un qui ne ſait pas le deſſin, pourra néanmoins deſſiner les objets avec autant de juſteſſe & d'exactitude que le permet l'aberration de ſphéricité des lentilles; il pourra deſſiner de grandeur égale, ou dans des rapports donnés; celui qui ſait deſſiner ou même peindre, pourra encore, par ſon moyen, ſe perfectionner dans ſon art, en ce qu'il aura des moyens d'harmoniſer ſes couleurs en obtenant, dans la *chambre noire*, les teintes extrèmes de brillant & de ſombre qu'il peut imiter avec ſes couleurs, & en déterminant ainſi les teintes intermédiaires, qu'il doit employer, pour obtenir une harmonie égale à celle de la nature.

CHAMBRE OBSCURE; *camera obſcura; verfinſtertes zimmer. Chambre* où la lumière n'entre que par une petite ouverture , & dans laquelle l'on voit les images des objets extérieurs dans une position renverfée. *Voyez* CHAMBRE NOIRE.

CHAMEAÜ; *κάμηλος*; camelus; *kamel*, de l'hébreu , *gamal*; f. m. Animal haut des jambes, qui a le corps fort long & la tête petite , les oreilles courtes, & une efpèce de boffe fur le dos.

CHAMEAU : machine inventée à Amfterdam , en 1688, par le moyen de laquelle on élève ; de cinq à fix pieds, un vaiffeau pour le faire paffer fur des endroits où il n'y a pas affez d'eau pour de gros vaiffeaux.

Cette machine confifte en deux pontons de la longueur, à peu près, du vaiffeau auquel ils doivent fervir : un de leurs côtés eft droit, & l'autre eft contourné en concavité, à peu près comme celui des vaiffeaux l'eft en convexité. On en place un à chaque bord du vaiffeau. Ces pontons font garnis de trous pour faire paffer l'eau de la mer , d'autant de tampons ou foupapes pour boucher ces trous , & de pompes pour ôter l'eau qu'on y fait entrer lorfqu'il en eft befoin. Lorfqu'on veut ajufter les deux pontons aux côtés du vaiffeau, on les coule bas en les rempliffant d'eau , jufqu'à ce qu'ils foient affez enfoncés pour répondre aux tirans d'eau du vaiffeau. Le vaiffeau amené entre les deux *chameaux*, porte fur eux, & fur douze câbles qui paffent de l'un à l'autre de ces pontons, & par-deffous le vaiffeau qu'on veut enlever. Ces câbles font *dormans* fur un des *chameaux* , & font vidés fur l'autre avec un trénil.

Après ces préparatifs, on affeoit le vaiffeau fur les deux pontons ou *chameaux*, au moyen de douze arcs-boutans, ou boute-hors, de chaque côté, contenus & affemblés chacun avec deux épontilles., moyennant quoi le vaiffeau doit être foulevé fans inclinaifon fenfible.

Il ne refte plus qu'à pomper l'eau contenue dans la capacité des *chameaux*, & qui a fervi à les faire couler. On bouche les trous par où l'eau étoit entrée, & on fait agir les douze pompes établies fur chaque ponton.

A mefure que cette opération avance, les pontons fe foulèvent, & foulèvent avec eux, d'environ cinq pieds , le vaiffeau le plus long; car, quoiqu'il n'y ait que quinze pieds d'eau fur la barre du *Pampus* à Amfterdam, un vaiffeau qui tire dix-huit pieds ne manque jamais de le franchir à l'aide de cette machine. Les Ruffes ont auffi des *chameaux* à Pétersbourg , pour mener à Cronftadt les vaiffeaux qu'ils conftruifent dans l'arfenal de cette capitale, & qui ont à franchir le banc de la Neva, fur lequel il n'y a que très-peu d'eau.

CHAMP; campus; *feld*; f. m. Etendue, efpace. En *agriculture*, c'eft une étendue de terre labourable; dans l'art de la guerre, l'étendue de terrain où fe fait le combat, &c.

CHAMP DE LA VISION ; campus vifionis; *geficts feld*. Etendue, efpace dans lequel la vue peut diftinguer les objets.

L'image des objets extérieurs fe peint diftinctement fur une portion de la rétine, autour de l'axe optique ou de l'axe vifuel; & elle ne fe peint que confufément fur les endroits qui font plus éloignés de cet axe : c'eft pour cette raifon que nous ne pouvons voir diftinctement & d'un feul coup d'œil, qu'une très-petite portion d'un grand objet qui eft près de notre œil, & que nous ne voyons que confufément les autres parties. On croit, affez généralement, que l'étendue du *champ de la vifion* forme un angle de 45° autour de l'axe vifuel.

Young a cherché à déterminer le *champ de la vifion*, en fixant fon œil fur un point donné, & faifant promener un objet lumineux autour de fon axe vifuel ; à diverfes diftances. Il a trouvé que, felon la direction, l'angle eft très-différent. En haut il s'étend à 50 d.; en dedans à 60 d.; en bas à 70 d, & en dehors à 90. Ces limites internes de la faculté de perception de l'organe correfpondent à peu près avec les limites externes, que forment les diverfes parties de la face qui font faillie autour de l'œil, quand l'axe vifuel eft dirigé en avant & un peu au-deffous de l'horizontale, pofition qui eft la plus fréquente & la plus naturelle. Cependant les limites internes font un peu plus étendues que les externes; & les unes & les autres font très - convenablement calculées pour nous mettre en état d'apercevoir avec promptitude ceux des objets placés autour de nous, qui doivent le plus probablement nous intéreffer. Il eft à remarquer que la rétine s'étend , dans l'intérieur, plus loin que ne l'exigeroient les limites du *champ de la vifion* telles qu'on vient de les affigner.

Au demeurant, la vifion n'eft réellement parfaite que dans un petit cercle d'un degré ou deux de rayon autour de l'axe vifuel : de-là, jufqu'à la diftance de 5 à 6 degrés, l'imperfection commence, & eft la même dans cette étendue. Au - delà de 10 degrés, la vifion eft abfolument imparfaite. Ces effets font dus, en partie, à l'aberration inévitable dans les rayons obliques, & furtout à l'infenfibilité de la rétine, à mefure que l'image tombe fur des points plus diftans du centre ordinaire de perception. Cette infenfibilité fait que, par exemple, fi l'on fait arriver l'image du foleil fur quelqu'un de ces points diftans du centre, l'impreffion qui en réfulte n'eft pas affez forte pour produire un fpectre permanent ; tandis qu'un objet de fplendeur très - modérée l'occafionne , lorfqu'on fait tomber fon image fur l'axe vifuel.

« Une plus grande fenfibilité dans la rétine, dit le docteur Young, n'auroit probablement pas convenu aux vues de l'auteur de la nature. Le nerf optique, tel qu'il a été diftribué dans l'organe, occupe une grande furface ; &, tel qu'il eft, la plus légère irritation l'affecte vivement, & rend l'organe très-fufceptible d'inflammation. Pour rendre donc la vue auffi parfaite qu'elle l'eft réellement, il falloit renfermer le *champ de la vifion* dans des limites très-étroites ; mais comme l'œil lui-même a la faculté de fe mouvoir fous un angle d'environ 55 degrés autour de l'axe optique, ce mouvement peut amener fucceffivement le *champ de la vifion* parfaite dans un cercle de 110 degrés de diamètre autour de cet axe, fans que l'individu remue la tête. »

On voit, d'après ces confidérations, que le *champ de la vifion parfaite*, lorfque l'œil eft fixe, a lieu dans un cercle dont le diamètre n'eft que de quelques degrés ; le *champ de la vifion diftincte*, dans un cercle de 20 degrés de diamètre environ ; le *champ de la vifion fenfible*, dans une ellipfe dont le grand diamètre, qui eft dans le fens de la longueur de l'œil, eft de 150 degrés, & le petit diamètre, qui eft dans le fens de la hauteur de l'œil, eft de 120 degrés ; enfin, que le *champ de la vifion parfaite*, lorfque l'œil eft mobile, fe fait dans un cercle de 110 degrés de diamètre. Comme ces réfultats proviennent d'expériences faites fur les yeux du docteur Young, il feroit poffible que ces limites fuffent différentes pour d'autres vues.

CHAMP DU DESSIN ; campus graphidis. Fond d'un tableau où il n'y a pas de figure, & en général un fond fur lequel on peint, on grave, on repréfente quelque chofe.

CHAMP D'UNE LUNETTE ; campus compifcilli tubulati ; *feldeines fchrohres*. Etendue des objets qu'on y peut voir à la fois, ou l'efpace que cette lunette embraffe, c'eft-à-dire, ce que l'on peut voir en regardant dans la lunette.

Le *champ* eft déterminé par la largeur de l'oculaire, ou du diaphragme, que l'on met au foyer de l'objectif. C'eft une perfection, dans une lunette, d'embraffer beaucoup de *champ*, mais c'eft fouvent au dépens de la netteté des objets ; car les rayons qui tombent fur les bords du verre objectif, & d'où dépend le *champ de la lunette*, font rompus plus inégalement que les autres, ce qui produit des couleurs & de la confufion. On remédie à cet inconvénient par un diaphragme placé au dedans de la lunette, qui, en interceptant les rayons, diminue beaucoup le *champ*, mais rend la vifion plus diftincte.

On peut augmenter beaucoup le *champ d'une lunette* ou d'un téléfcope, lorfqu'on ne laiffe pas fe former, réellement, l'image produite par le verre objectif, mais qu'on recueille la lumière auparavant, au moyen d'un verre collecteur un peu large : alors il fe produit, derrière le verre, une petite image qui eft vue au travers du dernier oculaire comme au travers d'une loupe. Par cette difpofition, on ne perd rien du groffiffement ; car l'image éprouve un groffiffement plus fort dans le même

rapport, qu'elle eft devenue plus petite par l'interpofition du verre collecteur.

Des inftrumens conftruits de cette manière, qui groffiffent peu, mais qui ont un grand *champ* & beaucoup de lumière, fe nomment *chercheurs*. *Voyez* CHERCHEURS.

Dans la lunette aftronomique, la grandeur du *champ* dépend de la largeur de l'oculaire ; mais dans celle de Galilée, elle eft déterminée par la largeur de la prunelle, parce que les pinceaux de lumière qui fortent de l'oculaire, & qui renferment entr'eux tous les autres rayons envoyés par l'objet, vont, en s'écartant, paffer près des bords de la prunelle, au lieu que, dans la lunette aftronomique, les pinceaux partent des bords de l'oculaire fous des directions convergentes, pour aller enfuite fe croifer dans la prunelle ; auffi la lunette de Galilée a-t-elle moins de *champ*, ce qui la rend d'un ufage moins commode, & lui a fait préférer la lunette aftronomique, quoiqu'un peu plus longue & renverfant les objets. *Voyez* LUNETTE, TELESCOPE.

On diftingue deux fortes de microfcopes, le fimple & le compofé. Par rapport au groffiffement, le microfcope compofé n'a aucun avantage fur le microfcope fimple, mais il a plus de *champ*, plus de lumière, & il eft d'un ufage plus commode pour obferver les objets. *Voyez* MICROSCOPE.

CHAMPIGNON ; fungus ; *erdfchwaemme* ; fubft. mafc. Plante fongueufe de différentes formes, mais dont un grand nombre fe terminent par une efpèce de chapeau.

CHAMPIGNON DE LAMPE ; lucernæ fungus. Groffeur reffemblant aux *champignons*, qui fe forme au bout de la mêche lorfqu'elle eft confumée.

CHAMPIGNON DES CHAIRS ; fungofæ carnis tumor. Tumeurs ou excroiffances de chair qui naiffent en plufieurs parties du corps, comme aux paupières, aux parties honteufes ou à la tête, quand le crâne a été trépané ou rompu, & que les membranes du cerveau ont été bleffées.

CHAMPIGNON PHILOSOPHIQUE ; fungus philofophicus. Réfidu charbonneux, en maffe fpongieufe, dépofé fur le bord d'un verre à la fuite d'une combuftion.

Pour obtenir un *champignon philofophique*, on met, dans un verre, trois ou quatre gros d'huile de gaïac, & on verfe par-deffus, lentement, mais continuellement, cinq gros d'acide nitrique fumant : il s'excite alors une forte effervefcence, accompagnée d'une ébullition très-forte & de vapeurs extrêmement abondantes. On voit enfuite une maffe-fpongieufe fe former, s'élever, fortir du verre, & excéder fes bords de trois à quatre pouces environ. L'efpèce de reffemblance entre la forme de cette maſſe ſpongieuſe & celle des *champignons* ordinaires, lui a fait donner le nom de *champignon philoſophique*.

CHANCIR ; mucidum fieri ; *ſchimmeln*. Se corrompre par trop d'humidité.

CHANCISSURE; ſitus, mucor; *ſchimmel*; ſubſt. fém. Aſſemblage de petits linéamens produits ſur les ſubſtances qui ſe corrompent.

On regarde cette eſpèce de moiſiſſure comme le ſigne de l'épuiſement & comme l'effet de la décompoſition des corps qui le produiſent : il paroît que la *chanciſſure* eſt une eſpèce particulière de végétaux qui ne peut naître que ſur des ſubſtances corrompues.

CHANDELLE ; κανδηλα ; candela; *licht*. ſubſt. fém. Compoſition de ſuif fondu, de cire, de réſine, &c. qu'on fait prendre autour d'une mêche & qui ſert à éclairer.

Les *chandelles* de ſuif diffèrent principalement des bougies en ce qu'elles doivent être mouchées, & que la même obligation n'exiſte pas pour les bougies. Cette néceſſité de moucher les *chandelles* les rend défectueuſes, en ce qu'elles donnent une lumière inégale, qu'elles répandent beaucoup de fumée lorſque la mêche eſt trop longue, & qu'elle vaporiſent du ſuif qui ne produit pas de lumière.

Haſſenfratz a fait quelques expériences ſur l'influence de la groſſeur des mêches dans la *chandelle*. Il s'eſt ſervi, pour ſes mêches, d'un coton dont la longueur de 100 mètres peſoit 86 grains. Il a d'abord conſtruit, avec du ſuif de mouton, des *chandelles* moulées de dix à la livre, dans leſquelles la groſſeur des mêches a varié depuis 4 juſqu'à 72 brins. Il a examiné la quantité de ſuif brûlé dans un temps donné, qu'il a comparée à la lumière obtenue. Nous allons donner ici le tableau des réſultats de neuf eſpèces de *chandelles* :

BRINS dans les mêches.	SUIF brûlé par heure.	LUMIÈRE.
2	72 grains.	58
6	81	72
8	112	78
12	112	70 à 75
16	104	66 — 72
20	110	70 — 75
24	111	68 — 78
32	140	75 — 85
72	242	80 — 100

Malgré les inégalités que ces réſultats préſentent, Haſſenfratz a obſervé, 1°. que les trois premières *chandelles* ont donné une lumière égale,

que les mêches n'ont pas eu beſoin d'être mouchées, & que la quantité de lumière produite a été d'autant plus grande, qu'il y a eu plus de ſuif brûlé dans le même temps ; 2°. qu'il a fallu moucher les ſix autres *chandelles*, mais que cette néceſſité a augmenté progreſſivement avec la groſſeur des mêches ; que la lumière produite a varié conſidérablement dans ſon intenſité; que la variation dans la lumière a été d'autant plus grande, que les mêches étoient plus groſſes, & qu'en général elles ont produit moins de lumière que les trois premières, proportionnellement à la quantité de ſuif brûlé dans le même temps.

Des expériences faites avec des *chandelles* de différentes groſſeurs, mais dont les mêches étoient toutes compoſées de 72 brins de coton, ont donné les réſultats ſuivans : les *chandelles* de quatre à la livre ont brûlé 265 grains de ſuif par heure, & ont produit de 100 à 105 parties de lumière; celles de cinq à la livre ont brûlé 304 grains de ſuif par heure, & ont produit de 85 à 105 parties de lumière ; celles de huit à la livre ont brûlé 227 grains de ſuif par heure, & ont produit de 60 à 95 parties de lumière ; enfin, celles de dix à la livre ont brûlé 242 grains de ſuif par heure, & ont produit de 80 à 100 parties de lumière. L'intenſité de la lumière a été déterminée en comparant la diſtance de chaque *chandelle* à un plan fixe, pour produire une ombre égale à celle d'une bougie de blanc de baleine placée à une diſtance fixe : l'intenſité de la lumière de la bougie de blanc de baleine a été ſuppoſée de 100 parties.

Ézéchiel Walcker a publié, dans le Journal de Nicholſon, une manière d'augmenter la quantité de lumière fournie par les *chandelles*, & de faire qu'elles n'aient pas beſoin d'être mouchées.

Une *chandelle* ordinaire de dix à la livre, dont la mêche a quatorze fils de coton fin, inclinée de manière à faire un angle de 30 degrés avec la verticale, brûle ſans couler, & ſans avoir beſoin d'être mouchée. On peut faire des chandeliers qui les portent ſous cet angle conſtant, ou qui permettent de faire varier à volonté l'angle d'inclinaiſon de la *chandelle* : ſa lumière, ſous l'inclinaiſon indiquée, eſt tranquille, uniforme & ſans fumée. Voici la cauſe de cet effet.

Lorſqu'une *chandelle* brûle dans une poſition inclinée, la plus grande partie de la flamme s'élève verticalement de la région ſupérieure de la mêche, &, vue dans une certaine direction, elle paroît ſous la forme d'un triangle obtuſangle ; & comme le bout de la mêche ſe projette au-delà de la flamme, à l'endroit de l'angle obtus, elle rencontre l'air qui achève ſa combuſtion & la réduit en cendres: elle ne peut plus alors faire les fonctions d'un conducteur qui emporte une partie du combuſtible ſous la forme de fumée. La *chandelle*, ainſi ſpontanément mouchée, conſerve ſa mêche toujours de la même longueur, & ſa flamme de-

meure toujours femblable & la même, fauf les différences légères que de petites inégalités dans
la filature de la mêche peuvent introduire dans
fes dimenfions abfolues.

On comprend aifément, dit Walcker, l'avantage qu'il y a à employer des *chandelles* qui n'ont
pas befoin d'être mouchées, qui ne fument ni ne
coulent; mais la difpofition indiquée leur donne
une autre propriété qui n'eft pas moins précieufe.
Une *chandelle*, mouchée par la méthode ordinaire, donne une lumière très-flottante, qui nuit
à la vue lorfqu'on fixe des objets rapprochés de
l'organe; mais quand la *chandelle*. eft mouchée
fpontanément, elle donne une lumière fi fixe &
fi uniformément brillante, que l'ajuftement naturel de l'œil démeure tranquille, & que la vifion
s'opère fans fatigue.

Ces expériences ont été faites fur des *chandelles*
baguettes de 14, 12, 10, 8 & 6 à la livre;
les *chandelles* de 14, 12 & 10 ont parfaitement
brûlé, fans couler & fans avoir befoin d'être
mouchées; les *chandelles* de 8 & 6 ont un peu
coulé; mais lorfque ces deux fortes de *chandelles* font moulées, elles brûlent très-bien, produifent une lumière uniforme, ne coulent pas, &
fe mouchent feules.

Depuis quelques années. on fait ufage, à Munich, de *chandelles à mêches de bois*; on en fabrique
une quantité confidérable pour la ville & plufieurs endroits de la Bavière. Elles donnent la
même quantité de lumière qu'une bougie; elles
brûlent avec une flamme égale & conftante; elles
ne pétillent point & ne coulent jamais; On trouve
quelques détails fur ces fortes de *chandelles* dans
le deuxième volume de la *Bibliothèque des Arts &
Manufactures*, page 100.

Bolts propofe auffi quelques améliorations fur
les formes actuelles des *chandelles*. Parmi ces
améliorations, on diftingue celle d'une *chandelle*
creufe, dans laquelle on place une mêche mobile qui conferve toujours la même longueur, &
qui n'a en conféquence aucun moyen d'être mouchée. *Voyez Annales des Arts & Manufactures*,
tome IV, page 297.

CHANDELLE DANS L'AIR; candela in aere. Effets produits par la combuftion des *chandelles* dans
l'air.

Quelle que foit la nature de la matière combuftible fèche qui environne la mêche de la *chandelle*,
on obferve que, lorfqu'elle eft enfermée fous une
cloche pleine d'air atmofphérique, qui ne puiffe
plus fe renouveler, la *chandelle* brûle. d'abord
en répandant une lumière vive; que l'intenfité
de la lumière diminue peu à peu, enfin que la
chandelle s'éteint. Si l'on examine l'air de la cloche, on voit que fon volume eft plus petit d'un
quinzième qu'il n'étoit, qu'il contient une quantité affez grande de gaz acide carbonique, &

qu'une portion affez confidérable de l'oxigène de
l'air a été abforbée.

En général, les *chandelles* ne peuvent brûler
dans un air, dans un gaz, qu'autant que celui-ci
contient une certaine proportion d'oxigène. Lorfque la proportion eft trop petite, elles ceffent
de brûler; lorfqu'elle eft trop grande, la lumière
produite eft vive & éclatante; mais cet air fe vicie bientôt, & la *chandelle* ceffe de brûler. Dans
une cloche contenant 183 pouces cubes de gaz
oxigène, Lavoifier a fait brûler une bougie; elle
s'eft éteinte lorfque le volume d'air a été réduit à
140 pouces, compofés de 90 pouces de gaz acide
carbonique & de 50 pouces de gaz oxigène : dans
cette combuftion, il s'étoit formé de l'eau avec
les 43 pouces de gaz oxigène dont le volume étoit
diminué.

On explique la combuftion des *chandelles* dans
l'air, & la lumière qu'elles produifent en brûlant, de
la manière fuivante. La chaleur de l'extrémité inférieure de la mêche fait fondre le combuftible folide; amené à l'état liquide, il s'introduit entre les
filamens de la mêche qui font fonction de tube capillaire; il y monte, s'y échauffe & fe vaporife; l'air
atmofphérique fe porte fur le combuftible vaporifé,
l'oxigène fe combine avec le carbone & l'hydrogène pour former de l'eau & de l'acide carbonique : de-là le dégagement de chaleur, de lumière,
qui accompagne la combuftion.

Il eft facile de conclure de cette explication,
qu'il faut néceffairement que l'air, dans lequel fe
trouve la *chandelle*, contienne de l'oxigène; qu'il
faut qu'il en contienne une certaine proportion;
que la combuftion ceffe, lorfque la proportion
d'oxigène eft trop foible, & qu'enfin on doit
avoir pour produit du gaz acide carbonique & de
l'eau.

La proportion du combuftible vaporifé, & la
chaleur de cette vaporifation détermine les quantités plus ou moins grandes d'oxigène à fe combiner avec le combuftible. Lorfque la température n'eft pas proportionnelle à la quantité, il
ne fe brûle qu'une partie du combuftible; le refte
fe vaporife dans l'air & produit de la fumée.

CHANDELLE DANS LE VIDE; candela inanis.
Puifque la *chandelle* ne peut brûler & produire de
la lumière & de la chaleur qu'autant que la mêche
eft environnée d'air qui contient de l'oxigène, il
s'enfuit néceffairement que, dans le vide, où il
n'exifte pas d'oxigène, les *chandelles* ne doivent
pas brûler, & c'eft précifément ce que prouve
l'expérience.

CHANDELLE PHILOSOPHIQUE; candela philo-
fophica. Combuftion de gaz hydrogène à l'extrémité d'un tube, & produifant l'effet d'une *chandelle*.

On peut obtenir les *chandelles philofophiques* de
plufieurs manières; la plus fimple eft la fuivante.

Prenez une petite bouteille, soit une fiole à médecine ou autre; mettez dedans de la limaille de fer, des copeaux de fer, des petits clous, des rognures de fil de fer, ou mieux du zinc concassé; versez dessus huit parties d'eau & deux parties d'acide sulfurique concentré; bouchez la bouteille avec un bouchon traversé par un tube de verre, élevé de maniere à ce que l'ouverture extérieure soit très-petite. L'acide & l'eau exercent leur action sur le métal; l'eau se décompose, le métal s'oxide, & l'acide le diffout; l'hydrogène de l'eau abandonné se dégage & sort par la petite ouverture du tube. Si l'on présente une lumière au jet d'hydrogène qui se forme dans l'air atmosphérique, celui-ci s'enflamme, & l'inflammation continue pendant toute la durée du dégagement de l'hydrogène. La flamme produite par la combinaison du gaz hydrogène de la bouteille, avec l'oxigène de l'atmosphere, est d'autant plus longue, plus vive & plus forte, que la quantité du gaz hydrogene dégagé est plus considérable.

CHANDELLE DE GLACE; gellata sectorum stilla. Eaux glacées qu'on voit pendre des toits des maisons, des gouttières, des arbres, & qui sont le plus souvent produites par des neiges fondues qui se convertissent en glace avant de tomber.

CHANGEANT; cambiari; mutabilis; veraenderlicht; adjectif de changer.

CHANGEANTES (Couleurs); colores mutabiles; schielender farbe. Couleurs qui changent suivant la différente lumière qui leur est opposée, ou l'inclinaison sous laquelle on regarde les corps colorés.

Les couleurs de l'iris & de la gorge de pigeon sont changeantes; des taffetas présentent des couleurs changeantes, lorsque la trame est d'une couleur & la chaîne d'une autre. Voyez COULEURS CHANGEANTES.

CHANGEANTES (Étoiles); stellæ mutabiles. Étoiles qui sont sujettes à des diminutions & à des augmentations alternatives de lumière.

Il existe plusieurs étoiles dans lesquelles on soupçonne de semblables variations; mais il en est deux où elles ont été discutées & observées avec assez de soin pour qu'on puisse les prédire: l'une d'elles est la changeante du cygne. Les astronomes expliquent ces variations, ou par de grandes parties obscures, comme Riccioli, ou par une figure bien aplatie, comme Maupertuis, ou par l'interposition d'une grosse planète, comme Goadricke. Voyez ÉTOILES CHANGEANTES.

CHANGEUX (Pierre-Nicolas). Ce savant s'est fait connoître, dès l'âge de vingt-deux ans, par son Traité des Extrêmes, ou Élémens de la science

des réalités. Cet ouvrage, qui parut en 1762, Amsterdam, 2 vol. in-12, contient des idées neuves; le plan est assez bien tracé, les définitions sont exactes & claires, du moins en général. On y rencontre aussi des pensées ingénieuses, des vues philosophiques, mais trop souvent le style est dénué de force & de précision: c'est le fruit d'une imagination brillante que l'âge devoit mûrir. Divers autres ouvrages, tels que la Bibliothèque grammaticale abrégée, ou Nouveaux Mémoires sur la parole & l'écriture, virent le jour en 1773.

Changeux a cultivé avec succès les sciences exactes, & les résultats de ses recherches ont été imprimés d'abord dans le Journal de Physique de l'abbé Rosier, & ensuite séparément.

C'étoit dans ce Journal que Changeux déposoit le fruit de ses veilles; & la manière brillante & assurée dont il les présentoit, engageoit les savans à faire, d'après lui, des expériences dont les résultats n'étoient pas toujours favorables. Néanmoins, il faut excepter le Mémoire adressé par lui, en 1780, à l'Académie des Sciences, concernant deux baromètres graphiques, qui tiennent notes, par des traces sensibles, de leurs variations & du temps précis où elles arrivent. L'Académie ayant chargé Leroy & Brisson de faire un rapport sur ces deux instrumens, les conclusions furent très-favorables à l'auteur. Changeux est l'inventeur de plusieurs instrumens propres à mesurer la pesanteur de l'air dans les profondeurs inaccessibles, en conservant la même ligne de niveau.

Quoique les divers instrumens inventés ou rectifiés par Changeux soient loin de produire tous les avantages qu'il annonçoit, plusieurs physiciens s'en servent encore. On attribue à ce savant quelques articles de métaphysique, insérés dans l'ancienne Encyclopédie.

Né à Orléans en 1740, il est mort le 3 octobre 1800.

CHANSON; cantio; lied; s. f. Espèce de petit poëme lyrique fort court, qui roule ordinairement sur des sujets agréables, auxquels on ajoute un air pour être chanté dans des occasions familières.

La grande règle des chansons est de conserver une proportion entre les paroles, l'air & le sujet. Cet heureux accord demande, outre le goût & la délicatesse dans l'esprit, une oreille au moins sensible aux différens tons de la musique. Quant au style, l'élégance & la naiveté sont la plus grande beauté d'une chanson. La forme des vers y est libre; le mélange des rimes dépend de l'air.

Souvent la même chanson est composée de plusieurs couplets que l'on chante sur un seul air; & comme il est très-difficile de donner exactement le même rhythme à tous les couplets, on est contraint, pour la chanter, d'en arrêter la prosodie.

Quelquefois

Quelquefois on varie les airs des *chanfons*, & l'on donne à chacun des couplets une modulation qui leur eft analogue.

CHANT; cantus; *gefang*; f. m. Modification de la voix humaine, par laquelle on forme des fons variés & agréables.

Le *chant* dépend du réfonnement produit par la vibration des membranes qui tapiffent la glotte, des mouvemens de la bouche, de l'ouverture des lèvres. Il y a dans l'exécution du *chant* un mouvement continuel de la bouche & de tout le larynx, c'eft-à-dire, de la partie de la trachée-artère qui forme comme un nouveau canal qui fe termine à la glotte, qui enveloppe & foutient les mufcles : c'eft, en d'autres termes, le larynx fufpendu fur fes attaches, en action, & mu par un balancement de haut en bas, & de bas en haut. *Voyez* VOIX, ORGANE DE LA VOIX.

Appliqué à notre mufique, le *chant* en eft la partie mélodieufe, celle qui réfulte de la durée & de la fucceffion des fons, celle d'où dépend toute l'expreffion, & à laquelle tout le refte eft fubordonné : il ne faut que du favoir pour entaffer les accords; mais il faut du talent pour imaginer des *chants* gracieux. Il y a, dans chaque nation, des tours de *chant* triviaux & ufés, dans lefquels les mauvais muficiens retombent fans ceffe; il y en a de baroques qu'on n'ufe jamais, parce que le public les rebute toujours. Inventer des *chants* nouveaux appartient à l'homme de génie; trouver de beaux *chants* appartient à l'homme de goût.

On obferve parmi les animaux de grandes différences dans la faculté d'exécuter des *chants* : cette différence provient particulièrement des parties qui conftituent l'organe de la voix, de la forme de ces parties & de leur flexibilité. Les oifeaux qui ont deux larynx, un à chaque extrémité, ont en même temps une grande facilité de modifier & de varier leurs fons, & cela parce que le fon formé dans le larynx inférieur éprouve des modifications dans la trachée-artère, qui peut s'alonger & fe raccourcir, & dans le larynx fupérieur, dont les ouvertures peuvent éprouver de grandes variations. Dans les quadrupèdes & dans tous les animaux qui n'ont qu'un feul larynx, le fon, formé dans le larynx, ne pouvant éprouver de modification que par l'alongement ou le raccourciffement de la bouche, & par l'ouverture des lèvres, il s'enfuit que les modifications des fons qu'ils rendent, dépendent de la mobilité de la bouche; auffi, dans les animaux à bouche très-mobile, comme l'homme, les fons peuvent éprouver un grand nombre de modifications, tandis que, chez les animaux dont la bouche n'a pas la faculté de s'alonger & de fe raccourcir, comme dans le bœuf, l'âne, &c., la voix n'éprouve que très-peu de modifications. Il eft des animaux qui ne peuvent produire que des octaves, d'autres des octaves & des quintes, d'autres des octaves, des quintes & des tierces, &c. *Voy.* VOIX, MUSIQUE.

Il paroît que le roffignol a été prefqu'unanimement regardé comme le premier des oifeaux, par rapport à la fupériorité de fon *chant*; les fons qu'il rend font plus mélodieux que ceux de tous les autres oifeaux : il peut les rendre extrêmement éclatans, s'il met en jeu les forces de fes organes. Lorfqu'il donne tout fon ramage dans fon entier, il le commence & le finit par feize tons différens, avec une variété fucceffive de notes intermédiaires, d'un goût fi parfait & d'un choix fi jufte, que la variété en eft charmante. L'alouette des champs imite d'affez près la beauté du *chant* du roffignol; cependant fes *chants* font moins nourris & moins flatteurs. Les autres oifeaux n'ont que quatre ou cinq variétés dans leurs *chants* : le roffignol eft encore fupérieur à tous les autres dans la prolongation de fon *chant*. Daniel Barrington dit l'avoir entendu quelquefois le continuer au moins vingt fecondes fans fe repofer. Quoiqu'il foit obligé de reprendre hâleine, il le fait même avec plus de difcernement que le meilleur chanteur de l'Opéra. L'alouette des champs tient fur ce point le fecond rang. Voici une table qui fervira à compter le mérite du *chant* de quelques oifeaux : elle a été dreffée par le vice-préfident de la Société de Londres. Il a pris le n°. 20 pour le point de perfection abfolu.

OISEAUX.	MÉLODIE du ton.	ÉLÉVATION des notes.	NOTES plaintives.	PÉRIODE ou longueur du ramage.	EXÉCUTION.
Roffignol.	19	14	19	19	19
Alouette des champs.	4	19	4	18	18
--- des bois.	18	4	17	12	8
--- méfange.	12	12	12	12	12
Linot.	12	16	12	16	18
Chardonneret	4	19	4	12	12
Pinfon.	4	12	4	8	6
Verdier.	4	4	4	4	6
Tête-rouffe	0	4	0	4	4
Grive.	4	4	4	4	4
Merle.	4	4	0	4	2
Gorge rouge.	6	16	12	12	12
Roitelet.	0	12	0	4	4
Moineau des marais.	4	4	0	2	2
Tête noire ou roffignol moqueur. .	14	12	12	12	14

CHANTEAU; angulata rei ora; cantellum; fegmentum; *fchnittener theil eines runder uorpers; fchart ftücken;* fub. maf. Partie retranchée d'un des côtés d'un corps de figure ronde.

C'eft ce qu'on appelle, en géométrie, *fegment de cercle*, ou la partie du cercle comprife entre l'arc & la corde. *Voyez* SEGMENT.

CHANTEPLEURE; caudatum epiftomium; *feiht richter;* fub. fém. Robinet d'un tonneau, efpèce de fontaine de bois, compofée d'un petit tuyau & d'une cheville pour le boucher; fentes qu'on laiffe dans les murailles pour y laiffer entrer & écouler les eaux.

CHANTERELLE, de l'italien *cantarello;* cantarella; quinte; fub. fém. Celle des cordes d'un violon, ou des inftrumens à cordes, qui a le fon le plus aigu.

On dit d'une fymphonie qu'elle ne quitte pas la *chanterelle*, lorfqu'elle ne coule qu'entre les fons de cette corde & ceux qui lui font les plus voifins.

CHANTERELLES; avis illea; *loch vogel.* Oifeaux que le chaffeur ou l'oifeleur a dans une cage pour fervir d'appeau, & attirer les oifeaux dans les piéges qui leur font préparés.

CHANTERELLE...... Bouteille de verre qui eft fi mince, qu'elle fléchit vifiblement à la voix. Le fond en eft plat & percé, & c'eft fur ce fond que l'on chante avec une certaine méthode qui fait paroître qu'il y a un inftrument qui accompagne la voix.

CHAO : très-petite mefure de capacité des Chinois : 1000 *chaos* font un fching = 0,7587 de la pinte de Paris = 0,776 litre. Ainfi, le *chao* vaut environ la fept dix millième partie d'un litre.

CHAOMANTIE; chaomantia; *chaomanti.* f. f. Art de prédire l'avenir par les obfervations que l'on fait fur l'air. *Voyez* DIVINATION.

CHAOS; χαω; cahos; *cahos;* f. m. Confufion de toutes chofes avant la création : il fe dit figurément de ce qui eft confus & brouillé.

CHAPE, du grec σκεπω; capa; *hutchen;* f. f. Ce qui couvre ou ce qui fe place dans la partie fupérieure.

CHAPE D'ALAMBIC; panula; *helm einer diftillir blafe.* Couvercle, chapiteau d'alambic. *Voy.* CHAPITEAU.

CHAPE DE BOUSSOLE; *hutchen einer magnet nadel.* Petit bouton creux que l'on foude fur le milieu d'une aiguille de bouffole, pour recevoir le pivot fur lequel elle tourne.

On fait quelquefois les *chapes* de laiton, ainfi que les pivots fur lefquels on fait tourner les aiguilles; mais comme le cuivre ne tourne pas affez commodément fur du cuivre, & que la petite pointe du pivot de cuivre, étant trop fouple, s'ufe trop facilement, fe plie & s'émouffe en peu de temps, ou dès qu'elle vient à être fecouée & heurtée, il arrive de-là que l'aiguille n'a plus la mobilité qu'elle doit avoir. Pour lui conferver cette mobilité fi effentielle, il faut donc que la *chape* & le pivot fur lequel l'aiguille tourne, foient très-durs. Pour cela il faut que la *chape* foit faite d'agate, ou d'un métal compofé comme celui dont on a coutume de faire les miroirs ardens, qu'elle foit creufée en dedans, & que fa concavité foit polie avec un poinçon, mais de façon que cette concavité ne finiffe pas en pointe par en haut, mais qu'elle foit fphérique. Il faut auffi que la pointe du pivot, qui doit être très-fine, foit d'acier trempé, bien uni & bien poli. De cette façon, la pointe du pivot ne touchera le fond de la *chape* que dans un point, & il y aura fort peu de frottement; ce qui confervera à l'aiguille la mobilité qu'elle doit avoir.

Coulomb ayant trouvé que le frottement des *chapes*, fur les pivots, nuifoit à la mobilité des aiguilles aimantées, a remplacé, pour des expériences délicates, les *chapes* des aiguilles par des fils de fufpenfion, & il emploie fouvent, pour cet objet, des fils très-deliés, tels que ceux que l'on retire des cocons de vers à foie.

CHAPES DE POULIES; *hulfe.* Bandes de fer ou de cuivre recourbées en demi cercle, entre lefquelles font fufpendues & tournent des poulies, fur un pivot ou une goupille qui les traverfe & leur fert d'axe, & va fe placer & rouler fur deux trous pratiqués, l'un à une des ailes de la *chape*, & l'autre à l'autre aile : tout cet affemblage de la *chape* & de la poulie eft fufpendu par un crochet, foit à une barre de fer, foit à quelqu'autre objet folide qui foutient le tout. On voit de ces poulies encaftrées dans des *chapes* au-deffus des puits. *Voyez* POULIE.

CHAPE DES FOURNEAUX; *unter theil der fchmelz ofen.* Le deffus des fourneaux où fe fondent les métaux, & où l'on fait les affinages.

CHAPELET; *paternofter-werke;* fub. maf. Machine hydraulique compofée d'une fuite de godets ou de clapets, attachés à une corde ou chaine fans fin, qui trempent alternativement dans l'eau d'un puifard, & qui fe rempliffent ou fe chargent avant d'entrer dans un tuyau, d'où ils fortent par l'autre bout, & fe vident dans un baffin ou creux quelconque, deftiné à recevoir l'eau.

CHAPELLE : petit chapiteau de cuivre ou de matière dure , qui couvre le pivot de l'aiguille aimantée d'une boussole (*voyez* CHAPE DE BOUSSOLE) : c'est aussi le couvercle d'un alambic. *Voyez* CHAPITEAU.

CHAPITEAU D'ALAMBIC ; penula ; *helm: einer distillir blase;* sub. maf. Vaisseau , *fig.* 23 , 23 (*a*), 23 (*b*), 23 (*c*), placé au-dessus d'un vase appelé *cucurbite* , & dans lequel s'élèvent les vapeurs ou liqueurs que le feu fait monter dans la distillation.

C'est dans la concavité intérieure de ce vaisseau que vont s'attacher les vapeurs qui s'élèvent des matières que l'on a mises dans la cucurbite : c'est là où elles se condensent ensuite, par la fraîcheur de l'eau qu'on met dans le réfrigérant ; & lorsqu'elles sont ramassées en gouttes assez grosses, pour que leur pesanteur soit supérieure à leur adhérence aux parois intérieures du *chapiteau* , elles coulent le long de ces parois , se rendent dans une rigole qui règne tout autour du *chapiteau* , & arrivent à un tuyau oblique auquel communique cette rigole , & que l'on appelle *le bec du chapiteau* , & de-là tombent dans le récipient.

Les *chapiteaux* qui n'ont point de bec ou d'issue , & dont le bec est bouché hermétiquement, sont appelés *chapiteaux* aveugles ; ils servent , dans cet état, à la sublimation des fleurs & des sels volatils. Lorsqu'on veut s'en servir pour les distillations, on les ouvre en rompant l'extrémité du bec: ceux-ci sont ordinairement en verre, les autres sont le plus souvent en métal. La nature de la substance dont ils sont formés, dépend de celle des alambics auxquels ils appartiennent : assez ordinairement ils sont en cuivre.

CHAPPE D'AUTEROCHE (Jean), issu d'une famille noble , naquit à Mauriac en Auvergne, le 2 mars 1722.

Voué par ses parens à l'état ecclésiastique , il se livra , par goût , totalement à l'étude de l'astronomie.

Choisi par l'Académie des Sciences , dont il étoit devenu membre, pour aller à Tobolsk observer le fameux passage de Vénus sur le disque du soleil, il se rendit , par terre , à Pétersbourg , & de-là passa en Sibérie. Arrivé à Tobolsk, après avoir souffert toutes les incommodités , toutes les fatigues inséparables d'un tel voyage , dans un climat & dans une saison extrêmement rigoureuse, il observa, le 3 juin , une éclipse de soleil qui lui donna la différence du méridien de Tobolsk à celui de Paris. Cette différence est de quatre heures, vingt-trois minutes quatre secondes. Enfin, le 6 du même mois de juin, jour si désiré, *Chappe* put recueillir le fruit de ses travaux. Il observa le passage de Vénus, but & prix unique de ce long & pénible voyage , dont la relation fut publiée en 1768. C'est dans la relation de ce voyage

que l'auteur s'étant permis quelques observations peu favorables à la Russie, s'attira l'honneur d'être réfuté par l'impératrice Catherine II. Cette souveraine intitula sa brochure : *Antidote contre le voyage de l'abbé Chappe.* Une autre critique, d'un genre différent, parut sous ce titre : *Lettre d'un style franc & loyal à l'auteur du Journal encyclopédique.*

Tout en rendant hommage au courage du savant & zélé abbé *Chappe* , l'impartialité commande d'observer que sa relation contient beaucoup de faits minutieux & parfaitement étrangers au but de son voyage. De plus, il s'est permis d'emprunter, à d'autres voyageurs, des observations & des énonciations, ce qui fournit à ses ennemis le prétexte de révoquer l'authenticité des siennes, même eu égard à divers points d'astronomie.

Le même zèle qui lui avoit fait braver les neiges & les glaces du Nord, le conduisit , six ans après, à s'exposer aux ardeurs du climat le plus brûlant. La Californie , presqu'île inculte & peu habitée, ayant été trouvée propre pour observer aussi le passage de Vénus, l'abbé *Chappe* fut de nouveau chargé de cette mission ; il la remplit avec une exactitude qui lui coûta la vie. Une maladie contagieuse, devenue incurable par les efforts qu'il fit pour observer une éclipse de lune, l'enleva aux sciences le 1er. août 1769. En expirant, il se félicita d'avoir rempli la mission pour laquelle il avoit quitté sa patrie. Ses observations furent publiées à Paris en 1772, par C. Fr. Cassini, sous le titre de *Voyage de Californie.*

CHAPPE (Claude), neveu du célèbre abbé de ce nom, s'est fait distinguer par l'établissement des signaux.

C'est à lui que l'on doit l'invention du télégraphe, ou plutôt c'est l'ame expansive de ce jeune physicien qui l'a porté à s'occuper de ces objets.

Né à Brûlon en Normandie, l'an 1763, séparé de quelques amis de son enfance qu'il chérissoit, il conçut l'idée d'entretenir avec eux une correspondance par signaux. Ce jeu de l'imagination réussit au point, que l'inventeur pensa que cela pourroit devenir un objet important ; alors il fit de nombreuses recherches pour parvenir à l'exécution de son procédé en grand.

Lorsqu'il eut atteint le but qu'il s'étoit proposé, il fit hommage de cette découverte à l'Assemblée législative, & lui présenta, en 1792, une machine à signaux, nommée par lui *télégraphe.* Ce nom, composé de deux mots grecs, signifie *décrire de loin.* L'établissement de la première ligne télégraphique fut ordonnée en 1793, & signala les premiers momens de son existence par la nouvelle de la prise de la ville de Condé.

Quoique l'usage des signaux remonte à la plus haute antiquité, ce qu'on peut vérifier dans l'*Histoire de la télégraphie*, *Chappe* doit , parmi nous, conserver les honneurs dus à l'invention , puisqu'il ne s'est servi d'aucune des machines connues jusques alors ; car ceux-là sont inventeurs , qui exécutent ce que l'on ne connoissoit avant eux que comme une chose possible. Cependant, des envieux profitant de sa découverte, qu'ils n'auroient su trouver, osèrent disputer à l'auteur, non-seulement le mérite de l'invention, mais encore la perfection de l'objet présenté. Le sensible *Chappe*, douloureusement affecté de cette injustice, tomba dans une mélancolie profonde qui abrégea sa vie. Il mourut en 1805, âgé de 42 ans.

CHAR ; mesure de capacité en usage à Morgues, Nyon & Rolles en Suisse. Le *char* a différentes contenances & différentes divisions dans chacune de ces villes. Il contient : ·

A Morgues, 12 setiers = 400 pots = 585,3 pintes de Paris = 545,07 litres.

'A Nyon, 8 setiers = 480 pots = 578,7 pintes de Paris = 539,04 litres.

A Rolles, 8 setiers = 400 pots = 602,8 pintes de Paris = 561,38 litres.

CHARA : constellation placée sous la queue de la grande ourse. *Voyez* CHIEN DE CHASSE.

CHARBON, du grec καρφω ; carbo ; kohle ; subst. masc. Résidu noir de la distillation des substances végétales & animales.

C'est un des corps les plus indestructibles ; il peut rester long-temps exposé au contact de l'air, ou enfoui dans la terre, sans être détruit. C'est pour cela qu'on charbonne la surface des poteaux de bois qu'on enfonce dans la terre ; c'est encore pour la même raison qu'on dépose du *charbon* aux endroits que l'on veut reconnoître après de longues années. On trouva dans la Tamise, il y a cinquante ans, un grand nombre de palissades pointues, charbonnées, à l'endroit où Tacite rapporte que les Anglais en avoient enfoncé beaucoup pour empêcher Jules-César de passer ce fleuve avec son armée. L'intérieur de ces poteaux étoit si dur, qu'on en a fait beaucoup de manches de couteau qu'on a vendus très-cher, comme objets d'antiquité.

Exposé à la chaleur la plus violente, sans le contact de l'air, le *charbon* est infusible ; chauffé avec l'air ou avec le gaz oxigène, il brûle sans flamme. Le produit de cette combustion est du gaz acide carbonique, & le résidu est de la cendre en plus ou moins grande quantité.

Hassenfratz s'est assuré que du *charbon* de hêtre fraîchement fait, ou après avoir été fortement calciné dans un creuset, exigeoit, pour s'enflammer, une température de 816° centig. ; le même *charbon*, exposé pendant trois mois à l'action de l'air & de l'humidité, s'est enflammé à une température de 332° centigr. ; enfin, de la braise du même *charbon* s'est enflammée à 180° centigr.

· Amené au même état de dessiccation, l'inflam-

mabilité des *charbons* varie comme leur densité ; les plus légers s'enflamment le plus facilement ; les plus denses s'enflamment le plus difficilement. Cette inflammation, pour les mêmes *charbons*, se fait à une température d'autant plus basse, que l'air est plus condensé, & que la proportion d'oxigène qu'il contient est plus grande.

Le *charbon* est un mauvais conducteur du calorique. On s'est servi de cette propriété pour augmenter & retenir la chaleur des vaisseaux de fusion que l'on garnit, à cet effet, de *charbon* en poudre. L'intérieur des fourneaux de fusion est couvert d'une couche de sable & d'argile mêlés de beaucoup de *charbon*. On donne le nom de *brasque* à cette composition. Le *charbon*, comme mauvais conducteur, paroît retarder la fonte de la neige ; on s'en sert avec succès pour conserver la glace & les viandes : il suffit, pour la glace, d'enfoncer dans la terre un tonneau plein de glace, de le couvrir & de l'environner de *charbon* ; pour la viande, de l'environner de poussière de *charbon*.

Après les métaux, le *charbon* est un assez bon conducteur de l'électricité.

Morozzo regarde le *charbon* comme la substance qui renferme le plus de lumière & de calorique ; il fonde son opinion sur ce que, 1°. sur un des deux thermomètres exposés à l'ombre, on a appliqué un fragment creux de *charbon* de hêtre ; il marquoit alors 1° & jusqu'à 1° ½ de chaleur au-dessus de l'autre ; le *charbon* qui a attiré l'humidité devient impropre à l'expérience ; 2°. le thermomètre couvert d'un *charbon* qui a été brûlé lentement étoit à un demi-degré au-dessus d'un *charbon* brûlé rapidement ; 3°. le *charbon* qui avoit été exposé quelque temps aux rayons solaires fit monter le thermomètre plus haut que le *charbon* plongé pendant quelque temps dans l'obscurité.

Quand on expose à l'air une quantité un peu considérable de *charbon* sec, nouvellement préparé, on entend, pendant long-temps, un pétillement assez fort ; ce bruit est dû à l'absorption de l'air & de l'humidité de l'atmosphère par le *charbon*. Alors les molécules s'écartent pour loger ces deux fluides dans leurs interstices Dans cette opération, le *charbon* augmente de poids, une portion se délite & tombe en poussière. D'après des observations faites dans des charbonnières d'usine, l'augmentation du poids du *charbon* est quelquefois de plus de moitié de son poids primitif, & la partie délitée, pulvérulente, peut être évaluée jusqu'à un quart.

Fontana, Scheele, Priestley, Guyton, ont observé que du *charbon* rougi dans le vide absorboit tous les gaz. Morozzo, Norden & Rouppe ont poursuivi ces expériences ; ils ont vu que tous les gaz ne sont pas absorbés dans la même proportion. Les gaz azote & hydrogène sont absorbés rapidement, tandis que l'absorption des gaz oxigène & nitreux ne se fait que très-lentement. Ces gaz ne paroissent pas éprouver de changement. Lorsqu'un *charbon* déjà chargé de gaz eſt plongé dans un autre, les réſultats en ſont remarquables. Si le *charbon*, pénétré de gaz oxigène, eſt porté dans du gaz hydrogène, il ſe forme de l'eau. Le *charbon* chargé de gaz oxigène diminue conſidérablement dans le gaz nitreux. Le *charbon* imprégné de gaz azote enlève à l'air atmoſphérique ſon oxigène; il ſe forme de l'acide nitriqûe.

Haſſenfratz a remarqué, en 1783, que le *charbon* rouge, plongé dans l'eau, la décompoſoit, & que l'on obtenoit du gaz hydrogène carboné & de l'acide carbonique; que ce dernier étoit diſſous en partie dans l'eau.

Tel qu'on l'obtient ordinairement, le *charbon* eſt une ſubſtance compoſée de carbone, d'hydrogène, de terre, d'oxide de fer & d'alcali; les proportions de ces ſubſtances varient dans chaque *charbon*, ſelon la nature des ſubſtances végétales ou animales qui les ont produits, & ſelon leur degré de deſſiccation. On ne connoît de *charbon* à l'état de pureté, que dans le diamant. (*Voyez* DIAMANT.) On obtient un *charbon* très-pur du *lichen iſlandicus* & du liége épuiſé dans l'eau bouillante, mais ſurtout du noir de fumée bien lavé & rougi dans des vaiſſeaux clos.

En général, le *charbon* obtenu des ſubſtances animales eſt plus dur & plus ſolide que le *charbon* végétal; il eſt difficile à incinérer, & ne brûle pas ſeul: outre les parties conſtituantes que nous avons déjà indiquées, il contient du phoſphore & du carbonate de chaux.

Les uſages du *charbon* ſont très-variés. Le plus ordinaire & le plus commun eſt de lui faire produire de la chaleur, en le combinant à l'oxigène de l'atmoſphère. Ici, les *charbons* ſemblent préſenter de grandes différences, ſoit relativement à la nature & à l'état des ſubſtances qui les ont produits, ſoit relativement à l'état de leur combuſtion, ſoit, enfin, relativement à leur degré de ſécvhereſſe & d'humidité. C'eſt principalement dans les uſines, où le combuſtible eſt la ſubſtance eſſentielle, que cette différence ſe remarque, ſoit dans les quantités, ſoit dans les poids des *charbons* qu'il faut employer pour obtenir les mêmes réſultats.

On peut employer le *charbon* ſec pour aſſainir les appartemens humides, à cauſe de ſa propriété abſorbante; il eſt auſſi très-utile pour clarifier les liquides. Un chimiſte très-diſtingué, Lowitz, a remarqué, le premier, la propriété du *charbon* pour enlever aux ſubſtances végétales ou animales, qui commencent à ſe putréfier, leur odeur & leur ſaveur déſagréables. On l'a employé avec quelque ſuccès pour épurer le miel, le ſirop de raiſin, la mélaſſe. Les fontaines épuratoires, établies à Paris par Smith & Ducommun, ne ſont autre choſe que des filtres de *charbon*. (*Voyez* EAU ÉPURÉE.) Dans les expériences faites devant des commiſſaires de l'Inſtitut, on a eu la preuve que ces filtres rendoient potable & ſaine de l'eau de mare dans laquelle on avoit fait macérer des débris d'animaux. Le *charbon* empêche

l'eau de ſe corrompre en mer; il fait perdre à la viande faiſandée le mauvais goût qu'elle a: il ſuffit de la faire bouillir dans de l'eau avec une certaine quantité de *charbon*.

Le *charbon* a pluſieurs uſages pharmaceutiques; il modifie les ulcères gangréneux, en les ſaupoudrant avec ſa pouſſière. Les chimiſtes l'emploient pour purifier l'acide benzoïque, les huiles volatiles, le carbonate d'ammoniaque ſali par une huile empyreumatique. Les peintres s'en ſervent pour eſquiſſer leurs deſſins; les orfévres, les graveurs, pour polir les métaux, &c. Enfin, il entre dans la compoſition de la poudre à canon: c'eſt ici où l'on peut juger de la grande différence des *charbons*, par les effets qu'ils produiſent. Prouſt a fait, ſur cet objet, un grand nombre d'expériences. *Voyez* POUDRE A CANON.

CHARBON DE TERRE; *lithanthrax*; carbo foſſilis; *ſteinkohle*. Combuſtible minéral que l'on peut ſubſtituer au *charbon*. *Voyez* HOUILLE.

CHARGE; *congero*; *onus*, *laſt*; ſ. f. Faix, fardeau, ce que peut porter une perſonne, un animal, un vaiſſeau, une voiture.

La *charge*, dans la partie méridionale de la France, eſt une certaine meſure ou quantité de choſes qui ſont dans le commerce. A Marſeille, la *charge* eſt compoſée de trois cents livres; celle d'Arles eſt du même poids. La *charge* de Saint-Gilles eſt de dix-huit à vingt pour cent plus grande que celle d'Arles. La *charge* de Taraſcon eſt de deux pour cent plus foible que celle d'Arles. La *charge* de Toulon eſt compoſée de trois ſetiers du pays; chaque ſetier contient une hémine & demie, & eſt égal à celui de Paris.

En général, la *charge* eſt la meſure d'un poids proportionné à la force de l'animal; ou la choſe qui la ſupporte. La *charge* de l'homme eſt extrêmement variable: la *charge* de bois que peut porter un crocheteur, eſt de dix-huit ou vingt cotrets ou fagots; celle de charbon eſt de cent livres environ. La *charge* ou le ſac de farine que montent les forts, eſt de trois cent vingt-cinq livres; la *charge* d'un mulet eſt de quatre cents livres; celle d'un chameau, de mille livres, &c.

La *charge* eſt encore une meſure de capacité pour les liquides. A Montpellier, la *charge* = 4 ſetiers = 193,4 pintes = 180,12 litres.

CHARGE eſt le charme que les prétendus ſorciers mettoient, en quelques lieux, pour y faire leurs maléfices & empoiſonnemens. L'hiſtoire de cette eſpèce de ſortilége eſt amplement décrite dans le procès d'un nommé *Bras-de-Fer*, que l'on regardoit comme un ſorcier fameux; il étoit dans les priſons du Parlement, au mois de mars 1688, appelant d'une ſentence par laquelle lui & ſes complices furent condamnés à être pendus & brûlés. Ce procès préſente des faits ſi extraordinaires, qu'il eſt difficile de croire qu'ils n'aient pas été imaginés.

CHARGE D'EAU ; *waſſer luſt.* Hauteur verticale de l'eau au-deſſus d'un orifice ou d'un point quelconque.

CHARGE DE DÉ ; *falche wurſel.* Dés dont on a rendu une des faces plus peſante que les autres ; c'eſt une friponnerie dont le but eſt d'amener le point foible ou fort à diſcrétion.

On *charge le dé* en rempliſſant les points mêmes de quelque matière plus lourde, en pareil volume, que la quantité d'ivoire qu'on en a ôtée pour les marquer. On les *charge* d'une manière plus fine en tranſpoſant le centre de gravité hors du centre de maſſe ; ce qui ſe peut & ce qui eſt même ſouvent contre l'intention du tabletier & des joueurs, lorſque la matière du dé n'eſt pas d'une conſiſtance uniforme. Alors il eſt naturel que les dés s'arrêtent plus ſouvent ſur la face dont le centre de gravité eſt le moins éloigné.

CHARGE ÉLECTRIQUE ; *onus electricus, congerus electrica.* Accumulation d'électricité ſur deux plaques métalliques, ſéparées l'une de l'autre par un corps qui n'eſt pas conducteur de l'électricité. *Voyez* BOUTEILLE DE LEYDE, TABLEAU MAGIQUE, CARREAUX, &c.

La découverte de la *charge électrique*, ou de l'électricité accumulée, fut faite, en même temps, dans l'année 1745, par deux phyſiciens : par le chanoine Kleiſt, à Cammine, & par Muſchenbroeck, à Leyde. *Voyez* BOUTEILLE DE LEYDE.

Soit une lame de verre A B, *fig. 593*, recouverte de chaque côté par une plaque de métal *a b*, *c d* ; que l'une des plaques *c d*, communique avec un conducteur C, & l'autre plaque *a b*, avec le réſervoir commun R, par le moyen d'une chaîne métallique. Cela poſé, ſi le conducteur C acquiert, par le mouvement du plateau, une certaine quantité de fluide électrique E, auſſitôt que ce fluide commence à ſe répandre ſur la ſurface *c d*, ſon action réagit ſur le fluide naturel de la ſurface métallique *a b*, & le repouſſe vers le réſervoir commun ; mais ce fluide, repouſſé par l'électricité E, accumulée ſur la ſurface *c d*, eſt en même temps attiré, ſoit par la maſſe du corps, ſoit par un autre fluide E ſur la ſurface *a b* ; par cette double action, le fluide électrique eſt repouſſé le long de la chaîne *e* R.

D'après cela, ſoit *u* une quantité de fluide E qui s'échappe le long de la chaîne ; ſoit E la quantité du ſecond fluide répandu ſur la ſurface *a b*, ou l'action de la maſſe du corps, & E celle du fluide qui appartient à la ſurface *c d*. La molécule *u*, en même temps qu'elle obéit à la force répulſive du fluide E, eſt ſollicitée par l'attraction de la maſſe du corps ou du fluide E, qui tend à la retenir ; & comme la répulſion E l'emporte, & que d'ailleurs elle agit plus loin ſur la molécule *u*, nous en conclurons que la quantité de fluide électrique contenue dans E, eſt plus grande que la quantité

ſortie ſur l'autre face, ou que la quantité E qui a été attirée.

Nous pourrions expliquer la *charge électrique* de deux manières, ou dans l'hypothèſe de Francklin & d'Æpinus, qu'il n'exiſte qu'un ſeul fluide électrique, ou dans l'hypothèſe de Simmer, qu'il exiſte deux fluides différens ; mais comme cette double manière pourroit apporter de l'obſcurité dans l'explication, nous ſuppoſerons deux fluides E, E : l'un, E, ſera le fluide vitré de Simmer, ou le fluide poſitif de Francklin ; l'autre, E, ſera le fluide réſineux de Simmer, ou le fluide négatif de Francklin : ainſi, dans l'hypothèſe de Simmer, E ſera un fluide différent de E accumulé ſur la ſurface ; & dans l'hypothèſe de Francklin, ce ſera du fluide E ſorti du corps (*voyez* ELECTRICITE) ; enfin, dans la théorie d'Æpinus, E ſera la quantité de molécules des corps qui auront perdu leur électricité, & qui agiront comme une quantité égale d'électricité différente.

Les molécules du fluide E tendent à ſe fuir en vertu de leur force répulſive mutuelle ; mais cette force eſt balancée par l'attraction des molécules du fluide E, qui regagnent, par l'avantage du nombre, ce qu'elles perdent encore ici du côté de la diſtance. Ces dernières molécules ſont de même ſollicitées à s'écarter, en ſe repouſſant mutuellement ; & cette force ne peut être entièrement vaincue par l'attraction du fluide E, dont la quantité eſt moindre, & qui agit de plus loin que la répulſion dont on vient de parler. Ainſi il y aura un portion excédante de fluide E qui ſera maintenue par la réſiſtance de l'air environnant.

Nous pouvons donc imaginer que le fluide E ſoit compoſé d'une portion F qui eſt retenue le long de *c d*, par l'attraction de E & d'une autre portion *f*, dont les molécules ne trouvent d'obſtacles à l'effet de leur répulſion mutuelle, que dans la réſiſtance de l'air. Il eſt inutile d'obſerver que la quantité de fluide F ſera toujours moindre que la quantité de fluide E, comme cette dernière eſt moindre que celle qui eſt renfermée dans $E = F + f$.

Si l'on continue d'électriſer le conducteur C, la quantité de fluide dont E s'accroîtra, déterminera la décompoſition d'une nouvelle portion de fluide naturel contenu dans les corps en communication avec *a b* ; mais en même temps l'attraction du fluide E, devenu plus abondant, s'accroîtra à l'égard de chaque nouvelle molécule *u*, qui tend à s'échapper, ce qui exigera que la quantité *f* de fluide E, employée à compenſer la diſtance, augmente de ſon côté ; & il y aura un terme où le fluide *f* n'aura plus que la force néceſſaire pour balancer la réſiſtance de l'air. Paſſé cette limite, ſi l'on pourſuit l'électricité, toutes les nouvelles molécules de fluide que le conducteur C fournira, s'échapperont ſucceſſivement, c'eſt-à-dire, que la lame de verre ſe trouvera parvenue à ſon point de ſaturation ; car on voit bien qu'alors il ne pourra plus rien ſe dégager des corps en communication avec ab, parce qu'autant la force de E agiroit, pour repousser, par exemple, une molécule de fluide E qui sortiroit de la combinaison, autant l'attraction de E agiroit pour la retenir.

Pour se faire une idée de la quantité de fluide électrique qui s'accumule ainsi sur un carreau dans la *charge électrique*, supposons E la quantité de fluide électrique qui peut, en se répandant sur la surface ab, isolée, la porter au degré d'intensité que la nature de l'air peut retenir : par l'action de la plaque ab qui communique au réservoir commun, & qui est séparée de la plaque cd par la lame de verre A B, il y aura, sur ab, une quantité d'électricité E qui retiendra sur cd une quantité d'électricité F, & laissera libre la quantité f. Cherchons d'abord à déterminer ces quantités E, F, f.

L'action exercée par E sur la molécule u est égale à la quantité de l'électricité divisée par le carré de sa distance. Soit $Eu = D$, & $bu = \Delta$, ces distances ; on aura l'action de la surface $cd = \dfrac{E}{D^2}$, & celle de la surface $ab = \dfrac{E}{\Delta^2}$. Mais comme ces deux actions se font équilibre, on a $\dfrac{E}{D^2} = \dfrac{E}{\Delta^2}$; donc $E = E\dfrac{\Delta^2}{D^2}$; faisant $\dfrac{\Delta^2}{D^2} = m$, on a $E = Em$.

En raisonnant de la même manière, & en partant des mêmes principes, on trouvera que la quantité de fluide électrique F retenu sur la surface ca par l'action de l'électricité E, est $F = Em = Em^2$, & $f = E - F = E - Em^2 = E(1 - m^2)$.

Otant la communication de la surface ab avec le réservoir commun, & ajoutant de l'électricité sur la surface cd jusqu'à ce qu'il y ait E de l'électricité de libre, la quantité ajoutée sera F, & la quantité totale $= E(1 + m^2)$; rétablissant la communication avec le réservoir commun, la quantité accumulée sur ab sera $= E' = E(m + m^3)$; & $F' = E'm = Em^2(1 + m^2)$, & $f' = E(1 + m^2)(1 - m^2)$. Retirant de nouveau la communication, & ajoutant chaque fois de nouvelle électricité sur la force cd, on aura :

$E = E\ldots\ldots\ldots\ f = E(1 - m^2)$
$E_1 = E(1 + m^2)\quad f_1 = E(1 + m^2)(1 - m^2)$.
$E_2 = E(1 + m^2)^2\quad f_2 = E(1 + m^2)^2(1 - m^2)$.
$E_x = E(1 + m^2)^x\quad f_x = E(1 + m^2)^x(1 - m^2)$.

Or, pour que la *charge* soit complete, c'est-à-dire, pour que l'électricité libre, sur la face cd, soit à son plus haut degré d'intensité, il faut que $f_x = E$; de-là que $E = E(1 + m^2)^x(1 - m^2)$ & que $(1 + m^2)^x(1 - m^2) = 1$. Il est facile de voir que cette quantité dépendra de la valeur de m, c'est-à-dire, de la différence dans le quotient du carré des deux distances, & qu'elle sera d'autant plus grande, que m le sera elle-même. Or, comme

le maximum de m est l'unité, il s'ensuit qu'il y aura d'autant plus d'électricité d'accumulée, que l'épaisseur du verre sera plus petite.

Il est facile de voir que les quantités d'électricité différente E & E, accumulées dans chaque contact alternatif, savoir, de la surface m avec le conducteur, & de la surface ab avec le réservoir commun, sont, en progression géométrique, croissantes, pour des contacts en progression arithmétique.

CHARGE PAR CASCADE; *congeries electrica cascans. Charge* de plusieurs plateaux, bouteilles de Leyde ou jarres, occasionnée par l'électricité qui se dégage de l'armure extérieure de chacune d'elles.

C'est ainsi, par exemple, que l'on peut *charger* plusieurs bouteilles de Leyde A, B, D, &c. *fig.* 594. On suspend au conducteur C dè la machine une première bouteille A, sous laquelle est attaché un crochet; on se sert de ce crochet pour suspendre une seconde bouteille B à la première ; on continue la serie à l'aide du même moyen ; on suspend au crochet, fixé sur la dernière bouteille, une chaîne qui communique avec le réservoir commun ou le sol S. Lorsqu'ensuite on met le plateau de la machine en mouvement, le fluide E s'accumule sur la garniture intérieure de la première bouteille, décompose le fluide naturel de la garniture extérieure, & repousse la partie E de ce fluide dans la garniture intérieure de la seconde bouteille, & ainsi successivement. Il en résulte que toutes les surfaces se *chargent* l'une par l'intermède de l'autre, excepté la première qui reçoit sa *charge* du conducteur, & la dernière qui reçoit la sienne des corps environnans. Si l'on détache la chaîne suspendue sous la dernière bouteille, on pourra les *décharger* toutes en détail par des contacts successifs. On pourra aussi décharger, tout d'un coup, l'ensemble des bouteilles, en recevant la commotion, par les contacts simultanés des deux mains appliquées aux mêmes endroits. Cette manière de *charger* plusieurs bouteilles suspendues l'une à l'autre, s'applique avec beaucoup d'avantage à plusieurs grandes batteries électriques. Dans ce cas, il faut isoler chacune des batteries, & faire communiquer, par des chaînes ou des fils métalliques, l'extérieur de la première batterie avec l'intérieur de la seconde ; l'extérieur de la seconde avec l'intérieur de la troisième, & ainsi de suite. Comme il faut un grand nombre de tours pour *charger* une batterie un peu considérable, on économise de la fatigue & du temps ; mais, dans cette manière de *charger* les batteries, il arrive toujours que la première contient plus d'électricité que la seconde, celle-ci plus que la troisième, &c. Pour leur donner le même degré d'intensité électrique, il faut *recharger* de nouveau chaque batterie, afin de leur ajouter ce qui leur manque pour qu'elles soient en équilibre.

On peut trouver, par une méthode analytique, les proportions d'électricité acquifes par chaque bouteille & par chaque batterie dans la *charge* en cafcade. Pour développer ce réfultat (1), il faut confidérer plufieurs lames de verre A B, A′ B′, A″ B″, &c., *fig.* 595, qui communiquent entr'elles & qui repréfentent des bouteilles ou des batteries, comme nous l'avons indiqué ; ces lames étant cenfées être égales en tout, on aura d'abord :

$$e + m\,E = 0.$$
$$e_{1} + m\,E_{1} = 0.$$
$$e_{2} + m\,E_{2} = 0.$$

Mais il y a de plus ici les conditions particulières, qui font que e & E réfultent de la décompofition du fluide naturel de la face B, & que de même e_{1}, & E_{2} réfultent de la décompofition du fluide naturel de la face B′. De-là deux équations à joindre aux précédentes, & qui feront :

$$e + E_{2} = 0.$$
$$e_{1} + E_{2} = 0.$$

Si l'on touche la face A, B″ étant ifolé, toutes les quantités de fluide varieront, excepté e_{2} ; & en les défignant par la même lettre, on aura :

$$E′_{1} + m\,e′ = 0.$$
$$E′_{1} + m\,e′_{1} = 0.$$
$$E′_{2} + m\,e′_{2} = 0.$$
$$e′ + E′_{1} = 0.$$
$$c′_{1} + E′_{2} = 0.$$

Et ainfi de fuite à chaque contact.

Les formules relatives au premier état d'équilibre donnent, par l'élimination,

$$e + m\,E = 0.$$
$$e_{1} + m^{2}\,E = 0.$$
$$e_{2} + m^{3}\,E = 0.$$
$$E_{1} - m\,E = 0.$$
$$E_{2} - m^{2} = 0.$$

En forte que les quantités de fluide diffimulées fur chacune des faces B, B′, B″, fuivent une progreffion géométrique décroiffante. Il en feroit de même, quel que fût le nombre des lames mifes en communication, & la dernière feroit beaucoup moins chargée que la première. Cette différence fera d'autant plus grande, que m fera moindre, & par conféquent elle croîtra à mefure que les lames feront plus épaiffes.

En combinant les formules relatives au premier contact, on trouve :

$$E′ + m^{3}\,e_{2} = 0.$$
$$E′_{1} + m^{2}\,e_{2} = 0.$$
$$E′_{2} + m\,e_{2} = 0.$$

En mettant pour e fa valeur, il vient

$$E′ - m^{6}\,E = 0.$$
$$E′_{1} - m^{5}\,E = 0.$$
$$E′_{2} - m^{4}\,E = 0.$$

La quantité E′ de fluide qui reftera fur la face A, après le premier contact, eft donc auffi beaucoup moindre que s'il n'y avoit eu qu'une feule lame.

(1) H. üy, *Traité élémentaire de Phyfique*, tom. I, p. 419.

CHARIOT ; carrus ; *wagen* ; fubft. maf. Voiture à quatre roues qui n'a qu'un timon.

CHARIOT : conftellation de la grande ourfe, qui a quelque reffemblance avec un chariot. *Voyez* GRANDE OURSE.

CHARIOT : mefure ou eftimation à laquelle on vendoit, à Paris, la pierre de taille ordinaire. Le *chariot* contient deux voies, & chaque voie cinq carreaux, c'eft-à-dire, environ quinze pieds cubes de pierre.

CHARIOT A RECUL ; carrus retroagens. *Chariot*, C D, *fig.* 596, monté fur trois roues, portant une lampe à alcool B, au-deffus de laquelle eft une groffe éolipyle de cuivre A, ouverte intérieurement d'un trou de cinq à fix lignes de diamètre.

On remplit d'eau l'éolipyle A, jufqu'aux deux tiers ou trois quarts de fa capacité ; on bouche l'ouverture E avec un bouchon de liége, qui y tient à frottement, & fuffifamment pour ne pas céder au moindre effort. On laiffe chauffer l'eau de l'éolipyle ; & lorfqu'elle eft réduite en vapeurs, & que ces vapeurs ont acquis un degré d'expanfion fuffifant pour vaincre le frottement du bouchon, elles le pouffent au loin avec effort, & elles font reculer plus ou moins loin tout l'appareil.

CHARIOT DE DAVID : conftellation de la grande ourfe. *Voyez* GRANDE OURSE.

CHARIOT ÉLECTRIQUE ; carrus electricus ; *wagen elektrifcher*. Machine deftinée à lancer en l'air, en temps d'orage, le cerf-volant électrique, & à en développer la corde, même lorfque l'orage eft le plus animé, fans que celui qui opère, coure aucun rifque.

Cette machine a été imaginée par de Romas, affeffeur au préfidial de Nérac, à qui la grandeur des effets de l'intenfité des feux qu'il a obtenus par la violence de fon cerf-volant électrique, en ont fait fentir la néceffité, pour fe garantir des dangers auxquels on feroit expofé en faifant de pareilles expériences (*voyez* CERF-VOLANT ELECTRIQUE), dangers dont la réalité n'a été que trop prouvée dans la perfonne de Richmane, profeffeur à Saint-Pétersbourg, qui en a éprouvé les trop funeftes effets, puifqu'il lui en a coûté la vie.

Le *chariot électrique* a trois roues, A, B, C, *fig.* 597, dont les deux grandes, B, C, ont environ un pied de diamètre, quatre pouces d'épaiffeur, & font pleines. La petite, A, qui eft pareillement pleine, a fix pouces de diamètre, un pouce d'épaiffeur ; elle eft portée par une chape de fer *c*, fixée à l'extrémité inférieure d'un pivot vertical D′, à l'autre extrémité duquel eft affemblée à charnière

charnière une pièce de bois plate E F, longue de deux pieds un pouce six lignes, large de deux pouces & demi, & qu'on peut regarder comme le timon. Le pivot vertical D, tourne librement dans la pièce de bois carrée G; ce qui donne la facilité de diriger la petite roue A de quel côté l'on veut Cette pièce de bois carrée G, est assemblée avec l'essieu des grandes roues par le moyen d'une pièce de bois S T, qui pend en dessous de la pièce G & de l'essieu, & par le moyen d'un châssis triangulaire *a* V X qui prend les deux pièces en dessus: Sur ce châssis est établie une traverse *cf*, dont nous verrons bientôt l'usage. Les deux pièces de bois. V X, qui, conjointement avec la traverse *ef*, forment le châssis triangulaire, sont assemblées à demeure, vers le timon, par une plaque de laiton *a b d*, & sont fixées par leur autre extrémité à l'essieu des grandes roues, auprès des montans, des fourchettes Y Z. Sur l'essieu s'élèvent donc deux montans à fourchette Y Z, sur lesquels est porté l'axe de la bobine *q* S', qui contient la corde à laquelle on attache le cerf-volant. Sur la circonférence de chacune des joues de la bobine *q* S', est une cheville plate de fer *t* & *u*. Ces chevilles servent, quand on veut, à empêcher le développement de la corde, comme nous le dirons dans la suite.

Au-dessous de la bobine *q* S' est un levier H I; *fig.* 598, qui est fixé sur le pivot Q, lequel pivot se meut sur son centre, étant dégagé d'une part dans la traverse *ef*, & d'autre part dans la pièce de bois S T.

Vers l'extrémité I de ce levier, est une petite plaque de fer K, taillée en biseau à ses deux bouts, & circulairement sur son côté inférieur, cette portion circulaire ayant pour centre celui d'un pivot Q. Cette plaque de fer K, est fixée par son milieu sur le levier H I, par le moyen d'un clou, qui lui laisse la liberté de tourner quand il en est besoin. Mais comme pendant tout le temps qu'on fait usage du *chariot*, il est nécessaire que la plaque de fer K soit toujours perpendiculaire au levier H I, on a fixé sur les côtés du levier, par le moyen de deux clous, une espèce de collet de fer *x*, qui embrasse l'extrémité I du levier, & qui, étant mobile sur ses deux clous, est retenu en place par la vis à oreille *y*. Ce collet *x* est entaillé de chaque côté extérieur de la plaque de fer K, & par ce moyen empêche la plaque de changer de situation.

Vers le timon, est un balancier L M, fixé sur le pivot P, lequel pivot se meut sur son centre, étant engagé d'une part dans la plaque de laiton *a b d*, & d'autre part dans la pièce de bois S T. Ce balancier a, dans son milieu, un renflement circulaire, sur lequel est fixée une cheville verticale R, dans laquelle s'engage l'extrémité H du levier H I, qui est pour cela taillé en fourchette. Dans la partie intérieure du pivot P, au-dessous du balancier L M, est fixé, par une de ses extrémités, un ressort *g*, qui n'est autre chose qu'une lame d'acier droite, dont l'extrémité est engagée dans un montant de fer à fourchette P, qui est lui-même fixé sur la pièce de bois S T; ce ressort sert à rappeler le levier H I dans sa situation naturelle.

Aux deux extrémités L M, du balancier, sont attachés deux cordons de soie LO, MN, qui sont ordinairement roulés sur le billot de bois ON, lequel billot, lorsqu'on ne fait pas usage du *chariot*, est engagé, par le trou qu'il a dans son milieu, sur la cheville verticale de fer *w*, qui est fixée sur la platine de liaison *a b d*.

A l'extrémité E, du timon E F, est aussi attaché un cordon de soie E W, qui est ordinairement roulé sur la cheville de bois plate W, laquelle cheville, lorsqu'on ne fait pas usage du *chariot*, est engagée dans un trou qui est à l'extrémité E du timon E F.

Il seroit aisé de connoître les proportions de chacune des pièces de cette machine, par le moyen de la *figure* 597, pour laquelle le timon E F, que nous avons dit avoir deux pieds un pouce six lignes de long, peut servir d'échelle.

Examinons maintenant comment on doit faire usage de ce *chariot*: Il faut d'abord qu'il ait une certaine pesanteur, sans quoi il seroit sujet, surtout lorsque le vent est violent, à être enlevé ou renversé par l'effort que fait sur lui le cerf volant, qui reçoit l'impulsion du vent; c'est pourquoi on fait les roues pleines. De Romas observe que, s'il pèse environ quarante-cinq livres, cela sera suffisant pour résister à l'effort d'un cerf-volant de dix-huit pouces carrés en surface, tel qu'étoit celui dont il s'est servi. On peut juger de-là, quelle doit être la force de la corde à laquelle est attaché le cerf-volant, ainsi que celle des cordons de soie employés dans cette machine. Il faut observer que la corde, qui tient le cerf-volant, doit être garnie, dans toute sa longueur, d'un fil trait de métal, qui l'entoure en spirale, à peu près comme dans les cordes filées des violons & autres instrumens de cette espèce, afin que la vertu électrique se communique plus aisément du nuage aux corps dont on se sert pour exciter les étincelles.

Lors donc qu'on voudra faire usage de ce *chariot*, on attachera le cerf-volant au bout de la corde *z*, *fig.* 598, garnie de son fil trait; & avant de le lancer en l'air, la personne qui doit gouverner le *chariot* pendant l'expérience, pendra la cheville de bois plate W & le billot ON, *fig.* 597 & 598, & ayant dévidé les cordons de soie, s'éloignera de l'extrémité E du timon E F, à une distance de cinq ou six pieds environ, tenant le tout dans une situation semblable à celle qui est représentée *figure* 597, de façon, cependant, que les cordons de soie LO, MN, soient un peu lâches, & la cheville W, étant passée dans le trou qui est au milieu du billot ON; car on ne sauroit trop recommander de ne toucher ni le timon ni aucune autre pièce du *chariot*, jufqu'à ce que la corde, qui tient le cerf-volant, foit entièrement développée de deffus la bobine, fans quoi on courroit de grands rifques, furtout en temps d'orage.

Suppofons maintenant le cerf-volant lancé en l'air : la perfonne qui tient les cordons de foie, comme nous venons de le dire, par le moyen du billot O N & de la cheville plate W, pourra, fans toucher immédiatement le timon, conduire & diriger le *chariot* partout où elle voudra, puifque le timon E F, le pivot vertical D, & la petite roue A, peuvent tourner enfemble, librement, à droite ou à gauche, & même faire le tour entier de la pièce de bois carrée G. C'eft cette liberté de mouvement qui donne au petit *chariot* l'avantage de n'être pas fujet à verfer, quand on veut le faire tourner de droite à gauche. La même perfonne pourra encore oppofer, en tirant à foi, une action capable de contre-balancer celle du cerf-volant, qui, fans cela, entraîneroit le *chariot*; car il faut obferver que, hors le cas où il s'agit de diriger le *chariot* à droite ou à gauche, il faut que le timon E F foit, entre foi & le cerf-volant, en ligne droite.

Tout étant ainfi difpofé, il faut que la corde *z*, *fig.* 597 & 599, puiffe, 1°. fe developper de deffus la bobine *q S'*; 2°. qu'elle ne fe developpe pas avec trop de rapidité ; mais que cela fe faffe avec une certaine modération; 3°. qu'on puiffe, felon le befoin, fufpendre pour un temps, ou même interrompre tout-à-fait ce développement ; opérations qui doivent auffi fe faire fans qu'on touche immédiatement avec la main, ni le *chariot* ni la corde du cerf-volant ; ce qui mérite d'être expliqué.

Pour que la ficelle fe développe, il faut que la bobine *q S'* tourne fuivant l'ordre des chiffres 1, 2, 3, & l'on conçoit aifément que c'eft l'action du vent, fur le cerf-volant, qui eft la caufe de ce mouvement. Si donc la bobine tourne, il doit néceffairement arriver qu'une des chevilles plates *t* ou *u*, qui font fur la circonférence des joues de la bobine, rencontre un des bifeaux de la plaque de fer K, laquelle cheville gliffera fur ce bifeau, parce que, fuivant la conftruction, le levier H I, *fig.* 597 & 598, fur lequel eft portée la plaque de fer K, cédera à l'effort de cette cheville, en s'approchant un peu, du côté de l'autre joue de la bobine.

Cette cheville *u*, par exemple, étant ainfi paffée, le levier H I, cédant à l'effort du reffort *g*, fera bientôt remis dans fa première fituation; & fi la bobine *q S'* continue de tourner, l'autre cheville *t* rencontrera l'autre bifeau de la plaque de fer K, fur lequel elle gliffera & qu'elle paffera, de même que la cheville *u* a paffé le premier bifeau, & ainfi de fuite, moyennant quoi la corde *s* pourra fe développer avec une certaine modération ; ce qu'elle n'auroit pas fait, fi l'on n'eût pas oppofé aux chevilles plates *t*, *u*, le levier H I, garni de fa plaque

de fer K, car ces pièces forment enfemble une efpèce d'échappement.

Maintenant fi l'on veut fufpendre pour un temps, ou même interrompre tout-à fait le développement de la corde Z, il faut lâcher un peu le cordon de foie E W, & au contraire tendre fortement les cordons de foie I. O, M N, faifant en forte qu'au lieu des angles droits qu'ils font en N & en O avec le billot O N, ils faffent des angles fort aigus, comme en *n* & en *o*, *fig.* 598. Par le balancier, L M fera contraint de prendre la direction *h i*. Alors la plaque de fer K, étant portée en *u*, la cheville plate *u*, de la bobine *q S'*, au lieu de rencontrer le bifeau de fer K, qui auroit occafionné l'échappement, rencontre la courbe circulaire formée fur le côté inférieur de cette plaque, ce qui l'em, êchera de paffer, & arrêtera, par conféquent, le développement de la corde *z*, fans qu'on foit obligé de toucher ni le *chariot* ni la corde. Les lignes ponctuées de la *fig.* 598 reprefentent toutes les pièces dans la fituation convenable pour arrêter la bobine.

La bobine étant ainfi arrêtée, on eft le maître de la tenir dans cet état auffi long-temps qu'on veut, mais fi l'on veut qu'elle continue fon mouvement, il ne faut que lâcher deux cordons de foie L O, M N, en les rendant perpendiculaires au billot N O, & tenir bien tendu le cordon de foie E W du timon.

Dans de certains momens, le vent eft fi violent qu'il n'eft pas poffible de proportionner à l'inégalité de fon impétuofité la force du reffort *g*, que l'on met au pivot du balancier L M, d'où il fuit que la bobine *q S'* iroit alors trop vîte, ce qui pourroit occafionner quelque fracas; mais on prévient cet inconvénient par l'arrangement que l'on vient de voir ; car, comme on tient le billot O N par fon milieu, on eft le maître de régler & de modérer foi-même la durée des vibrations du balancier L M & du levier H I, puifqu'il n'eft befoin, pour cela, que d'un tour de poignet que l'on donne plus ou moins rapidement à chaque vibration, felon que l'on veut les rendre plus ou moins promptes.

Suppofons maintenant que la corde *z*, *fig.* 599, foit entièrement developpée de deffus la bobine ; on remarquera, 1°. une petite pièce de fer-blanc A *a*, à l'un des côtés de laquelle on a ménagé un petit tuyau A, dans lequel la corde principale A B, du cerf-volant, peut librement gliffer fur un efpace de quelques pouces, & même fe tordre ou fe détordre ; 2°. qu'au coin intérieur *a*, de l'autre côté de la même pièce de fer-blanc, il y a un trou où l'on a attaché une autre corde C D, femblable à la première, & qu'on doit regarder comme n'en étant qu'une branche ; 3°. que ces deux cordes, A B & C D, doivent avoir chacune environ trente pieds de long.

On remarquera encore que, vers l'extrémité inférieure de chacune de ces cordes, il y a une groffe balle de moufquet G & H, enfilée comme des grains de chapelet. Ces balles doivent avoir la liberté de glisser fur leur corde dans un espace de quinze à dix-huit pouces, car autrement il pourroit arriver que, lorsqu'on voudroit remettre les cordes fur la bobine, ces mêmes balles se rencontraffent fur le tranchant des traverfes K L M, dont la bobine eft formée, ce qui feroit un inconvénient. Ces balles fervent à mettre celui qui opère, en état d'exciter plus aifément les lames de feu, ainsi que nous le dirons ci-après.

Au bout des deux cordes A B & C D font deux cordons de foie B E & D E; ces deux cordons de foie, & leurs cordes respectives, doivent être féparés fur la bobine, & l'on voit qu'intérieurement, près des joues, comme en E, par exemple, on a pratiqué un enfoncement comme la gorge d'une poulie, propre à loger chacune d'elles. Cette précaution eft abfolument nécessaire; car si ces deux cordes n'étoient pas féparées, & que d'ailleurs la corde principale A B n'eût pas la liberté de glisser dans fon tuyau A, & même de fe tordre & de fe détordre, elles feroient fujettes à s'entortiller & à fe brouiller ensemble; deux inconvéniens que de Romas doit avoir éprouvés avec beaucoup de danger.

Depuis le commencement de l'opération jusqu'à préfent, il a fallu fe bien donner de garde de toucher ni le chariot ni la corde du cerf-volant, on auroit couru de grands rifques; mais voilà le moment arrivé où l'on peut impunément toucher les cordons de foie B E & D F, ainsi que le chariot; cela eft même indifpenfable; car pour opérer librement, il faut non-feulement attacher dans le fond du hangar le bout inférieur E du cordon de foie B E de la corde principale A B, mais il faut encore détacher le cordon de foie D F du crochet I qui eft fixé à la bobine.

Il faut cependant avertir que, si, pendant que les cordes & leurs cordons de foie fe développent, il venoit à pleuvoir, il eft nécessaire de prendre garde que tous les cordons de foie, qui font au nombre de cinq dans cette machine, foient à l'abri de la pluie. Les phyficiens électrifans en favent la raifon; mais il y en a ici une plus forte, qui eft celle de la confervation de celui qui fait l'expérience.

Si l'on ne s'eft point du tout négligé fur ces objets, on peut commencer à faire les expériences; il faut cependant obferver deux chofes : 1°. qu'on ne réuffiroit pas trop bien à faire fortir du feu de l'extrémité inférieure de l'une ou l'autre des cordes A B ou C D, si ces cordes touchoient à quelques corps électrifables, qui euffent eux-mêmes quelque communication avec la terre; car alors fe cerf-volant ni les cordes ne feroient ifolés, ce qui eft cependant nécessaire. Cette règle générale a pourtant très-fouvent fes exceptions, furtout lorsque l'orage eft violent; ainsi, dans tous les cas, il faut s'abftenir de toucher la corde du cerf-volant.

Il faut obferver, 2°. que celui qui fe prépare à opérer ne doit jamais fe tenir aussi près des balles de plomb G & H, qu'elles le font elles-mêmes de la terre; il doit au contraire s'en tenir plus éloigné de deux ou trois pieds au moins; car s'il étoit plus proche de ces balles que la terre n'en eft elle-même, il feroit à craindre que le feu ne fe portât plutôt fur lui que fur la terre. Il eft aifé de s'en éloigner, par le moyen des cordons de foie B E, D F, qu'on peut rendre aussi longs qu'on voudra.

Après ces obfervations effentielles, il n'eft plus queftion que d'opérer; cela peut fe faire de deux manières différentes. Suivant la première, on doit fe fervir de la corde C D. Pour cela on pend d'abord le cordon de foie D F par fon extrémité F; on le tend bien en tirant à foi, afin que ni lui, ni la corde C D, ni la balle H ne touchent la terre. Si l'orage eft affez électrique, le cerf-volant, la corde z & fes deux branches A B, C D, & les deux balles G & H, étant bien ifolées, s'électriferont infailliblement. Pour favoir ce qui en eft, on n'a qu'à lâcher, peu à peu, le cordon de foie D F, & dès que la balle H fera parvenue affez près de la terre pour que les explofions fe faffent, on verra auffitôt fortir des traits de feu de cette balle. Si la terre étant trop fèche, les lames de feu ne paroiffent pas auffi belles qu'elles le devroient, on peut les animer & les rendre plus grandes, en renverfant à terre, au-deffous de la balle de plomb, un plat d'étain ou un autre corps électrifable; & si l'on vouloit tuer un animal, il faudroit l'attacher auffi par terre, au-deffous de la balle de plomb.

La feconde manière de faire paroître le feu électrique, confifte à s'être pourvu d'un inftrument imaginé auffi par de Romas, & qu'il a nommé excitateur. Cet inftrument eft compofé d'un tube de verre, à l'un des bouts duquel eft fixé un tuyau de métal, duquel tuyau pend une chaine auffi de métal, & affez longue pour toucher la terre, lorsqu'on excite les lames de feu. (Voyez EXCITATEUR.) Quand on voudra fe fervir de cet inftrument, on prendra à la main le tube de verre, & l'on éloignera de foi, le plus qu'on pourra, l'extrémité de la chaîne qui ne tient pas au tube. Cela fait, on approchera le tuyau de métal d'une des deux balles G & H; & si le bout de la chaîne touche la terre (attention à laquelle il ne faut pas manquer) on verra dans le même inftant, où le tuyau de métal fera à la diftance convenable aux explofions, un trait de feu très-brillant, très-pétillant & très-actif; de forte qu'on peut dire que cette feconde manière d'opérer produit quelque chofe de plus fatisfaifant que la première. C'eft bien dommage que l'excitateur, dont on fe fert alors, foit d'une matière fi fragile, & qu'on ne puiffe pas le faire auffi long qu'il feroit nécessaire.

La corde C D, fur laquelle eft enfilée la balle H, & qui, conjointement avec la corde de foie D F, peut être auffi nommée excitateur, de même que l'inftrument dont nous venons de parler, eft d'un grand ufage dans un cas très-important, qui eft que, fi le feu venoit en trop grande abondance, ce qui arrive quelquefois, on eft, en quelque façon, le maître de l'anéantir par le moyen de cette corde, puifqu'il ne faut pour cela que lâcher le cordon de foie, jufqu'à ce que la balle de plomb H touche la terre; car alors la principale corde du cerf-volant n'étant plus ifolée, ne s'é-lectrife que peu, ou point du tout. Il faut cepen-dant avouer que le cerf-volant & fa corde feroient alors dans le cas d'un grand arbre ou d'un clo-cher, ou autre édifice élevé, qui, comme l'on fait, font très-propres à exciter la foudre, laquelle pourroit auffi, dans ce cas-là, être excitée par le cerf-volant d'une manière fpontanée, & au mo-ment où l'on s'y attendroit le moins. C'eft pour-quoi il faut toujours fe tenir affez éloigné de la corde, pour ne courir aucun rifque.

Si, après avoir fait ainfi plufieurs expériences, on vouloit les terminer & remporter fa machine, pour prévenir les accidens qui pourroient en arri-ver, on doit avertir que, fi l'orage n'eft pas en-tièrement diffipé, il faut bien fe donner de garde de rappeler le cerf-volant, parce que n'étant pas poffible d'y parvenir fans toucher la corde, on courroit de trop grands rifques, ainfi qu'il eft aifé d'en juger par tout ce que nous avons dit ci-deffus. De Romas avoue que c'eft une perfection qui manque à fon chariot : ce n'eft pas, dit-il, qu'il n'ait beaucoup médité pour la lui procurer; il affure même qu'il a trouvé un moyen qui réuffi-roit, mais qui eft fi compliqué, qu'il ne l'a pas jugé digne d'être mis au jour. C'eft pourquoi il con-feille à ceux qui s'exerceront à ces fortes d'ex-périences, en temps d'orage, de laiffer tomber le cerf-volant de lui-même, ce qui arrive pour l'ordinaire.

Après cela il s'agit de remettre la corde du cerf-volant fur la bobine; mais comme il faut la faire tourner alors fuivant l'ordre des chiffres 3,2,1, fig. 597, afin que la corde fe trouve dans une po-fition convenable pour de nouvelles expériences, il eft clair que les chevilles plates t, u, qui font fur la circonférence de fes joues, rencontreroient la plaque de fer K, ce qui l'empêcheroit de tour-ner. Il eft donc abfolument néceffaire de déplacer cette plaque de fer. Pour cet effet, il faut, 1°. ôter la vis à l'oreille y, fig. 597 & 598, qui eft à l'ex-trémité I du levier HI; 2°. abaiffer le collet de fer x, qui embraffe cette même extrémité I du levier; 3°. enfin, faire faire, à la plaque K de l'é-chappement, un quart de converfion, de façon qu'elle fe trouve placée parallèlement à la lon-gueur du levier HI. Alors on pourra tourner fans difficulté la bobine dans le fens contraire à celui fuivant lequel elle tourne, lorfqu'on développe la corde, puifque les chevilles plates t, u, ne ren-contreront, dans leurs révolutions, aucun obftacle qui les arrête. Afin d'aller plus vîte & plus aifé-ment dans cette opération, on pourra fixer une

manivelle à l'un des bouts de l'axe de la bobine.

La corde étant entièrement remife fur la bo-bine, il ne reftera plus qu'à rétablir la plaque de fer K qui fert à l'échappement, de même que les cordons de foie LO, EW, MN, afin que le cha-riot fe trouve tout prêt pour le temps auquel il fe préfentera une occafion propre à faire de nou-velles expériences.

De Romas, inventeur de la machine dont nous venons de donner la defcription & l'ufage, nous affure qu'elle a été éprouvée avec fuccès en pré-fence d'un grand nombre de perfonnes; ce qui doit donner de la confiance à ceux qui feroient curieux de répéter ces fortes d'expériences. Mais on ne peut trop recommander d'avoir bien foin de prendre toutes les précautions que nous avons indiquées dans cet article : elles font affez im-portantes, puifque la vie en dépend.

CHARLATANS, circulatores; marktfchreiter; f. m. Vendeurs de drogues, d'orviétan, & qui les débitent fur des places publiques, fur des théatres ou fur des tréteaux; trompeurs, engeoleurs qui perfuadent par des flatteries, par des preftiges.

La charlatanerie eft très-ancienne. Les Egyp-tiens & les Hébreux étoient entourés d'impof-teurs qui, abufant de leur foibleffe & de leur cré-dulité, fe vantoient de guérir les maladies les plus graves par des amulettes, des divinations & des charmes. Il y avoit des charlatans en tous génres chez les Grecs & chez les Romains. Les pre-miers qui, dans les fiècles modernes, ont fait re-vivre le charlatanifme, étoient des aventuriers de Cœretum, bourg d'Italie, fitué dans le voifinage de Spolette, d'où eft venu ceretano, qui, en italien, fignifie la même chofe que ciarlatano, d'où l'on a formé charlatan; d'autres le dérivent de l'italien ciarlare, parler beaucoup.

Ces hommes, fans fcience & fans aucun titre, exercent la divination & la médecine, & trom-pent le public par l'appât de leur prétendu fecret; fe difent infpirés, font fenfibles aux plus légères émanations, apperçoivent les fources; les tréfors enfouis dans le fein de la terre; leur vue eft fi parfaite & fi longue, qu'ils diftinguent les objets à plufieurs cents lieues de diftance. Les bateleurs, les charlatans modernes ne diffèrent pas des an-ciens pour le caractère : c'eft le même génie qui les gouverne, le même efprit qui les domine, le même but auquel ils tendent, celui de gagner de l'argent & de tromper le public.

Tout fait croire que le premier mafque que porta le charlatanifme, fut un mafque médical. Ces fortes de charlatans exiftent parmi les fauvages; on les trouve chez tous les peuples dont les pro-grès de la civilifation font peu avancés. Il y a éga-lement eu, de tous temps, des charlatans de re-ligion, de vertu, de favoir, d'efprit & de for-tune. Suétone (livre II des Douze Céfars) appelle charlatans certains philofophes, faux Stoïciens, qui, fans argent & fans-difcipline, fuivoient les gens riches, & tenoient des difcours ridicules ou plaifans pour fe faire admettre dans les feftins.

Ariftophane fe moqua, dans une de fes comédies, d'Eudamus, qui vendoit des bagues avec lefquelles on étoit préfervé de la morfure des ferpens. Le charlatanifme a varié fa phyfionomie avec les fiècles; cet adroit prothée change de forme & de langage fans jamais changer de mafque.

Aujourd'hui le *charlatan* a befoin de dehors qui frappent le peuple & qui préviennent l'examen. Loin de s'adreffer à des juges éclairés, il les récufe, il les taxe d'une févérité exagérée, fouvent même d'envie & d'injuftice; c'eft à la multitude qu'il en appelle. Les feuilles publiques font le théâtre éphémère où il établit fa renommée. Il y vante hautement, il y fait vanter fes prétendues découvertes. Il s'empare des découvertes des autres, fe les attribue, en parle continuellement avec affurance, & fouvent même critique amèrement ceux qu'il a dépouillés. Quelquefois il confent à expofer fes découvertes au public, dans des cours chèrement payés; mais ne lui parlez pas des expériences précifes, d'une difcuffion févère & approfondie, jamais vous ne pourrez l'y réduire, & il fait que fi on l'examine, il eft perdu.

Tels font les prétendus poffeffeurs de la pierre philofophale & de la panacée univerfelle, les chercheurs du mouvement perpétuel & de la quadrature du cercle; les partifans du magnétifme animal, du pekinifme, du fomnambulifme & de la rabdomancie: tels ont été Jacques Aimar, Mefmer, Bleton, Caglioftro, Swedemborg, le comte de Saint-Germain, le marquis Caretto, le capucin Rouffeau, le payfan de Chaudrai, & tant d'autres qui, perfuadés que nul n'eft prophète dans fon pays, ont parcouru l'Europe en faifant leur fortune aux dépens de la crédulité publique.

Jacques Aimar-Vernay étoit un payfan du Dauphiné, qui parut vers la fin du dix-feptième fiècle, avec la réputation d'un fameux rabdomancien. A l'aide d'une baguette de noifetier, il prétendoit découvrir les eaux fouterraines, les metaux enterrés, les maléfices, les voleurs, les affaffins; il étoit averti, difoit-il, de la préfence des chofes cachées qu'il cherchoit, par des émanations qui s'échappoient des fontaines, des métaux & des corps humains, traverfoient fa baguette & produifoient fur fes nerfs un ébranlement fenfible. *Voyez* BAGUETTE DIVINATOIRE.

Mefmer eft trop connu, pour que nous nous arrétions long-temps fur les rêveries qu'il a voulu accréditer. Suppofer l'exiftence d'un fluide invifible, qui parcourt nos nerfs à volonté, qui s'accumule ou s'échappe felon nos defirs, dont les émanations, toujours occultes, provoquent, entre deux individus qui fe mettent en rapport comme deux aimans, des fenfations tantôt agréables, tantôt pénibles, d'un fluide qui, par fon affluence & fon action fur les nerfs, indique l'état fain ou pathologique de tous les vifcères, détermine des crifes falutaires, & donne ainfi la faculté d'interroger les organes & de prévenir les maladies; annoncer que ce fluide manifefte fa préfence par de douces titillations, par des fpafmes voluptueux, & embellir ce roman médical de tout ce que le fyftème des fympathies offre de merveilleux: tels furent les moyens que prit Mefner pour frapper l'imagination des gens crédules & frivoles, dont la fociété abonde. Sa doctrine étoit auffi intelligible qu'une religion. Comment n'auroit-il pas fait des fanatiques & des martyrs? Plufieurs magiftrats, des prélats, des militaires, achétoient cent louis l'art de magnétifer; des hommes de Cour, & furtout beaucoup de jolies femmes vaporeufes, vinrent en foule chez Mefner, payer fort cher le plaifir d'avoir des convulfions provoquées par la feule imagination. *Voyez* MESMER.

Caglioftro s'annonça d'une manière plus impofante encore: fils d'un obfcur artifan de Parme, nommé Balfamo, il vint à Paris avec le titre de comte, & le train d'un homme fort riche. Il avoit déjà étonné Berlin, Londres & Vienne par fes rares talens. Comme il ne vouloit pas compofer fon école de bourgeois, de marchands, de rentiers, mais s'environner de princes, de riches financiers, il fe mit fur-le-champ à leur niveau; toujours vêtu élégamment, les mains chargées de diamans d'un grand prix, traîné par un lefte équipage, répandant autour de lui beaucoup d'aumônes, & ne demandant rien à perfonne, racontant avec fang-froid & fimplicité les chofes du monde les plus incroyables, évitant la foule & faifant parler de lui fecrètement, il fe vit bientôt recherché par les Grands & par les femmes en crédit. Alors il s'environna de tout l'appareil d'un thaumaturge, s'annonça comme un prophète, fe dit âgé de plufieurs fiècles, prêcha l'illuminifme, étonna fes adeptes par les preftiges de la fantafmagorie, encore inconnue en France, & diftribua à fes amis fon élixir de l'immortalité. On n'avoit pas vu encore un *charlatan* auffi généreux, auffi défintéreffé, on ne pouvoit concevoir comment cet homme extraordinaire fuffifoit à fes dépenfes, lorfque le trop fameux procès du collier dévoila fa turpitude. *Voyez* CAGLIOSTRO.

Un écrivain fpirituel, un favant diftingué, le baron de Born, avoit, dans un accès de goutte, claffé les moines à la manière linnéenne; on pourroit claffer de même les *charlatans*: en faire des ordres, des genres, des variétés, tant ils font multipliés & différens.

CHARME; cantio; *zauberen*; fub. maf. Ce qu'on fuppofe fuperftitieufement fait, par art magique, pour produire un effet extraordinaire.

Charmer eft un des principaux attributs de la magie & des fortiléges. (*Voyez* MAGIE, SORTILEGE.) Les effets que l'on attribue aux *charmes* font fondés fur l'erreur, la crédulité, la crainte &

l'efpoir. On peut divifer les *charmes* en deux claffes : ceux qui font appliqués aux perfonnes, & ceux qui font appliqués aux chofes ou aux brutes. La première claffe peut être fous-divifee-en *charmes* dont on inftruit la perfonne fur laquelle on les jette, & *charmes* dont on n'avertit point la perfonne contre laquelle ils font dirigés.

Si la perfonne que l'on dévoue, a un efprit foible, il arrive fouvent, lorfqu'elle en eft inftruite, que le *charme* exerce une très-forte action fur elle, qu'elle met en jeu fon imagination par tous les moyens propres à la frapper, & qu'il en réfulte une affection morale & phyfique que le vulgaire attribue au *charme*. « Il eft vraifemblable, dit Montaigne, que le principal crédit des vifions, des enchantemens & de tels effets extraordinaires, vienne de la puiffance de l'imagination, agiffant principalement contre les ames du vulgaire, plus molles : on leur a fi fort faifi la créance, qu'elles penfent voir ce qu'elles ne voient pas. » (*Livre II, chapitre* 10.)

Les *charmes* qui fe pratiquoient à l'infu des perfonnes, auroient dû, par leur peu d'action, perdre promptement leur renommée ; mais comme ils ont toujours été employés en mauvaife part, & qu'ils étoient l'expreffion tacite d'une vengeance qui craignoit d'éclater, ils ont eu, dans tous les temps, pour appui, la haine, la rivalités, la haine, la paffion de nuire : alors ils devenoient une reffource précieufe pour le crime, uni à la lâcheté ; & puis, lorfque, par des circonftances imprévues, le patient éprouvoit des maladies, des pertes, des chagrins, on s'empreffoit de l'attribuer aux *charmes* dirigés contre lui.

Quant aux *charmes* appliqués aux chofes, telles que les talifmans, les amulettes & tous les moyens analogues, ils n'eurent jamais d'autres propriétés que celles qu'ils tirent de leur empire fur l'efprit humain : d'autres, comme les *charmes* employés pour empêcher l'effet des armes, & fe rendre invulnérable ; les effets qu'ils paroiffent produire, ne font que des réfultats d'efcamotage, d'adreffe & de charlatanifme.

On a prétendu que les animaux étoient fufceptibles de recevoir les forts & les *charmes* ; d'autres attribuent à certains animaux le pouvoir de *charmer* : tel eft le pouvoir attribué aux crapauds, aux ferpens à fonnettes ; mais malgré des témoignages fort vénérables, rien n'autorife à croire que les animaux puiffent jamais être domptés par des preftiges. La crainte d'un danger connu, d'un ennemi formidable, peut feule, dans certains cas, influer fur leur imagination, & produire des effets extraordinaires que l'on a remarqués.

Les lumières de la philofophie ont diffipé une grande partie de ces préjugés, & d'habiles naturaliftes ont démontré que les autres n'étoient qu'une illufion.

CHARNIÈRES (De). Le lieu & l'époque de fa naiffance font ignorés : on place communément la dernière au commencement du dix-huitième fiècle. Plufieurs ouvrages ont préfervé fa mémoire de l'oubli.

On a de lui : 1°. un Mémoire fur l'*Obfervation des Longitudes en mer*, publié par ordre du Roi, en 1767, in-8°., figures ; 2°. *Expériences fur les longitudes faites à la mer*, en 1767 & 1768, publiées auffi par ordre du Roi. Paris, 1768, in-8°., figures. On trouve dans cet ouvrage la defcription du mégamètre, inftrument pour mefurer en mer les diftances de la lune aux étoiles : c'eft un perfectionnement de l'héliomètre de Bouguer. 3°. *Théorie pratique des longitudes en mer.* Paris, 1772, in-8° C'eft encore la defcription du mégamètre perfectionné, avec de nouveaux développemens.

De Charnières fut le premier officier de marine qui, ayant reçu des inftructions de Veron, pratiqua avec fuccès la méthode des longitudes en mer, par le moyen de la lune. Il mourut peu de temps après la publication de fon mémoire.

CHARONIENNES ; καρωνγια ; adject. Grottes dans lefquelles l'air eft tellement malfaifant, que les animaux ne fauroient y vivre.

CHASSE ; καψα ; capfa ; *kaften, futteral* ; f. f. Ce qui fert à tenir une chofe enchâffée.

CHASSE DE BALANCE ; capfa jugi ; *wage kloben*. Branche verticale par laquelle on foutient la balance quand on veut s'en fervir. *Voyez* BALANCE, FLÉAU.

CHASSE DE LUNETTE ; capfa confpicilii ; *brillen einenfaffung*. Monture dans laquelle les verres font embraffés. Cette *chaffe* eft de corne, d'écaille, d'acier bien élaftique, &c.

CHASSE D'UNE MACHINE : efpace libre qu'il faut accorder à une machine entière ou à quelques-unes de fes parties, pour en augmenter ou en faciliter l'action. Trop ou trop peu de *chaffe* nuit à l'action ; c'eft à l'expérience à déterminer la jufte quantité.

CHASSE (Air de) ; fonus venationis ; *jagd leid*. Certains airs ou certaines fanfares de cors ou d'autres inftrumens qui réveillent, à ce qu'on dit, l'idée des tons que ces mêmes cors donnent à la *chaffe*.

CHASSE (Chien de) ; venaticus canis ; *jagd hund*. Conftellation de la partie feptentrionale du ciel. *Voyez* CHIEN DE CHASSE.

CHASSEUR ÉLECTRIQUE ; venator electricus ; *electrifche jager* ; f. m. Petite figure de bois ou de carton, peinte, repréſentant un *chaſſeur* armé de ſon fuſil ajuſté ſur un objet.

Si l'on iſole cette figure, qu'on là faſſe communiquer à une machine électrique, que l'on place à une petite diſtance du bout du fuſil une pièce de gibier, ou tout autre objet que le *chaſſeur* eſt ſuppoſé ajuſter, & que l'on faſſe communiquer cette ſeconde pièce au réſervoir commun : dès que l'on met la machine en mouvement, des étincelles électriques s'échappent du bout du fuſil pour ſe porter ſur l'objet qui eſt placé à une petite diſtance.

CHASSIE; glama; *augentriefen*; ſ. f. Humeur graſſe, onctueuſe, jaunâtre, que ſécrètent les follicules ſébacées des paupières, & qui ſert, non-ſeulement à empêcher ces dernières d'irriter le globe de l'œil par le frottement qu'elles exercent ſur lui, mais encore à s'oppoſer à ce que les larmes ne tombent ſur la joue au lieu de ſe rendre vers le grand angle de l'œil, où les points lacrymaux doivent les abſorber.

CHASSIS; capſicium; *rahm*; ſ. m. Aſſemblage de fer ou de bois, aſſez ordinairement carré, deſtiné à environner un corps & à le contenir.

Il y a peu d'arts, & même aſſez peu de machines conſidérables où il ne ſe rencontre des *châſſis*, ou des parties qui en font les fonctions ſous un autre nom.

CHASTELET (Gabrielle-Émilie le Tonnelier de Breteuil, marquiſe du) : femme célèbre, & que l'on peut conſidérer en quelque ſorte comme ayant appartenu au beau ſiècle de Louis XIV, puiſqu'elle naquit en 1707.

Contemporaine de Voltaire, ſon amie intime, douée, comme lui, d'un eſprit vif & pénétrant; comme lui avide du ſavoir, la marquiſe du *Chaſtelet* réuniſſoit à l'amour des arts & des lettres, un goût inné pour les ſciences; elle avoit des connoiſſances aſſez étendues en géométrie, en aſtronomie & en phyſique. Les langues latine, angloiſe & italienne lui étoient familières; les grands écrivains de ces trois langues lui étoient bien connus.

Mariée très-jeune au marquis du Chaſtelet-Lomont, les plaiſirs de la Cour, les hommages de la ville ne la détournèrent point du penchant qui l'entraînoit vers les ſciences; & ce penchant, tout irréſiſtible qu'il fût en elle, ne prévalut point ſur les devoirs de la maternité. Deux paſſions rempliſſoient toute ſon ame : l'amour & la gloire. Cette dernière, ſi l'on en croit Voltaire, étoit accompagnée d'une ſimplicité que l'on rencontre rarement parmi les ſavans, & moins encore dans les perſonnes du ſexe, qui ſe croient en droit de diſputer la palme du génie.

« Perſonne, dit encore Voltaire, ne mérita

moins qu'on dit d'elle : c'eſt une ſavante. »

Au reſte, la marquiſe du *Chaſtelet* s'eſt peinte elle-même dans ſon *Traité du Bonheur* : « J'avoue, » dit-elle, que je ris plus que perſonne aux ma»rionnettes, & qu'une boîte, une porcelaine, » un meuble nouveau, ſont pour moi une vraie » jouiſſance. »

Le portrait que madame du Deffant, femme d'eſprit, nous a laiſſé de la célèbre Emilie, eſt moins flatteur, & nous ſemble avoir été tracé par le pinceau de la jalouſie, maladie très-commune parmi les gens de lettres & les ſavans.

« Emilie, dit cette nouvelle Ariſtarque, Emilie » travaille avec tant de ſoin à paroître ce qu'elle » n'eſt pas, qu'elle ne ſait plus ce qu'elle eſt en » effet. Elle eſt née avec aſſez d'eſprit; le deſir » de paroître en avoir davantage, lui a fait préférer » l'étude des ſciences abſtraites aux connoiſſances » agréables. Elle croit, par cette ſingularité, par» venir à une plus grande réputation, & à une » ſupériorité décidée ſur toutes les femmes. »

En ſuppoſant, ce que nous ſommes loin d'admettre, qu'il y ait de la vérité dans ce reproche, c'eût été une erreur de l'eſprit qui n'auroit rien ôté à l'exellence du cœur; en voici la preuve: atteſtée par pluſieurs écrivains.

On porta, à madame du *Chaſtelet*, une brochure où l'auteur avoit mal parlé d'elle : « Si cet homme, » répondit l'aimable ſavante, a perdu ſon temps à » écrire ces inutilités, je ne perdrai pas le mien à » les lire. » Ayant appris, par ſuite, que cet écrit avoit coûté la liberté à ſon auteur, elle ſollicita pour qu'on la lui rendît, & voulut qu'on lui laiſſât ignorer cet acte de généroſité.

L'ouvrage le plus conſidérable de madame du *Chaſtelet*, & celui qui, dit-on, abréga ſa carrière, fut la traduction des *Principes de Newton*. Il ne fut imprimé que ſept ans après ſa mort, c'eſt-à-dire, en 1756. On ne ſait trop pourquoi les biographes prétendent que cette dame mourut en couches; tandis que Voltaire, parlant, dans les *Lettres familières*, de la maladie de la marquiſe, dit poſitivement qu'elle ſupporta en héroïne les plus cruelles douleurs; que, ſachant que la mort en ſeroit le terme, elle s'obſtina, malgré les prières de ſes amis, à mettre la dernière main à la traduction des *Principes de Newton*. Quelle qu'ait été la cauſe de la mort de cette femme juſtement célébrée, on s'eſt fait un devoir de la ranger parmi les ſavans, & de la faire connoître ſous un jour plus vrai que celui où l'a placée madame du Deffant.

CHATAIN; caſtinus color; *kaſtanienbraun*; adj. Couleur entre le blond & le noir, ſemblable à celle de l'enveloppe des châtaignes.

CHATON; umbo, pala; *kaſten*; ſ. m. Cavité creuſe dans la partie antérieure de la troiſième des humeurs de l'œil, connue ſous le nom d'hu *meur vitrée.* (*Voyez* ŒIL, HUMEUR VITRÉE.) C'eſt dans cette cavité qu'eſt reçue la convexité poſtérieure du *criſtallin.* (*Voyez* CRISTALLIN.) Des deux membranes qui ſont dans l'œil, l'une eſt celle qui tapiſſe le *chaton* où le criſtallin eſt enclavé.

CHATON; pala, funda; *kaſten.* Endroit où l'on enchâſſe une pierre précieuſe, dans un anneau; un poinçon, un cachet.

CHATOYANT; *mutabili colore diſtinctus; ſtrahlung;* adj. Reflet tantôt blanc, tantôt coloré, que l'on aperçoit en regardant une ſubſtance dans des directions différentes.

Ce mot fait alluſion aux yeux du *chat,* qui brillent dans l'obſcurité. On dit d'une ſubſtance qu'elle *chatoie,* lorſqu'à meſure qu'on fait varier la poſition de ſa ſurface, les reflets de lumière qu'elle renvoie ſont en quelque ſorte mobiles, ou paroiſſent & diſparoiſſent alternativement. Les étoffes qu'on nomme *moirées,* la nacre de perle, la pierre de labrador, l'opale, quelques feld-ſpath *chatoient* & préſentent les couleurs de l'iris. *Voyez* COULEUR CHANGEANTE.

CHAUD; *calidus; hiſs;* adj. Qui a de la chaleur, c'eſt-à-dire, tout ce qui a une température plus élevée que le corps qui le touche. *Voyez* CHALEUR, CALORIQUE.

CHAUDIÈRE; *cortina; groſſer keſſel;* ſubſt. f. Grand vaiſſeau de cuivre ou de fer, ſous lequel on met ordinairement du feu pour faire cuire, bouillir ou affiner quelque choſe.

' Les *chaudières* ont des formes très-variées : ces formes dépendent ordinairement de leur deſtination : les unes ſont creuſes; elles ſont deſtinées à recevoir les corps que l'on y plonge; d'autres ſont plates; elles ne ſont deſtinées qu'à évaporer des liquides. Quelle que ſoit leur forme, il eſt eſſentiel que la chauffe ſoit diſpoſée de manière qu'elles puiſſent échauffer le liquide qu'elles contiennent, avec la plus petite quantité de combuſtible. Nous allons examiner ſuccinctement, 1°. les dimenſions des *chaudières,* en tant qu'elles ſont deſtinées à évaporer un liquide; 2°. la forme du foyer & des chauffes.

On trouve dans le *Journal des Mines,* tom. IX, page 385, l'extrait d'un Mémoire d'Haſſenfratz, ſur les *chaudières,* dont le réſumé eſt : 1°. quelle que ſoit la manière de chauffer les *chaudières,* il faut que la matière qui ſépare le combuſtible du liquide ſoit très-conductrice de la chaleur; qu'elle ſoit noire & couverte d'aſpérités, afin que le calorique puiſſe être tranſmis au liquide avec la plus grande facilité; il faut encore qu'elles aient le moins d'épaiſſeur poſſible; que la ſurface du contact du calorique ſoit la plus grande, & que la

fumée, en quittant les parois du vaſe pour ſe dégager dans la cheminée, ne retienne, ne conſerve que la plus petite quantité de chaleur.

2°. Des vaſes d'une grande dimenſion, tels que les *chaudières* employées dans les ſalines pour évaporer l'eau qui tient le ſel en diſſolution, ne pouvant être également chauffés par le calorique qui ſe dégage du foyer, l'inégalité d'échauffement diminue une partie de l'effet que la chaleur auroit dû produire, & l'on brûle une quantité de combuſtible trop conſidérable pour évaporer une quantité donnée de liquide : un vaſe d'une trop petite dimenſion laiſſe perdre une grande quantité du calorique qui l'échauffe, & une partie du combuſtible produit de la chaleur ſans effet.

Entre ces deux extrêmes, il eſt une proportion qui doit être la plus avantageuſe : des obſervations faites par des ſavans, des phyſiciens, & en particulier par Haſſenfratz, ont fait connoître à ce dernier que, pour évaporer la même quantité de liquide avec la plus grande économie dans le combuſtible, il falloit que le volume de la *chaudière* fût de cent décimètres cubes.

3°. En faiſant évaporer des liquides dans des vaſes de même volume, mais dont les formes étoient différentes, Haſſenfratz a obſervé que la même quantité de liquide vaporiſée par la même maſſe de combuſtible, varioit en raiſon des proportions de chaque vaſe; que, dans les vaſes profonds & à ouvertures étroites, il ſe produiſoit plus de vapeur qu'il n'y en avoit d'entraînée par l'air; que, dans les vaſes peu profonds, à larges ouvertures, l'air entraînoit une grande quantité d'eau vaporiſée, & que la proportion la plus favorable à l'évaporation étoit celle où la double action de l'air & du calorique produiſoit & entraînoit le maximum de vapeur. Après une ſuite d'expériences ſur des vaſes de différentes formes, Haſſenfratz a trouvé que la proportion la plus favorable à l'économie du combuſtible, étoit de ſeize parties de ſurface ſur une de profondeur. Par conſéquent, une *chaudière* carrée devroit avoir quatre parties de long, quatre de large, ſur une de profondeur.

Rumfort a donné, dans le *Journal de Nicholſon,* du mois de juin 1807, la deſcription d'une *chaudière* qu'il regarde comme la plus propre à l'économie du combuſtible; elle diffère des *chaudières* ordinaires, en ce que ſon fond contient ſept cylindres qui ſe prolongent dans le foyer. Voici la deſcription qu'il en donne.

La forme de la *chaudière* eſt un cylindre vertical d'un pied de diamètre… Le fond plat eſt percé de ſept trous, chacun de trois pouces de diamètre; à ces trous ſont adaptés autant de tubes cylindriques de cuivre mince, battu, qui ont un pied de long, & ſont fermés en bas par des rondelles circulaires. Ces tubes ſont ſoigneuſement rivés, & ſoudés enſuite au fond plat de la *chaudière.*

En

En ouvrant la communication entre la *chaudière* & son réservoir, l'eau remplit d'abord les sept tubes, & elle s'élève enfuite jufqu'au corps cylindrique de l'appareil, mais jamais au-delà de fix pouces de haut dans cette cavité. Comme les fept tubes qui defcendent du fond de la *chaudière* dans le foyer, font environnés de tous côtés par la flamme, le liquide qu'ils renferment, eft bientôt porté à l'ébullition, avec une quantité de combuftible relativement moindre; & fi l'on garnit d'une enveloppe convenable les côtés & le deffus de la *chaudière*, pour prévenir la perte de chaleur qui auroit lieu par ces furfaces, cet appareil devient fufceptible d'être employé avec beaucoup d'avantage, dans tous les cas où il eft queftion de faire bouillir de l'eau pour fe procurer de la vapeur.

D'après les dimenfions indiquées, le diamètre du fond de la *chaudière* étant de 12 pouces, fa furface eft de 114 pouces environ; mais la furface des parois des fept tubes, qui defcendent de ce même fond dans la nouvelle *chaudière*, du même diamètre, eft de 594 pouces carrés environ. La furface expofée à l'action du feu eft donc plus de cinq fois plus grande dans cette forme que dans la forme ordinaire : il eft facile de comprendre combien cette forme-doit contribuer à accélérer l'effet du calorique.

Quant à la chauffe des *chaudières*, la principale difpofition confifte, 1°. à préfenter la plus grande furface à la flamme & à la chaleur; 2°. à faire circuler autour de la *chaudière*, la flamme, la fumée & l'air qui a paffé à travers le combuftible, de manière que, pendant la durée de leur contact avec les parois de la *chaudière*, toute la chaleur, ou au moins la plus grande partie de la chaleur qu'ils contenoient, foit abforbée par les parois.

Un des moyens employés confifte à conferver un vide autour de la *chaudière*, *fig.* 600, de manière que la chaleur puiffe être appliquée à la fois au fond & aux parois des *chaudières*; un fecond moyen, bien préférable à celui-ci, eft de conftruire dans le fourneau, fur la hauteur de la *chaudière*, une ou plufieurs parois *a,a*, *b b*, *fig.* 600 (a), qui retiennent la flamme, la fumée & l'air dans des tranches fucceffives, les obligent de circuler dans ces tranches, pour arriver à une ouverture *o*, par laquelle ils puiffent paffer à la tranche au-deffus, & cela, fucceffivement, jufqu'à ce qu'ils foient parvenus au tuyau de la cheminée C. Pendant la durée de la circulation, la fumée & l'air perdent la plus grande partie de leur chaleur.

On peut, dans les *chaudières* qui ont peu de profondeur, & dont le fond eft large, établir cette circulation de la fumée & de l'air dans la bafe même du foyer, & contre le fond de la *chaudière*. Ainfi, foit A B C D, *fig.* 602 (a), le fond de la *chaudière*; E la porte par laquelle on jette le combuftible; F le foyer garni d'une grille, fi l'on brûle de la houille, ou fimplement dreffé fi c'eft

du bois. Soit des parois G H, I K, L M, M N, NO, élevées du fol jufqu'au fond de la *chaudière* : on voit que l'air entrant par l'ouverture E, la flamme produite par la combuftion, & la fumée qui en réfulte, feront obligées de paffer par les conduits G H L M P, I K O N P, pour arriver au tuyau de cheminée P, & que, pendant ce trajet, ils doivent perdre une grande partie de leur calorique, qui eft abforbé par le fond de la *chaudière*.

CHAUFFAGE; calefa; *feurung erchitʒung*; f. m. Moyens pratiqués pour échauffer, élever la température d'un lieu.

On emploie pour le *chauffage* différens combuftibles : de la tourbe, du bois, du charbon de bois, de la houille, du charbon de houille. Chacune de ces fubftances en brûlant dans l'air, en fe combinant avec l'oxigène de l'air, laiffe dégager des quantités de calorique différentes : le charbon de houille eft celui qui en dégage davantage; la tourbe, celui qui en dégage le moins. L'ordre que ces combuftibles paroiffent tenir entr'eux, relativement à la chaleur qu'ils produifent & à leur bonté pour le *chauffage*, paroît être celui-ci : charbon de houille; charbon de bois; houille; bois; tourbe. *Voyez* COMBUSTIBLE.

CHAUFFAGE DES APPARTEMENS; calefa camerarum; *erchitʒung der ʒimmer*. Moyens employés pour échauffer, élever la température des appartemens.

Dans l'origine, on plaçoit un foyer au milieu des appartemens, des falles ou des pièces à chauffer; on pratiquoit au-deffus une ouverture, & on allumoit le combuftible; la chaleur dégagée fe répandoit en partie autour du foyer, le refte s'en alloit par l'ouverture. Dans ce mode de *chauffage*, on parvenoit, à la vérité, à perdre le moins de calorique poffible; mais la fumée dégagée fe répandoit dans l'appartement, le noirciffoit & fatiguoit la vue des perfonnes qui fe chauffoient. On a remédié à cet inconvénient, en établiffant les foyers contre une des faces des pièces à chauffer, &, en pratiquant le tuyau dans l'intérieur du mur, on évitoit ainfi une partie des inconvéniens de la fumée; mais auffi on perdoit une quantité confidérable du calorique dégagé. (*Voyez* CAMINOLOGIE, CHEMINEE.) Alors, pour profiter des deux avantages du foyer au milieu des falles, & du foyer adoffé au mur, on imagina les poêles, efpèce de caiffe dans laquelle on fait brûler le combuftible. Ces poêles pouvant être placés dans toutes les parties de l'appartement, laiffoient dégager la chaleur autour de leur furface, & obligeoient la fumée à s'échapper par un tuyau qui l'empêchoit de fe répandre dans les pièces que l'on chauffoit : ce tuyau, dont on pouvoit augmenter la longueur à volonté, abforboit toute la chaleur de l'air & de la fumée, & cette chaleur fe répandant

dans l'appartement, contribuoit encore à augmenter sa température. *Voyez* POÊLES.

Bientôt ou s'aperçut que, pour entretenir la combustion, il falloit qu'il entrât de l'air de l'extérieur dans la pièce que l'on échauffoit; que cet air, plus froid que celui de la pièce échauffée, refroidissoit l'appartement. Pour éviter ce refroidissement, on imagina de placer le poêle de manière que son ouverture communiquât avec l'extérieur, afin que l'air, nécessaire à la combustion, pût arriver au foyer sans refroidir la pièce : mais on éprouva bientôt un nouvel inconvénient, celui de renouveler difficilement l'air du lieu échauffé, on y remédia alors, en replaçant l'ouverture du poêle dans la pièce à échauffer, & en faisant arriver de l'air de l'extérieur dans des tuyaux placés dans l'intérieur du poêle, d'y faire circuler cet air pour qu'il s'échauffât, & le faire sortir chaud, dans l'appartement, par des ouvertures pratiquées au poêle. Ces ouvertures ont été nommées *bouches de chaleur. Voyez* POÊLES.

Ce premier pas fait, il fut facile d'en faire un autre, celui d'échauffer les appartemens avec de l'air chaud. Pour cela, on construisit un large fourneau dans la partie inférieure de l'édifice; on fit traverser ce fourneau par de grands tuyaux de fonte de fer, & l'on fit communiquer ces tuyaux dans toutes les pièces que l'on vouloit échauffer : faisant entrer un courant d'air dans les tuyaux placés dans le fourneau, on obligeoit celui-ci à s'échauffer dans son passage; & comme l'air chaud est plus léger que l'air froid, il s'eleva bientôt dans les tuyaux qui communiquoient avec les autres appartemens, & s'y répandit en quantité plus ou moins grande : on pouvoit faire varier les quantités par le moyen de robinets ou de soupapes placées dans les ouvertures par lesquelles l'air chaud devoit sortir. Des bâtimens, dont les communications avec le dehors étoient bien fermées, s'échauffoient, dans toutes leurs parties, de manière que les personnes qui les habitoient, pouvoient parcourir toutes les pièces de l'édifice échauffé, sans éprouver de variation sensible dans la température.

Nous citerons pour exemple un moyen employé à Genève, en 1795, par M. R., l'un des rédacteurs de la *Bibliothèque britannique*. Avec son procédé, il *réchauffe* promptement un salon de trente pieds de long sur vingt-un de large & onze de hauteur, c'est-à-dire, d'environ six mille neuf cents pieds cubes, & cela au moyen d'une petite cheminée de tôle, de dix-sept pouces sur onze, isolée près du mur, & dont le tuyau ascendant perce le plafond. Ce tuyau est en zigzag au-dessus de la cheminée, dans une étendue verticale d'environ trois pieds & demi. Cette partie du tuyau est enveloppée dans un manteau de fer-blanc, de dix huit pouces de large, de sept pouces de profondeur, & haut de cinquante-deux pouces, ouvert par le bas; il repose sur la cheminée, & embrassant par le haut

le tuyau ascendant, au-dessus du zigzag. Au bout du manteau sont deux ouvertures rectangulaires, qu'on ouvre ou ferme avec une coulisse.

Dès qu'on allume le feu, le tuyau fumifère se réchauffe, & particulièrement dans les zigzags enveloppés par le manteau. L'air qui les touche, se réchauffe & s'élève; il sort par deux ouvertures supérieures, & est continuellement remplacé par l'air de la chambre, qui, entrant par le bord inférieur du manteau, vient se frotter à son tour contre des tuyaux très-chauds. Il s'établit ainsi, dans cette enveloppe de fer-blanc, un courant ascendant qui sort par le haut avec beaucoup de vitesse, & si chaud, qu'on l'a observé, plus d'une fois, à 140° R., c'est-à-dire, 60 deg. au-dessus de la chaleur de l'eau bouillante. Cet air s'étend, en façon de couche, dans toute la partie supérieure du salon, qui ne tarde pas à acquérir une température plus élevée de plusieurs degrés que celle des couches inférieures. Pour égaliser la température dans toute la masse, il suffit de faire, dans le salon, un ou deux tours avec un parasol ouvert, qu'on fait mouvoir en façon de pompe de haut en bas. Par ce procédé calorifique, on élève la température de cette pièce, assez grande, de quatre degrés en une heure, à compter du moment où l'on a allumé le feu dans la très-petite cheminée.

Curaudau a exécuté, depuis, des constructions pyrotechniques analogues, & propres à échauffer de grands ateliers. Nous transcrirons ici le rapport fait par Guyton & Carnot, sur la fabrique de porcelaine de Naft.

« Qu'on se représente (disent les commissaires) un poêle renfermé dans un cabinet très-étroit, ou une petite étuve close de tous côtés par un mur épais; qu'au plafond de cette petite étuve il y ait des ouvertures auxquelles soient adaptés des tuyaux de tôle, pour porter la chaleur de cette étuve dans les étages supérieurs de l'édifice, & pour la distribuer dans les divers magasins des ateliers de cet établissement, on aura une idée générale des constructions pyrotechniques de Curaudau. Voici maintenant quelques détails.

» Le foyer du poêle n'est pas dans l'étuve même; il est dessous, & y communique par une ouverture faite à sa voûte.

» Au-dessus de cette ouverture, dans l'étuve, est un chapiteau de fonte qui la couvre exactement, & qui reçoit immédiatement la chaleur & la fumée du foyer; il s'agit alors de séparer l'une de l'autre, pour profiter de la première & se défaire de la seconde. Si, pour évacuer celle-ci, on adaptoit au chapiteau un simple tuyau ordinaire, ce tuyau participeroit de la grande chaleur du chapiteau, & par conséquent la fumée qu'il évacueroit, emporteroit avec elle une grande partie du calorique.

» Mais si l'on conçoit que ce tuyau fasse un grand nombre de circuits dans l'étuve avant que d'en fortir, à mefure que la fumée y circulera, le calorique fe tamifera à travers les minces parois de ce tuyau; il fera reçu dans l'étuve comme dans un réfervoir, & la fumée, toujours contenue dans ce tuyau, n'aura plus guère, à fa fortie de l'étuve, que la chaleur qui y règne. Ainfi la féparation de la chaleur & de la fumée fe trouvera faite comme on le defiroit.

» Ce n'eft pas abfolument de cette manière que M. Curaudau opère cette féparation, mais c'eft par un mécanifme équivalent. Il adapte au chapiteau plufieurs gros cylindres où la fumée circule long-temps, & d'où elle ne fort, pour fe rendre au tuyau d'évacuation, qu'après avoir été amenée, comme ci-deffus, au degré de température de l'air ambiant dans l'étuve, température qui n'eft que de 35 à 40 degrés du thermomètre de Réaumur; de-façon qu'on peut très-bien y refter long-temps fans être incommodé.

» La fumée ainfi refroidie, & emportée par le tuyau d'évacuation loin des magafins & des ateliers, ne contribue en rien à la chaleur qu'ils reçoivent. Cette chaleur leur arrive par d'autres tuyaux qui prennent naiffance, comme on l'a dit, au plafond de l'étuve, & ne font en contact ni avec le chapiteau, ni avec les autres parties du poêle.

» Nous venons de dire que la fumée étoit dirigée ailleurs; mais lorfqu'elle a achevé tous les circuits dans l'étuve, il n'en exifte prefque plus, car nous avons ouvert les grandes foupapes, qui lui donnent, lorfqu'on veut, entrée dans l'étuve, & nous avons remarqué que les organes n'en font pas fenfiblement affectés.

» Il y a, dans l'établiffement de M. Naft, trois étages que nous avons trouvés chauffés uniformément à 12 degrés & demi de Réaumur, la température extérieure étant à 5 degrés.

» Telles font, en peu de mots, les conftructions pyrotechniques de M. Curaudau. Les avantages qui en réfultent, font de deux fortes: les uns font l'effet direct du fyftème de fes conftructions; les autres tiennent au local & à la nature de l'établiffement où elles font employées.

» Les avantages qui réfultent directement du fyftème de conftruction de Curaudau, font la fûreté contre les accidens du feu & l'économie du combuftible. »

Depuis long-temps les Suédois avoient imaginé de chauffer leurs ferres chaudes avec de la vapeur d'eau; ils pratiquoient plufieurs conduits, foiblement inclinés, fous le fol des ferres. Ces conduits communiquoient, d'une part, à une grande chaudière remplie d'eau, & parfaitement fermée d'ailleurs; l'eau vaporifée fe répandoit dans les tuyaux, &, après y avoir parcouru un long efpace, ce qui reftoit de vapeur, qui ne s'étoit pas condenfée, s'échappoit par un conduit qui communiquoit à l'extérieur.

Neil Snodgrafs appliqua, en 1798, à la filature de coton de Dornoch, le procédé pratiqué depuis long-temps par les Suédois Nous allons faire connoître le moyen qu'il employa, en le tranfcrivant des *Tranfactions de la Société des Arts de Londres*, tome XXIV; nous ne ferons connoître ici que la méthode que l'auteur indique comme étant celle qu'il adopteroit, s'il avoit à appliquer l'appareil de *chauffage* par la vapeur à un bâtiment nouveau.

« On voit en A, *fig.* 601, le fourneau de la chaudière. La cheminée de ce fourneau conduit la fumée dans les tuyaux de fer fondu 1, 2, 3, 4. Ces tuyaux font logés dans l'antichambre des ateliers & entourés de briques, fauf vis-à-vis des petites ouvertures 5, 6, 7, 8. Un courant d'air eft admis par le bas en 9, & il arrive dans les ateliers par ces ouvertures, après avoir été réchauffé par fon contact avec les tuyaux de fer afcendans. Cette difpofition met, autant qu'il eft poffible, à profit la chaleur perdue par le combuftible. On peut la fupprimer, dans le cas où l'on craint quelques dangers du feu, & faire paffer la fumée par une route qui la mette abfolument à l'abri. Cependant Snodgrafs ne croit pas que les tuyaux d'afcenfion de la fumée, difpofés comme il l'indique, puiffent, dans aucun cas, provoquer des accidens. Le plus grand inconvénient des poeles ordinaires vient de ce que l'intenfité de la chaleur peut faire fondre, rougir & entr'ouvrir la matière dont ils font compofés; la continuité du métal, depuis le foyer jufqu'à l'extrémité des tuyaux, fait que ceux-ci participent à la forte chaleur, & font fujets aux mêmes accidens.

» Ici la fumée, paffant préalablement dans un canal de brique, ne peut jamais communiquer aux tuyaux un degré de chaleur fuffifant pour les faire éclater. Ces mêmes tuyaux, n'ayant d'ailleurs de communication avec l'intérieur des chambres que par de petites ouvertures, ne peuvent point être mis en contact avec les matières combuftibles, & fe trouvant entourés d'air qui fe renouvelle continuellement, ils ne peuvent donner à la cage de maçonnerie qui les enveloppe, qu'un degré de chaleur modéré. On peut garnir les bras de fer, qui fupportent les tuyaux afcendans qui forment la cheminée, de quelques fubftances qui foient un mauvais conducteur de chaleur, comme des cendres, de la chaux, &c.; on peut régler auffi, par des foupapes, l'émiffion de l'air chaud de ce courant afcendant, à fon entrée dans la chambre. Comme les tuyaux ne font pas expofés à fe fendre, il n'y a point à craindre qu'ils introduifent de la fumée ou de la vapeur dans les appartemens.

» La chaudière B B a fix pieds de long, trois & demi de large, & trois pieds de profondeur Comme il n'y a rien de particulier dans l'appareil deftiné au rempliffage conftant, on l'a omis, pour ne pas embarraffer la figure. On peut placer la chaudière dans l'endroit quelconque jugé le plus convenable. Dans les lieux où il exifte une machine à vapeur à portée, on peut fe fervir de la vapeur de ſa chaudière. Le tuyau C C conduit la vapeur de la chaudière juſqu'au premier tuyau vertical O, O, D. Il y a, en E, une jonction mobile, garnie de filaſſe, pour qu'elle ne laiſſe pas échapper la vapeur; celle-ci, après s'être élevée dans le premier tuyau O, O, D, entre dans le conduit F, F, F, qui eſt légèrement incliné à l'horizon : elle en chaſſe l'air, qui s'échappe en partie par la ſoupape G, & paſſe en partie par les autres tuyaux. La ſoupape G étant fort chargée, la vapeur eſt forcée de deſcendre dans le reſte des tuyaux d, d, d; l'air qui les rempliſſoit fuit devant elle; il paſſe par les tubes H, H, H, dans le tuyau M, M, M, qui a la pente néceſſaire pour amener l'eau au ſiphon K, d'où elle deſcend dans le réſervoir N, d'où enfin elle eſt repompée preſque bouillante dans la chaudière.

» Tous les tuyaux ſont en fer fondu, excepté le conduit M, M, M, qui eſt de cuivre. Les tuyaux verticaux font l'office de colonnes, & portent les ſommiers au moyen des bras O, O, O, qu'on peut élever ou abaiſſer à volonté, au moyen des coins P, P, P. Les tuyaux entrent d'environ un pouce dans les ſommiers, qui leur ſont attachés par des liens de fer Q, Q; ceux de l'étage inférieur repoſent ſur les ſupports de pierre S, S, S, S, & ſont garnis de filaſſe en bas pour que la vapeur n'y trouve point d'iſſue. Dans chaque étage, le tuyau qui arrive d'en bas reçoit le tuyau ſupérieur par un emboîtage garni de filaſſe, ainſi qu'on le voit en r. Les tuyaux de l'étage inférieur ont ſept pouces de diamètre; ceux de l'étage ſupérieur, ſix pouces; & les diamètres des tuyaux intermédiaires, dans les deux autres étages, ſont compris entre ces dimenſions extrêmes. L'épaiſſeur du métal eſt de trois huitièmes de pouce. On a fait les tuyaux inférieurs plus gros que les ſupérieurs, pour expoſer une ſurface chaude plus conſidérable dans les pièces inférieures, parce que la vapeur deſcendant d'en haut dans tous les tuyaux, excepté le premier, la chaleur ne ſeroit point égale en bas, ſi on ne compenſoit pas, par une plus grande ſurface, la différence dans les températures de la partie inférieure & ſupérieure du tube.

» Il n'eſt point néceſſaire de munir cet appareil de ſoupapes qui s'ouvrent en dedans; les tuyaux ſont aſſez forts pour ſoutenir la preſſion atmoſphérique.

» La filature où il eſt établi, a 60 pieds de long, 33 de large, & quatre étages, dont le ſupérieur eſt un galetas. On ne voit, dans la figure, que cinq neuvièmes de la longueur du bâtiment, & l'appareil ſuffit pour amener tout l'intérieur de l'édifice à la température de 25°⅔ R. dans la ſaiſon la plus froide. Il eſt évident qu'il ſuffiroit d'augmenter le volume ou le nombre des tuyaux, & la quantité de vapeur circulante pour ſe procurer une température quelconque, inférieure au terme de l'eau bouillante. On pourroit même le dépaſſer en employant un appareil aſſez fort pour comprimer la vapeur; mais ce ne ſeroit guère que pour des expériences particulières. On a objecté, dans l'origine, à la conſtruction qui vient d'être décrite, qui pourroit, diſoit-on, endommager le bâtiment; mais l'expérience a prouvé que cet inconvénient étoit nul dans la pratique »

Une conſidération eſſentielle dans le *chauffage* à la vapeur eſt de déterminer, 1°. la grandeur de la chaudière pour l'eſpace que l'on veut réchauffer; 2°. le nombre de pieds cubes que doivent avoir les tuyaux à vapeur pour le même eſpace. Nous allons rapporter ici, pour réſoudre ces deux queſtions, un tableau publié par Buchanan, dans un ouvrage intitulé : *Des moyens de réchauffer les grands ateliers, &c.*

NOMS DES ATELIERS & leur ſituation.	MATIÈRE des tuyaux.	PIEDS CUBES à échauffer.	PIED CUBE d'eau dans la chaudière.	ESPACE chauffé par un pied cube d'eau de la chaudière.	PIEDS CUBES d'eſpace chauffé par un pied cube des tuyaux.	TEMPÉRATURE thermométriq. de Réaumur.
Houldſworth, à Anderſton . . .	Fonte de fer.	250000	»	2000	178	23°,5
Linwod.	Idem.	300000	120	2500	168	17
Kennedy & Wats.	Idem.	289000	160	1180	160	19,1
Caterine	Fer-blanc.	»	»	»	200	»
Th. Houldſworth, à Mancheſter.	Fer de fonte.	»	»	»	195	»
Chapelle, à Port Glaſcow. . . .	Idem.	60000	10	6000	400	»
Partie de la filature des Adelphi.	Idem.	49140	»	»	182	14,7
Tumbouring, à Anderſon. . . .	Idem.	»	»	»	240	12,5
W. King, Johnſton.	Idem.	244583	180	1303	200	17.
Sipm, à Glaſcow.	Fer-blanc.	100395	»	»	160	17,8
Decenſton Doun.	Idem.	174720	»	»	»	17,8
Douglas Cook & Comp. . . .	Idem.	141078	250	552,8	98,6	17,8
Houldſw & Huſſiez.	Fer de fonte.	96798	»	»	165	24
Auberge à Johnſton.	Idem.	»	»	»	200	»

De toutes les obſervations rapportées dans ſon ouvrage, Buchanan conclut que chaque pied cube d'eau, contenu dans la chaudière, peut chauffer un eſpace de 2000 pieds cubes; qu'ainſi, une chaudière qui contiendroit 25 pieds cubes, ſuffiroit pour chauffer un eſpace de 50000 pieds cubes, &

qu'un pied cube de surface de conduits peut *ré-chauffer* convenablement 100 pieds cubes d'air.

Parmi les exemples cités par Buchanan, des bâtimens échauffés par la vapeur, nous n'en rapporterons que deux : la maison d'habitation de M. Lée, à Manchester, & l'auberge du Taureau, à Johnston. Dans la première, qui peut être considérée comme un modèle en ce genre, la vapeur y arrive par-dessous, d'une chaudière voisine qui fournit à une machine à vapeur ; elle chauffe un cylindre situé verticalement au milieu de la maison dans l'étage des cuisines, placé, comme on le pratique assez généralement en Angleterre, au-dessous du sol. Ce cylindre est entouré d'un mur circulaire de briques, dont il est séparé par un intervalle d'environ deux pouces ; ce mur est percé au bas, d'un certain nombre de trous, pour donner passage à à l'air ; il est lui-même entouré d'une seconde enceinte concentrique, qui forme ce que l'auteur appelle *le puits*. L'air froid, comme le plus pesant, descend au fond de ce puits, & passant par les trous qui communiquent à l'enceinte intérieure il y arrive en contact avec le cylindre chaud : il s'y réchauffe & s'élève, emportant avec lui la chaleur qu'il a acquise. Cette circulation du même air, qui est forcé, par les différentes pesanteurs spécifiques, à aller se réchauffer en bas, rend, en peu de temps, la température de l'escalier, des corridors, &c., douce & uniforme ; on règle par une soupape l'admission de la vapeur dans le cylindre, comme aussi au-dessous de son enveloppe, pour régulariser l'ascension de l'air échauffé : l'effet calorifère de ce procédé est si puissant, qu'on est obligé de fermer, de temps en temps, l'une ou l'autre des soupapes.

Le salon à manger est échauffé par deux vases très-élégans, de fer fondu, dans lesquels la vapeur vient circuler ; & les chambres à coucher le sont par des conduits de même matière.

Il est à remarquer que la maison entière est éclairée de la manière la plus commode & la plus brillante, par la combustion du gaz hydrogène retiré de la houille.

A Johnston, le propriétaire de l'auberge du Taureau a échauffé sa maison par la vapeur, de la manière suivante : la chaudière est établie comme à l'ordinaire, excepté la bouche du fourneau, qui est disposée en façon de hotte, qu'on remplit de houille menue, qui descend d'elle-même sur la grille lorsqu'on la remue un peu, & dure une demi-journée ; les tuyaux de conduite de la vapeur sont fondus en forme de corniche, & occupent, en cette qualité, un côté de chacune des chambres inférieures, d'où ils passent dans les supérieures, & réchauffent, dans chacune, une espèce de coffre de fer fondu, porté sur des pieds, & sous lequel l'air circule librement. Les grandes pièces ont deux de ces poêles à vapeur, auxquels on a donné des formes agréables, & qui sont très-commodes pour tenir chauds les mets. Cette dis-

position épargne, en hiver, un domestique, qui seroit occupé à entretenir les cheminées de la maison.

CHAUFFAGE DES CHAUDIÈRES; caleffa cortinarum ; *erhitzung der keffel*. Les *chaudières* peuvent être chauffées directement avec le combustible ou avec de la vapeur d'eau obtenue d'une autre *chaudière*.

En chauffant directement avec le combustible, on peut placer la *chaudière* : 1°. sur un foyer libre ; 2°. sur un foyer fermé ; 3°. placer le foyer dans la *chaudière* elle-même. Dans le premier cas, une grande partie de la chaleur s'échappe, sous forme de chaleur rayonnante, par les faces latérales du foyer, & il n'y a qu'une fraction du calorique, dégagée du combustible, qui soit employée à *chauffer* la *chaudière* & les substances qu'elle contient.

Rumfort (1) a fait quelques expériences comparatives sur les quantités de combustibles employés pour produire des *échauffemens* égaux dans les mêmes circonstances, & il a trouvé que, pour amener à l'ébullition, sur un foyer ouvert, 214 liv. d'eau contenue dans une *chaudière*, on employoit 45 liv. de bois de hêtre sec, tandis que l'on n'en brûloit que 11 liv. lorsque le foyer étoit fermé, & n'avoit que deux ouvertures, celle pour l'entrée de l'air nécessaire à la combustion, & celle pour la sortie de la fumée & de l'air brûlé. L'eau, amenée à l'état d'ébullition dans les deux circonstances, a exigé 17 liv. ½ de bois, dans le foyer ouvert, pour entretenir l'ébullition pendant deux heures, & l'on n'en a brûlé que 2 liv. dans le foyer fermé. On voit, par cette seule expérience, quelle prodigieuse économie de combustible on obtient en plaçant la *chaudière* sur des foyers fermés.

Non-seulement cette économie de combustible est obtenue en *chauffant* de grandes *chaudières*, mais on l'obtient également en *chauffant* des vases de cuisine, des casseroles, &c. Une casserole contenant près de 8 liv. d'eau, chauffée sur un fourneau ouvert, a exigé la combustion de 6 liv. de bois de hêtre pour entrer en ébullition ; elle n'a brûlé qu'une livre du même bois dans un foyer fermé ; 5 liv. ½ de bois sec, dans un foyer ouvert, ont entretenu l'ébullition pendant deux heures, & 1 liv. ¾ ont suffi dans un foyer fermé.

Ces résultats obtenus, il falloit déterminer une meilleure forme de fermeture de foyer, & la distribution la plus économique. Nous avons déjà fait connoître ces formes, en parlant des *chaudières* (*voyez* CHAUDIÈRES) ; nous nous contenterons d'ajouter qu'il faut avoir l'attention, en construisant les foyers, de pratiquer aux ouvertures, par lesquelles on met le combustible, des portes qui les ferment exactement, & d'établir des registres, soit à ces portes, soit à celles des cendriers, pour ne laisser entrer que la quantité dont il a besoin, pour-

(1) *Bibliothèque britannique*, tom. V, pag. 205.

entretenir la combuftion; cette quantité eft d'autant plus néceffaire, que, lorfqu'elle eft trop abondante, elle refroidit le foyer, & lorfqu'elle eft trop foible, la température ne s'élève pas au degré où elle peut parvenir.

Nous allons donner ici le plan d'une des *chaudières* établies dans la brafferie de Neuheufol, fous les ordres du comte de Rumfort. La *fig.* 602 eft une vue en face de cette nouvelle *chaudière*; les vides A, B fervent à contenir le bois; les lignes ponctuées repréfentent la féparation du foyer & des divers conduits, ainfi qu'une fection verticale de la *chaudière*; le petit trou circulaire, deffous la porte du foyer, eft l'ouverture par laquelle on aperçoit ce qui fe paffe dans l'intérieur pendant la combuftion.

a, b eft le cadre de bois de la *chaudière; c, d* une plate-forme fur laquelle fe tiennent les ouvriers quand ils travaillent à vider ce vafe; *e, f,* une autre plate-forme qui fert à paffer d'un côté à l'autre; elle eft plus élevée d'un pied, pour laiffer libres les ouvertures *g, h,* qui communiquent aux conduits de la flamme, & qui font fermées, à l'ordinaire, par un faux mur en briques, & ne s'ouvrent que lorfque ces canaux ont befoin d'être nettoyés.

Fig. 602 (*a*), eft une fection horizontale du foyer; au niveau du fond de la chaudière *a, a, a, a,* font quatre ouvertures par lefquelles on nettoie le conduit, qui, dans la première difpofition de ce foyer, faifoit le tour de la *chaudière; b* eft le conduit par lequel la fumée arrive à la cheminée; l'entrée du foyer, & l'ouverture par laquelle on obferve ce qui fe paffe dans l'intérieur du foyer, font indiquées de même en C, D; on voit la grille circulaire & concave F, & les parois des conduits fous la *chaudière*.

Une fection verticale de la *chaudière* eft repréfentée *fig.* 602 (*b*); cette fection eft prife par le milieu de la *chauaière*, de fon foyer & de fon couvercle. A, eft le cendrier avec fa porte à regiftre; B, eft le foyer avec fa grille concave; C, eft l'entrée de l'efpace qui reçoit le combuftible; on y a indiqué fes deux portes; D, eft un efpace laiffé vide, pour épargner la maçonnerie; E, eft la *chaudière*, & F fon couvercle de bois; *m* eft la cheminée des vapeurs; elle porte une bafcule; R B, eft le mur vertical du bâtiment dans lequel la *chaudière* eft établie.

a, b eft le cadre de bois qui environne la *chaudière*; on voit diftinctement la conftruction du couvercle, fa forme, fa porte, fes fenêtres, en un mot tout ce qui le concerne.

A, *fig.* 602 (*c*), eft la porte du cendrier, vue de face, avec fon regiftre; elle fe ferme avec un loquet d'une conftruction particulière; B, *fig.* 602 (*e*), eft la porte dans fon regiftre; C la plaque circulaire repréfentée feule. Cette porte ferme, par une fimple application contre la face extérieure de fon cadre.

Dans cette *chaudière*, contenant 8120 liv. d'eau,

on a brûlé 350 liv. de bois de fapin, pour amener le liquide de la température de 13° R. à l'ébullition en 3 heures, & l'on employoit enfuite 24 liv. de bois par heure, pour entretenir l'ébullition. Ainfi, dans cette *chaudière*, une livre de bois de fapin élevoit, de la température de la glace à celle de l'ébullition, 12 liv. ¼ d'eau environ, & faifoit bouillir, pendant une heure, environ 140 liv. d'eau.

Plufieurs expériences, faites par Rumfort fur des *chaudières* conftruites fur le même principe, que ce favant philantrope avoit établies à Munich, lui ont donné des réfultats peu différens. Si l'on compare ces réfultats avec ceux que l'on obtient en *chauffant* les chaudières par la méthode ordinaire, on aperçoit une économie confidérable.

Il eft difficile de remonter à l'époque où l'on a commencé à *échauffer* les *chaudières* en plaçant le combuftible dans leur intérieur. Les foyers dits *piftolets*, que l'on place dans les cuves de bois des papeteries, font d'une invention très-reculée; les fourneaux à flamme renverfée, pour chauffer les baignoires, font auffi d'une invention très-ancienne; enfin, les cylindres de fer, que l'on place dans les *chaudières* à laver la vaiffelle, font également très-anciens. Pourquoi ces moyens de chauffer n'ont-ils pas reçu de plus grandes applications?

Ces moyens de *chauffage* ont été renouvelés à diverfes époques. Les frères Périer, de Chaillot, ont échauffé l'eau de l'une de leurs *chaudières* à vapeur, en faifant paffer un gros tuyau de poêle à travers. Le comte Baion *échauffoit* également, avec un tuyau intérieur, les *chaudières* de fa manufacture de vitriol, à Beauvais. Oreinucke fit plufieurs expériences de *chauffage des chaudières*, en plaçant le foyer dans l'intérieur; les unes à Londres, les autres à Berlin, & les autres à Paris. Il a rapporté de tous ces pays des atteftations & des certificats qui établiffent qu'il a obtenu une grande économie de combuftible, foit en diftillant, foit en *échauffant des chaudières* par cette méthode, & cependant, quoique ce moyen foit connu depuis long-temps, quoiqu'il ait été fouvent renouvelé par des hommes qui employoient tout leur pouvoir pour le faire réuffir, cette méthode a été conftamment abandonnée après chaque tentative. Que conclure? Que cette méthode n'eft pas auffi avantageufe qu'on l'annonce, & qu'il faut qu'elle ait des défauts que l'on a foin de diffimuler dans tous les éloges que l'on en a fait jufqu'à préfent.

Arrivons à la troifième méthode de *chauffage*, celle avec la vapeur. Il paroît que cette méthode ne date que de la fin du fiècle dernier. Vers le milieu de ce fiècle, William Cook préfenta, à la Société royale de Londres, un Mémoire qui fut inféré dans les *Tranfactions philofophiques*, & dans lequel il propofoit de *réchauffer* les appartemens avec des tubes de métal conftamment remplis d'eau bouillante, que fourniroit une *chaudière* placée dans l'appartement. Bientôt on mit en pratique le mode indiqué par William Cook, & l'on obtint un fuccès complet; mais il y avoit encore un grand pas à faire avant d'appliquer ce même procédé à l'*é-chauffement* des liquides dans les *chaudières*. *Voyez* CHAUFFAGE.

Point de doute que la vapeur d'eau, liquéfiée par de l'eau plus froide, ne l'échauffât beaucoup, puisque, par le seul passage de l'eau liquide à l'état de vapeur, ce liquide absorbe autant de calorique qu'il en faudroit pour élever la même quantité d'eau de 444° R. (*Voyez* CALORIQUE LATENT.) Ainsi, en redevenant liquide, elle abandonne tout le calorique latent qu'elle avoit absorbé, & une partie de vapeur peut, en conséquence, élever de zéro, à 80° environ, 55 parties d'eau; mais lorsqu'il fallut mettre en pratique le procédé que la théorie présentoit comme très-simple, on rencontra beaucoup de difficultés, dont les principales tenoient à la longueur des tubes.

Pour réussir à *chauffer* les liquides avec la vapeur de l'eau bouillante, il faut non-seulement que cette vapeur entre dans le liquide au fond du vase qui le renferme, mais qu'elle y entre en descendant de plus haut; il faut que le tuyau soit situé verticalement, & que la vapeur le parcoure en descendant, avant que d'entrer dans le vase & de se mêler avec le liquide qu'elle doit *échauffer*. Sans cette précaution, le liquide sera quelquefois chassé de la *chaudière* par ce même tube; car la vapeur bouillante étant subitement condensée par son contact avec le liquide froid, il se formera nécessairement un vide dans cette partie du tube, & le liquide du vase, pressé par l'atmosphère, se portera de ce côté avec violence & grand bruit; mais si le tube est disposé verticalement, & qu'il ait six à sept pieds de haut, le liquide soulevé ne pourra monter aussi haut sans rencontrer la vapeur qui le forcera à redescendre. Il n'y a aucune difficulté à arranger l'appareil de manière à prévenir le passage du liquide, à *échauffer*, dans la *chaudière*; & lorsqu'on y est parvenu, & qu'on a pris quelques précautions contre les accidens, on peut employer, avec beaucoup d'avantage, la vapeur pour *chauffer* les liquides & pour les maintenir chauds, dans un grand nombre de cas, où l'on applique au même objet l'action immédiate du feu dégagée de la combustion.

Rien n'étant plus propre à faire connoître une méthode, que de donner une description exacte des procédés employés dans les établissemens où elle a eu un succès complet, nous allons transcrire les détails que le comte de Rumfort donne, de l'établissement de MM. Gatt & comp. de Leeds.

L'atelier de teinture de ces négocians du premier ordre, situé au rez-de-chaussée du principal bâtiment de leur manufacture, est très-vaste, & renferme un grand nombre de *chaudières* de capacités différentes; & comme ces vases, dont quelques-uns sont très-grands, sont distribués çà & là, sans ordre apparent, dans deux très-grandes pièces, chaque *chaudière* étant isolée & sans communication apparente avec les autres, leur ensemble présente un coup d'œil singulier : le sol est pavé en grandes pierres plates, & le bord de toutes les *chaudières*, grandes & petites, est à la même hauteur d'environ trois pieds. Quelques-unes de ces *chaudières* contiennent jusqu'à 7,200 pintes; elles sont toutes *chauffées* par la vapeur d'une seule *chaudière* établie dans l'angle de l'une des pièces.

Les conduits horizontaux qui amènent la vapeur de la *chaudière* à eau, dans celles des teintures, sont suspendus immédiatement au-dessus du plafond; les uns sont en plomb, les autres en fer fondu. Leur diamètre est de quatre à cinq pouces. Ils ont une garniture extérieure pour conserver la chaleur.

On a donné de trois quarts de pouce à deux pouces & demi de diamètre aux tubes verticaux par lesquels la vapeur descend des conducteurs dans les *chaudières*; ils sont tous en plomb. On les proportionne aux *chaudières* qu'ils sont destinés à *réchauffer*. Ils descendent tous par le dehors des *chaudières*, & pénètrent horizontalement vers le fond. Chaque *chaudière* a un robinet pour la vider, & elle se remplit d'eau d'un réservoir assez distant, laquelle lui arrive par un tuyau de plomb. Les *chaudières* sont toutes environnées d'un mur circulaire, fort mince, en briques, qui sert à les soutenir & à en retenir la chaleur.

La promptitude avec laquelle on peut *échauffer* le liquide de ces *chaudières*, par l'action de la vapeur, est véritablement étonnante. Gott atteste que l'une des plus grandes *chaudières*, contenant 7,200 pintes, remplie d'eau froide, venant du réservoir, arrive, en une demi-heure, au terme de l'ébullition. Avec le plus grand feu que l'on pût établir sous une pareille *chaudière*, ce ne seroit guère qu'au bout d'une heure qu'on atteindroit la même température.

Il est facile d'apercevoir que l'épargne de temps, que procure l'adoption de ce procédé nouveau, est très-considérable; on voit encore qu'on peut accroître cet avantage d'une manière en quelque sorte illimitée, simplement en augmentant le diamètre du tube à vapeur; mais il faudra prendre garde que la *chaudière* principale soit assez volumineuse pour fournir les quantités requises de vapeur. L'épargne du combustible est aussi très-grande. Gott assure que, d'après des calculs approximatifs qu'il a été à portée de faire, cette économie ira aux deux tiers du combustible, employé quand chaque *chaudière* avoit son foyer particulier.

Nous avons vu précédemment quelle perfection on étoit parvenu à donner aux foyers fermés, ainsi que la grande économie de combustible qui en résultoit : comme il existe une grande différence pour la consommation du combustible, selon que le foyer est construit avec plus ou moins de soin, & que cette différence peut être portée, dans quelques circonstances, jusqu'aux trois quarts &

même aux quatre cinquièmes du combuſtible employé dans des foyers ordinaires, le comte de Rumfort, n'ayant pas fait connoître la forme des foyers que M. Gott avoit fait conſtruire ſous ſes chaudières, il eſt difficile de conclure d'abord, ſi le chauffage des chaudières à la vapeur eſt plus économique que le chauffage des mêmes chaudières, qui ont un foyer conſtruit avec toute la perfection qu'on peut lui donner.

Pour vaporiſer l'eau, il faut employer une certaine quantité de combuſtible. L'eau vaporiſée, en traverſant les conduits pour arriver aux chaudières, perd de ſon calorique; une partie de la vapeur ſe liquéfie, toute la vapeur ne parvient pas : on perd donc, par ce procédé; une portion de la chaleur développée, & le combuſtible employé à la produire eſt également perdu pour l'échauffement du liquide. Par cette ſeule manière de conſidérer le chauffage à la vapeur, on ſeroit porté à le regarder comme moins économique que le chauffage direct; mais, lorſque l'on veut chauffer directement une chaudière avec du combuſtible, il faut chauffer en même temps le foyer dans lequel on le met : ce chauffage exige un emploi de combuſtible perdu pour la chaudière; c'eſt pourquoi il faut une quantité de combuſtible plus de dix fois plus grande, pour amener une quantité donnée d'eau, de la température de la glace à celle de l'eau bouillante, qu'il n'en faut pour entretenir l'ébullition pendant une heure. Ainſi, point de doute qu'il n'y ait une grande économie de combuſtible dans le chauffage à la vapeur, lorſque les chaudières ne doivent être chauffées que pendant un temps plus ou moins court; mais lorſque l'échauffement & même l'ébullition doivent durer long-temps, on pourroit au moins mettre en queſtion s'il y a économie de combuſtible, dans le cas où l'on n'oſeroit pas prononcer qu'il eſt plus avantageux de chauffer directement avec le combuſtible.

Mais ces conſidérations d'économie ne ſont pas les ſeuls avantages que procure le chauffage à la vapeur; il en eſt un de première importance, & qui ſuffiroit ſeul pour faire décider l'adoption de ce procédé dans pluſieurs circonſtances. Le voici: comme la chaleur, fournie par la vapeur, ne peut dépaſſer que d'un petit nombre de degrés la température de l'eau bouillante, les ſubſtances traitées, dans ces appareils, ne courent jamais aucun riſque d'être brûlées. C'eſt un article important dans beaucoup de procédés d'art; mais il eſt ſpécialement précieux, ſous le rapport de la préparation des alimens, ſurtout dans les cuiſines publiques, où l'on prépare à la fois, dans de grandes chaudières, une quantité conſidérable d'alimens. Si on leur fait arriver la chaleur de cette manière, toute la peine que l'on prend d'ordinaire pour remuer leur contenu & l'empêcher de ſe brûler vers le fond, devient ſuperflue, & la perte de chaleur qu'occaſionne ce mouvement & l'ouverture des vaſes, n'a plus lieu. On peut auſſi ſubſtituer à des

chaudières en métal, très coûteuſes à acheter & à réparer, & difficiles à tenir propres, de ſimples vaſes en bois, qu'on peut chauffer avec des fourneaux portatifs qui font bouillir la chaudière à vapeur.

Dans l'emploi de la vapeur, comme chauffage, cette vapeur, en ſe liquéfiant, ſe mêle & ſe combine avec le liquide de la chaudière; il faut donc prévoir, à l'avance, le réſultat que cette introduction doit produire. Dans la préparation des alimens, par exemple, il faut d'abord mettre moins d'eau dans la chaudière, que cette préparation n'en exige, afin qu'en les retirant, ils contiennent exactement la proportion de ce liquide qu'ils doivent avoir. C'eſt donc en quelque ſorte l'inverſe de ce qui a lieu dans le chauffage ordinaire : dans celui-ci, le liquide diminue par la vaporiſation, tandis que, dans le chauffage à la vapeur, il augmente par la liquéfaction.

Si l'on peut mettre en queſtion l'économie produite par le chauffage à la vapeur, dans certaines circonſtances, il en eſt d'autres dans leſquelles l'avantage ſe préſente de lui-même. Dans les braſſeries, les teintureries & une foule d'autres fabriques dans leſquelles on chauffe directement les chaudières par le combuſtible, on eſt obſcurci de nuages de vapeurs qui recèlent un immenſe réſervoir de chaleur perdue. L'emploi de cette chaleur, à l'échauffement des liquides, eſt une économie réelle; c'eſt ce que l'on vient d'exécuter en Angleterre dans pluſieurs fabriques. Tout conſiſte à couvrir parfaitement la chaudière dans laquelle on fait chauffer le liquide; de recevoir, dans un réſervoir, la vapeur qui ſe dégage, & de conduire cette vapeur dans des chaudières ou dans des réſervoirs dont on veut échauffer le liquide. Nous allons faire connoître deux appareils employés dans les braſſeries de Londres, pour appliquer la vapeur qui ſe dégage des chaudières, à l'échauffement de l'eau. Dans le premier, la vapeur paſſe directement dans des chaudières placées deſſus ou à côté de la chaudière échauffée, & elle y échauffe l'eau qu'elle contient; dans le ſecond, la vapeur ſe répand dans un réſervoir, où elle eſt condenſée par un jet d'eau qui y parvient. L'eau chaude, provenant de la condenſation de la vapeur & du jet d'eau échauffé, eſt conduite dans les réſervoirs où elle doit être employée.

Nous choiſirons, pour le premier exemple, le cas où la chaudière & les réſervoirs à échauffer ſont ſéparés : a, fig. 603, eſt le cendrier du fourneau; b, le foyer de la chaudière, dont les conduits, pour la fumée, doivent circuler autour des parois; C, le deſſus ou la calotte de la chaudière, formant l'eſpace pour la vapeur de l'eau en ébullition; d, tuyau de trois pouces de diamètre, qui conduit la vapeur dans la boîte à vapeur i; de-là elle deſcend, par les tuyaux k, dans des réſervoirs x; vers le milieu du couvercle de la chaudière, on place deux ſoupapes, l'une, l, de ſûreté, l'autre,

m,

m, fervant de reniflard en cas de befoin ; *n*, réfervoir d'eau froide qui fournit au befoin de tout l'appareil ; *o*, tuyau de plomb d'un pouce environ, par lequel l'eau eſt introduite dans la *chaudière* ; *v*, robinet de décharge de la grande *chaudière* ; 3, 3, robinet dont tous les tuyaux ſont munis pour le jeu de l'appareil ; *x*, réfervoir contenant l'eau à échauffer ; *y*, tuyau pour conduire le furplus de la vapeur partout où elle peut être néceffaire.

Second appareil, *fig*. 603 (*a*), inventé par Wolf, & exécuté dans les braſſeries de Meux & compagnie, à Londres.

A, grand tuyau qui amène la vapeur de la *chaudière* à braſſer, laquelle eſt recouverte d'une calotte à la manière des *chaudières* à pompes à feu, & munie d'une ouverture pour charger & réparer; cette ouverture eſt fermée pendant l'ébullition.

B, foupape dont la tige traverfe une boîte à cuir; elle eſt chargée d'un poids circulaire en plomb

C, vafe de cuivre où la vapeur eſt condenſée.

D, tuyau qui amène l'eau froide pour la condenſation d'un réſervoir voifin.

E, foupape conique combinée avec le levier F; c'eſt à travers l'ouverture que laiſſe cette foupape, en fe foulevant, que l'eau d'injection entre dans le vafe C, en formant une gerbe.

G, tube recourbé qui empêche que la vapeur ne s'échappe avec l'eau chaude provenant de la condenſation.

H, réfervoir fervant à diſtribuer l'eau chaude, par des tuyaux, partout où l'on en a befoin.

I, tube ouvert dans le réfervoir H, pour empêcher que le vide ne fe faffe, quand il s'agit de faire defcendre de l'eau dans les tuyaux de fervice.

K, petit tube qui conduit la vapeur dans le régulateur.

L, régulateur compoſé de trois cylindres; celui du dedans & celui du dehors ſont réunis enſemble par le fond; l'intervalle eſt rempli d'eau: le cylindre du milieu eſt renverſé, & plonge dans le fluide; il eſt fermé en haut, & réuni par une tige à joints briſés avec le levier M. C'eſt le cylindre mobile qui fait les fonctions de piſton; au moyen d'un poids N, qu'on ajuſte à volonté le long du levier, on peut déterminer, non-feulement la quantité, mais auſſi la chaleur qu'on veut donner à l'eau.

O, tuyau & foupape qu'on foulève pour laiſſer échapper la vapeur, quand on ne s'en fert pas pour chauffer l'eau. Le jeu de cet appareil eſt facile à concevoir.

La foupape E eſt fermée par le poids du cylindre du piſton L, & cette preſſion peut fe déterminer en avançant & en reculant le poids mobile N vers le centre du levier fupérieur. Dès que la vapeur introduite dans le tuyau nourricier A, a acquis aſſez de force expanſive dans la chambre ou vafe C, elle foulève le cylindre-piſton, en agiſſant contre fon fond à travers le tube K, & ouvre né-

ceſſairement la foupape d'injection E: fur-le-champ l'eau froide entre avec violence, condenſe la vapeur, & fait defcendre le cylindre-piſton. Après deux ou trois vibrations, l'effort de la vapeur pour foulever le cylindre, & celui produit par la condenſation qui tend à le faire defcendre, fe contrebalancent au point que les leviers reſtent immobiles.

On imagine aiſément que l'interjection fera moins forte, l'effet de la vapeur plus grand, & l'eau qui s'écoule par G plus chaude, à meſure qu'on approchera le poids mobile du centre du mouvement. L'effet de cet appareil eſt tel, qu'on peut échauffer l'eau preſqu'au point de l'ébullition; enfin, à 79° R. la quantité chauffée chez les braſſeurs Meux & compagnie, eſt depuis cent juſqu'à cent quatre-vingts bariques par heure; on varie en quantité entre ces extrêmes, felon la température du fluide, laquelle eſt réglée par la poſition du mobile.

Cet appareil donne un moyen de fe procurer de l'eau chaude en quantité & très-promptement; on peut en faire une application avantageuſe dans une multitude d'opérations d'arts.

CHAULNES (Marie-Joſeph-Louis d'Albert d'Ailly, duc de), connu juſqu'à la mort de fon père, fous le nom de *duc de Picquiny*, naquit en 1741.

Retiré du fervice à l'âge de 24 ans, il fe livra tout entier à l'étude des fciences naturelles, dans leſquelles il fit de rapides progrès, & fut agrégé à la Société royale de Londres.

En 1775, il prouva que l'air méphitique des cuves de braſſeries étoit de l'acide carbonique. Il donna le moyen de préparer facilement de l'eau acidulée par l'action des mouſſoirs, avec leſquels on agitoit l'eau au-deſſus des cuves où la vapeur étoit en fermentation. Les chimiſtes ayant reconnu que l'aſphyxie par le charbon étoit due à la formation de l'acide carbonique, le duc de *Chaulnes* propoſa un moyen de fecourir les aſphyxiés, en leur adminiſtrant, fous différentes formes, l'alcali volatil (ammoniaque gazeux).

De nombreuſes expériences faites par lui, fur des animaux, l'ayant convaincu de la bonté de fa découverte, il crut devoir la confirmer, en s'aſphyxiant lui-même. Il inſtruiſit fon valet de chambre, & lorſqu'il le crut aſſez exercé, il s'enferma dans un cabinet vitré, s'aſſit fur un matelas, & s'entoura de braſiers allumés : « Quand vous me verrez tomber, dit-il à cet homme, vous me retirerez du cabinet, & vous me donnerez des fecours comme je vous ai enfeigné à le faire. » C'étoit pouſſer très-loin l'amour des découvertes, que de fe fier au fang-froid de ce valet, dont le zèle & la bonne volonté auroient pu être contrariés par plus d'un événement; au reſte, l'expérience réuſſit. Le duc de *Chaulnes* vécut juſqu'au commencement de la révolution, & mourut dans l'obfcurité. Il avoit voyagé en Egypte.

On a de lui des deffins exacts de plufieurs monumens, ainfi qu'un Mémoire fur la véritable entrée du monument qui fe trouve à quatre lieues du Caire, près de Sakara. Cet ouvrage a été imprimé à Paris, en 1783 ; c'eft un in-4°.

CHAULNES (Michel - Ferdinand d'Albert d'Ailly, duc de) ; il fut diftingué par fes vertus ainfi que par fon goût pour les fciences, furtout pour la phyfique & pour l'hiftoire naturelle.

Son cabinet contenoit une prodigieufe quantité d'objcts rares & recueillis en Egypte, en Grèce, à la Chine.

Lorfque les phyficiens abandonnèrent les machines électriques à globe de verre, de foufre ou de réfine, pour adopter les plateaux de glace, le duc de *Chaulnes* fit conftruire la plus grande machine, & la batterie la plus formidable que l'on eût encore vue. C'eft avec cette machine que l'on produifit, pour la première fois, en France, tous les effets réfultans de la foudre.

Reçu membre honoraire de l'Académie des Sciences, il publia un Mémoire contenant des expériences relatives à un article qui fait le commencement du quatrième livre de l'*Optique de Newton;* ce qui lui fit découvrir les fingularités de la diffraction des rayons lumineux réfléchis dans un miroir concave, & interceptés par un carton percé au milieu. *Voyez* ANNEAUX COLORES.

Outre le Mémoire précité, le duc de *Chaulnes* eft auteur de plufieurs ouvrages très-eftimés.

De violens chagrins domeftiques, qu'il ne provoqua point, verfèrent l'amertume fur fa vie, & le conduifirent à une fin prématurée. Il ceffa de vivre en 1769, à l'âge de 38 ans.

CHAUSSE ; faccus turbinatus ; *filtrir fack* ; f. m. Sac conique, en étoffe de laine, deftiné à féparer des liquides les fubftances qui ne paffent pas à travers le filtre.

CHAUX ; calx ; *kalkerde;* fubft. fém. Terre blanche, moyennement dure, facile à pulvérifer.

Sa faveur eft chaude, cauftique, urineufe; elle verdit les couleurs bleues végétales, ronge les parties molles animales, fe diffout dans 680 pintes d'eau à 12° R. : fa pefanteur fpécifique, d'après Haffenfratz, varie entre 1,330 & 1,530.

Cette terre, feule, eft infufible dans nos fourneaux : Lavoifier la trouva inffible au feu alimenté par le gaz oxigène ; Guyton affure l'avoir fondue en émail opaque dans une cuiler de platine ; Sauffure affure également l'avoir fondue, mais en très-petite quantité : mélangée avec d'autre terre, elle fe fond avec plus ou moins de facilité.

Expofée à l'action de l'eau, elle abforbe ce liquide, fe combine avec lui, & laiffe dégager, dans cette combinaifon, une quantité de chaleur capable, d'après Lavoifier, de fondre 2,5 parties de glace par partie de *chaux.* La proportion du liquide combiné eft, d'après Cadet de Gafficourt, de 0,224 pour une partie de *chaux vive.* Pelletier affure avoir obfervé de la lumière en éteignant de la *chaux* dans l'obfcurité ; mais plufieurs phyficiens ont répété l'expérience fans fuccès.

Pendant l'extinction, la vapeur qui fe dégage, répand une odeur particulière qui eft occafionnée par une petite quantité de *chaux* entraînée par l'eau vaporifée.

On a regardé, pendant long-temps, la *chaux* comme une fubftance fimple, mais aujourd'hui les chimiftes la confidèrent comme un compofé d'oxigène & de calcium. On obtient le calcium en faifant une pâte de fulfate ou de carbonate de *chaux* & d'eau, le difpofant en forme de capfule fur une plaque métallique, mettant du mercure dans cette capfule, & mettant enfuite en contact, d'une part, le fil négatif d'une pile en activité avec le mercure, &, d'autre part, le fil pofitif avec la pile métallique. Le calcium fe rend au pôle négatif, & y trouve le mercure qui le diffout.

La *chaux* eft rarement pure dans la nature ; on la trouve prefque toujours unie à d'autres terres, à des acides & à des oxides metalliques. Falconer rapporte avoir trouvé la *chaux* dans les environs de Bath ; Wollerius prétend qu'on a tiré, vers les côtes de Maroc, du fond de la mer, de la *chaux* pure mêlée de foude ; Monnet affure que les volcans de la haute Auvergne en ont rejeté. Gillet-Laumont parle d'une fource, à Savonnière, près de Tours, qui renferme la *chaux* pure.

Habituellement on retire la *chaux* des pierres calcaires ou carbonates de *chaux*, dont on fait vaporifer l'eau & l'acide carbonique par le moyen du feu.

Mélangée avec du fable, la *chaux* forme les mortiers que l'on emploie dans la conftruction des édifices. La *chaux* mélangée avec du plâtre bien calciné, colorée enfuite avec des oxides métalliques, & agglutinée avec de la colle-forte délayée dans l'eau, forme le ftuc avec lequel on imite les marbres veinés.

Unie au fulfate d'arfenic, la *chaux* entre dans la compofition d'une pommade dépilatoire ; unie à une certaine quantité de fulfure de plomb, elle fert à compofer une poudre propre à teindre les cheveux.

Enfin, on fe fert de la *chaux* pour rendre les alcalis cauftiques, & leur enlever leur acide carbonique.

CHAUX ÉTEINTE ; calx extincta ; *gelœfchter kalk.* Chaux que l'on a combinée & mélangée avec de l'eau, & qui a laiffé dégager tout le calorique que la combinaifon de l'eau fait abandonner.

La chaux s'éteint, à l'air, par immerfion ou par macération : dans le premier cas, l'extinction fe fait lentement, & en abforbant l'humidité de l'air ; la chaleur fe dégageant lentement & fuccefffivement, eft à peine fenfible. La *chaux* fe dilate, tombe en pouffière, & elle reprend, dans cette opération, le peu d'acide carbonique qu'elle enlève à l'air.

On éteint la *chaux* par immerfion, en la plongeant dans l'eau & la retirant de fuite ; ce liquide pénètre d'abord dans les pores de la *chaux*, en produifant une forte de fifflement : l'eau, abforbée, exerce fon action fur la *chaux*; celle-ci fe bourfoufle confidérablement, s'éclate & s'échauffe quelquefois à un point qu'on peut y allumer des corps combuftibles : une portion de l'eau fe dégage fous forme de vapeur, en entraînant avec elle un peu de *chaux*; l'autre portion fe combine avec la *chaux*. Lorfque la quantité d'eau, prife par la *chaux*, pendant fon imbibition, n'excède pas quarante pour cent, celle-ci fe dilate & paroît fous la forme d'une pouffière fèche ; alors la *chaux* s'eft combinée avec 0,224 d'eau fèche, & elle forme un hydrate de *chaux* dont le volume eft trois fois & demie plus confidérable que celui de la *chaux*; mais fi la proportion d'eau abforbée eft plus confidérable, la *chaux* éteinte devient humide, & fon humidité eft d'autant plus grande, qu'elle a abforbé plus d'eau.

Dans l'extinction par macération, on jette la *chaux* dans un réfervoir, & l'on verfe par-deffus deux à trois fois fon volume d'eau; la *chaux* s'éteint en produifant une grande chaleur, & laiffant exhaler des vapeurs. Après avoir bien délayé la *chaux* pour en former une bouillie liquide, on coule cette bouillie dans un trou creufé en terre ; là, l'eau furabondante s'infiltre, & la *chaux* éteinte forme une maffe un peu molle, dont le volume eft du double au triple de celui de la *chaux*.

Parmi les *chaux*, il en eft qui ne doivent pas être éteintes par macération, parce qu'elles fe durciroient dans la foffe deftinée à les recevoir ; telle eft la *chaux* de Bourbonne-les-Bains & celle de plufieurs autres lieux. Ces fortes de *chaux*, qui fe durciffent après avoir été étendues d'eau, ne doivent être éteintes que par immerfion ou par afperfion.

CHAUX VIVE; calx viva; *ungelœfchter kalk*. Pierre à *chaux* dont on a fait vaporifer l'eau & l'acide carbonique par l'action du feu, & qui peut, en fe combinant avec de l'eau, laiffer dégager une quantité de chaleur confidérable.

Toutes les pierres calcaires font propres à former de la *chaux* ; mais toutes font fufceptibles de produire des *chaux* différentes, relativement à la nature & à la quantité des fubftances combinées avec le carbonate de *chaux*.

Rarement le carbonate de *chaux* eft pur ; il contient de la filice, de l'alumine, du carbonate de magnéfie, des oxides de fer & de manganèfe. Le carbonate de *chaux* pur produit toujours une *chaux* graffe ; les autres carbonates calcaires, impurs, produifent des *chaux* maigres & des plâtres-ci-

mens. On a donné le nom de *chaux maigres* à deux variétés de *chaux*: 1°. à celle qui n'a pas d'onctuofité, & qui ne peut fupporter qu'une petite quantité de fable dans fon mortier; 2°. à celle qui produit un beton, un mortier qui fe folidifie dans l'eau ; & l'on a donné le nom de *plâtre-ciment* à une *chaux* qui fe folidifie auffi promptement que le plâtre, après avoir été éteinte & délayée dans l'eau.

Jufqu'à préfent les opinions font très-partagées fur la caufe du prompt durciffement des mortiers de *chaux*. Les uns l'attribuent à l'oxide de manganèfe que la *chaux* contient ; d'autres, à l'oxide de fer ; d'autres, à la filice ; d'autres, à la magnéfie. Ce qu'il y a de certain, c'eft que l'on rencontre des *chaux* betons dans lefquelles l'une ou l'autre de ces quatre fubftances fe trouve ou feule, ou combinée avec les autres.

Pour obtenir de la *chaux vive*, on arrange la pierre calcaire, foit en tas, à l'air libre, foit dans des fourneaux particuliers, & là, on l'expofe à l'action d'un feu affez fort & continué affez long-temps, pour vaporifer toute l'eau & l'acide carbonique qu'elle contient. Lorfque l'on chauffe la pierre avec du bois ou avec de la tourbe, on pratique dans la bafe du maffif de pierres calcaires, un foyer dans lequel on brûle le combuftible qui doit chauffer la maffe. Lorfque l'on calcine la pierre avec de la houille, on peut également placer la houille fur un foyer établi au milieu de la maffe de la pierre; mais il eft plus commun de ftratifier la houille avec la pierre, & d'embrafer le combuftible en commençant par la bafe. Dans cette opération, la bafe étant déjà parfaitement calcinée lorfque l'évaporation eft à peine commencée au fommet, on fait écouler la *chaux vive* par la bafe, & l'on charge enfuite, par le fommet, des couches de houille, & de pierre, afin de tenir conftamment le fourneau plein.

Il faut, pour avoir une *chaux vive* de bonne qualité, régler le feu avec précaution; fi la chaleur n'eft pas affez forte, la *chaux* retient trop d'acide carbonique, & elle ne s'éteint pas : une chaleur trop forte la brûle, la vitrifie à la furface, & la *chaux* ne fe calcine pas également.

La combinaifon de la *chaux vive* avec les fables produit des mortiers qui varient entr'eux felon la nature & l'efpèce de *chaux*, & felon la nature des fubftances que l'on y mêle. C'eft à tort que l'on a cru que le mode d'extinction contribue à la bonté du mortier, ce mode dépend prefque toujours de la nature de la *chaux*. Les *chaux maigres* & durciffantes doivent être éteintes par immerfion, fans quoi elles fe folidifieroient dans le trou à *chaux* ; les *chaux* pures & graffes doivent être éteintes par macération. Enfin, la pouzolane, ou toute fubftance analogue, contribue au durciffement du mortier.

CHAUX MÉTALLIQUE; calx metallica; *me-*

tallifche kalk. Oxidation des métaux par l'action du feu, combinaison des métaux avec l'oxigène. *Voyez* OXIDE MÉTALLIQUE.

CHAY, SCERAY : poids de Perfe = 2 batman = 16 roteli = 12,5 livres, poids de marc = 6118 grammes = 6 kilogrammes 118 grammes.

CHAYET : monnoie de Perfe, valant cinquante deniers & dix mailles de notre monnoie.

CHAZELLES (Jean-Mathieu de), né à Lyon, en 1657; il y fit fes études, & vint à Paris·à l'âge de dix-huit ans.

Préfenté à Caffini par Duhamel, fecrétaire de l'Académie des Sciences, ce favant aftronome le prit avec lui à l'Obfervatoire, & le fit travailler à la grande carte géographique, en forme de planifphère, qui eft fur le pavé de la tour occidentale de l'Obfervatoire, & qui a vingt-fept pieds de diamètre.

En 1683, *Chazelles* aida Caffini dans la prolongation de la méridienne.

Nommé profeffeur d'hydrographie pour les galères à Marfeille, il eut occafion de faire des obfervations par le moyen defquelles il donna une nouvelle carte des côtes de Provence.

En 1690, il fut coopérateur de l'expédition de Tingmouth. « Quinze galères, dit Fontenelle, » nouvellement conftruites, fortirent du port de » Rochefort, & donnèrent un nouveau fpectacle à » l'Océan; elles allèrent à Torbay, en Angleterre, » & fervirent à la defcente qui eut lieu à Ting- » mouth. » Dans cette expédition, *Chazelles* fit les fonctions d'ingénieur avec une intrépidité & une exactitude qui étonnèrent les officiers généraux.

L'Egypte, la Grèce, la Turquie, furent, en 1693, les objets de fes obfervations; il les parcourut le quart de cercle & la lunette à la main.

Devenu valétudinaire avant l'âge, il languit pendant neuf années, fans, pour cela, interrompre fes travaux, & mourut à Paris en 1710.

CHÉ : mefure de longueur employée en Chine, pour le pied ou coudée. Le *ché* = 100 fuen & 10000 hao = 0,9889 pied de roi = 32,12 centimètres; 10 *ché* font un chang, & 1800, un li moderne.

CHEBEL, CHAÎNE, CORDE : mefure de longueur employée en Egypte = 10 orgyrie = 24 béme aploun = 8,56 toifes = 16,68 mètres.

CHEDA : monnoie d'étain qui fe fabrique & qui a cours dans le royaume de *Cheda*, dans les Indes orientales.

CHEFFORD : mefure de capacité en ufage à Archangel; le *chefford* = 4 quarts = 5,3 boiffeaux de Paris = 68,9 litres.

CHEGOS : poids dont les Portugais fe fervent aux Indes pour pefer les perles; il faut quatre *chegos* pour un *carat*.

CHEMIN DE SAINT-JACQUES : nom que le peuple donne à une trace blanche qui paroît dans le ciel. *Voyez* VOIE LACTEE.

CHEMIN d'un jour : fa longueur, en Egypte, étoit de 1800 plethres = 9 lieues horaires = 3,5082 myriamètres, ou 35,082 mètres.

CHEMINÉE, du grec καμινος; caminus; *kamin*; f. f. Endroit où l'on fait le feu dans les maifons, & où il y a un tuyau par où fort la fumée.

Dans l'article CAMINOLOGIE, on trouve tous les détails relatifs à l'enfemble des *cheminées*, tant du foyer que du tuyau, les caufes du tirage, de la fumée, les moyens d'économifer le combuftible & de remédier à la fumée. (*Voyez* CAMINOLOGIE.) Nous ne nous occuperons, dans cet article, que de la partie de la *cheminée* que l'on voit dans les appartemens, de celle où l'on place le combuftible, où le calorique fe dégage, & d'où il fe porte dans la pièce à échauffer. C'eft là la partie que l'on nomme communément *cheminée*, & qui feroit mieux nommée *foyer*. *Voyez* FOYER.

Une *cheminée* repréfente la forme intérieure d'une caiffe, dont une des faces, celle du devant, eft ouverte pour faciliter le dégagement & l'entrée du calorique dans l'appartement : une autre ouverture, pratiquée dans la partie fupérieure, a pour objet de procurer à la fumée, à l'air brûlé, & aux autres produits de la combuftion; leur fortie par le tuyau de la *cheminée*. Le combuftible étant placé fur le fol intérieur de cette caiffe, & le calorique fe dégageant dans toutes les directions, on voit qu'il n'exifte que deux faces par lefquelles il puiffe fortir directement de la caiffe; la face du devant par laquelle il fe répand dans la pièce, & celle du deffus, par laquelle il s'échappe avec la fumée. Ce que l'on doit principalement fe propofer, en conftruifant une *cheminée*, c'eft de recueillir, par l'ouverture du devant, la plus grande quantité de chaleur, & de mettre à profit, pour chauffer l'appartement, toute celle qui fe dégage avec le calorique, & qui fe porte fur les autres faces.

Deux moyens ont été propofés de nos jours : l'un par le comte de Rumfort, & l'autre par Franklin. Le moyen du comte de Rumfort confifte à diminuer la profondeur de la *cheminée*, afin de placer le foyer en avant, & le mettre dans une pofition propre à envoyer, dans la chambre, la plus grande quantité de calorique rayonnant, & de donner aux faces latérales une obliquité telle, que le calorique rayonnant qu'elles reçoivent, fe réfléchiffe dans l'intérieur de la pièce; enfin, de rétrécir l'ouverture fupérieure de la caiffe, celle qui communique au tuyau de *cheminée*, afin de déterminer un plus grand tirage & d'empêcher la *cheminée* de fumer.

Soit ABCD, *fig.* 604, l'intérieur d'une *cheminée* ordinaire, le comte de Rumfort propofe de remplir, dans le plan, l'intérieur d'un maffif de maçonnerie EFGH, dans lequel les deux faces EF, GH foient obliques; de monter ce maffif juſ̣u'à l'ouverture du tuyau, qu'il rétrécit de manière à ne laiſſer qu'une petite ouverture FNOG, pour le paſſage de la fumée. Cette ouverture ON ne doit avoir que quatre pouces de large.

Par cette conſtruction, le combuſtible, placé en V, envoie dans l'intérieur du calorique rayonnant fous un très-grand angle SOT, tandis que, s'il étoit plus profondément placé, l'angle de rayonnance feroit diminué d'autant : de plus, tout le calorique qui fe dégage dans l'intérieur, comme en VX, fe réfléchit dans l'intérieur en XY, ce qui n'auroit pas lieu, fi les faces AB, DC étoient parallèles & perpendiculaires aux faces du mur.

Ce changement dans les *cheminées*, propofé par le comte de Rumfort, a été adopté avec beaucoup d'empreſſement ; il a produit un plus grand échauffement avec une moindre conſommation de combuſtible : donc une économie dont le public a pſofité ; mais ces changemens, propoſés comme une découverte du favant philantrope, étoient connus depuis long-temps. Déjà Ganger l'avoit indiqué dans fa *Mecanique du feu*, imprimée en 1713. il avoit pouſſé plus loin fes recherches fur la forme intérieure; il vouloit qu'elle fût exactement un priſme paraboloïdal. Il exiſte pluſieurs *cheminées*, anciennes, conſtruites d'après ce principe, & qui favoriſoient l'augmentation de l'émiſſion de la chaleur interne. Cependant, quelqu'avantageuſes que fuſſent ces fortes de *cheminées*, elles étoient encore inférieures à celles que le comte de Rumfort a propoſées, & qui paroiſſent être un perfectionnement de la forme intérieure des *cheminées* de Ganger. Un fecond avantage de celles du philantrope américain, c'eſt qu'elles font plus faciles à conſtruire, & que tous les ouvriers peuvent les exécuter facilement.

Le fecond moyen, propoſé par Franklin, fe trouve dans la *Defcription du chauffoir de Penſylvanie*. Il conſiſte en une caiſſe EFGH, *fig.* 605, que l'on place dans l'intérieur de la *cheminée* ABCD, autour de laquelle on oblige la fumée, l'air brûlé & tout le produit de la combuſtion de circuler. Cette caiſſe s'échauffe en s'emparant d'une grande partie du calorique qui fe dégage, avec les produits aériformes, du combuſtible. Dans la caiſſe font des féparations IK, LM, NO, PQ, RS, & deux ouvertures en E & en H : la première communique avec l'air extérieur, & la feconde dans l'intérieur de l'appartement. L'air extérieur, en entrant par l'ouverture E, circule entre toutes les féparations pour fe porter vers l'ouverture H, &

fortir dans la pièce à échauffer. Par cette circulation dans la caiſſe échauffée, l'air s'échauffe lui-même, & arrive chaud dans la chambre.

Voilà donc un moyen d'appliquer le calorique enlevé par les produits de la combuſtion, à l'échauffement des appartemens. Ce moyen, employé avec beaucoup de fuccès, eſt encore indiqué par Ganger dans fa *Mecanique du feu*. il faiſoit revêtir la ſuſface paraboloïde de l'intérieur de ſes *cheminées* avec des plaques de fonte ; il conſervoit un vide par-derrière, &, entre le fond de la *cheminée* & ces plaques, il plaçoit des diaphragmes qui obligeoient l'air extérieur, qui entroit par une ouverture, à circuler entre ces plaques, à s'échauffer en circulant, & à fortir chaud dans l'appartement.

Depuis que Franklin & Rumfort ont fait connoître ces deux méthodes de Ganger, d'augmenter l'émiſſion de la chaleur dans les appartemens, & de diminuer la perte qui avoit lieu, foit par les tuyaux, foit par les faces latérales des *cheminées*, pluſieurs artiſtes fe font emparés de leur méthode, & ont conſtruit, foit des *cheminées* fixes, foit des *cheminées* mobiles. Parmi les premières, nous ferons diſtinguer celle que-l'on a décrite dans le LXVIIIe. volume des *Annales de Chimie*, pag. 3133. & parmi les fecondes, les *cheminées* à la Deſarnaud.

CHEMINÉE CALORIFÈRE SALUBRE; caminus caloriferus. *Cheminée* imaginée par Olivier, pour échauffer, en économiſant le combuſtible, en préſervant de la fumée. En voici la deſcription (1).

Le foyer deſtine à recevoir le combuſtible eſt réduit à 40 centimètres de largeur. L'iſſue horizontale, donnée à la flamme, n'a que 16 pouces de hauteur ; elle eſt couverte feulement, vers le fond, d'une plaque de fonte, & aboutit à un tuyau perpendiculaire de 22 centimètres fur 16, qui s'élève du fol du foyer juſqu'à la fortie du comble.

Un régulateur, dont la clef fe préſente au-deſſous du milieu de la tablette du chambranle, fert à intercepter, à cette hauteur, le paſſage de la flamme & de la fumée, les force à redeſcendre, pour fe diſtribuer dans deux-embranchemens pratiqués dans les angles, à côté du foyer ; de-là, paſſer à travers la tablette, dans des colonnes de faïence de 13 centimètres de diamètre intérieur, à l'extrémité deſquelles fe trouvent encore des foupapes ou régulateurs, & arriver enfin, par un petit canal de jonction, dans le tuyau perpendiculaire à la hauteur du plancher ; à moins qu'on ne veuille pas profiter de l'étage fupérieur, par le même mécaniſme, de la chaleur que la fumée pourra encore porter à cette élévation.

L'eſpace qu'occupent, dans ces angles, les deux embranchemens inférieurs, eſt fermé par deux pans coupes, conſtruits en carreaux de faïence ;

---

(1) *Annales de Chimie*, tome LV, pag. 5.

& à la hauteur de la plaque de fonte qui couvre une partie du foyer, eft prolongée, en retour, une efpèce de bain de fable, fur lequel on peut placer des bouilloires, des théières, & autres vaiffeaux de porcelaine.

On a fait l'épreuve de cette *cheminée* en préfence d'une commiffion de l'Inftitut, qui en a rendu un compte fatisfaifant.

CHEMINÉE (Tuyaux à): tuvaux d'orgue bouchés, au haut defquels on applique uń petit cylindre en forme de *cheminée*, dont la circonférence eft la quatrième partie du tuyau qui eft au-deffous.

CHEMOSIS; χημωσις; chemofis; *chemofis*; f. f. Inflammation aiguë de la conjonctive, par laquelle le blanc de l'œil s'élève au-deffus du noir & déborde. *Voyez* OPHTALMIE.

CHENAL; alveus; *canal*; f. m. Courant d'eau bordé des deux côtés de terres naturelles ou artificielles, où un vaiffeau peut entrer.

CHÉNE DE CHARLES II.: conftellation méridionale, introduite par Halley, en mémoire du *chêne royal* fur lequel fe retira *Charles II*, lorfqu'il eut été défait à Worchefter, le 3 feptembre 1751. Les étoiles qui la compofent, font au nombre de vingt-quatre, dans le catalogue des étoiles auftrales de Halley. La principale eft une étoile de feconde grandeur.

CHENICE, Metron : ancienne mefure qui étoit la huitième partie du boiffeau. Cette mefure étoit employée en Egypte ; le *chenice* = 4 mines = 0,941 pinte de Paris = 0,876 litre ; 6 *chenice* font un hine, &'12 *chenice* un modios.

CHEQUI : un des quatre poids dont on fe fert dans les Echelles du Levant, particulièrement à Smyrne.

CHERAY : poids dont les Perfes fe fervent dans le commerce ; c'eſt le poids civil ou commun, qui eft le double du poids légal.

CHERCHEUR, f. m. Petite lunette que l'on adapte aux télefcopes ou aux fortes lunettes achromatiques dont le champ eft petit, & cela pour trouver plus facilement les aftres.

Le *chercheur* doit avoir un très-grand champ, ce que l'on obtient en donnant à cette lunette une très-petite longueur, & en même temps un objectif d'un grand diamètre. Le foyer de l'objectif *a b*, *fig.* 606, étant court, les objets qui viennent fe peindre à leur foyer F, & qui peuvent être vus par l'oculaire O, y arrivent fous un angle beaucoup plus grand que lorfque le foyer eft à une plus

grande diſtance *f*, & le champ eſt d'autant plus grand, que la diſtance focale eſt plus petite ; mais auffi, pour que les images foient parfaitement éclairées, il eſt néceffaire que l'objectif ait le plus grand diamètre poffible, afin qu'il puiffe recevoir & tranfmettre la plus grande quantité de lumière. Comme les objets font d'autant plus petits que le champ eſt plus grand, on les agrandit avec un oculaire qui groffit davantage.

CHERIF : monnoie de Turquie, qui vaut à Marfeille 4 livres 10 fous.

CHÉRUBIN (Le Père), de l'ordre des Frères mineurs.

Ce favant religieux fut allier les devoirs de l'état qu'il avoit embraffé, avec la culture des fciences exactes. Mécanicien adroit, & bon géomètre, il s'appliqua principalement à l'optique, & fe fervit utilement de cette fcience, en fabriquant de bons inftrumens ou en perfectionnant leur conftruction, ainfi qu'en compofant divers ouvrages que l'on peut encore confulter avec fruit. Par-deffus tout, il s'attacha à perfectionner le télefcope *binocle*, imaginé par fon confrère le Père Rhéita.

Le Père *Chérubin* s'étoit auffi appliqué à perfectionner l'acouftique, il y avoit tellement réuffi, que fon fupérieur, témoin de l'une de fes expériences, lui détendit de divulguer un fecret qui pouvoit devenir dangereux pour la fociété civile, « parce qu'on n'avoit aucun moyen de fe garantir » de fes effets. » Le Père *Chérubin* obéit.

Les ouvrages avoués par lui font au nombre de fix. On lui en attribue encore quelques autres : fur l'impénétrabilité du verre, fur le télefcope & le microfcope binocle ; fur la nature & la conftruction du télefcope ; enfin, fur la machine télégraphique, efpèce de pantographe à deffiner la perfpective, tel que celui qu'un Jéfuite avoit décrit en 1631.

On n'a nul renfeignement fur les dates de la naiffance & de la mort de ce religieux favant : il eſt probable qu'il commença & finit fa carrière dans le cours du dix-feptième fiècle.

CHESEAUX (Jean-Philippe-Louis de). Né à Laufanne en Suiffe, en l'année 1718, il mourut à Paris, en 1751. Sa carrière fut courte & bien remplie.

Excité par l'exemple de Crouzas fon aieul, il fe livra de bonne heure à l'étude des fciences exactes, philofophiques & mathématiques. A dix-fept ans, il fit des effais de phyfique. Devenu paffionné pour l'aftronomie, il fit conftruire un obfervatoire dans fa terre de *Chefeaux*. Il y obferva la comète de 1743, & publia, à cette occafion, les divers réfultats de fes différentes obfervations. On le dit prefqu'entièrement l'auteur de la carte de l'*Helvétie ancienne*.

De continuels travaux, & les ouvrages imprimés qui en furent les réfultats, lui méritèrent l'admiffion à la Société royale de Londres.

Chefeaux, perfuadé que toutes les fciences ont entr'elles un point de contact, & que la connoiffance des langues étrangères facilite extrêmement celle des fciences, ne négligea point cette branche du favoir, dont il retira de grands fruits.

CHEVAL; καϐαλλης; equus; *pferd*; fub. maf. Conftellation : il en exifte deux; l'une eft le *cheval* proprement dit, auquel on a donné le nom de *pegafe* (voyez PEGASE); l'autre eft le *petit cheval*. Voyez PETIT CHEVAL.

CHEVAL (Petit); *cabalus*. Une des conftellations de la partie feptentrionale du ciel, placée entre le dauphin & pegafe.

C'eft une des quarante-huit conftellations formées par Ptolémée; elle eft appelée *petit cheval*, pour la diftinguer de pégafe, qui eft le *grand cheval*. Suivant la mythologie, ce *cheval* eft celui que Mercure avoit donné à Caftor, & qui fe nommoit *cillaris*. Cette conftellation ne contient que dix étoiles, dont la plus belle eft marquée de la troifième grandeur par Flamfteed, & de la quatrième par Lacaille.

CHEVALET; *ftaffelei*; fub. maf. Inftrument employé, dans plufieurs arts, pour foutenir quelque chofe.

CHEVALET DU PEINTRE; machina pictorum, tabulas fuftinens; *ftaffelei*. Conftellation de la partie auftrale du ciel, qui eft placée au-deffous du navire, entre la colombe & la dorade.

C'eft une des quatre nouvelles conftellations formées par l'abbé de Lacaille, d'après les obfervations qu'il a faites pendant fon féjour au cap de Bonne-Efpérance : elle contient vingt-cinq étoiles, dont la plus belle n'eft que de la cinquième grandeur. Cette conftellation eft une de celles qui ne paroiffent jamais fur notre horizon; les étoiles qui la compofent, ont une déclinaifon trop méridionale.

CHEVALIER : monnoie d'or de 25 au marc, dont la fabrication fut ordonnée, en France, en 1718; elle doit fon nom à la croix de chevalier qui étoit au revers.

CHEVELUE; coma. Se dit figurément des comètes lorfqu'elles font oppofées au foleil.

CHEVELURE DE BÉRÉNICE; coma Berenitica; *ftele der Berenice*; fub fém. Ancienne conftellation boréale, placée auprès de la queue du lion, immédiatement au-deffus du tropique du cancer.

Amas de petites étoiles, dont Tycho-Brahé a formé une conftellation, qu'il a ajoutée aux vingt-

une conftellations feptentrionales formées par Ptolémée.

CHEVEUX; capillus; *haar*; fub. maf. Poils qui occupent la plus grande partie de la tête des hommes, & dont ils font l'ornement.

CHEVEUX HYGROMÉTRIQUES; capilli hygrometrici; *hygrometrifche haar*. Cheveux préparés pour former des hygromètres.

Sauffure eft le premier qui ait employé les *cheveux* dans la conftruction de fon hygromètre, & cela, par la fuite de l'obfervation qu'il avoit faite : que le *cheveu* cru, c'eft-à-dire, tel qu'il fe trouve fur la tête de l'homme, s'alonge quand il s'humecte; qu'il fe contracte ou fe raccourcit quand il fe defleche, & que la différence entre le plus grand alongement que puiffe lui donner l'humidité & la plus grande contraction qu'il puiffe recevoir de la féchereffe, eft d'environ 0,0062.

Les *cheveux* ont naturellement une efpèce d'onctuofité qui les préferve, jufqu'à un certain point, de l'action de l'humidité, ou qui du moins ralentit beaucoup cette action; mais lorfque l'on a enlevé cette efpèce d'onctuofité, ils s'alongent quatre fois davantage, & le maximum d'alongement eft de 0,025. C'eft cet alongement des *cheveux*, dépouillés de leur onctuofité, que Sauffure a employé avec beaucoup de fuccès, pour obtenir des hygromètres comparables.

Mais les *cheveux* préfentant quelques variations, on a choifi, entr'eux, ceux dont la marche étoit la plus régulière. Le célèbre phyficien de Genève a obfervé, à cet égard, que les *cheveux* deftinés à des hygromètres devoient être fins, doux, non crépus; que la couleur étoit indifférente; cependant, que les blonds paroiffent en général mieux réuffir que les noirs; mais ce qui eft effentiel, c'eft qu'ils aient été coupés fur une tête vivante & faine : car ceux qui tombent d'eux-mêmes, ou que l'on coupe après de longues maladies, tels que la plupart de ceux que les perruquiers achètent dans les hôpitaux, font fujets à rétrograder dans leur marche. Voyez CHEVEUX RÉTROGRADES.

Pour enlever aux *cheveux* cette onctuofité qui préferve en partie de l'action de l'humidité, Sauffure fait diffoudre fix grains de carbonate de foude parfaitement criftalifé, dans une once d'eau pure; c'eft une partie de fel fur quatre-vingt-feize parties d'eau. Cette leffive a un degré de force tel, qu'en vingt-cinq ou trente minutes d'ébullition, elle donne aux *cheveux* toute la mobilité qu'on peut défirer.

Il ne convient pas de leffiver à la fois un volume de *cheveux* qui furpaffe l'épaiffeur d'une plume à écrire. Pour les affujettir, pour que l'agitation de l'eau ne les mêle pas, & qu'ils foient également expofés à l'action de la leffive, il faut prendre une bande de toile fine, large d'environ quinze lignes, & un peu plus longue que les *che*-

.veux ; les coudre dans cette toile comme dans un fac, fans les ferrer, & fans que la toile faffe plus d'une révolution autour d eux. Il faut plonger ces cheveux, ainfi renfermés, dans un matras à long col, qui peut contenir quarante ou cinquante onces d'eau ; mettre dans ce matias trente onces d'eau, dans laquelle on a fait diffoudre cent quatre-vingts grains de fel de foude criftallifé. Alors on fait chauffer le matias jufqu'à l'ébullition de la liqueur ; on foutient cette ébullition doucement & uniformément pendant trente minutes, au bout defquelles on retire le fac & les cheveux qu il renferme ; on les lave foigneufement, en les faifant bouillir à deux reprifes, pendant quelques minutes, dans de l'eau pure ; on découd la toile, &, après en avoir retiré les cheveux, on les agite en divers fens, dans un grand vafe rempli d'eau froide & claire, pour achever de les laver & pour les détacher les uns des autres ; enfin, on les fufpend & on les laiffe fécher à l'air.

Ce n'eft que quand ils font fecs que l'on peut juger de la réuffite de cette opération. Les cheveux doivent paroître nets, doux, brillans, tranfparens, bien détachés les uns des autres. S'ils étoient rudes, crépus, ternes, opaques, collés enfemble, ce feroit une preuve certaine que l'on a employé trop de fel en les leffivant. Leurs variations font, à la vérité, très-grandes ; mais ils s'alongent trop & d'une manière irrégulière, furtout lorfqu'ils approchent du terme de l'humidité extrême : leur état eft prefque celui d'une gelée qui perd tout fon reffort dans un air humide. Il vaut mieux un peu moins de fenfibilité, & un peu plus de folidité & de force.

Il eft rare que l'action de l'humidité ait été la même fur tous les cheveux que l'on a préparés en même temps. On reconnoît, à leur grande tranfparence, ceux qui en ont été le moins affectés. Si donc le premier qu'on effaie, fe trouvoit trop extenfible, il faudroit en chercher un de la même cuite qui fût plus tranfparent, & vice verfâ.

CHEVEU RÉTROGRADE ; capillus retrogradus; *rück gangige hygrometrifche haare. Cheveu hygrométrique* qui s'alonge d'abord en l'expofant à l'humidité, & qui fe contracte enfuite & fe raccourcit, en l'expofant à une humidité plus forte.

Cette rétrogradation a lieu ordinairement fur des cheveux qui ont été coupés fur des têtes malfaines ou qui ont été fortement tirés, foit en les féparant les uns des autres, foit en les nouant, foit en les chargeant d'un poids trop confidérable.

Il y a lieu de croire que le tiraillement déchire en quelque manière le cheveu, ou défunit, du moins, fes parties intégrantes ; qu'enfuite, lorfqu'il eft expofé à l'humidité, elle commence par produire fon premier effet, qui eft de le relâcher ; mais que l'action continue de cette même humidité guérit peu à peu les plaies qu'avoit faites le tiraillement, réunit les parties féparées, & rac-

courcit le cheveu à peu près au point où il auroit été naturellement. Si ce raccourciffement, opéré par l'humidité, duroit autant que le cheveu, il pourroit également fervir ; mais cet effet n'eft pas durable. Une féchereffe long-temps continuée enlève au cheveu cette eau qui avoit réuni fes parties : celles-ci donc fe féparent, & le cheveu s'alonge pour fe raccourcir de nouveau, s'il fe trouve dans une humidité furabondante. Or, comme ces mouvemens contraires répandent de l'inexactitude fur les variations hygrométriques, il faut rejeter les cheveux que l'on voit atteints de ce défaut.

Si l'on charge le cheveu d'un poids trop grand, relativement à fa force, mais pourtant pas exceffif ; fi, par exemple, un feul cheveu eft chargé d'un poids de douze grains, le tiraillement caufé par ce poids ne fe manifefte pas d'abord : l'hygromètre conftruit avec ce cheveu a, dans les premiers temps, une marche régulière ; mais au bout d'un ou de deux ans, & même de quelques mois, il fe tire trop, & devient fujet à rétrograder. Il ne faut charger les cheveux préparés que d'un poids de quatre à cinq grains.

CHEVEUX DE VÉNUS ; capilli Veneris. Filamens qui volent en l'air en automne ; on les appelle auffi *cheveux de Notre-Dame, cheveux de la Vierge, capilli B. Virginis.*

CHÈVRE; capra; *ziegen*; fubft. fém. Animal domeftique qu'on nourrit en troupeaux.

CHÈVRE; capreolus; *hebzung.* Machine fervant à enlever des fardeaux très-pefans.

Elle eft compofée de deux pièces de bois AB, AC, *fig.* 607, que l'on appelle *bras*, & qui font réunies l'une à l'autre par le bas, avec la traverfe BC, & par le haut A, avec un boulon de fer à clavette, qui les traverfe. Entre ces deux bras, eft placé un arbre ou treuil DE, mobile fur fon axe, à l'aide de deux tourillons pris dans les bras, & deux carrés ou têtes de treuil DE, percés de trous dans lefquels on place des leviers amovibles FG; dans la partie fupérieure A, eft placée une poulie P, fur laquelle paffe une corde KPL, qui, d'une part, K, enveloppe le treuil A, & de l'autre, L, eft attachée au fardeau T, que l'on veut enlever.

Voilà la *chèvre* dans fon état le plus fimple, & pour en faire ufage, on la foutient debout ou inclinée du côté du poids à foulever, par le moyen de deux bons câbles AM, AN, qui embraffent fortement fon extrémité A, & qui font fixés à quelques objets folides; quelquefois on y ajoute une troifième pièce A H, *fig.* 607 (a), appelée *bicoq*, qui fert à la foutenir, à la place des câbles dont nous avons parlé.

Quant à la force de cette machine, il eft aifé de voir que c'eft un compofé du treuil & de la poulie, & qu'elle réunit les avantages de ces deux machines. *Voyez* TREUIL, POULIE.

Une *chèvre* a été imaginée le fiècle dernier ; elle paroît

paroît préfenter quelques avantages qui font compenfés par des inconvéniens : elle eft compofée de trois montans A F, B f, CO, *fig.* 607 (b), affemblés dans le bas, par deux traverfes H I, & dans le haut, par un boulon de fer F f, retenu par une clavette. G g eft un treuil dont la moitié de la longueur eft plus groffe que l'autre, dans le rapport de trois à deux, & dont les pivots, qui font de bois & fort gros, tournent dans deux pièces h, h, qui montent d'áplomb : ces deux pièces font percées, pour recevoir les tourillons ; par en bas, elles entrent dans la traverfe 1, qui eft ronde, & par en haut elles font atta chées avec des boulons de fer & des clavettes. Au boulon d'en haut F f, font attachées deux poulies de renvoi, dont les axes font fort gros, pour avoir une force fuffifante ; chacune de leurs chapes tient à un gros piton, comme on le voit en F f, fur lequel elles tournent pour fe prêter à la direction de la corde. On fait paffer la corde K l n m, par un trou qui traverfe le treuil, diamétralement au milieu de fa longueur, & l'enveloppe de part & d'autre, de manière qu'elle forte du treuil pour aller paffer fur les deux poulies de renvoi, & de-là fe joindre fur la poulie mouflée i, à laquelle eft attaché le poids P à enlever.

On voit bien que, fi l'on fait tourner le treuil, le poids P doit monter ; car fa groffe moitié tirera plus de corde que la petite n'en pourra céder, fuivant la différence des deux diamètres ; mais comme cette corde tirera le poids par une poulie qui eft mouflée, la puiffance n'a à foutenir que la moitié de la réfiftance qu'elle éprouveroit fans cela, ce qui eft un avantage ; mais auffi le poids monte une fois moins vite, ce qui eft un inconvénient. Il y a un autre avantage, c'eft que, quand on a enlevé le poids d'une quantité quelconque, il refte où on l'a élevé, fans qu'on foit obligé de retenir le treuil ; mais ce qui produit cet effet, c'eft le frottement du treuil & celui des poulies, & furtout la roideur de la corde : or, toutes ces réfiftances agiffant également dans un fens comme dans un autre, s'oppofent autant au mouvement du treuil, qui doit faire monter le poids, qu'à celui qui peut le faire defcendre ; & puifqu'elles fuffifent pour empêcher fa chute, il eft évident qu'il faudra commencer par les vaincre quand il faudra le faire monter.

CHÈVRE ; capella ; *himmel ʒeige*. Étoile brillante de la première grandeur, dans la conftellation du cocher, qui eft fituée vers l'épaule à gauche du cocher : cette étoile eft la plus belle de celles qui ne fe couchent point à Paris. Les poëtes difent que c'eft la *chèvre Amalthée*, qui allaita Jupiter dans fon enfance.

CHÈVRE, eft le nom que l'on donne quelquefois à la conftellation du capricorne. *Voyeʒ* CAPRICORNE.

Dict. de Phyf. Tome II.

CHEVREAUX ; hœdus ; ʒieglein ; fub. maf. Petite conftellation renfermée dans la conftellation du cocher.

Les *chevreaux*, portés fur le bras gauche du cocher, font formés de trois étoiles qui font un triangle ifocèle, dont l'angle fupérieur eft fort aigu : ce triangle fert à diftinguer l'étoile de la *chèvre* des autres étoiles de première grandeur. Les poëtes difent que ces *chevreaux* avoient été nourris du même lait que Jupiter.

CHEVRETTE ; *klein hebʒeug* ; fubft. fém. Petite chèvre de trois pieds & demi de hauteur, deftinée à élever des fardeaux.

Elle eft compofée de deux pièces de bois élevées perpendiculairement, & fichées fur une autre pièce de bois qui traverfe, & qui touche à terre ; elle a, en haut, un boulon de fer qui entretient les deux pièces droites, & une cheville de chèvre qui hauffe & baiffe dans les trous faits exprès, à proportion que l'on vèut hauffer ou baiffer les fardeaux qui fe pofent deffus.

CHEVRIÉ : inftrument qu'on croit être la *mufette*, la *cornemufe*, ou quelque chofe de femblable.

CHEVROTER ; tremulâ voce canere ; ʒitter ftimme ; verb. neut. C'eft, au lieu de battre nettement & alternativement du gofier, les deux fons qui forment la cadence ou le trille, en battre un feul à coups précipités, comme plufieurs doubles croches détachées à l'uniffon.

On *chevrote* en forçant du poumon l'air dans la glotte fermée, qui fert alors de foupape ; en forte qu'elle s'ouvre par fecouffes pour livrer paffage à cet air, & fe referme à chaque inftant par une machine femblable à celle du tremblement de l'orgue.

Le *chevrotement* eft la défagréable reffource de ceux qui, n'ayant aucun trille, en cherchent l'imitation groffière ; mais l'oreille ne peut fupporter cette fubftitution, & un feul *chevrotement*, au milieu du plus beau chant du monde, fuffit pour le rendre infupportable & ridicule.

CHIEN ; κυων ; canis ; hund ; fub. maf. Animal carnaffier, carnivore, que l'homme affocie à fes plaifirs & à fes peines.

CHIEN : nom de trois conftellations ; le *chien de chaffe*, le *grand chien* & le *petit chien*.

CHIEN DE CHASSE ; canis venaticus ; jagd hund, Conftellation boréale du ciel, placée fous la grande ourfe, au-deffous du bras du bouvier, & au-deffus de la chevelure de Bérénice.

C'eft une des onze conftellations introduites par Hevelius pour raffembler les étoiles informes qui fe trouvent entre la grande ourfe & le bouvier.

Ggg

Parmi les étoiles que renferme cette conftellation, il y en a deux, fous la queue de la grande ourfe, qui étoient connues des Anciens; Hevelius en détermina vingt-une, qui étoient nouvelles pour les aftronomes. La principale eft de feconde ou troifième grandeur : c'eft celle que Halley appeloit *cœur de Charles II.*

CHIEN (Le grand); canis major; *grofs hund.* Conftellation de la partie méridionale du ciel, placée entre le lion & le navire.

C'eft une des quarante-huit conftellations formées par Ptolémée.

Cette conftellation contient trente-une étoiles dans le Catalogue britanique, parmi lefquelles en eft une de première grandeur, placée dans la gueule du *chien*, qui eft connue fous le nom de Sirius. C'eft la plus belle & la plus brillante de toutes les étoiles fixes.

On croit que le nom & la forme du *chien*, que l'on a donnés à cette conftellation, viennent d'Anubis, divinité égyptienne, qu'on repréfente avec une tête de *chien*, parce qu'il étoit le gardien d'Ofiris & d'Ifis, & qu'il avoit découvert les membres d'Ofiris, déchiré par fon frère Typhon.

CHIEN (Le petit); canis minor; *kleine hund.* Conftellation de la partie méridionale du ciel, placée au-deffous de l'écreviffe & au-deffus du *grand chien.*

Cette conftellation, une des quarante-huit formées par Ptolémée, contient quatorze étoiles, dont une de première grandeur, que l'on a nommée *Procyon* : les uns croient que c'eft le *chien* d'Orion ou celui d'Icare; les autres, que c'eft celui d'Hélène.

CHILA, CAB, GERRA : mefure de capacité employée en Egypte = 8 mines = 1,88 pinte de Paris = 1,65 litre : 3 *chilas* font un hins, & 6 un modios.

CHINOISE (Balance); jugum finarum; *chinoift wage.* Balance employée à la Chine pour pefer les corps.

Cette balance, *fig.* 184, diffère peu de la *balance* romaine : c'eft un levier AB, qui fupporte, à l'une de fes extrémités A, un crochet C pour fufpendre les corps à pefer; & à l'autre extrémité, un crochet B pour fupporter le poids conftant qui fait équilibre. Ce levier peut être fupporté par trois points d'appui D, E, F, afin d'alonger le bras de levier A, & de pouvoir pefer des corps de toutes pefanteurs. Les divifions égales, M, N, C, P, Q, R, correfpondent à des évaluations de poids dépendans des trois points de fufpenfion : lorfque ce levier eft fufpendu au point E, les divifions indiquent des multiples des poids employés pour la fufpenfion F; & lorfqu'il eft fufpendu au point D, ils indiquent des multiples des

divifions des poids employés pour la fufpenfion E. Cette *balance* donne des pefanteurs beaucoup plus variées que la *balance* romaine. *Voyez* BALANCE ROMAINE, POIDS DES CORPS, ROMAINE (*balance*).

CHIFFRE, de l'italien *cifera;* nota arithmetica; *ziffer;* fub. maf. Caractère dont on fe fert pour défigner les nombres. *Voyez* CARACTÈRES.

En mufique, ce font les caractères que l'on place au-deffus & au-deffous des notes de la baffe, pour indiquer les rapports qu'elles doivent porter.

CHILIADE, du grec χιλιας; chiliades; *chiliad;* f m. Affemblage de plufieurs chofes qu'on compte par mille.

CHILIOGONE : figure plane & régulière de mille côtés, & d'autant d'angles.

CHIMIE; χυμος; chymia; *chymi;* fub. fém. Science qui apprend à connoître la nature des corps fimples & compofés. *Voyez* CHYMIE.

CHINTAL : poids dont les Portugais fe fervent à Goa.

CHIQUET : particule, petite partie d'un tout.

CHIROMANCIE, du grec χειρ, *main;* μαντεια, *divination;* chiromantia; *chiromantie;* fub. fém. Divination par l'infpection des mains. *Voyez* DIVINATION.

CHLORE, de χλωρος, *vert;* chlorum; *chlor;* fub. maf. Nom donné par Davy à l'acide muriatique oxigéné, confidéré comme corps fimple.

Le *chlore* s'obtient en diftillant de l'acide muriatique ordinaire avec une fubftance oxigénée; ce qui avoit fait croire aux chimiftes, que cette fubftance étoit une combinaifon d'acide muriatique & d'oxigène; mais Davy ayant obfervé que cette fubftance étoit impropre à la refpiration, & que, fèche, elle ne fe comportoit pas comme les acides, a regardé, ce que l'on appeloit *acide muriatique oxigéné,* comme une fubftance fimple, à laquelle il a donné le nom de *chlore.* Cette fubftance eft fufceptible de former deux acides différens, favoir, ce que l'on appelle *acide muriatique,* en combinant le *chlore* avec l'hydrogène; acide muriatique furoxigéné, en combinant le *chlore* avec l'oxigène; alors il a nommé ces deux acides, l'un *hydrochlorique,* l'autre *acide chlorique.* Pour tout ce qui concerne le *chlore, voyez* ACIDE MURIATIQUE OXIGENE.

CHLORINE : un des noms donnés au *chlore.* *Voyez* CHLORE.

CHO : très - petite mesure de capacité, employée par les Chinois. Le *cho* = 1000 quei = 0,00758 pinte de Paris = 0,007 litre : 100 *cho* font un *sching*.

CHOC du teuton ; *schuken* ; conflictus ; *austofs* ; subst. masf. Coup qui se fait en heurtant contre quelque chose.

CHOC DE L'ACIER ; conflictus aciei ; *stofs des stuhl*. Choc de l'acier contre des corps durs, des silex, des cailloux, &c.

Toutes les fois que l'acier choque un corps dur, comme le silex, l'agate, &c., il en jaillit des étincelles brillantes, avec lesquelles on allume de l'amadou, de la poudre à canon, &c. Les étincelles sont le produit de la combustion de l'acier dans l'air, & cette combustion est occasionnée par le calorique interposé, qui, devenu libre, se porte sur les particules d'acier, leur fait éprouver une vive chaleur, &, par l'oxigène de l'air, qui se porte sur ces mêmes particules échauffées, se combine avec elles pour les brûler.

On prouve cette combustion de deux manières : 1°. en recueillant les particules d'acier brûlées, lorsque l'on choque l'acier au-dessus d'une feuille de papier ; 2°. en exécutant le *choc de l'acier* dans le vide. Dans le premier cas, on observe que toutes les particules d'acier détachées forment des globules d'oxide de fer fondu ; dans le second cas, on n'aperçoit qu'une foible lumière, & aucune de ces vives étincelles qui caractérisent le *choc de l'acier. Voyez* BRIQUET.

Comme la combustion de l'acier n'a lieu qu'à une très-haute température, & lorsque les fils minces de ce métal sont échauffés à la couleur rouge-cerise, au moins, il sembleroit que l'on devroit conclure que la température que les particules d'acier éprouvent, en se détachant, devroit être très élevée ; cependant, deux expériences de Davy paroissent faire croire que cette température n'est pas aussi élevée que l'on pourroit le supposer.

« J'ai souvent observé, dit Davy, que lorsqu'on emploie, pour l'expérience du *choc* dans le vide, un silex fin & mince, qui peut se briser facilement, la lumière est beaucoup plus vive que lorsqu'on se sert d'un silex épais & résistant ; & avec un fort caillou, qui n'a que le tranchant justement nécessaire pour donner des étincelles avec l'acier à l'air libre, on aperçoit rarement une lumière quelconque dans le récipient vide d'air. Ces faits paroissent indiquer, 1°. que les molécules d'acier, enlevées, ne sont point rendues lumineuses par le *choc*, à moins que la combustion n'ait lieu ; 2°. que la température que l'acier éprouve, n'est pas assez grande pour rougir ces particules.

» On mit au chien d'une platine de fusil, un morceau mince de pyrite martiale, à la place de la pierre à feu ordinaire. Cette pyrite donnoit, dans l'air, des étincelles très-vives, en frappant contre la batterie : ces étincelles étoient blanches pour la plupart, à cause de la combustion des particules d'acier enlevées par le *choc* de la pyrite ; on en voyoit cependant quelques-unes de rouges, provenant sans doute de la combustion des molécules pyriteuses. On introduisit ensuite la platine, ainsi armée, sous un récipient, dans lequel on fit le vide, jusqu'à ce que la mesure de l'éprouvette ne se soutînt plus qu'à environ $\frac{6}{10}$ de pouce. On lâcha la détente alors, mais on n'aperçut aucune lumière quelconque, & le résultat fut uniforme, quelques précautions que l'on prit pour rendre la chambre bien obscure, & pour que l'appareil fît bien ses fonctions. »

A quoi tient donc le phénomène de la combustion? Davy croit qu'elle est occasionnée par deux causes : 1°. par l'échauffement des particules d'acier, lorsque le calorique comprimé se porte sur elles au moment où elles sont détachées ; 2°. par l'échauffement de ces mêmes particules, au moment où l'oxigène de l'air se combine avec elles.

Stodart a fait voir que, lorsqu'on échauffe l'acier par degrés, il commence à changer de couleur vers le 177° de Réaumur. Ce changement est occasionné par un commencement d'oxidation, de combinaison avec l'oxigène, & on a tout lieu de croire qu'il est accompagné d'un dégagement de chaleur. Vers le 252° R., température fort inférieure à celle de l'ignition, le métal s'oxide rapidement, & se couvre d'un enduit gris-bleuâtre ; & quoique, dans ces cas d'oxidation, la chaleur dégagée à la surface du métal ne suffise pas pour élever la température d'un fil ou d'une boule d'acier, jusqu'au degré où la combustion vive doive commencer, cependant cette chaleur, en agissant sur une particule aussi mince que celle que détache le silex en frappant la batterie, peut suffire à entretenir le procédé de l'oxidation, jusqu'à ce qu'il devienne assez complet pour produire un dégagement considérable de chaleur & de lumière. Il faut remarquer que la surface de cette particule est très-grande, relativement à son volume, & que l'oxide qui se forme sur cette surface est d'autant moins capable de garantir l'intérieur de l'action de l'oxigène ambiant.

CHOC DES CORPS ; collisio corporum ; *stofs der koper*. Rencontre de deux corps qui se heurtent, soit que l'un des deux soit en repos, ou qu'ils soient tous les deux en mouvement.

Nous pouvons considérer ici deux sortes de corps, les uns sans ressort ou réputés tels, les autres élastiques ; les corps sans ressort peuvent être durs ou mous. L'élasticité des corps change les résultats des lois établies par la nature. Pour bien faire connoître ces lois, nous devons supposer ici des choses qui n'existent pas, savoir,

1°. que les corps qui se choquent, se meuvent dans un milieu non résistant, & qu'ils n'éprouvent aucun frottement; 2°. que ces corps ont un ressort parfait ou n'en ont point du tout; de sorte que, dans la pratique, l'effet ne répond jamais exactement à ce que la loi exige.

Il y a deux sortes de *chocs des corps* : savoir, le *choc direct* & le *choc oblique* ; le premier a lieu, quand la direction des mouvemens des corps passe par le centre de gravité ; le second a lieu, quand cette direction n'y passe pas : l'un & l'autre ont des règles particulières; mais celles du *choc direct* sont plus aisées à déduire que celles du *choc oblique*, parce que, dans ce dernier, il y a plusieurs causes qui influent sur le résultat. *Voyez* PERCUSSION.

CHOC DES CORPS (Appareil pour le) : machine employée dans les cabinets de physique pour prouver les effets qui résultent des *chocs des corps*.

Parmi les nombreuses machines que l'on emploie dans les cours de physique, pour prouver les effets résultans du *choc des corps*, on en distingue trois principales : 1°. un plan très-élevé, percé d'une ouverture sur laquelle on peut placer le corps. Un marteau fixé au-dessus, & retenu par un levier à crémaillère pour élever à différentes hauteurs le marteau, dont le poids est connu. En soulevant le levier, le marteau tombe, frappe le corps, qui se meut de haut en bas; ces corps tombent sur une base de terre molle, & il s'y enfonce : on juge de l'action du corps par la profondeur de l'enfoncement; 2°. une table de billard A B C D, *fig.* 223; sur laquelle sont placés des marteaux *e*, *f*, qu'on peut élever à différentes hauteurs : on juge de l'action du *choc* par la vitesse du mouvement; 3°. des fils qui suspendent des corps durs, élastiques ou mous, ou mieux des billes suspendues verticalement; on les laisse tomber sur d'autres, & l'on juge de l'effet du *choc* par l'écartement des corps choquans & choqués dans la direction de la verticale.

CHOC CENTRAL : celui qui a lieu quand les corps se meuvent, avant le *choc*, dans la ligne droite, qu'on peut mener de leurs deux centres de gravité, & que le *choc* même arrive dans cette ligne. Il s'appelle *droit*, quand les surfaces sont perpendiculaires à la direction du mouvement, à l'endroit où elles se rencontrent.

CHOC DIRECT DES CORPS; collisio directa corporum. Cette sorte de *choc* a lieu toutes les fois que la ligne de direction du *choc* passe par le centre de gravité des deux corps, & qu'elle est perpendiculaire sur les surfaces qui se touchent mutuellement dans ce *choc*.

Nous parlerons d'abord du *choc direct* des corps durs, puis de celui des corps mous; nous supposerons les uns & les autres sans ressort, ensuite nous parlerons du *choc direct* des corps élastiques.

CHOC DIRECT DES CORPS DURS. Il ne peut

exister de corps parfaitement durs, que ceux dont les molécules, parfaitement dures, seroient en contact; mais tous les corps étant pénétrés de calorique, qui écarte à distance leurs molécules, & le calorique étant un corps élastique, il s'ensuit que, quelle que soit la dureté des molécules, les corps ne peuvent jamais être parfaitement durs; aussi toutes les propositions que nous allons énoncer, ne doivent-elles être regardées que comme des approximations.

Quand deux corps vont se choquer, ou l'un des deux est en repos, ou tous deux sont en mouvement; s'ils se meuvent tous deux, ils se meuvent dans le même sens ou en sens contraire : dans tous ces cas, voici ce qui doit arriver.

Si un corps en repos est choqué par un autre corps, la vitesse du corps choquant se partage entre les deux, selon le rapport des masses, c'est-à-dire, qu'après le *choc*, les deux corps se meuvent dans la direction du corps choquant; & la vitesse commune de ces deux corps est d'autant moindre, que le corps choqué a plus de masse. Si ces deux corps sont égaux en masse, la vitesse commune de ces deux corps, après le *choc*, est la moitié de celle du corps choquant avant le *choc*. Si le corps choqué a une masse double de celle du corps choquant, la vitesse est réduite au tiers, &c. Puisque la vitesse diminue à proportion que la masse du corps choqué augmente, il s'ensuit que le mouvement doit être insensible après le *choc*, si le corps choqué est infiniment plus grand que le corps choquant. C'est, en effet, ce qui arrive; car, par exemple, un boulet de canon, qu'on a tiré contre un rempart, paroît avoir perdu tout son mouvement; la vitesse qu'il conserve alors est à celle qu'il a communiquée, comme sa masse est à celle du rempart. On a tiré de ce principe une conséquence qui ne paroît pas exacte, qui est, que la plus grosse masse est toujours déplacée par le *choc* de la plus petite : cela pourroit être vrai, si la masse choquée étoit tout-à-fait inflexible; mais ne l'étant pas, sa résistance sera assez durable pour consumer toute la vitesse sensible de la petite masse, par l'introcession des pertes occasionnées par le *choc*.

Quand deux corps qui se meuvent du même sens, avec des vitesses inégales, viennent à se choquer, soit que leurs masses soient égales ou non, ils continuent de se mouvoir ensemble, & dans leur première direction, avec une vitesse commune, moins grande que celle du corps choquant, mais plus grande que celle du corps choqué avant la percussion; de sorte que la vitesse propre du corps choqué est toujours augmentée, & celle du corps choquant toujours diminuée, & cela dans le rapport des masses.

Si les deux corps qui doivent se choquer, se meuvent en sens directement contraire, le mouvement périt dans l'un & dans l'autre, ou du moins dans l'un des deux; s'il en reste après le choc, *les deux corps vont du même sens, & la quantité de leur commun mouvement est égale à l'excès de l'un des deux sur* l'autre avant le choc, c'est-à-dire, que si ces deux corps ont des quantités égales de mouvement, le mouvement périt dans l'un & dans l'autre, & tous deux font réduits au repos. Si l'un des deux a plus de mouvement que l'autre, il ne reste de mouvement, après le choc, que l'excès du plus grand sur le plus petit, ce qui fait le mouvement commun des deux corps ; & comme la quantité de mouvement résulte de la masse multipliée par la vitesse, il s'ensuit que, si deux corps viennent se heurter avec des vitesses qui soient en raison inverse des masses, ils sont tous deux réduits au repos, parce qu'ils se choquent avec des quantités égales de mouvement.

On voit, d'après ce que nous venons de dire du choc des corps, 1°. que, lorsque les directions des mouvemens des corps qui se heurtent, font dans le même sens, il existe, après le choc, dans les deux corps réunis, une quantité de mouvement égale à celle qui subsistoit dans l'un des deux, ou dans tous les deux avant le choc ; 2°. que, quand les directions des mouvemens de ces corps font en sens contraire, il périt du moins une partie du mouvement, & que, s'il en reste, après le choc, la quantité qui en demeure, est égale à la différence des deux quantités avant le choc.

Lorsque les masses & les vitesses qu'avoient les corps avant le choc font connues, il n'est pas difficile de trouver, par le calcul, la vitesse après le choc.

Soit M la masse & V la vitesse du corps choquant, M' la masse & V' la vitesse du corps choqué ; sur quoi on doit remarquer que V' doit être pris positivement lorsque les deux corps se meuvent vers le même côté, négativement lorsqu'ils font dirigés l'un contre l'autre.

Dans cette supposition, la somme des mouvemens avant le choc est $= MV + M'V'$. Après le choc, les deux corps ont une vitesse égale, qu'on nomme X, & la masse mise en mouvement est $M + M'$; par conséquent la somme du mouvement après le choc $= (M + M') X$. Les deux sommes doivent être égales ; d'où il suit que

$$X = \frac{MV + M'V'}{M + M'}.$$

On déduit de-là que, si M' est en repos avant le choc V' $= o$, par conséquent $X = \frac{MV}{M + M'}$. Si la masse M' est infiniment petite & comme nulle, par rapport à M, on a $X = \frac{MV}{M} = V$; c'est-à-dire, que le corps ne perd point de sa vitesse. Si, au contraire, la masse M est assez petite pour pouvoir être négligée relativement à M', on a $X = \frac{M'V'}{M'}$; c'est-à-dire, que le coup n'acquiert ni ne perd rien par le choc.

CHOC DIRECT DES CORPS MOUS. Lorsque deux corps mous se choquent, il doit arriver deux effets de ce choc : 1°. la figure des deux corps doit s'altérer, parce que les parties qui se choqueront, rentreront en dedans, ou se sépareront de la masse totale ; 2°. ces deux corps se mouveront, après le choc, avec un mouvement commun.

Si un corps dur rencontre un corps mou, & qu'il le choque, la figure du corps mou sera altérée, les parties de ce corps qui auront été en contact étant repoussées en dedans, & ils se mouveront l'un & l'autre avec une vitesse commune ; néanmoins, les parties du corps mou ne peuvent être repoussées en dedans, à moins que la force avec laquelle elles adhèrent entr'elles, ne puisse être surmontée. Mais cette force avec laquelle les parties adhèrent entr'elles, oppose une résistance réelle ; par conséquent, elle détruit une partie de la force du corps choquant ; d'où il suit que chaque fois qu'un corps dur choque un corps mou, le corps choquant perd une partie de sa force, savoir, celle qu'il emploie à changer la figure du corps choqué.

De même, lorsqu'un corps mou rencontre un corps mou, le même effet aura lieu sur les deux corps ; ils éprouveront une déformation qui emploira une partie de la force qui déterminoit le mouvement, & celui-ci sera diminué d'action : du reste, la loi du choc direct des corps mous est la même que celle des corps durs, à cette diminution près, qui résulte de la force employée pour déformer les corps.

Pour vérifier, par l'expérience, les propositions que l'on a avancées sur les corps durs, & pour les appliquer aux corps mous, on fait usage de terre grasse pour former les corps que l'on expose au choc. On emploie, de préférence, celle dont les potiers font usage dans la construction de leurs pots ; on l'emploie dans l'état où elle est lorsqu'on travaille les pots, parce qu'elle seroit trop dure si elle étoit sèche, & que les corps qui en seroient formés auroient un peu d'élasticité. La pâte de porcelaine, celle de faïence, blanche, celle qui est préparée pour faire des pipes, ne doivent pas être employées ; elles sont trop élastiques, probablement parce que leurs parties sont extrêmement fines.

Les personnes qui desireront connoître, soit par la théorie, soit par l'expérience, ce qui concerne les corps mous, l'altération de leur figure, & les terres employées à former les excavations, les aplatissemens qui se font par le choc, pourront consulter les *Elémens de Physique* de S'Gravesande, dans lesquels cette matière est traitée avec beaucoup de détails.

CHOC DIRECT DES CORPS ÉLASTIQUES. Dans le choc direct des corps à ressort, la nature suit les mêmes lois que celles que l'on vient d'établir, & qui ont été reconnues dans le choc des corps non *élaſtiques ;* mais le rétabliſſement dès parties enfoncées par le *choc* apporte beaucoup de changement dans les réſultats.

Nous diſtinguerons ici deux ſortes de mouvemens : l'un qui eſt indépendant du reſſort, & que nous nommerons *mouvement primitif ;* l'autre qui naît de la réaction des corps comprimés par le *choc*, & que nous appellerons *mouvement de reſſort,* ou ſimplement *réaction.* Nous ſuppoſerons toujours que les corps qui ſe *choquent,* ont un reſſort parfait, ce qui n'a pas lieu dans la nature. Voici ce qui arriveroit dans ce cas-là.

Quand un corps à reſſort va frapper un autre corps à reſſort qui eſt en repos, ou qui ſe meut dans le même ſens que lui, celui-ci, après le choc, ſe meut dans la direction du corps qui l'a frappé, avec une viteſſe compoſée de celle qui lui a été donnée immédiatement, ou par communication, & de celle qu'il acquiert par ſa réaction après le choc *; & le corps choquant, dont le reſſort agit en ſens contraire, perd, en tout ou en partie, ce qu'il avoit gardé de ſa première viteſſe : & ſi ſon mouvement de reſſort excede le reſtant de ſa viteſſe première, il rétrograde ſuivant la valeur de cet excès.* De ſorte qu'ici, comme dans le *choc* des corps ſans reſſort, le mouvement du corps *choquant,* ou l'excès du mouvement de ce corps ſur celui du corps *choqué,* ſe communique à ce dernier, ſuivant le rapport des maſſes ; mais, 1°. la réaction double toujours, dans le corps *choqué,* la quantité de mouvement que celui-ci acquiert par communication ; 2°. cette même réaction tend, avec autant de force, à repouſſer le corps *choquant* en arriere, & lui faire perdre, dans ſa première direction, autant de mouvement qu'il en a perdu par le *choc.* De ſorte que, dans tous les cas, 1°. le corps *choquant* perd une quantité de mouvement égale à celle qui reçoit le corps *choqué ;* 2°. la viteſſe reſpective eſt toujours, après le *choc,* la même qu'elle étoit auparavant.

Lorſque deux corps à reſſort, égaux ou inégaux en maſſe, viennent ſe heurter avec des viteſſes propres, qui ſoient égales ou inégales, après le choc *ils ſe ſéparent, & leur viteſſe reſpective eſt la même qu'avant le* choc.

· Si ces deux corps étoient ſans reſſort, ou ils s'arrêteroient réciproquement, ou l'un des deux emporteroit l'autre, comme nous l'avons dit ci-deſſus. Ils ſe ſéparent donc en vertu de leur réaction ; mais cette réaction eſt égale à la compreſſion cauſée par le *choc,* & la compreſſion eſt comme la viteſſe reſpective avant le *choc ;* la viteſſe qui en réſulte, après le *choc,* doit donc être ſemblable.

A l'égard des corps à reſſort, l'expérience prouve, 1°. que, quand deux corps qui vont dans le même ſens, ou dont l'un eſt en repos, ſe *choquent* de façon qu'après le *choc* ils aillent encore dans le même ſens, ou que l'un des deux reſte en repos ; mais cette ſomme des mouvemens eſt la même après comme avant la percuſſion ; 2°. que, ſi l'un des deux corps reſte en arriere, la quantité de mou-

vement ſe trouve plus grande après qu'avant le *choc :* il y a plus, c'eſt que la quantité du mouvement du corps *choqué* excède même celle du mouvement primitif, avant le contact ; & cct excès de mouvement, dans le corps *choqué,* égale la quantité de celui qui rétrograde après le *choc ;* 3°. que, quand deux corps viennent ſe heurter en ſens contraire, après le *choc,* la ſomme des mouvemens n'eſt jamais plus grande qu'avant le *choc ;* elle peut même être moindre ; auquel cas la perte eſt égale à la quantité que l'un des deux gagne.

Quant à l'application de l'analyſe à ces ſortes de *chocs,* voici en quoi elle conſiſte.

Soient M la maſſe du corps *choquant ;* V ſa viteſſe avant le *choc,* & *u* ſa viteſſe après le *choc :* ſoient M' la maſſe du corps *choqué,* V' ſa viteſſe avant le *choc,* & *u'* ſa viteſſe après le *choc.* Si les deux corps n'étoient point élaſtiques, leur viteſſe commune, après le *choc,* ſeroit $X = \dfrac{MV + M'V'}{M + M'}$, & M auroit perdu en viteſſe V — X. Cette perte ſeroit double dans un corps parfaitement élaſtique, par conſéquent égale à 2 (V—X), & ſeulement un peu plus grande que (V—X) dans les corps imparfaitement élaſtiques. Soit donc *n* un nombre entre 1 & 2, on peut ſuppoſer généralement la perte de la viteſſe = *n* (V—X) ; il reſte donc, après le *choc,* la viteſſe *u* = V — *n* (V—X) ; ſemblablement le corps M', s'il n'eſt point élaſtique, gagnera par le *choc* X—V' ou 2 (X—V'), s'il eſt parfaitement élaſtique, ou, en général, *n* (X—V'). Sa viteſſe, après le *choc,* ſera donc *u'* = V' + *n* (X—V'). Si donc, dans les valeurs de *u* & *u',* on met, au lieu de X, ſa valeur $X = \dfrac{MV + M'V'}{M + M'}$, on obtient, par une transformation très-ſimple,

$$u = V - n \left(\frac{V - V'}{M + M'} \right) M'$$

$$u' = V' + n \left(\frac{V - V'}{M + M'} \right) M.$$

Ces deux formules ſont d'un uſage très-général. Si l'on ſuppoſe *n* = 2, elles ſervent pour les corps parfaitement élaſtiques ; ſi l'on ſuppoſe *n* = 1, elles ſervent pour les corps non élaſtiques ; enfin, ſi les corps ont une élaſticité imparfaite, *n* a une valeur moyenne qui peut être trouvée par l'expérience.

CHOC DU BRIQUET ; colliſio brecki ; *ſtoſs der feuer ſtahl. Choc* de l'acier contre une pierre ſiliceuſe, & dont il jaillit des étincelles. *Voyez* CHOC DE L'ACIER, BRIQUET.

CHOC OBLIQUE DES CORPS ; colliſio oblica, corporum. Rencontre de deux corps qui ſe meuvent dans des directions différentes de la ligne qui paſſe par leur centre de gravité.

Les réfultats du *choc oblique* different de ceux du *choc direct*, en ce qu'il faut, dans le premier *choc*, tenir compte des mouvemens qui fe font dans la direction du centre & de ceux qui leur font perpendiculaires. Ainfi, lorfque deux corps fe meuvent de manière à produire un *choc oblique*, il faut divifer la direction des deux corps en deux autres directions, dont deux foient directement oppofées l'une à l'autre, & les deux autres parallèles entr'elles. Comme, dans cette décompofition, on trouve deux directions oppofées, les deux corps s'y *choqueront* réellement, tandis qu'ils ne fe *choqueront* pas dans les directions parallèles. Alors il faut appliquer aux directions oppofées tout ce qui a été dit fur le *choc direct des corps*, & enfuite avoir égard aux directions parallèles, pour déterminer, à l'aide du parallélogramme des forces, la direction & les vitefses des corps après ce *choc*. Nous allons donner quelques exemples de ces effets, l'un fur les corps non élaftiques, & les autres fur les corps élaftiques.

Soit deux corps A & B, *fig.* 608, qui doivent fe rencontrer au point O, le premier fe mouvant fuivant la direction AO, avec une vitefse exprimée par MO; le fecond dans une direction BO, avec une vitefse exprimée par NO. Nous fuppoferons, pour plus de fimplicité, que ces corps font fans dimenfion, & peuvent être repréfentés par des points, foit la direction MO décompofée en deux autres perpendiculaires entr'elles MC & OC, foit de même la direction NO décompofée en deux autres perpendiculaires entr'elles ND & OD, mais telle que ND foit parallèle à MC, & que DO foit dans la direction & dans le prolongation de CO.

En ne confidérant que les vitefses CO & DO qui font oppofées & inégales, il eft clair que le mouvement des deux corps fe continuera dans la direction de la plus grande vitefse, & cela avec la différence des deux vitefses, foit OR cette direction & l'expreffion de la vitefse dans cette direction.

Comme rien ne contrarie le mouvement des deux corps dans les directions parallèles MC, ND, ils continueront à fe mouvoir dans cette direction, après le *choc*, avec la vitefse qu'ils avoient. Ainfi le corps B fe mouvera dans la direction OQ avec une vitefse exprimée par OE = ND, & le corps A fe mouvera dans la même direction avec une vitefse OH = MO.

D'après cela, puifque le corps A fe meut dans le fens OQ avec la vitefse OH, & dans la direction OP avec la vitefse OK, la direction de fon mouvement, après le *choc*, fera OG; de même le corps B fe mouvant dans la direction OQ avec une vitefse OE, & dans la direction OP avec une vitefse OR, la direction & l'expreffion de la vitefse feront OG.

Suppofant maintenant que les corps A & B, *fig.* 609, foient élaftiques, que le point O foit celui où ils doivent fe rencontrer : le premier A, en fuivant la direction AO avec une vitefse exprimée

par MO, le fecond en fuivant la direction BO avec une vitefse exprimée par NO. Décompofons ces directions en deux autres perpendiculaires entr'elles, la première MO en AC & OC, la feconde NO en ND & OD; mais avec cette condition, que OD foit dans la direction de OC, &, par fuite, que ND foit parallèle à MC.

Les deux corps élaftiques A & B fe mouvant dans deux directions oppofées, CO, DO fe rencontrant au point O, éprouveront, après le *choc*, une réaction qui fera mouvoir le corps A dans la direction OC avec une vitefse OE, & le corps B dans une direction OP avec une vitefse OH. Quant aux deux vitefses dans les directions parallèles, comme elles n'auront éprouvé aucune altération, le corps A continuera à fe mouvoir dans la direction OQ avec une vitefse OI = MC, & le corps B fe mouvera également dans la même direction avec une vitefse OR = ND.

Il fuit de-là que le corps A fe mouvera dans la direction OF avec une vitefse exprimée par OF, & que le corps B fe mouvera dans la direction OG avec une vitefse exprimée par OG.

Rapportant à ces réfultats les modifications qui doivent avoir lieu lorfque les corps ont des dimenfions appréciables, fuppofant enfuite que ces corps foient ronds, on peut en faire l'application au jeu de billard. Nous allons en donner un exemple.

Soit VXYZ, *fig.* 610, la table d'un billard, & deux billes égales A, C. Suppofons que l'on ait deffein de conduire la bille A dans la bloufe V. Pour cela foit tiré la d. oite VABEL, paffant de la bloufe V par le centre de la bille A. Du point B foit menée la tangente DBG, fi l'on prend fur la ligne VL, une grandeur BE égale au rayon de la bille C, & qu'on pouffe cette dernière dans la direction CE, lorfque fon centre fera parvenu au point E, elle choquera la bille A au point B, & elle la pouffera fuivant la ligne BV, dans la bloufe V. En effet, le mouvement CE, de la bille C, fe décompofe en deux mouvemens, favoir, en CL perpendiculaire à VL, ou parallèle à la tangente DG, & en LE, qui paffera par les centres E & A des billes, & qui rencontrera la bille A en B : ce même mouvement paffera encore par la bloufe V. En tant que la bille C fe meut dans la direction CL, elle ne produit aucune action contre la bille A; mais en tant qu'elle fe meut dans la direction LEB, elle pouffe directement cette bille dans la bloufe V, & c'eft de cette maniere qu'il faut confidérer le *choc airect*.

CHOC EN RETOUR; *fulmen retrogradum*; *ruckfchlag*. Choc électrique produit par l'effet d'une charge électrique qui a lieu dans un autre endroit, & qui peut être occafionnée par le retour de l'électricité naturelle.

Le comte de Stanhope a avancé, dans fon *Traité d'Electricité*, qu'il étoit poffible qu'un homme ou un animal, éloigné de l'endroit où la foudre éclate, foit néanmoins expofé à être dangereufement bleffé ou à perdre la vie par une fuite de l'explo-:fion, & il a même cité des exemples de cette action pour ainfi dire cachée de la foudre. Le favant phyficien anglais croit en avoir trouvé l'explication dans un rétabliffement d'équilibre, auquel il a donné le nom de *choc en retour.* Voici en quoi il confifte.

Soit A B , *fig.* 611, un nuage fortement chargé d'électricité; foit un corps C placé dans la fphère d'activité du nuage. Quelle que foit la nature de l'electricité du nuage, cette électricité exercera fon influence fur le corps C, &, par cette action, l'électrifera d'une manière différente, foit en repouffant fon fluide, fi le nuage eft électrifé pofitivement, foit en attirant & en faifant accumuler fur lui du fluide, s'il eft électrifé négativement (*voyez* INFLUENCE ÉLECTRIQUE), & cette accumulation ou ce refoulement d'électricité durera pendant tout le temps que le corps fera dans le rayon d'activité du nuage électrifé. Si le nuage s'écarte du corps, & que fon influence électrique diminue fucceffivement, les quantités d'électricité refoulées vers le réfervoir commun, ou attirées du fein de la terre, reviendront dans le corps ou en fortiront pour l'amener à l'état d'équilibre. Si ce mouvement fe fait lentement & imperceptiblement, le corps n'éprouvera aucun dérangement de la variation d'action électrique qu'il éprouvera; mais fi le nuage électrique ceffoit fubitement & inftantanément d'exercer fon influence fur le corps, alors l'électricité fe mouveroit avec rapidité du fol au corps pour rétablir l'équilibre qui doit avoir lieu lorfque l'influence ceffe d'agir, &, felon que ce mouvement fera plus ou moins brufque, le corps en éprouvera des effets analogues à une décharge électrique. Si donc, pendant que le nuage électrifé A B exerce fon influence électrique fur le corps, l'électricité du nuage fe portoit fur le point D, du fol, par une décharge électrique inftantanée, comme dans l'explofion de la foudre, l'action de l'influence ceffant inftantanément, le corps C, quoiqu'éloigné de l'endroit où la foudre éclate, n'en éprouveroit pas moins un effet femblable à celui de l'action de la foudre.

On fait, dans les cours de phyfique, une expérience propre à prouver cette action électrique, à laquelle on a donné le nom de *choc en retour.* On place près d'un conducteur A, *fig.* 611 *(a)*, un piftolet de Volta B; on fait communiquer l'extrémité extérieure *a*, de l'excitateur, avec le réfervoir commun, par le moyen de la chaîne *b* C. Faifant mouvoir le plateau de la machine électrique, le conducteur A s'électrife vitreufement; l'électricité vitrée exerce fon influence fur le piftolet, & chaffe, le long de la chaîne *b* C, une grande partie de l'électricité vitrée qu'il contient; le piftolet eft alors électrifé réfineufement. Si le conducteur fe déchargeoit lentement de fon électricité, celle du piftolet feroit de même altérée lentement & fucceffivement; mais fi l'on fait communiquer

bruſquement le conducteur A au réfervoir commun, alors l'électricité rentre fubitement dans le piftolet; & comme on a confervé dans l'intérieur une légère folution de continuité, entre l'excitateur & le fond du piftolet, la maffe de l'électricité concentrée, qui rentre, produit une étincelle qui allume le mélange de gaz oxigène & hydrogène que contient le piftolet, & occafionne une explofion. *Voyez* PISTOLET DE VOLTA.

Nous avons expliqué les deux phénomènes du *choc en retour :* l'un par l'électricité pofitive & négative; l'autre par les deux électricités vitrée & réfineufe, afin de prouver que les deux hypothèfes s'appliquent également à l'explication des phénomènes. *Voyez* ÉLECTRICITÉ.

Cette explication du *choc en retour*, donnée par milord Mahon, en 1779, dans fes *Principes d'Electricité*, a été traduite de l'anglais par l'abbé Nollet, en 1781, & en allemand par J. J. Seger: ce dernier a ajouté plufieurs annotations à fa traduction.

Buiffart rapporte, dans le *Journal de Phyfique* de 1783, page 279, un exemple, du *choc en retour*, affez remarquable : ce font deux coups de tonnerre qui ont eu lieu à la fois, l'un au clocher de l'abbaye d'Henin-Lietard, fituée à cinq lieues de la ville d'Arras; le fecond au clocher du village de Rouvroi : ces deux édifices font placés à une petite lieue l'un de l'autre. Le clocher de l'abbaye d'Henin-Lietard paroiffoit avoir été frappé d'un coup de foudre *defcendante*, tandis que celui de Rouvroi paroiffoit, au contraire, avoir été frappé d'un coup de foudre *afcendante.* Le pavé du fol de la tour avoit été enlevé; un jeune homme de dix à douze ans, qui fe trouvoit, au moment du coup de foudre, fous le clocher, entre la tour & la nef, fut foulevé & jeté fans connoiffance bien avant dans l églife; le coq fut enlevé par la foudre & jeté vers l'orient, à cent trente toifes.

Plufieurs exemples de foudre *afcendante*, cités par Maffei, Bertholon, Ferrit, Lorgna, &c., paroiffent tous prouver l'effet du *choc en retour. Voyez* FOUDRE ASCENDANTE.

CHOCOLAT, de l'indien choco, *bruit; latté, eau; chocolatum; fchokolate;* f. m. Pâte alimentaire faite avec des amandes de cacao torréfiées, du fucre & quelques aromates.

CHOCOLAT (Électricité du); *chocolati electrum; electrifche kraff fchokolate.* Signe d'électricité remarqué dans le *chocolat* fraîchement fait.

Pabft avoit obfervé, en 1784, que le *chocolat* nouvellement préparé donnoit des fignes d'électricité; il a même annoncé être parvenu à exciter une étincelle. Liphardt, de Konigsberg, a répété les expériences de Pabft, & il a trouvé, en effet, qu'après avoir formé des tablettes de *chocolat*, les avoir pofées l'une fur l'autre, un faifceau de fil de foie, quoique placé à deux pouces de diftance

des

des tablettes, fut attiré avec un très-grande vitesse, & qu'il s'y attacha.

Curieux de savoir si cette électricité étoit propre au choɔolat, ou si elle étoit le résultat du frottement, comme dans tous les corps que l'on électrise, Liphardt prit environ quatre onces de choɔolat chaud & liquide, le posa sur une tôle, & en approcha les fils de soie sans apercevoir la moindre attraction : il mit ensuite la masse dans la forme, la frappant bien fortement contre une planche, comme on a l'habitude de le faire pour étendre le chocolat ; il le sortit encore chaud de la forme, & les fils de soie furent attirés en les approchaɔt.

Voulant s'assurer si le choc, le heurtement pouvoit électriser, il fit tomber sur le plancher des morceaux de soufre, de cire d'Espagne, de gomme copal, de verre, & il remarqua que chacun de ces corps s'électrisoit par le choc ; conséquemment qu'il étoit très-probable que l'électrisation du chocolat étoit due au choc qu'il épouvoit en le frappant dans les moules.

On peut conclure de ces expériences que les corps peuvent être électrisés par le choc, de la même manière dont on magnétise l'acier.

CHŒNIX : mesure grecque. C'étoit la 48ᵉ. partie du médimne ; elle valoit trois colytes. *Voy.* CHÆNICE.

CHOPINE, de χωπινιν, *verse à boire* ; cupina ; *schoppen* ; s. f. Petite mesure de liquide, la moitié d'une pinte.

CHOROBOLE ; χωροϐϕτιν. Espèce de niveau dont se servoient les Anciens, il étoit composé d'une double équerre, faite comme un T.

CHOROÏDE, du grec χοριν & ειδος, *ressemblance* ; membrana choroidea ; *braun haut, gef is haut* ; adject. & subst. fém. Membrane intérieure de l'œil, située entre la sclérotique & la rétine ; en arrière, elle offre une ouverture qui donne passage à la substance pulpeuse du nerf optique ; antérieurement elle se termine derrière la grande circonférence de l'iris, & adhère assez fortement aux pores ciliaires. *Voyez* CORNEE, SCLEROTIQUE, PRODUCTIONS CILIAIRES.

La *choroïde* G H, *hg*, *fig.* 585, est très-mince, très molle, facile à déchirer ; elle est pénétrée dans son tissu, & revêtue intérieurement par une humeur noire, fournie probablement par les vaisseaux exhalans. Une seule lame forme cette membrane ; des physiologistes en admettent plusieurs. Cette membrane est formée par un tissu cellulaire & lamelleux, très fin, & par une multitude de vaisseaux artériels & veineux très-déliés.

On croit que l'usage de la *choroïde*, qui est un corps opaque, est d'arrêter les rayons de lumière qui entrent dans l'œil, & de faire de la rétine un miroir capable de les réfléchir & de représenter l'image des objets qui viennent s'y peindre.

Plusieurs physiologistes regardent la *choroïde* comme le principal organe de la vision ; d'autres, au contraire, attribuent à la rétine seule la faculté que nous avons de distinguer les objets. Voici les raisons apportées par les défenseurs des deux opinions. Les partisans de la rétine observent que cette membrane est formée de l'épanouissement du nerf optique ; que c'est une toile fine & d'un blanc mat. qui tapisse tout le fond de l'œil ; que cette membrane, extrêmement délicate, doit être susceptible d'irritation aux plus légers attouchemens ; qu'elle est extrêmement lisse, & que, par sa blancheur, elle réfléchit facilement la lumière ; que le centre de la rétine, qui répond vis-à-vis le cristallin & la prunelle, est aussi le point de l'organe qui est le plus sensible ; enfin, ils insistent sur ce que cette membrane étant formée par l'épanouissement du nerf optique, doit être la plus propre à faciliter la transmission de l'action qu'elle reçoit de la réunion des deux nerfs optiques, où le centre de la vision avec les deux yeux est toujours transporté.

Mery paroît être le premier qui ait attaqué cette propriété de la rétine, & qui l'ait attribuée à la *choroïde* ; il observa d'abord que la prunelle s'ouvre ou se contracte selon que la lumière qui entre dans l'œil est foible ou forte ; que cette ouverture, formée par l'iris qui est contiguë à la *choroïte*, ne doit contracter ces mouvemens que par la suite des sensations que la *choroïte* éprouve ; que lorsque la lumière agit avec trop de force, l'ouverture diminue pour en laisser moins pénétrer, & qu'elle augmente au contraire, lorsque l'action de la lumière n'est pas assez sensible pour faire distinguer les objets. C'est particulièrement en observant l'immense dilatation de la prunelle de l'œil d'un chat, plongée dans l'eau, qu'il a pu distinguer ces phénomènes avec plus d'étendue. Dans cette position, il a remarqué que la rétine étoit parfaitement transparente ; qu'on voyoit, à travers ses fibres, tous les vaisseaux de la *choroïde*, d'où il suit qu'elle doit laisser passer la lumière à travers son tissu, & que cette lumière, arrêtée par la *choroïde*, doit, sur elle seule, exercer toute son influence.

Une expérience de Mariotte est venue renforcer cette opinion. Voici en quoi elle consiste : mettez sur un fond obscur un rond de papier de cinq à six lignes de diamètre, & éloignez-vous-en de neuf à dix pieds ; fermez votre œil gauche, & regardez fixement, avec votre œil droit, un autre papier fort petit que vous aurez placé sur le même fond obscur par votre gauche, à deux pieds de distance du grand papier, mais un peu plus haut ; alors si vous tenez la tête droite, vous perdrez de vue le grand papier, & vous le reverrez si vous fixez votre œil, à trois pieds de distance, sur le même fond, soit en haut, soit en bas ou à côté ; ou mieux, si vous vous éloignez à plus grande distance, comme de six, sept ou huit pieds. Or, par la situation de la base du nerf optique dans le fond de l'œil, on conçoit aisément que, dans ces expériences, l'image du grand papier tombe précisément sur cette base, & qu'elle est par conséquent insensible à la lumière.

Mariotte conclut de cette expérience, que ce n'est point la rétine qui est le principal organe de la vue, mais la choroïde ; & cette conséquence est fondée sur ce que cette choroïde ne se trouve point dans l'endroit où se fait le défaut de la vision, quoique la rétine y soit disposée de même que dans le reste du fond de l'œil.

Petit a fait une autre observation qui concourt également avec les autres à fortifier l'opinion des partisans de la choroïde ; c'est que cette membrane est tout-à-fait brune dans les enfans, qu'elle l'est un peu moins à l'âge de vingt ans ; qu'elle commence, à trente ans, à prendre une couleur gris de lin foncée, & qu'à mesure qu'on s'avance en âge, cette couleur s'éclaircit si fort, qu'à l'âge de quatre-vingts ans, elle est presque blanche : or, cette variation de couleur se rapporte parfaitement avec la force de la vue ou de l'impression que l'organe reçoit. A mesure que l'on vieillit, la vue s'affoiblit par deux causes différentes : la première, parce que le cristallin s'aplatit ; la seconde, parce que le siége de l'organe devient moins sensible. On remédie à la première cause, à l'aide de verre convexe, qui augmente la convergence des rayons, & qui supplée complètement à l'amincissement du cristallin. On ne peut remédier à la seconde cause, qu'en augmentant la quantité de lumière qui entre dans l'œil. Cette seconde peut & doit être attribuée au blanchiment graduel de la choroïde, qui diminue la propriété qu'elle a d'absorber la lumière.

CHORUS : instrument de musique qui se joignoit avec la symphonie & le tabourin.

CHOVEAU : petite mesure des liquides, de la consistance d'une demi-chopine ou du quart d'une pinte.

CHRISTINE : monnoie de Suède, d'argent de bas aloi, qui vaut environ quinze sous de France.

CHROMATES, du grec χρωμα, couleur ; chromas ; chromatische Jauer salz ; f. m. Combinaison de l'acide chrômique avec différentes bases.

On connoît les chromates d'ammoniaque de potasse & de soude ; on connoît encore les chromates de baryte, de chaux, de magnésie & de silice ; enfin, on connoît également les chromates d'antimoine, d'argent, de cobalt, de fer, de mercure, de nickel & de plomb. La plupart de ces chromates, particulièrement les chromates métalliques, sont propres à faire de très-belles couleurs. Le chromate de plomb est jaune, celui de protoxide de mercure est rouge, celui d'argent est pourpre ;

les chromates de potasse, de soude, de chaux & de strontiane sont jaunes.

Parmi les chromates connus, il y en a huit qui sont solubles ; ce sont les chromates de potasse, de soude, d'ammoniaque, de strontiane, de chaux, de magnésie ; les protoxides de nickel & de cobalt : les plus solubles sont les trois premiers. Plusieurs chromates se décomposent à une haute température.

Il existe dans la nature deux chromates, celui de fer & celui de plomb. Le premier se trouve dans le département du Var & en Sibérie ; il est brun, & contient 0,43 d'acide chrômique & 0,35 de fer. Le chromate de plomb, connu sous le nom de plomb rouge, se trouve, quoique rarement, dans les environs de Catharinembourg & dans les mines d'or de Berefof.

Vauquelin a découvert & étudié les chromates en 1797 ; il a également étudié les chrômes. Plusieurs autres chimistes s'en sont occupés, notamment Godon.

CHROMATIQUE, du grec χρωμα, couleur ; chromatica ; chromatisk ; adj. & sub. Ce nom a plusieurs acceptions ; il est employé pour désigner les couleurs ou un genre de musique.

En peinture, la chromatique est le coloris ; c'est l'art de placer les couleurs & de leur donner de l'harmonie.

CHROMATIQUE (Echelle) : succession de tous les semi-tons contenus dans une octave. Voyez ECHELLE CHROMATIQUE.

CHROMATIQUE (Cercle) : cercle, fig. 632, imaginé par Newton pour déterminer la teinte formée par un mélange de plusieurs couleurs. Voyez COULEUR, COMPOSITION DU BLEU.

CHROMATIQUE (Genre) ; modus chromaticus ; chromatische art ; f. m. Genre de musique qui procède par plusieurs semi-tons consécutifs, ainsi appelé parce que les Grecs marquoient ce genre par des caractères rouges ou diversement colorés, ou parce que ce genre varie & embellit le diatonique par les semi-tons, qui font, dans la musique, le même effet que la variété des couleurs dans la peinture.

Boèce attribue à Timothée de Millet, l'invention du genre chromatique ; mais Athénée en fait honneur à Epigonusas. Quoi qu'il en soit de son inventeur, & du sens que les Anciens attachèrent à ce mot, aujourd'hui le genre chromatique consiste à donner une telle marche à la base fondamantale, que les parties de l'harmonie, ou du moins quelques unes, puissent procéder par semitons, tant en montant qu'en descendant ; ce qui se trouve plus fréquemment dans le mode mineur, à cause des altérations auxquelles la sixième & la septième note y sont sujettes par la nature même du mode.

. Le genre *chromatique* est admirable pour exprimer la douleur & l'affliction. Ses sons, renforcés en montant, arrachent l'ame. Il n'est pas moins énergique en descendant ; on croit alors entendre de vrais gémissemens. Chargé de son harmonie, ce même genre devient propre à tout ; mais son remplissage, en étouffant le chant, lui ôte une partie de son expression, & c'est alors au caractère du mouvement à lui rendre ce dont l'a privé la plénitude de son harmonie.

CHROME ; χρωμα ; chromium ; *chromium* ; s. m. Métal très-fragile, d'un blanc-grisâtre, très-difficile à obtenir & à fondre.

Selon Richter, le *chrôme* est foiblement attiré par l'aimant. Sa pesanteur spécifique est de 5,900. Il s'oxide facilement à une chaleur violente, au contact de l'eau. Vauquelin, en le traitant au chalumeau, a vu qu'il se couvroit d'une couche lilas, qui devenoit verte par le refroidissement. Le *chrôme* se combine avec l'oxigène à plusieurs degrés. Godon croit que son premier degré d'oxidation, que son oxide au minimum est blanc ; qu'il passe ensuite au vert, au rouge & au brun, puis qu'il devient acide.

. On ne trouve le *chrôme* qu'à l'état de chromate de plomb & à l'état d'oxide, tantôt pur, tantôt combiné avec le fer ; il n'est commun que sous ce dernier état : c'est de l'oxide de *chrôme* que l'on extrait le *chrôme*, en calcinant cet oxide avec du charbon à une haute température.

Vauquelin a découvert le *chrôme*, en 1797, dans le chromate de plomb : nous lui devons presque tout ce que nous savons sur ce métal. Klaproth, Mouffin Pouschkin, Gmelin, Godon, ont répété les expériences de Vauquelin, & y ont fait quelques additions.

On ne fait pas encore beaucoup d'usage du *chrôme* dans les arts ; la rareté de ce métal en est la principale cause : on en fait quelques couleurs très-belles, miscibles à l'huile & peu altérables à l'air.

CHROMIQUE (Acide) ; acidum chromicum ; *chrom sœure* ; s. m. Combinaison de l'oxigène avec le chrôme, dans une proportion propre à en former un acide.

Cet acide est solide & rouge ; sa saveur est âcre & styptique ; il rougit fortement la teinture de tournesol ; il cristallise en prismes couleur de rubis : il est composé, d'après Vauquelin, de 0,33 de chrôme, & 0,67 d'oxigène ; &, d'après Richter, de 0,63 de chrôme, & de 0,37 d'oxigène ; enfin, d'après Godon, 0,74 de chrôme, & 0,36 d'oxigène.

Pour obtenir l'*acide chrômique*, d'après Richter, il faut, après avoir pulvérisé le plomb rouge à l'eau, l'exposer à une douce chaleur avec trois

fois son poids d'acide muriatique ; on décante la liqueur verte du précipité blanc, muriate de plomb, qu'on lave ensuite, & on réunit cette eau de lavage à la première liqueur ; on fait ensuite évaporer le liquide en consistance de sirop ; on verse dessus un alcool qui doit contenir au moins 0,80 d'alcool absolu ; il dissout le muriate de chrôme & laisse intact le muriate de plomb ; on distille la dissolution alcoolique jusqu'à consistance de sirop ; on dissout le résidu dans 20 ou 30 parties d'eau distillée, & on ajoute, à la liqueur filtrée, autant de carbonate de potasse ou de soude qu'il est nécessaire à la précipitation. On peut se convaincre du succès par la décoloration complète du liquide. Le précipité floconneux, d'un vert-bleuâtre, doit, après avoir été lavé & séché, être mêlé avec les parties de nitrate de potasse ; on remplit à moitié, de ce mélange, un creuset de Hesse que l'on tient en fusion, à une chaleur rouge, jusqu'à ce qu'il ne se dégage plus de gaz nitreux : l'acide nitrique est décomposé ; l'oxide de chrôme est converti en *acide chrômique* qui s'unit à la potasse du nitrate.

On dissout la masse dans de l'eau distillée, qui prend une couleur orangée ; si la matière contient encore de l'oxide de chrôme, il faut ajouter du nitrate & répéter la fusion, afin que l'oxide s'acidifie. La dissolution contient, outre le chromate alcalin, un peu de nitrate non décomposé & de la potasse libre.

Après avoir saturé la dissolution avec de l'acide nitrique, on y ajoute du nitrate d'argent, d'où il résulte un chromate d'argent en beau rouge-carmin : la liqueur surnageante perd sa couleur jaune & devient incolore dès qu'elle ne contient plus ni *acide chrômique*, ni chromate de potasse.

Le chromate d'argent, séparé par le filtre, doit être lavé, on le délaie ensuite dans dix parties de son volume d'eau, & on y verse de l'acide muriatique étendu jusqu'à ce que la couleur rouge soit entièrement disparue, & que tout l'argent soit converti en muriate d'argent, en raison de la décomposition que l'*acide chrômique* éprouve de la part de l'acide muriatique. Il est nécessaire d'éviter l'excès de cet acide, & pour cela il faut de temps en temps essayer la liqueur par le nitrate d'argent ; il faut de même s'assurer, par l'acide muriatique, si la liqueur ne contient pas encore de l'argent.

Enfin, la liqueur jaune qui contient l'*acide chrômique* libre est évaporée jusqu'à consistance sirupeuse, ce qui lui donne une teinte rougeâtre. Refroidie dans des flacons bouchés, il se dépose de petits cristaux déliquescens à l'air : l'*acide chrômique*, évaporé à siccité, est sous la forme d'une poudre rouge-jaunâtre foncée, qui attire aussi rapidement l'humidité que le muriate de chaux.

L'*acide chrômique* est encore sans usage. C'est à Vauquelin, Mouffin-Pouschkin & Godon que nous devons la connoissance de ses diverses propriétés.

H h h 2

CHR

CHRONOLOGIE, de χρονος, *temps*, & λογος, *science* ; chronologia ; *zeit rechnung* ; f. f. Science des époques de la fixation des événemens arrivés dans le Monde à des époques & des dates certaines.

CHRONOMÈTRE, de χρονος, *temps*, μετρον, *mesure* ; chronometrum ; *zeit messer* ; f. m. Instrument qui sert à mesurer le temps. On dit en ce sens que les montres, les horloges sont des *chronomètres*.

On a donné particulièrement le nom de *chronomètre* à quelques instrumens destinés à déterminer exactement les mouvemens en musique. On a fait plusieurs essais en ce genre qui n'ont pas eu de succès, ou qui ont été abandonnés ; plusieurs prétendent cependant qu'il seroit à souhaiter qu'on eût un tel instrument pour fixer avec précision le temps de chaque mesure dans une pièce de musique ; on conserveroit, par ce moyen, plus facilement le vrai mouvement des airs, sans lequel ils perdent leur caractère, & qu'on ne peut connoître, après la mort d'un auteur, que par une espèce de tradition fort sujette à s'éteindre ou à s'altérer.

La musique italienne tire son énergie de cet asservissement à la rigueur de la mesure.

CHRONOSCOPE, de χρονος, *temps*, & σκοπεω, *observer* ; chronoscopium ; *zeit messer* ; f. m. Pendule ou machine pour mesurer le temps. *Voyez* CHRONOMÈTRE.

CHRONYOMÈTRE, de χρονος, *temps*, υετος, *pluie*, & μετρον, *mesure* ; chronyometrum ; *chronyometer* ; f. m. Instrument inventé par Landriani pour mesurer la durée de la pluie. Nous allons transcrire cet instrument du premier volume du *Journal de Physique*, année 1783, page 282 & suivantes.

« Placez sur le comble d'un toit un grand bassin de cuivre A A, *fig.* 617, qui se termine en cône, afin que la pluie qui y tombe, puisse facilement se réunir dans le fond ; ce vaisseau doit être soutenu par quatre grosses barres de fer qui le tiennent éloigné du toit. Dans le fond conique de ce vase, placez un siphon de cuivre X, dont la courbure est éloignée du fond d'environ deux ou trois lignes ; la branche la plus longue, V, de ce siphon, traverse le toit, le grenier ou la voûte de la chambre qui est au-dessous, & entre enfin dans un vase propre à recevoir l'eau qui coule par ce siphon ; à côté du siphon est soudé un tube de cuivre S, dont l'extrémité, qui entre dans le vase A A, est élevée d'environ une ligne au dessus de la courbure du siphon XV : le diamètre de ce tube est à peu près d'un pouce & demi ; son usage est d'empêcher que l'eau qui se rassemble dans le fond du vaisseau A A s'élève de plus d'une ligne au-dessus du siphon XV, parce que, lorsqu'elle s'élève plus haut, elle sort par le tube S, & se décharge sur le toit ;

de manière que, soit que la pluie soit médiocre, soit qu'elle devienne plus forte, l'écoulement du siphon est toujours égale, l'eau se trouvant, dans tout état de pluie, à une hauteur toujours uniforme dans le vase déjà indiqué A A ; ce siphon coule donc toujours également. Ainsi, quand j'ai, une fois pour toutes, déterminé la quantité d'eau écoulée par le siphon, par exemple, dans l'espace d'une heure, il me sera facile de fixer la durée de la pluie par la quantité du fluide tombé dans le vase qui reçoit l'eau du siphon.

» Ce *chronyomètre*, que l'on pourroit appeler le *tantale météorologique*, servira encore à mesurer la quantité de pluie qui sera tombée, en faisant en sorte que l'eau, au lieu de s'écouler du tube sur le toit, soit recueillie dans un autre vaisseau, par le moyen d'un long tube ; alors l'eau, ainsi réunie, à laquelle on ajoutera celle qui s'est écoulée du siphon, donnera dans le bassin la quantité de pluie tombée.

» Mais quoique cette machine indique la durée de la pluie, elle ne marque pas les heures pendant lesquelles elle est tombée : afin de la rendre plus utile, il est nécessaire de faire le vase A A d'une plus grande capacité ; il recevra beaucoup d'eau, lors même qu'il en tombera médiocrement. Pour remplir ce second objet, j'ai imaginé une machine très-simple, qui me réussit à souhait, & je suis d'autant plus convaincu de sa bonté, que, d'après mes expériences, j'ai trouvé la forme exacte qui remplit les vues pour lesquelles elle a été construite.

» Au moyen d'un mouvement d'horloge, on fait mouvoir une platine circulaire de laiton A A, *fig.* 617 (*a*), de manière qu'elle fasse une révolution entière dans l'espace de vingt-quatre heures. Cette platine, d'un pied de diamètre, est terminée par un bord de trois quarts de pouce, coloré en noir ; le reste de cette aire circulaire doit être d'un blanc de lait ; toute la circonférence de cette aire est divisée en vingt-quatre parties égales qui indiquent les heures, laquelle est subdivisée en quinze autres parties, de sorte que chaque subdivision marque quatre minutes.

» Un trou circulaire Z est percé au centre du cercle horaire ; ce cercle est adapté, par ce trou, sur la tige du pignon qui le fait mouvoir, sans qu'il soit retenu par aucune vis ; de façon qu'étant parfaitement libre, on puisse le lever avec facilité par un simple soulèvement horizontal. A côté de ce cercle horaire, à la distance d'environ un pouce d'éloignement, est placé un levier de laiton L, qui porte une légère pièce de métal M N, longue d'environ vingt pouces ; cette pièce se meut librement sur les deux pivots ; elle est soutenue plus haut que le cercle horaire M, par un ressort X attaché au levier. A la distance d'environ 7 ou 8 pouces de l'extrémité N de cette bande, précisément où elle correspond à la bande noire, est un petit tube de laiton fondu, afin de pouvoir y appliquer un crayon blanc Y ; & fur l'extrémité N est un petit entonnoir P, qui a dans son fond conique un petit trou par lequel l'eau puisse s'écouler difficilement & goutte à goutte quand l'entonnoir est rempli. Lorsque cet entonnoir est vide, la force du ressort X est plus grande que le poids de toute la bande MN, & par conséquent la tient soulevée, & suspend le crayon Y au-dessus de la zone noire ; mais lorsque l'entonnoir P est plein d'eau, son poids suffit pour surmonter la force du ressort X, pour faire que le crayon Y appuie sur le bord noir du cercle horaire ; & auffitot que l'entonnoir P vient à se vider par la cessation de la pluie, alors le ressort X, appliqué à la bande, la soulève, & revient à faire que le crayon Y ne s'appuie plus sur la zone noire, & n'y laisse plus de trace.

» D'après la description de cette machine, on comprend aisément que toutes les heures & minutes tracées sur la zone noire AA, sont celles pendant lesquelles la pluie est tombée, puisqu'en prenant les moyens pour que l'eau du ciel tombe dans l'entonnoir P, & à y tomber pendant tout le temps de la pluie, le crayon blanc marquera la zone noire pendant les heures & les minutes pendant lesquelles il aura plu ; que la pluie cessant, l'entonnoir P se vide en cinquante ou soixante secondes, & le crayon blanc Y, étant soulevé par le ressort X, il demeure dans cet état jusqu'à ce que, par une pluie nouvelle, l'entonnoir se remplisse.

» Comme j'ai remarqué, en faisant usage de cette machine, que quelquefois l'entonnoir ne se vide pas, quand la pluie cesse, parce qu'il arrive fréquemment que quelques grains de sable ou autres, tombant avec la pluie, bouchent nécessairement l'ouverture & empêchent qu'il ne se vide, j'ai donc, au lieu d'un entonnoir ouvert, adapté à la bande MN un petit vase conique CC, tel qu'il est représenté plus en grand, fig. 617 (b) ; ce vase a deux entailles triangulaires XY, dont la première a été faite, afin que l'eau arrivant au point de cette entaille, par laquelle il se décharge dans un vase EE mis au-dessous, le vase conique CC ne puisse jamais être rempli d'eau au-delà de la hauteur de cette limite. Avant de faire l'entaille triangulaire X, on verse de l'eau dans le vase conique CC, jusqu'à ce que le poids de l'eau, ainsi versée, fasse tomber la bande NM, & presse le crayon Y sur la zone noire AA ; cela étant trouvé, on marque, sur les parois du vase CC, la hauteur de l'eau, dont le poids est suffisant pour faire baisser la bande NM, & avec une lime à trois quarts, on fait l'entaille triangulaire X, dont la pointe doit être au-dessous de la limite d'environ une bonne demi-ligne, afin que cette demi-ligne d'eau de plus compense le poids du laiton que la lime a ôté pour faire l'entaille X ; l'autre entaille plus petite, Y, sert à soutenir un petit siphon OP, lequel a une branche

capillaire P, & l'autre d'un diamètre qui excède une ligne & demie : la branche capillaire P doit être d'une telle longueur, que lorsque son extrémité touche à peine à l'eau, cette eau attirée monte d'elle-même par le tube, & qu'en surmontant la courbure du siphon OP, elle coule par l'autre branche O ; de cette manière, lorsqu'il vient à pleuvoir, l'eau remplit le vase conique ; le surplus de l'eau se transvase, tombe par l'entaille triangulaire X, & une partie coule en petites gouttes par le siphon OP ; la pluie venant à cesser, le siphon tire & décharge la totalité de l'eau contenue dans le vaisseau.

» Il est nécessaire que le siphon soit élargi & taillé en bec de plume à son ouverture de sortie, sans quoi le liquide resteroit dans le siphon capillaire ; il faut encore que la branche P soit assez capillaire pour que l'entonnoir puisse se vider en cinquante ou soixante minutes ; enfin, il faut éviter que cette même branche atteigne le fond de l'entonnoir pour empêcher que son ouverture ne soit obstruée par les grains de sable qui pourroient tomber dans l'entonnoir.

» Pour avoir le nombre d'heures & de minutes pendant lesquelles la pluie est tombée, il suffira de couvrir une portion du toit avec une plaque de fer-blanc vernissée, destinée à conduire l'eau de la pluie dans un tube qui la portera jusque dans l'entonnoir CC ; mais comme il est toujours mieux qu'une même machine serve à plusieurs usages, le même vaisseau qui sert à recueillir la pluie, ou le vase de l'hyomètre (voyez HYOMÈTRE & UDOMÈTRE), servira aussi pour le chronyomètre.

» On pourroit avoir aussi facilement la quantité d'eau produite par la pluie pendant les différentes heures du jour & de la nuit ; moyen qui donneroit, à la fin de chaque année, le nombre des heures qui sont les plus pluvieuses, parce qu'en faisant placer sur un cercle vingt-quatre vases d'étain, & faisant une révolution entière en vingt-quatre heures, & qu'à chaque heure un de ces tubes se présente sous l'ouverture du tube de plomb KK, l'eau de pluie tombée dans chacun de ces vases donnera la quantité d'eau qu'aura fournie la pluie pendant les différentes heures du jour & de la nuit ; mais je me suis contenté d'avoir, par mon appareil météorologique, le nombre d'heures pendant lesquelles l'eau est tombée, sans m'occuper d'avoir le produit de l'eau tombée à chaque heure. »

CHRYSOLITE, de χρυσος, or, λιθος, pierre ; chrysolithus ; chrysolit ; s. f. Pierre précieuse d'un jaune d'or, mêlée d'une légère teinte de vert.

Les naturalistes ont donné le nom de chrysolite à un grand nombre de pierres vertes & transparentes : telle est la cymophane, à laquelle on a donné le nom de chrysolite orientale. Comme cette pierre égale presqu'en dureté les corundons, il ne faut pas s'étonner si les lapidaires l'ont placée parmi les pierres précieuses, & lui ont donné le surnom d'*orientale*. (*Voyez* CYMOPHANE.) Ils ont également donné le nom de *chrysolite* à la variété de béril jaune-verdâtre, qu'ils confondent souvent avec les cymophanes. (*Voyez* BÉRIL.) Quelques idiocrases du Vésuve font taillés à Naples, & vendus sous le nom de *chrysolite du Vésuve*. La prehnite du Cap, quoique molle, porte quelquefois le nom de *chrysolite du Cap* : des cristaux de cette substance, bien transparens & agréablement colorés, pourroient être employés en bijoux. La topaze jaune-verdâtre est communément appelée *chrysolite de Saxe*; enfin, celui de tous les minéraux auquel on donne communément le nom de *chrysolite*, est la chaux phosphatée, particulièrement lorsqu'elle est couleur d'asperge.

Avant que la minéralogie fût arrivée à ce degré de perfection qu'elle doit aux Haüy, aux Werner & aux savans qui les ont précédés, on ne distinguoit les pierres fines que par leur couleur & leur dureté : il n'étoit donc pas étonnant que l'on confondît & que l'on donnât le même nom à des substances aussi essentiellement différentes. Aujourd'hui que l'on est parvenu, par des méthodes exactes, à déterminer les caractères distinctifs de chaque substance, on a dû retirer du nombre des pierres précieuses une grande quantité de substances qui font souvent très-communes, & qui n'ont de valeur que par le choix que l'on en fait. La *chrysolite* des joailliers, même la *chrysolite orientale*, est peu recherchée; elle n'est pas, conséquemment, d'un grand prix; & si elle est hautée en couleur, on l'estime tout au plus 4 francs le carat.

CHRYSOLOGUE (Noël-André), plus connu sous le nom de *Père André*. Entré fort jeune dans l'Ordre de Saint-François, la vue de quelques cartes de géographie lui donna du goût pour cette science; il l'étudia seul d'abord. Ses progrès déterminèrent ses supérieurs à l'envoyer à Paris. Lemonier fut son premier maître en astronomie : les leçons qu'il en reçut, développèrent son penchant en ce genre.

Frappé de l'imperfection des planisphères célestes dont il avoit été forcé de se servir, il en composa un pour son usage particulier. Ce planisphère, qui parut en 1778, fut approuvé par l'Académie des Sciences; il consiste en deux grandes feuilles, & l'on y trouve les neuf cents étoiles du *sœlum australe* de La Caille. La mappemonde du Père André est un chef-d'œuvre de correction; on n'en a point encore publié en France de plus détaillée.

En l'an 8, le Père André fit imprimer dans le *Journal des Mines* la description d'un *baromètre portatif*, perfectionné d'après ses propres observations. Le plus précieux de ses ouvrages, selon le rapport fait à l'Institut par M. Cuvier, parut en 1786; il a pour titre : *Théorie de la surface actuelle de la terre*, ou plutôt, *Recherches impartiales sur le temps & l'agent de l'arrangement actuel de la surface de la terre*, *fondées uniquement sur les faits*, *sans système & sans hypothèse*. Cet ouvrage peut être considéré comme le résultat de toutes les observations que l'auteur avoit faites pendant vingt-cinq ans dans la Suisse, la Franche-Comté sa patrie, & les Vosges.

Le Père André, né à Gy en 1728, y est mort le 8 décembre 1808.

CHRYSOPRASE, de χρυσος, *or*, & πρασον, *vert de poireau*; chrysoprasium; *chrysopras*, s. f. Pierre précieuse qui servoit, d'après l'Apocalypse, de dixième fondement à Jérusalem.

Cette pierre, qui est d'un vert agréable, mêlé d'une nuance de jaune, est simplement un quartz agate. Cette jolie variété, qui est absolument séparée des agates par les lapidaires, est translucide & de la nuance appelée *vert pomme*; d'autres fois elle est presque jaunâtre, mais celle-ci est moins estimée. Les joailliers ont également donné le nom de *chrysoprase d'Orient* à une topaze jaune-pâle, qui porte, dans le commerce, le nom de *topaze de Saxe*.

CHRYSULÉE, de χρυσος, *or*, & υλιξω, *purifier*; chrysulea; *kœnig wasser*; s. f. Eau régale, ou acide nitro muriatique. Cet acide a été nommé *chrysulée* par les anciens chimistes, à cause de la propriété qu'il a de dissoudre l'or.

CHUNG : mesure de capacité en usage en Chine. Le *chung* = 340 sching, = 19,35 boisseaux de Paris, = 257,53 litres.

CHUTE; casus; *fallens*; s. f. Action de ce qui choit, de ce qui tombe.

CHUTE D'EAU; casus aquæ; *wasser fall*. Toute eau retenue & qui tombe d'une hauteur plus ou moins grande.

Un ruisseau, une rigole, un courant d'eau quelconque forme une *chute d'eau*, au devant d'un moulin, ou d'une machine hydraulique qu'il fait mouvoir. *Voyez* CATARACTE, CASCADE.

CHUTE DE L'UVÉE : nom général que les oculistes donnent à toutes les différentes espèces de staphylème.

CHUTE DES CORPS; lapsus corporis gravis; casus corporum; *fall der kœrpen*. Mouvement par lequel les corps passent d'un lieu plus élevé à un plus bas; ou plus simplement, mouvement par lequel les corps tombent en vertu de leur pesanteur.

Un corps tombant librement augmente à chaque instant la vitesse de sa *chute*, parce que la pesanteur agit continuellement sur lui ; mais comme la pesanteur est une force invariable (*voyez* PESANTEUR), la vitesse d'un corps tombant doit s'accroître précisément autant dans un instant que dans un autre : c'est pour cela que l'on dit que la *chute des corps* a un mouvement uniformément accéléré.

A l'aide de la machine inventée par Atwood (*voyez* MACHINE D'ATWOOD), on peut faire diverses expériences pour mesurer la vitesse de la *chute des corps*.

Au moyen de cette machine, on remarque, 1°. que si, dans un temps T, un corps parcourt un espace g par l'action de la pesanteur ; si au-bout de ce temps on supprime l'action de la pesanteur, il parcourt, en vertu de la vitesse acquise au bout du temps T, un espace $2g$, d'où il suit que la vitesse $V = 2gT$; 2°. que si, dans la première seconde, un corps parcourt un espace, dans la deuxième seconde il parcourt un espace triple, dans la troisième un espace quintuple ; enfin, que les espaces parcourus dans des temps successivement égaux, suivent la progression arithmétique des nombres impairs $1, 3, 5, 7, 9$, &c. ; de-là que, dans chaque mouvement uniformément accéléré, l'espace croît comme les carrés des temps ; ainsi, si l'on nomme S le chemin parcouru dans le temps T, on aura $S = gT^2$.

De ces principes se déduit naturellement cette conséquence, que les espaces parcourus sont comme les moitiés des vitesses, ce qui peut se démontrer *à priori* de cette manière.

Lorsqu'une force accélératrice agit tout-à-fait uniformément, il est clair que la vitesse croît en rapport égal avec le tems. Si donc on nomme g la moitié de la vitesse qu'a le corps à la fin de la première seconde, quelle que soit la grandeur, & V la vitesse qu'il acquiert en T seconde ; il est clair que $V = 2gT$.

Quand un corps est tombé durant T seconde avec un mouvement uniformément accéléré, il a acquis, après cet espace de temps, la vitesse $2gT$. A la moitié de cet intervalle de temps, c'est-à-dire, à l'époque $\frac{T}{2}$, la vitesse étoit seulement de la moitié aussi grande, par conséquent gT. Si, dès l'origine du mouvement, il avoit eu cette dernière vitesse gT, & qu'il n'eût point éprouvé d'accélération, il auroit parcouru, dans la première moitié du temps T, un chemin plus grand, & dans la seconde moitié un chemin plus court que celui qu'il parcouroit réellement par l'effet du mouvement accéléré. Mais comme l'accélération est uniforme, l'excès du premier mouvement compense ce qui manque au second, c'est-à-dire, que l'espace que le corps parcourt avec le mouvement uniformément accéléré, est justement aussi grand que l'espace qu'il auroit fait dans le même temps, en mouvement uniforme, avec la moitié de la vitesse. Or, dans un mouvement uniforme, on

trouve l'espace parcouru $S = gT$. Si on fait dans cette formule $T = 1$, on a $S = g$, c'est-à-dire, l'espace est aussi grand dans la première seconde, que la moitié de la vitesse à la fin de la première seconde.

Pour pouvoir indiquer en nombre toutes les circonstances d'un mouvement uniformément accéléré, il suffit de connoître g, c'est-à-dire, l'espace que le corps parcourt dans la première seconde ; c'est ce que l'on a trouvé en faisant tomber les corps dans le vide ; cet espace est 15 pieds $\frac{1}{10}$, ce qui donne en même temps la vitesse du corps après la première seconde $= 30$ pieds $\frac{1}{5}$. Avec cette donnée, on peut aisément calculer l'espace parcouru & la vitesse acquise après un temps quelconque déterminé ; & généralement, connoissant une de ces trois choses, le temps, l'espace & la vitesse, on peut déduire les deux autres par le calcul.

On peut de même déterminer toutes les circonstances de tout autre mouvement uniformément accéléré, dès qu'on connoît la valeur de g ; cette valeur est donc, pour ainsi dire, la mesure de tous les mouvemens de ce genre, & on la nomme *mesure de l'accélération*, ou *force accélératrice*. *Voyez* FORCE ACCELERATRICE.

Nous devons à Galilée les premières connoissances exactes sur la loi que présente la *chute des corps*. Depuis Aristote jusqu'à la fin du seizième siècle, les principes de ce dernier philosophe étoient les seuls qui fussent admis dans les écoles. Les péripatéticiens supposoient avec le maître, que la vitesse des corps, dans leur *chute*, étoit en même raison que leur pesanteur, c'est-à-dire, qu'un corps dix fois plus pesant devoit avoir dix fois plus de vitesse. Quelque probable que paroisse ce paradoxe, il est facile d'en démontrer la fausseté. Il seroit bien vrai qu'un corps dix fois plus pesant auroit une vitesse dix fois plus grande, si, avec cette pesanteur dix fois plus grande, il ne devoit pas communiquer le mouvement à une masse dix fois plus considérable. Si chaque partie du poids communiquoit son mouvement à une partie de la masse, elles pourroient se mouvoir séparément avec la même vitesse ; ainsi, ce seroit comme si on supposoit que dix coureurs habiles parcouroient un plus grand espace en se réunissant qu'en courant séparément.

Cette erreur de la physique d'Aristote avoit déjà été distinguée par Galilée, à l'époque où il étudioit la philosophie à Pise ; il étoit déjà si peu satisfait de la doctrine reçue, qu'il soutenoit toujours des thèses contradictoires à celles de ses maîtres, & il ne fut pas plutôt nommé professeur dans cette université, qu'il se déclara hautement contre tous les points de leur doctrine. Il attaqua d'abord l'axiome des péripatéticiens sur la *chute des corps* ; il fit voir, en laissant tomber du haut d'un dôme d'église, des corps de pesanteurs extrêmement inégales, qu'il n'y a presque pas de différence dans le temps de leur *chute*, lorsque les

... les de ces corps étoient peu différentes en
d-nité. Il y eut un grand concours de monde à cette
expérience, qui souleva tous les vieux professeurs
contre Galilée, de manière qu'il fut obligé, pour
éviter leur mauvaise manœuvre, d'abandonner
Pise & de se retirer à Padoue, où on lui offrit une
chaire. Il établit dans la suite cette vérité par plusieurs autres expériences, entr'autres par celle de
deux pendules de même longueur, & qui, quoique chargés de poids dix fois plus pesans l'un que
l'autre, ne laissoient pas de faire leur vibration à
très-peu près dans le même temps.

Avant les belles expériences de Galilée, sur la
vitesse que les corps acquéroient en tombant, on
la déduisoit de diverses hypothèses, d'où il résultoit des lois très-différentes, & également éloignées de la vérité. Les péripatéticiens regardoient
la chute des corps comme dépendant d'une qualité
occulte ; ils attribuoient cette chute à une tendance
interne vers le centre de la terre, tendance qui
devoit être d'autant plus active, qu'il s'en approchoit davantage. D'autres regardoient l'air comme
la cause de cet accroissement ; ils supposoient que
l'air, après avoir été traversé par les corps, se
resserroit & les comprimoit, & que la pression
augmentant la hauteur de la colonne d'air,
la vitesse devoit être d'autant plus grande, qu'ils
étoient plus rapprochés du centre de la terre.

Dès que l'on eut observé que la vitesse des
corps augmentoit à mesure qu'ils s'écartoient du
point de leur chute, on imagina diverses hypothèses
pour l'expliquer & pour déterminer la loi. On
supposa que l'accroissement de la vitesse étoit proportionnel à l'espace parcouru ; de-là, qu'un
corps qui avoit parcouru un espace de quatre pieds,
avoit quatre fois plus de vitesse qu'après avoir
parcouru le premier pied. D'autres conjecturoient
que les espaces parcourus en temps égaux, crois-
soient comme les segmens d'une ligne divisée en
moyenne & extrême raison ; de sorte que l'espace
parcouru dans un premier temps étant comme le
petit segment, l'espace qui répondoit au second
croît comme le grand, & ainsi de suite continuellement. Cette loi n'étoit fondée que sur la chimé-
rique perfection que l'on attribuoit à cette progression.

Galilée établit, au contraire, que l'accroissement de la vitesse suit le rapport du temps, c'est-
à-dire, qu'après un temps double, par exemple,
la vitesse est double, &c. Il fut sans doute conduit à soupçonner cette loi de l'accélération par
le raisonnement suivant : en supposant la pesanteur
uniforme, ce qui est vrai dans les petites distances
où nous pouvons l'exprimer, c'est une puissance
ou une force continuellement appliquée au corps :
or, qu'arriveroit-il à un corps qui, après avoir
reçu l'impulsion d'une force quelconque, au commencement d'un premier instant, au second en recevoir une nouvelle & égale, de même au
troisième, &c. ? Il est évident qu'au second instant

il auroit une vitesse double, au troisième une
vitesse triple, & ainsi de suite : tel sera donc le
mouvement des corps pesans ; ainsi la vitesse est
proportionnelle au temps écoulé depuis le commencement de la chute. Ce n'est cependant pas là
tout à-fait le procédé de Galilée pour établir sa
théorie ; il commence par supposer cette loi d'accélération ; il en recherche les propriétés, & il
montre, par l'expérience, qu'elle convient à la
chute des corps graves, d'où il conclut que cette
loi est celle de la nature.

Quoique cette théorie de Galilée, sur l'accélération des corps graves, fût aussi bien prouvée
que le peut être une vérité mathématique, elle
n'a pas laissé de trouver des oppositions. Il y eut
d'abord des physiciens qui la rejetèrent & qui
lui substituèrent une autre, ce qui éleva pendant quelque temps des contestations, & donna
lieu à divers écrits.

Boliani, noble Génois, tenta de substituer à la
loi que Galilée avoit trouvée, que les espaces
parcourus dans des temps égaux & successifs de
la chute, étoient comme les nombres impairs 1,
3, 5, 7, ceux qui sont comme les nombres naturels 1, 2, 3, 4, &c. : or cette hypothèse n'est pas
moins fausse que la première que Boliani avoit
établie, qui fait les vitesses proportionnelles aux
espaces parcourus. Cette première loi de Boliani,
qui séduit au premier aspect, & qui avoit-été
adoptée par tous les ennemis du professeur de
Padoue, n'avoit pas été inconnue à Galilée : il se
la fait même proposer par un de ses interlocuteurs,
dans son dialogue, & il avoue même qu'elle lui
avoit d'abord paru fort vraisemblable ; mais il la
refute aussitôt par un raisonnement très-ingénieux,
qui montre que si on l'admettoit, il faudroit que
le mouvement se fît in instanti. En effet, dit Galilée, lorsque les vitesses d'un corps sont proportionnelles aux espaces parcourus, les temps dans
lesquels ils ont été parcourus sont égaux ; si donc
on suppose la vitesse croître continuellement comme
l'espace, de sorte qu'après une chute de quatre
pieds, la vitesse soit quadruple de celle qui a été
acquise après un pied de chute, le corps auroit
parcouru ces quatre pieds, dans le même temps
que le premier ; il auroit donc parcouru trois pieds
sans y mettre aucun temps, absurdité palpable, &
qui montre que l'accélération ne sauroit se faire
suivant ce rapport. Ainsi la démonstration de Galilée, quoique traitée de paralogisme par Blondel,
qui dit ne l'avoir jamais pu concevoir, est très-le-
gitime & très-concluante ; & ce qui prouve qu'elle
l'est, c'est que le calcul analytique moderne, appliqué à cette question, donne le même résultat.

En effet, soit s l'espace parcouru d'un mouvement accéléré, & ds l'élément de cet espace qui
peut être conçu comme parcouru d'un mouvement uniforme ; soit u la vitesse qui répond à l'espace s, & qui, selon cette hypothese, lui est proportionnelle ; que t représente le temps employé

à parcourir s, & conféquemment dt le tempuf-cule employé à parcourir ds. Maintenant on fait que l'efpace parcou u par un corps mu uniforme-ment ; eft en raifon compofée du temps & de la viteffe avec laquelle cet efpace eft parcouru ; ainfi on auroit le petit efpace ds, en raifon de dt & de u, ou $ds = u\,dt$, & $dt = \dfrac{ds}{u}$; & comme u eft proportionnel à s, on aura $dt = \dfrac{ds}{s}$ ou $t = S\,\dfrac{ds}{s}$; mais $S\,\dfrac{ds}{s}$ eft le logarithme de s, lequel, par la propriété de l'hypérbole ou des logarithmes, eft infini lorfque $s = o$. Ainfi, en fuppofant $s = o$, ou le corps au commencement de fa chute, il lui fau-droit un temps infiniment long pour en parcourir le premier élément, c'eft-à-dire, que le mouve-ment du corps fera impoffible.

Malgré cette réfutation pofitive de la loi d'accé-lération de Boliani, l'hypothèfe de ce noble génois a long-temps trouvé des défenfeurs, parmi lefquels le P. Carré étoit un des plus zélés ; mais Gaffendi & Ferma ont combattu les erreurs de Boliani avec tant de force, qu'enfin cette loi a été totalement abandonnée.

Riccioli & Grimaldi ont cherché à prouver la vérité des propofitions de Galilée par des expé-riences qui paroiffent avoir été faites avec beau-coup de foin. Ces deux favans fe fervirent d'un pendule dont la vibration ne duroit qu'un fixième de feconde, afin de mefurer le temps avec plus de précifion ; mettant enfuite ce pendule en mou-vement, ils laifsèrent tomber, de diverfes hauteurs qu'ils avoient mefurées, des globes d'argile pe-fant huit onces, & ils trouvèrent, à plufieurs re-prifes, que dans des temps exprimés par 5, 10, 15, 20, 25 vibrations, ces corps parcouroient des hauteurs qui furent refpectivement de 10, 40, 90, 160, 250 pieds romains, & que dans des in-tervalles de 6, 12, 18, 24, 26 vibrations, ces hauteurs furent 15, 60, 135, 240, 280 pieds. On ne fauroit cependant fe diffimuler que cette expé-rience eft bien délicate, & que quand les chofes fe feroient paffées un peu autrement, elles n'au-roient pas manqué de réuffir à peu près de même ; car il eft bien difficile de déterminer fi l'inftant de l'arrivée du globe au pavé étoit précifément celui de la fin de la vibration, & la rapidité de la *chute* eft fi grande, que, dans une partie de vibration très-petite, le corps pouvoit parcourir un efpace affez confidérable : auffi voyons-nous quelques obfervateurs qui n'ont pas trouvé un réfultat fi par-faitement conforme à la théorie. Le P. Defcholes, entr'autres, dit avoir examiné les efpaces parcou-rus pendant les vibrations d'un pendule de demi-feconde, & avoir trouvé que des pierres qu'il laiffoit tomber dans des puits d'inégales hauteurs, parcouroient en 1, 2, 3, 4, 5, 6 vibrations, des efpaces qui étoient $4\frac{1}{4}$, $16\frac{1}{10}$, 36, 60, 90, 123 pieds, au lieu qu'ils auroient dû être de $4\frac{1}{4}$, 17,

$38\frac{1}{4}$, 65, $106\frac{1}{4}$, 153 ; mais ce mathématicien ob-ferve lui-même que cette différence doit être at-tribuée à la réfiftance de l'air, & il eft probable que fi, au lieu de faire ces expériences avec des cailloux, il les eût faites avec des poids fpécifique-ment plus graves, comme des balles de plomb, leur réfultat eût été beaucoup plus approchant de la théorie.

Il n'eft pas poffible de s'affurer parfaitement, par le temps des *chutes* perpendiculaires, de la vé-rité de l'hypothèfe de Galilée : c'eft pourquoi, à l'exemple de cet homme célèbre, les phyficiens qui ont voulu établir cette vérité par des expé-riences, ont recours à d'autres preuves ; la plus fûre & la plus démonftrative eft celle que l'on tire du mouvement des pendules ; car il fuit in-conteftablement de l'hypothèfe de Galilée, & de cette hypothèfe feule, que des pendules inégaux & femblables doivent, dans le même temps, faire des nombres de vibrations qui foient réci-proquement comme les carrés de leurs longueurs, & c'eft ce que l'on obferve avec la dernière préci-fion, pourvu que les vibrations foient très-petites.

Mais l'un des plus ingénieux moyens de rendre fenfible aux yeux la vérité de cette hypothèfe, eft celui du fameux P. Sébaftien, que nous nous bornerons à faire connoître. Qu'on fe repréfente un conoïde parabolique ABD, *fig.* 618, autour duquel règne un canal fpiral EFGHIC, qui fuit un angle conftant avec le plan de chaque paraboloïde générateur. On démontre que, fi l'hypothèfe de Galilée eft la vraie, chaque tour de fpirale doit être parcouru dans un même temps : or, c'eft ce qui arrive. Si, dans l'inftant où une boule achève le premier tour, en commençant du fommet, on en lâche une feconde, & enfuite une troifième, lorfque la feconde a fini ce premier tour, on les voit avec plaifir fe trouver toutes fenfiblement, en même temps, fur le même arc de la parabole. Remarquons ici avec Varignon, qu'en général, fi l'on a une courbe dont l'abfciffe repréfente l'efpa-ce, & l'ordonnée la viteffe correfpondante, & qu'ayant fait tourner cette courbe autour de fon axe, on faffe régner autour de ce folide une fpirale comme celle de la machine précédente, chaque tour devra être parcouru dans le même temps, fi la loi de variation défignée par l'équation de la courbe génératrice eft la véritable. Ceci fournit un moyen d'éprouver, d'une manière femblable à celle que l'on vient de voir, une hypothèfe quelconque. Dans celle attribuée à Boliani, ce devroit être un fim-ple cône.

CHUTE DES CORPS (Appareil pour démontrer la loi de la). L'appareil qui donne les réfultats les plus exacts, dans toutes les expériences fur la *chute des corps*, eft la machine d'Atwood. *Voyez* MACHINE D'ATWOOD

Avant que cette machine fût connue, on faifoit ufage d'un appareil fort fimple, qui confifte en deux cordes de métal ou de boyaux A B, C D, *fig.* 619, tendues obliquement, & formant un angle de vingt-deux degrés environ; ces cordes, éloignées l'une de l'autre à la diſtance de trois à quatre pouces, doivent avoir dix à douze pieds de longueur pour que l'expérience ſoit ſuffiſamment ſenſible. G eſt un poids ou un petit chariot qui gliſſe librement à l'aide d'une ou de deux poulies qui embraſſent la corde A B; ce poids doit être monté de manière que ſon centre de gravité ſe trouve ſenſiblement au-deſſous de la corde, afin que la pointe qu'on remarque à la partie ſupérieure conſerve la même ſituation.

H eſt un pendule qui ſe meut librement ſur ſes points de ſuſpenſion A *a*, & dont la verge excède un peu vers *f*; la longueur de ce pendule doit être telle, qu'il faſſe exactement une vibration, tandis que le mobile parcourt la neuvième partie de la corde A D.

On place ſur la longueur de la corde C D un petit timbre K, mobile, & on le fixe où l'on veut par une vis de preſſion. Ce timbre doit être frappé par un marteau que le poids G fait mouvoir en paſſant.

Le pendule H fait également ſonner un ſecond timbre I, dont le ſon eſt different de celui du timbre K; cet appareil doit être monté de façon que la queue *f* du pendule, venant à ſe mouvoir, lâche une ſoie qui retient le poids G; d'où il ſuit que ce poids part au premier ſon du timbre I, & qu'il arrive à la fin de la première diviſion où il fait ſonner le timbre K, au moment où le pendule fait ſonner le timbre I pour la ſeconde fois.

Si l'on met le timbre K au-deſſus de la quatrième diviſion de la corde, & le poids G au point *o*, & que l'on réitère l'expérience, on voit que le poids G arrive à la fin de ce quatrième eſpace lorſque le pendule a achevé ſa ſeconde vibration; enfin, en plaçant le timbre K à la neuvième diviſion, & plaçant le poids G au point *o*, on voit, en recommençant l'expérience, que le poids G a parcouru la neuvième diviſion à la fin de la troiſième vibration; d'où il ſuit que les eſpaces parcourus ſuivent la progreſſion des nombres impairs 1, 3, 5, &c.

CHUTE DES CORPS DANS LE VIDE; *caſus corporum in vacuo* Les corps qui ſe meuvent dans l'air éprouvent une réſiſtance occaſionnée par la maſſe d'air qu'ils ont à traverſer, réſiſtance qui ralentit, qui diminue leur viteſſe; & ce ralentiſſement eſt variable pour chaque corps Le retard que la réſiſtance de l'air oppoſe, eſt d'autant plus grande, que le corps eſt ſpécifiquement plus léger.

Si, dans un long tube, *fig.* 135, on place deux corps ſemblables, l'un de plomb, l'autre de papier, & qu'en retournant le tube on faſſe tomber ces deux corps en même temps, on voit que le plomb tombe plus vîte, & qu'il arrive plus promptement au fond du tube que le papier; mais ſi l'on fait le vide dans ce tube, on voit que le papier & le plomb s'accompagnent, qu'ils tombent avec la même viteſſe, & qu'ils arrivent en même temps au fond du tube.

Cette loi, que, dans un eſpace vide d'air, tous les corps tombent avec une viteſſe égale, ſe confirme très-bien par la théorie des pendules.

En faiſant tomber de cette manière des corps de toute nature, dans des tubes très longs, on s'eſt aſſuré qu'ils parcourent tous quinze pieds $\frac{1}{10}$ par ſeconde.

Cet eſpace parcouru dans une ſeconde, varie ſelon les lieux: ainſi, ſur les hautes montagnes, les corps parcourent un plus petit eſpace; ſur le bord de la mer, aux pôles de la terre, l'eſpace parcouru eſt beaucoup plus grand; il eſt, au contraire, beaucoup plus petit ſur l'équateur. *Voyez* GRAVITATION.

CHUTE DES CORPS DANS LE CERCLE; *caſus corporum in circulo.* Si, dans une alidade C B, *fig.* 25, on place une bille en D ſur la circonférence du cercle, & une autre en A à l'extrémité du diamètre vertical du même cercle, on remarque, lorſque les deux billes échappent dans le même moment, qu'elles arrivent en même temps en B; & comme cette égalité de temps, par les billes parcourue dans l'alidade & dans le diamètre, eſt conſtante, quelle que ſoit l'inclinaiſon de l'alidade, il s'enſuit que les corps parcourent, dans le même temps, les cordes & le diamètre vertical des cercles.

Ce réſultat, obtenu par l'expérience, ſe démontre de cette manière : ſi *h* eſt la hauteur d'un plan incliné dont *l* eſt la longueur, on trouve que le temps *t*, pour arriver au point le plus bas, eſt $t = \sqrt{\dfrac{2 l^2}{g h}}$, & que $V = \sqrt{\frac{1}{2} g h}$. *Voy.* CHUTE DES CORPS SUR UN PLAN INCLINÉ.

On peut conclure de cette valeur de *t*, que toutes les cordes, telles que C A, C A', C A'' *fig.* 620, inſcrites dans le même cercle, & aboutiſſant à une extrémité d'un diamètre vertical, ſont décrites dans le même temps par des corps peſans qui tombent enſemble du point C; car en ſuppoſant que *l* ſoit la longueur de la corde C A, en déſignant par *b* celle du diamètre vertical C B, & en menant la droite horizontale A D, la hauteur *h* ſera, dans ce cas, la partie D de ce diamètre; on aura $\overline{C A}{}^2 = C D^2 + D A^2$; mais $\overline{D A}{}^2 = C D \times D B$; donc $\overline{C A}{}^2 = \overline{C D}{}^2 + C D \times D B = C D \times C D + D B = C D \times B C$. Ainſi $l^2 = b h$; ce qui réduit la valeur de $t = \sqrt{\dfrac{2 l^2}{g h}} = \sqrt{\dfrac{2 b}{g}}$ quantité indépendante de la longueur de la corde C A, & qui exprime le temps de la *chute* par le diamètre C B.

Les cordes A B, A' B, A'' B, qui aboutiſſent à ſon autre extrémité B, ſont auſſi parcourues dans le même temps que ce diamètre, par des points matériels pesans, partant ensemble, sans vitesse initiale, des points A, A', A".

CHUTE DES CORPS DANS UNE CYCLOÏDE; *casus corporum in cycloide.* Si, sur un plan A B, *fig.* 621, on creuse trois gouttières, l'une en arc de cercle A C B, une seconde en ligne droite, A B, une troisième dans une cycloïde D E G, & que l'on place des billes aux points A & D de ces trois gouttières, si ces billes partent en même temps de ces trois points, on verra que celle qui suit la gouttière droite A B arrivera plus tôt que les deux autres, tandis que celles qui seront parvenues par les gouttières courbes, arriveront en même temps Si l'on place le corps pesant dans la courbe cycloïdale, dans un point quelconque E, cette bille arrivera en même temps en B, que celle qui sera placée en A dans l'arc de cercle; d'où l'on conclut que la *chute des corps dans une cycloïde* a une égale durée, quelle que soit la grandeur de l'arc dans la cycloïde.

Cette propriété de la cycloïde, qui a été trouvée par Huyghens, lui a servi à faire produire des oscillations isochrones aux pendules, quel que fût d'ailleurs l'arc qu'ils parcouroient; mais après avoir observé qu'un très-petit arc de cercle jouissoit de la même propriété que la cycloïde, on s'est affranchi de la difficulté qu'apportoit l'application de la cycloïde au mouvement du pendule, & l'on s'est contenté de lui faire parcourir de très-petits arcs. *Voyez* PENDULE.

CHUTE DES CORPS DANS UN PUITS OU DANS UNE VERTICALE; *casus corporum in puteo.* Expérience par laquelle on prouve le mouvement de rotation de la terre.

Si la terre étoit immobile, les corps pesans tomberoient constamment dans la verticale du point de leur *chute*, quelle que fût d'ailleurs la hauteur qu'ils aient à parcourir. Mais si la terre a un mouvement de rotation sur son axe, dans la direction de l'ouest à l'est, le corps pesant doit tomber à l'est de ce point, à une distance d'autant plus grande, que la hauteur parcourue est plus considérable; car le corps tombant doit être animé de deux vitesses, 1°. de celle du mouvement de la terre qu'il a au point de départ; 2°. de celle qu'il acquiert en vertu de la pesanteur. La vitesse horizontale du mouvement de la terre est d'autant plus grande, que le point que l'on considère est plus éloigné du centre de la terre; d'où il suit que le mouvement horizontal du corps est plus grand à son point de départ, que la pointe verticale correspondante au fond sur lequel il arrive. Ainsi il a parcouru, en arrivant, un plus grand espace horizontal; il doit donc être plus avancé vers l'est que le point vertical.

Benzenberg, professeur de physique & d'astronomie à Düsseldorf, a publié le détail de vingt-trois expériences faites dans les mines de houille

de Schebusch, avec des billes bien tournées & polies; on les faisoit tomber d'une hauteur de 262 pieds de France. La déviation moyenne du point où elles tomboient, relativement à la verticale, a été trouvée de 5 lignes; la théorie donne 4 $\frac{6}{10}$ lignes. Ces expériences complétent, s'il en est besoin, la preuve de la rotation de la terre sur son axe. Les expériences faites à Bologne par Guglielmini donnent le même résultat. *Voyez* ROTATION DE LA TERRE.

CHUTE DES CORPS SUR UN PLAN INCLINÉ; *casus corporum super planum inclinatum.* Les expériences sur les plans inclinés se font très-commodément avec la machine d'Atwood. *Voyez* MACHINE D'ATWOOD.

On a trouvé dans ces expériences, 1°. que l'espace parcouru sur le plan incliné est à l'espace qui seroit parcouru en temps égal, dans un plan perpendiculaire, comme la hauteur du plan est à sa longueur; & par conséquent comme le sinus d'inclinaison est au sinus total; 2°. que les espaces parcourus dans des temps égaux & successifs sur les plans inclinés, sont de même que dans la *chute* verticale, comme la suite des nombres impairs 1, 3, 5, 7, 9, &c., ce qui peut d'ailleurs se prouver directement.

Un point matériel, pesant sur un plan incliné A B, *fig.* 622, sa pesanteur se décompose en deux forces, l'une D F, perpendiculaire au plan, l'autre, D G, dirigée suivant ce plan; la première est détruite, & la seconde seule produit le mouvement accéléré, dont la vitesse varie avec l'inclinaison du plan. En général, pour un plan dont la hauteur = *h*, & la longueur = *l*, la pesanteur décomposée, suivant ce plan, est à la pesanteur absolue comme *h* est à *l*. En substituant donc $g \frac{h}{l}$ à la place de *g* dans les équations du mouvement vertical $e = \frac{g t^2}{2}$ & $v = g t$, on aura les équations de son mouvement sur un plan incliné, savoir, $e = \frac{g h}{2 l} t^2 \dots v = \frac{g h}{l} t$, & celle-ci $v = \sqrt{\frac{2 g h e}{l}}$, qui résulte de l'élimination de *t* entre les deux premières.

Si l'on veut connoître le temps qu'il emploie pour parvenir au point le plus bas, & la vitesse acquise à ce point, il faut supposer *e = l*; ce qui donne $t = \sqrt{\frac{2 l^2}{g h}} \dots v = \sqrt{2 g h}$.

Cette valeur de V fait voir que la vitesse acquise, quand le corps a parcouru toute la longueur du plan incliné, est la même que s'il fût tombé verticalement de la hauteur du plan; de manière que, si l'on a une suite de droite G A, C B, C D, C E, *fig.* 622 (*a*), toutes partant du même point & aboutissant au même plan horizontal, les points matériels pesans qui glissent sur ces droites, &

qui partent du point C, auront tous acquis des viteffes égales, lorfqu'ils feront parvenus à ce plan horizontal.

CHUTE DES GRAVES; cafus gravium; *das fallen des kærpe.* Mouvement par lequel les corps pefans paffent d'un lieu plus élevé à un plus bas. *Voyez* CHUTE DES CORPS.

CHUTE DES GRAVES *à la furface de chaque planète :* viteffe avec laquelle les corps pefans tombent fur la furface de chaque planète.

La viteffe des corps à la furface de la terre, de 15 pieds $\frac{1}{10}$, étant multipliée par la maffe d'une planète & divifée par le carré de fon rayon, en prenant pour unité la maffe & le rayon de la terre, donne la viteffe des graves à la furface de chaque planète. Par exemple, la maffe de Jupiter eft 288 fois plus confidérable que celle de la terre; ainfi les corps pefans y feroient altérés 288 fois plus qu'ils ne le font à la furface de la terre, & parcourroient 288 fois 15 pieds $\frac{1}{10}$ dans une feconde, fi le rayon de Jupiter étoit égal à celui de la terre ; mais il eft environ 11 fois plus grand ; le carré de la diftance du centre à la furface étant 116 fois plus grand, rend la pefanteur 116 fois moindre : or, 288, divifé par 116, donne un peu moins de $2\frac{1}{2}$. Ainfi la pefanteur des corps, fitués à la furface de Jupiter, eft prefque deux fois & demie celle de la nôtre; au lieu de parcourir 15 pieds $\frac{1}{10}$ par feconde, ils parcourront 37 pieds $\frac{7}{10}$. Cette formule eft fondée fur ce que l'attraction eft en raifon directe des maffes & en raifon inverfe du carré des diftances. *Voyez* ATTRACTION, GRAVITATION, PESANTEUR, PLANÈTE.

CHUTE DES PLANÈTES *vers le foleil :* mouvement des planètes vers le foleil. *Voy.* DESCENTES.

CHUTE D'UNE PLANÈTE ; cafus planetæ ; *aftrologifche zeichen.* C'eft, en aftrologie, la *déjection,* le figne où elle a le moins d'influence. La déjection eft oppofée à l'exaltation.

CHUTE PARABOLIQUE *des liquides* ; cafus parabolicus ; *parabolifche fall.* Courbe que les liquides décrivent en s'échappant de l'efpace qui les contient.

Lorfque l'on perce une ouverture fur la face latérale d'un réfervoir rempli de liquide, on voit celui ci s'échapper en décrivant une courbe ; cette courbe eft une parabole.

Pour le prouver, on fe fert ordinairement, dans les cours de phyfique, de l'appareil fuivant. Soit R S, *fig.* 623, une caiffe plus longue que large & bien unie intérieurement, fur l'un des grands côtés de laquelle s'élève un plan vertical blanchi. On trace, fur ce plan, les portions paraboliques AED, ALM, AIK. Sur l'un des petits côtés de cette caiffe s'élève un montant qui porte une efpèce de gouffet P. C'eft fur ce gouffet qu'on établit folidement un tube cylindrique de verre B,

de quinze à dix-huit lignes de diamètre, & fuffifamment folide pour qu'on puiffe le remplir de mercure. Ce tube eft garni inférieurement d'une virole de métal T : cette virole porte un robinet dont la clef fe termine par un ajutage A, qui peut tourner en toutes fortes de fens.

On remplit de mercure le tube B, & on tourne d'abord l'ajutage A, dans une pofition verticale. Le mercure n'obéit alors qu'à la pefanteur qui le follicite de haut en bas, mais dont la direction, changée par la pofition de l'ajutage, l'oblige à s'élever de bas en haut ; il s'élance par une ligne verticale prefqu'à la hauteur de fon niveau, dans le réfervoir.

Après avoir difpofé l'ajutage dans la direction horizontale AH, le mercure, jailliffant par cette ouverture, devient, en fortant, foumis à l'action de la pefanteur, & il décrit la parabole AED. Si on tourne l'ajutage de façon qu'on lui faffe prendre la direction oblique AF ou AG, le mercure décrit alors la parabole AIK ou ALM.

En fortant par fon orifice, le liquide eft foumis à deux actions : 1°. celle de fa viteffe initiale, en vertu de laquelle il fe mouvroit dans le vide avec une viteffe uniforme ; 2°. celle de la pefanteur, en vertu de laquelle il fe meut vers le centre de la terre avec une viteffe uniformément accélérée, & telle que les efpaces parcourus font comme les carrés des temps (*voyez* CHUTE DES CORPS) ; en vertu de ces deux actions, il doit donc avoir un mouvement compofé, par lequel il doit décrire une courbe dont les ordonnées font aux abfciffes comme $x : y^2$. De-là l'équation de la courbe fera celle d'une parabole $y^2 = ax$. *Voyez* PARABOLE.

Cette courbe n'eft pas exactement une parabole, parce que les deux viteffes font altérées fucceffivement par la réfiftance de l'air. *Voyez* BALISTIQUE, JETS D'EAU, PROJECTILE.

CHUTE PARABOLIQUE DES SOLIDES : courbe que décrivent les folides en fe mouvant dans l'efpace.

Tout corps lancé horizontalement ou obliquement fe meut dans l'efpace, en décrivant une courbe parabolique.

On démontre que cette courbe eft une parabole, parce que les corps ont, dans l'efpace, un mouvement compofé réfultant d'un mouvement initial avec une viteffe uniforme, & d'un mouvement de gravitation avec une viteffe telle, que les efpaces parcourus font comme les carrés des temps : or, du mouvement compofé réfultant de ces deux mouvemens, le chemin que le corps parcourt eft une parabole. *Voyez* BALISTIQUE, PROJECTILE.

Dans les cours de phyfique, on prouve que la courbe décrite par les folides eft une parabole, à l'aide de l'appareil fuivant.

A B, *fig.* 624, eft un plan de bois élevé fur une tablette CD, qu'on colle & qu'on met de niveau par le moyen de trois vis & d'un à-plomb A b, placé ſur l'un des côtés de la machine. Sur l'épaiſſeur du plan AB, eſt creuſée une gouttière circulaire A E de ſept lignes de largeur. E F eſt un ſecond plan ajouté au premier, mais poſtérieurement & à la ſuite de la gouttière, ſur lequel on a tracé des eſpaces égaux a c, c d, d e, deſtinés à repréſenter les impreſſions uniformes de la force projectile. a f, c g, d i, e k repréſentent celles de la peſanteur, & conſéquemment des eſpaces qui vont en croiſſant comme la ſuite directe des nombres impairs 1, 3, 5, 7., &c. La diagonale a H, inclinée aux points g, i, doit être cenſée ſemblablement inclinée dans tous les points de ſa longueur, puiſqu'au lieu des quantités ſenſibles a c, c d, d e, on peut prendre des quantités inſenſibles ou infiniment petites, pour repréſenter tous les inſtans infiniment petits, pendant leſquels le mobile ſe meut ſelon la direction a c. G eſt un anneau d'un pouce de diamètre environ, diſpoſé ſur le plan E F aux angles g & i. H eſt un trou de ſemblable diamètre, creuſé ſur la tablette C D à l'endroit de la courbe a H.

Après avoir exactement collé la machine & l'avoir miſe de niveau, on laiſſe tomber, du haut de la gouttière A E, une bille de cuivre ou de tout autre métal, de ſix lignes ou environ de diamètre. Cette bille deſcend d'un mouvement accéléré, &, s'échappant au point E, elle tend à ſe mouvoir ſelon la dernière impreſſion qu'elle a reçue dans ſa chute. Elle tend donc à ſuivre la ligne a e, mais n'étant pas ſoutenue alors, elle obéit tout à la fois à la force projectile qui l'anime, & à l'action de la peſanteur. Elle compoſe donc ſon mouvement des deux directions qu'elle reçoit; l'une repréſentée par a e & l'autre par e f, & conſéquemment elle ſuit la diagonale a g. La peſanteur tendant à lui faire parcourir, dans le ſecond inſtant, un eſpace triple de celui qu'elle lui a fait parcourir pendant la durée du premier inſtant, elle compoſe ſon mouvement des directions g h & g L, & elle décrit la diagonale g i, à l'extrémité de laquelle elle rencontre l'anneau G, par lequel elle paſſe; maîtriſée alors par les forces repréſentées par i m & i k, elle décrit la diagonale i H & vient ſe précipiter dans le trou H; elle décrit donc la courbe parabolique tracée ſur le plan devant lequel elle ſe meut.

Pluſieurs cauſes empêchent que la bille ſuive exactement la parabole tracée ſur le plan : 1°. la réſiſtance qu'elle éprouve dans la gouttière A E; 2°. la réſiſtance qu'elle éprouve en traverſant l'air.

CHYDENIUS (Samuel), né en Finlande en 1727.

La phyſique & la mécanique furent les premiers objets de ſes études, qu'il fit à Upſal, ſous Linné, Vallerius & Klingenſtiern. Pendant ſon ſéjour dans cette ville, il publia deux diſſertations intéreſſantes : l'une ſur la diminution des eaux dans le golfe de Bothnie; l'autre ſur l'utilité des canaux de navigation en Suède.

Placé à l'univerſité d'Abo, comme adjoint de la Faculté de philoſophie, il fit conſtruire à ſes frais un laboratoire de chimie, & répandit le goût de cette ſcience parmi ſes élèves. Son zèle pour la proſpérité de la Finlande, ſa patrie, lui fit entreprendre des voyages très-pénibles, dont le but étoit le nivellement des terrains, les ſondes des lacs & des rivières, & la conſtruction des canaux. En deſcendant un torrent rapide, il ſe pencha pour conſidérer la dimenſion de l'eau : la barque ayant éprouvé une ſecouſſe violente, Chydenius tomba dans les flots, fut emporté par eux, & périt victime de ſon zèle. Cet accident eut lieu en 1757.

CHYLE, de χυλος; chylus; nahrungs ſaft; ſ. m. Liquide récrémentiel, d'un blanc opaque, pluſterne que le lait, d'une ſaveur douce, & d'une odeur aſſez ſemblable à celle du ſperme.

Le chyle eſt ſéparé de la maſſe chymeuſe dans les inteſtins grêles; abſorbée enſuite par les vaiſſeaux lymphatiques de ces organes, il traverſe ſucceſſivement le réſervoir de requet & le canal thorachique, qui le verſe dans la veine ſous-clavière gauche.

Il nous manque une analyſe exacte du chyle. Il eſt probable qu'il diffère ſelon la nature des alimens qu'on prend. Reuſs & Emmert ont examiné le chyle des chevaux. Ce chyle, pris dans un vaiſſeau laiteux, étoit d'un blanc de lait, viſqueux au toucher, & d'une ſaveur ſalée; à l'air il devint un peu rougeâtre; il ne coaguloit pas. Au bout de quelque temps il ſe formoit une pellicule ſur la ſurface.

Mêlé imparfaitement au ſang dans la veine ſousclavière gauche, le chyle achève, en traverſant les poumons, de s'aſſimiler à ce liquide, dont il entretient la liquidité & répare les pertes.

CHYMIE, de l'arabe kemia; du grec χυμος, ſuc; chymia; chymie; ſ. f. Science qui apprend à connoître la nature des corps, ou mieux encore, l'action intime & réciproque de leurs molécules intégrantes les unes ſur les autres.

Quoique la chymie paroiſſe former une ſcience diſtincte, cependant la difficulté de déterminer ſes limites avec la phyſique, oblige les ſavans qui s'occupent de chacune de ces ſciences, à les étudier ſimultanément. Pluſieurs branches de connoiſſances appartiennent également à l'une & à l'autre ſcience : tels ſont, par exemple, les gaz, la chaleur, la lumière, &c. &c.; & puis comment un phyſicien pourroit-il expliquer une foule de phénomènes que la nature préſente, s'il ne connoît pas la nature & les propriétés des ſubſtances ſimples, celles d'un grand nombre de compoſés qu'il emploie; enfin, les affinités de ces ſubſtances & leurs actions chymiques?

On peut diviser la *chymie* en deux classes, *chymie théorique* & *chymie pratique :* la première peut s'apprendre dans les livres ; la seconde dans les ateliers, dans les laboratoires. Que l'on ne croie pas cependant pouvoir être parfaitement initié dans les connoissances chymiques, si l'on n'a pas pratiqué ; mais la pratique nécessaire au chymiste théoricien, celle qui suffit au physicien, est la manipulation dans les laboratoires.

La science à laquelle on a donné le nom de *chymie*, consiste aujourd'hui dans une connoissance parfaite de la nature & de la propriété des substances simples, de leur affinité ou des rapports d'attraction qu'el es ont les unes pour les autres, que les proportions soient égales ou différentes, & quel que soit l'état sous lequel on les mette en présence ; enfin, l'action chymique de ces substances. Elle consiste encore dans la connoissance des composés binaires, ternaires, quaternaires, &c., que présentent les combinaisons des substances simples, leurs propriétés, & l'action de ces combinaisons les unes sur les autres, quels que soient leur état & leur proportion.

A sa naissance, l'histoire de la *chymie* ne présente que des fables : un peu plus tard, des observations incomplètes, des idées vagues. des hypothèses, des théories incertaines ; mais la pratique des arts a jeté quelques faits positifs au milieu de cette obscurité. Les métallurgistes, les verriers, les potiers, les teinturiers peuvent être regardés comme les premiers chymistes.

Quelques-uns font remonter la *chymie* aux Hermès, aux Mercures trismégistes des Egyptiens & des Grecs ; mais que nous est-il resté des connoissances positives des anciennes nations ? des secrets que les chymistes d'alors cachèrent avec précaution ; qu'ils n'indiquoient que sous des formes & des expressions mystérieuses, & qui firent naître la secte des alchymistes.

Avouons cependant que la *chymie* doit de la reconnoissance à ces adeptes pour quelques produits heureux qu'ils retirèrent de leurs travaux, en s'écartant de la route qu'ils croyoient suivre pour parvenir à la découverte de l'or potable & de la panacée ou remède universel.

Théophraste, Paracelse, en 1541, & Jean-Baptiste Van-Helmont, en 1644, rendirent l'un & l'autre des services à la *chymie*, en l'appliquant spécialement à la médecine ; & malgré leur enthousiasme & leur persévérance dans la recherche d'un remède universel, la médecine leur a l'obligation d'avoir indiqué la manière de préparer d'excellens médicamens. Rhose, Roger-Bacon, Arnauld de Villeneuve, Basile Valentin, se réunirent à eux dans le dix-septième siècle, & ils augmentèrent nos connoissances de plusieurs découvertes importantes ; mais ces découvertes ne présentèrent que des faits isolés.

Stahl parut ; il posa la base d'une doctrine régulière, quoiqu'insignifiante & fondée sur une sup-

position que des observations exactes ont détruite. Cet illustre chymiste supposoit l'existence d'une substance élémentaire inflammable que les combustibles perdoient en brûlant, & qu'ils pouvoient reprendre à des corps plus combustibles qu'eux ; il le nomma *phlogistique :* mais ce phlogistique étoit un être imaginaire que différens chymistes cherchèrent à déterminer. Maquer le comparoit à la lumière & le croyoit sans pesanteur ; Meyer le supposoit composé de lumière, d'eau & d'un acide gras (*acidum pingue*) ; Kirwan le confondoit avec le gaz inflammable ; Gren & Richter le supposoient composé d'un principe inconnu & de calorique. Les métaux, en s'oxidant, perdoient leur phlogistique : c'étoit lui qui donnoit aux métaux leur brillant, au mercure sa fluidité, à l'acier sa fragilité, au diamant son éclat, aux pierres précieuses leur couleur ; enfin, on lui attribua tous les phénomènes que l'on ne pouvoit pas encore expliquer.

Ce premier pas fait, la *chymie* hypothétique se perfectionna. Boerhaave contribua beaucoup à l'étendre ; Maquer, Kirwan, Richter, l'appliquèrent à tous les faits connus de leur temps ; mais quelle distance il restoit encore entre cette *chymie* & la *chymie* exacte ! On ne voyoit dans les expériences que les phénomènes les plus saillans, les détails échappoient aux regards des opérateurs ; on ne tenoit compte, en aucune manière, des quantités de matières employées, ni de celles que l'on recueilloit ; on ne connoissoit ni les substances qui se vaporisoient, ni les vapeurs ou les gaz qui se combinoient. Il étoit réservé à Lavoisier de ramener la *chymie* au degré d'exactitude qu'elle devoit avoir ; il suffisoit de tenir compte, dans les expériences, des quantités de matières employées & de celles des produits obtenus. Ainsi, le jour où Lavoisier conçut le projet de mesurer & de peser toutes les substances, & de considérer une expérience comme une équation dans laquelle un des membres étoit composé de toutes les substances employées, & l'autre de toutes les substances obtenues, & de ne regarder comme bien exactes que les expériences dans lesquelles ces deux termes seroient égaux ; ce jour fut celui où la *chymie* exacte commença.

Alors les découvertes se multiplièrent ; il suffit de répéter les expériences anciennes avec ce soin, avec cette attention que Lavoisier avoit introduits, pour obtenir de nouveaux résultats. C'est de ce moment que la théorie de Stahl fut renversée, & que les Black, les Priestley, les Berthollet, les Bergman, les Cavendish, les Monge, les Guyton, concoururent, avec Lavoisier, à consolider les bases de la *chymie* nouvelle, & qu'elle a pu être placée enfin parmi les sciences exactes.

Bientôt on s'aperçut que la nomenclature incohérente de l'ancienne *chymie* ne pouvoit plus convenir à la *chymie* régénérée. Guyton de Morveau conçut l'heureuse idée de réformer ce langage & de lui en substituer un plus méthodique. A peine cette entreprise fut-elle commencée, que Lavoisier, Berthollet, Monge, Fourcroy, Haffenfratz, Adet, se réunirent au savant chymiste de Dijon, & l'on vit paroître cette nomenclature qui n'admet rien d'arbitraire, & s'adapte, non-seulement aux phénomènes connus, mais encore aux découvertes à faire.

Un long combat s'engagea entre les sectateurs de la *chymie* hypothétique de Stahl, modifiée d'après les nombreuses découvertes qui avoient eu lieu pendant la dernière moitié du dix-huitième siècle, & les partisans de la *chymie* exacte. Les premiers se rendirent successivement, & la seule *chymie* reconnue & généralement adoptée aujourd'hui est celle qui a pris naissance en France, & qui doit ses plus brillans succès aux chymistes français.

Cette *chymie* consiste principalement dans une connoissance parfaite de la nature & des propriétés des substances simples ou indécomposées, de leurs affinités ou des rapports d'attractions moléculaires qu'elles ont les unes sur les autres; de la différence d'action occasionnée par les proportions & les masses de chacune des substances mises en présence, des variations que produit l'état solide, liquide ou gazeux de chacune d'elles en particulier, enfin de leur action chymique; dans la connoissance des composés binaires, ternaires, quaternaires, &c., que procurent les combinaisons des substances simples, quelles que soient les proportions des substances qui les composent; enfin, de l'action chymique de ces diverses combinaisons les unes sur les autres.

Tant que les chymistes ne s'occuperont que des faits & qu'ils s'appuyeront constamment de l'expérience, ils contribueront à reculer les bornes de la science; mais craignons que des hommes qui n'ont jamais manipulé, qui ne connoissent les faits que par les descriptions qu'ils lisent ou qu'on leur en donne, qui sont habitués à tout expliquer sans sortir de leur cabinet, qui veulent tout soumettre à leur hypotèse, à l'analyse qu'ils lui appliquent; craignons enfin que les géomètres ne veulent se mêler parmi les chymistes, & substituer leurs formules aux faits nouveaux. Alors il sera difficile de prévoir les pas rétrogrades qu'ils feront faire à la science.

Loin de nous l'idée d'exclure les connoissances géométriques de la *chymie*; nous ne craignons que son abus. Autant un chymiste géomètre peut contribuer à l'avancement de la science, en n'employant que la géométrie qui lui est absolument nécessaire, autant ces géomètres exclusifs, qui soumettent tout aux calculs de leur cabinet, sont dangereux à la science. Il est encore une classe de savans bien plus dangereuse, c'est celle qui se compose d'hommes qui, incapables de donner à leurs expériences le degré de précision qu'elles exigent, soumettent cependant à une analyse délicate les résultats informes & inexacts qu'ils ont obtenus, & publient comme des vérités incontestables, les conséquences qu'ils en tirent.

CHYMIQUE (Affinité); affinitas; *verwandeschaft*. Tendance qu'ont les molécules des corps à se porter les unes vers les autres pour se combiner.

Si l'on mêle ensemble plusieurs corps simples ou composés, on aperçoit bientôt qu'il se forme des composés nouveaux, soit par l'union des substances simples entr'elles, soit par la décomposition des composés préexistans. Ainsi, en mêlant du muriate de baryte & du sulfate de soude, les deux sels se décomposent, & l'on voit se former deux composés nouveaux, du sulfate de baryte insoluble, d'une part, & du muriate de soude soluble, de l'autre; c'est à la différence d'*affinité* entre l'acide sulfurique, l'acide muriatique, la soude & la baryte, que l'on attribue ces décompositions & les compositions nouvelles.

Dès que l'on a pu concevoir qu'il existe des *affinités* différentes entre les molécules de tous les corps, on a conçu l'espérance de décomposer & de recomposer les corps à l'aide de ces *affinités*: il ne falloit que connoître leur rapport pour pouvoir exercer avec choix leurs influences mutuelles; mais comme ces rapports ne pouvoient être déterminés que par l'expérience, plusieurs chymistes s'en sont occupés avec plus ou moins de succès; alors ont paru les tables d'*affinités* de Geoffroy, Grosse, Geller, Clausier, Rudiger, Limbourg, Lesage, Marhers, de Fourcy, Bergman, Wiegleb, Machy, &c.

Parmi toutes ces tables, celles de Bergman se distinguent de toutes les autres par un grand nombre de substances & par beaucoup d'exactitude.

Mais quelle est cette force en vertu de laquelle les molécules des corps se portent les unes sur les autres, & établissent les différences dans leur action? est-elle la même que l'attraction planétaire? agit-elle à distance ou au contact seulement? Ici les opinions se sont partagées; & comme il est impossible d'apprécier la distance où l'action des molécules commence à s'exercer, un grand nombre de chymistes distingués ont pensé que l'attraction de composition devoit agir au point de contact & entre les dernières molécules des corps, de-là que les lois de cette attraction devoient être déterminées.

Quoiqu'il fût possible qu'il existât différentes lois d'attraction, cependant, comme il étoit inutile d'en admettre de nouvelles sans nécessité, on examina ce phénomène avec plus de soin, & la première remarque que l'on fit, c'est que les molécules des corps étant toutes séparées les unes des autres par le calorique, l'attraction moléculaire devoit agir à distance, quelque petites que fussent ces distances; alors plusieurs savans distingués, parmi lesquels se trouve le célebre géomètre de Laplace, pensèrent qu'il étoit possible que l'*affinité* moléculaire suivît la même loi que l'attraction planétaire. Pour le démontrer, ce dernier pose en principe, que l'espace occupé dans un corps, par ses molécules, est plusieurs millions de fois plus petit que celui occupé par les pores, ou vides que les molécules laissent entr'elles; de-là, que la densité de ces molécules étant plusieurs millions de fois plus grande que celle des corps qu'elles composent, elles peuvent très-bien agir à des distances infiniment petites, en raison directe des masses, & en raison inverse du carré des distances *Voyez* POROSITÉ, ATTRACTION, GRAVITATION, PESANTEUR.

Comme on obtient les compositions & les décompositions des corps, dans les opérations chymiques, en mettant en présence des substances simples & des substances composées, on divisa bientôt les *affinités*, & on leur donna des noms analogues aux actions qu'elles exerçoient; ainsi l'on eut des *affinités* de composition, de décomposition, d'agrégation, de cohésion, électives, simples, doubles, superflues, necessaires, complexes, quiescentes, divellentes, prédisposantes, &c. &c.

On ne fut pas long-temps à s'apercevoir que les effets obtenus dans un grand nombre d'expériences différoient de ceux qui dévoient résulter des lois connues des affinités; alors on rechercha la cause des anomalies, & Berthollet remarqua le premier que ces différences provenoient de ce que l'on attribuoit aux *affinités* seules des effets qui appartenoient à plusieurs causes, & il donna à l'ensemble de ces causes le non d'*action chymique*. On peut placer parmi ces causes, 1°. la quantité relative des corps entre lesquels la combinaison peut avoir lieu; 2°. les combinaisons dans lesquelles les corps peuvent être engagés; 3°. la cohésion; 4°. le calorique; 5° l'état électrique des corps: 6° la densité ou pesanteur spécifique; 7°. l'état solide, liquide ou gazeux sous lequel le corps se trouvent; 8°. la pesanteur, & 9°. l'*affinité*.

CHYMIQUE (Agent) : substances qui agissent dans les opérations *chymiques*, qui favorisent la composition, la décomposition des corps, & qui procurent les moyens de distinguer leurs propriétés. Ainsi, le calorique, l'eau, le charbon, les acides, les alcalis, &c. &c., sont des *agens chymiques*. *Voyez* RÉACTIF.

CHYMIQUE (Attraction); attractio; *verwandschaft*. Tendance que les molécules des corps ont à se porter les unes vers les autres. *Voyez* CHYMIQUE (Affinité).

CHYMIQUES (Ballons); vas recipiens sphæricæ figuræ; *ballons*. Très-gros matras ou bouteille ronde, de gros verre & à col étroit, qui sert de récipient dans plusieurs distillations ou opérations. *Voyez* BALLON CHYMIQUE.

CIAMOMÈTRE; cyanometrum; *kyanometer*; s. m. Instrument propre à mesurer l'intensité de la couleur bleu du ciel. *Voyez* CYANOMÈTRE.

CIEL; cœlum; *himmels*; s. m. Partie supérieure du Monde, qui environne tous les corps, & dans laquelle se meuvent les astres.

Sous le mot *ciel*, les Anciens concevoient particulièrement un orbe ou une région circulaire de l'espace qui environne la terre; aussi concevoient-ils autant de *cieux* différens qu'ils distinguoient de mouvemens dans les astres. Ainsi on comptoit sept *cieux* pour les sept planètes, & un huitième, qu'ils nommoient *le firmament* (*voyez* FIRMAMENT), étoit pour les étoiles fixes. Quelques-uns ont admis beaucoup d'autres *cieux*, d'après les diverses hypothèses qu'ils avoient adoptées. Eudoxe en admit vingt-cinq, Calippus trente, Regio Montanus vingt-trois, Aristote quarante-sept, Fracastor soixante-dix, &c.

Aujourd'hui, nous considerons comme *ciel* l'espace immense dans lequel les étoiles sont dispersées. Ces étoiles sont jugées à différentes distances, suivant l'intensité de la lumière qu'elles nous envoient. Ainsi Sirius, une des plus brillantes étoiles, est considérée comme étant la plus rapprochée de notre système planétaire.

Plusieurs astronomes pensent qu'il existe dans le *ciel* différens systèmes planétaires, analogues à celui dont la terre fait partie, & qu'il seroit possible que les étoiles doubles ou multiples qui paroissent se mouvoir autour d'un centre, appartinssent à des systèmes qui auroient plusieurs centres. *Voyez* ÉTOILES, SYSTÈME PLANÉTAIRE.

Il arrive souvent que le *ciel* ou l'espace occupé par les astres nous paroît bleu, quoiqu'il n'offre à nos yeux aucun corps éclairant ou éclairé, & que, dans ce cas, il dût nous paroître parfaitement noir, comme nous paroit un corps privé de lumiere. Cela vient de ce que ce n'est pas l'espace privé de lumière que nous voyons alors, mais la concavité de notre atmosphère qui nous renvoie des rayons bleus & violets, qui sont arrêtés & réfléchis par les molécules de l'air. *Voy.* COULEUR DU CIEL.

En astrologie, le *ciel* signifie l'influence des astres: ainsi il est contraire ou favorable selon que les astres benins ou malins ont présidé à la naissance.

Pour les anciens chimistes, le *ciel* étoit la partie la plus pure, la plus parfaite, la plus épurée des corps; c'étoit la quintescence des minéraux, des végétaux, des animaux.

Souvent le *ciel* se prend pour un climat, lorsqu'on dit: il est allé voyager sous un autre *ciel*; & quelquefois pour l'atmosphère, pour l'air: le *ciel* est serein.

CIEL (Arc-en-); arcus cœlestis; *regen bogen*. Couleurs variées, en forme d'arc, que l'on voit
quelquefois

quélquefois dans l'atmosphère. *Voyez* ARC-EN-CIEL, IRIS.

CIEL (Bleu du); cœlum azuréum. Couleur bleu du *ciel*. *Voyez* COULEUR BLEU DU CIEL.

CIEL (Pôles du); poli cœli. Points du *ciel* qui paroissent sans mouvement. *Voyez* PÔLES.

CIEN, Moss : petit poids de la Chine = 0,0075 livres, poids de marc, = 3,67 grammes. Il en faut dix pour faire un taylo, & cent soixante pour faire un kin.

CIERGE; *wasser herzen*; s. m. Jets d'eau élevés & perpendiculaires, fournis sur la même ligne par le même tuyau, qui, étant proportionné à leur quantité, à leur souche & à leur sortie, leur conserve toute la hauteur qu'ils doivent avoir.

CIEUX CRISTALLINS; cœli cristallini. *Cieux* sans astres que quelques astronomes, & entr'autres Alphonse, roi d'Espagne, ont imaginés pour expliquer quelques irrégularités qu'ils trouvoient au mouvement des astres.

CIL; cilium; *augha wen*; s. m. Poils qui garnissent les paupières.

Ceux de la paupière supérieure sont dirigés en bas, & ceux de la paupière inférieure sont dirigés en haut; de sorte qu'en s'écartant les uns des autres, ainsi que du globe de l'œil, ils garantissent ce dernier des impressions désagréables que lui causeroient, en s'y introduisant, les corpuscules qui voltigent dans l'atmosphère. Ils servent encore à écarter les rayons lumineux qui affecteroient trop vivement l'œil. Tant qu'ils conservent leur direction naturelle, quel qu'en soit d'ailleurs le nombre, l'organe visuel n'est nullement gêné par eux; mais s'ils s'écartent de cette direction, la lumière frappe alors trop vivement l'œil, d'où résulte le clignotement plus fréquent de la paupière supérieure.

CILIAIRE; ciliaris; *augenlieder*; adject. Nom donné par les anatomistes à un assez grand nombre de parties du corps humain. Ce mot signifie *ressemblant aux cils*.

CILIAIRES (Ligamens); *sternbar*. Cercle très-étroit, situé auprès de la cornée transparente, composé d'un tissu lanugineux, & abreuvé d'une mucosité blanchâtre. *Voy*. LIGAMENS CILIAIRES.

CILIAIRES (Productions) : replis très-déliés, aplatis, d'une longueur inégale, & disposés en manière de rayons ou de couronne autour du cristallin. *Voyez* PRODUCTIONS CILIAIRES, PROCÈS CILIAIRES.

CIMENT; cimentum; *kütt*; s. m. Matière glu-
Dict. de Phys. Tom. II.

tineule, tenace, propre à lier, unir, & faire tenir ensemble plusieurs pièces distinctes.

En maçonnerie, c'est un mélange de chaux vive & de sable, ou de pierres pulvérisées. On obtient autant de variétés de *cimens*, que l'on emploie de variétés de chaux & de pierres pulvérisées. Le meilleur se fait avec une chaux magnésienne, mélangée des produits volcaniques ou des scories pilées.

Celui des orfévres, des metteurs en œuvre, est un amalgame de brique pilée, de résine & d'acide.

Le *ciment* des chimistes est une poudre mouillée dont ils se servent pour purifier l'or, & en séparer les matières impures qui y sont mêlées; celui des ferroniers est de la poussière de charbon avec laquelle ils cémentent le fer, pour en obtenir de l'acier.

CINABRE, du grec κιναβρα; cinabrum; *zinnaber*; s. m. Combinaison de mercure & de soufre.

Cette combinaison est rouge, très-pesante, tantôt plus, tantôt moins brillante. Le rouge de *cinabre* n'a pas toujours la même nuance : il est quelquefois d'un rouge-foncé, d'autres fois d'un rouge-jaunâtre, & d'autres fois d'un brun-rougeâtre. Lorsque sa couleur est d'un rouge éclatant, le *cinabre* est alors intérieurement strié; autrement il est uni & compacte.

Il existe deux sortes de *cinabre*, l'un naturel & l'autre artificiel; leur densité & leurs composans diffèrent peu l'un de l'autre : leur densité varie entre 6,900 & 10,200, l'eau étant 1,000; leur composition varie également entre 0,80 & 0,85 de mercure. La couleur présente quelques différences qui proviennent, soit de la préparation, soit de l'oxidation du mercure, soit de la grosseur de ses morceaux. Le *cinabre* artificiel peut être obtenu par la voie sèche ou par la voie humide, & il est en conséquence plus ou moins compacte; ce qui apporte une différence dans sa couleur. Quoique Proust soit d'opinion que le mercure est à l'état métallique dans le *cinabre*, Payssé n'en pense pas moins que l'éclat du *cinabre* de la Chine & de celui de Hollande dépend d'un degré d'oxidation du mercure. En pulvérisant le *cinabre*, on augmente la quantité de lumière blanche qu'il réfléchit, & on lui donne ainsi beaucoup d'éclat.

Dès que le *cinabre* a été pulvérisé, il prend, dans le commerce, le nom de *vermillon*, du mot français *vermeil*, & du mot *vermiculus*, qui indiquoit autrefois la couleur rouge du kermès. *Voy*. VERMILLON.

Sa principale destination est la peinture; celui qu'on y emploie est souvent falsifié avec de la brique, du colcothar, du minium, du sang-dragon, du réalgar, &c.

CINCLÈSE; κινκλισις; cinclesa; *kincles*; s. f. Mouvement ou clignotement des paupières.

CINÉFIER ; cinefacere ; *ʒu aſche verbrennen.* Réduire en cendres un corps par le moyen du feu. *Voyeʒ* CINÉRATION.

CINÉRATION ; cineratio ; *verbrennung ʒu aſche* ſubſt. fém. Combuſtion des végétaux qu'on réduit en cendres, pour en retirer l'alcali qu'ils contiennent.

CINÉTHMIQUE ; κινηθμος. Science du mouvement en général.

CINQUINO : petite monnoie des États de Naples = 15 piccioli, = 30 caʀollo, = 0,105 livre tournois, = 10,37 centimes.

CINTAR : poids & numéraire d'Egypte. Le *cintar* poids = 100 rotules, = 1200 onces, = 9600 dragmes, = 45,66 livres poids de marc, = 22,457 grammes, = 22 kilogrammes 457 grammes. Le *cintar* monnoie = 100 onces d'or, = 5000 livres tournois, = 4938,5 francs.

CIRCOMPOLAIRES (Étoiles) ; ſtellæ circompolares. Etoiles placées près du pôle, qui tournent autour de lui ſans ſe coucher pour le point de l'horizon où ſe trouve l'obſervateur. *Voyeʒ* ÉTOILES CIRCOMPOLAIRES.

CIRCONFÉRENCE ; circonferentia ; *umkreis ;* f. f. Ligne courbe rentrante ſur elle-même, qui termine la ſuperficie d'une figure.

Dans un cercle, tous les points de la *circonférence* ſont également éloignés d'un autre point que l'on appelle *centre*. Ainſi, la ligne courbe BED FAGH, *fig.* 562, eſt une *circonférence* de cercle, parce que tous les points ſont également éloignés du centre C. (*Voyeʒ* CERCLE.) Dans une ellipse, la ſomme des deux lignes menées, de chaque point de la *circonférence* aux foyers, eſt égale à ſon grand diamètre. Ainſi, la courbe ABCDEGHIKL, *fig.* 511, eſt une *circonférence* d'ellipse, parce que la ſomme des deux lignes AF + Aƒ; BF + Bƒ; GF + Cƒ; DF + Dƒ, &c., eſt égale au diamètre MFſN.

On diviſe la *circonférence* du cercle, quelle que ſoit ſa grandeur, en trois cent ſoixante parties égales, qu'on nomme *degrés ;* ce nombre a été choiſi de préférence, parce qu'il a un très-grand nombre de diviſions. *Voyeʒ* DEGRES.

Si l'on développe la *circonférence* d'un cercle en ligne droite, on trouve que le rapport de cette droite avec le diamètre eſt à peu près comme 7 eſt à 22 d'après Archimède ; de 113 à 355 d'après Metrus ; de 100 à 314 d'après Viette & Huyghens, ou plus exactement comme 10000000000, &c., eſt à 31415926535ʒ58, &c. C'eſt la difficulté de trouver un rapport exact, entre le diamètre d'un cercle & ſa *circonférence*, qui empêche de donner rigoureuſement la quadrature du cercle ; mais les rapports obtenus ſont tellement approchés de la vérité, qu'une plus grande exactitude deviendroit inutile dans la pratique. *Voyeʒ* QUADRATURE DU CERCLE.

CIRCONSCRIPTION ; circumſcribo ; circumſcriptio ; *behut ſamkeit ;* f. f. L'action de circonſcrire une figure à une autre, un cercle à un polygone, ou un polygone à un cercle ou à toute autre figure.

Pour circonſcrire des polygones, tout conſiſte à mener à la courbe des tangentes qui ſe coupent ſucceſſivement.

L'aire d'un polygone circonſcrit à une courbe eſt plus grand que celui de la courbe, & l'aire d'un polygone inſcrit eſt plus petit. Le périmètre du premier polygone eſt plus grand que la circonférence, & celui du ſecond eſt plus petit. C'eſt d'après ce principe qu'Archimède eſt parvenu à trouver, avec une grande approximation, le rapport entre la circonférence & le diamètre d'un cercle, & par ſuite l'aire ou la quadrature de ce dernier.

CIRCONSCRIT ; circumſcriptus ; *umgranʒat, oder ; umſchreiben ;* adj. Nom donné à une figure qui en entoure une autre qui lui eſt inſcrite. *Voyeʒ* CIRCONSCRIPTION.

CIRCONSCRITE (Figure) ; figura circumſcripta ; *umgeben der figur.* Figure qui en enveloppe une autre. *Voyeʒ* FIGURE CIRCONSCRITE.

CIRCONVOISINS ; circumvicinus ; *umliegend ;* adj Corps qui en environnent d'autres, ou qui en ſont proches.

CIRCONVOLUTION ; circonvolutio ; *windung ;* f. f. Pluſieurs tours faits autour d'un centre commun.

Une ſurface peut être produite par la *circonvolution* d'une ligne, tel eſt le cercle ; un ſolide peut être produit par la *circonvolution* d'une ſurface, telle eſt la ſphère engendrée par la *circonvolution* d'un cercle : ici on emploie *circonvolution* au lieu de *révolution*.

CIRCULAIRE, de circumire, *aller autour ;* circularis ; *rund fœrmig ;* adj. Tout ce qui eſt rond, qui appartient au cercle, ou qui ſe fait en tournant autour d'un point.

On appelle *circulaire,* un arc ou une portion de la circonférence du cercle ; mouvement *circulaire,* le mouvement d'un corps dans la circonférence d'un cercle ; nombres *circulaires,* ceux dont la puiſſance finiſſant par le caractère même qui marque la racine, comme cinq, dont le carré eſt vingt-cinq, & le cube cent vingt-cinq.

CIRCULATION ; circulatio ; *umlauf, oder ;*

circulation ; f. f. Opération par laquelle les vapeurs ou liqueurs que la chaleur a fait monter, font obligées de retomber perpétuellement sur la substance dont elles ont été dégagées : on en a un exemple dans la circulation du sang. *Voyez* SANG.

CIRCULATION (Voie de). Ligne droite ou courbe que décrit le centre de gravité d'une ligne ou d'une surface qui, par son mouvement, engendre une surface ou un solide. *Voyez* VOIE DE CIRCULATION.

CIRCULATOIRE, de circumire, *aller autour;* circulatorium ; *circulat ; oder ; circular-gesœfs in der chymie.* Vaisseaux qui servent à la distillation par circulation.

CIRCULATOIRE (Mouvement); motus circulatorius. Mouvement d'un corps qui tourne autour d'un point. *Voyez* MOUVEMENT CIRCULATOIRE.

CIRCULATOIRE (Vitesse) ; acceleratio circulatoria; *circular-geschwindickeit.* Vitesse d'un corps qui tourne autour d'un point. *Voyez* VITESSE CIRCULATOIRE.

CIRCULER ; circumire; *umlaufen;* verb. neut. Mouvement d'un corps ou d'un point qui décrit une courbe ; ainsi, les planètes circulent autour du soleil, & les satellites autour des planètes. *Voyez* PLANÈTES, SATELLITES.

CIRCUMAMBIANT; circumambiens. Matière qui enveloppe un corps ; l'atmosphère qui environne la terre. *Voyez* AMBIANS.

CIRE ; cera; *wachs ;* f. f. Matière molle, jaunâtre, préparée par les abeilles avec les substances qu'elles retirent des fleurs.

Elle est insoluble dans l'eau, se fond à 48d.8 R.; est transparente après avoir été fondue, reprend son opacité par le refroidissement; se dissout dans vingt parties d'alcool bouillant. Sa pesanteur spécifique est de 0,960, & sa composition, carbone 0,514, oxigène 0,309, hydrogène 0,177 : elle perd sa couleur & son odeur au contact de l'air. La fusion de la cire blanche a lieu à 54d.4 R.

La *cire* ordinaire est produite par les abeilles ; c'est avec la *cire* qu'elles forment les alvéoles dans lesquelles elles enferment les œufs que pondent leurs reines. Une question que l'on a cru avoir résolue, est celle-ci : Quelle est la substance avec laquelle les abeilles préparent leur *cire* ? L'opinion commune est que les poussières dont les abeilles chargent leurs pattes, est la matière qui contient les principes de la *cire*, mais qu'il falloit que cette substance reçût une élaboration particulière dans le corps de l'abeille.

Huber & Burheus viennent de s'assurer que la poussière des anthères que les abeilles transportent, n'est employée que pour la nourriture propre des vers; que sans cette poussière les vers périssent. Huber a publié ses observations dans un *Mémoire sur l'origine de la cire*, dont les conclusions sont :

1°. Que la *cire* vient du miel ;

2°. Que le miel est encore pour les abeilles un aliment de première nécessité;

3°. Que le miel existe tout formé dans les fleurs, mais que les fleurs n'ont pas toujours du miel comme on l'avoit imaginé; que cette sécrétion est soumise aux variations de l'atmosphère, & que les jours où elle est abondante, sont très-rares dans nos climats;

4°. Que c'est la partie sucrée du miel qui met les abeilles en état de produire de la *cire* ;

5°. Que la cassonade produit plus de *cire* que le miel & que le sucre raffiné ;

6°. Que la poussière des étamines ne contient pas les principes de la *cire* ;

7°. Que ces poussières ne font pas la nourriture des abeilles adultes, & que ce n'est pas pour elles qu'elles font cette récolte;

8°. Que le pollen leur fournit le seul aliment qui convienne à leurs petits; mais il faut que cette matière subisse une élaboration particulière dans l'estomac des abeilles pour être convertie en un aliment approprié à leur sexe, à leur âge & à leurs besoins, puisque les meilleurs microscopes ne font pas voir les grains du pollen, ou leur enveloppe dans la bouillie que les ouvrières leur préparent.

CIRE A CACHETER ; cera signatoria ; *siegel wacks ; oder ; siegellack.* Cire employée pour cacheter les lettres. *Voyez* CIRE D'ESPAGNE.

CIRE ANIMALE ; cera animalis. Cire produite par la décomposition des matières animales. *Voyez* ADYPOCIRE.

CIRE DE L'OREILLE ; cerumen ; *ohrenschmalz.* Matière qui s'amasse dans le conduit auditif.

Cette *cire* est fournie par des glandes cérumineuses, ou la peau glanduleuse D, *fig.* 4;8, dont le conduit cartilagineux est revêtu. Ces glandes sont logées dans un réseau particulier, & placées au-dessous de la peau dans la portion membraneuse de ce conduit ; la peau est, dans cet endroit, percée d'une infinité de petits trous qui répondent à chacune de ces glandes.

On attribue à la *cire* ou espèce de glu qui se trouve dans le conduit de l'oreille, l'usage d'empêcher que la poussière, les ordures, les insectes qui voltigent dans l'air ne se collent à la peau du tambour, ce qui la rendroit moins capable de la mobilité délicate qui lui est nécessaire. Mais si cette *cire* a ses utilités, elle a aussi ses inconvéniens; car elle s'épaissit, se durcit quelquefois de telle forte, que l'ondulation de l'air ne passe pas jusqu'à la peau du tambour, & cause une surdité qu'on peut facilement guérir, pourvu que la matière ne soit pas pétrifiée. *Voyez* CERUMEN, OREILLE.

CIRE DES ABEILLES ; cera apum. *Cire* préparée par les abeilles avec des matières sucrées. *Voyez* CIRE.

CIRE D'ESPAGNE ; cera signatoria ; *sgellack*. *Cire* employée pour cacheter, soit des lettres, soit tout autre objet.

Elle est composée d'un mélange de gommé lacque, de térébentine, de colophane, que l'on colore avec différentes substances ; la rouge est colorée avec du cinabre & du minium.

Le frottement de cette *cire*, sur du drap, produit de l'électricité négative ou résineuse. *Voyez* BATON DE CIRE D'ESPAGNE, ÉLECTRICITÉ.

CIRE DES YEUX ; *angen wachs*. Matière qui s'amasse sur les bords des paupières, & qui est fournie par plusieurs petites glandes sébacées, logées dans l'épaisseur des cartilages nommés *tarses* (*voyez* TARSES), & dont les conduits extérieurs s'ouvrent aux bords des paupières. *Voy.* CHASSIE, ŒIL.

CIRE (Lumière produite par la) ; ceræ lumen ; *licht der brennen den w ckses*. Lumière obtenue en brûlant de la *cire* à la manière des chandelles. Les chandelles de *cire* se nomment *bougies*.

On a appris, par l'usage, que la *lumière de la cire* étoit plus blanche & plus agréable que celle du suif. Dans une expérience faite par Haffenfratz, sur la comparaison de la lumière produite par le suif & la *cire*, ce physicien a trouvé qu'une chandelle des cinq, ordinaire, placée à 10 décimètres de distance d'un plan, produisoit une lumière d'une intensité égale à celle d'une bougie des cinq, ordinaire, placée à 17 décimètres de distance du même plan ; d'où il suit que la lumière de la bougie est à celle de la chandelle, comme le carré de 17 est au carré de 19, cu comme 5 est à 6, environ ; mais la bougie a consumé, dans une heure, 174 grains de *cire*, & la chandelle 296 grains de suif, d'où l'on peut conclure que la même quantité de lumière a été produite par 35 grains de *cire* & 46 grains de suif. Si donc on vouloit évaluer la même quantité de lumière produite par la *cire* & par le suif, il suffiroit de multiplier les nombres 35 & 46 par la valeur de la *cire* & du suif ; mais ensuite il est convenable d'estimer les avantages de la *cire*, qui sont, 1°. de produire une lumière plus blanche ; 2°. de ne pas salir par la fumée ; 3°. de ne pas exhaler d'odeur désagréable ; 4°. de ne pas être obligé de moucher les chandelles qui en sont faites, & de donner en conséquence une lumière plus constante.

Quelques soins que l'on ait mis dans les expériences des lumières, comparées aux quantités de combustible brûlées, on observe tant d'anomalie dans les résultats obtenus, que l'on ne doit prendre qu'une moyenne entre plusieurs expériences. *Voyez* CHANDELLES, LUMIÈRE.

CIRE VÉGÉTALE ; cera vegetalis ; *wachs thums wachs*. *Cire* retirée des baies de quelques végétaux.

Plusieurs végétaux offrent une substance analogue à la *cire* : tels sont la fécule de la petite joubarbe, la fécule de choux. les figues, les pruneaux, les oranges ; les raisins sont couverts d'une couche *cireuse* ; mais les plantes qui produisent cette substance en plus grande abondance sont les *myrica cerifera*, *angustifolia*, *latifolia* & *cordifolia*.

Les *myrica* portent des baies grosses comme un grain de poivre ; lorsqu'on les presse entre les mains, il s'en sépare une poudre blanche qui est la substance *cireuse*.

Pour en retirer la *cire*, on fait bouillir les baies avec de l'eau ; on écume la *cire* qui vient nager à la surface, & on la fait passer à travers une toile. Lorsque la *cire* est desséchée, on la fait fondre, on la passe une seconde fois, & on lui donne la forme de gâteaux. Quatre livres de baies donnent à peu près une livre de *cire*.

Cette *cire* est d'un vert-pâle plus ou moins gris ; elle est naturellement-jaunâtre, mais la matière colorante des baies la rend verte : sa pesanteur spécifique est de 1,015 ; elle fond à une température de 33 d. 6 R. ; elle brûle avec une flamme blanche, sans beaucoup de fumée, en répandant une odeur agréable.

Le *myrica gallea* produit en France de la *cire* assez abondamment, quoiqu'en moins grande quantité que les *myrica* en Amérique. Tollard les a cultivés en France avec beaucoup de succès.

Humboldt & Bonpland ont décrit un arbre qu'ils ont nommé *ceroxylon andicola*, qui produit une substance composée de deux parties de résine sur une de *cire*. Les feuilles du palmier *cornubo* fournissent également de la *cire*.

CIRIER ; myrica ; *wachs baum*. Arbre qui porte de la cire ; ces arbres croissent abondamment en Amérique. *Voyez* CIRE VÉGÉTALE.

CISSOÏDE, de κισσος, lière ; & de ειδος, semblable ; cissois ; *cissoïde* ; f. f. Courbe algébrique imaginée par Dioclès.

Sur le diamètre A B, *fig.* 705 du demi-cercle A O B, soit tiré un perpendiculaire indéfini B C. Tirez ensuite, à volonté, les droites A H, A C, dans les deux quarts de cercle O N, O I, & faites A *m* = I H, & dans l'autre quart de cercle L C = A N, & les points *m* & L appartiendront à une courbe A *m* O L, qu'on appelle la *cissoïde de Dioclès*.

Cette courbe a plufieurs propriétés que l'on peut connoître dans le *Dictionnaire de Mathématiques* & dans l'*Application de l'algèbre à la géométrie de Guifnée*. Les Anciens faifoient ufage de la *ciffoïde* pour trouver deux moyennes proportionnelles entre deux droites données.

CISTRE : inftrument à cordes. *Voyez* SISTRE.

CITERNE, de χεω, renfermer; cifterna ; *citerne*; f. f. Réfervoir fouterrain fait par l'art, & deftiné à recevoir les eaux de la pluie & à les conferver pour les befoins de la vie.

Dans les endroits où les eaux de fontaine ou de puits ne font pas de bonne qualité, comme en Hollande, on conftruit des *citernes* pour fe procurer l'eau néceffaire pour la boiffon, &c. Ces eaux font très-bonnes, & fouvent meilleures que celles de fontaine, car elles ne font pas autant chargées de fubftances étrangères.

On prétend que les plus belles *citernes* qu'il y ait au monde, font à Conftantinople ; on en voit deux en allant de la mofquée du fultan Selim aux murs de la ville; l'une d'elles a fa voûte portée fur deux rangs de 212 piliers chacun. Ces piliers, qui ont deux pieds de diamètre, font plantés circulairement & en rayons qui tendent à celui qui eft au centre. Entre ces *citernes* il y a une très-belle église grecque.

Non-feulement les *citernes* peuvent fervir pour conferver l'eau, mais on peut encore les employer avec avantage pour conferver les vins, les huiles & tous autres liquides qui n'attaquent pas le mortier ou le plâtre dont eft enduit leur intérieur. Les *citernes* pour conferver les vins exiftent depuis fort long-temps ; en 1784 on en voyoit encore dans la maifon dite des *Tonneaux-lè.-Tours*, fituée à mi côte, près de Tours, qui avoient été conftruites fous Louis XI. Dans la brûlerie de Volignac, près de Montpellier, on y conferve les vins dans des *citernes* contenant feize muids environ ; enfin, les frères Duhamel en avoient fait conftruire dans leur habitation de Denainvilier près Pithiviers. Fongeroux de Bondarois a fait quelques obfervations fur ces *citernes;* nous allons en rendre un compte fommaire : on peut, pour les détails, lire fon Mémoire dans le *Journal de Phyfique*, année 1785. tom. I, pag. 366.

De 37 poinçons de vin mis dans la *citerne* le 30 octobre 1782, on retira, le 8 janvier 1784, 33 poinçons de vin clair, & environ un poinçon tant de lie que de vin trouble ; c'eft $\frac{3}{37}$ de perte par imbibition & évaporation; le vin étoit parfaitement clair, & d'une qualité égale à celui qui avoit été confervé dans des tonneaux pour terme de comparaifon. On obferve que l'on a perdu dans les tonneaux $\frac{4}{37}$ du vin, parmi lefquels il y avoit moins d'un quart, tant en lie qu'en vin trouble, ce qui porte à $\frac{3}{37}$, comme dans la *citerne*, la perte du vin par la feule évaporation, & cela

fans comprendre les accidens qui pourroient être occafionnés par la rupture des cercles, &c.

Quant à la diminution dans la *citerne*, il paroît qu'elle tient à quelques caufes d'infiltration que l'on auroit pu empêcher.

Un inconvénient de la confervation des vins dans les *citernes*, c'eft, à ce qu'il paroît, d'après les expériences de Fongeroux de Bondarois, qu'il eft plus difpofé à fe décolorer que dans les tonneaux.

CITOLE : ancien inftrument de mufique.

CITRATES, de κιτρια; citras; *citronen gefaücrte;* f. m. Combinaifon de l'acide citrique avec différentes bafes.

On connoît un grand nombre de ces combinaifons. Les *citrates* alcalins d'ammoniaque, de potaffe & de foude, font folubles dans l'eau ; ceux de magnéfie & de ftrontiane font également folubles dans l'eau ; les *citrates* de chaux & de baryte font infolubles, & celui de glucine eft peu foluble.

Vauquelin a déterminé les proportions des compofans des trois *citrates* alcalins, des *citrates* de baryte, de chaux & de magnéfie, ainfi que celles des *citrates* d'argent & de zinc. Voici quelles font ces proportions.

CITRATES	ACIDE CITRIQUE.	BASE.
d'ammoniaque...	63,57	34,43
de potaffe.....	55,55	44,45
de foude.	60,7	39,3
de baryte......	50	50
de chaux	62,66	37,34
de magnéfie	66,66	33,34
d'argent.......	36	64
de zinc........	50	50

CITRIQUE (Acide) ; acidum citricum; *citronen fœure;* f. m. Acide exiftant dans le fuc de citron.

L'*acide citrique* eft inaltérable à l'air ; fa faveur eft très-aiguë; il fe criftallife en prifmes à faces rhomboïdales, dont les angles font inclinés de 20. degrés 60 minutes; les prifmes font terminés, aux deux fommets, par des faces trapézoïdales; il fe diffout dans 75 parties d'eau à 9°7 R.; l'eau bouillante en diffout le double de fon poids; la folution fe décompofe à la longue ; expofé au feu, l'*acide citrique* fe boursfouffle, exhale des vapeurs âcres; il refte un peu de charbon.

Cet *acide* eft compofé de carbone, d'hydrogène & d'oxigène. On s'en fert dans la teinture des foies, dans l'imprimerie des cotons, pour enlever les taches de rouille.

Pour l'obtenir pur, on fature le fuc de citron

avec du carbonate de chaux, & l'on fépare la chaux par l'acide fulfurique.

On fait, dans la partie méridionale de l'Europe, du citrate de chaux que l'on envoie dans la partie feptentrionale, pour en retirer l'acide ; par ce moyen, l'*acide citrique* revient, dans ces parties, à un prix beaucoup moindre que fi on le retiroit des citrons.

CIVIL ; *civilis* ; *buegerlich* ; adj. Ce qui regarde l'ordre, la police, le bien public, le repos des citoyens.

CIVIL (Jour) ; *dies civilis* ; *buegerlich tage.* Temps pendant lequel le foleil paroît faire le tour de la terre, en allant d'orient en occident. *Voyez* JOUR CIVIL, JOUR ASTRONOM'QUE.

CIVIL (Mois) ; *menfis civilis* ; *buegerlich monath.* Divifion convenue de l'année en douze parties inégales, l'une de vingt-huit ou vingt-neuf jours, les autres de trente & trente-un jours. *Voy.* MOIS CIVIL.

CIVILE (Année) ; *annus civilis* ; *buegerlich jahr.* Efpace de temps compofé de 365 & de 366 jours. *Voyez* ANNEE CIVILE.

CLAIR, de κλω, καλω ; *clarus* ; *klar* ; adjectif relatif à la quantité de rayons lumineux qu'un corps envoie, réfléchit ou laiffe pénétrer.

Ainfi on dit des couleurs *claires*, une eau *claire*, un verre *clair*, une étoffe *claire*. Une couleur eft d'autant plus *claire* que fa teinte eft plus foible, plus voifine du blanc, & que la quantité de lumière blanche réfléchie eft plus confidérable ; ainfi un morceau de cinabre eft moins *clair* que le cinabre pulvérifé, parce que ce dernier ayant un plus grand nombre de points brillans, réfléchit plus de lumière blanche. *Voyez* POINT BRILLANT.

Une eau, un verre, font d'autant plus *clairs* qu'ils font plus diaphanes, qu'ils laiffent un paffage plus libre & plus facile aux rayons de lumière, qu'ils en interceptent moins pendant que la lumière les traverfe, & qu'ils en réfléchiffent moins à la furface. *Voyez* DIAPH. NEITE.

Moins une étoffe contient de parties folides, plus les efpaces entre les fils qui la compofent font grands, plus elle préfente de vides à travers lefquels la lumière peut pénétrer, plus l'étoffe eft *claire*.

CLAIR-OBSCUR ; *hell dunckle.* Effet de la lumière confidérée en elle-même, c'eft-à-dire, rendant les objets qu'elle frappe plus ou moins *clairs* par fes diverfes incidences, ou les laiffant plus ou moins obfcurs lorfqu'ils en font privés.

Ce font encore les dégradations de lumière & d'ombre, & leurs divers rejailliffemens, qui occaffonnent ce que l'on nomme *reflet*.

CLAIRON ; *lituus* ; *klarin* ; f. m. Efpèce de trompette qui a un fon plus aigu que les trompettes ordinaires ; il a auffi le tube plus étroit que celui de ces derniers inftrumens.

Cet inftrument fervoit autrefois comme de deffus à plufieurs trompettes, fonnant en taille ou baffe-contre. Il paroît avoir été apporté en Europe par les Maures ; il étoit en ufage dans la Caroline.

CLAIRON D'ARGENT ; *zinken, oder, trompetten regifter.* Jeu d'orgues de quatre pieds de long, accordé à l'octave de la trompette, & qui, de même qu'elle, fe termine par en haut, en s'élargiffant par l'endroit qu'on nomme *le pavillon*.

CLAPET ; *clapetum* ; *klappen* ; f. m Efpèce de petite foupape qui fe lève & qui fe ferme par le moyen d'une charnière ; on la fait de bois, de fer ou de cuivre.

Les *clapets* peuvent être placés, foit dans des foufflets, foit dans des pompes, foit dans des conduits d'eau, &c. Dans les foufflets, ce font ordinairement des morceaux de bois recouverts de peau, qui fe meuvent à charnière fur l'ouverture par laquelle l'air entre ; dans les pompes, ce font des petites plaques de métal, garnies par-deffous d'un morceau de cuir, dont on laiffe excéder une partie par laquelle on l'attache fur le trou que l'on veut boucher par fon moyen, & qui lui laiffe la liberté de s'elever ou de s'abaiffer alternativement.

Ainfi, A B, *fig.* 625, qui fe meut à charnière fur le point C, pour boucher ou ouvrir l'orifice E D, eft un *clapet* ; on peut concevoir fon mouvement, en fuppofant un pifton dans la partie fupérieure du tuyau de pompe M M. En élevant le pifton, il fe forme un vide au-deffus du *clapet* ; le fluide placé dans la partie inférieure, étant moins preffé, monte, foulève & ouvre le *clapet* pour fe répandre dans la partie fupérieure ; en abaiffant le pifton, on comprime le fluide, & le *clapet* fe ferme ; ce fluide, comprimé dans la partie fupérieure, s'échappe par des ouvertures ; en levant de nouveau le pifton, on détermine le fluide inférieur à foulever le *clapet*, & le mouvement du *clapet* fe continue conformément au mouvement du pifton.

CLAQUEMENT DU FOUET ; *flagelli crepitus* ; *peitfch klatfchen* ; f. m Bruit que les fouets produifent en les mouvant avec une grande viteffe pour leur faire choquer l'air avec violence.

Voici comme Monge explique ce *claquement*, « Le bruit du fouet eft encore un effet analogue à celui que nous décrivons (le tonnerre) ; car la mèche du fouet, aplatie en forme de cuiller, & retirée fubitement, entraîne avec elle une petite maffe d'air, & forme un vide fubit ; ce vide donne lieu à une précipitation d'eau & à la formation d'un petit nuage, d'un pouce de volume, que l'on aperçoit facilement quand le fond du tableau eſt ſombre, & l'air environnant qui ſe preſſe pour remplir le vide, produit, en ſe choquant, un bruit dont l'éclat dépend de la rapidité du mouvement & de l'intenſité du vide, s'il eſt permis de parler ainſi. Voyez BRUIT DU TONNERRE.

CLARIFICATION; clarificatio; *ablaüderung*; ſ. f. Opération par laquelle on ſouſtrait d'un liquide ce qui en trouble la tranſparence.

On emploie pour cet objet différens moyens, ſuivant la nature des liquides ſur leſquels on veut agir; tels ſont le repos, la filtration, l'action de la lumière & de la chaleur, & l'addition d'une ſubſtance, la gélatine, le blanc d'œuf, le charbon, l'alcool, l'alun, le carbonate de chaux, les acides.

Le repos eſt employé lorſque les ſubſtances qui troublent la tranſparence ſont ſuſpendues, & qu'elles ſont plus peſantes ou plus légères que le liquide; on filtre lorſque l'une des ſubſtances peut paſſer à travers les pores du filtre, tandis que les autres ſont arrêtées; la chaleur eſt employée quand l'une des ſubſtances eſt coagulable & qu'elle peut entraîner les impuretés en ſe ſolidifiant; c'eſt dans ce ſens que l'on fait uſage de la gélatine, du blanc d'œuf, du ſang; le charbon clarifie en agiſſant mécaniquement comme les filtres, & chimiquement ſur des ſubſtances graſſes & odorantes; enfin, l'alcool, l'alun, &c., en agiſſant chimiquement ſur les ſubſtances.

CLARINETTE; ſoni acutioris major tibia; *klarinet*; ſ. f. Inſtrument à anche, dont la longueur eſt à peu près celle du hautbois, mais d'un diamètre un peu plus fort & égal partout.

L'anche des *clarinettes* n'eſt pas comme celle des baſſons ou hautbois; ce n'eſt qu'une mince platine de corne, attachée avec de la ficelle à la partie ſupérieure de l'embouchure, qui, animée par le ſouffle, donne à cet inſtrument un ſon ſingulier. Dans les bas, c'eſt le ſon du chalumeau, & dans les hauts, qui ne ſont point des octaves, comme dans les autres inſtrumens à vent, mais des quintes au-deſſus des octaves, il a le ſon d'une trompette adoucie.

Cet inſtrument nous eſt venu d'Eſpagne, où il faiſoit partie de la muſique militaire. Les *clarinettes*, jouées avec goût & intelligence, font un bel effet dans la ſymphonie.

CLARTÉ; claritas; *klareith*; ſ. f. Lumière, éclat; la *clarté* du ſoleil efface toute autre lumière.

CLAVECIN; clavici modulus; *clavier*; ſ. m. Inſtrument de muſique à cordes, compoſé d'une caiſſe de bois de ſix pieds & demi de long, ſur laquelle ſont tendues des cordes de métal.

Ces cordes ſont de deux eſpèces: celles de deſſus ſont de fil de fer très-fin, & celles des baſſes, qui ſont plus groſſes, ſont de fil de laiton. Il y a, ſur le devant du *clavecin*, un clavier qui a

autant de touches que l'inſtrument a de cordes. Quand on applique le doigt ſur l'extrémité antérieure de l'une de ces touches, ſon extrémité poſtérieure s'élève & fait élever, dans la même proportion, une lame de bois nommée *ſautereau*, qui eſt armée d'une petite pointe de plume de corbeau. Ce petit morceau de plume concentre la corde; il la frappe & lui fait rendre un ſon, comme ſi elle étoit pincée avec l'ongle. Voyez ÉPINETTE, MONOCORDE, CLAVICORDE, FORTE-PIANO.

CLAVECIN DE L'OREILLE. Lame ſpirale qui ſépare les deux rampes du limaçon, & qui tourne en vis autour de ſon noyau.

Cette lame, *fig.* 446, eſt compoſée de fibres nerveuſes qui, partant de la circonférence, tendent vers le centre. Cette lame eſt plus large dans ſa partie inférieure 4, & va en diminuant de largeur juſqu'au haut 6; d'où il ſuit que toutes les fibres tranſverſales qui compoſent la partie membraneuſe 4, 5, 6, ſont toujours, comme les cordes d'un *clavecin*, de plus courtes en plus courtes, & ſont, par conſéquent, ſuſceptibles de différentes nuances de célérité de vibration. Ces fibres nerveuſes ſont donc toujours prêtes à recevoir les vibrations de quelques tons que ce ſoit; de ſorte que les tons les plus graves n'ébranlent que les fibres les plus longues, qui ſont à leur uniſſon, tandis que les plus aigus n'ébranlent que les fibres les plus courtes. Cette lame fait donc vraiment l'office d'un *clavecin*.

Tous les phyſiologiſtes s'accordent à regarder cette membrane comme la cauſe immédiate de la perception du ſon, non-ſeulement à cauſe de la différence de longueur des fibres tranſverſales, mais encore à cauſe des ſurdités partielles que l'on obſerve dans quelques individus. Il en eſt, par exemple, qui ne ſont ſourds que pour les ſons graves, d'autres pour les ſons aigus: ils attribuent ces ſurdités à des paralyſies ou à des maladies particulières de quelques portions de la membrane. Enfin, les limites des ſons graves & des ſons aigus entendus, qui diffèrent dans chaque perſonne, ſont encore attribuées aux limites de longueur des fibres tranſverſales qui doivent faire percevoir ces différens ſons.

CLAVECIN ÉLECTRIQUE; clavici modulus electricus; *clavier electriſche*. Inſtrument imaginé par P. Laborde en 1761, & qui eſt mis en mouvement par l'électricité.

Pour ſe faire une idée de ce *clavecin*, imaginez deux rangées de timbres métalliques diſpoſés ſuivant l'ordre du diapaſon, & formant enſemble deux octaves. Chaque timbre, pris dans une file, répond à un timbre dans l'autre file, avec lequel il eſt à l'uniſſon; afin que le ſon des deux timbres ſoit le même, l'une des files eſt ſuſceptible d'être électriſée par de petits conducteurs, qui s'en approchent, en touchant, fur le clavier de l'inflrument, la touche correfpondante. Auffitôt le timbre électrifé attire fon petit battoir & le repouffe contre le timbre analogue, & non électrifé ; de forte qu'en pofant convenablement les doigts fur les touches, on produit les fons que l'on defire, de manière à pouvoir faire fonner un air.

On conçoit facilement combien cet inflrument doit'être borné dans fon fervice, & qu'il ne peut être plus étendu pour l'efpèce des airs, que les carillons ordinaires qu'on adapte aux horloges ou aux pendules : celui-ci toutefois a cet avantage, qu'on n'eft point borné à tel ou tel air en particulier, comme on l'eft par le cylindre ou le tambour d'un carillon ; mais auffi il exige que celui qui veut le faire jouer, foit affez inflruit pour toucher du clavier.

Au refte, le mécanifme du *clavecin électrique* a beaucoup d'analogie avec le carillon électrique, & le principe & la théorie du fon & du mouvement font les mêmes de part & d'autre. *Voyez* CARILLON ELECTRIQUE.

CLAVECIN OCULAIRE; clavicus oculatus; *far ben clavier.* Inflrument imaginé par le P. Caftel, jéfuite, pour donner à l'ame, par les yeux, des fenfations de mélodie & d'harmonie des couleurs auffi agréables que celles de la mélodie & de l'harmonie des fons.

Newton ayant trouvé que les efpaces occupés dans le fpectre coloré, par les couleurs tranchées du violet, de l'indigo, du bleu, du vert, du jaune, de l'orange & du rouge, répondoient aux divifions du monocorde *re*, *mi*, *fa*, *fol*, *la*, *fi*, *ut*, *re*, le P. Caftel imagina de repréfenter aux yeux des fuites de couleurs analogues aux fons que l'oreille perçoit.

Après avoir ordonné les couleurs dans l'ordre de l'octave chromatique, en introduifant des teintes intermédiaires, il vouloit que l'on conftruisit un *clavecin* tel, qu'en enfonçant la touche *ut*, au lieu d'un fon produit, on vit paroître une bande bleue ; en enfonçant la touche *re*, on vit paroître une bande verte, &c.; il vouloit également qu'il y eût plufieurs octaves, telles que les couleurs de l'une fuffent différentes des couleurs de l'autre ; & comme l'oreille diftingue douze octaves, il vouloit également que l'on pût appercevoir douze octaves de couleurs, depuis les plus foncées jufqu'aux plus claires : il efpéroit que l'on pourroit produire, par ce moyen, une mufique oculaire auffi agréable pour les yeux, que la mufique ordinaire l'eft pour des oreilles bien organifées ; il penfoit enfin que l'on pourroit traduire une pièce de mufique en couleurs, pour l'ufage des fourds.

« Concevez-vous, dit le P. Caftel, ce que ce fera qu'une chambre tapiffée de rigaudons, de menuets, de farabandes & de paffacailles, de fonates & de cantates, &, fi vous le voulez bien,

d'une repréfentation complète de tout un opéra ? Ayez vos couleurs bien diapafonnées, & rangées fur une même toile, dans la fuite, la combinaifon & le mélange précis des tons, des parties & des accords d'une pièce de mufique que vous voulez peindre, en obfervant toutes les valeurs, fyncopes, foupirs, croches, blanches, &c., & rangeant toutes les parties par ordre de contre-point...

» Ce *clavecin*, ajoute-t-il, eft une grande école pour les peintres, qui pourront y trouver tous les fecrets des combinaifons des couleurs, & de ce qu'ils appellent le *clair obfcur*. Mais nos tapifferies harmoniques auront auffi leurs avantages; car on pourra y contempler à loifir ce qu'on ne peut jufqu'ici qu'entendre rapidement, en paffant & fans réflexion. Et quel plaifir de voir les couleurs dans une difpofition vraiment harmonique, & dans cette variété infinie de difpofition que l'harmonie nous fournit !.... Il y a certainement un deffin dans une pièce de mufique, mais il n'eft pas affez fenfible quand on la joue rapidement. L'œil la contemplera ici à loifir ; il verra le concert, le contrafte de toutes fes parties, l'effet de l'une contre l'autre, les figures, les imitations, les expofitions, l'enchaînement des cadences, le progrès de la modulation. Et croyez-vous que ces endroits pathétiques, ces grands traits d'harmonie, ces changemens inefpérés de tons, qui caufent à tout moment des fufpenfions, des langueurs, des émotions, & mille fortes de péripéties dans l'ame qui s'y abandonne, perdent rien de leur énergie, en paffant des oreilles aux yeux ? Il fera curieux de voir les fourds s'écrier aux mêmes endroits où les aveugles fe récrieront.....

» On peut faire un jeu de toutes fortes de figures humaines angeliques, animales, volatiles, reptiles, aquatiques, quadrupèdes, même géométriques. On pourra, par un fimple jeu, démontrer toute la fuite des élemens d'Euclide ! ! !.... »

Peut-on pouffer plus loin l'imagination & l'enthoufiafme ? Qui ne fe feroit pas attendu à voir une merveille dans le *clavecin oculaire* du P. Caftel ? Malheureufement toutes ces belles promeffes fe font évanouies. Prefque toute fa vie s'eft écoulée dans la conftruction de cet inflrument qui n'a pas réuffi. Ce *clavecin*, fabriqué à grands frais, n'a rempli aucune des attentes de l'auteur ni du public. En effet, s'il y a quelqu analogie entre les couleurs & les fons, il y a tant d'autres points fur lefquels ils different, qu'il n'y a pas lieu de s'étonner que ce projet ait échoué.

CLAVI-CYLINDRE; clavici cylindrus; f. m. Inflrument à touches de même forme à peu près que le forté-piano, mais dont les dimenfions font plus petites.

On joue de cet inflrument en faifant tourner, au moyen d'une manivelle à pédale munie d'un petit volant, un cylindre de verre placé dans la caiffe, entre l'extrémité intérieure des touches & la la planche de derrière l'inftrument. Ce cylindre, de même longueur que le *clavier*, lui eft parallèle, & en abaiffant les touches, on fait frotter contre fa furface les corps qui produifent les fons.

Cet inftrument, quant à la qualité & au timbre du fon, a beaucoup d'analogie avec l'harmonica, fans exciter, comme celui-ci, dans le fyftème nerveux, un agacement & une irritation très-fenfible dans quelques individus, & qui les mettoit en état de fouffrance. Le *clavi-cylindre* a encore, fur l'harmonica, l'avantage d'une graduation d'intenfité de fons mieux nuancée entre les deffus & les baffes. Il eft même, à cet égard, fupérieur au bourdon, celui des jeux de l'orgue de la chambre, auquel on pourroit le comparer.

Mais de quelle nature font les corps fonores de cet inftrument ? C'eft un fecret du mécanifme intérieur que l'auteur, Chladni, cache aux curieux. Le cylindre feul eft vifible. L'auteur affure que l'accord de cet inftrument eft inaltérable lorfque fes parties intérieures ont été, une fois pour toutes, ajuftées & réglées.

. CLAVICORDE, de l'italien *clavicordio*; clavicordum. Inftrument qui n'a qu'une feule corde. *Voyez* MONOCORDE.

Cet inftrument, très-rare en France, mais très-commun dans la haute Allemagne, eft fort agréable quand on le joue feul. Le fon en eft extrêmement doux, parce que ce n'eft pas le pincement d'une plume, comme au clavecin, qui fait frémir la corde, mais une petite lame de laiton fichée dans la partie poftérieure du clavier, qui, en élevant la corde, la fait réfonner.

. CLAVIER, de clavis, *clef*; organi mufici pinnæ; *clavier*; f. m. Portée générale, ou fomme de fons, de tout le fyftème qui réfulte de la pofition relative des trois clefs.

. D'après cette pofition, le *clavier* a une étendue de douze lignes, & par conféquent de vingt-quatre degrés, ou trois octaves & une quarte. Tout ce qui excède en haut ou en bas cet efpace, ne peut fe noter qu'à l'aide d'une ou de plufieurs lignes poftiches ou accidentelles, ajoutées aux cinq qui compofent la portée d'une clef.

CLAVIER : affemblage de touches par le moyen defquelles on fait réfonner les orgues, les clavecins, les épinettes, &c. Il y en a plufieurs dans les grandes orgues : l'une pour faire jouer le pofitif, l'autre le grand corps, une troifième le petit cornet, une quatrième le cornet d'écho, &c.

CLAVIUS (Chriftophe), favant mathématicien du feizième fiècle.

Né à Bamberg, envoyé à Rome par les Jéfuites, à l'Ordre defquels il étoit agrégé, il fut employé par le pape Grégoire XIII pour la réforme du calendrier, &, par fuite, chargé par le même Pon-

tife de défendre cette réforme contre les attaques virulentes des Proteftans; on l'appela l'*Euclide* de fon fiècle. Il mourut à Rome, à l'âge de 75 ans. Cet éloge n'empêcha point qu'il ne fût accablé de ces injures groffières que fe permettoient encore les favans, & ce font probablement ces injures qui ont donné lieu à la fable répandue fur le genre de fa mort. On a prétendu qu'il avoit été tué par un bœuf fauvage. Au refte, le favant Bailly nous apprend que *Clavius* avoit été chargé de tous les calculs néceffaires à la perfection de calendrier : c'eft nous donner le mot de la plate allégorie que les rivaux de *Clavius* fe permirent à fon égard.

CLÉDONISME, de κληδων, *bruit*; cledonifmus; *cledonifm*. Efpèce de divination qui fe tire des paroles que l'on prononce. *Voyez* DIVINATION.

CLEF; κλεις; clavis; *fchlaffel*; f. f. Inftrument fait ordinairement de fer ou d'acier, pour ouvrir une ferrure.

CLEF, *en mufique*, eft un caractère qui fe met au commencement d'une portée, pour déterminer le degré d'élévation de cette portée dans le clavier général, & indiquer les noms de toutes les notes qu'elle contient dans la ligne des *clefs*.

On a remarqué que la portée de toutes les voix, graves & aiguës, ne formoit pas plus de trois octaves & une quarte; que les vingt-quatre notes du clavier pouvoient être contenues dans douze lignes : d'où il fuit que, pour noter de la mufique fur toutes les portées, il faudroit un efpace de douze lignes. Afin d'éviter cette multitude de lignes, on a divifé les voix en fept claffes, & le clavier en trois portées; alors on a formé trois *clefs* qui font à la quarte l'une de l'autre. A l'aide de ces trois *clefs*, tout le clavier peut être noté dans cinq lignes : ces trois *clefs* font celle de *fa* ou *F ut fa*; celle d'*ut* ou *C fol ut*, & celle de *fol* ou *G ré fol*. D'après cela, la *clef* de *fa* eft employée pour les voix graves, celle de *fol* pour les voix aiguës, & celle d'*ut* pour les termes. Lorfque ces fortes de voix fortent des limites des cinq lignes de leur *clef*, on emploie des lignes poftiches pour écrire les notes qu'elles doivent exécuter.

. Ainfi, de quelque caractère que puiffe être une voix ou un inftrument, pourvu que fon étendue n'excède pas, à l'aigu ou au grave, celle du clavier général, on peut, dans ce nombre, lui trouver une portée & une *clef* convenable.

Si l'on vouloit rapporter une *clef* à une autre, il faudroit les infcrire toutes deux fur le clavier général, au moyen duquel on voit ce que chaque note de l'une des *clefs* eft à l'égard de l'autre. On peut, par ce mécanifme, placer telle note qu'on voudra de la gamme fur une ligne ou fur un efpace quelconque de la portée, puifqu'on a le choix de huit différentes pofitions, nombre des notes de l'octave.

CLEF DE ROBINET; papilla. Efpèce de cône tronqué de métal, qui fert à fermer une ouverture.

. Ce cône, *fig. 582 (a)*, auquel on a joint une tête *a b*, afin de le faire tourner aifément, eft percé d'un trou *c d* qui le traverfe de part en part, pour faciliter le paffage du fluide qu'il retient : ce robinet a deux ouvertures ; l'une droite, *c d*, qui laiffe paffer le fluide de haut en bas, & l'autre coudée, qui laiffe fortir le fluide horizontalement.

CLÉIDOMANCIE, de κλαις, *clef*, & μαντια, *divination* ; cleidomantia ; *cleidomantie* ; fub. fém. Divination qui fe pratiquoit par le moyen des clefs : on ignore comment elle fe faifoit. *Voyez* DIVINATION.

CLÉOSTRATE étoit de Ténédos, & vivoit dans la 71e. olympiade, fous le règne de Tarquin-le-Superbe.

Cenforinus rapporte que quelques écrivains le croyoient le premier auteur de l'octaétéride, période luni-folaire, attribuée plus communément à Eudoxe. *Cléoftrate* fit connoître les fignes du zodiaque, & principalement ceux du bélier & du fagittaire. Dans ce paffage, un commentateur a cru voir la première idée du mouvement de préceffion qui déplace les conftellations & les fait avancer continuellement dans le zodiaque. Cette conjecture eft tout-à-fait dénuée de fondement, & ce qu'on fait de *Cléoftrate* fe réduit à peu de chofe.

CLEPSYDRE, de κλεπτω, fe dérober, & υδορ, *eau* ; clepfydra ; *clef fyder, oaer, waffer uhr* ; f. f. Horloge d'eau dont les Anciens fe fervoient pour mefurer le temps.

On attache à ces horloges différentes figures ornées & variées, foit pour en impofer aux yeux, foit pour former un fpectacle agréable. La queftion, réduite aux principes d'hydrodynamique, eft de favoir mefurer le temps que la furface d'un fluide emploie à s'abaiffer d'une hauteur propofée, dans un vafe d'une certaine forme & par une ouverture donnée. C'eft par l'écoulement de l'eau que les Egyptiens avoient cherché originairement à mefurer le temps. L'ufage de la *clepfydre* a fubfifté chez eux pendant un grand nombre de fiècles.

C'eft auffi par le moyen des horloges d'eau que les aftronomes chinois fupputoient les intervalles de temps qui s'écoulent entre le paffage d'une étoile par le méridien, le coucher ou le lever du foleil, la grandeur des jours, &c.

Quelques perfonnes croient que les *clepfydres* furent inventées fous les Ptolémées, rois d'Egypte. Vitruve les fait remonter à Ctéfius. Pline attribue l'invention des *clepfydres* romaines à Scipion Nafica.

CLEPSYDRE : vaiffeau de terre de l'invention de Comiers, dans lequel il fe fait un jet d'eau par un mécanifme femblable à celui de la fontaine d'Hiéron. *Voyez* FONTAINE D'HIÉRON.

CLEPSYDRE : inftrument de mufique à tuyaux, inventé par Clefibius, barbier de profeffion.

Cette efpèce d'orgue hydraulique, affez femblable, par fa figure, à un autel rond, contenoit plufieurs tuyaux dont les orifices étoient tournés vers l'eau ; en forte que, quand on agitoit ce liquide, le vent que cette eau produifoit, faifoit rendre un fon doux aux tuyaux : il y avoit des efpèces de balanciers qui paffoient au-delà de l'inftrument. *Voyez* CLESIBIUS.

CLÉROMANCIE, de κληρος, *fort*, & μαντια, *divination* ; cleromantia ; *cleromantie* ; f. f. Sorte de divination qui fe fait par le jet des dés ou des offelets, dont on confidère les points ou les marques. *Voyez* DIVINATION.

CLIMACTÉRIQUE (Année), de κλιμαξ, *échelle* ; annus climactericus ; *ftufen jahr*. Année dangereufe à paffer, où on eft en danger de mort, au dire des aftrologues.

Les uns croient que les années *climactériques* arrivent tous les neuf ans, parce qu'il fe fait une révolution dans les individus ; d'autres dans les produits du nombre 7 par les impairs 3, 5, 7, 9 ; d'autres enfin, & c'eft le plus grand nombre, appellent *climactériques* les 49e., 56e., 63e., 91e. & 105e. années de la vie.

Il paroît que cette doctrine eft due à Pythagore, qui prétendoit expliquer les lois de l'organifation animale par la puiffance des nombres. Quelqu'obfcure que foit cette doctrine, on ne peut fe diffimuler qu'il eft des époques *climactériques* où la vie humaine court plus de chances que dans d'autres. Ces époques ont lieu, dans l'enfance, à l'âge de fept ans, environ ; dans l'adolefcence, à l'âge de quatorze à quinze ans ; dans la virilité, à l'âge de trente-quatre à trente-fix ans ; enfin, à quarante-cinq ans, environ. Ces années, variables dans chaque individu, ont lieu à certaines révolutions qui arrivent à des époques déterminées par le tempérament & la conftitution de chacun.

CLIMAT, de κλιμα, *inclinaifon du ciel* ; clima ; *clima* ; fub. maf. Efpace de terre compris entre deux cercles parallèles à l'équateur, & dans lequel la durée du plus long jour, au folftice d'été, diffère en plus ou en moins de celle des plus longs jours des deux autres efpaces dans lequel il eft placé.

On diftingue des *climats d'heures* & des *climats de mois*. Les *climats d'heures* font ceux dont la durée du plus long jour diffère d'une demi-heure de celle du plus long jour des *climats* entre lefquels ils font placés.

On compte vingt-quatre *climats d'heures* & six *climats de mois*, depuis l'équateur jusqu'aux pôles. Le premier *climat a'heures* est l'espace compris entre l'équateur & le parallèle où le plus long jour d'été est de 12 heures 30 minutes, c'est-à-dire, de 30 minutes de plus sous l'équateur ; de sorte que le milieu du premier *climat d'heures* a 12 heures 15 minutes de jour, & sa fin 12 heures 30 minutes au solstice d'été. Le second *climat d'heures* est l'espace compris entre le parallèle où le plus long jour d'été est de 12 heures 30 minutes, & le parallèle où le plus long jour d'été est de 13 heures ; de sorte que le milieu de ce *climat* a 12 heures 45 minutes de jour au solstice d'été. Le milieu du troisième *climat d'heures* a 13 heures 15 minutes de jour, & sa fin 13 heures 30 minutes ; & ainsi de suite de tous les autres *climats d'heures*, dont le plus long jour d'été est toujours d'une demi-heure de plus que le plus long jour du *climat* qui le précède, jusqu'au vingt quatrième *climat d'heures*, dont le milieu a 23 heures 45 minutes de jour, & la fin 24 heures au solstice d'été, comme on peut le voir par la table suivante, dans laquelle sont marqués le commencement, le milieu & la fin de chaque *climat d'heures*, avec la durée du plus long jour & la latitude de chacun, ainsi que le nombre de degrés & de minutes que contient chaque *climat*, le tout suivant Varenius.

Table des climats d'heures suivant Varenius.

Nos.	Epoques.	Plus long jour.	Latitude	Étendue.
	Commencement..	12 h. 0'	0 d. 0'	
1.	Milieu	12 15	4 15	8 25'
	Fin	12 30	8 25	
2.	Milieu	12 45	12 38	8 0
	Fin	13 0	16 25	
3.	Milieu	13 15	20 15	7 25
	Fin	13 30	23 50	
4.	Milieu	13 45	27 40	6 30
	Fin	14 0	30 20	
5.	Milieu	14 15	33 40	6 8
	Fin	14 30	36 28	
6.	Milieu	14 45	39 2	4 54
	Fin	15 0	41 22	
7.	Milieu	15 15	43 32	4 7
	Fin	15 30	45 29	
8.	Milieu	15 45	47 20	3 22
	Fin	16 0	49 1	
9.	Milieu	16 15	50 33	2 57
	Fin	16 30	51 58	
10.	Milieu	16 45	53 17	2 22
	Fin	17 0	54 20	
11.	Milieu	17 15	55 34	2 17
	Fin	17 30	56 37	
12.	Milieu	17 45	57 34	1 49
	Fin	18 0	58 26	

Suite de la table des climats d'heures suivant Varenius.

Nos.	Epoques.	Plus long jour.	Latitude	Étendue
13.	Milieu	18 h. 15'	59 d. 14'	1 d. 33'
	Fin	18 30	59 57	
14.	Milieu	18 45	60 40	1 19
	Fin	19 0	61 18	
15.	Milieu	19 15	61 53	1 7
	Fin	19 30	62 25	
16.	Milieu	19 45	62 54	0 57
	Fin	20 0	63 22	
17.	Milieu	20 15	63 46	0 44
	Fin	20 30	64 6	
18.	Milieu	20 45	64 30	0 44
	Fin	21 0	64 49	
19.	Milieu	21 15	65 6	0 32
	Fin	21 30	65 21	
20.	Milieu	21 45	65 35	0 26
	Fin	22 0	65 47	
21.	Milieu	22 15	65 57	0 19
	Fin	22 30	66 14	
22.	Milieu	22 45	66 14	0 14
	Fin	23 0	66 20	
23.	Milieu	23 15	66 25	0 8
	Fin	23 30	66 28	
24.	Milieu	23 45	66 30	0 3
	Fin	24 0	66 31	

Il faut remarquer que, dans la table précédente, on n'a marqué le commencement que du premier *climat*, parce que celui des suivans est déterminé par la fin de celui qui les précède. Ainsi, la fin du premier *climat* est le commencement du second ; la fin du second est le commencement du troisième, & ainsi de suite des autres.

Les Anciens ne comptèrent d'abord que sept *climats d'heures*, qui s'étendoient jusqu'au parallèle où le plus long jour d'été est de 16 heures ; car ils connoissoient peu de terres à de plus grandes latitudes. On en a compté ensuite jusqu'à 23, mais on plaçoit le premier entre le parallèle où le plus long jour d'été a 12 heures 45 minutes, & le parallèle où le plus long jour d'été a 13 heures 15 minutes ; de sorte que le milieu du premier *climat* avoit 13 heures de jour au solstice d'été ; le milieu du second 13 heures 30 minutes ; le milieu du troisième 14 heures, &c. : mais par-là il restoit vers l'équateur une assez grande étendue de terrain qui ne se trouvoit en aucun *climat*. Il vaut donc mieux, comme l'a fait Varenius, placer le commencement du premier *climat* à l'équateur même.

On compte, comme nous l'avons dit, six *climats de mois* vers chacun des pôles. Le premier est l'espace compris entre le cercle polaire & le parallèle où le plus long jour est d'un mois au solstice d'été ; le second s'étend depuis ce parallèle jusqu'à celui où le plus long jour est de deux mois ;

& ainſi des autres juſqu'au ſixième, qui ſe termine préciſément au pôle, où le jour eſt de ſix mois. *Voyez* la table ſuivante, où eſt marquée la fin de chaque *climat de mois*, avec la latitude & la durée du plus long jour, ainſi que le nombre de degrés & de minutes que contient chaque *climat*.

Table des climats de mois d'après Varenius.

CLIMATS.	PLUS LONG JOUR.	LATITUDE.	ÉTENDUE.	
0.	Un jour.....	66 d. 31'	0 d.	0'
1.	Un mois.....	67 30	0	59
2.	Deux mois...	69 30	2	0
3.	Trois mois...	73 20	3	50
4.	Quatre mois .	78 20	5	0
5.	Cinq mois ...	84 0	5	40
6.	Six mois	90 0	6	0

Il faut faire attention que la durée des jours n'eſt marquée, dans ces deux tables, que relativement à la préſence réelle du ſoleil dans l'hoizon, & ſans avoir égard à l'effet de la réfraction, qui alonge cette durée.

Au moyen de ces deux tables précédentes, il eſt aiſé de ſavoir en quel *climat d'heures* ou de *mois* ſe trouve tel ou tel lieu de la terre. Connoiſſant les degrés de latitude de ce lieu, on n'a qu'à chercher ce degré, ou celui qui en approche le plus, dans la troiſième colonne, où ſont marquées les latitudes, & l'on trouvera à côté le *climat*, ainſi que la durée du plus long jour qui y répond. Par exemple, la latitude de Paris eſt de 48° 30'; ce nombre cherché dans la table, apprend que cette ville eſt entre le milieu & la fin du huitième *climat*, & que la durée du plus long jour y eſt d'environ 16 heures. On connoîtra de même le *climat* & la latitude d'un lieu dont on connoît d'ailleurs la durée du plus long jour au ſolſtice d'été.

CLIMAT D'HEURES; clima horarum; *ſlunden clima.* Eſpace de terre compris entre deux parallèles à l'équateur, dans lequel la durée du plus long jour eſt de 12 heures à 12 heures 30', & de 12 heures 30' à 13 heures, &c. *Voyez* CLIMAT.

CLIMAT DE MOIS; clima menſium; *monatiſche clima.* Eſpace de terre compris entre deux parallèles à l'équateur, dans lequel la durée de l'apparence du ſoleil eſt de 24 heures pendant un mois, deux mois, &c. *Voyez* CLIMAT.

CLIMATS (Température des); climatum temperatura; *temperatur der clima.* Température exiſtante dans chaque *climat*.

Chaque point du globe de la terre eſt échauffé par la préſence du ſoleil, & refroidi pendant ſon abſence. De ce principe il réſulte que chaque point

de la terre ſera d'autant plus échauffé, 1°. qu'il recevra plus de rayons ſolaires; 2°. que la préſence de cet aſtre aura une plus longue durée.

Si le ſoleil étoit dans le plan prolongé de l'équateur, il renverroit, ſur chaque latitude, des quantités de rayons proportionnelles au coſinus de la latitude. Le mouvement apparent du ſoleil de l'un à l'autre tropique produit à la vérité quelques variations qui dépendent de la poſition du ſoleil; mais comme ces variations ſont, les unes en plus & les autres en moins, on regarde aſſez généralement l'action ſolaire comme proportionelle au coſinus de la latitude. Si cette ſeule cauſe d'échauffement exiſtoit, on voit que, dans tous les temps, la *température des climats* iroit en décroiſſant de l'équateur au pôle.

Mais la durée de la préſence du ſoleil varie dans chaque *climat*; elle eſt plus grande l'été, à meſure que l'on s'éloigne de l'équateur; elle eſt plus petite l'hiver, à meſure que l'on s'éloigne également de l'équateur : cette variation dans la longueur du jour l'été & l'hiver, ſous chaque latitude, doit néceſſairement apporter des modifications dans la température des différens *climats*. Dans l'été, par exemple, la plus haute température de la terre ſur le bord de la mer, ſous toutes les latitudes, a été eſtimée par Mairan de 26° R. environ. Les plus grandes élévations que l'on obſerve dans l'intérieur des terres, celles qui exiſtent dans les déſerts de l'Arabie, ſur les bords du Sénégal, tiennent à des cauſes particulières. Prevot s'eſt aſſuré que du 47e. au 71e. d. de latitude, la chaleur ſolaire, à l'époque du mois de juillet, étoit partout preſqu'égale à elle-même. Il n'en eſt pas de même du minimum de température l'hiver; il éprouve des variations conſidérables de l'équateur aux pôles. Sous l'équateur, on obſerve peu de différence entre la température de l'été & celle de l'hiver, au pôle, elle eſt immenſe : ainſi ce ne peut être, ni par le maximum, ni par le minimum de température obſervé ſous chaque latitude, que l'on peut déterminer celle des *climats*, mais par une température moyenne provenant des obſervations annuelles faites dans chaque lieu.

Pour avoir la température moyenne d'un lieu, on prend ordinairement la ſomme des températures extrêmes ou moyennes obſervées tous les jours, pendant une année, ſur un point donné de la terre, laquelle ſomme eſt diviſée par le nombre des obſervations; mais ici, les difficultés vont croître ſelon l'exactitude que l'on voudra mettre pour obtenir cette moyenne de température : d'abord, ſur tous les points du même parallèle, la température éprouve des variations par une ſoule de cauſes locales. Il faudroit prendre la température moyenne ſur un grand nombre de points, puis prendre une moyenne entre toutes ces températures Comme la température n'eſt pas égale chaque année, on pourroit ſe demander de la température de quelle année on doit faire uſage.

Pour donner une idée de cette variation, nous allons rapporter la moyenne des observations thermométriques faites à Marseille par de Saint-Jacques, pendant huit années.

TABLE de la chaleur moyenne observée à Marseille pendant huit années.

ANNÉES.	DEGRÉS de Réaumur.	MOYENNE de deux ans.	MOYENNE de quatre ans.
1772	12 d. 8′	12 d. 2′	11 d. 85′
1773	11 8		
1774	11 8	11 5	
1778	11 2		
1779	10 4	10 55	11 60
1780	10 7		
1781	12 0	12 65	
1782	13 3		

On voit que, pendant ces huit années, la température moyenne a varié de 10° 4′ à 13° 3′; conséquemment de près de 3°, & que la moyenne des huit années est de 11° 72′ environ.

Cette difficulté que présente la détermination de la température moyenne sous chaque latitude, a fait imaginer des hypothèses plus ou moins ingénieuses pour l'obtenir. Mayer, supposant que la diminution de la température moyenne est comme le carré du sinus de la latitude, posant ensuite qu'à l'équateur, la chaleur moyenne est de 24 d. R. & aux pôles = 0; ce savant déduit la température moyenne dans toutes les latitudes de cette formule $\frac{1}{2}\pi C^2 = \frac{1}{2}\pi(1 - S^2)$: c'est ainsi qu'il a formé la table suivante de la température moyenne de diverses latitudes.

LATITUDE.	Therm. de R.	LATITUDE.	Therm. de R.
0°	24°	50°	10°
5	$23\frac{3}{4}$	55	8
10	$23\frac{1}{4}$	60	6
15	$22\frac{1}{2}$	65	$4\frac{1}{4}$
20	$21\frac{1}{4}$	70	$2\frac{3}{4}$
25	$19\frac{1}{4}$	75	$1\frac{1}{2}$
30	18	80	$0\frac{3}{4}$
35	16	85	$0\frac{1}{4}$
40	14	90	0
45	12		

L'équation qui a donné ce résultat est fondée sur ce principe, que la diminution de température moyenne du pôle à l'équateur a lieu en progression arithmétique, ou, pour parler plus correctement, les termes qui expriment la température annuelle de toutes les latitudes sont autant de moyens arithmétiques entre la température annuelle à l'équateur & la température moyenne annuelle au pôle.

Kirwan a cherché à simplifier l'équation de Mayer; & au lieu de partir de l'hypothèse des deux températures moyennes au pôle & à l'équateur, il a fait entrer, comme constantes, les températures moyennes déduites d'observations faites à deux latitudes différentes. Voici en quoi consiste la méthode de Kirwan.

Soit m = la température moyenne à l'équateur, & celle du pôle = $m - n$; soit φ toute autre latitude : la température moyenne annuelle de cette latitude sera = $(m - n)$ sin. φ^2. Si donc on connoît la température moyenne de deux latitudes quelconques, on trouvera facilement les valeurs de m & de n.

Or, les températures moyennes des 40e. & 50e. degrés de latitude nord sont, d'après les meilleures observations, savoir, de 16°,72 centig. pour la température du 40e. degré, & de 11°,61 centig. pour celle du 50e. Le carré du sinus de 40° est d'environ 0,419, & le carré du sinus de 50° est de 0,586; donc

$m - 0{,}419\,n = 16°{,}72$, & $m - 0{,}586\,n = 11°{,}610$.

En comparant ensemble ces deux valeurs de m, on aura $16°{,}72 + 0{,}419\,n = 11°{,}610 + 0{,}586\,n$. En tirant de cette équation la valeur de n, on la trouvera de 30° environ, & par conséquent celle de m sera près de 29°,45 centig.; la température moyenne à l'équateur sera donc de 29,45, & celle au pôle de 29°,45 — 30° = — 0,55. Ainsi, pour avoir la température moyenne pour chaque degré de latitude, il suffit de trouver quatre-vingt-huit moyens arithmétiques entre — 0,55 & 29°,45 centig. Ce fut de cette manière que Kirwan calcula la table suivante.

TABLE de température moyenne, annuelle, de la situation prise comme terme de comparaison dans chaque latitude.

LATITUDE.	TEMPÉRATURE centigrade.	TEMPÉRATURE de Réaumur.
90°.	— 0°,55	— 4°,44
89	— 0,53	— 0,42
88	— 0,50	— 0,40
87	— 0,49	— 0,29
86	— 0,44	— 0,35
85	— 0,33	— 0,26
84	— 0,28	— 0,22
83	— 0,17	— 0,15
82	— 0	— 0
81	+ 0,11	+ 0,9

LATITUDE.	TEMPERATURE		LATITUDE.	TEMPERATURE	
	centigrade.	de Réaumur.		centigrade.	de Réaumur.
80°	+ 0,33°	+ 0,26°	25	..23,61°	..18,89°
79	+ 0,50	+ 0,4	24	..24,11	..19,29
78	+ 0,66	+ 0,53	23	..24,39	..19,51
77	+ 0,94	+ 0,79	22	..24,72	..19,78
76	+ 1,17	+ 0,94	21	..25,11	..20,09
75	+ 1,39	+ 1,11	20	..25,40	..20,32
74	+ 1,66	+ 1,33	19	..25,72	..20,58
73	+ 1,94	+ 1,55	18	..26,05	..20,84
72	.. 2,22	.. 1,78	17	..26,33	..21,06
71	.. 2,55	.. 2,09	16	..26,61	..21,29
70	.. 2,90	...2,32	15	..26,88	..21,50
69	.. 3,22	.. 2,59	14	..27,11	..21,69
68	.. 3,55	.. 2,84	13	..27,39	..21,91
67	.. 3,94	.. 3,07	12	..27,61	..22,09
66	.. 4,28	.. 3,42	11	..27,77	..22,22
65	.. 4,66	.. 3,73	10	..27,94	..22,35
64	.. 5,11	.. 4,09	9	..28,17	..22,54
63	.. 5,50	.. 4,40	8	..28,27	..22,62
62	.. 5,94	.. 4,75	7	..28,44	..22,75
61	.. 6,39	.. 5,11	6	..28,55	..22,84
60	.. 6,83	.. 5,46	5	..28,68	..23,04
59	.. 7,27	.. 5,82	4	..29,00	..23,20
58	.. 7,66	.. 6,13	3	..29,11	..23,29
57	.. 8,17	.. 6,54	2	..29,27	..23,42
56	.. 8,61	.. 6,89	1		
55	.. 9,11	.. 7,29	0	..29,45	..23,56
54	.. 9,55	.. 7,64			
53	..10,11	.. 8,09			
52	..10,61	.. 8,49			
51	..11,33	.. 9,06			
50	..11,61	.. 9,29			
49	..12,11	.. 9,69			
48	..12,61	..10,25			
47	..13,11	..10,49			
46	..13,55	..10,84			
45	..14,16	..11,33			
44	..14,66	..11,73			
43	..15,22	..12,18			
42	..15,72	..12,58			
41	..16,22	..12,98			
40	..16,66	..13,33			
39	..17,22	..13,78			
38	..17,72	..14,18			
37	..18,22	..14,58			
36	..18,72	..14,98			
35	..19,11	..15,30			
34	..19,66	..15,73			
33	..20,16	..16,13			
32	..20,61	..16,49			
31	..21,05	..16,84			
30	..21,50	..17,20			
29	..21,94	..17,55			
28	..22,39	..17,91			
27	..22,66	..18.13			
26	..23,22	..18,58			

Cette table ne se rapporte cependant qu'à la température de l'atmosphère de l'Océan, désignée sous le nom d'*Océan atlantique*, située entre le 80e. d. de latitude nord & le 45e. d. de latitude sud, & pour toute cette partie de l'Océan pacifique qui s'étend du 45e. d. de latitude nord au 40e. d. de latitude sud, & du 20e. d. au 275e. d. de longitude de Londres Kirwan a choisi de préférence cette portion de l'Océan pour établir ses comparaisons de température, toutes les autres parties de l'Océan étant sujettes à des anomalies.

Daubuisson est parti, depuis, d'une autre hypothèse ; c'est que la chaleur d'un lieu est proportionnelle à l'action solaire, & que celle-ci est proportionnelle au co-sinus de la latitude, élevée à la puissance dont l'exposant est $2\frac{1}{4}$.

Si l'accroissement de température du pôle à l'équateur suivoit le même rapport, on auroit pour l'expression de la température d'un lieu dont la latitude seroit x,

$$P + \frac{a}{\cos.^{2\frac{1}{4}} b} - x \cos.^{2\frac{1}{4}} x,$$

P étant l'expression de la température au pôle, a celle à un point connu, & b la latitude à ce point.

Daubuisson a calculé, d'après cette formule, les températures moyennes de plusieurs lieux connus où l'on peut déterminer cette température par l'expérience ; mais comme il n'exiſtoit pas d'obſervations météorologiques en aſſez grand nombre dans ces divers lieux, il a ſuppoſé que la température du ſol à 10 ou 12 mètres de profondeur, devoit être égale à la température moyenne. (*Voyez* CHALEUR DU GLOBE, TEMPÉRATURE DU GLOBE.) Alors il a pu comparer, dans le tableau ſuivant, les températures calculées aux températures obſervées.

LIEUX de l'obſervation.	Latitude.	TEMPERATURE.	
		Obſerv.	Calculs.
Le Caire.......	30°	18°,0	17°,8
Paris..........	48,50	9,6	9,6
Londres.......	51,29	8,8	8,5
Corke........	51,54	8,5	8,3
Talamore......	53,12	7,1	7,8
Dublin........	53,20	7,7	7,7
Armagh........	54,20	6,9	7,3
Eniſcoo.......	54,48	7,4	7,1
Londonderry....	55,0	6,6	7,0
Bally-Caſtle....	55,12	7,1	7,0
Stockholm.....	59,20	6,0	5,4
Tornéo........	65,51	2,5	3,3
Wadſoé.......	70,20	1,8	2,1

On peut, en comparant enſemble ces trois ſortes de tables, dreſſées d'après des conſidérations hypothétiques, juger de leur rapprochement & de leurs écarts.

Kirwan fait ſur les températures annuelles des *climats*, les remarques ſuivantes :

1°. La température varie fort peu à 10 deg. du pôle ; elle eſt toujours la même à 10 degrés de l'équateur.

2°. Les températures des diverſes années diffèrent très-peu entr'elles proche de l'équateur ; mais elles différent de plus en plus, à meſure que les latitudes approchent des pôles.

3°. On voit rarement de la glace au-deſſous du 35°. degré de latitude, à moins que ce ne ſoit dans un lieu très-élevé ; & on a rarement de la grêle au-deſſous du 60°. degré de latitude.

4°. Il dégèle ordinairement entre le 35°. & le 55°. degré de latitude, dans les pays qui bordent la mer, lorſque le ſoleil eſt élevé de 40 degrés ; & il gèle rarement juſqu'à ce que le ſoleil ſoit au-deſſous de 40 degrés.

5°. Le mois de janvier eſt le plus froid ſous toutes les latitudes ; le mois de juillet eſt le plus chaud dans les latitudes au-deſſus de 48 degrés, & le mois d'août dans celles qui ſont au-deſſous.

6°. Dans les plus grandes latitudes, ſurtout vers les 59°. & 60°. degrés, on y voit communément des chaleurs moyennes de 20 à 22 deg. R. La cha-

leur moyenne de juillet eſt toujours au-deſſus de 13 deg. R.

7°. Sous chaque température habitée il exiſte, au moins pendant deux mois, une température moyenne de 17 deg. R. néceſſaire pour mûrir les ſemailles. Dans le Nord elles mûriſſent très-vîte, parce que les jours ſont fort longs. La pluie n'y eſt pas abſolument néceſſaire, parce que le terrain eſt abreuvé de neige fondue.

8°. Le grand nombre de lacs & de hautes montagnes diſtribuées irrégulièrement ſur la ſurface de la terre, modifient le froid dans les grandes latitudes & la chaleur dans les petites. La ſeule abſence des eaux rend inhabitable l'intérieur de l'Aſie & de l'Afrique. Sans les Alpes, les Pyrénées & les Apennins, l'Italie & la France n'auroient pas un *climat* ſi doux. C'eſt à leurs montagnes que l'on doit la température ſupportable que l'on éprouve à la Jamaïque, à Saint-Domingue, à Sumatra & dans les îles ſituées entre les tropiques.

9°. Enfin, les raiſins mûriſſent difficilement dans les environs de Londres, & l'on ne peut y faire de vin, quoique l'on en récolte à Paris. Cependant l'hiver de Londres eſt plus doux que celui de Paris ; mais la chaleur d'avril à octobre n'eſt pas auſſi grande que dans cette dernière ville. On voit par les diverſes productions de chaque pays, qu'il eſt des *climats* plus favorables à la production de certains fruits.

Tous les phyſiciens ſont perſuadés que les *climats* de l'hémiſphère auſtral ſont plus froids que ceux de l'hémiſphère boréal. En effet, on voit dans cet hémiſphère les glaces, qui n'occupent au nord qu'environ 9 degrés depuis le pôle, s'étendre au ſud de 18 à 20 degrés, puiſque Cook, ayant fait le tour preſqu'entier de cette zone auſtrale, a trouvé partout des glaces, & n'a pu pénétrer nulle part au-delà du 71°. degré, & cela dans un ſeul point du nord-oueſt de l'extrémité de l'Amérique. Les appendices de cette immenſe glacière du pôle antarctique s'étendent même juſqu'au 60°. degré en pluſieurs lieux, & les énormes glaçons qui ſe détachent, voyagent juſqu'au 50°. & même juſqu'au 48°. degré en certains endroits.

On attribue ce plus grand froid à la moindre étendue de terre dans l'hémiſphère auſtral que dans l'hémiſphère boréal, & cela parce que la chaleur des rayons ſolaires ſe combine plus facilement avec la terre qu'avec l'eau, & que, par cette raiſon, le ſol doit s'échauffer plus facilement que la mer.

Malgré ces conſidérations, Kirwan avoue que, de l'équateur au 40°. degré de latitude, la température de l'hémiſphère auſtral ſemble être exactement la même que celle des parallèles correſpondans du côté du nord. A la vérité, cette étendue eſt couverte de terre, & la chaleur ſe combinant également dans le ſol de part & d'autre, il doit en réſulter un équilibre de température qui ne doit pas s'étendre plus loin, à caufe des vaftes mers qui couvrent les hautes latitudes Il croit enfin que l'abfence de la terre rend probable que les hivers antarctiques font plus doux que les hivers arctiques, du moins fur terre.

Une queftion d'un grand intérêt paroît fe préfenter. La température des *climats* a-t-elle toujours été la même? Les opinions femblent partagées. Une table publiée par Toaldo, fur la température moyenne de Padoue, fembleroit prouver que la chaleur y diminuoit graduellement; la température moyenne étoit:

De 1725 à 1730, de............. 14°,4 R.
    1731—1736................. 14,2
    1737—1742................. 13,2
    1743—1748................. 13,0
    1749—1754................. 12,2
    1755—1760................. 12,5
    1761—1769................. 11,5
    1770—1774................. 10,3
    1775—1779................. 9,8

Cette obfervation paroît confirmée par la remarque, 1°. que l'on ne cultive plus de vignes aujourd'hui dans beaucoup de pays où l'on récoltoit autrefois d'affez bon vin, tels, par exemple, qu'en Angleterre, au temps de Profper; cet Empereur permit aux habitans de cette île de planter & de cultiver des vignes; 2°. que les Groënlandais & les Iflandais cultivoient autrefois des grains, & que ce ne fut que vers le quatorzième fiècle que les Iflandais abandonnèrent cette culture; 3°. que la récolte étoit faite autrefois à des époques plus avancées qu'aujourd'hui, puifque, dans le feizième fiècle, le vin étoit déjà dans les tonneaux le 8 octobre, que les raifins étoient mûrs vers la fin de feptembre, tandis que ce n'eft plus aujourd'hui que du 8 au 20 octobre qu'elle commence; enfin que, dans ce même fiècle, les blés étoient mûrs & les prés fauchés au commencement de mai (1).

D'un autre côté, il paroît prouvé que le froid étoit plus grand en hiver qu'il ne l'eft aujourd'hui. Diodore de Sicile dit que Céfar, pour traverfer du Languedoc en Auvergne, fut obligé de fe frayer un paffage dans les neiges des Cévennes, qui avoient fix pieds d'épaiffeur. Virgile nous montre, en plufieurs endroits de fes Géorgiques, que l'hiver étoit bien plus rude en Italie qu'il ne l'eft à préfent, quand il décrit les précautions que l'on doit prendre pour mettre les troupeaux à couvert, afin que le froid & la neige ne les faffent pas perir. Ovide dit que l'Euxin fe geloit chaque hiver; que les vins y gèlent de façon que les vafes vinaires, brifés, montrent un vin en corps folide & de la forme du vafe. Pline le Jeune, en décrivant la maifon de campagne qu'il avoit en Tof-

___

(1) *Journal de Phyfique*, année 1774, tom. I, pag. 248; tom. II, pag. 174.

cane, dit que le ciel en eft fi froid & glacial pendant l'hiver, qu'il ne permet pas qu'on y cultive les myrtes, les oliviers & les autres arbres qui exigent un air chaud. Horace & Pline annoncent qu'en hiver, les rues de Rome font couvertes de glace, &, qui plus eft, les rivières gelées. Juvénal, en peignant la femme fuperftitieufe, la repréfente rompant les glaces du Tibre pour faire fes ablutions.

Ces témoignages offrent un tableau de froid ancien bien plus rigoureux que celui que l'on éprouve aujourd'hui. Les rivières du Tibre, qui geloient en Italie, n'y gèlent plus, & l'on dit actuellement à Rome, que le froid eft long & rigoureux, lorfque la neige eft deux jours fur la terre. La température des bords de l'Euxin égale actuellement celle des beaux *climats* de la France. On ne trouve plus des amas de neige auffi confidérables dans les lieux que Céfar a traverfés pour aller du Languedoc en Auvergne.

Nous ne croyons pas que l'on doive attacher une grande importance au décroiffement de la température moyenne qui a été obfervé à Padoue, parce que les mêmes obfervations, faites dans différens lieux, préfentent une conftance dans la température moyenne, telle, que l'on ne peut regarder les obfervations faites à Padoue, que comme une anomalie à la marche naturelle de la chaleur, & qui dépend de quelques caufes que l'on n'a pas encore reconnues.

Quant à l'exhauffement de température des étés & l'augmentation du froid des hivers, réfultant des obfervations des Anciens comparées à celles des Modernes, fur les mêmes lieux, cette variation paroît dépendre du défrichement des terres & de la deftruction des forêts, deux caufes qui diminuent le froid des hivers & la chaleur des étés. Nous citerons, à l'appui de cette vérité, les deux faits fuivans.

William Hamilton a prouvé, par l'état comparé de l'agriculture & par les arbres enfouis dans la terre, que l'Irlande a fubi un changement notable dans la température des faifons, pendant une période qui ne va guère au-delà de la génération actuelle. Les hivers, dans ces *climats*, autrefois fi rigoureux, ont à préfent toute la douceur du printemps; & l'été paroît être moins chaud qu'il ne l'étoit autrefois, moins favorable à la végétation des plantes, & moins actif pour amener leurs fruits à maturité.

Cette variation eft attribuée aux vents par W. Hamilton, & particulièrement à ceux de l'oueft, qui ont régné en Irlande, depuis quelques années, avec plus de violence qu'auparavant; & la violence de ces vents, ainfi que la plus grande uniformité dans la température, font attribuées au défrichement des forêts & à la culture du fol.

Ceux qui réfident depuis long-temps dans la Penfylvanie & dans les colonies voifines, ont obfervé que leur *climat* a confidérablement changé

depuis

depuis foixante à quatre-vingts ans, & que les hivers ne font point auffi froids, ni les étés auffi chauds qu'ils l'étoient autrefois. Ce changement, opéré depuis le moment où les Européens font venus habiter ce nouveau pays, eft dû, fans contredit, aux forêts qu'ils ont abattues & défrichées, & aux terres qu'ils ont cultivées.

Il eft facile, d'après cela, d'expliquer comment les changemens de température, remarqués en France, en Italie, en Allemagne, &c., ont pu être produits, depuis l'inftant où ces pays étoient déferts, incultes & couverts de forêts, jufqu'à l'époque où ils ont été habités, où la population s'eft augmentée & l'agriculture s'eft étendue.

Voici comment on explique ces changemens : fur mer, la chaleur des étés eft moins élevée, le froid des hivers eft moins grand que fur terre; tout ce qui tend à rendre la furface de la terre femblable à celle des eaux, contribuera à rapprocher la marche de la température : or, ce rapprochement confifte principalement dans le redreffement du fol & l'évaporation de l'eau à la furface, deux effets que la culture des terres contribue efficacement à produire.

CLIVAGE, du fclavon *cleoven*, fendre; f. m. L'action de fendre un criftal avec adreffe, au lieu de le fcier.

En général, les fubftances criftallifées font formées de petites lames adhérentes les unes aux autres; ces lames font, comme on le penfe bien, des rangées de molécules. *Cliver* un criftal, c'eft féparer ces lames les unes des autres. La plupart des criftaux peuvent, comme le fpath d'Iflande, fe cliver par la percuffion, c'eft-à-dire, en frappant avec ménagement le criftal avec un marteau; d'autres en introduifant un inftrument d'acier entre les lames & les enlevant fucceffivement : cette dernière opération eft celle que les lapidaires emploient; ce *clivage* eft quelquefois difficile & même impoffible. Parmi les autres moyens employés, il en eft un très-fimple, c'eft de chauffer fortement les criftaux & de les jeter brufquement dans l'eau froide; il s'y forme des gerçures qui, fi la chaleur n'a pas trop dénaturé le criftal, détachent les lames ou les rangées de molécules, & donnent le moyen de les divifer affez régulièrement.

CLOCHE; campana; *glocke*; f. f. Inftrument dont la forme eft un conoïde de révolution évafé vers les bords.

On croit que les *cloches* métalliques dont on fe fert pour former quelques affemblées ou convocations, ont été imaginées par les Egyptiens : ce qu'il y a de certain, c'eft qu'elles annonçoient toujours les fêtes d'Ofiris. Les Modernes ont fait fondre de très-groffes *cloches*; celle de Mofcou pefoit foixante-fix milliers. Le Père Lecomte, jéfuite, parle, dans fes *Mémoires de la Chine*, d'une *cloche*, à Pékin, qui pefoit cent vingt milliers.

Comme les *cloches*, d'après les dimenfions qu'on leur donne, peuvent rendre des tons différens,

on réunit plufieurs *cloches* pour faire un carillon.

CLOCHE DE CHIMIE; campana chimiæ; *chimifche glocke*. Vafes de verre cylindriques, fermés par un côté & ouverts par l'autre, & qui fervent à faire des expériences fur les gaz, à les recueillir, à les tranfvafer, à les foumettre aux différens réactifs. *Voyez* RÉCIPIENT.

CLOCHE DU PLONGEUR; campana urinatoria; *taucher glocke*. Machine dans laquelle un homme peut demeurer quelque temps fous l'eau.

La cloche du *plongeur*, telle qu'on la fait connoître dans les cours de phyfique, eft formée d'une *cloche* de verre g, fig. 626 (a), ouverte par le bas, & garnie de poids p, p, p, pour qu'elle puiffe defcendre à une certaine profondeur, en confervant fa pofition verticale : un plongeur h eft affis fur une traverfe dans l'intérieur de la *cloche*. Cette *cloche* eft fupportée par une corde d, qui pofe fur une poulie K, fixée fur un châffis Cee, qui eft porté fur deux bateaux a, b : on peut defcendre & remonter la *cloche* & le *plongeur* par le moyen du treuil m, fur lequel la corde d eft enroulée; ce treuil fe meut avec des leviers f.

Comme l'air eft compreffible & non pénétrable, à mefure que la *cloche* defcend, il monte un peu d'eau dans la *cloche*; mais cette eau n'arrive pas ordinairement jufqu'au *plongeur* : on calcule, d'après la capacité de la *cloche*, la quantité d'oxigène qu'elle contient, & l'on juge, en conféquence, du temps que le *plongeur* peut vivre fous l'eau.

Mais comme la preffion opérée par le liquide eft d'autant plus grande, que l'on defcend la *cloche* à une plus grande profondeur, il s'enfuit que cette preffion, en augmentant la denfité de l'air, incommode le *plongeur*, qui, d'ailleurs, épuife bientôt le gaz oxigène & vicie l'air dans lequel il eft plongé. Cette machine préfente en outre plufieurs inconvéniens qui ont forcé de l'abandonner, malgré les nombreufes améliorations qu'on y a faites en divers temps. *Voyez* PLONGEUR.

Dans un Mémoire publié dans les *Annales des Arts & Manufactures*, tome XXX, page 129, Brizé-Fradin difcute quelques *cloches* de plongeur, & en particulier celles de Halley & Spalding. A la fuite de fa difcuffion il propofe une *cloche* nouvelle, dans laquelle les *plongeurs* peuvent renouveler le gaz oxigène qu'ils confomment pour leur refpiration.

Il eft extrêmement difficile d'affigner & de maintenir les proportions d'oxigène, qui doivent être contenues dans l'air, pour que la refpiration foit la plus facile & la plus favorable. Nous favons bien que celle qui exifte dans l'état ordinaire eft de 0,20 à 0,21; mais cette proportion doit-elle refter la même lorfque l'air eft foumis à une preffion de deux ou de trois atmofphères, c'eft-à-dire, lorfque les *plongeurs* font à trente ou foixante pieds fous l'eau?

Halley, après avoir fait quelques expériences

fous l'eau, & y avoir manœuvré, dit : « J'ai été l'une des cinq perfonnes qui ont plongé jufqu'à la profondeur de dix-huit mètres fans en être incommodées ; nous fommes reftés pendant une heure & demie ; j'aurois pu même y refter plus long-temps, car rien ne s'y oppofoit. » Mais que feroit-il arrivé s'il fût defcendu plus profondément ? On fait que, dans un cylindre de foixante pouces de long, plein d'air, fermé dans la partie fupérieure, l'air n'occupe plus que 55 pouces lorfque l'on eft defcendu à 3 pieds, 30 pouces à 33 pieds de profondeur, 10 pouces à 165 pieds, 2 pouces à 957 pieds, &. enfin 1 pouce à 1947 pieds.

Comme le gaz acide carbonique, formé par la combuftion du charbon avec l'oxigène, eft égal en volume au gaz oxigène employé, il s'enfuit que, s'il ne fe formoit que de l'acide carbonique ou de l'eau dans l'acte de la refpiration, il feroit facile de maintenir les mêmes proportions d'oxigène dans la maffe d'air, en faifant abforber l'acide carbonique par l'eau à mefure qu'il fe forme ; & le remplaçant par de l'oxigène à volume égal ; mais du gaz azote eft également abforbé, & puis on n'a pas encore déterminé quelle proportion d'oxigène eft néceffaire à chaque compreffion de l'air.

Au refte, la nouvelle *cloche du plongeur*, propofée par Brizé-Fradin, préfente plufieurs avantages auxquels il feroit bon que les phyficiens & les artiftes qui s'occupent des travaux fous l'eau, vouluffent bien faire attention.

Peu de queftions, peut-être, ont été plus examinées, plus difcutées que celle qui eft relative aux *cloches des plongeurs*, & peu fort encore plus eloignées d'une bonne folution. L'avantage qu'une bonne *cloche de plongeur* préfenteroit, eft affez apprécié par les befoins journaliers que nous en avons ; mais les dangers que courent les hommes dans ces fortes de *cloches*, & le peu de connoiffance que nous avons fur une foule de données néceffaires pour arriver à une bonne folution, nous empêchent de pouvoir efpérer que nous puiffions avoir promptement une bonne *cloche*. Spalding, qui s'étoit long-temps occupé du perfectionnement des *cloches de plongeur*, voulant, en 1785, fauver des effets naufragés fur les côtes d'Irlande, fut frappé d'afphyxie ; l'appareil perfectionné par lui devint fon tombeau.

CLOUET, habile phyficien, chimifte & mécanicien induftrieux, membre affocié de l'Inftitut de France, naquit à Singly près Mézières, le 11 novembre 1751.

Son père étoit cultivateur, propriétaire d'une ferme qu'il faifoit valoir lui-même. Envoyé au collège de Charleville, il s'y fit diftinguer par fon aptitude & fon intelligence, ainfi que par la fingularité de fon caractère, qui ne fut jamais fe conformer aux ufages reçus, qu'il appeloit *des détails minutieux de toilette*. De Charleville il

paffa à Mézières, & fut admis au nombre des apprentis à qui l'on enfeignoit, gratuitement, les élemens du calcul & de la géométrie defcriptive. Le jeune *Clouet* fuivit ces leçons avec une ardeur qui lui mérita l'eftime de Monge, dont l'enfeignement a illuftré cette école.

Devenu maître de fes actions par la mort de fes parens, *Clouet* retourna à la ferme de Singly, où, fe livrant exclufivement à fon goût pour la phyfique, la chimie & la mécanique, il etablit une fabrique de faïencerie qui eut beaucoup de fuccès ; cela le conduifit à des recherches fur la compofition des émaux. Ses réfultats font imprimés dans le tome XXXIV des *Annales de Chimie*. Ses projets furent bientôt renverfés par l'effet d'une banqueroute qui lui ravit toute fa fortune. Le ftoicifme de *Clouet* n'en fût point ébranlé. Retourné à Mézières, il accepta la place de profeffeur de chimie, & la remplit avec diftinction ; ainfi l'école de Mézières, première fource de fon favoir, devint fon afyle dans l'adverfité.

Parmi les découvertes qui furent le fruit de fes travaux, la plus intéreffante pour les arts, & même pour la chimie théorique, fut le procédé qu'il donna pour transformer le fer en acier fondu : le fer pur, tel qu'on le puiffe faire fervir à la fabrication des inftrumens tranchans & de la plupart des outils employés dans les arts. Depuis long-temps les Anglais favoient faire une autre efpèce d'acier, dans la compofition duquel le charbon étoit partout combiné avec le fer, & ce fecret étoit pour eux la fource d'une branche de commerce très-importante. *Clouet* parvint à le découvrir ; il prouva que, pour obtenir une efpèce d'acier plus parfait, il falloit fondre entièrement le fer avec le charbon réduit en poudre impalpable, ou, ce qui vaut mieux encore, avec une fubftance déjà combinée avec le charbon, & fufceptible de l'abandonner à une plus forte affinité. *Clouet* effaya, obtint le fuccès attendu, & ce procédé, étendu & perfectionné par des manufacturiers habiles, a exempté la France, pendant quelque temps, d'une importation confidérable.

L'activité infatigable de *Clouet*, & fes mœurs plus que lacédémoniennes, déterminèrent le Gouvernement d'alors à le charger d'établir à Daigny, près Sedan, une fabrique de forges ; il s'en acquitta fi bien, que cette fabrique a fuffi, prefque feule, pour alimenter de cette matière les arfenaux de Douay & de Metz pendant tout le temps que les armées françaifes occupèrent les frontières de la Belgique & du Luxembourg. On remarque dans cette fabrique un laminoir dont la conftruction eft regardée comme un chef-d'œuvre de mécanique.

Dès que *Clouet* crut que l'établiffement de Daigny n'avoit plus befoin de fon active furveillance, il reprit fon projet d'aller à Cayenne faire des expériences fur les végétaux, projet interrompu par les événemens de 1789 ; en conféquence, quittant la place qu'il occupoit dans le conseil des arts établi près du ministre de l'intérieur, il se rendit à Nantes, d'où il partit pour Cayenne. Il y pétit le 4 juin 1801; & cet homme, dont la complexion robuste avoit résisté à toutes les privations qu'il s'étoit imposées, cet homme qui auroit pu long-temps encore être utile à sa patrie, cet homme dont le désintéressement alloit jusqu'à l'oubli de soi-même, fut enlevé aux arts & aux sciences par une fièvre coloniale, dans un endroit écarté de l'île, où il menoit à peu près la vie d'un sauvage.

CO : très-petite mesure de capacité de la Chine, contenant 100 grains de riz, = 0,000076 de pinte de Paris, = 0,000072 litre.

COAGULATION ; coagulatio ; gerimung ; s. f. Épaississement d'un liquide qui tend à se solidifier, mais qui reste à l'état mou.

On distingue plusieurs sortes de *coagulations* : dans les unes, comme dans le blanc d'œuf, toute la matière se congèle ; dans d'autres, comme dans le lait, le liquide se divise en deux parties ; l'une se coagule & l'autre reste à l'état liquide. On peut, dans un grand nombre de circonstances, attribuer la seconde sorte de *coagulation* à une décomposition & une combinaison nouvelle ; ainsi, en versant de l'eau de chaux dans une dissolution de savon, le savon dissous dans l'eau se décompose ; une portion de l'huile forme, avec la chaux, un savon calcaire insoluble, qui se précipite sous forme de *coagulum*. En versant un acide dans du lait, la partie caseuse, dissoute dans le petit-lait, s'en sépare, forme un *coagulum*, & le petit-lait reste libre ; mais lorsque le blanc d'œuf se coagule par la chaleur, comme il n'y a point de substance liquide d'abandonnée, il paroît difficile d'expliquer comment ce *coagulum* se produit.

Plusieurs substances peuvent se coaguler à froid ; d'autres exigent l'action de la chaleur, qui change l'état d'agrégation des élémens qui forment le composé : assez généralement, dans les *coagulations* opérées à froid par de simples mélanges, il y a de la chaleur de dégagée. *Voy.* CONGÉLATION.

COAGULUM ; coagulum ; gerimen. Mot latin dont on se sert pour désigner la partie solide qui se forme dans quelques liquides.

COALESCENCE ; coalescentia ; coalescenz ; s. f. Union, liaison de plusieurs corps solides qui, auparavant, étoient séparés. *Voyez* COALISTION.

COALISTION ; coalistio ; coalition ; s. f. Union de plusieurs parties solides qui, auparavant, avoient été séparées. Ce mot est très-peu en usage ; il devroit l'être davantage, car il ne peut être remplacé que par une périphrase.

Quoique ce mot ait la même acception que coalescence, quelques physiologistes voudroient le distinguer, en l'appliquant particulièrement à l'ac-

tion de plusieurs parties organiques qui reçoivent une même nutrition.

COBALT ; cobaltum ; kobalt ; s. m. Métal gris, tirant sur le rougeâtre.

Ce métal a peu d'éclat ; son tissu est lamelleux, graineux ou fibreux, selon la température à laquelle il a été coulé. Il n'a ni odeur ni saveur ; il est dur, aigre, difficile à entamer avec le couteau, fusible à 130 d. du pyromètre de Wedgwood : sa densité est entre 7,700 & 8,540.

A l'état de pureté, ce métal se combine difficilement avec l'oxigène ; on ne l'oxide qu'en le dissolvant ou en le rougissant au feu. Proust ne reconnoît que deux degrés d'oxidation : le premier, le minimum, en le précipitant de sa dissolution dans les acides sulfurique, nitrique ou muriatique ; le second, le maximum, en exposant le carbonate de *cobalt* à l'action du feu. Thenard distingue trois états d'oxide : 1°. bleu, en le précipitant de l'acide nitrique ; 2°. vert d'olive, en exposant à leur oxide des acides ; 3°. noir, en oxidant le premier ou le second oxide par la chaleur.

Il se trouve dans la nature : 1°. allié avec l'arsenic dans le *cobalt gris* ; 2°. combiné avec l'oxigène dans le *cobalt terreux*, noir, brun & jaune ; 3°. combiné avec un acide dans les *cobalts arseniaté & sulfaté*.

On n'a pas encore trouvé le moyen d'employer le *cobalt* à l'état métallique ; son seul usage est dans la fabrication des couleurs. Dans le milieu du seizième siècle, un verrier, nommé Schuerer, conçut l'idée de mêler de la mine de *cobalt* dans ses creusets avec la masse à vitrifier ; il en obtint un verre d'une belle couleur bleue. Cette nouvelle étant parvenue à Nuremberg & en Hollande, les industrieux Hollandais en tirèrent bientôt un très-grand parti ; ils construisirent des moulins pour faire pulvériser le verre bleu, & fabriquèrent le smalt en grand. Aujourd'hui le smalt ou l'azur est fabriqué en Saxe, dans des usines établies près des mines.

Quoiqu'on employât, depuis plusieurs siècles, le *cobalt* pour colorer le verre en bleu, ce n'est cependant qu'en 1733 que Brandt, chimiste suédois, parvint à en séparer le métal. Depuis Link, Gessner, Bergman, Tassaert, Richter, Bucholtz, Thenard, Proust, ont confirmé la métallicité de cette substance, & ont contribué à augmenter nos connoissances sur ce metal.

Thenard a préparé avec la mine de *cobalt* de Tunaberg, un arseniate & un phosphate de *cobalt* que l'on emploie en peinture, & qui a presque la beauté de l'outre-mer.

Pour obtenir l'arseniate, on convertit le *cobalt* de Tunaberg, par l'acide nitrique, en sulfate & arseniate de *cobalt*, & en oxide de fer. On filtre la liqueur, &, à l'aide d'une dissolution étendue de potasse, on précipite l'arseniate de fer, qui se dépose en flocons blancs. Au moment où le précipité commence à devenir rougeâtre, on ne verſe plus de potaſſe : on filtre & on précipite l'arſeniate de potaſſe, qui eſt d'un beau roſe.

Pour faire le phoſphate de *cobalt*, on fait griller long-temps la mine pour volatiliſer l'arſenic ; on traite le réſidu par l'acide nitrique : le fer s'oxide & reſte ſur le filtre. Après avoir volatiliſé l'excès d'oxide par l'évaporation, on y verſe du phoſphate de ſoude, qui précipite le phoſphate de *cobalt* en flocons violets.

On mêle le phoſphate de *cobalt* avec deux ou trois parties d'alumine, & l'arſeniate avec une à deux parties d'alumine ; on expoſe ces mélanges dans un creuſet à une chaleur d'un rouge ceriſe ; on l'examine de temps en temps pour reconnoître ſi l'épuration approche de ſa fin. *Voyez* BLEU D'AZUR, AZUR.

Rinmann a préparé, avec le *cobalt*, une très-belle couleur verte. Pour cela on fait diſſoudre une livre de mine de *cobalt* pulvériſée dans huit livres & demie d'acide nitrique : on ajoute une diſſolution concentrée de ſel marin dans une livre d'eau froide ; on échauffe ce mélange, & on y projette de l'oxide de zinc, juſqu'à ce qu'il ne ſe forme plus d'efferveſcence. On filtre la liqueur ; on l'étend d'eau, & on y ajoute une livre de potaſſe pure, juſqu'à ce qu'il ne ſe forme plus de précipité rouge. On lave & l'on fait chauffer dans un vaiſſeau de terre non verniſſé ; à une chaleur rouge il devient vert-clair, à une chaleur blanche il devient vert-foncé.

COBALT (Magnétiſme du) ; cobalti vis magnetica ; *magnet kraft der kobalt*. Le *cobalt* eſt attirable à l'aimant, lorſqu'il eſt pur : nous devons cette découverte à Kohl. Wentzel a eſſayé d'en faire des aiguilles aimantées, qui ont pris une direction ſemblable à celles des aiguilles d'acier. On a cru pendant long-temps que cette propriété magnétique étoit occaſionnée par du fer reſté combiné avec le *cobalt* métallique, parce que la plupart des mines de ce métal en contiennent ; mais on a remarqué que le *cobalt*, purifié, autant que les méthodes chimiques le permettent, jouiſſoit de la propriété magnétique à un degré aſſez fort, quoique plus foible que l'acier. *Voyez* MAGNÉTISME.

COBRE : meſure de longueur employée en Chine, = 2 chés, = 0,5379 aune de Paris, = 0,6392 mètre.

COCHENILLE, de κοκκος, *graine d'écarlate*; cocus cacti ; cochenilla ; *cochenille* ; ſ f. Petit inſecte hémiptère qui vit dans le Mexique, ſur les fleurs de pluſieurs plantes graſſes, & avec leſquelles on fait cette belle couleur rouge, connue ſous le nom de *cochenille*. *Voyez* ROUGE.

CO-CHEOU-KING, aſtronome chinois du treizième ſiècle.

Sa grande habileté dans la connoiſſance du ciel, le fit appeler à la cour de Chi-Tſou, ou Koublai-

Khan, fondateur de la dynaſtrie des Yvan. Ce Prince le nomma préſident du tribunal de mathématiques.

On doit à *Co-Cheou-King* des obſervations utiles & importantes. En 1280 il obſerva le ſolſtice d'hiver, en ſe ſervant d'un gnomon de quarante pieds, & en meſurant la longueur de l'ombre juſqu'au centre de la projection ou image du ſoleil qui ſe formoit ſur un plan de niveau. Il compara les ombres méridiennes d'une longue ſuite de jours avant le ſolſtice, avec une pareille ſuite d'obſervations faites après le ſolſtice d'hiver, & détermina que ce ſolſtice étoit arrivé à Pékin en l'année 1280, le 14 décembre, à 1 h 26' 24", après minuit. Ce moment du ſolſtice devint l'époque fondamentale de l'aſtronomie de *Co-Cheou-King*. En conſéquence d'un grand nombre d'obſervations, il détermina, pour ce moment, le lieu du ſoleil dans les conſtellations, le mouvement d'anomalie & de latitude de la lune, & enfin le lieu de chaque planète.

D'autres obſervations concernant la hauteur du pôle, attirèrent l'attention de La Caille ſur les opérations aſtronomiques du ſavant chinois, aux travaux duquel il rendit pleine juſtice après en avoir vérifié l'exactitude.

Co-Cheou-King fut le premier mathématicien de ſa nation qui ait fait uſage de la trigonométrie ſphérique, ou de la réſolution du triangle dans l'aſtronomie. Ayant trouvé les inſtrumens, conſtruits ſous la dynaſtie des Song & ſous celle des Kin, extrêmement défectueux, il en fit exécuter d'autres, au nombre de treize. Ces inſtrumens, qui excitèrent l'admiration des ſavans de ce ſiècle, par leur préciſion, exiſtent encore pour la plupart, on les conſerve dans l'Obſervatoire de Pékin, mais ſans en permettre la vue.

COCHER ; auriga ; *kutſcher* ; ſ. m. Conſtellation boréale, compoſée de ſoixante-ſix étoiles dans le Catalogue britannique.

L'étoile brillante de cette conſtellation eſt appelée *la chèvre*. La même conſtellation renferme auſſi les chevreaux.

Suivant Dupuis, c'eſt cette conſtellation qui a fourni au Jupiter Ægiochus des Grecs & à Pan leur attribut ; on la conſidéroit comme une des formes de l'ame du Monde

Cette conſtellation ſe levoit au temps de l'équinoxe, & ſe couchoit le matin en automne. C'eſt par-là que Dupuis explique la fable de Phaéton, qui tombe dans l'Éridan ; parce qu'il ſe couche peu après ce fleuve.

COCKIEN : monnoie du Japon, qui vaut à peu près 4 florins de Hollande, ou à peu près 8 francs de notre monnoie.

COCOS : fruit qui, après avoir été ſéché & vidé de ſa moelle, ſert, en Siam, de meſure pour les liquides & pour les grains.

COCTION; *coctio*; *kochen*; f. f. Cuisson, altération qui se fait dans les corps qu'on approche du feu.

COEFFICIENT; *coefficiens*; *coefficient*; f. m. Nombre ou quantité quelconque placée devant un terme, & qui, en se multipliant avec les quantités du même terme qui suivent, sert à former ce terme.

COEFFICIENT DU BAROMÈTRE; *coefficiens barometri*; *barometer coefficiens*. Nombre par lequel on multiplie la formule barométrique pour déterminer les hauteurs mesurées par le baromètre.

En prenant pour principe la règle de Mariotte & de Halley, que l'air se condense en raison du poids qui le presse, règle que les expériences les plus exactes, faites dans ces derniers temps, paroissent confirmer pleinement, & y appliquant le calcul intégral, on arrive de suite à cette règle, que les différences des hauteurs des lieux sont proportionnelles aux différences des logarithmes des hauteurs barométriques observées dans ces lieux. *Voyez* HAUTEUR PAR LE BAROMÈTRE, BAROMÈTRE.

Pour changer cette proportion en équation, il faut déterminer un *coefficient* constant, en supposant connus les rapports de densité de l'air & du mercure; ce *coefficient* doit varier en raison de l'unité de mesure barométrique, & de celle à laquelle on veut rapporter les hauteurs, ou plus simplement dans le rapport qui existe entre l'unité de la mesure du baromètre & celle de la mesure de la hauteur. Cherchant ce *coefficient* d'après des mesures de montagnes comparées aux hauteurs barométriques dans deux stations, on a trouvé qu'il devoit être à peu près égal à 10,000, en supposant les hauteurs des montagnes exprimées en toises, & celles du mercure dans le baromètre exprimées en lignes; en sorte que la différence des logarithmes des hauteurs barométriques, exprimées en lignes, multipliée par 10,000, donne en toises de France la hauteur intermédiaire.

Ce *coefficient*, déterminé à peu près par le tâtonnement, produisoit quelques variations dans les hauteurs obtenues de cette manière: on leur a appliqué diverses corrections pour les rapprocher des hauteurs vraies.

Un *coefficient* exact étoit une chose importante dans la mesure des montagnes; ce *coefficient* devoit être déterminé d'après la densité du mercure & de l'air, comparée entr'elles. Le célèbre de Laplace invita le savant naturaliste Ramond à employer des observations barométriques, dont la justesse ne pût être révoquée en doute, pour obtenir un *coefficient* qui fût censé ne différer que par son origine, de celui qu'auroit fourni le rapport entre les pesanteurs spécifiques de l'air & du mercure. Ramond trouva que, sur le 45e. deg. de latitude, & pour des mesures métriques, tant pour le baromètre que pour les hauteurs, le *coefficient* est

égal à 18,336 mètres pour toutes les hauteurs qui partoient du bord de la mer.

Quoique tout concourût à faire regarder ce *coefficient* comme suffisant pour la pratique, la théorie n'étoit pas satisfaite. Un travail important, entrepris par Arrago, sur les puissances réfractives des différens corps, l'a conduit à s'occuper d'une autre propriété qui influe sur la réfraction, savoir, la densité, & il est résulté de ses recherches, une détermination des pesanteurs spécifiques de l'air & du mercure, prise avec toutes les attentions capables de la rendre définitive. Cette détermination donne $\frac{1}{10470560}$ pour le rapport entre la densité de l'air & celle du mercure, à la température de la glace fondante, l'air étant soumis à la pression de 76 centimètres. Or, le *coefficient* qui se conclut de ce rapport est égal à 18,332 mètres, qui ne diffère que de quatre unités de celui déterminé par Ramond.

Daubuisson, en faisant usage des deux formules de Laplace, à une hauteur mesurée de 11,09834m., au bas de laquelle le baromètre se tenoit à 0,763m., & au haut à 0,762, la température à l'une & l'autre station n'étant que de 15°, a trouvé que le *coefficient* cherché devoit être de 18,384,8, ou de 18,385 mètres.

Au reste, il paroît que l'on adopte définitivement le *coefficient* de Ramond; c'est celui qui s'approche le plus du *coefficient* conclu des expériences d'Arrago.

Ce *coefficient*, déterminé pour le 45e. degré de latitude, doit varier avec la latitude elle-même: il doit augmenter vers l'équateur, où la pesanteur est moindre; il diminue vers les pôles, où la pesanteur est plus considérable. Il doit donc, dit Laplace, varier comme la longueur du pendule à secondes, qui se raccourcit & s'alonge suivant que la pesanteur augmente ou diminue.

CŒUR DE CHARLES: petite constellation boréale, située sous la queue de la grande ourse, du côté de la chevelure de Bérénice; elle est remarquable par une étoile de seconde grandeur.

Cette constellation a été introduite par Halley, par respect pour la mémoire d'un Prince, fondateur de l'Observatoire d'Angleterre. Dans le catalogue de Flamsteed elle étoit comprise dans la constellation des chiens de chasse.

CŒUR DE L'HYDRE: étoile de seconde grandeur, placée dans la constellation de l'hydre.

CŒUR DU LION: étoile de première grandeur, dans la constellation du lion. *Voyez* REGULUS.

COHÉRENCE; *cohærentia*; *zusammen haengung*; f. f. Connexion, liaison d'une chose avec une autre. *Voyez* COHESION.

COHÉSION; *cohæsio*; *cohæsions*; f f. Action, jonction de deux choses entr'elles.

On confond souvent, dans leurs effets, l'adhéfion, la *cohéfion* & la ténacité : les deux premiers mots ont, à la vérité, la même racine dérivée du latin *hærere*, tenir, qui elle-même paroît dérivée du celtique : auffi le premier nom eft précédé de la prépofition *aditive* ad, qui exprime effentiellement un mouvement; le fecond, de la prépofition *coitive* co, du latin *cum*, qui repréfente l'idée d'enfemble. On peut donc confidérer l'*adhéfion*, comme la réunion de deux corps que l'on vient de mettre en préfence; ainfi la réunion d'un liquide & d'un folide, ou de deux folides par un liquide intermédiaire, ou l'union de deux furfaces, foit par la preffion extérieure, foit par un liquide intermédiaire; ainfi on peut dire l'adhérence des fphères de Magdebourg, l'adhéfion de deux plans devenus polis & légèrement mouillés, l'adhéfion des lames des criftaux, l'adhéfion d'un difque folide fur un liquide : c'eft dans ce fens que le mot *adhéfion* a été conçu par l'auteur du premier volume de ce Dictionnaire. *Voyez* ADHESION.

Cohéfion peut & doit être confidérée comme l'union intime de toutes les parties d'un corps, l'union de toutes les molécules qui le compofent, foit que le corps foit fimple ou qu'il foit compofé; ainfi cette force avec laquelle les molécules des corps tiennent l'une à l'autre, & que l'on ne peut détruire que par une forte traction, eft la force de *cohéfion* des corps. *Voyez* COHESION (Force de) ou FORCE DE COHESION.

Quant à la ténacité, que l'on confond fouvent avec la *cohéfion*, ce mot vient du latin *tenax*, gluant; il peut donc être confidéré comme la jonction des molécules des fluides, ou mieux comme cette force que les corps folides doivent vaincre lorfqu'un corps les traverfe.

Ainfi, d'après ces confidérations, nous confidérerons fous le nom d'*adhéfion*, l'union des furfaces, foit directement, foit par l'intermède d'un corps fluide; fous le nom de *cohéfion*, l'union intime de toutes les molécules des corps les unes avec les autres, & fous le nom de *ténacité*, le gluant des liquides, ou l'union des molécules des fluides ou des corps mous.

Mais quelle eft la caufe de la *cohéfion*? Cette queftion a long-temps embarraffé les philofophes, & chacun a cherché à l'expliquer d'une manière conforme au principe qu'il avoit adopté. Dans le fyftème des atomes, qui eft aujourd'hui le plus généralement adopté, la matière doit être fuppofée originairement compofée de particules, d'atomes indivifibles, c'eft-à-dire, qu'aucune force ne peut divifer. Quant à la *cohéfion* de ces particules, c'eft-à-dire, à la manière dont elles font unies les unes aux autres, & forment de petits fyftèmes ou affemblages particuliers, & aux caufes qui les font perfévérer dans leur état d'union, c'eft une des difficultés les plus embarraffantes qu'ait la phyfique, & c'eft en même temps une des plus importantes.

Une des opinions les plus anciennes eft celle qui a été foutenue par Jacques Bernoulli, *de*

Gravitate ætheris : cet auteur rapporte la *cohéfion* des parties de la matière à la preffion uniforme de notre atmofphère, & il appuie fa théorie fur l'expérience des marbres polis qui tiennent fi fortement l'un à l'autre dans l'air libre, & qui font, dit-il, fi aifément féparés dans le vide. Il n'y a d'union intime, formée dans le vide, que lorfqu'il exifte une couche mince de fluide entre les deux plaques. *Voyez* ADHESION.

Quand cette théorie feroit fatisfaifante pour expliquer la *cohéfion* des parties de grande étendue, elle ne feroit d'aucun fecours dans la *cohéfion* des atomes ou des particules des corps.

Newton parle ainfi de la *cohéfion* : « Les particules de tous les corps durs, homogènes, qui fe touchent pleinement, tiennent fortement enfemble. Pour expliquer la caufe de cette *cohéfion*, quelques-uns ont inventé des atomes crochus; mais c'eft fuppofer ce qui eft en queftion; d'autres nous difent que les particules des corps font jointes enfemble par le repos, c'eft-à-dire, par une qualité occulte, ou plutôt par un pur néant; & d'autres, qu'elles font jointes enfemble par des mouvemens confpirans, c'eft-à-dire, par un repos relatif entr'eux. Pour moi, j'aime mieux conclure de la *cohéfion* des corps, que leurs particules s'attirent mutuellement par une force qui, dans le contact immédiat, eft extrêmement puiffante; qui, à de petites diftantes, eft encore fenfible, mais qui, à de grandes diftances, ne fe fait pas appercevoir. *Voyez* ATTRACTION.

» Or, fi les corps compofés font fi durs que l'expérience nous le fait voir à l'égard de quelques-uns, & que cependant ils aient beaucoup de pores, & foient compofés de parties qui foient fimplement placées l'une après l'autre, les particules fimples qui font fans pores, & qui n'ont jamais été divifées, doivent être beaucoup plus dures; car ces fortes de parties dures, entaffées enfemble, ne peuvent guère fe toucher que par très-peu de points, & par conféquent il faut beaucoup moins de force pour les féparer, que pour rompre une particule de folide dont les parties fe touchent dans tout l'efpace qui eft entr'elles, fans qu'il y ait ni pores ni interftices qui affoibliffent leur *cohéfion*. Mais comment des particules d'une fi grande dureté, qui font feulement entaffées enfemble fans fe toucher que par un très-petit nombre de points, peuvent-elles tenir enfemble & fi fortement qu'elles font, fans l'action d'une caufe qui faffe qu'elles foient attirées ou preffées l'une vers l'autre? c'eft ce qui eft très-difficile à comprendre.

» Les plus petites particules des matières peuvent être unies enfemble par les plus fortes attractions, & compofer de plus groffes particules dont la vertu attractive foit moins forte, & plufieurs de ces dernières peuvent tenir enfemble, & compofer des particules encore plus groffes, dont la vertu attractive foit encore moins forte, & ainfi de fuite, jufqu'à ce que la progreffion finiffe par les plus groffes particules, d'où dépendent les opérations chimiques, les couleurs des couleurs naturelles, & qui, jointes enfemble, compofent des corps d'une grandeur fenfible. » *Voyez* Du-RETE, FLUIDITE.

Bofcowitz conçoit que la *cohéfion* a lieu entre les molécules des corps, lorfqu'elles fe trouvent placées dans la limite de la répulfion & de l'attraction. Deux molécules fituées à une certaine diftance l'une de l'autre, fe repouffent réciproquement; cette répulfion diminue graduellement, comme la diftance entre les molécules augmente, jufqu'à ce qu'à la fin, cette diftance s'étant prodigieufement étendue à un certain point, toute répulfion ceffe. Si alors la diftance eft encore augmentée, fi peu que ce foit, les molécules, au lieu de fe repouffer, s'attirent, & cette attraction augmente avec la diftance, jufqu'à ce qu'elle foit parvenue à fon maximum. A partir de ce terme, l'attraction diminue par degrés, jufqu'à ce qu'enfin les molécules ayant acquis une certaine diftance, elle eft totalement anéantie. Si alors la diftance eft encore augmentée, même de la plus petite quantité, les molécules fe repouffent de nouveau entr'elles. Bofcowitz fuppofe la diftance infenfible entre deux molécules, divifée en un nombre indéfini de portions de répulfion & attraction alternatives.

Soit la ligne A H, *fig.* 627, repréfentant les diftances infenfibles entre deux molécules, & foient les ordonnées *a* Q *q q' q''* repréfentant les forces d'attraction & de répulfion des deux molécules, à mefure que la feconde fe meut le long de la ligne A H, la premiere reftant au point A. Les ordonnées des courbes fituées au-deffus de la ligne A H, repréfentent les forces répulfives, & celles au-deffous de la ligne les forces attractives. Les points B, C, D, E, F, G, H, où les courbes coupent l'axe, repréfentent les limites entre la répulfion & l'attraction. Tandis que la feconde molécule eft dans la partie quelconque de la ligne A B, elle eft repouffée; la répulfion augmente à mefure que la molécule approche de A, &, à ce point A, elle eft infinie, parce que la ligne A *a* doit être confidérée comme une afymptote de la courbe. Au point B, la feconde molécule n'eft ni repouffée ni attirée; dans chaque partie de la ligne B C, elle eft attirée, & l'attraction eft à fon plus haut degré en P, parce que là, l'ordonnée PQ eft à fon maximum. Au point C, la molécule n'eft ni attirée ni repouffée; dans chaque portion de la ligne C D, elle eft repouffée; en D, elle n'eft ni attirée ni repouffée; de D en E elle eft attirée, & ainfi de fuite.

Or, les points B, C, D, F & H, font appelés, par Bofcowitz, *limites de cohéfion*, parce que les molécules, placées dans ces points, ne fubiffent aucun changement, & réfiftent même à toutes les forces qui tendent à les déplacer. Si elles font

rapprochées l'une de l'autre, elles font de nouveau repouffées à leur premiere limite; d'un autre côté, fi elles font portées à une plus grande diftance, elles font attirées de nouveau dans leur premiere fituation.

Ce favant phyficien fuppofe que, dans tous les cas de *cohéfion*, les molécules du corps adhérentes font dans une fituation telle, qu'elles fe trouvent être refpectivement dans ces limites de *cohéfion*. Ainfi, d'après cette théorie ingénieufe, la *cohéfion* n'eft pas, proprement parlant, une force, mais bien un intervalle entre deux forces, & même, en modifiant un peu cette théorie, on pourroit confidérer la *cohéfion* comme le balancement de deux forces oppofées, dont l'une ou l'autre prévaut, fuivant que les molécules cohérentes font forcées de s'approcher de plus près les unes des autres, ou de s'écarter entr'elles à une diftance plus grande; & par conféquent on pourroit dire, avec encore plus de précifion, que la *cohéfion* n'eft pas elle-même une force, mais qu'elle réfulte de l'abfence d'une force. Ce qu'on a appelé jufqu'ici la *force de cohéfion*, eft l'attraction qui empêche les molécules cohérentes de fe féparer les unes des autres, & qui commence à agir, ou plutôt qui devient prédominante lorfque les molécules font pouffées à une plus grande diftance entr'elles.

Bofcowitz a fait voir, d'une manière très-fatisfaifante, comment toutes les variétés de *cohéfion* peuvent être produites par des différences dans la dimenfion, la figure & la denfité des molécules cohérentes. (*Theoria philofophiæ naturalis*, part. III, fect. 406, pag. 185.) Il eft remarquable que, dans la plupart des cas, la force de *cohéfion* des corps folides, non décompofés, eft très confidérable : telle eft celle des métaux; elle n'eft vraifemblablement pas moindre dans le diamant, fi on en juge par fa dureté; & la *cohéfion* du foufre eft auffi très-grande. Le faphir ou l'alumine criftallifée, le criftal de roche ou la filice à l'état de criftaux, font toujours très-durs. La *cohéfion* des métaux eft très-fouvent augmentée par leur alliage; c'eft ainfi que celle du cuivre eft doublée lorfqu'il eft allié avec les 0,166 de fon poids d'étain, quoique la force de *cohéfion* de ce dernier métal foit à peine équivalente aux 0,166 de celle du cuivre. La force de *cohéfion* des métaux s'accroît d'une manière très-fenfible lorfqu'on les forge ou qu'on les tire en fils; par cette dernière opération, la *cohéfion* de l'or, de l'argent & du laiton eft à peu près triplée; & celles du cuivre ou du fer font à peu près doublées.

Il fembleroit que, par cette manière de confidérer la *cohéfion*, il ne feroit pas néceffaire de faire ufage du calorique, confidéré comme matière, pour contre-balancer l'attraction moléculaire. Mais comment, dans cette hypothèfe, conçoit-on que les molécules peuvent s'écarter lorfqu'elles s'échauffent, fi ce n'eft par un mouvement de vibration fuppofé exiftant dans les molécules, mouvement qui les écarte naturellement ?

Prefque tous les phyficiens conçoivent aujourd'hui que les corps font compofés de deux fubftances au moins ; l'une, les molécules, les particules des corps ; l'autre, le calorique. Les molécules des corps exercent les unes fur les autres une attraction mutuelle ; le calorique, au contraire, exerce une action répulfive. L'état des corps & la *cohéfion* des molécules dépendent de la différence des deux actions ; dès que l'action répulfive du calorique l'emporte fur l'attraction des molécules, la *cohéfion* n'exifte plus.

Dans ces deux manières de concevoir la *cohéfion*, on eft obligé d'admettre des hypothèfes ; les uns & les autres admettent l'attraction moléculaire ; mais Bofcowitz fuppofe que les molécules ne jouiffent de cette propriété qu'à certaine diftance, & qu'elles fe repouffent à d'autres, ou autrement, qu'elles ont des accès d'attraction & de répulfion, felon les diftances auxquelles les molécules fe trouvent. Cette hypothèfe a beaucoup d'analogie avec les accès de facile réflexion & de facile réfraction que Newton fuppofe à la lumière, accès qui femblent établis par le phénomène des anneaux colorés. (*Voyez* ANNEAUX COLORÉS.) Lorfque l'on expofe un faifceau de lumière d'un très-petit diamètre à l'action aiguë du tranchant d'un corps, on voit qu'à de très-petites diftances la lumière eft attirée, & qu'à une diftance plus grande elle eft repouffée ; mais cette attraction & cette répulfion, qui produifent plufieurs bandes coloriées, ne paroiffent pas provenir de différens accès d'attraction & de répulfion. *Voyez* INFLEXION, REFLEXION & REFRACTION DE LA LUMIÈRE.

Les partifans de l'attraction moléculaire & de la répulfion du calorique fuppofent que cette attraction diminue à mefure que les molécules s'écartent ; ils vont même jufqu'à affigner la loi de cette attraction, qu'ils affimilent à celle des corps céleftes ; ils la regardent donc comme étant en raifon directe des maffes, & en raifon inverfe du carré des diftances. De Laplace penfe que cette loi pouvoit avoir lieu dans les molécules, lorfque la denfité de celles-ci eft immenfément plus grande que celle des corps qu'elles forment, & il a fait voir enfuite (*voyez* POROSITÉ) qu'il étoit très-probable que la denfité des molécules des corps étoit plufieurs milliards de fois plus grande que la denfité moyenne de la terre ; de-là, qu'il exiftoit deux attractions qui étoient foumifes aux mêmes loix ; l'une, l'attraction moléculaire, qui produit la *cohéfion* ; l'autre, l'attraction des corps à diftance, laquelle détermine le mouvement régulier des corps céleftes, la déviation du fil à plomb, &c.

On mefure la force de *cohéfion* des molécules des corps par la force que l'on emploie pour les rompre ; c'eft ainfi qu'en fufpendant des poids à des fils métalliques, ou en comprimant par le milieu, une barre fufpendue par fes deux extrémités, on peut déterminer la force de *cohéfion* comparée, des différentes fubftances. *Voyez* COHESION (Force de).

COHÉSION (Attraction de) ; *attractio cohæfionis* ; *cohéfions anziehung*. Attraction en vertu de laquelle les molécules des corps adhèrent les unes aux autres. Cette *attraction de cohéfion* modifie les affinités chimiques

Pour fe faire une idée de l'*attraction de cohéfion*, & de la manière dont on peut la produire, que l'on prenne deux feuilles métalliques parfaitement nettes, & ne contenant aucune portion d'oxide à leur furface ; que l'on comprime fortement ces deux lames pofées l'une fur l'autre, on aperçoit auffitôt qu'elles contractent, par leur face, une forte union, laquelle exige fouvent un effort confidérable pour être détruite. Cette force eft toujours en raifon du nombre de particules qui fe font unies, & de la diftance à laquelle on les a rapprochées.

En chauffant un peu les deux lames & les comprimant enfuite, on augmente le nombre de particules qui fe touchent & fe réuniffent, à caufe de la plus grande mobilité qu'elles acquièrent par la chaleur, & de la plus grande facilité qu'elles ont à s'approcher les unes des autres. C'eft ainfi que l'on réunit, par l'*attraction de cohéfion*, deux métaux différens, pour obtenir ce que l'on nomme, dans les arts, le *plaqué*.

Chauffées au rouge & ramolies pour être forgées, les particules exercent leur *attraction de cohéfion* & fe réuniffent encore plus facilement ; le nombre des molécules, réunies de cette manière, augmente & produit une *cohéfion* plus confidérable. C'eft ainfi que, dans les arts, on foude deux barres métalliques, & qu'elles acquièrent, en fe foudant, une *cohéfion* auffi forte que celle des parties féparées des barres ; mais il faut éviter, en chauffant, d'oxider les faces que l'on veut fouder, parce que l'oxidation empêche l'union des particules.

COHÉSION ÉLECTRIQUE ; *cohæfio electrica* ; *electrifche cohefions*. Puiffance par laquelle les corps électrifés adhèrent les uns aux autres.

Toutes les perfonnes qui ont fait des expériences fur l'électricité ont dû s'apercevoir, dans bien des occafions, qu'un duvet de plume, un fil de foie ou de coton, un petit fragment de feuille mince de métal, d'or, de cuivre battu, ou autre corps femblable, s'attache quelquefois au tube de verre ou au conducteur électrifé, avec tant de force, qu'on a peine à les féparer par le fouffle le plus violent. Il arrive fouvent que des fragmens de feuilles de métal, pareilles à celles dont nous venons de parler, s'attachent à de la cire d'Efpagne, ou à du foufre électrifé, comme fi on les

y

y'eût collés exprès ; c'eft là ce qu'on appelle *côhé-fion électrique*.

Il y a fort long-temps qu'on a remarqué, pour la première fois, la *cohéfion électrique* ; mais perfonne n'a mieux fait voir combien grande pouvoit être cette *cohéfion*, que ne l'a fait Robert Symmer, membre de la Société royale de Londres, dans un Mémoire qu'il a lu à la Société royale, le 21 juin 1759 : on trouvera ce Mémoire dans le troifième volume dés *Lettres fur l'Électricité*, publiées par l'abbé Nollet, page 57 & fuivantes. En parlant de la vertu qu'acquièrent deux bas de foie, par exemple, un noir & un blanc, qu'on a tenus pendant quelque temps fur la jambe, qu'on a enfuite frottés avec la main, & tirés tous deux à la fois, il a fait voir, par des expériences très-bien faites, que ces deux bas adhèrent l'un à l'autre avec une force telle, qu'on ne peut les féparer fans un effort confidérable. Voici le réfultat de quelques-unes de fes expériences.

Il a pris deux bas de foie, un blanc & un noir, qu'il a électrifés comme nous venons de le dire ; le blanc pefoit 18 deniers 10 grains, & le noir pefoit 1 once 1 denier. Il faut remarquer qu'il s'agit de la livre de Troyes, qui n'eft que de 12 onces, l'once contenant 24 deniers, & le denier 20 grains ; de forte que la livre de Troyes eft à la livre poids de marc, comme 5760 eft à 9216, ou, ce qui eft la même chofe, comme 5 eft à 8 : le poids du bas blanc équivaut donc à 5 gros 10 grains poids de marc ; & le poids du bas noir équivaut à 6 gros 68 grains ; le bas blanc, étant inféré dans le noir, a porté 1 livre 5 onces 1 denier, y compris fon propre poids & celui du baffin de la balance qui y étoit accroché ; de forte que la *cohéfion* du bas blanc au bas noir équivaloit à 22 fois le poids du bas blanc.

Ayant fait la même expérience dans un temps plus favorable, avec des bas femblables, & ayant retourné à l'envers le bas blanc, ce dernier, inféré dans le noir de façon qu'ils s'entre-touchoient par leurs envers, qui étoient velus jufqu'à un certain point ; ce dernier, dis-je, a porté jufqu'à 3 livres 5 onces, c'eft-à-dire, 2 livres 4 gros poids de marc ; de forte que la *cohéfion* du bas blanc au bas noir équivaloit alors à plus de cinquante fois le poids du bas blanc.

Symmer a répété les mêmes expériences avec des bas plus forts : le bas blanc pefoit 1 once 16 deniers 8 grains, ce qui équivaut à 1 once 3 gros 16 grains, poids de marc ; & le bas noir pefoit 2 onces 4 deniers 2 grains, c'eft-à-dire, 1 once 6 gros 34 grains, poids de marc. Le bas blanc inféré dans le noir, mais fans être retourné, de façon que la furface extérieure du premier touchoit la furface intérieure de l'autre, a porté près de 9 livres, ce qui équivaut à 5 livres 10 onces, poids de marc ; de forte que la *cohéfion* du bas blanc au bas noir équivaloit alors à environ 64 fois le poids du bas blanc.

Diā. de Phyf. Tome II.

Là même expérience a enfuite été répétée avec les mêmes bas, mais en retournant le bas blanc à l'envers, & l'inférant dans le noir, de façon que les deux envers étoient appliqués l'un fur l'autre ; dans ce dernier cas, le bas blanc a foutenu jufqu'à 15 livres un denier 10 grains, avant d'être féparé du noir, ce qui équivaut à 9 livres 6 onces 30 grains, poids de marc ; de forte que la *cohéfion* du bas blanc au bas noir équivaloit alors à près de 107 fois le poids du bas blanc. Eût-on jamais cru que la *cohéfion électrique* pût être auffi grande ?

COHÉSION (Force de) ; vis cohæfionis ; *cohéfions kraft*. Force avec laquelle les molécules des corps tiennent les unes aux autres. On détermine cette force par le poids qu'il faut pour rompre cette *cohéfion*.

Ténacité, fermeté, réfiftance, & *force de cohéfion*, font quelquefois employées par divers phyficiens pour exprimer la force avec laquelle les molécules font unies & tiennent les unes aux autres. La ténacité eft cette propriété par laquelle les corps peuvent foutenir une preffion, une force, un tiraillement confidérable fans fe rompre, particulièrement lorfqu'ils font à l'état glutineux (*voyez* TÉNACITÉ) ; la fermeté défigne cette propriété des particules des corps, qui fait qu'elles s'oppofent au déplacement lorfqu'on les touche (*voyez* FERMETÉ) ; la réfiftance eft la force avec laquelle les parties qui font en repos s'oppofent au mouvement ; c'eft encore la force avec laquelle les molécules des corps s'oppofent à leur féparation par la preffion que l'on exerce fur elles : ainfi, lorfque l'on comprime un folide, on peut, en employant une force affez grande, aplatir ou rompre le folide. Sous ce point de vue, la réfiftance a beaucoup d'analogie avec la *force de cohéfion* ; mais nous diftinguerons l'une de l'autre, en ce que la réfiftance correfpond à la force de preffion employée pour défunir & rompre les corps, & que la *force de cohéfion* eft oppofée à la traction que l'on emploie pour rompre la cohéfion des particules.

Plufieurs expériences ont été faites pour déterminer la *force de cohéfion* des corps. On en trouve un très-grand nombre dans la *Phyfique de Muf-chenbroeck*. Voici la manière dont les expériences ont été faites.

Ce favant phyficien a coulé, dans des moules d'étain, des parallélipipèdes de différens métaux AB, *fig. 628*, en confervant à leurs deux extrémités deux têtes A, B, afin de pouvoir les fufpendre dans des anneaux C, D ; il avoit formé un cran E E dans chacun de ces anneaux, afin de pouvoir embraffer le carré du prifme & le retenir par les deux têtes, comme on le voit en G H. Un plateau I étoit fufpendu à l'extrémité de l'anneau inférieur H. L'anneau fupérieur G étoit fufpendu à un point fixe ; on chargeoit le plateau jufqu'à ce que le prifme fût rompu, & c'eft par ce poids que l'on jugea de la force de *cohéfion* des différens corps.

Comme il faut un poids confidérable pour rompre ces prifmes, Mufchenbrock fe fervit d'une balance romaine. Afin de faire fes expériences plus commodément, il attacha l'anneau inférieur à un crochet folidement arrêté, & il fufpendit l'anneau fupérieur à une balance romaine; enfuite, à l'aide d'un poids vague qu'il faifoit courir fur la queue de cette balance, il déterminoit la force employée. Lorfque l'on fait courir le poids vague fur chaque cran du fléau de la balance, il faut, avant de le faire paffer d'un cran à un autre, le laiffer repofer quelque temps fur le cran fur lequel il fe trouve, & cela parce que le métal, lors même qu'il cède à l'effort que l'on fait pour le rompre, ne cède que lentement, & emploie un certain temps pour fe rompre; & même, lorfqu'on a quelqu'habitude dans ces fortes d'expériences, on peut prévoir aifément s'il eft fur le point de fe rompre, ou s'il peut fupporter encore un plus grand poids; ce qui paroît par une efpèce d'afpérité qui fe décèle alors fur fa furface, & qui indique que les parties commencent à céder & à abandonner leur place.

Une autre remarque qui a été faite dans des expériences fur la *force de cohéfion* des métaux, exécutées à l'Ecole royale des ponts & chauffées, eft celle-ci: le point du prifme où le métal doit fe rompre, s'échauffe & s'amincit; l'échauffement augmente graduellement & à mefure que le prifme devient plus mince; de forte que, pour juger de l'inftant où le prifme va fe rompre, il fuffit de paffer les doigts fur fa longueur, & dès que l'on aperçoit un point qui commence à s'échauffer, il faut attendre, ou ne plus étirer qu'avec de grands ménagemens.

Les poids fous lefquels ont rompu des prifmes métalliques de 0,17 pouces du Rhin ou 0,0044 m. de côté, étoient de:

MÉTAL.	Denfité.	POIDS EN	
		Livres.	Kilog.
Fer.	7,8076	1930	945
Argent.	11,091	1156	566
Cuivre jaune de Barbarie.	8,1838	638	313
Cuivre jaune du Japon. .	8,7267	573	280
Or pur é.	19,238	578	283
Etain d'Angleterre . . .	7,295	188	92
Etain *idem*.		150	73,4
Etain noir.	7,3218	110	53,9
Etain de Bancas.	7,2165	104	50,9
Etain de Malaca.	6,1256	91	44,6
Bifmuth.	9,850	88	43,1
Zinc de Goflar.	7,215	80	39,2
Antimoine.	4,500	30	14,7
Plomb.	11,333	25	12,2

Un problème affez intéreffant feroit de déterminer quelle longueur de ces prifmes la *force de cohéfion* pourroit fupporter: cette manière d'évaluer cette force eft peut-être la feule qui foit comparable, en ce qu'elle doit être proportionnelle à la longueur des prifmes fupportés. En faifant des experiences dans cet efprit, on pourroit apprécier, avec la plus grande précifion, la différence que les dimenfions introduifent, ainfi que la loi que ces dimenfions préfentent. Nous allons calculer les expériences que Mufchenbroeck a faites, & les rapporter aux longueurs des prifmes qui font équilibre à la *cohéfion*, & cela en faifant ufage de cette formule $\frac{P}{D \times S}$ = la longueur du prifme : P étant le poids qui fait rompre le fil, D la denfité des fubftances & S la furface qui eft ici = 19,36 millimètres carrés, le côté des parallélipipèdes étant de 0,0044 met. ou 4,4 millimèt. En effet, fi l'on fait V = le volume, on aura P = D V & V = S L, S étant la longueur du prifme, d'où l'on a P = D $\times$ S $\times$ L & L = $\frac{P}{D \times S}$. D'après cette formule, les longueurs des prifmes qui font équilibre à la *cohéfion*, font:

Fer. . . . . 625^m,5
Argent 263,8
Cuivre jaune de Barbarie 197,2
Cuivre jaune du Japon. 161,5
Or épuré 120,4
Etain d'Angleterre 51,76
Etain *idem* 51,99
Etain noir 37,99
Etain de Bancas 36,64
Etain de Malaca 37,32
Bifmuth 22,59
Zinc de Goflar 11,15
Antimoine 16,94
Plomb 5,50

Ces métaux étant forgés, on remarque que leur *force de cohéfion* augmente. Ainfi un barreau d'or qui, après avoir été fondu, ne put fupporter, fans fe rompre, un poids de 578 livres, en fupporta un de 982 après avoir été forgé; un barreau d'argent qui ne pouvoit fupporter que 415 liv. après avoir été fondu, en fupporta un de 770 après avoir été forgé.

Nous avons recueilli en conféquence quelques féries d'expériences faites fur la *cohéfion* des métaux écrouis; elles ont été faites enfuite fur des métaux tirés à la filière: les uns avoient 17 décimillimètres de diamètre, & 2,27 millimètres carrés de tranche; les autres avoient 43,5 millimètres carrés. Voici le réfultat de la *force de cohéfion* que ces expériences préfentent:

MÉTAL.	Densité.	FORCE EXPRIMÉE EN			
		Kilog.	Long.	Kilog.	Long.
Fer	7,800	247,53	1530m.	549,25	1620
Cuivre	8,104	146,38	797,0	302,26	781
Argent	10,474	85,06	358	187,13	409
Platine	20,850	124,69	263,5	274,31	274
Or	19,258	68,216	156	150,97	178
Etain	7,291	15,74	95,1	31,00	97,6
Plomb	11,352	9,44	25,3	18,40	37,3
Zinc	6,801	. . .	. . .	18,20	61,5
Bismuth	9,812	. . .	. . .	20,01	46,8
Antimoine	6,712	. . .	. . .	7,00	23,9

Si l'on appliquoit la formule aux longueurs des prismes de la dernière colonne, on y trouveroit quelques différences avec celles qu'il sembleroit que l'on devroit avoir, & cela parce que les densités de quelques métaux qui ont servi à ces expériences ne sont pas les mêmes que celles qui ont servi aux premières. Ainsi celle du cuivre étoit de 8,895; celle de l'argent 10,510; celle du platine 23,000; celle de l'or 19,361, & celle de l'étain 7,299.

En comparant les longueurs des prismes nécessaires pour faire rompre les métaux fondus & les métaux écrouis, on voit que ces longueurs sont en général plus que doublées. Il en est même, comme le plomb, qui sont quintuplées.

Si l'on compare également les longueurs des prismes nécessaires pour faire rompre les métaux écrouis, dans les deux séries d'expériences que nous avons citées, on trouve quelques différences entr'elles: ces différences proviennent de la pureté du métal & de l'état de son écrouissement. Lorsqu'on passe un métal par la filière, on remarque qu'il acquiert du nerf, c'est à-dire, que sa cassure devient filamenteuse, & que, d'abord, sa cohésion augmente, puisqu'elle diminue, & cette diminution est telle, que le fil rompt enfin en continuant de le tirer à la filière. Pour lui redonner sa cohésion primitive, on est obligé de le recuire. Cette variation dans la cohésion doit nécessairement en produire dans la longueur des prismes.

Quant à la variation de cohésion des métaux, souvent elle augmente en les alliant à d'autres métaux, & quelquefois aussi elle diminue. Ainsi un prisme d'or de 0,1 pouce du Rhin qui supporte, lorsqu'il est pur, 240 livres, ne supporte plus que 210 lorsqu'il est allié avec ½ d'argent, quoique l'argent ait une force de cohésion presque double de celle de l'or. L'argent, au contraire, augmente de cohésion lorsqu'il est combiné avec le cuivre jaune ou laiton, quoique celui-ci ait une cohésion beaucoup moins grande que celle de l'argent, puisqu'elle est dans le rapport de 1156 à 638: un prisme d'argent de 0,1 pouce du Rhin, qui se rompoit sous un poids de 400 livres lorsqu'il étoit pur, a supporté 485 livres après l'avoir allié

avec ⅙ de cuivre. Pour avoir des données sur les variations dans la *force de cohésion*, résultantes des divers alliages métalliques, on peut consulter la *Physique* de Muschenbroeck, §. MCXXII & suiv.

Nous allons terminer cet article sur la *force de cohésion*, en rapportant un tableau de ces forces appliquées à rompre des prismes de 651 millimètres carrés de base. Ce tableau est extrait des belles expériences de Muschenbroeck.

Métaux.

Barre d'acier	61153 kil.
Barre de fer	33522
Fer fondu	22695
Cuivre fondu	12096
Argent fondu	18800
Or fondu	9966
Etain fondu	2011
Bismuth	1314
Zinc	1178
Plomb fondu	390

Alliages.

Or, 2 parties; argent, 1	12684
Or, 5; cuivre, 1	22650
Argent, 5; cuivre, 1	21970
Argent, 4; étain, 1	18573
Cuivre, 6; étain, 1	24915
Cuivre jaune	23103
Etain, 3; plomb, 1	4621
Etain, 4; antimoine, 1	5436
Plomb, 8; zinc, 1	2038
Etain, 4; plomb, 1; zinc, 1	5889

Bois.

Caroubier	9105
Jujubier	8,86
Hêtre	7337
Chêne	7337
Oranger	7021
Aune	6597
Orme	5980
Mûrier	5662
Saule	5662
Frêne	5436
Prunier	5346
Sureau	4550
Grenadier	4417
Citronnier	4290
Tamarin	3964
Sapin	3775
Noyer	3683
Sapin résineux	3468
Coignassier	3058
Cyprès	2718
Peuplier	2491
Cèdre	2210

Os.

COHÉSION (Appareil pour la); *machina pro de-monstrandâ cohæsione.* Machines employées dans les cours de physique pour trouver , pour déter-miner & pour expliquer la force de *cohésion.*

On distingue trois sortes d'*appareils pour la co-hésion :* les premiers ont pour objet d'éprouver la *cohésion* par la pression d'un fluide extérieur ; les seconds par l'intermède d'un fluide adhérent aux corps ; le troisième par la *cohésion* des molécules.

Le premier appareil se forme de deux plans bien unis & bien parallèles , que l'on pose l'un sur l'au-tre : le premier est fixé au fond d'un vase , le se-cond est libre. On verse dans le vase un liquide qui comprime. le second plan, & l'on remarque alors que celui-ci adhère à l'autre avec une force exprimée par la colonne du liquide qui le presse. Il se compose encore de deux hémisphères creusés qui se placent l'un sur l'autre par deux plans par-faitement dressés ; on fait le vide entre les deux hémisphères qui adhèrent avec une force exprimée par la hauteur de la colonne de mercure, ou mieux par la différence de la condensation de l'air exté-rieur & intérieur. *Voyez* HÉMISPHÈRE DE MAG-DEBOURG.

On voit, *fig.* 2, 2 (*a*) & 5, les machines que l'on emploie pour prouver l'adhérence des corps par l'intermède d'un liquide. La *fig.* 2 représente deux plaques de verre : l'une *a* est suspendue par un crochet, l'autre *b* à un crochet dans sa partie inférieure, & auquel on peut suspendre des poids pour déterminer la force de l'adhésion. La *fig.* 2 (*a*) représente la même machine placée sous un réci-pient de la machine pneumatique, afin d'observer si la pression de l'air exerce de l'influence dans cette sorte d'adhésion. La *fig.* 5 représente une ba-lance. qui supporte, à l'extrémité B du fléau, un disque D que l'on place sur la surface du liquide *f g* : des poids placés dans le plateau C, indiquent la force d'adhésion du disque au liquide. *Voyez* ADHÉSION.

Enfin , la machine *fig.* 3 est la seule qui soit propre à la *cohésion* ; elle est formée de deux bou-les de plomb, auxquelles on a enlevé un léger segment. On comprime fortement les deux seg-mens ; les particules ainsi rapprochées contractent une adhésion occasionnée par la force de *cohésion* des particules. Cette *cohésion* est d'autant plus grande, que le nombre de parties en contact est plus considérable.

En parlant de la *force de cohésion,* nous avons fait connoître l'appareil employé par Muschenbroeck pour rompre des prismes métalliques. Depuis, Per-

ronnet, Rondelet, Boch fils & beaucoup d'autres ont imaginé différentes machines. On peut, pour connoître ces appareils, consulter la *Sydérotechnie* d'Haffenfratz, l'*Art de bâtir* de Rondelet, le 31e. volume des *Annales des Arts & Manufactures,* page 123, &c.

COHÉSION MAGNÉTIQUE; *cohæsio magnetica; magnetische cohæsion.* Union de deux morceaux de, fer ou d'acier, produits par l'action magnétique.

En présentant au pôle d'un aimant le pôle con-traire d'un autre aimant, on voit aussitôt ces deux aimans s'attirer l'un vers l'autre avec une force qui dépend du degré de magnétisme qu'ils ont. Si l'on présente au pôle d'un aimant un morceau de fer ou d'acier à l'état naturel, celui-ci, influencé par le pôle de l'aimant, se magnétise de manière qu'il présente un pôle contraire au pôle de l'aimant qui l'influence : alors ces deux corps adhèrent comme s'ils étoient magnétisés tous les deux.

On augmente la force de *cohésion magnétique,* soit par la forme des aimans, soit par leur ar-mure, soit par l'influence des corps extérieurs. Ainsi, lorsque l'on présente un morceau de fer mou à un aimant courbé en demi-cercle ou en fer à cheval, *fig.* 396, le support P, qui touche les deux pôles, est influencé des deux côtés : d'où il suit que la *force de cohésion* non-seulement a dou-blé, à cause des deux contacts, mais qu'elle est en-core augmentée par la double influence des deux pôles sur chaque extrémité, ce qui rend l'action des pôles beaucoup plus considérable.

Les armures A B, *fig.* 352 & 353, déterminent, par leur forme & leur dimension, une très-forte action magnétique dans les talons A & B, ce qui les rend propres à supporter des poids considéra-bles : il est tel aimant qui supporte, après avoir été armé convenablement, un poids centuple de celui qu'il supportoit sans armures. *Voyez* AR-MURE.

Enfin, lorsque l'on place un morceau de fer doux G, sur une masse de fer H, *fig.* 353, l'action magnétique, augmentée par l'influence de cette masse de fer, rend l'aimant capable de supporter un poids plus considérable, & conséquemment, de produire une plus forte *cohésion. Voyez* INFLUENCE MAGNÉTIQUE.

COHI : grande mesure de continence dont on se sert dans le royaume de Siam, pour mesurer les grains, graines & légumes secs. Le *cohi* doit peser 5000 livres juste.

COHOBATION, de l'arabe *cohoph* ; *cohoba-tio* ; *cohobation* ; s. f. Répétition d'une distillation, en remettant dans la cornue ou dans l'alambic, sur le résidu qui y est resté, le produit de la distil-lation, & en continuant le feu.

Cette opération étoit pratiquée par les alchi-mistes avec une patience admirable & un zèle infatigable : il en eſt qui ont diſtillé pluſieurs milliers de fois le même liquide ; ils avoient imaginé pour cette *cohoſation* un inſtrument qu'ils nommoient *pélican. Voyez* PÉLICAN.

ÇOIANG : poids & tout enſemble meſure de Cambaie, dans les Indes orientales. Cinq *coiangs* font quatre loſts.

COIN, de γωνια, *angle ;* cuneus ; keil ; ſ. m. Figure qui va en pointe ; corps dur compoſé de cinq plans, dont deux ſont triangulaires : c'eſt une des ſix machines ſimples employées en mécanique.

On voit dans la *figure* 629 les cinq plans qui forment le coin : A B C D eſt la tête, A C E F, B D E F ſont les faces, C E D, A F B ſont les tranchans ; la droite E G, perpendiculaire ſur ſa baſe, eſt la hauteur, & les côtés CD, D E ſa longueur.

Les Anciens ſont partagés ſur le principe de la force du *coin.* Ariſtote le regarde, dans les *Queſtions de mécanique,* comme deux leviers de la première eſpèce inclinés l'un ſur l'autre, & agiſſant dans des directions oppoſées. Merſenne le regarde comme un levier de la ſeconde eſpèce, dans lequel, pour qu'il y ait équilibre, les forces doivent être entr'elles comme A D : D C, *figure* 629 (a). Deſcartes, Wallis, Dechales & Keill établiſſent que les forces doivent être entr'elles comme A B : D C ; Boreilius, comme A D eſt à A C ; Caſote & de la Hire, comme E G : G C ; Varignon, comme E G : G F. Wolf, dans ſes *Principes de mécanique,* adopte l'opinion de Merſenne, exprimée dans le latin de Wallis, & S'Graveſand adopte deux opinions : pour les cas ſimples celle de Wallis, & pour celui du bois celle de la Hire.

Georges-Frédéric Bærmann, dans ſa diſſertation *de Cuneo,* imprimée à Wittemberg en 1751, a traité avec beaucoup de détails l'opinion de Keill, & il a démontré qu'en général, pour l'équilibre du coin, la force eſt à la réſiſtance comme ſin. A C D × ſin. G E F : coſ. E F G ; & dans le cas où l'on auroit ſin. GEF = 1 & coſ. CEF = ſin. CEG, la réſiſtance ſeroit comme ſin. A C D : ſin. C E G, ou comme E G : G C, ce qui eſt conforme à l'opinion de la Hire.

Dans le cas où le *coin* toucheroit exactement le côté de la fente, comme dans les pierres des voûtes qui ſe réuniſſent par leur face, on aura GC = GF ; c'eſt l'opinion de Varignon qui ſatisfait à la queſtion ; celle de Borelli eſt également ſatisfaiſante, puiſque l'on a CEG ſemblable à CDA, & de-là EG : GC = AD : AC.

Quelques phyſiciens prétendent que le *coin* ne ſauroit, en aucune manière, ſe rapporter au levier ; quelques uns rapportent ſon action au plan incliné ; ils ſe fondent ſur ce que le plan BDEF, *fig.* 629, étant incliné ſur le plan A CEF, ſi l'on fait gliſſer ce *coin* dans toute ſa longueur CE, ſur un corps, ce corps ſe trouvera élevé de la quantité CD, largeur de la baſe du *coin.*

Comme les opinions ſur l'action & ſur l'équilibre du *coin* ont éprouvé de grandes variations, nous croyons ne pouvoir éclaircir la queſtion que le *coin* préſente, qu'en rapportant textuellement ce que le géomètre Poiſſon en dit dans les additions au premier volume de ſon *Traité de Mécanique.*

« Le *coin* eſt un priſme triangulaire que l'on introduit dans une fente pour écarter davantage deux parties d'un corps. La puiſſance eſt la percuſſion qu'on exerce ſur la tête du *coin,* par un coup de marteau ou tout autrement ; la force qu'elle doit vaincre eſt la réſiſtance que les parties des corps oppoſent à leur ſéparation ; mais comme cette réſiſtance n'eſt jamais bien connue, nous ne chercherons pas, comme dans les autres machines, le rapport de la puiſſance à la réſiſtance, & nous nous bornerons à déterminer les efforts que la puiſſance exerce ſur les deux côtés du *coin* perpendiculaire à ces côtés ; nous ſuppoſerons la puiſſance perpendiculaire à la tête du *coin ;* car ſi elle ne l'étoit pas, elle ſe décompoſeroit en deux forces, l'une parallèle à cette tête, & qui n'auroit aucun effet pour enfoncer le *coin ;* l'autre perpendiculaire, & la ſeule à conſidérer.

» Soit DE, *fig.* 629 (b), la direction de la puiſſance ; par cette droite, qu'on ſuppoſe perpendiculaire à la tête du *coin,* menons un plan perpendiculaire au tranchant ; & comme cette arête eſt l'interſection des deux côtés du *coin,* ce plan ſera auſſi perpendiculaire aux deux côtés ; ſoit ABC, le triangle ſuivant lequel notre plan coupera le priſme triangulaire qui forme le *coin ;* abaiſſons du point E, où la direction de la puiſſance rencontre la tête du *coin,* deux perpendiculaires EF, EG, ſur le côté AC & BC, & décompoſons la puiſſance en deux forces dirigées ſuivant EF & EG ; ces deux compoſantes repréſentent les efforts que la puiſſance exerce ſur ce côté du *coin,* & dont il s'agit de trouver le rapport à cette puiſſance ; appelons donc P cette force donnée, X & Y ces compoſans, ſuivant EF & EG ; prolongeons la direction DE de la force P, d'une quantité arbitraire E*e,* & par le point *e,* menons les droites *ef, eg,* parallèles à EG & EF, la force P, & ſes compoſantes X & Y, ſeront entr'elles comme la diagonale E*e* du parallélograme E*fegg ;* donc à cauſe de E*g* = *fe,* on aura P : X : Y = E*e* : E*f* : *fe.* Or, les trois côtés du triangle E*ef* ſont perpendiculaires aux trois côtés du triangle ABC, ſavoir E*e* à AB ; E*f* à AC ; *ef* à BC ; ces triangles ſeront donc ſemblables, & l'on a E*e* : E*f* : *ef* = AB : AC : BC ; par conſéquent P : X : Y = AB : AC : BC, c'eſt-à-dire, que les trois forces P, X, Y, ſont entr'elles comme les trois côtés du triangle ABC, auxquels leurs directions ſont perpendiculaires.

» Les droites AB, AC, BC, ſont entr'elles dans le même rapport que les faces du *coin,* qu'on appelle ſa tête & ſes deux côtés ; car ces faces ſont des parallélogrames de même base, qui ont pour hauteur AB, AC, BC; il s'enfuit donc que la puissance B & ses deux composantes sont entr'elles comme la tête & les deux côtés du *coin* : l'effort qu'elle exerce sur ces deux côtés est représenté par ce côté. En se servant donc d'un *coin* très-aigu, ou dont les côtés soient très-longs, par rapport à la tête, on pourra exercer latéralement des efforts très-considérables, en frappant d'un coup médiocre sur la tête du *coin*. »

On a rapporté au *coin* tous les instrumens tranchans & à pointe, comme couteaux, haches, épées, poinçons, &c. En effet, tous ces instrumens ont au moins deux plans inclinés l'un à l'autre, & qui forment toujours entr'eux un angle plus ou moins aigu; de plus, comme c'est l'angle qui est la partie essentielle du *coin*, il n'est pas nécessaire qu'il soit formé par le concours de deux plans seulement. Les clous, qui ont quatre faces, qui aboutissent à une même pointe; les épingles, les aiguilles, dont la surface peut être regardée comme un assemblage de plans infiniment petits, qui se réunissent à un angle commun, font aussi l'office de *coin*, & doivent être considérés comme tels.

Coin (Appareil pour démontrer la propriété du) : machine destinée à prouver les effets du *coin*.

Quelle que soit la sagacité des géomètres qui ont appliqué l'analyse aux effets du *coin*, il faut se défier des résultats auxquels ils parviennent; tant de causes concourent dans les effets que l'on produit avec le *coin*, qu'il est extrêmement difficile, pour ne pas dire impossible, de les réunir; il faut également se défier des résultats que l'on obtient avec les appareils dont on se sert dans les expériences, lesquels, pour la plupart, rapportent les efforts du *coin* aux effets des plans inclinés.

Muschenbroeck se servoit, pour ses expériences, d'un *coin* double OPR, *fig.* 630, dont on peut augmenter ou diminuer la base. HV sont deux cylindres dont les axes sont saillans, & qui sont suspendus par des cordes L, L, L, L; ces deux cylindres sont tirés l'un vers l'autre par des cordes attachées à des brides fixées sur les extrémités de ces cylindres, & qui passent ensuite, l'une sur la poulie *a*, & l'autre sur la poulie *b*; deux semblables brides, placées de l'autre côté, produisent le même effet : à ces cordes sont suspendus les poids X, X, Z, Z, qui obligent, par leurs efforts, les cylindres à se rapprocher; au point Q, sommet du *coin*, pend un bassin dans lequel on met les poids nécessaires pour que le *coin* puisse écarter les cylindres, s'insinuer entr'eux, & y demeurer comme suspendu. Il faut, pour tenir le *coin* en équilibre entre les deux cylindres, que le poids de ce *coin* & celui de la charge soient à la somme des poids X, X, Z, Z; comme la base du *coin* est au double de sa longueur; c'est ce que démontre Muschenbroeck dans sa *Physique*.

COÏNCIDENCE; de coincido, *tomber ensemble*; coïncidens; *coincidenz, oder, anfein, andertreffen*; s. f. Figures, lignes dont toutes les parties se correspondent exactement lorsqu'elles sont posées l'une sur l'autre, ayant les mêmes termes ou les mêmes limites.

COÏNCIDENTE (Lumière); lumen coincidens; s. f. Rayons de lumière qui tombent à la fois sur une surface.

COLACHON : instrument de musique fort commun en Italie, qui a deux ou trois cordes, qui est long de quatre ou cinq pieds, & qui a la figure d'un luth, excepté qu'il a le manche beaucoup plus long.

COLATURE; colatura; *collatur*; s. f. Séparation d'une liqueur d'avec quelques matières impures ou grossières; c'est une filtration moins exacte que celle que l'on fait ordinairement.

COLLATÉRAL; collateralis; *collatéral*; s. & adj. Qui est à côté.

COLLATÉRAUX (Points); puncta collateralia; *seiten, punkte*. Points de l'horizon placés au nord, à l'est, au sud & à l'ouest. *Voyez* POINTS COLLATÉRAUX.

COLLATÉRAUX (Vents); venti collaterales; *seiten wind*. Vents qui soufflent à côté de ceux qui sont dans les points cardinaux de l'horizon; tels sont les vents nord-est, sud-est, sud-ouest, nord-ouest & leurs subdivisions.

COLLE; κολλα; gluten; *leins*; s. f. Substance glutineuse propre à réunir fortement deux substances.

COLLE DE FARINE (Anguille de). Petites anguilles microscopiques que l'on observe dans de la colle de farine que l'on a laissé fermenter. *Voyez* MICROSCOPE, ANIMAUX MICROSCOPIQUES.

COLLECTEUR, de colligo, *ramasser, recueillir*; collector; *steuren sammler, collector*; s. m. Instrument propre à ramasser, à rassembler, à recueillir & à réunir.

COLLECTEUR DE LA CHALEUR; collector caloris; *wœrme sammler*. Instrument composé de plusieurs lames ou enveloppes de verre, destiné à réunir, à rassembler, à recueillir les rayons solaires, ou la chaleur rayonnante du feu.

On savoit depuis long-temps que de doubles & triples croisées favorisoient l'échauffement & la conservation de la chaleur des serres chaudes; on savoit encore que les cloches de verre, posées sur des plantes, accéléroient leur végétation & leur maturité, en accumulant & confervant de la chaleur fous les cloches.

Sauffure, dans fes expériences fur la chaleur directe des rayons folaires, dans un vafe fermé, a fait voir qu'il étoit poffible d'y accumuler de la chaleur, de manière à élever la température intérieure à un degré infiniment plus élevé qu'à l'air.

Pour cet effet il fit faire une boîte qui avoit, hors d'œuvre, un pied de longueur fur neuf pouces de largeur, & autant de hauteur; il fit doubler tout l'intérieur de cette boîte avec des plaques de liége noirci, de l'épaiffeur d'un pouce, & il la ferma par trois couliffes de glace bien tranfparentes, pofées les unes au-deffus des autres, en laiffant entr'elles un pouce & demi d'intervalle. Ainfi, quand cette boîte étoit préfentée au foleil, les rayons de cet aftre pénétroient jufqu'au fond, après avoir traverfé les trois glaces. Un thermomètre placé au fond de la boîte, & réchauffé par le foleil, étoit donc garanti de l'action de l'air extérieur, d'un côté par trois glaces de verre & par les couches d'air interpofées entr'elles, & de tous les autres côtés par une double enveloppe, l'une de bois, d'un demi-pouce, l'autre de liége, d'un pouce d'épaiffeur.

Il expofa cette boîte le 16 juillet 1774; il la réchauffa lentement, jufqu'à ce que le thermomètre qui étoit au fond atteignît le 50e. degré R.; dès-lors il la tint expofée directement aux rayons du foleil pendant une heure précife, c'eft-à-dire, depuis 2 h. 12' jufqu'à 3 h. 12', & dans cette heure le thermomètre monta de 50 à 70 degrés. Un thermomètre femblable, appliqué fur le liége noirci, au-dehors de la boîte, étoit monté à 21 degrés, & un troifième thermomètre, à boule nue, expofé en plein air aux rayons du foleil, à quatre pieds au-deffus du gazon, ne fe foutenoit qu'à 8 degrés.

Ducarla, féduit par cet enfemble de faits, conçut l'idée de faire un *collecteur de chaleur* avec lequel il pût accumuler une immenfe quantité de calorique dont il pût obtenir les plus grands effets.

Son opinion étoit fondée fur ce principe, que la chaleur fe communique d'un corps à un autre que par la furface, & que les quantités enlevées font proportionnelles aux maffes & aux caloricités fpécifiques. D'après cela, comme le verre eft deux mille fois, environ, plus denfe que l'air, il s'enfuit qu'à capacité égale de chaleur, le verre doit contenir deux mille fois plus de chaleur que l'air; qu'ainfi, la chaleur qui fe communique de la furface de verre à une furface d'air, par le contact, n'eft que la deux millième partie de celle qui élève fa température au-deffus de celle de l'air.

En partant de ce principe, Ducarla compofa fon *collecteur de chaleur*, de plufieurs récipiens de verre, placés les uns fur les autres, de manière que le premier recouvroit un cylindre noir, creux,

terminé par une demi-fphère, & fixé fur un plan également noir; ce cylindre étoit recouvert d'un premier récipient de verre, dont le diamètre étoit tel, qu'il ne reftoit entr'eux qu'une couche d'air de trois lignes d'épaiffeur. Ce premier récipient étoit couvert d'un fecond, celui-ci d'un troifième, &c., de manière que la couche d'air contenue entre chaque récipient avoit partout trois lignes d'épaiffeur. Le nombre de ces récipiens étoit très-grand.

Alors ce *collecteur* étoit expofé au foleil, foit à l'action directe des rayons feuls, foit à l'action directe des rayons, & à l'action d'autres rayons réfléchis par des miroirs, ou mieux, à la chaleur brûlante, dégagée par la combuftion. Ducarla, qui probablement n'a jamais exécuté, & par confequent éprouvé ce *collecteur*, prétend que la quantité de chaleur collectée, raffemblée par ce moyen, peut être telle, qu'elle peut fondre une maffe de fer d'une toife de diamètre !!!

Il propofe, en conféquence, de fe fervir de ce *collecteur* dans les manufactures, dans les ufines, & même dans les forges; il prétend que l'on peut, par fon moyen, économifer une immenfe quantité de combuftibles.

On peut juger, d'après cet expofé, que Ducarla a été féduit par la belle expérience de Sauffure, & qu'il a été égaré par fa théorie. S'il eût connu ce que fe propofoit Sauffure dans fon expérience, ou s'il eût d'abord éprouvé les effets de fon *collecteur*, il n'auroit pas donné tant de publicité à un appareil auffi ridicule.

Bien certainement les corps s'échauffent, foit en les expofant à l'action des rayons folaires, foit en les expofant à l'action de la chaleur qui fe dégage d'un brafier; mais en même temps que les corps reçoivent de la chaleur des fources dont ils font éloignés, ils en perdent par le mouvement de l'air qui les environne, & par la rayonnance. En enfermant un corps dans des enveloppes tranfparentes, on diminue, à la vérité, une portion de la perte de fa chaleur, de celle qui a lieu par le mouvement de l'air; mais la perte par la rayonnance s'effectuant, il s'enfuit qu'en même temps que le corps reçoit de la chaleur par la rayonnance de la lumière folaire, ou par celle des corps embrafés, il en perd par la rayonnance de la chaleur accumulée. Or, au bout d'un temps, qui dépend de la température de la fource, le *collecteur* atteint fon maximum de température qu'il ne peut dépaffer, quel que foit le nombre des cylindres de verre enveloppans; & lorfque l'on emploie du combuftible pour échauffer le *collecteur*, on perd néceffairement toute la quantité de la chaleur rayonnante qui s'échappe dans toute autre direction que celle de l'appareil, plus celle qui s'échappe par la rayonnance de l'appareil pendant qu'on l'échauffe.

COLLECTEUR DE L'ÉLECTRITÉ; collector electricitatis; *electricitats fammler der Cavallo*; *collector der electricitat*. Instrument propre à collecter, à réunir, à ramasser, à concentrer de l'électricité.

« Ce *collecteur* ABCD, *fig.* 631, 631 (*a*), imaginé par Cavallo, est une bande plate d'étain de treize pouces de long, & large de huit. Les deux côtés A D, B C sont soudés à deux tubes de verre qui sont ouverts à leur extrémité; D E, C F sont deux montans de verre couverts de cire à cacheter, qu'on étend en la faisant chauffer, & non en la dissolvant dans les spiritueux: ils seront cimentés dans les trous inférieurs des tubes d'étain, ainsi que dans le fond du châssis de bois de la machine aux points E, F, de manière que la bande d'étain soit supportée verticalement par les tubes de verre, & parfaitement isolée 'G H L R Q I & N O P V, sont deux châssis de bois qui, attachés à de larges fonds, par le moyen de la charnière de cuivre, peuvent être placés parallèlement à la bande d'étain, comme on voit, *fig.* 63 , ou être abaissés & mis sur la table qui supporte l'instrument, comme on voit, *fig.* 631 (*a*). La surface intérieure de ces châssis est couverte d'un papier doré X V; mais il est peut-être mieux de la couvrir avec une feuille d'étain bien battue. Lorsque les châssis sont dans leur situation verticale, ils ne touchent point la bande d'étain, & ils en sont éloignés d'environ un pouce; ils sont aussi un peu plus courts que cette même bande d'étain, afin qu'ils ne puissent pas toucher les tubes d'étain. Dans le milieu de la partie supérieure de chaque châssis latéral, se trouve une petite pièce de bois, plate, S & T, avec une charnière de laiton; cette pièce maintient les parties des châssis, & les empêche de tomber ou de trop s'approcher de la bande d'étain. On voit que, lorsque l'instrument est dans la position de la *fig.* 631, la surface dorée du papier X V, qui couvre la partie intérieure des châssis, est contiguë & parallèle à la lame d'étain.

» Lorsque l'on veut se servir de l'instrument, on le place sur une table, sur une fenêtre ou tout autre endroit; on met à côté une bouteille W qui contienne un électromètre, & qui communique par un fil de fer à l'un des tubes d'étain A D, B C; on établit une autre communication entre la bande d'étain & la substance électrisée, dont on veut ramasser l'électricité dans cette bande d'étain A B C D; mais lorsque l'on veut ramasser l'électricité de la pluie ou de l'air, l'instrument doit être placé à côté de la fenêtre, & on prendra un long fil de fer dont une de ses extrémités sera mise dans une ouverture A ou B des tubes d'étain, & l'autre s'étendra hors la fenêtre dans l'air. Si l'on veut ramasser de l'électricité produite par l'évaporation, on prendra une petite cuiller d'étain à laquelle sera attachée un fil de fer long de six pouces ou d'un pied, qu'on introduira dans un des tubes d'étain, de manière qu'il surpasse le tube de deux ou trois pouces. Un charbon em-

brasé, mis dans cette cuiller, & sur lequel on versera de l'eau, produira l'évaporation qu'on desire.

» Quant aux propriétés de cette machine, qu'à cause de son usage on peut nommer *collecteur d'électricité*, elles sont, 1°. que lorsqu'elle est en communication avec l'atmosphère, elle en ramasse l'électricité produite par la pluie ou tout autre corps qui électrise l'air lentement, & ensuite rend cette électricité sensible, ainsi que sa qualité, en les communiquant à un électromètre; 2°. on peut augmenter le pouvoir de l'instrument en augmentant sa grandeur, & spécialement en se servant d'un second instrument de la même espece, mais plus petit, & qui ramasse l'électricité du premier; 3°. il est construit de manière à se conserver facilement & sûrement. »

Il est facile de voir que cet instrument est construit sur les mêmes principes que la bouteille de Leyde, & que c'est l'influence électrique que l'on emploie pour *collecter* l'électricité. En effet, la plaque du milieu A B C D, étant isolée, & les deux plaques G H, N O qui communiquent au réservoir commun, étant en présence, si l'on électrise la plaque A B C D, l'électricité de cette plaque exerce son influence sur celle des deux autres; si c'est de l'électricité E, elle repousse celle des plaques G H, N O, & les électrise en Ɛ; si c'est de l'électricité Ɛ, elle attire de l'électricité dans les plaques en présence, & les électrise E. Les deux plaques électrisées d'une électricité contraire à celle du milieu, fixent, par leur influence, cette électricité, & dissimulent son action; alors cette plaque ne donne que de foibles indices d'électricité; mais si l'on écarte les deux plaques, l'électricité retenue, & dont l'action étoit dissimulée, reprend toute son activité, & se montre avec toute son intensité. *Voyez* CONDENSATEUR D'ÉLECTRICITÉ, INFLUENCE ÉLECTRIQUE, BOUTEILLE DE LEYDE, CHARGE ÉLECTRIQUE.

Cavallo, en imaginant ce *collecteur*, avoit pour but de suppléer au condensateur de Volta, par un instrument dont la construction fût facile, qui conservât mieux son électricité, & l'accumulât plus facilement.

COLLECTEUR DE READ; *collector Readicus*; *electricitaet fammler der Read*. Instrument imaginé par Read, pour recueillir les plus petites quantités d'électricité contenues dans l'air. On a donné à cet instrument le nom impropre de *doubleur d'électricité*, puisqu'il ne double point, mais qu'il ramasse & accumule l'électricité de l'air. *Voyez* DOUBLEUR D'ELECTRICITE.

COLLECTEUR DE VOLTA; *collector Volticus*; *electricitaet fammler der Volta*. Instrument imaginé par Volta, pour accumuler, sur un petit espace, l'électricité d'une foible intensité contenue dans

un

un grand espace, le condenser & le rendre sensible. *Voyez* CONDENSATEUR DE VOLTA.

COLLECTEUR DU FEU ; collector ignis ; *feuer sammler*. Appareil destiné à accumuler de la chaleur dans un petit espace. *Voyez* COLLECTEUR DE LA CHALEUR, MIROIR ARDENT.

COLLIQUATION ; colliquatio ; *colliquation* ; f. f. Action par laquelle on mêle ensemble deux substances solides, qui peuvent se rendre liquides par la fusion ou par la dissolution, comme les cires par la chaleur, les gommes par l'humidité.

COLLISION ; collisio ; *zusammen stossen* ; f. f. Choc, frottement de deux corps qui se fait avec violence. *Voyez* CHOC DES CORPS, PERCUSSION.

COLOMBE ; columba ; *taube* ; f. f. Constellation de la partie méridionale du ciel, placée auprès du tropique du capricorne, au-dessous du lièvre, entre le grand chien & le burin.
C'est une des onze nouvelles constellations sous lesquelles Augustin Royer a rangé les étoiles qui étoient demeurées informes, & qu'il a ajoutée aux anciennes. Elle contient dix étoiles dans le Catalogue de Flamsteed, & un plus grand nombre dans celui de La Caille.

COLOMBIN ; color violæ dilutior ; *taubenhals farben*. Couleur claire, dont la teinte est entre le rouge & le violet ; c'est une espèce de gris de lin.

COLONNE ; columna ; *soüle* ; f. fém. Prisme cylindrique de la forme d'un tronc d'arbre, que l'on emploie ordinairement comme soutien.

COLONNE D'EAU ; columna aquæ ; *wasser säule*. Volume d'eau cylindrique, d'un diamètre & d'une hauteur déterminée.
L'eau contenue dans le tuyau montant d'une pompe est une *colonne d'eau*, qui, lorsqu'elle a environ trente-deux pieds de hauteur, est en équilibre avec une *colonne* d'air de même diamètre & de toute la hauteur de l'atmosphère ; on donne encore ce nom à une masse d'eau connue sous le nom de *trompe*. *Voyez* TROMPE.

COLONNE D'EAU (Machine à) ; machina columnâ aquæ mota ; *wasser säule maschine*. Eau remplissant un tuyau d'une hauteur déterminée, & qui fait élever & baisser un piston, en agissant avec une force égale à une masse d'eau, dont le volume auroit pour base la surface du piston, & pour hauteur celle de la *colonne d'eau*. *Voyez* MACHINE A COLONNE D'EAU.

COLONNE ÉLECTRIQUE DE VOLTA ; columna

electrica Voltica ; *electrische säule*. Cylindre formé de rondelles de différentes matières, lesquelles, par l'arrangement des disques, produit de l'électricité. *Voyez* PILE GALVANIQUE, GALVANOMOTEUR, ELECTROMOTEUR.

COLONNES (Force des) ; vis columnarum ; *kraft der säulen*. Poids qu'une colonne ou un cylindre peut porter sans se rompre.
Comme on emploie souvent, dans la bâtisse, des piliers ou des *colonnes* de bois, de pierre, &c. pour soutenir de gros fardeaux, on rendroit un service essentiel à l'art de bâtir, si l'on faisoit des expériences propres à constater la résistance des matières que l'on emploie.
Muschenbroeck a déjà commencé quelques expériences sur la résistance des corps, qui peuvent y être appliquées avec avantage. Depuis, Perronnet, Lamblardie & Gérard ont fait des expériences plus en grand & plus multipliées sur les bois ; Perronnet & Rondelet en ont fait sur les pierres de divers pays. *Voy.* RESISTANCE VERTICALE DES BOIS, DES PIERRES, &c.

COLORANT ; colorans ; *farbend* ; adj. Substance qui colore.

COLORATION ; coloratio ; *færbung*. Manière dont les corps sont colorés. *Voyez* COLORISATION.

COLORÉS (Anneaux) ; annuli colorati ; *farben ring*. Cercles de diverses couleurs, qui se forment en plaçant un verre lenticulaire sur un verre plan. *Voyez* ANNEAUX COLORES.

COLORISATION ; colorisatio ; *farbung* ; f. f. Manière de colorier, de distribuer la couleur sur les corps ; comment ils se colorent naturellement, & changemens qui arrivent aux couleurs des corps, selon les diverses opérations de la nature ou de l'art auxquelles ils sont exposés. *Voy.* COULEURS NATURELLES DES CORPS.

COLUMBIUM ; columbium ; *columbium* ; f. m. Nouveau métal dont les propriétés sont inconnues, parce qu'on n'est pas encore parvenu à le fondre, & qu'on ne l'a obtenu qu'à l'état pulvérulent, noir & sans brillant métallique.
Ce métal est infusible aux températures que nous pouvons produire ; aux températures ordinaires, l'oxigène n'a aucune action sur lui.
On ne trouve le *columbium* qu'à l'état d'oxide, tantôt combiné avec de l'oxide de fer & du manganèse, tantôt avec de l'yttria.
Pour obtenir ce métal pulvérulent & de couleur noire, on traite l'oxide de *columbium* avec de la poussière de charbon, en le calcinant fortement.

Nous devons la découverte de ce métal à Hatchett ; il l'a trouvé dans un minéral venant d'Amérique, ce qui l'a déterminé à le nommer *columbium*. Ekeberg le trouva ensuite dans des minéraux de Suède, & Wollaston a prouvé que le tantale & le *columbium* étoient un seul & même métal.

COLURES, de κολουρος ; colurus ; *koluren* ; f. m. Grands cercles mobiles de la sphère, passant par les pôles du monde, & perpendiculaires à l'équateur.

Ces cercles sont aussi perpendiculaires l'un à l'autre ; ils se coupent tous deux aux pôles du monde : l'un passe par les points équinoxiaux, c'est-à-dire, qu'il coupe l'écliptique aux points où ce cercle est aussi coupé par l'équateur, savoir, au premier point du belier & au premier point de la balance ; on appelle ce premier *colure des équinoxes* : l'autre passe par les points solstitiaux ; il coupe l'écliptique au point où ce cercle touche les tropiques, savoir, au premier point de l'écrevisse & au premier point du capricorne. Ce second *colure* se nomme *colure des solstices*.

Tous les astres placés sur le *colure des solstices* ont 90 degrés, ou 270 degrés d'ascension droite, & tous les astres placés sur les *colures des équinoxes* ont 0, ou 180 degrés d'ascension droite. (*Voyez* ASCENSION DROITE) Le soleil arrive sur ces deux cercles à tous les renouvellemens des saisons ; lorsqu'il se trouve sur le *colure des équinoxes*, au premier point du bélier, notre printemps commence ; lorsqu'il est sur le même *colure*, au premier point de la balance, c'est notre automne qui commence. Mais lorsque le soleil se trouve sur le *colure des solstices*, au premier point de l'écrevisse, notre été commence ; & lorsqu'il se trouve sur le même *colure*, au premier point du capricorne, c'est le commencement de notre hiver.

COLURE DES ÉQUINOXES ; *equinoxial koluren*. Grand cercle mobile de la sphère, passant par les pôles du monde, & par les deux points d'intersection de l'équateur & de l'écliptique.

Comme les points d'intersection de l'équateur & de l'écliptique ont un mouvement annuel & rétrograde, dont la révolution entière est de 25808 ans, il s'ensuit que le grand cercle qui forme le *colure des équinoxes* a un mouvement annuel rétrograde de plus de 52 secondes. *Voyez* PRECESSION DES EQUINOXES, COLURES.

COLURE DES SOLSTICES ; colurus solstitiorum ; *solsticiol koluren*. Grand cercle mobile de la sphère, passant par les pôles du monde, & par les points de contact de l'écliptique & des tropiques.

Ce cercle est perpendiculaire au *colure des équinoxes*, & il a, comme lui, un mouvement annuel d'orient en occident sur l'équateur, de plus de 52 secondes. *Voyez* PRECESSION DES EQUINOXES, COLURES.

COLUTE : mesure des corps solides, grains, graines, &c., en usage en Angleterre.

COMBINAISON ; combinatio ; *zusammen fuegung* ; f. f. Assemblage, union intime de deux ou plusieurs corps.

En chimie, la *combinaison* est l'union intime de plusieurs corps qui forment un composé homogène, dont les propriétés sont ordinairement différentes de celles des composans. *Voyez* COMPOSITION.

La doctrine des *combinaisons*, en mathématique, consiste à trouver le nombre de *combinaisons* dont une quantité donnée de caractères est susceptible, & en les combinant deux à deux, trois à trois, &c. Ainsi quatre quantités a, b, c, d donneroient six *combinaisons* deux à deux ab, ac, ad, bc, bd, cd, quatre *combinaisons* trois à trois abc, abd, acd, bcd, & une *combinaison* quatre à quatre $abcd$.

Le P. Mersenne a donné la *combinaison* de toutes les notes & tons de la musique, au nombre de 64 : la somme qui en vient ne peut s'exprimer selon lui, qu'avec soixante chiffres.

COMBINAISON (Attraction de) ; atractio combinationis. Force attractive des molécules qui déterminent leur *combinaison*. *Voyez* ATTRACTION, AFFINITE.

COMBINAISON B'NAIRE ; combinatio binaria. *Combinaison* des corps deux à deux.

En chimie, l'eau est regardée comme une *combinaison* de l'oxigène & de l'hydrogène ; en mathématiques, on peut déterminer le nombre y de *combinaisons* deux à deux d'un nombre x de caractères, par cette formule $x \times \dfrac{x-1}{2} = y$.

Si l'on s'en rapportoit à l'étymologie du mot *combinaison*, on ne le considéreroit que comme l'expression de l'union de deux substances, car il est formé de *con* & de *binos*, assemblées deux à deux ; mais on a étendu cette dénomination à tout autre assemblage.

COMBUSTIBLE ; combustivum ; *verbren licht* ; f. m. Corps qui ont la propriété de brûler, c'est-à-dire, de produire de la chaleur & de la lumière.

On ne range ordinairement parmi les corps *combustibles* que ceux qui ont la propriété de produire de la chaleur & de la lumière, en se combinant avec l'oxigène. Ainsi, parmi les corps simples & qui n'ont pas encore été décomposés ; on distingue l'hydrogène, le carbone, le soufre, le phosphore & les métaux : le diamant est le *combustible* charbonneux le plus pur que l'on connoisse.

Il est rare que l'on emploie les *combustibles* simples pour obtenir de la chaleur & de la lumière. Les *combustibles* naturels, ceux dont on fait ordinairement usage, sont des composés d'hydrogène & de carbone. On les divise en trois classes : animaux, végétaux & minéraux.

L'hydrogène, le carbone, le soufre & le phosphore sont susceptibles de se combiner avec des proportions d'oxigène très-différentes, & de produire des quantités de chaleur très - variables. D'après les expériences de Lavoisier, une partie pondérable de gaz hydrogène, en se combinant avec 5,66 d'oxigène, fond 295,99 de glace; une partie de carbone, en se combinant avec 2,57 d'oxigène, fond 95,50 de glace; une partie de phosphore, en se combinant avec 1,50 d'oxigène, fond 110 parties de glace; mais comme ces substances peuvent se combiner avec d'autres proportions d'oxigène, il en résulte que, pour chaque proportion, il y a des quantités différentes de glace fondue.

Dans les combinaisons de l'hydrogène & du carbone, qui produisent les *combustibles* animaux, végétaux & minéraux, les proportions de calorique dégagé, & conséquemment de glace fondue, sont encore très-différentes. Ainsi, pour ne rapporter que les expériences de Lavoisier, qui sont comparables aux *combustibles* simples, nous observerons qu'une partie de charbon de bois ordinaire fait fondre 95,50 de glace; une partie d'huile d'olive, 148,81 de glace; une partie de cire blanche, 140, & une partie de suif 95,81.

Clément & Desormes se sont assurés qu'une partie de charbon fond 95 parties de glace; une partie de houille, 68; une de bois, 50, & une de tourbe 19.

On fait peu d'usage des *combustibles* animaux, si ce n'est de la cire & du suif, pour produire de la lumière; mais pour produire de la chaleur, on emploie habituellement les *combustibles* végétaux & minéraux : ceux-ci sont divisés en trois classes, bois, tourbes & houilles; quant à la quantité de chaleur qu'ils produisent, ils présentent en général de grandes différences. Ces différences proviennent principalement de leur degré de pureté & de la proportion d'hydrogène, de carbone, & souvent d'oxigène dont ils sont composés.

Ainsi les bois diffèrent entr'eux, 1°. par l'humidité qu'ils conservent; 2°. par la cendre qu'ils contiennent. Dans quelqu'état que soient les bois, ils contiennent toujours de l'hydrogène, du carbone & de l'oxigène. D'après les analyses de Gay-Lussac & Thenard ( ), les proportions d'hydrogène & d'oxigène, dans les bois, sont toujours

---

(1) *Recherches physico-chimiques*, tome II, pag. 294.

exactement celles qui sont propres à faire de l'eau. Ainsi on peut considérer les bois comme des composés de carbone, d'eau & de cendre; d'où il suit que tous les différens produits que l'on obtient pendant leur distillation, tels que les gaz hydrogènes carbonés, les acides pyroligneux, les huiles empyreumatiques, &c., peuvent être considérés comme des composés nouveaux provenant des élémens de l'eau, réunis au carbone. Après avoir réduit le bois en poudre & l'avoir parfaitement desséché, il retenoit encore, quantité moyenne, 0,48 d'eau.

On peut donc regarder la combustion du bois comme une opération par laquelle on combine de l'oxigène au carbone qu'il contient, pour dégager du calorique, dont une partie est employée à vaporiser l'eau que le bois retient. Ainsi, le bois le plus sec ne dégageroit que la quantité de chaleur résultante de la combustion de 0,52 de charbon, qui pourroit faire fondre 49 parties de glace pour une partie de bois; & celui qui est humide & qui contient quelquefois jusqu'a 0,65 d'eau, ne contiendroit que 0,35 de charbon capable de fondre, par sa combustion, 33,6 parties de glace; mais, de cette chaleur dégagée, une partie est employée à vaporiser l'eau que le bois contient, & cette quantité employée est d'autant plus grande, que le bois est moins sec; d'où l'on voit l'immense différence de chaleur que le *combustible* de bois doit produire relativement à l'état dans lequel il se trouve.

Plusieurs expériences faites par Haffenfratz sur la quantité de glace fondue par la combustion de vingt-huit espèces de bois neufs & secs, ont donné des résultats qui varioient entre 32 & 49 parties, pour une de bois; la moyenne étoit de 40; celle des charbons de bois, entre 74 & 96 parties de glace fondue, pour une de charbon; la moyenne étoit de 92; enfin, la quantité de glace fondue par la combustion d'une partie de houille, a varié entre 77 parties pour la houille d'Entrevergne, & 110 pour celle de Combelle. La moyenne entre quatre espèces de houille a été de 96,5.

Un grand nombre d'expériences ont été faites pour déterminer la quantité de chaleur que produit, en brûlant, chaque espèce de *combustible* : les unes, en comparant la quantité d'eau qu'une quantité de *combustible* faisoit évaporer; d'autres, en comparant le nombre de degrés dont une quantité de *combustible* élevoit la température d'une quantité donnée d'eau; d'autres, enfin, par la quantité de glace fondue par une quantité donnée, en poids, de *combustible*. Nous allons présenter le tableau de plusieurs expériences sur l'évaporation, faites par Lavoisier, Kirwan, Sage, Chardar, Blavier, Miché & Haffenfratz. Les résultats indiquent quelles proportions de *combustible* ont été employées pour produire les mêmes effets.

COMBUSTIBLES.	Lavoifier.	Kirwan.	Sage.	Chardar.	Blavier & Miché.	Haffenfratz.	Clément & Deformes.
Bois ..... { de chêne....	1089	1090	1089	1044	1090	1090	1090
de hêtre	1125	....	....	....	....	....	....
de fapin...	....	....	....	1050	....	....	....
Bois flotté	1449	....	....	....	....	....	....
{ de frêne	605	....	167	....	....	....	....
{ d'Ecoffe	....	600	174	....	....	1	....
{ de Newcaftle..	....	....	161	....	....	....	....
Houille.. { de Finz.....	....	....	136	....	....	....	....
{ de Rive de Gier	....	....	....	484	....	308	....
{ du Creufot...	....	....	....	....	820	231	....
{ de Blanzy	....	....	....	....	....	370	....
Tourbe.............	....	....	....	....	3500	....	....
{ de bois	960	600	871	....	740	600	....
Charbon.. { de houille...	552	403	....	....	....	....	....
{ de tourbe...	....	....	363	....	1666	....	....

D'après les réfultats que nous avons rapportés, il eft facile de voir combien font grandes les différences entre les quantités de chaque combuftible, pour produire la même quantité de chaleur.

Il eft facile d'affigner les caufes de ces variations dans chaque fubftance. Dans le bois, c'eft principalement l'eau qu'il contient ; dans les charbons de bois, c'eft encore l'humidité. On trouve des charbons très-fecs qui ne contiennent qu'une très-petite quantité d'eau, & d'autres qui en contiennent jufqu'à 0,40 lorfqu'ils ont été expofés pendant long-temps à l'humidité. Dans les houilles, c'eft principalement la terre ; quelques houilles, comme celles d'Efpagne, analyfées par Prouft, ne contenoient que 0,02 à 0,07 de cendre ; tandis que des houilles d'Angleterre, analyfées par Kirwan, contenoient de 0,10 à 0,50 de cendre ; enfin, dans les tourbes, la différence de chaleur produite dépend de l'humidité & de la cendre. L'humidité dans la tourbe fèche varie entre 0,22 & 0,75, & la cendre entre 0,02 & 0,15 ; dans le charbon de tourbe bien fec, la quantité de cendre varie entre 0,04 & 0,44.

Nous n'infifterons pas davantage fur les différences que préfente chaque combuftible, & fur la difficulté que l'on éprouvera pour déterminer, à l'avance, & fans un effai préalable, lequel on doit préférer : plus on multiplie les expériences fur les combuftibles, & plus on éprouve de difficulté pour prononcer.

Gay-Luffac, dans une de fes leçons faites à l'Ecole normale, a donné une méthode pour déterminer le maximum de chaleur dégagée d'un combuftible donné.

Soit a la quantité d'acide carbonique produite par la combuftion d'une unité du combuftible, b la quantité de calorique dégagée pour élever une unité d'eau de 0 à 100° centigrades, c la capacité en poids de l'acide carbonique pour le calorique,

x la quantité de chaleur produite. La formule qui exprime cette quantité eft $x = \frac{b}{a} \times \frac{1}{c}$: ainfi, dans la fuppofition que le combuftible fût du charbon ordinaire, on auroit $a = 3,6525$; $b = 5760$; $c = 0,2210$. D'après cela, l'équation devient $\frac{5760}{3,6525} \times \frac{1}{0,2210} = 7135°,7$; d'où il fuit que le maximum de chaleur dégagée de la combuftion du charbon dans l'oxigène pur $= 7135°,7$.

Maintenant, fi l'on fuppofe que la combuftion ait lieu dans l'air atmofphérique, on tient compte de la quantité de calorique enlevée par l'azote qui lui eft mélangé. Faifant donc $d =$ le poids de l'azote pour une unité d'oxigène, & $e =$ la capacité de l'azote pour le calorique, on détermine le maximum d'élévation de température par cette formule : $x (ae + (a-1)(ae)) = b$. Faifant donc $d = 3,3036$ & $e = 0,2754$, on a : $x (3,6525 \times 0,221 + 2,6525 \times 3,3036 \times 0,2754) = 5760$ & $x = 1788°,8$.

On fuppofe, dans ces deux réfultats, que la combuftion eft complète ; & l'on fait qu'il peut refter de l'oxigène mêlé à l'azote, ce qui diminueroit encore le nombre 1788,8.

En appliquant le même calcul au bois le plus fec, qui ne laiffe dégager qu'une quantité de calorique capable d'élever une partie d'eau à 2620 d., & en négligeant le calorique enlevé par l'eau vaporifée, le maximum de température ne feroit que de 813 deg.; & fi l'on veut tenir compte de l'eau vaporifée, on conçoit que cette température doit être exceffivement diminuée.

Au refte, Gay-Luffac obferve judicieufement que ces réfultats ne doivent être regardes que comme des réfultats hypothétiques, fondés fur la fuppofition que la capacité de l'acide carbonique & celle de l'azote font conftantes à toutes températures.

En comparant ces réfultats à ceux que l'on obtient dans une foule de circonftances, on eft étonné de l'immenfe différence qui exifte avec la température obfervée, en fe fervant de divers pyrometres.

Des expériences faites à Pefey par l'ingénieur des mines Beaufier, dans le fourneau de réverbère, chauffé avec du bois de fapin, pour féparer le plomb du minerai qui le contenoit, cet ingénieur ayant placé un morceau de fer près de la chauffe, & l'ayant jeté dans une quantité donnée d'eau, pour déterminer fa température par les rapports de capacité, d'après la méthode imaginée par Coulomb (voyez PYROMETRE), trouva que la température du fer, dans le fourneau, étoit de 1015 deg, & cependant le fourneau étoit loin d'être amené à la température à laquelle il auroit pu être élevé par ce combuftible.

On fait que le pyrometre de Wedgwood a fon zéro au 598,32 degrés centigrades, & que chacun de fes degrés correfpond à 72,23 degrés centigrades ; on fait encore que l'on peut obtenir dans un fourneau à vent, dans lequel la combuftion eft entretenue avec du charbon de bois, une température de 160 degrés de Wedgwood, correfpondant à 11556,80 degrés centigrades ; & cependant ce fourneau n'eft pas encore celui qui produit la plus haute température. D'après les obfervations faites par Haffenfratz, les hauts fourneaux à fondre le fer produifent une température que l'on peut évaluer à près de 15000 degrés.

Certainement ti la combuftion du charbon, par l'air atmofphérique, ne produifoit pour maximum de température que 1788,8 degrés centigrades, on ne pourroit y fondre ni le fer ni les autres métaux qui exigent une température plus élevée.

Mais comme toutes ces températures font mefurées par des méthodes qui préfentent plufieurs incertitudes, il eft extrêmement difficile de prononcer fur la température exacte, eftimée au thermometre centigrade, que l'on déduit de chacune de ces méthodes ; ce que l'on fait bien, c'eft que, lorfque l'on brûle très-rapidement une immenfe quantité de combuftible dans un efpace fermé & impénétrable à la chaleur, la température eft d'autant plus élevée, que la quantité du même combuftible, brûlé dans le même temps, eft plus confidérable ; mais jufqu'à quel terme cette température peut-elle être élevée ? C'eft ce que l'on ignore encore.

COMBUSTION ; combuftio ; verbrennen ; f. f. Combinaifon de l'oxigène avec un corps combuftible, d'où réfulte un dégagement de calorique fouvent accompagné de lumière.

Quoique le phénomène de la combuftion foit connu depuis le moment où les hommes ont brûlé des combuftibles, la caufe en eft long-temps reftée enveloppée d'une profonde obfcurité. Les premiers phyficiens, qui expliquoient tout par des caufes mécaniques, fuppofoient le feu divifé dans les corps où il étoit enveloppé & retenu, & la combuftion étoit pour eux un moyen de rompre, de détruire les entraves du feu : la combuftion étoit terminée lorfque tout le feu étoit échappé.

D'autres attribuoient la combuftibilité à un principe inflammable contenu dans les corps ; ce principe, mis en action par l'air, produifoit la combuftion, & les corps étoient d'autant plus combuftibles, qu'ils contenoient de ce principe, auquel ils donnèrent le nom de phlogiftique.

Alors Lavoifier, Berthollet, Monge, Guyton, Fourcroy, prouvèrent que la combuftion n'avoit lieu qu'autant que l'oxigène fe combinoit avec les corps ; ils firent voir qu'il exiftoit plufieurs corps fufceptibles de fe combiner avec l'oxigène, & de produire la combuftion ; ils prouverent que, dans toutes les combuftions, il fe formoit un compofé nouveau qui dépendoit de la nature du combuftible : avec l'hydrogène il fe formoit de l'eau ; avec le carbone, de l'acide carbonique ; avec le phofphore, de l'oxide de phofphore ou de l'acide phofphorique ; avec le foufre, de l'acide fulfureux ou de l'acide fulfurique, &c ; ils diviferent les corps en combuftibles & non combuftibles.

Cette théorie de la combuftion, fimple dans fon principe, évidente dans fes effets, fut attaquée & modifiée par les favans de différens pays, & finit enfin par être adoptée généralement.

Mais pour faire brûler les corps combuftibles, il ne fuffit pas de les mettre en contact avec l'oxigène ; il faut encore élever leur température à un degré tel, que la combuftion puiffe avoir lieu. Si l'on élevoit de fuite le corps & l'oxigène à la température propre à leur combuftion, c'eft-à-dire, propre à favorifer leur combinaifon, & fi ces corps étoient à l'état gazeux & intimement mêlés, la combuftion feroit fubite & inftantanée ; fouvent il en réfulteroit une explofion dangereufe. Il fuffit, lorfque l'on veut déterminer la combuftion, d'élever une partie du corps à la température néceffaire pour la combinaifon. La combuftion commence & elle continue, fi le calorique dégagé entretient le corps à la température néceffaire, & fi le gaz oxigène fe porte fur le corps pour entretenir la combuftion.

Par exemple, après avoir enflammé la mèche d'une bougie, le calorique qui fe dégage fait fondre la cire ; le liquide formé s'élève dans les interftices de la mèche comme dans des tubes capillaires ; là, il s'y échauffe, fe vaporife, & en fe dégageant, rencontre l'oxigène de l'air atmofphérique qui fe combine avec lui, & produit, par cette combinaifon, de la chaleur & de la lumière : cette chaleur produite échauffe la mèche, fait fondre & vaporife de nouvelle cire qui, en fe combinant avec l'oxigène de l'air, détermine une production de chaleur capable de continuer la *combustion*.

Mais si, comme dans un charbon isolé, la production de la chaleur n'étoit pas suffisante pour entretenir la température nécessaire, le *combustible* se refroidiroit peu à peu, & la *combustion* cesseroit. Réunissant alors plusieurs charbons ensemble, de manière que, par leur arrangement, on détermine un courant d'air à passer à travers leur séparation, la chaleur dégagée par la *combustion* devenant plus considérable, la température du *combustible* est entretenue au degré convenable, & la *combustion* continue.

Tous les corps à l'état gazeux, mêlés à l'oxigène, enflammés dans un point, forment une explosion par une sorte de *combustion* spontanée, parce que la chaleur qui se dégage au point où la première inflammation a eu lieu, se répand rapidement, échauffe promptement toutes les parties environnantes qui s'embrasent & échauffent celles qui les entourent ; c'est ainsi qu'une étincelle électrique produit une *combustion* rapide dans un mélange de gaz oxigène & hydrogène, quelque grand que soit leur volume ; au contraire, lorsque les substances combustibles sont solides, qu'elles se liquéfient & se vaporisent difficilement, la chaleur qui se dégage au point de l'embrasement, s'échappant de toutes parts, & se communiquant difficilement aux masses environnantes, les échauffe peu, leur température diminue & la *combustion* cesse. Il faut, pour continuer la *combustion*, que la chaleur dégagée soit en grande quantité, & qu'elle soit obligée de se fixer sur les corps combustibles pour les échauffer & les élever à la température convenable.

Dans les corps composés d'oxigène & de *combustible* déjà engagé dans des bases, mais dont la chaleur produite par de nouvelles combinaisons est plus grande que celle qu'il faut pour déterminer la décomposition ; dans ces corps, disons-nous, la *combustion* peut continuer d'une manière plus ou moins active, sans qu'il soit nécessaire du concours de l'air ; ainsi, dans la poudre à canon, composée de nitre, de soufre & de charbon ; comme le nitre contient beaucoup d'oxigène combiné avec l'azote & la potasse, & que le dégagement de l'oxigène absorbe infiniment moins de calorique qu'il ne s'en produit par la combinaison du soufre & du carbone avec ce même oxigène, l'oxigène pouvant être dégagé du nitre à une température médiocre, il s'ensuit qu'en chauffant un grain de poudre, l'oxigène qui se dégage du nitre, & qui se porte aussitôt sur le charbon & le soufre environnant, produit, en se combinant, un dégagement de calorique qui se porte sur le nitre des grains de poudre avoisinans, & en dégage l'oxigène ; celui ci se combine avec le charbon & le soufre en contact, & la *combustion* se continue de proche en proche : ici la *combustion* se comporte de deux manières différentes, selon les proportions des composans, & la manière dont le mélange a été exécuté. Lorsque la proportion est la plus favorable à la combinaison, & que le mélange interne forme un tout homogène, la *combustion* est presqu'instantanée, & il en résulte une explosion ; si, au contraire, la proportion est moins favorable, & le mélange moins intime, la *combustion* est plus lente.

On est parvenu, par des mélanges de nitre, de poix & d'autres substances hydrocarburées, à former des compositions qui peuvent, lorsqu'elles sont enflammées, continuer à brûler, même dans l'eau.

COMBUSTION ASTRONOMIQUE ; *combustio astronomica*. Planète qui est en conjonction avec le soleil.

On a donné le nom de *combustion astronomique* à cette position des astres, parce que, lorsqu'une planète passe sur le disque du soleil, ou derrière lui, elle se trouve plongée dans ses rayons & paroît presque brûlée. Les astrologues ont principalement tiré parti de cette position, en annonçant que ceux qui étoient sous l'influence de l'astre en *combustion*, devoient être en proie à des alarmes, ou accablés par des hommes puissans.

COMBUSTION HUMAINE ; *combustio humana*. *Combustion* d'une personne vivante, par une cause qui paroît encore inconnue.

Plusieurs médecins rapportent des exemples de ces *combustions humaines*, de diverses personnes subitement embrasées par le simple contact du feu ordinaire, & qui passent tout-à-coup de la vie à la mort. Nous allons en citer des exemples, afin de donner une idée de ces *combustions*.

On lit dans les *Actes de Copenhague*, qu'en 1632, une femme du peuple, qui, depuis trois ans, faisoit abus de liqueurs fortes, au point de ne vouloir plus de nourriture, s'étant mise, un soir, sur une chaise de paille pour dormir, fut consumée pendant la nuit ; on ne trouva le lendemain que son crâne & les dernières articulations de ses doigts, tout le reste du corps fut réduit en cendres.

Vicq-d'Azir rapporte qu'une femme d'une cinquantaine d'années, faisant abus de liqueurs spiritueuses, & s'enivrant tous les jours avant de se coucher, fut trouvée entièrement brûlée & réduite en cendres ; quelques parties osseuses avoient seules été épargnées. Les meubles de l'appartement étoient peu endommagés par l'incendie.

Dom G. Marie Bertholi, prêtre domicilié au Mont-Valère, dans le district de Livizzano, se transporta à la foire de Filotto, où l'attiroient quelques affaires. Après avoir employé toute la journée à des courses dans la campagne des environs, il s'achemina, sur le soir, vers Fenile, & fut descendre chez un de ses beaux-frères qui y avoit une habitation. En arrivant, il demanda à être conduit dans un appartement qui lui étoit destiné ; là il se fit passer un mouchoir entre les épaules & la chemise, & tout le monde se retira. Quelques minutes s'étoient à peine écoulées, lorsqu'on entendit un bruit extraordinaire dans ce même appartement où le prêtre Bertholi venoit d'être installé ; ce bruit ayant fait accourir précipitamment les gens de la maison, ils trouvèrent, en entrant, ce dernier étendu sur le pavé, & environné d'une flamme légère qui s'éloigna à mesure que l'on s'approchoit, & qui enfin s'évanouit. On le porta sur son lit, on lui administra tous les secours que l'on avoit sous la main, on appela un médecin, & le quatrième jour il expira à la suite d'un assoupissement comateux. Pendant la courte durée de sa vie, le prêtre Bertholi dit avoir senti comme un coup de massue qu'on lui avoit donné sur le bras droit, & qu'en même temps il avoit vu une bluette de feu s'attacher à sa chemise, qui fut dans un instant réduite en cendres, sans néanmoins que le feu ait touché, en aucune manière, aux poignets ; le mouchoir appliqué sur les épaules, les caleçons étoient intacts ; mais la calotte a été entièrement consumée, sans que pourtant il y ait eu un seul cheveu de la tête de brûlé.

Une dame Boisson, âgée d'environ quatre-vingts ans, fort maigre, & ne buvant que de l'eau-de-vie depuis plusieurs années, étoit assise dans son fauteuil devant le feu. La femme-de-chambre s'absenta pour quelques momens ; à son retour elle vit sa maîtresse toute en feu : elle crie, on vient ; quelqu'un veut abattre le feu avec sa main, & le feu s'y attache comme s'il l'eût trempée dans de l'eau-de-vie ou de l'huile enflammée ; on apporte de l'eau, on en jette avec abondance sur la dame, & le feu n'en paroît que plus vif ; il ne s'éteignit point que toutes les chairs ne fussent consumées : son squelette, fort noir, resta dans le fauteuil, qui n'étoit qu'un peu roussi ; une jambe seulement & les deux mains se détachèrent des os.

A la suite d'un grand nombre d'exemples rapportés par Lair, dans le *Journal de Physique*, année 1800, tom. I, pag. 115, ce savant observe que, 1°. les personnes qui ont éprouvé les effets de la *combustion*, faisoient depuis long-temps abus de liqueurs spiritueuses ; 2°. la *combustion* n'a eu lieu, assez généralement, que sur des femmes ; 3°. ces femmes étoient âgées ; 4°. leur corps a été brûlé, non pas spontanément, mais accidentellement ; 5°. les extrémités de leur corps, telles que les pieds, les mains, ont été généralement épargnées par le feu ; 6°. quelquefois l'eau, au lieu d'éteindre le feu des parties embrasées du corps, n'a fait que lui donner plus d'activité ; 7°. le feu a très-peu endommagé, & a souvent même épargné les objets *combustibles* qui étoient en contact avec les corps humains dans le moment où ils brûloient ; 8°. la *combustion* de ces corps a laissé pour résidu, des cendres grasses & fétides, une suie onctueuse, puante & très-pénétrante.

Marc, auteur de l'article *Combustion humaine*,

dans le *Dictionnaire des Sciences médicales*, croit devoir attribuer ces *combustions* à du gaz hydrogène dégagé abondamment des personnes qui sont consumées de cette manière ; il suppose le gaz acumulé dans le tissu cellulaire, d'où il se développe plus ou moins abondamment, selon qu'il est plus ou moins lâche. Cette opinion, quelqu'ingenieuse qu'elle paroisse au premier instant, a besoin d'être appuyée de faits plus positifs avant de l'admettre. En effet, en supposant du gaz hydrogène accumulé dans le tissu cellulaire, comment concevoir la *combustion* totale d'une grande partie du corps humain, & dont il ne reste que des cendres, comme on en cite des exemples?

Quant à la cause de l'embrasement, on peut la concevoir sur les corps déjà embrasé ou placées à la proximité du corps déjà embrasé ; mais il est difficile d'expliquer la *combustion* de celles qui étoient éloignées de toute espèce de feu & de lumière, ce qui a fait distinguer parmi les *combustions humaines*, des *combustions spontanées*. Marc croit que, dans ce cas, on peut attribuer l'inflammation à l'électricité. C'est une grande ressource que l'électricité de l'atmosphère ! !

Cependant Marc rapporte quelques exemples qui pourroient favoriser l'opinion des *combustions spontanées*. Morton vit sortir une flamme, sous la peau d'un cochon, au moment de l'incision. A l'instant où un boucher ouvrit un bœuf qui, depuis quelque temps, avoit été malade & très-enflé, il se fit une explosion, & il sortit de la panse une flamme qui s'éleva à plus de cinq pieds de hauteur, blessa le boucher ainsi qu'une petite fille qui se trouva à côté de lui ; la flamme dura plusieurs minutes, & répandit une odeur très-désagréable. Cette observation est consignée dans les *Mémoires de l'Académie royale des Sciences*, année 1751. Enfin, Sturm, Nieremberg, Bartholin, Gaubius, Gmelin, parlent d'éructations enflammées, & qui paroissent avoir lieu principalement dans les pays septentrionaux, lorsqu'après les abus excessifs d'eau-de-vie, les buveurs s'exposent tout-à-coup à une atmosphère froide.

COMBUSTION SPONTANÉE : *combustion* qui a lieu d'elle-même, à une température peu élevée, & sans l'intermède d'un corps igné.

Un grand nombre de substances végétales, animales & minérales, sont susceptibles de *combustion spontanée*, même sans être exposées à l'action de l'air. *Voyez* INFLAMMATIONS SPONTANÉES.

COMÈTES ; κομητης ; cometes ; kometen ; s. f. Corps célestes à peu près semblables aux planètes, mais qui se meuvent dans des orbes qui sortent du système planétaire.

Les *comètes* ont, dans le ciel, l'apparence d'une étoile plus ou moins brillante ; on les distingue des étoiles, parce qu'elles ont un mouvement & qu'elles changent de position par rapport aux autres étoiles ; on les distingue des planètes, parce qu'elles fortent des limites dans lefquelles on voit habituellement les planètes ; mais ce qui les diftingue particulièrement des planères, c'eft une traînée de lumière dont elles font fouvent entourées ou fuivies, traînée lumineufe qu'on appelle tantôt *la barbe* ou *la chevelure*, & tantôt *la queue at la comète*, & c'eft cet appendice lumineux qui a déterminé leur nom, qui eft dérivé de *κόμη*, *chevelure*. Cependant on a obfervé des *comètes* fans queue, fans barbe & fans chevelure. Celle de 1585, obfervée par Ticho, de 1665, obfervée par Hévélius, de 1682 par Caffini, & de 1763 par Lalande, étoient dans ce cas.

Ces aftres ont été long-temps confondus avec des météores lumineux ; Panœlius les comparé aux halos, Héraclius de Pont les regarde comme des nuées très-légères, & Ariftote comme des météores ignés, formés au haut de l'atmofphère. Galilée crut les *comètes* formées par des exhalaifons légères ; Bacon a partagé l'opinion d'Ariftote; Kepler & Hevelius les placèrent au nombre des phénomènes momentanés ; cependant les Caldéens, les plus anciens aftronomes dont les obfervations nous foient parvenues, regardoient les *comètes* comme de véritables planètes: Démocrite, Anaxagore, Zénon, Sénèque, croyoient que les grandes *comètes* étoient produites par la réunion de plufieurs aftres inconnus. Apollonius le Myndien penfoit qu'il y avoit beaucoup de *comètes*, & que c'étoient autant d'aftres particuliers, comme le foleil & la lune.

Defcartes regardoit les *comètes* comme des aftres placés d'abord dans un tourbillon quelconque, qui s'éloigne du centre pour paffer dans les limites d'un fecond tourbillon, où il acquiert affez d'agitation pour paffer dans un troifième, & ainfi de fuite.

Riccioli nous a donné en 1651 une énumération des *comètes* que l'on avoit obfervées jufqu'alors ; Leibnitz porte ce nombre, jufqu'en 1665, à quatre cent quinze ; un grand nombre ont été obfervées depuis cette époque. Mais parmi ces *comètes* on en compte à peine quatre-vingts dont on ait pu recueillir affez de faits pour calculer leurs orbites. La première, dont la route foit décrite d'une manière circonftanciée, eft de 837. Parmi ces *comètes*, il en eft trois que l'on croit avoir obfervées plufieurs fois, & qui ont en conféquence des retours périodiques : la première eft celle de 1264, que l'on croit être la même que celle de 1556, & dont la durée de la révolution eft de deux cent quatre-vingt-douze ans; elle devroit reparoître en 1848 ; la feconde, celle de 1532, qui a reparu en 1661, dont la durée de la révolution eft de cent vingt-neuf ans; elle auroit dû reparoître en 1790; enfin, la troifième eft celle de 1456, 1531, 1607, 1682, 1759, dont la durée de la révolution eft de foixante-feize ans environ.

Kepler fut le premier qui entreprit de déterminer la route que les *comètes* fuivoient dans le ciel;

il crut reconnoître qu'elles approchoient d'une ligne droite. Helvétius, après avoir obfervé que tous les projectiles décrivoient des paraboles, confidérant que les *comètes* devoient être foumifes aux mêmes lois, en conclut qu'elles devoient parcourir des orbites paraboliques ; mais Dœrfeld a démontré que la courbe décrite par les *comètes* devoit être une parabole, & il en fit l'application à la *comète* de 1681.

Il étoit réfervé à Newton de démontrer rigoureufement la loi du mouvement des *comètes*, & de joindre cette découverte à tant d'autres. Cet illuftre géomètre fit voir que cette courbe parabolique, qu'Helvétius fuppofoit que les *comètes* avoient fuivie, & que Dœrfeld prouvoit être réellement celle dans laquelle fe faifoit leur mouvement, étoit une fuite naturelle de fa belle théorie des forces centrales & de la loi de l'attraction ; enfin, que les *comètes* étoient de véritables planètes qui tournoient autour du foleil dans une courbe elliptique, à un des foyers de laquelle le foleil étoit placé. Mais il falloit pouvoir calculer leur mouvement ; Halley fut le premier qui parvint, avec un très-petit nombre d'obfervations, fur lefquelles il appliqua la théorie de Newton, à calculer les orbites des *comètes* ; il determinoit la longueur des deux diamètres de l'ellipfe qu'elles parcourent, & la durée de leur révolution. C'eft ainfi qu'il prefcrivit à la *comète* de 1680 une période de 575 ans ; il fuivoit de fa période, que cette *comète* avoit dû paroître à la mort de Jules-Céfar & vers le temps du déluge. Whifton part de cette fuppofition pour lui attribuer le déluge.

Bradley eft refté feul, après fa mort, dépofitaire de la méthode de calculer les *comètes*; mais ayant donné aux aftronomes français une idée de fa méthode, elle fut bientôt appliquée par plufieurs d'entr'eux, & elle éprouva des ameliorations fucceffives. Il eft aujourd'hui peu d'aftronomes qui ne parviennent, à l'aide d'un petit nombre d'obfervations, à donner exactement les élémens des *comètes* qu'ils obfervent. On peut employer deux méthodes, l'une graphique, l'autre analytique. Nous croyons inutile de les indiquer ici, & nous renvoyons, pour les connoître, à tous les Traités d'aftronomie, particulierement à celui de Lalande.

En comparant les retours des *comètes* à la durée de leur révolution calculée, on obferva bientôt qu'il exiftoit des différences; ainfi, la période de la *comète* de 1759 s'eft trouvée plus longue que la précédente de fix cents jours. Cette variation eft occafionnée par l'action que les planètes & les autres corps céleftes exercent fur les *comètes*. Ce dérangement fe nomme *perturbation*. (*Voyez* PIRTURBATION.) En foumettant au calcul les actions que Jupiter & Saturne devoient avoir exercées fur cette *comète*, Clairaut trouva la caufe de cette différence.

Cette queue qui diftingue les *comètes* des autres corps céleftes a toujours paru très - fingulière. Newton

Newton croit qu'elle est formée par leur atmosphère; d'autres pensent qu'elle est produite par l'action du soleil sur les matières dont les comètes sont composées. La nébulosité dont les comètes sont presque toujours environnées (dit Laplace), paroît être formée de vapeurs que la chaleur solaire élève de leur surface. On conçoit, en effet, que la grande chaleur qu'elles éprouvent vers leur périhélie, doit raréfier les matières que congeloit le froid excessif qu'elles éprouvoient à leurs aphélies. Il paroît encore que les queues des comètes ne sont que ces vapeurs elevées à de très-grandes hauteurs par cette raréfaction, peut-être, combinée avec l'impulsion des rayons solaires. Cela semble résulter de la direction de ces queues, qui sont toujours au-delà des comètes, relativement au soleil, & qui, ne devenant visibles que près du périhélie, ne parviennent au maximum qu'après le passage des comètes par ce point, lorsque la chaleur que le soleil leur communique, s'est accrue par sa durée & par la proximité de cet astre. Cette chaleur est excessive pour les comètes dont la distance du périhélie est très-petite. La comète de 1680 fut dans son périhélie cent soixante-six fois plus près du soleil que de la terre, si, comme tout porte à le penser, sa chaleur est proportionnelle à l'intensité de la lumière. Cette grande chaleur, fort supérieure à celle que nous pouvons produire, volatiliseroit, selon toute apparence, la plupart des substances terrestres.

Avant que l'on connût parfaitement ces astres, leur apparition étoit regardée comme des causes ou des présages de malheurs. Ceux qui vouloient faire craindre la colere de Dieu, faisoient envisager les comètes comme des hérauts qui venoient de la part de la Divinité déclarer la guerre au genre humain. La mort des Grands, les guerres désastreuses, la peste, &c, étoient les principaux événemens dont les peuples s'imaginoient que les comètes étoient des présages. Au Mexique & en plusieurs lieux des Indes, les peuples faisoient un grand bruit avec leurs cornets & leurs tambours quand ils voyoient des comètes, s'imaginant, par leurs cris, les faire fuir & les faire disparoître.

Dès que les comètes ont été mieux connues, & que la superstition a pu être détruite, une nouvelle terreur s'est emparée des esprits. Comme les comètes se meuvent dans toutes sortes de directions, & que plusieurs peuvent traverser l'orbe de la terre, on a craint que la terre, dans sa marche, ne fût rencontrée par une comète, & que cette rencontre ne produisît une révolution désastreuse pour les habitans de la terre. On peut observer, à cet égard, que l'on ne connoit encore qu'un très-petit nombre de comètes qui s'approchent de l'orbe de la terre, & que leur approchement probable n'est que de $\frac{1}{30}$ de la distance du soleil à la terre; que celle de 770, que l'on regarde comme celle qui s'est approchée le plus près de la terre, puisqu'elle n'en étoit éloignée que de 750000

lieues, ne produisit aucun effet. Au reste, comme il est possible que quelques-unes s'en approchent davantage, voici ce que Laplace dit à ce sujet.

« Ce n'est qu'en choquant la terre qu'elles (les comètes) peuvent y produire de funestes ravages; mais ce choc, quoique possible, est si peu vraisemblable dans le cours d'un siècle, & il faudroit un hasard si extraordinaire pour la rencontre de deux corps aussi petits, relativement à l'immensité de l'espace dans lequel ils se meuvent, que l'on ne peut concevoir, à cet égard, aucune crainte raisonnable; cependant la petite probabilité d'une pareille rencontre, peut, en s'accumulant pendant une longue suite de siècles, devenir très-grande.

» Il est facile de se représenter les effets de ce choc sur la terre : l'axe & le mouvement de rotation changés, les mers abandonnant leurs anciennes positions pour se précipiter vers le nouvel équateur, une grande partie des hommes & des animaux noyés dans ce déluge universel, ou détruits par la violente secousse imprimée au globe terrestre, des espèces entières anéanties, tous les monumens de l'industrie humaine renversés, tels sont les désastres qu'une comète a dû produire. On voit alors pourquoi l'Océan a recouvert les hautes montagnes, sur lesquelles il a laissé des marques incontestables de son séjour; on voit comment les animaux & les plantes du Midi ont pu exister dans les climats du Nord, où l'on retrouve leurs dépouilles & leurs empreintes; enfin, on explique la nouveauté du monde moral, dont tous les monumens ne remontent guère au-delà de trois mille ans. L'espèce humaine, réduite à un petit nombre d'individus, & à l'état le plus déplorable, uniquement occupée, pendant très-long-temps, du soin de se conserver, a dû perdre entièrement le souvenir des sciences & des arts; & quand les progrès de la civilisation en ont fait sentir de nouveaux les besoins, il a fallu tout recommencer, comme si les hommes eussent été placés nouvellement sur la terre.

» Quoi qu'il en soit de cette cause assignée par quelques philosophes à ces phénomènes, je le répète, on doit être parfaitement rassuré sur un aussi terrible événement pendant le court intervalle de la vie. Mais l'homme est tellement disposé à recevoir l'impulsion de la crainte, que l'on a vu, en 1773, la plus vive frayeur se répandre dans Paris, & de-là se communiquer à toute la France, sur la simple annonce d'un Mémoire, dans lequel Lalande déterminoit celles des comètes observées, qui peuvent le plus approcher de la terre; tant il est vrai que les erreurs, les superstitions, les vaines terreurs & tous les maux qu'entraîne l'ignorance, se reproduiroient promptement, si la lumière des sciences venoit à s'éteindre ! »

COMMA; κόμμα. Petit intervalle qui se trouve, dans quelques cas, entre deux sons produits, sous le même nom, dans des progressions différentes.

COMMASIES : petites monnoies qui ont cours à Moka, & qui font les feules qui fe fabriquent dans le pays.

COMMENSURABLE; commenfurabilis; commenfurable; adjct. Quantités qui ont quelques parties aliquotes communes, ou qui peuvent être mefurées par quelques mefures communes, fans laiffer aucun refte dans l'une ni dans l'autre. Voyez MESURE. INCOMMENSURABLE.

Ainfi, un pied & une aune font commenfurables, parce qu'il y a une troifième quantité, le pouce, qui peut les mefurer l'un & l'autre : en effet, le pied contient douze pouces, & l'aune quarante-quatre.

COMMOTION; commotio; erfchütterung; fub. fém. Effet qui réfulte de l'ébranlement fubit & violent d'une partie, à l'occafion d'une chute ou d'un coup.

COMMOTION ÉLCTRIQUE; commotio eleftrica; elektrifche erfchütterung. Secouffe violente que l'on reffent dans diverfes parties du corps, en y faifant paffer fubitement une grande quantité d'électricité.

Les premières expériences de la commotion électrique ont été obfervées à Leyde, par Cuneus, difciple de Mufchenbroeck. Ayant électrifé une bouteille pleine d'eau pour obferver les effets de l'éleftrifation de ce liquide, il approcha une main du bouchon de la bouteille; pendant qu'il tenoit cellé-ci dans l'autre main, il reçut une forte commotion dans les bras, ce qui fit donner à cette fecouffe électrique le nom de commotion de Leyde, & à l'appareil, celui de bouteille de Leyde. Voyez BOUTEILLE DE LEYDE.

Cette commotion peut s'obtenir également avec un tableau électrique ou tout autre appareil femblable. Tout confifte à électrifer une lame métallique, féparée d'une autre par un corps non conducteur, comme le verre, le foufre, la réfine, &c., & charger le premier, tandis que le fecond communique au réfervoir commun. On accumule ainfi une quantité confidérable d'électricité différente fur les deux lames métalliques. Si l'on électrife E, pofitivement ou vitreufement la première lame, la feconde s'électrife C, négativement ou réfineufement, & vice verfâ. Voyez CHARGE ELECTRIQUE.

Si, lorfque ces lames font chargées d'électricité différente, on ôte la communication de la feconde lame avec le réfervoir commun, fi l'on touche enfuite cette feconde lame avec une main, enfin fi l'on touche la première avec l'autre main, on reçoit une commotion d'autant plus forte, que la quantité d'électricité accumulée fur les deux lames étoit plus grande.

Non-feulement une perfonne peut recevoir la commotion électrique en touchant les deux armures d'une bouteille de Leyde, ou d'un tableau, ou d'un corps éleftrifé d'une manière analogue, mais encore cette commotion peut être communiquée à un grand nombre de perfonnes réunies : il fuffit qu'elles fe donnent la main, qu'elles forment ainfi une chaîne non interrompue, & que l'une d'elles, placée à une extrémité, communique, foit direftement, foit par un fil métallique, à l'une des lames de métal, & que celle de l'autre extrémité touche, avec la main qu'elle a de libre, à l'autre extrémité : au moment du contact de cette dernière, toutes les perfonnes reçoivent, en même temps, une commotion qui produit une douleur dans les articulations, & dont la violence, comparée dépend en grande partie du degré de fenfibilité de chaque individu.

Généralement, le paffage rapide de l'électricité d'une lame fur une autre, qui occafionne une commotion plus ou moins forte fur chaque individu, produit auffi des effets très-remarquables fur les corps à travers lefquels le fluide paffe : ainfi, il enflamme la poudre à canon, il embrafe les corps (voy. INFLAMMATION ELECTRIQUE), il fond les métaux (voyez FUSION ELECTRIQUE), il pèrce, il rompt, il déchire les corps. Voy. PERCEMENT, RUPTURE & DÉCHIREMENT ELECTRIQUE.

Elle produit fur les animaux des effets analogues à ceux que les hommes reffentent. Ces c.mmotions peuvent quelquefois avoir affez de force pour tuer les animaux. Ainfi, Prieftley tuoit des rats avec des tableaux, des bouteilles de Leyde ou des batteries électriques dont la furface métallique de chaque face avoit fix pieds carrés; il tuoit des chats avec des furfaces électrifées qui avoient trente-trois pieds carrés; il rendit un gros chien aveugle, en lui déchargeant fur la tête l'électricité accumulée fur une batterie de foixante-deux pieds de furface : mais ce qu'il y avoit de remarquable, c'eft que les grenouilles, quelque petites qu'elles fuffent, foutenoient les décharges électriques les plus fortes.

Pour fe former une idée de la manière dont la commotion électrique fe produit, il faut favoir, 1°. qu'à travers un corps bon-conducteur, l'électricité fe tranfmet inftantanément; 2°. qu'à travers un corps mauvais conducteur, il fe tranfmet avec une extrême difficulté (voyez CONDUCTEUR ELECTRIQUE); 3°. que lorfqu'il exifte des folutions de continuité entre des corps conducteurs, l'électricité fe porte de l'une à l'autre en écartant, ou en trouant & brifant ce qui s'oppofe à fon paffage; 4°. enfin, que toutes les parties électrifées exercent une répulfion mutuelle qui tend à les écarter les unes des autres. Voyez RÉPULSION ELECTRIQUE.

Comme il eft difficile de préfumer qu'en pofant les deux mains fur deux faces métalliques, électrifées en fens contraire, les fubftances animales qui compofent la chaîne, par laquelle le fluide doit paffer, foient également conductrices de l'électricité, les trois effets qui réfultent de l'action de l'électricité, fur des corps bons & mauvais conducteurs, doivent avoir lieu dans la chaîne, & produire des répulfions, des attractions plus ou moins fortes; dont la réfultante doit être la *commotion* que l'on reçoit, & la mort que l'on donne aux animaux.

Les *commotions électriques* ont tant d'analogie avec les effets de la foudre, qu'elles concourent à la fomme des preuves que l'on réunit pour prouver l'identité qui exifte entre la matière du tonnerre & le fluide électrique.

A l'aide des batteries qui ont de grandes furfaces électriques, & même de plufieurs batteries électriques réunies, on peut produire des effets électriques propres à tuer des hommes & même de très-gros animaux, & rapprocher encore, par ces grands réfultats, les effets électriques de ceux de la foudre.

COMMOTION GALVANIQUE; commotio galva-nica; *galvanifche erfchütterung.* Secouffe violente produite en touchant les deux extremités d'une pile galvanique.

Si l'on difpofe une pile galvanique compofée d'un grand nombre de difques (*voyez* PILE GAL-VANIQUE, GALVANOMETRE, ELECTROMO-TEUR) & que, pendant qu'elle eft dans toute fon activité, on touche, d'une main, l'extrémité qui communique au fol, & de l'autre l'extrémité oppofée, on éprouve une *commotion* analogue à la *commotion électrique.* Si l'on touche les deux extrémités de la pile avec les mains mouillées, ou mieux, fi l'on tient fermement dans chaque main mouillée, un cylindre métallique, la *commotion* en eft augmentée.

Ici, le fluide qui produit la *commotion* eft bien du fluide électrique (*voyez* FLUIDE GALVANIQUE), & la caufe de la fecouffe, de l'ébranlement violent, eft bien la même que celle de la *commotion électrique.* La pile galvanique peut être comparée à une bouteille de Leyde ou à un tableau électrique; mais il exifte quelques différences & dans les inftrumens & dans les effets qu'ils produifent: les plus principales font : 1°. que, dans la bouteille de Leyde, la force de la *commotion*, à tenfion égale, augmente comme la furface électrifée, tandis que, dans la pile galvanique, à tenfion égale, on éprouve peu de différence dans la force de la *commotion*, foit que le difque ait une grande ou une petite furface; 2°. que, dès que l'on a touché une bouteille de Leyde, & que l'on en a reçu la *commotion*, on peut la toucher enfuite impunément, fans craindre de nouvelles fecouffes, tandis qu'à chaque inftant qu'on touche la pile galvanique, on reçoit des *commotions* nouvelles & de même force, quelque court que foit l'intervalle entre les attouchemens.

Le renouvellement des *commotions*, à chaque contact de la pile galvanique, provient de ce que, l'électricité fe renouvelle continuellement dans la pile, & que les deux extrémités parviennent à leur maximum de tenfion dans un temps infiniment court, tandis que, dans la bouteille de Leyde, l'électricité ne fe renouvellant pas, l'action élec-

trique ceffe dès que l'on a établi une communication entre les deux furfaces.

Quant à la première différence, c'eft-à-dire, que la force de la *commotion* eft à peu près égale fur les grandes & fur les petites furfaces, elle tient à ce que, en établiffant la chaîne entre les deux extrémités de la pile, avec des fubftances peu conductrices de l'électricité, la maffe du fluide qui paffe d'une furface fur l'autre fe compofe, 1°. de la quantité de fluide déjà accumulée fur la furface; 2°. de celle qui fe produit pendant la durée du paffage : or, comme celle qui fe produit pendant la durée du paffage, & qui fe réunit à celle qui étoit accumulée, eft infiniment plus confidérable que cette dernière, il s'enfuit que c'eft principalement à l'électricité générée pendant la durée du paffage, qu'eft due la violence de la *commotion;* mais comme, dans des piles d'un nombre égal de difques, la quantité d'électricité accumulée dans un temps très-court eft peu différente, quel que foit le rapport des furfaces; il s'enfuit que la violence de la *commotion*, produite par une pile à large furface, doit peu différer de celle produite par une pile à petite furface, lorfque tout le refte eft égal de part & d'autre.

COMMUN; communis; *gemein;* f. m. & adj. Qui appartient à tout le monde, qui appartient à plufieurs objets que l'on voit, que l'on trouve ordinairement, ou dont l'ufage eft ordinaire.

COMMUN (Air); aer communis; *gemein luft.* Air dans lequel nous fommes habituellement, celui qui compofe notre atmofphère. *Voyez* AIR, AIR COMMUN.

COMMUN (Angle); angulus communis; *gemein fchaftlicher winkel.* Angle qui appartient également à deux figures. *Voyez* ANGLE COMMUN.

COMMUNICATION; communicatio; *mittheilung;* f. f. Action de communiquer, ou effet de cette action.

Un corps peut *communiquer* une partie de fa chaleur, de fon électricité, de fon magnétifme, &c., à un autre. Affez généralement la *communication* de ces matières fe fait jufqu'à ce qu'il y ait équilibre d'intenfité ou d'action.

Il eft de ces *communications*, comme celle de l'aimant, par exemple, dans lefquelles le corps *communiquant* ne perd rien de fes propriétés; il en eft d'autres, comme celle de l'électricité, dans lefquelles le corps *communiquant* partage fa propriété avec l'autre, dans des rapports qui dépendent de leur maffe, de leur furface & de leur affinité.

COMMUNICATION DE L'AIMANT; communicatio magneti; *mittheilung der magnetifche krafft.* Propriété qu'a un corps magnétifé de *communiquer* fa vertu au fer, à l'acier, au nickel & au cobalt.

On *communique* cette propriété de trois manières: 1°. par le frottement; 2°. par le contact ou par l'approchement ; 3°. par une direction particulière.

En frottant un morceau de fer, d'acier, de nickel ou de cobalt fur un des pôles d'un aimant, ces fubftances prennent auffitôt la propriété magnétique ; mais l'intenfité varie en raifon de la nature de la fubftance frottée & de l'intenfité magnétique de l'aimant. Ce frottement peut fe faire également fur la fubftance, avec un feul ou avec une ou plufieurs paires de barreaux, en tenant ceux-ci perpendiculairement fur la furface du corps aimanté, ou en les inclinant fur cette furface, *figures* 592, 400, 404, 407. On augmente l'intenfité en plaçant des corps aimantés aux extrémités, *Voyez* AIMANT, AIMANTATION, MAGNÉTISATION.

Si l'on approche une barre de fer, d'acier, &c. du pôle d'un aimant, le magnétifme de celui-ci exerce fon influence fur le magnétifme de celui-là, & auffitôt il donne des fignes évidens de magnétifation : ce magnétifme difparoît dans le fer doux auffitôt que l'on retire l'aimant, & il en refte une portion dans l'acier. *Voyez* INFLUENCE MAGNETIQUE, MAGNETISATION PAR INFLUENCE.

Toutes les fois qu'une barre de fer ou d'acier eft placée dans une direction verticale ou perpendiculaire à l'axe magnétique de l'intérieur de la terre, les pôles magnétiques exerçant leur action, la barre fe magnétife par influence : c'eft la caufe de la magnétifation obfervée fur les barres de fer dur, que l'on a placées fur les édifices. *Voyez* INFLUENCE MAGNETIQUE.

COMMUNICATION DE L'ÉLECTRICITÉ ; communicatio electrica ; *mittheilung der elektrifchen kraft.* Procédé par lequel on électrife les corps.

Il exifte fix manieres connues d'électrifer les corps : 1°. par le contact d'un corps qui a été préalablement électrifé ; 2°. par le contact de deux corps non électrifés ; 3°. par le frottement ; 4°. par l'influence qu'un corps électrifé exerce fur d'autres corps ; 5°. par la chaleur ; 6°. par le changement d'état des corps.

En faifant *communiquer* un corps électrifé avec un corps ifolé, à l'état naturel, l'électricité fe partage entre les deux corps, jufqu'à ce que leur intenfité, à la furface, foit égale : pendant le contact, l'intenfité électrique varie fur la furface, depuis le point de contact jufqu'au point oppofé.

Si l'on fait *communiquer* deux corps ifolés & à l'état naturel agit fur l'électricité des deux corps ; & celui qui a le plus d'action enleve de l'électricité à l'autre ; de maniere que l'un eft toujours électrifé E ou pofitivement, & l'autre ou négativement : fi l'on frotte les corps, le même effet a lieu, mais d'une maniere beaucoup plus efficace.

Dès qu'un corps à l'état naturel & ifolé eft placé dans le rayon d'activité d'un corps électrifé, l'électric té de celui-ci exerce fon action fur l'électricité de celui-là, & par l'action répulfive des élec-

tricités femblables, il en réfulte que les corps à l'état naturel donnent des indices de deux électricités d fférentes : la face la plus proche du corps électrifé donne des indices d'une électricité oppofée, & la face la plus éloignée, d'une électricité femblable.

Toutes les fois qu'on chauffe une tourmaline, elle s'électrife ; fes deux extrémités donnent des indices d'électricité contraires. On voit l'intenfité électrique augmenter graduellement à mefure que l'on chauffe, elle arrive à fon maximum, puis elle décroît. En continuant de chauffer, en augmentant fa température, les deux extrémités arrivent à zéro d'électricité, puis elles s'électrifent d'une électricité oppofée à la première ; continuant encore de chauffer, l'intenfité arrive à fon maximum, diminue pour arriver à zéro, & changer enfuite la nature de l'électricité.

Enfin, lorfqu'un corps change d'état, c'eft-à-dire, qu'il paffe de l'état folide à l'état liquide, ou de l'état liquide à l'état gazeux, & *vice verfâ*, il s'électrife : généralement, dans le premier paffage, il s'électrife E ou négativement, & il doit, au contraire, s'électrifer E ou pofitivement dans le fecond. *Voy.* ÉLECTRICITÉ, ÉLECTRISATION, INFLUENCE ELECTRIQUE.

COMMUNICATION DU MOUVEMENT ; communicatio motus ; *mittheilung der bewegung.* Action par laquelle le mouvement paffe d'un corps à un autre. C'eft dans le choc des corps & dans le moment du contact, que fe fait ce paffage ou cette *communication du mouvement* d'un corps à un autre. *Voyez* CHOC DES CORPS.

Nous voyons tous les jours que les corps fe *communiquent* du mouvement les uns aux autres. Les philofophes, après bien des recherches, ont enfin découvert les lois fuivant lefquelles fe fait cette *communication*, après avoir long-temps ignoré qu'il y en eût, & après s'être long-temps trompés fur les véritables lois. Ces lois, confirmées par l'expérience par le raifonnement, ne font plus révoquées en doute de la plus faine partie des phyficiens ; mais la raifon métaphyfique & le principe primitif de la *communication des mouvemens* font fujets à beaucoup de difficultés.

Malebranche prétend que la *communication du mouvement* n'eft point néceffairement dépendante des principes phyfiques ou d'une propriété des corps, mais qu'elle procede de la volonté & de l'action immédiate de Dieu. Selon lui, il n'y a pas plus de connexion entre le mouvement ou le repos d'un corps, & le mouvement ou le repos d'un autre, qu'il n'y en a entre la forme, la couleur, la grandeur, &c. d'un corps & celle d'un autre ; & ce favant conclut de-là, que le mouvement d'un corps choquant n'eft point la caufe phyfique du mouvement d'un corps choqué.

Sans mettre en doute la volonté du Créateur, nous devons croire que les lois de la *communication du mouvement* qui exiftent, font celles qui convenoient le mieux à fes deffeins.

Nous appellerons *mouvement du corps*, ou *degré de mouvement*, un nombre qui exprime le produit de la maffe de ce corps par fa viteffe, parce que le mouvement d'un corps eft d'autant plus grand, que fa maffe eft plus grande & que fa viteffe eft plus confidérable ; puifque, plus la maffe & la viteffe font grandes, plus il y a de parties qui fe meuvent, & plus chacune de ces parties a de viteffe.

Examinons briévement les lois de la *communication du mouvement*.

Si un corps qui fe meut, frappe un autre corps déjà en mouvement, & qui fe meut dans la même direction, le premier augmentera la viteffe du fecond, mais perdra moins de fa viteffe propre que fi ce dernier avoit été abfolument en repos.

Par exemple, fi un corps en mouvement, & triple en maffe d'un autre corps en repos, le frappe avec 32 degrés de mouvement, il lui communiquera 8 degrés de fon mouvement, & n'en gardera que 24 ; fi l'autre corps avoit eu déjà 4 degrés de mouvement, il ne lui en auroit communiqué que 5 & en auroit gardé 27. puifque ces cinq degrés auroient été fuffifans par rapport à l'égalité de ces corps, pour les faire mouvoir avec la même viteffe. En effet, dans le premier cas, les mouvemens, après le choc, étant 8 & 24, & les maffes 1 & 3, les viteffes feront 8 & 8, c'eft-à-dire, égales ; & dans le fecond cas, on trouvera de même que les viteffes feront 9 & 9.

On peut déterminer d'une autre manière les autres lois de la *communication du mouvement* pour les corps parfaitement durs & deftitués de toute élafticité ; mais tous les corps durs que nous reconnoiffons, étant en même temps élaftiques, cette propriété rend les lois de la *communication du mouvement* fort différentes, & beaucoup plus compliquées. *Voyez* ELASTICITE, PERCUSSION, CHOC DES CORPS.

Tout corps qui en rencontre un autre perd néceffairement une partie plus ou moins grande du mouvement qu'il a au moment de la rencontre. Ainfi, un corps qui a déjà perdu une partie de fon mouvement par la rencontre d'un autre corps, en perdra encore davantage par la rencontre d'un fecond, d'un troifième. C'eft pour cette raifon qu'un corps qui fe meut dans un fluide, perd continuellement de fa viteffe, parce qu'il rencontre continuellement des corpufcules auxquels il en communique une partie.

D'où il s'enfuit ; 1°. que fi deux corps homogènes, de différentes maffes, fe meuvent en ligne droite, dans un fluide, avec la même viteffe, le plus grand confervera plus long-temps fon mouvement que le plus petit ; car les viteffes étant égales par la fuppofition, les mouvemens de ces corps font comme leurs maffes ; & chacun communique de fon mouvement aux corps qui l'environnent, & qui touchent fa furface en raifon de la grandeur de cette même furface. Or, quoique le plus grand corps ait plus de furface abfolument que le plus petit, il en a moins à proportion, comme nous l'allons prouver : donc il perdra à chaque inftant moins de mouvement que le plus petit.

Suppofons, par exemple, que le côté d'un cube A foit de deux pieds, & celui d'un cube B, d'un pied ; les furfaces feront comme 4 eft à 1, & les maffes comme 8 à 1 : c'eft pourquoi, fi ces corps fe meuvent avec la même viteffe, le cube A aura huit fois plus de mouvement que le cube B ; donc, afin que chacun arrive au repos en même temps, le cube A doit perdre à chaque moment huit fois plus de mouvement que le cube B, mais cela eft impoffible ; car leurs furfaces étant l'une à l'autre comme 4 à 1, le corps A ne doit perdre que quatre fois plus de mouvement que le corps B, en fuppofant (ce qui n'eft pas éloigné du vrai) que la quantité de mouvement perdu eft proportionnelle à la furface ; c'eft pourquoi, quand le corps B deviendra parfaitement en repos, A aura encore une grande partie de fon mouvement.

2°. Nous voyons, par-là, la raifon pourquoi un corps fort long, comme un dard, lancé felon fa longueur, demeure en mouvement beaucoup plus long temps que lorfqu'il eft lancé tranfverfalement ; car quand il eft lancé fuivant fa longueur, il rencontre dans fa direction un plus petit nombre de corps, auxquels il eft chargé de *communiquer fon mouvement*, que quand il eft lancé tranfverfalement. Dans le premier cas, il ne choque que fort peu des corpufcules par fa pointe ; &, dans le fecond, il choque tous les corpufcules qui font difpofés fuivant fa longueur.

3°. Il fuit de-là, qu'un corps qui fe meut prefqu'entièrement fur lui-même, de forte qu'il communique peu de fon mouvement aux corps environnans, doit conferver fon mouvement pendant un long temps : c'eft par cette raifon qu'une boule de laiton polie, d'un demi-pied de diamètre, portée fur un axe délié & poli, & ayant reçu une très-petite impulfion, tournera fur elle-même pendant un tem, confidérable. *Voyez* RÉSISTANCE.

Au refte, quoique l'expérience & le raifonnement nous aient inftruits fur les lois de la *communication du mouvement*, nous n'en fommes pas plus éclairés fur le principe métaphyfique de cette communication. Nous ignorons par quelle vertu un corps partage, pour ainfi dire, avec un autre le mouvement qu'il a, le mouvement n'étant rien de réel en lui-même, mais une fimple manière d'être d'un corps, dont la *communication* eft auffi difficile à comprendre, qu'il le feroit du repos d'un corps à un autre corps. Plufieurs philofophes ont imaginé les mots de *force*, de *puiffance*, d'*action*, &c. qui ont embrouillé cette matière au lieu de l'éclaircir. (*Voyez* FORCE, PUISSANCE, ACTION.) Tenons-nous en donc au fimple fait, & avouons de bonne-foi notre ignorance fur la caufe première.

COMMUTATION; commutatio; *œndernug*; fub. fém. Diſtance entre le lieu de la terre vue du ſoleil, & le lieu d'une'plaète réduite à l'écliptique.

COMPACTE; compaĉtum; *compaĉt*; adj. Etat des corps denſes, peſans, dont les parties ſont fort ſerrées & laiſſent fort peu d'intervalles entre elles; dont, par conſéquent, les pores ſont ou très-petits ou en très-petite quantité.

Cette manière d'être des corps n'eſt que relative: il n'y a point de corps *compaĉte* d'une manière abſolue, parce qu'il n'y en a point dont le volume ne renferme beaucoup plus de pores que de parties ſolides, beaucoup plus de vide que de plein, au moins de ſa propre ſubſtance. *Voyez* POROSITE.

Les métaux les plus peſans, comme le platine, l'or, le plomb, ſont les plus *compaĉtes*, c'eſt-à-dire, qu'ils ont plus de matières propres ſous un volume donné; & cependant, ſuivant Newton & Laplace, il y a dans le platine, le métal le plus peſant, immenſément plus de vide que de plein.

COMPAN: monnoie d'argent qui a cours dans quelques endroits des Indes orientales, particulièrement à Patane. Le *compan* vaut environ neuf ſous, monnoie de France.

COMPARABLE; comparabilis; *vergleichlich*; adj. Objets qui, mis en parallèle, préſentent des choſes ſemblables, qui peuvent être comparés à quelque choſe qui leur reſſemble: c'eſt ainſi que l'on conſtruit des hygromètres, des thermomètres *comparables*. *Voyez* HYGROMÈTRE, THERMOMÈTRE.

COMPARAELE (Hygromètre)); hygrometrum comparabile; *vergleichbare hygrometer*. Hygromètres dont la marche dans l'air, pour indiquer l'humidité ou la ſéchereſſe, eſt en quelque ſorte identique.

Parmi les hygromètres qui exiſtent, celui que l'on regarde comme le plus *comparable* eſt l'hygromètre de Sauſſure, parce que le cheveu dont il eſt compoſé a un alongement aſſez uniforme lorſqu'il eſt d'une bonne qualité, & qu'il a été bien préparé. Pour rendre ces inſtrumens *comparables*, on détermine deux termes d'humidité extrême. Sauſſure emploie pour la moindre humidité, ou pour la ſéchereſſe, la potaſſe calcinée, à l'action de laquelle il expoſe un petit volume d'air dans lequel eſt ſon hygromètre; il marque zéro au point où l'aiguille s'arrête; & pour humidité extrême, il expoſe l'air dans lequel eſt ſon hygromètre, à l'action continuelle de l'eau; & lorſque l'aiguille de l'inſtrument eſt ſtationnaire, il marque cent pour le maximum d'humidité, & il diviſe en cent parties égales l'intervalle que l'aiguille de ſon hygromètre a parcouru.

Bien certainement, pour les deux extrêmes de ſa graduation, tous ces hygrometrès ſont *comparables*; mais il eſt difficile de prononcer ſur les degrés intermédiaires, à cauſe des anomalies que la marche

de chaque cheveu peut préſenter, puiſque l'on en trouve qui ont une marche rétrograde. (*Voyez* CHEVEUX RETROGRADES.) Cependant Sauſſure s'eſt aſſuré en quelque ſorte, par l'expérience, qu'un hygromètre conſtruit avec des cheveux ſains & bien préparés, avoit une marche *comparable*. *Voyez* HYGROMÈTRE.

COMPARABLE (Thermomètre); thermometrum comparabile; *vergleichbare thermometer*. Thermomètres qui, placés dans le même milieu, indiquent l'un & l'autre la même température.

Nous avons été long-temps ſans avoir de *thermomètres comparables*: les degrés que les uns indiquoient, n'avoient aucun rapport avec les degrés indiqués par les autres. C'eſt à Newton que nous devons l'idée de l'exécution des premiers *thermomètres comparables*. Il remarqua que, toutes les fois qu'un ſolide ſe liquéfioit ou qu'un liquide ſe ſolidifioit, ce paſſage d'état avoit toujours lieu à une température conſtante; alors il imagina de placer ſes thermomètres dans des liquides prêts à ſe ſolidifier, de marquer ſur ſes inſtrumens la hauteur du liquide, dans le tube, au moment de la ſolidification, & de diviſer, en un nombre de parties égales, l'eſpace entre chaque terme conſtant de température; il détermina, pour cet effet, une loi d'après laquelle il indiquoit des nombres pour chaque point de chaleur conſtante. *Voyez* THERMOMÈTRE DE NEWTON.

Ces thermomètres étoient vraiment *comparables*; ils indiquoient conſtamment le même degré pour la même température; mais comme il les exigeoient un grand nombre de points de comparaiſon, on préféra, par la ſuite, de ne faire uſage que de deux températures conſtantes qui formoient les deux points extrêmes de l'échelle, ſavoir, la fuſion de la glace ou la congélation de l'eau pour le minimum, & l'ébullition de l'eau pour le maximum; puis on diviſoit en un nombre de parties égales, l'eſpace entre les deux points où le liquide s'étoit arrêté dans ces deux températures. Cette diviſion varioit ſelon les principes adoptés par l'auteur. Fahrenheit diviſoit cet eſpace en 180 parties égales, Réaumur en 80; & dans ces derniers temps on le diviſa en 100 parties.

Si la température de la glace fondante eſt conſtante, quelle que ſoit la poſition dans laquelle on ſe trouve, il n'en eſt pas de même de celle de l'ébullition de l'eau; elle varie avec la preſſion à laquelle elle eſt ſoumiſe, de manière que la température de l'eau bouillante ſur le bord de la mer, diffère conſidérablement de celle qui a lieu ſur les hautes montagnes; elle diffère même, dans le même lieu, ſelon la preſſion indiquée par le baromètre; mais on eſt parvenu à corriger l'effet de ces variations, ſoit en ne marquant la température de l'ébullition qu'à une preſſion conſtante, ſoit en déterminant les différences que chaque variation dans la preſſion doit apporter, & tenant compte de ces différences dans la température que doit indiquer l'ébullition de l'eau.

En divifant l'efpace entre la température de la glace fondante & celle de l'ébullition de l'eau en un nombre déterminé de parties égales, on fuppofe que le tube eft cylindrique, & que, pour des augmentations égales de chaleur, le volume du liquide augmente également. Il eft rare que l'on puiffe trouver des tubes cylindriques, quelques foins que l'on mette dans leur choix (*voyez* CALIBRER), & les liquides n'augmentent pas tous également par des quantités égales de chaleur : cette augmentation égale paroît cependant avoir lieu dans le mercure, entre les températures de la glace fondante & l'ébullition de l'eau ; mais elle n'exifte pas dans l'alcool & dans un grand nombre de liquides, ce qui forme un obftacle affez grand à la conftruction des *thermomètres comparables*.

On peut cependant, quelle que foit la variation dans le diamètre du tube, fi toutefois elle n'eft pas trop confidérable, & quel que foit le liquide que l'on emploie, conftruire des *thermomètres comparables* en faifant ufage d'une méthode affez fimple, employée avec beaucoup de fuccès par Haffenfratz : voici en quoi elle confifte.

Après avoir conftruit le thermomètre, l'avoir purgé d'air, & l'avoir fermé hermétiquement pour que le liquide ne puiffe pas s'évaporer, on plonge l'inftrument dans diverfes fubftances qui fe folidifient à une baffe température : tels font, par exemple, le fuif, qui fe folidifie à 26°,66 R., le blanc de baleine à 35°,55 R., la cire jaune à 48°,89 R., la cire blanche à 54° 66 R. ; enfin, l'eau bouillante à une preffion correfpondante à 28 pouces de mercure, 80° R., & l'on marque la hauteur du liquide dans le tube pendant la durée de la folidification, puis on trace une ligne A B, *fig. 633*, que l'on divife en 80 parties égales ; fur cette ligne, on prend des longueurs A C, A D, A E, A F, égales aux nombres 26°,66 ; 35°,55 ; 48°,59 ; 54°,66, correfpondans aux températures de la folidification du fuif, du blanc de baleine & des cires jaune & blanche. Sur ces points on élève des perpendiculaires C G, D H, E I, F K, B L, & fur ces lignes on rapporte les longueurs C M, D N, E O, F P, B Q, égales aux hauteurs du liquide dans le tube du thermomètre, au moment de la confolidation des fubftances correfpondantes ; on fait paffer une courbe par les points A, M, N, O, P, Q, & c'eft à l'aide de cette courbe que l'on gradue le thermomètre.

Pour cet effet, de chacune des 80 divifions égales, faites fur la ligne A B, on élève des perpendiculaires, & les points où ces perpendiculaires coupent la courbe A M N O P Q, donnent les hauteurs des divifions du thermomètre. Rapportant donc les hauteurs 1 a, 2 b, 3 c, 4 d, 5 e, &c, on trace les divifions qui doivent indiquer les températures : les divifions ne font égales qu'autant que le tube eft bien cylindrique, & que le liquide employé eft du mercure bien pur ; mais lorfque le tube n'eft pas parfaitement calibré, ou que l'on emploie l'alcool ou tout autre liquide que le mercure, les degrés font inégaux ; mais cette inégalité eft telle, que les températures indiquées par ce thermomètre à degrés inégaux correfpondent exactement avec les températures qu'indique un thermomètre à mercure dont le tube eft parfaitement cylindrique, & dont les degrés font égaux.

Haffenfratz a conftruit de cette manière plufieurs thermomètres, les uns à alcool, les autres à eau, les autres à mercure, en fe fervant de tubes pris au hafard, & il a remarqué qu'ils indiquoient tous la même température lorfqu'ils étoient dans les mêmes circonftances : d'où il fuit que ces thermomètres étoient *comparables*. *Voyez* THERMOMÈTRE.

COMPARATEUR ; *comparator* ; *comparator* ; fub. maf. Inftrument inventé par l'ingénieux artifte Lenoir, pour comparer des longueurs qui ne diffèrent que d'une quantité infiniment petite. On peut, avec cet inftrument, déterminer jufqu'à des millièmes parties d'un millimètre. On peut en voir les détails, ainfi que l'analyfe qui lui a été appliquée par Prony, dans le 19ᵉ volume de la *Bibliothèque britannique*, page 302 & fuivantes.

COMPAS, de cum, *avec*, pes, *pied* ; *circinus* ; *zirkel*, f m. Inftrument dont on fe fert pour décrire des cercles, mefurer des lignes, &c.

Il exifte un grand nombre de *compas* différens, que nous allons examiner fommairement. Le *compas* ordinaire eft compofé de deux jambes de métal, pointues par en bas, & jointes en haut par un rivet fur lequel elles fe meuvent comme fur un centre : on en attribue l'invention à Tolaüs, neveu de Dédale, par fa femme ; felon les poëtes, Dédale en conçut une telle jaloufie contre Tolaüs, qu'il le tua.

En aftronomie, on a auffi donné le nom de *compas* à une des conftellations de la partie auftrale du ciel, qui eft placée en grande partie dans la voie lactée, au-deffus du triangle auftral, & fous les pieds de devant du Centaure ; c'eft une des quatorze nouvelles conftellations introduites par l'abbé de La Caille : la plus belle étoile de cette conftellation eft de quatrième grandeur ; elle contient onze étoiles dans le Catalogue de l'abbé de La Caille. Cette conftellation eft une de celles qui ne paroiffent jamais fur notre horizon.

COMPAS A BRANCHES COURBES ; circinus pedibus curvis ; *dickzirker*, oder, *tofter*. Ses branches font plus ou moins courbées, de manière que fes pointes ne fe joignent que par fes bouts.

On fe fert de cet inftrument pour prendre le diamètre, l'épaiffeur ou le calibre des corps ronds ou cylindriques, creux, tels que les canons, les tuyaux, &c.

Ces *compas* font de deux fortes : les uns n'ont que deux branches, *fig.* 641 (*b*) ; ils ne different des *compas* ordinaires que par la courbure des branches ; les autres ont quatre branches affemblées par un rivet ; deux de ces branches font courbées, les deux autres plates, un peu coudées par les bouts, *fig.* 641, 641 (*a*).

Pour fe fervir de ces derniers, on fait entrer une des pointes plates dans l'intérieur du cylindre, l'autre reftant par-dehors ; fermant le *compas* de manière que les deux pointes touchent les deux furfaces, les pointes oppofées marquent l'épaiffeur.

COMPAS A COULISSE ou DE REDUCTION; circinus reductionis ; *proportionnel zirkel*. Ce *compas*, *fig.* 642, confifte en deux branches dont les bouts de chacune font terminés par des pointes d'acier ; ces branches font évidées dans leur longueur pour admettre une boîte ou couliffe que l'on puiffe faire gliffer à volonté dans toute leur longueur ; au milieu de la couliffe, il y a une vis qui fert à affembler les branches & à les fixer au point où l'on veut.

Sur l'une des branches de ces *compas*, il y a des traces qui fervent à déterminer le rapport d'écartement des deux extrémités.

COMPAS A POINTE CHANGEANTE; *ftech zirkel*. &c. *mpas*, *fig.* 643, qui ont différentes pointes, *fig.* 643 (*a*), 643 (*b*), 643 (*c*), que l'on peut ôter & remettre felon le befoin ; ils font fort utiles dans l'exécution des deffins où il s'agit, affez fouvent, de faire des traits bien formés, diftincts & très-déliés.

COMPAS A POINTE TOURNANTE; *zirkel mi drehfpitzen*. Avec ce *compas* on évite l'embarras de changer les pointes ; fon corps eft femblable au *compas* ordinaire : vers le bas & en dehors, on ajoûte aux pointes ordinaires deux autres pointes, dont l'une porte un crayon & l'autre fert de plume ; elles font ajuftées toutes les deux de manière qu'on puiffe les tourner au befoin.

COMPAS A TROIS BRANCHES; circinus tripes ; *ancioeiniger zirkel*. Ces *compas*, *fig.* 644, ne different des *compas* ordinaires qu'en ce qu'ils ont une branche de plus ; ils fervent à prendre trois points à la fois, & ainfi à former des triangles, à placer trois pofitions dans une carte que l'on veut copier, &c.

COMPAS A VERGE; circinus virgâ; *ftangen zirkel*. Cet inftrument, propre à tracer de très-grands cercles, confifte en une grande règle fur laquelle on place deux morceaux de bois ou de fer, qu'on appelle *poupées*, qui peuvent s'approcher ou s'éloigner à volonté ; on les fixe avec des vis.

Chacune de ces poupées eft terminée par une pointe de fer qui fert, l'une à fixer au centre, & l'autre à tracer l'arc. Cet inftrument eft préférable au cordeau, parce qu'il ne varie pas dans fa longueur pendant qu'on s'en fert.

COMPAS AZIMUTAL; circinus azimutalis; *azimuthals zirkel*. Bouffole, *fig.* 174, deftinée à prendre l'azimut; elle préfente quelques différences avec la bouffole ou *compas de mer* ordinaire.

Sur la boîte qui contient la rofe des vents, *fig.* 172, eft adapté un large cercle dont la moitié eft divifée en 90 degrés, lefquels font fubdivifés en minutes; fur ce cercle eft pofé un index ou alidade A mobile autour du centre, *fig.* 174, ayant une pinnule élevée perpendiculairement, B, & mobile fur une charnière; une foie forte & fine, A F, va du milieu de l'index au haut de la pinnule pour former une ombre fur la ligne du milieu de l'index; enfin, le cercle eft traverfé, à angles droits, par deux fils, des extrémités defquels quatre lignes font tirées dans l'intérieur de la boîte; & fur la rofe, il y a pareillement quatre lignes tirées à angles droits; la boîte ronde; la rofe, le cercle gradué & l'index, tout cela eft fufpendu fur deux cercles de laiton; & ces cercles font ajuftés dans la boîte.

Si l'on veut obferver l'amplitude orientale du foleil, ou fon azimut, on fera parvenir le centre de l'index fur la pointe oueft de la rofe, de forte que les quatre lignes de l'extrémité de la rofe répondent aux quatre autres qui font dans l'intérieur de la boîte; fi, au contraire, on veut obferver l'amplitude occidentale, ou l'azimut après midi, on tournera le centre de l'index directement au-deffus de la pointe de la rofe. Ceci étant fait, on tournera le centre de l'index jufqu'à ce que l'ombre du fil tombe pofitivement fur la fente de la pinnule, & le long de la ligne du milieu de l'index; alors fon bord intérieur marquera, fur le cercle, le degré & la minute de l'amplitude du foleil, prife, ou du côté du nord, ou du côté du fud.

Mais l'on remarquera que, fi le *compas* étant ainfi placé, l'azimut du foleil fe trouve à moins de 45 degrés du fud, l'index ne marquera plus, paffant alors au-delà des divifions du limbe; en ce cas, on tournera le *compas* d'un quart de tour, c'eft-à-dire, qu'on fera répondre le centre de l'index à la pointe nord ou fud de la rofe, felon l'afpect du foleil; le bord de l'index marquera le degré de l'azimut magnétique du foleil, en comptant du nord comme ci-devant. *Voyez* AZIMUT, AMPLITUDE.

COMPAS DE MER; nautica pinix; *kompas*. Cercle de carton fur lequel on a tracé une rofe des vents; ce cercle eft placé fur une aiguille aimantée; & fe meut avec elle; le pivot de l'aiguille eft fixé fur le fond d'une boîte fufpendue fur deux cercles de laiton.

Ce *compas* fe met dans un habitacle partagé en trois cafes vitrées; on place un *compas de mer*

dans

dans chacune des cafes des extrémités, & une lampe dans celle du milieu pour éclairer pendant la nuit. *Voyez* BOUSSOLE.

COMPAS DE MICHALON; circinus Michalonicus; *Michalons zirkel. Compas* inventé par Michalon, pour prendre exactement la mesure de la tête, même la moins régulière. Nous allons en donner quelques détails, parce que cet instrument est peu connu.

C'est un *compas* d'épaisseur représenté *fig.* 646. *a a* sont les jambes du *compas; bc, bc* les bras, *d d* les ailerons, & *ee* des ailes qui peuvent se mouvoir dans toute la longueur de leurs rainures, & autour de la tige des vis *ff* qui les retiennent. Ces ailes & ailerons sont divisés par centimètres, & pourroient l'être, au besoin, en plus petites parties. Le défaut d'espace n'a pas permis de les graduer sur cette planche.

fffff sont des vis de pression pour assujettir les diverses pièces mobiles, quand elles se trouvent placées au point où chacune doit être arrêtée.

g, mouvement à genou, portant une coulisse où glisse la crosse *m n.*

h, sonde mobile dans toute l'étendue de la rainure, & dans tout l'espace compris entre les jambes *a a;* son mouvement est horizontal, soit en ligne directe, soit obliquement, à droite ou à gauche: la sonde ponctuée représente la position oblique, & laisse voir la rainure; on l'assujettit au besoin par une vis de pression.

Le centre porte le mouvement à genou *g*, & la crosse *m n; le* quart de cercle *lp*, gradué, mesure l'ouverture du *compas;* le mouvement en est facilité par le rivet *o;* la vis de rappel *p*, permet de prolonger l'axe au besoin, & de donner à la mesure la plus rigoureuse précision, la vis ayant quarante pas par ligne.

Une branche supplémentaire *m n*, est courbée par l'extrémité, que nous nommerons *crosse.* La partie courbe, au moyen du rivet *n*, peut s'abaisser ou s'élever. Cette crosse glisse dans une coulisse qui est portée sur le mouvement à genou *g.* La crosse ponctuée est inclinée sur le genou, afin qu'on puisse en juger l'effet, que la vue perpendiculaire ne laisseroit pas apercevoir. Le pied de la crosse entre, au besoin, dans la rainure *i i* de la sonde, soit au-dessus, soit au-dessous du quart de cercle *l o p.*

Enfin, *rr* sont des rivets qui permettroient, s'il le falloit, de donner plus d'ouverture aux bras du *compas.* Il entre dans ce *compas* soixante-six pièces.

Nous pourrions multiplier les exemples pour indiquer la manière de s'en servir, mais nous nous bornerons à un seul.

Qu'il s'agisse donc d'approcher le marbre d'un modèle en plâtre: on ouvre le *compas;* on le tient horizontalement, on touche, des deux extrémités *cc*, les deux oreilles; des deux extrémités

d d, les deux tempes, & des deux extrémités *e e* les deux pommettes; ensuite on fait glisser la sonde pleine *h h* dans la situation directe, jusqu'à ce qu'elle touche le bout du nez; enfin, on place la crosse pleine *m n* dans une situation inclinée, de manière que le pied de cette crosse entre dans la rainure de la sonde pleine, tandis que son extrémité courbe est amenée, au moyen du mouvement à genou, à toucher le haut du front.

A mesure que chaque pièce a été amenée à la position que l'on desire, on a soin de la fixer par une vis de pression *f;* & quand on a terminé l'opération, fort simple & fort expéditive, que nous venons de décrire, on est sûr d'avoir pris huit points fixes, dont on a invariablement les positions relatives.

Il est aisé de voir que si, au lieu de tenir le *compas* horizontalement, on lui faisoit faire un quart de conversion, & qu'on le mît ainsi dans une position telle que l'on pût appuyer l'une des extrémités *e* sur le dessus de la tête, & l'autre sous le menton, on prendroit les points des profils que l'on voudroit avec la même précision; enfin, l'on peut encore mettre le *compas* dans une position transversale, de manière, par exemple, que l'une des extrémités *c* porte sur le bout de la mâchoire droite, tandis que l'autre s'applique sur le crâne, au-dessus de la tempe gauche: on prendroit ainsi huit nouveaux points, si cela étoit nécessaire.

Comme toutes les parties du *compas de Michalon* sont graduées, rien n'est plus facile que de réduire une tête ou de l'agrandir, en conservant toujours les plus exactes proportions.

On voit, à la seule inspection de ce *compas*, avec quelle facilité on pourroit multiplier les points de contact, de manière à pouvoir obtenir les positions respectives de tous les points saillans de la figure la plus compliquée.

COMPAS DE PROPORTION; circinus proportionis; *proportionnal zirkel.* Instrument, *fig.* 640, destiné à trouver des proportions entre des quantités d'une même espèce, comme entre lignes & lignes, surfaces & surfaces, &c.

Un grand avantage du *compas de proportion* sur les échelles communes, consiste en ce qu'il est fait de telle sorte, qu'il convient à tous les temps, à toutes les échelles.

Par les lignes des cordes, des sinus, &c., qui sont sur le *compas de proportion*, on a les lignes des cordes, des sinus, &c., d'un rayon quelconque, comprises entre la longueur & la largeur du secteur du *compas de proportion* lorsqu'il est ouvert.

Cet instrument est fondé sur la quatrième proposition du sixième livre d'Euclide, où il est démontré que les triangles semblables ont leurs côtés homologues proportionnels.

Le *compas de proportion* sert particulièrement

à faciliter les projections, tant orthographique que stéréographique. *Voyez* PROJECTION, STEREO-GRAPHIE.

COMPAS DE RÉDUCTION ; circinus mutans dimensionis ; *reductions zirkel*. Compas à deux branches, *fig.* 642, dans lesquels le centre d'oscillation varie de position. *Voyez* COMPAS A COULISSE.

COMPAS DE ROUTE ; *kompas*. Boussole disposée à être employée sur mer. *Voyez* COMPAS DE MER, BOUSSOLE.

COMPAS DE VARIATION ; pixis variationis ; *abweichungs messer*. Boussole suspendue, comme les boussoles ordinaires ou les *compas*, mais ordinairement un peu plus grosses, & que l'on destine à déterminer la déclinaison de l'aiguille aimantée.

Cette boussole, *fig.* 173 & 174, est établie dans une boîte carrée avec un couvercle qui ne s'enlève que lorsqu'on veut faire usage de ce *compas* pour observer la déclinaison de l'aiguille aimantée ; elle est garnie à l'intérieur d'un cercle de cuivre parfaitement bien gradué, & la boîte de la boussole porte des pinnules, à l'aide desquelles on tire un rayon visuel au soleil au moment de son lever, de son coucher ou de son passage au méridien du lieu, pour voir de combien ces directions s'écartent de l'est ou de l'ouest du *compas*. L'objet de cette observation est de comparer la déclinaison apparente de l'astre, donnée par le *compas* avec la déclinaison réelle, le jour de l'observation du vrai est ou du vrai ouest du monde, & de connoître, par conséquent, le nombre de degrés dont la boussole s'écarte, dans ses points cardinaux, des vrais points cardinaux du monde. *Voyez* AMPLITUDE, BOUSSOLE, VARIATION, DECLINAISON.

COMPAS ELLIPTIQUE ; circinus ellipticus ; *elliptische zirkel*. Instrument servant à décrire des ellipses ou des ovales.

On a imaginé différentes sortes de *compas elliptiques*, dont la construction est fondée sur différentes propriétés de l'ellipse. Parmi tous ceux dont on fait usage, celui qui est le plus généralement employé est représenté *fig.* 645.

Soit, par exemple, deux droites D G, D L, égales chacune à la moitié de l'un des axes de l'ellipse, attachées l'une à l'autre par leur extrémité commune L, en sorte qu'elles puissent se mouvoir autour de ce point, comme les jambes d'un *compas* autour de sa tête ; soit le point C fixé au centre de l'ellipse, le point D décrira l'ellipse. Cette construction est démontrée art. 69 des *Sections coniques* de Lhopital. Au reste, cette espèce de *compas*, ainsi que tous les autres semblables, est assez peu commode.

Ceux qui ont besoin de dessiner des ellipses ou autres sections coniques, préfèrent la méthode de les tracer par plusieurs points, parce que les méthodes de les décrire par des mouvemens continus sont fautives, & peu exactes dans la pratique.

COMPAS SPHÉRIQUE ; circinus sphericus ; *hohle zirkel*. Instrument destiné à prendre le diamètre des sphères. *Voy.* COMPAS A BRANCHES COURBES.

COMPENSATEUR, de con, *ensemble* penso, *peser* ; compensator ; *vergette* ; f. m. Instrument avec lequel on compare & l'on établit des compensations.

COMPENSATEUR (Balancier) ; libramentum compensatorium. Balancier appliqué à une machine pour en diriger & en régulariser le mouvement.

Le volant ou le balancier placé sur un tournebroche, le balancier placé dans les montres, servent l'un & l'autre à régulariser les mouvemens. *Voyez* BALANCIER.

On a imaginé, sur la fin du siècle dernier, un *balancier compensateur* formé de deux ailes, se mouvant à charnière sur un axe : ces ailes, en vertu de la force centrifuge, s'écartent plus ou moins de l'axe, relativement à la vitesse de rotation de ce dernier ; en s'écartant, elles opposent plus de résistance à l'air, & diminuent par cette résistance la vitesse du mouvement. *Voy.* VOLANT RÉGULATEUR.

COMPENSATEUR (Pendule) ; pendulum compensatorium ; *roest formiger pendul, oder, vergettender pendul*. Pendule dont la tige de suspension est formée de plusieurs barres métalliques, les unes d'acier, les autres de cuivre, disposées dans un ordre tel, que sa longueur reste constante, quelle que soit la température à laquelle on l'expose. *Voyez* PENDULE COMPENSATEUR.

COMPLÉMENT, de cùm, *avec*, pleo, *remplir* ; complementum ; *erfüllung* ; f. m. Ce qu'il faut ajouter pour compléter une chose.

COMPLÉMENT ARITHMÉTIQUE ; complementum arithmeticum ; *aritmetische complement*. Ce qu'il faut ajouter à un nombre pour faire 10, 100, 1000, &c. ; ainsi 7 est le *complément* de 3 ; 42, le *complément arithmétique* de 58 ; 359, le *complément arithmétique* de 641.

Le *complément arithmétique* d'un logarithme est ce qui manque à ce logarithme pour faire 100,000,000.

COMPLÉMENT DE LA HAUTEUR D'UNE ÉTOILE. C'est la distance d'une étoile au zénith, où de l'arc compris entre le lieu de l'étoile au-deſſus de l'horizon & le zénith.

COMPLÉMENT D'UN ANGLE ; complementum anguli ; *complement einen winkels.* Ce qui manque à un angle pour former un angle droit ; ainſi un angle de 23°,40' eſt le *complément d'un angle de 66°,20'.* En général, A C E, *fig.* 36, eſt le com-plément de E C B.

COMPLÉMENT D'UN INTERVALLE ; comple-ment einen mittel tons. C'eſt, en muſique, la quan-tité qui manque à un intervalle pour arriver à l'oc-tave.

Ainſi, la ſeconde & la ſeptième, la tierce & la ſixte, la quarte & la quinte ſont complément l'une de l'autre. Quand il n'eſt queſtion que d'un inter-valle, *complément & renverſement* ſont la même choſe ; quant aux eſpèces, le juſte eſt *complément* du juſte, le majeur du mineur, le ſuperflu du di-minué, & réciproquement. *Voyez* INTERVALLE.

COMPLÉMENT D'UN PARALLÉLOGRAMME ; complementum parallelogrammatis ; *complement einen parallelogrammis.* Ce ſont deux parallélo-grammes que la diagonale ne traverſe pas, & qui réſultent de la diviſion de ce parallélogramme par deux lignes tirées d'un point quelconque de la dia-gonale parallèle à chacun de ſes côtés.

COMPLEXE, de completor, *qui embraſſe* ; com-plexus ; *zuſammengeſets* ; adj. Objet compoſé de pluſieurs autres.

COMPLEXE (Affinité) ; affinitas complexa ; *doppelt verwanſchaft.* Affinité que l'on a regardée comme due au concours de quatre affinités, & qu'on a ordinairement déſignée ſous le nom de dou-ble affinité. Berthollet a détaillé cette affinité avec une grande étendue dans les *Annales de Chimie,* tome XXXVII, page 169.

COMPOSÉ, de cum & de ponere, *mettre en-ſemble* ; componere ; *zuſammengeſets* ; ſub. & adj.

COMPOSÉ (Corps) ; corpus compoſitum ; *zu-ſammengeſets koerpe. Corps* formés de l'union de deux ou de pluſieurs ſubſtances ſimples. On les diſtingue des *corps ſimples,* en ce que ceux-ci n'ont pas encore pu être décompoſés, & que toutes les parties que l'on a pu en ſéparer, étoient conſtam-ment de la même nature que le tout ; les *corps com-poſés,* au contraire, peuvent être diviſés en ſubſ-tances de nature différente, leſquelles, réunies, forment le *corps compoſé. Voyez* CORPS COM-POSES.

COMPOSÉ (Microſcope) ; microſcopium com-poſitum ; *zuſammengeſets mikroskope. Microſcope compoſé* de deux lentilles au moins, dont l'une eſt

l'objectif & l'autre l'oculaire. *Voyez* MICROSCOPE COMPOSÉ.

COMPOSÉ (Mouvement) ; motus compoſitus ; *zuſammengeſets bewegung.* Mouvement réſultant de l'action de pluſieurs puiſſances concourantes ou conſpirantes. *Voyez* MOUVEMENT COMPOSÉ.

COMPOSÉ (Nombre) ; numerus compoſitus ; *zuſammengeſets zahl.* Nombre qui peut être meſuré ou diviſé exactement, & ſans reſte, par quelques nombres différens de l'unité. *Voy.* NOMBRE COM-POSE.

COMPOSÉ (Pendule) ; pendulum compoſitum ; *zuſammengeſets perpendikel uhr, oder, pendul.* Pen-dule formé de pluſieurs poids qui conſervent conſ-tamment la même poſition entr'eux, & la même diſtance au centre du mouvement autour duquel ils font leur vibration. *Voyez* PENDULE COMPOSÉ.

COMPOSÉE (Raiſon) ; ratio compoſita ; *zuſam-mengeſets te verhaltniſs.* Raiſon qui réſulte des an-técédens de deux ou de pluſieurs raiſons, & de celui de leurs conſéquences ; ainſi, 77 eſt à 10 en raiſon *compoſée* de 7 à 2 & de 11 à 5. *Voy.* RAI-SON COMPOSÉE.

COMPOSÉES (Quantités) ; quantitates compo-ſitæ ; *zuſammengeſets te zahlen.* Aſſemblage de plu-ſieurs quantités liées entr'elles par les ſignes × ou —. Ainſi a × b e & b b — a c ſont des quantités *compoſées. Voy.* QUANTITÉS COMPOSEES, QUAN-TITES COMPLEXES.

COMPOSITION ; compoſitio ; *compoſition* ; ſ f. Action par laquelle pluſieurs parties ſont unies pour former un objet ou un tout.

COMPOSITION DE L'EAU ; compoſitio aquæ ; *zuſammenſetzung der waſſer.* Union de l'oxigène & de l'hydrogène, leſquels forment de l'eau par leur combinaiſon.

La *compoſition* de l'eau eſt une des plus belles dé-couvertes de la fin du ſiècle dernier : cette com-poſition a été faite dans le même temps par Monge & Cavendish. *Voyez* EAU.

COMPOSITION DE L'EAU (Appareil pour la) ; machina ad formándam aquam. Inſtrument avec lequel on *compoſe l'eau,* en combinant de l'oxigène & de l'hydrogène.

L'appareil le plus ſimple que l'on puiſſe em-ployer eſt celui de Monge, *fig.* 74 ; il conſiſte en un grand ballon qui communique à deux récipiens contenant, l'un du gaz oxigène, & l'autre du gaz hydrogène : ces récipiens ſont gradués avec beau-coup d'exactitude ; les deux tuyaux de communi-cation s'ouvrent & ſe ferment par des robinets. Sur le couvercle du ballon eſt un troiſième tuyau qui communique à une machine pneumatique, à l'aide de laquelle on peut faire le vide dans le ballon; un robinet ouvre & ferme la communication avec cette machine.

Après avoir fait le vide, on peut, en ouvrant les robinets, faire entrer dans le ballon des quantités déterminées des deux gaz; il eft néceffaire que l'un des gaz, l'hydrogène, par exemple, foit toujours dans une proportion plus grande que célle qui eft néceffaire à la faturation de l'autre gaz. On ferme les robinets, &, à l'aide d'une tige métallique recourbée, on excite une étincelle électrique dans le ballon; les deux gaz fe combinent; il fe forme de l'eau, & il fe produit un vide que l'on remplit en faifant entrer de nouveau des gaz oxigène & hydrogène. L'opération peut être continuée auffi longtemps que l'on a des gaz à brûler; puis on retire, à l'aide d'une machine pneumatique, les gaz reftés dans le ballon, on les mefure & on les analyfe pour déterminer leur nature.

Connoiffant, d'une part, la quantité de chacun des gaz employés, d'autre part celle de l'eau obtenue & des gaz reftés dans le ballon, on détermine la proportion des volumes & des poids des gaz qui entrent dans la *compofition de l'eau*.

Si, en opérant avec cet appareil, on mettoit dans le ballon la proportion exacte des deux gaz qui doivent fe combiner, on pourroit craindre que la réaction de la preffion de l'air ne fît brifer le ballon & ne caufât des accidens. Cet inconvénient a fait imaginer une difpofition de l'appareil, telle, que la combuftion puiffe être continuée, & que l'inflammation n'ait lieu qu'au moment où le ballon eft rempli de l'un des deux gaz, de l'oxigène, par exemple, & enfin que l'autre gaz, l'hydrogène, ne commence à entrer dans le ballon qu'à l'inftant où on l'enflamme.

Pour cela, on fait communiquer le réfervoir du gaz oxigène, avec le ballon, par une ouverture affez grande, tandis que le réfervoir du gaz hydrogène ne communique que par une très-petite ouverture, percée à l'extrémité d'un tube qui fe prolonge dans le ballon, & fe rapproche de l'excitateur électrique : on a foin de donner au gaz hydrogène une compreffion d'un ou deux pouces de hauteur d'eau, de plus que celle que le gaz oxigène éprouve, & cela afin que le jet de gaz hydrogène qui fe fait par la petite ouverture foit affez fort pour fournir à la combuftion.

Cet appareil, ainfi rectifié par Lavoifier, communiquoit à deux gazomètres; ceux-ci étant remplis, l'un de gaz oxigène & l'autre de gaz hydrogène, fourniffoient conftamment les fubftances néceffaires à la combuftion. Pour avoir une idée de l'appareil employé par Lavoifier dans l'expérience de la *compofition de l'eau*, on peut confulter la defcription de fon gazomètre. *Voy.* GAZOMÈTRE DE LAVOISIER.

On fait que tous les gaz que l'on reçoit ou que l'on tranfvafe dans l'eau fe faturent d'humidité :

cette humidité, qui doit néceffairement influer fur les réfultats, avoit fait avancer, par quelques chimiftes, que l'eau que l'on recueilloit dans l'expérience n'étoit autre chofe que celle qui provenoit de l'humidité entraînée par le gaz; & comme cette feule humidité étoit la partie la plus confidérable des gaz, il n'étoit pas étonnant que le poids de l'eau obtenue fût égal à celui des gaz employés. Pour détruire entièrement cette objection, Lavoifier appliqua à fes tubes de communication, deux tubes plus grands, remplis de muriate de chaux bien fec; le gaz paffant à travers ce muriate, avant d'arriver au ballon, y dépofoit toute fon humidité; alors, comme il n'arrivoit que de l'air fec, on pouvoit confidérer l'eau comme le réfultat de la combinaifon des gaz, en même temps que l'on évitoit les anomalies que cette humidité devoit produire.

L'appareil de Lavoifier, porté à fon degré de perfection par l'académicien Meunier, a été fimplifié dans fes gazomètres feulement; parce que celui de Meunier étoit tellement compofé, qu'il étoit difficile que l'on pût fe le procurer dans les cabinets de phyfique & dans les laboratoires de chimie ordinaires. Cette difficulté empêchant de répéter en grand l'expérience capitale de la *compofition de l'eau*, on y a fubftitué l'appareil fuivant, dont nous allons donner la defcription.

Cet appareil fe compofe d'un ballon de verre B, *fig.* 651, contenant dix à douze litres; C C font des viroles en cuivre, maftiquées au col du ballon; *c' c'* des pièces de cuivre viffées fur la virole, & à laquelle fe trouvent foudés trois conduits de cuivre, munis chacun d'un robinet, favoir : 1°. le conduit *d a f* terminé par une petite boule percée d'un trou, dans lequel pafferoit à peine une aiguille très-fine; 2°. le conduit *d' d'*, 3°. enfin, le conduit *d'' d''*, *fig.* 651 (*b*); *m m'* tige de cuivre recourbée inférieurement, terminée par une petite boule de cuivre *m'*, eft deftinée à faire paffer des étincelles électriques de *m'* en *f*.

Un bouchon de cuivre rodé *o o*, *fig.* 651 (*a*), entre à frottement dans la pièce de cuivre *c' c'*; il eft traverfé par le tube de verre P P, qui l'eft lui-même par la tige *m m'*, à laquelle il s'eft d'ifoloir. On confolide la tige *m m'* dans le tube, & le tube dans le bouchon avec du maftic.

Deux tubes de verre recourbés *v v'*, *v v'* communiquent avec les tubes *d*, *d'*; ils contiennent de l'eau, de manière que leurs bulles en foient à moitié pleines. Ils fervent à indiquer la preffion de l'air dans les tubes *d*, *d'*.

u u, eft un fupport en bois pour placer le ballon; *u'*, *u'* des colonnes fervant à maintenir les trois conduits foudés à la virole *c' c'* du ballon, au moyen d'une vis *u''*, *u''*, auffi en bois.

h h', *fig.* 651 (*a*), eft un tuyau flexible de cuir verni, que l'on adapte au tuyau *d'' d''* par fon extrémité *h'*, & à la platine de la machine pneumatique, par fon extrémité de verre *h'*.

Le gazomètre C A C', *fig.* 651, deftiné à mefurer la quantité de gaz oxigène que l'on introduit
dans le ballon, eft compofé d'une grande cloche de
verre L, graduée, mobile & foutenue par le contre-poids K, au moyen d'une corde pofant fur les
poulies *i i*; d'un cylindre intérieur de fer verni E,
arrondi fupérieurement & fermé de tous côtés;
d'un cylindre extérieur CC, féparé du cylindre E
par une petite virole *g g*, d'environ 12 millimètres,
que l'on remplit d'eau pour faire l'expérience.
g' g' eft le fond de la cavité circulaire *g g*; *a a* le
rebord du cylindre extérieur, fervant à recevoir
l'eau dont le niveau s'élève à mefure que la cloche L defcend entre les deux cylindres. Un robinet *y*, placé immédiatement au-deffus du fond
g' g', fert à vider l'eau contenue dans la cavité circulaire *g g*; un tuyau horizontal *y'*, muni d'un
robinet, fert à introduire le gaz dans la cloche L,
au moyen du tuyau vertical S S', avec lequel il
communique; enfin, un autre tuyau horizontal,
muni d'un robinet, s'adapte d'une part au tuyau
vertical S S', & de l'autre au tuyau, qui fe
rend dans le conduit *d a'*. Un montant de cuivre
P P, fixé au cylindre extérieur par les vis *m m*, fert
de fupport aux poulies *i i*. *z z* font des vis deftinées à mettre l'inftrument de niveau; & *u*,
fig. 651 (c), eft l'extrémité conique du tube *z z*,
rodé & entrant à frottement dans une cavité *b*,
également conique & rodée, où elle eft maintenue par une vis circulaire C.
C'eft ainfi que s'adaptent les tubes S S' avec les
tubes *y*, *d d*; le tube T T' avec les tubes *x*, *a' a'*,
fig. 651, & le tube *h h'* avec le tube *a'' a''*,
fig. 651 (b).
Un fecond gazomètre C' A C', *fig.* 651, femblable en tout au gazomètre C A C, eft deftiné
à conduire le gaz hydrogène; il communique avec
le ballon B par le conduit *x* T T'.
Pour faire l'expérience, on remplit d'abord la
cloche L de gaz oxigène; ce qui fe fait en adaptant au tuyau *y'* le tube du récipient rempli
de ce gaz, ou le tube d'une cornue d'où on
le fait dégager, & tenant le robinet *y* fermé.
On a foin de mettre des poids dans le baffin K,
pour élever la cloche L à mefure qu'elle fe remplit de gaz, & maintenir l'équilibre entre la preffion intérieure & celle de l'atmofphère. Après
avoir rempli de la même manière la cloche L, de
gaz hydrogène, on fait le vide dans le ballon B,
en adaptant l'extrémité *h'* du tuyau flexible *h h'*
au tuyau *a'' a''*, & l'extrémité *h* du même tuyau
à la platine de la machine pneumatique. Le vide
étant fait, & les robinets *e*, *e'* & *y'* étant fermés,
on ouvre peu à peu les robinets *e* & *y*: à l'inftant
même, le gaz de la cloche L paffe dans le ballon
& le remplit. A mefure cet effet a lieu, on
abaiffe la cloche; puis on la remplit de nouveau
de gaz oxigène, & l'on procède à la combuftion.
On ouvre pour cela les robinets *y* & *e*; on fait

paffer continuellement des étincelles électriques
de *m'* en *f*, en mettant la partie fupérieure de la
tige *m m'* en communication avec la machine; enfuite, après avoir fermé le robinet *x'*, on ouvre
les robinets *x* & *e'*, & l'on preffe affez fortement
avec les mains la cloche L'. De cette manière,
le gaz hydrogène qu'elle contient, fe rend
dans le ballon par l'extrémité *f* du tuyau *a' a'*,
& s'enflamme par l'effet de l'étincelle électrique;
alors on ceffe d'exciter des étincelles, & on diminue la preffion jufqu'à ce qu'elle ne foit plus
égale qu'à 3 ou 4 centimètres d'eau, & on en
exerce une en même temps fur le gaz oxigène de
la cloche L, mais celle-ci ne doit être que de 7
à 8 millimètres.
Ces preffions pouvant varier par l'enfoncement
de la cloche dans l'eau, font rendues conftantes
en retirant de temps en temps des poids des baffins *k k'*: elles fe mefurent par l'afcenfion de l'eau
dans les branches des tubes recourbés *v'*, *v'*
& *v v*.
En fatisfaifant à toutes ces conditions, l'expérience fe fait très-bien: la combuftion du gaz hydrogène eft continue; elle n'eft ni trop rapide,
ni trop lente, & l'eau, qui en eft le produit, fe
condenfe toute entière dans le ballon.
Lorfque la cloche L ou L' eft prefque vide de
gaz, on arrête la combuftion en fermant le robinet *e'*; on remplit la cloche du gaz qu'elle eft
deftinée à contenir, & on allume de nouveau
l'hydrogène par l'étincelle.
Dès que l'expérience eft terminée, on ferme
le robinet *e'*, & on mefure ce qui refte du gaz
oxigène & hydrogène dans les cloches L, L', en
notant avec foin la température & la preffion. On
détermine également ce que le ballon peut renfermer de gaz oxigène, & retranchant les quantités de gaz oxigène & hydrogène reftantes, des
quantités d'hydrogène & d'oxigène fur lefquelles
on a opéré, à une température & à une preffion
données, on a celles qui ont été confumées, que
l'on compare à la quantité d'eau obtenue.

COMPOSITION DES CORPS; compofi:io
corporum; *zufammenfetzung der kœrpen*; f. f. Manière dont on conçoit que les corps font compofés.
Il exifte fur la *compofition des corps* deux fyftèmes différens: 1°. celui des *atomiftes*; 2°. celui
des *dynamiftes*. Le premier, reçu & adopté en
France, confifte à fuppofer chaque corps compofé de particules indivifibles & impénétrables,
que l'on nomme *atomes*. (*Voyez* ATOMES.) Elles
font d'une petiteffe prefqu'infinie, laiffent entre
elles des efpaces vides, & rendent ainfi la porofité une propriété néceffaire des corps; elles
ne fe touchent point, mais font maintenues à diftance par de certaines forces attractives & répulfives, qui exiftent entr'elles; de-là vient que,
dans le volume de chaque corps, il y a beaucoup

p'us d'efpace vide que de plein. *Voyez* PORO-
SITE.

On peut, avec ce fyftème, expliquer les variétés matérielles des corps, foit par une différence
matérielle des atomes, foit par une différence dans
les formes, leur grandeur, leur pofition & leur
diftance. Lorfque deux fubftances fe combinent
chimiquement, les atomes de l'une pénètrent les
interflic s de l'autre, & les atomes des deux fubftances fe combinent fi parfaitement, qu'ils deviennent enfemble comme de nouvelles efpèces de
particules conftituantes, à cela près qu'elles ne
font pas fimples, mais compofées.

Quant au fyftème dynamique, fort en ufage en
Allemagne, *voyez* DYNAMIE.

C'eft dans le fyftème atomifte que nous confidérerons la *compofition des corps*, & les propriétés
qu'ils préfentent.

Si l'on pouvoit divifer les corps & les réduire
dans leurs fimples élémens, pour combiner enfuite ces élémens les uns avec les autres, point
de doute que les corps compofés feroient formés
de la combinaifon des corps fimples, dans un ordre tel, que la *compofition du corps* f roit le réfultat
d'une combinaifon égale de chaque élément, où
d'une combinaifon d'un certain nombre d'élémens des autres corps avec un élément de l'un
d'eux.

Parmi toutes les manières de *compofer les corps*,
en combinant directement leurs éléments les uns
avec les autres, celle qui paroît la plus fimple
confifte à amener les corps à l'état gazeux, afin
de bien féparer leurs molécules ou leurs particules,
& à mélanger ces gaz afin de combiner plus facilement leurs élémens les uns avec les autres ; &
ce qu'il y a de remarquable, c'eft que, dans toute
la *compofition des corps* produits par la combinaifon
des fubftances gazeufes, les *combina fons* des volumes fe font toujours dans des rapports extrêmement fimples. Nous allons préfenter ici un tableau de plufieurs de ces combinaifons.

SUBSTANCES EMPLOYÉES.	Proportions.	PRODUITS.
Hydrogène pur, carburé & oxigène.....	1 & 3	2 parties d'acide carbonique & eau.
Hydrogène fulfuré & oxigéné........	1 — 3	Eau & acide fulfurique.
Hydrogène & oxigène...............	2 — 1	Eau.
Oxide de carbone & oxigène........	1 — 2	2,5 d'acide carbonique.
Azote & oxigène ....⎰	1 — 2	Protoxide d'azote.
	1 — 1	Deutoxide d'azote.
Deutoxide d'azote & oxigène........	3 — 1	Acide nitreux.
Deutoxide d'azote & oxigène........	2 — 1	Acide nitrique.
Gaz acide fulfureux & oxigène......	2 — 1	Acide fulfurique.
Gaz acide muriatique oxigéné & oxigène	2 — 1	$\frac{3}{16}$ d'acide muriatique furoxigéné.
Azote & hydrogène.................	1 — 3	Ammoniaque.
Ammoniaque & acide muriatique......	1 — 1	Muriate d'ammoniaque.
—— & acide carbonique...........	1 — 1	Carbonate d'ammoniaque.
—— & acide carbonique...........	2 — 1	Sous-carbonate d'ammoniaque.
—— & acide fluoborique..........	1 — 1	Fluoborate d'ammoniaque.
—— & acide fluoborique..........	2 — 1	Sous-fluoborate d'ammoniaque.
—— & acide fluoborique..........	3 — 1	Sous-fluoborate d'ammoniaque.
—— & fluate de filice...........	2 — 1	Fluate d'ammoniaque & de filice.
—— & carbo-muriatique...........	4 — 1	Carbo-muriate d'ammoniaque.
—— & acide fulfureux...........	2 — 1	Sulfite d'ammoniaque.
—— deutoxide d'azote & oxigène.....	2 2 1	Nitrate d'ammoniaque.

On voit dans ce tableau, que, lorfque l'on *combine* des fubftances gazeufes, confidérées comme
fimples, ou des fubftances compofées avec des
fubftances fimples, les volumes des compofans
varient entre un & un, & un & trois, & qu'en
combinant des fubftances compofées les unes avec
les autres, les volumes des fubftances combinées
varient entre un & un, & un & quatre. Dans la
compofition aes corps, le volume du corps gazeux
que l'on obtient, eft prefque toujours moindre que
la fomme des volumes des compofans ; quelquefois, mais rarement, il eft égal.

De cette loi que fuit le volume des gaz dans
la *compofition des corps*, il femble réfulter : 1°. que,
connoiffant le nombre des molécules qui fe combinent dans chaque faturation, ainfi que la denfité
des gaz, on doit pouvoir déterminer la denfité
fpécifique des molécules des corps ; 2°. que fi,
après la combinaifon, les produits obtenus font
homogènes, les proportions des fubftances qui
entrent dans la *compofition des corps* doivent fe f.ire
par faut, & non infenfiblement, comme quelques
philofophes l'ont avancé.

Mais rien n'eft plus difficile que de connoître

la proportion des molécules fimples, ou des particules des compofés dans la combinaifon des gaz. Nous favons bien que deux parties volumes de gaz azote fe combinent à une partie volume de gaz oxigène pour former le deutoxide d'azote. Mais pouvons-nous affurer que, fous la même preffion, le nombre de molécules foit le même dans le même volume? Nous foupçonnons bien, d'après l'opinion que l'on doit fe former des combinaifons, que le nombre des molécules dans les gaz doit être dans un rapport très fimple, comme 1, 2, 3, pour que les combinaifons de l'une des molécules avec l'autre foit auffi dans un rapport très-fimple. Qui nous affure cependant que cette combinaifon ne fe fait pas dans un rapport plus compofé?

Prenons pour exemple des corps différens, compofés des mêmes élémens, tels que le protoxide d'azote, le deutoxide d'azote, l'acide nitreux & l'acide nitrique. Le premier eft compofé de deux parties d'azote & d'une d'oxigène; le fecond, de volumes égaux d'azote & d'oxigène; le troifime, de trois parties de deutoxide & d'une d'oxigène, ou trois d'azote & cinq d'oxigène; le quatrième, enfin, de deux parties de deutoxide d'azote & d'une d'oxigène, ou une partie d'azote & deux d'oxigène. Suppofons maintenant que, dans le même volume d'azote & d'oxigène, il y ait $\frac{1}{3}$, $\frac{2}{3}$, 1, $\frac{4}{3}$, $\frac{5}{3}$, 2, $\frac{7}{3}$, $\frac{8}{3}$, 3, $\frac{10}{3}$, $\frac{11}{3}$; enfin quatre molécules du premier contre une de celles contenues dans le fecond; il s'enfuivroit que les proportions des combinaifons dans la *compofition* de ces trois corps feroient:

COMPOSÉS.	PROPORTION D'AZOTE ET D'OXIGÈNE.																							
	A.	O.	A.	O.	A.	O.	A.	O.	A.	O.	A.	O.	A.	O.	A.	O.	A.	O.	A.	O.	A.	O.	A.	O.
Protoxide d'azote . .	1	3	2	3	1	1	4	3	5	3	2	1	7	3	8	3	3	1	10	3	11	3	4	1
Deutoxide d'azote . .	1	6	1	3	1	2	2	3	6	6	1	1	7	6	4	3	2	3	5	3	11	6	2	1
Acide nitreux . . .	1	10	1	5	3	10	2	5	1	2	3	5	7	10	4	5	9	10	1	1	11	10	6	5
Acide nitrique . . .	1	12	1	6	1	4	1	3	5	12	1	2	7	12	2	3	3	4	5	6	11	12	1	1

Dalton adopte comme règle générale de la *compofition* chimique, que, 1°. lorfque l'on ne peut obtenir qu'une combinaifon entre deux corps, elle eft binaire, c'eft-à-dire, compofée d'un atome de chacun; 2°. lorfqu'on obtient deux combinaifons, il eft à préfumer que l'une eft binaire & l'autre ternaire, c'eft-à-dire, compofée d'un atome de l'une & deux de l'autre; 3°. quand on obtient trois combinaifons, on peut s'attendre que l'une eft binaire & les deux autres ternaires; 4°. fi les deux corps font fufceptibles de former quatre combinaifons, l'une fera binaire, deux ternaires, & l'autre quaternaire, c'eft-à-dire, compofée d'un atome de l'un & trois de l'autre, & ainfi de fuite.

En ne confidérant que trois combinaifons d'azote & d'oxigene, le protoxide d'azote, le deutoxide & l'acide nitrique, Dalton en fait une facile application à fon fyfteme, en confidérant le deutoxide d'azote comme la réunion d'un atome d'azote & un atome d'oxigène, le protoxide d'azote comme la réunion de deux atomes d'azote & d'un atome d'oxigène; & enfin l'acide nitrique comme formé d'un atome d'azote & deux atomes d'oxigène; mais l'acide nitreux, qui feroit compofé, dans ce cas, de trois atomes d'azote & cinq d'oxigène, viendroit troubler les lois du phyficien anglais. Cette fuppofition, que le deutoxide d'azote eft compofé d'un atome d'azote & d'un atome d'oxigène, eft celle qui donne la *compofition* la plus fimple que l'on puiffe déduire de l'expérience; mais dans tous les cas, l'acide nitreux préfente une *compofition* complexe.

Les gaz, en fe combinant, donnent fouvent un produit égal à l'un des volumes: cent parties volumes de carbone & cinquante parties d'oxigène donnent cent parties volumes d'acide carbonique; dans ce cas, on fuppofe que le gaz oxigène contient, fous le même volume, le double d'atomes que l'oxide de carbone, & que les atomes de l'un fe font combinés exactement aux atomes de l'autre: la diftance entre cette combinaifon d'atomes refte la même; mais lorfque le volume des gaz combinés eft égal à celui des gaz mélangés, on fuppofe bien que le nombre des atomes eft égal de part & d'autre; mais il faut auffi fuppofer qu'en fe réuniffant, la diftance entre les atomes eft doublée, ou qu'il s'eft formé un nombre double d'atomes, la diftance reftant la même.

Au refte, pour avoir de plus grands détails fur cette hypothèfe nouvelle, on peut confulter le Mémoire de Gay-Luffac dans le fecond volume des *Mémoires d'Arcueil* : le fyfteme de Dalton fur la compofition chimique; le profeffeur Delarive en a donné un extrait, pag. 38, tom. XLVI de la *Bibliothèque britannique*; enfin, un Mémoire d'Arogrado, publié dans le *Journal de Phyfique*, pag. 58, tom. II, année 1811.

Jufqu'ici nous n'avons confidéré que les *compofitions* les plus fimples, celles de deux fortes de molécules; mais fi nous examinons ce qui fe paffe dans la combinaison de trois ou quatre efpèces de molécules, &c., nous trouverons des rapports un peu plus compofés.

En combinant de l'oxigène avec un métal,

pour obtenir un oxide métallique, on a observé que l'on pouvoit arrêter l'oxidation, de manière que la combinaison de l'oxigène paroisse s'unir à toutes proportions; alors on en a conclu que la proportion de l'oxigène dans les oxides métalliques, n'avoit aucune limite; d'autres, considérant que, dans un grand nombre de circonstances, on obtient des états particuliers d'oxides que l'on peut regarder comme constans, en ont conclu que, dans toutes les *compositions* homogènes, il y avoit des degrés de saturation qu'ils ont déterminés, & ils ont considéré comme *compositions* hétérogènes, les états intermédiaires, c'est-à-dire, comme des mélanges de deux combinaisons. Ainsi un oxide de fer contenant 0,275 d'oxigène, seroit formé d'un mélange de 50 parties de deutoxide à 0,24, & de 50 de trisoxide à 0,31. En adoptant cette seconde manière de concevoir la *composition des corps*, on a remarqué que quel que fût le rapport $\frac{a}{b}$ de deux substances simples formant les *compositions* homogènes les plus simples, les autres *compositions* homogènes connues se trouvoient dans les séries $\frac{a}{b}$, $2\frac{a}{b}$, $3\frac{a}{b}$, $4\frac{a}{b}$, &c., c'est-à-dire, que les *compositions* homogènes se faisoient par saut, mais par saut qui suivoit une loi, & non par nuance insensible.

Quoique, dans plusieurs circonstances, l'expérience paroisse s'accorder avec ce résultat, on ne peut pas encore le considérer comme une loi constante de la nature; car quelques résultats semblent s'en écarter, & d'autres présentent beaucoup d'intermédiaires inconnus. Ainsi, dans la combinaison de l'azote & de l'oxigène, on voit que trois *compositions* s'accordent avec cette loi, le protoxide d'azote, le deutoxide d'azote & l'acide nitrique. Pour que l'acide nitreux fît partie de cette loi, il faudroit qu'il fût composé d'une partie d'azote & trois d'oxigène; alors on auroit, protoxide d'azote 1 à 1, deutoxide 1 à 2, acide nitreux 1 à 3, & acide nitrique 1 à 4.

Certainement l'opinion que l'on veut établir, de regarder les *compositions* chimiques comme le produit des combinaisons 1 à 1, 1 à 2, 1 à 3, &c. atomes, est simple & lumineuse; mais la nature a-t-elle adopté cette voie simple qu'on lui suppose? c'est ce que l'expérience seule peut & doit prouver; jusque-là il est prudent de s'abstenir de tous raisonnemens, & de diriger ses expériences de manière à obtenir des résultats qui confirment ou infirment cette hypothèse. Déjà Dalton a voulu conclure les densités respectives des atomes d'après cette supposition. Il est aisé de voir, par la masse d'objections qui lui ont été faites, combien cette conclusion étoit prématurée. Il faut, en physique, marcher lentement, mais marcher sûrement, toujours prendre l'expérience pour guide, & se garder de lui faire avancer plus qu'elle n'annonce. Il est si facile de s'égarer & d'égarer les autres en devançant les faits!.....

COMPOSITION DES FORCES; compositio virium; *zusammensetzung der kraften*. Réduction de plusieurs forces en une seule, ou opération par laquelle on cherche le résultat de plusieurs forces composantes & données.

Ainsi, si l'on a deux forces AB, AC, *fig.* 634, appliquées au point A, ces deux forces, qui tirent le point A dans les directions AB, AC, auront pour résultat la force AD, qui tire le point A dans la direction AD & dans le plan BAC; & si l'on porte sur la direction AS, opposée, une longueur AE = AD, cette force fera équilibre aux forces AB, AD.

De même si l'on a les forces AB, AC, AD, AE, *fig.* 635, en construisant le parallélogramme ABFG, on aura la diagonale AF pour résultante de AB, AC. Avec cette première résultante, & la force AD, construisant le parallélogramme des forces FADG, on aura pour résultante la diagonale AG. Enfin, en construisant avec la résultante AG & la force AE, le parallélogramme des forces GAEH, on a la résultante AH de toutes les forces appliquées au point A. Si donc sur la ligne AH, prolongée vers S, on porte la longueur AK = AH, cette force fera équilibre aux quatre forces B, C, D, E. *Voyez* PARALLÉLOGRAMME DES FORCES, COMPOSITION DU MOUVEMENT.

COMPOSITION DU MOUVEMENT; compositio motûs; *zusammensetzung bewegung*. Réduction de plusieurs mouvemens en un seul.

La *composition du mouvement* a lieu lorsqu'un corps est poussé ou tiré par plusieurs puissances à la fois. (*Voyez* MOUVEMENT COMPOSÉ.) Ces différentes puissances peuvent agir toutes suivant la même direction, ou suivant des directions différentes, ce qui produit les lois suivantes.

Si un point qui se meut en ligne droite, est poussé par une ou plusieurs puissances dans la direction de son mouvement, il se mouvra toujours dans la même ligne droite; la vitesse seule changera, c'est-à-dire, augmentera ou diminuera toujours en raison des forces impulsives. Si les directions sont opposées, par exemple, si l'un tend en bas & l'autre en haut, la ligne de tendance du mouvement sera cependant toujours la même; mais si les mouvemens *composans*, ou, ce qui est la même chose, les puissances qui les produisent, n'ont pas une même direction, le mouvement composé n'aura aucune de leurs directions particulières; il en aura une autre toute différente, qui sera dans une ligne, ou droite ou courbe, selon la nature & la direction particulière des différens mouvemens *composans*.

Tant que les deux mouvemens *composans* sont uniformes, quelqu'angle qu'ils fassent entr'eux, la ligne du mouvement composé sera une ligne droite, pourvu que les mouvemens composans fassent toujours le même angle. Il en est de même si les mouvemens ne sont point uniformes, pourvu qu'ils soient semblables, c'est-à-dire, qu'ils soient accélérés ou retardés en même proportion, & qu'ils fassent toujours le même angle entr'eux.

Ainsi, si le point A, fig. 636, est poussé par deux forces de directions différentes; savoir, en haut, vers B, & en avant, vers D, il est clair que, quand il aura été en avant jusqu'à D, il devra nécessairement être monté jusqu'au point C; il aura donc parcouru la ligne D C: de sorte que si les mouvemens étoient uniformes, ils se mouvroient toujours dans la diagonole A a a a C; car comme les lignes Aa, aa, &c., sont toujours en proportion constante, & que, par hypothèse, le mouvement suivant A D, & le mouvement perpendiculaire à celui-ci, sont tous deux uniformes, il s'ensuit que les lignes A a, a a seront parcourues dans le même temps, & qu'ainsi, tandis que le point A parcourra A t, par un de ses mouvemens, il parcourra, en vertu de l'autre mouvement, la ligne A d; d'où il s'ensuit qu'il se trouvera successivement sur tous les points a de la diagonale, & que par conséquent il parcourra cette ligne.

On a fait, dans la figure 636, les lignes A t, A d égales entr'elles, parce qu'on a supposé que, non-seulement les mouvemens étoient uniformes, mais encore qu'ils étoient égaux; cependant la démonstration produite aura toujours lieu, quand même les mouvemens, suivant A D & A B, ne seroient point égaux, pourvu que ces mouvemens fussent uniformes, ou du moins qu'ils gardassent toujours entr'eux la même proportion. Par exemple, si le mouvement suivant A D est double du mouvement suivant A B, au commencement, le point A parcourra toujours la diagonale A C, quelque variation qu'il arrive dans chacun des mouvemens suivant A D & A B, pourvu que le premier demeure toujours double du second.

De plus, il est évident que la diagonale A C sera parcourue dans le même temps que l'un des côtés A D ou A B auroit été parcouru, si le point A n'avoit qu'un seul des deux mouvemens. Si un corps est poussé à la fois par deux forces, par exemple, par trois, on cherchera d'abord le mouvement composé qui résulte de deux de ces forces; ensuite regardant ce mouvement composé comme une force unique, on cherche le mouvement composé qui résulte de ce premier mouvement avec la troisième force : par-là, on a le mouvement composé qui résulte de ces trois forces.

S'il y avoit quatre forces au lieu de trois, il faudroit chercher le mouvement composé de la quatrième force & du second mouvement composé, & ainsi des autres

Mais si les mouvemens composans ne gardent pas entr'eux une proportion constante, le point A

décrira une courbe par son mouvement composé.

Si un corps A, fig 634, par exemple, est tiré ou poussé par différentes forces, dans trois directions différentes A B, A C, A E, de sorte qu'il ne cède à aucune, mais qu'il reste en équilibre, alors ces trois forces ou puissances seront entr'elles comme trois lignes droites parallèles à ces lignes, terminées par leur concours mutuel, & exprimant leurs différentes directions, c'est à-dire, que ces trois puissances seront entr'elles comme A E, A D, A B.

Voilà des principes généraux dont tous les mécaniciens conviennent; ils ne sont pas aussi parfaitement d'accord sur la manière de les démontrer. Il est certain qu'un corps, poussé par deux forces uniformes qui ont différentes directions & qui agissent continuellement sur lui, décrit la diagonale d'un parallélogramme formé par la direction de ces forces; car le point A, fig. 636, par exemple, étant poussé continuellement suivant A D & suivant A B, ou plutôt suivant des directions parallèles à ces deux lignes, il est dans le même cas que s'il étoit mu sur une règle A D qu'il parcourroit d'un mouvement uniforme, tandis que cette règle A D se mouvroit toujours parallèlement à elle-même, suivant D C ou A B.

Or, dans cette supposition, on démontre sans peine que le point A décrit la diagonale A C; mais lorsque le point A reçoit une impulsion suivant A D, & une autre en même temps suivant A B, & que les forces qui lui donnent les impulsions l'abandonnent tout-à-coup, il n'est pas alors aussi facile de démontrer, en toute rigueur, que ce point A décrit la diagonale A C. Il est vrai que presque tous les auteurs ont voulu réduire ce second cas au premier, & qu'il est vrai aussi qu'il doit s'y réduire; mais on ne voit pas, ce me semble, assez évidemment l'identité de ces deux cas, pour la supposer sans démonstration : on peut prouver qu'ils reviennent au même de la manière suivante. Supposons que deux puissances agissent sur le point A, durant un certain temps, & qu'elles l'abandonnent ensuite; il est certain que, durant le premier temps, il décrira la diagonale, & qu'étant abandonné par ces puissances, il tendra de même à la décrire, & continuera à s'y mouvoir avec un mouvement uniforme, soit que le temps pendant lequel elles ont agi soit long ou court. Ainsi, puisque la longueur du temps pendant lequel les puissances agissent, ne détermine rien, ni dans la direction du mobile, ni dans le degré de son mouvement, il s'ensuit qu'il décrira la diagonale, dans le cas même où il n'auroit reçu des puissances qu'une impulsion subite.

Daniel Bernoulli a donné, dans le premier volume de l'Académie de Pétersbourg, une Dissertation où il démontre la composition des mouvemens par un assez long appareil de proposition. Comme il s'est proposé de la démontrer d'une manière absolument rigoureuse, on doit moins être surpris de la longueur de fa démonfiration; cependant il femble que le principe dont il s'agit, étant un des premiers de la mécanique, il doit être fondé fur des preuves plus fimples & plus faciles; car telle eft la nature de prefque toutes les propofitions dont l'énoncé eft fimple.

L'auteur du *Traité de Dynamique*, imprimé à Paris en 1743, a auffi effayé de démontrer, en toute rigueur, le principe de la *compofition des mouvemens*: c'eft aux favans à décider s'il a réuffi.

Sa méthode confifte à fuppofer que le corps foit fur un plan, & que ce plan puiffe gliffer entre deux couliffes par un mouvement égal & contraire à l'un des mouvemens *compofans*, tandis que les deux couliffes emportent le plan par l'autre mouvement *compofant*. Il eft facile de voir que le corps, dans cette fuppofition, demeure en repos dans l'efpace abfolu; or, il n'y demeureroit pas s'il ne décrivoit la diagonale: donc, &c. On peut voir ce raifonnement plus développé dans l'ouvrage que nous venons de citer. Pour lui donner encore plus de force, ou pour ôter tout lieu à la chicane, il n'y a qu'à fuppofer que la ligne que le corps décrit, en vertu des deux forces *compofantes*, foit tracé fur le plan en forme de rainure; en ce cas, il arrivera de deux chofes l'une, ou cette rainure fera la ligne diagonale même, & en ce cas, il n'y a plus de difficulté, ou fi elle n'eft pas la diagonale, on n'aura nulle peine à concevoir comment les mêmes parois de la rainure agiffent fur le corps, & lui communiquent les deux mouvemens du plan pour chaque inftant; d'où l'on conclura, par le repos abfolu dans lequel le corps doit être, que cette rainure fera la diagonale même: c'eft d'ailleurs une fuppofition très-ordinaire, que d'imaginer un corps fur un plan qui lui communique du mouvement, & qui l'emporte avec lui.

Au refte, les lois de la *compofition des forces* fuivent celles de la *compofition des mouvemens*, & on en déduit les mêmes lois de l'équilibre des puiffances. Par exemple, A D, *fig.* 634, repréfente la force avec laquelle le corps A eft pouffé de A vers D, & la ligne A E celle qui lui eft oppofée; mais par ce qui a été dit ci-deffus, la force A D fe peut réfoudre par deux forces agiffantes felon les deux directions A B, A C, & la force pouffante de A vers D eft à ces forces comme A D eft à A B & à A C ou B D refpectivement. Donc, les deux forces qui agiffent fuivant les directions A B, A C, feront équivalentes à la force agiffante felon la direction A E, comme A B, A C font à A E, c'eft-à-dire, que fi le corps eft pouffé par trois différentes puiffances, dans les directions A B, A C; A E, lefquelles fe font équilibre entr'elles, ces trois forces feront l'une à l'autre refpectivement, comme A E, A B & B D ou A C. Ce théorème & fes corollaires fervent de fondement à toute la mécanique de Varignon, & on peut déduire immediatement la plupart des théorèmes de mécanique

de Borelli, dans fon Traité *De Motu animalium*, & calculer, d'après ce théorème, la force des mufcles.

Parmi les nombreufes applications que l'on peut faire de la *compofition du mouvement*, nous citerons, pour exemple, celle des vaiffeaux pouffés par le même vent, & qui fuivent néanmoins des routes différentes.

Soit le vaiffeau A B, *fig.* 637 & 638; que A en foit la proue, B la poupe, C D E la voile déployée, & qui eft enflée par le vent, dont l'action foit déterminée par la perpendiculaire D G, laquelle fe décompofe en D F, perpendiculaire à A B, & en F G parallèle à A B: en tant que le vaiffeau eft porté felon la direction F G, il va en avant; mais en tant qu'il reçoit auffi un mouvement felon D F, il eft pouffé latéralement: cela pofé, fi l'eau réfiftoit également contre toutes les parties du vaiffeau, il s'avanceroit davantage, felon la direction latérale qui l'anime; mais il éprouve la réfiftance de l'eau, felon toute fa longueur A B, & il n'éprouve qu'une très-petite réfiftance à la proue A, & par conféquent il fe meut plus facilement en avant. Pour augmenter la réfiftance de l'eau, qui fe fait fentir à la partie latérale du vaiffeau, on ajoute des ailes à la partie latérale des petits bateaux, lefquelles, rencontrant la furface de l'eau felon toute l'étendue de leurs furfaces, font que le bateau fe prête moins à l'impulfion qu'il reçoit felon la direction D F, & qu'il ne dirige pas fa courfe felon F G, mais felon une toute autre direction, qui approche davantage de D F, & qui dépend de la plus grande ou de la plus petite réfiftance qu'il éprouve latéralement.

Le degré d'obliquité felon lequel on doit mettre la voile, n'eft pas indifférent: il eft une certaine difpofition des voiles, plus favorable que toute autre, & qui fait que le vent les enfle d'une manière plus propre à faire avancer le vaiffeau; cette fituation eft telle, que la quille B D forme avec la voile un angle B D F de 19° 35', *fig.* 637, & de 54° 34' dans la *fig.* 638, & de 35° 17' dans les *fig.* 637 (*a*) & 638 (*a*). On peut confulter, fur cet objet, les différens ouvrages qui exiftent fur la manœuvre des vaiffeaux.

On démontre, de la même manière, comment le gouvernail peut conduire & diriger le vaiffeau qui fait route. Soit le vaiffeau A B, *fig* 639, qui fe meut en avant, & dont G D G eft le gouvernail difpofé obliquement pour frapper l'eau; c'eft la même chofe comme fi on confidéroit le gouvernail comme immobile, & que l'eau vînt le frapper en fens contraire, felon la direction M D: foit menée la perpendiculaire D E fur le gouvernail C G, cette perpendiculaire exprimera l'impulfion de l'eau contre ce gouvernail; mais ce mouvement, cette force exprimée par D E, peut fe décompofer en deux autres D I & I E: en vertu du mouvement D I, la partie poftérieure du vaiffeau eft portée vers Z; mais le mouvement qu'elle reçoit pour aller vers Z eſt retardé par ſon mouvement ſelon I E : or, en tant que la partie du vaiſſeau eſt mue ſelon la direction D I, la proue A eſt portée, par un mouvement contraire, vers X ; il ſe fait pour lors une eſpèce de tournoiement au-deſſous de l'endroit qui répond au centre de gravité, qui eſt dans l'intérieur du vaiſſeau, mais ce vaiſſeau ne renverſe pas pour cela, parce qu'il avance en même temps qu'il tourne.

Soit maintenant un autre vaiſſeau qui vogue par l'action des flots qui le pouſſent par la poupe, & qui heurtent contre le gouvernail C D G ; l'eau, dont le mouvement ſuit la direction O D, frappe le gouvernail & le meut ſuivant la perpendiculaire D M ; or, D M peut être décompoſé en deux mouvemens, ſavoir, D K & K M : en tant que le gouvernail eſt pouſſé ſelon D K, la partie poſté-rieure du navire eſt portée vers X, & la proue A, par cette même raiſon, eſt portée en ſens con-traire vers Z ; & en vertu du mouvement, ſelon la direction I E, le vaiſſeau eſt pouſſé en avant.

Les ponts volans, les cerfs-volans, les moulins à vent, les ventilateurs, &c. &c., ſont mus éga-lement par des *compoſitions de force.*

COMPOSITION MUSICALE : art d'inventer & d'écrire des chants, de les accompagner d'une harmonie convenable, de faire une pièce com-plète de muſique avec toutes ſes parties.

On appelle auſſi *compoſition* les pièces mêmes de muſique faites dans les règles de la *compoſition.*

COMPOSITION DE RAISON (Proportion de) C'eſt une des comparaiſons de l'antécédent & du conſéquent pris enſemble, au ſeul conſéquent dans deux raiſons égales.

Ainſi, s'il y a même raiſon de 2 à 3 que de 4 à 6, on en conclut auſſi qu'il y a même raiſon de 5 à 3 que de 10 à 6.

COMPRESSIBILITÉ ; compreſſibilitas ; com-*preſſibilitat* ; ſ. f. Propriété qu'ont les corps de pouvoir être comprimés, & par-là réduits à un moindre volume, par une force ſuffiſante.

La *compreſſibilité* peut également ſe concevoir dans les deux ſyſtèmes qui partagent les phyſiciens : le ſyſtème dynamique, fort en uſage en Allemagne, & le ſyſtème des atomes, en uſage en France.

Dans le ſyſtème dynamique, on regarde chaque corps comme un eſpace rempli d'une matière con-tinue, dont la *compreſſibilité* & la dilatabilité ſont des qualités eſſentielles. L'état d'un corps ne dé-pendant que de certaines forces attractives ou ré-pulſives, il s'enſuit que ſon volume doit changer auſſitôt que les rapports de ces forces ne ſont plus les mêmes. *Voyez* DYNAMIQUE.

On ſuppoſe, dans le ſyſtème des atomes, que les corps ſont compoſés de particules indiviſibles & impénétrables, que ces atomes ſont d'une pe-titeſſe infinie, qu'ils laiſſent entr'eux des eſpaces,

des interſtices ou abſolument vides, ou remplis ſeulement d'un fluide qu'on peut en faire ſortir, & rendent ainſi la poroſité une propriété néceſſaire. (*Voy.* POROSITÉ.) Ces atomes, placés à diſtance, pouvant être rapprochés les uns des autres, il s'enſuit que les corps ſont néceſſairement com-preſſibles. *Voyez* COMPOSITION DES CORPS.

Rien de plus facile que d'établir une propriété des corps d'après un ſyſtème de compoſition ; mais des propriétés établies ſur de pareils prin-cipes ne peuvent être adoptées qu'autant qu'elles ſont prouvées par l'expérience.

Il ne peut s'élever aucun doute ſur la propriété qu'ont les corps de pouvoir éprouver des varia-tions dans leur volume. On les voit conſtamment augmenter de volume lorſqu'on les chauffe, & en diminuer lorſqu'on les refroidit. Si donc on re-garde la *compreſſibilité* & la dilatabilité comme la faculté de diminuer ou d'augmenter les volumes, point de doute que tous les corps ſoient compreſ-ſibles ; mais cette diminution & cette augmen-tation de volume ne ſont attribuées qu'à la ſortie ou à la rentrée d'une ſubſtance interpoſée entre leurs molécules (*voyez* CALORIQUE), & beau-coup de phyſiciens entendent ſous le nom de com-*preſſibilité*, non la faculté qu'ont les corps de di-minuer de volume par le refroidiſſement, mais celle de diminuer de volume en cédant à une forte *compreſſion.*

Tous les gaz diminuant de volume par la com-*preſſion*, ſont par-là regardés comme *compreſſibles.* Un grand nombre de ſolides jouiſſant des mêmes propriétés, ſont, par-là, claſſés également parmi les corps *compreſſibles* ; mais quelques ſolides & tous les liquides ne paroiſſant pas céder à la com-*preſſion*, pluſieurs phyſiciens ont été juſqu'à nier leur *compreſſibilité.*

Une propriété générale des corps, qui paroît avoir une grande connexion avec la *compreſſibilité*, c'eſt l'élaſticité. En effet, pour qu'un corps ſoit élaſtique, il faut qu'il puiſſe ſe comprimer & ſe dilater en proportion des forces qui agiſſent ſur lui. En partant de ce principe, on conclut que la *compreſſibilité* eſt une propriété générale des corps ; qu'elle appartient à tous, mais non pas au même degré, c'eſt-à-dire, que les uns ſont plus compreſ-ſibles que les autres. Cependant les anciens philo-ſophes n'ont pas voulu accorder aux liquides, ni l'élaſticité, ni la *compreſſibilité* ; ils regardoient ce mouvement de ricochet des pierres dans l'eau, & cette réflexion des gouttes d'un liquide tombant ſur la ſurface d'un liquide, comme l'effet du dé-placement du ſecond liquide par la preſſion du premier, & de l'effort qu'il fait pour revenir ſur lui-même ; mais on a bientôt prouvé, par la fa-culté qu'ont les liquides de tranſmettre le ſon, qu'ils étoient élaſtiques, & par ſuite *compreſſibles.* (*Voyez* ELASTICITÉ, SON.) Alors les phyſiciens qui ont voulu conſerver l'opinion de l'*incompreſſi-bilité* des liquides, ſe ſont retranchés ſur ce qu'il n'étoit pas possible de les *comprimer* avec les forces dont nous disposons, & qu'ils devoient en conséquence être, par le fait, réputés *incompressibles*.

Les académiciens de Florence ont fait, en 1661, un grand nombre d'expériences pour s'assurer si l'eau étoit *compressible* ; ils ont varié leurs expériences en faisant usage de trois méthodes différentes : 1°. ils ont réuni, par un long tube, deux boules de verre A, B, *fig.* 647 ; ils les ont emplies d'eau de manière à laisser dans le tube un espace *a b* plein d'air ; le tout a été fermé hermétiquement. Plaçant la boule A dans un bain de glace fondante, & échauffant la boule B, l'eau qu'elle contenoit, augmentoit de volume ; le liquide se portoit dans le tube de *b* vers *a*, & comprimoit l'air en diminuant son volume : le ressort de l'air réagissoit sur le liquide contenu dans la boule A. On voyoit souvent le liquide en *a* se porter dans le réservoir, la colonne *a d* diminuer, ce qui pouvoit faire croire que l'eau se comprimoit ; mais bientôt la boule de verre A se brisoit par l'effort de l'eau. Les académiciens attribuoient cette diminution apparente dans le volume de l'eau, à la pression exercée contre les parois de la boule A, qui augmentoit son volume en *distinuant* sa surface jusqu'à ce qu'elle se rompît. Remplaçant les boules de verre par des boules de cuivre, la pression exercée par la diminution de volume de l'air faisoit crever la soudure, & l'eau contenue dans la boule A sortoit par les ouvertures, par les déchirures du cuivre. 2°. Ils *comprimoient*, avec du mercure, de l'eau placée dans des tubes de verre. La pression de 80 livres de mercure sur 6 livres d'eau ne produisoit pas de diminution appréciable. 3°. Ils remplirent une boule d'argent mince avec de l'eau à la glace, &, après avoir fermé exactement l'ouverture, ils la frappèrent avec un marteau pour diminuer son volume ; mais, à chaque coup de marteau, l'eau s'échappoit à travers de petites ouvertures : on la voyoit s'infiltrer, comme le mercure, à travers la peau. De toutes ces expériences, les académiciens de Florence conclurent que l'eau étoit *incompressible*.

Muschenbroeck, dans son ouvrage intitulé *Tentamina exper. natural. captorum in Acad. del Cim.* Lugd. Batav. 1731, 4, annonce qu'il a répété la dernière expérience dans une boule d'or, d'argent, d'étain, & dans une autre de plomb, ayant chacune 3 pouces de diamètre & 3 lignes d'épaisseur ; que ces boules, après avoir été remplies d'eau très-froide, privées d'air par la machine pneumatique, & avoir été fermées bien hermétiquement, furent *comprimées* par une presse & des leviers ; que ces boules résistèrent à la pression jusqu'au moment où l'eau sortit, comme une rosée, à travers les ouvertures qu'elle s'étoit frayées.

Boerhaave cite, dans ses *Elém. chim.* tom. I, pag. 563, un essai fait par Duhamel dans une boule d'or, dans laquelle il n'a pu *comprimer* l'eau ;

Zimmerman croit que Boerhaave s'est trompé en puisant ce fait dans la *Physique* de Guillaume Stair ; Duhamel ne rapporte, sur la compression de l'eau, que les expériences qu'il a faites dans un tuyau de fer.

Enfin Bacon, dans son *Nov. Organon*, *in opp. ex transf. Arnold.* Lipf. 1694, fol. 390, rapporte qu'ayant rempli d'eau une boule de plomb, ayant soudé l'ouverture & *comprimé* la boule, l'eau qu'elle contenoit, suintoit à travers le métal & tapissoit la surface comme une rosée fine.

Hamberger & Nollet répétèrent le second mode d'expérience des académiciens de Florence, en prenant un tube de verre recourbé ABDC, *fig.* 649, de 3 lignes de diamètre & très-épais. La longue branche AB avoit 7 pieds au moins de longueur. Après avoir mis un peu de mercure dans la courbure BD, & avoir fermé hermétiquement la partie GD, on emplissoit cette dernière d'eau ; puis on versoit du mercure dans le tube AB, &, quoiqu'il y eût une colonne de mercure de 7 pieds de hauteur, correspondant à la pression de 3 atmosphères, la colonne d'eau ne paroissoit pas diminuer d'une manière appréciable. Il est fâcheux que ces expériences n'aient pas été répétées avec une plus longue colonne de mercure.

Toutes les expériences que nous avons rapportées, semblent confirmer l'opinion des académiciens de Florence, que l'eau n'est pas *compressible* par son poids. Voici, à ce sujet, l'opinion de Muschenbroeck. « On doit conclure des expériences que nous avons citées, que les particules de l'eau sont fort dures, de sorte qu'elles ne changent pas facilement de figure, & qu'elles ne remplissent pas les interstices qui se trouvent entr'elles. On n'en peut pas, à la vérité, conclure que l'eau ne puisse pas absolument être réduite à un plus petit volume, ou qu'elle soit absolument *incompressible*, puisqu'elle se condense réellement par l'action du froid, quoique cette condensation aille à fort peu de chose..... C'est en conséquence de la dureté de l'eau, qu'une planche qui tombe avec effort, ou qu'on lance avec force contre la surface de l'eau, qu'elle atteint selon son plan, se fend aussi bien que si on l'avoit frappée contre un corps dur. On remarque que les balles d'un mousquet qui frappe obliquement la surface de l'eau, s'aplatissent de même que si elles avoient heurté contre une pierre, & même qu'elles se brisent souvent & se divisent en plusieurs morceaux. Une bouteille de verre, remplie d'eau, se fend & se casse lorsqu'on la bouche imprudemment avec un bouchon de liège qu'on presse trop fortement, parce que l'eau ne cède point à la force *compressible* qu'on déploie contre le bouchon.

» Quoique l'eau soit assez dure pour ne pouvoir être condensée sensiblement, il ne s'ensuit pas qu'elle soit dépourvue de ressort ; car de même que le fer ou les cailloux, qui ne peuvent jamais être réduits à un plus petit volume, par rapport à la dureté dont ils jouiſſent, ſont néanmoins élaſtiques, comme il paroît manifeſtement par leur réflexion, de même les ricochets qu'on voit faire aux pierres qu'on lance obliquement ſur l'eau, celles des boulets de canon qui attrapent obliquement la ſurface, prouvent qu'elle eſt élaſtique. »

Nous avons fait connoître les objeĉtions que l'on faiſoit aux conſéquences déduites des ricochets Examinons un moment quelques expériences faites par d'autres phyſiciens, & qui paroiſſent concourir à établir la *compreſſibilité* des liquides.

Robert Boyle, dans ſes *Nova exp. phyſico-mech. de vi aeris elaſt câ, Exp. XX, in.o; p. var.* Genevæ, apud S. de Tournes, 1680, 4, pag. 55, rapporte qu'ayant rempli d'eau une boule d'étain, & l'ayant enſuite purgée d'air, il ſouda l'ouverture en préſence de Wilkinſins & de quelques autres de ſes amis, & l'aplatit avec un morceau de bois; qu'ayant enſuite percé la lame d'étain avec une aiguille, l'eau ſortit de la boule avec une grande velocité, & qu'elle s'éleva en jet à deux ou trois pieds de hauteur. Ce réſultat, qui paroiſſoit prouver la *compreſſibilité* de l'eau, fut attribué, par Muſchenbroeck, à l'élaſticité de l'étain. Horatus Fabri a répété l'expérience de Boyle avec un égal ſuccès.

A l'appui de l'expérience de Boyle ſur l'élaſticité de l'eau, on peut citer celle de Mongez le jeune. Ayant renfermé de l'eau dans une veſſie, qu'il *comprima* avec une ficelle autant qu'il le put, c'eſt-à-dire, juſqu'à l'inſtant où l'eau commença à traverſer les pores de la veſſie, il laiſſa tomber cette eſpèce de boule, qui rejaillit & rebondit comme un corps élaſtique.

Mongez ſe fait cette queſtion. Ce reſſort eſt-il dû à une membrane flaſque, ramollie par l'eau, ou à l'eau elle-même ? Il obſerve que, dès l'inſtant où l'eau a commencé à pénétrer la veſſie, elle n'a pas ceſſé de tranſſuder juſqu'à ce que le volume de l'eau renfermée fût dans la ſituation propre à ſon reſſort. Ne pourroit-on pas appliquer le raiſonnement que Muſchenbroeck fait aux expériences de Boyle, & attribuer l'élaſticité de la veſſie pleine d'eau à la propriété qu'a la membrane de faciliter un changement de forme par le choc, & le rétabliſſement de la forme primitive après le choc, conſéquemment à l'élaſticité de l'enveloppe ?

Canton, *Experiments to prove, that water is not in compreſſibile*, in *Philoſ. tranſ.* vol. LII, p. 11, pag. 640, rapporte pluſieurs expériences qu'il a faites, en 1762, ſur la *compreſſibilité* des fluides. Il prit pluſieurs tubes de verre terminés les uns par une boule A, *fig.* 648, les autres par un cylindre B, *fig.* 648 (*a*); il emplit les réſervoirs & les tubes avec différens liquides; il tira l'extrémité des tubes en fil très-mince, chauffa les liquides pour remplir exactement les tubes & chaſſer l'air qu'ils contenoient; il ſouda, à la lampe, l'extrémité des tubes & les laiſſa refroidir; il ſe fit un vide au-deſſus du liquide. Soumettant tous

ces tubes à une température de 8 deg. R. & une preſſion barométrique de 29 deg. ½ anglais, il remarqua qu'en rompant l'extrémité des tubes & ſoumettant ces liquides à la preſſion de l'atmoſphère, le volume diminuoit auſſitôt dans les tubes. Cette diminution étoit, pour

L'alcool	0,000066	} Du volume
L'huile d'olive	0,00048	} primitif.
L'eau de pluie	0,000046	
L'eau de mer	0,000040	
Le mercure	0,000003	

L'eau, ſoumiſe à une preſſion de deux atmoſphères, diminuoit de $\frac{1}{10875}$ ou 0,00009 de ſon volume. Il remarqua que l'air contenu dans l'eau ne produiſoit aucune variation dans la *compreſſion*; que la *compreſſibilité* de l'eau étoit plus grande l'hiver que l'été, tandis qu'elle étoit plus foible dans l'alcool & l'huile d'olive.

On objecte aux concluſions que Canton tire de ſes expériences, que l'eau eſt *compreſſible*; qu'il ſe pourroit que cette diminution de volume des liquides ne fût qu'apparente, & qu'elle fût produite par l'extenſibilité du verre, laquelle fît augmenter le volume des boules en même temps que la preſſion; & l'on cite pour exemple la foible diminution dans le volume de mercure qui, étant treize fois environ plus peſant que l'eau, devoit comprimer plus fortement les parois du verre & les rendre moins ſenſibles à la preſſion d'une atmoſphère; & Servierre avoit déjà obſervé, *Journal de Phyſique*, ann. 1777, 2e. vol. p. 8, que le thermomètre étant placé horizontalement, le liquide s'y dilatoit davantage que lorſqu'il étoit dans une poſition verticale.

En effet, lorſque l'on place les tubes de Canton dans le vide pour y obſerver la hauteur du volume du liquide, & qu'en caſſant l'extrémité du tube pour faire comprimer le liquide par la peſanteur de l'atmoſphère, on détermine en même temps la preſſion de l'air à s'exercer ſur les parois extérieures du tube, on n'aperçoit pas de diminution ſenſible dans le volume du liquide. Quelques phyſiciens, cependant, diſent en avoir remarqué, & tout porte à croire qu'il doit y en avoir; mais ce genre d'expériences eſt ſi délicat, & les diminutions de volume ſont ſi petites, qu'elles ne ſont au plus que de quelques cent millièmes, & qu'il n'eſt pas étonnant que, dans les expériences de Hamberger & de Nollet, où ils ont employé une colonne de mercure équivalente à trois atmoſphères, ils n'aient pas pu obſerver de différence.

Nudolph-Adam Abich, inſpecteur-général des ſalines, imagina, en 1776, de *comprimer* l'eau dans un cylindre de laiton, par le moyen d'un piſton de 0l.15 de diamètre, chargé d'un poids de 80 livres; les réſultats qu'il a obtenus déterminèrent Zimmerman (*ſur l'Elaſticité de l'eau*, pag. 68) à répéter ces expériences, en 1777 & 1779, avec la machine d'Abich, perfectionnée & ſuſceptible de comprimer avec des forces confidérables. La machine de Zimmerman confifte en un cylindre de laiton A B, *fig.* 650, de 21 pouces 6 lignes de haut, & de 36 lign. ⅟ de diamètre; le vide intérieur a 14 lign. ⅟ de diamètre : ainfi l'épaiffeur du métal qui l'entoure, eft de 11 lignes. On emplit le cylindre d'eau, on place deffus un pifton EF, fermé d'une barre de fer entourée de cuivre; on comprime ce pifton par un levier CD, au moyen de poids placés dans le plateau d'une balance DG, fixé à fon extrémité; on juge de l'enfoncement du pifton par le moyen d'une échelle placée à côté de la barre. Les liquides foumis à ces expériences ont été comprimés avec deux forces; l'une eftimée 745l.,18, & l'autre 2509,51. La quantité de liquide contenue dans le tube étoit de 26,75 pouces cubiques, les diminutions de volumes obfervées étant :

LIQUIDES.	PRESSION DE			
	745l.,18	.....	2509l.,39	.....
Eau de fontaine	$\frac{1}{142\,66}$	0,007	$\frac{7}{36\,567}$	0,197
Eau falée	$\frac{1}{103\,45}$	0,0096	$\frac{1}{33\,909}$	0,029
Lait	$\frac{1}{215\,21}$	0,0046	$\frac{1}{38\,695}$	0,026
Eau-de-vie	$\frac{1}{442\,70}$	0,0044	$\frac{7}{45\,064}$	0,022

Il paroît réfulter de ces expériences, que l'eau-de-vie eft moins *compreffible* que l'eau ; ce qui eft contraire aux réfultats de Canton, qui a trouvé que la *compreffibilité* de l'alcool eft à celle de l'eau comme 66 eft à 46.

Hubert (*Differt. de aquæ aliorumque nonnullorum fluidorum elafticitate*, Viennæ, 1774, in-4°.) a fait plufieurs expériences analogues, qui concourent au même réfultat.

On objecte aux conclufions que Zimmerman a tirées de fes expériences, que les liquides étoient *compreffibles* ; que la diminution de volume qu'il a obfervée, pouvoit également provenir des parois du cylindre qu'il a employé. Le laiton eft *compreffible* ; les liquides comprimés par le pifton doivent néceffairement réagir contre les parois du cylindre & les *comprimer*. Comment diftinguer, dans ces expériences, ce qui appartient à la *compreffion* des liquides de ce qui appartient à la *compreffion* du métal ? Point de doute que fi Zimmerman eût répété fes expériences dans des métaux différemment *compreffibles*, il n'eût obtenu des réfultats différens.

Nous devons cependant obferver que fi la diminution de volume obfervée dans les expériences de Zimmerman n'étoit due qu'à la *compreffibilité* du tube, cette diminution auroit dû être fenfiblement la même pour tous les liquides : d'où il fuit que, par cela feul que la diminution de volume des liquides, par la même compreffion, donne des différences confidérables, puifqu'elles font ici comme 22 : 197, ou comme 1 : 9, on eft en droit de conclure qu'ils font *compreffibles*.

Quoi qu'il en foit de la diverfité d'opinions fur la *compreffibilité des liquides*, la feule confidération que le fon s'y tranfmet, fuffit pour fe convaincre que les liquides font *compreffibles* & dilatables. Le plus grand nombre des phyficiens paroiffent partager l'opinion d'Haüy, lorfqu'il dit : « On a tenté inutilement de *comprimer* l'eau, en employant une très-grande force, & cette propriété d'être fenfiblement incompreffible eft générale pour tous les liquides...... Il y a tout lieu cependant de préfumer que l'eau eft réellement *compreffible*, mais dans un degré inappréciable, au moins par les efforts que l'on a employés jufqu'ici pour la condenfer ; car la faculté qu'elle a de tranfmettre les fons, prouve qu'elle eft élaftique, & cette qualité fuppofe néceffairement la *compreffibilité*. »

GOMPRESSIBLE ; quod comprimi poteft; *zufammen gedrücht* ; adj. Corps qui eft fufceptible d'être *comprimé*. Toutes les expériences faites fur la compreffion des corps, portent à croire que tous les corps peuvent être *comprimés*. *Voyez* COMPRESSIBILITE.

COMPRESSION ; compreffio ; *zufammen drückung* ; f. f. Action par laquelle un corps en preffe un autre, &, par-là, le réduit à un volume moindre que celui qu'il avoit auparavant.

Tout fait croire que l'effet de la *compreffion* doit être proportionnel au degré de force avec lequel agit le corps *comprimant*, au degré de *compreffion* du corps *comprimé*, & au degré de réfiftance que fait ce dernier corps, foit par fa maffe, foit par les obftacles qui le retiennent. Le même corps, dans les mêmes circonftances, fera d'autant plus *comprimé*, que le corps *comprimant* agira fur lui avec plus de force. Ce même corps fera encore d'autant plus *comprimé* par la même force du corps *comprimant*, que ce dernier corps aura plus de maffe, ou fera tenu par des obftacles plus réfiftans. Enfin, une même maffe retenue par des obftacles également réfiftans, fera d'autant plus *comprimé* par la même force *comprimante*, que fes parois feront moins roides & plus fufceptibles de céder à la compreffion.

Suivant l'état des corps, on obferve que la

compreſſion produit des éffets différens. Les corps à l'état gazeux ſont facilement *comprimés;* leur volume même ſuit une loi aſſez remarquable, en ce qu'ils ſont en raiſon inverſe des poids *comprimans.* (*Voyez* COM.RESSION DE L'AIR.) On a long-temps mis en queſtion ſi les liquides étoient *compreſſibles,* & toutes les expériences qui ont été entrepriſes pour réſoudre cette queſtion, ont produit d'abord deux opinions différentes; aujourd'hui on ſe réunit à n'accorder aux liquides qu'un degré inappréciable de *compreſſibilité.* (*Voy.* COMPRESSIBILITE.) Pluſieurs ſolides, tels que les métaux que l'on peut écrouir, ſont évidemment *compreſſibles;* quant aux autres, comme le verre, les cailloux, & pluſieurs ſubſtances minérales, on eſt encore partagé ſur leur *compreſſibilité,* quoiqu'ils ſoient tous élaſtiques, & cela parce que l'on ne peut pas aſſurer que, dans un grand nombre de circonſtances, cette élaſticité ne ſoit point produite par un ſimple déplacement dans les molécules.

Il eſt cependant une manière fort ſimple de déterminer ſi les corps ſont *compreſſibles,* & quel eſt leur degré de *compreſſibilité;* c'eſt d'obſerver ſi, pendant qu'ils ſont ſoumis à une preſſion quelconque, il ſe dégage du calorique. Toutes les fois que l'on *comprime* un corps & que l'on rapproche ſes molécules, une portion du calorique interpoſé ſe dégageant, on peut, par la variation dans la température des corps, ou du milieu dont il eſt environné, déterminer s'il eſt *comprimé,* & apprécier la variation de ſon volume occaſionnée par la *compreſſion.*

Compreſſion des corps ſolides.

Il réſulte des expériences de Smeaton & de pluſieurs autres phyſiciens, que les corps ſolides, en paſſant de la température de la glace à celle de l'eau bouillante, augmentent de longueur & de volume dans le rapport ſuivant :

SUBSTANCES.	LONGUEUR.	VOLUME.
Platine	0,00087	0,000,000,000,659
Or	0,00094	0,000,000,000,830
Antimoine	0,00109	0,000,000,001,295
Acier	0,00112	0,000,000,001,495
Fer	0,00126	0,000,000,002,001
Fonte de fer	0,00111	0,000,000,001,368
Bismuth	0,00139	0,000,000,003,014
Argent	1,00189	0,000,000,006,751
Cuivre	1,00170	0,000,000,004,913
Fonte de cuivre	1,00188	0,000,000,006,645
Fil de cuivre	1,00194	0,000,000,007,302
Etain	1,00228	0,000,000,013,483
Plomb	1,00287	0,000,000,023,042
Zinc	1,00296	0,000,000,020,826
Zinc, 8; étain, 1	0,00259	0,000,000,017,373
Plomb, 3; étain, 1	0,00251	0,000,000,015,818
Cuivre jaune, 2; zinc, 1	0,00205	0,000,000,008,609
Cuivre, 8; étain, 1	0,00182	0,000,000,006,029
Verre	0,00096	0,000,000,000,824

Si, d'après des expériences bien faites, on peut déterminer l'augmentation de température d'un corps *comprimé,* on déterminera facilement la diminution du volume correſpondant. Suppoſons, par exemple, qu'un morceau de cuivre fortement *comprimé* élève ſa température, par la *compreſſion,* de 0 à 80 deg. R., on en concluroit que ſon volume eſt diminué de 0,000,000,004,913 parties du volume qu'il avoit à 0; ou, plus ſimplement, qu'il avoit à 80 d. de la température 1,000,000,004,913 de volume, lorſqu'il n'en a que 1,000,000,000,000 à 0 de deg.; & ſi l'on veut ſuppoſer que, dans la petite partie de l'échelle de température que l'on fait parcourir aux corps par la preſſion, les degrés de chaleur ſont proportionnels aux variations des volumes, on pourra facilement déterminer la quantité dont le volume du corps ſera augmenté, d'après ſon augmentation de température dans la *compreſſion;* mais ces expériences ſont délicates & très-difficiles à bien exécuter.

Tous les corps ſolides qui ſont ſuſceptibles de s'écrouir, c'eſt-à-dire, de diminuer de volume par la *compreſſion,* & de conſerver cette diminution après la *compreſſion,* peuvent procurer un moyen facile de reconnoître de combien leur volume a été diminué par cette opération; mais ceux qui, comme le verre & comme un grand nombre de ſes molécules, ſont aſſez élaſtiques pour reprendre leur volume primitif dès que la *compreſſion* ceſſe d'agir, préſentent de grandes difficultés, & ſouvent une ſorte d'impoſſibilité de s'aſſurer ſi leur volume a réellement diminué, ou ſi la forme a ſeulement changé. On ne peut véritablement réſoudre cette queſtion que par la variation dans la température du corps, s'il en éprouve

Pour déterminer cette diminution de volume, on compare la peſanteur ſpécifique du corps avant & après la *compreſſion.* C'eſt ainſi, par exemple, que la denſité du zinc fondu eſt de 6,994, celle du même zinc tiré à la filière 7,032, & enfin paſſé à pluſieurs fois au laminoir 7,200 : d'où il ſuit que l'on repréſente le volume du zinc fondu par 1000, après avoir été tiré à la filière il ne ſera plus que de 994,55 & après avoir paſſé pluſieurs fois au laminoir, de 991,4.

Nous avons peu d'expériences dans leſquelles on compare la diminution de volume que les corps acquièrent par les *compreſſions* ſucceſſives; les ſeules que l'on ait recueillies, juſqu'à préſent, ont pour objet la diminution de volume qu'un corps fondu éprouve après avoir été forgé. En ſuppoſant que le volume des métaux fondus fût de 1000, on a trouvé qu'après avoir été forgés, ils étoient :

METAL.	VOLUME.
Platine écroui	958,8
Platine paſſé à la filière	926,7
Platine paſſé au laminoir	883,8

MÉTAL.	VOLUME.
Or pur écroui	994,6
Argent pur forgé	996,5
Cuivre rouge paffé à la filière	877,1
Cuivre jaune paffé à la filière	982,6
Fer forgé	897,7
Fer forgé, battu	885,7
Etain de Cornouailles	999,8

Nous voyons, d'une part, que les corps augmentent de volume par la chaleur, & qu'ils diminuent en fe refroidiffant. Nous voyons, d'un autre côté, que les corps *comprimés* diminuent de volume & laiffent dégager de la chaleur. Ne feroit-il pas poffible de déterminer quelle peut-être la quantité de chaleur qui fe dégage pendant la *compreffion?* Berthollet a tenté quelques expériences à ce fujet : il a fait préparer des flancs de divers métaux, afin de les foumettre à l'action d'une balance ; mais fes expériences ont principalement été exécutées fur des flancs d'argent & de cuivre. Voyez *Mémoires de la Société d'Arcueil*, tom. II, pag. 44.

Pour déterminer la chaleur que les pièces de métal acquéroient par le choc du balancier, on fe fervoit d'abord d'un thermomètre aplati ; mais on préféra bientôt de jeter la pièce dans une quantité d'eau fuffifante pour la recouvrir. On avoit reconnu, par des expériences préliminaires, le rapport qui fe trouve entre la chaleur acquife par un certain poids d'eau & la température d'un poids donné de chaque métal que l'on y plonge ; on jugeoit donc par la chaleur, en comparant fon poids avec celui du métal, de la température à laquelle le métal avoit été élevé.

Tous les flancs ont été frappés par trois chocs fucceffifs. On a remarqué qu'au premier choc la chaleur dégagée étoit plus grande qu'au fecond ; que la chaleur du fecond étoit plus grande que celle du troifième, & qu'il étoit rare qu'après le troifième coup il y eût échauffement.

Après deux *compreffions*, la denfité du cuivre paffa de 8529 à 8958 ; fon volume de 1000 à 958, & fa température a augmenté, pendant les trois chocs, de 14°,81 ; la denfité de l'argent, après une *compreffion*, a paffé de 1048,67 à 1048,38 ; fon volume de 1000 à 998, & fa température a augmenté, pendant le trois chocs, de 8°,19.

De fes expériences, Berthollet conclut : 1°. que la chaleur qui eft produite par la *compreffion* dans les corps qui n'éprouvent pas de changemens chimiques, eft uniquement due aux changemens de dimenfion qu'éprouvent ces corps ; & lorfque ces dimenfions ne peuvent plus être diminuées, le choc, quelque violent qu'il foit, ne caufe plus de chaleur ; les folides deviennent alors femblables aux liquides qui peuvent éprouver des chocs violens, & répétés fans changer de température ; 2°. que la communication de la chaleur fe fait beaucoup plus rapidement par une forte *compreffion* que par le fimple contact ; d'où il fuit que, dans fes expériences, Berthollet n'a pu obtenir qu'une partie de l'effet du dégagement de la chaleur, produit par la *compreffion* ; mais ce favant penfe que cette partie doit fe trouver en rapport avec l'effet total.

Si l'on pouvoit regarder comme exactes les expériences de Smeaton fur l'alongement des métaux, en paffant de la température de la glace à celle de l'eau bouillante, de même que celles de Mufchenbroeck & de quelques phyficiens, fur la diminution de volume des corps par la *compreffion*, il femble que l'on pourroit déterminer la quantité totale de la chaleur dégagée par un corps, en comparant la diminution de fon volume par la *compreffion*, à la diminution de volume que le corps éprouveroit en paffant de la température de l'eau bouillante à celle de la glace fondante. C'eft dans cette hypothèfe, & en fuppofant que des degrés égaux correfpondent, à toutes les températures, à des quantités égales de chaleur, que la table fuivante a été conftruite.

TABLE des quantités de chaleur que l'on fuppofe devoir fe dégager par la compreffion des métaux.

MÉTAUX.	DIMINUTION DE VOLUME PAR		DEGRÉS DE CHALEUR dégagée par la compreffion.
	80° de refroidiffement	la compreffion.	
Platine	0,000,000,000,659	0,0733	8,447,488,619
Or	0,000,000,000,830	0,0054	520,481,928
Argent	0,000,000,000,751	0,0035	41,471,041
Cuivre rouge	0,000,000,004,913	0,1229	2,001,221,249
Cuivre jaune	0,000,000,008,619	0,0173	160,563,871
Fer forgé	0,000,000,002,001	0,1141	4,561,719,180
Etain	0,000,000,013,483	0,0012	7,120,078

On voit par cette table quelle immenfité de chaleur doit fe dégager des métaux par la *compreffion* ; de-là, comment on peut concevoir que la chaleur qui fe dégage du fer en le forgeant, peut porter fa température

température à un degré très-voisin de la chaleur rouge; enfin, comment on peut expliquer la grande quantité de chaleur qui se dégage par le frottement dans l'expérience du comte de Rumfort.

Muschenbroeck a observé le premier que le plomb paroissoit faire une exception à la loi générale, que les métaux diminuoient de volume par la *compression*; il a remarqué, au contraire, que le plomb fondu avoit un plus petit volume que le plomb comprimé. Voici le résultat de ses observations.

MÉTAUX.	DENSITÉ.	VOLUME.
Plomb fondu	11,4794	1000
Tiré une fois à la filière. . .	11,2823	1017
Tiré deux fois.	11,3093	1014
Tiré trois fois.	11,3246	1013
Tiré quatre fois	11,3528	1010
Tiré cinq fois	11,2491	1020
Tiré six fois	11,2888	1017
Tiré sept fois	11,3600	1009
Tiré huit fois	11,3979	1006
Tiré neuf fois.	11,3333	1012
Tiré dix fois.	11,3483	1011

Guyton, voulant répéter les expériences de Muschenbroeck, a trouvé qu'un flanc de plomb, du poids de vingt-cinq grammes, qui avoit d'abord donné une pesanteur spécifique de 11,357272   1000 vol.

Frappé de trois coups, ne donne plus que 11,35280   1001,5

Après quatre autres coups. 11,34637   1002

Et après huit coups de suite du même marteau. 11,32837   1004

Ce savant infatigable a soumis des flancs de plomb à l'action du balancier, en les renfermant dans des viroles. Le levier du balancier étoit d'abord armé de petites boules & ensuite de grosses boules; dans ce dernier cas, la pression peut être estimée 12444 kilogrammes.

Nos.	PLOMB FONDU.		BALANCIER AVEC					
			DE PETITES BOULES.			DE GROSSES BOULES.		
	Poids.	Densité.	Nombre de coups.	Densité.	Volume.	Nombre de coups.	Densité	Volume.
1	16g,665	11,3583	2	11,3621	1000,4	3	11,38817	1002,5
2	16,670	11,3244	2	11,3527	1002,5	3	11,34981	1000,9
3	16,482	11,37032	3	11,3855	1001,4	2	11,34381	0909,0

Quoique l'on aperçoive une différence assez considérable entre les résultats obtenus par Guyton & ceux obtenus par Muschenbroeck, ils n'en concourent pas moins l'un & l'autre à prouver qu'il peut exister des cas où le volume des corps, après la *compression*, soit plus grand qu'il n'étoit avant que les corps ne fussent comprimés; de-là, que la *compression* ne contribue pas toujours à augmenter leur volume, ce qui doit paroître paradoxal.

Compression des corps liquides.

On a vu à l'article COMPRESSIBILITÉ, combien il étoit difficile d'assurer que les corps liquides diminuassent de volume lorsqu'on les soumettoit à une *compression* assez-forte, quoiqu'il fût prouvé, en quelque sorte, par leur élasticité, qu'ils dussent être *compressibles*; cependant leur augmentation de volume par la chaleur est assez considérable, & cette augmentation, en renfermant les liquides dans des sphères d'une grande ténacité, pouvoit être employée avec quelque succès pour s'assurer de leur *compressibilité*. Comme l'augmentation de volume des liquides n'a été éprouvée que sous la pression de l'atmosphère, & que, parmi les li-

quides éprouvés, il en est plusieurs qui se vaporisent avant de pouvoir parvenir à la température de l'ébullition de l'eau, nous allons présenter ici le tableau de l'augmentation de volume de plusieurs liquides, en passant de la température de la glace fondante à celle de 100 deg. du thermomètre de Fahrenheit, 37,77 du thermomètre centigrade, & 30,22 de Réaumur. Tous ces liquides sont supposés avoir, à la température de la glace, un volume exprimé par 100,000; à 30°,22 R. leur volume égale:

Mercure 100712, huile de lin 101760, acide sulfurique 101317, acide nitrique 102620, eau 100908, huile de térébenthine 102446, alcool 104112.

Ainsi, toutes les fois qu'un liquide renfermé dans une sphère parfaitement remplie, à la température de la glace, pourra supporter, dans cette sphère, une très-haute température sans s'en échapper, on pourra conclure, ou que le liquide a été *comprimé* par l'enveloppe dans laquelle il étoit, ou que l'enveloppe a cédé à l'action comprimante du liquide, ou que les deux effets ont été produits en même temps: 1°. que l'enveloppe s'est étendue; 2°. que le liquide a été comprimé: dans le cas où l'enveloppe ne seroit pas parfaitement

élastique, & qu'elle seroit susceptible de conserver, après le refroidissement, l'étendue qu'elle
avoit lorsque le liquide agissoit sur elle, on pourroit mesurer cette extension par le vide qui doit
nécessairement se trouver dans la boule après
l'expérience.

Compression des gaz.

Sous tous les états sous lesquels les corps peuvent exister, il n'en est pas où ils soient plus *compressibles* que sous l'état gazeux : la plus petite
compression, ajoutée à celle qui existe déjà, diminue aussitôt leur volume, & cette diminution
paroît suivre une loi remarquable qui a été découverte par Mariotte, & à laquelle on a donné
le nom de *loi de Mariotte*. Cette loi consiste en ce
que le volume de gaz est toujours en raison inverse des poids qui les *compriment*; c'est-à-dire,
que lorsque les poids *comprimans* sont doubles,
triples, quadruples, les volumes sont réduits à
la moitié, au tiers, au quart de ce qu'ils étoient
lorsque le gaz é.oit *comprimé* par l'unité de poids.

Pour prouver cette loi, Mariotte a fait usage
d'un tube recourbé ABDC, *fig.* 649 ; la petite
branche DC, fermée hermétiquement en C, est
remplie du gaz que l'on soumet à l'expérience.
On met un peu de mercure dans la courbure BD,
afin d'ôter toute communication entre l'air extérieur & le gaz renfermé dans DG; on dispose
cette petite quantité de mercure, de sorte que
la ligne BD soit horizontale & en même temps
perpendiculaire à AB; cela fait, on verse du mercure dans le tube ouvert AB, d'abord de manière que la colonne FG soit élevée au-dessus de
l'horizontale EF, d'une quantité égale à la colonne de mercure, dans le baromètre, qui fait équilibre à la pression de l'atmosphère ; alors on voit
que le volume de l'air se réduit à EC, moitié
de DC.

Or, avant l'intromission du mercure dans le
tube, le gaz enfermé dans la portion DC étoit
comprimé par le poids de l'atmosphère, exprimé par
la hauteur du mercure dans le baromètre. (*Voyez*
BAROMÈTRE.) En versant du mercure dans le
tube AB, on voit le volume DC, de l'air, diminuer successivement, en se portant de D vers C,
pendant que le mercure s'élève dans la branche AB.
Lorsque le mercure est arrivé au point G, la colonne BG de mercure introduit dans la branche AB,
se compose d'une colonne BF, qui fait équilibre
à DE, puis d'une colonne FG, qui se réunit à la
pression de l'atmosphère pour *comprimer* l'air, &
réduire son volume en EG. Dès que la colonne
FG est égale à celle du mercure dans le baromètre, l'air, dans E, est comprimé par deux atmosphères, & le volume EC se trouve constamment égal à la moitié du volume DC.

Lorsque la colonne IK, élevée au-dessus du
niveau du mercure IH, dans le tube AB, est

égale à deux fois la hauteur du mercure dans le
baromètre, la pression exercée est égale à celle
de trois atmosphères, & le volume HC est réduit au tiers; de même, lorsque la colonne de
mercure MN est élevée au-dessus de LM de trois
fois la hauteur du mercure dans le baromètre,
la *compression* exercée est égale à celle de quatre
atmosphères, & le volume LC est réduit au quart.

Une question assez délicate sur cette loi des
volumes comparés aux poids, est de savoir si elle
est constante pour toutes les *compressions ;* si cela
étoit, pour une pression infinie, le volume de l'air
devroit être zéro, & pour une pression zéro, le
volume devroit être infini, deux résultats qui ne
paroissent pas probables. (*Voyez* HAUTEUR DE
L'ATMOSPHÈRE.) Enfin, si cette loi se suivoit
à toutes les pressions, il devroit en résulter un plus
grand accord entre la vitesse du son, donné par
la théorie & par l'expérience. Cette seule considération a fait croire au célèbre Lagrange & à
plusieurs autres savans distingués, qu'il seroit
possible qu'il existât, dans cette loi, des anomalies qui nous soient encore inconnues. *Voyez*
SON, VITESSE DU SON.

Comme les gaz, en général, augmentent de volume de 0,3744 de leur volume primitif, en passant de la température de la glace à celle de l'eau
bouillante (*voyez* DILATABILITÉ DE L'AIR),
il s'ensuit que si les gaz étoient réduits, par la
compression, à moitié de leur volume, ils laisseroient dégager une quantité de calorique capable
d'élever la température à 213°,6 R. Cependant,
lorsque l'on *comprime* un gaz dans le tube de Mariotte, & qu'on le réduit à la moitié de son volume, on n'aperçoit pas de chaleur sensible, &
cela, parce que la quantité de calorique nécessaire pour cette élévation, & qui est exprimée par
la *compression*, est toujours très-petite, & qu'elle
est promptement absorbée par la matière qui enveloppe les gaz & par les corps environnans,
& que cette quantité n'est pas susceptible d'élever
la température de ces corps d'une quantité sensible. En effet, en supposant que la capacité du
calorique de l'air fût à celle du verre comme 1790
est à 187, & que les densités respectives de l'air
& du verre fussent comme 0,00135 est à 2,89, il
s'ensuivroit que les 213°,6 R. de calorique, dégagés d'un volume d'air, n'éleveroient pas d'un degré le même volume du verre; car

$$\frac{1790 \times 0,00135 \times 213°,6}{187 \times 2,89} = 0°,99 \text{ R.}$$

On doit à cette propriété que l'air a d'être *comprimé*, plusieurs phénomènes remarquables, &
en particulier la faculté qu'ont les poissons de
pouvoir s'élever & s'abaisser dans l'eau. En comprimant plus ou moins leur vessie natatoire, ils
diminuent ou augmentent leur volume, & par
suite celui de leur corps, sans changer leur poids.
Cette différence dans les volumes produit des va-

riations dans leur densité : lorsque le volume est augmenté, la densité est moindre, & le poisson s'élève; lorsqu'elle est diminuée, la densité en augmente, & le poisson s'enfonce. *Voyez* VESSIE NATATOIRE.

Meunier, membre de l'Académie royale des Sciences, a proposé d'envelopper totalement les ballons d'un immense filet, tellement disposé, qu'il pût faciliter la *compression* du ballon & de l'air qu'il contenoit entre deux enveloppes, afin de faire varier sa densité & de procurer aux aéronautes la faculté de s'élever & de s'abaisser dans l'air à volonté sans perdre de gaz.

Sur une proposition faite à Hassenfratz, à l'Institut, par le géomètre Laplace, d'essayer de *comprimer* des gaz hydrogène & oxigène, ce premier parvint à former de l'eau par cette *compression*. Un physicien, devant qui cette expérience fut répétée, en rendit compte à l'Institut, comme ayant été faite par lui, & tous les journaux lui attribuèrent alors cette découverte. C'est à l'École polytechnique que les premières expériences ont été faites, & l'accident qui eut lieu a probablement empêché qu'elle ne fût répétée depuis. *Voyez* EAU.

Northmore annonça, dans une lettre écrite à Nicholson, & traduite dans la *Bibliothèque britannique*, tom. XXXIII, pag. 50, avoir obtenu des résultats analogues, en employant un appareil qui présentoit moins de danger. Cet appareil se compose, 1°. d'une pompe aspirante pour l'exhaustion; 2°. d'une pompe de condensation avec deux ressorts latéraux, pour l'introduction des gaz différens; 3°. d'une soupape à ressort pour établir la communication; 4°. enfin, d'un récipient de verre d'environ $5\frac{1}{4}$ pouces cubes de capacité, formé de verre bien recuit, & épais d'un quart de pouce.

Parmi les expériences rapportées par Northmore, nous en choisirons trois seulement, parce que ce sont celles qui nous ont paru les plus exactes.

Deux pintes d'hydrogène, deux de nitrogène (azote) & deux d'oxigène, formant en tout 173 p. $\frac{1}{4}$, furent condensées dans le récipient de $5\frac{1}{4}$ pouces, & conséquemment réduites à $\frac{1}{33}$ du volume primitif. Northmore n'obtint, pour résultat, qu'une odeur d'oxide gazeux de nitrogène, quelques vapeurs jaunâtres & des symptômes d'acide, qui suffirent à peine pour rougir les bords du papier bleu d'épreuve.

Dans la seconde expérience, Northmore commença par introduire le nitrogène, qui paroissoit toujours subir les changemens chimiques les plus importans; il injecta en conséquence deux pintes de nitrogène, trois d'oxigène & deux d'hydrogène, en tout 201 $\frac{3}{4}$ pouces cubes. La simple condensation du nitrogène lui fit prendre la couleur rouge-orangé, qui diminua par degrés, à l'arrivée de l'oxigène, & disparut enfin, quoiqu'elle eût paru plus foncée encore au premier instant. Pendant la *compression* de l'hydrogène, on vit se former une vapeur qui se condensa en rosée contre les parois : elle étoit fort acide au goût; elle coloroit le papier bleu & attaquoit l'argent, quoiqu'étendue d'eau. Le nitrogène seul, introduit dans le tube, y étoit concentré à $\frac{1}{17}$; après l'introduction de l'oxigène, les deux gaz étoient condensés à $\frac{1}{22,66}$; enfin, si, pendant l'introduction du troisième gaz, l'hydrogène, il ne se fût pas formé un liquide, la condensation auroit été de $\frac{1}{31}$ environ.

Voulant essayer un nouvel arrangement des gaz, le savant anglais introduisit d'abord 3 pintes $\frac{1}{2}$ de nitrogène, ensuite 2 pintes d'hydrogène, & enfin 3 pintes $\frac{1}{2}$ d'oxigène, en tout 259 $\frac{1}{2}$ pouces cubes. Le nitrogène prit d'abord la couleur orangée, comme précédemment; l'hydrogène produisit au premier moment des vapeurs blanches (peut-être l'ammoniaque?) : elles disparurent ensuite, & la couleur orangée devint plus légère. Mais lorsqu'on ajouta l'oxigène, la couleur ne disparut pas comme dans la dernière expérience, mais prit une teinte plus foncée. Il ajouta alors deux pintes d'hydrogène, mais elles n'eurent que peu ou point d'influence sur la couleur : il se produisit des vapeurs fortement acides comme les précédentes.

A la suite de son expérience sur la *compression* des gaz oxigène & hydrogène, Hassenfratz avoit essayé de *comprimer* de la même manière des mélanges de différens gaz; il crut avoir formé, par la *compression*, de l'acide nitrique & de l'ammoniaque; mais ses résultats ne paroissoient pas assez certains pour en risquer la publication. Au reste, il seroit à desirer que les expériences de l'esq. Northmore fussent répétées & variées de diverses manières, soit pour les confirmer, soit pour les infirmer, soit pour parvenir à de nouvelles découvertes. Il est possible d'obtenir par ce moyen quelques résultats nouveaux & inattendus, propres à ouvrir de nouvelles branches de recherches, & à reculer les bornes de nos connoissances.

COMPRESSION (Fontaine de); fons compressionis; *bruneníschen drük*. Vase contenant de l'eau & de l'air, dont les parois soient assez résistantes pour contenir de l'air fortement *comprimé*, cet air réagissant sur l'eau, la force à sortir avec une grande vélocité, & à s'élever à une hauteur qui dépend de la force de *compression* de l'air. *Voyez* FONTAINE DE COMPRESSION.

COMPRESSION (Machine de); machina comprimens; *compression machine*. Instrumens à l'aide desquels on *comprime* les gaz, les liquides & les solides. *Voyez* MACHINE DE COMPRESSION.

COMPRESSION (*comment elle modifie les effets*

de la chaleur). Phénomène produit par la chaleur sur des corps *comprimés.*

Toutes les fois que les corps, exposés à l'action du calorique, sont en même temps soumis à une forte *compression*, on obtient souvent des résultats différens de ceux qui ont lieu lorsque les mêmes corps sont dans le vide, ou seulement exposés à la pression de l'air.

On savoit depuis long-temps que les liquides qui entrent en ébullition à une température constante, lorsqu'ils sont exposés à une pression donnée, entroient en ébullition à des températures différentes, lorsque l'on faisoit varier la *compression* qu'ils éprouvoient ; c'est ainsi que l'on pouvoit exposer de l'eau dans une marmite de Papin, à une température capable de la faire rougir, sans que, pour cela, elle pût entrer en ébullition, parce que la vapeur aqueuse, développée par la chaleur, *comprime* tellement l'eau, qu'elle arrête, qu'elle suspend son ébullition. (*Voyez* MARMITE DE PAPIN.) C'est encore par ce moyen que l'on peut construire des thermomètres à l'alcool, capables d'indiquer la chaleur de l'eau bouillante, ou mieux, une température de 80 degrés de Réaumur, quoique l'alcool, exposé à l'action de l'air, entre ordinairement en ébullition à 64 degrés R. environ, & cela en bouchant hermétiquement le tube du thermomètre, afin que la vapeur, formée par l'échauffement, *comprime* la surface du liquide & l'empêche d'entrer en ébullition. *Voyez* THERMOMÈTRE.

Mais les effets résultans de la *compression* sur les corps solides échauffés nous étoient encore inconnus, lorsque le baronnet J. Hall entreprit ses expériences sur le carbonate de chaux *comprimé*. Il est parvenu à faire supporter au carbonate de chaux les températures les plus fortes, sans pouvoir le décomposer : il est même parvenu, par ce moyen, à faire cristalliser du carbonate de chaux pulvérulent. *Voyez* CRISTALLISATION.

Les expériences de J. Hall, imprimées dans la *Bibliothèque britannique*, tom. XXXIII, pag. 23, jettent un grand jour sur la formation des substances cristallines que l'on trouve dans un grand nombre de roches, & dont il est impossible de concevoir la formation dans l'eau où dans un autre liquide préexistant. Ces expériences concourent encore à fortifier l'hypothèse de Laplace sur la formation de la terre & des autres planètes, par une extension dans l'atmosphère solaire. *Voy.* GLOBE TERRESTRE, GÉNÉRATION DE LA TERRE.

COMPRIMÉ ; compressus ; *zusammen gedrückte* ; adj. Résultat de la *compression*. Un corps *comprimé* est un corps qui éprouve une *compression*. *Voyez* COMPRESSION.

COMPTE ; computatio ; *rechnung* ; s. m. Calcul, supputation, dénombrement de quelque chose. Cette supputation se fait par voie d'arithmétique, addition, soustraction, multiplication ou division. *Voyez ces mots.*

COMPTE-PAS ; odometrum ; *vegmesser.* Instrument destiné à compter les pas que l'on fait, à mesurer les distances. *Voyez* ODOMÈTRE, PODOMÈTRE.

COMPUT, computum ; *comput* ; s. m. Supputations qui servent à régler le calendrier ecclésiastique, les fêtes de l'Eglise, les calendes, les nones, les ides. *Voyez* CALENDRIER, FETES MOBILES, CALENDES, NONES, IDES, &c.

CONCADE : grande mesure de terre en usage. à Euze = 6,58 arpens, = 4,36 hectares.

CONCAVE ; concavus ; *rund* ; adj. Surface intérieure d'un corps creux, particulièrement s'il est circulaire. Telle est la surface intérieure d'un globe creux ; tel est encore le dedans d'une cuiller.

Exposées à l'action de la lumière, si les surfaces *concaves* sont susceptibles d'en réfléchir les rayons, elles en diminuent la divergence & en augmentent la convergence. (*Voyez* MIRO.R CONCAVE.) Mais lorsque les surfaces *concaves* appartiennent à des corps transparens qui donnent passage à la lumière, ces corps deviennent par-là propres à augmenter la divergence & à diminuer la convergence des rayons. *Voyez* VERRES CONCAVES.

Concaves se dit particulièrement des miroirs & des verres d'optique. Les verres *concaves* sont ou *concaves* des deux côtés, A, *fig.* 652, qu'on appelle *biconcaves*, ou *concaves* d'un côté & plans de l'autre, B, qu'on appelle *plans-concaves* ou *concaves-plans*, ou enfin *concaves* d'un côté & convexes de l'autre, *fig.* 652, C. Si, dans ces derniers, la convexité est d'un moindre rayon que la *concavité* C, on les appelle *menisques ;* si elle est du même rayon, D, *fig.* 652, *sphériques-concaves*, & si elle est d'un rayon plus grand, E, *convexo-concaves.*

Les verres *concaves* ont la propriété de courber en dehors, *fig.* 652, F, & d'écarter les uns des autres les rayons qui les traversent, au lieu que les verres convexes, *fig.* 652, G, ont celle de les courber en dedans pour les rapprocher, & cela d'autant plus, que leur *concavité* ou leur convexité sont des portions de moindre sphère. *Voyez* LENTILLES, MIROIR.

D'où il suit que les rayons parallèles, comme ceux du soleil, deviennent divergens, *fig.* 652, F, c'est-à-dire, qu'ils s'écartent les uns des autres, après avoir passé à travers un verre *concave ;* que les rayons déjà divergens le deviennent encore davantage, & que les rayons convergens sont rendus, ou moins convergens, ou parallèles, ou divergens. *Voy.* Rayons de lumière, Vérres concaves.

C'eſt pour cette raiſon que les objets, vus à travers les vers *concaves*, paroiſſent d'autant plus petits, que les *concavités* des verres ſont des portions de plus petites ſphères. *Voyez* Lentilles, Refraction, Dioptrique.

Quant aux miroirs *concaves*, leur effet eſt contraire à celui des verres *concaves*; ils réfléchiſſent les rayons qu'ils reçoivent, de manière qu'ils les rapprochent preſque toujours les uns des autres, & qu'ils les rendent plus convergens qu'avant l'incidence; & ces rayons ſont d'autant plus convergens, que le miroir eſt portion d'une plus petite ſphère.

Nous diſons, *preſque toujours*, car cette règle n'eſt pas générale; quand l'objet eſt entre le miroir & ſon foyer, les rayons ſont rendus moins convergens par la réflexion; mais quand les rayons viennent d'au-delà du foyer, ils ſont rendus plus convergens : c'eſt pour cela que les miroirs *concaves*, expoſés au ſoleil, brûlent les objets placés à leur foyer. *Voyez* Miroirs concaves.

Concave (Ligne); linea concava; *hohl linien*. Ligne qui ſe courbe en creux ſur le côté vers lequel on la conſidère; cette expreſſion eſt abſolument relative, car la ligne *concave* d'un côté eſt *convexe* de l'autre. *Voyez* Ligne concave.

Concave (Miroir); ſpeculum concavum; *kohl ſpiegel.* Surface concave qui a la propriété de réfléchir la lumière, & qui fait en conſéquence fonction de miroir. *Voyez* Miroir concave.

Concave (Surface); ſurfacies concava; *hohl flächer.* Surface courbée en creux ſur le côté vers lequel on la conſidère; cette expreſſion eſt abſolument relative, car la *ſurface concave* d'un côté peut être convexe de l'autre. *Voyez* Surface concave.

Concave (Verre); vitrum concavum; *hohl glaſſer.* Verre *concave* d'un côté ou des deux côtés. *Voyez* Verres concaves.

CONCAVITÉ; concavitas; *runde hoelung*; ſ. f. Surfaces creuſées & arrondies; telle eſt la ſurface intérieure d'une ſphère, d'une calotte, d'un tonneau, d'un gobelet ou autre vaſe ſemblable. On appelle auſſi *concavité* les eſpaces que ces ſurfaces renferment.

CONCENTRATION; concentratio; *concentration;* ſ. f. Action de raſſembler à un centre, de réunir en une maſſe.

En chimie, c'eſt une opération qui conſiſte à épaiſſir, à *condenſer*, par l'action du feu, en vaporiſant les liquides ou autres ſubſtances diſſolvantes. Afin de rendre leur diſſolution plus rapprochée,

& conſéquemment plus active, on *concentre* les acides en vaporiſant une portion de l'eau qu'ils retiennent.

Aſſez ordinairement on applique le mot de *concentration*, en phyſique, au raſſemblement des rayons du ſoleil dans le foyer d'un miroir ardent ou d'un verre lenticulaire; on opère ainſi une *concentration* des rayons ſolaires : l'on augmente beaucoup, par ce procédé, l'intenſité de leur chaleur & de leur lumière.

CONCENTRIQUE, de con, *enſemble*, centrum, *centre*; concentricus; *concentriſche*; adject. Qui a un centre commun; lignes, ſurfaces ou ſolides qui ont le même centre. On l'applique principalement aux cercles, aux ellipſes, aux polygones, dont les côtés ſont parallèles.

CONCENTRIQUE (Cercle); circulus concentricus; *concentriſche zirkel.* Deux ou pluſieurs ſurfaces qui ont le même centre, *fig. 565. Voyez* Cercles concentriques.

CONCERT; concentus; *concert;* ſ. m. Aſſemblée de muſiciens qui exécutent des pièces de muſique.

CONCERTO; ſymphonia; *concerto;* ſ. m. Symphonie faite pour être exécutée par tout un orcheſtre.

On donne plus particulièrement le nom de *concerto* à une pièce de muſique faite pour un inſtrument en particulier, qui joue ſeul, de temps en temps, avec un ſimple accompagnement, après un commencement en grand orcheſtre; & la pièce continue ainſi toujours alternativement entre le même inſtrument & l'orcheſtre, en chœur.

CONCHAS : meſure ſitométrique que l'on employoit autrefois à Bayonne. Le *conchas* = 3,8 boiſſeaux de Paris, = 49,4 litres.

CONCHOÏDE, κογχοειδής, de κογχος, coquille, ειδος, reſſemblance; conchois; *muſchel linie, oder ſchnecken linie*; ſ. f. Courbe géométrique, avec une aſymptote, inventée par Nicomède pour réſoudre le problème des deux moyennes proportionelles. On a donné le nom de *conchoïde irrégulière* à la courbe du fût des colonnes.

CONCORDANT; concordans; *tenor-ſtimmé;* ſ. m. Baſſe-taille ou baryton, celle des parties de la muſique qui tient le milieu entre la taille & la baſſe. Le *concordant* eſt proprement la partie, qu'en Italie on appelle *tenor.*

CONCOURS, de con, *avec*, curro, *courir;* concurſus; *zuſammen laufen;* ſ. m. Courir en même temps; direction vers un même but.

Concours (Point de) : point vers lequel plufieurs lignes fe dirigent, celui où elles fe rencontrent, ou dans lequel elles fe rencontreroient, fi
elles étoient prolongées. *Voyez* POINT DE CON-
COURS.

On donne le nom de *puiffances concourantes* à
toutes celles dont les directions ne font point
parallèles, foit que les directions de ces puiffances
concourent effectivement, ou qu'elles-ne tendent
qu'à *concourir;* on donne également le nom de
puiffances concourantes à celles qui *concourent* à
produire un effet. *Voyez* PUISSANCES CONCOU-
RANTES.

CONCRET; concretus; *concret;* adj. Corps
compofé de différens principes.

En chimie, c'eft une chofe fixée, endurcie,
épaiffie, coagulée.

CONCRET (Nombre); *rechen kunft.* Ceux qui
font appliqués à marquer, à exprimer quelque
fujet particulier, tels que deux hommes, trois
livres, &c.

CONCRÉTION; concretio; *concrétion.* Action
par laquelle des corps mous & fluides deviennent
durs. *Voyez* CONDENSATION, COAGULATION.

En chimie, on donne le nom de *concrétion* à des
chofes fixées, endurcies, épaiffies, coagulées.

Concrétion fe dit auffi de l'union de plufieurs
particules pour former une maffe folide, en
vertu de quoi cette maffe acquiert telle ou telle
figure, & à telle ou telle propriété.

On voit fur la furface de la terre, & dans les
grottes fouterraines, des *concrétions* plus ou moins
confidérables; les unes forment des couches, les
autres des piliers. Ces *concrétions* font formées,
pour la plupart, par du carbonate de chaux diffous, charié par les eaux, & abandonné, foit
par la vaporifation de l'eau diffolvante, comme
dans les ftalactites & les ftalagmites, foit par
l'évaporation de l'acide carbonique furabondant;
qui avoit favorifé la diffolution, foit enfin par
l'acide carbonique qui fe combine avec l'eau qui
avoit diffous de la chaux.

CONDAMINE (Charles-Marie La). Une curiofité active faifoit la bafe du caractère de ce
favant voyageur, & devint la fource où il puifa
conftamment la patience dont il avo.t befoin pour
affurer fes fuccès.

Né à Paris le 28 janvier 1701, il développa de
bonne heure l'ardeur d'apprendre & le defir de
voir. Deftiné par fes parens à l'état militaire, il
fervit avec honneur jufqu'à la paix. Ne pouvant
plus alors efpérer l'avancement rapide dont il s'é-
toit flatté, il quitta le fervice pour entrer à l'A-
cadémie des Sciences, comme adjoint chimifte.
Là il put fatisfaire, à bien des égards, l'infatiable
curiofité qui le dévoroit; mais, difons-le, l'avi-

dité de *La Condamine* lui fit effleurer tous les
genres de fciences que l'on y cultivoit, fans fe
déterminer pour aucune. C'étoit pour lui un goût,
& ce goût, prononcé d'une manière aimable,
fuffifoit alors pour être admis à l'Académie.

Les études préliminaires que *La Condamine*
avoit faites, jointes à fon penchant natif, le portèrent à parcourir, dans la Méditerranée, les
côtes de l'Afie & de l'Afrique. A fon retour,
ayant trouvé l'Académie occupée d'un projet de
voyage qui avoit pour but de déterminer la grandeur & la figure de la terre, il fe propofa pour
faire partie de l'expédition. L'accès qu'il avoit
près du miniftre; & fon amabilité, fervirent,
dit-on, à accélérer l'exécution de l'entreprife.
Bouguer & Godin, fes collègues à l'Académie,
furent nommés ainfi que lui : le voyage dura dix
ans. A des fouffrances phyfiques prefqu'infup-
portables, fe joignirent des difcuffions, des al-
tercations continuelles, qui auroient fans doute
nui au but qu'on s'étoit propofé, fi *La Condamine* n'eût furmonté les dégoûts que lui donnoient,
en toute occafion, fes affociés, auxquels cependant il n'étoit point inférieur fous le rapport de
l'exactitude. Dès que fes foins, fes démarches
pour furmonter les obftacles, lui laiffoient un
moment de calme, il accouroit les aider dans
leurs travaux aftronomiques.

Rendu à la France, *La Condamine* publia fes
obfervations, & ce fut entre Bouguer & lui un
fujet de conteftation. Attaqué virulemment par
fon ex-collègue, *La Condamine* lui répondit avec
gaieté; & le public, incapable de juger le fond
de la queftion, fe rangea du côté de celui qui
l'amufoit.

A peine délivré de fes conteftations, *La Condamine* conçut le projet d'établir une mefure univerfelle. Il écrivit fur ce fujet, & propofa d'é-
tablir, pour unité, la longueur du pendule fimple
à l'équateur. Zélé partifan de l'inoculation, il
écrivit chaudement en fa faveur, & fes écrits
contribuerent à la propager.

Quoique marié, malade & fourd (il avoit contracté cette dernière infirmité dans fon voyage au
Pérou), il voulut voir l'Angleterre, le pays de
Newton & de Locke. Sa curiofité, réduite à un
feul fens, fembloit n'en être devenue que plus
active; cette activité dura jufqu'à fa mort, arrivée
à Paris le 4 février 1774. Delille, qui le remplaça
à l'Académie, prononça fon éloge.

CONDENSABILITÉ; denfitatis facultas; *ver-
dicht barkeit.* Propriété qu'ont les corps de pouvoir être *condenfés,* ou réduits à un moindre volume par le refroidiffement.

Toutes les fois qu'un corps paffe d'un lieu plus
chaud dans un lieu moins chaud, ou qu'il eft entouré d'un air moins chaud que celui qui l'environnoit auparavant, ou qu'enfin il fe trouve voifin d'un corps moins chaud que lui, il communi-

que à ces corps voifins une partie du calorique qui le pénétroit & qui tenoit fes molécules écartées. Ses parties, alors moins fortement écartées, fe rapprochent les unes des autres par leur attraction mutuelle, & le volume du corps eft diminué; c'eft là ce qu'on appelle proprement *conden-fation*; mais comme il n'y a pas de corps qui, en fe refroidiffant, ne foit fufceptible de cette efpece de diminution de volume, on doit en conclure que la *condenfabilité* eft une propriété générale des corps, qu'elle appartient à tous indiftinctement & fans aucune exception.

CONDENSABLE; *condenfabilis*. Nom donné aux corps qui font fufceptibles de fe *condenfer*; & comme tous les corps font *condenfables* (*voyez* CONDENSABILITE), il s'enfuit que l'on peut donner cette épithète à tous les corps.

CONDENSATEUR; *condenfator; condensator*; f. m. Machine ou inftrument propre à *condenfer*, foit l'air, foit l'électricité, foit les forces, foit toute autre fubftance. *Voyez* CONDENSATION.

CONDENSATEUR D'AIR; *condenfator der luff*. Inftrument employé pour *condenfer l'air* renfermé dans un vafe ou dans un tube.

Parmi tous les moyens de *condenfer l'air*, que l'on a employés jufqu'à préfent, un des plus fimples eft le tube de Mariotte. (*Voyez* TUBE DE MARIOTTE, COMPRESSION.) La *fig.* 655 repréfente un inftrument analogue. On fait communiquer, avec un long tube AB, le vafe C, dans lequel on veut *condenfer l'air*, en verfant dans l'ouverture A, foit du mercure, foit tout autre liquide qui ne fe mêle pas avec l'air; ce liquide, en entrant dans le vafe C, condenfe l'air ou le gaz qu'il contient en diminuant fon volume. Avec cet appareil extrêmement fimple, on peut toujours juger du degré de *condenfation de l'air* par la hauteur de la colonne du mercure ou de tout autre liquide, au-deffus de fon niveau.

Ordinairement on fait ufage d'une pompe, que l'on fait communiquer avec le vafe dans lequel on veut *condenfer l'air*; à l'ouverture de communication eft une foupape qui permet de faire paffer dans le vafe, l'air de la pompe, & qui lui permet de fortir du vafe. C'eft ainfi que l'on *condenfe l'air* dans un ballon, par exemple: on peut auffi, par une opération contraire à celle dont on fe fert pour raréfier l'air, dans le récipient d'une machine pneumatique, *condenfer l'air* dans ce même récipient; c'eft ce qu'on concevra avec un peu d'attention; mais il faut, pour cette opération, que le récipient foit bien retenu contre la platine, & qu'il ait affez de force pour réfifter à la preffion intérieure de l'air *condenfé*, très-capable de le brifer par fon effort.

Connoiffant le volume d'air que contient le corps de pompe, & le volume intérieur du réci-

pient, il eft facile de déterminer les degrés de *condenfation de l'air* par cette formule $\frac{a+n}{a} =$ *condenfation*, en fuppofant n le nombre de coups de pifton, 1 le volume du récipient, & $\frac{1}{a}$ celui du corps de pompe; & en fuppofant encore que, chaque fois, le corps de pompe fe rempliffe d'air, & que tout l'air qu'il contient, entre dans le récipient. *Voyez* MACHINE DE COMPRESSION.

Coulomb a imaginé un moyen de *condenfer l'air* dans un grand efpace, en fe fervant des pompes à eau ordinaires; il fait ufage, pour cet effet, d'un grand réfervoir B, *fig.* 654, qui communique avec la chambre de *condenfation* A, par le moyen du tube F; un corps de pompe C, communique avec un baquet plein d'eau LQG, p r un tuyau M, & il communique également au réfervoir B par une foupape D; le réfervoir B eft conftruit de manière qu'il peut maintenir l'air *condenfé*.

En faifant mouvoir le pifton du corps de pompe G, on élève l'eau du baquet, & on le fait entrer dans le réfervoir B; l'air de ce réfervoir, *condenfé* par l'eau qui y arrive & qui le remplit, eft chaffé dans la chambre A, & elle y entre en foulevant la foupape H. Lorfque le réfervoir B eft rempli d'eau, on fait écouler cette eau dans le baquet en ouvrant une vanne E; alors il entre de l'air extérieur dans le réfervoir, lequel air peut être *condenfé* & envoyé dans la chambre de *condenfation* comme l'autre.

Ce moyen extrêmement fimple, propofé par Coulomb, a l'avantage de permettre de faire ufage, pour *condenfer l'air*, de toutes les pompes qui fervent à élever l'eau.

CONDENSATEUR DE CAVALLO; denfator Cavallicus; *condenfator der Cavallo*. Inftrument imaginé par Cavallo pour accumuler & *condenfer* de l'électricité. *Voy.* COLLECTEUR D'ELECTRICITE.

CONDENSATEUR ÉLECTRIQUE; condenfator electricitatis; *mikroelectrometer, condenfator der electricitat*. Inftrument deftiné à *condenfer de l'électricité* fur un corps.

Une bouteille de Leyde, un tableau magique, font de véritables *condenfateurs électriques*, puifque l'on accumule, l'on *condenfe de l'électricité* fur leurs deux furfaces; ils en different en ce que les furfaces métalliques fur lefquelles on *condenfe l'électricité*, font fixées fur le corps non conducteur qui les fépare. Dans les *condenfateurs*, les furfaces fur lefquelles le fluide s'accumule, peuvent fe féparer facilement les unes des autres, & indiquer, dans cette féparation, la grande intenfité de l'électricité accumulée.

Les *condenfateurs électriques* fe compofent d'une furface métallique ifolée, que l'on approche d'un autre corps métallique communiquant au réservoir commun. Les deux furfaces conductrices font féparées·par un corps non conducteur; foit de l'air fec, foit de toute autre fubftance. L'électricité s'accumule par l'influence que la furface que l'on électrife, exerce contre le corps conducteur en préfence; par cette influence, le corps ifolé & électrifé repouffe l'électricité femblable à la fienne que contient la furface en préfence : celle-ci s'électrife d'une électricité contraire ; l'électricité contraire de cette furface retient & fixe, fur la furface ifolée, de l'électricité, & lui permet d'en prendre de nouvelle, & d'en accumuler des quantités confidérables. Ainfi, tant que les deux furfaces font en préfence, le corps ifolé contient de l'électricité dans deux états différens; l'un eft retenu & fixé par l'influence de la plaque électrifée communiquant au réfervoir commun ; l'autre eft libre, & fon intenfité eft égale à celle du réfervoir électrique avec lequel la plaque communique. Lorfque l'on retire cette communication, & que l'on éloigne le plateau ifolé de celui auquel fon influence électrique étoit foumife, toute l'électricité retenue devient libre, & fe porte fur fa furface; alors l'intenfité électrique eft augmentée de toute l'électricité qui étoit retenue. Comme la compreffion de l'air ne peut faire équilibre qu'à une certaine intenfité d'électricité, on voit que fi l'on en a condenfé une trop grande quantité fur le plateau, la quantité excédante à celle que la preffion de l'air peut retenir, s'échappe auffitôt que l'on fépare les plateaux, ce qui limite la quantité d'électricité que l'on peut condenfer.

Ces fortes d'inftrumens font extrêmement utiles lorfque l'on veut reconnoître l'exiftence d'une électricité imperceptible, répandue dans un grand efpace. Soit, par exemple, une maffe d'air dont l'électricité foit imperceptible; après avoir difpofé les deux plateaux & les avoir mis en préfence, on fait communiquer le plateau ifolé avec la maffe d'air, par le moyen d'un conducteur, & l'autre plateau avec le réfervoir commun; alors, par l'action de l'influence électrique, l'électricité de l'air s'accumule, fe condenfe fur le plateau : ôtant la communication, & éloignant les deux plateaux, l'électricité condenfée devient libre, & fe préfente quelquefois avec une intenfité affez grande pour produire de fortes étincelles.

En réuniffant deux condenfateurs difpofés de manière que l'électricité condenfée fur l'un puiffe être reverfée entièrement fur l'autre, on peut parvenir à rendre très-fenfible une électricité extrêmement foible, & même en charger des bouteilles de Leyde. C'eft avec de femblables condenfateurs que l'on eft parvenu à s'affurer que l'air, provenant de la combuftion des charbons, les gaz hydrogène, nitreux, acide carbonique, &c., provenant des diffolutions, la vapeur d'eau, &c., produifent de l'électricité négative.

Parmi les condenfateurs électriques, il en eft qui ne font compofés que d'un plateau pofé fur un autre (voyez CONDENSATEUR DE VOLTA); dans d'autres, le plateau ifolé eft mis en préfence de deux autres qui communiquent au réfervoir commun; il en eft féparé par une couche d'air, l'action influente eft double (voyez COLLECTEUR DE CAVALLO) ; il en eft d'autres, enfin, dans lefquels les difques en préfence, féparés par une couche d'air, font ifolés; l'un d'eux eft mobile & communique inftantanément, dans chaque mouvement, avec le réfervoir commun. Voy. DOUBLEUR D'ELECTRICITE.

CONDENSATEUR DE VOLTA; denfator Voltaicus; condenfator der Volta. Machine ou inftrument imaginé par Volta, pour condenfer l'électricité fur un corps, & parvenir, par ce moyen, à reconoître les plus légers indices d'électricité.

On trouve dans le Journal de Phyfique, tomes I & II, année 1783, un Mémoire de Volta, contenant toutes les expériences qui l'ont conduit à imaginer fon condenfateur. Voici en quoi elles confiftent.

Si l'on prend un difque ou plateau de cuivre ifolé, qu'on l'électrife & qu'on le pofe bien à plat fur un morceau de marbre de Carrare bien poli, fur un fupport d'albâtre fec, d'agate, de calcédoine, d'ivoire, de bois bien fec, de cuir fec, de papier, &c.; enfin, d'un corps peu conducteur de l'électricité, le plateau conferve fon électricité fort long-temps. Quoique. ces corps pofent fur le fol, ou foient en communication avec le fol, on peut toucher le plateau électrifé, foit avec la main, foit avec un corps conducteur, fans lui enlever fon électricité. Volta a confervé de l'électricité pendant trente minutes dans un plateau pofé fur un morceau de marbre bien poli, quoique, pendant tout ce temps, il l'ait touché avec la main, dans des intervalles très-rapprochés.

En pofant le plateau fur des fupports métalliques, recouvert d'un morceau de foie, d'un morceau de taffetas verni, d'un morceau de toile cirée, ou enduit d'une légère couche de cire à cacheter, de poix, de vernis, le plateau conferve également fon électricité; mais il eft néceffaire, pour que l'électricité ne foit pas enlevée par l'attouchement de la main, ou d'un corps conducteur communiquant au réfervoir commun, que le fupport foit placé fur le fol, ou que fa furface inférieure foit en communication avec le réfervoir commun : fi le plateau fupport étoit ifolé, le difque condenfateur perdroit bientôt fon électricité; il la perdroit au premier contact avec la main.

Une obfervation affez remarquable, c'eft que, fi le difque condenfateur ne touchoit le difque fupport que par un de fes côtés, ou par une très-petite furface, il conferveroit peu d'électricité, & qu'il en conferve d'autant plus, que le nombre des points de contact eft plus confidérable; enfin, que

des

des furfaces parfaitement polies, pofées les unes fur les autres, confervent plus long tems l'électricité que lorfque les furfaces font brutes ou couvertes d'afpérités.

A la fuite de ces obfervations, Volta imagina de placer un difque métallique ifolé fur l'un des plateaux fupports qui favorifent la confervation de l'électricité; il plaça le difque fupport fur le fol ou fur un corps communiquant au réfervoir commun; il fit communiquer le difque avec des corps foiblement électrifés, & il remarqua, en rompant la communication, & en féparant le difque du fupport, qu'il donnoit des fignes d'électricité, quelquefois très-forts, mais toujours d'une plus grande intenfité que celle du corps préalablement électrifé; alors il confidéra cette réunion de difques comme un moyen de *condenfer l'électricité*, de rendre fenfible des électricités imperceptibles, & il donna à fon inftrument le nom de *condenfateur électrique*.

Expliquons, fi cela eft poffible, les effets qui ont lieu dans les différentes expériences que nous avons rapportées.

1°. Si l'on pofe un difque métallique, ifolé, fur un plateau de verre ou tout autre corps parfaitement *conducteur*, & qu'on le faffe communiquer avec un corps déjà électrifé, l'électricité fe partage entre deux corps en contact, de manière à ce qu'ils aient chacun la même intenfité électrique; détruifant la communication, & féparant le difque ifolé du plateau de verre, l'intenfité électrique refte la même: fi l'on touche avec la main le difque électrifé, foit pendant qu'il eft placé fur le plateau de verre, foit lorfqu'il en eft féparé, on enlève auffitôt toute l'électricité du difque; le corps, fur le plateau de verre, eft dans la même fituation que lorfqu'il eft ifolé dans l'air. Dans ces deux circonftances, il s'électrife en communiquant au corps électrifé; il fe défélectrife en communiquant au réfervoir commun, abfolument de la même manière.

2°. En plaçant le difque métallique fur un fupport métallique communiquant au réfervoir commun, & féparant les deux furfaces en contact par une couche très-mince de matière non conductrice, telle que de la cire, de la poix, du vernis, du taffetas verni, &c., fi l'on électrife le difque fupérieur A, *fig. 656*, l'électricité E, ne pouvant paffer à travers la couche idioélectrique C C, eft arrêtée, & exerce fon influence fur l'électricité E, qui fe trouve dans le plateau B, repouffe cette électricité, de manière que celle-ci n'eft plus électrifée que d'une électricité contraire ℰ; alors cette électricité ℰ, réagit à fon tour fur l'électricité E du difque A, attire & fixe, dans la partie inférieure, une couche d'électricité E, & rend fa furface fupérieure capable de prendre de nouvelle électricité du réfervoir R, avec lequel il communique: cette nouvelle quantité de l'électricité fait encore refluer du fupport B, de nouvelle électricité E vers

le réfervoir commun; fon intenfité électrique ℰ augmente, attire & fixe une nouvelle quantité d'électricité E dans la partie inférieure du difque A: cette accumulation & ce refoulement d'électricité continuent jufqu'à ce que l'intenfité de l'électricité libre, réunie fur la furface fupérieure du difque A, foit égale à l'intenfité de l'électricité du réfervoir. En fuivant le mode de calcul appliqué à la charge électrique (*voyez* CHARGE ELECTRIQUE), on trouve que fi la quantité d'électricité accumulée dans le difque A = E, celle qui eft retenue dans le difque B = ℰ, celle qui retient l'électricité ℰ, dans le difque A = E m² & l'électricité libre = E (1 − m²): on peut ainfi déterminer la quantité d'électricité libre fur le difque A; foit cette quantité = a, on aura a = E (1 − m²) & E = $\frac{a}{(1-m^2)}$. Ainfi la quantité E dépendra de la valeur de m; mais m = $\frac{\Delta^2}{D^2}$, Δ & D indiquent les diftances des deux furfaces au point où l'électricité E eft refoulée; D, qui indique la diftance fupérieure, eft toujours plus grande que Δ, & la quantité m, par conféquent, eft toujours plus petite que l'unité. La quantité de l'électricité E, accumulée fur la furface A, fera d'autant plus grande, que m² le fera elle même, c'eft-à-dire, qu'elle approchera le plus près poffible de l'unité; car fi m² = 1, on aura E = $\frac{a}{1-1}$ = $\frac{a}{0}$ = infinie. Mais m² fera d'autant plus grande, que la couche idioélectrique C C fera plus mince: d'où il fuit que la quantité de l'électricité *condenfée* ou accumulée fur le *condenfateur de Volta*, fera d'autant plus grande, que l'intenfité de l'électricité du réfervoir fera plus forte, & que l'épaiffeur de la couche idioélectrique fera plus petite.

3°. Comme la quantité d'électricité *condenfée* eft proportionelle à l'étendue des furfaces en contact, multipliée par l'intenfité de l'électricité retenue, c'eft-à-dire, multipliée par a, il s'enfuit que, lorfqu'on ne fait toucher le fupport que par quelques points du difque métallique, ou par une petite furface de ce difque, la quantité d'électricité *condenfée* eft très-petite, & que l'on peut facilement enlever, par un feul contact avec la main, finon la totalité, au moins une très-grande quantité du fluide accumulé préalablement.

4°. Lorfque l'on ifole le fupport du *condenfateur*, le fluide électrique E, contenu dans le fupport, ne peut être refoulé que jufqu'à fa furface inférieure; & comme cette diftance du difque *condenfateur* eft très-petite, elle exerce une action répulfive fur le fluide E accumulé dans le difque, & détruit, en grande partie, l'effet de l'attraction exercée par le fluide ℰ de la partie fupérieure du fupport, d'où réfulte que l'ifolement du plateau contrarie les réfultats que l'on voudroit obtenir, en s'oppofant à la *condenfation* du fluide électrique On voit encore que, dans cette circonstance, le fluide électrique, préalablement accumulé sur la surface du disque, doit être facilement enlevé par l'attouchement, parce qu'il est foiblement retenu par le support; mais si, dans cette circonstance, on touchoit avec la main la surface inférieure du support, on en soutireroit de l'électricité E, on augmenteroit l'intensité de son fluide C, & l'on fixeroit une plus grande quantité de fluide E sur ce disque. Dans cette circonstance, en touchant une première fois le disque, on enleveroit toute l'électricité-libre; & quel que soit le nombre de contacts qui suivroient le premier, on n'enleveroit plus de nouvelle électricité au disque, si, par des causes particulières, il n'arrivoit pas de l'électricité E dans le support inférieur, pour suppléer à celle qui lui a été enlevée.

5°. Les corps mauvais conducteurs, comme le marbre, l'albâtre, la calcédoine, l'ivoire, le bois sec, &c., agissent comme des supports métalliques recouvers d'un enduit idioélectrique. La difficulté que l'électricité éprouve à passer à travers leur masse, leur donne la faculté d'éprouver les effets de l'influence électrique, & de réagir par l'électrisation opposée de leur surface en contact; ces corps paroissent retenir leur quantité d'électricité naturelle, & ne lui laisser éprouver qu'un déplacement partiel, comme dans la tourmaline & dans plusieurs corps analogues. *Voyez* TOURMALINE, ÉLECTRICITÉ DE LA TOURMALINE.

CONDENSATEUR DES FORCES; *densator virium; condensator der krafte.* Mécanisme imaginé par Prony pour résoudre cette question:

Une machine quelconque étant construite, trouver, sans rien changer au mécanisme de cette machine, un moyen de lui transmettre l'action du moteur en remplissant les conditions suivantes:

1°. Que l'on puisse faire à volonté, & avec beaucoup de facilité & de promptitude, varier la résistance à laquelle l'effet du moteur doit continuellement faire équilibre, dans des limites aussi étendues qu'on voudra;

2°. Que cette résistance, une fois réglée, se maintienne rigoureusement constante jusqu'au moment où on jugera à propos de l'augmenter ou de là diminuer;

3°. Que, dans les variations les plus brusques dont l'effort du moteur peut être capable, la variation de la vitesse de la machine n'éprouve jamais de solution de continuité.

Cette question a été résolue en appliquant la force motrice au soulèvement de plusieurs poids, lesquels agissent, par leur pesanteur, sur des roues dentées qui s'engrènent dans une autre roue qui communique le mouvement de la machine. Voyez *Annales des Arts & Manufactures*, tome XIX, page 298.

Parmi les nombreux avantages de ce nouveau mécanisme, on peut remarquer les suivans:

1°. Il ne peut jamais y avoir de choc violent ni de saccade, dans aucune partie du mécanisme.

2°. L'effet utile étant proportioné au nombre des poids qui descendent en même temps, cet effet augmentera à mesure que la force motrice deviendra plus forte.

3°. Les poids étant mobiles & sur des leviers, il sera toujours très-aisé de les placer de manière à avoir, entre l'effort du moteur & celui de la résistance, le rapport convenable au maximum du produit.

4°. Il résulte de cette proprieté, que l'on pourra employer les forces motrices les plus variables, le vent, par exemple, & que l'on pourra tirer parti des vents les plus foibles, & obtenir un produit quelconque dans les circonstances où toutes les autres machines à vent, connues, sont dans un repos absolu; cet avantage est très-important, surtout pour l'agriculture. Les machines à vent, employées à l'arrosage, sont quelquefois plusieurs jours sans donner aucun produit, & cet inconvénient se fait surtout sentir dans les temps de sécheresse: une machine qu'on peut mouvoir avec le souffle le plus léger, offre des ressources très-précieuses.

CONDENSATEUR GALVANIQUE; *densator galvanicus; galvanische condensator.* Électromètre surmonté d'un *condensateur de Volta*, dont on fait usage pour reconnoître les plus petits indices d'électricité galvanique.

Cet instrument se compose d'un électromètre à paille, très-sensible, A, *fig.* 657, sur lequel on a fixé un disque métallique C, enduit d'une légère couche d'un vernis résineux; un plateau D est placé dessus; ces deux plateaux forment un *condensateur de Volta. Voyez* CONDENSATEUR DE VOLTA.

Ainsi, lorsque l'on veut reconnoître l'électricité insensible, produite par le contact de deux disques métalliques dans la pile galvanique, on prend deux disques de substances différentes, telles, par exemple, que du cuivre & du zinc; on pose le disque de zinc E sur le plateau supérieur du *condensateur*; on place le disque de cuivre F au-dessous pour le soutenir; on touche avec l'autre main le support C du *condensateur*, ensuite on enlève le disque E, puis le *condensateur* D, & l'on voit la paille de l'électromètre s'écarter par l'accumulation, par la condensation de l'électricité galvanique, produite par le contact des métaux *Voyez* GALVANISME, ÉLECTRICITE, ÉLECTROMÈTRE DE VOLTA.

Quoique ce *condensateur* ne diffère en rien du *condensateur électrique de Volta*, on lui a donné le nom de *condensateur galvanique*, parce qu'il sert principalement à *condenser* l'électricité qui se développe par le contact des substances qui produisent les phénomènes galvaniques.

. CONDENSATEUR PNEUMATIQUE ; denfator pneumaticus ; *condenfator der luft*. Machine deftinée à condenfer l'air. *Voyez* CONDENSATEUR D'AIR, MACHINE DE COMPRESSION.

CONDENSATION ; condenfatio ; *verdikkung* ; f. f. Action par laquelle un corps diminue de volume par la perte qu'il fait d'une partie de calorique combiné, & qui tendoit à écarter fes parties.

Tous les corps contenant du calorique, & ce calorique écartant les molécules des corps, il fuit de cette confidération que la *condenfation* a lieu dans tous les corps ; mais elle fuit, dans chacun d'eux, des lois différentes, qui dépendent de l'état des corps & de leur nature.

Ainfi, dans les gaz, la *condenfation* eft uniforme, c'eft-à-dire, que pour chaque dégré le volume diminue de la même quantité. D'après les expériences de Gay-Luffac, ils augmentent tous de 0,375 de leur volume primitif, en paffant de la température de la glace à celle de l'eau bouillante ; & d'après Dalton, 0,372, la moyenne 0,3744 (*voy.* DILATATION) : d'où il fuit que le volume des gaz augmente, à partir de la glace fondante, de 0,00208 de fon volume par degré de Fahrenheit, de 0,00374 par degré centigrade, & de 0,00467 par degré de Réaumur.

Cela pofé, on peut déterminer les rapports de *condenfation* par cette formule $v = \left(\dfrac{1 + a\,t}{1 + a\,T} \right) V$. V étant le volume du gaz à la plus haute température T, & v le volume après la *condenfation*, lorfque le gaz a été amené à la température t. En effet, foit u le volume d'un gaz à la température de la glace fondante, & a la quantité dont ce volume augmente pour chaque degré de l'un du thermomètre que l'on emploie, on aura pour le volume V, à la température T, $V = u + u\,a\,T = u\,(1 + a\,T)$; d'où l'on tire $u = \dfrac{V}{(1 + a\,T)}$. On aura de même, pour le volume v, à la température t, $v = u\,(1 + a\,t)$; mettant dans cette équation la valeur de u, déterminée de l'équation précédente, on aura $v = \left(\dfrac{1 + a\,t}{1 + a\,T} \right) V$.

Jufqu'à préfent il n'a pas encore été trouvé de moyen d'amener les gaz à une température qui puiffe les faire changer d'état ; c'eft en cela que les gaz different des vapeurs, que l'on peut toujours ramener à l'état liquide en les refroidiffant, & tous y arrivent à des températures différentes. Ainfi, fous une preffion de 28°,125 de mercure, la vapeur de mercure devient liquide à une température de 280° R., la vapeur d'huile de térébenthine à 234°,66 R., la vapeur d'eau à 80°, celle de l'alcool à 64°, & celle de l'éther à 29°,33 R. Une obfervation affez remarquable de Dalton, c'eft que toutes ces vapeurs, au-deffus & au-deffous

de la température de leur ébullition, fous une preffion déterminée, fupportent une preffion égale lorfqu'elles font élevées ou abaiffées du même nombre de degrés. Ainfi, la vapeur de mercure à 293°,33, celle de l'huile de lin à 248°, celle de l'eau à 93°,33., celle de l'alcool à 77°,33, enfin celle de l'éther à 42°,66, dont la température eft augmentée de 13°,33 au-deffous de celle de l'ébullition, à une preffion de 28,125 pouces de mercure, fupportant une preffion de 48°,1512, leurs volumes feroient donc augmentés de 0,711, tandis qu'ils n'auroient dû augmenter que de 0,0622 pour les 13°,33, fi l'augmentation eût été la même que celle des gaz. Si l'on repréfente par V le volume des vapeurs à 50° R. au-deffus du point de leur liquéfaction, le volume

		différence
A 50° au-deffus du point de liquéfaction étant	1,007	181
A 40°, il fera	0,819	
A 30	0,776	— 043
A 20	0,553	— 223
A 10	0,320	— 233
A 0	0,213	— 0,107

On voit, d'après cette loi de *condenfation* des vapeurs, qu'elle diffère principalement de celle des gaz, en ce qu'elle eft très-variable ; mais elle eft remarquable en ce qu'elle eft la même pour tous les gaz, à partir de 50° R. au-deffous du point de leur liquéfaction à la preffion de 28°,125.

Dans les liquides, la *condenfation* va conftamment en diminuant, depuis la température de la liquéfaction jufqu'à celle de leur folidification, & la loi qu'ils fuivent dans leur contraction par le froid, varie dans chaque liquide. Nous allons rapporter ici, pour exemple, la *condenfation* de l'eau, en fuppofant que fon volume à 80° R., terme de l'ébullition, à 28°,125 de preffion, foit l'unité :

A 80° R. le volume	1,000
A 70,22	0,993
A 52,84	0,975
A 39,11	0,969
A 21,33	0,968
A 8	0,957
A 0	0,956

Quelques liquides, comme l'eau, éprouvent, dans leur refroidiffement, une *condenfation* qui va fucceffivement en diminuant jufqu'à un certain terme, puis une dilatation qui augmente graguellement jufqu'au moment où le liquide fe folidifie ; ainfi, l'eau fe *condenfe* depuis la température de fon ébullition, c'eft-à-dire, 80° R. jufqu'à celle de 3°,2 à 3°,5 R. Ce terme du maximum de *condenfation* a long-temps été contefté ; mais Hoppe & Rumfort l'ont prouvé par des expériences tellement évidentes, qu'il ne refte plus aucun doute fur ce fait. *Voyez* DILATATION.

Auffitôt que les liquides font folidifiés, la marche de leur *condenfation* change; elle devient très-petite, probablement parce que le calorique fe trouve alors fortement *condenfé* On a déterminé, par des expériences, dans quelle proportion différens corps fe dilatoient, en paffant de la température de la glace fondante à celle de l'ébullition de l'eau; fous une preffion de 28 pouces de mercure; d'où l'on peut conclure de combien ils fe *condenfent* en paffant de 80° R. à zéro.

Il n'a pas été poffible, jufqu'à préfent, de déterminer les loix de la *condenfation* des folides, parce que la diminution de leur volume eft très-petite pour de très-grands refroidiffemens. On croit affez généralement, que pour les petits refroidiffemens que l'on peut produire, la *condenfation* eft proportionnelle à l'abaiffement de la température.

On obferve, dans quelques circonftances, que des folides paroiffent augmenter de volume en fe refroidiffant; c'eft ce que l'on remarque dans quelques pierres poreufes & humides, lorfque la température defcend jufqu'au zéro de Réaumur & au-deffous; mais cet effet eft produit par la congélation du liquide que le corps poreux renferme. Comme l'eau augmente de volume en fe folidifiant, toutes les fois qu'un corps eft pénétré d'humidité, & que cette humidité fe congèle, le corps augmente néceffairement de volume; c'eft pourquoi l'on remarque que les pavés fe foulèvent au moment de la congélation; mais auffi cette augmentation rompt fouvent la liaifon, l'adhérence des parties, lefquelles fe défuniffent, fe féparent lorfque le dégel arrive.

CONDENSÉ; denfatus; *verdiken*; adj. Epithète que l'on donne à un corps qui eft diminué de volume par le refroidiffement.

CONDENSEUR; condenfor; *condenfor*; f. m. Inftrument analogue au ferpentin, & qui a été imaginé pour *condenfer* les vapeurs en les refroidiffant.

CONDENSEUR CONIQUE; condenforium conicum; *kegelformig condenfor*. Inftrument inventé par Geddre, pour fuppleer au ferpentin dans la diftillation.

Ce *condenfeur* fe compofe de deux cônes tronqués & renverfés A A A A, B B B B, *fig.* 653, pofés l'un dans l'autre, laiffant entr'eux un intervalle E E fermé en haut par des anneaux C & D, foudés aux cônes. C'eft dans cet efpace, qui eft trois fois plus large en haut qu'en bas, que s'opère la *condenfation* des vapeurs; le cône intérieur F, étant tronqué, laiffe paffer l'eau du réfrigérant K K K K, laquelle frappant les furfaces intérieures & extérieures du *condenfateur conique*, refroidit très promptement la liqueur; les vapeurs entrent par le tube fupérieur G, & fortent par le tube inférieur L. Le diamètre fupérieur du cône

extérieur eft à fon diamètre inférieur comme 7 eft à 4; la hauteur des cônes eft, au grand diamètre du cône extérieur, à peu près comme 5 eft à 2. Le petit diamètre du cône intérieur eft à celui du cône extérieur, environ comme 18 eft à 21, & la différence de leur grand diamètre, comme 21 eft à 30. Ainfi, dans les plus grands *condenfeurs*, qui ont environ fix pieds de hauteur, & qui fervent pour des alambics d'environ cent pieds cubes de contour, l'intervalle en bas n'eft que d'un pouce & demi, tandis que l'efpace fupérieur eft de cinq pouces environ. Les *condenfeurs* de moindre dimenfion font établis d'après ces proportions.

Nicard & Lenormand ayant éprouvé ces *condenfeurs*, remarquèrent, 1°. que la partie fupérieure du *condenfeur* fe trouvant très-large par rapport à l'inférieure, permet aux vapeurs d'y féjourner plus long-temps, & jufqu'à ce qu'elles aient perdu affez de chaleur pour être *condenfées*; 2°. que la partie inférieure refte toujours froide, pendant que l'eau de la cuve eft très-chaude à la furface; 3°. que le filet de liqueur eft d'une froideur glaciale en fortant du *condenfeur*, même pendant les fortes chaleurs de l'été; 4°. qu'il eft plus aifé à conftruire, emploie moins de matières, & par conféquent eft moins difpendieux que le ferpentin ordinaire; 5°. enfin, qu'il eft plus durable, plus facile à employer & plus aifé à nettoyer, puifqu'en delutant le couvercle, on peut le nettoyer avec un balai dans toute fon étendue.

Dans ce *condenfeur*, le liquide fe précipite fucceffivement à mefure qu'il fe refroidit, & toute la maffe de vapeur *condenfée* qu'il contient, diminue la température de tranche en tranche, jufqu'à la plus baffe, qui eft néceffairement la plus froide. Dans les ferpentins, au contraire, le liquide fe refroidit dans fon mouvement; mais fi, par des caufes non prévues, le refroidiffement n'eft pas uniforme, il peut arriver que le filet de liquide qui fort, ait une plus haute température que celui qui fuit; & puis, comme il eft rare que le liquide qui coule, rempliffe entièrement les conduits du ferpentin, & qu'il refte un efpace vide affez confidérable dans toute la longueur du tuyau, la vapeur peut, en fe mouvant avec une grande viteffe dans la partie du tuyau vide de liquide, fortir avec le liquide, & occafionner une perte affez grande. Dans le *condenfeur conique*, la vapeur ne peut jamais parvenir à l'ouverture de fortie, parce qu'elle rencontre une maffe confidérable de liquide formé par la vapeur *condenfée* & liquide, qui s'oppofe à la fortie de la vapeur.

CONDENSEUR DE NORBERG; condenforium Norbergicum; *condenfor der Norberg*. Inftrument inventé par Norberg pour remplacer les réfrigérans dans la diftillation.

C'eft une caiffe de cuivre mince & très-étroite, placée dans un réfrigérant en bois; cette caiffe peut avoir fept pieds de haut, quatre pieds de long dans le haut, deux pieds & demi dans le bas, & de cinq à fept pouces de large : le *condenfeur* eft environné d'eau de toutes parts ; la vapeur entre par une ouverture placée dans la partie fupérieure ; elle fe condenfe dans le *condenfeur*, & fort liquide par une ouverture placée dans la partie inférieure. L'eau froide arrive dans la cuve par un tuyau placé à l'extérieur, de manière qu'un filet d'eau froide arrive conftamment dans le fond du récipient ; cette eau s'échauffe progreffivement, en s'emparant du calorique abandonné par le liquide qui fe refroidit & par la vapeur qui fe liquéfie dans le *condenfeur* ; en s'échauffant, l'eau du réfrigérant s'élève & s'échappe par la partie fupérieure pour faire de la place au liquide froid qui arrive par le bas, & qui le remplace.

La conftruction de ce *condenfeur*, dont on peut voir la figure dans le tome VII des *Annales des Arts & Manufactures*, pag. 279, eft d'une conftruction plus fimple que le *condenfeur conique*, mais il préfente une moins grande furface à l'action de l'eau contenue dans le réfrigérant. Au refte, ces deux *condenfeurs* font conftruits fur le même principe ; ils font fufceptibles l'un & l'autre d'éprouver des modifications & des améliorations.

CONDORIN : forte de petit poids dont les Chinois, particulièrement ceux de Canton, fe fervent pour pefer & débiter l'argent dans le commerce ; il eft eftimé un fou de France.

CONDUCTEUR ; conductor ; *leiter* ; fub. maf. Corps qui facilite la propagation & la pénétration d'une ou de plufieurs fubftances, particulièrement de celles qui font impondérables, comme le calorique, la lumière, l'électricité, le magnétifme, le galvanifme, &c.

On divife ordinairement les corps en trois claffes, relativement à leurs propriétés *conductrices* ; bons *conducteurs*, mauvais *conducteurs*, & moyens *conducteurs*, ou *conducteurs* imparfaits.

CONDUCTEUR DE LA CHALEUR ; conductor caloris ; *wærme leiter*. Corps qui ont la propriété de *conduire* le calorique.

La propriété qu'ont ces corps de *conduire* le calorique varie, foit relativement à leur état, foit relativement à leur nature. Nous examinerons cette faculté dans les corps folides, dans les corps liquides & dans les corps gazeux.

De la faculté qu'ont les folides de conduire le calorique.

Quoique les molécules foient écartées les unes des autres dans les corps folides, la fixité de leur pofition relative leur donne la propriété de propager plus facilement le calorique.

En expofant un corps folide, par une de fes extrémités, à l'action du calorique, celui-ci fe combine avec les molécules qui forment la première tranche ; celles qui compofent la feconde tranche enlèvent, par leur affinité pour le calorique, une portion de celui qui s'eft combiné avec la première tranche ; les molécules qui compofent la troifième tranche enlèvent également une portion du calorique que contient la feconde tranche : c'eft ainfi que le calorique eft enlevé fucceffivement, de tranche en tranche, jufqu'à la dernière, & que la chaleur fe propage dans toute l'étendue du corps. Pendant qu'une tranche cède du calorique à celle qui fuit, elle en prend à celle qui précède, & la portion de chaque tranche augmente fucceffivement, jufqu'à ce qu'elles foient arrivées à leur maximum.

Dans ce partage du calorique, chaque tranche fucceffive enlève, par fon affinité, une fraction du calorique que contient celle qui la précède & qui fe trouve la plus échauffée, & cette fraction eft toujours dépendante de la différence de température entre les deux tranches en contact. Ainfi, fuppofant toutes les tranches d'une barre échauffees, que t foit la différence de température de la première à la feconde, celle-ci lui enlèvera une quantité de calorique $= \frac{t}{a}$; la troifième tranche enlevera à la feconde $\frac{t}{a^2}$ de calorique, & la tranche n enlèvera à celle qui précède une quantité $= \frac{t}{a^n}$: d'où l'on voit que la température fe propagera en progreffion géométique pour des tranches en progreffion arithmétique. Il fembleroit réfulter de cette loi, que la propagation du calorique devroit fe continuer à une diftance infinie ; cependant la chaleur propagée n'eft fenfible qu'à une diftance finie, diftance qui eft très variable dans les différens corps. Dans une barre de fer, chauffée au rouge par une de fes extrémités, on diftingue encore une augmentation de température à cinq à fix pieds de diftance, tandis que du charbon bien fec, également chauffé au rouge par une de fes extrémités, laiffe à peine appercevoir de la chaleur fenfible à un pouce de diftance ; enfin, lorfque les émailleurs & les faifeurs de baromètres ramolliffent & fondent des tubes de verre à la flamme de leurs lampes, ils tiennent leurs tubes à quelques pouces de la partie qu'ils ramolliffent, & cela fans reffentir fenfiblement les effets de la chaleur.

C'eft à cette faculté qu'ont les corps de propager la chaleur avec plus ou moins de facilité, que l'on a donné le nom de *faculté conductrice de la chaleur*, & les corps qui propagent facilement le calorique font nommés *bons conducteurs de la chaleur*.

Il eft facile de voir que la grande variation dans la *conductricité de la chaleur* des différens corps, dépend du dénominateur de la fraction *de la chaleur* enlevée, en fuppofant qu'aucune autre caufe n'intervînt dans cette propagation. En effet, fi le dénominateur étoit très-grand, la fraction $\frac{t}{a}$, qui représente la quantité de calorique enlevée, feroit très-petite, & bientôt les tranches fucceffives n'enleveroient pas de calorique fenfible. Soit, par exemple, $t = 1000$, & $a = 100$; on voit que la deuxième tranche enleveroit $\frac{1000}{100} = 10$, la troifième $\frac{100}{100} = 1$, la quatrième $\frac{10}{100} = \frac{1}{10}$, & la cinquième tranche n'enlevant que $\frac{1}{100}$ de chaleur, deviendroit deja infenfible; tandis que fi le dénominateur étoit 2, la feconde tranche enleveroit $\frac{1000}{2}$, la troifième $\frac{1000}{4}$, la quatrième $\frac{1000}{8}$, & enfin la neuvième $\frac{1000}{2^9} = \frac{1000}{512}$: donc la température feroit de 1°,9, quantité appréciable avec un bon thermomètre.

Mais plufieurs caufes contrarient cette *conductricité*: la première eft la chaleur enlevée par l'air qui, touchant les corps, s'échauffe & s'échappe, pour que de nouvelles couches d'air viennent la remplacer & enlever également une portion de la chaleur qui s'eft propagée de tranche en tranche; la feconde, la rayonnance des corps, en vertu de laquelle chaque tranche lance dans l'air une fraction de la chaleur qu'elle a enlevée à la tranche précédente. Ces deux caufes influent également fur la diftance à laquelle la chaleur propagée peut être fenfible; elles contribuent néceffairement à faire varier la propriété *conductrice* des corps. Ainfi, les corps les meilleurs *conducteurs* font, toutes chofes égales d'ailleurs, ceux dont l'affinité pour le calorique eft la plus grande, & la rayonnance la plus petite.

Au refte, comme il eft difficile de déterminer d'une manière rigoureufe toutes les caufes qui favorifent ou retardent la propagation de la chaleur dans les corps, on en a appelé à l'expérience pour connoître la propriété *conductrice* de chacun.

On a employé, pour cet effet, deux méthodes différentes: la première confifte à échauffer des corps de même forme & de même dimenfion, & à mefurer le temps qu'ils emploient pour paffer d'une température donnée à une autre température; Newton paroît être le premier qui en ait fait ufage; dans la feconde on chauffe, par un bout, des prifmes de même dimenfion, & l'on obferve à quelle diftance de l'origine ils ont une même température, ou quelle longueur de chaque prifme eft contenue entre deux températures données. Cette méthode a été imaginée par Franklin.

Plus un corps eft *conducteur de la chaleur*, plus facilement il s'échauffe, mais auffi plus facilement il fe refroidit lorfqu'il eft dans un milieu plus froid que lui. On peut employer le temps du refroidifsement comme un moyen de comparer la propriété *conductrice* de chaque corps; mais pour que cette comparaifon puiffe avoir quelqu'exactitude, il faut que le temps du refroidiffement foit obfervé fur des températures déterminées, & fur des corps de même forme & de même volume.

Ainfi que nous l'avons déjà dit, deux caufes principales contribuent à la perte du calorique des corps, la rayonnance & le mouvement de l'air: la quantité de calorique que les corps perdent dans un temps donné par ces deux caufes eft d'autant plus grande, que la différence entre la température de l'air & celle du corps eft plus confidérable. Si donc on ne comptoit pas la durée du refroidiffement, à commencer d'une température donnée, dans un air dont la température foit également donnée, on obtiendroit, pour le même corps, des différences dans la durée du refroidiffement qui ne permettroient pas d'établir des comparaifons exactes; enfin, il eft également convenable que le courant d'air, dirigé fur le corps, foit le même dans toutes les expériences comparées.

Expofé dans un milieu plus froid que lui, un corps, d'une température uniforme, perd d'abord une portion du calorique de fa furface: celle-ci eft remplacée par le calorique des couches qui fuivent, & de proche en proche, jufqu'au centre; le centre a donc alors une température plus élevée que la furface. Dans cette ceffion de calorique de couche en couche, le refroidiffement doit être d'autant plus lent, à température égale, que le corps eft plus gros, qu'il a plus de maffe, & qu'à volume égal il a moins de furface; d'où il fuit que, pour comparer avec quelque juſteffe la propriété *conductrice* des corps par la durée du refroidiffement, il eft néceſfaire que les corps foient de même forme, de même volume ou de même maffe.

Non-feulement il eft néceffaire que les corps foient de même forme, de même volume ou de même maffe, mais il faut encore qu'ils aient une même pofition dans l'air, à caufe de la direction des courans d'air échauffé & d'air froid.

Si l'on avoit, par exemple, un corps irrégulier expofé dans un air tranquille, la couche d'air qui touche fa bafe inférieure, s'échauffant, s'élevera le long de fes faces; de nouvel air froid arrivera fur la bafe pour remplacer celui qui s'eft élevé, s'échauffera & s'élevera à fon tour. Par ce mouvement de l'air, fa bafe feule fera conftamment en contact avec de l'air froid, auquel elle abandonnera une grande portion de fon calorique; les faces latérales, touchées par de l'air échauffé, abandonneront moins de chaleur, & il arrivera néceffairement que la perte de la chaleur, dans un temps donné & à une température donnée, fera d'autant plus grande, que la bafe du prifme le fera davantage: d'où l'on voit que la grandeur de la bafe, comparée à celle des faces verticales, & conféquemment la pofition du corps dans l'efpace, aura une grande influence fur la durée du refroidiffement ; & s'il exifte un courant d'air dans le lieu où le corps chaud eft expofé, on voit que la grandeur des faces expofées à ce courant, comparée à celle des autres faces, influera également fur la durée du refroidiffement.

Comme ces précautions effentielles, de ne compter le refroidiffement qu'à partir d'une température donnée, & de ne foumettre à l'expérience que des corps d'une même forme, d'un même volume ou d'une même maffe, & dans une même pofition, n'ont pas toujours été prifes, il eft difficile de bien claffer les corps relativement à leur propriété conductrice. D'après les expériences qui ont été faites par La Condamine & par quelques autres, en fuivant la méthode de Newton, & en particulier celle de Rumfort, qui paroît être celui qui ait mis le plus de foin & qui ait pris le plus de précaution pour rendre fes expériences comparables, on a établi l'ordre fuivant dans les fubftances filamenteufes, en commençant par les fubftances les plus conductrices : lin, coton, laine, foie, duvet de caftor, duvet de lièvre, édredon.

Franklin & Ingenhoufz ont pris des fils de différens métaux, paffés à une même filière ; ils les ont plongés dans de la cire fondue, afin de les en couvrir d'une couche mince. Ces fils, fortement retenus entre deux règles de bois A B, fig. 658, ont été plongés, par une de leurs extrémités, dans un vafe plein d'eau chaude C D : les fils s'échauffant, & la chaleur fe communiquant de tranche en tranche, a fait fondre une portion de cire fur chaque fil. Comme la cire a fondu fur tous les fils, partout où la température étoit élevée à plus de $54°,66$ R. ; qu'elle ceffoit de fe fondre à cette température, il s'enfuivoit que la trace où la fufion de la cire ayant ceffé fur tous ces fils, indiquoit une température conftante de $54°,66$ R ; & comme les fils avoient tous la même température fur la furface de l'eau dans laquelle ils plongeoient, on pouvoit, par cette expérience, connoître l'étendue que le calorique parcouroit pour élever chaque fil d'un même nombre de degrés. Cette étendue étant proportionnelle à la faculté conductice des corps, Ingenhoufz a conclu, d'un grand nombre d'expériences, faites fur différens métaux, que l'ordre de leur conductricité étoit :

Argent.	Platine.
Or.	Fer.
Cuivre.	Acier.
Etain.	Plomb.

Gay-Luffac a fait quelques corrections à l'appareil d'Ingenhoufz ; il a fixé les fils métalliques fur les parois d'une boîte métallique, fig. 658 (a). On verfe l'eau chaude dans la boîte, & les fils, échauffés par une de leurs extrémités, tranfmettent & propagent la chaleur en dehors ; on voit alors la cire fe fondre fur chaque fil jufqu'au point où la chaleur tranfmife $= 54°,66$: prenant la longueur

de tous les cylindres dépouillés de cire, on détermine l'ordre de leur conductricité, qui eft proportionnel à la longueur des cylindres de cire fondue.

Dans l'appareil d'Ingenhoufz, on pouvoit craindre que la vapeur de l'eau, dans laquelle les fils enduits de cire font plongés, n'échauffât les fils en s'enlevant, & que, les echauffant inégalement, elle ne produifit des anomalies dans les réfultats : avec l'appareil de Gay-Luffac on évite cet inconvénient.

Les métaux font, de tous les corps folides qui ont été éprouvés jufqu'à préfent, ceux que l'on peut regarder comme les meilleurs conducteurs.

Après les métaux viennent les pierres, l'argile, le fable, les terres, mais elles varient confidérablement entr'elles dans la jouiffance de cette faculté ; elle eft beaucoup plus foible dans les briques.

Le verre ne diffère pas beaucoup des pierres, de la brique, de la poterie, de la porcelaine, relativement à fa faculté conductrice ; il eft, comme ces fubftances, mauvais conducteur : c'eft par cette raifon qu'il eft fi fufceptible de fe brifer lorfqu'il eft fubitement chauffé ou refroidi ; une partie du verre recevant le calorique, ou l'abandonnant avant les autres, fe dilate, fe contracte inégalement, & la cohéfion eft détruite.

Après les pierres, viennent les bois. Mayer à fait une fuite d'expériences fur la capacité conductrice pour le calorique d'un grand nombre de bois. On voit, dans la table qui fuit, les réfultats qu'il a obtenus, la capacité de l'eau étant prife pour unité.

Eau.	1,000
Ebène.	2,170
Pommier.	2,740
Frêne.	3,080
Hêtre	3,210
Charme.	3,23
Prunier.	3,25
Orme.	3,25
Chêne blanc.	3,26
Poirier.	3,32
Bouleau.	3,41
Chêne (robur feffilis).	3,63
Epicea.	3,73
Aune.	3,84
Pin	3,86
Sapin.	3,89
Tilleul.	3,90

Enfin, le charbon eft auffi un très-mauvais conducteur du calorique. D'après les expériences de Guyton de Morveau, fon pouvoir conducteur eft à celui du fable comme 2 eft à 3.

Nous ne parlerons pas ici de la faculté conductrice des fubftances filamenteufes ; nous avons fait connoître les expériences de Rumfort, & le rang qu'il leur a affigné : l'ufage de ces fubftances comme vêtemens rend ces réfultats d'autant plus précieux, qu'ils mettent à même de choisir celles qui doivent être préférées, selon les circonstances dans lesquelles on se trouve.

De la faculté qu'ont les liquides de conduire le calorique.

En observant l'échauffement graduel de toute la masse des liquides contenus dans des vases, on avoit cru devoir ranger les liquides parmi les substances conductrices de la chaleur; mais bientôt plusieurs physiciens, parmi lesquels se trouve Rumfort, refusèrent cette faculté aux liquides, & ils les placèrent parmi les corps non conducteurs.

Ce savant expliquoit la transmission de la chaleur dans toute la masse des liquides par la faculté qu'ont leurs molécules de se mouvoir & de se distribuer dans tout l'espace. En effet, si l'on ne mêle, dans un liquide, de la poussière d'un corps solide d'une même densité; si, après avoir échauffé ce liquide, on le verse dans un corps transparent, & si on l'expose ainsi à l'action du refroidissement, on voit bientôt deux courans opposés s'établir dans ce liquide, l'un ascendant vers le centre qui conserve plus long-temps sa chaleur, l'autre descendant vers les parois qui se refroidissent plus promptement; & si, avec un mélange frigorifique, on refroidit une des faces plus rapidement que les autres, on voit le courant descendant s'établir plus fortement sur la face refroidie que sur les autres: ainsi, dans tous les liquides, les molécules les plus échauffées, & conséquemment les plus légères, montent & se placent dans la partie supérieure de la masse, tandis que les plus froides, & conséquemment les plus pesantes, descendent dans la partie inférieure; d'où il suit que, dans un liquide qui a été échauffé, & dont le récipient est en repos, il doit s'établir dans toute la masse une variation graduelle de température, à commencer par les tranches les plus basses, qui sont les moins chaudes, & finissant par les tranches supérieures, qui ont acquis la plus haute température.

On conçoit dans cet échauffement, par le mouvement des molécules des liquides, comment, lorsqu'on échauffe le fond des vases qui contiennent des fluides, la chaleur se transporte promptement à la partie supérieure; mais on ne conçoit pas également comment il seroit possible d'élever la température d'un liquide, contenu dans le fond d'un vase, en l'échauffant dans sa partie supérieure: aussi le comte de Rumfort, qui soutient que les liquides ne s'échauffent & ne transmettent le calorique dans toute leur masse, que par le mouvement de leurs molécules, nie-t-il qu'il soit possible de faire transmettre de la chaleur au fond d'un liquide en repos, en l'échauffant par sa partie supérieure; il a fait, pour cet effet, plusieurs expériences dont nous allons rapporter les principales.

Il fixa un disque ou gâteau de glace au fond d'un vaisseau de verre, dans lequel il avoit mis assez

d'eau froide, pour que ce gâteau en fût recouvert à la hauteur d'environ six millimètres; il versa ensuite, dans le vaisseau, de l'eau bouillante en grande quantité. Si l'eau n'avoit aucune faculté conductrice, le calorique ne pouvoit pas, dans cette expérience, passer de l'eau bouillante à l'eau froide, &, par conséquent, la glace ne devoit éprouver aucun changement d'état; cependant. au bout de deux heures, elle étoit fondue d'environ moitié. Il sembleroit donc qu'il devroit y avoir eu une transmission de calorique à l'eau froide, d'où il résulteroit évidemment, que l'eau seroit conductrice du calorique; mais le comte trouva une manière ingénieuse d'expliquer ce fait, de la fonte de la glace, sans être obligé de renoncer à sa théorie de la non conductibilité des liquides.

On sait que l'eau, à 3°,55 R. au-dessus de zéro, est à son maximum de densité, & qu'à partir de ce point, sa densité diminue, soit que la température s'élève ou s'abaisse; ainsi donc, toutes les fois qu'une molécule d'eau contenue dans un vase acquerra la température de 3°,55 R., elle tombera au fond de ce vase. Maintenant, comme l'eau en contact avec la glace fondante est à la température de zero, il est évident qu'aussitôt que la température d'une molécule d'eau chaude sera abaissée de 3°,55 R., elle tombera, comme plus pesante, au-dessous de la molécule à zéro, qui, plus légère, lui cédera sa place; elle viendra alors en contact avec la glace, & la fera fondre. C'est de cette manière que le comte de Rumfort s'est efforcé de prouver que la fonte de la glace s'étoit opérée dans son expérience; lorsqu'il recouvrit en partie le gâteau de glace, en le fixant au fond du vase avec de petites traverses de sapin mises en croix, la portion du gâteau recouverte par le bois ne fondoit pas; & lorsque, sur le disque de glace, il en assujettissoit un autre d'étain mince, de même diamètre, percé dans son milieu d'un trou circulaire, il n'y avoit exactement de glace fondue que la partie du gâteau qui correspondoit à ce trou.

Pour s'assurer si l'huile & le mercure étoient des conducteurs de calorique, il fit des expériences analogues. On sait que, lorsque l'eau se congèle dans un vase de verre, en le plaçant dans un mélange réfrigérant, la glace, en commençant à se former aux parois, augmente progressivement d'épaisseur, & que l'eau, dans l'axe du vaisseau, qui conserve le plus long-temps sa fluidité, étant comprimée par l'expansion de la glace, sa surface est soulevée, & il en résulte, lorsqu'elle est gelée en totalité, une protubérance ou mamelon qui excède quelquefois de 13,50 millimètres la surface de la glace.

C'est sur la glace ainsi produite que le comte versa, dans le vase, de l'huile d'olive (probablement refroidie à la température de zéro) en quantité suffisante pour former, au-dessus de la surface de la glace, une couche de 81 millimètres d'épaisseur. Le vase de verre étoit environné, à la hauteur

teur de la glace, d'un mélange de glace pilée &
d'eau. Un fort cylindre de fer battu, d'environ
34 millimètres de diamètre & de 324 millimètres de long, muni d'une enveloppe cylindrique
creuse, de papier épais, ayant été chauffé à la
température de 79 deg. R. dans de l'eau bouillante, & subitement introduit dans son enveloppe,
fut suspendu par un fil d'archal au plafond de la
chambre, au-dessus du centre du vase, & plongé
dans l'huile, jusqu'à ce que le milieu de la surface plane de l'extrémité du cylindre de fer chaud,
qui étoit directement au-dessus du sommet de la
projection conique de la glace, n'en fût qu'à la
distance de 5,40 millimètres; l'extremité de l'enveloppe descendoit de 2,70 millimètres plus bas
que celle du cylindre chaud de métal. Il est évident, dit le comte de Rumfort, que si l'huile
d'olive avoit eu quelque faculté conductrice, le calorique fût passé à travers la couche qui séparoit
la surface chauffée du cylindre de la glace, & son
effet eût été d'en opérer la fusion; mais cela n'a
pas eu lieu; & la glace ne fut ni diminuée, ni
changée dans sa forme. En substituant, dans la
même expérience, du mercure à l'huile, les résultats furent absolument semblables.

On peut bien conclure de la première expérience du comte de Rumfort, que la fonte de la
glace s'opère à l'aide de courans d'eau plus chaude,
descendant dans de l'eau plus froide. Mais ce n'est
pas l'existence de ces courans descendans qu'il faut
prouver, c'est l'impuissance de l'eau pour conduire
le calorique. Or, si l'eau n'étoit pas conductrice,
comment la température de l'eau chaude auroit-
elle pu s'abaisser à 5°,55 R.? Ce n'est pas à la surface; car, suivant le comte lui-même, elle n'y fut
jamais au-dessous de 33°,77 R. Ce refroidissement
ne provient pas non plus du contact des parois
du vase; car dans une expérience, le courant descendant eut exactement lieu dans l'axe, & il résulte évidemment de celles faites avec les morceaux de bois, que ces courans descendans tombent également sur chaque partie de la surface de
la glace, ce qui auroit été impossible s'ils eussent
été formés par le refroidissement de l'eau sur les
parois du vase. Il s'ensuit donc que l'eau chaude
a été refroidie à 5°,55 R. par l'eau froide qu'elle
surnageoit, & avec laquelle, par conséquent,
elle a partagé son calorique. S'il en est ainsi, une
molécule d'eau peut recevoir du calorique d'une
autre molécule, ou, en d'autres termes, l'eau est
un conducteur du calorique. Lorsque l'eau chaude eut
séjourné pendant une heure sur la glace, sa température à diverses profondeurs étoit ainsi qu'il
suit; savoir:

À la surface de l'eau................ 44°,00R.
À 81 millimètres de profondeur...... 43,55
À 108, idem...................... 42,66
À 135, idem...................... 38,22
À 162, idem...................... 21,33
À 189 millimètres, surface de la glace. 3,55

Dict. de Phys. Tome II.

Comment peut-on expliquer cette diminution
graduelle dans la température de l'eau, à mesure
qu'elle s'approche de la glace, si elle n'étoit pas
conductrice de la chaleur? On peut dire que l'eau,
perdant du calorique à sa surface, descend & s'arrange d'elle-même, selon sa pesanteur spécifique;
mais si cela est ainsi, comment se fait-il qu'il n'y
ait pas un demi-degré de température de différence à 81 millimètres de profondeur de la surface, & qu'il n'y en ait que 1½ à 108 millimètres
au-dessous de la surface? Il paroît donc que les
expériences du comte de Rumfort, au lieu de démontrer que l'eau n'a pas de faculté conductrice de
calorique, favorisent la supposition contraire.

Ces mêmes expériences ont été répétées par
Thompson, avec quelques modifications dans
l'appareil. Le vase contenant le liquide étoit de
bois; sa forme étoit cylindrique; on couvroit le
liquide avec un disque de métal, sur lequel on
plaçoit une couche d'eau bouillante, que l'on en-
tretenoit constamment à la même température.
Nous allons rapporter les résultats de deux expériences, l'une faite sur le mercure, l'autre sur
l'huile d'olive, afin de déterminer le rapport de
conductricité de ces deux liquides.

Résultat de l'expérience sur le mercure.

TEMPS.	THERMOMÈTRE.	
	Dans l'axe.	Au bord.
8 h. 32	75°,5	75,5
33	77	77
33½	78	78
34	79	79,25
34,5	80	80,25
35	81	82
35,5	83	83,5
35,75	84	84,75
36,5	86	86,5
37	88	88
37,5	89	89
38	91	91
38,5	94	94
39	95	95
39,75	97	97
40	98	98
40,5	100	100
41	103	103
41,5	105	105
42,5	106	107
43	108	109,5
43,75	111	112
44,5	113	114
45	115	116
45,75	117	118
46	118	118,75
46,5	120	120,25

Réfultat de l'expérience fur l'huile d'olive.

TEMPS.	THERMOMETRE.	
	Dans l'axe.	Au bord.
9 h. 7′	72	72
10	73	73
22,5	74	74,25
27	75,5	76
31	77	78
33,5	78	79
34,75	79	80
37	80	81
38	80,75	82
40,5	82	82,33
41,75	82,75	84
44	84	85
50,5	90	92
61	92	94
75	98	100

On voit en comparant ces expériences, 1°. que la tranfmiffion de la température dans l'axe & fur les faces n'éprouve pas de grande différence, & que l'on peut avancer qu'elle n'en éprouve aucune dans le mercure ; 2°. que la faculté *conductrice* du mercure eft beaucoup plus grande que celle de l'huile, puifqu'il n'a fallu que fept minutes pour faire monter de 21° Fahr. le thermomètre du centre, c'eft-à-dire, de 77 à 98, & qu'il a fallu trente-quatre minutes pour produire le même effet dans l'huile ; d'où l'on voit, que la pénétration de la chaleur du haut en bas y fut cinq fois plus lente.

Pendant qu'on faifoit cette expérience, on tenoit en action un autre vafe d'eau bouillante fur un vafe de verre cylindrique, rempli d'huile d'olive. Un obfervateur fixoit attentivement les petites particules opaques fufpendues dans le fluide, mais il ne put apercevoir aucun courant pendant trente minutes que dura l'expérience.

Quant aux expériences faites avec l'huile & le mercure, par Rumfort, on peut oppofer d'autres expériences faites dans le même but. Le chimifte Thompfon, en opérant de la manière fuivante, s'eft affuré que tous les fluides font *conducteurs du calorique*. Il verfoit le liquide, dont il cherchoit à connoître la faculté *conductrice*, dans un vafe de verre, jufqu'à ce qu'il en fût à moitié rempli ; il y ajoutoit alors un liquide chaud, d'une pefanteur fpécifique moindre ; il avoit placé à la furface, au centre & au fond du liquide froid, des thermomètres qui ne pouvoient monter qu'autant que le calorique feroit defcendu dans cette portion du liquide contenu dans le vafe, & y auroit par conféquent été *conduit*. Pour examiner, par exemple, le pouvoir *conducteur* du mercure, il remplit à

moitié, de ce métal liquide, un vafe de verre, & il verfa par deffus de l'eau bouillante ; le thermomètre placé à la furface du mercure commença immédiatement à s'elever, enfuite celui du milieu, puis celui du fond. Le premier monta à 38°,22 R. ; le fecond à 25°,77 R., & le troifième à 24°. Le premier parvint à fon maximum en 1′, le fecond en 15′, & le troifième en 25′. Il examina de même le pouvoir *conducteur* de l'eau, en verfant par-deffus de l'huile chaude ; il ne négligea aucune des précautions néceffaires pour s'affurer de l'exactitude de ces expériences, dont le détail a été expofé dans le *Journal de Nicholfon*, tom. IV, pag. 529.

Depuis, ces réfultats ont été confirmés de la manière la plus convaincante par les belles & ingénieufes expériences de Murray. Pour éviter toute poffibilité de communication de calorique par le vaiffeau, il en entoura un de glace incapable de tranfmettre aucun degré de chaleur au-delà de zéro ; il répéta, dans ce vafe, les expériences de Thompfon, & il obtint les mêmes réfultats. Le thermomètre monta conftamment, par l'application d'un corps chaud à la furface du liquide dans lequel il étoit placé. Dalton a auffi publié des expériences prefqu'exactement femblables à celles de Thompfon, & qui offroient les mêmes réfultats.

On peut conclure de toutes ces expériences, que les liquides, auffi bien que les folides, font des *conducteurs de calorique*. Thompfon a trouvé par des recherches exactes, faites fur le pouvoir *conducteur* des liquides, que cette faculté étoit dans l'eau, le mercure & l huile de lin, dans les rapports fuivans :

Volumes égaux.	Eau	1
	Mercure	2
	Huile de lin......	1,11
Poids égaux....	Eau	= 1
	Mercure ...	= 4,80
	Huile de lin...	= 1,085

Faculté qu'ont les gaz de conduire le calorique.

La queftion de la faculté que les gaz ont d'être *conducteurs du calorique*, n'ayant pas été examinée avec le même foin que celle des liquides, il doit refter encore de grandes incertitudes fur cette propriété. Les molécules des gaz fe combinent avec le calorique, comme celles des liquides ; elles acquièrent, par cette combinaifon, une forte de légèreté qui leur donne la facilité de produire des mouvemens afcendans & defcendans Etant, fous les deux rapports, affimilés en quelque forte aux liquides, on pourroit croire que, puifqu'il eft reconnu que ces derniers font des *conducteurs de calorique*, les gaz devroient l'être également. En effet, quelle caufe pourroit empêcher que le calorique ne fe communiquât de molécules à molécules ? Mais comme il exifte encore, entre les molécules des liquides, une force attractive qui les rapproche des folides, & que le calorique, qui environnoit les molécules des gaz, détermine une action répulfive entre les molécules, répulfion qui n'eft vaincue que par la preffion qui lui fait équilibre, on pourroit également croire qu'il feroit poffible que les gaz ne fuffent pas *conducteurs du calorique*, jufqu'à ce que l'expérience ait prononcé à cet égard ; cependant, on a cru devoir les confidérer comme des *conducteurs* plus foibles, mais analogues aux liquides, & l'on peut être conduit à cette opinion, par la facilité avec laquelle le calorique rayonne dans l'air, & fe transporte de molécule à molécule dans la même tranche horizontale.

Il eft bien reconnu que le refroidiffement a lieu dans les gaz beaucoup plus lentement que dans les liquides ; mais comme ce refroidiffement peut dépendre de beaucoup d'autres caufes que de celle de la faculté *conductrice* des gaz, il eft difficile d'en évaluer l'intenfité relative, par la durée du temps néceffaire pour que les corps chauds, qui y font placés, fe refroidiffent. Le comte de Rumfort a trouvé que le refroidiffement d'un thermomètre eft à peu près quatre fois plus prompt dans l'eau que dans l'air, à la même température ; il s'eft également affuré que la raréfaction de l'air diminue la faculté *conductrice*, & que c'eft dans le vide que les corps chauds refroidiffent le plus lentement.

On obferve dans l'air une caufe de refroidiffement qui n'exifte pas dans le vide ; c'eft le mouvement afcenfionnel de l'air échauffé, qui détermine le nouvel air plus froid à fe porter fur le corps chaud, afin d'accélérer fon refroidiffement. Dans l'air, il exifte deux caufes de refroidiffement, le rayonnement & le mouvement de l'air ; dans le vide, il n'en exifte qu'une, le rayonnement. Il n'eft donc pas étonnant que les corps fe refroidiffent plus promptement dans l'air que dans le vide, & cette accélération dans le refroidiffement ne peut pas être attribuée à une faculté *conductrice* plus grande de l'air. Il fera difficile de prononcer fur le rapport de *conductricité* de l'air & du vide, tant que l'on n'aura pas fait des expériences qui puiffent affigner la valeur de chacune de ces caufes.

D'après des expériences de Rumfort, l'air feroit un meilleur *conducteur de calorique* que les fubftances filamenteufes : il feroit bon que fes expériences fuffent répétées.

Il étoit facile à Leflie, au moyen de la fenfibilité de fon thermomètre différentiel, d'examiner avec plus de précifion qu'on n'a pu le faire encore, la faculté *conductrice* des gaz. Il reconnut que, dans tous, elle diminue avec leur raréfaction, & il crut pouvoir conclure de fes expériences, que celle de l'air eft à peu près comme la racine cinquième de fa denfité.

Les vapeurs de toute efpèce, ainfi que tout ce qui a de la tendance à dilater l'air, en affoibliffent leur faculté *conductrice* : cette faculté eft à peu près égale dans l'air atmofphérique, le gaz oxigène & l'azote. Dans le gaz acide carbonique, elle eft inférieure à celle de l'air ; mais les corps chauds refroidiffent au moins deux fois plus vite dans le gaz hydrogène que dans l'air ordinaire, & il paroît probable, d'après les expériences de Leflie, que la capacité de ce gaz pour *conduire* le calorique, eft quadruple de celle de l'air.

Cette faculté qu'ont les corps, en général, d'être plus ou moins *conducteurs de la chaleur*, peut être employée avec beaucoup de fuccès dans les arts & dans tous les befoins de la vie. Ainfi, lorfque l'on veut que le calorique renfermé dans un efpace fe répande facilement & promptement hors de cet efpace, il faut l'environner de corps très-bons *conducteurs* : c'eft pourquoi les poêles métalliques échauffent plus promptement les appartemens que les poêles de briques, de terre & de faïence ; c'eft pourquoi la couleur & le poli étant les mêmes, l'eau s'échauffe plus promptement dans une cafetière d'argent que dans un vafe de terre ou de porcelaine ; mais auffi, lorfque l'action de chaleur dans le poêle ou fur le vafe ceffe, l'appartement & l'eau font plus promptement refroidis dès que l'on a fait ufage d'un poêle de métal & d'une cafetière d'argent.

De même, fi l'on veut que le calorique renfermé dans un efpace y exerce toute fon action, & qu'il ne s'en répande que peu ou point en dehors, il faut recouvrir la première enveloppe d'une fubftance peu ou point *conductrice de la chaleur* : auffi, dans les hauts fourneaux à fondre le fer, dans les fourneaux à manche, dans les ufines, &c., remplit-on avec une couche de pouffière de charbon, de verre pilé ou de brafque pefante ou légère, un efpace vide que l'on conferve entre les parois & le double muraillement ; cette enveloppe retient, en quelque forte, le calorique, l'empêche de s'infiltrer en dehors, & le concentre tout entier dans l'intérieur, où il peut exercer fon action fur les fubftances qu'on y expofe.

On voit encore pourquoi les bas de foie font plus chauds que les bas de fil ; l'édredon eft plus chaud l'hiver que des couvertures de côton beaucoup plus lourdes. Ces fubftances, peu *conductrices du calorique*, confervent mieux la chaleur qui fe dégage du corps. Les bas de foie confervent cette chaleur autour de la jambe, l'empêchent de fortir au dehors ; l'édredon conferve la chaleur dans le lit, en l'empêchant également de fortir au dehors.

Par une raifon femblable, les fubftances peu *conductrices de la chaleur* peuvent être employées avec avantage l'été, parce qu'elles empêchent la chaleur de l'air ou du foleil, s'ils font très-forts l'un & l'autre, de pénétrer à travers les vêtemens & d'arriver jufqu'à la peau ; mais il eft bon, dans cette circonftance, que les vêtemens foient larges, pour que l'air frais puiffe s'introduire entre les vêtemens & la peau, & rafraîchir cette dernière.

Humboldt, après avoir réuni les expériences faites par Richmann, Buffon, Franklin, Achard, Ingenhoufz, Thompfon, &c., fur la propriété qu'ont les corps de *conauire la chaleur*, en a formé le tableau fuivant, dans lequel il compare la denfite, la chaleur fpécifique, la chaleur relative & la force *conductrice* de chaque corps.

CORPS.	DENSITE.	CHALEUR		FORCE conductrice	NOMS des Auteurs.
		fpécifique.	relative.		
Vide de Torricelli..............	....	.....	.....	0,1760	
Air athmofphérique condenfé = 1.	0,0012	.....	.....	0,2250	} Thompfon.
Idem, = ⅓........................	.....	.....	.....	0,2490	
Cendres de bois..................	1,5560	1,4144	1,4144	0,7070	
Acide fulfurique.	1,7000	1,2886	1,2886	0,7764	} Humboldt.
Oxide de fer.....................	4,5000	1,1250	1,1250	0,8889	
Cuivre..........................	8,5760	0,9861	0,9861	0,8970	
Fer.............................	7,8076	0,9907	0,9907	0,9430	Richmann.
Cuivre jaune....................	8,3960	0,9403	0,9403	0,9430	}
Lait de vache...................	1,0300	1,0289	1,0389	0,9727	Humboldt,
Vinaigre........................	1,0110	1,0413	1,0413	0,9900	} Mayer.
Eau.............................	1,000	1,000	1,000	1,0000	
Or..............................	19,0400	0,9520	0,9520	1,0,04	Humboldt.
Air humide......................	......	.....	.....	1,0543	Thompfon.
Acide nitrique..................	1,5800	0,9100	0,9100	1,0989	
Argent..........................	10,0010	0,8020	0,8020	1,2195	
Acide muriatique................	1,1500	0,7820	0,7820	1,2787	} Humboldt.
Pierre calcaire.................	2,8570	0,7313	0,7313	1,3674	
Huile d'olive...................	0,9130	0,7100	0,6482	1,5472	
Etain...........................	7,2910	0,6800	0,4597	1,5410	Richmann.
Zinc............................	6,8620	0,0943	0,5470	1,5455	
Oxide de plomb..................	8,9400	0,0680	0,6079	1,6474	
Antimoine.......................	6,8600	0,0860	0,5899	1,6952	} Humboldt.
Alcool..........................	0,8150	0,6021	0,4907	2,0379	
Huile de lin....................	0,9280	0,5230	0,4899	2,0412	
Houille.........................	1,5600	0,2777	0,4166	2,4003	
Mercure.........................	13,5800	0,6330	0,4656	1,9700	Mayer.
Plomb...........................	11,4459	0,0352	0,4029	0,3138	Richmann.
Bifmuth.........................	9,8610	0,0430	0,4240	2,3584	
Effence de térebenthine.........	0,7920	0,4720	0,3738	2,6752	} Humboldt.
Soufre..........................	1,8000	0,1830	0,3294	3,0358	
Glace...........................	0,9160	0,9160	0,8144	1,2130	

Si l'on compare l'ordre de la *conductricité* des métaux déduits de la table de Humboldt avec celle qui réfulte des expériences d'Ingenhoufz, on voit que la fucceffion des métaux dans la première eft : étain, argent, or, fer, cuivre & plomb; tandis que, d'après les expériences du fecond, l'ordre eft : argent, or, cuivre, étain, fer & plomb. En général, toutes les expériences faites jufqu'à préfent pour déterminer les rapports des propriétés *conductrices* des différens corps pour la chaleur, ayant été faites par des méthodes différentes, & qui font toutes fufceptibles de modifications, ne peuvent & ne doivent être regardées que comme des à peu près. Il feroit bon que l'on cherchât une méthode certaine & comparative, & que quelques-uns de ces hommes laborieux, qui facrifient leur temps à l'avancement des fciences, puffent entreprendre une férie d'expériences exactes, fur lefquelles on pût enfin compter.

CONDUCTEUR DE LA FOUDRE; pellica fulmen avertens; *blctz obleiter, welter obleiter, welter ftange*. Verge pointue de métal, élevée & ifolée fur un bâtiment, afin de le garantir des effets de la foudre.

Ces fortes de *conducteurs* font fondés, 1°. fur ce que la matière de la foudre & celle de l'électricité font les mêmes (*voyez* ELECTRICITÉ, FOUDRE); 2°. fur ce que les pointes attirent l'électricité, & par conféquent la matière de la foudre de beaucoup plus loin que les corps ronds & plats, & qu'elles peuvent foutirer l'électricité d'un grand réfervoir, tranquillement & fans détonation: (*voyez* POINTES, POUVOIR DES POINTES); 3°. fur ce que les métaux font de très-bons *conducteurs* de l'électricité (*voyez* CONDUCTEURS DE L'ELECTRICITE), & que, dès que l'électricité s'eft établi une route à travers un corps *conducteur*, elle change de milieu le plus tard qu'elle peut, dût-elle même fuivre un chemin plus long.

Alors Franklin a trouvé, qu'en établiffant une barre métallique depuis le fommet d'un édifice jufque dans la terre humide, fi cela eft poffible, terminant cette barre, dans la partie fupérieure, par une pointe très-fine, formée d'un métal non oxidable, tel que l'argent, l'or ou le platine, cette barre devenoit un très-bon *conducteur de la foudre*, & que, lorfqu'un nuage chargé de la matière de la foudre paffoit à quelque diftance de la pointe, cette matière étoit attirée par la pointe, & conduite au fol d'une manière imperceptible; qu'ainfi on pouvoit enlever toute la matière de la foudre contenue dans un nuage, & empêcher, par ce moyen, les effets défaftreux qu'elle auroit pu produire. Un autre avantage que l'on retire de ces barres métalliques, c'eft fi, par un mouvement rapide d'un nuage chargé de la matière de la foudre, cette matière fe porte fimultanément, & avec explofion, fur l'extrémité de la barre, toute la matière de la foudre fuit la barre qui lui fert de *conducteur*, & elle fe porte dans la terre, où elle fe répand auffitôt: par ce moyen l'explofion peut avoir lieu fans qu'il puiffe en réfulter aucun dommage, foit pour l'édifice, foit pour les objets qui y font dépofés, foit enfin pour les perfonnes & les animaux que l'on y a réunis.

Quant à l'hiftorique de la découverte des *conducteurs de la foudre*, & à la manière de les conftruire pour mettre les édifices à l'abri de tout danger, *voyez* PARATONNERRE.

CONDUCTEUR DE LA LUMIÈRE; *conductor luminis; licht leitung*. Inftrument à l'aide duquel on peut conduire & diriger la lumière partout où l'on veut.

Tous les corps réfléchiffans, tous les miroirs font des *conducteurs lumineux*; on peut, en recevant la lumière fur leur furface, diriger celle qui en réfléchit, dans un point déterminé, en difpofant la furface de manière que les droites menées du corps lumineux & du point de réception fur la furface du miroir, forment avec cette furface des angles d'incidence & de réflexion égaux. On peut encore faire converger, ou diverger, ou rendre parallèle la lumière réfléchie, en difpofant la furface de réflexion en conféquence. *Voyez* MIROIR, PORTE-LUMIÈRE.

CONDUCTEUR DE LA MACHINE ÉLECTRIQUE; *conductor der electricitaet maschin*. Corps de métal, ou recouvert de métal, de forme fphérique ou cylindrique, arrondi par fes deux extrémites.

Ces *conducteurs* doivent être ifolés & mis en communication avec le corps qui produit l'électricité, au moyen des pointes qui foutirent l'électricité à mefure qu'elle fe produit; leur furface doit être liffe. Il faut éviter qu'il ne s'y trouve aucune pointe ou angles prédominans par lefquels l'électricité pourroit s'échapper. *Voyez* MACHINE ELECTRIQUE.

CONDUCTEUR DE L'ELECTRICITE; *conductor electricus; conductor der electricitaet*. Corps électrifables par communication, & qui tranfmettent facilement & inftantanément, à une grande diftance, l'électricité qu'ils reçoivent.

La diftinction des corps en *conducteurs* & non *conducteurs de l'électricité*, eft due au hafard. En février 1717, Gray voulant effayer la puiffance électrique d'un tube de verre de 3 pieds 5 pouces de long, fur 2,1 pouces de diamètre, le boucha avec deux bouchons de liége, pour empêcher l'entrée de la pouffière. Le tube électrifé attira, même par le bouchon de liége, les corps légers qu'on lui préfentoit. Perfuadé que le tube électrifé avoit communiqué fa vertu au liége, il voulut s'affurer fi elle fe communiqueroit plus loin: il fixa une boule d'ivoire au bout d'un bâton de fapin, de quatre pouces de long; il enfonça ce bâton dans le liége; la boule d'ivoire attiroit également les corps; la boule fixée fur de longs bâtons, fur des morceaux de fer, de laiton, préfenta le même réfultat; enfin, il attacha la boule à une ficelle, qu'il fufpendit au tube par un anneau: l'électricité fe tranfmit également.

Après avoir effayé fes expériences avec des cannes & des rofeaux légers, les plus longs dont il put fe fervir, il monta fur un bâlcon élevé de vingt-fix pieds, & attachant un cordon à fon tube, il trouva que la boule qui pendoit au bas s'électrifoit; il monta plus haut encore, fixa fes rofeaux au bout de fon tube, & attacha un long cordeau au bout des rofeaux: l'électricité fe tranfmit également à la boule d'ivoire fufpendue par le cordeau.

Ne pouvant *conduire* l'électricité plus loin, dans une direction verticale, Gray effaya de la tranfmettre horizontalement: il attacha, avec un clou, des ficelles à une poutre; il fit une boucle à l'autre extrémité de la ficelle; il paffa dans cette boucle le cordeau qui fufpendoit la boule: l'électricité fut interceptée, & ne parvint pas à la boule. Gray conclut que l'électricité étoit tranfmife à la poutre par les ficelles verticales. Wheeler, avec qui il répéta ces expériences le 30 juin 1729, préfumant que l'électricité n'étoit interceptée que parce que les ficelles verticales étoient trop groffes, confeilla de fufpendre le cordeau avec des fils plus minces; & pour qu'ils fuffent à la fois minces & forts, il invita de faire ufage de fils de foie. L'appareil étoit fixé dans une longue galerie; l'électricité fut tranfmife, en

ligne droite, à 80 pieds de diſtance. Ils ramenèrent la corde ſur elle-même, pour lui faire
parcourir deux fois la galerie, c'eſt-à-dire, 147
pieds : l'expérience réuſſit également.

Voulant faire faire à la corde un plus grand
nombre de replis, & employer une corde plus
groſſe, un des fils de ſoie ſe caſſa. Afin de le remplacer par un fil plus fin & plus fort, Gray &
Wheeler firent uſage d'un fil de laiton; alors la
tranſmiſſion de l'électricité fut arrêtée par le fil
de laiton, ce qui convainquit ces deux phyſiciens, que le ſuccès de l'expérience dépendoit de ce
que les cordons de ſupport fuſſent de ſoie; &
non qu'ils fuſſent plus petits, comme ils l'avoient
cru. Ils prirent donc des cordons de ſoie plus
forts, afin de pouvoir ſoutenir de plus grandes
longueurs de cordes de chanvre, qu'ils prirent
également plus fortes, & la vertu électrique fut
conduite à 765 pieds, ſans que l'on s'aperçût que
l'effet fût ſenſiblement diminué par la diſtance.

Dès que l'on eut remarqué que la ſoie avoit
une propriété différente du chanvre & du laiton
pour conduire l'électricité, on ne tarda pas à reconnoître que la poix, la réſine, le verre, jouiſſoient,
comme la ſoie, de la propriété de ne pas conduire
l'électricité, & chacun fit uſage de ces ſubſtances
pour iſoler les corps que l'on vouloit électriſer.

Ayant ſuſpendu une bulle d'eau, une bulle de
ſavon à un tuyau de pipe, un petit garçon ſur
des cordons de crin, Gray s'aſſura que les êtres
animés & l'eau étoient de bons conducteurs électriques.

Bientôt on remarqua que tous les corps de la
nature participoient plus ou moins des deux propriétés du chanvre & de la ſoie, de conduire ou
de ne pas conduire l'électricité, & l'on diviſa les
corps en trois claſſes : bons conducteurs, moyens
conducteurs & mauvais conducteurs. On place parmi
les corps bons conducteurs, les métaux, l'eau, les
corps humides, les animaux vivans; parmi les
corps moyens conducteurs, ou les conducteurs imparfaits, ſont la pierre, le marbre, le bois ſec,
les ſubſtances végétales & animales, mortes, la
neige, le charbon, le verre & la réſine chauffée,
la flamme, &c.; enfin, parmi les corps mauvais
conducteurs, ou les corps iſolans, ſont la gomme
laque, la réſine, l'air ſec, le verre froid, la
cire à cacheter, le diamant, le bitume, le ſoufre,
la cire, les gommes, la ſoie, le crin, le poil,
les cheveux, les huiles, &c.

Pour reconnoître dans laquelle de ces trois
claſſes un corps doit être placé, on électriſe un
corps conducteur iſolé, & l'on établit une communication entre ce corps & le réſervoir commun,
à l'aide du corps que l'on veut eſſayer. Si le corps
eſt bon conducteur, il enlève auſſitôt l'électricité;
ce fluide eſt conduit inſtantanément au réſervoir
commun; s'il eſt non-conducteur, ou iſolant, il ne
diminue en aucune manière l'intenſité de l'électricité du corps; enfin, s'il eſt moyen conducteur, il

enlève ſucceſſivement l'électricité du corps, &
met un temps plus ou moins long pour le faire
paſſer complétement au réſervoir commun.

Il eſt néceſſaire, pour bien comparer la faculté
conductrice de chaque corps, qu'ils aient tous la
même longueur, parce que l'infiltration de l'é-
lectricité, à travers un corps moyen conducteur ſe
fait d'autant plus lentement, que le corps eſt
lui-même plus long; il faut encore que le corps
ſoit bien ſec & bien eſſuyé, afin que l'écoulement de l'électricité, par la couche d'humidité
dépoſée à la ſurface, ne ſoit pas attribuée à la faculté conductrice du corps; il faut encore que l'expérience ſe faſſe dans un air bien ſec, pour que
l'on n'attribue pas, au corps eſſayé, l'électricité
enlevée par l'air humide.

Quelle que ſoit la faculté conductrice d'un corps,
dès qu'on le met en contact avec un corps électriſé, il enlève une portion de ſon électricité pour
ſe mettre en équilibre de tenſion électrique avec
lui; mais il y a cette différence entre les corps:
que ceux qui ne ſont point conducteurs ne s'électriſent que ſur la ſurface de contact; que les corps
bons conducteurs s'électriſent inſtantanément ſur
toute leur ſurface, & que les corps mauvais conducteurs s'électriſent inſtantanément ſur des ſurfaces plus ou moins grandes; quelques-unes même
s'électriſent ſur toutes leurs ſurfaces.

On s'aſſure ſi les vapeurs, les fumées, la
flamme, ſont conducteurs de l'électricité, en plaçant ſur un conducteur électrique l'appareil d'où ſe
dégagent la fumée, la vapeur, la flamme, & plaçant
à une diſtance éloignée de cet appareil un corps conducteur que l'on fixe dans le courant de fumée, de
vapeur, de flamme. C'eſt ainſi que l'on eſt parvenu
à claſſer ces ſubſtances, & à les placer dans le
rang qui leur appartient.

Afin de prouver que l'eau eſt un bon conducteur
d'électricité, on fait, dans les cours de phyſique,
une expérience aſſez agréable : deux perſonnes,
placées ſur des tabourets électriques, afin de les
iſoler, tiennent chacune à la main un petit vaſe
plein d'eau, auquel on donne le nom de pompe de
cellier; elles dirigent le jet des deux pompes dans
un vaſe iſolé. Dès que l'on électriſe l'une des perſonnes, l'électricité ſe communique à l'autre,
quoiqu'elle en ſoit très-éloignée; elle s'y accumule
au point que l'on peut en tirer des étincelles électriques, & faire partir le piſtolet de Volta. Voyez
PISTOLET DE VOLTA.

Rien n'indique encore à quelle diſtance l'électricité peut être propagée par un corps bon conducteur. Nous avons vu que Gray l'avoit conduite
à 765 pieds avec une corde de chanvre; l'abbé
Nollet dit l'avoir propagée à 1200 pieds avec une
ſemblable corde. Ce même phyſicien a fait paſſer
la décharge d'une bouteille de Leyde à travers une
chaîne de 80 perſonnes. Haſſenfratz a fait paſſer
la décharge d'une bouteille de Leyde à travers
une chaîne formée de 150 élèves de l'École-de-

Mars. Monge a fait paffer la décharge d'une bou-teille de Leyde à travers tout le cours de la Meufe qui tourne autour de Mézières On peut, par ce petit nombre d'expériences, apprécier avec quelle facilité & à quelle diftance l'électricité peut être tranfmife par de *bons conducteurs*.

Mais combien de temps l'électricité met-elle à parcourir une diftance donnée, ou quelle eft la viteffe de la tranfmiffion de l'électricité? Bien certainement, cette viteffe doit dépendre de la bonté des *conducteurs*. Le plus grand nombre des électriciens s'accordent à regarder la viteffe de fa tranfmiffion, à travers des *bons conducteurs*, comme devant être infinie, c'eft-à-dire que, quelle que foit leur longueur, elle fe tranfmet inftantanément, ou mieux, qu'il eft impoffible d'apprécier la durée de cette tranfmiffion. Beccaria, qui a fait des expériences directes fur cet objet, dit, qu'ayant fufpendu un fil de fer de 500 pieds de long dans un grand bâtiment, il remarqua, au moyen d'un pendule qui battoit les demi-fecondes, que des corps légers, placés à un bout, fous une boule de papier doré, ne s'ébranlèrent que plus d'une demi-feconde après qu'il eut appliqué, à l'autre bout, le fil de fer d'une bouteille chargée.

En répétant la même expérience avec une corde de chanvre (1), il compta fix vibrations, ou plus, avant qu'ils remuaffent; mais quand il eut humecté la corde, ils fe mirent en mouvement après deux ou trois vibrations. Il ne dit pourtant pas que le fluide électrique ait employé tout ce temps dans fa marche, parce qu'il fe peut bien qu'il faille qu'une certaine quantité de fluide foit accumulée avant qu'ils puiffent enlever les corps légers; mais il s'imagina qu'ils fe mouvoient avec plus ou moins de viteffe, felon que les corps, par lefquels ils paffoient, avoient auparavant plus ou moins de ce fluide.

Si les expériences de Beccaria font auffi précifes qu'on a lieu de le préfumer, d'après l'opinion que l'on a de l'exactitude de ce phyficien, il feroit bon de répéter ce genre d'expériences fur un grand nombre de corps, plus longs, s'il étoit poffible, que ceux qu'il a employés : alors on pourroit déterminer les rapports de leurs facultés conductrices, d'après le temps qu'ils mettroient à tranfmettre l'électricité. *Voyez* CORPS SYMPA ÉLECTRIQUE.

CONDUCTEUR DU GALVANISME; conductor galvanifmi; *conductor der galvanifme*. Corps qui tranfmettent, avec plus ou moins de facilité, la faculté galvanique.

Si l'on difpofe une pile galvanique d'un grand nombre de difques, on diftingue trois effets : 1°. électrique; 2°. phyfiologique; 3°. chimique. Ces effets peuvent être tranfmis ou arrêtés par la faculté conductrice des corps que l'on emploie.

Erman, qui s'eft principalement occupé de l'examen des *conducteurs galvaniques*, dans un Mé-

(1) Elettricifmo artificiale a naturale, page 51.

moire qui a été couronné par l'Inftitut royal de France, diftingue cinq fortes de corps, relativement à leur faculté *conductrice du galvanifme* : 1°. qui ifolent parfaitement; 2°. qui *conduifent* parfaitement; 3°. qui *conduifent* imparfaitement; 4°. qui ne *conduifent* que l'effet pofitif; 5°. qui ne *conduifent* que l'effet négatif. Dans ces cinq fortes de corps, il en eft trois qu'on a déjà diftingués dans les expériences électriques, favoir, les corps ifolans, les *conducteurs parfaits* & les *conducteurs imparfaits*; quant aux deux derniers, c'eft à-dire, ceux qui ont la faculté de ne *conduire* que le galvanifme pofitif ou négatif, on en doit la découverte à Erman.

Avant de faire connoître ces fortes de *conducteurs*, nous devons rappeler que, dans une pile, on diftingue deux fortes de galvanifmes, auxquels on a donné les noms de *pofitif* & de *négatif*. Le galvanifme pofitif fe développe à l'une des extrémités de la pile, & le galvanifme négatif à l'autre extrémité. *Voy.* GALVANISME, ÉLECTROMOTEUR.

On donne le nom d'*ifolans* aux corps qui, par le contact, ne chargent aucun des deux pôles féparément, & n'enlèvent la charge électrique d'aucun corps. Dans le conflit des deux pôles, ils ifolent; par conféquent le verre, les réfines, l'eau folide, le foufre, l'ambre, &c., font des corps ifolans.

Les *conducteurs* parfaits chargent & déchargent chaque pôle individuellement, c'eft-à-dire, que fi l'on ifole complètement une pile galvanique en la pofant fur un plateau de verre vernifé, ou fur un gâteau de réfine, & que l'on faffe communiquer l'une de fes extrémités avec le réfervoir commun par un *conducteur* parfait, le galvanifme de cette extrémité ceffe d'être fenfible, & le galvanifme de l'extrémité oppofée eft double d'intenfité Si l'on fait communiquer les deux extrémités de la pile ifolée, par un *conducteur* parfait, dans le conflit des deux pôles, tout veftige de polarité difparoît au pofitif comme au négatif; le cercle eft parfaitement fermé. Les métaux tiennent le premier rang parmi les corps bons *conducteurs du galvanifme*, de même que parmi les corps bons *conducteurs de l'électricité*; il paroît même qu'ils font tous conducteurs au même degré.

Quant aux *conducteurs imparfaits*, appliqués aux deux pôles, ils permettent bien leur réaction réciproque, & ferment le cercle galvanique, mais d'une manière fi imparfaite, que l'effet diftinct de chaque pôle continue de fe manifefter, & qu'il feroit poffible, par l'intermède de la fubftance appliquée, d'influer féparément fur chaque pôle, felon que l'on agit fur l'une ou fur l'autre des extrémités du *conducteur imparfait*. Cette propriété, qui exifte dans les *conducteurs humides* & dans l'eau liquide, eft d'autant plus importante, qu'elle fe rattache aux phénomènes chimiques & phyfiologiques, & qu'il n'y a de décompofitions que dans les phénomènes de cette claffe : toutes les parties des corps organifés que l'électricité galvanique peut modifier, y appartiennent en même temps.

Nous arrivons aux deux *conducteurs unipolaires*, découverts par Erman; ils ne ferment ni l'un ni l'autre le cercle galvanique, c'est-à-dire, que lorsqu'on les fait communiquer aux deux pôles, chaque pôle conserve sa propriété galvanique comme avant le contact, mais les *conducteurs unipolaires positifs*, appliqués aux deux pôles, ne conduisent que l'effet positif, & isolent le négatif: en détruisant l'effet positif, ils augmentent la charge négative exclusivement; & jamais ils ne chargent le positif lorsqu'ils sont appliqués au négatif; la flamme du gaz hydrogène, celle des corps hydrocarbonés, & particulièrement de l'alcool, sont dans cette classe. Les *conducteurs unipolaires négatifs* produisent des effets contraires aux positifs, c'est à dire, qu'appliqués aux deux pôles, ils isolent l'effet positif, & conduisent les effets négatifs: de-là, charge du positif exclusivement, & impossibilité de charger le négatif par le contact de cette substance. La flamme du phosphore & les savons alcalins sont, jusqu'à présent, les seuls *conducteurs unipolaires négatifs* que l'on connoisse.

Pour essayer chacun de ces *conducteurs*, Erman fait communiquer chaque pôle A & B, *fig.* 658 (*b*), de la pile isolée, avec un électromètre; alors les feuilles d'or s'écartent, puis il fait communiquer l'un ou l'autre des *conducteurs* A C, B D avec le réservoir commun, par le moyen de la substance EF, GH qu'il veut essayer. l orsque cette substance est *conductrice*, elle détruit l'effet exercé sur l'électromètre avec lequel elle communique, & elle augmente l'action exercée sur l'autre électromètre; lorsqu'elle n'est point *conductrice*, elle ne produit aucun effet; enfin, lorsqu'elle est *conductrice unipolaire*, elle détruit l'effet électrique en communiquant au pôle sur lequel elle agit, & elle double en même temps l'effet électrique de l'autre pôle, tandis que, lorsqu'on la fait communiquer au pôle opposé, elle n'exerce aucune action.

En plaçant le corps à essayer EF, *fig.* 658 (*c*), sur les deux extrémités des *conducteurs* qui communiquoient aux deux pôles A, B, l'action électrique est détruite aux deux pôles si le corps est bon *conducteur*; il ne produit aucun effet s'il est isolant: s'il est *conducteur imparfait*, l'action des pôles se distingue plus ou moins, selon l'état ou la faculté imparfaite du *conducteur*; celui-ci présente, dans le sens de sa longueur, deux zones opposées par leurs effets électriques; enfin, si le corps EF est unipolaire, l'action électrique continue d'avoir lieu aux deux pôles; mais si l'on établit une communication GHI, entre le milieu du *conducteur unipolaire* & le réservoir commun, par le moyen d'une substance parfaitement *conductrice*, alors le pôle sur lequel le *conducteur unipolaire* agit, cesse son action électrique, tandis que l'autre la conserve.

Il est convenable, lorsque l'on fait usage de la flamme comme substance *conductrice*, d'isoler le vase qui porte la substance en combustion, &

d'établir ensuite la communication entre la flamme & les deux pôles, en faisant entrer les *conducteurs* des deux pôles dans le corps de la flamme: on peut, par ce moyen, observer ce qui se passe par la communication directe de la flamme avec les deux pôles; on le peut encore, en introduisant dans la flamme un corps *conducteur* qui communique au réservoir commun, & juger les résultats occasionnés par cette communication.

Erman a remarqué que l'action de la flamme, comme *conducteur*, s'étend à quelques pouces de distance de la flamme visible; & ce qu'il y a de particulier, c'est qu'elle s'étend à une plus grande distance au-dessus de la flamme que sur les faces latérales.

Tout fait croire que c'est moins comme lumière & chaleur que les flammes agissent, que comme vapeur des substances qui produisent la flamme; car, selon la nature des substances combustibles, les flammes ont des actions différentes. La flamme du soufre est isolante; celle du phosphore est unipolaire, négative, & celle des hydrocarbones est unipolaire positive; & dans ces derniers combustibles, il paroît que c'est principalement à cause de l'hydrogène qu'elles jouissent de cette propriété: or, la flamme de l'hydrogène seul jouit de la même propriété.

La flamme des corps très-charbonneux, comme les huiles, le suif, &c., forme un dépôt fuligineux sur chacun des deux *conducteurs* des pôles, mais principalement sur celui du pôle négatif. Ce dépôt se distingue par une espèce de végétation arborisée, extrêmement prononcée sur le pôle négatif, beaucoup moins caractérisée & quelquefois nulle sur le pôle positif. Ces houppes ou ramifications arborisées croissent & s'épanouissent avec une très grande rapidité, surtout au pôle négatif; elles tendent l'une vers l'autre du pôle négatif au positif, & au moment où ces filamens fuligineux se trouvent interposés d'un pôle à l'autre, tout effet électroscopique cesse. Si l'on se propose d'observer les végétations fuligineuses dans leur plus grande énergie, il faut brûler, dans une petite capsule, l'huile de térebenthine rectifiée par la distillation. En réunissant dans cette flamme les deux *conducteurs* d'une pile galvanique un peu énergique, les végétations fuligineuses se produisent avec tant d'abondance, que très-souvent on les voit s'élever des bords mêmes de la capsule, & former, par leur ramification, un couronnement d'autant plus agréable à la vue, que les pointes des houppes incandescentes ont un mouvement de tension très-rapide sur le pédicule fuligineux qui le soutient.

Jusqu'ici nous avons examiné les facultés *conductrices* des substances, relativement à l'électricité galvanique; mais il existe encore deux autres effets produits par le galvanisme, pour lesquels les mêmes *conducteurs* ont des facultés différentes: ce sont les effets physiologiques & chimiques.

Ainsi,

Ainfi, la flamme conduit l'action électrique, & ne conduit pas les actions phyfiologiques & chimiques. Le vide produit la même différence.

Ritter a conftruit des piles formées de difques de cuivre & de difques de carton, auxquels il a donné le nom de *confervateur de galvanifme.* Ces piles, felon les diverfes proportions des difques, conduifent plus ou moins facilement chacune des deux actions. Ritter a obtenu les *conducteurs* les plus parfaits, c'eft-à-dire, des *conducteurs* capables de conduire le maximum d'action, en entremêlant:

32 difques de cuivre, & 256 de carton pour l'action chimique;

116 difques de cuivre, & 256 de carton pour l'action phyfiologique;

258 difques de cuivre, & 256 de carton pour l'action électrique.

Nous finirons cet article en préfentant une table des fubftances *conductrices* & non *conductrices* du galvanifme, que nous extrayons des *Expériences fur le galvanifme de Humboldt,* pag. 175.

Subftances actives dans la chaîne galvanique, excitatrices & conductrices de l'électricité animale.

Tous les métaux à l'état de régule.

Les fulfures métalliques & les minéraux contenant des métaux oxidés.

Le charbon végétal.

Le charbon minéral.

Le graphit.

La blende charbonnée.

La pierre de Lidye de Naïla.

Le fchifte inflammable.

Le manganèfe gris & noir.

La chair mufculaire, les membranes, les nerfs, les ligamens, les vaiffeaux des animaux frais ou cuits, rôtis ou deffechés.

Les morilles & les champignons exhalant, dans l'état de putréfaction, une odeur cadavéreufe.

Le blanc d'œuf.

L'eau, le fang, le fuc des plantes.

Les parties des végétaux contenant des tiffus cellulaires, frais, mais dépouillés de l'épiderme.

L'efprit-de-vin.

La bière, le vin.

Les acides, les diffolutions alcalines.

Le favon nouvellement préparé, mou.

Les dents agacées par des acides.

Il eft facile de voir que, dans cette nomenclature, Humboldt a compris plufieurs fubftances qui font des *conducteurs imparfaits.*

Subftances inactives & ifolantes dans la chaîne.

Les métaux oxidés.

Les fulfures métalliques, & les minéraux contenant des métaux oxidés & diverfement colorés.

Toutes les efpèces de gaz.

Les os des animaux dans l'état naturel.

Les poils des animaux.

Les feuilles & les tiges des plantes recouvertes de leur épiderme.

Les fibres du bois.

Le verre, même échauffé.

Le fuccin.

Le blanc d'œuf durci.

La cire.

Tous les fels fecs & les fubftances dépourvues de carbone.

L'huile.

Les raifins.

Les gommes.

La flamme.

Le vide.

Ritter ayant remarqué que deux fils d'or, féparés par de l'eau, & communiquant à une pile galvanique, confervoient leur galvanifme quelque temps après le contact, imagina de conftruire des *conducteurs* compofés de difques de cuivre & de difques de carton mouillé; ces colonnes fe chargèrent de galvanifme: il donna à ces piles le nom de *piles fecondaires. Voyez* PILES SECONDAIRES, GALVANISME.

CONDUCTEUR ÉLECTRIQUE; conductor electricus; *electrifche conductor.* Subftances qui ont la propriété de conduire l'électricité. *Voyez* CONDUCTEUR DE LA MACHINE ÉLECTRIQUE, CONDUCTEUR DE L'ÉLECTRICITÉ.

CONDUCTEUR HUMIDE DE LA PILE DE VOLTA. Difques de papier ou d'étoffe, imbibés d'eau, que l'on place entre & après chaque double de difque de métal.

Volta a remarqué que, lorfque l'on mettoit en contact deux métaux ifolés, ces deux métaux fe comportoient tellement, que l'un enlevoit de l'électricité à l'autre, de manière que l'un s'électrife pofitivement; & l'autre négativement. (*Voyez* GÉNÉRATION DE L'ÉLECTRICITÉ, ÉLECTRICITÉ.) Il a remarqué de plus, qu'en féparant par une bande humide, de papier ou d'étoffe, deux métaux différens & diverfement électrifés, ces deux métaux fe mettoient en équilibre de nature & d'intenfité électrique. Il fuit de-là que les corps humides que l'on interpofe entre deux métaux de nature différente, détruifent la faculté qu'ils ont de prendre ou de céder une portion de leur électricité, & que, par fuite, ces corps humides font de bons *conducteurs* de galvanifme. *Voy.* GALVANISME, GÉNÉRATION DU GALVANISME, GALVANOMOTEUR, PILE DE VOLTA, ÉLECTROMOTEUR.

CONDUCTEUR IMPARFAIT; conductor imperfectus; *fchleichte leiter.* Corps qui ne *conduifent* qu'imparfaitement les fluides incoercibles, tels que le calorique, l'électricité, le galvanifme, le

magnétifme. *Voyez* CONDUCTEUR DE LA CHA-
LEUR, CONDUCTEUR DE L'ÉLECTRICITE, CON-
DUCTEUR DU GALVANISME, &c.

CONDUCTEUR LUMINEUX; conductor lucidus;
leuchender. Tube de verre dans lequel on excite
une étincelle électrique, & qui, par fuite, produit
une lumière vive.

Ces tubes AB, *fig.* 659, font fermés hèrméti-
quement à chaque extrémité : à l'un des bouts A,
eft une tige métallique *a b*, terminée par deux
boules ; à l'autre bout B, eft également une tige
métallique *c d* ; mais cette extrémité peut être
fermée par un robinet qui permet de raréfier
l'air dans le tube, & même de faire le vide. En
faifant pofer une étincelle électrique dans ce tube
vide d'air, on voit l'intérieur refplendiffant d'une
lumière vive & violette, qui remplit toute fa capacité ; fi l'on fait entrer de l'air, & que l'on excite
de même des étincelles, la lumière devient plus
blanche & fe refferre ; enfin, lorfque le tube eft
entièrement rempli d'air, la lumière ne paroît
plus que fous la forme d'une ligne : cette ligne
eft anguleufe & en zigzag, fi le tube eft un peu
large ; elle devient une ligne droite, lorfque le
vide intérieur eft très-étroit, & prefque capillaire.
(*Voyez* LUMIÈRE ELECTRIQUE, ÉLECTRICITE
DANS LE VIDE.) On a donné à cet appareil le nom
de *conducteur lumineux*, parce que ces tubes font
affez bons *conducteurs*, lorfque le vide eft fait intérieurement, & qu'ils produifent de la lumière en
conduifant l'électricité.

CONDUCTEUR PHOSPHORESCENT ; conductor
phofphorefcens ; *phofphorifcher conductor.* Corps
qui ont la propriété de *conduire* ou de faire paroître la phofphorefcence.

Deffaignes établit, dans un très-bon Mémoire
qui a été préfenté à la claffe des fciences phyfiques & mathématiques de l'Inftitut, & qui fe
trouve imprimé par extraits dans le premier & le
fecond volume du *Journal de Phyfique* de l'année 1709, que la phofphorefcence peut être produite de deux manières, ou par la combuftion, ou
par le mouvement & le dégagement d'un fluide
qu'il nomme *phofphorefcent.* Dans le fecond cas,
il pofe, qu'il exifte des fubftances qui ont la propriété de *conduire* ce fluide, & de favorifer fon
mouvement dès fon dégagement.

Le Mémoire dans lequel il traite de l'influence
conductrice, ou indéférente des corps pour le fluide
de la phofphorefcence (*Journal de Phyfique*, année 1789, tom. II, pag. 169), eft divifé en quatre parties : dans la première, il traite de l'influence de l'eau de criftallifation fur la phofphorefcence par élévation de température ; dans la feconde, du pouvoir *conducteur* ou indéférent des
corps lumineux, par élévation de température,
pour le fluide de la phofphorefcence ; dans la troifième, du pouvoir *conducteur* ou indéférent des

corps lumineux, par infolation, pour le fluide de la
phofphorefcence ; dans la quatrième, des preuves
directes de l'influence *conductrice* de l'eau interpofée, & des matières métalliques fur le fluide
de la phofphorefcence.

De tous les faits rapportés dans ce Mémoire,
Deffaignes conclut qu'il lui paroît démontré,
1°. que la phofphorefcence par infolation n'eft
point le réfultat d'une imbibition lumineufe,
comme on l'a cru jufqu'à préfent, mais bien
celui d'un fluide caché dans les corps, & mis
en mouvement par l'action répulfive de la lumière ; 2°. qu'il faut admettre, dans la conftitution des corps autres que les métaux, deux
fortes d'eau, une combinée, l'autre interpofée ;
que la première eft intimement unie aux fubftances. Une forte chaleur peut bien en ifoler une
partie, & lui donner ce commencement d'expanfion qui brife en éclats les criftaux ; mais on ne
fauroit l'arracher à fa combinaifon qu'en décompofant les mixtes. L'eau combinée eft la fource
principale de toutes phofphorefcences périffables,
qui ne font point le réfultat d'une combinaifon ;
enfin, que l'eau combinée eft non *conductrice de
la phofphorefcence*, & que cette faculté n'appartient qu'à l'eau interpofée.

Mais de quelle nature eft ce fluide de la phofphorefcence, qui eft foumis à la loi des corps *conducteurs* ou indéférens ? Deffaignes croit que c'eft
le fluide électrique ! I.... « Je dois pourtant avouer,
dit ce phyficien, que fi je me crois autorifé à
m'arrêter provifoirement à cette opinon, les favans font en droit de me demander le complément
de ma preuve, qui confifteroit à recueillir ce
fluide, & à le montrer dans nos inftrumens électriques avec fes propriétés attractives & répulfives. Je fuis loin de penfer que cela eft impoffible,
& je compte m'en occuper par la fuite ; mais je
veux y procéder avec méthode, & ne faire cette
dernière tentative que lorfque j'aurai étudié le
phénomène de la phofphorefcence fous toutes les
faces folubles. »

On peut, d'après cette déclaration de l'auteur,
qui depuis fix ans n'a rien publié fur la nature
de ce fluide, commencer à prendre une opinion
fur le fluide de la phofphorence, & fur les facultés qu'il attribue à la lumière, à l'eau & aux
metaux de lui fervir de *conducteur.*

CONDUIT ; ductus ; *rime* ; f. m. Tuyau ou
canal étroit qui donne paffage à quelques parties.

Il exifte dans l'intérieur de la terre plufieurs
conduits fouterrains, par où paffent les eaux qui
forment les fources & les fontaines.

CONDUIT AUDITIF ; meotus auditorius ; *geo-
horgung.* Partie de l'oreille, externe, qui commence
à la conque & s'étend jufqu'a la membrane du

tambour. *Voy.* OREILLE, CONQUE, MEMBRANE DU TAMBOUR.

Ce *conduit* C D, *fig.* 438 & 440, eſt en partie membraneux & en partie oſſeux. Sa portion cartilagineuſe eſt une continuation du cartilage qui a formé l'aile A B de l'oreille (*voyez* AILE DE L'OREILLE) ; ſa portion membraneuſe eſt faite de la continuation de la peau qui recouvre le *conduit*, laquelle peau ferme le vide que forme la portion cartilagineuſe ; en cet endroit, la peau eſt percée d'une infinité de petits trous qui répondent à autant de glandes qui fourniſſent la cire de l'oreille. (*Voyez* CIRE DE L'OREILLE.) Enfin, la portion oſſeuſe, laquelle ne ſe rencontre point dans le fœtus, termine le *conduit auditif*, qui eſt fermé, dans ſon extrémité, par la membrane du tambour. On obſerve dans le fœtus, qu'il n'y a que la portion de ce *conduit* qui porte la rainure, & dans laquelle eſt enchâſſée la membrane du tambour, qui ſoit oſſeuſe, & c'eſt cette portion que l'on nomme *cercle oſſeux. Voyez* CERCLE OSSEUX.

La direction du *conduit auditif* C D eſt oblique ; il s'avance de derrière en avant, & la membrane du tambour fait, avec lui, un angle aigu par le bas. Comme les ſons ne conſiſtent que dans un mouvement particulier des parties de l'air, c'eſt-à-dire, dans un tremblement ou frémiſſement ſubit de ces parties appelées *vibrations* (*voyez* VIBRATION), & excitées par un corps à reſſort en action (*voyez* SON), l'obliquité du *conduit auditif*, dans lequel ces parties d'air, miſes en mouvement, ſont reçues, en augmentent encore la force, & leur donnent lieu de ſe réfléchir différemment.

CONDUIT CIRCULAIRE : *conduit* en forme de demi-cercle BDG, *fig.* 445, & IHGK, *fig.* 440 ; ces *conduits* compoſent les parties les plus enfoncées de l'oreille interne. *Voyez* CANAUX DEMI-CIRCULAIRES.

CONDUIT LACRYMAL : *conduit* contenu dans la portion des paupières qui s'étend depuis la fin de leur cintre juſqu'au grand angle de l'œil. C'eſt par ce *conduit* que les larmes arrivent à l'ouverture lacrymale, par laquelle elles tombent dans le nez.

CONDUITE D'EAU ; aquæ ductus ; *waſſer leitung.* Suite de tuyaux de plomb, de fer, de bois, de terre cuite ou de pierre, qui ſervent à *conduire les eaux* d'un lieu à un autre.

Il eſt néceſſaire que le lieu où l'on veut *conduire l'eau* ſoit moins élevé que celui d'où elle vient, afin de vaincre les frottemens : on donne ordinairement, au moins, une demi-ligne de pente par toiſe. S'il ſe trouve alternativement des cavités & des élévations entre le lieu d'où l'on tire l'eau & celui où on veut la *conduire*, &

qu'on ne veuille pas couper le terrain & faire arriver l'eau par une ſeule pente (ce qui ſeroit le mieux, mais quelquefois très-diſpendieux), il faudroit faire deſcendre les tuyaux juſque dans le fond des vallées ou gorges, & enſuite les faire paſſer par-deſſus les élévations qu'on ſuppoſe toujours moins élevées que le lieu d'où l'on tire l'eau ; mais, dans ce cas, il pourroit arriver qu'il ſe cantonnât, dans quelques parties de ces tuyaux, des colonnes d'air qui nuiroient à l'élévation des eaux. Pour remédier à cet inconvénient, il faut avoir ſoin de faire, dans la partie ſupérieure de chaque coude, un trou par lequel on fera échapper l'air, & que l'on bouchera enſuite avec un tampon ou robinet ; mais en général il faut, autant que l'on peut, éviter les coudes, & même les angles droits, qui diminuent le mouvement des eaux, & il ne ſera pas mal d'employer des tuyaux plus gros dans les coudes, pour éviter les frottemens.

CONDYLE : petite meſure linéaire de l'Egypte & de l'Aſie. Le *condyle* = 2 dactyles, = 1,284 pouces de France, = 34,67 millimètres. Il faut 10 *condyles* pour faire une coudée commune.

CONE, κῶνος, *pomme de pin* ; conus ; *kegel* ; ſ. m. Corps ſolide dont la baſe eſt un cercle qui ſe termine dans le haut par une pointe qu'on appelle *ſommet.*

Les ſolides A B G D H, *fig.* 660, 660 (*a*), ſont des *cônes* ; chacun d'eux eſt renfermé par un plan circulaire B G D H, & par la ſurface que traceroit la ligne A B, en tournant autour du point fixe A, & raſant toujours la circonférence B G D H. Les pains de ſucre ont ordinairement la forme d'un *cône.*

On donne le nom de *ſommet* au point A, pointe du *cône* ; le plan circulaire B G D H ſe nomme la *baſe du cône*, & la ligne A C, menée du ſommet A du *cône* au centre C de la baſe, s'appelle l'*axe du cône.* La perpendiculaire A C, *fig.* 660, menée du ſommet A ſur le milieu de la baſe, ou la perpendiculaire A N, *fig.* 660 (*a*), menée du ſommet A ſur le plan de la baſe prolongée juſqu'à M, s'appelle la *hauteur du cône.*

Quand cette perpendiculaire paſſe par le centre C de la baſe, le *cône, fig.* 660, eſt droit ; il eſt oblique, *fig.* 660 (*a*), lorſque cette perpendiculaire A M ne paſſe pas par le centre de la baſe.

Tout *cône* droit peut être conçu comme étant formé par la révolution d'un triangle rectangle A C B, *fig.* 660, autour de l'axe A C.

Pour avoir la ſurface d'un *cône* droit, non compris celle de ſa baſe, il faut multiplier la circonférence de ſa baſe B G D H par la moitié du côté A B de ce *cône.* Ainſi, la ſurface convexe du *cône* droit eſt égale au produit de la circonférence de ſa baſe par la moitié de ſon côté. Il n'eſt pas auſſi facile de trouver la ſurface du *cône oblique*, *fig.*

660 (*a*). On pourroit pourtant la mesurer, à peu près, en partageant la circonférence de sa base en un assez grand nombre d'arcs, pour que chacun pût être considéré, sans erreur sensible, comme une ligne droite ; alors on calculeroit sa surface, comme celle d'une pyramide qui seroit composée d'autant de triangles qu'il y a d'arcs.

Lorsqu'on veut avoir la surface convexe d'un *cône droit* tronqué, *fig.* 661, dont les bases opposées B G D H, *b g d h*, sont parallèles, il faut multiplier le côté B *b* du tronc par la moitié de la somme des deux circonférences des deux bases ou du cercle M N, qui seroit parallèle aux deux bases opposées ; mais comme le cercle qui passeroit par le milieu M, du côté B *b*, auroit une circonférence égale à la moitié de la somme des circonférences des deux bases opposées, puisque son diamètre M N seroit la moitié de la somme de ceux des bases, il suit de-là que la surface convexe d'un *cône droit* tronqué, à base parallèle, est égale au produit du côté du tronc, par la circonférence de la section parallèle aux bases faites à distances égales des deux bases opposées.

Si l'on vouloit comparer entr'elles les surfaces des *cônes droits*, voici la règle qu'il faudroit suivre : les surfaces convexes des *cônes droits* sont entr'elles comme les produits des côtés de ces *cônes*, par les circonférences des bases, ou par les rayons, ou par les diamètres de ces bases.

Mais pour avoir la solidité d'un *cône* quelconque, *fig.* 660 & 660 (*a*), il faut évaluer la surface de la base B G D H en mesures carrées, par exemple, en décimètres carrés, ou en mètres carrés, & sa hauteur A C, *fig.* 660, ou A M', *fig.* 660 (*a*), en parties égales à celles des côtés du carré que l'on prend pour mesure ; multiplier ensuite le nombre des mesures carrées qu'on aura trouvé dans la base, par le tiers du nombre des mesures linéaires de la hauteur, le produit donnera la solidité du *cône*. Ainsi, la solidité d'un *cône* quelconque, droit, *fig.* 660, ou oblique, *fig.* 660 (*a*), est égale au produit de la surface de sa base par le tiers de la hauteur du *cône*.

Et puisque la totalité d'un cylindre, ou d'un prisme, est égale au produit de la surface de la base, multiplié par la hauteur toute entière (*voyez* CY-LINDRE), il s'ensuit qu'un *cône* quelconque est le tiers d'un cylindre ou d'un prisme de même base & de même hauteur que lui : d'où il suit que deux *cônes* quelconques, ou un *cône* & une pyramide, sont entr'eux comme leurs hauteurs lorsque leurs bases sont égales.

Pour avoir la solidité d'un *cône* tronqué quelconque, dont les deux bases opposées B G D H, *b g a h* sont parallèles, *fig.* 661, il faut chercher d'abord la solidité du cône entier A B D, telle que nous venons de l'indiquer ; calculer ensuite, de la même manière, la solidité du *cône* qui a été emportée, c'est-à-dire, du *cône* retranché A *b d* ; soustraire

ce second produit du premier, la différence donne la solidité du *cône tronqué b* B D *d*.

Les solidités des *cônes* semblables sont entr'elles comme les cubes des hauteurs de ces *cônes*, ou en général comme les cubes des lignes homologues de ces *cônes*.

Quant au centre de gravité du *cône droit*, il est aux trois quarts de son axe, à partir de son sommet, & le centre de gravité d'un *cône* quelconque est, sur la droite, menée du sommet au centre de gravité de sa base, & à un quart de cette droite à partir de la base, ou de trois quarts à partir du sommet.

CÔNE DE LUMIÈRE ; conus luminis ; *licht kegel*. Faisceau ou assemblage de rayons lumineux qui, partant d'un point quelconque d'un objet visible, vont, en divergeant, tomber sur la prunelle ou sur la surface d'un verre, d'un miroir, &c., de sorte que la prunelle, le verre, le miroir, &c., devient la base du *cône de lumière*.

Soit A, *fig.* 662, un point lumineux ; A B représente l'axe du *cône de lumière*, dont le sommet est au point visible ; & la base sur la prunelle B.

CÔNE D'OMBRE ; conus umbræ ; *schatten kegel*. Ombre formée derrière un corps sphérique ou à base circulaire, lorsque ce corps est éclairé par un corps lumineux d'une plus grande surface : telle est, par exemple, l'ombre formée derrière la terre, ou tout autre corps planétaire qui intercepte la lumière du soleil.

Soit S, *fig.* 663, le soleil ; T la terre ; l'espace *b* A *c*, dans lequel les rayons solaires ne peuvent parvenir, forme un *cône a'ombre*.

CÔNE DROIT ; conus rectus ; *gerader kegel*. Cône B A D, *fig.* 660, dont la droite, menée du sommet au centre du cercle qui forme la base, est perpendiculaire sur cette même base. *Voyez* CÔNE.

CÔNE DOUBLE MONTANT ; conus duplex ascendens. Appareil destiné à prouver que le centre de gravité des corps tend toujours à descendre au-dessous du centre de figure, quel que soit le mouvement apparent du corps.

Cet appareil se compose de deux *cônes* réunis & opposés base à base, F G H I, *fig.* 664, de manière qu'ils aient un axe commun, & d'un support composé de deux branches A C, B C, *fig.* 664 (*a*), réunies au point C ; il faut que la distance A B soit égale à la longueur de l'axe F H des deux *cônes*, & que la hauteur A D soit un peu moindre que le rayon G K de la base des *cônes*. Cela posé, si l'on place le *double cône* dans l'angle A C B, on le voit rouler vers le haut, en sorte qu'il semble qu'on le voit monter, c'est-à-dire, avoir un mouvement opposé, en apparence, aux lois de la pesanteur,

Il est-facile de démontrer que ce mouvement ascensionnel n'est qu'apparent, & que le centre de gravité du corps descend; donc que le corps descend réellement.

Soit *a c*, *fig.* 664 (*b*), le plan incliné dans lequel se trouve l'angle A C B; *c e* la ligne horizontale passant par le sommet *c*; *a e* sera, par conséquent, l'élévation du plan au-dessus de l'horizontale, laquelle est moindre que le rayon du cercle G K ou *a f*, base du double *cône*. Il est évident que, lorsque ce double *cône* sera au sommet de l'angle, il sera comme on le voit en *c d*; & lorsqu'il sera parvenu au plus haut du plan, il sera posé comme on voit en *a f*; son centre aura donc passé de *a* en *a*; & puisque *d c* est égal à *a f*, & que *c e* étoit l horizontal, *c f* sera une ligne inclinée à l'horizon, & par conséquent aussi sa parallèle *d a*: le centre de gravité du *cône* aura donc descendu, tandis que le *cône* aura paru monter. Or, comme c'est la chute ou la montée du centre de gravité qui détermine la véritable descente ou ascension d'un corps, tant que le centre-de gravité descend, le corps se meut en ce sens.

On trouve dans cette expérience que le chemin du centre de gravité, dans toute sa longueur, est une ligne droite; mais on pourroit placer, d'une manière semblable, une parabole, une hyperbole, le sommet en bas, & alors le chemin du centre de gravité de ces doubles *cônes* seroit une courbe.

CÔNE OBLIQUE; conus obliquus; *schiefer kegel*. *Cône* dont la droite, menée du sommet du *cône* sur le centre de sa base, & incliné sur cette même base BAD, *fig.* 660 (*a*), est un *cône oblique*. Voyez CÔNE.

CÔNE RÉFRACTANT LA LUMIÈRE; conus lumen refractans. *Cône* de verre placé dans un tube, à travers lequel on regarde les objets, ce qui les fait paroître différens de ce qu'ils sont réellement. Voyez ANAMORPHOSE.

Soit ABD, *fig.* 665, le *cône* de verre renfermé dans le tube E F D B, & O l'ouverture où l'on place l'œil; si l'on met au-dessous du *cône* un carton coloré, au centre duquel soit un cercle blanc placé au-dessous de la base du *cône*, on voit, en regardant par l'ouverture O, la surface colorée correspondant à la base du *cône*, laquelle surface est entourée d'un cercle blanc.

En effet, en regardant par le point O, tous les rayons de lumière G O, L O, qui parviennent à l'œil, n'y arrivent qu'après avoir éprouvé deux réfractions; le rayon G O que l'observateur transporte sur le plan, au point K, vient du point coloré, dirigé vers H R qui éprouve une première réfraction H G, en traversant le verre, & une seconde G O, en sortant du verre; le point K, sur lequel l'œil transporte le point, doit donc paroître coloré; & le point P que l'on juge dans la prolongation du rayon O L, & qui paroît être plus éloigné du cercle, doit paroître blanc, puisqu'il

provient de la lumière envoyée par le point blanc N, qui éprouve une double réfraction pour arriver au point O.

On voit donc, par la marche des rayons de lumière, pour parvenir à l'œil, après avoir éprouvé deux réfractions dans le *cône* de verre, que tous les points qui partent du cercle blanc, placés au-dessous de la base du *cône*, sont transportés, par la réfraction, à l'extérieur de ce cercle, & que tous les points colorés, placés à l'extérieur du cercle blanc, sont transportés, par la réfraction, au-dessous du *cône*, dans l'intérieur du cercle blanc: d'où il suit que l'observateur doit voir le cercle placé au-dessous du *cône* comme s il étoit coloré, & toute la surface en dehors de ce cercle, comme si elle étoit blanche. Voyez VISION A TRAVERS DES VERRES A FACETTES.

CÔNE TRONQUÉ; conus truncatus; *abgestuzter kegel*. *Cône* B A D, *fig.* 661, dont on a retranché le *cône b A d*; la portion B*b d* D restante est ce que l'on nomme *cône tronqué*. Voyez CÔNE.

La troncature peut être parallèle à la base, comme dans la *fig.* 661; elle peut être oblique à la base: dans l'un & l'autre cas, la surface du *cône tronqué* est égale à la surface du *cône* BAD moins celle du *cône b A d*, & la solidité du *cône tronqué* est de même égale à la solidité du *cône* B A D moins celle du *cône b A d*. Voyez CÔNE.

CONFIGURATION; forma, figura, configuratio; *aufserliche gestalt*; *configuration*; s. f. Forme extérieure, ordre & arrangement des surfaces qui terminent le volume d'un corps, & lui donnent une figure déterminée. Voyez FIGURE, CONFORMATION.

Ce qui fait la différence spécifique entre les corps, selon plusieurs philosophes, c'est la diverse *configuration* & les diverses situations de leurs parties. Selon ces philosophes, les élémens de tous les corps sont les mêmes, par exemple, ceux de l'or & du plomb; la différente manière dont ces élémens sont arrangés, est tout ce qui constitue la différence de l'or & du plomb. Voilà pourquoi Descartes disoit: *Donnez-moi de la matière & du mouvement, & je ferai un monde.*

Le sentiment des philosophes dont il s'agit, n'est pas sans vraisemblance; quelle autre différence pouvons-nous imaginer entre les corps, que celle qui résulte de la figure & des dispositions différentes de leurs parties? car, en vertu de cette différence, ils pourront, 1°. réfléchir des rayons de différentes couleurs, & par conséquent être différemment colorés (voyez COULEURS); 2°. ils pourront avoir différens degrés de mollesse, de dureté & d'élasticité. (Voyez DURETÉ, ÉLASTICITÉ.) Cependant cette hypothèse, pour expliquer la différence des corps, élude la question plutôt qu'elle ne la résout; il reste toujours deux difficultés considérables: en premier lieu, on peut demander quels sont, en général, les élémens ou particules compofantes du corps : fi on dit que ce font des corps, on n'avance point, car ces corps auront eux-mêmes des particules ou élémens, & ne feront point, par conféquent, les particules ou élémens primitifs des corps qui tombent fous nos fens; fi on dit que ce ne font point des corps, on dit une abfurdité; car comment concevoir qu'avec ce qui n'eft point un corps on faffe un corps? Des deux côtés, les difficultés font à peu près égales. *Voyez* CORPS.

En fecond lieu, fuppofons que les particules des corps foient des corps; ces particules ont-elles une dureté primitive, ou leur dureté vient-elle de la preffion d'un fluide ? deux queftions également difficiles à réfoudre. *Voyez* DURETE.

Il réfulte de ces réflexions, que nous ne voyons & ne conoiffons, pour ainfi dire, que la furface des corps, encore très-imparfaitement, & que le tiffu intérieur nous en échappe; c'eft, fans doute, parce qu'ils nous ont été donnés uniquement pour nos befoins, & qu'il n'eft pas néceffaire, pour nos befoins, que nous en fachions davantage.

Au refte, quand Defcartes difoit : *Donnez-moi de la matière*, &c., ce grand philofophe ne prétendoit pas nier, comme l'ont dit quelques impofteurs, que la matière fût créée, ni qu'elle eût befoin d'un fouverain moteur; il vouloit dire feulement que ce fouverain moteur n'employoit que la figure & le mouvement pour compofer les différens corps; mais cette opération eft toujours l'ouvrage d'une intelligence infinie.

Cette opinion des molécules, femblables dans la compofition de tous les corps, paroît éprouver aujourd'hui de grandes objections, furtout lorfque l'on confidère leurs propriétés chimiques, qu'il paroît que les anciens philofophes ont négligées, pour ne s'occuper que des propriétés méchaniques, foit qu'ils ne connuffent pas ces propriétés, foit qu'elles contrariaffent leur opinion. *Voyez* AFFINITE, ACTION CHIMIQUE, COMPOSITON DES CORPS, CRISTALLISATION.

CONFORMATION; conformatio; *bildung*; f. f. Figure, forme fous laquelle un corps eft organifé, formé; contexture particulière & arrangement des parties d'un corps quelconque, difpofées pour former un tout. *Voyez* CONFIGURATION.

Quelques philofophes attribuent à la *conformation* des corps leurs principales propriétés. C'eft ainfi que les Newtoniens difent que les corps, fuivant leur différente *conformation*, réfléchiffent des rayons de lumière de différentes couleurs. *Voyez* COULEURS.

La *conformation* des êtres vivans eft très-variable, même dans une même efpèce, & par conféquent dans l'homme. Ici, la richeffe des formes, l'élévation de la taille, une jufte proportion des membres avec le tronc, l'arrangement de la tête fur les épaules, conftituent ce que l'on appelle une *belle conformation*; dans quelques-uns, la taille

eft démefurée, les membres difproportionnés; ailleurs, toute l'habitude du corps eft peu développée, la ftructure petite & trapue. *Voyez* RACE.

CONGE, de κιε, *je verfe*, κουs; congis. f. m. Mefure de capacité de l'Afie & de l'Egypte; le *conge* a également été employé chez les Romains. Le *conge* facré d'Afie = 3 chenice, = 12 mines, = 2,82 pintes de Paris, = 2,6289 litres; il en faut 4 pour faire un modios. Le *conge* des Romains = 12 hémines, = 3,87 pintes de Paris, = 3,5969 litres; il faut 4 *conges* pour une urne, 8 pour une amphore, & 160 pour un dolium. On voit à Rome, dans le palais Farnèfe, le *conge* de Vefpafien, qui peut fervir d'étalon pour vérifier les mefures qui exiftoient fous fon règne.

CONGÉLATION; congelatio; *gefrierung*; f. f. Converfion d'un corps fluide en un corps folide ou demi-folide, opérée par le froid.

Les premières obfervations qui aient été faires fur la *congélation*, font celles qui ont rapport à l'eau. On voit dans les hivers des climats froids, & même des climats tempérés, l'eau liquide fe durcir fubitement, & paffer à l'état folide. C'eft ainfi que l'on voit de grands fleuves perdre tout d'un coup leur fluidité, & permettre un libre paffage fur leur furface; c'eft de même que l'on voit encore aux pôles de la terre, & à une certaine diftance des pôles, l'eau congelée & formant des maffes folides, les unes ftationnaires, les autres mobiles.

On a reconnu qu'un grand nombre de liquides jouiffoient, comme l'eau, de la propriété de fe congeler. On voit, dans les hivers rigoureux, le lait, le vinaigre, les urines, les vins de Bourgogne & de Madère, les eaux-de-vie foibles, plufieurs huiles fe *congeler*. Quelques liquides paroiffoient fe refufer à la congélation : tels font le mercure, l'alcool rectifié, l'ether; mais bientôt on s'affura qu'ils étoient fufceptibles de *congélation* comme l'eau; feulement ils exigeoient une température beaucoup plus baffe.

Une obfervation intéreffante, & que, d'après toutes les probabilités, nous devons à Newton, c'eft que les liquides fe *congèlent* à une température conftante. Cet homme illuftre a annoncé dans les *Tranfactions philofophiques* de 1708, que l'eau, la cire, fe congeloient, la première à 0 de fon thermomètre, la feconde à 20° $\frac{1}{1}$. Quoique cette vérité ait long-temps été conteftée, tous les faits bien obfervés ont fini par convaincre que l'affertion de Newton étoit conftante.

Comme le mercure refte fluide dans les plus grands froids, on a cru pendant long-temps que ce liquide ne fe congeloit pas. Boerhaave dit, dans fes *Elémens de Chimie*, que le mercure ne pouvoit être folidifié par aucun froid, quoiqu'il admît une condenfation de $\frac{1}{189}$ de fon volume. Cette affertion de Boerhaave, adoptée par un grand nombre de phyficiens, parut fe confirmer par une affertion de

Gmelin, qui dit l'avoir vu, à Jenifeick en Sibérie, en 1734, à — 120° du thermomètre de Fahrenheit —67,5° R., & qu'à ce froid, le métal ne paroifïoit pas avoir perdu de fa fluidité Quelques voyageurs afïurèrent cependant l'avoir vu congelé; mais ils attribuoient cette *congélation* au vinaigre avec lequel on l'avoit lavé.

Braun remarqua le premier la *congélation* du mercure, en 1759, en plongeant ce liquide dans un mélange frigorifique d'acide nitrique & de neige: le métal durci avoit un bel éclat métallique, ref-femblant à de l'argent; il fe laifïa aplatir fous le marteau; ayant été fortement refroidi, il rendit un fon comm le plomb, fe laifïa entamer avec le cou-teau, &parût plus flexible que l'or & l'argent. Voyez *De admirando frigore artificiali, quo mercurius eft congelatus, Differtatio; auĉt. Braunio, Petrop.* 1764.

Dix-neuf années après, c'eft-à-dire, en 1774, Blumenbach répéta, à Gottingue, l'obfervation de la *congélation* du mercure, en expofant ce métal liquide dans un mélange frigorifique de neige & de muriate d'ammoniaque; cette *congélation* a éga-lement réufïi à Lowitz, dans un mélange de mu-riate de chaux & de neige, & à Walker, dans un mélange de glace & d'acide nitrique.

Pallas avoit fait congeler le mercure, en 1772, à Krofnefac, par un froid naturel de — 55° de Fahrenheit, ou — 38°,5 R., il a obfervé qu'il ref-fembloit alors à de l'étain mou, qu'on pouvoit l'aplatir, qu'il fe rompoit facilement; & que fes morceaux, rapprochés, fe colloient, fe foudoient, comme cela a lieu dans tous les autres métaux ra-mollis; mais il paroît qu'il n'a point obtenu une véri-table folidification ou concrétion complète, puifque le mercure étoit encore mou & à demi *congelé*.

Hutchins, d'après les confeils de Blagden & Cavendish, fit congeler deux fois le mercure dans la baie d'Hudfon, où il avoit été envoyé pour être gouverneur au fort d'Albany; Bicker fit également congeler le mercure à Roterdam, en 1776, à une température de — 56° de Fahrenheit — 39° R.

Cavendish, en 1783, a fait plufieurs tenta-tives pour déterminer la température de la *congé-lation* du mercure, & il a trouvé qu'il fe congeloit à — 31°,5 R.

Rien n'eft peut-être plus difficile que de bien déterminer le degré exaĉt de la *congélation* du mercure, parce que l'on n'eft pas fûr de la gradua-tion du thermomètre que l'on emploie à ce point: fi l'on fait ufage d'un thermomètre de mercure, on remarque qu'au moment de la *congélation* de ce fluide, le métal fe contraĉte fur lui-même, & il in-dique un degré de froid beaucoup plus confidéra-ble que celui qui exifte réellement: fi l'on prend un thermomètre d'alcool, un thermomètre de liqui-des ammoniacaux, un thermomètre d'éther, il fau-droit déterminer avant, la loi de graduation de ce thermomètre, comparée à celle du mercure. Il n'eft donc pas étonnant qu'il fe trouve tant de différence dans la fixation de cette température.

Haffenfratz, Pelletier, Hachette, & plufieurs phyficiens, firent *congeler* le mercure, le 5 janvier 1795, à l'École polytechnique; le refroidifïement fut obtenu par des mélanges de glace & de mu-riate de foude, de glace & d'acide nitrique: au moment de la *congélation*, le thermomètre à al-cool indiquoit — 31° R. Ce mercure, battu fur un tas d'acier, avec un marteau refroidi à — 17° R., s'eft fortement aplati, & a préfenté une duĉti-lité affez prononcée.

En mêlant, dans un charbon creux, du mercure folide à — 31°, & du mercure liquide à + 8°, le réfultat de la température qu'ils ont obtenue les a portés à conclure que le mercure abforboit une quantité de calorique qui, fi elle étoit portée fur la même propoition de mercure coulant, élèveroit fa température de près de 69° R.; ce qui établit quelques rapports entre le calorique abforbé par le mercure folide en fe liquéfiant, & le calorique abforbé par l'eau dans la même circonftance.

De l'aplatifïement éprouvé par le mercure foli-difié à — 31°, occafïonné par la percufïion du marteau, on en a conclu que ce métal jouifïoit d'une certaine duĉtilité qui le place avec le zinc.

Vauquelin & Fourcroy ont également fait *con-geler* du mercure, le 30 nivôfe an 7, à l'École des Mines de Paris. Le mercure *congelé* avoit, dans l'intérieur, une cavité tapifïée de criftaux, dont la forme offroit évidemment des oĉtaèdres; ce mer-cuie s'etendoit & cédoit à la preffion à peu près comme du plomb. Une obfervation remarquable, faite dans cette expérience, c'eft qu'en plongeant le doigt dans le mélange frigorifique, porté à 40° R., on éprouvoit une fenfation de froid extraor-dinaire, accompagnée d'un ferrement très-vif, femblable à celui qu'auroit produit un étau: le doigt retiré étoit blanc comme du linge ou du pa-pier, & privé de tout fentiment; on ne le faifoit revenir, fans douleur, qu'en le tenant d'abord dans la neige, en le portant de-là au-devant de la bou-che, & enfin en l'y plongeant; fi on le chauffoit brufquement, il reftoit une douleur femblable à ce qu'on nomme l'*onglée*: un plus long féjour dé-truiroit immanquablement la vie du doigt, & y feroit naître la gangrène.

John Biddle s'eft afïuré que la différence de denfité entre le mercure liquide à + 6°,6 R., & le mercure folide à — 32° R., étoit de 2,0673 fur 13,5450, denfité du mercure à + 6°,6 R., c'eft-à-dire qu'il diminuoit de ⅐ de fon plus grand volume. *Voyez* MERCURE.

On peut divifer en deux claffes les corps que l'on veut *congeler*, c'eft-à-dire, faire paffer de l'état liquide à l'état folide: dans les uns, la foli-dité s'opère fans aucun intervalle entre la liquidité & la folidité; dans les autres, la folidité s'opère graduellement, le liquide forme une maffe molle qui paffe plus ou moins lentement par tous les degrés de durciffement, jufqu'à une folidité par-faite. La *congélation* de l'eau eft un exemple du premier cas; celles du fuif, de la cire, fourniffent des exemples du fecond. On croit que tous les corps fufceptibles de fe criftallifer ou de prendre des formes prifmatiques régulières, paffent fans intervalle de l'état liquide à l'état folide, tandis que ceux qui n'affectent pas ordinairement ces figures ont la propriété d'apparoître fucceffivement dans tous les états intermediaires entre la liquidité parfaite & la folidité.

Généralement les corps liquides ne commencent à devenir folides que lorfqu'ils font refroidis à une certaine température, qui eft conftante pour chaque corps. Cette température eft bien déterminée & bien connue pour la claffe des corps dont le changement d'état fe fait fans intervalle; mais quoiqu'à l'égard des autres, elle foit également conftatée, il n'eft pas poffible de l'évaluer avec la même précifion, à raifon du nombre infini de nuances d'amolliffement que ces corps éprouvent avant d'arriver à leur plus grand état de fluidité : on peut néanmoins s'affurer que, dans cette dernière efpèce de corps, la même température produit toujours le même degré de fluidité. Les températures auxquelles ce changement de la fluidité à la folidité a lieu, font indiquées fous diverfes dénominations, fuivant l'état ordinaire du corps qui l'éprouve. Lorfqu'un corps eft habituellement à l'état liquide, on appelle la température à laquelle il prend la forme d'un folide, fon point ou fon terme de congélation. Ainfi, on donne ce nom à la température à laquelle l'eau devient glace. On défigne par point, ou terme de fufion, la température qu'exige un corps, ordinairement à l'état folide, pour fa liquéfaction; ainfi, le terme de la fufion du foufre eft 80° R., & celui de l'étain 182°,22 R.

On trouve dans la table fuivante l'indication des termes de fufion & de congélation d'un grand nombre de corps.

SUBSTANCES.	DEGRÉS DE R.
Plomb................	+ 249°,77
Bifmuth...............	+ 201,77
Etain.................	+ 182,22
Soufre................	+ 80,88
Cire..................	+ 48.88
Blanc de baleine........	+ 35,55
Phofphore.............	+ 31,11
Suif..................	+ 26,66
Huile d'anis...........	+ 8,00
Huile d'olive..........	+ 1,77
Eau..................	0 00
Lait.................	— 0,88
Vinaigre..............	— 1,77
Sang.................	— 3,11
Huile de bergamote......	— 4,00
Vins.................	— 5,22
Huile de térébenthine....	— 8,00
Mercure..............	— 31,55
Liquides ammoniacaux....	— 34,66
Ether................	— 34,66

Quoique le terme de congélation de ces fubftances pures foit conftant, on peut cependant, dans des circonftances particulières, les refroidir de plufieurs degrés au-deffous de ce point, avant qu'elles fe prennent en maffe Mairan & Fahrenheit ont fait, à cet égard, fur l'eau, un grand nombre d'expériences; mais les recherches de Charles Blagden font ce qu'il y a de plus complet à cet égard. En expofant de l'eau à l'action lente d'un mélange frigorifique, il parvint à en abaiffer la température à 9°,32 R. avant qu'elle fe gelât, & il obferve à cet égard qu'elle continue à fe dilater. Le meilleur moyen à employer pour le fuccès de cette expérience, eft de purger l'eau de l'air qui y eft foumis. Il eft néceffaire auffi qu'elle foit tranfparente, car les corps opaques qui y feroient flottans, fuffiroient pour la faire criftallifer à quelques degrés feulement au-deffous de zéro. Lorfqu'on met un morceau de glace dans de l'eau ainfi refroidie, il en opère inftantanément la formation en criftaux On produit un même effet en imprimant un mouvement léger dans le liquide, ce qui n'a pas lieu en le remuant fortement. Enfin, l'eau fe congèle lorfqu'elle eft trop fubitement refroidie au-deffous de zéro.

En combinant des fubftances, on fait varier la température de leur congélation, parce qu'elles exercent l'une fur l'autre leur influence à fe folidifier. Comme l'eau eft la fubftance fur laquelle on s'eft le plus exercé, nous allons rapporter les réfultats que l'on a obtenus en lui faifant diffoudre des fels, ou en la combinant avec des acides.

On a remarqué depuis long-temps que l'eau qui tient des fels en diffolution, comme l'eau de la mer, par exemple, fe congèle, dans prefque tous les cas, beaucoup moins promptement que l'eau pure, & que, par conféquent, fon point de congélation eft plus bas. Charles Blagden a fait de nombreufes expériences fur ce fujet. La table fuivante préfente quelques-uns des réfultats qu'il a obtenus fur les diffolutions falines & fur les acides. La première colonne contient les noms des fels; la deuxième, la quantité de fel ou d'acide dans cent parties d'eau, & la troifième, le terme de la congélation.

NOMS des fubftances.	Proportions	TEMPÉRATURE de Réaum.
Muriate de foude...	25	— 12°,44
Muriate d'ammoniaq	20	— 10,66
Tartrite de foude...	50	— 4,88
Sulfate de magnéfie..	41,6	— 2,89
Nitrate de potaffe...	12,5	— 2,66
Sulfate de fer......	41,6	— 1,77
Sulfate de zinc.....	33,3	— 1,51
Acide fulfurique....	10	— 3,33
	20	— 8,66
	25	— 10,89
Acide nitrique.....	10	— 4,44
	20	— 9,55
	23,4	— 11,11

Lorfque

Lorfque la proportion du fel, diffous dans l'eau varie, l'abaiffement du point de *congélation* eft toujours proportionnel à la quantité qu'elle en contient; c'eft ce que prouvent les expériences de Charles Blagden. Si, par exemple, l'addition de 0,1 du fel diffous dans l'eau augmente l'abaiffement du point de *congélation* de 4°,44 R., cet abaiffement fera de 8°,88 pour 0,2 du fel ajouté: d'où il fuit qu'en connoiffant, par la table ci-deffous, l'effet produit par une proportion donnée d'un fel, on évaluera facilement celui qui réfulte de toute autre quantité. On a établi dans la table fuivante les points de *congélation* des diffolutions de muriate de foude, contenant des quantités différentes de ce fel, dans cent parties d'eau, trouvés d'après les expériences de Charles Blagden, & calculés dans la fuppofition que l'effet eft proportionnel à la quantité de fel.

Quantité de sel dans 100 p. d'eau.	Points de congélation d'après	
	l'expérience.	le calcul.
3,12	1,77	1,55
4,16	2,00	2,09
6,25	2,89	2,51
10,00	4,66	5,00
12,89	6,00	6,40
16,10	8,22	8,00
20	10,00	10,26
22,20	11,02	11,11
25	12,44	12,44

Cavendish a reconnu, d'après les expériences de Macnab, que, lorfque les acides font très-étendus, le mélange expofé au froid éprouve en totalité la *congélation*; mais lorfque l.s acides, moins étendus d'eau, font expofés au froid, il fe fait une féparation de l'acide étendu d'une quantité d'eau fufceptible de *congeler* à la température à laquelle le liquide eft expofé; que cet acide étendu d'eau fe *congèle* & fe fépare ainfi d'une autre partie qui eft plus concentrée, &, qui, ne pouvant pas fe *congeler* à cette température, refte liquide. Cet effet a été défigné par Cavendish fous le nom de *congélation aqueufe* des corps. Cette féparation, par le froid, d'une fubftance en deux parties différentes, dont l'une fe *congèle*, a lieu dans une infinité de fubftances, & pourroit être employée, avec quelqu'avantage, dans l'analyfe ou dans des opérations en grand.

En faifant *congeler* les liquides, on remarque, dans les uns, que le volume diminue dans ce paffage, & dans d'autres, qu'il augmente. Il paroît que l'un ou l'autre de ces effets a lieu felon la tendance qu'ont les molécules des corps à fe criftallifer ou à former des maffes régulières; dans le premier cas, le volume augmente par la *congélation*; dans le fecond, il diminue. Nous avons des

exemples de la contraction des molécules, pendant la *congélation*, dans les fuifs, les huiles, la cire, plufieurs métaux: dans quelques-unes de ces fubftances, les liquides deviennent vifqueux avant d'être folides; dans d'autres, ils fe folidifient inftantanément. La plupart des huiles prennent, en fe folidifiant, la forme de fphère régulière; il en eft de même du miel & de quelques autres fubftances. D'après les expériences de Cavendish & Macnab, le mercure perd environ les 0,04 de fon volume avant l'acte de la folidification.

Parmi les fubftances qui augmentent de volume par la *congélation*, on diftingue quelques métaux, des fels, l'eau, &c.

Réaumur eft le premier qui ait reconnu, dans certains métaux, la propriété de fe dilater en fe *congelant*, & de fe contracter en devenant liquides. De toutes les fubftances métalliques qu'il effaya, il n'en trouva que trois qui jouiffoient de cette propriété; le fer fondu, le bifmuth & l'antimoine.

Vauquelin a publié qu'un grand nombre de fels, & particulièrement ceux qui prennent, en fe criftallifant, la forme prifmatique, augmentent de volume en fe *congelant*, & c'eft la raifon pour laquelle les vaiffeaux qui contiennent ces diffolutions falines, fe brifent ordinairement lorfque la criftallifation a lieu.

Mais c'eft principalement la *congélation* de l'eau qui a préfenté le plus grand nombre d'obfervations, & qui a excité de longues & de fortes difcuffions fur la caufe qui occafionnoit ce phénomène, que les plus incrédules étoient obligés d'admettre. Ainfi, des bouteilles de verre, des vafes de faïence rétrécis par le haut, font ordinairement brifés par la converfion de l'eau en glace. Les académiciens de Florence firent crever un globe creux de laiton, de vingt-fept millimètres de diamètre, en le rempliffant d'eau qu'ils firent geler. La force néceffaire pour produire cet effet a été calculée, par Mufchenbroeck, à 13568 kilogrammes; mais les expériences faites par le major Williams, à Québec, que l'on a publiées dans le 2e. vol. des *Tranfactions d'Edimbourg*, forment la férie la plus complète à ce fujet.

On a attribué cette compreffion à la tendance que l'on a remarqué qu'avoient les molécules de l'eau, lorfqu'elle fe folidifioit, à s'arranger dans un ordre déterminé, de manière à former des criftaux prifmatiques qui fe croifent à angles de 60 à 120 degrés. La force avec laquelle ces molécules prennent d'elles-mêmes ces fituations régulières, doit être énorme, puifque de petites quantités nous fuffifent pour opérer de grands effets de preffion mécanique.

Thompfon a effayé, par différens moyens, de déterminer la pefanteur fpécifique de la glace à zéro; celui qui lui a le mieux réuffi, confifte à étendre de l'alcool avec de l'eau, jufqu'à ce qu'en y plaçant une maffe folide de glace, elle pût refter maintenue dans une partié quelconque du liquide, fans defcendre ni monter. Il trouva que la pefanteur fpécifique du liquide dans cet état, étoit de 0,92, & cela en fuppofant la pefanteur fpécifique de l'eau à 12°,44 R. égale à l'unité ; cette expanfion eft beaucoup plus grande que celle de l'eau chauffée à 80° R., conféquemment à l'ébullition. Il s'enfuit que l'eau, en fe convertiffant en glace, loin de fe dilater uniformément, fubit très-rapidement, par ce changement d'état, une augmentation confidérable dans fon volume.

Un grand nombre de théories & d'hypothèfes différentes ont été imaginées pour exprimer le phénomène de la congélation. Les principes que différens auteurs ont pofés là-deffus, fe réduifent à ceux-ci, ou que quelques matières étrangères s'introduifent dans les interftices du fluide, & que, par ce moyen, le fluide fe fixe & augmente de volume, &c.; ou que quelques matières naturellement contenues dans le fluide en font chaffées, & que le fluide eft fixé par la privation de ces matières, &c.

Selon d'autres, c'eft une altération qui arrive aux particules qui compofent le fluide, ou d'autres parties que le fluide contient.

Tous les fyftèmes connus fur la congélation peuvent fe réduire à quelques-uns de ces principes. Les Cartéfiens, qui l'attribuent au repos des parties des fluides qui étoient auparavant en mouvement, expliquent la congélation par la matière fubtile qui s'échappe de dans les pores de l'eau ; ils foutiennent que c'eft l'activité de cette matière éthérée ou fubtile qui mettoit auparavant en mouvement les particules des fluides, & que, dès que cette matière s'échappe, il n'y a plus de fluidité.

Quelques philofophes de la même fecte attribuent le changement d'eau en glace, à une diminution de la force & de l'efficacité ordinaire de la matière fubtile ; ainfi altérée, elle n'aura plus affez d'énergie pour mettre en mouvement les particules du fluide comme de coutume.

L'opinion de Defcartes a même été renouvelée dans le commencement de ce fiècle. Les phyficiens qui la défendoient, penfent qu'il n'exifte aucun fluide d'où la chaleur, le froid & la congélation puiffent dépendre ; ils croient que la chaleur eft produite par le mouvement inteftin des molécules des corps. Ainfi, d'après eux, la congélation ne feroit pas une ceffation de mouvement, mais feulement une diminution. Ils ont fouvent recours, pour produire ce mouvement, à un éther ofcillant, ou à l'air, ou à quelqu'autre milieu propagateur des ondes, auxquels ils attribuent les phénomènes de la chaleur. Voyez CHALEUR, CALORIQUE.

Les Gaffendiftes & les autres philofophes corpufculaires attribuent la congélation à l'introduction d'une multitude de parties frigorifiques qui pénètrent en foule dans le fluide, & s'y diftribuent de tous côtés, s'infinuent dans les plus petits interftices qui fe trouvent entre les particules de l'eau, empêchent leur mouvement accoutumé, & les fixent en un corps dur & folide. C'eft de l'introduction de ces particules que vient l'augmentation de volume de quelques liquides, de l'eau, par exemple.

Ils fuppofent que cette introduction des particules frigorifiques eft effentielle à la congélation, comme ce qui la caractérife & la diftingue de la coagulation ; la dernière eft produite indifféremment par un mélange chaud ou froid, tandis que le premier ne doit fon origine qu'à un mélange total. Voyez COAGULATION.

Il eft fort difficile de déterminer de quel genre font les particules frigorifiques, & de quelles manières elles produifent leur effet : c'eft auffi cette difficulté qui a fait naître plufieurs fyftèmes.

Une expérience qui paroiffoit prouver la rayonnance du froid, a remis en vigueur le fyftème des particules frigorifiques, & cela à caufe de la difficulté que l'on éprouvoit à l'expliquer. Si l'on place un morceau de glace au foyer d'un miroir parabolique & un thermomètre au foyer d'un autre miroir femblable, mais dont l'axe coincide avec celui du premier miroir, on voit bientôt ce thermomètre defcendre confidérablement. Ce réfultat, analogue à celui que produit la rayonnance de la chaleur, avoit fait fuppofer qu'il étoit occafionné par un fluide frigorifique ; mais bientôt on parvint à expliquer ce fait par la feule rayonnance du calorique : alors on abandonna l'hypothèfe du frigorifique. Voyez CALORIQUE RAYONNANT, FRIGORIFIQUE.

Quelques philofophes ont prétendu que c'étoit l'air commun qui, dans la congélation, s'introduifoit dans l'eau & qui, s'embarraffant avec les particules de ce fluide, empêchoit leur mouvement & formoit cette quantité de bulles que l'on aperçoit dans la glace ; que cette façon il augmentoit le volume de l'eau, & par ce moyen la rendoit fpécialement plus légère. Mais Boyle a combattu cette opinion, en obfervant que l'eau gèle dans les vaiffeaux fermés hermétiquement, & dans lefquels l'air ne peut aucunement s'introduire ; cependant il s'y forme autant de bulles que dans celle qui s'eft congelée en plein air ; il ajoute de plus que l'huile fe condenfe en fe congelant. On pourroit ajouter qu'un grand nombre de liquides fe condenfent également, d'où il conclut que l'air ne peut point être la caufe de fa congélation.

D'autres, & c'eft le plus grand nombre, veulent que la matière de la congélation foit un fel : ils foutiennent qu'un froid exceffif peut bien rendre les parties de l'eau immobiles, mais qu'il ne fe formera jamais de glace fans fel. Les particules falines, difent-ils, diffoutes & combinées dans une jufte proportion, font la caufe princi-

pale de la *congélation*, car la *congélation* a beaucoup de rapports avec la cristallisation.

Ils supposent que ce sel est du genre du nitre,
& que l'air chargé d'une grande quantité de nitre
fournit ce sel : il leur paroît très-facile d'expliquer
comment les particules du nitre peuvent faire
perdre à l'eau sa fluidité. On suppose que les particules de ce sel sont des aiguilles roides & pointues ; qu'elles entrent facilement dans les parties
ou globules de l'eau : ces particules, ainsi hérif-
fées de pointes, venant à se mêler, elles s'embarrassent les unes les autres, leur mouvement diminue peu à peu, & il se détruit enfin
totalement.

Cet effet n'étant produit que dans le plus fort
de l'hiver, voici les raisons qu'ils en donnent :
c'est que, dans ce temps, les pointes du nitre qui
agissent pour diminuer le mouvement, ont plus
de force que la puissance ou le principe qui met
le fluide en mouvement, ou qui le dispose à se
mouvoir. *Voyez* FLUIDE.

Ils appuient leur raisonnement de l'expérience
si connue de produire de la glace artificielle : on
prend du salpêtre commun, on le mêle avec de
la neige ou de la glace. En plongeant une bouteille pleine d'eau dans ce mélange, tandis qu'il
se fond, l'eau contenue dans la bouteille, & contiguë à ce mélange, se *congelera*, quand même
on feroit l'expérience dans un air chaud. On conclut de cette expérience que les pointes du sel,
par la pesanteur du mélange & de l'atmosphère,
sont introduites par les pores du verre ; mais
comme le mélange frigorifique propre à *congeler*
l'eau se fait également & plus ordinairement avec
du sel commun, on devroit attribuer au sel commun la même propriété qu'au nitre.

Nous ne nous étendrons pas davantage sur les
diverses hypothèses à l'aide desquelles on a voulu
expliquer la *congélation* ; il en est de tellement ab-
surdes, que l'on est étonné qu'elles puissent avoir
été proposées, & plus étonné encore qu'elles
aient obtenu quelque faveur. Une des principales causes de la formation de ces hypothèses,
si extraordinaires, c'est que leurs auteurs n'ont
assez généralement considéré que la *congélation*
de l'eau & les phénomènes qui s'y rapportent
& qu'ils ne se proposoient que d'expliquer quelques faits particuliers qui accompagnent ordinairement cette *congélation* ; mais s'ils avoient
réuni un plus grand nombre de faits, ou s'ils
avoient observé la *congélation* de quelques autres liquides, ils auroient aussitôt reconnu combien leurs hypothèses étoient insuffisantes.

Tous les liquides, à quelque température
qu'on les obtienne, se *congèlent* en se refroidissant ; ce résultat général ne présente aucune
exception. On peut donc, d'après cette seule
considération, considérer la *congélation* comme le
produit de la soustraction d'une partie de la chaleur des corps. L'explication ainsi réduite ne pré-

sente plus de difficultés que dans la connoissance des causes de la chaleur ; mais comme
cette cause échappe à nos sens, les physiciens se
sont divisés en deux classes. Les physiciens méca-
nistes penchent à l'attribuer à un mouvement intérieur des plus petites particules des corps, &
leurs opinions se rapprochent de celle de Descartes. Les physiciens chimistes admettent unanimement pour principe de ces phénomènes, une
matière propre, qu'ils nomment *calorique* (*voyez*
CALORIQUE) ; & comme cette dernière hypothèse a pour elle, sinon des preuves décisives,
du moins des raisons très-fortes pour l'appuyer,
c'est celle qui est la plus généralement adoptée.

CONGÉLATION DE L'EAU ; congelatio aquæ.
Conversion de l'eau fluide en glace, ou en eau
solide.

Si l'on expose de l'eau à une température naturelle au-dessous de zéro du thermomètre de
Réaumur, on voit l'eau changer d'état, & passer
à l'état de glace. Souvent ce passage se fait brusquement, & l'eau se prend en masse ; d'autres fois
la *congélation* se fait lentement & successivement.
L'eau qui touche les parois des vases qui la contiennent se *congèle* d'abord, ainsi que la couche supérieure, & la *congélation* augmente d'épaisseur jusqu'à ce qu'elle soit parvenue au centre.

Cette *congélation* présente deux résultats : le
premier, c'est que la glace renferme des bulles
d'air en plus ou moins grande abondance ; le second, c'est que le volume de l'eau est augmenté.
Les bulles qui se forment dans l'intérieur paroissent être produites par l'air dissous dans l'eau,
que ce liquide abandonne au moment où il se congèle ; le second, par la forme cristalline que l'eau
prend en se *congelant*, & à l'air qu'elle abandonne ; mais cette dernière cause n'est qu'accidentelle, car on trouve des portions de glace
qui ne présentent aucun indice de bulles d'air,
& qui n'en ont pas moins une densité moins grande
que celle de l'eau liquide.

Mairan attribue la dilatation de l'eau *congelée*
à une espèce de désordre produit par le mouvement plus ou moins rapide qui agite les molécules, tandis qu'elles se réunissent. Il en résulte,
selon lui, qu'elles se croisent & s'embarrassent
mutuellement sous une infinité de positions différentes, en laissant de petits vides entr'elles, ce
qui tend à leur faire occuper un plus grand espace
que dans l'état de simple liquide.

On conçoit effectivement que, toutes choses
égales d'ailleurs, une cristallisation confuse, en
donnant lieu à une multitude de petits interstices
qui auroient été remplis, dans le cas d'une cristallisation plus lente & mieux graduée, puisse
tendre à augmenter le volume de la masse solide
produite par cette opération. Mais il paroît que
l'acte seul de la cristallisation est par lui-même,
au moins relativement à certaines substances,

& en particulier à l'égard de l'eau, une cause immédiate d'augmentation de volume. Telle est, dans ces fortes de cas, la figure des molécules, jointes aux autres circonstances, que, pour suivre les espèces d'alignemens qui déterminent leurs nouvelles positions respectives, elles sont forcées de se développer dans un espace plus étendu que celui qui exigeoit l'état de liquidité.

Pour congeler de l'eau, il suffit de la soumettre à une température au-dessous du zéro de Réaumur. Lorsque cette température n'est pas naturelle, on la produit artificiellement, soit en formant un mélange frigorifique dans lequel on plonge le vase qui contient l'eau, soit en déterminant, par la vaporisation de l'eau elle-même, un refroidissement graduel dans sa masse. Le premier moyen est employé depuis long-temps : il consiste à faire fondre un sel dans de la neige ou de la glace, ou à faire fondre de la glace à l'aide d'un acide. Celui dont on fait le plus généralement usage pour obtenir des glaces, consiste à mélanger une partie de sel & trois parties de neige ou de glace ; le vase plongé dans ce mélange se refroidit, & le liquide qu'il contient se solidifie.

Quant au second moyen, sa découverte est récente ; il paroît qu'on le doit à Leslie : voici en quoi il consiste. On place un vase, contenant de l'eau, sous le récipient d'une machine pneumatique ; on pompe l'air de ce récipient, & l'eau qui s'y trouve renfermée se vaporise pour remplir l'espace : on peut, en continuant de faire mouvoir les corps de pompe, enlever cette vapeur à mesure qu'elle se forme ; & comme les liquides ne se vaporisent qu'en enlevant, soit à la masse liquide dont ils font partie, soit au corps environnant, le calorique nécessaire à leur vaporisation, il s'ensuit que, dans cette circonstance, le calorique étant enlevé à la masse de liquide qui produit la vapeur, celle-ci se refroidit continuellement, pendant tout le temps que la vaporisation continue, enfin, elle arrive ainsi au terme de la congélation ; & l'eau se prend en masse & se solidifie.

Pour absorber continuellement la vapeur, à mesure qu'elle se forme, & éviter l'embarras de l'évacuer avec les pompes, on place, dans l'intérieur du récipient, une substance qui a beaucoup d'affinité pour la vapeur d'eau, & qui s'en empare à mesure qu'elle se forme. Parmi toutes les substances que l'on peut employer, celle que l'on a préférée jusqu'à présent est l'acide sulfurique concentré. En plaçant donc, dans le bas du récipient, un vase à large ouverture, rempli d'acide sulfurique concentré, & mettant au-dessus un vase rempli d'eau, faisant le vide dans le récipient, on voit, à l'aide d'un thermomètre placé dans le liquide, que celui-ci se refroidit graduellement, que la température arrive à zéro, qu'elle descend même quelquefois au-dessous ; alors, à l'aide du plus léger mouvement, l'eau se congèle. Le temps nécessaire pour obtenir cette congélation dépend de la quantité d'eau que l'on veut congeler, de la concentration de l'acide & de la perfection du vide formé. On peut voir les détails de cette expérience dans une note communiquée par Leslie, & qui a été publiée dans les *Annales de Chimie*, tome LXXVIII, page 177, ainsi que dans quelques Observations de Clément & Desormes, imprimées à la suite de cette note.

CONGÉLATION DU MERCURE : conversion du mercure liquide en mercure solide. *Voyez* CONGÉLATION.

CONGIUS ; congius. Mesure de capacité. *Voy.* CONGE.

CONGLUTINATION ; conglutinatio ; *zusammenleimung, verdikung* ; s. f. Attache, union de deux corps ensemble par des parties onctueuses, gluantes & tenaces.

CONIGLOBES : coniglobia ; *sternkegel* ; sub. m. Globe céleste formé de deux demi-sphères creuses, dans l'intérieur desquelles on trace tout le système planétaire.

Ces sortes de globes concaves ont, sur les globes convexes, l'avantage de représenter les étoiles dans une cavité qui établit un plus grand rapprochement avec la manière dont elles sont aperçues.

Schickard en 1659, Kœstner en 1673, & Zimmermann en 1692, ont décrit des *coniglobes*. On peut consulter à cet égard l'*Astrocopium* de Schickard, le *Coniglobium nocturnale stelligerum* de Zimmermann, &c.

CONJONCTION ; conjunctio ; *zusammenkunft* ; s. fém. Rencontre apparente de deux astres dans le même point du zodiaque.

On dit que deux planètes sont en *conjonction*, lorsqu'elles répondent toutes deux au même point du zodiaque, ou ; ce qui est la même chose, lorsqu'elles ont une même longitude. Cet aspect est désigné par cette marque ☌ (*voyez* ASPECT) ; de sorte que si Mars & le Soleil, vus de la terre, se trouvent répondre tous deux aux mêmes points du ciel, de manière qu'une ligne droite, tirée de Mars à la terre, passe par le Soleil, on dit que Mars est en *conjonction* avec le Soleil ; au lieu que s'ils correspondoient à deux points du zodiaque diamétralement opposés, de façon qu'une ligne droite, tirée de Mars au Soleil, passât par la terre, la terre se trouvant entr'eux deux, on diroit qu'ils sont en opposition. (*Voyez* OPPOSITION.) Il en est de même des autres planètes supérieures, c'est-à-dire, qui sont plus éloignées du soleil que la terre.

Mais à l'égard des planètes inférieures, telles que Mercure & Vénus, qui sont moins éloignées du soleil que la terre, celles-ci ne se trouvent jamais en opposition avec le soleil ; parce que la terre ne se trouve jamais placée entr'elles & le soleil. On distingue ; dans ces sortes de planètes, deux *conjonctions*, l'une supérieure & l'autre inférieure ; elles sont en *conjonction supérieure* avec le soleil, lorsque, vues de la terre, & répondant au même point du zodiaque que le soleil, cet astre se trouve placé entr'elles & la terre ; elles sont en *conjonction inférieure*, lorsque, répondant au même point du zodiaque que le soleil, elles se trouvent placées entre le soleil & la terre.

Les planètes emploient des temps différens pour revenir de leur *conjonction* avec le soleil à une *conjonction* suivante ; c'est ce que l'on appelle la *révolution synodique des planètes*, très-différente des révolutions périodiques qu'elles font autour du soleil. Mercure emploie environ 116 jours à faire cette révolution ; Vénus y emploie un an & environ 219 jours ; Mars deux ans 59 jours environ ; Jupiter un an & 34 jours environ ; Saturne un an & 13 jours ; Herichell un an & 5 jours. *Voyez* RÉVOLUTION.

CONJONCTIVE ; conjunctiva ; *weisse des auges* ; subst. fém. Membrane séreuse & perspiratoire, qui tire son nom de ce qu'elle réunit le globe de l'œil aux deux voiles mobiles qui le protègent, & qu'on nomme *paupières*.

Cette membrane s'appelle vulgairement le *blanc de l'œil* ; elle tapisse tout l'intérieur des paupières & la partie antérieure de la tunique de l'œil, nommée cornée opaque ou *sclérotique*. (*Voyez* ŒIL, CORNÉE OPAQUE.) Elle est attachée, par une de ses extrémités, à la circonférence de la cornée transparente, & par l'autre, au bord des paupières ; elle est, outre cela, attachée, par sa partie moyenne, aux bords de l'orbite.

Parce que cette membrane tapisse les paupières & la partie antérieure de la cornée transparente, Winslow a cru qu'à cause de cette double fonction, on devoit distinguer deux sortes de *conjonctives*, savoir, la *conjonctive* de l'œil & la *conjonctive* des paupières : celle de l'œil n'est adhérente à la cornée opaque que par un tissu cellulaire qui la rend lâche & comme mobile ; car en la pinçant, on l'en écarte aisément : celle des paupières y est très-adhérente ; elle est fine, & parsemée de vaisseaux capillaires totalement sanguins.

En général la *conjonctive*, suivant tous les physiciens, ne sert qu'à la structure de l'œil, & ne contribue nullement à la vision.

CONIQUE ; conicus ; *kegel formig* ; adj. Qui a la forme d'un *cône*, ou qui appartient à un *cône*, ou qui en a la figure.

CONIQUE (Cadran) ; horologium conicum ; *kegel formig jonen uhr*. Cadran qui a la figure d'un *cône* concave ou convexe. *Voyez* CADRAN.

CONIQUE (Section) ; sectio conica ; *kegel schnitt*. Figures provenant de différentes sections faites dans les *cônes* : tels sont le cercle, l'ellipse, la parabole, l'hyperbole. *Voyez* SECTIONS CONIQUES.

CONJUGUÉ ; conjugatus ; *neben* ; adj. Qui est sous le même joug.

CONJUGUÉ (Axe) ; axis conjugatus ; *neben-axe*. Le plus petit des diamètres, ou le plus petit axe d'une ellipse. *Voyez* AXE CONJUGUÉ.

CONJUGUÉ (Diamètre) ; diametrum conjugatum ; *neben-diameter*. Ceux qui, dans les sections coniques, sont réciproquement parallèles à leurs tangentes au sommet.

CONJUGUÉE (Hyperbole) ; hyperbolus conjugatus ; *neben-hyperbol*. Hyperboles opposées, que l'on décrit dans l'angle vide des asymptotes des hyperboles opposées, & qui ont les mêmes asymptotes & le même axe que les hyperboles, avec cette seule différence, que l'axe transverse des opposées est le second axe des *conjuguées*. *Voyez* HYPERBOLE CONJUGUÉE.

CONJUGUÉE (Ovale) ; ovalus conjugatus ; *neben-oval*. C'est, dans la haute géométrie, une ovale qui appartient à une courbe, & qui se trouve placée sur le plan de cette courbe, de manière qu'elle est comme isolée & séparée des autres branches ou portions de la courbe. *Voy.* OVALE CONJUGUÉE.

CONNOISSANCE ; cognitio ; *kenntniss* ; subst. fém. Notion que l'on a de quelques choses ou de quelques personnes.

CONNOISSANCE DES TEMPS : titre d'un ouvrage publié chaque année par l'Académie des Sciences, &, depuis sa suspension, par le Bureau des longitudes. Le but de cet ouvrage est d'annoncer, pour l'usage des astronomes & des navigateurs, les mouvemens célestes.

CONODIS : petite monnoie dont on se sert à Goa & dans tout le royaume de Cochin.

CONOÏDE, du grec γωνος, είδος, *ressemblant* ; conoïdéus ; *asie kegel* ; sub. m. Surface courbe, ou corps solide formé par la révolution d'une courbe quelconque autour de son axe.

On donne encore ce nom à d'autres solides, qui, au lieu d'être composés comme celui-ci, de tranches circulaires, perpendiculaires à l'axe, sont composés d'autres espèces de tranches.

Le *conoïde* prend le nom de la courbe qui le produit par sa révolution. Un *conoïde parabolique*, que l'on nomme encore un *paraboloïde*, est le

CON

folide engendré par la révolution de la parabole autour de fon axe.

CONQUE, du grec κογχη ou κονκα; concha; *mufchel;* fubft. fém. Grande cavité ovoïde du pavillon de l'oreille, qui eft barrée par les éminences tragus, antitragus & anthélix, & au fond de laquelle fe trouve le conduit auditif E, *fig.* 437. Quelques naturaliftes donnent le nom de *conque* au pavillon entier de l'oreille. *Voyez* AILE DE L'OREILLE.

Sa figure, qui eft à peu près en forme d'entonnoir, favorife l'entrée d'une plus grande quantité de rayons fonores, ou de parties d'air mifes en vibration par les corps fonores, & propres à les tranfmettre enfuite au conduit auditif; & fa compofition cartilagineufe fait que les vibrations de l'air font maintenues dans toutes leurs forces. La preuve de cette affertion eft, que ceux à qui on a coupé l'oreille n'entendent pas fi bien, & qu'ils font obligés de fuppléer à la *conque*, foit en fe fervant d'un cornet, foit en en formant un avec la main. *Voyez* OREILLE.

CONQUE : mefure de grains dont on fe fert à Bayonne & à Saint-Jean-de-Luz. Deux *conques* compofent une facmefure de Dax. La *conque* = 3 boiffeaux, = 39 litres.

CONSÉQUENCE; confequentia; fubft. fém. Mouvement d'une étoile, d'une planète, d'une comète fituée en quelque point du ciel, & qui paroît fuivre l'ordre des fignes, ou, ce qui eft la même chofe, qui fe meut d'occident en orient.

On dit que ce mouvement eft en *conféquence,* parce qu'il eft en fens contraire.

CONSÉQUENT; confequens; fubft. maf. Le dernier des deux termes d'un rapport arithmétique ou géométrique, ou celui auquel l'antécédent eft comparé. Ainfi, dans le rapport de 4 à 8, le nombre 4 eft l'antécédent, & le nombre 8, qui lui eft comparé, eft le *conféquent. Voyez* RAISON, RAPPORT.

CONSERVATION; confervatio; *erhaltung;* f. f. Garantie, conferve.

CONSERVATION DES VIANDES, DES LÉGUMES ET DES FRUITS : art de conferver les fubftances animales & végétales dans le meilleur état poffible, c'eft-à-dire, qui fe rapproche le plus de l'état fous lequel la nature nous les offre.

Cet art a beaucoup occupé la pharmacie, la chimie & la médecine. On a employé, pour y parvenir, différens moyens, tels que la deffication, les véhicules acides, alcooliques, huileux, les fubftances fucrées, falines, &c.; mais tous ces moyens, que l'on pratique encore dans un grand nombre de circonftances, font perdre à

plufieurs corps une partie de leurs propriétés, & les modifient de manière que l'on ne reconnoît plus leur arôme & leur faveur.

Appert fait ufage d'un moyen qui eft bien fupérieur à tous ceux qui ont été employés jufqu'à préfent; il a foumis à une commiffion, nommée par la Société d'encouragement, plufieurs fubftances qui n'ont pas paru avoir fubi d'altération fenfible, quoiqu'elles aient été gardées pendant plus d'un an. Ces fubftances font, 1°. un pot-au-feu; 2°. un confommé; 3°. du lait; 4°. du petit-lait; 5°. des petits pois; 6°. des petites fèves de marais; 7°. des cérifes; 8°. des abricots; 9°. des fucs de grofeille; 10°. des framboifes.

Chacun de ces objets, difent les commiffaires, étoit contenu dans un vafe de terre fermé hermétiquement. Le pot au-feu chauffé avec précaution, on a trempé une foupe qui s'eft trouvée très-bofine, & la viande, qui en avoit été féparée, très-tendre, & d'une faveur agréable. Le confommé étoit excellent; & quoiqu'il fût préparé depuis quinze mois, il n'y avoit guère de différence à établir avec celui qu'on auroit fait le même jour.

Le lait s'eft trouvé d'une couleur jaunâtre, imitant un peu celle du colaftrum, d'une denfité plus forte que celle du lait ordinaire, plus favoureux & plus fucré que ce dernier, avantage qu'il doit au degré de concentration qu'on lui a fait éprouver. On peut dire qu'un lait de cette efpèce, quoique préparé depuis neuf mois, peut remplacer la majeure partie des crêmes qui fe vendent à Paris. Le petit-lait a confervé la tranfparence d'un petit-lait fraîchement préparé; fa couleur eft plus foncée, fon goût plus fapide, & fa denfité plus grande.

Cuits avec l'attention recommandée par Appert, les petits pois & les fèves de marais ont préfenté deux mets très-bons, que l'éloignement de la faifon, dans laquelle on les mange femblables, paroît rendre encore plus agréable & plus favoureux.

Les cerifes entières, & les abricots coupés par quartiers, confervent encore une grande partie de la faveur qu'ils avoient au moment où on les a récoltés. Les fucs de grofeille & de framboife ont paru jouir de prefque toutes leurs propriétés. On y a retrouvé l'arôme de la framboife parfaitement confervé, de même que l'acide légèrement aromatique de la grofeille; leur couleur feule avoit diminué d'intenfité.

Tels font les réfultats qu'ont préfentés, aux commiffaires, ces fortes de fubftances préparées depuis fi long-temps. Tranfportées dans des voyages de long cours, ces fubftances ont confervé également leur faveur & leur arôme. Ce fait eft atteflé par un grand nombre de certificats donnés par des marins qui jouiffent de l'eftime & de la confiance publique.

CONSERVE ; conserva ; *conserve* ; subst. fém. Conserver, défendre, préserver ; préparation de confiftances molles, pulpeufes, que l'on fait avec des pulpes de racines, de feuilles, de fleurs ou de fruits, auxquelles on ajoute une très-grande portion de fucre.

Ce font les Arabes qui ont inventé ce genre de compofition. Leur but étoit de *conferver*, avec du fucre, des matières qui s'altèrent très-vîte fans cette addition ; & les *conferves* font aux pulpes & aux poudres, ce que les firops font aux infufions.

CONSERVES ; confpicilla ; *brillen* ; subst. fém. plur. Sorte de lunettes qui ne diffèrent point des béficles ordinaires pour la forme, mais dont les verres font très-peu bombés & prefque plans, en forte qu'ils n'augmentent pas beaucoup la groffeur des objets.

Ces lunettes font ainfi appelées, parce qu'elles confervent la vue, les yeux n'étant pas fatigués, foit par la petiteffe des objets, foit par la manière confufe dont ils frappent la rétine. Elles conviennent aux perfonnes légèrement presbytes, & à celles qui ont les organes de la vue très-foibles & très irritables ; dans ce dernier cas, on emploie, avec avantage, des verres de couleur verte.

Les verres colorés avec l'oxide de cuivre, dont on fait ufage pour les vues foibles, ont l'avantage de ne laiffer paffer que les rayons verts du prifme, & d'arrêter tous les autres, particulièrement les rayons rouges qui fatiguent beaucoup l'organe de la vue. Cette couleur eft la même que celle des prairies, des feuilles des arbres, & en général de tous les végétaux fur lefquels la vue fe repofe agréablement.

CONSISTANCE ; confiftentia ; *confiftenz* ; f. f. Etat permanent, liaifon des corps, confidéré fuivant qu'ils font plus mous, plus durs, plus liquides ou plus épais.

Ainfi, c'eft l'état d'un corps dont les parties ont entr'elles une certaine adhérence, qui fait qu'elles réfiftent plus ou moins à la féparation les unes des autres. Plus la *confiftance* d'un corps eft grande, plus il y a de difficulté à en féparer les parties.

CONSISTANT ; confiftens ; *beftehende* ; adj. *Corps confiftant*, expreffion fort employée par Boyle pour défigner ce que nous entendons ordinairement par corps fixes & folides, par oppofition aux corps fluides. *Voyez* SOLIDITE, FLUIDE.

Boyle a fait un effai particulier fur l'atmofphère des *corps confiftans*, dans lequel il montre que les corps, même les plus folides, les plus durs, les plus pefans & les plus fixes, ont une atmofphère formée des particules qui s'en exhalent. *Voyez* ATMOSPHÈRE.

CONSONNANCE ; confonnantia ; *confonnanz* ; f. f. Effet de deux ou plufieurs fons entendus à la fois ; mais on reftreint communément la fignification de ce terme aux intervalles formés par deux fons, dont l'accord plaît à l'oreille.

De cette infinité d'intervalles qui peuvent divifer les fons, il n'y en a qu'un très-petit nombre qui faffent des *confonnances* ; tous les autres choquent l'oreille, & font appelés, pour cela, *diffonances* : ce n'eft pas que plufieurs de celles-ci ne foient employées dans l'harmonie ; mais elles ne le font qu'avec des précautions, dont les *confonnances*, toujours agréables par elles-mêmes, n'ont pas également befoin.

Les Grecs n'admettoient que cinq *confonnances*, favoir, l'octave, la quinte, la douzième, qui eft la réplique de la quinte, la quarte, & l'onzième qui eft fa réplique ; nous y ajoutons les tierces & les fixtes majeures & mineures, les octaves doubles & triples, en un mot les diverfes répliques de tout cela fans exception, felon toute l'étendue du fyftème.

On diftingue les *confonnances* en parfaites ou juftes, dont l'intervalle ne varie point, & en imparfaites, qui peuvent être majeures ou mineures. Les *confonnances* parfaites font l'octave, la quinte & la quarte ; les imparfaites font les tierces & les fixtes.

Les *confonnances* fe divifent encore en fimples & compofées : il n'y a de *confonnances* fimples que la tierce & la quarte, car la quinte, par exemple, eft compofée de deux tierces ; la fixte eft compofée de tierce & de quarte.

C'eft de leur production, dans un même fon, que fe tire le caractère phyfique des *confonnances*, ou, fi l'on veut, du frémiffement des cordes : de deux cordes bien d'accord, formant entr'elles un intervalle d'octave ou de douzième, qui eft l'octave de la quinte, ou de la dix-feptième majeure, qui eft la double octave de la tierce majeure, fi l'on fait fonner la plus grave, l'autre frémit & réfonne. A l'égard de la fixte majeure & mineure, de la tierce mineure, de la quinte & de la tierce majeure fimples, qui toutes font des combinaifons ou des renverfemens des précédentes *confonnances*, elles fe trouvent, non directement, mais entre les diverfes cordes qui frémiffent au même fon.

Si l'on touche la corde *ut*, les cordes montées à fon octave *ut*, & dont la viteffe de vibration eft double ; à la quinte *fol* de cette octave, dont la viteffe de vibration eft triple ; à la double octave *ut* du premier ton, dont la viteffe de vibration eft quadruple ; enfin à la tierce *mi* de la double octave, dont la viteffe de vibration eft quintuple, même aux octaves de tout cela, frémiront toutes & réfonneront à la fois : quand la première corde feroit feule, une oreille exercée diftingueroit encore tous ces fons dans fa réfonnance. Voilà donc l'octave, la tierce majeure & la quinte directe ; les autres *confonnantes* fe trouvent auffi par combinaifons, favoir, la tierce mineure du *mi* au *fol*, la fixte mineure du *mi* à l'*ut* d'en haut, la quarte du *fol* au même *ut*, & la fixte majeure du *fol* au *mi* qui eft au-deffus de lui.

Telle eft la génération de toutes les *confonnances*. Il s'agiroit de rendre raifon de ce phénomène. Pour éviter les difcuffions qui réfultent de l'examen des différentes explications que l'on en a données, nous nous contenterons d'indiquer l'opinion d'Eftère.

Toutes les fois qu'un fon eft produit, il laiffe diftinguer fes harmoniques; d'où il fuit que le fentiment du fon eft inféparable de fes harmoniques; & puifque tout fon porte avec lui fes harmoniques, ou plutôt fon accompagnement, ce même accompagnement eft dans l'ordre de nos organes. Il y a dans le fon le plus fimple une graduation de fons plus foibles & plus aigus, qui adouciffent par nuance le fon principal, & le font perdre dans la grande viteffe des fons les plus hauts. Voilà ce que c'eft qu'un fon; l'accompagnement lui eft effentiel, il en fait la douceur & la mélodie. Ainfi, toutes les fois que cet adouciffement, cet accompagnement, ces harmoniques feront renforcés & mieux développés, les fons feront plus mélodieux, les nuances mieux foutenues; c'eft une perfection, & l'ame dont y être fenfible.

Or, les *confonnances* ont cette propriété, que les harmoniques de chacun des deux fons concourent avec les harmoniques de l'autre; ces harmoniques fe foutiennent naturellement, deviennent plus fenfibles, durent plus long-temps, & rendent ainfi plus agréable l'accord des fons qui les donnent.

CONSONNANT (Intervalle); diftantia confonnans; *zufammen ftimmender interval*. Un intervalle confonnant eft celui qui donne une confonnance ou qui en produit l'effet, ce qui arrive, en certains cas, aux diffonances, par la force de la modulation. Un accord confonnant eft celui qui n'eft compofé que de confonnances.

CONSTANTE; conftans; *unveraenderliche*; f. f. & adj. Quantité qui ne varie point, par rapport à d'autres quantités variables.

Ainfi, le paramètre d'une parabole, le diamètre d'un cercle, font des quantités conftantes, par rapport aux abfciffes & aux ordonnées qui peuvent varier tant qu'on voudra. En algèbre, on marque ordinairement les quantités conftantes par les premières lettres de l'alphabet.

CONSTANTINOPLE (Période de) : révolution de 7980 années, qui a commencé 5508 ans avant la naiffance de Jéfus-Chrift. *Voyez* PÉRIODE DE CONSTANTINOPLE.

CONSTELLATION; conftellatio; *ftern figuren*; f. f. Affemblage de plufieurs étoiles dans un contour déterminé, auquel on a donné une forme, & par fuite un nom dépendant de cette forme; on les nomme auffi *aftérifmes*. *Voyez* ASTERISME.

Le nombre des étoiles fixes étant trop grand pour pouvoir les difcerner les unes des autres, & leur donner à chacune un nom particulier, on a trouvé plus convenable, & d'un ufage plus commode, de les ranger fous diverfes figures, appelées *conftellations*. Pour fe former une idée de leur configuration entr'elles, & les reconnoître avec plus de facilité, on donne à ces *conftellations* les noms & les figures de divers perfonnages célebres, de l'antiquité, & même de plufieurs animaux & de corps inanimés, comme inftrumens, machines, &c., que les poëtes fuppofent avoir été tranfportés de la terre au ciel.

Ptolémée, le premier qui ait dreffé un catalogue des étoiles, forma quarante-huit *conftellations*, dont douze font placées autour de l'écliptique, vingt-une dans la partie feptentrionale du ciel, & quinze dans fa partie méridionale.

Les *conftellations* qui entourent l'écliptique & qui rempliffent cette zoné du ciel, qu'on nomme *zodiaque*, font :

Le belier	♈	La balance	♎
Le taureau	♉	Le fcorpion	♏
Les gémeaux	♊	Le fagittaire	♐
L'écreviffe	♋	Le capricorne	♑
Le lion	♌	Le verfeau	♒
La vierge	♍	Les poiffons	♓

Ayant divifé l'écliptique en douze parties égales, qui font chacune de 30 degrés, on a affigné un figne à chacun de ces intervalles, & on lui a donné le nom de la *conftellation* qui s'y rencontroit alors; il faut cependant en excepter le figne de la balance, dont les étoiles faifoient autrefois partie du fcorpion, qui occupoit deux fignes; mais afin de faire répondre une *conftellation* à chaque figne, on propofa de rétrécir l'efpace qu'occupoit le fcorpion, pour y placer la figure de Jules-Céfar avec une balance à la main : c'eft pourquoi ce figne, qu'on appeloit autrefois les *ferres du fcorpion*, prit enfuite le nom de *balance*.

Les douze *conftellations* du zodiaque comprennent 445 étoiles, dont 4 font de la première grandeur, 12 de la feconde, 51 de la troifième, 80 de la quatrième, 121 de la cinquième, 132 de la fixième, & 45 informes.

Vingt-une *conftellations* font dans la partie feptentrionale du ciel; favoir :

La petite ourfe.	Le cocher.
La grande ourfe.	Le ferpentaire.
Le dragon.	Le ferpent.
Céphée.	La flèche.
Le bouvier.	L'aigle.
La couronne boréale.	Le dauphin.
Hercule.	Le petit cheval.
La lyre.	Pégafe.
L'oifeau ou le cygne.	Andromède.
Caffiopée.	Le triangle.
Perfée.	

Ces vingt-une *constellations* comprennent 700 étoiles, dont 3 sont de la première grandeur, 25 de la seconde, 81 de la troisième, 151 de la quatrième, 105 de la cinquième, 134 de la sixième, & 201 informes.

A ces vingt-une *constellations* de la partie septentrionale du ciel, Ticho Brahé en a ajouté deux autres, savoir : la chevelure de Bérénice, qui comprend les étoiles informes qui sont près de la queue du lion ; & Antinoüs, qui est composé de celles qui sont près de l'aigle.

Vers la partie méridionale du ciel, Ptolémée a décrit les *constellations* suivantes :

La baleine.	La coupe.
Orion.	Le corbeau.
Le fleuve Eridan.	Le centaure.
Le lièvre.	Le loup.
Le grand chien.	L'autel.
Le petit chien.	La couronne australe.
Le navire.	Le poisson austral.
L'hydre femelle.	

Les voyages que les astronomes modernes ont faits vers l'hémisphère méridional leur ont donné lieu de les observer les étoiles, & d'en former de nouvelles *constellations*. Aux quinze que nous venons d'indiquer, on en a ajouté douze autres qui ont été décrites par Jean Boyer, & dont voici les noms :

Le paon.	L'hydre mâle.
Le toucan.	Le caméléon.
La grue.	L'abeille ou la mouche.
Le phénix.	L'oiseau de paradis.
La dorade.	Le triangle austral.
Le poisson volant.	L'indien.

Ces vingt-sept *constellations* comprennent 561 étoiles, dont 11 sont de la première grandeur, 25 de la seconde, 64 de la troisième, 184 de la quatrième, 122 de la cinquième, 75 de la sixième, & 80 informes.

Les étoiles qui composent les douze *constellations* du zodiaque, les vingt-une de la partie septentrionale du ciel, décrites par Ptolémée, & les vingt-sept de la partie méridionale que nous venons de nommer, jointes ensemble, font le nombre de 1706, dont il y en a 18 de la première grandeur, 62 de la seconde, 196 de la troisième, 415 de la quatrième, 348 de la cinquième, 341 de la sixième, & 326 informes.

On a ajouté, dans la suite, deux autres *constellations* à celles de la partie méridionale du ciel, qui sont la colombe & la croix ; mais comme il restoit encore de très-grands vides, l'abbé de La Caille les a remplis de quatorze nouvelles *constellations*, qu'il a consacrées aux arts, en leur donnant les figures & les noms des principaux instrumens. En voici la liste, selon l'ordre de leur ascension droite, & telle qu'il l'a donnée lui-même dans les *Mémoires de l'Académie des Sciences* pour l'année 1752.

1°. L'*atelier du sculpteur* ; il est composé d'un scabellon qui porte un modèle, & d'un bloc de marbre, sur lequel on pose un maillet & un ciseau ; 2°. le *fourneau chimique*, avec son alambic & son récipient ; 3°. l'*horloge à pendule à secondes* ; 4°. le *réticule rhomboïdal*, petit instrument astronomique ; 5°. le *burin du graveur* ; la figure est composée d'un burin & d'une échoppe en sautoir, liés par un ruban ; 6°. le *chevalet du peintre*, auquel est attachée une palette ; 7°. la *boussole* ou le compas de mer ; 8°. la *machine pneumatique*, avec son récipient pour représenter la physique expérimentale ; 9°. l'*octant* ou le quartier de réflexion, principal instrument des navigateurs pour observer la hauteur du pôle ; 10°. le *compas du géomètre* ; 11°. l'*équerre* & la *règle* de l'architecte ; 12°. le *télescope*, ou la grande lunette astronomique, suspendue à un mât ; 13°. le *microscope* ; c'est un tuyau placé au bout d'une boîte carrée ; 14°. la *montagne de la Table*, célèbre au Cap de Bonne-Espérance, par sa figure de table, & principalement par un nuage blanc qui la vient couvrir en forme de nappe, à l'approche d'un vent violent du sud-est.

Dans l'année 1679, Augustin Royer publia des cartes célestes, dans lesquelles on trouve des étoiles informes, rangées sous onze *constellations*, dont cinq sont dans la partie septentrionale du ciel, & six dans la partie méridionale.

Les cinq situées vers le nord sont :

La giraffe.	Le sceptre.
Le fleuve du Jourdain.	La fleur-de-lis.
Le fleuve du Tigre.	

Les six situées vers le midi sont :

La colombe.	Le grand nuage.
La licorne.	Le petit nuage.
La croix.	Le rhomboïde.

Plusieurs de ces *constellations* ont été adoptées dans le grand Atlas de Flamsteed, & dans le Planisphère anglais dont les astronomes se servent journellement.

Hevelius forma aussi de nouvelles *constellations*, comme on peut le voir dans son ouvrage intitulé *Firmamentum sobieskianum*, publié en 1690 avec les cartes célestes. Voici les noms de ces *constellations*.

Le monocéros.	Le renard avec l'oie.
Le caméléopard.	L'écu de Sobieski.
Le sextant d'Uranie.	Le lézard.
Les chiens de chasse.	Le petit triangle.
Le petit lion.	Le cerbère.
Le linx.	

Quelques-unes de ces *constellations* répondent à celles de Royer, comme, par exemple, le caméléopard à la giraffe, les chiens de chasse au fleuve du Jourdain, le renard avec l'oie au fleuve du Tigre, le lézard au sceptre, le monocéros à la licorne.

Dans les cartes de Flamsteed on trouve encore d'autres *constellations*, nommées le *Mont Ménal* ;

le *rameau*, qui répond à *cerfère*; le *cœur de Charles II*; la *petite croix*, & le *chêne de Charles II*; mais ces *conftellations* font peu apparentes. Il eft rare que les aftronomes en faffent ufage.

A fon retour du grand voyage au cercle polaire, Lemonnier fit une *conftellation* du renne, entre Caffiopée & l'étoile polaire, comme on le voit dans l'édition in-4°. de l'Atlas de Flamfteed, publié à Paris en 1776, par Fortin. Lalande a ajouté le meffier à côté du renne, dans fon globe célefte. Poizobut a mis le *taureau royal de Poniatowski* entre l'aigle & le ferpentaire, & Lemonnier a ajoûté, en 1776, la *conftellation* du folitaire, oifeau des Indes, au-deffous du fcorpion.

Jean Boyer, dont nous avons parlé ci-deffus, a rendu un des plus grands fervices aux aftronomes, &, en général, à tous ceux qui ont befoin de bien connoître le ciel étoilé, en publiant des cartes céleftes dans lefquelles les étoiles de chaque *conftellation* font défignées chacune par une lettre de l'alphabet grec ou latin, ce qui a été reçu de tous les aftronomes qui l'ont fuivi : de forte que, pour défigner telle ou telle étoile, de telle ou telle *conftellation*, au lieu de fe fervir d'une périphrafe, il fuffit de dire δ ou η, &c., de telle *conftellation*. Cette méthode a été fuivie par l'abbé de La Caille, à l'égard des quatorze *conftellations* qu'il a fermées vers le pôle auftral.

Les poëtes grecs & romains ont cherché à tirer de l'ancienne théologie l'origine des *conftellations* qui exiftoient alors. Dupuis a fait une des plus belles applications de l'aftronomie aux fables, par les *conftellations*, en faifant voir que les fables anciennes & la mythologie de prefque tous les peuples du monde ne font qu'une allégorie aftronomique.

Quelques aftronomes ont voulu changer les figures des *conftellations* & les appliquer à des fyftèmes particuliers. C'eft ainfi que Bède a voulu fubftituer les douze apôtres aux douze fignes du zodiaque, & que Weigelius, profeffeur de mathématiques à Jéna, a voulu fubftituer les armes de tous les princes de l'Europe aux anciennes *conft.llations*; mais les aftronomes n'ont jamais approuvé de pareilles innovations, qui ne fervent qu'à introduire de la confufion dans la lecture des auteurs.

Comme les autres peuples de l'Europe, les Chinois ont divifé le ciel en *conftellations*, mais ils leur ont donné des noms applicables à leur pays. On voit, dans leur fphère, quelques hommes célèbres parmi eux, des animaux, des inftrumens & des uftenfiles d'agriculture ou de ménage, &c.; ils ont furtout transporté, en quelque forte, toute la Chine dans le ciel, en plaçant du côté du nord tout ce qui a le plus de rapport à la cour & à la perfonne de l'Empereur; on y voit l'impératrice, l'héritier préfomptif de la couronne, les miniftres de l'Empereur, les gardes, &c. En général, ces noms paroiffent plutôt donnés à des étoiles feules qu'à des groupes, comme ceux qui font nos *conftellations* : ils ont auffi deux divifions du zodiaque, l'une en 28 étoiles, comme celles que les Arabes & les Indiens appellent les *maifons de la lune*; ils leur donnent divers noms d'animaux; la feconde en douze parties égales, qu'on nomme *les douze palais du foleil*, & elles commencent au quinzième degré du verfeau.

CONSTELLÉ; *conftellatus*. Objet garni d'étoiles, mis au nombre des *conftellations*, ou fabriqué fous une certaine *conftellation*; une figure, un anneau, une pierre *conftellée*.

CONTACT; *contactus*; *berührung*; f. m. Attouchement, l'action de deux corps qui fe touchent. Le *contact* peut avoir lieu par tous les points de la furface d'un corps; le toucher n'eft exercé que par un organe particulier; la face interne des mains & des doigts; auffi le *contact* ne fournit-il pas, comme le toucher, une fenfation diftincte des qualités du corps, mais feulement le fentiment général de leur degré de dureté ou de molleffe, de froid ou de chaleur, de féchereffe ou d'humidité, ainfi que l'idée imparfaite de leur furface.

CONTACT (Angle de); angulus *contactûs*; *berührung winckel*. Angle B A L, *fig.* 705, formé par une tangente B A, avec la courbe A L partant du point de *contact*.

CONTACT ÉLECTRIQUE; *contactus electricus*; *electrifche berührung*. Attouchement de deux corps qui partagent entr'eux l'électricité.

Ce *contact* peut être produit, 1°. entre deux corps électrifés d'une électricité femblable; 2°. entre deux corps électrifés d'une électricité différente; 3°. entre deux corps dont l'un eft électrifé & l'autre à l'état naturel; 4°. entre deux corps non électrifés.

Si les corps font conducteurs, on obferve, dans le premier cas, que celui des corps qui a le plus d'électricité en cède à l'autre jufqu'à ce qu'il foit en équilibre d'intenfité électrique; dans le fecond cas, que celui qui eft électrifé pofitivement, ou E, en cède à celui qui eft électrifé négativement, ou ℮, & réciproquement; enfin, que les deux corps fe partagent les électricités différentes, jufqu'à ce qu'il y ait équilibre d'intenfité de l'électricité la plus abondante; dans le troifième cas, que le corps électrifé cède de fon électricité à celui qui eft à l'état naturel, jufqu'à ce qu'il y ait équilibre d'intenfité; enfin, dans le quatrième, que les corps exercent fur l'électricité naturelle, une action qui dépend de leur affinité pour l'électricité; d'où il réfulte que celui qui a une plus grande affinité pour l'électricité, en enlève à celui qui en a moins, de manière qu'après le *contact*, l'un des corps eft électrifé pofitivement, ou E, & l'autre négativement, ou ℮. *Voyez* ÉLECTRICITÉ, GÉNÉRATION DE L'ÉLECTRICITÉ, GALVANISME.

On doit conclure de l'électrisation par le *contact* des corps à l'état naturel, que, toutes les fois que deux corps se partagent, par le *contact*, l'électricité qu'ils contiennent, ou l'électricité que l'un d'eux contient, il n'existe pas entr'eux, après le *contact*, une parfaite égalité d'intensité électrique; mais la différence, par cette cause, est si petite, qu'elle n'est pas appréciable. Il est une autre cause qui exerce une plus grande influence sur ce partage, c'est la forme des corps qui détermine une distribution inégale, occasionnée par l'influence électrique. *Voyez* RÉPARTITION DU FLUIDE ÉLECTRIQUE, INFLUENCE.

Lorsque les corps ne sont point conducteurs de l'électricité, le partage de l'électricité ne se fait qu'au point de *contact*.

CONTACT IMMÉDIAT; contactus proximus; *unmittelbare berührung*. Rapprochement, attachement absolu des corps ou de leurs molécules, sans aucun espace intermédiaire entr'eux.

: Tout tend à prouver que le *contact immédiat* n'existe pas dans la nature, c'est-à-dire, que quelque force que l'on emploie pour rapprocher les corps, pour déterminer leur *contact*, il reste toujours un léger intervalle entr'eux : certainement si le *contact immédiat* devoit exister, ce seroit entre les molécules des corps solides; mais la faculté qu'ont tous les corps de se contracter en se refroidissant, fait voir que leurs molécules laissent entr'elles de petits interstices qui leur ont permis de se rapprocher, & l'on ne connoît point le terme où se rapprochement cesse d'avoir lieu, même dans les corps les plus denses. On voit donc par-là que cette expression de *contact immédiat*, que l'on emploie souvent en parlant des molécules des corps, ne doit pas être prise à la rigueur; elle désigne souvent la plus petite distance respective à laquelle les molécules puissent parvenir, eu égard aux circonstances où elles se trouvent.

CONTACT MAGNÉTIQUE; contactus magneticus; *magnetische berührung*. Parallélipipèdes de fer doux CC, *fig.* 399, par le moyen desquels on réunit deux barreaux magnétiques SN, NS, pour conserver leur vertu.

L'expérience a appris que ces *contacts*, CC, pour bien conserver la vertu des barreaux, doivent être faits de fer doux, & non pas d'acier; ils doivent avoir une épaisseur égale à celle des barreaux, une longueur égale à la largeur des deux barreaux, plus la largeur de la petite règle de bois qui les sépare; & leur largeur doit être telle, que la vertu magnétique des barreaux ne se fasse pas sentir au travers. Pour cela, il suffit de leur donner une largeur qui égale une fois & demie celle des barreaux : de sorte que si les barreaux sont larges d'un pouce, on donnera aux *contacts* une largeur de dix-huit lignes. *Voyez* BARREAUX MAGNÉTIQUES.

CONTACT (Point de); punctum contactum; *berührung punkt*. Point où une ligne droite touche une ligne courbe, ou dans lequel deux lignes courbes se touchent.

CONTÉ (Nicolas-Jacques), peintre, chimiste, mécanicien, physicien habile, naquit à Saint-Céneri, près de Séez en Normandie, le 4 août 1755.

Étant encore en bas-âge, *Conté* perdit son père; sa mère le garda près d'elle, espérant qu'il l'aideroit un jour à faire valoir leur commun héritage; mais à peine avoit-il douze ans, qu'un penchant irrésistible l'entraîna vers la mécanique & la peinture. N'ayant d'outils qu'un couteau, il étoit parvenu à fabriquer un violon qui a été entendu avec plaisir dans plusieurs concerts, & qu'un de ses amis conserve encore aujourd'hui.

Madame de Prémeslé, supérieure de l'hôpital de Séez, instruite des dispositions du jeune *Conté*, l'engagea à peindre divers sujets religieux; on montre encore aujourd'hui ses tableaux dans l'église de l'Hôtel-Dieu de Séez. Encouragé par les éloges qu'il recueillit, *Conté* se livra à la peinture du portrait, & en y joignant l'étude des sciences physiques & mécaniques : alors, d'après les conseils de l'intendant d'Alençon, il vint à Paris perfectionner ses talens; & tandis qu'il faisoit des portraits pour subsister, il suivoit, pour son instruction, des cours d'anatomie, de chimie, de physique & de mécanique.

A l'époque où l'on voulut faire des aérostats une machine de guerre, on le chargea d'exécuter toutes les expériences que l'usage de cette machine exigeoit, & on lui donna la direction d'une École d'aérostats.

Voulant un soir terminer des observations sur le gaz hydrogène, il plaça une lumière à l'extrémité de son laboratoire, & enleva le bouchon d'un matras, pour essayer le gaz qu'il contenoit; mais un courant d'air, occasionné par l'ouverture de la porte, entraîna du gaz hydrogène combiné vers la lumière : il se forma à l'instant une traînée de gaz enflammé, qui, en arrivant au matras, produisit une détonation terrible. *Conté* atteint par les éclats du verre, tomba baigné dans son sang, & le pansement de ses plaies donna la triste certitude qu'il étoit privé de l'œil gauche.

Touché de son état, & voulant le récompenser de son zèle, le Gouvernement lui conféra le grade de chef de brigade, avec le commandement en chef des aérostats, &, quelque temps après, le nomma l'un des membres du Conservatoire des Arts & Métiers, dont le premier établissement avoit été formé par Vandermonde.

Une pénurie de crayons s'étant fait sentir, le Gouvernement chargea *Conté* de lui en fabriquer; il exécuta son ordre, &, en moins d'une année, la manufacture de crayons, qui porte son nom, arriva au degré de perfection où elle est restée.

Appelé, avec beaucoup d'autres favans, à l'expédition d'Egypte, il y a rendu des fervices importans. Arrivé au Caire, il y forma des ateliers pour remplir les befoins des différentes armes ; les inftrumens & les machines qui avoient été emportés de France pour l'expédition, ayant été enlevés par les Arabes, il fallut tout récréer. Alors, fe livrant tout entier à remplir les befoins de l'armée, on le vit créer des machines pour les monnoies du Caire, pour l'imprimerie orientale, pour la fabrication de la poudre ; établir des fonderies de canons, fabriquer de l'acier, des cartons, des toiles vernifées ; perfectionner la fabrication du pain ; faire exécuter des fabres pour l'armée, des uftenfiles pour les hôpitaux, des inftrumens de mathématiques pour les ingénieurs, des lunettes pour les aftronomes, des crayons pour les deffinateurs, des loupes pour les naturaliftes, &c. ; en un mot, depuis les machines les plus compliquées & les plus effentielles, comme les moulins à blé, jufqu'à des tambours & des trompettes, tout fe fabriquoit dans fes ateliers.

Tant de fervices lui méritèrent l'eftime la plus diftinguée de la part des trois généraux qui ont commandé fucceffivement en Egypte. Ils apprécioient furtout en lui cette fimplicité unie à tant de mérite, & qui le mettoit au-deffus de l'envie ; cette intégrité qui écartoit de lui tous les reproches ; ce courage, cette conftance, cette abnégation de lui-même qui rendoit légers pour lui tous les facrifices, & le faifoit renoncer, pour le bien des autres, aux affections les plus cheres, aux intérêts les plus impérieux qui l'appeloient en France.

Lorfqu'il eut créé la commiffion d'Egypte, le Gouvernement chargea *Conté* de diriger l'exécution du grand ouvrage qu'elle alloit publier. Le nombre des monumens & des objets d'arts qu'il falloit repréfenter étoit immenfe ; le feul détail de la gravure, fi on l'eût exécuté par les procédés ordinaircs, auroit exigé des dépenfes énormes, & abforbé un grand nombre d'années. *Conté* imagina une machine à graver, au moyen de laquelle tout le travail des fonds, des ciels & des maffes des monumens, fe fait avec une facilité, une promptitude & une régularité merveilleufe. L'utilité de cette machine n'a pas été bornée à l'ouvrage fur l'Egypte ; plufieurs artiftes l'ont déjà introduite dans leurs ateliers.

Conté fe maria à une femme iffue d'une des premières familles de Normandie, dont il eut plufieurs enfans. Tous deux fe trouvoient privés de fortune à l'époque de fon mariage, & ce fut pour lui un nouveau motif de redoubler de zèle. Il étoit heureux du bonheur de fa femme & de fes enfans. Lorfqu'il perdit cette compagne fi tendrement aimée, rien ne fut capable de le diftraire de fes regrets. « J'étois aiguillonné, difoit-il à un ami, par le defir de plaire à ma femme ;

» je lui rapportois les plus légers fuccès : que me » refte-t-il maintenant ? » Néanmoins fa douleur, & un état de fouffrance habituelle qui commençoit à fe manifefter, n'arrêtèrent point fes travaux ; mais l'eftime publique dont il jouiffoit au plus haut degré, ne remplaçoit pas pour lui ce qu'il avoit perdu. Le coup qui l'avoit frappé étant fans remède, fa fanté continua de s'affoiblir, & il mourut le 6 décembre 1805.

Ce favant ingénieux, modefte & défintéreffé, fut l'un des premiers membres de la Légion d'honneur.

CONTENU ; *contenfum* ; *jnnhalt* ; f. m. Tenir, occuper. Ce terme eft affez fouvent employé pour exprimer la capacité d'un vaiffeau, ou l'aire d'un efpace, ou la quantité de matière que contient un corps. *Voyez* AIRE, SURFACE, SOLIDE.

Ainfi, on dit mefurer le *contenu* d'un tonneau, d'une pinte, &c., & quelquefois auffi trouver le *contenu* d'une furface ou d'un corps, quoique ce terme foit plus en ufage pour défigner la capacité des vaiffeaux vides ou fuppofés tels.

CONTEXTURE, de cum, texto, *je mêle avec;* contextura ; *gewebe;* fubft. fém. Mode d'arrangement, d'entre-croifement, d'enchevêtrement des parties qui entrent dans la compofition d'un tiffu, ou d'un corps organifé, d'où réfultent, en grande partie, les propriétés phyfiques, & furtout les propriétés du tiffu de ce corps.

Les corps inorganiques n'ont pas une véritable *contexture;* les élemens qui les compofent ne font que juxta pofés, & retenus en contact par les affinités chimiques ou par la force d'agrégation : dans les corps organifés, au contraire, toutes les parties préfentent une *contexture* plus ou moins complète, & différente dans chacune d'elles. *Voyez* TISSU.

On rapporte ordinairement à la différence dans l'arrangement, ainfi que dans la figure des parties des corps, les différentes couleurs fous lefquelles elles paroiffent, & cela parce qu'elles réfléchiffent différentes efpèces de lumière. Nous verrons au mot COLORISATION DES CORPS, ce que l'on doit, en effet, attribuer à la *contexture* des parties. *Voyez* COULEURS.

CONTIGU, de cum, tango, *toucher avec;* contiguus ; *auftoffend.* Etre en contact, pofition de deux ou plufieurs corps qui font rapprochés les uns des autres au point de fe toucher.

Contigu fe dit de deux efpaces ou folides placés immédiatement l'un après l'autre.

CONTIGUS (Angles) ; anguli contigui ; *anftoffena-eek.* Angles qui ont un côté commun ; on les nomme *angles aujacens. Voyez* ADJACENT.

CONTIGUITÉ ; contiguitas ; *aneinlander ftof-*

fen ; f. f. Rapprochement, juxta-pofition, acco-lement de deux ou plufieurs parties qui n'ont point d'adhérence enfemble, & qu'on peut féparer facilement.

Defcartes, &, après lui, les Carthéfiens, ont foutenu que les globules de la lumière jouiffoient d'une *contiguité* parfaite, c'eft-à-dire, qu'ils fe touchoient tous. Dans l'opinion des Newtoniens, au contraire, les molécules lumineufes doivent être à une immenfe diftance les unes des autres. *Voyez* LUMIÈRE, PROPAGATEUR DE LA LUMIÈRE.

CONTINU, de *con*, tineo, *tenir avec* ; continuus ; *an einander haengend* ; adj. Renfermé dans les mèmes limites dont les parties s'entretiennent.

Parties qui font placées les unes auprès des autres, de manière qu'il foit impoffible d'en placer d'autres entre deux fans rompre la *continuité*.

Continu diffère de *contigu*, en ce que, dans celui-ci, la non-adhérence des parties eft actuelle, & que dans celui-là elle n'eft que poffible.

CONTINUATION ; continuatio ; *folge* ; f. f. Action par laquelle on *continue*, & la durée de la chofe *continuée*.

CONTINUATION DE MOUVEMENT ; continuatio motûs ; *fortzetzung des bevegung.* Mouvement qui ne ceffe pas, tel eft celui des corps céleftes ; ou qui ne doit pas ceffer de lui-même, tel eft celui des corps terreftres.

C'eft une loi de la nature, que tout corps une fois mis en mouvement, par quelque caufe que ce foit, doit continuer de fe mouvoir uniformément, à moins que quelque caufe ne l'en empêche. *Voyez* MOUVEMENT, INERTIE.

CONTINUE (Baffe) ; gravis fonus continuatus ; *bergleitende baff.* Partie de la mufique qui eft au-deffous des autres, & qui dure pendant toute la pièce.

Son principal ufage, outre celui de régler l'harmonie, eft de foutenir la voix & de conferver le ton. On prétend que c'eft Ludovico Viena, dont il refte un Traité, qui, vers le commencement du dernier fiècle, la mit le premier en ufage. *Voyez* BASSE, BASSE CONTINUE.

CONTINUITÉ ; continuitas ; *ftelig keit, zu-fammenhang* ; f. f. Extenfion géométrique, étendue des lignes, des plans, des folides.

Les Anciens étoient perfuadés que tout, dans la nature, fe faifoit par une loi de *continuité* ; qu'il n'exiftoit aucun changement brufque ; que tout fe faifoit graduellement, mais que cette graduation pouvoit être plus ou moins vive, & fouvent même imperceptible.

En admettant la loi de *continuité*, on voit qu'il ne doit exifter aucun corps parfaitement dur,

& que la divifibilité des corps doit être infinie ; car s'il fe rencontroit des atomes durs & infécables, la loi de *continuité* feroit détruite : auffi Bofcowitz, pour ne pas troubler la loi de *continuité*, & ne pas rejeter l'hypothèfe des atomes durs & fécables, confidéroit-il les corps comme compofés de molécules opaques, contenues par deux forces qui fe font équilibre, l'attraction & la répulfion. C'eft ainfi, par exemple, que les molécules lumineufes, foumifes à ces deux forces, changent fucceffivement leur direction dans le plan réfringent.

Nous voyons, dans une infinité de cas, cette loi de *continuité* parfaitement établie dans la nature. Les corps en mouvement, par exemple, foit que la viteffe foit conftante, accélérée ou retardée, ne font jamais tranfportés de A en B par faut ; on les voit fe mouvoir dans une férie de points cohérens entre A & B, avec des viteffes uniformes ou progreffivement variées. Les corps, en tombant, n'acquièrent le maximum de leur viteffe qu'après avoir parcouru toutes les viteffes intermédiaires.

Si cette loi de *continuité* n'exiftoit pas, on éprouveroit une grande difficulté lorfque l'on voudroit appliquer l'analyfe aux phénomènes de la nature : le géomètre eft donc obligé de l'admettre, afin de parvenir au réfultat où il veut arriver.

Prouft & plufieurs chimiftes croient que cette loi de *continuité* n'a pas lieu dans la compofition des corps. *Voyez* COMPOSITION DES CORPS.

CONTRACTÉ ; contractum ; *fiehe* ; adj. Raccourciffement des corps par le mouvement de contraction. *Voyez* CONTRACTION.

CONTRACTION, de *con*, traho, *refferrer*, *tranfiger*, *amoffer*, &c. ; contractio ; *verkürzung* ; f. f. Mouvement par lequel un corps fe raccourcit.

C'eft par le mouvement de *contraction*, ainfi que par celui d'extenfion, que les mufcles deviennent les principaux agens des mouvemens du corps ; c'eft auffi par le moyen de ces deux fortes de mouvemens, que la plupart des vers & quelques reptiles ont un mouvement progreffif.

CONTRACTION DE LA VEINE FLUIDE : refferrement qu'éprouve la colonne fluide qui fort d'un vafe par un orifice ; cette *contraction* diminue le produit que l'orifice devroit donner, fi tous les points fluides fortoient perpendiculairement au plan de l'orifice. Ce produit, qu'on peut appeler *produit théorique*, diminue dans l'écoulement de la veine fluide par des orifices percés dans de menues parois, dans la proportion de 8 à 3, & dans les écoulemens par des tuyaux additionnels, dans le rapport de 16 à 13.

La queftion de la *contraction de la veine fluide* vient d'être traitée avec beaucoup de détails par Hachette, dans un Mémoire qu'il a lu à l'Inftitut royal de France, & dont nous parleions au mot FLUIDE, VEINE FLUIDE.

CONTRASTE, de contra, ftare; contracto; contraft; f. m. Oppofition.

Il y a *contrafte* dans une pièce de mufique, lorfque le mouvement paffe du lent au vîte, lorfque le diapafon de la mélodie paffe de l'aigu au grave, ou du grave à l'aigu; lorfque le chant paffe du doux au fort, ou du fort au doux; lorfque l'accompagnement paffe du fimple au figuré, ou du figuré au fimple; enfin, lorfque l'harmonie a des jours & des pleins alternatifs; & le *contrafte* le plus parfait eft celui qui réunit à la fois toutes ces oppofitions.

CONTRE - BASSE, de l'italien *contrabaffo*; *groffe baffgeige*; f. f. Groffe *baffe* de violon, fur laquelle on fixe ordinairement la partie de la *baffe*, un octave plus bas que fur la *baffe* de violon commun.

CONTRE - HARMONIQUE (Proportion). Trois nombres font en proportion *contre-harmonique*, lorfque la différence du premier & du fecond eft à la différence du fecond & du troifième, comme le troifième eft au premier. Ainfi, 3, 5, 6, font en proportion *contre-harmonique*, parce que 2 eft à 1 comme 6 eft à 3. *Voyez* PROPORTION CONTRE-HARMONIQUE.

CONTRE-POIDS; æquipondus; *gegen-gewicht*; f. m. Force qui fert à diminuer, & quelquefois à égaler l'effort d'une force contraire.

Le *contre-poids* a lieu dans une infinité de machines différentes: tantôt il eft égal à la force qui lui eft oppofée, tantôt il eft plus grand ou plus petit. Tout le calcul du *contre-poids* fe réduit à celui du levier.

CONTRE-POINT, de l'italien *contra-punto*; *gegenpunckt*; f. m. Compofition muficale entre deux ou plufieurs parties, appliquée à l'harmonie.

Contre-point vient de ce qu'anciennement les notes ou fignes des fons étoient de fimples points, & qu'en compofant à plufieurs parties, on plaçoit ainfi ces points l'un fur l'autre, ou l'un contre l'autre.

CONVERGENCE, de con, vergo, *décliner*; covergentia; *zufammenlaufen*. Difpofition de deux ou plufieurs lignes qui, partant de différens points, tendent à fe réunir en un feul.

Ainfi, les droites A o, B o, E o, F o, &c., *fig.* 43, qui partent de différens points A, B, E, F, &c., & qui tendent à fe réunir au point O, font des lignes *convergentes*.

CONVERGENCE ÉLECTRIQUE; convergentia electrica; *electrifche zufammenlaufen*. Nollet ap-

peloit ainfi la direction qu'il fuppofoit aux rayons de la matière électrique affluente, qui partent des différens corps qui avoifinent un corps actuellement électrifé, & même de l'air qui l'environne; car tous ces rayons de matière tendent au corps électrifé, comme à un foyer commun. C'étoit à cette *convergence* que Nollet attribuoit la propriété qu'ont les corps électrifés d'attirer de toutes parts les corps légers qui font dans leur voifinage, & qui font libres de fe mouvoir.

CONVERGENS (Rayons); radii convergentes; *zufammenfahrende ftrahlen*. Rayons qui fe rapprochent les uns des autres, de manière que fi rien n'y mettoit obftacle, ils fe réuniroient en un feul point.

Les rayons de lumière *convergens*, en dioptrique, font ceux qui, en paffant d'un milieu dans un autre, d'une denfité différente, fe rompent en s'approchant l'un vers l'autre; tellement que, s'ils étoient affez prolongés, ils fe rencontreroient dans un point que l'on nomme *foyer*. *Voyez* RÉFRACTION, FOYER.

Tous les verres convexes rendent les rayons parallèles *convergens*, & tous les verres concaves les rendent divergens, c'eft-à-dire, que les uns tendent à rapprocher les rayons, & que les autres les écartent; & la *convergence* ou divergence des rayons eft d'autant plus grande, que les verres font des portions de plus petites fphères. (*Voy.* VERRES CONCAVES.) C'eft fur ces propriétés que tous les effets des lentilles, des microfcopes, des téléfcopes, &c. font fondés. *Voyez* LENTILLES, MICROSCOPES, TÉLESCOPES.

Des rayons qui entrent *convergens* d'un milieu plus denfe, dans un milieu plus rare, dont la furface eft plane ou concave, le deviennent encore davantage, & fe réuniffent plus tôt que s'ils avoient continué à fe mouvoir dans le même milieu. *Voy.* RÉFRACTION.

Quand les rayons entrent *convergens* d'un milieu plus rare dans un milieu plus denfe, dont la furface eft plane ou concave, ils deviennent moins *convergens*, & fe rencontrent plus tard que s'ils avoient continué leur mouvement dans le même milieu.

Les rayons parallèles qui paffent d'un milieu plus denfe dans un milieu plus rare, comme, par exemple, du verre dans l'air, deviennent *convergens* & tendent à un foyer, lorfque la furface dont ils fortent a fa concavité tournée vers le milieu le plus denfe, & fa convexité vers le milieu le plus rare. *Voyez* RÉFRACTION.

Les rayons divergens, ou qui partent d'un même point éloigné, dans les mêmes circonftances, deviennent *convergens* & fe rencontrent; & à mefure qu'on approche le point lumineux, le foyer devient plus éloigné; de forte que fi le point lumineux eft placé à la diftance focale des rayons parallèles, le foyer fera infiniment diftant, c'eft-à-dire, que les rayons seront parallèles ; & si l'on approche davantage encore, ils seront divergens. *Voyez* DIVERGENCE, CONVERGENCE, FOYER.

Si la surface qui sépare les deux milieux est plane, les rayons parallèles sortent parallèles, mais, à la vérité, dans une autre direction ; & si les rayons tombent divergens, ils sortent plus divergens ; mais s'ils tombent *convergens*, ils sortent également plus *convergens* : c'est le contraire si les rayons passent d'un milieu plus rare dans un milieu plus dense.

CONVERGENTE (Hyperbole) ; hyperbola convergens ; *zusammen fahrende hyperbol.* Hyperbole du troisième ordre, dont les branches tendent l'une vers l'autre, & vont toutes deux vers le même côté. *Voyez* HYPERBOLE.

CONVERGENTES (Lignes) ; lineæ convergentes ; *zusammen fahrende linien.* Lignes qui s'approchent continuellement, & dont les distances diminuent de plus en plus, de manière qu'étant prolongées, elles se rencontrent en quelques points ; au contraire, des lignes divergentes sont celles dont les distances vont toujours en augmentant. Les lignes qui sont *convergentes* d'un côté, sont divergentes de l'autre. *Voyez* DIVERGENCE, LIGNES CONVERGENTES.

CONVERGENTES (Séries) ; seriæ convergentes ; *convergirende reihe.* Séries de termes algébriques, dont les valeurs vont toujours en diminuant. *Voy.* SERIE CONVERGENTE.

CONVERSE, formé de converso, *changer* ; conversus ; *satz, vechselsatz* ; adj.

Quand on met en supposition une vérité que l'on vient de démontrer pour en déduire le principe qui a servi à sa démonstration, c'est-à-dire, quand la conclusion devient le principe, & le principe conclusion, la proposition qui exprime cela s'appelle la *converse* de celle qui la précède.

Par exemple, on démontre en géométrie que si les deux côtés d'un triangle sont égaux, les deux angles opposés à ces côtés le sont aussi ; & par la proposition *converse*, si les deux angles d'un triangle sont égaux, les côtés opposés à ces angles le sont aussi.

CONVERSION ; conversio ; *verwandelung* ; s. f. Transmutation, changement.

CONVERSION (Centre de) ; centrum conversionis ; *mittelpunckt der umrechung.* Point autour duquel un corps tourne ou tend à tourner, lorsqu'il est poussé inégalement dans ses différens points, ou par une puissance dont la direction ne passe pas par le centre de gravité de ce corps. *Voyez* CENTRE DE CONVERSION.

CONVERSION DE RAISON (Proportion par). Comparaison de l'antécédent & du conséquent dans deux raisons égales.

Par exemple, y ayant même raison de 2 à 3 que de 8 à 12, on en conclut qu'il y a aussi même raison de 2 à 3 — 2, que de 8 à 12 — 8, c'est-à-dire, de 2 à 1 que de 8 à 4.

CONVERSION DES DEGRÉS ; conversio graduum. Opération par laquelle on *convertit*, en astronomie, les degrés en temps, & les temps en degrés, en prenant 15 degrés pour une heure, pour le temps vrai, & 15° 2' 28" pour le temps moyen. *Voyez* TEMPS VRAI, TEMPS MOYEN.

CONVERSION DES ÉQUATIONS ; conversio equationum ; *umkerkung der gleichungen.* Opération qu'on fait lorsqu'une quantité cherchée ou inconnue, ou une de ses parties étant sous forme de fraction, on réduit le tout à un même dénominateur, & qu'ensuite, omettant les dénominateurs, il ne reste dans l'équation que les numérateurs. *Voyez* ÉQUATION, FRACTION.

CONVEXE ; convexus ; *alb-rund, rund-erhaben, convex* ; adj. Surface extérieure d'un corps rond, par opposition à la surface intérieure qui est creuse ou concave ; surfaces relevées en bosse arrondie.

Ce mot, qui vient de *conveho*, porter, a été adopté, par allusion, à l'espèce de cintre, ou éminence circulaire des corps destinés à en porter d'autres.

CONVEXE (Verre) ; vitrum convexum ; *erhabener glaß.* Verres formés de deux segmens de sphère qui ont la forme d'une lentille.

En traversant ces sortes de verres, les rayons de lumière se rapprochent les uns des autres : si le faisceau de lumière incident est formé de rayons parallèles, les mêmes rayons convergent en sortant ; si le faisceau incident est convergent, la convergence est augmentée ; & si le faisceau de rayons incident est divergent, il peut arriver que les rayons émergens soient convergens, parallèles ou divergens, ce qui dépend de la distance des points lumineux à la surface du verre. Si le point lumineux est à une plus grande distance de la surface que le foyer des rayons parallèles, les rayons convergent en sortant ; si la distance du point lumineux est la même que celle du foyer des rayons parallèles, le faisceau émergent est parallèle. Enfin, si le point lumineux est moins éloigné que le foyer, les rayons sortent divergens. *Voyez* VERRE CONVEXE, VERRE LENTICULAIRE, FOYER DES RAYONS PARALLÈLES.

CONVEXES (Miroirs) ; specula convexa ; *erhaben geschliffener spiegel.* Miroirs dont la surface courbe est ordinairement un segment de sphère.

La lumière qui arrive sur les miroirs *convexes*

se réfléchit de manière que les rayons, après la réflexion, sont plus écartés qu'ils ne l'étoient avant. Ainsi, les rayons incidens parallèles A B, CD, *fig.* 505, se réfléchissent en divergeant B C, D H. Les rayons divergens A B, CD, *fig.* 507, augmentent de divergence B E, D A; & les rayons convergens, *fig.* 506, augmentent ou diminuent de convergence, deviennent parallèles ou divergens, suivant que le point de concours est plus loin ou plus près que le centre du miroir. Si le point de concours des rayons incidens est plus éloigné que le centre du miroir, la divergence des rayons est augmentée; si le point de concours est dirigé vers le centre du miroir, la divergence est la même; si le point de concours est entre le centre & la moitié des rayons, la divergence est diminuée; si le point de concours est à la moitié des rayons du miroir, les rayons réfléchis sont parallèles; enfin, si le point de concours est entre la moitié des rayons du miroir & la surface de ce même miroir, les rayons réfléchis convergent. *Voyez* MIROIR CONVEXE.

CONVEXITÉ; convexitas; *convexitat*; s. f. Surfaces courbées-ou cintrées, dont les parties du milieu sont plus élevées que les autres. Telle est la surface extérieure d'un globe, d'un cylindre, d'une calotte, d'un tonneau, d'un gobelet.

COOMBE, CARNOCK : mesure sitométrique employée en Angleterre = 2 striken, = 8 pechs, = 16 gallons, = 11,26 boisseaux de Paris, = 146,38 litres.

COPAL; copal; s. m. Résine qui découle du *rhus copalinum*, *vateria* Linn., arbre de Ceylan, de la famille des liliacées; il en vient aussi de la Chine, de l'Afrique & des Antilles.

Cette résine est transparente & dure, luisante, & d'une belle couleur de topaze. Comme elle est peu odorante, quelques marchands la vendent pour du succin.

Les Indiens brûlent le copal pour en respirer l'odeur; il sert, dans les arts, pour faire de très-beaux vernis: sa pesanteur spécifique est de 1045. Il est fragile, & brûle avec flamme & beaucoup de fumée.

Le copal est très-électrique par frottement; c'est, de tous les corps connus, celui qui isole le plus complétement: la facilité avec laquelle on peut lui donner différentes formes, le fait employer comme corps isolant. Son vernis jouissant de la même propriété, on en recouvre les colonnes de verre, & beaucoup d'autres corps qui doivent isoler l'électricité.

COPEAUX DE BOIS ÉLECTRIQUES : copeaux de bois qui s'électrisent en les obtenant.

Nous devons à Wilson cette observation, que, toutes les fois que l'on enlève un *copeau* d'un mor-ceau de bois, ce *copeau* est électrisé positivement ou négativement, suivant les circonstances dans lesquelles se trouvoit le bois au moment où le *copeau* a été formé.

Toutes les fois que du bois très-sec est râclé avec un morceau de verre, ces râclures sont toujours électrisées positivement. Lorsqu'on se sert d'un couteau dont le tranchant n'est pas très-affilé, les *copeaux* sont électrisés positivement, si le bois est chaud, & négativement, s'il est froid; mais si le tranchant du couteau est très-affilé, les *copeaux* sont toujours électrisés négativement, soit que le bois soit chaud ou froid. *Voyez* ÉLECTRICITÉ.

Les expériences de Wilson sont consignées dans le L°. volume des *Annales de Chimie*, pag. 27.

COPEAUX DE FER (Inflammation des). Inflammation spontanée des *copeaux de fer*.

Charpentier, artiste célèbre, ayant mis environ deux cents livres de *copeaux de fer*, mouillés, dans un baquet, un matin avant le jour, le feu y prit. Ayant fait jeter ces *copeaux* sur l'aire d'un plancher, ils offrirent un hémisphère lumineux & brûlant; ayant jeté de l'eau dessus, il s'en élança des flammes vives & légères, d'une couleur verdâtre. Quelques parties de ces *copeaux* éclatèrent avec bruit; les douves & le fond du baquet s'étoient charbonnés. (*Voyez* INFLAMMATION SPONTANÉE.) Ce fait est consigné dans le *Journal de Physique*, année 1785, tom. II, pag. 385.

COPECK : petite monnoie ayant cours dans l'empire de Russie, = 4 poluschk, = 0,0473 livres tournois, = 4,67 centimes. 65 *copecks* font un daler, 80 font un rixdaler, & 100 font un rouble.

COPERNIC (Nicolas), célèbre astronome, naquit à Thorn en Prusse, le 19 février 1473, d'une famille noble.

Après avoir appris, dans la maison paternelle, les langues grecque & latine, il alla à Cracovie continuer ses études. Ce fut là que le goût qu'il avoit toujours eu pour l'astronomie, commença à trouver de quoi se satisfaire. Il profita des instructions d'un professeur pour en apprendre les élémens, & bientôt; enflammé d'ardeur par la haute célébrité où étoit Regio Montanus, il résolut de faire un voyage en Italie, où florissoient les astronomes de réputation (1).

Il partit pour l'Italie en 1496 : il conféra & il observa à Bologne avec Dominique-Maria Novarra; de-là il alla à Rome, où son habileté lui

_____

(1) L'auteur de l'article COPERNIC, dans la *Bibliographie universelle*, dit qu'il fut en Italie, afin de visiter Regio Montanus; mais on annonce, à l'article MULLER du *Nouveau Dictionnaire historique*, que Regio Montanus mourut à Rome en 1476. Montucla partage cette opinion.

mérita

mérita bientôt une chaire de profeſſeur. Diverſes obſervations furent le fruit de ſon ſéjour dans cette viſle. Il quitta enſuite l'Italie vers le commencement du treizième ſiècle, & ſon oncle, évêque de Warmie, lui donna un canonicat dans ſa cathédrale, ce qui le fixa le reſte de ſa vie

Copernic ſe livra alors, avec une ardeur nouvelle, à l'étude du ciel. Les prodigieux embarras qui réſultoient des hypothèſes de Ptolémée, le peu de ſymmétrie & d'ordre qui régnoit dans ce prétendu arrangement de l'Univers, l'extrême difficulté de concevoir qu'une ſi vaſte machine eût un mouvement auſſi rapide que celui qu'on lui donnoit, en la faiſant tourner ſur elle-même en vingt-quatre heures, le frappèrent vivement, & toutes ſes réflexions lui perſuadèrent qu'il s'en falloit de beaucoup que l'on eût deviné l'énigme de la nature. Il ſe mit à rechercher, dans les écrits des philoſophes, s'il n'y avoit rien de plus parfait.

Parmi tous les ſyſtèmes qui avoient été développés juſqu'à lui, on remarque, 1°. celui des Egyptiens, qui faiſoient tourner Mercure & Vénus autour du ſoleil, mais qui mettoient en même temps Mars, Jupiter, Saturne & le ſoleil lui-même en mouvement autour de la terre; 2°. celui d'Apollonius, adopté depuis par Tycho-Brahé, qui plaço t le ſoleil au centre du mouvement de toutes les planètes, mais qui faiſoit tourner cet aſtre autour de la terre, comme la lune; 3°. celui de quelques Pythagoriciens, & entr'autres de Philolaüs qui avoit placé le ſoleil au centre de l'Univers, & la terre en mouvement autour de cet aſtre comme les autres planètes; 4°. l'opinion de Nicétas, Héraclide, & quelques philoſophes qui avoient donné à la terre un mouvement ſur ſon axe, pour produire les phénomènes du lever & du coucher des aſtres, &c.

Soumettant toutes ces opinions à l'obſervation, il trouva que, de tous les ſyſtèmes, celui qui s'accordoit le mieux avec les faits, étoit de placer le ſoleil au centre du mouvement planétaire, de faire circuler toutes les planètes, & la terre, autour de cet aſtre, & de donner à la terre deux mouvemens, l'un diurne de rotation ſur ſon axe, & l'autre annuel autour du ſoleil.

Quelque ſatisfaiſante que fût cette idée, Copernic ne ſe borna pas à l'adopter; il ſentit qu'il falloit qu'elle répondit, non-ſeulement aux phénomènes généraux, mais encore aux particuliers. Ces vues lui firent entreprendre de longues obſervations, qu'il continua pendant près de trente-ſix ans, avant que de propoſer publiquement ſon nouveau ſyſtème.

Malgré de ſi légitimes raiſons d'eſpérer un grand ſuccès, ce ne fut pas ſans peine que Copernic dévoi la ſon ſyſtème. Il fallut l'exhortation des ſavans les plus diſtingués & des hommes d'une haute conſidération, parmi leſquels étoit le

cardinal de Schoenberg, pour l'y déterminer. Il permit à ſes amis de publier ſon livre, qu'il dédia au pape Paul III. « C'eſt, dit-il à ce Pontife, » pour que l'on ne m'accuſe pas de fuir le juge- » ment des perſonnes éclairées, & pour que l'au- » torité de Votre Sainteté, ſi elle approuve cet » ouvrage, me garantiſſe des morſures de la ca- » lomnie. »

L'ouvrage s'imprima à Nuremberg par les ſoins de Rheticus, l'un des diſciples de Copernic. L'impreſſion venoit d'être terminée, & Rheticus envoya à Copernic le premier exemplaire, lorſque celui-ci, qui avoit joui toute ſa vie d'une parfaite ſanté, commença à être attaqué d'une dyſſenterie qui fut ſuivie preſqu'auſſitôt d'une paralyſie du côté droit. En même temps ſa mémoire & ſon eſprit s'affoiblirent. Le jour même de ſa mort, & ſeulement quelques heures avant qu'il rendît le dernier ſoupir, l'exemplaire de ſon ouvrage arriva; on le lui mit dans les mains, il le toucha, il le vit; mais il étoit alors occupé d'autres ſoins. Il mourut le 24 mars 1543, âgé de ſoixante-dix ans & quelques mois.

Tout occupé de ſon ſyſtème, Copernic a publié peu d'ouvrages. Nous avons de lui, 1°. De revolutionibus orbium cœleſtium, libri VI, Nuremberg, 1543; 2°. un Traité de Trigonométrie, avec des tables de ſinus, ſous ce titre : De lateribus & angulis triangulorum, &c. Wittemberg, 1542; 3°. Teophylacti ſcholaſtici Simocatta epiſtolæ morales, rurales & amatoria cum verſione latinâ. Copernic avoit préſenté, en 1521, aux Etats de ſa province, un ouvrage ſur les monnoies, & l'on conſervoit encore de lui pluſieurs Traités manuſcrits dans la bibliothèque des évêques de Warmie.

COPERNIC (Sphère de); globus Copernicus; armilaerſphäre von Copernik. Inſtrument d'aſtronomie qui repréſente la poſition & le mouvement des corps celeſtes, d'après le ſyſtème de Coperaic. Voyez SPHÈRE DE COPERNIC.

COPERNIC (Syſtème de); ſyſtema Copernicum; Copernikaniſchen ſyſtem. Syſtème aſtronomique dans lequel on ſuppoſe que le ſoleil eſt en repos au centre du monde, que les planètes & la terre ſe meuvent autour de lui dans des ellipſes. Voyez SYSTÈME, PLANÈTES.

Suivant ce ſyſtème, les cieux, les étoiles ſont en repos, & le mouvement diurne qu'ils paroiſſent avoir d'orient en occident, eſt produit par celui de la terre autour de ſon axe, d'occident en orient. Voyez TERRE, SOLEIL, ETOILES.

Ce ſyſtème a été ſoutenu par pluſieurs philoſophes anciens, & particulièrement par Eophantus, Seleucus, Ariſtarchus, Philolaüs, Cléanthes, Heraclides, Ponticus & Pythagore; c'eſt de ce dernier qu'il a été ſurnommé Syſtème de Pythagore.

Archimède l'a ſoutenu dans ſon livre De Gra-

Aaaa

norûm arenæ numero; mais après lui il fut extrêmement négligé, & même oublié pendant plufieurs fiècles; enfin *Copernic* le fit revivre, d'où il a pris le nom de *Copernic*.

Nicolas *Copernic*, dont le nom eft fi connu, adopta donc l'opinion des Pythagoriciens, qui ôte la terre du centre du monde, & qui lui donne, non-feulement un mouvement diurne autour de fon axe, mais encore un autre mouvement annuel autour du foleil; opinion dont la fimplicité l'avoit frappé, & qu'il réfolut d'approfondir.

Il commença, en conféquence, à obferver, calculer, comparer, &c., & à la fin, après une longue & férieufe diftraction des faits, il trouva qu'il pouvoit, non-feulement rendre compte de tous les phénomènes & de tous les mouvemens des aftres, mais même faire un fyftème du monde fort fimple.

De Fontenelle remarque, dans fes *Mondes*, que *Copernic* mourut le jour même qu'on lui apporta le premier exemplaire imprimé de fon livre: il femble, dit-il, que *Copernic* voulut éviter les contradictions qu'alloit fubir fon fyftème.

Ce fyftème eft aujourd'hui généralement fuivi en France & en Angleterre, furtout depuis que Defcartes & Newton ont cherché l'un & l'autre à l'affermir par des explications phyfiques. Le dernier de ces philofophes a furtout développé, avec une netteté admirable & une précifion furprenante, les principaux points du fyftème de *Copernic*. A l'égard de Defcartes, la manière dont il a cherché à l'expliquer, quoiqu'ingénieufe, étoit trop vague pour avoir long-temps des fectateurs; auffi ne lui en refte-t-il guère aujourd'hui parmi les vrais favans.

En Italie, il étoit défendu de foutenir le fyftème de *Copernic*, que l'on regardoit comme contraire à l'Ecriture, à caufe du mouvement de la terre. Le grand Galilée fut mis à l'inquifition, & fon mouvement de la terre condamné comme hérétique. Les inquifiteurs, dans le décret qu'ils rendirent contre lui, n'épargnerent pas le nom de *Copernic*, qui l'avoit renouvelé depuis le cardinal de Cufa, ni celui de Diegue de Zuniga, qui l'avoit enfeigné dans fes *Commentaires fur Job*, ni celui du P. Fofcarini, carme italien, qui venoit de prouver, dans une favante lettre à fon général, que cette opinion n'étoit pas contraire à l'Ecriture. Galilée, nonobftant cette cenfure, ayant continué de dogmatifer fur le mouvement de la terre, fut condamné de nouveau, obligé de fe rétracter publiquement, & d'abjurer fa prétendue erreur, de bouche & par écrit, ce qu'il fit le 22 juin 1633; & ayant promis, à genoux, la main fur les Evangiles, qu'il ne diroit & ne feroit jamais rien de contraire à cette Ordonnance, il fut ramené dans les prifons de l'inquifition, d'où il fut bientôt élargi. Cet événement effraya fi fort Defcartes, très-foumis au Saint-Siége, qu'il l'empêcha de publier fon *Traité du monde*, qui étoit

piêt à voir le jour. *Voyez* tous ces détails dans la *Vie de Defcartes*, par Baillet.

Pendant long-temps, les philofophes & les aftronomes les plus éclairés d'Italie n'ont ofé foutenir le fyftème de *Copernic*; & fi, par hafard, ils paroiffoient l'adopter, ils avoient grand foin d'avertir qu'ils ne le regardoient que comme une hypothèfe, & qu'ils étoient d'ailleurs très-foumis aux décrets du fouverain Pontife fur ce fujet.

Quelque chaleur que l'inquifition ait mife à empêcher que l'on crût à la vérité, & à propager une erreur fi préjudiciable aux fciences que le mouvement du foleil, les Italiens ont vaincu cette réfiftance, & ont enfin embraffé le fyftème de *Copernic*. Il n'y a point d'inquifiteur, dit un auteur célèbre, en voyant une fphère de *Copernic*. Cette fureur de l'inquifition contre le mouvement de la terre a beaucoup nui à la religion. En effet, qu'ont dû penfer, & que penferont les êtres foibles & fimples, des dogmes réels que la foi nous oblige de croire, s'il fe fait qu'on mêle à un dogme des opinions douteufes & fauffes? Ne vaut-il pas mieux dire que l'Ecriture, dans les articles de foi, parle d'après le Saint-Efprit, &, que, dans les matières de phyfique, on doit parler comme le peuple, dont il falloit bien parler le langage pour fe mettre à fa portée? Par cette diftinction on répond à tout; la phyfique & la foi font également à couvert. Une des principales caufes du décri où étoit le fyftème de *Copernic* en Efpagne & en Italie, c'eft qu'on y étoit perfuadé que plufieurs fouverains Pontifes avoient décidé que la terre ne tournoit pas!.... qu'on y croyoit ce jugement infaillible, même fur des matières qui n'intéreffent en rien le chriftianifme. En France, on ne reconnoît que l'Eglife d'infaillible, & on fe trouve beaucoup mieux, d'ailleurs, de croire, fur le fyftème du monde, les obfervations aftronomiques, que les décrets de l'inquifition; par la même raifon que le roi d'Efpagne, dit Pafchal, fe trouve mieux de croire, fur l'exiftence des Antipodes, Chriftophe Colomb qui en venoit, que le pape Zacharie qui n'y avoit jamais été. *Voyez* ANTIPODES.

Baillet, dans la Vie de Defcartes, que nous venons de citer, accufe le P. Scheiner, Jéfuite, d'avoir dénoncé Galilée fur fon opinion du mouvement de la terre. Ce Père, en effet, étoit jaloux ou mécontent de Galilée, au fujet de la découverte des taches du foleil que Galilée lui difputoit; mais s'il eft vai que le P. Scheiner ait tiré cette vengeance de fon adverfaire, une telle démarche fait plus de tort à fa mémoire, que la découverte, vraie ou prétendue, des taches du foleil ne peut lui faire d'honneur. *Voyez* TACHES.

En France, on foutenoit le *fyftème de Copernic* fans aucune crainte, & l'on étoit perfuadé, par les raifons que nous avons dites, que ce fyftème n'eft point contraire à la foi, quoique Jofué ait dit: *Stat fol!* C'eft ainfi qu'on répond d'une ma-

-nière folide & fatisfaifante à toutes les difficultés des incrédules fur certains endroits de l'Ecriture, où ils prétendent, fans raifon, trouver des erreurs, phyfiques ou aftronomiques, groffières.

Ce *fyftème de Copernic* eft non-feulement très-fimple, mais très-conforme aux obfervations aftro-nomiques auxquelles tous les autres fyftèmes fe refufent. On obferve dans Vénus des phafes comme dans la lune ; il en eft de même de Mercure : ce qu'on ne peut expliquer dans le fyftème de Pto-lémée, au lieu qu'on rend une raifon très-fenfible de ces phénomènes, en fuppofant, comme *Co-pernic*, le foleil au centre, & Mercure, Vénus, la terre, tournant autour de lui dans l'ordre où nous les nommons. *Voyez* PHASE, VENUS, MER-CURE, &c.

Lorfque *Copernic* propofa fon fyftème, dans un temps où les lunettes d'approche n'étoient pas inventées, on lui objectoit la non-exiftence de ces phafes ; il prédit qu'on les découvriroit un jour, & les téléfcopes ont vérifié fa prédiction : d'ail-leurs, n'eft-il pas plus fimple de donner deux mou-vemens à la terre, l'un annuel, l'autre diurne, que de faire mouvoir autour d'elle, avec une vi-teffe énorme & incroyable, toute la fphère des étoiles ? Que devoit-on penfer, enfin, de ce fatras d'épicycles, d'excentriques, de déférens, qu'on multiplioit pour expliquer les mouvemens des corps céleftes, & dont le *fyftème de Copernic* nous débarraffe ? Auffi n'y a t-il aujourd'hui aucun af-tronome habile & de bonne foi, à qui il vienne feulement en penfée de le révoquer en doute.

Au refte, ce fyftème, tel qu'on le fuit aujour-d'hui, n'eft pas tel qu'il a été imaginé par fon au-teur ; il faifoit encore mouvoir les planètes dans des cercles dont le foleil n'occupoit pas le centre : il faut pardonner cette hypothèfe, dans un temps où l'on n'avoit pas encore d'obfervations fuffi-fantes, & où l'on ne connoiffoit rien de mieux. Kepler a le premier prouvé, par des obfervations, que les planètes décrivent des ellipfes autour du foleil ; il a même donné les lois de leur mouve-ment. Newton a, depuis, démontré ces lois, & a prouvé que les comètes décrivoient auffi, autour du foleil, ou des parabolés, ou des ellipfes fort excentriques. *Voyez* COMÈTES.

COPERNICIENS : partifans du fyftème de Co-pernic fur le mouvement des corps celeftes. *Voyez* SYSTÈME DU MONDE.

COPHINOS : mefure de capacité de l'Afie & de l'Égypte = 3 conges facrés, = 9 chenices, = 24 mines, = 8,47 pintes de Paris, = 7,8882 litres. 2 *cophinos* font un modios.

COPI : grande mefure de capacité, employée à Lucques, pour l'huile. Le *copi* = 128,6 pintes de Paris, = 118,83 litres.

COR ; cornu ; *horne* ; f. m. Inftrument de cuivre, tourné en deux cercles, dans lequel on fouffle pour produire des fons plus ou moins éclatans. Cet inftrument eft terminé par un grand entonnoir auquel on donne le nom de *pavillon*.

Anciennement les *cors* étoient faits de corne de bœuf, les bergers s'en fervoient pour rappeler leurs troupeaux : ceux dont on fe fert aujourd'hui ne reffemblent point à ceux des Anciens ; ils font de cuivre jaune, contournés, & vont infenfiblement en s'évafant, depuis leur embouchure jufqu'à leur pavillon. Ils ont une embouchure qui peut être de bois, de cuir, de corne ou de toute autre matière.

Pour donner du *cor*, on place l'embouchure fur les lèvres, de manière qu'elle y foit partagée éga-lement, & que les lèvres elles-mêmes le foient dans un autre fens, par l'embouchure ; on ne l'y appuie qu'autant qu'il faut pour empêcher l'air de fe faire un paffage, au dehors, entr'elle & les lèvres. L'embouchure doit être dirigée horizonta-lement, & le *cor* porté droit devant foi ; les lèvres doivent être preffées l'une fur l'autre, & tous leurs mufcles tendus, mais en évitant les grimaces défagréables ; la bouche, au contraire, dans cette pofition, doit plutôt annoncer un fourire.

Lorfqu'on veut faire partir ce fon, on donne des coups de langue fur la mâchoire fupérieure, mais on fe garde bien d'infinuer la langue dans le bocal : l'air chaffé dans le corps de l'inftrument par l'ouverture qui fe fait entre les lèvres, eft ce qui produit le fon ; mais il n'eft pas néceffaire de faire des efforts de la poitrine ; la force, au con-traire ; fi on en employoit à pouffer le vent, ne pro-duiroit que des fons défagréables, & l'on doit tirer du *cor* les plus beaux fons poffibles.

En diminuant la grandeur du *cor*, on en a com-pofé un nouveau, qui, moyennant la facilité qu'on a de l'alonger & de le raccourcir, eft devenu un inftrument de concert, & peut jouer dans tous les tons. Ordinairement on en emploie deux, dont l'un fait le deffus & l'autre la baffe.

L'embouchure de ces deux inftrumens eft fi dif-férente, que les muficiens qui fe font exercés à donner, ou les tons aigus, ou les plus graves, peuvent difficilement paffer des uns aux autres.

Il y a des *cors*, nouvellement inventés, qui s'a-longent & fe raccourciffent à volonté, & par con-féquent peuvent jouer dans tous les tons ; de cette manière, ils jouent toujours comme s'ils étoient en *ut*, quoiqu'ils foient dans un autre ton.

Ordinairement l'étendue du *cor* eft de trois oc-taves, à compter depuis l'*ut*, qui eft à l'uniffon des baffes du clavecin, ou du huit pieds ouvert de l'orgue, jufqu'à l'*ut*, qui eft trois octaves plus haut. (*Voyez* ORGUE.) Dans la première octave, le *cor* donne, outre le fon principal *ut*, la quinte *fol* ; dans la feconde octave, on trouve l'accord parfait *ut*, *mi*, *fol* ; enfin, dans la troifième, le *cor* donne toute l'échelle diatonique, *ut*, *re*, *mi*, *fa*, *fol*, *la*, *fi*, *ut* ; mais il faut remarquer que le _fu_ du _cor_ de chaffe eft naturellement un peu trop haut, & le _la_ trop bas, & que ce n'eft que par l'art que le muficien parvient à donner le _fu_ & le _la_ juftes. _Voyez_ INSTRUMENS A VENT, ECHELLES MUSICALES, GAMME.

Naturellement le _cor_ a cinq octaves complètes d'étendue, c'eft-à-dire, une plus baffe & une plus haute que les trois que nous venons d'indiquer, mais il eft très-difficile de les donner. Dans la première & dans la dernière octave, le _cor_ a tous les femi-tons; mais il eft rare, ou plutôt impoffible, que le muficien qui donne les fons les plus graves, puiffe auffi donner les plus hauts.

COR, COROS, CORUS; κορος Une des plus grandes mefures des Hébreux dont il fût parlé dans l'Ecriture. Le _cor_ d'Egypte ou _chomer_ = 2 ½ _cophinos_, = 11 metrites, = 25,4 boiffeaux de Paris, = 330,2 litres.

CORBA : mefure de capacité employée à Pologne pour les liquides & pour les grains. Le _curba_ = 60 boccali, = 79,21 pintes de Paris, = 73 87 litres.

CORBEAU; κόραξ; corvus; _robe_; f. m Oifeau carnaffier, voleur, criard & importun, mais très-utile pour débarraffer la terre des charognes infectes. C'eft une des conftellations de la partie méridionale du ciel, & qui eft placée au-deffous de la Vierge, fur la queue de l'hydre femelle, à côté de la coupe. Elle eft compofée de 9 étoiles; la principale, marquée β, eft de troifième grandeur. Si l'on en croit les poètes, le _corbeau_ paffe pour être celui qu'Apollon condamna à une foif éternelle; d'autres veulent que ce foit celui qui révéla à Apollon l'infidélité de Coronis, & fut caufe de fa mort.

CORBEAU (Divination par le). Cet oifeau étoit, parmi les Romains, un oifeau funefte & de mauvais augure, furtout lorfqu'il paroiffoit à la droite & du côté de l'orient; il étoit confacré à Apollon comme au dieu de la divination.

CORDE; χορδη; funis, chorda; _faiten_; f f tortis fait de chanvre, de coton, de laine, de foie, d'écorce d'arbre, de poil, de crin, de jonc, d'inteftins, &c. En terme de mufique, _corde_ fignifie la note ou le ton qu'il faut toucher ou entonner. Ce mot fe dit de tous les intervalles de mufique.

CORDE A BOYAUX; nervus; _darun faiten_. Cordes que l'on fait avec des boyaux de mouton, foit pour les raquettes, foit pour les inftrumens de mufique, le luth, le violon, la viole, la guitare. Les Anciens, qui ne connoiffoient point les _cordes à boyaux_, fe fervoient, à leur place, de _cordes_ de lin. On a trouvé, dans le fiècle dernier, le moyen de charger les _cordes à boyaux_, pour rendre leurs fons beaucoup plus forts fans en changer le ton

Il eft inutile d'obferver que le mot _corde_ vient de χορδη, inteftins, d'où il paroit qu'eft dérivé _cordes_ d'inftrumens de mufique, parce que plufieurs de ces _cordes_ font faites d'inteftins d'animaux. C'eft auffi dans cette dernière acception que Galien emploie le mot _chorda_ pour defigner les tendons, qui figurent des efpèces de _cordes_ furajoutées aux mufcles dont elles propagent l'action.

Les _cordes à boyaux_ étant fufceptibles de partager l'humidité de l'air, & ayant la propriété de fe tordre & de fe détordre, felon qu'elles font pénétrées d'une plus ou moins grande quantité d'humidité, les phyficiens en ont fait ufage pour conftruire des hygromètres.

CORDES (Appareil pour eftimer la force à laquelle correfpond la roideur des) : machine avec laquelle on détermine la roideur des _cordes_.

On fait ufage, pour ces expériences, de deux fortes de machines; l'une imaginée par Amontons, & l'autre par Coulomb. Voici en quoi confifte l'appareil d'Amontons, employé par Coulomb.

A une poutre A A', fig. 666, eft fufpendu, au moyen de deux crochets & d'une _corde_ d b a a'b'a', un plateau B B' chargé de gueufe de cinquante livres; le cylindre b b' eft enveloppé par la _corde_; un petit baffin Q eft fupporté par une ficelle très-flexible, qui enveloppe le cylindre: ce baffin eft chargé de poids jufqu'à ce qu'il faffe defcendre le rouleau

On voit que chaque _corde_ foutient la moitié de la charge, & que les poids du petit baffin Q font uniquement employés à plier la _corde_ autour du cylindre qu'elle enveloppe. Il eft évident que l'on doit ajouter à la fomme de ces poids la moitie du poids du cylindre b b'. Lorfque le poids de ce cylindre eft confidérable, on peut le foutenir au moyen d'un petit contre-poids φ & d'une poulie n qui paffe fur une petite poutre, attachée à la poutre A A'; on a enfuite égard à ce petit contre-poids dans la réduction de la charge du baffin.

La feconde méthode employée par Coulomb pour déterminer la roideur des _cordes_, & qui lui a fervi en même temps pour déterminer le frottement des cylindres qui roulent fur des plans horizontaux, eft plus fimple que celle d'Amontons; elle a d'ailleurs l'avantage de faire connoître les forces néceffaires pour plier une _corde_ fur un rouleau d'un diamètre déterminé, ce qu'on ne peut obtenir par la première méthode, fans employer un contre-poids pour foutenir le poids du rouleau, & qui, en multipliant les forces, jette néceffairement de l'incertitude dans le réfultat des expériences.

Cet appareil confifte en deux tréteaux de fix pieds de hauteur, fig. 667, folidement affis, x. fur lefquels on a dépofé deux pièces de bois équarries ; fur ces deux pièces de bois on a fixé deux règles de chêne D D, D'D', dreſſées à la verlope & polies avec une peau de chien de mer; on a fait tourner avec ſoin deux cylindres de bois de gaïac, l'un de ſix pouces de diamètre & d'un mètre de longueur, & l'autre de deux pouces ; on a fait également exécuter autour pluſieurs cylindres de bois d'orme, depuis deux juſqu'à douze pouces de diamètre.

Pour trouver d'abord le frottement des rouleaux, on les a poſés ſur les deux règles de chêne, de manière que leur axe ſe trouvoit, ainſi qu'on le voit, *fig.* 667, perpendiculaire à l'alignement des règles, dont on avoit arrondi les arêtes ; les deux règles étant parfaitement de niveau, l'on ſuſpendoit, des deux côtés des rouleaux, des poids de cinquante livres avec des ficelles très-flexibles, de deux lignes de tour. Au moyen de pluſieurs ficelles diſtribuées ſur le rouleau, & chargées chacune de cinquante livres de chaque côté, on produiſoit ſur les règles une preſſion déterminée ; on cherchoit enſuite, au moyen d'un petit contre-poids que l'on ſuſpendoit alternativement des deux côtés du rouleau, quelle étoit la force néceſſaire pour lui donner un mouvement continu inſenſible.

Le frottement des rouleaux étant évalué par la méthode précédente, il a été aiſé d'en tenir compte lorſqu'on a ſubſtitué, aux ficelles flexibles, des *cordes* dont il s'agiſſoit de déterminer la roideur. Cette détermination a été faite de la même manière que celle du frottement, en ſuſpendant alternativement des poids de chaque côté du rouleau, juſqu'à ce qu'on lui donne un mouvement continu inſenſible.

Il eſt facile de voir que les réſultats obtenus, avec la machine d'Amontons, ne donnoient que la moitié de la réſiſtance de la *corde*, vu que, dans ce cas, le centre du mouvement eſt à l'extrémité du diamètre du rouleau, au lieu que, dans l'appareil de Coulomb, le centre du mouvement eſt dans l'axe du rouleau. La puiſſance deſtinée à ſurmonter la roideur de la *corde*, dans le premier appareil, agit donc avec un bras de levier double de celui à l'extrémité duquel elle eſt appliquée dans le ſecond appareil, &, par conſéquent, ne doit avoir, dans le premier cas, que la moitié de la valeur qu'elle a dans le ſecond. *Voyez* ROIDEUR DES CORDES, CORDES (Roideur des).

Pour avoir de plus grands détails ſur ces appareils, on peut conſulter le *Mémoire* de Coulomb, inſéré dans le dixième volume des *Mémoires des Savans étrangers*, & la cinquième ſection de la première partie de l'*Architecture hydraulique* de Prony.

On fait uſage, dans les cours de phyſique, de l'appareil d'Amontons un peu ſimplifié, *fig.* 671, parce que, dans les expériences que l'on y fait, on n'emploie pas des *cordes* d'un grand diamètre, & qu'on ne les ſoumet pas à une preſſion auſſi forte que l'a fait Coulomb pour déterminer la loi de la

réſiſtance que la roideur des *cordes* apporte au mouvement.

CORDE D'UN CERCLE OU D'UN ARC DE CERCLE ; *circuli chorda; ſehnen linie.* Ligne droite, menée d'une des extrémités d'un arc de cercle à l'autre extrémité de ce même arc.

Ainſi les lignes A D, A E, B F, B G, *fig.* 668, ſont autant de *cordes*; A D eſt la *corde* de l'arc A H D, puiſqu'elle eſt menée de l'une des extrémités A de cet arc, à l'autre extrémité D du même arc; de même A E eſt la *corde* de l'arc A H D E, &c.

Lorſque l'arc que meſure la *corde* eſt la moitié de la circonférence du cercle, cette *corde* paſſe alors par le centre du cercle, & ſe nomme *diamètre* : telle eſt la ligne A B, qui paſſe par le centre C. Il ſuit de-là que le diamètre d'un cercle eſt la plus grande de toutes les *cordes*. *Voyez* DIAMÈTRE.

On prouve, par l'expérience, qu'un corps grave emploie, pour deſcendre obliquement par une *corde* quelconque d'un cercle A D ou A E, F B ou G B, &c., autant de temps qu'il en faudroit pour tomber par le diamètre entier A B de ce même cercle poſé verticalement, en ſuppoſant toutefois qu'une des extrémités de cette *corde* aboutit à une des extrémités du diamètre vertical. *Voy.* CHUTE DES CORPS.

La *corde* d'un cercle ou d'un arc s'appelle auſſi *ſoutendante* de cet arc.

CORDE D'UNE COURBE ; *chorda curvis; ſchnen linie.* Ligne droite, menée d'une des extrémités d'un arc, d'une courbe, à l'autre extrémité du même axe.

CORDE DU TAMBOUR ; *funiculus tympani; trommel ſeite.* Petits nerfs que l'on remarque dans la caiſſe du tambour. *Voyez* CAISSE DU TAMBOUR, OREILLE.

Le nom de *corde du tympan* ou *du tambour* a été donné, par les anatomiſtes, au troiſième filet que la portion dure de la ſeptième paire de nerfs fournit pendant ſon trajet dans l'aqueduc de Fallope. Ce nerf, qui eſt fort délié, après avoir marché quelque temps avec le tronc d'où il provient, s'inſinue dans la caiſſe du tympan, à peu de diſtance du trou ſtylomaſtoidien, tout près du rebord circulaire de la membrane tympanique & de la baſe de la pyramide; de-là il paſſe ſous la courte branche de l'enclume (*voyez* ENCLUME), puis s'engage ſous la longue branche de cet os & la partie ſupérieure du manche du marteau (*voyez* MARTEAU) ; il monte derrière & en avant, juſqu'à l'attache du tendon par lequel ſe termine le muſcle interne de cet os; alors il marche preſque horizontalement le long de la membrane du tambour; & lorſqu'il l'a parcourue, deſcend parallèlement au tendon du muſcle antérieur du marteau, avec lequel il fort de la caiſſe par la ſciſſure de Glaſer, entre l'apophyſe épineuſe du ſphénoïde & la portion pierreuſe du temporal. Après un aſſez long trajet hors de cette cavité, il ſe réunit à angle fort aigu avec la branche linguale du nerf maxillaire inférieur.

Ce nerf, que Fallope & la plupart des anatomiſtes qui l'ont ſuivi, ont comparé à la *corde* d'un tambour, a été découvert par Euſtache. Longtemps on a ignoré ſi c'étoit un nerf ou ſeulement un ligament; mais tous les doutes ſont diſſipés, à cet égard, depuis les obſervations de Meckel, de Haller & de Lobſtein.

CORDE (Ligne de); *ſchnen linie.* C'eſt une des lignes du compas de proportion, celle qui fait connoître la valeur de l'axe auquel la *corde* correſpond. *Voyez* COMPAS DE PROPORTION.

CORDE (Machine à); *pompe von Vera.* Machine inventée par Vera pour élever l'eau par le moyen d'une *corde. Voyez* POMPE DE VERA.

CORDE (*Meſure*); codicis ſecti menſura; *klafter.* Meſure de longueur & de capacité.

La *corde* eſt employée, en Eſpagne, comme meſure de longueur; elle contient $16\frac{1}{2}$ coudées $= 33$ palmo grand, $= 99$ palmo, $= 396$ doigts, $= 2,5320$ toiſes, $= 6,8839$ mètres.

La *corde* eſt également une meſure de bois à brûler, d'une longueur & d'une hauteur déterminée. On reconnoiſſoit, en France, trois ſortes de *cordes* de bois à brûler: celle des eaux & forêts, celle des grands bois, & la *corde* de port. La *corde* des eaux & forêts avoit, d'après l'ordonnance, huit pieds de long, quatre de haut; les bûches devoient avoir trois pieds & demi de long, ce qui formoit un ſolide de cent douze pieds cubes $= 3,8391$ ſtères. La *corde* des grands bois $= 4,3875$ ſtères, & celle de port $= 4,7988$ ſtères.

Cette meſure, quoique légale, n'étoit cependant pas en uſage dans toute l'étendue du royaume. En Alſace, la *corde de bois* à brûler avoit $6\frac{7}{11}$ pieds de long & de haut, & la buche avoit trois pieds deux pouces.

On fait uſage de *corde* à Brunſwick & à Gotha. A Brunſwick, la *corde* $= 216$ pieds cubes du pays, le pied $= 0,875$ du pied de roi; ainſi la *corde* de Brunſwick $= 5,1415$ mètres; à Gotha, la *corde de bois* a ſix pieds de haut, ſix pieds de long & trois pieds de large $= 108$ pieds cubes.

La quantité de bois contenue dans les mêmes *cordes* eſt extrêmement variable; elle dépend de la forme des bûches & de la manière dont le bois eſt cordé. Une *corde* remplie de buches d'un bon choix, bien droites, & cordées avec ſoin, peut contenir plus d'un tiers, & quelquefois plus de moitié en ſus du bois contenu dans une autre *corde* remplie de bois courbe & difforme.

CORDE MÉTALLIQUE; *chorda metallica; metallen ſaiten.* Fil métallique, très-fin, employé ſur divers inſtrumens à *cordes*, pour produire des ſons. Ces ſortes de *cordes* ſont obtenues, en paſſant à la filière, du fer, du laiton, de l'argent, &c. Aſſez généralement on fait uſage, pour les inſtrumens de muſique, de *cordes* de fer, d'acier & de laiton.

Comme la denſité des métaux varie, & que cette denſité influe ſur le ton que l'on en obtient, on voit que, pour obtenir le même ton avec deux *cordes* de fer & de laiton du même diamètre & de même longueur, il faut faire varier leur tenſion. *Voyez* CORDE VIBRANTE, CORDES (Vibration des), VIBRATION DES CORDES.

CORDES (Roideur des); rigiditas chordarum; *ſchleifigkeit der ſtriker.* Forces qui font équilibre à la roideur des *cordes*, & qu'il faut vaincre lorſque les cordes ſont employées. *Voyez* CORDES (Réſiſtance des).

CORDES (Réſiſtance des): *réſiſtance* que les *cordes* oppoſent au mouvement, & qui diminuent l'effet des moteurs qui font mouvoir les machines. Conſidérées ſimplement comme *cordes*, lorſqu'elles ſont employées dans les machines, elles n'augmentent ni ne diminuent l'intenſité des forces. Qu'une *corde* ſoit longue ou courte, groſſe ou menue, pourvu qu'elle ait la force de ſoutenir l'effort qu'on veut lui faire éprouver, la puiſſance qui agit par elle n'en a ni plus ni moins d'intenſité. Mais par cela même qu'une *corde* eſt plus longue ou plus groſſe, elle eſt plus peſante; ſi ſon action n'eſt pas verticale, & qu'elle ait une certaine longueur, elle ne demeure pas en ligne droite, elle ſe courbe; enfin, à meſure qu'elle devient plus groſſe, elle eſt plus roide & moins flexible. Or, le poids, la courbure, la roideur des *cordes* occaſionnent des réſiſtances qui exigent un plus grand effort de la part de la puiſſance.

1°. Dans les grands efforts des *cordes*, comme dans les puits très-profonds, les carrières, dans l'uſage de la grue, on eſt obligé de porter, non-ſeulement le fardeau qu'on veut élever, mais encore tout ce qu'il y a de *corde* depuis le fardeau juſqu'au cylindre qu'elle enveloppe. Cette réſiſtance, qui vient du poids des *cordes*, augmente comme leur ſolidité; il faut donc l'eſtimer comme le carré du diamètre; de ſorte qu'une *corde* d'un pouce de diamètre pèſe une demi-livre par pied; une *corde* de deux pouces de diamètre peſera deux livres par pied. Il eſt vrai que cette réſiſtance en diminuant à meſure que le fardeau s'élève; mais dans ce cas l'action de l'homme ou du moteur qui fait mouvoir la machine eſt tout-à-fait inégale. Il faut donc, dans l'évaluation de l'effort qu'exige une machine de la part de la puiſſance qui la met en jeu, il faut, dis-je, compter le poids des *cordes*.

2°. Quand l'action d'une *corde* n'eſt pas verticale, ſon poids la fait courber en bas, de ſorte qu'elle ne se tient pas en ligne droite, comme A B, *fig.* 669, mais qu'elle se courbe comme A E B ; ce qui donne à la puissance une direction désavantageuse, puisque cela incline son action vers le plan F G, & il fait employer une partie de cette action en pure perte contre ce même plan ; car c'est l'élément A E de la *corde*, le plus près du fardeau F, qui détermine cette direction. Si le plan étoit parfaitement uni, le tirage le plus avantageux seroit celui qui seroit parallèle au plan F G, comme A B ; mais le terrain étant plein d'inégalités, il est plus avantageux de tirer un peu plus haut, par exemple, dans la direction A D : si la puissance demeurant toujours à la hauteur D, la *corde* devient trop courte, la direction A C s'écarte trop du parallélisme A B, & donne du désavantage à la puissance, en lui faisant porter inutilement une partie du fardeau.

3°. La roideur des *cordes* que l'on emploie dans les machines, est ce qu'il y a de plus important à connoître. La difficulté qu'on éprouve à les faire plier sur les poulies ou les cylindres est très-considérable ; elle dépend principalement : 1°. du poids ou de la force qui tient les *cordes* tendues ; 2°. de la grosseur des *cordes* ; 3°. de la quantité dont on les fait plier, ou, ce qui est la même chose, de la grosseur des poulies ou cylindres sur lesquels on les fait plier. Supposons deux *cordes* a d, a' a' ; *fig.* 666, attachées chacune à un point fixe a, a' ; qu'on leur fasse faire chacune un tour sur le cylindre b b', si elles n'avoient point de roideur & qu'elles fussent parfaitement flexibles, le poids seul du cylindre suffiroit pour le faire tomber ; au lieu de cela, il faut, pour qu'il tombe, y ajouter une force assez considérable. Pour s'en assurer, qu'on attache un bassin de balance Q au cylindre bb' avec un cordon roulé dans le sens contraire à celui dans lequel sont roulées les *cordes* a d, a'a', & l'on verra que, pour faire descendre le cylindre b b', & par conséquent vaincre la roideur des *cordes*, il faudra ajouter, dans le bassin Q, un poids d'autant plus considérable, que le poids placé sur les crochets da', & qui tend les *cordes*, sera plus grand.

Il est aisé de sentir la raison de cette résistance. Supposons une *corde* tendue A B C D, *fig.* 670 ; si l'on veut la faire plier sur le cylindre K, on est obligé de faire écarter ses parties dans la moitié de son épaisseur A B E F, pour lui faire prendre la situation a g d f h e, & de resserrer au contraire ses parties dans l'autre moitié de son épaisseur e h f o i c ; or, cet écartement, d'une part, & ce resserrement, de l'autre, font une résistance réelle à la puissance qui tend à plier la *corde*, & cette résistance est d'autant plus grande, 1°. que la force qui tend la *corde* est plus considérable ; car alors elle est plus roide ; 2°. que la *corde* est plus grosse, puisqu'il y a plus de parties à resserrer d'une part, & à écarter de l'autre ; 3°. que le diamètre du cylindre, sur lequel on fait plier la *corde*,

est plus petit, la *corde* demeurant la même. Puisqu'il faut resserrer davantage, d'une part, & écarter, de l'autre, la même quantité de parties, il faut donc plus de force pour plier la même *corde* sur le cylindre k, que sur le cylindre K.

Soit la *corde* i h f e L, *fig.* 671, attachée au point fixe i, & roulée sur le cylindre e, on peut considérer le diamètre f e du cylindre & celui e h de la *corde* comme formant ensemble un levier, dont le point d'appui est en e ; le poids du bassin g agit donc par le bras du levier e f, tandis que le poids attaché à l'extrémité L de la *corde* agit par un bras de levier plus long, ce qui lui donne plus de force pour augmenter la roideur de la *corde*. On voit de même qu'en diminuant le diamètre du cylindre, on diminue l'effort que peut faire le poids du bassin g.

Amontons est le premier qui ait traité méthodiquement cette matière. (*Voyez* les *Mémoires de l'Académie royale des Sciences*, année 1699, page 217.) Il y rapporte les expériences qu'il a faites pour s'assurer des proportions dans lesquelles ces différentes résistances augmentent. Ces expériences apprennent que la roideur de la *corde*, occasionnée par le poids qui la tire, augmente à proportion du poids, & que celle qui vient de l'épaisseur de la *corde*, augmente à proportion de son diamètre ; enfin, que celle qui vient de la petitesse des poulies, autour desquelles elle doit être entortillée, est plus forte pour les petites circonférences que pour les grandes, quoiqu'elles n'augmentent pas dans la même proportion que ces circonférences diminuent.

D'où il suit que la résistance des *cordes*, dans une machine, étant estimée en livres, devient comme un nouveau fardeau qu'il faut ajouter à celui que la machine doit élever ; & comme cette augmentation de poids rendra les *cordes* encore plus roides, il faudra de nouveau calculer cette augmentation de résistance. Ainsi, on aura plusieurs sommes décroissantes, qu'il faudra ajouter ensemble, comme quand il s'agit du frottement, & qui peuvent se monter très-haut. *Voyez* FROTTEMENT.

En effet, lorsqu'on se sert de *cordes* dans une machine, il faut ajouter ensemble toutes les résistances que leur roideur produit, & toutes celles que le frottement occasionne ; ce qui augmentera si considérablement la difficulté du mouvement, qu'une puissance mécanique qui n'a besoin que d'un poids de 1500 livres pour en élever un de 3000, doit, par le moyen d'un mousle simple (c'est-à-dire, d'une poulie mobile & d'une poulie fixe), selon Amontons, en avoir une de 3942 livres, à cause des frottemens & de la résistance des *cordes*.

Ce que nous venons de dire des poulies peut servir de règle dans l'usage des treuils, des cabestans, &c. & des autres machines pour lesquelles on se sert de *cordes*. Si on négligeoit de compter leur roideur, on tomberoit infailliblement dans des erreurs considérables ; & le mécompte se trouveroit principalement dans le cas où il est très-important de ne point se tromper, c'est-à-dire, dans les grands effets ; car alors les *cordes* sont nécessairement fort grosses & fort tendues.

Il s'ensuit de ce que nous avons dit sur la résistance des *cordes*, 1°. qu'on doit préférer, autant que faire se peut, les grandes poulies aux petites, non-seulement parce qu'ayant moins de tours à faire, leur axe a moins de frottement, mais encore parce que les *cordes*, qui les entourent, y souffrent une moindre courbure, & ont, par conséquent, moins de résistance. Cette considération est d'une si grande conséquence dans la pratique, qu'en évaluant la roideur de la *corde*, selon la règle d'Amontons, on voit clairement que si l'on vouloit élever un fardeau de 800 livres, avec une *corde* de vingt lignes de diamètre, & une poulie qui n'ait que trois pouces, il faudroit augmenter la puissance de 212 livres pour vaincre la roideur de la *corde* : au lieu qu'avec une poulie d'un pied de diamètre, cette résistance céderoit à un effort de 22 livres, toutes choses égales d'ailleurs.

On peut juger par-là que les poulies mouflées, c'est-à-dire, les poulies multiples, ne peuvent jamais avoir tout l'effet qui devroit en résulter, suivant la théorie ; car, dans ces sortes de machines, les *cordes* ont plusieurs retours ; & quoique les puissances qui les tendent, chargent d'autant moins les axes qu'il y a plus de poulies, cependant, comme il n'y a point de *cordes* parfaitement flexibles, on augmente leur résistance en multipliant les courbures.

Cet inconvénient, qui est commun à tous les moufles, est encore plus considérable dans celui où les poulies, rangées les unes au-dessus des autres, doivent être de plus en plus petites, pour donner lieu aux *cordes* de se mouvoir sans se toucher & se frotter ; car une *corde* a plus de peine à se plier quand elle enveloppe un cylindre d'un plus petit diamètre. Ainsi, les poulies mouflées, qui sont toutes de même grandeur, sont, en général, préférables aux autres.

Amontons & Desaglier ont fait des expériences pour déterminer les lois de la résistance des *cordes*, qui provient de leur roideur ; ils ont trouvé l'un & l'autre que, dans toutes les grandes tensions, les forces nécessaires pour plier les *cordes* autour de différens rouleaux, sont : 1°. à peu près en raison directe des tensions des *cordes* ; 2°. en raison inverse du diamètre des rouleaux ; 3°. en raison directe du diamètre des *cordes*. Coulomb ayant répété ces expériences avec beaucoup de soin, a trouvé les deux premières lois conformes aux résultats d'Amontons & de Desaglier ; mais quant à la troisième, il l'a trouvée différente. Il se pourroit, observe Coulomb, que les ficelles dont se sont servis ces auteurs aient donné le troisième rapport, à cause de leur grande flexibilité ; car Desaglier convient que la plus grosse *corde* qu'il a employée, ayant 0,5 pouce de diamètre, exigeoit une force propor-

tionnellement plus considérable, ce qui la rapproche de celles que Coulomb a employées, & avec lesquelles il a trouvé le rapport comme le carré du diamètre des *cordes. Voyez* ROIDEUR DES CORDES.

Les *cordes* qui sont le plus en usage dans la mécanique, celles dont il s'agit principalement ici, sont des assemblages de fils que l'on tire des végétaux, comme le chanvre, ou du règne animal, comme la soie, ou certains boyaux que l'on met en état d'être filés. Si ces fibres étoient assez longues par elles-mêmes, peut-être se contenteroit-on de les mettre ensemble, de les lier en forme de faisceaux sous une enveloppe commune. Cette manière de composer les *cordes* eût peut-être paru la plus simple & la plus propre à leur conserver la flexibilité qui leur est si nécessaire ; mais comme toutes ces matières n'ont qu'une longueur fort limitée, on a trouvé moyen de les prolonger en les filant, c'est-à-dire, en les tortillant ensemble : le frottement qui naît de cette sorte d'union est si considérable, qu'elles se cassent plutôt que de glisser l'une sur l'autre. C'est ainsi que se forment les premiers fils, dont l'assemblage fait un cordon ; & de plusieurs de ces cordons, réunis & tortillés ensemble, on compose les plus grosses *cordes*. On juge aisément que la quantité de matière contribue beaucoup à la force des *cordes* ; on conçoit bien aussi qu'un plus grand nombre de cordons également gros, doit faire une *corde* plus difficile à rompre ; mais quelle est la manière la plus avantageuse d'avoir les fils & les cordons ?

Dès les commencemens de l'établissement de l'Académie des Sciences, on s'occupa de cette question ; on se demanda lequel étoit le plus avantageux, ou de tordre beaucoup les *cordes*, ou de les tordre peu ? si le tortillement augmentoit leur force ou la diminuoit ? Réaumur fut chargé de chercher la solution de cette question : ne se trouvant pas tout de suite à portée de faire l'expérience en grand, il la fit en petit ; il prit plusieurs brins de gros fil de Bretagne, & s'assura de leur force, en les chargeant peu à peu de grains de plomb, dans un petit seau de fer-blanc, attaché au bout du fil, & cela jusqu'à ce qu'ils rompissent. Après avoir ainsi mesuré leur force, il fit de quatre de ces brins de fil, en les tortillant ensemble, une petite *corde*, laquelle ne porta jamais la somme des poids que les quatre brins portoient séparément ; d'où l'on conclut, avec raison, que le tortillement diminue la force des *cordes*. On fit ensuite l'expérience en grand ; elle donna le même résultat : on en sent aisément la raison. En tortillant ensemble plusieurs cordons, pour former une *corde*, les uns sont inévitablement plus fortement tendus que les autres ; lorsque la *corde* est appliquée à quelqu'effort, cet effort est inégalement partagé entr'eux ; celui de tous qui est le plus tiré casse le premier ; si tous sont nécessaires pour l'effort à vaincre, la *corde* devient par-là trop foible. En effet, supposons que le cordon A B, *fig.* 672, puisse

porter

porter 20 livres, & rien au-delà; fi, avec deux cordons parfaitement femblables; on forme, en les tortillant, une corde G, elle ne foutiendra pas, fans fe caffer, les deux poids E, F, de chacun 20 livres : la même chofe arriveroit fi, au lieu de réunir les deux cordons, on les attachoit féparé- ment à deux points fixes C, D, & qu'on leur fuf- pendît un poids de 40 livres H; mais de façon que l'un, C, fût attaché vers un des bouts du poids, & l'autre, D, vers le tiers ou le milieu de fa lon- gueur : ce dernier étant, par cette difpofition, chargé de plus de 20 livres, cafferoit certainement; après quoi, l'autre, fe trouvant chargé de 40 livres, fe romproit de même. De plus, en tortil- lant les cordons, pour en former une corde, on les tend néceffairement un peu, & cette tenfion tient lieu d'une partie de l'effort qu'ils peuvent foutenir. On voit, par ce que nous venons de dire, pourquoi le tortillement affoiblit les cordes.

Les câbles & autres gros cordages que l'on em- ploie, foit fur les vaiffeaux, foit dans les bâti- mens, étant toujours compofés de plufieurs cor- dons, & ceux-ci d'une certaine quantité de fils unis enfemble, il eft évident qu'on n'en doit point attendre toute la réfiftance dont ils feroient ca- pables, s'ils ne perdoient rien de leur force par le tortillement; & cette confidération eft d'autant plus importante, que de cette réfiftance dépend fouvent la vie d'un très-grand nombre d'hommes.

Mais fi le tortillement des fils, en général, rend les cordes plus foibles, ou les affoiblit d'au- tant plus qu'on les tord davantage, il faut donc éviter avec foin de tordre trop les cordes.

Quand on a quelques grands efforts à faire avec plufieurs cordes en même temps, on doit obfer- ver de les faire tirer le plus également qu'il eft poffible; fans cela, il arrive fouvent qu'elles caffent les unes après les autres, & mettent quelquefois la vie en danger.

CORDE SANS FIN; chorda fine extremo; fchnur rade einer fchleif machine. Corde dont les deux bouts font joints enfemble, ou épiffés, comme les cordiers épiffent enfemble deux pièces de câbles.

On a des exemples des cordes fans fin dans les cordes qui entourent les roues des tourneurs, des couteliers, &c., ainfi que dans celle qui entoure la poulie qui eft montée fur un arbre; c'eft par le moyen de cette corde qu'on fait monter l'ouvrage. Telle eft encore la corde qui, dans une machine électrique ancienne, entoure la roue & la poulie du globe.

En élevant un corps avec des cordes, le poids de la corde à laquelle le corps eft fufpendu, ajoute néceffairement au poids du corps; ce poids dimi- nuant à mefure que le corps s'élève, il en réfulte une variation dans l'effort employé. L'effort doit être plus grand, lorfque le corps eft dans le point le plus bas; il doit être plus petit, lorfque le corps

eft dans le point le plus élevé. Pour fouftraire, en quelque forte, le poids de la corde & celui du corps qu'on foulève, & éviter la variation que ce poids occafionne dans l'effort, on fait ufage d'une corde fans fin; alors le poids de la corde def- cendante, faifant conftamment équilibre au poids de la corde montante, ce poids n'affecte plus celui du corps; mais il réfulte de cette addition une augmentation de frottement occafionné par la preffion de toute la corde fur les rouleaux; les treuils ou les poulies qu'elle entoure.

Lorfque la force motrice qui élève les corps, à l'aide d'une corde, eft celle d'un animal, il en ré- fulte que l'effort qu'il fait en commençant à monter le corps, eft le plus grand poffible; mais cet effort diminue à mefure que le corps monte & que l'ani- mal fe fatigue, ce qui peut produire, dans quel- ques circonftances, une compenfation.

CORDE SONORE; chorda fonora; lauter fchnen. Corde tendue, & dont on peut tirer des fons.

Si une corde tendue eft frappée en quelques- uns de fes points, par une puiffance quelconque, elle s'éloignera jufqu'à une certaine diftance de la fituation qu'elle avoit étant en repos, reviendra enfuite, & fera des vibrations en vertu de l'élaf- ticité que fa tenfion lui donne, à-peu-près comme un pendule qu'on tire de fon à-plomb. Que fi, de plus, la matière de cette corde eft affez élaf- tique ou affez homogène pour que le même mou- vement fe communique à toutes fes parties, en frémiffant, elle rendra un fon, & fa réfonnance accompagnera toujours fes vibrations. Les géo- mètres ont trouvé les lois de ces vibrations, & les muficiens celles des fons qui en réfultent. Voy. VIBRATION DES CORDES.

On favoit depuis long-temps, par l'experience & par des raifonnemens affez vagues, que, toutes chofes d'ailleurs égales, plus une corde étoit ten- due, plus les vibrations étoient promptes; qu'à tenfions égales, les cordes faifoient leurs vibra- tions plus ou moins promptement, en même raifon qu'elles étoient moins ou plus longues, c'eft-à-dire, que la raifon des longueurs étoit tou- jours inverfe de celle du nombre de vibrations. Taylor, célèbre géomètre anglais, eft le premier qui ait démontré les lois des vibrations des cordes avec quelqu'exactitude, dans fon favant ouvrage intitulé Motus incrementorum directa & in- verfa, 1715; & ces mêmes lois ont été démon- trées encore depuis peu par Jean Bernoulli, dans le tome fecond des Mémoires de l'Académie impé- riale de Péterfbourg, & depuis dans un grand nom- bre d'ouvrages. Voy. VIBRATION DES CORDES.

J. J. Rouffeau a tiré les trois corollaires fui- vans de la formule qui réfulte de ces lois.

1°. Si deux cordes de même matière font éga- les en longueur & en groffeur, les nombres de leurs vibrations, en temps égaux, feront comme les racines des nombres qui expriment le rapport des tensions des *cordes*.

2°. Si les tensions & les longueurs sont égales, les nombres des vibrations, en temps égaux, seront en raison inverse de la grosseur ou du diamètre des *cordes*.

3°. Si les tensions & les grosseurs sont égales, les nombres des vibrations, en temps égaux, seront en raison inverse des longueurs.

Des lois des vibrations des *cordes*, se déduisent celles des sons qui résultent de ces-mêmes vibrations dans la *corde sonore*. Plus une *corde* fait de vibrations, dans un temps donné, plus le son qu'elle rend est aigu; moins elle fait de vibrations, plus le son est grave; en sorte que les sons suivent entr'eux les rapports des vibrations, leurs intervalles s'expriment par les mêmes rapports, ce qui soumet toute la musique au calcul.

On voit, par les théorèmes précédens, qu'il y a trois moyens de changer le son d'une *corde*, savoir, en changeant le diamètre, c'est-à-dire, la grosseur de la *corde*, ou sa longueur, ou sa tension; on peut ajouter un quatrieme moyen, en changeant sa densité. Ce que ces altérations produisent successivement sur une même *corde*, on peut le produire, à la fois, sur diverses *cordes*, en leur donnant différens degrés de grosseur, de densité, de longueur ou de tension. Cette méthode combinée est celle qu'on met en usage dans la fabrique, l'accord & le jeu du clavecin, du violon, de la basse, de la guitare & autres instrumens composés de *cordes* de différentes grosseurs & différemment tendues, lesquelles ont, par conséquent, des sons différens. De plus, dans les uns, comme le clavecin, les *cordes* ont différentes longueurs fixes, par lesquelles les sons varient encore; & dans les autres, comme le violon, les *cordes*, quoiqu'égales en longueur fixe, se raccourcissent ou s'alongent à volonté sous les doigts du joueur; & ces doigts, avancés ou reculés sur le manche, font élever la tonation du chevalet mobile, qui donne à la *corde*, ébranlée par l'archet, autant de sons divers que de diverses longueurs. A l'égard des rapports des sons & de leurs intervalles, relativement aux longueurs des *cordes* & à leurs vibrations, *voyez* SON, INTERVALLE, CONSONNANCE.

La *corde sonore*, outre le son principal qui résulte de toute sa longueur, rend d'autres sons accessoires moins sensibles, & ces sons semblent prouver que cette *corde* ne vibre pas seulement dans toute sa longueur, mais fait vibrer aussi ses aliquotes, chacune en particulier; à quoi on doit ajouter que cette propriété, qui sert ou doit servir de fondement à toute l'harmonie, & que plusieurs attribuent, non à la *corde sonore*, mais à l'air frappé par le son, n'est pas particuliere aux *cordes* seulement, mais se trouve dans tous les corps sonores. *Voyez* CORPS SONORES, HARMONIE.

Une autre propriété non moins surprenante de la *corde sonore*, & qui tient à la précédente, est que si le chevalet qui la divise n'appuie que légèrement, & laisse un peu de communication aux vibrations d'une partie à l'autre, alors, au lieu d'un son total de chaque partie, ou de l'une des deux, on n'entendra que le son de la plus grande aliquote, commune aux deux parties. *Voyez* SONS HARMONIQUES.

Le mot *corde* se prend figurément, en composition, pour les fondamentaux du mode, & l'on appelle souvent *corde d'harmonie* les notes de basse qui, à la faveur de certaines dissonances, prolongent la phrase, varient & entrelacent la modulation.

CORDES (Tension des); *tensio chordarum; das spanen der strike.* Effet des forces ou des puissances appliquées aux *cordes* pour les tendre.

Si une *corde* A B, *fig* 67, est attachée à un point fixe B, & tirée, suivant sa longueur, par une force ou puissance quelconque A, il est certain que cette *corde* souffrira une tension plus ou moins grande, selon que la puissance A, qui la tire, sera elle-même plus ou moins forte. Il en est de même, si, au lieu du point fixe B, on substitue une puissance égale & contraire à la puissance A, il est certain que la *corde* sera d'autant plus tendue que les puissances qui la tirent, seront plus grandes. Mais voici une question qui a jusqu'ici fort embarrassé les mécaniciens: on demande si une *corde* A B, attachée fixement en B, & tendue par une puissance quelconque A, est tendue de la même manière qu'elle le seroit, si, au lieu d'un point fixe B, on substituoit une puissance égale & contraire à la puissance A?

Plusieurs auteurs ont écrit sur cette question, que Borelli a, le premier, proposée. Il semble qu'on peut la résoudre facilement, en regardant la *corde* tendue A B comme un ressort dilaté, dont les extrémités A, B, font également effort pour se rapprocher l'un de l'autre. Si l'on suppose d'abord que la *corde* soit fixée en B, & qu'elle soit tendue par une puissance appliquée en A, dont l'effort soit équivalent au poids de vingt livres, il est certain que le point A sera tiré suivant A D avec un effort de vingt livres; & comme ce point A, par hypothèse, est en repos, il s'ensuit que, par la résistance de la *corde*, il est tiré suivant A B, avec une force de vingt livres, & fait, par conséquent, un effort de vingt livres suivant A B, pour se rapprocher du point A, & cet effet est soutenu & anéanti par la résistance du point fixe B. Qu'on ôte maintenant le point fixe B, & qu'on y substitue une puissance égale & contraire à A, la *corde* demeurera tendue de même; car l'effort de vingt livres que fait le point B suivant B A, sera soutenu par un effort contraire de la puissance B suivant B C; la *corde* restera donc tendue comme elle l'étoit auparavant: donc une *corde* A B, fixée en B, est tendue par une puissance quelconque en A, comme elle le feroit, fi, au lieu d'un point B, on fubftituoit une puiffance égale & contraire à la puiffance A. *Voyez* TENSION.

CORDE VIBRANTE; chorda vibrans; *fchwingende faiten*. *Corde* tendue, qui peut, à caufe de fon élafticité, être mife en vibration, & produire des fons. *Voyez* CORDE SONORE.

CORDES ('Vibration des); vibratio chordarum; *zittren der feiten*. Faculté qu'ont les *cordes* de vibrer, lorfqu'elles font dérangées de leur fituation naturelle par une puiffance qui agit inftantanément fur elles, tel qu'un choc, &c.

Toute *corde* tendue eft fufceptible d'éprouver des vibrations; le nombre de vibrations produites dans un temps donné varie, lorfque fa denfité, fon diamètre, fa longueur & fa tenfion éprouvent quelques changemens. La loi de la durée des vibrations, qui réfulte de ces divers changemens, a été déterminée par l'expérience & par l'analyfe. Nous allons rapporter ici les expériences à l'aide defquelles on a déterminé ces lois; nous ferons connoître, au mot VIBRATION DES CORDES, l'analyfe employée par Taylor, Newton, Dalembert, Euler, Lagrange, Prony, Francoeur, Poiffon, &c., pour déterminer cette loi.

Si l'on prend plufieurs *cordes* qui aient la même denfité, la même longueur, des diamètres inégaux, & qu'on les tende également, c'eft-à-dire, qu'elles éprouvent toutes la même tenfion, & qu'alors on les dérange de leur direction naturelle, on remarque qu'elles cherchent auffitôt à y revenir, qu'elles dépaffent cette pofition & vibrent autour, jufqu'à ce que, par la réfiftance du milieu, leur viteffe foit détruite. Si l'on compte le nombre de vibrations de chaque *corde*, dans un temps donné, on voit qu'elles font en raifon inverfe de leur diamètre.

Donnant aux *cordes* foumifes à l'expérience la même longueur, le même diamètre & la même denfité, ne leur faifant éprouver de variation que dans les poids qui les tendent, on voit, en comptant le nombre de vibrations de chaque *corde*, dans un temps donné, que ce nombre eft comme la racine carrée des poids foutendans.

Enfin fi, tout le refte étant égal, on fait varier les longueurs, en plaçant des chevalets à la moitié, au tiers, au quart, &c., de la longueur de la *corde*, & que l'on compte le nombre de vibrations qui a lieu pour chaque longueur de *corde*, on voit que ce nombre eft exactement en raifon inverfe des longueurs.

Il fuit de ces expériences que, fi l'on fait varier, à la fois, la longueur, la groffeur & les poids foutendans des *cordes*, le nombre de vibrations obtenu fera comme le quotient de la racine carrée des poids foutendans, divifés par le produit de la longueur de la *corde* par fon diamètre.

Pour que ces expériences puiffent être bien faites & les réfultats bien obfervés, & que l'on puiffe compter facilement le nombre de vibrations, il eft convenable de donner aux plus grandes *cordes* tendues, une longueur de dix-huit à vingt-quatre pieds. Au refte, il eft facile, en faifant ces effais, de juger quelles font les groffeurs, les longueurs & les poids foutendans qui font propres à faciliter les moyens d'apprécier exactement le nombre de vibrations des *cordes*.

CORDES VOCALES: cordons tendineux qui forment les bords des deux lèvres & de la glotte.

Ces cordons font attachés à des cartilages qui fervent à les tendre. Ferrière leur a donné le nom de *cordes vocales*, parce qu'il fuppofe que ce font elles qui produifent le fon formé dans la glotte; que l'air, en paffant, les fait vibrer en les frottant, comme une *corde* l'eft par un archet; de forte qu'au moyen des différens degrés de tenfion qu'ils reçoivent de la part des cartilages, ils font fufceptibles de rendre les différens tons. *Voyez* VOIX, ORGANE DE LA VOIX.

CORDELE: mefure itinéraire, en ufage en Efpagne. La *cordele* = 30 paffadas, ou pas géométriques, = 150 pieds de Caftille, = 128,4 pieds de France, = 41,71 mètres. 100 *cordeles* font une lieue légale, & 133⅓ font une lieue horaire.

CORE; corus. Mefure des Hébreux, qui contenoit 10 baths, ou, felon dom Calmet, 298 pouces ⅞ & une fraction.

CORIS: coquille de la groffeur d'une olive; elle fert de monnoie à Siam & dans d'autres endroits des Indes.

CORNADOS: petite monnoie de compte dont on fe fert en Efpagne; c'eft la quatrième partie du maravédis = 0,002 livre tournois, = moins de deux millièmes de franc.

CORNÉE; cornea; *hornhaut des auges*; f. f. L'une des tuniques du globe de l'œil, & la plus extérieure, G H A *hg*, *fig*. 585. Elle fe divife en deux portions bien diftinctes, dont l'une H G *gk* eft la *cornée* opaque (*voyez* SCLÉROTIQUE), & l'autre, H A *h*, eft la *cornée transparente*.

Le nom de *cornée* devroit être réfervé exclufivement à cette dernière, à caufe de la couleur & de la dureté, qui la font reffembler à de la corne. C'eft une membrane tranfverfalement elliptique, convexe & diaphane, qui remplit l'ouverture antérieure de la fclérotique; elle eft difpofée de manière que, non-feulement, par fa lucidité, elle permet aux rayons lumineux de pénétrer dans l'œil, mais qu'encore, par fa denfité & fa convexité, elle fait éprouver un changement de direction à ces rayons, & les réfracte en les rapprochant de la perpendiculaire ; de forte qu'elle concourt à compléter l'action du criftallin. Moins denfe, mais beaucoup plus épaiffe que la fclérotique, elle repréfente un fegment de fphère, dont la courbure eft plus grande que celle de cette dernière membrane.

Elle fe compofe d'une infinité de lames fuperpofées, réunies par un tiffu cellulaire fort ferré & plus mince fur les bords qu'au centre. Home a démontré que fa convexité augmente lorfqu'on regarde un objet rapproché, tandis qu'elle diminue quand on en fixe un éloigné ; effet-dont on a donné plufieurs explications peu fatisfaifantes, & qui paroît tenir à l'action des mufcles droits de l'œil.

Galien &, à fon exemple, les anciens anatomiftes croyoient la *cornée* une continuation de la fclérotique ; mais il eft bien prouvé aujourd'hui que c'eft une membrane particulière, unie à la précédente d'une manière diverfe, felon les animaux dans lefquels on l'obferve. En effet, cette union a lieu chez l'homme par une forte de bifeau, & la *cornée transparente* s'enfonce au-deffous de la fclérotique, tandis que la difpofition contraire fe rencontre dans plufieurs efpèces de poiffons. Chez certains mammifères, la fclérotique offre une rainure, dans laquelle s'engage la *cornée;* enfin, chez d'autres, il y a pénétration réciproque des fibres de ces deux membranes, comme on le peut voir dans le rhinocéros & la baleine.

Les injections les plus délicates n'ont pas encore pu parvenir à remplir les vaiffeaux fanguins de la *cornée*, en forte qu'on n'a aucune preuve directe de leur exiftence ; mais l'induction nous oblige à les admettre, puifque cette membrane prend une légère teinte rougeâtre dans les violentes inflammations de l'œil.

Winflow croit que la *cornée transparente* eft percée d'une quantité prodigieufe de petits pores, par lefquels fuinte une liqueur qui fe mêle avec la lymphe lacrymale. Fn écartant & en ouvrant tout doucement les paupières d'un cadavre humain, il a ordinairement trouvé (*Mémoires de l'Académie des Sciences,* année 1721, page 320) la *cornée transparente* couverte d'une efpèce de membrane ou de toile glaireufe, très-fine qui fe fend en plufieurs morceaux quand on y touche, & que l'on emporte facilement en effuyant la *cornée;* elle fe trouve auffi dans ceux qui meurent fans fermer les paupières, & elle ternit quelquefois la *cornée,* au point de faire prefque difparoître la prunelle. Cette toile paroît être formée d'une lymphe qui fuinte naturellement par les pores de la *cornée transparente.* S'étant trouvé un jour à la diffection d'un œil cataracé, dans l'hôpital de la Charité des hommes, Winflow preffa par hafard l'autre œil d'une certaine manière, & il vit une rofée fine s'amaffer peu à peu fur la *cornée transparente,* à mefure qu'il preffoit. Il l'effuya bien, réitéra enfuite la preffion avec le même fuccès, &, en regardant de près, il vit diftinctement des gouttelettes en fortir.

CORNÉE OPAQUE : portion de l'enveloppe extérieure de l'œil, placée dans l'intérieur de la cavité, & à laquelle on donne le nom de *fclérotique.* *Voyez* SCLÉROTIQUE,

La *cornée opaque* eft compofée de plufieurs couches très-adhérentes les unes aux autres, qui forment un tout fort dur & fort compacte ; elle eft furtout fort épaiffe vers le milieu, favoir, dans l'endroit où le nerf optique s'introduit dans le globe de l'œil, & fon épaiffeur diminue à mefure qu'elle s'approche du devant de l'œil, où elle devient tranfparente.

CORNÉE TRANSPARENTE : tunique extérieure & vifible du globe de l'œil, à travers laquelle la lumière paffe pour pénétrer dans l'œil. *Voyez* CORNÉE.

CORNEMUSE ; utriculus ; *fack pfeife ;* f. f. Inftrument ruftique qui s'enfle avec du vent, dont les bergers fe fervent pour faire danfer.

La *cornemufe* a deux parties ; l'une eft de la peau de mouton qu'on enfle comme un ballon, par le moyen d'un porte vent qui eft enté fur cette peau, qui eft bouché par une foupape. l'autre partie confifte en trois chalumeaux ou flûtes : l'une s'appelle le *gros bourdon ;* la feconde, *petit bourdon,* qui ne font fortir le vent que par leurs pattes ; & le troifième chalumeau eft fait à anche. On en joue en ferrant la peau fous le bras quand elle eft enflée, & en ouvrant & fermant, avec les doigts, les trous dont il eft percé, qui font au nombre de huit. La *cornemufe* a trois octaves d'étendue.

CORNET ; cornu ; *hornchen ,* f. m. Petit cor de chaffe de cuivre, qui n'a quelquefois qu'un demi-cercle, d'autres fois plufieurs tours ou cercles pour faire circuler la voix.

Les poftillons, en Allemagne, fe fervent de *cornet* pour annoncer leur arrivée ; les vachers ont de petits *cornets* faits d'une corne de vache, avec lefquels ils appellent les animaux qu'ils gardent ; enfin, les *cornets* étoient auffi des inftrumens de guerre, dont les Anciens faifoient ufage.

CORNET A BOUQUIN ; muficum cornu ; *zinke.* Inftrument de mufique qui fert à foutenir un grand chœur dans un lieu vafte & étendu, comme dans les cathédrales.

Le *cornet à bouquin* eft une efpèce de grande flûte qui a fept trous, dont le feptieme eft inutile ; les uns font droits, faits d'une feule pièce de bois de cormier ou de prunier, d'autres font courbés & de deux pieds ; on les couvre de cuir pour les conferver. Le deffus eft de deux pieds de long, & la baffe de quatre ; le diamètre de fa patte eft d'un pouce, celui de fon bocal, d'une ligne, & celui de chaque trou de quatre lignes : il a l'étendue d'une octave. On peut jouer fur ce *cornet* jufqu'à cent mefures fans refpirer, parce qu'il dépenfe moins de vent qu'on ne fait avec la bouche par la refpiration ordinaire.

CORNET ACOUSTIQUE, de ακυω, *j'entends*, & de cornu, *cornet*, acufticum cornu; *horrohr*. Inftrument deftiné à raffembler une plus grande quantité de fons, & d'un ufage indifpenfable pour les perfonnes qui ont l'ouïe affoiblie.

Depuis long-temps les médecins, les phyficiens, s'occupent des moyens de remédier au défordre de l'affoibliffement du fens de l'ouïe. De nombreux inftrumens, variables dans leur figure & leur dimenfion, ont été conftruits par des mécaciens, foit pour imiter la forme externe de l'oreille, détruite par accident ou par les hafards de la guerre, foit pour porter dans le méat auditif un plus grand nombre de rayons fonores. On trouve des repréfentations de ces fortes d'inftrumens dans tous les ouvrages de phyfique & dans toutes les Iconographies chirurgicales. Nous allons faire connoître les *cornets* qui font le plus en ufage.

Fig. 673, eft un *cornet* imitant l'oreille externe; il eft modelé fur elle de manière à préfenter les éminences & les anfractuofités de cette partie, avec un petit tuyau pour s'engager dans le méat auditif.

Decker a imaginé le *cornet acouftique*, fig. 673 *(f)*, difpofé en limaçon, & qu'on loge dans la cavité de la conque, de manière que l'embouchure qui eft au centre de la fpirale, pénètre dans le conduit auditif.

Quant aux *cornets acouftiques*, fig. 673 (a), (b), (c), (d), (e), ceux-ci font façonnés en trompette militaire, en cor de chaffe ou en trompe; ces derniers font fimplement retreints ou compofés de douilles de métal, qui vont en diminuant du pavillon à l'embouchure : on les fabrique en or, en argent, & même en gomme élaftique (caoutchouc), en laiton, en fer-blanc : le prix peu élevé de cette dernière matière rend ceux-ci d'un ufage prefque général.

Trachet, & par fuite Duquet, ont fait conftruire des *cornets acouftiques*, compofés d'un tuyau de fer-blanc, de cuivre ou d'argent, dont la dernière pièce, longue d'un pouce & demi, fe termine par un bouton affez délié pour être reçu dans le conduit auditif externe, eft foudé, à angle obtus, fur un tuyau de huit pouces de longueur, qui va en s'élargiffant de fa partie fupérieure à l'inférieure; il aboutit par celle-ci à un baril de même métal, qui renferme, dans fon intérieur, un baffin paraboloïde, dont le foyer correfpond au couvercle, qui eft criblé de petites ouvertures arrondies qui, agiffant dans ce fens comme autant d'embouchures, raffemblent & multiplient les fons.

Dans prefque tous les ouvrages de phyfique, on donne aux *cornets acouftiques* la forme de la *fig.* 674;

ces *cornets* ont une grande ouverture AC, pour raffembler une grande quantité de rayons fonores. Dans l'efpérance d'augmenter l'effet du fon, on leur donne une forme parabolique telle, que les rayons parallèles *a b*, *c d*, tombant fur les parois intérieures de cette courbe, foient réfléchis au foyer *f*, qui fe trouve à l'entrée du tuyau *f g*, qu'on place dans l'oreille. Enfin, pour rendre ces *cornets* d'un ufage plus fûr, on recommande de les polir en dedans, afin de rendre la réflexion plus régulière, & de les couvrir en dehors de quelqu'étoffe, afin qu'ils ne tranfmettent pas le fon autour d'eux.

Suppofant que l'augmentation du fon vient autant de l'immobilité de l'air que d'une réflexion bien ménagée, Lecat a imaginé un *cornet* double, fig. 674 (a), dans lequel la cavité AEB contient de l'air qui ne peut s'échapper que vers l'oreille par le tuyau EG, & qui eft frappé par les rayons fonores qui arrivent à la cavité antérieure CD. Voyez *Traité des fons* par Lecat, pag. 292.

Chladni confidère le *cornet acouftique* comme un porte-voix renverfé, arrangé pour que toute l'action du fon, qui fe fait fur une furface plus grande, fe concentre dans le conduit auditif des perfonnes qui ont l'ouïe dure. Lambert recommande la figure parabolique comme la plus avantageufe; mais il faut que la parabole foit tronquée jufqu'au foyer, & que, dans cet endroit, foit adapté un petit tuyau, pour tranfmettre, dans le canal auditif, le fon concentré dans le foyer. Chladni penfe qu'on pourroit obtenir le même effet en donnant à ces inftrumens la figure d'un cône; mais il faudroit que le cône fût tronqué, pour que le fon ne rebrouffât pas avant de parvenir à l'oreille. Huth a obfervé qu'un porte-voix elliptique fervoit bien comme *cornet acouftique*.

En comparant toutes les formes des *cornets acouftiques*, propofés & employés jufqu'à préfent, ainfi que les raifonnemens d'après lefquels les phyficiens ont déterminé ces formes, on voit qu'ils font tous partis du principe que le fon eft tranfmis par des rayons fonores qui fe réfléchiffent fur la furface des *cornets acouftiques*, & convergent tous vers le canal auditif; mais cette hypothèfe eft loin d'être fondée, car il ne fe forme de réflexion de rayons fonores, ni dans les porte-voix, ni dans les *cornets acouftiques*; il y a plus, c'eft que la furface de ces inftrumens, quelqu'élaftique qu'elle foit, ne vibre pas ordinairement; enfin, il eft abfolument indifférent, pour la propagation du fon dans ces inftrumens, que la furface intérieure foit polie, qu'elle foit couverte d'afpérités, & même qu'elle foit revêtue intérieurement d'étoffe. (*Voy.* PORTE-VOIX.) La principale condition que l'on doit remplir dans la conftruction des *cornets acouftiques*, c'eft de leur donner une large ouverture, afin qu'elle puiffe recevoir une grande maffe d'air en vibration, & que cette vibration, continuée jufqu'à l'ouverture du petit tuyau qui communique au canal auditif, puiſſe augmenter ſa force & venir frapper plus fortement le tympan.

On a cherché, dans ces derniers temps, à conſtruire un cornet acouſtique guttural, c'eſt-à-dire, qui devoit porter le ſon dans l'oreille interne, en l'appliquant, par ſa petite extrémité, à la trompe d'Euſtache. Le pavillon de ce porte-voix eſt, à cet effet, diſpoſé comme l'embouchure des porte-voix dont ſe ſervent les officiers de marine pour comander ſur leur bord.

CORNET D'ÉCHO; regiſter ʒum echo. Jeu d'orgue qui a un quatrième clavier ſéparé dans les grandes orgues, qui a cinq tuyaux ſur marche, & dix-neuf touches qui jouent.

CORNET D'ORGUE; cornu organicum; regiſter ʒur der orgel. C'eſt un des principaux jeux de l'orgue.

Il y a le grand cornet, qui a cinq tuyaux ſur touche, & dix-neuf touches parlantes ſous les dièſes; le petit cornet, qui a un troiſième clavier ſéparé de celui du poſitif & du grand corps de l'orgue, lequel on appelle auſſi cornet ſéparé, & n'a que dix-neuf touches qui jouent. Il a cinq rangs de tuyaux ſur marche : le premier eſt bouché, & eſt à cheminée d'un pied de long; le ſecond eſt auſſi d'un pied, mais ouvert; le troiſième d'environ huit pouces & demi; le quatrième de ſix pouces, & le cinquième de cinq pouces ouverts; & on les accompagne du bourdon & du preſtant, ce qui fait ſept tuyaux.

CORNUE; ampulla cornuta; retorte ʒum diſti-liren; ſ. f. Vaiſſeau qu'on emploie pour les diſtillations.

C'eſt une eſpèce de bouteille à long col, H K, fig. 675, recourbé de manière qu'il faſſe un angle avec la partie renflée de la bouteille; cette partie renflée, H, ſe nomme le ventre de la cornue, ſa partie ſupérieure prenant le nom de voûte, & la partie recourbée, K, s'appelle le col.

On emploie le plus ſouvent les cornues pour les diſtillations qui exigent un degré de chaleur ſupérieur à celui de l'eau bouillante, & pour diſtiller les matières peſantes qui ne pourroient pas s'élever juſque dans le chapiteau d'un alambic.

Quoique le plus communément les cornues ſoient en verre, on en fait auſſi en fer, en platine & avec d'autres métaux.

CORNUE TUBULÉE : cornue percée d'une ouverture T, fig. 675 (4), faite en forme de goulot à la partie ſupérieure de ſon dôme; cette tubulure ſert à introduire dans la cornue, pendant l'opération, les ſubſtances ſur leſquelles on doit opérer. Quelquefois on place dans cette tubulure un tube de ſûreté pour empêcher que, par un refroidiſſement imprévu, les matières liquides contenues dans le récipient ne remontent dans la cornue, & ne la faſſent briſer, ſi la cornue eſt chaude & le liquide remontant froid.

COROLLAIRE, de corolla, petite couronne; corollarium; ʒuſatʒ; ſ. m. Conſéquence tirée d'une propoſition qui a déjà été avancée ou démontrée.

Ainſi, lorſque de cette propoſition : un triangle qui a deux côtés égaux a auſſi deux angles égaux, on tire la conſéquence qu'un triangle qui a les trois angles égaux, a auſſi les trois côtés égaux; cette conſéquence eſt ce qu'on appelle un corollaire.

COROURE : eſpèce de monnoie de compte dont on ſe ſert dans pluſieurs endroits de l'Orient, particulièrement dans les Etats du Mogol, pour calculer les grandes ſommes, comme on fait en France de millions & de milliards.

CORPS; corpus; kœrper; ſub. m. Subſtance étendue, impénétrable, purement paſſive d'elle-même, & indifférente au mouvement & au repos, mais capable de toutes ſortes de mouvemens; de figures & de formes.

Les corps, ſelon les péripatéticiens, ſont compoſés de matière, de forme & de privation. Selon les épicuriens & les corpuſculaires, d'un aſſemblage d'atomes groſſiers & crochus; ſelon les carthéſiens, d'une certaine portion d'étendue; ſelon les newtoniens, d'un ſyſtème ou aſſemblage de particules ſolides, dures, peſantes, impénétrables & mobiles, arrangées de telle ou telle manière, d'où réſultent les corps de telle ou telle forme, diſtingués par tel ou tel nom.

Ces particules élémentaires des corps doivent être infiniment dures, beaucoup plus que les corps qui en ſont compoſés, mais non ſi dures qu'elles ne puiſſent ſe décompoſer ou ſe briſer. Newton ajoute que cela eſt néceſſaire, afin que le monde perſiſte dans le même état, & que les corps continuent à être dans tous les temps de la même texture & de la même nature. Voyez MATIÈRE.

Nous pouvons regarder comme un principe conſtant, malgré le jeu d'eſprit des philoſophes, que nos ſens nous apprennent qu'il exiſte des corps hors de nous. Dès que ces corps ſe préſentent à nos ſens, dit Muſchenbroeck, notre ame en reçoit ou s'en forme des idées qui repréſentent ce qu'il y a en eux. Tout ce qui ſe rencontre dans un corps, & qui eſt capable d'affecter d'une certaine manière quelqu'un de nos ſens, de ſorte que nous puiſſions nous en former une idée, nous le nommons propriété des corps. Lorſque nous aſſemblons tout ce que nous avons ainſi remarqué dans les corps, nous trouvons qu'il y a certaines propriétés qui ſont communes à tous les corps, & qu'il y en a d'autres encore qui ſont particulières, & qui ne conviennent qu'à tels ou tels corps. Nous donnons aux premiers le nom de propriétés communes; & quant à celles de ſeconde ſorte, nous les appelons ſimplement propriétés.

On distingue donc dans les *corps* plusieurs propriétés : les unes sont générales, les autres particulières. Les propriétés générales sont celles qui appartiennent à tous les *corps* indistinctement ; telles sont l'étendue, la divisibilité, la figurabilité, l'impénétrabilité, la pondérabilité, la porosité, la réfractibilité, la condensabilité, la compressibilité, l'élasticité, la dilatabilité, la mobilité & l'inertie. Les propriétés particulières sont celles qui n'appartiennent qu'à certains *corps* exclusivement aux autres : telles sont, par exemple, la solidité, qui appartient à tous les *corps* dont les parties ont entr'elles une adhérence assez grande pour les empêcher de se mouvoir indépendamment les unes des autres ; la fluidité, qui appartient à tous les *corps* dont les parties ont une mobilité respective, c'est-à-dire, dont les parties ont assez peu d'adhérence entr'elles pour qu'elles puissent se mouvoir indépendamment les unes des autres ; la dureté, qui appartient à tous les *corps* dont l'adhérence des parties est telle, qu'il faut une certaine force pour les détacher les unes des autres ; la mollesse, qui appartient à tous les *corps* dont les parties ont assez peu d'adhérence entr'elles, pour qu'elles puissent céder à une très-petite force ; la transparence, qui appartient à tous les *corps* qui laissent passer la lumière, & au travers desquels on peut voir les objets ; l'opacité, qui appartient à tous les *corps* qui ne donnent point de passage à la lumière, & qui dérobent à notre vue les objets qui sont derrière eux ; & ainsi de plusieurs autres. Il y a même des propriétés particulières qui n'appartiennent à certains *corps* qu'en certaines circonstances, comme la liquidité, qui appartient à l'eau & non pas à la glace, quoique ce soit le même *corps*.

Quelques *corps* paroissent avoir des propriétés contraires & opposées aux propriétés générales ; tels sont le calorique, l'électricité, le magnétisme, la lumière, &c. Ces *corps* sont impondérables, & leurs molécules ont la propriété de se repousser, tandis que celles de toutes les autres s'attirent. Ces propriétés, opposées aux propriétés générales, ont fait douter à quelques philosophes qu'ils fussent réellement des *corps* : ils ont cherché à expliquer les effets qu'on leur attribue par des causes particulières. *Voyez* COMPOSITION DES CORPS.

CORPS AÉRIENS ; corpora aeria ; *luft körper. Corps* légers, formés d'air, dont les molécules n'ont aucune adhérence, & qui n'existent que par la compression qu'ils éprouvent. Ces *corps* sont éminemment élastiques ; ils diminuent ou ils augmentent de volume selon qu'ils sont plus ou moins comprimés, & leur volume est toujours en raison inverse des poids comprimans. *Voyez* AIR, GAZ.

CORPS ANÉLECTRIQUES ; corpora anelectrica ; *anelectricher körper. Corps* qui ne sont pas susceptibles

d'être électrisés par le frottement, mais qui peuvent l'être par communication ; tels sont les métaux, l'eau & toutes les substances humides. *Voyez* ÉLECTRICITÉ, CONDUCTEUR ÉLECTRIQUE, ANÉLECTRIQUE.

CORPS (Appareils pour démontrer les propriétés des) : instrumens destinés à faire voir, à l'aide de l'expérience, soit les propriétés générales des corps, soit leurs propriétés particulières. *Voyez*, à chaque propriété, *les appareils que l'on emploie.*

CORPS A RESSORT ; corpus elasticum ; *elastische körper. Corps* élastique, & dont on peut employer l'élasticité pour faire fonction de ressort ; tels sont l'air, l'acier, &c. *Voyez* ÉLASTICITÉ, RESSORT.

CORPS CÉLESTES ; corpora cœlestia ; *himmels körper. Corps* répandus dans l'espace, qui n'appartiennent pas à la terre, & qui sont hors de notre atmosphère. *Voyez* ÉTOILES, SOLEIL, PLANÈTES, LUNE, SATELLITES, COMÈTES, MONDE.

CORPS (Choc des) ; percussio corporum ; *stoße der körper.* Rencontre de deux *corps* qui se heurtent, soit que l'un des deux soit en repos, soit qu'ils soient tous deux en mouvement. *Voyez* CHOC DES CORPS.

CORPS (Chute des) ; casus corporum ; *das fallen der körper.* Tendance que les *corps* ont à se porter vers le centre des autres *corps.* C'est ainsi que les *corps* qui sont sur la surface de la terre, & qui n'en sont que peu éloignés, comme la lune, ont une tendance à se porter vers le centre de la terre ; que les satellites tendent à tomber vers le centre des planètes autour desquelles ils tournent ; que les planètes ont une tendance à se porter vers le centre du soleil, &c. *Voyez* CHUTE DES CORPS.

CORPS COMBUSTIBLES ; corpora combustiva ; *brenbar körper. Corps* qui ont beaucoup d'affinité pour l'oxigène, qui brûlent en se combinant avec lui, & qui laissent dégager du calorique & de la lumière en brûlant. *Voyez* COMBUSTIBLE, COMBUSTION.

Tous les *corps combustibles* ne le sont pas également ; ils brûlent plus ou moins facilement, & laissent dégager des proportions de calorique différentes. Il en est qui sont principalement employés à produire de la chaleur, & d'autres à produire de la lumière : les uns & les autres sont composés d'hydrogène & de carbone ; & suivant les rapports existans entre ces deux combustibles, la quantité de calorique dégagée est plus ou moins considérable. L'hydrogène, en se combinant avec l'oxigène, laisse dégager plus de calorique & plus de lumière que le carbone. Les bois, les tourbes, les houilles font ordinairement employés pour produire de la chaleur ; les huiles, les fuifs, les cires, les réfines font employés pour produire de la lumière. *Voyez* COMBUSTIBLE.

CORPS COMPRESSIBLES ; corpora compreſſibilia ; *zuſammen gepreſt kœrper. Corps* qui peuvent être comprimés, c'eſt-à-dire, qui peuvent diminuer de volume par la compreſſion.

Les gaz font, de tous les *corps*, ceux qui font *compreſſibles* au plus haut degré ; ils diminuent de volume à la plus légère compreſſion, & le volume qu'ils occupent eſt toujours en raiſon inverſe des poids comprimans.

Parmi les ſolides, pluſieurs cèdent facilement à la compreſſion ; d'autres paroiſſent y réſiſter, & n'y céder qu'avec une exceſſive difficulté.

Quelques phyſiciens mettent encore en queſtion ſi les liquides font compreſſibles. Toutes les expériences, tentées juſqu'à préſent, n'ont préſenté, ſur la diminution de volume des liquides, ſoumis à de fortes compreſſions, que des réſultats incertains.

Cependant on eſt porté à croire, par diverſes conſidérations, que tous les *corps* font *compreſſibles*, 1°. parce qu'ils ſont tous élaſtiques, & que, pour que l'élaſticité ait lieu, il faut qu'un *corps* puiſſe être comprimé & dilaté ; 2°. parce que tous les *corps* tendus, qui produiſent ou propagent le ſon, vibrent, & que la vibration ne peut avoir lieu qu'autant que les *corps* ſont compreſſibles & dilatables ; enfin, parce que tous les *corps* diminuent de volume par le froid, & augmentent de volume par la chaleur. *Voyez* COMPRESSIBILITE, COMPRESSION.

CORPS DE POMPE; tubus antliæ ; *ſtiefel.* Cylindre creuſé intérieurement, d'un diamètre bien égal dans toute ſa longueur, parfaitement uni, dreſſé & aléſé, dans lequel ſe meut un piſton cylindrique, qui remplit parfaitement l'eſpace qu'il occupe, & qui ne laiſſe, dans ſon mouvement, aucun vide entre ſa ſurface extérieure & la ſurface intérieure du *corps de pompe.*

Selon le beſoin, la durée & la perfection de la pompe, on les tuyaux ſont en bois, en métal ou en verre. On ne fait ordinairement en bois que les *corps de pompe* deſtinés à élever de l'eau ; on les fait en métal, lorſque l'on veut leur donner une plus grande perfection ; on les fait en verre dans les pompes deſtinées à faire des expériences publiques, & lorſque l'on veut laiſſer apercevoir le jeu des piſtons, comme dans les machines pneumatiques. *Voyez* POMPE, MACHINE PNEUMATIQUE.

On place ordinairement dans les *corps de pompe* des ſoupapes pour fermer & ouvrir alternativement les eſpaces dans leſquels les fluides doivent entrer & ſortir. *Voyez* SOUPAPES, CLAPETS, PISTONS.

CORPS (Deſcente des) ; deſcenſio corporum ; *fallen der kœrper.* Tendance naturelle des *corps* vers un point déterminé, & en vertu duquel ils s'y portent lorſqu'ils ſont abandonnés à eux-mêmes. *Voyez* DESCENTE DES CORPS, CHUTE DES CORPS.

CORPS DE VOIX : degrés de force & d'étendue de la voix.

Les *voix* ont divers degrés de force & d'étendue. Le nombre de ces degrés, que chacune embraſſe, porte le nom de *corps de voix* quand il s'agit de force, & de volume quand il s'agit d'étendue. Ainſi, de deux voix ſemblables, formant le même ſon, celle qui remplit mieux l'oreille, & ſe fait entendre de plus loin, eſt dite avoir plus de *corps.* En Italie, les premières qualités qu'on recherche dans les *voix*, ſont la juſteſſe & la flexibilité ; mais en France on exige un bon *corps de voix.*

CORPS DURS ; corpora dura ; *harte kœrper. Corps* dont les parties ont entr'elles une telle adhérence, qu'il faut une très-grande force pour les ſéparer. *Voyez* DUR, DURETÉ.

Un *corps* d'une dureté abſolue ſeroit celui dont aucune preſſion, aucune force, aucun choc ne pourroit rompre les parties, ni faire changer la figure du *corps;* mais on ne connoît aucun *corps* de cette eſpèce.

CORPS ÉCLAIRANS; corpora illuminantia; *leüchtende kœrper. Corps* qui lancent de la lumière & éclairent les *corps* qui les environnent.

Les *corps* peuvent éclairer en produiſant de la lumière, ſoit naturellement, comme les étoiles, le ſoleil ; par une opération chimique, comme les lampes, les bougies, les chandelles (*voyez* CORPS LUMINEUX), ou par une opération mécanique, comme dans la compreſſion des gaz (*voyez* COMPRESSION, LUMIERE), dans l'émanation du fluide électrique qui ſe dégage en frottant des corps. (*Voyez* ELECTRICITE, LUMIÈRE ELECTRIQUE) Les *corps* peuvent encore éclairer en réfléchiſſant la lumière qu'ils reçoivent. *Voyez* MIROIR, REVERBÈRE, PHOTOMÈTRE.

CORPS ÉCLAIRÉS; corpora illuminata ; *er leüchtete kœrper.* Ce ſont ceux qui reçoivent de la lumière. Ces *corps* peuvent avoir des propriétés différentes : les uns abſorbent la lumière, & ne peuvent être aperçus ; les autres réfléchiſſent la lumière, & ſont diſtingués par la lumière qu'ils renvoient, & qui parvient à l'œil. *Voyez* LUMIÈRE, VISION.

CORPS ÉLASTIQUES; corpora elaſtica; *elaſtiſche*

tifche kœrper: Corps qui ont la propriété de se rétablir dans leur premier état, lorfque les forces qui les comprimoient ou les dilatoient, ceffent d'exercer leur action. *Voyez* ELASTICITÉ.

Quoique nous ayons annoncé (*voyez* CORPS) que l'elafticité eft une propriété générale des *corps*, cependant on eft dans l'ufage de n'appeler élaftiques que ceux dans lefquels les effets de l'élafticité font bien fenfibles. A l'égard de ceux dans lefquels ces effets font peu fenfibles, comme les liquides & quelques *corps* folides, quoique ces effets ne foient pas nuls, on les appelle cependant *corps non élaftiques. Voyez* CORPS NON ELASTIQUES.

Les *corps élaftiques* ne reviennent à leur premier état qu'après un certain nombre de vibrations, plus ou moins grand, fuivant la nature du reffort de ces *corps* & la violence de la percuffion. Or, toutes ces vibrations, qu'elles foient grandes ou qu'elles foient petites, font toujours ifochrones dans le même *corps*, c'eft-à-dire, de même durée. Ces reffors, qui font ainfi des vibrations, vont, avec une viteffe accélérée, depuis le point de tenfion jufqu'au lieu de repos ; au-delà du lieu de repos, ils vont avec une viteffe retardée. *Voyez* RESSORT.

CORPS ÉLECTRIQUES ; *corpora electrica ; electrifche kœrper. Corps* qui font fufceptibles de s'électrifer par le contact, le frottement, la chaleur ou le changement d'état. *Voyez* ELECTRICITÉ, GENERATION DE L'ELECTRICITÉ.

On divife ordinairement les *corps* en deux claffes, relativement à la propriété qu'ils ont de s'électrifer ou de conduire l'électricité : les premiers fe nomment *idioélectriques*, & les feconds *anélectriques*.

Après des expériences nombreufes, faites avec plus ou moins de foins, pour diftinguer les *corps idioélectriques* des *corps anélectriques*, on a cru pouvoir regarder comme parfaitement électriques les *corps* fuivans.

1°. Les verres & toutes les fubftances vitrifibles, même les verres métalliques ; 2°. les pierres précieufes, & en particulier celles qui font tranfparentes, que l'on regarde comme électriques à un plus haut degré ; 3°. toutes les poix & les mélanges réfineux ; 4°. le fuccin ; le foufre, les bois fecs, & qui ont été imprégnés d'huile par l'ébullition ; 5°. la cire, la foie, le coton ; 6°. les fubftances animales defféchées, la plume, la laine, le papier ; 7°. le fucre, l'air, l'huile ; 8°, les oxides métalliques, les cendres, la rouille ; 9°. toutes les fubftances végétales defféchées ; 10°. toutes les pierres dures ; 11°. la glace à – 20° R. &c.

Cette divifion, que les électriciens paroiffent avoir généralement adopté, préfente plufieurs anomalies. Un grand nombre de *corps*, comme le verre, la poix, l'air, le bois fec, que l'on regarde comme non conducteurs de l'électricité, peuvent le devenir en les chauffant ; le verre rougi, la poix fondue, l'air chaud, le bois trèschauffé, deviennent conducteurs de l'électricité. Il paroît, en général, que la limite des *corps* conducteurs & non conducteurs eft très-difficile à déterminer. Les *corps* les meilleurs conducteurs, les métaux, font fufceptibles de s'électrifer.

Souvent le verre le plus dur eft d'abord conducteur, puis il devient non conducteur après en avoir fait ufage.

Tous les *corps*, fans diftinction, lorfqu'ils font ifolés, & qu'on les frotte les uns fur les autres, s'électrifent, l'un pofitivement & l'autre négativement ; & celui qui a été électrifé négativement, peut, en le frottant avec un *corps* qui ait moins d'affinité que lui pour le fluide électrique, s'électrifer pofitivement.

Quelques *corps*, comme les métaux, que l'on peut difficilement électrifer par le frottement, s'électrifent par le feul contact, en les plaçant l'un fur l'autre ; c'eft ainfi que l'on obtient l'électricité galvanique.

On peut donc regarder tous les *corps* de la nature, quelle que foit leur propriété de conduire ou de ne pas conduire l'électricité, comme étant tous électriques, & par fuite, *l'électrifabilité* comme une propriété générale des *corps*.

Quant au rang que les *corps* occupent, relativement à leur affinité, *voyez* ELECTRICITÉ, GENERATION DE L'ELECTRICITÉ.

CORPS FLUIDES ; *corpora fluida ; fluffige kœrper. Corps* dont les parties, quoique contiguës, n'ont prefque point d'adhérence entr'elles, & peuvent facilement fe mouvoir indépendamment les unes des autres.

On diftingue trois fortes de *corps fluides* : 1°. des folides ; tels font des tas de blé, de fablon, &c. ; 2°. des liquides, de l'eau, de l'huile, &c ; 3°. des gaz, toutes les fubftances aériformes ; parce que toutes ces fubftances peuvent s'écouler à travers des orifices plus petits que les particules qui les compofent. *Voyez* FLUIDE.

CORPS FROTTANT ; *corpus affricans ; reibzug der electrifer mafchine. Corps* avec lequel on frotte un *corps* électrique, pour exciter & déterminer l'électricité. *Voyez* ELECTRICITÉ, GÉNÉRATION DE L'ELECTRICITÉ.

Les *corps frottans* font principalement employés fous forme de couffinet pour frotter & faire produire de l'électricité aux machines électriques. *Voyez* COUSSINET ELECTRIQUE.

CORPS GÉOMÉTRIQUES ; *corpora geometrica ; geometrifche kœrper.* Portion de l'étendue figurée, portion de l'efpace terminée en tous fens par des bornes intellectuelles.

C'eft proprement le fantôme de la matière.

On pourroit défigner l'étendue géométrique, l'étendue intelligible & pénétrable.

. Les *corps géométriques* différent des *corps phyfiques*, en ce que ceux-ci font impénétrables, tandis que les *corps géométriques* n'étant qu'une portion de l'étendue figurée, font pénétrables.

CORPS HYGROMÉTRIQUES ; corpora hygrometrica ; *hygrometrifche kœrper*. Subftances qui ont une telle affinité avec l'humidité, qu'elles en prennent & qu'elles en donnent à l'air, jufqu'à cè que leur action fur l'humidité foit en équilibre avec celle de l'air.

Il ne fuffit pas qu'un *corps* ait de l'affinité pour l'eau, pour qu'il foit *hygrométrique*, il faut encore que fon affinité varie avec la proportion d'humidité qu'il contient, de manière que, lorfqu'il contient trop d'humidité . il puiffe en céder à l'air, & que, lorfque l'air en contient proportionnellement plus que lui, il puiffe lui en prendre à fon tour, & cela jufqu'à ce qu'il y ait équilibre entre les affinités de l'air & du *corps* pour l'humidité. Alors, fi l'on a un moyen de juger de la quantité d'humidité que le *corps* contient, on peut déterminer la proportion de celle qui exifte dans l'air, & le *corps* devient *hygrométrique*, c'eft-à-dire, un moyen de mefurer l'humidité de l'air.

Parmi ces *corps*, il en eft, comme les éponges, le chanvre, la toile, le papier, le nitrate de chaux, le carbonate de chaux, le fulfate & le muriate de foude, qui augmentent de poids dans un air humide, & diminuent dans un air fec; d'autres, comme les cordes, les filamens tors, la corde à boyau, la barbe des épis d'avoine fauvage qui ont un mouvement de rotation; enfin d'autres, comme la plume, l'ivoire, le papier, la toile, le parchemin, le bois, la corde, les fils de baleine, les cheveux, parmi lefquels il en eft, comme le bois, qui augmentent de volume par l'humidité, & diminuent par la fécherreffe; & d'autres, comme la corde, qui diminuent de longueur par l'humidité, & augmentent par la fécherreffe.

De toutes ces matières, celles que l'on emploie le plus communément pour la conftruction des hygromètres, & que l'on regarde comme les meilleurs *corps hygrométriques*, font : 1°. les *cordes à boyaux*, qui fe tournent dans un fens pendant la fécherreffe, & dans un autre pendant l'humidité; 2°. les *corps* qui s'alongent & fe raccourciffent pendant la fécherreffe & l'humidité : parmi ces derniers, ceux que l'on préfère, font les *cheveux*, avec lefquels Sauffure a fait fon hygromètre comparable. *Voyez* CHEVEUX, HYGROMÈTRE.

Quant aux *corps* qui augmentent ou diminuent de poids par l'humidité ou la fécherreffe, il eft rare que l'on en faffe ufage, parce que leur variation de poids ne fuit pas immédiatement les variations de l'humidité de l'air ; que les uns, les folides, augmentent de poids par la pouffière

qui tombe deffus, & que les autres, particulièrement les *corps* liquides, ou qui contiennent des liquides qui ont de l'affinité pour l'eau, diminuent de poids par la tendance que ces liquides euxmêmes ont à fe vaporifer.

CORPS INTERMÉDIAIRES; corpora intermedia; *fwifchen mittel*. *Corps* placés entre deux ou plufieurs autres, foit, 1°. qu'ils féparent les molécules des *corps*, comme le calorique ; 2°. qu'ils facilitent la tranfmiffion d'une action; ainfi l'air eft le *corps intermédiaire* entre le centre phonique & l'oreille; c'eft par l'air, c'eft par ce *corps intermédiaire* que le fon fe tranfmet; les fils métalliques, placés entre un réfervoir d'électricité & un *corps* que l'on veut électrifer, font des *corps intermédiaires* à travers lefquels l'électricité fe tranfmet; 3°. enfin, que ces *corps* arrêtent & empêchent la tranfmiffion d'un *corps* ou d'un effet. Les *corps* opaques placés entre l'œil & un *corps* éclairé, font des *intermédiaires* qui interceptent la lumière & empêchent l'œil d'apercevoir le *corps*.

CORPS IRRÉGULIERS ; corpora irregularia; *unformige kœrper*. *Corps* dont la forme n'eft foumife à aucune loi, & qui ne préfentent aucune régularité. Cette dénomination eft oppofée à celle de *corps régulier*. *Voyez* CORPS RÉGULIER.

CORPS LIQUIDES ; corpora liquida ; *fluffigifche kœrper*. *Corps* dont les molécules ont peu de cohéfion, & fe meuvent avec une grande liberté.

Dans les *corps liquides*, les molécules tiennent les unes aux autres par deux forces, la preffion de l'air & une foible affinité entre les molécules. On peut détruire cette affinité en écartant davantage les molécules les unes des autres, ce que l'on obtient facilement en chauffant les liquides; on détruit la preffion en fouftrayant la force qui comprime le liquide. Lorfque l'une ou l'autre de ces deux forces eft détruite, le *corps* n'exifte plus comme *liquide*, il devient gaz, vapeur ou fluide élaftique. *Voyez* LIQUIDES, GAZ, FLUIDE ÉLASTIQUE.

CORPS LUMINEUX ; corpora lucentia; *leüchtende kœrper*. *Corps* qui produifent de la lumière, foit par eux-mêmes, foit par des actions chimiques, mécaniques ou phyfiques.

On ne diftingue pas toujours la clarté des *corps lumineux*, foit parce que des lumières plus fortes détruifent des lumières plus foibles, foit parce que la lumière n'affecte pas affez l'organe.

Parmi les *corps lumineux* qui produifent naturellement de la lumière, on diftingue d'abord les étoiles, le foleil, enfuite quelques animaux vivans, des infectes, des vers, des mouches, de la viande qui fe corrompt, principalement du poiffon, des vieux bois, du phofphore, quelques *corps* qui s'imbibent de lumière & qui répandent, pendant quelque temps, la lumière dont ils font imbibés.

Dans le nombre des animaux vivans qui produifent de la lumière, on remarque le ver luifant, fi commun, & que l'on diftingue facilement la nuit dans les temps chauds. La femelle eft fans ailes; une grande partie de fon *corps* eft *lumineufe:* le mâle a des ailes, & n'a ordinairement que deux taches lumineufes dans les deux derniers anneaux du ventre. La lumière de ces infectes paroît dépendre de leur volonté. Forfter & Sommering ont obfervé que leur lumière étoit plus vive dans le gaz oxigène que dans l'air ordinaire. Berthollin indique quatre efpèces d'animaux lumineux, deux avec des ailes, & deux fans ailes. Ces animaux paroiffent beaucoup plus communs dans les pays chauds.

Pline avoit remarqué depuis long-temps une pholade, efpèce de moule qui perce les rochers calcaires, le corail, les quilles & les bois des vaiffeaux, pour y établir fa demeure; il lui a donné le nom de *dactylus*, qui produit de la lumière. La nature de ces coquillages, dit Pline, eft de luire dans les ténèbres, & de luire d'autant plus qu'ils ont plus d'eau. Ils luifent dans la bouche de ceux qui les mangent; les gouttes d'eau qui, de ces coquillages, tombent fur la main, fur les habits, à terre, luifent. Réaumur a obfervé que cette propriété eft attachée à toute la chair de ces animaux, & que les dails du Poitou font de vrais phofphores naturels. Ce favant a remarqué que cette lumière fe perdoit lorfque la liqueur, ou l'animal mort étoit deffeché, mais qu'elle reparoiffoit en les mouillant. D'après Becaria, ces pholades rendent lumineux l'eau & le lait dans lefquels on les remue. Une feule pholade rendoit fept onces de lait fi lumineux, qu'on diftinguoit facilement la figure des affiftans; ce lait ne produifoit aucune lumière dans le vide. Il a confervé, pendant une année, la lumière de ces animaux avec du miel. On trouve en mer beaucoup d'autres animaux qui jouiffent de la même propriété: telles font des néréides, des médufes, des peratules, & un grand nombre d'autres.

Fabricius a obfervé, en 1600, que la viande d'un agneau, corrompue, étoit lumineufe; Berthollin a fait la même obfervation à Montpellier, en 1641, fur de la viande; Boyle l'a remarqué également, en 1672, fur du veau: en expofant cette viande dans le vide, la lumière diminua.

Beal, Martin, Canton, firent la même obfervation fur les poiffons de mer, les maquereaux, les harengs, les merlans, &c. La lumière paroiffoit lorfqu'ils commençoient à fe corrompre; elle ceffoit, lorfqu'ils étoient entièrement pourris: fouvent ces poiffons rendoient lumineufe l'eau dans laquelle on les mettoit, particulièrement lorfque cette eau étoit remuée. Enfin, on voit fouvent, dans de belles nuits, les eaux de la mer entièrement lumineufes.

Le célèbre Boyle a fait, en 1667, un grand nombre d'expériences fur les bois lumineux; il a remarqué que, dans le vide & dans tous les fluides, ils perdoient leur lumière; qu'ils ne brilloient que dans l'air; que cette lumière n'étoit accompagnée d'aucune chaleur fenfible, & que le bois ne paroiffoit pas fe confumer.

Toutes les expériences faites jufqu'à préfent, fur les animaux lumineux, vivans ou morts, & même fur les bois lumineux, paroiffent prouver que la lumière que l'on obferve, eft le produit d'une combuftion lente, de laquelle il ne fe dégage que de la lumière. Au refte, pour de plus grands détails, *voyez* PHOSPHORESCENCE, LUMIÈRE PHOSPHORESCENTE, CORPS ECLAIRANS, LUMIÈRE.

CORPS MOUS; corpora mollia; *weiche kœrper*. *Corps* qu'on peut aifément comprimer, qui ne diminuent pas de volume par la compreffion, & qui demeurent fenfiblement dans l'état que la compreffion leur a fait prendre.

Tels font du beurre, de la cire, de l'argile délayée. Ces *corps* diffèrent des *corps ductiles* & malléables, en ce que, dans ces derniers, la compreffion rapproche les molécules les unes des autres, augmente leur adhéfion, tandis que, dans les premiers, il n'y a qu'un déplacement dans les molécules qui ne produit de changement que dans la forme. *Voyez* MOL, MOLLESSE.

Les *corps mous* font très-utiles dans les arts pour modeler & obtenir toutes les formes que l'on defire. L'argile molle fert aux ftatuaires, aux potiers, aux faïenciers, &c., pour modeler des ftatues & pour confectionner la poterie, dont on a un fi grand befoin journalier.

CORPS NON ÉLASTIQUES. Ce devroit être, à la rigueur, les *corps* qui n'ont aucune élafticité; mais comme ces fortes de *corps* n'exiftent pas dans la nature, on a donné ce nom aux *corps* qui n'ont point d'élafticité fenfible, ou dont l'élafticité eft fi petite, qu'il eft difficile de la déterminer.

Tous les *corps* qui ne fe rétabliffent pas dans leur premier état, lorfque la compreffion ou la dilatation qui étoit exercée fur eux ceffe d'agir, font placés dans la claffe des *corps non-élaftiques*. *Voyez* CORPS DURS, CORPS MOUS.

CORPS OPAQUES; corpora opaca; *dunkler kœrper*. *Corps* qui ne font pas lumineux par eux-mêmes, & qui ne laiffent pas traverfer la lumière qui leur arrive.

Il exifte trois fortes de *corps opaques:* 1°. des *corps* qui abforbent toute la lumière qui leur arrive; ces fortes de *corps* font noirs; 2°. des *corps* qui réfléchiffent toute la lumière qui leur parvient; ceux-ci font brillans; 3°. enfin, des *corps* qui abforbent une partie de la lumière qu'ils reçoivent, & qui réfléchiffent l'autre; ces derniers *corps opa-*

ques font les plus communs ; ce font peut-être les feuls qui exiftent réellement dans la nature ; mais comme ils abforbent & réfléchiffent tous des proportions de lumière différentes, on les place dans l'une ou l'autre des deux premières claffes, felon que la proportion de lumière refléchie ou abforbée eft plus foible.

Parmi les *corps* de la troifième claffe, font la lune, les planètes, les fatellites, les comètes, que nous n'apercevons que lorfqu'ils reçoivent de la lumière du foleil, & qu'ils nous réfléchiffent cette lumière. Derrière ces *corps*, dans le prolongement de la droite, menée du centre du foleil au centre de chacun d'eux, font des cônes d'ombres dans lefquels on n'aperçoit pas les *corps* qui s'y trouvent; ces cônes d'ombres étant produits par l'obftacle que ces *corps* mettent au mouvement de la lumière, font des preuves de leur opacité. *Voyez* OPACITE.

CORPS ORGANISÉS; corpora organifata; *kœrper organififte. Corps* qui ont des organes, qui ont des canaux dans lefquels circulent les liquides qui font affimilés à leur fubftance. *Voyez* ORGANISATION.

Cette circulation des liquides dans les *corps organifés*, détermine la diftinction entre les animaux, les végétaux & les minéraux : les deux premiers, les animaux & les végétaux, font organifes, parce que des fluides circulent dans leur intérieur; les minéraux formés par la juxta-pofition des matières qui les compofent, n'ont aucune circulation, & cette circulation eft inutile à leur conftitution, tandis que, dans les animaux & les végétaux, qui fe nourriffent & croiffent par intusfufception, cette circulation des fluides eft effentielle à leur exiftence.

Tant que les fluides contenus dans l'intérieur des animaux & des végétaux font en circulation, & qu'ils font en équilibre avec les folides qui entrent dans leur compofition, ces *corps* fe nourriffent & font en fanté; mais dès que la circulation & l'équilibre font troublés, les *corps* deviennent malades, & meurent lorfque la circulation ceffe. Dans ce fens, les plantes vivent & meurent comme les animaux, & meurent dès que la circulation de leur fève ceffe, ou dès qu'elle eft viciée.

Lorfque les *corps organifés* ont des fenfations & un mouvement volontaire, on les claffe dans le règne animal; lorfqu'ils n'ont feulement qu'une circulation interne, on les claffe dans le règne végétal. Tous les autres *corps*, de quelque nature qu'ils foient, font claffés dans le règne minéral.

CORPS (Pefanteur des); gravitas corporum; *fchwere der kœrper; gravitation.* Force en vertu de laquelle tous les *corps* que nous connoiffons tombent & s'approchent du centre de la terre, lorfqu'ils ne font pas foutenus. *Voyez* PESANTEUR.

CORPS PHYSIQUES; corpora phyfica; *phyfifche kœrper. Corps* matériels, que nos fens diftinguent, & qui ont trois dimenfions, longueur, largeur & profondeur. Les *corps phyfiques* fe diftinguent des *corps* imaginaires & géométriques, en ce que les premiers exiftent réellement & font impénétrables, & que les autres peuvent n'exifter que dans l'imagination, ou n'être qu'une portion de l'étendue figurée.

CORPS POREUX; *fchwerflochifche kœrper. Corps* qui ont des pores, des interftices, des féparations.

Tous les *corps* de la nature font poreux, mais tous ne le font pas également : il en eft dans lefquels les pores font perceptibles à la vue fimple, tels font les éponges, le liége, la moelle de fureau, &c. d'autres qui ne font perceptibles qu'avec une forte loupe, telle eft la peau humaine; d'autres que l'on n'aperçoit qu'en filtrant des liquides à travers, tel eft le papier; d'autres enfin, que l'on ne conçoit que par la faculté qu'ils ont de diminuer de volume par la chaleur, tels font les métaux & plufieurs minéraux opaques.

Quoique tous les *corps* foient *poreux* (*voyez* POROSITE), on diftingue cependant ceux dont les pores font perceptibles à la vue fimple; c'eft à ceux-ci que l'on donne communément le nom de *corps poreux*, pour les diftinguer de ceux dont on n'aperçoit pas les pores.

CORPS RÉGULIERS; corpora regularia; *gleichformige kœrper. Corps* qui ont tous leurs côtés, leurs angles & leurs plans égaux & femblables, & par conféquent leurs faces régulières.

On ne diftingue que cinq *corps* réguliers : le tétraèdre, compofé de quatre triangles équilatéraux; l'octaèdre, compofé de huit triangles équilateraux; l'icofaèdre, compofé de vingt; le cube, de fix carrés, & le dodécaèdre, de douze pentagones réguliers. Quand on dit ici compofé, cela s'entend de la furface. Les figures que nous venons d'indiquer, renferment ou contiennent la folidité, & compofent la furface de ces *corps. Voyez* REGULIER, IRREGULIER.

CORPS SANS RESSORT; corpora fine elaterio. *Corps* qui n'ont aucun reffort, & par conféquent aucune élafticité. *Voy.* CORPS NON ELASTIQUES.

CORPS SOLIDES; corpora folida; *lefte kœrper, weliger kœrper. Corps* dont les parties font réunies avec une telle force, qu'elle s'oppofe à la féparation de leurs parties, & dont aucune partie n'a de mouvement qu'autant qu'il en exifte dans la maffe totale.

Dans ces fortes de *corps*, la cohéfion des molécules eft occafionnée par leur attraction mutuelle; cette force fuffit pour les maintenir dans l'état folide. Ils diffèrent en cela des liquides, qui perdent leur liquidité & deviennent gazeux ou aériformes lorfqu'on fupprime la preffion de l'atmofphère, & que les folides n'éprouvent aucune variation, aucun changement par cette fuppreffion; ils diffèrent également des gaz, en ce que ces derniers augmentent de volume à mefure que l'on diminue la preffion à laquelle ils font foumis, & que les folides n'éprouvent aucune variation par cette diminution. *Voyez* SOLIDITE.

CORPS SONORES; corpora fonora; *lauter kœrper*. On appelle ainfi ceux qui produifent des fons diftincts, comparables entr'eux, ou de quelque durée, comme une cloche, une corde de clavecin, de violon, &c.; on les diftingue ainfi de ceux qui ne font entendre qu'un bruit confus, tels qu'un *corps* qui tombe fur le pavé, un vafe qu'on brife, &c.

Il n'y a que les *corps* élaftiques & fufceptibles de vibration qui puiffent être *fonores*, & leur fon eft proportionnel à leurs vibrations pour la durée & pour l'intenfité de la force. *Voy.* SON, BRUIT.

Tous les *corps* étant élaftiques, il fembleroit que tous devroient être *fonores*; mais de ce qu'un *corps* eft élaftique & vibre, il ne s'en fuit pas qu'il foit *fonore*: il faut encore que la durée des vibrations foit continuée dans des limites déterminées, & que les *corps* ne faffent entendre qu'un certain nombre de fons concomitans.

Pour rendre les *corps* plus *fonores*, on augmente ou l'on modifie leur élafticité; c'eft pourquoi on allie le cuivre à l'étain dans la matiere des cloches, des timbres, &c.; par-là on donne à cette matiere la dureté & l'élafticité propres à la rendre plus fonore. *Voyez* ALLIAGE DES METAUX.

CORPS SYMPER ÉLECTRIQUES; corpora fymper electrica; *anelektrifche kœrper*. Corps qui reçoivent & communiquent facilement l'électricité. *Voy.* CONDUCTEUR ELECTRIQUE, CORPS ANÉLECTRIQUES.

Tant que ces *corps* font ifolés, ils confervent l'électricité qu'ils reçoivent; mais s'ils ne font pas ifolés, ils perdent ce fluide en le tranfmettant au refervoir commun, & en le partageant avec toute la furface de la terre. On a donné à ces *corps* le nom de *fymper électriques*, par oppofition aux *corps idioélectriques*, à caufe de la faculté qu'ils ont de recevoir, d'accumuler & de conferver une électricité étrangère à leur propre électricité.

Un *corps fymper électrique* parfait eft celui qui livre le paffage le plus facile & le plus libre à l'électricité; c'eft celui qui tranfmet le fluide inftantanément aux diftances les plus grandes. Si l'on ne peut prouver qu'il exifte de tels *corps*, on en trouve qui approchent tellement de la perfection, comme les métaux, que l'on n'a pas héfité à les placer parmi les conducteurs parfaits.

Ces fortes de *corps* qui reçoivent, conduifent facilement l'électricité, & la confervent lorfqu'ils font ifolés, font d'une grande utilité, particulièrement dans la conftruction des machines électriques. Ces machines ont toujours un principal conducteur ifolé, fur lequel la matiere fe réunit & s'accumule. *Voy.* CONDUCTEUR DES MACHINES ELECTRIQUES, MACHINES ELECTRIQUES.

Gray eft le premier phyficien qui ait diftingué les *corps fymper électriques* des *corps idioélectriques*. (*Voyez* CONDUCTEUR ÉLECTRIQUE.) Il paroît que la propriété qu'ont les métaux de conduire l'électricité peut être établie dans l'ordre fuivant: l'or, l'argent, le cuivre, le fer, l'étain, le mercure, le plomb, le zinc, &c., les mines métalliques; en général, toutes les fubftances qui approchent le plus des métaux.

Tous les fluides, excepté l'air, les huiles, font de bons conducteurs, & en particulier l'eau & les fluides des animaux; les corps frais, humides, & principalement la terre.

On place encore parmi les *corps fymper électriques* la fumée & toutes les exhalaifons des corps brûlans, la glace à — 20° R., la neige, un grand nombre de fels, furtout les fels métalliques, les fubftances pierreufes molles, les vapeurs d'eau chaude, le vide.

Prefque tous les *corps idioélectriques* deviennent *fymper électriques* par l'humidité & par la chaleur: tels font le verre, la poix, l'air. Il eft quelques *corps* qui font en même temps conducteurs & non conducteurs de l'électricité.

Du bois nouvellement abattu eft un bon conducteur; deffeché, il eft mauvais conducteur; il redevient conducteur lorfqu'il a été charbonné, & non conducteur lorfqu'il eft réduit à l'état de cendre. *Voyez* CONDUCTEUR D'ELECTRICITE.

CORPS TRANSPARENS; corpora tranflucida; *durchfichtiger kœrper*. Ce font ceux qui laiffent paffer la lumière, & à travers lefquels on aperçoit les *corps*.

Avant de traverfer les *corps*, la lumière éprouve à leur furface deux actions, l'une répulfive, qui tend à la repouffer & à la faire réfléchir; l'autre attractive, en vertu de laquelle elle pénètre dans l'intérieur du *corps*, le traverfe & fort après avoir éprouvé, à la furface de fortie, une double action attractive & répulfive, analogue à celle qui a eu lieu à la première furface.

Il réfulte des actions attractive & répulfive que la lumière éprouve aux furfaces des *corps transparens*, 1°. que toute la lumière qui arrive fur la première furface ne pénètre pas dans l'intérieur; 2°. que toute la lumière qui arrive à la feconde furface ne fort pas du *corps*; de-là, que de toute la lumière qui arrive fur un *corps transparent*, il n'en fort qu'une portion; & cette portion varie felon l'angle d'incidence de la lumière fur les deux furfaces. Si, à cette portion de lumière réfléchie, on ajoute la portion de lumière que le *corps transparent* abforbe pendant le paſſage de la lumière, on en conclura que les objets regardés à travers les *corps tranſparens* ne doivent jamais paroître auſſi clairs que lorſqu'ils ſont vûs ſans intermède, parce qu'il ne parvient pas à l'œil autant de lumière dans le premier cas que dans le ſecond.

Cependant, comme la lumière change ſouvent de direction en paſſant d'un milieu dans un autre, on peut donner aux *corps tranſparens* des formes telles, que la lumière réfractée ſe concentre en arrivant à l'œil, & l'on peut, par le moyen de cet artifice, faire paroître les objets plus clairs qu'ils ne le ſont naturellement. *Voyez* TRANSPARENCE, REFRACTION DE LA LUMIÈRE, VERRE LENTI- CULAIRE.

CORPUSCULAIRES; corpuſcularia; *corpuſcu- lar;* adj. Qui eſt formé de *corpuſcules*; qui eſt fondé, établi ſur les *corpuſcules*.

CORPUSCULAIRE (Philoſophie) : doctrine des *corpuſcules*.

Bayle a réduit les principes de la *philoſophie cor- puſculaire* à ces quatre points : 1°. il y a une matière univerſelle, qui eſt une ſubſtance étendue, impé- nétrable, indiviſible, commune à tous les corps, & capable de toutes ſortes de formes; 2°. pour former cette variété immenſe de corps naturels, il eſt néceſſaire que cette matière ait du mouve- ment dans quelques-unes ou dans toutes ſes par- ties qui peuvent être déſignées; que c'eſt Dieu, créateur de toutes choſes, qui lui a imprimé ce mouvement, & qu'elle a toutes les manières de directions & de tendances ou d'efforts qui peu- vent être; 3°. que cette matière doit être actuelle- ment diviſée en parties, & que chacune de ces parties primitives ou fragmens, qu'on appelle *atomes*, a ſa grandeur ou ſon volume particulier, comme auſſi ſa forme & ſa propre figure; 4°. en- fin, ces parties étant de différentes grandeurs & différemment configurées, elles doivent avoir des rangs, des ſituations, des poſitions différentes, d'où naît une variété prodigieuſe dans la compoſi- tion des corps.

La *philoſophie corpuſculaire* eſt ſi ancienne, qu'a- vant qu'Epicure & Démocrite, avant même que Leucippe l'eût enſeignée dans la Grèce, il y avoit un philoſophe phénicien qui expliquoit tous les phénomènes de la nature par le mouvement, la conformation, la diſpoſition des petits corps de matière.

On appelle cette philoſophie, *philoſophie épi- curienne* : on auroit pu, à plus juſte titre, la nom- mer *philoſophie phénicienne. Voyez* ATOMISTIQUE.

Ceux qui ont écrit ſur la *philoſophie corpuſcu- laire* ſont : Lucrèce, Démocrite, Epicure, Dio- gène de Laërce, Gaſſendi & Bernier.

CORPUSCULE; corpuſculum; *kœrperchen;* ſ. m. Diminutif des corps.

On appelle *corpuſcules* les petites particules des corps, & ſurtout celles qui, étant volatiles, s'en exhalent continuellement. Ces derniers produiſent un grand nombre de météores. *Voy.* METEORES.

Tout corps eſt compoſé d'une quantité prodi- gieuſe de *corpuſcules*; ces *corpuſcules* eux-mêmes ſont des corps, & ſont compoſés par la même raiſon, d'autres *corpuſcules* plus petits; en ſorte que les élémens d'un corps ne paroiſſent être au- tre choſe que des corps. Mais quels ſont les élé- mens primitifs de la matière? C'eſt ce qu'il eſt dif- ficile de ſavoir. (*Voyez* CORPS, CONFIGURA- TION.) Auſſi l'idée que nous nous formons de la matière & des corps, ſelon quelques philoſo- phes, eſt purement de notre imagination, ſans qu'il y ait rien hors de nous de ſemblable à cette idée. Ces difficultés ont fait naître le ſyſtème des monades de Leibnitz. *Voyez* MONADES.

Newton a donné une méthode pour détermi- ner, par la couleur des corps, la groſſeur des *cor- puſcules* qui conſtituent les parties qui les compo- ſent, ou plutôt le rapport de la groſſeur des par- ticules d'un corps d'une certaine couleur, à celle des particules d'un corps d'une autre couleur. Il ne faut regarder cette méthode que comme con- jecturale. *Voyez* COULEURS.

CORRECTION; correctio, de con & rego; *verbeſſerung;* ſub. f. Réformation, action par la- quelle on corrige, on rectifie ce que l'on croit moins bien.

CORRECTION DU MIDI, équation du midi; *verloſſerun der mittug.* Quantité qu'il faut ôter du midi conclu des hauteurs correſpondantes du ſo- leil, ou qu'il faut lui ajouter pour avoir le midi vrai. *Voyez* HAUTEUR.

CORRECTION GRÉGORIENNE ; *gregorianiſche verbeſſerung des kalendes.* Retranchement de dix jours fait au calendrier, dans l'année 1582, par une bulle du pape Grégoire XIII. *Voyez* ÉPO- QUE DE LA CORRECTION GREGORIENNE.

CORRESPONDANT (Thermomètre); ther- mometrum ſimile; *gleikt thermometer.* Thermo- mètre dont la graduation ſe correſpond parfaite- ment, ou dont on peut faire correſpondre la gra- duation par une ſimple opération arithmétique. Ainſi le thermomètre de Réaumur correſpond au thermomètre centigrade, en multipliant les de- grés du premier par $\frac{5}{4}$, & ceux du ſecond par $\frac{4}{5}$ ou $\frac{8}{10}$. *Voyez* THERMOMÈTRE.

CORRESPONDANTES (Hauteurs) ; *über ein ſtimmende hoehle. Hauteurs* par leſquelles on connoît l'heure du midi vrai, ainſi que l'heure du paſſage d'un aſtre au méridien. *Voyez* HAUTEURS CORRESPONDANTES.

CORRODER; corrodere; *beiẓan*; v. a. Ce mot a différens fens; l'idée la plus générale eſt celle d'un changement chimique, opéré à la ſurface d'un corps, à l'aide d'une liqueur acide ou ſaline.

On *corrode* les chairs d'une plaie par la potaſſe ou le nitrate d'argent; la viande avec du vinaigre, pour la rendre plus tendre; le bois, pour lui donner de la couleur; les métaux, pour nettoyer leur ſurface: on *corrode* l'acier damaſſé avec de l'acide nitrique, pour enlever le fer mou, &c.

CORRUPTION; corruptio; *verderbniſs*; ſ. f. Eſpèce de décompoſition d'un corps par la déſunion de ſes parties; décompoſition précédée d'une fermentation putride, à laquelle on l'attribue. *Voyeẓ* PUTREFACTION.

Comme, dans la génération, rien n'eſt véritablement créé, ainſi, dans la *corruption*, rien n'eſt réellement anéanti, que cette modification particulière qui conſtituoit la forme d'un être, & qui le déterminoit à être de telle ou telle eſpèce.

Les Anciens croyoient que pluſieurs inſectes s'engendroient par la *corruption*. On regarde aujourd'hui cette opinion comme une erreur, quoiqu'elle paroiſſe appuyée par des expériences journalières. En effet, ce qui ſe *corrompt*, produit toujours des vers ou de la moiſiſſure; mais ces vers & moiſiſſure n'y naiſſent que parce que d'autres inſectes ou d'autres plantes y ont dépoſé des œufs ou des graines. Une expérience ſenſible prouve cette vérité.

Prenez du bœuf tout nouvellement tué, mettez-en un morceau dans un pot découvert, & un autre morceau dans un pot bien net, que vous couvrirez ſur-le-champ avec une pièce de ſoie, afin que l'air y paſſe ſans qu'aucun inſecte y puiſſe dépoſer ſes œufs. Il arrivera au premier morceau ce qui arrive ordinairement; il ſe couvrira de vers, parce que les mouches y font leurs œufs en liberté; l'autre morceau s'altérera par le paſſage de l'air, ſe flétrira, ſe réduira en poudre par l'évaporation; mais on n'y trouvera ni œufs, ni vers, ni mouches; tout au plus les mouches, attirées par l'odeur, viendront en foule ſur le couvercle, eſſayeront d'entrer & jetteront quelques œufs ſur l'étoffe de ſoie, ne pouvant entrer plus avant. Au fond, il eſt auſſi abſurde, ſelon Pluche, de ſoutenir qu'un morceau de fromage engendre des mites, qu'il le ſeroit de prétendre qu'un bois ou une montagne engendreroit des cerfs ou des éléphans; car les inſectes ſont des corps organiſés & auſſi fournis des différentes parties néceſſaires à la vie, que le ſont les corps des plus gros animaux.

Cependant quelques philoſophes modernes paroiſſent encore favorables à l'opinion ancienne de la génération par *corruption*, du moins en certains cas. Buffon, dans ſon *Hiſtoire naturelle*, page 320, vol. XI, paroît incliner à cette opinion. Après avoir expoſé ſon ſyſtème des molécules organi-

ques, il en conclut qu'il y a peut-être autant d'êtres, ſoit vivans, ſoit végétans, qui ſe produiſent par l'aſſemblage fortuit des molécules organiques, qu'il y en a qui ſe produiſent par la voie ordinaire de la génération; c'eſt, dit-il, à cette eſpèce d'êtres qu'on doit appliquer l'axiôme des Anciens: *Corruptio unius, generatio alterius*. Les anguilles qui ſe forment dans la colle faite avec de la farine, n'ont d'autre origine, ſelon lui, que la réunion des molécules organiques de la partie la plus ſubſtantielle du grain. Les premières anguilles qui paroiſſent, dit-il, ne ſont certainement pas produites par d'autres anguilles; cependant, quoique non engendrées, elles en engendrent d'autres vivantes. On peut, ſi l'on veut avoir de plus grands détails ſur ces objets, conſulter l'ouvrage de Buffon; nous l'abrégeons ici pour ne nous pas occuper plus long-temps de choſes inſignifiantes.

Si on cherche à définir le mot par l'étymologie, il en réſulte que toute *corruption*, dans un corps, ſera la rupture des liens qui en uniſſoient tout-à-l'heure les parties conſtituantes. Dans ce ſens, *corruption* ſera ſynonyme de diſſolution, de deſſication, de décompoſition; & comme aucun des phénomènes déſignés ſous ces noms n'arrive ſans qu'il en réſulte des compoſés nouveaux, il s'enſuit que le mot *corruption* indiquera, dans un corps quelconque, une compoſition nouvelle, mais telle, qu'il ne ſera plus apte à remplir la fonction à laquelle il étoit primitivement deſtiné.

Pour qu'un corps ſoit ſuſceptible de *corruption*, il faut néceſſairement qu'il ſoit compoſé: on ne conçoit pas qu'un corps ſimple, dans le ſens des chimiſtes, puiſſe ſe *corrompre*. Tout corps regardé comme ſimple, qui viendroit à ſe *corrompre* ou à s'altérer, prouveroit évidemment que l'on étoit dans l'erreur relativement à la ſimplicité de ſa compoſition. Parmi les corps compoſés, les êtres organiſés ſont peut-être les ſeuls qui ſoient ſuſceptibles de *corruption* proprement dite, c'eſt-à-dire, de changer pour toujours d'état & de nature. On dit bien que l'air & l'eau ſont *corrompus*; mais ces deux ſubſtances ne ſont dans un état de *corruption*, que parce qu'elles contiennent des matières végétales & animales elles-mêmes corrompues, & elles peuvent recouvrer leur état par certains procédés; l'eau, par exemple, par la filtration à travers le charbon, tandis que les corps organiſés, une fois *corrompus*, le ſont pour toujours.

En général, on ſe ſert du mot *corruption* pour déſigner l'altération ſpontanée & profonde de certaines ſubſtances alimentaires, altération qui, ſuivant leur nature, eſt précédée de divers états particuliers, que l'on exprime en diſant que ces ſubſtances ſont aigries, chancies, éventées, faiſandées, gâtées, paſſées, rances, tournées, ſûres. Quant aux cauſes de la *corruption*, à ſes phénomènes & à ſes caractères (*voyeẓ* PUTREFACTION, FERMENTATION), où les altérations ſpontanées des matières animales & végétales ſeront étudiées.

d'une manière fpéciale, & envifagées fous tous les rapports.

CORU, Cos : mefure itinéraire en ufage dans l'Indoftan. Le *coru* = 0,4678 de la lieue horaire, = 2601,6 mètres.

CORUSCATION; corufcatio; *ftrahlen*; f. f. Vieux mot qui défigne la fplendeur; il vient de *corufcare*, briller, reluire, éclater de lumière. Nom que Walfon donne à une lumière électrique femblable à celle qui a lieu dans le vide, & qui a quelque rapport avec les colonnes & la lumière des aurores boréales. *Voy.* ÉCLAIRS SANS TONNERRE.

COS, CORU : mefure itinéraire de l'Indoftan. *Voyez* CORU.

COSÉCANTE; cofecantia; *cofecante*; f. f. Sécante d'un arc ou d'un angle qui, avec un autre arc ou un autre angle, vaut 90°, c'eft-à-dire, qui eft le complément d'un autre arc ou d'un autre angle.

Ainfi, la ligne C E, *fig.* 676, qui n'eft autre chofe que le rayon C A prolongé jufqu'à la tengente EF, & qui eft la fécante de l'arc AF ou de l'angle ACF, eft en même temps la *cofécante* de l'arc AB ou de l'angle ACB; car l'angle ACF eft le complément de l'angle ACB, puifque ces deux angles font enfemble un angle droit ou de 90°.

COSINUS; cofinus; *cofinus*; f. m. Sinus droit d'un arc ou d'un angle qui, avec un autre arc ou un autre angle, vaut 90°, c'eft-à-dire, qui eft le complément d'un autre arc ou d'un autre angle.

Ainfi, la perpendiculaire AG, *fig.* 676, abaiffée de l'extrémité A de l'arc AF, fur le rayon FC, lequel paffe par l'autre extrémité F de cet arc; la perpendiculaire AG, difons-nous, qui eft le finus droit de l'arc AF ou de l'angle ACF, eft en même temps le *cofinus* de l'arc AB ou de l'angle ACB; car l'angle ACF eft le complément de l'angle ACB, puifque ces deux angles font enfemble un angle droit ou de 90°.

Le *cofinus* AG, d'un arc quelconque AB, eft égal à la partie CP du rayon CB, comprife entre le centre C & le finus AP.

COSINUS-VERSE : finus-verfe d'un arc ou d'un angle qui, avec un autre arc ou un autre angle, vaut 90°, c'eft-à-dire, qui eft le complément d'un autre arc ou d'un autre angle.

Ainfi la partie FG, *fig.* 676, du rayon FC, interceptée entre le finus AG & l'extrémité F de l'arc AF, qui eft le finus-verfe de l'arc AF ou de l'angle ACF, eft en même temps le *cofinus-verfe* de l'arc AB ou de l'angle ACB; car l'angle ACF eft le complément de l'angle ACB, puifque ces deux angles font enfemble un angle droit ou de 90°.

COSMIQUE, κοσμικος, *qui regarde le monde;* cofmicus; *kofmich;* adj. Lever & coucher des aftres qui accompagnent le lever du foleil. Ainfi, on dit *lever cofmique* ou *coucher cofmique* de tel aftre.

C'eft le moment du lever du foleil qui règle le lever & le coucher *cofmique*, que l'on pourroit appeler le lever & le coucher du matin. Ainfi, une étoile eft dite fe lever & fe coucher *cofmiquement*, lorfqu'elle fe lève en même temps que le foleil ou qu'elle fe couche au foleil levant; d'où il fuit que le lever *cofmique* précède de douze ou quinze jours le lever héliaque. *Voyez* HÉLIAQUE.

COSMIQUE (Coucher); cofmicus occafus; *cofmifche antergehen.* Coucher d'un aftre au lever du foleil. *Voyez* COUCHER COSMIQUE.

COSMIQUE (Lever); ortus cofmicus; *cofmifche auf gehen.* Lever d'un aftre avec le foleil. *Voyez* LEVER COSMIQUE.

COSMOGONIE, de κοσμος, *univers,* & γονος, *génération;* cofmogonia; *kofmogonie;* f. f. Doctrine ou fcience de l'origine de la génération de l'univers.

Du moment où les hommes ont commencé à obferver les phénomènes terreftres & céleftes, ils ont cherché à concevoir leur formation, & ils ont, en conféquence, imaginé des hypothèfes plus ou moins hardies, plus ou moins ingénieufes, pour expliquer ce qu'ils voyoient. Ils fe font d'abord occupés de la formation de la terre, fur laquelle ils ont pu réunir un plus grand nombre d'obfervations, puis ils ont cherché à appliquer leur mode de formation aux autres corps céleftes. *Voyez* GÉOLOGIE.

Une première queftion que doit examiner celui qui veut s'élever jufqu'à la *cofmogonie*, c'eft celle qui a rapport à la formation des étoiles, de ces corps lumineux par eux-mêmes, & dont plufieurs font, comme notre foleil, des centres de fyftème planétaire. Ici l'homme s'humilie, & pour éviter les difficultés qu'un femblable examen préfente naturellement, il a conçu un être fupérieur, une divinité à laquelle il attribue ce grand ouvrage; alors il emprunte les opinions des théogoniens, &, parmi toutes celles qui exiftent, la Genèfe eft une de celles qu'il préfère.

COSMOGRAPHIE, de κοσμος, *univers,* & γραφω, *décrire;* cofmographia; *kofmographie;* fub. f. Defcription du monde & de toutes les parties qui le compofent.

Cette defcription, qui comprend l'aftronomie & la géographie, fe fait autant à l'aide des deffins, des cartes, que par le difcours.

COSMOLABE, de κοσμος, *monde,* & λαμβανω, *je prends;* cofmolabile; *cofmolabium;* f. m Ancien inftrument de mathématique, deftiné à prendre les hauteurs & à repréfenter les cercles de la fphère.

Cet

Cet inftrument, qui fert pour prendre les mefures fur le globe du monde, eft prefque la même chofe que l'aftrolabe. Jacques Beffon a imprimé à Paris, en 1567, un ouvrage intitulé le *Cofmolabe* ou *Inftrument univerfel*; ce livre eft remarquable par l'idée d'une chaife marine, fufpendue pour faire des obfervations fur un vaiffeau, idée qui a été propofée de nouveau en Angleterre par Trabin.

COSMOLOGIE, de κοσμος, univers, & λογος, difcours; cofmológia; κοσμологие; f. f. Doctrine du monde matériel, de fes parties, foumife à des lois générales par lefquelles le monde phyfique eft gouverné.

Outre l'aftronomie & la géographie, la *cofmologie* comprend la phyfique générale, & tout ce qui paroit conftant & permanent dans le monde: dans fa confidération abftraite, elle forme une partie de la métaphyfique; elle s'applique aux trois règnes de la nature & conftitue l'hiftoire naturelle. Enfin, la *cofmologie* eft proprement une phyfique générale & raifonnée, qui, fans entrer dans les détails trop circonftanciés des faits, examine du côté métaphyfique les réfultats de ces faits mêmes, fait voir l'analogie & l'union qu'ils ont entr'eux, & tâche, par-là, de découvrir une partie des lois générales par lefquelles l'univers eft gouverné.

Avant Wolf, ce nom étoit inconnu dans les écoles; aucun métaphyficien ne fembloit même avoir penfé à cette partie. Wolf intitula fon ouvrage: *Cofmologie générale & tranfcendante*, parce qu'elle ne renferme qu'une théorie abftraite, qui eft, par rapport à la phyfique, ce qu'eft l'ornithologie à l'égard du refte du monde.

Maupertuis a publié enfuite fes *Effais de Cofmologie*: la loi générale dont il fait principalement ufage eft celle de la moindre action; il croit que nous n'avons ni affez de faits, ni affez de principes pour embraffer la nature fous un feul point de vue; il fe contente d'expofer le fyftème de l'univers; il fe propofe d'en donner les lois générales; il en tire une démonftration nouvelle de l'exiftence de Dieu.

Ce principe, fur lequel Maupertuis a appuyé fa *Cofmologie*, n'eft, comme tous les autres, qu'un principe mathématique. Il eft vrai qu'il a déduit l'exiftence de Dieu de ce principe; mais on peut déduire l'exiftence de Dieu de tout autre principe mathématique, lorfqu'on reconnoît ou qu'on croit que ce principe s'obferve dans la nature; d'ailleurs, il n'a donné cette démonftration de l'exiftence de Dieu que comme un exemple de démonftration tiré des lois générales de l'univers.

On voit dans cette *Cofmologie*, établie fur le principe de la moindre action, quel abus les géomètres font fouvent de leurs analyfes mathématiques, lorfqu'ils veulent s'occuper de queftions de phyfique, & combien ils peuvent retarder l'avancement des connoiffances, en traitant ainfi des

queftions qui ne peuvent & ne doivent être réfolues que par des faits.

COSMOPOLITE, κοσμοπολιτης, de κοσμος, univers, & πολις, ville; cofmopolita; welt burger; f. m. Homme dont tout le monde eft la ville ou la patrie, citoyen du monde.

COSSIQUE, de l'italien *cofa*. Coefficient d'une inconnue linéaire d'une équation: ce terme n'eft plus en ufage aujourd'hui.

On appelloit *nombres coffiques* les nombres qui défignent les racines des équations; & comme ces nombres font, pour l'ordinaire, incommenfurables, on a depuis tranfporté cette expreffion aux nombres incommenfurables.

COTANGENTE; *cotangente*; f. f. Tangente d'un arc ou d'un angle qui, avec un autre arc ou un autre angle, vaut 90°, c'eft-à-dire, qui eft le complément d'un autre arc ou d'un autre angle.

Ainfi, la partie E F, *fig. 676*, de la perpendiculaire élevée à l'extrémité du rayon C F, interceptée entre ce rayon & le rayon C A, prolongé, & qui eft la tangente de l'arc A F ou de l'angle A G F, eft en même temps la *cotangente* de l'arc A B ou de l'angle A C B, puifque ces deux angles font enfemble un angle droit ou de 90°.

COTES (Roger), mathématicien, phyficien, aftronome anglais.

Né en 1683 à Burback, dans le comté de Rochefter, où fon père étoit recteur, il fut nommé, en 1706, profeffeur d'aftronomie & de philofophie expérimentales; il prit les ordres en 1713, & mourut le 5 juin 1716.

Difciple de Newton, il nous a donné une excellente édition françaife de fon *Traité d'Optique*; il avoit commencé, fur cette fcience, des recherches à l'occafion defquelles Newton difoit: « Si M. *Cotes* eût vécu, nous faurions quelque chofe. »

Ce favant, regretté des hommes les plus diftingués, a publié: 1°. les *Principes mathématiques de Newton*; 2°. *Harmonia menfurarum, five Analyfis & Synthefis per rationem & angularum menfuras promota; accedunt alia opufcula mathematica*; 3°. *Defcription du grand Météore qui parut au mois de mars 17.6*. Il nous a laiffé des *Leçons de Phyfique expérimentale fur l'équilibre des liqueurs*, qui ont été traduites par Lemonnier le médecin.

COTO: mefure longitudinaire d'Efpagne = 6 doigts, = 3,853 pouces de France, = 104,25 millimètres; il faut 4 *coto* pour faire une coudée, & 66 pour faire une corde.

CO-VERSE, f. m. Partie du diamètre d'un cercle, laquelle refte après en avoir ôté le finus-verfe. *Voyez* SINUS-VERSE.

Dddd

Ainſi, la ligne IP, *fig. 676*, eſt le *co-verſe* de l'angle ACB ou de l'arc AB, dont PB eſt le ſinus-verſe.

COUCHANT; *occidens*; *abend punkt*; ſ. m. Endroit du ciel où le ſoleil paroît ſe coucher. Les aſtronomes le nomment *oc.iaent*, & les marins *oueſt*. La dénomination des marins, & le mot *couchant*; ſont les plus uſités dans le diſcours ordinaire. *Voyez* OCCIDENT, OUEST.

Quoique le vrai point du *couchant* change tous les jours, ſelon la ſituation du ſoleil, cependant on a pris pour point fixe du *couchant* celui où le ſoleil ſe couche aux équinoxes, & qui partage en deux parties égales le demi-cercle de l'horizon qui eſt entre le midi & le nord.

COUCHER; *procumbere*; *legen, mederlegen*; v. n. Étendre en long ſur la terre, dans une poſition ſenſiblement horizontale.

COUCHER; *occaſus*; *untergang*; ſ. m. Moment où le ſoleil, les planètes, les étoiles diſparoiſſent en s'abaiſſant au-deſſous de l'horizon.

COUCHER ACHRONIQUE, d'*αχρος*, *nuit*; occaſus achronychos; *untergang mit untergaₙg der ſonne*. Coucher d'une étoile, lorſque celle-ci ſe couche le ſoir au moment où ſe couche le ſoleil, de manière que c'eſt le moment du coucher du ſoleil qui règle le *coucher achronique* des étoiles.

Le *coucher achronique* des étoiles ſuit de douze à quinze jours ſon coucher héliaque. *Voyez* COUCHER HÉLIAQUE, ACHRONIQUE.

COUCHER COSMIQUE, de *χοσμιχος*, *monde* ou *ciel*; occaſus coſmicus; *untergang einer ſtern mit aufgang der ſonne*. Coucher d'une étoile, lorſque cet aſtre ſe couche le matin, en même temps que le ſoleil ſe lève; de ſorte que c'eſt le moment du lever du ſoleil qui règle le *coucher coſmique* d'une étoile. *Voyez* COSMIQUE.

COUCHER DES ASTRES; occaſus ſiderum; *untergang der geſterne*. L'inſtant où un aſtre eſt entièrement plongé au-deſſous de l'horizon.

Ainſi, le moment où l'on ceſſe d'apercevoir le ſoleil à l'horizon, eſt l'heure du *coucher*, il en eſt de même des planètes & des étoiles. On peut, par le moyen d'un globe, trouver l'heure du *coucher* d'un aſtre pour tous les jours de l'année. *Voyez* GLOBE.

Comme la réfraction élève les aſtres & nous les fait paroître plus hauts qu'ils ne le ſont réellement, le ſoleil, les étoiles & les planètes nous paroiſſent encore ſur l'horizon lorſqu'ils ſont réellement deſſous. La réfraction fait que les aſtres nous paroiſſent ſe *coucher* un peu plus tard qu'ils ne le font réellement, & au contraire s'élever plus tôt (*voy.* REFRACTIONS ASTRONOMIQUES): cette élévation apparente des aſtres au-deſſus de l'horizon, au moment où ils ſe *couchent*, eſt eſtimée de 32,5 minutes.

Selon la poſition du ſpectateur ſur la ſurface de la terre, il eſt des étoiles qui ne ſe *couchent* jamais, & d'autres qui ſont toujours *couchées*. Pour le ſpectateur placé à l'équateur, toutes les étoiles ſe lèvent & ſe *couchent*; pour celui qui eſt placé au pôle, une moitié de l'hémiſphère céleſte paroît conſtamment ſur l'horizon, tandis que l'autre moitié reſte toujours *couchée*. Placé entre l'équateur & les pôles, le ſpectateur diſtingue des étoiles qui ne ſe *couchent* jamais, d'autres qui ſe lèvent & ſe *couchent*; enfin, d'autres étoiles qui ne ſe lèvent jamais, & ne ſont, conſéquemment, jamais aperçues: le ſegment du ciel dans lequel les étoiles ne ſe *couchent* ou ne ſe lèvent pas, comprend, à partir de chacun des pôles, un nombre de degrés égal à celui de la latitude du ſpectateur.

COUCHER HÉLIAQUE; occaſus heliacus; *verſwinden in der ſonnenſtrolen*. Coucher d'une conſtellation ou d'une étoile, lorſque cette conſtellation ou cette étoile commence à paroître le ſoir, en ſe *couchant* aſſez long-temps après le ſoleil, pour que la lumière du crépuſcule ſe ſoit aſſez affoiblie pour permettre à la conſtellation ou à l'étoile de paroître. Il faut, pour cela, qu'au moment où l'étoile ſe *couche*, le ſoleil ſoit deſcendu ſous l'horizon d'une quantité ſuffiſante pour que la lumière du crépuſcule ne ſoit pas trop vive. *Voyez* CREPUSCULE.

Le *coucher héliaque* d'une étoile précède de douze ou quinze jours ſon *coucher achronique*. *Voy.* COUCHER ACHRONIQUE, HÉLIAQUE.

Comme les étoiles de première grandeur ſont plus brillantes que les autres, il s'enſuit qu'elles paroiſſent plus tôt, & que l'on peut diſtinguer leur *coucher* avant celui des autres. Aſſez généralement, le *coucher héliaque* des étoiles de première grandeur n'eſt viſible qu'autant que le ſoleil eſt abaiſſé de dix degrés au-deſſous de l'horizon.

COUDÉE; *cubitus*. Meſure en uſage chez les Anciens, & ſurtout chez les Hébreux; elle avoit pour longueur ordinaire le bras de l'homme, depuis le coude juſqu'au bout de la main.

La moyenne longueur de la *coudée* étoit d'un pied dix pouces de Roi; la plus petite n'avoit qu'un pied cinq pouces, & la plus grande, ou la *coudée* géométrique, étoit de deux pieds deux pouces de Roi. Le P. Merſenne fait la *coudée* hébraïque d'un pied quatre doigts trois lignes, par rapport au pied du Capitole. Héron fait la *coudée* géométrique de 24 doigts, & Vitruve fait le pied des deux tiers de la *coudée*, c'eſt-à-dire, de 16 doigts.

On ſe ſert encore en Eſpagne de la *coudée*; elle ſe diviſe en 6 palmes ou en 24 doigts; elle correſpond à 15,41 pouces de France, = 386,9 millimètres. 16¼ *coudées* font une corde.

COUIT : forte d'aune dont on fe fert à Moka, pour mefurer les toiles & les étoffes de foie ; elle porte 24 pouces de long.

COULACK : poids du Japon = 7 ⅔ cottes, = 8,5350 liv. poids de marc, = 4,1777 kilogrammes.

COULEURS ; colores ; *farben* ; f. f. Propriété de la lumière, par laquelle elle produit, felon les différentes configurations & vitefies de fes particules, des vibrations dans le nerf optique, qui, étant propagées jufqu'au *fenforium*, affectent l'ame de différentes fenfations. *Voyez* LUMIÈRE.

On peut encore définir la *couleur* une fenfation de l'ame, excitée par l'action de la lumière fur la rétine, & différente fuivant le degré de réfrangibilité de la lumière, & la vitefie ou la grandeur de fes parties.

A proprement parler, le mot *couleur* peut être envifagé de quatre manières : 1°. en tant qu'il défigne une difpofition & une affection particulière de la lumière, c'eft-à-dire, des corpufcules qui la conftituent ; 2°. en tant qu'il défigne une difpofition particulière des corps phyfiques à nous affecter de telle ou telle efpèce de lumière ; 3°. en tant qu'il défigne l'ébranlement produit dans l'organe par tels ou tels corpufcules lumineux ; 4°. enfin, en tant qu'il marque la fenfation particulière, qui eft le fait de cet ébranlement.

C'eft dans ce dernier fens que le mot *couleur* fe prend ordinairement, & il eft très-évident que le mot *couleur*, pris dans ce fens, ne défigne aucune propriété des corps, mais feulement une modification de notre ame : que la blancheur, par exemple, la rougeur, &c., n'exiftent que dans nous, & nullement dans les corps auxquels nous les rapportons ; néanmoins, par une habitude prife dès notre enfance, c'eft une chofe très fingulière, & digne de l'attention des métaphyficiens, que le penchant que nous avons à rapporter à une fubftance materielle & divifible, ce qui appartient réellement à une fubftance fpirituelle & fimple ; & rien n'eft peut-être plus extraordinaire, dans les opérations de notre ame, que de la voir transporter hors d'elle-même, & étendre, pour ainfi dire, fes fenfations fur une fubftance à laquelle elle ne peut appartenir.

Quoi qu'il en foit, nous n'envifagerons le mot *couleur* qu'autant qu'il défigne une fenfation de l'ame ; tout ce que l'on pourroit dire fur cet objet dépend des lois de l'union de l'ame & du corps qui nous font inconnues. Nous dirons feulement deux mots fur une queftion que plufieurs philofophes ont propofée, favoir, fi tous les hommes voient le même objet de la même *couleur* ? Il y a apparence que oui ; cependant il eft impoffible de démontrer que ce qui eft rouge pour l'un ne foit pas violet pour un autre. Au refte, il eft très vraifemblable que le même objet ne paroit pas à tous les hommes d'une *couleur* également vive, comme il

eft affez vraifemblable que le même objet ne paroit pas également grand à tous les hommes : cela vient de ce que nos organes, fans différer beaucoup entr'eux, ont néanmoins un certain degré de différence dans leur force & leur fenfibilité. Au refte, comme il n'y a rien d'abfolu dans la nature, que nous ne jugeons les chofes que par leur comparaifon avec d'autres qui leur font analogues, il fuffit, pour que les hommes puiffent s'entendre fur les *couleurs*, qu'ils diftinguent entr'elles les mêmes rapports ou des rapports très-rapprochés.

Il y a de grandes différences d'opinion fur les *couleurs* entre les Anciens & les Modernes, & même entre les différentes fectes de philofophes d'aujourd'hui. Plutarque nous a confervé quelques idées très-obfcures des Anciens fur les *couleurs*. Les pythagoriciens confidéroient les *couleurs* comme exiftantes à la fuperficie des corps, fortant enfuite pour fe porter fur l'œil, traverfer la prunelle & exciter dans l'œil le fentiment des *couleurs*. Empédocle fuppofe que l'œil eft tout de feu, & qu'il s'en échappe des matières qui nous font diftinguer les *couleurs*. Platon fuppofe qu'une flamme légère, ou plutôt un fluide délié, jailliffant de la furface des corps, & ayant quelques rapports avec l'organe de la vifion, donne aux *couleurs* l'exiftence. Epicure penfoit que les *couleurs* n'étoient rien de ce qui eft propre aux corps, mais qu'elles provenoient de certaines difpofitions de leur partie vers l'œil : cette explication étoit une conféquence de fon opinion fur les atomes, qu'il regardoit comme n'étant point colorés. Ariftote confidéroit la *couleur* comme une qualité réfidante dans les corps colorés, & independante de la lumière. Les péripatéticiens étoient divifés d'opinion fur les *couleurs* : les uns les regardoient comme une propriété effentielle des corps ; d'autres, comme une matière exfluente des corps ; d'autres, comme un mélange d'ombre & de lumière ; d'autres enfin, comme un principe falin ou métallique.

Defcartes & fes fectateurs, n'étant point fatisfaits des explications qui avoient été données fur la *couleur*, ont obfervé que, puifque les corps colorés n'étoient pas appliqués immédiatement à l'organe de la vue pour produire la fenfation de la *couleur*, & qu'aucun corps ne fauroit agir fur nos fens que par un contact immédiat, il falloit donc que les corps colorés ne contribuaffent à la fenfation de la *couleur* que par le moyen de quelque milieu, lequel, étant mis en mouvement par leur action, tranfmettoit cette action jufqu'à l'organe de la vue.

Ils ajoutent que les corps n'affectant point l'organe de la vue dans l'obfcurité, il faut que le fentiment de la *couleur* foit feulement occafionné par la lumière qui met l'organe en mouvement, & que les corps colorés ne doivent être confidérés que comme des corps qui réfléchiffent la lumière avec certaines modifications, la différence des *couleurs* venant de la différente texture des parties des corps qui les rend propres à donner telle ou telle modification de la lumière.

Boyle paroît être le premier qui ait fondé sur l'expérience son opinion sur les *couleurs* (1). Quoique ses tentatives ne l'aient pas conduit à un système complet, elles l'ont au moins conduit à des idées assez exactes pour le temps: Il ne regarde pas les *couleurs* comme des propriétés inhérentes aux corps; mais il croit qu'elles dépendent, en grande partie, de la situation des parties qui forment leur surface, & qu'elles consistent dans une modification de la lumière réfléchie de cette même surface; il cite un plus grand nombre d'exemples, & en particulier les *couleurs* de l'acier lorsqu'on l'expose à l'action de la *chaleur*, & les belles *couleurs* irisées qui se forment sur la surface du plomb fondu.

Il étoit réservé à Newton de nous donner une théorie complète des *couleurs*. D'après ce célèbre physicien, les *couleurs* résident dans toute la lumière; celle-ci est composée d'une immensité de molécules diversement colorées, lesquelles, lorsqu'elles sont toutes réunies, forment le blanc. (*Voyez* COULEUR DE LA LUMIÈRE.) Ce savant déduit de l'expérience, dans la seconde partie de son premier livre de l'Optique, que :

1°. Les phénomènes des *couleurs* de la lumière, rompues ou réfléchies, ne sont pas produits par de nouvelles modifications de la lumière, différemment agitées, selon que la lumière & l'ombre sont terminées différemment.

2°. Toute lumière homogène a sa *couleur* propre qui répond à ses degrés de réfrangibilité, & cette *couleur* ne peut être changée ni par réflexion ni par réfraction.

3°. La lumière contient des molécules dont les *couleurs* varient d'une infinité de manières, & dont les nuances vont graduellement du rouge à l'orangé, de l'orangé au jaune, du jaune au vert, du vert au bleu, du bleu à l'indigo, & de l'indigo au violet.

4°. Toutes ces molécules colorées peuvent être séparées les unes des autres par leurs différens degrés de réfrangibilité; les molécules rouges sont les moins réfrangibles, & les degrés de réfrangibilité augmentent successivement en passant à l'orangé, au jaune, au vert, au bleu, à l'indigo, au violet : les molécules de cette dernière *couleur* sont les plus réfrangibles.

5°. On peut, par voie de composition, faire des *couleurs* qui, à l'œil, seront semblables aux *couleurs* de la lumière homogène, mais non pas par rapport à l'immutabilité de la *couleur* & à la constitution réelle de la lumière. A mesure que ces *couleurs* sont plus composées, elles sont, à proportion, moins vives & moins foncées, &, par une composition trop forte, elles peuvent être affoiblies & détruites jusqu'à disparoître absolu-

(1) *Historia Colorum experimentalis incepta in opp. Boylii,* Genev., 1680, in-4°.

ment, le mélange devenant blanc ou gris. On peut aussi produire, par voie de composition, des *couleurs* qui ne soient point entièrement semblables à aucune des *couleurs* de lumière homogène.

6°. On peut, avec des *couleurs*, composer le blanc & toutes les *couleurs* grises entre le blanc & le noir, & la blancheur de la lumière du soleil est composée de toutes les *couleurs* primitives, mêlées dans une juste proportion.

7°. Dans un mélange de *couleurs* primitives, la quantité & la quotité de chaque *couleur* étant données, on peut facilement connoître la *couleur* du composé, & ici Newton indique comment on peut résoudre ce problème.

8°. Toutes les *couleurs* du monde, c'est-à dire, celles qui sont produites par la lumière & ne dépendent point du pouvoir de l'imagination, sont ou les *couleurs* des rayons homogènes, ou des composés de ces rayons, & cela est exactement, ou à peu de chose près, comme il l'a indiqué dans la solution du problème qui a pour objet de déterminer la *couleur* d'un composé de plusieurs molécules colorées.

9°. Par les propriétés de la lumière exposées ci-dessus, on rendra raison des *couleurs* de l'iris ou de l'arc-en-ciel.

D'après ces principes, Newton est parvenu à expliquer la formation de toutes les *couleurs* qui existent. *Voyez* COULEUR DE LA LUMIÈRE, COULEUR DES CORPS, &c.

Euler attribue la *couleur* à une vitesse de vibration des particules des corps, qui a lieu à leur surface. Afin de mettre à même d'apprécier l'opinion d'Euler, sur laquelle nous ne reviendrons plus, nous allons copier le développement qu'il donne de son opinion, dans sa vingt-huitième Lettre à une princesse d'Allemagne.

« Chaque *couleur* simple dépend d'un certain nombre de vibrations qui s'achèvent dans un certain temps; de sorte que ce nombre de vibrations rendues dans une seconde détermine la *couleur* rouge, un autre la *couleur* jaune, un autre la bleue, & un autre la violette, qui sont les *couleurs* simples que l'arc-en-ciel nous présente. Si donc les particules de la surface de quelques corps sont disposées de manière, qu'étant agitées, elles rendent, dans une seconde, autant de vibrations qu'il en faut pour produire, par exemple, la *couleur* rouge; je nomme ce corps rouge, comme les paysans, & je ne vois aucune raison de m'écarter de la manière de parler reçue; & les rayons qui font ce nombre de vibrations dans une seconde, pourront être nommés rayons rouges, avec le même droit; & enfin, quand le nerf optique est affecté par ces mêmes rayons, & qu'il en reçoit un nombre d'impulsions sensiblement égales dans une seconde, nous éprouvons la sensation de la *couleur* rouge.

» Le parallèle entre le son & la lumière est si parfait, qu'il se soutient même dans les plus petites circonstances. Quand j'alléguai le phénomène

d'une corde tendue, qui peut être mise en vibration par la seule résonnance de quelques sons,
V. A. se souviendra que celui qui donne l'unisson
de la corde dont il s'agit, est le plus propre à l'é-
branler, & que d'autres sons n'y produisent d'effet, qu'autant qu'ils sont avec elle une belle consonnance. Il en est exactement de même de la lumière & des *couleurs*, puisque les différentes *couleurs* répondent aux différens sons de la musique.
Pour faire voir ce phénomène, qui confirme parfaitement mon assertion, on prépare une chambre
obscure, on fait un petit trou dans un des volets,
devant lequel on place, à quelque distance, un
corps d'une certaine *couleur*, tel qu'un morceau
de drap rouge; en sorte que, lorsqu'il est bien
éclairé, ses rayons entrent par le trou dans la
chambre obscure. Ce seront donc des rayons
rouges qui entreront dans la chambre, l'entrée de
toute autre lumière étant défendue; & lorsqu'on
tient dans la chambre, vis-à-vis le trou, un
morceau de drap de la même *couleur*, il sera parfaitement éclairé, & sa *couleur* rouge paroîtra fort
brillante; mais si on y substitue un morceau de
drap vert, il demeurera obscur, on ne verra presque rien de sa *couleur*. Si l'on met hors de la
chambre, devant le trou, un morceau de drap
vert, celui de la chambre sera parfaitement
éclairé par les rayons du premier, & sa *couleur*
verte paroîtra très-vive. Il en est de même de
toutes les autres *couleurs*, & je crois que l'on ne
sauroit exiger une preuve plus éclatante de mon
système.

» Nous apprenons par-là que, pour éclairer un
corps d'une certaine *couleur*, il faut que les rayons
qui tombent sur lui aient la même *couleur*, ceux
d'une *couleur* différente n'étant pas capables d'agiter
les particules de ce corps. Cela se vérifie encore
par une experience fort connue. Lorsqu'on allume
de l'esprit-de-vin dans une chambre, la flamme
que produit cette combustion est bleue; & toutes
les personnes qui se trouvent dans cette chambre
paroissent fort pales, & leurs visages comme ceux
des mourans, quelque fardés qu'ils puissent être.
La raison en est évidente : les rayons bleus n'étant
pas capables d'exciter ou d'ébranler la *couleur*
rouge du visage, ce n'est qu'une *couleur* bleuâtre
& fort foible qu'on y voit; mais que, quelqu'un
ait un habit bleu, l'habit paroîtra très-brillant. Or,
les rayons du soleil, ceux d'une bougie ou d'une
chandelle ordinaire, éclairent tous les corps à
peu près également; d'où l'on conclut que les
rayons du soleil renferment toutes les *couleurs* à
la fois, quoiqu'ils paroissent jaunâtres. En effet,
lorsqu'on laisse entrer dans une chambre obscure
des rayons de toutes les *couleurs* simples, des
rouges, jaunes, verts, bleus, violets, en égale
quantité à peu près, & qu'on les rassemble, ils
représentent une *couleur* blanchâtre. On fait la
même expérience avec plusieurs poudres colorées
ainsi; & en les mêlant bien ensemble, il en résulte

une *couleur* blanchâtre. On conclut de-là que la
couleur blanchâtre n'est rien moins que simple,
mais qu'elle est plutôt un mélange de toutes les
couleurs simples; aussi voyons-nous que le blanc est
propre à recevoir toutes les *couleurs*.

» Quant au noir, ce n'est pas, à proprement
parler, une *couleur*. Tout corps est noir quand ses
particules sont telles, qu'elles ne sauroient recevoir aucun mouvement de vibration, ou qu'il ne
produit pas de rayons. Ainsi le défaut de rayons
fait naître la sensation de cette *couleur*; & plus il
se trouve de particules qui ne sont susceptibles
d'aucun mouvement de vibration sur la surface
d'un corps, plus il paroit obscur & noirâtre. »

Si nous ne nous étions pas imposé la loi de
présenter, sans objection, les différentes hypothèses sur les *couleurs* qui ont été imaginées à différentes époques, nous entreprendrions volontiers de discuter celles d'Euler, sur la production
des *couleurs* par la vibration des particules de la
surface des corps, & leur propagation dans un
milieu éthéré. Cependant nous ne croyons pas
devoir nous refuser à observer que plusieurs des
faits rapportés pour appuyer son opinion, sont
inexacts. Dans le nombre, nous choisirons les
quatre suivans :

1°. Il est vrai que la réflexion de la lumière de
quelques draps rouges ne permettoit pas de distinguer exactement la *couleur* verte de quelques
draps, & *vice versa*; mais toutes les *couleurs* rouges & vertes ne produisent pas le même effet. Il
est des *couleurs* rouges qui laissent apercevoir des
couleurs vertes, & des *couleurs* vertes qui laissent
apercevoir des *couleurs* rouges; de plus, les *couleurs* rouges & vertes réfléchies font distinguer
presque toutes les autres *couleurs*.

2°. Toutes les autres *couleurs*, telles que le
jaune, le bleu, le violet, soit qu'elles proviennent
des étoffes, soit qu'elles soient produites de
toute autre manière, laissent distinguer le rouge &
le vert, ainsi que les autres *couleurs*.

3°. Il se réfléchit de la surface de tous les corps,
outre la *couleur* propre des corps, une quantité
plus ou moins grande de *couleur* blanche, laquelle
sert à distinguer la forme du corps; d'où il suit
que, si la *couleur* des corps provient d'un certain
nombre de vibrations dans une seconde, & la *couleur* blanche de tous les nombres de vibrations
possibles, qu'il doit exister à la surface des corps,
non une vitesse unique de vibration, mais toutes
les vitesses de vibrations possibles.

4°. Dans l'analogie établie par Euler, entre la
vibration des cordes qui produit le son, & la vibration des particules de la surface des corps qui
produit la *couleur*; si, comme le suppose ce célèbre
géomètre, la vibration des particules de la surface
d'un corps qui produit une *couleur*, ne peut faire vibrer que les particules de la surface des corps qui sont
à son unisson, il devroit en résulter que la vibration
d'une corde qui produit un son, devroit ne faire vi-

brer que les cordes qui ont la même vitesse de vibration. Cependant tous les physiciens favent que, fi l'on place à côté les unes des autres des cordes qui rendent des fons différens, & que l'on faffe vibrer celle d'entr'elles qui rend le fon le plus grave, toutes les cordes dont le nombre de vibrations eft multiple de la corde vibrante, vibrent en même temps; & ils favent encore que ce nombre eft confidérable. Comment fe fait il, dans cette analogie, que la vibration du rouge & du vert ne faffe vibrer que les furfaces propres à produire du rouge & du vert?

Pour avoir une idée exacte des *couleurs*, on peut confulter tous les mots qui fuivent, & qui font précédés du mot COULEUR.

COULEURS ACCIDENTELLES; colores accidentales; *farben zuffallige. Couleurs* qui ne paroiffent jamais que quand l'organe eft forcé, ou lorfqu'il a été fortement ébranlé.

C'eft ainfi que Buffon, dans un Mémoire fort curieux, imprimé parmi ceux de l'Académie des Sciences de 1743, a nommé ces fortes de *couleurs*, pour les diftinguer des *couleurs naturelles*, qui dépendent uniquement de la proportion de la lumière, & qui font permanentes, du moins tant que les parties extérieures de l'objet demeurent les mêmes.

Perfonne, dit Buffon, n'a fait, avant Jurin, d'obfervations fur ce genre de *couleurs*; cependant elles tiennent aux *couleurs naturelles* par plufieurs rapports, & voici une fuite de faits affez finguliers qu'il expofe fur cet objet :

1°. Lorfqu'on regarde fixement & long-temps une tache ou une figure rouge, comme un petit carré rouge fur un fond blanc, on voit naitre, autour de la figure rouge, une efpèce de couronne d'un vert foible; & fi on porte l'œil en quelqu'autre endroit du fond blanc, en ceffant de regarder la figure rouge, on voit très-diftinctement un carré d'un vert tendre, tirant un peu fur le bleu.

2°. En regardant fixement & long-temps une tache jaune fur un fond blanc, on voit naitre, autour de la tache, une couronne d'un bleu pâle; & portant fon œil fur un autre endroit du fond blanc, on voit diftinctement une tache bleue, de la grandeur de la figure de la tache jaune.

3°. Si l'on regarde fixement & long temps une tache verte fur un fond blanc, on voit, autour de la tache verte, une couronne blanche légèrement pourprée; & en portant l'œil ailleurs, on voit une tache d'un pourpre-pâle.

4°. Une tache bleue, fur un fond blanc, regardée de même, fait apercevoir, autour de la tache bleue, une couronne blanchâtre, un peu teinte de rouge; & portant l'œil ailleurs, on voit une tache d'un rouge-pâle.

5°. Regardant de même, avec attention, une tache noire fur un fond blanc, on voit naitre, autour de la tache noire, une couronne d'un blanc vif; portant l'œil fur un autre endroit, on voit la figure de la tache exactement deffinée, & d'un blanc beaucoup plus vif que celui du fond.

6°. En regardant fixement & long-temps un carré d'un rouge vif fur un fond blanc, on voit d'abord naître la couronne d'un vert tendre, dont on a parlé; enfuite, en continuant de regarder fixement le carré rouge, on voit le milieu du carré fe décolorer, les côtés fe charger de *couleurs*, & former comme un cadre d'un rouge beaucoup plus fort & beaucoup plus foncé que le milieu; enfuite, en s'éloignant un peu, & continuant toujours à regarder fixement, on voit le cadre du rouge-foncé fe partager en deux dans les quatre côtés, & former une croix rouge auffi foncée : le carré rouge paroît alors comme une fenêtre traverfée dans fon milieu par une groffe croifée & quatre panneaux blancs; car le cadre de cette efpèce de fenêtre eft d'un rouge auffi fort que la croifée. Continuant toujours à regarder avec opiniâtreté, cette apparence change encore, & tout fe réduit à un rectangle d'un rouge fi foncé & fi vif, qu'il affecte entièrement les yeux. Ce rectangle eft de la même hauteur que le carré, mais il n'a pas la fixième partie de fa largeur. Ce point eft le dernier degré de fatigue que l'œil puiffe fupporter; & lorfqu'enfin on détourne l'œil de cet objet, pour le porter fur un autre endroit du fond blanc, on voit, au lieu d'un carré rouge réel, l'image d'un rectangle rouge imaginaire exactement deffiné, & d'une *couleur* verte brillante. Cette impreffion fubfifte fort long-temps, ne fe décolore que peu à peu, & refte dans l'œil même après qu'il eft fermé. Ce que l'on vient de dire du carré rouge, arrive auffi lorfqu'on regarde un carré jaune ou noir, ou de toute autre *couleur*: on voit de même la cadre jaune ou noir, la croix & le rectangle, & l'impreffion qui refte eft un rectangle bleu fi on a regardé du jaune, un rectangle blanc fi on a regardé du noir, &c.

7°. Perfonne n'ignore qu'après avoir regardé le foleil, on porte quelquefois très-long-temps l'image de cet aftre fur tous les objets. Ces images colorées du foleil font du même genre que celles que nous venons de décrire.

8°. Les ombres des corps qui, par leur effence, doivent être noires, puifqu'elles ne font que la privation de lumière, font toujours colorées au lever & au coucher du foleil. Voici les obfervations que Buffon dit avoir faites fur ce fujet: nous rapporterons fes propres paroles.

« Au mois de juillet 1743, comme j'étois occupé de mes *couleurs accidentelles*, & que je cherchois à voir le foleil, dont l'œil foutient mieux la lumière à fon coucher qu'à toute autre heure du jour, pour reconnoître enfuite les *couleurs* & les changemens de *couleur* caufés par cette impreffion, je remarquai que les ombres des arbres qui tomboient fur une muraille blanche étoient vertes : j'étois dans un lieu élevé, & le foleil fe couchoit dans une gorge de montagnes, en sorte qu'il me paroissoit fort abaissé au-dessous de mon horizon ; le ciel étoit serein, à l'exception du couchant, qui, quoiqu'exempt de nuages, étoit chargé d'un rideau transparent de vapeurs d'un rouge-jaunâtre ; le soleil lui même étoit fort rouge, & sa grandeur apparente au moins quadruple de ce qu'elle est à midi. Je vis donc très-distinctement les ombres des arbres qui étoient à vingt ou trente pieds de la muraille blanche, colorées d'un vert tendre, tirant un peu sur le bleu ; l'ombre du treillage, qui étoit à trois pieds de la muraille, étoit parfaitement-dessinée sur cette muraille, comme si on l'avoit nouvellement peinte en vert-de-gris : cette apparence dura près de cinq minutes, après quoi la *couleur* s'affoiblit avec la lumière du soleil, & ne disparut entièrement qu'avec les ombres. Le lendemain, au lever du soleil, j'allai regarder d'autres ombres sur une autre muraille blanche ; mais au lieu de les trouver vertes, comme je m'y attendois, je les trouvai bleues, ou plutôt de la *couleur* de l'indigo le plus vif : le ciel étoit serein, & il n'y avoit qu'un petit rideau de vapeur au levant ; le soleil se levoit sur une colline, en sorte qu'il me paroissoit élevé au-dessus de l'horizon ; les ombres bleues ne durèrent que trois minutes, après quoi elles me parurent noires. Le même jour, je revis, au coucher du soleil, les ombres vertes comme je les avois vues la veille. Six jours se passèrent ensuite sans pouvoir observer les ombres au coucher du soleil, parce qu'il étoit toujours couvert de nuages ; le septième jour, je vis le soleil à son coucher, les ombres n'étoient plus vertes, mais d'un beau bleu d'azur ; je remarquai que les vapeurs n'étoient pas fort abondantes, & que le soleil ayant avancé pendant sept jours, se couchoit derrière une roche qui le faisoit disparoître avant qu'il pût s'abaisser au-dessous de l'horizon. Depuis ce temps, j'ai très-souvent observé les ombres, soit au lever, soit au coucher du soleil, & je ne les ai vues que bleues, quelquefois d'un bleu-vif, d'autres fois d'un bleu-pâle, d'un bleu-foncé, mais constamment bleues & toujours bleues. »

Il y avoit plus de 250 ans que la même observation avoit été faite par Léonard de Vinci, savant & habile peintre italien, qui est mort à Fontainebleau entre les bras de François Ier. Il a consigné cette observation dans son ouvrage intitulé *Traité de la Peinture*. On lit au titre de son 328e chapitre : *Pourquoi, sur la fin du jour, les ombres des corps, produites sur un mur blanc, sont de couleur bleue* ; & il explique ce phénomène par des raisons qui paroissent très-plausibles. Voici ses propres paroles.

« Les ombres des corps, dit-il, qui viennent de la rougeur du soleil qui se couche, & qui approche de l'horizon, seront toujours azurées ; cela arrive ainsi, parce que la superficie de tout corps opaque tient de la *couleur* du corps qui

l'éclaire : donc la blancheur de la muraille étant tout-à-fait privée de *couleur*, elle prend la teinte de son objet, c'est-à-dire, du soleil ; & parce que le soleil, vers le soir, est d'un coloris rougeâtre, que le ciel paroît d'azur, & que les lieux où se trouve l'ombre ne sont point vus du soleil (puisqu'aucun corps lumineux n'a jamais vu l'ombre du corps qu'il éclaire) comme les endroits de cette muraille, où le soleil ne donne point, sont vus du ciel, l'ombre dérivée du soleil, qui fera sa projection sur la muraille blanche, sera de couleur d'azur ; & le champ de cette ombre étant éclairé du soleil, dont la *couleur* est rougeâtre, participera à cette *couleur* rougeâtre. »

C'est-à-dire, que la muraille blanche se teint sensiblement de la lumière azurée du ciel, & que cette *couleur* ne paroît qu'à l'endroit de l'ombre, parce qu'ailleurs elle est illuminée par une lumière plus forte, qui empêche le bleu de paroître. Il suffit pour cela que l'ombre soit foible, & c'est une condition sur laquelle on peut compter, quand le soleil n'est pas fort-élevé sur l'horizon.

Les phénomènes que présentent les *couleurs accidentelles* ou imaginaires sont, à bien des égards, très-remarquables, & ils paroissent demander en particulier l'attention des astronomes, parce qu'ils fournissent des explications naturelles & faciles d'un grand nombre d'observations illusoires, qui ont fréquemment embarrassé les observateurs dans les éclipses, dans les occultations d'étoiles par la lune, dans les passages de Vénus devant le disque du soleil, & peut-être dans beaucoup d'autres occasions. Cependant ils sont presqu'ignorés, tant des physiciens que des astronomes, & on connoît encore moins généralement les nouvelles expériences qu'a faites, après Buffon, le Père Scheffer, jésuite & professeur de physique à Sienne en Autriche, & les conjectures plausibles que cet habile jésuite a exposées sur la nature & les causes des *couleurs accidentelles*, dans un écrit allemand imprimé en 1765.

Comme ce sont les expériences de Buffon qui ont occasionné celles du P. Scheffer, c'est aussi pour les rapporter, & pour en attester la conformité avec les siennes dans les points principaux, que ce dernier entre en matière. Buffon décrit deux suites d'expériences que nous avons déjà fait connoître ; nous n'en ferons ici qu'une courte récapitulation, d'abord de la première.

Si l'on regarde fixement & long-temps une tache ou une figure rouge sur un fond blanc, on voit paroître autour de la tache rouge une espèce de couronne d'un vert foible ; en cessant de regarder la tache rouge, si l'on porte l'œil sur le papier blanc, on voit très-distinctement une figure semblable, d'un vert-tendre tirant sur le bleu : cette apparence subsiste plus ou moins long-temps, selon que l'impression de la *couleur* rouge a été plus ou moins forte. La grandeur de la figure verte, imaginaire, est la même que celle de la figure rouge, & ce vert ne s'évanouit qu'après que l'œil s'eſt raſſuré, & s'eſt porté ſucceſſivement ſur pluſieurs autres objets dont les images détruiſent l'impreſſion trop forte cauſée par le rouge. Buffon a remarqué, comme nous l'avons dit, des apparences ſemblables, en mettant à la même épreuve les autres *couleurs* primitives ; & voilà le tableau des réſultats de cette ſuite d'expériences :

Le rouge naturel produit le vert accidentel.
Le jaune . . . . le bleu.
Le vert . . . . le pourpre.
Le bleu . . . . le rouge.
Le noir . . . . : le blanc.
Le blanc . . . . le noir.

On ſuppoſe, dans la dernière expérience, qu'on a conſidéré la figure blanche ſur un fond noir, & qu'on a porté l'œil ſur un autre endroit du fond noir. Le P. Scherffer trouve qu'on fait ces expériences, en général, avec plus de ſuccès, en conſidérant les *couleurs* naturelles ſur un fond noir. Outre qu'on ménage par-là ſa vue, il a obſervé que les *couleurs accidentelles*, que Buffon a toujours vues très-pâles, étoient alors bien marquées, lorſqu'on transportoit l'œil du fond noir ſur le blanc.

L'explication de cette ſuite d'expériences exige quelques obſervations préliminaires que nous allons indiquer, ſans entrer cependant dans le détail des raiſonnemens qui leur ſervent de preuves, d'autant qu'elles ſont fondées principalement ſur l'expérience & ſur la doctrine très-connue de Newton ſur les *couleurs*.

1°. La *couleur* blanche conſiſte en un mélange de toutes les *couleurs* des rayons de lumière, tel que toutes, pour ainſi dire, ſont en équilibre, & qu'aucune ne prévaut ſur l'autre ; de ſorte qu'en vertu de ce tempérament, l'impreſſion que chaque eſpèce de rayon fait ſur l'œil, correſpond aux autres, de façon que la lumière étant réfléchie d'un corps blanc, il n'eſt aucune de ces eſpèces qui faſſe plus de ſenſation que les autres.

2°. Dans les corps colorés, l'arrangement des particules infiniment petites, qui agiſſent ſur la lumière, eſt tel que l'eſpèce de rayon qui donne ſon nom à la *couleur* du corps eſt réfléchie plus abondamment vers l'œil que ne le ſont les autres eſpèces, & quel, par-là, l'impreſſion que font les rayons des autres *couleurs* devient, en quelque façon, inſenſible en comparaiſon de celle-là.

3°. Si l'un de nos ſens éprouve deux impreſſions, dont l'une eſt vive & forte, mais dont l'autre eſt foible, nous ne ſentons point celle-ci : cela doit avoir lieu principalement quand elles ſont toutes deux d'une même eſpèce, ou quand une autre action, ſortie d'un objet ſur quelques ſens, eſt ſuivie d'une autre de même nature, mais beaucoup moins violente ; que cela vienne, ou de ce que l'organe de ce ſens eſt fatigué, &,

en quelque manière relâché, & qu'il lui faut un certain temps pour ſe remettre en état de tranſmettre aux nerfs des impreſſions, même foibles ; ou bien de ce que ce mouvement & l'ébranlement violent des moindres parties de cet organe ne ceſſent pas auſſitôt avec l'action même de l'objet extérieur.

Cette troiſième remarque préliminaire ſuffit ſeule pour expliquer les phénomènes que préſentent les taches blanches & noires. Si l'on regarde fixement, pendant quelque temps, un carré blanc ſur un fond noir, la partie du fond de l'œil, ſur laquelle ſe peint la figure blanche, ſera, pour ainſi dire, fatiguée de l'abondante réflexion des rayons, tandis que le reſte de la rétine ſouffre très-peu de la foible lumière que renvoie la ſurface noire. Qu'on ceſſe enſuite de regarder le carré blanc, & qu'on jette l'œil à côté, ſur quelqu'autre endroit du fond noir, l'impreſſion de la lumière, envoyée de cet endroit, agira avec beaucoup moins de force ſur la partie qui avoit été occupée par la figure blanche, & dans laquelle les moindres nerfs ſont affoiblis, qu'elle n'agira ſur le reſte de l'œil, mais éprouvera, par conſéquent, un plus haut degré de ſenſation. C'eſt cette inégalité qui fait que nous trouvons la tache, que nous croyons voir, beaucoup plus noire que le fond ſur lequel nos yeux ſont fixés, & que, tant ſa grandeur que ſa configuration, nous paroiſſent les mêmes que précédemment, pourvu que l'endroit où nous la voyons ſoit à la même diſtance de l'œil qu'étoit la figure blanche. Cette tache nous paroîtra bien plus noire encore & plus nette, ſi, après avoir conſidéré la figure blanche, nous jetons l'œil, non ſur une ſurface noire, mais ſur un fond blanc ; la lumière la plus forte de ce fond frappera d'autant plus vivement les fibres qui ſont encore fraîches, & la ſenſation de celles qui ſont fatiguées en deviendra d'autant moins ſenſible.

On remarque, au contraire, ſur un fond blanc, ou même noir, une tache bien claire & plus luiſante, après avoir conſidéré fixement une figure noire ſur une ſurface blanche ; car, dans ce cas, la forte réflexion de cette ſurface affecte l'œil vivement, & il n'y en a que la partie qui a reçu l'image de la figure noire, qui ne s'affoiblit pas : cette partie eſt donc la ſeule qui ſoit en état de reſſentir enſuite vivement la blancheur du papier, tandis que l'impreſſion que les autres parties reçoivent eſt inſenſible. Que ſi l'on jette l'œil ſur un fond noir, il arrivera de même que les parties qui ne ſont point affoiblies, ſeront affectées davantage ; & l'effet de cette lumière, quelque foible qu'elle ſoit, ne laiſſera pas d'être une ſenſation plus forte que celle qu'éprouve la partie affoiblie.

Le docteur Jurin qui, le premier, a parlé (à la fin de ſon Traité *De la Viſion diſtincte & indiſtincte*, jointe à l'*Optique* de Smith) des illuſions que cauſent les taches blanches & noires qu'on regarde attentivement pendant quelque temps,

n'avoit

n'avoit plus qu'un pas à faire pour en donner la même explication; il ne falloit que rédiger ses idées & ses raisonnemens sur les différentes dispositions de l'œil, quand il éprouve les mêmes sensations dans des circonstances différentes; & c'est ce que le P. Scheffer a fait.

On peut assigner encore une autre raison à la conclusion, que le phénomène de la figure imaginaire dépend d'une certaine durée de l'impression que la figure vraie fait sur l'œil, & qui le dispose à une plus ou moins grande faculté de ressentir l'action d'un nouvel objet : cette raison est, que si la surface blanche, sur laquelle nous jetons l'œil, en est plus éloignée que la figure véritable, nous trouvons l'accidentelle plus grande que celle-là; car, si deux objets peignent sur la rétine des images égales en grandeur, c'est celui de ces deux objets qui est le plus éloigné, qui nous paroît le plus grand; or, comme l'impression de la figure véritable occupe dans l'œil le même espace sur lequel cette figure avoit agi d'abord, & que nous croyons voir son image sur la surface même où les axes visuels se croisent, il s'ensuit que cette figure nous paroîtra nécessairement plus grande, si la surface sur laquelle nous la voyons est plus éloignée.

Mais passons aux *couleurs accidentelles* que produisent les corps colorés. Pour les expliquer, il faut principalement se rappeler, en quatrième lieu, ce que contient la VIe. proposition de la IIe. partie du premier livre de l'*Optique* de Newton, au sujet des règles, pour connoître, dans un mélange de *couleurs* primitives, la *couleur* du composé, lorsque la quantité & la qualité de chaque *couleur* sont données; mais en faisant attention, cependant, de ne pas donner exactement aux arcs du cercle que décrit Newton, les proportions des sept tons de la musique, ou des intervalles des huit tons contenus dans l'octave. Il vaut mieux, d'après une remarque du P. Benvenuti, dans sa *Dissertation sur la lumière,* donner au rouge un huitième ou un arc de 45 degrés; à l'orangé $\frac{3}{16}$, ou 27 degrés; au jaune $\frac{1}{5}$, ou 48 degrés; au vert $\frac{1}{3}$, ou 60 degrés; au bleu $\frac{1}{6}$, ou 60 degrés; à l'indigo $\frac{1}{9}$, ou 40 degrés; au violet $\frac{2}{9}$, ou 80 degrés.

Au reste, il est fort difficile d'assigner exactement l'espace que chaque *couleur* doit contenir, 1°. parce que cet espace varie dans le spectre solaire, selon la nature de la substance dont le prisme est composé; 2°. que les nuances d'une *couleur* à une autre sont tellement imperceptibles, qu'il est difficile d'assurer le point exact de la *couleur* franche qu'on veut indiquer. *Voyez* SPECTRE SOLAIRE, COULEUR BLANCHE, CERCLE COLORÉ DE NEWTON.

Cela posé, qu'on commence, par exemple, par chercher le mélange de toutes les *couleurs* prismatiques, excepté la verte : il s'agit donc de déterminer le centre de gravité commun des arcs de cercle, qui représentent les *couleurs* qui entrent

dans le mélange; il n'est pas nécessaire, pour cela, de suivre tout le procédé prescrit en mécanique; il est clair, en premier lieu, que ce centre tombera fort près du centre du cercle, & que, par conséquent, la *couleur* résultante approchera du blanc, & sera très-pâle; de plus, ce centre de gravité se trouvera sur la ligne qui passe par le centre du cercle, en partant du milieu de l'arc omis; & comme cette ligne va tomber sur l'arc violet, & seulement à dix degrés de distance du rouge, il s'ensuit que la *couleur* composée, ou résultante, sera un violet très-pâle, & tirant beaucoup sur le rouge. Or, n'est-ce pas là précisément ce pourpre foible, semblable à la *couleur* d'une améthyste pâle, que Buffon a vu succéder à la contemplation d'une tache verte sur un fond blanc? En effet, l'œil fatigué par une longue attention à la *couleur* verte, & jeté ensuite sur la surface blanche, n'est pas en état de ressentir vivement une impression moins forte des rayons verts. Ainsi quoique toutes les modifications de la lumière soient réfléchies sur une surface blanche, comme cependant les vertes sont en beaucoup moins grande quantité, en comparaison de celles qui frappent l'œil en venant de la tache verte, il arrivera que, si on fixe l'œil sur le papier blanc, les parties qui, auparavant, avoient senti une plus forte impression de la lumière verte que les autres, ne pourront pas éprouver à présent tout l'effet de cette lumière, mais qu'elles auront la sensation d'une *couleur* mêlée des autres rayons, laquelle ressemblera, comme on vient de le conclure, à une *couleur* purpurine pâle.

Buffon a trouvé que la *couleur accidentelle* d'une figure bleue, considérée sur un fond blanc, étoit rougeâtre & pâle; ce phénomène s'explique de la même manière; mais il faudra donner encore plus d'étendue à l'hypothèse, que l'œil, après une forte sensation de quelques *couleurs*, est hors d'état de ressentir une impression moins forte des rayons de la même espèce. On accordera sans peine, que l'œil, alors, ne sera pas en état de distinguer avec précision les rayons qui ont une affinité avec ceux-là, & qui déjà, naturellement, sont encore plus foibles on remarquera que l'indigo n'étant qu'un bleu-foncé, l'impression de cette *couleur* n'est pas suffisante pour faire sensation sur un œil qui s'est déjà fatigué en regardant un bleu-clair; enfin, on en conclura que, pour déterminer d'avance la *couleur accidentelle* en question, il suffira de chercher la *couleur* qui résulte du mélange du rouge, de l'orangé, du jaune, du vert & du violet, en faisant abstraction du bleu & de l'indigo.

Ce qu'on vient d'observer sur l'affinité qui a lieu entre l'indigo & le bleu clair, s'entend au si du rouge & du violet-clair, principalement quand on destine à l'expérience un rouge un peu foncé & approchant du pourpre. En partant de-là, & en cherchant le centre de gravité commun des arcs

des autres *couleurs*, on trouve que la *couleur accidentelle* du rouge doit être un vert tirant un peu,
fur le bleu, ce qui est affez conforme à l'expérience de Buffon. Il est à remarquer que la *couleur* résultante approche encore davantage du
bleu, fi on tient compte d'une partie de l'arc
violet; & au reste, il ne faut pas, en général,
s'arrêter à de légères différences, parce que Buffon,
d ns fon Mémoire, n'indique jamais les *couleurs*
que par les noms généraux de *bleu*, de *rouge*, &c,
& qu'il ne défigne pas les nuances.

Une nouvelle confidération qui doit empêcher
de s'arrêter à de légères différences, c'eft que,
1°. on fuppofe ici que les *couleurs* que l'on obferve
font des *couleurs* fimples, tandis que le plus fouvent ce font des *couleurs* compofées, & que, felon
la nature de leur compofition, le centre de gravité
de l'arc ou des arcs reftans aura une pofition différente; 2°. que la divifion du cercle pour la
diftribution des *couleurs* ne peut & ne doit pas
être regardée comme étant parfaitement exacte:
de-là réfulte la difficulté de conclure la pofition
du centre de gravité & de la *couleur* qui y correfpond. *Voyez* COULEUR DES CORPS.

La méthode du P. Scheffer fait voir qu'en
omettant le jaune, la *couleur* mêlée tombe fur l'indigo, foit près du violet, duquel elle fera cependant plus éloignée, fi on omet auffi l'orangé; ce qui
explique pourquoi une touche jaune, fixée pendant quelque temps, fe peint en bleu fur une furface blanche; enfin, on fe convaincra encore de
plus en plus de la juftefle de cette méthode, en
faifant fervir, aux expériences, les *couleurs* primitives avec le fecours du prifme.

On peut tirer des principes de notre auteur plufieurs autres conféquences qui, fi elles font d'accord avec l'expérience, garantifent la folidité de
ces principes : nous en citerons quelques-uns que
le P. Scheffer a mis à l'épreuve.

La *couleur accidentelle* d'une tache rouge, confidérée fur un fond noir ou blanc, doit être obfcure ou ombrée, fi on jette l'œil fur une furface
rouge, de même qu'on ne voit fur un fond blanc
que l'ombre d'une tache blanche qu'on a confidérée auparavant fur un fond noir.

Si la furface fur laquelle on confidère un carré
rouge eft elle-même coloriée, par exemple, fi
elle eft jaune, un papier blanc, fur lequel on jette
l'œil; car, en général, on doit apercevoir, non-
feulement la *couleur* apparente de la figure, mais
auffi celle du fond.

Si; dans le temps qu'on confidère la figure coloriée, on change la fituation de l'œil, de manière
que l'image vienne à occuper une autre place fur
la rétine, on verra la figure double, ou du moins
diffemblable à la vraie.

La figure apparente prendra, fur le papier blanc,
un bord pâle, lorfque, dans le temps qu'on regarde
la tache coloriée, on en approche un peu

l'œil fans que l'image change de place fur la rétine.

On verra une figure verte fur un fond jaunâtre,
après avoir confidéré une figure rouge fur le papier
bleu.

Pareillement, fi le fond a été jaune & la tache
bleue, on verra une tache jaune fur un champ
bleu, &c.

Au fujet de l'explication de la feconde fuite
d'expériences de Buffon, le P. Scheffer laiffe peu
à defirer; il avoue d'abord naturellement qu'il n'a
pu voir ni croifée de fenêtre, ni panneaux blancs,
ni un rétréciffement confidérable de la figure, &
il s'arrête à l'idée que Buffon aura fatigué fes yeux
au point de n'être plus en etat de les tenir tran-
quilles, pour que les axes vifuels fe rencontraffent
fur le carré; car, dit-il, fi ces axes fe coupent au-
deçà ou au-delà de l'objet, on verra néceffairement double, comme il arrive ordinairement dans
de pareils cas : or, il fe peut très-bien que les
figures qui fe font préfentées aient été fi proches
l'une de l'autre, qu'elles n'ont fait qu'une feule furface, & que fi, avec cela, la longue fatigue a
fait changer à l'image fa place dans l'œil, il en foit
réfulté quatre images peintes enfemble, & répré-
fentant quatre panneaux de fenêtres avec leurs
croifées.

Nous devons le dire, les yeux font fouvent
très-différens les uns des autres, & cette différence peut être telle, que les yeux fatigués d'une
perfonne puifent voir ce que les yeux fatigués
d'une autre n'apperçoivent pas; il y a plus, c'eft
que le criftallin fe déforme tellement dans les yeux
d'un même individu, qu'il voit à une époque des
objets fous des formes différentes de celles où il
les voit à une autre époque. Nous connoiffons telle
perfonne qui a vu, à quarante ans, le rayonnement
des étoiles fous des formes très-différentes de
celles où il l'a vu à foixante ans. (*Voyez* ŒIL, Vi-
SION.) Il paroît donc extrêmement difficile d'affigner la vraie caufe de la perception des quatre panneaux de la croifée, diftinguée par Buffon après
avoir fixé pendant long-temps un carré rouge.

Paffant à ce qu'il y a d'ailleurs de remarquable
dans ces expériences, le P Scheffer diftingue trois
obfervations en particulier; la première eft que
Buffon a vu les bords du carré rouge changer
de *couleur* : notre auteur obferve fur cela, qu'en
général, le bord d'une figure qu'on confidère
plus long-temps qu'il ne feroit néceffaire pour la
voir repréfenter fur un fond blanc, fe teint de
la *couleur accidentelle* du fond fur lequel la figure
repofe. L'expérience lui a appris que l'on voit les
bords du carré blanc devenir jaunes, fi le carré
repofe fur un fond bleu, vert s'il eft fur un fond
rouge, rougeâtre fur un fond vert, & ainfi de
fuite : cela pofé, comme les *couleurs accidentelles*,
quand elles tombent fur de réelles, font très-
foibles en comparaifon de celles-ci, & qu'outre
cela elles font luifantes, elles ne font ordinairement d'autre effet que de renforcer un peu la

couleur véritable du bord, & de lui donner plus d'éclat; mais l'ombre étant la *couleur accidentelle* du-blanc, on doit voir les bords de la figure se rembrunir quand on la confidère fur du papier blanc. Le P. Scherffer explique, au refte, ces phénomènes par des contractions & des extenfions alternatives de l'image qui fe forme fur la rétine, lorfqu'on la fixe pendant long-temps, & cette conjecture paroît d'autant plus fondée, que le bord dont il s'agit, eft tantôt plus large & tantôt plus étroit, & qu'il difparoît fouvent.

La feconde circonftance que notre auteur indique, c'eft que, fuivant Buffon, la *couleur* du carré devient plus foible dans l'intérieur de ces bords plus colorés; il affure que, de fon côté, il a feulement pu voir, au commencement, la *couleur* de la figure devenir un peu plus fombre vers le milieu, & la figure paroître enfuite indiftincte, &, pour ainfi dire, nébuleufe quand il la confidéroit fur une furface blanche. « Je n'ai jamais, ajoute-t-il, pu remarquer une véritable blancheur fur les figures colorées; mais quand je regardois des tâches blanches fur un papier coloré, elles paroiffoient légèrement teintes de la *couleur* du fond, en dedans de leur périphérie : je ne vou'rois cependant pas garantir que cela ait toujours lieu. »

Cette obfervation, que le P. Scherffer n'ofe garantir avoir toujours lieu, eft contredite par des expériences bien faites par C. A. Prieur, defquelles il réfulte que les bords intérieurs de la tache blanche ont une *couleur complémentaire* de la *couleur* du fond fur lequel elle fe trouve.

Une troifième obfervation, fur laquelle le Père Scherffer infifte, c'eft que toutes les fois qu'on a confidéré les taches coloriées plus long-temps que de coutume, leurs *couleurs accidentelles* fe voient, non-feulement fur un fond blanc, mais auffi quand, en fermant les yeux & en regardant rien abfolument; il trouve ce phénomène difficile à expliquer, & il entre, à ce fujet, dans des détails trop longs pour trouver place ici, d'autant qu'au fond, ce ne font que des conjectures. Le P. Scherffer infifte beaucoup fur ce que l'œil eft d'une nature à demander d'être rafraîchi après de fortes impreffions de lumière, non-feulement par le repos, mais auffi par la diverfité des *couleurs*, & que le dégoût que nous reffentons en regardant long-temps la même *couleur* ne dérive pas tant de notre inconftance naturelle que de la conftitution même de l'œil. Ces mêmes conjectures, cependant, combinées avec d'autres, & fpécialement avec les principes que nous avons expofés, rendent affez plaufibles les explications que notre auteur donne des faits & des expériences que nous allons fimplement indiquer. « 1°. En confidérant, dit il, pendant quelque temps un carré blanc fur du papier jaune, je vis le carré d'un jaune-foncé, mais en jetant enfuite les yeux fur du papier blanc, ce papier me parut bleu avec

un carré d'un jaune fombre, reffemblant à un petit nuage qui obfcurciffoit le papier. »

De même, une tache blanche, vue fur un fond rouge, en produit une plus foncée à côté, & l'on voit enfuite, fur une muraille blanche, une tache d'un rouge-foncé dans un champ vert.

Les expériences de Buffon, Beguelin, Æpinus, & du P. Scherffer, ne laiffent aucun doute que l'ombre d'un corps fur lequel tombe la lumière du jour, ne foit bleue; auffi le jaune eft-il fa *couleur accidentelle*. Notre auteur a fait fur cette ombre les expériences fuivantes:

2°. En confidérant l'ombre du jour pendant long-temps, à la lueur d'une lampe, le papier blanc lui montra une figure femblable, toute de *couleur* orangée.

3°. De la même manière, cette ombre jaune étant éclairée par la feule lumière d'une lampe devenoit violette.

4°. En laiffant tomber, un autre foir, l'ombre bleue fur un papier jaune, le mélange donna un beau vert clair; comme auffi, lorfque le P. Scherffer reçut l'ombre jaune fur un papier bleu, la *couleur accidentelle* de l'un & de l'autre fut le pourpre, qui eft celle de toutes les *couleurs* vertes.

Il faut remarquer, par rapport à ces dernières expériences, que la lumière que répand une chandelle ou une lampe allumée eft jaune, & qu'ainfi les expériences qu'on fait à la lueur d'une telle lumière doivent différer de celles qui fe feroient à la lumière du jour; nous pourrions en citer, d'après le P. Scherffer, plufieurs exemples, qui ont trait à cette confidération. Pareillement, fi c'eft la lumière du foleil qui tombe fur les figures deftinées aux expériences, les *couleurs accidentelles* en fouffrent quelqu'altération, parce que les rayons jaunes prédominent auffi un peu dans cette lumière.

Ceux qui feroient curieux de s'occuper de *couleurs accidentelles*, pourront vérifier auffi les expériences que le P. Scherffer a faites avec la lumière d'une chandelle, confidérée de jour & de nuit, avec la flamme de l'efprit-de vin, avec des charbons ardens & du fer rougi au feu, avec des nuages éclairés par le foleil, reçus fur des feuilles de papier de diverfes *couleurs*, par le foyer d'une lentille.

Nous ne nous arrêterons pas à ces expériences, afin de rapporter les fuivantes, que nous regardons comme plus intéreffantes, & que le Père Scherffer a faites à l'occafion d'une conjecture qu'il formoit, que chaque efpèce de rayon agit fur telle partie de l'œil dont les forces ont avec elle un rapport plus immédiat.

« Je voulus éprouver, dit il, fi les *couleurs accidentelles* fe mêlent de la même manière que les vraies : je mis, dans ce deffein, fur un papier noir, deux petits carrés, exactement placés l'un à côté de l'autre; le carré à gauche étoit jaune, l'autre rouge. Je tournai les axes vifuels d'abord fur le centre du jaune, & le confidérai pendant quelque temps : après cela, je portai les yeux, fans remuer la tête, fur le centre du rouge, & le fixai pendant le même efpace de temps; je jetai la vue enfuite de nouveau fur le milieu du carré jaune, & de-là fur le rouge. Je fis cela à trois ou quatre reprifes, & me tournai enfuite vers une muraille blanche, où je vis trois carrés qui fe touchoient, comme ceux qui repofoient fur le fond noir. Le carré du côté gauche étoit violet, celui du milieu, un mélange de vert & de bleu, & le carré de droite parut vert clair, parce que la *couleur* rouge du vert véritable tiroit fur le pourpre.

» Je confidérai, de la même façon, alternativement deux carrés, l'un jaune & l'autre vert, & je vis fur la muraille, à gauche, un carré bleu-foncé, au milieu un carré de *couleur* violette, mêlé de beaucoup de rouge, & à droite un carré d'un rouge-pâle.

» Deux carrés, l'un vert & l'autre bleu, produifoient, du côté gauche, un carré rougeâtre; à droite, un jaune; au milieu, de l'orangé.

» Enfin, la figure apparente d'un carré rouge & d'un vert fe trouva verte & rouge, fans que je puiffe diftinguer au milieu aucune chofe qu'une ombre obfcure de même grandeur que ces carrés.

» Je continuai à mettre trois petits carrés à côté l'un de l'autre : un vert à gauche, un jaune au milieu, un rouge à droite ; je les confidérai l'un après l'autre fans remuer la tête, fuivant l'ordre que je viens de defigner, & en commençant par le rouge. Après que je les eus contemplés à plufieurs reprifes, je vis cinq carrés fur la muraille blanche ; le premier, à gauche, étoit rougeâtre; le fecond d'un pourpre-foncé, le troifième d'un bleu encore plus obfcur; la *couleur* du quatrième étoit un mélange plus clair de vert & de bleu; celle du cinquième étoit un vert clair.

» Je changeai l'expérience, en fubftituant un carré bleu au vert, & je vis alors, à gauche, d'abord un carré d'un jaune-pâle; à côté de celui-ci en étoit un bleu qui tenoit du vert, au milieu, étoit un carré d'un vert très foncé ; puis venoit un melange de vert & de bleu, le dernier enfin étoit d'un vert-clair. »

Il fuffit d'avoir faifi les principes du P. Scherffer, & d'avoir des notions ordinaires fur le mélange des *couleurs*, pour tirer de ces expériences les conclufions, que le mélange des *couleurs accidentelles* fe fait de la même manière que le mélange des *couleurs* véritables. Elles donnèrent lieu auffi au P. Scherffer de faire plufieurs remarques qui répandent du jour fur cette partie de l'optique, mais qui font trop liées entr'elles pour que nous puiffions nous y arrêter. Au refte, fi l'on confidère, de la manière qu'on vient de le voir, un plus grand nombre de carrés rangés fur une ligne, leur nombre devient trop grand fur la muraille, & les *couleurs accidentelles* deviennent trop foibles, pour qu'on puiffe bien diftinguer celles-ci.

On trouvera auffi, dans la brochure du P. Scherffer, des remarques fur quelques phénomènes obfervés par des favans célèbres, mais mal expliqués, ou laiffés fans explication, faute d'avoir connu la theorie des *couleurs accidentelles*. Enfin, notre auteur fait voir que ces *couleurs* peuvent fervir à des récréations d'optique, dans le goût de celles qu'on fait avec des cônes & des cylindres de métal. Il a peint des fleurs & n ême des figures humaines en *couleurs* renverfées, c'eft-à-dire, avec des *couleurs accidentelles*, de celles qu'il vouloit que fes figures euffent, pour être repréfentées enfuite au naturel fur un fond blanc; & ces expériences l'ont beaucoup amufé, ainfi que ceux qui les ont faites avec lui. Il faut feulement, pour y réuffir, avoir un peu d'habitude, & tenir l'œil fixé à peu près fur le centre de la figure.

Après avoir rapporté ce qu'il y a de plus effentiel fur les *couleurs accidentelles*, dans le petit Traité du P. Scherffer, nous dirons encore quelque chofe fur les phénomènes de cette efpèce, qu'on voit après avoir regardé un inftant le foleil. Le Père Scherffer ne paroit pas s'en être beaucoup occupé, quoiqu'à la vérité cette image du foleil, que nous avons dit plus haut qu'il recevoit fur du papier blanc, au moyen d'une lentille, offre à peu près les mêmes apparences.

C'eft d'après un Mémoire d'Æpinus, inféré dans le tome X des *Nouveaux Commentaires de Péterfbourg*, que nous ajouterons à cet article ce qui fuit.

« Lorfque le foleil eft affez proche de l'horizon, ou bien qu'il eft affez couvert par des nuages légers, fon éclat eft affez diminué pour qu'en le regardant fixement, pendant environ le quart d'une minute, l'œil en reffente feulement une vive impreffion, fans en être cependant bleffé tout-à-fait ; mais cette impreffion & la fenfation qui en réfulte ne s'évanouiffent pas d'abord; quand on détourne enfuite les yeux, elles reftent pendant trois ou quatre minutes, & fouvent plus longtemps. Il y a plus, on éprouve cette fenfation, foit qu'on ferme les yeux, foit qu'on les ouvre ; les circonftances qui l'accompagnent, font fingulières, & j'ai trouvé, par plufieurs expériences, qu'on peut les réduire aux lois fuivantes.

» 1°. Si, dès qu'on a ceffé de regarder le foleil, on ferme les yeux, on voit une tache irrégulièrement arrondie, dont le champ intérieur eft d'un jaune-pâle tirant fur le vert, telle à peu près que la *couleur* du foufre commun, & cette efpèce de jaune eft entourée d'un bord ou anneau qui femble teint en rouge.

» 2°. Qu'on ouvre enfuite les yeux, & qu'on les jette fur un mur ou fur quelqu'autre furface blanche, on verra, fur le fond blanc, une tache tout-à-fait pareille, tant pour la grandeur que pour la figure, à celle que l'on voyoit avec les yeux fermés, mais qui fe diftingue par toutes autres *couleurs*; car,

» 3°. Le champ qui paroiſſoit jaune aux yeux fermés, ſe voit, quand on les ouvre, d'une *couleur rouge*, ou plutôt brune, tirant ſur le rouge, & l'anneau, qui auparavant étoit rouge, paroît de *couleur* bleu-céleſte ſur le fond blanc.

» 4°. Si on ferme enſuite les yeux, on revoit les apparences du n°. 1, & en ouvrant de nouveau les yeux, on voit auſſi revenir celles des n°s. 2 & 3; mais les *couleurs* cependant ne reſtent pas tout-à-fait les mêmes, elles s'altèrent continuellement & de plus en plus; & ſi on fait attention à ces changemens, on remarque qu'après la première minute à peu près,

» 5°. Le champ paroît, aux yeux fermés, d'un beau vert, & que le bord, quoiqu'il continue d'être rouge, a changé cependant ſenſiblement, ce rouge différant déjà de celui du n°. 1.

» 6°. Qu'on rouvre les yeux, on voit ſur le fond blanc l'eſpace intérieur de la tache plus rouge, & l'anneau d'un bleu céleſte plus gai.

» 7°. Environ après la ſeconde minute, ſi on a les yeux fermés, le champ paroît à la vérité encore vert, mais tirant cependant aſſez ſur le bleu-céleſte; quant au bord, il eſt rouge, mais encore différemment des n°s. 1 & 5.

» 8° Si, enſuite, on rouvre les yeux, le champ paroît encore rouge ſur le fond blanc, & le bord bleu-céleſte; mais ces *couleurs* n'ont pas tout-à-fait les mêmes nuances qu'auparavant.

» 9°. Enfin, au bout de quatre à cinq minutes, on aperçoit, ayant les yeux fermés, le champ entièrement bleu-céleſte, & l'anneau d'un beau rouge; & en rouvrant les yeux, le champ ſe voit rouge & le bord d'un bleu-céleſte vif.

» 10°. Cette dernière ſenſation ſe conſerve pendant un certain eſpace de temps, & juſqu'à ce que, s'étant affoiblie de plus en plus, elle s'évanouiſſe tout-à-fait; mais il ne faut pas croire que, pendant cet intervalle, les *couleurs* dont nous avons parlé reſtent toujours les mêmes; il eſt certain, au contraire, que, quoique l'eſpèce reſte la même, elle change continuellement de modifications.

» J'avoue que j'ai plutôt évité les occaſions de faire cette expérience que je ne les ai recherchées, parce que je doute que l'on puiſſe, ſans danger, faire éprouver ſouvent aux yeux une ſi forte impreſſion; mais quoique je n'aie pas répété fréquemment ces eſſais, je ne laiſſe pas de pouvoir aſſurer que les phénomènes qu'ils préſentent, obſervent preſque conſtamment l'ordre que j'ai décrit: je n'oſe pas les donner tout-à-fait pour conſtans, parce qu'il m'eſt arrivé un petit nombre de fois de remarquer, dans les *couleurs*, une ſucceſſion un peu différente. »

On peut, au reſte, tirer de ces obſervations diverſes concluſions remarquables que nous allons joindre ici en peu de mots.

Il eſt hors de doute que les rayons du ſoleil, reçus directement au fond de l'œil, agiſſent ſur les nerfs & y cauſent une certaine altération dont notre ame eſt affectée; or, nous voyons, par les obſervations que nous avons détaillées, que cette altération ou cette impreſſion, cauſée aux nerfs, ne ceſſe pas en même temps que l'action de la lumière, & qu'au contraire elle continue encore pendant un temps aſſez long, & que l'ame ſe trouve affectée comme s'il y avoit réellement hors de l'œil un objet, & que les rayons de lumière, réfléchis par cet objet, exerçaſſent une action ſur les nerfs. Si donc nous admettons cette ſuppoſition, ainſi qu'on peut évidemment le faire, nous devons conclure naturellement de nos obſervations:

1°. Que l'impreſſion excitée par les rayons de lumière les plus forts, paſſe, après la ceſſation de l'action même, en une autre impreſſion qui eſt celle des rayons jaunes; que celle-ci devient l'impreſſion des rayons verts, & que cette dernière, enfin, ſe change en celles qui produiſent ordinairement les bleues-céleſtes, c'eſt-à-dire, qu'après que l'action des rayons blancs a ceſſé, les nerfs ſe trouvent ſucceſſivement dans les différens états qui produiſent ordinairement les rayons jaunes, verts & bleus-céleſtes.

2°. Que l'impreſſion cauſée par la *couleur* blanche d'un mur ou d'une tache blanche, ſi elle ſe mêle à celle que produit la *couleur* jaune, verte & bleue-céleſte, devient la même impreſſion qu'a coutume de produire une *couleur* brune qui tire plus ou moins ſur le rouge.

3°. Que l'impreſſion cauſée par l'image du ſoleil au fond de l'œil, ſe communique à des parties de la rétine, auxquelles l'image même ne s'eſt pas fait ſentir, mais qui ſont voiſines de la place qu'occupe l'image, & que cette impreſſion y cauſe une altération qui eſt due ordinairement aux rayons qui produiſent la *couleur* rouge.

4°. Que cette impreſſion, mêlée avec celle que fait la *couleur* blanche du mur ou de la tache, produit l'impreſſion cauſée par le bleu-céleſte.

Nous trouvons très-digne de remarquer ici que, dans les *couleurs* accidentelles, il arrive tout-à-fait, comme dans les réelles, que le jaune devient bleu en paſſant par le vert; car il eſt très-connu que, dans les dernières, ſavoir, les *couleurs* réelles, ſi on mêle, avec le jaune, du bleu de plus en plus, on obtient une *couleur* qui tire d'abord ſur le vert, qui devient bientôt entièrement verte, & qui, tirant enſuite ſur le bleu, devient entièrement bleue, ſi celle-ci a une forte quantité de cette *couleur* qu'on ajoute au mélange.

Ceux qui voudront répéter cette expérience, obſerveront encore un autre phénomène que nous ne croyons pas devoir paſſer ſous ſilence: nous parlons de ce qu'en projetant la tache ſur un fond blanc, quand on a les yeux ouverts, on la voit tantôt diſparoître, puis revenir, puis diſparoître de nouveau. Nous fûmes long-temps en doute, au commencement, ſur la cauſe de ce paradoxe; mais nous remarquâmes à la fin que la tache diſparoiſſoit toujours préciſément quand nous faiſions un effort pour la conſidérer plus attentivement, qu'elle revenoit lorſque nous jetions les yeux comme ſans attention ſur le plan. Cette circonſtance faiſoit naître d'abord même quelques difficultés dans le procédé de l'expérience ; car au moment même que l'eſprit ſe propoſe de faire attention à la tâche, l'œil ſe diſpoſe de manière, ſans qu'on le ſache & qu'on le veuille, à voir diſtinctement le plan ſur lequel la tache eſt projetée, & dans le même moment la tache diſparoît.

Meuſnier, Haſſenfratz, Rumfort & C. A. Prieur ont ajouté de nouvelles expériences à celles de Luffon, du P. Scheffer & d'Æpinus ſur les _couleurs accidentelles._

Un cabinet étant fermé avec des rideaux de damas rouge-cramoiſi, pour empêcher les rayons du ſoleil d'y pénétrer, ces rideaux ayant été piqués en quelques endroits, permettoient aux rayons ſolaires de pénétrer par ces ouvertures. Meuſnier recevant les rayons ſolaires ſur un carton blanc, obſerva que le ſpectre ſolaire, reçu ainſi, étoit vert. Haſſenfratz répéta la même expérience dans une chambre obſcure : il prit, pour cet effet, des verres colorés, en rouge, en orangé, en jaune, en vert, en bleu & en violet ; il fit percer chacun de ces verres d'une petite ouverture d'un à deux millimètres de diamètre : ces verres, placés à une ouverture, permettoient à la lumière ſolaire d'entrer dans la chambre obſcure en paſſant à travers ; cette chambre n'étoit éclairée que par la lumière qui paſſoit à travers les verres colorés. Recevant ſur un carton blanc l'image du rayon ſolaire qui paſſoit à travers la petite ouverture, Haſſenfratz remarqua que le ſpectre ſolaire avoit toujours la _couleur complémentaire_ de celle de la lumière qui paſſoit à travers le verre (_voyez_ COULEUR COMPLEMENTAIRE), c'eſt-à-dire, qu'avec le verre rouge, le ſpectre étoit vert ; avec le verre orangé, bleu ; avec le verre jaune, violet ; avec le verre vert, rouge ; avec le verre bleu, orangé ; avec le verre violet, jaune : ou, plus exactement, la _couleur_ du ſpectre ſolaire étoit conſtamment celle qui formoit du blanc, avec celle de la lumière qui paſſoit à travers le verre. Haſſenfratz ſe ſervit de verres de teintes extrêmement variées, c'eſt-à-dire, de pluſieurs eſpèces de rouge, d'orangé, de jaune, de vert, de bleu, de violet, & dans toutes ſes expériences, la _couleur_ du ſpectre ſolaire étoit exactement la _couleur complémentaire_ de celle de la lumière qui paſſoit à travers le verre coloré.

Toutes les fois que l'on reçoit, dans une chambre obſcure, deux lumières diverſement colorées, & que l'on reçoit, ſur un carton blanc, l'ombre portée d'un corps qui intercepte ſéparément les deux lumières colorées, on obtient deux ombres colorées. Soit A & B ces deux lumières ; l'ombre portée par l'interception de la lumière A, eſt toujours de la couleur B, & l'ombre portée par l'in-

terception de la lumière B, eſt toujours de la _couleur_ A. _Voyez_ OMBRES COLORÉES.

Rumfort & Haſſenfratz voulant connoître quelle ſeroit la _couleur_ des ombres dans un milieu éclairé à la fois par de la lumière entrant dans une chambre obſcure à travers un verre tranſparent incolore, & à travers un verre tranſparent coloré, remarquèrent, l'un & l'autre, que ſi l'on obtenoit toujours deux ombres colorées dont les _couleurs_ étoient complémentaires l'une de l'autre ; que l'ombre provenant de l'interruption de la lumière blanche avoit pour _couleur_ celle de la lumière qui pénétroit par le verre coloré, & que l'ombre provenant de l'interception de la lumière colorée avoit la _couleur complémentaire_ de cette même lumière ; qu'ainſi, en éclairant la chambre avec de la lumière rouge & blanche, les ombres colorées étoient vertes & rouges ; en éclairant avec de la lumière jaune & blanche, les ombres étoient violacées & jaunes ; en éclairant avec de la lumière verte & blanche, les ombres étoient rouges & vertes ; en éclairant avec des lumières bleues & blanches, les ombres étoient orangées & bleues, &c. &c.

C. A. Prieur a obſervé trois ſortes de _couleurs accidentelles_ : 1°. celle de la pouſſière ſur des corps colorés ; 2°. celle du paſſage de la lumière à travers des corps colorés ſur leſquels des obſtacles empêchoient la lumière de traverſer ; 3°. l'effet réſultant du mouvement d'un corps coloré ſur un corps blanc.

Ayant étendu, ſur des tables, des papiers diverſement colorés, Prieur aperçut, au bout de quelques jours, que ces papiers étoient recouverts de pouſſières qui étoient elles-mêmes colorées : ayant fait ramaſſer ſéparément ces pouſſières pour les examiner avec plus d'attention, il fut ſurpris de voir qu'elles étoient toutes griſes, & qu'elles n'avoient aucune _couleur_ par elles-mêmes ; alors il obſerva de nouveau ces pouſſières ſur les papiers colorés ; il remarqua qu'elles avoient toutes une _couleur accidentelle_ qui étoit complémentaire de celle du papier qu'elles recouvroient. Ainſi, la pouſſière griſe étoit d'un vert-bleuâtre ſur le rouge, bleue ſur l'orange, violette ſur le jaune, rouge ſur le vert, orangée ſur le bleu, & jaunâtre ſur le violet.

Si l'on place, près de la fenêtre, des papiers peints, afin de pouvoir obſerver leurs _couleurs_ à travers le papier, & que l'on recouvre quelques portions de cette ſurface avec des bandes de fort papier, ou de carton blanc, pour empêcher la lumière de paſſer à travers, alors, dit Prieur, le papier coloré ſervant de champ, a une demi-tranſparence, & ſe trouve par-là plus éclairé ; tandis que la petite bande, ou découpure ſuperpoſée, eſt, à cauſe de la double épaiſſeur, plus opaque & ſe trouve dans l'ombre : ſa _couleur_ alors eſt complémentaire de celle du papier. Lorſque le corps tranſparent eſt rouge, le blanc opaque paroît vert bleuâtre ; puis on le voit décidément bleu, si le fond est orangé ; puis d'une sorte de violet sur un fond jaune ; ou bien vert sur un rouge-cramoisi, &c ; toujours selon la correspondance exacte avec les *couleurs complémentaires.*

Pour bien jouir, au surplus, des effets annoncés, en répétant ces expériences, il faut, en se procurant une clarté favorable, se tenir en garde contre les reflets des corps voisins, contre les doubles entourages. Ainsi, quand la lumière vive, transmise par la fenêtre, environne le papier transparent, elle peut augmenter très-sensiblement l'éclat de la *couleur du contraste*, ou y nuire en apportant une autre nuance, suivant les *couleurs* des corps mis en observation. Au reste, on est toujours maître d'écarter cette surcomposition, en masquant les objets incommodes par un carton ou une étoffe noire, ou en regardant par un tube noirci, qui restreigne le champ de la vue à l'étendue nécessaire.

Enfin, la troisième manière de produire des *couleurs accidentelles*, proposée & exécutée par Prieur, consiste à faire glisser, avec une grande vitesse, une petite bande de carton blanc sur un morceau de papier ou d'étoffe d'une *couleur déterminée* ; tout l'espace parcouru par la petite bande paroît à l'œil de la *couleur complémentaire* de celle du morceau de papier ou d'étoffe.

D'après tout ce que nous avons dit sur les *couleurs accidentelles*, on voit que ces sortes de *couleurs* peuvent être produites de sept manières différentes, au moins : 1°. par la fatigue de l'œil fixé sur une ou plusieurs *couleurs* ; 2°. par une forte action de la lumière sur l'organe de la vue ; 3°. par le contraste de l'action d'un point éclairé par la lumière blanche, sur une surface blanche éclairée par de la lumière colorée ; 4°. par l'ombre portée d'un corps éclairé par del la lumière blanche & par de la lumière colorée ; 5°. par des petites poussières grises, placées sur des surfaces colorées, éclairées l'une & l'autre par de la lumière blanche ; 6°. par l'interception d'une partie de la lumière qui passe à travers un corps coloré ; 7°. par le mouvement rapide d'une petite bande blanche sur un corps coloré ; & ce qu'il y a de remarquable, c'est que, dans toutes ces circonstances, la *couleur accidentelle* est toujours complémentaire de la *couleur naturelle*, ou mieux celle qu'il faut ajouter à cette dernière pour faire du blanc.

Nous avons vu que le P. Scherffer a essayé d'expliquer cette illusion d'après le principe que, si on reçoit à la fois deux impressions du même genre, l'une forte & vive, l'autre beaucoup plus foible, celle-ci est comme absorbée par la première, en sorte qu'elle devient imperceptible pour nous. Cette explication, quoiqu'ingénieuse, n'est pas exempte de difficulté. Le célèbre géomètre Laplace a cru devoir lui en substituer une autre ; elle consiste à supposer qu'il existe dans l'œil une

certaine disposition, en vertu de laquelle les rayons rouges, compris dans la blancheur de leur petite bande au moment où ils arrivent à cet organe, sont comme attirés par ceux qui forment la *couleur* rouge prédominante du fond, en sorte que les deux impressions n'en font qu'une, & que celle de la *couleur* verte se trouve en liberté d'agir comme si elle étoit seule. Suivant cette manière de concevoir les choses, la sensation du rouge décompose celle de la blancheur ; & tandis que les actions homogènes s'unissent ensemble, l'action des rayons hétérogènes, qui se trouve dégagée de la combinaison, produit son effet séparément.

On ne voit pas, dans ces deux explications, comment on pourroit rendre raison des bordures ou des anneaux colorés de *couleurs complémentaires* qui accompagnent toujours les figures de *couleurs naturelles*, que l'on observe pendant quelque temps, lorsque celles-ci sont placées sur un plan blanc.

Quoiqu'il soit plus certain de s'arrêter là où les faits cessent, si l'on vouloit cependant une explication qui pût rendre raison de tous les faits positifs qui accompagnent les *couleurs accidentelles*, voici celle que Haffenfratz en a donnée, & qui se rapproche beaucoup de celle du P. Scherffer.

En fixant une surface colorée, l'espace du fond de l'œil, sur lequel l'image se peint, est vivement affecté de l'action des rayons ou des molécules colorées qu'elle réfléchit ; il est même fatigué de la continuité de cette action, lorsque l'œil se reporte sur une surface blanche qui envoie à l'œil la somme des rayons ou des molécules colorées propres à produire le blanc : ces molécules venant frapper l'espace du fond de l'œil, vivement affecté par la *couleur* que l'œil a long-temps fixée, leur effet se divise, la somme des rayons ou des molécules qui se réfléchissoient de la surface colorée, ne produit qu'une foible sensation faite sur la surface affectée, tandis que les autres molécules qui lui sont réunies pour former du blanc, exercent une sensation nouvelle & forte qui fait distinguer leur action, & produit l'impression de la *couleur complémentaire*.

Il est facile de conclure de cette explication les *couleurs accidentelles* que l'on doit percevoir lorsque l'œil fatigué d'une *couleur* vient se reposer sur une surface colorée d'une autre *couleur*.

Enfin, on conçoit la formation des bordures ou des anneaux colorés d'une *couleur complémentaire*, en considérant que la sensation de l'action exercée par les rayons & les molécules colorées sur le fond de l'œil, s'étend naturellement au delà des limites où l'action a lieu, & que cette extension forme naturellement, autour de l'espace sur lequel la lumière colorée exerce son action, une bordure sur laquelle la lumière du fond vient également se peindre ; & cette bordure, fatiguée par l'extension de la sensation de la lumière colorée, se comporte, à l'égard de la lumière qui lui arrive, comme se comporte l'espace lui-même, lorsque l'œil veut se reposer sur une surface blanche.

On voit par-là comment cette *couleur acciden-telle*, qui entoure la *couleur naturelle*, doit se former lentement & successivement, & augmente d'inten-sité à mesure que l'œil se fatigue.

COULEUR AZURÉE DU CIEL; color cæruleus cœlestis; *himmel blaue farbe. Couleur* sous laquelle nous paroît la concavité du ciel lorsqu'il est bien serein : les étoiles nous paroissent alors fixées à une voûte bleue ou azurée.

Cette *couleur azurée* ne vient point, comme on pourroit le croire, du ciel même ; car l'espace qui est entre les astres, n'offrant à nos yeux aucun corps ni éclairé, ni éclairant, devroit nous pa-roître parfaitement noir, comme il arrive lorsque nous regardons un trou très-profond, d où il ne vient aucune lumière. Cette *couleur* vient donc d'une autre cause.

En regardant la voûte azurée, ce n'est pas le ciel que nous voyons, mais la concavité de notre atmosphère ; car la lumière, telle qu'elle nous vient des astres, est composée de rayons de diffé--rentes *couleurs.* (*Voyez* COULEURS DE LA LU-MÈRE) Tous ces rayons arrivent des astres vers la terre, sont ensuite réfléchis par la terre, & se plongent dans l'atmosphère, en prenant la route du ciel. Mais, de tous ces rayons, les uns sont plus foibles & plus réflexibles que les autres, & ces plus foibles sont les bleus & les violets. Comme l'atmosphère a une certaine épaisseur, il n'y a que les rayons les plus forts, tels que les rouges, les orangés, les jaunes & peut-être les verts qui puissent traverser entièrement ; les bleus & les violets, trop foibles pour cela, sont donc réfléchis une seconde fois vers la terre, par l'at-mosphère qu'ils n'ont pu percer, & nous font voir la concavité sous la *couleur* qui leur est propre. Comme les violets sont trop foibles, les bleus font, sur nos yeux, une impression plus forte, & qui se fait sentir davantage : voilà pourquoi nous voyons le ciel bleu-azuré. Cependant, lorsque le ciel est parfaitement serein, on le voit d'un bleu tirant sur le violet.

La *couleur azurée du ciel* varie : 1°. relativement à l'épaisseur de la tranche d'air ; 2°. relativement à la quantité de lumière qui traverse la partie du ciel que l'on observe.

On voit le ciel d'un bleu plus foncé & plus ap-prochant du noir, sur les hautes montagnes que dans les plaines ; on voit le ciel plus clair & moins bleu à l'horizon qu'au zénith. Dans le jour, lors-que l'atmosphère qui nous environne est éclairée par les rayons solaires, le ciel est d'un beau bleu-tendre ; la nuit, lorsque l'atmosphère n'est éclairée que par la lumière des étoiles, le ciel est d'un beau bleu-foncé, tirant sur le violet : la clarté de la lune éclaircit le bleu du ciel. *Voyez* COULEUR DU CIEL, COULEUR DE L'AIR.

COULEUR BLANCHE; color albus; *weisse farbe.* Sensation éprouvée au fond de l'œil par l'action de la lumière blanche.

Mais qu'est-ce que c'est que de la lumière blan-che? Les opinions ont long-temps été partagées & le sont peut-être encore sur cette question. Euler l'attribue à une certaine vitesse des vibra-tions des molécules des corps transmises à l'œil par une matière éthérée, placée entre les corps blancs & l'organe de la vue. Newton regarde la lumière blanche comme un composé de toutes les molécules colorées dans une proportion fixe & déterminée. C'est de l'action de l'ensemble de toutes les molécules sur le fond de l'œil, que naît la sensation de la *couleur blanche.*

Newton démontre sa proposition par l'analyse & par la synthèse. Il fait arriver un faisceau de lu-mière blanche dans une chambre obscure ; il fait passer ce faisceau à travers un prisme de verre : en passant à travers ce prisme, les molécules colo-rées se séparent les unes des autres par leur diffé-rence de réfrangibilité ; cette lumière, reçue alors sur un carton blanc, placé à une assez grande dis-tance, produit un spectre coloré, composé de tou-tes les *couleurs* & de toutes leurs intermédiaires, dans l'ordre suivant : rouge, orangé, jaune, vert, bleu, indigo, violet : recevant ensuite toutes ces *couleurs* sur un prisme ou une lentille, afin de les réunir en un seul faisceau concentré, ou les faire converger à un point, il obtient de nouveau de la *couleur blanche ;* mais si, dans cette réunion, il soustrait un ou plusieurs rayons colorés du spec-tre, la réunion de toutes les *couleurs* ne forme plus du blanc, mais une *couleur complémentaire* de celles que l'on a soustraites.

Rien ne paroît plus positif que cette composi-tion de la lumière blanche, & conséquemment de la *couleur blanche* qu'elle produit ; aussi tous les physiciens paroissent-ils avoir adopté unanimement cette opinion. Cependant on peut faire à cette composition d'assez fortes objections.

Le matin d'un beau jour, quelque temps avant le soleil levant, on présente à l'action de cette lumière des corps diversement colorés ; on juge blanches des surfaces qui, exposées ensuite à la lu-mière du soleil, paroissent bleues : si de même on expose à l'action de la lumière des lampes, des bougies, &c., des corps diversement colorés, on juge blanches des surfaces, lesquelles, exposées ensuite à la lumière du soleil, paroissent jaunes ou brunes. Toutes les femmes savent par expérience, que les teints bruns acquièrent de la blancheur & de l'éclat à la lumière des bougies!

Avant le lever du soleil, lorsque la clarté est déjà assez grande, & le ciel assez pur pour qu'il soit d'un beau bleu, si on laisse entrer la lumière du jour dans un appartement, par une fenêtre ou-verte, de manière qu'un objet blanc, une feuille de papier par exemple, soit en même te nps éclairée par les rayons de la lumière émanée d'une bougie

encore

encore allumée, & par ceux que réfléchit l'atmofphère, un petit corps, placé près du papier, produit deux ombres, l'une bleue, celle de la bougie, l'autre jaune-brun, celle de la lumière du jour. Cette obfervation, qui a été faite depuis long-temps par Sauvage de Montpellier, par Buffon & par beaucoup d'autres, prouve que la lumière du jour eft bleue, & celle de la bougie d'un jaune-brun. En effet, le papier, dans l'expérience, eft éclairé à la fois par la lumière du jour & par celle de la bougie : en fouftrayant la lumière de la bougie par le corps qui porte ombre, l'efpace fur lequel cette ombre porte, n'eft plus éclairé que par la lumière du jour ; cet efpace fe trouve coloré en bleu ; donc il eft probable que la lumière du jour eft bleue. De même la partie du papier fur laquelle tombe l'ombre du jour, n'eft éclairée que par la bougie : la *couleur* de cet efpace étant d'un jaune-brun, tout porte à croire que la lumière de la bougie eft d'un jaune-brun.

Une nouvelle obfervation porte jufqu'à l'évidence, que ces *couleurs* font réellement celles du jour naiffant & de la bougie, & que ce ne font point des *couleurs accidentelles*. Qu'on ne laiffe entrer la lumière du jour naiffant que par une petite ouverture, & que, de l'intérieur de la chambre obfcure, on regarde, à travers un prifme, un point du ciel par cette ouverture, on diftingue un fpectre coloré contenant toutes les *couleurs* de la lumière, la *couleur* orangée & quelques-unes de fes modifications exceptées ; mais on fait que l'enfemble de toutes les *couleurs*, moi s la *couleur* orangée & quelques-unes de celles qui l'accompagnent, produit du bleu : donc la *couleur* du jour naiffant eft réellement bleue. De même fi, à l'aide d'un prifme, on regarde la lumière d'une bougie, celle d'une lampe, &c., on aperçoit diftinctement un fpectre folaire, dans lequel il manque du violet & même du bleu ; mais l'enfemble de toutes les *couleurs* de la lumière, moins du violet & du bleu, produit du jaune approchant de l'orangé : d'où il fuit que la *couleur* de la lumière des bougies, des lampes, &c., eft d'un jaune-orangé.

Voilà donc deux lumières colorées, l'une en bleu, celle du jour, l'autre en jaune-orangé, celle de la bougie, des lampes, &c., qui font paroître blancs les corps qui font bleus ou jaunes, c'eft-à-dire, qui font de la *couleur* de la lumière. Cette blancheur que préfentent des corps diverfement colorés, n'eft pas feulement applicable au bleu & au jaune, elle l'eft également à toutes les autres *couleurs*.

Que l'on ait une chambre bien fermée, qu'on n'y laiffe entrer la lumière du jour qu'à travers des corps tranfparens colorés, & que l'on obferve, dans cette chambre, des corps diverfement colorés ; qu'enfuite on tranfporte au grand jour tous les corps qui paroiffent blancs, on re-

marquera que, lorfque la lumière paffe à travers un verre rouge, les corps qui paroiffoient blancs dans la chambre, font, au jour, les uns blancs, les autres plus ou moins rouges ; de même, fi la lumière entre à travers des verres orangés ou jaunes, les corps qui paroiffent blancs dans la chambre, font, les uns blancs, les autres orangés ou jaunes de diverfes teintes ; fi la lumière entre à travers des verres verts, les corps qui paroiffent blancs dans la chambre, font, au grand jour, les uns blancs, les autres verts de différentes nuances ; enfin, fi la lumière entre à travers des verres bleus ou violets, les corps qui paroiffent blancs dans la chambre, font, au grand jour, les uns blancs, les autres bleus ou violets de différentes nuances.

Il réfulte de ces expériences, que ce que nous jugeons blanc ne réfléchit pas toujours toutes les *couleurs* du prifme ; que la circonftance dans laquelle nous nous trouvons, la nature & la *couleur* de la lumière qui éclaire les objets, & à l'aide de laquelle nous les diftinguons, ont une grande influence fur le jugement que nous portons fur la *couleur blanche* ; enfin, que nous fommes toujours difpofés à juger blancs les corps colorés de la même *couleur* de la lumière qui éclaire le milieu dans lequel nous fommes.

Une obfervation de Monge concourt, avec celles que nous avons rapportées, à prouver que le fentiment que nous avons de la *couleur blanche* dépend de la fituation dans laquelle nous nous trouvons. Lorfque l'on regarde, dit Monge, une fuite d'objets de différentes *couleurs*, à travers d'un verre rouge, les corps blancs & les corps rouges paroiffent à la vue être de même *couleur* ; mais on ne les voit pas rouges comme il feroit naturel de le penfer, on les voit blancs. Peu de verres produifent le même effet, parce qu'il eft néceffaire qu'ils ne laiffent paffer qu'une feule *couleur*, & nous n'avons trouvé que quelques verres verts qui jouiffent, comme le rouge, de cette propriété ; & ce qu'il y a de remarquable, c'eft que ces deux verres, le rouge & le vert, étoient colorés avec l'oxide de cuivre. Monge dit avoir eu entre les mains un verre jaune au travers duquel le papier teint en jaune par de la gomme-gutte paroiffoit abfolument blanc.

Monge obferve que l'illufion dont il s'agit, eft d'autant plus frappante, que les objets que l'on regarde au travers du verre coloré font plus éclairés, qu'ils font plus nombreux, & qu'il y en a parmi eux un plus grand nombre qu'on fache être naturellement blancs.

Cette expérience étoit conftamment répétée par Haffenfratz dans les cours de phyfique qu'il faifoit à l'École polytechnique. Sur les deux faces d'un carton blanc, il fixoit d'un côté un morceau de drap blanc, & fur le côté oppofé un morceau de drap écarlate ; il faifoit regarder, à travers un verre rouge, les deux faces du carton, & tous les élèves, les uns après les autres, jugeoient blanc le drap écarlate placé fur le carton.

On feroit en droit de conclure, dit Monge, d'après l'obfervation que je viens de rapporter, que, dans le jugement que nous portons fur les *couleurs* des objets, il entre, pour ainfi dire, quelque chofe de moral, & que nous ne fommes pas déterminés uniquement par la nature abfolue des rayons de lumière que les corps réfléchiffent, puifque l'impreffion que forme un même rayon, produit tantôt la fenfation de la *couleur* rouge, tantôt celle de la blanche, fuivant les circonftances. Dans un Mémoire imprimé dans les *Annales de Chimie*, tom. III, pag. 131, Monge donne l'explication fuivante du jugement que nous portons fur la *couleur blanche.*

« Lorfque nous jetons les yeux fur un grand nombre d'objets de différentes *couleurs*, il n'y a pas de parties vifibles de la furface de ces objets, qui, en même temps qu'elles envoient à l'œil des rayons de la *couleur* propre du corps auquel elle appartient, n'envoient auffi des rayons de lumière blanche. C'eft par ces rayons de lumière blanche que nous jugeons, non pas le contour apparent des objets, parce que ce contour eft déterminé par la figure de l'image peinte fur la rétine, mais que nous jugeons des enfoncemens, des faillies, & généralement du degré d'obliquité des différentes parties de la furface d'un corps. Entrons, à cet égard, dans un grand détail.

« On fait que quand on regarde des objets dont la furface eft cylindrique & polie, par exemple, des bâtons de cire à cacheter de différentes *couleurs*, il fe trouve, fur la furface de chacun d'eux, une petite bande parallèle à l'axe & très-étroite, qui ne réfléchit fenfiblement que la lumière blanche, & que les bandes voifines de part & d'autre, de la première, à mefure qu'elles s'en écartent davantage, réfléchiffent de la lumière blanche en moindre proportion, & prennent une teinte qui approche de plus en plus de la *couleur* propre du corps; c'eft pour cela que les peintres, lorfqu'ils repréfentent de femblables objets, font obligés d'exprimer la bande dont il s'agit par un trait tout-à-fait blanc, quelle que foit d'ailleurs la *couleur* de l'objet, & de diminuer enfuite infenfiblement la dofe du blanc pour les bandes voifines, à mefure qu'elles s'écartent davantage de la première.

» Il eft bien évident que la même chofe doit avoir lieu, quelque petit que foit le diamètre du cylindre. Lors donc que l'on regarde une étoffe de laine colorée, de l'écarlate, par exemple, chacun des brins de laine qui compofent fon tiffu, envoie à l'œil, non-feulement les rayons rouges qui déterminent la *couleur* de l'étoffe, mais encore les rayons de lumière blanche, au moyen defquels on jugeroit de la forme cylindrique du brin, s'il étoit d'un diamètre plus grand, & qui fervent en effet à la faire reconnoître lorfqu'on obferve le brin au microfcope. Le nombre de ces rayons de lumière blanche, qui varie par rapport à celui des rayons de la *couleur* propre, felon l'inclinaifon de la furface générale de l'étoffe, à l'égard de l'œil de l'obfervateur, & par rapport à l'objet lumineux, occafionne des différences dans les teintes des portions de la furface, & c'eft d'après cette variation, à laquelle nous fommes très-accoutumés, que nous jugeons des enfoncemens, des faillies, & généralement des différens plis de l'étoffe.

» Un exemple de l'effet que produit cette lumière blanche de la furface, eft la variation de teinte qu'elle occafionne dans les étoffes damaffées & dans les velours d'Utrecht; les fils qui forment ces étoffes font, pour chacune d'elles, d'une même *couleur*; mais comme, dans le tiffu des étoffes de damas, il y a des fils longs & des fils courts, les fils longs produifent de longues bandes de lumière blanche, tandis que les fils courts ne produifent fouvent que des points : il en réfulte que l'un des tiffus laiffe réfléchir plus de lumière blanche que l'autre, produit naturellement une teinte plus claire; de même, dans les velours d'Utrecht, les fils couchés laiffant dégager plus de lumière blanche que ceux qui font droits, il en réfulte une teinte plus éclairée dans ces derniers que dans les derniers : de-là l'effet de deux teintes différentes d'une même *couleur* qui fait diftinguer des deffins, tandis que, dans la réalité, tous les fils ont une teinte uniforme.

» La plupart des autres objets colorés font abfolument dans le même cas; il eft facile d'en avoir la démonftration pour quelques-uns d'eux; par exemple, le cinabre en maffe eft, comme on fait, un corps criftallin d'un rouge-brun obfcur; mais lorfqu'on pulvérife cette fubftance, & qu'en la porphyrifant fur un marbre, on la réduit en poudre très-fine, connue, dans les arts, fous le nom de *vermillon*, on le convertit tout en petits fragmens de criftaux, dont les faces font brillantes, & capables, fous certaines inclinaifons, de réfléchir les rayons de lumière blanche. Plus la poudre eft fine, plus le nombre des facettes de chaque fragment eft grand, & plus auffi le nombre de ces facettes, difpofées de manière à réfléchir les rayons de lumière blanche, eft confidérable. A mefure donc que la porphyrifation avance, la *couleur* de la fubftance doit changer, non parce qu'elle réfléchit des rayons d'une autre efpèce, mais parce que les rayons de la *couleur* propre de la fubftance fe trouvent mêlés avec un plus grand nombre de rayons de lumière blanche, & la *couleur* de la poudre qui réfulte de cette opération, doit avoir plus d'éclat & moins d'intenfité. Il en eft de même des autres poudres colorées que l'on obtient par la pulvérifation des fubftances criftallines ou vitreufes, &, en général, des matières dont la caffure eft brillante; la neige elle même, qui n'eft qu'un affemblage irrégulier de petits criftaux de glace, dépourvus de *couleur* propre, n'eft de *couleur blanche* que par les rayons de lumière que réfléchiffent les facettes brillantes des criftaux qui la compofent.

» Ainfi, lorfqu'on regarde un objet peint en rouge par une couche de vermillon, il n'y a aucune partie fenfible de la furface qui, outre les rayons de lumière propre à la *couleur* du cinabre, ne renvoie à l'œil une grande quantité de rayons de lumière blanche; & le nombre de ces rayons, qui varie felon l'inclinaifon de la furface du corps, & par rapport à l'œil de l'obfervateur, & par rapport à l'objet lumineux, contribue, fans que nous en rendions compte, au jugement que nous portons fur la pofition de cette furface.

» Nous remarquerons, en paffant, que c'eft par une raifon contraire que le poli rehauffe, en général, & obfcurcit les *couleurs* des pierres, des marbres & des granits; car le poli, en diminuant le nombre des facettes dont les inclinaifons font irrégulières, diminue auffi le nombre de ces facettes qui réfléchiffent les rayons de lumière blanche, & la *couleur* de la pierre doit devenir en même temps plus intenfe & plus obfcure; mais fi l'on obferve d'une part que cet effet eft d'autant plus marqué, que le poli approche plus d'être parfait, & de l'autre, que le plus beau poli que les arts puiffent produire eft toujours très-groffier, par rapport aux rayons de lumière, on reconnoîtra que, dans les furfaces, même des pierres polies, il n'y a aucune partie vifible qui ne réfléchiffe à l'œil de la lumière blanche. Ainfi, lorfque nous regardons une fuite d'objets de différentes *couleurs*, nous recevons de la lumière blanche, non-feulement de la part des objets blancs qui fe trouvent parmi eux, mais encore de la part de toutes les parties vifibles de la furface des autres objets colorés: c'eft principalement cette lumière blanche, dont la quantité eft variable fuivant l'obliquité de la furface des corps, qui nous détermine dans les jugemens que nous portons fur les directions des différentes parties de ces furfaces; enfin, lors même que, parmi les objets que nous voyons, il ne s'en trouve aucun qui foit blanc, nous avons toujours le fentiment, non pas du blanc, mais de la lumière blanche, par l'éclat qu'elle donne, en général, aux *couleurs*, & par les différences qu'elle apporte dans les teintes, fuivant l'obliquité des furfaces.

» D'après cela, lorfque nous regardons au travers d'un verre rouge, de toute la lumière blanche réfléchie par les objets colorés, &, qui, fans l'interpofition du verre, auroit contribué à la formation des images fur la rétine, il n'y a que les rayons rouges qui traverfent le verre, & qui arrivent à l'œil; ces rayons font donc alors les feuls qui, par leur nombre, puiffent nous déterminer, & qui nous déterminent, en effet, dans le jugement que nous portons fur l'obliquité des furfaces; ils exercent donc, dans la vifion, la même fonction néceffaire que nous fommes accoutumés à voir exercer aux rayons de lumière blanche; & parce que cela a lieu d'une manière uniforme pour tous

les objets que nous avons fous les yeux, nous fommes entraînés, pour ainfi dire, par la multitude des témoignages, & nous fommes forcés de prendre ces rayons pour des faifceaux de lumière blanche; enfuite, tous les autres rayons rouges de même nature que les précédens, devant-être pris, par une conféquence inévitable, pour des faifceaux de lumière blanche, nous conclurons que les corps naturellement blancs & les corps naturellement rouges, dont les images font alors également formées fur la rétine par des rayons rouges, font les uns & les autres blancs.

» Il feroit facile d'expliquer de la même manière pourquoi lorfque les objets font éclairés par des rayons homogènes d'une certaine efpèce, par exemple, par des rayons bleus, les corps blancs & ceux qui font naturellement de la même *couleur* que ces rayons, paroiffent également blancs; car ces rayons homogènes étant réfléchis à l'œil, de toutes les parties vifibles de la furface des corps colorés, comme l'eft la lumière blanche dans l'état ordinaire, nous fommes portés à les prendre eux-mêmes pour des rayons blancs, dont ils font alors la fonction, & par conféquent à regarder auffi comme blancs, tous les objets qui ne renvoient à l'œil que des rayons de cette efpèce.

» Ce qui fembleroit confirmer l'explication que nous venons d'apporter, c'eft que l'illufion dont il s'agit n'a jamais lieu lorfque le nombre des objets que l'on peut apercevoir au travers du verre rouge eft peu confidérable, ni lorfque les objets font peu colorés. En effet, fi, ayant placé le verre rouge à l'extrémité d'un long tuyau non tranfparent, on regarde par le tuyau, & au travers du verre, un objet ifolé, ou blanc, ou rouge, on ne les voit plus blancs ni l'un ni l'autre, on les voit rouges, parce que n'y ayant point d'objets circonvoifins fur les formes defquels nous foyons déterminés à prononcer, il n'y a rien qui nous oblige à prendre les rayons rouges pour des faifceaux de lumière blanche; nous ne jugeons plus de la nature des corps qui exiftent fur cet organe, qu'en comparant l'impreffion que nous en recevons, à celle que nous éprouvions le moment d'auparavant, lorfque nous regardions avec l'œil nu, & nous les prenons, en effet, pour des rayons rouges.

» Nous ne favons, pour ainfi dire, encore rien fur la nature des rayons de lumière; nous ignorons à quoi tient la différence des impreffions que les rayons de *couleurs* différens font fur notre organe. Quelques phyficiens l'attribuent à une différence dans la nature même des rayons; d'autres penfent qu'elle ne dépend que de la différente viteffe des molécules de lumière. Quoi qu'il en foit de ces deux opinions, qui font l'une & l'autre fujettes à de grandes difficultés, il paroîtroit, d'après les obfervations que nous venons de rapporter, que la faculté qu'ont les rayons d'une certaine efpèce, d'exciter en nous la fenfation d'une *couleur* particulière, ne tient rien d'abfolu, & ne dépend que du rapport de quelques-unes de leurs affections, aux affections analogues des autres rayons du fyftème lumineux. Par exemple, fi les rayons de lumière ne différoient entr'eux que par leur viteffe, ce que nous fuppofons feulement pour un inftant, il paroîtroit qu'un rayon, pour avoir la faculté d'exciter la fenfation de la *couleur* rouge, n'auroit pas befoin d'avoir une viteffe déterminée, mais qu'il fuffiroit pour cela que fa viteffe eût un certain rapport avec celles des autres rayons du fyftème.

» L'obfervation fuivante, qui m'a été communiquée par Meufnier, donne encore à cette induction un nouveau degré de vraifemblance.

» Lorfque l'intérieur d'un appartement n'eft éclairé que par la lumière du foleil, tranfmife au travers d'un rideau de taffetas rouge, & que ce rideau eft percé d'un trou de deux ou trois lignes de diamètre, par lequel la lumière directe peut s'introduire; fi l'on reçoit ce faifceau de lumière fur une feuille de papier blanc, la partie du papier éclairée par la lumière blanche du foleil, & dont l'image, au fond de l'œil de l'obfervateur, n'eft formée que par des rayons de lumière blanche, femble devoir paroître blanche, & cependant elle paroît d'un beau vert. (*Voyez* COULEURS ACCIDENTELLES.) Réciproquement, fi dans les mêmes circonftances, au lieu d'un rideau rouge, on emploie un rideau vert, l'image du foleil qui femble encore devoir paroître blanche, puifqu'elle n'eft produite & aperçue que par des rayons de lumière blanche, paroît, au contraire, d'un très-beau rouge On voit que, dans l un & l'autre cas, la multitude des objets que nous apercevons dans l'appartement, nous forçant à prendre pour des faifceaux de lumière blanche les rayons réfléchis par tous les points de la furface de ces objets, la lumière blanche elle-même, renvoyée par la petite image du foleil, doit nous paroître d'une autre *couleur*, puifqu'elle excite en nous une fenfation différente.

» Ainfi, les jugemens que nous portons fur les *couleurs* des objets ne paroiffent pas dépendre uniquement de la nature abfolue des rayons de lumière qui en font la peinture fur la rétine; ils peuvent être modifiés felon les circonftances, & il eft probable que nous fommes determinés p utôt par la relation de quelques-unes des affections des rayons de lumière, que par les affections elles mêmes, confidérées d'une manière abfolue. »

COULEURS CHANGEANTES; colores mutabiles; *verunaertichte farben. Couleurs* qui éprouvent des changemens felon les diverfes obliquités fous lefquelles on les regarde.

Plufieurs *couleurs* font fufceptibles d'éprouver des changemens fous différentes pofitions de l'œil: telles font celles qui embelliffent le plumage de plufieurs oifeaux, & en particulier celui du paon, la nacre, les lumachelles, les opales, le feld-fpath du Labrador, les écailles de plufieurs poiffons, diverfes étoffes de foie, &c. &c.

Les *couleurs* des plumes de paon, déjà fi riches & fi variées fous le même afpect, fe diverfifient encore en devenant mobiles avec l'oifeau lui-même, dont chaque pofition produit un jeu de reflets qui difparoiffent fous toute autre pofition, pour faire face à de nouveaux reflets, & aller eux-mêmes fe reproduire ailleurs. Toutes ces belles apparences proviennent, fuivant Newton (5e. Propofition de la 3e. partie du livre II de fon *Traité d'Optique fur la Lumière & fur les Couleurs*), de ce que les branches qui s'inferent latéralement fur les rameaux des plumes de l'oifeau font d'une ténuité qui avive les *couleurs*; & en même temps d'une denfité qui, n'étant pas beaucoup plus confidérable que celle du milieu environnant, fait varier la pofition des *couleurs*, à mefure que la pofition du rayon vifuel varie elle-même.

On donne le nom de *nacre* à une matière blanche & brillante, qui conftitue l'intérieur de plufieurs coquilles qui produifent des *couleurs* variées; celui de *lumachelle* à des matbres qui renferment une grande quantité de coquilles entières ou brifées. Parmi ces dernières, on diftingue les lumachelles de Carinthie, qui préfentent, fur un fond d'un gris-fale, des fragmens de coquilles nacrées qui ont beaucoup d'éclat & offrent les *couleurs* de l'iris. Cette belle lumachelle eft employée dans la bijouterie: on en fait des plaques, des boîtes, &c. *Voyez* NACRE, LUMACHELLE.

Une variété du quartz réfinite eft connue fous le nom d'*opale*; elle eft ordinairement d'un ton laiteux, quelquefois bleuâtre: quelques morceaux ne recevoient que des reflets d'une nuance dorée, lorfqu'on les fait mouvoir; mais d'autres réfléchiffent les *couleurs* variées de l'iris: ce font particulièrement ces dernieres qui ont beaucoup de prix dans la bijouterie. *Voyez* OPALE.

Rien de plus agréable & de plus brillant que les *couleurs* que reflètent ces beaux échantillons de fpath de Labrador, lorfqu'on les regarde dans un fens favorable. Les *couleurs* reflechies offrent ordinairement le bleu-célefte, le vert, le violet gorge-de-pigeon, le jaune: tailles en cabochon, il en eft qui préfentent la même variété de *couleur* que la queue de paon. *Voyez* FELD-SPATH, LABRADOR, PIERRE DE LABRADOR.

Affez généralement les étoffes de foie à *couleurs changeantes* ne préfentent que deux *couleurs* avec toutes les variétés, toutes les nuances intermédiaires.

Ce changement de *couleur* eft attribué, dans le plumage des oifeaux & dans beaucoup de circonftances analogues, au peu de difference qui exifte entre la denfité des lames colorées & celle des milieux environnans; d'où il réfulte, d'après Newton (Propofition 6, part. 3, liv. II de fon

Traité d'Optique fur la Lumière. & les Couleurs) qu'un changement tant foit peu confidérable dans leur pofition, à l'égard de l'œil, doit faire changer leur *couleur*

Pour faifir la raifon de cette différence, dit Haüy, fuppofons que *a b l c*, *fig.* 677, repréfente la coupe d'une lame de quelque fubftance dont la denfité foit incomparablement plus grande que celle du milieu qui environne cette lame. Dans ce cas, un rayon de lumière *r e*, qui rencontrera la furface de cette lame fous une obliquité quelconque, fe réfractera dans l'intérieur, fuivant une direction *e i* qui s'écartera très-peu de la perpendiculaire *u n* au point d'immerfion, à caufe de la grande différence entre le finus d'incidence & celui de réfraction. Qu'un autre rayon incident *v e* rencontre la même furface, fous une obliquité fenfiblement différente, le rayon réfracté *e q* ne s'écartera pas beaucoup plus de la perpendiculaire *u n*, & par conféquent les efpaces entre *e q* & *e l*, mefurés des deux rayons réfractés, ne différeront que d'une petite quantité; d'où il fuit que la *couleur* qui dépend de ces efpaces ne fubira qu'un léger changement. Suppofons, au contraire, que la denfité de la lame *a b l c*, approche d'être égale à celle du milieu environnant; dans ce cas, les rayons incidens *d g*, *s g*, ne fubiront qu'une légère inflexion en traverfant la lame; en forte que les rayons réfractés *g p*, *g m*, étant prefque fous la direction des rayons incidens, il réfultera une grande différence entre les efpaces mefurés par ces rayons, & en même temps entre les *couleurs* relatives à ces efpaces.

Il eft facile de voir que l'explication que l'on donne de ces fortes de *couleurs changeantes* eft fondée fur la différence de couleurs que les lames minces d'une même fubftance préfentent, lorfque ces lames varient dans leur épaiffeur. (*Voy.* COULEURS DES LAMES MINCES.) Une nouvelle caufe qui influe encore, dans un grand nombre de circonftances, fur le changement de *couleur*, eft la propriété qu'a la lumière d'être polarifée. *Voy.* LUMIÈRE POLARISÉE, POLARISATION DE LA LUMIÈRE.

C. A. Prieur a donné une autre explication de ce phénomène aux *couleurs changeantes* des plumes des oifeaux; comme cette explication eft fondée fur des obfervations nouvelles, nous allons tranfcrire ce qu'il en a publié dans le tome LXI des *Annales de Chimie*, page 154.

« Mon fecond phénomène eft relatif à la coloration changeante de plufieurs parties du plumage du paon & de quelques autres oifeaux, tels que le coq, le pigeon, le canard d'Inde, &c Ici, après l'examen comparé le plus attentif, & les réflexions les plus circonfpectes, j'ai fini par me détacher de l'idée que ces fortes de *couleurs* peuvent être rapportées aux anneaux; ma conviction, à cet égard, s'eft formée comme je vais le rapporter.

» Je confidérai d'abord que ces *couleurs* n'étoient point le réfultat néceffaire d'une certaine ténuité des parties; car, d'une part, plufieurs animaux offrent inconteftablement, dans les petits brins de leurs poils, de leurs plumes ou du duvet qui les recouvre, des exemples de ténuité variés depuis la plus imperceptible, fans que, pour cela, il y ait production de *couleurs* : & le paon blanc n'en eft-il pas lui-même un exemple frappant?

» D'autre part, beaucoup d'oifeaux & d'infectes n'ont-ils pas des *couleurs* immuables dans leurs pofitions & leurs reflets fous toutes fortes d'inclinaifons? Les ailes de quelques papillons en ont de très-fixes, quoique dépendantes d'un clavet fi tenu, qu'il eft à peine vifible. Il convient auffi de remarquer que toutes ces *couleurs* annoncent l'opacité, comme celles des plumes du paon, à la différence de celle des ailes de mouches, où l'on aperçoit les nuances relatives aux anneaux colorés; mais ces membranes ont une tranfparence fenfible, comme les lamelles du mica ou du verre foufflé.

» J'obfervai enfuite les changemens de *couleurs* de plufieurs plumes des oifeaux cités : dans celles d'une queue de paon, on voit, fur les barbes latérales de la tige, lorfqu'on les change de pofition, le rouge fauter affez brufquement au vert. Le rouge a lieu par la réflexion prefque perpendiculaire de la lumière, le vert, par la réflexion fort oblique; & il n'y a aucune alternative de réflexion & de tranfmiffion; l'opacité, dont j'ai parlé plus haut, ne le permet pas.

» Près de l'œil de la plume, une couronne extérieure montre des tons jaunâtres par le reflet perpendiculaire, & de verdâtre par le reflet oblique, tandis que plus intérieurement, par le même changement d'obliquité, un efpace du vert le plus vif prend le ton nouveau du violet. Ce font là les principales mutations de ces *couleurs*, confiftant en deux nuances, feulement pour chaque endroit.

» Sur une plume de la gorge d'un pigeon, la difpofition eft toute contraire à celle des barbes latérales de la queue du paon; c'eft-à-dire que, dans les mêmes circonftances, l'une des plumes donne du rouge, tandis que l'autre donne du vert, & *vice verfa*.

» Cette alternative de *couleurs*, bornée à deux efpèces principales, eft déjà bien difficile à concilier avec la variété des tons que fembleroient devoir donner les anneaux colorés par une matière d'une denfité auffi foible que celle qui conftitue les plumes Et fi l'on prétend s'appuyer de la mobilité plus fenfible que préfente la plume de pigeon dans les nuances, ce ne feroit encore là qu'une analogie trompeufe : cette mobilité ne provient que de l'état ordinai enent courbé de la plume, puifqu'elle ceffe auffitôt qu'on la dreffe fur une furface plane.

» Mais ce qui forme une difparate totale, c'eft l'apparence de la plume d'une aile de canard. Ici, la tranfition fe fait du vert au noirâtre, & encore cette *couleur* verte n'eft-elle fenfible que dans des pofitions toutes particulières, où l'incidence & la réflexion de la lumière ont lieu dans des angles fort inégaux, comme, par exemple, lorfqu'on regarde la plume fous une certaine obliquité, en ayant foi-même le dos tourné au jour. Voit-on jamais rien de femblable dans la fucceffion des anneaux colorés ?

» J'imaginai enfin de mouiller, avec précaution, divers endroits de la région de l'œil d'une plume de paon ; je vis alors, non pas un affoibliffement des premières nuances, mais de nouvelles *couleurs* reffortir avec beaucoup de force ; je voulus favoir fi je ne produirois pas d'altérations permanentes par quelque diffolvant. J'effayai en conféquence de mouiller fucceffivement avec de la falive, avec du vinaigre, avec de l'acide muriatique d'abord af- foibli, puis concentré, avec de l'ammoniaque, de l'éther, de l'alcool, du muriate de chaux en *de- liquium*, & je reconnus que ces agens n'avoient d'influence que comme matière humide, toutes à peu près également, excepté cependant l'acide concentré qui donnoit quelque différence ; mais tous ces effets ceffoient auffi à peu près de même par la defficcation.

» Lorfque l'orbite extérieur de l'œil étoit mouillé, la *couleur* jaunâtre devenoit d'un rouge- vif de fanguine, & le reflet, primitivement vert par l'obliquité, étoit prefqu'annullé. Si l'on mouille l'efpace vert du dedans, c'étoit le reflet vio- let qui, cette fois, difparoiffoit ; enfin, par l'acide muriatique fumant, ce même efpace vert donnoit perpendiculairement un jaune tirant fortement au rouge, & le reflet oblique paffoit d'abord au vert, puis au-delà du violet ; toutefois aucune de ces altérations ne reftoit permanente.

» En mouillant auffi l'extrémité des plumes de la queue d'un dinde, j'ai fait reffortir de nouvelles *couleurs* très-vives, que l'on ne pouvoit apperce- voir dans la même direction, mais dont l'exiftence m'étoit indiquée par certains reflets à contre-jour, analogues à ceux que j'ai cités en parlant de la plume de canard.

» Il m'étoit impoffible, d'après toutes ces par- ticularités, de perfifter à ranger dans une même cathégorie les *couleurs changeantes* des plumes, & celles des anneaux colorés des pellicules. Un exa- men plufieurs fois réitéré de celles-là me fit enfin naître la penfée qu'elles pourroient peut-être pro- vénir de la fuperpofition de plufieurs matières colorées, quelquefois de deux feulement ou de trois, ou d'un plus grand nombre, à peu près comme fi, voulant peindre un corps de plufieurs *couleurs*, on revêtiffoit fucceffivement d'une couche de chacun des ingrédiens propofés.

» Cette fuppofition, convenablement adaptée à chaque partie des plumes, rend très-bien raifon de toutes les apparences qu'on y obferve.

» En effet, fi, par exemple, fur une couche de peinture, formée de matière verte, on étend, en une couche mince, une poudre violette peu abon-

dante, il eft fenfible qu'en regardant perpendicu- lairement la furface peinte, elle paroîtra prefque uniquement verte ; tandis qu'en abaiffant l'œil, pour rendre les rayons vifuels de plus en plus ra- fans, le violet deviendra progreffivement domi- nant, jufqu'à ce qu'il foit, à fon tour, la feule *couleur* apperçue. Les tons intermédiaires feront différens degrés de vert, auxquels fuccéderont divers degrés de bleu, avant d'arriver aux tons violets : cela fe conçoit aifément.

» Si, de plus, la matière verte eft elle-même fuperpofée à une couche rouge, celle-ci pourra n'être pas vifible dans les intervalles des matières colorées des couches fupérieures ; mais fi ces couches viennent à acquérir de la tranfparence par l'imbition d'un liquide, alors l'influence de la couche du deffous fe fera fentir, & fe manifef- tera néceffairement ici par une *couleur* jaune & même rougeâtre, étant vûe perpendiculairement, tandis que les reflets obliques donneront des tons verdâtres & violets. la defficcation des matières remettra enfuite les chofes dans le premier état dont nous avons parlé.

» Telles font en réalité les variations des nuan- ces de certains endroits des plumes de paon ; telle eft, à mon fens, la caufe probable de leur forma- tion, applicable de même à celles du coq, des pigeons, de plufieurs autres oifeaux & infectes, & en particulier à ce magnifique papillon à grandes ailes qui, dans toute leur étendue, offrent de face un vert brillant, converti peu à peu, par l'obli- quité, en une *couleur* du plus beau violet. »

Tout fait croire que les *couleurs changeantes* que l'on obferve dans les nacres, les fubftances na- crées, quelques pierres, comme les opales, les feld-fpaths, & même les écailles de plufieurs poiffons, dépendent de leur ftructure lamelleufe ou des fentes dont quelques-unes de ces fubftances font remplies ; ces lames étant vues fous différen- tes faces, laiffent appercevoir, fous chaque face, des *couleurs* différentes.

Le D^r. Brewfter a fait un grand nombre d'obfer- vations intéreffantes fur les *couleurs* de la nacre : ces obfervations font confignées dans les *Tran- factions philofophiques*, & traduites, par extrait, dans le LVIIe. volume de la *Bibliothèque britan- nique*, pag. 29. On voit qu'il eft parvenu à obtenir les mêmes *couleurs*, en prenant, avec de la cire, de la gomme & même des métaux, la ftructure fuperficielle de la nacre. *Voyez* NACRE.

Quant aux *couleurs changeantes* des étoffes de foie, elles dépendent abfolument de la fabrication de leur tiffu. Ces étoffes font formées de fils de foie de deux *couleurs* différentes ; ceux de la chaîne font d'une *couleur*, & ceux de la trame d'une au- tre ; de manière que, lorfqu'on les regarde dans un fens, on voit la *couleur* des fils de la chaîne, & dans un autre fens, celle des fils de la trame ; lorf- qu'on les regarde dans d'autres directions, on voit des mélanges de *couleurs* de la trame & de la chaîne, & ces mélanges produifent des *couleurs* qui varient avec les proportions des différentes *couleurs* aperçues. Ainfi, une étoffe dont la chaîne eft jaune & la trame bleue, paroît jaune-fous un afpect, bleue fous un autre, & verte fous tous les autres afpects : le vert varie; il devient vert-jaune ou vert-bleu, fuivant que les fils de la chaîne font vus en plus ou moins grande proportion que ceux de la trame.

Prelong croit que les *couleurs changeantes* du caméléon font dues également à deux épidermes, l'un d'un jaune-clair, & l'autre d'un bleu-foncé; que l'animal ayant le pouvoir de les écarter ou de les rapprocher fuivant les diverfes affections qu'il éprouve, détermine ainfi l'apparence des diverfes *couleurs* que l'on diftingue. *Voyez* CAMELÉON.

COULEURS CHANGEANTES PAR LA CHALEUR; colores mutabiles calore.

Couleurs dont la teinte change en les chauffant, & qui reprennent leur première teinte lorfque les corps font revenus à leur température primitive.

Nous devons à Gay-Luffac ce nouveau genre d'obfervations. Il a fait chauffer, fur des charbons ardens, des morceaux de porcelaine, jufqu'à ce que ceux-ci aient acquis une température dont les limites extrêmes étoient 80 & 320° R.; il projetoit enfuite les corps colorés fur les fragmens de porcelaine, & il jugeoit, avec Merimée, les variations dans les *couleurs* que ces fubftances éprouvoient.

Le vermillon de la Chine s'eft foncé & a viré au rouge-carmin.

L'oxide orangé de mercure a pris beaucoup de rouge, eft devenu d'un beau rouge de cinabre, & a paffé au violet en prenant du bleu. Le minium ou oxide orangé de plomb éprouve les mêmes variations.

D'un rouge un peu vineux, le nitrate de cobalt paffe au bleu.

Broyé, le fulfure rouge d'arfenic paffe à l'orangé, & chauffé, il prend la *couleur* du colcotar.

En broyant le vert d'antimoine, il prend une *couleur* jaune-orangée fale; chauffé, il arrive fucceffivement au brun-rouge.

Chauffé graduellement, l'oxide du bifmuth paffe du blanc-fale au jaune fleurs-de-genêt, & delà au rouge-marron, fans paffer par l'orangé.

L'oxide d'étain *couleur* fleur-de-foufre prend, en le chauffant, une nuance plus jaune, tenant un peu du rouge.

En calcinant du nitrate de zinc exempt de fer, qui à froid eft d'un blanc de paille, il prend d'abord une *couleur* jaune-de-naples, & paffe enfuite au chromate de plomb.

Le fulfure d'arfenic jaune devient orangé en le chauffant, puis rouge-marron.

De-même le turbith minéral, qui eft d'un très-beau jaune à froid, devient d'un très-beau rouge à chaud.

Chauffé fans faire évaporer fon eau, le muriate

de cuivre paffe du bleu au vert, & le nitrate de cuivre paffe du bleu au vert-bleuâtre.

Les protoxides & les deutoxides de cuivre paffent du gris rouge-brun au noir.

On voit par ce petit nombre de réfultats, quelle action la chaleur peut avoir fur les *couleurs* de quelques fubftances, & quel nouveau champ Gay-Luffac vient d'ouvrir aux phyficiens qui s'occupent de la colorifation des corps.

COULEURS CHIMIQUES; colores chymici; chymifche farben.

Couleurs qui proviennent d'une ou de plufieurs opérations chimiques; tels font, par exemple, le vert de Schéele, le bleu de Thénard, &c., les teintures en général; enfin, toutes les *couleurs* que l'on obtient des fubftances végétales, animales ou minérales, après avoir fait fubir à ces fubftances des opérations chimiques. *Voyez* aux noms de toutes les *couleurs*, celles que l'on obtient par les opérations chimiques.

COULEURS COMPLÉMENTAIRES; colores complementarii; complementar farben.

Couleurs qui, réunies à d'autres, forment du blanc avec elles.

Si, comme Newton l'a avancé, le blanc étoit compofé de toutes les *couleurs* naturelles, mêlées dans une proportion fixe, & déterminée, rien ne feroit plus facile que de trouver la *couleur complémentaire* d'une autre; tout confifteroit à connoître de combien de fortes de rayons ou molécules colorées une *couleur* donnée eft compofée : réuniffant enfuite tous les rayons & les molécules colorées, néceffaires pour compléter le blanc, la *couleur* provenante de cette réunion feroit néceffairement la *couleur complémentaire*. Ainfi, au rouge fimple que l'on obtient de la lumière qui paffe à travers un verre rendu rouge par l'oxide de cuivre, il faudroit, d'après Newton, réunir toutes les autres *couleurs* du prifme, pour obtenir du blanc; à la *couleur* violette obtenue par la lumière qui traverfe un verre épais, coloré par le manganèfe, il faudroit réunir toutes les *couleurs* du fpectre contenues entre le violet & le rouge, parce que cette *couleur* violette eft compofée des deux *couleurs* fimples qui font aux deux extrémités du fpectre; enfin, pour faire du blanc avec la lumière qui a paffé à travers un verre coloré avec l'oxide de cobalt, il faudroit ajouter la *couleur* fimple orangée, parce que la lumière qui forme ce bleu eft elle-même compofée de toutes les molécules colorées qui compofent le fpectre folaire, les molécules orangées feules exceptées.

On voit donc que, d'après les principes de Newton, les *couleurs complémentaires* de deux *couleurs*, femblables en apparence, pourroient être très-différentes les unes des autres; qu'avec un vert fimple, par exemple, il faudroit réunir toutes les autres molécules colorées, pour faire du blanc; tandis qu'avec un vert compofé de jaune, vert & bleu, il ne faudroit réunir que les *couleurs* des deux extrémités du fpectre, qui n'entrent pas dans la *couleur* du vert compofé, avec lequel on veut faire du blanc.

Pour trouver la *couleur complémentaire* d'une *couleur* connue, on peut faire ufage du cercle des *couleurs* prifmatiques de Newton, *fig. 631*, en employant, pour les *couleurs complémentaires*, la méthode que Newton indique pour trouver la *couleur* d'un compofé, ou la méthode indiquée par le P. Scheiffer pour déterminer la *couleur accidentelle*. *Voyez* CERCLE DES COULEURS PRISMATIQUES, COULEURS ACCIDENTELLES.

Mais comme la lumière blanche n'eft pas toujours un compofé de toutes les *couleurs* du prifme (*voyez* COULEURS BLANCHES, COULEURS DE LA LUMIÈRE), il n'eft pas toujours néceffaire qu'une *couleur complémentaire* foit compofée de toutes les *couleurs* du prifme qui n'entrent pas dans la *couleur* avec laquelle on veut faire du blanc ; il fuffit fouvent de réunir deux *couleurs* fimples pour obtenir de la *couleur* blanche. On forme fouvent du blanc en réuniffant les lumières rouges & vertes, obtenues par le paffage de la lumière folaire à travers des verres rouges & des verres verts colorés par de l'oxide de cuivre, & qui produifent toutes-les deux des *couleurs* fimples.

On peut donc, lorfque l'on veut connoître la *couleur complémentaire* d'une autre *couleur* & qu'on ne veut la connoître que par approximation, c'eft-à-dire, que l'on n'a pas befoin d'une extrême précifion, employer un moyen très-fimple ; c'eft de fuppofer la lumière blanche compofée de trois *couleurs*, de rouge, de jaune & de bleu ; d'examiner enfuite de combien de ces *couleurs* la *couleur naturelle* que l'on confidère, eft compofée, & de réunir le refte, pour former la *couleur complémentaire*. Ainfi, en fuppofant la *couleur naturelle* rouge, la *couleur complémentaire* fera un compofé de jaune & de bleu, conféquemment du vert. Si l'on fuppofe la *couleur naturelle* orangée, c'eft-à-dire, compofée de rouge & de jaune, la *couleur complémentaire* fera bleue ; fi l'on fuppofe la *couleur naturelle* jaune, la *couleur complémentaire* fera un compofé de rouge & de bleu ; ainfi violette, &c. On voit, d'après cette méthode approximative, avec quelle facilité on peut déterminer quelle eft la *couleur complémentaire* d'une *couleur* donnée.

Nous avons dit que l'on pourroit former du blanc avec deux feules *couleurs*. Nous pourrions ajouter plufieurs faits nouveaux à celui que nous avons cité ; mais nous nous contenterons d'indiquer une methode fimple, avec laquelle on obtient facilement de la *couleur* blanche. Que l'on peigne fur un carton circulaire des fegmens fucceffifs de *couleurs complémentaires*, & que l'on faffe tourner le carton autour d'un axe placé au centre, on verra naître du blanc. Pour que ce blanc foit complet, il faut : 1°. que les deux *couleurs* employées foient exactement *complémentaires* l'une de l'autre ; 2°. que les fegmens colorés & fucceffifs foient très-

étroits, & 3°. chercher, par le tâtonnement, quel doit être le rapport de largeur des deux fegmens, pour que le blanc foit complet. Nous avons fait peindre, à l'École polytechnique, des cartons avec toutes les *couleurs complémentaires* des *couleurs* fimples, rouge, orangé, jaune, vert, bleu & violet ; nous avons conftamment obtenu du blanc en faifant mouvoir ces cartons.

COULEURS COMPOSÉES ; colores compofiti ; *zufammen gefetz farben*. Réunion de plufieurs *couleurs* fimples.

Les peintres diftinguent trois *couleurs fimples*, le rouge, le jaune & le bleu ; ils regardent comme *couleurs compofées* l'orangé, le vert, le violet, & toutes les *couleurs* intermédiaires que l'on peut obtenir en mélangeant les trois *couleurs* fimples, deux à deux ou trois à trois, dans des proportions différentes.

Toutes les *couleurs compofées* des peintres exiftent dans la lumière blanche ; on peut, par le moyen du prifme, les ifoler des autres *couleurs*. Newton les regarde comme des *couleurs fimples* tant qu'elles ne peuvent pas être décompofées par le prifme (*voyez* COULEURS SIMPLES) ; cependant ces mêmes *couleurs* peuvent être également compofées en mélangeant des rayons de *couleur* fimple les uns avec les autres ; & quoiqu'il foit très-difficile de diftinguer à la vue une *couleur* fimple d'une *couleur compofée*, on parvient facilement à en faire la différence en faifant paffer le rayon coloré à travers un prifme. Si la *couleur* eft fimple, le rayon pourfuit fon chemin fans éprouver d'altération dans fa *couleur* ; fi la *couleur* eft compofée, les divers rayons colorés fe féparent par leurs différences de réfrangibilité, & l'on peut ainfi obtenir chacune des *couleurs* qui entroit dans le compofé : c'eft ainfi, par exemple, qu'en faifant paffer, à travers un prifme, un rayon de lumière verte, provenant du paffage de la lumière folaire à travers une infufion de fcabieufe alcalifée, on obtient un fpectre divifé en deux parties ; l'une eft circulaire orangée, l'autre eft elliptique & compofée de vert & de bleu ; d'où il fuit que ce vert eft formé de bleu, de vert & d'orangé, tandis que le vert provenant du paffage de la lumière, à travers un verre coloré par l'oxide de cuivre, ne produit qu'un fpectre circulaire vert, fans aucune altération ; donc c'eft une *couleur fimple*.

Séduit par la facilité avec laquelle les peintres forment avec les trois *couleurs fimples*, rouge, jaune & bleu, toutes les autres *couleurs* intermédiaires, plufieurs phyficiens ont penfé que ces trois *couleurs* étoient les feules que l'on pût regarder comme fimples, & que toutes les autres *couleurs* intermédiaires, obtenues par le prifme, devoient être des *couleurs compofées*, formées par l'union de ces trois *couleurs* dans diverfes proportions ; d'autres ont penfé que le violet, placé à l'extrémité du fpectre, devoit être, comme le

rouge,

rouge, une *couleur simple*, & que ces deux *couleurs*, avec celle du milieu, devoient former toutes les autres *couleurs* du spectre, qu'ils regardoient comme des *couleurs composées*; mais Newton a prouvé, par l'impossibilité que l'on éprouvoit à séparer les *couleurs*, qu'elles étoient réellement des *couleurs simples*. *Voyez* COULEURS SIMPLES.

COULEURS CONSTANTES; colores immutabiles; *standschaft farben, oder, unverhæ.derliche farben*. *Couleurs* qui n'éprouvent aucune variation en les regardant. Cette dénomination est employée pour distinguer les *couleurs* ordinaires de celles qui changent à la vue, selon les divers aspects sous lesquels on les regarde. *Voyez* COULEURS CHANGEANTES, COULEURS IRISÉES, COULEURS VARIABLES.

Newton attribue la propriété qu'ont ces *couleurs* de n'éprouver aucune variation lorsqu'on les regarde, à la densité de la lame mince ou des particules du corps dans lesquelles la lumière se décompose, & qu'il suppose être beaucoup plus grande que celle des corps environnans. *Voyez* COULEURS NATURELLES DES CORPS.

COULEURS CONTRASTÉES; colores complentes; *contrast farben*. Dénomination donnée par C. A. Prieur aux *couleurs complémentaires*. *Voyez* COULEURS COMPLÉMENTAIRES.

COULEUR DE L'AIR; aeris color; *luft farbig*. *Couleur* que l'on croit être propre à l'air.

Vu dans un temps clair, un ciel sans nuage & sans vapeur paroît ordinairement d'un beau bleu azuré. Cette *couleur du ciel* a été attribuée, par quelques physiciens, à la *couleur* propre de l'air; d'autres, au contraire, ont pensé que l'air étoit sans *couleur*, & que l'azur du ciel étoit dû principalement à la *couleur* bleue de la lumière que l'air réfléch't.

Ce qu'il y a de certain, c'est que l'air pur, quelque grande que soit sa masse, est parfaitement incolore, & qu'il ne laisse apercevoir de *couleur* sensible qu'autant que l'on regarde l'espace à travers sa masse, & ici la *couleur du ciel* varie avec l'épaisseur de la masse d'air traversée; l'azur du ciel est, dans un temps pur, beaucoup plus bleu au zénith qu'à l'horizon.

Saussure nous apprend que la *couleur du ciel* devient de plus en plus foncée, à mesure qu'on s'élève dans l'atmosphère; quelquefois même, lorsque l'air est très-pur & que l'on est fort élevé, la *couleur du ciel* devient tellement foncée, qu'elle paroît noire. Ce savant géologue dit, §. 2009 de ses *Voyages*, que des guides traversant une pente de neige rapide pour parvenir à la sommité du Mont-Blanc, virent tout à un coup le ciel par une espèce d'embrasure qui terminoit le haut de cette pente: la *couleur* noire du ciel leur fit prendre cette embrasure pour un gouffre; ils rebroussèrent d'épou-

vanté, & rapportèrent à Chamouni qu'ils n'avoient pas pu avancer, parce qu'ils avoient vu un gouffre horrible s'ouvrir devant eux.

Après avoir observé avec soin la *couleur du ciel*, sur la sommité des montagnes élevées, dans le même temps que cette même *couleur* étoit observée à Genève & à Chamouni, Saussure s'est assuré que le ciel est constamment d'un bleu plus foncé sur les montagnes que dans les plaines & dans les vallées; il a remarqué que, dans un beau jour, la teinte bleue du ciel augmentoit d'intensité depuis le lever du soleil jusqu'à son passage au méridien; qu'ensuite elle diminuoit jusqu'au coucher du soleil, & cela à quelque hauteur au-dessus de l'horizon que l'observation soit faite.

Ce physicien distingué pense, enfin, que le ciel paroîtroit absolument noir si l'air étoit parfaitement transparent, sans *couleur*, & entièrement dépouillé de vapeurs opaques & colorées; on ne verroit alors que le noir du vide ou la clarté des étoiles; mais l'air n'étant pas parfaitement transparent, ses élémens réfléchissent toujours quelques rayons de lumière, & singulièrement les rayons bleus : ce sont ces rayons réfléchis qui produisent la *couleur* bleue du ciel. Plus l'air est pur, plus la masse de cet air est profonde, & plus la *couleur* bleue paroît foncée; mais les vapeurs qui s'y mêlent, du moins celles qui ne sont pas dans un état de dissolution, réfléchissent des *couleurs* différentes, & ces *couleurs*, mêlées avec le bleu naturel de l'air, produisent toutes les nuances entre le bleu le plus foncé, le gris & le blanc, ou telle autre *couleur* qui prédomine dans les vapeurs dont l'air est chargé.

Saussure croit que l'air ne paroît coloré que par réflexion, tandis que, par transparence, il est à peu près sans *couleur*. Les montagnes couvertes de neige, dit cet infatigable observateur, mettent tous les jours sous nos yeux la preuve de cette vérité; ces montagnes, lorsqu'elles sont éclairées par le soleil, ne paroissent point bleues, quelle que soit la masse de l'air, de vingt ou trente lieues, par exemple, au travers de laquelle on les voit; elles paroissent ou rougeâtres, ou blanchâtres, suivant que les vapeurs qui traversent les rayons qui les éclairent, sont ou ne sont pas colorés : or, à de telles distances, elles paroîtroient constamment bleues, si l'air laissoit passer les rayons bleus en plus grande proportion que les autres; mais quand des montagnes d'une *couleur* quelconque, surtout d'une *couleur* sombre & verte en particulier, sont peu éclairées, dans le moment, par exemple, où le soleil se couche derrière elles, les rayons bleus que réfléchit cet air, n'étant pas dominés par une grande quantité de rayons d'une *couleur* différente, ils obtiennent la prépondérance; & ces montagnes nous paroissent bleues par transparence, quoique ce soit par la réflexion de l'air. C'est aussi par cette raison que les neiges des montagnes très-éloignées, vues à la clarté du crépuscule, paroissent d'un blanc qui tire fur le bleu, lors même qu'elles font fituées à l'oppofite.

D'autres prétendent que nous ne pouvons diftinguer un corps coloré d'un corps qui ne l'eft pas, que par la nature de la lumière qu'il réfléchit ou qu'il laiffe paffer; que nous regardons comme blancs tous les corps qui ne nous envoient que de la lumière blanche, & que nous regardons comme colorés tous ceux qui nous envoient de la lumière colorée; que, quelle que foit la manière dont l'air nous envoie de la lumière colorée, que ce foit en la laiffant paffer à travers fa maffe, que ce foit en la réfléchiffant de la furface de fes molécules, ces corps font toujours confidérés comme des corps colorés.

L'illuftre auteur de l'*Expofition du fyftème du monde* partage l'opinion que la *couleur* bleue n'eft que réfléchie par les molécules de l'air; car il dit: l'air eft invifible en petite maffe, mais les rayons de lumière, réfléchis par toutes les couches de l'atmofphère, produifent une impreffion fenfible; ils le font voir avec une *couleur* bleue qui répand une teinte de même *couleur* fur tous les objets apperçus dans le lointain, & qui forme l'azur du ciel.

Mais de quoi fe compofe cette *couleur* azurée fous laquelle le ciel paroît à nos yeux? Plufieurs phyficiens croient qu'elle eft produite par la fouftraction de quelques molécules bleues que l'air intercepte & réfléchit; d'autres penfent qu'elle eft formée par les rayons pourpres, violets, indigos, bleus & verts, qui font interceptés par l'air, parce qu'ils font moins réfrangibles & plus réflexibles que les rayons jaunes, orangés & rouges.

Haffenfratz eft le premier qui ait prouvé, dans un Mémoire imprimé dans les *Annales de Chimie*, tom. LXVI, pag. 54, que l'air interceptoit fucceffivement les rayons de lumière les plus réflexibles, dans l'ordre de leur réflexibilité, & cela en raifon de l'épaiffeur de la maffe d'air que la lumière doit traverfer. Lorfque la maffe eft peu confidérable, les feuls rayons pourpres font interceptés; fi la maffe augmente, l'air intercepte les rayons pourpres & les rayons violets; la maffe augmentant encore, l'air intercepte les rayons pourpres, violets & indigos; enfin, fi la maffe de l'air augmente, bientôt les rayons bleus font interceptés, & enfuite les rayons verts.

Ce phyficien a prouvé cette loi d'interception des rayons folaires, en obfervant le fpectre folaire à différentes heures du jour, & à différens jours de l'année. Ainfi, au folftice d'été, à midi, lorfque le foleil eft à fa plus grande élévation, le fpectre coloré eft le plus long & le plus complet; tous les rayons violets y font réunis; il n'y a d'intercepté que les rayons pourpres. Au folftice d'hiver, au moment où le foleil fe lève ou fe couche, le fpectre folaire eft le plus petit poffible; il ne contient ni pourpre, ni violet, ni indigo, ni bleu; il lui manque même une partie de fon vert.

Si, aux mêmes époques, on obferve l'ombre de la lumière, on voit que cette ombre fe colore fucceffivement; qu'elle eft d'abord d'un noir purpurin, qu'elle devient violette, indigo, bleue, & enfin verte lorfque le foleil eft très-bas, & que fa lumière eft obligée de traverfer une grande maffe d'air. On fait que Buffon n'a pu obferver les ombres vertes que lorfque le foleil fe couchoit dans une vallée, au-deffous de l'horizon du lieu où il obfervoit. Sauffure dit, §. 2080 de fes Voyages:

« Il eft auffi remarquable que, malgré l'intenfité de la *couleur* bleue de l'air dans ces hautes régions, les ombres projetées par le foleil ne nous aient jamais paru d'un bleu-foncé, quoique nous les obfervaffions, mon fils & moi, avec le plus grand foin, toutes les fois que le foleil luifoit, & que nous fuffions bien accoutumés à les voir d'un beau bleu le foir & le matin dans la plaine.

» Sur cinquante-neuf fois que nous les avons obfervées, nous les avons trouvées trente-quatre fois d'un violet pâle, dix-huit fois fans couleur, c'eft-à-dire, noires, fix fois feulement d'une couleur bleuâtre (encore ce bleu étoit-il pale), & une fois jaunâtres.

» Ces obfervations paroiffent bien confirmer l'opinion des phyficiens, qui penfent que ces couleurs dépendent des vapeurs accidentellement répandues dans l'air, & qui réfléchiffent fur l'ombre la couleur qui leur eft propre, plutôt que la couleur propre de l'air ou de la réflexion de la couleur bleue du ciel. »

Quelle que foit l'opinion des phyficiens à l'égard de la *couleur du ciel*, ce qu'il y a de certain, c'eft que la *couleur* que l'air nous envoie, varie en raifon de la maffe traverfée par la lumière; que cette *couleur* peut être purpurine, violette, bleue, & même verte, felon que la maffe eft petite ou confidérable.

COULEUR DE LA LUMIÈRE; luminis color; *lichter farbig*. Rayons ou molécules colorées dont la lumière eft compofée.

Une des découvertes qui a le plus influé fur l'optique, c'eft celle que fit Newton fur la compofition de la lumière. Par une ouverture o, *fig.* 678, faite dans un volet, il fit entrer un rayon de lumière *of* dans une chambre obfcure: un prifme de verre *ab*, placé dans la direction du rayon, il fit changer de direction & de forme, & naturellement on reçut une image alongée *ed*, formée d'une férie de *couleurs* commençant par le rouge au point *d*, finiffant par le violet au point *e*, & dont la fucceffion, par nuances imperceptibles, étoit le rouge, l'orangé, le jaune, le vert, le bleu, l'indigo, le violet; ce fpectre confervoit la largeur du premier fpectre *f*, mais il étoit beaucoup plus alongé dans la direction *de*, perpendiculaire à l'axe du prifme.

Grimaldi avoit déjà obfervé, depuis long-temps, qu'un rayon folaire fe dilatoit en paffant à travers le prifme; mais il regardoit cette dilatation comme une cause accidentelle qui agissoit de la même manière sur tous les rayons f. Newton, pour prouver que le prisme opéroit une décomposition & non une dilatation seulement, fit passer le rayon de lumière à travers deux prismes placés à angle droit, *a b*, *c d*, *fig.* 679, & au lieu d'obtenir un spectre carré *e f g h*, ainsi qu'on auroit dû l'espérer si le prisme dilatoit seulement la lumière, il obtint un spectre oblique *e h* dans la diagonale du carré; spectre qui conservoit toujours sa largeur primitive: alors Newton s'assura, par cette expérience, que la séparation des rayons colorés par le prisme étoit occasionnée par la différence de réfrangibilité de chaque rayon ou molécules colorées. *Voyez* REFRANGIBILITÉ.

Il restoit à démontrer, 1°. que les *couleurs de la lumière*, ainsi obtenues, composoient réellement la lumière blanche; 2°. que chaque molécule ou rayon coloré avoit une réfrangibilité différente.

Pour prouver que la lumière blanche étoit réellement composée de toutes les *couleurs* ainsi séparées, il falloit reproduire du blanc en réunissant toutes ces *couleurs*, & prouver que, par la soustraction d'une ou de plusieurs de ces *couleurs*, on n'obtenoit plus du blanc, mais une *couleur* particulière; c'est ce que Newton obtint au moyen de l'expérience suivante.

Après avoir décomposé le rayon de lumière *g h*, *fig.* 680, en le faisant passer à travers le prisme *a b*, le spectre coloré fut reçu sur une lentille *c d*; au foyer *f* de cette lentille, on plaça un second prisme *e m*, semblable au premier, & dans une disposition telle, que ses faces étoient parallèles à celles de l'autre prisme; alors les rayons colorés, convergeant vers le prisme, sortoient parallèlement entr'eux, en suivant la direction *i k* Ce faisceau étoit sans *couleur*, &, reçu sur un carton blanc, il donnoit, comme le premier rayon *g h*, un spectre circulaire blanc; mais dès qu'avec un corps opaque *n*, on interceptoit un ou plusieurs rayons colorés du spectre *c d*, le rayon *i k* devenoit coloré, ainsi que le spectre qu'il produisoit sur le carton *o p*, & cette *couleur* étoit la *couleur complémentaire* des rayons interceptés, ou de la *couleur* qui auroit formé du blanc avec les rayons interceptés.

Jusqu'ici il paroît bien prouvé, tant par l'analyse que par la synthèse, que la lumière blanche est composée d'une immensité de molécules colorées; mais pour prouver que chaque rayon ou molécule colorée a une réfrangibilité différente, & que c'est en raison de cette différence de réfrangibité que cette décomposition s'opère, on a employé divers moyens.

1°. L'examen de la formation du spectre solaire, *fig.* 678. On voit ici que le rayon qui s'écarte le plus de sa direction est le rayon violet *c e*; que celui qui s'en écarte le moins est le rayon rouge *c d*, & que tous les autres s'écartent plus ou moins de leur direction, selon qu'ils sont plus éloignés du rouge ou du violet: d'où Newton conclut que les rayons les plus réfrangibles sont les rayons violets; les moins réfrangibles, les rayons rouges, & que l'ordre de réfrangibilité des rayons colorés est celui-ci: rouge, orangé, jaune, vert, bleu, indigo, violet.

2°. En regardant à travers un prisme A C, *fig.* 681, une ligne B M R, mi-partie bleue, B M, & mi-partie rouge M R, on voit cette ligne se briser en M, & l'image bleue *b m*, *β μ*, être toujours plus éloignée de la ligne, que l'image rouge *m r*, *μ ρ*. Ce brisement & cet écartement ne peuvent avoir lieu qu'autant que ces deux *couleurs* ont des réfrangibilités différentes; la plus réfrangible, la bleue, est celle qui s'écarte davantage; la moins réfrangible, la rouge, est celle qui s'écarte le moins.

3°. Si l'on prend un carton D E, *fig.* 682, divisé en deux parties par la ligne F G, que la partie D G soit peinte en bleu, & la partie F E en rouge, & que, sur ces *couleurs*, on trace des lignes noires; que l'on place ensuite une lentille M N à quelque distance du carton, & que l'on éclaire celui-ci par une lumière; si l'expérience se fait dans l'obscurité, on peut recevoir, sur les cartons H I, *h i*, l'image des lignes noires tracées sur le carton; ces lignes paroissent naturellement sur la *couleur* rouge, réfractée sur le carton H I, & à une plus grande distance que sur la *couleur* bleue *h i*: ainsi, le foyer des rayons rouges se trouve en H I, tandis que celui des rayons bleus est en *h i*; mais le foyer des rayons est d'autant plus près, que les rayons sont plus réfrangibles; donc les rayons bleus sont plus réfrangibles que les rayons rouges.

4°. Que l'on fasse arriver un faisceau de lumière divergente S, *fig.* 683, sur une lentille M N; que le milieu de la surface de cette lentille soit couvert par un cercle de carton *p q*, de manière qu'il ne puisse passer, à travers la lentille, qu'une couronne de lumière: cette lumière, après avoir été réfractée par la lentille, forme un cône lumineux coloré de toutes les *couleurs* du spectre solaire, que l'on peut observer, soit en interceptant cette lumière par un carton X Y, soit en répandant de la poussière dans le cône de lumière M A N. Dans le premier cas, on reçoit, sur le carton blanc, un spectre annulaire coloré, dans lequel les *couleurs* extérieures de l'anneau sont rouges, les *couleurs* intérieures violettes, & l'ordre des cercles concentriques colorés, en allant du rouge au violet, est absolument le même que celui du spectre solaire alongé, formé par un prisme. Dans le second cas, les *couleurs* que la lumière, réfléchie par la poussière, fait apercevoir, forment un cône coloré de toutes les *couleurs* de l'iris. Ecartant le carton X Y de la lentille, on voit le cercle coloré diminuer successivement: dans la position A B, tout le violet se réunit en un seul point, ce qui est l'indice du foyer des rayons violets: dans la position C D, plus éloignée, tout le rouge se réunit en un seul point, ce qui est l'indice du foyer des rayons rouges. Entre les positions A B,

Gggg 2

CD du carton, on voit se réunir successivement toutes les *couleurs* en un seul point, d'abord l'indigo, puis le bleu, le vert, le jaune, l'orangé, & enfin le rouge; ce qui prouve que le foyer des rayons violets est le plus rapproché de la lentille, & que ceux des autres rayons s'en écartent successivement dans l'ordre suivant : l'indigo, le bleu, le vert, le jaune, l'orangé, le rouge; donc, encore, les rayons les plus réfrangibles sont les rayons violets, & la réfrangibilité des autres rayons diminue successivement du violet à l'indigo, de l'indigo au bleu, du bleu au vert, du vert au jaune, du jaune à l'orangé, de l'orangé au rouge.

5°. En plaçant un prisme AB, *fig.* 684, près de l'ouverture O, par laquelle un rayon de lumière entre dans une chambre obscure, & couvrant cette ouverture d'un verre coloré CD, qui ne laisse passer que des rayons d'une seule *couleur*, on observe, si le verre est coloré en rouge par l'oxide de cuivre, que l'on obtient, sur un carton blanc XY, après le passage de la lumière rouge à travers le prisme, un spectre circulaire rouge en R ; si le verre CD est coloré en vert par l'oxide de cuivre, on obtient un spectre circulaire vert en *u*; enfin, si le verre CD est coloré en violet par le manganèse, on obtient deux spectres colorés circulaires, l'un rouge en R, & l'autre violet en V. On voit, par cette expérience, que le rayon rouge est celui qui s'écarte le moins de la direction du rayon de lumière OF; donc ce rayon est le moins réfrangible : que le rayon violet est celui qui s'écarte le plus; donc ce rayon est le plus réfrangible; enfin, que le spectre vert, le spectre rouge & violet, a une réfrangibilité moyenne entre ces deux *couleurs*; qu'il est plus réfrangible que le rouge, & moins réfrangible que le violet.

6°. Après avoir fait entrer un rayon de lumière Ap, *fig.* 685, dans une chambre obscure, & l'avoir décomposé avec un prisme BC pour obtenir le spectre OG sur le carton XY, si l'on perce, dans ce carton, un trou *o*, que derrière ce trou on fixe un prisme DE, qu'ensuite on fasse mouvoir le prisme BC, de manière que tous les rayons colorés puissent arriver, les uns après les autres, dans le trou, ils prendroient la direction *o*F, si le prisme DE n'existoit pas ; mais dès qu'on le place en ED pour intercepter la lumière, on voit tous les rayons colorés se réfracter à mesure qu'ils arrivent sur le prisme DE : le rayon rouge en R, le rayon violet en V, & tous les autres dans des positions intermédiaires entre R & V, & cela dans l'ordre suivant : rouge, orangé, jaune, vert, bleu, indigo, violet. Comme les rayons colorés, en passant à travers le prisme DE, doivent s'écarter d'autant plus de leur direction primitive *o*F, qu'ils sont plus réfrangibles, il s'ensuit que le rayon violet est de tous celui qui est le plus réfrangible; que le rayon rouge est le moins réfrangible, & que l'ordre de réfrangibilité des divers rayons colorés va du rouge à l'orangé, de l'orangé au jaune, du jaune

au vert, du vert au bleu, du bleu à l'indigo, de l'indigo au violet.

Nous ne nous étendrons pas davantage sur les diverses manières dont on peut prouver que tous les rayons colorés ont des réfrangibilités différentes, & que c'est en raison de cette différence de réfrangibilité, qu'ils sont séparés les uns des autres par les prismes. Les six modes d'expériences que nous avons rapportées, nous ont paru plus que suffisans.

Après avoir fait connoître l'ordre de réfrangibilité des divers rayons colorés, il étoit intéressant de déterminer les rapports de leur réfrangibilité; c'est ce que Newton a voulu obtenir par l'expérience que nous allons rapporter.

Un rayon de lumière QF, *fig.* 678, entrant dans une chambre obscure, par une ouverture O, étoit reçu sur un prisme *ab*, pour être décomposé & produire un spectre solaire *ed*, sur un carton *gh*; examinant avec soin les *couleurs* du spectre, Newton chercha à bien distinguer les nuances des *couleurs*, & à fixer, sur le spectre, les points précis du rouge, de l'orangé, du jaune, du vert, du bleu, de l'indigo & du violet pur. Afin d'avoir une image nette & qui fût constamment la même, il prit diverses précautions : 1°. il plaça, à l'ouverture par laquelle passoit la lumière, un télescope ; 2°. il tourna le prisme jusqu'à ce qu'il parvînt à une position facile à obtenir, & qui donnât toujours le même spectre ; 3°. il se fit aider par des amis qui avoient l'œil exercé à bien distinguer les *couleurs*, afin de pouvoir marquer bien exactement les limites de celles dont il vouloit déterminer les rapports de réfrangibilité.

Pour bien concevoir ce que l'on entend par position constante du prisme pour obtenir toujours le même spectre, il faut savoir que, lorsque l'on a reçu un faisceau de lumière sur un prisme, & que l'on fait mouvoir ce prisme autour de son axe, on voit, à chaque mouvement du prisme, 1°. le spectre changer de position; 2°. le spectre varier dans sa longueur ; mais ce que cette variation a de remarquable, c'est que l'on voit d'abord le spectre se mouvoir dans un sens, s'arrêter & revenir sur lui-même. C'est dans la position unique où le prisme produit l'image stationnaire, que Newton a reçu le spectre solaire qu'il a examiné.

On peut démontrer que, lorsque l'image est stationnaire, la position du prisme, à l'égard des rayons, est telle, que les rayons incidens & émergens font des angles égaux avec les surfaces latérales du prisme, ou, si l'on veut, que la réfraction est égale, de part & d'autre, au prisme. Newton l'a prouvé par la synthèse dans ses *Lect. Opt.* La démonstration suivante est purement analytique, & donne comme conséquence, la valeur des angles d'incidence & de réfraction.

Nous observerons d'abord que, puisque l'image est toujours sous la direction du rayon émergent, à mesure qu'il s'écartera du rayon incident, ou que l'angle donné par ces deux rayons augmentera pendant la rotation du prisme, l'image doit s'éloigner dans le même sens; elle se rapprochera aussi lorsque l'angle diminuera; donc elle sera stationnaire lorsqu'il sera au maximum. C'est d'après cette condition qu'il faut déterminer les angles d'incidence & de réfraction.

Soit EDF, *fig.* 687, l'angle du prisme, HB la direction du rayon incident, HC celle du rayon réfracté, BC celle du rayon émergent, HG, CG les perpendiculaires, $n : m$ les rapports de réfrangibilité du milieu environnant à celui du prisme : BHC $=$ l'angle d'incidence sur la première face $= u$; CHG l'angle de réfraction $= x$; HGC $=$ l'angle de la deuxième réfraction $= x'$; BCG $=$ l'angle émergent $= u'$. Soit $f =$ l'angle réfringent du prisme EDF, l'angle HBC doit être un maximum ; ou, ce qui revient au même, OBC doit être un minimum. Or, la somme des angles $x + x'$ ajoutée à la somme des angles DHC $+$ DCH vaut deux droites; mais ces deux angles étant supplémens de HDC, on a :

$$HDC = f = x + x' \quad (1).$$

Deplus, OBC $=$ BHC $+$ BCH $= u - x + u' - x'$; d'où, en vertu de l'équation (1), on a :

$$OBC = u + u' - f \quad (2)$$

qui doit être un minimum; on a de plus : $sin.\ u = sin.\ x\ \dfrac{m}{n}\ (3).$

$$Sin.\ u' = sin.\ x'\ \frac{m}{n}\quad (4).$$

Différenciant les équations (1), (2), (3), (4), on doit avoir $d'u - du' = o$. On a de même $dx + dx' = o$; en substituant pour dx' & du' leur valeur, on a :

$$-\frac{m}{n} cos.\ x\, dx = cos.\ u\, du\ \&\ \frac{m}{n} cos.\ x'\, dx = cos.\ u'\, du.$$

En divisant, on aura $\dfrac{cos.\ x}{cos.\ x'} = \dfrac{cos.\ u}{cos.\ u'}.$

Élevant au carré, on a $\dfrac{1 - sin.\ x^2}{1 - sin.\ x'^2} = \dfrac{1 - sin.\ u^2}{1 - sin.\ u'^2}$;
d'où réduisant à un même dénominateur, on aura :

$$Sin.\ u'^2\ (sin.\ x^2 - 1) - sin.\ x^2 = sin.\ u^2\ (sin.\ x'^2 - 1) - sin.\ x'^2.$$

Éliminant *sin. u'* & *sin. u*, au moyen des équations (3) & (4), on a, en multipliant par n^2 :

$$Sin.\ x'^2\ m^2\ (sin.\ x' - 1) - n^2\ sin.\ x^2 = m^2\ sin.\ x^2\ (sin.\ x'^2 - 1) - n^2\ sin.\ x'^2;$$

d'où réduisant & ordonnant: $m^2\ sin.\ x'^2 + n^2\ sin.\ x^2 = m^2\ sin.\ x^2 + n^2\ sin.\ x'^2$; d'où : $sin.\ x'\ (m^2 - n^2) \ldots.$ & $sin.\ x'^2 = sin.\ x^2$; donc : $sin.\ x = sin.\ x'$ & $x = x'$.

De plus l'équation $\dfrac{cos.\ x}{cos.\ x'} = \dfrac{cos.\ u}{cos.\ u'}$ donne *cos. u* $=$ *cos. u'* & $u = u'$; d'où il suit que les angles HCG & CHG sont égaux, ainsi que les angles BCG & BHG; c'est-à-dire, que les incidences & les réfractions sont égales de chaque côté du prisme. Si l'on substitue $u' = u$ & $x' = x$ dans les équations (1 & 2), on en tire $x = \dfrac{f}{2}$ & $u = \dfrac{f}{2} + \dfrac{OBC}{2}$, c'est-à-dire, que l'angle de réfraction $x = \dfrac{f}{2}$ est égal à la moitié de l'angle réfringent du prisme, &c.

Ce spectre solaire PT, *fig.* 686, obtenu avec un prisme de verre bien net, dont l'angle étoit de 63°, & reçu sur un carton blanc à dix-huit pieds & demi du prisme, avoit dix pouces & demi de longueur environ. Ayant marqué sur l'image colorée les limites des sept *couleurs* principales, en menant les diamètres des deux cercles extrêmes AG, FM, dont l'un donnoit le violet & l'autre le rouge; puis divisant l'espace intermédiaire en sept parties, par des lignes *ab*, *cd*, *ef*, *gh*, *ik*, *lm*, parallèles à ces diamètres ; enfin, ayant prolongé l'un des côtés rectilignes de l'image au-delà du rouge, en CD, jusqu'à ce que le prolongement fût égal à la distance entre les diamètres des deux cercles extérieurs, Newton mesura la distance entre chaque ligne transversale & l'extrémité du prolongement, en commençant par le diamètre du cercle violet, & allant successivement du violet au rouge; ce qui faisoit en tout huit distances. Or, il trouva que ces distances étoient entr'elles dans le rapport des nombres $1, \frac{8}{9}, \frac{5}{6}, \frac{3}{4}, \frac{2}{3}, \frac{3}{5}, \frac{9}{16}, \frac{1}{2}$, & la série de ces nombres avoit cette propriété singulière, qu'elle étoit semblable à celles que représentent les intervalles des sons *ut*, *re*, *mi bémol*, *fa*, *sol*, *la*, *si*, *ut*, dont est formée notre échelle musicale dans le mode mineur.

Il resulte de ce qui vient d'être dit, que la division de la ligne sur laquelle Newton avoit marqué les limites des sept *couleurs* principales, étoit la même que dans un monocorde, dont les différentes longueurs rendroient les sept sons de la gamme qui appartient au mode mineur. (*Voyez* GAMME, ECHELLE DIATONIQUE.) Cette conformité de rapport a fait penser à quelques physiciens qu'il y avoit de l'analogie réelle entre les *couleurs* & les *sons*; mais c'est une analogie de rencontre, & il y a d'ailleurs de fortes raisons qui s'opposent à la prétention, dit Haüy, de faire chanter les *couleurs*.

Newton ayant déterminé, à l'aide d'une autre expérience, le sinus de réfraction des rayons les moins réfrangibles du spectre solaire, & celui des rayons les plus réfrangibles ; sous une même incidence; si l'on désigne par 50 le sinus d'incidence, on aura 77 pour le sinus de réfraction des rayons rouges, & 78 pour celui des rayons violets.

Or, comme dans la division de l'image colorée, qui donnoit les limites des *couleurs* voisines, les positions des lignes transversales, qui répondoient à ces limites, étoient déterminées par les points du mur sur lesquels tomboient les extrémités des rayons rompus, relatifs aux mêmes limites, & à cause de la petitesse des angles qui formoient entre eux ces rayons rompus , on pouvoit prendre , sans erreur sensible, les distances entre les points du mur où ils aboutissoient, ou, ce qui revient au même, les distances entre les limites tracées sur l'image, pour les différences successives entre les sinus des angles de réfraction au passage du verre. Ainsi, en divisant les différences entre les nombres 77 & 78, en parties proportionnelles aux intervalles entre les limites des *couleurs* de l'image, on avoit 77, 77 $\frac{1}{6}$, 77 $\frac{1}{5}$, 77 $\frac{1}{3}$, 77 $\frac{1}{2}$, 77 $\frac{2}{3}$, 77 $\frac{7}{9}$, 78, pour les expressions des sinus de réfraction des divers rayons relatifs au même sinus d'incidence, exprimé par 50. Il résulteroit de-là que le sinus de réfraction du rayon rouge, relatifs à toutes les nuances de cette *couleur*, s'étendroient depuis 77 jusqu'à 77 $\frac{1}{6}$; ceux du rayon orangé, depuis 78 $\frac{1}{6}$ jusqu'à 77 $\frac{1}{5}$; ceux du rayon jaune, depuis 77 $\frac{1}{5}$ jusqu'à 77 $\frac{1}{3}$, & ainsi de suite pour les rayons verts, bleus, indigos & violets.

Quelque soin que Newton ait mis à déterminer le rapport de réfrangibilité des divers rayons, on ne peut les regarder que comme des approximations. Il paroît même qu'il a adopté celle-ci à cause de la loi qu'elle présentoit. Cette mesure du prisme est loin de pouvoir être donnée comme exacte, parce que , 1°. il est extrêmement difficile, quelque bien exercé que l'on soit à juger des *couleurs*, de déterminer avec précision les limites de chacune de celles que l'on considère comme *couleurs* principales; les nuances d'une *couleur* à l'autre sont tellement multipliées, & le passage si imperceptible, qu'il est mal-aisé de fixer rigoureusement le point qui appartient à la *couleur* pure; 2°. le spectre varie de longueur à chaque heure du jour par l'addition ou la soustraction de quelques-unes des *couleurs* qui le composent : or, les rapports trouvés en un jour de l'année & à une heure du jour, entre l'étendue de chaque *couleur* & la longueur du spectre, diffèrent quelquefois considérablement, lorsque l'expérience est faite un autre jour de l'année & à une autre heure. Ainsi le même jour, 13 janvier 1801, un spectre solaire, obtenu par Hassenfratz à une même distance (36 décimètres du prisme) avec le même prisme, dans la position où le spectre est stationnaire; ce spectre avoit, à midi, 185 millimètres de longueur; à quatre heures & demie, 145; à quatre heures, 110; à quatre heures dix minutes, 100. 3°. Comme il existe une très-grande variation entre la dispersion & la réfraction, lorsque l'on emploie des substances différentes, il en résulte qu'en raison de la nature de la substance dont le prisme est formé, les spectres colorés doivent être très-différens les uns des autres. Wollaston a fait une belle suite d'expériences pour déterminer ces rapports. Le Dr. Blair a trouvé que, non-seulement la dispersion n'étoit pas proportionnelle à la réfringence, mais il trouva en outre que les rapports des dispersions des différentes *couleurs* présentoient de grandes variations; ainsi le vert occupe

ordinairement le milieu du spectre obtenu avec des prismes de verre commun, tandis qu'il est plus rapproché du rouge, lorsque le spectre est obtenu avec un prisme de flint-glass ou de verre qui contient de l'oxide de plomb; & il est, au contraire, plus rapproché du violet dans un prisme creux, rempli d'acide muriatique : on peut même faire varier la position des *couleurs* dans un même prisme creux, en y ajoutant successivement du muriate d'antimoine & de l'acide muriatique. *Voyez* Dispersion , Réfraction ; Objectif achromatique.

De ce que Newton avoit distingué dans le spectre sept *couleurs* dominantes, le rouge, l'orangé, le jaune, le vert, le bleu, l'indigo, le violet, plusieurs physiciens crurent que Newton regardoit la lumière comme composée de ces sept *couleurs* seulement; c'est une erreur : Newton a toujours considéré la lumière blanche comme étant composée d'une infinité de *couleurs*, parmi lesquelles on distinguoit principalement le rouge, l'orangé, le jaune, le vert, le bleu, l'indigo & le violet; il regardoit toutes les nuances que l'on observe dans le spectre solaire, entre ces sept principales *couleurs*, comme étant également des *couleurs simples*, & aussi indécomposables que les premières. Nous verrons bientôt comment il démontroit cette vérité.

A peine les belles expériences de Newton, sur la composition de la lumière, furent-elles connues, qu'elles furent attaquées de toutes parts. Quelques physiciens du Continent, n'ayant pas obtenu les mêmes résultats que Newton, les suspectèrent; mais ces expériences ayant été répétées avec plus de soin, ils reconnurent leur exactitude, & tous les physiciens de bonne foi adoptèrent sa théorie de la lumière; quelques-uns cependant continuèrent à l'attaquer; & parmi les opinions qui lui furent opposées, nous ne citerons que celle du peintre Gauthier, parce que c'est la seule qui parût avoir quelque probabilité, & que c'est encore celle que les physiciens renouvellent lorsqu'ils n'ont pas été bien à même de voir & de connoître toutes les expériences sur lesquelles cette théorie est établie.

Gauthier observant que l'on peut toujours, avec du rouge, du jaune & du bleu, obtenir toutes les *couleurs* que l'on remarque dans le spectre, prétendit que ces trois *couleurs* étoient les seules contenues dans la lumière, & que les autres nuances n'étoient que les combinaisons de ces trois *couleurs* principales.

Voici les expériences à l'aide desquelles Newton prouva que toutes les *couleurs* du prisme sont des *couleurs simples*, quelques nuances qu'elles aient, & quelques facilités que l'on puisse avoir pour en composer de semblables avec des *couleurs* prismatiques. Il prit deux *couleurs* semblables , du vert, par exemple ; l'une composée des rayons jaunes & bleus, l'autre du vert pur du spectre: Ces deux lumières vertes étoient dirigées fur un prifme ; on vit le rayon vert compofé, fe divifer auffitôt par la différence de réfrangibilité du jaune & du bleu, & former deux fpeêtres diftinêts, l'un jaune & l'autre bleu, tandis que le rayon vert du fpeêtre n'éprouvoit aucune variation.

Toutes les *couleurs* du fpeêtre folaire, quelles que foient leurs nuances, étant dirigées fur un prifme, par une ouverture faite fur le carton qui reçoit le fpeêtre, toutes font déviées de leur direêtion, fans éprouver aucune décompofition, tandis que les *couleurs* femblables, lorfqu'elles font compo-fées, font auffitôt féparées les unes des autres. Cette opération peut fe faire-également avec des verres ou des fubftances tranfparentes colorées. Lorfque la matière colorante ne laiffe paffer qu'une *couleur fimp'e*, le rayon de lumière qui traverfe le prifme n'éprouve aucune modification, tandis qu'il eft auffitôt décompofé lorfque la *couleur* eft elle-même compofée. Citons une expérience. Le verre coloré en vert par l'oxide de cuivre laiffe paffer une lumière verte, qui ne produit qu'un fpeêtre cir-culaire vert lorfqu'il a paffé à travers le prifme, tandis que la lumière verte, obtenue par le paf-fage de la lumière à travers le muriate de cuivre, produit un fpeêtre coloré, compofé de jaune, de vert, de bleu, d'indigo & de toutes les *couleurs* intermédiaires.

Toutes les *couleurs fimples*, foit qu'elles aient été obtenues par la décompofition de la lumière, après avoir paffé à travers un prifme, foit qu'elles aient été obtenues en faifant paffer la lumière à tra-vers des corps colorés tranfparens, qui abforbent toutes les *couleurs*, & ne laiffent paffer qu'un rayon de *couleur fimple* : toutes ces *couleurs fimples*, di-fons-nous, ne produifent qu'un fpeêtre circulaire lorfqu'on les fait paffer à travers un prifme, fpeê-tre qui a toujours un diamètre égal à celui qu'au-roit le fpeêtre du rayon de lumière obtenu direête-ment à la même diftance.

Partant de ce principe, Newton chercha à ob-tenir des fpeêtres colorés extrêmement étroits, & dont la longueur fût un grand nombre de fois de largeur, afin de s'affurer s'il feroit poffible de féparer les rayons colorés les uns des autres, dans le cas où ces mêmes rayons colorés feroient en nombre fini ; car chaque rayon coloré fimple produifant un fpeêtre circulaire, les rayons fimples fe féparoient les uns des autres dès que la lon-gueur du fpeêtre feroit plus que trois fois fa lar-geur, fi la lumière n'étoit compofée que de trois *couleurs* ; fi elle étoit compofée de cinq, de fept *couleurs fimples*, les *couleurs* fe fépareroient dans le fpeêtre lorfque la longueur feroit plus de cinq ou de fept fois fa largeur ; enfin, fi la lumière étoit compofée d'un nombre *n* de rayons colorés, les *couleurs* fe fépareroient du fpeêtre lorfque fa lon-gueur feroit plus de *n* fois fa largeur.

Afin d'obtenir un fpeêtre coloré très-étroit & fort long, l'illuftre phyficien anglais plaça, à l'ou-verture de la chambre obfcure, un verre objeêtif d'un très long foyer ; la lumière, en paffant à tra-vers, convergeoit vers le foyer ; le fpeêtre qu'il obtint n'avoit qu'un très petit diamètre. Faifant arriver ce rayon fur un prifme de verre, & rece-vant la lumière décompofée à la diftance focale de l'objeêtif, Newton obtint un fpeêtre très-long & fort étroit, qui avoit une longueur égale à foixante-douze fois fa largeur. Dans aucune de ces expériences, les *couleurs* ne furent féparées les unes des autres ; ce qui prouve que le nombre de *couleurs fimples*, contenues dans la lumière, eft de plus de foixante-douze. Des fpeêtres, dont le rapport de la longueur à la largeur étoit beaucoup plus grand, n'ayant pas laiffé apercevoir de fépa-ration, on peut conclure naturellement que le nombre de *couleurs fimples* qui entrent dans la compofition de la lumière, nous eft encore in-connu, & que ces *couleurs* ne font pas au nombre de trois, de cinq ni de fept, comme quelques phyficiens voudroient le perfuader.

Wunfch, en 1792, & C. A. Prieur, en 1806, ont renouvelé l'hypothèfe de la formation du fpeêtre coloré par trois feules *couleurs*, & par fuite la compofition de la lumière par ces trois *couleurs* feulement ; mais au lieu de compofer leur fpeêtre de rouge, de jaune & de bleu, qui font les *couleurs* des peintres, ils le compoférent de rouge, de vert & de violet, qui font la *couleur* du milieu & celle des deux extrémités du fpeêtre. Cette nou-velle compofition eft plus favorable que la première, qui ne pouvoit pas expliquer, ou qui n'expliquoit qu'avec une extrême difficulté, la formation de la *couleur* violette, de l'une des extrémités du fpeêtre ; & pour rendre raifon de la différente réfrangibilité des *couleurs* compofées de rouge & de vert, & de violet & de vert, ils fuppofent l'un, & l'autre que chaque *couleur* a plufieurs degrés de réfrangibilité ; que là où les *couleurs* font compofées, les deux compofans des *couleurs* ayant la même réfrangi-bilité, il eft impoffible de les féparer à l'aide du prifme.

Prieur & Wunfch fuppofent également que Newton n'admettoit que fept *couleurs* dans la com-pofition du fpeêtre folaire ; favoir : le rouge, l'orangé, le jaune, le vert, le bleu, l'indigo & le violet.

En partant de cette fuppofition, Wunfch & Prieur cherchent à prouver les cinq propofitions fuivantes :

1°. Qu'il n'y a ni fept, ni cinq *couleurs* primi-tives, mais feulement trois : le rouge, le vert & le violet.

2°. Que l'orangé & le jaune font produits par un mélange de rouge & de vert ; que le bleu-pâle & l'indigo font produits par un mélange de vert & de violet.

3°. Qu'une moitié du rouge eft moins réfran-gible que le vert & le violet, tandis qu'une partie du vert eſt moins réfrangible que l'autre moitié du rouge.

4°. Que les deux tiers du vert, environ, ſont moins-réfrangibles que le violet, tandis que l'au-tre moitié eſt plus réfrangible qu'une partie du violet.

5°. Que ſi diverſes parties d'une même *couleur* ſont, les unes plus, les autres moins réfrangibles que des parties d'une autre *couleur*, la diverſité des-*couleurs* ne peut réſulter de la différence de réfrangibilité des molécules colorées ; comme on l'a cru juſqu'à préſent.

Wunſch a cherché à démontrer ces cinq propo-ſitions par ſix ſéries d'expériences, parmi leſ-quelles un grand nombre ſont inexactes. Haſſen-fratz a publié un extrait du Mémoire de Wunſch dans les *Annales de Chimie*, tome LXIV, p. 135. Il répond, dans des notes, aux différens faits cités par le ſavant profeſſeur de Francfort-ſur-l'Oder.

Prieur diviſe ſon ſpectre en ſept parties, *fig.* 688, qui répondent chacune aux diviſions des ſept *cou-leurs* de Newton. Il ſuppoſe que la ligne *a d* re-préſente l'étendue du rouge ; la ligne *b g*, celle du vert, & la ligne *e h*, celle du violet ; que l'o-rangé & le jaune ſont compoſés de vert intenſe & de rouge plus intenſe ; le jaune, également de vert & de rouge, mais de rouge moins intenſe que dans l'orangé ; le bleu, de vert & de violet, ce dernier moins intenſe que le vert ; l'indigo, de vert & de violet, ce dernier plus intenſe que le vert.

Il fonde ſon hypothèſe, 1°. ſur ce qu'il aſſure qu'on ne diſtingue que ſept *couleurs* dans le ſpec-tre, toutes les ſept parfaitement tranchées & parfaitement diſtinctes, ce qui eſt contraire à l'aſ-ſertion de Newton & à l'obſervation faite par tous les phyſiciens qui ont généralement obſervé toutes les nuances-poſſibles entre chacune des ſept *couleurs* indiquées ; 2° en ce que, ſi l'on fait paſſer un rayon bleu du ſpectre à travers du muriate de cuivre, on obtient un ſpectre vert ; ſi l'on fait paſſer la même *couleur* à travers du cuivre ammo-niacal, on obtient du violet ; enfin, le rayon jaune parut rouge après avoir paſſé à travers du vin ou d'une teinture de-cochenille.

Ces réſultats doivent paroître d'autant moins ſurprenans, que le vert du muriate de cuivre eſt compoſé de jaune, de vert, de bleu & d'indigo, & qu'il pouvoit, en conſéquence, laiſſer paſſer le bleu ; que la *couleur* du cuivre ammoniacal eſt compoſée de vert, de bleu, d'indigo & de violer ; qu'ainſi le bleu pouvoit également paſſer à travers ; enfin, que la *couleur* de l'infuſion de cochenille étant compoſée de rouge, d'orangé, de jaune & de vert, devoit également laiſſer paſſer le jaune.

On peut voir dans le LIX°. volume des *Annales de Chimie*, page 227, les détails des expériences & des raiſonnemens de Prieur pour appuyer ſon opinion.

Au reſte, ſi, comme Wunſch & Prieur l'annon-cent, les trois *couleurs* rouge, verte & violette, compoſoient ſeules-toutes les-*couleurs* du ſpectre, on devroit trouver des *couleurs* rouges, des *couleurs* vertes & des *couleurs* violettes ayant des degrés différens de réfrangibilité ; on devroit même trou-ver des *couleurs* violettes & rouges qui auroient des degrés de réfrangibilité ſemblables à celle du vert ; car il ſeroit aſſez extraordinaire que, dans tous les rouges, tous les verts & tous les violets que l'on peut compoſer, il ne s'en trouvât pas qui appartinſſent à différens degrés de l'étendue qu'ils occupent dans le ſpectre ſolaire. Perſonne, à ce que nous ſachions, n'a encore fait cette remarque.

Nous devons dire, en faveur de l'opinion de Wunſch & de Prieur, que les trois *couleurs* qu'ils ont choiſies pour compoſer le ſpectre ſolaire, ſont juſtement les ſeules que l'on puiſſe obtenir, par l'art, à l'état de pureté. On obtient du rouge pur en faiſant paſſer de la lumière à travers du verre coloré par l'oxide de cuivre ; on obtient encore du rouge pur en faiſant paſſer de la lumière à tra-vers l'infuſion d'orſeille ; on obtient du vert pur en faiſant paſſer de la lumière à travers un verre coloré par l'oxide de cuivre ; enfin, on obtient deux ſpectres purs, l'un rouge & l'autre violet, en faiſant paſſer la lumière à travers un verre coloré par le manganèſe, tandis que toutes les *couleurs* obte-nues par le paſſage de la lumière à travers des verres ou des infuſions orangée, jaune, bleue & indigo, ſont toutes très-compoſées. Ces *couleurs* pures, dans l'hypothèſe de Wunſch & de Prieur, devroient donner des ſpectres elliptiques en paſſant à travers des priſmes ; cependant elles donnent des ſpectres circulaires, ce qui prouve qu'elles n'ont pas quelque degré d'étendue comme ces deux ſavans le ſuppoſent.

Mais nous obſerverons auſſi que, lorſque le vio-let eſt ſouſtrait de la lumière, on n'y retrouve pas moins encore de l'indigo & du bleu ; que dans pluſieurs *couleurs*, telle que celle de la diſſolution de l'indigo dans l'acide ſulfurique, on ne trouve pas de jaune, quoique l'on en ſépare de l'orangé, du vert, du bleu & de l'indigo : les infuſions de ſcabieuſe & de violette contiennent également de l'orangé, du vert, du bleu, de l'indigo, mais ni jaune ni violet. Le vert de l'infuſion de penſée, un peu alcaliſé, produit également deux ſpectres ſéparés, l'un rouge & orangé, l'autre vert & bleu ; la place du jaune eſt vide, comme dans la *couleur* de l'indigo, & il y manque entièrement le violet.

Il eſt inutile de pouſſer plus loin les objections que l'on peut faire au nouveau ſyſtème de Wunſch & de Prieur ſur les *couleurs de la lumière* ; il faut laiſſer aux phyſiciens le plaiſir de répéter leurs expérien-ces, de s'aſſurer de leur véracité, & d'adopter ou de rejeter la nouvelle opinion qu'ils préſentent.

Quoique Newton regarde, avec tous les phyſi-ciens, la lumière comme compoſée d'une infinité de *couleurs*, parmi leſquelles on diſtingue le rouge, l'orangé, le jaune, le vert, le bleu, l'indigo, le violet

violet & toutes les nuances intermédiaires, cette composition éprouve souvent de grandes variations. Nous avons déjà dit (*voyez* COULEUR DE L'AIR), & nous le répétons, la lumière éprouve de grandes variations dans le nombre & la nature des *couleurs* dont elle est composée : le spectre solaire, sous l'équateur, dans les équinoxes, à midi, est composé de rouge, d'orangé, de jaune, de vert, de bleu, d'indigo, de violet, de purpurin, tandis qu'à Paris, le jour du solstice d'hiver, au coucher du soleil, la lumière solaire, décomposée par le prisme, ne produit que du rouge, de l'orangé & du vert; la lumière de l'air, lorsque le soleil ne paroît pas, est composée de violet, d'indigo & de bleu; quelquefois, mais rarement, de vert. On voit donc que, loin d'être constante, comme on l'a cru jusqu'à présent, rien n'est plus variable que la composition de la lumière.

COULEUR DE LA PEAU; pellis color; *farbe der haut*. *Couleur* qui distingue les individus qui habitent les différentes régions de la terre.

On observe assez généralement que les hommes qui habitent près des pôles sont d'un blanc-clair; que la *couleur de la peau* se colore insensiblement à mesure que l'on avance des pôles vers l'équateur, & que, sous la zone torride, la peau est ordinairement noire.

La peau, dans l'homme, est composée de quatre substances qui ont une organisation fort différente entr'elles : la première, qui est la plus extérieure, s'appelle *épiderme*, c'est-à-dire, *surpeau*; la seconde est le *tissu muqueux* ou *réticulaire*; la troisième, plus profonde, est le *corps papillaire* ou *nerveux*; enfin, la quatrième est, à proprement parler, la *peau*, le *cuir* ou le *derme*, qui est sous les précédens.

C'est la matière muqueuse & réticulaire qui donne communément la *couleur* à l'épiderme : c'est elle qui est noire dans le nègre, blanche dans l'Européen, cendrée dans le Siamois, cuivrée dans l'Américain, &c.

Mais comment cette colorisation se produit-elle dans le tissu muqueux? Ici, il existe deux hypothèses : les orthodoxes, ceux qui suivent les principes de la *Genèse*, qui font descendre toute l'espèce humaine d'un seul homme, attribuent les diverses colorisations du tissu muqueux à l'action du soleil; ils expliquent ainsi cette colorisation graduée ou ce passage successif du blanc au noir, que l'on observe dans tous les individus, à mesure que l'on s'élève du pôle à l'équateur.

Dans cette hypothèse, il est difficile d'expliquer, 1°. pourquoi tous les habitans de la zone torride, tels, par exemple, que ceux du Chili, ne sont pas noirs; 2°. pourquoi les habitans de la terre de Diemen sont noirs; 3°. la *couleur* cuivrée des Américains; 4°. pourquoi la race des Europens ne noircit pas sous l'équateur, quelque temps qu'elle y demeure, lorsqu'elle ne se croise pas; tels, par

exemple, que les Mahométans blancs que l'on trouve dans l'intérieur de l'Afrique, ni pourquoi la race des nègres ne blanchit pas au pôle; 5°. enfin, pourquoi, sous quelque latitude que l'on se trouve, le croisement d'un blanc & d'un nègre donne toujours un mulâtre d'une même teinte.

Les zoologistes, habitués à comparer tous les animaux entr'eux, attribuent cette différence de *couleurs*, dans les hommes, aux différentes races dont ils sont originaires; ils divisent tous les peuples de la terre en six races qui se distinguent autant par leur *couleur* que par leur proportion & leur intelligence, particulièrement par la forme de leur tête & par leur angle facial, qui varie de 75 à 90 degrés.

Ainsi, dans cette opinion, la première race est *blanche*; tels sont les Arabes indiens, les Celtes & les Caucasiens; la seconde est *basanée*, les Chinois, les Calmouques mongols, les Lapons ostiaques; la troisième est *cuivreuse*, les Américains ou Caraïbes; la quatrième est *brune-foncée*, les Malais ou Indiens; la cinquième est *noire*, les Cafres, les nègres; la sixième est *noirâtre*, les Hottentots, les Papons.

Dans l'opinion de ces physiologistes, la *couleur* de la peau est attribuée à une matière colorante particulière. Winslow, Riolan, Barère, ont pensé que le siége de cette matière étoit dans le tissu épidermoïde. L'adhérence presque constante de la *couleur* noire avec l'épiderme après la macération, la manière dont la *couleur* du nègre frappe nos sens, l'état luisant de la surface, la colorisation de la peau lorsque les hommes sont exposés à l'ardeur du soleil, semblent favoriser cette opinion; mais des observations plus précises, & particulièrement celle que la colorisation du soleil disparoît avec l'épiderme, ce qui n'arrive pas à la peau du nègre, ne s'accordent pas avec elle.

Malpighi, Sommering, Camper, Lecat, ont pensé que ce siége existoit dans le réseau muqueux de la peau; la *couleur* blanche du corion & de l'épiderme, état que Malpighi a observé le premier, l'adhérence après une courte macération de la matière colorante, tantôt à l'épiderme & tantôt au corion, fait indiqué par Bichat, appuient l'opinion qui place la matière colorante entre le corion & l'épiderme, c'est-à-dire, dans le réseau muqueux de la peau.

Gaultier, dans ses *Recherches sur l'organisation de l'homme, & sur la cause de sa colorisation*, conclut que :

La peau, les poils & les cheveux, chez les hommes, sont empreints d'un fluide particulier.

Ce fluide est fourni par sécrétion.

Cette sécrétion a pour organe les bulbes du système pileux.

Les poils, les cheveux & la peau puisent la matière colorante dans le même foyer.

Les *couleurs* jaune, bronzée, basanée, noire, & les diverses nuances qu'on remarque sur les peuples, dépendent des proportions de cette matière; il n'y a de différence dans les variétés de l'espèce humaine, que par sa quantité ou sa qualité.

La sécrétion, d'après la masse ou la durée plus ou moins prolongée des stimulans, & d'après le mode de sensibilité des organes.

Enfin, la colorisation de la peau est l'image, l'expression positive, immédiate de l'action vitale.

Toutes les difficultés que présente la première hypothèse, cessent dans celle-ci; mais elle contrarie en quelque sorte un des premiers principes de la *Genèse*, la création d'un seul homme. On y adopte cependant trois modifications, ou trois races nouvelles, celles de Cham, de Sem & de Japhet. Pourquoi n'en adopteroit-on pas un plus grand nombre?

COULEUR DE L'EAU; aquæ color; *farbe des wasser*. Couleur qui est propre à l'eau.

On peut faire, sur la *couleur de l'eau*, les mêmes raisonnemens que sur la *couleur de l'air*, regarder l'eau comme incolore, & attribuer la colorisation qui la distingue, à la lumière colorée qu'elle réfléchit.

Plusieurs physiciens ont cependant cru devoir rapporter la *couleur de l'eau* à celle du ciel qu'elle réfléchit; mais dans cette hypothèse, la même eau devroit changer sa *couleur* & suivre la teinte du ciel; elle devroit avoir un bleu azuré lorsque le ciel est pur, & devenir blanchâtre & grise lorsque le ciel est chargé de nuages; cependant l'eau paroît conserver toujours la même *couleur*, quel que soit l'état du ciel.

On regarde assez généralement l'eau comme ayant une *couleur* verdâtre; de-là est venue la distinction d'un vert auquel on a donné le nom de *vert-d'eau*: cependant les eaux varient de *couleur*: quelques-unes sont grises, un grand nombre vertes, avec des teintes très-différentes les unes des autres; d'autres, enfin, sont bleues.

Hallay s'étant placé dans une cloche de plongeur, se fit descendre dans la mer un jour qu'il faisoit un beau soleil; ce savant observateur trouva qu'après avoir été enfoncé de plusieurs brasses dans l'eau, la partie supérieure de sa main, sur laquelle le soleil donnoit directement au travers de l'eau & d'une petite fenêtre de verre enchâssée dans ce vase, paroissoit d'un rouge semblable à celui d'une rose de Damas, & que l'eau d'au-dessous & la partie inférieure de sa main, illuminées par la lumière réfléchie de l'eau, étoient vertes. On peut conclure de ce fait, dit Newton, que l'eau de la mer réfléchit fort bien les rayons violets & bleus, mais qu'elle laisse passer les rouges fort librement & abondamment, jusqu'à une très-grande profondeur; car, par cela même que le rouge domine dans la plus grande profondeur de l'eau, la lumière directe du soleil y doit paroître rouge, & à mesure que la profondeur est plus grande, ce

rouge doit être plus plein & plus foncé; & à telle profondeur où les rayons violets ne peuvent guère pénétrer, les rayons bleus, les verts & les jaunes étant réfléchis d'en-bas, en plus grande abondance que les rouges, doivent composer le vert.

Comme cette observation pouvoit être expliquée de deux manières, 1°. en supposant que la *couleur de l'eau* soit verte, & que la *couleur* de la lumière ne fût qu'une *couleur* accidentelle, comme cela a lieu lorsque l'on fait passer un rayon direct du soleil dans un appartement éclairé par de la lumière verte, soit qu'elle parvienne à travers un verre vert ou à travers un rideau de damas vert (*voyez* COULEURS ACCIDENTELLES); 2°. en supposant que la lumière se décompose réellement en passant à travers l'eau, que les rayons violets, indigos, verts soient réfléchis, & les rayons jaunes, orangés, absorbés; Haffenfratz a cru devoir en appeler à l'expérience pour déterminer ce qui se passe dans l'observation de Hallay.

Il prit, pour cet effet, un long tuyau qu'il remplit d'eau distillée très-pure; ce tuyau, placé dans une chambre obscure, étoit découvert dans la partie supérieure, afin de pouvoir observer les effets que présenteroit l'action de l'eau sur la lumière. Un rayon de lumière fut introduit dans cette eau; sa direction étoit telle, qu'il pouvoit traverser la masse d'eau dans toute la longueur du tuyau; celui-ci étoit peint intérieurement en noir, afin d'éviter les perturbations que pourroit produire la réflexion de la lumière.

Alors il observa que le rayon de lumière, blanc à son entrée dans le tuyau, changeoit de *couleur* dans toute la largeur de l'espace qu'il parcouroit; il passa lentement, successivement & graduellement du blanc au jaune, puis du jaune à l'orangé, enfin de l'orangé au rouge, après quoi il s'affoiblissoit & disparoissoit entièrement. Plaçant des diaphragmes de carton à des distances différentes, Haffenfratz observa que là où le rayon étoit blanc, le carton autour du spectre, paroissoit noirâtre; que là où le rayon étoit jaune, le carton, autour du spectre, paroissoit d'un violet très-foible; que là où le rayon étoit orangé, le carton paroissoit bleu; enfin, que là où le rayon étoit rouge, le carton paroissoit vert.

Ces expériences prouvoient irrévocablement que la lumière, en passant dans l'eau, se décomposoit; que ses *couleurs* jaune, orangée & rouge étoient successivement absorbées par l'eau en même temps que les *couleurs* violette, indigo, bleue & verte étoient réfléchies par les particules de l'eau: de-là la preuve de l'hypothèse de Newton sur la *couleur de l'eau*.

Tout fait croire que ce qui se passe ici, dans l'eau, se passe également dans l'air, c'est-à-dire, que lorsqu'un rayon de lumière traverse l'atmosphere, ou une grande masse d'air, les rayons jaunes, orangés & rouges sont successivement absorbés par l'air, tandis que les rayons complémentaires violets, indigos, bleus & verts sont réfléchis (*voyez* COULEUR DE LA LUMIÈRE); & ce qui semble prouver cette assertion, ce sont les différentes analyses de la *couleur de la lumière*, faites par le prisme, dans lesquelles on voit le jaune & l'orangé disparoître du spectre avec le violet, l'indigo, le bleu & le vert, en même temps que les ombres se colorent en violet, en bleu & en vert.

Nous avons remarqué que la surface des eaux paroissoit avoir des *couleurs* très-variées : quelques-unes, comme les eaux du lac de Genève, lorsqu'elles sortent de la ville, & celles de la fontaine de Tonnerre, sont d'un beau bleu ; d'autres, comme les eaux de la mer, celles de plusieurs lacs dans les chaînes de montagnes, sont plus ou moins vertes ; d'autres enfin, comme les eaux de plusieurs fleuves, sont d'un gris plus ou moins foncé. Il paroît que cette différence de *couleur* tient à la pureté des eaux & à leur action sur la lumière ; celles du lac de Genève, en sortant de la ville, & celles de la fontaine de Tonnerre, sont parfaitement limpides, & laissent apercevoir, bien distinctement, les substances qui sont au fond. Quelque limpides que soient les eaux verdâtres, elles laissent difficilement apercevoir les substances qui sont au fond, lorsqu'elles sont même à une profondeur moyenne. Les eaux qui ont traversé le lac de Genève sont, pour la plus grande partie, des eaux de neige & de glace, qui se sont parfaitement épurées, & qui ont laissé précipiter, en traversant lentement le lac, toutes les substances qu'elles tenoient en suspension : les eaux de la mer contiennent en dissolution différens sels ; plusieurs eaux des lacs tiennent en dissolution du sulfate de chaux, du carbonate de chaux ; quelques eaux contiennent de l'acide carbonique ; d'autres enfin, tiennent en suspension des substances terreuses excessivement fines : toutes ces substances doivent agir diversement sur la lumière, & donner à l'eau des *couleurs* très-différentes.

Plusieurs voyageurs assurent avoir observé dans les montagnes quelques lacs dont les eaux étoient rouges. Nous allons faire connoître la cause de cette *couleur* particulière, en rapportant un passage d'une lettre d'Hassenfratz à Gillet-Laumont, lettre qui a été imprimée dans le *Journal des Mines*, tom. XVII, page 235.

« Je vous ai annoncé, écrit Hassenfratz, que j'avois fait, sur la montagne de Belle-Face, quelques observations : en voici une que je fis avec M. Mazari. Nous remarquâmes, à l'ouest de l'obélisque, dans une vallée peu profonde, deux petits lacs dont l'eau paroissoit rouge ; présumant que cette *couleur* étoit produite par la lumière ou par la surface du fond, nous descendîmes sur leurs bords ; mais nous nous aperçûmes bientôt, en côtoyant ces lacs, que la *couleur* étoit indépendante de ces deux effets.

» Nous prîmes deux bouteilles de cette eau, qui, mise dans un verre, paroissoit limpide & presqu'incolore ; versée dans un tube de vingt pouces de profondeur, elle se colora en rouge, & l'intensité de sa *couleur* augmenta avec l'épaisseur de la tranche ou la hauteur de la colonne d'eau.

» Transportée au laboratoire de l'école des mines à Moustiers, nous essayâmes cette eau : les réactifs n'indiquèrent aucune substance dissoute ; mais après avoir filtré la liqueur à travers du papier fin, l'eau perdit sa teinte rouge, & elle laissa une matière rougeâtre sur le filtre ; cette matière séchée brûla, ce qui nous fit connoître que la colorisation étoit occasionnée par une substance végétale ou animale ténue, en suspension dans l'eau. Le peu d'eau que nous avions apporté ne nous donnant qu'une très-petite quantité de ce précipité, il ne nous fut pas possible de déterminer exactement sa nature. »

COULEURS DES CORPS ; *corporum colores* ; *farben der kœrper*. *Couleurs* sous lesquelles les corps nous apparoissent. *Voyez* COULEURS DES CORPS MINCES, COULEURS NATURELLES DES CORPS.

COULEUR DES EAUX DE MER ; *color aquarum maris* ; *forben den meers wasser*. *Couleur* que les eaux de la mer laissent distinguer à leur surface.

La *couleur* verdâtre des eaux de la mer est due à la décomposition de la lumière qui pénètre dans son intérieur, & à la réflexion des rayons violets, indigos, bleus & verts. *Voyez* COULEUR DE L'EAU.

Quelquefois les eaux de la mer ont, à la chute du jour, une *couleur* laiteuse. Le capitaine Newland ayant remarqué, dans les environs de Sumatra, que les eaux de la mer paroissoient laiteuses, fit prendre de cette eau, la fit transporter dans un lieu éclairé, puis dans un lieu obscur. Au jour, elle paroissoit claire, limpide & sans *couleur* ; à l'obscurité, une quantité d'animalcules vivans se présentèrent si sensiblement à sa vue, qu'ils fatiguoient par leur lueur éblouissante. Baudouin, de l'Académie de Philadelphie, croit que ce phénomène peut être produit par une multitude d'animaux flottans sur la surface de la mer, qui pourroient, lorsqu'ils seroient agités, soit en étendant leurs nageoires, soit par tel autre mouvement, exposer à l'air telle partie de leur corps qui seroit propre à jeter de la lumière, à peu près comme les vers-luisans ou les mouches luisantes. Ces animalcules peuvent être en plus grand nombre en quelques endroits que dans d'autres ; & c'est peut-être la raison pourquoi cette apparence laiteuse ou lumineuse est plus forte dans un endroit que dans un autre. *Voy.* MER LUMINEUSE.

COULEURS DES LAMES MINCES ; *colores laminarum tenuium* ; *farben den dinner kœrper*. *Couleurs* que donnent des lames de différens degrés d'amincissement.

Le phénomène de la séparation des rayons de différentes *couleurs* que donne la réfraction du

prifme & des autres corps d'une certaine épaiſſeur, peut encore être conſtaté par le moyen des
plaques ou lames minces tranſparentes, comme
les bulles qui s'élèvent ſur la ſurface de l'eau de
ſavon; car toutes ces petites lames, à un certain
degré d'épaiſſeur, tranſmettent les rayons de toutes les *couleurs*, ſans en réfléchir aucune; mais en
augmentant d'épaiſſeur, elles commencent à réfléchir, premièrement des rayons bleus, & ſucceſſivement après les verts, les jaunes & les rouges, tous purs; par de nouvelles augmentations
d'épaiſſeur, elles fourniſſent encore des rayons
bleus, verts, jaunes & rouges, mais un peu plus
mêlés les uns avec les autres; & enfin elles viennent à réfléchir tous ces rayons ſi bien mêlés enſemble, qu'il s'en forme de blancs.

Des expériences qu'il a faites ſur les anneaux
colorés, en ſuperpoſant deux verres objectifs,
Newton a conclu l'épaiſſeur des ſubſtances propres à produire les diverſes *couleurs*; ces épaiſſeurs ſont exprimées en millimètres de pouces
anglais.

Voyez ANNEAUX COLORÉS, & particulièrement le tableau, pages 45 & 46 de ce volume.

Ces épaiſſeurs ont été déterminées à peu près:
1°. en ſuppoſant une loi particulière, dans les
épaiſſeurs des lames d'air, pour réfléchir & réfracter les diverſes *couleurs*; 2°. en ſuppoſant que la
même loi exiſtoit dans toutes les autres ſubſtances, quoiqu'elle n'ait pas été vérifiée; 3°. en
ſuppoſant que les épaiſſeurs des ſubſtances, pour
produire des *couleurs* ſemblables, étoient proportionnelles aux rapports des ſinus d'incidence aux
ſinus de réfraction des diverſes ſubſtances; loi qui
n'a été obſervée que dans un ſeul cas, en comparant les diamètres des anneaux obtenus lorſque
de l'air ou de l'eau eſt interpoſée entre les objectifs.

Il eſt à remarquer que, dans quelqu'endroit
d'une lame mince que ſe faſſe la réflexion d'une
couleur, telle que le bleu, par exemple, il ſe fera,
au même endroit, une tranſmiſſion de la *couleur
complémentaire*, qui ſera, en ce cas, ou le rouge
ou le jaune.

On trouve, par l'expérience, que la différence
des *couleurs* qu'une plaque donne, ne dépend pas
de la nature du milieu qui l'environne, mais ſeulement de la denſité de ce milieu. Toutes choſes
égales, la *couleur* ſera plus vive ſi le milieu le plus
denſe eſt environné de l'eſt plus rare.

Une plaque, toutes choſes d'ailleurs égales,
réfléchira d'autant plus de lumière, qu'elle ſera
plus mince, juſqu'à un certain degré par-delà lequel elle ne réfléchira plus aucune lumière.

Dans les plaques dont l'épaiſſeur augmente ſuivant la progreſſion des nombres naturels 1, 2, 3,
4, 5, 6, 7, &c., ſi les premières, c'eſt-à-dire,
les plus minces, réfléchiſſent un rayon de lumière
homogène, la ſeconde le tranſmettra, la troiſième
le réfléchira de nouveau, & ainſi de ſuite; en

ſorte que les plaques des rangs impairs, 1, 3, 5, 7,
&c., réfléchiront les mêmes rayons que ceux que
leurs correſpondantes en nombres pairs, 2, 4, 6,
8, &c., laiſſeront paſſer: de-là, une *couleur* homogène, donnée par une plaque, eſt dite *du
premier ordre*, ſi la plaque réfléchit tous les rayons
de cette *couleur*; dans une plaque trois fois plus
épaiſſe, la *couleur* eſt dite *du ſecond ordre*; dans une
autre d'épaiſſeur cinq fois plus grande, la *couleur*
ſera *du troiſième ordre*, &c.

Une *couleur* du premier ordre eſt la plus vive
de toutes, & ſucceſſivement la vivacité de la *couleur* diminue avec l'ordre de la *couleur*. Plus l'é-
paiſſeur de la plaque eſt augmentée, plus il y a de
couleurs réfléchies & de différens ordres. Dans
quelques cas, la *couleur* variera ſuivant la poſition de l'œil; dans d'autres, elle ſera permanente.

Cette théorie ſur la *couleur* des lames minces
eſt celle que Newton appelle, dans ſon *Optique*,
*la théorie des accès de facile réflexion & de facile
tranſmiſſion*: & il faut avouer que, toute ingénieuſe qu'elle eſt, elle n'a pas, à beaucoup près,
tout ce qu'il faut pour convaincre & ſatisfaire
entièrement l'eſprit. Il faut ici s'en tenir aux ſimples faits, & attendre, pour en connoître & en
chercher les cauſes, que nous ſoyions plus inſtruits ſur la nature de la lumière & des corps,
c'eſt-à-dire, attendre fort long-temps.

Si l'on pouvoit ſuppoſer exactes les épaiſſeurs
des tranches d'air auxquelles Newton attribue la
production des *couleurs* des différens ordres; ſi
l'on pouvoit regarder comme exacte la loi que ce
ſavant a établie, que les épaiſſeurs des lames, pour
produire les *couleurs* des différens ordres, ſont aux
épaiſſeurs des lames d'air dans le rapport des ſinus
d'incidence aux ſinus de réfraction, lorſque la lumière paſſe du corps dans l'air, il ſeroit facile de
déterminer les épaiſſeurs des lames des ſubſtances
tranſparentes, propres à donner les *couleurs* des
différens ordres, ſoit par réflexion, ſoit par réfraction. Haüy a donné un exemple de la méthode
que l'on peut employer, & nous allons, en le
rapportant, en faire l'application à un cas très-
difficile, celui d'une ſubſtance dont on ne peut pas
meſurer la réfringence, le mica.

« D'après les principes de Newton, l'épaiſſeur
de la lame de mica, pour produire le bleu, doit
être à celle de la lame d'air qui donne cette *couleur*, comme le ſinus d'incidence eſt à celui de
réfraction lorſque la lumière paſſe du mica dans
l'air; mais comme le mica ne ſe prête pas aux expériences qui donneroient immédiatement la loi
de ſa réfraction, on y ſupplée en profitant de
cette obſervation de Newton, que les puiſſances
réfractives des ſubſtances ſont à très-peu-près proportionnelles à leur denſité, pourvu que ces ſubſtances ſoient l'une & l'autre inflammables ou non
inflammables. *Voyez* REFRINGENCE, PUISSANCES
REFRACTIVES.

» Cela poſé, ſoit *cr*, *fig*. 689, un rayon de lumière qui rencontre la ſurface d'un morceau de mica, ſous un angle infiniment petit, & ſoit *rg* le rayon réfracté dont on détermineroit la direction, ſi le mica avoit en même temps aſſez d'épaiſſeur & de tranſparence pour que cette détermination fût poſſible; ſoit, dans la même hypothèſe, *rg'* le rapport relatif à une ſeconde ſubſtance dont on connoiſſe la puiſſance réfractive, & qui ſervira de terme de comparaiſon. Nous avons choiſi, pour cet effet, le ſulfate de chaux, dont telle eſt, ſuivant Newton, la puiſſance réfractive, que, ſi l'on déſigne par l'unité la puiſſance *rn*, on aura ($g'n$) = 1,213.

» Maintenant la denſité du mica, déterminée d'après la peſanteur ſpécifique, eſt à celle du ſulfate de chaux comme 2,792 eſt à 2,252 : on aura donc ($g'n$)² ou 1,213 eſt à (gn)² comme 2,252 eſt à 2,792. Opérant par logarithme, on trouvera pour celui de *g n* 0,0886039; d'où l'on conclura que l'angle de réfraction *rgn* eſt de 39° 11'; & parce que, dans le cas préſent, l'angle d'incidence eſt droit, le rapport entre le ſinus, lorſque la lumière paſſe du mica dans l'air, ſera celui de 39° 11' au ſinus total. Or, ce rapport étant le même que celui qui exiſte entre l'épaiſſeur de la lame d'air déſignée par 2,4 millionièmes de pouce pour produire la *couleur* bleue du premier ordre, & celle de la lame de mica qui doit réfléchir la même *couleur*, on trouvera pour cette dernière 1,5110 millionième de pouce anglais, ou environ 1,6 millionième de pouce, pris ſur le pied français, c'eſt-à-dire, à peu près 43 millionièmes de millimètre.

» Il eſt facile, avec des précautions, d'obtenir une lame mince de mica qui réfléchiſſe le bleu; mais de quel ordre ſera ce bleu? & comment meſurer l'épaiſſeur de la lame pour vérifier ſi la loi établie par Newton eſt exacte? »

Cette loi du rapport des épaiſſeurs à celui de l'angle d'incidence, à l'angle de réfraction des deux ſubſtances, pour produire les mêmes *couleurs*, eſt belle & ſimple; mais eſt-elle exacte? Newton ne la déduit que d'une ſeule expérience, celle de la comparaiſon des diamètres des anneaux colorés, lorſque les objectifs qui les produiſoient, étoient ſéparés par de l'air & par de l'eau; cependant, outre que les concluſions que Newton a déduites de cette expérience, peuvent éprouver de nombreuſes contradictions, qui peut aſſurer que l'on obtiendroit le même réſultat avec d'autres ſubſtances? Déjà Newton avoit déduit d'une ſeule expérience, du paſſage du rayon de lumière à travers de l'eau & du verre, une belle loi, d'où il concluoit l'impoſſibilité d'achromatiſer les objectifs des lunettes. Cette expérience, répétée dans d'autres circonſtances, ayant donné d'autres réſultats, on a regardé la loi de Newton comme inexacte, & l'on eſt parvenu à achromatiſer les objectifs des lunettes. Qui peut donc aſſurer que la loi que Newton a établie ſur les épaiſſeurs des

lames minces des diverſes ſubſtances, n'éprouvera pas quelques changemens lorſqu'elle aura pu être ſoumiſe à l'expérience? *Voy*. COULEURS IRISEES.

COULEUR DES RAYONS SOLAIRES; color-radiorum ſolarium; *farben der ſonnen ſtrahlen*. *Couleurs* provenantes de la décompoſition des rayons ſolaires par le priſme. *Voyez* COULEUR DE LA LUMIÈRE.

COULEUR DES RAYONS SOLAIRES (Appareil pour déterminer la) : inſtrumens à l'aide deſquels on décompoſe les rayons ſolaires, & l'on ſépare les unes des autres les *couleurs* dont ils ſont compoſés.

Ces inſtrumens ſe compoſent, 1°. d'un porte-lumière formé d'une plaque de cuivre, portant d'un côté un miroir plan parallèle avec un mouvement de rotation, d'inclinaiſon & d'engrenage, & de l'autre côté un tuyau double, recevant pluſieurs bouchons garnis de lentilles de différens foyers & de diaphragmes de différentes ouvertures, afin d'obtenir des rayons de lumière de différens diamètres, pour les diriger ſur les priſmes (*voyez* PORTE-LUMIÈRE); 2°. de priſmes maſſifs de différentes ſubſtances tranſparentes & de différens angles, de priſmes creux que l'on remplit de différens fluides que l'on veut éprouver (*voyez* PRISMES); 3°. de lentilles maſſives de différens foyers, de lentilles creuſes que l'on peut remplir de différens fluides (*voyez* LENTILLES); 4°. de miroirs plans, concaves & convexes, pour réfléchir la lumière (*voyez* MIROIRS); 5°. de guéridons & de plans, les uns fixes, les autres mobiles, quelques-uns percés de différens trous, pour laiſſer paſſer des rayons de lumière; 6°. du banc de Newton, formé d'un châſſis monté ſur un guéridon: ce châſſis porte pluſieurs plans mobiles ſur des genoux en cuivre. Ces plans ſont garnis de lentilles concaves & convexes, de différens diamètres & de différens foyers, de verres de couleur, de plans percés de différens trous, pour laiſſer paſſer la lumière; d'autres blanchis, pour recevoir les ſpectres ſolaires. Ce banc doit contenir tous les inſtrumens, & être diſpoſé de manière qu'il puiſſe être propre à répéter toutes les expériences ſur la lumière.

COULEURS DES VÉGÉTAUX; colores vegetarum; *farben des planzen*. *Couleurs* que toutes les parties des végétaux acquièrent en ſe développant.

Rien de plus varié que les *couleurs* des végétaux : celles de leurs feuilles ſont ordinairement vertes; celles de leurs fruits, blanches, jaunes, rouges, brunes, violettes; celles des fleurs, blanches, orangées, jaunes, vertes, bleues, indigos, violettes, purpurines, brunes, & de toutes les nuances intermédiaires entre ces *couleurs*. En général, le vert-tendre eſt la *couleur* des filets & des ſtyles; le jaune paroît être la *couleur* des anthères & des

poussières ; le violet & le rouge appartiennent surtout aux corolles ; le vert colore les feuilles & les
calices ; le vrai noir est la *couleur* des graines. Les
racines sont brunes ou jaunes ; les bois sont blancs ,
jaunes, rouges, violets, bruns ; les tiges vertes.

Il en est, parmi ces *couleurs*, qui doivent leur
teinte & leur éclat à la lumière ; telle est la *couleur*
verte des feuilles, les *couleurs* foncées des fruits.
Une plante qui croît dans l'obscurité a ses feuilles
blanches & étiolées ; que cette plante foible & lan-
guissante soit exposée à l'action de la lumière, elle
verdit aussitôt : dans les beaux jours d'été, il ne lui
faut souvent que vingt-quatre heures pour procurer
à ses feuilles la couleur verte qui les distingue.

Cette *couleur*, dans plusieurs plantes, est plus
foncée dans la partie supérieure des feuilles, du
côté qui est opposé à l'action de la lumiere, que
du côté opposé ; cependant, pour obtenir le vert
le plus beau & le plus éclatant, il ne faut pas que
la lumière qui exerce son action sur les plantes soit
trop forte. On remarque ordinairement que les
feuilles des plantes qui croissent à l'ombre des autres plantes, de manière à n'être pas exposées à
une trop forte lumière, sont d'un vert plus beau &
plus brillant que celles des mêmes plantes qui sont
exposées aux rayons du soleil, probablement parce
que ces dernières sont plus desséchées que les
premières.

Pour accélérer la maturité des fruits, pour leur
procurer ces belles *couleurs* qui les distinguent,
on enlève les feuilles qui les recouvrent , afin de
les exposer directement à l'action de la lumière :
des raisins, des pêches qui ont crû & mûri, les
uns exposés à l'action des rayons solaires, les autres à l'ombre, les premiers sont plus colorés que
les seconds, & leurs *couleurs* sont plus vives &
plus fortes.

On a observé que la *couleur* la plus commune
des fleurs, au printemps, est le blanc ; en été & en
automne, le rouge & le jaune. Les fleurs bleues
& blanches se trouvent dans les pays froids ; les
fleurs rouges & *couleur-de-feu* , dans les climats
chauds. Cette dépendance des *couleurs* des fleurs
des climats dans lesquels les plantes croissent, paroît être assez générale : les campanules , par
exemple, sont blanches en Laponie. Linné assure
qu'il n'y a point vu de corolle bleue, rouge, pourpre ; il demande pourquoi, quand le froid est
vif, la *couleur* blanche est plus fréquente dans les
fleurs, les lichens ? pourquoi le contraire arrive
dans les pays chauds ? pourquoi la plupart des
plantes sont plus fortement colorées dans les parties exposées au soleil, que dans les autres ? pourquoi les fleurs les plus belles se trouvent surtout
dans les pays chauds ? Tout porte à croire que
l'air, la lumière, la chaleur, l'évaporation, le sol,
la nature des fibres & des vaisseaux, offrent les
élémens de la solution de ces problèmes.

Plusieurs parties vertes, bleues & violettes des
végétaux, se colorent en rouge par les acides ou
par l'action de l'oxigène, ou par une fermentation
acide. Les fruits qui mûrissent, passent, pour l'ordinaire, du vert au jaune & au rouge ; la rose,
verdâtre dans le calice, commence à devenir rose
sous les ouvertures du calice qui s'éclate ; mais la
rose se ternit ensuite, & devient fauve en vieillis-
sant. La fleur du pied-d'alouette est verte dans le
bouton, bleue quand elle est fleurie, blanche lorsqu'elle se flétrit. Quelques feuilles, comme celles
du peuplier & du tilleul, jaunissent ; d'autres rougissent, comme celles du cornouiller & de la vigne.
La fermentation colore les vins ; une fermentation
moins forte, en préparant la maturité, peut produire le même effet. La *couleur* des feuilles devient jaune par la fermentation, comme l'indigo
qui a fermenté. C'est un fait, que les étoffes teintes à l'indigo sortent vertes de la cuve, & deviennent bleues à l'air. Les *byssus* & les *mucors*,
qui croissent blancs dans le vide, se colorent à la
lumière avec le contact de l'air : c'est sans doute
par l'intermède du gaz oxigène que plusieurs plantes
se colorent.

Les *couleurs des végétaux* paroissent dépendre
encore de leur organisation, puisqu'elles déterminent leur rapport avec les substances qui peuvent influer sur eux. Comme on observe quelqu'analogie entre les *couleurs* & les saveurs, on
peut croire qu'il y en a entre les *couleurs* & les sucs.
Les *couleurs* brunes dénotent un goût désagréable
& même nuisible, le rouge signale un goût acide ;
plusieurs fruits doux ont souvent une *couleur* blanche ; les parties jaunes des plantes sont souvent amères. En général, les fruits sont verts avant leur maturité. On se persuade encore mieux l'influence des
sucs sur la colorisation, quand on voit plusieurs
fleurs colorées d'une façon différente sur la même
plante ; mais surtout quand on remarque la permanence des mêmes nuances dans les mêmes espèces, on est forcé de reconnoître qu'elle doit
être l'effet de la même organisation qui élabore
toujours les mêmes sucs.

Un de nos célèbres botanistes français, Lamarck,
a une opinion sur la colorisation des pétales qui
mérite une grande attention ; il croit qu'elle est
l'effet de l'altération de la matière colorante par
la diminution des sucs nourriciers. On voit, en
automne, la végétation se ralentir, & la matière
colorante verte des végétaux prendre diverses
nuances que les principes salins développent. Les
pétales éprouvent les mêmes effets par les mêmes
causes, ils sont verts dans le printemps, quand
les sucs y abondent ; mais lorsqu'ils sont nourris
avec plus d'économie, leurs fibres se roidissent ;
ils s'ouvrent, leurs vaisseaux s'obstruent, leurs sucs
s'altèrent, la matière colorante s'élabore, divers
principes agissent sur eux, & ces belles *couleurs*
qu'on admire, deviennent les signaux d'une mort
prochaine.

Sénebier remarqua que les pétales du marron-
nier, du pêcher, des tulipes sont colorés dans

leurs boutons. Lamarck obferve que ces fleurs tombent d'abord après leur floraifon. Il femble pourtant, dit Sénebier, qu'elles durent autant que les fleurs des cerifiers & des abricotiers, qui font blanches. Les tulipes rouges confervent leur fraîcheur pendant plufieurs jours, & ne paroiffent pas fouffrir davantage, ou plus tôt que les tulipes blanches; d'ailleurs, on voit des pétales blancs dans les boutons de la même efpèce de plantes, ou de plantes différentes, comme des pétales colorés qui croiffent, fe développent femblablement dans ces deux états. Il y a auffi des pétales que la lumière colore, comme elle verdit les feuilles. Enfin, on voit, dans la rofe unique, le bouton coloré d'un beau rouge; lorfque la rofe eft épanouie, elle eft blanche. Les injections parviennent dans les pétales blancs. Les pétales des fleurs du charme, qui font verts, fubiffent bientôt le fort des feuilles, &, en retardant la colorifation des pétales, on ne parvient pas à le conferver plus longtemps.

Quelques chimiftes ont regardé le fer comme la caufe de toutes les *couleurs* végétales & animales, & Adolphe Becker s'eft fervi, pour appuyer cette opinion, des confidérations que l'on pouvoit tirer de la propriété qu'a ce métal, généralement répandu, de prendre un grand nombre de *couleurs* dans l'état d'oxide, dans les diffolutions & dans la vitrification.

Berthollet obferve, à ce fujet, « que le fer, à la vérité, paroît être contenu dans toutes les fubftances végétales & animales, mais en quantité extrêmement petite. Le chêne, qui eft l'une des fubftances végétales qui doivent donner le plus de réfidu, ne laiffe, dans la combuftion, qu'un centième de fon poids de cendre. & cette cendre ne contient pas $\frac{1}{200}$ de fer, ce qui feroit $\frac{1}{20000}$ de fer dans ce végétal. Peut-on expliquer, par une fi petite quantité, les *couleurs* riches & éclatantes dont les végétaux font émaillés? Y a-t-il un véritable rapport entre la mobilité de quelques-unes de ces *couleurs* par les acides, les alcalis, l'air & la fucceffion conftante des *couleurs* que prend le fer, felon fon état d'oxidation?

» On pourroit étayer l'opinion que nous combattons, du fuffrage de Bergman, qui a prétendu prouver que l'indigo devoit fa *couleur* au fer qu'il contient; mais on fe permettra de répondre qu'il eft facile de prouver que ce grand chimifte s'eft fait illufion fur cet objet. Par le moyen du pruffiate d'alcali, il a retiré des cendres d'une once d'indigo, 30 à 32 grains de bleu de Pruffe, & il évalue le fer qu'elle contenoit à 18 ou 20 grains; mais dans d'autres endroits, il prouve que le fer, contenu dans une fubftance, ne forme au plus que la cinquième partie du bleu de Pruffe qu'on retire de fa diffolution; &, partout ailleurs, il s'eft fervi de cette évaluation. C'eft donc fix grains qu'il faudroit réduire le fer qu'il a retiré d'une once d'indigo. Dans les expériences qui fuivent, il

prouve que la plus grande partie de ce fer peut être diffoute par l'acide muriatique, fans que les molécules colorantes foient altérées; de forte que la plus grande partie de ce métal n'entroit pas dans leur compofition. Il réfulte clairement de-là que les parties colorantes de cette fubftance ne peuvent contenir qu'une quantité de fer fi petite, qu'elle ne peut influer que bien foiblement fur fa *couleur*.

» Non-feulement les moyens d'analyfe chimique, que nous connoiffons, ne nous ont pas mis en état de déterminer la compofition des parties colorantes avec affez de précifion pour connoître à quels principes elles doivent leur propriété, mais on obferve qu'une compofition très-différente peut donner naiffance à une *couleur* de même efpèce. Les parties de l'indigo diffèrent beaucoup de celles qui colorent plufieurs fleurs en bleu. Nous poffédons une grande quantité de fubftances jaunes qui donnent des *couleurs* prefque femblables en apparence, & qui diffèrent cependant beaucoup par leurs propriétés. »

COULEUR DU CIEL; *color ætheris; himmel farben.* Couleur azurée fous laquelle la voûte du ciel nous apparoît. *Voyez* COULEUR DE L'AIR.

COULEURS DU PRISME; *colores prifmatici; prifmatifche farben.* Couleurs obtenues par le prifme en décompofant la lumière.

Lorfque l'on fait paffer un rayon de lumière à travers un prifme, des verres lenticulaires, des plaques minces, des bulles de favon, on obtient un nombre indéterminé de *couleurs* différentes, parmi lefquelles on diftingue le rouge, l'orangé, le jaune, le vert, le bleu, l'indigo, le violet, & toutes les nuances intermédiaires.

Chacun de ces rayons colorés ne fe fubdivifant plus lui-même les uns des autres par un fecond, un troifième, &c. paffage, ces réfractions ont été regardées comme fimples, originaires & fondamentales du prifme. *Voyez* COULEURS DE LA LUMIÈRE.

Il paroît que ces fortes de *couleurs* étoient connues de Sénèque, lorfqu'il dit (*Queft. nat. lib. I, cap. 3*):

*Diverfi niteant cum mille colores,.
Tranfitus ipfe tamen fpectantia lumina fallit;
Ufque adeo, quod tangit, idem eft, tamen ultima diftant.*

COULEURS ÉLECTRIQUES; *colores electrici; electrifche farbe.* Couleurs produites par l'action d'une quantité de fluide accumulé, qui paffe d'un corps conducteur dans un autre, en traverfant un efpace vide ou rempli d'air.

On diftingue deux fortes de *couleurs* produites par l'électricité: 1°. celle de la lumière du fluide électrique; 2°. celle produite par les fubftances fur lefquelles le fluide électrique agit.

Lorfque l'on tire une étincelle électrique dans l'air, en déchargeant un corps électrifé, ou en faifant paffer l'électricité à travers un corps qui ait des solutions de continuité, on obtient une lumière blanche plus ou moins vive. Si un courant électrique s'établit dans l'air, soit par la pointe d'un conducteur, soit par les angles conservés à un corps électrisé, la lumière électrique, produite par le mouvement du fluide, varie du blanc au gris de lin léger ; si l'on fait passer un courant électrique à travers un tube vide d'air, la *couleur* de la lumière est un violet-purpurin; en laissant entrer l'air peu à peu dans le tube, la *couleur* de la lumière se blanchit, & enfin, lorsque le tube est rempli d'air, la *couleur* de l'électricité est blanche. Faisant passer un courant électrique dans le vide barométrique, on obtient une lumière légèrement colorée de bleu-verdâtre. *Voyez* ELECTRICITE DANS LE VIDE, LUMIÈRE ELECTRIQUE, ELECTRICITE LUMINEUSE.

Dans les vapeurs d'alcool & d'éther, l'étincelle électrique est d'un vert-céladon; dans les gaz hydrogène, hydrogène phosphoré, dans le gaz ammoniac, l'étincelle paroît rouge; dans la vapeur de l'eau bouillante, elle est d'un jaune-foncé ; dans le gaz acide carbonique, elle est d'un beau bleu-violet.

Nous voyons donc que la lumière électrique peut prendre toutes les *couleurs* du spectre solaire, & être tantôt rouge, orangée, verte, tantôt bleue ou violette; phénomène qui s'accorde avec les observations de Ritter. Ce physicien porta le pôle positif de la pile de Volta dans l'œil, tandis qu'il mit les doigts en communication avec le pôle négatif; il remarqua alors que tous les objets lui paroissoient plus clairs, & d'une *couleur* bleuâtre; lorsqu'il mit le pôle positif dans l'œil, les objets devinrent plus foncés, & d'une *couleur* rougeâtre. (*Annales de Gilbert*, tom. VII, pag. 447.)

Regardant à travers un prisme la lumière électrique produite dans l'air par une suite de commotions à travers un corps qui a une solution de continuité, le point blanc lumineux devient un spectre coloré de toutes les *couleurs* de la lumière ; regardant également à travers un prisme la *couleur* violacée produite par le passage de l'électricité dans le vide, on aperçoit également un spectre coloré dans lequel la *couleur* jaune paroît être moins vive que dans le spectre produit avec la lumière électrique blanche.

Tout porte donc à croire que cette lumière est de la même nature que celle du soleil. Pendant long-temps les physiciens ont regardé la lumière électrique comme une modification de l'électricité même, qui jouissoit de la faculté de devenir lumineuse à un certain degré d'accumulation & de vitesse; comme la chaleur, dégagée des corps, peut devenir lumineuse lorsqu'elle acquiert une grande vitesse en sortant des corps qui la contiennent. Biot croit (1) que la lumière électrique

pourroit être produite par la compression de l'air, occasionnée par l'explosion de l'électricité. Il est difficile de déterminer entre ces hypothèses, jusqu'à ce que des expériences positives mettent à même de prononcer. Ce qu'il y a de certain, c'est que l'œil reçoit, lors du dégagement de l'électricité en grande masse, une impression semblable à celle que produit la lumière du soleil & le dégagement du calorique par la compression de l'air. Cette impression, quoiqu'analogue, ne pourroit-elle pas être occasionnée par des causes différentes?

On distingue deux sortes de *couleurs* produites par les explosions électriques qui ont lieu sur différens corps : 1°. celle qui résulte de la fusion & de la vaporisation de ces corps; 2°. les anneaux ou les cercles colorés qui ont lieu sur la surface des corps sur lesquels une explosion est dirigée.

Dans le premier cas, la *couleur* s'observe, soit dans l'air qui environne le corps fondu & vaporisé, soit sur un carton ou du papier blanc sur lequel on avoit placé le corps que l'on a fondu & vaporisé par l'action électrique : la vaporisation de l'or laisse sur le carton une trace purpurine; celle du cuivre, une trace verdâtre. En général, les *couleurs* laissées sur le papier ou le carton blanc, sont celles des oxides des métaux que l'on a fondus & vaporisés. Le fer, en se vaporisant par l'électricité, produit un petit nuage de *couleur* brune, tirant sur le marron & sur le rouille. *Voy.* FUSION & VAPORISATION PAR L'ÉLECTRICITE.

Priestley plaçant une pièce pointue de métal vis-à-vis une surface métallique plane, & excitant des explosions électriques sur la surface, vit naître des anneaux colorés qui se succédoient les uns les autres. En multipliant les explosions, les cercles ont un plus grand diamètre lorsqu'ils sont faits avec un fil émoussé; mais leur nombre sera d'autant grand que le fil sera plus pointu. Canton obtient également toutes les *couleurs* du prisme sur des plaques de verre, en faisant passer de fortes commotions à travers des fils métalliques posés sur leurs surfaces. (*Voy.* CERCLE METALLIQUE.) Les expériences de Priestley & de Canton sont décrites dans un Mémoire imprimé dans le *Journal de Physique*, année 1771, tom. II, p. 34.

COULEURS IRISÉES; colores irisei; *regen bogen farben. Couleurs* de l'iris, de l'arc-en-ciel, observées sur les corps.

Une bulle de savon très-mince laisse apercevoir une suite de nuances des *couleurs de l'iris*. On observe le même phénomène lorsqu'un corps est recouvert d'une pellicule mince, d'une substance transparente. C'est ainsi que l'on produit des *couleurs irisées* en jetant sur la surface d'une eau tranquille, une goutte d'huile, une goutte de suc d'euphorbe, &c. ; cette liqueur s'étendant de manière à ne former qu'une pellicule très-mince, produisoit une multitude de *couleurs*.

Entr'autres

---

(1) *Traité de Physique expérimentale & mathématique*, tom. II, pag. 489.

Entr'autres moyens de produire des *couleurs iri-sées* sur des liquides, en voici un employé par C. A. Prieur ; il est décrit dans les *Annales de Chimie*, tom LXI, pag. 154.

« Je prends, dit ce savant physicien, une petite quantité de vert de Schéele ; je le dissous dans un acide, &, après avoir étendu la liqueur de beaucoup d'eau, je précipite par un alcali, & j'ajoute de l'ammoniaque, seulement pour redissoudre le précipité ; abandonnant ensuite le tout dans un vase non bouché, je trouve, au bout de quelques jours, la surface du liquide recouverte d'une pellicule irisée très-apparente, & où l'on distingue même les retours périodiques des anneaux colorés, si la matière a été maintenue en tranquillité. Je puis enlever cette pellicule en glissant dessous une feuille de papier, ou une plaque de verre, commé, par exemple, la paroi d'un entonnoir, afin de faire écouler l'eau. Les *couleurs* de la pellicule continuent d'être visibles après cet enlèvement ; & en laissant sécher lentement la matière, on a le moyen de les conserver, pendant un temps indéfini, avec toute leur vivacité ; mais que l'on vienne à passer légèrement le doigt dessus, l'on ne ramasse plus qu'une poudre verte ; le rouge, le jaune, le bleu, le pourpre, que l'on y voyoit si brillans, ont disparu dans un instant. »

Des pellicules colorées, analogues, s'aperçoivent sur plusieurs eaux stagnantes, & particulièrement sur celles qui contiennent du fer. On peut également enlever ces pellicules, & les observer lorsqu'elles sont sèches.

Quelques verres sont facilement attaqués par l'air ; leur surface se couvre d'une immensité de petites écailles qui se colorent de toutes les nuances des *couleurs de l'iris* : dès que l'on enlève ces petites écailles, le verre reprend sa transparence & devient incolore ; il suffit quelquefois de frotter fortement le verre avec un linge, d'autres fois il faut le frotter avec un corps dur. On accélère la formation de ces *couleurs irisées*, sur la surface des verres, en les plaçant dans des tas de fumier & même dans le tan. Du verre soufflé en boule excessivement mince, reflète toutes les *couleurs de l'iris*, & ces *couleurs* sont telles que, vues par réflexion, elles laissent apercevoir une *couleur*, &, par transparence, on voit la *couleur complémentaire*.

Plusieurs métaux, comme le plomb, l'étain, le fer, se couvrent d'une légère couche d'oxide qui leur procure une *couleur irisée*. On voit assez communément, dans les usines, dans les ateliers où l'on traite du plomb, la surface des saumons que l'on a coulés, si elle est exposée à l'air pendant le refroidissement, se couvrir d'une pellicule d'oxide irisée ; mais dès que ce plomb a été long-temps exposé à l'air, & que la surface a continué à s'oxider, que la couche d'oxide est devenue plus épaisse, les *couleurs* disparoissent, & la surface prend une teinte grise. En soumettant à l'action du feu une

lame d'acier poli, on voit, à mesure qu'elle s'échauffe & que sa surface s'oxide, des *couleurs* naître pendant l'oxidation : d'abord, le gris brillant de l'acier poli est remplacé par un jaune-paille ; le jaune augmente d'intensité ; il passe à l'orangé, ensuite au jaune, au violet, à l'indigo, au bleu ; le bleu s'affoiblit successivement, passe au vert d'eau, & de-là au gris, lorsque la couche d'oxide est très-épaisse. C. A. Prieur a mis un ressort de montre, d'acier, à travers de la flamme d'une chandelle, où il le laissa chauffer quelques instans dans une position fixe ; l'ayant ensuite retiré, il a trouvé, après le refroidissement de la matière, qu'il y avoit, à droite & à gauche du point central où avoit été placée la flamme, une suite de colorisation dégradée par des retours périodiques, telle que l'auroit offerte une petite bande coupée précisément au milieu d'un cercle formé d'une série d'anneaux colorés concentriques. La nature du phénomène se manifestoit ici d'une manière très-distincte, d'autant que l'anneau extérieur avoit près de trois centimètres de diamètre, & que les autres décroissoient intérieurement avec des intervalles de quelques millimètres. Il ne manquoit, pour compléter la figure, que d'avoir opéré sur une plaque plus large d'acier, suspendue horizontalement au-dessus de la pointe d'une bougie.

Davy, secrétaire de la Société royale de Londres, s'est assuré que ces *couleurs* étoient produites par l'oxidation des métaux ; car en chauffant l'acier dans le gaz hydrogène sec & dans l'huile, il ne se formoit aucune *couleur* sur la surface.

On observe sur plusieurs minéraux, tels, par exemple, que des hématites de fer, des fers spathiques, des sulfures d'antimoine, des places plus ou moins grandes, recouvertes de *couleurs irisées* ; si l'on gratte, avec une lame tranchante, la tranche mince qui recouvre ces surfaces, les *couleurs* disparoissent aussitôt, ce qui prouve qu'elles sont produites par une légère pellicule mince qui recouvre ces minéraux. Quelques minéralogistes ont cru pouvoir attribuer les *couleurs irisées* du sulfure d'antimoine, à une légère pellicule sulfureuse qui recouvre leur surface, & cela parce que ces minéraux colorés se trouvent ordinairement dans la mine d'antimoine de Felzobonia, dans laquelle l'exploitation se fait à l'aide du feu, & que, dans cette opération, on vaporise une portion de soufre qui se porte, par les fissures, sur la surface des minerais, & les couvre d'une légère pellicule. Les mêmes minéralogistes attribuent également les *couleurs irisées*, que l'on observe sur quelques morceaux de houille, à une légère couche de soufre.

Newton applique à ces *couleurs irisées* la théorie de la *couleur* des plaques minces, c'est-à-dire, qu'il regarde ces *couleurs* comme produites par les accès de facile réfraction & de facile réflexion de la lumière. (*Voyez* COULEURS DES

PLAQUES MINCES, COULEURS CHANGEANTES.

COULEURS MINÉRALOGIQUES; colores mineralogici; *der mineralien farben.* Caractères physiques à l'aide desquels les minéralogistes distinguent les minéraux les uns des autres.

La *couleur* étant une des choses que l'on aperçoit d'abord, les minéralogistes ont cru devoir en faire un caractère distinctif des minéraux. Werner & l'Ecole de Freyberg distinguent huit *couleurs* principales : 1°. le blanc de neige ; 2°. le gris de cendre ; 3°. le noir de velours ; 4°. le bleu de Prusse ; 5°. le vert d'émeraude ; 6°. le jaune-citron ; 7°. le rouge-carmin ; 8°. le brun-marron. Chacune de ces *couleurs* est divisée en un nombre de variétés plus ou moins grand : le blanc en huit variétés ; le gris en huit ; le noir en six ; le bleu en huit ; le vert en douze ; le jaune en douze ; le rouge en quinze, & le brun en dix. Quant à l'intensité des *couleurs*, ils en reconnoissent quatre degrés différens : obscures, foncées, claires & pâles : ces *couleurs* peuvent être simples ou composées, à la surface seulement, ou dans toute la masse ; enfin, elles peuvent être constantes, changeantes ou chatoyantes.

On donne à ce caractère des minéraux un degré d'importance plus ou moins grand, selon le système minéralogique que l'on suit. L'Ecole de Freyberg lui en donne beaucoup ; Haüy & l'Ecole françaife peu.

Il faut distinguer, dans les *couleurs des minéraux*, celles qui les affectent constamment, & celles qui leur sont étrangères : ainsi, le soufre, le succin, les métaux, ont une *couleur* constante & inaltérable ; les chaux fluatées, les corindons, les quartz, &c., ont des *couleurs* rouge, jaune, verte, bleue, violette qui leur sont étrangères, puisque la même substance peut être colorée indifféremment de l'une & de l'autre de ces *couleurs*. Plusieurs substances, parmi celles qui sont solubles dans l'eau, abandonnent leur matière colorante lorsqu'on les dissout ; telle est la soude muriatée colorée en rouge ; d'autres changent de *couleur* à l'air ; le fer spathique, & beaucoup d'autres minéraux sont dans ce cas.

On voit donc, d'après ces considérations, qu'il ne faut pas donner à ce caractère des minéraux plus d'importance qu'il ne mérite, quel que soit d'ailleurs l'effet qu'il produit sur nos sens.

COULEURS MINÉRALURGIQUES; colores mineralurgici; *mineralurgifche farben. Couleurs* retirées des substances minérales par des opérations minéralurgiques.

Chaque métal a une *couleur* qui lui est propre, mais cette *couleur* change par l'oxidation & par la combinaison des métaux avec diverses substances. Nous allons donner une table des *couleurs* les plus communes de ces oxides.

MÉTAUX.	OXIDES.
Or	Pourpre. / Jaune.
Platine	Vert. / Brun.
Mercure	Noir. / Jaune. / Rouge.
Palladium	Bleu. / Jaune.
Rhodium	Jaune.
Iridium	Bleu. / Rouge.
Cuivre	Rouge. / Noir. / Vert.
Fer	Noir. / Rouge.
Nickel	Vert. / Noir.
Étain	Gris. / Blanc.
Plomb	Jaune. / Rouge. / Brun.
Zinc	Jaune. / Bleu.
Bismuth	Jaune.
Antimoine	Blanc.
Tellure	Blanc.
Arsenic	Blanc. / Noir.
Cobalt	Bleu. / Vert. / Noir.
Manganèse	Blanc. / Rouge. / Noir.
Urane	Noir. / Jaune.
Chrôme	Vert. / Brun. / Rouge.
Molybdène	Noir. / Vert. / Bleu. / Blanc.
Tungstène	Noir. / Jaune.
Titane	Bleu. / Rouge. / Blanc.
Colombium	Blanc.
Tantalum	Blanc.
Cerium	Rouge. / Bleu.

Plusieurs oxides se fondent seuls ; tels sont ceux

de plomb, de cuivre, d'étain ; d'autres ont besoin d'un fondant, comme le borax ou des verres terreux ; tels sont le manganèse, le nickel, &c. ; l'arsenic se volatilise. Les métaux qui se désoxident au feu, comme le platine, l'or, l'argent, doivent être couverts par les fondans lorsqu'on les chauffe. Les *couleurs* produites par les oxides métalliques fondus avec des verres terreux, sont :

MÉTAUX.	VERRE.
Or	Jaune.
	Violet.
	Pourpre.
Argent...............	Olive.
	Brun.
Plomb...............	Jaune.
Etain	Blanc opaque.
	Opalin.
Tellure............	Jaune-paille.
Antimoine	Jaune-orangé.
Bismuth	Jaune-vert.
Manganèse.........	Violet.
Nickel	Hyacinthe.
	Rouge.
	Orangé.
Cobalt.............	Bleu.
Urane	Brun.
	Topaze.

C'est en fondant les oxides métalliques avec des verres très-fusibles, que l'on obtient ces belles *couleurs* dont on recouvre les porcelaines, soit en les fondant seuls, soit en les mélangeant les uns avec les autres. Le fer produit quelques *couleurs*, particulièrement diverses variétés de rouge.

La description de toutes les *couleurs* que l'on peut obtenir avec les métaux, soit à l'état d'oxide, soit à l'état de verres ou d'émaux, soit en les combinant avec diverses substances, formeroit un ouvrage considérable ; nous croyons donc devoir renvoyer ces détails aux différens Traités de chromaturgie qui existent. Nous observerons seulement que quelques *couleurs*, comme le bleu de cobalt, le rouge de minium, &c., sont obtenues dans des usines particulières ; que d'autres, telles que les *couleurs* pour la porcelaine, sont obtenues dans les fabriques où on les emploie.

COULEURS NATURELLES DES CORPS ; colores naturales corporum ; *farben der kœrper, oder, naturliche farben der kœrper*. *Couleurs* sous lesquelles les corps nous apparoissent, soit que la lumière passe à travers, soit que la lumière se réfléchisse seulement de leur surface.

Trois hypothèses ont été proposées pour expliquer la colorisation naturelle des corps : celle d'Euler, celle de Newton, & celle des chimistes.

Euler suppose chaque *couleur* produite par une vitesse de vibration particulière, occasionnée dans les molécules de la surface des corps, & qu'un milieu éthéré transmet à l'œil. Dans cette hypothèse, les molécules des corps qui ont une *couleur* constante ne devroient être susceptibles que d'une certaine vibration, celle qui pourroit produire la *couleur naturelle* qui leur est propre ; mais on ne conçoit pas, dans cette hypothèse, 1°. comment cette vibration ne se transmet pas à toutes les molécules du corps, conséquemment comment il existe des corps qui ne sont colorés qu'à la surface ; 2°. comment il se réfléchit de la lumière blanche en plus ou moins grande portion de tous les corps, quelle que soit d'ailleurs leur *couleur naturelle*. *Voyez* COULEUR BLANCHE.

Newton suppose que la lumière, en traversant des corps minces, a des accès de facile réfraction & de facile réflexion (*voyez* COULEUR DES CORPS MINCES, ANNEAUX COLORÉS), & que, en raison de ces accès, ils sont tous susceptibles de laisser réfléchir à la surface, & pénétrer dans l'intérieur, des *couleurs* qui sont complémentaires l'une de l'autre ; que la décomposition de la lumière, en vertu des accès de facile réflexion & de facile réfraction, a lieu à la surface des corps, & que la petite épaisseur des corps dans laquelle cette décomposition se produit, détermine la nature & l'espèce de *couleur* que le corps doit avoir, soit par réflexion, soit par réfraction.

Haüy, d'après Newton, explique les *couleurs* générales & permanentes des corps, en supposant qu'ils sont tous susceptibles d'avoir des particules de différentes épaisseurs, & que c'est relativement à l'épaisseur des particules distinctes, que se réfléchissent les diverses molécules colorées. Il suppose avec le physicien anglais, que ces particules peuvent être de différens ordres ; que les premières peuvent être formées de molécules intégrantes séparées par des pores remplis d'un fluide subtil ; que ces particules du premier ordre peuvent être séparées entr'elles par des pores plus étendus, pour former des particules d'un second ordre, &c.

Après avoir présenté, avec Newton, la formation hypothétique des particules des différens ordres, séparées par des pores remplis de matières subtiles, Haüy suppose, avec un grand nombre de physiciens, que c'est à la grosseur de ces particules & à leur réfringence que l'on peut & que l'on doit attribuer le nombre & la nature des différentes molécules colorées, réfléchies & réfractées pour produire les différentes *couleurs*.

Les chimistes pensent que les *couleurs* fugitives des lames minces peuvent bien être produites, comme Newton le suppose, par la propriété qu'ont les molécules colorées de la lumière, d'avoir des accès de facile réflexion & de facile réfraction ; mais ils ne croient pas que la *couleur* permanente des corps tranſparens & opaques puiſſe être attribuée à cette cauſe ; ils préſument que les molécules des corps doivent avoir, pour les mo‑lécules de la lumière, des propriétés différentes, en vertu deſquelles ils laiſſent paſſer certaines mo‑lécules colorées, en abſorbant & en réfléchiſſant d'autres molécules. Cette ſuppoſition de l'action des molécules des corps ſur la lumière & ſur les mo‑lécules colorées qui la compoſent, a été, en quel‑que ſorte, renforcée par les belles expériences de Malus ſur la polariſation de la lumière & ſur la polariſation de la lumière colorée. *Voyez* PO‑LARISATION DE LA LUMIÈRE.

Edwar Bancroft, dans ſes *Recherches expérimen‑tales ſur les couleurs permanentes*, eſt d'opinion que les *couleurs permanentes*, de diverſes ſubſtances, ſont dues à des propriétés particulières de leurs molécules, en vertu deſquelles elles tranſmettent ou réfléchiſſent tels ou tels rayons du ſpectre ſolaire qui renferme les élémens de toutes les *cou‑leurs* imaginables.

Dans le nombre des particules de lumière qui pénètrent un corps, il en eſt qui paſſent unifor‑mément au travers ſans rencontrer d'obſtacles ; d'autres, en paſſant dans la ſphère d'action de cha‑cune des molécules ſolides, dont ce corps eſt com‑poſé, en ſont attirées ou repouſſées ſelon les af‑finités particulières qui exiſtent entre les rayons diverſement colorés & ſes molécules. Ils ſont ainſi ſéparés ; les uns demeurent, les autres re‑tournent en arrière, & cette lumière, ainſi diſ‑perſée, cauſe à nos yeux la ſenſation de telle ou telle *couleur*, à raiſon de tels ou tels rayons re‑tenus ou renvoyés. L'opacité ſuppoſée de certains corps ne doit pas faire une objection à cette théorie, parce que les corps les plus opaques ſont néanmoins pénétrables à la lumière dans un certain degré, c'eſt-à-dire, dans une première couche dont la profondeur eſt ſenſiblement inap‑préciable.

Il réſulte de ces principes, que les *couleurs* d'un corps doivent changer à chaque modification dé‑licate de ſa compoſition interne, compoſition dont la nature décide ces affinités qui ſéparent la lumière & ſes *couleurs primitives*.

Indécis entre ces trois hypothèſes, Haſſenfratz en a appelé à l'expérience : on peut voir dans les LXVIe. & LXVIIe. volumes des *Annales de Chimie*, les nombreuſes expériences qu'il a faites pour prendre un parti entre ces différentes opi‑nions.

D'abord, il s'eſt occupé de la *couleur* des corps tranſparens, comme étant celle qui étoit ſuſcep‑tible d'une analyſe plus exacte ; il a fait paſſer un rayon de lumière ſolaire à travers différens verres colorés, à travers des diſſolutions colorées & des infuſions de plantes, rouges, orangées, jaunes, vertes, bleues, violettes ; ces lumières ont été reçues ſur un priſme qui a ſéparé, par leurs différentes refrangibilités, les divers rayons

colorés dont chaque lumière colorée étoit com‑poſée. Quelques *couleurs* rouges étoient ſimples, & produiſoient un ſpectre circulaire ; d'autres étoient compoſées de rouge & d'orangé ; toutes les *couleurs* orangées étoient compoſées de rouge, d'orangé, de jaune & de vert. Les *couleurs* jaunes étoient compoſées, les unes de rouge, orangé, jaune & vert ; les autres de rouge, orangé, jaune & bleu ; ainſi, le vert manquoit dans cette ſe‑conde compoſition. Les verts étoient ſimples & produiſoient un ſpectre circulaire vert ; d'autres compoſés de jaune, vert, bleu, indigo : l'une des liqueurs, celle qui provenoit de l'infuſion de ſcabieuſe alcaliſée, produiſit deux ſpectres ſé‑parés, l'un orangé circulaire, l'autre elliptique vert & bleu. Les *couleurs* bleues ont produit, les unes des ſpectres compoſés de vert, bleu, in‑digo ; un autre de vert, bleu, indigo, violet. Le violet a conſtamment produit deux ſpectres ſé‑parés : dans quelques-uns, le premier ſpectre étoit rouge & le ſecond violet ; dans quelques autres, le premier ſpectre étoit orangé, & le ſecond vert, bleu, indigo. Enfin, le pourpre a produit deux ſpectres, le premier circulaire, rouge ; le ſecond elliptique, vert, bleu, indigo, violet.

On voit, d'après ces expériences, que l'auteur n'a trouvé que deux ſortes de ſubſtances ſuſcep‑tibles de ne laiſſer paſſer qu'une ſeule *couleur*, celles qui produiſent du rouge & celles qui pro‑duiſent du vert, & que, parmi les rouges & les vertes, il en exiſtoit un grand nombre qui produi‑ſoient des *couleurs* compoſées ; que toutes les autres *couleurs* obtenues par les corps tranſparens étoient plus ou moins compoſées.

Newton a déduit de ſes expériences ſur les anneaux colorés, les épaiſſeurs de tranches d'air ſuſceptibles de produire les diverſes *couleurs* com‑poſées, d'après les principes des accès de facile tranſmiſſion & de facile réflexion. Haſſenfratz voulant déterminer à quel ordre de *couleurs* pou‑voient appartenir celles qu'il avoit obtenues dans ſes expériences, trouva que, ſur vingt-ſept corps tranſparens colorés, dont on avoit analyſé, à l'aide du priſme, la *couleur* de la lumière qui avoit paſſé à travers, on déterminoit facilement les épaiſſeurs correſpondantes à vingt d'entr'elles ; ſavoir : 1°. celles des vertes rouges, jaunes, quelques verts, les bleus & les violets ; 2°. des rouges, orangés, jaunes, verts, bleus, violets & pourpres de plu‑ſieurs infuſions ; mais qu'il en exiſtoit ſept dont la compoſition ne pouvoit pas être expliquée dans le ſyſtème des accès de facile réflexion & de facile tranſmiſſion : d'où il ſuit que toutes les *couleurs* pures, tranſparentes, ne peuvent pas être expli‑quées dans l'hypothèſe newtonienne.

Dans l'hypothèſe des accès de facile réflexion & de facile tranſmiſſion, les épaiſſeurs propres à réfléchir une *couleur* doivent tranſmettre la *cou‑leur* complémentaire. Il étoit curieux d'obſerver, dans les corps tranſparens, les *couleurs* tranſmiſes

& les *couleurs* réfléchies : pour cela, Haffenfratz, à l'imitation de Delaval, examina les *couleurs* des corps tranfparens, en les pofant fur des furfaces blanches & en les enveloppant de furfaces noires : dans le premier cas il apercevoit la *couleur* par tranfmiffion, & dans le fecond il ne pouvoit apercevoir que la *couleur* par réflexion.

Quelques fubftances, telles que l'infufion de bois néphrétique, les verres opalins, la diffolution d'indigo dans l'acide fulfurique, les verres colorés en lilas, pourpre, rouge-carmin, par la diffolution d'or précipité par l'étain, ont produit deux *couleurs* différentes, l'une par réflexion, l'autre par tranfmiffion. Les deux premières fubftances donnent deux *couleurs complémentaires* l'une de l'autre ; la troifième ne produit pas de *couleur complémentaire*. Quant aux autres fubftances, ou elles ne donnoient point de *couleur* par réflexion, ou elles donnoient une *couleur* analogue à celle qu'elle tranfmettoit, avec cette différence qu'elle étoit plus fombre. Affez généralement, il y avoit *couleur* réfléchie lorfque la fubftance n'étoit pas parfaitement limpide, & les *couleurs* réfléchies difparoiffoient, après avoir filtré les liquides qui les produifoient : on voit que ces *couleurs* étoient produites par la réflexion de la lumière colorée par tranfparence lorfqu'elle rencontroit quelques-unes des impuretés contenues dans les fubftances qu'elle traverfoit.

Il réfulte de toutes ces obfervations, & particulièrement des dernières, que fi quelques *couleurs* produites par le paffage de la lumière à travers les corps tranfparens peuvent être expliquées par le fyftème des accès de facile réflexion & de facile tranfmiffion, on eft obligé, pour expliquer le plus grand nombre, de fuppofer que les molécules colorées qui doivent former la *couleur complémentaire*, & que l'on devroit apercevoir par réflexion, que ces molécules colorées ont été abforbées en traverfant les corps tranfparens : donc que les molécules des corps exercent fur la lumière une action chimique en vertu de laquelle des molécules d'un certain ordre font abforbées, d'autres réfléchies, & d'autres fe meuvent librement.

La colorifation des corps opaques ne pouvoit être expliquée, dans l'hypothèfe des accès de facile réflexion & de facile tranfmiffion, qu'en fuppofant que les molécules qui manquent à la *couleur* réfléchie étoient abforbées par les corps : ainfi, par cela feul, Newton devoit admettre l'action chimique des molécules des corps fur les molécules lumineufes, auffi regardoit-il la colorifation des corps opaques comme produite par deux actions : 1°. les *couleurs* réfléchies par les lames, & 2°. les *couleurs* tranfmifes par les lames & abforbées par les corps.

On peut concevoir la colorifation des corps opaques de deux manières : 1°. en fuppofant les accès de facile réflexion dans des lames extrê-

mement minces ; 2°. en fuppofant que les corps colorés font enveloppés d'une couche de matière fufceptible de fe colorer par tranfparence, & que la lumière, arrêtée, fe réfléchit, après s'être colorée dans fes deux trajets de tranfmiffion & de réflexion. Comme la première explication fe trouve développée dans tous les traités de la lumière & des *couleurs*, nous nous contenterons de tranfcrire le peu de mots que Haüy dit fur cet objet.

« Les particules des corps, même de ceux que nous appelons *opaques*, font réellement tranfparentes ; c'eft ce qu'obfervent tous les jours ceux qui font ufage du microfcope. Les bords amincis du caillou le plus opaque paroîtront même, à la vue la plus fimple, avoir un certain degré de tranfparence, fi on les place entre la lumière & l'œil ; & quant aux fubftances métalliques blanches, qui fembleroient d'abord devoir être exceptées, Newton obferve que l'action d'un acide peut les atténuer au point de rendre leurs particules perméables à la lumière.

» Dans chaque corps, les particules font féparées entr'elles par de petits interftices qu'on nomme *pores*, & qui renferment différens fluides fubtils. Ces particules ayant une épaiffeur déterminée, repouffent les rayons qui, en les pénétrant, fe trouvent dans un retour de facile réflexion, & le corps prend ainfi la *couleur* fimple, ou mélangée, analogue à celle des rayons réfléchis, & qui dépend du degré de ténuité des particules. »

Tout ceci eft fondé fur la propriété qu'ont les molécules colorées d'avoir des accès de facile réflexion & de facile tranfmiffion, ce qui eft bien loin d'être prouvé, & ce qui doit être même contefté, d'après l'obfervation que les anneaux colorés s'aperçoivent également dans le vide, & que le diamètre des cercles colorés refte le même, foit que l'efpace entre les objectifs foit vide ou foit rempli d'air condenfé.

Quant à la feconde manière de concevoir la colorifation des corps, on la doit à Delaval, & voici ce que l'on en trouve dans les *Élémens de l'Art de la teinture de Berthollet*.

« Il faut fuppofer que les corps font toujours compofés de deux fubftances, dont l'une eft blanche, & dont l'autre, qui eft colorée, jouit de la tranfparence ; de forte que les rayons d'une certaine *couleur* qui la traverfent, font réfléchis par les furfaces blanches qu'ils rencontrent. Lorfque des molécules blanches ne féparent pas celles qui font colorées ; il fuffit qu'il s'y trouve un milieu quelconque qui ait une denfité très-différente ; comme Newton a fait voir que deux fubftances tranfparentes d'un denfité très-éloignée produifoient un corps opaque. » Delaval explique ainfi la *couleur* de l'or & celle des *couleurs* métalliques.

Berthollet obferve que l'explication de Delaval paroît trop générale, en ce qu'elle exige qu'on fuppofe, entre les molécules colorées des métaux, l'exiftence d'un milieu que les autres propriétés n'indiquent pas, & que d'autres caufes peuvent produire l'effet qu'on lui attribue.

Au refte, en partant de cette feconde hypothèfe, la colorifation des corps devient fimple & affez naturelle. On fuppofe que les molécules des corps ont de l'affinité pour les molécules de la lumière; que, pendant le paffage de la lumière à travers les corps, une portion de fes molécules eft abforbée, & que l'autre paffe librement : voilà la colorifation des corps tranfparens. Si le corps eft compofé de tranches ou de molécules différentes, la lumière colorée qui traverfe les molécules tranfparentes, que nous appellerons du premier ordre, eft arrêtée & réfléchie par d'autres molécules, que nous appellerons du fecond ordre; elle fort au dehors : voilà la colorifation des corps opaques. Lorfque les molécules du fecond ordre arrêtent la lumière colorée, l'abforbent au lieu de la réfléchir, les corps font noirs; fi les molécules du premier ordre laiffent paffer tous les rayons colorés, & que les molécules du fecond ordre les réfléchiffent également, les corps font blancs; enfin, les corps pourroient encore être colorés, fi les molécules du premier ordre laiffoient paffer toutes les molécules colorées, & fi les molécules du fecond ordre abforboient quelques molécules colorées & réfléchiffoient les autres : mais ce cas doit être très-rare, & il eft poffible même qu'il n'exifte pas.

Dans cette hypothèfe, on peut fe rendre raifon également de la lumière réfléchie à la furface des corps, lumière qui facilite la diftinction de la forme des corps. Les deux ordres de molécules tranfparentes & réfléchiffantes féparent, à la furface, les molécules lumineufes qui y arrivent; les unes font tranfmifes à travers les molécules tranfparentes du premier ordre, & elles fe colorent; les autres font repouffées par les molécules réfléchiffantes du fecond ordre, & elles produifent la lumière blanche de la furface.

On peut fe faire une idée, de cette manière, dont la colorifation des corps peut s'opérer, en prenant un verre mince coloré. Lorfqu'on regarde à travers, on diftingue la lumière colorée qui le traverfe : pofant ce verre fur un morceau de papier blanc, la lumière paffe à travers & fe colore; arrivée fur la furface blanche du papier, la lumière colorée eft réfléchie, elle repaffe de nouveau à travers le verre coloré, fa *couleur* augmente d'intenfité, & le verre coloré donne une *couleur* par réflexion comme un corps opaque. Le verre coloré remplace ici les molécules du premier ordre, & le papier blanc les molécules du fecond ordre.

Si le verre eft placé fur un morceau de velours noir, la lumière colorée qui fort du verre eft abforbée par le velours noir, rien ne fe réfléchit, & le verre coloré paroît noir par réflexion; enfin,

fi le verre coloré eft placé fur une fubftance qui abforbe quelques-unes des molécules colorées qui ont paffé à travers le verre coloré, la *couleur* par réflexion eft différente de celle par tranfmiffion.

Plufieurs *couleurs naturelles* des corps opaques s'expliquent facilement par cette hypothèfe. Lorfque l'on a un liquide tranfparent coloré, & que l'on enduit une feuille de papier blanc d'une couche de ce liquide, cette couche mince, reftant tranfparente, permet à la lumière de paffer à travers, & de fe colorer dans ce paffage; la lumière parvient au papier, elle eft réfléchie, traverfe de nouveau la couche colorée, & produit une colorifation par réflexion. Si la couche de liquide coloré eft mince, la nuance de la *couleur* eft foible : ajoutant de nouvelles couches du liquide coloré à la première, on voit la nuance augmentée fucceffivement d'intenfité. Des filamens blancs de chanvre, de lin, de coton, de laine, de foie, &c., plongés dans un bain de teinture, c'eft-à-dire, de liquide coloré, fe couvrent d'un enduit, d'une couche de ce liquide; la lumière paffe à travers cette couche, fe colore en la traverfant, parvient au filament, eft réfléchie, repaffe à travers la couche, s'y colore de nouveau, & fort avec la *couleur* que procure l'efpace tranfparent que la lumière a traverfé. Mélangeant une diffolution d'alun dans un liquide tranfparent coloré, précipitant l'alumine par un alcali, chaque particule blanche d'alumine fe couvre d'une couche du liquide coloré, & réfléchit la lumière colorée qui lui arrive. Si, au lieu d'alun, on jette une terre blanche, réduite en poudre très-fine, dans le bain de liqueur, chaque particule de la terre réfléchit la lumière colorée qui a traverfé la fubftance tranfparente qui l'environne, & l'on obtient des corps folides, colorés par réflexion.

Après avoir fait l'application de la théorie de Newton aux différens corps colorés qu'il a pu obferver, & dont il a analyfé les *couleurs*, Haffenfratz conclut, page 139 du tome LXVII des *Annales de Chimie* :

« 1°. que les corps, relativement à leur *couleur*, peuvent être divifés en quatre claffes : corps blancs & incolores par réflexion & par réfraction; corps colorés par réflexion & par réfraction; corps colorés par réflexion feule, & corps colorés par réfraction feule.

» 2°. Que l'*incolorifation* des corps par réfraction & par réflexion peut être expliquée également par le phénomène des anneaux colorés & par la pénétration de la lumière à travers des molécules tranfparentes; & leur réflexion par d'autres molécules.

» 3°. Qu'une partie des corps colorés par réfraction & par réflexion, tels que les corps minces, folides ou liquides, l'infufion du bois néphrétique, les verres opalins, &c., peuvent s'expliquer également par les deux hypothèfes; mais que plufieurs autres, tels que la *couleur* des feuilles d'or & de cuivre, celle de l'indigo, des verres colorés par l'oxide d'or précipité par l'étain, &c., ne peuvent pas être expliqués dans l'hypothèfe de Newton, & l'on eft obligé de faire ufage de la feconde hypothèfe.

» 4°. Que la colorifation par réfraction feule ne peut être bien expliquée, dans l'hypothèfe de la groffeur & de la denfité des particules des corps, qu'en fuppofant qu'une partie de la lumière réfractée foit interceptée.

» 5°. Enfin, que la colorifation par réflexion feule eft inexplicable par le phénomène des anneaux colorés, tandis qu'il l'eft parfaitement dans l'autre hypothèfe. »

Enfin, fi l'on fait attention que rien n'eft plus incertain que la formation des anneaux colorés par les épaiffeurs des tranches d'air traverfées par la lumière, puifque ces mêmes anneaux ont également lieu dans le vide, on fera porté à regarder l'explication donnée par Newton comme étant établie fur des expériences qui ont befoin d'être vérifiées, & qu'elles font, en conféquence, conjecturales.

COULEURS ORIGINAIRES; colores oriundi; *ürfprünglich farben*. *Couleurs* obtenues par la décompofition de la lumière par le prifme *Voyez* COULEURS PRISMATIQUES, COULEURS SIMPLES, COULEURS DU PRISME.

COULEUR (*Peinture*); colores; *farben*. Dans la langue des peintres, le mot *couleur* a plufieurs acceptions différentes; il fignifie, comme dans la langue ordinaire, l'apparence que les rayons lumineux donnent aux objets; il fignifie les fubftances minérales ou autres que les peintres emploient pour imiter la *couleur* des objets qu'ils repréfentent; enfin, il fignifie le réfultat de l'art employé par le peintre pour imiter les *couleurs* de la nature, & c'eft dans ce dernier fens que la *couleur* eft particulièrement confidérée, en parlant d'un tableau.

De même que le teinturier, le peintre n'a, pour imiter l'innombrable variété des *couleurs* offertes par la nature, que trois *couleurs* primitives, le rouge, le jaune & le bleu, dont le melange produit toutes les autres *couleurs* & toutes les nuances. Les anciens peintres ont long-temps opéré avec ces feules *couleurs*. Si on en emploie aujourd'hui un nombre plus confidérable, c'eft qu'on a trouvé dans différentes fubftances, toutes préparées par la nature, des mélanges que les anciens étoient obligés de faire fur leur palette; mais quel que foit le nombre de ces fubftances colorantes, & celui des tons que produit leur mélange, on fera toujours réduit, en dernière analyfe, aux trois *couleurs* primitives, auxquelles on joint le blanc pour exprimer la lumière, & le noir pour en exprimer la privation.

La *couleur* ou le *coloris*, car ces deux mots fe

prennent fouvent l'un pour l'autre dans le langage de l'art, fe confidère relativement à l'enfemble d'un tableau, & relativement au détail de fes parties.

Relativement à l'enfemble, il confifte dans une conduite de tons liés ou oppofés entr'eux, & qui foient dégradés par de juftes nuances en proportion des plans qu'occupent les objets. Il en eft de la difpofition des *couleurs* comme de celle des figures dans la compofition : il doit y avoir, dans un tableau, une figure principale; il doit y avoir aufli une *couleur* dominante, un ton général, fans lequel il n'y auroit point d'harmonie.

Relativement aux détails, le coloris confifte dans la variation des teintes, variation néceffaire pour parvenir à l'arrondiffement des corps. Ce principe eft fondé fur ce que la couleur eft fubordonnée au *clair-ofcur*, parce que c'eft le *clair-obfcur* qui donne l'échelle des tons que doivent fuivre ces teintes différentes.

On diftingue les teintes principales en cinq nuances : le grand clair, la *couleur* propre à l'objet, la demi-teinte, l'ombre & le reflet. Des teintes intermédiaires & bien plus nombreufes dans la nature, que l'art ne peut exprimer, forment le paffage du clair à la *couleur* propre, & de celle de la demi-teinte à l'ombre & au reflet. Tous ces principes réfultent encore de la théorie du *clair-ofcur*, ou, ce qui eft la même chofe, ils font fondés fur l'étude de la dégradation de la lumière & de l'ombre.

Le premier ton d'un tableau eft arbitraire; il n'a de valeur que celle qu'il reçoit des contraftes qu'on lui oppofe. Le ton le plus fimple, fur la palette, peut devenir très-brillant; une *couleur*, par elle-même très-brillante, peut devenir lourde, fèche & difcordante. Les *couleurs* matérielles font mortes, c'eft l'art du peintre qui les anime.

Quant aux matériaux colorans, qu'on appelle aufli *couleurs*, ils ne s'emploient guère par les artiftes tels que la nature les produit, ou tels qu'ils ont réfulté des diverfes opérations chimiques; ils fubiffent une préparation. La vive enluminure d'un beau rouge, d'un beau jaune, ne charme que les regards du peuple; c'eft à l'artifice des *couleurs* rompues, c'eft-à-dire, mélangées, que l'art doit la féduction.

De ces mélanges réfultent les *couleurs* tendres, les *couleurs* fières. Les premières font formées des *couleurs* les plus douces & les plus amies, c'eft-à-dire, de celles qui ont entr'elles le plus parfait accord; les autres font le produit des *couleurs* fortes & quelquefois difcordantes, & forment des nuances vigoureufes. Les *couleurs* tendres fe réfervent pour les plans reculés; les *couleurs* vigoureufes ont leur place aux premiers plans : les unes & les autres doivent être fi bien unies, qu'elles ne produifent enfemble qu'une nuance générale qui forme l'harmonie.

Parmi les *couleurs*, il en eft qu'on nomme *cou-*

leurs *tranfparentes*, parce qu'elles ouvrent un paffage à la lumière, laiffent voir la *couleur* qui eft au-deffous d'elles, & ne font que lui prêter la teinte qui leur eft propre ; elles conviennent donc moins à peindre qu'à glacer. Le glacis unit & accorde les tons, en leur donnant une teinte générale, & prête de la fympathie aux *couleurs* les plus antipathiques.

Les fubftances terreufes ou métalliques, employées comme *couleurs*, font combinées avec de l'huile, de la cire, du favon ou de la colle, fuivant la nature de la peinture que l'on veut exécuter.

COULEURS PRIMITIVES ; colores primitivi ; *ürfprünglifche farben*. *Couleurs* obtenues en décompofant la lumière par le prifme. *Voyez* COULEURS SIMPLES, COULEURS DU PRISME.

COULEURS PRISMATIQUES ; colores prifmatici ; *prifmatifch farben*. *Couleurs* obtenues en faifant paffer de la lumière à travers un prifme, ou en regardant un corps blanc ou lumineux à travers un prifme. *Voyez* COULEURS DU PRISME.

COULEURS SIMPLES ; colores fimplices ; *einfach farben*. *Couleurs* qui ne peuvent être décompofées par aucun des moyens connus jufqu'à préfent.

Dans les arts, on regarde comme *couleurs fimples* les rouges, les jaunes, & les bleues, parce que, avec ces trois *couleurs*, on peut former toutes les autres *couleurs*, comme l'orangé, le vert, le violet, & toutes les nuances entre ces *couleurs* & le rouge, le jaune & le bleu, & que l'on peut, avec le blanc & le noir, rendre ou plus vives, ou plus fombres.

En phyfique, on regarde comme *couleurs fimples* toutes celles qui font indécompofables par le prifme, & dans ce nombre fe trouvent toutes les *couleurs* que l'on peut obtenir en faifant paffer un rayon folaire à travers un prifme ; & parmi toutes ces *couleurs*, on diftingue principalement le rouge, l'orangé, le jaune, le vert, le bleu, l'indigo, le violet, & toutes les nuances intermédiaires.

Comme on peut compofer la *couleur* orangée, foit avec du rouge & du jaune, foit avec du rouge, de l'orangé, du jaune & du vert ; que l'on peut également compofer du jaune avec du rouge, de l'orangé, du jaune, du vert & du bleu ; que l'on peut compofer du vert avec du jaune & du bleu, & avec du rouge, de l'orangé, du vert, du bleu & du violet ; enfin, que l'on peut compofer du violet avec du rouge & du bleu, il faut, avant de prononcer fi une *couleur* eft fimple ou compofée, faire paffer à travers un prifme la lumiere colorée qui l'a produite : alors, fi la *couleur* eft fimple, on obtient un fpectre circulaire d'une feule *couleur* ; fi la *couleur* eft compofée, on obtient, ou un fpectre elliptique, compofé de plufieurs *couleurs*, ou

deux fpectres féparés, circulaires ou elliptiques, c'eft-à-dire, compofés chacun, ou l'un ou l'autre, d'une ou de plufieurs *couleurs*.

Newton s'eft affuré que toutes les *couleurs* du fpectre coloré, obtenues par le paffage de la lumière à travers un prifme, étoient fimples, parce que chacune de ces *couleurs*, quelles que foient leurs nuances, ne peuvent être féparées en les faifant paffer à travers un nouveau prifme.

Wunfch & Prieur regardent cette épreuve comme incomplète, parce que, dans leur hypothèfe des trois feules *couleurs fimples*, rouges, vertes & violettes, ils fuppofent que les rouges, les vertes & les violettes peuvent avoir différens degrés de refrangibilté ; de-là, que l'orangé ou le jaune, qu'ils regardent comme des *couleurs compofées* de rouge & de vert, font indécompofables par le prifme, parce que le rouge & le vert qui entrent dans chacune de ces couleurs ont le même degré de réfrangibilité. *Voyez* COULEUR DE LA LUMIÈRE, COULEURS NATURELLES DES CORPS, COULEURS DU PRISME.

COULEURS TECHNOLOGIQUES ; colores technologici ; *technologifche farben*. *Couleurs* matérielles, obtenues par différens procédés. *Voy.* COULEURS CHIMIQUES, COULEURS MINÉRALURGIQUES, TEINTURE.

Les fubftances colorantes, employées dans la teinture, peuvent être divifées en deux claffes : celles qui poffèdent une *couleur* par elles-mêmes, & celles qui n'en poffédant pas, ont la propriété d'arrêter la tranfmiffion des rayons de lumière, & font produire au mélange des *couleurs* différentes de celles qu'il auroit montrées naturellement.

Quoique les *couleurs primitives* d'un rayon, ou, comme dit Newton, du fpectre folaire, foient en nombre infini, dans lequel on en diftingue fept principales, les teinturiers n'ont que cinq *couleurs* originales, le bleu, le rouge, le jaune, le brun & le noir ; peut-être même doit-on ranger les deux dernières parmi les compofées. Toutes les autres nuances, de diverfes dénominations, font formées par des combinaifons variées de ces *couleurs originales*.

Les fubftances qui contiennent la matière colorante, & qu'on emploie dans la teinture, font principalement des produits du règne végétal, quelquefois du règne animal, & très-rarement du règne minéral : ces dernières font toujours des oxides métalliques, & furtout des oxides de fer & de cuivre.

Dans la defcription que Pline fait des toiles peintes que fabriquoient les Égyptiens, il affure que ce peuple commençoit par enduire de certaines drogues une toile blanche qu'on jetoit enfuite dans une chaudière pleine de teinture bouillante ; qu'après l'y avoir laiffée quelque temps, on la retiroit peinte de diverfes *couleurs*, quoiqu'il n'y eût qu'une forte de liqueur dans la chaudière,

ce

ce qui ne pouvoit provenir que de la diverfité des mordans dont la toile étoit enduite ; que ces *couleurs* étoient fi adhérentes, qu'aucune lotion ne pouvoit les en féparer, & que ces toiles s'affermiffoient & devenoient meilleures par la teinture.

Si la préparation dont fe fervoient les Anciens, pour fixer les *couleurs* fur les étoffes, s'eft perdue, on en eft bien dédommagé par les nouvelles découvertes qui, étant beaucoup plus fûres & plus commodes, ont fait difparoître infenfiblement les pratiques anciennes.

L'art de la teinture eft très-récent en Europe ; c'eft de l'Orient que font venus la plupart de nos procédés.

La teinture des étoffes de laine & de foie a atteint, en France, un grand degré de perfection, tandis que la teinture du coton, par le peu d'affinité de cette fubftance avec la matière colorante, eft très en arrière.

Peu d'écrits, fur cet objet intéreffant, ont été publiés par les Anglais : Hellot, Macquer, d'Apligny, Berthollet, Chaptal, &c., nous ont, au contraire, fourni des ouvrages du plus grand mérite. Le Mémoire de Henry de Manchefter eft ce qu'il y a de mieux, en Angleterre, à ce fujet ; mais il refte encore un vafte champ à défricher pour l'amélioration de cet art, qui ne peut être perfectionné que par des chimiftes.

COULEURS VARIABLES ; colores variabiles ; *verinderfache farben*. *Couleurs* qui changent en les regardant fous divers afpects. *Voyez* COULEURS CHANGEANTES.

COULOMB (Charles-Augufte de), célèbre phyficien, naquit à Angoulême en 1736, d'une famille de magiftrats.

Ce favant fit fes études à Paris, & entra de bonne heure au fervice. D'abord employé à la Martinique, il y conftruifit le fort Bourbon : l'altération de fa fanté le ramena en France après trois ans de féjour. Il fut envoyé à Rochefort, où il entreprit cette belle férie d'expériences il compofa le Mémoire intitulé *Théorie des machines fimples*, qui remporta le prix double propofé par l'Académie des Sciences. *Voyez* FROTTEMENT, CORDES, ROIDEUR DES CORDES.

Un projet de canaux de navigation fut préfenté aux Etats de Bretagne ; il fallut en difcuter la poffibilité. Le miniftre de la marine nomma *Coulomb* commiffaire du Roi près des Etats, pour procéder à cette vérification. Après s'être affuré que les avantages de ce projet étoient loin de compenfer les frais énormes qu'entraîneroit l'exécution, il le combattit avec force, &, malgré l'influence d'un parti puiffant, fon opinion prévalut. Ce fervice important lui valut une détention à l'Abbaye. Ayant reçu l'ordre de retourner en Bretagne pour le même objet, il y porta la même fermeté, la

même intégrité ; enfin, les Etats, éclairés fur leurs véritables intérêts, reconnurent leur erreur, firent à *Coulomb* des offres brillantes qu'il refufa, & obtinrent feulement qu'il acceptât une excellente montre à fecondes, aux armes de la province, & dont il fe fervit, dans la fuite, pour toutes fes expériences.

En 1784, étant membre de l'Académie des Sciences, *Coulomb* fut nommé intendant des eaux & fontaines de Paris. En 1786 on lui donna, fans qu'il l'eût demandé, la furvivance à la place de confervateur des plans & reliefs. Il fut fait chevalier de Saint-Louis. Dès que la révolution éclata, *Coulomb* donna la démiffion de toutes fes places, perdit ce qu'elles lui donnoient de fortune, &, dans une retraite abfolue, fe confacra à l'éducation de fes enfans & à l'avancement des fciences.

Ayant entrepris une fuite d'expériences fur l'élafticité des fils métalliques, *Coulomb* eut l'idée ingénieufe de chercher à obferver la force avec laquelle ils revenoient fur eux-mêmes quand ils avoient été tordus. Il découvrit ainfi que ces fils réfiftoient à la torfion, d'autant plus qu'on les tordoit davantage, pourvu qu'on n'allât pas jufqu'à les altérer dans leur conftitution interne. Comme leur réfiftance étoit extrêmement foible, il conçut qu'elle pourroit fervir pour mefurer les plus petites forces avec une extrême précifion : pour cela il fufpendit, en équilibre, une longue aiguille horizontale à l'extrémité d'un fil de métal. En fuppofant cette aiguille en repos, fi on l'écarte d'un certain nombre de degrés de fa pofition naturelle, le fil qui fe trouve ainfi tordu, tend à l'y ramener par une fuite d'ofcillations dont on peut obferver la durée ; cela fuffit pour que l'on puiffe évaluer, par le calcul, la force qui a détourné l'aiguille. Telles furent l'idée & la difpofition de l'inftrument ingénieux que *Coulomb* nomma *balance de torfion*. (*Voyez* BALANCE DE COULOMB, COULOMB (Balance de).) Quelques années après, Cavendish fe fervit d'un inftrument analogue pour mefurer l'attraction d'un globe de plomb, & le comparer à celle du globe de la terre.

Coulomb fentoit trop bien l'utilité de l'inftrument qu'il avoit découvert, pour n'en pas multiplier les applications : il s'en fervit pour découvrir les lois que fuivent les attractions & les répulfions électriques & magnétiques ; il trouva qu'elles étoient les mêmes que celles de l'attraction célefte.

Nous devons à la juftice de dire, que le célèbre aftronome Tobie Mayer étoit auffi parvenu, de fon côté, à découvrir la loi des attractions magnétiques par une voie, à la vérité, beaucoup plus pénible que celle que *Coulomb* avoit fuivie ; mais fon travail n'a jamais été publié, & *Coulomb* n'en a jamais eu connoiffance.

Il entreprit de fe fervir de ce même inftrument pour déterminer, par l'expérience, les vé-

Kkkk

ritables lois de la diſtribution de l'électicité à la ſurface des corps, & du magnétiſme dans leur intérieur. Il détermina la quantité d'électicité qui ſe perd dans un temps donné par divers ſupports; alors il put aſſigner la nature de ces ſupports, la plus favorable à la conſervation de l'électicité. Il prouva, par l'expérience, que l'électicité ſe partage entre les corps, non pas en vertu d'une affinité chimique, mais en vertu d'un principe répulſif qui lui eſt propre. Il prouva de même que l'électicité libre ſe répand toute entière à la ſurface des corps, ſans pénétrer dans leur intérieur, & il démontra, par le calcul, que ce réſultat étoit une conſéquence néceſſaire de la loi de la répulſion : avec ces données, il put chercher & déterminer, par l'expérience, la manière dont l'électicité ſe diſtribue à la ſurface des corps, conſidérés iſolément, ou en préſence les uns des autres.

Des expériences analogues, faites ſur le magnétiſme, lui firent découvrir la manière dont le magnétiſme ſe diſtribue dans l'intérieur des corps aimantés, en ſe partageant entr'eux. Ses expériences, conduites avec une méthode parfaite, lui apprirent les moyens qu'il falloit employer, ſoit pour donner le plus haut degré de magnétiſme, ſoit pour reconnoître ce degré lorſqu'il exiſte déjà.

Dès la création de l'Inſtitut, *Coulomb* fut nommé membre de cette compagnie; il fut nommé l'un des inſpecteurs-généraux de l'inſtruction publique, à l'époque où cette place étoit la première dans l'enſeignement.

Tous ceux qui ont connu *Coulomb*, ſavent combien la gravité de ſon caractère étoit tempérée par la douceur de ſon ame; & ceux qui ont eu le bonheur d'approcher de lui, à leur entrée dans la carrière des ſciences, ont gardé de ſa bienveillance le plus tendre ſouvenir. Ce ſavant fut heureux dans les affections de ſa famille. Il mourut le 25 août 1806.

Outre les Mémoires, aſſez nombreux, qu'on trouve de lui dans les collections de l'Académie des Sciences, de l'Inſtitut, &c., on a imprimé ſéparément ſes *Recherches ſur les moyens d'exécuter ſous l'eau toutes ſortes de travaux hydrauliques.* Paris, 1779.

COULOMB (Balance de); jugum Coulombicum; *Coulomb elektriſche, oder magnetiſche wag.* Inſtrument imaginé par *Coulomb*, avec lequel on peut meſurer les plus petits degrés d'attraction ou de répulſion.

Cet inſtrument eſt compoſé d'une grande cage de verre, carrée ou circulaire A B C D, *fig.* 690; le fond A B C D eſt en bois, & le couvercle A'B'C'D' eſt en verre. Sur le milieu de cette plaque eſt fixé un petit cylindre de verre *a f h b*, ſurmonté d'un tuyau de cuivre *b c d h*, dans lequel tourne, avec frottement, un anneau du même

métal, recouvert d'une plaque *l v*. Cette plaque eſt percée d'un trou dans ſon milieu, pour recevoir une petite tige à laquelle eſt attachée une aiguille *a g*, que l'on fait tourner avec la tige. Le bord de la plaque *l v* eſt diviſé en 360 degrés dans le ſens *i k v*; la tige porte, à ſon extrémité inférieure, une petite pince qui ſaiſit un fil très-fin d'argent, de cuivre ou de cocons de vers à ſoie. Ce fil très-délié, *p n*, eſt tendu par un petit corps peſant *nu*, ſuſpendu à ſon extrémité.

Suivant la deſtination de la *balance*, on donne à ce point de ſuſpenſion une forme différente : lorſque l'on veut meſurer des attractions ou des répulſions magnétiques, le poids de ſuſpenſion eſt un étrier de cuivre, ſur lequel on peut placer un barreau ou une aiguille magnétique; & ſi l'on veut meſurer des attractions ou des répulſions électriques, le corps ſuſpendu eſt un petit cylindre de cuivre, fendu dans ſa longueur, pour qu'il puiſſe faire l'office d'une pince qui preſſe un petit levier *a g*, dont un des bras, *n a*, eſt un fil de ſoie enduit de gomme laque, ou un petit cylindre de gomme-laque, terminés l'un & l'autre par un petit plan circulaire de papier doré *a*; l'autre bras *g* eſt un fil de cuivre *n g*, qui n'a que la longueur néceſſaire pour tenir dans une poſition horizontale. Lorſque l'on veut, comme Cavendiſh, déterminer la force d'attraction de la terre, le poids eſt un bras de *balance*.

C'eſt dans la torſion imprimée au fil métallique *p n*, que conſiſte la force qui ſert à meſurer l'attraction ou la répulſion des corps; mais pour y parvenir, il falloit, 1°. connoître la loi des forces de torſion; 2°. avoir une méthode propre à déterminer la force à laquelle correſpond la torſion d'un fil donné.

Par une ſuite d'expériences faites avec beaucoup de ſoin, & que l'on trouve dans un Mémoire imprimé, pag. 227 des *Mémoires de l'Académie royale des Sciences*, pour l'année 1784, *Coulomb* a trouvé que, lorſque l'angle de torſion n'eſt pas très-conſidérable, le temps des oſcillations eſt ſenſiblement iſochrone; d'où il ſuit que l'on peut regarder comme une première loi, que, pour tous les fils de métal, lorſque les angles de torſion ne ſont pas très-grands, la force de torſion eſt ſenſiblement proportionnelle à l'angle de torſion. A l'aide des mêmes expériences, ce ſavant phyſicien a trouvé, 1°. que la durée des oſcillations eſt comme le carré des poids ſouſtendant un même fil; qu'ainſi, la torſion plus ou moins grande n'influe pas ſenſiblement ſur la réaction des forces de torſion; 2°. que les temps d'un même nombre d'oſcillations ſont, pour les mêmes fils, tendus par les mêmes poids, comme la racine de la longueur de ces mêmes fils; 3°. que la force de torſion pour des fils de même nature, de même longueur, mais de groſſeur différente, eſt comme la quatrième puiſſance de leur diamètre, ou comme le carré de leur poids.

Ainfi, connoiffant l'angle de torfion d'un fil d'une longueur, d'une groffeur & d'un poids fouftendant donné, *Coulomb* a fait voir comment on pouvoit déterminer la force correfpondante à un angle de torfion : on voit enfuite comment on peut déterminer la loi de répulfion, relative aux diftances exercées par deux corps, lorfque l'on connoît les angles de torfion qui font équilibre à ces répulfions. Nous verrons, en traitant de l'électricité & du magnétifme, comment, à l'aide de cette *balance*, & avec la connoiffance de la loi de la torfion des fils, *Coulomb* eft parvenu à déterminer, d'une manière exacte, la loi de la répulfion des fluides électriques & magnétiques. *Voyez* ÉLECTRICITÉ, MAGNÉTISME, RÉPULSION, LOIS DE LA RÉPULSION ÉLECTRIQUE & MAGNÉTIQUE.

COUODO, COVADO : mefure de Portugal, qui contient deux aunes & un quart de Hollande, cette mefure faifant environ quatre feptièmes de l'aune de Paris. Le *covado* = 3 craveiros, = 24 pouces, = 2,0190 du pied de Roi, = 65,55 centimètres.

COUP, de χολαπϳω, frapper; colpus; *fchlag.* f. m. Impreffion que fait un corps fur un autre, en le frappant, en le perçant, ou en le divifant.

COUP DE FOUDRE EN RETOUR ; fulmen revertens ; *ruckfchlag.* Action de la foudre fur un corps plus ou moins éloigné du lieu où la foudre éclate. *Voy.* CHOC EN RETOUR, ÉLECTRICITÉ.

COUP DE NIVEAU : alignement entier pris entre deux ftations d'un nivellement.

COUP FOUDROYANT ; ictus fulminans ; *wetter fchlag.* Violente décharge électrique que l'on produit avec de l'électricité accumulée fur deux feuilles métalliques, féparées par une lame de verre.

On fe fert ordinairement, pour cet effet, d'une bouteille de Leyde ou d'un carreau de verre A B C D, *fig.* 494, enduit de chaque côté du verre, d'une feuille métallique E F G H, à laquelle on laiffe, à l'une & à l'autre furface, au moins deux pouces de bord qui ne foit pas enduit ; ce carreau eft placé fur un plateau de métal : on électrife une des faces, tandis que l'autre communique au réfervoir commun.

Si, lorfque ce carreau eft chargé, on vouloit faire paffer l'électricité d'une lame métallique fur l'autre, & obtenir le *coup foudroyant*, on placeroit l'extrémité d'un conducteur électrique fur la face qui communique au réfervoir commun, & l'on approcheroit l'autre extrémité de l'autre face; alors l'électricité s'y porteroit avec force en produifant un bruit & une lumière analogue aux effets de la foudre. Lorfque les feuilles métalliques font un peu grandes & qu'elles font fortement chargées, il feroit imprudent de fe fervir de fes mains comme conducteur ; car la commotion que l'on reffent, dans cette circonftance, eft fi violente, qu'elle eft capable de tuer les animaux ; & ceux qui périffent ainfi, fe trouvent, après leur mort, dans l'état de ceux qui font foudroyés par le tonnerre. C'eft de-là qu'eft venu le nom de *coup foudroyant*. *Voyez* BOUTFILLE DE LEYDE, DÉCHARGE ÉLECTRIQUE, COMMOTION ÉLECTRIQUE, EXPLOSION ÉLECTRIQUE.

COUPANT : pièce d'or ou d'argent du Japon.

COUPANT : petit poids dont on fe fert dans l'île de Bornéo pour pefer les diamans.

COUPE ; κυϐϐα ; cupa; *becher, fchâle;* fub. fém. Efpèce de vafe moins haut que large, qui eft ordinairement fupporté par un pied.

Conftellation méridionale, placée fur l'hydre, contenant trente-une étoiles dans le Catalogue de Flamefteed, & dont la principale eft de quatrième grandeur. On prétend que cette conftellation eft le fymbole de l'oubli.

COUPÉE, en géométrie, eft la même chofe qu'abfciffe. *Voyez* ABSCISSE.

COUPELLATION ; coupellatio; *abtreiben;* f f. Opération à l'aide de laquelle on fépare, par le moyen du plomb, des métaux étrangers combinés à l'or ou à l'argent.

L'alliage métallique eft expofé dans une coupelle à l'action d'un feu affez fort pour le fondre; on dirige, fur le métal fondu, un courant d'air, foit naturel, foit à l'aide des foufflets : l'oxigène de l'air fe porte fur le métal, oxide le plomb; celui-ci fe fépare, à l'état liquide, de l'argent ou de l'or, avec lefquels il étoit combiné, & vient furnager à la furface. L'oxide de plomb, ainfi féparé, eft enlevé de deux manières. En grand, on le fait couler par une rigole creufée à la hauteur du bain; en petit, on augmente la température, & l'oxide de plomb fe vaporife : en employant le premier procédé, il faut creufer, avec beaucoup de ménagement, la rigole par laquelle l'oxide de plomb coule; il faut que fon fond foit toujours maintenu à la hauteur de la litharge fondue, & éviter avec foin que le plomb argentifère ou aurifère ne coule avec l'oxide. Il faut, dans le fecond procédé, éviter de chauffer trop fort, dans la crainte de vaporifer, avec l'oxide de plomb, l'or ou l'argent que l'on veut en féparer. Quelque foin que l'on prenne, l'oxide de plomb entraîne toujours avec lui de l'or & de l'argent, foit en s'écoulant, foit en fe vaporifant, & la quantité entraînée eft d'autant plus grande que le plomb eft plus riche.

COUPELLE; cupella; *kapelle*; f. f. Vaiffeau en forme de fegment de fphère, conftruit avec une terre poreufe qui fe laiffe traverfer par l'oxide de plomb fondu.

On conftruit deux fortes de *coupelles*, de petites pour les effais d'or & d'argent, de grandes pour féparer, en grand, les métaux combinés avec l'or & l'argent. Les petites *coupelles* font en forme de taffe; on les fabrique avec des os calcinés & réduits en poudre, que l'on comprime fortement dans un moule : les grandes font formées d'une couche d'os calcinés, de cendres leffivées, ou de terres argileufes mêlées avec des cendres; cette couche de terre eft fortement & également comprimée fur un fond de terre ou de briques. Les petites *coupelles* font conftruites de manière qu'elles doivent s'imbiber de la plus grande quantité d'oxide de plomb; on les grandes *coupelles* ne doivent s'en imbiber que graduellement, jufqu'à une certaine profondeur. Les petites *coupelles* fe placent dans des moufles que l'on entoure de charbons embrafés; les grandes *coupelles* font ordinairement recouvertes avec un chapeau de forte tôle enduite d'une couche épaiffe d'argile.

COUPE-POMME; *cæfúra mali*; f. m. Vafe de verre A, *fig.* 691, ouvert des deux bouts, & fur l'ouverture fupérieure duquel on place un cône de cuivre B, tranchant dans la partie fupérieure.

Ce vafe eft placé fur le plateau d'une machine pneumatique D; une pomme C fe met fur le cône B, & s'y fixe de manière à empêcher l'air d'entrer par cette ouverture. On fait le vide fous le vafe; la preffion de l'air extérieur comprime la pomme; le tranchant du cône la pénètre; elle s'enfonce & tombe dans le vafe, après avoir été coupée par le tranchant.

COUPER; fecare; *fchneiden*; verb. n. Tailler, fendre, féparer, trancher, divifer un corps.

COUPER UNE NOTE. C'eft, lorfqu'au lieu de la foutenir durant toute fa valeur, on fe contente de la frapper au moment qu'elle commence, paffant en filence le refte de fa durée.

Ce mot ne s'emploie que pour les notes qui ont une certaine longueur; on fe fert du mot *détacher* pour celle qui paffe plus vîte.

COUPEROSE; chalcanthum; *vitriol*; f. f. Sel métallique dans lequel l'acide fulfurique eft le diffolvant. *Voyez* SULFATE.

COUPEROSE BLANCHE; vitriolum album zinci; *weiffer zinc vitriol*. Sel compofé d'oxide de zinc, d'acide fulfurique & d'eau. *Voyez* SULFATE DE ZINC.

Ce fel fe prépare en grand à Rammelsberg, près de Goflard; il fe diffout dans l'eau, & criftallife en prifme quadrangulaire, dont deux faces font plus larges que les deux autres.

COUPEROSE BLEUE; vitriolum veneris feu cærulea; *kupfer vitriol blaues*. Combinaifon d'oxide de cuivre, d'eau & d'acide fulfurique. *Voyez* SULFATE DE CUIVRE.

COUPEROSE VERTE; chalcanthum viride; *grüne vitriol*. Sel compofé d'oxide de fer, d'acide fulfurique & d'eau. *Voyez* SULFATE DE FER.

COURANT; *καιρω*, qui court; currens, fluens; *flüffe*; fub. maf. & adj. Mouvement progreffif des eaux, des fleuves, des rivières, &c.

En mer on trouve fouvent des *courans* qui peuvent accélérer ou retarder la marche des vaiffeaux: ces *courans* font réglés & généraux, ou accidentels & particuliers.

Les *courans* réglés & généraux font produits, ou par le mouvement journalier de la terre autour de fon axe, ou par l'action du foleil & de la lune, ou par les vents réglés qui règnent en certains endroits du globe, & furtout vers la zone torride. Tels font les *courans* dans prefque tous les détroits, à Gibraltar, dans le Sund, &c., près de la Guinée, depuis le Cap-Vert jufqu'à la baie de Fernando Po, d'occident en orient; près de Sumatra, du midi au nord; entre la terre de Magellan & l'ile de Java, dans la mer Pacifique, du midi au nord; entre l'Afrique & Madagafcar, & furtout depuis le cap de Bonne-Efpérance jufqu'à la terre de Natal; fur les côtes du Bréfil & de la Guiane, dans l'oueft & le nord-oueft, en fuivant les côtes du grand continent d'Amérique; du golfe du Mexique, par le détroit de Bahama, & autres paffages au nord-eft & à l'eft-nord-eft, en fuivant les côtes de l'Amérique feptentrionale, où à peu près vers Terre-Neuve; de Terre-Neuve vers la Manche, prefque continuellement à l'eft.

Les *courans* accidentels, particuliers & variables, font caufés par les eaux qui font chaffées par le vent, vis-à-vis les promontoires, ou bien pouffées dans les golfes & les détroits où, n'ayant pas affez de place pour fe répandre, elles font obligées de refluer; en un mot, par la propriété qu'ont les fluides de chercher toujours le niveau.

On mefure la force ou la viteffe des *courans* avec divers inftrumens, parmi lefquels on diftingue ceux qui ont été imaginés par Gauthey & par Regnier. *Voyez* RHEUMOMÈTRE.

COURANT D'AIR; aer profluens; *ftröm der luft*. Mouvement de l'air, aperçu & diftingué fur la furface de la terre.

L'atmofphère qui environne la terre fe meut avec elle, & lorfque ce mouvement eft abfolument le même que celui de la terre, l'obferva-

teur entraîné avec elle ne peut en aucune manière diftinguer ce mouvement; il eft à fon égard
comme un obfervateur qui feroit dans une voiture bien fermée, & qui fe mouvroit avec une
grande rapidité : l'air qui remplit la voiture, &
dont il eft environné, fe mouvant avec la même
viteffe que lui, il ne diftingue aucun mouvement,
& pour lui l'air eft tranquille, quoiqu'il exifte un
fort *courant*. Si l'obfervateur étoit dans un air tranquille & fans mouvement, & qu'il fe meuve lui-
même dans cet air, le frottement produit par fa
viteffe dans l'air en repos lui occafionneroit le
frottement d'un *courant d'air*.

Ainfi, pour le fpectateur placé fur la furface
de la terre, il n'exifte de *courant d'air* qu'autant
que la maffe dans laquelle il fe trouve, a une viteffe différente de la fienne, foit dans-le même
fens, foit dans un fens oppofé, foit dans une direction différente. *Voyez* VENTS.

Comme la terre eft diverfement échauffée par
l'action des rayons folaires, fur tous les points
de fa furface, il en réfulte des mouvemens d'air
horizontaux : près de la furface, l'air échauffé
s'élève, pour fe transporter enfuite par la partie fupérieure, vers les points d'où l'air de la
furface eft parti, afin de le remplacer. Il fe fait
donc continuellement dans l'atmofphère des *cou-*
rans d'air horizontaux, qui transportent ce fluide
des pôles à l'équateur, des *courans* afcendans
qui élèvent l'air accumulé vers l'équateur, puis
des *courans d'air* élevé, dirigés de l'équateur
vers les pôles, & enfin des *courans* defcendans
qui viennent remplacer, vers les pôles, l'air qui
eft parti de ce point pour fe porter vers l'é-
quateur. Ces quatre *courans*, qui fe meuvent en
fens contraire deux à deux, combinés avec le
mouvement de rotation de la terre, donnent
naiffance aux vents réguliers que l'on obferve fur
la furface de la terre. *Voy.* VENTS RÉGULIERS.

Un grand nombre de caufes produifent auffi
des *courans* particuliers, les uns réguliers, les
autres périodiques, les autres irréguliers. *Voyez*
VENTS RÉGULIERS, VENTS PÉRIODIQUES,
VENTS IRREGULIERS, BRISES, MOUSSONS.

COURANT ELECTRIQUE; electricus profluens;
elektrifche fluffen. Matière électrique, ou fluide
électrique actuellement en mouvement.

Dans l'hypothèfe d'un feul fluide électrique,
on fuppofe que ce fluide peut fortir du corps pour
l'électrifer négativement, ou qu'il en peut entrer
pour l'électrifer pofitivement : dans l'hypothèfe
des deux fluides, on fuppofe que l'un de ces
fluides peut entrer dans le corps que l'on électrife, & que l'autre peut également en fortir.
Ainfi, l'une ou l'autre des deux hypothèfes ad-
mifes, lorfqu'un corps eft fortement électrifé,
il peut fe former un *courant* de matière effluente
ou affluente, tant que le corps s'électrife ou
qu'il perd de fon électricité; mais lorfqu'il fe

maintient dans fon état électrique, le corps conferve les fluides électriques qui, agiffant fur les
corps environnans, par leur action attractive &
répulfive, occafionnent des effets électriques par
influence.

Nollet fuppofoit que, dans les corps électrifés,
il exiftoit des *courans* continuels de matière électrique, tant affluente qu'effluente; que cette
matière formoit alors deux *courans* qui avoient
lieu dans le même temps, & dont les directions étoient oppofées. D'après ce favant efti-
mable, celui de la matière effluente s'élance du
corps actuellement électrifé, & fe porte progreffivement aux environs, jufqu'à une certaine
diftance; celui de la matière affluente, partant
dès corps qui font dans le voifinage du corps
électrifé, & même de l'air qui l'environne,
vient à ce corps actuellement électrifé remplacer
la matière effluente qui en fort. Ce font ces
deux *courans* fimultanés qui font la caufe immédiate de tous les phénomènes électriques.

Ces *courans* de fluide électrique, auxquels
Nollet a donné les noms d'*affluence* & d'*effluence*,
ont été imaginés pour rendre raifon de tous
les phénomènes électriques qui ont lieu par influence, & auxquels les phyficiens modernes
ont fubftitué l'attraction & la répulfion électrique, exercées à diftances fenfibles, & fouvent à des diftances affez confidérables. Ces
courans font indépendans de ceux qui ont lieu
dans le vide, & de ceux qui s'échappent des
points & des arêtes des corps électrifés, &
que l'on aperçoit dans l'obfcurité. Ces derniers
courans font réels & pofitifs; les premiers, au
contraire, ne font qu'hypothétiques & imaginaires.

COURANT MAGNÉTIQUE; magneticus profluens; *magnetifche fluffen*. Matière ou fluide
magnétique que l'on fuppofe en mouvement autour d'un aimant.

Les anciens phyficiens étoient perfuadés qu'il
y avoit autour des aimans une matière très-fubtile & invifible qui circuloit d'un pôle à l'autre, & qui étoit la caufe prochaine de tous
les phénomènes magnétiques. C'eft à cette matière que l'on attribuoit l'arrangement que prend
la limaille de fer dont on faupoudre un aimant,
arrangement qui fe trouve conftamment le même.
Depuis la découverte de l'influence magnétique,
les phyficiens modernes attribuent cet arrangement à l'attraction & à la répulfion exercées par
le magnétifme à des diftances fixes, & fouvent
à d'affez grandes diftances : alors cette matière
fubtile n'eft plus néceffaire, & l'on ne croit plus
à l'exiftence des *courans magnétiques*.

COURANT (Pied) : pied mefuré feulement dans
une direction, dans le fens de la longueur des objets. *Voyez* PIED COURANT.

COURANTE (Toife) : toife mefurée feulement dans le fens de la longueur des objets. *Voy.*
TOISE COURANTE.

COURBE; curvus; *krumen*; f. f. Ligne, furface, folide dont les points fucceffifs font dans
différentes directions, ou font différemment fitués
les uns par rapport aux autres.

On appelle *figures curvilignes*, les figures terminées par des lignes *courbes*, pour les diftinguer
des figures qui font terminées par des lignes
droites, & qu'on appelle *figures rectilignes*.

La théorie générale des *courbes* & des figures
qu'elles terminent, & de leur propriété, conftitue proprement ce qu'on appelle *la haute géométrie*, ou *la géométrie tranfcendante*.

C'eft particulièrement à la géométrie, qui,
dans l'examen des propriétés des *courbes*, emploie
le calcul différentiel & intégral, que l'on donne
le nom de *géométrie tranfcendante*.

Pour déterminer la nature d'une *courbe*, on
imagine une ligne droite tirée dans fon plan à
volonté, & par tous les points de cette ligne,
on imagine des lignes tirées parallèlement & terminées à la *courbe*. La relation qu'il y a entre
chacune de ces lignes parallèles & la ligne correfpondante, de l'extrémité de laquelle elles partent,
étant exprimée par une équation, cette équation
s'appelle l'*équation de la courbe*.

Defcartes eft le premier qui ait penfé à exprimer les lignes *courbes* par des équations. Cette
idée, fur laquelle eft fondée l'application de l'algèbre à la géométrie, eft très-heureufe & très-
féconde.

COURBE A DOUBLE COURBURE; curvus du-
plici flexurâ; *krumen mit doppelter krümung*. Courbe
dont tous les points ne fauroient être fuppofés
dans un même plan, & qui par conféquent eft
doublement *courbe*, & par elle-même, & par la
furface fur laquelle on peut la fuppofer appliquée.

On diftingue, par cette dénomination, les
courbes dont il s'agit, d'avec les *courbes* à fimple
courbure, ou *courbes* ordinaires.

Clairaut a donné un Traité complet des *courbes*
à double *courbure*.

COURBE ALGÉBRIQUE; curvus algebricus;
algebraifche krumen. C'eft celle dont la relation des
abfciffes aux ordonnées eft, ou peut être exprimée par une équation algébrique. Ainfi la parabole dont l'équation eft exprimée par $y^2 = px$,
les valeurs y indiquant la longueur des ordonnées, & celle de x, indiquant celle des abfciffes,
eft une *courbe* algébrique.

COURBE ANACLASTIQUE; curvus anaclafticus;
anaclaftifcher krumen. Courbe apparente que forme
le fond d'un vafe plein d'eau, pour un œil

placé dans l'air, ou le plafond d'une chambre
pour un œil placé dans un baffin plein d'eau, &c.
Voyez ANACLASTIQUE.

COURBE CATACAUSTIQUE; curvus catacauf-
ticus; *catacauftifche krumen linie*. Courbe formée
par la réunion des rayons de lumière réfléchie.
Voyez CAUSTIQUE, CATACAUSTIQUE.

COURBE DIACAUSTIQUE; curvus diacaufticus;
diacauftifche krumen linie. Courbe formée par la
réunion des rayons de lumière réfractée. *Voyez*
CAUSTIQUE, DIACAUSTIQUE.

COURBES (Famille des). Affemblage de plufieurs *courbes* de différens genres, repréfentées
toutes par la même équation d'un degré indéterminé, mais différent, felon la diverfité des
courbes.

COURBE GÉOMÉTRIQUE; curvus geometricus;
geometrifche krumen. C'eft celle dont la relation des
abfciffes aux ordonnées peut être exprimée par
une équation algébrique. *Voyez* COURBE AL-
GÉBRIQUE.

COURBES MAGNÉTIQUES; curvi magnetici;
magnet fche krumen. *Courbes* produites par l'arrangement que prennent quelques parcelles de
limaille de fer difféminées fur un plan au-deffous
duquel on a placé deux ou plufieurs pôles magnétiques, foit qu'ils appartiennent à un barreau
aimanté, foit qu'ils appartiennent à plufieurs.

Pour produire ces *courbes*, on place fur un plan
un barreau aimanté qui ait un ou plufieurs pôles;
on recouvre ce barreau d'un carton, on faupoudre fur le carton de la limaille de fer, on choque un peu le carton pour donner à la limaille la
faculté de fe mouvoir librement; auffitôt on
voit la limaille s'arranger comme dans la *fig.* 333,
fi le barreau n'a que deux pôles, comme dans la
fig. 334, s'il a quatre pôles, &c.

Ce phénomène a été regardé par les anciens
phyficiens comme une preuve évidente des tourbillons magnétiques, ou du mouvement d'un
fluide qui circuloit fans ceffe autour des aimans:
il n'eft regardé, par les phyficiens modernes,
que comme une preuve de l'influence exercée par
l'action attractive & répulfive du fluide magnétique.

Voici comment Haüy & les phyficiens modernes conçoivent la production de ces *courbes* (1).

Soit C G, *fig.* 692, un aimant qui ait fon centre d'action boréale en B, & fon centre d'action auftrale en A : concevons une aiguille extrêmement courte, fufpendue librement en N,
plus voifine de B que de A. Cette aiguille, qui étoit

___

(1) Haüy, *Traité élémentaire de Phyfique*, tom. II, p. 74.
§. 747.

d'abord dans l'état naturel, se magnétisera par influence ; elle aura en *a* un pôle austral, & en *b* un pôle boréal (*voyez* INFLUENCE MAGNETIQUE) ; alors, sollicitée dans les deux pôles A & B de l'aimant, elle prendra une direction oblique *b a*, telle qui résulte tant de la plus grande tendance qu'a le pôle austral *a* à se porter vers le pôle boréal B, que de celle du pôle boréal *b* vers le pôle austral A, dont il est plus éloigné. Les choses étant dans cet état, si l'on fait mouvoir le centre *c* d'une petite quantité sur la ligne *a d*, en le rapprochant de B, le centre étant parvenu en *g*, l'aiguille prendra une direction plus oblique *g m*, qui la rapprochera encore du pôle boréal ; faisant encore mouvoir le cent. *c* sur la ligne *g m*, jusqu'en *f*, l'aiguille prendra un direction *f l* beaucoup plus inclinée que la précédente, & qui la rapprochera davantage de B. Si l'on continue de faire mouvoir de la même manière le centre de l'aiguille, il est aisé de voir que le centre deviendra une *courbe c g f n*, &c., dont les côtés coïncideront avec les différentes directions de l'aiguille.

Il y aura un point de la *courbe* où l'aiguille, qui s'écartera continuellement du parallélisme avec CG, prendra une direction *n r*, perpendiculaire sur cette ligne. Au-delà de ce point, l'extrémité *a* de l'aiguille tendant toujours à se rapprocher de plus en plus du point B, les nouveaux côtés *r s* de la *courbe* seront inclinés en sens contraire des premiers côtés *c g*, *g f*, &c., mais toujours en se rapprochant de B ; & enfin, lorsque l'extrémité de l'aiguille *a* sera infiniment près du point B, la *courbe* passera par même point, au-dessous ; en s'écartant, elle formera des côtés qui approcheront toujours davantage du parallélisme avec CG ; & lorsque le centre de l'aiguille sera en *p*, situé à égale distance de A & de B, la direction *x y* de l'aiguille sera parallèle à CG, à cause de l'équilibre entre les forces des pôles A & B. Au-delà de ce terme, la force du pôle A étant devenue prépondérante, la *courbe* s'infléchira vers le point A, & finira par y passer en formant une nouvelle branche *x z* A M, semblable à la branche opposée.

Plaçant une multitude de petites aiguilles autour du barreau aimanté C G, chacune prendra la direction que l'action des deux pôles déterminera ; & si ces aiguilles sont placées assez près les unes des autres pour qu'elles puissent se toucher par leurs pôles opposés, elles formeront une suite de *courbes* qui se couperont aux deux pôles, & les aiguilles placées dans l'intersection de ces *courbes* avec la perpendiculaire E F, élevées sur le milieu de A B, seront toutes parallèles à la droite C G.

Substituant à ces aiguilles des parcelles de limaille couchées sur un plan où elles éprouvent un léger frottement, chacun des grains de limaille sera influencé comme les aiguilles. En touchant

sur le carton, on les soulèvera par la réaction du choc ; pendant le soulèvement, elles prendront la direction résultante de l'action des deux pôles, & retombant ensuite, elles conserveront cette direction & leur contact ; & formeront, par leur assemblage, la suite des lignes *courbes* que l'on observe dans les *figures* 333, 334, &c.

COURBES MÉCANIQUES ; curvi mecanici, *mechanische krumen linie*. Ce sont celles qui ne peuvent être déterminées par une équation algébrique. *Voyez* COURBE TRANSCENDANTE.

COURBE POLYGONE ; curvus polygonus ; *vielech mit unendlich kleinen seiler*. *Courbe* considérée, non comme rigoureusement *courbe*, mais comme un polygone d'une infinité de côtés. C'est ainsi que, dans la géométrie de l'infini, on considère ces *courbes* ; ce qui ne signifie autre chose, sinon qu'une *courbe* est la limite des polygones, tant inscrits que circonscrits.

COURBE (Quadrature d'une) ; curvi quadratio ; *quadrature eine krumen linie*. Opération qui consiste à trouver l'aire ou l'espace renfermé dans cette *courbe*, c'est-à-dire, à assigner un carré dont la surface soit égale à un espace curviligne. Il existe plusieurs *courbes* dont la quadrature est regardée comme impossible ; telle est celle du cercle.

COURBE (Rectification d'une). C'est une ligne droite, égale en longueur à cette *courbe*.

COURBES (Surfaces) ; superficies curvæ, *krumen fiæche*. Une *surface courbe* est représentée, en géométrie, par une équation à trois variable ; elle est géométrique quand son équation est algébrique, & exprimée en termes finis ; elle est mécanique quand son équation est différentielle & non algébrique.

COURBES TRANSCENDANTES : *courbes* qui ne peuvent être déterminées par une équation algébrique.

Les Anciens n'ont guère connu d'autres *courbes* que le cercle, les sections coniques, la conchoïde & la cissoïde. La raison en est que l'on ne peut guère traiter des *courbes* sans le secours de l'algèbre, & que l'algèbre paroît avoir été peu connue des Anciens. Les Modernes ont ajouté aux *courbes* des Anciens les paraboles & les hyperboles cubiques, & le trident ou parabole de Descartes. Voilà où on en est resté jusqu'au Traité des lignes du troisième ordre de Newton.

COURONNE, du celte *coron* ; corona ; *krone*. s. f. Ornement de tête porté par les souverains & les princes, comme une marque de leur pouvoir. La forme ordinaire des *couronnes* est celle d'un anneau.

COURONNE. En géométrie, c'eſt un plan terminé ou enfermé par deux circonférences parallèles A B G, D E F, *fig.* 565, de cercles inégaux, ayant un même centre, & qu'à cauſe de cela on appelle *cercles concentriques.* On a la ſurface de la *couronne* en multipliant ſa largeur par la longueur de la circonférence moyenne arithmétique entre les deux circonférences qui la terminent.

COURONNE. En muſique, la *couronne* eſt une eſpèce de C renverſe avec un point dans le milieu, & qui ſe fait ainſi : ☽

Quand la *couronne,* qu'on appélle auſſi *point de repos,* eſt à la fois dans toutes les parties ſur la note correſpondante, c'eſt le ſigne d'un repos général ; on doit y ſuſpendre la meſure, & ſouvent même on peut finir par cette note. Ordinairement la partie principale y fait, à ſa volonté, quelques paſſages que les Italiens appellent *candenza,* pendant que toutes les autres prolongent & ſoutiennent le ſon qui leur eſt marqué, ou même s'arrêtent tout-à-fait ; mais ſi la *couronne* eſt ſur la note finale d'une ſeule partie, alors on l'appelle, en françois, *point d'orgue,* & elle marque qu'il faut continuer les ſons ſur cette note, juſqu'à ce que les autres parties arrivent à leur concluſion naturelle. On s'en ſert auſſi, dans les canons, pour marquer l'endroit où toutes les parties peuvent s'arrêter quand on veut finir. *Voyez* REPOS, CANON, POINT D'ORGUE.

COURONNE : petite monnoie d'argent, d'Angleterre, que les Anglais nomment *crown,* que les Français nomment *croone.* La *couronne* vaut cinq ſchellings, c'eſt-à-dire, 3 liv. 15 ſous de France.

COURONNE : monnoie d'argent de Danemarck

COURONNE (*Phyſique*) : météores formés par un ou pluſieurs anneaux lumineux qui paroiſſent autour des aſtres.

Il y a des *couronnes* ſans couleurs, & des *couronnes* colorées. Les couleurs de ces dernières ſont à peu près celles de l'arc-en-ciel ou de l'iris, mais diſpoſées, le plus ſouvent, dans le même ordre que celles de l'iris intérieur, c'eſt-à-dire, que les rouges ſe trouvent en dehors ou dans la convexité de la *couronne. Voyez* HALO.

Ces *couronnes* ſe trouvent le plus ſouvent autour du ſoleil & de la lune. (*Voyez* PARHÉLIE, PARASELÈNE.) Tous les phyſiciens conviennent qu'il faut les attribuer, comme on attribue l'arcen-ciel, à la réfraction des rayons de lumière dans les particules de vapeurs, les gouttes d'eau, les parcelles de glace & de neige dont l'atmoſphère eſt chargée ; avec cette différence ſeulement que, dans l'arc-en-ciel, il y a réflexion & réfraction, & que, dans les *couronnes,* il n'y a que réfraction.

COURONNE A TASSE ; corona gálvanica ; *craterice.* Appareil galvanique formé avec des taſſes arrangées en cercle, & qui communiquent entre elles par des courbes métalliques.

Cet appareil ſe compoſe de taſſes de faïence ou de porcelaine, T, *t, t, t, fig.* 693, & de lames *c a z,* formées de deux métaux, l'une *c a,* en cuivre, & l'autre *a z,* en zinc ; ces métaux ſont ſoudés au point *a.* Les taſſes *t, t, t,* remplies d'eau, ſont placées à côté les unes des autres en forme de cercle ; chaque lame métallique plonge dans deux taſſes conſécutives, dans un ordre tel que, dans chaque taſſe, il y ait une branche de cuivre appartenante à une lame, & une branche de zinc appartenante à une autre lame : dans les taſſes des deux extrémités T, T', qui ne contiennent chacune qu'une des branches de l'arc métallique *c a z,* on place, du côté T, qui ne contient que la branche *z* de zinc, une lame de cuivre *c* qui ſort en dehors, & du côté T', qui ne contient que la branche de cuivre *c,* on place une branche de zinc *z,* qui ſort égalèment en dehors : en plaçant entre les deux branches *c, z,* des taſſes T, T', les corps que l'on veut ſoumettre au galvaniſme, on obtient tous les phénomènes des électromoteurs ordinaires. *Voy.* ÉLECTROMOTEUR, PILE DE VOLTA.

COURONNE AUSTRALE ; corona auſtralis ; *ſudliche krone.* Conſtellation de la partie méridionale du ciel, formée par des étoiles diſpoſées en arc de cercle.

Cette conſtellation, qui eſt une des quarantehuit formées par Ptolémée, eſt placée entre le ſagittaire & le téleſcope ; elle paroît un peu ſur notre horizon au commencement de juillet, vers le milieu de la nuit. La Caille en a donné une figure très-exacte dans les *Mémoires de l'Académie des Sciences* pour l'année 1752. La principale étoile de cette conſtellation n'eſt que de la cinquième grandeur Les poëtes racontent que Bacchus plaça cette *couronne* dans le ciel, en l'honneur de ſa mère Sémélé.

COURONNE BORÉALE ; corona borealis ; *nordliche krone.* Conſtellation de la partie ſeptentrionale du ciel, placée entre le bouvier & Hercule.

Cette conſtellation, qui eſt une des quarantehuit formées par Ptolémée, eſt compoſée de vingt-une étoiles dans le Catalogue britannique ; ſa figure ſuffiroit pour faire imaginer une *couronne.* Les poëtes ſuppoſent que c'eſt celle d'Ariane, fille de Minos & de Paſiphaé, qui aida Théſée à ſortir du labyrinthe de Crète.

COURONNE DES ÉCLIPSES : *couronne* ou anneau lumineux que l'on aperçoit autour de la lune dans les éclipſes centrales du ſoleil.

Les éclipſes de ſoleil ſont formées par le paſſage de la lune ſur le diſque du ſoleil ; on leur donne le nom d'*éclipſes centrales* lorſque le centre de la lune passe exactement sur le centre du soleil. Dans toutes les éclipses, le diamètre apparent de la lune peut être égal, plus grand ou plus petit que celui du soleil. Lorsque le diamètre est plus grand, l'éclipse est totale, au moment où le centre de la lune coïncide avec celui du soleil, & elle est annulaire, si le diamètre apparent de la lune est plus petit que celui du soleil. Dans cette circonstance, toute la partie du soleil qui n'est pas recouverte par la lune, forme une *couronne lumineuse*. *Voyez* ÉCLIPSE ANNULAIRE.

COURONNE (Ecu à la): monnoie d'or, portant l'empreinte d'une couronne, qui a été frappée en France depuis 1416 jusqu'en 1485. Le titre de ces pièces a varié entre 18 & 24 carats, & la coupe entre 60 & 70.

COURONNE ÉLECTRIQUE; corona electrica; *electrische krone.* Cercle lumineux produit par l'électricité.

Ces sortes de *couronnes* peuvent être produites de trois manières différentes : 1°. en hérissant de pointes un anneau métallique, & le faisant communiquer à une machine électrique en activité; l'électricité qui s'échappe par les pointes, forme un jet divergent de fluide électrique, qui représente, dans l'obscurité, une *couronne lumineuse*; 2°. en plaçant sur un pivot, *fig.* 694, une espèce de roue métallique formée de plusieurs fils métalliques recourbés, A, B, D, E, F, G; électrisant cette espèce de roue, le fluide électrique qui s'échappe par les pointes, occasionne un mouvement de rotation dans le sens A G F, opposé à la direction des pointes; le jet de lumière électrique, qui sort de ces pointes en mouvement, produit, *fig.* 695, dans l'obscurité, l'apparence d'un cercle lumineux; 3°. si l'on fixe sur un carreau de verre A B C D, plusieurs petits fragmens de feuilles métalliques, formant un cercle F H I, & si on les distribue tellement qu'une moitié des fragmens E F soit sur l'une des faces, & l'autre moitié, G H I, sur l'autre; si l'on met une communication entre ces deux derniers cercles, par une bande métallique F G, & que l'on fasse communiquer la partie E, de l'un des derniers cercles, avec une machine électrique, & l'autre partie I K, avec le réservoir commun, on apercevra, dans l'obscurité, des étincelles électriques dans toutes les solutions de continuité des fragmens métalliques : cette lumière, à cause de l'arrangement & de la distribution des particules, produira un cercle lumineux dont on pourra former une *couronne électrique*.

COUROU : monnoie de compte dont on se sert dans les Etats du Grand-Mogol. Le *courou* de roupie fait cent mille lacks de roupies, & le lack cent mille roupies. *Voyez* ROUPIES.

COURS; cursus; *lauf*; s. m. Flux, mouvement de quelque chose de liquide, espace que parcourt un corps par un mouvement progressif.

COURS : mouvement réel ou apparent du soleil & des astres.

COURSIER; curtus; *baderich*; s. m. Chemin entre deux rangs de pilotis ou de planches, que l'on donne à l'eau pour arriver aux aubes de la roue d'un moulin, & qu'on ferme quand on veut, en baissant la vanne qui est au-devant de la roue.

COURTAUD; *bassfeeife*. Espèce de fagot ou basson raccourci, qui sert de basse aux musettes.

C'est un gros morceau de bois cylindrique, dont quelques-uns font de grands bourdons de pélerins; il est percé de tout son long par deux trous qui se communiquent, par lesquels le vent descend d'abord, & puis remonte, à cause qu'il est bouché par en-bas.

COURTIVRON (Gaspard le compasseur de Crequis-Monfort, marquis de), naquit en 1715, au château de Courtivron, en Bourgogne, & mourut le 4 octobre 1785.

Il parcourut d'abord la carrière militaire, fut maître-de-camp de cavalerie: blessé dans la campagne de Bavière, en tirant du péril le plus imminent le fameux comte de Saxe, il renonça dès-lors au métier des armes, pour se livrer sans réserve à la culture des sciences.

Ses travaux embrassèrent la géométrie, l'astronomie, l'optique, la mécanique, l'art de forger le fer. Il fut membre de l'Académie des Sciences, & devint pensionnaire vétéran de l'Académie.

Indépendamment de plusieurs Mémoires imprimés dans la Collection de l'Académie des Sciences, on a de lui, 1°. un *Traité d'Optique, où l'on donne la théorie de la lumière dans le système newtonien, avec de nouvelles solutions des principaux problèmes de dioptrique & de catoptrique*, Paris, 1752, in-4°.; 2°. l'*Art des Forges & Fourneaux de fer*; 3°. *Observations sur les couvertures en laves*.

COUSIN (Jacques-Antoine), né à Paris le 29 janvier 1739, reçu à l'Académie des Sciences en 1771, mourut le 29 décembre 1800.

Il étoit depuis 1766 & fut pendant 32 ans professeur coadjuteur de physique au Collège de France. En 1769, il avoit été nommé professeur de mathématiques à l'École militaire, & il remplit cette place pendant vingt ans.

En 1794, il fut élu officier municipal de la ville de Paris; en 1795, président du département & membre de l'Institut; en 1796, membre du Bureau central; en 1797, membre du Corps législatif, & en 1799, membre du Sénat conservateur.

Nous avons de lui : 1°. *Leçons de calcul différentiel & de calcul intégral*, 1796, 2 vol. in-8°.; 2°. *In-*

troduction à l'étude de l'Astronomie physique, 1797, in-4°.; 3°. *Traité élémentaire de Physique*, in-8°.; l'auteur l'avoit composé en prison; 4°. *Traité élémentaire de l'analyse mathématique*, 1787, in-8°.

COUSSINET; pulvillus; *kuffen*; sub. m. Petit couffin.

COUSSINET : pièces de métal concaves qui supportent les axes d'une lunette ou d'un instrument de passage.

COUSSINET ÉLECTRIQUE; pulvillus electricus; *electrische kuffen*. Sorte de petit couffin dont on se sert pour frotter le globe électrique ou le plateau circulaire de glace.

Pour obtenir de l'électricité, on frotte l'un contre l'autre deux corps isolés; dans ce frottement, l'un s'électrise en plus, & l'autre s'électrise en moins : c'est d'après ce principe qu'est déduite l'invention des *couffinets* avec lesquels on frotte les corps dont on veut obtenir de l'électricité.

Originairement, les machines électriques se composoient d'un tube de verre, puis d'un globe de verre, d'un manchon de verre; enfin, on fit usage d'un plateau de verre. Les tubes, les globes & les cylindres ont d'abord été frottés avec la main, soit que l'on fît mouvoir les tubes ou la main, soit que l'on fit tourner les globes & les cylindres à l'aide d'une manivelle; on choisissoit de préférence, pour ce frottement, des mains parfaitement sèches. Winkler paroît être le premier qui ait eu l'idée, en 1740, de substituer des frottoirs aux mains; cette substitution devenoit d'autans plus nécessaire, que plusieurs globes ayant éclaté pendant qu'on les électrisoit, les personnes occupées à les frotter couroient le plus grand danger. Priestley cite des accidens de ce genre arivés à Sobatilli en Italie, à l'abbé Nollet à Paris, au P. Bertaud à Lyon, à Boze à Wittemberg, à Lecat à Rouen, & au président Robien à Rennes.

Le globe dont l'abbé Nollet faisoit usage, étoit de cristal d'Angleterre; il avoit déja servi deux ans; il avoit plus d'une ligne d'épaisseur : ce globe éclata comme une bombe entre les mains du do-

mestique qui le frottoit, & les morceaux, dont les plus grands n'avoient pas plus d'un pouce de diamètre, furent dispersés de toutes parts à des distances considérables.

Watson & Wilson firent usage, en Angleterre, du *couffinet* employé par Winkler; mais l'abbé Nollet soutint & prouva que le frottement par des mains sèches produisoit plus d'électricité; cependant Watson remarqua que ce moindre effet des frottoirs provenoit & de leur nature & de leur isolement, & que l'on parvenoit à obtenir des intensités aussi grandes de fluide électrique, 1°. en couvrant les *couffins* de feuilles métalliques, comme Wilson l'avoit proposé; 2°. en faisant communiquer le *couffinet* avec le réservoir commun. Beccaria avoit observé également, en 1747, qu'un homme isolé procuroit moins d'électricité par le frottement, que lorsqu'il touchoit à la terre; enfin, que l'on pouvoit tirer de fortes étincelles de la personne frottante lorsqu'elle étoit isolée : comme l'on tiroit également des étincelles d'une personne isolée, communiquant avec le conducteur de la machine. Watson en conclut que le conducteur prenoit autant d'électricité au globe, que le *couffinet* lui en procuroit : de-là, on est arrivé à assurer qu'il devoit y avoir une grande différence dans la quantité d'électricité produite par chaque surface frottante.

Ensuite de ces observations, on a reconnu, 1°. que lorsque le *couffinet* & le conducteur étoient isolés, on obtenoit, sur chacun d'eux, des électricités foibles, mais opposées, l'une positive, l'autre négative; 2°. que lorsque le *couffinet* & le conducteur communiquoient au sol, on n'obtenoit aucun indice de l'électricité; enfin, que la plus grande quantité d'électricité étoit obtenue lorsque le *couffinet* ou le conducteur seulement communiquoit avec le réservoir commun : dans le premier cas, le conducteur étoit fortement électrisé, & le *couffinet* étoit à l'état naturel; dans le second cas, le *couffinet* étoit fortement électrisé, & le conducteur à l'état naturel : quant à la nature de l'électricité, elle dépendoit & de la nature du globe, & de celle des frottoirs. Ainsi, d'après les expériences de Cavallo, on peut présenter la table suivante des électricités obtenues.

CORPS FROTTÉS.	COUSSINETS.	ÉLECTRICITÉ DES	
		Conducteur.	Couffinet.
Poil de chat.	Toutes substances	+ E	— E ou ε
Verre poli.	Toutes substances, excepté le poil de chat.	+ E	— E ou ε
Verre dépoli.	Taffetas ciré séché		
	Soufre	+ E	— E ou ε
	Métaux en poudre		

CORPS FROTTÉS.	COUSSINETS.	ELECTRICITÉ DES	
		Conducteur.	Coussinet.
Verre dépoli.	Etoffes de laine...... Plumes à écrire...... Bois, papier......... Cire à cacheter...... Cire blanche......... La main..............	— E ou Ɛ	+ E
Tourmaline.	Vent sec des soufflets..... Succin...............	+ E	— E ou Ɛ
	Diamant............. La main..............	— E ou Ɛ	+ E
Peau de lièvre.	Métaux, soie......... Pierre d'aimant....... Cuir, la main........ Papier, bois sec.....	+ E	— E ou Ɛ
	Peaux fines.........	— E ou Ɛ	+ E
Soie blanche.	Soie noire, métaux.... Drap noir...........	+ E	— E ou Ɛ
	Papier, la main...... Cheveux............. Peaux de martres.....	— E ou Ɛ	+ E
Soie noire.	Cire à cacheter......	+ E	— E ou Ɛ
	Peaux { de lièvre, de belette, de fouine } Pierre d'aimant...... Laiton, argent, fer..... La main.............	— E ou Ɛ	+ E
Cire à cacheter.	Métaux.............	+ E	— E ou Ɛ
	Peaux { de lièvre, de belette, de fouine } La main, le cuir...... Etoffes de laine..... Papier	— E ou Ɛ	+ E
Bois sec.	Soie............... Flanelle............	+ E / — E ou Ɛ	— E ou Ɛ / + E

Depuis, plusieurs autres expériences ont été faites, & le nombre des résultats en est beaucoup augmenté. *Voyez* ÉLECTRICITÉ, PRODUCTION DE L'ÉLECTRICITÉ.

Nous devons observer que plusieurs circonstances peuvent produire des différences dans les résultats annoncés : tels sont, par exemple, le poli, la dureté des surfaces, la direction des frictions, &c.

Si l'on frotte ensemble deux substances semblables, dés étoffes de soie, des rubans, &c., la partie qui éprouve la plus forte friction s'électrise négativement ou Ɛ, tandis que l'autre s'électrise positivement +E. Le même effet a lieu lorsque les deux rubans, passés l'un sur l'autre, & placés sur un corps uni, sont frottés par un autre corps ; l'un s'électrise +E, & l'autre Ɛ. On peut consulter à ce sujet les expériences curieuses de Symmer & Cygna, dans l'*Histoire de l'électricité de Priestley*.

On voit, d'après ces observations, quelle influence le *coussinet* peut avoir sur la production de l'électricité. Ordinairement on construit les *coussinets* en cuir tanné, au-dessous desquels on place du crin, pour que leur pression soit douce & uniforme; on les recouvre d'une substance métallique, parce que c'est une de celles qui développent, par son frottement sur le verre, la plus grande quantité d'électricité; mais afin que cette substance ne raye & ne dépolisse pas le verre, ce qui diminueroit considérablement la quantité d'électricité développée, on emploie les métaux à l'état de poudre douce, comme dans l'*aureum musivum*, ou à l'état pâteux, comme dans l'amalgame de mercure.

Quoique le verre soit la substance que l'on emploie généralement dans la conftruction des machines électriques, le verre, cependant, n'eft pas le feul que l'on puiffe employer. Lichtenberg fit ufage de taffetas, Van-Marum d'un plateau de gomme-laque, &c.; mais, dans ce cas, il faut employer des *couffinets* différens : on peut fe fervir de la peau de chat pour la matière du *couffinet* des machines de taffetas. Van-Marum employoit le mercure-liquide pour frotter fes plateaux de gomme-laque; il les faifoit paffer dans un vafe rempli de ce liquide.

COVADO : mefure de longueur en ufage en Portugal. Le *covado* = 3 traveiros ou palmo, = 24 pouces, = 2,0190 pieds de Roi, = 65,55 centimètres.

CRANIOSCOPIE, de κρανιον, crâne, & σκοπεω, je connois; cranioscopia ; *cranioscopi*; f. f. Exploration dans laquelle on fe propofe de reconnoître la configuration du cerveau par celle du crâne qui le revêt. *Voyez* CRANOLOGIE.

CRANOLOGIE, de κρανιον, crâne, & de λογος, difcours ; cranologia ; *cranologi*; f. f. Art de connoître les facultés de l'homme & fes inclinations, à l'aide de la configuration du crâne.

Cet art ayant été enfeigné publiquement à Paris, au commencement de ce fiècle, par le docteur Gall, nous avons cru devoir en parler avec quelques détails.

Le Docteur fuppofe que toutes les facultés ont leur fiége dans le cerveau; que ces facultés font d'autant plus étendues, d'autant plus fortes, & qu'elles ont d'autant plus de puiffance fur les actions des individus, que les portions du cerveau dans lefquelles leur fiége eft établi, ont plus de développement : il fuppofe enfuite que le crâne eft l'image exacte & fidèle de la configuration extérieure du cerveau ; & comme il eft toujours facile d'apercevoir, à la feule infpection de la tête, les inégalités extérieures du crâne, le D^r. Gall conclut « que, de l'examen des protubérances que l'on y remarque, on peut toujours déterminer les facultés principales de chaque homme, fes inclinations & fes paffions. »

Gall affigne fur le crâne vingt-fept éminences principales, qui indiquent autant de facultés ou de paffions principales. Il donne le nom *d'organes* à ces éminences. Nous allons faire connoître ces organes, en même temps que nous indiquerons leur pofition fur la *figure* 696.

1°. organe de la volupté.
2°. —— de l'amour des enfans.
3°. —— de la docilité.
4°. —— de la mémoire locale.
5°. —— de la mémoire perfonnelle.
6°. —— des couleurs.
7°. —— des fons.
8°. —— des nombres.
9°. —— des mots.

1 .organe des langues.
11°. —— de l'art du deffin.
12°. —— de l'amitié.
13°. —— du defir du combat.
14°. —— du meurtre.
15°. —— de la rufe.
16°. —— du vol.
17°. —— de la hauteur.
18°. —— de la vanité.
19°. —— de la circonfpection.
20°. —— de la comparaifon.
21°. —— de la pénétration.
22°. —— de l'efprit.
23°. —— de l'efprit d'induction.
24°. —— de la bonté.
25°. —— de la théofophie.
26°. —— de la repréfentation.
27°. —— de la conftance de caractère.

Pour avoir de plus grands détails fur le fyftème *cranologique* de Gall, on peut confulter un Mémoire de Friedland, imprimé dans le recueil du *Journal de Phyfique*, année 1806, tom. I, pag. 227.

Une opinion auffi fingulière, enfeignée publiquement par le D^r. Gall, a dû éprouver de nombreufes contradictions, & le Docteur a dû néceffairement faire des réponfes bonnes ou mauvaifes aux différentes objections qui lui ont été faites. Nous nous contenterons de préfenter quelques faits qui paroiffent en oppofition, aux confidérations métaphyfiques, avec lefquelles cette opinion, renouvelée des Anciens, a été foutenue de nos jours; & ces faits, nous les puiferons dans l'article CRANIOSCOPIE de Bérard de Montegre, imprimé dans le *Dictionnaire des Sciences médicales*.

« On remarque, en obfervant le crâne, qu'il n'eft pas uniforme dans fon épaiffeur ; fes parois font renflées dans certains points, & s'élèvent en éminence. Ces éminences peuvent varier felon les efpèces & les individus, felon l'exercice même des mufcles qui s'y attachent, quoiqu'il ne faille pas donner à cette dernière circonftance une trop forte extenfion, & ne pas l'entendre d'une manière auffi mécanique que l'ont fait croire les phyfiologiftes.

» Les artères, les veines & furtout leur finus forment, entre le crâne & le cerveau, une forte de couche affez confidérable pour les feparer l'un de l'autre, & empêcher qu'ils ne fe moulent réciproquement, du moins dans les derniers détails de l'organifation. Ce font ces vaiffeaux qui déterminent les fillons & toutes les impreffions qui marquent la face interne du crâne, & qu'on avoit eu tort de rapporter aux circonvolutions cérébrales, puifqu'un examen plus attentif a montré que ces vues ne répondoient pas aux autres. Ainfi la face externe du crâne ne repréfente pas l'interne dans tous fes détails, & celle-ci ne repréfente pas le cerveau, en prenant toujours la chofe dans un fens rigoureux. La couche vafculaire, interpofée entre le cerveau & le crâne, tendroit au contraire à agir fur les deux parties en fens inverfe, de telle forte qu'une élévation du crâne répondroit à un sillon dans le cerveau, si la face externe de l'enveloppe osseuse suivoit l'interne avec plus de précision.

» Quand, après avoir enlevé le crâne, on examine le cerveau revêtu de ses membranes, on voit que la surface en est lisse & unie, la dure-mère ne suivant pas les sinuosités des circonvolutions cérébrales; autre preuve que le crâne ne reçoit pas l'impression du cerveau dans toutes ses parties. Il est en effet incontestable que le crâne ne suit pas le cerveau dans ses sinuosités si profondes, qu'on ne découvre que quand on détache le meninge: le crâne ne reçoit donc que l'impression des grandes éminences du cerveau, qu'il exprime très-bien par ses bosses frontales, occipitales, &c.; mais quant aux détails, & surtout à des détails aussi minutieux que ceux que l'on suppose dans la *cranioscopie*, il nous paroît que le crâne ne peut les exprimer. »

Voilà pour la forme des éminences du crâne, que Gall dit être semblables à celles du cerveau. Citons maintenant les expériences qui ont été faites sur le cerveau, expériences que nous puiserons dans le même article.

« Des expériences qu'il semble qu'on pouvoit employer avec avantage dans la question qui nous occupe, seroient celles qui furent proposées par l'Académie de Dijon. Cette société vouloit qu'on enlevât, à des animaux, diverses portions du cerveau, & qu'on vît quelle sorte de lésion, dans les facultés intellectuelles & morales, répondoit à chaque sorte de lésion organique. Voici quels sont les résultats des expériences dirigées dans ces vues.

» Une perte légère de substance cérébrale n'a ordinairement aucune suite; si cette perte est un peu considérable, il y a paralysie de tous les muscles volontaires du côté opposé à la lésion; au bout de quelques jours, les animaux, tels que le chien & autres, tournent en rond du côté opposé; ce qui s'observe egalement dans les bêtes à laine, dont une partie du cerveau est détruite par le *tænia hydroligera*. Des volailles soumises à la même expérience tournent aussi la tête de la même manière. La perte d'une partie encore plus considérable, principalement dans la région postérieure du cerveau, paroît plus douloureuse, & rend les animaux moins remuans. En augmentant successivement la perte de la substance, il se manifeste de petits frémissemens, qui deviennent bientôt plus intenses; une respiration laborieuse, une salivation forte; des marques de douleurs plus distinctes, mais cependant moins prononcées que dans la lésion d'un nerf. En poussant la soustraction jusqu'au ventricule, l'animal meurt. »

Zinn, Lorry, Housset, ont fait des expériences analogues, d'où il résulte « que l'effet des lésions cérébrales est général; qu'il est d'autant plus grave, qu'on s'approche davantage de la base; que les lésions du cerveau n'ont pas des effets aussi promptement funestes qu'on se l'imagine, & qu'il le faudroit dans les théories reçues. »

Ce que nous venons d'établir dans les animaux se confirme dans l'homme, comme le prouvent les faits pathologiques. Les lésions du cerveau, déterminées par une cause interieure ou extérieure, ont le plus souvent un effet général. Cet effet pèse sur toutes les facultés de la vie animale à la fois; il les dégrade toutes également, toujours en observant cette progression que nous avons signalée, selon que la lésion va du sommet à la base, des parties antérieures aux parties postérieures du cerveau; quelquefois aussi une lésion partielle amène des effets partiels. Voici ce qui arrive, d'après les faits connus.

« 1°. Un point du cerveau étant lésé, les fonctions du nerf qui part à peu près de ce point sont spécialement lésées: ainsi, les lésions organiques des couches optiques portent sur la vue; celles des corps cannelés, sur l'odorat, &c.

» 2°. Une lésion organique d'un point quelconque amène toutes les vésanies partielles possibles. Observons ici que l'effet des lésions organiques n'est jamais nécessaire, ni dans son influence générale, ni dans celle partielle; qu'il varie selon les corps, les sexes, & surtout selon les idiosyncrasies & les habitudes morales.

» 3°. Enfin, la destruction d'une partie quelconque du cerveau peut n'être suivie d'aucun effet, & laisser la vie animale dans toute sa plénitude & sa perfection.

» Des chiens de moyenne grandeur supportent une perte de cinquante à soixante grains du cerveau; un lapin, une de six grains seulement; les poules & les pigeons, de dix à douze grains; la guérison s'opère lentement: l'expérience réussit de même sur de jeunes animaux. Ces expériences prouvent que l'influence du cerveau dans toutes ses parties, sur les facultés de la vie animale, est générale; que la moindre lésion du viscère, dans quelque point qu'elle ait lieu, dégrade communément plus ou moins cette vie; mais que les effets en sont plus marqués sur certains points que sur d'autres. Ces conclusions immédiates des faits ne s'accommodent nullement avec la théorie organologique, telle qu'on la conçoit.

» Le cerveau est un, son action est une, mais son influence est plus grande à mesure que l'on descend vers la base; ce qui n'est nullement étonnant, si on considère que les nerfs se trouvent à cette base; que la substance de la base est identique à celle des nerfs, & jouit de leurs propriétés.

» Enfin, d'après des expériences & des faits pathologiques, le cerveau peut être détruit successivement dans toutes ses parties, les fonctions de la vie animale se maintenant dans toute leur intégrité, du moins un certain temps; ce qui démontre que toutes les portions du système nerveux peuvent, jusqu'à un certain point, se suppléer mutuellement les unes les autres. Ces faits semblent indiquer auffi que, quelqu'intimes que foient les rapports du cerveau avec la vie animale, cet organe paroît fervir plus à la perfeftion, & furtout au maintien de fes fonftions, de la manière la plus prochaine, qu'à leur exercice aftuel. »

On peut, d'après ces faits, déterminer le degré de probabilité que l'on doit donner au fyftème cranologique du Dr. Gall.

CRANOMANCIE, de κρανιον, crâne; μαντεια, divination; cranomantia; cranomancie; f. f. Divination par la forme & les protubérances du crâne. Voyez CRANOLOGIE.

CRAPAUDINE, de crapaud; pfanne. f. f. Efpèce de boîtes ou coffres, de tôle, de plomb, de bois, ou fimplement de grilles de fil d'archal, qui renferment les foupapes pour les garantir des ordures inféparables des fontaines; elles fe placent encore au-devant des tuyaux de décharge qui fourniffent d'autres baffins, ou qui vont fe perdre dans d'autres puifards. On les perce de plufieurs trous, pour donner à l'eau un paffage libre.

CRATÈRE; κρατηρ; crater. Vafe dans lequel les Anciens mêloient l'eau avec le vin, & dans lequel on puifoit avec des coupes.

CRATÈRE DES VOLCANS; crater; vulcanifche crater. Excavation plus ou moins profonde, que l'on obferve fur la fommité des volcans.

Cette excavation eft produite par l'irruption des matières que les volcans lancent du fein de la terre, & par l'accumulation des laves & des matières vitrifiées qui fe réuniffent fur les bords de l'ouverture.

Dans les volcans en aftivité, les cratères changent fouvent de forme & de pofition; de forme, parce que les matières accumulées, à chaque explofion, hauffent, agrandiffent, ou diminuent l'ouverture; de pofition, parce que les cratères fe bouchant fouvent dans l'intervalle qui a lieu entre deux éruptions, la matière s'ouvre quelquefois un autre paffage pour être rejetée à l'extérieur. Dans les volcans éteints, les cratères n'éprouvent de changement que par l'aftion deftructrice des temps.

Plufieurs cratères d'anciens volcans font fecs, & préfentent l'afpeft d'un cône creux; d'autres font remplis d'eau, & forment des lacs plus ou moins confidérables. Les anciens cratères ont quelquefois une étendue prodigieufe; celui de la Rocca-Monfina, dans la Campanie, a, fuivant Buch, environ deux lieues & demie de diamètre; celui de Kaiferftuhl, dans le Brifgaw, décrit par Dietrich, a plus d'une lieue; mais la profondeur de ces anciens cratères n'eft pas en proportion de leur étendue, parce qu'ils ont été comblés en grande partie par leurs propres débris.

Les cratères des volcans aftuellement en aftivité ont moins d'étendue & plus de profondeur:

celui de l'Etna n'a jamais eu plus de 800 toifes de diamètre; fa profondeur étoit, en 1788, de 800 pieds environ, lorfque Spallanzani le vifita: celui du Véfuve n'a ordinairement que 300 toifes; fa profondeur étoit, en 1794, de 500 pieds, & en 1798 de 300 pieds; fon fond s'élève fucceffivement, pendant l'intervalle de fes irruptions; il arrive quelquefois jufqu'au niveau des terres du cratère.

CRATICULAIRE: modèle d'une anamorphofe, ou l'anamorphofe même. On l'appelle prototype, & édype craticulaire. Voyez ANAMORPHOSE.

CRAVEIRO, Palmo: mefure de longueur en ufage dans le Portugal, = 8 pouces, = 0,6729 du pied de Roi. = 218,54 millimètres. 3 craveiros font un covado, 5 font un rara, & 10 font un braca.

CRAYON, de craie; graphium; ftift; f. m. Subftance colorée, tendre, fufceptible de laiffer des traces fur le papier, d'être taillée convenablement pour tracer des lignes fines ou groffes.

Les premiers crayons dont on s'eft fervi étoient des fubftances minérales naturelles; de la craie pour les crayons blancs; un fchifte carbonneux, connu fous le nom de pierre noire, pour les crayons noirs; de la plombagine, ou carbure de fer, pour les crayons gris; de la fanguine, ou oxide de fer rouge & argileux, pour les crayons rouges. Depuis, on a trouvé les moyens de fabriquer artificiellement des crayons de toutes les couleurs.

Pour cela on prend des poudres colorantes très-fines, de diverfes couleurs; on les obtient en broyant les matières colorantes, les délayant dans de l'eau, laiffant précipiter, pendant quelque temps, les matières les plus groffières, puis décantant l'eau encore trouble, afin de laiffer précipiter les matières les plus tenues. Ces poudres fe broient avec des matières agglutinatives, telles que la gomme, la réfine, la colle, & on y ajoute quelquefois du favon pour adoucir l'âpreté de leur compofition. On moule la pâte & on la laiffe fécher.

Dans ces derniers temps, Conté a rendu un fervice effentiel aux arts de deffin, en inventant un procédé propre à former des crayons de plombagine, d'une qualité égale, & même fupérieure à celle des crayons anglais. Voici en quoi confifte fon procédé.

On délaie de l'argile bien pure; on l'étend d'eau; on laiffe repofer un moment ce mélange pour précipiter les matières les plus groffières; on tranfvafe l'eau trouble, afin d'obtenir, par la précipitation, l'argile très-fine. D'autre part, on pile de la plombagine, ou carbure de fer, on la paffe dans un tamis, & l'on fait calciner la poudre dans un creufet que l'on fait rougir à blanc. Alors on mêle un peu d'argile avec le carbure de fer,

& on broie ce mélange fur une pierre, jufqu'à ce qu'il foit réduit en une poudre très-fine. Lorfqu'on s'eft affuré qu'il n'exifte aucun grain de mine dant la pâte, on y mêle la proportion d'argile néceffaire à la nature du crayon que l'on veut obtenir ; on broie de nouveau, l'on forme une boule avec la pâte, que l'on conferve humide, en l'expofant fous une cloche placée fur un plat rempli d'eau. La pâte doit être fur un fupport qui la fépare de l'eau. La proportion d'argile & de carbure varie entre 0,6 & 0,3 d'argile ; conféquemment le carbure de fer entre 0,4 & 0,7.

Cette pâte eft moulée dans des rainures creufées dans du bois de buis bouilli dans le fuif ; les rainures font deftinées à produire des bâtons rectangulaires, ayant les dimenfions propres aux crayons : lorfqu'ils font fecs, on les place verticalement dans des creufets que l'on remplit de pouffière de charbon, qu'on lute bien enfuite, & que l'on expofe à l'action du feu pour donner aux crayons le degré de dureté néceffaire à leur deftination.

Conté a fabriqué des crayons noirs en mélangeant des proportions différentes d'argile, de carbure de fer & de noir de fumée ; on augmente la proportion de cette dernière fubftance en raifon du noir que l'on veut obtenir. Cet artifte ingénieur a compofé des crayons métalliques fufceptibles de produire une pointe très-fine, & conféquemment propres à deffiner l'architecture, la ftéréotomie, &c., en combinant enfemble du plomb, de l'antimoine & du mercure.

Enfin, Conté a obtenu des crayons de couleur en mélangeant avec de l'argile blanche & fine, foit des oxides métalliques, foit des couleurs végétales, telles que l'indigo & le carmin, & en faifant fécher ces mélanges à un feu plus ou moins fort. Lorfque les couleurs font fufceptibles de fe brûler, on durcit les crayons en les mettant fécher à l'étuve, & enfuite en les faifant bouillir ou dans l'huile, ou dans le fuif, ou dans la cire, ou dans un mélange de ces matières. La pâte de ces crayons eft moulée dans des moules métalliques compofés d'étain, d'antimoine & de zinc, que l'on a coulés fur des modèles de crayons en fer.

Si l'on veut avoir de plus grands détails fur ces crayons, on peut confulter, 1°. les Annales de Chimie, tom. XX, pag. 370 ; tom XXX, pag. 285 ; 2°. les Annales des Arts & Manufactures, tom. XLV, pag. 183.

CRAYONS LITHOGRAPHIQUES ; graphium lithographicum ; lythographifche ftift. Crayons deftinés à deffiner fur des pierres avec lefquelles on imprime de fuite les deffins. On obtient, par ce moyen, un grand nombre d'exemplaires des deffins exécutés.

Ces crayons fe diftinguent principalement des autres, en ce qu'ils s'attachent fur la pierre, s'y durciffent, reçoivent la couleur de l'impreffion,

& la tranfmettent au papier que l'on comprime deffus.

Laugier ayant analyfé une petite portion de ces crayons, qu'il a eus à fa difpofition, l'a trouvée compofée de :

Cire	0,15
Cire & graiffe	0,21
Suif & graiffe	0,25
Réfine	0,26
Charbon	0,6
	0,93

Nous fommes entrés dans quelques détails fur ces crayons, parce que leur defcription n'exifte dans aucun des Dictionnaires de l'Encyclopédie, & que nous préfumons qu'elle ne fera donnée dans aucun des Dictionnaires qui reftent à imprimer.

CRÉPITATION ; crepitatio, crépitation ; f. f. Bruit redoublé d'une flamme vive qui pétille, comme celui que fait le fel, lorfqu'on le met fur le feu.

CRÉPUSCULAIRE ; crepufcularis ; dæmmerung gehærig ; adj. Epithète donnée au cercle que l'on imagine abaiffé de 18 degrés au-deffous de l'horizon, & qui lui eft parallèle.

Ce cercle eft la limite des crépufcules, parce que celui du matin ne commence, & celui du foir ne finit qu'au moment où les rayons du foleil font tangens à ce cercle, c'eft-à-dire, lorfque le foleil commence à paroître ou à difparoître pour les habitans qui font fous ce cercle.

CRÉPUSCULE ; crepufculum ; dæmmerung ; f. m. Lumière que les rayons folaires répandent dans l'atmofphère, quelque temps avant le lever & quelque temps après le coucher du foleil. Celle qui paroît avant le lever du foleil eft le crépufcule du matin, communément appelé aurore, dont le commencement eft nommé point du jour ; celle qui paroît après le coucher du foleil eft le crépufcule du foir.

On remarque que l'aurore ou le point du jour commence à paroître le matin, au côté de l'orient, lorfque le foleil eft encore à une certaine diftance au-deffous de l'horizon, & que le crépufcule du foir ne difparoît totalement, vers le couchant, que lorfque le foleil eft defcendu de la même quantité au-deffous de l'horizon. Cette apparition de la lumière avant le lever du foleil, & cette prolongation après fon coucher, font dues à l'atmofphère qui environne la terre.

En effet, fi la terre FBO, fig. 697, étoit fans atmofphère, la lumière du foleil n'apparoîtroit à un fpectateur en O, qu'au moment où le foleil feroit dans la direction s D O ; mais comme la terre eft environnée d'une atmofphère, dès que le foleil eft dans une direction S A P, parmi tous les rayons qu'il envoie, il en eft qui touchent l'atmofphère en A, & qui fe réfractent fuivant A B D : ceux-là touchent la terre en B, & l'atmosphère dans tout l'espace BD; chaque molécule touchée réfléchit des rayons solaires; enfin, le point O, où est le spectateur, reçoit des rayons réfléchis du point D, & le *crépuscule* commence pour lui. Le soleil se mouvant de S en σ, la quantité de rayons qui parvient au spectateur en O, augmente jusqu'à ce que le soleil envoie des rayons dans la direction σϖ; alors les rayons réfractés DO, arrivent directement au spectateur, & le soleil se lève pour lui dans la direction ODs: la durée du *crépuscule* est absolument celle que le soleil met à parcourir BO.

Alhazen a trouvé, par une suite d'observations, que l'abaissement du cercle *crépusculaire*, au-dessous de l'horizon, étoit de 19°, Ticho-Brahé de 17, Stein de 18, Cassini de 15; Ricciola, le matin, dans les équinoxes, de 16, & le soir de 20° 30'; le matin, au solstice d'été, de 21° 25', & le matin, au solstice d'hiver, de 17° 25'. Les astronomes ont pris une moyenne entre toutes ces observations, & ils ont placé le cercle *crépusculaire* à 18° au-dessous de l'horizon.

Cette différence dans la mesure de l'abaissement du cercle *crépusculaire* dépend de l'état de l'atmosphère, au moment où ces mesures ont été prises: si les exhalaisons répandues dans l'atmosphère sont plus abondantes & plus hautes qu'à l'ordinaire, le *crépuscule du matin* commencera plus tôt & finira plus tard; car, plus les exhalaisons seront abondantes, plus il y aura de rayons réfléchis, & par conséquent plus la lumière sera grande; & plus les exhalaisons seront hautes, plus elles seront éclairées de bonne heure par le soleil. De même, plus l'air est dense, plus la réfraction est grande; enfin, la densité & la hauteur de l'atmosphère étant variables, il doit nécessairement en résulter une différence dans la distance du cercle *crépusculaire*, & de-là dans l'apparence du *crépuscule*.

Alhazen &, après lui, un grand nombre de physiciens, ont voulu déterminer la hauteur de l'atmosphère d'après la distance du cercle *crépusculaire*; car, en connoissant l'angle BCO, ainsi que les rayons de la terre CB, il étoit facile de déterminer la hauteur HD; mais, par cette méthode, on ne peut faire connoître que la hauteur de l'atmosphère d'où se réfléchissent les rayons de lumière sensibles à la vue. *Voyez* HAUTEUR DE L'ATMOSPHÈRE.

Connoissant la distance du cercle *crépusculaire* à l'horizon, il est facile de déterminer la durée du *crépuscule*, cette durée étant celle que le soleil met à parcourir l'intervalle qui existe entre les deux cercles; mais ce temps variera suivant que le soleil traversera cet espace perpendiculairement ou obliquement. Si la direction du soleil est dans un plan perpendiculaire à l'horizon du lieu, l'arc parcouru sera le plus court possible; mais si le soleil se trouve dans un plan oblique à l'horizon du lieu, la distance qu'il parcourra sera d'autant plus grande, que l'obliquité sera elle-même: d'où il suit que,

sur chaque point de la terre, la durée du *crépuscule* est différente.

Soit O, *fig.* 698, l'observateur placé sur la terre, & considéré comme étant au centre de la sphère céleste; soit HB'H' l'horizon, EQ l'équateur, HEH'Q le méridien, & ABC le cercle *crépusculaire*. Le *crépuscule* ne cessera que lorsque le soleil aura atteint cette limite; mais il ne l'atteindra pas toujours dans le même temps. En effet, il décrira le même nombre de degrés en temps égal, sur quelque parallèle qu'il se trouve, & les axes AA', BB', CC', contiennent des nombres de degrés différens; d'abord, parce qu'ils sont inégaux en longueur; en second lieu, parce qu'ils appartiennent à différens parallèles. Ces deux causes se contrarient mutuellement; car si l'accroissement de la latitude tend à diminuer la longueur de l'arc, il tend aussi à augmenter le nombre de degrés sur la même longueur. On sait donc qu'il doit exister un parallèle sur lequel cette compensation se fait de la manière la plus avantageuse; c'est celui qui donne le plus court *crépuscule*. Le calcul fait voir que, pour Paris, ce parallèle est situé à 6° 51' de déclinaison australe. Quand le soleil se trouve sur ce parallèle, le *crépuscule* est, à Paris, de 1 h. 47'; cette durée varie pour les différens lieux; mais le plus court de tous les *crépuscules* possibles a lieu à l'équateur; au temps de l'équinoxe, il est de 1 h. 12'. Le plus long *crépuscule*, au contraire, a lieu, au solstice d'été, pour tous les pays de la terre qui ont la sphère oblique, c'est-à-dire, pour lesquels l'axe de l'équateur est incliné à l'horizon; à Paris, sa durée est de 2 h. 38'.

La durée du *crépuscule*, sur chaque point de la terre, dépend 1°. de la latitude du lieu de l'observateur; 2°. de l'écartement du soleil de l'équateur. Sous l'équateur, dans les jours équirioxiaux, la durée des *crépuscules* est, comme on vient de le voir, de 1 h. 13'; cette durée va en augmentant à mesure que l'on s'écarte de l'équateur. Sous les pôles où il existe un jour de six mois, la durée du *crépuscule*, à partir de l'équinoxe, c'est-à-dire, du moment où le soleil disparoît, est de deux mois; il commence également deux mois avant que le soleil reparoisse, de manière que, sous les pôles, il y a réellement dix mois de jour consécutifs, & deux mois de nuit consécutifs.

Pour connoître la durée de l'éclairement d'un point de la terre à un jour donné, il faut ajouter à la durée de la présence du soleil celle du *crépuscule*. Ainsi, à Paris, dans les équinoxes, la durée de l'éclairement est de 12 h. 11'. Si l'on suppose, dans cet instant, la durée du *crépuscule* de deux heures, celle du jour seroit de 16 h. 11'. Au solstice d'été, la durée du soleil est de 17 h. 6', celle du *crépuscule* de 5 h. 16'; donc la durée du jour est de 22 h. 22'. On voit par-là qu'il est des points sur la surface de la terre, comme Berlin, où le *crépuscule* du soir dure jusqu'à minuit, au moment où le *crépuscule* du matin commence à paroître, &

où

où conséquemment il n'y a pas de nuit au solstice d'été.

En général, les *crépuscules* d'hiver sont, toutes choses égales d'ailleurs, plus courts que les *crépuscules* d'été, parce que, en hiver, l'air étant plus condensé, il doit avoir moins de hauteur, & par conséquent les *crépuscules* finissent plus tôt; c'est le contraire en été. De plus, les *crépuscules* du matin sont plus courts que ceux du soir, parce que la chaleur du jour dilate & raréfie l'air, & par conséquent augmente son volume & sa hauteur.

Le commencement du *crépuscule* arrive lorsque les étoiles de la sixième grandeur disparoissent le matin, & il finit lorsqu'elles commencent à paroître le soir. C'est ordinairement au moment où le soleil est descendu de 18° sous l'horizon. Les étoiles de la troisième grandeur paroissent encore lorsque le soleil est à 14° sous l'horizon; les étoiles de la première grandeur, Mars & Saturne, sont visibles lorsque le soleil est de 11 à 12° au-dessous de l'horizon; les planètes de Mercure & Jupiter sont aperçues lorsque le soleil est à 10° au-dessous de l'horizon, & celle de Vénus lorsqu'il est à 5°.

Cette distance du soleil pour apercevoir les corps célestes, ou mieux la durée du *crépuscule*, éprouve des variations; car, en été, vers les solstices, le *crépuscule* a quelquefois duré 3 h. 40', à Boulogne en Italie, & celui du soir presque la moitié de la nuit.

Il faut distinguer le *crépuscule* dont la durée est déterminée par l'apparence des étoiles de sixième grandeur, & que l'on nomme *crépuscule astronomique*, de celui qui finit au moment où on allume les lumières dans les habitations, & que l'on nomme *crépuscule commun*, *crépuscule populaire*. Lambert a fait voir que ce *crépuscule* cessoit ordinairement lorsque le soleil étoit abaissé de 6° 2,' au-dessous de l'horizon.

Nous croyons inutile d'observer que la durée du *crépuscule astronomique* doit varier avec la finesse de la vue de l'observateur; car il en est qui aperçoivent les étoiles de sixième grandeur bien long-temps avant les autres; il en est de même de la durée du *crépuscule commun*, qui finit au moment où l'on allume les lumières, puisque cet instant dépend de la clarté dont chacun a besoin.

CRÉPUSCULE DU MATIN; crepusculum matutinum; *morgen dæmmerung*. Commencement de la clarté du jour au moment où les étoiles de sixième grandeur disparoissent. C'est la naissance de l'aurore. *Voyez* CREPUSCULE.

CRÉPUSCULE DU SOIR; crepusculum vespertinum; *abend dæmmerung*. Fin de la clarté du jour au moment où les étoiles de sixième grandeur commencent à paroître. *Voyez* CREPUSCULE.

CREUSET; crucibula; *schmels tiegel*; sub. m. Dict. de Phys. Tome II.

Vaisseau de terre ou de métal dont on se sert dans toutes les opérations qui ont pour but de fondre ou de rougir un corps.

Leur forme ordinaire est celle d'un cône tronqué, ouvert par sa base, & posé sur la troncature; leur volume dépend de la masse que l'on veut fondre, & leur composition dépend du degré de chaleur qu'ils doivent éprouver, & de l'action que peuvent avoir sur eux les matières qu'ils contiennent.

Une des principales conditions qu'un *creuset* doit remplir, c'est de pouvoir passer facilement d'une température à une autre sans se fendre ni se briser.

On prépare ordinairement les *creusets* avec de l'argile réfractaire, c'est-à-dire, un composé d'alumine & de silice; dans la composition de quelques-uns, on mélange du graphite avec l'argile; la proportion ordinaire est de 2 à 1. Ces *creusets* supportent le degré de fusion du cuivre, & se ramollissent à une plus haute température. On fait aussi des *creusets* de fer, d'argent, de platine, &c.; les premiers servent dans les monnoies, pour fondre l'argent; les seconds dans les laboratoires, pour fondre les terres avec des alcalis; les troisièmes pour dessécher les substances terreuses & les exposer à une haute température.

CREUXER, CREUZER; *kreuzer*. Petite monnoie d'Allemagne, qui sert à la fois de monnoie courante & de monnoie de compte. Sa valeur la plus ordinaire est de 0,0441 de la livre tournois; elle éprouve quelques variations; elle n'est que de 0,0420 en Silésie, de 0,0367 en Bavière, de 0,0449 à Berne, 0,040 à Zurich, 0,041 à Bâle, & 0,0333 à Strasbourg. *Voyez* KREUTZER.

CRÈVE-VESSIE: cylindre de verre A, *fig*. 499; ouvert des deux bouts, & recouvert d'une vessie BC dans sa partie supérieure.

On pose ce cylindre sur le plateau d'une machine pneumatique, & l'on fait le vide; l'air extérieur presse sur la surface supérieure de la vessie: celle-ci éprouvant une moins grande résistance de l'intérieur, à mesure qu'on en retire l'air, est comprimée par l'excès de la pression; cette compression lui fait prendre une forme concave qui augmente successivement; enfin, la pression devient tellement forte, que la vessie ne peut plus la supporter, & qu'elle *crève* en produisant un grand bruit, occasionné par la rentrée subite & tumultueuse de l'air.

Desseigne a prétendu que, lorsque l'expérience étoit faite dans l'obscurité, la rentrée subite de l'air produisoit un éclat lumineux. Nous avons répété cette expérience trois fois consécutives, & cela dans des circonstances différentes, sans apercevoir de lumière. Voyez *Journal de Physique*, année 1783, tom. II, pag. 336. *Voyez* CASSE-VESSIE.

Mmmm

CRI, d'origine celtique ; clamor ; *gefehrrey* ; f. m. Son haut pouffé avec effort.

CRI DE L'ÉTAIN ; *ftridor flannei.* Bruit que l'on entend lorfque l'on plie de l'étain, & qui fait principalement diftinguer ce métal des autres métaux blancs.

CRIC ; machina tollendis ponderibus ; *hebwinde*, *wagen winde;* f. m. Machine compofée de plufieurs roues dentées qui font mouvoir une groffe barre de fer avec laquelle on peut, à l'aide d'une petite force, vaincre de grandes réfiftances.

Le *cric* fimple eft compofé d'une barre de fer A, *fig.* 659, garnie de dents, à l'une de fes faces, en manière de crémaillère, & mobile dans une châffe E F, dans laquelle elle peut monter ou defcendre. Les dents de la barre engrènent avec celles d'un pignon D D, qu'on fait tourner fur fon axe au moyen d'une manivelle N. Les dents du pignon foulèvent la barre, & font, par conféquent, monter le poids placé fur la tête du *cric*.

En confidérant l'effet que chaque dent du pignon fait pour foulever la barre, comme un poids à élever, il eft clair que la puiffance, appliquée à la manivelle, eft à ce poids comme le rayon du pignon eft à celui de la manivelle : d'où l'on voit qu'en faifant le rayon du pignon très-petit, par rapport à celui de la manivelle, on peut, avec une force médiocre, enlever un poids très-confidérable.

Quelquefois, pour foulever un plus grand poids avec la même force appliquée à la manivelle, on ajoute au *cric* une vis fans fin, qu'on fait tourner avec la manivelle fixée à fon axe, & dont les filets engrènent avec les dents du pignon. Suppofons que, dans le *cric fimple*, le pignon ait huit dents ; à chaque tour de la manivelle, la barre fera élevée de huit dents. Mais fi l'on ajoute une vis fans fin qui ait deux filets, il faudra, pour faire une révolution au pignon, & pour élever la barre de huit dents, faire faire quatre tours à la manivelle. Par-là, on rendra donc quadruple le chemin parcouru par la puiffance, & par conféquent on quadruplera fa force ; mais ce fera aux depens du temps employé par la puiffance : car on voit que, pour le même degré d'élévation de la réfiftance, il faudra, dans ce fecond cas, quatre fois autant de temps que dans le premier, puifqu'il y aura quatre tours à faire au lieu d'un.

Il eft fouvent avantageux de pouvoir, à fon gré, changer la force pour de la viteffe, ou de la viteffe pour de la force. Les cochers des diligences, dont les voitures pèfent quelquefois jufqu'à 10,000 livres, enlèvent feuls leur voiture avec un *cric* de cette efpèce, pour pouvoir graiffer leurs roues. Cette vis fans fin produit

encore un autre avantage, qui eft de pouvoir arrêter quand on veut, fans craindre que le fardeau redefcende.

CRICOÏDE, du grec κρικος, anneau, ειδος, forme ; cricoides ; *cricoïaes* ; f. m. Cartilage en forme d'anneau, qui occupe la partie fupérieure de la trachée-artère, & fait partie du larynx. *Voyez* LARYNX.

CRISTAL ; κρυσταλλος ; cryftallus ; *kryftall* ; f. m. Glace, pierre tranfparente, dont les parties affectent une figure régulière & déterminée.

On a étendu cette dénomination à plufieurs autres fubftances minérales, falines, terreufes & métalliques, qui préfentent une forme régulière & conftante, foit qu'elles exiftent dans l'état naturel, foit qu'elles réfultent de nouvelles combinaifons chimiques. *Voyez* CRISTALLISATION.

CRISTAL ARTIFICIEL PESANT ; cryftallus artificialis gravis ; *flint-glafs.* Verre compofé de filice, de foude & d'oxide de plomb ; ce verre eft connu depuis long-temps. L'artifte Strafs en a fabriqué pour imiter les pierres précieufes ; les bijoutiers lui ont confervé fon nom (*voyez* STRASS); depuis, plufieurs chimiftes & plufieurs artiftes ont fabriqué des *verres artificiels pefans*, qu'ils ont colorés avec diverfes fubftances pour imiter les pierres fines colorées : enfin, les Anglais ont établi des verreries, dans lefquelles on a fabriqué en grand le *criftal artificiel pefant*, pour en former de la verrerie ordinaire, qui a été verfée dans le commerce fous le nom de *flint-glafs*, de *criftal*. *Voy.* FLINT-GLASS, VERRE PESANT, VERRE CRISTAL, CRISTAUX.

CRISTAL (Cieux de) ; cryftallus ætherea ; *kryftall ftimmel* Orbes que les anciens aftronomes avoient imaginés, dans le fyftème de Ptolémée, où les cieux étoient fuppofés folides, & n'être fufceptibles que d'un mouvement fimple.

Les anciens aftronomes fe fervoient des *cieux de criftal* pour expliquer différens mouvemens apparens de la fphere célefte.

Depuis les découvertes de Galilée & des autres aftronomes modernes, on a débarraffé la phyfique de cette abfurde amplification. L'embarras de tous les *cieux de criftal* étoit fi grand, pour les anciens mêmes, que le roi Alphonfe, qui étoit obligé d'en imaginer de nouveaux, parce qu'il ne connoiffoit rien de meilleur, difoit « que fi Dieu l'eût appelé à fon confeil quand il fit le Monde, il lui auroit donné de bons avis. » Ce grand prince vouloit faire entendre par-là, qu'il lui paroiffoit difficile que Dieu eût fait le Monde comme les aftronomes le fuppofoient.

CRISTAL DE ROCHE ; cryftallus nativa ; *berag kryftall.* Pierre dure, filiceufe, tranfparente, qui criftallife ordinairement en prifme hexagonal, terminé par deux pyramides hexagonales.

Le nom de *criftal de roche* a été donné à cette pierre tranfparente, parce qu'elle fe trouve dans des crevaffes de rochers : elle eft très-commune ; on en rencontre dans toutes les montagnes primitives, & fort fouvent dans les gîts de minéraux métalliques Quoique les criftaux ordinaires n'aient que quelques pouces de longueur, on en voit cependant quelquefois de fort gros, qui viennent de Madagafcar. Il exifte, dans les collections du Muféum d'Hiftoire naturelle de Paris, un morceau de prifme affez court qui pèfe plufieurs livres : on préfume que l'aiguille dont ce morceau faifoit partie, pefoit plus de mille livres. Il a été donné au Gouvernement français par les États du Valais.

Comme le *criftal de roche* eft très-dur, & qu'il acquiert un beau brillant lorfqu'il eft travaillé, on le taille à facettes, & on le monte en boutons, boucles de fouliers, bagues, colliers, boucles d'oreilles, &c., pour remplacer les diamans au théâtre. Comme ces faux diamans font plus durs que les *criftaux* compofés, appelés vulgairement *ftrafs*, du nom de leur inventeur, on les préfère à ces derniers, & l'on peut dire qu'à la lumière ils ont un feu qui imite affez bien, à une certaine diftance, celui du diamant. La difficulté de trouver de beaux *criftaux de roche* bien limpides, leur fait préférer des fragmens qui ont roulé dans les eaux, que le frottement a arrondis, & que l'on connoît fous le nom de *cailloux du Rhin*, *de Médoc*, *de Cayenne*, *de Briftol*: leur furface eft terne & rabotteufe; mais on remarque que l'intérieur eft très-limpide & d'une belle eau, expreffion qui indique la pureté & l'abfence des couleurs.

On trouve fouvent des *criftaux de roche* colorés, que l'on taille pour imiter les pierres fines colorées ; il en eft qui font teints d'une couleur rouge qui imite les rubis ; d'autres jaunes, auxquels on donne le nom de *topaze de Bohême* ; d'autres verts, appelés *fauffes émerauades*; d'autres bleus, qui prennent le nom de *faphir d'eau*; d'autres violets, que l'on connoî fous le nom d'*amethyfte*. La pefanteur fpécifique de ces pierres varie entre 25813 & 26701, l'eau étant 10000 ; quant à leur compofition, elles contiennent de 0,90 à 0,97 de filice ; le refte eft de l'alumine, & la matière qui les colore.

Quelques perfonnes teignent les *criftaux de roche*; elles les font rougir au feu, & les trempent dans une liqueur colorée : dans l'effence de bezetta, ils deviennent d'une couleur brune foncée; dans la teinture de cochenille, rouge-rubis ; dans la teinture de fantal rouge, rouge foncé ou noirâtre ; dans la teinture de fafran, jaune-topaze; dans la teinture de tournefol, bleu-faphir d'eau; dans la teinture de nerprun, violet-amethyfte ; dans la teinture de tournefol mêlée de fafran,

vert-émeraude. Mais le plus fouvent les *criftaux* fe fendillent en fe colorant.

Afin d'imiter, avec le *criftal de roche*, les gemmes, dont cette fubftance n'offre pas les couleurs, les lapidaires taillent des verres colorés ; l'un des côtés eft à facettes, & l'autre eft plan. Des morceaux de *criftal de roche*, taillés également plans d'un côté, & à facettes de l'autre, font pofés & fixés face à face avec les verres colorés : on les fixe avec une légère couche de vernis tranfparent. Lorfque ces pierres font bien montées, le verre en dedans, on les croiroit d'une feule pièce & d'une feule couleur.

Tout nous prouve que les Anciens eftimoient cette fubftance, & en faifoient un grand cas. Les Romains avoient des vafes de cette matière : l'une des coupes que Néron brifa dans fa colère, en apprenant la révolte qui précéda fa mort, avoit coûté une fomme égale à 15,000 francs de notre monnoie. Dans une fubftitution faite par le cardinal Mazarin, il y avoit un luftre de *criftal de roche* eftimé plus de 40,000 francs.

Depuis l'invention du verre *criftal*, cette fubftance remplace le *criftal de roche* dans un grand nombre de circonftances. Les habitués croient reconnoître ce dernier à une certaine impreffion de froid que ne produit pas le *criftal* compofé, mais ce moyen eft vague. Les marchands ont auffi l'habitude de regarder le poids naturel comme un caractère propre à le faire diftinguer ; mais il exifte des verres *criftaux* d'une pefanteur moindre, d'une pefanteur égale, & d'une pefanteur fpécifique plus grande : tout dépend de la quantité de plomb que l'on fait entrer dans la compofition du verre *criftal*. (*Voyez* FLINT-GLASS, VERRE CRISTAL, CRISTAL ARTIFICIEL) Une des propriétés du *criftal de roche*, qui doit le faire diftinguer de tous les *criftaux* factices, c'eft fa double réfraction.

Huyghens & Newton avoient reconnu que le *criftal de roche* avoit une double réfraction. La réfraction, dit Huyghens, dans fon *Traité fur la lumière*, eft double dans le *criftal de roche* comme dans le *criftal* d'Iflande ; mais elle y eft moins fenfible. Le *criftal de roche*, dit Newton dans la XXXVe. queftion de fon *Optique*, a auffi une réfraction double. Il eft vrai que la différence de fes deux réfractions eft moins fenfible que dans le *criftal* d'iflande. Enfin, Beccaria conclut de plufieurs obfervations confignées dans le *Journal de Phyfique*, année 1772, tom. II, pag. 305 : 1°. que la réfraction, dans le *criftal de roche*, n'eft pas toujours double dans les différens prifmes qu'on en peut retirer, fuivant les différentes manières de le couper ; 2°. que le rayon de lumière qui traverfe le *criftal de roche* dans un plan perpendiculaire à l'axe, fouffre deux réfractions, fe partage en deux, & offre deux images, finon entièrement, du moins très-fenfiblement diftinctes ; 3°. que cette diftinction des deux images diminue à mefure que la route du rayon converge vers l'axe du *criftal* ;

4°. que la double réfraction & la diſtinction des deux images ceſſent entièrement d'avoir lieu lorſque la route du rayon devient parallèle, ou à peu près parallèle à l'axe. Alors, l'œil n'aperçoit plus qu'une ſeule réfraction, une ſeule image.

Malus, Rochon & Haüy ſont les phyſiciens qui ſe ſont le plus occupés des propriétés phyſiques du *criſtal de roche*. Malus a taillé un priſme hexaèdre de *criſtal de roche* par un plan parallèle à ſes arêtes; en ſorte que cette face artificielle & une des faces naturelles ont formé un nouveau priſme, dont l'arête étoit parallèle à l'axe du rhomboïde primitif du *criſtal*. L'angle compris entre les faces du priſme étoit de 48° 13′ 22″ ½. Ayant cherché enſuite à déterminer, avec ce priſme, la réfraction ordinaire & la réfraction extraordinaire, il a trouvé que le rapport du ſinus d'incidence à celui de réfraction étoit 1,558176, & que le rapport du ſinus d'incidence au ſinus de réfraction extraordinaire varioit entre 1,548436 & 1,558176; qu'ainſi, la plus grande différence entre la viteſſe du rayon ordinaire & celle du rayon extraordinaire étoit de 0,009741.

Si l'on fait paſſer un rayon de lumière à travers un priſme de *criſtal de roche*, on aperçoit deux ſpectres colorés. Si l'on place, l'un ſur l'autre, deux priſmes, & que l'on regarde un objet à travers, on obſerve, en général, quatre images; & lorſqu'on fait tourner un de ces priſmes autour du rayon viſuel, comme axe, on obſerve que deux de ces images s'éteignent alternativement à chaque quart de révolution; on remarque auſſi, ordinairement, qu'une des deux images s'éteint un peu avant l'autre: mais lorſque l'axe de réfraction d'un des *criſtaux* eſt perpendiculaire à l'arête du priſme qu'il forme, tandis que l'axe de réfraction du ſecond *criſtal* eſt parallèle à l'arête du ſecond priſme, les deux images qui diſparoiſſent, s'éteignent en même temps; en ſorte qu'à chaque quart de révolution on ne voit exactement que deux images.

Ainſi, lorſqu'on veut obtenir ſimplement deux images avec un double priſme de *criſtal de roche*, il faut tailler l'un d'eux, de manière à ce que ſes faces ſoient parallèles à l'axe du *criſtal*, & le ſecond, de manière à ce que ſon arête ſoit perpendiculaire à cet axe. Mais ce ſecond priſme peut être taillé d'une infinité de manières, parce que l'axe du *criſtal* peut être placé ſous tous les angles poſſibles avec les ſurfaces réfringentes, ſans ceſſer d'être perpendiculaire à leur ligne d'interſection. Cependant, dans ces différens cas, les réſultats ne ſont pas les mêmes; l'angle que l'axe du *criſtal* forme avec les faces du priſme, détermine l'angle que forment entr'eux les deux rayons émergens, & la poſition du point de divergence.

Rochon s'eſt ſervi, avec beaucoup de ſuccès, de l'angle que forment les deux rayons émergens dans les deux priſmes de *criſtal de roche* ſuper-

poſés, pour conſtruire un micromètre; il s'eſt également ſervi de la double réfraction du *criſtal de roche* pour former des lentilles qui ont deux foyers, & qui ſont ſuſceptibles de doubler les images. *Voyez* MICROMÈTRE DE ROCHON, LUNETTE A PRISME DE ROCHON, OBJECTIF DE CRISTAL DE ROCHE, DOUBLE REFRACTION.

CRISTAL D'ISLANDE; cryſtallus iſlandica, kryſtall iſlandiſche. Spath calcaire, tranſparent, rhomboïdal, nommé *criſtal d'Iſlande*, parce qu'on rapporte des maſſes de cette chaux carbonatée, tranſparente, facilement diviſible ou rhomboïde, du diſtrict de Berdeſtrand, dans la partie occidentale de l'Iſlande, & que c'eſt principalement ſur ces *criſtaux* que l'on a obſervé les premiers phénomènes de la double réfraction.

Ces *criſtaux* ſe rompent facilement en rhomboïdes obtus, dont les faces ſont inclinées l'une à l'autre, d'après les expériences de Malus, ſous un angle de 105°,5′. Les caſſures ſont lamelleuſes, ordinairement parallèles aux faces du rhomboïde, quelquefois parallèles aux arêtes & aux grandes diagonales des faces. Ces *criſtaux* ſont compoſés de 0,5633 parties de chaux, 0,4304 d'acide carbonique, & de 0,0063 d'eau; leur peſanteur ſpécifique eſt de 27141, celle de l'eau étant 10000: calcinés dans un creuſet, ils pétillent, ſe diviſent en rhomboïdes, acquièrent la propriété de luire dans l'obſcurité.

Eraſme Bertholin eſt le premier qui ait obſervé le phénomène de la double réfraction des *criſtaux d'Iſlande*. Huyghens & Newton en ont enſuite examiné les phénomènes avec une attention particulière. Voici les principaux réſultats: 1°. le rayon de lumière qui la traverſe, ſouffre une double réfraction, au lieu qu'elle eſt ſimple dans le plus grand nombre des corps tranſparens; ainſi, on voit doubles les objets qu'on regarde à travers.

2°. Le rayon qui tombe perpendiculairement ſur la ſurface des autres corps tranſparens, les traverſe ſans être rompu, & le rayon oblique eſt toujours réfracté; mais dans le *criſtal d'Iſlande*, tout rayon, ſoit oblique, ſoit perpendiculaire, eſt diviſé en deux, en conſéquence de la double réfraction. De ces deux rayons, l'un ſuit la loi ordinaire, & le ſinus de l'angle d'incidence de l'air dans le *criſtal* eſt au ſinus de l'angle de réfraction, comme cinq à trois; quant à l'autre, il ſe rompt ſelon une loi particulière.

Lorſqu'un rayon incident a été diviſé en deux autres, & que chaque rayon partiel eſt arrivé à la ſurface la plus ultérieure, celle au delà de laquelle il ſort du *criſtal*, celui des deux qui, en entrant, ſouffre une réfraction ordinaire, ſouffre auſſi, en ſortant, une réfraction ordinaire; & celui qui, en entrant, ſouffre une réfraction extraordinaire, ſouffre auſſi, en ſortant, une réfraction extraordinaire; & ces réfractions de chaque rayon partiel, font telles, qu'elles font toutes les deux, en fortant, parallèles au rayon total.

De plus, fi l'on place deux morceaux de *criftal* l'un fur l'autre, en forte que les furfaces de l'un foient exactement parallèles aux furfaces de l'autre, les rayons rompus felon la loi ordinaire, en entrant à la première furface de l'un, font rompus felon la loi ordinaire à toutes les autres furfaces. L'on obferve la même uniformité, tant en entrant qu'en fortant, dans les rayons qui fouffrent la réfraction extraordinaire; & ces phénomènes ne font point changés, quelle que foit l'inclinaifon des furfaces, fuppofe que leurs plans, confidérés relativement à la réflexion perpendiculaire, foient exactement parallèles.

Neuwton conclut de ces phénomènes, qu'il y a une différence effentielle entre les rayons de la lumière, en confequence de laquelle les uns font réfractés conftamment felon la loi ordinaire, & les autres, felon une loi extraordinaire. *Voyez* RAYON, LUMIÈRE, REFRACTION, DOUBLE REFRACTION.

Quelques phénomènes ayant été aperçus & diftingués depuis, nous allons les faire connoître fommairement.

1°. Deux prifmes égaux fuperpofés l'un fur l'autre, & dans le même fens, doublent l'image.

2°. Superpofés dans des fens oppofés, les rayons qui divergeoient, convergent alors, & il ne fe produit plus qu'une feule image.

3°. En plaçant deux prifmes égaux l'un fur l'autre, & en faifant tourner l'un fur l'autre refté fixe, on aperçoit une, deux, trois ou quatre images, felon la direction des prifmes fuperpofés.

4°. Lorfque le rayon de lumière entre perpendiculairement à la furface du prifme, celui-ci continue à fe mouvoir en fuivant fa direction; il n'y a en ce fens qu'une réfraction extraordinaire.

5°. Si l'un des rayons entre parallèlement à l'une des arêtes, dans le plan de l'une des fections principales, ce rayon continue à fe mouvoir dans cette direction, & il n'exifte alors qu'une réfraction ordinaire.

6°. Si l'on fait paffer une carte fous le plan inférieur du *criftal d'Iflande*, à travers lequel on diftingue un point doublé par la double réfraction, l'image qui difparoît la première eft celle qui s'aperçoit du côté oppofé au mouvement de la carte.

7°. Arrivé à la furface extérieure du *criftal d'Iflande*, chaque rayon ordinaire & extraordinaire fe réfléchit en partie dans l'intérieur du *criftal*, en éprouvant chacun une double réflexion.

8°. Lorfque le rayon incident eft perpendiculaire à la furface d'entrée, ou lorfqu'il eft parallèle à l'arête de la fection principale, il n'y a, dans l'intérieur, qu'une réflexion fimple pour chaque rayon.

Pendant long-temps on n'a connu d'autre phénomène de double réfraction, que celui que préfentoit le *criftal d'Iflande* : de-là font réfultées deux fortes d'explications; l'une générale & indépendante de la texture & de la compofition du *criftal*; l'autre dépendante de la compofition & de la texture.

Erafme Bertholin fuppofoit que des deux réfractions obfervées, l'une devoit être rapprochée à la normale, à la furface par laquelle le rayon lumineux entroit, & l'autre à la direction des arêtes du prifme; mais la mefure de l'écartement des deux rayons ordinaire & extraordinaire a bientôt fait rejeter cette hypothèfe.

Huyghens rapporte la réfraction en général à une ondulation circulaire; & pour expliquer la double réfraction du *criftal d'Iflande*, il fuppofe que la lumière, en pénétrant dans cette fubftance, y produit des ondulations de deux figures : l'une circulaire, comme dans les autres corps, l'autre elliptique, & c'eft à cette dernière ondulation qu'il attribuoit la réfraction du rayon d'aberration; & ce qu'il y a de remarquable, c'eft que la loi qui réfulte de cette hypothèfe, s'accorde parfaitement avec les phénomènes obfervés par Malus.

Newton fuppofoit, pour expliquer ce phénomène, que les molécules lumineufes avoient deux pôles, & que, felon qu'elles préfentoient l'un ou l'autre des pôles à l'axe principal du rhomboïde, elles étoient attirées ou repouffées, & produifoient, par cette double action, les deux réfractions ordinaire & extraordinaire. *Voyez* POLARISATION DE LA LUMIÈRE.

Lahire rapportoit la double réfraction à deux droites, l'une perpendiculaire à la furface, l'autre formant un angle de 74 deg. avec cette même furface; mais l'angle formé par les deux rayons réfractés ordinairement & extraordinairement, ne s'accordoit pas avec cette fuppofition.

Buffon regardoit les rhomboïdes de chaux comme compofés de couches croifées de deux denfités différentes; mais la variation dans les angles des deux rayons ordinaire & extraordinaire, réfultant de l'angle d'incidence de la lumière, ne s'accordoit pas encore avec cette hypothèfe.

Monge confidéroit le rhomboïde comme compofé de deux fubftances différentes : 1°. de petits rhomboïdes de carbonate de chaux; 2°. d'eau interpofée qui faifoit adhérer les rhomboïdes entr'eux : il fuppofoit l'eau fortement comprimée, & d'une denfité égale au carbonate de chaux; enfuite il penfoit que la furface de l'eau interpofée étoit perpendiculaire à la direction des lames de carbonate de chaux. D'après ces fuppofitions, la lumière incidente fe divifoit en entrant : l'une étoit réfractée par les faces du carbonate de chaux, & produifoit la réfraction ordinaire; l'autre par les faces de l'eau interpofées, ce qui produifoit la réfraction extraordinaire.

Malus a adopté l'opinion de Newton. *Voyez*

DOUBLE RÉFRACTION, POLARISATION DE LA LUMIERE.

Ce favant a trouvé, par une fuite d'expériences exactes, que le rapport du finus d'incidence au finus de refraction, dans la réfraction ordinaire, étoit de 1,654295, & que le même rapport pour la réfraction extraordinaire, lorfque le rayon extraordinaire eft perpendiculaire à l'axe du *criftal*, étoit de 1,483301 ; : d'où il fuit que la plus grande différence entre la viteffe du rayon ordinaire & du rayon extraordinaire, eft de 0,1709935.

CRISTAL PESANT ; cryftallus gravis ; *fwere kryftall*. Verre dans la compofition duquel il entre de l'oxide de plomb, & que l'on compare au criftal à caufe de fa grande réfrangibilité. *Voyez* CRISTAL ARTIFICIEL PESANT, STRASS, VERRE PESANT, FLINT-GLASS, CRISTAUX.

CRISTALLIN, de κρυσταλλος ; cryftallinus ; *kryftallinfe;* f. m. Petit corps lenticulaire, d'une grande tranfparence, & qu'on range parmi les humeurs de l'œil, quoiqu'il foit bien plus denfe que les humeurs contenues dans cet organe.

Kepler, en 1604, eft le premier qui ait regardé le *criftallin* comme l'inftrument immédiat de la vue, & qu'il remplit, à fon égard, l'office d'une lentille.

Ce favant aftronome démontre que le *criftallin* eft deftiné à former le cône de rayons émanés d'un point lumineux quelconque, pour les réfracter & les réunir derriere lui en cône nouveau, dont la bafe oppofée à celle du premier, a fon axe à peu près fur le même plan, & dont le fommet va frapper la rétine pour y porter l'impreffion des objets.

On eft peu d'accord fur la forme du *criftallin*: ce que l'on fait, c'eft qu'il eft plus aplati dans l'homme que dans les autres mammiferes; il prend, chez les oifeaux aériens, la forme d'une lentille très-furbaiffée, tandis que, dans les céfacées, les amphibies & quelques oifeaux plongeurs, il préfente une très-grande convexité, & que, chez les poiffons, il affecte même la forme d'un fphéroïde. On croit que cette convexité eft en raifon inverfe de celle de la cornée tranfparente à laquelle elle fupplée, & en raifon directe de la denfité du fluide dans lequel l'animal vit.

Galien regarde le *criftallin* de l'homme comme n'étant pas une fphère parfaitement égale dans toute fon étendue, mais comme approchant d'un globe comprimé.

Ruffus d'Éphefe penfe que fa forme & fa figure fe rapprochent de celle d'une lentille.

Théophile croit que la face intérieure du *criftallin* eft moins convexe que l'autre. Fallope, Zorin & un grand nombre d'anatomiftes partagent cette opinion.

Vafcole dit avoir vu la convexité du *criftallin* égale fur les deux faces.

Briffeau prétend que la face du *criftallin*, du côté de la cornée, eft plus courbe que celle qui touche l'humeur ou le corps vitré.

Petit dit en avoir remarqué quelques-uns dont la courbure antérieure étoit plus grande que la courbure poftérieure ; mais que, généralement, la face tournée vers la cornée avoit un rayon de courbure plus grand que celui qui touche le corps entier; il en a trouvé dont la partie fupérieure approchoit de la forme parabolique.

Thomas Yong conclut, d'après des obfervations faites fur fes yeux, que la face antérieure du *criftallin* doit être une portion d'hyperbole, & la furface poftérieure une portion de parabole.

Généralement les *criftallins* varient avec l'âge : dans les enfans, ils font petits & épais ; dans quelques fœtus, l'épaiffeur eft un peu moindre que la largeur; ceux-des adultes ont une épaiffeur qui eft environ la moitié de leur largeur; ceux des vieillards s'aplatiffent & jauniffent. C'eft à cette variation dans les *criftallins*, variation qui n'eft pas fans exception, que l'on doit attribuer le miopifme des enfans & le presbytifme des vieillards.

Affez généralement on s'accorde à regarder les *criftallins* comme formés de deux fegmens de cercle, dont les flèches de courbure font égales ou différentes, conféquemment leur circonférence comme étant circulaire; mais comme il étoit impoffible d'expliquer, avec cette forme du *criftallin*, la forme apparente des étoiles, & celle des lumières vues de très-loin, Haffenfratz chercha à déterminer la forme de cette courbure fur les *criftallins* d'animaux & d'hommes ; il fut aidé dans fon travail par le docteur-Chauffier, &, après un grand nombre d'obfervations, ils ont reconnu que la courbe formée par les plans des deux fegmens avoit des diamètres différens, qu'ils étoient plus grands dans le fens de la longueur que dans le fens de la largeur. *Voyez Annales de Chimie*, tom. LXXII, pag. 5.

La denfité du *criftallin* eft plus grande que celle du fluide environnant ; elle eft, dans l'homme, de 10990, celle de l'humeur vitrée étant 10013, & celle de l'eau 10000 ; elle eft plus grande chez les animaux, où il eft le plus convexe. Celui de l'homme eft un des plus mous que l'on connoiffe ; fa denfité s'accroît auffi avec l'âge ; il eft moins dur à l'extérieur qu'au centre, & cette circonftance contribue puiffamment à la netteté de la vifion. En effet, elle s'oppofe à ce que les rayons lumineux ne foient en partie réfléchis, comme il arriveroit, s'ils paffoient fubitement par des milieux d'une denfité différente. C'eft là l'un des défau s que l'on reproche aux lunettes achromatiques, dont les objectifs, ayant une denfité infiniment fupérieure à celle de l'air qui les fépare, & qui n'eft pas graduée, produifent un nuage laiteux qui gêne beaucoup les obfervations aftronomiques.

Thomas Yong s'eft occupé d'établir la force réfringente du *criftallin*, foit par le calcul, d'après les courbures de ſes ſurfaces, dont il prend les élémens dans les obſervations de Petit ; ſoit par l'expérience, en employant une méthode qui lui a été ſuggérée par le docteur Wollaſton. Le calcul donne le rapport de 14 à 13 pour celui dés ſinus d'incidence & de réfraction du *criſtallin* dans les humeurs aqueuſes & vitrées. L'expérience faite ſur un *criſtallin* humain, récent, donne le rapport de 21 à 20. La différence entre ces réſultats doit être, ſelon l'auteur, attribuée à deux circonſtances : la première eſt qu'une partie du fluide aqueux ambiant pénètre, après la mort, dans la capſule du *criſtallin*, & diminue un peu ſa denſité ; la ſeconde eſt la denſité non uniforme de cette lentille naturélle. Le rapport de 14 à 13 la ſuppoſe uniforme ; mais la partie centrale étant plus denſe que les bords, le tout agit comme le feroit une lentille de moindre dimenſion.

Après une diſcuſſion ſur ce ſujet, dans laquelle l'auteur s'appuie de quelques-unes des propoſitions de dioptrique qu'il avoit établies d'entrée, il conclut en diſant « qu'il eſt probable, après tout, que la force réfringente du centre du *criſtallin* humain, dans l'état de vie, eſt à celle de l'eau à peu près comme 18 à 17 ; que l'eau qui pénètre après la mort, réduit ce rapport à celui de 21 à 20 ; mais que, à raiſon de l'inégale denſité de cette lentille, ſon effet dans l'œil eſt équivalent, au total, à une réfraction dont les ſinus ſeroient dans le rapport de 14 à 13. »

Le Dr. Wollaſton a établi, par l'expérience, que la réfraction de la lumière, paſſant de l'air dans le centre du *criſtallin* récent des bœufs & des moutons, a lieu dans le rapport des nombres 143 à 100, à peu près dans le centre du *criſtallin* des poiſſons, & dans celui des moutons deſſéchés, comme 152 à 100. Ainſi, la réfraction, en paſſant du *criſtallin* du bœuf dans l'eau, ſeroit comme 15 à 14 ; mais le *criſtallin* humain, lorſqu'il eſt récent, a certainement une force réfringente moindre.

Ces conſidérations expliquent le peu d'accord des diverſes obſervations faites par les phyſiciens ſur la force réfringente du *criſtallin*, & pourquoi, en particulier, la réfraction de cette lentille, calculée précédemment par l'auteur lui-même, d'après la meſure de ſa diſtance focale, excède un peu celle qu'on détermine par d'autres procédés. Au reſte, il eſt extrêmement probable que la denſité & la réfringence des divers *criſtallins* doivent éprouver des différences, comme on voit qu'ils en éprouvent dans leur épaiſſeur.

Soumis à la macération, les *criſtallins* ſe ſéparent en pluſieurs lames emboîtées les unes dans les autres, qui ſe ſubdiviſent elles mêmes en fibres rayonnantes d'une certaine ténuité. Stenon eſt le premier qui ait reconnu cette diſpoſition.

De même que les autres humeurs de l'œil, le *criſtallin* eſt compoſé d'eau, d'une matière particulière, de muriate de ſoude, de matière animale

ſoluble dans l'eau. Les proportions trouvées dans une analyſe, ſont :

Eau	0,580	
Matière particulière	0,359	
Muriate & acétate	0,024	1000
Matière animale ſoluble dans l'eau	0,013	
Membranes cellulaires inſolubles	9,029	

Chenevix y a trouvé de l'albumen & de la gélatine (voyez *Annales de Chimie*, tom. XLVIII, p.74) ; Nicholas y a trouvé du phoſphate de chaux. *Annales de Chimie*, tom. LIII, pag. 307.

CRISTALLINE (Humeur) ; *humor cryſtallinus*. Subſtance molle & tranſparente, ſituée entre le criſtallin & le fond du globe de l'œil. *Voyez* HUMEUR CRISTALLINE, HUMEUR VITRÉE.

CRISTALLISATION ; *cryſtalliſatio* ; *kryſtalliſiringg* ; ſ f. Tendance qu'ont les molécules des corps, tenues en diſſolution dans un fluide, à ſe réunir dans un ordre tel qu'il en réſulte des formes régulières, des criſtaux.

Pour qu'un corps puiſſe ſe *criſtalliſer*, c'eſt-à-dire, pour qu'il puiſſe prendre des formes régulières qui aient des faces droites, des angles plans & des angles ſolides (voyez CRISTAUX), il faut qu'il ſoit réduit à l'état liquide ou à l'état gazeux, afin que ſes molécules puiſſent ſe mouvoir librement, ſe porter l'une vers l'autre, & y contracter de l'adhéſion.

Nous avons des exemples des *criſtalliſations* produites par les corps à l'état gazeux ; dans la neige, lorſque les vapeurs de l'eau ſont ſurpriſes par le froid, & qu'elles ſe ſolidifient dans l'air, elles forment de petits octaèdres réguliers. (*Voyez* OCTAÈDRES.) Ces octaèdres ſe réuniſſent lorſqu'ils s'approchent, & forment des filets ; ces filets ſe réuniſſent, les uns ſous un angle de 60 degrés, les autres ſous un angle de 30 degrés, & produiſent, par cet arrangement, des ſurfaces hexagonales *Voyez* NEIGE.

Dantic dit avoir vu à Saint-Maur des grains de giéle dont la forme étoit proprement octaèdre. *Journal de Phyſique*, année 1785, vol. II, pag. 56.

C'eſt, aſſez généralement, lorſque les corps ſont à l'état liquide, qu'ils ſe *criſtalliſent* ; mais cette liquidité peut être produite de trois manières : 1°. par la chaleur ſeule ; 2°. par l'action d'un liquide préexiſtant ; 3°. par l'action d'un liquide aidé de la chaleur : dans le premier cas, une diminution dans la température détermine la ſolidification, & par ſuite la *criſtalliſation* des corps ; dans le ſecond, la vaporiſation du liquide laiſſant des portions du corps diſſous ſans diſſolvant, les molécules abandonnées ſe réuniſſent & forment des *criſtaux* ; dans le troiſième cas, le refroidiſſement & l'évaporation, réunis ou ſéparés, favoriſent l'abandon des molécules des corps diſſous, & leur réunion pour former des *criſtaux*.

Tout fait croire que les *criftallifations* des corps, liquéfiées par la chaleur, ont été beaucoup plus communes qu'elles ne le font aujourd'hui : fi, comme tout porte à le croire, les fubftances qui compofent le globe de la terre ont été d'abord gazéifiées, puis abandonnées fous l'état de liquide, enfin, folidifiées par le refroidiffement, il en réfulteroit que tous les *criftaux* terreux & métalliques que l'on rencontre dans les couches des terrains primitifs, devroient leur *criftallifition* à l'abandon lent de la chaleur après leur liquéfaction par le calorique. En obfervant, en effet, tous ces *criftaux*, foit terreux, comme les pierres fines, les quartz, &c., foit métalliques, comme les fulfures, les arféniures, les métallures, &c., qu'il nous eft impoffible de réformer par des diffolutions dans des liquides, nous fommes naturellement portés à les regarder comme le produit du feu.

Nous voyons tous les jours des *criftallifations* fe former de cette manière; il eft peu de métallurgiftes qui n'aient été à même d'obferver des *criftallifations*, foit dans les métaux qu'ils obtenoient, foit dans les fourneaux dans lefquels les matières ont été traitées. Les verriers en trouvent fouvent dans les maffes de verre reftées au fond des creufets, & refroidies lentement. Les chimiftes eux-mêmes font parvenus à obtenir, dans de petites maffes, des *criftaux* par un refroidiffement lent, foit des métaux liquéfiés, foit du foufre, foit des corps gras. Haffenfratz a vu plufieurs fois, dans les glacières du Mont-Blanc, de très-beaux *criftaux* de glace en prifmes hexaèdres, terminés par des pyramides hectaèdres. Enfin, Mongez le jeune eft parvenu à faire *criftallifer* du carbonate de chaux, en le chauffant après l'avoir foumis à une forte compreffion. La forme lamelleufe que l'on obferve dans la caffure de plufieurs métaux, l'étoile que l'on remarque fur la furface du régule d'antimoine, ne font autre chófe que des élémens de *criftallifation*.

Mais fous la preffion actuelle de l'atmofphère, c'eft affez habituellement après avoir diffous les fels dans un liquide préexiftant, l'eau, par exemple, que l'on obtient des *criftaux*. Parmi ces fels il en eft, comme le muriate de foude, qui, fe diffolvant en même proportion dans l'eau chaude comme dans l'eau froide, ne fe *criftallifent* qu'à mefure que le liquide s'évapore; d'autres, comme le nitrate de pótaffe, le muriate d'ammoniaque, qui, fe diffolvant en beaucoup plus grande proportion dans l'eau chaude que dans l'eau froide, fe *criftallifent* par le feul refroidiffement du liquide; il en eft d'autres enfin, qui fe *criftallifent* par les deux caufes réunies, le refroidiffement & l'évaporation, ou mieux l'augmentation dans la proportion du corps diffous, ou la diminution dans celle du diffolvant.

Un fpectacle affez agréable eft celui de la *criftallifation* du muriate d'ammoniaque dans un vafe tranfparent très-profond. On voit d'abord des crif-

taux octaèdres, infiniment petits, fe former dans la tranche fupérieure du liquide; ces *criftaux* paroiffent à peine des points : étant plus pefans fpécifiquement que le liquide, ils defcendent; dans ce mouvement, ils rencontrent d'autres petits *criftaux* qui fe réuniffent à eux & augmentent leur maffe : on voit le muriate folide augmenter fucceffivement de volume en defcendant, & prendre une forme régulière, femblable à celle de la neige. Cette *criftallifation* peut donner en petit le fpectacle de la formation de la neige. *Voyez* NEIGE.

Il eft néceffaire, pour que la *criftallifation* foit régulière, & que les criftaux aient une groffeur fenfible, que le refroidiffement ou l'évaporifation fe faffe avec une exceffive lenteur, & que le milieu foit parfaitement en repos. Si le refroidiffement eft trop prompt, la vaporifation trop rapide, ou que le milieu foit en mouvement, les *criftaux* abandonnés font exceffivement petits; ils fe réuniffent tumultueufement & produifent une maffe folide amorphe, dans laquelle il eft fouvent impoffible de reconnoître la *criftallifation*, à caufe de la petiteffe des *criftaux*, qui les rend imperceptibles. On peut auffi obtenir la matière diffoute fous forme pulvérulente, en agitant continuellement le liquide pendant la folidification. Dans ce cas, chaque grain de pouffière, ainfi obtenu, vu à l'aide d'un microfcope, laiffe diftinguer la forme *criftalline* qui appartient à la fubftance précipitée.

On voit, dans quelques circonftances, les *criftaux* fe former fur la furface du diffolvant; dans d'autres, au fond du vafe qui le contient; dans d'autres enfin, fur les parois.

Deux caufes contribuent à la formation des *criftaux* fur la furface du liquide : 1°. lorfque le refroidiffement s'y fait plus promptement, ce qui a lieu lorfque l'on a verfé un liquide chaud dans un vafe, la furface en contact avec l'air fe refroidit plus rapidement que celui qui eft en contact avec les parois du vafe; alors il fe forme une pellicule fur fa furface, comme dans la diffolution de muriate d'ammoniaque; 2°. lorfque, par l'évaporation de la furface, cette furface fe fature, & que la portion du diffolvant y diminue, toute la matière abandonnée fe réunit & forme une croûte quelquefois *criftalline*, comme dans l'évaporation du muriate de foude; 3°. lorfqu'une fubftance fe combine à la furface, avec la matière diffoute, & diminue fa diffolubilité; telle eft la pellicule de carbonate de chaux, qui fe forme fur l'eau de chaux.

Il eft également facile de concevoir la formation des *criftaux* au fond des vafes qui contiennent les diffolvans; ce doit être, & c'eft en effet la plus générale. Toutes les fois qu'une combinaifon liquide eft en repos dans un vafe, il fe forme naturellement une précipitation des combinaifons les plus pefantes; la colonne du liquide eft divifée, dans toute fa longueur, en tranches de denfité différente; les plus pefantes font au fond, & les plus légères dans le haut : or, comme les tranches les plus pefantes font

font celles qui contiennent la plus grande proportion de la matière diffoute, & que cette proportion augmente continuellement pendant le repos,
aux dépens des couches fupérieures qui l'abandonnent, il en réfulte nécefïairement qu'au bout
d'un temps, les couches inférieures du diffolvant
doivent être fuperfaturées, & qu'elles doivent y
abandonner la matière diffoute. Leblanc a parfaitement prouvé ce fait, en faifant voir qu'un gros
criftal, placé dans une couche de diffolution faturée, dont l'épaiffeur eft égale à la hauteur du
criftal; diminuoit de volume dans la partie fupérieure, lorfqu'il augmentoit dans la même proportion dans la partie inférieure.

Quant aux *criftallifations* fur les faces latérales
des vafes, les uns les attribuent au refroidiffement
dans quelques parties de la furface, les autres à
l'action de la lumière : ce qu'il y a de certain,
c'eft que l'un & l'autre produifent des réfultats
femblables.

Pour obtenir de beaux *criftaux*, il faut fufpendre
au fond d'un vafe, dans une diffolution faturée,
un *criftal* de la matiere tenue en diffolution, &
maintenir le liquide dans un repos parfait ; alors
les molécules du fel, abandonné dans les couches
inférieures fuperfaturées, fe portent fur le *criftal*
pour augmenter fon volume en fe diftribuant fur
fes faces. Le *criftallurgifte* Leblanc eft parvenu à obtenir ainfi des *criftaux* très-gros, parfaitement réguliers, en opérant de la manière fuivante.

Il diffolvoit dans l'eau le fel qu'il vouloit faire *cri*-
tallifer, & il évaporoit enfuite la liqueur jufqu'à confiftance convenable, pour que la *criftallifation* pût
avoir lieu par le refroidiffement ; il l'abandonnoit
à elle-même, & lorfqu'elle étoit devenue affez
froide, il la décantoit de deffus la maffe des *crif-*
taux qui pouvoient fe trouver au fond du vaiffeau,
pour la verfer dans un autre à fond plat : il fe formoit, dans la liqueur ainfi tranfvafée, des *criftaux*
folitaires, à quelque diftance les uns des autres,
& on pouvoit les obferver s'y augmentant par degrés. Il choififfoit alors les plus régu'iers d'entr'eux ; il les mettoit dans un autre vaiffeau à fond
plat, à quelque diftance les uns des autres, & verfoit par-deffus une certaine quantité de liquide
réfultant, par le même moyen, de l'évaporation
d'une diffolution de fel jufqu'à *criftallifation* par
refroidiffement. Il changeoit au moins une fois par
jour, avec une baguette de verre, chaque *criftal*
de pofition, afin que toutes les faces en puffent
être alternativement expofées à l'action du liquide ;
car celle fur laquelle le *criftal* refte pofé ne reçoit
jamais d'accroiffement. Par ce moyen, les *criftaux*
augmentoient progreffivement en dimenfion.

Dès que les *criftaux* ont acquis, de cette manière, une groffeur tel'e qu'on puiffe aifément en
diftinguer la forme, on prend ceux qui font les
plus réguliers, ou qui préfentent plus exactement la
figure qu'on defire obtenir, & on met chacun d'eux
feparément dans un vaiffeau rempli d'une portion

du-même liquide, en les retournant, comme on
vient de le dire, plufieurs fois le jour : on peut
ainfi les avoir de toutes les dimenfions qu'on juge
convenables.

On voit, d'après ces détails, que la *criftallifa-*
tion s'accroît, par couches fucceffives, de petits
criftaux autour d'un noyau : l'on peut facilement
conclure que, tant que toutes les faces croiffent
également, la forme du gros *criftal* eft femblable
à celle du noyau, & que lorfqu'il exifte des décroiffemens fur les faces, foit dans les épaiffeurs, foit dans les dimenfions, & que ces décroiffemens fuivent des lois, on obtient des *criftaux*
d'une forme différente, que l'on nomme *fecon-*
daires, & que l'on peut facilement déterminer
d'avance lorfqu'on connoît la loi de décroiffement.

C'eft ainfi que Bergmann, & enfuite Haüy,
ont prouvé qu'étoient formés tous les *criftaux*
d'une même fubftance, quelques différences que
leurs formes préfentent.

Haüy s'eft affuré que tous les *criftaux* étoient
formés de particules qui avoient une forme conftante, dans toutes les fubftances d'une même compofition, & que ces particules placées dans une
fituation uniforme, & toujours parallèles entr'elles, forment un noyau d'une forme femblable ; que les formes différentes, que divers
criftaux affectoient, provenoient toujours des nouvelles couches de particules ajoutées à ce noyau,
& qui éprouvoient des décroiffemens, foit dans
leurs arêtes, foit dans leurs angles. Il a même été
jufqu'à établir les lois de décroiffement pour tous
les *criftaux* connus, qui fe trouvent renfermés
dans des limites extrêmement étroites.

D'après le favant minéralogifte français, les
formes conftantes des particules, auxquelles il a
donné le nom de *formes primitives*, font au nombre de fix ; favoir : 1°. le parallélipipède, c'eft-à-
dire, tous les folides terminés par fix faces parallèles deux à deux, dans lefquels fe trouvent
néceffairement le cube & le rhomboïde ; 2°. le
tétraèdre régulier ; 3°. l'octaèdre à face triangulaire ; 4°. le prifme hexaèdre ; 5°. le dodécaèdre à faces rhomboïdales ; 6°. le dodécaèdre
à faces triangulaires ifocèles. Tous ces folides
peuvent éprouver des variations par les dimenfions des plans qui forment leurs furfaces.

Il fuppofe que les formes primitives & conftantes des particules font elles-mêmes formées de molécules intégrantes d'une forme plus
fimple, & qu'il réduit aux trois fuivantes : 1°. le
parallélipipède, le plus fimple des folides, dont
les faces font au nombre de fix, & parallèles deux
à deux ; 2°. le prifme triangulaire, le plus fimple
des prifmes ; 3°. le tétraèdre, la plus fimple des
pyramides. Ces trois formes font variables dans
les dimenfions des plans qui forment leur furface.

Tous les *criftaux* font folides ; les folides n'exiftent que par la force de cohéfion qui réunit leurs molécules ; cette force de cohéfion paroît être une conféquence de l'attraction moléculaire & de l'augmentation de la force attractive, à mefure que les molécules fe rapprochent davantage. Pour qu'un *criftal* fe forme dans un corps liquide ou gazeux, il faut que les molécules foient attirées l'une vers l'autre avec une force affez grande pour rompre la vifcofité du milieu ; qu'elles s'uniffent entr'elles par les faces & les angles propres à produire la forme primitive de la particule, & qu'enfuite ces particules foient attirées par le noyau, & fe difpofent, à fon approche, de manière à placer fes faces parallèlement aux faces femblables des particules déjà réunies.

On conçoit comment les molécules rapprochées, foit par la diminution de la température, foit par celle du diffolvant, peuvent fe trouver enfin à la diftance où la force attractive commence à agir, & fe porter ainfi l'une fur l'autre pour former les particules, & comment enfuite ces particules, dont la maffe eft plus grande que celle des molécules, peuvent être attirées par le noyau, & s'y réuniffent pour augmenter fa maffe, parce que l'attraction doit être en raifon directe des maffes. Lorfqu'elles font à une trop grande diftance du noyau, elles fe réuniffent entr'elles pour former des noyaux de nouveaux *criftaux*, vers lefquels de nouvelles particules fe portent pour les groffir.

Mais ce que l'on conçoit difficilement, c'eft l'arrangement & la difpofition conftante des molécules pour former des particules qui ont toujours la même forme, & enfuite cette difpofition des particules pour produire un noyau qui ait une forme invariable. On a cherché à expliquer cet effet, en fuppofant que les particules des corps font douées d'une certaine polarité, en vertu de laquelle elles attirent une face, un angle, une partie d'une molécule, lorfqu'elles repouffent les autres portions. Au moyen de cette polarité, on peut bien concevoir la régularité de la *criftallifation*, mais cette polarité eft elle-même inexplicable, quoique nous ayons plufieurs exemples de fon exiftence dans l'aimant, dans la lumière, & peut-être encore dans un plus grand nombre de corps. *Voyez* MAGNETISME, POLARISATION DE L'AIMANT, POLARISATION DE LA LUMIÈRE, POLARISATION DE LA CHALEUR.

Les phénomènes qui ont lieu au moment de la folidification des liquides, paroiffent favorifer l'hypothèfe de la polarifation des molécules. On remarque que plufieurs fubftances, l'eau, le fer, l'antimoine, le bifmuth, &c., augmentent de volume au moment où ils fe folidifient ; que d'autres, comme l'or, l'argent, le cuivre, la cire, le fuif, &c., diminuent de volume en fe folidifiant. Plufieurs fubftances confervent leur volume au moment du paffage. Cette différence en-

tre les volumes des folides & des liquides, à la même température, prouve inconteftablement un nouvel arrangement dans les molécules pour former les particules, & par fuite un arrangement particulier dans les particules pour former les folides. Certainement, lorfque le volume augmente, les molécules prennent un arrangement tel, qu'il exifte plus de vide entr'elles, ou dans les particules, dans les folides, qu'il n'en exiftoit dans les liquides ; de même, lorfque le volume du liquide diminue en fe folidifiant, on peut en conclure que, par le nouvel arrangement des molécules, il exifte moins de vide entr'elles.

Cette fuppofition paroît encore confirmée par l'augmentation de volume que l'on remarque dans l'eau, lorfque ce liquide arrive aux limites de la température où il doit fe folidifier ; phénomène qui doit probablement avoir lieu dans les autres liquides qui augmentent de volume en fe folidifiant, mais que l'on n'a pas été à même d'obferver avec le même foin. Cette augmentation de volume du liquide, lorfqu'il devroit au contraire diminuer, puifqu'il fe refroidit, prouve que les molécules prennent une nouvelle difpofition, dans laquelle elles laiffent entr'elles un efpace vide plus grand que celui qui exiftoit d'abord. Il eft difficile de concevoir cette augmentation fans fuppofer qu'à une certaine proximité, des pôles femblables & contraires agiffent fur les molécules, & les déterminent à prendre un nouvel arrangement, duquel doit réfulter la *criftallifation* diftincte fi l'opération eft lente, ou la *criftallifation* confufe fi l'opération eft trop prompte.

CRISTALLOGRAPHIE, de κρυσταλλος, *criftal*; γραφη, *defcription*; criftallographia; *cryftallographi*; f. f. Science qui enfeigne les formes criftallines propres à tous les corps du règne minéral.

Nous devons à Romé-Delifle les premières connoiffances de cette fcience. Ce favant infatigable a réuni avec beaucoup de dépenfe & de perfévérance tous les criftaux naturels & artificiels qu'il a pu fe procurer ; il les a comparés avec beaucoup de foin, & a prouvé que chaque corps, fufceptible de criftallifation, avoit une forme particuliere, qu'il affectoit le plus ordinairement, ou du moins dont il fe rapprochoit le plus fouvent, & que toutes les formes des criftaux de la même fubftance n'étoient que des modifications ou des altérations de la première. Bergmann a prouvé, il a même démontré que cette forme primitive, à laquelle Romé-Delifle rapportoit tous les criftaux d'une même fubftance, reftoit cachée dans l'intérieur des criftaux qui femblent s'en éloigner le plus, & que l'on pouvoit en dégager en enlevant les lames fucceffives qui la recouvroient. Haüy profitant à la fois des innombrables obfervations de Romé-Delifle & de la découverte de Bergmann, a généralifé l'opinion de ce dernier, en prouvant que tous les criftaux ont une forme primitive, ou au moins qu'ils la contiennent comme noyau dans leur intérieur ; il eſt même parvenu à l'extraire d'un grand nombre de *criſtaux*, par une diviſion mécanique faite avec adreſſe & précaution, & il a prouvé, par le calcul, l'exiſtence de cette forme partout où les moyens mécaniques ont été ſans ſuccès.

Haüy, en profitant de toutes les découvertes de ſes deux célèbres prédéceſſeurs, a créé, en quelque ſorte, la *criſtallographie*, comme Newton, en profitant des découvertes de tous les ſavans qui l'ont précédé, a créé l'attraction univerſelle.

CRISTALLOMANCIE, de κρυσ]αλλος, *criſtal* ; μαντεια, *divination* ; cryſtallomancia ; *cryſtallomenti* ; ſ. f. Art prétendu de connoître les choſes ſecrètes par le moyen d'un miroir, ou en laiſſant voir dans un miroir. *Voyez* DIVINATION.

CRISTALLOTECHNIE, de κρυσ]αλλος, *criſtal* ; τεχνη, *art* ; cryſtallotechnia ; *cryſtallotechni* ; ſ. f. Art de faire *criſtalliſer* les ſels.

Cet art conſiſte à connoître les corps qui peuvent ſe *criſtalliſer*, à les faire fondre, à les faire diſſoudre, & à leur faire prendre une forme régulière par les différens moyens de refroidiſſement, d'évaporation, ou de deſſiccation. Leblanc eſt un des *criſtallurgiſtes* qui a produit les plus beaux *criſtaux* ; il a publié dans le *Journal de Phyſique*, année 1803, tome II, page 300, un excellent Mémoire, où il indique la méthode qu'il a pratiquée. *Voyez* CRISTALLISATION.

CRISTAUX ; *cryſtallen* ; ſ. m. pl. Corps ſolides, terminés par des ſurfaces planes, réunies par des angles plans & des angles ſolides, qui ont beaucoup d'analogie avec les ſolides que conſidèrent les géomètres.

Les faces planes qui terminent les *criſtaux* établiſſent, en quelque ſorte, une diſtinction entre les minéraux, les végétaux & les animaux : dans ces derniers, toutes les formes ſont arrondies, les contours & les arrondiſſemens tiennent à l'organiſation, & contribuent à la grâce & à l'élégance des formes : dans les minéraux, la ligne droite paroît être le caractère de perfection qui leur eſt attaché ; les formes arrondies ſont dues à des eſpèces de perturbation qu'ont éprouvées les forces qui ſollicitoient les molécules à ſe réunir. Quelques minéraux, le diamant, par exemple, affectent, dans un grand nombre de cas, la forme arrondie.

Il eſt peu de ſubſtances ſolides, parmi les minéraux, que l'on ne trouve à l'état de *criſtaux*. Les uns ſont formés par la nature, ils ſont en grande quantité ; on les trouve dans les couches des divers terrains qui forment l'enveloppe connue du globe ; les autres s'obtiennent par l'art Une des conditions pour les obtenir, c'eſt qu'ils puiſ-

ſent être liquéfiés, ſoit par le feu, ſoit par l'action d'un liquide. *Voyez* CRISTALLISATION.

CRISTAUX ; *flint-glaſs*. Verres qui jouiſſent d'une grande tranſparence, d'une grande réfringence, & que l'on a cru pouvoir comparer au *criſtal* de roche.

Néry, Kunckel & pluſieurs autres nous ont fait connoître diverſes compoſitions pour obtenir des verres très-blancs, que l'on pourroit comparer au *criſtal*. Fontanier, qui a beaucoup travaillé ſur les *criſtaux*, a publié un ouvrage qui a pour titre : *l'Art de faire les criſtaux colorés, imitant les pierres précieuſes*. Dans cet ouvrage, il donne pluſieurs compoſitions dans leſquelles il entre de l'oxide de plomb, & qui produiſent des *criſtaux* d'une très-grande réfringence.

Les Anglais, toujours prompts à s'emparer des découvertes de tous les peuples de l'Europe, pour établir des fabriques nouvelles, ont formé chez eux des verreries, dans leſquelles on obtenoit des *criſtaux* qui décompoſoient la lumière avec une grande facilité, & réfractoient toutes les couleurs de l'iris lorſqu'ils étoient taillés. Cette verrerie, dans laquelle il entroit de l'oxide de plomb, fut nommée, par eux, *flint-glaſs* : elle fut employée avec un grand ſuccès dans la compoſition des objectifs achromatiques, à cauſe de ſa grande réfringence & de ſa grande diſperſion. *Voyez* OBJECTIF ACHROMATIQUE, LENTILLE ACHROMATIQUE.

Bientôt les Français établirent chez eux, d'abord à Sèvres, puis au Creuſot, près Mont-Cenis, enfin dans pluſieurs autres parties de la France, des verreries à *criſtaux*, qui rivaliſèrent avec celle de l'Angleterre.

Ce verre eſt compoſé de ſilex ou de ſable ſiliceux très-blanc, de potaſſe purifiée, & de minium ou oxide rouge de plomb : la proportion de ces trois ſubſtances varie ; ſur cent parties de ſable blanc on mêle de 30 à 40 parties de carbonate de potaſſe, & de 60 à 85 parties de minium. Plus la compoſition contient de minium, plus le *criſtal* eſt lourd, plus il produit de couleur lorſqu'il eſt taillé : moins la compoſition contient de minium, plus le *criſtal* eſt dur, plus il eſt blanc, mais auſſi moins il a de feu & de brillant.

Pour faire un *criſtal* blanc imitant le diamant, ou propre à recevoir des ſubſtances colorées pour imiter les pierres précieuſes, on fond enſemble 100 parties de ſable, mêlé de 150 à 300 parties de minium, de 50 à 55 parties de carbonate de potaſſe, & de 100 à 200 parties de borax.

On colore les *criſtaux* en rouge avec l'oxide d'or précipité de caſſius ; en jaune, avec le muriate d'argent & l'antimoine ; en bleu, avec l'oxide de cobalt ; en vert, avec l'oxide de cuivre, ou avec un mélange d'antimoine & d'oxide de cobalt ; en violet, avec l'oxide de manganèſe ; en opale, avec-le muriate d'argent & le phosphate de chaux ; en blanc opaque, avec l'oxide d'étain, & en noir, avec les oxides de cobalt & de manganèse, mêlés d'acétate de fer. *Voyez* CRISTAL ARTIFICIEL PESANT, STRASS, FLINT-GLASS.

CRISTAUX (Axe de réfraction des) ; axis refringens cryſtallorum. Axe des *criſtaux*, dans lequel la lumière n'éprouve qu'une réfraction, lorſqu'elle éprouve deux réfractions dans toute autre direction. Ainſi, le *criſtal* d'Iſlande, le *criſtal* de roche, &c., dans leſquels la lumière éprouve deux réfractions, ont un axe particulier, dans lequel la lumière n'éprouve qu'une réfraction : cet axe eſt l'*axe de réfraction*.

On peut toujours trouver l'*axe de réfraction* d'un *criſtal*, en cherchant par l'expérience la direction de deux ſections principales ; dans leſquelles la double réfraction du rayon de lumière a lieu ; l'interſection de ces deux plans donne la direction de l'axe principal du *criſtal*, qui eſt lui-même l'*axe de réfraction*. *Voyez* CRISTAUX, SECTION PRINCIPALE.

Malus a annoncé, dans le *Journal de Phyſique* de 1811, tome II, page 196, que toutes les ſubſtances organiſées, végétales ou animales, qu'il a éprouvées, participoient de la propriété des *criſtaux*, & que « toutes ont, pour ainſi dire, un » axe de réfaction ou de criſtalliſation, comme ſi » elles étoient compoſées de molécules d'une » forme déterminée, diſpoſées ſymétriquement » les unes par rapport aux autres. *Voy.* CRISTAUX (Axe principal des).

CRISTAUX (Axe principal des) : *axe des criſtaux* auquel ſe rapporte le phénomène de la double réfraction, dans toutes les ſubſtances tranſparentes qui doublent les images. Dans le *criſtal* d'Iſlande, l'axe principal eſt la droite qui joint les deux ſommets obtus du *criſtal* régulier. Cette ligne eſt également inclinée ſur toutes les faces. *Voyez* DOUBLE RÉFRACTION.

CRISTAUX (Forme primitive des) : forme des particules des *criſtaux* qui produiſent le noyau de même forme, que l'on trouve dans tous les *criſtaux*. *Voyez* CRISTALLISATION.

CRISTAUX (Section principale des) : plan dans lequel ſe trouve l'axe principal des *criſtaux* auxquels ſe rapporte le phénomène de la double réfraction.

Dans le rhomboïde du *criſtal* d'Iſlande, c'eſt un quadrilatère formé par deux diagonales obliques, menées des angles obtus de deux rhomboïdes oppoſés, & par les arêtes qui joignent ces deux diagonales.

CRITHOMANCIE, de χριθη, orge ; μαν)εια, divination ; crithomancia ; crithomanti ; ſ. f. Sorte de divination qui conſiſtoit à conſidérer la pâte ou la matiere des gâteaux qu'on offroit en ſacrifice, & la farine qu'on répandoit ſur les victimes qu'on devoit égorger ; & parce qu'on ſe ſervoit ſouvent de farine d'orge dans ces cérémonies ſuperſtitieuſes, on a appelé cette ſorte de divination *crithomancie*. *Voyez* DIVINATION.

CROAT : petite monnoie d'Angleterre = 4 penny, = 32 farthing, = 0.4143 de livre tournois, = 40,92 centimes : trois *croats* font un ſchelling, & ſoixante font une livre ſterling.

CROCHE ; *geſchwanz te note* ; ſ. f. Note de muſique, qui ne vaut, en durée, que le quart d'une blanche ou la moitié d'une noire ; elle eſt ainſi appelée à cauſe de l'eſpèce de crochet qui la diſtingue.

CROCHE : petite monnoie de billon, qui ſe fabrique à Bâle en Suiſſe, qui n'a de cours que dans ce ſeul canton.

CROHAL, KRONE : monnoie de Berne = 25 batza, = 50 ſous, = 100 kreutzer, = 600 deniers, = 4,4920 livres de France, = 4,4556 francs.

CROISAT ; moneta ſigno crucis ſignata. Eſpèce de monnoie d'argent, valant environ un écu & demi. Les *croiſats* ſe fabriquoient à Gênes ; ils ſont marqués, d'un côté, d'une croix, & de l'autre, ils ont une image de la Vierge.

CROISEMENT ; motus in diverſa ; ſ. f. Action de ſe mouvoir dans une direction différente de celle d'un autre mobile, de ſe croiſer.

Deſcartes n'a jamais expliqué la peſanteur & l'arrondiſſement des tourbillons, que par les mouvemens croiſés du tourbillon & du reflux de la matiere ſubtile aux pôles, & des pôles à l'équateur. Ce *croiſement* n'a rien de concevable ni de naturel.

CROISSANT ; be cornis luna ; zunehmender mond ; ſ. m. Lune nouvelle qui nous montre une partie éclairée de ſa ſurface, terminée par deux points.

On appelle auſſi *croiſſant*, le temps qui s'écoule depuis la lune nouvelle juſqu'à la pleine lune, parce qu'alors la portion de ſon hémiſphère éclairée, que la lune nous préſente, va toujours en augmentant, juſqu'à ce qu'enfin nous voyions cet hémiſphère tout entier.

Croiſſant eſt oppoſé à *décours*. *Voyez* DÉCOURS.

CROISSANTES (Latitudes) : degrés du méridien d'une carte réduite, qui vont en augmentant à meſure que l'on va vers les pôles, afin de conſerver leur rapport avec les degrés de longitude que l'on ſuppoſe conſtans. *Voyez* LATITUDE CROISSANTE.

CROISSANTES (Quantités) : quantités qui augmentent continuellement, jufqu'à l'infini ou jufqu'à un certain terme. Cette dénomination eft donnée pour diftinguer les quantités conftantes ou les quantités décroiffantes.

Ainfi, dans l'hyperbole rapportée aux afymptotes, l'abfciffe étant *décroiffante*, l'ordonnée eft *croiffante*; de même, dans un cercle, l'abfciffe prife depuis le fommet étant *croiffante*, l'ordonnée eft *croiffante* jufqu'au centre, & enfuite *décroiffante*.

CROIX; crux; *kreuz*; fub. f. Conftellation de la partie méridionale du ciel, placée fous le ventre du Centaure, près de fes pieds de derrière, & au-deffus de l'abeille ou la mouche.

C'eft une des onze conftellations qu'Auguftin Roger a ajoutées aux anciennes, & fous lefquelles il a rangé les étoiles qui étoient demeurées informes. On trouve la figure de cette conftellation, & même très-exactement, dans les Mémoires de l'abbé de La Caille, parmi ceux de l'Académie des Sciences, pour l'année 1752.

Il y a dans la conftellation de la *croix*, une étoile de la première grandeur, qui eft placée au pied de la *croix*, dans la voie lactée.

La conftellation de la *croix* eft une de celles qui ne paroiffent jamais fur notre horizon : les étoiles qui la compofent ont une déclinaifon méridionale trop grande pour pouvoir jamais fe lever à notre égard.

CROIX GÉOMÉTRIQUE : inftrument compofé d'un long bâton, & d'un autre plus court, mis en cr. ix, dont les pilotes fe fervent pour mefurer les hauteurs. *Voyez* ARBALETRILLE, ARBALÈTE, BATON DE JACOB, RADIOMÈTRE.

CROMORNE : jeu de l'orgue accordé à l'unifon de la trompette.

CROMORNES : tuyaux d'orgues qui font longs, & ne s'élargiffent pas par en-haut.

CRONHYOMÈTRE, de κρονος, *temps, durée du temps*; υω, *pleuvoir*, & μετρον, *mefure*; cronhyometrum; *cronh,omeier* ; f. m. Inftrument pro re à mefurer la pluie tombée dans un temps déterminé, dans une femaine, un mois, une année. *Voyez* HIÉROMÈTRE.

CROONE : monnoie d'Angleterre, de Hollande & de Danemarck. Le *croone* eft un écu d'argent qui a différentes valeurs; il vaut, en Angleterre, 6,2150 livres de France, = 6,1265 francs; en Hollande, 4,3450 livres de France, = 4,2925 francs; en Danemarck, 6,80 livres, = 6,7165 francs. Il y a dans ce pays des demi-*croones* = 3,3581 francs, & des doubles *croones* = 13,4326 francs.

CROTALE; crotalum; f. m. Efpèce de tambour de bafque qu'on voit fur les médailles, dans les mains des prêtres de Cybèle. —

Le *crotale* confiftoit en deux petites lames ou bâtons d'airain, que l'on remuoit avec la main, & qui, fe choquant, faifoient du bruit.

CROU ou CORCOU : efpèce de monnoie de compte dont on fe fert à Amadabath, & prefque dans tous les Etats du-Grand-Mogol. Chaque *crou* fait quatre avales.

CROUTÂO ou DEMI-DANTZIKOIS : monnoie d'argent qui a cours à Dantzick & en d'autres villes du Nord. Les *croutao* valent 9 gros, à prendre le gros pour 18 penins.

CROWN ou COURONNE : monnoie d'argent d'Angleterre. *Voyez* CROONE.

CROWN-GLASS; vitrum commune; *gemeines glafs*; f. m. Nom que les Anglais ont donné au verre commun, & particulièrement à celui qui fe fait en plateau rond, & que nous avons inutilement & abufivement adopté en phyfique. *Voyez* VERRE COMMUN, VERRE EN PLATEAU.

CRUCHES RAFRAICHISSANTES; *erfrifchend wafferkrug*; f. f. Vafe de terre poreux, qui permet à l'eau de s'infiltrer à travers fes pores : là, l'eau s'évapore aux dépens du calorique du vafe, & l'eau contenue dans la *cruche* fe rafraîchit. *Voyez* ALCARAZA.

CRUCIFORME (Hyperbole) : hyperbole du troifime ordre, ainfi nommée par Newton, parce qu'elle eft formée de deux branches qui fe coupent en forme de croix.

CRUSADO : monnoie d'or & d'argent de Portugal. Les *crufado* font de deux fortes; les *crufado novo* = 10 réals, = 400 reis; celles d'argent, fabriquées en 1750, = 2,9730 livres tournois, = 2,9364 francs; celles d'or, frappées en 1734, = 2,6810 livres tournois, = 2,9489 francs. Les *crufado vetho* = 12 réals, = 480 reis; celles d'argent, frappées en 1750, = 3,5680 livres tournois, = 3,4441 francs; celles d'or, frappées en 1734, = 3,2190 livres tournois, = 3,1794 francs.

CRYPTOGRAPHIE, de κρυπτος, *caché*, & de γραφω, *écrire*; cryptographia; *geheim fchreibkunft*; f. f. L'art d'écrire d'une manière cachée, inconnue à tout autre qu'à celui à qui on l'adreffe.

Cet art, utile dans les correfpondances fecrètes, a été connu des Anciens; mais l'abbé Trithème, mort en 1516, paffe pour être le premier qui en ait donné des règles.

CTESIBUS d'Alexandrie, fils d'un fimple barbier, devint un célèbre machinifte fous Ptolémée Phyficon, l'an 120 avant Jéfus-Chrift.

On lui attribue l'invention des orgues hydrauliques, de la clepfydre, de la pompe & du *belopeaecu*, efpèce de fufil à vent.

Le hafard, dit-on, fit naître l'invention des orgues hydrauliques, & développa en lui le goût pour la mécanique. En abaiffant un miroir dans la boutique de fon père, il remarqua que le poids qui fervoit à le faire monter & defcendre, & qui étoit, à cet effet, enfermé dans un cylindre, formoit un fon produit par le froiffement de l'air comprimé par le poids : ayant examiné la caufe de ce fingulier effet, il conçut l'idée d'éxécuter un *orgue hydraulique*, où le mouvement de l'eau dans l'air feroit naître le fon. Cet orgue fut exécuté avec fuccès.

Voulant mefurer le temps, il conftruifit une *clepfyare* formée avec de l'eau, & réglée avec des roues dentées ; l'eau, par fa chute, faifoit mouvoir ces roues, qui communiquoient leur mouvement à une colonne fur laquelle étoient tracés des caractères qui fervoient à diftinguer les mois & les heures.

Ctefibus avoit compofé, fur les machines hydrauliques, un Traité qui ne nous eft pas parvenu.

CUBATION, de κυβος; cubatio; f. f. Art de mefurer la folidité des corps. *Voyez* CUBATURE.

En général, chercher la folidité d'un corps quelconque, c'eft chercher à déterminer combien de fois ce corps dont il s'agit, contient un autre corps connu ; par exemple, combien de fois ce corps contient un pouce cube, car c'eft ordinairement en mefure cubique qu'on évalue la folidité des corps. On trouvera donc la folidité d'un corps en multipliant l'une par l'autre les trois dimenfions de ce corps : fa longueur, fa largeur & fa profondeur. Ainfi, on multipliera d'abord, par exemple, la longueur par la largeur ; enfuite on multipliera le produit de cette première multiplication par la hauteur du corps ; le produit de la feconde multiplication donnera la folidité de ce corps. C'eft ce qu'on appelle la *cubation*.

CUBATURE; cubatura; f. f. L'art de mefurer l'efpace que comprend un folide, comme un cône, un cylindre, une fphère.

Cette opération confifte à mefurer la folidité d'un corps, comme la quadrature confifte à en mefurer la furface. Quand on a déterminé cette folidité, on cherche enfuite un cube qui foit égal au folide propofé, & c'eft là proprement la *cubature*.

Ce fecond problème eft fouvent très-difficile, même après que le premier eft réfolu. Ainfi, fi l'on vouloit un folide qui fût double d'un certain cube connu, il feroit encore fort difficile d'affigner exactement un cube qui fût égal au folide trouvé, & par conféquent double du cube connu.

Le problème de la *cubature* de la fphère, outre la difficulté de la quadrature du cercle qu'il fuppofe, renferme encore celle de cuber le folide qu'on auroit trouvé égal en folidité à la fphère. *Voyez* CUBATION.

CUBE; κυβος; cubus; *würtel*; f. m. Produit du carré d'un nombre multiplié par le même nombre. *Voyez* CARRÉ, QUARRE.

Ainfi, 27 eft le *cube* de 3, parce qu'il eft le produit de 9 carrés de 3, multiplié par 3 : de même, 343 eft le *cube* de 7, parce qu'il eft le produit de 49 carrés de 7, multiplié par le même nombre 7.

Tout nombre ou toute quantité qui n'eft pas formée par le produit du carré de ce nombre ou de cette quantité, multipliée par le même nombre ou la même quantité, n'eft pas un *cure*; cela fe reconnoît en cherchant le nombre, ce qu'on appelle *extraire la racine cubique*. *Voyez* RACINE CUBIQUE.

CUBE; cubus; *würfelhaft*. Corps folide régulier ABCDEFGH, *fig.* 700, compofé de fix faces carrées & égales, dont tous les angles font droits, & par conféquent égaux.

C'eft avec le *cube* que l'on mefure tous les autres folides, en les rapportant à un *cube* connu; les dés à jouer, par exemple, font de petits *cubes*.

Pour avoir la furface d'un *cube*, il faut chercher la furface d'un de fes fix carrés, fous lefquels il eft compris, & la multiplier par fix; le produit donnera la furface cherchée.

Si l'on vouloit comparer entr'elles les furfaces de plufieurs *cubes*, voici la règle qu'il faut fuivre: les furfaces des *cubes* font entr'elles comme les carrés de leurs côtés.

Pour avoir la folidité d'un *cube* quelconque, *fig.* 700, il faut évaluer une de fes faces ABCD en mefures carrées, par exemple, en pouces carrés, & fon côté en parties égales au côté du carré qu'on prend pour mefure ; enfuite multiplier le nombre des mefures carrées que l'on aura trouvé dans cette face, par le nombre des mefures linéaires du côté AB ; le produit donnera la folidité du *cube*. Ainfi, la folidité d'un *cube* quelconque eft égale au produit de la furface d'une de fes faces, multipliée par le côté de cette face.

Si l'on veut comparer entr'elles les folidités de plufieurs *cubes*, voici la règle qu'il faut fuivre : les folidités de plufieurs *cubes* font entr'elles comme les *cubes* de leurs côtés; en forte que la folidité d'un *cube* de deux pouces de côté, eft à celle du *cube* de trois pouces de côté, comme 8 eft à 27, parce que 8 eft le *cube* de 2, & 27 le *cube* de 3.

La furface & la folidité d'un *cube* font, à la furface & à la folidité du cylindre qui lui eft infcrit, comme 14 eft à 11.

La furface & la folidité d'un *cube* font, à la furface & à la folidité de la fphère qui lui eft infcrite, comme 21 eft à 11.

CUBE CALORIFÈRE de Leſlie : *cube* de métal, vide intérieurement, & dans lequel on met de l'eau chaude, afin de pouvoir meſurer la proportion du calorique rayonnant qui ſe dégage de différentes ſubſtances.

Une face de ce *cube*, la ſupérieure, a une ouverture par laquelle on peut introduire le liquide chaud qui ſert de réſervoir de chaleur ; une autre face, l'inférieure, contient une douille à l'aide de laquelle on poſe & l'on fixe le *cube* ſur un pied. Les quatre autres faces peuvent être formées de diverſes ſubſtances, afin de pouvoir eſtimer la proportion du calorique rayonnant qui ſe dégage de chacune d'elles dans le même temps.

Leſlie a fait uſage de cet inſtrument pour meſurer la chaleur rayonnante dégagée de diverſes ſubſtances, ou de la même ſubſtance polie à divers degrés. *Voyez* CALORIQUE RAYONNANT.

CUBE DU CUBE : neuvième puiſſance d'un nombre, ou le produit d'un nombre multiplié neuf fois de ſuite par lui-même ; ainſi, 512 eſt le *cube* de 2.

Cette dénomination *cubus cubi*, de la neuvième puiſſance d'un nombre, lui a été donnée par les Arabes. Diophante, &, après lui, Viette, Oughtred, &c, appellent cette puiſſance *cuba-cubo-cube*.

CUBE (Ligne) ; *linea cubica* ; *kubik-line*. *Cube* d'une ligne de côté, ou produit d'un nombre de lignes élevé à la troiſième puiſſance. *Voy.* LIGNE CUBE.

CUBE (Mètre) ; *metrum cubicum* ; *kubik meter*. *Cube* d'un mètre de côté, ou produit d'un nombre de mètres élevé à la troiſième puiſſance. *Voyez* MÈTRE CUBE.

CUBE (Pied) ; *pes cubicus* ; *kubik fuſs*. *Cube* d'un pied de côté, ou produit d'un nombre de pieds élevé à la troiſième puiſſance. *Voyez* PIED CUBE.

CUBE (Pouce) ; *kubik zoll*. *Cube* d'un pouce de côté, ou produit d'un nombre de pouces élevé à la troiſième puiſſance. *Voyez* POUCE CUBE.

CUBE (Racine) ; *kubik'wurzel*. Nombre qui, étant élevé à la troiſième puiſſance, eſt égal à un nombre donné. *Voyez* RACINE CUBE.

CUBE (Toiſe) ; *kubik klafter*. *Cube* d'une toiſe de côté, ou produit d'un nombre de toiſes élevé à la troiſième puiſſance. *Voyez* TOISE CUBE.

CUBIQUE ; *cubicus* ; *gleichvireckigt*. adj. Tout ce qui appartient au *cube*.

On appelle nombre *cubique*, un nombre qui eſt le produit d'un autre élevé à la troiſième puiſſance, c'eſt-à-dire, un nombre qui eſt lui-même un *cube*. On nomme racine *cubique* un nombre qui, élevé à la troiſième puiſſance, produit un nombre *cubique*. On appelle pied *cubique*, ou pied *cube* ; pouce *cubique*, ou pouce *cube*, ou mieux un ſolide compris ſous ſix carrés égaux, dont chacun a un pied, un pouce, &c., de côté.

CUBIQUE (Racine) ; *kubiſche würzel*. Nombre qui, élevé à la troiſième puiſſance, produit un *cube*.

CUBO-CUBIQUE ; *cubus-cubi*. Dénomination, donnée par les Arabes à la neuvième puiſſance d'un nombre. *Voyez* CUBE DU CUBE.

CUBO-CUBO-CUBIQUE ; *cubo-cubo-cubus*. Dénomination donnée par Diophante & pluſieurs autres, à la neuvième puiſſance d'un nombre. *Voyez* CUBO-CUBIQUE.

CUBIT ou COUDÉE : meſure applicative dont on ſe ſert en Angleterre pour meſurer les longueurs.

CUCURBITE ; *cucurbita* ; *diſtillir korbe* ; ſ. f. Vaiſſeau de métal DL, *fig.* 22, de terre ou de verre, *fig.* 23, qui fait partie d'un alambic, & dans lequel on met les matieres qu'on veut diſtiller ou ſublimer. *Voyez* ALAMBIC, DISTILLATION.

Les *cucurbites* qu'on fait de métal, & qui ſervent ordinairement pour les diſtillations à feu nu, pour celles au bain-marie, pour celles au bain de vapeurs, ſont d'étain ou de cuivre ; il vaut mieux les faire d'étain, qui eſt moins ſoluble & moins attaquable que le cuivre, par les matieres qu'on met à diſtiller. Ces *cucurbites*, ſoit de cuivre, ſoit d'étain, doivent avoir, à côté de leur embouchure, un petit tuyau de la même matiere, avec ſon bouchon, afin que l'on puiſſe retirer le flegme qui reſte dedans, par le moyen d'un ſiphon, ſans être obligé de démonter l'alambic.

On ſe ſert, pour diverſes opérations, des *cucurbites* de terre ou de verre, ſurtout pour les diſtillations des acides, & pour celles qui ſe font au bain de ſable ou de cendre.

CUIR ; *corium* ; *haut*. ſ. m. Peau des animaux ſéparée de la chair.

CUIRS (Boîte à) ; *capſula corii*. Boîte cylindrique, remplie de rondelles de *cuir* bouilli dans le ſuif, *fig.* 170 ; ces *cuirs* ſont percés pour laiſſer paſſer une tige cylindrique qui s'y meut à frottement. Ces boîtes ont pour objet de faciliter le mouvement des tiges, en interceptant le paſſage de l'air. *Voyez* BOÎTES A CUIRS.

CUIVRE ; *χυπρος* ; *chyprea*, parce qu'on tiroit ce métal des mines de l'îe de Chypre ; *cuprum* ;

kupfer; f. m. Métal doux, malléable, d'un rouge tirant sur le foncé, & brillant dans sa fracture.

Il a une saveur aftringente & nauféabonde ; en le frottant, il répand une odeur défagréable. Il eft très-fonore, & de tous les métaux, excepté le platine & le fer, c'eft celui qui a la plus grande élafticité.

Sa ductilité approche de celle de l'étain ; il peut être réduit en feuilles très-minces fous le laminoir & au marteau ; & en fils déliés en paffant par la filière. Sa ténacité ne le cède qu'à celle du fer. Sickingen a trouvé qu'un fil de *cuivre*, de 0,078 pouces de diamètre, pouvoit fupporter un poids de 302,26 liv. fans fe rompre : fa caffure eft d'un grain compacte, quelquefois en forme d'hameçon.

Une lame d'acier l'attaque à peine ; fa dureté augmente en s'écrouiffant ; fa denfité eft moins grande que celle du platine, de l'or, de l'argent & du plomb, elle eft plus grande que celle de l'étain & du fer : elle paroît très-variable, car, d'après Briffon, la denfité du *cuivre* fondu ne feroit que de 77800; d'après Lewis, 88300; d'après Hatchet, 88850 celle du plus beau *cuivre*, en grain, de Suède ; & d'après Brouftedt, 9,0000 celle du *cuivre* du Japon; écroui, il a une denfité plus grande. Klaproth porte à 8667 la denfité du *cuivre* fondu, & à 8900 celle du *cuivre* frappé. Comme le volume eft en raifon inverfe de la denfité, il s'enfuit que fi le volume du *cuivre* fondu étoit de 1000, celui du *cuivre* écroui feroit de 994. Quelques auteurs le portent à 877 lorfque le *cuivre* a été paffé à la filière.

En fuppofant, avec Briffon, la denfité du *cuivre* écroui de 88785, un pouce cube peferoit 3 onces 5 gros 3 grains; & 1 pied cube 621 liv. 7 onces 7 gros 26 grains

Après le platine & le fer, le *cuivre* eft, de tous les métaux, celui qui entre le plus difficilement en fufion. Il fe fond, d'après Lambal, à 27 degrés du pyromètre de Wedgwood, évalué, par Mortimer, à 644°,44 R. A un degré de chaleur plus élevé, il fe volatilife : on recueille, dans les fourneaux à manche & dans les fourneaux de réverbère, des pouffières plus ou moins fines du *cuivre* vaporifé. Il paroît plus fixe, enfin, que l'étain & le plomb, mais moins que l'or & le platine. Il fe fond au verre ardent ; il s'y oxide & produit un verre opaque d'un rouge très-vif: par une action continuée, on peut le réduire en un oxide d'un rouge-noirâtre. Le *cuivre* fondu criftallife par un refroidiffement lent : fes criftaux font, d'après Mongez, des pyramides à quatre faces.

Expofé à l'air, le *cuivre* perd peu à peu fon éclat métallique; il devient brun, & finit par fe couvrir d'une couche noire de carbonate. Lorfqu'on le fait rougir, fa furface fe couvre de petites écailles d'oxide rouge, ce qui provient de ce que, pendant le refroidiffement, le *cuivre* fe contracte confidérablement, tandis que l'oxide éprouve

peu de variation dans fon étendue. On ne connoît encore que deux fortes d'oxides : le protoxide, de couleur rouge ou orangée, & le peroxide, de couleur noire; le premier contient 0,115 d'oxigène, & le fecond 0,20.

On peut combiner le *cuivre* avec le foufre, le phofphore ; on peut auffi le combiner en diverfes proportions, avec l'or, l'argent, le platine, le zinc, l'étain, le manganèfe, le molybdène, le nickel, le fcheelin, &c. On l'allie avec l'or & l'argent dans les monnoies, afin de les rendre plus dures, & que les empreintes fe confervent plus long-temps. Avec l'étain, il forme le bronze. L'étain rend le *cuivre* plus dur & plus propre à réfifter au choc des boulets dans l'intérieur des canons. Enfin, en alliant le *cuivre* avec le zinc, on obtient le laiton, le tombac, le pinchbeck, &c. Le *cuivre* s'amalgame difficilement avec le mercure.

Pour obtenir le laiton, on fond enfemble une partie de *cuivre* avec des proportions de calamine, où carbonate de zinc, qu'on varie depuis 1,1 jufqu'à 1,5. Chaptal indique, pour le fimilor, 4 parties de *cuivre* & 1 de zinc ; d'autres, 5 parties de *cuivre* & 2 de zinc, ou 16 parties de *cuivre* & 7 de zinc; pour le tombac, 7 parties de *cuivre*, 5 de laiton & ⅛ d'étain, ou 1 partie de laiton & de 1 ½ à 2 parties de *cuivre*; pour le métal du prince, 2 parties de *cuivre* & 1 de zinc; pour le pinchbeck, d'après Lewis, 10 parties de *cuivre*, 8 de zinc & 1 de fer. Enfin, on donne la couleur jaune-doré aux galons de Lyon, en expofant des barres de *cuivre* à la vapeur du zinc en combuftion.

On prétend que le pack-tong des Chinois eft un alliage de cuivre & de nickel. *Voyez* PACK-TONG.

Les vafes de *cuivre* font ordinairement récouverts, dans l'intérieur, d'une couche d'étain (*voy.* ETAMAGE), afin d'empêcher la formation du vert-de-gris, en les employant à la préparation & à la confervation des alimens. Malouin a confeillé l'emploi du zinc pour le même objet; mais des expériences, fur l'ufage du zinc, ont fait rejeter ce métal. Ce qu'il y auroit de mieux, feroit d'émailler les vafes de *cuivre* : des effais en ont été faits, & ont très-bien réuffi.

Ce métal fe diffout plus ou moins facilement dans tous les acides ; l'acide fulfurique ne le diffout que lorfqu'il eft concentré & très-chaud. L'oxide de *cuivre* fe diffout dans l'ammoniaque ; & produit une très-belle couleur bleue, connue fous le nom d'*eau célefte*. Les huiles & les graiffes diffolvent le *cuivre* métallique, ainfi que fon oxide.

Parmi les fels cuivreux que l'on obtient des diffolutions du *cuivre* dans les acides, on fabrique en grand, pour les arts, le fulfate de *cuivre*, le verdet ou vert-de-gris, & l'acétate de *cuivre* criftallifé, connu fous le nom de *criftaux de Vénus*.

Il eft peu de métaux, le fer excepté, qui foient plus diverfement employés dans les arts que le *cuivre*,

cuivre, foit pur, foit combiné. On en fait des monnoies, des batteries de cuifine, des marmites, des fontaines, des baignoires, des tuyaux, &c. Son oxide rouge fondu en couches très-menues, fur du verre ordinaire, produit cette belle couleur rouge des vitraux des églifes & des vieux châteaux.

Tout fait croire que le *cuivre* a été connu dans les temps les plus reculés; les Anciens le travailloient plus fréquemment que le fer, & probablement avant de connoître ce dernier métal.

Les minerais qui produifent ce métal font affez abondamment répandus dans les entrailles de la terre. On les trouve à l'état natif, ou alliés avec diverfes fubftances, le fer, l'arfenic, le foufre, l'antimoine, l'argent & beaucoup d'autres métaux, comme dans le *cuivre* gris, le *cuivre* pyriteux hépatique, le *cuivre* fulfuré, &c. ; avec l'oxigène, comme dans le *cuivre* oxidé rouge; avec l'acide carbonique, comme dans la malachite & les *cuivres* carbonatés verts & bleus; enfin, avec les acides fulfurique, muriatique, phofphorique & arfenique.

Ceux de ces minerais qui contiennent le *cuivre* combiné avec l'oxigène & l'acide carbonique, n'ont befoin que d'être fondus en contact avec du charbon; les fulfures, les arfeniures exigent un grillage préliminaire, & des opérations plus ou moins compliquées, felon la nature & la porportion des compofans. Enfin, ceux qui contiennent de l'argent font traités avec du plomb ou avec du mercure, pour enlever au *cuivre* l'argent qu'il contient.

CUIVRE BLANC; cuprum album; *weifs kupfer*. Alliage de *cuivre* avec l'arfenic.

On obtient ordinairement le *cuivre blanc*, en fondant enfemble parties égales de *cuivre* & d'arfenic ou d'arfeniate de potaffe. L'alliage obtenu par la fufion n'eft pas toujours parfaitement blanc; la couleur du *cuivre* prédomine prefque toujours. Lorfqu'on répète la fufion quatre ou cinq fois avec les mêmes proportions, on obtient un alliage qui, quoiqu'aigu & caffant, a la couleur de l'argent à onze deniers.

Faifant dégager l'arfenic, en grande partie, à une chaleur convenable, le *cuivre*, fans perdre fa couleur blanche, recouvre fa ductilité.

Avec ce compofé on fait des boutons, des chandeliers & d'autres inftrumens Il ne faut pas employer cet alliage pour les objets qui fervent à l'économie animale.

On obtient également du *cuivre blanc*, en combinant le *cuivre* avec des métaux blancs, tels que l'antimoine, le plomb, le bifmuth, mais particulièrement avec l'étain. Lorfque l'on fépare, par l'oxidation, le *cuivre* pur du métal de cloche, l'oxide obtenu produit un *cuivre blanc*, lorfqu'il a été défoxidé & fondu. Ce *cuivre blanc* eft principalement employé pour les miroirs métalliques.

Dict. de Phyf. Tome II.

CUIVRE JAUNE; orichaleum; *gelbkupfer*. Combinaifon de *cuivre* & de zinc, connue fous le nom de *laiton* (*voyez* LAITON), ou de *cuivre* & d'étain, fous le nom de *bronze*. *Voyez* BRONZE.

On emploie le *cuivre jaune* dans tous les ouvrages d'ornement, parce qu'il reçoit très-bien la dorure; lorfqu'il n'eft point doré, fa couleur eft, à la longue, altérée par l'air, & fa furface fe couvre d'un enduit verdâtre, connu fous le nom de *potin* (voyez POTIN), & cet enduit attefte l'antiquité des ftatues & des médailles qui en font couvertes. *Voyez* BRONZE.

L'ancienne tradition des Egyptiens portoit que, du temps d'Ofiris, l'art de fabriquer le *cuivre* avoit été trouvé dans la Thébaïde. On commença par en faire des armes pour exterminer les bêtes féroces, & des outils pour cultiver la terre. Cadmus porta aux Grecs la connoiffance de ce métal, & fut le premier qui leur apprit la manière de le travailler. La calamine ou cadmie, qui eft d'un fi grand ufage pour obtenir le *cuivre jaune*, avoit reçu de Cadmus le nom qu'elle portoit autrefois, & qu'elle conferve encore aujourd'hui.

On voit dans les écrits d'Homère, que, du temps de la guérre de Troye, le fer étoit encore très-peu en ufage; le *cuivre* en tenoit lieu, & ce métal étoit employé, tant à la fabrication des armes, qu'à celle des outils. Mais le *cuivre* eft un métal mou, qui s'émouffe très facilement; il a donc fallu, pour exécuter tout ce que nous obtenons aujourd'hui avec le fer, chercher & trouver le fecret de le durcir. On a cru, pendant long-temps, que ce fecret confiftoit uniquement dans la trempe particulière du *cuivre*; mais des favans de la fin du fiècle dernier, Dizé, Monnet, Geoffroy, Peerfon, &c. fe font appliqués à analyfer ces armes, & ont reconnu la matière, dont elles étoient compofées, n'étoit qu'un alliage dans lequel l'étain entroit dans une proportion de 0,10 à 0,14.

CUIVRE NOIR; cuprum nigrum; *fchwartz kupfer*. *Cuivre* impur, dont la furface eft ordinairement noire, & que l'on fépare par la fufion. En traitant des minerais de *cuivre*, on obtient des *cuivres noirs* qui contiennent jufqu'à 0,94 de *cuivre* pur.

CUIVRE ROSETTE; cuprum epuratum; *gereinigter kupfer*. *Cuivre noir* qui a été raffiné, ou *cuivre* très-pur, obtenu par l'affinage.

On a donné à ce *cuivre* le nom de *cuivre rofette*, parce que, quand il eft fuffifamment pur & qu'il eft réuni dans un baffin, on le lève en gâteaux minces, arrondis, qui ont une belle couleur rouge, & que l'on nomme *rofette*.

CULMINANT (Point); punctum culminans; *culminirt punkt*. Le point du méridien par lequel paffe une étoile. *Voyez* POINT CULMINANT.

CULMINATION; culminatio; *culminirung*; f. f. Paffage d'une étoile ou d'une planète par le méridien, c'eft-à-dire, par le point où elle eft à fa plus grande hauteur.

CULOT; *metallifche boden fotz*; fub. m. Partie métallique qui refte au fond d'un creufet après la fufion, & qui s'eft féparée des fcories. Quand il eft très-petit, on l'appelle *bouton*.

CULTELLATION; cultellatio; *fchlechte und gemeine meffen*; f. f. Terme dont quelques auteurs fe font fervis pour défigner la mefure d un terrain en le rapportant au plan de l'horizon.

CUNEUS, de κάνος, *figure*. Nom latin d'une puiffance mécanique appelée communément *coin*. *Voyez* COIN.

CURAUDAU (François-René)', naquit à Seez en 1760, & mourut à Paris le 25 janvier 1813.

Ayant reçu de la nature une imagination vive & un goût décidé pour les arts, il s'occupa d'une foule d'objets qu'il inventa ou qu'il perfectionna.

Reçu membre du collège de pharmacie à vingt-deux ans, il fut s'établir à Vendôme; mais bientôt il revint à Paris former une des belles tanneries de cette ville, dans laquelle il perfectionna les procédés; il éleva enfuite une manufacture d'alun artificiel, dans laquelle il employa une méthode nouvelle d'obtenir ce fel; il s'occupa de l'art du favonnier, imagina des procédés plus réguliers & plus économiques que ceux qu'on fuivoit alors; il inventa des appareils ingénieux &, fimples pour blanchir le linge à la vapeur; il publia un nouveau procédé pour épurer les huiles à brûler, & une méthode propre à favorifer l'évaporation des liquides, au moyen de toiles plongées dans le liquide, puis expofées aux contacts multipliés de l'air.

Mais les travaux qui diftinguent principalement *Curaudau*, font ceux qu'il a dirigés vers l'économie du combuftible; il a imaginé des cheminées d'une nouvelle conftruction; des poêles où la fumée, long-temps retenue, donne une chaleur confidérable; des fourneaux propres à échauffer un grand établiffement, une vafte maifon, en n'employant qu'un feul foyer & peu de combuftible (*voyez* CHAUFFAGE); des fours ambulans, utiles aux armées; des cylindres pour chauffer les bains fans expofer les baigneurs à la vapeur du charbon; des ventilateurs deftinés à rafraîchir, pendant l'été, les habitations au moyen du feu.

On a de cet artifte infatigable un *Traité fur le blanchiffage à la vapeur*; plufieurs Mémoires confignés dans les *Annales de Chimie*, dans le *Journal de Phyfique*, dans le *Bulletin de Pharmacie*, dans la *Bibliothèque des Propriétaires ruraux*, dans le *Journal d'Économie rurale*.

Ce phyficien laborieux n'eut jamais d'autre ambition que celle d'être utile à fon pays. Il eft mort fans fortune, après quelques jours d'une angine' inflammatoire, produite par un travail forcé.

CURSEUR; *curfor*; *laufer*; f. m Fil mobile par le moyen d'une vis qui, dans un micromètre, fert à renfermer les deux bords d'un aftre pour mefurer fon diamètre apparent.

CURTATION; curtatio; *verkürzung*; f. f. Accroiffement de la diftance, ou de la différence entre la diftance d'une planète au foleil, & la diftance réduite au plan de l'écliptique. *Voyez* PLANÈTE.

CURTICONE; curticonus. Cône dont le fommet a été retranché par un plan parallèle à la bafe. *Voyez* CÔNE TRONQUÉ.

CURVILIGNE, de curvus, *courbe*, linea, *ligne*; curvilineus; *krumlinige*; adject. Lignes courbes, comme le cercle, l'ellipfe, &c.

CURVILIGNE (Angle); angulus curvilineus; *krumlinige winckel*. Angle formé par des lignes courbes. *Voyez* ANGLE CURVILIGNE.

CURVILIGNE (Mouvement); motus curvilineus; *krumlinige bewegung*. Mouvement dans une ligne courbe. *Voyez* MOUVEMENT CURVILIGNE.

CURVILIGNE (Triangle); triangulum curvilineum; *krumlinige triangel*. Triangle formé avec des lignes courbes. *Voyez* TRIANGLE CURVILIGNE.

CUVE; κυπη; cupa; *lufe*; f. f. Vaiffeau qui n'a qu'un feul fond.

Les *cuves* ont différentes formes; il en eft de rondes, d'ovales, de carrées, &c. Ces formes dépendent de l'ufage auquel on les deftine.

CUVE AU MERCURE; cupa hydrargyrea; *queckfilber kufe*. Cuve, fig 207, 208, 209, deftinée à contenir du mercure & à recevoir les vafes pleins de mercure, dans lefquels on doit recueillir les fubftances aëriformes que l'on veut préferver de l'action de l'humidité. *Voyez* APPAREIL HYDRO-ARGIRO PNEUMATIQUE.

CUVE DE REFRACTION; cupa radia interrupta; *brechmungs kufe*. Cuve de verre ABCDEFGH, fig. 701, dans laquelle font deux verres courbes; l'un, en I, eft placé de manière que la convexité eft en dehors, & la concavité en dedans; & l'autre, K, a fa convexité en dedans & fa concavité en dehors.

On met de l'eau dans cette *cuve* de manière que fon niveau s'élève un peu au-deffus du bord des deux verres courbes I, K; alors, fi on fait arriver obliquement un rayon de lumière fur leurs deux faces parallèles ABGH ou CDEF, on voit le rayon de lumière fe rompre en traverfant le liquide. Mefurant l'angle d'incidence du rayon fur la face extérieure de la *cuve*, & l'angle du rayon rompu avec cette même face, on détermine la réfraction du liquide, c'eft-à-dire, le rapport qui exifte entre l'angle d'incidence & celui de réfraction.

Si l'on fait arriver un faifceau de lumière parallèle fur la face extérieure convexe du verre courbe I, les rayons réfractés convergent en traverfant le liquide, & viennent fe réunir à un point L, foyer des rayons réfractés. Si l'on fait arriver le même faifceau fur la face extérieure concave du verre courbe K, les rayons réfractés divergent en traverfant le liquide, comme s'ils partoient tous d'un point M, foyer virtuel des rayons réfractés Connoiffant les foyers & les rayons de courbure des verres, on détermine le rapport des finus d'incidence & de réfraction de la lumière, en paffant de l'air dans le liquide. *Voyez* FOYER.

Ces fortes de *cuves* fervent à faire, dans les cours publics, les expériences que l'on fait ordinairement fur la réfraction. *Voyez* RÉFRACTION.

CUVE HYDRO ARGIRO-PNEUMATIQUE, de *κυπη, cuve, ὕδωρ, eau, αργυρος, argent, πνεῦμα, air;* cupa hydrargiro-pneumatica; *hydrargiro pneumatifche kufe. Cuve* remplie d'argentvif, de mercure, pour faire des expériences fur l'air. *Voyez* APPAREIL HYDRO-ARGIRO-PNEUMATIQUE.

CUVE HYDRO-PNEUMATIQUE, de *κυπη, cuve, ὕδωρ, eau, πνεῦμα, air;* cupa pneumatica; *hydropneumatica kufe. Cuve* remplie d'eau pour faire des expériences fur l'air. *Voyez* APPAREL HYDRO-PNEUMATIQUE.

CUVE PNEUMATIQUE, de *κυπη, cuve, πνεῦμα, air;* cupa pneumatica; *pneumatifche kufe. Cuve* pour faire des expériences fur l'air.

CUVE PNEUMATO-CHIMIQUE, de *κυπη, cuve, πνεῦμα, air, χυμος, chimie,* cupa pneumaticochimica; *pneumatifche-chemifche kufe. Cuve* pour faire des expériences chimiques fur l'air. *Voyez* APPREIL PNEUMATIQUE.

CYANOMÈTRE, du grec *κυανος, couleur bleue, μιτρον, mefure;* cyanometrum; *kyanomiter;* f. m. Inftrument imaginé par Sauffure pour mefurer le degré d'intenfité de la couleur bleue que préfente la maffe des divers fluides qui compofent l'atmofphère célefte. *Voyez* AZUR, COULEUR DE L'AIR, COULEUR DU CIEL.

Le *cyanomètre* de Sauffure eft un grand anneau circulaire ABD, *fig.* 766, contenant une fuite de nuances qui vont du blanc au bleu, puis du bleu au noir, afin de pouvoir comparer la couleur

du ciel à chacune de ces nuances La difficulté que préfente cet inftrument, c'eft de le conftruire de manière que les mefures de la couleur bleue, eftimées par chaque *cyanomètre*, foient comparables, & que tous les phyficiens puiffent les conftruire comme on conftruit des thermomètres, fur des principes invariables. Nous allons copier textuellement les principes de la conftruction de cet inftrument, dans la defcription que Sauffure en a publiée dans le *Journal de Phyfique*, année 1791, tom. I, pag. 199.

« Il s'agiffoit donc de trouver le moyen d'obtenir une fuite de tons ou de nuances égales & parfaitement déterminées, depuis le blanc ou l'abfence totale du bleu, jufqu'au bleu le plus foncé poffible, & même jufqu'au noir, puifque l'on peut confidérer le noir comme la dernière limite de toutes les couleurs foncées. J'efpérois d'abord de déterminer ces graduations ou ces nuances en délayant une couleur bleue déterminée dans des quantités déterminées, & progreffivement plus grandes, d'eau ou de blanc, ou fuivant une méthode inverfe; mais on n'obtient pas ainfi une fuite régulière. Dès qu'on eft arrivé à un certain degré, l'accroiffement des teintes ou leur décroiffement ne paroit plus fuivre la même progreffion; d'ailleurs, il eft difficile de déterminer l'intenfité du bleu primitif, & le broiement plus ou moins parfait des couleurs faifoit auffi varier l'intenfité des nuances. Enfin, la réflexion me conduifit aux principes dont le procédé que je fuis a été la conféquence.

» Si l'on a deux nuances de bleu ou de toute autre couleur, peu différentes l'une de l'autre, mais qui fe diftinguent pourtant très-bien quand on les regarde de près, il eft certain qu'à une certaine diftance on ne pourra plus les diftinguer, & qu'elles paroîtront abfolument du même ton. Il femble donc qu'on pourroit déterminer la différence des tons des deux nuances, par la diftance à laquelle on ceffe de pouvoir les diftinguer; mais cette diftance varie fuivant la bonté & l'étendue des vues des obfervateurs, & fuivant l'intenfité des lumières qui éclairent ces couleurs. Il falloit donc éviter ces fources d'incertitudes : pour cet effet, j'ai imaginé de prendre pour mefure de ma diftance, non pas un nombre déterminé de pieds ou de toifes, mais la diftance à laquelle on cefferoit de voir un cercle noir, d'une grandeur déterminée, tracé fur un fond blanc. Lorfque ce cercle noir eft placé à côté des nuances de couleur, & dans la même fituation, les mêmes caufes qui augmentent ou diminuent la diftance à laquelle je ceffe d'apercevoir ce cercle, augmentent ou diminuent auffi dans la même proportion, celle à laquelle je ceffe de diftinguer les teintes. La grandeur du cercle noir, qui difparoît à mes yeux à la même diftance où deux nuances fe confondent, eft donc une mefure certaine de la diftance du ton des deux nuances : plus ce cercle fera grand,

plus ces nuances différeront l'une de l'autre, &
réciproquement.

» Lorsque j'ai construit le *cyanomètre*, *fig.* 706,
qui a servi aux expériences que j'ai faites sur la
sommité des montagnes, j'ai pris, pour mesure, un
cercle noir d'une ligne trois quarts de diamètre. Dans cet instrument ou dans cette suite de
nuances, le zéro de l'échelle, ou l'absence totale
du bleu est désignée par une bande de papier
blanc, & dont la teinte tire plutôt sur le roux que
sur le bleu. Le n°. 1, ou la nuance bleue la plus
foible, est une bande de papier très-légèrement
teinte en bleu, assez-pâle pour que l'on ne puisse
plus la distinguer du blanc, à la distance où le cercle noir d'une ligne trois quarts de diamètre cesse de
pouvoir être aperçue, & cependant assez forte pour
que l'on recommence à la distinguer au moment
où, se rapprochant, on commence à voir le cercle.
La nuance n°. 2 a été déterminée de la même manière, par sa comparaison avec le n°. 1; le n°. 3,
par sa comparaison avec le n°. 2, & ainsi de plus
foncé en plus foncé, jusqu'à la teinte la plus forte
que puisse donner le bleu de Prusse de la première
qualité, parfaitement broyé & suspendu dans l'eau
de gomme. Lorsque j'ai atteint cette plus forte
teinte, j'ai mêlé un peu de noir d'ivoire avec ce
bleu, & j'ai ajouté progressivement une plus
grande quantité de ce noir, en graduant toujours
mes nuances par le même procédé, jusqu'à ce que
je sois arrivé au noir tout pur. On comprend bien
que ce n'est pas dans l'idée d'observer jamais un
ciel de cette couleur, que je suis allé jusqu'au noir
pur, mais pour que les deux extrémités de mon
échelle fussent des points fixes & invariables.

» En prenant, comme je l'ai dit, pour mesure,
un cercle d'une ligne trois quarts de diamètre,
j'ai obtenu cinquante-une nuances entre le blanc
& le noir; ce qui fait cinquante-trois teintes en
y comprenant les deux extrêmes. Ces nuances sont
bien un peu foibles : on hésite quelquefois sur
celle à laquelle on doit rapporter la couleur du
ciel, mais cela est sans inconvénient; & d'ailleurs,
il est facile de les rendre plus fortes. Il suffit,
pour cela, de prendre pour mesure un cercle d'un
plus grand diamètre, & les nuances deviennent
aussi tout à la fois plus distinctes & moins nombreuses. Chaque observateur pourra suivre, sur
cet objet, son goût particulier, pourvu qu'il ait
soin d'indiquer la grandeur du cercle qu'il aura
pris pour mesure, & surtout le nombre des nuances qu'il aura obtenues entre le blanc & le noir;
car les épreuves que j'ai faites m'ont prouvé que
ce nombre ne suit pas précisément la raison de la
grandeur du cercle; mais le nombre des nuances
étant connu, toutes les observations pourront
être comparées entr'elles, comme l'on compare
entr'elles des observations faites avec des thermomètres différemment gradués, quand on connoît le nombre de degrés égaux, compris entre les
deux mêmes termes fondamentaux.

» Lorsque j'ai préparé ces papiers colorés de
toutes les nuances, j'ai collé des morceaux égaux
sur le bord d'un cercle de carton blanc, *fig.* 706, où
ces nuances sont disposées, suivant leur ordre, depuis la plus foible jusqu'à la plus foncée. Ce carton
devient alors ce que j'appelle un *cyanomètre*. Lorsqu'on veut en faire usage, il faut le placer entre le
ciel & son œil, & chercher la nuance dont le ton
est égal à celui de la couleur du ciel; mais cette
observation doit être faite dans un lieu ouvert, &
où les couleurs du *cyanomètre* soient éclairées par
un grand jour. Si l'on faisoit son observation à la
fenêtre ou sur le seuil d'une porte, ces couleurs
ne seroient éclairées que par la lumière qui viendroit de l'intérieur de la maison, & ainsi elles pa-
roitroient plus obscures qu'en rase campagne, où
elles sont éclairées par une grande partie du ciel.
Il ne convient pas cependant que les rayons du soleil tombent sur ces couleurs dans le moment où
on les observe, parce qu'on n'a pas toujours le
soleil, au lieu qu'on peut toujours se poster de
manière que les couleurs soient tout à la fois éclairées & à l'ombre.

» Enfin, dans ces observations, il faut avoir
égard à la situation du soleil; car le ciel paroît
toujours plus vaporeux & d'un bleu moins foncé,
droit au-dessus du soleil, qu'à l'opposite.

» Ce n'est pas un objet de simple curiosité, que
de déterminer avec précision la couleur du ciel
dans tel ou tel lieu, dans telle ou telle circonstance; cette détermination tient à toute la météorologie, puisque la couleur du ciel peut être considérée comme la mesure de la quantité de vapeurs
opaques, ou des exhalaisons qui sont suspendues
dans l'air. En effet, il est bien prouvé que le ciel
paroîtroit absolument noir, s'il l'air étoit parfaitement transparent, sans couleur & entièrement dépouillé de vapeurs opaques & colorées; mais l'air
n'est pas parfaitement transparent; ses élémens
réfléchissent toujours quelques rayons de lumière,
& en particulier les rayons bleus. Ce sont ces
rayons réfléchis qui produisent la couleur bleue
du ciel. Plus l'air est pur, plus la masse de cet air
pur est profonde, plus la couleur bleue paroît
foncée; mais les vapeurs qui s'y mêlent, celles du
moins qui ne sont pas dans un état de dissolution,
réfléchissent des couleurs différentes, & ces couleurs, mêlées avec le bleu naturel de l'air, produisent toutes les nuances entre le bleu le plus
foncé & le blanc ou telle autre couleur
qui prédomine dans les vapeurs dont l'air est
chargé. Si le ciel paroît d'un bleu plus pâle à l'horizon qu'au zénith, c'est que les vapeurs y sont
plus abondantes, & le rapport entre la couleur
de l'horizon & celle du zénith exprime, sinon le
rapport direct, du moins une jonction du rapport qui règne entre les quantités des vapeurs
suspendues, les unes à l'horizon, les autres au zénith de l'observateur.

» Quelque plausibles que fussent & ces principes & leur application, j'ai cru devoir les éprouver par une expérience directe qui m'apprit fi les numéros de mes nuances exprimoient bien n:ellement les quantités de vapeurs ou d'exhalaifons opaques, difféminées dans l'air. Pour cet effet, j'ai cherché une liqueur qui, par la beauté de fa couleur bleue & fa parfaite tranfparence, pût être affimilée à l'air pur. La folution faturée de cuivre dans l'alcali volatil m'a fourni cette liqueur. Enfuite, pour repréfenter les exhalaifons opaques, fufpendues dans l'air, j'ai pris une folution de deux onces d'alun dans douze onces d'eau, & j'ai précipité la terre d'alun par une once d'alcali volatil diffous dans fix onces d'eau. Cette terre blanche & opaque, extrèmement divifée dans le moment où l'acide l'abandonne, demeure longtemps fufpendue dans l'eau, & fe prête auffi trèsbien à ce genre d'expérience. Enfin, j'ai pris un flacon de criftal bien-tranfparent, de forme carrée, & je l'ai entouré de toutes parts, excepté fa face antérieure, avec du papier noir qui, ne réfléchiffant point de lumière, répréfentoit le vide des efpaces interpolaires. Lorfque ce flacon, qui avoit un pouce & demi en tout fens, étoit rempli de la liqueur bleue pure, cette liqueur vue au grand jour & éclairée, comme elle l'etoit, feulement par-devant, paroiffoit d'un bleu prefque noir, qui répondoit au 48°. ou 49°. numéro de mon *cyanomètre*, dans lequel le noir pur occupe la 52°. place. La liqueur blanche, pure, placée de la même manière, dans le même flacon, répondoit au zéro de ce même inftrument, & ces mélanges des deux liqueurs répondoient à des numéros à très-peu proportionnels à leurs dofes. Ainfi, le mélange de parties égales de liqueur bleue & de liqueur blanche donnoit une couleur correfpondante au 23°. ou 24°. numéro ; trois parties de bleue & une de blanche paroiffoient entre le 34°. & le 35°., & enfin trois de blanche & une de bleue répondoient au 12°. Il paroît donc que l'on peut, fans erreur fenfible, & toutes chofes égales d'ailleurs, regarder la couleur du ciel, exprimée par le *cyanomètre*, comme la mefure de la quantité de vapeurs concrètes qui font fufpendues dans l'air. »

A la fuite de cette defcription, Sauffure a indiqué plufieurs obfervations qu'il a faites, fur la couleur du ciel, à Genève, à Chamouni, fur le Col-du-Géant, fur la cime du Mont-Blanc, &c. *Voyez* COULEUR DU CIEL, COULEUR DE L'AIR.

Tous les phyficiens n'adopteront pas l'opinion du favant Génevois, que fon *cyanomètre* indique la mefure de la quantité de vapeurs concrètes qui font répandues dans l'air. La couleur du ciel dépend d'un grand nombre de caufes, dans lefquelles les vapeurs font bien une des caufes intégrantes, mais non la caufe principale.

CYATE : mefure de capacité, employée par les Grecs & par les Romains. Le *cyate* des Grecs = 0,0405 de la pinte de Paris, = 0,0377 litre.

Celui des Romains = 4 ligules, = 0,0538 de la pinte de Paris, = 0,0501 litre.

CYCLE; κυκλος, *cercle*; cyclus; *cykel*; f. m. Période ou fuite de nombres qui procèdent par ordre jufqu'à un certain terme, & qui reviennent enfuite les mêmes fans interruption.

Révolution perpétuelle d'un certain nombre d'années, dont la période finit & recommence continuellement.

On diftingue trois fortes de *cycles*, favoir, le *cycle de l'indiction romaine*, dont la révolution eft de quinze années ; le *cycle lunaire*, dont la révolution eft de dix-neuf années ; le *cycle folaire*, dont la révolution eft de vingt-huit années. Nous allons examiner chacun de ces *cycles* féparément.

CYCLE DE L'INDICTION ROMAINE; cyclus indictionis; *indictions cykel*. Révolution arbitraire de quinze années ou trois luftres romains, dont l'origine eft incertaine, & dont on ne voit pas bien l'utilité.

On conjecture que c'eft Conftantin le-Grand qui a introduit ce *cycle* l'an 312, afin que l'on ne comptât plus les années par olympiades, mais par *indictions*. Quelques perfonnes croient qu'il a été inftitué pour fixer la durée des impôts ; d'autres ont cru que cette façon de compter étoit en ufage lors de la naiffance de Jéfus-Chrift, & que l'année de cette naiffance étoit la quatrième de l'*indiction*.

Pour trouver l'année de l'*indiction romaine*, pour une année propofée depuis la naiffance de Jéfus-Chrift, il faut ajouter 3 à cette année propofée, puifque l'année de cette naiffance étoit la quatrième de ce *cycle*, & divifer enfuite la fomme par quinze : ce qui reftera après la divifion indiquera l'année de l'*indiction romaine*.

Si donc on veut favoir quelle eft l'*indiction romaine* pour l'année 1815, il faut ajouter 3 à 1815, & enfuite divifer la fomme 1818 par 15 ; on aura 121 pour quotient, & 3 de refte. C'eft ce refte de la divifion qui marque l'année de l'*indiction romaine* ; ainfi, l'année 1815 eft la troifième de l'*indiction romaine*.

Il eft inutile d'obferver que, lorfqu'il n'y a pas de refte après la divifion, l'année propofée eft la dernière ou la quinzième de l'*indiction romaine*.

Le quotient 121 marque combien il s'eft écoulé de *cycles de l'indiction romaine*, depuis le commencement de celui où fe trouve l'ère chrétienne. Il s'eft donc écoulé cent vingt-un de ces *cycles* depuis le commencement de celui où Jéfus-Chrift eft né, & l'année 1815 eft la troifième du cént vingtdeuxième *cycle de l'indiction romaine*, à compter depuis ce temps-là.

Mais en fuppofant que cette *indiction* n'a été introduite qu'en l'année 312, on la trouvera pour une année propofée, par exemple, pour 1815 ; en ôtant 312 de 1815, & divifant le refte 1503 par 15, on aura pour quotient 100, & pour refte

3 ; ce refte marquera que l'année 1815 eft la troifième de ce *cycle*, & le quotient 100 marquera qu'il
s'eft écoulé cent *cycles de l'indiction romaine* depuis
fon établiffement.

Ce *cycle* paroît avoir été introduit dans la période julienne (*voyez* PERIODE JULIENNE); car
on trouve dans quelques diplômes l'indication de
l année de l'*indiction*.

CYCLE LUNAIRE; cyclus lunæ; *mond cykel*. Période de 19 années ou de 6930 jours, dans laquelle
on croyoit qu'il arrivoit exactement deux cent cinquante-cinq lunaifons; en forte qu'au bout de dix-
neuf ans, les nouvelles lunes devoient arriver au
même degré du zodiaque, & par conféquent au
même jour de l'année que dix-neuf ans auparavant.

Meton, célèbre aftronome d'Athènes, eft l'inventeur de cette période; il remarqua qu'au bout
de dix-neuf années folaires, les nouvelles lunes
tomboient aux mêmes quantièmes des mois auxquels elles étoient arrivées dix-neuf ans auparavant.
Il appela donc *cycle lunaire* une révolution de 19 années folaires. Ce *cycle* fut publié en Perfe par Meton,
environ quatre cent trente ans avant Jefus Chrift,
& fut regardé comme une découverte fi belle,
qu'on en grava le calcul en lettres d'or; & on
appelle encore *nombre d'or* l'année du *cycle lunaire*
dans lequel on fe trouve.

Comme le retour de la lune au foleil fe fait ap-ès
vingt-neuf jours, douze heures, quarante-quatre
minutes, trois fecondes, vingt tierces, ces douze
lunaifons, au lieu de faire une année folaire, ne font
que trois cent cinquante quatre jours & à peu près
un tiers : d'où il fuit que fi la lune eft nouvelle au
commencement de l'année, elle ne le fera pas au
commencement de l'année fuivante; elle fera alors
âgée de onze jours; de forte qu'au bout de trois
ans, il y aura eu trente-fept lunaifons, & environ
trois jours au plus. Mais au bout de dix-neuf ans,
elles fe retrouvent au même quantième des mois,
& à peu près aux mêmes heures, parce que dix-
neuf années où deux cent vingt huit de nos mois
folaires répondent, à peu de chofe près, à deux-
cent trente-cinq lunaifons. C'eft cette révolution
de dix-neuf années qu'on a appelée *cycle lunaire*.

Pendant ces dix-neuf ans, il y a eu douze années
lunaires de douze lunaifons chacune, & fept années lunaires de treize lunaifons chacune. La raifon de cela eft que, dix neuf années lunaires, de
douze lunaifons chacune, font plus courtes de
deux cent neuf jours que dix-neuf années folaires : or, deux cent neuf jours font précifément
fix lunaifons ou mois lunaires de trente jours chacun, & un mois lunaire de vingt-neuf jours. Il a
donc fallu, pour ramener le commencement de
l'année lunaire vers le commencement de l'année
folaire, former, dans l'efpace de dix-neuf ans,
fept années lunaires de treize lunaifons chacune;
ces fept années font la troifième, la fixième, la
neuvième, la onzième, la quatorzième, la dix-

feptième & la dix-neuvième du *cycle lunaire*. Les
fix premières de ces années font plus longues
d'un jour que la dernière, parce que le feptième
des mois intercalaires, que les aftronomes appellent *embolifmique*, n'eft que de vingt-neuf jours,
au lieu que les fix autres mois font de trente jours;
les années 1766, 1785, 1804, par exemple, ont
été des années lunaires de treize lunaifons, dont
le mois intercalaire n'étoit que de vingt-neuf
jours, parce qu'elles étoient les dix-neuvièmes du
cycle lunaire.

L'année de la naiffance de Jéfus-Chrift étoit la
feconde du *cycle lunaire*; ainfi, pour trouver l'année du *cycle lunaire* pour une année propofée,
pour l'année 1815, par exemple (comme on fuppofe que l'origine du calendrier a été rapportée à
la naiffance du Chrift), il faut ajouter 1 à 1815,
& divifer la fomme 1816 par 19 : on aura 95 au
quotient, & 11 de refte; c'eft ce refte de la divifion qui marque l'année du *cycle lunaire*. Ainfi,
l'année 1815 a été la onzième du *cycle lunaire*, bien
entendu que, lorfque la divifion eft fans refte,
l'année propofée eft la dix-neuvième du *cycle
lunaire*.

Puifque le quotient quatre-vingt-quinze marque
le nombre de *cycles lunaires* qui s'eft écoulé depuis le commencement de celui où fe trouve l'ère
chrétienne, il s'enfuit qu'il s'eft écoulé quatre-
vingt-quinze *cycles lunaires* depuis la naiffance de
Jéfus-Chrift jufqu'à l'année 1815, & que cette
année a été la onzième du quatre-vingt-feizieme
cycle lunaire, à compter de cette époque.

A l'époque du concile de Nicée, on réfolut
d'adopter, dans le calendrier, le *cycle* de dix-
neuf ans; ce *cycle* marquoit affez bien alors les
nouvelles lunes, & cela continua à peu près de
même pendant quelques fiècles; mais les nouvelles lunes ne revenant pas exactement au bout
de dix-neuf années, comme l'avoit cru Meton,
il en réfulta une différence. En effet, la révolution
fynodique de la lune étant de 29j,5305 88, les 335
révolutions font 6939j,688180; mais dix-neuf années juliennes à 3641,25 donnent 6939j.75; la différence eft de 0j,06 82, ou 1h,48;68, donc près
d'une heure & demie dans le mouvement de la
lune anticipé fur celui du foleil, ce qui forme, à
peu de chofe près, un jour au bout de trois cent
quatre ans. C'eft cette différence qui a fait imaginer les épactes. *Voyez* EPACTES.

Les anciens peuples, dont les connoiffances
étoient encore imparfaites, trouvoient, dans le
rapport fréquent des phafes de la lune, une période naturelle pour leurs fêtes & leurs jeux Cependant, comme leurs années étoient réglées fur
le mouvement du foleil, ils ont dû chercher des
périodes plus longues, qui puffent accorder le
mouvement de ces aftres, en embraffant, pour
chacun d'eux, un nombre exact de révolutions,
&, fous ce rapport, le *cycle lunaire* trouvé par
Meton leur devenoit très-précieux; mais aujour-

d'hui que l'aftronomie eft perfectionnée, nous trouvons, avec raifon, plus commode & p us fimple de n'employer, pour la mefure du temps, que le mouvement réel du foleil.

CYCLE LUNI-SOLAIRE; cyclus luni-folaris. Cycle qui concilie les mouvemens de la lune & du foleil, de maniere qu'à la fin de ce cycle, ces deux aftres fe trouvent dans le même point du ciel d'où ils étoient partis au commencement du cycle.

CYCLE PASCHAL; cyclus pafchalis; cykel des ofterlich. Période qui ramène Pâques aux mêmes jours.

Si l'on multiplie le cycle folaire par le cycle lunaire, c'eft-à dire, dix-neuf par vingt-huit, il en réfulte une période de cinq cent trente deux ans, que l'on nomme cycle pafchal. Ce nom lui a été donné parce que, dans l'ancien calendrier, on faifoit généralement chaque quatrième année biffextile, & on fuppofoit, en adoptant le cycle lunaire, qu'au bout de dix-neuf ans les pleines lunes tomboient aux mêmes jours; de forte qu'au bout de vingt-huit fois dix-neuf, ou cinq cent trente-deux ans, le jour de Pâques tomboit au même jour, & le cycle recommençoit.

CYCLE SOLAIRE; cyclus folaris; fonen cykel. Période de vingt huit années juliennes, après lefquelles les jours de la femaine reviennent dans le même ordre, aux mêmes jours du mois.

S'il n'y avoit point d'années biffextiles, l'année commune étant de trois cent foixante-cinq, feroit compofée de cinquante-deux femaines & un jour; les quantièmes des mois & les jours de la femaine fe retrouveroient les mêmes de fept en fept jours; mais l'année biffextile étant compofée de trois cent foixante-fix jours, & par conféquent de cinquante-deux femaines & deux jours, le concours des mêmes quantièmes des mois avec les mêmes jours de la femaine recule encore d'un jour tous les quatre ans; de forte que, pour les années commencent & finiffent par les mêmes jours qu'a commencé & fini la première année du cycle, & qu'elles fe fuivent enfuite dans le même ordre, il faut une révolution de vingt-huit années. C'eft cette révolution que l'on appelle cycle folaire.

Il eft cependant vrai que les mêmes quantièmes des mois fe retrouvent plufieurs fois, pendant cet intervalle de vingt-huit ans, aux mêmes jours de la femaine, mais dans les années communes feulement, & non pas dans les années biffextiles. Par exemple, la huitième & la dix-neuvième du cycle reffembleront, à cet égard, à la deuxième, elles auront la même lettre dominicale (voyez LETTRE DOMINICALE); mais la neuvième, quoiqu'elle fuive immédiatement la huitième, ne reffemblera pas à la troifième, quoiqu'elle fuive immédiatement la deuxième; de même, la quatorzième & la vingtième reffembleront à la troi-

fième, mais la vingt-unième ne reffemblera pas à la quatrième, & ainfi des autres : de forte que les années ne fe fuivront pas dans le même ordre dans lequel elles fe fuivoient d'abord.

De plus, des fept années biffextiles qui fe trouvent dans cet intervalle de vingt-huit ans, aucune ne fe reffemblera, c'eft-à-dire, que toutes auront des lettres dominicales différentes, puifque chacune commencera par un jour de la femaine différent des autres : ce ne fera, qu'après une révolution de vingt-huit années qu'elles recommenceront par le même jour de la femaine, & fuivant le même ordre. Voyez LETTRE DOMINICALE.

Comme l'ère chrétienne a commencé au dixième du cycle folaire, il s'enfuit que, pour trouver l'année du cycle folaire pour une année propofée, par exemple, pour 1815, il faut ajouter 9 à 1815, & divifer la fomme 1824 par 28; on aura 65 pour quotient, & 4 de refte; c'eft ce refte de la divifion qui marque l'année du cycle folaire. Ainfi, l'année 1815 étoit la quatrième du cycle folaire. Lorfqu'il n'y a point de refte à la divifion, l'année propofée eft la dernière ou la vingt-huitième du cycle folaire.

Le quotient foixante-cinq marque combien il s'eft écoulé de cycles folaires depuis le commencement de celui où fe trouve l'ère chrétienne; il s'eft donc écoulé foixante-cinq cycles folaires depuis le commencement de celui où Jéfus-Chrift eft né, jufqu'à l'année 1815, quatrième année du foixante-fixième cycle folaire, à compter depuis ce temps-là.

On fe fert du cycle folaire pour trouver la lettre dominicale pour chaque année; on s'en fert auffi pour trouver par quel jour de la femaine commence tel ou tel mois. Voyez LETTRE DOMINICALE, LETTRE FERIALE.

CYCLOÏDAL; cycloidalis; cycloidal; adj. Qui appartient à la cycloïde. Voyez CYCLOÏDE.

CYCLOÏDAL (Efpace) : efpace renfermé par la cycloïde & par fa bafe.

Roberval a trouvé le premier, que cet efpace eft triple du cercle générateur. Par la même raifon, l'efpace renfermé entre ce demi-cercle & la demi-cycloïde eft égal au cercle générateur.

CYCLOÏDE; κυκλοειδος, formé de κυκλος, cercle, ειδος, forme, figure; cyclois; cycloide; f. f Ligne courbe formée par la révolution d'un point de la circonférence d'un cercle qui fe meut fur une ligne droite.

Pour faire voir la génération de cette courbe, foit la droite A B, fig. 703, fur l'extrémité A de laquelle eft placé le point d de la circonference du cercle E, fi ce cercle (que l'on appelle cercle généraeur de la cycloïde) roule de A vers B, le point d de fa circonférence s'éloignant d'abord de cette ligne droite A B, en allant de A en D, & s'en rapprochant enfuite jufqu'à ce qu'il vienne toucher la même ligne droite au point B, le centre du cercle étant alors en F, ce point décrira une courbe A D B, qu'on appelle *cycloïde*.

La *cycloïde* eſt une courbe fameuſe en géométrie, par toutes ſes propriétés, & en mécanique, par l'uſage qu'en fit Huyghens, en appliquant le pendule aux horloges. C'eſt aux ouvrages des géomètres qu'il faut recourir pour apprendre quelles ſont les propriétés de la *cycloïde* à l'égard de l'uſage qu'en a fait Huyghens. *Voyez* PENDULE.

CYCLOÏDE (Appareil à trois gouttières). C'eſt une planche A G, *fig.* 621, dans laquelle on a creuſé trois gouttières; l'une, CD, fait partie d'une *cycloïde*; la ſeconde, AB, fait partie d'une circonférence de cercle, & la troiſième, E, repréſente la corde des deux arcs.

Cet appareil a pour objet de prouver que, de toutes les courbes, la *cycloïde* eſt la ſeule dans laquelle les corps ſe meuvent avec une viteſſe égale à celle qui a lieu dans une corde de la courbe. En effet, ſi trois billes ſont abandonnées en même temps, & de la même origine, l'une dans la gouttière droite, l'autre dans la gouttière circulaire, la troiſième dans la gouttière *cycloïdale*, cette dernière arrive toujours à l'extrémité de la corde, en même temps que la bille qui eſt dans la gouttière droite.

CYCLOMÉTRIE, de κυκλος, *cercle*, μετρον, *meſure*; cyclometria; *cyclometrie*; ſ. f. L'art de meſurer les cercles & les cycles. *Voyez* CERCLES, CYCLES.

CYGNE; κυκνος; cygnus; *ſchwann*; ſ m. Conſtellation de la partie ſeptentrionale du ciel, placée dans la voie lactée, à côté de la lyre.

C'eſt une des quarante-huit conſtellations formées par Ptolémée. Le *cygne* renferme quatre-vingt-une étoiles dans le Catalogue britannique, parmi leſquelles eſt une étoile changeante. *Voyez* ÉTOILE.

Manlius dit que ce *cygne* eſt celui dont Jupiter prit la figure pour ſéduire Leda; Platon croit que c'eſt Orphée changé en *cygne* que l'on a placé à côté de la lyre; Dupuis regarde le *cygne* comme le ſymbole de la fécondation du monde, parce qu'il annonçoit le printemps.

CYLINDRE; κυλινδρος; cylindrus; *walze*; ſ. m. Corps ſolide terminé par trois ſurfaces, dont deux ſont planes & parallèles, & l'autre courbe & circulaire.

Si l'on ſuppoſe deux cercles A I E K, B G D H, *fig.* 702, égaux & parallèles entr'eux, & qu'une ligne AB tourne parallèlement à elle-même autour des circonférences des deux cercles, ce qui eſt compris ſous la ſurface que trace cette ligne, entre les deux cercles, eſt un *cylindre*; les deux cercles

s'appellent *baſes du cylindre*, & la ligne droite F C, qui joint les centres des deux cercles, ſe nomme l'*axe du cylindre*. Lorſque l'axe F C eſt perpendiculaire aux deux cercles qui ſervent de baſe au *cylindre*, le *cylindre* ſe nomme *cylindre droit*, *fig.* 702; mais lorſque la ligne F C eſt inclinée ſur les baſes, le *cylindre* eſt appelé *cylindre oblique*; *fig.* 702 (*a*).

Un *cylindre* peut être conſidéré comme engendré par la révolution du parallélogramme rectangle F C D E, *fig.* 702, tournant autour de l'un de ces côtés F C, qui devient l'axe du *cylindre*; on peut encore repréſenter la formation d'un *cylindre droit*, en ſuppoſant qu'un cercle ſe meuve parallèlement à lui-même : le chemin parcouru par le centre donnera la longueur de l'axe du *cylindre*.

Pour avoir la ſurface d'un *cylindre* quelconque, il faut multiplier la longueur A B, *fig.* 702 & 702 (*a*), par la circonférence d'une ſection *bgdh*, faite par un plan perpendiculaire à ſon axe F C. Lorſque le *cylindre* eſt droit, *fig.* 702, cette ſection ne diffère pas de la baſe B G D H, qui eſt alors perpendiculaire à l'axe F C, & la longueur AB eſt elle-même la hauteur du *cylindre*. Ainſi, la ſurface d'un *cylindre droit* eſt égal au produit de la hauteur de ce *cylindre* par la circonférence de ſa baſe. Dans cette ſurface, les deux baſes du *cylindre* n'y ſont pas compriſes; on en trouvera la ſurface, comme l'on trouve l'aire des cercles. *Voyez* CERCLES.

Si l'on vouloit comparer entr'elles les ſurfaces de pluſieurs *cylindres*, voici la règle qu'il faut ſuivre : les ſurfaces du *cylindre* (en n'y comprenant pas les baſes oppoſées) ſont entr'elles comme le produit de leur longueur par le contour de la ſection faite perpendiculairement à cette longueur.

Pour avoir la ſolidité d'un *cylindre* quelconque, *fig.* 702 & 702 (*a*), il faut évaluer ſa baſe B G D H en meſures carrées, par exemple, en pouces carrés, & ſa hauteur F C, *fig.* 702, ou F M, *fig.* 702 (*a*), en parties égales au côté du carré qu'on prend pour meſure; enſuite multiplier le nombre des meſures carrées qu'on aura trouvé dans la baſe, par le nombre de meſures linéaires de la hauteur; le produit donnera la ſolidité du *cylindre*. Ainſi, la ſolidité d'un *cylindre* quelconque, droit ou oblique, eſt égale au produit de la ſurface de ſa baſe, par la hauteur verticale du *cylindre*.

Deux *cylindres*, ou un *cylindre* & un priſme de même baſe & de même hauteur, ou de baſes égales & de hauteurs égales, ſont égaux en ſolidité, quelque différentes que ſoient d'ailleurs les figures des baſes : d'où il ſuit que deux *cylindres*, ou un *cylindre* & un priſme, ſont entr'eux comme le produit de leur baſe & de leur hauteur.

Comme la ſolidité d'un cône eſt égale au produit de la ſurface de ſa baſe, multipliée par le tiers de ſa hauteur (*voyez* CÔNE), il s'enſuit que la ſolidité d'un *cylindre* quelconque eſt triple de celle

celle d'un cône de même base & de même hauteur que lui.

La surface & la solidité d'un *cylindre* sont à la surface & à la solidité du cube qui lui est circonscrit, comme 11 est à 14.

De même, la surface & la solidité d'un *cylindre* sont à la surface & à la solidité de la sphère qui lui est inscrite, comme 3 est à 2.

Enfin, les solidités des *cylindres* semblables, c'est-à-dire, des *cylindres* dont les diamètres & les hauteurs sont en mêmes proportions, sont entr'elles comme les cubes des diamètres, ou des rayons de ces *cylindres*, ou comme les cubes des hauteurs de ces *cylindres*, ou, en général, comme les cubes des lignes homologues de ces *cylindres*.

CYLINDRIQUE; cylindraceus; *walzenformig*; adj. Qui a la forme d'un cylindre, ou qui a quelques rapports à un cylindre.

Pour qu'un corps de pompe ordinaire soit bien fait & d'un bon usage, il doit être intérieurement bien *cylindrique*, afin que son piston le ferme également bien dans toute sa longueur; car s'il n'étoit pas bien *cylindrique*, le piston ne joindroit bien que dans quelques portions de sa longueur; il laisseroit des vides par lesquels l'air rentreroit dans la pompe, les liquides reflueroient: on ne pourroit donc ni bien aspirer, ni bien refouler l'air ou les liquides.

CYLINDROÏDE; κυλινδροειδὲς, de κυλινδρος, cylindre, εἶδος, forme; cylindroides; *figure eines cylinders*; s. m. Corps solide qui approche de la figure d'un cylindre, mais qui en diffère à quelques égards, par exemple, en ce que ses bases parallèles sont elliptiques.

Parent a donné, d'après Wren, le nom de *cylindroïde* à un solide formé par la révolution d'une hyperbole autour de son axe.

CYMBALE; κυμβαλος; cymbalum; *zimbel*; s. f. Instrument de percussion anciennement en usage.

On attribue l'origine des *cymbales* à Jubal, qui, en observant le son produit par des marteaux avec lesquels on frappoit sur les métaux forgés par Tubalcain, inventa les différens instrumens à battre.

Les *cymbales* anciennes étoient composées d'un seul métal, d'autres couvertes de peau d'animaux, d'autres couvertes de bois, & accompagnées de quelques pièces de métal.

Ces instrumens de peau d'animaux, ornés de métal, ressembloient à nos tambours & timbales; c'étoient de grosses terrines creuses, couvertes d'un cuir attaché & tendu avec des clous de cuivre.

Ceux de bois, couverts de peau d'animaux, accompagnés de quelques morceaux de métal, étoient peu différens de nos tambourins & de nos tambours de basque.

Virgile parle aussi d'un instrument nommé *cymbale*, & ressemblant à une outre; il étoit composé d'une lame de métal de forme ronde & concave, à laquelle on attachoit des sonnettes & des anneaux; on la soutenoit avec la main par une ouverture circulaire qui étoit au centre de l'ame de l'instrument.

CYMBALE A TÊTE. Ce sont des hémisphères de métal mince, ayant à l'extérieur, à leur pôle, un long manche adhérent, par lequel on les tient.

CYMBALE DE PROVENCE; cymbalum Provinciæ; *provenzische zimbel*. Plaques de métal mince qui se tiennent avec des courroies; elles rendent un son éclatant lorsqu'on les touche: elles diffèrent des *cymbales* de la musique de nos troupes, en ce que celles-ci sont rondes & ont une petite convexité dans le milieu, & que celles de Provence sont plates & elliptiques.

DAALDER, DALLER, THALER, ECU : monnoie d'argent, fabriquée en Hollande, = 1 ½ florin de gulde courant, = 5 escalins, = 60 gros, = 480 penning, = 3, 590 livres, = 3,2188 fr. Il faut 4 *aalder* pour faire une livre de gros gulde.

DA CAPO; *derechef*. Mots italiens qui se trouvent fréquemment écrits à la fin des airs & rondeaux, quelquefois tout au long, souvent en abrégé, par ces deux lettres D C. Ils marquent, qu'ayant fini la seconde partie de l'air, il faut en reprendre le commencement jusqu'au point final. Quelquefois il ne faut pas reprendre au commencement, mais au lieu marqué du renvoi. Alors, au lieu de ces mots *da capo*, on trouve écrits ceux-ci, *al seigno*.

DACTYLE; dactylus; *dactyli*. Mesure en usage dans l'Attique : elle équivaut à un travers de doigt, & elle égale 0,7431 du pouce français, = 2 centimètres environ.

DACTYLIQUE, de δακτυλος, qui appartient au dactyle; dactylicus; *dactylik*; adj. Nom qu'on donnoit, dans l'ancienne musique, à cette espèce de rhythme dont la mesure se partageoit en deux temps. (*Voy.* RHYTHME.) On appeloit aussi *dactylique* une sorte de nome où ce rhythme étoit fréquemment employé, tel que le nome harmathias & le nome orthien.

DACTYLOMANCIE, DACTYLIOMANCIE; dactyliomantia; *dactylomanti*; s. f. Sorte de divination qui se fait par des anneaux fondus durant le temps de certaines constellations, ou auxquels quelques pactes, quelques charmes sont attachés.

On prétend que Gigès se rendoit invisible en tournant le chaton de son anneau.

Quelques superstitieux exercent encore la *dactylomancie* en tenant un anneau, par un fil délié, au-dessus d'une table ronde, sur laquelle il y a différentes marques, les vingt-quatre lettres de l'alphabet, par exemple; l'anneau tournant s'arrête sur une des marques : leur réunion compose la réponse que l'on demande.

Avec un peu d'adresse, on parvient facilement à faire arrêter l'anneau où l'on veut. Nous avons quelquefois rencontré, dans nos voyages, des habitans des montagnes qui prétendoient découvrir de l'argent, des mines, avec leurs anneaux suspendus. Ils se sont constamment trompés lorsque nous cachions nous-mêmes l'argent, & plusieurs élèves de l'Ecole des Mines, voyageant dans les montagnes de la Savoie, ont fait voir aux assistans comment on pouvoit fixer l'anneau au lieu où l'on vouloit qu'il s'arrêtât. *Voyez* DIVINATION.

DACTYLONOMIE, de δακτυλος, doigt, νομος, loi; dactylonomia; *dactylonomi*; s. m. Art de compter sur les doigts.

Tout le secret de cette science consiste à donner au pouce de la main gauche le nombre 1; le nombre 2, à l'index, & ainsi de suite; de 6, au petit doigt de la main droite, en continuant jusqu'au pouce de la main droite, qui, étant le dixième, marque par conséquent le zéro.

DALER : monnoie employée en Allemagne, comme monnoie de compte, pour tenir les écritures dans quelques villes, & comme monnoie réelle & ayant cours dans quelques autres. Le *daler* a différentes valeurs dans chaque endroit. Nous allons présenter un tableau de ses valeurs & de ses divisions.

PAYS.	VALEUR EN		
	Pennings.	Livres tourn.	Francs.
Hollande	480	3,259	3,2 85
Belgique	768	3,000	2,9628
Hambourg	384	3, 04	3,0654
Siléfie	288	3,027	2,9592
Dantzick.	1620	3,398	3,3531
Pologne	810	3,398	3,3531
Danemarck	768	3,200	3,1653
Suède, cuivre .	256	0,676	0,6675
Id., argent. . . .	708	2,028	2,0028
Id., carlin . .	. . . .	3,169	3,1296
Id., espèce. . . .	. . . .	5,634	5,5641
Livonie	. . . .	3,0743	3,0360

DELESME (André), physicien-mécanicien français, nommé, en 1699, membre de l'Académie des Sciences, déclaré pensionnaire-vétéran en 1706, & mort en 1717.

Il proposa, en 1705, d'employer le ressort de la vapeur de l'eau pour faire mouvoir des machines; en 1760, de couler des tuyaux de plomb sans soudure; il fit construire, en 1717, un cric très-ingénieux; enfin, on lui doit, en 1706, la découverte d'un poêle nouveau, dans lequel la fumée est obligée de descendre dans le brasier, & de s'y convertir en flamme. Cette découverte, dont les Anglais se sont emparés (*voyez* CAMINOLOGIE), a donné naiffance aux *alendiers*, aux foyers *fumi-voies*, elle a contribué au perfectionnement des cheminées; à les empêcher de fumer, & à faire connoître quelques-unes des bafes fur lefquelles leur théorie peut être établie.

DAM, du flamand *dam*, dune; *dam*. Levée de terre, forte de digue pour retenir les eaux de la mer, d'une rivière, d'un canal: c'eft auffi l'efpèce de digue que l'on oppofe à l'écoulement du fer fondu dans les hauts fourneaux.

DAMETRIUS, de Δαματηρ, *Cérès*; Dametricis; *Dametrius*. Dixième mois de l'année chez les Thébains & les Béotiens; il répond aux mois de juin & de juillet, pendant lefquels les blés mûriffent.

DANSE, de l'allemand *dantz*, ou de l'arabe *tanza*; faltatio; *dantzen*; f. f. Mouvement du corps qui fe fait en cadence, & ordinairement au fon des inftrumens & de la voix.

Suivant Cahufac, l'homme a exprimé les premières fenfations qu'il a éprouvées, par les differens fons de fa voix, les mouvemens de fon vifage & ceux de tout fon corps. Les fons inarticulés, qui étoient une efpèce de chant, une efpèce de mufique naturelle, en fe développant peu à peu, peignirent d'une manière non équivoque, quoique groffière, les diverfes fenfations de l'ame, & furent précédés & fuivis de geftes relatifs à ces diverfes fituations. Le corps fut paifible ou s'agita, les yeux s'enflammèrent ou s'éteignirent, le vifage fe colora ou pâlit, les bras s'ouvrirent ou fe fermèrent, s'élevèrent au ciel ou tombèrent vers la terre, les pieds formèrent des pas lents ou rapides, tout le corps, enfin, répondit par des pofitions, des attitudes, des ébranlemens, aux fons dont l'oreille étoit affectée; d'où Cahufac conclut que le chant & la *danfe* font auffi naturels que le gefte & la voix.

Il eft impoffible de remonter à l'origine de la *danfe*; elle a exifté chez toutes les nations dont nous confervons quelques fouvenirs; elle fut même l'objet de plufieurs lois établies par différens légiflateurs de l'antiquité: les uns la défendirent, les autres l'ordonnèrent, & la firent entrer dans l'éducation comme un moyen de donner du reffort à tout le corps, d'en entretenir l'agilité & d'en développer les grâces.

La *danfe* fut portée, chez les Grecs & les Romains, à fon plus haut point de perfection: les premiers poffédoient une multitude de *danfes* qu'ils pratiquoient, fuivant le caractère de chacune d'elles, dans leurs cérémonies politiques, militaires & religieufes. Murtius porte le nombre de ces *danfes* à quatre vingt-neuf. Dès que les Romains commencèrent à montrer du goût pour les arts, des danfeurs de la Grèce accoururent en foule à Rome. Pylade & Batylde, les deux hommes, en

ce genre, les plus furprenans, vinrent y développer leurs talens, fous l'empire d'Augufte.

On peut regarder, en France, l'établiffement de l'opéra comme l'époque où la *danfe* a commencé à fe perfectionner. Quinault fonda un nouveau théâtre parmi nous, & voulut parler à l'oreille par les fons modulés de la voix, & aux yeux par les pas, les geftes & les mouvemens mefurés de la *danfe* Cet art eft porté aujourd'hui à un degré de perfection dont on n'auroit pu concevoir l'idee du temps de Quinault, & ce que les Romains ont vu faire à Pylade & à Batylde, pourra être un jour exécuté par nos danfeurs.

Une obfervation effentielle dans la *danfe*, c'eft que, dans les mouvemens variés & les attitudes diverfes que les danfeurs prennent, il faut, comme dans toute efpèce de locomotion ou de ftation, que le centre de gravité du corps tombe toujours verticalement fur la bafe de fuftenfion, fans quoi il feroit expofé à une chute inévitable. On peut donc regarder la *danfe* comme une fuite de problèmes de ftatique que le danfeur doit réfoudre, & à la folution defquels il parvient en écartant les bras du corps, ou en fe courbant. Mais ici l'artifte a encore une nouvelle difficulté à vaincre, qui confifte à donner à tous fes mouvemens une forte de grâce qui plaife & qui cache, aux yeux de l'obfervateur, les obftacles que le danfeur doit furmonter, & le travail qu'il emploie; enfin, il faut qu'il laiffe croire que les danfes & les pofitions les plus pénibles s'exécutent naturellement & fans difficulté: tout l'art confifte donc principalement à cacher l'art.

Quoique l'on puiffe regarder la *danfe* comme la folution d'une fuite de problèmes de ftatique, il ne faut pas croire cependant que l'étude de la ftatique foit effentiellement néceffaire aux danfeurs & aux danfeufes. Ces problemes, dont plufieurs feroient peut être infolubles pour les plus célèbres géomètres de nos jours, fe réfolvent naturellement fans y réfléchir, & par le feul fentiment de fa pofition, qui fait que, lorfqu'on fe fent entraîné dans une direction, on porte de fuite & machinalement une portion de fon corps dans une direction oppofée, pour tranfmettre fon centre de gravité verticalement au-deffus du point de fuftenfion. Combien de déterminations fubites, néceffaires à la confervation de notre être ou à l'accompliffement de nos defirs, prifes naturellement & fans réflexion, pourroient devenir l'objet des profondes méditations des hommes les plus éclairés, & dont les folutions leur font encore inconnues!

Plufieurs philofophes, parmi lefquels on compte J. J. Rouffeau, ont condamné la *danfe*; quelques médecins regardent la *danfe* comme étant capable d'affoiblir ou de diminuer les facultés intellectuelles, en appelant, vers les parties inférieures du corps, une trop grande quantité de fluide nerveux, de principe vital, & ils citent, comme exemple, les grands danfeurs de nos théâtres. D'autres, &

c'est le plus grand nombre, recommandent la *danse* comme propre à former le corps des jeunes gens, & comme un moyen de remédier aux attitudes vicieuses que le corps ne prend que trop souvent. Vénette conseille la *danse* aux nouvelles mariées. Le capitaine Cook faisoit *danser* ses marins dans les temps de calme; il attribua, en grande partie, à la *danse*, la bonne santé qui régna dans ses équipages pendant ses voyages de long cours.

DANSE DES SORCIERS; *saltatio magorum*. Spectres lumineux auxquels on donne du mouvement, & que l'on multiplie à volonté.

La *danse des sorciers* s'exécute ordinairement dans les spectacles de fantasmagorie. (*Voyez* FANTASMAGORIE.) Les spectateurs, réunis dans une chambre parfaitement obscure, aperçoivent, sur une surface verticale, un spectre éclairé, représentant une figure, un squelette ou tout autre objet. Ce spectre paroît se mouvoir sur la surface, en conservant, augmentant ou diminuant ses dimensions; une seconde, une troisième figure tout-à-fait semblables à la première, paroissent subitement; une quatrième, une cinquième; enfin, une multitude de figures semblables apparoissent; elles semblent se mouvoir dans diverses directions & *danser* ensemble. Souvent on n'aperçoit qu'une seule figure, qui se multiplie indéfiniment; quelquefois aussi on voit deux, trois & plusieurs figures différentes, qui se multiplient de même que la première. Comme, dans leurs mouvemens variés, ces sortes de spectres paroissent former une espèce de *danse*, on a donné à cette représentation le nom de *danse des sorciers*.

Pour concevoir la manière dont on exécute ce spectacle, que l'on suspende verticalement, dans une chambre parfaitement obscure, une toile gommée & transparente; que l'on place près de cette toile une surface opaque, sur laquelle soit une figure découpée: si, à quelque distance de cette figure, on tient une bougie allumée, la lumière de la bougie, passant à travers les découpures, se projettera sur la toile, & représentera un spectre lumineux tout-à-fait semblable à la découpure. En éloignant la bougie, le spectre diminuera de grandeur; en l'approchant, il augmentera. Elevant la lumière, le spectre s'abaissera; l'abaissant, il s'élevera: ainsi, en mouvant la lumière à droite & à gauche, le spectre paroîtra se mouvoir à gauche & à droite. On peut donc, par le mouvement de la bougie, donner au spectre lumineux tous les mouvemens imaginables.

Réunissant une seconde bougie à la première, il se produira un second spectre; une troisième bougie en produira un troisième, & cela indéfiniment. Le mouvement ou la fixation de chaque bougie fera mouvoir ou fixera le spectre qui lui correspond. Si toutes les bougies se meuvent séparément & indépendamment les unes des autres,

tous les spectres paroîtront avoir des mouvemens indépendans. Si plusieurs bougies sont réunies sur une règle, elles produiront plusieurs groupes de spectres qui se mouvront ensemble. Enfin, en multipliant les découpures, & en leur donnant des formes différentes, on peut multiplier les spectres, & varier leurs formes.

Il est facile d'apprécier, d'après cette courte description, quel parti on peut tirer, & quel parti on tire en effet de ces sortes de spectacles.

Quelque simple que soit la manière de produire la *danse des sorciers*, & quoique l'on sût depuis long-temps que l'on pouvoit faire varier les dimensions & la position de l'ombre d'un corps, en faisant varier la distance de la lumière; quoique l'on sût également que l'on pouvoit multiplier ces ombres en multipliant les lumières, & qu'il ne fût nécessaire que de substituer des découpures aux corps opaques, pour produire la *danse des sorciers*, il paroît cependant que ce n'est que sur la fin du siècle dernier que l'on a imaginé ce spectacle, & l'auteur ou les auteurs en sont en quelque sorte inconnus.

DANSE ÉLECTRIQUE; *saltatio electrica; electrische dantzen*. Espèce de *danse* exécutée par de petites figures très-légères que l'on fait mouvoir par l'électricité.

Pour cela, on a deux disques de métal A B, *fig.* 707, de six à douze pouces de diamètre; le premier, A, est suspendu au conducteur d'une machine électrique ou d'un réservoir d'électricité; le second, B, posé sur un guéridon, communique avec le réservoir commun.

On a également des petites figures très-légères, de deux à quatre pouces de hauteur; on peut les faire en papier mince, découpées & peintes des deux côtés; on peut également les exécuter avec de la moelle de sureau; mais il est nécessaire, dans l'un & l'autre cas, que la tête & les pieds se terminent en pointe, afin que l'action électrique agisse plus fortement sur les deux extrémités. Dans les figures en moelle de sureau, on pose, sur la tête, une houpe de fil pour suppléer à la pointe.

Alors on pose la figure sur la plaque inférieure B, & l'on electrise le conducteur C, auquel la plaque A est suspendue; celle-ci s'électrise & attire la petite figure: celle-ci est en papier, il faut soulever légèrement sa tête, afin qu'elle puisse exercer son action sur elle; & si elle est en moelle de sureau, enlever, par l'action électrique, la houpe de filamens, pour faire soulever la tête, & suspendre ensuite la figure.

La figure enlevée & attirée par le plateau supérieur, se porte dessus, le touche & s'électrise; dès qu'elle est électrifée, elle est repoussée par le plateau A, & attirée par le plateau B; elle descend, touche le second plateau avec les pieds, se déséléctrise, & est attirée de nouveau par le plateau A. On voit la petite figure se porter continuellement de l'un des plateaux fur l'autre, avec une. vitesse qui dépend de l'intensité de l'électricité du plateau supérieur; ce mouvement d'ascension & de descension produit l'effet de sauts successifs, exécutés par la petite figure : on peut, en graduant l'intensité de l'électricité, accélérer ou retarder la vitesse du mouvement, & même maintenir les petites figures dans une position verticale sur le plateau inférieur B, & ne leur procurer qu'un léger mouvement sur ce plateau.

En n'employant qu'une figure à la fois, on peut la conduire & la diriger facilement; mais lorsque l'on veut faire mouvoir deux figures, rarement la tension électrique, nécessaire à l'une, est propre à l'autre, & il arrive souvent qu'elles se placent l'une sur l'autre, & nuisent ainsi aux effets que l'on veut obtenir.

DANSE MAGNÉTIQUE; saltatio magnetica; *magretische dantzen*. Mouvement qui imite la *danse*, & que l'on donne à des petites figures par le moyen de l'aimant.

Soutenez, sur des pivots de laiton, quatre petits cercles de carton, sur chacun desquels soient deux petites figures, une d'homme & une de femme, dans une situation diamétralement opposée; sous chaque cercle, fixez une aiguille aimantée; au-dessous du plan qui porte les pivots, placez un cercle aimanté, tournant autour d'un axe correspondant au centre des quatre disques de carton; que les petites aiguilles soient placées au-dessous des figures, de manière que, dans une position donnée du cercle aimanté, les quatre figures d'homme soient dirigées vers le centre du cercle; alors, si l'on fait mouvoir secrètement le cercle caché dans la table, les petites aiguilles aimantées se mouvront aussitôt, & elles feront un demi-tour toutes les fois que le cercle aimanté parcourra un cercle entier; elles ne feront qu'un quart de tour lorsque le cercle aimanté ne parcourra qu'un demi-cercle. Enfin, si l'on fait mouvoir le cercle dans différentes directions, les petites figures iront & viendront de la même manière, & proportionnellement aux espaces que le cercle aura parcourus.

Nous croyons inutile de répéter ici que le mouvement des aiguilles, conformément à celui du cercle aimanté, dépend de la propriété qu'ont les corps magnétisés de s'attirer lorsqu'ils présentent des faces de magnétisme contraire, & de se repousser lorsqu'ils présentent des faces de magnétisme semblable. Ainsi, en faisant mouvoir le cercle aimanté, placé au-dessous des pivots qui supportent les aiguilles magnétiques fixées sous les cartons, les aiguilles doivent varier dans leur position, à mesure que les pôles du cercle aimanté changent de place, & par suite les figures qu'elles supportent. *Voyez* AIMANT, AIGUILLES AIMANTÉES, MAGNÉTISME.

DAOTTO : petite monnoie de la seigneurie de Gênes = 8 denaro, = ⅔ soldo ou sou courant, = 0,0289 livre tournois, = 0,02854 franc ou 2,8541 centimes. Il faut 30 *daotto* pour la livre.

DAPHNOMANCIE, de δαφνο, *laurier*, μαντεια, *divination*; daphnomantia; *daphnomanti*; s. f. Sorte de divination qui se pratique avec une branche de laurier.

DASYMÈTRE, de δασυς, *épais, dense*, & μετρον, *mesure*; dasymetrum; *dasymeter*; s. m. Instrument propre à mesurer la densité de chaque couche de l'atmosphère.

Cet instrument, *fig.* 708, imaginé par Defoucy, consiste en un ballon de verre A, fermé hermétiquement; ce ballon, suspendu à l'extrémité d'un fléau de balance B C, est mis en équilibre dans un air d'une densité connue, à l'aide d'un très-petit poids P, placé à l'autre extrémité. Comme le poids du ballon est diminué de celui de l'air qu'il déplace, & que les plus petites variations, dans la densité de l'air, en font éprouver dans le poids de l'air déplacé, il s'ensuit que le poids du ballon doit indiquer des variations analogues, c'est-à-dire, que sa pesanteur doit paroître augmenter lorsque la densité de l'air diminue, & qu'elle doit paroître diminuer lorsque la densité de l'air augmente.

On mesure cette variation de deux manières : 1°. en ôtant ou plaçant des poids dans le plateau de balance D, situé au-dessus du ballon; 2°. en laissant supporter le fléau par une courbe E, fixée sur son milieu; cette courbe étant appuyée sur un plan F, se meut & change la position du point d'appui; à chaque variation dans la pesanteur du ballon, le fléau B C s'incline dans un sens ou dans un autre, & l'on juge des variations occasionnées par cette inclinaison, à l'aide d'une échelle tracée sur la verticale C G, sur laquelle le poids P se trouve. Cette méthode a été employée par Defoucy; cependant il seroit plus exact de faire usage d'un fléau de balance ordinaire, & de restituer l'équilibre à l'aide de poids placés dans le plateau D de la balance : connoissant les poids qu'il faut mettre dans le plateau de la balance pour une densité donnée de l'air, on pourroit toujours, par les poids ajoutés ou retirés, déterminer les variations dans la densité de l'air.

En effet, soit x le volume de l'air déplacé par toute la partie L B D A du fléau & du ballon, moins le volume d'air déplacé par l'autre côté L C P; soit D & D' deux densités différentes de l'air, on aura $xD = P$, $xD' = P'$: d'où $xD' : xD = P' : P$; de-là $D' = D \frac{P'}{P}$.

Cette manière de mesurer la densité de l'air seroit assez exacte, si le volume du ballon n'éprouvoit aucune variation; mais le volume du ballon variant avec la température de l'air, il faut tenir compte de la température, afin de déterminer la variation que le volume du ballon a éprouvée.

DAUPHIN; delphin; *delphin;* fub. m. Petite conftellation de la partie feptentrionale du ciel, placée entre l'aigle & le petit cheval; c'eft une des quarante-huit conftellations formées par Pto-lémée; elle eft compofée de vingt-huit étoiles dans le Catalogue de Flamfteed.

Le *dauphin* a été regardé, par les Anciens, comme le défenfeur des hommes. Les poètes di-fent que Triton, fils de Neptune, ayant fervi les dieux dans la guerre des géans, par le moyen d'une trompette marine qu'il avoit imaginée, fut changé en *dauphin* & placé dans le ciel.

DÉ; dadus; *würfel;* f. m. Cube de différentes matières, employé à différens ufages. Le *dé* à jouer a chacune de fes faces marquée d'un nombre de points different, depuis un jufqu'à fix.

DÉALBATION; dealbatio; *dealbation;* f. f. Action de blanchir un corps ou une fubftance quelconque à l'aide d'un agent approprié.

Ainfi, l'oxigène blanchit la toile, l'acide fulfu-reux blanchit les laines & la foie : la privation de la lumière produit, fur les animaux & les vege-taux vivans, une forte de *déalbation* connue fous le nom d'*étiolement. Voyez* ÉTIOLEMENT.

Ce mot fe trouve fouvent employé dans les ouvrages des alchimiftes qui ont écrit fur la pierre philofophale ; il fignifie l'action de changer en cou-leur blanche, par le moyen du feu, ce qui étoit en couleur noire.

DÉBRULER, de la particule négative *de*, & *brulare;* v. a. Opération par laquelle on enlève à un corps, oxigéné, l'oxigène qu'il a abforbé pendant fa combuftion.

On dit que la lumière *débrule*, parce qu'elle enlève l'oxigène des végétaux vivans, qu'elle réduit quelques oxides, & qu'elle enlève l'oxigene à quelques métaux.

Cette expreffion, employée par quelques chi-miftes, eft peu en ufage.

DECA; *dixa; dix;* deca; deca. Unité de mefure ou de poids dix fois plus grande que l'unité géné-ratrice.

DÉCAGONE, de *dixa, dix, & yonia, angle;* decagonus; *zehen ech;* f. m. Figure qui a dix côtés & dix angles.

Le *décagone* eft régulier lorfque tous les côtés, & par conféquent tous les angles, font égaux; il eft irrégulier lorfque les angles & les côtés font inégaux.

Pour décrire un *décagone* régulier, il ne s'agit que de divifer un cercle en dix arcs égaux, cha-

cun de-trente-fix degrés; la corde de chacun de ces arcs fera un des côtés de ce polygone de forte que les dix cordes de ces dix arcs formeront les dix côtés du *décagone* régulier, car toutes les cordes font égales entr'elles, puifqu'elles foutien-nent des arcs égaux entr'eux.

Comme les dix triangles égaux formés par les rayons, menés aux extrémités des cordes, font ifocèles, que les angles fur la bafe valent chacun foixante-douze degres, & qu'en général la fomme de tous les angles inférieurs d'un polygone eft égale à autant d'angles droits, moins quatre, qu'il y a de côtés dans ce polygone, il s'enfuit que les angles intérieurs d'un *décagone*, pris enfemble, valent 1440 degrés : de-là, que l'angle intérieur du *décagone* régulier $= \dfrac{1440}{10} = 144$ degrés.

Pour avoir la furface du *décagone* quelconque, foit régulier, foit irrégulier, *voyez* POLYGONE.

DÉCAGRAMME, de *dixa, dix, ypauua, gram-me;* decagramma; f. m. Poids décuple du gramme, pris pour unité de mefure. Le gramme valant 18,8272 grains, il s'enfuit que le *décagramme* $=$ 188,2720 grains, $=$ 2,61488 gros, ou 2 gros 44,27 grains. *Voyez* GRAMME.

DÉCALITRE, de *dixa, dix, litra, litre;* f. maf. Nouvelle mefure de capacité, décuple du litre, pris pour unité de mefure. Le litre valant 1,07375 pinte, le *décalitre* $=$ 10,7375 pintes, 504,6228 pieds cubes; il eft égal à 0,7692 du boiffeau de Paris. *Voyez* LITRE.

DÉCALITRE; decalitron; fub. m. Ancienne monnoie de la ville d'Egine. Le *décalitre* valoit 10 oboles d'Egine, ou 16 oboles d'Athènes.

DÉCAMÉRIQUE, de *dixa, dix, μερις, partie;* decamericum; *decamerick;* f. m. L'un des élémens du fyftème de mufique de Sauveur.

Après avoir divifé l'octave en quarante-trois parties qu'il appelle *mérides*, & fubdivifé chaque *mérides* en fept parties qu'il appelle *eptamérides*, cet auteur divife encore chaque *eptamérides* en dix autres parties qu'il appelle *decamérides;* l'octave fe trouve ainfi divifé en 3010 parties égales ou *déca-mérides*, par lefquelles on peut exprimer fans er-reur fenfible les rapports de tous les intervalles de la mufique.

DÉCAMÈTRE, de *dixa, dix, μιτρον, mefure* ou *mètres* fub. m. Nouvelle mefure décuple du mètre, pris pour unité de longueur. Le mètre $=$ 3,0784 pieds, le *décamètre* 30,7840 pieds ou 5,1307 toifes, $=$ 5t,5op,9°,4,696. *Voyez* METRE.

DÉCANTATION, de la particule négative *de*, & canthus, *ouverture d'une cruche;* decantatio; *abklarung oder decantation;* f. f. Action de verfer doucement & par inclinaifon une liqueur claire qui furnage, pour la féparer de fes *fèces* ou du marc qui s'eſt précipité au fond, fans qu'il foit be- foin de la couler ou de la filtrer.

DÉCAPER, de la particule extractive *de*, & *capa; couverture;* decaperae; *nieinigue;* v. a. En- lever la couche d'oxide qui recouvre un métal.

DÉCARE, de *δικα, d'x, area, furface;* f. m. Nouvelle mefure décuple de l'are, pris pour unité. L'are vaut 100 mètres carrés, = 947,7 pieds carrés, = 26,3250 toiſes carrées; ainfi, le *aécare* = 263,25 toiſes carrées.

DÉCASTÈRE, de *δικα, dix, σηρεος, folide;* f. m. Nouvelle mefure decuple du ſtère, pris pour unité. Le ſtère ou mètre cube = 29,979 pieds cubes, = 0,5220 de la voie de Paris; le *aécaſtère* vaut donc 299,7290 pieds cubes, ou 5 22 voies de Paris.

DÉCEMBRE; december; *ch'iſt monath , oder , december;* f. m. Mois de trente-un jours, placé le douzième, ou le dernier de l'année.

C'eſt dans ce mois que l'automne finit & que l'hiver commence, le 21 ou le 22, au folſtice d'hiver, au moment où le ſoleil entre dans le ſigne du capricone, (*Voyez* SOLSTICE D'HIVER.) C'eſt alors que l'on a le jour le plus court & la nuit la plus longue.

Le nom de *décembre*, du nombre dix, a été donné à ce mois, parce qu'il etoit le dixième de l'année romaine, qui commençoit par le mois de mars, dans lequel fe trouve l'équinoxe du prin- temps.

Chaque mois a fa lettre fériale; celle du mois de *décembre* eſt F. *Voyez* LETTRE FERIALE.

DÉCEMPÈDE : mefure métrique itinéraire des Romains = 2 braſſes, = 4 pas, = 10 pieds ro- mains, = 9,51 pieds français, = 3,0888 mètres; 500 *décempèdes* font un mille, & 36000 font un degré de la terre.

DÉCENNAIRE; decennarius; *von zehen zu ze- hen;* adj. Qui eſt de dix, qui procède par dix; on dit l'*arithméique aécennaire*, parce qu'elle procède de dix en dix.

DÉCÉTINE : mefure agraire en ufage en Moſ- covie, = 3200 faſchines carrées, = 2,9070 arpens de France, = 1,5034 hectare.

DÉCHARGE, de la particule négative *de*, & *carri, atio, mettre fur une voiture; abladen, abzug;* f. f. Action par laquelle on ôte une choſe d'un lieu qu'elle chargeoit.

D. CHARGE D'EAU ; aquæ detractio; *abzug des*

waſſer. Tuyau qui conduit l'eau fuperfue d'un baſſin dans un autre, ou dans un puiſard.

DÉCHARGE D'UNE BOUTEILLE ÉLECTRIQUE ; lagenæ electricæ tubulus; *entladung des electricitat flaſch.* Procédé par lequel on fait paſſer d'une fur- face fur l'autre, l'électricité accumulée dans une bouteille électrique, afin de rétablir l'équilibre fur les deux furfaces.

En chargeant une bouteille électrique, ôn accu- mule fur chaque face de la bouteille des quan- tités plus ou moins grandes d'électricité poſitive, ou E, fur une face, & négative, ou &, fur l'autre; ces deux électricités fe retiennent mutuellement par l'action qu'elles exercent l'une fur l'autre. En fai- fant communiquer un corps conducteur de l'une à l'autre des deux furfaces, l'électricité de l'une fe porte rapidement fur l'autre, à l'aide de ce con- ducteur, & l'équilibre fe rétablit; alors la bou- teille eſt *déchargée. Voyez* BOUTEILLE DE LEYDE, CHARGE ÉLECTRIQUE, ÉLECTRICITÉ.

Comme l'électricité accumulée fur une des fa- ces d'une bouteille électrique ne peut retenir, fur l'autre face, qu'une quantité d'électricité oppoſée, moindre, il en réfulte que, fur la furface dont l'in- tenſité electrique eſt la plus forte, il y a toujours une quantité d'électricité libre, que l'on peut en- lever par le contact avec le réſervoir commun; alors la quantité reſtante eſt d'une moindre intenſi- té que celle qui eſt fur l'autre furface.

Si donc on iſole une *bouteille chargée d'électricité,* & que l'on touche fucceſſivement les deux faces, ou qu'on les faſſe communiquer fucceſſivement. avec le réſervoir commun, on enlève, à chaque contact, une quantité d'électricité qui diminue d'autant celle qui y étoit précédemment fixée; or, dans ce cas, la diminution de l'intenſité électrique fuit un progreſſion géométrique.

En effet, ſoit E l'électricité accumulée fur une furface, celle qui fera retenue fur l'autre furface = & = Em, & la quantité de fluide retenue par & étant égale à Em², il s'enfuit que la quantité libre fur la face E = E — Em² = E (1 — m²) (*voyez* CHARGE ÉLECTRIQUE), enlevant, par le contact, la quantité libre, la quantité Em² de l'électricité reſtante ne retiendra plus, fur la face & = Em, qu'une quantité d'électricité = Em³; d'où il fuit qu'on aura Em = Em (1 — m²) de libre, que l'on pourra enlever par le contact. En continuant d'enlever fucceſſivement l'électri- cité fuperflue fur les deux furfaces, on voit que la loi de leur intenſité après, chaque contact, eſt :

$$E \ldots \ldots \ldots \& = Em.$$
$$Em^2 \ldots \ldots \& m^2 = Em^3.$$
$$Em^4 \ldots \ldots \& m^4 = Em^5.$$

Et après *n* contact, l'intenſité des deux élec- tricités fera :

$$Em^{2n} \ldots \ldots \& m^{2n} = Em^{(2n+1)}.$$

DÉCHARGE D'UNE BOUTEILLE DE LEYDE ; la genæ Leydicæ tubulus ; *entledung des eleĉtricitat flaſche*, Procédé par lequel on enleve, ſur les deux faces d'une bouteille de Leyde, l'éléĉtricité qui y étoit accumulée. *Voyez* DÉCHARGE D'UNE BOU-TEILLE ELECTRIQUE.

DÉCI, de δἰκα, *dix*. Annexe ou prénom qui, dans la compoſition des noms des nouvelles meſures, deſigne une unité de meſure dix fois plus petite que l'unité génératrice.

DÉCIARE, ſ. m. Dixième partie d'un are : celui-ci étant égal à 100 mètres carrés, = 947,7 pieds carrés ; le *déciare* = 94,77 pieds carrés.

DÉCIBARE, ſ. m. Dixième partie d'un bare. Le bare étoit un poids propoſé par C. A. Prieur, équivalant à 1000 kilogrammes ; conſéquemment le *décibare* devoit égaler 100 kilogrammes. *Voyez* KILOGRAMME.

DÉCICADE, ſ. m. Dixième partie d'un cade. Le cade étoit une grande meſure de capacité, propoſée par C. A. Prieur, & égale à 1000 litres ; conſéquemment le *décicade* = 100 litres. *Voyez* HECTOLITRE.

DÉCIGRAMME, ſ. m. Petit poids formant la dixième partie du gramme : celui-ci égalant 18,8272 grains, il s'enſuit que le *décigramme* = 1,88272 grains, donc un peu moins de 2 grains.

DÉCIGRAVE, ſ. m. Dixième partie du grave. Le grave, propoſé par C. A. Prieur, devoit remplacer le kilogramme ; ainſi, le *décigrave* égale l'hectogramme. *Voyez* HECTOGRAMME.

DÉCIGRAVET, ſub. m. Dixième partie d'un gravet. Le gravet avoit été propoſé par C. A. Prieur pour remplacer le gramme ; ainſi, un *décigravet* étoit égal au décigramme. *Voyez* DÉCI-GRAMME.

DÉCILE (Oppoſition) ; decilum ; decil. L'un des aſpeĉts des planètes, ſelon Kepler, dans lequel deux planètes ſont diſtantes l'une de l'autre de la dixième partie du zodiaque, ou d'un ſigne plus 6 degrés, qui valent enſemble 36 degrés. *Voyez* ASPECT.

DÉCILITRE, de δἰκα, *dix*, λιτρα, *litre* ; ſ. m. Nouvelle meſure formant la dixième partie d'un litre. Le litre contient cent mille millimètres cubes, & en meſures anciennes, 1,07375 de la pinte de Paris. Le *décilitre* = 0,107375 de la pinte ; il eſt moins grand que le poiſſon, qui eſt le 0,125 de la pinte.

DÉCIMALE, du latin decem, *dix*, qui procède de dix en dix ; decimale ; *decimal* ; adj. Les parties *décimales* ſont des fraĉtions dont l'unité eſt continuellement ſous-décuple de l'unité principale.

Quelques auteurs appellent *arithmétique décimale* la partie de l'arithmétique qui traite des *fraĉtions décimales*.

De même que dans le ſyſtème de l'arithmétique ordinaire, en ajoutant enſemble dix unités, on forme une dixaine ; en ajoutant enſemble dix dixaines, on forme une centaine ; en ajoutant enſemble dix centaines, on forme un mille ; ainſi de ſuite : ſemblablement, ſi l'on conçoit que l'unité ſoit partagée en dix parties égales, chacune de ces parties formera un dixième ; que chaque dixième ſoit partagé en dix parties égales, chacune de ces parties vaudra un centième ; que chaque centième ſoit partagé en dix parties égales, chacune de ces parties vaudra un millième ; ainſi de ſuite : d'où l'on voit, qu'à partir de l'unité, les dixaines, les centaines, les mille, &c., forment une ſuite aſcendante de gauche à droite, & les dixièmes, les centièmes, les millièmes, forment une ſuite deſcendante de droite à gauche. Les nombres dont ces ſuites ſont compoſées peuvent être exprimés par les mêmes chiffres, en faiſant occuper à ces chiffres des places convenables ; alors les *fraĉtions décimales* ne ſe préſentent plus ſous la forme de fraĉtions ordinaires, & les opérations que l'on fait pour le calcul des unités principales, ont également lieu pour le calcul des *parties décimales*.

Pour diſtinguer les *parties décimales* des unités principales, on écrit, après celles-ci, une virgule ; enſuite, après cette virgule, en allant de gauche à droite, on écrit les *parties décimales*, ſuivant cet ordre, & les *parties décimales* étant toujours priſes comparativement à l'unité principale, le premier chiffre, après la virgule, exprime des dixièmes ; le ſecond des centièmes ; le troiſième des millièmes ; ainſi de ſuite.

DÉCIME ; decimus ; *decime* ; ſub. m Nouvelle monnoie, la dixième partie du franc, = 0,1012ʃ de la livre tournois, environ 2 ſous 2 dixièmes de denier tournois.

DÉCIMÈTRE, de δἰκα, *dix*, μετρον, *meſure* ; ſ. m. Nouvelle meſure, dixième partie du mètre, correſpondant à la palme. Le mètre étant égal à 3,0784 pieds courans, le *décimètre* = 0,30784, = 3,69288 pouces, = 44,81456 lignes ; ainſi, très-près de 45 lignes. Le *décimètre* eſt deſtiné à meſurer les petites quantités.

DÉCIMÈTRE CARRÉ : centième partie du mètre carré, = 10000 millimètres carrés, = 0,09477 du pied carré, = 13,6468 pouces carrés. Cette meſure n'eſt employée que pour meſurer de bien petites ſurfaces.

DÉCIMÈTRE CUBE : cube d'un *décimètre* de côté,

côté, millième partie du mètre cube ; il vaut, en mesure ancie ne, 0,02917 du pied cube, = 50,40616 pouces cubes. Cette mesure est celle du litre, qui est l'unité de mesure de capacité ; elle est destinée au commerce, en détail, des liquides & des grains.

DÉCISTÈRE, de δεκα, dix, & στερεος, solide ; f. m. Dixième partie du stère ou mètre cube, = 2,9170 pieds cubes. Le décistère est destiné à mesurer le gros bois de charpente ; il représente la solive ; il égale 0,9725 de la solive ancienne. Le stère est particulierement employé à mesurer le bois de chauffage.

DÉCLIN, de εκκλινειν ; declino ; abnehmen ; f. m. L'état d'une chose qui penche vers sa fin.

DECLIN DE LA LUNE ; lunæ decrescentia ; abnehmen des mondes. Espace de temps écoulé depuis la pleine lune jusqu'à la nouvelle. Voyez DE-COURS.

DÉCLINAISON, de εκκλινειν ; declinatio ; déclination ; abweilung ; f. f. Distance angulaire d'un plan auquel on rapporte une direction.

DÉCLINAISON (Aiguille de) ; declinatio acûs ; abweichungs nadein. Aiguille aimantée avec laquelle on détermine la déclinaison de l'aimant Voyez DECLINAISON DE L'AIMANT.

Toutes les aiguilles aimantées qui se meuvent facilement & librement, & qui peuvent indiquer l'angle formé par le plan qui passe par le meridien du lieu, & le plan vertical qui passe par l'aiguille aimantée, sont des aiguilles de déclinaison. Berthollon a décrit, avec beaucoup de détails, les aiguilles de déclinaison dont on faisoit usage de son temps. (Voyez AIMANT, AIGUILLE AIMANTÉE.) Nous nous contenterons de faire connoître, dans cet article, deux aiguilles de déclinaison ; l'une employée par Gilpin, à Londres ; l'autre imaginée par Prony.

On trouve dans le LXVIe. volume des Transactions philosophiques, une description exacte de l'appareil qui a servi aux observations de Gilpin. Cette description a été rédigée par Cavendish.

L'aiguille a la forme de deux triangles alongés & tronqués, opposés par leur base. Sa longueur n'est pas indiquée ; mais si l'instrument est représenté de grandeur naturelle, elle doit avoir environ sept pouces. La boîte qui la renferme, est mobile autour du pivot de l'aiguille, & elle porte une division de Vernier, qui répond à un arc divisé ; on la fait mouvoir lentement par une vis tangente, jusqu'à une ligne déliée, tracée par deux bouts de l'aiguille, répondant exactement à une ligne semblable, aux deux extrémités de la boîte. Une lunette attachée au plan qui porte la boîte, sert, au moyen d'une mire, à conserver

bien exactement la direction de la méridienne, une fois établie. La coincidence des index de l'aiguille & de la boîte s'observe avec des microscopes fixés au-dessus. Le métal de l'appareil est soigneusement dépouillé de tout magnétisme propre.

Cet instrument étoit fixé sur une forte table de bois d'acajou, placée à la croisée du milieu du salon du palais de Sommerset, où la Société royale de Londres tient ses séances ordinaires. La mire, sur laquelle la lunette est pointée, fait, avec le méridien, un angle de 31°,8',8 à l'est. Cet angle a été déterminé par le calcul de l'angle azimutal, déduit du passage du soleil & de quelques étoiles par la verticale de la mire, observées avec un instrument de passage, substitué à la boussole pour cette observation.

Afin de déterminer l'erreur que pouvoit produire le défaut de parallélisme entre l'axe magnétique de l'aiguille & la ligne de foi qui passoit par les index des deux extrémités, & s'assurer si l'angle que faisoit cette ligne avec le zéro de la division étoit bien la déclinaison véritable, on a fait un grand nombre d'observations aux deux extrémités de l'aiguille, & en la renversant alternativement sens dessus dessous ; opération que la disposition particuliere de la chape rendoit facile. La moyenne entre les observations faites aux deux extrémités, l'aiguille étant droite, puis renversée, donnoit l'angle de déclinaison plus grand de 2', que celui qu'on observoit à l'ordinaire, c'est-à-dire, celui indiqué par l'index nord de l'aiguille, dans sa position droite ou commune. On a donc ajouté 2' à toutes les observations, du côté de l'est ; on soustrait la même quantité de celle du côté de l'ouest, pour avoir l'angle de déclinaison véritable.

L'instrument se trouvant logé dans un vaste édifice, on ne pouvoit guère le soustraire à l'influence du fer employé en plus ou moins grande quantité dans les constructions. Pour l'apprécier, on fit planter, à distance & hors des effets du fer, un poteau solide, capable de porter l'instrument, & on disposa une mire appropriée à cette nouvelle station ; on y transportoit la boussole aux heures où sa déclinaison est stationnaire, c'est-à-dire, le matin & l'après-midi, & après l'avoir préalablement observée dans la maison, observation qu'on répétoit immédiatement au retour. Or, au moyen de vingt suites, comprenant deux cents observations faites en plein air, comparées avec celles faites en nombre double dans l'intérieur, c'est-à-dire, avant & après le déplacement de la boussole, on conclut que la déclinaison, observée dans l'appartement, surpassoit de 5',4 celle hors de l'influence du fer des bâtimens. La moyenne de neuf séries d'observations du matin donnoit 5',5 ; celle de onze séries, faites l'après-midi, donnoit 5'',3. On a donc diminué constamment de 5',4 la déclinaison observée à l'ordinaire, pour la ramener à la véritable.

On voit, par ces détails, quels soins on doit

prendre pour placer une *aiguille de déclinaison* qui indique exactement celle de l'aimant. Quant aux observations faites avec cette *aiguille*, voyez DE-CLINAISON DE L'AIGUILLE AIMANTEE.

Prony ayant fait, à la campagne, des difpofitions pour placer quelques inftrumens aftronomiques, voulut profiter des moyens qu'il avoit de déterminer exactement la direction du méridien, pour faire une fuite d'expériences fur la *déclinaifon* abfolue de l'aiguille aimantée. Pouvant difpofer d'une étendue de plus de deux cents toifes pour y établir un méridien folaire, il conçut le projet de donner aux obfervations la précifion que comporte un rayon de pareille longueur; il a, en conféquence, fait conftruire l'*aiguille de déclinaifon*, dont on donne ici la defcription; mais des circonftances imprévues ne lui ont permis d'en faire qu'un très-petit nombre d'effais; ces effais ont fuffi cependant pour le convaincre que l'inftrument rempliffoit les conditions qu'il s'étoit impofées, & il crut faire une chofe utile, en donnant cette connoiffance aux phyficiens, dans l'efpoir que quelques-uns auront le temps & les facultés néceffaires pour faire une fuite complète d'expériences. Nous allons copier la defcription qu'il donne de fon inftrument, dans le *Journal de Phyfique*, année 1794, tom. I, page 474.

ABCDEF, *fig.* 709, eft le profil de la boîte qui renferme l'inftrument, quand il eft en expérience. Il faut fe ménager les moyens de pouvoir enlever un ou deux panneaux, afin d'y placer, ou en faire fortir les objets qu'il doit contenir.

On voit, dans cette boîte, le barreau aimanté GH, fufpendu au hl de foie ST, & auquel eft attachée la lunette L VL'V'.

Cette lunette eft en deux parties, favoir, le tuyau LV, qui porte l'oculaire, & le tuyau L'V', qui porte l'objectif. La *figure* fait voir clairement comment chacune de fes parties eft attachée au barreau aimanté, au moyen des pièces χλ, formant collier à la lunette en χ, & boîte au barreau en λ; & on conçoit qu'en defferrant les vis de preffion γ, les deux corps de lunette peuvent gliffer le long du barreau; mais cette mobilité n'a d'autre objet que de donner le moyen de mettre le barreau à nu, quand on veut l'aimanter, & de faciliter l'ajuftement primitif Lorfque les corps de lunette font une fois en place, il faut ferrer les vis γ, en forte que, pendant tout le cours des expériences, le barreau & les lunettes foient refpectivement immobiles.

Voici le détail du mécanifme à l'aide duquel le barreau & les deux corps de lunette peuvent tourner enfemble autour d'un axe parallèle à l'axe optique de la lunette.

I a *figure* 709 (*a*) fait voir en face la pièce SP, que la *figure* 709 préfente de profil; cette pièce eft percée de trois trous circulaires *ωω*, Q'Q & *ω'ω'*; une boîte de cuivre *gh* eft placée dans le trou du milieu, & foudée à une rondelle circulaire, main-

tenue, de chaque côté, par des plaques, au moyen de quoi elle peut tourner dans le trou Q'Q, fans s'échapper ni fe déranger. L'ouverture de cette boîte eft calibrée exactement, pour que le barreau aimanté y entre & fe maintienne à frottement doux, fans vacillation.

D'après cette difpofition, le barreau aimanté étant introduit dans la boîte *gh*, pourra tourner avec elle dans l'ouverture qui la renferme; mais comme les corps de lunette font fuppofés attachés à ce barreau, ils tournent avec lui, & pourront être amenés vis-à-vis l'un ou l'autre des trous, *ωω* & *ω'ω'*.

On voit donc, 1°. que la lunette eft en deux pièces; ce qui a pour objet d'empêcher que la circulation autour de l'anneau Q'Q ne foit arrêtée par les parties *ωω*, *ω'ω'*; 2°. pourquoi ces parties *ωω*, *ω'ω'* font percées, ce qui eft néceffaire pour que la vifion ne foit pas interceptée quand *ωω*, *ω'ω'* fe trouvent dans la direction de l'axe optique, & qu'on puiffe néanmoins attacher au haut de la pièce SP, le fil ST de fufpenfion, & au bas la verge de bois *ab*, dont je parlerai bientôt.

Dès que le barreau eft aimanté, on l'introduit dans la boîte *gh*; on fait enfuite couler, dans les boîtes, λ les parties correfpondantes aux pôles, que comporte la fituation de la lunette, qui, d'après les localités, peut être indifféremment dirigée au nord ou au fud.

La verge de bois *ab*, attachée au bas de la pièce SP, avec la vis β, porte deux flotteurs de liége F*f*, au moyen de deux vis dont les têtes font des petites boîtes carrées qui peuvent couler le long de la verge *ab*, afin que le *moment* de la réfiftance du fluide, par rapport à l'axe de fufpenfion, puiffe varier à volonté. Ces flotteurs trempent dans l'eau, dont les vafes K font en partie pleins; on voit d'abord qu'ils fervent à abréger les ofcillations de la lunette, quand elle a été dérangée; mais ils fervent, de plus, à hauffer & baiffer le rayon vifuel, pour le faire répondre à une ligne horizontale donnée. Cette condition s'obtient en viffant ou déviffant plus ou moins les bouchons; ce qui leur donne différens degrés d'immerfion qui déterminent les hauteurs des extrémités vers lefquelles ils font attachés. On remplit le même but, en faifant varier la hauteur de l'eau dans les vafes K, ou en faifant varier la diftance des boîtes au point B, ou enfin en employant un contre-poids mobile; mais le mouvement des bouchons eft plus avantageux, en ce qu'il permet de rendre fenfiblement conftans les bras de levier de la réfiftance du fluide, & la hauteur de l'eau dans les vafes.

On a pratiqué à la boîte ABCDEF deux fenêtres *xy*, répondant aux deux extrémités de la lunette, afin qu'on puiffe regarder dans la lunette, lorfque l'équipage eft en place. Une, au moins, de ces fenêtres, celle de l'oculaire, doit être fermée par un verre mince, bien tranfparent, afin

qu'on puiffe y appliquer l'œil, fans donner aucun
étranglement au barreau aimanté. La *figure* 709 (*h*)
eft l'élévation du panneau qui porte ce verre.

J'ai éprouvé l'inftrument dans cet état, & la
lunette étoit le plus fouvent ftationnaire ; mais
lorfque le vent étoit fort, l'air de l'intérieur
de la boîte, & quelquefois la boîte elle-même,
éprouvoient une petite agitation qui empêchoit
le barreau de fe fixer. J'ai complétement remédié à cet inconvénient, au moyen d'une double
boîte qui contenoit celle de la lunette, fans la toucher dans aucun point ; & qui avoit deux fenêtres
fermées chacune par un verre, & correfpondantes aux ouvertures *x y*, qui alors n'avoient de
verre ni l'une ni l'autre. Le verre antérieur de la
boîte fuperpofée étoit placé de manière qu'on
pouvoit approcher l'œil du tuyau de l'oculaire, à
la diftance néceffaire pour la vifion.

Ce nouvel arrangement a tellement affuré le
calme de l'air dans l'intérieur de la double boîte,
que j'ai pu, fans inconvénient, fupprimer les
flotteurs & les vafes ; ce qui évite de l'embarras,
augmente la précifion, & me paroît préférable à
tous égards. Le verre, placé devant l'objectif, diminue un peu la lumière, mais fans aucun obftac-
cle fenfible à l'eftime de la collimation fur les divifions tracées à deux cents toifes de diftance ;
l'objectif avoit environ vingt pouces de foyer, &
fept à huit lignes d'ouverture. Je m'étois garanti
des erreurs provenantes de la réfraction du verre,
par les moyens que j'expoferai bientôt.

Lorfqu'on veut tranfporter la boîte fans déranger la fufpenfion, il eft néceffaire de rendre la lunette immobile, & c'eft ce qu'on fait au moyen des
pièces *t t*. La *fig.* 709 (*r*) offre une de ces pièces
vue de face, au bas de laquelle on remarque une
entaille carrée, & deux vis de preffion latérales.
Lorfqu'on veut rendre le barreau & la lunette immobiles, on introduit les extrémités du barreau
dans les entailles, & on l'y fixe, en le ferrant avec
les vis de preffion ; alors la lunette ne peut plus
ofciller dans la boîte, & tout l'équipage fe tranfporte fans accident.

Il faut, pour fe fervir de l'inftrument, choifir
un lieu affez écarté des bâtimens, pour qu'on n'ait
pas à craindre l'action du fer, y faire établir un
pilier en maçonnerie, d'une hauteur telle, que
l'inftrument étant pofé deffus, l'œil de l'obfervateur puiffe aifément atteindre à la fenêtre *x y*. On
placera fur le poteau une planche circulaire d'un
rayon égal à E X, demi-longueur de la boîte, bien
dreffé & percé, à fon centre, d'un trou circulaire,
dans lequel le tuyau X entrera avec jufteffe : il faut
prendre des précautions pour pouvoir, dans tous
les cas, remettre cette planche dans la même pofition, & tout l'ajuftement doit être difpofé de
manière que, lorfqu'elle eft de niveau, la direction du fil de fufpenfion fe confonde avec l'axe du
tuyau X ; ainfi on pourra, avec un à-plomb dont

le fil paffera par l'axe du tuyau X, projeter exactement, fur la partie fupérieure du poteau, le point
correfpondant à cet axe & au fil de fufpenfion,
& faire tourner la boîte autour du même axe,
fans que la fommité des angles obfervés change
de place.

On détermine enfuite la direction du méridien
paffant par le point dont je viens de parler, & un
autre point fitué à peu près dans la même ligne horizontale, & marqué fur un mur à la plus
grande diftance que le local pourra le permettre.
Ce point fera l'origine d'une ligne horizontale tracée fur ce mur, & divifée en parties dont la valeur
angulaire, relative à la diftance & à la pofition
du mur, fervira à mefurer la *déclinaifon de l'aiguille*. Si le parement n'eft pas affez bien dreffé pour
que les divifions s'y tracent nettement, on y étendra une couche de plâtre à cinq à fix pouces de
hauteur, & qui, à partir de la méridienne, aura,
du côté de l'occident, une longueur fuffifante
pour que, lors de la plus grande *déclinaifon* de
l'aiguille aimantée, on trouve toujours dans le
champ de la lunette quelques-unes des divifions.
Je n'entre dans aucun détail, tant fur la détermination de la méridienne, que fur le tracé &
l'évaluation des divifions, les moyens de faire ces
chofes avec exactitude étant parfaitement & généralement connus.

Lorfque la direction du méridien fera trouvée,
on bâtira, au lieu de l'obfervation, une petite
cabane bien clofe, pour abriter l'obfervateur &
l'inftrument, & qui, avec la porte d'entrée, n'aura
que deux petites ouvertures, l'une au nord &
l'autre au midi, fermées avec des volets à couliffe,
afin de n'ouvrir que ce qui eft ftrictement néceffaire pour dégager le champ de la lunette.

Ces préparatifs achevés, il ne reftera plus qu'à
régler l'inftrument, ce qui fe réduira, 1°. à ôter
au fil de fufpenfion toute fa torfion ; 2°. à rendre
l'axe de la lunette parallèle au méridien magnétique, ou à connoître l'angle de l'un avec l'autre, afin d'en bien tenir compte.

Pour détruire la torfion, le fil, comme on voit
fig. 709, eft bien retenu en haut de la boîte par
une vis de preffion п, après avoir traverfé un
canal pratiqué dans la pièce N, fur le deffus de
laquelle п eft viffé. Cette pièce N bouche le trou
T du panneau fupérieur AB, & peut s'en retirer à
volonté. On donnera au fil, ST, une longueur telle,
que, lorfque le barreau fera placé dans les fentes
des pieds *t*, le fil foit affez lâche pour permettre
à la pièce N de fortir entièrement du trou T ;
cette condition obtenue, & la lunette étant dans
la boîte, le fil s'attachera, une fois pour toutes,
en S & en T ; on placera le barreau dans les fentes, & on l'y ferrera avec la vis de preffion ; la
boîte fera enfuite renverfée & placée fur deux
tréteaux, comme on voit *fig.* 709 (*b*) ; on fortira le
bouchon N, & on y fufpendra un poids R, tel

que R plus N aient un poids égal à celui de la
lunette & du barreau; enfin, on collera la boîte
de manière que le fil ne touche point à la paroi
du trou T. Dans cet état, les poids N & R prendront
un mouvement oscillatif de rotation autour
du fil, qui durera jusqu'à ce que la force de torsion
soit nulle, du moins relativement à la masse
qu'elle doit mouvoir. Dans cet état, on rentrera
la pièce N dans le trou T, où elle doit tenir à
frottement, lorsque le poids R est enlevé, & on
placera la boîte sur la plate-forme où elle doit
être mise en observation, en introduisant le tuyau
X dans le trou destiné à le recevoir, & faisant
tourner la boîte jusqu'à ce que son axe longitudinal
soit sensiblement parallèle à la direction du
barreau.

La pièce N porte un index qui peut parcourir
les divisions d'un cercle tracé sur une plaque horizontale
de cuivre, vissée en AB; la *fig.* 709 (*d*)
fait voir le tout en plan : cette disposition a pour
objet de fournir à l'observateur le moyen d'éprouver
l'effet qu'une torsion donnée peut produire
sur la direction du barreau. Coulomb a donné, sur
cette matière, une suite d'expériences & de calculs
qui semble ne rien laisser à desirer; mais il sera
satisfaisant de les répéter.

Afin de rendre l'axe de la lunette parallèle au
méridien magnétique, soit SN, *fig.* 709 (*f*), la direction
du méridien magnétique, & LU la direction
de l'axe de la lunette lorsqu'elle est au-dessous
du barreau aimanté, dans la situation de la *fig.* 709
(*f*), n°. 2. Si on fait faire au barreau aimanté
une demi-révolution dans son anneau, la lunette
qui étoit au-dessous se trouvera au-dessus,
comme on le voit *fig.* 709 (*g*), n°. 1; la direction
LU. n°. 1, se changera en la direction L'U', &
U M U' sera le double de celui que l'axe optique
de la lunette fait avec le méridien magnétique.

D'après cela, si dans chaque position on a
pointé un objet, le point milieu entre les deux
objets sera celui sur lequel le fil de la lunette
devra être dirigé pour que l'axe de vision soit parallele
au méridien magnétique; on pourra alors
l'ajuster, soit avec la vis de rappel du foyer, soit
en profitant d'une petite excentricité que les objectifs
ont presque toujours.

Je suppose ici que l'opération ne dure que
très-peu de temps, ce qui peut avoir lieu quand
on se sert de flotteurs; mais j'ai dit qu'il étoit possible
& préférable de n'en point faire usage,
& alors les oscillations de la lunette durent assez
long-temps pour que la précision du résultat soit
altérée par la variation diurne. Dans ce cas, &
même dans tous ceux où l'on se proposera de
faire une longue suite d'observations, il ne faudra
point toucher au fil de la lunette, mais observer
alternativement, un jour, avec la lunette au-dessous
du barreau, & le jour suivant, avec la lunette
au-dessus; on distinguera soigneusement les deux
séries d'observations; on tracera trois courbes

rapportées à la même origine des coordonnées : la
première offrira le résultat du premier, troisième,
cinquième, & la seconde ceux du deuxième,
quatrième, sixième jour, &c.; & la troisième,
moyenne entre les deux premiers, coupera en
deux parties égales entre leurs ordonnées,
& sera dégagée des anomalies provenantes
du défaut du parallélisme. Il ne sera nécessaire
d'employer cette méthode que pour la mesure
de la déclinaison moyenne absolue qui a lieu
chaque jour, l'observation de la variation diurne
étant indépendante de l'angle que l'axe de la lunette
fait avec le méridien magnétique.

On aura grand soin de ne point faire effort
contre la lunette, & même de ne la point toucher
chaque fois qu'on tournera le barreau aimanté
dans son anneau, crainte de causer quelque dérangement
dans l'axe de la vision.

Il me reste à dire comment on se garantit des erreurs
provenantes de la réfraction, lorsqu'on prend
le parti de fermer, avec un verre, les deux ouvertures
de la boîte; la précaution n'est utile
que pour le verre qui est devant l'objectif : ce
verre sera circulaire, & on attachera au panneau
antérieur trois petites pinces de bois pour le retenir,
sans néanmoins l'empêcher de tourner parallèlement
à son plan; le barreau sera fixé dans les
pinces *t t*, de manière que la lunette soit bien
immobile, ou, ce qui sera mieux, on la supportera
dans la boîte sur de petits chevalets, à la
même hauteur où elle est ordinairement : alors le
verre de la fenêtre *x y* étant ôté, on pointera un
objet, on remettra le verre, la boîte & la lunette
restant toujours immobiles, & si les faces de ce
verre ne sont pas paralleles, l'objet ne se trouvera
plus sous les fils; on tournera alors les verres,
jusqu'à ce que l'objet revienne sous le fil vertical,
& on le laissera dans cette situation : il importe
peu qu'il revienne sous le fil horizontal, si la lunette
en a un, vu que la réfraction dans le sens
vertical ne nuit point à l'exactitude des observations.

A ces deux *aiguilles de déclinaison*, nous réunirons
l'aiguille de la boussole marine de Buache,
fig. 380, dont on trouve la description page 377
des *Mémoires de l'Académie des Sciences* pour
l'année 1732, ainsi que la *fig.* 382.

Les deux aiguilles que nous avons décrites avec
détail, celle de Gilpin & celle de Prony, font
connoître une grande partie des difficultés que
l'on a vaincues pour obtenir, d'une manière exacte,
la *déclinaison* réelle de l'aiguille aimantée; mais il
est une autre difficulté à laquelle on a fait peu
d'attention jusqu'à présent; c'est la connoissance
des anomalies produites par la manière dont le
fluide magnétique est distribué dans l'aiguille.

Une observation assez singulière, faite par Schübler
à Stuttgard, observation qui a été consignée
page 173 du *Journal de Physique*, vol. II, année
1812, est celle-ci : Si l'on magnétise une aiguille

de manière que ses deux extrémités soient positives ou boréales, & que le milieu soit négatif ou austral, comme dans cette figure,

$$+ m \qquad - m \qquad + m$$

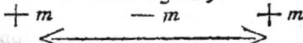

cette aiguille se place dans le méridien magnétique; mais si, au contraire, le magnétisme des deux extrémités est négatif, & celui du milieu positif, comme dans cette figure,

$$- m \qquad + m \qquad - m$$

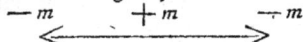

alors l'aiguille se fixe dans la direction du méridien terrestre. Généralement, les aiguilles magnétisées avec des pôles semblables aux deux extrémités ont de grandes variations diurnes, qui vont quelquefois jusqu'à 2 ou 3 dég. tandis que les aiguilles dont les pôles des extrémités sont différens, n'ont que 10 à 12 minutes.

Ces observations présentent des résultats assez extraordinaires pour mériter d'être répétées, & pour engager les physiciens à s'assurer si les diverses aiguilles, qu'ils pourront employer comme *aiguilles de déclinaison*, ont toutes la même variation.

DÉCLINAISON (Cercles de); circuli declinationis; *abweichung der zirkel.* Grands cercles qui, passant par les pôles du monde, sont perpendiculaires à l'équateur, & le coupent en deux points diamétralement opposés. *Voyez* CERCLES DE DÉCLINAISON.

DÉCLINAISON DE L'AIGUILLE AIMANTÉE; declinatio acûs magneticæ; *abweichung der magnet nadeln.* Propriété qu'ont les aiguilles aimantées de ne pas se diriger exactement dans le plan du méridien terrestre, mais de s'en écarter plus ou moins, en se portant, soit vers l'est, soit vers l'ouest.

L'aimant, comme on peut le voir aux mots AIMANT, AIGUILLE AIMANTÉE, BOUSSOLE, a la propriété de diriger, quelquefois, l'un de ses pôles vers le nord ou vers le sud (*voyez* DIRECTION DE L'AIMANT); il s'écarte le plus souvent de cette direction, c'est-à-dire, que la ligne droite qui réunit les deux pôles, & que l'on doit regarder comme l'axe de l'aimant, ne se tient pas dans le méridien du lieu; qu'elle s'en écarte plus ou moins vers l'est ou vers l'ouest. C'est cet écart qu'on appelle *déclinaison de l'aimant* ou *déclinaison de l'aiguille aimantée.* Cette *déclinaison* se mesure par l'arc d'un cercle parallèle à l'horizon, compris entre la ligne méridienne du lieu où l'on observe & la direction actuelle de l'aimant.

Cette *déclinaison* n'est pas constante; elle a quatre sortes de variations: 1°. variation de lieu; 2°. variation séculaire; 3°. variation diurne; 4°. variation annuelle des équinoxes & des solstices. (*Voyez* VARIATION DE L'AIGUILLE AIMANTÉE, VARIATION DE L'AIMANT.) Il paroît néanmoins que, depuis plus d'un siècle, l'aiguille aimantée a varié de 8 à 9 minutes vers l'est, par

année; cependant cette variation est loin d'être regulière; car, depuis l'année 1580, où l'aiguille aimantée déclinoit, à Paris, de 11° 30′ vers l'ouest, jusqu'en 1814, où elle déclinoit de 22° 34′ vers l'est, la variation moyenne annuelle a été de ¼ de minute jusqu'à 25 minutes, par an, ainsi qu'on peut le voir par le tableau suivant de la *déclinaison de l'aiguille aimantée* à Paris.

ANNÉES.	DÉCLINAISON.	VARIATION annuelle.
1580	11°,30 ouest.	6′
1618	8	10
1663	0	10
1678	1,30 est.	6
1700	8,10	20
1767	19,16	20
1780	19,55	3
1785	22,0	25
1805	22,5	¼
1813	22,28	3
1814	22,33	6

La *déclinaison de l'aiguille aimantée* a éprouvé à Londres de semblables variations, ainsi qu'on peut le constater par le tableau suivant.

NOMS des observateurs.	ANNÉES.	DÉCLIN.	VARIATION annuelle.
Barrows	1580	11°15 E.	7′5
Gunter	1622	6,0	9,6
Gelubrand	1634	4,6	10,6
Bond	1657	0,0	10,2
Gelubrand	1665	1,22 O.	9,7
Halley	1672	2,30	10,5
Id.	1692	6,0	0,0
Graham	1723	14,17	16
Id.	1748	17,40	8,1
Hoberden	1773	21,9	8,4
Gilpin	1787	23,19	9,3
Id.	1795	23,57	4,7
Id.	1802	24,6	1,2
Id.	1805	24,8	0,7

Quoique toutes les observations recueillies jusqu'à présent prouvent que la variation séculaire de la *déclinaison de l'aiguille aimantée* soit générale, des observations faites à la Jamaïque, par James Robertson, semblent prouver que la *déclinaison de l'aiguille aimantée* est permanente dans cette île, & que depuis l'an 1660, où l'on a fait les premiers arpentages, on n'a remarqué aucune variation; c'est un fait assez remarquable, c'est une anomalie assez extraordinaire pour mériter d'être observée de nouveau, & pour rechercher s'il existe d'autres lieux qui jouissent de la même propriété. *Voyez* les *Transactions philosophiques* pour l'année 1806, & le tome XXXIV de la *Bibliothèque britannique*, pag. 313.

En observant constamment la *déclinaison de l'aiguille aimantée* dans toutes les heures de la journée, on remarque qu'elle décline, vers l'ouest, depuis six heures du matin jusqu'à deux heures après midi, & qu'ensuite elle retourne vers l'est jusqu'à six heures du matin. Nous allons rapporter ici un tableau des variations diurnes de chaque mois, publiées par Cavendish, d'après des observations faites par Gilpin à Londres.

TABLEAU.
De la déclinaison moyenne de l'aiguille aimantée, pour chaque mois, à diverses heures du jour.

	6 h.	7 h.	8 h.	10 h.	Midi.	1 h.	2 h.	4 h.	6 h.	8 h.	10 h.	11 h.
1786	23°	23°,7',9	23°,10',1	23°,14',5	23°,22',2	23°,23',7	23°,23',9	23°,19',0	23°,15',5	23°,13',5	23°,12',5	23°
Septembre.	23°											13,8
Octobre.		10,4	11,3	15,2	24,4	26,1	26,1	21,1	17,7	15,6	14,5	14,7
Novembre.		12,2	12,5	15,3	21,6	22,5	22,0	20,3	17,6	15,9	15,1	15,0
Décembre.			14,5	15,1	20,6	22,0	22,2	21,1	15,8	15,8	15,0	
1787.												
Janvier.		14,0	14,2	17,1	22,3	24,1	24,5	21,8	17,7	15,6	14,5	14,8
Février.		14,2	15,1	17,1	23,5	24,8	25,1	23,7	18,8	15,3	15,8	12,8
Mars.		12,8	12,8	15,3	26,5	27,7	27,8	18,4	19,0	15,9	15,5	15,7
Avril.	9,7	9,9	9,7	13,9	25,6	27,0	27,4	21,8	17,8	15,7	15,7	15,7
Mai.	7,6	7,5	7,4	13,5	25,2	26,6	26,2	21,0	17,7	15,5	15,6	15,6
Juin.	8,4	8,2	8,8	16,0	26,6	28,1	27,6	22,6	18,7	16,8	16,8	17,0
Juillet.	9,5	9,6	10,3	17,8	27,6	29,3	29,4	23,2	19,4	17,8	17,1	17,7
Août.	11,9	12,0	12,8	19,7	30,3	31,7	31,5	25,6	19,3	17,9	19,3	19,1
Septembre.	15,0	15,1	15,3	20,2	30,8	30,7	30,5	24,7	20,1	18,7	18,5	18,8
Octobre.		17,5	17,5	21,5	30,8	31,1	31,5	27,4	21,9	18,5	19,2	19,2
Novembre.		19,4	19,7	20,6	29,7	29,0	30,2	27,7	22,7	20,8	20,2	19,6
Décembre.		20,4	21,0	21,8	28,2		29,0	26,2	21,9	21,9	21,3	21,4
Moyenne.	23°, 8',4	23°,11',4	23°,11',0	23°,17',1	23°,25',8	23°,27',2	23°,27',2	23°,22',8	23°,19'	23°,17',4	23°,17',1	23°,15',9

L'étendue des variations diurnes n'eſt la même, ni dans tous les mois de l'année, ni dans tous les lieux de la terre. A Paris, elle atteint ſon maximum dans le mois de juin, & s'élève alors de 14'; ſon minimum eſt de 9', &-a lieu dans le mois de décembre. A Londres, la variation diurne eſt de 19',9; en décembre, elle n'eſt plus que de 7',6.

Pluſieurs circonſtances atmoſphériques, & ſurtout les aurores boréales, influent ſenſiblement ſur l'étendue des variations diurnes de l'aiguille. Cette étendue ſemble auſſi diminuer, à meſure qu'on ſe rapproche de l'équateur, & peut-être encore des points où la déclinaiſon abſolue eſt très-petite; à Sainte-Hélène & à Sumatra, par exemple, les variations diurnes ne montent guère qu'à 2 ou 3'.

On obſerve également une variation annuelle dans la déclinaiſon de l'aiguille aimantée; on la voit avancer vers l'oueſt à l'époque des deux équinoxes, & retourner vers l'eſt à l'époque des deux ſolſtices. Une ſuite d'obſervations faites par Gilpin pendant douze ans, & dont nous allons préſenter le tableau, prouve le mouvement périodique annuel.

Années.	Mars.	Juin.	Septembr.	Décembr.
1793	+ 3',6	— 0',2	+ 4',1	— 0,3
1795	....	— 0,4	+ 3,3	— 1,0
1796	+ 1,0	— 2,4	+ 1,4	+ 1,2
1797	+ 0,2	— 1,3	+ 1,2	+ 0,1
1798	— 0,7	— 1,2	+ 2,0	— 0,0
1799	— 0,3	— 0,5	+ 2,3	+ 0,6
1800	+ 1,3	— 1,8	+ 1,8	— 0,3
1801	+ 1,9	— 2,4	+ 1,0	+ 1,6
1802	+ 1,5	— 1,6	+ 3,4	+ 1,9
1803	+ 1,2	— 1,0	+ 3,5	+ 2,2
1804	— 1,3	— 3,4	+ 2,9	+ 0,1
1805	— 0,3	— 0,9	+ 2,2	+ 0,6
Moyenne.	+ 0,80	— 1,43	+ 2,43	+ 0,4

En paſſant d'un lieu à un autre, ſur la ſurface du globe, on voit la déclinaiſon de l'aiguille varier très-ſenſiblement, comme Chriſtophe Colomb l'a découvert le premier. Dans certaines régions de la terre, en Europe, par exemple, la déclinaiſon eſt maintenant occidentale; dans d'autres parties, elle eſt orientale; & enfin, il eſt des courbes formées par une ſérie de points intermédiaires, & qui forment les bandes ſans déclinaiſon, où l'aiguille ſe dirige vers les pôles.

On a obſervé juſqu'ici trois lignes ſans déclinaiſon, que les marins ont ſuivies juſqu'à des latitudes plus ou moins élevées; on les a tracées ſur pluſieurs mappemondes: telles ſont celles que l'on voit figure 711, qui repréſente les déclinaiſons pour l'année 1744, & fig. 711 (a), pour l'année

1756; mais les variations de la déclinaiſon font continuellement changer leur forme & leur poſition. Nous avons vu plus haut que l'une d'entre elles traverſoit Paris en 1663; depuis cette époque, elle s'eſt conſtamment avancée vers l'oueſt, car maintenant elle paſſe dans le voiſinage de Philadelphie. Une circonſtance qui mérite d'être remarquée, & qui réſulte des variations dans les déclinaiſons que nous avons fait connoître, c'eſt que cette déclinaiſon a été nulle à Londres plus tôt qu'à Paris.

Les plus grandes déclinaiſons de l'aiguille aimantée ont été obſervées pendant le voyage de Cook & du chevalier de Langle; le premier a trouvé, par 60° de latitude auſtrale, & par 92°,35 de longitude, que l'aiguille dévioit, à l'orient, de 43° 6'; le ſecond de ces navigateurs a obſervé une décl. naiſon de 45° vers le 62ᵉ deg. de latitude nord, entre le Groenland & la terre de Labrador: dans ce dernier point, comme on voit, la direction de l'aiguille aimantée n'indique pas plus tôt le couchant que le nord.

On a cherché, 1°. à obtenir des aiguilles aimantées ſans déclinaiſon; 2°. à expliquer la cauſe de la déclinaiſon de l'aiguille aimantée. Pendant long-temps on a regardé comme impoſſible d'aimanter les aiguilles, de manière à leur ôter leur déclinaiſon; cependant il paroît, d'après les expériences de Schübler (voyez DÉCLINAISON (aiguille de)), qu'en aimantant une aiguille de manière que ſes deux extrémités ſoient magnétiſées négativement, tandis que le centre eſt magnétiſé poſitivement, que l'aiguille ſe dirige naturellement dans le méridien terreſtre. Quant à l'explication phyſique de la cauſe de la direction de l'aiguille aimantée, on l'attribue à deux centres d'actions magnétiques, placés dans l'intérieur de la terre, & près du centre. Voyez CENTRE D'ACTION MAGNÉTIQUE, AIMANT.

Quelqu'ancienne que ſoit l'invention de l'aiguille aimantée, dont on ignore les auteurs, il paroît que ce n'eſt que dans le ſeizième ſiècle que l'on a commencé à obſerver & à déterminer ſa déclinaiſon. Tout fait croire que l'on doit cette découverte à l'uſage que l'on a fait de la bouſſole ſur les vaiſſeaux. Thevenot aſſure (Recueil des Voyages en 1681), d'après une lettre de Pierre Adſigerus, que cette déclinaiſon avoit été remarquée en 1269; mais des obſervations exactes n'ont réellement été faites que dans le ſeizième ſiècle. Deliſle a vu un manuſcrit d'un pilote de Dieppe, nommé Trignon, & qui avoit appartenu à l'amiral Sébaſtien Labat, dans lequel on faiſoit mention de la déclinaiſon de l'aiguille aimantée, faite en 1534. Riccioli (Géog. réform., liv. VIII, chap. 12) aſſocie à l'amiral Labat, dans la découverte de la déclinaiſon, Gonzalès d'Oviédo. Levin Hulſius (Deſcriptio & uſus Viatorii & Horologii ſolaris, Noiemb. 1597) annonce que Georges Hartmann trouva, en traçant des cadrans ſolaires à Nuremberg, que la déclinaiſon de l'aiguille aimantée y étoit, en 1536, de 10° ½; en 1550, Orontius Sineus l'observa, à Paris, de 8° vers l'oueſt; cependant elle déclinoit, en 1580, de 11° 30'. Les anciens phyſiciens appeloient la *déclinaiſon de l'aiguille* vers l'eſt, *graciſſure*, & celle vers l'oueſt, *magiſtriſſare*.

Rien de plus facile que de prendre la *déclinaiſon de l'aiguille aimantée* ſur terre; tout conſiſte à tracer une méridienne, à placer ſur cette méridienne une bouſſole de *déclinaiſon*, de manière que la ligne qui paſſe par l'origine de la graduation ſoit toute entière ſur la ligne méridienne; alors on juge la *déclinaiſon* par le degré auquel l'extrémité de l'aiguille correſpond.

Comme il eſt impoſſible de tracer une méridienne ſur un vaiſſeau, on fait uſage des levers & des couchers du ſoleil. Pour cela, on place un compas ou bouſſole de variation, *fig.* 172 & 174 (*voyez* COMPAS DE VARIATION, BOUSSOLE), dans un lieu du vaiſſeau où l'on ait la libre vue du levant ou du couchant; un obſervateur viſe au ſoleil à travers les ouvertures des pinnules, & un autre remarque de combien la ligne nord & ſud de la bouſſole s'écarte du plan de ces deux fentes; ce qu'il eſt aiſé de faire en regardant quel degré de la roſe eſt perpendiculaire au-deſſous du fil. Cette obſervation donne l'amplitude ortive ou occaſe à l'égard de la bouſſole. (*Voyez* AMPLITUDE ORTIVE, AMPLITUDE OCCASE.) Le calcul ou les tables donnent l'amplitude vraie, & conſéquemment la différence eſt la *déclinaiſon de l'aiguille aimantée*. Il faut, à cauſe de la réfraction, avoir l'attention de prendre le ſoleil, non au moment où ſon centre eſt dans l'horizon, mais quand ſon bord inférieur eſt élevé ſur l'horizon d'environ un de ſes diamètres, & un peu plus, à cauſe de l'inclinaiſon de l'horizon de la mer; car c'eſt là le vrai moment où le centre eſt véritablement dans l'horizon.

L'uſage des compas de variation ordinaires préſente une grande difficulté, c'eſt de ne pouvoir faire l'obſervation ſeul; mais on peut y ſuppléer par de nouveaux compas de variation, dans leſquels on voit, à l'aide de la réflexion, coincider le ſoleil & le degré auquel l'aiguille aimantée correſpond. Jecker, fabricant d'inſtrumens, à Paris, nous a fait voir pluſieurs de ces ſortes de compas de variation, qui réuniſſent une grande préciſion à une grande commodité.

Si l'on pouvoit toujours obſerver le ſoleil à ſon lever ou à ſon coucher, il n'y auroit rien à deſirer dans cette méthode; mais comme il arrive ſouvent que l'horizon n'eſt pas libre & pur au lever & au coucher du ſoleil, on eſt obligé de le prendre à une certaine hauteur. Pour cet effet, on relève, au moyen des pinnules du compas, la direction du ſoleil à l'égard de la roſe des vents, ce qui ne peut être fait auſſi exactement que lorſqu'il eſt à l'horizon même, ſurtout quand il eſt fort élevé; car alors on eſt obligé de le rapporter aux pinnules

avec un fil à-plomb. Il faut auſſi prendre ſa hauteur, &, connoiſſant la déclinaiſon & la latitude, on trouve l'azimut ou l'angle que doit faire, en ce moment, le vertical du ſoleil avec le méridien. Ainſi, par la comparaiſon de cet angle calculé ou donné par les tables, ou par une figure, avec celui que fait ce vertical avec la ligne nord & ſud de la bouſſole, on a la *déclinaiſon de l'aguille*.

Mais comme il eſt aſſez difficile de relever exactement le ſoleil au moyen des pinnules du compas ordinaire, ce qui joint à l'erreur qui peut provenir de la proximité du fil tranſverſal, à l'égard du centre de la roſe, l'opération devient aſſez délicate.

L'Académie des Sciences ayant propoſé, pour le prix de 1732, le meilleur moyen d'obſerver la variation de la bouſſole en mer, le prix fut remporté par Bouguer; il donna de grands & ſavans détails ſur les poſitions où il eſt à propos d'obſerver le ſoleil; car il en eſt où l'incertitude du vertical, & l'erreur qu'on peut commettre en le prenant, peut être fort grande, & d'autres où elle peut être beaucoup moindre.

DÉCLINAISON DE L'AIMANT; *declinatio magnetis*; *abweigung der magnet*. Propriété qu'a l'aimant de ne pas ſe diriger exactement du nord au ſud, c'eſt-à-dire, dans le méridien terreſtre de l'obſervateur.

Une maſſe d'aimant, ſoit naturelle, ſoit artificielle, a, dans ſon intérieur, deux centres d'action; ces centres ſont quelquefois les deux pôles uniques de l'aimant; ſouvent auſſi ce ſont les centres de réunion de tous les pôles ſéparés des divers aimans qui compoſent la maſſe. Quelle que ſoit la cauſe de la formation de ces centres d'action, ſi l'on ſuppoſe une droite paſſant par ces centres, cette droite eſt la ligne de direction de l'aimant. Lorſque l'aimant eſt ſuſpendu & qu'il eſt libre de ſe mouvoir, cette ligne de direction ſe comporte comme une *aiguille aimantée*, & elle ſe place dans la direction du méridien magnétique du lieu. *Voyez* DÉCLINAISON DE L'AIGUILLE AIMANTÉE.

DÉCLINAISON (Degrés de); *gradus declinationis*; *grad,als abweichung*. Degrés que forme l'angle de la *déclinaiſon* d'un corps, ou mieux celui du point où on l'obſerve avec celui auquel on le rapporte.

DÉCLINAISON D'UN ASTRE; *declinatio ſideris*; *declination der geſterne*. Diſtance d'un aſtre à l'équateur.

La poſition de la ſphère céleſte ſe détermine, comme celle des points de la terre, par le moyen des méridiens & des parallèles. On choiſit, à volonté, un premier méridien céleſte, qui paſſe par un point connu du ciel; alors la poſition d'un aſtre quelconque ſe trouve déterminée par deux élémens:

élémens : le premier eſt la diſtance méridienne de l'aſtre à l'équateur, ou ſa *aéclinaiſon;* le ſecond eſt l'arc de l'équateur compris entre le premier méridien & celui qui paſſe par l'aſtre. Cet arc ſe nomme l'*aſcenſion droite;* on le meſure par le temps qu'il emploie à traverſer le méridien du lieu. Lorſqu'on connoît la *déclinaiſon* de deux aſtres & leur différence d'aſcenſion droite, il eſt facile de calculer leur plus courte diſtance ſur la ſphère céleſte, c'eſt-à-dire, l'arc du grand cercle compris entre eux. Le calcul eſt abſolument le même que pour les points ſitués ſur la ſurface de la terre.

Soit S, *fig.* 710, l'aſtre dont on veut avoir la *déclinaiſon,* H R l'horizon, A Q l'équateur, P *p* les pôles, P le pôle nord, & *p* le pôle ſud, V le premier méridien. Si, par l'aſtre S & les deux pôles P *p,* on décrit un grand cercle, ce cercle, que l'on appelle *cercle de déclinaiſon,* eſt perpendiculaire à l'équateur; alors la diſtance S D eſt ſa *déclinaiſon,* & la diſtance D V ſur l'équateur du cercle de *déclinaiſon* de l'aſtre au premier méridien, eſt ſon aſcenſion droite.

Il exiſte deux ſortes de *déclinaiſons,* l'une *boréale* ou ſeptentrionale, & l'autre *auſtrale* ou méridionale. Les aſtres ont une *déclinaiſon boréale* lorſqu'ils ſont placés en S, entre l'équateur & le pôle nord; & leur *déclinaiſon* eſt *auſtrale* lorſqu'ils ſont ſitués en S', entre l'équateur & le pôle ſud. Le ſoleil & toutes les planètes ont une *déclinaiſon* qui eſt tantôt ſeptentrionale, tantôt méridionale. La *déclinaiſon* du ſoleil eſt ſeptentrionale depuis le 21 mars juſqu'au 22 ſeptembre; elle eſt méridionale depuis le 22 ſeptembre juſqu'au 21 mars. Comme le ſoleil ne ſort jamais de l'écliptique, ſa plus grande *déclinaiſon* dépend de l'obliquité de l'écliptique; ainſi, elle ne peut jamais être de plus de 23 deg. & demi; elle eſt à-peu-près de cette quantité, & elle eſt boréale vers le 21 juin, & elle eſt de la même quantité, mais auſtrale, vers le 21 décembre. On trouve dans la *Connoiſſance des temps,* ouvrage que l'Académie royale des Sciences publie chaque année, des tables où la *déclinaiſon* du ſoleil eſt calculée pour tous les jours de l'année.

Les cercles ſur leſquels on meſure la *déclinaiſon des aſtres* ſont les mêmes que les méridiens, car tous ces cercles paſſent par les pôles du monde, & ſont perpendiculaires à l'équateur.

Pour avoir la *déclinaiſon d'un aſtre,* il ſuffit d'obſerver ſon élévation au moment où cet aſtre paſſe par le méridien du lieu, & ajouter ou retrancher de cette diſtance celle de l'obſervateur à l'équateur, ſelon que l'aſtre eſt au nord ou au ſud de la poſition de l'obſervateur. Ainſi, ſoit la hauteur méridienne du ſoleil, le 21 juin 1738, de 64° 38' 10", la hauteur de l'équateur de 41° 9' 50", la *déclinaiſon* du ſoleil = 64° 38' 10" — 41° 9' 50" = 23° 28' 50". Si, au contraire, la hauteur de l'aſtre étoit moindre que celle du méridien, la différence donneroit une *déclinaiſon* négative ou auſtrale.

Dict. de Phyſ. Tome II.

La *déclinaiſon d'un aſtre* quelconque ne peut jamais être plus grande que de 90°; car un aſtre qui ſeroit ſitué préciſément à l'un des pôles, ſeroit dans le plus grand éloignement poſſible de l'équateur : or, l'arc de cercle compris entre l'équateur & le pôle n'eſt que de 90°. De même, un aſtre qui ſe trouve ſur l'équateur n'a pas de *déclinaiſon.*

Depuis long-temps les aſtronomes s'occupent de déterminer la *déclinaiſon* d'un grand nombre d'étoiles, & cela, par des obſervations multipliées, de leur hauteur méridienne; ils ont enchaîné les étoiles les unes aux autres, par des triangles ſphériques qui fixent leur poſition reſpective dans le ciel, & ont dreſſé des catalogues d'étoiles où ces poſitions ſont marquées : alors il devient facile d'aſſigner, pour chaque lieu de la terre, d'après ſa longitude & ſa latitude, les aſpects ſucceſſifs que le ciel doit y préſenter dans chacune de ſes révolutions.

On peut, à l'aide des *déclinaiſons* & des aſcenſions droites, calculer la longitude & la latitude des aſtres. (*Voyez* LATITUDE, LONGITUDE.) Cette méthode, que l'on doit à Ticho-Brahé, eſt plus facile & plus ſûre que celle que les Anciens employoient, par laquelle ils ne déduiſoient la latitude & la longitude que de l'obſervation directe.

DÉCLINANT; declinans; *abweichen;* adj. Qui décline. *Voyez* CADRAN DECLINANT.

DÉCLINATOIRE; declinatorius; *declinatoir;* ſ. m. Inſtrument dont on ſe ſert pour orienter une planchette ſur laquelle on a tracé la direction de l'aiguille aimantée. Le *déclinatoire* ne porte pas, comme la bouſſole, un cercle diviſé par degrés; il n'indique que les points nord & ſud.

DÉCLIVE; declivis; *bahangig.* Qui eſt en pente, qui forme un plan incliné dont la ligne eſt entre la perpendiculaire & la ligne horizontale.

DÉCLIVITÉ; declivitas; *abhangige;* ſ. f. L'état & la ſituation d'une choſe qui eſt en pente.

C'eſt un terme d'hydrométrie; les parties ſupérieures de l'eau d'une rivière, & éloignées des bords, peuvent couler par la ſeule cauſe de la *déclivité.*

DÉCOCTION; decoctio; *decoct;* ſ. f. Action chimique qu'un liquide bouillant exerce ſur les matières végétales ou animales.

Quoique l'eau puiſſe être regardée comme le véhicule propre aux *décoctions,* on la remplace cependant quelquefois par le vinaigre, le vin, &c; mais ces liquides ont, avec les principes végétaux & animaux, des affinités différentes; ils donnent des produits bien diſtincts par leurs compoſitions intimes.

L'eau exerce une action diſſolvante ſur la plupart des matériaux immédiats des végétaux & des animaux; mais lorſqu'elle eſt ſurchargée de calorique, l'eau diffout non-feulement le muqueux, le fucre; l'extractif, le tannin, l'acide gallique; les autres acides végétaux, l'huile volatile, mais elle s'empare même de la fécule, de l'acide ben-zoïque, des fucs extracto-réfineux, &c.

Quoique le calorique donne à l'eau la faculté de fe charger de matériaux fur lefquels elle n'au-roit pas eu d'action à une température moins éle-vée, il faut modifier ou limiter la durée de l'ébul-lition, relativement à la nature de l'extraction que l'on fe propofe, parce qu'il eft des principes végé-taux ou animaux qui ne peuvent fupporter long-temps l'action de l'eau bouillante, fans éprouver une alteration dans leur conftitution chimique, fans être comme dénaturés, & d'autres qui font diffous en trop grande proportion.

DÉCOLORATION; decoloratio; *farbe berch-mung;* f. f. Action par laquelle on ôte la couleur à une fubftance.

Nous ne parlerons, dans cet article, que de la *décoloration* de quelques liquides, tels que le vi-naigre, le vin, &c.

On trouve dans les *Annales des Arts & Manu-factures,* tom. XLI, pag. 269, & XLII, pag. 67, une lettre de l.enormand, ex-profeffeur de phyfi-que, fur la *décoloration* des liquides végétaux par le charbon animal, découverte que l'on doit à Sigmer, profeffeur de chimie à Montpellier.

Pour décolorer le vinaigre, on mêle un litre de cet acide rouge avec 45 grammes de noir d'ivoire; ce mélange eft opéré à froid dans un vafe de verre; on a foin de l'agiter de temps en temps; après vingt-quatre heures, on s'aperçoit que le vinaigre com-mence à blanchir; en deux ou trois jours, la *déco-loration* eft entièrement opérée; on filtre à travers le papier jofeph; le vinaigre paffe parfaitement tranfparent, &, femblable à l'eau par fa couleur, il n'a perdu ni de fa faveur, ni de fon odeur, ni de fon degré d'acidité.

Lorfqu'on veut opérer cette *décoloration* en grand, on jette le noir d'ivoire dans un tonneau qui contient du vinaigre; on a foin de remuer le mélange, pour renqueveler les points de contact; il n'eft pas même néceffaire d'employer une fi grande quantité de charbon que celle qui eft indi-quée; on peut la réduire à moitié, c'eft-à-dire, de 24 grammes par litre: la *décoloration* eft moins inf-tantanée, mais elle s'opère également; quel que foit le temps qu'on laiffe le vinaigre en contact avec le noir d'ivoire, l'acide ne contracte ni goût, ni odeur qui lui foit étrangère. Si on veut que le vinaigre conferve une couleur légèrement paillée, il faut diminuer la dofe du noir.

Si l'on traite de la même manière le vin rouge le plus chargé en couleur, il devient auffi incolore que le vinaigre: dans cet état, il conferve fon odeur & fa faveur. En examinant la pefanteur fpé-cifique du vin, on trouve qu'elle eft fenfiblement moindre que celle d'un vin de même qualité non

décoloré: diftillant les deux vins coloré & non coloré, on obtient un réfidu dans les deux circonf-tances, mais celui du vin *décoloré* eft moins con-fidérable.

On peut encore, avec le noir d'ivoire, *décolo-rer* le réfidu de l'opération de l'éther par l'acide fulfurique: l'acide que l'on obtient par cette opé-ration eft auffi pur qu'il l'étoit avant d'avoir fervi à l'éthérification de l'alcool.

Comme le noir d'ivoire n'eft autre chofe que du charbon d'ivoire, & que ce charbon contient néceffairement du phofphate de chaux, il s'enfuit que le vinaigre doit exercer fon action fur le phofphate de chaux, & doit le décompofer en partie pour diffoudre de la chaux & du phof-phate de chaux; ainfi, le vinaigre *décoloré* que l'on obtient de cette manière n'eft pas pur.

En privant de l'action du foleil les végétaux & les animaux, on les étiole & on les *décolore* en partie. *Voyez* ÉTIOLEMENT.

DÉCOMPOSITION, formé de la particule né-gative *de,* de la prépofition *cum,* avec, & de *po-nere,* mettre, analyfer; corporis diffolutio; *de-compofition, auflœfung;* f. f. Séparer les parties dont on s'eft fervi pour former un tout.

DÉCOMPOSITION CHIMIQUE; corporis diffolu-tio chimica; *chemifche aufløfung.* Deftruction, fé-paration, à l'aide d'agens chimiques, de divers principes auparavant réunis dans une feule & même fubftance.

La *décompofition chimique* diffère de l'analyfe, en ce que celle-ci, qu'elle foit naturelle ou artifi-cielle, tend à ifoler les principes conftituans d'un corps, au lieu que l'autre ne tend qu'à détruire leur affemblage d'une manière quelconque. Ainfi, la *décompofition* de l'eau eft opérée par les métaux lorfqu'on les diffout dans l'acide muriatique ou dans l'acide fulfurique étendu d'eau; mais les mé-taux, en abforbant l'oxigène, fe combinent avec lui pour former des oxides, & devenir propres, par cet état de combinaifon, à être folubles dans l'acide. L'hydrogène eft le feul compofant de l'eau qui fe dégage dans cette opération; mais il n'y a d'a-nalyfe qu'autant qu'on retire cet oxigène uni aux métaux, & qu'on recueille le gaz hydrogène fé-paré, ou au moins qu'autant qu'on évalue, par des moyens appropriés, la quantité refpective des deux élémens. *Voyez* ANALYSE.

Quoique la *décompofition chimique* foit une des connoiffances effentielles du chimifte, l'analyfe qui lui fait connoître les principes conftituans des corps & la proportion de ces principes, lui de-vient plus effentielle encore. La *décompofition,* comme l'analyfe, fépare les fubftances les unes des autres, à l'aide d'un grand nombre d'agens, parmi lefquels la chaleur eft un des principaux.

DÉCOMPOSITION DE L'EAU; decompofitio aquæ;

waſſer auflœſung. Opération par laquelle on *décompoſe* l'eau & on en retire deux ſubſtances, l'une de l'oxigène & l'autre de l'hydrogène, & dont la ſomme des poids eſt abſolument égale à celle de l'eau *décompoſée*.

Pendant long temps l'eau a été regardée comme une ſubſtance ſimple; ce n'eſt qu'en 1780 que Monge à Mézières, & Cavendish à Londres, remarquèrent qu'en brûlant de l'hydrogène avec de l'oxigène, on obtenoit une quantité d'eau égale en poids à celle des deux ſubſtances employées, & qu'enſuite Lavoiſier répéta cette expérience avec beaucoup de ſoin, devant les ſavans les plus diſtingués qui étoient réunis à Paris à cette époque. C'eſt alors que l'on crut devoir regarder l'eau comme une ſubſtance compoſée, quoique, juſque-là, les philoſophes de tous les ſiècles l'euſſent conſidérée comme une ſubſtance ſimple & élémentaire, ou mieux, comme l'un des quatre élémens qui entroient dans la compoſition de tous les corps.

Mais les belles expériences de Monge, Cavendish & Lavoiſier, avoient beſoin, pour être complètes, que l'eau fût *décompoſée* en ſes deux élémens; alors on réuniſſoit l'analyſe à la ſynthèſe, & la preuve, la compoſition de l'eau, devenoit auſſi évidente qu'une vérité phyſique peut l'être pour l'eſpèce humaine.

Meuſnier ſe chargea de cette *décompoſition*, en ſe fondant ſur deux expériences faites par Haſſenfratz dans la forge de Volfsberg en Carinthie. Ce ſavant, alors élève des mines, avoit obſervé qu'en plongeant ſous une cuve pleine d'eau, un charbon embraſé ou du fer incandeſcent, on obtenoit du gaz hydrogène: dans le premier cas, le gaz hydrogène étoit combiné avec du charbon, & dans le ſecond, le gaz étoit parfaitement pur.

Alors Meuſnier compoſa l'appareil, *fig.* 712, formé d'un grand tube de porcelaine ou de verre, EF, placé dans un long fourneau; ce tube communiquoit, d'une part en E, avec un réſervoir d'eau A, par le moyen d'une ou de deux alonges; un robinet B donnoit la facilité de retenir l'eau, ou de la laiſſer s'écouler dans le tube avec le degré de viteſſe que l'on deſiroit; l'autre extrémité, F, communiquoit avec un réfrigérant S, par le moyen d'une alonge; le liquide du réfrigérant tomboit dans un flacon à deux tubulures H, & le gaz qui y arrivoit avec l'eau ſe levoit par le tube KKK, qui plongeoit ſous le récipient M, deſtiné à le recevoir; toutes les jointures des communications étoient parfaitement lutées en LLL. (*Voyez* le *Journal de Phyſique*, année 1804, tom. I, pag. 388.) On peut, à la place du réſervoir A, ſubſtituer une cornue A, *fig.* 712 (*a*); alors l'appareil en eſt beaucoup plus ſimplifié; mais au lieu du robinet qui gradue l'écoulement de l'eau, on place la cornue ſur un fourneau, afin de faire chauffer l'eau & de la faire vaporiſer plus ou moins rapidement.

Nous allons extraire du *Traité élémentaire de Chimie* de Lavoiſier, tom. Ier., pag. 88 & ſuivantes, les trois principales expériences par leſquelles on prouve la *décompoſition de l'eau*.

Si le tube étant vide & propre, on allume le feu dans le fourneau, qu'on l'entretienne de manière à faire rougir le tube EF, *fig.* 712, ſans le fondre, & qu'en même temps on allume le feu dans le fourneau VVXX, pour entretenir toujours bouillante l'eau de la cornue A, *fig.* 712 (*a*), on obſerve qu'à meſure que l'eau de la cornue A ſe vaporiſe par l'ébullition, elle remplit l'intérieur du tube EF, *fig.* 712, & elle en chaſſe l'air commun qui s'évacue par le tube KK. Le gaz aqueux eſt enſuite condenſé par le refroidiſſement dans le ſerpentin SS, & l'eau tombe goutte à goutte dans le flacon tubulé H.

En continuant cette opération juſqu'à ce que toute l'eau de la cornue A ſoit évaporée, & en laiſſant bien égoutter les vaiſſeaux, on retrouve, dans le flacon H, une quantité d'eau rigoureuſement égale à celle qui étoit dans la cornue A, ſans qu'il y ait eu dégagement d'aucun gaz; en ſorte que cette opération ſe réduit à une ſimple diſtillation ordinaire, dont le réſultat eſt abſolument le même que ſi l'eau n'eût point été portée à l'état incandeſcent, en traverſant le tube intermédiaire EF.

Diſpoſant tout comme dans l'expérience précédente, avec cette différence ſeulement qu'on introduit, dans le tube EF, 28 grains de charbon concaſſé en morceaux de médiocre groſſeur, & qui, préalablement, a été expoſé à une chaleur incandeſcente dans des vaiſſeaux fermés, on fait, comme dans l'expérience précédente, bouillir l'eau de la cornue A juſqu'à évaporation totale.

Auſſitôt l'eau de la cornue A ſe diſtille; dans cette expérience, comme dans la précédente, elle ſe condenſe dans le ſerpentin, & coule goutte à goutte dans le flacon H; mais en même temps il ſe dégage une quantité conſidérable de gaz qui s'échappe par le tuyau KK, & qu'on recueille dans un appareil convenable.

L'opération finie, on ne retrouve plus, dans le tube EF, que quelques atomes de cendre; les 28 grains de charbon ont totalement diſparu.

Examinant avec ſoin les gaz qui ſe ſont dégagés, on voit d'abord qu'ils pèſent exactement 113,7 grains, enſuite qu'ils ſont de deux eſpèces, ſavoir, 144 pouces de gaz acide carbonique, peſant 100 grains, & 380 pouces cubiques d'un gaz extrêmement léger, peſant 13,7 grains, & qui s'allume par l'approche d'un corps enflammé, lorſqu'il a le contact de l'air; ſi on vérifie enſuite le poids de l'eau paſſée dans le flacon, on la trouve diminuée de 85,7 grains.

Mais pour former 100 grains d'acide carbonique, il faut unir 72 grains d'oxigène & 28 de charbon; donc les 28 grains de charbon, placés dans le tube de verre, ont enlevé à l'eau 72 grains d'oxigène,

& ont fait dégager 13,7 grains d'un gaz fufceptible de s'enflammer.

Tout étant difpofé comme dans l'expérience précédente, avec cette différence, qu'au lieu de 28 grains de charbon, on met dans le tube E F 274 grains de petites lames de fer très-doux, roulées en fpirale, on fait rougir le tube comme dans les expériences précédentes; on allume le feu fous la cornue A, & on entretient l'eau qu'elle contient toujours bouillante, jufqu'à ce qu'elle foit entièrement évaporée, qu'elle ait paffé en totalité dans le tube E F, & qu'elle fe foit condenfée dans le flacon H.

Il fe dégage, dans cette expérience, un gaz inflammable treize fois plus léger que l'air de l'atmofphère : le poids total que l'on en obtient, eft de 15 grains, & fon volume d'environ 416 pouces cubiques. Si l'on compare la quantité d'eau primitivement employée avec celle reftante dans le flacon H, on trouve un déficit de 100 grains; d un autre côté, les 274 grains de fer, renfermés dans le tube E F, fe trouvent pefer 85 grains de plus que lorfqu'on les y a introduits, & leur volume fe trouve confidérablement augmenté : ce fer n'eft prefque plus attirable à l'aimant; il fe diffout fans effervefcence dans les acides; en un mot, il eft dans l'état d'oxide noir, précifément comme celui qui a été brûlé dans le gaz oxigène.

On voit par ces trois expériences, 1°. que lorfque l'eau eft expofée feule à la chaleur de l'incandefcence dans un tube de verre ou de porcelaine, elle n'éprouve aucun changement autre que de changer d'état; 2°. qu'en expofant l'eau à la chaleur de l'incandefcence, à l'action du charbon ou du fer, ces deux combuftibles décompofent l'eau en deux fubftances oxigène & hydrogène; que le charbon forme de l'acide carbonique avec l'oxigène de l'eau, & le fer de l'oxidule de fer; enfin, que l'hydrogène qui fe dégage, dans ces deux circonftances, eft obtenu à l'état de pureté dans la décompofition de l'eau par le fer, tandis qu'il eft combiné avec du carbone dans la décompofition de l'eau par ce combuftible. Enfin, que, dans ces deux circonftances, le poids des deux gaz obtenus eft égal à celui de l'eau décompofée, & que la proportion des gaz eft de 85 parties pondérables d'oxigène fur 15 parties pondérables d'hydrogène.

En foumettant de l'eau à l'action de l'électricité naturelle ou de l'électricité galvanique, on la décompof. en fes deux élémens oxigène & hydrogène, que l'on peut obtenir féparément, & cela dans la proportion de 85 & 15, ou de 17 à 3 environ, proportion dans laquelle les deux gaz fe combinent pour former de l'eau.

Auffitôt que l'on eut découvert la compofition de l'eau & fa décompofition par le charbon & le fer incandefcent, on diftingua une foule de circonftances dans lefquelles cette décompofition avoit lieu, & que l'on n'avoit pas encore remarquées jufque-là; telles font, par exemple, l'oxidation du

fer, du zinc, & de plufieurs autres métaux expofés à l'humidité; la diffolution des métaux dans les acide muriatique & fulfurique étendus d'eau; la décompofition des végétaux dans les marais bourbeux; la végétation, &c. &c. Dans les trois premières circonftances, il y a dégagement de gaz hydrogène; l'oxigène eft employé à former des oxides ou de l'acide carbonique; dans la dernière, il y a dégagement d'oxigène; l'hydrogène fe combine avec le carbone. Enfin, rien n'eft plus commun aujourd'hui que l'obfervation de la décompofition de l'eau, on peut rapporter à cette décompofition, finon tout, au moins la plus grande partie du gaz hydrogène qui fe dégage.

DÉCOMPOSITION DES ALCALIS ET DES TERRES : opération chimique par laquelle on décompofe les alcalis & les terres.

Quoique la décompofition des alcalis & des terres puiffe être confidérée comme appartenant exclufivement à la chimie, deux caufes nous ont déterminés à en parler dans ce Dictionnaire : 1°. parce qu'il n'en eft pas fait mention dans le Dictionnaire de Chimie de l'Encyclopédie; 2°. parce que la découverte de cette décompofition eft due à des expériences de phyfique, à l'action de la pile galvanique. Voyez GALVANISME.

Davy ayant fourni, en 1807, de la potaffe & de la foude à l'action électrique d'une batterie galvanique de 100 paires de plaques de fix pouces en carré, & de 150 paires de quatre pouces, ce favant eft parvenu à décompofer la potaffe & la foude; il plaçoit, pour cet effet, ces fubftances humectées fur une lame de platine, en les expofant au circuit galvanique; l'oxigène fe dégageoit, & les alcalis étoient réduits à leur bafe primitive, c'eft-à-dire, en une matière particulière éminemment inflammable, qui prend la forme & l'apparence de petits globules de mercure, mais plus légère qu'aucun autre liquide; car ils nagent dans la naphte diftillée. La pefanteur fpécifique de la bafe de la potaffe eft eftimée 0,6, l'eau étant repréfentée par l'unité.

A la température de la glace, ces globules font durs & caffans; brifés, i's préfentent, au microfcope, l'apparence de la criftallifation : à la température de 3°,5 R., ils font mous; à 12,4, ils font liquides, & ils fe volatilifent à 30°,2. Voyez POTASSIUM, SODIUM.

Pour obtenir ces globules, on mettoit, fur le difque ifolé de platine, un morceau de potaffe pefant 40 à 70 grains, ou un morceau de foude pefant 15 à 20 grains; le côté négatif d'une pile de 250 plaques de fix & de quatre pouces dans un grand état d'activité, étoit mis en contact avec le difque de platine, & le côté pofitif étoit mis en contact avec la furface fupérieure de l'alcali, à l'aide d'un fil de platine.

Il fe manifefta une action très-vive, l'alcali fe fondit aux deux points de l'électrifation, une effervefcence violente fe montra à la furface-fupérieure ; à la furface inférieure ou négative, on ne vit aucun dégagement de fluide élaftique, mais on découvrit de petits globules qui ont un éclat métallique très-brillant, & qui reffemblent tout-à-fait à du mercure : quelques-uns brûlent avec explofion, & produifent une flamme vive à l'inftant où ils font formés ; d'autres fubfiftent, mais ne tardent pas à être ternis, & finalement couverts par un enduit blanc qui fe forme à leurs furfaces : ces globules font la bafe inflammable de la potaffe On peut voir les détails de ces expériences dans le Mémoire lu par Davy à la Société royale de Londres, les 12 & 19 novembre 1807.

Siebeck de Jena a effayé, en 1808, pour décompofer l'ammoniaque, un procédé qui a été appliqué à tous les fels à bafe terreufe & alcaline ; il eft plus avantageux que celui qui a d'abord eté employé par Davy, en ce qu'il procure la facilité d'obtenir une plus grande quantité de bafe de ces fubftances. Voici en quoi il confifte.

On prend un fragment de fel ou de l'oxide que l'on veut décompofer ; on y creufe une cavité qui doit être auffi profonde que poffible, & qu'on remplit de mercure ; on place ce fragment fur une plaque métallique, & l'on fait communiquer les deux pôles d'une pile de 200 paires, favoir, le pôle pofitif, avec la plaque métallique, & le pôle négatif, avec le mercure ; la pile étant en activité, le mercure contient bientôt affez de bafe pour fe folidifier : alors on le verfe dans de l'huile de naphte ou de pétrole rectifiée, & l'on remplit la cavité d'une nouvelle quantité de mercure.

Pour féparer la bafe du fel, du mercure avec lequel elle eft combinée, on met cet alliage dans une petite cornue avec de l'huile de naphte ; on adapte au col de cette cornue un petit récipient ; on bouche la tubulure de ce récipient avec un bouchon à peine troué, & on procède à la diftillation : l'huile fe vaporife, chaffe l'air ; bientôt après, le mercure fe vaporife lui-même en grande partie, de forte que la bafe du fel qui refte au fond de la cornue en retient à peine ; on met la bafe du fel dans de l'huile, pour la préferver de l'oxidation

On n'a encore obtenu à l'état de pureté que les bafes de la chaux, de la ftrontiane, de la baryte, de la foude & de la potaffe. Davy étant parvenu à amalgamer du mercure avec une fubftance retirée des fels ammoniacaux par le même procédé, annonçoit avoir décompofé l'ammoniaque & en avoir féparé l ammonium ; mais Gay-Luffac & Thenard ont fait voir que la fubftance amalgamée avec le mercure étoit une combinaifon d'ammoniaque & d'hydrogène ; ce qui auroit pu faire croire que les globules avec éclats métalliques, retirés des terres & des alcalis, étoient des fubftances compofées. Voyez les Recherches phyfico-chimiques de Gay-Luffac & Thenard, tom. 1er., pag. 52.

Le peu de bafe alcaline que l'on obtient en

faifant ufage du galvanifme, a déterminé les deux chimiftes França s, Gay-Luffac & Thenard, à tenter d'autres méthodes, & ils font parvenus à décompofer les alcalis par un moyen chimique, & ont obtenu le potaffium & le fodium en affez grande quantité.

« Pour cela, on prend un canon de fufil B c, fig. 713 ; on le décape ou on le nettoie intérieurement, en le frottant avec du fable & de l'eau, & on le fèche en le frottant avec un linge ou du papier ; enfuite on le fait rougir en c' & en B, pour le courber comme on le voit dans la figure ; alors on le recouvre, depuis B' jufqu'en c', d'une couche d'environ feize millimètres d'épaiffeur d'un lut fait avec cinq parties de terre à potier : on laiffe fécher ce lut à l'ombre pendant cinq à fix jours, au bout defquels on l'expofe au foleil ou à une douce chaleur, pour en achever la deffication ; s'il s'y fait quelques gerçures, on les répare avec du lut frais. Voyez LUT.

» Dès que le canon eft bien luté, on le remplit, depuis B' jufqu'en c, de tournure de fer décapée par la trituration ; on le difpofe dans un fourneau à réverbère, comme on le voit fig. 713 ; on l'affujettit dans ce fourneau avec des fragmens de briques & du lut infufible, ou de même nature que celui qui recouvre le canon ; après quoi on met des fragmens d'hydrate de potaffe ou de foude, depuis B' jufqu'en A', & l'on adapte, d'une part, à l'extrémité fupérieure A, un tube de verre qu'on fait plonger dans le mercure, &, d'une autre part, à l'extrémité inférieure D, un récipient de cuivre G G', H H', formé de deux pièces qui s'élargiffent & entrent à frottement l'une dans l'autre. Ce récipient, placé fur un fupport L L', reçoit, par fon ouverture G G', l'extrémité du canon D, & par fon autre ouverture H H', un bouchon portant un tube de verre recourbé I. Enfin, on fait rendre le tuyau d'un bon foufflet dans le cendrier, par la porte P, qu'on bouche enfuite avec de la terre & des briques, & on établit une grille demi-cylindrique E' de fil de fer, fous la partie A'B' du canon, de manière qu'elle l'enveloppe inférieurement & latéralement, & qu'elle en foit diftante d'environ un pouce.

» Après avoir ainfi difpofé l'appareil, lorfque les portes du cendrier font bien bouchées, que toutes les fiffures le font également, & que les luts font bien fecs, on verfe alternativement, par la cheminée, du charbon froid & du charbon incandefcent dans le fourneau, jufqu'à ce qu'il foit prefque plein. On met un linge mouillé en B' de crainte que l'hydrate ne fonde ; l'on fouffle lentement, jufqu'à ce que la flamme apparoiffe au deffus du dôme. A cette époque on augmente le courant d'air, de manière à le rendre bientôt le plus fort poffible. Auffitôt que le canon de fufil eft exceffivement chaud, on enlève le linge placé en B' & on fond l'hydrate contenu en B' B'', en plaçant peu à peu affez de charbon incandefcen fur la grille, pour entourer cette partie du tube; l'hydrate, en fondant, fe rend en B, & fe trouve par conféquent en contaĉt avec la tournure de fer à une très-haute température : d'où il réfulte que les conditions néceffaires pour la *décompofition* du deutoxide de potaffium ou de fodium, font remplies; mais comme l'eau à laquèlle il eft uni fe trouve décompofée en même temps que lui, on doit obtenir tout à la fois, & on obtient, en effet, du potaffium ou du fodium, & du gaz hydrogène. Le potaffium ou le fodium fe volatilife & fe condenfe à l'extrémité C D du canon, & de-là tombe à l'état liquide dans le récipient G G', H H'. Quant à l'hydrogène, il fe dégage à l'état de gaz par l'extrémité du tube I, entraînant quelquefois avec lui des matières qui le rendent nébuleux, & quelquefois même du potaffium & du fodium qui s'enflamme.

» Plufieurs fignes permettent de reconnoître fi l'opération va bien; le plus fûr de tous eft le dégagement du gaz, qui doit être rapide, fans qu'il en réfulte des vapeurs trop épaiffes à l'extrémité du tube de verre I. Lorfque ce dégagement fe ralentit beaucoup, ce qu'on reconnoît en plongeant de temps en temps le tube dans l'eau, on en conclut qu'il n'y a prefque pas d'hydrate dans la partie B' B'', & on fond celle qui eft en B'' B''', en l'entourant de charbon incandefcent comme la précédente, & ainfi de fuite : l'opération eft terminée quand le feu a été porté fucceffivement jufqu'en A'; alors on enlève le canon de fufil & on le laiffe refroidir, après avoir bouché avec du lut les tubes A & I. On trouve tout le potaffium ou le fodium dans le récipient G G' H H'; on l'en retire avec une tige de fer courbe, en féparant la partie H H'; on le reçoit & on le conferve dans un flacon à gros goulot, bouché à l'émeri & plein d'air, ou en partie plein d'huile de pétrole diftillée.

» Il arrive quelquefois qu'au milieu de l'opération, les gaz ceffent tout-à-coup de fe dégager par le tube I, & fe dégagent par le tube M; ce phénomène annonce que le coup de feu n'eft pas affez fort, que le deutoxide de potaffium paffe à travers la tournure de fer fans fe décompofer. Dans ce cas, il faut mettre du feu autour de la partie D du canon, pour faire fondre le deutoxide de potaffium qui l'obftrue, & arrêter l'opération fi l'on n'y parvient pas.

» Quelquefois auffi il arrive que les gaz ne fe dégagent ni en I ni en M, quoiqu'on faffe fondre de nouvelles portions d'hydrate contenues en B' A'. On doit en conclure que les luts n'ont pas réfifté, & que le tube de fer, en s'oxidant, a été troué; alors on doit toujours arrêter l'opération, & la recommencer dans un autre tube.

» De 100 grammes d'hydrate on retire 25 grammes de potaffium, & on retrouve dans le canon 50 grammes de deutoxide échappé à la *décompofition*, probablement parce qu'il eft intimement combiné avec l'oxide de fer. Cette com-

binaifon, au milieu de laquelle fe trouve beaucoup de fer à l'état métallique, forme une maffe très-adhérente, qu'il eft difficile de détacher autrement que par des coups de marteau ou des lotions répetées.

Au lieu d'hydrate de foude pur, il vaut mieux, pour obtenir le fodium, employer l'hydrate de potaffe, parce que la réduction fe fait plus facilement, ou à une température moins élevée. A la vérité on obtient un alliage de potaffium & de fodium qui eft folide, caffant, grenu; mais en le mettant fous forme de plaque dans l'huile de naphte, & renouvelant de temps en temps l'air du vafe, le potaffium feul fe brûle dans l'efpace de quelques jours; alors le fodium eft pur, & il a acquis, pour ainfi dire, la ductilité de la cire. »

Cette defcription de l'opération chimique de Gay-Luffac & Thenard, pour obtenir le potaffium & le fodium, a été copiée dans le *Traité de Chimie* de Thenard, tom. II, pag. 681.

Pour connoître les bafes métalliques des alcalis & des terres, *voyez* CALCIUM, STRONTIUM, BARIUM, POTASSIUM, SODIUM, AMMONIUM.

DÉCOMPOSITION DES FORCES; refolutio virium; *zerlegung der krafte*. Divifion d'une puiffance en deux ou plufieurs autres.

On a vu à l'article COMPOSITION DU MOUVEMENT, que deux ou plufieurs puiffances qui agiffent à la fois fur un corps, peuvent être réduites en une feule, & on a expliqué de quelle manière fe fait cette réduction; c'eft ce qu'on appelle *compofition des forces*. Réciproquement on peut tranformer une puiffance qui agit fur un corps en deux autres; leurs directions & leurs valeurs feront figurées par les côtés d'un parallélogramme, dont la diagonale repréfentera la direction & la valeur de la puiffance donnée : il eft vifible que chacune de ces deux puiffances, ou l'une des deux feulement, peut fe changer de même en deux autres. Cette divifion, pour ainfi dire, d'une puiffance en plufieurs autres, s'appelle *décompofition*; elle eft d'un ufage extrême dans la ftatique & dans la mécanique, & Varignon, entr'autres, en a fait beaucoup d'ufage pour déterminer les forces des machines, dans fon Projet d'une nouvelle mécanique, & dans fa Nouvelle mécanique, imprimés depuis fa mort. (*Voyez-en* un exemple à l'article COIN.) Quand une puiffance A fait équilibre à plufieurs autres B, C, D, &c., il faut qu'en *décompofant* cette puiffance en plufieurs autres que j'appellerai *b*, *c*, *d*, &c., qui foient dans la direction de B, de C & de D, les puiffances *b*, *c*, *d* foient égales aux puiffances B, C, D, & agiffent en fens contraire. Quand une puiffance ne peut exercer toute fa force, à caufe d'un obftacle qui l'arrête en partie, il faut la *décompofer* en deux autres, dont l'une foit entièrement anéantie par l'obftacle : ainfi, quand un corps pefant eft pofé fur un plan incliné, on *décompofe* la pefanteur en deux forces; l'une perpendiculaire au plan, & que le plan détruit entièrement; l'autre parallèle au plan, & que le plan n'empêche nullement d'agir. Quand plusieurs puissances agissent, de quelque manière que ce puisse être, & se nuisent en partie, il faut les *décomposer* en deux ou plusieurs autres, dont les unes se détruisent tout-à-fait, & les autres ne se nuisent nullement. C'est là le grand principe de la dynamique.

Au reste, quand on *décompose* une puissance, en mécanique, il ne faut pas croire que les puissances composantes ne fassent qu'un tout égal à la composée; la somme des puissances composantes est toujours plus grande, par la raison que la somme des côtés d'un parallélogramme est toujours plus grand que la diagonale; cependant ces puissances n'équivalent qu'à la puissance simple que la diagonale représente, parce qu'elles se détruisent en partie, & sont en partie conspirantes. *Voyez* COMPOSITION DU MOUVEMENT.

DÉCOMPOSITION MATHÉMATIQUE; decompositio mathematica; *ze legen*. Division en plusieurs parties: ainsi, on *décompose* un polygone quelconque en triangles pour en trouver la surface; on *décompose* un produit dans ses facteurs, &c.

DÉCOMPOSITION PAR LE GALVANISME; decompositio per galvanismum; *auflœsung mit galvanische*. Action de l'électricité galvanique sur les corps, & à l'aide de laquelle on les *décompose*.

Deux savans anglais, Carlisle & Nicholson, paroissent être les premiers qui aient aperçu la *décomposition* de l'eau par la pile galvanique. Ayant plongé dans l'eau deux fils métalliques, dont l'un communiquoit avec le disque supérieur d'une pile ordinaire, & l'autre avec le disque inférieur, ces deux savans aperçurent les indices de deux gaz qui se dégageoient aux extrémités de ces fils; l'un étoit du gaz oxigène, l'autre du gaz hydrogène; conséquemment les deux substances qui entrent dans la *décomposition* de l'eau. Depuis, Rissault, Chompré, Pacchiani, Davy, Gay-Lussac, Thenard & beaucoup d'autres, soumirent diverses substances à l'action de la pile galvanique, & parvinrent à les *décomposer* également.

Si l'on plonge dans de l'eau deux fils métalliques non oxidables, A B, *fig.* 714, tels que le platine, l'or, &c.; que l'un de ces fils, B, communique avec le pôle positif P de la pile, & l'autre, A, avec l'extrémité négative N (*voy.* GALVANOMOTEUR, PILE DE VOLTA); approchant ces fils l'un de l'autre, & couvrant chacun d'eux d'un tube de verre C, D, on voit des bulles se dégager le long des fils, & se rendre dans les tubes: le fil qui communique à l'extrémité positive produit du gaz oxigène, & celui qui communique au pôle négatif produit du gaz hydrogène.

Lorsque les deux fils métalliques sont placés dans le même réservoir d'eau, le phénomène de la *décomposition* dure autant de temps que la pile peut exercer d'action: le dégagement est vif & considérable lorsque la pile est dans toute sa force; il se ralentit graduellement à mesure que l'action de la pile diminue d'intensité; enfin, le dégagement des gaz cesse dès que l'action de la pile n'a plus assez de force; mais si les fils sont placés dans deux vases différens, le dégagement cesse au bout d'un temps très-court. Davy s'est assuré que l'on pouvoit le faire continuer en établissant une communication galvanique entre les deux vases, & Hassenfratz a fait voir que la continuation pouvoit avoir également lieu en changeant de pôle la communication des fils séparés.

Monge & Berthollet expliquent ce fait particulier, en observant que l'eau n'est pas une substance identique; qu'il pouvoit exister de l'eau avec excès d'oxigène, telle est celle qui provient de la neige & de la rosée; que d'autre pouvoit avoir des excès d'hydrogène, telle est l'eau fraîchement distillée; mais que ces excès d'oxigène & d'hydrogène avoient des limites; qu'ainsi, le fil qui communiquoit à l'extrémité positive de la pile faisoit dégager de l'oxigène, jusqu'à ce que l'eau fût tellement surchargée d'hydrogène, qu'un nouveau dégagement d'oxigène ne puisse plus avoir lieu; de même que le fil communiquant à l'extrémité négative de la pile ne laissoit dégager d'hydrogène qu'autant que l'oxigène surabondant ne faisoit pas équilibre à la force du dégagement occasionné par l'action de la pile: alors l'un des vases contenoit de l'eau hydrogénée, & l'autre de l'eau oxigénée. Si, dans cette circonstance, on change l'action électrique des vases, c'est-à-dire, si l'on fait communiquer l'eau hydrogénée avec le pôle négatif, & l'eau oxigénée avec le pôle positif, l'action galvanique fait d'abord dégager l'hydrogène & l'oxigène en excès, puis elle enlève à l'eau de chaque vase de l'hydrogène & de l'oxigène, jusqu'à ce que l'action de l'oxigène & de l'hydrogène en excès, dans l'eau de chaque vase, fasse équilibre à l'action galvanique.

Il résulte de cette explication, que, lorsque l'on change les pôles positif & négatif, après la cessation du dégagement, il doit se produire beaucoup plus de gaz des deux vases séparés, qu'il ne s'en étoit dégagé lorsque l'on avoit commencé la *décomposition* de l'eau dans des vases où l'eau étoit à l'état de saturation; ce qui est conforme à l'expérience; mais il faut toutefois tenir compte de l'état de la pile.

Si les fils métalliques sont oxidables, celui qui communiqué au pôle négatif dégage seul du gaz, & l'autre, qui a de l'affinité avec l'oxigène, se combine avec lui, & forme un oxide métallique; ainsi, dans ce cas particulier, on n'obtient que du gaz hydrogène seulement.

Exerçant l'action des deux pôles galvaniques sur des substances oxigénées, on sépare, par le fil communiquant à l'extrémité positive, les substances ou les bafes oxigénées ; & à l'aide de l'autre fil, on fépare les fubftances alcalines ou métalliques combinées avec les bafes oxigénées. C'eft ainfi que, dans les muriates de foude & de chaux, on fépare l'acide muriatique de la foude & de la chaux ; que, dans les nitrates de foude & de plomb, on fépare l'acide nitrique de la foude & du plomb ; que, dans l'oxide d'argent, on revivifie l'argent ; enfin, que l'on décompofe la potaffe, la foude, la chaux, la baryte & la ftrontiane, qu'on leur enlève leur oxigène, & que l'on en fépare le potaffium, le fodium, &c.

DÉCOMPOSITION SPONTANÉE ; diffolutio fpontanea ; *freiwtlig auflœfung*. *Décompofition* qui fe fait naturellement fans que des caufes accidentelles y contribuent.

DÉCOMPOSITION SPONTANÉE DES ANIMAUX ; diffolutio fpontanea animalium. *Décompofition des animaux* qui fe fait fpontanément ; telle eft la *décompofition* fubite de quelques individus. *Voyez* COMBUSTION SPONTANÉE, COMBUSTION HUMAINE.

DÉCOMPOSITION SPONTANÉE DE LA SOIE ; diffolutio fpontanea ferici. *Décompofition de la foie* qui fe fait fpontanément.

On trouve, pag. 381, tom. XXVI de la *Bibliothèque britannique*, un exemple affez fingulier d'une *décompofition fpontanée* de vêtemens de foie.

Dans la nuit du 19 mars 1802, pendant la feffion du congrès à Washington, Jonathan Dayfon, un des membres du Sénat, député par l'État de New-Jerfey, éprouva l'accident fingulier qu'on va décrire.

En fe déshabillant pour fe mettre au lit, le dernier vêtement qu'il quitta fut deux paires de bas qu'il avoit mifes l'une fur l'autre, favoir, une de laine deffous & une de foie par-deffus. Lorfqu'il eut ôté fes bas de foie, il les laiffa fur un tapis de laine, auprès du lit, avec une de fes jarretières, qui étoit d'un tiffu de laine blanche ; il jeta un peu plus loin, vers le pied du lit, fes bas de laine ; il obferva, au moment où il tira fes bas de foie de deffus ceux de laine, des étincelles & un pétillement électrique plus fort qu'à l'ordinaire ; mais accoutumé à ce phénomène, il n'y fit pas grande attention.

Le lendemain matin, on remarqua que l'une des pantoufles, reftée fur le tapis & recouverte en partie de l'un des bas quittés la veille, étoit fort brûlée : la partie du cuir fur laquelle les bas avoient repofé, étoit convertie en charbon ; les bas eux-mêmes étoient devenus de couleur brun-foncé ; ils étoient réduits à l'état de charbon, à l'exception d'une partie du talon d'un des bas qui n'étoit pas *décompofée :* tout ce qui avoit eu contact avec les bas, le tapis, la jarretière, le plancher de

fapin étoient brûlés dans l'endroit que le bas avoit touché.

Il n'y avoit que très-peu de feu fur le foyer de la cheminée, & les bas en étoient éloignés de neuf pieds ; la chandelle avoit été éteinte avec foin : d'ailleurs, aucune application des charbons allumés ou de la chandelle n'auroit pu produire les effets que l'on obferve, puifqu'il n'y a eu de combuftion que la feule où il y a eu contact de la foie.

Quelle eft la théorie de ce phénomène ? avec quel autre fait peut-on le mettre en rapport ? Quelle que foit l'opinion des favans fur ce point, il paroît évident que fi des corps auffi peu inflammables que le font le cuir, la foie & la laine, font fufceptibles d'une combuftion fpontanée, les exemples de ce phénomène, avec des fubftances plus combuftibles, doivent être beaucoup plus fréquens qu'on ne le penfe communément.

DÉCOURS ; luna decrefcens ; *abnehmen der mond* ; f. m. Temps qui s'écoule depuis la pleine lune jufqu'à la nouvelle lune, parce qu'alors la portion de fon hémifphère éclairé que la lune nous préfente, va toujours en diminuant, jufqu'à ce qu'enfin cet hémifphère nous foit entièrement caché.

Décours eft oppofé à croiffant. *Voyez* CROISSANT.

DÉCRÉPITATION, de la particule négative *de*, & de *crepito*, pétiller ; decrepito ; *abknistern* ; f. f. Bruit ou pétillement que le fel fait lorfqu'on le calcine, ou, plus exactement, la prompte féparation des molécules conftituantes d'un corps, avec bruit ou pétillement.

Ce phénomène eft dû à la prompte expanfion de l'eau de criftallifation qui, réduite en vapeur par la chaleur, eft obligée, pour s'échapper, de brifer les lames du criftal, & fouvent même de les jeter au loin. Un des caractères du fel marin eft de *décrépiter* fur le feu. *Voyez* CRÉPITATION.

DÉCROISSEMENT ; diminutio ; *abnehmen* ; f. m. Diminution fenfible & graduelle d'un objet.

DÉCROISSEMENT DE LA LUNE ; luna decurrens ; *abnehmen der mond*. Diminution fenfible & graduée dans la lumière de la lune. *Voyez* DÉCOURS.

DÉCROISSEMENT DES CRISTAUX ; decrefcentia criftallorum. Diminution graduelle que les lames des criftaux éprouvent, foit fur leur arête, foit dans les angles.

Haüy a prouvé, par l'expérience & par l'analyfe, que tous les criftaux étoient formés de molécules d'une forme régulière, fuperpofées dans un ordre fixe & déterminé ; il a fait voir que ces molécules formoient des lames, lefquelles, placées les unes fur les autres, produifoient un criftal

d'une

d'une forme conſtante & régulière, auquel il a donné le nom de *forme primitive*; que, le plus ſouvent, les criſtaux affeƈtoient cette forme conſtante, mais que ſouvent auſſi ils avoient des formes différentes, auxquelles il a donné le nom de *forme ſecondaire.*

En examinant avec ſoin les criſtaux ſecondaires, le célèbre criſtallographe français a fait voir qu'ils étoient formés d'un aſſemblage de lames qui, en partant de la forme primitive, *décroiſſent* en étendue, ſoit de tous les côtés à la fois, ſoit ſeulement dans certaines parties. Ce *décroiſſement* ſe fait par des ſouſtractions régulières d'une ou de pluſieurs rangées de molécules intégrantes; & la théorie, en déterminant le nombre de ces rangées, au moyen du calcul, parvient à repréſenter tous les réſultats connus de la criſtalliſation, & même à anticiper ſur les découvertes à venir, en indiquant les formes qui, n'étant encore qu'hypothétiques, pourront s'offrir un jour aux recherches des naturaliſtes.

C'eſt dans le *Traité de Minéralogie* d'Haüy, & particulièrement dans ſon premier volume, que l'on peut étudier & connoître non-ſeulement la loi du *décroiſſement des criſtaux*, mais encore puiſer des idées exaƈtes ſur leur formation.

DECUIS, Decusis, Decussis : monnoie romaine en uſage juſqu'à l'an 485 de la fondation de Rome. Le *decuis* = 2 qumqueſſis, = 4 ſeſtertium, = 10 livres, = 9,8765 francs.

DÉCUPELER ; infundere ; *abklœren*; v. a. Verſer doucement, par inclination, la liqueur qui ſurnage quelque matière. *Voyez* DECANTER.

DÉCUPLE ; decuplus ; *ſchenmal ſo viel*; ſ. m. Relation ou rapport entre une choſe ou une autre, qu'elle contient dix fois; ainſi, vingt eſt *décuple* de deux.

Il ne faut pas confondre *décuple* avec *décuplée* : une choſe eſt à une autre en raiſon *décuple*, lorſqu'elle eſt dix fois auſſi grande; & deux nombres ſont en raiſon *décuplée* de deux autres nombres, lorſqu'ils ſont comme la racine dixième de ces nombres : ainſi, 2 eſt à 1 en raiſon *décuplée* de 2¹⁰ à 1 ; car la racine dixième de deux, élevée à la dixième puiſſance, eſt deux. *Voyez* RACINE.

Les ſectateurs d'Ariſtote croient que l'air venant à ſe raréfier au *décuple*, change néceſſairement de nature, & prend la forme de feu.

DÉCUSSATION, de decuſis, *dixaine*; decuſſatio ; *zuſamen treffen zweier*; ſ. f. Croiſement des rayons de lumière.

On appelle *point de décuſſation*, le point où pluſieurs rayons de lumière ſe croiſent, tels que le foyer d'une lentille, d'un miroir, &c.; il y a auſſi une *décuſſation* des rayons au-delà du criſtallin, ſur l'organe de la vue, quand la viſion eſt diſtinƈte.

DÉDAIGNEUX; faſtidioſus, muſculus abductor; *hœhniſche*; *muſkel am auge*; ſ. m. L'un des quatre muſcles de l'œil, parce qu'il ſert à faire tourner l'œil de côté, ce que l'on fait lorſqué l'on regarde quelqu'un avec mépris. *Voyez* ABDUCTEUR.

DÉDYMNÉE; dedymneus ; *dedymne.* Premier mois de l'année, chez les Achéens, qui répondoit à janvier.

DÉFAILLANCE ; déliquium; *zerflieſſen*; ſ. f. Liquéfaction ou réſolution d'une ſubſtance ſolide en liquide, en l'expoſant à l'action de l'humidité; ainſi, le carbonate de potaſſe, expoſé à l'action de l'humidité, s'en empare, devient liquide, & prend le nom d'*huile de tartre par défaillance.*

DÉFAUT ; vitium; *fehler*; ſ. m. Imperfection, vice naturel ou acquis.

On donne le nom de *défaut*, en hydraulique, à la différence qui ſe trouve entre la hauteur où les jets s'élèvent, & celle où ils devroient s'élever. *Voyez* JETS.

DÉFAUTS DE LA VUE ; vitia viſûs; *geſichtz fehler.* *Défauts*, vices que l'on obſerve dans un grand nombre de vues. Cullen, dans ſes *Eſſais ſur la Noſologie médicale*, diſtingue quatre ſortes de défauts de la vue, auxquels il a donné les noms de *caligo*, *amauroſis*, *dyſopia*, *pſeudoblepſis.*

Caligo, c'eſt l'obſcurciſſement de la vue par une cauſe indépendante du réticule ou de la membrane réticulaire; ainſi, le *caligo* peut être produit par un obſtacle placé devant la membrane réticulaire, & qui empêche la lumière d'y parvenir; par un *défaut* des paupières; des taches ſur la cornée; une maladie de l'humeur aqueuſe; un obſcurciſſement de l'humeur vitrée; une obſtruction, contraction ou adhérence de la prunelle; enfin, l'opacité du criſtallin : dans ce dernier cas, on le nomme *cataracte. Voyez* CATARACTE.

Amauroſis ou *goutte ſereine* eſt une diminution ou perte entière de la vue ſans *défauts* viſibles. Cette maladie eſt ſouvent incurable; elle peut être occaſionnée par la perte de la faculté de contracter la pupille par une paralyſie du nerf optique, par une inſenſibilité de la réticule.

Dyſopia eſt une foibleſſe de la vue qui ne permet à l'œil de voir qu'à une certaine diſtance, avec une certaine force de lumière & dans une certaine poſition. On place parmi les *diſopia*, les myops & les presbytes, les héméralopiſtes ou albinos, les ſtrabiſtes, &c. *Voyez* MYOPS, PRESBYTES, HÉMÉRALOPISTES, ALBINOS.

Pſeudoblepſis eſt une maladie qui fait apercevoir des choſes qui n'exiſtent pas, ou qui fait voir les choſes autrement qu'elles ne le ſont : dans la première claſſe ſe range l'apparence des flocons, des mouches, des filets, des étincelles qui voltigent de vant les yeux ; dans la seconde, le faux jugement que l'on porte des couleurs, des figures, des distances, des grandeurs.

Les physiologistes font partagés d'opinion sur la cause des flocons, des mouches, des filets que l'on croit apercevoir. Willis les attribue à l'insensibilité de la rétine ; Morgagni à quelques opacités de la cornée ou du cristallin ; Lahire, Leroi & Demours les attribuent à quelques corps placés dans les humeurs aqueuses ou vitrées. Il faut distinguer deux sortes de spectres, les uns fixes, & les autres mobiles : les premiers peuvent être expliqués dans l'hypothèse de Willis & de Morgagni ; les seconds dans l'hypothèse de Lahire, Leroi, Demours, &c.

Quant à la non distinction des couleurs, les peintres & les naturalistes rapportent un grand nombre d'exemples. Un des faits les plus singuliers est celui des frères Harris dans le Cumberland, qui distinguoient parfaitement la grandeur & la forme des objets, mais qui confondoient toutes les couleurs, & n'apercevoient que le noir & le blanc. (Voyez *Transactions philosophiques*, tom. LXVII & LXVIII.) On prétend qu'un certain Collardeau, en France, & un apothicaire de Strasbourg avoient la même faculté. Les personnes qui ont la jaunisse voient souvent tous les objets jaunes. Boyle raconte que, dans une peste, les malades voyoient du gris sur les habits diversement colorés ; enfin, dans une grande frayeur, on voit souvent vert & noir.

Dans quelques maladies de nerfs, les objets paroissent déformés. Lentin, dans ses *Fascicules*, raconte qu'un vieillard a vu, pendant quelque temps, tous les corps droits prendre une forme courbe & penchée d'un côté. Stahl rapporte (*Ratio medendi*) qu'après une maladie grave, un de ses malades voyoit tous les objets dans une situation oblique & courbée en avant. Enfin, Senner dit (*Praxis medic.*) qu'un médecin, à Dresde, tournant subitement les yeux en haut, aperçut tous les objets renversés, & cela pendant quatre mois, après lesquels sa vue se rétablit également subitement.

La vision double a lieu toutes les fois que les axes optiques sont dérangés ; ce qui peut provenir de la suite de quelques maladies particulières. *Voy.* VUE, VISION.

DÉFECTIF, de deficere, *manquer* ; *defectivum* ; *mangelhaft* ; adj. Qui n'a pas toutes ses parties.

DÉFECTIF (Nombre) : nombre dont les parties aliquotes, ajoutées ensemble, font moins, font une somme moindre que le tout dont elles font partie. *Voyez* NOMBRE DÉFICIENT.

DÉFECTIVES (Hyperboles) : courbes du troisième ordre, ainsi appelées par Newton, parce que n'ayant qu'une seule asymptote droite, elles

en ont une de moins que l'hyperbole conique ou apollonienne ; elles sont opposées aux hyperboles redondantes du même ordre.

DÉFÉRENT, de la particule extractive *de*, & fero, *porter* ; deferentia ; *deferent* ; adj. Porter d'un lieu dans un autre, transporter.

DÉFÉRENT (Cercle) ; circulus deferens ; *deferents zirkel*. Cercle qui porte l'épicycle d'une planète, ou la planète elle-même.

Kepler a changé ces cercles en ellipses dont le soleil occupe un des foyers, & Newton a fait voir, par la gravitation universelle, que les planètes devoient en effet décrire des ellipses autour du soleil.

DÉFÉRENT (Nœud) ; nodus deferens ; *deferens knapen*. Cercle ou orbe qu'on a imaginé dans le ciel, pour expliquer la révolution des nœuds de la lune en dix-huit ans.

DÉFICIENT (Nombre) ; numerus deficiens. Nombre dont les parties aliquotes, ajoutées ensemble, font une somme moindre que le tout dont elles font partie : tel est le nombre 8, dont les aliquotes 1, 2, 4, ne font que 7. *Voyez* ABONDANT.

DÉFINITION ; definitio ; *erklærung* ; s. f. Explication du sens ou de la signification d'un mot ou d'une énumération de certains caractères qui suffisent pour distinguer la chose définie de toute autre chose, ou exposition courte & précise des principales qualités propres & distinctes d'une chose qu'on veut faire connoître & distinguer de toute autre.

DÉFLAGRATION ; deflagratio ; *vebrenung eines kœrpers* ; s. f. Inflammation d'un corps minéral avec un corps sulfureux, qui se fait dans un creuset, pour le purifier de tout ce qu'il a de plus grossier.

DÉFLEGMATION ; deflegmatio ; *deflegmation* ; s. f. Rectification par laquelle on dégage les liqueurs, particulièrement les esprits, de tout leur flegme ou eau, en les distillant ou les cohobant.

DÉFLEXION ; deflexio ; *deflexion* ; s. f. Action par laquelle un corps se détourne de son chemin, en vertu d'une cause étrangère & accidentelle, ou, si l'on veut, *déflexion* se dit du détour même.

DÉFLEXION DES RAYONS DE LUMIÈRE ; deflexio radiorum luminis ; *deflexion des lichts.* ; *beigungs des lichts.* C'est cette propriété que Newton a nommée *inflexion*, & d'autres, *diffraction*. Elle consiste en ce que les rayons de lumière qui rasent un corps opaque, ne continuent pas leur chemin en droite ligne ; mais se détournent en se pliant d'autant plus, qu'ils sont plus proches du corps.

Il paroît que le P. Grimaldi, jésuite, est le premier qui ait remarqué cette propriété ; mais Newton l'a examinée avec beaucoup plus de détail. *Voyez* DIFFRACTION, INFLEXION.

DÉGEL ; *regelatio ; thauwetter ; s. m.* Fonte de glace qui, par la chaleur qui se ranime dans l'air, reprend l'état de liquidité.

De même que la perte d'une portion de calorique contenue dans l'eau la fait passer à l'état de glace (*voyez* GLACE) ; de même une nouvelle introduction de calorique dans la glace la fait passer, de l'état de solidité, à celui de liquidité, & c'est ce passage d'un état à l'autre qu'on appelle *dégel.* Tout fait croire que les causes générales de cette chaleur ranimée sont, comme le dit Mairan, le retour du soleil vers notre hémisphère ; ses rayons étant plus directs ont une moindre épaisseur d'air à traverser, & une plus-grande masse de rayons touche la même surface ; enfin, les vents, l'air, deviennent plus chauds ; ils déposent une portion de leur chaleur sur les corps qu'ils touchent, & les échauffent.

Les suites les plus ordinaires & les plus connues du *dégel* sont le débordement des rivières, la destruction des ponts par le choc des grosses pièces de glace que les rivières & les fleuves charient, & les montagnes de glace qui se forment quelquefois en certains endroits de leur cours & au milieu des mers glaciales, par l'assemblage des glaçons que les flots lancent avec impétuosité les uns sur les autres. Si on-veut un exemple consacré par l'histoire, on peut voir, dans l'Abrégé de Mézerai, année 1608, la montagne de glace qui s'étoit formée à Lyon, sur la Saône, devant l'église de l'Observance, par l'accumulation des glaces que cette rivière y avoit poussées, & la manière prétendue magique dont cette montagne fut brisée.

Un effet ordinaire du *dégel,* c'est de rendre meubles des terrains battus, & quelquefois de détacher des masses de pierres adhérentes aux faces verticales des montagnes ; ce qui rend souvent très-périlleux, au moment du *dégel,* les voyages dans les pays montagneux. La cause de ces effets se conçoit facilement. L'eau, en se congelant, augmente de volume : ainsi l'humidité, introduite entre des terres fortement battues, entre des roches adhérentes, exerce, en se solidifiant, une action qui rompt l'adhésion naturelle, & ces substances ne sont plus retenues que par la cohésion & la solidité de la glace ; dès qu'elle se liquéfie, cette cohésion cesse, les roches se détachent, & les terres se désunissent.

On voit assez souvent qu'au moment du *dégel,* le froid paroît augmenter ; tout fait croire que c'est une illusion, car le thermomètre, témoin irrévocable de la température, indique, au contraire, une augmentation de chaleur. Mairan voulant

considérer ce refroidissement comme positif, l'attribue à des particules aqueuses, à des petits glaçons répandus abondamment dans l'air. Il en est de même, dit ce savant, lorsqu'un brouillard moins froid que l'air qui nous environne, nous paroît beaucoup plus froid que cet air. Une cause de refroidissement, dans un air humide, est souvent occasionnée par l'évaporation de l'humidité qui touche la peau.

Dans les climats tempérés, la gelée & le *dégel* semblent n'être que des accidens ; la cause générale de la vicissitude des saisons n'y est pas assez forte pour amener l'un & l'autre à des temps réglés & périodiques, ni d'une manière constante. Il gèle & il *dégèle* à Paris quelquefois avant, plus souvent après le solstice d'hiver, & d'une année à l'autre, en des points de l'hiver très-différens ; on y voit des hivers sans glace, & des printemps, des automnes & des étés même où la *gelée* se fait sentir. On pourroit presque révoquer en doute qu'il y gelât jamais par la cause générale & constante, abstraction faite des causes particulières, accidentelles & variables qui accompagnent les gelées, si la cause générale ne s'y manifestoit par le grand nombre d'hivers où il gèle, en comparaison de ceux où il ne gèle pas ; mais en avançant vers l'équateur, il y a certainement des pays sous le parallèle desquels il ne gèleroit point du tout par cette cause, comme il y en a vraisemblablement près des pôles où il gèle toujours. (*Mairan,* pag. 333.)

Après une forte gelée, on aperçoit souvent, au moment du *dégel,* que les murailles intérieures des appartemens, & particulièrement des escaliers, lorsque les uns & les autres sont éloignés du feu & à couvert des rayons du soleil, se montrent toutes tapissées de glace ou de neige. En voici la raison : une longue & forte gelée imprime aux corps solides, tels que les murs, une froideur qui dure encore long-temps après que le *dégel* a réchauffé l'air. Les faces extérieures, exposées à l'action du soleil ou de la chaleur qu'il répand, s'échauffent promptement, tandis que les faces intérieures que la chaleur n'atteint pas si facilement, conservent leur froideur. L'air échauffé, qui pénètre dans l'intérieur des maisons, venant à toucher les surfaces froides de leurs murailles, se refroidit & abandonne, par ce refroidissement, une partie de l'humidité qu'il contenoit ; cette humidité se dépose sur la muraille & y acquiert la même température. Si donc le froid de la surface de la muraille est au-dessous de zéro, l'eau se congèle & tapisse la surface d'une couche plus ou moins épaisse de glace ou d'une espèce de neige : de même que l'on voit, sur les bords des soupiraux des caves, l'hiver, l'air chaud qui s'élève de leur intérieur, déposer son humidité sur les faces extérieures & froides des soupiraux, & y former une couche de glace. Les longues gelées deviennent toujours très-fortes, & ont le temps de pénétrer la pierre; aussi est-ce dans les années de longues gelées, & au moment où elles cessent, qu'on y remarque cette couche farineuse de glace. Mairan dit avoir vu tout le grand escalier du Louvre tapissé, en 1721, 1741, &c., pendant quelques jours, d'une couche de glace d'une ligne, d'une ligne & demie ou de près de deux lignes d'épaisseur, en certains endroits.

C'est une erreur de croire que cette espèce de neige vient de l'humidité qui sort des murs; elle n'a garde d'en sortir, puisqu'ils sont encore aussi froids que la glace, & même beaucoup plus froids, & que ce qu'il y a d'humidité au dedans n'y peut être que glacé. Au reste, on voit des couches de glace se former également sur des masses de fer, & certes on ne peut pas supposer qu'il sorte de l'humidité du fer.

Il se fait quelque chose d'approchant sur les parois extérieures des seaux de métal, de porcelaine ou de faïence, remplis de glace, & où l'on fait rafraîchir les liqueurs : ils sont tout couverts de gouttelettes d'eau condensée qui leur donnent ce ternement qu'on leur aperçoit. Ces gouttelettes sont fournies par l'air extérieur qui les dépose en se refroidissant; elles geleroient sur les parois du seau s'il étoit assez froid, & elles se gèlent, en effet, sur les parois des vases dans lesquels, pour faire des glaces, on est obligé de mêler du sel avec la glace, afin de produire un froid beaucoup plus grand que celui de la glace fondante.

C'est toujours sur les parties du liquide touché par les corps froids, conséquemment sur les bords & sur la surface de l'eau, que la glace commence à se former; elle commence de même à se détruire par ses pointes, ses angles solides lorsqu'elle en a, & ensuite par la surface exposée à l'air. Ainsi, la fonte de la glace n'est pas absolument l'inverse de la congélation, puisqu'elle commence à fondre aux mêmes endroits où elle avoit commencé à se former; mais elle s'est à d'autres égards, puisqu'à sa surface intérieure, par exemple, les dernières parties qui s'y étoient gelées sont les premières à fondre. Cette marche, dans la liquéfaction de la glace, tient à ce que, n'étant pas conducteur de la chaleur au-dessus de zéro, elle fond partout où elle est touchée par des corps solides ou fluides, dont la température est au-dessus de zéro.

Mairan explique la congélation de l'eau & le dégel, à l'aide de l'hypothèse des Carthésiens. Nous ne le suivrons pas dans le développement qu'il en donne; on sait aujourd'hui que ces deux effets sont produits par la soustraction & par la combinaison du calorique.

Les corps solides, appliqués sur la glace, ou sur lesquels la glace est appliquée, agissent avec d'autant plus de force & de promptitude, toutes choses égales d'ailleurs, qu'ils sont plus conducteurs du calorique & qu'ils sont plus unis, c'est-à-dire, que leur contact avec la glace se fait par

un plus grand nombre de points. Ainsi, du métal bien poli, moins froid que la glace, ou dont la température actuelle est au-dessus du froid de la congélation, étant appliqué sur de la glace, la fera fondre plus tôt que du bois ou de la laine, quand même le bois ou la laine, ou tel autre corps, seroit plus chaud que le métal.

Mairan cite, comme constante, une expérience dont il ne donne pas tous les détails, & dont les résultats peuvent être différens, selon les circonstances. On prend deux morceaux de glace sensiblement égaux & à peu près de même figure; on met l'un sur une assiette d'argent, par exemple, & l'autre sur la paume de la main; le premier est plus tôt fondu que le second. Il dit avoir vu faire cette expérience, & l'avoir faite lui-même. Haguenat l'a répétée & l'a vérifiée depuis avec plus d'appareil devant la Société de Montpellier; il fit plus, il compara l'efficacité des divers métaux à cet égard, de l'or, du cuivre, de l'étain, du fer & de l'acier, & il trouva constamment que la glace fondoit plus vite sur le cuivre, que sur les autres métaux. L'expérience de la fusion faite en plaçant la glace sur des métaux ou sur la paume de la main, doit donner des résultats variables avec la température du milieu. Les métaux donnent d'abord tout le calorique qui les élève au-dessus de la température de la glace, ensuite ils tirent du calorique du milieu dans lequel ils sont, & la quantité de calorique qui arrive à la glace, de cette manière, est d'autant plus grande, que la température est plus élevée. La main fournit également une portion de son calorique à la glace; mais elle puise ensuite de nouveau calorique dans celui que le sang abandonne pendant sa circulation : d'où l'on voit que les deux sources de chaleur, qui fournissent à la liquéfaction de la glace, sont différentes, & qu'ainsi les résultats ne doivent point être comparés.

DÉGRADATION; degradatio; *verschiessen;* sub. fém.

DÉGRADATION DES COULEURS : couleurs variées, du rouge au violet, que l'on aperçoit, les yeux fermés, après avoir fixé le soleil.

Si l'on fixe long-temps le soleil, au point que l'œil fatigué par son éclat éprouve une couleur vive, & que l'on referme les yeux aussitôt, & mettant dessus les mains ou un bandeau, on distingue d'abord une tache rouge; le rouge disparoît peu après & passe à l'orangé; celui-ci disparoît graduellement pour faire place au jaune, qui bientôt s'évanouit pour laisser apercevoir le vert, puis le bleu, l'indigo, & enfin le violet; celui-ci disparoît, & l'on ne voit plus rien. C'est à ce phénomène que J. A. Mongez a donné le nom de *dégradation des couleurs. Voyez* COULEURS ACCIDENTELLES.

Mongez observe que, si l'on fixe légèrement le

foleil, on n'aperçoit qu'une tache verte, bordée de rouge, & que la largeur du rouge & la diminution du vert font d'autant plus confidérables, que l'on fixe plus long-temps cet aftre brillant.

Une autre *dégradation* ou changement de couleur affez remarquable, eft celle que Béguelin a obfervée, lifant une gazette en fe promenant dans le parc de Berlin : tout d'un coup il fe trouva en face du foleil, tenant fa gazette de façon que les caractères étoient à l'ombre ; il les vit alors teints d'un rouge-vif & éclatant. Pour bien réuffir en faifant cette expérience que nous avons répétée un grand nombre de fois, il faut avoir la tête dans une pofition telle, que le foleil frappe directement les paupières de l'obfervateur, pendant que les caractères font dans l'ombre. Or, cette pofition a lieu naturellement quand le foleil n'eft élevé que de fix à douze degrés au-deffus de l'horizon ; lorfque le foleil eft plus haut, il faut élever la tête de manière que les rayons frappent les paupières & pénètrent dans les prunelles.

Dans cette pofition, le fond de l'œil eft éclairé par les rayons folaires & par la lumière que réfléchit le papier : les lettres noires ne réfléchiffant pas de lumière, forment, dans le fond de l'œil, des traces qui ne font éclairées que par les rayons du foleil, & ces traces paroiffent d'un rouge d'autant plus foncé, que la lumière eft plus vive.

DEGRÉS, de degredior, *defcendre* ; gradus ; *grade* ; f. m. Dans un grand nombre de circonftances, c'eft la division d'un tout en un nombre donné de parties égales.

DEGRÉS D'APLATISSEMENT DE LA TERRE : dénomination donnée par Lalande à la différence qui exifte entre l'axe de la terre & le diamètre à l'équateur.

Les obfervations faites fur la longueur du pendule propre à battre les fecondes fur les différens points de la terre, la mefure des *degrés* de la terre à l'équateur, au cercle polaire & fous différens *degrés* de la latitude, ont prouvé que la forme de la terre étoit elliptique ; que cette ellipfe étoit aplatie vers les pôles, & renflée à l'équateur ; mais le rapport entre les deux axes des pôles & de l'équateur a préfenté beaucoup de variations.

Newton, fuppofant que la terre eft homogène, & que toutes fes molécules douées d'un mouvement de rotation s'attirent réciproquement au carré des diftances, trouva que les deux axes de cette planète font entr'eux comme 229 eft à 230. On peut, en comparant la mefure de deux *degrés* du méridien, & à l'aide d'une formule très-fimple

$$m = \frac{p-q}{3\,q\,(cof.\ \psi^2 - cof\ \varphi^2)},$$ trouver le rapport des deux axes. (*Voyez* la *Phyfique célefte* d'Haffenfratz, pag. 232.) En comparant ainfi les *degrés* mefurés dans le nord à ceux mefurés en France, on a pour l'ellipticité de la terre $\frac{1}{146}$ de l'axe des

pôles pris pour unité. En comparant également les *degrés* de l'équateur à ceux de la France, on a pour l'ellipticité $\frac{1}{334}$.

En fuppofant la figure des couches du fphéroïde terreftre elliptique, l'accroiffement de fes rayons & de la pefanteur, & la diminution des *degrés* des méridiens, des pôles à l'équateur, font proportionnels au carré du finus de la latitude, & ils font liés à l'ellipticité de la terre, de manière que l'accroiffement total des rayons eft égal à cette ellipticité ; la diminution totale des *degrés* eft égale à l'ellipticité multipliée par trois fois le degré de l'équateur, & l'accroiffement total de la pefanteur eft égal à la pefanteur à l'équateur, multipliée par l'excès $\frac{1}{115,2}$ fur cette ellipticité. Ainfi l'on peut déterminer l'ellipticité de la terre foit par les obfervations du pendule, foit par la mefure des *degrés*. Ces obfervations donnent 0,00567 pour l'accroiffement de la pefanteur du pendule de l'équateur aux pôles ; en retranchant cette quantité de $\frac{1}{115,2}$, on a $\frac{1}{332}$ pour l'aplatiffement de la terre.

Le *degré d'aplatiffement de la terre* a été trouvé par la comparaifon du *degré* de France à celui du pôle............................... 0,006822

par {
Maupertuis.................. 0,005649
de La Caille.............. 0,005021
Newton................. 0,004348
de La Condamine......... 0,003344
Duféjour.............. 0,003125
}

par la comparaifon du *degré* de France avec celui de l'équateur............... 0,002934

De la comparaifon de ces différens *degrés d'aplatiffement de la terre*, on eft porté à croire que la figure de la terre doit différer de celle d'une ellipfoïde ; il y a même lieu de préfumer qu'elle n'eft pas un folide de révolution, & que fes deux hémifphères, de chaque côté de l'équateur, ne font pas femblables. *Voyez* GLOBE DE LA TERRE, FORME DE LA TERRE, ELLIPTICITÉ DE LA TERRE, DEGRÉS DE LA TERRE.

DEGRÉS D'ASCENSION ; gradus afcenfionis *grad aes aufteigen*. Nombre de *degrés* du cercle contenu dans l'arc compris entre le point équinoxial & le point de l'équateur qui s'élève avec l'aftre dont on veut mefurer les *degrés* d'afcenfion. *Voyez* ASCENSION, DEGRÉS DU CERCLE.

Comme les aftres ont deux fortes d'afcenfion, l'afcenfion droite & l'afcenfion oblique, on diftingue auffi ces *degrés d'afcenfion* : on appelle *degrés d'afcenfion droite*, ceux que contient l'arc de l'équateur compris entre le premier point du belier ou le colure des équinoxes, & le méridien ou cercle de déclinaifon qui paffe par le centre de l'aftre ; & l'on nomme *degrés d'afcenfion oblique*, ceux que contient l'arc de l'équateur compris entre le premier point du belier & le point de l'équa-

teur qui eſt à l'horizon oriental en même temps
que l'aſtre.

Degrés de chaleur; *gradus caloris*; *grad
des wærme*. Indication de la température des milieux ou des corps que l'on obſerve.

La chaleur eſt très-variable; ſes limites nous
ſont inconnues. Les diverſes circonſtances dans
leſquelles nous nous trouvons, nous permettent
de l'obſerver dans une très-grande latitude. Pour
comparer entr'elles les chaleurs que l'on obſerve,
on ſe ſert d'inſtrumens connus ſous les noms de
thermomètre & de *pyromètre*; ces inſtrumens ont
des diviſions qui ſont faites entre deux températures conſtantes, lorſque les températures indiquées par chacun d'eux doivent être comparées:
ainſi, le nombre de diviſions de chaleur indiquées
par chaque inſtrument, eſt ce que l'on nomme
degrés de chaleur, ces *degrés* ſont différens ſelon la
graduation de l'inſtrument dont on ſe ſert; mais
lorſque cet inſtrument eſt comparable, on peut
toujours, par une opération arithmétique, trouver
les *degrés* de tout autre inſtrument analogue, correſpondant au *degré* obſervé ſur l'inſtrument dont
on fait uſage. C'eſt ainſi, par exemple, qu'un
degré du thermomètre de Réaumur correſpond à
$\frac{4}{9}$ *degrés* du thermomètre de Fahrenheit, à $\frac{1000}{52778}$ *degrés* du pyromètre de Wedgwood. *Voy.* Ther-
momètre, Pyromètre.

Degré décimal; *gradus decimalis*. Diviſion
d'une unité en 10, 100, 1000 parties, & ſous-
diviſions des *degrés* en dix, &c.

Ainſi, le thermomètre diviſé en 100 parties, &
chaque partie ſous-diviſée en dix, eſt dit diviſé
en *degré décimal*; le cercle, diviſé en 400 parties, & chaque partie en 100, eſt dit auſſi diviſé
en *degré décimal*.

Degrés de déclinaison; *gradus declinationis*; *grad des abwendung*. Nombre de *degrés* contenus dans un arc du cercle de *déclinaiſon* qui
paſſe par le centre de l'aſtre, & qui eſt compris
entre le centre même de cet aſtre & l'équateur.

Si cet arc eſt de vingt *degrés*, on dit que l'aſtre
a vingt *degrés* de déclinaiſon. Les *degrés de déclinaiſon* d'un aſtre ſont donc ceux qui expriment la
diſtance de cet aſtre à l'équateur.

Degrés de la terre; *gradus terræ*; *grad des
erde*. Eſpace contenu dans un angle d'un *degré*,
formé entre deux normales à la ſurface de la terre.

Un *degré de la terre* ſeroit la trois cent ſoixan-
tième partie de ſa circonférence ſi elle étoit parfaitement ſphérique, &, dans ce cas, tous les *degrés* ſeroient égaux; car les deux rayons tirés des
deux extrémités de chacune de ces trois cent ſoixan-
tièmes parties au centre de la terre, y formeroient
un angle d'un *degré*; mais la terre étant un ſphéroïde aplati vers les pôles, nous n'avons aucun
moyen de meſurer, par l'obſervation ſur la ſurface de la terre, l'étendue d'un arc compris entre

les deux rayons qui font un angle d'un *degré*. C'eſt
pourquoi nous regardons comme un *degré de la
terre*, la portion de ſa circonférence qui répond à
un *degré* du ciel: or, un *degré*, ainſi meſuré, eſt
un angle qui n'a point ſon ſommet au centre de la
terre, mais au point de concours des verticales
tirées des deux extrémités du *degré*, perpendiculairement à la ſurface de la terre. Le *degré du ſphéroïde terreſtre* eſt donc l'eſpace qu'il faut parcourir
ſur la terre pour que la ligne verticale ait changé
d'un *degré*.

Mais cet eſpace, dans le ſphéroïde aplati, doit
être plus ou moins grand, ſuivant les différens
degrés de latitude; il doit être d'autant plus court,
que la convexité ou la courbure de la terre eſt
plus grande; &, dans les endroits les plus aplatis
de la terre, cet eſpace doit être le plus long. En
effet, les *degrés* que l'on a meſurés, à différentes
latitudes, ſe ſont trouvés d'autant plus courts,
qu'ils étoient plus près de l'équateur, & d'autant
plus longs, qu'ils étoient plus près des pôles; ce
qui a prouvé démonſtrativement, l'aplatiſſement
de la terre vers ſes pôles. Le *degré de la terre*, auprès de l'équateur, a été trouvé de 110,577 $\frac{1}{2}$
mètres; celui qui a été meſuré entre Paris &
Amiens, à 49 *degrés* 23 minutes, latitude moyenne,
a été trouvé de 111,198 $\frac{1}{2}$ mètres; celui qui a été
meſuré à 66 *degrés* 20 minutes de latitude, a été
trouvé de 111,880 $\frac{3}{4}$ mètres (*voyez* Terre), &
préciſément au pôle: le *degré* doit être, ſuivant
Bouguer, de 112,445 $\frac{1}{4}$ mètres. *Voyez* Figure
de la terre.

De ce que le *degré de la terre* a été trouvé plus
grand au pôle qu'à l'équateur, Bernardin de Saint-
Pierre en a conclu que la terre devoit être un ellipſoïde alongé vers les pôles, & abaiſſé vers l'é-
quateur; il eſt parti, pour aſſeoir ſon opinion,
d'une hypothèſe de laquelle des ſavans diſtingués
n'ont jamais pu le faire revenir. Voici en quoi
elle conſiſte.

Si, du centre C de la terre, *fig.* 715, on mène
des droites CA, CB, CD, CE, CF, CG, CP,
qui forment des angles égaux, les arcs PG,
GF, FE, ED, DB, BA, compris entre ces
droites, ſeront d'autant plus grands, que les
rayons CP, CG, CF, &c. le ſeront davantage:
or, comme les arcs des pôles ſont plus grands
que les arcs à l'équateur, il s'enſuit qu'ils correfpondent à des rayons plus grands; donc les rayons
aux pôles ſont plus grands qu'à l'équateur; donc
encore, la terre doit être un ellipſoïde alongé
vers les pôles & aplati à l'équateur.

Tout ceci ſeroit vrai, ſi, comme nous l'avons
remarqué, les rayons qui forment les angles ſe
dirigeoient tous vers le centre de la terre; mais
les rayons AC, BH, DI, EK, FL, GP, *fig.* 715
(*a*), ſont tous perpendiculaires à la ſurface de la
terre, & ſe rencontrent en des points C, H, I, K,
L, P, plus ou moins éloignés du centre de la terre.
De ces diſpoſitions, il réſulte que, quoique l'é-

quateur A ſoit plus éloigné du centre de la terre T; que le pôle G, le rayon de courbure AC de l'arc de ſon *degré* eſt plus court que le rayon de courbure GP du rayon du pôle : de-là, l'arc de l'équateur, quoique plus éloigné du centre de la terre que le pôle, doit cependant être plus petit, puiſque ſon rayon de courbure l'eſt lui-même.

On voit, d'après ce léger développement, que l'erreur de Bernardin de Saint-Pierre ne tient qu'à la détermination de la direction des droites qui forment les angles des *degrés de la terre*; il a cru que ces lignes ſe dirigeoient vers le centre, tandis qu'elles ſont normales à la ſurface; & en effet, ſi ces lignes ſe dirigeoient aux centres, elles ſeroient obliques à la ſurface de la terre; & cependant Bernardin de Saint-Pierre n'ignoroit pas que les angles de la terre ſe meſuroient ou avec l'horizon du lieu du ſpectateur, ou avec la normale à ce même point. On voit, par cette erreur d'un homme de génie, combien un défaut de connoiſſances élémentaires, relatives aux queſtions que l'on veut traiter, peut conduire un bon eſprit loin du but où il veut atteindre.

DEGRÉS DE LATITUDE; gradus latitudinis; *grade des breite*. Degrés qui ſe meſurent ſur un arc de grand cercle, qui va de l'équateur au pôle.

On diſtingue deux ſortes de *degrés de latitude*; *degrés de latitude géographique* ou *terreſtre*, & *degrés de latitude d'un aſtre* ou *degrés de latitude céleſte* : les premiers ſe meſurent ſur un grand cercle qui paſſe par les pôles de la terre, & les ſeconds ſur un grand cercle qui paſſe par les pôles du monde : ainſi, les *degrés de latitude* d'un lieu de la terre ſont ceux que contient un arc de ce grand cercle (qui n'eſt autre choſe qu'un méridien), compris entre l'équateur & le lieu dont on veut connoître la latitude. Cette latitude eſt ſeptentrionale ou méridionale; elle eſt ſeptentrionale ſi le lieu ſe trouve placé entre l'équateur & le pôle du nord; elle eſt méridionale ſi ce lieu eſt ſitué entre l'équateur & le pôle du ſud. *Voyez* LATITUDE.

Par ſuite de la forme ellipſoïdale de la terre, les *degrés de latitude terreſtre* ſont tous inégaux, ſi l'on ſuppoſe les rapports des diamètres de la terre tels que Newton les a donnés, & en même temps que la terre ſoit un ellipſoïde de révolution; les différens. *degrés de latitude*, à partir de l'équateur, auront la longueur ſuivante :

0 deg.	56700 toiſes.
10	56725
20	56781
30	56891
40	57014
45	57078
50	57143
60	57265
70	53362
80	57425
90	57446

Mais la figure de la terre n'étant pas un ellipſoïde de révolution, ces meſures ne ſont pas exactes; elles ne ſont qu'approximatives.

Nous avons vu que le *degré de latitude d'un aſtre* ſe meſure ſur un grand cercle qui, paſſant par les pôles de l'écliptique & par le centre de l'aſtre, eſt perpendiculaire à l'écliptique; ainſi, les *degrés de latitude d'un aſtre* ſont ceux que contient un arc de grand cercle, compris entre l'écliptique & le centre de l'aſtre, dont on veut connoître la latitude. Cette latitude eſt ſeptentrionale ou méridionale, ſuivant que l'aſtre propoſé eſt ſitué au nord ou au ſud de l'écliptique. *Voyez* LATITUDE DES ASTRES.

DEGRÉ DE L'ÉBULLITION DE L'EAU OU DES LIQUIDES; punctum gradum ebullitionis; *ſiedhitzt, oder ſied punkt*. Température à laquelle un liquide entre en ébullition.

Tous les liquides, placés dans la même circonſtance, entrent en ébullition à des températures différentes, & le même liquide bout lui-même à des températures qui varient avec la preſſion à laquelle il eſt ſoumis.

De tous les liquides, l'eau eſt celui que l'on a obſervé avec le plus de ſoin, parce que c'eſt celui dont on ſe ſert pour déterminer les deux *degrés* conſtans de température, à l'aide deſquels on gradue des thermomètres comparables : le premier eſt le *degré de la congélation de l'eau*, terme conſtant & invariable; le ſecond eſt le *degré de l'ébullition de l'eau*, terme qui varie avec la preſſion à laquelle l'eau eſt ſoumiſe : auſſi, pour avoir un *degré conſtant d'ébullition de l'eau*, eſt-on convenu de faire bouillir ce liquide à une preſſion conſtante, correſpondante à une colonne de mercure de vingt-ſept pouces. D'après l'obſervation de Deluc (*Recherches ſur les modifications de l'atmoſphère*, tom. IV, pag. 143), la température de l'ébullition de l'eau eſt à :

28 pouc. 5 lig.	81°,00
28,1,$\frac{1}{4}$	80,82
27,0	80,00
26,3,$\frac{15}{16}$	79,50
25,0,$\frac{7}{4}$	78,53
24,1,$\frac{7}{8}$	77,45
23,4,$\frac{6}{8}$	76,89
22,7,$\frac{7}{16}$	76,28
21,10,$\frac{4}{8}$	75,47
20,4,$\frac{15}{8}$	73,72
19,$\frac{15}{16}$	73,21
D'après Sauſſure, 16,0	68,99

Après une ſuite de tâtonnemens, Deluc a trouvé une formule à l'aide de laquelle il détermine le *degré de l'ébullition de l'eau*, pour une preſſion donnée par une hauteur de colonne de mercure. Voici en quoi conſiſte cette formule.

Réduiſez en ſeizième de ligne la hauteur de la colonne du baromètre; cherchez le logarithme de cette hauteur; prenez-en les $\frac{99}{200,000}$ de la somme; retranchez 103,87, vous aurez alors le *degré de chaleur de l'eau bouillante*, selon l'échelle de Réaumur. Ainsi le baromètre fut observé à Genève, le 20 novembre 1770, à 25 pouces 11 lignes $\frac{1}{16} = \frac{4977}{16}$ de ligne, le logarithme des 4977 = 369,705,49, dont les $\frac{99}{2000}$ = 183,00; retranchant de ce nombre 103,87, il reste 79°,13 pour la température de l'eau bouillante. Deluc a trouvé, par l'observation, 79°,15. D'après l'observation de Sauffure, le baromètre étoit, fur le fommet du Mont-Blanc, à 16°,0',144; ce qui fait 3076,8 feizièmes de ligne, dont le logarithme = 348,754,00, les $\frac{99}{200,000}$ = 172,68; retranchant 103,87, reste 68°,81. Sauffure a obfervé l'ébullition de l'eau à 68°,99. Nous ne poufferons pas plus loin l'accord de l'obfervation avec cette formule trouvée par tâtonnement, & dont il feroit difficile d'affigner la caufe.

Quant aux autres liquides, nous allons préfenter, dans la table fuivante, leur *degré d'ébullition*, pris fur le thermomètre de Réaumur, à 29 pouces de hauteur du mercure dans le baromètre.

Corps.	Degrés.
Éther	29,33
Ammoniaque	48,00
Alcool	64,00
Eau	80,00
Muriate de chaux	88,08
Acide nitrique	96,00
Carbonate de potaffe	101,33
Acide fulfurique	168,00
Phofphore	232,00
Huile de térébenthine	234,66
Soufre	239,11
Huile de lin	252,44
Mercure	280,00

DEGRÉS DE LONGITUDE; *gradus longitudinis; grade der lauge. Degrés* qui mefurent la diftance d'un *degré* d'un point donné du ciel ou de la terre, à un méridien pris comme point de départ.

On voit qu'il doit y avoir deux fortes de *degrés de longitude*, les *degrés de longitude terreftre*, & les *degrés de longitude des aftres*.

Ainfi, la longitude d'un lieu de la terre, appelée *longitude géographique*, n'eft pas la même chofe que la longitude d'un aftre, & ces deux longitudes fe mefurent differemment. La première fe mefure fur l'équateur ou fur un de fes parallèles : d'où il fuit que les *degrés de longitude* d'un lieu de la terre font ceux que contient un arc de l'équateur ou d'un de fes parallèles intercepté entre le premier méridien & le méridien du lieu dont on veut connoître la longitude, en allant d'occident en orient. *Voyez* LONGITUDE.

Comme les rayons des cercles de longitude diminuent de grandeur à mefure qu'ils s'écartent de l'équateur, il s'enfuit que les *degrés de longitude* doivent éprouver une égale diminution; fi la terre étoit un ellipfoïde de révolution, & que le rapport de fes axes fût celui que Newton a déterminé, il en réfulteroit que les *degrés de longitude* feroient égaux fous un même parallèle, & que la valeur de ces *degrés*, telle qu'on la trouve dans le Recueil des tables de Berlin, feroit:

0 degrés	57.196 toifes.
10	56335
20	53774
30	49587
40	43894
45	40532
50	36859
60	27812
70	19638
80	9974
90	0

La terre n'étant pas un fphéroïde de révolution, il s'enfuit que ces longueurs doivent éprouver des variations; & l'on a obfervé, en effet, que les mefures trouvées par l'expérience, non-feulement ne font pas conformes à celle que donne le calcul, mais que la longueur d'un même *degré de longitude* préfente des différences fur chaque hémifphère, & que l'on trouve fouvent même des différences de longueur dans les *degrés* d'un même cercle de longitude. *Voyez* LONGITUDE, FIGURE DE LA TERRE.

On mefure la longitude d'un aftre fur l'écliptique; ainfi, les *degrés de longitude* d'un aftre font ceux que contient l'arc de l'écliptique compris entre le premier point du belier & le point de l'écliptique, auquel cet aftre correfpond perpendiculairement; ou, ce qui eft la même chofe, ce font les *degrés* que contient l'arc de l'écliptique intercepté entre le premier point du belier & le cercle de longitude de cet aftre, en comptant d'occident en orient. *Voyez* LONGITUDE DES AFTRES.

DEGRÉ DIATONIQUE; *gradus diatonicus; diatonifche grade.* Différence de pofition ou d'élévation qui fe trouve entre deux notes placées dans une même partie.

Sur la même ligne ou dans le même efpace, les notes font au même *degré*; elles y feroient encore, quand même l'une des deux feroit hauffée d'un femi-ton par un dièfe ou par un bémol; au contraire, elles pourroient être à l'uniffon, quoique pofées fur différens *degrés*, comme l'*ut* bémol & le *fi* naturel, le *fa* dièfe & le *fol* bémol, &c.

DEGRÉ DU CERCLE; *gradus circuli; grade des kreife.* Une des divifions de la circonférence du cercle

cercle en 360 parties égales, ou la 360ᵉ. partie de la circonférence du cercle.

Puisque le *degré* est la 360ᵉ. partie de la circonférence du cercle, il s'enfuit que les plus petits cercles contiennent autant de *degrés* que les plus grands : toute la différence qu'il y a, c'est que, dans les grands cercles, chaque *degré* a plus d'étendue que dans les petits ; mais le nombre est égal dans les uns & dans les autres ; il est toujours de 360 *degrés*. Ainsi, comme 90 est le quart de 360, il y en a 90 dans le quart d'un très-petit cercle comme dans le quart d'un très-grand cercle, de même qu'il y a deux moitiés & quatre quarts dans un corps quelconque, grand ou petit.

On a choisi cette division du cercle en 360 parties, préférablement à toute autre division, parce que 360 a un grand nombre de diviseurs, comme 2, 3, 4, 5, 6, 8, 9, 10, 12, 15, 18, 20, 24, 30, 36, 40, 45, 60, 72, 90, 120 & 180. Si l'on divise par 2 le nombre de *degrés* contenus dans la circonférence d'un cercle, le quotient sera 180. Ainsi la moitié d'un cercle ou d'un demi-cercle contient 180 *degrés* ; de même, un tiers de cercle en contient 120 ; un quart de cercle en contient 90 ; un cinquième 72, & ainsi de suite.

Pour diviser un cercle en 360 parties égales, on le divise d'abord en 4 parties, en tirant deux diamètres qui se coupent à angle droit ; chacune de ces parties est un quart de cercle qui contient 90 *degrés*. Il faut donc diviser chacun de ces quarts en 30 ; pour cela, on procède ainsi : 1°. on divise le quart de cercle en trois parties égales ; 2°. on divise chacune de ces parties en deux autres ; 3°. on divise chacune de ces deux parties en trois ; 4°. enfin, on divise chacune de ces dernières parties en cinq. Le quart de cercle se trouve alors divisé en 90 parties égales, appelées *degrés*. En faisant la même opération sur les trois autres quarts de cercle, le cercle entier se trouve divisé en 360 *degrés*.

C'est avec un °, placé un peu plus haut que le chiffre qui exprime le nombre, que l'on marque ordinairement les *degrés*. Ainsi, lorsqu'on lit 17°, cela signifie 17 *degrés* ; chaque *degré* se subdivise en 60 parties égales qu'on nomme *minutes*. *Voyez* MINUTES.

Les *degrés du cercle* servent à mesurer les angles. Si deux lignes inclinées l'une à l'autre, & qui ensemble forment un angle, contiennent entr'elles un arc de 25 *degrés*, on dit que cet angle est de 25 *degrés*, & ainsi des autres.

DEGRÉS DU THERMOMÈTRE ; *gradus thermometri* ; *grade der thermometer*. Division d'une longueur déterminée du tube d'un thermomètre en un nombre donné de parties.

Pendant long-temps, les tubes des thermomètres ont été gradués arbitrairement, de manière que les *degrés* de température observés sur l'un d'eux

n'avoient aucun rapport avec ceux qu'indiquoit un autre thermomètre semblable. Newton paroît être celui qui, le premier, a cherché à déterminer des points fixes, d'après lesquels on pût graduer des thermomètres, de manière que les *degrés* indiqués par l'un puissent être comparés à ceux indiqués par un autre.

Il existe deux méthodes de graduer les thermomètres : la première consiste à partir d'une température constante, à supposer le volume que le liquide remplit lorsqu'il est arrivé à cette température, égal à un nombre donné, mille, par exemple, & à graduer le tube du thermomètre en millième de ce volume ; la seconde, à prendre deux températures constantes, & à diviser en un nombre déterminé de parties, l'intervalle que le liquide parcourt en partant d'une température pour arriver à l'autre. Newton & Réaumur ont employé la première méthode ; Deluc, Fahrenheit & un grand nombre de physiciens ont employé la seconde.

Newton s'est servi d'huile de lin. Le thermomètre fut plongé dans la glace fondante, considéré comme le zéro au point de départ de la température ; mis ensuite sous l'aisselle, le volume augmenta de 0,0256 ; il marqua 12 *degrés* à cette augmentation, ce qui correspond à $\frac{1200}{46875}$; donc le volume occupé par chaque *degré* est le $\frac{100}{46875}$ du volume primitif à zéro. La chaleur de l'eau, lorsque la cire qui surnage se liquéfie en se chauffant, & reste fondue sans ébullition, augmente le volume du liquide de 0,0512 ou de $\frac{24}{468.5}$, forme le 24ᵉ. *degré* de son thermomètre ; exposé à la température ou au mélange d'un égal nombre de parties d'étain & de bismuth, se fond, l'augmentation du volume étant de 0,1024 du volume primitif, ou de $\frac{48}{46852}$, cette température forme le 48ᵉ. le *degré* du thermomètre.

Réaumur chercha à se procurer un alcool que l'on pût obtenir partout de la même manière, afin de pouvoir s'en servir pour construire des thermomètres comparables : pour cela, il prenoit une boule qu'il soudoit au bout d'un tube ; il mesuroit la capacité du vase & du tube, emplissoit la boule d'alcool, la plongeoit dans de l'eau prête à se congeler, puis ajoutoit de l'alcool jusqu'à ce que la boule & le tube continssent 1000 parties de ce liquide ; il exposoit ensuite la boule à la chaleur de l'eau bouillante, afin de connoître le *degré* de dilatation de l'alcool. L'alcool très-rectifié augmente ordinairement de 0,087 ; l'eau augmente de 0,0375 : en mêlant ensemble de l'alcool & de l'eau, Réaumur a remarqué que l'augmentation de volume étoit une moyenne entre les deux quantités. D'après cela, quelle que soit l'augmentation de volume de l'alcool, on peut toujours y ajouter une quantité d'eau telle, que la dilatation, en passant de la glace à l'eau bouillante, soit de 0,080. C'est cette espèce d'alcool qu'il a constamment employée.

Alors, pour conftruire fes thermomètres, il mefuroit, avec un liquide, fa boule & fon tube, de manière à graduer le tube en millième de la capacité, à partir du point fixe fur le tube : les *degrés* fupérieurs étoient des *degrés de chaleur* ou des millièmes en deffus, & la graduation inférieure indiquoit des *degrés de froid* ou des millièmes en deffous.

On fait que l'alcool bout à 64 *degrés*, & qu'il ne peut pas, par conféquent, fupporter la température de l'ébullition de l'eau. Pour avoir ce *degré* d'ébullition, Réaumur renfermoit fon alcool dans un matras furmonté d'un tube gradué; il plongeoit fon matras dans la vapeur de l'eau bouillante, puis dans l'eau elle-même, jufqu'à ce que l'alcool entrât en ébullition; il le retiroit alors, & remarquoit la hauteur du liquide dans le tube; il le plongeoit de nouveau, l'y maintenoit jufqu'à l'ébullition, le retiroit & obfervoit l'élévation, qui étoit plus grande cette feconde fois que la première; il réitéroit cette expérience jufqu'à ce que l'élévation du liquide ne parût plus augmenter; alors il regardoit cette indication comme la température de l'eau bouillante que l'alcool pouvoit fupporter. Il eft facile de voir que cette indication ne donne point la température de l'eau bouillante, comme Briffon l'a fuppofé, mais la plus haute température que l'alcool puiffe fupporter. Si l'on vouloit avoir le *degré* de dilatation produit fur l'alcool par la température de l'eau bouillante, on pourroit l'obtenir en fermant les tubes hermétiquement. La vapeur que l'alcool produit en s'échauffant, comprime le liquide & lui permet de fupporter, fans bouillir, une température beaucoup plus élevée que celle de l'eau bouillante, & dont la limite eft indiquée par l'action de la vapeur que les vafes peuvent fupporter fans fe rompre.

Il paroît réfulter de ces détails, que les *degrés* du thermomètre de Réaumur font des millièmes du volume que l'alcool remplit à la température de la glace fondante, & que le liquide dont il fe fervoit augmente de 0,080, en paffant de la température de la glace à la plus haute température qu'il puiffe fupporter fous la preffion ordinaire de l'atmosphère.

Deluc, Ducreft, Fahrenheit & Delifle ont gradué leur thermomètre en adoptant deux températures conftantes, & divifant en un nombre déterminé de parties égales l'efpace compris entre les deux élévations du liquide dans ces deux températures; Ducreft prend, pour fes deux termes, la température des caves de l'Obfervatoire & celle de l'eau bouillante; Fahrenheit, la congélation forcée du fel ammoniacal & celle de l'eau bouillante; les deux autres prennent pour termes extrêmes la congélation de la glace & la température de l'eau bouillante fous une preffion de vingt-fept pouces de mercure. Deluc divife en 80 parties l'efpace compris entre les deux températures; Ducreft en 100 parties; Fahrenheit en 212 parties, & Delifle en 150 parties. Le zéro du thermomètre de Deluc eft à la glace fondante; celui de Ducreft à la température des caves de l'Obfervatoire, la température de la glace fondante étoit 10,4; le zéro de Fahrenheit étoit à la congélation forcée du fel ammoniac; celle de la glace fondante = + 32; enfin, le zéro de Delifle étoit à l'ébullition de l'eau, & la glace fondante à 150 *degrés*.

Afin de donner le moyen d'apprécier la valeur des différens *degrés* de chaque thermomètre, nous allons préfenter ici un tableau de leur graduation.

MERCURE.				HUILE de lin.	ALCOOL.				
Deluc ou Réaumur.	Delifle	Fahrenheit.	Centigrad.	Newton.	Réaumur.	Deluc.	Lahire.	Ducreft.	Briffon.
80	0	212	100	38,86	100,4	80	....	100	102,8
75	9,375	200,75	93,75	31,74	92,6	78,8	....	92,24	94,8
70	18,75	189,5	87,5	29,63	85	67,8	....	82,27	87,1
65	28,125	178,25	81,25	27,51	77,6	61,9	....	75,05	79,6
60	37,5	167	75	25,39	70,5	56,2	....	66,22	72,3
55	46,85	155,75	68,75	23,28	63,7	50,7	....	59,62	65,2
50	56,20	144,5	62,5	21,16	57,1	45,3	....	52,12	58,3
45	65,625	133,25	56,25	19,04	50,7	40,1	....	45,06	51,6
40	75	122	50	16,93	44,5	35,1	....	38,12	45,1
35	84,375	110,75	43,75	14,82	38,5	30,2	....	31,37	38,8
30	93,75	99,5	37,5	12,69	32,6	25,5	86,12	24,86	32,7
25	103,125	88,25	31,25	10,57	26,2	20,9	73,13	16,15	26,8
20	112,1	77	25	8,46	21,1	16,4	66,49	12,35	21,1
15	121,875	65,75	18,75	6,35	15,7	12,1	57,13	6,41	15,6
10	131,25	54,5	12,5	4,24	10,4	7,9	48,6	0,63	10,3
5	140,625	43,25	6,25	2,12	5,1	3,9	40,22	3,25	5,1
0	150	32	0	0	0	0	31,86	10,25	0
5	159,375	20,75	— 6,25	— 2,12	— 4,7	3,8	28,37	....	— 4,9
10	168,75	9,5	— 12,5	— 4,24	— 9,3	7,5	16,26	....	— 9,6
15	178,125	— 1,75	— 18,76	— 6,33	— 13,9	— 11,1	8,04	....	— 14,1
20	187,5	— 13	— 25	— 8,48	— 18,4	— 14,5	....	....	— 18,4
25	196,875	— 24,25	— 31,25	— 10,57	— 22,8	— 17,8	....	....	— 21,5

Quoique la tige de tous ces thermomètres soit divisée en parties égales, on remarque cependant que des thermomètres qui ont la même échelle, tels, par exemple, que le thermomètre à mercure & le thermomètre à alcool de Deluc, ont des *degrés de chaleur* correspondans, inégaux, puisque les 75ᵉ, 70ᵉ, 65ᵉ, 60ᵉ, &c., *degrés du thermomètre* de mercure correspondent aux 73,8, 67,8, 61,9, 56,2, &c., des *degrés du thermomètre* à alcool; cependant les deux termes constans de ces thermomètres, la glace fondante & l'eau bouillante, font les mêmes sur l'un & sur l'autre, ainsi que la division entre ces deux termes, qui font en 80 parties égales : cette variation provient de la différence dans la loi de l'augmentation de volume des divers liquides soumis à une marche graduelle de température. Pour donner une idée de cette variation, nous allons transcrire le tableau de la marche correspondante des sept différens liquides, observée par Deluc; les tubes qui les contenoient étoient divisés en 80 parties égales, depuis le terme de la glace fondante jusqu'à celui de l'ébullition de l'eau sous une pression de vingt-sept pouces de mercure.

MERCURE.	HUILE			ALCOOL qui brûle la poudre.	EAU	
	d'olive.	essentielle de camomille.	essentielle de serpolet.		saturée de sel marin.	commune.
80	80	80	80	80	80	80
75	74,6	74,7	74,3	73,8	74,1	71
70	69,4	69,5	68,8	67,8	68,4	62
65	64,4	64,3	63,5	61,9	62,6	53,5
60	59,3	59,1	58,3	56,2	57,1	45,8
55	54,2	53,9	53,3	50,7	51,7	38,5
50	49,2	48,8	48,3	45,3	46,6	32,0
45	44	43,6	43,4	40,2	41,2	26,1
40	39,2	38,6	38,4	35,1	36,3	20,5
35	34,2	33,6	33,8	30,3	31,3	15,9
30	29,3	28,7	28,6	25,6	26,5	11,2
25	24,3	23,8	23,8	21,0	21,9	7,3
20	19,3	18,9	19,0	16,5	17,3	4,1
15	14,4	14,1	14,2	12,2	12,8	1,6
10	9,5	9,3	9,4	7,9	8,4	0,2
5	4,7	4,6	4,7	3,9	4,2	0,4
0	0	0	0	0	0	0
5	......	......	......	......	......	......
10	......	......	......	......	8,3	......

Les divisions en parties égales, faites sur les différens tubes des thermomètres, n'indiquent que des augmentations égales dans le volume des liquides, lorsque les tubes sont eux-mêmes parfaitement cylindriques; mais ce qu'il seroit principalement essentiel de déterminer, ce sont les proportions de calorique qui pénètrent les corps. Une graduation de thermomètre véritablement utile, seroit celle qui indiqueroit les proportions de calorique qui les pénètrent. Un grand nombre d'expériences ont été faites pour y parvenir, & l'on s'est assuré que l'air & le mercure étoient propres à ces sortes d'indications, parce qu'ils paroissoient augmenter de volume proportionnellement aux quantités de calorique qui les pénètrent; l'air, dans toutes les températures, & le mercure, pour les températures observées depuis la congélation jusqu'à l'ébullition de l'eau, intervalle suffisant pour les observations ordinaires. *Voyez* DILATATION, THERMOMÈTRE.

DEGRÉS TERRESTRES; gradus terrestres; *irdifche grade*. C'est la 360ᵉ. partie des différens cercles tracés, ou supposés tracés sur la surface de la terre. *Voyez* DEGRÉS DE LA TERRE, DEGRÉS DE LATITUDE, DEGRÉS DE LONGITUDE.

DEIMANS (Jean-Rodolphe), médecin, chimiste, physicien hollandais, naquit à Hagan en Oost-Frise, le 29 août 1745, fut reçu docteur à l'Université de Halle en 1770, & mourut à Haga en 1808.

Il fut l'ame de la réunion connue en Hollande sous le nom de *chimistes hollandais*, à laquelle on doit un grand nombre de découvertes & de recherches en chimie & en physique : telles sont par exemple, la découverte du *gaz oléfiant*, de la *décompofition de l'eau par l'électricité*; des recherches précieufes fur *l'action du mercure dans la végétation*; fur le *gaz hydrogène carboné*; fur *l'acide nitrique*, *& fes combinaifons avec les alcalis*; fur les *fulfures alcalins & métalliques*, &c. &c.

Les principaux ouvrages de *Deiman* font : 1°. un excellent *Traité fur l'électricité médicale*; 2°. un *Traité fur les pluies métalliques*, *& quelques Écrits qui ont rapport à l'hygiène & à l'éducation phyfique*.

Plufieurs de fes Mémoires font imprimés dans les Collections académiques hollandaifes. Ses principales expériences de phyfique & de chimie ont été recueillies par la Société des chimiftes hollandais, & publiées fous le titre d'*Effais phyfico-chimiques*.

DÉINCLINANT; deinclinans; *abnehmend und neigend*; adj. Cadrans qui déclinent & inclinent tout à la fois, c'eft-à-dire, qui ne paffent ni par la ligne du zénith, ni par la commune fection du méridien avec l'horizon, ni par celle du premier vertical avec l'horizon; ces cadrans font peu en ufage. *Voyez* CADRANS.

DÉJECTION; dejectio; *déjection*; f. f. Chute d'une planète, au figne oppofé à celui où elle auroit le plus d'influence.

DÉLÉTÈRE; ϑηλητηριος; *qui donne la mort*; deleterius; *deletere*; adj. Propriété mal-faifante des fubftances, foit qu'elles occafionnent une mort fubite, foit qu'elles troublent l'harmonie des fonctions, & qu'elles caufent confécutivement la mort.

Le mot *délétère* fert ordinairement d'épithète à l'air, lorfqu'il eft altéré dans fa partie vitale, foit qu'il ait ceffé d'être refpirable par la diminution de l'oxigène, par une furabondance de gaz acide carbonique, ou par le mélange de tout autre gaz refpirable dans une atmofphère ifolée, foit enfin que l'air fe fature de fubftances capables de déterminer en nous des maladies graves; tels font les miafmes ou effluves qui s'élèvent des productions animales & végétales en putréfaction, dès marais, des étangs, des foffes d'aifance, des hôpitaux, des prifons, des cimetières, des tueries, de certaines fabriques, &c. L'odeur la plus exquife peut détruire les propriétés vitales de l'air. Ouvrez un flacon d'effence de rofe dans un appartement clos, la première impreffion qu'exerce ce parfum fur l'odorat eft délicieufe; mais bientôt les forces contractiles diminuent, la refpiration devient laborieufe, la fyncope furvient, & fouvent l'afphyxie, fi l'on ne fe hâte de changer la compofition de l'air. Tout le monde fait que les fleurs très-odoriférantes altèrent l'air des appartemens où on les accumule, & rendent cet air éminemment *délétère* pendant la nuit; c'eft ce qui a été

parfaitement démontré par les nombreufes expériences d'Ingenhoufz & Senebier.

On peut divifer les fubftances *délétères* en trois claffes, folides, liquides, gazeufes. Les fubftances *délétères* folides font les muriates fublimés d'antimoine & de mercure, le carbonate & le muriate de baryte, le bore, l'arfenic, les oxides de cuivre & de plomb, le tartrate antimonié de potaffe, le nitrate d'argent fondu, la potaffe & la foude cauftique, les cantharides, plufieurs efpèces de champignons, &c.

Parmi les fubftances *délétères* liquides, les acides nitrique, fulfurique, muriatique, l'ammoniaque, les fucs des plantes vénéneufes, le venin de plufieurs reptiles, les piqûres de beaucoup d'infectes, le virus de la rage, de la variole, de la fyphilis, &, par-deffus tout, l'acide pruffique; non-feulement l'odeur feule en eft mortelle, mais de l'acide pruffique, répandu fur la peau, peut caufer la mort.

De tous les gaz, le feul effentiellement néceffaire à la vie des animaux, eft le gaz oxigène. Plufieurs gaz ne font *délétères* que parce qu'ils font privés de la quantité d'oxigène néceffaire à l'entretien de la vie : tels font les gaz azote, hydrogène & acide carbonique; ils peuvent être refpirés fans inconvénient lorfqu'ils font dans une proportion convenable avec le gaz oxigène. D'autres gaz font *délétères* par eux-mêmes; tels font les gaz hydromuriatiques, le gaz hydrogène fulfuré & le gaz fluoborique : ce dernier, nouvellement découvert par Gay-Luffac & Thenard, eft celui de tous qui eft le plus *délétère*. Quant au gaz hydrogène fulfuré, il l'eft à un tel point, qu'un verdier a été tué en le plongeant dans un air qui en contenoit $\frac{1}{250}$; un chien de moyenne taille a fuccombé dans un air qui en contenoit $\frac{1}{800}$; & un cheval finiroit par périr dans un air qui en contiendroit $\frac{1}{250}$. On peut, pour obtenir de plus amples détails, confulter les belles expériences faites par le D^r. Chauffier, & les profeffeurs Dupuytren & Thenard.

DÉLIÉ; fubtile; *fein*; adj. Ce qui eft en parties extrêmement fubtiles, comme la poudre impalpable, les exfluences des corps, un tiffu fin, &, en général, ce qui eft fi petit qu'il échappe aux fens.

DÉLIQUESCENCE; deliquefcere; *zerfchmelzen*; f. f. Propriété qu'ont certains fels d'attirer l'eau de l'atmofphère & de fe réfoudre en liquide.

Plufieurs fels ont de l'affinité pour l'eau; ils l'arrachent à l'air de l'atmofphère, & fe combinent avec elle; leur action fur l'eau de l'air dépend bien certainement de l'affinité des fels pour l'eau, comparée à l'affinité de l'air pour le même liquide. Lorfque l'on expofe un fel *déliquefcent* bien fec à l'action d'un air humide, on voit ce fel augmenter de poids par l'eau qu'il abforbe; mais on voit en même temps cette augmentation diminuer chaque jour, quoique l'air conferve fon même degré d'humidité; enfin, cette augmentation cesse dès que les sels sont saturés.

Quelques sels prennent ou rendent de l'eau à l'air, selon la force d'action de ces deux substances sur l'eau. Les sels enlèvent l'eau lorsque leur action est plus forte que celle de l'air; ils cèdent, au contraire, l'eau à l'air, lorsque l'action de celle-ci est plus considérable. Cette propriété des sels pour l'eau sembleroit les rendre propres à former des hygromètres; mais avant de les y employer, il seroit convenable de comparer leurs effets à ceux des bons hygromètres, tel que celui à cheveux de Saussure. *Voyez* HYGROMÈTRE.

Cadet de Gassicourt, qui a fait un grand nombre d'expériences sur les sels, dit, dans un Mémoire publié dans le *Journal de Physique*, année 1805, tom. I, pag. 291 : « Je n'ai pas remarqué un seul sel dont la marche présente une apparence de conformité avec celle du baromètre, de l'hygromètre & du thermomètre : le même jour, plusieurs sels ont augmenté considérablement de poids, tandis que d'autres indiquoient une foible progression; les uns avoient une attraction peu énergique pendant que l'hygromètre marquoit une grande humidité, & étoit plus *déliquescent* quand le temps sembloit plus sec. La pression atmosphérique n'a jamais été en concordance avec la progression du poids des sels, & le thermomètre n'ayant varié que d'un demi-degré pendant le cours des expériences, n'a fourni aucune observation sur l'influence de la température. Il m'est donc bien difficile d'expliquer, par les changemens météorologiques, aucune des variations que j'ai observées dans la *déliquescence* des sels. » Ces résultats nous apprennent que les rapports qui doivent nécessairement exister entre l'état de l'atmosphère & l'attraction de l'eau par les sels, sont difficiles à distinguer, & paroissent mériter une étude suivie & approfondie.

Ayant soumis dix-neuf sels *déliquescens* à l'action de l'atmosphère, Cadet de Gassicourt a obtenu les résultats rapportés dans le tableau suivant; le poids primitif de chaque sel étoit de 288 grains.

SELS.	JOURS employés à la saturation.	GRAINS d'eau absorbés.
Acétite de potasse.......	146	700
Muriate de chaux.......	124	684
Muriate de manganèse...	105	629
Nitrate de manganèse....	89	527
Nitrate de zinc	124	495
Nitrate de chaux.......	147	448
Muriate de magnésie.....	139	441
Nitrate de cuivre........	128	391
Muriate d'antimoine.....	124	388
Muriate d'alumine.......	149	341
Nitrate d'alumine........	147	300

SELS.	JOURS employés à la saturation.	GRAINS d'eau absorbés.
Muriate de zinc........	76	294
Nitrate de soude.........	137	257
Nitrate de magnésie......	73	207
Acétite d'alumine.......	104	202
Sulfate acide d'alumine...	121	202
Muriate de bismuth.....	114	174
Phosphate acide de chaux.	93	155
Muriate de cuivre.......	119	148

Gay-Lussac, dans un Mémoire imprimé dans les *Annales de Chimie*, tom. LXXXII, pag. 171, a établi que l'on peut déterminer le degré de *déliquescence* d'un sel d'après le degré de température auquel la dissolution saturée entre en ébullition. Comme l'eau peut être saturée à diverses proportions, selon la température de la dissolution, il établit, pour point fixe de la saturation, la température de 15° centigrades. Ainsi le muriate de soude, dont le sel, qui est très-*déliquescent* dans un air saturé d'humidité, n'entre en ébullition qu'à 107°,4, lorsque la saturation a eu lieu à 15°, tandis que la dissolution de nitrate de potasse, saturé à la même température, bout à 101°,4. Ce savant chimiste observe que, pour tous les sels qu'il a observés, l'expérience a été parfaitement d'accord avec la théorie.

Connoissant le degré d'ébullition de chaque dissolution saline, au moyen duquel on a une mesure de la *déliquescence* du sel & de son affinité pour l'eau, on peut aller plus loin, & déterminer à quel degré de l'hygromètre la *déliquescence* commence à avoir lieu; il suffit de placer l'hygromètre sous une cloche humectée avec la dissolution saline, & de voir le degré qu'il y indiquera au bout de quelques heures. On trouvera ainsi qu'avec une dissolution saturée à 15° de muriate de soude, l'hygromètre s'arrêtera à 90°, & qu'avec une dissolution de nitre faite aussi à 15°, il s'arrêtera environ à 97°, &c.

On conclura de-là que le muriate de soude ne sera point *déliquescent* au-dessous de 90° de l'hygromètre; mais qu'il commencera à le devenir à ce terme, & qu'il le deviendra beaucoup plus au-delà. Quand on aura construit une table indiquant les degrés de l'hygromètre correspondant à la température de l'ébullition d'un certain nombre de sels, on pourra déterminer le degré de l'hygromètre où tous les autres commenceront à être *déliquescens*, lorsqu'on connoîtra le degré d'ébullition de leur dissolution dans l'eau. Il n'est pas besoin d'observer que ce qui est applicable aux sels *déliquescens* l'est aussi à tous les autres corps solides ou liquides qui ont de l'affinité pour l'eau. On trouvera, d'après ces principes, que l'acide sulfurique concentré peut prendre, dans un air complétement humide, plus de quinze fois son poids d'eau.

En partant de cette propriété dès diverses diffolutions falines, d'avoir, à la même température, des tenfions différentes, il eft facile de déterminer exactement, pour chaque température & chaque degré de l'hygromètre, la quantité de vapeur contenue dans un volume donné d'air; ce que Sauffure n'a pu faire, malgré fon exactitude, à caufe de l'imperfection de fes procédés.

DELISLE (Jofeph-Nicolas), aftronome français, né à Paris en 1688, reçu membre de l'Académie des Sciences en 1714, mort le 11 feptembre 1768.

L'éclipfe du foleil du 12 mars 1706 piqua vivement fa curiofité, & le détermina à fe livrer avec ardeur à l'étude des mathématiques. Avant d'avoir acquis des notions d'aftronomie, il avoit déjà réfolu plufieurs problèmes intéreffans, & cela par la force de fon efprit, & par des moyens de fon invention.

En 1710, il obtint la permiffion d'habiter le Luxembourg; il y établit un obfervatoire, y fit plufieurs obfervations; mais le Régent l'obligea de quitter fa demeure, & lui offrit une penfion de 600 livres pour aider Boulainvilliers dans fes calculs d'aftrologie judiciaire.

Pendant fon féjour en France, le czar Pierre fit vivement folliciter *Delifle* d'aller établir une école d'aftronomie dans fes États. Il céda aux nouvelles follicitations de l'impératrice Catherine, & partit pour la Ruffie, où il demeura pendant vingt-deux ans. L'école d'aftronomie de Saint-Péterfbourg acquit en peu de temps, par fes foins, une célébrité.

Dans les courts inftans que lui laiffoit fa place, il entreprit différens voyages, & en rapporta un grand nombre de faits intéreffans pour la phyfique & la géographie. Il fe fervit, dans ce pays, d'un thermomètre de fa compofition, dont un grand nombre de phyficiens ont fait ufage. *Voyez* THERMOMÈTRE DE DELISLE.

DELUC (Guillaume-Antoine), phyficien genevois, né en 1729, mort le 26 janvier 1812.

Il a partagé les travaux de fon frère, en parcourant avec lui une partie des Alpes, & en recueillant un grand nombre d'obfervations inférées dans les *Recherches fur les modifications de l'atmofphère*, publiées par J. A. *Deluc*.

G. A. *Deluc* s'eft principalement occupé de la minéralogie & de la géologie. Vingt-un de fes Mémoires ont été publiés dans le *Journal de Phyfique*, treize dans la *Bibliothèque britannique*, & fix dans le *Mercure de France*.

DEMARCHEXASE; δημαρξευσιος; démarchexa-

fius. Nom du cinquième mois des anciens Cypriots, & furtout des Paphiens.

DEMI; dimidium; *halb*; f. m. La moitié d'un tout.

DEMI-CERCLE; femicirculus; *halb zirkel*; f. m. La moitié d'un cercle, la portion d'un cercle qui eft foutenu par le diamètre. Ainfi, *a b d*, *fig.* 20, eft un *demi-cercle*, puifqu'il eft foutenu par le diamètre *a c d*. Cette portion du cercle vaut 180 degrés, le cercle entier en valant 360.

DEMI-CIRCULAIRE (Canaux); canales femicirculares. Canaux courbes, au nombre de trois, placés fur le labyrinthe de l'oreille. *Voy.* CANAUX DEMI-CIRCULAIRES.

DEMI-DIAMÈTRE; femidiametrum; *halb durch meffer*. Ligne droite tirée du centre d'un cercle ou d'une fphère, à fa circonférence; c'eft ce qu'on appelle *rayon*. *Voyez* RAYON.

DEMI-JEU : terme de mufique inftrumentale, qui répond à l'italien *fotto voce*, ou *mozza voce*, ou *mezzo forte*, & qui indique une manière de jouer qui tient le milieu entre le fort & le doux.

DEMI-MÉTAL; femimetallum; *halb metal*. Dénomination très-impropre que les chimiftes donnoient autrefois aux métaux fragiles, très-oxidables ou acidifiables, qui n'étoient ni ductiles, ni malléables.

Ils fuppofoient que ces métaux étoient imparfaits, & que la nature n'avoit pas eu le temps de les élaborer fuffifamment pour les rendre propres à nos ufages. Cette erreur étoit la fuite de l'opinion où ils étoient, que les métaux fe convertiffoient les uns dans les autres.

Les fubftances que les chimiftes appeloient *demi-métaux* étoient les fuivantes : l'arfenic, le tungftène, le molybdène, le cobalt, le nickel, le manganèfe, le bifmuth, l'antimoine, le mercure; ils y auroient ajouté, fans doute, le titane, le chrôme, le tellure, &c., s'ils les avoient connus.

Depuis qu'on a reconnu que la ductilité n'eft point une qualité abfolue, qu'elle varie confidérablement entre les métaux, & qu'elle n'eft pas tout-à-fait nulle dans les *demi-métaux*, on a penfé qu'il étoit inutile de conferver cette diftinction.

DEMI-ORDONNÉE : moitié des ordonnées ou des appliquées. *Voyez* ORDONNÉES.

Les *demi-ordonnées* font terminées d'un côté à la courbe, & de l'autre à l'axe de la courbe ou à fon diamètre, ou à quelques autres lignes droites. On les appelle fouvent *ordonnées* tout court.

DEMI-PAUSE ; femipaufa; *halb paufe*. Caraçtère de musique qui marque un silence, dont la durée doit être égale à celle d'une demi-mesure à quatre temps ou d'une blanche. *Voyez* PAUSE.

Comme il y a des mesures de differentes valeurs, & que celle de la *demi-pause* ne varie point, elle n'équivaut à la moitié d'une mesure que quand la mesure entière vaut une ronde, à la différence de la *pause* entière, qui vaut exactement une mesure grande ou petite.

DEMI-SEXTILE; semisextilum; *halb sextil.* L'un des aspects des planètes, selon Kepler, dans lequel deux planètes sont distantes l'une de l'autre de la douzième partie du signe du zodiaque, ou de 30 degrés. *Voyez* SEMI-SEXTILE, ASPECT.

DEMI-SOUPIR; semisuspirium; *halb seufzer.* Caractère de musique qui marque un silence, dont la durée est égale à celle d'une croche ou de la moitié d'un soupir. *Voyez* SOUPIR, CROCHE.

DEMI-TON; semitonus; *halb ton.* Intervalle de musique valant à peu près la moitié d'un ton. *Voyez* SEMI-TON.

DEMI-TRANSPARENTE; semipellucida; *halb durchsichtig.* Altération dans la transparence d'un corps, lorsqu'on ne voit les objets à travers que peu distinctement, & seulement dans les morceaux qui n'ont pas une grande épaisseur. Cette dénomination est principalement employée pour distinguer les minéraux; on dit aussi *demi-diaphane.* *Voyez* DIAPHANÉITÉ, TRANSPARENCE.

DÉMOCRITE, philosophe de la Thrace, né à Abdère, la troisième année de la 77ᵉ olympiade (470 ans avant Jésus-Christ), & mort à 109 ans, c'est-à-dire, 361 ans avant Jésus-Christ.

Sorti d'une famille illustre & opulente, *Démocrite*, héritier, avec ses deux frères, de tout le bien de sa famille, leur laissa les terres & les maisons, & ne se réserva que l'argent comptant. Sa part, qui fut la moindre, étoit, dit-on, de cent talens, environ 500,000 francs de notre monnoie. Il choisit l'argent afin d'exécuter plus facilement le projet que lui avoit inspiré l'amour des sciences, de visiter toutes les contrées où il pourroit acquérir des connoissances.

Il alla d'abord en Égypte; de-là, il passa dans l'Asie, parcourant la Perse, pénétra jusqu'aux Indes, & revint à Abdère en traversant l'Éthiopie.

De retour dans sa patrie, *Démocrite*, ruiné par ses longs voyages, eut un asyle dans la maison de son frère Damasis.

Une loi des Abdéritains privoit des honneurs de la sépulture quiconque avoit dissipé son patrimoine. Pour se soustraire à cette ignominie, *Démocrite*

fit une lecture publique de son grand *Diacosme.* Le peuple fut si charmé de la beauté de l'ouvrage & du talent de l'écrivain, qu'il lui fit présent de 500 talens, lui érigea des statues, & se chargea de ses funérailles.

Frappé de la bizarrerie & des disparates de l'espèce humaine, *Démocrite* rioit constamment de leur ridicule; il ne pouvoit s'empêcher de se moquer des hommes en les voyant si foibles & si vains, passant tour à tour de la crainte à l'espérance, & d'une joie excessive à des chagrins immodérés.

C'est probablement à l'école de Leucippe, que *Démocrite* fréquenta en passant dans la grande Grèce, qu'il y puisa les principes de physique qu'il développa dans ses ouvrages. Ces principes sont fondés sur le système des atomes, inventé par des philosophes orientaux, suivi par les Éleutiques, & perfectionné par Leucippe.

Quant au fond des idées de *Démocrite*, on peut les réduire au petit nombre de propositions suivantes :

Le savoir de l'homme n'est que le sentiment de ses propres affections.

Rien ne se fait de rien, & ne peut se résoudre en ce qui n'est pas.

Donc, tout ce qui est, est composé de principes subsistant par eux-mêmes.

Ces principes sont les atomes & le vide.

Dans tout ce qui existe, il n'y a de réel que ces deux principes.

Les atomes sont infinis en nombre, comme le vide l'est en capacité.

Les atomes sont d'une telle ténuité, qu'ils échappent à la vue; leur solidité les rend inaltérables; leurs figures sont variées à l'infini. Ces atomes sont les corps primitifs qui se meuvent dans le vide infini, lequel n'admet aucune de ces relations de situation indiquées par ces paroles, *haut, bas, moyen, extrême.*

Le mouvement des atomes n'a point eu de commencement, il est de toute éternité; par lui les atomes s'attirent, se repoussent, s'unissent, se séparent; & de ces unions, de ces séparations, résultent la composition & la décomposition de tous les corps.

Les corps ne diffèrent entr'eux que par le nombre, la figure & la disposition réciproque des atomes dont ils se composent.

Les mondes eux-mêmes, disséminés en nombre infini dans le vide infini, quelle que soit leur égalité ou leur inégalité réciproque, n'ont pas une autre origine, & sont soumis aux mêmes variations. Le mouvement rapide des atomes est la seule ame qui pénètre ces mondes avec l'activité du feu.

Le feu lui-même est composé d'atomes toujours agités.

On peut comparer ces principes avec ceux des physiciens & des chimistes modernes.

DEMON; *meridien*; f. m. Nom que l'on donne à la conftellation appelée *flèche* ou *dard*. *Voyez* FLÈCHE.

DENAING : petite monnoie de Mofcow. *Voy.* COPECK.

DENARO, DENIER : petite monnoie d'Italie; 12 denaro font un foldo, & 240 une lira. Le *denaro* a différentes valeurs.

DÉNOMINATION.	Liv. tourn.	Centimes.
Le *denaro* corrente de Milan vaut	0,0033	32,59
impérial.	0,0047	46,42
de Venife	0,0028	27,66
monnoie de banque. . .	0,0024	33,58
de Tofcane.	0,0037	36,54
de Livourne.	0,00346	34,59

DENDROMÈTRE, de δ̔ενδρον, *arbre*, & μετρον, *mefure*; dendrometrum; *dendrometer*; f. m. Inftrument par lequel on réduit la fcience de la géométrie rectiligne à une fimple opération mécanique.

Le *dendromètre* eft conftruit d'une telle manière, que l'on connoît exactement, par la feule infpection, la hauteur & le diamètre d'un arbre & de fes branches. On peut également s'en fervir pour mefurer les hauteurs & les diftances acceffibles & inacceffibles. *Voyez ce mot* dans le *Dictionnaire des Mathématiques*.

DENIER; denarius; *pfennig*. Monnoie ancienne & moderne de différens pays. Nous allons faire connoître quelques-unes des valeurs du *denier*.

DÉNOMINATION.	Liv. tourn.	Francs.
A Rome, *denier* de 537 à 560 . .	1,50	1,483
de 586	0,90	0,888
Trigume . . .	0,794	0,800
de Néron. . .	0,7813	0,787

En France, les *deniers* étoient d'or, d'argent, de cuivre. Les *deniers d'or* valoient de 12 à 30 fous d'alors, & le fou valoit de 1¹,066 à c¹,512. Les *deniers d'argent* avoient plufieurs dénominations : le *denier* tournois valoit 1 *denier* d'alors; le *denier* Parifis valoit 1¹⁄₄ *denier;* enfin, le *denier* blanc valoit de 2 à 30 *deniers* d'alors. La valeur du *denier* a valu depuis 0¹,0136, jufqu'à 0¹,0751 livre tournois.

DENIER; denarius; *pfennig*. Poids en ufage chez les Anciens & chez les Modernes. Chez les Romains, le *denier* de Néron valoit 65,75 de nos grains; celui de Papyrius 65,14 de nos grains. Chez les Modernes, le *denier* vaut 24 grains, mais le poids du grain varie avec celui de la livre des differens pays. *Voyez* LIVRE,

DENIER : divifion imaginaire employée dans les effais de monnoie pour marquer le titre de l'argent. Dans ce cas, l'argent fin eft divifé en 12 parties nommées *deniers*, & le *denier* en 24 parties nommées *grains;* le nombre de ces parties de fin indique le titre. Ainfi, de l'argent contenant 10¹⁄₄ d'argent fur 1¹⁄₄ de cuivre ou d'autres fubftances, eft dit à 10 *deniers* 12 grains de fin.

Dans le nouveau fyftème métrique, le titre de l'argent s'eftime par millièmes, & non par *deniers;* un *denier*, dans ce fyftème, correfpond à 41,7 millièmes. Ainfi, au lieu de dire que le premier titre légal pour les ouvrages d'argent eft à 11 *deniers* 9,87 grains, on dit qu'il eft à 950 millièmes; & pour le fecond titre légal, au lieu de dire qu'il eft à 9 *deniers* 14,4 grains, on dit qu'il eft à 800 millièmes. *Voyez* TITRE.

DENIER DE GROS : monnoie de compte en ufage en Hollande & en Flandre.

Le *denier* de gros de Hollande varie fuivant le change; il vaut communément 1 fou 1 *denier* tournois.

DENIER STERLING : douzième partie du fou fterling, lequel varie de valeur relativement au *denier* tournois, fuivant que l'once d'argent-hauffe ou baiffe dans le commerce, ou fuivant que le change avec le pays où le *denier fterling* eft en ufage, varie.

DÉNOMINATEUR; denominator; *nenner*; f. m. Terme d'arithmétique dónt on fe fert en parlant des fractions en nombre rompu.

Le *dénominateur* d'une fraction eft le nombre ou la lettre qui fe trouve fous la ligne de la fraction, & qui marque en combien de parties l'entier ou l'unité eft fuppofée divifée; ainfi, dans la fraction 7⁄12, *fept douzièmes*, le nombre 12 eft le *dénominateur*, & apprend que l'unité eft divifée en 12 parties égales; le nombre 7, qui eft au-deffus de 12, eft appelé *numérateur*. *Voyez* NUMÉRATEUR.

DENSE; denfum; *dicht*; adj. *Épais*. Expreffion relative qui indique qu'un corps, fous un volume déterminé, contient plus de matière que n'en contient, fous le même volume, un autre corps auquel on le compare. Par exemple, fi l'on compare entr'eux deux fluides, l'air & l'eau, on dit que l'eau eft le fluide *denfe*, parce qu'en effet, un pied cube d'eau contient plus de matière que n'en contient un pied cube d'air.

On appelle *corps denfe* le platine, l'or, parce qu'un pouce cube de ces fubftances contient plus de matière & pèfe davantage qu'un pouce cube des fubftances analogues, comme le mercure, le plomb, le fer, la pierre, &c. Dans ce fens, *denfe* veut dire compacte, parce que la matière n'occupe pas autant de place, ou que les corps n'ont pas autant de vide.

Un corps feroit parfaitement *denfe* fi fes parties

fe touchoient parfaitement. L'expérience nous apprend qu'il n'existe pas un seul corps parfaitement *dense*, parce qu'ils sont tous susceptibles de diminuer de volume en se refroidissant, ce qui prouve que leurs molécules peuvent se rapprocher.

DENSITÉ; densitas; *dichtigkeit, dichte*; s. f. Rapport de la masse d'un corps à son volume, ou, ce qui est la même chose, la quantité de matière que contient un corps sous un volume déterminé. Ainsi, un corps peut avoir deux, trois, quatre fois autant de *densité* qu'un autre, s'il contient, sous le même volume, deux, trois, quatre fois autant de matière que celui auquel on le compare.

Ainsi, *densité* est une expression relative. On ne peut pas dire quelle est la *densité absolue* d'un corps, mais seulement quelle est sa *densité relative*, c'est-à-dire, combien de fois la *densité* est plus grande dans un corps que dans un autre. On n'a aucun moyen d'exprimer la *densité* réelle du mercure; mais on sait que cette *densité* est quatorze fois plus grande que celle de l'eau, parce qu'un pouce cube de mercure contient quatorze fois plus de matière qu'un pouce cube d'eau.

La quantité de matière dont un corps est composé est ce qu'on appelle la *masse*, & cette masse se détermine par le poids du corps, parce qu'elle lui est proportionnelle. *Voyez* MASSE.

Un corps a d'autant plus de *densité*, que sa masse ou son poids est plus considérable, & son volume plus petit: d'où l'on doit conclure qu'un corps a plus de *densité* qu'un autre, quand, sous un volume égal, il a plus de masse que n'en a le corps auquel on le compare; & la *densité* est toujours proportionnelle à la masse, les volumes étant égaux; & à la raison inverse des volumes, les masses étant égales: d'où l'on peut extraire les propositions suivantes:

1°. Les *densités* de deux corps quelconques sont en raison composée de la raison directe de leurs masses, & de la raison inverse de leurs volumes:

$$D : d = \frac{M}{V} : \frac{m}{v}.$$

2°. Les *densités* de deux corps dont les volumes sont égaux, sont en raison directe de leurs masses; car puisque $D : d = \frac{M}{V} : \frac{m}{v}$, si l'on fait $V = v$, on a $D : d = M : m$.

3°. Les *densités* de deux corps dont les masses sont égales, sont en raison inverse de leurs volumes. En effet, puisque $D : d = \frac{M}{V} : \frac{m}{v}$, si l'on fait $M = m$, on a $D : d = v : V$.

4°. Les masses des corps sont entr'elles comme leurs *densités* multipliées par leurs volumes; car de la proportion $D : d = \frac{M}{V} : \frac{m}{v}$, si l'on multiplie les deux termes par $V : v$, on aura $D V : d v = M : m$,

Dict. de Phys. Tome II.

5°. Les volumes des corps sont entr'eux comme leurs masses divisées par leurs *densités*. Si l'on divise la proportion $D V : d v = M : m$ par $D : d$, on aura

$$V : v :: \frac{M}{D} : \frac{m}{d}.$$

6°. Les masses des corps, dont les *densités* sont égales, sont entr'elles comme leurs volumes. Que dans la proportion $V : v = \frac{M}{D} : \frac{m}{d}$, on fasse $D = d$, on aura $V : v = M : m$.

Si un corps est composé de matière qui soit partout la même, & qui soit en même temps répartie uniformément dans tout le volume du corps, ce corps est considéré comme étant d'une *densité* uniforme; mais quoique composé d'une même substance, cette substance peut être répartie inégalement, comme dans une barre de fer chauffée au rouge-blanc par un bout, & maintenue à la température de la glace par l'autre; alors sa *densité* est inégale: à plus forte raison si le corps est composé de plusieurs substances d'une *densité* différente, & répartie inégalement, comme, par exemple, un couteau formé d'une lame d'acier & d'un manche de bois, de corne, d'écaille, de nacre où de toute autre substance, a nécessairement une *densité* inégale; mais si la matière est répartie uniformément, comme dans un alliage de cuivre & de zinc dans la composition du laiton, ou de cuivre & d'étain dans la composition du bronze, la *densité* devient uniforme.

En général, un corps peut, sans rien changer à sa composition, varier sa *densité* de deux manières différentes, en faisant varier sa température ou en le comprimant. La *densité* de tous les corps diminue en les échauffant, parce que leur volume augmente sans altérer leur masse; par la même raison, ils augmentent de *densité* en se refroidissant. Lorsque l'on comprime un corps, son volume diminue: si, dans cette compression, il ne s'échappe aucune portion de sa masse, sa *densité* augmente. Le plomb paroît présenter une anomalie. *Voyez* COMPRESSION.

Quant à la manière de déterminer la *densité* des corps, *voyez* PESANTEUR SPÉCIFIQUE, DENSITÉ DES GAZ, DENSITÉ DES LIQUIDES, DENSITÉ DES SOLIDES, DENSITÉ DES VAPEURS.

DENSITÉ DE LA TERRE; densitas terræ; *dichtigkeit des erde*. Pesanteur du globe de la terre, comparée à son volume, & à la pesanteur & au volume de l'eau. *Voyez* DENSITÉ DU GLOBE TERRESTRE.

DENSITÉ DES GAZ; densitas gazorum; *dichtigkeit des gaz*. Pesanteur d'un même volume de différens gaz comparés entr'eux.

Pour prendre la *densité des gaz*, on vide & l'on sèche parfaitement un ballon; on le pèse exactement vide d'air; alors on l'emplit d'un gaz quel-

conque, bien fec, en tenant compte de la température & de la preffion que le gaz éprouve dans
le ballon : on le pèfe dans cet état, & l'on a le
poids exact du volume du gaz contenu dans le
ballon, pour la preffion & la température auxquelles le gaz eft foumis.

Comme les gaz font compreffibles par les poids
& dilatables par la chaleur, il en réfulte que, dans
un même vafe, 1°. la maffe du gaz eft d'autant
plus grande, qu'elle eft foumife à une plus forte
compreffion; 2°. que la maffe eft d'autant moindre,
que le gaz eft plus échauffé. il faut donc, pour
pouvoir comparer la *denfité des gaz*, que leur pefanteur foit prife à une même preffion & à une
même température; & dans le cas où l'expérience
ne pourroit pas être faite dans la circonftance où
la pefanteur doit être prife, il faut pouvoir déterminer le poids que le gaz auroit eu à la preffion
& à la température convenue.

On fait depuis long-temps, d'après les expériences de Mariotte, que le poids des gaz eft proportionnel à leur preffion : fi donc P eft le poids
du gaz à une preffion H, on aura p, poids du gaz,
à une preffion h; par cette proportion $H : h = P : p$: d'où $p = \dfrac{P}{H} h$.

Des expériences ont été faites avec beaucoup de
foin par Gay-Luffac, pour déterminer la loi de la
dilatation des gaz. Ce favant a trouvé que tous les
gaz, en paffant de la température de la glace fondante à celle de l'eau bouillante, augmentoient
de 0,375 de leur volume primitif, & par degré de
Réaumur $\frac{1}{213}$ depuis le point de la congélation. Si
T eft la température au moment où l'expérience
a été faite, & t celle à laquelle on veut ramener
la température, que x foit le volume d'une maffe
de gaz à o; à la température T, le volume $V = x\,\dfrac{213 + T}{213}$, & à la température t le volume $= x\left(\dfrac{213 + t}{213}\right)$; & comme les poids, fous un même
volume, font en raifon inverfe de la dilatation, il
en réfulte que, fi P eft le poids trouvé à la température T, p le poids que l'on doit avoir à la
température t s'obtiendra par cette proportion :
$P : p = 213 + t : 213 + T$; donc $p = P\,\dfrac{213 + T}{213 + t}$.

Le poids P du gaz ayant été obtenu à la preffion
H & à la température T, on déterminera la valeur
du poids p à la preffion h & à la température t. Par
cette proportion $P : p = H (213 + t) : h (213 + T)$:
d'où l'on aura $p = \dfrac{h(213 + T)}{H(213 + t)}$.

C'eft ainfi que l'on eft parvenu à déterminer la
denfité des gaz fuivans, rapportés à 28,11 pouces
français de preffion, & 12.$\frac{4}{9}$ degrés de chaleur,
d'après Réaumur (1).

(1) *Annales de Chimie & de Phyfique*, tom. I, pag. 218.

Gaz.	Denfité.	Auteurs.
Air atmofphérique. . . .	1,000	
Gaz hydriolique.	4,4430	Gay-Luffac.
fluofilicique.	3,5735	John Davy.
chlor-oxicarbonique .	3,3894	Gay-Luffac.
acide nitreux.	3,1764	*Idem.*
chlore.	2,4700	*Idem.*
euchlorine.	2,3144	*Idem.*
fluoborique.	2,3709	John Davy.
fulfureux.	2,1930	*Idem.*
cyanogène.	1,8064	Gay-Luffac.
protoxide d'azote. . .	1,5204	Colin.
acide carbonique. . .	1,5196	Biot & Arago.
hydrochlorique. . . .	1,2474	*Idem.*
hydrofulfurique. . .	1,1912	Thenard & Gay-Luffac.
oxigène.	1,1036	Arago & Biot.
deutoxide d'azote. . .	1,0388	Berard.
hydrogène per carburé	0,9784	Théodore de Sauffure.
azote.	0,9691	Arago & Biot.
oxide de carbone. . .	0,9569	Cruickshancks.
hydrogène phofphuré.	0,8700	Davy.
ammoniacal.	0,5967	Biot & Arago.
hydrogène proto-car-buré	0,5550	Thomfon.
hydrogène arfenié . .	0,5290	Tromfdorf.
hydrogène	0,0732	Arago & Biot.

Dalton, par des hypothèfes ingénieufes, a voulu
remonter à la détermination de la *denfité* des atomes des différens gaz; il avance que, lorfque deux
élémens s'uniffent pour former un troifiè ne corps,
il eft à préfumer qu'un atome de l'un de ces élémens fe joint à un atome de l'autre, à moins qu'il
n'y ait quelque raifon qui puiffe faire foupçonner le contraire. Ainfi, le produit de l'union de
l'oxigène avec l'hydrogène étant de l'eau, nous
pouvons conjecturer qu'un atome d'eau eft formé
par la combinaifon d'un atome d'oxigène avec un
atome d'hydrogène; de la même manière auffi, un
atome d'ammoniaque réfulte de la combinaifon
d'un atome d'azote avec un atome d'hydrogène.

En admettant cette hypothèfe, elle nous offre
un moyen facile de connoître la *denfité* relative de
ceux des atomes qui entrent dans de femblables
combinaifons. Si, en effet, il a été prouvé, par
l'analyfe, que l'eau eft compofée de 85,66, en
poids, d'oxigène, & de 14,34 d'hydrogène, un
atome d'eau doit être compofé de la même proportion pondérable des deux gaz; or, fi cet atome
contient un atome d'hydrogène, comme le fuppofe Dalton, il s'enfuit que le poids d'un atome
d'hydrogène eft à celui d'un atome d'oxigène,
comme 14,34 eft à 85,66, ou à très-peu près
comme 1 : 6 On a également trouvé qu'un atome
d'ammoniaque eft compofé de 80 parties d'azote
& de 20 d'hydrogène; & par conféquent, un
atome d'hydrogène eft à un atome d'azote, comme
20 : 80 ou comme 1 : 4. D'après cette fuppofition,
on aura les quantités relatives de ces trois corps
élémentaires.

Hydrogène.................... 1
Azote........................ 4
Oxigène...................... 6

Il eſt facile, en opérant ſur deux combinaiſons binaires, de déterminer des proportions ; mais en appliquant les mêmes raiſonnemens à de nouvelles combinaiſons, on eſt à même de confirmer ou d'infirmer les réſultats trouvés. Dalton applique ſon hypothèſe à trois combinaiſons d'oxigène & d'azote, l'oxidé nitreux, le gaz nitreux & l'acide nitrique ; il ſuppoſe le premier gaz formé de deux parties d'azote & d'une d'oxigène ; le ſecond de parties égales d'oxigène & d'azote, & le troiſième de deux parties d'oxigène & d'une d'azote. Toutes ces ſuppoſitions ſont arbitraires (voyez COMPOSITION DES CORPS) ; & quoiqu'il eût pris l'hypothèſe qu'il a jugée la plus favorable, nous allons voir ſi les réſultats qu'il en obtient s'accordent avec ceux qu'il a déjà obtenus.

« Lorſque les atomes de deux fluides élaſtiques, dit Dalton, ſe joignent enſemble pour former un atome d'un fluide élaſtique nouveau, la denſité de ce dernier compoſé eſt toujours plus conſidérable que la denſité moyenne des deux atomes qui l'ont produit. Ainſi, la denſité du gaz nitreux, de 1,045 ſeulement par le calcul, eſt en réalité de 1,094 : or, comme l'oxide nitreux & l'acide nitrique ſont l'un & l'autre ſpécifiquement plus peſans que le gaz nitreux, quoiqu'ils contiennent en plus grande quantité de compoſé, l'un le principe plus léger, l'autre le principe plus peſant, on en peut, avec raiſon, conclure qu'il y a combinaiſon du gaz nitreux avec l'azote & l'oxigène reſpectivement, & que c'eſt la raiſon de l'augmentation de peſanteur ſpécifique de chacune de ces ſubſtances : s'il n'en étoit pas ainſi, l'oxide nitreux devroit être ſpécifiquement plus léger que le gaz nitreux. »

En ſuppoſant les parties conſtituantes de ces gaz repréſentées comme ci-deſſus, voyons juſqu'à quel point cette analyſe ſe trouveroit d'accord avec les denſités de leurs élémens, telles qu'on les a précédemment déduites des compoſitions de l'eau & de l'ammoniaque.

Le gaz nitreux eſt compoſé de 1,00 d'azote, & 1,36 d'oxigène, ou 4 d'azote & 5,4 d'oxigène.

L'oxide nitreux contient 2 d'azote & 1,174 d'oxigène, ou 4 + 4 d'azote & 4,696 d'oxigène.

Enfin, l'acide nitrique eſt formé de 1 d'azote & de 2,36 d'oxigène, ou de 4 d'azote & 4,696 + 4,696 d'oxigène.

Il réſulte de ces compoſitions les trois denſités relatives d'azote & d'oxigène, comme il ſuit ; ſavoir :

Gaz nitreux ...... 4 azote   5,440 oxigène.
Oxide nitreux .... 4 + 4   4,696
Acide nitreux 4   4,696 + 4,696

On a trouvé, par les compoſitions de l'eau & de l'ammoniaque, 4 azote & 6 oxigène ; d'où l'on voit qu'il exiſte une grande différence dans les rapports de denſité de l'azote & de l'oxigène des diverſes compoſitions.

Malgré la grande différence des denſités obtenues de la comparaiſon des diverſes compoſitions, Dalton n'en a pas moins conclu la denſité des atomes des divers compoſés de fluides élaſtiques, telle qu'elle eſt repréſentée dans la table ſuivante :

Hydrogène 1
Azote 5
Oxigène 6
Acide muriatique 18
Eau, 1 atome d'oxigène, 1 d'hydrogène.... 7
Ammoniaque, 1 atome d'hydrogène, 1 d'azote. 6
Gaz nitreux, 1 atome d'oxigène, 1 d'azote.... 11
Oxide nitreux, 2 atomes d'azote, 1 d'oxigène. 16
Acide nitreux, 2 atomes d'oxigène, 1 d'azote. 17
Acide oximuriatique, 2 atomes d'acide muriatique, 1 d'oxigène................... 24
Acide ſuroximuriatique, 3 atomes d'oxigène, 1 d'acide muriatique 27

Dans la compoſition de l'eau & de l'ammoniaque, Dalton ſuppoſe que la combinaiſon des atomes dans l'eau, ainſi que dans l'ammoniaque, eſt, dans chacun, une pour une, c'eſt-à-dire que, dans l'eau, une molécule d'oxigène ſe combine à une molécule d'hydrogène, & dans l'ammoniaque, une molécule d'hydrogène ſe combine à une molécule d'azote ; cependant il faut deux volumes d'hydrogène contre un d'oxigène, pour compoſer deux volumes de vapeurs aqueuſes, & il faut trois volumes d'hydrogène & un volume d'azote pour former deux volumes d'ammoniaque. Des proportions dans les deux volumes, pluſieurs ſavans concluent les proportions dans les atomes compoſans ; ainſi, ſi deux volumes d'hydrogène, dans la compoſition de l'eau, pèſent 14,34, un volume ſeul peſera 7,17, & le rapport des denſités des atomes de l'oxigène à l'hydrogène ſera comme 85,66 : 7,17, ou comme 100 : 1196, ou ſenſiblement comme 1 : 12, ou, ſi l'on veut, comme leur denſité reſpective ; ce qui changeroit ſingulièrement les denſités reſpectives des atomes.

Avogadro a publié, ſur cet objet, deux Mémoires dans le Journal de Phyſique, l'un en 1811 tom. II, pag. 58 ; l'autre en 1814, tom. 1er., pag. 131, dans leſquels ce ſavant cherche également à déterminer la denſité des atomes des différens gaz : ſon raiſonnement étant établi ſur d'autres ſuppoſitions que celles de Dalton, il arrive néceſſairement à des réſultats différens. Au reſte, comme la ſcience n'eſt pas encore aſſez avancée pour pouvoir ſe livrer à ce genre de recherches, & qu'à défaut de faits on eſt obligé d'y ſuppléer par des hypothèſes, la détermination de la denſité des atomes des gaz eſt un vaſte champ ouvert aux ſuppoſitions. Les géomètres pourront ſoumettre cette queſtion à l'analyſe, avec l'eſpérance d'obtenir des fuccès femblables à ceux qu'ils obtien-nent ordinairement dans des queftions analogues.

DENSITÉ DES LIQUIDES; denfitas liquidorum; *dichtigkeit der flüffig.* Poids d'un volume donné d'un liquide, comparé au même volume d'un autre liquide.

On peut déterminer la *denfité des liquides* de trois manières différentes : 1°. en pefant une bou-teille vide, & la pefant enfuite après l'avoir rem-plie de divers liquides, les poids comparés donnent leur *denfité refpective*; 2°. en prenant un corps fo-lide, impénétrable & inattaquable par les liquides, le pefant dans l'air, & le pefant enfuite dans les liquides, la différence des poids dans l'air & dans le liquide donne le poids du liquide déplacé; comme le volume déplacé par les corps folides eft le même dans tous les liquides, il s'enfuit que l'on a, par ce moyen, les poids comparés d'un même volume de chaque liquide, donc leur *denfité* refpective. On peut encore fe fervir des aréomètres ou pèfe-liqueurs. *Voyez* AREOMÈTRE.

Quand, fur des furfaces égales, les preffions de deux ou plufieurs liquides, contenus dans des vafes, fe font équilibre, les quantités de matière ont le même poids ; & comme les poids font égaux à la *denfité*, multipliés par les volumes des fluides, les volumes doivent être d'autant plus grands, que les *denfités* font moindres, les hauteurs des colonnes qui ont la même bafe étant proportion-nelles aux volumes, il s'enfuit que les hauteurs des colonnes de liquides. qui exercent la même com-preffion, font en raifon réciproque des *denfités des liquides.* On peut déduire de ce principe une mé-thode pour comparer enfemble des liqueurs diffé-rentes ; car, fi l'on verfe différens fluides dans des tuyaux qui communiquent entr'eux, ces fluides s'y mettent en équilibre, leurs preffions devien-nent égales : on peut donc trouver, par ce moyen, le rapport de leur *denfité*, en comparant leurs hau-teurs.

Comme le volume des liquides augmente par la chaleur, il eft néceffaire que la *denfité* foit prife à une température conftante pour chaque liquide: ainfi, l'eau augmentant de 0,04577 de fon volume, en paffant de la température de la glace à celle de l'eau bouillante, il s'enfuit que fi la *denfité* de l'eau étoit prife, pour l'unité, à la température de la glace fondante, elle ne feroit plus que de 0,956 à la température de l'eau bouillante, & celle des autres liquides fuivroit une augmentation analogue.

La *denfité des liquides* varie relativement à leur degré de pureté & à l'état de compofition. La pe-fanteur fpécifique des différens liquides, pris à la température de 12°,44 R., eft:

Eau pure 1,0000
Eau de rivière, de . . . . . . 1,0001 à 1,0006.
Eau de mer, de 1,0123   1,0284
Vin, de 0,8910   1,0382
Ether, de 0,632   0,900

Pétrole, de . . . . 0,730 à 0,878
Huiles volatiles, de 0,792   1,091
Alcool. 0,794
Huiles fixes, de 0,913   0,968
Acide nitrique 1,588
Acide fulfurique 1,885
Mercure 13,568

Voyez DENSITÉ DU MERCURE.

De l'hypothèfe de Dalton, concernant la com-binaifon des atomes, on peut déduire la *denfité* des atomes de plufieurs de ces liquides.

	Denfité.
Eau, 1 atome d'oxigène, 1 d'hydrogène...	7
Ether fulfurique, 2 atomes de carbone, 1 d'hydrogène	9,8
Alcool, 3 atomes de carbone, 2 d'hydro-gène, 1 d'oxigène	21,2
Hydrogène fulfuré, 1 atome d'hydrogène, 1 de foufre	16
Acide nitrique, 2 atomes d'oxigène, 1 d'a-zote	17
Acide fulfurique, 2 atomes d'oxigène, 1 de foufre	27
Phofphure de foufre, 2 atomes de phofphore, 1 de foufre.	31

En réuniffant plufieurs liquides les uns avec les autres, quelques-uns fe mélangent feulement, & ont pour *denfité* la *denfité* moyenne du mélange; d'autres fe combinent, & leur *denfité* eft plus grande que la *denfité* moyenne. On diftingue, parmi les liquides qui fe combinent, l'eau avec l'alcool, l'acide nitrique, l'acide fulfurique, l'acide muria-tique; l'alcool avec l'éther; l'acide fulfurique avec l'acide nitrique; les huiles fixes avec le pé-trole, les huiles volatiles, les huiles fixes; les huiles volatiles avec le pétrole, les huiles volati-les, &c. Toutes les fois qu'il y a combinaifon, il y a dégagement de calorique ; ce dégagement fe diftingue plus ou moins facilement, felon que la combinaifon fe fait plus ou moins rapidement.

En mélangeant, en diverfes proportions avec de l'eau, de l'acide fulfurique dont la *denfité* étoit 2,000, Kirwan a trouvé que l'augmentation de *denfité* étoit:

ACIDE fulfurique.	EAU.	AUGMENTATION de denfité.
5	95	0,0252
10	90	0,0679
15	85	0,0779
20	80	0,0856
25	75	0,0999
30	70	0,1119
35	65	0,1213
40	60	0,1279
45	55	0,1317
50	50	0,1333

On voit, d'après cette table, que l'augmentation de *densité* va toujours croissant; cependant cette augmentation a un maximum, & ce maximum paroît être, à peu près, partie égale des deux substances pures. Ainsi, d'après les expériences de Gilpin, de l'alcool à 0,825 de *densité*, combiné avec l'eau en diverses proportions, a donné les résultats suivans :

ALCOOL.	EAU.	DENSITÉ		Augmentation.
		par l'expérience.	moyenne.	
10	2	0,862	0,854	0,008
10	4	0,887	0,874	0,013
10	6	0,905	0,888	0,016
10	8	0,919	0,902	0,017
10	10	0,930	0,9125	0,0175
8	10	0,940	0,9222	0,0178
6	10	0,952	0,934	0,0176
4	10	0,964	0,950	0,014
2	10	0,977	0,971	0,006

D'après ce résultat, le maximum de *densité* seroit, dans la combinaison, 8 parties d'alcool & 10 d'eau, conséquemment lorsque la proportion est plus grande que celle de l'alcool.

Pour reconnoître la concentration des liquides dans leur combinaison, il suffit de verser les deux liquides dans un tube, le plus pesant le premier, & le plus léger dessus; de marquer exactement le volume qu'ils occupent, puis de les mélanger intimement en les agitant : alors on aperçoit, 1°. que le tube s'échauffe ; 2°. une diminution de le volume occupé primitivement par les deux liquides.

L'augmentation de *densité* par la combinaison des liquides peut devenir d'une grande utilité pour déterminer les proportions des liquides combinés. Kirwan a donné des tables de *densité* à l'aide desquelles on peut reconnoître la quantité d'acide réel, contenue dans un acide. Haffenfratz a publié des tables à l'aide desquelles on peut déterminer la proportion d'un sel donné, contenue dans une dissolution saline. Voyez *Annales de Chimie*, tom. XXVII, pag. 118; tom. XXVIII, pag. 3 & 282; tom. XXXI, pag. 284.

DENSITÉ DES PLANÈTES ; *densitas planetarum*; *dichtigkeit des planet*. Poids du volume d'une planète, comparé à un même volume du soleil, en supposant ce dernier d'une *densité* uniforme.

On sait que la *densité* des corps est proportionnelle à leur masse divisée par leur volume (*voyez* DENSITÉ) ; d'où l'on voit que, pour avoir la *densité des planètes*, il faut connoître leur masse & leur volume respectif. Les astronomes ont déterminé la masse des planètes de trois manières différentes : 1°. par leur vitesse autour du soleil, comparée à celle d'un satellite autour de la pla-

nète ; 2°. par la vitesse de leur mouvement, comparée à celle de la chute des corps à la surface de la terre; 3°. par la comparaison de leur volume, en supposant que leur *densité* soit réciproque à leur moyenne distance au soleil. Si l'on suppose que leur forme soit sensiblement sphérique, leur volume est comme le cube de leurs rayons. Les planètes ayant la forme d'un sphéroïde aplati vers les pôles, on prend pour rayon moyen celui qui correspond au parallèle dont le carré du sinus de latitude $= \frac{1}{3}$, lequel se trouve être égal au tiers de la somme du diamètre & du rayon des pôles.

Divisant donc les masses par les volumes, on trouve que les *densités* sont :

Du Soleil 1,0000
De la Terre 3,9326
De Jupiter 0,9095
De Saturne 0,4931
D'Uranus 1,1376

Quoique l'on connoisse la masse des autres planètes, il est difficile de déterminer leur *densité*, à cause de la difficulté que l'irradiation oppose à la détermination de leur diamètre ou de leurs rayons.

Kepler a voulu déterminer cette *densité* par des idées de convenance & d'harmonie : il supposa les *densités* des planetes réciproques aux racines carrées de leurs distances; mais il jugea, par les mêmes considérations, que le soleil étoit le plus dense de tous les corps, ce qui n'est pas. La planète Uranus, dont la *densité* paroît surpasser celle de Saturne, s'écarte de la règle précédente, dont on ne voit d'ailleurs aucune raison.

DENSITÉ DES SOLIDES ; *densitas solidorum*; *dichtigkeit der dichter kœrper*. Poids comparés des volumes égaux de différens solides.

Pour prendre la *densité* d'un solide insoluble dans l'eau & inattaquable par ce fluide, on prend son poids dans l'air ; on prend ensuite son poids dans l'eau distillée. La différence des deux poids est justement égale au volume d'eau distillée, déplacé par le corps, conséquemment le même que celui du corps ; le rapport entre ces deux poids donne la *densité* du corps, comparée à celle de l'eau. Soit P le poids du corps dans l'air, *p* le poids du corps dans l'eau, le poids de l'eau déplacée $= P - p$; soit D la *densité* de l'eau, *d* la *densité* du corps, on a $P : P - p = D : d$; d'où $d = \frac{P}{P - p} D$. Si l'on fait D, la *densité* de l'eau, égale à l'unité, on aura $d = \frac{P}{P - p}$.

Quant à la manière de prendre la *densité* des corps solubles dans l'eau ou attaquables par l'eau, *voyez* PESANTEUR SPÉCIFIQUE ; nous donnerons également à ce mot une table des *densités* de différens solides.

Comme les solides augmentent de volume par

la chaleur, ainſi que l'eau diſtillée dans laquelle on les pèſe, & que cette augmentation de volume n'eſt pas la même dans les deux ſubſtances, il eſt néceſſaire, pour avoir des *denſités* comparables, qu'elles ſoient priſes à une même température.

Un phénomène aſſez ſingulier, obſervé par Haſſenfratz ſur la *denſité des ſolides*, c'eſt que cette *denſité* varie avec la groſſeur des morceaux; le poids d'une même maſſe eſt d'autant plus petit, dans l'eau, qu'elle eſt réduite en plus petits fragments. *Voyez* les expériences conſignées dans les *Annales de Chimie*, tom. XXVI, pag. 178 & ſuivantes, & tom. XXXIX, pag. 177 & ſuivantes.

Gay-Luſſac ayant annoncé dans ſon cours, que la diviſibilité de la matière n'apportoit aucune différence dans ſa *denſité*, peut-être ſeroit-il bon de répéter avec ſoin les expériences d'Haſſenfratz avant de prendre un parti ſur cette queſtion.

DENSITÉ DES VAPEURS; *denſitas vaporum; dichtigkeit des dampf.* Poids d'un volume donné des différentes vapeurs, comparées entr'elles à une même preſſion & à une même température.

Pluſieurs phyſiciens ſe ſont occupés de déterminer la *denſité de la vapeur aqueuſe*, parce que cette vapeur, mêlée avec l'air, ayant une grande influence ſur ſa *denſité* & ſur les phénomènes météoriques qui ont lieu dans l'atmoſphère, il étoit eſſentiel de connoître, d'une manière exacte, la *denſité de la vapeur de l'eau*. Nous allons indiquer la méthode employée par Sauſſure, & qu'il a conſignée §. 117 & ſuivans, dans ſon *Hygrométrie*.

Après avoir placé un baromètre, un hygromètre & un thermomètre dans un ballon d'une capacité déterminée, vide d'air ou rempli d'air ſec, le ballon ayant été fermé hermétiquement, il y introduiſit un linge humide qu'il avoit préalablement peſé, & il obſerva qu'à la température de 15° R., 11 grains d'eau, par pied cube, augmentoient la preſſion de l'air de 6 lignes : d'où il ſuit que, ſous une preſſion de 27 pouces, un pied cube de vapeur d'eau peſeroit 594 grains; un pied cube d'air ſec, à la même preſſion & à la même température, pèſe 751 : la *denſité de la vapeur d'eau* eſt donc, à la *denſité* de l'air, comme 10 : 12,6. De nouvelles expériences, faites avec beaucoup de ſoin, n'ayant donné que 10 grains d'eau vaporiſée dans un pied cube, pour augmenter la preſſion de 6 lignes, il s'enſuit que la *denſité de la vapeur d'eau* eſt à celle de l'air, comme 540 : 751, comme 10 : 14 environ. Ainſi, d'après cette expérience, on a regardé la vapeur de l'eau comme les $\frac{10}{14}$ ou les $\frac{5}{7}$ de celle de l'air atmoſphérique.

Des expériences faites par Watt & par pluſieurs autres phyſiciens ont appris que l'eau, en paſſant de l'état liquide à l'état gazeux, ſous une preſſion de 28 pouces de mercure, & à une température de 80° R., occupoit un volume 1600 fois plus grand. Comme un pied cube d'eau pèſe 70 livres, il s'enſuit que le poids d'un pied cube de vapeur aqueuſe,

à 80° R., & ſous une preſſion de 28 pouces de mercure, pèſe $\frac{70 \text{ liv.}}{1600} = 315,7$ grains.

Si maintenant on veut ramener ce volume à ce qu'il ſeroit par une température de 15 degrés, qui eſt celle qu'avoit la vapeur de l'eau dans l'expérience de Sauſſure, on pourra y parvenir en ſe ſervant de l'expérience de Gay-Luſſac, d'après laquelle ce ſavant a trouvé que les gaz ſe dilatent de $\frac{80}{213}$ de leur volume, en paſſant de la température de la glace à celle de l'eau bouillante (*voyez* DISSOLUTION DES GAZ) : d'où il ſuit que ſi l'on ſe contente d'un à peu près, on pourra ſuppoſer la dilatation de $\frac{1}{213}$ du volume pour chaque degré de chaleur, à partir de la glace fondante. Donc, le volume d'une quantité de vapeurs, dont la température eſt de 14 degrés, eſt à celui de la même quantité à 80°, comme $1 + \frac{15}{213}$ eſt à $1 + \frac{80}{213}$, ou comme 228 eſt à 293, puiſque les *denſités*, pour une même maſſe, ſont en raiſon inverſe des volumes : la *denſité* de la vapeur à 15° eſt à celle de la vapeur à 80°, comme 293 eſt à 228; donc enfin, puiſque les poids, à volumes égaux, ſont proportionnels aux *denſités*, le poids d'un pied cube de vapeur à 15° eſt à celui du même volume à 80° = 315,7, comme 293 à 228, ce qui donne pour le poids d'un pied cube de vapeur à 15° & à 28 pouces de preſſion $\frac{293 \times 315,7}{228} = 531,3$, & à 27 pouces de preſſion, le poids ſeroit $\frac{531,3 \times 27}{28} = 512,3$; la *denſité de la vapeur d'eau* ſeroit donc à celle de l'air comme 512,3 à 751, comme 10 à 14,6.

Gay-Luſſac a déterminé la *denſité des vapeurs* par une méthode qui lui eſt particulière, & qui eſt applicable à tous les liquides. Voici en quoi elle conſiſte.

On ſouffle des ampoules de verre très-minces, A, *fig.* 716; on les pèſe vides, on les emplit d'un liquide, on les ferme hermétiquement à la lampe, & on les pèſe dans cet état : la différence des deux poids donne celui du liquide contenu.

Dans une chaudière de fonte de fer BC, remplie de mercure, on place un tube de verre DE, également plein de mercure, & l'on met dans le tube une petite ampoule pleine de liquide; celle-ci, plus légère, monte dans la partie ſupérieure. Un manchon de verre FG, placé également dans le mercure de la chaudière, entoure le tube; on met de l'eau dans le manchon. La chaudière eſt placée dans un fourneau HI.

Tout étant ainſi diſpoſé, on met du feu dans le fourneau. Le mercure de la chaudière & du tube, ainſi que l'eau du manchon, s'échauffent; l'ampoule placée dans le tube s'échauffe également; le liquide qu'elle contient, augmente de volume;

brife le verre mince, & fe répand fur la furface du mercure. En continuant à chauffer, le liquide fe vaporife, refoule le mercure, & occupe dans le tube un efpace qui dépend de fa température & de fa preffion.

Lorfque tout le liquide eft vaporifé, on obferve, 1°. le volume qu'il occupe dans le tube qui a été gradué; 2°. la température du mercure dans le tube, & de l'eau dans le manchon, afin d'avoir exactement la température de la vapeur; 3°. la hauteur du mercure dans le tube, au-deffus du niveau du mercure dans la chaudière, afin d'avoir la preffion de la vapeur, en retranchant cette hauteur de celle de la colonne du mercure dans le baromètre.

Ayant, par ce moyen, le volume de vapeur que forme le liquide, à une température & à une preffion connues, on peut facilement, par la formule V : $v = h(213 + T)$: H $(213 + t)$, trouver le volume de la vapeur à une preffion & à une température déterminées, en faifant V le volume obfervé, T la température, & H la preffion, v le volume cherché, t la température, & h la preffion à laquelle on veut ramener les vapeurs, Connoiffant le volume de la vapeur pour une température & pour une preffion données, on détermine fa denfité en divifant la maffe ou le poids par le volume. Ainfi, fous la preffion de 25 pouces de mercure, & à la température de 80° R., 470 grains d'eau occupent 2398,3 pouces cubes; à 27 pouces de preffion & 15° de température, ce volume feroit réduit à 1728 pouces ou un pied cube. Le pied cube d'air atmofphérique, à la même preffion & à la même température, pèfe 751; celui de la vapeur d'eau, dans cette expérience, pèfe 471. Le rapport de la denfité de la vapeur d'eau eft donc à celle de l'air atmofphérique comme 10 eft à 16: c'eft le rapport que Gay-Luffac a trouvé dans fes expériences.

En fuivant cette méthode, on a déterminé la denfité des vapeurs, comparée avec celle de l'air, dans l'ordre fuivant (1).

SUBSTANCES.	Denfité.	Auteurs.
Air commun............	1,0000	Gay-Luffac.
Vapeur d'iode.........	8,6185	Idem.
— d'éther hydriodique...	5,4749	Idem.
— d'effence de térébenthine.	5,0130	Idem.
— de fulfure de carbone ...	2,6447	Idem.
— d'éther fulfurique	2,5860	Idem.
— d'éther hydrochlorique..	2,2190	Thenard.
— chlorocyanique........	2,1113	Gay-Luffac.
— d'alcool abfolu........	1,6133	Idem.
— hydrocyanique........	0,9476	Idem.
— d'eau..............	0,6236	Idem.

DENSITÉ DU GLOBE DE LA TERRE; denfitas

(1) Annales de Chimie & de Phyfique, tom. I, pag. 218.

globuli terræ. Denfité moyenne de la maffe de la terre, comparée à la denfité de l'eau.

Les obfervations faites par Bouguer & La Condamine fur la déviation du fil à-plomb, par une groffe montagne du Pérou, appelée Cimboraço (obfervations imprimées en 1749); ayant fixé l'attention des phyficiens, l'expérience de La Condamine & de Bouguer, répétée enfuite par le P. Bofcowitz, l'abbé de La Caille, le P. Beccaria, Cavendish, &c., ayant été trouvée exacte; Maskelyne, aftronome royal d'Angleterre, fut en Écoffe obferver, au nord & au fud de la montagne Schehallienne, dans la province de Perth, fon influence fur le fil à-plomb, & trouva une déviation de près de 6°, conféquemment, une feconde de moins que celle produite par la Cimboraço. L'aftronome anglais ayant cherché à déterminer la maffe de la montagne, parvint, par ce moyen, à connoître l'influence perturbatrice d'une maffe connue, & dont la denfité moyenne pouvoit être, jufqu'à un certain point, appréciée. La diftance de cette maffe au fil à-plomb étant donnée, ainfi que celle du centre de la terre à ce même fil à-plomb, la denfité de la terre devenoit le quatrième terme d'une règle des trois, dont les trois autres étoient connues; il l'avoit ainfi trouvée égale à environ quatre fois & demie celle de l'eau, c'eft-à-dire, plus confidérable que celle des fubftances pierreufes les plus denfes. Les premières obfervations de Maskelyne ont été publiées dans le tome II des Tranfactions philofophiques pour 1815.

Pour que ce réfultat fût exact, il auroit fallu connoître pofitivement la maffe qui exerçoit fon action fur le fil à-plomb; cette maffe eft égale aux volumes multipliés par la denfité de chacune des fubftances qui agiffoient fur le fil à-plomb, ainfi que de leur diftance à ce fil. Comme il n'a pas été poffible de reconnoître toutes les fubftances qui compofent l'intérieur de la montagne, non plus que leur arrangement, on ne doit regarder le réfultat obtenu par Maskelyne, avec des foins & des peines infinies, que comme une denfité approximative.

On peut voir dans le deuxième volume du Traité de Méanique de Poiffon, §. 328 & fuivans, l'analyfe appliquée à la détermination de la denfité du globe, en fuppofant connue la déviation du fil à-plomb & la maffe qui l'écarte.

Cavendish eft parvenu, par une méthode beaucoup plus exacte, à déterminer la denfité du globe de la terre; il s'eft fervi, pour cet effet, d'une machine imaginée par Michelle. Ce favant, à qui nous devons les recherches très-ingénieufes fur la force d'impulfion de la lumière, & conféquemment fur la denfité de cette matière très-fubtile, avoit fait exécuter cette machine pour déterminer la denfité de la terre. La mort l'ayant furpris avant qu'il ait pu faire les expériences qu'il avoit projetées, par un hafard heureux pour les progrès de la fcience; cet appareil tomba entre les mains de

Cavendish. Cet homme modeste, qui joignoit à des connoissances très-étendues, une tête profondément pensante & un esprit fertile en ressources, ayant fait à l'appareil de Michelle les changemens qu'il crut devoir être propres à lui faire donner des résultats plus exacts, nous allons transcrire la description que l'auteur en donne.

Dans un cadre métallique ABBCAEFFE, *fig.* 717, est suspendue, par un fil d'argent *l*, une barre de bois *hh*, aux extrémités de laquelle sont également suspendues deux sphères de cuivre *xx*, par le moyen d'un arbre *o*K, & d'un engrenage au-dessus de la pince *l*, qui soutient le fil à-plomb; on peut faire tourner cette pince de manière que le fil à-plomb, exempt de toute torsion, place la barre *nn*, dans la direction SS, du milieu du châssis ABCCBA.

Au-dessus de la suspension FF du cadre métallique, est un boulon *Pp* qui supporte une barre *rr*, aux extrémités de laquelle sont suspendues, par des triangles R*r*, deux globes de plomb WW.

Tout cet appareil est enfermé dans une cage GGHHGG, que l'on éclaire par deux lanternes LL, & l'on observe dans l'intérieur de cette cage, à l'aide de deux lunettes TT.

Pour déterminer l'action attractive des sphères WW sur les boules *hh*, on fait mouvoir avec un cordon *m*M, la poulie MM, jusqu'à ce que les deux sphères WW soient à une distance donnée des petites sphères *hh*; & afin de savoir si la force qui détermine la torsion du fil dans un sens est la même que celle qui détermine la torsion du fil dans un autre sens, on peut, par le moyen du fil *m*M, & de la poulie MM, changer la direction des sphères WW & les porter en W'W'.

Les choses étant ainsi disposées, Cavendish observa la vitesse de vibration des petites boules, excitée par les grosses. Il faut voir, dans son Mémoire, l'exposition de ses nombreux essais, le détail de toutes les particularités qui se sont présentées, & la manière dont il tire ses conclusions.

Il chercha d'abord la force requise pour mesurer une vibration donnée dans son levier suspendu, & il établit ensuite la proportion entre la masse de plomb, placé dans le voisinage de la boule, & l'attraction de la terre sur cette même boule; enfin, & c'est ici la recherche la plus difficile, il détermine toutes les corrections qu'exigent les résultats tels qu'ils ont été observés. Nous allons citer l'auteur, pour donner une idée de la nature & de la multiplicité de ses corrections.

« 1°. Pour l'effet que la résistance du bras au mouvement, ou son inertie, a sur la durée de la vibration; 2°. pour l'attraction exercée par les masses sur le bras lui-même; 3°. pour leur attraction sur la boule la plus éloignée; 4°. pour l'attraction des verges de cuivre sur les boules & sur le bras; 5°. pour l'attraction de la cage de l'appareil sur les boules & les bras; 6°. pour les changemens dans l'attraction des masses sur les boules,

à raison des diverses positions du bras, & de l'influence de cette circonstance sur la durée de la vibration. Ces corrections, il est vrai, excepté la dernière, sont de très-petites quantités; mais on doit cependant en tenir compte. »

On trouve, dans un tableau, les résultats de toutes les expériences de Cavendish. Ce savant en forme deux suites : l'une donne la *densité de la terre* 5,48 fois plus considérable que celle de l'eau, & la moyenne des expériences de l'autre donne le même rapport. Dans cette dernière classe d'expériences, la différence extrême des résultats de vingt-neuf observations est seulement de 0,97, puisque la plus grande *densité* est de 5,85, & la plus petite de 4,88; en sorte que les résultats extrêmes diffèrent de la moyenne, l'un de 0,36, & l'autre de 0,60. Il est peu vraisemblable, dit Cavendish, que la *densité* moyenne du globe terestre à celle de l'eau diffère de $\frac{1}{14}$, de 5,48 à 1,00 (1).

Afin de faciliter les moyens de vérifier les résultats auxquels Cavendish est parvenu, nous allons faire connoître l'analyse que l'on peut appliquer à l'expérience de la balance, & nous allons extraire cette analyse du *Traité de Mécanique* de Poisson, §. 330 & suivans.

« Cavendish a trouvé la *densité de la terre* à environ cinq fois & demie celle de l'eau, en la déterminant d'après l'attraction de deux globes de plomb qu'il a su rendre sensibles, au moyen d'une balance de torsion. Sans entrer ici dans tous les détails de cette belle expérience, des diverses précisions qu'elle exige, & des calculs qu'il faut faire pour en déduire un résultat exact, je vais seulement indiquer les points principaux de ce calcul.

» La balance de torsion est l'instrument le plus exact que nous ayons pour servir à la mesure des forces très-petites. Coulomb, à qui l'invention en est due, l'a surtout employée à mesurer les forces d'attraction & de répulsion des corps électrisés. *Voyez* BALANCE DE COULOMB.

» Or, les expériences de Coulomb ont prouvé que le fil de suspension de la balance restant le même, la force de torsion est proportionnelle à l'angle ABD, *fig.* 717 (*a*), que fait le levier AA' en s'écartant de la direction primitive DD'. En prenant donc l'angle droit pour unité, appelant *h* la force de torsion qui répond à cet angle, & désignant par θ l'angle ABD, la force de torsion, dans la position ABA', sera egale à *h*θ. Ainsi, quand le levier est dans cette position, la torsion de son fil de suspension équivaut à deux forces égales à *h*θ, qui seroient appliquées aux deux extrémités du levier, perpendiculairement à sa longueur, & en sens contraire l'une de l'autre, & qui tendroient à le ramener vers la ligne DBD'

» Cela posé, approchons du levier deux sphères

(1) *Transactions philosophiques*, 1798 — *Journal de l'École polytechnique*, septième cahier, tome X.

homogènes

homogènes d'une même matière, d'un même diamètre, & symétriquement placées de part & d'autre de la ligne D B D'; soient C & C' leurs centres, situés dans le plan horizontal qui contient ce levier, à peu de distance du point B, & sur un droite C B C', menée par ce point, l'attraction de ces deux corps va écarter le levier de la ligne de repos; &, à cause que tout est semblable autour du point B, la droite A B A' tournera autour de ce point, qui restera immobile. A mesure que le levier s'écarte de la ligne de repos, la force de torsion augmente : il existe une position dans laquelle cette force feroit équilibre à l'attraction des deux sphères; mais comme le levier atteint cette position avec une vitesse acquise, il la dépasse, & il oscille de part & d'autre à la manière d'un pendule horizontal. L'observation fait connoître la durée des oscillations dans le même temps. En comparant la longueur de ce pendule à celle d'un pendule ordinaire, qui feroit ses oscillations dans le même temps, on en conclut le rapport de la force d'attraction de chaque sphère, à la pesanteur, & par suite on a le rapport de la masse de cette sphère à celle de la terre : l'équation qui sert à déterminer ce rapport est facile à former, ainsi qu'on va le voir.

» Pour simplifier la question, nous regardons les corps A & A', attachés aux extrémités du levier, comme des points matériels, & nous ferons abstraction de la masse du levier, c'est-à-dire, que nous considérerons le pendule horizontal comme un pendule simple. Il existe, en effet, des moyens pour ramener à ce pendule idéal un pendule de forme quelconque. Les deux points A & A' étant sollicités par les mêmes forces, & ayant le même mouvement autour du point B, il suffira de déterminer le mouvement de l'un d'eux; par exemple, celui du point A. Soit donc A B = b, C D = a, D B C = α; désignons par θ l'angle variable D B A, & par μ la masse du corps altérant; par f la force attractive, à l'unité de distance & pour l'unité de masse, & enfin, par y, la distance variable A C; nous aurons dans le triangle A B C,

$$y = a^2 + b^2 - 2 a b \cos. (\alpha - \theta).$$

L'attraction sur le point A sera égale à $\frac{\mu f}{y^2}$, & l'on aura $\frac{\mu \, a f. \sin. (\alpha - \theta)}{y^3}$ pour la valeur de cette force décomposée, suivant la perpendiculaire à la ligne A B, on en retranchant la force de torsion $h \theta$; la différentielle exprimera la force accélératrice du point A, décomposée suivant la tengente à sa trajectoire : donc, à cause que l'arc D A de cette courbe égale $b \theta$, l'équation du mouvement sera :

$$b \frac{d^2 \theta}{d t^2} = \frac{\mu \, a f. \sin. (\alpha - \theta)}{y^3} - h \theta;$$

$d t$ étant l'élément du temps.

» Comme l'attraction de la masse qu'on soumet

à l'expérience, & que dérange le levier de la ligne de repos, est toujours une très-petite force, il s'ensuit que θ ne peut jamais être qu'un très-petit angle; nous négligerons donc son carré dans le calcul; mais en appelant c la ligne C D, ou la valeur de y qui répond à $\theta = 0$, & développant la fonction $\frac{\sin. (\alpha - \theta)}{y^3}$ suivant les puissances de θ, on trouve :

$$\frac{\sin. (\alpha - \theta)}{y^3} = \frac{\sin. \alpha}{c^3} - \frac{[(a^2 + b^2) \cos. \alpha - 2 a b - a b \sin.^2 \alpha]}{c^5} \theta + \&c.$$

donc en faisant pour abréger :

$$[(a^2 + b^2). \cos. \alpha - 2 a b - a b \sin.^2 \alpha] \frac{\mu f a}{c^5} + h = g',$$

& négligeant le carré & les puissances supérieures de θ, l'équation du mouvement deviendra :

$$b \frac{d^2 \theta}{d t^2} = \frac{\mu f a. \sin. \alpha}{c^3} - g' \theta :$$

d'où l'on tire, en intégrant

$$\theta = \mathfrak{C} + k \cos. \left(t \sqrt{\frac{g'}{b}} + k' \right)$$

k & k' étant les constantes arbitraires, & $\mathfrak{C}$ une constante déterminée par cette équation :

$$g' \mathfrak{C} = \frac{\mu f a. \sin. \alpha}{c^3}.$$

» D'après cette expression de θ, le plus grand & le plus petit écart du levier, à partir de la ligne D' B D, seront $\mathfrak{C} + k$ & $\mathfrak{C} - k$; de sorte que si l'on mène la droite E' B E, telle que l'angle D B E soit égal à $\mathfrak{C}$, le levier fera, de part & d'autre de cette droite, des oscillations égales, dont l'amplitude sera la constante k. L'angle $\mathfrak{C}$ est donné par l'expérience; car on peut facilement mesurer le plus grand & le plus petit écart du levier, & en prenant une moyenne entre ces deux angles extrêmes, on a la valeur de $\mathfrak{C}$. La droite E' B E qui répond à cet angle est la position où le levier resteroit en équilibre s'il y parvenoit sans vitesse acquise, c'est-à-dire, la position dans laquelle la force de torsion & la force d'attraction sont égales. Quant à la durée des oscillations de ce pendule, elle est aussi donnée par l'observation; or, la valeur de θ nous montre que chaque oscillation entière s'achève dans l'intervalle du temps pendant lequel l'angle

$$t \sqrt{\frac{g'}{b}} + k$$

augmente d'une demi-circonférence : donc, en appelant T cet intervalle de temps, & π la demi-circonférence, on aura T $\sqrt{\frac{g'}{b}} = \pi$: d'où l'on conclut, en élevant au carré, multipliant par $\mathfrak{C}$, & substituant, pour $g' \mathfrak{C}$, sa valeur

$$\frac{\mu f a T^2 \sin. \alpha}{b c^3} = \pi^2 \mathfrak{C},$$

Si l'on désigne par b' la longueur du pendule ordinaire qui feroit ses oscillations dans le temps T, on aura $\frac{T^2 g}{b^l} = \pi^2$; en mettant à la place de la pefanteur g fa valeur $\frac{mf}{l^2}$, dans laquelle m eft la maffe de la terre, & l^2 fon rayon moyen, il vient $\frac{T^2 mf}{b^l l^2} = \pi^2$, & en éliminant la quantité inconnue f, entre cette équation & la précédente, on trouve :

$$\frac{m}{\mu} = \frac{b^l l^2 a. fi \eta. a}{b c^3 6}.$$

» Toutes les quantités qui entrent dans cette valeur de $\frac{m}{\mu}$ font données dans chaque expérience ; elle fervira donc à calculer le rapport de la maffe de la terre à une maffe donnée ; & connoiffant le volume de ces deux corps, & la *denfité* de la maffe qu'on foumet à l'expérience, on en conclura la *denfité* moyenne de la terre. »

Quelque différence que l'on trouve dans la *denfité du globe de la terre*, déterminé par le Dr. Maskelyne & par Cavendish, ces deux réfultats n'en concourent pas moins à affigner au globe terreftre une *denfité* moyenne à peu près double de celle des fubftances qui font à la furface, c'eft-à-dire, trop grande pour autorifer la fuppofition de vafte cavité, comme plufieurs géologues l'ont fuppofé, à moins toutefois qu'on y loge en même temps un noyau très-denfe, formé, par exemple, de matières métalliques.

DENSITÉ DU MERCURE ; denfitas hydrargyri ; *dichtigkeit des quekfilber*. Poids d'un volume donné de mercure, comparé au poids d'un égal volume d'autre fubftance.

Nous ne connoiffons ordinairement le mercure qu'à l'état liquide, & c'eft fous cet état, qui lui eft habituel, que l'on a déterminé fa *denfité*, que l'on a trouvée être de 13,568, celle de l'eau étant 1,000 ; mais depuis que l'on eft parvenu à folidifier le mercure (*voy.* CONGELATION), & que l'on s'eft affuré qu'il diminuoit confidérablement de volume en fe folidifiant, il étoit intéreffant de connoître la *denfité du mercure* à l'état folide : c'eft ce que John Biddle a entrepris & obtenu avec quelque fuccès. Nous croyons devoir rapporter en entier la lettre qu'il a écrite à Nicholfon, à ce fujet, & que celui-ci a imprimée dans fon *Journal* d'avril 1805.

« Après avoir purifié une certaine quantité de mercure, par la diftillation, dans une cornue de grès ou un récipient de verre, opération dont je n'employai que la moitié du produit, pour éviter l'inconvénient des alliages ; & après avoir fait échauffer ce métal jufqu'à 300° F. (119,1 R.), pour le priver de toute l'eau qu'il auroit pu conferver par des lavages, je l'expofai de la manière fuivante à l'action frigorifique d'un mélange de neige & de muriate de chaux.

» On introduifit dans ce mélange mille grains de mercure ainfi préparé, & trois onces d'al-cool, dans une fiole à fond arrondi ; & après avoir placé dans le mercure un fil d'archal fin, recourbé, dont on avoit préalablement déterminé le poids, lorfqu'il étoit plongé dans le même alcool, jufqu'à un certain point de fa longueur, à la température de +47 F. (+6,66 R.), on fixa ce même fil dans le mercure pendant fa congélation, de manière que tout demeura attaché à la furface intérieure du verre, jufqu'à ce qu'après avoir forti la fiole du mélange frigorifique, on l'eût plongée pendant quelques inftans dans de l'eau dont la chaleur amollit tout de fuite la première furface du mercure en contact avec le verre ; on fortit incontinent le mercure fufpendu par le fil de fer, & on le replongea de fuite dans le mélange frigorifique.

» On obferva, pendant la congélation du mercure, que la furface près du centre s'abaiffant confidérablement par la contraction de fes particules, & le vafe ayant été remué, dans l'acte de fa congélation, on aperçut un petit trou qui defcendoit jufque vers le fond du vafe, & dont les dimenfions diminuoient graduellement, fous forme d'une cavité conique dont la pointe étoit en-bas ; on fufpendit alors à la balance hydroftatique, en le laiffant plongé dans l'alcool froid, le mercure, par l'extrémité recourbée du fil qui le portoit, en laiffant d'abord, dans le baffin oppofé, les poids qui avoient fait équilibre au mercure pefé dans l'air, & le contre-poids du fil plongé dans le même alcool, jufqu'à une certaine marque.

» On obferva dans le mercure, ainfi pefé dans l'alcool, une perte de poids de 59,8 grains : on obtint le même réfultat de cinq à fix pefées confécutives, faites en laiffant dans le mélange froid le verre qui contenoit l'alcool ; mais dès qu'on les fortoit feulement d'une petite quantité, on apercevoit une différence de poids, due à l'élévation de température qu'éprouvoit l'alcool.

» Mille grains d'argent pur, pefés à la même balance, dans le même alcool, à la même température, perdirent 88,105 grains de leur poids : en conféquence, la perte de poids du mercure eft à celle de l'argent comme la pefanteur fpécifique de l'argent eft à celle du mercure.

» La pefanteur fpécifique de l'argent ayant été trouvée, dans la même balance & dans l'eau diftillée, de 10,436 ; il s'enfuit que cette fomme, multipliée par la perte de poids éprouvée par l'argent dans l'alcool, & divifée par la perte de poids du mercure pefé de la même manière, donna 15,612 pour la *denfité du mercure* à l'état folide, vers 40° au-deffous du zéro de Fahrenheit (— 32° R.).

» La même balance hydroftatique donna, pour la *denfité du mercure* à l'état liquide, à + 47° F. (+ 6,66 R.), le nombre 13,545.

» Il paroît, d'après ces expériences, que les différentes *denfités* entre le mercure liquide à + 47° F. (+ 6,66 R.), & le mercure folide à — 40 F. (— 32° R.), eft de 2,0673 fur 13,5450, ou de 1,5265 fur 10; foit 15,265 p. $\frac{3}{8}$, c'eft-à-dire, environ $\frac{1}{6}$ de fon plus grand volume, ou $\frac{1}{7}$ du plus petit. »

DENSITÉ ÉLECTRIQUE; denfitas electrici; eleĉtrifche dichtigkeit. Rapport entre les quantités d'électricité accumulées fur des furfaces femblables.

C'eft toujours à la furface des corps que l'électricité fe porte; c'eft là où elle s'accumule; elle y eft retenue par la preffion de l'air fec fur cette même furface, & la quantité que l'on peut y accumuler dépend de l'état de l'air. Sur une fphère libre & ifolée, l'électricité fe répand fur toute la furface d'une manière uniforme, la *denfité électrique* y eft égale; mais dès qu'une fphère touche à un autre corps, l'électricité fe partage d'abord entre les deux corps, puis les quantités d'électricité réparties fur chaque corps y exercent leur influence mutuelle; alors l'électricité fe diftribue fur la furface de la fphère, d'une telle manière, qu'au contaĉt la *denfité électrique* eft zéro, & qu'enfuite la *denfité électrique* augmente graduellement jufqu'au pôle oppofé au contaĉt, & cela, en fuivant une loi qui dépend des quantités d'électricité qui agiffent, & du carré de la diftance du centre d'action. *Voyez* DISTRIBUTION DE L'ÉLECTRICITE, INTENSITÉ ÉLECTRIQUE.

Pour comparer la *denfité électrique* de différens corps ou de différens points de la furface d'un même corps, on fait toucher le point par un difque métallique ifolé, d'une très-petite furface, & l'on transporte l'électricité puifée, de cette manière, fur un électromètre très-fenfible; on juge de la *denfité électrique* par l'angle de l'écartement des corps électrométriques.

DENSITÉ MAGNETIQUE; denfitas magnetici; *magneifche dichtigkeit*. Rapport entre les quantités de magnétifme réunies dans les corps.

Tout corps magnétifé préfente, dans chaque partie de fa maffe, des actions magnétiques différentes. C'eft à la force de cette action comparée, que quelques phyficiens ont donné le nom de *denfité magnétique*; mais cette action eft-elle produite, comme l'action électrique, par du magnétifme accumulé, ou le fluide magnétique eft-il répandu uniformément dans tout le corps magnétifé, & les actions différentes que l'on obferve à chaque point, ne font-elles que la réfultante de toutes les actions fur ce point, comme plufieurs phyficiens l'annoncent? Dans la première fuppofition, il y auroit réellement une *denfité magnétique*; dans la feconde, il n'exifteroit aucune différence dans la quantité de magnétifme. *Voyez* MAGNETISME, INTENSITÉ MAGNETIQUE, REPARTITION DU MAGNETISME, AIMANT, DISTRIBUTION DU MAGNETISME.

DEPARCIEUX (Antoine), phyficien & mathématicien français, né à Cenoux-le-Vieux, près de Nîmes, en 1755, & mort à Paris le 23 juin 1799.

Après avoir fait fes études au collège de Navarre, à Paris, il fut appelé, n'ayant pas encore vingt ans, à remplacer Briffon dans la chaire de phyfique qu'avoit créée Nollet dans ce même collége; il fut également nommé profeffeur de phyfique au lycée de Paris, dès l'origine de cet établiffement; enfin, lors de la création des écoles centrales, il opta, en faveur du département de la Séine, parmi ceux qui lui offroient une chaire de phyfique & de chimie.

Ses auditeurs furent moins étonnés de fon abondante facilité que de l'ordre, de la précifion, de la clarté de fes démonftrations. Ennemi de l'enthoufiafme & du charlatanifme, il, évitoit avec foin le luxe pompeux des mots & le brillant des figures: fa diction étoit pure, exacte, facile; fon organe fonore & foutenu.

On a de lui : 1°. un *Mémoire fur les effets & la caufe des éclats interrompus de la foudre*; 2°. un *Traité élémentaire de Mathématique*, à l'ufage de l'Univerfité; 3°. *Traité des Annuités & des Rentes à termes*, in-4°., Paris 1781; 4°. *Differtation fur les moyens d'élever l'eau par la rotation d'une corde fans fin*, in-8°., Amfterdam 1782 (*voyez* POMPE DE VERA); 5°. *Differtation fur les globes aéroftatiques*, in-8°., Paris, 1783.

Ce favant mourut dans un état voifin de l'indigence.

Antoine Deparcieux, fon oncle, né au même endroit, en 1703, & mort à Paris le 2 feptembre 1786, avoit été membre de l'Académie des Sciences, & auteur : 1°. des *Effais fur la probabilité de la durée de la vie humaine*; 2°. du *Projet d'amener les eaux de la petite rivière de l'Ivette* à Paris.

DÉPART; feparatio; *fcheidung*; fub m. Opération par laquelle on fépare différens métaux les uns des autres.

On diftingue deux fortes de féparations : 1°. par la voie fèche; 2°. par la voie humide.

DÉPART PAR LA VO E HUMIDE; *naffe fcheidung*. Séparation des métaux par l'action d'un liquide, particulièrement des acides.

On fait ufage de ce *départ* toutes les fois que, dans les combinaifons métalliques, des métaux font attaquables par un acide, & d'autres ne le font pas : ainfi, lorfqu'on verfe de l'acide nitrique fur un alliage d'or & de cuivre, l'or refte, tandis que le cuivre fe diffout.

C'eft principalement pour féparer l'or & l'argent que ce procédé eft employé en grand. Après avoir combiné l'or & l'argent, on aplatit, on lamine l'alliage obtenu, on le fait rougir, on le tourne en fpiral, on verfe deffus de l'acide nitrique pur; celui-ci diffout l'argent & laiffe l'or. Après avoir bien lavé le cornet d'or, on le fait rougir dans un creufet. La proportion d'or & d'argent la plus favorable, eft une partie d'or fur trois d'argent; celle de l'acide nitrique eft de trois parties fur deux d'alliage. *Voyez* QUARTATION, DÉPART, dans le *Dictionnaire de Chimie*.

DÉPART PAR LA VOIE SÈCHE; *trocken fcheidung*. Séparation des métaux les uns des autres par l'action du feu.

On fait ufage, dans cette opération, 1°. de la différence d'affinité que les métaux ont pour l'oxigène; 2°. de leurs différens degrés de fufibilité. Ainfi, c'eft par leur différence d'affinité pour l'oxigène que l'on fépare l'or, l'argent, le platine combiné avec le plomb; ce dernier s'oxide, fe fépare des autres, s'écoule ou fe volatilife. (*Voyez* AFFINAGE, COUPELLATION, dans le *Dictionnaire de Chimie*.) C'eft encore par la différence d'affinité pour l'oxigène, que l'on fépare le cuivre de l'étain dans le métal des cloches, le dernier s'oxidant plus facilement que le premier.

Par la différence de fufibilité, on fépare le plomb du cuivre, dans l'opération de la liquation (*voyez* LIQUATION); on fépare également l'étain lorfqu'il eft en grande proportion; on peut encore féparer, en grande partie, l'argent du cuivre, par l'intermède du plomb & du foufre: fondant ces quatre fubftances, le foufre fe porte fur le cuivre, le plomb fur l'argent, &, après le refroidiffement, on trouve, dans le creufet, deux culots diftincts, l'un de fulfure de cuivre, l'autre de plomb & d'argent: le premier contient un peu de plomb, le fecond un peu de cuivre.

La fublimation eft auffi employée dans plufieurs circonftances, pour féparer des métaux fixes de ceux qui font volatils; c'eft ainfi qu'on fépare l'arfenic, le mercure de leur combinaifon, & même le zinc du cuivre, en expofant l'alliage à une chaleur blanche.

DÉPENSE DES EAUX; *ausgabe das waffer*; f. f. Quantité d'eau écoulée par une ouverture donnée, dans un temps donné, une minute, par exemple.

On mefure cette *dépenfe* par le moyen d'une jauge percée de plufieurs trous, depuis un pouce jufqu'à deux lignes de diamètre.

Il exifte deux fortes de *dépenfes*, la naturelle & l'effective. La *dépenfe naturelle* eft celle que les eaux jailliffantes feroient, fuivant la règle établie par les expériences, fi leurs conduits & ajutage n'étoient pas fujets à des frottemens.

La *dépenfe effective* eft celle que l'expérience fait connoître, laquelle eft toujours moindre que celle donnée par le calcul. Il faut toujours compter la *dépenfe des eaux* par la fortie de l'ajutage, & jamais par la hauteur des jets.

Un obfervation effentielle, c'eft que la *dépenfe des eaux* eft différente, felon que l'ouverture d'écoulement eft percée dans de minces parois, ou dans des parois épaiffes. *Voyez* AJUTAGE, CONTRACTION DE LA VEINE FLUIDE.

On trouve, par l'analyfe, que les *dépenfes des eaux* font comme le carré du diamètre des ouvertures, & comme la racine carrée des hauteurs des eaux. Si D & *d* font les diamètres des ouvertures, H & *h* les hauteurs des réfervoirs, & V & *v* les volumes de l'eau *dépenfée*, on a

$$D^2 \times \sqrt{H} : d^2 \times \sqrt{h} = V : v.$$

D'après cela, fi l'expérience fait connoître qu'un orifice d'un pouce de diamètre, fous une preffion de 11 pieds de hauteur, *dépenfe* 8990 pouces cubes d'eau dans une minute, il eft facile de trouver, foit les *dépenfes* d'eau, lorfque l'on connoît la hauteur & l'orifice, foit l'orifice, fi l'on connoît la hauteur & la *dépenfe*, foit la hauteur, fi l'on connoît l'orifice & la *dépenfe*, foit enfin la durée, fi l'on connoît la *dépenfe*, l'orifice & la hauteur.

Ainfi, fi l'on fait le temps = *t*, le diamètre de l'orifice = *d*, la hauteur = *h*, & le volume = *v*, on aura:

$$v = \frac{V(d^2 \times \sqrt{h})}{D^2 \times \sqrt{H}}; \quad d^2 = \frac{v(D^2\sqrt{H})}{V\sqrt{h}};$$

$$\sqrt{h} = \frac{v(D^2\sqrt{H})}{V d^2}; \quad t = \frac{V(d^2\sqrt{h})}{v(D^2\sqrt{H})}.$$

Lorfque l'on veut calculer la *dépenfe* des jets élevés à une hauteur déterminée, il faut, à la place des jets, calculer la hauteur à laquelle les eaux du réfervoir doivent être au-deffus de l'ajutage, pour procurer un jet d'une hauteur donnée par un orifice également donné.

Nous le répétons, il eft difficile de trouver un accord entre les *dépenfes des eaux*, évaluées d'apres une expérience particulière, & celle que donnera l'expérience dans la conftruction que l'on veut établir, parce qu'il eft extrêmement difficile, pour ne pas dire impoffible, d'évaluer les frottemens qui auront lieu.

DÉPHLEGMATION, de φλεγμα; humor albidus; f. f. Opération dans laquelle on fe propofe de féparer le phlegme ou l'eau des fluides dont on veut augmenter ou diminuer la denfité, fuivant leur nature ou les degrés qu'ils doivent avoir. Ainfi, on augmente la denfité de l'acide fulfurique en le *déphlegmant*, & l'on diminue, au contraire, celle de l'alcool & de l'éther.

DÉPHLOGISTIQUÉ, de φλογιϛος, brûlé, enflammé; dephlogifticatus; *dephlogiftifirte*; adj. Ce mot n'a été employé qu'à la fuite du mot air.

DÉPHLOGISTIQUÉ (Air); aer dephlogifticatus; *dephlogiftifirte luft*. Dénomination donnée par les chimiftes français à l'air qui entretient la vie & la combuftion. Lavoifier l'avoit appelé *air vital*. *Voy.* GAZ OXIGÈNE.

DÉPRESSION; depreffio; *nieder drücken*; f. f. Abaiffement ou ferrement qui arrive à un corps qui eft ferré ou comprimé par un autre.

DÉPURATION; depuratio; *reinigung*; fub. f. Clarification, purification des liqueurs, féparation de leurs fucs, de leurs matières épaiffes; groffières & impures.

On *aépure* les liquides de quatre manières: 1°. par le repos de maffe; les fubftances plus pefantes fe précipitent, & les fubftances plus légères montent à la furface; 2°. par la filtration à travers une étoffe de laine, de la toile, du papier, du fable; 3°. par la chaleur qui rapproche les matières étrangères difféminées, les coagule & les réunit fous forme de flocons; cette troifième forte de *aépuration* fe nomme *clarification*, lorfque l'on ajoute à la liqueur du blanc d'œuf, du fang de bœuf, de la colle ou toute autre fubftance coagulable par la chaleur; 4°. enfin, par la fermentation; mais, dans cette dernière circonftance, il y a décompofition de fubftance.

DERHEM : petit poids de Perfe, qui vaut la cinquième partie de la livre.

DÉRIVATION; declinatio, deflexio; *ableitung*; f. f. Sortie hors de fa route.

DÉRIVATION (Canal de) : canal par où on dirige, on amaffe des eaux pour les conduire dans un réfervoir.

DÉRIVÉ; f. f. Fauffe route, ou détour forcé que l'on fait de fon vrai chemin.

Un vaiffeau *aérive* lorfque le vent le pouffe de côté, & le fait avancer fur un autre air de vent que celui auquel il préfente la poupe.

DÉROCHER, v. a. Oter la craffe de l'or.

DESAGULIER (Jean-Théophile), phyficien anglais, né à La Rochelle en 1683, & mort en Angleterre en 1742.

La révocation de l'Édit de Nantes obligeant fon père à paffer en Angleterre, J. T. *Defagulier* fit fes études à Oxford, & bientôt il remplaça Keill, fon maître, lorfqu'il quitta Oxford en 1710. Newton fut l'oracle qu'il confulta conftamment, dans le cours de phyfique qu'il fit pendant trois ans au collége d'Hart-Hall. Il fut appelé à Londres, où il acquit une grande réputation. La Société royale de Londres le reçut au nombre de fes membres, en le difpenfant de payer fon entrée, de figner les obligations ordinaires, & de fournir aux contributions hebdomadaires.

Newton le chargea de répéter quelques-unes de fes expériences capitales. Le roi Georges Ier., le prince de Galles affiftèrent à fes leçons, où l'on vit accourir tous les favans & les hommes d'État dont la Grande-Bretagne s'honoroit alors.

Appelé par la Hollande, en 1730, pour y faire des cours de phyfique, il fe rendit d'abord à Rotterdam, puis à La Haye, où il eut le plus grand fuccès; mais la Société royale le rappela bientôt

pour continuer fes expériences en Angleterre, avec un honoraire de 30 livres fterling.

A la dextérité de la main & à une grande fagacité, *Defagulier* joignoit l'efprit d'invention; c'étoit tous les jours quelques nouvelles machines hydrauliques ou aftronomiques.

Defagulier a donné plufieurs traduations anglaifes de divers auteurs français; les *Tranfactions philofophiques* contiennent plufieurs de fes Mémoires, dont le principal but eft de défendre les opinions de Newton fur la lumière, la figure de la terre, &c. On a de lui, *Syftem of experimental philofophy*, in-4°., Londres, 1719, 2 vol.; ces deux volumes ont été traduits en français par le P. Pezenas, fous le titre de *Cours de Phyfique expérimentale*, in-4°., Paris, 2 vol.

DESAGULIER (Tribomètre de); tribometrum Defaguliericum; *tribometer von Defagulier*; fub. m. Inftrument deftiné à mefurer le frottement des axes des roues. *Voyez* FROTTEMENT, TRIBOMÈTRE.

DESCARTES (Réné), philofophe, géomètre, phyficien français, naquit à La Haye en Touraine, le 3 avril 1596, & mourut à Stockholm le 11 février 1650.

Son père, *Joachim Defcartes*, confeiller au Parlement de Bretagne, le fit étudier au collége des Jéfuites de La Flèche; ce fut là qu'il fe lia d'une étroite amitié avec le P. Merfenne, qui fut depuis religieux minime.

La logique de fes maîtres lui parut chargée d'une foule de préceptes inutiles ou même dangereux; le doute s'éleva dans fon efprit; il ne fut fenfible qu'aux charmes des fciences mathématiques.

Sa fanté & la délicateffe de fon tempérament exigeant des ménagemens, le recteur lui permettoit de demeurer long-temps au lit, où il fe livroit à fon penchant pour la meditation. Le jeune philofophe prit tellement cette habitude, qu'il s'en fit une manière d'étudier pour toute fa vie. C'eft en partie aux matinées qu'il paffoit dans fon lit, livré à la plus grande obfcurité, que nous fommes redevables de ce que fon génie a produit de plus important.

Autant par inclination que par fa naiffance, il prit le parti des armes en 1616, fervit d'abord comme volontaire; mais les revers dont il fut témoin, en Hongrie, le dégoûtèrent de la profeffion des armes : il y renonça, & continua fes voyages comme fimple particulier. Le jubilé de 1625 lui fit naître l'occafion de parcourir l'Italie, &, chofe étonnante, il ne vit pas, à Florence, Galilée, qui avoit déjà acquis un grande célébrité dans la philofophie expérimentale.

Ne fe croyant pas affez libre en France, il vendit une partie de fon bien, & fe retira en Hollande, efpérant y trouver plus de tranquillité, & de pouvoir s'y livrer avec plus de liberté à fes méditations, & y attaquer avec plus de sûreté la vieille idole du péripatétisme.

Là, il se livra tout entier à la méthaphysique, à l'anatomie, à la chimie & à l'astronomie; il y composa un *Traité du Système du monde*, qu'il supprima à la nouvelle de l'emprisonnement de Galilée, & il adopta l'opinion assez extraordinaire de faire mouvoir le soleil autour de la terre.

Déterminé par les sollicitations de ses amis, *Descartes* consentit à publier ses découvertes, que l'on peut diviser en deux classes, les unes purement métaphysiques, & les autres géométriques: ces dernières, sur lesquelles sa gloire & ses droits à la postérité ont été établis, avoient peu de charmes & d'attraits pour lui; tandis que les premières qu'il affectionnoit paticulièrement, & qui furent la cause de ses persécutions, ont été entièrement abandonnées.

C'est en 1637 que parut la géométrie de *Descartes*; elle est le troisième des Traités qui suivent sa méthode, comme des exemples qu'il a voulu en donner dans ces trois principaux genres, la physique, les mathématiques mixtes & la géométrie pure. On ne doit pas y chercher le mérite de l'ordre & des développemens; ce sont les idées d'un homme de génie qui ne suit pas la marche des esprits ordinaires, & qui, content de dévoiler ses principes, laisse aux lecteurs le soin d'en faire l'application & d'en tirer les conséquences.

Parmi ses autres ouvrages, on distingue sa *Mécanique* & sa *Dioptrique*: cette dernière renferme beaucoup d'applications géométriques ingénieuses; mais la dioptrique étoit impossible à faire quand la réfrangibilité inégale des différens rayons de lumière n'étoit pas connue; cependant on y trouve encore une nouvelle preuve du génie de *Descartes* dans la découverte, qu'il y donne, de la véritable loi de la réfraction. Après sa mort, Huyghens lui a contesté cette découverte pour la donner à Snellius; mais cette réclamation tardive ne peut la lui ôter.

Un *Traité des Météores*, compris dans l'ouvrage sur la méthode, est beaucoup plus imparfait que la dioptrique; *Descartes* y donnant carrière à son imagination, entreprend d'expliquer tous les phénomènes météorologiques, même la formation de la foudre.

Il donne la véritable théorie de l'arc-en-ciel, autant qu'on pouvoit le faire à une époque où la réfrangibilité de la lumière n'étoit pas connue (*voyez* IRIS, RÉFRANGIBILITÉ); & ce qui mérite bien d'être remarqué, quoique cette donnée importante lui manquât, sa théorie est cependant exacte, parce qu'il y a suppléé par une expérience. En effet, il détermine d'abord, au moyen du calcul, la marche des rayons lumineux qui pénètrent dans la goutte d'eau, & qui en sortent ensuite par une ou plusieurs réflexions. Ce calcul lui fait voir que, de tous les rayons qui peuvent ainsi tomber sur cette goutte, il n'y a que ceux qui

pénètrent sur un certain angle qui puissent revenir au spectateur sans s'écarter les uns des autres, & par conséquent sans s'affoiblir. (*Voyez* RAYONS EFFICACES.) Par-là, il détermine les véritables circonstances dans lesquelles le phénomène de l'arc-en-ciel peut se produire, & elles sont conformes à l'observation.

Il restoit à assigner la cause des couleurs. *Descartes*, sans la connoître, la ramène avec beaucoup de sagacité à un autre phénomème plus simple, celui de la décomposition de la lumière par le prisme, & il montre le rapport intime de ces deux dispersions.

Nous avons fait connoître son *Discours* sur la méthode, ses Méditations, son *Traité de la lumière*, ses Tourbillons, en parlant du carthésianisme (*voyez* CARTHÉSIANISME); nous croyons, en conséquence, inutile de parler ici de sa métaphysique. Nous observerons seulement, qu'ayant quitté la France pour jouir de sa liberté, & ayant, en conséquence, choisi la Hollande pour y jouir d'une vie tranquille & paisible, ce pays fut le seul où il fut réellement persécuté. Gisbert Voet, premier professeur de théologie à l'Université d'Utrecht, enveloppé du voile de l'hypocrisie, employa, pour le perdre, des manœuvres basses, des intrigues sourdes; il l'accusa de nier l'existence de Dieu; il publia, sous le nom d'un jeune professeur, les accusations les plus épouvantables, & les injures les plus atroces; enfin, il fut cité devant les magistrats, & il alloit être condamné avant d'avoir eu connoissance de la trame odieuse ourdie pour le perdre.

Dégoûté des tracasseries qu'il éprouvoit en Hollande, *Descartes*, qui avoit toujours aimé l'indépendance, accepta la proposition de la reine Christine, de prendre sa Cour pour retraite; il sollicita & obtient la faveur d'être exempt de tout le cérémonial. Pour prix de cette liberté, la reine voulut qu'il vînt l'entretenir tous les jours, à cinq heures du matin, dans sa bibliothèque; mais la délicatesse de son tempérament, qui avoit besoin de ménagement, ne put supporter la rigueur du climat & le changement de vie auquel son déplacement l'obligea: son sang s'échauffa; il eut une fluxion de poitrine qui s'annonça par le délire, & il expira après avoir refusé les soulagemens qui lui étoient offerts.

La fortune lui avoit été de bonne heure indifférente. Il n'eut qu'environ 7000 francs de patrimoine: jamais il ne voulut accepter de secours d'aucun particulier. Le comte d'Avaux lui envoya une somme considérable en Hollande; il la refusa. Plusieurs personnes de marque lui firent des offres du même genre; il les refusa; il n'accepta qu'une pension de 3000 livres qui lui fut accordée par Louis XIII, sur la proposition du cardinal de Richelieu. Les uns disent qu'elle ne lui fut pas payée; d'autres prétendent qu'elle lui fut exactement payée; mais qu'on lui donna encore, l'année suivante, le brevet d'une autre penfion plus confidérable, qu'il ne reçut jamais.

Après fa mort, la reine Chriftine voulut le faire enterrer auprès des rois de Suède, avec une pompe convenable, & lui faire élever un maufolée; mais Chanut, ambaffadeur de France, réclama fon corps au nom de la France; il obtint qu'il feroit enterré, provifoirement, dans le cimetière de l'hôpital des orphelins, fuivant l'ufage des Catholiques: fon corps demeura à Stockholm jufqu'à l'année 1666; il en fut enlevé par les foins de Dalibert, tréforier de France, pour être porté à Paris, où il fut enterré de nouveau en grande pompe, le 24 juin 1667, dans l'églife de Sainte-Geneviève-du-Mont.

DESCARTES (Globe de): machine imaginée par *Defcartes* pour faire voir l'effet des forces centrifuges. *Voyez* GLOBE DE DESCARTES.

DESCENDANT; defcendens; *abfteigend*; adj. Qui defcend.

Il y a des aftres afcendans & *defcendans*, des degrés du ciel afcendans & *defcendans*. *Voyez* ASTRES DESCENDANS, DEGRÉS DESCENDANS.

En mécanique, on nomme *defcendant* tout ce qui tombe ou fe meut de haut en bas.

DESCENDANT (Nœud): point où une planète quelconque coupe l'écliptique, en paffant de l'hémifphère feptentrional à l'hémifphère méridional. *Voyez* NŒUD DESCENDANT.

DESCENDANTE (Latitude): latitude d'une planète qui revient des pôles à l'écliptique. *Voyez* LATITUDE DESCENDANTE.

DESCENSION; defcenfio; f. f. Defcente des corps céleftes au-deffous de l'horizon. *Voyez* ASCENSION.

DESCENSION DROITE: arc de l'équateur dont un aftre defcend au-deffous de l'horizon de la fphère droite.

DESCENSION OBLIQUE: arc de l'équateur dont un figne defcend au-deffous de l'horizon de la fphère oblique.

DESCENTE; defcenfus; *nieder fahre*; f. f. Action des corps graves qui fe meuvent en en-bas.

DESCENTE DES CORPS: tendance des corps vers le centre de la terre, foit directement, foit obliquement.

On a beaucoup difcuté fur la caufe de la *defcente des corps* pefans: deux opinions font nées de ces difcuffions; l'une fait venir cette tendance d'un principe intérieur, & l'autre l'attribue à un principe extérieur. La première de ces hypothèfes eft foutenue par les péripatéticiens, les épicuriens & plufieurs newtoniens; la feconde par les carthéfiens & les gaffendiftes.

Tous les corps ne tendent vers la terre, fuivant Newton, que parce que la terre a plus de maffe; & ce grand philofophe a fait voir, par une démonftration géométrique, que la lune étoit retenue dans fon orbite par la même force qui fait tomber les corps pefans; & que la gravitation étoit un phénomène univerfel de la nature: auffi Newton a-t-il expliqué, par le moyen de ce principe, tout ce qui concerne le mouvement des corps céleftes, avec beaucoup plus de précifion & de clarté qu'on ne l'avoit fait avant lui. La feule difficulté que l'on puiffe faire contre ce fyftème, regarde l'attraction mutuelle des corps. *Voyez* ATTRACTION, GRAVITATION, PESANTEUR.

L'idée générale par laquelle les carthéfiens expliquent le phénomène dont il s'agit, paroît, au premier coup d'œil, affez heureufe; mais il n'en eft pas de même quand on l'examine de plus près; car, outre les difficultés qu'on peut faire contre l'exiftence des tourbillons qu'ils fuppofent autour de la terre, on ne conçoit pas comment ce tourbillon, dont ils fuppofent les couches parallèles à l'équateur, peut pouffer les corps pefans au centre de la terre; il eft même démontré qu'ils devroient les pouffer vers tous les points de l'axe: c'eft ce qui a fait imaginer à Huyghens un autre tourbillon dont les couches fe croifent aux pôles, & font dans le plan des différens méridiens; mais comment un tel tourbillon peut-il exifter? & s'il exifte, comment n'en fentons-nous pas la réfiftance dans nos mouvemens? *Voyez* CARTHESIANISME, TOURBILLONS.

Il ne paroît pas que l'explication des gaffendiftes foit plus heureufe que celle des carthéfiens; car fur quoi eft fondée la formation de leurs rayons, & comment ces rayons n'agiffent-ils point dans d'autres fens que dans celui du rayon de la terre? *Voyez* GASSENDI.

Quoi qu'il en foit, l'expérience, qui n'a pu encore nous découvrir clairement la caufe de la pefanteur, nous a au moins fait connoître fuivant quelle loi les corps fe meuvent en defcendant. C'eft au célèbre Galilée que nous devons cette découverte. *Voyez* CHUTE DES CORPS.

DESCENTE DES PLANÈTES. C'eft le temps que les planètes emploiroient à tomber par une ligne droite, fi la force de projection qui les anime & leur fait décrire des orbites n'exiftoit pas.

Tous les corps qui conftituent le fyftème planétaire font attirés vers le foleil, en raifon directe de leur maffe & en raifon inverfe du carré de leur diftance. En fuppofant les orbites circulaires & les planètes à leur moyenne diftance, le temps qu'elles mettroient chacune pour parvenir au foleil feroit :

Mercure........ 15 jours 13 heures.
Vénus........ 39   17
La Terre 64   10
Mars......... 121
Jupiter........ 766
Saturne 1902

La lune tomberoit fur la terre en quatre jours vingt heures ; les fatellites de Jupiter tomberoient fur leur planète :

Le 1er. en............ 7 h. 15 min.
Le 2e. en............. 15
Le 3e. en............. 30
Le 4e. en............ 71

Les fatellites de Saturne tomberoient fur leur planète :

Le 1er. en .... 8 h.
Le 2e. en 12
Le 3e. en 19
Le 4e. en 25
Le 5e. en 33

Une pierre tomberoit au centre de la terre en vingt-une minutes neuf fecondes, fi le paffage étoit libre ; & un boulet de canon mettroit douze ans & demi à parcourir l'efpace de la terre au foleil, en fuppofant, 1°. qu'il parcourût deux cents toifes par feconde, & 2°. que fon mouvement ne fût pas accéléré.

DESCENTE DU MERCURE DANS LE BAROMÈ-TRE : abaiffement de la colonne du mercure, que l'on obferve dans le tube du baromètre.

On fait, d'après les belles expériences de Torricelli, que c'eft à la preffion de l'air qu'eft due l'élévation du mercure dans le baromètre, & que la hauteur de fa colonne fait équilibre à la preffion de l'atmofphère.

En obfervant le mouvement de la colonne du mercure dans le baromètre, on a remarqué que fa hauteur diminuoit dans deux circonftances différentes : 1°. lorfque l'on plaçoit le baromètre fur des hauteurs ; 2°. lorfque l'air fe chargeoit de nuages. La première *defcente* du mercure s'explique facilement par la diminution de la hauteur de la colonne d'air qui pèfe fur la furface du mercure lorfque le baromètre eft placé à une plus grande élévation ; quant à la feconde circonftance, on lui a fuppofé différentes caufes.

Daniel Bernouilli attribuoit la *defcente du mercure dans le baromètre*, lorfqu'il va pleuvoir : 1°. à la raréfaction prompte de l'air ; 2°. à fon inertie. Leibnitz prétend que, lorfqu'il pleut, l'atmofphère ne foutenant plus les nuages, n'en eft plus chargée ; elle eft donc plus légère ; le mercure, moins preffé, doit par conféquent defcendre. De Mairan a recours aux agitations de l'atmofphère, qui lui donne

une pefanteur relative plus ou moins grande, la pefanteur abfolue reftant la même. Halley admet la production & la précipitation des vapeurs dont l'air eft plus chargé dans un temps que dans un autre. Aujourd'hui, le plus grand nombre des phyficiens attribuent la *defcente du mercure dans le baromètre* à la denfité des vapeurs d'eau, qui eft moins grande que celle de l'air : d'où il fuit qu'une colonne d'air fec eft plus pefante qu'une colonne d'air humide, foumife à la même compreffion. *Voyez* BAROMÈTRE, VARIATION DU BAROMÈTRE.

DESCENTE (Ligne de la plus vîte). C'eft une ligne par laquelle un corps qui tombe en vertu de fa pefanteur, arrive d'un point donné à un autre point donné, dans un moindre temps que s'il tomboit par une autre ligne, paffant par les mêmes points. On a démontré que c'étoit une cycloïde. *Voyez* CYCLOÏDE.

DÉSINFECTANT ; f. m. Qui définfecte, qui détruit l'infection.

DÉSINFECTANT (Appareil) : flacon contenant une fubftance liquide évaporable, que l'on ouvre pour faire dégager la vapeur qui doit définfecter le milieu.

Guyton de Morveau a imaginé un *appareil définfectant* commode & portatif ; c'eft un flacon de criftal parfaitement bouché, de la confiftance de trois décilitres. On met dans ce flacon quatre grammes de manganèfe en poudre, que l'on recouvre d'acide nitro-muriatique, jufqu'à environ les deux tiers de la capacité du flacon. Après avoir agité le vafe, le gaz s'en dégage bientôt avec vivacité : on fait ceffer cet effet, lorfqu'on le juge à propos, en fixant le bouchon du flacon par des moyens qu'il eft facile d'imaginer, pour qu'il puiffe réfifter à l'expanfion du gaz. Le même flacon conferve longtemps fa propriété, fans qu'on foit obligé d'en renouveler les ingrédiens.

En proportionnant la quantité d'oxide de manganèfe & d'acide nitro-muriatique à la capacité des flacons, on peut en préparer de plus grands ou de plus petits.

Ce flacon eft enfermé dans une efpèce de preffe en bois ; il fe ferme à l'aide d'un obturateur ou difque de glace très-épaiffe, parfaitement dreffé & adouci, fans être poli, de manière qu'il puiffe s'adapter exactement fur tout le pourtour de l'entrée. L'adhéfion de ces parties entr'elles eft maintenue par une vis de preffion qu'il fuffit de tourner pour permettre à la vapeur de foulever l'obturateur par fa force expanfive, & fe dégager dans l'atmofphère.

Dumouftier, ingénieur en inftrumens de phyfique, conftruit ces fortes d'appareils, & l'on peut en trouver chez lui de toutes grandeurs.

DÉSINFECTION ;

DÉSINFECTION; *purgatio*; *befreiung von einer auſteckenden ſeuche*; ſ. f. Action de déſinfecter, de purifier l'air & les corps.

On *déſinfecte* l'air de deux manières : 1°. en renouvelant celui qui eſt contenu dans le milieu infecté; 2°. en détruiſant les miaſmes infectans.

Le renouvellement de l'air peut s'opérer, 1°. en diſpoſant les lieux de manière à donner un libre accès à l'air extérieur, & une iſſue facile à l'air intérieur, au moyen des proportions relatives aux ouvertures propres à produire ce double effet, & de leurs diſpoſitions reſpectives, déterminées, ſoit par les différences de température, ſoit par les différences de peſanteur entre l'air du dehors & celui du dedans; 2°. par l'action mécanique des machines ſoufflantes : on peut employer, pour cet objet, ſoit des ſoufflets, ſoit des ventilateurs, ſoit des manches ou trompes que l'on pratique dans les vaiſſeaux pour y faire entrer l'air du dehors (*voyez* MACHINES SOUFFLANTES, SOUFFLETS, VENTILATEURS, MANCHES, TROMPES); 3°. au moyen du feu qui accélère le mouvement de l'air, en le précipitant vers les foyers, & l'élevant par les cheminées; ou des tuyaux artiſtement diſpoſés; avec des tuyaux d'aſpiration & d'émiſſion, comme dans les appareils de ventilation par le feu. *Voyez* CAMINOLOGIE de ce *Dictionnaire*, & FOYER, VAISSEAU, VENTILATEUR du *Dictionnaire de Marine*.

Pour détruire les miaſmes infectans contenus dans l'air, les Anciens faiſoient uſage des fumigations aromatiques, de la volatiliſation des huiles eſſentielles, du camphre, &c.; mais ces fumigations ne font que maſquer les mauvaiſes odeurs ſans les détruire; elles ne doivent être employées que pour ſubſtituer une odeur agréable à une odeur déplaiſante. On doit avoir peu d'eſpérance de détruire, par ces moyens, les miaſmes infectans; cependant, l'air imprégné de certaines ſubſtances aromatiques eſt un excitant de l'organiſation, &, ſous ce rapport, il pourroit être utile dans quelques circonſtances. *Voy.* FUMIGATIONS.

Un *déſinfectant* que l'on a long-temps regardé comme très-puiſſant, eſt une diſpoſition de feux allumés dans divers lieux. Les feux peuvent être enviſagés comme moyen de déterminer la ventilation, mais, dans ce cas, ils doivent être placés dans des eſpaces circonſcrits; cependant les Anciens ont beaucoup vanté leur efficacité, comme moyen deſtructeur des émanations répandues dans l'air. Ce moyen n'eſt plus employé.

Enfin, on propoſe comme *déſinfectant* les leſſives alcalines & de chaux vive, l'évaporation des acides.

Si l'on pouvoit reconnoître la nature des miaſmes qui contribuent à infecter l'air, on pourroit peut-être trouver les moyens de les détruire. C'eſt ainſi que l'acide carbonique, réuni en grande proportion dans un eſpace limité, peut être abſorbé par la chaux vive & les alcalis cauſtiques; mais, excepté ce cas particulier, l'analyſe de l'air n'a

encore fait diſtinguer aucune des cauſes qui le rendent infect & délétère : ce que l'on peut faire de mieux, dans cette circonſtance, c'eſt d'eſſayer divers moyens.

Depuis long-temps les médecins ſe ſont aſſurés que l'évaporation du vinaigre, & particulièrement celui dit *des quatre-voleurs*, étoit un aſſez bon *déſinfectant* dans quelques circonſtances.

En 1773, Guyton s'aſſura que le gaz acide muriatique étoit un très-bon *déſinfectant*, & qu'il agiſſoit beaucoup plus efficacement que le vinaigre des quatre-voleurs : ce gaz fut employé avec beaucoup de ſuccès dans une égliſe de Dijon & dans les priſons de la même ville. Les réſultats ayant été publiés, on fit alors uſage, dans un grand nombre de pays, & particulièrement en Angleterre, de cette méthode de *déſinfecter* l'air.

Fourcroy ayant propoſé, en 1791, l'uſage de l'acide muriatique oxigéné, on le préféra au gaz acide muriatique, parce que l'on étoit perſuadé qu'il introduiſoit de l'oxigène dans l'air; opinion qui a été détruite en partie par les belles expériences de Davy, Gay-Luſſac & Thenard.

Quelques médecins ont employé également, avec ſuccès, la vapeur d'acide nitrique; mais comme il eſt difficile de faire vaporiſer cet acide à froid, & que l'on obtient l'acide muriatique oxigéné avec beaucoup plus d'avantage, on préfère ce dernier moyen.

Cependant, ſi l'opinion de Davy, Thenard & Gay-Luſſac eſt vraie, c'eſt-à-dire, ſi ce que l'on appelle *acide muriatique oxigéné* eſt ſeulement une baſe qui peut devenir acide en la combinant avec l'oxigène ou avec l'hydrogène, il ſembleroit que le gaz acide nitreux, qui eſt réellement oxigéné, devroit être préféré; mais ſi, comme le préſume Seguin (1), le gaz hydrogène eſt une des ſubſtances qui contribuent le plus à infecter l'air, il eſt poſſible que le chlore (acide muriatique oxigéné) s'empare du gaz hydrogène pour former de l'hydrochlorite (acide muriatique), & que, par ce moyen, il *déſinfecte* réellement l'air.

Quant aux infections produites par la putréfaction des viandes ou autres ſolides, ainſi que par la corruption de l'eau, on les détruit, dans un grand nombre de circonſtances, avec de la pouſſière de charbon bien ſèche; celui-ci abſorbe les gaz lors même qu'ils ſont imprégnés de particules odorantes, & particulièrement de certains gaz délétères, comme l'hydrogène ſulfuré. On s'en ſert comme d'un filtre pour *déſinfecter* les eaux. *Voyez* CHARBON.

DÉSOXIDATION; *deſoxidatio*; *deſoxidation*; ſ. f. Opération par laquelle on prive une ſubſtance de l'oxigène qu'elle contient.

Aſſez ordinairement, on *déſoxide* les corps de

(1) *Annales de Chimie*, tom. LXXXIX, page 251 & ſuivantes.

Yyyy

deux manières différentes : 1°. en les expofant à l'action du feu ; 2°. en les mettant en contact avec une fubftance qui ait une plus grande affinité pour l'oxigène.

Plufieurs oxides métalliques, comme le platine, l'or, l'argent, le mercure, dont l'affinité pour l'oxigène eft moins grande que la tendance de celui-ci à prendre la forme gazeufe, peuvent être *défoxidés* par la feule action du feu ; d'autres, comme le fer, le plomb, le cuivre, &c., qui ont une plus grande affinité pour l'oxigène, ne peuvent être *défoxidés* que par une fubftance qui ait plus d'affinité qu'eux pour l'oxigène : celle que l'on emploie ordinairement eft le charbon ; mais l'oxide de carbone lui-même peut être *défoxidé* par une fubftance qui ait plus d'affinité pour l'oxigène que le carbone même. *Voyez* OXIDATION.

DESSÉCHER ; deficcare ; *auftrochnen* ; v. a. Oter l'humidité de quelque chofe, le rendre fec.

DESSICCATION ; ficcatio ; *auftrocknung* ; f. f. Opération par laquelle on retire l'humidité d'un corps.

Souvent la *defficcation* s'opère en expofant les corps humides à l'action de la chaleur, d'autres fois, en mettant les fubftances en contact avec des matières qui aient plus d'affinité pour l'humidité. C'eft ainfi, par exemple, que l'on deffèche l'air, en expofant à fon action de la potaffe très-fèche ; que l'on deffèche les plantes en les comprimant entre deux feuilles de papier gris.

DÉTONANT ; *verpuffig* ; adj. Qui détone, qui s'enflamme avec explofion.

DÉTONANTES (Subftances) : fubftances qui s'enflamment avec explofion, foit fpontanément, foit par un choc plus ou moins fort, foit par un léger échauffement.

Plufieurs métaux, tels que l'or, l'argent, le mercure, deviennent *détonans* à un léger choc, après avoir été précipités de leur diffolution par l'ammoniaque ou l'alcool. (*Voy.* OR FULMINANT, ARGENT FULMINANT, MERCURE FULMINANT.) Les nitrates d'argent, d'or, d'étain, de mercure, de plomb, font également fulminans. Le muriate furoxigéné de potaffe, mélangé avec le foufre, le charbon ou le phofphore, forme une *poudre détonante* que l'on enflamme également par le choc, & qui produit une violente *détonation*. (*Voyez* POUDRE DÉTONANTE.) Le mélange de la pierre infernale & du foufre ou du charbon, *détone* lorfqu'il eft frappé un par un marteau froid (1) ; un mélange de foufre & de phofphore *détona* également, mais fans choc (2). Du-

long a découvert d'abord (1), & Davy enfuite (2), que le paffage du gaz oximuriatique à travers une diffolution d'un fel ammoniacal, produit une huile *détonante*. Cette découverte a été funefte aux deux favans français & anglais. Diverfes fubftances deviennent *détonantes* lorfqu'on les chauffe ou qu'on les diftille. Nous ne citerons ici que les réfidus charbonneux de l'uvée, obfervés par Fourcroy & Vauquelin (3). Souvent les mélanges de différens gaz produifent des *détonations* ; Pelletier en a fait une défagréable épreuve : un pouce d'air retiré du phofphore, mélangé d'abord à un pouce de gaz oxigène, puis à un pouce de gaz nitreux, a produit une violente *détonation* (4) qui a failli lui faire perdre la vue.

DÉTONATION ; detonatio ; *verpuffung* ; f. f. Inflammation rapide de certaines fubftances, laquelle eft accompagnée de bruit & de chocs violens, qui proviennent de ce que l'équilibre des colonnes d'air eft rompu.

Les *détonations* qui ont d'abord vivement excité l'attention des phyficiens, paroiffent être celles que produit l'inflammation de la poudre à canon. Avant la découverte de la compofition du nitre & de l'acide nitrique, la caufe de cette explofion étoit difficile à déterminer ; Stahl l'attribue à la matière inflammable contenue dans le falpêtre ; Maquer à l'acide du nitre qui formoit, avec le phlogiftique, un foufre nitreux ; mais on fait maintenant que la *détonation* de cette poudre, découverte par le moine Berthold-Swaitz (*voy.* POUDRE A CANON), eft occafionnée par la gazéification fubite de l'oxigène & de l'azote qui entrent dans la compofition de l'acide nitrique, & par la combinaifon de ces gaz avec le carbone & le foufre, pour former de l'acide & de l'oxide de carbone, de l'acide fulfureux ; enfin, par la vaporifation de l'eau qu'elle contient, &c.

Ces gaz & ces vapeurs forment, en fe développant, un volume confidérable qui eft encore augmenté par la haute température à laquelle l'inflammation les élève ; alors ces gaz exercent, par leur reffort, une très-forte action fur tous les corps qui s'oppofent à leur mouvement ; ils les brifent lorfque ceux-ci ne peuvent réfifter à leurs efforts ; ces gaz & ces vapeurs s'étendent avec une grande vélocité dans l'efpace, & chaffent l'air qu'ils rencontrent : en fe refroidiffant, ils forment des vides fur lefquels l'air fe reporte ; cette collifion & ce mouvement rapide de l'air produifent à la fois le bruit & les chocs violens qui font la fuite de la *détonation*.

On a remarqué que la *détonation* de la poudre à canon, renfermée dans un corps, fait, en bri-

(1) *Annales de Chimie*, tome XXVII, pag. 76.
(2) *Ibid.*, tome XXX, page 7.

(1) *Annales de Chimie*, tome LXXXVI, page 37.
(2) *Ibid.*, tom. LXXXIX, page 5.
(3) *Ibid.*, tome XXXII, page 110.
(4) *Ibid.*, tome V, page 272.

fant fes parois ou en chaffant un projectile, un bruit beaucoup plus grand que la *détonation* à l'air libre de la même quantité de poudre; on a également remarqué que les canons de bois, dont les Suiffes firent ufage fur le lac des Quatre-Cantons, & les canons de cuir trouvés dans les arfenaux de Salzbourg, & dont on a fait ufage autrefois, ne produifoient qu'un bruit étouffé; enfin, que les pièces de fonte de fer avoient une *détonation* plus fourde que celles de bronze.

Par le mouvement rapide des gaz & des vapeurs formées & dégagées, l'air éprouve une fecouffe fubite, violente & impétueufe, qui fouvent occafionne des défordres dans l'économie animale, ainfi qu'on l'obferve à la fuite des grandes *détonations*, fur les perfonnes & les animaux qui en font rapprochés : l'ébranlement de l'air brife fouvent, à de très-grandes diftances, les corps élaftiques qui en font frappés. C'eft ainfi que l'on voit les vitres fe caffer, lorfqu'elles font dans la direction du mouvement de l'air; mais ce qui paroît plus remarquable, c'eft la mort que les poiffons éprouvent dans l'eau des fleuves & des rivières, fur les bords defquelles font établies des batteries de canons. Percy dit avoir été témoin d'une pêche confidérable, faite par nos foldats, fur les rives du Danube, de la Sprée, du Bug, de la Viftule, &c., où l'on s'étoit long-temps canonné de part & d'autre.

Au refte, il eft affez ordinaire de trouver des poiffons morts fur le bord de la mer, après l'explofion du Véfuve. A la fuite de la fameufe explofion de l'arfenal de Paris, le 19 juillet 1538, les foffés pleins d'eau qui l'entouroient, & la Seine elle-même, dans une grande étendue, furent recouverts de poiffons morts ou renverfés fur le dos. Lors de l'épouvantable explofion de Sweeborg, dans l'île du Loup, en Finlande, où cent vingt-cinq mille livres de poudre prirent feu en même temps, la mer, agitée durant trente-fix heures, rejeta fur le fable une quantité prodigieufe de poiffons de toutes efpèces, dont le peuple ne put fe nourrir qu'un jour ou deux, la putréfaction s'en étant promptement emparée.

Cependant, dans les expériences faites par Percy fur les poiffons vivans, mis dans un baquet plein d'eau, près duquel on déchargea fimultanément deux pièces de canon de quatre & quatre groffes boîtes de fonte qui produifirent une *détonation* des plus violentes, les poiffons fautèrent affez haut, ou plutôt furent foulevés par la vive & brufque agitation imprimée à l'eau; mais excepté trois, dont un fut jeté hors du cuvier, & les deux autres meurtris par fes parois, ils vécurent tous fains & faufs pendant tout le temps qu'on voulut les conferver.

Des chiens de toutes tailles, étant attachés à l'affût d'un canon, la *détonation* en rendoit quelques-uns comme frénétiques; d'autres tomboient affommés, abafourdis, & ne fe relevoient qu'au bout d'un quart d'heure; prefque tous jetoient du fang par la gueule, les narines & les oreilles. Un ânon de cinq mois effuya les premières décharges fans en paroître incommodé, quoiqu'ayant fait les fauts & les bonds les plus plaifans; mais à la troifième, altéré & fuffoquant, il s'abattit tout-à-coup, eut quelques mouvemens convulfifs, & rendit beaucoup de fang par les nafeaux, la bouche & les oreilles : aucun de ces animaux ne périt, mais tous furent affez long-temps languiffans.

Il eft peu de canonniers qui, dans les premiers exercices à feu, ne contractent une migraine plus ou moins vive, qui fe diffipe pendant la nuit; fouvent ceux qui débutent, & même quelques anciens, faignent, comme ils le difent, des oreilles. Les bleffés fouffrent beaucoup lorfqu'ils font à la proximité des *détonations*.

La *détonation* de la poudre à canon bien entendue, il eft facile de fe rendre raifon de celles qui font produites par différentes fubftances *détonantes*: c'eft, dans un grand nombre de circonftances, une gazéification ou une vaporifation fubite des compofans de ces fubftances. Dans les oxides d'argent, de mercure, c'eft l'oxigène qui paffe de l'état folide à l'état gazeux; dans les nitrates, c'eft l'acide nitrique qui fe décompofe & reproduit fes élémens fous l'état gazeux, auxquels élémens fe réunit l'oxigène de l'oxide; dans les poudres dont la bafe eft un muriate furoxigéné, c'eft l'oxigène qui fe dégage & le chlore qui fe vaporife, &c. Ici ce dégagement peut avoir lieu, foit par l'inflammation, comme dans la poudre à canon, foit par le choc, comme dans les poudres *détonantes*.

Plufieurs liquides, enfermés dans des vafes, *détonent*, lorfqu'on les échauffe affez pour que l'augmentation de volume, que la chaleur occafionne, faffe brifer les parois du vafe : alors le liquide, en tout ou en partie, fe vaporife.

Dans quelques circonftances, la *détonation* eft produite par une fimple augmentation de volume des gaz, qui eft fuivie d'une contraction fubite. C'eft ainfi, par exemple, qu'une étincelle électrique excitée dans un mélange de gaz oxigène & hydrogéné, produit une *détonation* en augmentant d'abord le volume du mélange, qui fe réduit enfuite, par la formation de l'eau qui réfulte de la combuftion.

DÉTREMPER; *diftemperare*; *heiſt foviel als*; v. a. Ce mot n'eft ici employé qu'autant qu'il eft appliqué à l'acier.

Détremper l'acier, c'eft lui ôter la dureté qu'il a acquife par la trempe, & lui donner la molleffe qu'il avoit avant d'être trempé. Pour cela, on le chauffe à la température qu'on lui a donnée pour le tremper, & on le laiffe refroidir lentement; plus le refroidiffement eft lent, plus l'acier eft mou; lorfqu'on ne veut le *détremper* qu'en partie, on le chauffe un peu, & on le laiffe refroidir lentement. L'acier eſt d'autant plus *détrempé* qu'il a été plus chauffé. *Voyez* RECUIRE.

DÉTROIT; anguſtiæ; *mer-enge, ſtraſs;* ſub. m. Endroit où la mer eſt ſerrée entre deux terres. Il ſe dit auſſi des paſſages ſerrés entre deux montagnes.

DÉTURBATRICE (Force), de turbare, *troubler;* adj. Force qui eſt perpendiculaire au plan de la planète troublée.

DÉVELOPPANTE, de volvere, *rouler;* ſ. f. Terme dont pluſieurs géomètres ſe ſervent pour exprimer une courbe réſultant du *développement* d'une *développée.*

DÉVELOPPÉE; evoluta; *evolute;* ſ. f. Genre de courbe inventée par Huyghens.

La *développée* eſt produite par un corps flexible enveloppant une courbe, lequel, en ſe *développant,* décrit une autre courbe.

Pour s'inſtruire de la théorie des *développées,* on peut lire un Mémoire de Maupertuis, imprimé parmi ceux de l'Académie des Sciences pour l'année 1728.

DÉVIATION; deviatio; *abweickung;* ſub. f. Changement de direction qu'éprouve un corps en mouvement, lorſqu'il rencontre un obſtacle qui le détourne de ſa première route.

Toutes les fois qu'un corps rencontre un obſtacle impénétrable pour lui, comme un mur, un rocher, &c., il ſouffre une ſorte de *déviation* qu'on appelle *réflexion. Voyez* REFLEXION.

Quand un corps paſſe obliquement d'un miliéu dans un autre, plus ou moins pénétrable pour lui, plus ou moins réſiſtant que le miliéu d'où il ſort, il ſe détourne de ſa première route, en s'inclinant d'un côté ou d'un autre, & ſouffre une ſorte de *déviation* que l'on nomme *réfraction. Voyez* REFRACTION.

Enfin, quand un corps décrit, dans ſon mouvement, une courbe, il change à chaque inſtant de direction; à chaque inſtant il reçoit une nouvelle détermination, à chaque inſtant il ſouffre une *déviation.*

Les aſtronomes appellent *déviation* la quantité dont un quart de cercle mural, ou une lunette méridienne, s'écarte du véritable plan du méridien. On obſerve cette *déviation* en comparant le paſſage du ſoleil, obſervé à la lunette, avec celui que l'on détermine par les hauteurs correſpondantes.

Anciennement, on nommoit auſſi *déviation* le changement du déférent de l'épicycle, par rapport au plan de l'écliptique, imaginé pour expliquer les changemens de latitude des planètes inférieures.

DÉVIATION DE L'AXE DE LA TERRE; nutatio;

nutation. Petit mouvement périodique de l'axe de la terre, occaſionné par l'action de la lune ſur le globe terreſtre. *Voyez* NUTATION.

DÉVIATION DE L'AIGUILLE AIMANTÉE: changement dans la direction que doit prendre l'aiguille aimantée dans l'eſpace, en raiſon de l'action des deux pôles magnétiques de la terre. *Voyez* DECLINAISON DE L'AIGUILLE AIMANTÉE, INCLINAISON DE L'AIGUILLE AIMANTÉE.

On obſerve une *déviation* diurne dans l'aiguille aimantée, en vertu de laquelle elle oſcille autour d'une direction moyenne. *Voyez* AIGUILLE AIMANTÉE, MAGNETISME.

DÉVITRIFICATION; devitrificatio; ſub. f. Opération par laquelle le verre perd ſa tranſparence.

Si l'on expoſe du verre parfaitement tranſparent à l'action d'un feu long-temps continué, il devient peu à peu opaque, & finit par perdre entièrement ſa tranſparence; il acquiert, par cette longue expoſition, une plus grande difficulté à ſe fondre, & il peut même parvenir au point de devenir infuſible au feu de nos fourneaux.

Depuis long-temps, Réaumur avoit remarqué que du verre de bouteille, enveloppé d'un ciment compoſé de pouſſière d'os calcinés, & expoſé pendant pluſieurs jours à l'action de la chaleur, acquéroit l'opacité & devenoit d'un blanc laiteux: le verre, ainſi *dévitrifié,* prenoit le nom de *porcelaine de Réaumur.*

On trouve dans le tome L, page 325 des *Annales de Chimie,* un Mémoire très-détaillé, publié par Dartigues, *ſur la dévitrification,* & dans la *Bibliothèque britannique,* tome XIV, les détails des belles expériences faites, par James Hall, ſur la *dévitrification* du whinſtone & de la lave.

Cette *dévitrification* du verre & des laves a été appliquée avec beaucoup de ſuccès, par les vulcaniſtes, à la formation de la terre par des ſubſtances gazeuſes ou incandeſcentes. *Voy.* VULCANISTES, CHALEUR CENTRALE.

DEUNX: meſure des Romains, qui étoit employée comme meſure linéaire, meſure de capacité, meſure pondérable, & monnoie.

Le *deunx* = 1,1 dextans, = 2,1 quincunx, = 5,5 ſextans, = 11 uncias.

Le *deunx* linéaire = 10,462 pouces, = 0,2832 mètres.

Le *deunx* de ſurface = 663 toiſes carrées, = 2518,56 mètres carrés.

Le *deunx* de capacité = 18,93 roquilles, = 0,55 litre.

Le *deunx* pondérable = 5786 grains, = 307,32 grammes.

Le *deunx* monnoie = 18 ſous, = 0,8888 franc.

DEXTANS: meſure & monnoie romaine, valant $\frac{10}{111}$ *deunx* = 2 quincunx, = 5 fextans, = 10 uncias.

Le *dextans* linéaire = 9,511 pouces, = 0,257 mètre.

Le *dextans* de furface = 603,4 toifes carrées, = 2289,4 mètres carrés.

Le *dextans* de capacité = 17,21 roquilles, = 0,4 litre.

Le *dextans* pondérable = 5260 grains, = 279,38 grammes.

Le *dextans* monnoie = 16 fous 8 deniers, = 0,808 franc.

DIABÈTES, de *δια*, *au travers*, *βαινω*, *paffer*; diabetes; *diabete*; f. m. Vafe dans lequel l'eau arrivée à une certaine hauteur s'écoule natûrellement.

En médecine, c'eft une évacuation fréquente & copieufe d'urine, dans laquelle la boiffon paffe auffitôt qu'elle eft prife; c'eft par analogie avec les effets qui ont lieu dans cette maladie, que les phyficiens ont donné le nom de *diabète* à la machine hydraulique qui porte ce nom.

Cette machine eft compofée d'un vafe A B C, *fig.* 718, dont la patte C eft percée de part en part, & à travers laquelle paffe la longue branche C D d'un fiphon C D E; la courte branche D E fe terminant vers le fond du vafe.

Si l'on met de l'eau dans ce vafe, elle ne s'écoule point tant que la furface fupérieure de l'eau eft plus baffe que la ligne A B; mais fitôt qu'elle arrive à cette hauteur, l'écoulement commence, & il ne ceffe que lorfque l'extrémité de la courte branche D E, du fiphon, ne plonge plus dans l'eau. Pour faire recommencer l'écoulement, il faut mettre de nouveau de l'eau jufqu'à la ligne A B. L'effet de cette machine eft fondé fur le jeu du fiphon. *Voyez* SIPHON.

On peut, à la place du fiphon, placer fimplement, dans le verre A B C, *fig.* 718 (*a*), un tube droit D E, qui fe prolonge à travers le pied du verre, & recouvrir celui-ci d'un tube plus grand E G, fermé hermétiquement à fa partie fupérieure, & qui laiffe, dans fon ouverture G, affez d'efpace pour que l'eau puiffe s'élever dans fon intérieur. Dès que l'eau eft montée dans le tube E G, à la hauteur D de l'embouchure du tube D C, l'eau s'écoule par ce tube, & l'écoulement continue jufqu'à ce que le vafe foit entièrement vide.

Quelquefois on cache le mécanifme du *diabète* en plaçant le fiphon C D E, *fig.* 718 (*o*), dans l'intérieur de l'épaiffeur d'u e coupe de métal; alors il eft difficile d'en appercevoir la caufe : l'eau entre par l'ouverture E, & lorfque l'eau du vafe eft arrivée à la hauteur D de la partie fupérieure du fiphon, l'eau s'écoule, & l'écoulement continue jufqu'à ce que le vafe foit vide.

En mettant au milieu du vafe une figure D E, *fig.* 718 (*c*), dans laquelle on place le fiphon, l'eau monte jufqu'à ce qu'elle foit à la hauteur de fa bouche A, & auffitôt elle s'écoule par le fiphon. C'eft ainfi que l'on peut repréfenter un Tantale au milieu des eaux.

DIABLES CARTÉSIENS, de *διαβολος*, *calomnier*, diabolus carthefianus; *cartefianifche mœunchen*; f. m. Petites figures de verre qui étant renfermées dans un vafe plein d'eau, defcendent ou remontent à volonté, *fig.* 719.

Ces petits plongeurs font de deux fortes : les uns ∴ font des maffes folides, fufpendues à une petite ampoule de verre B qui a une ouverture dans la partie inférieure C, & la pefanteur totale eft moindre que celle du volume d'eau qu'ils déplacent; les autres font creux en dedans & percés en quelques endroits d'une petite ouverture. On fait entrer de l'eau dans la partie creufe, jufqu'à ce que leur pefanteur foit égale ou un peu moindre que celle du volume qu'ils déplacent.

Si l'on enferme ces plongeurs dans un vafe plein d'eau, & que l'on couvre enfuite l'ouverture avec une veffie D, en preffant cette membrane, foit avec le doigt, foit avec un petit levier L, pour condenfer l'air du vafe, l'air contenu dans les ampoules ou dans l'intérieur des plongeons creux fe condenfe, de l'eau entre dans leur intérieur; leur pefanteur totale augmente, & les petits plongeons defcendent au fond du vafe. Dès que l'on ceffe de preffer, l'air fe dilate, l'eau fort, & les plongeons, devenus plus légers, remontent dans le liquide. *Voyez* l'*Effai de Phyfique* de Mufchenbroeck, page 677.

DIACOUSTIQUE, de *δια*, *par*, *ακουω*, *j'entends*; diacuftica; *diakuftik*; f. f. L'art de juger de la réfraction des fons & de leur propriété, felon qu'ils paffent d'un fluide plus épais dans un fluide plus rare, ou d'un fluide plus fubtil dans un plus denfe.

En appliquant à la tranfmiffion des fons par les milieux, le raifonnement que l'on applique à la tranfmiffion de la lumière, fuppofée produite par la vibration des corps, on trouve, pour la *diacouftique*, des lois analogues à celles de la *dioptrique*; mais peut-on appliquer le même raifonnement à la tranfmiffion des fons ? C'eft une queftion fur laquelle nous n'avons pas encore affez de faits pour pouvoir prononcer. Ce que l'on a obfervé jufqu'à préfent, c'eft qu'une perfonne plongée dans l'eau y entend un fon produit dans l'air, mais avec une diminution confidérable dans fon intenfité. De même, un fon produit dans l'eau eft entendu dans l'air avec une très-foible intenfité. *Voyez* SON, PROPAGATION DU SON.

DIAGONALE, de *δια*, *au travers*, *γωνια*, *angle*; diagonalis; *diagonal*. f. f. Ligne droite, tirée d'un angle à un autre.

Ainfi, dans le quadrilatère N O Q P, *fig.* 180 (*b*), la ligne O P eft une *diagonale*. Les lignes E H,

FI, GK, dans l'hexagone EFGHIK, *fig.* 19, sont également des *diagonales*.

Nous allons faire connoître quelques-unes des propriétés des *diagonales*.

Toutes *diagonales* divisent un parallélogramme en deux portions égales.

Deux *diagonales* tirées dans un parallélogramme se coupent l'un & l'autre en deux parties égales.

La *diagonale* d'un carré est incommensurable avec l'un des côtés.

DIAGRAMME, de διὰ, de, γραμμα, ligne; diagrammum; *diagramme*; f. m. Figure, en construction de ligne, destinée à la démonstration d'une proposition.

Ce mot est plus employé en latin qu'en français : dans cette dernière langue, on se sert simplement du mot LIGNE.

Dans la musique ancienne, le *diagramme* étoit la table ou le modèle qui présentoit à l'œil l'étendue générale de tous les sons d'un système, ou ce que nous appelons aujourd'hui *échelle, gamme, clavier. Voyez* ÉCHELLE, GAMME, CLAVIER.

DIAMANT, de αδαμας, indomptable; adamas; *diamant*; f. m. Pierre dure, transparente, très-brillante, & qui lance, lorsqu'elle est taillée, des couleurs vives & très-variées.

Le *diamant* occupe le premier rang pour sa dureté; il raie tous les autres corps. Sa pesanteur spécifique varie entre 3,5185 & 3,55. Il est éminemment électrique par le frottement; il produit de l'électricité vitrée.

Dufay s'est assuré que le *diamant* absorboit de la lumière; ce qui lui donnoit la propriété de briller quelque temps dans l'obscurité, & de paroître phosphorique.

Sa puissance réfractive est extrêmement forte; elle est de 2440, celle de l'air étant 1000. La lumière, en passant à travers un prisme de *diamant*, y éprouve une grande dispersion; c'est cette dispersion qui occasionne le brillant, le feu & les vives couleurs du *diamant. Voyez* RÉFRACTION, DISPERSION.

Assez généralement le *diamant* est incolore; cependant on en trouve de rose, d'orangé, de jaune, de vert, de bleu & de noirâtre.

Rarement on trouve le *diamant* amorphe; il est presque toujours cristallisé, plus ou moins parfaitement : sa molécule intégrante est le tétraèdre régulier. Celui que l'on regarde comme amorphe ne paroît devoir cet état qu'à une cristallisation imparfaite & à des accidens qui ont oblitéré sa forme.

Pendant long-temps le *diamant* a été placé dans la classe des pierres transparentes, & l'on étoit naturellement conduit à cette classification par son aspect. Cependant Boyle, mort en 1691, s'étoit assuré que le *diamant* exposé à l'action du feu, en sortoit après avoir éprouvé une grande altération,

& le grand-duc de Toscane ayant ordonné que l'on soumît des *diamans* au foyer de la lentille de Tschirnausen, on remarqua, en 1694 & 1695, que les *diamans*, après s'être gercés & éclatés, finissent par disparoître.

Newton ayant observé que, dans toutes les substances non combustibles, la réfringence des corps étoit proportionnelle à leur densité; que les matières combustibles avoient toujours une réfringence plus grande, & de plus, que le *diamant* dans ses rapports entre la puissance réfractive & la densité, se trouve à la suite de l'huile de térébenthine & du succin, ce savant conclut de ces résultats, que le *diamant* étoit probablement une substance onctueuse coagulée, & conséquemment inflammable.

En effet, suivant Newton, le rapport entre le sinus d'incidence & celui de réfraction est, pour le quartz transparent $\frac{100}{94}$, & pour le *diamant* $\frac{100}{41}$; d'où l'on conclut que la puissance réfractive du quartz est, à celle du *diamant*, comme 5450 est à 14556; c'est-à-dire, à peu près comme 3 est à 8, tandis que la densité du quartz est, à celle du *diamant*, dans le rapport beaucoup moindre d'environ 3 à 4.

Quant à sa dispersion, comparée à celle du cristal de roche ou du quartz transparent, Rochon a trouvé qu'elle étoit à peu près comme 192 à 82; ce qui s'éloigne peu du rapport de 7 à 3.

Depuis, les expériences sur la combustion du *diamant* ont été très-multipliées. L'empereur François Ier. a brûlé un *diamant* au feu d'un fourneau de fonte; Darcet & le comte Lauragais ont volatilisé des *diamans* renfermés dans de grosses boules de porcelaine.

Mais de toutes les combustions du *diamant*, faites jusqu'en 1772, la plus remarquable fut celle de Lavoisier; dans laquelle il observa, en brûlant le *diamant* sous des cloches pleines d'air, que le gaz oxigène se transformoit en acide carbonique, & que souvent la surface du *diamant* se couvroit d'une couche charbonneuse, semblable au noir de fumée.

Bubna, Sternberg, en répétant ces expériences de la même manière, n'ont rien ajouté aux résultats de Lavoisier.

Guyton a découvert, en 1785, que le *diamant*, projeté sur du nitre fondu, brûloit comme le charbon, sans laisser de résidu. Smithson & Tennant ont remarqué que, dans sa combustion, il ne fournissoit d'autre produit que de l'acide carbonique.

Ayant brûlé un *diamant* pesant 3,76 grains, sous une cloche contenant du gaz oxigène & du mercure, Guyton observa que la quantité d'acide carbonique étoit égale à la somme des poids du *diamant*, & de l'oxigène disparut. Cette expérience a été répétée de nouveau par Allen, Pepys, Guyton, Saussure, &c. & ils ont constamment trouvé, pour résultat, de l'acide carbonique, dont la proportion étoit : *diamant* 63,85 ; oxigène 36,15, à quelques exceptions près (1).

Makenzie à remarqué que le *diamant* brûloit dans l'oxigène, à une température de 14 à 15° du pyromètre de Wedgwood (2).

Enfin, Clouet & Makenzie ont formé de l'acier ; le premier, en plaçant un *diamant* de 17 grains dans un petit creuset de fer doux, rempli ensuite avec de la limaille de fer. Ce creuset, placé dans un creuset de Hesse, & exposé pendant une heure au feu d'une forge à trois vents, donna, après le refroidissement, un culot d'acier fondu (3).

De toutes les pierres fines connues, le *diamant* est celle qui a la plus grande valeur, & dont le prix éprouve le moins de variation. Cette grande valeur tient au peu de mines de *diamans* connues jusqu'à présent, & aux dépenses excessives que l'exploitation exige.

Les *diamans* étoient connus des Anciens ; ils les tiroient des royaumes de Golconde & de Visapour. Les mines de ce dernier pays ne fournissent ordinairement que de petits *diamans*. On en trouve quelquefois, mais rarement, de fort gros dans les mines de Golconde. Vers le commencement du siècle dernier, on a découvert des mines de *diamans* au Brésil, dans le district de Serio Dofrio. Le terrain qui contient cette singulière substance est un terrain de transport, contenant beaucoup d'oxide de fer. Plusieurs mines sont creusées pour en retirer des *diamans* ; souvent aussi on les trouve dans les atterrissemens des rivières qui avoisinent leur gisement.

Du temps de Tavernier, le commerce des *diamans* occupoit un grand nombre de marchands ; on voyoit même des associations d'enfans de douze à quinze ans, à qui l'habitude avoit donné beaucoup de connoissances pour se mêler de ce commerce.

Tout fait croire que les Anciens ne savoient pas polir les *diamans*, & que ce n'est qu'en 1456, que Louis de Berquen, de Bruges, découvrit, en frottant deux *diamans* l'un contre l'autre, l'art de les tailler, & ensuite de les polir avec leur poussière, nommée *égrisée* ; mais lorsqu'il s'agit de gros *diamans*, on fait d'abord usage du *clivage* (voyez CLIVAGE), c'est-à-dire, qu'on saisit le sens des lames du cristal pour en détacher les parties. Quelquefois on les scie avec un fil de fer très-fin, enduit de poussière de *diamant* ; mais, dans tous les cas, il paroît qu'ils ne se polissent bien que dans le sens de leurs lames : ceux qui ont des espèces de nœuds se refusent à ce travail, & sont nommés *diamans de nature* par les lapidaires.

Le prix du *diamant* varie avec sa grosseur ; cependant il suit, assez communément, la loi du carré des poids. Ainsi, pour avoir le prix du *diamant*, on multiplie le poids de la pierre par elle-même, & ce produit par le prix d'un *diamant* d'un carat, que l'on estime 150 francs ; ainsi, pour avoir le prix d'un brillant de six carats, on prend d'abord le carré de 6 = 36, lequel, multiplié par 150 = 5400 francs. Ce prix doit être diminué lorsque la pierre offre quelques imperfections, & augmenté si elle est d'une très-belle eau.

Lorsque le *diamant* est très-petit & qu'il pèse moins d'un carat, le prix du carat diminue avec sa petitesse.

On distingue, dans les *diamans*, les *brillans* & les *roses* ; les premiers, les brillans, sont des *diamans* épais que l'on taille par-dessus & par-dessous ; les roses sont des *diamans* plats que l'on ne taille que d'un seul côté : assez généralement, le prix de roses n'est que le $\frac{1}{4}$ de celui des brillans.

Plusieurs *diamans* ont joui, par leur grosseur, d'une grande réputation. On distingue parmi eux le *diamant* de l'impératrice de Russie, pesant 779 carats ; du Grand-Mogol, pesant 279 carats après avoir été taillé ; on croit qu'il pesoit brut 793 carats ; celui du Schah-Nadir, pesant 195 carats ; il appartient à l'empereur de Russie ; celui du duc de Toscane, pesant 139 carats ; le régent, pesant 139 $\frac{1}{4}$ carats ; le fancy, pesant 55 carats, &c.

DIAMANT DE NATURE : espèce de *diamant* dont les vitriers se servent pour couper le verre, & qui ne peut pas être taillé.

On donne à ces *diamans* différens noms, selon la manière dont ils sont montés : *diamant de rabot* lorsqu'ils sont montés sur un morceau de bois en forme de rabot ; *diamant à queue*, parce qu'il porte au bout de sa virole un manche de bois.

DIAMÉTRALEMENT ; diametri in morem ; adv. Expression dont on se sert pour désigner le passage d'une ligne par le centre d'une figure ou d'un corps, ou lorsqu'on veut exprimer l'opposition de deux choses.

Ainsi, deux points sont *diamétralement* opposés, quand ils sont opposés l'un à l'autre autant qu'ils peuvent l'être : tels sont deux points de la circonférence d'un cercle, qui sont éloignés l'un de l'autre de 180 degrés.

DIAMÈTRE ; διαμετρος ; diametros ; durch messer ; f. m. Ligne droite, tirée d'un point de la circonférence d'une figure ou de la surface d'un corps, au point opposé de cette circonférence ou de cette surface, en passant par son centre.

Ainsi, la ligne *a d*, *fig.* 20, menée du point *a* de la circonférence au point *d* en passant par le centre C, est le *diamètre* du cercle *a b d* A, & les lignes C *a*, CA, qui divisent le diamètre en deux parties égales, sont des rayons. *Voy.* RAYONS.

Tous les *diamètres* partagent les cercles en deux parties égales.

(1) *Annales de Chimie*, t. LXV, pag. 91 ; t. LXXXIV, page 20 ; tome LXXXVI, page 22 ; tome LXXXVIII, page 207. *Annales de Physique & de Chimie*, tome I, p. 16.

(2) Journal de Nichol, tome IV.

(3) *Annales de Chimie*, tome XXXIV.

On mefure les cercles par leur *diamètre* : le rapport du *diamètre* d'un cercle eft à fa circonférence environ comme 3 eft à 1, ou mieux comme 7 eft à 22, plus exactement encore comme 113 eft à 355. *Voyez* CIRCLE.

DIAMÈTRE APPARENT DES PLANÈTES : angle fous lequel nous paroît ce *diametre*, exprimé en divifion des degrés, ou mieux, l'angle dont ce *diamètre* eft la corde, en prenant pour rayon la diftance de la planète.

Soit T, *fig.* 720, le point de la terre où l'obfervateur eft placé, AB le *diamètre* d'une planète, TA, TB les rayons vifuels, menés de la terre aux deux bords ou aux deux limbes oppofés A & B de la planète : l'angle ATB eft le *diamètre* apparent de la planète.

Il eft facile de démontrer que les *diamètres apparens des planètes* font en raifon inverfe de leur diftance à la terre. En effet, foit les diftances TB, TD celles de la planète à la terre, on aura :
R : *tang*. BTA = BT : BA.
Tang. CTD : R = DC : DT = BA : DT.
Multipliant par ordre, on a *tang*. CTD, *tang*. BTA = BT : DT ; mais lorfque les angles font très-petits, les angles peuvent être mis à la place des *tang*. : d'où il fuit que les angles DTC & BTA font en raifon inverfe des diftances à la planète.

Ces *diamètres* s'obfervent & fe déterminent avec des micromètres, ou fe déduifent du temps de la durée de leur paffage. *Voyez* MICROMÈTRE.

Le *diamètre apparent des planètes* dépend à la fois, & de leur grandeur réelle, & de la diftance à laquelle on les voit ; cette diftance n'eft pas la même pour toutes, ni dans tous les points de fon orbite. Vues de la terre à leur diftance moyenne, ces diftances font :

NOMS DES PLANÈTES.	SECONDES	
	nouvelles.	anciennes.
Mercure........	21,3	6,73
Vénus.........	52,54	17,002
Mars.........	30	9,72
Jupiter........	118	38,23
Saturne........	54	17,67
Uranus........	12	3,79
La Lune........	5823,5	1888
Le Soleil........	5936	1923

Pour comparer entr'eux les *diamètres* de ces planètes, on peut fuppofer qu'elles font toutes vues à une diftance égale de l'obfervateur. *Voyez* DIAMÈTRE VRAI DES PLANÈTES.

DIAMÈTRE DE GRAVITÉ. C'eft, en mécanique, une ligne droite qui paffe par le centre de gravité des corps. *Voyez* GRAVITÉ.

DIAMÈTRE DE ROTATION : ligne autour de laquelle on fuppofe que fe fait la rotation d'un corps. *Voyez* ROTATION.

DIAMÈTRE D'UNE SECTION CONIQUE : ligne droite qui, étant prolongée de part & d'autre, coupe, en deux parties égales, toutes les lignes tirées parallèlement au diamètre tranfverfe.

DIAMÈRTRE VRAI DES PLANÈTES : ligne droite, tirée d'un point de la furface d'une planète à un autre point de cette même furface, en paffant par le centre.

Pour déterminer avec exactitude la grandeur des *diamètres vrais des planètes*, il faudroit connoître avec précifion leur diftance ; alors, connoiffant leur *diamètre apparent*, on obtiendroit leur *diamètre vrai* ; mais nous n'avons, fur ces diftances, que des approximations dont il faut fe contenter. C'eft avec les obfervations des *diamètres apparens*, rapportées aux diftances approximatives, que l'on a établi le rapport des *diamètres vrais*, foit en lieues, foit en les comparant au *diamètre* de la terre, pris pour unité.

NOMS des planètes.	GRANDEUR EN	
	diamètre de la terre.	lieues.
Mercure.........	$\frac{7}{11}$	1180
Vénus.........	$\frac{33}{34}$	2784
La Terre......	1	2865
Mars.........	$\frac{8}{9}$	1921
Jupiter........	$11\frac{2}{8}$	32644
Saturne.......	$10\frac{1}{10}$	28936$\frac{1}{2}$
Uranus.......	$4\frac{2}{7}$	12872
La Lune.......	$\frac{2}{7}$	828
Le Soleil.......	$112\frac{27}{34}$	323155

DIANE (Arbre de) ; arbor Dianæ ; f. m. Criftallifation métallique qui prend la forme d'un végétal. *Voyez* ARBRE DE DIANE.

DIAPASON ; διαπασων ; diapafon ; f. m. Terme de mufique auquel on donne plufieurs acceptions.

C'eft par le mot *diapafon* que les Grecs exprimoient l'intervalle ou la confonnance de l'octave.

Les facteurs d'inftrumens de mufique nomment *diapafon*, certaines tables où font marquées les mefures de ces inftrumens & de toutes leurs parties.

On appelle encore *diapafon* l'étendue convenable à une voix, à un inftrument. Ainfi, quand une voix fe force, on dit qu'elle fort du *diapafon*, & l'on dit la même chofe d'un inftrument dont les cordes font trop lâches ou trop tendues, qui ne rend que peu de fon, ou qui rend un fon défagréable, parce que le ton eft trop haut ou trop bas.

Diapafon

Diapason se dit encore d'une machine de figure triangulaire, qui sert à trouver la longueur & la largeur convenables aux tuyaux d'orgues.

Enfin, les fondeurs de cloches appellent *diapason*, leur échelle campanaire, qui leur sert à connoître la grandeur, l'épaisseur & le poids de leur cloche; ils l'appellent aussi *règle*, *bâton* ou *clochette*.

DIAPENTE, de διὰ, *par*, πεντε, *cinq*; diapente; *diapent*; f. m. Nom donné par les Grecs à l'intervalle musical que nous nommons *quinte*. *Voyez* QUINTE.

DIAPHANE, de διὰ, *au travers*, φαίνω, *briller*, *luire*; perlucidus, *durchsichtig*; adj. Qui est transparent, qui laisse passer la lumière. L'air, l'eau, le verre sont *diaphanes*. *Voyez* TRANSPARENT.

DIAPHANÉITÉ; perluciditas; *durchsichtigkeit*; f. f. Propriété, qualité d'un corps, par laquelle la lumière peut passer à travers. *Voyez* TRANSPARENCE.

Les cartésiens pensent que la *diaphanéité* d'un corps consiste dans la rectitude de ses pores, c'est-à-dire, dans leur situation en lignes droites.

Newton explique la *diaphanéité* par l'*homogénéité* & la *similarité* qui règnent entre le milieu qui remplit les pores, & la matière du corps; alors, les réfractions que les rayons éprouvent en traversant les pores, c'est-à-dire, en passant d'un milieu dans un autre, qui en diffère peu, étant petites, la marche du rayon peut continuer son chemin à travers le corps. *Voyez* OPACITÉ, REFRACTION.

DIAPHANOMÈTRE : appareil propre à mesurer la transparence de l'air. *Voy.* CYNAMOMÈTRE.

DIAPHONIE; διαφωνη; diaphonis; *diaphoni*; f. f. Intervalles ou accords dissonans; deux sons qui se choquent mutuellement, se divisent & font sentir désagréablement leur différence.

DIAPHRAGME, de διὰ, *à travers*, φρασσω, *fermer*; διαφραγμα; diaphragma; *zwerschell*; f. m. Substance mince qui divise ou qui sépare un espace.

En terme d'optique, c'est un anneau de métal ou de carton, qu'on place au foyer commun des deux verres d'une lunette, ou à quelque distance du foyer pour intercepter les rayons trop éloignés de l'axe, & qui pourroient rendre les images confuses sur les bords. *Voyez* LUNETTE.

On met souvent plusieurs *diaphragmes* dans une lunette; celui qu'on place au foyer de l'objectif détermine le champ de la lunette ou l'étendue des objets qu'elle peut faire voir.

DIAPTOSE; διαπτωσις; diaptosis; f. f Sorte de passage qui se fait dans le plain-chant, sur la

Dict. de Phys. Tome II.

dernière note d'un chant, ordinairement après un grand intervalle en montant.

DIATONIQUE, de διὰ, *par*, τονος; diatonicus; *diatonisch*; adj. Passage d'un ton à un autre.

DIATONIQUE (Genre): celui qui procède par tons & semi-tons-majeurs. Ce genre forme la division naturelle de la gamme, c'est-à-dire, le ton dont le moindre intervalle est d'un degré conjoint, & qui n'empêche pas que les parties ne puissent procéder par de plus grands intervalles, pourvu qu'ils soient tous pris sur des degrés *diatoniques*.

Le genre diatonique est, sans contredit, le plus naturel des trois genres employés par les Européens, puisqu'il est le seul dont on peut faire usage sans changer de ton; mais il faut remarquer que, selon les lois de la modulation, qui permet & qui prescrit même le passage d'un ton & d'un mode à l'autre, nous n'avons presque point, dans notre musique, de *diatonique* bien pure. Chaque ton particulier est bien, si l'on veut, dans le *genre diatonique*; mais on ne sauroit passer de l'un à l'autre sans quelque transition chromatique, au moins sous-entendue dans l'harmonie. *Voyez* CHROMATIQUE.

DICHOTOMIE; διχοτομεια; sub. m. Phase ou apparence de la lune, dans laquelle elle est coupée en deux, de sorte qu'on voit exactement la moitié de son disque ou de son cercle.

Le temps de la *dichotomie* a été employé pour déterminer la distance du soleil à la lune. Au moment que la lune est *dichotome*, on est sûr que les rayons qui vont de la lune au soleil & à la terre font un angle droit; mais il est fort difficile de fixer le moment précis où la lune est coupée en deux parties égales, c'est-à-dire, où elle est dans sa véritable *dichotomie*; & la plus petite erreur dans le moment de la *dichotomie* en produit une fort grande dans la distance du soleil. Au reste, les nouvelles méthodes étant bien plus exactes, celle-là est devenue inutile. *Voy.* PREMIER QUARTIER, DERNIER QUARTIER.

DICINA : poids de dix livres employé à Rome, = 7,007 livres de France, poids de marc, = 3629,99 grammes.

DICQUEMARE (Jacques-François), professeur de physique & d'histoire naturelle au Havre, naquit dans cette ville le 7 mai 1733, & mourut le 29 mars 1789.

Après avoir embrassé l'état ecclésiastique à l'âge de vingt-un ans, le goût des sciences le conduisit à Paris. Dès qu'il y eut acquis les connoissances dont son esprit étoit avide, il retourna les cultiver dans sa patrie.

L'histoire naturelle, la géographie & l'art nautique partagèrent fes occupations; mais l'étude des animaux marins fans vertèbres l'occupa principalement, & il s'y livra avec une ardeur inconcevable. Non content d'avoir chez lui une ménagérie de ces êtres finguliers, il alloit encore les étudier dans les eaux qu'ils habitoient; il paffoit quelquefois des heures entières plongé dans l'eau pour les mieux obferver, ou s'enfonçoit dans la mer, la tête la première, pour les pourfuivre dans leur retraite : la fureur des tempêtes ou les ténèbres de la nuit pouvoient feules l'arracher du rivage de la mer & du milieu des rochers. Ce zèle infatigable fut récompenfé par la découverte de faits neufs & très-curieux.

Plufieurs Sociétés favantes admirent *Dicquemare* au nombre de leurs membres : il fut correfpondant de l'Académie des Sciences.

Nous avons de cet intrépide favant : 1°. *Idée générale de l'Aftronomie*, in 8°., Paris 1769; 2°. *Defcription du Cofmoplane*, in-4°., inftrument de géographie & de cofmographie de fon invention; 3°. plus de foixante-dix Mémoires, imprimés dans le *Journal de Phyfique*, & un Mémoire fur les anémones de mer, imprimé dans le LXIII°. volume des *Tranfactions philofophiques*; enfin, un grand nombre d'obfervations & de deffins inédits, reftés entre les mains de mademoifelle le Maffon le Golf, élève de *Dicquemare*.

DIDRAGME : poids & monnoie de l'Afie & de l'Egypte; le *didragme* poids = 2 dragmes, = 8 oboles, = 24 kerations, = 96 fitarions, = 87,33 grains poids de marc, = 4,65 grammes; le *didragme* monnoie = 10 gérahs, = 24 pondions, = 192 quadrans, = 1 $\frac{1}{11}$ livre, = 1,02886 fr.

DIÈDRE, de *δις*, deux, *εδρα*, bafe. Angle formé par deux plans qui fe rencontrent. *Voyez* ANGLE, PLAN.

DIÈSE; *διεσις*, *divifion;* diefis; f. f. Signe employé dans la mufique notée, pour marquer qu'il faut élever le fon de la note devant laquelle il fe trouve, au-deffus de celui qu'elle devoit avoir naturellement, fans cependant le faire changer de degré ni même de nom.

Cette élévation pouvant fe faire de trois manières différentes dans les genres établis, il y a naturellement trois fortes de *dièfes* : 1°. le *dièfe diatonique*, qui fe figure ordinairement par une croix de Saint-André X; il élève la note d'un quart de ton; il eft l'excès du femi-ton majeur fur le femi-ton mineur; 2°. le *dièfe chromatique*, double *dièfe* que l'on marque ordinairement par une double croix ✳; il élève la note d'un femi-ton mineur; 3°. le *dièfe enharmonique* majeur, ou triple *dièfe*, marqué par une triple croix ✸; il élève la note d'environ trois quarts de ton.

De ces trois *dièfes*, qui étoient toujours pratiqués dans la mufique ancienne, il n'y a plus que le chromatique qui foit en ufage dans la nôtre,

l'intonation des *dièfes enharmoniques* étant, pour nous, d'une difficulté prefqu'infurmontable.

DIFFÉRENCE; differentia; *unterfchied*, *oder*, *differenz;* f. f. Excès d'une grandeur fur une autre, ou ce qui refte quand on retranche une grandeur d'une autre grandeur de même nature; ainfi, 3 eft la *différence* de 7 à 4. *Voyez* au *Dictionnaire de Mathématiques*.

DIFFÉRENCE ASCENSIONNELLE; differentia afcenfionalis; *afcenfional differenz*. Différence entre l'afcenfion droite & l'afcenfion oblique d'un aftre, ou l'arc de l'équateur compris entre le point qui fe lève ou fe couche en même temps que cet aftre. *Voyez* ASCENSION.

DIFFÉRENCES FINIES (Calcul aux) : méthode de faire, fur les *différences finies* & de grandeur variable, des opérations analogues à celles que les calculs différentiels & intégrals font fur les *différences* infiniment petites.

DIFFÉRENTIELLE; differentialis; *differenzial;* adj. Quantité infiniment petite, ou moindre que toute quantité imaginable.

On l'appelle *différentielle*, parce qu'on la confidère ordinairement comme la *différence* infiniment petite de deux quantités finies, dont l'une furpaffe l'autre infiniment peu. Newton l'appelle *fluxion*, à caufe qu'il la confidere comme l'accroiffement momentané d'une quantité. *Voyez ce mot* dans le *D. Actionnaire de Mathématiques. Voyez* FLUXION.

DIFFERENTIEL (Calcul); *differenzial rechnung*. Manière de différencier les quantités. *Voyez* CALCUL DIFFERENTIEL. *Voyez ce mot* dans le *Dictionnaire de Mathématiques*.

DIFFRACTION, du grec *δυς*, *privation*, & de fringo, *rompre;* diffringo, diffractio; *beugung der lichts;* f. m. Propriété qu'ont les rayons de la lumière de fe détourner de leur direction en ligne droite, lorfqu'ils rafent un corps opaque.

Avant le P. Grimaldi, jéfuite, les phyficiens étoient perfuadés que la lumière ne jouiffoit que des trois propriétés de fe mouvoir en ligne droite, de fe réfléchir à la furface des corps, & de fe réfracter en paffant d'un milieu dans un autre; mais ce favant s'affura, par l'expérience, qu'elle avoit une quatrième propriété, qu'il nomma *diffraction;* & cette propriété confifte à s'infléchir en s'approchant de la furface des corps, de manière que 1°. l'ombre de ces corps eft plus grande qu'elle ne le feroit naturellement fi la lumière fe mouvoit en ligne droite; 2°. que cette ombre eft accompagnée de franges colorées, parallèles entr'elles.

Newton ayant placé un cheveu X, *fig.* 721, dans le milieu d'un faifceau de lumière, reçu dans une chambre obfcure, par un trou de $\frac{1}{42}$ de pouce de diamètre, il reçut l'ombre du cheveu & les franges colorées à différentes diftances, &

traça la direction que suivoient les limites de l'ombre & celles des franges colorées. Ainsi, les faisceaux AD, KN, qui passoient à une très-petite distance du cheveu, suivoient, après leur déviation, la direction DG, NQ; les faisceaux BE, LO, plus éloignés, suivoient la direction EH, OR; les faisceaux CF, MP, beaucoup plus éloignés, suivoient la direction EI, PS; enfin, les rayons TL, VU, plus éloignés encore, n'éprouvoient aucune déviation. Chacun de ces faisceaux formoit des franges qui étoient colorées en violet du côté de l'ombre, & la couleur passoit au bleu, au vert, au jaune, à l'orangé & au rouge; celui-ci étoit le plus en dehors, de manière que, dans chaque frange, la couleur rouge, la moins réfrangible, étoit la plus diffractée.

Lorsque le cheveu étoit à douze pieds de distance du trou, Newton ayant fait tomber son ombre obliquement sur une échelle plate & blanche, divisée en pouces & parties de pouces, la largeur de l'ombre & des franges, mesurée aussi exactement qu'il lui fut possible, à la distance d'un demi-pied, & de neuf pieds au-delà de l'ombre, il obtint les résultats suivans:

	A la distance de	
	6 pouces.	9 pieds.
Largeur de l'ombre	$\frac{1}{54}$	$\frac{1}{9}$
Largeur de l'espace entre le milieu de la lumière la plus éclairée des franges intérieures des deux côtés de l'ombre.......	$\frac{3}{38}$	$\frac{7}{50}$
Largeur de l'espace entre le milieu de la plus brillante lumière des franges moyennes des deux côtés de l'ombre......	$\frac{1}{23}\frac{1}{2}$	$\frac{4}{11}$
Largeur de l'espace entre le milieu de la plus brillante des franges extérieures des deux côtés.........	$\frac{1}{18}$	$\frac{3}{9}$
Distance entre le milieu de la plus brillante lumière de la première frange & de la seconde.	$\frac{1}{1..}$	$\frac{1}{21}$
Distance entre le milieu de la plus brillante lumière de la seconde frange & de la troisième.	$\frac{1}{110}$	$\frac{1}{32}$
Largeur de la partie lumineuse (verte, blanche, jaune & rouge) de la première frange.	$\frac{1}{170}$	$\frac{1}{32}$
Largeur de l'espace le plus obscur de la première frange & de la seconde.	$\frac{1}{240}$	$\frac{1}{45}$
Largeur de la partie lumineuse de la seconde frange.	$\frac{1}{290}$	$\frac{1}{55}$
Largeur de l'espace le plus obscur entre la seconde frange & la troisième.	$\frac{1}{340}$	$\frac{1}{63}$

En jetant obliquement l'ombre & les franges sur un corps blanc & poli, & éloignant ces corps de plus en plus du cheveu, Newton observa que la première frange commençoit à se faire voir, & paroissoit plus éclatante que le reste de la lumière, à moins d'un quart de pouce de distance du cheveu; & dès-lors l'ombre ou la ligne obscure parut entre cette première frange & la seconde, à moins d'un tiers de pouce de distance du cheveu; la seconde frange commença à paroître à moins d'un demi-pouce de distance, & l'ombre entre cette seconde & la troisième, à moins d'un pouce de distance; la troisième frange à moins de trois pouces de distance. Ces franges devinrent beaucoup plus sensibles à de plus grandes distances, mais en conservant à peu près la même proportion, par rapport à leur largeur & à leurs intervalles, qu'elles avoient lorsqu'elles commencèrent à paroître. Il sembloit que la largeur des franges étoit selon la progression des nombres $\sqrt{1}$, $\sqrt{\frac{1}{3}}$, $\sqrt{\frac{1}{5}}$, & que les intervalles des franges étoient en même progression que les franges; c'est-à-dire, que les franges avec leurs intervalles étoient dans la progression continue des nombres $\sqrt{1}$, $\sqrt{\frac{1}{2}}$, $\sqrt{\frac{1}{3}}$, $\sqrt{\frac{1}{4}}$, $\sqrt{\frac{1}{5}}$, ou environ, & ces proportions restoient à peu près les mêmes dans toutes les distances des cheveux.

S'Gravesande a remarqué que, si l'on place le tranchant d'un corps dont l'angle soit très-aigu, le faisceau de lumière, formé de plusieurs rayons parallèles, se disperse lorsqu'il passe près du tranchant; celui des rayons qui passent à la plus petite distance, est le plus dévié par en-bas, tel qu'on le voit en ABT, fig. 722.

En s'éloignant de C, l'inflexion diminue, le rayon HI passe en ligne droite; la distance augmentant, l'inflexion change de direction; elle se fait subitement par en-haut & diminue ensuite, ainsi qu'on l'observe dans les rayons LMN & DEG.

Plaçant une seconde lame D, fig. 722 (a), dans la partie supérieure, le faisceau de lumière introduit éprouve une double inflexion; écartant d'abord les tranchans à une grande distance, de $\frac{7}{10}$ de pouce, par exemple, afin qu'il n'y ait point de déviation occasionnée par les deux actions sur un même rayon, tout se passera, par raport à chaque tranchant, comme dans le cas d'une seule lame. Recevant le faisceau sur un plan AB, il se produira une tache blanche au milieu, des deux côtés de laquelle la lumière s'épanouira sous la forme d'une espèce de frange, par une suite de l'inflexion des rayons dans le voisinage des tranchans.

Rapprochant les tranches peu à peu, on verra la tache blanche diminuée; enfin, lorsque les tranches seront à $\frac{1}{400}$ de pouce de distance, la lumière disparoîtra entre les franges; rapprochant encore davantage, les franges s'évanouissent successivement, jusqu'à ce que les lames étant jointes, il ne passe plus de lumière entr'elles.

Newton ayant fait aiguifer & dreffer les tranchans de deux couteaux AB, *fig.* 723, il les fixa par leur pointe en C, dans une planche, & écarta les manches de manière que les tranchans fiffent un angle de 1° 54'; les couteaux ayant été fixés dans cette pofition par un morceau de cire D, il pouvoit juger de l'écartement des tranchans par leur diftance à la pointe.

Un faifceau de lumière, dirigé fur les couteaux placés à 8°,5 du petit trou, fut reçu fur un carton placé à différentes diftances des couteaux & à différentes hauteurs des points, pour le faire paffer entre des diftances différentes des deux tranchans. La table fuivante fait connoître les réfultats que l'illuftre phyficien anglais dit avoir obtenus.

Distances entre le papier & les couteaux, exprimées en pouces.	Distances entre les tranchans des couteaux, exprimées en parties millésimes du pouce.
$1\frac{1}{2}$	0,012
$3\frac{1}{3}$	0,020
8	0,034
32	0,057
96	0,081
131	0,087

Conftruifant les courbes produites par les franges colorées, reçues à une grande diftance des couteaux & à différentes hauteurs des points, il trouva qu'elles étoient hyperboliques. Nous allons copier, à cet égard, ce que Newton rapporte dans la dixième Obfervation du livre III de fon *Traité d'Optique*.

« Soient CA, CB, *fig.* 723 (*a*), des lignes tirées fur le papier, parallèles aux tranches des couteaux, & entre lefquelles toute la lumière tomberoit, fi elle paffoit entre les tranches des couteaux, fans recevoir aucune inflexion. Soit DE une ligne droite qui, menée par le point C, rende les angles ACD, BCE égaux entr'eux, & termine toute la lumière qui tombe fur le papier, depuis le point où les tranchans des couteaux viennent à fe rencontrer. Soit *eis*; *fkt* & *glv* trois lignes hyperboliques repréfentant le terme de l'ombre de l'un des couteaux, la ligne obfcure entre la première & la feconde frange de cette ombre, & la ligne obfcure entre la feconde & la troifième branche de la même ombre. Soit *xip*, *ykq* & *zlr* trois autres lignes hyperboliques, repréfentant le terme de l'ombre de l'autre couteau, la ligne obfcure entre la première & la feconde frange de cette ombre, & la ligne obfcure entre la feconde & la troifième frange de la même ombre. Imaginez que ces trois hyperboles font femblables & égales aux trois précédentes, & qu'elles les croifent aux points *i*, *k*, *l*, & que les ombres des couteaux font terminées & diftinguées des

premières franges lumineufes par les lignes *eis*, *xip*, jufqu'à ce que ces franges viennent à fe rencontrer & à fe croifer; & qu'alors ces lignes, en forme de lignes obfcures, croifent les franges, couvrent le côté intérieur des premières franges lumineufes, & les diftinguant d'une autre lumière qui commence à éclater en *e*, & qui illumine tout l'efpace triangulaire *ip*DE*si*, terminé par ces lignes obfcures & par la ligne droite DE. De ces hyperboles, une afymptote eft cette même ligne DE, & les autres afymptotes font parallèles aux lignes CA, CB. Soit RV une ligne tirée où vous voudrez fur le papier, parallèle à l'afymptote DE, & que cette ligne coupe les lignes droites AC en M, BC en N, & les fix lignes obfcures hyperboliques en *p*, *q*, *r*, *s*, *t*, *v*; vous n'avez qu'à mefurer les diftances *ps*, *qt*, *rv*, & déduire la longueur des ordonnées N*p*, N*q*, N*r* ou M*s*, M*t*, M*v*, & faifant cela à différentes diftances de la ligne RV, à l'afymptote DE, vous pourrez trouver autant de points de cette hyperbole que vous voudrez, & vous affurer, par ce moyen, que ces lignes courbes font des hyperboles peu différentes de l'hyperbole conique; & en mefurant les lignes C*i*, C*k*, C*l*, vous trouverez d'autres points de ces courbes.

» Par exemple, lorfque les couteaux étoient à dix pieds du trou de la fenêtre, & le papier à neuf pieds des couteaux, & que l'angle formé par les tranchans des couteaux, auquel eft égal l'angle ACB, étoit fous-tendu par une corde qui étoit au demi-diamètre comme 1 à 32, & que la diftance de la ligne RV à l'afymptote DE étoit d'un demi-pouce, je mefurai les lignes *ps*, *qt*, *rv*, & je les trouvai de 0,15, 0,65, 0,98 pouces, refpectivement; en ajoutant à leur moitié la ligne $\frac{1}{4}$ MN (qui étoit la 128e partie d'un pouce, ou 0,0078 pouce), les fommes M*p*, N*q*, étoient 0,1828, 0,3328, 0,4978 pouce; je mefurai auffi les diftances des parties les plus brillantes des franges qui s'étendoient entre *pq* & *st*, *qr* & *tv*, & immédiatement au-delà de V & *v*, & je les trouvai de 0,3, 0,8, 1,17 pouce. »

Ces mêmes expériences furent répétées avec des lumières homogènes de différentes couleurs; mais les franges rouges étoient plus amples que les vertes, & celles-ci plus amples que les violettes; & les franges rouges, les plus réfrangibles, étoient pliées, inflechies à une plus grande diftance, tandis que les violetes étoient pliées à une moindre diftance.

Newton & tous les phyficiens newtoniens attribuent ces effets à deux actions, l'une attractive & l'autre répulfive, que les tranchans exercent fur les molécules lumineufes: l'attraction eft exercée depuis le contact jufqu'à une certaine diftance où doit commencer la répulfion, qui eft également exercée jufqu'à une autre diftance. Ainfi, l'attraction eft d'abord fortement diminuée jufqu'à ce que les deux forces attractive & répulfive fe faffent équilibre, puis la répulfion diminue jufqu'à l'extrémité du rayon d'activité du tranchant.

Quelques phyficiens, parmi lefquels on diftingue Mairan, ont voulu attribuer la *diffraction* à une atmofphère qui environne les différens corps, & oceafionne une réfraction au rayon de lumière qui les traverfe. Mairan chercha à prouver l'action de cette atmofphère en prenant un tube de verre très-capillaire, l'empliffant de mercure & le plongeant dans les rayons folaires.

« Dans toutes les expériences que j'ai faites de cette manière, dit Mairan, ainfi que dans celles dans lefquelles je n'ai employé qu'un fil de métal à nu, j'ai obtenu, non-feulement trois fuites de couleur de chaque côté, mais un bien plus grand nombre, que je recevois fur un carton, courbé en rond devant l'appareil. Ces images colorées fe portoient dans l'étendue de plus du demi-cercle; ce qui me fait croire que, dans ces atmofphères, il y a non-feulement réfraction, mais même réflexion de la lumière, comme cela arrive dans les gouttes de pluie qui fourniffent les apparences des arcs-en-ciel. *Voyez* IRIS, ARC-EN-CIEL. »

Le célèbre phyficien anglais a répondu d'avance à cette opinion par une obfervation. « Ayant mouillé une plaque de verre poli, & mis le cheveu dans l'eau fur ce verre, fur lequel j'appliquai une autre plaque de verre poli, en forte que l'eau pût remplir l'efpace entre les deux verres, j'expofai ces deux plaques au trait folaire dont je viens de parler, de manière que le foleil pût paffer à travers perpendiculairement; l'ombre du cheveu fe trouva, aux mêmes diftances, tout auffi grande qu'auparavant. Les ombres des fillons tracés fur des plaques polies de verre étoient auffi beaucoup plus larges qu'elles ne devoient être; & les veines qui fe trouvent dans de femblables plaques de verre, jetoient auffi des ombres d'une pareille largeur à proportion. Donc, la largeur de ces ombres *vient de quelqu'autre caufe que de la réfraction de l'air.* »

Plufieurs phyficiens ont cherché à répandre quelque jour fur ce phénomène : Dutour, dans les *Mémoires ces Savans étrangers de l'Académie royale des Sciences,* tom. V; Delifle, dans les *Mémoires pour fervir aux progrès de l'Aftronomie,* Saint-Pétersbourg, 1738, in-4°.; Dufejour, dans les *Mémoires de l'Académie des Sciences de Paris,* pour l'année 1775; Klugel, dans la traduction allemande de l'*Hiftoire de l'Optique* de Prieftley; mais, jufqu'à préfent, rien n'a été plus fatisfaifant que l'opinion de Newton.

Biot a fait, avec Pouillot, des expériences fur la *diffraction* de la lumière, à l'aide defquelles il explique la *diffraction* d'une manière différente de Newton : ce n'eft pas par une attraction & une répulfion qu'il conçoit ce phénomène; c'eft par une répulfion feule, telle que la figure 724 le re-

préfente. Nous allons copier ici les propres expreffions de Biot (1).

« Lorfqu'un faifceau de lumière fenfiblement parallèle paffe perpendiculairement entre deux bifeaux A B, éloignés l'un de l'autre d'un millimètre, ce faifceau fe divife, dans fon paffage, en une multitude de faifceaux plus petits, féparés par des intervalles noirs, comme fi la lumière qui le compofe étoit alternativement raréfiée & condenfée à des diftances de chaque bifeau, fucceffivement croiffantes. La condenfation eft la plus forte près de chaque bifeau, & c'eft là que la déviation eft moindre; de-là jufqu'à l'axe, les petits faifceaux font graduellement moins intenfes & plus déviés. Cette dégradation de leur intenfité empêche d'en fixer le nombre, qui s'étend probablement fort au-delà de ce que l'œil peut faifir. Quant à la déviation, voici comment elle s'opère. D'abord, en commençant par le faifceau le plus voifin de chaque bifeau, il y a un de ces rayons qui rafe le bifeau immédiatement, & la déviation de ce rayon-là eft nulle ou infenfible : voilà pourquoi le cadre lumineux a toujours la même largeur que le cadre même des bifeaux, tant que toutes les autres franges n'en font pas forties. Mais les autres rayons qui compofent le premier faifceau font déviés, & le font vers l'autre bifeau; de forte que leur enfemble forme, derrière chaque bifeau, un coin lumineux qui va en s'élargiffant à mefure qu'il s'éloigne, jufqu'à ce qu'enfin, venant à fe joindre & à fe pénétrer, ils forment la bande centrale définitive, comme nous l'avons expliqué plus haut. Immédiatement après ce premier faifceau, & plus en dedans du cadre, il y a de part & d'autre un intervalle noir, auquel fuccède le point de départ du fecond faifceau brillant, plus diftant des bifeaux que le premier. Ce fecond faifceau eft dévié de même vers le bifeau oppofé, mais il l'eft plus que le premier faifceau; de forte qu'il s'en fépare continuellement de plus en plus, à mefure qu'il s'éloigne, & c'eft là ce qui perpétue l'intervalle noir qui exifte entre deux; mais en s'éloignant ainfi, il rencontre fucceffivement toutes les bandes provenant de l'autre bifeau, & felon qu'il coïncide avec les lumineufes ou avec les noires, il en refulte une diftinction plus nette des intervalles, ou une uniformité de lumière qui les rend indiftinctes. A la fuite du fecond faifceau, en fe rapprochant toujours de l'axe, on rencontre, de chaque côté, un intervalle noir qui devient la feconde frange noire définitive, & enfuite un troifième faifceau brillant, plus dévié que les deux premiers, & dérivé de même vers le bifeau oppofé. Ces alternatives de faifceaux brillans & noirs fe continuent ainfi de part & d'autre de l'axe, avec des déviations croiffantes & des intenfités gra-

---

(1) *Traité de Phyfique expérimentale & mathématique,* tome IV, page 761.

duellement plus foibles, jufqu'à ce que, dans l'axe même, on conçoive, plutôt qu'on ne voit, deux faisceaux d'une intensité insensible, & les plus déviés de tous, chacun vers le biseau opposé. »

Biot (1) a observé, dans ce phénomène, un accord assez remarquable avec celui des anneaux colorés, en ce que : 1°. la série des largeurs des franges lumineuses & ombrées, « est précisément celle qui exprime les épaisseurs moyennes auxquelles la lumière est successivement transmise & réfléchie dans une même lame mince ; & si on la construit comme a fait Newton, en marquant *o* pour le milieu de la tache centrale, les mêmes nombres qui indiquent les épaisseurs des tranches limiteront les espaces lumineux ou obscurs dans l'un & l'autre phénomène ; 2°. si l'on représente par 1, l'intervalle d'un certain ordre mesuré dans le rouge extrême, ce même intervalle deviendra 0,9243 dans la lumière qui forme la limite du rouge & de l'orangé ; 0,8855 dans celle qui forme la limite de l'orangé & du jaune ; enfin, 0,6300 dans le violet extrême, exactement comme l'expriment les nombres trouvés par Newton. (*Voyez* ANNEAUX COLORÉS.) Or, ces nombres sont la mesure des accès dans les couleurs auxquelles ils se rapportent. »

Un autre accord non moins intéressant, est celui que Biot a dit exister entre le resserrement des anneaux colorés, observé par Newton, lorsqu'on remplace par de l'eau l'air existant entre les deux lentilles, & le resserrement des franges lorsque la *diffraction* se fait dans l'eau. Voici ce qu'il rapporte à ce sujet (2).

« Nous avons placé un appareil à biseau dans une rigole de fer-blanc, longue de deux mètres, fermée à ses extrémités par des glaces, dont l'une, légèrement dépolie, recevoit les franges que les biseaux formoient. Nous avons d'abord mesuré les intervalles de ces franges, la rigole ne contenant que de l'air ; puis nous y avons versé de l'eau, sans rien déranger ; & nous avons vu les franges formées dans cette eau se resserrer, & leurs intervalles diminuer dans le rapport de 4 à 3, c'est-à-dire, comme le sinus d'incidence dans l'air est à celui de réfraction dans l'eau, ou ce qui est la même chose, proportionnelles aux accès dans l'air & dans l'eau. »

Il seroit bon que cette expérience fût répétée, parce que plusieurs physiciens n'ont pas obtenu le même résultat que Newton. *Voyez* ANNEAUX COLORÉS, COULEURS DES LAMES MINCES.

Ce rapprochement entre les résultats de deux phénomènes que l'on avoit regardés comme essentiellement différens, est extrêmement remarquable, & pourra devenir très-utile lorsque nos connois-

sances seront assez avancées pour pouvoir nous occuper de la recherche de la cause de ces phénomènes.

Newton a bien annoncé dans le troisième livre de son *Optique*, qu'en plaçant un corps opaque dans un faisceau de lumière, son ombre est bordée à l'extérieur de bandes de diverses nuances & de diverses largeurs ; mais il ne parle pas des bandes qui se forment dans l'intérieur de l'ombre des corps déliés, & qui avoient déjà été observées par Grimaldi, Maraldi & Delisle, & depuis par Dutour, Thomas Young, Fresnel & Arago. Mais un fait non moins remarquable, observé d'abord par Thomas Young (1), puis par Fresnel & Arago, c'est que, si l'on approche un écran opaque de l'un des bords du corps délié, on fait aussitôt disparoître la totalité des bandes qui se forment dans l'intérieur de l'ombre.

Arago s'est assuré depuis (2) que l'on pouvoit faire disparoître également la totalité des bandes inférieures, en substituant un verre diaphane à faces parallèles, à l'écran opaque. Les lames très-minces de verre, soufflées au chalumeau, déplacent seulement les bandes intérieures de un, deux, trois, &c., intervalles ; ce déplacement augmente avec l'épaisseur des lames, & en employant des écrans diaphanes de plus en plus épais, on arrive par degrés au terme de la disparition.

Fresnel a remarqué que les franges lumineuses ne se projetoient pas en ligne droite, comme Biot l'a observé, mais que ces lignes sont concaves du côté des bords de l'ombre du corps opaque (3). Il s'est même assuré, en mesurant l'intervalle du bord de l'ombre géométrique, au point le plus sombre d'une même frange, & à différentes distances du corps opaque ; que l'on trouve les ordonnées d'une hyperbole dont les distances seroient les abscisses.

La disparition des bandes de l'intérieur de l'ombre par l'interposition de l'écran à côté du corps opaque, conduisit Fresnel à cette réflexion (4). « Puisqu'en interceptant la lumière d'un côté du fil, on fait disparoître les bandes inférieures, le concours des rayons qui arrivent des deux côtés est nécessaire à leur production. Ces franges ne peuvent pas provenir du simple mélange des rayons, puisque chaque côté du fil ne jette dans l'ombre qu'une lumière blanche continue ; c'est donc la rencontre, le croisement même de ces rayons qui produit les franges. Cette conséquence, qui n'est pour ainsi dire que la traduction du phénomène, me semble tout-à-fait opposée à l'hypothèse de l'émission, & confirme le système qui fait consister la lumière dans les *vibrations d'un fluide particulier*. »

(1) *Traité de Physique expérimentale & mathématique*, tome IV, page 750.
(2) *Ibid.*, page 753.

(1) *Transactions philosophiques* pour 1803.
(2) *Annales de Chimie & de Physique*, tome I, page 200.
(3) *Ibid.*, pages 257 & 258.
(4) *Ibid.*, pag. 245.

Pour expliquer nettement la manière dont il conçoit le croisement des ondulations dans le phénomène de la réfraction, Fresnel les a représentées dans la *figure* 725.

« Soit S le point radieux, A & B les extrémités du corps qui porte ombre. Des points S, A, B, comme centre, j'ai décrit une suite de cercles en augmentant toujours le rayon de la même quantité, que je suppose être égale à une demi-vibration. Les cercles en lignes pleines représentent les nœuds, par exemple, dans chaque système d'ondulation, & les cercles ponctués les ventres. Les interfections des cercles de différentes espèces donnent des points de discordance complète, & par conséquent les endroits les plus sombres des franges. J'ai tracé les hyperboles que forment ces points d'interfection. La rencontre de ces hyperboles avec le carton fur lequel on reçoit l'ombre, détermine le milieu des bandes obfcures. Les hyperboles F¹, F¹, F², F², &c., donnent les bandes extérieures du premier ordre, du second ordre, &c.; les hyperboles f^1, f^1, f^2, f^2, f^3, f^3, &c., les bandes intérieures du premier ordre, du second & du troisième, &c.

» On voit par l'inspection même de cette figure pourquoi l'ombre contient d'autant plus de bandes intérieures, qu'on la reçoit plus près du fil.

» Il est facile d'expliquer, dans cette théorie, la colorisation des franges. Le rayon de différentes couleurs étant produit par des ondulations lumineuses de longueurs différentes, comme il est naturel de le conclure du phénomène des anneaux colorés, les points d'accords & de discordances complètes font en conséquence plus ou moins rapprochés, fuivant la longueur des ondulations. »

Thomas Young avoit déjà fait voir que la production des bandes colorées nécessite le concours de deux faisceaux blancs infléchis dans l'ombre par les deux bords du corps.

Fresnel s'est affuré depuis que le système qui fait confister la lumière dans les vibrations d'un fluide infiniment subtil, répandu dans l'espace, conduit ainsi à des explications fatisfaisantes des lois de la réflexion, de la réfraction, du phénomène des anneaux colorés dans toute fa généralité, & enfin, de la *diffraction* qui préfente des phénomènes très-variés dont la théorie de l'émission n'a jamais pu rendre raifon.

Hooke avoit expliqué dans fa *Micrographie*, en 1665, le phénomène des anneaux colorés par la pénétration de deux faisceaux lumineux & par le fystême des vibrations · Huyghens & Euler avoient également expliqué les lois de la réflexion & de la réfraction par la théorie des ondulations; mais Fresnel, en y appliquant la théorie de l'influence que les rayons lumineux exercent les uns fur les autres, y ajoute plus de force & de clarté; & en faifant entrer en confidération la longueur des ondulations lumineuses, il donne une définition précife de ce qui conftitue le poli.

La difficulté que l'on éprouve à obferver, & à mefurer avec exactitude les phénomènes de la *diffraction* de la lumière, nous a empêchés, jufqu'à préfent, d'en avoir une idée bien exacte. On voit, d'après la férie des faits que nous avons rapportés, la différence qui exifte dans les réfultats des différens obfervateurs, & la néceffité de répéter ces expériences. Comme cette propriété de la lumière a une très-grande influence dans l'aftronomie, puifqu'elle peut changer la mefure des diftances que l'on prend avec le micromètre, on ne peut mettre trop de foin pour la déterminer.

DIFFUSION; diffufio; *aus breitung*; f. f. Action de fe répandre avec une trop grande abondance. Ce mot n'eft employé en phyfique que pour la lumière; c'eft ainfi qu'on dit *diffufion de la lumière*.

DIGESTEUR; digeftor; *digerir-mafchine*; f. m. Vafe dans lequel on cherche à imiter la digeftion.

DIGESTEUR DE PAPIN; olla papiniana; *papiniannifche-digerir-mafchine*. Efpèce de marmite dans laquelle on fait éprouver aux fubftances qu'elle renferme, une très-haute température.

Cette machine fe compose d'un vafe cylindrique creux, très-épais, A, *fig.* 726, portant à fa partie fupérieure un rebord : fur ce vafe eft un couvercle BB, muni d'un crochet C, auquel on peut fufpendre différens corps; G eft une ouverture placée fur le couvercle pour faciliter la fortie de la vapeur; des brides de fer EE, dont les extrémités font recourbées en MM, s'engagent fous le rebord du vafe; une vis D D fert à comprimer le couvercle BB, au moyen de la bride EE; un levier F F' eft deftiné à fermer l'ouverture, au moyen d'un poids P qu'on fufpend à fon extrémité F; ce levier eft muni en G d'un bouton aplati en fer, qui s'applique immédiatement fur l'ouverture G; ce même levier eft repréfenté de profil en H; des anneaux I, J, fervent d'appui à l'extrémité F du levier FF'; enfin, L eft une cavité creufée dans l'épaiffeur du couvercle BB; elle eft deftinée à recevoir la boule d'un thermomètre.

Pour foumettre, dans ce *digefteur*, un liquide à une haute température, on introduit ce liquide dans l'intérieur; on place une rondelle de carton entre le couvercle & le bord fupérieur de la marmite, afin de fermer toutes les iffues à l'air; on comprime fortement le couvercle au moyen de la vis, & l'on ferme l'ouverture avec le levier; alors on chauffe.

Comme les liquides entrent en ébullition à des températures différentes, qui augmentent avec la preffion à laquelle ils font foumis (*voyez* ÉBULLITION), & que le dégagement de la vapeur, à mefure que l'on chauffe un liquide dans un vafe fermé, augmente la preffion exercée fur le liquide au point de l'empêcher d'entrer en ébullition, il en réfulte que l'on peut faire fupporter au liquide contenu dans le *digeftcur*, une chaleur capable de de rougir ce vafe, fans que ce même liquide puiffe bouillir, fi toutefois fes parois fon affez fortes pour réfifter à l'effort que la vapeur exerce.

Mais afin d'empêcher la rupture du vafe, on comprime le corps placé fur l'ouverture du couvercle avec le levier F F; & dès que la force expanfive de la vapeur devient plus grande que l'effort du levier, elle le foulève, la vapeur fe dégage, & le liquide du vafe fe refroid.t La vapeur, en fe dégageant avec impétuofité, produit un grand fifflement, & fe refroidit au point qu'étant reçue à une diftance moyenne, elle eft plutôt froide que chaude.

On voit comment on peut, à l'aide de ce *digefteur*, réduire promptement en une efpèce de pulpe les fubftances animales & végétales que l'on expofe avec un liquide dans fon intérieur, & comment les os les plus durs fe convertiffent en gelée. *Voyez* GELATINE.

DIGESTION; digeftio; *verdanung*; f. f. Ingeftion de la fubftance alimentaire, & élaboration de cette fubftance de manière qu'une partie fe diftribue dans l'économie animale, & l'autre eft rejetée au dehors.

Les alimens font foumis à une divifion mécanique dans la bouche, & tranfportés enfuite dans l'eftomac avec la falive. Ici, ils font convertis en une forte de pâte appelée *chyme* : le chyme paffe dans les conduits inteftinaux, où fe fait la féparation du chyme. Une partie eft diftribuée dans toutes les divifions du corps; une autre eft rejetée au dehors par le rectum; une autre eft rejetée par les urines; enfin, une partie des fubftances diftribuées dans l'économie animale fort par la tranfpiration, & une autre contribue aux développemens de toutes les parties.

On a donné diverfes explications à la transformation, en chyme, des alimens qui pénètrent dans l'eftomac. Hippocrate la regardoit comme le réfultat d'une *coction*; quelques modernes, comme une *élixation*; les Arabes, comme le produit d'une fermentation; d'autres, comme provenant d'une *putréfaction*; les médecins mécaniftes, comme une véritable *trituration*; Haller, comme provenant d'une *macération*; enfin, de nos jours, on l'a attribuée à une diffolution. Spallanzani a annoncé qu'un fuc particulier, qu'il a nommé, *fuc gaftrique*, & qui fuintoit dans l'eftomac par des glandes, eft le diffolvant des fubftances nutritives; enfin, Montegre a conclu dernièrement de plufieurs expériences, que le diffolvant étoit un acide végétal introduit directement, ou produit par la fermentation du pain ou d'autres fubftances végétales.

Parvenu dans les inteftins, le liquide du chyme y eft abforbé par des glandes pour être tranfporté dans les diverfes parties qui le reçoivent, & s'y diftribuer; la viteffe du mouvement inteftinal, & le temps que le chyme met à traverfer les inteftins, determinent le plus ou le moins d'abondance du liquide abforbé.

Si l'on veut avoir de plus grands détails fur la *digeftion*, on peut confulter le mot DIGESTION dans le *Dictionnaire des Sciences médicales*.

DIGRESSION, de διά, féparé, gradior, *marcher*; digreffio; *auffchweifung*; f. m. Eloignement apparent des planètes du foleil. *Voyez* ELONGATION.

Cette expreffion ne s'emploie ordinairement que pour les deux planètes de Mercure & de Vénus, qui font plus rapprochées du foleil que la terre.

Nous voyons toujours les deux planètes inférieures, Mercure & Vénus, du même côté que le foleil, parce que, dans leurs plus grandes *digreffions*, c'eft-à-dire, dans leurs plus grandes diftances apparentes au foleil. Mercure ne s'en éloigne jamais de plus de 28°, & Vénus de 47 ½.

Suivant Kepler, les plus grandes *digreffions* de Mercure font entre 17° 33' & 28° 31'; de forte qu'elles varient de près de 11°; & les plus grandes *digreffions* de Vénus, entre 45° & 47°48'; ainfi, de 2° 48' minutes feulement. Cette petite différence entre les plus grandes *digreffions* de Vénus & de Mercure, en différens temps, vient de ce que l'excentricité de la première eft très-petite, & de ce que l'excentricité du dernier eft fort grande. *Voyez* MERCURE, VENUS, APHÉLIE, EXCENTRICITÉ.

DIGUE, du flamand *dik*, amas de terres molles; ager; *damen*; f. f. Obftacle oppofé à l'effort que fait un fluide pour fe répandre.

C'eft un folide formé de terre ou de pierre, de charpente ou de fafcinage, fouvent de plufieurs de ces matières, ou même de toutes enfemble, deftiné à arrêter, quelquefois à détourner, & à rejeter d'un autre côté les eaux d'un ruiffeau, d'un fleuve ou de la mer.

DIHÉLIE, de διά, *au travers*, ηλιος, *le foleil*; dihelia; *diheli*; f. f. Nom que quelques aftronomes ont donné à l'ordonnée de l'ellipfe qui paffe par le foyer du foleil.

DILATABILITÉ, de διά, *féparation*, latus, *large*; dilatabilitas; *dehnbarkeit*; fub. f Propriété qu'ont les corps de pouvoir être dilatés, c'eft-à-dire, de pouvoir augmenter de volume, de pouvoir occuper un plus grand efpace que celui qu'ils occupoient auparavant, foit par l'introduction d'un fluide étranger qui écarte leurs parties, foit par la force de leurs refforts lorfqu'ils ceffent d'être retenus par des obftables.

Comme tous les corps font fufceptibles de pouvoir

voir

voir augmenter de volume en les échauffant, il sembleroit que l'on pourroit regarder la *dilatabilité* comme une propriété générale des corps; cependant quelques physiciens restreignent cette propriété à l'augmentation de volume occasionnée par une diminution dans la pression : dans ce cas, tous les corps élastiques en particulier, & l'air en général, seroient les seuls qui jouiroient de la propriété à laquelle on a donné le nom de *dilatabilité*, & la *dilatabilité* seroit l'opposé de la compressibilité. *Voyez* COMPRESSIBILITÉ, DILATATION.

DILATATION; dilatatio; *aufdehnung*; sub. f. Action par laquelle un corps augmente de volume, occupe un espace plus grand que celui qu'il occupoit auparavant.

On distingue deux causes de *dilatation* des corps : 1°. le calorique; 2°. l'élasticité.

En échauffant un corps, le calorique s'introduit entre ses molécules, les écarte & augmente son volume, en lui faisant occuper un espace plus grand que celui qu'il occupoit auparavant. Tous les corps, quel que soit leur état, solide, liquide ou fluide élastique, sont susceptibles de se dilater, en s'échauffant, à moins que quelqu'autre cause plus forte ne s'oppose à cet effet. *Voyez* CALORIQUE.

Tout corps élastique qui est dans un état de contraction, s'étend, augmente de volume, se dilate dès que la puissance qui le comprime cesse d'agir ou agit moins (*voyez* COMPRESSION); l'air surtout a cette propriété dans un degré éminent; de sorte que la plus petite portion d'air renfermée dans un vase le remplit toujours, quelque grand qu'il soit. Cette cause paroît agir sur tous les corps comme la première, parce que tous les corps laissent apercevoir des effets qui sont dus à l'élasticité (*voyez* ÉLASTICITÉ); les liquides eux-mêmes, que l'on a regardés, & que quelques physiciens regardent encore comme incompressibles, sont cependant élastiques, puisqu'ils sont capables de transmettre le son. *Voyez* SON.

Un grand nombre d'auteurs confondent la *dilatation* avec la raréfaction; mais quelques-uns la distinguent : ceux-ci définissent la *dilatation*, une expansion par laquelle un corps augmente de volume par sa force élastique, & la raréfaction une pareille expansion occasionnée par la chaleur. *Voyez* RARÉFACTION.

On remarque que plusieurs corps, ayant été comprimés, se rétablissent parfaitement dans leur premier état dès que la compression cesse, & que si l'on tient ces corps comprimés, ils font, pour se dilater, un effort égal à la force qui les comprime.

De plus, les corps, en se dilatant par l'effet de leur ressort, ont beaucoup plus de force au commencement qu'à la fin de leur *dilatation*, parce que, dans le premier instant, ils sont beaucoup plus comprimés; & plus la compression est grande,

plus la force élastique & l'effort pour se dilater sont considérables; en sorte que ces deux choses, la force comprimante & la force élastique, sont toujours égales.

Quelques physiciens attribuent l'élasticité à la compression & à la *dilatation* du calorique dans les corps : il s'ensuit nécessairement de cette opinion, que toutes les *dilatations* sont produites par le calorique, avec cette distinction, qu'il agit seul dans quelques circonstances, & que dans d'autres son action est modifiée par la compression.

En effet, toutes les fois que l'on dilate un corps, il se refroidit, & du calorique pénètre dans son intérieur pour remplir l'espace que la *dilatation* occasionne dans ce corps; de même, lorsqu'on le comprime, le calorique interposé sort. *Voyez* ÉLASTICITÉ.

Puisque tous les corps sont *dilatables* par la chaleur, & que tous sont élastiques; quelle que soit la cause de l'augmentation de volume des corps, que l'on distingue sous le nom de *dilatation*, comme cette cause exerce son action sur tous les corps, il s'ensuit que la *dilatation* est une propriété générale des corps.

DILATATION DE L'EAU : augmentation de volume de l'eau par la chaleur.

Tous les liquides se dilatent en s'échauffant, & cette *dilatation* suit une marche qui croît avec la température. Mairan, Michely, Ducrest & Deluc, voulant observer sur l'eau, la loi de son augmentation de volume, remarquèrent qu'à partir de la température de la glace jusqu'à celle de 3 à 4° R. au-dessus de zéro, l'eau, au lieu de se dilater, se concentroit; qu'à cette température son volume restoit stationnaire, & qu'ensuite elle se dilatoit comme tous les autres fluides.

Ce fait, vérifié par un grand nombre de physiciens, fut expliqué diversement. Les uns, considérant que la température où l'eau commence à augmenter de volume, varie relativement à la substance qui contient ce liquide, puisque, d'après les expériences de Dalton, ce terme étoit à 0,9 R. dans une boule de terre cuite; à 4,4 dans une boule de verre; à 6,22 dans une boule de laiton, & à 8° dans une boule de plomb, ont pensé que cette diminution de volume n'étoit qu'apparente, & qu'elle provenoit de la différence qui existe entre l'augmentation de volume de l'eau & celle du vase qui lui sert d'enveloppe.

En effet, les corps qui servent d'enveloppe se dilatent en s'échauffant, & cette *dilatation*, pour de petites températures, est sensiblement constante, si l'on admet que l'eau se dilate également, depuis la température de zéro, & que cette *dilatation* augmente à mesure que le liquide s'échauffe. Il se peut qu'à partir de zéro jusqu'à 3°,5 R., la *dilatation* de l'enveloppe soit plus grande que celle de l'eau, & que, par conséquent, celle-ci paroisse se concentrer; qu'à 3°,5 R., les deux *dilatations* foient égales, ce qui feroit paroître ftationnaire celle de l'eau; & qu'enfin, au-deffus de 4° R., la *dilatation de l'eau* foit plus grande que celle de l'enveloppe : de-là qu'elle puiffe être remarquée.

Deluc, Rumfort, le Dr. Hoocke, Haüy & un grand nombre de phyficiens penfoient, au contraire, que l'eau fe condenfoit naturellement en partant de fon degré de congélation jufqu'à 3 ou 4 degrés au-deffus de zéro.

Blagden, en obfervant que l'eau paroît fe condenfer depuis le 4e. deg. R. jufqu'à zéro, & ayant remarqué de plus, 1°. que l'eau qu'on amène, par un refroidiffement lent, & en lui évitant la plus légère fecouffe, à une température de plufieurs degrés au-deffous de zéro, fans qu'elle devienne folide, ne ceffe point de fe dilater à mefure que fa température s'abaiffe; 2°. que de l'eau dans laquelle on a fait diffoudre un peu de fel commun, & qu'on expofe à un froid artificiel, commence à fe dilater à une température élevée du même nombre de degrés au-deffus de fon terme particulier de congélation que l'eft celle de l'eau ordinaire au-deffus du terme de la glace, à l'époque où fa *dilatation* fe manifefte, partagea l'opinion de la concentration de l'eau en s'échauffant.

Un réfultat affez remarquable de la concentration de l'eau en s'échauffant, ou de fa *dilatation* en fe refroidiffant, c'eft qu'au moment de fa congélation, l'eau augmente fubitement de volume. Haüy obferve, à ce fujet, que la *dilatation* de l'eau, à l'état de glace, n'étoit pas produite tout-à-coup, & comme par un faut brufque, au moment de fa congélation, mais qu'elle commençoit plutôt; en forte que le point de la plus grande contraction étoit à quelques degrés au-deffus de zéro du thermomètre.

L'efpèce d'incertitude que préfentoit l'explication du phénomène obfervé, détermina le profeffeur Hope à s'affurer, par l'expérience, fi l'eau à 4° R. avoit une plus grande denfité que l'eau à zéro, conféquemment fi elle étoit réellement plus concentrée.

Pour cela, il remplit d'eau à zéro (1) un vafe cylindrique dans lequel il plaça deux thermomètres, l'un à demi-pouce du fond, & l'autre dans la partie fupérieure : il mit le vafe fur une table, dans une chambre dont la température étoit à 61 F. (12,9 R.); la marche des deux thermomètres, portant la graduation de Fahrenheit, ayant été obfervée, étoit:

	THERMOMÈTRES	
	fupérieur.	inférieur.
A o h.	32°	32°
En 10'	33	35
30	35 ½	37

(1) *Bibliothèque britannique*, tome XXIX, page 111.

	THERMOMÈTRES	
	fupérieur.	inférieur.
En 50'	37	38
1 h.	42	38
1 30	44	40
1 50	46	41
2 10	48	42
30	50	44
50	50,5	45
4	54	49

On voit à l'infpection de ce tableau, que la chaleur qui arrive de l'air ambiant de tous les côtés, dans l'eau du vafe, s'échauffe plus promptement au fond, jufqu'au degré 38, que dans la partie fupérieure; qu'enfuite la partie fupérieure s'échauffe plus promptement que le fond, ce qui prouve que, depuis 32° F. (o R.), jufqu'à 38 F. (2,66 R.), l'eau eft condenfée par la chaleur.

Cette expérience répétée plufieurs fois, & même en fens inverfe, préfenta conftamment le même réfultat.

Rumfort, quelque temps après, publia (1) une manière plus fimple de s'affurer que la denfité de l'eau, élevée de 2 à 3 degrés au-deffus de zéro, étoit plus grande que celle de l'eau à zéro. Au fond d'un vafe A, *fig.* 727, il plaça une petite coupe de liège C, fupportée par une bafe B; fur cette coupe étoit pofée la boule d'un thermomètre D : le vafe recouvert étoit placé dans un plus grand EE, rempli de glace fondante, afin de maintenir à zéro l'eau contenue dans le premier vafe; alors, après avoir chauffé de quelques degrés un morceau d'étain F, il le plongea jufqu'à la furface de l'eau dans le vafe A; auffitôt la température du thermomètre D s'éleva graduellement de 1 à 2 degrés, tandis que l'eau de la furface, touchée immédiatement par le corps F, ne paroiffoit pas augmenter dans fa température obfervée par un thermomètre K; ce qui prouve que l'eau de la furface, échauffée par le corps F, ayant plus de denfité que l'eau plus froide, fe précipitoit de fuite au fond du vafe.

Des expériences ayant été faites avec beaucoup de foin par Dalton, Gilpin & Kirwan, fur la *dilatation* de l'eau-de-vie à diverfes températures, mefurées par le thermomètre de mercure; & le Dr. Thomas Young ayant cherché à repréfenter par une formule de cette forme $At^2 + Bt^3$, la *dilatation* de l'eau & celle de l'alcool, nous allons faire connoître, dans un tableau, le rapport des *dilatations* déterminées par l'expérience & par le calcul: t, dans cette formule, indique la température de l'eau à partir de 3,89 centig., qui correfpond au maximum de denfité; & les conftantes

(1) *Bibliothèque britannique*, tome XXIX, page 99.

A & B font pour le thermomètre centigrade, A = 0,00007128 ; B = 0,000000025369.

DEGRES du thermomètre.	DILATATIONS	
	obfervées.	calculées.
— 12	0,00185 Dalton.	0,00190
— 1	0,00019 Gilpin.	0,00017
0	0,00012 G.	0,00011
+ 3° 89	0,00000 G.	0,00000
5	0,00001 G.	0,00001
10	0,00027 G.	0,00026
15	0,00086 G.	0,00085
20	0,00176 G.	0,00174
25	0,00292 G.	0,00294
30	0,00420 G.	0,00441
35	0,00598 G.	0,00613
40	0,00809 Kirwan.	0,00810
45	0,01012 K.	0,01026
50	0,01258 K.	0,01264
55	0,01517 K.	0,01520
60	0,01776 K.	0,01796
65	0,02060 K.	0,02085
70	0,02352 K.	0,02382
75	0,02661 K.	0,02692
80	0,02983 K.	0,03010
85	0,03319 K.	0,03336
90	0,03683 K.	0,03664
95	0,04043 K.	0,03998
100	0,04333 K.	0,04332

DILATATION DE L'AIR : augmentation de volume de l'air, foit par la chaleur, foit par une diminution dans la compreffion.

Nous avons vu au mot CALORIQUE, que le volume de l'air étoit proportionnel aux quantités de calorique qu'il recevoit, en fuppofant fa compreffion conftante ; & que fa *dilatation* étoit, d'après les expériences de Gay-Luffac & de Dalton, de 0,375, depuis la température de la glace jufqu'à celle de l'ébullition de l'eau à 28 pouces de mercure de preffion ; que cette *dilatation* étoit proportionnelle à la température, conféquemment $\frac{1}{213}$ par degré de Réaumur, $\frac{1}{266}$ par degré centigrade, & $\frac{1}{480}$ par degré de Fahrenheit. *Voyez* CALORIQUE.

Quant à la *dilatation* de l'air par la diminution dans la preffion qu'elle éprouve fans changer de température, elle eft en raifon inverfe du poids qui le comprime. Si, pour une preffion P, le volume eft V, pour une preffion $\frac{P}{2}, \frac{P}{3} \ldots \frac{P}{n}$, le volume devient 2 V, 3 V, ... n V. Cette loi eft déduite d'une expérience de Mariote fur la compreffion de l'air. *Voyez* COMPRESSION.

DILATATION DES FLUIDES ÉLASTIQUES : augmentation de volume des *fluides élaftiques*, foit par

une augmentation dans la température, foit par une diminution dans la preffion.

On a cru pendant long-temps, d'après des expériences de Prieftley & de C. A. Prieur Duvernois, que les fluides élaftiques avoient des *dilatations* différentes qui dépendoient de la nature des fluides. Ces rapports étoient :

FLUIDES ÉLASTIQUES.	DILATATION d'après	
	Prieftley.	Prieur.
Air commun	1,32	
Gaz acide muriatique	1,33	
— azote	1,65	6,94
— nitreux	2,02	1,60
— hydrogène	2,05	1,39
Acide carbonique	2,20	2,01
Oxigène	2,21	5,47
Acide fulfureux	2,37	
Acide fluorique	2,83	
Ammoniaque	4,75	6,80

Mais des expériences faites avec plus de foin par Gay-Luffac & Dalton, le premier à la prière du géomètre Laplace, ont prouvé que tous les fluides élaftiques augmentoient, par la chaleur, de la même quantité, de 0,375 du volume primitif, en paffant de la température de la glace à celle de l'eau bouillante à 28 pouces de mercure de preffion. *Voyez* DILATATION DE L'AIR.

On favoit depuis long-temps que la *dilatation* par la diminution dans la preffion étoit la même pour tous les fluides élaftiques.

DILATATION DES GAZ : augmentation de volume des gaz. *Voyez* DILATATION DES FLUIDES ÉLASTIQUES.

DILATATION DES LIQUIDES : augmentation dans leur volume.

Des deux caufes qui contribuent à faire *dilater* les corps, une feule agit efficacement fur les liquides, c'eft le calorique ; l'autre eft tellement petite, qu'elle a été niée par un grand nombre de phyficiens. *Voyez* COMPRESSIBILITÉ.

On s'eft beaucoup occupé de la *dilatation des liquides* par la chaleur, particulièrement de ceux que l'on emploie dans la conftruction des thermomètres. Deluc eft un de ceux qui ont fait le plus d'expériences fur cet objet, particulièrement fur l'alcool & fur le mercure. On peut confulter fes *Recherches fur les modifications de l'atmofphère*. Il a remarqué que la *dilatation des liquides* fuivoit une loi croiffante à mefure qu'ils augmentoient de température (*voyez* CALORIQUE) ; que quelques-uns, comme l'eau, fe comprimoient en partant de la température de leur congélation jufqu'à un certain degré, maximum de leur concentration ; que d'autres, comme le mercure, fe dilatoient conſtamment à partir du degré de leur congélation.

— Toutes ces expériences ont été faites de deux manières : 1°. en meſurant le volume que le liquide occupe dans le vaſe ; 2°. en meſurant la denſité d'un corps ſolide plongé dans le liquide élevé à diverſes températures. Dans ces deux méthodes, le vaſe ou le corps plongé dans le liquide, éprouvant des *dilatations* en s'échauffant, il auroit faϊlu tenir compte de ces *dilatations* pour déterminer le volume des liquides avec quelqu'exactitude. La première méthode a été employée par un grand nombre de phyſiciens ; la ſeconde par Lavoiſier. On peut voir dans le premier volume des *Mémoires de Chimie*, recueilli par Séguin, pag. 295 & ſuivantes, les détails que Lavoiſier donne ſur ces ſortes d'expériences.

Pluſieurs phyſiciens ont fait connoître le rapport de la *dilatation* de quelques liquides, depuis le terme de la congélation de l'eau juſqu'à celui de ſon ébullition ſous une preſſion de 28 pouces de mercure. Tous ces réſultats diffèrent les uns des autres par les différens ſoins que chacun a mis à ces expériences, & par quelques variations dans la nature des liquides qui peuvent n'avoir pas été identiques. Parmi tous ceux qui ont été publiés juſqu'à préſent, nous rapporterons les réſultats obtenus par Dalton. La *dilatation* en volume des différens liquides, en paſſant de la température 0 à 80° R., eſt, d'après ce ſavant anglais :

Acide muriatique.....	0,0600	= $\frac{1}{17}$
—— nitrique.........	0,1100	= $\frac{1}{9}$
—— ſulfurique......	0,0600	= $\frac{1}{17}$
Alcool.............	0,1100	= $\frac{1}{9}$
Eau...............	0,0466	= $\frac{1}{22}$
Eau ſaturée de ſel marin	0,0500	= $\frac{1}{20}$
Ether..............	0,0700	= $\frac{1}{14}$
Huiles fixes.........	0,0800	= $\frac{1}{12}$
Huile de térébenthine..	0,0700	= $\frac{1}{14}$
Mercure............	0,0200	= $\frac{1}{50}$
Mercure............	0,0187	= $\frac{1}{53}$ d'après Cavendiſh.

Quant à la loi que ſuivent les différens liquides dans leur *dilatation*, on peut conſulter la table que Tomſon en a publiée dans le 2e. vol. de ſa *Chimie*, pag. 134, ainſi que les expériences de Gay-Luſſac, *Annales de Chimie & de Phyſique*, t. II, pag. 130.

DILATATION DES SOLIDES : augmentation de volume des ſolides.

Tous les ſolides augmentent de volume en s'échauffant ; quelques-uns diminuent de volume par la compreſſion. Parmi ces derniers, il en eſt qui ſont aſſez élaſtiques pour reprendre leur premier volume lorſque la compreſſion ceſſe ; d'autres qui conſervent le volume diminué que la compreſſion leur a fait éprouver. Comme cette diminution dans le volume provient toujours d'une quantité de chaleur dégagée, ſouvent on les ramène à leur volume primitif en les chauffant, c'eſt-à-dire, en combinant, à une haute température, le calorique qu'ils ont perdu par la compreſſion. *Voyez* COMPRESSION.

Souvent auſſi, les variations de volume occaſionnées par la compreſſion ſont produites par un changement de poſition opéré dans les particules des corps : c'eſt ainſi, par exemple, que l'organiſation interne du fer devient filamenteuſe lorſque l'on paſſe le métal à la filière, ce que l'on appelle *nerf*, & qu'il devient lamelleux lorſqu'on le chauffe ſans le corroyer.

La *dilatation* des ſolides par la chaleur doit aller en augmentant à meſure que leur température s'élève, & cela parce que l'affinité de leurs molécules diminue avec la température. Cette augmentation dans la *dilatation*, qui a été aſſez bien obſervée dans les liquides, ne l'a pas encore été dans les ſolides, à cauſe de la petite variation que leurs volumes éprouvent dans les diverſes températures auxquelles on les expoſe. Cependant, les dernières expériences de Petit, en comparant l'augmentation de la *dilatation* du mercure à celle du corps dans lequel on le contenoit, paroiſſent aſſez bien prouver cette loi. *Voyez* CALORIQUE.

Comme la *dilatation* des ſolides a une grande influence dans la plupart des circonſtances où on les emploie, particulièrement lorſqu'ils ſont deſtinés à indiquer des meſures exactes, les phyſiciens ont dû s'occuper de déterminer, par l'expérience, les rapports de leur *dilatation*.

On prouve, dans les cours de phyſique, la *dilatation* des ſolides par la chaleur, à l'aide d'un appareil extrêmement ſimple. Sur une tablette rectangulaire de métal A, *fig.* 728, s'élève une eſpèce de pilaſtre de la même hauteur, & au haut duquel on ſuſpend une chaîne *a b*, qui ſoutient, par ſon extrémité inférieure, un cône D, qu'on peut faire de différens métaux, & rechanger à volonté. On place en F une plaque de métal percée à ſon centre d'un trou ſuffiſamment grand pour que le cône D puiſſe s'y enfoncer juſqu'au niveau de ſa baſe. La lame F eſt jointe, à charnière, au pilaſtre BC, de façon qu'elle peut être diſpoſée parallelement à l'horizon ou reployée ſur la hauteur du pilaſtre.

Après s'être aſſuré qu'à froid, le cône D entre parfaitement dans le trou de la lame F, on redreſſe celle-ci contre le pilaſtre ; on place une lampe E ſous le cône D, & on le chauffe : lorſque l'on juge qu'il a été aſſez échauffé, on retire la lampe, on abat la lame F, on repoſe le cône, & l'on remarque qu'il ne peut plus entrer auſſi profondément, ce qui prouve qu'il a été *dilaté*.

Si l'on veut employer un moyen plus ſimple, que l'on creuſe, dans un morceau de bois ou de métal, une rainure dans laquelle entre à froid, avec exactitude, & même à frottement, une ou pluſieurs règles de métal de deux pieds de long, environ. Si l'on chauffe ces règles & qu'on les préſente à la rainure, on voit qu'elles ne peuvent plus y entrer, parce qu'elles font trop alongées.

Parmi les méthodes qui ont été employées pour déterminer les rapports de *dilatation des folides* par la chaleur, nous en diftinguerons quatre : 1°. en faifant ufage des pyromètres ; 2°. par l'examen de la *dilatation* des corps dans une étuve ; 3°. par le nombre de vibrations que fait, dans un temps donné, un pendule expofé à différentes tempéra-tures ; 4°. par la mefure exacte de la longueur des corps expofés à diverfes températures.

Mufchenbroeck, Bouguer & Smeaton ont em-ployé des pyromètres pour mefurer les *dilatations*; nous nous abftiendrons de parler du pyromètre de Mufchenbroeck, parce que c'eft un des premiers dont on ait fait ufage, qu'il eft indiqué dans tous les ouvrages de phyfique, & que les réfultats que l'on obtient avec cet inftrument font tellement inexacts, que l'on ne peut les regarder que comme des à peu près.

Bouguer a fait à Quito, dans fon voyage à l'é-quateur, un grand nombre d'expériences fur la *dilatation* des métaux. Le pyromètre dont il fe fervoit, étoit compofé d'un triangle d'acier A D C B, *fig.* 728 (*a*) : au fommet de l'angle étoit un pivot C fur lequel tournoit une aiguille F G ; la partie F H étoit en acier, & celle H G en bois : en B étoit un appendice fur lequel étoit placé un petit cy-lindre I ; un femblable étoit placé en F ; un arc de cercle A E étoit divifé en partie correfpondante à des diftances du point F au point I : des règles de métal L K étoient trouées à leurs deux extré-mités, de manière que la diftance K L étoit égale à à celle F I, lorfque la pointe de l'aiguille C étoit fur le zéro de la graduation ou à l'unité de lon-gueur. Après s'être affuré qu'à froid les tiges I F du pyromètre étant paffées dans les trous I K des barres métalliques, la pointe de l'aiguille corref-pondoit au zéro de l'échelle, on faifoit chauffer les barres ; & lorfqu'elles étoient très-chaudes, on paffoit les tiges F I dans les trous K L, & l'on obfervoit la pofition de l'extrémité G de l'aiguille fur l'arc de cercle : le nombre de divifions indi-quoit l'alongement de la barre.

Cette méthode préfentoit plufieurs inexacti tudes, parmi lefquelles on doit faire entrer l'é-chauffement de la barre B C, qui fait varier la diftance du centre de mouvement de l'aiguille de l'extrémité I. Les réfultats que Bouguer a obtenus ont une forte de défectuofité, en ce qu'il n'a pas déterminé la température exacte des barres dont il s'eft fervi.

Smeaton a fait un grand nombre d'expériences fur la *dilatation* à l'aide d'un pyromètre. Celui dont il s'eft fervi étoit compofé d'un châffis formé d'une pièce de bois blanc vernie, aux deux extré-mités de laquelle s'élevoient des montans qui fup-portoient la barre métallique à peu près comme fi elle eût été placée dans une mefure de cordon-nier. Une vis avançoit ou reculoit un levier prin-cipal, qui étoit retenu par fon pied avec un reffort.

Il plongeoit dans l'eau bouillante & dans la glace fondante, non-feulement la barre métallique, mais encore l'inftrument de bois dans lequel elle étoit contenue : en forte que ce n'étoit pas l'alongement de la barre qu'il mefuroit, mais l'excès de fon alon-gement fur celui de la tringle de bois qui le portoit.

Ferdinand Perthoud voulant connoître les rap-ports de *dilatation* des différens métaux, afin de conftruire avec plus d'exactitude fes pendules compenfateurs (*voyez* PENDULES COMPENSA-TEURS), a exécuté une belle fuite d'expérien-ces par la feconde méthode. Il plaçoit dans une étuve, fur une plaque de marbre verticale, les barres métalliques dont il vouloit connoître la *dilatation* ; ces barres étoient pofées, par leur ex-trémité inférieure, fur un point fixe ; l'extrémité fupérieure étoit preffée par la petite branche d'un levier. L'alongement de la verge faifoit ofciller la branche du levier, & les angles d'ofcillation étoient mefurés fur la grande branche, lorfqu'ils étoient affez confidérables, ou ils étoient augmentés par la communication de la grande branche du levier avec d'autres leviers inégaux. Des thermomètres placés fur le marbre indiquoient toutes les varia-tion de température que les verges & le marbre éprouvoient.

Cette méthode, extrêmement ingénieufe, ne donnoit pas l'alongement abfolu des verges ; mais indiquoit fimplement la différence entre leur alon-gement & celui du marbre.

Bien certainement le nombre d'ofcillations que fait un pendule fimple, lorfqu'il eft expofé à diffé-rentes températures, eft tres-propre à faire con-noître les rapports d'alongement des verges dont ils font formés ; mais il eft difficile d'expofer les pendules à de grandes variations de température, & il eft également difficile de mefurer leur tempé-rature lorfqu'elle eft différente de celle du milieu dans lequel ils font.

Des phyficiens français & anglais ont déter-miné le rapport de la *dilatation* des corps en les plon-geant dans des cuves. Lavoifier & Laplace en 1781 & 1782, & le major-général Roy en 1787, ont imaginé des moyens affez ingénieux de mefurer la *dilatation* linéaire des folides. Les premiers ont fait conftruire des règles de fix pieds de longueur environ : ces règles étoient placées dans une cuve de plomb ifolée, fixée fur de gros des de pierres de taille, fondés en maçonnerie. Une des extré-mités de la règle étoit appuyée fur un point fixe ; l'autre communiquoit à l'extrémité verticale d'un levier coudé dont l'axe, placé fur des piliers ifolés, étoit à une diftance fixe du point d'appui de la règle, diftance qui ne pouvoit éprouver aucune variation, quelles que fuffent les températures auxquelles les règles étoient expofées. Un reffort faifoit toucher le levier coudé contre la règle, & la règle contre le point d'appui ; fur l'extrémité horizontale du levier coudé étoit fixée une alidade à lunette qui étoit dirigée fur une grande règle verticale, tantôt à cent, tantôt à deux cents toi-ses des lames de la lunette. Cette règle étant di-visée en pouces, un alongement d'une ligne, dans le corps soumis à l'action de la chaleur, faisoit parcourir à la lunette, lorsque la règle de mire étoit à cent toises de distance, soixante-deux pouces ou sept cent quarante-quatre lignes, ce qui donnoit la facilité de diviser la ligne en sept cent quarante-quatre parties.

Après avoir mis dans la cuve un mélange de glace & d'eau, afin d'obtenir la température constante de la glace fondante, on dirigeoit la lunette sur la règle de mire : échauffant graduelle-ment le solide jusqu'à l'ébullition de l'eau, on voyoit sur la mire l'espace que parcouroit la lunette; d'où l'on concluoit l'alongement du corps.

Roy fit usage de trois cuves isolées & paral-lèles : dans celle du milieu, que l'on pouvoit chauffer, étoit le corps qui devoit être dilaté; dans les deux autres étoient des prismes de plomb de la longueur des corps. Les barres se plaçoient de manière que l'une de leurs extrémités étoit dans la direction des mêmes extrémités des prismes de fonte, & l'on jugeoit l'alongement des barres sur les affleuremens des autres extrémités des prismes, à l'aide d'un objectif & d'un oculaire de microscope. Au moyen de fils qui faisoient office de micro-mètre, on apprécioit de très-petites quantités. Il paroît que, sauf les imperfections inséparables de toute machine, la précision des mesures pouvoit aller à $\frac{1}{500}$ de ligne du pied anglais.

Muschenbroeck, Elliot, Bouguer, Berthoud, Georges Juan, Smeaton, le major-général Roy, l'artiste Tronghton, Lavoisier & Laplace, &c., ont publié les résultats de leurs recherches sur la *dilatation des solides.*

Nous ne ferons connoître dans cet article, que les *dilatations* obtenues par Lavoisier & Laplace; on trouvera celles obtenues par Smeaton, le co-lonel Roy & Tronghton, dans le 1er. volume des *Annales de Chimie & de Physique*, pag. 103.

Dilatations linéaires observées par Lavoisier & La-place, depuis le terme de la congélation de l'eau jusqu'à celui de son ébullition.

Acier non trempé	0,00107915	$\frac{1}{919}$
Acier trempé jaune, recuit à 65°	0,00123956	$\frac{1}{807}$
Argent de coupelle	0,00190974	$\frac{1}{524}$
Argent au titre de Paris	0,00190868	$\frac{1}{524}$
Cuivre	0,00171733	$\frac{1}{582}$
Cuivre jaune ou laiton	0,00187821	$\frac{1}{532}$
Etain des Indes ou de Malac	0,00193765	$\frac{1}{516}$
Etain de Falmouth	0,00217298	$\frac{1}{460}$
Fer doux, forgé	0,00122045	$\frac{1}{819}$
Fer rond, passé à la filière	0,00123504	$\frac{1}{809}$
Flint-glass anglais	0,00081166	$\frac{1}{1248}$
Mercure en volume	0,01847746	$\frac{1}{54,1}$
Or de départ	0,00146606	$\frac{1}{682}$

Or au titre de Paris, non re-cuit	0,00155155	$\frac{1}{645}$
Or au titre de Paris, recuit	0,00151361	$\frac{1}{661}$
Platine (selon Borda)	0,00085655	$\frac{1}{1166}$
Plomb	0,00284836	$\frac{1}{351}$
Verre de France avec plomb	0,00087199	$\frac{1}{1147}$
Verre sans plomb en tube	0,00089694	$\frac{1}{1115}$
Verre de Saint-Gobin, glace	0,00089689	$\frac{1}{1115}$

Pendant la suite d'expériences qui a produit ces beaux résultats, les auteurs reconnurent que le verre & les métaux éprouvent des *dilatations* sensiblement proportionnelles à celles du mercure; en sorte qu'un nombre de degrés double du ther-momètre donne une *dilatation* double; un nombre de degrés triple, une *dilatation* triple. Mais, nous le répétons, ces expériences ont été faites sur une trop petite étendue de températures pour que l'on ait pu observer les différences qui existent néces-sairement.

Un seul métal, l'acier trempé, présenta des écarts très-extraordinaires, car sa *dilatation* alloit toujours en diminuant d'une manière sensible, à mesure que la température étoit plus élevée, & quoiqu'on n'eût pas dépassé, dans les expériences relatives à ce métal, le 65e. dég. R. Mais suivant la remarque de ces célèbres physiciens, l'acier trempé doit éprouver, probablement, un commen-cement de *recuit* lorsqu'on l'échauffe à 65° R., & sa *dilatabilité* doit se rapprocher graduellement de celle de l'acier non trempé, qui, comme on fait, & comme on peut le voir dans les résultats rapportés, est moins considérable.

Wollaston voulant mesurer la *dilatation* du pal-ladium, qu'il ne put obtenir qu'en très-petite quan-tité, employa le procédé suivant.

« J'ai rivé ensemble, dit ce physicien, deux lames minces de platine & de palladium, & ayant trouvé que cette lame composée devenoit concave du côté du platine lorsqu'on le chauffoit, il étoit constant que le palladium se *dilate* considérable-ment moins que l'acier; en sorte que si l'expansion du platine est 0,00099 pendant que celle de l'acier = 0,0012, la *dilatation* du palladium différera peu de 0,0010. »

DIMENSION, de διά, *séparation;* metior, me-surer; dimensio; *ausmessung;* s. f. Étendue d'un corps, considérée en tant qu'il est mesurable ou sus-ceptible d'être mesuré.

Il y a trois sortes de *dimensions :* la longueur, la largeur, & la profondeur ou épaisseur. Une des di-mensions seule, la longueur, par exemple, s'appelle *ligne;* deux des *dimensions*, la longueur & la largeur, *surface;* enfin, les trois *dimensions* combinées, *so-lides.* Voyez LIGNE, SURFACE, SOLIDES.

On se sert du mot *dimension*, en algèbre, pour désigner les puissances des racines ou valeur des quantités connues des équations que l'on appelle les *dimensions* des racines. Ainsi, une quantité défignée par *a b c d* ou *a*⁴ eft une quantité à quatre *di-menfions*.

DINAMIQUE; δύναμις; dynamia; *dynamik*; -f. f. Science des puiffances *Vcy.* DYNAMIQUE.

DIOCLÉTIENNE (Époque) : commencement du règne de l'empereur Dioclétien. *Voyez* ÉPOQUE DIOCLÉTIENNE.

DIONIS DUSÉJOUR : aftronome & géomètre diftingué, membre de l'Académie royale des Sciences, né à Paris le 11 janvier 1734, & mort le 22 août 1790.

Deftiné à la carrière de la magiftrature, *Dionis Duféjour* donna, à l'étude des fciences exactes, tout le temps que celle de la jurifprudence ne réclamoit pas. Il fut reçu confeiller au parlement en 1758, & à l'Académie royale des Sciences en 1765. Sa vie de magiftrat eft remplie d'actions qui rappellent fon humanité & fon caractère bienfaifant en faveur des opprimés. Sa vie de favant eft remplie d'un grand nombre de Mémoires publiés parmi ceux de l'Académie, & de plufieurs ouvrages qui ont exigé beaucoup de travail & de perféverance.

Nous avons de *Dionis D-féjour* deux ouvrages, en commun avec Gondin, qui étoit deftiné, comme lui, à la magiftrature : 1°. un *Traité aes courbes algébriques*; 2°. *Recherches fur la Gnomonique, les rétrogradations des planètes & les éclipfes de foleil*. Il a publié feul : 1°. *Effais fur les comètes en général, & particulièrement fur celles qui peuvent approcher de la terre*; 2°. *Traité analytique des mouvemens apparens des corps celeftes*, 2 vol. in-4°.

DIOPTRE, de δια, *à travers*, οπτομαι, *regarder*; dioptrum; *anfehen*; f. m. Trous percés dans les pinnules de l'alidade d'un inftrument d'aftronomie ou de géométrie.

DIOPTRIQUE, *même origine*; dioptrica; *dioptrick*; f. f. Science qui a pour objet les effets de la lumière réfractée. On lui avoit anciennement donné le nom d'*anaclaftique*. *Voyez* ANACLASTIQUE.

Si l'on adopte, avec un grand nombre de phyficiens, l'opinion que l'optique doit être divifée en trois parties : 1°. mouvement direct de la lumière; 2°. mouvement de la lumière réfléchie; 3°. mouvement de la lumière réfractée; la *dioptrique* comprend cette troifieme partie de l'optique; elle a pour objet d'expliquer les effets de la lumière lorfqu'elle paffe par différens milieux. Mais ici elle peut être confidérée comme indépendante de la vifion ou relativement aux apparences qui réfultent, fur la vifion, de la lumière réfractée.

Dans le premier cas, lorfqu'un faifceau de lumiere paffe obliquement d'un milieu dans un autre, il éprouve, dans fon paffage, une déviation qui le rapproche ou l'écarte de la perpendiculaire à la furface qui fépare les deux milieux. Soit A B, *fig.* 729, la furface de féparation, G C la direction du rayon incident, D F la perpendiculaire élevée du point C; le rayon continuera fon mouvement en ligne droite fi les deux milieux font les mêmes; il s'écartera de la perpendiculaire & fe dirigera en C I, fi le milieu F eft plus rare que le milieu D; il s'en rapprochera au contraire en C K, fi le milieu F eft plus denfe que le milieu D. C'eft fur cette déviation du rayon de lumière, qui eft foumife à des lois, & à laquelle on a donné le nom de *réfraction*, qu'eft établie toute la fcience de la *dioptrique*.

Quant aux lois auxquelles la lumière réfractée eft foumife, & les différentes formes que les faifceaux de lumière prennent dans leur mouvement, *voyez* LUMIÈRE, RÉFRACTION, LENTILLE, CAUSTIQUE, TELESCOPE, MICROSCOPE, &c.

Dans le fecond cas, lorfqu'un corps eft placé dans un milieu, & que l'obfervateur fe trouve dans un autre, les rayons de lumière qui parviennent du corps à l'œil du fpectateur, éprouvent, en paffant d'un milieu dans un autre, une *réfraction* qui fait juger l'objet dans un lieu différent de celui où il eft. Si donc un objet étoit placé dans un milieu en O, *fig.* 729 (a), l'œil du fpectateur étant en R ou en S, dans un autre milieu, le corps fera vu en P ou en M, felon que le milieu dans lequel eft l'objet, eft plus ou moins denfe que celui dans lequel eft le fpectateur. Dans le premier cas, il paroîtra plus haut en P; dans le fecond, plus bas en M. Quant à la détermination précife du lieu où l'objet eft vu, *voyez* VISION, VISION PAR RÉFRACTION.

Tout fait croire que la *dioptrique* étoit abfolument inconnue des Anciens. Cependant, il paroît qu'ils n'ignoroient pas que les rayons de lumière fe brifoient dans l'eau ou dans les autres milieux tranfparens, & qu'ils ne fuivoient plus la même ligne droite; car on a trouvé, dans les problêmes d'Ariftote, une queftion fur la courbure apparente des rames, & l'on a dit qu'Archimède avoit compofé un petit livre fur l'apparence d'un anneau dans l'eau, où il étoit fans doute queftion de cette inflexion des rayons, & de l'erreur des fens qu'elle occafione.

Ce n'eft que dans les douzième & treizième fiècles que parurent les ouvrages d'Alhazen & de Vitellio, que l'on commença à avoir quelques données fur cette fcience : ces favans avancent que les angles d'incidence font aux angles de réfraction en raifon donnée; mais ils n'ont pas indiqué cette loi avec exactitude.

Depuis le treizième fiècle jufqu'au feizième, la *dioptrique* eft reftée ftationnaire. Alors parut l'ouvrage de Friederich Rifner, *Optica Thefaurus*, dans lequel il commente les travaux d'Alhazen; celui de Maurolycus, *de Lumine & Umbra*; celui de Porta, *Magiæ naturales*; enfin, l'invention des lunettes d'approche, dans le commencement du dix-septième siècle.

Kepler, dans sa *Paralipomena ad Vitellionem*, a publié un grand nombre d'expériences faites dans le dessein de découvrir les lois de la *réfraction*. Mais un ouvrage qui a contribué à perfectionner cette science, est sa *Dioptrique*. Les savans qui lui ont succédé ont tiré un grand parti de ses expériences.

Snellius Willebrod découvrit enfin, dans le dix-septième siècle, les lois de la *dioptrique*, dans le rapport des lignes directes & rompues, allant du point de la surface sur un plan perpendiculaire, que Descartes trouva être celui des sinus d'incidence & de réfraction, & qui servit de base à sa *Dioptrique*, publiée dans son *Discours sur les Méthodes*. Alors parut l'ouvrage de Barrow : *Lectiones opticæ*; celui de Gregori : *Elem. Catopt. & Dioptr.*

Newton est venu. Son passage a été marqué par de nombreuses découvertes sur la lumière, & la *dioptrique* a été portée à un très-haut point de perfection; cependant sa tendance à vouloir trop généraliser lui a fait tirer, d'une expérience sur la *réfraction* de la lumière à travers l'eau & le verre, une conclusion qui a retardé pendant long-temps le perfectionnement des télescopes; mais la persévérance d'Euler a soutenu la possibilité d'achromatiser les objectifs. Les calculs de Klingenstierne, les nouvelles expériences de Barrow firent bientôt reprendre à la *dioptrique* la marche qu'elle n'auroit jamais dû quitter. *Voyez* DISPERSION, ACHROMATIQUE, LUNETTES ACHROMATIQUES, OBJECTIF ACHROMATIQUE, RÉFRACTION.

Les belles expériences de Malus sur la polarisation de la lumière, ainsi que celles de Fresnel & Arago, ont encore perfectionné la *dioptrique*, & reculé les bornes de nos connoissances. *Voyez* POLARISATION DE LA LUMIÈRE, DIFFRACTION.

DIOPTRIQUE, adj., se dit en général de tout ce qui a rapport à la *dioptrique*.

DIOPTRIQUE (Télescope) : télescope entièrement par réfraction. *Voyez* TÉLESCOPE DIOPTRIQUE.

DIOSTOTIMÈTRE, f. m. Instrument inventé par Guyton de Morveau, & propre à établir une certaine coïncidence entre la dilatation des fluides permanens & la marche de nos thermomètres.

DIOTA : mesure de capacité des Grecs. Le *diota* = 36 xostis = 72 colyle, = 433 cyathes, = 17,5 pintes, = 16,3 litres.

DIPLANTIDIENNE, f. f. Lunette à deux objectifs, proposée par Jaurat. *Voyez* LUNETTE DOUBLE.

DIPLOPÉE, de διπλοῦς, *double*, & ωψ *œil*; *visus duplicatus*; diplopia; *doppelt sehen*; f. f. Disposition des yeux qui fait que l'on aperçoit double ou plusieurs fois répété, un objet qui est simple.

Cette illusion d'optique peut être produite instantanément, en pressant l'œil sur les côtés avec le doigt, ou en regardant à travers un trou percé dans une carte. On voit encore les objets doubles, lorsque les cils sont couverts de larmes ou de chassie, ou que la surface de l'œil est inondée de larmes qui agissent à la manière des verres concaves ou convexes. Dans toutes ces circonstances, la *diplopée* se dissipe aussitôt que la cause qui la détermine vient à cesser d'agir.

Une forte contusion sur la tête, une vive frayeur, un accès violent de colère, l'état d'ivresse, sont susceptibles de donner naissance à la *diplopée*. Cette défectuosité s'observe quelquefois chez les personnes qui ont avalé de la jusquiame ou de la ciguë.

Toutes les causes qui contribuent à faire recevoir dans d'autres directions que celles de l'axe optique, les rayons lumineux envoyés par un objet, les font toujours voir doubles, parce qu'alors les images ne se peignent pas sur les points du fond de l'œil qui correspondent à cet axe & qui déterminent la vision simple des objets. (*Voy.* VISION, OPTIQUE (axe), VUE, VUE PARFAITE, VUE SIMPLE, VUE DOUBLE.) On a quelques exemples d'individus qui ne voyoient double que d'un seul œil, & plusieurs ont offert ce phénomène dans les deux yeux.

La *diplopée* disparoît presque toujours d'elle-même, après avoir duré un temps plus ou moins long; mais si elle tenoit à une cause bien connue & permanente, il faudroit employer des moyens propres à faire diriger les deux axes visuels sur les objets que l'on regarde. *Voyez* STRABISME.

DIRECT; directus; *gerad*; adj. Ce qui se fait en ligne directe ou dans une direction déterminée.

DIRECT (Accord) : accord qui a le son fondamental & grave, & dont les parties sont distribuées selon leur ordre le plus rapproché.

DIRECT (Intervalle) : celui qui fait une harmonie quelconque sur le son fondamental qui le produit. Ainsi l'octave, la quinte & la tierce moyenne sont rigoureusement les seuls *intervalles directs*.

DIRECTE (Planète) : mouvement apparent des planètes d'orient en occident, c'est-à-dire, dans la direction qu'elles suivent réellement.

On considère les planètes relativement à leur mouvement apparent dans trois états : *directes*, *stationnaires*, *rétrogrades*.

Le mouvement réel des planètes se fait constamment d'occident en orient, suivant l'ordre des signes fignes du zodiaque : fi la terre étoit ftationnaire, les planètes qui font éloignées du-foleil nous paroîtroient toujours fe mouvoir dans la même direction, & elles auroient conftamment un mouvement *direct* ; celles qui font moins éloignées du foleil auroient deux mouvemens apparens différens, *directs* lorfqu'elles font plus éloignées de nous que le foleil, *rétrogrades* lorfqu'elles font moins éloignées ; mais le mouvement de la terre modifie le mouvement apparent de toutes les planètes, de manière qu'elles nous paroiffent *directes, ftationnaires* ou *rétrogrades*, felon la pofition dans laquelle elles fe trouvent. *Voyez* PLANÈTE STATIONNAIRE, RETROGRADATION DES PLANÈTES.

DIRECTE (Raifon) : deux caufes & deux effets qui font dans le même rapport. *Voyez* RAISON DIRECTE.

DIRECTE (Vifion) : celle qui eft formée par des rayons qui viennent directement & immédiatement de l'objet à nos yeux. *Voyez* VISION DIRECTE, OPTIQUE.

DIRECTION ; directio ; *richtung* ; f. f. Ligne droite dans laquelle un corps fe dirige.

DIRECTION (Angle de) : angle compris entre les lignes de direction de deux puiffances qui confpirent.

DIRECTION DE L'AIGUILLE AIMANTÉE : *direction* que prend une aiguille aimantée dans l'efpace, lorfqu'elle eft fufpendue par fon centre de gravité.

Si l'on prend une aiguille d'acier, & qu'on la fufpende par fon centre de gravité, quelle que foit la pofition qu'on lui donne dans l'efpace, elle conferve cette pofition ; mais fi on l'aimante, alors elle affecte une direction particulière, vers laquelle elle tend toujours lorfque l'on veut l'en détourner.

Que l'on fuppofe un plan vertical paffant par la *direction de l'aiguille* ; ce plan s'écartera plus ou moins de la *direction du méridien* du lie : où l'aiguille eft fufpendue. L'angle formé par ce plan avec le méridien, fe nomme *angle de déclinaifon. Voyez* DECLINAISON DE L'AIGUILLE AIMANTÉE.

Si, fur ce même plan, on mène une verticale fur l'aiguille, l'angle formé par cette verticale & la *direction de l'aiguille* fe nomme *angle d'inclinaifon. Voyez* INCLINAISON DE L'AIGUILLE AIMANTÉE.

Cette *direction de l'aiguille aimantée* varie fur tous les points de la terre : il en eft où elle eft verticale, d'autres où elle eft horizontale. Sur quelques points, elle eft dans le plan vertical qui paffe par le méridien du lieu ; dans d'autres, elle s'en écarte plus ou moins, foit à l'orient, foit à l'occident.

Dict. de Phyf. Tome II.

Non-feulement la *direction de l'aiguille aimantée* varie fur chaque point de la terre, mais elle varie encore fur un même point à différentes époques. Elle y éprouve deux fortes de variations, l'une féculaire, l'autre diurne. *Voyez* DECLINAISON DE L'AIGUILLE AIMANTÉE.

On attribue la *direction* que prend l'*aiguille aimantée*, dans l'efpace, à l'action que deux centres magnétiques, exiftant dans l'intérieur de la terre, exercent fur les deux centres magnétiques de l'aiguille aimantée. *Voyez* CENTRE D'ACTION MAGNÉTIQUE.

Mufchenbroeck annonce, §. 963, qu'il exifte plufieurs endroits où l'aiguille aimantée ne prend aucune *direction* ; il cite, *fig.* 711, 1°. plufieurs rochers, auprès des îles de Fero, dans la mer de Norwège, fur lefquels on ne peut monter avec une bouffole fans que l'aiguille aimantée ne s'y meuve circulairement, & elle y eft fi fortement dérangée, que fa vertu magnétique en eft altérée ; enfin, elle ne peut être rétablie dans fa première force fans être retouchée. On a nommé ces rochers, *magnétiques*. 2°. Dans l'Océan occidental, auprès de l'Écoffe, eft une petite île, qu'on nomme *Canney*, auprès de laquelle l'aiguille aimantée ne garde aucune *direction*. 3°. Dans le détroit d'Hudfon, auprès des îles de Marbre, à la latitude de 63°, toutes les aiguilles aimantées perdirent, en 1747, leur vertu magnétique, foit qu'elles l'euffent reçue d'un aimant naturel ou d'un aimant artificiel ; & il n'y en eut pas une feule qui confervât enfuite une *direction* conftante pendant un feul inftant. Ayant retouché ces aiguilles avec un aimant artificiel, elles perdirent encore fur-le-champ leur vertu. On a obfervé le même dérangement à 62° de latitude boréale, dans tous les autres endroits du détroit d'Hudfon. 4°. Bouguer, voyageant dans le Pérou, depuis Plata jufqu'à Hunda, rencontra fur fon chemin des rochers qui étoient noirs extérieurement, qui, dans l'intervalle de cinq à fix pas, caufoient une déclinaifon de 30° à l'aiguille aimantée. Il eft probable que ces dérangemens font occafionnés par des mines de fer qui exercent leur action fur l'aiguille aimantée.

DIRECTION DE L'AIMANT : pofition particulière que les aimans prennent dans l'efpace.

Tous les aimans, quelles que foient leurs formes, ont deux centres d'action magnétique, fur lefquels les centres d'action magnétique de la terre agiffent ; d'où réfultent une pofition, une direction particulière prife par tous les aimans en vertu de cette action. *Voyez* DIRECTION DE L'AIGUILLE AIMANTÉE.

DIRECTION DU MOUVEMENT : ligne droite qu'un corps décrit ou tend à décrire par fon mouvement.

On détermine cette *direction*, en tirant une

Bbbbb

droite de ce corps au point vers lequel il tend. Lorsque les corps décrivent des lignes courbes, celles-ci peuvent être considérées comme composées de lignes droites infiniment petites & inclinées les unes fur les autres. A chaque inſtant du mouvement d'un corps dans une courbe, ſa *direction* eſt la tangente à cette courbe, au point où l'on ſuppoſe le corps.

Différens noms ſont donnés aux *directions* des corps en mouvement, ſuivant les diverſes poſitions des lignes qui les déterminent : c'eſt ainſi qu'une *direction de mouvement* peut être perpendiculaire, parallèle ou oblique à l'horizon ou à un plan.

DIRECTION DES PLANÈTES : mouvement d'une planète lorſqu'elle paroît ſe mouvoir d'occident en orient. *Voyez* DIRECT.

Toutes les planètes ſe meuvent autour du ſoleil d'occident en orient, ſuivant l'ordre des ſignes ; de ſorte que, vues du ſoleil, leur mouvement apparent eſt toujours conforme à leur mouvement réel ; mais vues de la terre, leur mouvement eſt direct, ſtationnaire ou rétrograde. *Voy.* DIRECT, MOUVEMENT DES PLANÈTES, STATIONNAIRE, & RETROGRADATION DES PLANÈTES.

DIRECTION (Ligne de) : ligne qui paſſe par le centre de la terre & par le centre de gravité d'un corps. *Voyez* LIGNE DE DIRECTION.

DIRECTRICE, ſ. f. Ligne le long de laquelle on fait couler une autre ligne, ou une ſurface dans la génération d'une figure ou d'un ſolide.

DISCORDANT ; diſcors ; *nicht-ſtimmend ;* adj. Inſtrument qui n'eſt pas d'accord ; voix qui chante faux ; partie qui ne s'accorde pas avec les autres ; intonation qui n'eſt pas juſte ; ſuite de tons faux.

DISCRET ; diſcretum ; adj. Qui eſt ſéparé, qui eſt diſtinct.

DISCRÈTE (Proportion) ; *veraenderte proportion.* Proportion dans laquelle le rapport de deux nombres, ou quantités, eſt le même que celui de deux autres quantités, quoiqu'il n'y ait pas le même rapport entre les quatre nombres.

DISCRÈTE (Quantité) : quantité dont les parties ne ſont point continues ou jointes enſemble. *Voyez* QUANTITÉS DISCRÈTES.

DISDIAPASON, de *δις, double ; διαπασων ;* ſ. m. Double diapaſon ou double octave ; c'eſt la plus grande étendue que les voix puiſſent parcourir. *Voyez* DIAPASON.

DISGRÉGATION, de *δις, ſéparer,* grex, *troupeau ;* diſſipatio, diffuſio ; *zerſtreuung ;* ſ. f.

Action qui ſépare & éloigne les choſes les unes des autres.

Ce mot s'applique particulièrement à la diſperſion des rayons de lumière. On dit communément que le blanc cauſe la *diſgrégation* de la vue. *Voyez* DISPERSION.

DISPERSION ; diſperſus ; *zerſtreuung ;* ſub. f. Ecartement qu'ont entr'eux les rayons de lumière de différentes couleurs, lorſqu'ils ſont rompus par quelque corps.

Si l'on fait paſſer un faiſceau de lumière parallèle O F, *fig.* 684, à travers un priſme A B de matière tranſparente, ce faiſceau ſe rompra, ſortira en divergeant, & formera un angle V P R, lequel eſt l'angle de *diſperſion.* La lumière blanche, en divergeant ainſi, ſe décompoſe en rayons diverſement colorés. Le rayon P R, le moins réfringent, eſt rouge, & le rayon P V, le plus réfringent, eſt violet : entre ces deux rayons externes, on diſtingue des rayons de toutes les couleurs qui ſuivent l'ordre de leur réfringence, rouge, orangé, jaune, vert, bleu, indigo, violet. (*Voyez* COULEUR DE LA LUMIÈRE.) Parmi les rayons, celui P u, qui paſſe par le milieu de l'angle, qui eſt très-près de la couleur verte, & qui a une réfringence moyenne, ſert à meſurer la réfringence de la ſubſtance. *Voyez* RÉFRINGENT.

Il étoit intéreſſant de ſavoir ſi cette puiſſance, qui détermine la *diſperſion,* avoit quelque rapport avec celle qui produit la réfringence, & c'eſt ce que Newton chercha à déterminer par la huitième expérience du *Traité d'Optique ſur la lumière & les couleurs,* liv. I, part. 2.

« J'ai trouvé, dit l'illuſtre phyſicien anglais, que, lorſque la lumière paſſe de l'air à travers différens milieux réfringens, comme à travers l'eau & le verre, & qu'elle repaſſe de là dans l'air, ſoit que les ſurfaces réfringentes ſoient parallèles ou inclinées l'une à l'autre, j'ai trouvé, qu'auſſi ſouvent que cette lumière eſt ſi bien redreſſée par des réfractions contraires, qu'elle ſort en lignes parallèles à celles ſelon leſquelles elle étoit tombée, elle reſte enſuite toujours blanche ; mais ſi les rayons émergens ſont inclinés aux incidens, la blancheur de la lumière émergente paroît, par degrés, colorée dans ſes extrémités, à meſure qu'elle s'éloigne du lieu de ſon émerſion. C'eſt de quoi j'ai fait l'épreuve en rompant la lumière avec des priſmes de verre enchâſſés dans un vaſe priſmatique plein d'eau. Or, ces couleurs-là prouvent que les rayons hétérogènes ſont divergés & ſéparés les uns des autres par le moyen de leurs réfractions inégales, comme cela paroîtra plus amplement par ce qui ſuit ; &, au contraire, la blancheur permanente fait voir, qu'à égale incidence des rayons, il n'y a point de telle ſéparation de rayons émergens, ni par conſéquent aucune inégalité dans leurs réfractions totales, d'où je crois pouvoir déduire les deux théorèmes ſuivans :

» 1°. *Les excès des finus de réfraction de différentes espèces de rayons par-deffus leur commun finus d'incidence, lorfque les réfractions fe font immédiatement de divers milieux plus denfes, dans un feul & même milieu plus rare, comme, par exemple, l'air, font entr'eux en proportion donnée.*

» 2°. *La proportion du finus d'incidence au finus de réfraction d'une feule & même efpèce de rayon, en paffant d'un milieu dans un autre, eft compofée de la proportion du finus d'incidence au finus de réfraction, au fortir du premier milieu dans un troifième milieu quelconque, & de la proportion du finus d'incidence au finus de réfraction, au fortir de ce troifième milieu dans le fecond milieu.* »

Il fuit de ce théorème que, fi l'on nomme M le rapport de réfraction pour les rayons rouges paffant de l'air dans un milieu réfringent A, m celui des rayons violets dans le même milieu; N le rapport de réfraction des rayons rouges paffant du premier milieu dans le fecond B, & $\bar{n}$, celui des rayons violets; la raifon de $m - M$ à $n - N$ eft une raifon conftante ainfi que celle de $m - 1$ à $n - 1$.

Cette relation déduite d'une feule expérience, de laquelle Newton concluoit que la *difperfion* étoit proportionnelle à la réfraction, lui parut d'autant plus naturelle qu'elle paroiffoit s'accorder avec la caufe de la réfraction, qu'il attribuoit à l'attraction des molécules de la lumière par la maffe des corps; & cet accord, qui l'empêcha de répéter fon expérience, lui fit adopter une erreur qui a retardé pendant fort long-temps le perfectionnement des inftrumens d'optique.

Euler ayant remarqué que l'organe de la vue étoit tellement achromatifé, que la réfraction n'y étoit point accompagnée de couleur, combattit vivement la conclufion de Newton, & démontra, par l'analyfe, que l'on pouvoit parvenir à conftruire des lentilles achromatiques, cependant toutes les tentatives qu'il a faites ont été fans fuccès. Il trouvoit, par un procédé analytique, que fi m & n exprimoient le rapport de réfraction des rayons moyens, en paffant de l'air dans le verre, & de l'air dans l'eau, & qu'on appelle M & N, ceux des rayons les moins réfrangibles, les rouges par exemple, il fuffifoit, pour achromatifer les fubftances, que l'on eût log. m : log. $n =$ log. M : log. N.

Mais la loi de la *difperfion*, déduite de l'analyfe par Euler, n'étoit pas plus exacte que celle que Newton avoit conclue d'une feule expérience. Le perfectionnement des lunettes auroit encore été fufpendu, fi le profeffeur Klingenftierna ne fût venu, à l'aide d'une démonftration analytique, attaquer la huitième expérience de Newton, & voici cette démonftration.

« Soit, *fig.* 230, deux fegmens T I H, T G H fur la même corde T H. Menez du point T, la droite

T I G qui rencontre les deux arcs de cercle en I & en G: joignez H I & G H.

» Soit le prifme tranfparent E F K, *fig.* 730 (a), dont l'angle E F K eft égal à l'angle I H G, & que deux faces contiguës de ce prifme foient compofées de deux milieux différens & tranfparens; que la raifon de la réfraction du milieu adjacent à E F fur le prifme, foit celle de T H à T I, & la raifon de la réfraction, en fortant du prifme pour entrer dans le milieu adjacent à F K, foit celle de T G à T H. Si des rayons de lumière A B C D traverfent ce prifme, & que l'angle d'incidence A B a foit égal à l'angle C B a fera $=$ T H I; b C B $=$ T G H & D C $b =$ L G H, & par conféquent le rayon incident A B fera parallèle au rayon émergent C D.

» Si le rayon incident eft compofé de plufieurs efpèces de rayons, & qui deviennent chacun parallèles au rayon incident commun, après deux réfractions, on repréfentera les réfractions de chaque efpèce de rayon, en menant tout autant de droites T ig, & joignant H i, H g, comme ci-devant, & la raifon de la réfraction de chacun de ces rayons, en entrant du premier milieu dans le prifme, fera celle de T H à T i, & en fortant du prifme pour entrer dans l'autre milieu, ce fera celle de T g à T H.

» Selon la loi que donne Newton, en conféquence de la huitième expérience, il faut que T H $-$ T I, foit à T H $-$ T G en raifon donnée; c'eft-à-dire, que fi du centre T, avec l'ouverture T H, on décrit un arc de cercle qui rencontre les droites T I G, T ig en L & l, il faut que L I foit à L G $=$ $li : lg$, ce qui n'eft pas, puifque les points L & l font dans un arc de cercle décrit du point T fur la corde T H prife pour rayon, & qu'ils devroient être fur l'arc d'un cercle dont T H feroit la corde.

» Donc la loi newtonienne de la réfraction ne paroît pas fuivre de la huitième expérience, dont le prifme propofé eft un cas particulier.

» Si cette loi a lieu dans un cas pour rendre parallèles les rayons incidens & émergens, après deux réfractions fur les faces du prifme E F K, on peut faire voir qu'elle n'aura pas lieu dans un autre prifme, dont l'angle réfringent fera différent, & que chaque angle exige une loi différente.

» De-là il fuit qu'il y a quelques vices dans l'expérience de Newton, telle qu'il l'a énoncée généralement, puifque la loi de la réfraction ne paroît pas dépendre de la grandeur de cet angle.

» Il eft pourtant à propos d'obferver que plus les réfractions font petites, plus la loi de Newton approche de la vérité; car, dans ce cas, L I : L G à fort peu près en raifon conftante.

Ayant eu connoiffance du Mémoire de Klingenftierna, Dollond commença à douter de la loi que Newton avoit tirée de fes expériences; il compara la *dispersion* à la réfringence dans l'eau, le verre ordinaire & celui qui contient de l'oxide de plomb, & trouva une grande différence dans leur rapport. Ainfi, dans l'eau, la réfrac-tion des rayons rouges aux rayons violets étoit comme 133 à 134 = 77 à 77,5; dans le verre, comme 154 : 156 = 77 à 78; & dans le verre

contenant du plomb, comme 196 à 200 = 77 à 78,5.

Jean-Erneft Zeither a fait des expériences fur des verres compofés de filex & de minium, dans lefquels il a comparé la réfraction moyenne & la *dispersion* à celle du verre ordinaire. Nous allons donner ici le tableau des réfultats qu'il a obtenus.

COMPOSITION.			REFRACTION de l'air dans le verre		DISPERSION dans le verre	
Verre.	Minium.	Silex.	compofé.	ordinaire.	compofé.	ordinaire.
1	3	1	2028	1000	4800	1000
2	2	1	1830	1000	3550	1000
3	1	1	1787	1000	3259	1000
4	3/4	1	1732	1000	2207	1000
5	1/2	1	1724	1000	1800	1000
6	1/4	1	1664	1000	1354	1000

Il réfulte de ces expériences, que lorfque le verre eft compofé de 3 parties de minium & 1 de filex, fa réfraction n'eft que double du verre ordinaire, tandis que la *dispersion* eft quintuple, c'eft-à-dire, que la réfraction eft à la *dispersion* comme 2 : 5; & que lorfque le verre compofé n'a qu'une partie de minium fur quatre de filex, fa réfraction eft dans un plus grand rapport que fa *dispersion*, puifqu'elle eft comme $\frac{5}{3} : \frac{4}{3} = 5 : 4$.

Une férie d'expériences a été entreprife par le Dr. Blair pour comparer la réfringence des corps à leur réfraction (1). Le moyen qui fe préfente d'abord à l'efprit feroit de faire conftruire des prifmes qui aient un même angle, de faire paffer la lumière à travers, de recevoir le fpectre à une même diftance, & de mefurer la longueur du fpectre lorfque, par le mouvement du prifme, il refte ftationnaire (voyez PRISME, COULEUR DU PRISME, COULEUR DE LA LUMIÈRE); mais la grande différence que l'on obferve dans les couleurs qui compofent la lumière blanche à différentes époques du jour & de l'année, empêche d'employer ce moyen. Voy. COULEUR BLANCHE.

Blair a fait ufage d'une méthode plus certaine. Voici en quoi elle confifte.

En regardant un objet à travers deux prifmes égaux & conjoints, l'un de verre & l'autre d'une autre fubftance, cet objet paroît coloré. Pour faire difparoître la couleur, on ajoute un troifième prifme de verré dont l'angle réfringent foit plus ou moins aigu, & l'on tâtonne ainfi jufqu'à ce que les couleurs difparoiffent. On cherche d'abord à

faire coïncider un objet avec fon image, vue par double réfraction; fans s'embarraffer que cette image foit colorée (voyez REFRACTION, MESURÉ DE LA REFRACTION); on cherche enfuite à faire difparoître les couleurs fans s'embarraffer de la coïncidence, & on obtient, en mefurant l'angle des prifmes additionnels qui produifent l'un & l'autre de ces effets, le rapport entre les forces moyennes réfringentes & difperfives de ces différentes fubftances comparées au verre. (Voyez MESURE DE LA DISPERSION.) Lorfque la fubftance eft folide, on la fait tailler en prifme d'un angle donné; mais pour mefurer la force réfringente & difperfive d'un liquide, on forme, avec des lames de verre, un prifme dont l'angle foit égal à celui du prifme de verre auquel on compare la fubftance, & c'eft dans ce prifme qu'on met le liquide foumis à l'expérience.

Nous allons tranfcrire ici le tableau que le docteur Blair a publié fur la *dispersion* d'un grand nombre de corps. Ce tableau renferme une fuite de fubftances qui fe fuccèdent dans l'ordre de leurs forces *difperfives* de la plus grande à la moindre. L'incertitude fur l'étendue précife & abfolue du fpectre n'a pas permis qu'on exprimât la *difperfion* en nombre, ceux qui fe trouvent vis-à-vis de chaque fubftance repréfentant leurs forces réfringentes; & on peut voir qu'ils ne forment pas une férie décroiffante ou régulière, & que, par conféquent, il y a peu d'analogie entre les deux propriétés.

Une conféquence précieufe pour l'exécution des objectifs achromatiques, c'eft que les combinaifons, à l'aide defquelles un faifceau de rayons qui traverfe deux milieux peut être réfracté fans *dispersion*, ou demeurer achromatique, font très-nombreufes.

(1) *Tranfactions de la Société royale d'Edimbourg*, t. III. — *Tranfactions philofophiques*, 1802. — *Bibliothèque britannique*, tome VII, page 177, & tome XXVI, page 287.

Tableau de quelques substances transparentes, rangées selon l'ordre de leurs forces dispersives.

ORDRE des forces dispersives.	FORCES réfringentes.
Soufre	2,040
Verre de plomb ($\frac{1}{7}$ de sable).	1,987
Baume de Tolu	1,600
Huile de saffafras	1,536
Muriate d'antimoine	
Gaïac	1,596
Huile de girofle	1,536
Flint-glass	1,586
Colophane	1,543
Baume de Canada	1,528
Huile d'ambre	1,505
Jargon	1,950
Huile de térébenthine	1,470
Copal	1,535
Baume de Capivi	1,507
Gomme animée	1,535
Spath d'iflande	1,657
Ambre	1,547
Diamant	2,440
Alun	1,457
Verre blanc de Hollande	1,517
Verre blanc anglais	1,504
Crown-glass (verre commun)	1,533
Rubis spinel	1,812
Eau	1,336
Acide sulfurique	1,435
Alcool	1,370
Sulfate de baryte	1,646
Sélénite	1,525
Cristal de roche	1,547
Sulfate de potasse	1,495
Saphir blanc	1,768
Spath fluor	1,433

La force *dispersive* du spath fluor est la moindre de toutes celles que le docteur Blair a éprouvées; celle du soufre est la plus forte.

Effayant un grand nombre de solutions de métaux, Blair trouva que les forces *dispersives* étoient plus confidérables que celles du verre commun (crown-glass). Certains fels ammoniacaux, dissous dans l'eau, lui donnèrent une force *dispersive* confidérable. L'acide muriatique possède aussi cette propriété dans un haut degré, & d'autant plus qu'il est plus concentré. Mais c'est surtout la préparation chimique, connue sous le nom de *beurre d'antimoine* (muriate d'antimoine), qui, dans son état le plus concentré, disperse les rayons d'une manière surprenante; car il faut trois prismes de crown-glass pour détruire les couleurs produites par un seul prisme de cette substance, dont l'angle réfringent seroit le même. Le sublimé corrosif,

ajouté à une solution de sel ammoniac dans l'eau, forme le liquide le plus *dispersif*, après le beurre d'antimoine.

Blair a remarqué que la présence de la plupart des métaux, dans les acides nitrique & muriatique, augmente la force *dispersive* de ces liquides, &, à cet égard, il y a opposition complète entre les deux influences; c'est-à-dire, que de toutes les substances métalliques essayées par l'auteur, l'or & le platine produisent les plus fortes *dispersions*, & le zinc, la moindre, tandis que le maximum de la force réfringente est dans le muriate de zinc = 1,425, & le minimum dans le nitro-muriate d'or = 1,364.

En variant ses essais sur les différens liquides *dispersifs*, le docteur Blair substitua l'acide muriatique aux huiles essentielles, & découvrit, à cette occafion, une exception remarquable à la loi de *dispersion* qu'il avoit crue générale, savoir, que dans les milieux de l'espèce la moins *dispersive*, le rayon moyen, ou celui du milieu du spectre, se trouve entre le vert & le bleu, & dans les milieux les plus *dispersifs*, ces mêmes rayons n'occupent plus le milieu du spectre, mais sont du côté des rayons les moins réfrangibles. Dans l'acide muriatique, il arrive précisément le contraire. Là, les rayons verts ne sont ni dans la partie moyenne du spectre, ni du côté des rayons les moins réfrangibles, mais du côté de ceux qui le sont le plus.

Ayant construit des objectifs dans lesquels le docteur Blair employoit un liquide avec le verre, pour achromatiser celui-ci, il observa qu'en employant le beurre d'antimoine pour milieu *dispersif*, à mesure qu'il augmentoit la proportion d'acide muriatique dans sa solution, les franges vertes & pourpres devenoient de plus en plus étroites, jusqu'à ce qu'enfin elles disparoissoient totalement & reparoissoient dans cet ordre renversé si l'on continuoit d'ajouter l'acide; il obtint le même résultat avec une solution de sel ammoniac & de mercure sublimé.

Il suit de tous ces faits, que non-seulement la force *dispersive* des corps suit une autre loi que la force réfringente, mais encore que le rapport dans la force *dispersive* de chaque couleur est variable pour chaque corps.

DISQUE; *dísxos*; *discus*; *scheibe*. s. m. Corps dont le contour est rond.

Ce mot a différentes acceptions. Dans la *gymnastique*, c'est un gros palet rond, de fer, de pierre ou de plomb, que les Anciens jetoient au loin; dans le *culte religieux*, un bouclier rond, un plat ou une assiette; en *histoire naturelle*, c'est l'ensemble des écussons qui composent le milieu de la caparace de la tortue; en *botanique*, c'est l'épaississement formé au fond d'un calice par une substance charnue; c'est l'ensemble de tous les fleurons d'une fleur radiée; c'est toute la partie membraneufe d'une feuille ; en *optique*, c'eft la grandeur des verres de lunettes, & la largeur de leur ouverture, de quelque forme qu'ils foient, plans, convexes, concaves, ménifques, &c. (*voyez* OUVERTURE, CHAMP); en *aftronomie*, c'eft la figure apparente des planètes.

DISQUE DES PLANÈTES : forme fous laquelle les planètes apparoiffent.

Tous les corps qui compofent notre fyftème planétaire ont des formes fphériques ou à peu près. Si donc nous pouvions les voir tels qu'ils font, ils nous paroîtroient femblables à des globes; mais comme ils font également illuminés dans toute leur furface ; & qu'à la grande diftance où ils font de nous, nous n'avons aucun moyen d'apprécier la différence de diftance du milieu & des bords, les lignes courbes, qui forment leur convexité antérieure, fe tracent au fond de nos yeux comme des lignes droites, & les furfaces nous paroiffent planes.

On divife en douze parties, qu'on nomme *doigts*, le *difque* du foleil & de la lune, & c'eft par-là qu'on mefure la grandeur des éclipfes, qu'on dit être de tant de doigts ou de tant de douzièmes de parties du *difque* du foleil ou de la lune. Les doigts n'indiquent que les parties du *difque* & non de la furface. Dans les éclipfes totales, tout le *difque* eft caché ou obfcurci ; au lieu que, dans les éclipfes partielles, il n'y en a qu'une partie qui le foit. *Voyez* DOIGT, ECLIPSE.

DISQUE GALVANIQUE : morceaux de zinc, de cuivre ou d'autres métaux, de forme circulaire, que l'on emploie pour conftruire les piles galvaniques. *Voyez* GALVANOMOTEUR, PILE GAL-VANIQUE, ELECTROMOTEUR.

DISSIMILAIRE ; diffimilaris; *ungleichartig*; adj. Tout ce qui n'eft pas de même genre, de même efpèce, enfin tout ce qui eft hétérogène & diffemblable. *Voyez* HETEROGENE.

Quelques phyficiens nomment *diffimilaires* tous les compofés héterogènes, tels que les animaux, les végétaux, un grand nombre de minéraux, la lumière du foleil, l'air de l'atmofphère, &c.

Haüy a donné le nom de *diffimilaire* à un criftal, lorfque deux rangées de facettes, fituées l'une au-deffus de l'autre, vers chaque fommet, ont un défaut de fymétrie.

DISSIPATION ; diffipatio; *verfchwendung*; f. f. Perte ou déperdition infenfible qui fe fait des petites parties d'une chofe, ou plutôt, écoulement invifible. *Voy.* ECOULEMENT, TRANSPIRATION.

Ainfi, l'électricité, le magnétifme, le galvanifme, la lumière, fe diffipent. On dit communément : comme la *diffipation* des efprits fe fait plus abondamment que celle des parties folides, la réparation doit auffi en être plus fréquente & plus abondante.

On donne, en chimie, le nom de *diffipation* à ce qui peut fe réfoudre en plufieurs parties.

DISSOLUTION; diffolutio; *auflæfung*; f. f. Divifion d'un corps par l'action d'un autre qui fe combine tellement avec lui, qu'ils ne forment plus qu'un tout homogène & liquide.

Pour qu'une *diffolution* ait lieu, il faut que le *diffolvant* s'introduife dans toutes les parties du corps à diffoudre, & détruife, par fon affinité, la force de cohéfion de fes parties, afin d'amener ce dernier à l'état liquide.

On diftingue ordinairement deux fortes de *diffolutions* : 1°. par la voie humide; 2°. par la voie fèche. La *diffolution* par la voie humide eft celle dans laquelle on emploie un liquide pour *diffolvant*; dans celle par la voie fèche, c'eft le feu qui détruit la cohéfion des corps & les fait paffer à l'état liquide. Dans plufieurs circonftances, on réunit les deux actions à la fois dans la *diffolution*. Le feu liquéfie une des fubftances qui agit comme *diffolvant* liquide fur celle qui doit être *diffoute*, & fon action, aidée de la chaleur, détermine la *diffolution*.

Souvent l'affinité du *diffolvant*, exercée fur le corps à diffoudre, opère la *diffolution* fans aucune autre action étrangère & fans intermédiaire; c'eft ainfi que l'eau diffout les fels. Souvent auffi, une portion du *diffolvant* fe décompofe, forme, avec le corps à diffoudre, un compofé nouveau qui eft *diffous*. Nous en avons des exemples dans toutes les *diffolutions* métalliques, où le métal eft d'abord oxidé, foit par de l'eau décompofée, foit par une portion de l'acide décompofé: alors l'acide diffout l'oxide métallique. Souvent auffi, le corps à diffoudre eft décompofé ; un des compofans fe dégage, afin de faciliter l'action du *diffolvant* fur les autres. C'eft ainfi qu'en *diffolvant* du carbonate de chaux dans un acide, celui-ci dégage d'abord l'acide carbonique pour fe combiner avec la chaux pure.

Dans les *diffolutions* par les liquides, on peut obtenir trois effets différens : 1°. la *diffolution* fe fait fans aucune variation dans la température des corps en préfence; 2°. du froid fe produit comme dans la *diffolution* du muriate d'ammoniaque par l'eau; ici le volume du mélange augmente; 3°. il fe dégage de la chaleur comme dans la *diffolution* de l'alun, du fulfate de fer calciné ; mais dans cette circonftance, il y a ordinairement diminution de volume.

Quelquefois il fe fait, dans les *diffolutions*, une combinaifon des deux fubftances *diffolvantes* & *diffoutes*, qui prépare & favorife la *diffolution*. C'eft ainfi qu'avant de *diffoudre* la chaux, une portion de l'eau *diffolvante* fe combine intimement avec la chaux & forme un hydrate de chaux folide, fur lequel de nouvelle eau, exerçant fon action, opère la *diffolution*.

Lavoifier &, après lui, Girtanne ont établi une

différence éntre *folution* & *diffolution*. La *folution* a lieu quand il s'enfuit une fimple féparation d'agrégation; la *diffolution*, au contraire, a toujours lieu quand il y a décompofition & affinité. La *diffolution* du muriate de foude dans l'eau feroit un exemple de *folution*, tandis que la *diffolution* de l'acide muriatique avec la foude feroit un exemple de *diffolution*. Dans tous les cas, il fe produit dans la *diffolution*, à l'aide des forces chimiques, une combinaifon du *diffolvant* avec la fubftance à *diffoudre*. L'idée de la *folution* conduit toujours à une divifion mécanique d'un folide dans un liquide, mais cette idée ne peut pas être admife. La foude qui a été *diffoute* par l'acide muriatique peut être féparée de fon *diffolvant* par un moyen convenable, auffi bien que le muriate de foude. Au refte, on ne peut douter qu'il n'y ait des forces chimiques en activité, & dans la *folution* & dans la *diffolution*. Le muriate de foude, qui eft foluble en grande partie dans l'eau, ne l'eft pas dans l'alcool. *Voyez* SOLUTION.

Diverfes explications de la *diffolution* ont été données par les philofophes qui fe font fuccédés. Les cartéfiens l'attribuoient à l'action d'une matière foluble qui pouffoit les pointes du *diffolvant* dans les pores des corps *diffolubles*; d'autres ont regardé cet effet comme analogue à l'afcenfion des liquides dans les tubes capillaires : ils fuppofoient que tous les corps *diffolubles* étoient remplis de pores, & que les liquides, en s'y introduifant avec la force qui fait monter les liquides dans les tubes, défuniffent les parties. Les newtoniens l'attribuent à l'attraction mutuelle des molécules des corps. C'eft cette dernière opinion que l'on adopte aujourd'hui, à laquelle on ajoute cependant l'action répulfive des molécules du calorique.

DISSOLVANT; *menftruum*; *auflœfung mittel*; f. m. Corps qui a la propriété de diffoudre les autres.

On nomme *menftrue* le corps liquide, parce que celui-ci doit détruire la plus forte agrégation des parties du folide, & qu'il paroît, en conféquence, agir davantage que l'autre.

Plufieurs phyficiens donnent le nom de *diffolvans* aux corps qui liquéfient ceux avec lefquels ils fe combinent; d'autres regardent comme *diffolvans* ceux qui déterminent les autres corps à paffer à leur état. D'après cette définition, la chaux vive *diffoudroit* la première eau qui agit fur elle, puifqu'elle la folidifie, & deviendroit en conféquence, le premier *diffolvant* de la combinaifon; l'eau qui agit enfuite fur l'hydrate de chaux & le rend liquide, devient à fon tour *diffolvant* : d'où il fuit que chaque corps pourroit être fucceffivement *diffoluble* & *diffolvant*.

DISSONANCE, de *dis*, deux fois, & *fono*, fonner; *diffonum*; *mifsklang*; f. f. Tout fon qui forme, avec un autre, un accord défagréable à l'oreille.

On donne le nom de *diffonance*, tantôt à l'intervalle & tantôt à celui des deux fons qui le forme; mais quoique deux fons *diffonent* entr'eux, le nom de *diffonance* fe donne plus fpécialement à celui des deux qui eft étranger à l'autre. *Voyez* CONSONNANCE.

DISSONANCE MAJEURE : celle qui fe fauve en montant. C'eft la note fenfible dans un accord dominant, ou la fixte ajoutée dans fon accord; c'eft auffi celle qui fe forme par un intervalle fuperflu.

DISSONANCE MINEURE : celle qui fe fauve en defcendant. C'eft la feptième vraie fondamentale; enfin, celle qui fe forme par un intervalle diminué.

M. Tartini eft celui qui a déduit une théorie des *diffonances* des vrais principes de l'harmonie.

DISTANCE ; *diftantia* ; *abftandt*, *entfernung*; f. f. Le plus court chemin qu'il y ait entre deux points.

D'après cette définition, la *diftance* d'un point à un autre eft toujours une ligne droite, puifque la ligne droite eft la plus courte de toutes les lignes que l'on puiffe mener, & conféquemment le plus court de tous les chemins.

Cette définition des *diftances* eft vraie en géométrie; mais en phyfique, où tous les corps ont des dimenfions, il faut défigner le point des corps d'où la *diftance* doit être prife. Ainfi, dans deux fphères, on peut prendre celle des centres, la plus courte *diftance* entre les furfaces, où celle qui exifte entre deux points donnés fur les fphères ou dans les fphères.

Sur la furface de la terre, la *diftance* entre deux pofitions ne fe mefure en ligne droite qu'autant que ces deux points font très-rapprochés, & fi la *diftance* devient un peu grande, elle fe mefure fur un arc de cercle.

Pour mefurer les *diftances*, il exifte des méthodes qui dépendent, 1°. de la grandeur de la *diftance*; 2°. de la poffibilité ou de la difficulté d'approcher des pofitions que l'on veut mefurer. Ces méthodes font fournies à des lois que l'on enfeigne dans la géométrie, & l'on fe fert, pour cet objet, d'inftrumens qui varient avec la méthode que l'on adopte; mais ces méthodes, quelqu'exactes qu'elles foient en théorie, laiffent toujours, dans la pratique, des incertitudes plus ou moins grandes.

DISTANCE ACCOURCIE : *diftance* d'une planète au foleil, réduite au plan de l'écliptique, ou l'intervalle qui eft entre le foleil & le point du plan de l'écliptique où tombe la perpendiculaire menée de la planete fur ce plan.

DISTANCE APPARENTE ; *diftantia apparens*; *fcheinbare entfernung*. *Diftance* à laquelle nous jugeons, par la vue & par approximation, que des objets font éloignés les uns des autres ou de nous.

Tous les objets éloignés envoient de la lumière : cette lumière, pénétrant dans les yeux, y forme une image ; la grandeur de l'image détermine une étendue d'impreſſion, & c'eſt d'après cette étendue que nous jugeons les *diſtances apparentes*. Si du point E, *fig*. 42, où les lignes envoyées par les objets H, I ſe croiſent dans l'œil, on ſuppoſe des droites menées à l'objet H I, ou à l'image *hi*, l'angle formé par les droites ſe nomme *angle optique*. (*Voyez* ANGLE OPTIQUE.) Par la grandeur de l'image, nous pouvons avoir le ſentiment de l'angle optique ; mais ſi rien ne nous fait connoître la grandeur de l'objet, il nous eſt extrêmement difficile de juger de la *diſtance*.

En comparant les grandeurs aux *diſtances* de pluſieurs objets qui les environnent, il eſt des perſonnes qui jugent des *diſtances apparentes* avec une telle préciſion, qu'elles s'approchent infiniment des *diſtances réelles* : c'eſt par cette comparaiſon que les canonniers jugent les *diſtances* des objets qu'ils doivent frapper, & qu'ils atteignent le but auquel ils viſent ; mais ſi l'on change la poſition de l'appréciateur des *diſtances*, ſi les objets qui l'environnent ont d'autres dimenſions, ſes jugemens n'ont plus de juſteſſe, & les *diſtances apparentes* s'éloignent conſidérablement des *diſtances réelles*.

Tout fait croire que nous ne jugeons des *diſtances* que par l'habitude que nous avons de les comparer ; car l'aveugle-né, auquel Cheſelden abattit la cataracte, n'avoit d'abord aucune notion des *diſtances* par la vue ; il croyoit que les objets qu'il apercevoit étoient ſur ſes yeux, comme les corps qu'il touchoit avec ſes mains étoient contigus avec ſa peau.

Au reſte, ſi nous pouvons juger avec aſſez de préciſion les *diſtances apparentes*, lorſque les objets ſont très rapprochés de nous, il n'en eſt pas de même lorſqu'ils en ſont très-éloignés ; dans ce cas, nous commettons des erreurs ſans nombre.

De tous temps, les phyſiciens ont cherché à concevoir & à expliquer la manière dont nous jugeons les *diſtances apparentes*. Kepler (*Parolip. ad. Vitell.*, pag. 62) préſume que, lorſque nous regardons les objets avec les deux yeux, nous jugeons les *diſtances* par l'angle que forment les deux axes optiques ; & lorſque l'on regarde d'un ſeul œil, par l'ouverture de la prunelle & la *diſtance* du point de l'œil où les lignes ſe croiſent. Deſcartes, dans ſa *Dioptrique*, pag. 68, attribue le jugement des *diſtances apparentes* à la ſimilitude qu'il trouve entre la poſition des rayons de lumière qui entrent dans l'œil, & celle de deux bâtons qu'un aveugle tiendroit, & qui ſe croiſeroient en allant toucher les deux extrémités d'un objet ; il penſe, en outre, que la forme du criſtallin & celle de l'œil changent avec les *diſtances* des objets que l'on regarde. Schmit, dans ſon *Traité d'Optique*, attribue

le jugement des *diſtances apparentes* à l'opinion que nous avons de la grandeur des objets. De Lahire, dans les *Mémoires de l'Académie des Sciences* pour 1694, attribue le jugement des *diſtances apparentes* à cinq cauſes : 1°. la clarté de l'objet ; 2°. le brillant des couleurs ; 3°. la direction des axes optiques ; 4°. les mouvemens des axes optiques ; 5°. la diſtinction des petits objets. Porterfield, dans ſon *Traité de l'œil*, imprimé à Edimbourg en 1759, attribue à ſix cauſes le jugement des *diſtances apparentes* : 1°. la diſpoſition de l'œil pour bien voir les objets ; 2°. l'angle que forment les deux axes optiques ; 3°. la connoiſſance de la grandeur des objets ; 4°. la clarté des objets & la vivacité des couleurs ; 5°. la diſtinction des parties plus ou moins petites ; 6°. les objets intermédiaires. Nous allons examiner ſéparément l'influence de chacune de ces cauſes.

1°. *Diſpoſition de l'œil*. La lumière envoyée par les objets C, *fig*. 102, 104, converge en traverſant l'œil pour ſe prendre ſur la rétine ou la choroïde en D ; le foyer des rayons varie, ſelon la *diſtance* du point qui envoie la lumière & la diſpoſition de l'œil. Pour voir un objet parfaitement, il faut que le foyer ſoit exactement au fond de l'œil en D ; s'il eſt plus en avant ou plus en arrière que ce fond, chaque point lumineux eſt repréſenté par un cercle, & les objets ſont vus confuſément. *Voyez* CERCLE DE DISSIPATION, RAYON DE DISSIPATION.

Il eſt donc néceſſaire, pour que les objets ſoient parfaitement vus à toutes *diſtances*, qu'il y ait, dans l'œil, un mouvement qui faſſe parvenir le foyer juſtement au fond de l'œil, & c'eſt à cette diſpoſition de l'œil, que l'on ſuppoſe avoir lieu, que l'on attribue le jugement des *diſtances apparentes*, puiſque l'on peut voir & diſtinguer les objets à toutes *diſtances*.

Mais ce mouvement de l'œil a-t-il réellement lieu comme on le ſuppoſe ? Des expériences faites avec l'optomètre, ſur la portée de la vue exacte, font voir que, quelques yeux ſont aſſez mobiles pour varier la portée de pluſieurs pouces, mais qu'un grand nombre n'ont pas cette mobilité. *Voyez* OPTOMÈTRE, VUE EXACTE, PORTÉE DE LA VUE EXACTE.

Au reſte, cette mobilité n'eſt pas abſolument néceſſaire à la portée de la vue *diſtincte*, c'eſt-à-dire, à la diſtinction d'objets très-éloignés ; il ſuffit que les objets ſoient aſſez gros pour que les rayons de diſſipation ſoient moins grands que la moitié de l'image formée dans l'œil. *Voy*. RAYONS DE DISSIPATION.

Quoique l'on ne puiſſe pas nier la poſſibilité d'une diſpoſition des yeux & du criſtallin pour mieux diſtinguer les objets, cette cauſe, lorſqu'elle exiſte, ne peut avoir qu'une très-foible influence ſur l'appréciation des *diſtances apparentes*.

2°. *Angle que forment les deux axes optiques*. En regardant un point G, *fig*. 105, avec deux yeux, il faut,

faut, pour qu'il foit vu fimple & qu'on le diftingue parfaitement, que les deux yeux fe dirigent vers le point, de manière que les deux droites qui, partant de l'objet, paffent par le centre des criftallins, touchent deux points E, F, du fond de l'œil, qui ont toute la fenfibilité néceffaire pour le faire bien diftinguer. Les droites qui paffent par ce point & le centre du criftallin fe nomment *axe optique. Voyez* AXE OPTIQUE.

Comme, par la difpofition des yeux, ces deux droites font un angle au point G, & que l'on peut avoir le fentiment de cet angle par la pofition des yeux, on fuppofe que nous jugeons des *diftances apparentes* par cet angle, & par la *diftance* entre les centres des deux criftallins, comme on jugeroit, en géométrie, la longueur des côtés d'un triangle ifocèle, dont on connoît la bafe & l'angle au fommet.

Mais en fuppofant que nous puiffions avoir le fentiment de cet angle par la pofition des yeux, il eft facile de voir, qu'à caufe de la très-petite *diftance* qui exifte entre les centres des deux criftallins, nous ne pourrions apprécier que de très-petites *diftances apparentes*.

Nous devons obferver ici que l'axe optique n'eft pas toujours exactement la droite qui paffe par le milieu de la cornée, de la prunelle & du criftallin. Young a prouvé que l'axe optique avoit une légère inclinaifon fur cette droite. (*Voyez* ŒIL.) Cette petite différence dans la direction ne doit en avoir aucune fur le jugement de la *diftance apparente*, que l'on fuppofe déduite de l'angle formé par les deux axes.

3°. *Connoiffance de la grandeur des objets.* Par la peinture des objets au fond de l'œil, nous avons le fentiment de l'angle optique, c'eft-à-dire, de l'angle formé par les rayons envoyés du contour de l'objet au fond de l'œil, *fig.* 41 & 42. Si l'on connoît la grandeur A B de cet objet dans le triangle A E B, que l'on fuppofe ifocèle, on peut avoir facilement le fentiment de la *diftance apparente*. Mais fi l'objet étoit placé obliquement, il feroit difficile d'avoir le fentiment de la *diftance*, fi l'on n'a également celui de l'obliquité.

Il paroît que, de toutes les manières de juger les *diftances apparentes*, celle-ci eft celle qui a le plus d'influence; elle en a tellement que fi, dans l'obfcurité, on fait varier la grandeur de l'objet, comme dans les expériences de la fantafmagorie, on juge que les *diftances* diminuent lorfque la grandeur du fpectre augmente; & l'on juge, au contraire, que la *diftance* augmente, lorfque le fpectre diminue. Cette apparence de la grandeur des images a une telle influence fur l'appréciation des *diftances apparentes*, qu'il eft extrêmement difficile, quelque prévenu que l'on foit, de réfifter au fentiment que l'on éprouve.

Quant à la différence de jugement portée fur les *diftances apparentes*, lorfque l'on voit les objets obliquement, on peut s'en former une idée par

le jugement que l'on porte fur la *diftance* d'un homme, lorfqu'on l'aperçoit dans une plaine, ou fur le fommet ou la pente d'une montagne, d'une tour ou de tout objet élevé.

4°. *Clarté des objets & vivacité des couleurs.* Plus un objet eft éloigné, moins il envoie de lumière à l'œil; la quantité de lumière envoyée diminue comme le carré des *diftances* augmente. (*Voyez* INTENSITE DE LA LUMIÈRE.) Il fembleroit réfulter de cette feule confidération, que les objets vus de loin doivent paroître plus fombres que ceux que l'on voit de près; de-là que l'on peut juger les *diftances apparentes* par la feule variation dans l'intenfité de la lumière envoyée: mais fi la quantité de lumière envoyée par un objet, & qui entre par l'ouverture de la prunelle, eft en raifon inverfe du carré de la *diftance*, la grandeur de l'image au fond de l'œil diminue également dans le rapport de l'augmentation du carré de la *diftance*; d'où il fuit que même furface du fond de l'œil doit recevoir, par une même ouver ure de la prunelle, autant de lumière lorfque l'objet eft près du fpectateur, que lorfqu'il eft éloigné; de-là que, toutes chofes égales d'ailleurs, les objets près & éloignés devroient paroître également éclairés.

Selon l'intenfité de la lumière envoyée dans l'œil par un objet plus ou moins éloigné, la prunelle s'élargit plus ou moins. Lorfque l'objet eft éloigné & que la lumière envoyée a peu d'intenfité, la prunelle devroit s'ouvrir, & la quantité de lumière entrée dans l'œil devroit être plus confidérable; de-là les objets éloignés devroient paroître plus vifs & plus brillans que ceux qui font près, ce qui eft contraire à l'obfervation.

Une des caufes qui a le plus d'influence fur la dégradation de la clarté des objets, à mefure qu'ils s'éloignent du fpectateur, c'eft le milieu que la lumière traverfe: dans fon paffage, une grande partie de la lumière eft déviée de fa direction par les corps qui flottent dans l'air; une autre eft abforbée par l'air lui-même. On a une preuve de cette déviation lorfqu'un rayon de lumière pénètre dans un lieu obfcur; on aperçoit, dans le rayon, une quantité confidérable de corps fufpendus qui réfléchiffent la lumière, & qui font diftinguer le rayon, quoique l'on en foit éloigné. Quant à l'abforption, *voyez* COULEUR DE L'AIR, LUMIÈRE.

Ainfi on peut regarder la dégradation de la clarté, en raifon de la *diftance* des objets, comme un moyen propre à faire diftinguer les *diftances apparentes*; auffi eft-il employé avec beaucoup d'avantage par les peintres, avec la variation dans les grandeurs, pour faire paroître les objets à différentes *diftances*.

Une circonftance dans laquelle cette diminution dans la clarté des objets a une grande influence fur les *diftances apparentes*, c'eft lorfque l'on fe trouve la nuit dans un lieu inconnu, & que l'obfcurité empêche de diftinguer les objets. Pour peu que l'ame foit affectée de crainte, les objets ordinaires paroiffent fous une forme gigantefque, & conféquemment à une *diftance* beaucoup plus grande que celle où ils font. *Voyez* ILLUSION D'OPTIQUE.

Nous devons le dire, la grandeur des objets a une plus grande influence que la vivacité des teintes pour apprécier les *diftances apparentes;* car la perfpective linéaire n'éprouve aucune variation dans la nature, tandis que la perfpective aérienne doit en éprouver relativement aux divers éclairemens des objets placés à la même *diftance.*

5°. *Diftinction des parties plus ou moins petites.* Tout objet, placé à la portée de la vue parfaite, eft aperçu avec une grande netteté; les plus petits détails font parfaitement diftingués, aucune obfcurité ne les environne. Mais fi l'on s'approche ou fi l'on s'éloigne de l'objet à une *diftance* différente de la portée de la vue parfaite, on voit le contour de chaque objet accompagné d'une efpèce d'obfcurité; la largeur de cette obfcurité augmente en dedans & en dehors à mefure qu'on s'éloigne de cette partie; bientôt les petits objets, ceux qui ont peu de largeur, font entièrement recouverts d'obfcurité; ils difparoiffent, enfuite ceux qui font plus larges, & cela fucceffivement. Cette obfcurité eft occafionnée par le rayon de diffipation. *Voyez* RAYON DE DISSIPATION.

On a un exemple de cette difparition fucceffive des objets, des plus petits d'abord & des plus grands enfuite, en regardant une affiche qui contient des caractères d'imprimerie de diverfes grandeurs: à la portée de la vue parfaite, on les diftingue tous, & l'on peut les lire; en s'approchant ou en s'éloignant, on voit les petits caractères devenir troubles & illifibles, puis ceux qui font un peu plus gros; enfin, on ne diftingue plus, à une certaine *diftance*, que les gros caractères, puis on n'en diftingue aucun.

Bien certainement cette diftinction des objets plus ou moins grands peut fervir pour apprécier les *diftances apparentes;* mais cette diftinction éprouve de grandes variations par la clarté des objets & par l'ouverture de la prunelle. Cette dernière influence eft tellement grande, que des caractères qui ceffent d'être aperçus en les regardant à la vue fimple, fe diftinguent facilement, à la même *diftance*, lorfqu'on les regarde à travers une très-petite ouverture.

6°. *Objets intermédiaires.* Il eft rare que l'on voie un objet ifolé, fi ce n'eft lorfqu'on eft en pleine mer, & que l'on aperçoit un corps flottant, un rocher, une île ou tout autre objet, ou lorfque l'on regarde le ciel, foit verticalement, foit fous une forte inclinaifon à l'horizon: dans toute autre circonftance, les objets font environnés d'un grand nombre d'autres, qui influent fur la détermination de leurs *diftances apparentes.*

Par exemple, lorfque nous regardons un objet éloigné, tel qu'un clocher, nous apercevons ordinairement entre lui & nous des terres, des arbres, des maifons. Comme nous jugeons de la *diftance* de ces terres, de ces arbres, de ces maifons, & que nous apercevons le clocher au-delà, nous concluons qu'il eft beaucoup plus éloigné; nous fommes même portés à le juger plus grand que lorfque nous le voyons feul. Cependant l'image de ce clocher, formée fur la rétine, eft la même, à la même *diftance*, qu'il y ait ou qu'il n'y ait pas d'objets intermédiaires: nous ne le jugeons donc plus grand, dans le premier cas, que parce que nous le rapportons à une plus grande *diftance.*

Dans un lieu que l'on habite ordinairement, on a promptement des données fur les *diftances réelles* des objets, en parcourant ces *diftances;* alors la *diftance apparente* des objets nouveaux, placés entre ceux-ci, fe détermine facilement. Tranfporté dans un autre endroit qui diffère peu du premier par la grandeur des objets, on a bientôt contracté l'habitude d'y juger les *diftances* avec affez d'exactitude; mais fi les objets qui environnent l'obfervateur font dans des proportions très-différentes de ceux qui exiftoient fur les lieux où il s'étoit habitué à juger les *diftances*, fon jugement devient très-inexact.

En 1779, nous avions tellement contracté l'habitude de juger les *diftances* dans les plaines de la Flandre, que ces *diftances* ayant été mefurées, fe trouvèrent, dans un grand nombre de circonftances, parfaitement égales à celles que nous avions eftimées. Voyageant dans les Alpes, quelques années après, nous voulûmes également apprécier les *diftances;* mais les maffes de montagnes qui nous environnoient, n'étant plus en rapport avec les objets intermédiaires dont nous faifions ufage en Flandre, notre eftimation des *diftances apparentes* n'étoit fouvent que la moitié, & même le quart des *diftances réelles;*

Le foleil & la lune, vus à l'horizon, paroiffent toujours avoir un plus grand diamètre qu'au zénith. Cependant, fi l'on prend avec un inftrument exact l'angle du diamètre du foleil, dans ces deux circonftances, on voit qu'il eft abfolument le même; il ne nous paroît plus grand que parce que nous le jugeons à une plus grande *diftance.* On attribue ordinairement cette différence, dans les *diftances apparentes*, aux objets intermédiaires qui fe trouvoient à l'horizon, entre les arbres & l'obfervateur. Nous croyons que ces objets peuvent, à la vérité, produire quelque différence; mais cette caufe n'eft pas la feule, il en eft d'autres qui ont une plus grande influence. *Voyez* ILLUSION D'OPTIQUE, GRANDEUR APPARENTE DU SOLEIL, GRANDEUR APPARENTE DE LA LUNE.

DISTANCE AU ZÉNITH; *diftantia vertice; abftand vom fcheital.* Arc du méridien, ou tout autre arc vertical, compris entre le zénith & un point quelconque dans le ciel, tel que celui du centre d'une planète, d'une étoile, &c.

On diftingue deux *diftances au zénith*, la vraie & l'apparente. La *diftance vraie* eft l'arc de cercle vertical, compris entre le zénith & le lieu vrai de l'aftre, celui où il feroit vu du centre de la terre. La *diftance apparente* eft le lieu apparent de l'aftre, celui où il eft vu de la furface de la terre. La *diftance au zénith* eft toujours le complément de la hauteur de l'aftre. Ainfi, cette *diftance* eft aifée à trouver lorfqu'on connoît la hauteur de l'aftre.

DISTANCE DE L'ÉQUATEUR AU PÔLE. C'eft le quart du méridien terreftre. Cette *diftance* a été confidérée comme devant fervir d'élément aux nouvelles mefures; mais elle n'a encore été mefurée qu'en partie, & conclue par approximation.

DISTANCE DE L'ÉQUINOXE AU MÉRIDIEN; *diftantia æquinoxii à meridiano circulo; abftand des nachtgleiche vom mittage.* Nombre de degrés que le point équinoxial a encore à parcourir, au midi, pour arriver au méridien. Ces degrés font convertis en temps, à raifon de 15° par heure.

Ce n'eft autre chofe que le complément de 360° de l'afcenfion droite du foleil réduite en temps, à raifon de 15° par heure, ou bien le complément de 24, de cette afcenfion droite, déjà réduite en temps. *Voyez* ASCENSION DROITE.

Le principal ufage que l'on fait de la *diftance* de l'équinoxe au foleil, ou du paffage du premier point du belier par le méridien, eft de trouver l'heure du paffage des aftres par le méridien.

DISTANCE DE L'ÉQUINOXE AU SOLEIL. *Voyez* DISTANCE DE L'ÉQUINOXE AU MÉRIDIEN.

DISTANCE DES ASTRES : lignes droites, ou arc de cercle mefuré du centre d'un aftre au centre d'un autre.

Quoique l'on fe ferve de deux fortes de mefures pour déterminer la *diftance des aftres*, comme chaque mode eft appliqué à des circonftances particulières, il n'y a jamais d'équivoque : on mefure, avec des lignes droites, la *diftance* du centre de la terre, ou du centre du foleil à un aftre, & l'on mefure, avec un arc de cercle, la *diftance* entre deux aftres, ou la *diftance* d'un point du ciel à un aftre, ou la *diftance* entre deux points du ciel.

Ainfi la *diftance* mutuelle de deux aftres en afcenfion droite, eft l'arc de l'équateur compris entre les deux méridiens ou cercles de déclinaifon, dont chacun paffe par le centre de l'un des deux aftres. De même la *diftance* mutuelle de deux aftres en longitude, eft l'axe de l'écliptique compris entre les deux cercles de latitude, dont chacun paffe par le centre des deux aftres.

Si l'on connoiffoit avec exactitude la *diftance* de la terre au foleil, il feroit aifé de connoître par-là

les *diftances réelles* des autres planètes au foleil, ainfi que les *vraies diftances* des planètes à la terre; mais il refte toujours de l'inexactitude fur la première de ces *diftances*, parce que la parallaxe du foleil n'eft pas connue d'une manière certaine; peut-être le fera-t-elle quelque jour. Quant à préfent, on connoît affez bien le rapport qui exifte entre les *diftances* des différentes planètes au foleil, comparées aux *diftances* de la terre au foleil, compofées de 100,000 parties égales. *Voy.* PLANÈTES.

Ce font les *diftances* des planètes au foleil, ainfi déterminées, qui ont fait trouver à Kepler, en 1618, cette fameufe loi, que les carrés des temps périodiques des planètes font comme les cubes de leur *diftance* au foleil. Cette règle s'étant trouvée une fuite de l'attraction univerfelle, on la regarde aujourd'hui comme un principe, & c'eft de cette loi de Kepler que les aftronomes déduifent les *diftances* des planètes, dont ils font ufage dans leurs tables aftronomiques. *Voyez* DISTANCE DES PLANÈTES.

DISTANCE DU FOYER; *diftantia focis, focalis; brennweit.* Diftance entre la furface d'un miroir concave, ou d'une lentille au point où convergent les rayons de lumière & de chaleur réfléchis ou réfractés du miroir ou de la lentille. *Voyez* DISTANCE FOCALE, FOYER.

DISTANCE DES PLANÈTES : éloignement des planètes de la terre ou du foleil.

La *diftance des planètes* à la terre eft extrêmement variable, parce qu'elle dépend de la pofition de la terre & des planètes dans leur orbite; tandis que celle des planètes au foleil fe déduit de la diftance moyenne de l'orbite des planètes au centre du foleil.

En prenant pour unité la *diftance* moyenne de la terre au foleil, celle des autres planètes, ou fi l'on veut le demi-grand axe de leur orbite, eft, d'après Laplace :

Mercure	0,3870981	
Vénus	0,7133223	
La Terre	1,0000000	
Mars	1,5236935	
Vefta	2,3730000	
Junon	2,667163	} Moyenne.
Cérès	2,767406	} 2,643782
Pallas	2,767592	
Jupiter	5,2027911	
Saturne	9,5387705	
Uranus	19,1833050	

Il paroît, d'après Prevoft (1), que les philofophes avoient des idées affez précifes fur les *diftances* refpectives des planètes au foleil, fi tou-

---

(1) *Bibliothèque britannique*, tome XXXVII, page 146.

tefois les proportions harmoniques, qu'ils difoient exifter entre les *diftances*, étoient exprimées par les poids foutenant les cordes qui rendoient les fons. On rapporte dans un grand nombre d'ouvrages anciens, que Pythagore, ayant entendu le bruit varié des marteaux fur l'enclume, fut conduit, par réflexion, à apprécier les tons par des poids.

En partant de ce principe, les nombres harmoniques qui expriment les poids tenfeurs des cordes, dont les tons correfpondent aux fept premières planètes : Mercure, Vénus, la Terre, Mars, les quatre Aftéroïdes, Jupiter, Saturne, étant 4, 5, 6, 8, 10, 15, 20; les carrés qui expriment les tons rendus par ces cordes, feroient 16, 25, 36, 64, 100, 215, 400; lefquels divifés par 4, donnent 4,00; 6,25; 9,00; 16,00; 25,00; 56,25; 100,00, pour les *diftances* pythagoriciennes des planètes au foleil.

Comparant ces *diftances* à celles indiquées par Laplace, on a :

PLANÈTES.	DISTANCE d'après	
	Laplace.	Pythagore.
Mercure...........	387	400
Vénus............	713	625
La Terre.........	10000	900
Mars.............	1523	1600
Aftéroïdes........	2644	2500
Jupiter...........	5203	5625
Saturne	9539	10000

Ce que ce rapprochement préfente de remarquable, c'eft que la place des aftéroïdes fe trouve indiquée dans cette loi des *diftances* pythagoriciennes. L'exiftence de ces planètes, qu'un pythagoricien auroit pu annoncer, n'étoit pas même foupçonnée par nos aftronomes modernes. Cependant Lambert & Bode, remarquant qu'il exifte, entre Mars & Jupiter, un trop grand efpace interplanétaire qui paroiffoit comme abandonné dans la création, préfumèrent qu'il auroit pu exifter une planète entre Mars & Jupiter.

Prevoft obferve que, quelque féduifante que foit cette analogie entre les *aiftances planétaires* pythagoriciennes & celles déduites de l'obfervation, elle eft cependant trompeufe, parce que, 1°. les lois connues de la nature ne fe fondent pas fur la détermination des *diftances* abfolues des planètes; 2°. la planète Uranus fe refufe à cette loi : car fi, fuivant ce même procédé, on calcule pythagoriquement fa *diftance*, on la trouvera double de ce qu'elle eft réellement.

DISTANCE D'UNE FORCE; diftantia ab hypomochlio; *entfernung einer kraft vom kuhepunkte*. Lon-

gueur perpendiculaire du point d'appui fur la ligne de direction d'une force.

Ainfi, la ligne CD, *fig.* 731, perpendiculaire à LD, qui tire le levier CB dans la direction BL, eft la *diftance* de la force qui fait mouvoir ce levier autour du point C; de même la ligne AC, perpendiculaire à AK, eft la *diftance de la force* qui fait mouvoir le levier AC.

DISTANCE FOCALE; diftantia focalis; *breunweis.* Longueur de la ligne menée du point de convergence des rayons de lumière fur la furface d'un miroir ou d'une lentille, en paffant par leur centre de courbure.

Si l'on fait f la *diftance focale*, d la *diftance* du point lumineux, r le rayon de courbure d'un miroir, on démontre par l'analyfe, & l'on prouve par l'expérience que la *diftance focale*, par réflexion, $f = \frac{dr}{2d+r}$. Si les rayons de lumière font parallèles, ce qui fuppofe $d = \infty$: on a $f = \frac{r}{2}$; & fi la furface du miroir eft plane, ce qui fuppofe $r = \infty$, on a $f = d$.

Pour les *diftances focales* par réfraction, faifant de même $f =$ la *diftance focale*, $d =$ la *diftance* du point lumineux, $r =$ le rayon de courbure de la furface qui fépare, les deux milieux, $m : n =$ le rapport des finus d'incidence de réfraction de la lumière, en paffant de l'air dans un milieu plus réfringent. On démontre également, par l'analyfe & par l'expérience, que la *diftance focale* $f = \frac{dmr}{d(m-n)-nr}$ lorfque la convexité eft dirigée vers l'air, & $f = \frac{dmr}{d(n-m)-nr}$ lorfque la concavité eft dirigée vers l'air. Si la furface étoit plane, on auroit $d = \infty$, & par fuite $f = \frac{mr}{m-n}$.

Dans le cas où le rayon de lumière reviendroit dans l'air après avoir traverfé un milieu plus denfe, ou, fi l'on aime mieux, lorfqu'on fait ufage des lentilles : faifant également $f =$ la *diftance focale*, $d =$ la *diftance* du point lumineux, $r =$ le rayon de courbure; $m : n =$ le rapport des finus d'incidence & de réfraction du rayon de lumière, en paffant de l'air dans un milieu plus réfringent : on a $f = \frac{dnr}{2d(m-n)-nr}$. *Voyez* FOYER, CAUSTIQUE.

DISTANCE MOYENNE; mittlem àbftaenden. *Diftance* entre les deux points de l'orbite d'une planète, dans lefquels elle fe trouve à une *diftance* de fon aftre central, qui tient le milieu entre la plus grande & la plus petite.

Ces deux points font également *diftans* de part & d'autre de deux autres points appelés les *apfides*, & qui déterminent l'aphélie & le périhélie des planètes primitives, l'apogée & le périgée de la lune, &c. *Voyez* Apsides, Aphelie, Perihelie, Apogée, Perigee.

Toutes les planètes se mouvant dans un orbe elliptique dont le centre du soleil occupe un des foyers, soit A B G P E D, *fig.* 53, l'orbe elliptique de la planète; S, le foyer que le soleil occupe; les points A & P les absides; l'aphélie en A & le périhélie en P, si des points E & G, d'où l'ellipse est coupée par une perpendiculaire menée sur le milieu du grand axe A P, on mène des droites E S, G S, au foyer S; ces lignes indiquent les *distances moyennes*.

DISTATÈRE : monnoie de l'Asie & de l'Égypte; once d'argent pur.

Il faut 12 *distatères* pour faire une once d'or ou un litre d'argent, 30 pour une mine de Moïse, 1500 pour un talent de Moïse, & 1800 pour un talent de Babylone. Le *distatère* = 2 statères, = 4, 6 livres tournois, = 4,2 francs.

DISTÈNE, de *dis*, deux, σθενος, *force*; disthenum; *distene*; s. m. Minéral qui a été appelé *sappare* par Saussure, & *cyanite* par Werner.

Ce minéral, qui contient 55 à 67 pour cent d'alumine, présente une sorte d'anomalie dans les phénomènes électriques que le célèbre Haüy a observés. Parmi ses divers cristaux, les uns acquièrent toujours l'électricité résineuse, à l'aide du frottement, & les autres l'électricité vitrée; & dans quelques-uns, les deux espèces d'électricité contrastent entr'elles sur deux faces opposées, sans que ni l'œil ni le tact puissent saisir, dans l'éclat & le poli des faces, la plus légère indication de cette différence d'état.

DISTILLATION, de σθενος, *je tombe goutte à goutte*; distillatio; *distillation*; s. f. Opération par laquelle on sépare, à l'aide du feu, les vapeurs ou liqueurs de quelques substances renfermées dans des vaisseaux.

Pour *distiller*, on place la matière à *distiller* dans un vase ou cucurbite, *fig.* 22, 23 (*a*), 23 (*b*), 23 (*c*). Cette cucurbite est recouverte d'un chapiteau qui se termine par un tuyau qui communique à un serpentin; la cucurbite est chauffée en dessous : la vapeur s'élevant dans le chapiteau, une partie s'y condense liquéfiée, & tombe dans la cucurbite; l'autre traverse le serpentin, s'y liquéfie, & sort pour être recueillie dans un vase. *Voyez* Alambic, Cucurbite, Chapiteau, Serpentin.

Depuis le moment où cet article a été décrit dans le *Dictionnaire de Chimie*, & où le mot Alambic a été décrit dans ce Dictionnaire, de grands changemens ont été opérés dans l'art de la *distillation*, d'abord en Écosse, puis en France. Comme ces changemens n'ont aucun rapport entre eux, nous allons les décrire séparément, & nous

croyons, en nous étendant sur cet objet, être d'autant plus agréables aux personnes qui possèdent le *Dictionnaire de Chimie* de cette collection, que nous complétons cet article en l'élevant à la hauteur de nos connoissances.

De la distillation en Écosse.

En 1786 (1) on établit en Angleterre un impôt sur les eaux-de-vie. Pour soutenir les *distillateurs* de Londres, & nuire autant que possible à la rivalité de ceux d'Écosse, on imposa ces derniers à une somme égale au plus fort produit de leurs alambics, dans la supposition que l'on distillât tout l'alcool d'une charge, une fois en vingt-quatre heures *minimum* de ce que pouvoient faire alors les *distillateurs* de Londres.

Bientôt les Écossais leur envoyèrent des eaux-de-vie à si bas prix, que les partisans des *distillateurs* anglais ouvrirent au Parlement une discussion très vive, dans laquelle ils prouvèrent que les Écossais avoient trouvé le moyen de vider cinq à six fois l'alambic en vingt-quatre heures, & qu'en conséquence il falloit les taxer en proportion.

On fut très-étonné, après les avoir imposés dans cette progression, de trouver qu'en moins de cinq années ils avoient tellement perfectionné leur instrument, qu'ils vidoient vingt fois l'alambic dans les vingt-quatre heures; la taxe fut encore augmentée, & proportionnellement.

Cette nouvelle taxe aiguillonnoit l'industrie des Écossais; ils trouvèrent, en 1797, le secret de vider leur alambic soixante-douze fois en vingt-quatre heures : de sorte qu'un alambic qui, en 1786, payoit annuellement, en raison de sa capacité, un droit de 36 livres tournois, paya, en 1797, 1296 livres tournois.

Mais l'industrie des *distillateurs* écossais ne s'est pas bornée à cette amélioration, puisqu'ils sont parvenus à perfectionner leur alambic de manière à pouvoir être vidé quatre cent quatre-vingt-douze fois en vingt-quatre heures. On a peine à concevoir cet énorme produit, qui tient tellement au merveilleux, que nous avons cru devoir présenter la marche progressive du perfectionnement, afin de familiariser l'esprit de nos lecteurs avec un produit si peu vraisemblable.

Nous avons représenté, *fig.* 732 & 732 (*a*), les deux alambics à l'aide desquels on est parvenu à ces divers perfectionnemens. La *fig.* 732 représente les premiers alambics perfectionnés, & la *fig.* 732 (*a*) un des derniers.

De la distillation en France.

En Écosse, l'abondance & la célérité de la *distillation* sont fondées sur trois principes : 1°. aug-

---

(1) *Annales des Arts & Manufactures*, tome III, pag. 69.

mentation de la furface expofée à l'action de la chaleur; 2°. diminution dans l'épaiffeur de la maffe du liquide, conféquemment augmentation de la furface de vaporifation; 3°. ventilation intérieure pour accélérer la vaporifation. En France, l'amélioration fur la *diftillation* eft également fondée fur trois principes : 1°. échauffement des liquides par la vapeur; 2°. dégagement des vapeurs à diverfes preffions & à diverfes températures; 3°. condenfation des vapeurs à diverfes températures.

Si l'on fe propofoit de *diftiller* un liquide homogène, le mode de *diftillation* adopté en Écoffe pourroit peut-être avoir de l'avantage fur le mode français; mais fi l'on fe propofe, dans la *diftillation*, de féparer des liquides différens, la méthode adoptée en France a beaucoup d'avantage fur la méthode adoptée en Ecoffe, en ce que la féparation des différens liquides peut fe faire en une feule opération.

Dans la méthode françaife, on fait ufage d'une chaudière que l'on emplit du liquide que l'on veut *diftiller* : cette chaudiere étant expofée à l'action du feu, le liquide s'échauffe, fe vaporife; la vapeur paffe à travers le liquide placé dans un premier vafe; elle échauffe ce liquide, qui fe vaporife à fon tour. La nouvelle vapeur paffe à travers le liquide que contient un fecond vafe, l'échauffe; celui-ci fe vaporife de même; la vapeur traverfe le liquide d'un troifième vafe, & ainfi de fuite, jufqu'à ce que l'on veuille recueillir la vapeur pour la faire condenfer.

Pour faire paffer la vapeur de chaque vafe à travers le liquide des autres, on fait ufage d'un tube qui pénètre toute l'épaiffeur de la maffe du liquide; l'effort de la vapeur, pour vaincre la colonne du liquide traverfé, augmente d'autant la preffion du vafe qui fuit, de manière que le liquide de chaque vafe éprouve une preffion différente : chacun fupportant la preffion de toutes les colonnes que le liquide doit vaincre, à partir de ce vafe, pour fortir librement, il en réfulte que le premier fupporte la preffion de toutes les colonnes, & que la preffion, fur le liquide des autres vafes, va conftamment en diminuant, à mefure que le nombre des vafes, que la vapeur doit traverfer, diminue.

Comme la température de l'ébullition des liquides augmente avec la preffion qu'ils fupportent, il s'enfuit que le liquide du premier vafe doit être expofé à une plus haute température que celui des autres, & cela fucceffivement.

Enfin, felon la variation dans la preffion & dans la température du liquide dans chaque vafe, des liquides différens fe vaporifent. Tous les liquides, jufqu'aux moins volatils, fe vaporifent dans les premiers vafes, tandis qu'il ne fe vaporife dans les derniers que ceux qui font les plus volatils.

La vapeur formée dans les derniers vafes eft obligée, avant de fortir librement, de traverfer une fuite de réfrigérans dans lefquels elle fe condenfe. Ces réfrigérans ont des températures différentes : les premiers, ceux qui reçoivent la première vapeur, ayant une température affez élevée, il ne peut s'y condenfer que les liquides les moins vaporifables; les réfrigérans qui fuivent diminuant de température, obligent les liquides à fe condenfer fucceffivement; de manière que les derniers réfrigérans ne font condenfer que les liquides les plus vaporifables.

Un nouveau perfectionnement à ce mode de *diftillation*, c'eft que les réfrigérans font plongés dans du liquide à *diftiller*; celui s'échauffant, par la vapeur qui traverfe & fe condenfe dans chaque réfrigérant, s'échauffe; le dernier eft celui qui s'échauffe le moins : faifant paffer ce liquide d'un réfrigérant moins chaud dans un réfrigérant plus chaud, il s'échauffe graduellement, & il peut être conduit enfuite à la chaudière, après avoir acquis une température très-élevée.

Nous allons donner un exemple du mode de *diftillation* françaife, en décrivant l'appareil employé par Chaptal à la *diftillation* du vin pour obtenir de l'alcool. Nous obferverons que, dans la *diftillation* du vin, la chaleur vaporife de l'eau & de l'alcool; que l'eau, moins vaporifable, fe condenfe à une température de 80° R., fous une preffion de 28 pouces de mercure, tandis que l'alcool, fous la même preffion, ne fe vaporife qu'au-deffus de 60°. Entre 80 & 65°, il peut fe vaporifer des combinaifons différentes d'alcool & d'eau, de manière à pouvoir dépofer fucceffivement les eaux-de-vie connues dans le commerce fous les noms d'*eaux-de-vie preuve de Hollande*, $\frac{3}{5}, \frac{3}{6}, \frac{3}{7}, \frac{3}{8}$, &c.

Les vafes C, E, F, *fig.* 734, font employés à la *diftillation*. C, C, C, eft l'alambic ou le *brouilleur*; il eft placé dans un fourneau A A A A, auquel eft adaptée une cheminée B. Une bride de laiton D, réunit le chapiteau de l'alambic à la cucurbite; des tuyaux K, K, conduifent la vapeur de l'alambic dans le premier ballon E, & du premier ballon dans le fecond F. Des robinets G, G, facilitent l'écoulement de la vinaffe par le tube *d d* dans la cucurbite; deux autres robinets *g, g*, fervent à vider les ballons : on remplit ces derniers de la liqueur qu'ils doivent contenir, à l'aide des ouvertures *e, f*.

Trois réfrigérans font deftinés à recevoir la vapeur : le premier, HHHH, eft un cylindre divifé par des diaphragmes : l'un, celui du milieu, intercepte la communication entre les deux moitiés du cylindre; les autres permettent à la vapeur de paffer de l'une dans l'autre des divifions de chaque moitié. Un tube *l*, L, *ll*, établit une communication entre chaque moitié du cylindre : celui-ci eft placé dans un baffin de cuivre *jjjj*, fervant de réfrigérant. Le liquide qu'il contient y eft entretenu à une température de 60 à 70°, felon le degré de fpirituofité du liquide que l'on veut recueillir dans le cylindre,

Un foudre MMMM, fermé des deux bouts, rempli de vin, & contenant un ferpentin *m m*, forme le fecond réfrigérant; le troifième eft également compofé d'un foudre NNNN, rempli d'eau, & contenant un ferpentin *n n*. Le ferpentin *m m* communique par fa partie fupérieure avec le cylindre HHHH, & avec le ballon F par un tube PP, & par fa partie inférieure avec le ferpentin *n n*, par le tube OO.

En fortant du ballon F, la vapeur peut être introduite dans le cylindre par le tube I, ou dans le ferpentin *m m* par le tube *k k*; ce qui s'exécute à l'aide du robinet L, qui permet l'une ou l'autre des communications. En introduifant la vapeur dans le cylindre, il s'y condenfe de l'eau, & la vapeur alcoolique parvient dans le ferpentin *m m*, à un degré d'autant plus élevé qu'il s'eft condenfé plus d'eau dans le cylindre HHHH, c'eftà-dire, que la première vapeur a parcouru un plus grand efpace dans ce cylindre. Lorfque la vapeur fortant du ballon F, arrive directement au ferpentin *m m*, il ne s'y condenfe que de l'eaude-vie épreuve de Hollande. L'eau-de-vie ou l alcool condenfé dans les deux ferpentins s'écoule par le tuyau T dans un vafe V.

Comme l'eau qui fe dépofe dans le cylindre HHHH retient de l'alcool, on la fait parvenir dans la cucurbite *c c* par le tuyau *h h*. Le vin contenu dans le foudre MMMM étant échauffé par la condenfation de la vapeur dans le ferpentin *m m*, la vapeur qui fe dégage du vin eft conduite par le tube QQQ dans le ferpentin *n n*.

On charge de vin le foudre MMMM, par le tuyau XX, & d'eau le foudre NNNN, par le tuyau YY; on vide le premier par le tuyau SS, en faifant paffer dans la cucurbite CC le vin chaud qu'il contient, & qui a déjà perdu une partie de fon alcool en s'échauffant; on vide le fecond par le robinet U; enfin, on place dans le premier foudre un tube ZZ, garni d un robinet *y*, afin de s'affurer fi le foudre eft fuffifamment chargé de vin.

Si l'on confulte l'hiftoire de l'art de la *d ftillation*, on voit qu'il a pris naiffance chez les Arabes, qui de tout temps fe font occupés d'extraire les aromates; que les Grecs n'en avoient que des idées très-imparfaites, & que les Romains, fous les rois & du temps de la république, ne paroiffoient pas même connoître l'eau-de-vie; que les procédés de la *diftillation* ont été portés par les Arabes en Italie, en Efpagne & dans le midi de la France; que ce n'eft que vers le quatorzième ou le quinzième fiècle que cet art a commencé à fe perfectionner parmi nous; que les premiers perfectionnemens ont eu pour objet de féparer, dans la *diftillation*, les produits diverfement volatils. Pour cela on hauffoit le chapiteau, & la vapeur n'y parvenoit qu'après avoir traverfé un long col ou un ferpentin : une grande partie de l'eau fe liquéfioit dans ce paffage; elle retomboit dans la cucurbite, & la vapeur qui traverfoit le ferpentin du réfri-

gérant contenoit un alcool beaucoup plus concentré; enfin, Glauber, dans le dix-feptième fiècle, fit connoître, dans un ouvrage intitulé *Defcriptio artis diftillatoriæ novæ*, une partie des perfectionnemens que l'on a adoptés de nos jours, puifque l'un de fes procédés confifte à tranfmettre les vapeurs qui s'échappent de la *diftillation*, dans un vafe entouré d'eau froide; de ce premier vafe il fait paffer celles qui ne font pas condenfées dans un fecond, communiquant au premier par un tube recourbé; de ce fecond il fait paffer à un troifième, & ainfi de fuite, jufqu'à ce que la condenfation foit parfaite.

Pendant le dix-huitième fiècle, l'art de la *diftillation* a fuivi deux directions différentes : dans l'une on s'eft s'occupé à augmenter les produits obtenus, & c'eft ce mode qui a été perfectionné en Ecoffe; dans l'autre on s'eft occupé de féparer les produits plus exactement & d'économifer les combuftibles; c'eft le mode qui a été perfectionné en France.

Si l'on veut avoir de plus grands détails fur les perfectionnemens que l'art de la *diftillation* a éprouvés, on peut confulter les 3e, 4e, 12e, 31e, 32e, 33e, 37e, 38e, 39e & 44e volumes des *Annales des Arts & Manufactures*; les 67e, 69e & 77e volumes des *Annales de Chimie*, & l'*Art du diftillateur* de Lenormand.

DISTILLATOIRE (Appareil), f. m. Inftrument avec lequel on diftille *Voyez* ALAMBIC, DISTILLATION.

DISTINCT; *diftinctus*; *dentlick*; adj. Ce qui eft clair, & fe difcerne bien.

DISTINCTE (Bafe): diftance où il faut que foit un plan au-delà d'un verre convexe, pour que l'image des objets reçue fur ce plan paroiffe *diftincte*; de forte que la *bafe diftincte* eft la même chofe que ce que l'on appelle *foyer*. Voy. FOYER.

DISTRIBUTION; *diftributio*; *vertheilung*; f. f. Partager en plufieurs parts, fe répandre çà & là.

DISTRIBUTION DE L'ELECTRICITÉ : manière dont le fluide électrique fe partage & fe diftribue fur les corps.

Toutes les fois qu'un corps contient une quantité de fluides électriques, différente de fa quantité naturelle, cette électricité eft chaffée hors du corps; elle fe porte à la furface, où elle eft retenue par l'action que l'air exerce fur ce corps : c'eft donc fur la furface feule du corps que l'action électrique fe fait appercevoir. On démontre ce réfultat par l'analyfe, & on le prouve par l expérience.

Par l'analyfe, on fait voir que fi l'on place, dans l'intérieur d'une enveloppe fphérique *a b* A, *fig.* 733, une molécule de fluide électrique *d*, tout le fluide électrique qui eft répandu dans cette enveloppe, exerçant, d'après les expériences de Coulomb, une action répulfive en raifon des furfaces & en raison inverse du carré des distances (*voyez* LOIS D'ACTION DU FLUIDE ÉLECTRIQUE), il s'ensuit que toutes les forces qui agissent sur la molécule d, sont en équilibre ; de-là, qu'elle doit rester dans sa position.

En effet, dans les deux triangles semblables abd, ABd, on a $ab : bd =$ AB $: Bd$, & par conséquent $\overline{ab}^2 : \overline{bd}^2 = \overline{AB}^2 : \overline{Bd}^2$; donc $\dfrac{\overline{ab}^2}{\overline{AB}^2} = \dfrac{\overline{bd}^2}{\overline{Bd}^2}$; mais $\overline{ab}^2$ & $\overline{AB}^2$ représentent les surfaces semblables, dont ab & AB sont les côtés homologues, & $\overline{bd}^2$ & $\overline{Bd}^2$ sont les carrés des distances des surfaces à la molécule d; ainsi les deux actions de la surface, divisées par le carré des distances, se font équilibre : d'où il suit que, si l'on fait passer un plan par le point d, la somme de toutes les actions qui auront lieu d'un côté du plan, fera équilibre à la somme de toutes les actions qui auront lieu de l'autre côté; & comme on peut donner au plan toutes les situations imaginables, il en résulte que les actions répulsives, exercées de toutes parts sur la molécule électrique d, se font équilibre.

Si maintenant on suppose une molécule de fluide électrique M, *fig.* 539, hors d'une enveloppe sphérique N b Q e, on démontre également que l'action répulsive exercée sur cette molécule, la chasse dans la direction de la droite menée par le centre de la sphère & la molécule. *Voyez* CENTRE D'ACTION, CENTRE D'ACTION ELECTRIQUE.

Puisque toutes les tranches extérieures à la molécule électrique n'ont aucune action sur elle, & que toutes les tranches intérieures la chassent dans la direction de la droite menée du centre d'action à la molécule, il s'ensuit que toutes les molécules de fluide électrique qui ne sont pas exactement au centre mathématique d'une sphère, doivent être chassées hors de la sphère.

Coulomb a prouvé, par une expérience très-simple, que cette accumulation vers la surface, de toute l'électricité qu'un corps contient, de plus que sa quantité naturelle, que cette expulsion de l'intérieur du corps avoit lieu dans tous les corps, quelle que fût leur forme, quoique l'on ne puisse le bien démontrer que dans le cas des corps sphériques ou des sphéroïdes de révolution. Il suffit de faire au corps une ouverture profonde & étroite, de l'électriser, & de plonger dans son intérieur un corps conducteur & isolé ; quelques portions de l'intérieur que touche le corps, il en sort, sans aucun indice d'électricité; tandis qu'en touchant un point quelconque de l'extérieur de la surface, il s'électrise plus ou moins fortement.

Si le corps que l'on électrise est sphérique & isolé, on démontre encore par l'analyse, & l'on prouve par l'expérience, que l'intensité électrique est la même sur toute la surface, c'est-à-dire, que

le fluide électrique y est également distribué ; mais si le corps a une autre forme, alors le fluide s'y distribue en suivant une loi qui dépend de la répulsion exercée par le fluide accumulé sur chaque partie, en raison directe des surfaces & en raison inverse du carré des distances.

Un grand nombre d'expériences ont été faites par Coulomb sur la *distribution de l'électricité* à la surface des corps ; ces expériences ont été publiées dans les *Mémoires de l'Académie des Sciences;* elles sont consignées par extraits dans le *Journal de Physique*, année 1794, tom. II, pag. 235. Nous allons rapporter quelques-uns de ces résultats.

Si l'on met deux sphères en contact, l'électricité se *distribue* diversement en raison des rapports des diamètres entre les boules, si l'on suppose que l'intensité électrique sur chaque boule $=$ 100, & que les boules soient égales. Coulomb a observé que la *distribution* de l'électricité étoit :

Au contact................... 0°
A 30° de distance 20
A 60.......................... 80
A 90........................... 100
A 180.......................... 95

Mettant en contact deux sphères dont le diamètre de l'une soit double de l'autre, la *distribution de l'électricité* étoit :

	SUR LA SPHÈRE dont le diamètre étoit	
	2	1
Au contact	0	0
A 30°	91	0
A 60	100	63
A 90	100	100
A 180	100	131

Plus les diamètres des sphères diffèrent entre eux, plus la *distribution de l'électricité* sur la grande sphère approche de l'uniformité, & celle de la *distribution* sur la petite sphère est différente ; plus aussi l'état naturel, ou le zéro, se prolonge à partir du point de contact, & plus encore l'intensité est grande à 180° du point de contact.

Mettant en contact des sphères de différens diamètres, & les retirant après le contact, Coulomb a observé les résultats suivans :

DIAMÈTRE.	SURFACE.	ÉLECTRICITÉ.	
		Quantités.	Intensité.
1 à 1	1 à 1	00 à 100	100 à 100
2 — 1	4 — 1	100 — 27	100 — 108
4 — 1	16 — 1	100 — 8,1	100 — 130
8 — 1	64 — 1	100 — 2,6	100 — 165
∞ — 1	∞ — 1	100 — 0	100 — 200

On voit dans le tableau ci-deſſus que les quantités de l'électricité ſuivent, ſur les petites ſphères, un rapport, une loi différente de celle des ſurfaces, puiſque leur intenſité va ſucceſſivement en augmentant.

Si l'on met en contact pluſieurs ſphères, la quantité d'électricité varie ſur chacune d'elles relativement au rang qu'elle occupe. Ainſi, dans trois ſphères égales, l'intenſité ſur la première =, 100, ſur la ſeconde = 74, & ſur la troiſième = 100.

En général, l'intenſité de l'électricité ſur les ſphères des extrémités eſt égale, ſi les ſphères ſont égales, & celle des ſphères de chaque rang, à partir des extrémités, eſt de même égale. Six ſphères en contact ont donné pour leur intenſité électrique :

$$1^{re}. = 1CO$$
$$2^{e}. = 68,5$$
$$3^{e}. = 64,1$$
$$4^{e}. = 64,1$$
$$5^{e}. = 68,5$$
$$6^{e}. = 100$$

Douze ſphères ont donné :

$$1^{re}. = 100$$
$$2^{e}. = 66,6$$
. . . .
. . . .
$$6^{e}. = 58,7$$
$$7^{e}. = 58,7$$
. . . .
. . . .
$$11^{e}. = 66,6$$
$$12^{e}. = 1000$$

Lorſque les ſphères ſont inégales, la plus groſſe a une intenſité d'électricité moindre que la plus petite du même rang. Enfin, ſi l'on met en contact des ſphères & des cylindres, & que la ſphère ait un plus grand diamètre que les cylindres, l'intenſité de l'électricité ſur la ſurface du cylindre ſera plus grande que ſur celle de la ſphère. Nous ne pouſſerons pas plus loin l'examen de la *diſtribution de l'électricité* ſur la ſurface des corps conducteurs. Nous nous contenterons d'obſerver, qu'aſſez généralement cette *diſtribution* coïncide aſſez bien avec celle qui doit réſulter de l'action du fluide électrique en raiſon de la quantité accumulée ſur chaque partie, & de la répulſion, en raiſon inverſe du carré de ſa diſtance.

Dans un Mémoire lu à la première claſſe de l'Inſtitut, le 9 mai & le 3 août 1812, Poiſſon a cherché à appliquer l'analyſe à la loi de la *diſtribution de l'électricité* à la ſurface des corps conducteurs. Il a d'abord déterminé quelles devoient être les diverſes épaiſſeurs de la couche d'électricité accumulée à la ſurface des corps. « Cette couche, dit Poiſſon, eſt terminée extérieurement par la ſurface même du corps, & à l'intérieur, par une

autre ſurface très-peu différente de la première ; elle doit prendre la figure propre à l'équilibre des forces répulſives de toutes les molécules qui la compoſent, ce qui exigeroit d'abord que la ſurface libre du fluide, c'eſt-à-dire, la ſurface intérieure, fût perpendiculaire en tous les points à la réſultante des forces ; mais la condition d'équilibre de la couche de fluide eſt compriſe dans une autre, à laquelle il eſt néceſſaire & il ſuffit d'avoir égard.

» En effet, pour qu'un corps conducteur électriſé demeure dans un état électrique permanent, il ne ſuffit pas que la couche de fluide qui le recouvre ſe tienne en équilibre à ſa ſurface ; il faut encore qu'il n'exerce ni attraction ni répulſion ſur un point quelconque pris au haſard dans l'intérieur du corps ; car ſi cette condition n'étoit pas remplie, l'action de la couche électrique ſur les points intérieurs décompoſeroit une nouvelle quantité de l'électricité naturelle des corps, & ſon état électrique ſeroit changé. La réſultante des actions de toutes les molécules qui compoſent la couche fluide, ſur un point pris quelque part que ce ſoit, dans l'intérieur du corps, doit donc être égale à zéro : par conſéquent, elle eſt auſſi nulle pour tous les points ſitués à la ſurface intérieure de cette couche. La condition relative à ſa direction devient donc ſuperflue, ou, autrement dit, l'équilibre de la couche fluide eſt une ſuite néceſſaire de ce qu'elle n'exercera aucune action dans l'intérieur. »

Poiſſon a également appliqué, à un nombre quelconque de corps conducteurs, ſoumis à leur influence mutuelle, le principe dont il eſt parti pour déterminer la *diſtribution du fluide électrique* à la ſurface d'un corps iſolé. « Pour que tous les corps demeurent dans un état électrique permanent, il eſt néceſſaire & il ſuffit que la réſultante des actions des couches fluides qui les recouvrent, ſur un point quelconque pris dans l'intérieur de l'un de ces corps, ſoit égale à zéro ; cette condition remplie, le fluide électrique ſera en équilibre à la ſurface de chacun de ces corps, & il n'exercera aucune décompoſition du fluide qu'ils renferment dans l'intérieur, & qui s'y trouve à l'état naturel. »

Tous les réſultats de ce ſavant géomètre ont été appliqués aux expériences de Coulomb, dont nous avons rapporté une partie. Les réſultats numériques des expériences préſentent un accord remarquable ; les différences moyennes des quatorze expériences que Poiſſon a comparées ne s'élèvent pas à un trentième de la choſe que l'on veut déterminer.

Il eſt peu d'expériences plus difficiles à faire que celles dont Coulomb a publié les réſultats. Pour apprécier l'intenſité de l'électricité ſur différentes parties de la ſurface d'un corps, & connoître la *diſtribution de l'électricité* ſur ſa ſurface, ce ſavant ſe ſervoit d'un bâton de gomme-laque, à l'extrémité duquel étoit un morceau de clinquant; ce clinquant étoit posé sur une très-petite partie de la surface du corps, puis exposé à l'action de la balance de torsion, afin de déterminer son intensité électrique. (*Voyez* BALANCE DE COULOMB.) Mais pendant que l'on éprouvoit l'intensité électrique de chaque partie de la surface d'un corps, ce corps perdoit une partie de son électricité, soit par l'air qui le touchoit, soit par les corps qui le supportoient : il a donc fallu tenir compte de cette perte pendant toute la durée de l'expérience, & quelque méthode de correction que l'on ait employée, il est impossible de le corriger avec exactitude. Ainsi, tous ces résultats sont nécessairement accompagnés d'erreurs inévitables. Malheureusement ces expériences n'ont pas été assez répétées pour pouvoir y apporter le degré de confiance qu'elles méritent.

L'accord entre les résultats de Coulomb & l'analyse de Poisson fait préjuger favorablement l'un & l'autre; mais, persuadé que la *distribution du fluide électrique* devoit dépendre de la loi d'action qu'il avoit reconnue, ne seroit-il pas possible que Coulomb, desirant trouver les résultats qu'il obtenoit, conformes à la loi qu'il avoit adoptée, sa correction n'ait été influencée par son opinion, & que l'accord entre les résultats de Coulomb & l'analyse de Poisson dépendit principalement du mode de correction que ce premier avoit employé? Il auroit été avantageux, pour l'avancement de la science, que les expériences de Coulomb eussent été répétées & variées de diverses manières; enfin, que l'on eût entrepris de nouvelles expériences dont les résultats auroient été comparés à ceux de l'analyse. Nous savons que des physiciens adroits & intelligens ont tenté ces expériences sans succès.

DISTRIBUTION DES EAUX : manière de partager une certaine quantité d'eau, suivant des rapports connus, entre plusieurs fontaines particulieres, ou pour d'autres usages.

DISTRIBUTION DU GALVANISME : variation dans l'intensité du galvanisme, dans une pile galvanique. *Voyez* GALVANOMOTEUR, PILE GALVANIQUE.

DISTRIBUTION DU MAGNÉTISME : variation dans l'intensité du magnétisme que l'on observe dans toute l'étendue d'un corps magnétisé.

Si l'on observe les variations d'intensité magnétique qui existent sur un barreau aimanté qui n'a que deux pôles, on remarque deux points près des bouts du barreau A & B, *fig.* 333, où l'intensité magnétique est à son maximum; on voit ensuite cette intensité décroître en avançant de chaque bout vers le milieu où l'intensité est nulle. Lorsque les barreaux ont plusieurs pôles A, B, A, B, *fig.* 334, l'intensité magnétique décroît de chaque pôle jusqu'à un point, entre les deux pôles différens les plus voisins, où le magnétisme est nul. Enfin, si l'on a une

masse d'aimant contenant un nombre de pôles plus ou moins grands, on observe, entre chaque pôle, différens points où l'intensité magnétique est zéro, & l'on voit l'intensité décroître progressivement des pôles vers ces points.

Cette distribution du fluide magnétique, dans un aimant, dépend de ce que la force d'action de ce fluide suit la raison inverse du carré de la distance. Pour expliquer cette *distribution*, Coulomb suppose que chaque molécule de fer forme un petit aimant, qui a son pôle boréal & son pôle austral égaux en force l'un à l'autre, & il regarde la *distribution* de l'intensité magnétique comme le résultat de l'influence, exercée par le magnétisme des deux extrémités, sur chaque petit aimant en particulier.

On peut prouver cette *distribution* uniforme du magnétisme dans chaque molécule du fer, par une expérience fort simple. Si l'on casse un morceau d'aimant en parties de différentes grandeurs, toutes ces parties, quelque grandes & quelque petites qu'elles soient, & dans quelqu'endroit de la masse de l'aimant qu'elles aient été séparées, conservent toutes leur magnétisme naturel, & laissent apercevoir deux pôles, dans les directions des deux pôles de l'aimant dont les fragmens ont été séparés.

Il faut, pour que le magnétisme se conserve dans chaque molécule de fer, que ce fluide soit retenu dans chacune d'elles, & qu'il ne puisse pas passer d'une molécule dans une autre; ce qui ne peut avoir lieu qu'autant que chaque molécule sera séparée des autres, par une substance qui retienne le magnétisme & l'empêche de sortir. Aussi remarque-t-on que le fer doux & homogène, dans lequel les particules de fer sont réunies directement les unes aux autres, ne conserve pas la propriété magnétique qu'il acquiert par influence (*voyez* INFLUENCE MAGNÉTIQUE), & qu'il se comporte, à l'égard de ce fluide, comme les corps métalliques. & conducteurs à l'égard de l'électricité. (*Voyez* INFLUENCE ELECTRIQUE.) Enfin, qu'il est nécessaire, pour conserver la propriété magnétique au fer, que celui-ci soit combiné avec une autre substance, comme il l'est dans l'acier avec le carbone, dans les aimans naturels avec l'oxigène, dans quelques combinaisons métalliques avec le soufre, &c., qui sont susceptibles de conserver la propriété magnétique qu'on leur a donnée; & tout paroit faire croire que ce sont ces substances combinées qui retiennent le magnétisme dans chaque molécule de fer, l'empêchent de passer d'une molécule à une autre, & favorisent la durée des effets magnétiques.

Nous allons transcrire ici la manière dont Haüy essaie de faire voir, comment l'hypothèse de Coulomb offre l'équivalent de ce qui auroit lieu, si chaque moitié de l'aimant étoit dans un seul état magnétique.

« Concevons d'abord (dit Haüy, §. 757 de son

Traité élémentaire de Physique) une aiguille infiniment déliée *m n*, *fig.* 735, compofée d'une infinité de petites aiguilles partielles *c*, *d*, *e*, *f*, &c., & fuppofons que cette aiguille ait été mife à l'état de magnétifme par l'action d'un aimant. Dans ce cas, toutes les forces contraires des pôles contigus *b*, *a'*; *b'*, *a''*, &c., feront égales entr'elles, en forte que leurs actions fe réduiront à zéro. Quant aux forces des deux pôles extrêmes, favoir, celle du pôle *a* de l'aiguille *c*, & celle du pôle *b* de l'aiguille *r*, qui feules font en activité, à caufe de leur ifolement, comme les quantités de fluide dont elles dépendent ne réfident que dans deux points, elles font cenfées agir fur tous les pôles intermédiaires à des diftances infinies, & par conféquent leur action eft nulle pour altérer l'état de l'aiguille entière.

» Si donc il exiftoit une pareille aiguille magnétique, fes deux centres d'action feroient fitués dans ces deux points extrêmes, & tout l'efpace intermédiaire feroit cenfé être dans l'état naturel.

» Mais l'hypothèfe d'une aiguille infiniment déliée n'eft qu'idéale, & tous les aimans ont néceffairement une épaiffeur plus ou moins fenfible. Or, nous pouvons faire entrevoir, à l'aide du raifonnement, quel doit être le réfultat de l'influence mutuelle des différentes aiguilles femblables à *m n*, dont un aimant eft cenfé être l'affemblage, pour mettre cet aimant dans l'état où nous l'offre l'obfervation.

» Imaginons que MN étant l'aimant dont il s'agit, la *diftribution* des deux fluides foit d'abord la même, dans chacune de ces aiguilles compofantes, que celle qui a lieu dans l'aiguille *m n*; fuppofons, de plus, que l'on mette celle-ci en contact avec l'aimant MN, en forte qu'elle ne forme plus qu'un avec lui, & examinons l'action qu'il doit exercer fur les différens points de cette aiguille. Si nous divifons l'aimant MN, par la penfée, en autant de parties C, D, E, F, &c., qu'il y a d'aiguilles partielles dans l'aiguille *m n*, nous aurons une fuite d'aimans dans lefquels les forces des pôles contigus B, A'; B', A'', &c., fe détruiront mutuellement; & ainfi MN, dans la fuppofition précédente, ne pourra agir fur l'aiguille *m n*, qu'à l'aide des forces qui ont leur fiège dans les pôles extrêmes, favoir, le pôle A de la partie C, & le pôle B de la partie R. Or, chacune de ces forces eft celle d'un fluide qui s'étend fur une furface égale à la bafe de la partie C ou R, compofée d'une infinité de points : d'où il réfulte qu'elle agit à des diftances finies fur toutes les petites aiguilles *c*, *d*, *e*, *f*, &c.

» Maintenant le fluide du pôle auftral A attire à lui le fluide du pôle boréal *b*, *b'*, *b''*, &c., de chacune de ces aiguilles, & repouffe le fluide auftral des pôles *a*, *a'*, *a''*, &c. : d'où il y aura un certain nombre de molécules hétérogènes qui fe réuniront dans chaque aiguille, & recompoferont une partie du fluide naturel; mais le fluide du pôle A agit

plus fortement fur les aiguilles voifines de l'extrémité *m*, & plus foiblement fur celles qui font à une certaine diftance de *m*. Donc la quantité de fluide naturel recompofé décroîtra d'une aiguille à l'autre; & par une fuite néceffaire, les portions de fluide qui reftent à l'état de dégagement, iront au contraire en croiffant depuis l'extrémité *m*. Les mêmes effets auront lieu en fens contraire, en vertu de l'action du pôle inférieur B, fur les aiguilles *r*, *o*, *h*, &c.

» Il fuit de-là que fi l'on repréfente par *a*, *b*; *a'*, *b'*, &c., les quantités de fluide qui reftent à l'état de dégagement dans les aiguilles dont ces lettres nous ont fervi à défigner les pôles, & fi l'on compare les deux aiguilles *c*, *d*, on aura *a'* plus grand que *b*; de même, en comparant *e* avec *d*, on aura *a''* plus grand que *b'*, &c.; d'où nous conclurons que l'action *a'* — *b* des deux premiers pôles, ainfi que l'action *a''* — *b'* des deux fuivans, équivaut à celle d'un pôle auftral animé d'une force égale à l'excès de *a'* fur *b*, ou de *a''* fur *b'*. En faifant un raifonnement femblable à l'égard des pôles fuivans, jufqu'au milieu de l'aiguille *m n*, on en conclura que toute cette moitié eft dans le même cas que fi elle étoit follicitée par une fuite de quantité décroiffante de fluide auftral. Ce fera le contraire par rapport à la moitié inférieure de l'aiguille *m n* : les différences *b'* — *a*, *b''* — *a'*, &c., entre la quantité de fluide qui appartient aux aiguilles partielles *r*, *o*, &c., repréfenteront chacune une force boréale, & toute cette feconde moitié de l'aiguille fera cenfée être à l'état de magnétifme boréal. De plus, les points également diftans des extrémités, étant follicités par des forces égales & contraires, on aura, au milieu de l'aiguille, *b'''* — *a'''* = o : d'où il fuit que ce point fera neutre.

» Mais parce que les forces de l'aimant MN fuivent la raifon inverfe des carrés de la diftance, elles agiffent avec une intenfité incomparablement plus grande fur les aiguilles voifines des extrémités *m*, *n*, que fur celles qui font à une certaine diftance des extrémités; en forte que fi l'aiguille *m*, *n* eft un peu longue, l'effet de ces forces deviendra prefque nul fur la partie moyenne de l'aiguille. Ainfi les fluides conferveront à peu près leur état primitif dans cette partie : d'où il réfulte qu'elle ne différera pas beaucoup de l'état naturel.

» Ce que nous avons dit de l'aiguille infiniment déliée *m n*, a également lieu par rapport à toutes les aiguilles dont un aimant MN, d'une épaiffeur fenfible, eft l'affemblage, & cela en vertu des actions réciproques de ces aiguilles ; de manière qu'à l'inftant même où ces aiguilles ont été tirées de l'état naturel, il s'eft établi, dans fon intérieur, une *diftribution* générale des deux fluides, femblable à celle que nous avons confidérée par rapport à une feule aiguille, pour aider nos conceptions. »

DITON, de δὶς, *deux fois*, τόνος, *ton*; ditonnia; *ditonus*; f. m. Intervalle compofé de deux tons, c'eſt-à-dire, une tierce majeure.

DIURNE; diurnus; *täglich*; adj. Durée d'un jour, ou ce qui a rapport au jour.

DIURNE (Arc) : arc de la circonférence d'un cercle parallèle à l'équateur, pris au-deſſous de l'horizon. *Voyez* ARC DIURNE.

DIURNE (Cercle) : cercle parallèle à l'équateur, dans lequel une étoile, ou un point quelconque, pris dans la furface de la fphère du monde, fe meut ou paroît fe mouvoir par fon mouvement *diurne*. *Voyez* CERCLE DIURNE.

DIURNE (Mouvement) : mouvement journalier de la terre autour de fon axe, ou nombre de degrés ou de minutes qu'une planète parcourt en vingt quatre heures par fon mouvement propre. *Voyez* MOUVEMENT DIURNE DE LA TERRE, MOUVEMENT DIURNE D'UNE PLANETE.

DIVERGENCE; divergentia; *divergenz*; f. m. Difpofition de deux ou plufieurs lignes qui vont toujours en s'écartant.

DIVERGENCE DES RAYONS DE LUMIÈRE : rayons de lumière qui, dans leur mouvement, s'écartent continuellement les uns des autres.

Les rayons de lumière, lancés de la furface des corps ou des points lumineux, fe meuvent ordinairement en s'écartant continuellement les uns des autres, donc en *divergeant*: c'eſt ainfi que la lumière s'échappe des étoiles, du foleil, des lampes, des bougies & de tous les corps lumineux.

On peut augmenter ou diminuer la *divergence des rayons lumineux*, en les faifant paſſer à travers des corps tranfparens plus réfringens que l'air, & dont la furface de féparation eſt courbe. Lorfque la furface de féparation eſt concave du côté de l'air, la *divergence des rayons de lumière* eſt augmentée dans le milieu le plus réfringent; elle eſt au contraire diminuée lorfque la furface de féparation eſt convexe du côté de l'air. On parvient même à les rendre convergens; mais lorfqu'ils font arrivés au point de convergence, ils *divergent* de nouveau, par la propriété qu'ils ont de continuer leur chemin en ligne droite. *Voyez* OPTIQUE, VERRE LENTICULAIRE, CONVERGENCE.

Si l'on reçoit un faifceau de lumière fur la furface d'un miroir convexe, les rayons de lumière fe réfléchiſſent en augmentant leur *divergence*; mais fi la furface du miroir qui réfléchit les rayons de lumière eſt concave, la *divergence des rayons de lumière* réfléchie diminue; ils peuvent même devenir parallèles ou convergens; mais, dans ce

dernier cas, les rayons de lumière *divergent* de nouveau lorfqu'ils font arrivés au foyer. *Voyez* MIROIR CONVEXE, MIROIR CONCAVE, FOYER.

DIVERGENCE ÉLECTRIQUE : direction que prennent entr'eux les rayons de la matière électrique, en partant d'un corps actuellement électrifé.

Si l'on électrife un corps, le fluide électrique fe porte d'abord à la furface, où il eſt retenu par l'action de l'air qui l'environne. (*Voy.* ELECTRICITÉ, DISTRIBUTION DE L'ELECTRICITÉ.) Toutes les forces qui repouſſent le fluide électrique agiſſent comme fi elles étoient toutes réunies en un centre d'action, que l'on démontre, pour le cas des corps fphériques, être au centre de la fphère.

Par cela feul que le fluide électrique eſt chaſſé de l'intérieur par une maſſe d'actions réunies en un centre, il s'enfuit que le fluide électrique fortiroit en *divergeant*, s'il n'étoit retenu par l'action que l'air exerce fur lui; mais auſſi, dès que l'on parvient à vaincre cette action, foit en augmentant l'intenſité du fluide électrique, foit en diminuant l'intenſité de l'air, on voit le fluide électrique fortir, en *divergeant*, du corps qui le contient.

Il réfulte, de la forme des corps, une diftribution égale ou inégale dans l'intenſité du fluide électrique répandu fur leur furface. Quand cette forme eſt telle qu'il s'accumule beaucoup plus d'électricité dans quelques parties de la furface que dans d'autres, comme dans le cas où il exiſte des angles ou des pointes fur cette furface, on voit le fluide électrique s'échapper par ces diverfes parties. Mais la *divergence* paroît fouvent, dans l'obfcurité, être beaucoup plus grande que celle qui devroit réfulter de la réunion de toute la répulfion électrique réunie au centre d'action. Quelques phyficiens prétendent que cette augmentation de *divergence* eſt occafionnée par la réfiftance que l'air oppofe à cette divergence.

Cette *divergence du fluide électrique* s'obferve facilement dans l'obfcurité, lorfque l'on y électrife un corps qui eſt armé de pointes ou d'angles : c'eſt ainfi, par exemple, que l'on repréfente la mouche & le papillon électrique. Il fuffit, pour cet effet, de réunir, en forme de croix, une petite tringle métallique à une autre, & de couper net les extrémités des trois croifillons. Si une perfonne, placée fur un tabouret ifolant, tient d'une main la verge métallique & touche de l'autre à une machine électrique en activité, on voit fortir, par les tranches des trois croifillons, des jets de fluide électrique *divergens*, qui repréfentent une mouche ou un papillon.

DIVERGENT; divergens; adj. Qui *diverge*, c'eſt-à dire, tout ce qui s'écarte continuellement en fe mouvant.

DIVERGENTE (Hyperbole) : hyperbole dónt les tranches ont des directions contraires. *Voyez* HYPERBOLE.

DIVERGENTE (Ligne) : lignes qui vont toujours en s'écartant. *Voyez* LIGNES.

DIVERGENTE (Parabole) : parabole dont les branches ont des directions contraires. *Voyez* PARABOLE.

DIVERGENTES (Séries) : fuite de quantités dont les termes vont toujours en augmentant. *Voyez* SERIES DIVERGENTES.

DIVIDENDE ; dividendus ; f. m. Quantité dont on fe propofe de faire la divifion.

DIVINATION ; divinatio ; *waferfagenkunft* ; f. f. Prétendue fcience par laquelle on annonce prévoir l'avenir.

Quoiqu'il femble que le mot *divination* doit fignifier la connoiffance que Dieu a des chofes futures, il n'eft pourtant employé que pour défigner la connoiffance que les magiciens, ou ceux qui font femblant de l'être, fe vantent d'avoir des chofes cachées ; & cette fignification apparente du mot a eu probablement une grande influence fur la plupart des dupes que les charlatans ont foumis à leur empire.

Dans tous les pays où les lumières ont fait peu de progrès, la *divination* eft un des grands moyens employés pour tromper les efprits foibles & fuperftitieux ; & ce qu'il y a peut-être de plus remarquable, c'eft que dans les pays civilifés, où les lumières font généralement répandues, les prétendus devins rencontrent encore un auffi grand nombre de dupes. On ne peut concevoir cette fingularité qu'en fuppofant que le defir de pénétrer dans l'avenir a plus d'influence fur l'efpèce humaine que tous les efforts de la raifon, & que l'evidence elle-même.

L'Ecriture-Sainte reconnoît neuf fortes de *divinations* ; mais il en exifte une bien plus grande quantité : il feroit difficile de nombrer les différens moyens que les charlatans & les fripons ont imaginés pour foumettre & dominer l'efprit des hommes. Il eft peu de matières avec lefquelles ils n'aient annoncé pouvoir prédire l'avenir. Parmi tous les moyens que les prétendus devins & magiciens ont employés pour tromper l'efpèce humaine, on diftingue l'aleuromancie & l'alphitomancie, *divination* par la farine ; l alectryomancie par les coqs ; l'aréomancie par l'air ; l'arithmancie par les nombres ; l'axinomancie par les flèches ; la capnomancie par la fumée ; la cataptromancie & la cryftallomancie par les miroirs ; la céromancie par des figures de cire ; la chiromancie par les morts & les os des morts ; le clédonifme par la voix ; la clédomancie par des clefs ;

la coskinomancie par des cribles ; la dactylomancie par des anneaux ; l'exilopifcine par les entrailles des victimes ; la gaftromancie par le ventre ; la géomancie par la terre ; l'hydromancie par l'eau ; la kéraunofcopie par la foudre ; la lécanomancie par des baffins pleins d'eau ; la lithomancie par des pierres ; la lychnomancie par des lampes ; la nécromancie par les ombres des morts ; l'ooscopie par des œufs ; l'onirocritique par les fonges ; l'ornilomancie par les augures ; la pigomancie par les eaux de fontaine ; la pfycomancie par l'évocation des ames ; la pyromancie par le feu ; &c. &c. *Voyez tous ces mots.*

DIVINATION DES NOMBRES : opération que l'on fait faire fur un nombre penfé, & que l'on *devine* à l'aide d'une queftion qui femble étrangère au nombre.

Soit x un nombre penfé ; faites-y ajouter 4, on aura $x + 4$. Faites prendre la moitié de la fomme, fi c'eft un nombre pair, ou faites-y ajouter une unité, s'il eft impair. Nous fuppoferons ce cas, & nous aurons $x + 5$; faifant prendre la moitié du tout, on aura $\frac{x}{2} + \frac{5}{2}$; faites ajouter 4, on aura $\frac{x + 5}{2} + 4 = \frac{x + 13}{2}$; faites prendre la moitié de la fomme fi elle eft paire, & ajoutez-y une unité fi elle eft impaire ; ce que nous fuppoferons, & nous aurons $\frac{x + 15}{2}$. Alors faites prendre la moitié de la fomme $= \frac{x + 15}{4}$; faites retrancher 3, il reftera $\frac{x + 3}{4}$; demandez le nombre refté, que nous fuppoferons 5, vous aurez $\frac{x + 3}{4} = 5$: multipliez ce nombre par 4, ce qui vous donnera $x + 3 = 20$: fi de 20 vous retranchez 3, vous aurez $x = 17$.

Toutes les autres opérations pour *deviner* des nombres penfés font analogues à celles que nous venons d'indiquer ; mais la dernière queftion que l'on fait, a tantôt pour objet de donner le nombre penfé, tantôt celui d'indiquer un autre nombre reftant ; tout confifte à faire varier les opérations que l'on fait fur ce nombre & fur ceux que l'on ajoute ou que l'on retranche, de manière à ce que les perfonnes qui ont penfé le nombre ne puiffent prévoir que la dernière queftion doit néceffairement le faire *deviner*. Au refte, on peut toujours fuivre l'opération que l'on fait faire, en faifant les mêmes opérations, & y défignant par x le nombre penfé.

On applique quelquefois les opérations fur des nombres pour *deviner* des chofes cachées, ou reconnoître une entre plufieurs. *Voyez*, pour cette *divination*, l'article ARITHMETIQUE du *Diction-*

naire encyclopédique des Amufemens, des Sciences & des Arts.

DIVISCH (Procope), phyficien & muficien allemand, né en 1696, & mort le 21 décembre 1765.

Ce favant embraffa l'Ordre des prémontrés à Bruk-fur-la-Taja, en Moravie, & y enfeigna la philofophie.

Il inventa, en 1754, un paratonnerre qu'il établit près de fa maifon. Ayant propofé à l'Empereur d'en faire conftruire de femblables en différens endroits, les mathématiciens de Vienne s'y oppofèrent, &, au bout de deux ans, les payfans des environs renverfèrent cette machine de forcier, à laquelle ils attribuoient la féchereffe qu'ils éprouvoient.

Divifch eft auffi l'inventeur d'un inftrument de mufique qu'il a appelé *denier d'or*, & qui, felon lui, donne le fon de tous les inftrumens à vent & à cordes. Cet inftrument, qui eft fufceptible de cent trente variations, fe joue avec les mains & les pieds, comme l'orgue.

Nous avons de ce phyficien un ouvrage allemand intitulé : *Théorie de l'Electricité, & application de fes principes à la Chimie.* Tubingen, 1778, in-8°.

DIVISEUR; divifor; *theilor*; f. m. Nombre qui *divife*, ou qui fait voir en combien de parties le *dividende* doit être *divifé*.

DIVISIBILITÉ; divifibilitas; *theilbarkeil*; f. f. Propriété qu'ont les corps de pouvoir être *divifés*, foit actuellement, foit mentalement.

Tous les corps pouvant être *divifés*, on a fait de la *divifibilité* une propriété générale des corps; mais la *divifibilité* de la matiere offre-t-elle des bornes poffibles? c'eft-à-dire, la matiere eft-elle *divifible* à l'infini ? ou bien, fi nous avions des inftrumens propres, les uns à opérer une *divifion* indéfinie, les autres à nous faire obferver les particules qui en réfulteroient, parviendroit-on, par cette divifion, à des molécules infécables, & que l'on dût regarder comme fimples? Telle eft la queftion que préfente la *divifibilité.*

Les géometres ne confidérant dans les corps que leur étendue, font arrivés naturellement à confidérer les corps comme pouvant être *divifibles* à l'infini; ils obfervent d'abord qu'une ligne, quelque petite qu'elle foit, peut être *divifée* en deux parties, chaque partie en deux, & cela fucceffivement jufqu'à l'infini, de forte que cette *divifion* intellectuelle n'a de limite que celle des nombres fractionnaires, $\frac{1}{2}$, $\frac{1}{4}$, $\frac{1}{8}$, &c., c'eft-à-dire, qu'il n'y a aucun terme où l'on puiffe s'arrêter.

Ainfi, lorfque l'on dit que la matiere eft *divifible* à l'infini, on ne prétend pas pour cela qu'elle le foit par le fait, parce qu'il ne faut pas confondre ce qui eft dans l'ordre du poffible, avec ce qui eft renfermé dans les limites d'une pratique très-

bornée; mais on veut dire qu'il n'y a aucune des parties d'un corps, en quelque nombre qu'on l'imagine *divifé*, dans laquelle on ne puiffe concevoir deux moitiés de même nature que ce corps, & qui approchent d'autant plus de zéro, que le nombre des *divifions* eft plus grand, fans cependant pouvoir jamais arriver à ce terme.

On donne des exemples de cette *divifibilité* à l'infini, foit dans le rapport de la diagonale d'un carré au côté pris pour unité, ou, ce qui eft la même chofe, dans l'extraction numérique de la racine de deux; foit dans le point compris entre la tangente d'un cercle & le point de la circonférence qu'elle touche, dans lequel les géometres conçoivent qu'il peut être contenu une infinité d'arcs avec des rayons différens; foit dans l'hyperbole, dont le demi-grand axe comprend tous les écarts des tangentes fufceptibles d'être menées par chacun des points de la courbe prolongée à l'infini, & de *divifer*, par conféquent, cette ligne en une infinité de parties; foit dans la loxodromie décrite par un vaiffeau qui, dans fa route, feroit conftamment le même angle avec le méridien, & qui tourneroit éternellement autour du globe en s'approchant fans ceffe de l'un des pôles fans pouvoir jamais y arriver.

Plufieurs philofophes, tout en admettant la *divifion* mentale & infinie de l'étendue, ont nié la poffibilité de la *divifion* infinie des corps; ils ont donné pour unité, à cette *divifion*, des corpufcules infécables, lefquels, par leur réunion, conftituent la partie matérielle des corps.

C'eft ainfi que Leucippe, Démocrite, & par fuite l'école d'Epicure, fuppofèrent que tous les corps étoient compofés d'atomes *indivifibles* qui devoient être confidérés comme la limite de la *divifion* poffible. Les atomes des épicuriens furent remplacés par les particules infécables de Defcartes & de Gaffendi, par les molécules élémentaires, folides, dures, invariables de Newton; enfin, les monades de Leibnitz & de Wolf. *Voyez* ATOMES, PARTICULES, MONADES, MOLÉCULES.

Vers le milieu du fiècle dernier, la queftion de la *divifibilité* finie ou infinie des corps étoit fi vive, qu'elle occupoit tous les efprits, particulièrement en Allemagne. Les wolfiens y oppofoient leurs monades. Euler dit que l'on mettoit tant de chaleur dans cette difcuffion, qu'il n'y avoit prefque point de dames, dans la Cour de Berlin, qui ne fe fuffent déclarées pour ou contre. Se trouvant vivement attaqués par les géometres, les wolfiens ne trouvèrent de moyen pour défendre leur fyfteme, que de l'appuyer fur des inductions morales; & comme ils ne purent convaincre les efprits, ils cherchèrent à effrayer les confciences.

Dans fa cent vingt-quatrième *Lettre à une princeffe d'Allemagne*, fous la date du 2 mai 1761, Euler combat ainfi le fyfteme des monades & de la *divifibilité* finie des corps.

« Si les corps, qui font immanquablement des

êtres étendus ou doués d'étendue, n'étoient pas *divisibles* à l'infini, il feroit faux aussi que la *divisibilité* à l'infini fût une propriété de l'étendue. Or, ces philofophes avouent bien que cette propriété convient à l'étendue, mais ils prétendent qu'elle ne fauroit avoir lieu dans les êtres étendus. C'eft comme fi je voulois dire que l'entendement & la volonté font bien des attributs de la nature de l'homme en général, mais ils ne fauroient avoir lieu dans les hommes actuellement exiftans.

» V. A. en tirera aifément cette conclufion. Si la *divifibilité* à l'infini eft une propriété de l'étendue en général, il faut néceffairement qu'elle convienne auffi à tous les êtres individuellement étendus; ou fi ces êtres, actuellement étendus, ne font pas *divifibles* à l'infini, il eft faux que la *divifibilité* à l'infini foit une propriété de l'étendue en général.

» On ne fauroit nier l'une ou l'autre de ces conféquences, fans renverfer les principes les plus folides de toutes nos connoiffances; & les philofophes qui n'admettent pas la *divifibilité* à l'infini, dans les êtres réellement étendus, ne devroient pas l'admettre non plus dans l'étendue en général; mais comme ils accordent le dernier, ils tombent dans une contradiction frappante. »

Si l'on veut avoir de plus grands détails fur cette queftion, on peut confulter les *Lettres d'Euler à une princeffe d'Allemagne*, depuis la lettre cent vingt trois jufqu'à la lettre cent trente-deux inclufivement.

Cette *divifibilité* de la matière à l'infini offre un réfultat de phyfique affez fingulier; c'eft qu'il fuit de-là qu'une particule de matière, quelque petite qu'elle foit, eft capable de remplir un efpace de quelque grandeur qu'on puiffe le fuppofer, de manière qu'il n'y ait aucun vide dont le diamètre foit plus grand qu'une ligne donnée, auffi petite que l'on voudra; & par conféquent de former un corps impénétrable à la lumière. Quelque rigoureufe que foit cette conféquence, la raifon & l'imagination refufent de fe prêter à admettre un réfultat auffi monftrueux; ce qui prouve à quel point les anciennes écoles ont abufé de la métaphyfique dans ces fortes de queftions, d'ailleurs étrangères à une fcience qui eft toute fondée fur l'obfervation.

Dans le nombre des partifans des atomes, des monades inféeables, il en eft qui confidèrent les corps comme compofés de particules qui fe touchent, & d'autres comme compofés de particules indivifibles, d'une petiteffe prefqu'infinie, qui laiffent entr'elles des efpaces vides, & rendent la porofité une propriété néceffaire des corps. (*Voyez* POROSITE.) Ces particules ne fe touchent point, mais elles font maintenues à diftance par des forces attractives & répulfives qui exiftent entr'elles.

Tandis que les partifans des atomes & des monades difputoient fur la non *divifibilité*, les phy-ficiens éclairés obfervoient la nature, foumettoient les corps à l'analyfe, & obtenoient des réfultats qui répandoient la lumière fur des faits jufqu'alors inexplicables.

Les procédés mécaniques de plufieurs arts, les diffolutions, les phénomènes de la végétation & de la lumière, & les obfervations de plufieurs naturaliftes fur la petiteffe & les travaux de quelques animaux, nous offrent des exemples d'une *divifibilité* qui étonne l'imagination.

Que l'on obferve les procédés du batteur d'or; on remarque qu'il peut amener ce métal à un degré de fineffe, tel que, 0,1 gramme d'or peut être *divifé* en 12 trillions de parties. (*Voyez* DUCTILITE.) Les fils des jeunes araignées font d'une telle fineffe, qu'il eft impoffible d'en apprécier la divifion. *Voyez* DUCTILITÉ.

On a, dans la colorifation, l'exemple d'une exceffive *divifibilité*. Un décigramme de cuivre, diffous dans l'acide nitrique, verfé dans un décimètre cube d'eau diftillée, dans laquelle on ajoute enfuite de l'ammoniaque, colore cette eau en un bleu célefte affez agréable; & comme chaque centimètre cube doit contenir, d'après Lowenhoech, 50 mille grains de fable fin, fi l'on fuppofe que chaque goutte d'eau de la groffeur d'un grain de fable contient une particule de cuivre, il s'enfuivra que le décigramme de ce métal a été divifé en 50 milliards de parties. La colorifation du carmin offre une *divifibilité* beaucoup plus grande: Baruel eftime qu'un décigramme de carmin peut être divifé en 26,000,000,000,000,000,000 parties.

Keil ayant mis un grain de poivre dans de l'eau, y aperçut, au bout d'un temps affez court, une quantité innombrable d'animalcules. En les comparant à la groffeur d'un grain de fable, tellement fin qu'il en falloit 50 mille pour remplir un centimètre cube, Keil remarqua que les plus gros formoient à peine $\frac{1}{30}$ des grains de fable, les moyens $\frac{1}{300}$, & les plus petits $\frac{1}{1000}$. Afin de fe faire une idée de la grandeur de ces animalcules, Lowenhoech les compare à un homme moyen, & il fe trouve que celui-ci eft 3,456,000,000,000,000,000 fois plus grand; enfuite pour concevoir l'exceffive *divifibilité* de leurs parties, Keil obferve qu'il faut 25 mille globules du fang d'un homme pour remplir un centimètre cube, & que fi les globules du fang de ces animaux étoient dans la même proportion, il en faudroit 86,400,000,000,000,000,000 pour remplir également un centimètre: d'où Keil conclut qu'il faudroit un plus grand nombre de ces globules pour former le volume d'un grain de fable, qu'il ne faudroit de grains de fable pour former mille des plus hautes montagnes.

D'après Lowenhoech, la laite des merluches eft formée d'animaux tellement petits, qu'un centimètre cube en contiendroit 1,300,000,000,000; d'où il fuit que plufieurs milliers d'animaux pourroient tenir fur la pointe d'une aiguille, & que la laite feule d'une merluche renferme un plus grand nombre de ces petits animaux, que la terre ne contient d'hommes.

Quelque grande que foit la *divifibilité* des corps que nous venons de confidérer, celle des matières odorantes de plufieurs fubftances eft au moins auffi grande, puifqu'on a calculé que la diminution de l'affa fœtida, par l'évaporation, eft telle, qu'un décigramme de cette plante fe divife en 23,563,600,000,000,000 parties odorantes. (*Voyez* ASSA FŒTIDA.) Le mufc offre une *divifibilité* plus difficile à apprécier, puifque la même quantité de cette fubftance répand de l'odeur pendant vingt ans, & qu'on préfume que la *divifibilité* d'un decigramme dé mufc, par l'évaporation de fes molécules odorantes, peut être évaluée à 64, fuivie de vingt-cinq zéros.

Mais nulle fubftance n'offre une *divifibilité* auffi étonnante, on pourroit même dire auffi incalculable, que la lumière, puifque l'image d'une étoile formée d'une multitude innombrable de rayons n'occupe, fur la rétine, que la foixante-dix-neuf millionième partie d'un millimètre carré.

Enfin, les queues des comètes, qu'on fait occuper plufieurs degrés en longueur, en largeur, & certainement auffi en épaiffeur, laiffent cependant diftinguer, à travers cette épaiffeur, la lumière des étoiles fixes ; ce qui fuffit pour donner l'idée la plus extraordinaire que l'on puiffe concevoir de l'extrême *divifibilité* de la lumière.

Comment, d'après l'exceffive *divifibilité* que l'on obferve dans un grand nombre de corps, peut-on vouloir s'occuper encore de la queftion de la *divifibilité* finie ou infinie de la matière qui compofe les corps ?

DIVISION ; divifio ; *theilung* ; f. f. Opération par laquelle on fépare un tout en plufieurs parties égales ou inégales.

DIVISION ARITHMÉTIQUE : opération par laquelle on trouve un troifieme nombre qui, multiplié par le fecond, donne un produit égal au premier.

DIVISION DES INSTRUMENS : méthode employée pour divifer exactement les lignes & les arcs de cercle en un nombre donné, en fuivant une loi également donnée. *Voyez* INSTRUMENS, QUART DE CERCLE, TRANSVERSALE.

DIVISION GÉOMÉTRIQUE : opération par laquelle on divife le produit de deux lignes par une troifième, le produit de trois lignes par deux, le produit de quatre lignes par trois, & de manière que le réfultat foit toujours une ligne.

DIVISION MÉCANIQUE DES CRISTAUX : opération par laquelle on parvient à faire l'anatomie d'un criftal, en faififfant, à l'aide d'un inftrument

tranchant, tel qu'une lame d'acier, les joints naturels de fes lames compofantes.

Cette opération, dit Haüy, exécutée fur tous les minéraux qui s'y prêtent, conduit à un réfultat général, qui eft comme la clef des lois relatives à leur ftructure.

Il confifte en ce que, fi l'on divife les différens criftaux originaires d'une même fubftance, par des corps qui fe correfpondent fur toutes les parties femblablement fituées, on parvient à extraire un folide régulier, qui eft conftant pour tous ces criftaux, même pour ceux dont les formes contraftent le plus fortement. *Voyez* CRISTAUX, CRISTALLISATION.

DIXAIN : monnoie de Portugal ; il en faut 4 pour faire un réal, 40 pour 1 crufado novo, & 48 pour 1 crufado vellio. Le *dixain* = 10 reis, = 60 ceiti, = 0,074 de la livre tournois, = 7,3 centimes.

DO : fyllabe que les muficiens italiens fubftituent, en folfiant, à celle d'*ut*, dont ils trouvent le fon trop fourd.

DOBLON : monnoie d'or du Mexique & des Indes occidentales.

On diftingue trois fortes de *doblons* :

1°. *Doblon* di oro, piftole = 19,88 livres tournois, = 19,64 francs.

2°. *Doblon* de a quatro = 39,77 livres tournois, = 39,27 francs.

3°. *Doblon* de a ocho = 79,54 livres tournois, = 78,54 francs.

DOBRA : monnoie d'or de Portugal.

On fait ufage de cinq fortes de *dobra*.

Quart de *dobra* = 21,46 livres tournois, = 21,19 francs.

2°. Demi-*dobra* = 42,92 livres tournois, = 42,38 francs.

3°. Demi-*dobraon* = 80,47 livres tournois, = 79,43 francs.

4°. *Dobra*, once portugaife à 22 carats, = 85,83 livres, = 84,77 francs.

5°. *Dobraon*, once ⅞ à 22 carats 606, fabriqué en 1727, = 160,9 livres tournois, = 158,95 francs.

- DOCIMASIE, de δοκιμασια, *effayer* ; docimafia ; *probier kunft* ; f. f Art d'effayer en petit les minerais, pour connoître les métaux qu'ils contiennent.

Ces effais doivent être faits avec beaucoup d'intelligence & de fidelité, puifque c'eft d'après eux que l'on fe détermine à entreprendre le travail en grand.

Les principales opérations de la *docimafie* font : le lotiffage, le lavage, le grillage, la fonte, l'affinage, le départ. *Voyez ces mots.*

On diftingue en chimie deux fortes de *docimafies* : celle

celle par la voie sèche, c'est-à-dire, par la fusion, & celle par la voie humide, c'est-à-dire, par les acides & les autres réactifs.

Si l'on compare la *docimasie* à la chimie & à la minéralurgie ; on y trouve ces différences : la chimie s'applique sur toutes les substances de la nature ; elle recherche tous les composans de chaque substance. La *docimasie* ne s'applique qu'aux minerais ; elle ne détermine que la proportion de la substance que l'on se propose de retirer en grand. Dans la *docimasie*, on peut employer toute espèce d'agent pour connoître la proportion de la substance que l'on veut séparer. Dans la minéralurgie, on ne doit employer que des agens d'une foible valeur, parce que l'on se propose toujours de séparer, avec la plus grande économie, la substance que l'on veut obtenir. *Voyez* CHIMIE, MINÉRALURGIE, MÉTALLURGIE, ESSAIS PAR LA VOIE SÈCHE, ESSAIS PAR LA VOIE HUMIDE.

DOCIMASIE PULMONAIRE ; pulmonum docimasia. Epreuves diverses auxquelles on soumet les organes de la respiration d'un nouveau-né, afin de reconnoître s'il a ou s'il n'a pas respiré après la naissance, c'est-à-dire, s'il est sorti vivant du sein maternel, ou si la mort a précédé cette sortie.

DODART (Denis), médecin & physicien, naquit à Paris en 1634, & mourut le 5 septembre 1707.

Reçu docteur en 1660, *Dodart* fut nommé, six ans après, professeur de pharmacie, ensuite conseiller-médecin de Louis XIV. L'Acadmie l'admit au nombre de ses membres en 1673.

Quoiqu'attaché à la Cour & occupé d'ouvrages importans, il consacroit une partie de son temps au service des pauvres, & il les aidoit de sa bourse comme de ses conseils.

Dodart étudia à fond l'histoire des végétaux, & cette étude lui fournit le sujet de plusieurs excellens Mémoires, & l'avantage de composer la savante Préface du livre que l'Académie fit imprimer sous le titre de *Mémoires pour servir à l'histoire des plantes*. Il s'efforce, dans cette Préface, d'encourager la recherche des propriétés des plantes par l'analyse chimique.

A l'exemple de Sanctorius, il travailla sur la transpiration insensible du corps humain, & après une série d'expériences continuées pendant trente-trois ans, il s'assura que l'homme perd beaucoup plus, par cette voie, dans la jeunesse que dans l'âge avancé. Le résultat de ces expériences a été imprimé sous le titre de *Statica medicina gallica*. *Voyez* TRANSPIRATION.

Parmi les nombreux travaux dont *Dodart* s'est occupé, nous distinguerons ses Mémoires sur la formation de la voix ; il y compare l'organe vocal de l'homme à un instrument à vent. Cette opinion a été généralement adoptée jusqu'en 1742, époque où Ferrein en proposa une autre qui partagea les

savans. Quelques physiciens, pour les mettre d'accord, ont considéré le larynx comme un instrument qui réunit les avantages, & présente le double mécanisme des instrumens à vent & des instrumens à cordes. *Voyez* VOIX, ORGANE VOCAL.

DODÉCAÈDRE, de δωδεκα, *douze*, εδρα, *base*; dodecaedrum ; *dodecaèdre*; s. m. Solide composé de douze faces égales & semblables.

En géométrie, le *dodécaèdre* est un corps régulier dont la surface est composée de douze pentagones réguliers, égaux & semblables. En cristallographie, c'est un cristal composé de douze faces triangulaires, quadrangulaires ou pentagonales, toutes égales & semblables. Dans le *dodécaèdre* des géomètres, non-seulement les faces sont égales, mais les angles plans & les angles solides sont encore égaux.

DODÉCAGONE, de δωδεκα, *douze*, γονια, *angles*; dodecagonus; *zwoelfeck*, *dodecagon*; s. m. Polygone régulier qui a douze angles égaux & douze côtés égaux.

DODÉCAHÈDRE. *Voyez* DODÉCAÈDRE.

DODÉCATÉMORIE, de δωδεκατος, *douzième*, μοριον, *partie*; dodecatemorium ; *dodécatemori*; s. f. Douzième partie de quelque chose.

Quelques astronomes avoient donné ce nom aux douze signes du zodiaque, par la raison que chacun de ces signes contient la douzième partie des douze constellations qui ne leur correspondent plus, quoique les signes aient conservé les mêmes noms. *Voyez* PRÉCESSION.

DODRANS : mesure linéaire, gramatique, de capacité, de poids, de monnoie des anciens Romains.

Assez généralement, il faut 3 *dodrans* pour faire un quadrans, & 9 pour faire un uncia.

Le *dodrans* linéaire = 8,56 pouces, = 23,17 centimètres.

Le *dodrans* gramatique = 542,8 toises carrées, = 2051,91 mètres carrés.

Le *dodrans* pour mesurer les liquides = 15,49 roquilles, = 1,79 litre.

Le *dodrans* poids = 4734 grains, = 393,47 grammes.

Le *dodrans* numéraire = 15 sous, = 74,7 centimes.

DOIGT ; digitus ; *finger*; s. m. Les extrémités des mains & des pieds.

DOIGT : mesure longitudinale d'Espagne = 7,705 lieues, = 4,28 myriamètres.

DOIGT D'ÉCLIPSE : douzième partie du diamètre du soleil ou de la lune.

On fe fert de ce mot quand il s'agit d'exprimer la quantité dont un de ces aftres eft éclipfé. Pour mefurer cette quantité, on fuppofe qu'on a divifé en douze parties égales, qu'on appelle *doigts*, celui des diamètres de l'aftre qui coupe l'ombre, ou qui, étant prolongé, la couperoit par fon centre au moment même du milieu de l'éclipfe; puis, en comptant combien de parties font couvertes par l'ombre, on détermine la quantité dont l'aftre eft éclipfé. Ainfi, s'il y a fix de ces parties d'obfcur cies, on dit que l'éclipfe eft de fix *doigts*. *Voyez* ECLIPSE.

DOIGTER; *applicatur*; v. n. Faire marcher, d'une manière convenable & régulière, les doigts fur quelqu'inftrument.

Le *doigter* s'applique fur les inftrumens à vent; fur les inftrumens à manche, tels que le violon, le violoncelle, &c.; fur les inftrumens à clavier, tels que l'orgue, le clavecin, le forté, &c. Le *doigter* devient effentiel pour jouer le plus facilement & le plus nettement qu'il eft poffible.

DOLIE : 'mot italien employé en mufique pour doux. Ce mot eft non-feulement oppofé à fort, mais à rude.

On indique le *dolie* dans la mufique françaife, comme dans la mufique italienne, par D.

DOLIUM : mefure de capacité des anciens Romains = 619,5 pintes, = 579,95 litres.

DOME, de δόμα, *toit;* doma; *haube;* f. m. Couverture que l'on met fur un fourneau pour faire réfléchir la chaleur. *Voyez* REVERBÈRE.

DOMIFIER : partage du ciel en douze maifons, pour dreffer un thême célefte ou un horofcope, par le moyen de fix grands cercles que l'on appelle *cercles de pofition*.

DOMINANT; dominans; *herrfchend;* adj. Qui *domine*.

DOMINANT (Accord) : celui qui fe pratique fur la *dominante* du ton, & qui annonce la cadence parfaite.

Tout accord parfait majeur devient *dominant* fitôt qu'on lui ajoute la feptième mineure.

DOMINANT (Aftre) : aftre qui *domine* dans un horofcope, qui eft l'afcendant le plus fort.

DOMINANTE (Note) : note qui eft une quinte au-deffus de la tonique.

La tonique & la *dominante* déterminent le ton; elles y font chacune le fondamental d'un accord parfait; au lieu que la médiante, qui conftitue le mode, n'a point d'accord à elle, & fait feulement

partie de celui de la tonique. *Voyez* MÉDIANTE, TONIQUE.

DOMINICAL; dominicus; *was dem herrem;* adj. Ce qui appartient au dimanche.

DOMINICALES (Lettres); *fontags-buchfto'en.* Lettres de l'alphabet qui fervent à marquer, dans les almanachs, les dimanches pendant tout le cours de l'année. *Voyez* LETTRE DOMINICALE.

DOMINIS (Marc-Antoine de), phyficien, évêque de Spalatro, né à Arbe, capitale de l'île d'Arbe, fur la côte de Dalmatie, en 1556, & mort au château Saint-Ange en 1624.

Iffu d'une famille illuftre qui donna à l'Eglife un pape & d'illuftres prélats, on le deftina à l'Églife; il fit fes études fous les Jéfuites. Ses progrès dans les fciences étonnèrent fes maîtres; ils crûrent avoir trouvé en lui un fujet propre à répandre le plus grand éclat fur l'Ordre entier, & ne négligèrent rien pour le déterminer à y entrer.

Pendant fon noviciat, *Dominis* profeffa l'éloquence, la philofophie & les mathématiques avec un fuccès qui attira à fes leçons de nombreux élèves. Il compofa, à cette époque, ce Traité rare & curieux fous le titre : *De Radiis vifus & lucis in vitris perfpectivis & iride*, dans lequel fe trouve expliqué, pour la première fois, le phénomène de l'*arc-en-ciel*. (*Voyez* IRIS.) Ce fut Jean Bartole, l'un de fes élèves, qui le publia, long-temps après, avec fa permiffion. Newton, dans fon *Traité a'Optique*, rabaiffe Defcartes pour faire honneur à *Dominis;* mais Bofcovich & Tirabofchi, dont le témoignage ne peut être fufpect, avouent que *Dominis* a pu mettre Defcartes fur la voie de cette découverte mais que c'eft lui qui doit en être regardé comme le véritable auteur. Ils ajoutent même que les nombreufes erreurs répandues dans le livre de *Dominis*, montrent qu'il n'étoit pas très-favant dans la phyfique ni dans les mathématiques.

Reçu dans l'Ordre des Jéfuites, il follicita bientôt fa fécularifation, & obtint en même temps l'évêché de Sequi; quelque temps après il paffa à l'archevêché de Spalatro.

Né avec un efprit inquiet & remuant, il voulut réformer les mœurs du clergé, prit part aux démêlés furvenus entre les Vénitiens & le pape Paul V. Craignant alors les fuites de fon imprudence, il fe démit de fon archevêché en faveur de fes parens, fe retira à Venife, puis paffa en Angleterre, où il fut nommé doyen de Windfor, & en obtint les riches bénéfices.

Bientôt après, il manifefta le regret de fa conduite & le defir de la réparer, en rentrant dans le fein de l'Eglife. Le pape Grégoire XV, inftruit des difpofitions où étoit *Dominis*, le fit affurer de fon pardon par l'ambaffadeur d'Efpagne, & lui facilita les moyens de s'embarquer fecrétement. Après fon arrivée, il fut arrêté & enfermé dans le château Saint-Ange, où il mourut au bout de quelques mois. Son procès ayant été continué après fa mort, par l'Inquifition, il fut déclaré & convaincu d'héréfie, & fon corps déterré & brûlé au champ de Flore.

Indépendamment de l'ouvrage fur la lumière que nous avons cité, *Dominis* publia plufieurs autres ouvrages, tels que *De Republicâ ecclefiaflicâ; libri X*, Londres 1617; *Predica fatta nella capella delli merciaro, in Londros* 1617; *Scogli del criftiano naufragio quali va fcopendro la funēla chiefa*, 1717, &c.; mais tous ouvrages étrangers aux fciences.

DONDAINE : machine ancienne qui fervoit à jeter des pierres.

DONNÉE; daius; *gegeben grœffern*; adj. Nom que l'on donne, en mathématique, à tout ce que l'on fuppofe connu.

Ainfi, une ligne *donnée* eft une ligne dont on connoît la grandeur; lorfque l'on connoît fa pofition, on dit que la ligne eft *donnée* de pofition.

Ce mot fignifie encore certaines chofes ou quantités qu'on fuppofe être *données* ou connues, & dont on fe fert pour en trouver d'autres qui font inconnues.

DOPPEL MAYER (Jean-Gabriel), mathématicien & phyficien allemand, né à Nuremberg en 1671, mort le 1er. décembre 1758.

Son père, fimple marchand, amateur de phyfique expérimentale, & auquel on attribue des perfectionnemens à la machine pneumatique, l'envoya faire fes études à Altorf, & enfuite à Halle. L'étude du droit, à laquelle il fe livroit, fit bientôt place à un goût décidé pour la phyfique.

Doppel Mayer voyagea en 1700 à Bâle, enfuite en Hollande & en Angleterre; apprit le français, l'italien & l'anglais; fe rendit habile dans l'art de tailler les objectifs des grandes lunettes aftronomiques & de polir les miroirs des télefcopes, & fe lia d'amitié avec les plus célèbres aftronomes de fon temps.

Après deux ans de féjour dans fon pays, où il revint en 1702, il obtint la chaire de profeffeur de mathématiques. Ce fut pendant quarante-fix ans de travaux dans cette place, qu'il fe rendit célèbre. En 1713, il fut reçu membre de la Société royale de Londres; en 1715, à celle des Scrutateurs de la nature, de Vienne; & en 1740, à celles de Berlin & de Péterfbourg. Vers la fin de fa carrière, il fe rendit fameux par fes belles expériences électriques qui attiroient un grand nombre de curieux.

Ce favant a publié : 1°. *Introduction à la géographie*, en 1714, en allemand, & en 1731, en latin; 2°. *Notions hiftoriques des mathématiciens & artiftes de Nuremberg*, 1730, en allemand; 3° *Atlas cœleftis in quo 30 tabula aftronomica æri incifa continen-*

tur, 1742, grand in-fol.; 4°. *Phénomènes électriques nouvellement découverts*, 1744, en allemand. Indépendamment de fes difcours académiques, il fit plufieurs traductions, parmi lefquelles on diftingue : 1°. les *Tables aftronomiques* de Thomas Street; 2°. la *Défenfe de Copernic* par Wilkins; 3°. *Traité de la conftruction & de l'ufage des inftrumens d'aftronomie*, par Bion.

DOPPIA : mefure agraire en ufage à Mantoue, = 70 ou 80 bralches, = 45,44 arpens, = 23,2061 hectares.

DOPPIA : monnoie qui a diverfes valeurs dans différens pays.

PAYS.	VALEUR		
	du pays.	Liv. anciennes.	Francs.
Savoie ...	24 l. "	28,43	28,14
Gênes....	23 12 s.	19,79	19,54
Milan....	23 5	.....	....
Venife...	37 10	19,29	19,04
Tofcane..	.....	19,82	19,58
Etats de l'Eglife...	33 paoli.	11,78	11,63

DORADE; aurata; *goldfifche*; f. f. Conftellation de la partie méridionale du ciel, placée au pôle auftral de l'écliptique, au-deffus du navire, entre le chevalet du peintre, le réticule rhomboïde & le grand nuage.

C'eft une des douze conftellations décrites par Jean Boyer, & ajoutées aux quinze conftellations méridionales de Ptolémée. Elle contient vingt-neuf étoiles dans le catalogue de La Caille; la plus belle eft de troifième grandeur.

DORIEN, de δωρις, *la doride*; dores; *dorifch*; adj. Qui appartient à la *doride*.

DORIEN (Mode); *dorifch-ton-arte*. Le premier mode authentique de la mufique dès Anciens.

Ce mode eft févère, mêlé de gravité & de joie; il eft propre pour les fujets religieux & de guerre.

On en attribue l'invention à Tamiris de Thrace, qui, ayant eu le malheur de défier les Mufes & d'en être vaincu, fut privé par elles de la lyre & des yeux.

DOSE, de δωσις, je donne; dofis; *dofis*; f. f. Quantité ou poids des fubftances que l'on mêle enfemble pour former un compofé.

DOUBLE; duplex; *doppelt*; adj. & f. Qui eft

répété deux fois, qui contient deux fois un autre.

DOUBLE ARÉOMÈTRE : inſtrument avec lequel on compare la denſité de deux liquides, par la hauteur de la colonne ſous une même preſſion

Cet inſtrument ſe compoſe d'un tube recourbé EFG, *fig.* 736, dans la partie ſupérieure duquel eſt une pompe aſpirante H. Les deux branches de cette eſpèce de ſiphon ſe plongent dans deux vaſes I, L, contenant deux liquides différens. En raréfiant l'air dans les deux branches du tube, par le moyen de la pompe, le liquide, moins comprimé dans les tubes qu'à l'extérieur, s'élève dans les deux branches, de manière que la preſſion de la colonne ſoulevée eſt égale à la différence des deux preſſions extérieure & intérieure. La denſité comparée des deux liquides eſt en raiſon inverſe des hauteurs des colonnes ſoulevées.

On place ordinairement cet inſtrument ſur une planche CD, ſur laquelle on trace des diviſions près de l'emplacement des tubes. Cette planche ſe fixe ſur un pied AB, qui ſupporte les vaſes I, L, dans leſquels on met les liquides dont on veut comparer la denſité.

DOUBLE AUGUSTE : monnoie d'or de Saxe, = 5 rixdallers, = 19,39 livres tournois, = 19,15 francs.

DOUBLE BAROMÈTRE DE HUYGHINS : baromètre, *fig.* 297, ſur le réſervoir duquel on a ſoudé un petit tube qui contient un liquide plus léger que le mercure. *Voyez* BAROMÈTRE D'HUYGHINS.

DOUBLE CÔNE MONTANT : cône double qui paroît monter, quoiqu'il deſcende réellement. *Voyez* CÔNE DOUBLE MONTANT.

DOUBLE (Corde) : manière de jeu ſur le violon, laquelle conſiſte à toucher deux cordes à la fois, faiſant deux parties différentes.

DOUBLE-CROCHE : note de muſique qui ne vaut que le quart d'une noire & la moitié d'une croche. *Voyez* CROCHE, NOIRE.

DOUBLE CROCHET : ſigne d'abréviation qui marque la diviſion des notes en *double-croche.*

DOUBLE D'OR : monnoie de France, frappée en 1340 & 1346. Celui de 1340 valoit 60 ſous d'alors, = 22,22 livres tournois, = 21,94 fr.

Ceux de 1346 valent 34¾ ſous d'alors, = 22,22 livres tournois, = 15,20 francs.

DOUBLE ECU : monnoie d'argent ayant cours en France, & plus connue ſous le nom de *pièce de 6 francs*, = 6 livres tournois, = 5,92 francs.

Il ne vaut, dans le commerce, que 5,80 francs.

DOUBLE FLORIN : monnoie d'or de Hanovre, = 16,53 livres tournois, = 16,32 francs.

DOUBLE FREDERIK : monnoie d'or de Pruſſe, = 10 rixdallers, = 39,30 livres tournois, = 38,81 francs.

DOUBLE LOUIS : monnoie d'or de France, = 48 livres tournois, = 47,20 francs.

DOUBLE MOULINET POUR LA RÉSISTANCE DES MILIEUX : appareil deſtiné à apprécier la réſiſtance des milieux.

A & B, *fig.* 737, ſont deux eſpèces de moulinets de même poids, & également mobiles ſur leur pivot, mais diſpoſés de manière que l'un, A, préſente au milieu qu'il diviſe, les tranches de ſes ailes, & l'autre, B, le plan des ſiennes.

Sur l'axe de chacun de ces moulinets ſont fixés deux crochets a & b qu'on fait repoſer ſur la tête du reſſort C. On bande ce reſſort en le retirant en arrière & en l'arrêtant ſous une petite griffe d, fixée ſur le haut de la tige du milieu EF.

Le reſſort étant tendu, ſi on le lâche, en baiſſant la cheville D, qui ſe meut de haut en bas dans une couliſſe, le reſſort ſe détendra & frappera également les deux crochets a, b. Il imprimera la même force aux deux mobiles, & les deux moulinets ſe mouvront avec la même viteſſe initiale. Mais comme ils ſont également ſoumis à la réſiſtance du milieu, le moulinet B, qui préſente la face de ſes ailes, aura perdu tout ſon mouvement, tandis que le moulinet A continuera à ſe mouvoir.

En donnant aux plans des ailes diverſes inclinaiſons ſur l'axe de mouvement, on peut eſtimer les rapports de la réſiſtance du milieu, en raiſon de la ſurface & de l'inclinaiſon que les ailes lui préſentent. *Voyez* FROTTEMENS, RÉSISTANCE DES MILIEUX.

DOUBLE NOIR : monnoie de billon à 2 deniers de fin, frappée en France en 1740, = 2¼ deniers d'alors, = 0,0459 livre tournois, = 0,0453 franc.

DOUBLE OCTAVE : intervalle compoſé de deux octaves, qu'on appelle *quinzième*, & que les Grecs appellent *dis diapaſon. Voyez* DIS DIAPASON.

DOUBLE PARISIS NOIR : monnoie de France frappée en 1743, à 2 deniers de fin, = ½ denier d'alors, = 0,0307 denier tournois, = 0,0361 fr.

DOUBLE (Point) : point où ſe coupent les deux branches d'une courbe. *Voyez* DOUBLE POINT.

DOUBLE QUANTITÉ : quantité qui contient deux fois la quantité simple, prise pour unité.

DOUBLE REFRACTION : décomposition de la lumière en deux faisceaux distincts, lorsqu'elle passe d'un milieu dans un autre.

L'un des faisceaux est produit, d'après Newton, par réfraction simple & ordinaire; l'autre, par une réfraction extraordinaire.

La *double réfraction* a été observée, la première fois, dans le cristal d'Islande. Tout porte à croire qu'Erasme Bertholin est le premier qui ait observé ce phénomène. *Voyez* CRISTAL D'ISLANDE.

En observant avec soin les effets de la lumière passant à travers le cristal de roche, Huyghens & Newton remarquèrent que cette substance jouissoit également de la *double réfraction*. *Voyez* CRISTAL DE ROCHE.

Soumettant à l'action de la lumière diverses substances naturelles & transparentes, on reconnut bientôt qu'un grand nombre de substances cristallisées jouissoient de la même propriété. On distingue parmi ces substances :

Le spath d'Islande.	La cymophane.
Le soufre.	L'émeraude.
L'aragonite.	L'euclase.
La chaux sulfatée.	Le feld-spath.
La baryte sulfatée.	Le péridot.
La strontiane.	La mellite.
La soude boratée.	Le plomb carbonaté.
Le quartz.	Le fer sulfaté.
Le zircon.	Le sulfate de cuivre.
Le corindon.	&c. &c. &c.

On observe la *double réfraction* de deux manières différentes, ou en regardant un objet à travers une substance transparente, ou en faisant passer un faisceau de lumière à travers : dans le premier cas, on aperçoit deux images; dans le second, il se forme deux spectres solaires.

Jusqu'ici, la chaux carbonatée & le soufre sont les seules, parmi les substances qui jouissent de la *double réfraction*, qui présentent deux images du même objet vu à travers deux de leurs faces parallèles : ce qui paroît provenir (dit Haüy) de ce que leurs formes primitives sont des parallélipipèdes obliquangles, au lieu que les autres dérivent d'un solide dans lequel les bases sont à angles droits sur les faces latérales.

Pour apercevoir la *double réfraction*, à l'aide des substances dont les bases sont à angles droits sur les faces latérales, il est nécessaire que les deux faces, à travers lesquelles on regarde les objets, soient inclinées l'une à l'autre; ce qui fait que l'on distingue mieux le *double* spectre solaire coloré, que la *double* image des objets. Il peut arriver que, même dans ce cas, l'effet de la *double réfraction* devienne nul, & que les deux images se confondent en une seule. Cette limite a lieu lorsque l'une des deux faces qui forment l'angle réfringent

est ou perpendiculaire, ou parallèle à l'axe de la forme primitive; ce qui dépend de la nature de ces substances. Ainsi, dans l'émeraude, c'est la première position qui détermine la réunion des deux images en une seule.

Si l'on vouloit, avec ces deux dernières substances, apercevoir deux images du même objet aussi nettes qu'avec le cristal d'Islande, il faudroit réunir, l'un sur l'autre, deux prismes différens de la même substance, & leur donner une disposition telle, que la colorisation soit entièrement détruite. C'est ainsi que Rochon est parvenu à obtenir, avec le cristal de roche, des micromètres par la *double réfraction*. *Voyez* CRISTAL DE ROCHE, MICROMÈTRE DE ROCHON.

Cette *double réfraction* de la lumière, dans un grand nombre de corps, provient, d'après Malus, de la propriété qu'a la lumière de se polariser. *Voyez* CRISTAL D'ISLANDE, RÉFRACTION, RÉFRACTION DOUBLE, POLARISATION, REFRACTION EXTRAORDINAIRE, POLARISATION DE LA LUMIÈRE; *voyez* également la question 29 du livre VII du *Traité d'Optique sur la lumière & les couleurs*, par Newton.

DOUBLE ROUBLE : monnoie d'or de Russie, = 2 roubles, = 9,867 livres tournois, = 9,75 francs.

DOUBLES INTERVALLES : intervalles en musique qui excèdent l'étendue de l'octave.

En ce sens, la sixième est *double* de la tierce, & la douzième *double* de la quinte.

Quelques musiciens donnent le nom d'*intervalles doubles* à ceux qui sont composés de deux intervalles égaux, comme la fausse quinte, qui est composée de deux tierces mineures.

DOUBLE SIPHON : siphon employé dans les laboratoires, & qui diffère des siphons ordinaires, en ce qu'il a un tube appliqué à la plus longue branche. *Voyez* SIPHON DOUBLE.

DOUBLE (Sous-) : moitié d'un tout. La raison *sous-double* a lieu lorsque le conséquent est *double* de l'antécédent. *Voyez* SOUS-DOUBLE.

DOUBLÉE (Raison) : rapport qui existe entre deux carrés. Ainsi la *raison doublée* de *a* à *b* est le rapport de *aa* à *bb*, ou du carré de *a* au carré de *b*. *Voyez* RAISON DOUBLEE.

DOUBLEUR; duplicator; *verdoppler*; s. m. Instrument qui double les objets, soit en nombre, soit en quantité.

DOUBLEUR D'ELECTRICITÉ; duplicator electricitatis; *electricitat verdoppte*. Instrument imaginé par John Read, pour reconnoître les plus petites quantités d'électricité répandues dans l'atmosphère.

Cet inftrument, tel que Hachette l'a fait exécuter pour l'Ecole royale polytechnique, fe compofe de deux difques de cuivre fixes A, B, *fig.* 751, portés par des piliers de verre D, E; d'un axe de verre C, C, traverfant des boîtes de cuivre G, G, fupportées par des piliers de verre Q, Q. Sur cet axe eft un anneau de cuivre *a*, dans lequel eft fixé un cylindre de verre *b*, qui porte un difque de cuivre F, mobile avec l'axe. Ce troifième difque, parallèle aux deux premiers A, B, eft tellement placé que, dans fon mouvement circulaire, il paffe très-près des deux premiers fans les toucher Un fecond anneau *d* porte quatre petites tiges de cuivre H, I, K, L, terminées par des fils de cuivre très-flexibles, afin d'établir des communications mobiles avec les deux plateaux A, B, & avec un électromètre O : une tige M communique avec le réfervoir commun.

Mettons cette machine en mouvement, & fuppofons les trois difques A, B, F, ifolés du fol, électrifés de la même nature que l'air du milieu dans lequel on eft placé.

Suppofons d'abord le plateau F parallèle & très-rapproché du difque A. Dans cette pofition, le difque F communique avec le réfervoir commun par la tige M, fe défélectrife complétement; les deux difques A, B, qui communiquent entr'eux par les tiges H, I, exercent leur influence fur le difque F, & font refluer, vers le réfervoir commun, l'électricité de même nature qu'ils contient. Ainfi, en s'écartant de cette pofition, pour fe porter vis-à-vis le difque B, le plateau F fe trouve électrifé d'une électricité contraire. Arrivé devant le difque B, une communication s'établit entre ce difque & l'électromètre O, par les tiges K, L. Le difque F, électrifé d'une électricité contraire, exerce fon influence fur le difque B, & attire vers ce difque, de l'air & de l'électromètre, de l'electricité qui augmente l'intenfité du fluide qui y étoit déjà. Le difque F, continuant fon mouvement, parvient à fa première pofition devant A; le fluide accumulé dans B fe porte en partie vers A pour établir l'équilibre. L'intenfité du fluide A étant plus grande qu'au commencement du mouvement, exerce une plus forte influence fur F, & fait refluer, vers le réfervoir commun, une plus grande quantité de fluide. Continuant fon mouvement & revenant vers B, le plateau F, plus fortement électrifé d'une électricité contraire, attire du fluide fur B, d'abord pour remplacer celui qu'il a cédé à A, & enfuite pour faire équilibre à la plus grande quantité de fluide contraire dans F; celui-ci fe portant vers A & enfuite vers B, augmente d'abord fon électricité contraire, puis augmente la quantité d'électricité qui étoit dans A & B, de manière qu'à chaque révolution, l'électricité de la nature de celle de l'air eft augmentée dans les difques A & B, & diminuée dans le difque F. On parvient, par ce moyen, à accumuler dans les difques A & B, une affez grande quantité de

fluide électrique de l'air, pour devenir fenfible à un électromètre, & même pour produire des étincelles On reconnoît ainfi l'efpèce d'électricité que l'air contient, par le moyen de l'électromètre O.

En comparant ce *doubleur de l'électricité* avec celui qui a été imaginé par John Read, & que l'on trouve décrit dans les *Tranfactions philofophiques*, partie 2, pour 1794; dans la *Bibliothèque britannique*, tome II, page 209, & tome III, page 272; enfin, dans les *Annales de Chimie*, tome XXIV, page 327, on y trouve quelques différences, mais qui ont toutes pour objet de rendre l'inftrument plus commode, & de le faire fonctionner plus facilement.

Quelque bien ajufté que foit cet inftrument, il arrive parfois qu'il ne donne que des indices fugitifs d'électricité, quoique l'air le foit fortement; ce qui tient le plus fouvent à l'humidité, qui foutire des difques A, B, C, l'électricité, à mefure qu'elle s'y accumule.

Read a reconnu, avec fon *doubleur d'électricité*, que l'air vicié par la refpiration, la putréfaction, perdoit de fon électricité naturelle, & devenoit électrifé négativement ou E. Ces obfervations ont été répétées un grand nombre de fois dans des chambres, l'air extérieur étant électrifé pofitivement ou E : il devenoit électrifé négativement ou E, là où plufieurs perfonnes étoient réunies ; il s'électrifoit auffi négativement ou E, fur des tas de fumier. *Voyez* ELECTRICITE, GENERATION DE L'ELECTRICITÉ.

DOUTREMER: inftrument de mufique en ufage en France dans le quinzième fiècle.

DOUX; dulcis; *süß*; adj. Qui fait une impreffion agréable à nos fens.

Toutes les fubftances qui ont une faveur fade ou un peu fucrée font *douces* : tels font les fruits fucrés, les amandes douces, le lait, les gelées, les viandes blanches, la guimauve, la gomme arabique, le fucre, le miel, &c.

Affez généralement, les corps *doux* préfentent une compofition chimique analogue; ils ont pour principes conftituans, le mucilage, la fécule, la matière faccharine, l'huile fixe, fi ce font des productions végétales; & la gélatine, l'albumine, s'ils appartiennent au règne animal.

Comme fubftances alimentaires, les *doux* produifent des réfultats différens. S'ils fe compofent de fucre, de fécule, ils font très-nourriffans; fi c'eft le mucilage qui domine, ils ne fourniffent à celui qui les prend, pour le fubftanter, qu'une très-foible portion de principe nourricier; enfin, fi les *doux* font oléagineux, leur digeftion eft plus difficile; mais ils nourriffent beaucoup quand leur élaboration gaftrique eft parfaite.

En mufique, le *doux* eft oppofé à fort, & s'écrit au-deffus des portées pour la mufique françaiſe, & au-deſſous pour la muſique italienne, dans les endroits où l'on veut faire diminuer le bruit, tempérer & radoucir l'éclat & la vehémence des ſons

Le *doux* a trois nuances qu'il faut bien diſtinguer : le *demi-jeu*, le *doux* & le *très-doux*. Quelque voiſine que paroiſſent ces trois nuances, un orcheſtre entendu les rend très-ſenſibles & très-diſtinctes.

On nomme *doux*, en peinture, les paſſages inſenſibles des clairs aux bruns.

Doux (Métal) : celui qui eſt ductile, non caſſant ; ce mot eſt oppoſé à aigre. *Voyez* MÉTAUX.

DOUZAIN A LA CROISÉE : monnoie de billon frappée en France en 1547, valant 12 deniers d'alors, = 0,1770 livres tournois, = 17,08 centimes.

DOUZIÈME ; duodecimus ; ʒvœlfte ; adj. Intervalle de muſique compoſé de onze degrés conjoints, c'eſt-à-dire, de douze tons diatoniques, en comptant les deux extrêmes : c'eſt l'octave de la quinte.

Toute corde ſonore rend, avec le ſon principal, celui de la *douzième*, plutôt que celui de la quinte, parce que cette *douzième* eſt produite par une aliquote de la corde entière, qui eſt le tiers ; au lieu que les deux tiers qui donneroient la quinte, ne ſont pas une aliquote de cette même corde.

DOUZIÈME D'ÉCU : monnoie d'argent frappée en France en 1701, valant 5 ⅙ ſous d'alors, = 0,46 livres tournois, = 45,53 centimes.

DRACHME ; δραχμη. Ancienne monnoie d'argent dont les Grecs ſe ſervoient, & qui peſoit la huitième partie d'une once. Le *drachme* monnoie des Grecs = 1 livre tournois, = 98,7654 centimes. Le *drachme* poids = 84 $\frac{4}{18}$ grains, = 4,47 grammes.

En Aſie & en Egypte, le *drachme* = 4 oboles, = 12 colcous, = 21 $\frac{11}{12}$ grains de la livre marc, = 1,1641 grammes.

En France, le *drachme* étoit employé par les apothicaires pour le gros. *Voyez* GROS.

DRACONTIQUE : eſpace de temps que la lune emploie pour aller de ſon nœud aſcendant, appelé *caput draconis*, tête du dragon, au même point.

DRAGON ; draco ; *drache* ; ſ. m. Conſtellation de la partie ſeptentrionale du ciel, qui ſe termine au-deſſus de la grande ourſe & s'étend en faiſant quelques courbures au-deſſous de la petite ourſe.

C'eſt une des 48 conſtellations formées par Pto-

lémée ; elle eſt compoſée de 80 étoiles dans le *Catalogue britannique.*

Suivant les poëtes, ce *dragon* eſt celui que Junon avoit prépoſé à la garde d'un jardin délicieux qu'elle avoit à l'extrémité de l'Heſpérie, & qui fut tué par Hercule.

Le nom de *dragon* a été quelquefois donné à la conſtellation du ſerpent, comme dans ce vers myſtérieux que Dupuis a expliqué d'une maniere ſi heureuſe.

Taurus dracohem genuit, & taurum draco.

C'eſt le ſerpent qui ſe lève quand le taureau ſe couche, & réciproquement.

DRAMA : poids eſpagnol dont il en faut 9 pour former l'once, & 108 pour la *libra*. Le *drama* = 3 ſciupulo, = 60 grano de botica, = 0,0061 de la livre marc, = 3,9878 grammes.

DREBBEL (Corneille Van), phyſicien-mécanicien, né à Alckmaer en Hollande, en 1572, mort à Londres en 1634.

Il étudia la philoſophie, la médecine, la chimie & les mathématiques, & ſe fit, dans ces ſciences, une réputation extraordinaire, moins due à un mérite réel qu'aux temps d'ignorance où il a vécu. Deux découvertes nous ſont reſtées de lui : la teinture écarlate, dont il donna le ſecret à ſa fille & à ſon gendre ; & le thermomètre à air, qui porte encore aujourd'hui ſon nom. Cet inſtrument, lorſqu'il le compoſa, étoit loin d'avoir toute la ſimplicité qu'on lui a donnée depuis : il n'y employoit que de l'eau. Ce fluide s'élevoit perpendiculairement dans le tube qui le contenoit, par l'effet de la dilatation de l'air confiné dans un vaſe avec lequel le tube communiquoit. Ce fut en Allemagne qu'on ſe ſervit la première fois du thermomètre, en 1621. *Voyez* THERMOMÈTRE, ÉCARLATE.

Drebbel étoit ingénieux, ſpirituel ; mais il appliqua principalement ſes connoiſſances au merveilleux, au charlataniſme.

Sa renommée commença par ſes prétendues découvertes en mécanique. Il publia qu'il avoit trouvé le mouvement perpétuel. Jacques I.er, roi d'Angleterre, l'encouragea par ſes libéralités. La Chronique d'Alckmaer rapporte que *Drebbel* fit préſent au roi d'Angleterre, ſon protecteur, d'un globe de verre dans lequel, au moyen des quatre élémens, il imitoit le mouvement perpétuel : on y voyoit en vingt-quatre heures le cours du ſoleil, des planètes & des étoiles. *Drebbel* démontroit, au moyen de ce globe merveilleux, la cauſe du froid, du flux & du reflux de la mer ; celle des orages, de la foudre, de la pluie, du vent ; enfin, tout le mécaniſme de la nature.

Après cette invention, *Drebbel* en fit une autre, au moyen de laquelle, ſuivant la même Chronique, un bateau pouvoit être conduit dans l'eau par des rameurs. On lifoit, dans cette voiture aquatique, fans fecours des lumières artificielles.

D'après la Chronique d'Alckmaer, les fecrets de *Drebbel* alloient encore plus loin. Il pouvoit imiter la foudre ; il produifoit à volonté le froid le plus glacial, au point qu'on ne put réfifter à celui qu'il détermina dans le palais de Weftminfter ; il faifoit éclore, au milieu de l'hiver, des œufs de poules & autres, fans l'incubation ; il mettoit à fec les puits & les rivières ; enfin, par les merveilles de fa magie, il expofoit aux yeux des fcènes & des tableaux divers, fans qu'il y eût rien de réel que fa volonté.

Qui ne croiroit pas apercevoir dans les détails confignés dans la Chronique d'Alckmaer, les connoiffances de l'électricité, de la fantafmagorie, telles qu'elles ont été développées fur la fin du fiècle dernier & au commencement de celui-ci ? Cependant tout fait croire que *Drebbel* n'étoit qu'un charlatan, & que la Chronique d'Alckmaer a annoncé des merveilles qui n'exiftoient pas.

Nous avons de *Drebbel* deux ouvrages compofés en langue hollandaife, traduits en latin en 1621, & en français en 1672, fous le titre de *Traités de Phyfique* : le premier, *de la Nature des Elémens* ; le fecond, *de la Quinteffence*.

DREYER : monnoie du duché de Poméranie ; il en faut 1 ⅓ pour un florin, 96 pour le rixdaler. Le *dreyer* = 3 penning, = 0,0394 de la livre tournois, = 3,99 centimes.

DREYLING : monnoie de Hambourg ; il en faut 2 pour un demi-gros, 24 pour un efcalin, 192 pour un rixdaler courant, & 480 pour une livre gros. Le *dreyling* = 3 penning lubs, = 0,0242 livre tournois, = 2,39 centimes.

DROIT ; directus ; *geràde* ; f. & adj. Tout ce qui dirige & tout ce qui eft dirigé ; ce qui eft oppofé à courbe.

DROIT (Angle) : angle formé par deux lignes perpendiculaires. *Voyez* ANGLE DROIT, PERPENDICULAIRE.

DROIT (Cône) : cône dont l'axe eft perpendiculaire fur le milieu de fa bafe. *Voyez* CÔNE DROIT.

DROIT (Sinus) : expreffion qui fert à diftinguer le finus vers. *Voyez* SINUS DROIT.

DROITE, (Afcenfion) : arc de l'équateur compris entre le premier point du belier & le méridien qui paffe par le centre de l'aftre. *Voyez* ASCENSION DROITE.

DROITE (Ligne) : celle qui va d'un point à un autre fans fe fléchir. *Voyez* LIGNE DROITE.

DROITE (Sphère) : pofition de la fphère dans laquelle les deux pôles font à l'horizon, & l'équateur perpendiculaire à l'horizon. *Voyez* SPHÈRE DROITE.

DROSOMÈTRE, de δροσος, rofée, μετρον, mefure ; drofometrum ; *drofometer* ; f. m. Inftrument deftiné à mefurer la rofée.

Cet inftrument fe compofe d'un fléau de balance : à l'une de fes extrémités eft fufpendue une furface plane fur laquelle la rofée fe depofe facilement ; à l'autre extrémité eft fufpendu un corps fur lequel la rofée a peu ou point d'action. (*Voyez* ROSÉE) Expofant cette balance à l'action de l'air, on détermine la quantité de rofée dépofée par l'augmentation de poids du plateau.

Pour avoir des détails fur le *drofomètre*, on peut confulter la Differtation de *Dan. Perlicii* & *Jo. Gottl. Weidlery*, ayant pour titre *Diff. meteorol. exhibens novum drofometria curiofa fpecimen*, in-4°., 1724.

DUCADO : monnoie d'argent en ufage en Efpagne. On diftingue trois fortes de *ducado*.

	VALEUR en		
	maravedis.	liv. tourn.	francs.
Ducado de plata..	340	2,72	2,6864
Ducado de vellon.	375	3,00	2,9629
Ducado antigua..	705 $\frac{15}{17}$	5,647	5,5762

DUCAT : monnoie d'or frappée en divers pays, & dont la valeur varie avec le poids & le titre.

L'origine des *ducats* vient d'un Longinus, gouverneur d'Italie, qui fe révolta contre Juftin-le-Jeune, empereur, fe fit duc de Ravenne, fe nomma *exarque*, c'eft-à-dire, fon feigneur, pour marquer fon indépendance. Il fit fabriquer, à fon empreinte & en fon nom, des monnoies d'or très-pur & à 24 carats, qui furent nommées *ducats*. Après lui, les Vénitiens ont été les premiers qui en aient fait fabriquer. La valeur des *ducats* dans chaque pays eft :

PAYS.	VALEUR en	
	liv. tourn.	francs.
Lisbonne	8,047	7,9476
Hollande........... {	11,120	10,9823
	11,160	11,0220
État de l'Église......	8,746	8,6379
Bavière. { de l'Empire.	10,98	10,8444
Ducats { de Cremnitz.	11,13	10,9919
{ de Hollande.	10,97	10,7357

PAYS.

PAYS.	VALEUR en	
	liv. tourn.	francs.
Cologne	11,15	11,0121
Hambourg	10,98	10,8444
Hanovre...........	10,70	10,5670
Saxe	10,67	10,5638
Brandebourg	10,81	10,6764
Pologne	10,97	10,8344
Danemarck { nouv....	8,968	8,8571
{ vieux ...	8,265	8,1628
Suède	11,060	10,9233
Ruffie	11,100	10,9628

DUCATO : monnoie d'argent ou de banque, de Venife & de Naples.

ESPÈCES DE DUCATS.	VALEUR en	
	liv. tourn.	francs.
De Venife { effettivo..	4,225	4,173
{ de banco.	5,070	5,007
De Naples..........	4,203	4,151

DUCATON : monnoie d'argent de Hollande & des Pays-Bas.

ESPÈCES DE DUCATONS.	VALEUR en	
	livres t.	francs.
De Hollande { courant	6,841	6,7574
{ vieux d'après la loi	6,946	6,8601
{ ── le remède..	6,877	6,6904
Des Pays-Bas { anciens.	6,515	6,4345
{ neufs.	6,587	6,5057
{ neufs.	6,517	6,4365

DUCTILE, de duco, conduire; ductilis; deherbar; adj. Qui peut s'étendre par la compreffion.

Plufieurs corps font ductiles, c'eft-à-dire, peuvent être étendus en les comprimant : tels font les fluides épais, comme la cire, le beurre, les firops, l'argile mouillée; les folides, comme les métaux. En général, les corps ductiles peuvent s'étendre à divers degrés de compreffion & de température. Voyez DUCTILITÉ.

DUCTILITÉ; ductilitas; zahigkeit-dehnbarkeit; f. f. Faculté, propriété qu'ont un grand nombre de corps de pouvoir changer de forme par la compreffion.

Il exifte entre l'élafticité & la ductilité des rapprochemens & des différences. Les corps élaftiques & ductiles font fufceptibles, les uns & les autres, de changer de forme par la compreffion; mais les

corps élaftiques reprennent leur forme primitive lorfque la compreffion ceffe, tandis que les corps ductiles confervent la forme que la compreffion leur a donnée.

Pour qu'un corps foit ductile, il faut qu'il ait une forte de molleffe qui lui permette de céder à la compreffion; il faut que les molécules puiffent gliffer les unes fur les autres en confervant leur cohéfion : fi les corps étoient durs, ils fe briferoient plutôt que de céder à la compreffion, & n'auroient en conféquence aucune ductilité.

Quelques philofophes ont cru devoir établir une diftinction entre la ductilité & la malléabilité. Ils ont regardé comme ductiles tous les corps qui peuvent s'alonger en fils en paffant à travers des filières, & comme malléables ceux qui s'étendent fous le marteau; mais cette diftinction eft puérile & fans objet; car les corps ne s'étendent fous le marteau & ne font malléables que parce qu'ils font ductiles.

Werner & Brochant font, de la ductilité, un des caractères extérieurs des minéraux folides; ils les divifent en trois claffes : 1°. aigres ou nullement ductiles; 2°. femi-ductiles ou doux lorfqu'ils fe laiffent couper fans pouvoir néanmoins s'étendre, finon très-peu; 3°. ductiles lorfqu'ils fe laiffent étendre, foit fous le marteau, comme les métaux, foit entre les doigts, comme les argiles mouillées.

Relativement à leur ductilité, les corps peuvent être divifés en trois claffes : 1°. corps naturellement ductiles à la température ordinaire de l'atmofphère; 2°. corps qui acquièrent de la ductilité en élevant leur température; 3°. corps qui deviennent ductiles en les mouillant.

Dans la première claffe fe rangent les métaux; mais ceux-ci ont différens degrés de ductilité : plufieurs minéralogiftes avoient même divifé les métaux en deux claffes, relativement à leur ductilité : 1°. métaux ductiles; 2°. demi-métaux ou non ductiles; mais ce mode de divifion a été abandonné à caufe de la difficulté qu'il préfente, car il exifte des métaux, comme le fer & le zinc, dont la fonte eft aigre & caffante, & qui deviennent cependant parfaitement ductiles lorfqu'ils ont été fortement comprimés après avoir été chauffés; le fer au rouge-blanc, le zinc à la température de l'eau bouillante.

Après diverfes expériences fur la ductilité des métaux, Guyton, Fourcroy & plufieurs chimiftes les placent dans l'ordre fuivant :

L'or.	Le tungftène.
Le platine.	Le bifmuth.
L'argent.	Le cobalt.
Le fer.	L'antimoine.
L'étain.	Le manganèfe.
Le cuivre.	L'urane.
Le plomb.	Le molybdène.
Le zinc.	Le titane.
Le mercure.	Le chrôme.
Le nickel.	L'arfenic.

Fffff

Nous croyons inutile d'obferver que, parmi ces métaux, il n'y a de parfaitement *ductiles* que les neuf premiers. Le mercure, que l'on trouve habituellement fous forme liquide, n'ayant été obfervé qu'après l'avoir congelé, il feroit difficile de lui affigner fa véritble place parmi les métaux *ductiles*. Les onze derniers, qui font plus ou moins caffans, n'ont pu être rangés que par une forte d'approximation. Quant au placement du cuivre, Haüy le met avant le fer, & immédiatement après l'argent.

En chauffant les folides, on obferve que les uns, comme l'eau, fe liquéfient inftantanement fans laiffer apercevoir de paffage intermédiaire; que d'autres, comme la cire, fe ramolliffent d'abord, & ne fe liquéfient qu'après avoir paffé par tous les degrés de ramolliffement. Les premiers corps confervent leur état d'aigreur à toutes les températures; les feconds, au contraire, acquièrent, dans ce paffage, de la *ductilité*, & ceux-là forment feuls la feconde claffe des corps *ductiles*. C'eft ainfi que les fuifs, les cires, les réfines, les verres terreux acquièrent de la *ductilité*, & peuvent être travaillés après avoir été ramollis par la chaleur; mais il ne paroît pas que, jufqu'à préfent, on ait cherché à déterminer les degrés de *ductilité* de chacune de ces fubftances.

Quant à la troifieme claffe des corps *ductiles*, elle eft auffi nombreufe que la première; elle comprend l'argile, le plâtre, les flucs, les cimens, les gommes, auxquelles l'eau donne de la *ductilité*, les réfines, les cires, &c., que l'on rend *ductiles* en les combinant avec de l'alcool, des huiles ou, d'autres corps gras.

Afin de donner une idée de la grande *ductilité* de certains corps, nous allons rapporter ici quelques exemples que nous prendrons dans diverfes fubftances : 1°. dans les métaux, l'or; 2°. dans les fubftances terreufes, le verre; 3°. dans les animaux, la foile des araignées.

Réaumur, en décrivant l'art du batteur d'or, dans les *Mémoires de l'Académie des Sciences*, année 1713, nous apprend qu'un grain d'or réduit en feuille mince, par les batteurs d'or, pouvoit couvrir une étendue de 36,$\frac{2}{3}$ pouces carrés; qu'ainfi, un pouce cube d'or pefant 7190 grains, pouvoit couvrir une étendue de 262,633 pouces carrés, ou de plus de 1830 pieds carrés : fi donc on fuppofe que les feuilles foient toutes d'une épaiffeur égale, cette épaiffeur fera de $\frac{1}{21909}$ partie d'une ligne; mais comme il eft probable qu'elle eft inégale, on peut, fans inconvénient, la porter à $\frac{1}{30000}$ de ligne. Quelle prodigieufe *ductilité* ne faut-il pas pour l'or porté à ce degré d'amincissement fous le marteau !

Dans l'art du fileur d'or, rapporté par Réaumur, on a l'exemple d'une beaucoup plus grande *ductilité*. Avec une once de feuilles d'or, on couvre un cylindre d'argent pefant 45 marcs. Ce cylindre, paffé à la filière, donna un fil de 1163520 pieds

de long. Ce fil aplati, pour en couvrir de la foie, s'alonge de $\frac{2}{7}$ environ; ce qui porte fa longueur totale à 1329737 pieds environ, fur $\frac{1}{8}$ de ligne de large. Si l'épaiffeur de la couche d'or fur ce fil étoit partout égale, elle feroit de $\frac{1}{314850}$ partie d'une ligne; mais à caufe de l'inégalité de fon épaiffeur, on peut la porter à $\frac{1}{400000}$, & peut-être même à $\frac{1}{500000}$ partie d'une ligne; & comme il feroit poffible d'amincir encore une fois de plus la lame d'argent fans qu'elle ceffât d'être dorée, on voit que l'on pourroit réduire à la millionième partie d'une ligne, l'épaiffeur de la lame d'or qui couvre l'argent.

Tous ceux qui ont été vifiter des verreries, ont pu obferver la facilité avec laquelle on donne au verre, qui a été amolli, les diverfes formes que l'on veut obtenir; comment il s'étend fous la plus légère preffion, puifque le fouffle fuffit pour augmenter confidérablement la furface & diminuer fon épaiffeur. Mais parmi les différens objets que l'on obtient en travaillant le verre, il en eft deux qui exigent une exceffive *ductilité* : 1°. les lames minces, colorées par la réflexion & la réfraction de la lumière; 2°. les plumets de verre avec lefquels on orne la coiffure des femmes & des enfans.

Pour obtenir les lames minces colorées, il fuffit de faire chauffer un tube mince de verre à la flamme de la lampe d'un émailleur; de boucher, en le foudant, le bout que l'on chauffe; de ramollir le verre par la chaleur; de fouffler fortement dedans, afin de former une ampoule en étendant le verre; de chauffer & ramollir de nouveau; enfin, de fouffler jufqu'à ce que le verre fe foit tellement aminci par l'enflure de l'ampoule, qu'il ne puiffe plus fupporter la preffion de l'air intérieur.

Les fils de verre font extrêmement faciles à obtenir. Deux ouvriers font employés à ce travail : le premier tient l'extrémité d'un morceau de verre fur la flamme d'une lampe, & lorfque la chaleur le ramollit, le fecond ouvrier applique un morceau de verre au morceau de verre en fufion; retirant enfuite le crochet, il amène un filet de verre qui eft toujours adhérent à la maffe dont il fort. Approchant enfuite le crochet fur la circonférence d'une roue d'environ deux pieds & demi de diamètre, il tourne la roue aufli rapidement qu'il veut; cette roue tire des filets qu'elle dévide fur la circonférence, jufqu'à ce qu'elle foit couverte d'un écheveau de fil de verre, après un certain nombre de révolutions.

A mefure que l'on tire ce fil de la maffe qui eft en fufion au-deffus de la lampe, & que ce fil s'éloigne de la flamme, il fe refroidit, & fes parties deviennent plus cohérentes. Les parties les plus proches du feu cèdent facilement, à caufe de leur molleffe, & s'étirent jufqu'à ce qu'elles foient affez refroidies, en s'éloignant, pour ne plus céder. La circonférence de ces fils eft ordinairement un ovale. aplati, qui eft environ trois ou quatre fois plus large qu'épais. En opérant avec une gande viteffe, on obtient des fils de la groffeur de ceux des vers à ſoie, & qui ont une flexibilité merveilleuſe. Ces fils peuvent être tellement fins, que Briſſon dit avoir vu une perruque faite de fils de verre.

Nous allons encore citer Réaumur, en rapportant un exemple de la *ductilité* de quelques ſubſtances animales. Les araignées ont, vers l'anus, ſix mamelons percés d'une immenſité de trous par leſquels ſortent leurs fils. On peut, ſans s'écarter de la vérité, porter à mille les trous des filières placées à l'extrémité de chaque mamelon, qui, dans les groſſes araignées, ne ſont pas plus gros que la tête d'une petite épingle. Le diamètre des fils qui ſortent par cette ouverture, exigent néceſſairement une grande *ductilité* dans la matière qui les produit.

Chaque araignée pond, à la fois, quatre ou cinq cents œufs; chaque œuf contient une araignée qui, en naiſſant, eſt moins que la cinq centième partie du volume de leur mère; par conſéquent, leurs mamelons & leurs ouvertures étant proportionnels à leur grandeur, ſont moindres que la cinq centième partie de ceux des grandes araignées. Les jeunes araignées filant auſſitôt qu'elles ont rompu le ſac qui les enveloppoit, que l'on ſe figure la fineſſe des fils qui ſortent par chacune des mille filières contenues dans chaque mamelon. Cependant, les toiles qu'elles en forment ſont aſſez fortes pour ſe porter & pour arrêter les animaux qui doivent ſervir à leur nourriture.

Juſqu'ici nous n'avons examiné que les fils des araignées ordinaires; mais il exiſte des eſpèces d'araignées ſi petites, à leur naiſſance, qu'on ne ſauroit les diſcerner avec le microſcope : on en trouve ordinairement une infinité en un peloton; elles ne paroiſſent que comme une multitude de points rouges; cependant, elles filent leurs toiles comme les autres, quoique ces toiles ſoient imperceptibles. Quelle doit être la ténuité ou la fineſſe de l'un des fils de ces toiles! Le plus petit cheveu doit être, à l'un de ces fils, ce que la barre la plus maſſive doit être au fil d'or le plus fin. *Voyez* DIVISIBILITÉ.

DUELLE : meſure linéaire & poids des Romains. Il en faut 3 pour une once, 12 pour une livre, & 36 pour un pied. La *duelle* linéaire = 8 ſcripules, = 0,3171 pouce, = 0,856 centimètre. La *duelle* poids = 8 ſcripules, = 36 ſiliques, = 175,⅓ grains, = 11,3129 grammes.

DUENECH : noir, très-noir, épaiſſi, ou la matière de la pierre philoſophale devenue très-noire.

DUFAY (Charles - François de Ciſternay), phyſicien & chimiſte, né à Paris le 14 ſeptembre 1698, mort le 16 juillet 1739.

Son père, capitaine dans le regiment des Gardes, lui fit donner une éducation littéraire & militaire. Le jeune *Dufay* entra, à l'âge de quatorze ans, lieutenant au régiment de Picardie; il étudia la chimie, accompagna le cardinal de Rohan à Rome, revint à Paris, où il fut reçu à l'Académie des Sciences, ſection de chimie : alors il quitta le ſervice pour ſe livrer entièrement aux ſciences.

L'Académie étoit diviſée en ſix ſections : géométrie, aſtronomie, mécanique, anatomie, chimie & botanique. *Dufay* s'adonna tellement à chacune de ces ſciences, qu'il écrivit ſur toutes. « Il eſt juſqu'à préſent, dit à cette occaſion Fontenelle, le ſeul qui nous ait donné, dans tous les ſix genres, des Mémoires que l'Académie jugea dignes d'être préſentés au public. »

Après avoir débuté avec ſuccès ſur la phoſphoreſcence du baromètre, les ſels de chaux, juſquelà inconnus aux chimiſtes, il s'occupa des recherches nouvelles ſur l'aimant, de la faculté qu'ont différentes ſubſtances de s'imbiber de lumière, & de la répandre dans l'obſcurité; enfin, de l'électricité.

On trouve dans les *Mémoires de l'Académie des Sciences* pour 1733, une foule de faits curieux & nouveaux que l'on doit à *Dufay*; mais ce qui diſtingue particulièrement ces Mémoires de tous ceux qui avoient été publiés avant lui, c'eſt la diſtinction qu'il fait, dans ſon quatrième Mémoire, de deux ſortes d'électricité : l'une qui appartient au verre, & l'autre qui appartient à la réſine; diſtinction qui paroît avoir ſervi de baſe aux deux principales théories, celle de l'électricité poſitive & négative de Francklin, & celle de l'électricité réſineuſe & vitrée de Symmer.

Son dernier travail académique eſt celui qu'il a entrepris pour déterminer, d'une manière exacte, la meſure de la double réfraction dans le criſtal d'Iſlande. Ce qui l'a conduit à un réſultat aſſez remarquable, c'eſt que toutes les pierres tranſparentes, dont les angles ſont droits, n'ont qu'une ſeule réfraction, & que toutes celles dont les angles ne ſont pas droits, en ont une double, dont la meſure dépend de l'inclinaiſon des angles.

En 1732, *Dufay* fut nommé ſurintendant du Jardin du Roi. Les ſoins qu'il donna à ce jardin, les plantes nouvelles qu'il y fit cultiver, les fonds qu'il obtint, les embelliſſemens qu'il fit exécuter, rendirent ce jardin un des plus beaux & des plus utiles de l'Europe. Enfin, en mourant, il écrivit à M. de Maurepas pour l'inviter à faire tomber le choix de ſon ſucceſſeur ſur le célèbre Buffon.

DUHAMEL (Jean-Batiſte), phyſicien, né à Vire en Normandie, en 1624, mort à Paris le 6 août 1706.

Fils d'un avocat diſtingué, il fit ſes études à Caen, & entra à l'Oratoire en 1643. A l'âge de dix-huit ans, il publia une explication des *Sphériques* de Théodoſe, avec une *Trigonométrie* fort courte & fort claire; deux qualités, dit Fontenelle, qui annonçoient un bon esprit.

Deux traités qu'il publia, en 1660, l'un intitulé *Astronomia physica*, l'autre, *De Meteoris & fossilibus*, fixèrent sur lui l'attention des savans. En 1656, Duhamel avoit été nommé aumônier du Roi; il obtint, en 1663, la dignité de chancelier de l'église de Bayeux. Enfin, à la création de l'Académie royale des Sciences, Colbert en nomma *Duhamel* secrétaire perpétuel.

DUHAMEL DU MONCEAU (Henri-Louis), botaniste & physicien, né à Paris en 1700, mort à Paris le 23 août 1782.

Il fit peu de progrès au collège où il étudia; mais dès qu'il fut livré à lui-même, il obéit à l'impulsion qui le dirigeoit vers les sciences physiques, & il recommença de lui-même son éducation.

Hans-Sloane lui ayant fait part que la garance rougissoit les os, il profita de cette découverte pour entreprendre des expériences, d'après lesquelles il crut pouvoir expliquer la formation des os : de-là, il passa à celle du bois, & chercha à prouver qu'elle s'opéroit de la même manière; il s'occupa en même temps, avec Buffon, de la force des bois.

Duhamel du Monceau fut reçu à l'Académie des Sciences en 1728. Depuis ce moment, jusqu'en 1782, il fournit à cette Société plus de soixante Mémoires sur divers sujets, mais principalement sur la culture des terres & sur la végétation. Depuis l'année 1740, ce savant publia, tous les ans, les observations météorologiques faites à sa terre de Denainvilliers, & propres à être appliquées aux opérations agricoles & à leurs résultats.

Voulant publier une description générale des arts & métiers, l'Académie des Sciences distribua ce grand travail à plusieurs de ses membres. *Duhamel du Monceau* rédigea, de 1761 à 1766, les arts du serrurier, du drapier, du savonier, du cordier, du raffinage du sucre, de forger les ancres, &c.

Il donna à part : 1°. les *Élemens de l'architecture navale*, 2 vol. in-4°.; 2°. *Traité de la fabrique des manœuvres*, ou l'*Art de la corderie perfectionné*, 1747, in-4°.; 3°. *Traité de la conservation de la santé des équipages des vaisseaux*; 4°. *Traité de la culture des terres*, 6 vol. in-12, 1751; 5°. *Traité de la conservation des grains*, 1759; 6°. *Histoire d'un insecte qui dévore les moissons de l'Angoumois*, in-12, 1762; 7°. *Traité de la garance & de sa culture*; 8°. enfin, son grand *Traité des arbres & arbustes qui se cultivent en France en pleine terre*.

Si l'on observe que *Duhamel du Monceau* occupoit des places importantes, surtout celle d'inspecteur-général de la marine, qui exigeoient de fréquens voyages, qui l'obligeoient à parcourir les différentes provinces de France pour examiner

l'état de leurs forêts, de visiter les ports, d'examiner en détail les arsenaux, d'y mettre en pratique les procédés qu'il avoit indiqués, de chercher enfin à perfectionner leurs travaux en tous genres, on concevra difficilement, comment une vie aussi active devoit lui laisser assez de temps pour rédiger lui-même ses écrits & pour exécuter les nombreuses expériences qu'ils contiennent; mais on en trouvera la solution dans cette réponse. Il fut s'associer des collaborateurs sur lesquels il a cru devoir garder le silence.

Parmi ces collaborateurs, il en est un qui lui a rendu les plus grands services, qui a fait le plus grand nombre d'expériences, & qui a rédigé une grande partie de ses ouvrages. C'est son estimable frère *Duhamel de Denainvilliers*, que Collardeau a célébré dans une lettre en vers, digne du philosophe auquel elle étoit adressée. Habitant constamment la campagne, Denainvilliers étoit à même de suivre toutes les observations que lui indiquoit son frère, soin dont il s'acquitta avec zèle & patience. C'est à lui que l'on doit, en partie, le *Traité des arbres & arbustes* : il fournit aussi le fonds des arbres fruitiers, mais ce fut Leberriays qui le rédigea.

DULCIFICATION, de *dulcis* & d'*ago*, *action de rendre doux*; dulcificatio; *versüssung*; s. f. Opération dont le but est de tempérer l'énergie d'une substance âcre & caustique.

Quelques auteurs ont donné le nom de *dulcification* à la combinaison d'un acide avec un acali; mais cette dénomination n'est pas exacte : on ne doit entendre, par *dulcification*, que le mélange d'un acide avec l'alcool. L'acide perd effectivement une partie de sa force, soit qu'il y ait combinaison, soit que l'alcool ne fasse que l'étendre.

DUNE, du gaulois *dun*, *montagne*; duna; *dune*; s. f. Hauteur de terre, de pierre; montagne de sable que la mer forme le long de ses bords.

DUNG : petit poids de Perse qui fait la sixième partie du *mescol*. C'est aussi une petite monnoie d'argent qui se fabrique & qui a cours en Perse. Il pèse 12 grains.

DUQ; duo; *duett*; s. m. Musique à deux parties récitantes, vocales ou instrumentales.

DUPLICATEUR, de *duplicio*, *faire double*; duplicator; s. m. Instrument propre à recueillir l'électricité insensible de l'air. *Voyez* DOUBLEUR D'ELECTRICITÉ, CONDENSATEUR.

DUPLICATION; duplicatio; *verdoppelung*; s. f. Doubler une chose, une quantité.

DUPLICATION DU CUBE; *verdopppelung eines*

würffels. Trouver le côté d'un cube qui foit double, en folidité, d'un cube donné.

C'eft un problême fameux, que les géomètres connoiffent depuis deux mille ans. On lui attribue diverfes origines, mais voici la plus fimple que Eratofthène en donne.

Un poëte tragique avoit introduit fur la fcène Minos, élevant un monument à Glaucus; les entrepreneurs donnoient à ce monument cent pâlmes en tout fens Le Prince ne trouvant pas le monument affez digne de fa magnificence, ordonna qu'on le fît double. Cette queftion fut propofée aux géomètres, qu'elle embarraffa beaucoup jufqu'au temps d Hippocrate de Chio, le célèbre quadrateur des lunules (*Voyez* LUNULES.) Il leur apprit que la queftion fe réduifoit à trouver deux moyennes proportionnelles entre le côté du cube & le double de ce côté : la première de ces moyennes proportionnelles feroit le côté du cube double.

DUPONDUS : numéraire dont les Romains ont fait ufage jufqu'à l'an 485 de la fondation de Rome. Le *dupondus* = 2 as, = 24 uncia.

DUPUIS (Charles-François), mathématicien, aftronome, né à Trye-Château, entre Gifors & Chaumont, le 26 octobre 1742, mort à Is-fur-Til le 29 feptembre 1809.

Né de parens pauvres, fon père, qui étoit inftituteur, lui enfeigna les mathématiques & l'arpentage. Le duc de la Rochefoucault l'ayant pris fous fa protection, lui donna une bourfe au collége d'Harcourt. *Dupuis* fut reconnoître, en peu d'années, tant de bienfaits par les progrès les plus rapides.

A vingt quatre ans, il fut nommé profeffeur de rhétorique au collége de Lifieux; en 1770, il fe fit recevoir avocat au Parlement. Séjournant à Paris, il fuivit les cours d'aftronomie de Lalande pendant plufieurs années. Le poëme de Nonnus, qu'il avoit le projet de traduire en français, lui donna, fur l'origine des noms des mois grecs, les figures des conftellations, & les différentes pofitions des fignes dans les zodiaques; des opinions fur l'antiquité qu'il chercha à vérifier, & toute fa vie fut employée à expliquer la théogonie & les fables des Anciens par l'aftronomie : de-là la publication de fes différens ouvrages fur l'*Origine des Cultes* & l'*Explication de la Fable*.

En 1778, il exécuta un télégraphe d'après l'idée qu'en avoit donnée Amontons, & il y réuffit au point qu'il pouvoit correfpondre avec Fortin, fon ami, qui, du village de Lagneux, où il avoit une maifon de campagne, obfervoit, avec un télefcope, les fignaux que *Dupuis* lui faifoit de Belleville : il détruifit cette machine au commencement de la révolution, dans la crainte qu'elle ne le rendît fufpect. Cette découverte ne fut pas d'abord accueillie comme elle le méritoit : ce ne fut que

quelques années après qu'on en reconnut l'importance. *Voyez* TÉLÉGRAPHE.

Il fut un des quarante-huit membres qui formèrent le noyau de l'Inftitut; il fut membre de la Légion d'honneur. Né pauvre, il eft mort fans fortune, laiffant pour tout héritage, à fa veuve, la réputation d'un homme probe & d'un favant paradoxal.

DUR; *durus; art; adj.* État des corps dont les molécules ont entr'elles une cohéfion capable de réfifter, jufqu'à un certain point, à une puiffance qui tendroit à les féparer.

Comme tous les corps changent de forme lorfqu'ils font foumis à une preffion affez forte, les corps ne font jamais parfaitement *durs*.

On appelle *dur*, en mufique, tout ce qui bleffe l'oreille par fon âpreté. Il y a des voix *dures*, glapiffantes; des inftrumens aigres & *durs*; des compofitions *dures*; des intervalles *durs* dans la mélodie; des accords *durs* dans l'harmonie, &c.

DURETÉ; *durities; hærte*; f. f. Propriété des corps de ne pas changer de forme par la preffion.

Si l'on concluoit de cette définition que les corps élaftiques & ductiles ne doivent pas être *durs*, puifque ces deux propriétés exigent que les corps changent de forme par la compreffion, on en tireroit une conféquence inexacte, parce que la *dureté* n'eft qu'une qualité des corps; car il n'exifte pas, dans la nature, des corps qui foient parfaitement *durs*. Ainfi, on n'appelle *dur* que les corps qui exigent une grande force pour changer leur forme ou rompre leurs parties; le verre, qui eft élaftique, ductile & fragile, eft également *dur*.

Haüy définit la *dureté*, la réfiftance qu'un corps oppofe à la féparation de fes molécules, & il regarde cette propriété comme indépendante de la force de cohéfion jointe à l'arrangement des molécules, à leur figure & aux autres circonftances. Un corps, d'après ce favant, eft cenfé plus *dur*, à proportion qu'il réfifte davantage au frottement d'un autre corps *dur*, tel qu'une lime d'acier, ou qu'il eft plus fufceptible d'attaquer tel autre corps fur lequel on le frotte.

Cette définition eft une conféquence de la manière dont on apprécie, dans les arts, la *dureté* des corps. Les joailliers jugent de la *dureté* des pierres qu'ils travaillent, d'après la difficulté qu'ils éprouvent à les ufer en les préfentant à l'action de la meule, à rompre, par le frottement d'un corps *dur*, la cohéfion de leurs particules. Les ferruriers & autres ouvriers qui travaillent les métaux, apprécient leur *dureté* par la difficulté qu'ils ont à les ufer à la lime, à la meule, &c., & par la *dureté* des matières qu'ils employent pour les tailler.

En faifant dépendre la *dureté* de la force de cohéfion des molécules, on établit une forte d'analogie entre cette qualité & la fragilité; mais il exifte cette différence, que la fragilité fe mefure par la facilité avec laquelle on peut rompre, par la percuſſion, les particules des corps ; tandis que la *dureté* s'apprécie, ſoit en uſant un corps par le frottement, ſoit en le comprimant, ſoit en le laiſſant pénétrer par un autre corps.

Un des caractères phyſiques dont les minéralogiſtes font uſage pour diſtinguer les minéraux, c'eſt la *dureté*. Haüy diviſe les ſubſtances minérales, relativement à leur *dureté*, en quatre claſſes : 1°. ſubſtances qui raient le quartz ; 2°. ſubſtances qui raient le verre ; 3°. ſubſtances qui raient la chaux carbonatée ; 4°. ſubſtances qui ne raient pas la chaux carbonatée. Werner les diviſe également en quatre claſſes : 1°. *dures* ; 2°. *demi-dures* ; 3°. *tendres* ; 4°. *très-tendres*. Les ſubſtances *dures* ſont celles qui ne ſe laiſſent pas entamer par le couteau, & donnent du feu avec l'acier. Il ſous-diviſe les minéraux *durs* en trois ſections : 1°. réſiſtant à la lime, ou extrêmement *durs* ; 2°. cédant un peu à la lime, ou très-*durs* ; 3°. cédant à la lime, ou aſſez *durs*. Il donne le nom de *demi-durs* aux minéraux qui ſe laiſſent entamer difficilement par le couteau, & ne font plus feu avec l'acier ; le nom de *tendres*, aux minéraux qui ſe laiſſent entamer & tailler facilement par le couteau, mais ne reçoivent pas l'empreinte de l'ongle ; enfin, le nom de *très-tendres*, aux minéraux qui ſe laiſſent très-aiſément tailler avec le couteau, & prennent auſſi facilement l'empreinte de l'ongle.

Réaumur a propoſé, pour eſſayer les différens aciers, de les rayer avec des ſubſtances qui aient des *duretés* différentes. Il propoſe, pour cet effet, huit ſortes de ſubſtances, dont les *duretés* vont ſucceſſivement en diminuant : 1°. le diamant ; 2°. le ſaphir ; 3°. la topaze d'Orient ; 4°. le jaſpe oriental ; 5°. l'agate ; 6°. le caillou de Médoc ; 7°. le criſtal de roche ; 8°. le verre. On remarquera que, parmi ces ſubſtances, le jaſpe, l'agate & le caillou de Médoc ſont claſſés, par Haüy, parmi les criſtaux de roche, & que le verre préſente des *duretés* très-variables.

Haſſenfratz, dans ſa *Sydérotechnie*, §. 1222, a employé, pour juger la *dureté* de l'acier, huit ſortes de ſubſtances : 1°. le diamant ; 2°. la téléſie ; 3°. le rubis ; 4°. le grenat ; 5°. l'émeraude ; 6°. le quartz ; 7°. l'axinite ; 8°. le pyroxène. On pourroit ajouter, pour compléter la liſte, en deſcendant : 1°. le dipyre ; 2°. le diallage ; 3°. la néphéline ; 4°. la chabaſie ; 5°. la chaux fluatée ; 6°. la ſtrontiane carbonatée ; 7°. la chaux ſulfatée ; 8°. le mica.

Fourcroy, en comparant le plus ou le moins de difficultés que l'on éprouve à polir les métaux ductiles, & l'effet du choc dans les métaux caſſans, a formé cinq rangs de *duretés* dans les métaux. Il a trouvé qu'en commençant par celui de la plus grande *dureté*, on devoit placer :

Au premier rang, le fer & le manganèſe ;
Au ſecond rang, le platine & le nickel ;
Au troiſième rang, le cuivre & le biſmuth ;

Au quatrième rang, l'argent ;
Au cinquième rang, l'or, le zinc, le tungſtène ;
Au ſixième rang, l'étain & le cobalt ;
Au ſeptième rang, le plomb & l'antimoine ;
Au huitième rang, l'arſenic, le plus fragile des métaux caſſans.

Le mercure, toujours fluide, ne peut pas être comparé par cette propriété. Il ignoroit la *dureté* comparative du titane, de l'urane, du molybdène & du chrôme.

Thomſon a indiqué la *dureté* reſpective des métaux par des nombres. Il les place dans l'ordre ſuivant :

Palladium plus de	9	Antimoine	6,5
Tungſtène plus de	9	Etain	6
Fer	9	Cobalt	6
Manganèſe	9	Plomb	5,5
Nickel	8,5	Arſenic	5
Platine	8	Iridium	
Cuivre	7,5	Oſmium	
Argent	7	Titane	inconnue.
Biſmuth	7	Columbium	
Or	6,5	Tantalium	
Zinc	6,5	Cérium	

On diſcute depuis long-temps ſur la cauſe de la *dureté* des corps ; mais cette queſtion ne paroît pas avoir été, juſqu'à préſent, réſolue d'une manière ſatisfaiſante.

Ariſtote & les Péripatéticiens regardent la *dureté* comme une qualité ſecondaire, prétendant qu'elle eſt l'effet de la ſéchereſſe, qui eſt une qualité première. Les cauſes éloignées, ſuivant les mêmes philoſophes, ſont le froid ou le chaud, ſelon la diverſité du ſujet. Ainſi, diſent-ils, la chaleur produit la ſéchereſſe, & par conſéquent la *dureté* de la boue, & le froid fait le même effet ſur la cire.

Epicure, ſes ſectateurs & les corpuſculaires expliquent la *dureté* des corps par la figure des parties qui les compoſent, & par la manière dont s'eſt faite leur union.

Suivant ce principe, quelques-uns attribuent la *dureté* aux atomes, aux particules des corps, qui, lorſqu'elles ſont crochues, ſe tiennent enſemble & s'emboîtent les unes dans les autres ; mais cela s'appelle donner pour réponſe la queſtion même ; car il reſte à ſavoir pourquoi ces particules crochues ſont *dures*.

Deſcartes & ſes nombreux diſciples prétendent que la *dureté* des corps n'eſt produite que par le repos de leurs parties ; mais le repos n'ayant point de force, on ne conçoit pas comment des parties qui ſont ſimplement en repos, les unes auprès des autres, peuvent être ſi difficiles à ſéparer.

Briſſon & quelques autres phyſiciens attribuent la *dureté* des corps à la preſſion d'un fluide environnant, qui ne ſeroit pas l'air atmoſphérique, mais un fluide beaucoup plus ſubtil, qui agit à l'extérieur des corps, & preſſant leurs parties les unes contre les autres, caufe leur adhéfion; qui agit auffi à l'intérieur des corps, & plus ou moins fortement, felon la figure des parties qui fe touchent, la grandeur des furfaces, le plus ou le moins d'exactitude des contacts; ce qui fait qu'il y a des corps de différens degrés de *dureté*.

Newton regarde la *dureté* comme le réfultat de l'attraction de cohéfion exercée entre les molécules qui font elles-mêmes très-dures; plus ces mocules font rapprochées, plus leur attraction eft forte, & plus la *dureté* des corps eft grande: or, comme les molécules de tous les corps ne font jamais dans un contact parfait, qu'il exifte toujours entr'elles une diftance qui varie felon la nature des molécules & la température des corps, il en réfulte les différens degrés de *dureté* que l'on diftingue.

Réaumur attribue la *dureté* à la réunion intime des molécules des corps dans les particules qu'elles forment, & la fragilité à la groffeur des particules formées, & au nombre de leurs points de contact. Il a obfervé qu'en trempant une même barre d'acier, à différentes températures, les grains d'acier augmentoient de groffeur & de *dureté*, tandis que la barre d'acier augmentoit de fragilité. *Voyez* TREMPE DE L'ACIER.

Nous apprécions affez facilement la *dureté* des corps; mais avons-nous des idées bien exactes & bien vraies fur cette *dureté*?

On peut faire varier la *dureté* des corps de différentes manières. Le plus grand nombre augmentent de *dureté* & de fragilité en fe refroidiffant, & ils diminuent de *dureté* en s'échauffant; quelques-uns cependant, comme les terres argileufes avec lefquelles on fabrique les poteries, diminuent de volume & augmentent de *dureté* en les échauffant. La trempe augmente la *dureté* & la fragilité de l'acier, du verre & de plufieurs autres corps. En combinant divers métaux, comme le cuivre & l'étain, on augmente leur *dureté* & leur fragilité. Les terres qui compofent les mortiers, les cimens, fe durciffent en les expofant à l'air. L'écrouiffement durcit les métaux, &c.

DUSIEN; *Dufius.* Nom que les Gaulois donnoient autrefois aux démons impurs qui, fuivant l'opinion de ces temps barbares, prenoient la figure humaine pour tourmenter les femmes & en abufer pendant la nuit.

DUTGEN: monnoie de Pruffe & de Dantzick. Le *dutgen* = 3 grofchen, = 9 fchelling, = 54 penning. Trente *dutgen* font un rixdaler ou un daler.

En Pruffe, le *dutgen* = 0,1261 livre tournois, = 12,45 cent. & celui de Dantzick = 0,1133 l. tourn., = 11,09 centimes.

DUVAL LEROY, mathématicien & phyfi-cien, né à Bayeux en 1730, mort à Breft le 6 décembre 1810

Il fut profeffeur des Ecoles royales de navigation, & fecrétaire de l'Académie de marine, à Breft; correfpondant de l'Académie des Sciences, & enfuite de l'Inftitut.

On a de ce profeffeur: 1°. *Traité d'optique* par Smith, traduit de l'anglais; 2°. *Supplément au Traité d'optique* de Smith, in-4°. Breft, 1784; 3°. *Supplément au Traité d'optique* de Newton, traduit par Cofte, in-4°. Breft, 1783; 4°. *Elémens de navigation*, in-8°. Breft, 1802; 5°. *Inftructions fur les baromètres marins*, in-12, Breft, 1784; 6°. tous les articles de mathématiques pures de la partie *Marine* de cette *Encyclopédie*; 7°. plufieurs Mémoires qui font partie de ceux de l'Académie de la marine. Un volume de cette collection a été imprimé en 1773.

DUVET, de *tufa*, herbe qui croît dans les marais; tufetum; *flaumfeder wollicht*; f. m. Subftance végétale ou animale, très-douce au toucher.

En botanique, ce font des filamens foyeux & cotonneux qui viennent fur les fruits, les feuilles & les tiges des plantes. Les fabricans de fromages appellent *duvet*, des plantes filamenteufes qui croiffent fur le fromage: ces filamens blancs, très-flexibles, font plus connus fous le nom de *moififfure*. Enfin, on donne le nom de *duvet* à une plume douce, molle & délicate qui vient fur le col des oifeaux. Ces *duvets* font d'excellens confervateurs de chaleur. On trouve dans les *Annales de Chimie*, tome LI, page 5, un excellent Mémoire de Parmentier fur le *duvet*.

DUYTE: petite monnoie de cuivre qui fe fabrique & qui a cours en Hollande. Le *duyte* vaut environ deux deniers de France; huit font le fou d'Amfterdam.

DYNAMÈTRE, de δυναμαι, *pouvoir*, μετρον, *mefure*; dynametrum; *dynameter*; f. m. Inftrument qui fert à mefurer l'intenfité des télefcopes.

DYNAMIQUE, de δυναμις, *force, puiffance*; dynamica; f. f. Science des puiffances ou forces motrices.

Ce mot eft employé par les mathématiciens & par les phyficiens dans deux fignifications différentes: en mathématique, on entend par *dynamique* la fcience des forces qui mettent les corps en mouvement; en phyfique, il indique la partie des élémens métaphyfiques, dans laquelle on confidère la matière, autant qu'on puiffe lui attribuer la mobilité ou une puiffance originairement mouvante. On peut, d'après ces différentes manières de confidérer la *dynamique*, la divifer en deux claffes: *dynamique mathématique, dynamique métaphyfique*.

DYNAMIQUE ANIMALE : force que les animaux déploient dans les différentes positions dans lesquelles on les place. *Voyez* FORCES VITALES.

DYNAMIQUE MATHÉMATIQUE : puiſſances ou cauſes du mouvement des corps.

Leibnitz eſt le premier qui ſe ſoit ſervi de ce terme, pour déſigner la partie la plus tranſcendante de la mécanique, qui traite du mouvement des corps, en tant qu'elle eſt cauſée par des forces motrices actuellement & continuellement exiſtantes. Le principe général de la *dynamique*, priſe dans ce ſens, eſt que le produit de la force accélératrice ou retardatrice par le temps, eſt égal à l'élément de la viteſſe. La raiſon qu'on en donne eſt que la viteſſe croît ou décroît à chaque inſtant, en vertu de la ſomme des petits coups réitérés, que la force motrice donne au corps pendant cet inſtant.

Depuis quelques années, le mot *dynamique* eſt fort en uſage, parmi les géomètres, pour déſigner en particulier la ſcience du mouvement des corps qui agiſſent les uns ſur les autres, de quelque manière que ce puiſſe être, ſoit en ſe pouſſant, ſoit en ſe tirant par le moyen de quelques corps interpoſés entr'eux, & auxquels ils ſont attachés, comme un fil, un levier inflexible, un plan, &c.

DYNAMIQUE MÉTAPHYSIQUE : ſcience dans laquelle on fait abſtraction de toute qualité de la matière, & dans laquelle elle n'eſt conſidérée que comme un mobile compoſé de force mouvante.

Dans ce ſyſtème, on regarde chaque corps comme un eſpace rempli d'une matière continue; la poroſité devient une propriété accidentelle de la matière; mais la compreſſibilité & la dilatabilité en ſont des caractères eſſentiels. L'état d'un corps ne dépend que de certaines forces attractives & répulſives, & ſon volume doit changer auſſitôt que les rapports de ces forces ne ſont plus les mêmes. On explique les variétés matérielles en admettant l'exiſtence de quelques ſubſtances primitives ſimples, dont les combinaiſons différentes produiſent tous les corps. Lorſque deux ſubſtances ſe combinent chimiquement, les partiſans de ce ſyſtème doivent admettre, néceſſairement, qu'elles ſe pénètrent dans leur eſſence la plus intime.

Le ſyſtème *dynamique*, ſur la compoſition de la matière, eſt en oppoſition avec le ſyſtème des atomes. Le premier eſt maintenant fort en uſage en Allemagne; le ſecond obtient le même avantage en France. Afin de mettre à même de les comparer, nous allons citer quelques paſſages du *Dictionnaire de Chimie* de Klaproth, ſur les deux ſyſtèmes.

« D'après les idées des *atomiſtes*, dit Klaproth, la matière diffère par les atomes dont elle eſt formée; les *dynamiſtes*, au contraire, font dépendre la matière de la proportion des forces fondamentales. La proportion de ces forces eſt une grandeur variable, par conſéquent, d'une infinité de variations. Lorſqu'on s'imagine en outre qu'il y a une différence ſpécifique & originaire entre la force attractive & répulſive, on peut admettre une variété infinie de combinaiſons. Quant à l'affinité chimique, le chimiſte doit adopter cette variété ſpécifique pour expliquer un grand nombre de phénomènes. Il ne pourroit s'en rendre raiſon, s'il regardoit l'affinité comme une force qui eſt toujours en proportion avec la maſſe. »

Après avoir comparé les ſuppoſitions que préſente chacun des deux ſyſtèmes, Klaproth conclut « qu'il faut renoncer à conſtruire la nature *à priori*, ſi nous ne voulons pas rejeter toute phyſique. Il faut nous tenir fermement à cet axiôme, *de ne rien adopter en phyſique qui ne ſoit l'objet d'expériences ou qui pourroit le devenir*. Si nous nous éloignons de-là, le ſyſtème *dynamique* recule auſſi bien nos connoiſſances que le ſyſtème atomique; car cela revient au même, ſi l'on cherche à concevoir & à expliquer tout, *à priori*, par des hypothèſes mathématiques arbitraires, ou par des hypothèſes métaphyſiques. »

Nous devons obſerver, en terminant la comparaiſon des deux ſyſtèmes, que, dans le ſyſtème *dynamique*, un corps, quelque grand que ſoit ſon volume, peut être réduit à un infiniment petit par une compreſſion aſſez forte; tandis que, dans le ſyſtème des atomes, ſon volume ne peut être réduit qu'à une grandeur finie. Dans le ſyſtème *dynamique* reçu, rien n'empêche les corps de ſe pénétrer, tandis qu'ils ſont impénétrables dans le ſyſtème des atomes. *Voyez* IMPENETRABILITE.

DYNAMOMÈTRE, de δυναμις, force, puiſſance, μετρον, meſure; dynamometrum; dynamometer; ſ. m. Inſtrument qui ſert à comparer les forces relatives.

Cet inſtrument ſe compoſe d'un reſſort elliptique ABCD, *fig.* 739, dont les deux branches BD ſe rapprochent lorſqu'on les preſſe l'une contre l'autre, ou lorſque l'on tire les deux extrémités AC. Une plaque de cuivre L eſt fixée ſur la branche ABC. Un petit ſupport d'acier D, fixé ſur la branche ADC, eſt fendu, à fourchette, vers ſon extrémité, pour recevoir librement un petit repouſſoir en cuivre E; celui-ci s'emmanche à charnière dans une aiguille HK, qui pouſſe l'aiguille F. Cette aiguille s'emmanche à frottement ſur la plaque de cuivre. Un petit morceau de drap eſt collé ſous la patte G, afin de déterminer, ſur le cadran, un frottement doux & uniforme, dont l'effet eſt de maintenir l'aiguille à la place où elle eſt pouſſée. Du point O, centre d'oſcillation de l'aiguille F, ſont tracés des arcs de cercle MM, PP, diviſés en parties qui indiquent des efforts exprimés, ſur le premier arc, en kilogrammes, & ſur le ſecond, en myriagrammes. Ces diviſions ſont tracées d'après l'expérience. Le premier arc eſt deſtiné pour les expériences qui compriment les deux

deux branches du reſſort, comme dans les eſſais ſur la force des mains ; le ſecond ſert pour toutes les expériences qui exigent de tirer le reſſort par ſes deux extrémités.

On voit, d'après la conſtruction de cet inſtrument, que l'on peut en faire uſage de deux manières, par compreſſion ou par traction.

Par compreſſion, on éprouve ordinairement la force muſculaire des mains. Pour cela, on empoigne les deux branches du reſſort, le plus près du centre, de manière que les bras ſoient un peu tendus & inclinés en en-bas, à peu près à l'angle de 45 degrés. Cette poſition, qui paroît la plus naturelle, eſt auſſi la plus commode pour agir dans toute ſa force.

Des expériences faites ſur la force muſculaire des mains ont donné, pour force moyenne, cent deux livres de preſſion : il eſt des perſonnes qui indiquent juſqu'à cent cinquante livres. La force moyenne des femmes doit être équivalente à celle d'un jeune homme de quinze à ſeize ans, c'eſt-à-dire, à peu près les deux tiers de la force ordinaire des hommes.

On fait uſage de la traction pour eſſayer une foule de forces. Nous ne rapporterons ici que l'emploi que l'on en fait pour connoître la force de traction des chevaux & celle de la force du corps des hommes, ou pour mieux dire, celle des reins.

Pour eſſayer la force des reins, on place ſous les pieds l'empatement d'une crémaillère CD, *fig.* 739 (*a*) ; on paſſe à l'un des crans de cette crémaillère un des coudes du reſſort ; l'autre coude s'adapte au crochet E, *fig.* 739 (*b*), que l'on tient dans la main en F, G. Dans cette poſition, on eſt d'aplomb ſur ſoi-même, & l'on peut ſoulever un grand poids ſans être expoſé aux accidens qu'un effort pourroit occaſionner ſi on tenoit une poſition gênée.

L'effort moyen des hommes, pour ſoulever, eſtimé par le *dynamomètre*, eſt de deux cent ſoixante-cinq livres. On a vu un homme vigoureux, mais qui n'auroit pas voulu eſſayer de lever, à la manière ordinaire, un poids de cinq cents livres, déterminer, ſur le *dynamomètre*, un effort de ſept cent cinquante-cinq livres.

Quant à la meſure de la traction des chevaux, on place l'un des coudes du *dynamomètre* ſur un point fixe ; l'autre eſt placé dans un anneau ſur lequel ſont attachées les cordes de traction des chevaux, & l'on juge de leur effort par la marche de l'aiguille. Des expériences faites ſur quatre chevaux ont donné, pour traction moyenne, ſept cent trente-ſix livres.

Des hommes tirant une charrette ou un bateau, à l'aide d'une bricole, ont indiqué, au *dynamomètre*, une traction moyenne de cent deux livres : celle des hommes les plus forts ne s'eſt pas élevée au-delà de cent vingt-trois livres. Ces épreuves s'accordent avec l'opinion reçue, que la traction

d'un cheval équivaut à celle de ſept hommes. Ce que les épreuves de la force de traction des hommes ont de remarquable, c'eſt qu'il y a peu de différence entre l'action d'un homme fort, tirant une charrette, & celle d'un homme de moyenne force ; la raiſon en devient ſenſible, ſi l'on obſerve qu'alors les hommes n'agiſſent guère qu'en raiſon de leur poids, tandis qu'en ſoulevant des fardeaux, ils agiſſent en proportion de leurs forces muſculaires.

Les philoſophes ont reconnu depuis long-temps l'avantage que devoit préſenter l'uſage d'une machine propre à meſurer les forces, eſtimées par des poids. Borelli (*De Motu animali*) ; de Lahire, dans un Mémoire qui a pour titre : *Examen de la force de l'homme*, &c., Académie des Sciences, 1697, ſe ſont particulièrement occupés de cet objet. On a conſtruit, pour cet effet, diverſes ſortes de balances : les unes, à leviers égaux, eſtimoient par des poids ; d'autres, à leviers inégaux, eſtimoient, comme dans la balance romaine, par le mouvement d'un poids ſur les plus grands leviers ; enfin, d'autres par des reſſorts.

Buffon & Guenau de Montbeillard, voulant faire des expériences ſur les forces des hommes, comparées dans les différens âges de la vie, chargèrent Regnier d'imaginer une machine portative qui, par un jeu facile & commode, pût les conduire à réſoudre la queſtion qui les occupoit.

Ces deux ſavans connoiſſoient les machines inventées par Graham, & perfectionnées par Deſaguillier ; ils connoiſſoient également le *dynamomètre* de Leroy, de l'Académie des Sciences ; mais la machine de Graham étoit trop volumineuſe & trop lourde pour être portative. Le *dynamomètre* de Leroy, compoſé d'un tube de métal de dix à douze pouces de long, poſé verticalement ſur un pied, & contenant intérieurement un reſſort à boudin, ſurmonté d'une tige graduée, ne pouvoit pas être appliqué à la multitude d'expériences que ces ſavans vouloient faire pour apprécier la force muſculaire de chaque membre ſéparément, & de toutes les parties du corps.

Encouragé par ces deux célèbres naturaliſtes, Regnier s'occupa de la conſtruction d'un inſtrument qui pût être appliqué à tous les efforts muſculaires, & il imagina, en conſéquence, le *dynamomètre* que nous avons décrit, & qui porte le nom de *dynamomètre de Regnier*.

DYSESTHÉSIE, de δύς, *difficilement*, αισθησις, *ſentiment*, dyſæſtheſia. Diminution de la ſenſibilité, difficulté de ſentir.

Dans l'*aneſthéſie*, la ſenſibilité eſt totalement anéantie. Il y a aneſthéſie chez les perſonnes paralytiques. La *dyſeſthéſie* eſt l'acheminement à cet état fâcheux, dont elle ne diffère que parce que le malade peut encore percevoir, mais d'une manière confuſe & imparfaite, l'impreſſion des corps qui agissent sur lui. C'est la même chose que la torpeur. *Voyez* SENSATION, TOUCHER.

DYSODIE, de δυς, *désagréablement*, οδμη, *odeur*. Fxhalaison fétide qui s'échappe de diverses parties du corps des animaux, & spécialement de celui de l'homme.

On distingue trois sortes de *dysodies* : 1°. *cutanée*, qui s'étend à toute la surface de la peau ; telle est l'odeur repoussante qui caractérise la transpiration des personnes dont la peau est recouverte de poils roux ; cette *dysodie* peut être bornée à quelques parties, comme les aisselles, les pieds, l'appareil génital, les oreilles, la tête, &c. ; 2°. la *dysodie nazale*, vulgairement appelée *punaisée* ; 3°. la *dysodie buccale*, c'est-à-dire, l'haleine fétide dans toute son extension. Cette espèce renferme les *dysodies* pulmonaire, gastrique & stomatique. *Voyez* HALEINE, ODEUR, ODORAT.

DYSOPIE, de δυς, *difficilement*, ωπτομαι, *voir* ; dysopia. Difficulté de la vision. *Voyez* VISION.

La *dysopie* n'est pas une maladie de l'œil, mais un symptôme de la plupart des affections de cet organe, & des diverses parties qui le constituent.

DYSOSMIE, de δυς, *difficilement*, οδμη, *odeur* ; dysosmia. Affoiblissement de l'odorat, diminution de la faculté de percevoir les odeurs. *Voyez* NEZ, ODORAT, OLFACTIF.

DYSPHONIE, de δυς, *difficilement*, φωνη, *voix* ; disphonia. Difficulté de produire des sons, & altération de la voix.

Toutes les affections morbifiques de l'organe destiné à la production de la voix s'altèrent, ainsi qu'une infinité de maladies qui ont leur siége dans des organes souvent très-éloignés. Un des cas les plus extraordinaires de *disphonie* est celui que Portal a fait connoître sous le nom de *voix convulsive*.

Cette affection empêche de parler quand on en a la volonté ; on fait en vain de grands efforts, pendant quelques minutes, pour articuler des sons, & il devient impossible de garder le silence dès que l'on a commencé à parler. Les sons que l'on produit sont discordans, alternativement graves & aigus, & souvent extraordinaires, sans que la volonté influe en rien sur cette bizarrerie, & particulièrement lorsque l'attention se fixe sur un objet. Quelquefois même on rend des sons intermédiaires plus ou moins continus, qui se rapprochent, jusqu'à un certain point, du cri d'un animal. *Voyez* VOIX, ORGANE DE LA VOIX.

DYSPNÉE, de δυς, *difficilement*, πνεω, *je respire* ; dyspnæa ; s. f. Difficulté de respirer, respiration génée.

Quelques auteurs distinguent trois degrés de *dyspnée* : 1°. la *dyspnée* proprement dite, qu'on appelle aussi *courte haleine* ; 2°. l'*asthme*, qui est une plus grande difficulté de respirer, accompagnée de soufflement & de sifflement ; 3°. l'*orthopnée*, la difficulté de respirer la plus extrême. *Voyez* HALEINE, ASTHME, ORTHOPNÉE, RESPIRATION.

DYSQUESTIE, de δυς, *difficilement*, γυσις, *goût* ; dysquestia. Perversion du goût.

Cette perversion du goût a lieu toutes les fois que les nerfs, destinés à percevoir cette sensation, ne reçoivent pas assez immédiatement l'action des substances sapides, comme quand la langue est couverte d'un enduit limoneux.

La dépravation du goût peut encore dépendre de l'imagination ou d'une disposition particulière de la sensibilité générale, comme chez les femmes enceintes, les filles atteintes des pâles couleurs, & chez quelques enfans peu avancés en âge. *Voyez* SAVEUR.

DYSTRE ; dystrus. Cinquième mois syro-macédonien, qui répond à mars, en commençant quatre jours plus tôt.

Fin du Tome second.